# HAGERS HANDBUCH

DER

# PHARMACEUTISCHEN PRAXIS.

# HAGERS HANDBUCH

DER

# PHARMACEUTISCHEN PRAXIS

FÜR

APOTHEKER, ÄRZTE, DROGISTEN UND MEDICINALBEAMTE.

UNTER MITWIRKUNG VON

MAX ARNOLD-CHEMNITZ, G. CHRIST-BERLIN, K. DIETERICH-HELFENBERG,
ED. GILDEMEISTER-LEIPZIG, P. JANZEN-BLANKENBURG, C. SCRIBA-DARMSTADT

VOLLSTÄNDIG NEU BEARBEITET UND HERAUSGEGEBEN

VON

B. FISCHER, UND C. HARTWICH,
BRESLAU ZÜRICH.

MIT ZAHLREICHEN IN DEN TEXT GEDRUCKTEN HOLZSCHNITTEN

ZWEITER BAND.

SPRINGER-VERLAG BERLIN HEIDELBERG GMBH

1902

ISBN 978-3-642-50373-3 ISBN 978-3-642-50682-6 (eBook)
DOI 10.1007/978-3-642-50682-6



Softcover reprint of the hardcover 1st edition 1902

# Haematoxylon.

Gattung der **Caesalpiniaceae—Eucaesalpinieae.**

Einzige Art: **Haematoxylon Campechianum L.** Heimisch von Mexiko bis zum nördlichen Südamerika, auch in Westindien; in Amerika und im tropischen Asien kultivirt. Baum mit paarig-einfach oder doppelt gefiederten Blättern, die Blätter wenig-jochig, Blättchen verkehrt-eiförmig. Nebenblätter zuweilen dornig. Blüthen klein, gelb, in achselständigen, lockeren Trauben. — Verwendung findet das Holz:

**Lignum Haematoxyli** (Austr.). **Haematoxyli Lignum** (Brit.). **Haematoxylon** (U-St.). **Lignum Campechianum. Lignum coeruleum. — Campecheholz. Blauholz. Blauspäne. Blutholz. Schwarzes Brasilienholz. — Bois de Campêche. Bois d'Inde** (Gall.). — **Logwood. Campeachy-wood. Poach-wood.**

***Beschreibung.*** Kommt in den Handel in grossen, centnerschweren Blöcken und Scheitern, die aussen blauschwarz, innen rothbraun sind. Es ist hart und schwer, aber leicht spaltbar, von schwachem, eigenthümlichem Geruch und etwas herbem und zugleich süsslichem Geschmack. Spec. Gew. 0,9—1,0. — Der Querschnitt lässt abwechselnd hellere und dunklere Zonen erkennen und sehr nahe aneinander stehende, feine Markstrahlen.

Die Hauptmasse des Holzes besteht aus dickwandigen, verbogenen, zugespitzten Libriformfasern, die eine Länge von 2 mm und einen Durchmesser von 13 $\mu$ haben. Die Gefässe bilden kleine Gruppen, sie werden 170 $\mu$ weit und sind von ziemlich reichlichem Parenchym begleitet, dessen Zellen meist Einzelkrystalle von Kalkoxalat führen. Die Markstrahlen sind 2—7 Zellen breit, bis 40 Zellen hoch. Im Parenchym und in den Gefässen gelbbraune bis rothbraune Massen.

***Bestandtheile.*** 9—12 Proc. Haematoxylin, ferner etwas ätherisches Oel, Harz, Gerbstoff, Asche.

***Aufbewahrung.*** Für den pharmaceutischen Gebrauch eignet sich nur das unfermentirte Blauholz in der geschnittenen, pulverfreien, von den Drogisten als „verum □concisum" bezeichneten Form. Es als Pulver zu kaufen, ist nicht rathsam, dagegen sind die groben Raspelspäne der Handelswaare zur Extraktbereitung und für Färbereizwecke verwendbar. Aufbewahrung: In Holzkästen.

***Anwendung.*** Blauholz wird wegen seines Gerbstoffgehalts besonders bei Durchfällen, als Abkochung oder in der Form des Extrakts gegeben und selbst von Kindern gut vertragen, ist deshalb auch für längeren Gebrauch besonders geeignet. Man pflegt die Wirkung durch Rothwein zu unterstützen. Dosis 0,5—1,5 mehrmals täglich im Dekokt (5,0—15,0 : 150,0). Die Abkochung ist blutroth und färbt eingenommen den Harn roth.

Bei Bereitung des Extraktes, von Aufgüssen und Abkochungen sind metallene Geräthe zu vermeiden.

**Charta exploratoria Haematoxylini.** Charta haematoxylinata. Blauholzpapier. Campeche- oder Haematoxylinpapier. **1)** Man tränkt schwedisches Filtrirpapier mit Campecheholztinktur und trocknet es an ammoniakfreier Luft. Das Papier ist gelb und wird durch Alkalien violett. **2)** Nach DIETERICH. 4 Th. geraspeltes Blauholz zieht man 24 Stunden mit 100 Th. destillirtem Wasser aus, versetzt das Filtrat mit verdünntem Ammoniak, bis dunkel-blaurothe Färbung eintritt, und tränkt damit säurefreies

Filtrirpapier. Man trocknet und bewahrt es in braunen Stöpselgläsern auf. Empfindlichkeit des frischen Papieres gegen $NH_3$ 1:80000—90000.

**Extractum Haematoxyli** (U-St.). Extractum Ligni Campechiani. Campecheholz-Extrakt. Extract of Haematoxylon. U-St.: 1 Th. geraspeltes Blauholz wird mit 10 Th. Wasser 48 Stunden ausgezogen; man kocht bis zur Hälfte ein, seiht heiss durch und verdampft zur Trockne. — Diet.: 10 Th. grob gepulvertes Campecheholz zieht man 24 Stunden kalt, dann 2 Stunden im Wasserbade mit 40, hierauf nochmals zwei Stunden mit 30 Th. Wasser aus (keine Metallgeräthe!), dampft auf 2,5 Th. ein, setzt 1,25 Th. Weingeist zu und verdampft zur Trockne. Ausbeute 13—14 Proc. Rothbraunes, luftbeständiges, in Wasser trübe lösliches Pulver von süsslichem Geschmack. Die im Grossen hergestellten Extrakte, die nur zum Theil in Wasser löslich sind, dürfen zu arzneilichen Zwecken nicht verwendet werden.

**Tinctura Ligni Campechiani.** Tinctura Haematoxyli. Blauholztinktur. Campecheholztinktur. Blauholz-Indikator. **1)** Nach Hager. Blauholzspäne, die man einer frischen Spaltfläche entnimmt, zieht man bei gelinder Wärme mit 45 proc. Weingeist aus, filtrirt in $NH_3$ freier Luft und füllt in Stöpselgläser. **2)** Nach Dieterich. 1 Th. geraspeltes Blauholz zieht man einige Tage mit 10 Th 90 proc. Weingeist aus und versetzt das Filtrat tropfenweise mit verdünntem Ammoniak (1:5), bis es sich dunkler färbt. Empfindliches Reagens auf Metallsalze (Fe, Cu), Indikator beim Titriren von Alkalien und Alkaloiden. Wird durch Säuren röthlichgelb, durch freies Alkali rosa, violett bis blau gefärbt.

**Haarfarbe.** Todte Haare (Rosshaare u. a.) färbt man dauernd schwarz, wenn man sie zuerst mit Eisenvitriollösung behandelt, dann mit einer Lösung von Blauholzextrakt kocht.

**Holzbeizen, schwarze. 1)** Man beizt mit holzessigsaurer Eisenlösung, lässt trocknen, bestreicht mit 20 proc. Blauholzextraktlösung, lässt wieder trocknen und reibt mit Leinöl ein. **2)** Mit 2 proc. Kaliumdichromat- und 10 proc. Blauholzextraktlösung ebenso.

**Lederschwärze.** Eine Lösung von 5 kg Eisenvitriol und 150 g Weinsäure in 40 l Wasser mischt man mit 50 kg Blauholzabkochung (aus 7,5 kg), worin 1 kg Stärkezucker und 125 g Anilinschwarz gelöst sind. Vor dem Auftragen ist das Leder mit 0,5 proc. Salmiakgeist abzureiben.

**Nopptinktur, Nopptinte,** zum Färben fehlerhafter Tuchgewebe. **1)** Je 400 g fein geraspeltes Blauholz und grob gepulverte Galläpfel digerirt man 8 Tage mit je 1 l Wasser und Weingeist, filtrirt, wäscht mit $^1/_2$ l Wasser nach, löst im Nachlauf 100 g reinen Eisenvitriol, mischt die Lösungen und fügt noch je 30 g Indigokarmin und Salmiak zu. **2)** E. Dieterich. 1,0 Oxalsäure, 10,0 Blauholzextrakt löst man in 180,0 Wasser, fügt nach 24 Stunden 1,0 (gelbes) Kaliumchromat und 8,0 Borax hinzu, erwärmt im Wasserbade bis zur dunkelblauen Färbung, bringt mit Wasser auf 170,0 und giebt nach und nach 30,0 Weingeist zu.

**Tintenstifte.** Eine durch Sättigen von Salpetersäure mit Chromoxyd bereitete Chromnitratlösung versetzt man mit starker Blauholzabkochung, bis der anfangs entstandene Niederschlag sich tiefblau gelöst hat, dampft zum Sirup ein und bringt diesen durch Zusatz von Thon und wenig Tragacanth zu einer Masse, aus der man Stifte formt. — Die Tintenstifte des Handels bestehen gewöhnlich aus Graphit, Kaolin und einem Anilinfarbstoff. Sie werden wie Bleistifte benutzt und geben kopirfähige Schriftzüge.

**Decoctum Haematoxyli** (Brit.).

Decoction of Logwood.

| Rp. | | |
|---|---|---|
| | 1. Ligni Campechiani rasp. | 50,0 |
| | 2. Cort. Cinnamom. zeyl. | 8,0 |
| | 3. Aquae destillatae | 1200,0. |

Man kocht 1 mit 3 zehn Minuten, fügt gegen Ende des Kochens 2 hinzu, seiht durch und stellt 1000 ccm Flüssigkeit her. Dosis: 15,0—60,0.

**Elixir Campechianum.**

| Rp. | | |
|---|---|---|
| | Extracti Ligni Campechiani | 10,0 |
| | Acidi citrici | 1,0 |
| | Tinct. Aurant. cort. | |
| | Glycerini | āā 10,0 |
| | Vini rubri | 70,0. |

**Glycerolatum haematoxylinatum.**

Unguentum Ligni Campechiani.

| Rp. | | |
|---|---|---|
| | Extract. Lign. Campech. subt. plv. | 20,0 |
| | Acidi borici subt. pulv. | 5,0 |
| | Glycerini | |
| | Aquae destillatae | āā 10,0 |
| | Unguenti Glycerini | 55,0 |

f. l. a. unguentum

**Mixtura antidiarrhoica.**

| Rp. | | |
|---|---|---|
| | Decocti Ligni Campech. | 20,0 : 120,0 |
| | Vini rubri | 50,0 |
| | Acidi hydrochlor. dilut. (12,5 proc.) | 5,0 |
| | Tinct. Opii simpl. | 1,0 |
| | Sirupi simplicis | 24,0. |

**Mixtura antidiarrhoica** von Bamberger.

| Rp. | | |
|---|---|---|
| | Extract. Ligni Campech. | 5,0 |
| | Aquae Menthae piper. | 175,0 |
| | Sirupi Aurant. cort. | 18,0 |
| | Tinct. Opii crocatae | |
| | Acidi hydrochlorici | āā 1,0. |

**Mixtura antidiarrhoica** Lebert.

| Rp. | | |
|---|---|---|
| | Decoct. Ligni Campech. | 7,5 : 150,0 |
| | Sirupi gummosi | 50,0. |

Bei Durchfall der Kinder.

**Purpureamentum.**

| Rp. | | |
|---|---|---|
| | 1. Ligni Campechiani | 200,0 |
| | 2. Aquae fervidae | 1400,0 |
| | 3. Stanni chlorati | 10,0—12,0. |

Man übergiesst 1 mit 2, digerirt 12 Stunden, sammelt 1000,0 Flüssigkeit und löst darin 3. Metallgeräthe und Stahlfedern vermeiden!

**Blauholz-Tinten.**

I.

Rp. 1. Extracti Ligni Campech. 25,0
2. Aquae destillatae 900,0
3. Kalii chromici flavi 1,5
4. Aquae destillatae 100,0
5. Acidi carbolici 1,0.

Man löst 1 in 2, 3 in 4, fügt von letzterer Lösung zur ersteren bis zur tiefblauschwarzen Färbung, dann 5 hinzu.

II.

Blauholz-Kopirtinte (DIETERICH).

Rp. 1. Solut. Extract. Ligni Campechian. gallici optim. 600,0
2. Acidi sulfuric. (pond. spec. 1,835) 1,5
3. Aluminii sulfurici 40,0
4. Aquae (pluviatilis) 120,0
5. Kalii carbonici 40,0
6. Acidi oxalici 40,0
7. Kalii dichromici 3,0
8. Aquae pluviat. q. s. ad 1000,0
9. Acidi carbolici puri 1,0.

Man löst 3 unter gelindem Erwärmen in 4, fügt 5 und, sobald keine $CO_2$ mehr entweicht, 6 hinzu, erwärmt und rührt, bis der Niederschlag gelöst ist und die Gasentwickelung aufhört. Nun setzt man 7 zu und giesst im dünnen Strahl unter Umrühren in die Lösung von 1 und 2, die vorher $^1/_4$ Stunde im Dampfbade erhitzt war, lässt noch $^1/_4$ Stunde im Dampfbade, bringt mit 8 auf 1000,0 und fügt 9 hinzu. Nach 14tägigem Absetzen füllt man auf Flaschen.

Lösung 1 wird aus 1 Th. bestem französischem Blauholzextrakt und 5 Th. Regenwasser durch Erhitzen im Dampfbade, 8tägiges Absetzenlassen und Klarabgiessen dargestellt.

Diese Tinte giebt bis vier Abzüge auf einmal. Bei älteren Schriftstücken ist es nöthig, im Kopirwasser 0,1 Proc. Kaliumchromat zu lösen.

III.

Schultinte (DIETERICH).

Rp. 1. Solut. Extract. Lign. Campech. (cfr. sub. II) 200,0
2. Aquae 500,0
3. Kalii bichromici 2,0
4. Aluminiis chromici 50,0
5. Acidi oxalici 10,0
6. Aquae 150,0
7. Acidi carbolici puri 1,0.

Man erhitzt 1 und 2 im Dampfbade, setzt tropfenweise Lösung 4—6, nach $^1/_2$ Stunde Wasser q. s. zu 1000,0 und nach dem Erkalten 7 hinzu.

IV.

Tinte für Kisten, Warenballen u. dergl.

Rp. 1. Kalii bichromici 10,0
2. Extract. Lign. Campech. 180,0
3. Boracis 180,0
4. Laccae in tabulis 45,0
5. Liq. Ammon. caust. 90,0.

Man löst 1 in 240 g heissem Wasser, dann 2 besonders, endlich 3 und 4 in q. s. heissem Wasser, mischt die drei Lösungen nach der Reihe noch heiss und fügt zuletzt 5 hinzu.

**Pulvis atramentarius.**

Tinten-Extrakt.

I.

Rp. Extract. Ligni Campech. gallic. 100,0
Aluminii sulfurici 40,0
Kalii oxalici neutralis 60,0
Kalii bisulfurici 10,0
Kalii bichromici 5,0
Acidi salicylici 1,5

werden als grobe Pulver gemischt und in gut schliessenden Blechbüchsen aufbewahrt. Obige Menge giebt, mit 1 l siedendem Wasser übergossen, bis zur völligen Lösung umgerührt, nach mehrtägigem Absetzen eine fertige Kopirtinte.

II.

Rp. Extract. Ligni Campech. 97,5
Kalii chromic. flavi 2,5

mischt man in der Kälte. Zu 4 l Tinte.

**Haematoxylinum.** **Haematoxylin $C_{16}H_{14}O_6$.**

***Darstellung.*** Das käufliche Blauholzextrakt (das 9,5—12,5 Proc. enthält) wird gepulvert, mit Sand vermischt und wiederholt kalt mit dem 5—6 fachen Volum wasserhaltigen Aethers extrahirt. Die Auszüge werden zur Sirupsdicke koncentrirt, etwas Wasser zugegeben und der Krystallisation überlassen. Die Krystalle werden mit kaltem Wasser abgewaschen und aus kochendem Wasser, das etwas schweflige Säure enthält, umkrystallisirt.

***Eigenschaften.*** Durchsichtige, glänzende Säulen des quadratischen Systems mit $3\,H_2O$, aus koncentrirten Lösungen zuweilen orthorhombische Krystalle mit $1\,H_2O$. In kaltem Wasser schwierig, in heissem reichlich löslich, ferner löslich in Alkohol, schwierig in Aether. Schmilzt bei 100—120° C. Färbt sich an der Sonne röthlich. Reducirt FEHLING-sche und Silberlösung. Löst sich in ätzenden und kohlensauren Alkalien mit Purpurfarbe (daher seine Anwendung in der Alkalimetrie als Indikator).

---

# Hamamelis.

Gattung der **Hamamelidaceae — Hamamelidoideae.**

**Hamamelis virginiana L.** Heimisch in Nordamerika östlich vom Mississippi, von Mexiko bis Canada. Bis 7 m hoher Strauch. Verwendung finden:

1) Die Blätter: **Folia Hamamelidis** (Ergänzb.). **Hamamelidis Folia** (Brit.). **Hamamelis** (U-St.). — **Hamamelisblätter.** — **Feuilles de Hamamelis** (Gall. Suppl.). — **Hamamelis Leaves. Witch-Hazel Leaves.**

***Beschreibung.*** Kurzgestielt, eirundlich-rhombisch, am Grunde abgerundet oder herzförmig, spitz, am Rande ungleich-gekerbt, 10—15 cm lang, mit jederseits 5—6 Sekundärnerven, die in den Kerbzähnen des Randes endigen. — Epidermiszellen beiderseits buchtig-tafelförmig, Spaltöffnungen nur an der Unterseite, ebenfalls an der Unterseite in den Nervenwinkeln dickwandige Büschelhaare. Unter der oberen Epidermis eine Palissadenschicht, im Schwammparenchym stark verdickte, ästige Steinzellen. — Geschmack etwas herbe.

***Bestandtheile.*** Bis 22,6 Proc. Extrakt (mit 1 Th. Alkohol und 2 Th. Wasser). Durch Perkolation mit Alkohol und Abdestilliren des letzteren erhält man 7 Proc. eines Extrakts: „Hamamelin".

2) Die Rinde: **Cortex Hamamelidis. Hamamelidis Cortex** (Brit.). — **Hamamelisrinde.** — **Écorce de Hamamelis** (Gall. Suppl.) — **Hamamelis Bark. Witch-Hazel Bark.**

***Beschreibung.*** Röhren- oder bandförmige, faserig blätterige Stücke von blassröthlichbrauner Farbe, bis 2 cm breit, bis 3 mm dick. Auf der Aussenseite zuweilen dünner, leicht ablösbarer Kork von röthlichbrauner oder silbergrauer Farbe. — In der Mittelrinde umfangreiche Gruppen stark verdickter Steinzellen, die zuweilen fast zu einem geschlossenen Ring zusammentreten. Im Bast einreihige Markstrahlen, dazwischen schmale Baststrahlen, in denen sich umfangreiche Gruppen stark verdickter Bastfasern finden, die von Krystallzellen, die Einzelkrystalle führen, umscheidet sind. Manche Zellen der Baststrahlen, seltner der Markstrahlen, treten mit braunem Inhalt hervor. Die Bastfasern sind lang, dünn, oft gezähnt, knorrig. Geruchlos, Geschmack zusammenziehend.

***Bestandtheile.*** Fett, bestehend aus dem Ester eines Alkohols $C_{26}H_{44}O \cdot H_2O$ und aus den Triglyceriden der Oelsäure und Palmitinsäure. Gallussäure, Gerbstoff (Hamamelitannin) $C_{14}H_{14}O_9 \cdot 5H_2O$ oder $2^1/_2H_2O$, ferner eine Glukosidgerbsäure, beide sind Derivate der Gallussäure, Glukose. — Liefert (vgl. oben) durch Perkolation 16 Proc. eines Resinoids.

***Anwendung.*** Rinde und Blätter werden sowohl innerlich als äusserlich in Form verschiedener Zubereitungen bei Ruhr, Durchfällen, innerlichen Blutungen und Hämorrhoidalleiden augewendet, in letzterem Falle besonders als Abkochung und als Salbe. Ein koncentrirtes, weingeistiges Destillat aus der frischen Rinde, gemischt mit dem Fluidextrakt, ist die unter dem Namen „Hazeline" bekannte, amerikanische Specialität.

**Aqua Hamamelidis spirituosa** (Nat. form.). Hamamelis Water. Witchhazel Water. Witchhazel-Extract. 1000 g Hamamelisschösslinge und -zweige macerirt man 24 Stunden mit 2000 ccm Wasser und 150 ccm 91proc. Weingeist und destillirt dann 1000 ccm ab.

**Extractum Hamamelidis.** Hamamelisextrakt. Extrait alcoolique de Hamamelis virginica. Münch. Vorschr.: 1 Th. mittelfein zerschnittene Hamamelisblätter lässt man mit je 5 Th. siedendem Wasser übergossen sechs, dann drei Stunden stehen, presst, lässt absetzen und dampft zum dicken Extrakt ein. — Gall. Suppl.: Aus mittelfein gepulverter Rinde und Blättern wie Extr. Colae, Gall. Suppl. Band I, S. 919.

**Extractum Hamamelidis fluidum** (Ergänzb. U-St.) **s. liquidum** (Brit.). Hamamelis-Fluidextrakt. Fluid or Liquid Extract of Hamamelis. Ergänzb.: Aus 100 Th. grob gepulverten Hamamelisblättern und q. s. einer Mischung aus Weingeist und Wasser āā bereitet man 100 Th. Fluidextrakt — wie Extr. Frangulae fluidum Germ. Band I S. 1181 — U-St.: Aus 1000 g Hamamelisblättern (No. 40) und einer Mischung von 100 ccm Glycerin, 500 ccm 91proc. Weingeist und 800 ccm Wasser im Verdrängungswege. Man befeuchtet mit 350 ccm, erschöpft, zuletzt mittels eines Gemisches von 500 ccm Weingeist und 800 ccm Wasser, fängt zuerst 850 ccm auf und stellt l. a. 1000 ccm Fluidextrakt her. Es sind etwa 5500 Th. Lösungsmittel erforderlich. — Brit.: Aus 1000 g Hamamelisblättern (No. 40) und q. s. Weingeist (45 Vol. Proc.) im Verdrängungswege. Man befeuchtet mit 400 ccm, fängt zuerst 850 ccm auf und stellt l. a. 1000 ccm Fluidextrakt her. Dosis 0,3 bis 0,9 (Brit.).

**Liquor Hamamelidis.** Solution of Hamamelis (Brit.). 1000 g frische Hamamelisblätter lässt man mit 2000 ccm Wasser und 200 ccm Weingeist (90 Vol. Proc.) 24 Stunden stehen, dann destillirt man 1100 ccm ab.

**Tinctura Hamamelidis** (Brit.). Teinture de Hamamelis virginica (Gall.). Tincture of Hamamelis. Brit.: Aus 100 g Hamamelisrinde (Nr. 20) und q. s. Weingeist (45 Vol. Proc.) im Verdrängungswege. Man befeuchtet mit 50 ccm und sammelt 1000 ccm Tinktur. Dosis 2—4 ccm. — Gall. Suppl.: Aus 100 g grob gepulverter Hamamelisrinde und -blättern und 500 g 60proc. Weingeist durch zehntägige Maceration.

**Elixir Hamamelidis.**

Elixir de Virginie.

| | | |
|---|---|---|
| Rp. | Extract. Hamamelid. fluidi | 30,0 |
| | Tincturae Vanillae | 20,0 |
| | Spiritus (80 proc.) | 180,0 |
| | Aquae destillatae | 270,0 |
| | Sirupi Aurantii Corticis | 500,0. |

**Suppositoria Hamamelidis.**

Münch. Vorschrift.

| | | |
|---|---|---|
| Rp. | Extracti Hamamelidis aquos. | 0,2 |
| | Olei Cacao | 2,0. |

Zu einem Stuhlzäpfchen.

**Unguentum Hamamelidis** (Brit.).

| | | |
|---|---|---|
| Rp. | Extract. Hamamel. liquid. (Brit.). | 10 ccm. |
| | Adipis Lanae hydrosi (Brit.). | 90 g. |

**Unguentum Hamamelidis album.**

| | | |
|---|---|---|
| Rp. | Liquoris Hamamelidis | 10—25 |
| | Adipis Lanae | 90—75. |

---

# Helenium.

**Inula Helenium L.** (Familie der **Compositae—Tubuliflorae—Inuleae**). Heimisch von Mitteleuropa bis Persien, vielleicht auch in Japan; häufig kultivirt. Bis 2 m hoch, Stengel aufrecht, gefurcht, oberwärts zottig. Blätter ungleich-gekerbt-gezähnt, unterseits filzig, die unteren länglich-elliptisch, in den Blattstiel verschmälert, die oberen herzeiförmig, stengelumfassend. Blüthenköpfe doldenrispig, Strahlblüthen weiblich, einreihig, Scheibenblüthen zwittrig. Frucht kahl, vierkantig. — Verwendung findet die Wurzel:

**Radix Helenii** (Ergänzb.). **Inula** (U-St.). **Radix Inulae s. Enulae. Rad. Enulae campanae. — Alantwurzel. Alant. Glockenwurzel. Helenenwurzel. Ottwurzel. Edelherzwurzel. — Rhizome d'aunée officinale ou de grande aunée** (Gall.). — **Elecampane-Root. Horseheel-Root.**

***Beschreibung.*** Die Droge, die von dem unterirdischen Axentheil und der Wurzel gebildet wird, kommt meist in geschälten Längsstücken, seltener in Querscheiben in den Handel. Sie ist bräunlich oder weiss, trocken von hornartiger Beschaffenheit, im Bruch kurz und spröde, andernfalls zähe. Ungeschält zeigt die Droge aussen ein starkes Periderm, Rinde und Holz sind durch das deutliche Cambium von einander getrennt und kaum strahlig. Im Holz kleine Gruppen von Gefässen und vereinzelt Faserbündel, in den Markstrahlen desselben und der Rinde grosse schizogene Sekretbehälter, die einen Durchmesser von 200 $\mu$ erreichen und im Längsschnitt kuglig oder etwas in die Länge gestreckt erscheinen. Sie enthalten in der frischen Wurzel gelbbraunen Balsam, in der trocknen Droge Klumpen kleiner, farbloser Krystallnadeln. Im Parenchym der trockenen Droge Klumpen von Inulin.

***Bestandtheile.*** 1—2 Proc. Alantöl, eine krystallinische, von flüssigem Oel durchtränkte Masse. Dasselbe enthält Alantolacton $C_{15}H_{20}O_2$, das in Nadeln krystallisirt, die bei 76° C. schmelzen, Alantolsäure $C_{15}H_{22}O_3$, ebenfalls in Nadeln krystallisirend, die bei 94° C. unter Wasserabspaltung schmelzen, Alantol $C_{10}H_{16}O$, wahrscheinlich nur in ganz frischen Wurzeln vorkommend, ist flüssig und siedet gegen 200° C., Helenin (Alantkampfer) $(C_6H_8O)x$, krystallisirt in vierseitigen Prismen, die bei 94° C. schmelzen. Ferner enthält die Droge 22—45 Proc. Inulin, dabei etwas Pseudo-Inulin $C_{192}H_{162}O_{162}$ und Inulenin $C_{120}H_{104}O_{104}$.

***Einsammlung, Aufbewahrung.*** Man sammelt die Wurzel im Frühjahr oder im Herbst, wäscht, spaltet und trocknet sie bei gelinder Wärme. 4 Th. frische Wurzel geben 1 Th. trockne. Man bewahrt sie an einem trocknen Orte in Holzkästen; in Blechbüchsen wird die Wurzel durch Ausscheidungen von Alantkampher leicht unansehnlich. (Das nämliche beobachtet man bei Pillen und Latwergen mit Alantpulver.)

***Anwendung.*** Nur noch selten bei Hustenreiz und Brustleiden als Aufguss (10—15 : 200), häufiger als Extrakt zu 0,5—2,0 in Pillen. Aeusserlich bei Krätze und dergl.

Wegen ihres Inulingehaltes hat man die Alantwurzel zur Bereitung von Gemüse oder als Zusatz zu Kleberbrod für Diabetiker empfohlen.

**Extractum Helenii.** Alantwurzelextrakt. — Extrait d'aunée. Ergänzb.: Wie Extr. Coffeae Ergänzb. (Band I, S. 906). Ausbeute etwa 30 Proc. — Gall.: Wie Extr. Gentianae Gall. (Band I, S. 1213). — Auch aus gepulverter Wurzel im Verdrängungswege. Harzige Ausscheidungen beim Eindampfen löst man durch Zusatz kleiner Mengen des abdestillirten Weingeistes.

**Tinctura Helenii s. Enulae.** Alantwurzeltinktur. Aus 1 Th. feingeschnittener Wurzel und 5 Th. verdünntem Weingeist durch Digestion.

**Vinum Helenii.** Alantwein. Vin ou Oenolé d'aunée. Gall.: 30,0 geschnittene Alantwurzel, 60,0 Weingeist (60proc.), dazu nach 24 Stunden 1000,0 Weisswein. 10 Tage zu maceriren. — Ex tempore: 1 Th. Alantextrakt, 100 Th. Spanischer Wein.

**Conserva Helenii.**

| | | |
|---|---|---|
| Rp. | Radic. Helenii pulv. | 10,0 |
| | Aquae destill. | 5,0 |
| | Glycerini | 25,0 |
| | Sacchari albi pulv. | 60,0. |

**Elixir Americanum** COURCELLES.
Amerikanisches Brustelixir.

| | | |
|---|---|---|
| Rp. | Extracti Helenii | 25,0 |
| | Succi Juniperi inspiss. | 20,0 |
| | Aquae Sambuci | 300,0 |
| | Tinctur. Opii simplicis | 50,0 |
| | Tinctur. Asari | 30,0 |
| | Spiritus | 600,0. |

Nur für Erwachsene! Theelöffelweise bei Hustenreiz, Katarrh, Asthma.

**Mixtura pectoralis** PHOEBUS.

| | | |
|---|---|---|
| Rp. | Extract. Helenii | 10,0 |
| | Succi Liquirit. depur. | 5,0 |
| | Aquae Foeniculi | 150,0 |
| | Liquor. Ammon. anisat. | 10,0. |

**Ptisana Helenii** (Gall.).
Tisane d'aunée.

| | | |
|---|---|---|
| Rp. | Radicis Helenii conc. | 20,0 |
| | Aquae destill. ebullient. | 1000,0. |

Man lässt 2 Stunden stehen und seiht durch.

**Unguentum Helenii.**

| | | |
|---|---|---|
| Rp. | Extracti Helenii | 1,0 |
| | Adipis suilli | 9,0. |

**Alantol-Essenz,** gegen Husten, Heiserkeit, Schwindsucht, wird durch Mischen eines weingeistigen Auszuges und eines Destillats aus Alantwurzel hergestellt. Zu 10—20 Tropfen auf Zucker.

**Alantol-Cigaretten** werden aus nikotinarmem Tabak hergestellt, der mit Alantol-Essenz getränkt ist.

**Alantol-Leberthran** mit Kalk von G. MARPMANN. Mischung peptonisirter Fette mit Calciumphosphat, taurocholsauren Salzen, Alantol und Alantsäure (HAHN & HOLFERT).

**Helenin de Korab** der Pharmacie CHAPÉS, gegen Schwindsucht, sind 30 Gallertkapseln mit zusammen 2,5 g Alantpulver (3,50 Frcs.).

**Helenol de Korab,** ebendaher, ist eine weingeistige Helenin[1])-Lösung.

---

**Heleninum. Helenin. Alant-Kampher. Alantsäureanhydrid. Alantolakton. Alantlakton. $C_{15}H_{20}O_2$. Mol. Gew. = 232.** Diese früher als Helenin oder Alantkampher bezeichnete Verbindung ist von BREDT als ein Lakton erkannt und Alantolakton genannt worden.

***Darstellung.*** Bei der Destillation der Alantwurzel mit Wasserdämpfen erhält man eine krystallinische Masse, welche aus Alantolakton und Alantol besteht. Durch Absaugen auf porösen Medien kann man letzteres entfernen, sodass das Alantolakton zurückbleibt. Man reinigt dasselbe durch Umkrystallisiren aus verdünntem Alkohol.

***Eigenschaften.*** Farblose prismatische Nadeln von schwachem Geruch und Geschmack, bei 76° C. (die Handelspräparate bei 68—70° C.) schmelzend. Sie sublimiren schon bei mässigem Erwärmen und sieden bei 275° C. unter theilweiser Zersetzung. In Wasser sind sie wenig, dagegen in Alkohol und in Aether leicht löslich. Von verdünnter Kalilauge werden sie beim Erwärmen gelöst, indem sie in das Kalisalz der Alantsäure (Alantolsäure) $C_{14}H_{20}(OH)CO_2H$ übergehen. Wird diese Salzlösung mit einer Mineralsäure angesäuert, so fällt wieder das Alantolakton $C_{15}H_{20}O_2$ aus.

***Prüfung.*** **1)** Es sei farblos, von nur schwachem Geruch. — **2)** Es schmelze bei 68—70° C. bez. bei 76° C. — **3)** Es verbrenne auf dem Platinbleche ohne einen Rückstand zu hinterlassen.

***Aufbewahrung.*** Unter den indifferenten Arzneimitteln.

---

[1]) Das Helenin des Handels ist nicht der oben so genannte Körper, sondern Alantolakton.

*Anwendung.* Das Helenin wird als innerliches Antisepticum bei Malaria, Tuberkulose, katarrhalischen Diarrhöen, Keuchhusten, chronischer Bronchitis angewendet. Man giebt es zu 0,01 g pro dosi in Pulverform und zwar 10 mal am Tage. Dem Urin zugesetzt, soll es denselben noch in einer Verdünnung von 1 : 10000 vor Fäulniss schützen.

---

# Helleborus.

Gattung der **Ranunculaceae—Helleboreae.**

**I. † Helleborus viridis L.** Heimisch in Mittel- und in Südeuropa. Mit kriechendem, verzweigtem, 10 cm langem und 1 cm dickem Rhizom von braunschwarzer Farbe und durch die Blattnarben geringelter Rinde und bräunlichem Holze. Grundblätter gross, langgestielt, mit 7—12 fussförmig gestellten, oft noch getheilten Blättchen, die breit-lanzettlich und grob gesägt sind. Schaft bis zu 50 cm hoch, am Grunde mit einigen Niederblättern und am Grunde der Aeste mit getheilten Blättern. Kelch und Blumenblätter gelblich-grün. Verwendung findet das Rhizom mit den Wurzeln:

**† Radix Hellebori viridis** (cum herba). **Rhizoma Hellebori viridis. Radix Hellebori. — Grüne Nieswurzel. Grüne Christwurz.**

*Beschreibung.* Rhizom mit dicker Rinde, im Holz 4—6 oder mehr Xylembündel, die durch breite Markstrahlen getrennt sind. Die Wurzel ebenfalls mit dicker Rinde, die vom Centralcylinder durch die sehr deutliche Kernscheide getrennt ist. Die Gefässbündel lassen meist noch den primären, radialen Bau erkennen.

Geschmack intensiv bitter, hintennach scharf und brennend, Geruch der frischen Droge rettigartig, beim Trocknen verschwindend.

*Bestandtheile.* 2 Glukoside; beide krystallisirbar: Helleborin $(C_6H_{10}O)x$, wird mit koncentrirter Schwefelsäure roth, liefert mit verdünnten Mineralsäuren Glukose und Helleboresin $C_{30}H_{38}O_4$. Helleboreïn $C_{37}H_{56}O_{18}$, wird mit koncentrirter Schwefelsäure braunroth, dann mehr violett, liefert mit verdünnten Mineralsäuren Glukose: Helleboretin $C_{14}H_{20}O_3$ und Essigsäure. Der Sitz der Glukoside in der Pflanze soll das Parenchym sein.

*Verwechslungen.* 1) Helleborus niger (vergl. unten). Da man die Droge gewöhnlich mit den Grundblättern sammelt, ist sie leicht zu erkennen.

2) Actaea spicata L. Das Rhizom ist grösser, holziger, der Holzkörper der Wurzeln bildet ein Kreuz.

3) Adonis vernalis L. Rhizom schwarz, die Gefässe stehen in deutlichen, radialen Reihen, Holzkörper der Wurzeln rund oder fünfstrahlig (vergl. auch Band, I S. 161).

*Einsammlung, Aufbewahrung.* Man sammelt die Droge im Mai und Anfang Juni, nach Ph. Germ. I im Frühjahr vor der Blüthe oder im Herbst, wäscht und trocknet sie. 3 Th. frische geben 1 Th. trockne. Das Pulvern ist mit den üblichen Schutzmassregeln (Gesichtsmaske etc.) vorzunehmen; die Wurzelblätter werden vorher beseitigt. — Vorsichtig aufbewahren.

*Anwendung.* Wirkt ähnlich wie Digitalis. Grosse Dosen erzeugen Reizung der Schleimhäute, sie rufen Erbrechen und Durchfälle hervor. Diese Wirkungen kommen besonders dem Helleboreïn zu, Helleborin wirkt lähmend.

Bisweilen noch in der Thierheilkunde und als Bestandtheil von Niesepulvern. Innerlich: Dosis maxima 0,3, pro die 1,2 (Ph. Germ. I).

**† Extractum Hellebori viridis.** Extr. Hellebori. 1 Th. grob gepulverte Nieswurzel digerirt man je 3 Tage mit 500, dann mit 300 Th. verdünntem Weingeist und dampft die filtrirten Pressflüssigkeiten zum dicken Extrakt ein. Ausbeute etwa 14 Proc. Höchstgabe 0,1, auf den Tag 0,4. Vorsichtig aufzubewahren.

**† Tinctura Hellebori viridis.** Tinct. Hellebori. Ph. Germ. I.: Aus 1 Th. grob gepulverter Wurzel und 10 Th. verdünntem Weingeist (60 proc.) durch Digestion. Höchstgabe 3,0, auf den Tag 12,0. Vorsichtig aufzubewahren.

**II. † Helleborus niger L.** Heimisch in der Waldregion der östlichen und südlichen Alpen; häufig in Gärten. Grundblätter langgestielt, fussförmig, aus 7—9 kurzgestielten Blättchen zusammengesetzt, die bis zur Mitte ganzrandig und von da bis zur Spitze entfernt gesägt sind. Stengel 1—5 blüthig, am Grunde mit einigen schuppigen Niederblättern, unter den Blüthen mit eiförmigen Deckblättern. Kelchblätter weiss, Korolle gelb. Man verwendet ebenfalls das Rhizom mit den Wurzeln.

† **Radix Hellebori nigri. Rad. Hippocratis. Rad. Melampodii. Rhizoma Veratri nigri. — Schwarze Nieswurzel. Christwurz. Weihnachtswurz. Krätzwurzel. — Hellébore noir** (Gall.). — **Christmas-Root.**

***Beschreibung.*** Der vorigen sehr ähnlich, doch ist die Rinde des Rhizoms schmäler und die Holzbündel sind mehr keilförmig.

***Bestandtheile.*** Wie bei I. ***Einsammlung etc.*** wie bei voriger. Dosis 0,15 bis 0,3 bis 0,6; Dosis maxima 1,0, pro die 3,5.

† **Extractum Hellebori nigri.** Extr. Melampodii. Wie Extr. Hellebori viridis. Ausbeute etwa 20 Proc. Höchstgabe 0,25, auf den Tag 1,0.

† **Tinctura Hellebori nigri.** Tinct. Melampodii. Wie Tinct. Hellebori viridis. Höchstgabe 5,0, auf den Tag 20,0.

**Electuarium antepilepticum** Landerer.

Rp. Visci quercini pulv.
Herb. Dictamni cretic. pulv. āā 20,0
Radic. Hellebor. nigr. pulv.
Radic. Valerianae pulv. āā 10,0
Extract. Nerii Oleandri 15,0
Mellis depurati q. s.
Gegen Epilepsie. Theelöffelweise.

**Extractum Hellebori** Bacher.

I.

Rp. Extract. Hellebori nigri
Kalii carbonici puri āā.

II.

Rp. Extract. Hellebor. virid. 1,0
Kalii carbonici puri 2,0.

**Mixtura antihypochondriaca** Reil.

Rp. Infusi Radic. Hellebori virid. (3,0—5,0) 250,0
Kalii tartarici 30,0
Mellis depurati 60,0.
3stündlich 1 Esslöffel.

**Mixtura solvens** Berndt.

Rp. Ammonii chlorati 10,0
Extract. Hellebor. virid. 1,0
Extract. Absinthii 5,0
Aquae Menth. piperit. 184,0.
Bei Wechselfieber esslöffelweise.

**Pilulae antascіticae** Wendt.

Rp. Radic. Hellebor. virid. 1,0
Ammoniaci
Extract. Chelidonii
Saponis medicati āā 4,0
Rhizom. Rhei pulv. 3,0.
Zu 100 Pillen.

**Pilulae tonicae** Bacher.

Pilulae Hellebori compositae.

Rp. Extract. Hellebori Bacher
Extract. Myrrhae āā 7,5
Rad. Gentian. q. s.
Zu 100 Pillen.

**Vinum antihydropicum** Fuller.

Vinum Scillae compositum Fuller.

Rp. Bulbi Scillae
Radicis Helenii āā 2,5
Corticis Sambuci
Corticis Ebuli āā 5,0
Corticis Winterani 1,25
Rhizom. Iridis Florent.
Folior. Sennae āā 10,0
Radicis Hellebori viridis
Tuber. Jalapae
Agarici āā 1,25
Spiritus 50,0
Vini albi 1000,0.
Durch Maceration zu bereiten.

**Vet. Pilulae antepilepticae.**

Hundepillen.

Rp. Radicis Hellebori viridis
Zinci oxydati āā 2,0
Sulfuris depurati
Tuber. Jalapae āā 6,0
Extract. Chamomillae 5,0.
Man formt 100 Pillen. Kleinen Hunden täglich 2—3, grossen 5 Pillen. Bei Staupe.

**Vet. Pilulae digestivae.**

Hundepillen.

Rp. Radicis Hellebori viridis 5,0
Radicis Althaeae 15,0
Tuber. Jalapae
Radic. Valerianae āā 30,0
Sulfuris depurati 20,0
Mellis depurati q. s.
Man formt 50 grössere oder 100 kleinere Pillen. Grossen Hunden jeden andern Tag eine grosse, kleinen Hunden eine kleine Pille in Milch zertheilt. Bei Staupe.

**III. † Helleborus foetidus L.** Heimisch im südlichen und westlichen Europa. Lieferte früher **Rhizoma Hellebori foetidi** seu **Helleborastri,** an Wirksamkeit dem vorigen gleich.

**IV. Radix Hellebori albi** ist das Rhizom von **Veratrum album L.** (vergl. dort).

**V. Radix Hellebori hiemalis** seu **Aconiti hiemalis** ist das knollige Rhizom mit den Wurzeln von **Eranthis hiemalis Salisb.**

# Helminthochorton.

**Helminthochorton. Alga s. Conferva s. Muscus Helminthochorton. Muscus corsicanus. — (Corsicanisches) Wurmmoos. Wurmtang. — Mousse de Corse** (Gall.). **Mousse de mer. — Corsican Moss.**

**Alsidium Helminthochorton Ktzg. (Florideae—Rhodymeniales—Rhodomelaceae)** ist eine kleine, 4 cm hohe, rasenförmig wachsende, aus borstigen, einfachen oder gabelig getheilten Thalluszweigen bestehende Alge. Frisch ist sie purpurroth, trocken blassbräunlich. Kommt aus dem Mittelmeer über Triest oder Marseille in den Handel. Die Droge enthält ausser genannter Art reichlich andere Algen: Ceramium rubrum Ag., Corallina officinalis L., Furcellaria fastigiata Lam., Padina pavonia Grev., Polysiphonia-Arten u. a., ferner Steinchen, Stückchen von Korallen, Muschelschalen etc. Die im atlantischen Ocean und in der Nordsee gesammelte Droge enthält die eigentliche Helminthochorton-Alge überhaupt nicht.

Ein veraltetes, heute noch selten im Handverkauf gefordertes Wurmmittel, früher des Jodgehaltes wegen auch gegen Scrophulose angewendet.

**Gelatina de Helminthochorto.**
Gelée de mousse de Corse (Gall.).

| Rp. | | |
|---|---|---|
| | 1. Helminthochorti | 30,0 |
| | 2. Aquae destillatae | q. s. |
| | 3. Sacchari albi | 60,0 |
| | 4. Vini albi | 60,0 |
| | 5. Ichthyocollae | 5,0. |

Man wäscht 1 mit kaltem Wasser, kocht mit 2 eine halbe Stunde, so dass man 200,0 Pressflüssigkeit erhält, fügt 3 und 4, dann 5, in 30,0 Wasser erweicht, hinzu, kocht bis zur Gallerte, seiht durch und stellt kalt. Die Ausbeute soll 125,0 betragen.

**Gelatina vermifuga Marcellini.**

| Rp. | | |
|---|---|---|
| | 1. Gelatinae Helminthochorti sine Saccharo | 150,0 |
| | 2. Extracti Filicis | 3,0 |
| | 3. Tragacanth. pulv. | 5,0 |
| | 4. Gummi Arabici | 10,0 |
| | 5. Sirupi Mororum | 60,0. |

Man emulgiert 2—5 und mischt bei gelinder Wärme mit 1.

**Potus anthelminthicus.**
Wurmtrank für Kinder.

| Rp. | | |
|---|---|---|
| | 1. Helminthochorti | 8,0 |
| | 2. Florum Cinae | 4,0 |
| | 3. Lactis vaccin. fervid. | 125,0 |
| | 4. Sirupi Mannae | 30,0. |

1 und 2 mit 3 infundiren, Seihflüssigkeit mit 4 mischen. Morgens nüchtern zu geben.

**Sirupus de Helminthochorto.**
Sirop de mousse de Corse (Gall.).

| Rp. | | |
|---|---|---|
| | 1. Helminthochorti | 200,0 |
| | 2. Aquae destillat. ebull. | q. s. |
| | 3. Sacchari albi | 1000,0. |

Man infundirt 1 sechs Stunden mit 500,0, dann nochmals mit q. s. von 2, sodass man 530,0 filtrirte Seihflüssigkeit erhält. Man bringt mit 3 zum Sirup.

---

# Herniaria.

Gattung der **Caryophyllaceae—Alsinoideae—Paronychieae.** Dem Boden anliegende Kräuter mit kleinen sitzenden Blättern mit Nebenblättern, und kleinen grünen Blüthen in axillären, dichten Büscheln.

**Herniaria glabra L.**, gelbgrün, kahl, mit ungewimperten Kelchblättern, und **Herniaria hirsuta L.**, beide auf Sandboden nicht selten. Sie enthalten ein Saponin $C_{19}H_{30}O_{10}$, ferner in einer Menge von 0,2 Proc. Herniarin, das ein Methyläther des Umbelliferons ist. H. glabra enthält ausserdem ein flüssiges Alkaloid: Paronychin. Sie liefern, besonders die erste: **Herba Herniariae** (Austr. Ergänzb.). **Hb. Herniariae multigranae** s. **Millegranae. — Bruchkraut. Dürrkraut. Harnkraut. Tausendkorn. Windkraut.**

***Einsammlung, Anwendung.*** Man sammelt das ganze, blühende Kraut ohne die Wurzel von den genannten Arten — nach Ergänzb. nur von Herniaria glabra. Es wird, wenn auch selten, bei Leiden der Harnwege, Blasenkatarrh, Nierenkolik, als Aufguss (10,0—20,0 : 200,0 auf den Tag), als Extrakt oder Sirup gegeben.

**Extractum Herniariae.** Das getrocknete Kraut zieht man mittels Weingeist und Wasser ãã aus und dampft zum dicken Extrakt ein.

**Sirupus Herniariae.** 100 g Bruchkraut übergiesst man mit 400 g siedendem Wasser, setzt nach einer Stunde 100 g Weingeist (87 proc.) hinzu, presst nach 3 Stunden, filtrirt und kocht 400 g Filtrat mit 600 g Zucker zum Sirup.

**Lux,** ein Mittel gegen Gicht, Rheuma und Blasenleiden, besteht nach BEDALL aus dem Kraut von Herniaria hirsuta, das mit Pottasche und Citronensäure getränkt ist.

**Thee** des Prof. Dr. WALBERER, gegen Blasenleiden, ist Herba Herniariae glabrae.

# Hexamethylentetraminum.

**I. † Hexamethylentetraminum. Hexamethylenamin. Urotropinum** (Ergänzb.). **Formin. Aminoform** $C_6H_{12}N_4$. **Mol. Gew. = 140.** Ein Kondensationsprodukt von Formaldehyd mit Ammoniak. Es wird im Grossen durch Ueberleiten von trockenem Ammoniak über erwärmten Paraformaldehyd gewonnen, kann aber auch im pharmaceutischen Laboratorium mit Vortheil dargestellt werden.

***Darstellung.*** Man bringt in einen Kolben 100 Th. Formaldehydlösung (von 40 Proc. $CH_2O$), fügt unter guter Kühlung (!) in kleinen Portionen (!) nach und nach (!) etwa 70 Th. Ammoniak von 25 Proc. $NH_3$ hinzu, sodass dieses deutlich vorwaltet. Dann verstopft man den Kolben und stellt ihn 2 Stunden zur Seite. Nach dieser Zeit prüft man durch den Geruch, ob noch freies Ammoniak vorhanden ist. Wenn dies der Fall ist, so fügt man noch 10 Th. der obigen Ammoniakflüssigkeit hinzu und lässt die Flüssigkeit in wohlverschlossener Flasche über Nacht stehen. Hierauf giesst man sie in etwa $^1/_2$ cm hoher Schicht auf Porcellanteller, bedeckt diese lose mit Papier und stellt sie an einen warmen Ort, z. B. auf den Schrank in einem geheizten Zimmer. Nach einigen Tagen ist ein aus sechseckigen Blättchen bestehender Krystallrückstand vorhanden. Man krystallisirt ihn unter Zusatz von etwas Thierkohle aus siedendem Alkohol um, wäscht die Krystalle mit etwas Aether nach und trocknet sie an der Luft.

***Eigenschaften.*** Aus Alkohol krystallisirt farblose Krystalle (kurze, sechsseitige Säulen) ohne Geruch, von süsslich, hinterher bitterlichem Geschmack. In Wasser leicht, in Alkohol weniger leicht, in Aether nur wenig löslich. Die wässerige Lösung schmeckt süsslich-salzig und reagirt gegen Lackmus alkalisch. Wird sie mit verdünnter Schwefelsäure erhitzt, so entwickelt sie Formaldehyd. Fügt man hierauf Natronlauge im Ueberschuss hinzu, so entweicht beim Erwärmen Ammoniak. Die wässerige Lösung wird durch Quecksilberchlorid weiss gefällt. Der Niederschlag geht bald in Krystallnadeln über. Silbernitrat erzeugt weissen Niederschlag, welcher im Ueberschuss von Hexamethylentetramin gelöst wird. Diese Lösung kann erhitzt werden, ohne dass sie sich verändert. Cuprisulfat giebt hellblaue, Ferrichlorid braune, schleimige Fällung. — Durch Gerbsäure entsteht ein gelblich-weisser Niederschlag, dagegen wird durch Gallussäure keine Fällung erzeugt. Die wässerige Lösung giebt noch in starker Verdünnung, mit gesättigtem Bromwasser im Ueberschuss versetzt, einen orangegelben Niederschlag. Diese Reaktion eignet sich auch zum Nachweis des Hexamethylentetramins im Urin. Mit Jod-Jodkaliumlösung entsteht braune, krystallinische Fällung. — Mischt man etwa 0,1 g Hexamethylentetramin mit 0,1 g Salicylsäure, fügt 5 ccm konc. Schwefelsäure hinzu und erwärmt vorsichtig, so färbt sich die Flüssigkeit prachtvoll karminroth. — Wird das feste Hexamethylentetramin auf dem Platinblech erhitzt, so vergast es ohne zu schmelzen, die Dämpfe verbrennen mit fahlblauer Flamme.

***Prüfung.*** Es sei farblos, in Wasser leicht und mit alkalischer Reaktion löslich. Es verbrenne auf dem Platinbleche ohne einen Rückstand zu hinterlassen und löse sich in konc. Schwefelsäure ohne Färbung.

***Aufbewahrung.*** Vorsichtig aufzubewahren. Lichtschutz ist nicht erforderlich.

***Anwendung.*** Das Urotropin wird in Gaben von 1—2,0 g täglich (in wässeriger Lösung) als Harnsäure lösendes Mittel bei harnsaurer Diathese, ferner wegen seiner antibakteriellen Eigenschaften als inneres Antisepticum bei Cystitis mit ammoniakalischer

Harngährung in Anwendung gebracht. In Gaben von 4—6,0 g täglich tritt vorzugsweise diuretische Wirkung ein.

**† Hexamethylentetraminum salicylicum. Urotropinum salicylicum. Saliformin $[(CH_2)_6N_4] . C_7H_6O_3$. Mol. Gew. = 278.**

Zur Darstellung übergiesst man 10 Th. Hexamethylentetramin und 10 Th. Salicylsäure mit 25 Th. destillirtem Wasser und lässt stehen, bis Auflösung erfolgt ist. Man filtrirt die Lösung, dunstet sie bei 50—60° C. ein, trocknet den Rückstand im Exsiccator nach und zerreibt ihn zu Pulver.

Farbloses, krystallinisches Salzpulver von ekelhaft süsslich adstringirendem Geschmack, in Wasser und in Alkohol sowie in Chloroform leicht löslich. Die wässerige Lösung reagirt sauer und wird durch Ferrichlorid intensiv rothviolett gefärbt, mit Kupfersulfat giebt sie grasgrüne Färbung. Wird sie mit verdünnter Schwefelsäure erhitzt, nach dem Erkalten mit Natronlauge übersättigt und nochmals erhitzt, so erfolgt Entweichen von Ammoniak. — In konc. Schwefelsäure löst sich das Salz ohne Färbung. Wird diese Lösung vorsichtig erwärmt, so färbt sie sich prachtvoll karminroth. — Die wässerige Lösung giebt noch in starker Verdünnung, mit gesättigtem Bromwasser im Ueberschuss versetzt, einen hellgelben Niederschlag.

Das Salz verbrenne auf dem Platinbleche ohne einen Rückstand zu hinterlassen. — Man giebt es in Dosen von 1—2 g als Harnsäurelösendes Mittel wie das vorige.

**Galloformin - Henning.** Gallussaures Hexamethylentetramin $C_6H_2(OH)_3 CO_2H . (CH_2)_6N_4$. = 310.

Entsteht durch Zusammenbringen von 19 Th. kryst. Gallussäure mit 14 Th. Hexamethylentetramin. Es krystallisirt in harten, stark lichtbrechenden Nadeln, ist verhältnissmässig schwer löslich in kaltem Wasser, desgl. in Alkohol, Aether und Glycerin, unlöslich in Chloroform, Benzol und Olivenöl. Beim Kochen der wässerigen Lösung tritt unter reichlicher Entwickelung von Formaldehyd Zersetzung und Abscheidung eines unlöslichen Produktes ein. Die Verbindung war als innerliches und äusserliches Desinficiens in Aussicht genommen, hat sich aber in der Praxis nicht bewährt.

**II. † Hexamethylentetramin-Aethylbromid. Bromalin. Bromalium. Bromoformin. Bromäthylformin. $[(CH_2)_6N_4]\ C_2H_5Br$. Mol. Gew. = 249.** Ein Additionsprodukt von Hexamethylentetramin und Aethylbromid.

Zur Darstellung übergiesst man in einem niedrigen Cylinder, welcher verschlossen werden kann, 10 Th. Hexamethylentetramin mit 10 Th. absolutem Alkohol und 10 Th. Bromäthyl. Man lässt die Mischung unter gelegentlichem Umrühren stehen, bis sie sich in eine aus nadelförmigen Krystallen bestehende Masse umgewandelt hat, und lässt sie an einem warmen Orte trocken werden.

Farblose Krystalle (Nadeln oder Blättchen), oder ein krystallinisches Pulver, leicht löslich in Wasser zu einer kaum alkalisch reagirenden Flüssigkeit von süsslich salzigem Geschmack. Sie schmelzen bei etwa 200° C. unter Zersetzung. Beim Erhitzen auf dem Platinbleche bläht sich die Kohle auf, ähnlich wie diejenige des Rhodanquecksilbers. Löst man die Verbindung in Natronlauge, giebt Jod hinzu und erwärmt, so tritt der Geruch nach Jodoform auf. — Die wässerige Lösung giebt noch in starker Verdünnung, mit gesättigtem Bromwasser im Ueberschuss versetzt, einen orangegelben Niederschlag. Beim Erhitzen mit Natronlauge allein werden ammoniakalische Dämpfe in Freiheit gesetzt. Zum Nachweis des Broms löst man das Präparat in konc. Schwefelsäure, setzt einige Tropfen rauchende Salpetersäure hinzu und schüttelt mit Chloroform aus; letzteres färbt sich alsdann gelbbraun. — Es verbrenne, auf dem Platinbleche erhitzt, unter Auftreten einer stark aufgeblähten Kohle ohne einen Rückstand zu hinterlassen. Vor Licht geschützt aufzubewahren.

Man giebt es in Gaben von 2—4 g in Pulverform oder Lösung 3—4mal täglich als Sedativum nervosum an Stelle des Bromkaliums bei Epileptikern und Neurasthenikern. Es ist etwa die doppelte Gabe wie von dem Bromkalium erforderlich.

**III. Tannopinum. Tannon. Hexamethylentetramin — Tannin. $[(CH_2)_6N_4] . [C_{14}H_{10}O_9]_3$. Mol. Gew. = 1106.**

Zur Darstellung löst man 13 Th. Hexamethylentetramin in Wasser und fällt diese Lösung mit einer frischbereiteten Lösung von 87 Th. Gerbsäure (Acidum tannicum). Der entstehende rehfarbige Niederschlag ist in viel Wasser zunächst löslich. Es wird daher durch Erhitzen auf 100—110° C. bei Gegenwart von Glycerin gehärtet, d. h. unlöslich gemacht, alsdann ausgewaschen, getrocknet, gemahlen und gesiebt.

Ein rehbraunes, geruchloses und geschmackloses, feines, nicht hygroskopisches Pulver, das in Wasser, schwachen Säuren, Weingeist, Aether fast unlöslich ist, sich dagegen in verdünnter Natriumkarbonatlösung oder verdünnter Kalilauge langsam auflöst. Durch Wasser, bez. Alkohol werden dem Präparat nur Spuren von Gerbsäure entzogen, welche durch Ferrichlorid (blaue Färbung) nachweisbar sind.

Tannon wird vom Magen aus nicht, dagegen vom Darm resorbirt. Der Harn giebt nach Tannongebrauch mit gesättigtem Bromwasser den für das Urotropin bekannten orangegelben Niederschlag. Man giebt es Erwachsenen 3—4 mal täglich zu 1,0 g, Kindern zu 0,2—0,5 g als adstringirendes Mittel bei Darmerkrankungen, z. B. bei akuten Darmkatarrhen, Typhus.

† **Chloral-Hexamethylendiamin.** D.R.P. 87993. (Formel?)
Entsteht durch Einwirkung von Hexamethylentetramin auf Chloral. Farblose, bei 139—140° C. schmelzende Nadeln, die beim Erwärmen mit Säuren in Formaldehyd und Chloral zerfallen. Vorsichtig aufzubewahren. Die Indikationen und die Dosirung sind noch nicht festgestellt.

**IV. Ferrostyptinum.** — Eichengrün. Die Angabe Aufrechts, dass das Präparat aus Ammonium-Ferrichlorid und Acetanilid bestehen solle, hat sich als nicht zutreffend erwiesen. Ein uns vorliegendes Präparat ist ein Doppelsalz von salzsaurem Hexamethylentetramin-Ferrichlorid. **$(CH_2)_6N_4 . HCl . FeCl_3$. Mol. Gew. = 339.**

Zur Darstellung mischt man eine Lösung von 14,0 Th. Hexamethylentetramin in 14,6 Th. Salzsäure von 25 Proc. mit 56,0 Th. Eisenchloridlösung (spec. Gew. 1,280—1,282). Diese Mischung giesst man in die 4—5fache Menge Alkohol ein, sammelt die ausgeschiedenen Krystalle und trocknet sie nach dem Absaugen bei gewöhnlicher Temperatur.

Gelbbräunliche, würfelförmige Krystalle, vom Schmelzp. 111° C., unlöslich in kaltem Alkohol, Aether und Aceton, in Wasser leicht löslich zu einer bräunlichgelben, klaren, sauer reagirenden Flüssigkeit, in welcher Silbernitrat einen weissen Niederschlag (AgCl) erzeugt. Die Lösung trübt sich beim Erhitzen. Durch Erwärmen mit Ammoniak wird das gesammte Eisen als Ferrihydroxyd gefällt. Der Gehalt an metallischem Eisen beträgt rechnerisch 16,5 Proc., an Eisenoxyd 23,6 Proc. Thatsächlich enthält das Präparat rund 22—23 Proc. Eisenoxyd, entsprechend etwa 15—16 Proc. metallischem Eisen. Durch Erwärmen mit Säuren wird aus der wässerigen Lösung Formaldehyd abgespalten, und nach darauffolgendem Uebersättigen mit Natronlauge wird beim Erwärmen Ammoniak in Freiheit gesetzt.

Das Ferrostyptin besitzt antiseptische Eigenschaften; es wird ferner als Stypticum an Stelle des Eisenchlorids, namentlich in der Zahnheilkunde verwendet; im Gegensatz zum Eisenchlorid wirkt es nicht ätzend, sondern nur styptisch.

---

# Hirudo.

Gattung der **Kieferegel (Gnathobdellidae),** Unterfamilie der **Discophora** oder **Hirudinea.** Sie bilden die höchst organisirte Klasse der **Plattwürmer (Platoda).**

**Hirudines** (Austr. Germ.). **Hirudo** (Brit. Helv.). **Blutegel.** — **Sangsue médicinale** (Gall.). — **Leeches.**

Als Blutegel im engeren Sinne bezeichnet man diejenigen Arten, bei denen die Zähne der Kiefern so zahlreich vorhanden und so fein sind, dass sie beim Anbeissen nur eine seichte und leicht vernarbende Wunde verursachen. Andere Arten, die vermöge der viel grösseren Zähne tiefere Wunden verursachen oder wegen der stumpferen oder fehlenden Zähne überhaupt kein Blut saugen können, sind nicht zu verwenden.

*Beschreibung.* **Hirudo medicinalis L. (Sanguisuga medicinalis Savigny)** und **Hirudo officinalis Savigny,** der zweite offenbar nur Varietät des ersteren. Ursprünglich in ganz Europa, dem südwestlichen Asien und Nordafrika heimisch, gegenwärtig an vielen Orten ausgerottet. Bis 20 cm lang, mit 95 deutlichen Ringeln, von denen die ersten 9—10 dem Kopf angehören, dessen 1., 2., 3., 5. und 8. Ringel auf der Rückenfläche je 2 schwarze Augen tragen. Die 4 vordersten Ringel bilden einen löffelförmigen Körper, der als Haftscheibe dient, und in dessen Grund die dreistrahlige Mundöffnung liegt, hinter der die 3 grossen, halblinsenförmigen Kiefernplatten liegen, die auf ihrer konvexen Seite bis 90 feine, bewegliche Zähnchen tragen. Das Saugen geschieht dadurch, dass der Egel den Kopf gegen die betreffende Stelle drückt, einen Theil der Mundhöhle nach aussen schiebt, wodurch eine genau anhaftende Scheibe sich bildet, durch die er die Kiefern nach vorne schiebt und durch wiederholte Bewegungen mit denselben eine Wunde macht. Das austretende Blut wird durch Saugen in die entferntesten Ausstülpungen des Magens geleitet, die Gerinnung des Blutes wird durch eine in der Mundhöhle des Egels secernirte Substanz verhindert.

Das aufgenommene Blut wird in 5—18 Monaten verdaut, doch stellt sich die Saugfähigkeit schon nach 2—4 Monaten oder nach künstlicher Entleerung in einigen Tagen wieder ein. Die Menge des aufgenommenen Blutes kann das Sechsfache vom Gewicht des Egels betragen.

Rücken grün bis bräunlich, jederseits mit 3 gelben oder rothen Längsbinden, die meist schwarzgefleckt sind, auch oft unter einander zusammenfliessen. Leibesrand heller, Bauch einfarbig hell oder schwarz, oder dunkelgefleckt. Färbung ausserordentlich variirend, man unterscheidet danach 64 Varietäten. **H. medicinalis, der deutsche Blutegel, Sangsue grise, Sprengkled leech,** im nördlichen und mittleren Europa, Rücken grünlichgrau, jederseits mit 3 rostrothen Binden, deren mittlere auf jedem Segment einen schwarzen Tupfen hat, Bauch grünlichgelb, schwarz gefleckt. **H. officinalis, Sangsue verte, Green leech,** im südöstlichen und südlichen Europa, Rücken mit grünem Mittelstreifen, jederseits davon eine rothe oder braune Längsbinde, Bauch grünlichgelb, meist ungefleckt. Im allgemeinen saugt der erstere besser, bleibt aber kürzere Zeit sitzen und nimmt daher wenig Blut auf. — Der grösste Theil der im Handel befindlichen Egel besteht aus H. officinalis.

Man unterscheidet Mutter- oder Zuchtegel, die schlecht saugen, 8—15 g schwer, grosse Egel: 2—3 g schwer, mittlere Egel: 1—3 g schwer, kleine Egel oder Spitzen: 0,5—1,0 g schwer. Die mittleren Sorten entsprechen den Anforderungen der Arzneibücher am besten, die Spitzen finden allenfalls bei Kindern Verwendung. Der grösste Theil der Egel wird gegenwärtig von Zuchtanstalten geliefert, welche die Egel in 1,5 m tiefen Teichen halten, die stets Zufluss von frischem Wasser erhalten müssen; Gerbsäure und Kalk ist aus diesen Teichen fernzuhalten. Alle 6 Monate werden die Egel gefüttert, indem man mit frischem Blut gefüllte Blasen in das Wasser hängt. Werden dem Apotheker in der Freiheit gefangene „wilde Egel" zum Kauf angeboten, so soll er sich durch Vergleichung überzeugen, dass wirklich die officinelle Art vorliegt.

***Andere Arten.*** Hirudo troctina Johnson, Forellenblutegel, Dragon sangsue, Trontleech. Ziemlich glatt, auf dem Rücken mit sechs Reihen gelber Flecken, Körperrand gelb mit schwarzem Saum. Bauch einfarbig oder gefleckt. Heimisch in Algier und der Berberei, zuweilen nach Europa (Frankreich) importirt. Hiermit identisch sollen H. verbana und H. carena im Lago maggiore und bei Nizza sein, die ebenfalls verwendet werden.

Hirudo mysomelas Henry, tief olivgrün mit drei gelblichen, schwarz gesäumten Binden, Seiten gelb, Bauch gelb, schwarz gefleckt, der Rücken auch ohne Binden. Am Senegal, nach Frankreich importirt. Hirudo granulosa Savigny. Um Pondichery, auf Bourbon und Mauritius angewendet. Hirudo sinica Blainville. In China heimisch und dort verwendet. Hirudo javanica Wahlberg. In Java ebenso. Hirudo quinquestriata Schmarda. In Australien heimisch und verwendet.

Zuweilen werden verwandte Arten in der Apotheke zum Kauf angeboten, so Hirudo sanguisuga L., der Pferdegel, Rücken schwarzgrün, Bauch gelbgrün, Seiten, zuweilen auch der Rücken, braun gefleckt. Hirudo fusca L. grünlich oder grünlich-chokoladenfarbig, auf dem Bauche grau- oder olivengrün, walzenförmig. Hirudo octoculata Berger flach, grau-, grünlich- oder gelbbraun.

***Einkauf. Versendung.*** Nur selten werden Blutegel von Landleuten gefangen und zum Kauf angeboten; in diesem Falle hat man sich durch genaue Besichtigung zu überzeugen, dass es wirklich die officinellen Egel sind und dass sich nicht etwa solche darunter befinden, die bereits gesogen haben. In der Regel ist der Apotheker darauf angewiesen, sie von Händlern oder Blutegelzüchtereien zu beziehen, deren es in Deutschland (G. F. Stölter-Hildesheim[1]), Glückmann Korach-Königsberg i. Pr. u. A.), Frankreich, Ungarn und anderen Ländern verschiedene giebt. Von hier werden die Egel gewöhnlich in Holzkisten, die mit sogen. Muttererde gefüllt sind, oft noch in leinene Säckchen verpackt, ohne Nachtheil auf weite Entfernungen, selbst nach überseeischen Ländern verschickt. Indessen ist es doch rathsam, grössere Vorräthe womöglich im Herbst oder Frühjahr einzukaufen, in der heissen Jahreszeit aber nur mässige Bestände zu halten, da dann die Sterblichkeit der Thiere am grössten ist. Eine im Winter bei Frostwetter eintreffende Sendung darf nicht sogleich in einen geheizten Raum gebracht werden; es ist vielmehr dafür Sorge zu tragen, dass, falls die Egel in Wasser aufbewahrt werden, auch dieses durch längeres Verweilen am Aufbewahrungsorte dessen Temperatur angenommen hat, ehe sie hineingesetzt werden. Denn die Blutegel ertragen zwar vorübergehend eine Kälte bis zu — 8° C. ohne Schaden, dagegen ist ihnen grössere oder anhaltende Kälte oder plötzlicher Temperaturwechsel schädlich.

***Aufbewahrung.*** Der Verbrauch der Blutegel ist gegen früher im allgemeinen geringer geworden, so dass viele Apotheker mit 100—200 Stück längere Zeit auskommen. Diese vertheilt man auf 2—3 Vorrathsgefässe und benutzt als solche Hafengläser oder irdene, innen glasirte Kruken, die man mit grober, ungebleichter Leinwand überbindet; dabei hat man sorgfältig darauf zu achten, dass diese nicht schadhaft ist und am Rande keine Falten schlägt, denn die Egel entweichen auch durch die kleinste Oeffnung. Die Gefässe müssen so gross gewählt werden, dass je 100 Egeln etwa ein Raum von 10 l zur Verfügung steht; sie erhalten ihren Platz an einem recht kühlen, Temperaturschwankungen möglichst wenig ausgesetzten, durchaus frostfreien, doch nicht geheizten Ort, in dessen Nähe sich weder Riechstoffe (Chlorkalk, Kampfer) befinden, noch saure oder ammoniakalische Dämpfe entwickeln können; in der Regel stellt man sie auf den Boden eines kühlen, luftigen Kellers.

Die gebräuchlichste Aufbewahrung der Blutegel ist diejenige in reinem Wasser, dessen Temperatur und Bestandtheile hierbei von grossem Einfluss auf das Befinden der Thiere sind. Es soll 8—10° C. warm, möglichst frei von Kalk, Magnesia und Eisen sein; man nimmt also im Sommer Brunnenwasser, im Winter klares Flusswasser, das natürlich nicht durch Abwässer aus Fabriken verunreinigt sein darf und auf die richtige Temperatur gebracht ist (siehe oben). Das Erneuern des Wassers geschieht in der kälteren Jahreszeit wöchentlich ein- bis zweimal, im Sommer einen Tag um den andern, nöthigenfalls noch öfter, d. h. sobald man Schleimfäden, Trübung, todte Thiere wahrnimmt, was nach Gewittern öfter der Fall ist. Hierbei ist die peinlichste Sauberkeit nothwendig, denn die Egel sind auch in dieser Hinsicht sehr empfindlich; die Hände müssen sorgfältig mit Seife und danach mit Wasser gereinigt sein; die Geräthe dürfen nicht zu andern Zwecken benutzt werden. Zunächst schüttet man die Egel auf einen kleinlöcherigen Durchschlag, reinigt die Wandungen des Gefässes von angesetztem Schleim, ebenso die Blutegel durch behutsames Uebergiessen mit Wasser, entfernt auch hier etwaige Schleimfäden, besonders aber kranke und todte Thiere und bringt die übrigen wieder in das mit frischem Wasser beschickte Gefäss zurück.

Diese einfache Behandlung genügt bei stärkerem Verbrauch, die Egel frisch und saugfähig zu erhalten. Bei geringem Bedarf ist der Apotheker aber nur mit grossem Verlust in der Lage, der gesetzlichen Forderung des Vorräthighaltens von Blutegeln zu genügen, und es mangelt deshalb nicht an Vorschlägen für deren angeblich zweckmässigste Aufbewahrung. Man hat empfohlen, die Thiere in ständig fliessendem Wasser zu halten, oder dem Wasser Holzkohle, Sand, Kieselsteine, Thon, Holzwolle, Pferdeschwämme, Carrageen, Stroh (sogar Salicylsäure!) zuzusetzen, um ihnen das Abstossen der Häute und des Schleimes zu erleichtern; auch Anlagen von förmlichen Aquarien mit Wasserpflanzen, wie Elodea canadensis, Ceratophyllum u. a. und Aufstellung derselben in hellen, luftigen Räumen

[1]) Diese im Jahre 1840 gegründete Blutegelzuchtanstalt empfängt, da die selbstgezüchteten Egel dem Bedarf nicht genügen, grosse Sendungen aus andern Ländern, verschickt die Thiere aber erst nach 1—$1^1/_2$jährigem Aufenhalt in besonderen Konservirungsteichen.

werden gerühmt — diesen Rathschlägen gegenüber möge man bedenken, dass alle jene Vorrichtungen den Thieren nicht die natürlichen Lebensbedingungen bieten. Die Blutegel gehören nicht zu den Fischen, sondern zu den Würmern, und diese leben nicht im Wasser. So sauber und übersichtlich also die Aufbewahrung in reinem Wasser sein mag, jedenfalls ist es zweckmässig, in dasselbe einige grosse Stücke Torf zu legen, der den Egeln besonders zusagt und der auch das Wasser länger frisch hält, sobald man ihn nur beim Wasserwechsel sorgfältig von Schleimtheilen reinigt. Noch besser eignet sich Torf in zerriebenem, mässig angefeuchtetem Zustande, womit man die Gefässe zu $^3/_4$ beschickt, in der Weise, dass man die Egel in 4—5 Schichten dazwischen vertheilt. Die der Lebensweise der Blutegel am meisten entsprechende, daher zweckmässigste und am besten bewährte Aufbewahrung ist aber die in feuchter Erde. Man mischt Thon oder Lehm mit $^1/_3$ zerriebenem Torf, setzt wohl auch etwas gepulverte Lindenkohle zu, befeuchtet diese Masse mit soviel Regenwasser, als sie aufzunehmen vermag und legt sie in kleinen Brocken in das Vorrathsgefäss, bringt die mit Wasser abgewaschenen Egel darauf und setzt das mit Leinwand verbundene Gefäss der Zugluft aus; nach einiger Zeit öffnet man, um die etwa an den Wandungen sitzenden Thiere auf die Erde zurückzubringen und wiederholt dies so lange, bis sich sämmtliche Egel verkrochen haben. Bei diesem Verfahren ist der lästige Wasserwechsel so gut wie überflüssig. Die Thiere werden nur wenig gestört, halten sich erfahrungsgemäss sehr lange gesund und saugfähig, so dass Verluste auf das geringste Maass beschränkt bleiben. Das genannte Hildesheimer Geschäftshaus liefert die Blutegel auch bereits in Blechkübeln mit Erdmasse, die man bei Bedarf einfach umtauscht. Ein Uebelstand dieser Aufbewahrungsart ist es freilich, dass man den Vorrath nicht zu übersehen vermag. Dem hilft man durch Aufstellung zweier Gefässe leicht ab, wovon das eine zuerst geleert sein muss, ehe vom Inhalt des andern entnommen wird.

***Abgabe.*** Um das häufige Oeffnen der Vorrathsgefässe und das Beschmutzen der Hände bei Entnahme von Blutegeln zu vermeiden, hält man einen kleinen Vorrath in einem Porcellangefässe mit siebartig durchlöchertem Deckel und aus diesem nimmt man je nach Bedarf die einzelnen Egel mittels eines besonderen, nur hierzu benutzten Porcellan- oder Holzlöffels. Man giebt sie in reinen Salbentöpfchen oder in Glashafen ab, die man mit sauberer Gaze oder Leinwand überbindet. Ein Wasserzusatz ist nicht nothwendig.

Nicht selten werden völlig gesunde Blutegel zurückgebracht, weil sie angeblich nicht saugen wollen. Man setzt sie dann kurze Zeit in kaltes, frisches Wasser und macht die Empfänger darauf aufmerksam, dass vor dem Ansetzen die Hautstelle sorgfältig durch Abwaschen und Abtrocknen mittels sauberer Leinwand gereinigt werden muss, dass man die Thiere nur mit feuchter Leinwand oder mit sehr reinen Händen anfassen darf, dass dagegen Seife und sogenannte Reizmittel durchaus zu vermeiden sind. Sollen Blutegel an schwer zugänglichen Körperstellen, z. B. am Gaumen, an der Zunge, angesetzt werden, so benutzt man hierzu Blutegelröhren, 15 mm weite, an dem einen Ende gebogene und etwas verjüngte Glasröhrchen, in welche man die Egel hineinschiebt und auf die Saugstelle aufsetzt. Ein Abreissen des Egel vor dem freiwilligen Abfallen ist nicht rathsam, man veranlasse sie hierzu durch Bestreuen mit Salz oder Asche.

Blutegel, die einmal abgegeben sind, dürfen unter keinen Umständen zurückgenommen werden, auch wenn sie angeblich nicht benutzt sind. Ebenso sollten Blutegel, die einmal gesogen haben, nicht nochmals von andern Personen benutzt werden, da die Gefahr der Uebertragung von Krankheitsstoffen nahe liegt. Wenn in Militärspitälern für die Kunst, die Egel vom Blut zu befreien, sie wieder „aufzufrischen", Preise ertheilt werden, so dürfte diese Art Sparsamkeit nicht gerade zu billigen sein.

Zum Stillen der Blutung nach Egelbissen dienen Druck, kaltes Wasser, Eis, Alaun, verdünnte Säuren, Eisenchloridwatte, Fliesspapier, Feuerschwamm (s. Band I, S. 1186) und Penghawar Djambi (s. Band I, S. 827), auch wohl Aetz- oder Glühstifte, während warmes Wasser oder warme Umschläge die Nachblutung unterstützen. Die letztere ist, besonders bei Kindern oder schwächlichen Personen, mit grösster Aufmerksamkeit zu überwachen.

***Anwendung.*** Bei Entzündungen aller Art, wo Blutstockungen zu heben sind, besonders bei entzündlichen Leiden am Kopfe, bei Quetschungen, Hämorrhoiden u. s. w. — doch überlasse man die Entscheidung dem Arzte.

**Extractum Hirudinum.** Blutegelextrakt ist nach E. Merck der wässerige, sterilisirte Auszug aus den in Alkohol gehärteten, getrockneten Köpfen der officinellen Blutegel.

2 ccm enthalten die wirksamen Bestandtheile eines Egels. Es soll die Gerinnung des Blutes verhindern, dasselbe gegen Fäulniss widerstandsfähiger machen und wird deshalb bei Transfusionen, ferner bei Verletzungen oder Quetschungen zur Verhinderung der Thrombenbildung empfohlen. Für einen erwachsenen Menschen wären 150—200 ccm Extrakt oder ein Infusum von 80—100 Blutegeln erforderlich.

---

# Holocainum hydrochloricum.

**† Holocainum hydrochloricum. Salzsaures Holocaïn.** $C_6H_4OC_2H_5NH.C(CH_3) = N—C_6H_4.OC_2H_5$. **Mol. Gew. = 298.**

Unter dem Namen Holocaïn wird das p-Diäthoxyaethenyldiphenylamidin verstanden; das salzsaure Salz der Base ist das oben genannte Präparat.

***Darstellung.*** Dieselbe erfolgt fabrikmässig nach D.R.P. 79868 durch Einwirkung von Phosphorchlorid auf ein Gemenge von Phenacetin und p-Phenetidin. Da das Phosphorchlorid die Rolle eines wasserentziehenden Mittels spielt, so lässt sich der Endverlauf der Reaktion durch folgende Gleichung ausdrücken.

$$\underset{\text{Phenacetin.}}{CH_3-C\begin{cases}NH.C_6H_4OC_2H_5\\O\end{cases}} + \underset{\text{p-Phenetidin.}}{H_2N-C_6H_4.OC_2H_5} = H_2O + \underset{\text{Holocaïn.}}{CH_3C\begin{cases}NHC_6H_4.OC_2H_5\\N-C_6H_4OC_2H_5\end{cases}}$$

$$\underset{\text{Holocaïn.}}{\begin{matrix}OC_2H_5 & & OC_2H_5\\ | & & |\\ C_6H_4 & & C_6H_4\\ | & & |\\ NH-C & = & N\\ & | & \\ & CH_3 & \end{matrix}}$$

Die Base wird aus 60procentigem Alkohol umkrystallisirt und alsdann in das salzsaure Salz verwandelt.

***Eigenschaften.*** Ein weisses Krystallpulver, aus rhombischen Säulen und deren Trümmern bestehend, geruchlos, von schwach bitterlichem Geschmack, sehr bald die Zungennerven stark anästhesirend.

Es löst sich in 40 Th. Wasser von 15° C. zu einer farblosen, neutralen Flüssigkeit. Aus dieser scheidet Natronlauge die freie Base zunächst als milchige Trübung ab, welche später zu Krystallen erstarrt; diese schmelzen bei 121° C. — Die wässerige Lösung giebt mit Ferrichlorid keine auffallende Färbung; durch Chromsäure entsteht ein orangegelber, harzartiger Niederschlag. — In konc. Schwefelsäure löst sich das Salz ohne Färbung; bringt man zu dieser Lösung einen Tropfen Salpetersäure, so färbt sie sich braungelb. — Kocht man 0,1 g salzsaures Holocaïn während 1 Minute mit 1 ccm Salzsäure, fügt nach dem Erkalten 2 ccm Karbolsäurelösung (1 : 20) hinzu, so soll diese Mischung auf Zugabe von filtrirter Chlorkalklösung zwiebelrothe Färbung annehmen, die durch Uebersättigen mit Ammoniak in Indigoblau übergeht. (Indophenol-Reaktion s. Band I, S. 4.)

***Prüfung.*** 1) Das Salz sei farblos, von fast neutraler Reaktion, im Wasser klar löslich und löse sich ohne Färbung in konc. Schwefelsäure. — 2) Es verbrenne auf dem Platinbleche, ohne einen Rückstand zu hinterlassen. — 3) Scheidet man aus der wässerigen Lösung durch Natronlauge die freie Base ab, so schmelze diese nach dem Waschen und Trocknen bei 121° C.

***Aufbewahrung.*** Vorsichtig. ***Anwendung.*** Als örtliches Anästheticum bez. als Ersatz des Cocaïns bei Augenoperationen. Nach einmaliger Einträufelung von 2—3 Tropfen einer 1 procentigen Lösung tritt eine etwa 10 Minuten andauernde Unempfindlichkeit der Augapfeloberfläche ein.

---

# Homatropinum hydrobromicum.

**I. †† Homatropinum hydrobromicum** (Germ. Helv.). **Bromhydrate d'Homatropine** (Gall.). **Homatropinae Hydrobromidum** (Brit.). **Homatropinbromhydrat. Bromwasserstoffsaures Homatropin. Bromwasserstoffsaures Oxytoluyltropeïn.** $C_{16}H_{21}.NO_3.HBr$. **Mol. Gew. = 356.** Unter dem Namen „Homatropin" versteht man den von LADENBURG synthetisch aus Mandelsäure und Tropin dargestellten Mandelsäure-Tropinester. Das obige Salz ist das bromwasserstoffsaure Salz dieses Esters.

***Darstellung.*** Man stellt zunächst eine möglichst koncentrirte, neutrale Lösung von mandelsaurem Tropin dar, fügt dieser etwa die Hälfte ihres Volumens 10—12 proc. Salzsäure zu und erwärmt mehrere Tage lang auf dem Dampfbade unter zeitweiligem Ersatz der verdampften Salzsäure. Der Reaktionsmasse, welche neben dem gebildeten salzsauren Homatropin noch grössere Mengen unverändertes mandelsaures Tropin und Zersetzungsprodukte desselben enthält, wird das erstere durch Fällen mit Ammoniak und Ausschütteln mit Chloroform entzogen. Das Tropin bleibt in der Lauge, da Tropinsalze durch Ammoniak nicht zersetzt werden. Die mit kohlensaurem Kalium entwässerte Chloroformlösung des Alkaloids hinterlässt nach dem Abdestilliren des Lösungsmittels das rohe Homatropin als dunkelbraunen Sirup, welcher nach einiger Zeit krystallinisch erstarrt. Um daraus das bromwasserstoffsaure Salz zu gewinnen, neutralisirt man genau mit verdünnter Bromwasserstoffsäure, verdunstet die Lösung bei gelinder Wärme, am besten im Vacuum, zur Trockne und krystallisirt das Salz aus Weingeist mehrmals um. Die freie Base wird am besten aus dem reinen Hydrobromid dargestellt.

$$\begin{array}{l} C_6H_5 - CH.OH \\ \qquad\quad | \\ \qquad\quad CO_2 - C_2H_3.C_5H_8.N.CH_3 \end{array}$$

Homatropin.

***Eigenschaften.*** Farblose, kleine rhombische Krystalle, löslich in 4 Th. kaltem oder 1 Th. siedendem Wasser, auch in 18 Th. Weingeist; in absolutem Alkohol ist es schwer löslich, fast unlöslich in Chloroform. Von Aether wird es nicht aufgenommen. Es schmilzt bei 210—212° C., nachdem es vorher schon etwas zusammengesintert war. Die Lösungen sind neutral. Die wässerige Lösung giebt mit Silbernitrat einen gelben Niederschlag. Versetzt man sie mit etwas Chlorwasser und schüttelt alsdann mit Chloroform aus, so wird dieses gelb gefärbt. Von allgemeinen Reaktionen sind folgende anzugeben: Das salzsaure Salz giebt mit Goldchlorid ein in Wasser schwer lösliches, in Prismen krystallisirendes Golddoppelsalz. Die mit Salzsäure schwach angesäuerte Lösung der Homatropinsalze giebt mit Kaliumquecksilberjodid und Phosphorwolframsäure weisse Niederschläge, durch Phosphormolybdänsäure entsteht eine gelbe, durch Jodlösung eine braune Fällung. Gerbsäure und Platinchlorid fällen die schwach angesäuerte Lösung nicht. Alkalien und Ammoniak geben nur in koncentrirten Lösungen Niederschläge, welche sich im Ueberschuss des Fällungsmittels wieder auflösen, verdünnte Lösungen werden nicht gefällt. Pikrinsäure fällt aus der schwach salzsauren Lösung des Homatropins ein Pikrat, welches sich anfangs harzig abscheidet, nach einiger Zeit aber krystallinisch wird und aus heissem Wasser umkrystallisirt werden kann. Es bildet gelbe, glänzende Blättchen. Wenn man Homatropin oder ein Salz desselben mit etwas rauchender Salpetersäure übergiesst und auf dem Dampfbade verdunstet, so hinterbleibt ein kaum gefärbter Rückstand, welcher sich nach den Angaben in der Litteratur beim Uebergiessen mit alkoholischer Kalilauge vorübergehend violett färben soll. Diese violette Färbung schlägt jedoch, wenn sie überhaupt auftritt, momentan in eine rothe um, in den meisten Fällen ist nur letztere zu bemerken. Beim Erwärmen mit verdünnter Säure oder Alkali geht das Homatropin leicht wieder in Tropin und Mandelsäure über. Zur Erkennung des Homatropins dient ausser den angeführten Identitätsreaktionen noch die Eigenschaft, auf die Pupille des Auges (Katzenauge!) erweiternd zu wirken. Vergl. auch Atropin. Bd. I, S. 427.

***Prüfung.*** **1)** Vor allem empfiehlt es sich, den Schmelzpunkt des Salzes festzustellen. Derselbe muss bei 210—212° C. liegen. **2)** In konc. Schwefelsäure muss sich das

Salz in der Kälte ohne Färbung auflösen. Erhitzt man die Lösung, so bräunt sie sich: fügt man derselben alsdann mit Vorsicht etwa ein gleiches Volumen Wasser zu, so tritt Blumengeruch auf (s. Band I, S. 426). **3)** Eine Verwechslung mit Atropin- oder Hyoscyaminhydrobromid, welche immerhin möglich ist, lässt sich erkennen, wenn man eine kleine Menge des fraglichen Präparates in einem Reagircylinder mit etwas Chloroform übergiesst und gelinde erwärmt. Während Atropin- und Hyoscyaminhydrobromid sich mit Leichtigkeit in jedem Verhältniss in diesem Lösungsmittel lösen, ist Homatropinhydrobromid darin fast unlöslich. Oder man löst eine kleine Menge in Wasser auf, setzt die Base mit etwas Sodalösung in Freiheit und schüttelt sie mit Aether aus. Die mit kohlensaurem Kalium entwässerte Aetherlösung hinterlässt bei langsamem Verdunsten an einem lauwarmen Orte das Alkaloid in kleinen Krystallen, welche bei etwa 50° C. getrocknet und dann durch Bestimmung des Schmelzpunktes identificirt werden. Homatropin schmilzt bei 95—96° C., Hyoscyamin bei 108° C. und Atropin bei 115,5° C.

***Aufbewahrung.*** Sehr vorsichtig. Da es durch Feuchtigkeit und die Einwirkung der Luft allmählich zersetzt wird, so werde es auch in gut verschlossenen, nicht zu grossen Gefässen aufbewahrt.

***Anwendung.*** Das Homatropin wirkt fast ebenso energisch erweiternd auf die menschliche Pupille wie Atropin; die Wirkung verschwindet aber verhältnissmässig sehr rasch wieder. Bei Einträufelung einer 1 proc. Lösung von Homatropinhydrobromid erreicht die Mydriasis nach etwa einer Stunde ihr Maximum und ist nach 20 Stunden wieder verschwunden, während die mydriatische Wirkung selbst einer sehr schwachen Atropinlösung viel länger, etwa 6—9 Tage andauert. Aehnlich verhält es sich auch mit der Accommodationslähmung. Es wird daher das Homatropin bei Untersuchung des Auges mit dem Augenspiegel dem Atropin vorgezogen. Zur Verwendung gelangt meist das Hydrobromid in 1 proc. Lösung. Nach Einträufelung von Homatropin tritt im Munde ein bitterer Geschmack auf, die Trockenheit des Schlundes, ein Hauptmerkmal der Atropinbehandlung, zeigt sich dabei nicht.

Höchstgaben: *pro dosi* 0,001 g (Germ., Helv.), *pro die* 0,002 g (Helv.), 0,003 g (Germ.).

**II. †† Homatropinum. Homatropine** (Gall.). **Oxytoluyltropin.** $C_{16}H_{21}NO_3$. **Mol. Gew. = 275.** Die freie Base. Man gewinnt dieselbe am zweckmässigsten, indem man die wässerige Lösung des bromwasserstoffsauren Salzes mit Natriumkarbonat zersetzt, und die freie Base wie unter Prüfung sub **3** angegeben mit Aether ausschüttelt. —

Farblose, prismatische Krystalle, bei 98° C. schmelzend, ohne Geruch, von bitterem Geschmack, leicht löslich in Alkohol und in Chloroform, weniger löslich in Aether und Benzol, fast unlöslich in Wasser, aber hygroskopisch. Die Lösungen sind stark alkalisch und optisch inaktiv. Ueber die Reaktionen s. vorher.

**†† Homatropinum hydrochloricum.** Salzsaures Homatropin. $C_{16}H_{21}NO_3 \cdot HCl$ = 311,5. Farblose Krystalle, in Wasser und in Alkohol leicht löslich.

**†† Homatropinum sulfuricum** Schwefelsaures Homatropin. $(C_{16}H_{21}NO_3)_2 \cdot H_2SO_4$ = 648. Farblose Krystalle, in Wasser und in Alkohol leicht löslich.

**†† Homatropinum salicylicum.** Salicylsaures Homatropin. $C_{16}H_{21}NO_3 \cdot C_7H_6O_3$ = 413. Farblose Krystalle, in Wasser und in Alkohol leicht löslich.

Die vorstehend aufgeführten Salze werden gelegentlich unter den gleichen Indikationen und in den nämlichen Dosen wie das Bromhydrat angewendet, haben aber vor diesem keinen Vorzug.

---

# Hordeum.

Gattung der **Gramineae — Hordeae.**

Man verwendet die Karyopsen der verschiedenen Formen von **Hordeum sativum Jessen,** das von dem im Kaukasus und westlichen Asien heimischen **H. spontaneum C. Koch** abstammt. Die Kulturrassen sind: **H. distichum,** die zweizeilige Gerste, in

Mitteleuropa kultivirt, **H. hexastichum**, die sechszeilige Gerste, in Südeuropa, selten in der Schweiz und Deutschland kultivirt, **H. vulgare**, in verschiedenen Formen in Europa und Nordafrika kultivirt.

***Beschreibung.*** Die Frucht ist mit der Deck- und Vorspelze verwachsen, länglich, nach beiden Enden verschmälert, kantig, am Rücken etwas flach, an der Bauchfläche gewölbt und mit einer Längsrinne versehen, strohgelb, nach Beseitigung der Spelzen glatt, röthlich-gelb. Fruchthaut mit Samenschale innig verwachsen, sie umschliessen das grosse Endosperm, an dessen Grunde der kleine Embryo sich befindet.

Die Gerstenfrucht unterscheidet sich, auch im fein zerkleinerten Zustande, leicht vom Weizen und Roggen durch die Gegenwart der Gewebselemente der Spelzen, dagegen ist zu bemerken, dass Hafer und Reis ebenfalls von den Spelzen umschlossen sind.

Ueber das Stärkemehl vergl. Band I, S. 295.

***Bestandtheile*** nach König: Wasser 14,05 Proc., Stickstoffsubstanz 9,66 Proc., Fett 1,93 Proc., stickstofffreie Extraktstoffe 66,99 Proc., Rohfaser 4,95 Proc., Asche 2,42 Proc. In der Trockensubstanz: Stickstoffsubstanz 11,24 Proc., stickstofffreie Extraktstoffe 77,94 Proc., Stickstoff 1,79 Proc. Die Asche ist reich an Kieselsäure (25,9 Proc.), die besonders in den Spelzen ihren Sitz hat.

***Anwendung.*** Man verwendet die geschälte Frucht **Semen Hordei decorticatum** (Ergänzb.). **Fructus Hordei excorticati. Hordeum perlatum s. mundatum. Geschälte Gerste. Gersten- oder Perlgraupen. — Orge mondé. Orge perlé** (Gall.). — **Barley-pearl.** In Theemischungen, als schleimiges Getränk in Abkochung (15,0—30,0: 200,0), äusserlich zu Gurgelwässern und in Klystieren.

**Ptisana de Hordeo.** Tisane d'orge (Gall.). Aus 20 g mit kaltem Wasser abgewaschener Gerstengraupe bereitet man durch Kochen mit q. s. Wasser und Durchseihen 1 l Flüssigkeit.

**Farina Hordei praeparata** (Ergänzb.). Präparirtes Gerstenmehl. — Farine d'orge préparée. Gerstenmehl drückt man in ein hohes walzenförmiges Zinngefäss bis zu $^2/_3$ des Raumes fest ein, verschliesst und erhitzt 30 Stunden im Dampfbade. Die obere, mehlartige Schicht wird entfernt, die röthlich-gelbe Masse gepulvert und trocken aufbewahrt. Der Verlust lässt sich vermeiden, wenn man nach je 10 Stunden den Inhalt des Gefässes gut durchmischt. Ausbeute etwa 90 Proc. — Dieterich empfiehlt, um die Gewähr für ein reines Mehl übernehmen zu können, 1000 g Gerste mit 50 g Wasser 6 Stunden quellen zu lassen, durch 6stündiges Erhitzen in verschlossenem Gefäss auf dem Dampfbade aufzuschliessen, dann zu trocknen, hierauf 30 Stunden wie vorhin angegeben, zu behandeln, und endlich zu pulvern. Ausbeute 75—80 Proc. Ein mit Unrecht in Vergessenheit gerathenes, leicht verdauliches Nährmittel.

**Ferculum Saxoniae.**

| Rp. | Farinae Hordei praep. | 700,0 |
|---|---|---|
| | Sacchari albi pulv. | 295,0 |
| | Cortic. Cinnamom. pulv. | 5,0. |

Anwendung wie bei Farina Hordei pp.

**Pasta Cacao Hordei praeparati.**
Gersten-Chokolade (Dieterich).

| Rp. | Farinae Hordei praep. | 100,0 |
|---|---|---|
| | Sacchari albi pulv. | 450,0 |
| | Pastae Cacao | 450,0. |

Bereitung wie bei Pasta Cacao arom. Bd. I, S. 526.

**Sano,** ein Nährmittel der Sano-Gesellschaft in Berlin, angeblich dextrinirtes Gerstenmehl, enthält (abgerundet) in 100 Th.: 14 Wasser, 12 Proteïnstoffe, 1,5 Fett, 4 lösl. Kohlehydrate, 65 Stärke (Aufrecht).

# Hydrargyrum.

**Hydrargyrum. Mercurius vivus. Argentum vivum. Mercure** (französ.). **Mercury** (engl.). **Quicksilver** (engl.). **Hg. Atomg. = 200.** Ein edles Metall, welches in der Natur nur selten gediegen (als „Jungfernquecksilber") vorkommt, in grösseren Mengen als Zinnober (Mercurisulfid HgS) gefunden wird. Seine Gewinnung geschicht hüttenmännisch durch Rösten der Zinnobererze bei Zutritt von Luft oder durch Erhitzen der Zinnobererze mit Eisen oder Aetzkalk.

**I. Hydrargyrum venale seu technicum. Technisches Quecksilber. Mercure du commerce** (Gall.). Das Quecksilber des Handels ist niemals ganz rein, sondern enthält bis zu 2 Proc. fremde Metalle wie Blei, Wismut, Kupfer, Antimon, Zinn, Silber, auch Sand, Staub und andere Unreinigkeiten. Ein erheblicher Gehalt an verunreinigenden Metallen giebt sich dadurch zu erkennen, dass die Oberfläche des Quecksilbers beim Stehen matt wird (bisweilen sieht man sogar eine matte, beim Schütteln Falten bildende Haut), dass das Metall beim Laufen über eine Porcellan- oder Papierfläche längliche Metallpartikel (Schwänzchen) bildet bez. eine gefärbte „Spur“ hinterlässt, dass es ferner beim Schütteln in einer trockenen Flasche in ein schwärzliches Pulver verwandelt wird oder — bei geringer Verunreinigung — matte Metallpartikel an den Wandungen der Flasche hängen lässt.

Ein durch Fremdmetalle nicht zu stark verunreinigtes Quecksilber ist diejenige Sorte, welche man im Handverkaufe abgiebt, wenn nicht vorausgesetzt werden muss, dass der Käufer reines Quecksilber erwerben will.

***Wägung und Dispensation.*** Das Abwägen des Quecksilbers nehme man stets aus Porcellan in Porcellan vor, d. h.: Man tarire eine Porcellanschale und wäge in diese das Quecksilber ein, welches man vorher in eine andere Porcellanschale eingegossen hatte. Man wäge niemals direkt aus dem Standgefässe. Unter allen Umständen giesse man Quecksilber stets in dünnem Strahle und aus möglichst geringer Höhe aus, weil sonst das Quecksilber sehr leicht verspritzt wird. Ueber die Gefahren des verspritzten Quecksilbers siehe weiter unten.

Für die Zwecke des Handverkaufes werden kleine Mengen Quecksilber in bekannter Weise mit Gänsefederkielen abgemessen und in Federposen abgefüllt, welche mit Siegellack oder Harzcerat verschlossen werden. Grössere Mengen werden in besonders starkwandigen Glasflaschen oder Thonkrucken mit engem Halse oder in besonderen Quecksilberstandgefässen abgegeben. Beim Hantiren mit grösseren Quecksilbermengen unterschätze man nicht das Gewicht der Gefässe.

***Aufbewahrung.*** Man bewahrt das Quecksilber in starkwandigen Flaschen aus Glas, Steinzeug oder Porcellan auf, die man mit Korken verschliesst. Grössere Vorräthe hält man auch in den eisernen Flaschen, in denen das Quecksilber versendet wird. — Man stelle Quecksilbergefässe nicht in die oberen Theile der Regale, sondern bringe sie thunlichst nahe am Erdboden unter.

***Anwendung.*** Das technische Quecksilber kann, wenn es nicht mehr als 2 Proc. fremde Metalle enthält, zur Bereitung käuflicher Salben und Pflaster verwendet werden. Für die Receptur und für chemische sowie physikalische Zwecke benutzt man die folgende, reinere Sorte.

**II. Hydrargyrum** (Austr. Germ. Helv. Brit. U-St.). **Mercure purifié** (Gall.). **Hydrargyrum depuratum seu purum. Gereinigtes Quecksilber. Reines Quecksilber.**

Das reine Quecksilber wird aus dem Quecksilber des Handels gewonnen, indem man die verunreinigenden Metalle entweder durch Oxydation oder durch Destillation beseitigt. Weder die eine noch die andere Methode liefert unter allen Umständen ein absolut reines Quecksilber. Z. B. gehen bei der Destillation, welche im allgemeinen die besten Resultate giebt, Wismut und Zinn in kleinen Mengen über. Wirklich reines Quecksilber erhält man, wenn man das technische Quecksilber zuerst einem oxydirenden Verfahren unterwirft und es alsdann noch destillirt.

***Reinigung.*** 1) 1000 Th. käufliches Quecksilber werden in einer starkwandigen (!) Flasche mit einer Mischung von 70 Th. Salpetersäure (von 25 Proc.) und 70 Th. Wasser 24 Stunden lang stehen gelassen und während dieser Zeit häufig und kräftig geschüttelt. Die verunreinigenden Metalle (Bi, Sn, Pb, Zn) werden von der Salpetersäure zum grössten Theile in Lösung gebracht. Nach 24 Stunden trennt man das Quecksilber von der wässerigen Flüssigkeit mittels Scheidetrichters und wäscht und trocknet es, wie unten angegeben. Die saure Flüssigkeit kann zur Reinigung einer weiteren Menge Quecksilber benutzt werden.

2) 1000 Th. käufliches Quecksilber werden in einer starkwandigen (!) Flasche mit einer Mischung aus 20 Th. Ferrichloridlösung (spec. Gew. 1,282) und ca. 80 Th. Wasser so lange kräftig durchgeschüttelt, bis die Mischung einen Schlamm von feinvertheilten Quecksilberkügelchen darstellt. Man stellt die Flasche 1—2 Tage zum Absetzen, giesst die über dem Quecksilber stehende Flüssigkeit ab, wäscht das Metall zunächst mit

verdünnter Salzsäure, dann mit heissem und kaltem Wasser und trocknet wie unten angegeben.

3) Nach einer anderen Methode von BRÜHL behandelt man das Quecksilber mit dem gleichen Volumen einer Lösung von 5 g Kaliumdichromat in 1 Liter Wasser, die mit etwa 10 ccm konc. Schwefelsäure angesäuert ist. Man schüttelt so lange, bis das zuerst entstandene Quecksilberchromat verschwunden und die wässerige Flüssigkeit durch Chromisulfat grün gefärbt ist. Man schlämmt nun mit einem kräftigen Wasserstrahl das graue Pulver der Metalloxyde ab und wäscht unter Umrühren so lange, bis grauer Schlamm nicht mehr abgesondert wird, schliesslich trocknet man und verfährt wie unten angegeben.

Diese Reinigungsmethoden lassen sich sehr bequem auch in dem von L. MEYER angegebenen Apparate ausführen, in welchem das Quecksilber in sehr feinen Tröpfchen durch eine 1,5—2,0 m hohe Schicht einer der oben angegebenen Reinigungsflüssigkeiten hindurchfällt und durch eine Hebervorrichtung automatisch abfliesst.

***Waschen, Trocknen und Filtriren des Quecksilbers.*** 1) Waschen. Hat man nach einer der oben angegebenen Verfahren das Quecksilber mit Chemikalien behandelt, so bringt man das Quecksilber in eine starke, geräumige Porcellanschale, stellt diese unter eine Wasserleitung und lässt, während man das Quecksilber umrührt, auf dieses einen Wasserstrom laufen so lange, bis das noch feuchte Quecksilber blaues Lackmuspapier nicht mehr röthet. Man wäscht alsdann noch einige Male mit destillirtem Wasser nach, giesst die Hauptmenge des Wassers ab und führt nun das Quecksilber (Trichter aufsetzen!) in einen Scheidetrichter über, in welchem man es von dem Reste des Wassers scheidet.

2) Trocknen. Das vom Wasser nach Möglichkeit befreite Quecksilber bringt man in eine Porcellanschale, welche mit einer 2 bis 3 fachen Lage Filtrirpapier ausgelegt ist. Wenn nöthig führt man es in eine zweite Schale über, welche mit neuem Filtrirpapier (auch Abfällen desselben) ausgelegt ist. — Man kann das Quecksilber auch in einer Porcellanschale im Wasserbade trocknen, muss diese Operation alsdann aber im Freien ausführen.

Beim Erwärmen würde alsdann auch das nach der Ferrichlorid-Methode gereinigte Quecksilber, falls es noch einen Schlamm darstellen sollte, zu flüssigem Quecksilber zusammenfliessen.

3) Filtriren. Um das Quecksilber von mechanisch beigemengten Unreinigkeiten zu befreien, wird es filtrirt. Zu diesem Zwecke giesst man es durch einen lose mit reiner Watte verstopften Glastrichter. Oder man giesst es auf ein glattes Filter aus starkem Filtrirpapier, welches an seinem Grunde mit einigen sehr feinen Nadelstichen durchbohrt ist. — Oder man schneidet von einem Glastrichter den Hals ab und kittet mittels Siegellack in die Ablauföffnung ein von Internodien freies Stück von sogen. spanischem Rohr so ein, dass der obere und der untere Querschnitt frei bleiben. Giesst man in den Trichter Quecksilber ein, so fliesst es durch die Poren des spanischen Rohres ab und wird hierdurch filtrirt. Oder. Man giesst es in ein eisernes Rohr, dessen untere Oeffnung durch einige Scheiben von sämisch-garem Leder verschlossen ist, die durch eine Ueberfangschraube festgehalten werden.

***Destilliren.*** Wie schon bemerkt erhält man ein reines Quecksilber mit einiger Sicherheit dann, wenn man das käufliche Quecksilber zunächst den oben angeführten oxydirenden (nassen) Verfahren unterwirft, es alsdann wäscht, trocknet und zum Schluss noch destillirt. Die Destillation war früher eine sehr unangenehme Aufgabe. Gegenwärtig wird sie ohne Schwierigkeiten im Vacuum und zwar automatisch und kontinuirlich ausgeführt. Bei dem KARSTEN'schen Apparat, welcher ca. 90 Mk. kostet, destilliren bei einem Leuchtgasverbrauch von 40 Liter pro Stunde = 250 g Quecksilber über.

**Absolut reines Quecksilber** erhält man durch Destillation einer Mischung aus gleichen Theilen reinem, gefälltem Mercurisulfid und gebranntem Kalk oder Eisenfeilspänen. Diese Sorte wird voraussichtlich nur für sehr feine physikalische Untersuchungen benutzt bez. verlangt werden und ist alsdann bei chemischen Fabriken unter näherer Darlegung der Verhältnisse zu bestellen.

***Eigenschaften.*** Das gereinigte, bez. reine Quecksilber ist bei gewöhnlicher Temperatur flüssig, von silberweisser Farbe mit einem Stich ins Bläuliche und starkem

Metallglanz, ohne Geruch und Geschmack. Stark erhitzt, verflüchtigt es sich vollständig. Das spec. Gewicht ist bei 15° C. = 13,573, bei 0° C. = 13,595. Das Quecksilber erstarr bei —39,4° C., ist dann hämmerbar, bez. geschmeidig wie Blei, und krystallisirt in regelmässigen, nadelförmigen Oktaëdern. Es siedet bei + 357° C. und verwandelt sich dabei in einen farblosen Dampf, doch verflüchtigt es sich schon auf dem Wasserbade beträchtlich und sogar noch bei gewöhnlicher Temperatur merklich, desgleichen mit den Dämpfen des siedenden Wassers. — An trockener Luft verändert sich das reine Quecksilber nicht, das unreine überzieht sich allmählich mit einer trüben Haut. Aber auch das reine Quecksilber überzieht sich an feuchter Luft nach längerer Zeit mit einem Häutchen von Quecksilberoxydul, wie man an dem kürzeren Schenkel eines Heber-Barometers leicht beobachten kann. — Wird das Quecksilber an der Luft bis nahe an seinen Siedepunkt erhitzt, so verwandelt es sich allmählich in Quecksilberoxyd (*Mercurius praecipitatus per se*). Durch Schütteln mit Flüssigkeiten, wie Wasser, Terpentinöl, Aether, Essigsäure, Salmiaklösung etc., vielmehr noch durch Reiben mit pulvrigen Stoffen lässt es sich zu einem matten grauen Pulver (*Aethiops*) zertheilen. Dasselbe besteht aus kleinen, mit dem blossen Auge nicht unterscheidbaren Kügelchen, welche durch die Zwischenlagerung von Theilen des damit vermischten fremden Körpers getrennt sind. Das feine Zertheilen des Quecksilbers in dieser Art nennt man das Tödten (*mortificatio*) oder die Extinktion (*extinctio*) des Quecksilbers.

Von Salzsäure oder kalter Schwefelsäure wird es nicht gelöst. Heisse konc. Schwefelsäure löst es unter Freiwerden von Schwefeldioxyd $SO_2$ zu Mercurisulfat $HgSO_4$ oder Mercurosulfat $Hg_2SO_4$. Von kalter verdünnter Salpetersäure wird es unter Auftreten von Stickoxyd zu Mercuronitrat, von heisser konc. Salpetersäure zu Mercurinitrat gelöst. — In Königswasser löst es sich leicht zu Mercurichlorid. Mit Chlor, Brom und Jod vereinigt es sich schon bei gewöhnlicher Temperatur. Desgleichen mit Schwefel bei gewöhnlicher Temperatur zwar langsam, rascher beim Erwärmen.

Es bildet zwei Salzreihen, welche sich vom

$$\begin{array}{l} Hg \\ | \quad > O \\ Hg \end{array} \qquad \text{und} \qquad Hg = O$$

Mercuro-oxyd (Oxydulreihe) — Mercuri-oxyd (Oxydreihe)

ableiten und scharf auseinander zu halten sind.

***Prüfung.*** **1)** Das reine Quecksilber muss bei Aufbewahrung in einem gut geschlossenen, trockenen Glase stets eine blanke, metallisch glänzende Oberfläche zeigen. Wird es in einer sauberen, trockenen, starkwandigen Flasche kurze Zeit mit Luft durchschüttelt, so muss es vollkommen blank bleiben. Unreines Quecksilber überzieht sich dabei mit einer Haut, welche z. Th. an den Glaswandungen haften bleibt. Hierdurch sollen sich noch $^1/_{40}$ Proc. Blei zu erkennen geben. — **2)** Es löse sich in verdünnter Salpetersäure ohne Rückstand zu einer klaren Flüssigkeit auf (ungelöst würden bleiben: Antimon, Zinn und Gold). — **3)** Es sei ferner beim Glühen in einem blanken Porcellantiegel (Vorsicht, im Freien auszuführen!) ohne wahrnehmbaren bez. wägbaren Rückstand flüchtig. — **4)** Kocht man ca. 5 g Quecksilber mit 5 ccm Wasser und 4,5 g Natriumthiosulfat in einem Probirrohre etwa 1 Minute lang, so soll das Quecksilber seinen Glanz nicht verlieren und höchstens einen schwach gelblichen Schein annehmen (U-St.). Diese Probe gestattet, reines Quecksilber von ungereinigtem zu unterscheiden; bei mehr als einer Spur verunreinigender Fremdmetalle verliert das Quecksilber seinen Metallglanz und erscheint grau.

***Aufbewahrung.*** In starkwandigen Glasgefässen, die mit Korkstopfen oder Glasstopfen geschlossen sind. Man stellt die Flaschen zweckmässig auch noch in eine Holzbüchse ein und bringt die Standgefässe nicht in den oberen Plätzen des Regals, sondern möglichst nach dem Erdboden zu unter. Man schütze das Quecksilber vor den Dämpfen von Chlor, Brom, Jod.

***Hantiren mit Quecksilber.*** Bei dem Hantiren mit Quecksilber hat man alle Vorsicht anzuwenden, damit Quecksilber nicht auf den Fussboden rollt. Ist es erst einmal in die Dielenritze eingedrungen, so würde es ausserordentlich schwierig sein, es von dort wieder vollständig zu entfernen. Ist aber trotz aller Vorsicht Quecksilber auf den Fussboden gelangt, so kann man es am besten dadurch unschädlich machen, dass man es mit Zinnfolie (Stanniol) bedeckt, nach einiger Zeit mit feuchten Sägespänen überstreut und mit Schippe und Handfeger aufkehrt.

Auch vermeide man es, Quecksilber in bleierne Wasserabzugsrohre zu giessen. Das Quecksilber sammelt sich an den tiefsten Stellen dieser Rohre an und durchlöchert diese durch Bildung von Amalgamen. — Ferner lege man beim Arbeiten mit Quecksilber goldene Schmuckgegenstände, auch die Uhr, ab, da erstere leicht verquickt werden, letztere leiden kann.

Quecksilber, welches in einem Raume verschüttet worden ist, der zum dauernden Aufenthalte für Menschen bestimmt ist, bildet eine lange währende gesundheitliche Gefahr, da das Quecksilber schon bei gewöhnlicher Temperatur merklich flüchtig ist, und die mit der Athemluft aufgenommenen Quecksilberdämpfe eine langsam verlaufende (chronische Vergiftung erzeugen, gegen welche manche Personen sehr empfindlich sind.

***Erkennung.*** **1)** Alle Quecksilberverbindungen geben, wenn man sie mit wasserfreiem Natriumkarbonat gemischt im einseitig geschlossenen Rohre glüht, ein Sublimat von metallischem Quecksilber, welches sich an den kälteren Theilen des Rohres als grauer Belag bez. in Form metallglänzender Tröpfchen absetzt. **2)** Blankes Kupferblech oder Messingblech in eine quecksilberhaltige Flüssigkeit eingestellt, bedeckt sich nach einiger Zeit mit einer grauen, pulvrigen Quecksilberschicht, welche durch sanftes Reiben Metallglanz annimmt; durch Erhitzen verflüchtigt sich das Quecksilber von seiner Unterlage. **3)** Zink scheidet aus Quecksilberlösungen das Quecksilber als pulverigen Metallschlamm ab, ohne sich mit demselben zu amalgiren. **4)** Stannochlorid fällt, wenn es im Ueberschuss zugesetzt wird, das Quecksilber aus seinen Verbindungen als Metall in Form eines grauen, pulverförmigen Niederschlages.

Für die analytische Erkennung hat man die Quecksilberoxydulsalze (Mercurosalze) und die Quecksilberoxydsalze (Mercurisalze) zu unterscheiden.

**A.** Mercurosalze oder Quecksilberoxydulsalze. **1)** Kalilauge, Natronlauge, Kalkwasser fällen schwarzes, im Ueberschuss des Fällungsmittels unlösliches Mercurooxyd (Quecksilberoxydul $Hg_2O$). — **2)** Ammoniak fällt schwarze Amidverbindungen, z. B. Mercurochloramid $Hg_2Cl . NH_2$. — **3)** Alkalikarbonate fällen in der Regel schmutzigweisse Niederschläge, welche beim Erhitzen dunkel werden. — **4)** Kaliumchromat erzeugt orangerothe bis ziegelrothe Niederschläge. — **5)** Durch Salzsäure oder Alkalichloride wird weisses Mercurochlorid (Calomel) gefällt. — **6)** Durch Kaliumjodid entsteht ein grünlichgelber Niederschlag ($Hg_2J_2$), löslich im Ueberschusse des Fällungsmittels. — **7)** Schwefelwasserstoff und Schwefelammonium fällen einen schwarzen Niederschlag, welcher aus Mercurisulfid + metallischem Quecksilber ($HgS + Hg$) besteht.

**B.** Mercurisalze oder Quecksilberoxydsalze. **1)** Kalilauge, Natronlauge, Kalkwasser erzeugen, in kleinen Mengen zugesetzt, zunächst dunkle Fällung (von Oxysalzen), im Ueberschuss zugesetzt gelbe Fällung von Mercurioxyd. — **2)** Ammoniak fällt weisse Amidverbindungen, z. B. $HgCl . NH_2$. — **3)** Alkalikarbonate fällen braunrothe Oxysalze, die durch Kochen in gelbes Mercurioxyd übergehen. — **4)** Kaliumchromat fällt orangegelbes Mercurichromat, löslich in Salpetersäure. — **5)** Kaliumjodid erzeugt einen scharlachrothen Niederschlag von Mercuribijodid, der im Ueberschuss von Kaliumjodid zu einer farblosen Flüssigkeit löslich ist. — **6)** Durch Salzsäure und Alkalichloride entsteht keine Fällung. — **7)** Schwefelwasserstoff, in kleinen Mengen zugesetzt, erzeugt zunächst einen weissen Niederschlag, der durch Einwirkung weiterer Mengen Schwefelwasserstoff in Gelb, Röthlich, Braun, schliesslich in Schwarz übergeht. Der schwarze Niederschlag ist Mercurisulfid HgS und unlöslich in Salpetersäure, dagegen löslich in Königswasser.

***Bestimmung.*** Man bestimmt das Quecksilber entweder als Metall, oder als Mercurisulfid oder als Mercurochlorid. Man beachte, dass die Bestimmung sub 1 (als Metall) unter allen Umständen einwandfreie Ergebnisse liefert.

**1)** Als Metall. Die zu bestimmende Verbindung wird mit Aetzkalk gemischt in ein Verbrennungsrohr von ca. 50 cm Länge gebracht und dieses mit Aetzkalk in Stücken gefüllt. In das Rohr setzt man mit Hilfe eines Stopfens ein zu einem dünnen Schnabel ausgezogenes Glasrohr ein, welches man in Wasser eintauchen lässt. Beim Glühen des Rohres destillirt metallisches Quecksilber über, welches gesammelt und nach dem Abspülen mit Alkohol und Aether getrocknet und gewogen wird. — **2)** Als Mercurisulfid. Mercuriverbindungen können direkt verwendet werden, Mercuroverbindungen müssen zunächst durch Abrauchen mit Königswasser in Mercuriverbindungen übergeführt werden. In die erwärmte mässig saure Mercurilösung, welche freies Chlor nicht enthalten soll, leitet man Schwefelwasserstoff bis zur Sättigung ein. Dann sammelt man den Niederschlag auf gewogenem (!) Filter, wäscht ihn zunächst mit Schwefelwasserstoffwasser vollständig, dann nach einander je dreimal mit Alkohol, Aether und Schwefelkohlenstoff aus, trocknet und wägt. HgS $\times$ 0,86207 = Hg. — **3)** Als Mercurochlorid. Zu der Quecksilberlösung, welche Salpetersäure enthalten darf, aber stark verdünnt werden muss, fügt man Salzsäure, ferner phosphorige Säure im Ueberschuss, lässt 12 Stunden lang bei gewöhnlicher Temperatur oder in gelinder Wärme (nicht über 60° C.!) stehen, filtrirt das ausgeschiedene Mercurochlorid auf gewogenem Filter ab, wäscht mit heissem Wasser aus und trocknet. HgCl $\times$ 0,84987 = Hg.

***Toxikologisches.*** Das Quecksilber wird bisweilen in grösseren Mengen (250 bis 500 g auf einmal) innerlich gegeben, um die Darmwege frei zu machen. Es geht dann im günstigsten Falle mit dem Darmkoth ab, ohne resorbirt zu werden und Vergiftungserscheinungen zu machen. Quecksilber in Dampfform eingeathmet wird sehr leicht resorbirt und bewirkt in kürzerer oder längerer Zeit Intoxikation. Die Quecksilberverbindungen gelten durchweg als giftig. Als relativ ungiftig werden Zinnober und gefälltes schwarzes Schwefelquecksilber angesehen. Die Quecksilberverbindungen sind um so giftiger, je leichter löslich bez. resorbirbar sie sind, und sie wirken örtlich um so zerstörender, je stärker ihre Aetzwirkung ist, d. h. je leichter sie sich mit Eiweiss verbinden. Zahlreiche organische Quecksilberverbindungen z. B. Methylquecksilber, Aethylquecksilber, Knallquecksilber, wirken ganz besonders toxisch.

Die Resorption der leicht flüchtigen Quecksilberpräparate erfolgt schon von den Lungen aus, diejenige der nicht leicht flüchtigen von Magen und Darm, ja von allen Schleimhäuten aus (also z. B. nach Waschungen, Einreibungen), auch vom Unterzellgewebe aus (z. B. in subkutanen Injektionen). Von der Haut aus werden diejenigen Quecksilberverbindungen resorbirt, welche ätzend wirken. Die Aufnahme des feinvertheilten Quecksilbers aus der grauen Quecksilbersalbe soll zum Theil als Quecksilberdampf durch die Lunge, zum Theil infolge Aufnahme durch die Haarfollikeln erfolgen. — Im Organismus cirkulirt das resorbirte Quecksilber wahrscheinlich als Quecksilber-Albuminat.

Bei der akuten Quecksilbervergiftung werden von den meist ätzenden Präparaten zunächst die Schleimhäute des Mundes, Schlundes, der Speiseröhre und des Magens afficirt. Es kommt zu heftiger Magen- und Darmentzündung. Im Dickdarm treten diphtherische Geschwüre (von resorbirtem Quecksilber) auf. Der Tod kann schnell oder nach mehreren Tagen eintreten.

Bei der chronischen Quecksilbervergiftung kommt es in der Regel zunächst zu einer entzündlichen Erkrankung der Mundschleimhaut (Stomatitis mercurialis, Leucoplakia oris), zur Erkrankung der Schleimhaut der Nahrungswege, Störungen der Empfindung, desgl. der Bewegung (Tremor mercurialis) ferner des Gehirns.

Chronische Vergiftung kann z. B. eintreten durch längeren Aufenthalt in Räumen, in welchen Quecksilber verschüttet worden ist. Man weist das Vorhandensein von Quecksilberdämpfen in der Luft dadurch nach, dass man in den betreffenden Räumen Goldbleche längere Zeit aufhängt, diese dann zusammenrollt und in Glasröhren glüht. Siehe unter Urina.

Bei tödtlich verlaufenen akuten oder chronischen Vergiftungen wird man versuchen, das Quecksilber in den Leichentheilen nachzuweisen. Man wird die Organtheile wie unter Arsen angegeben mit Salzsäure und Kaliumchlorat in Lösung bringen, das Chlor durch Erwärmen auf dem Wasserbade austreiben und die Lösung alsdann mit Schwefelwasserstoff sättigen. Den abgeschiedenen Niederschlag sammelt man auf einem Filter, wäscht ihn mit Schwefelwasserstoffwasser bis zur Chlorfreiheit (!) und bringt alsdann etwa vorhandenes Schwefelquecksilber nach der auf S. 405 und 406 Bd. I angegebenen Methode durch Erwärmen mit konc. Schwefelsäure in eine leicht zu behandelnde Form.

Ueber den Nachweis des Quecksilbers im Urin s. unter Urina.

**III. Unguentum Hydrargyri** (Austr. Brit. U-St.). **Unguentum Hydrargyri cinereum** (Germ. Helv.). **Pommade mercurielle** (Gall. s. aber weiter unten). **Unguentum mercuriale. Unguentum Neapolitanum. — Quecksilbersalbe. Mercurialsalbe. Graue Salbe. — Blue ointment.**

Man versteht hierunter eine verhältnissmässig hochprocentige Mischung von Fett mit Quecksilber, in welcher letzteres so fein verrieben ist, dass man mit blossem Auge oder bei 2—3 facher Vergrösserung Quecksilberkügelchen nicht mehr wahrnehmen kann. — Die Verreibung (*extinctio*, das Abtödten) des Quecksilbers geschieht in der Weise, dass man dasselbe in einem Mörser aus Porcellan oder in einer ausgedrehten eisernen Schale mit einem Theile des Fettes oder der Fettmischung verreibt, bis eine in dünner Schicht ausgestrichene Probe bei Betrachtung mit unbewaffnetem Auge oder bei 2—3 facher Vergrösserung Quecksilberkügelchen nicht mehr erkennen lässt. — Sobald dies der Fall ist, wird dieses abgetödtete Quecksilber mit dem Reste des Fettes bez. der Fettmischung vermischt, wobei darauf zu achten ist, dass geschmolzene Mischungen fast erkaltet sein müssen, bevor man ihnen das getödtete Quecksilber zusetzt.

Es ist unter allen Umständen wichtig, dass man die Bereitung der Quecksilbersalbe möglichst ohne Unterbrechung ausführt. Man beginne also in aller Frühe mit dem Verreiben des Quecksilbers und mache die Salbe wenn möglich in einem Tage vollkommen fertig. Muss man die Quecksilberverreibung über Nacht stehen lassen, so rühre man am nächsten Morgen nicht eher in der Mischung, bevor man diese nicht durch Einstellen in Wasser von 40° C. schwach angewärmt hat, sonst vereinigt sich das Quecksilber wieder zu grossen Tropfen. Dies ist namentlich in der Winterkälte zu beachten.

Als Hilfsmittel, die Tödtung des Quecksilbers zu befördern, benutzte die frühere Apothekerkunst eine grosse Anzahl: Alte graue Salbe, Terpentin, Terpentinöl, Aether, Benzoëäther, Chloroform, Benzin. Diese Hilfsmittel sind zum Theil (z. B. Terpentin und Terpentinöl) direkt verwerflich, weil die mit ihnen bereitete Salbe später stark reizend wirkt, und hierhin rechnen wir auch die von mehreren Autoren vorgeschriebene Benzoëtinktur, jedenfalls aber entbehrlich bez. überflüssig. — Die Verreibung des Quecksilbers verursacht keine Schwierigkeiten, wenn man sie mit wasserfreiem Wollfett (Lanolin) ausführt. Man arbeitet am besten in einem Zimmer von 18—20° C. Wärme. Ist alsdann noch ein Zusatz nöthig, so kann man, um die Mischung leichter bearbeitbar zu machen, etwas Aether zufügen. — Die Vorschriften der einzelnen Pharmakopöen weichen ziemlich stark von einander ab.

**Austr.** Man verreibt 200 Th. Quecksilber mit 200 Th. Wollfett und mischt schliesslich 200 Th. Unguentum simplex (aus Adeps 200,0 und Cera alba 50,0) dazu. Quecksilbergehalt **33 Proc.**

**Brit.** Man verreibt 160 Th. Quecksilber mit einer Mischung aus 160 Th. Schweineschmalz und 10 Th. Hammeltalg. Quecksilbergehalt **48,5 Proc.**

**Germ.** Man bereitet eine Mischung aus 13 Th. Schweineschmalz und 7 Th. Hammeltalg. Hierauf verreibt man 10 Th. Quecksilber mit 3 Th. der vorerwähnten Mischung und fügt nach vollständiger Abtödtung des Quecksilbers den Rest der Fettmischung hinzu. Quecksilbergehalt **33 Proc.**

**Helv.** Man verreibt 34 Th. Quecksilber mit 6 Th. Wollfett unter Zusatz von etwas ätherischer Benzoëtinktur und rührt alsdann ein fast erkaltetes Gemisch von 45 Th. Schweineschmalz und 15 Th. Hammeltalg dazu. Quecksilbergehalt **33 Proc.**

**U-St.** Man verreibt zunächst 500 Th. Quecksilber mit 20 Th. Mercurioleat und setzt alsdann eine fast erkaltete Mischung aus 250 Th. Schweineschmalz und 230 Th. Hammeltalg hinzu. Quecksilbergehalt **50 Proc.**

---

**Pommade mercurielle à parties égales** (Gall.). **Louvrier'sche Salbe. Unguentum Hydrargyri duplicatum.** 100 Th. Quecksilber werden mit 100 Th. Benzoëfett der Gall. (s. Band I, S. 159) verrieben. Quecksilbergehalt **50 Proc.**

**Pommade mercurielle faible** (Gall.). 1 Th. der vorigen, 50procentigen Salbe wird mit 3 Th. Benzoëfett der Gall. (s. Band I, S. 159) verrieben. Quecksilbergehalt **12,5 Proc.**

**Hydrargyrum extinctum-Helfenberg.** Durch maschinelle Hilfsmittel fein vertheiltes Quecksilber zur Bereitung der grauen Salbe. 400 g entsprechen = 334 g metallischem Quecksilber.

**Sapolentum Hydrargyri cinereum** ist in Gelatinekapseln abgefüllte, überfettete Kali-Quecksilberseife, demnach also Quecksilbersalbe, mit Mollin bereitet.

**Unguentum Hydrargyri cinereum Adipe Lanae paratum** (Ergänzb.). Graue Quecksilbersalbe mit Wollfett. 10 Th. Quecksilber werden mit einer Mischung aus 18 Th. Wollfett und 2 Th. Olivenöl verrieben. Hamb. Vorschr.: Hydrargyri 1,0, Lanolini 2,0.

**Unguentum Hydrargyri cinereum in globulis.** Quecksilbersalbe in Kugeln. Quecksilbersalbe wird in Kugeln von 1—2—3—4 g Gewicht gebracht und jede einzelne mit einem Ueberzug von Kakaobutter versehen. Zweckmässige Receptur-Erleichterung.

**Unguentum Hydrargyri cinereum in Gelatinedärmen.** Quecksilbersalbe wird in Gelatinedärme gefüllt. Letztere besitzen eine Eintheilung, welche je 1 g Salbe markirt.

**Unguentum Hydrargyri cinereum in capsulis** ist in Gelatinekapseln abgefüllte graue Quecksilbersalbe.

**Unguentum Hydrargyri cinereum dilutum. Unguentum contra pediculos. Reitersalbe. Läusesalbe etc.** Man bereitet sie zweckmässig aus Unguenti Hydrargyri cinerei 200,0, Sebi ovilis 150,0, Adipis suilli 250,0. Will man sie färben, so kann dies mit ein wenig feinstem Russ (siebenmal gebrannt) geschehen.

In einigen Apotheken werden aus missverstandener Sparsamkeit zur Bereitung dieser Salbe alte Salbenreste verwendet. Dies sollte unter allen Umständen unterlassen werden. Nur die frischesten Fettmaterialien sollten für diesen gangbaren Artikel verwendet werden. (!) Wer einmal in eine Klinik für Hautkrankheiten kommt, kann sich dort überzeugen, welche starken Reizungserscheinungen gerade solche ranzige Läusesalben verursachen. Daher vermeide man auch das Parfümiren und Färben derselben mit reizenden Zusätzen.

**WEIDENBAUM'sche Salbe** zur Behandlung der Variola. Rp. Unguenti Hydrargyri cinerei 1,0, Saponis kalini 2,0, Glycerini 4,0.

***Feststellung des Quecksilbergehaltes.*** Man bringt 3,0 g Quecksilbersalbe in ein trockenes, gewogenes Kölbchen, übergiesst mit 30 ccm Aether und lässt unter gelegentlichem Umschwenken bis zur Auflösung des Fettes stehen. Dann giesst man die Aetherlösung sorgfältig ab, behandelt den Rückstand noch 2—3 mal in gleicher Weise, dunstet die letzten Antheile des Aethers bei etwa 40° C. ab, trocknet alsdann 5 Minuten im Wasserbadtrockenschranke und wägt. Das erhaltene Gewicht mit 33,33 multiplicirt giebt direkt den Procentgehalt der Salbe an Quecksilber an. Sollte eine Beimengung fremder Substanzen möglich sein, so würde das Quecksilber in Salpetersäure zu lösen und nach Seite 24 No. 3 zu bestimmen sein.

**Amalgame.** Man versteht hierunter Auflösungen anderer Metalle in Quecksilber. Diese sind zum Theil nicht blosse Mischungen, sondern stehen jedenfalls den chemischen Verbindungen näher.

**Amalgame für Elektrisirmaschinen. I. KIENMEYER's Amalgam.** Zinn und Zink, von jedem 30,0, werden in Gestalt kleiner Raspelspäne in einem eisernen Pillenmörser im Wasserbade erhitzt, mit 60,0 Quecksilber versetzt und mit dem Pistill zerrieben, bis sie eine gleichmässige metallische, breiige Masse bilden. (Das Zerreiben ist an der freien Luft vorzunehmen.) Das Amalgam wird in einem verschlossenen Glasgefässe aufbewahrt. — **II. Zink-Amalgam.** 100,0 in feinere Raspelspäne verwandeltes Zink, circa 200,0 reines Brennpetroleum, hierauf 200,0 gereinigtes Quecksilber werden in einem porcellanenen Mörser zusammengerieben, bis eine breiige Masse entstanden ist. Diese wird in einem leinenen Kolatorium ausgedrückt, um sie von überschüssigem Quecksilber und Petroleum so viel als möglich zu befreien und einige Tage an einen freien Ort gestellt, damit sie erhärte. Zum Gebrauch wird das Amalgam zu Pulver zerrieben und mit Schweinefett oder Paraffinöl gemischt.

**IV. Emplastrum Hydrargyri** (Austr. Brit. Germ. Helv. U-St.). **Emplastrum mercuriale. Quecksilberpflaster. Mercurial-Pflaster.**

Austr. Hydrargyri 100,0 werden verrieben mit Lanolini (cum aqua) 50,0 und mit Emplastri adhaesivi (Austr.) 350,0, die geschmolzen und fast wieder erkaltet sind, gemischt.

Brit. Man löst unter Erwärmen Sulfuris depurati 0,5 in Olei Olivarum 3,5, tödtet damit Hydrargyri 82,0 und mischt dies zu fast erkaltetem Emplastri Plumbi 164,0.

Germ. Hydrargyri 200,0 werden mit Terebinthinae 100,0 unter Zusatz von wenig Terpentinöl getödtet und mit einer geschmolzenen und wieder fast erkalteten Mischung von Emplastri Plumbi 600,0 und Cerae flavae 100,0 verrührt.

Helv. Man tödtet Hydrargyri 20,0 mit Adipis Lanae 10,0 und Tincturae Benzoës aetherea 1,0 und vermischt mit Emplastri Plumbi 50,0, Cerae flavae 10, Elemi, Terebinthinae ää 5,0.

U-St. Man tödtet Hydrargyri 300,0 mit Hydrargyri oleinici 12,0 und vermischt mit Emplastri Plumbi simplicis q. s. zum Gesammtgewicht 1000,0.

**V. Amalgame zur Zahnfüllung.** Man kann im allgemeinen zwei Arten unterscheiden. Die eine umfasst diejenigen Mischungen, welche bereits soviel Quecksilber enthalten, dass sie durch leichtes Erwärmen plastisch werden, also die fertigen Amalgame.

Die andere umfasst diejenigen Mischungen, welche entweder gar kein oder doch noch nicht genügend Quecksilber enthalten. Diese Legirungen kommen als feine Feilspäne in den Handel. Vor ihrem Gebrauch mischt sie der Zahnarzt in einem Porcellantiegel unter Erhitzen mit der zur Amalgambildung nothwendigen Menge Quecksilber. Etwa überschüssiges Quecksilber entfernt er durch Drücken zwischen den Fingern oder durch Pressen zwischen Leder. Hieraus erklärt es sich, dass in den folgenden Vorschriften für Amalgame Quecksilber zum Theil überhaupt nicht enthalten ist. Auf 60 Th. der gefeilten Legirung werden zur Bildung eines guten Amalgams rund 40 Th. Quecksilber zugesetzt.

**Kupfer-Amalgam.** Nach AD. ZUR NEDDEN. Man löst 200 g kryst. Cuprisulfat in 1 Liter destillirtem Wasser, welchem vorher 75 g Schwefelsäure zuzusetzen sind. Aus dieser Lösung schlägt man das Kupfer entweder durch Zink- oder durch blanke Eisenbleche nieder. Das so gewonnene pulverförmige Kupfer wird mit 160 g Mercurosulfat unter heissem Wasser zu einem Teige zusammengerührt und unter beständigem Erneuern des heissen Wassers bis zur Entfernung der Schwefelsäure gewaschen. Der Amalgamteig wird durch leichtes Auspressen von überschüssigem Quecksilber befreit und zwischen zwei Servietten zu einem dünnen Kuchen ausgewalzt, welcher noch vor dem Erstarren in passende Stücke geschnitten werden kann.

**ASH's Filling.** 1 Th. Gold, 4,5 Th. Zinn, 4,5 Th. Silber (giebt mit 7 Th. Quecksilber ein Amalgam).

**DOLLINGER's Zinn-Cadmium-Amalgam.** 2 Th. Zinn und 1 Th. Cadmium.

**EVANS' Zinn-Cadmium-Amalgam.** 3 Th. Zinn und 1 Th. Cadmium.

**HARRISON's Gold-Amalgam.** 20 Th. Gold, 2 Th. Kupfer, 2 Th. Quecksilber.

**JAMESON's Amalgam.** 1 Th. Gold, 10,5 Th. Zinn mit 8 Th. Quecksilber.

**ROBERTSON's Amalgam.** 1 Th. Gold, 2 Th. Zinn, 2 Th. Silber.

**TOWNSEND's Amalgam.** 5 Th. Zinn und 4 Th. Silber.

**Amalgamirung des Eisens.** Das mit verdünnter Salzsäure abgeriebene und gereinigte Eisen wird 15 Stunden hindurch in einer Flüssigkeit aus 10 Th. Kupfervitriol, 2 Th. Salzsäure und 350 Th. Wasser untergetaucht gehalten, alsdann mit einer starren Borstenbürste abgerieben und nun in eine Lösung von 10 Th. ätzendem Mercurichlorid in 2 Th. Salzsäure und 350 Th. Wasser gelegt etc.

**Amalgama cretaceum. Pulvis albificans. Mützenpulver.** Um Messing oder Kupfer metallisch weiss zu machen. 5 Th. Zinn und 6 Th. Quecksilber werden unter gelinder Erwärmung zusammengeschmolzen und dann mit 8 Th. Schlämmkreide zu einem Pulver zerrieben.

**Mercuriol.** Ein Amalgam aus Aluminium und Magnesium, welches 40 Proc. metallisches Quecksilber enthält.

**Aethiops animalis.**

Rp. Hydrargyri 10,0
Ossium Sepiae 15,0.

Bis zur Tödtung zu verreiben.

**Aethiops cretaceus.**

Mercurius alkalinus.

Rp. Hydrargyri 10,0
Calcii carbonici 15,0.

**Aethiops graphiticus.**

Mercurius carbonatus.

Rp. Hydrargyri 10,0
Graphitae laevigatae 20,0.

Unter Zusatz einiger Tropfen Wasser zu tödten.

**Aethiops gummosus.**

Mercurius gummosus Plenkii.

Rp. Hydrargyri 10,0
Gummi arabici pulv. 20,0.

Unter Zusatz von etwas Aether zu tödten.

**Aethiops magnesicus.**

Rp. Aethiopis saccharati 30,0
Magnesii carbonici 10,0.

Man mischt sie, wäscht die Mischung mit Wasser aus und trocknet wieder.

**Aethiops martiatus.**

Mercurius ferratus.

Rp. Hydrargyri 10,0
Ferri oxydati fusci 20,0.

Werden bis zur Tödtung verrieben.

**Aethiops saccharatus.**

Mercurius saccharatus. Saccharum mercuriale.

Rp. Hydrargyri 10,0
Sacchari albi 20,0.

Werden unter Zusatz von etwas Aether bis zur Tödtung verrieben.

**Aethiops tartarisatus.**

Hp. Hydrargyri 10,0
Tartari depurati 20,0.

Man verreibt unter Zusatz von etwas Alkohol bis zur Tödtung.

**Aqua mercurialis simplex.**

Decoctum Hydrargyri.

Rp. Hydrargyri 50,0
Aquae destillatae 1500,0.

Man kocht 2 Stunden in einem Glaskolben und giesst nach dem Erkalten klar ab. Die Kolatur betrage 1000,0.

**Balsamum mercuriale** PLENK.

Rp. Unguenti Hydrargyri cinerei
Unguenti Elemi āā 25,0
Calomelanos 1,0.

**Ceratum Hydrargyri compositum.**

Scott's Dressing.

Rp. Unguenti Hydrargyri cinerei
Emplastri Hydrargyri
Emplastri saponati āā 10,0
Camphorae tritae 4,0.

**Collemplastrum Hydrargyri cinereum**
(E. DIETERICH).

Rp. 1. Massae Collemplastri 800,0
2. Rhizomatis Iridis pulv. 80,0
3. Sandaracis
4. Olei Resinae ää 20,0
5. Hydrargyri 60,0
6. Aetheris 150,0
7. Rhizomatis Iridis pulv. 5,0.

Man tödtet 5 mit 4 unter Zusatz von 7 und verfährt alsdann wie bei Collemplastrum Arnicae Bd. I S. 385.

**Collemplastrum Hydrargyri carbolisatum**
E. DIETERICH.

Rp. Massae Collemplastri 800,0
Rhizomatis Iridis pulv. 85,0
Sandaracis pulv.
Olei Resinae ää 20,0
Acidi carbolici 15,0
Hydrargyri 60,0
Aetheris 150,0.

Bereitung wie das vorige.

**Electuarium vermifugum** HEISTER.

Rp. Aethiopis gummosi 15,0
Corticis Chinae
Sacchari pulv. ää 10,0
Sirupi Sacchari q. s.

Fiat electuarium.

**Emplastrum Ammoniaci cum Hydrargyro** (U-St.).

Rp. 1. Gummi Ammoniaci 720,0 g
2. Aceti (6%) 1000,0 ccm
3. Hydrargyri 180,0 g
4. Hydrargyri oleïnici 8,0 „
5. Emplastri Plumbi q. s.

Man erwärmt 1 mit 2, dampft die durchgeseihte Emulsion ein, bis eine Probe beim Erkalten erhärtet, setzt der Mischung eine Verreibung von 3 mit 4 zu und bringt das Ganze mit geschmolzenem Bleipflaster auf 1000.

**Emplastrum de tribus.**

Rp. Emplastri Conii
Emplastri Hydrargyri
Emplastri Meliloti ää.

**Emplastrum Gallicum.**
Franzosenpflaster.

Rp. Emplastri Plumbi compositi
Emplastri Hydrargyri ää 40,0
Olei Terebinthinae sulfurati 20,0.

**Emplastrum Hydrargyri compositum** (Helv.).
Emplastrum Vigo cum Mercurio.

I. Helv.

Rp. Emplastri Hydrargyri (Helv.). 75,0
Styracis liquidi 8,0
Emplastri Plumbi compositi
Emplastri oxycrocei
Cerae flavae ää 5,0
Elemi 2,0
Olei Lavandulae 0,5.

II. Münch. Ap.-V. und E. DIETERICH.

Rp. Emplastri Hydrargyri (Germ.). 60,0
Emplastri Plumbi compositi 15,0
Emplastri Croci 15,0
Cerae flavae 2,5
Storacis 3,0
Terebinthinae
Olibani pulverati
Benzoës pulverati ää 1,0
Olei Lavandulae 0,5.

III. Gall.

Rp. Emplastri Plumbi simplicis 200,0
Cerae flavae
Colophonii ää 10,0
Bdellii
Ammoniaci depurati
Olibani
Myrrhae ää 3,0
Croci 2,0
Hydrargyri 60,0
Styracis depurati 30,0
Terebinthinae venetae 10,0
Olei Lavandulae 1,0.

**Emplastrum Hydrargyri molle** (Hamb. V.).

Rp. 1. Hydrargyri 8,0
2. Terebinthinae 4,0
3. Olei Ricini
4. Terebinthinae ää 3,0
5. Emplastri Plumbi 24,0.

Man verreibt 1 mit 2 und rührt das fast erkaltete Gemisch von 3—5 dazu.

**Emplastrum resolvens** (Gall.).
Emplâtre résolutif (Gall.). Emplâtre des quatre fondants.

Rp. Emplastri saponati
Emplastri Plumbi compositi
Emplastri Hydrargyri
Emplastri Conii ää.

**Emplastrum resolvens** RUST.

Rp. Emplastri Hydrargyri 20,0
Camphorae tritae
Opii pulverati ää 1,0.

**Hydrargyrum cum Creta.**
Mercury with Chalk. Grey-Powder.

I. Brit.

Rp. Hydrargyri 1,0
Calcii carbonici 2,0.

II. U-St.

Rp. 1. Hydrargyri 38,0
2. Mellis depurati 10,0
3. Calcii carbonici 57,0
4. Aquae q. s. ad 100,0.

Man bringt 1 und 2 mit 2 Th. Wasser in eine starke Flasche, tödtet 1 durch andauerndes Schütteln. Dann reibt man 3 mit Wasser zu einem Brei an, giesst die getödtete Hg-Mischung zu, mischt gut und trocknet auf dicken Lagen Filtrirpapier, schliesslich in einer Porcellanschale bis zu 100 Th. ein und pulvert ohne stark zu reiben.

**Linimentum Hydrargyri** (Brit.).

Rp. Unguenti Hydrargyri cinerei (Brit.) 30,0 g
Liquoris Ammonii caustici sp. Gew. 0,891 10,0 ccm
Linimenti Camphorae (Brit.) s. Band I, S. 581 q. s. ad 90,0 ccm.

**Linimentum Hydrargyri compositum.**

Rp. Unguenti Hydrargyri cinerei
Linimenti ammoniati ää.

**Massa Hydrargyri** (U-St.).
PilulaeHydrargyri. Blue Mass. Blue Pill.

Rp. 1. Hydrargyri 33,0
2. Mellis rosati 34,0
3. Glycerini 3,0
4. Radicis Liquiritiae 5,0
5. Radicis Althaeae 25,0.

Man tödtet 1 mit 2 und 3 und bildet mit 4 und 5 eine Masse.

**Massa pilularum Hydrargyri Londinensis** (Hamb. Vorschr.).

Blue Pills. Pilulae Hydrargyri (Brit.).

Rp. Hydrargyri 2,0
Conservae Rosae 3,0
Radicis Liquiritiae 1,0.

**Oleum cinereum.**

I. Nach LANG.

Rp. Hydrargyri 3,0
Lanolini anhydrici 3,0
Olei Olivae 4,0.

II. Nach NEISSER.

Rp. 1. Hydrargyri 5,0
2. Aetheris Benzoës (s. Bd. I S. 479) 1,0
3. Paraffini liquidi 10,0.

1 wird mit 2 extingirt, nach dem Abdunsten des Aethers fügt man 3 zu.

III. Nach VIGIER.

Rp. Hydrargyri 19,5
Unguenti Hydrargyri cinerei 1,5
Vaselini 9,0
Paraffini liquidi 20,0.

IV. Nach CLAESSEN und MIEHLE.

Diese bereiten zunächst aus 1 Th. Wollfett u. 2 Th. Quecksilber unter Zusatz von etwas Chloroform eine 66proc. Salbe und verdünnen diese dann durch Zugabe von Mandelöl, Olivenöl und Paraffinöl auf 50 Proc.

**Pilulae Aethiopicae.**

Pilulae hydrargyrico-stibicae.

Rp. 1. Hydrargyri 6,0
2. Stibii sulfurati aurantiaci 4,0
3. Saponis medicati
4. Resinae Guajaci ää 4,0
5. Sirupi Sacchari q. s.

Fiant pilulae ponderis 0,15 g.

**Pilulae Hydrargyri** PLENK.

Pilulae mercuriales gummosae PLENK.

Rp. Aethiopis gummosi 15,0
Mellis 20,0
Amyli 10,0
Radicis Althaeae 5,0
Tragacanthae q. s.

Fiant pilulae ponderis 0,15 g.

**Pilules mercurielles purgatives** (Gall.).

Pilulae Bellostii. Pilulae Neapolitanae RENAUD, RENAUDOT.

Rp. Hydrargyri depurati
Mellis
Aloës pulv. ää 6,0
Piperis nigri 1,0
Rhizomatis Rhei 3,0
Scammonii Halepensis 2,0.

Fiant pilulae ponderis 0,2 g.

**Pilules mercurielles savonneuses** (Gall.).

Pilules Dr. SÉDILLOT.

Rp. Unguenti Hydrargyri cin. (50 Proc.) 30,0
Saponis medicati 20,0
Radicis Liquiritiae 10,0.

Fiant pilulae ponderis 0,2 g.

**Pilules mercurielles simples** (Gall.).

Pilules bleues.

Rp. Hydrargyri depurati 5,0
Conservae Rosae 7,5
Radicis Liquiritiae 2,5.

Fiant pilulae N. 100.

**Sapo Hydrargyi**

I. (Bad. Taxe.)

Rp. 1. Hydrargyri 100,0
2. Unguenti Hydrargyri cinerei 20,0
3. Saponis kalini 160,0
4. Saponis medicati pulv. 20,0
5. Adipis suilli 20,0.

Man verreibt 1 mit 2 und mischt dann 3—5 dazu.

II. Münch. Ap. V.

Rp. 1. Hydrargyri 100,0
2. Sebi ovilis
3. Adipis benzoati ää 10,0
4. Saponis kalini 160,0
5. Saponis medicati 20,0.

Man verreibt 1 mit 2 und 3 und mischt schliesslich 4 und 5 dazu.

**Sapo mercurialis** SCHUSTER.

Rp. 1. Hydrargyri 33,3
2. Adipis suilli 36,0
3. Sebi ovilis 18,0
4. Saponis oleacei pulv. 12,7.

Man verreibt 1 mit der Mischung von 2 und 3 und fügt 4 hinzu.

**Sparadrapum mercuriale.**

Rp. Emplastri Hydrargyri 75,0
Emplastri adhaesivi 20,0
Olei Olivae 5,0.

Werden bei gelinder Wärme geschmolzen, die halberkaltete Mischung wird über Shirting gestrichen.

**Suppositoria mercurialia.**

Suppositoria Hydrargyri.

Rp. Cerae flavae 3,0
Olei Cacao 5,0
Unguenti Hydrargyri 5,0.

Fiant suppositoria 10.

**Unguentum Hydrargyri cinereum fortius.**

(Münch. Ap. V.) loco: Unguentum Hydrargyri LEBOEUF.

Rp. Hydrargyri 50,0
Adipis benzoati
Sebi ovilis ää 25,0.

**Unguentum Hydrargyri cinereum mite.**

10proc. Quecksilbersalbe (Münch. Ap. V.).

Rp. Unguenti Hydrargyri cinerei Germ. 30,0
Adipis suilli 50,0
Sebi ovilis 20,0.

**Unguentum Hydrargyri compositum** (Brit.).

Compound Mercury ointment.

Rp. Unguenti Hydrargyri cin. (Brit.) 150,0
Cerae flavae
Olei Olivae ää 90,0
Camphorae tritae 45,0.

**Unguentum Hydrargyri cinereum** LEBOEUF.

Rp. 1. Hydrargyri 1000,0
2. Aetheris Benzoës (s. Bd. I S. 479) 65,0
3. Adipis 920,0
4. Cerae flavae 80,0.

1 wird durch Schütteln mit 2 getödtet, alsdann mit der geschmolzenen und halberkalteten Mischung von 3 und 4 zusammengemischt.

**Unguentum Hydrargyri cum Resorbino paratum.**

(Münch. Ap.-V.) Resorbin-Quecksilber.

Rp. Hydrargyri 30,0
Resorbini 60,0.

**Unguentum Hydrargyri cum Vasogeno paratum.**

Quecksilbervasogen (Münch. Ap.-V.).

Rp. Hydrargyri 40,0
Adipis Lanae 20,0
Vasogeni spissi 60,0.

**Unguentum mercuriale opiatum** BENEDICT.
Rp. Opii pulverati 1,0
Aquae gtt. X
Unguenti Hydrargyri cinerei 8,0.

**Unguentum mercuriale opiatum** GIBERT.
Rp. Unguenti Hydrargyri cinerei 45,0
Unguenti cerei 15,0
Tincturae Opii crocatae 1,5.

**Vet. Ouquent résolutif** TRASBOT (Gall.).
Rp. Unguenti vesicatorii Lebas s. Bd. I S. 600
Unguenti Hydrargyri cinerei conc. (Gall.). ää.

## VI. Hydrargyrum colloïdale. Hyrgol. Colloïdales Quecksilber.

***Darstellung.*** Eine stark verdünnte Mercuronitratlösung wird in eine ebenfalls stark verdünnte Stannonitratlösung unter Umrühren eingegossen, wobei beide Lösungen nur so viel freie Salpetersäure enthalten dürfen, dass es nicht zur Abscheidung basischen Salzes kommt. Es entsteht eine tiefbraune Flüssigkeit. Diese wird mit einer konc. Lösung von Ammoniumcitrat versetzt, wodurch das colloïdale Quecksilber ausgesalzen wird. Die braune Farbe der Flüssigkeit geht in schwarz über, und man erkennt einen feinen schwarzen Niederschlag. Dann wird mit Ammoniak unter Umrühren und Vermeidung starker Erwärmung neutralisirt. Nachdem der Niederschlag sich abgesetzt hat, wird die überstehende Flüssigkeit abgehebert, noch etwas Flüssigkeit durch Absaugen auf porösen Thonunterlagen entfernt und die noch ziemlich dünnflüssige Paste im Vacuum-Exsiccator über Schwefelsäure getrocknet.

***Eigenschaften.*** Matte, schwarze, poröse Stückchen, welche nur stellenweise Metallglanz zeigen. Mit Wasser geben sie eine dunkle Flüssigkeit, welche etwa wie eine Verreibung von chinesischer Tusche aussieht. In dieser Flüssigkeit ist das Quecksilber zweifelsohne in äusserst feiner Vertheilung. — Durch Erhitzen der Flüssigkeit wird die Färbung silbergrau, die nämliche Aenderung bewirken Natronlauge sowie einige Säuren. Salpetersäure wirkt kräftig auflösend. Unter dem Mikroskop zeigen sich bei 400 facher Vergrösserung kleine gelbbraune Körnchen, keine metallischen Kügelchen. Auf Papier kann das colloïdale Quecksilber zu einem feinen, schwarzen Pulver verrieben werden, beim trocknen Reiben im Porcellanmörser kommt es leicht zur Bildung von Quecksilberkügelchen. Daher muss das Präparat behufs Darstellung von Salben vorher mit Wasser angerieben werden.

Das colloïdale Quecksilber ist nach den Untersuchungen von HÖHNEL nicht reines metallisches Quecksilber, es enthält von letzterem vielmehr nur etwa 73—80 Proc., ausserdem Zinnsalze, Ammonsalze, Salpetersäure und Citronensäure in gebundenem Zustande.

***Anwendung.*** Man wendet das colloïdale Quecksilber an in Form der Salben und der wässerigen Anreibung (sog. Auflösung) äusserlich zu antisyphilitischen Einreibungen und Pinselungen, innerlich in Form von Pillen überall da, wo man das fein vertheilte regulinische Quecksilber benutzt. Ueber die Vorzüge des colloïdalen Quecksilbers lässt sich ein abschliessendes Urtheil noch nicht abgeben.

**Collemplastrum Hydrargyri colloïdalis** WERLER.
Collemplastrum Mercurcolloïd.
Ist auf dichte weisse Leinwand gestrichenes Kautschukpflaster, welches 15 Proc. colloïdales Quecksilber enthält.

**Pilulae Hydrargyri colloïdalis** WERLER.
Mercurcolloïdpillen.

I.
Rp. Hydrargyri colloïdalis 0,3—1,0
Argillae albae
Glycerinae ää q. s
Fiant pilulae No. 30, conspergendae Talco veneto.

II.
Rp. Unguenti hydrargyri colloïdalis (10 Proc.) 3—6,0
Argillae albae q. s.
Fiant pilulae No. 30, conspergendae Talco veneto.

**Solutio Hydrargyri colloïdalis.**
Rp. Hydrargyri colloïdalis 0,1—0,2
Aquae destillatae 100,0.
Zu Pinselungen. Vor dem Gebrauche umzuschütteln.

**Unguentum Hydrargyri colloïdalis** WERLER.
Mercurcolloïdsalbe.
Rp. Hydrargyri colloïdalis
Aquae destillatae ää 10,0
Adipis suilli 60,0
Cerae albae 15,0
Aetheris 1,5
Aetheris benzoati 3,5.

**Unguentum Hydrargyri colloïdalis.**
Mercurcolloïd. Unguentum Hyrgoli.
10 Proc.
Rp. 1. Hydrargyri colloïdalis 5,0
2. Aquae 2,5
3. Corporis Unguenti 42,5.
Man reibt 1 mit 2 an und mischt mit 3. Als Salbengrundlage kann Schweineschmalz mit 10 Proc. Wachs, oder Lanolin mit 20 Proc. Vaselin, auch Mollin gewählt werden.

# Hydrargyrum aceticum.

**I. †† Hydrargyrum aceticum oxydulatum. Mercurius aceticus. Hydrargyrum aceticum. Mercuroacetat. Essigsaures Quecksilberoxydul. Terre foliée mercurielle. $Hg_2(C_2H_3O_2)_2$. Mol. Gew. = 518.**

***Darstellung.*** Man löst 20 Th. krystall. Mercuronitrat ohne Anwendung von Wärme durch Anreiben mit 120 Th. destillirtem Wasser, welches mit 4 Th. Salpetersäure (von 25 Proc.) angesäuert ist. Die filtrirte Lösung versetzt man unter Umrühren mit einer Lösung von 15 Th. krystall. Natriumacetat in 50 Th. destillirtem Wasser und lässt die Mischung etwa 24 Stunden an einem kühlen Orte, vor Licht geschützt stehen. — Man sammelt alsdann die ausgeschiedenen Krystalle auf einem Filter, wäscht sie mehrmals hintereinander mit kleinen (!) Mengen kalten Wassers, zum Schluss mit etwas Alkohol und trocknet sie vor Licht und Staub geschützt auf porösen Unterlagen bei mittlerer Temperatur. Ausbeute 17—18 g.

***Eigenschaften.*** Weisse, atlasglänzende, fettig anzufühlende, schuppenförmige Krystalle, löslich in 330 Th. kaltem Wasser, unlöslich in Alkohol und in Aether. Beim Kochen mit Wasser zersetzen sie sich unter Graufärbung in Mercuriacetat und metallisches Quecksilber. Die nämliche Zersetzung und Graufärbung erfolgt unter dem Einflusse des Lichtes, namentlich bei gleichzeitiger Anwesenheit von Feuchtigkeit.

***Prüfung.*** Dieselbe erstreckt sich namentlich auf die Gegenwart von Mercuriacetat. Man verreibt 1 g des Salzes mit 1 Th. Natriumchlorid und 20 Th. destillirtem Wasser und filtrirt nach dem Absetzen durch ein genässtes doppeltes Filter. Das klare (!) Filtrat soll auf Zusatz eines gleichen Volumens starken Schwefelwasserstoffwassers gar nicht oder nur mässig braun gefärbt werden.

***Aufbewahrung.*** Es werde völlig getrocknet in trockne, gut zu verschliessende Gefässe gefüllt und vor Licht geschützt, sehr vorsichtig aufbewahrt.

***Anwendung.*** Bei Hautkrankheiten äusserlich in Waschungen 1 : 300—500, in Salben 1 : 10—20. Innerlich in Gaben von 0,01—0,03—0,06 zwei bis dreimal täglich. *Cave:* Säuren und Salze. Höchstgaben: *pro dosi* 0,1 g, *pro die* 0,3 g.

**II. †† Hydrargyrum aceticum oxydatum. Mercuriacetat. Essigsaures Quecksilberoxyd. $Hg(CH_3CO_2)_2$. Mol. Gew. = 318.**

***Darstellung.*** 10 Th. Mercurioxyd werden in einem Kölbchen mit 20 Th. verdünnter Essigsäure (von 30 Proc.) auf dem Wasserbade digerirt, bis Auflösung erfolgt ist. Die durch Glaswolle filtrirte Lösung lässt man in einem Schälchen an einem warmen Orte stehen, bis die Lösung zu einer Krystallmasse eingetrocknet ist. Ausbeute 14,5 Th.

***Eigenschaften.*** Farblose, glänzende, tafelförmige Krystalle von metallischem Geschmacke, in 4 Th. Wasser von mittlerer Temperatur, auch in Alkohol und in Aether löslich. Die wässerige Lösung reagirt sauer. An der Luft dunstet das Salz allmählich etwas Essigsäure ab und nimmt oberflächlich gelbliche Färbung an, infolge Bildung eines basischen Mercuriacetates.

***Prüfung.*** 1) Das Salz sei beim Erhitzen auf einem Porcellandeckel völlig flüchtig. 2) Die wässerige Lösung werde durch Natronlauge rothgelb, durch Ammoniakflüssigkeit rein weiss und durch Salzsäure nicht gefällt.

***Aufbewahrung.*** Sehr vorsichtig und vor Licht geschützt.

***Anwendung.*** Aeusserlich zu Waschungen gegen Sommersprossen 1 : 300. Innerlich als Antisyphiliticum wie das Quecksilbersublimat in Gaben von 0,01—0,03—0,05 g zwei- bis dreimal täglich. Höchstgaben: 0,05 g *pro dosi*, 0,2 g *pro die*.

**Liquor antephelidicus.**
Antephelidea.

| | | |
|---|---|---|
| Rp. | Hydrargyri acetici oxydati | 0,5 |
| | Acidi benzoici | 2,0 |
| | Talci veneti | 5,0 |
| | Aquae Rosae | 200,0. |

Aeusserlich zum Benetzen der Sommersprossen und Leberflecken. Es darf nur unter ärztlicher Aufsicht gebraucht werden.

**Pilulae mercuriales** KEYSER.

| | | |
|---|---|---|
| Rp. | Hydrargyri acetici oxydulati | 1,0 |
| | Tragacanthae pulveratae | 2,0 |
| | Glycerini (6,0) | q. s. |

Fiant pilulae 100, conspergendae Saccharo Lactis.

Dragées de KEYSER.

Aus 1,0 g Mercuriacetat und 15,0 g Manna canellata werden 100 Stück angefertigt.

# Hydrargyrum bromatum.

**I. † Hydrargyrum bromatum. Hydrargyrum bromatum mite. Protobromuretum Hydrargyri. Quecksilberbromür. Quecksilberprotobromid. Mercurobromid. Bromure de Mercure. $Hg_2Br_2$. Mol. Gew. = 560.**

***Darstellung.*** A) 100 Th. krystallisirtes Mercuronitrat werden zerrieben, in einem Becherglase mit einer Mischung aus 25 Th. Salpetersäure (von 25 Proc.) und 800 Th. Wasser übergossen und unter Umrühren, aber ohne Anwendung von Wärme, bis zur Auflösung stehen gelassen. Die wenn nöthig durch Glaswolle filtrirte Lösung wird unter Umrühren in kleinen Antheilen in eine filtrirte Lösung von 50 Th. Kaliumbromid in 300 Th. Wasser eingegossen. — Der Niederschlag wird nach dem Absetzen zunächst durch Dekanthiren, später auf dem Filter mit Wasser, schliesslich noch 2—3 mal mit Alkohol gewaschen und unter Lichtabschluss auf porösen Unterlagen bei 30—40° C. getrocknet und zerrieben. Ausbeute etwa 100 Th. — **B)** Man gewinnt das Mercurobromid auch durch Sublimation eines Gemisches von 5 Th. Quecksilber und 9 Th. Mercuribromid.

***Eigenschaften.*** Das durch Sublimation bereitete Mercurobromid ist dem sublimirten Kalomel ähnlich. Das durch Fällung nach A. dargestellte ist ein zartes weisses Pulver, geruchlos und geschmacklos, unlöslich in Wasser, Alkohol und in Aether, beim Erhitzen völlig flüchtig, überhaupt dem Kalomel in seinem chemischen und physikalischen Verhalten sehr ähnlich; nur liefert es beim Schütteln mit Chlorwasser infolge Ausscheidung von freiem Brom eine gelbe Flüssigkeit.

***Prüfung.*** Diese richtet sich hauptsächlich gegen in Wasser leicht lösliche Quecksilbersalze und ist in gleicher Weise wie diejenige des Kalomels auszuführen.

***Aufbewahrung.*** Vor Licht und ammoniakalischer Luft geschützt, vorsichtig.

***Anwendung.*** Das Mercurobromid ist ein mildes Quecksilberpräparat, welches ziemlich ebenso wie Kalomel wirkt. Man giebt es — verhältnissmässig selten — bei den gleichen Indikationen und in den gleichen Gaben wie Kalomel, nämlich zwei- bis dreimal täglich zu 0,05—0,1—0,2 g oder ein- bis zweimal täglich zu 0,2—0,3—0,5 g.

**II. †† Hydrargyrum bibromatum (corrosivum). Hydrargyrum perbromatum. Hydrargyrum bromatum solubile. Deuterobromuretum Hydrargyri. Quecksilberperbromid. Mercuribromid. Bromide de Mercure. Bromide of Mercury. $HgBr_2$. Mol. Gew. = 360.**

***Darstellung.*** Man bringt in einen Glaskolben 120 Th. destillirtes Wasser sowie 8,5 Th. reines Brom, ferner 10 Th. reines Quecksilber und schüttelt so lange, bis das Quecksilber in eine weisse, pulverige Masse verwandelt ist. Dann wird bis zum Aufkochen erhitzt und die klar abgegossene Flüssigkeit filtrirt. Auf den nicht gelösten Rest giesst man 80 Th. Wasser, erhitzt nochmals zum Aufkochen und filtrirt. Die Filtrate werden zur Trockne verdampft. Der Salzrückstand kann auch noch aus heissem Alkohol umkrystallisirt werden.

***Eigenschaften.*** Ein weisses, krystallinisches Pulver oder, aus Wasser krystallisirt, dünne, farblose, glänzende Blättchen, oder aus Weingeist krystallisirt, nadelförmige Prismen, ohne Geruch, von ekelhaft metallischem Geschmack. Das Salz ähnelt in allen Eigenschaften sehr dem Mercurichlorid, nur ist es in Wasser, Alkohol und Aether weniger löslich als dieses. Zur Auflösung bedarf es etwa 10 Th. siedendes oder 80 Th. Wasser von gewöhnlicher Temperatur. Wird die wässerige Lösung mit Chlorwasser vermischt, so färbt sie sich infolge Ausscheidung von freiem Brom braungelb.

***Prüfung.*** Dieselbe erfolgt in analoger Weise wie diejenige des Mercurichlorid.

***Aufbewahrung.*** Sehr vorsichtig, in gleicher Weise wie das Mercurichlorid.

***Anwendung.*** Das Mercuribromid wird innerlich und äusserlich unter den gleichen Indikationen und in den gleichen Gaben angewendet wie das Mercurichlorid, doch ist sein Gebrauch sehr viel seltener.

**Aqua Hydrargyri bibromati** WERNECK.

Rp. Hydrargyri bibromati 0,3
Aquae destillatae 300,0.

Zum Befeuchten der Kompressen bei syphilitischen Geschwüren.

**Guttae antisyphiliticae** WERNECK.

Rp. Hydrargyri bibromati 0,05
Aquae destillatae 30,0.

Anfangs täglich 20 Tropfen, allmählich steigend bis auf 200 Tropfen.

**Pilulae cum Hydrargyro bibromato** GRAEFE.

Rp. Hydrargyri bibromati 0,05
Extracti Liquiritiae
Radicis Liquiritiae āā q. s.

Fiant Pilulae 50. Drei Pillen täglich.

**Unguentum Hydrargyri bibromati** P. SMITH.

Rp. Hydrargyri bibromati 0,25
Unguenti lenientis 30,0.

---

# Hydrargyrum bichloratum.

**I. †† Hydrargyrum bichloratum** (Germ. Helv.). **Hydrargyrum bichloratum corrosivum** (Austr.). **Hydrargyri Chloridum corrosivum** (U-St.). **Chlorure mercurique** (Gall.). **Mercurichlorid. Quecksilberchlorid. Aetzender Quecksilbersublimat. Aetzsublimat. Sublimat. Sublimé corrosif. Corrosive Sublimate.** $HgCl_2$. **Mol. Gew. = 271.**

Das Präparat wird in chemischen Fabriken durch Sublimation aus einer Mischung von Mercurisulfat und Kochsalz dargestellt.

***Eigenschaften.*** In den Handel gelangt das Mercurichlorid (wenn es schnell sublimirt worden ist) als weisse, durchscheinende, strahlig krystallinische, specifisch schwere, leicht zu zermalmende Massen (spec. Gew. 5,32), welche beim Zerreiben ein rein weisses Pulver geben. (Unterschied von den Massen des Kalomels.) Es ist ohne Geruch, von widerlich-scharfem Metallgeschmack und sehr giftig. Ueber die Löslichkeit in Wasser werden von POGGIALE folgende Angaben gemacht:

100 Th. Wasser lösen:

| bei | 0° | 10° | 20° | 30° | 40° | 50° | 60° | 70° | 80° | 90° | 100° C. |
|---|---|---|---|---|---|---|---|---|---|---|---|
| Theile $HgCl_2$ | 5,73 | 6,57 | 7,39 | 8,43 | 9,62 | 11,34 | 13,86 | 17,29 | 24,3 | 37,05 | 53,96. |

Mercurichlorid schmilzt gegen 265° C. und siedet gegen 295° C. Es löst sich in 16 Th. kaltem Wasser oder in 3 Th. siedendem Wasser, ferner in 3 Th. Weingeist oder 4 Th. Aether oder 15 Th. Glycerin. Die wässerige Auflösung reagirt gegen Lackmus schwach sauer; die saure Reaktion wird indessen durch Zusatz von Alkalichloriden (NaCl, KCl, $NH_4Cl$) in neutral verwandelt. Vom Lichte wird Mercurichlorid in Substanz nicht zersetzt; dagegen scheiden sich aus seinen wässerigen Lösungen nach längerer Belichtung Niederschläge von Kalomel aus. Organische Substanzen wie Zucker, Gummi, Fette, Harze, zersetzen das Mercurichlorid langsam unter Abscheidung von Kalomel. Die Zersetzung wird durch Einwirkung von Licht und Wärme begünstigt.

Das Mercurichlorid ist ein Oxydsalz des Quecksilbers. Als solches giebt es mit Natronlauge im Ueberschusse einen gelben Niederschlag von Mercurioxyd, mit Kaliumjodid einen scharlachrothen Niederschlag von Mercuribijodid, der im Ueberschuss von Kaliumjodid zu einer farblosen Flüssigkeit löslich ist. Durch Stannochlorid entsteht zunächst ein weisser Niederschlag von Kalomel, später erfolgt Ausscheidung eines grauen Niederschlages von metallischem Quecksilber. —

Mit Eiweiss geht das Mercurichlorid unlösliche Verbindungen ein. Dies ist der Grund für die ätzenden Eigenschaften desselben, aber auch der Grund dafür, dass man Eiweiss als Antidot bei Sublimat-Vergiftungen anwendet. — Auch mit den meisten Alkaloïden giebt das Mercurichlorid unlösliche Verbindungen. Man benutzt diese unlöslichen Verbindungen häufig zur Reindarstellung der Alkaloïde, auf ihre Bildung hat man aber anderseits Rücksicht zu nehmen, wenn Mercurichlorid und Alkaloïdsalze (vergl. Cocaïn Band I, S. 875) zusammenverordnet werden.

***Prüfung.*** 1) Das Mercurichlorid muss sich in der Hitze ohne zu verkohlen vollständig verflüchtigen und in 6 Th. Alkohol oder Aether vollkommen und ohne Färbung auflösen lassen. Die wässerige Lösung muss mit überschüssiger Natronlauge einen gelben, mit Ammoniakflüssigkeit einen weissen Niederschlag geben. Ein in der Hitze nicht flüchtiger Rückstand würde feuerbeständige Substanzen anzeigen, deren Natur näher zu untersuchen wäre. Ein in Alkohol oder Aether unlöslicher Rückstand würde Kalomel oder andere in diesen Lösungsmitteln unlöslichen Verunreinigungen anzeigen. Kleine Mengen Kalomel sind übrigens in jedem Aetzsublimat des Handels enthalten.

2) Nachdem das Quecksilber aus der wässerigen Lösung durch Schwefelwasserstoff gefällt worden ist, darf das farblose Filtrat nach dem Verdampfen keinen Rückstand hinterlassen (Erden, Alkalisalze). — Wird das so erhaltene Schwefelquecksilber mit verdünnter Ammoniakflüssigkeit geschüttelt, so zeige das Filtrat nach dem Ansäuern mit Salzsäure weder eine gelbe Farbe, noch einen gelben Niederschlag (Arsen). — Gelbliche bis röthliche Stellen an den Krusten des Sublimats können unter Umständen von dem Eisen der Sublimirgefässe herrühren und müssen sorgfältig abgekratzt werden.

***Aufbewahrung und Dispensation.*** Quecksilberchlorid ist sehr vorsichtig, unter den direkten Giften, in der Abtheilung „Mercurialia" aufzubewahren. In Substanz wird es, wie schon erwähnt, vom Lichte kaum verändert, seine wässerigen und alkoholischen Lösungen dagegen werden durch den Einfluss des Lichtes unter Abscheidung von Mercurochlorid (Kalomel) zersetzt. Das Pulvern von Quecksilberchlorid bewerkstellige man zur Verhütung des Stäubens unter Zusatz einiger Tropfen Weingeist im Mörser aus Porcellan.

Sollte Quecksilberchlorid in Substanz in Form abgetheilter Pulver verordnet werden, so gebe man diese niemals in Papierkapseln, sondern stets in Präparatengläsern ab, deren jedes mit einem „Aeusserlich" und der Aufschrift „Gift" signirt ist. — Pastillen zum äusserlichen Gebrauche, welche als wesentlichen Bestandtheil Quecksilberchlorid enthalten, werden gefärbt, um sie von andern Pastillen zu unterscheiden. Vergl. *Pastilli Hydrargyri bichlorati.* S. 36.

***Wirkung und Anwendung.*** Quecksilberchlorid coagulirt, wie schon erwähnt wurde, Eiweiss. Aeusserlich wirkt es in Substanz oder in konc. Lösung ätzend, in verdünnter Lösung adstringirend. Es ist nach Koch das stärkste Antisepticum, da es noch in einer Verdünnung von 1 : 20000 Milzbrandbacillen tödtet. Bei einer Verdünnung von 1 : 1000 bis 5000 erfolgt die Tödtung schon nach wenigen Minuten. Innerlich in kleinen Gaben gegeben, wird Quecksilberchlorid resorbirt und zeigt dann allgemeine Quecksilberwirkung. Nach grossen Gaben treten örtliche Erscheinungen auf; durch Resorption grösserer Mengen kommt es zu ausgedehnten Geschwüren im Darm, welche in der Regel tödtlichen Ausgang nehmen.

Man benutzt Quecksilberchlorid: Aeusserlich in Substanz oder konc. Lösung als Aetzmittel bei syphilitischen Affektionen, in verdünnten Lösungen (1 : 500 bis 1 : 1000) in ausgedehntestem Maassstabe als Antisepticum in der Wundbehandlung. Man beachte, dass Intoxikationen auch nach äusserlicher Anwendung zu Stande kommen können. Innerlich meist in Pillenform, seltener in Mixturen, und zwar in Gaben von 0,003 bis 0,01 g als Antisyphiliticum, bei Typhus etc. Grösste Einzelgabe 0,02 g; grösste Tagesgabe 0,1 g. Man lasse es niemals bei leerem Magen, sondern stets nach der Mahlzeit nehmen. Gegenmittel bei Intoxikationen sind Milch, Eiweiss, Eisenpulver.

**†† Hydrargyrum bichloratum recrystallisatum.** Da sowohl die Krusten als auch das aus diesen dargestellte Pulver, also die Formen, in denen das Quecksilberchlorid gewöhnlich im Handel vorkommt, stets kalomelhaltig sind, so empfiehlt es sich, für den Receptur-Gebrauch eine gewisse Menge Quecksilberchlorid aus Wasser umzukrystallisiren und in dieser Form oder als Pulver vorräthig zu halten.

**Essig-Sublimatmischung.** Haarmittel von Unna. Rp. Acidi acetici 1,0, Hydrargyri bichlorati 0,1, Spiritus 1,0, Aquae 99,0.

**Jod-Sublimatlösung.** Haarmittel von Unna. Rp. Hydrargyri bichlorati 0,2, Glycerini 10,0, Tincturae Jodi 90,0.

**†† Hydrargyrum bichloratum cum Chinino hydrochlorico.** 33 Th. Hydrargyrum bichloratum corrosivum werden mit 67 Th. Chininum hydrochloricum zu einem feinen

Pulver zusammengerieben. Es empfiehlt sich nicht, die Salze unter Befeuchten zu mischen und einzutrocknen oder etwa gar zusammen krystallisiren lassen zu wollen. (Französische Spielerei!)

†† **Hydrargyrum bichloratum cum Morphino hydrochlorico.** 60 Th. Hydrargyrum bichloratum corrosivum werden mit 40 Th. Morphinum hydrochloricum gemischt. Im übrigen gilt genau das Gleiche wie bei dem vorigen.

**ROTTER's antiseptische Lösung.** Rp. Hydrargyri bichlorati 5,0, Natrii chlorati 25,0, Acidi carbolici 200,0, Zinci chlorati, Zinci sulfocarbolici ää 500,0, Acidi borici 300,0, Acidi salicylici 60,0, Thymoli, Acidi citrici ää 10,0, Aquae 10000,0. Vorstehende ist die Vorschrift zur starken Lösung. Die Vorschrift zur schwachen Lösung ist die nämliche, nur werden das Quecksilbersublimat und die Karbolsäure weggelassen.

**SPIEGLER's Reagens.** Hydrargyri bichlorati 8,0, Acidi tartarici 4,0, Aquae destillatae 200,0, Glycerini 20,0.

**Sublimatmull und -Watte** der preussischen Kriegs-Sanitäts-Ordnung. Hydrargyri bichlorati 50,0 g, Spiritus 6500,0 g, Aquae 7500,0 g, Glycerini 1000,0 g, Fuchsini 0,5 g. Für 400 Meter Mull oder 10—12 kg Watte. Abgeänderte Vorschrift von 1890.

**Acetum Hydrargyri bichlorati.**

Sublimat-Essig nach SAALFELD.

Rp. Hydrargyri bichlorati 1,0
Aceti (6 Proc.) 300,0.

**Aqua antephelidica.**

Lait antéphelique. Sommersprossenwasser.

Rp. Hydrargyri bichlorati
Ammonii hydrochlorici ää 1,0
Aquae Rosae
Glycerini ää 150,0
Spiritus Coloniensis 50,0
Spiritus camphorati 10,0
Talci veneti praeparati 5,0.

**Aqua anticnesmica** SIEMERLING.

SIEMERLING's Cosmeticum.

Rp. Hydrargyri bichlorati 0,5
Ammonii hydrochlorici
Acidi citrici ää 1,0
Emulsionis Amygdalarum amararum 300,0
Tincturae Benzoës 20,0.

**Aqua aurea divina** FERNEL.

Rp. Hydrargyri bichlorati 1,0
Aquae Calcis 100,0.

Umgeschüttelt zu Umschlägen.

**Aqua cosmetica** GUERLAIN.

Eau de GUERLAIN.

Rp. Hydrargyri bichlorati 0,05
Aquae Cerasorum 500,0
Spiritus (90 Proc.) 20,0
Liquoris Plumbi subacetici 10,0
Tincturae Benzoës 1,0.

Umgeschüttelt zum Bestreichen von Hitzblätterchen.

**Aqua mercurialis** FALLOPE.

Aqua aluminosa FALLOPE.

Rp. Hydrargyri bichlorati
Aluminis ää 1,0
Aquae Rosae 100,0.

Zum Verbande bösartiger Wunden.

**Aqua ophthalmica** CONRAD.

Rp. Hydrargyri bichlorati 0,05
Aquae Rosae 150,0
Tincturae Opii crocatae 1,5.

**Aqua ophthalmica neonatorum** EULENBERG.

Rp. Hydrargyri bichlorati 0,03
Aquae destillatae 180,0.

Bei Ophthalmia neonatorum lauwarm umzuschlagen.

**Aqua orientalis Hebra.**

Rp. Hydrargyri bichlorati 0,05
Emulsionis Amygdalarum amararum 300,0
Tincturae Benzoës 1,5.

Waschwasser gegen Hautblüthchen.

**Aqua phagedaenica (flava).**

Phagedänisches Wasser. Eau phagédenique (Gall.).

Rp. Hydrargyri bichlorati 1,0
Aquae Calcis 300,0.

Nur auf Verordnung zu bereiten.

**Charta Hydrargyri bichlorati.**

Sublimat-Papier.

Vergl. unter Charta, Band I 724.

**Cigaretae mercuriales.**

Rp. Hydrargyri bichlorati 0,5
Kalii nitrici 1,5
Aquae destillatae 15,0.

Man tränkt mit der Lösung Filtrirpapier und formt aus diesem 20 Cigaretten. s. Bd. I 830.

**Collemplastrum Sublimati** E. DIETERICH.

Rp. Massae Collemplastri 800,0
Rhizomatis Iridis 90,0
Sandaracis 20,0
Hydrargyri bichlorati 2,0
Olei Resinae 25,0
Aetheris 160,0.

**Collodium corrosivum.**

Collodium causticum. Collodium escharoticum. Aetzcollodium.

Rp. Hydrargyri bichlorati 1,0
Collodii elastici 9,0

Erzeugt auf der Haut einen Schorf, welcher nach 5—6 Tagen abfällt.

**Collodium cum Hydrargyro bichlorato corrosivo.**

Rp. Hydrargyri bichlorati 1,0
Collodii elastici 100,0.

**Gargarisma antisyphiliticum** BIETT.

Rp. Hydrargyri bichlorati 0,15
Ammonii hydrochlorici 1,25
Tincturae Opii crocatae 4,0
Aquae destillatae 150,0
Mucilaginis Gummi arabici
Mellis depurati ää 15,0.

Zusatz zu Gurgelwasser bei Angina syphilitica.

**Gargarisma antisyphiliticum** GREEN.

Rp. Hydrargyri bichlorati 0,1
Spiritus (90 Proc.) 2,0
Tincturae Myrrhae 100,0
Decocti corticis Chinae 150,0
Mellis rosati 45,0.

Zum Gurgeln bei syphilitischen Ulcerationen des Mundes und des Rachens.

**Gargarisma antisyphiliticum** Smith.

Rp. Hydrargyri bichlorati 0,05
Extracti Opii 0,2
Gummi arabici 10,0
Mellis depurati 30,0
Lactis vaccini 50,0
Decocti fructus Hordei 250,0.

**Gelatina Hydrargyri bichlorati** Unna.
Sublimat-Gelatine.

Rp. Gelatinae albae 10,0
Aquae destillatae 40,0
Glycerini 50,0
Hydrargyri bichlorati 0,1.

**Glycerinum Hydrargyri bichlorati.**

Rp. Hydrargyri bichlorati 1,0
Glycerini 100,0.

**Gossypium Hydrargyri bichlorati.**
Sublimatwatte (Ergänzb.).

Mit einer durch Säurefuchsin roth gefärbten Lösung von
Hydrargyri bichlorati 3,0
Kalii chlorati (KCl) 3,0
Aquae 1500,0
tränkt man 1000,0 entfettete Baumwolle.

**Guttae antarthriticae** Lessing, Lentin.

Rp. Hydrargyri bichlorati 0,05
Aquae destillatae 20,0
Vini Colchici seminis 6,0.
Bei akuter Gicht zweistündlich 30—40 Tropfen.

Lassar's **Haarwaschwasser.**

Rp. Hydrargyri bichlorati 0,5
Aquae destillatae 150,0
Spiritus Coloniensis
Glycerini āā 50,0.

Lassar's **Sublimat-Karbolsalbe.**

Rp. Hydrargyri bichlorati 0,5—1,0
Acidi carbolici 10—20,0
Unguenti Zinci benzoici 500,0.

**Liquor corrosivus camphoratus** Freiberg.
Solutio Freibergii.

Rp. Hydrargyri bichlorati 3,0
Camphorae 1,5
Spiritus (90 Proc.) 25,0.

**Liquor corrosivus** Plenk.
Liquor ad condylomata Plenk.

Rp. Hydrargyri bichlorati
Aluminis
Cerussae
Camphorae āā 2,0
Spiritus (90 Proc.)
Aceti puri āā 15,0.

**Liquor cosmeticus** Gowland.
Emulsio mercurialis Duncan.
Aqua kallidora. Gowland's Liquor.

Rp. Hydrargyri bichlorati
Ammonii hydrochlorici āā 0,1
Emulsionis Amygdalarum amararum 95,0
Spiritus (90 Proc.) 5,0.

**†† Liquor Hydrargyri albuminati** (Ergänzb.).
Quecksilberalbuminatlösung.

Rp. 1. Albuminis ovi recentis 15,0
2. Hydrargyri bichlorati 1,0
3. Natrii chlorati 4,0
4. Aquae destillatae 80,0.

Man schlägt 1 zu Schnee, lässt diesen durch längeres Stehen sich wieder verflüssigen und fügt dann unter Umrühren die Lösung von 2—4 hinzu. Man lässt im Kühlen unter Lichtschutz mehrere Tage absetzen und filtrirt. Vor Licht geschützt aufzubewahren.

**†† Liquor Hydrargyri bichlorati carbamidati.**
Quecksilberchlorid-Harnstofflösung.

Rp. 1. Hydrargyri bichlorati 1,0
2. Aquae destillatae fervidae 100,0
3. Ureae purae 0,5.

Man löst 1 in 2 und setzt nach dem Erkalten 3 zu. Die Lösung hält sich etwa 8 Tage unzersetzt.

**†† Liquor Hydrargyri peptonati** (Ergänzb.).
Peptonquecksilberlösung (Hamb. V.)

Rp. 1. Hydrargyri bichlorati 1,0
2. Aquae destillatae 20,0
3. Peptoni sicci 3,0
4. Aquae destillatae 10,0
5. Natrii chlorati 0,75
6. Aquae destillatae 50,0.

Man löst 1 in 2 und vermischt mit der Lösung von 3 in 4. Der Niederschlag wird nach Verlauf von 1 Stunde gesammelt und in der Lösung von 5 und 6 unter Bewegen gelöst. Die Flüssigkeit wird mit Wasser auf 100,0 verdünnt. Vor Licht geschützt aufzubewahren.

**Liquor Hydrargyri peptonati ammoniati**
Delpech.

Rp. Hydrargyri bichlorati 1,0
Peptoni sicci
Ammonii chlorati āā 1,5
Aquae destillatae 300,0.

**Liquor mercurialis** Van-Swieten.
Hydrargyrum bichloratum solutum (Helv.).

Rp. Hydrargyri bichlorati 1,0
Spiritus (90 proc.) 100,0
Aquae destillatae 900,0.

**Liquor prophylacticus antisiphyliticus.**

Rp. Hydrargyri bichlorati 0,15
Spiritus (90 proc.) 20,0
Aquae Coloniensis 10,0
Aquae destillatae 100,0.
Zu Waschungen (post coïtum).

**Lotio antiparasitica** Hallopeau.
(Paris. Hospital-V.)

Rp. Hydrargyri bichlorati 0,6
Spiritus camphorati 420,0
Glycerini 100,0
Olei Terebinthinae 80,0.

**Lotio rubra simplex** J. Neumann.

Rp. Hydrargyri bichlorati 2,0
Cinnabaris praeparati 1,0
Kreosoti 0,5
Aquae destillatae 300,0.

**Pasta corrosiva Clinici.**
Unguentum escharoticum Clinici.
Unguentum corrosivum Graefe.

Rp. Hydrargyri bichlorati 5,0
Gummi arabici
Aquae destillatae āā 1,0.
Fiat pasta.

**Pastilli Hydrargyri bichlorati.**
Sublimatpastillen. Angerer's Sublimatpastillen.

Rp. 1. Hydrargyri bichlorati
2. Natrii chlorati āā 0,5 kg
3. Eosini 1,0 g.

Man mischt die Salze 1 und 2, färbt die Mischung mit einer wässerigen Lösung von 3, lässt sie wieder lufttrocken werden und formt mittels einer Komprimirmaschine Pastillen von 1 und 2 g Gewicht. ††† Gift †††. (Germ.)

**Pilulae Fragagastae** GRALMANN.
Rp. Hydrargyri bichlorati 0,2
Extracti Calami 1,5
Rhizomatis Calami q. s.
Fiant pilulae 30, conspergendae Rhizomate Iridis florentinis.

**Pilulae Hydrargyri bichlorati.**
Rp. Hydrargyri bichlorati 0,2
Boli albae praep. 6,0
Glycerini q. s.
Fiant pilulae No. 60.

**Pilulae majores** HOFFMANN.
Rp. Hydrargyri bichlorati 0,3
Sacchari albi 1,2
Micae panis albi 2,5.
Fiant pilulae 50. Morgens und abends 1—2 Pillen. Jede Pille enthält 0,006 g Mercurichlorid.

**Pilulae mercuriales** DZONDI.
Pilulae Dzondii.
Rp. Hydrargyri bichlorati 0,72
Aquae destillatae gtts. V
Sacchari albi
Micae panis albi ää 7,0.
Fiant pilulae 240. Jede Pille enthält 0,003 g Mercurichlorid.
Dosis: Die Pillen werden einen um den anderen Tag eine Viertelstunde nach dem Mittagessen genommen, den ersten Tag 4. den dritten Tag 6 den fünften Tag 8 Stück und so steigend bis auf 30 Pillen. (DZONDI's Sublimatkur.) Bei sekundärer Syphilis, chronischen Hautkrankheiten, Schuppenflechten morgens und abends 2 Pillen.

**Pilulae mercuriales** HUFELAND.
Rp. Hydrargyri bichlorati 0,3
Sacchari albi 2,0
Micae panis albae 10,0.
Fiant pilulae 200. Jede Pille enthält 0,0015 g Mercurichlorid.

**Pilulae mercuriales opiatae** DUPUYTREN.
Pilules de Dupuytren.
Rp. Hydrargyri bichlorati 0,2
Extracti Opii 0,4
Extracti Guajaci 0,8.
Fiant pilulae 20. Bei konstitutioneller Syphilis 1—3 Pillen täglich.

**Poudre de sublimé corrosif et d'acide tartrique** (Gall.).
Rp. Hydrargyri bichlorati 2,5
Acidi tartarici pulv. 10,0.
Man mischt und verreibt das Pulver mit 10 Tropfen einer 5 procentigen alkoholischen Indigokarminlösung, trocknet an der Luft und theilt in 10 Theile. ††† Gift †††.
Zur Bereitung der sauren Sublimatlösungen bei Benutzung von Brunnenwasser.

**Sérum bichloré de Chéron.**
Rp. Hydrargyri bichlorati 0,5
Natrii chlorati 2,0
Acidi carbolici 2,0
Aquae sterilisatae 200,0.
Alle Wochen werden 20 ccm injicirt. Bei Syphilis.

**Sirupus mercurialis** CUISINIER.
Sirupus Sarsaparillae compositus Cuisinier.
Rp. Hydrargyri bichlorati 0,02
Sirupi Sarsaparillae compositi 100,0.

**Sirupus mercurialis**
Saint-Ildefont.
Rp. Hydrargyri bichlorati 1,0
Spiritus (90 proc.) 10,0
Sirupi Capillorum veneris 990,0.
1—2—3 Esslöffel täglich mit einem Liter Althee-Aufguss.

**Solutio Guyon.**
Rp. Hydrargyri bichlorati 0,02
Saponis medicati 50,0
Glycerini 25,0
Aquae destillatae 25,0.
Zum Einfetten der Katheter.

**Solutio Sublimati** LAPLACE.
Saure Sublimatlösung nach LAPLACE.
Rp. Hydrargyri bichlorati 1,0
Acidi tartarici 5,0
Aquae 1000,0.

**Spiritus anatomicorum** SMITH.
Rp. Hydrargyri bichlorati
Camphorae ää 0,2
Spiritus (90 proc.) 1000,0.
Zum Konserviren von Körpertheilen.

**Tela Hydrargyri bichlorati** (Ergänzb.)
Sublimat-Mull.
Mit einer durch Säurefuchsin roth gefärbten Lösung von
Hydrargyri bichlorati
Kalii chlorati (KCl) ää 3,0
Aquae 1300,0
tränkt man 1000,0 entfetteten Mull. Enthält etwa 0,3 Proc. Mercurichlorid.

**Unguentum Hydrargyri bichlorati** UNNA.
Sublimatsalbe (1 promille — 1 proc.).
Nach UNNA.
Rp. Hydrargyri bichlorati 0,05—0,5
Aquae destillatae q. s.
Olei Olivarum 5,0
Lanolini anhydrici q. s. ad 50,0.

**Unguentum mercuriale corrosivum** CYRILL.
Rp. Hydrargyri bichlorati 1,0
Adipis suilli 9,0.

**Vaselinum Hydrargyri bichlorati.**
Vaseline au chlorure mercurique (Gall.).
Rp. Hydrargyri bichlorati 0,1
Vaselini 100,0.
Als Verbandsalbe.

**Vet. Collodium corrosivum ad equos.**
Rp. Hydrargyri bichlorati corrosivi 10,0
Collodii 100,0
Terebinthinae laricinae 5,0
Spiritus aetherei 15,0.
Damit werden die von der Haarbekleidung befreiten Hautstellen bestrichen (bei Stollbeulen, verhärteten Gallen, Piephacken).

**Vet. Emplastrum mercuriale corrosivum.**
Stollbeulenpflaster.
Rp. Hydrargyri bichlorati corrosivi 10,0
Cerati resinae Pini 100,0
Terebinthinae 20,0.
Auf Zeug gestrichen auf die von den Haaren befreiten Stellen zu legen (bei Stollbeulen, Piephacken, verhärteten Gallen. Bequemer ist die Anwendung des Collodium corrosivum ad equos).

**Vet. Onguent fondant** GÉRARD (Gall.).
Rp. Hydrargyri bichlorati 30,0
Terebinthinae venetae 360,0.

**Vet. Pilulae mercuriales.**
Sublimatpillen für Pferde.
Rp. Hydrargyri bichlorati corrosivi 4,0
Sacchari albi 10,0
Herbae Conii pulveratae 100,0
Tuberis Aconiti pulverati 10,0
Radicis Althaeae pulveratae 20,0
Fiant pilulae decem (10).
Täglich eine Pille vor dem Füttern (bei verdächtiger Druse, Hautwurm, Hautflechten der Pferde).

**Vet. Pulvis corrosivus castratorum.**

Corrosivpulver der Schweineschneider.

Rp. Hydrargyri bichlorati corrosivi 10,0
Cupri sulfurici 20,0
Boli armenae 50,0.

Caute dispensetur!

Dieses Pulver ist nur an geprüfte Schweineschneider gegen Giftschein abzugeben. Nach einem älteren Recept bestand es aus Sublimat und Kupfervitriol ää 50,0 und Armenischem Bolus 100,0.

**Vet. Unguentum antihyperostoseum.**

Ueberbeinsalbe für Pferde. Stollbeulensalbe.

Rp. Hydrargyri bichlorati corrosivi
Cantharidum pulveratarum ää 5,0
Unguenti basilici 50,0.

Salbe gegen alte Stollbeulen (haselnussgrosse Geschwülste auf der Spitze des Ellenbogengelenkes) und Ueberbein (Knochenauftreibung unterhalb der sogenannten Vorderfusswurzel bis zum Fesselgelenk der Pferde). Die Anwendung gleicht derjenigen der Spathsalbe. Vergl. die folgende.

**Vet. Unguentum popliticum equorum.**

ERNST's Spathsalbe.

Rp. Hydrargyri bichlorati corrosivi 5,0
Carbonis ossium 2,0
Kalii jodati 6,0
Aquae destillatae 3,0
Unguenti Cantharidum 80,0.

D. S. Salbe gegen Spath (darf nicht mit blossen Händen eingerieben werden). Diese Salbe ist von Erfolg bei frischem Spath, wenn noch keine Knochenanwüchse vorhanden sind. Man reibe 2—3 mal innerhalb zweier Tage die Salbe etwas dick mittels eines Baumwollenbäuschchens in das untere Ende der inneren Sprunggelenkfläche im Umfange eines Thalers ein, lasse die dadurch erfolgende Corrosion abheilen und wiederhole dieselbe Procedur in 3—4 Wochen. Damit die Salbe nicht gesunde Theile anätze, bestreicht man die Umgebung des einzureibenden Fleckes mit Hühnereiweiss.

**† Aetzflüssigkeit für Stahl und Eisen.**

Zum Einätzen von Buchstaben oder Figuren in Stahl und Eisen.

Rp. Hydrargyri bichlorati corrosivi 5,0
Acidi tartarici 0,5
Aquae destillatae 120,0
Acidi nitrici 0,5.

**Antisepticum-STERNBERG.** Ist eine Lösung von je 2,0 g Kaliumpermanganat und Mercurichlorid in 1 Liter Wasser.

**Antizymotic Solution** von WITHER, amerikanisches Desinficiens und Desodorans. Rp. Hydrargyri bichlorati 0,207, Aluminii chlorati 0,084, Zinci chlorati 0,048, Kalii chlorati (KCl) 0, 087, Natrii chlorati (NaCl) 0,788, Acidi hydrochlorici 0,06. Aquae 99,0.

**Chlorol,** Französisches Desinfektionsmittel. Rp. Hydrargyri bichlorati, Natrii chlorati, Acidi hydrochlorici (25 Proc.) ää 1,0, Cupri sulfurici 3,0, Aquae destillatae 1000,0.

**Crême LEFEBURE,** Mittel gegen Sommersprossen, ist eine gelbliche Salbe aus Fett und gebleichtem Wachs, der etwas Quecksilbersublimat beigemischt ist (SCHAFFER).

**DUNKEL's Desinfektionsmittel** zur groben Desinfektion. **I)** Karbolkalk mit etwas Quecksilbersublimat. **II)** Eine mit verdünntem Spiritus bereitete und aromatisirte Auflösung von Zinkchlorid und Quecksilbersublimat.

**Kalidons and Gowland's Cosmetic Wash,** nordamerikanisches Wasch- und Toilettemittel. Rp. Amygdalarum amararum 100,0, Aquae Rosae 500,0, Fiat Emulsio, cui adde Aquae Amygdalarum amararum 15,0, Ammonii hydrochlorici 7,5, Hydrargyri bichlorati 0,1, Spiritus 15,0.

**Lépine,** eine antiseptische Lösung. Besteht aus: Hydrargyri bichlorati 0,001, Acidi carbolici, Acidi salicylici ää 0,1, Acidi benzoïci 0,05, Calcii chlorati 0,05, Bromi 0,01, Chinini bromati 0,2, Chloroformii 0,2, Aquae destillatae 100,0.

**Quickin.** Acidi carbolici 1,0, Hydrargyri bichlorati 0,02, Spiritus diluti (70 Vol. Proc.) 100,0.

## II. †† Hydrargyrum aethylochloratum. Hydrargyrum bichloratum aethylatum. Aethylo-Hydrargyrum bichloratum. Quecksilberäthylchlorid. Mercuriäthylchlorid. Aethylsublimat. $Hg.Cl.C_2H_5$. Mol. Gew. = 264,5.

***Darstellung.*** Man löst 10 Th. Quecksilbersublimat in 40 Th. absolutem Weingeist und mischt 10 Th. Quecksilberäthyl $Hg(C_2H_5)_2$ hinzu. Nach Verlauf mehrerer Stunden sammelt man die ausgeschiedenen Krystalle, wäscht sie mit lauwarmem Wasser und trocknet sie im Vacuum über Schwefelsäure. — Es mag bemerkt werden, dass das Quecksilberäthyl eine äusserst giftige Substanz ist.

***Eigenschaften.*** Der Aethylsublimat bildet neutrale, weisse, glänzende schuppenförmige, an der Luft allmählich sich verflüchtigende Krystalle von eigenthümlichem, ätherischem Geruche. Er ist in kaltem Wasser und in kaltem Alkohol nur wenig, leicht in heissem Weingeist, schwer in Aether löslich. Beim mässigen Erhitzen auf 45° C. sublimirt er in blättrigen Krystallen, ohne vorher zu schmelzen und ohne einen Rückstand zu hinterlassen. Auf Platinblech erhitzt, verbrennt er mit schwacher Flamme unter Entwickelung giftiger, unangenehm riechender Dämpfe.

Gegen Reagentien verhält es sich vom Aetzsublimat abweichend, denn Stannochlorid, Kaliumjodid, Aetzkali, Schwefelsäure, Salzsäure, Eiweiss verhalten sich gegen Aethylsublimat indifferent.

***Prüfung.*** Die genügende Reinheit des Aethylsublimats ergiebt sich aus seiner völligen Flüchtigkeit, seiner völligen Löslichkeit in kochend heissem Weingeist, und dadurch, dass diese Lösung im verdünnten Zustande durch Aetzkali nicht verändert wird oder mit Silbernitrat höchstens eine unbedeutende Trübung giebt.

***Aufbewahrung.*** Der Aethylsublimat ist ein Gift, wird daher wie der Aetzsublimat in der Reihe der direkten Gifte, und wegen der Verdunstung an der Luft in dicht mit Glasstopfen geschlossenen Glasflaschen an einem kühlen Orte aufbewahrt.

***Anwendung.*** Der Aethylsublimat war eine der ersten Verbindungen, welche als Ersatz des Sublimats therapeutisch verwendet wurden, weil sie gegen Eiweiss und gegen Alkali indifferent waren, also weniger reizend wirken als Sublimat. Man giebt ihn in den gleichen Dosen wie den Quecksilbersublimat und zwar meist in Form subkutaner Injektionen.

**III. †† Hydrargyrum bichloratum cum Ammonio chlorato. Ammonium-Quecksilberchlorid. Alembrothsalz. Quecksilberchlorid-Salmiak. $HgCl_2 + 2NH_4Cl + 2H_2O$. Mol. Gew. = 414.**

Dieses Salz krystallisirt aus der heiss gesättigten wässerigen Lösung von 1 Th. Ammoniumchlorid und 2 Th. Mercurichlorid. — Farblose, rhombische Krystalle, in Wasser leicht löslich; die wässerige Lösung ist neutral (Unterschied vom Mercurichlorid); durch Kali- oder Natronlauge entsteht in derselben ein weisser Niederschlag.

Das Salz wird in gleicher Weise wie der Quecksilbersublimat verwendet, von manchen Aerzten diesem aber vorgezogen, weil die Lösungen eben neutral sind, also angeblich nicht so stark reizend wirken (?).

**†† Salzsaures Glutinpeptonsublimat.** Durch geeigente Behandlung von Glutin (Gelatine) mit verdünnter Salzsäure entsteht salzsaures Glutinpepton mit einem Gehalt von etwa 12 Proc. Salzsäure. Dieses salzsaure Pepton ist sowohl in Wasser als auch in Alkohol löslich und verbindet sich mit Quecksilberchlorid zu Doppelsalzen, von denen das eine mit 50 Proc. $HgCl_2$ in Alkohol unlöslich, das andere mit geringerem Quecksilbergehalt darin löslich ist. Beide Doppelsalze aber sind in Wasser löslich.

Zur therapeutischen Anwendung gelangt das Doppelsalz mit 25 Proc. $HgCl_2$. Es ist ein weisses, aus glänzenden Lamellen bestehendes hygroskopisches Pulver. Seine wässerige Lösung wird weder durch ätzende oder kohlensaure Alkalien, noch durch Blut- oder Eiweisslösung gefällt. Die trockene Substanz und auch deren Lösung erleiden in gut verschlossenen Gefässen auch im Lichte keine Veränderung.

Zur Anwendung für subkutane Injektionen gelangt eine Lösung von 4 g salzsaurem Glutinpeptonsublimat in 100 ccm Wasser. Je 1 ccm dieser Lösung entspricht = 0,01 g Quecksilbersublimat.

**Serosublimat** nach LISTER. Hierunter versteht LISTER eine Verbindung von Quecksilbersublimat mit soviel überschüssigem Serumalbumin, dass das gebildete Quecksilberalbuminat in diesem sich noch auflöst. LISTER giebt folgende Vorschrift: Von den Blutkügelchen möglichst befreites Serum — am leichtesten ist Pferdeblut von den Blutkügelchen zu befreien — wird mit Sublimat versetzt und zwar 1 Th. Sublimat zu 50—100 Th. Serum, je nachdem eine mehr oder weniger koncentrirte Form gebraucht wird, und mit dieser Flüssigkeit wird Gaze getränkt. An Stelle von Gaze kann man natürlich auch Baumwolle, Charpie und dergl. benutzen.

Sollte Blutserum nicht zu haben sein, so kann man an dessen Stelle auch Eiweisslösung anwenden.

# Hydrargyrum chloratum (mite).

Unter dem vorstehenden Namen ist das dem Mercurooxyd entsprechende **Mercurochlorid $Hg_2Cl_2$, Mol. Gew. = 471** zu verstehen. Dasselbe kommt im Handel in drei verschiedenen Arten vor, welche therapeutisch keineswegs gleichwerthig untereinander sind, vielmehr sich durch ihre grössere oder geringere Wirksamkeit unterscheiden, die wiederum auf der mehr oder weniger feinen Vertheilung beruht. — Hinsichtlich der Vertheilung und der dadurch bedingten Wirksamkeit besteht folgende Abstufung.

| | Feinheitsgrad | Wirksamkeit |
|---|---|---|
| *Hydrargyrum chloratum praeparatum* | grob | 1,0 |
| „ „ *vapore paratum* | mittel | 1,5 |
| „ „ *praecipitatum* | fein | 2,0 |

Aus den angeführten Gründen ist daher stets nur diejenige Art zu dispensiren, welche der Arzt verordnet hat.

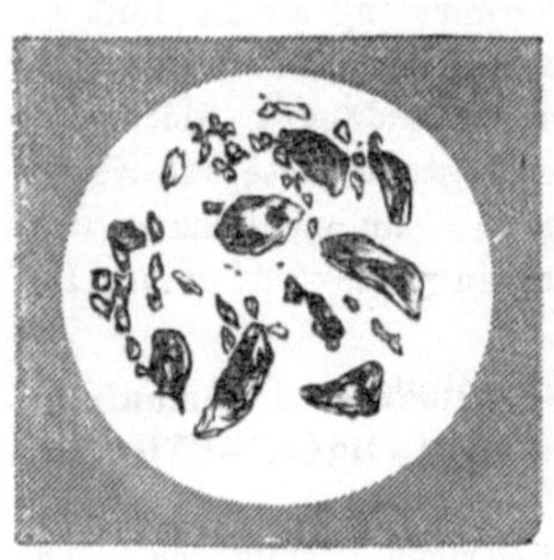
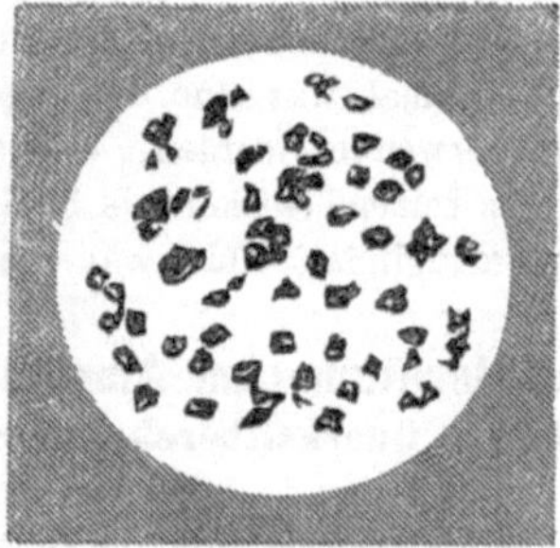
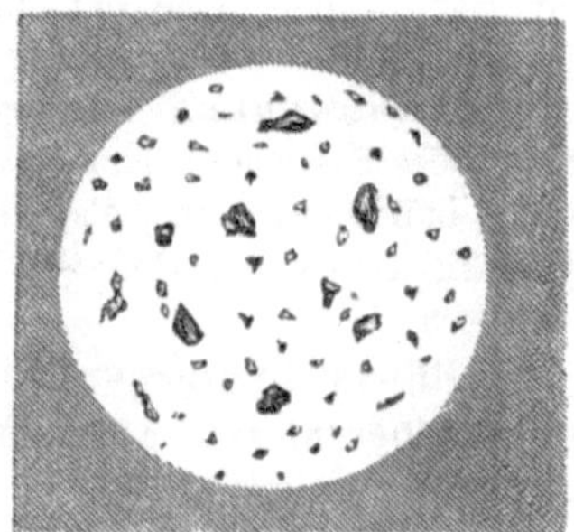

**A.** Hydrarg. chlorat. praeparatum. **B.** Hydrarg. chlorat. vapore paratum. **C.** Hydrarg. chlorat. praecipitatum.

Fig. 1.

### I. † Hydrargyrum chloratum

**I. † Hydrargyrum chloratum** (Germ. Helv.). **Hydrargyrum chloratum mite sublimatione paratum** (Austr.). **Hydrargyri Subchloridum** (Brit.). **Hydrargyrum chloratum mite. Hydrargyrum chloratum mite praeparatum seu laevigatum. Kalomel. Mercurius dulcis. Aquila alba. Quecksilberchlorür. Mercurochlorid. Quecksilberprotochlorid. Chlorüre mercureux. Mild Chloride of Mercury.** Diese Sorte ist zu dispensiren, wenn im Geltungsbereiche der Austr., Brit., Germ. oder Helv. schlechthin „Hydrargyrum chloratum (mite), oder „Kalomel" verordnet ist.

***Darstellung.*** Diese erfolgt in chemischen Fabriken durch Sublimation aus einer Mischung von 4 Th. Mercurichlorid (Aetzsublimat) mit 3 Th. metallischem Quecksilber. Man erhält das Quecksilberchlorid so in weissen, schüsselförmigen, specifisch-schweren, glänzenden Stücken von krystallinischem Gefüge und radialfasrigem Bruche. Reibt man die Stücke mit dem Fingernagel, so erhält man einen gelben Strich (!). Unterschied vom Mercurichlorid (Aetzsublimat).

Die Verwandlung dieser Stücke in ein unfühlbares Pulver geschieht heute gleichfalls in chemischen Fabriken. Diese Operation heisst das Lävigiren des Kalomels. Sie wird in der Weise ausgeführt, dass man den Kalomel in unglasirten Porcellanmörsern oder in Kollergängen fein reibt oder fein mahlt und die feinsten Antheile von den gröberen durch Abschlämmen mit Wasser trennt. — Der so lävigirte Kalomel wird schliesslich in leinenen Kolatorien unter Abschluss des Tageslichtes so lange gewaschen, bis er an Wasser, Weingeist oder Aether nichts Lösliches (Mercurichlorid) mehr abgiebt, alsdann unter Abschluss des Tageslichtes getrocknet und wieder zerrieben.

Der lävigirte oder präparirte Kalomel stellt ein unfühlbar feines, gelblich weisses (!) specifisch schweres, kaum stäubendes Pulver dar, welches Neigung zum Zusammenballen hat und unter dem Mikroskope betrachtet aus durchscheinenden, grösseren und kleineren scholligen Massen (Bruchstücken von Krystallen) besteht (s. Fig. 1, A). Man sollte beim Bezuge dieses Kalomels die Prüfung durch die mikroskopische Betrachtung niemals unterlassen!

**II. † Hydrargyrum chloratum vapore paratum** (Germ. Helv.). **Hydrargyri Chloridum mite** (U-St.). **Chlorure** (Protochlorure) **de Mercure par volatilisation** (Gall.). **Durch Dampf bereitetes Quecksilberchlorür. Calomel vapore paratum. Calomel à la vapeur. Dampfkalomel. Protochlorure de Mercure pulvérulent.**

Die Darstellung erfolgt in chemischen Fabriken dadurch, dass man Kalomeldämpfe und Wasserdämpfe (oder Luft) in einem geschlossenen Raume zusammentreffen lässt. Die Kalomeldämpfe erstarren unter diesen Bedingungen zu kleinen Krystallen. Diese senken sich in ein unter dem Kondensationsraume befindliches Gefäss mit Wasser nieder. Man sammelt das Pulver, wäscht es wie bei I angegeben mit Wasser vollständig aus, trocknet es an einem lauwarmen dunklen Orte aus und zerreibt es. Ein Lävigiren dieser Sorte findet nicht statt (!). Ueber den Apparat zur Darstellung vergl. Kommentar von HAGER-FISCHER-HARTWICH. II. Aufl., Bd. II, S. 93.

Der als Dampf niedergeschlagene Kalomel bildet ein völlig weisses, zartes, staubiges Pulver, welches beim sanften Drucke zwischen den Fingern nicht zusammenbackt, aber durch Erhitzen oder durch Schlagen zwischen zwei harten Körpern oder unter dem Druck des Pistills im Porcellanmörser gelblich wird. Unter dem Mikroskop besteht er aus nicht gleich grossen durchsichtigen prismatischen Krystallen, welche durchschnittlich kleiner als die Krystallbruchstückchen des lävigirten Kalomels sind (s. Fig. 1, B).

Diese Kalomelsorte ist zu dispensiren, wenn im Geltungsbereiche der Gall. oder U-St. schlechthin Hydrargyrum chloratum mite oder Kalomel (Mild Chloride of Mercury) verordnet ist. Im Geltungsbereich der anderen Pharmakopöen ist diese Sorte nur dann abzugeben, wenn sie ausdrücklich als solche gekennzeichnet ist.

**III. † Hydrargyrum chloratum via humida paratum** (Ergänzb.). **Hydrargyrum chloratum mite praecipitatione paratum** (Austr.). **Chlorure mercureux précipité** (Gall.). **Précipité blanc.**[1]) **Auf nassem Wege bereiteter Kalomel. Gefällter Kalomel.** Die Darstellung erfolgt entweder durch Reduktion einer Mercurichloridlösung oder durch Fällung einer Mercuronitratlösung mittels Salzsäure oder Kochsalzlösung.

***Darstellung.*** Austr.: In eine filtrirte warme Lösung von 100 Th. Mercurichlorid in 3000 Th. destillirtem Wasser wird gewaschenes Schwefligsäuregas eingeleitet, bis ein Niederschlag nicht mehr ausfällt und die Flüssigkeit mit schwefliger Säure gesättigt ist. Die Mischung bleibt im bedeckten Gefässe bei 70—80° C. stehen. Nach mehreren Stunden sammelt man den Niederschlag, wäscht ihn vollständig mit Wasser aus und trocknet vor Licht geschützt. Gall.: 100 Th. zerriebenes krystallisirtes Mercuronitrat werden in 1200 Th. destillirtem Wasser, welchem 30 Th. reine Salpetersäure (von 25 Proc.) zugesetzt sind, ohne Anwendung von Wärme gelöst und unter Umrühren in 55 Th. reiner Salzsäure von 1,124 spec. Gew., welche mit 2000 Th. destillirtem Wasser verdünnt sind, eingetragen. Der Niederschlag wird sofort in ein Filter gegeben, anhaltend mit kaltem destillirten Wasser ausgewaschen, bis das Abtropfende auf Zusatz von Aetzammon nicht mehr getrübt wird, und dann an einem schattigen lauwarmen Orte ausgetrocknet. Ausbeute ca. 83 Th.

Der gefällte Kalomel ist ein sehr dichtes, feines, amorphes, weisses Pulver, fettig anzufühlen und stark adhärirend, wenn man es mit dem Finger über Papier streicht. Es zeigt unter dem Mikroskope die feinste Vertheilung (vergl. Fig. 1, C).

***Eigenschaften.*** Der sublimirte Kalomel bildet ziemlich weisse, vierseitige, pyramidale Säulen, gewöhnlich aber derbe schüsselförmige, glänzende Stücke von krystallinischem Gefüge, radial-faserigem Bruche und gelbem Strich (Unterschied vom Quecksilberchlorid S. 33). Fein zerrieben stellt er ein höchst feines gelblichweisses, schweres Pulver dar, welches, unter dem Mikroskop betrachtet, aus durchscheinenden, grösseren und kleineren Krystallbruchstücken besteht. Dieser lävigirte Kalomel hat wie der präcipitirte die Eigenthümlichkeit, klümperig zu werden, weshalb er nicht zum Inspergiren verwendbar ist.

Der als Dampf niedergeschlagene Kalomel bildet ein völlig weisses, zartes, trockenes Pulver, welches durch Erhitzen oder durch Schlagen zwischen zwei harten Körpern oder beim Reiben im Porcellanmörser gelblich wird. Unter dem Mikroskop erscheint er in undeutlich ausgebildeten, etwas durchscheinenden, prismatischen Krystallen,

---

[1]) Man beachte, dass Précipité blanc im französischen Sprachgebrauche der auf nassem Wege bereitete Kalomel ist.

welche kleiner als die Krystallbruchstückchen des lävigirten Kalomels sind. Da er nicht klümperig kohärirt, eignet er allein sich zum Inspergiren. Der auf nassem Wege niedergeschlagene Kalomel ist dem als Dampf niedergeschlagenen ähnlich, jedoch sind, unter dem Mikroskop betrachtet, seine Partikelchen noch etwas kleiner, daher ist dieses Präparat in der Wirkung das kräftigste. Im übrigen ist Kalomel ohne Geruch und Geschmack.

In der Hitze wird der Kalomel gelb und verflüchtigt sich alsdann nahe der Rothgluth, ohne zu schmelzen, in weissen Dämpfen. Durch mehrmals wiederholte Sublimation wird er theilweise in Mercurichlorid und Metall zerlegt. Spec. Gew. des sublimirten Kalomels = 7,2 bis 7,5, Sonnenlicht zersetzt ihn unter Bildung von Mercurichlorid und Metall; er nimmt dadurch einen grauen Ton an. Wasser und Weingeist lösen ihn nicht auf, zersetzen ihn aber bei ihrer Siedehitze unter Bildung von Mercurichlorid und Quecksilber, so dass das Abfiltrirte infolge eines Mercurichloridgehalts durch Schwefelammonium schwarz oder durch Aetzammon weiss getrübt wird. Aehnlich, besonders in der Wärme, wird er auch zersetzt durch die Einwirkung von Chlormetallen, wie Salmiak, Kochsalz. Chlorwasserstoffsäure löst ihn unter Abscheidung von Quecksilber bei anhaltendem Kochen zu Mercurichlorid auf. Salpetersäure löst ihn ebenfalls beim Kochen unter Stickoxydentwickelung auf. Erhitzte Schwefelsäure erzeugt mit ihm unter Entwickelung von schwefliger Säure Mercurisulfat und Mercurichlorid. Wird Kalomel mit einer hinreichenden Menge kohlensaurem Alkali, Aetzlauge oder Kalkwasser geschüttelt, so wird er schwarz unter Bildung von Mercurooxyd oder Quecksilberoxydul. Gebrannte Magnesia wirkt ähnlich. Kohlensaure Erden wirken ähnlich, aber weit langsamer. Goldschwefel und Kermes (*Stibium sulfuratum aurantiacum* und *rubrum*) zerlegen ihn etwas schon beim Zusammenreiben, vollständiger in der Wärme bei Gegenwart von Wasser unter Bildung von Chlorantimon und Schwefelquecksilber. Durch schwarzes Schwefelantimon und auch durch Schwefel wird er nicht verändert. Jod verwandelt ihn in ein Gemenge von Mercurichlorid, Mercurojodid und Mercurijodid. Cyanwasserstoff und cyanwasserstoffhaltige Stoffe zersetzen ihn allmählich unter Bildung von Mercurichlorid und Mercuricyanid. Zucker bewirkt bei Gegenwart von Feuchtigkeit eine allmähliche Umsetzung in Mercurichlorid. Aus diesem Grunde sind Pulvermischungen von Kalomel und Zucker nicht vorräthig zu halten.

Aetzammonflüssigkeit und Ammoniumkarbonat verwandeln den Kalomel in ein schwarzgraues Pulver, welches nach Kane aus Mercurochlorid und Mercuroamid (Mercuroammoniumchlorid = $HgCl + HgNH_2$) besteht und früher unter dem Namen ***Mercurius cinereus Saunderi*** als Medikament gebraucht wurde. $Hg_2Cl_2 + 2NH_4OH = Hg_2Cl . NH_2 + NH_4Cl + 2H_2O$. Dieses Mercuroammoniumchlorid entspricht seiner Konstitution nach dem Ammoniumchlorid ($NH_4Cl$), nur sind $H_2$ durch $Hg_2$ ersetzt und wäre seine Formel in $NH_2Hg_2Cl$ umzusetzen.

***Prüfung.*** **1)** Man stelle durch Betrachtung mit dem Mikroskop bei 150—200 facher linearer Vergrösserung fest, ob das mikroskopische Bild der deklarirten Sorte entspricht. Der lävigirte Kalomel ist zwar schon für das unbewaffnete Auge durch seine gelbliche Farbe und klümperige Beschaffenheit charakterisirt, indessen könnte dieser mit der gefällten Sorte vermischt oder es könnte ihm gefällter Kalomel untergeschoben sein, welcher einige Tage belichtet worden ist. **2)** Eine kleine Menge von 0,2—0,3 g im schwer schmelzbaren Glasrohre erhitzt, muss sich verflüchtigen, ohne einen wahrnehmbaren Rückstand zu hinterlassen (mineralische Verunreinigungen). Hierbei ist darauf zu achten, ob bei dem Glühen braune Dämpfe von Stickoxyden auftreten. Das Auftreten derselben würde auf eine Verunreinigung durch Nitrate des Quecksilbers hinweisen, die namentlich für die gefällte Sorte nach Vorschrift der Gall. in Betracht käme.

Sehr wichtig ist ferner eine Verunreinigung durch das erheblich giftiger wirkende Mercurichlorid und das gleichfalls giftiger wirkende Mercurichloramid (weissen Präcipitat).

**3)** Beim Uebergiessen mit Natronlauge schwärze sich der Kalomel; die Mischung entwickele beim Erwärmen kein Ammoniak, anderenfalls liegt eine Verunreinigung durch weissen Präcipitat vor. Hat man Veranlassung, eine solche Verunreinigung anzunehmen, so zieht man den Kalomel mit 10 proc. Essigsäure aus und prüft das Filtrat mit Schwefelwasserstoff. — 4) Man schüttelt 1 g Kalomel mit 10 ccm Wasser an und filtrirt durch ein gut genässtes, doppeltes Filter. Das Filtrat darf weder durch Silbernitrat noch durch Schwefelwasserstoffwasser verändert werden (Mercurichlorid). Verschärfen kann man diese Prüfung noch dadurch, dass man den Kalomel mit Weingeist oder Aether auszieht. Beide Lösungsmittel sollen nichts Lösliches aufnehmen.

***Aufbewahrung.*** Der Kalomel werde vorsichtig und, weil er durch Einwirkung des Tages- oder Sonnenlichtes zersetzt wird, vor Licht geschützt aufbewahrt. Die Zersetzung des Kalomels in Mercurichlorid und Quecksilber erfolgt auch durch Einwirkung von organischen Substanzen, insbesondere bei gleichzeitiger Anwesenheit von Feuchtigkeit. Es ergiebt sich hieraus die Mahnung, Kalomel enthaltende Arzneien (z. B. Kalomelpulver) nicht längere Zeit vorräthig zu halten, weil die Gefahr nahe liegt, dass in solchen Mischungen der milde wirkende Kalomel zu einem erheblichen Theile in den energisch giftigen Sublimat übergegangen ist. Schon nach 8 Tagen enthalten solche Mischungen von Kalomel Spuren von Mercurichlorid.

***Anwendung.*** Auf Schleimhäuten und Geschwürsflächen wirkt Kalomel schwach ätzend. Innerlich in kleinen Dosen wiederholt gegeben, erzeugt er allgemeine Quecksilberwirkung und ruft schliesslich Speichelfluss hervor. Grössere Gaben wirken abführend und harntreibend. Die Faeces werden durch gebildetes Schwefelquecksilber dunkel gefärbt. — Man benutzt Kalomel äusserlich zum Aetzen von Kondylomen, zum Aufstäuben auf syphilitische Geschwüre, als Streupulver bei Hornhauttrübungen, zu Einstäubungen in Schlund und Kehlkopf, zu subkutanen Injektionen. Zum Aufstäuben eignet sich besonders der Dampf-Kalomel, weil er im Gegensatz zu dem lävigirten Kalomel nicht zusammenballt. — Innerlich giebt man ihn bei verschiedenen entzündlichen Krankheiten als Alterans zu 0,02—0,06 g mehrmals täglich, als Purgans zu 0,1—1,0 g, als Diureticum zu 1,0—2,0 g. Höchstgaben **A.** für Hydrargyrum chloratum laevigatum: nach Helv.: 0,5 g *pro dosi*, 2,0 g *pro die*.

**B.** Für Hydrargyrum chloratum vapore paratum nach Helv.: 0,1 g *pro dosi*, 0,5 g *pro die*.

Bei der Darreichung von Kalomel ist der gleichzeitige Gebrauch von Chloriden, Bromiden, Jodiden und blausäurehaltigen Präparaten, auch kochsalzhaltigen Speisen zu vermeiden, weil diese die Umwandlung des Kalomels in die sehr viel energischer wirkenden Mercuri-Verbindungen veranlassen. Kinder vertragen Kalomel besser als Erwachsene.

**Aqua mercurialis** PLENK.

| | | | |
|---|---|---|---|
| Rp. | Calomelanos | | 3,0 |
| | Tincturae Myrrhae | | 20,0 |
| | Decocti Chinae concentrati | | |
| | Tincturae Opii crocatae | ää | 36,0. |

**Aqua ophthalmica nigra** GRAEFE.

| | |
|---|---|
| Extracti Hyoscyami | 1,0 |
| Aquae Rosae | 30,0 |
| Calomelanos | 0,6 |
| Aquae Calcariae | 100,0. |

Umgeschüttelt zum Umschlag auf die Augen.

**Aqua phagedaenica nigra.**

Aqua mercurialis nigra. Aqua nigra.

Ergänzb. Hamb. V.

| | | |
|---|---|---|
| Rp. | 1. Calomelanos | 1,0 |
| | 2. Aquae Calcariae | 60,0. |

1 wird mit 2 im Mörser angerieben.

**Aqua phagedaenica nigra** RUST.

| | | |
|---|---|---|
| Rp. | Calomelanos | 2,0 |
| | Opii pulverati | 2,5 |
| | Aquae Calcariae | 100,0. |

**Collyrium cum Hydrargyro chlorato.**

Collyre sec au Calomel (Gall.).

| | | | |
|---|---|---|---|
| Rp. | Calomelanos vapore parati | | |
| | Sacchari pulv. | ää | 10,0. |

Ist sehr fein zu reiben. Zum Einstreuen in das Auge.

**Emplastrum Hydrargyri chlorati mitis.**

Kalomelpflaster nach PORTES. (Paris. Hospit.)

| | | |
|---|---|---|
| Rp. | Emplastri Plumbi | 300,0 |
| | Calomelanos vapore parati | 100,0 |
| | Olei Ricini | 30,0. |

**Injectio Calomelanos** NEISSER.

| | | |
|---|---|---|
| Rp. | Calomelanos vapore parati | 5,0 |
| | Natrii chlorati | 1,25 |
| | Aquae destillatae | 50,0. |

**Injectio Calomelanos** SCHOPF.

| | | | |
|---|---|---|---|
| Rp. | Calomelanos via humida | | 0,25 |
| | Glycerini | | |
| | Aquae destillatae | ää | 4,0. |

**Oleum Hydrargyri chlorati.**

I. Nach NEISSER.

| | | |
|---|---|---|
| Rp. | Calomelanos vapore parati | 1,0 |
| | Olei Olivae | 10,0. |

II. Nach LANG.

| | | |
|---|---|---|
| Rp. | Calomelanos vapore parati | 4,5 |
| | Lanolini anhydrici | 4,0 |
| | Paraffini liquidi | 4,5. |

1 ccm enthält = 0,371 Hg.

---

| | | |
|---|---|---|
| Rp. | Calomelanos vapore parati | 4,0 |
| | Lanolini anhydrici | 3,0 |
| | Paraffini liquidi | 5,4. |

1 ccm enthält 0,391 g Hg.

An Stelle des Dampfkalomels kann auch der auf nassem Wege bereitete verwendet werden.

**Pilulae antidysentericae** BOUDIN.
BOUDIN'sche Pillen.

Rp. Radicis Ipecacuanhae
Calomelanos ää 0,3
Extracti Opii 0,6
Sirupi Sacchari q. s.
Fiant pilulae sex.

**Pilulae antidysentericae** SEGOND.

Rp. Radicis Ipecacuanhae 0,4
Calomelanos 0,2
Extracti Opii 0,5
Sirupi Spinae cervinae q. s.
Fiant pilulae sex.

**Pilulae Antimonii compositae** (U-St.).
PLUMMER'sche Pillen.

Rp. Kermes mineralis
Calomelanos ää 4,0
Resinae Guajaci 8,0
Olei Ricini q. s.
Fiant pilulae 100.

**Pilulae Hydrargyri chlorati cum Opio** (Gall.).
Pilulae DUPUYTREN.

Rp. Calomelanos 0,1
Extracti Opii 0,2
Extracti Guajaci 0,4.
Fiant pilulae N. decem (10).

**Pilula Hydrargyri Subchloridi composita** (Brit.).
Die Masse ist die nämliche wie die der PLUMMER'schen Pillen nach U-St.

**Pilulae laxantes** Dr. BALL.
Dr. BALL'sche Pillen.

Rp. Aloës 1,0
Resinae Jalapae
Scammonii
Calomelanos ää 0,5
Extracti Balladonnae
Extracti Hyoscyami 0,25
Saponis medicati q. s.
Fiant pilulae No. 50.

**Pilulae Sellii.**
SELL'sche Pillen.

Rp. Calomelanos 1,0
Saponis jalapini 2,0.
Fiant pilulae ponderis 0,1 g.

**Pommade de chlorure mercureux** (Gall.).
Pommade de précipité blanc.

Rp. Calomelanos vapore parati 1,0
Adipis benzoati 9,0.

**Pulvis Hydrargyri Chloridi mitis et Jalapae** (Nat. form.).
Calomel and Jalap.

Rp. Calomelanos 34,0
Tuberum Jalapae pulv. 66,0.

**Pulvis laxans** (Form. Berol.).

Rp. Calomelanos 0,2
Tuberum Jalapae pulv. 1,0.

**Pulvis Plummeri.**
Pulvis alterans Plummeri. PLUMMER'sches Pulver. Pulvis Edinburgensis.

I. Ergänzb.

Rp. Stibii sulfurati aurantiaci
Calomelanos ää 1,0
Sacchari 10,0.

II. Form. Berol.

Rp. Stibii sulfurati aurantiaci
Calomelanos ää 0,05
Sacchari albi 0,5
Radicis Althaeae 0,2.

**Sapo Hydrargyri chlorati.**
Kalomelseife.

Rp. Saponis mollis 100,0
Calomelanos 60,0
Olei Amygdalarum 20,0.
An Stelle der grauen Salbe zur Schmierkur.

**Tablettes de Calomel** (Gall.).

Rp. Calomelanos vapore parati 5,0
Sacchari 90,0
Carmini 0,05
Mucilaginis Tragacanthae 10,0.
Fiant pastilli à 1,0 g.

**Unguentum Hydrargyri chlorati** BOVERO

Rp. Calomelanos vapore parati 0,5—1,0
Lanolini 3,0
Olei Cacao 1,0.
Zur Schmierkur.

**Unguentum Hydrargyri Subchloridi** (Brit.)
Calomel-Ointment.

Rp. Calomelanos 1,0
Adipis benzoati 9,0.

**Vet. Collyrium Hydrargyri mitis.**

Rp. Calomelanos 2,0
Olei Olivae 8,0.
Zum Pinseln auf Augenflecken bei Pferd und Rind.

**Vet. Pilulae equorum.**
Konstitutionspillen. Condition Balls.

Rp. Calomelanos 1,0
Aloës 2,0
Kalii nitrici 12,0
Radicis Ipecacuanhae 4,0
Saponis domestici 4,0.
Fiat pilula 1. Wöchentlich 2 Pillen.

**Vet. Pulvis equorum.**
Konstitutionspulver.

Rp. Calomelanos 1,0
Kalii nitrici 12,0
Radicis Ipecacuanhae
Radicis Gentianae
Fructus Anisi
Granorum Paradisii ää 4,0.
Wöchentlich zwei Pulver.

**Vet. Pulvis antiphlogisticus equorum.**
Entzündungspulver.

Rp. Calomelanos 5,0
Concharum praeparatarum 10,0
Kalii sulfurici 50,0
Foliorum Digitalis 3,0
Herbae Hyoscyami 15,0
Radicis Althaeae
Radicis Liquiritiae ää 50,0.
Fiat pulvis. Zwei- bis dreistündlich den dritten Theil bei Entzündungszuständen innerer Organe.

**Kalomel-Räucherungen** nach BELZER. Erforderlich ist eine Glasröhre von 30 cm Länge und 0,4—0,5 cm lichter Weite mit ausgezogenem Ende, in deren Mitte sich eine kugelförmige Erweiterung befindet. In letztere werden 2,0 Kalomel gebracht, darauf die Röhre erhitzt und die Dämpfe auf die afficirten Körpertheile geblasen.

**Kalomel-Seife** nach MONTIER. Olei Amygdalarum werde mit 50,0 Kalilauge und 100,0 Natronlauge verseift. Zu 100 Th. der so erhaltenen Seife werden Calomelanos 40 bis 60,0 und Olei Amygdalarum 20,0 zugesetzt.

**Kalomel-Traumaticin** nach Geroni und Cauchard. Calomelanos 25,0 werden mit Traumaticini 75,0 fein angerieben. Wöchentlich dreimal aufzupinseln.

**Pilulae laxantes Redlinger.** Rp. Aloës 10,0, Resinae Jalapae 5,0, Saponis jalapini, Calomelanos āā 2,5, Fiant pilulae ponderis 0,12 g.

---

# Hydrargyrum cyanatum.

**I. †† Hydrargyrum cyanatum** (Germ.). **Hydrargyri Cyanidum** (U-St.). **Cyanure de mercure** (Gall.). **Quecksilbercyanid. Mercuricyanid. Cyanquecksilber. Hydrargyrum Borussicum seu Zooticum. Mercurius cyanatus.** **Hg** $(CN)_2$ oder **Hg** $(Cy)_2$. **Mol. Gew. = 252.**

***Darstellung.*** 4 Th. Berliner Blau werden mit 3 Th. gelbem Quecksilberoxyd unter allmählichem Zusatz von 20 Th. Wasser sorgfältig angerieben und diese Mischung in einer Porcellanschale alsdann unter Ersatz des verdampfenden Wassers zunächst 1 bis 2 Stunden auf dem Wasserbade, sodann über freier Flamme zum Sieden erhitzt, bis die blaue Färbung verschwunden ist. Sollte dies nach 10 Minuten langem Kochen nicht der Fall sein, so muss noch etwas Quecksilberoxyd zugefügt werden.

$$\underbrace{3[Fe(CN)_2].4[Fe(CN)_3]}_{\text{Berliner Blau}} + 9HgO = 9Hg(CN)_2 + 3FeO + 2Fe_2O_3$$

Man filtrirt von dem ausgeschiedenen Eisenoxyduloxyd ab, zieht den Rückstand nochmals mit heissem Wasser aus, säuert die vereinigten Filtrate mit Blausäure an und bringt die Lösung durch Einengen zur Krystallisation.

***Eigenschaften.*** Mercuricyanid, welches äusserst giftig ist, bildet weisse, mehr oder weniger durchsichtige, quadratische Säulen und Pyramiden. Es ist ohne Geruch, aber von scharfem, ekelhaft metallischem Geschmacke. 1 Th. wird von 13 Th. kaltem, 3 Th. heissem Wasser, 15 Th. kaltem, 4 bis 5 Th. heissem Weingeist gelöst. Die Lösungen sind neutral und verändern Lackmus nicht.

Es ist das einzige leicht lösliche Salz, welches die Cyanwasserstoffsäure mit Schwermetallen bildet. Gegen Reagentien verhält es sich ganz eigenthümlich, insofern bei gewissen Reaktionen sowohl der Nachweis des Quecksilbers als auch derjenige der Cyanwasserstoffsäure nach den üblichen Methoden nicht ohne weiteres gelingt:

Die wässerige Lösung wird weder durch ätzende, noch durch kohlensaure Alkalien zerlegt. Verdünnte Sauerstoffsäuren, z. B. verdünnte Schwefelsäure, zersetzen die Lösung des Mercuricyanides in der Kälte gar nicht, in der Hitze nur unvollständig. (Daher wird beim Destilliren von Cyanquecksilber mit verdünnter Schwefelsäure nur ein Theil des Cyanwasserstoffes gewonnen.) Durch Silbernitrat entsteht auch in der mit Salpetersäure angesäuerten Lösung kein Niederschlag. Dagegen wirken die Halogenwasserstoffsäuren (HCl, HBr, HJ) stärker zersetzend. Durch Einwirkung von Salzsäure z. B. entsteht Mercurichlorid und Cyanwasserstoff. $Hg(CN)_2 + 2HCl = HgCl_2 + 2HCN$. — Ferner fällt Schwefelwasserstoff aus der wässerigen Lösung schwarzes Schwefelquecksilber und Kaliumjodid rothes Mercurijodid, welches letztere natürlich in einem Ueberschuss von Kaliumjodid leicht löslich ist.

Werden die Krystalle im Probirrohre erhitzt, so zerspringen sie, hierauf schmelzen sie und zersetzen sich schliesslich unter Bildung von metallischem Quecksilber, Dicyan und Paracyan. $Hg(CN)_2 = Hg + (CN)_2$.

Mischt man Cyanquecksilber mit einem gleichen Gewicht Jod und erhitzt diese Mischung in einem Glühröhrchen, so erhält man ein gelbes, allmählich roth werdendes Sublimat von Mercuribijodid $HgJ_2$ und über diesem ein anderes, aus farblosen Nädelchen bestehendes Sublimat von Jod-Cyan CN . J.

***Prüfung.*** Auf dem Platinbleche vorsichtig erhitzt, muss es sich völlig verflüchtigen lassen; mit Wasser muss es eine neutrale Lösung geben. Das Zerspringen der Krystalle umgeht man, wenn man das Präparat zu Pulver zerrieben und nur in geringer Menge (circa 0,1 g) auf das Platinblech giebt. Die Operation geschehe an einem zugigen Orte, und hüte man sich, die Dämpfe anfzuathmen. Die 5 proc. wässerige Lösung (3 ccm), mit Salpetersäure (4 Tropfen) schwach angesäuert, soll auf Zusatz von Silbernitrat keinen Niederschlag, welcher Mercurichlorid anzeigen würde, ergeben. Diese Probe ist eine sehr scharfe und zeigt schon Spuren von Mercurichlorid an.

***Aufbewahrung.*** Mercuricyanid gehört zu den direkten Giften und ist daher sehr vorsichtig aufzubewahren und mit der nämlichen Vorsicht wie der Aetzsublimat zu behandeln.

***Anwendung.*** In kleinen Dosen zeigt es Quecksilberwirkung, grössere Gaben tödten durch den Blausäuregehalt. Man giebt es innerlich Kindern gegen Diphtherie zu 0,0005 g mehrmals täglich, Erwachsenen gegen Syphilis in Form subkutaner Injektionen zu 0,005 bis 0,01 g. Grösste Einzelgabe 0,02 g. Grösste Tagesgabe 0,1 g. Sehr häufige Anwendung findet das Präparat als *Mercurius cyanatus* in der Homöopathie.

**Denigès' Lösung** zur Desinfektion der Instrumente, Hände etc. Rp. Hydrargyri cyanati 2 bis 5,0, Boracis 10,0, Aquae 1000,0.

**Hydrargyro-Kalium cyanidojodatum. Hydrargyrum cyanatum cum Kalio jodato.** Ein durch Krystallisation aus einer koncentrirten Lösung von 4 Th. Kaliumjodid und 6 Th. Mercuricyanid in Wasser gewonnenes Doppelsalz. Farblose Prismen oder Blättchen, in 20 Th. kaltem Wasser, leicht in heissem Wasser löslich, schwer löslich in Alkohol, wenig löslich in Aether. Man kann es jederzeit durch Zusammenmischen obiger Bestandtheile *ex tempore* bereiten. Die Dosirung ist die gleiche wie die des Hydrargyrum cyanatum.

**II. †† Hydrargyrum oxycyanatum. Quecksilberoxycyanid. Mercurioxycyanid. $Hg(CN)_2 . HgO$. Mol. Gew. = 468.**

***Darstellung.*** Man fällt durch einen Ueberschuss von Natronlauge aus 10 Th. Quecksilberchlorid das Quecksilberoxyd, und wäscht es bis zur Chlorfreiheit aus. Alsdann vertheilt man es thunlichst ohne Verlust in 120 Th. Wasser, bringt eine Auflösung von 9,5 Th. Quecksilbercyanid $HgCy_2$ in 100 Th. Wasser hinzu, erhitzt im Wasserbade bis zur farblosen Auflösung, filtrirt durch einen Asbestbausch, dampft das Filtrat auf 100 Th. ab und lässt es krystallisiren, oder man dunstet die Flüssigkeit bis zur Trockne ein.

***Beschreibung.*** Ein mikrokrystallinisches, weisses Pulver, das einen schwachen Stich ins Gelbliche besitzt und gegen empfindliches Lackmuspapier schwach alkalisch reagirt. Es löst sich in 17 Th. Wasser von gewöhnlicher Temperatur. Seine Lösung (1 : 20) wird durch Gerbsäure gefällt und von Stannochloridlösung reducirt. Mit Ammoniak giebt sie einen im Ueberschuss des Fällungsmittels löslichen Niederschlag. Auf Zusatz von Natriumphosphat + Ammoniak entsteht eine auf Zusatz von überschüssigem Ammoniak verschwindende Trübung. Ebenso verhält es sich gegen Kaliumchromat + Ammoniak.

Wird eine 5 procentige Mercurioxycyanidlösung mit 5 proc. Kaliumjodidlösung tropfenweise versetzt, so färbt sich die Mischung gelb und auf Zusatz von Ammoniak roth, um nach einiger Zeit einen rostbraunen, in Kaliumjodidlösung löslichen Niederschlag abzuscheiden. — Schwefelwasserstoff sowie Schwefelammonium scheiden schwarzes Mercurisulfid ab.

***Anwendung.*** Das Mercuricyanid ist ein Antisepticum von etwa der gleichen Stärke wie der Quecksilbersublimat. Vor diesem hat es den Vortheil, weniger stark reizend zu wirken, weil es sich mit Eiweiss weniger energisch verbindet. Auch soll es Metallgegenstände nicht zerstören. Bei akuten Erkrankungen der Augenbindehaut wendet man die 1—2 procentige Lösung, gegen Blennorrhoea neonatorum zur Bespülung des Lides eine Lösung 1 : 500 an.

***Nachweis.*** Es ist schon Band I S. 62 bemerkt worden, dass die Blausäure beim Destilliren des Mercuricyanids mit verdünnten Säuren nur schwierig und unvollständig abgespalten wird. Ist daher in Objekten Cyanquecksilber vorhanden und will man die Blausäure desselben isoliren, so muss man entweder **A)** die betreffenden Objekte mit verdünnter Säure unter Zusatz von etwas Schwefelwasserstoffwasser destilliren oder **B)** die Destillation der, wenn nöthig, bis zur schwach sauren Reaktion abgestumpften Objekte unter Zusatz von Magnesiumpulver ausführen. — Die übergehende Blausäure wird in beiden Fällen in verdünnter Natronlauge aufgefangen.

**Servatolseife** von Hausmann ist eine Mercurioxycyanid enthaltende Seife, also sozusagen Sublimatseife, in welcher das Sublimat durch Mercurioxycyanid ersetzt ist.

**III. †† Hydrargyro-Zincum cyanatum. Quecksilberzinkcyanid.** Lister's **Doppelsalz. Mercuric and Zinc Cyanide. Cyanure de mercure et de zinc. Formel unbestimmt.** Dieses merkwürdige Präparat wurde 1889 von Lister als nicht reizendes Antisepticum empfohlen. Indessen wird es ausschliesslich zur Herstellung von Verbandstoffen dargestellt und benutzt.

***Darstellung.*** Man stellt einerseits eine Lösung von 25 Th. Mercuricyanid und 130 Th. Kaliumcyanid in Wasser her, anderseits löst man 28 Th. Zinksulfat in Wasser. Beide Lösungen werden vermischt, der entstehende Niederschlag zur Entfernung löslicher Cyanide mit kaltem Wasser gewaschen, alsdann auf porösen Unterlagen abgesaugt und getrocknet.

Lister hat diese Substanz zunächst für eine feste chemische Verbindung gehalten und ihre Entstehung durch die Formel

$$HgCy_2 + 2\,KCy + ZnSO_4 = K_2SO_4 + HgCy_2 \,.\, ZnCy_2$$

interpretirt. — Es hat sich indessen herausgestellt, dass der Quecksilbergehalt der erhaltenen Niederschläge ein sehr wechselnder (15—36 %) und zwar um so höher ist, je koncentrirtere Lösungen zur Fällung benutzt werden. Nach Dunstan und Block ist in dem Lister'schen Doppelsalze das Quecksilbercyanid mit einer Hülle von Zinkcyanid umgeben.

***Anwendung.*** Lister schrieb ursprünglich vor, den noch feuchten Quecksilberzinkcyanid-Niederschlag mit dem halben Gewicht Stärke und etwas Wasser zu verreiben, so dass eine Paste entsteht, alsdann Kaliumsulfat zuzusetzen (letzteres, damit sich die Masse später besser pulvern lässt), hierauf zu trocknen und zu pulvern. Dieses Pulver wird zu 3—5 % in einer schwachen Sublimatlösung 1 : 4000 (weil das Doppelsalz auf Bakterien wohl entwicklungshemmend, aber nicht tödtend wirkt) vertheilt und mit dieser Mischung Gaze imprägnirt. In diesem Falle bewirkt der Stärkezusatz die Fixirung des Pulvers auf dem Gewebe.

Später fand Lister, dass Anilinfarbstoffe, z. B. Gentianaviolett und Methylviolett (1 : 50000) schon in starker Verdünnung das Doppelsalz auf den Geweben fixiren. Man benutzte daher mit diesen Farbstoffen gefärbte (gebeizte) Verbandmittel und liess den Stärkezusatz fort. An Stelle der Anilinfarbstoffe wird neuerdings das Hämatoxylin als Fixirungsmittel angewendet. *(Hydrargyrum-Zincum cyanatum cum Haematoxylino.)*

---

# Hydrargyrum jodatum.

**I. †† Hydrargyrum jodatum** (Ergänzb. Helv.). **Hydrargyrum jodatum flavum** (Austr.). **Hydrargyri Jodidum flavum** (U-St.). **Jodure mercureux** (Gall.). **Protojoduretum Hydrargyri. Mercurius jodatus viridis. Mercurojodid. Quecksilberjodür.** $Hg_2J_2$. **Mol. Gew. = 654.**

***Darstellung.*** Man bringt in einen Porcellanmörser 8 Th. Quecksilber und giebt unter Besprengen mit Weingeist unter fortwährendem Rühren bez. leichtem Reiben in mehreren kleinen (!) Antheilen allmählich 5 Th. Jod hinzu. Man setzt das Rühren unter gelegentlichem Besprengen mit Weingeist so lange fort, bis Quecksilberkügelchen nicht mehr erkennbar sind und das Pulver eine gleichmässige, grünlich-gelbe Farbe zeigt. — Um das stets gleichzeitig gebildete Mercuribijodid zu entfernen, wäscht man das Mercurojodid so lange mit Weingeist aus, bis der von einer Probe abfiltrirte Weingeist durch Schwefelwasserstoffwasser nicht mehr verändert wird. — Man sammelt alsdann das Pulver auf einem Filter, lässt es abtropfen und trocknet es auf porösen Unterlagen unter Lichtabschluss bei 30° C. Die U-St. hat ein durch Fällung einer Mercuronitratlösung mit Kaliumjodid darzustellendes Präparat aufgenommen.

***Eigenschaften.*** Das grüne Mercurojodid ist ein dunkelgrünlichgelbes, geruch- und geschmackloses Pulver, unlöslich in kaltem Weingeist oder kaltem Wasser, völlig flüchtig beim Erhitzen. Lichteinfluss zersetzt es ziemlich rasch, indem es zum Theil in Mercurijodid und metallisches Quecksilber zerfällt. Die Farbe geht hierbei allmählich ins Olivengrüne und Graue über.

Beim langsamen Erhitzen zersetzt sich das Mercurojodid in Mercurijodid und Quecksilber, stärker erhitzt schmilzt es zu einem braunen Fluidum und verflüchtigt sich. Bei der Behandlung mit Chlorwasserstoff bildet sich daraus Mercurichlorid und Mercurijodid, mit Salpetersäure Mercurinitrat und Mercurijodid, mit Kaliumjodidlösung Mercurijodid und metallisches Quecksilber.

***Prüfung.*** Eine kleine Probe im Porcellantiegel erhitzt, muss sich vollständig verflüchtigen, eine andere Probe mit Weingeist geschüttelt und durch ein doppeltes Filter gegossen, muss ein farbloses Filtrat geben, das auf Zusatz von Schwefelwasserstoffwasser kaum verändert wird, oder mit Silbernitratlösung höchstens eine Trübung giebt, welche die Durchsichtigkeit der Flüssigkeit kaum stört. Eine minimale Spur Mercurijodid muss zugelassen werden, denn auch das bestens ausgewaschene Präparat zeigt nach zwei Wochen Aufbewahrung sicher schon einen Gehalt kleiner Spuren dieser Verunreinigung.

***Aufbewahrung.*** Das Quecksilberjodür wird in dunkelfarbigen Glasfläschchen oder an einem dunklen Orte in der Reihe der direkten Gifte aufbewahrt.

***Anwendung.*** Das grüne Mercurojodid ist von Ricord als Antisyphiliticum empfohlen worden. Man giebt es meist in Pillen in solchen Fällen, in denen man neben der Quecksilberwirkung auch die Jodwirkung haben will. Höchstgaben: *pro dosi* 0,02 g Ergänzb., 0,05 g (Austr. Helv.). *pro die* 0,05 g Ergänzb., 0,2 g (Austr. Helv.). Dieses Präparat ist stets zu dispensiren, wenn der Arzt nicht ausdrücklich Hydrargyrum **bi**jodatum verordnet hat.

**Pilules d'jodure mercureux opiacées** (Gall.).
Pilulae Hydrargyri jodati opiatae.

| Rp. | Hydrargyri jodati flavi | 0,5 |
|---|---|---|
| | Extracti Opii | 0,2 |
| | Radicis Liquiritiae | 0,5 |
| | Mellis | q. s. |

Fiant pilulae No. 10.

**Pilulae Hydrargyri jodati** (Münch. Ap.-V.).

| Rp. | Hydrargyri jodati | 0,3 |
|---|---|---|
| | Extracti Opii | 0,03 |
| | Radicis Liquiritiae | |
| | Extracti Liquiritiae | āā q. s. |

Fiant pilulae No. 10.

**Pilulae Juniperi compositae** Behrend.

| Rp. | Hydrargyri jodati | |
|---|---|---|
| | Radicis Liquiritiae | |
| | Succi Juniperi | āā 1,25. |

Fiant pilulae No. 30.

**Unguentum antipsoricum Rochard ab Hebra modificatum.**

| Rp. | Calomelanos | 3,0 |
|---|---|---|
| | Jodi puri | 1,0 |
| | Adipis suilli | 100—180,0. |

**Unguentum Ricordii.**

| Rp. | Hydrargyri jodati | 1,0 |
|---|---|---|
| | Adipis suilli | 30,0. |

## II. †† Hydrargyrum bijodatum (Germ. Helv.). Hydrargyrum bijodatum rubrum (Austr.). Hydrargyri Jodidum rubrum (Brit. U-St.). Jodure mercurique (Gall.). Quecksilberjodid. Mercurijodid. Mercurius jodatus ruber. Deutojoduretum Hydrargyri. $HgJ_2$. Mol. Gew. = 354.

***Darstellung.*** Man löse 4 Th. Mercurichlorid in 80 Th. destillirtem Wasser, anderseits 5 Th. Kaliumjodid in 15 Th. destillirtem Wasser. Sind die Lösungen nicht ganz klar, so müssen sie filtrirt werden. — Man fügt nun unter Umrühren die Kaliumjodidlösung zu der Mercurichloridlösung. Der durch die ersten Tropfen der Kaliumjodidlösung entstehende Niederschlag ist blassroth und kann sich völlig wieder auflösen. Bei weiterem Zusatz von Kaliumjodid wird der Niederschlag lebhaft roth und verschwindet nun nicht mehr.

Nach beendigter Fällung lässt man den Niederschlag absetzen, dekanthirt zunächst die überstehende Flüssigkeit und wäscht den Niederschlag je nach seiner Menge entweder auf einem Filter oder auf einem dichten Tuche mit destillirtem Wasser, bis das Abtropfende durch Silbernitrat nur noch opalisirend getrübt wird. Das Austrocknen erfolgt unter Luftabschluss bei einer Temperatur von 25—30° C. am besten auf porösen Tellern. Zum Auswaschen verwende man nicht mehr Wasser als nothwendig, da das Quecksilberjodid in Wasser nicht ganz unlöslich ist. Die angegebenen Gewichtsverhältnisse sind genau einzuhalten.

***Eigenschaften.*** Das officinelle Quecksilberjodid ist ein feines, krystallinisches, spec. schweres, lebhaft rothes Pulver ohne Geruch und Geschmack. Es ist in Wasser fast unlöslich (1 Th. löst sich in 6—7000 Th. Wasser), dagegen löst es sich in 130 Th. kaltem oder in 20 Th. siedendem Weingeist, auch in 60 Th. Aether. Es ist ferner löslich in Jodwasserstoffsäure, in Lösungen von Jodkalium, Chlornatrium, Ammoniaksalzen, fetten Oelen, Chloroform, Glycerin, Eisessig, heisser Salpetersäure, heisser Salzsäure. Die Lösungen sind ungefärbt.

Quecksilberjodid ist dimorph. Wird es erhitzt, so verwandelt es sich bei 150° C. plötzlich in die gelbe Modifikation, welche durch Ritzen mit einem harten Gegenstande wieder in die rothe Modifikation übergeht.

Durch Einwirkung des Tageslichtes erleidet das Quecksilberjodid eine Veränderung, welche sich durch Hellerwerden der Färbung äusserlich zu erkennen giebt. Diese Aenderung erfolgt besonders schnell im direkten Sonnenlichte. — Wird eine Kaliumjodidlösung mit Quecksilberjodid in der Wärme gesättigt, so scheidet sich während des Erkaltens zunächst Quecksilberjodid aus. Beim Verdunsten der von diesem abfiltrirten Lösung erhält man gelbliche Prismen von Kalium-Quecksilberjodid $HgJ_2 + KJ + \frac{1}{2}H_2O$, welches in absolutem Alkohol und in absolutem Aether ohne Zersetzung löslich ist, dagegen von Wasser unter Abscheidung von Quecksilberjodid zersetzt wird.

Quecksilberchlorid wirkt lösend ein auf Quecksilberjodid. Aus einer mit Quecksilberjodid heiss gesättigten Quecksilberchloridlösung scheidet sich während des Erkaltens schwer lösliches Quecksilberchloridjodid $HgJ_2 + 2HgCl_2$ in weissen Blättchen aus. — Uebergiesst man Quecksilberjodid mit konc. Ammoniakflüssigkeit, so färbt es sich zunächst weiss, indem Quecksilberjodid-Ammoniak $HgJ_2 . NH_3$ gebildet wird. Allmählich löst sich die weisse Verbindung unter Zurücklassung eines rothbraunen Pulvers. In der ammoniakalischen Lösung befindet sich Ammoniumjodid und Quecksilberjodid-Ammoniak, das braune Pulver ist Oxydimercuriammoniumjodid, $HgJ(NH_2) . HgO$, auf dessen Bildung die Benutzung des Nessler'schen Reagens beruht. — Durch Einwirkung von kalter verdünnter Kali- oder Natronlauge auf Quecksilberjodid wird ein Gemenge von Quecksilberoxyjodid $HgJ_2 . 3HgO$ mit Quecksilberoxyd abgeschieden.

***Prüfung.*** **1)** Das Mercuribijodid verflüchtigt sich beim Erhitzen ohne Rückstand. Ein glühbeständiger Rückstand wird in der Regel aus Kaliumchlorid oder Natriumchlorid bestehen. **2)** Es löse sich in 20 Th. siedendem Weingeist zu einer farblosen Flüssigkeit. Ungelöst bleiben würden Mercurojodid, Mercuriarseniat, Mercurioxyd. Die alkoholische Lösung sei neutral; saure Reaktion würde von Mercurichlorid herrühren. **3)** Schüttelt man 1,0 g des Präparates mit 10 ccm Wasser durch, so soll das Filtrat durch Silbernitrat nur schwach getrübt und durch Schwefelwasserstoffwasser nur schwach gebräunt werden (Alkalichloride, Alkalijodide, Mercurichlorid).

***Aufbewahrung.*** Wegen seiner stark giftigen Eigenschaften ist das Quecksilberjodid sehr vorsichtig, und weil es durch die Einwirkung des Tages- oder Sonnenlichtes Veränderungen erfährt, vor Licht geschützt aufzubewahren. Man hüte sich, Dämpfe von Quecksilberjodid einzuathmen, und beachte, dass Quecksilberjodid schon bei mittlerer Temperatur etwas flüchtig ist.

***Anwendung.*** Quecksilberjodid wirkt örtlich stark reizend. Im Magen wird es durch die dort anwesenden Chloride in lösliche Doppelverbindungen übergeführt und gelangt dann zur Resorption. Man giebt es äusserlich meist in Salben (0,5—1,5 auf 100,0 Fett) oder mit Hilfe vom Kaliumjodid gelöst bei syphilitischen, skrophulösen, krebsartigen Geschwüren, Lupus. Innerlich als Antisyphiliticum oder Antiscrophulosum meist in Pillen zu 0,005—0,02 g. Höchste Gaben: *pro dosi* 0,02 (Germ. Helv.), 0,03 (Austr.). *pro die* 0,05 (Helv.), 0,1 (Austr. Germ.).

**Nessler's Reagens.** Man löse 13 g Quecksilberchlorid in 800 ccm siedendem Wasser und füge allmählich 35 g Kaliumjodid hinzu. Nachdem der entstandene rothe Niederschlag wieder in Lösung gegangen ist, tropft man so lange Quecksilberchloridlösung hinzu, bis eben ein bleibender rother Niederschlag entsteht. Dann löst man in der Flüssigkeit 160 g Kalihydrat, füllt zu 1 Liter auf und filtrirt nach mehrtägigem Absetzen.

**Stevens' ointment.** The only substitute for fering horses. Prepared only by Henry R. Stevens, London, 8 A. Park Lane. Salbe aus Fett mit 20 Proc. Hydrargyrum bijodatum.

**Salbe von Franz Jekel** in Zürich gegen Flechten und alte Schäden besteht aus Perubalsam, Zinkoxyd, Quecksilberbijodid und Schweinefett. Preis 6 Mk. Arzneitaxpreis etwa 1,30 Mk. (Karlsruher Ortsgesundh.-Rath.)

**Thoulet'sche Lösung.** Eine gesättigte Lösung von Kaliumjodid und Mercuribijodid in Wasser. Spec. Gewicht = 3,196. Wird angewendet zur Trennung von Mineralien auf Grund des verschiedenen specifischen Gewichtes.

**Guttae antiphthisicae** Channing.

Rp. Hydrargyri bijodati 0,3
Kalii jodati 1,2
Aquae destillatae 30,0.

Dreimal täglich fünf Tropfen bei Lungenphthisis.

**Injectio Hydrargyri bijodati.**

Rp. Hydrargyri bijodati 0,1
Kalii jodati 1,0
Aquae destillatae 10,0.

Zur subkutanen Injektion 0,3—1,0 ccm.

**Liquor Hydrargyri et Potassii Jodidi** (Nat. form.).

Channing's solution.

Rp. Hydrargyri bijodati 10,0
Kalii jodati 8,0
Aquae destillatae 1000,0.

**Mixtura Hydrargyri bijodati** Graefe.

Rp. Hydrargyri bijodati 0,25
Kalii jodati 2,5—4,0
Aquae destillatae 10,0
Sirupi Sacchari 50,0.

Täglich einen Theelöffel; bei Iritis syphilitica.

Remy's **antiseptische Lösung.**

Rp. Hydrargyri bijodati 0,05
Spiritus (90 Proc.) 30,0
Aquae destillatae 970,0.

**Morphinum hydrargyrojodatum.**

Jodure de mercure et de morphine.

Rp. Hydrargyri bijodati
Morphini hydrochlorici āā.

Das Salz kann auch durch Krystallisation als gelblichweisse krystallinische Körnchen erhalten werden.

**Sirupus antisyphiliticus** Bazin.

Rp. Hydrargyri bijodati 0,01
Kalii jodati 1,0
Sirupi Sacchari 99,0.

**Sirupus Hydrargyri bijodati** Gibert.

Sirop de Gibert.

Rp. Hydrargyri bijodati 0,1
Kalii jodati 5,0
Sirupi Sacchari 150,0.

1 Esslöffel = 0,015 g $HgJ_2$.

**Unguentum Hydrargyri bijodati.**

I. Helv.

Rp. Hydrargyri bijodati 1,0
Vaselini flavi 9,0.

II. Brit.

Rp. Hydrargyri bijodati 2,0
Adipis benzoati 48,0.

Vet. **Pommade de Bijodure de mercure** (Gall.).

Rp. Hydrargyri bijodati 4,0
Adipis 36,0.

**†† Hydrargyrum bijodatum cum Hydrargyro bichlorato. Hydrargyrum bijodatum et bichloratum. Hydrargyrum bichlorojodatum. Hydrargyrum chlorobijodatum. Bijodure de chlorure mercureux. Quecksilberchloroperjodid. Sel de Boutigny.** Eine französische Specialität früherer Zeiten. Zur Darstellung von 1,0 g der Substanz mischt man in einem kleinen Mörser 0,65 g präcipitirten Kalomel mit 0,35 g Jod. Nach Boudet mischt man einfach 0,626 rothes Mercurijodid mit 0,374 Mercurichlorid. Anwendung und Gabe wie Hydrargyrum bichloratum.

**†† Hydrargyrum bijodatum et bichloratum cum Hydrargyro protochlorato. Hydrargyrum chlorojodatum. Jodure de chlorure mercureux.** Zur Bereitung von 1,0 g der Substanz mischt man 0,38 rothes Mercurijodid mit 0,22 Mercurichlorid und 0,4 präcipitirtem Kalomel. Höchstgaben: *pro dosi* 0,05, *pro die* 0,15 g.

**Pilulae Hydrargyri chlorojodati** Boutigny.

Rp. Hydrargyri chlorojodati 0,25
Gummi arabici 1,0
Micae panis albi 9,0
Aquae Aurantii florum q. s.

Fiant pilulae No. 100. Täglich 1—3 Pillen.

**Poudre de Malin.**

Rp. Calomelanos 10,0
Jodi 1,6.

Ersatz für die beiden vorstehenden Chlorjodpräparate des Quecksilbers.

**Unguentum Hydrargyri chlorojodati** Boutigny.

Unguentum contra scrophulosin Boutigny.

Rp. Hydrargyri chlorojodati 0,5—1,0
Adipis suilli 60,0.

Erbsengross einzureiben und sobald Entzündung der Haut eintritt auszusetzen.

**†† Chlorojodure de mercure** (Gall.). **Chlorojoduretum hydrargyricum.** Zu einer siedenden Lösung von Mercurichlorid in 20 Th. Wasser fügt man soviel Mercurijodid hinzu, dass etwas ungelöst bleibt, und filtrirt siedend heiss. Die nach dem Erkalten ausgeschiedenen farblosen Krystalle werden gesammelt. Sie haben keine bestimmte Zusammensetzung.

†† **Hydrargyrum bijodatum cum Kalio jodato. Hydrargyro-Kalium bijodatum. Kalium Hydrargyro-jodatum. Kaliumjodohydrargyrat. Quecksilberjodidkalium. Kaliummercurijodid. Jodhydrargyrate d'jodure de potassium.** Man löst 100 Th. Mercurijodid und 37 Th. Kaliumjodid in möglichst wenig Wasser und lässt die Lösung in einem flachen Gefässe an einem warmen Orte, zuletzt über Schwefelsäure krystallisiren.

Schwefelgelbe, an der Luft zerfliessende Krystalle. Man kann 1,0 der Substanz *ex tempore* darstellen durch Mischen von 0,73 Mercurijodid und 0,27 Kaliumjodid unter Zusatz einiger Tropfen Wasser. Das Salz ist nicht zu verwechseln mit dem als Reagens benutzten Kaliumquecksilberjodid. S. Band I, S. 205.

Man giebt es zu 0,005—0,01—0,03 g zwei- bis dreimal täglich als Antisyphiliticum, gegen Skropheln, Hautkrankheiten. Höchstgaben: *pro dosi* 0,04 g, *pro die* 0,12 g.

**Sirupus antisyphiliticus compositus** PUCHE.

| Rp. | Kalii hydrargyrojodati | |
|---|---|---|
| | Jodi | āā 0,2 |
| | Kalii jodati | 4,0 |
| | Sirupi Rhoeados | 90,0 |
| | Spiritus (90 proc.) | 6,0. |

In zwei Tagen zu verbrauchen.

**Unguentum Kalii hydrargyrojodati** PUCHE.

| Rp. | Kalii hydrargyrojodati | 1,0 |
|---|---|---|
| | Adipis suilli | 25,0. |

**Sirupus Kalii hydrargyrojodati.**

| Rp. | Kalii hydrargyrojodati | 0,2 |
|---|---|---|
| | Tincturae Croci | 2,0 |
| | Sirupi Sacchari | 98,0. |

In zwei Tagen zu verbrauchen.

---

# Hydrargyrum nitricum.

## I. †† Hydrargyrum nitricum oxydulatum (Ergänzb.) (crystallisatum).

**Azotate mercureux crystallisé. Mercurius nitrosus. Mercuronitrat. Salpetersaures Quecksilberoxydul. $Hg_2(NO_3)_2 + 2H_2O$. Mol. Gew. = 560.**

***Darstellung.*** Man übergiesst in einem Becherglase 10 Th. Quecksilber mit 15 Th. Salpetersäure (von 25 Proc.) und lässt es unter gelegentlichem Umschwenken lose bedeckt bei gewöhnlicher Temperatur stehen. Nach einigen Tagen haben sich auf dem Quecksilber Krystalle abgeschieden. Wenn sich diese nicht mehr vermehren, so bringt man sie durch schwaches Anwärmen in Lösung, giesst die Lösung vom überschüssigen Quecksilber ab und stellt sie an einen kühlen Ort zur Krystallisation. Die Krystalle lässt man in einem Trichter über Glaswolle abtropfen und trocknet sie alsdann an einem schattigen Orte bei gewöhnlicher Temperatur zwischen Fliesspapier oder auf porösem Porcellan. Sollten die Krystalle durch basisches Salz gelblich gefärbt sein, so löst man sie unter schwachem (!) Erwärmen in möglichst wenig Salpetersäure haltigem Wasser und lässt sie nochmals krystallisiren.

Die Mutterlaugen bewahrt man zur Darstellung eines anderen Quecksilberpräparates (z. B. Quecksilberoxyd) auf, das nicht gelöste Quecksilber wäscht man mit Wasser und trocknet es, wie auf S. 21 angegeben.

***Eigenschaften.*** Farblose oder schwach gelbliche, schwach nach Salpetersäure riechende säulenförmige Krystalle von saurer Reaktion und widerlichem, metallischem Geschmacke. In etwa dem gleichen Theile warmem Wasser lösen sie sich zu einer klaren, sauer reagirenden Flüssigkeit, am besten wird die Auflösung durch salpetersäurehaltiges Wasser bewirkt. Durch viel Wasser wird es in ein lösliches saures und in ein schwerlösliches basisches, gelbes Salz zerlegt. Je grösser die Menge und je höher die Temperatur des einwirkenden Wassers ist, desto basischer wird auch das unlösliche Salz. Das Mercuronitrat schmilzt gegen 70° C. unter theilweiser Zersetzung, bei höherer Temperatur zerfällt es in Quecksilberoxyd und Stickstoffdioxyd. — Alkalien (KOH, $NH_3$) bewirken in der Lösung schwarze Fällungen, durch Salzsäure oder Kochsalz wird ein weisser Niederschlag von Kalomel ausgeschieden.

***Prüfung.*** Bei einem Gehalt von basischem Mercuronitrat ist das Salz mehr oder weniger gelb gefärbt. Ein geringer Gehalt an basischem Salz macht das Mercuronitrat zum therapeutischen Gebrauche noch nicht ungeeignet. Wichtiger ist die Abwesenheit von

Mercurinitrat. 1) Das Salz sei ungefärbt oder nur schwach gelb gefärbt. 1 g löse sich im gleichen Gewicht Wasser unter Zusatz von 3 Tropfen Salpetersäure (25 Proc.) klar auf. Bei Anwesenheit von basischem Salz würde sich dieses als gelbes Pulver abscheiden. 2) Reibt man 1 g des Salzes mit 1 g Natriumchlorid und 10 ccm Wasser zusammen und filtrirt, so muss ein weisser und nicht grauer oder gelber (basisches Salz) Rückstand verbleiben, und das Filtrat darf weder durch Zinnchlorürlösung noch durch Ammoniak oder Schwefelwasserstoffwasser verändert werden (Mercurinitrat).

***Aufbewahrung.*** Das krystallisirte Mercuronitrat ist in dicht zu verstopfenden kleinen Glasgefässen neben Quecksilberchlorid und den anderen direkten Giften aufzubewahren. In schlecht verstopften Gefässen werden die Krystalle mit der Zeit gelblich und quecksilberoxydhaltig. Man verbraucht sie dann zur Bereitung von Quecksilberoxyd.

***Anwendung.*** Das Mercuronitrat wird als Cathaereticum und Antisyphiliticum innerlich und äusserlich angewendet. Gabe 0,005—0,01—0,015 zwei- bis viermal täglich. Höchstgaben: *pro dosi* 0,02, *pro die* 0,05 (Ergänzb.). Hauptsächlich wird das Mercuronitrat zur Darstellung der folgenden Lösung verwendet.

**†† Liquor Hydrargyri nitrici oxydulati** (Hamb. Vorschr.). **Liquor Hydrargyri nitrici. Liquor Bellostii. Aqua capucinica. Remedium ducis Antin. Lotio mercurialis Manry. Mercuronitratlösung. Bellost'sche Flüssigkeit.** Ist eine *ex tempore* zu bereitende wässerige Lösung, welche 10 Proc. krystall. Mercuronitrat enthält. Zu ihrer Darstellung wird das Mercuronitrat in einem Mörser unter Zusatz der vorgeschriebenen Menge Salpetersäure und kleiner Mengen destillirten Wassers angerieben, worauf man nach erfolgter Auflösung den Rest des Wassers in mehreren Antheilen zusetzt. Erforderlich sind zur Bereitung einer Menge

| | von Gramm | **5,0** | **10,0** | **15,0** | **20,0** | **25,0** | **30,0** | **40,0** | **50,0** | **60,0** | **100,0** |
|---|---|---|---|---|---|---|---|---|---|---|---|
| kryst. Mercuronitrat | Gramm | 0,5 | 1,0 | 1,5 | 2,0 | 2,5 | 3,0 | 4,0 | 5,0 | 6,0 | 10,0 |
| Salpetersäure (25proc.) | Tropfen | 1 | 2 | 3 | 5 | 6 | 7 | 9 | 12 | 13 | 24 |
| destillirtes Wasser | Gramm | 4,4 | 8,8 | 13,3 | 17,7 | 22,0 | 25,5 | 35,4 | 44,3 | 53,1 | 88,6 |

***Anwendung.*** Die Mercuronitratlösung wird gegenwärtig nur noch äusserlich als Aetzmittel bei syphilitischen und krebsigen Geschwüren, zu Injektionen, Verbandwasser, Waschungen bei Erosionen des Muttermundes, prasitären Hauterkrankungen, Sommersprossen (0,5—2,0 : 100,0 Aqua) angewendet. Sie bildet einen Bestandtheil vieler mit Vorsicht zu gebrauchender kosmetischer Wässer.

**Ampelophile** von Laffon, ein Reblausmittel. Ist eine Auflösung von 5 Th. Mercuronitrat in 10000 Th. Wasser und 10 Th. Salpetersäure.

**Sommersprossenmittel** der Charlotte Stangen geb. Schmidt. Ist eine Auflösung von Mercuronitrat in Wasser. Der Gehalt wechselte von 0,5—1,2 Proc. $Hg_2(NO_3)_2 + 2H_2O$.

**Millon's Reagens.** Man löst 1 Th. metallisches Quecksilber in 1 Th. kalter, rauchender Salpetersäure unter Abkühlen und verdünnt diese Lösung mit 2 Th. destillirtem Wasser Nach dem Absetzen wird die Lösung filtrirt. Sie enthält Mercuro- und Mercurinitrat und giebt mit Eiweisssubstanzen sowie mit Phenol rothe Färbung.

**Nickelwasser.** Zum Ueberziehen messingner oder kupferner Gegenstände mit einem weissen Ueberzuge. Ist eine Auflösung von Quecksilber in Salpetersäure.

**†† Hydrargyrum oxydulatum subnitricum. Turpethum nitricum. Nitrirter Turpith. Sousazotate mercureux** (Gall.). **Turpith nitreux.** $Hg_2(NO_3)_2 \cdot Hg_2O + H_2O$. **Mol. Gew. = 958.**

Zur Darstellung trägt man 1 Th. möglichst fein gepulvertes Mercuronitrat in 10 Th. siedendes Wasser ein und erhitzt unter Umrühren, bis das Pulver grünlichgelb erscheint. Man lässt alsdann absetzen, dekanthirt die überstehende Flüssigkeit, wäscht den Niederschlag mit kaltem Wasser und trocknet ihn auf porösen Unterlagen unter Abschluss des Lichts bei gewöhnlicher Temperatur.

Ein blass-grünlichgelbes Pulver, unlöslich in Wasser, löslich in Salpetersäure. Durch Kali- oder Natronlauge wird es geschwärzt. Beim Erhitzen stösst es rothe Dämpfe von Stickstoffdioxyd aus und verflüchtigt sich schliesslich vollständig.

## II. †† Hydrargyrum nitricum oxydatum. Salpetersaures Quecksilberoxyd. Mercurinitrat. Azotate mercurique.

Zur Darstellung des festen Salzes löst man 1 Th. Quecksilberoxyd in 2,5 Th. Salpetersäure von 25 Proc. $HNO_3$. Lässt man diese Lösung über Schwefelsäure verdunsten, so erhält man ein farbloses, sauer reagirendes Salz der Zusammensetzung $Hg(NO_3)_2 + H_2O$. Dieses Salz ist nur in salpetersäurehaltigem Wasser ohne Zersetzung löslich. Durch reines Wasser wird es unter Abscheidung basischer Salze zerlegt. — Dieses Salz ist im trockenen Zustande nur ausnahmsweise in den Apotheken vorräthig; häufiger findet die wässerige Auflösung Verwendung. Doch ist zu beachten, dass die Koncentration der Lösungen je nach dem Geltungsbereich der Pharmakopöen verschieden ist.

Eine titrirte Lösung des Mercurinitrats findet zur massanalytischen Bestimmung des Harnstoffs nach LIEBIG Verwendung.

†† **Liquor Hydrargyri nitrici oxydati** der deutschsprachigen Pharmakopöen. 12,5 Th. rothes Quecksilberoxyd werden in einem Glaskölbchen mit 30 Th. reiner Salpetersäure von 25 Proc. bis zur Auflösung unter Schütteln schwach erwärmt, Die erkaltete Lösung wird mit Wasser zu 100 Th. aufgefüllt. Sollte die Lösung nicht völlig klar sein, so giebt man einige Tropfen Salpetersäure zu.

Klare, etwas nach Salpetersäure riechende farblose Flüssigkeit, welche durch Kochsalzlösung nicht getrübt, durch überschüssige Kalilauge gelb gefällt wird und Haut und Eiweissstoffe roth färbt. Sie enthält 12,5 Proc. Quecksilberoxyd, entsprechend 18,75 Proc. Mercurinitrat $Hg(NO_3)_2$.

†† **Azotate mercurique liquide** (Gall.). Man löst 100 Th. Quecksilber in einer Mischung von 165 Th. Salpetersäure (von 1,39 spec. Gew.) und 35 Th. Wasser und dampft die Flüssigkeit auf 225 Th. ein.

Farblose, sehr ätzende Flüssigkeit vom spec. Gewicht 2,246 bei 15° C., im übrigen von den Eigenschaften der vorigen Lösung. Enthält 48 Proc. Quecksilberoxyd.

†† **Liquor Hydrargyri Nitratis** (U-St.). Man löst 40 Th. rothes Quecksilberoxyd in einer Mischung von 45 Th. Salpetersäure (spec. Gew. = 1,414) und 15 Th. Wasser, so dass 100 Th. Lösung erhalten werden. Farblose Flüssigkeit vom spec. Gewicht ca. 2,100 bei 15° C. Enthält 40 Proc. Mercurioxyd, entsprechend 60 Proc. Mercurinitrat $Hg(NO_3)_2$ neben 11 Proc. freier Salpetersäure.

**III. Unguentum Hydrargyri citrinum.** **Unguentum mercuriale citrinum. Unguentum citrinum. Balsamum mercuriale. Unguentum Hydrargyri nitrici. Gelbe Quecksilbersalbe. Citronensalbe. Tafelsalbe** (gegen Krätze). 5,0 Quecksilber werden in einem geräumigen Glaskolben mit 20 Salpetersäure von 1,153 spec. Gewicht oder soviel der Säure übergossen, als zur Lösung unter Anwendung einer nur sehr gelinden Wärme erforderlich ist. Die lauwarme Lösung mischt man unter Agitiren in einem porcellanenen Mörser mit 90,0 geschmolzenem und halb erkaltetem Schweinefett, so dass eine emulsionsähnliche Flüssigkeit entsteht. Diese wird nun zu einer fingerdicken Schicht in eine Papierkapsel ausgegossen und nach dem völligen Erstarren mittels eines Hornspatels in kleine Quadrate getheilt. Eiserne Spatel dürfen mit der Masse nicht in Berührung kommen.

Die gelbe Mercurialsalbe ist von der Konsistenz des Talges, frisch bereitet blassgelblich oder graugelblich, wird aber später weisslich, daher bereite man nicht zu grosse Vorräthe. Man bewahre sie in Porcellangefässen auf und dispensire sie stets mit einiger Vorsicht. Sie wird meist als Krätzmittel angewendet. Es ist darauf aufmerksam zu machen, dass die Salbe auf wunde Hautstellen eingerieben gefährlich und giftig wirke, dass sie überhaupt zweckmässig durch andere Krätzmittel zu ersetzen sei.

**Unguentum Hydrargyri Nitratis** (U-St.). **Citrine ointment.** Man erhitzt 760 g Schmalzöl (Oleum Adipis s. Bd. I S. 159) auf 100° C. Dann unterbricht man das Erhitzen und setzt allmählich unter Umrühren 70 g Salpetersäure vom spec. Gew. 1,414 zu. Wenn die Reaktion gemässigt ist, erhitzt man, bis Dämpfe nicht mehr entweichen, und lässt schliesslich auf 40° C. erkalten. — Inzwischen hatte man 70 g Quecksilber in 105 g Salpetersäure vom spec. Gew. 1,414 unter Erwärmen gelöst. Man mischt beide Präparationen in der Kälte zusammen.

**Pommade citrine** (Gall.). **Onguent citrin.** Man löst in der Kälte 40 g Quecksilber in 80 g Salpetersäure (spec. Gew. 1,39) und rührt diese Lösung zu der halberkalteten Mischung von 400 Th. Schweineschmalz und 400 Th. Olivenöl, bis eine gleichmässige Salbe entstanden ist, zu.

**Unguentum Hydrargyri Nitratis** (Brit.). Man erhitzt eine Mischung von 400 g Schweineschmalz und 700 g Olivenöl im Sandbade so weit, dass, wenn man das heisse Gemisch in eine angewärmte irdene Schüssel vom 10fachen Fassungsraum überführt, die Mischung noch etwa 143° C. heiss sein soll. Man giebt nun unter Umrühren in kleinen (!)

Portionen eine kalt (!) bereitete Auflösung von 100 g Quecksilber in 300 ccm Salpetersäure (von 1,42 spec. Gew.). Nach Aufhören des Schäumens soll die Mischung noch etwa 93° C. heiss sein. Man rührt alsdann nach bis zum Erkalten.

**Unguentum Hydrargyri Nitratis dilutum** (Brit.). Rp. Unguenti Hydrargyri Nitratis (Brit.) 25,0, Vaselini flavi 100,0.

---

# Hydrargyrum oleïnicum.

†† **Hydrargyrum oleïnicum.** (Ergänzb.). **Hydrargyri Oleas** (Brit.). **Oleatum Hydrargyri** (U-St). **Oelsaures Quecksilber. Hydrargyrum elaïnicum. Hydrargyrum oleostearinicum.** Dieses Präparat ist nicht eine einheitliche chemische Verbindung, sondern mehr ein galenisches Präparat.

***Darstellung.*** (Ergänzb.) 25 Th. gelbes Quecksilberoxyd werden in einer Porcellanschale mit 25 Th. Weingeist angerührt, hierauf 75 Th. Oelsäure hinzugefügt. Die Mischung wird gerührt, bis sie so dick geworden ist, dass ein Niedersinken schwererer Theile nicht mehr stattfinden kann. Nach 24stündigem Stehen wird die Schale sammt dem Inhalte auf höchstens 60° C. erwärmt und letzterer so lange gerührt, bis sein Gewicht nur noch 100 Th. beträgt. — Ein Ueberhitzen der Masse ist zu vermeiden, da sonst Ausscheidung von regulinischem Quecksilber erfolgt.

***Eigenschaften.*** Schwach gelblichweisse, etwas durchscheinende Masse von zäher Salbenkonsistenz, deutlich nach Oelsäure riechend, zu einem kleinen Theile in Weingeist, ebenso nur wenig in Aether, leichter in Benzin, vollständig in fetten Oelen löslich. Mit Schwefelwasserstoffwasser oder mit Schwefelammonium übergossen, färbt sie sich tiefschwarz. Der wirksame Bestandtheil des Präparates ist Mercurioleat $(C_{18}H_{33}O_2)_2Hg$. Theoretisch erfordern 25 Th. Quecksilberoxyd nur 65—66 Th. Oelsäure.

Das Präparat besteht aus 88 Proc. Mercurioleat (= 25 Proc. Quecksilberoxyd), der Rest von 12 Proc. setzt sich aus freier Oelsäure und Wasser zusammen.

***Prüfung.*** 1) Wird 1 g Quecksilberoleat, mit 10 g zerstossenem Glas gemischt, in einem Kölbchen mit 20 g verdünntem Weingeist eine Stunde lang unter öfterem Umschütteln bei 35—40° C. stehen gelassen, so dürfen 10 g des Filtrates beim raschen Verdampfen auf dem Wasserbade nicht mehr als 0,06 g Rückstand hinterlassen (andernfalls sind in verdünntem Alkohol lösliche Seifen zugegen). — 2) Wird 1 g des Präparates mit 5 ccm Salpetersäure einige Minuten gekocht, so soll das nach Zusatz von 5 ccm Wasser gewonnene erkaltete Filtrat durch sein dreifaches Volumen verdünnter Schwefelsäure nicht getrübt werden (Trübung = Bleisulfat, von etwa anwesendem Bleipflaster herrührend).

***Anwendung.*** Aeusserlich in Salbenform als Ersatz der grauen Quecksilbersalbe als Antisyphiliticum bei Psoriasis, Ekzem, Drüsen etc. Da das unvermischte Präparat die Haut stark reizt und brennenden Schmerz erzeugt, so wird es gewöhnlich mit 1—5 Th. Adeps verdünnt. Auch ist empfohlen worden, solchen Salben 1—2 Proc. freies Morphin hinzuzusetzen.

Brit. Man löst 32 g Mercurichlorid in 320 ccm destillirtem Wasser. Anderseits verreibt man 4 ccm Oelsäure mit 64 g gepulverter Oelseife (Sapo venetus) und löst das Gemisch in 350 ccm Wasser. Man mischt die beiden Lösungen und erhitzt die Mischung 10 Minuten zum Sieden. Dann lässt man das Quecksilberoleat absetzen und wäscht es durch Dekanthiren mit heissem destillirten Wasser bis zum Verschwinden der Chlor-Reaktion. Salbenartige Masse von schwach grau-gelblicher Farbe.

U-St. Man bringt 80 Th. Oelsäure in einen Mörser und siebt, während man rührt, 20 Th. gelbes Quecksilberoxyd ein. Dann setzt man die Mischung an einen warmen Ort, dessen Temperatur aber nicht über 40° C. hinausgeht, und rührt öfter um, bis das Quecksilberoxyd gelöst ist. Das Präparat dient zum Extingiren des Quecksilbers.

---

**Bencki'sche Pasta.** Gegen Sycosis parasitica. Rp. Hydrargyri oleïnici (5proc.) 20,0, Zinci oxydati, Amyli āā 7,0, Vaselini americani 14,0, Acidi salicylici 1,2, Ichthyoli 1,0.

**Hydrargyrum oleïnicum cum Morphino** (Marshall). **Oelsaures Quecksilberoxyd mit Morphin.** Aus Oelsäure 100,0, Quecksilberoxyd 5,0 und Morphini puri 2,0 zu bereiten.

**Unguentum Hydrargyri Oleatis** (Brit.). Rp. Hydrargyri oleïnici (Brit.) 20,0, Adipis benzoati 60,0.

---

# Hydrargyrum oxydatum.

**I. †† Hydrargyrum oxydatum rubrum. Hydrargyrum oxydatum** (Germ. Helv.). **Hydrargyri Oxidum rubrum** (Brit. U-St.). **Oxyde mercurique rouge** (Gall.). **Mercurioxyd. Rothes Quecksilberoxyd. Mercurius praecipitatus ruber. Rother Präcipitat. HgO. Mol. Gew. = 216.**

Das rothe Quecksilberoxyd wird in den chemischen Fabriken durch Erhitzen einer Mischung von Quecksilbernitrat mit metallischem Quecksilber dargestellt und kommt **a)** als *Hydrargyrum oxydatum rubrum in massis,* **b)** als *Hydrargyrum oxydatum rubrum praeparatum* seu *laevigatum* in den Handel. Das erstere stellt unregelmässige, aus kleinen schuppigen Krystallen bestehende, leicht zerreibliche rothe Massen dar, welche meist noch etwas basisches Quecksilbernitrat enthalten. Die andere Sorte wird aus der ersten erhalten, indem man diese mit dünner Natronlauge feinreibt und einem Schlämmverfahren mit Wasser unterwirft. In diesem feingepulverten bez. geschlämmten Zustande kommt das Quecksilberoxyd gegenwärtig in die Hände der Apotheker.

***Eigenschaften.*** Ein specifisch schweres rothgelbes, unfühlbares Pulver ohne Geruch, von schwachem, ekelhaft metallischem Geschmack. Beim Erhitzen färbt es sich dunkelviolett, schliesslich verflüchtigt es sich vollständig unter Zerfall in Quecksilber und Sauerstoff. Von Salpetersäure sowie von Salzsäure wird es klar gelöst. Unter dem Einflusse des Lichtes färbt es sich allmählich grau bis schwärzlich, indem es theilweise in metallisches Quecksilber und in Sauerstoff zerfällt. — In Wasser ist es in geringer Menge löslich, die Lösung ist von schwach alkalischer Reaktion, von metallischem Geschmack und wird durch Schwefelwasserstoffwasser gebräunt. Das spec. Gewicht des rothen Quecksilberoxyds ist 11,2.

Beim jedesmaligen Erhitzen wird das Quecksilberoxyd schwarzroth, ins Bläuliche spielend, fast schwarz, beim Erkalten aber nimmt es seine ursprüngliche, gelbrothe Färbung wieder an. An leicht oxydirbare Substanzen giebt es beim Erhitzen seinen Sauerstoff ab. Mit Kohle oder Schwefel gemengt, verpufft es beim Erhitzen heftig, mit Phosphor schon durch Stoss oder Schlag. Von wässeriger schwefliger Säure oder phosphoriger Säure wird es beim Erhitzen zu metallischem Quecksilber reducirt unter Bildung von Schwefelsäure bez. Phosphorsäure. Aehnlich wirken auch organische Substanzen, z. B. Fett, Gummi, Zucker, Pflanzenpulver u. s. w. Dies ist der Grund dafür, weshalb schwache, mit Fett bereitete Salben von rothem Quecksilberoxyd nach kurzer Zeit entfärbt bez. grau gefärbt werden.

Von dem gefällten gelben Quecksilberoxyd unterscheidet es sich dadurch, dass es selbst durch Kochen mit konc. Oxalsäurelösung nur schwierig und langsam in weisses Mercurioxalat umgesetzt wird.

***Prüfung.*** **1)** Erhitzt man etwa 0,5 g Quecksilberoxyd im Probirrohre, so zerfällt es in Sauerstoff und Quecksilber, welches letztere sich an den kalten Theilen des Probirrohres als graues Sublimat ansetzt. Es dürfen nur Spuren eines nicht flüchtigen Beschlages hinterbleiben, da auch das gereinigte Quecksilber stets noch Spuren verunreinigender Metalle (Ag, Bi, Cu, Sb, Sn) enthält. Auch kommen durch das Lävigiren Spuren von Kieselsäure in das Präparat. Bei dem Erhitzen dürfen sich auch braunrothe Dämpfe nicht bemerkbar machen (Salpetersäure). **2)** Wird 1 g Quecksilberoxyd mit 2 ccm Wasser geschüttelt, darauf mit 2 ccm konc. Schwefelsäure vermischt und mit 1 ccm Ferrosulfatlösung überschichtet, so zeige sich auch nach längerem Stehen keine gefärbte Zone (Salpetersäure, von basischem Quecksilbernitrat herrührend). **3)** Die mit Hilfe von Salpetersäure dargestellte, wässerige Lösung **1** = 100 sei klar und werde durch Silbernitratlösung nur opalisirend getrübt (Spuren von Chlorid sind zuzulassen).

***Aufbewahrung.*** Das rothe Quecksilberoxyd ist vor Licht geschützt in gut verschlossenen Glasgefässen (oder Porcellanbüchsen) sehr vorsichtig aufzubewahren. Es darf nur zu bekannten technischen Zwecken gegen einen vorschriftsmässigen Giftschein an das Publikum abgegeben werden. Wird im Handverkaufe „rother Präcipitat" verlangt, so ist ein schwaches Unguentum Hydrargyri venale (1 : 50) abzugeben.

***Anwendung.*** Quecksilberoxyd wirkt auf Schleimhäute und Geschwürsflächen ätzend, wird im Magen in Quecksilberchlorid übergeführt und zeigt dann die entsprechende specifische Wirkung. Innerlich wird es kaum noch gegeben. Aeusserlich in Form von Salben oder als Streupulver bei syphilitischen oder schlecht eiternden Geschwüren, in der Augenheilkunde bei Entzündungen der Augenlidränder (Blepharitis). Höchste Gaben: *pro dosi* 0,02 g, *pro die* 0,1 g (Germ. Helv.).

**II. †† Hydrargyrum oxydatum flavum** (Austr. Helv.). **Hydrargyrum oxydatum via humida paratum** (Germ.). **Hydrargyri Oxidum flavum** (Brit.). **Oxyde mercurique jaune** (Gall.). **Mercurius oxydatus flavus. Gelbes Quecksilberoxyd. Auf nassem Wege bereitetes Quecksilberoxyd. Gefälltes Quecksilberoxyd. HgO. Mol. Gew. = 216.**

***Darstellung.*** 2 Th. Mercurichlorid werden in 20 Th. warmem Wasser gelöst. Diese Lösung wird filtrirt und unter Umrühren in eine gleichfalls filtrirte Lösung von 6 Th. Natronlauge (spec. Gew. 1,168—1,172) gegeben. Diese Mischung wird bei mässiger Wärme unter öfterem Umrühren eine Stunde stehen gelassen. Dann lässt man absetzen, giesst oder hebert die Flüssigkeit ab, wäscht den Niederschlag durch Dekanthiren bis fast zur Chlorfreiheit, sammelt ihn darauf auf einem Seihtuche oder einem Filter, wäscht ihn hier mit lauwarmem destillirten Wasser aus, bis er völlig chlorfrei ist, lässt ihn abtropfen und trocknet ihn bei einer 30° C. nicht übersteigenden Wärme vor Licht geschützt (!). 100 Th. Mercurichlorid geben rechnerisch = 80 Th. Mercurioxyd. Zur Bereitung von 100 Th. Mercurioxyd muss man 125,5 Th. Mercurichlorid anwenden.

***Eigenschaften.*** Das gefällte Mercurioxyd ist ein gelbes bis röthlichgelbes, specifisch schweres, sehr feines Pulver, welches sich in seinen Eigenschaften sehr ähnlich dem rothen Mercurioxyd verhält. Es unterscheidet sich von diesem in folgenden Punkten: Es ist im Gegensatz zu dem vorigen amorph und sehr fein vertheilt. In allen Lösungsmitteln ist es leichter löslich als die rothe Modifikation. Aus diesem Grunde wirkt es therapeutisch energischer als diese. Es wird durch das Licht sowohl in Substanz als auch in seinen Mischungen mit anderen Substanzen leichter zersetzt, auch durch organische Substanzen leichter reducirt als das rothe Quecksilberoxyd. Schüttelt man 1 g des gelben Quecksilberoxydes mit 20 ccm einer 10procentigen Oxalsäurelösung an, so erfolgt schon in der Kälte allmählich Umwandlung zu weissem Mercurioxalat.

***Prüfung. Aufbewahrung.*** Wie bei dem Hydrargyrum oxydatum rubrum.

***Anwendung.*** In gleicher Weise wie Hydrargyrum oxydatum. Wegen der feineren Vertheilung wirkt es energischer als dieses, dagegen kann es auf Wunden und Schleimhäuten nicht so leicht mechanisch reizen wie das rothe Quecksilberoxyd. Die innere Anwendung ist selten. Höchste Gaben: *pro dosi* 0,03 (Austr.), 0,02 (Germ. Helv.), *pro die* 0,1 (Austr. Germ.), 0,05 (Helv.) Nach Helv. darf das gelbe Quecksilberoxyd zum innerlichen Gebrauche nur auf ausdrückliches Verlangen des Arztes abgegeben werden.

**Hydrargyrum oxydatum rubrum praecipitatum.** Das rothe Quecksilberoxyd soll angeblich häufig metallisches Quecksilber enthalten. Ein von dieser Verunreinigung freies Präparat erhält man nach Bosetti in folgender Weise: Man löst 1 Th. Mercurichlorid in 3 Th. siedendem Wasser und fügt zu der kochenden Lösung eine Lösung von 1 Th. Barythydrat in 3 Th. Wasser anfangs in grösserer Menge, später tropfenweise so lange zu, bis der zuerst entstehende, dunkelbraune Niederschlag in Hochroth überzugehen beginnt. Dann verdünnt man sofort stark mit siedendem Wasser, lässt absetzen und wäscht den Niederschlag mit siedendem Wasser aus. Das Präparat ist von feurigrother Farbe, chlorfrei, aber nicht frei von Barytverbindungen zu erhalten. Es darf nicht für das auf trocknem Wege bereitete substituirt werden.

**Balsamum ophthalmicum Hamburgense.**

Hamburger Augenbalsam.

| Rp. | | |
|---|---|---|
| | Extracti Opii | 1,0 |
| | Aquae destillatae | gtt. XII |
| | Hydrargyri oxydati rubri | 2,0 |
| | Zinci oxydati | 5,0 |
| | Unguenti cerei | 100,0. |

**Lotio flava** (Nat. form.).

Yellow Lotion. Yellow Wash.

| Rp. | | |
|---|---|---|
| | Hydrargyri bichlorati | 3,0 |
| | Aquae fervidae | |
| | Aquae Calcis āā q. s. ad | 1000,0. |

**Oleum Hydrargyri oxydati flavi et rubri.**

Nach Lang.

| Rp. | | |
|---|---|---|
| | Hydrargyri oxydati | 4,0 |
| | Lanolini anhydrici | 3,5 |
| | Paraffini liquidi | 4,5. |

1 ccm enthält = 0,392 g Hg.

Je nach Vorschrift mit gelbem oder rothem Quecksilberoxyd zu bereiten. Zu subkutanen Injektionen.

**Pasta cerata ophthalmica** Radziejewski.

| Rp. | | |
|---|---|---|
| | Hydrargyri oxydati rubri | 1,0 |
| | Zinci oxydati | 2,0 |
| | Camphorae | 0,5 |
| | Acidi aseptinici | 2,0 |
| | Cocaini hydrochlorici | 2,0 |
| | Pastae ceratae | 92,5. |

**Pommade de Régent** (Gall.).

| Rp. | | |
|---|---|---|
| | Hydrargyri oxydati rubri | |
| | Plumbi acetici | āā 1,0 |
| | Camphorae | 0,1 |
| | Vaselini | 18,0. |

**Pulvis causticus** Plenk.

| Rp. | | |
|---|---|---|
| | Hydrargyri oxydati rubri | |
| | Aluminis usti | āā 1,0 |
| | Herbae Sabinae pulv. | 12,0. |

Zum Zerstören von Warzen und wildem Fleisch in Wunden und Geschwüren.

**Pulvis Hydrargyri oxydati opiatus** Wendt.

| Rp. | | |
|---|---|---|
| | Hydrargyri oxydati rubri | 0,1—0,15 |
| | Opii puri | 0,2—0,3 |
| | Sacchari Lactis | 10,0. |

Divide in partes X. Dreimal täglich ein Pulver, bei sekundärer Syphilis.

**Unguentum fuscum** Larrey.

| Rp. | | |
|---|---|---|
| | Hydrargyri oxydati rubri | 2,0 |
| | Unguenti basilici fusci | 30,0. |

**Unguentum Hydrargyri oxydati flavi** Pagenstecher.

| Rp. | | |
|---|---|---|
| | Hydrargyri oxydati flavi | 0,15 |
| | Unguenti lenientis | 5,0. |

**Unguentum Hydrargyri Oxidi flavi.**

I. Brit.

| Rp. | | |
|---|---|---|
| | Hydrargyri oxydati flavi | 1,0 |
| | Vaselini | 49,0. |

II. U-St.

| Rp. | | |
|---|---|---|
| | Hydrargyri oxydati flavi | 10,0 |
| | Cerae flavae | 18,0 |
| | Adipis | 72,0. |

III. Gall.

| Rp. | | |
|---|---|---|
| | Hydrargyri oxydati flavi | 1,0 |
| | Vaselini | 15,0. |

**Unguentum Hydrargyri rubrum.**

Rothe Quecksilbersalbe.

I. Germ.

| Rp. | | |
|---|---|---|
| | Hydrargyri oxydati rubri | 1,0 |
| | Unguenti Paraffini | 9,0. |

II. Brit. Helv. Gall.

| | | Brit. | Helv. | Gall.[1] |
|---|---|---|---|---|
| Rp. | Hydrargyri oxydati rubri | 1,0 | 1,0 | 1,0 |
| | Vaselini flavi | 9,0 | 19,0 | 15,0. |

III. U-St.

| Rp. | | |
|---|---|---|
| | Hydrargyri oxydati rubri | 10,0 |
| | Olei Ricini | 5,0 |
| | Cerae flavae | 17,0 |
| | Adipis | 68,0. |

**Unguentum Hydrargyri rubrum** Walhof.

Unguentum Walhofii.

| Rp. | | |
|---|---|---|
| | Hydrargyri oxydati rubri | 4,0 |
| | Unguenti cerei | 30,0. |

**Unguentum Hydrargyri rubrum camphoratum.**

I. Unguentum Monod.

| Rp. | | |
|---|---|---|
| | Hydrargyri oxydati rubri | 2,0 |
| | Camphorae | 5,0 |
| | Adipis suilli | 40,0. |

II. Unguentum Galezowski.

| Rp. | | |
|---|---|---|
| | Hydrargyri oxydati rubri | 0,25 |
| | Camphorae | 0,1 |
| | Adipis suilli | 10,0. |

III. Lassar's Kamphersalbe.

| Rp. | | |
|---|---|---|
| | Hydrargyri oxydati rubri | |
| | Camphorae tritae | āā 2,0 |
| | Unguenti rosati | 30,0. |

**Unguentum ophthalmicum.**

I. Form. Berol.

| Rp. | | |
|---|---|---|
| | Hydrargyri oxydati flavi | 0,1 |
| | Vaselini americani āā | 10,0. |

II. Hamb. Vorschr.

| Rp. | | |
|---|---|---|
| | Hydrargyri oxydati | 1,0 |
| | Vaselini flavi | 49,0. |

**Unguentum ophthalmicum Augsburgense.**

Augsburger Augenbalsam.

| Rp. | | |
|---|---|---|
| | Hydrargyri oxydati rubri | 1,0 |
| | Extracti Belladonnae | |
| | Tincturae Opii simplicis | āā 0,5 |
| | Unguenti cerei | 10,0. |

**Unguentum ophthalmicum** Benedikt.

| Rp. | | |
|---|---|---|
| | Hydrargyri oxydati rubri | 0,3 |
| | Aeruginis | 0,6 |
| | Zinci oxydati | 0,7 |
| | Butyri recentis insulsi | 15,0. |

**Unguentum ophthalmicum** Desault.

Pommade de Desault.

| Rp. | | |
|---|---|---|
| | Hydrargyri oxydati rubri | |
| | Zinci oxydati | |
| | Plumbi acetici | |
| | Aluminis usti | āā 1,0 |
| | Hydrargyri bichlorati | 0,15 |
| | Unguenti rosei rubri | 8,0. |

**Unguentum ophthalmicum** Dupuytren.

| Rp. | | |
|---|---|---|
| | Hydrargyri oxydati rubri | 0,2 |
| | Zinci sulfurici | 0,4 |
| | Adipis suilli | 20,0. |

[1]) Pommade de Lyon (Gall.).

**Unguentum ophthalmicum** RICHTER.

Rp. Hydrargyri oxydati rubri 1,0
Olei Cacao
Adipis suilli āā 3,0.

**Unguentum ophthalmicum** JUENGKEN.

Rp. Hydrargyri oxydati rubri 0,3—0,4
Opii pulverati 0,2—0,3
Aquae gtt. IV
Unguenti cerei 6,0.

**Unguentum ophthalmicum** KURT.

Rp. Hydrargyri oxydati rubri 0,5
Olei Olivae gtt. VI
Unguenti cerei 10,0
Liquoris Plumbi subacetici
Tincturae Opii crocatae āā 0,8.

**Unguentum ophthalmicum** SAINT-ANDRÉ.

Pommade antiophthalmique, dite de SAINT-ANDRÉ DE BORDEAUX.

Rp. Hydrargyri oxydati rubri
Plumbi acetici āā 5,0
Ammonii hydrochlorici 0,6
Zinci oxydati 0,3
Butyri recentis insulsi 30,0.

Diese Salbe wird in Portionen zu 8,0 in Salbentöpfchen dispensirt. Die Originalvorschrift giebt in Stelle des Zinkoxyds Tutia praeparata an.

**Unguentum ophthalmicum** WARLOMONT.

Rp. Hydrargyri oxydati rubri 0,1
Adipis suilli 4,0
Balsami Peruviani gtt. X.

**Unguentum ophthalmicum compositum**
(Ergänzb.).
Balsamum ophthalmicum St. YVES.
Zusammengesetzte rothe Augensalbe.

Rp. Adipis suilli 140,0
Cerae flavae 24,0
Hydrargyri oxydati rubri 15,0
Zinci oxydati 6,0
Camphorae 5,0
Olei Amygdalarum 10,0.

Diese Salbe enthält etwas zuviel Kampher und Mercurioxyd und bewahrt ihre Farbe nicht lange. Die gebräuchlichere Zusammenstellung ist folgende:

II.
SAINT-YVES' Augenbalsam. Mercurialbalsam. Rothe zusammengesetzte Augensalbe. KNOBELSDORF'scher Augenbalsam.

Rp. Hydrargyri oxydati rubri 6,0
Cinnabaris laevigatae 1,0
Zinci oxydati 3,0
Camphorae 1,0
Olei Amygdalarum 3,0
Cerae flavae 12,0
Adipis suilli 84,0.

Diese Salbe wird zu 8,0 in kleine Porcellantöpfchen vertheilt und mit der Signatur versehen vorräthig gehalten (gegen chronische Augenkrankheiten).

**Unguentum ophthalmicum compositum**
(Hamb. V.).
UNZER's Augensalbe.

Rp. Camphorae 2,5
Zinci oxydati 3,0
Hydrargyri oxydati rubri 7,5
Vaselini flavi 87,0.

**Unguentum ophthalmicum rubrum.**

Unguentum Hydrargyri rubri venale. Rother Augenbalsam. Rothe Präcipitatsalbe. Rothe Prinzmetallsalbe. Rothe Quecksilbersalbe. Rothe Augensalbe.

Rp. 1. Hydrargyri oxydati rubri 10,0
2. Cinnabaris laevigatae 1,0
3. Olei Olivae optimi 2,0
4. Adipis suilli 130,0
5. Cerae flavae 25,0.

Man reibt 1 und 2 mit 3 fein und setzt die erkaltete Mischung von 4 und 5 hinzu.
Die Salbe wird mittels eines hörnernen Spatels dispensirt.

**Vet. Pulvis stypticus cum Praecipitato rubro.**

Rp. Aluminis usti
Gallarum Turcicarum
Sacchari albi āā 10,0
Carbonis ligni
Hydrargyri oxydati rubri āā 5,0

Zum Einstreuen (in jauchige, übermässig und stinkend eiternde Geschwüre).

**Vet. Unguentum ophthalmicum** (LEBAS).

Rp. Hydrargyri oxydati rubri 3,0
Hydrargyri bichlorati corrosivi 0,1
Aluminis usti 2,0
Cinnabaris 1,0
Olei Olivae optimi 1,5
Unguenti cerei 30,0.

**Vet. Unguentum ophthalmicum.**
Augensalbe für Pferde.

Rp. Unguenti ophthalmici compositi St. YVES 15,0.

Zweimal täglich wie eine Erbse gross zwischen die Augenlider zu streichen.

---

# Hydrargyrum oxydulatum.

**I. † Hydrargyrum oxydulatum purum. Hydrargyrum oxydulatum nigrum. Oxydum hydrargyrosum. Mercurius solubilis MOSCATI. Mercurius cinereus (seu niger) MOSCATI. Quecksilberoxydul. Mercurooxyd.**

100 Th. frisch bereiteter Liquor Hydrargyri nitrici oxydulati (von 10 Proc.) wird unter Umrühren in eine Auflösung von 4 Th. Kalihydrat in 50 Th. Wasser oder Alkohol eingegossen. Der entstandene Niederschlag wird mit Wasser vollständig ausgewaschen, auf einem Filter gesammelt und vor Licht geschützt an einem lauwarmen Orte getrocknet, dann alsbald in das Aufbewahrungsgefäss gebracht.

Ein geruch- und geschmackloses, schwarzes Pulver, in Wasser vollständig unlöslich, in verdünnter Salpetersäure vollständig löslich. Beim Schütteln mit Wasser gebe es ein Filtrat, welches beim Verdampfen keinen wägbaren Rückstand hinterlässt.

Das Mercurooxyd ist ein obsoletes und unsicheres Präparat. Es zerlegt sich beim Erwärmen, ferner im Verlaufe der Aufbewahrung, besonders unter dem Einflusse des Lichts, ja schon während der Darstellung, leicht in Quecksilber und Mercurioxyd. Auch beim Auflösen in verdünnten Säuren und bei der Einwirkung verschiedener Salze findet eine analoge Veränderung statt.

Man gab das Mercurooxyd in Dosen von 0,03—0,1 g als mildes Quecksilberpräparat und zwar als Purgativum, aber auch als Antisyphiliticum.

**Lotio nigra.**

Black wash (Nat. form.).

| | | |
|---|---|---|
| Rp. | Calomelanos | 7,5 |
| | Aquae destillatae | |
| | Aquae Calcis ãã q. s. ad | 1000,0. |

**Oleum Hydrargyri oxydulati nigri** Lang.

| | | |
|---|---|---|
| Rp. | Hydrargyri oxydulati nigri | 4,7 |
| | Lanolini anhydrici | 3,0 |
| | Paraffini liquidi | 6,2. |

1 ccm enthält = 0,393 g Hg.
Zur subkutanen Injektion.

**II. † Hydrargyrum oxydulatum nitrico ammoniatum. Mercurius praecipitatus niger. Mercurius solubilis Hahnemann. Hahnemann's lösliches Quecksilber. Weigert's schwarzes Quecksilberoxyd. Azotate de mercure et d'ammoniaque.** Ist keine einheitliche Verbindung. Es besteht zum grössten Theile aus Mercuroammoniumnitrat $NO_3 . NH_2Hg_2$ und enthält ausserdem noch metallisches Quecksilber und andere Quecksilberverbindungen.

20 Th. kryst. Mercuronitrat werden in einem Porcellanmörser fein zerrieben, mit 3,6 Th. Salpetersäure (von 25 Proc.) und 200 Th. Wasser angerieben bez. ohne Erwärmung gelöst. Nach Verdünnung mit 600 Th. Wasser giebt man zur Flüssigkeit eine Mischung von 10 Th. Ammoniak (spec. Gew. 0,960), die zuvor mit 80 Th. Wasser verdünnt wurden, so dass die Flüssigkeit noch sauer reagirt. Der entstandene Niederschlag wird unverzüglich abfiltrirt, nach dem Ablaufen der Flüssigkeit mit 100 Th. Wasser gewaschen und nach dem Absaugen auf porösen Unterlagen unter Abschluss des Lichtes bei gewöhnlicher Temperatur getrocknet.

Ein tiefschwarzes, specifisch schweres, sehr feines Pulver ohne Geruch und Geschmack. Es wird beim Erhitzen an der Luft dunkelroth und verflüchtigt sich in der Glühhitze. Unlöslich in Wasser und in Weingeist, löslich in verdünnter Salpetersäure und in verdünnter erwärmter Essigsäure. Die Bezeichnung „*Mercurius solubilis* Hahnemann" bezieht sich auf die Löslichkeit des Präparates in Essigsäure. Beim Erwärmen mit Natronlauge entwickelt es Ammoniak.

Es werde vor Licht geschützt, in kleinen gut verschlossenen Gefässen vorsichtig und nicht zu lange aufbewahrt. Unter dem Einfluss des Lichtes zerlegt es sich leicht in Mercuriammoniumnitrat und Quecksilber. Man verwendete es als mildes Quecksilberpräparat wie das vorige in Gaben von 0,03—0,1 g, als Purgans und Antisyphiliticum.

**Mercurius cinereus Black** entspricht dem vorstehenden Hahnemann'schen Präparat. Die Originalvorschrift ist gleichlautend mit der für das Hahnemann'sche Präparat hier angegebenen, nur werden an Stelle von 10 Th. Ammoniakflüssigkeit = 14 Th. Ammoniumkarbonat angewendet. Es kann durch das Hahnemann'sche Präparat ersetzt werden.

**Mercurius solubilis Mascagni.** Zur Darstellung kocht man 1 Th. Kalomel mit 150 Th. Kalkwasser, wäscht den Niederschlag aus und trocknet ihn. Es ist identisch mit dem reinen Quecksilberoxydul.

**Mercurius cinereus Saunder.** Wird erhalten durch Einwirkung von 10proc. Ammoniakflüssigkeit auf Kalomel. Es kann durch das Hahnemann'sche Präparat ersetzt werden.

**Pulveres mercuriales fortiores** Wendt.

| | | |
|---|---|---|
| Rp. | Mercurii solubilis Hahnemanni | 0,03 |
| | Opii puri | 0,02 |
| | Lapidum Cancrorum | 0,12 |
| | Sacchari albi | 1,0. |

Dentur tales doses X. Täglich dreimal ein Pulver; bei Syphilis.

**Pulveres mercuriales mites** Wendt.

| | | |
|---|---|---|
| Rp. | Mercurii solubilis Hahnemanni | 0,015 |
| | Magnesii carbonici | |
| | Sacchari Lactis | ãã 0,15. |

Dentur tales doses X. Dreimal täglich ein Pulver bei Syphilis der Neugeborenen.

# Hydrargyrum phenolicum.

Es sind zwei Verbindungen des Quecksilbers mit der Karbolsäure bekannt, von denen aber nur die eine, dem neutralen Phenolat entsprechende, therapeutisch verwendet wird. Die Präparate werden in der sonstigen Litteratur als *Hydrargyrum subphenylicum* und *phenylicum* aufgeführt. Wir ziehen die korrekteren Bezeichnungen *Hydrargyrum subphenolicum* und *phenolicum* vor.

**I. †† Hydrargyrum subphenolicum** Gamberini. **Hydrargyrum subphenylicum. Hydrargyrum subcarbolicum. Basisches Quecksilberphenolat. Basisches Phenolquecksilber. $HgOH(OC_6H_5)$. Mol. Gew. = 310.**

Zur Darstellung löst man 132 Th. Phenolkalium in 1 Liter Wasser auf und trägt die filtrirte Lösung in eine gleichfalls filtrirte Lösung von 271 Th. Quecksilberchlorid in 8 Liter Wasser unter Umrühren ein. Es bildet sich ein orangefarbener Niederschlag, der nach kurzem Stehen auf ein Filter oder Seihtuch gebracht und so lange mit Wasser ausgewaschen wird, bis das Filtrat auf Zusatz von wenig Jodkalium keine (von Quecksilberbijodid herrührende) röthliche Färbung mehr annimmt. Alsdann trocknet man den Niederschlag erst durch Absaugen auf porösen Tellern, dann unter Abschluss von Luft bei etwa 80° C. bis zu annähernd konstantem Gewicht. (Romey.)

Diese Verbindung ist **nicht** zu dispensiren, wenn *Hydrargyrum carbolicum* oder *phenolicum* verordnet ist.

**II. †† Hydrargyrum (di)phenolicum (diphenylicum). Hydrargyrum carbolicum. Neutrales Quecksilberphenolat. Diphenol-Quecksilber. (Diphenyl-Quecksilber). $Hg(C_6H_5O)_2$. Mol. Gew. = 386.**

Die Bezeichnung Hydrargyrum diphenylicum und Diphenylquecksilber ist falsch und geeignet, Verwechslungen mit dem höchst giftigen, von Otto und Dreher dargestellten Diphenylquecksilber $Hg(C_6H_5)_2$ herbeizuführen (siehe oben).

***Darstellung.*** Man löse 188 Th. geschmolzene Karbolsäure und 56 Th. festes Aetzkali unter Erwärmen auf dem Wasserbade in einer gerade hinreichenden Menge Spiritus auf, bringe diese Lösung in eine Porcellanschale und füge unter Umrühren eine alkoholische Lösung von 135 Th. Quecksilberchlorid hinzu. Es entsteht allmählich ein gelblicher Niederschlag. Unter Umrühren dampft man die Masse nahezu bis zur Trockne ein, wobei sie allmählich vollständig farblos wird. Man rührt sie alsdann mit heissem Wasser an, bringt sie auf ein Filter, wäscht zuerst mit reinem, später mit etwas Essigsäure enthaltendem Wasser etwas nach, lässt auf porösen Tellern absaugen und krystallisirt aus Alkohol um. (Die Krystallisation misslingt bisweilen.)

***Eigenschaften.*** Farblose Krystallnadeln, in Wasser nahezu unlöslich, in kaltem Alkohol schwerlöslich, dagegen löslich in 20 Th. siedenden Alkohols, auch in Aether oder in einer Mischung von Alkohol und Aether, auch löslich in Eisessig. Es wird weder durch Zusatz von Natronlauge Quecksilberoxyd, noch durch Einwirkung von Schwefelwasserstoff in saurer Flüssigkeit (ohne Zerstörung des Moleküls) Schwefelquecksilber abgeschieden. Der Gehalt an metallischem Quecksilber beträgt 51,8 Proc.

***Prüfung.*** 1) Werden 0,2 g des Präparates mit 5 ccm Wasser gekocht, so darf das Filtrat weder durch Silbernitrat noch durch Schwefelwasserstoff, oder Schwefelammonium oder Natronlauge verändert werden (Chlor, bez. lösliche Quecksilberverbindungen). — 2) Uebergiesst man eine kleine Menge des Präparates mit Natronlauge, so darf weder schwarze noch rothe Färbung auftreten (Quecksilberoxydul- bez. Quecksilberoxydsalze).

Bestimmung des Quecksilbergehalts. Man wägt etwa 0,5 g des Präparates in ein Becherglas, giebt 2,5 ccm Salpetersäure sowie 7,5 ccm Salzsäure dazu, dampft auf dem Wasserbade zur Trockne, nimmt den Rückstand mit salzsäurehaltigem Wasser auf, fällt mit Schwefelwasserstoff oder mit phosphoriger Säure und bestimmt das Quecksilber nach Band II S. 23.

***Aufbewahrung.*** Vor Licht geschützt, sehr vorsichtig. ***Anwendung.*** Als Specificum gegen Syphilis. Es soll bei innerer Darreichung längere Zeit gut vertragen werden. Man giebt es namentlich bei sekundärer Syphilis und als Nachkur nach vorangegangener Inunktionskur. Erwachsenen zu 0,02—0,03 g dreimal täglich, Kindern zu 0,004—0,005 g zweimal täglich.

**Pilulae Hydrargyri carbolici** SCHADECK.

Rp. Hydrargyri carbolici 1,2
Extracti Liquiritiae
Radicis Liquiritiae āā 3,0.
Fiant pilulae No. 60, obducendae Balsamo tolutano.
Täglich 2—4 Pillen.

**Oleum Hydrargyri carbolici seu diphenylici** LANG.

Rp. Hydrargyri carbolici 7,0
Lanolini anhydrici 2,5
Paraffini liquidi 5,0.
1 ccm enthält = 0,357 g Hg.

**†† Hydrargyrum phenolo-aceticum. Phenol-Quecksilberacetat.** $C_6H_5OHg.C_2H_3O$. **Mol. Gew. = 336.** Das durch Fällung von Mercuriacetat mit Phenolnatrium erhaltene Mercuriphenolat wird in überschüssiger Mercuriacetatlösung gelöst, worauf die obige Verbindung sich ausscheidet.

Farblose Prismen, löslich in Alkohol und in Benzol, wenig löslich in Wasser, Schmelzpunkt 149° C. Anwendung wie Hydrargyrum phenolicum.

**Sublimophenol.** Ist eine Mischung aus gleichen Molekulargewichten Phenolquecksilber und Kalomel. Also aus 10 Th. Phenolquecksilber und 12 Th. Kalomel.

---

# Hydrargyrum phosphoricum.

**I. †† Hydrargyrum phosphoricum oxydulatum. Mercurophosphat. Phosphorsaures Quecksilberoxydul. Mercurius phosphoratus** SCHAEFER. $Hg_2HPO_4 + \frac{1}{2}H_2O$. **Mol. Gew. = 505.**

***Darstellung.*** Eine kalte (!) Lösung von 10 Th. krystallisirtem Mercuronitrat in 60 Th. destillirtem Wasser und 1,8 Th. Salpetersäure (von 25 Proc.) wird zu einer kalten (!) Lösung von 7,5 Th. krystallisirtem Dinatriumphosphat ($Na_2HPO_4 + 12H_2O$) in 50 Th. destillirtem Wasser unter Umrühren zugegossen. Der Niederschlag wird gesammelt, mit destillirtem Wasser so lange ausgewaschen, als das Ablaufende noch sauer reagirt, dann auf porösen Unterlagen in lauer (!) Wärme unter Abschluss von Licht getrocknet. Ausbeute 8 Th.

***Eigenschaften.*** Ein weisses, nach längerer Aufbewahrung grauweisses, specifisch schweres, in Wasser, Weingeist, auch in Salzsäure unlösliches Pulver. Mit Wasser gekocht wird es grau, indem es theilweise in Quecksilber und Mercuriphosphat zerfällt. Graue Präparate enthalten stets kleine Mengen von Mercuriphosphat.

***Aufbewahrung.*** Sehr vorsichtig und vor Licht geschützt.

***Anwendung.*** Früher in Gaben von 0,01—0,06 g zwei- bis dreimal täglich als Antisyphiliticum. Höchstgaben: *pro dosi* 0,08, *pro die* 0,25 g.

**II. †† Hydrargyrum phosphoricum oxydatum. Mercuriphosphat. Phosphorsaures Quecksilberoxyd. Mercurius phosphoratus** FUCHS. $HgHPO_4$. **Mol. Gew. = 296.**

***Darstellung.*** 10 Th. rothes Mercurioxyd werden unter Erwärmen in 24 Th. Salpetersäure (von 25 Proc.) gelöst. Diese Lösung wird in eine andere Lösung von 20 Th. krystallisirtem Dinatriumphosphat ($Na_2HPO_4 + 12H_2O$) in 200 Th. destillirtem Wasser unter Umrühren eingegossen. Nach zweistündigem Stehen wird der Niederschlag gesammelt, mit Wasser gewaschen und an einem lauwarmen Orte getrocknet. Ausbeute 13 Th.

***Eigenschaften.*** Specifisch schweres, weisses Pulver, unlöslich in Wasser, löslich in Salpetersäure, ferner in Salzsäure, auch in Phosphorsäure.

***Aufbewahrung.*** Sehr vorsichtig und vor Licht geschützt. ***Anwendung.*** Zum gleichen Zwecke und in den nämlichen Dosen wie das vorige Präparat.

---

# Hydrargyrum praecipitatum album.

**I. †† Hydrargyrum praecipitatum album** (Germ.). **Hydrargyrum bichloratum ammoniatum** (Austr.). **Hydrargyrum amidato-bichloratum** (Helv.). **Hydrargyrum ammoniatum** (Brit. U-St.). **Weisser Quecksilberpräcipitat. Mercurius praecipitatus albus. Weisser Präcipitat. Mercurichloramid. Mercuriammoniumchlorid. Unschmelzbarer weisser Präcipitat. Sal Alembrothi insolubile.** $HgCl.NH_2$. **Mol. Gew. = 251,5.** Es ist zu beachten, dass die Franzosen dieses Präparat „Mercure précipité blanc" nennen, unter „Précipité blanc" aber den auf nassem Wege dargestellten Kalomel verstehen.

*Darstellung.* Die Vorschriften der Austr. Germ. und Helv. stimmen überein und weichen auch nur wenig von denen der Brit. und U-St. ab. Die Darstellungsvorschrift ist in allen Punkten streng einzuhalten, weil schon durch Anwendung grösserer Mengen Wasser (als vorgeschrieben) beim Fällen und Auswaschen Zersetzung des Präparates erfolgt: Man löst 2 Th. Mercurichlorid in 40 Th. warmem Wasser, filtrirt wenn erforderlich und trägt in die erkaltete (!) Lösung unter Umrühren allmählich 3 Th. Ammoniakflüssigkeit (von 10 Proc.) ein. Die Reaktionsmischung muss deutlich nach Ammoniak riechen. Der Niederschlag wird nach dem Absetzen auf einem Filter gesammelt und nach dem Ablaufen der Flüssigkeit allmählich mit 18 Th. kaltem Wasser (nicht mehr und nicht weniger!) gewaschen, und vor Licht geschützt bei 30° C. getrocknet. Das Auswaschen besorgt man am besten auf einem Nutschfilter vor der Strahlpumpe, das Trocknen auf porösen Thontellern. Ausbeute etwa 1,8 Th.

*Eigenschaften.* Der weisse Quecksilberpräcipitat bildet ein völlig weisses, lockeres und zugleich schweres Pulver oder ebensolche leicht zerreibliche Stücke. Er ist in Wasser und Weingeist fast unlöslich, aber klar löslich in verdünnter Salpetersäure. Relativ löslich, wahrscheinlich unter Bildung von Doppelsalzen, ist er in Ammoniumchlorid- und in Ammoniumkarbonatlösung. Mit Aetzkali- oder Aetznatronlauge übergossen, färbt er sich unter Entwickelung von Ammoniak und Bildung von Oxydimercuriammoniumchlorid gelb, beim Erwärmen wird gelbes Quecksilberoxyd abgeschieden. Beim Erhitzen verflüchtigt sich der weisse Präcipitat, ohne vorher zu schmelzen.

Mischt man 10 Th. trockenen Präcipitat (4 Mol.) mit 3,8 Th. Jod (3 Atome) selbst unter starkem Reiben zusammen, so erfolgt keine Einwirkung. Lässt man die Mischung an der Luft stehen, so verpufft sie schliesslich freiwillig. Würde man die obige Mischung mit Wasser befeuchten, so erfolgt unter langandauerndem Knistern Umsetzung bezw. Zersetzung; würde man obige Mischung gar mit Weingeist befeuchten, so erfolgt sehr rasch heftige Explosion (Bildung von Jodstickstoff). Es ergiebt sich daraus, dass man vermeiden soll, weissen Präcipitat etwa mit Jod und Weingeist oder mit Jodtinktur zusammenzumischen. Chlor und Brom wirken in ähnlicher Weise energisch ein; Kaliumjodidlösung verwandelt den weissen Präcipitat in Quecksilberbijodid unter Bildung von Ammoniak, Kaliumchlorid und Kaliumhydroxyd.

*Prüfung.* 1) Eine linsengrosse Menge des weissen Präcipitats, in einem Reagircylinder erhitzt, muss sich unter Bräunung und ohne zu schmelzen verflüchtigen und das Verflüchtigte im kälteren Theile des Cylinders sich als ein weisses oder grauweisses Sublimat ansetzen. Eine mikroskopisch kleine Spur Nichtflüchtiges wird fast immer beobachtet werden. — 2) Mit einem Ueberschuss einer mit gleichviel Wasser verdünnten Salpetersäure muss eine wasserklare Lösung resultiren. Um diese zu fördern, ist Erhitzen nothwendig.

*Aufbewahrung.* Sonnenlicht wirkt reducirend auf den weissen Präcipitat, er wird unter theilweiser Bildung von Mercurochlorid gelblich oder grau. Er ist daher vor Licht geschützt und als sehr giftige Substanz sehr vorsichtig aufzubewahren.

*Anwendung.* Eine innerliche Anwendung hat der weisse Präcipitat nicht gefunden, meist wird er mit Fett (1 : 10—20) gemischt gegen Scabies, Flechten, Venusblüthchen, Hornhautgeschwüre etc. verwendet. Andauernder Gebrauch hat Speichelfluss zur Folge. Seine Mischungen mit Jod sind explosiv.

**Unguentum antephelidicum** HEBRA.

HEBRA's Sommersprossensalbe.

Rp. Hydrargyri praecipitati albi
Bismuti subnitrici ää 5,0
Unguenti Glycerini 20,0.

Gegen Sommersprossen, Leberflecke. Nur unter ärztlicher Aufsicht zu gebrauchen.

**Unguentum antiherpeticum** BIETT.

Rp. Hydrargyri praecipitati albi 2,0
Camphorae 0,5
Adipis suilli 25,0.

Aeusserlich bei pustulösen Flechten.

**Unguentum antiherpeticum** GIBERT.

Rp. Hydrargyri praecipitati albi
Camphorae ää 0,5
Adipis suilli 20,0.

Bei exanthematischer oder pustulöser Ophthalmie.

**Unguentum contra pediculos album.**

Soldatensalbe.

Rp. Hydrargyri praecipitati albi 15,0
Adipis suilli 280,0
Cerae flavae 20,0
Olei odorati mixti 3,0.

Gegen Kopf- und Filzläuse, auch gegen Scabies und Flechten.

**Unguentum antipsoricum** LASSAR.

LASSAR's Psoriasis-Mittel.

I.

Rp. Hydrargyri praecipitati albi
Acidi pyrogallici ää 3,0
Lanolini 24,0.

II.

Rp. Hydrargyri praecipitati albi 3,0
Hydrargyri bichlorati corrosivi 0,06
Unguenti lenientis 30,0.

**Unguentum Hydrargyri praecipitati albi narcoticum.**

I. Unguentum frontis GRAEFE.

Rp. Hydrargyri praecipitati albi 0,5
Extracti Belladonnae 1,0
Unguenti rosati 7,0
Cerae flavae 1,5.

Zweimal täglich bohnengross in die Stirn einzureiben.

II. Unguentum frontis ARLT.

Rp. Hydrargyri praecipitati albi 0,5
Extracti Belladonnae 1,0
Adipis suilli 15,0.

**Unguentum labiale** SIGMUND.

Rp. Hydrargyri praecipitati albi 0,5
Carmini rubri 0,1
Unguenti lenientis 10,0.

Bei oberflächlichen Rissen und Geschwüren auf den Lippen oder der Nasenschleimhaut Syphilitischer.

**Unguentum ophthalmicum** JANIN.

Rp. Hydrargyri praecipitati albi 1,0
Zinci oxydati
Boli Armenae ää 2,0
Adipis suilli 5,0.

**Vet. Unguentum antiherpeticum.**

Rp. Unguenti Hydrargyri praecipitati albi 1,0
Acidi carbolici 1,0
Adipis 28,0.

Bei Fettflechten und räudeartigen Ausschlägen der Hausthiere von geringerem Umfange jeden 2ten Tag einzureiben.

**Lac Mercurii.** Hierunter ist sowohl der feuchte weisse Quecksilberpräcipitat, als auch der durch Kaliumkarbonat in einer Mercurinitratlösung entstehende weisse Niederschlag zu verstehen.

**Crême GROLICH.** Salbe zur Verschönerung des Teints bestand 1890 aus Bismuti subnitrici, Hydrargyri praecipitati albi ää 2,5, Unguenti lenientis 95,0. (B. FISCHER.)

**M. SCHÜTZE's Universal-Heil- und Ausschlagsalbe.** Ist ein Gemisch von Vaseline, Zinkoxyd, weissem Quecksilberpräcipitat und etwas Perubalsam.

**Dr. LEHMANN's kosmetische Pommade.** Olei Amygdalarum 20,0, Cerae albae 10,0, Cetacei 5,0, Bismuti subnitrici 1,0, Hydrargyri praecipitati albi 1,0, Glycerini 3,0, Parfüm ad libitum.

**Apotheker LEWINSOHN's Salbe** gegen Flechten besteht aus Bleiweiss, weisser Quecksilberpräcipitatsalbe und ätherischen Oelen.

**II. Unguentum Hydrargyri album** (Germ. Helv.). **Unguentum Hydrargyri ammoniati** (Brit. U-St). **Weisse Quecksilbersalbe. Unguentum Hydrargyri amidatobichlorati. Unguentum mercuriale album. Unguentum Praecipitati albi. Unguentum ad scabiem Zelleri. Pommade antipsorique de Zeller. Onguent d'oxychlorure ammoniacal de mercure. Ointment of ammoniated mercury.**

Germ. und Brit. Hydrargyri praecipitati albi 1,0, Unguenti Paraffini 9,0. Helv. Hydrargyri praecipitati albi 1,0, Vaselini albi 9,0. U-St. Hydrargyri praecipitati albi 1,0, Adipis benzoinati 9,0.

**Schmelzbarer Präcipitat,** Mercuridiammoniumchlorid $HgClNH_2 . NH_4Cl$ entsteht beim Erwärmen von unschmelzbarem weissem Präcipitat mit Ammoniumchloridlösung. — Er entsteht ferner, wenn man in eine siedende Mischung von Ammoniumchloridlösung und Ammoniakflüssigkeit so lange Quecksilberchloridlösung eintropft, als sich ein entstehender Niederschlag noch löst. Beim Erkalten krystallisirt der schmelzbare Präcipitat aus. Das früher arzneilich verwendete Präparat, welches keine ganz einheitliche Substanz ist, wird erhalten, wenn man zu einer Auflösung gleicher Gewichtstheile Quecksilberchlorid und Ammoniumchlorid so lange Natriumkarbonatlösung zusetzt, als noch eine Fällung entsteht. Der mit kaltem Wasser gewaschene Niederschlag wird getrocknet. Ein weisses oder gelbliches, schmelzbares Pulver, daher der Name „schmelzbarer Präcipitat".

---

# Hydrargyrum salicylicum.

†† **Hydrargyrum salicylicum** (Ergänzb.). **Mercurisalicylat. Salicylsaures Quecksilberoxyd. Salicylate mercurique. Hydrargyri Salicylas.** $C_6H_4CO_3 . Hg$. **Mol. Gew. = 336.**

Unter dem vorstehenden Namen wird das sekundäre Quecksilbersalz der Salicylsäure therapeutisch verwendet.

***Darstellung.*** Man löst 27 Th. Mercurichlorid in 600 Th. Wasser, fällt aus dieser Lösung in der S. 56 angegebenen Weise durch eine Mischung von 85 Th. Natronlauge (spec. Gew. 1,178—1,182) mit 200 Th. Wasser das Quecksilberoxyd und wäscht es durch Dekanthiren bis zur Chlorfreiheit aus. Man spült alsdann das Quecksilberoxyd in einen Kolben, fügt soviel Wasser zu, dass ein dünner Brei entsteht, giebt auf einmal 15 Th. Salicylsäure hinzu, vertheilt diese durch Schütteln. Man erhitzt nun den Kolben auf einem vollheissen Wasserbade unter bisweiligem Umschütteln solange, bis die Mischung rein weiss geworden ist. Dann bringt man das Quecksilbersalicylat auf ein Filter und wäscht es mit Wasser so lange aus, bis das Filtrat nicht mehr sauer reagirt. Hierauf lässt man abtropfen, trocknet zunächst auf porösen Unterlagen bei 30—40° C., zum Schluss einige Zeit bei 100° C.

***Eigenschaften.*** Ein weisses, amorphes, geruch- und geschmackloses, sehr feines, neutrales Pulver; in Wasser und in Weingeist ist es kaum löslich. Es wird im unveränderten Zustande weder durch Schwefelwasserstoffwasser noch durch Schwefelammonium zersetzt, d. h. dunkel gefärbt. Es ist beständig gegen schwache Säuren wie Kohlensäure, Essigsäure, Milchsäure, Weinsäure, dagegen wird es durch koncentrirte Mineralsäuren wie Salzsäure, Schwefelsäure, Salpetersäure, auch Königswasser zerlegt. Die mit diesen Säuren erzielten Lösungen geben daher mit Schwefelwasserstoff Fällungen von Schwefelquecksilber.

Von Natronlauge, sowie von Sodalösung wird das Mercurisalicylat gelöst unter Bildung des Doppelsalzes Natronhydrat-Quecksilbersalicylat; aus dieser Lösung scheiden schwache Säuren, z. B. Essigsäure, das Mercurisalicylat unverändert wieder ab. — Mit den Lösungen der Halogenalkalisalze quillt es in der Kälte gallertartig auf; beim Erwärmen entstehen Lösungen, welche während des Erkaltens Doppelsalze abscheiden von der Zusammensetzung $C_6H_4 < {CO_2 \atop O} > Hg$ . **NaCl** (oder **NaBr, NaJ, KCl, KBr, KJ).** Diese Doppelsalze lösen sich in Wasser nur bei Gegenwart bestimmter Mengen der Halogenalkalisalze klar auf.

$$C_6H_4 < {CO_2 \atop O} > Hg$$

Sekundäres Quecksilbersalicylat.

Zur Herstellung einer kalt gesättigten Chlornatrium-Quecksilbersalicylatlösung werden 10 g salicylsaures Quecksilber mit 15—20 g in Wasser gelösten Chlornatriums verrieben und mit 200 ccm Wasser im Wasserbade unter gutem Rühren bis zur vollständigen Lösung erhitzt. Hierauf verdünnt man mit warmem Wasser auf 2500 bis 3000 ccm. Diese Lösung scheidet beim Erkalten das Quecksilbersalz nicht wieder ab. Sie reagirt neutral oder kaum merklich sauer und scheidet auf Zusatz von Salzsäure in der Kälte einen gelatinösen Niederschlag ab, welcher aus einem Quecksilbersalicylat von veränderter Zusammensetzung besteht.

***Prüfung.*** **1)** Werden 0,1 g des Quecksilbersalicylats mit 5 ccm Wasser durchschüttelt, so nimmt die Flüssigkeit auf Zusatz eines Tropfens Ferrichloridlösung violette Färbung an (Salicylsäure). Erhitzt man 0,2 g des Salzes im trocknen Probirrohr, so bildet sich an den kälteren Theilen des Glases ein Sublimat von metallischem Quecksilber (Quecksilber). **2)** 0,5 g des Salzes, in einem Porcellantiegel bei Luftzutritt erhitzt, sollen ohne einen Rückstand zu hinterlassen, sich verflüchtigen (Natriumsalicylat). 3) Das Salz röthe feuchtes Lackmuspapier nicht (freie Salicylsäure). 4) Werden 0,5 g Quecksilbersalicylat auf dem Wasserbade mit 5 g Salpetersäure und 15 g Salzsäure zur Trockne eingedampft, und wird der mit Salzsäure angesäuerte, filtrirte wässerige Auszug durch Schwefelwasserstoff im Ueberschuss gefällt, so soll das Gewicht des erhaltenen Mercurisulfids nach dem Trocknen nicht weniger als 0,34 g betragen (theoretisch = 0,345 g).

***Aufbewahrung.*** Sehr vorsichtig; Lichtschutz ist nicht unbedingt erforderlich.

***Anwendung.*** Innerlich und zu intramuskulären Injektionen als mildes und doch energisch wirkendes Quecksilberpräparat bei allen Formen, namentlich aber bei veralteter Syphilis. Innerlich hauptsächlich in Pillenform zu 0,01—0,075 g *pro die.* Höchstgaben: *pro dosi* 0,02, *pro die* 0,05 g (Ergänzb.).

**Injectio Hydrargyri salicylici** SCHADECK.

Rp. Hydrargyri salicylici 0,2
Mucilaginis Gummi arabici 0,3
Aquae destillatae 60,0.

Zur subkutanen Injektion.

**Oleum Hydrargyri salicylici** LEZIUS.

Rp. Hydrargyri salicylici 1,0
Paraffini liquidi q. s. ad 10,0

Zur subkutanen Injektion.

**Pilulae Hydrargyri salicylici** SCHADECK.

Rp. Hydrargyri salicylici 1,0
Succi Liquiritiae 2,0
Radicis Liquiritiae q. s.

Fiant pilulae No. 60. Täglich 1—2 Pillen.

**Oleum Hydrargyri salicylici** LANG.

Rp. Hydrargyri salicylici 6,0
Lanolini anhydrici 2,0
Paraffini liquidi 4,0.

1 ccm enthält = 0,421 g Hg.
Zur subkutanen Injektion.

# Hydrargyrum sulfuratum.

**I. Hydrargyrum sulfuratum nigrum** (Ergänzb.). **Aethiops mineralis. Aethiops mercurialis. Aethiops narcoticus. Mineralischer Mohr. Quecksilbermohr. Schwarzes Schwefelquecksilber. Sulfure noir de Mercure. Black Sulphide of Mercury.** Ein Gemisch von amorphem schwarzen Mercurisulfid mit Schwefel.

***Darstellung.*** Gleiche Theile Quecksilber und gereinigter Schwefel werden in einem schwach angewärmten Mörser solange zusammengerieben, bis ein gleichmässig schwarzes Pulver entstanden ist, in welchem auch bei 3—4facher Vergrösserung Quecksilberkügelchen nicht mehr zu erkennen sind.

***Eigenschaften.*** Ein feines, schwarzes, specifisch schweres Pulver, welches in Wasser, Weingeist, auch in Salzsäure, sowie in Salpetersäure unlöslich ist. Beim Erhitzen an der Luft verbrennt der Schwefel mit bläulicher Flamme, schliesslich verflüchtigt sich auch die Quecksilberverbindung; im Rückstand dürfen höchstens Spuren glühbeständiger Substanzen verbleiben.

Mit verdünnter Salzsäure erhitzt gebe es ein Filtrat, welches durch Schwefelwasserstoff nicht verändert wird (rother Niederschlag = Antimon). An kalte Salpetersäure darf es kein Quecksilber abgeben (metallisches Quecksilber, welches nicht an Schwefel gebunden ist).

***Aufbewahrung.*** Vor Licht geschützt, unter den indifferenten Arzneimitteln.

***Anwendung.*** Das Schwefelquecksilber gilt nach den heutigen Anschauungen sowohl bei äusserer als auch bei innerer Anwendung als völlig unwirksam. Früher wurde es in Gaben von 0,2—1,0 g in Pulverform bei Skrophulose und als wurmtreibendes Mittel gegeben. — Bei Kindern scheint es eine entschieden umstimmende Wirkung zu haben.

**Aethiops narcoticus. Pulvis hypnoticus** Kiel. **Aethiops mineralis praecipitatus** Kiel. **Pulvis hypnoticus** JACOBI. Ist auf nassem Wege bereitetes Quecksilbersulfid. Man bereitet es durch Fällen einer Auflösung von Mercurichlorid mit Schwefelwasserstoff. Falls es verordnet werden sollte, kann es durch das vorige Präparat, den Quecksilbermohr, ersetzt werden.

**Hydrargyrum stibiato-sulfuratum** (Ergänzb.). **Hydrargyrum et Stibium sulfurata. Aethiops antimonialis. Aethiops stibiatus. Aethiops mineralis stibiatus. Schwefelantimonquecksilber. Spiessglanzmohr.** 1 Th. geschlämmter Spiessglanz (Stibium sulfuratum nigrum laevigatum) und 1 Th. schwarzes Quecksilbersulfid (Quecksilbermohr) werden gemischt.

Ein specifisch-schweres, sehr zartes, grauschwarzes, geruch- und geschmackloses Pulver, unlöslich in Wasser und Weingeist. Auf der Kohle verbrennt es mit bläulicher Flamme unter Verbreitung von schwefliger Säure und Erzeugung eines weissen Beschlages auf der Kohle. Mit Salzsäure erwärmt, entwickelt es Schwefelwasserstoff.

Aufbewahrung und Anwendung wie das Quecksilbermohr. So lange das Schwefelantimon deutlich arsenhaltig war, war es auch ein wirksames Antiscrophulosum und Anthelminticum.

**Aethiops antimonialis** Malouin. 1 Th. Quecksilber wird mit 2 Th. geschlämmtem schwarzen Schwefelantimon verrieben, bis mit unbewaffnetem Auge Metallkügelchen nicht mehr zu erkennen sind. Täglich zwei- bis dreimal 0,1—0,5 g bei Skropheln und Hautausschlägen.

**Aethiops antimonialis** Huxham wird durch Verreiben von 12,5 Th. Quecksilber mit 10 Th. schwarzem Schwefelantimon und 5 Th. Schwefel bereitet.

**Pilulae antirheumaticae** Baldinger.

Rp. Hydrargyri sulfurati nigri 20,0
Resinae Guajaci
Saponis medicati āā 10,0
Stibii sulfurati aurantiaci 3,0
Extracti Marrubii q. s.
Fiant pilulae ponderis 0,125.

**Pilulae depurativae** Kopp.

Rp Hydrargyri sulfurati nigri
Extracti Dulcamarae āā 6,0
Radicis Althaeae q. s.
Fiant pilulae 100. Morgens und abends 10 Stück bei chronischen Exanthemen.

**Pulvis anthelminticus** Boerhaave.

Rp. Tuberis Jalapae
Hydrargyri sulfurati nigri āā 1,0.

**Pulvis antiscrophulosus.**

(Formula Berolinensis in usum pauperum.)

Rp. Hydrargyri stibiato-sulfurati
Corticis Aurantii fructus
Rhizomatis Rhei āā 3,0
Magnesii carbonici 1,0
Sacchari albi 6,0.
Messerspitzenweise.

**Pulvis depuratorius** Dr. Ritt.

Dr. Ritt's Blutreinigungspulver (Hamb. V.).

Rp. Hydrargyri et Stibii sulfurati
Sulfuris depurati
Resinae Guajaci āā 12,0
Foliorum Sennae
Magnesii carbonici āā 18,0
Sacchari pulverati 28,0.

## II. Hydrargyrum sulfuratum rubrum

**II. Hydrargyrum sulfuratum rubrum** (Ergänzb.). **Cinnabaris. Rothes Schwefelquecksilber. Rothes Mercurisulfid. Zinnober. Vermillon. Sulfure mercurique** (Gall.). **Cinnabre. Hartall. Red Sulfide of Mercury. HgS. Mol. Gew. = 232.**

***Handelssorten.*** Man unterscheidet: 1) Natürlichen Zinnober (Bergzinnober). 2) Durch Sublimation eines Gemisches von Quecksilber und Schwefel erhaltenen Zinnober. 3) Auf nassem Wege bereiteten Zinnober. Von diesen kommt zum pharmaceutischen Gebrauche der natürliche Zinnober nicht in Betracht, weil er im allgemeinen nicht rein genug ist. Vielmehr benutzt man in der Pharmacie meist den durch Sublimation künstlich bereiteten, doch würde auch eine auf nassem Wege bereitete, gute Sorte als gleichwerthig zu betrachten sein. — Nach der Sublimation erhält man den Zinnober als braunrothe derbe Massen, welche in das feurige leuchtende Roth erst durch das Feinmahlen (Cinnabaris praeparata) übergehen. — Unter Vermillon verstand man früher eigentlich nur die auf nassem Wege bereiteten Sorten, gegenwärtig alle leuchtenden, feurigen Sorten. Es mag noch darauf hingewiesen werden, dass ein geringer Zusatz von Antimonverbindungen (ca. 1 Proc.) erfahrungsgemäss die Farbe des Zinnobers ausserordentlich hebt; ein solcher geringer Zusatz würde also nicht als Verfälschung aufzufassen sein.

***Eigenschaften.*** Der lävigirte oder präparirte Zinnober ist ein leuchtend rothes, sehr zartes, specifisch schweres Pulver (spec. Gew. 7,75—8,1) ohne Geruch und Geschmack. Beim Erhitzen wird es vorübergehend dunkler und sublimirt (bei Luftabschluss) ohne vorher zu schmelzen. An der Luft erhitzt, giebt es metallisches Quecksilber und schweflige Säure und verflüchtigt sich, wenn es völlig rein ist, ohne einen Rückstand zu hinterlassen, doch verbleibt auch bei den besten Sorten stets ein geringer, aus Kieselsäure (von den Mahlgängen) oder Antimonoxyd bestehender Rückstand. Zinnober ist unlöslich in verdünnten Mineralsäuren (HCl, $H_2SO_4$, $HNO_3$). Von koncentrirter heisser Salzsäure wird er merklich gelöst. Am leichtesten gelöst wird er von Königswasser und der Wärme. Von alkalischen Flüssigkeiten wird er nicht verändert, gegen Schwefelwasserstoff ist er selbstverständlich beständig. Im Lichte büsst der Zinnober allmählich von seiner Feurigkeit und von seiner leuchtenden Farbe ein, in direktem Sonnenlichte wird er sogar merklich unter Abscheidung von metallischem Quecksilber zersetzt.

***Prüfung.*** Zunächst ist wichtig, dass der Zinnober von leuchtender, rother Färbung ist und ein sehr zartes Pulver darstellt. Auf Verunreinigungen und Verfälschungen ist wie folgt zu prüfen: **1)** 0,5 g sollen, auf dem Platinblech erhitzt, völlig flüchtig sein, bez. nur einen minimalen Rückstand hinterlassen (s. oben). Wäre der Rückstand erheblich, so wäre dessen Menge zu bestimmen und seine Natur festzustellen. — **2)** Mit Salpetersäure durchschüttelt darf der Zinnober seine Farbe nicht verändern (Mennige), dann gelinde erwärmt und mit Wasser verdünnt soll das Filtrat farblos sein (Chromate) und nach theilweiser Abstumpfung der Säure mit Aetzammon durch Schwefelwasserstoff keine Schwärzung erfahren. — **3)** Mit verdünnter Aetzkalilauge durchschüttelt und erhitzt, soll der Zinnober ein farbloses Filtrat liefern, welches auf Zusatz von überschüssiger Salzsäure nicht verändert wird (Schwefelarsen, Schwefelantimon), und auf Zusatz von Bleiacetat nur einen weissen Niederschlag geben (Chromate, fremde Sulfide, Verwechselung mit Mercurijodid). — **4)** Der mit Salzsäure bis zum Aufkochen erhitzte Zinnober muss ein Filtrat liefern, welches auf Zusatz von überschüssigem Aetzammon sich weder färben, noch eine farbige Trübung geben darf (Eisenoxyd).

***Aufbewahrung.*** Unter den indifferenten Arzneimitteln.

***Anwendung.*** Zinnober gilt therapeutisch als völlig unwirksam, ob das völlig zutreffend ist, bleibe dahingestellt. Man verwendet ihn gelegentlich zum Bestreuen der Pillen. Früher war er ein Bestandtheil des ZITTMANN'schen Dekoktes, ferner auch gegenwärtig noch ein färbender Bestandtheil des Pulvis arsenicalis Cosmi (s. Bd. I S. 393). Auch benutzte man ihn bei syphilitischen Geschwüren als Räuchermittel. Seine Anwendung als Malerfarbe, zum Schminken etc. ist eine sehr verbreitete und bekannte.

**Antimonzinnober** ist eine rothe Verbindung aus Antimonoxyd und Antimontrisulfid (giftig).

**Chromzinnober,** Chromroth, Persischroth ist Quecksilberchromat oder Bleisubchromat (giftig).

**Grüner Zinnober** ist nicht immer reines Chromoxyd und enthält häufig gelbes Bleichromat (ist alsdann also giftig).

**Rothe Farbe zum Zeichnen der Schafe** ist eine lävigirte Mischung aus 100 Th. Zinnober, 40 Eisenoxyd (Caput mortuum), 15 Magnesiasubkarbonat, 45 Leinöl und 10 Terpentinöl. Zum Gebrauch wird die agitirte Mischung mit Leinöl verdünnt.

**Candelae fumigatoriae Cinnabaris.**

| Rp. | | |
|---|---|---|
| | Cinnabaris | 20,0 |
| | Radicis Althaeae | 40,0 |
| | Kalii nitrici pulv. | 40,0 |
| | Aquae | q. s. |

Man forme 10 Zeltchen und trockne sie in gelinder Wärme.

**Pulvis analepticus nobilis.**

Pulvis cordialis Cellensis. Pulvis Cellensis aureus. Roth-Edel-Herzpulver.

| Rp. | | |
|---|---|---|
| | Cinnabaris | 10,0 |
| | Corticis Cinnamomi Cassiae | 20,0 |
| | Pulveris aromatici | 5,0 |
| | Sacchari albi | 65,0 |
| | Auri foliati | q. s. |

Kleinen Kindern bei Krämpfen eine kleine Messerspitze mit Zuckerwasser oder Fenchelthee, Erwachsenen ein halber Theelöffel.

**Pulvis fumalis mercurialis.**

Fumigatio mercurialis.

| Rp. | | |
|---|---|---|
| | Cinnabaris | 10,0 |
| | Olibani | 5,0. |

Zum Räuchern. $^1/_4$—$^1/_1$ Theelöffel auf eine rothglühende Eisenplatte zu streuen, bei syphilitischen Hautleiden.

**Trochisci fumigatorii arseno-cinnabarini** POLAK.

| Rp. | | |
|---|---|---|
| | Cinnabaris | 10,0 |
| | Acidi arsenicosi | 0,5 |
| | Rhizomatis Chinae | 40,0. |

Man forme 8 Zeltchen. Täglich 2 Stück zum Räuchern zu verbrauchen. Bei veralteter Syphilis.

**Trochisci fumigatorii** POLAK.

| Rp. | | | |
|---|---|---|---|
| | Cinnabaris | | |
| | Catechu | ää | 10,0 |
| | Boracis | | 2,5 |
| | Rhizomatis Chinae | | 15,0 |
| | Radicis Lawsoniae | | 10,0 |
| | Mucilaginis Gummi arabici | | q. s. |

Man forme 12 Zeltchen. Ein Zeltchen dem Tabak zuzusetzen und ein oder zweimal am Tage aus der Pfeife zu rauchen. Bei Syphilis.

**Unguentum rubrum sulfuratum** LASSAR.

LASSAR's rothe Salbe. (Ergänzb., Hamb. V.).

| Rp. | | | |
|---|---|---|---|
| | Cinnabaris | | |
| | Olei Bergamottae | ää | 1,0 |
| | Sulfuris depurati | | 25,0 |
| | Vaselini flavi | | 74,0. |

# Hydrargyrum sulfuricum.

**I. †† Hydrargyrum sulfuricum** (Ergänzb.). **Sulfate mercurique** (Gall.). **Hydrargyrum sulfuricum neutrale. Mercurisulfat. Schwefelsaures Quecksilberoxyd.** $HgSO_4$ **Mol. Gew. = 296.**

***Darstellung.*** 18 Th. metallisches Quecksilber werden in einem gläsernen Kolben mit 10 Th. konc. Schwefelsäure, 3 Th. Wasser und 4 Th. Salpetersäure von 25 Proc. übergossen. Die Mischung wird unter einem Abzuge im Sandbade so lange erhitzt, bis rothgelbe Dämpfe nicht mehr entweichen. Alsdann wird der Kolbeninhalt in eine Porcellanschale gebracht und im Sandbade unter beständigem Umrühren und vorsichtigem Erhitzen zur Trockne gebracht.

***Eigenschaften.*** Ein specifisch schweres, weisses, krystallinisches Pulver, welches sich beim Erhitzen zunächst gelb, dann braun färbt und bei Rothgluth unter Zerfall in Schwefeldioxyd, Sauerstoff und Quecksilber völlig flüchtig ist. — Es löst sich vollständig in Salzsäure und in starker Natriumchloridlösung. In kaltem Wasser ist es nur wenig löslich. Durch viel Wasser wird es namentlich beim Erhitzen in ein unlösliches gelbes, basisches Salz verwandelt. Ein Gehalt an Mercurosulfat wird daran erkannt, dass das Salz in der zehnfachen Menge warmer verdünnter Salzsäure sich nicht klar auflöst, sondern einen weissen Niederschlag von Kalomel bildet.

***Aufbewahrung.*** Sehr vorsichtig. ***Anwendung.*** Zur Bereitung des Turpethum minerale, ferner des Quecksilbersublimats und des Kalomels. Mit Kaliumbisulfat gemischt zur Füllung der galvanischen Elemente nach Gaiffe, Marié-Davy und Benoist.

**II. †† Hydrargyrum sulfuricum basicum** (Helv.). **Soussulfate mercurique** (Gall.). **Hydrargyri Subsulfas flavus** (U-St.). **Hydrargyrum subsulfuricum. Mercurius praecipitatus flavus. Turpethum minerale. Mercurisubsulfat. Mineralischer Turpith.** $HgSO_4 . (HgO)_2$. **Mol. Gew. = 728.**

***Darstellung.*** 60 Th. Quecksilber werden in einem Glaskolben mit einer erkalteten Mischung aus 35 Th. konc. Schwefelsäure und 30 Th. Wasser, welche allmählich in 40 Th. Salpetersäure (vom spec. Gew. 1,32) eingetragen worden ist, übergossen. Man erwärmt die Mischung anfangs gelinde, später energischer und zwar so lange, bis gelbrothe Dämpfe nicht mehr entweichen. Dann bringt man den Kolbeninhalt in eine Schale und verdampft ihn im Sandbade unter Umrühren zur Trockne. Der zu einem Pulver zerriebene Rückstand wird in kleinen (!) Antheilen unter beständigem Umrühren (!) in 1200 Th. siedendes (!) Wasser eingetragen. Man erhält unter Umrühren so lange im Sieden, bis das weisse Quecksilbersulfat in ein gelbes Pulver verwandelt ist. Nach dem Absetzen wird die Flüssigkeit abgegossen, der Niederschlag mit warmem Wasser bis zum Verschwinden der sauren Reaktion gewaschen und an einem lauwarmen Orte getrocknet.

***Eigenschaften.*** Citronengelbes, specifisch schweres Pulver, ohne Geruch und fast ohne Geschmack, an der Luft beständig. Beim mässigen Erhitzen färbt es sich roth und wird während des Erkaltens wieder gelb, bei Rothgluth ist es ohne Rückstand flüchtig. Es löst sich erst in etwa 2000 Th. kaltem oder in 600 Th. siedendem Wasser. In Alkohol ist es unlöslich, dagegen löst es sich relativ leicht in Salzsäure oder Salpetersäure. Es soll kein Mercurosulfat enthalten und muss sich daher in 15facher Menge Salzsäure langsam aber völlig klar auflösen. Die Abscheidung eines weissen Niederschlages (Kalomel) zeigt Mercurosalz an.

***Aufbewahrung.*** Sehr vorsichtig. ***Anwendung.*** Das basische Mercurisulfat ist fast obsolet. Es galt früher als starkes Purgans, Emeticum und wurde als Antisyphiliticum und Alterans angewendet. Man gab es zu 0,01—0,03 zwei- bis dreimal täglich. Höchstgaben: *pro dosi* 0,05, *pro die* 0,2. Als Emeticum in einmaliger oder gebrochener Dosis 0,1—0,2.

Bisweilen wird es auch als Emeticum für Hunde mit Staupe angewendet. Dosis für einen grossen Hund 0,1, für einen kleinen Hund 0,04. Aeusserlich gebrauchte man es in Salben bei verschiedenen Hautkrankheiten (1 : 10—20,0).

**Blaine's Hundepulver** war ein Gemisch aus 1,0 mineralischem Turpith und 5,0 Mussivgold (Schwefelzinn) in 20 gleiche Theile getheilt. Einem grossen Hunde täglich ein Pulver, einem kleinen Hunde täglich ein halbes Pulver (gegen Staupe, Hundeseuche).

**Unguentum antiherpeticum** Biett.

| Rp. | | |
|---|---|---|
| | Turpethi mineralis | 1,0 |
| | Sulfuris sublimati | 2,0 |
| | Adipis suilli | 15,0. |

Aeusserlich bei Hautflechten, Ausschlag etc.

**Unguentum Turpethi mineralis opiatum.**
Unguentum antiherpeticum Cullerier.

| Rp. | | |
|---|---|---|
| | Turpethi mineralis | 5,0 |
| | Sulfuris depurati | 2,5 |
| | Tincturae Opii crocatae | 3,0 |
| | Adipis suilli | 40,0. |

Aeusserlich gegen Flechten etc.

**Unguentum antipsoricum** Alibert.
Unguentum Turpethi mineralis.

| Rp. | | |
|---|---|---|
| | Turpethi mineralis | 5,0 |
| | Unguenti cerei | 50,0. |

---

# Hydrargyrum tannicum.

† **Hydrargyrum tannicum oxydulatum** (Austr. Ergänzb.). **Hydrargyrum tannicum. Tannate de mercure. Mercury Tannate. Quecksilbertannat. Gerbsaures Quecksilberoxydul. Formel unbestimmt.**

***Darstellung.*** 50 Th. frisch bereitetes, möglichst oxydfreies Mercuronitrat (Hydrargyrum nitricum oxydulatum) zerreibt man in einem Porcellanmörser trocken bis zur höchsten Feinheit und fügt alsdann eine Anreibung von 30 Th. Tannin mit 50 Th. destillirtem Wasser hinzu. Darauf wird die Mischung noch so lange gerieben, bis eine vollständig gleichmässige, breiige Masse entstanden ist, in der sich beim Aufdrücken mit dem Pistill am Grunde des Mörsers nichts Körniges mehr fühlen lässt. Hierauf mischt man dann nach und nach eine grössere Menge (4—5000 Th.) Wasser zu, dekanthirt und wäscht den grünlichen Niederschlag wiederholt mit kaltem Wasser aus, bis sich im Filtrat keine Salpetersäure mehr nachweisen lässt. Man breitet den Niederschlag schliesslich auf einer porösen Unterlage (Biscuit-Porcellan oder mehrfache Lage Fliesspapier etc.) aus und lässt ihn bei etwa 30 bis 40° C. trocknen. Eine höhere Erwärmung ist zu vermeiden, da der feuchte Niederschlag sonst leicht zusammenschmilzt.

***Eigenschaften.*** Mattglänzende, braungrüne Schuppen, welche beim Zerreiben ein missfarbig-graugrünes Pulver liefern. Es ist geruch- und geschmacklos, giebt an Wasser und an Weingeist kleine Mengen Gerbsäure ab und hinterlässt beim Erhitzen unter Verflüchtigung des Quecksilbers eine leicht verglimmende Kohle. Von stark verdünnter Salzsäure wird es nicht merklich verändert; koncentrirte Salzsäure dagegen verwandelt es, namentlich bei Gegenwart von Alkohol, nach kurzer Zeit in Mercurochlorid, wobei Gerbsäure in Lösung geht. Aetzende und kohlensaure Alkalien (KOH, NaOH, $NH_3$, $K_2CO_3$, $Na_2CO_3$) zersetzen es schon in erheblicher Verdünnung in der Weise, dass metallisches Quecksilber sich als äusserst feine Kügelchen (Schlamm) abscheidet, während die alkalische Gerbsäurelösung infolge Oxydation braune Färbung annimmt. Das Präparat enthält nach obiger Vorschrift dargestellt etwa 43 Proc. metallisches Quecksilber.

***Prüfung.*** Dieselbe hat sich auf die Abwesenheit leicht löslicher Quecksilbersalze und auf Feststellung des Quecksilbergehaltes zu erstrecken. **1)** Werden 0,3 g Quecksilbertannat mit 3 ccm Wasser angerieben und filtrirt, so dürfen 2 Tropfen des Filtrats in 5 ccm Diphenylamin-Reagens (s. Bd. I S. 1044) gebracht, dieses nicht blau färben (Salpetersäure). — **2)** Lässt man 0,05 g mit 1 g Salzsäure und 5 g Weingeist unter öfterem Umschütteln einige Zeit in Berührung, wäscht das entstandene Quecksilberchlorür durch zweimaliges Aufgiessen von je 200 ccm Wasser und Absetzenlassen aus, fügt nun 15 ccm $^1/_{10}$-Normaljodlösung zu und titrirt nach erfolgter Auflösung mit $^1/_{10}$-Normalnatriumthiosulfatlösung zurück, so dürfen hierzu von letzterer nicht mehr als 5 ccm verbraucht werden, was einem Minimalgehalt von 40 Proc. Quecksilber entspricht. — Diese Reaktion beruht darauf, dass das vorhandene Kalomel in Quecksilberjodid verwandelt wird, während das austretende Chlor ein Aequivalent Jod aus dem vorhandenen Jodkali in Freiheit setzt.

1) $HgCl + 2J = HgJ_2 + Cl$. 2) $KJ + Cl = KCl + J$.

***Aufbewahrung.*** Vor Licht geschützt, vorsichtig. Für die Haltbarkeit des Präparates ist es wesentlich, dass dasselbe gut getrocknet in die trockenen Gefässe kommt.

***Anwendung.*** Von LUSTGARTEN als mildes Quecksilberpräparat bei Syphilis empfohlen; es soll in solchen Fällen angewendet werden, wo die Schmierkur nicht möglich ist. Es soll unter dem Einfluss der alkalischen Darmverdauung zu metallischem Quecksilber reducirt werden, welches auf der Darmschleimhaut zur Wirkung gelangt. Man giebt es dreimal täglich zu 0,05—0,1 g, wenn es Diarrhoë erregt mit Gerbsäure oder Opium kombinirt. Höchstgaben: *pro dosi* 0,05, *pro die* 0,15 (Ergänzb.).

Nach LUSTGARTEN.

Rp. Hydrarg. tannici oxydulati 0,1
Sacchari Lactis 0,4.
M. f. plv. Doses tales XII.
S. 3mal täglich 1 Pulver.

Rp. Hydrarg. tannici oxydulati 0,1
Acidi tannici 0,05
(Opii puri) (0,005)
Sacchari Lactis 0,4.
M. f. plv. Dos. tales XII.
S. 3mal täglich 1 Pulver.

Nach SCHADECK.

Rp Hydrarg. tannici oxydulati 4,0
Rad. Liquiritiae
Pulv. Liquiritiae āā 3,0.
Fiant pil. No. 60.
S. Täglich 3—5 Pillen

---

# Hydrargyrum thymicum.

**I. †† Hydrargyrum thymicum. Thymolquecksilber. Hydrargyrum thymolicum.** Ein Salz variabler Zusammensetzung, meist $C_{10}H_{13}OHgOH$. Man erhält es durch Umsetzen von Thymolnatrium mit Mercurinitrat in wässeriger Lösung als violettgrünen Niederschlag; ausserdem wird es auch als farblose Krystalle beschrieben. Es ist leicht zersetzlich und wird therapeutisch nicht verwendet.

**II. †† Hydrargyrum thymolo-aceticum. Hydrargyrum thymico-aceticum. Thymolquecksilberacetat.** $(CH_3CO_2)_2Hg . Hg(CH_3CO_2)C_{10}H_{13}O$. **Mol. Gew. = 726.**

***Darstellung.*** **A)** Man trägt in eine warme, mit Essigsäure angesäuerte Lösung von Mercuriacetat eine ebenfalls warme, alkalische Thymollösung unter Umschütteln so lange ein, als sich der jedesmal entstehende, gelbe Niederschlag noch eben wieder auflöst, so dass bei kräftigem Schütteln nur eine leichte Trübung bestehen bleibt. Beim Erkalten erstarrt die Flüssigkeit zu einem Krystallbrei. Man presst die Krystalle ab und krystallisirt sie aus verdünnter Natronlauge um. — **B)** Man vermischt eine warme, mit Essigsäure angesäuerte Lösung von Mercuriacetat in absolutem Alkohol mit einer warmen, alkoholischen Thymollösung.

***Eigenschaften.*** Kurze, farblose Prismen oder ein weisses, mikrokrystallinisches Pulver von kaum merkbarem Geruch nach Thymol. Sie werden am Lichte zersetzt, nehmen rothe Färbung an und riechen dann deutlich nach Thymol. Schwerlöslich in Wasser und in kaltem Alkohol, etwas leichter in siedendem Alkohol. Leicht löslich in verdünnten Alkalien und aus dieser Lösung durch Säuren unverändert wieder abgeschieden. Beim Erhitzen auf 170° C. tritt Zersetzung ein. Der Quecksilbergehalt beträgt 55,1 Proc. Hg.

***Prüfung.*** 0,1 g des Präparates mit 5 ccm Wasser und einigen Tropfen Natronlauge übergossen, muss sich beim Umschütteln rasch und leicht lösen. Die Lösung ist meist infolge einer minimalen Zersetzung nicht völlig klar, sondern zeigt eine schwärzliche Opalescenz. Das Präparat muss weiss sein, ist dasselbe roth gefärbt, so hat eine theilweise Zersetzung stattgefunden.

Die Quecksilberbestimmung erfolgt wie bei Hydrargyrum phenolicum Bd. II, S. 60 angegeben.

***Aufbewahrung.*** Sehr vorsichtig, vor Luft und Licht geschützt. ***Anwendung.*** Als unlösliche Quecksilberverbindung in der Injektionstherapie gegen Syphilis. Man injicirt intramuskulär wöchentlich einmal 0,1 g in Paraffin oder Glycerin vertheilt mit oder ohne Zusatz von 0,1 Cocaïn. Bei Lungentuberkulose werden die Injektionen kombinirt mit innerer Darreichung von Thymolquecksilberacetat + Kaliumjodid.

**Injectio Hydrargyri thymolo-acetici antiluetica** LÖWENTHAL.

Rp. Hydrargyri thymolo-acetici 1,0
Glycerini 10,0
Cocaïni hydrochlorici 0,1.

Wöchentlich einmal 1 ccm zu injiciren.

**Injectio Hydrargyri thymolo-acetici antiphthisica** TRANJEN.

Rp. Hydrargyri thymolo-acetici 0,75
Paraffini liquidi 10,0.

Alle 7—10 Tage 1 ccm in die Glutäen einzuspritzen. Nebenbei wird dreimal täglich ein Esslöffel einer Kaliumjodidlösung 5,0 : 200,0 gegeben.

**Oleum Hydrargyri thymolo-acetici** LANG.

Rp. Hydrargyri thymolo-acetici 7,5
Lanolini anhydrici 2,5
Paraffini liquidi 5,0.

Wie mit essigsaurem Quecksilberoxyd lassen sich auch mit anderen Quecksilbersalzen derartige Thymolquecksilber-Doppelsalze darstellen, z. B. Hydrargyrum thymolo-nitricum, Hydrargyrum thymolo-salicylicum, Hydrargyrum thymolo-sulfuricum. Diese gleichen in ihren Eigenschaften und Wirkungen dem Thymolquecksilberacetat.

Endlich können an Stelle des Thymols beliebige andere Phenole eingeführt werden.

**†† Hydrargyrum resorcino-aceticum. Resorcin-Quecksilberacetat. Formel unbekannt.** Zur Darstellung fällt man eine Mercuriacetatlösung mit einer Lösung von Resorcin-Natrium und löst den entstandenen Niederschlag in einer Lösung von überschüssigem Mercuriacetat auf.

Dunkelgelbes, körnig-krystallinisches Pulver, unlöslich in Wasser, in Fetten, fetten und mineralischen Oelen. Der Gehalt an Quecksilber ist = 68,9 Proc. Hg. Aufbewahrung. Sehr vorsichtig und vor Licht geschützt.

Anwendung. Als unlösliche Quecksilberverbindung zur Injektionstherapie bei Syphilis.

**Oleum Hydrargyri resorcino-acetici** LANG.

Rp. Hydrargyri resorcino-acetici 5,6
Paraffini liquidi 5,5
Lanolini anhydrici 2,0.

1 ccm enthält = 0,387 g Hg.

Die Injektionsflüssigkeit ist vor der wöchentlich einmal vorzunehmenden Injektion auf 25° C. zu erwärmen. An der nämlichen Stelle soll nicht mehr als 0,1 ccm, in der Woche soll nicht mehr als 0,2 ccm injicirt werden = 0,077 der Verbindung. (ULLMANN).

**†† Hydrargyrum tribromphenolo-aceticum. Tribromphenol-Quecksilberacetat. Formel unbekannt.** Zur Darstellung wird Tribromphenolnatriumlösung mit einer Lösung von Mercuriacetat umgesetzt und der entstandene Niederschlag in überschüssiger Mercuriacetatlösung aufgelöst.

Aus gelben, feinen, nadelförmigen Krystallen bestehendes, sehr voluminöses Pulver. Der Quecksilbergehalt ist = 29,31 Proc. Hg. Aufbewahrung. Sehr vorsichtig und vor Licht geschützt. Anwendung. Als unlösliche Quecksilberverbindung zur Injektionstherapie bei Syphilis.

**Oleum Hydrargyri tribromphenolo-acetici** LANG.

Rp. Hydrargyri tribromphenolo-acetici 6,5
Paraffini liquidi 18,0.

0,5 ccm enthält = 0,049 g Hg.

Die Suspension ist vor dem Einspritzen gut umzuschütteln. Man injicire an der nämlichen Stelle nicht mehr als 0,5 ccm und in der Woche nicht mehr als 1 ccm = 0,098 g Hg.

---

# Hydrargyri salia varia.

**†† Kalium hyposulfurosum cum Hydrargyro. Kalium thiosulfuricum cum Hydrargyro. Hydrargyro-Kalium thiosulfuricum. Hydrargyro-Kalium subsulfuricum.** $3 Hg(S_2O_3)_2 + 5 K_2S_2O_3$ (?).

Eine Doppelverbindung von Mercurithiosulfat mit Kaliumthiosulfat, welche erhalten wird, wenn man 10 Th. kryst. Kaliumthiosulfat ($K_2S_2O_3 + 1^1/_2 H_2O$) in 20 Th. Wasser löst und in die erhitzte Flüssigkeit nach und nach 4 Th. Quecksilberoxyd einträgt. Die filtrirte Flüssigkeit wird zur Krystallisation eingedampft.

Farblose, in Wasser leicht lösliche Krystalle, deren Lösung Eiweiss nicht fällt. Zu subkutanen Injektionen $^1/_2$—1,0 ccm einer Lösung 0,25 : 10,0. Sehr vorsichtig, vor Licht geschützt, aufzubewahren.

**† † Hydrargyrum jodicum. Mercurijodat. Jodsaures Quecksilberoxyd. Hg. $(JO_3)_2$ = 550.** Zur Darstellung fällt man aus 27 Th. Mercurichlorid durch einen Ueberschuss von Natronlauge das Quecksilber als Quecksilberoxyd, wäscht dieses bis zur Chlorfreiheit aus und erwärmt es noch feucht (!) mit einer Lösung von 40 Th. Jodsäure ($JO_3H$, s. Bd. I S. 67). Das gebildete Salz wird mit Wasser gewaschen und bei gelinder Wärme getrocknet.

Weisses, amorphes, in reinem Wasser fast unlösliches, dagegen nach Zusatz von Natriumchlorid oder Kaliumchlorid lösliches Pulver. Sehr vorsichtig und vor Luft geschützt aufzubewahren.

Anwendung zu intraparenchymatösen Einspritzungen gegen Syphilis.

**Injectio Hydrargyri jodici** Ruhemann.

| Rp. | Hydrargyri jodici | | 0,12 |
|---|---|---|---|
| | Kalii jodati | | 0,08 |
| | Aquae destillatae | ad | 10,0. |

**†† Hydrargyrum pyroboricum. Mercuriborat. Borsaures Quecksilberoxyd. Borate de mercure. Borate of Mercury. $B_4O_7Hg$. Mol. Gew. = 356.**

Zur Darstellung löst man 76 g krystall. Borax in 1 l Wasser, anderseits 54 g Mercurichlorid in 1 l Wasser und trägt die Boraxlösung in die Mercurichloridlösung in dünnem Strahle unter Umrühren ein. Der braune Niederschlag wird gesammelt, bis zum Verschwinden der Chlorreaktion mit Wasser gewaschen und bei gelinder Wärme unter Lichtabschluss getrocknet.

Ein amorphes, braunes Pulver, in Wasser, Alkohol oder Aether unlöslich. Durch Salzsäure bez. Salpetersäure wird es unter Bildung von Mercurichlorid bez. Mercurinitrat gelöst. Natronlauge scheidet gelbes Quecksilberoxyd ab. Es enthält 56,2 Proc. metallisches Quecksilber (Hg). Sehr vorsichtig, vor Licht geschützt aufzubewahren.

***Anwendung.*** Aeusserlich in Salben (1 : 10—20,0 Lanolin) oder als Streupulver (1 Th. mit 10 Th. Wismutsubgallat) auf feuchte Wunden und Geschwüre, besonders wenn Verdacht auf Syphilis vorliegt.

**†† Hydrargyrum rhodanatum. Hydrargyrum sulfocyanatum. Rhodanquecksilber. Thiocyansaures Quecksilberoxyd. $Hg(CNS)_2$. Mol. Gew. = 316.**

Zur Darstellung nimmt man eine beliebige Menge Mercurinitratlösung und theilt diese in zwei gleiche Hälften. Alsdann fügt man zu der einen Hälfte soviel Rhodankaliumlösung, bis der entstandene Niederschlag eben wieder in Lösung geht. Wenn dies der Fall ist, giesst man die andere Hälfte der Mercurinitratlösung unter Umrühren zu. Der ausgeschiedene Niederschlag wird gewaschen und auf porösen Unterlagen an einem schattigen Orte bei gelinder Wärme getrocknet.

Weisses Pulver, in Alkohol und in Kochsalzlösung löslich. In Rhodankaliumlösung löst es sich unter Bildung eines krystallisirenden Doppelsalzes. Entzündet verbrennt es mit bläulicher Schwefelflamme unter bedeutender Aufblähung. Daher Verwendung zu Pharaoschlangen. Der Rückstand liefert beim andauernden Erhitzen Mellon. Therapeutisch nicht verwendet. Sehr vorsichtig aufzubewahren.

**Pharaoschlangen.** Man stösst Rhodanquecksilber mit Hilfe von Gummischleim zu einer derben Masse an und formt aus dieser Stengelchen, die man trocknet und in Stanniol einwickelt.

**Ungiftiger Ersatz der Pharaoschlangen.** Kaliumdichromat 2,0, Kaliumnitrat 1,0, Zucker 3,0, Perubalsam, Traganthschleim q. s. Man stösst zur Masse und formt Stengelchen.

**†† Liquor Hydrargyri formamidati** (Ergänzb.). **Quecksilberformamidlösung.** Das Quecksilberformamid $(HCONH)_2$. Hg ist nicht als solches, sondern nur in wässeriger Lösung bekannt.

Zur Darstellung wird 1 Th. rekrystallisirtes Mercurichlorid in 50 Th. Wasser gelöst. Aus dieser Lösung wird das Quecksilberoxyd durch einen Ueberschuss von Natronlauge gefällt. Das ausgefällte Quecksilberoxyd wird bis zur Chlorfreiheit ausgewaschen, dann mit etwa 20 Th. Wasser in eine Porcellanschale gespült. Man setzt nun unter schwachem (!) Erwärmen und unter Umrühren tropfenweise Formamid hinzu, bis gerade Auflösung des Quecksilberoxyds erfolgt ist. Dann filtrirt man, um das auf dem Filter gebliebene Quecksilberoxyd in Lösung zu bringen, die Lösung einige Male durch das Filter, wäscht dieses mit Wasser nach und füllt die Lösung auf 100 ccm auf.

Eine farblose, schwach alkalisch reagirende Flüssigkeit von nur schwach metallischem Geschmacke. Sie fällt Eiweiss nicht. Schwefelwasserstoff oder Schwefelammonium scheiden aus der Lösung schwarzes Schwefelquecksilber ab. Beim Kochen mit verdünnten Säuren und verdünnten Alkalien wird metallisches Quecksilber als feiner, grauer Schlamm abgeschieden. Durch Einwirkung des Lichtes wird die Lösung unter Abscheidung von metallischem Quecksilber zersetzt. — 100 ccm der Lösung enthalten die 1 g Mercurichlorid entsprechende Menge Quecksilber.

Verdünnte Eiweisslösung (1 : 100) darf durch die Lösung nicht getrübt werden. Auf vorsichtigen (!) Zusatz stark verdünnter Kaliumjodidlösung darf nur eine schwach gelbliche, durch einen Ueberschuss von Kaliumjodid wieder verschwindende Trübung, kein rother Niederschlag entstehen (fremde Quecksilbersalze, namentlich Mercurichlorid). — Sehr vorsichtig, vor Licht geschützt aufzubewahren.

Das Präparat findet ausschliesslich Verwendung zu subkutanen Injektionen gegen Syphilis.

**†† Hydrargyrum amidopropionicum. Alanin-Quecksilber. Lactamin-Quecksilber.** **$(CH_3CH[NH_2]CO_2)_2 . Hg$. Mol. Gew. = 376.** Zur Darstellung fällt man aus 10 Th. Mercurichlorid das Quecksilber durch Natronlauge als Quecksilberoxyd, wäscht dieses bis zur Chlorfreiheit und löst es alsdann unter Erhitzen in einer Lösung von 6,7 Th. Alanin in 130 Th. Wasser. Die filtrirte Lösung wird durch Eindunsten zur Krystallisation gebracht. Farblose Nadeln, in 3 Th. Wasser löslich.

Das Salz wurde früher in 1—2procentiger wässeriger Auflösung zu subkutanen Injektionen bei Syphilis angewendet. Es war eine der therapeutisch zuerst angewendeten organischen Quecksilberverbindungen, welche Eiweiss nicht fällte.

**Solutio Hydrargyri amidopropionici. Alanin-Quecksilberlösung 1 Proc.** Man fällt aus 0,73 g Mercurichlorid das Quecksilber als Quecksilberoxyd, wäscht es bis zur Chlorfreiheit, löst es in einer Auflösung von 0,5 g Alanin in 5 ccm Wasser und füllt die Lösung zu 100 ccm auf.

Soll die Lösung in 1 ccm = 0,01 g Quecksilberoxyd enthalten, so löst man das aus 0,9 g Mercurichlorid gefällte etc. Quecksilberoxyd in 0,63 g Alanin und füllt die Lösung zu 70 ccm auf.

***Anwendung.*** Innerlich zu 0,002—0,005 g in Pillen, subkutan 0,005—0,01 täglich.

**†† Hydrargyrum asparaginicum. Asparagin-Quecksilber. $(C_4H_7N_2O_3)_2 . Hg$. Mol. Gew. = 462.**

Zur Darstellung fällt man aus 10 Th. Mercurichlorid das Quecksilber als Quecksilberoxyd, wäscht dieses bis zur Chlorfreiheit, löst es alsdann in einer wässerigen Lösung von 11,3 Asparagin unter schwachem Erwärmen und bringt die filtrirte Lösung durch Eindunsten zur Krystallisation. Farblose Nadeln, in Wasser leicht löslich. — Dosis subkutan 0,005—0,01 g *pro die.*

**Solutio Hydrargyri asparaginici. Asparagin-Quecksilberlösung 1 Proc.** Man fällt aus einer Lösung von 0,59 g Mercurichlorid das Quecksilber als Quecksilberoxyd, wäscht dieses bis zur Chlorfreiheit, löst es in einer wässerigen Auflösung von 0,65 g Asparagin in 5 ccm Wasser und füllt auf 100 ccm auf.

Soll die Lösung in 1 ccm = 0,01 g Quecksilberoxyd enthalten, so löst man das aus 0,9 g Mercurichlorid gefällte etc. Quecksilberoxyd in einer Lösung von 1 g Asparagin in 5 ccm Wasser und füllt bis auf 70 ccm auf.

**†† Hydrargyrum glycocollicum. Glycocoll-Quecksilber.** Fälschlich auch **Hydrargyrum glycocholicum.** $(C_2H_4NO_2)_2Hg$. **Mol. Gew. = 348.**

Zur Darstellung fällt man durch Natronlauge aus einer wässerigen Auflösung von 10 Th. Mercurichlorid das Quecksilber als Quecksilberoxyd aus, wäscht dieses bis zur Chlorfreiheit und löst es in einer Auflösung von 5,6 Th. Glycocoll. in 100 Th. Wasser auf und dunstet die filtrirte Lösung bis zur Krystallisation ein. Farblose Krystalle, in Wasser leicht löslich.

**Solutio Hydrargyri glycocollici. Glycocoll-Quecksilberlösung. 1 Proc.** Man fällt aus 0,8 Th. Mercurichlorid das Quecksilber als Quecksilberoxyd, wäscht es bis zur Chlorfreiheit, löst es in einer Auflösung von 0,5 g Glycocoll in 10 ccm Wasser, füllt die Lösung auf 100 ccm auf und filtrirt.

Soll die Lösung in 1 ccm = 0,01 g Quecksilberoxyd enthalten, so fällt man das Quecksilberoxyd aus 1,26 g Mercurichlorid, löst es in einer Lösung von 0,7 g Glycocoll in 10 ccm Wasser, füllt auf 100 ccm auf und filtrirt.

**†† Hydrargyrum paraphenolosulfuricum. p-Phenolsulfosaures Quecksilber.** Zur therapeutischen Verwendung gelangen zur Zeit zwei Präparate, welche zwar nicht direkt p-Phenolsulfosaures Quecksilber sind, aber diesem doch nahestehen.

**†† Hydrargyrol.** $C_6H_4(OH)SO_3Hg$ (?). Die hier angegebene Formel stimmt zwar für die von Gautrelet angegebene Darstellungsvorschrift, ist aber an sich nicht recht erklärlich.

Zur Darstellung lässt man 100 Th. geschmolzenes Phenol und 105 Th. konc. Schwefelsäure während 8 Tagen bei 100° C. aufeinander einwirken, verdünnt mit Wasser, sättigt die Lösung mit Baryumkarbonat und filtrirt. Aus dem Filtrat fällt man das Baryum in der Band I S. 86 und 87 angegebenen Weise mit berechneten Mengen Schwefelsäure. Alsdann fällt man aus einer Lösung von 290 Th. Mercurichlorid durch überschüssige Natronlauge das Quecksilberoxyd, wäscht es bis zur Chlorfreiheit aus und setzt es noch feucht der vorher dargestellten Lösung von Paraphenolsulfosäure zu. Man erhitzt etwa 24 Stunden auf dem Wasserbade, filtrirt vom Ungelösten ab und dampft die Lösung zur Trockne.

Braunrothe Schuppen oder Krusten, im Geruch an Pfefferkuchen erinnernd, von neutraler Reaktion, spec. Gew. 1,85. Unlöslich in absolutem Alkohol, aber mit Wasser wie mit Glycerin schön rubinrothe Lösungen liefernd, in denen weder Quecksilber noch Phenol ohne Zerstörung des Moleküls nachgewiesen werden können. Die wässerige Lösung fällt Alkaloide und basische Toxine, nicht aber Eiweiss. Die Lösungen werden schon durch Essigsäure oder durch verdünnten Alkohol zersetzt.

Es ist zur Verwendung als Antisepticum in Aussicht genommen. Die 0,4procentige Lösung macht besonders beim Erhitzen auf 100° C. Verbandzeug und dergl. völlig steril. Die wässerige Lösung greift Eisen und Nickel nicht an, wirkt auch nicht ätzend. Die Giftigkeit ist erheblich geringer als die des Sublimats.

**†† Asterol. Hydrargyrum paraphenolosulfuricum cum Ammonio tartarico. Paraphenolsulfosaures Quecksilber-Ammoniumtartrat.** $C_{12}H_{10}O_8S_2Hg + 4[C_4H_4O_6(NH_4)_2] + 8H_2O$. **Mol. Gew. = 1426.**

Zur Darstellung lässt man eine Mischung von 200 Th. Phenol mit 220 Th. konc. Schwefelsäure etwa eine Woche in der Wärme stehen, stellt alsdann das paraphenolsulfosaure Baryum (s. Bd. I, S. 86) und aus diesem die freie Paraphenolsulfosäure dar. Die wässerige Lösung derselben sättigt man mit frisch gefälltem Quecksilberoxyd, welches aus 271 Th. Mercurichlorid abgeschieden worden ist, giebt zur filtrirten Lösung eine Lösung von 600 Th. Weinsäure, welche mit 544 Th. Ammoniakflüssigkeit (von 25 Proc. $NH_3$) neutralisirt worden ist, filtrirt und dampft das Filtrat zur Trockne.

Ein fast weisses, schwach röthliches, mikrokrystallinisches Salzpulver, in kaltem Wasser nicht rasch löslich, aber beim Erwärmen eine klare und klar bleibende Lösung gebend, von saurer Reaktion. Schüttelt man das Präparat mit kaltem Wasser an, so erhält man eine Suspension, welche folgende Eigenschaften hat: Natronlauge erzeugt keine

Fällung, führt vielmehr klare Lösung herbei. Natriumchlorid und Kaliumjodid bewirken Auflösung, ohne dass letzteres vorübergehend Mercurijodid ausscheidet. Zinnchlorürlösung fällt zunächst Kalomel, dann sehr rasch metallisches Quecksilber. Ferrichlorid erzeugt keine charakteristische Färbung. Durch Schwefelwasserstoff oder Schwefelammonium wird in der Kälte nicht, wohl aber in der Wärme Schwefelquecksilber abgeschieden. Schwefelwasserstoffwasser wirkt merkwürdigerweise deutlich auflösend. Eiweiss wird nicht gefällt. Der Gehalt an metallischem Quecksilber beträgt 14 Proc., derjenige an Quecksilberoxyd = 15,1 Proc. Sehr vorsichtig aufzubewahren.

Das Asterol soll als Antisepticum das Sublimat ersetzen, weil es a) gegen Eiweiss indifferent ist, b) Eisen nicht angreift, c) bei geringerer Giftigkeit ebenso viel leisten soll wie Sublimat. Angewendet wird die 0,2—0,4procentige Lösung in der Wundbehandlung und zum Sterilisiren der Instrumente. Auch kommt das Präparat in Form löslicher Pastillen in den Handel. Wie es sich in der Praxis bewährt, wird abzuwarten sein.

**†† Hydrargyrum naphtholicum.** **β-Naphthol-Quecksilber $(C_{10}H_7O)_2 . Hg$. Mol. Gew. = 486.** Man löst zunächst 9,1 Th. β-Naphthol in 150 Th. Wasser unter Zusatz von 2,6 Th. Natronhydrat und trägt die filtrirte Lösung in eine andere Lösung von 10 Th. Mercuriacetat in 300 Th. Wasser ein. Es entsteht zunächst ein gelber Niederschlag, der gegen das Ende der Fällung weiss wird. Man sammelt ihn, wäscht ihn aus und trocknet ihn vor Licht und Schwefelwasserstoff geschützt in lauer Wärme auf porösen Unterlagen.

Gelblich-weisses, geruchloses Pulver, welches von Natronlauge klar gelöst wird. Von Kochsalzlösung wird es nicht aufgelöst. Durch Einwirkung von Kaliumjodid entsteht nicht Mercuribijodid. Die wässerige Anreibung wird durch Schwefelwasserstoffwasser in der Kälte nicht sogleich, rasch dagegen beim Erwärmen zersetzt. Durch Ammoniumsulfid erfolgt sogleich Abscheidung von Schwefelquecksilber.

***Aufbewahrung.*** Sehr vorsichtig und vor Licht geschützt.

***Anwendung.*** Als unlösliches Quecksilberpräparat zu subkutanen Injektionen, wie Hydrargyrum salicylicum. Dosis 0,01—0,02 g.

**†† Hydrargyrum naphtholico-aceticum. Naphtholessigsaures Quecksilber. $(C_{10}H_7O)C_2H_3O_2 . Hg$. Mol. Gew. = 402.** Der Niederschlag von Naphthol-Quecksilber wird noch feucht mit überschüssiger Mercuriacetatlösung erwärmt. Beim Erkalten krystallisirt die Doppelverbindung aus. Farblose Nadeln, löslich in Aether, Chloroform, Alkohol und Benzol. Schmelz-P. 154° C. Gebrauch wie das vorige.

**†† Hydrargyroseptol.** Ist eine Verbindung von Chinosolquecksilber mit Natriumchlorid $C_9H_6NO . SO_3Hg + 2NaCl$ und soll als Antisyphiliticum Verwendung finden.

**†† Hydrargyrum benzoïcum. Mercuribenzoat. Benzoësaures Quecksilberoxyd. Benzoate mercurique. Mercuric Benzoate. $(C_6H_5CO_2)_2 . Hg$. Mol. Gew. = 442.**

***Darstellung.*** Man löst 27 Th. Mercurichlorid in 1—2000 Th. Wasser und fällt aus dieser Lösung durch einen Ueberschuss von Natronlauge das Quecksilber als Quecksilberoxyd. Man wäscht dieses bis zur Chlorfreiheit, spült es dann in eine Schale, giebt 2000 Th. Wasser, sowie 22—23 Th. Benzoësäure (*e Toluolo*) dazu und erhitzt solange nahezu zum Sieden, bis die gelbe Farbe des Quecksilberoxyds in eine gelblich-weisse übergegangen ist. Das auf der Oberfläche der Flüssigkeit schwimmende Mercuribenzoat wird aus viel siedendem Wasser umkrystallisirt und bei etwa 50° C. getrocknet.

***Eigenschaften.*** Farblose, seidenglänzende Krystallnadeln von metallischem, schwach ätzendem Geschmacke, von schwach saurer Reaktion. In kaltem Wasser nahezu unlöslich, in siedendem Wasser etwas besser löslich, leicht löslich in Kochsalzlösung. Leicht löslich in kaltem Alkohol, jedoch unter Zersetzung in ein gelbes basisches Salz und in Benzoësäure. Diese Zersetzung tritt besonders leicht ein beim Erhitzen. Aether wirkt ähnlich. Schwefelwasserstoff und Schwefelammonium wirken unter Bildung von Mercurisulfid ein. Eiweiss wird von der wässerigen Lösung gefällt, doch geht dieser Niederschlag durch Kochsalz in Lösung. Der Gehalt an metallischem Quecksilber beträgt 45,2 Proc.

***Prüfung.*** 1) Die Lösung von 1 Th. Mercuribenzoat und 0,5 Th. Kochsalz in Wasser wird durch Natronlauge gelb und durch Ferrichlorid rehbraun gefällt (Identität). 2) Schüttelt man 1 Th. Mercuribenzoat mit 20 Th. Wasser kalt an, so soll das mit Salpetersäure angesäuerte Filtrat durch Silbernitrat nicht getrübt werden (Mercurichlorid). 3) 2 ccm des Filtrats sub 2 dürfen auf eine Mischung von 3 ccm konc. Schwefelsäure und 2 ccm Ferrosulfatlösung geschichtet, eine braune Zone nicht hervorbringen. 4) 0,5 g müssen auf einem Porcellandeckel ohne Rückstand verbrennen (Natronsalze).

***Aufbewahrung.*** Sehr vorsichtig.

***Anwendung.*** Zu subkutanen Injektionen, gegen Syphilis, ferner zur Behandlung specifischer, schlecht eiternder Wunden (0,1—0,2 : 30,0 Wasser), und zu Injektionen in die Urethra (0,1—0,2 : 500,0 Wasser).

**Injectio Hydrargyri benzoïci** STUKOWENKOW.

| | | |
|---|---|---|
| Rp. | Hydrargyri benzoïci | 0,25 |
| | Natrii chlorati | 0,1 |
| | Aquae destillatae | 30,0. |

Zu subkutanen Injektionen.

**Oleum Hydrargyri benzoïci** STUKOWENKOW.

| | | |
|---|---|---|
| Rp. | Hydrargyri benzoïci | |
| | Vaselini | āā 1,0 |
| | Paraffini liquidi | 8,0. |

Zu subkutanen Injektionen.

**Injectio Hydrargyri benzoïci** DESESQUELLE et BRETONNEAU.

| | | |
|---|---|---|
| Rp. | Hydrargyri benzoïci | 0,6 |
| | Ammonii benzoïci | 3,0 |
| | Aquae destillatae q. s. ad | 60,0 |

**†† Hydrargyrum dijodosalicylicum. Dijodsalicylsaures Quecksilber.** **$(C_6H_2J_2[OH].CO_2)_2Hg$. Mol. Gew. = 978.**

Zur Darstellung fällt man aus einer Lösung von 10 Th. Quecksilberchlorid durch einen Ueberschuss von Natronlauge das Quecksilber als Quecksilberoxyd, wäscht dieses thunlichst ohne Verlust zu erleiden bis zur Chlorfreiheit aus und bringt es noch feucht in eine geräumige Porcellanschale. Dazu bringt man eine Anreibung von 29 Th. Dijodsalicylsäure mit Wasser und schliesslich soviel Wasser, dass das Gesammtvolumen = 1000 Th. ist. Man erhitzt nun im Wasserbade solange, bis das gelbe Quecksilberoxyd in ein rein weisses Salz übergegangen ist, filtrirt noch heiss vor der Strahlpumpe, wäscht mit kleinen Mengen Wasser nach und trocknet auf porösen Unterlagen bei gelinder Temperatur vor Licht und Schwefelwasserstoff geschützt.

Weisses Pulver, aus mikroskopischen, durchsichtigen Prismen bestehend, unlöslich in Wasser. Die alkoholische Lösung wird durch wenig (!) Ferrichloridlösung violettblau gefärbt. Schüttelt man das Salz mit Wasser an und fügt Natronlauge zu, so erfolgt Abscheidung eines gelben Niederschlages (HgO?). Die Anreibung mit Wasser wird durch Schwefelwasserstoff in der Kälte langsam, rascher beim Erwärmen zersetzt. Schwefelammonium wirkt in gleicher Weise. Von Natriumchloridlösung wird es beim Erwärmen gelöst; während des Erkaltens scheiden sich prachtvolle Nadeln (Doppelsalz?) ab. Durch Kaliumjodidlösung entsteht in der wässerigen Anreibung sofort rothes Mercurijodid; durch einen Ueberschuss von Kaliumjodid wird die Flüssigkeit entfärbt, während ein weisser Niederschlag bestehen bleibt.

***Aufbewahrung.*** Sehr vorsichtig. ***Anwendung.*** Als unlösliches Quecksilberpräparat zu subkutanen Injektionen wie das Thymolquecksilberacetat in Gaben von 0,01—0,02 g *pro dosi.*

**†† Hydrargyrum gallicum. Mercurigallat. Gallussaures Quecksilberoxyd. $(C_6H_2[OH]_3CO_2)_2 . Hg$. Mol. Gew. = 538.** Es ist zweifelhaft, ob das Präparat eine einheitliche Verbindung ist. — Zur Darstellung soll man aus einer Lösung von 10 Th. Mercurichlorid durch einen Ueberschuss von Natronlauge das Quecksilber als Quecksilberoxyd ausfällen, dieses bis zur Chlorfreiheit auswaschen, noch feucht mit 14 Th. kryst. Gallussäure zusammenreiben und die Mischung vor Licht geschützt im Exsikkator über Schwefelsäure eintrocknen lassen. — Graugrünes, bez. grauschwarzes amorphes Pulver, neben Mercurigallat Oxydationsprodukte der Gallussäure, sowie Quecksilberoxyd und reducirtes Quecksilber enthaltend. In den gewöhnlichen Lösungsmitteln unlöslich. Innerlich in Form von Pillen zu 0,03—0,06 g *pro die* bei primärer und sekundärer Syphilis.

**†† Hydrargyrum santonicum.** **Hydrargyrum santonicum oxydulatum. Mercurosantoniat. Santoninquecksilber.** $Hg_2(C_{15}H_{19}O_4)_2$. **Mol. Gew. = 926.**

Zur Darstellung zerreibt man 5 Th. krystallisirtes Mercuronitrat fein und trägt es in eine Lösung von 6 Th. Natriumsantonat in 60 Th. Wasser ein. Die Mischung wird unter öfterem Umrühren 1 Tag zur Seite gestellt. Alsdann filtrirt man den Niederschlag ab, wäscht ihn mit kaltem Wasser und trocknet ihn bei gelinder (!) Wärme auf porösen Unterlagen an einem dunklen (!) Orte.

Weisses, krystallinisches, in Wasser unlösliches Pulver.

**†† Hydrargyrum albuminatum.** **Quecksilberalbuminat.** Ist keine Verbindung von konstanter Zusammensetzung, sondern hat mehr den Charakter eines galenischen Präparates.

1) Nach E. Dieterich: 100 Th. frisches Eiweiss werden zu Schnee geschlagen und mit 500 Th. Wasser verdünnt. Die wieder verflüssigte und kolirte Flüssigkeit wird in eine Lösung von 10 Th. Mercurichlorid in 500 Th. Wasser eingetragen. Der Niederschlag wird durch Dekanthiren mit Wasser wiederholt ausgewaschen, dann auf einem Kolatorium gesammelt und, in dünner Schicht auf Glasplatten aufgestrichen, unter Lichtabschluss bei 20—25° C. getrocknet.

Amorphe Massen, welche an Wasser Quecksilberchlorid nicht abgeben. Dagegen geht Quecksilber in Lösung bei Gegenwart von Natriumchlorid, Ammoniumchlorid oder Blutserum.

2) Nach A. Schneider: Eine filtrirte Auflösung von 1 Th. trocknem Eieralbumin in 8 Th. Wasser wird mit soviel einer 4procentigen Mercurichloridlösung unter Umrühren erhitzt, dass auf 100 Th. Eieralbumin etwas weniger als 36 Th. Mercurichlorid kommen, so dass also die von dem Niederschlage abfiltrirte Flüssigkeit mit Quecksilberchlorid noch eine Fällung giebt. Nach 48stündigem Absetzen wird die überstehende Flüssigkeit abgegossen und der feuchte Niederschlag, ohne ihn auszuwaschen, mit soviel Milchzuckerpulver gemischt, dass ein fast trocknes Pulver erhalten wird, welchem nach dem völligen Trocknen im Exsikkator über Schwefelsäure noch soviel Milchzucker zugesetzt wird, dass in der Mischung eine 0,4 Proc. Mercurichlorid entsprechende Menge Quecksilber enthalten ist. Das Präparat giebt beim Schütteln mit Wasser kein Quecksilber ab, wohl aber ist dies der Fall, wenn man dem Wasser Natriumchlorid, Ammoniumchlorid, Kaliumjodid oder Blutserum zusetzt.

Es dient zu antiseptischen Trockenverbänden, da es bei Zutritt von Serum und Kochsalzlösung Mercurichlorid abspaltet. Aufbewahrung: Sehr vorsichtig.

**Solutio Hydrargyri albuminati 1 Proc.** S. Bd II, S. 36.)

---

# Hydrastis.

Gattung der **Ranunculaceae — Paeonieae.**

**Hydrastis canadensis L.** Heimisch in den Wäldern des subarktischen und atlantischen Nordamerika; durch die schonungslose Ausbeutung wird die Pflanze hier und da (Alabama) selten. Stengel bis 30 cm hoch, mit meist zwei gestielten, handförmig gelappten Blättern. Blütenhülle dreiblättrig, klein, grünlich-weiss. Frucht eine Sammelfrucht, aus einem Dutzend kleiner, saftiger Beeren bestehend. Verwendung findet das Rhizom mit den Wurzeln:

**Rhizoma Hydrastis** (Germ. Helv.). **Radix Hydrastidis** (Austr.). **Hydrastis Rhizoma** (Brit.). **Hydrastis** (U-St.). **Radix Warneriae canadensis. — Hydrastiswurzel. Canadische Gelbwurzel. Goldsiegelwurzel. Blutkrautwurzel. — Rhizome d'hydrastis** (Gall. Suppl.). **Racine d'hydrastis. Sceau d'or. Racine orange ou jaune. — Hydrastis Rhizome. Golden Seal. Yellow Root. Yellow Pucoon. Yellow Seal.**

***Beschreibung.*** Das Rhizom bildet ein Sympodium mit ziemlich unregelmässiger Verzweigung, es erreicht eine Länge von 4—5 cm, eine Dicke von 10 mm, ist unregelmässig hin- und hergebogen, nach oben und an den Seiten durch die Reste der Sprosse, die geblüht und dann ihre Entwicklung eingestellt haben, unregelmässig gehöckert, besonders unten und auch an den Seiten mit den 1 mm dicken Wurzeln, die fast fehlen können, oft aber auch das Rhizom fast völlig einhüllen. Aussen ist es graubraun, innen schön gelb, der Bruch glatt, oft etwas wachsartig glänzend. Der Querschnitt lässt innerhalb des dünnen Korkes das Parenchym der Rinde erkennen, in dem getrennt durch die breiten Markstrahlen die Siebtheile auffallen. Die Holztheile lassen reichlich Parenchym und in demselben die Gefässe erkennen. Zwischen das primäre und sekundäre Xylem schiebt sich ein ansehnliches Bündel von Holzfasern, die spärlich auch im sekundären Xylem vorkommen. Das Centrum wird von einem grossen Mark eingenommen. Im Parenchym kleinkörnige Stärke, deren zuweilen bis zu 8 zusammengesetzte Körnchen 3—11, selten bis 19 $\mu$ messen. — Die Wurzeln lassen innerhalb der dicken Rinde die Endodermis und innerhalb dieser das tetrarche Gefässbündel erkennen. Der Geschmack des Rhizoms ist bitter.

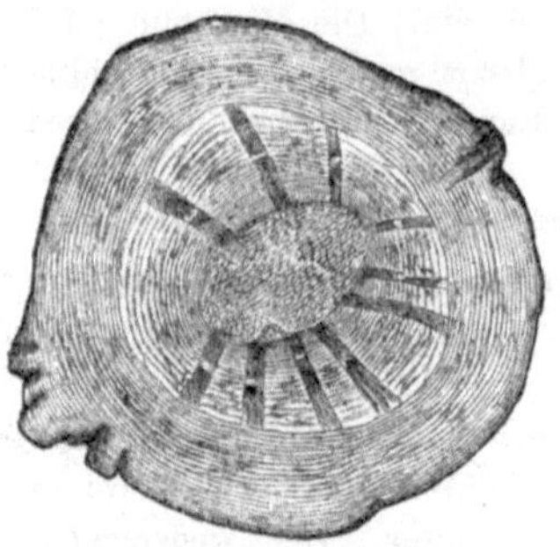

Fig. 2. Querschnitt durch das Rhizom von Hydrastis canadensis, schwach vergrössert.

***Bestandtheile.*** 3 Alkaloide: 1) Berberin $C_{20}H_{17}NO_4 . 6H_2O$. 2) Canadin $C_{20}H_{21}NO_4$ (Tetrahydroberberin), Schmelzpunkt 132,5° C., löslich in Alkohol, Aether, Chloroform, Benzol. Das Sulfat ist ziemlich leicht löslich. Unwirksam. 3) Hydrastin $C_{21}H_{21}NO_6$, es steht in nahen Beziehungen zum Narkotin, welches methoxylirtes Hydrastin ist. Schmelzpunkt 132° C. Löslich in 1,75 Th. Chloroform, 15,70 Th. Benzol, 120 Th. Alkohol. Der Gehalt an Berberin beträgt 3,5—5,0 Proc., der an Hydrastin 2,25—3,14 Proc., und zwar lieferte die ganze Droge in einem Falle Hydrastin 2,6 Proc., das Rhizom allein 2,75 Proc., die Wurzeln allein 1,2 Proc. Von der Gesammtmenge Hydrastin waren 18,5 Proc. im freien Zustande, der Rest gebunden. Das Hydrastin ist der Hauptträger der Wirksamkeit. Ferner enthält die Droge Phytosterin $C_{26}H_{44}O . H_2O$ und einen fluorescirenden Körper. Asche 4,48—4,82 Proc. Sie ist reich an Thonerde.

***Bestimmung des Hydrastingehaltes*** nach Keller: 12 g gepulverte Droge (Sieb V der Helv.) werden mit 120 g Aether übergossen, während 10 Minuten öfter umgeschüttelt, dann 10 ccm Ammoniak (10proc.) zugesetzt, während $^1/_2$ Stunde häufig kräftig geschüttelt, dann 15 ccm Wasser zugegeben und 2—3 Minuten kräftig geschüttelt. Dann giesst man 100 g der ätherischen Lösung (= 10 g Rhiz. Hydrastis) klar ab, lässt, wenn nöthig, etwas absetzen, giesst ab in einen cylindrischen Scheidetrichter und schüttelt mit 25, 15 und 10 ccm 1proc. Salzsäure oder so oft aus, bis einige Tropfen der neuen Ausschüttelung mit Meyer'schem Reagens keine Trübung mehr geben. Dann giebt man die wässerigen Lösungen wieder in den Scheidetrichter, macht mit Ammoniak alkalisch und schüttelt mit Aether so oft aus, bis einige Tropfen desselben verdunstet und, mit 1proc. Salzsäure aufgenommen, mit Meyer'schem Reagens keine Trübung mehr geben. Dann destillirt man den Aether ab, trocknet und wägt den Rückstand. Der Rückstand $\times$ 10 = Hydrastingehalt der Droge in Procenten.

***Verwechslungen und Verfälschungen.*** Da die Droge von wildwachsenden Pflanzen gesammelt wird, so ist sie häufig mit anderen Wurzeln und Rhizomen vermengt, zuweilen bis zu 50 Proc. inkl. Sand und Schmutz. Der Apotheker sollte die Droge nur in guten Stücken ohne Bruch kaufen. Als solche Beimengungen sind beobachtet:

Rhizom und Wurzeln von Cypripedilum pubescens Willd. (Orchidaceae). Im Querschnitt durch das Rhizom ein radiales Gefässbündel von einer Endodermis eingeschlossen. (Vergl. auch Senega.)

Rhizom und Wurzeln von Jeffersonia diphylla Pers. (Berberidaceae), der echten Droge ziemlich ähnlich, aber die Stärkekörner sind doppelt so gross, als bei dieser.

Stylophorum diphyllum Nuttal (Papaveraceae), als Extra large Golden Seal im Handel, Leontice thalictroides L. (Berberidaceae), Collinsonia canadensis L. (Labiatae), Trillium spec. (Liliaceae), Aristolochia Serpentaria L. (Aristolochiacae), Polygala Senega L. (Polygalaceae). Sie sind alle der echten Droge recht unähnlich; speciell Rhizoma Serpentariae scheint häufig vorzukommen. Das Pulver soll mit Kurkuma verfälscht werden, die man nachweist, indem man einige Gramm des Pulvers auf Filtrirpapier mit Chloroform durchfeuchtet. Der auf dem Papier bleibende Fleck wird bei Gegenwart von Kurkuma mit Kalilauge roth.

***Aufbewahrung.*** Man bezieht die Droge in unzerkleinertem Zustande, durchmustert jede Sendung sorgfältig und entfernt erdige Theile durch Absieben; da sie ausschliesslich zur Darstellung der verschiedenen Zubereitungen Verwendung findet, so verwandelt man sie nach kurzem Trocknen über Aetzkalk oder bei gelinder Wärme in ein mittelfeines Pulver und bewahrt dieses in Blechbüchsen auf. Austr. stellt das Rhizom und das Extrakt daraus zu den starkwirkenden Mitteln, schreibt indessen vorsichtige Aufbewahrung nicht vor.

***Wirkung und Anwendung.*** Bewirkt in kleinen Dosen Erhöhung des Blutdrucks durch Gefässkontraktion, grössere bewirken nach kurzer Steigerung Sinken desselben. Man wendet es bei Blutungen aus den weiblichen Genitalien an, wo es aber Secale cornutum nicht ersetzen kann, ferner bei katarrhalischen Zuständen des Darmes und als Tonicum bei Dyspepsie. Der wirksame Bestandtheil ist das Hydrastin und zwar anscheinend nicht dieses selbst, sondern sein Zersetzungsprodukt: Hydrastinin.

Hydrastisrhizom und seine Zubereitungen sind in Deutschland dem freien Verkehr entzogen; in Oesterreich dürfen sie nur gegen ärztliche Verschreibung abgegeben werden.

**Extractum Hydrastis canadensis alcoole paratum** (Gall. Suppl.) wird wie Extr. Colae Gall. Suppl. (Band I, S. 919) bereitet.

**Extractum Hydrastis siccum** (Ergänzb.). 1 Th. grob gepulvertes Hydrastisrhizom wird zweimal mit je 5 Th. verdünntem Weingeist (60proc.) zuerst 6, dann 3 Tage ausgezogen; von den Pressflüssigkeiten destillirt man den Weingeist ab und verdampft zur Trockne. E. Dieterich setzt die Weingeistmengen auf 4 und 3 Th. herab. Ausbeute etwa 20 Proc. Braun, in Wasser trübe löslich.

**Extractum Hydrastis fluidum** (Germ. Helv. U-St.). Extr. Hydrastidis fluidum (Austr.). Extr. Hydrastis liquidum (Brit.). Hydrastis-Fluidextrakt. Flüssiges Gelbwurzelextrakt. Extrait fluide d'hydrastis. Fluid or Liquid Extract of Hydrastis. Fluid Extract of golden Seal.

Germ.: Aus 100 Th. mittelfein gepulvertem Hydrastisrhizom und q. s. einer Mischung aus 7 Th. Weingeist (87proc.) und 3 Th. Wasser stellt man (s. Bd. I, S. 1075) 100 Th. Fluidextrakt dar. Es empfiehlt sich, die Wurzel fein gepulvert zu verarbeiten, man gebraucht dann nur 600—700, sonst aber bis 1100 Th. Lösungsmittel. Die Wurzel ist erschöpft, wenn 1 ccm des Perkolats, mit 9 ccm Wasser verdünnt, filtrirt und mit 1 ccm Salpetersäure versetzt binnen 10 Minuten keine krystallinische Abscheidung von Berberinnitrat mehr giebt. — Helv.: 100 Th. mittelfein gepulvertes Hydrastisrhizom werden mit 30 Th. verdünntem Weingeist (62proc.) befeuchtet; man erschöpft mit verdünntem Weingeist und bereitet l. a. 100 Th. — Austr. lässt genau so wie Germ. verfahren, indessen das Perkolat nicht auf 100, sondern durch Zusatz von verdünntem Weingeist auf 150 Th. bringen. — Brit.: Aus 1000 g Hydrastisrhizom (No. 60) und q. s. Alkohol von 45 Vol. Proc.; man befeuchtet mit 400 ccm, erschöpft, sammelt zuerst 850 ccm und stellt l. a. 1000 ccm Fluidextrakt dar. — U-St.: Aus 1000 g Hydrastisrhizom (No. 60) und einer Mischung aus 100 ccm Glycerin, 600 ccm Weingeist (91proc.) und 300 ccm Wasser im Verdrängungswege. Man befeuchtet mit 300 ccm, erschöpft, zuletzt mittels q. s. einer Mischung aus 600 ccm Weingeist und 300 ccm Wasser, fängt zuerst 850 ccm auf und bereitet l. a. 1000 ccm Fluidextrakt. — Braungelbe, klare Flüssigkeit, die mit 100 Th. Wasser eine gelbe, opalisirende Lösung giebt. Die bei längerer Aufbewahrung sich bildenden, aus Phytosterin, nach Loebner aus fast reinem Berberin bestehenden Ausscheidungen schliessen, wie Linde gefunden hat, mehr oder weniger Hydrastin ein; um dieses zu verhindern, wird ein Zusatz von 0,1—0,2 Proc. Weinsäure empfohlen. — Das Fluidextrakt soll 20 Proc. Trockenrückstand geben.

Gabe: 20—40 Tropfen mehrmals täglich in Süsswein oder Zimmtsirup. Auch in Gelatinekapseln oder Tabletten.

Zur Bestimmung des Hydrastingehaltes im Fluidextrakte werden nach O. Linde 15 g im Wasserbade auf 5 g eingedampft, mit etwas Wasser in einen Scheidetrichter gespült und zu 10 g ergänzt. Dazu giebt man 10 g Petroläther, 50 g Aether und 5 g Ammoniak (10proc.), schüttelt 2 Minuten lang kräftig durch und lässt klar absetzen. Dann bringt man 50 ccm der klaren Aetherlösung in einen zweiten Scheidetrichter und schüttelt mit 10 ccm 5 proc. Salzsäure einige Minuten durch. Nach dem Klären lässt man die sauere Lösung abfliessen, schüttelt den Aether noch zweimal mit je 5 ccm Wasser, dem einige Tropfen Salzsäure zugesetzt sind, aus und vereinigt alle diese Auszüge. Man übersättigt sie mit Ammoniak, fügt 50 g Aether zu und lässt die Mischung unter häufigem Schütteln eine Stunde stehen. Von der klaren Aetherlösung filtrirt man dann 40 g durch ein trockenes Filter in ein gewogenes trockenes Kölbchen, destillirt den Aether ab, trocknet den Rückstand bis zum konstanten Gewicht und wägt. Der Rückstand giebt den Alkaloidgehalt in 10 g Extrakt an.

**Glyceritum Hydrastis** (U-St.). Glycerite of Hydrastis. 1000 g gepulvertes Hydrastisrhizom (No. 60) wird mit 350 ccm Weingeist (91 proc.) befeuchtet in einen Perkolator gepackt und mit q. s. Weingeist erschöpft. Das Perkolat mischt man mit 250 ccm Wasser, destillirt den Weingeist ab, bringt mit q. s. Wasser auf 500 ccm, filtrirt nach dem Absetzen, wäscht das Filter mit Wasser nach, so dass man 500 ccm Filtrat erhält, und stellt durch Mischen mit 500 ccm Glycerin = 1000 ccm Flüssigkeit dar.

**Tinctura Hydrastis** (Brit. U-St.). Tinct. Hydrastis canadensis (Gall. Suppl.). Hydrastis-Tinktur. Teinture d'hydrastis canadensis. Tincture of Hydrastis. Brit.: Aus 100 g gepulverter Droge (No. 60) und Weingeist (von 60 Vol. Proc.) im Verdrängungswege; man befeuchtet mit 100 ccm und sammelt 1000 ccm Tinktur. — U-St. ebenso, doch aus 200 g Droge und 41 proc. Weingeist unter Befeuchten mittels 150 ccm 1000 ccm Tinktur. — Gall Suppl.: Aus 1 Th. grob gepulverter Droge und 5 Th. 60 proc. Weingeist durch 10 tägige Maceration. Dosis: 1—2 ccm.

**Hydrastinum compressum saccharo obductum,** Tabloids von Burroughs, Wellcome & Co., enthalten jede 0,016 Hydrastinum hydr., 0,032 Ergotin, 0,032 Cannabin. tannic.

**Liquor sedans** von Parke, Davis & Co. in Detroit ist eine aromatisirte Mischung aus Extr. Hydrast. fluid., Extr. Viburni prunifol. fluid. ãã 60,0, Extr. Piscidiae erythrinae fluid. 30,0.

**Zymocide,** eine amerikanische Specialität, enthält Borsäure, Thymolnatrium, Menthol, Gaultheria-, Minzen- und Eucalyptusöl, phenolsulfosaures Zink, gelöst in farblosen Extrakten (also wohl Destillaten) aus Hydrastis canad., Calendula und Hamamelis.

## Hydrastis-Alkaloide.

**Berberinum.** **Berberin. Xanthopicrit. Jamaicin.** $C_{20}H_{17}NO_4 + 6H_2O$. **Mol. Gew. = 443.**

***Darstellung.*** Man zieht die zerkleinerte Hydrastiswurzel mit Essigsäure haltigem Wasser aus, dampft den Auszug nach dem Absetzen und Filtriren zum dünnen Extrakt ein und versetzt dieses mit dem drei bis vierfachen Volumen verdünnter Schwefelsäure (1 + 5). Es scheidet sich nunmehr allmählich Berberinsulfat in feinen gelben Krystallen aus. Diese sind zu sammeln und mit wenig Wasser zu waschen. Zur Reinigung löst man sie in siedendem Wasser und fügt zur heiss gesättigten Berberinsulfatlösung ein gleiches Volumen Alkohol und auf je 1000 ccm der Mischung = 20 ccm reine Schwefelsäure. Es krystallisirt alsdann ein ziemlich reines Berberinsulfat aus. Zur Darstellung des freien Berberins fällt man die Lösung des Berberinsulfats mit Barytwasser in geringem Ueberschuss, fällt den Barytüberschuss durch Einleiten von Kohlensäure und dampft die filtrirte Berberinlösung im Vacuum ein. Die erzielten Krystalle sind durch Umkrystallisiren aus Wasser oder Alkohol zu reinigen.

***Eigenschaften.*** Das freie Berberin bildet gelbe, glänzende Nadeln, welche geruchlos, von bitterem Geschmack und neutraler Reaktion sind. Aus Wasser krystallisirt enthält es 6 Mol. Krystallwasser, von welchen bei 100° C. 4 Mol. abgegeben werden. Das Berberin schmilzt gegen 140° C. zu einer braunen, harzartigen Masse. Es löst sich in etwa 500 Th. kaltem Wasser oder 250 Th. kaltem Alkohol. In siedendem Wasser oder siedendem Alkohol ist es sehr viel reichlicher löslich. Die Lösungen sind optisch inaktiv. In Benzol ist es nur wenig löslich, in Aether, Schwefelkohlenstoff oder Petroläther fast unlöslich. Von charakteristischen Reaktionen sind zwei anzuführen: 1) Die wässerige Lösung des Berberins oder seines salzsauren Salzes wird durch Einwirkung von Chlor oder Chlorwasser blutroth. In gleicher Weise wirkt Brom oder Bromwasser ein. 2) Versetzt man die alkoholische Lösung eines Berberinsalzes mit Jod oder mit Jod-Jodkalium im geringen Ueberschuss, so scheiden sich grünglänzende Nadeln oder Blättchen von jodwasserstoffsaurem Berberindijodid $C_{20}H_{17}NO_4J_2 . HJ$ aus. Bei der Salzbildung fungirt das Berberin als einsäurige Base. Die Salze sind sämmtlich gelb gefärbt. Das Berberin verbindet sich sowohl mit Aceton als auch mit Chloroform zu gut krystallisirenden Verbindungen.

***Anwendung.*** Das Berberin wird innerlich zu 0,05—0,25 g mehrmals täglich als bitteres Tonicum und Stomachicum, bei Blutungen und gegen Febris intermittens angewendet. In der Regel benutzt man das schwefelsaure Salz.

**Berberinum hydrochloricum. Salzsaures Berberin.** $C_{20}H_{17}NO_4 . HCl + 4 H_2O$ **= 443,5.** Goldgelbe, glänzende Nadeln, schwerlöslich in Wasser oder Alkohol bei gewöhnlicher Temperatur, leichter löslich beim Erhitzen. Es ist das neutrale Salz.

**Berberinum hydrobromicum. Bromwasserstoffsaures Berberin.** $C_{20}H_{17}NO_4$ $HBr + 2 H_2O$ **= 452.** Gleichfalls das neutrale Salz. Schwerlösliche, fahlgelbe Nadeln.

**Berberinum nitricum. Salpetersaures Berberin.** $C_{20}H_{17}NO_4 . HNO_3$ **= 398.** Das neutrale Salz. Hellgelbe, in heissem Wasser gut lösliche Nadeln.

**Berberinum carbonicum. Kohlensaures Berberin.** $(C_{20}H_{17}NO_4)_2H_2CO_3 + 2 H_2O$ **= 768.** Scheidet sich aus der konc. alkoholischen Lösung aus, wenn in diese Kohlensäure eingeleitet wird. Braungelbe feine Krystalle, das neutrale Salz.

**Berberinum sulfuricum. Schwefelsaures Berberin.** $C_{20}H_{17}NO_4 . H_2SO_4$ **= 433.** Das saure schwefelsaure Salz. Es scheidet sich aus der mit überschüssiger Schwefelsäure versetzten Berberinlösung in feinen gelben Krystallen aus. Schwerlöslich in Wasser und in Alkohol.

**Berberinum phosphoricum. Phosphorsaures Berberin.** $(C_{20}H_{17}NO_4)_3 . (H_3PO_4)_2 + 5 H_2O$ **= 1291.** Zur Darstellung übergiesst man gepulvertes Berberin mit heissem Wasser, setzt Phosphorsäure bis zur schwach sauren Reaktion zu, koncentrirt die Lösung durch Eindunsten und fällt das Salz durch Zusatz von Alkohol. In Wasser ziemlich leicht, in Alkohol schwer lösliches, gelbes, krystallinisches Pulver.

**† Hydrastinum. Hydrastina** (Gall.). $C_{21}H_{21}NO_6$. **Mol. Gew. = 383.** Man gewinnt dieses Alkaloid, wenn man die bei der Abscheidung des Berberins hinterbliebenen Mutterlaugen mit Ammoniak fällt und den abgeschiedenen rehfarbigen Niederschlag aus Essigäther oder Alkohol umkrystallisirt.

***Eigenschaften.*** Glänzende, weisse, vierseitige Prismen, welche bitter schmecken, bei 132° C. schmelzen und alkalisch reagiren. Unlöslich in Wasser, leicht löslich in heissem Alkohol, in Chloroform oder in Benzol. Die Lösung des Hydrastins in Chloroform ist linksdrehend, die in verdünnter Salzsäure ist rechtsdrehend.

Konc. Schwefelsäure löst das Hydrastin in der Kälte ohne Färbung; beim Erwärmen tritt Violettfärbung auf. In Fröhde'schem Reagens tritt zunächst grüne, allmählich in Braun übergehende Färbung auf. Vanadinschwefelsäure löst es mit morgenrother, bald in Orange übergehender Färbung. Fügt man zur Lösung des Hydrastins in verdünnter Schwefelsäure einige Tropfen verdünnter Kaliumpermanganatlösung, so entsteht intensiv blaue Fluorescenz infolge Bildung von Hydrastinin.

Bei der Salzbildung tritt das Hydrastin als einsäurige Base auf; die Salze krystallisiren zum Theil nur schwierig. Durch Oxydation wird das Hydrastin in Hydrastinin und Opiansäure übergeführt.

**† Hydrastinum hydrochloricum** (Ergänzb.). **Hydrastinchlorhydrat. Salzsaures Hydrastin. Chlorhydrate de Hydrastine.** $C_{21}H_{21}NO_6HCl$. **Mol. Gew. = 419,5.**

Wird durch Einleiten von trocknem Salzsäuregas in eine Lösung von Hydrastin in absolutem Aether erhalten.

Weisses, krystallinisches Pulver ohne Geruch, von sehr bitterem Geschmack, leicht löslich in Wasser und Weingeist zu farblosen Flüssigkeiten von neutraler Reaktion. Kaliumdichromat, Bleiessig und Kaliumferrocyanid fällen in der wässerigen Lösung gelbe Niederschläge, welche sämmtlich im Ueberschusse der Fällungsmittel löslich sind. Quecksilberchlorid erzeugt einen weissen, in der Wärme löslichen Niederschlag. — In einer Mischung von 2 Th. konc. Schwefelsäure und 1 Th. Wasser löse sich Hydrastinhydrochlorid beim Erwärmen mit schwarzvioletter, in Salpetersäure mit gelber Farbe. An der Luft verbrennt es, ohne einen Rückstand zu hinterlassen. Das Salz ist hygroskopisch und bäckt bei mangelhafter Aufbewahrung allmählich zu einer gummiartigen Masse zusammen. Der Schmelzpunkt liegt bei 116—117° C.

**† Hydrastinum hydrobromicum. Bromwasserstoffsaures Hydrastin.** $C_{21}H_{21}NO_6HBr = 464$. Wird analog dem salzsauren Salze dargestellt. Weisses mikrokrystallinisches Pulver, sehr leicht löslich in Chloroform, auch gut löslich in heissem Wasser.

**† Hydrastinum sulfuricum. Schwefelsaures Hydrastin.** $C_{21}H_{21}NO_6 . H_2SO_4 = 481$. Zur Darstellung setzt man zu einer Lösung von Hydrastin in absolutem Aether so lange Aether, der mit konc. Schwefelsäure geschüttelt worden war, als noch ein Niederschlag entsteht. Man wäscht mit wasserfreiem Aether und trocknet über Schwefelsäure.

Sehr hygroskopisch, daher gummiartige Masse.

**† Hydrastinum bitartaricum. Saures weinsaures Hydrastin.** $C_{21}H_{21}NO_6 . C_4H_6O_6 + 4 H_2O = 605$. Durch Sättigen von Hydrastin mit berechneten Mengen Weinsäure in wässeriger Lösung unter Erwärmen. Kleine, weisse Nadeln, schwerlöslich in kaltem Wasser, leicht löslich in heissem Wasser.

***Anwendung.*** Das Hydrastin erhöht nach Serdtseff die Energie, Zahl und Dauer der Uterusbewegungen durch Einwirkung auf das Centralnervensystem und die vasomotorischen Nerven, wird daher gegen Metrorrhagien empfohlen. Man giebt es innerlich zu 0,1—0,6 g bei typhösen Zuständen, Febris intermittens, dyspeptischen Leiden, colliquativen Schweissen. Aeusserlich in Salben zu 1,5—2,0 auf 10,0 Fett oder Vaselin bei Hämorrhoiden, Aphthen, Hautkrankheiten. Höchstgaben: 0,1 g *pro dosi,* 0,3 g *pro die* (Ergänzb.).

**† Hydrastininum hydrochloricum** (Ergänzb.). **Hydrastininhydrochlorid. Salzsaures Hydrastinin.** $C_{11}H_{11}NO_2 . HCl$. **Mol. Gew.** = 225,5. Das Hydrastinin entsteht aus dem Hydrastin durch Einwirkung oxydirender Agentien.

***Darstellung.*** 10 g Hydrastin werden mit 50 ccm Salpetersäure von 1,3 spec. Gewicht und 25 ccm Wasser vorsichtig auf 50—60° C. so lange erwärmt, bis eine Probe mit Ammoniak keine Fällung mehr giebt. Es ist Sorge zu tragen, dass beträchtliche Kohlensäureentwicklung vermieden wird. Aus der erkalteten Lösung scheiden sich nach längerem Stehen reichliche Mengen krystallisirter Opiansäure aus. Im Filtrate entsteht durch Uebersättigen mit konc. Kalilauge eine weisse, krystallinisch erstarrende Fällung. Durch Umkrystallisiren des Niederschlages aus Benzol oder Essigäther erhält man das Hydrastinin in schön ausgebildeten Krystallen.

$$\underset{\text{Hydrastin}}{C_{21}H_{21}NO_6} + O = \underset{\text{Hydrastinin}}{C_{11}H_{11}NO_2} + \underset{\text{Opiansäure.}}{C_{10}H_{10}O_5}$$

Zur Darstellung des salzsauren Salzes löst man Hydrastinin in konc. Salzsäure, dampft die Lösung bis zur Bildung einer Krystallmasse ein und löst diese in wenig Alkohol. Durch Versetzen der alkoholischen Lösung mit Aether bis zur beginnenden Trübung gesteht die Flüssigkeit zu einem Brei von Krystallnadeln, welche man nach dem Absaugen im Vacuum trocknet.

***Eigenschaften.*** Gelblich-weisses krystallinisches Pulver ohne Geruch, von sehr bitterem Geschmack. Leicht löslich in Wasser und in Weingeist, schwieriger löslich in Aether und in Chloroform. Schmelzpunkt 212° C. Die wässerige Lösung ist gelblich, mit bläulicher Fluorescenz, welche namentlich bei starker Verdünnung hervortritt, optisch inaktiv. Aus der konc. Lösung wird durch Kali- oder Natronlauge das freie Hydrastinin abgeschieden; Ammoniak und Natriumkarbonat wirken nicht in gleicher Weise. Kaliumdichromat erzeugt in der wässerigen Lösung einen gelben, in kaltem Wasser schwerlöslichen Niederschlag $C_{11}H_{11}NO_2 . H_2Cr_2O_7$; derselbe verschwindet beim Erwärmen und scheidet sich beim Erkalten in goldglänzenden Nadeln wieder aus. Die wässerige Lösung des Hydrastininchlorhydrats wird durch Ammoniak nicht getrübt. Bromwasser erzeugt in der wässerigen Lösung einen gelben Niederschlag, der in Ammoniakflüssigkeit zu einer nahezu farblosen Flüssigkeit löslich ist.

***Prüfung.*** 1) 0,2 g Hydrastininchlorhydrat werden in 6 ccm Wasser gelöst; dazu lässt man 6 Tropfen Natronlauge laufen. Jeder Tropfen verursacht eine milchweisse Fällung, die beim Umschütteln verschwindet, so dass eine völlig klare Lösung bleibt. Aus dieser krystallisirt beim Schütteln, oder rascher durch Rühren mit dem Glasstabe, das freie Hydrastinin aus; setzt man nachträglich noch etwas Natronlauge zu, so ist nach einiger Zeit die Abscheidung eine vollkommene. Das ausgeschiedene Hydrastinin muss rein weiss aussehen, die überstehende Lauge muss klar und fast farblos sein. Säuert man nun mit

Salzsäure an, so löst sich das Hydrastinin auf und sofort entsteht wieder der gelbe Farbenton der Lösung.

Präparate, welche in der angeführten Weise, mit Natronlauge geprüft, milchweisse Fällungen geben, die beim Umschütteln nicht völlig verschwinden, sondern eine trübliche Flüssigkeit zeigen, sowie solche, die nach der Krystallisation des Hydrastinins trübe oder gar gefärbte Mutterlaugen geben, sind zu verwerfen, denn sie enthalten fremde Beimengungen. 2) Hydrastininchlorhydrat verbrennt auf dem Platinbleche, ohne einen Rückstand zu hinterlassen.

***Anwendung.*** Hydrastinin bewirkt Gefässkontraktion durch Einwirkung auf die Gefässe selbst und steigert infolgedessen den Blutdruck, gleichzeitig wird der Puls verlangsamt. Die Gefässkontraktion ist stärker als nach Hydrastin, andauernd und nicht durch Erschlaffungszustände unterbrochen. Man giebt es bei den durch Endometritis oder Myome bedingten Uterusblutungen, ferner bei kongestiver Dysmenorrhoe und bei profusen menstruellen Blutungen subkutan in 10procentiger Lösung oder innerlich in Pillen in Gaben von 0,05—0,1 g. Bei unregelmässigen Blutungen giebt man jeden zweiten Tag, bei profuser Menstruation 6—8 Tage vor der zu erwartenden Menstruation täglich 0,05 g und sobald die Blutung eintritt 0,1 g täglich bis zum Aufhören derselben. Vor dem Hydrastin hat das Hydrastinin den Vorzug, dass dieses nicht wie jenes ein ausgesprochenes Herzgift ist. Höchstgaben: 0,1 g *pro dosi*, 0,3 g *pro die.*

Rp. Hydrastinini hydrochlor. 2,0
Aquae Cinnamomi 25,0.
D. S. 5 mal täglich 5 Tropfen auf Zucker. Bei Epilepsie, Uterus- und Lungenblutungen.

† **Hydrastininum purum. Freies Hydrastinin. Hydrastinine** (Gall.). $C_{11}H_{11}NO_2 + H_2O$. **Mol. Gew. = 207.** Darstellung s. oben.

Farblose, oder schwach gelbliche, bei 116—117° C. schmelzende Krystalle, in Alkohol, Aether, Chloroform äusserst leicht, in warmem Wasser schwieriger löslich.

---

# Hydrochinonum.

**Hydrochinonum** (Ergänzb.). **Hydrochinon. Paradioxybenzol. Hydroquinone** (engl.). **Quinol** (engl.). $C_6H_4(OH)_2$. **Mol. Gew. = 110.** Das Hydrochinon tritt als ein Spaltungsprodukt des Arbutins (s. Bd. I S. 361) auf und wird künstlich durch Reduktion des Chinons dargestellt.

***Darstellung.*** In eine kalt gehaltene Lösung von 1 Th. Anilin in 8 Th. Schwefelsäure und 30 Th. Wasser trägt man in kleinen Portionen $2^1/_2$ Th. gepulvertes Kaliumdichromat ein. Hierauf fügt man Alkalisulfit (saures schwefligsaures Natrium) hinzu, filtrirt und schüttelt mit Aether aus. Nach dem Abtreiben des Aethers hinterbleibt Hydrochinon, welches durch Umkrystallisiren aus siedendem Wasser, unter Zusatz von Thierkohle gereinigt wird (Nietzki).

Durch die Oxydation des Anilins mit Chromsäure wird zunächst Chinon $C_6H_4O_2$ gebildet, welches durch Reduktion mittels schwefliger Säure in Hydrochinon übergeht.

***Eigenschaften.*** Das Hydrochinon krystallisirt aus der wässerigen Lösung in langen, farblosen, hexagonalen Prismen, die bei 169° C. schmelzen und beim vorsichtigen Erhitzen unzersetzt sublimiren. Das Sublimat bildet monokline Blättchen (Hydrochinon ist somit dimorph). In kaltem Wasser ist es schwierig löslich, leicht löslich dagegen in heissem Wasser, in Alkohol und in Aether. Die wässerige Lösung schmeckt süsslich und enthält bei 15° C. fast 6 Th. (5,85 Th.) Hydrochinon. Sie reducirt Silbernitratlösung beim Erwärmen und Fehling'sche Lösung schon in der Kälte.

—OH
—OH
Para-Dioxybenzol (Hydrochinon).

Wässerige Hydrochinonlösungen bräunen sich an der Luft (durch Sauerstoffaufnahme) sehr bald (siehe unten), noch erheblich schneller geschieht dies bei alkalisch wässerigen Lösungen. Eisenchlorid bringt in den wässerigen Lösungen im ersten Augenblicke Blaufärbung hervor, die bald in Gelb übergeht; auf weiteren Zusatz von Eisenchlorid scheiden sich kantharidenglänzende Krystalle von Chinhydron $C_{12}H_{10}O_4$ ab.

***Aufbewahrung.*** Das Hydrochinon werde vorsichtig aufbewahrt; Lichtschutz ist nicht erforderlich.

***Anwendung.*** Hydrochinon hat antifermentative, antipyretische und antiseptische Eigenschaften. Gaben von 0,2—0,4—0,6 g setzen die Temperatur um 0,5° C. herab, grössere Gaben von 0,8—1,0 bewirken unangenehme Nebenerscheinungen (Schwindel, Ohrensausen, beschleunigte Respiration). Man giebt es innerlich in Gaben von 0,2—0,5 g im Initial- und Defervescenzstadium des Typhus. Wegen des Fehlens ätzender Eigenschaften kann es auch subkutan gegeben werden (2 Spritzen einer 10procentigen frisch bereiteten (!) Lösung). — Aeusserlich die 1—2procentige Lösung zu Einspritzungen bei Gonorrhöe. Technisch namentlich als Entwickler in der Photographie. Zu subkutanen Injektionen sind nur frisch bereitete, farblose Lösungen zu verwenden. Aeltere, gebräunte sind zu verwerfen.

**Hydramin,** ein photographischer Entwickler, ist eine Verbindung molekularer Mengen von Hydrochinon mit Paraphenylendiamin.

---

# Hydrocotyle.

Gattung der **Umbelliferae—Hydrocotyloideae.**

**I. † Hydrocotyle asiatica L.** Heimisch in allen Tropen. Verwendung findet das Kraut: **Herba Hydrocotyles asiaticae — Asiatischer Wassernabel.** — **Hydrocotyle (plante entière)** (Gall.).

Die Droge besteht aus den Blättern, Blüthenständen, Früchten und beigemengten Wurzelstöcken. Blätter langgestielt, kreisrund-nierenförmig, am Rande gekerbt, dünn, häutig, siebennervig. Blüthenstände kurzgestielte, kopfförmige, drei- bis vierblüthige Dolden. Frisch von aromatisch-scharfem und bitterem Geschmack; Geruch schwach gewürzhaft. — Soll zu 0,8—1,0 Proc. als wirksamen Bestandtheil Vellarin, einen ölartigen, in Alkohol und Aether löslichen Körper enthalten.

***Anwendung.*** Innerlich als Aufguss, äusserlich als Kataplasma gegen Hautkrankheiten (Lepra, Syphilis) empfohlen, anscheinend ohne Wirkung.

***Aufbewahrung.*** Unter den stark wirkenden Arzneimitteln.

**† Extractum Hydrocotyles asiaticae** wird aus der getrockneten Pflanze mittels 60proc. Weingeist dargestellt. Ausbeute höchstens 25 Proc. Gabe 0,03—0,1. Höchstgabe 0,15, auf den Tag 0,5.

**† Tinctura Hydrocotyles asiaticae.** Teinture d'hydrocotyle. Aus 1 Th. grob gepulvertem Kraut und 5 Th. Weingeist (60proc.) durch 10tägige Maceration.

**Granula Hydrocotyles asiaticae** Lépine.

| | | |
|---|---|---|
| Rp. | Extract. Hydrocotyl. asiat. | 5,0 |
| | Radicis Althaeae | |
| | Amyli | āā 2,0. |
| Zu 100 Pillen. | | |

**Sirupus Hydrocotyles asiaticae** Lépine.

| | | |
|---|---|---|
| Rp. | Extracti Hydrocotyl. asiat. | 1,0 |
| | Sirupi Sacchari | 499,0. |

**II. Hydrocotyle vulgaris L. Nabelkraut. Wassernabel.** Heimisch in Europa. Die ganze, etwas scharf schmeckende Pflanze war früher unter dem Namen **Herba Cotyledonis aquaticae** als Diureticum und als Wundmittel im Gebrauch.

**III. Hydrocotyle javanica Thunb.** wird in Ceylon wie I gebraucht.

**IV. Hydrocotyle umbellata L.** wird in Mexiko als Brechmittel benutzt.

---

# Hydrogenium.

**Hydrogenium. Hydrogène** (franz.). **Hydrogen** (engl.). **Wasserstoff. H. Atomgew. = 1.00.**

***Darstellung.*** Zu denjenigen Zwecken, welche im pharmaceutisch-chemischen Laboratorium vorkommen, bereitet man den Wasserstoff in der Regel durch Einwirkung von metallischem Zink auf verdünnte Schwefelsäure oder Salzsäure. Gewöhnlich hält man einen gefüllten Wasserstoffapparat zum augenblicklichen Gebrauche fertig. — Man kann sich hierzu der Gasentwicklungsapparate bedienen, welche Band I S. 118 und 119 für den Schwefelwasserstoff angegeben sind.

Das Zink, welches man verwendet, sollte nicht mehr als Spuren von Arsen enthalten. Ein für diesen Zweck ausgezeichnet geeignetes Material ist der gezogene Zinkdraht, weil ein erheblicher Gehalt des Zinks an Arsen das Ausziehen desselben zu Draht verhindert. Man benutzt ihn in Stärken von 2,5 bis 3,0 mm Durchmesser und bezieht ihn aus einer grösseren Metallwaarenhandlung. — Bezüglich der Säuren ist zu bemerken, dass man entweder die reinen Säuren verwendet oder darauf achtet, dass die rohen Säuren, welche man anwendet, nicht mehr als Spuren von Arsen enthalten, da anderenfalls Unglücksfälle durch Bildung und Entweichen des fabelhaft giftigen Arsenwasserstoffs sich ereignen können. Man unterschätze die Bedeutung dieses Momentes nicht. Die zu benutzende Salzsäure soll etwa 12 Proc. HCl, die Schwefelsäure etwa 16 Proc.[1]) $H_2SO_4$ enthalten. — Es ist nicht in allen Fällen gleichgiltig, ob man zur Entwicklung Salzsäure oder Schwefelsäure anwendet. Benutzt man Salzsäure, so muss man damit rechnen, dass der entwickelte Wasserstoff durch Chlorwasserstoff verunreinigt sein kann, der allerdings sehr leicht durch Hindurchleiten des Gases durch Wasser oder Kalilauge (Natronlauge) zu beseitigen ist.

Bedarf man, wie zur Bereitung des *Ferrum Hydrogenio reductum*, eines absolut arsenfreien bez. reinen Wasserstoffgases, so muss das entwickelte Gas gewaschen werden und zwar leitet man es hintereinander durch ein System nachfolgender Waschflaschen.

| Die Waschflaschen | | | | |
|---|---|---|---|---|
| enthalten: | Bleinitrat | Silbersulfat | Kalilauge | Konc. Schwefelsäure |
| absorbiren: | Schwefelwasserstoff | Arsenwasserstoff u. Phosphorwasserstoff | Kohlensäure, Schweflige Säure | Feuchtigkeit. |

Kommt lediglich Arsenwasserstoff in Betracht, so kann man auch das Gas über lufttrocknes Jod leiten (s. Band I S. 121), worauf es alsdann von etwas beigemischtem Joddampf durch Hindurchleiten durch dünne Kalilauge zu befreien ist.

***Eigenschaften.*** Farbloses und geruchloses Gas vom spec. Gewicht 1,00, wenn man das Gewicht des Wasserstoffes als Einheit annimmt (0,0693 Luft = 1,00); 1 Liter Wasserstoff wiegt bei 0° C. und 760 mm B = 0,089578 g. Wenig löslich in Wasser. Verbrennt an der Luft entzündet mit bläulicher, wenig leuchtender Flamme zu Wasser. Giebt mit Luft oder Sauerstoff gemischt explosive Gemenge (Knallgas). Mit Chlor gemischt Chlorknallgas, welches schon durch direktes Sonnenlicht oder Magnesiumlicht zur Explosion gebracht wird.

Chemisch ist der Wasserstoff ein Reduktionsmittel. Er reducirt in der Hitze die Oxyde und Sulfide der meisten Schwermetalle zu den betreffenden Metallen. Hierauf beruht seine Verwendung in der qualitativen und quantitativen Analyse. Der Wasserstoff ist übrigens in nahtlosen Stahlflaschen unter einem Druck von 100 Atmosphären komprimirt im Handel zu erhalten. 1000 Liter Wasserstoff kosten = 5 Mk.

***Reduktion im Wasserstoffstrome.*** Zu präparativen Arbeiten bedarf man grosser Wasserstoffentwicklungsapparate, benutzt alsdann meist technische Chemikalien und reinigt den entwickelten Wasserstoff in der oben beschriebenen Weise. — Zu ana-

---

[1]) Bei Anwendung einer zu koncentrirten Schwefelsäure entsteht Schwefelwasserstoff.

lytischen Zwecken benutzt man zweckmässiger reinere Chemikalien und erspart sich dadurch die Reinigung des Gases.

Zur Reduktion der Metalloxyde oder Metallsulfide bedarf man eines trocknen Wasserstoffs. Man entwickelt denselben aus Zink und verdünnter Schwefelsäure und leitet das Gas, um es zu trocknen, über Calciumchlorid und hierauf durch konc. Schwefelsäure. Entwickelt man das Gas aus Zink und Salzsäure, so muss es zunächst in Wasser gewaschen und erst dann durch Calciumchlorid und Schwefelsäure getrocknet werden.

Beispiel: Reduktion des Cuprisulfids im Wasserstoffstrom zu Cuprosulfid.

Man stellt sich den hier skizzirten Apparat zusammen: Ein Kipp'scher Apparat ist mit Zink und verdünnter Schwefelsäure beschickt. Es folgt ein Thurm mit wasserfreiem Calciumchlorid beschickt und eine Waschflasche mit konc. Schwefelsäure, endlich ein Rose'scher Tiegel. Man wägt den Tiegel + Deckel, bringt in den Tiegel das Filter und verascht es in diesem vollständig (!) oder bringt die Filterasche in den Tiegel und führt die Veraschung in diesem vollständig (!) zu Ende. Dann lässt man erkalten (!), bringt das getrocknete Cuprisulfid sowie eine kleine Menge (0,3—0,5 g) aschefreien (!) Schwefel dazu, mischt mit einem Platindrahte etwas durcheinander, setzt den durchlöcherten Deckel auf, führt in die Oeffnung das Gaszuleitungsrohr ein und lässt nun ohne zu erhitzen zu-

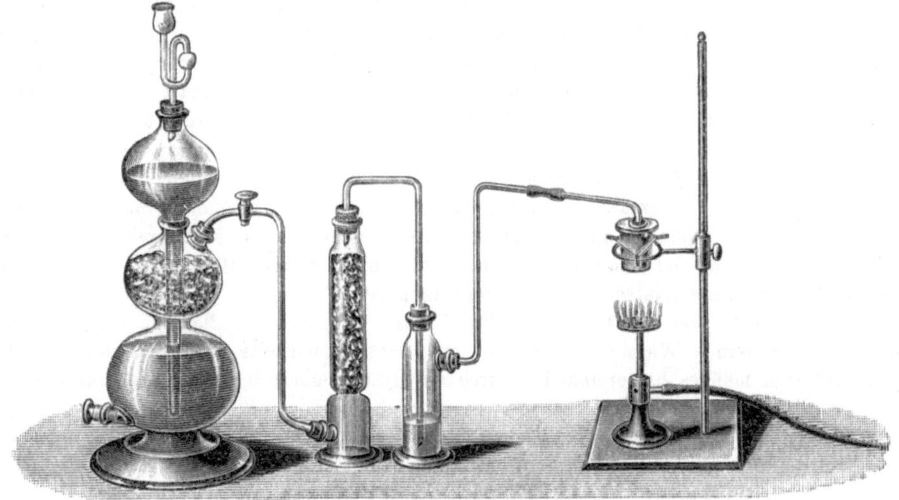

Fig. 3.

nächst einige Zeit einen Wasserstoffstrom mittlerer Geschwindigkeit durch den Apparat hindurchgehen, damit die Luft aus den Waschflaschen und aus dem Tiegel sicher verdrängt wird[1]), andernfalls kann es, beim Erhitzen wenigstens, im Tiegel eine Explosion geben, durch welche möglicherweise die ganze Bestimmung vernichtet wird. Hat man in dieser Weise 10—15 Minuten den Wasserstoff hindurchgehen lassen, so wärmt man den Tiegel zunächst mit einer ganz kleinen Flamme an (Pilzbrenner) und verstärkt die Flamme ganz allmählich. In der Regel muss man (bei CuS, ZnS, PbS) das Erhitzen nicht über dunkle Rothgluth hinaus treiben, nur bei Metallen, die weder beim Erhitzen für sich noch im Wasserstoffstrome flüchtig sind (Ag, Au, Pt, Ni, Co, Cu) glüht man mit voller Flamme.

Der Wasserstoff entweicht zum Theil als solcher, zum Theil (im vorliegenden Falle!) als Schwefelwasserstoff, und an der Oeffnung des Tiegeldeckels sieht man Schwefeldämpfe entweichen bez. verbrennen. Wenn solche nicht mehr entweichen, erhitzt man noch etwa 5 Minuten lang, mässigt alsdann die Flamme, entfernt sie nach weiteren 5 Minuten gänzlich und leitet nun noch so lange Wasserstoff in den Tiegel, bis dieser auf 70—80° C. erkaltet ist. Erst dann kann man ihn, ohne eine kleine Explosion im Tiegel besorgen zu müssen, in den Exsikkator bringen. Man wägt, füllt darauf den Tiegel in der Kälte wieder mit Wasserstoff, glüht nochmals etwa 10 Minuten im Wasserstoffstrome, lässt im Wasserstoffstrome wie vorher erkalten und wägt nochmals. Der Versuch ist beendet, wenn zwei aufeinander folgende Wägungen gleiches Gewicht ergeben.

---

[1]) Ist ein Wasserstoffapparat frisch gefüllt worden, so muss man den Wasserstoff zur Verdrängung der Luft erst einige Zeit entweichen lassen und stets das Gas auf einen Luftgehalt vor Ingebrauchnahme prüfen!

# Hydrogenium peroxydatum.

**Hydrogenium peroxydatum** (Ergänzb.). **Soluté officinal d'eau oxygénée au dixième** (Gall.). **Aqua Hydrogenii Dioxidi** (U-St.). **Liquor Hydrogenii Peroxidi** (Brit.). **Aqua oxydata diluta. Aqua peroxydata diluta. Wasserstoffsuperoxydlösung. Eau oxygenée.** Wasserstoffsuperoxydlösung wird in grossen Mengen technisch durch Zersetzen von Baryumsuperoxyd oder Baryumsuperoxydhydrat mittels Säuren dargestellt.

***Darstellung.*** Man bringt in eine Flasche 500 ccm kaltes (!) destillirtes Wasser und giebt unter Abkühlung, so dass die Mischung unter $+ 10^{0}$ C. bleibt, allmählich 300 g Baryumdioxyd unter lebhaftem Schütteln hinzu, so dass sich Klumpen nicht bilden können. Man schüttelt nun mindestens $^1/_2$ Stunde in kurzen Zwischenräumen heftig und lässt dann unter gelegentlichem Schütteln stehen, bis das Baryumdioxyd in Baryumsuperoxydhydrat übergegangen ist, was man daran erkennt, dass beim Stehen sich nur eine geringe wässerige Schicht aus dem Brei absondert. — Dann giebt man in eine Flasche von 2000 ccm Fassungsraum 500 g Phosphorsäure von 25 Proc., kühlt diese gut ab und setzt nun unter heftigem Schütteln allmählich den Baryumsuperoxydhydrat-Brei hinzu, indem man das Säuregemisch nach jedem Zusatz von neuem abkühlt. Von Zeit zu Zeit prüft man die Reaktion des Gemisches. Wenn diese alkalisch wird, so fügt man tropfenweise Phosphorsäure zu, bis wieder saure Reaktion auftritt.

Wenn alles Baryumsuperoxyd zugesetzt ist, fügt man soviel Phosphorsäure hinzu, dass die Reaktion der Flüssigkeit gerade neutral ist. Dann lässt man absetzen, bis der Niederschlag etwa $^1/_3$ der Mischung ausmacht. Dann giesst man zuerst die Flüssigkeit auf ein genässtes Filter, bringt später auch den Niederschlag auf das Filter und wäscht ihn nach dem Abtropfen mit 100 ccm Wasser aus, die man vorher zum Ausspülen des Gefässes benutzt hatte. — In dem Filtrate fällt man die kleinen Mengen gelösten Baryumsalzes durch vorsichtigen (!) Zusatz verdünnter Schwefelsäure, schüttelt die trübe Flüssigkeit mit 10 g Stärke und filtrirt sie durch ein gut genässtes Filter. Alsdann bestimmt man den Gehalt an Wasserstoffsuperoxyd und stellt auf den geforderten Procentsatz ein (U-St.).

***Eigenschaften.*** Die zum medicinalen und technischen Gebrauche bestimmte Wasserstoffsuperoxydlösung enthält etwa 3 Gewichtsprocente $H_2O_2$, s. w. unten. Es ist eine farblose, schwach sauer reagirende Flüssigkeit von herbem und bitterem Geschmacke. Die saure Reaktion rührt von einem kleinen Gehalt an Mineralsäuren ($SO_4H_2$ oder $PO_4H_3$) her, welcher konservirend auf das Präparat wirkt. Ausserdem enthält es gewöhnlich kleine Mengen von Aluminium- oder Magnesiumsalzen. Das spec. Gewicht ist = 1,006—1,012 bei $15^{0}$ C.

Versetzt man sie mit einer durch Schwefelsäure angesäuerten Kaliumpermanganatlösung, so erfolgt stürmisches Aufbrausen von Sauerstoff, zugleich tritt Entfärbung ein. — Versetzt man Wasserstoffsuperoxydlösung mit verdünnter Schwefelsäure, sowie einigen Tropfen einer stark verdünnten Kaliumchromatlösung und schüttelt mit Aether aus, so färbt sich dieser schön blau infolge Bildung von Ueberchromsäureanhydrid $Cr_2O_9$. — Auf neutrale Kaliumjodidlösung wirkt Wasserstoffsuperoxyd nur langsam ein, ist die Lösung aber mit Schwefelsäure angesäuert oder fügt man etwas oxydfreie Ferrosulfatlösung oder etwas Blut hinzu, so erfolgt rasch Abspaltung von Jod.

Wird Wasserstoffsuperoxydlösung bei nicht über $60^{0}$ C. erhitzt, so wird lediglich Wasser abgegeben und die Lösung wird koncentrirt. Erfolgt das Erhitzen rasch und bis zu $100^{0}$ C., so tritt Zersetzung bez. Abgabe von Sauerstoff ein, die unter Umständen explosionsartig verlaufen kann. — Wasserstoffsuperoxyd wirkt bleichend auf zahlreiche Farbstoffe und gefärbte Substanz, worauf sich der grösste Theil seiner technischen Verwendung gründet.

***Prüfung.*** 1) Werden 10 ccm Wasserstoffsuperoxyd mit 5 Tropfen verdünnter Schwefelsäure versetzt, so erfolge nach 5 Minuten keine Trübung (Baryumverbindungen).

2) 50 ccm sollen nicht mehr als 0,5 ccm Normal-Kalilauge zur Bindung der freien Säure erfordern (Phenolphthaleïn als Indikator). 3) 50 ccm sollen beim Verdampfen nicht mehr als 0,25 g Rückstand hinterlassen. 4) Dampft man 50 ccm mit einigen Tropfen Natronlauge ein, bringt die koncentrirte Flüssigkeit auf ein Uhrglas, trocknet sie auf diesem ein und übergiesst den Rückstand mit konc. Schwefelsäure und lässt das ganze einige Stunden an einem warmen Orte stehen, so darf das Uhrglas nach dem Abspülen keine Aetzung zeigen (Fluorwasserstoff).

***Gehaltsbestimmung.*** Das Wasserstoffsuperoxyd wird entweder nach Gewichtsprocenten $H_2O_2$ oder nach Volumprocenten wirksamen Sauerstoffs gehandelt. Ein Wasserstoffsuperoxyd, welches 3 Gewichtsprocente $H_2O_2$ enthält, wird als 10 volumprocentig bezeichnet, und zwar soll durch diese merkwürdige Bezeichnung zum Ausdruck gebracht werden, dass aus diesem Wasserstoffsuperoxyd sein 10faches Volumen Sauerstoff in Freiheit gesetzt werden kann.

Beispiel: **A)** 100 g Wasserstoffsuperoxyd enthalten 3,0 g $H_2O_2$. Die Zersetzung erfolgt nach der Gleichung $H_2O_2 = H_2O + O$. Mithin ergeben 3,0 g $H_2O_2$ $(34 : 16 = 3 : x;\ x = 1{,}412) = 1{,}412$ g Sauerstoff.

**B)** 100 ccm Wasserstoffsuperoxydlösung geben 1000 ccm Sauerstoff bei 0° C. und 760 mm B. Nimmt man das Gewicht von 1 Liter Sauerstoff bei 0° C. und 760 mm B. zu 1,430 an, so ergiebt sich daraus, dass 100 ccm dieser Wasserstoffsuperoxydlösung = 1,43 g Sauerstoff abgeben können. Nach der Gleichung $1{,}412 : 3 = 1{,}43 : x;\ x = 3{,}038$ ergiebt sich, dass eine Wasserstoffsuperoxydlösung von 10 Vol.-Proc. = 3,038 Gew.-Proc. $H_2O_2$ ist.

Ausführung. **1)** Man verdünnt 5 g Wasserstoffsuperoxydlösung mit Wasser bis zu 100 ccm. 25 ccm dieser Mischung (= 1,25 der ursprünglichen Lösung) bringt man in ein Kölbchen, säuert mit 10 ccm verdünnter Schwefelsäure an und lässt nun Kaliumpermanganatlösung (1 = 1000) hinzulaufen. Es sollen bis zur bleibenden Röthung mindestens 50 ccm (Ergänzb.) verbraucht werden. Da die Reaktion nach der Gleichung

$$\underset{(316)}{2KMnO_4} + \underset{(170)}{5H_2O_2} + 2H_2SO_4 = K_2SO_4 + 2MnSO_4 + 8H_2O + 10O$$

verläuft, so ergiebt sich daraus, dass die Wasserstoffsuperoxydlösung des Ergänzb. mindestens 2,15 Gew.-Proc. $H_2O_2$ enthalten soll, entsprechend einem Mindestgehalt von 7 Vol. Proc.

Gall. und U-St. verlangen eine Wasserstoffsuperoxydlösung mit 3 Gew.-Proc. oder rund 10 Vol.-Procent.

***Aufbewahrung.*** Wasserstoffsuperoxydlösung werde in nicht völlig gefüllten Flaschen, vor Licht geschützt, an einem kühlen Orte aufbewahrt. Damit es seinen Gehalt nicht allzu schnell verliert, ist es erwünscht, dass es eine kleine Menge freier Mineralsäure enthält. Schon die geringen Mengen Alkalien, welche weiche Gläser an dasselbe abgeben, disponiren es zum Verderben. Beim Oeffnen von Gefässen, welche Wasserstoffsuperoxydlösung enthalten, sei man vorsichtig, denn es ist vorgekommen, dass hierbei die Stopfen mit grosser Gewalt herausgetrieben wurden. Die Ursache für diesen Gasdruck ist nicht ganz aufgeklärt.

***Anwendung.*** Wasserstoffsuperoxyd giebt in Berührung mit thierischen Geweben Sauerstoff ab und wirkt daher oxydirend bez. desinficirend. Man benutzt die obige Lösung als nicht ätzendes Verbandmittel auf Wunden, namentlich auf Schanker und diphtherische Geschwüre, auch als Gurgelwasser, ferner zum Bleichen der Zähne, zum Einspritzen bei Gonorrhöe. Innerlich ist es thee- bis esslöffelweise bei Diphtherie, Diabetes und Ischias mit zweifelhaftem Erfolge gegeben worden. Subkutane Injektionen können gefährlich werden. Kosmetisch und technisch in grossem Maassstabe zum Bleichen der Haare, Gespinnste, Schwämme, Elfenbein.

**Unguentum Hydrogenii peroxydati** Unna.

| | | |
|---|---|---|
| Rp. | Hydrogenii peroxydati (2,15 %) | 20—40,0 |
| | Adipis Lanae | 20,0 |
| | Unguenti cerei | 10,0. |

Zum Verbande.

**Hydrogenium peroxydatum pro analysi.** Zur chemischen Analyse bedarf man ein Wasserstoffsuperoxyd, welches frei ist von Verunreinigungen, namentlich von unorganischen Salzen. Man erhält es am einfachsten, indem man das 3procentige Wasserstoffsuperoxyd des Handels bei dem verminderten Druck von 68 mm destillirt.

**Wasserstoffsuperoxyd zum Entfärben der Haare.** Dunkle Haare können durch Behandeln mit Wasserstoffsuperoxydlösung mehr oder weniger entfärbt, d. h. in blonde verwandelt werden. Zu diesem Zwecke entfettet man die Haare zunächst durch Waschen mit Sodalösung, wäscht sie darauf mit Wasser und durchfeuchtet sie nach dem Trocknen mit 3procentiger Wasserstoffsuperoxydlösung. Das Verfahren muss wiederholt werden, bis der gewünschte Ton erreicht ist. Die nachwachsenden Haartheile haben natürlich wieder die ursprüngliche Färbung. Die diesem Zweck dienenden Präparate führen im Handel verschiedene Namen.

**Auricomus. Auréoline. Blondeur. Eau fontaine de jouvence golden. Gold-Feen-Wasser. Golden Hair Wash** sind Namen für kosmetische Präparate, welche zum Entfärben von Haaren dienen und aus Wasserstoffsuperoxydlösung bestehen.

**Aseptinsäure** von A. Busse in Linden. Soll eine Lösung von 0,3 Salicylaldehyd und 0,5 Borsäure in 100 ccm Wasserstoffsuperoxyd von 1,5 Proc. sein. Vergl. hierzu Bd. I, S. 46 und 103.

**Katharol,** Mundwasser des medicinischen Waarenhauses, soll aromatisirte Wasserstoffsuperoxydlösung sein.

**Ozonin-Schreiber,** eine Bleichflüssigkeit. Man löst 125 Th. Kolophonium in 200 Th. Terpentinöl, verseift mit einer Lösung von 22,5 Th. Kalihydrat in 40 Th. Wasser und fügt 90 Th. Wasserstoffsuperoxydlösung hinzu. Die gallertartige Flüssigkeit verwandelt sich nach 2—3tägigem Stehen im Dunklen in eine dünne, haltbare Flüssigkeit.

**Salactol.** Lösung von Natriumsalicylat und Natriumlactat in 1procentiger Wasserstoffsuperoxydlösung.

**Koncentrirtes Wasserstoffsuperoxyd.** Dunstet man dünne Wasserstoffsuperoxydlösungen bei nicht über 60—70° C. ein, so gelingt es, Lösungen des Wasserstoffsuperoxyds mit einem Gehalt von 40—50 Proc. $H_2O_2$ zu erhalten; das Verdunsten ist zu unterbrechen, wenn die Sauerstoffentwicklung allzulebhaft wird. Schüttelt man diese Lösungen mit Aether aus, so geht das Wasserstoffsuperoxyd in diesen über, hinterbleibt beim Verdunsten des Aethers und kann durch Destillation im luftverdünnten Raum bei 18 mm Druck auf eine Koncentration von 99 Proc. $H_2O_2$ gebracht werden. Bei dieser Destillation treten aber bisweilen heftige Explosionen auf. Man kann auch das Ausschütteln mit Aether unterlassen und die 40—50procentige Wasserstoffsuperoxydlösung direkt im luftverdünnten Raume destilliren. Das 99procentige Wasserstoffsuperoxyd ist eine sirupartige, sauer reagirende Flüssigkeit (stark verdünnte Lösungen sind neutral), deren spec. Gewicht zu 1,453—1,4996 angegeben wird. Es ist in Alkohol wie in Aether löslich.

**Pyrozon.** Eine Lösung von Wasserstoffsuperoxyd in Aether, 50 Proc. $H_2O_2$ enthaltend. Zur Entfernung von Leberflecken empfohlen.

**Richardson's ozonisirter Aether** ist identisch mit Pyrozon und wird in zerstäubter Form zur Desinfektion der Luft und bei putrider Expectoration, auch innerlich zu 6,0 g *pro die* gegen Diabetes angewendet.

---

# Hydroxylaminum hydrochloricum.

**† Hydroxylaminum hydrochloricum** (Ergänzb.). **Oxyaminum hydrochloricum. Oxyammonium hydrochloricum. Hydroxylaminhydrochlorid. Salzsaures Hydroxylamin. $NH_2 . OH . HCl$. Mol. Gew. = 69,5.**

Das Hydroxylamin $NH_2 . OH$ ist als Ammoniak $NH_3$ aufzufassen, in welchem ein Wasserstoffatom durch die Hydroxylgruppe ersetzt ist.

***Darstellung.*** Man stellt zunächst durch Einwirkung von Natriumbisulfit auf Natriumnitrat das leicht lösliche hydroxylamindisulfosaure Natrium dar und wandelt dieses durch Zugabe von Kaliumchlorid in das schwerlösliche hydroxylamindisulfosaure Kalium um. Erhitzt man die wässerige Lösung desselben einige Zeit auf 130° C., so erhält man Hydroxylaminsulfat und Kaliumsulfat, welche durch fraktionirte Krystallisation getrennt werden können. Aus dem Hydroxylaminsulfat erhält man das Hydroxylaminhydrochlorid durch Umsetzen mit berechneten Mengen von Baryumchlorid.

***Eigenschaften.*** Das salzsaure Hydroxylamin bildet trockene, farblose, dem Salmiak ähnliche Krystalle; es löst sich leicht in Wasser gewöhnlicher Temperatur (1 : 1), auch in 15 Th. Alkohol und in Glycerin. Die wässerige Lösung schmeckt salzig und reagirt gegen Lackmuspapier (nicht gegen Congopapier) sauer. In chemischer Hinsicht charakterisirt sich die Verbindung durch ein starkes Reduktionsvermögen. Sie fällt aus den Lösungen von Gold-, Silber- und Quecksilbersalzen die betreffenden Metalle, entfärbt Kaliumpermanganat in saurer oder neutraler Lösung und erzeugt in FEHLING'scher Lösung schon in der Kälte, schneller beim Erhitzen, einen Niederschlag von Kupferoxydul. Das Hydroxylamin selbst wird dabei je nach den obwaltenden Bedingungen zu Stickoxydul, Stickoxyd, auch zu Stickstoffsäuren oxydirt.

Von dem ihm ähnlichen Ammoniumchlorid unterscheidet sich das Hydroxylaminhydrochlorid dadurch, dass seine alkoholische Lösung durch Platinchlorid nicht gefällt wird.

***Prüfung.*** **1)** Die wässerige Lösung 1 : 10 röthe zwar blaues Lackmuspapier bläue aber nicht Congopapier (freie Salzsäure). — **2)** Sie werde weder durch Rhodankalium roth, noch durch Ferricyankalium blau gefärbt (Eisen), auch durch verdünnte Schwefelsäure nicht verändert (Chlorbaryum). — **3)** 1 g Hydroxylaminchlorhydrat löse sich in 20 g absolutem Alkohol klar auf (Salmiak = Chlorammonium). — **4)** 0,5 g des Präparates auf dem Platinblech erhitzt, müssen sich ohne Rückstand verflüchtigen (fixe Verunreinigungen).

Quantitative Bestimmung der Salzsäure. Man löst 0,695 g Hydroxylaminchlorhydrat in etwas Wasser, fügt einen Tropfen Phenolphtaleïnlösung hinzu und titrirt mit Normal-Kalilauge bis zur bleibenden Röthung. Es dürfen nicht mehr als 10 ccm Normal-Kalilauge verbraucht werden. Nur bei ammoniakfreien Präparaten tritt der Farbenübergang scharf ein.

Bestimmung des Hydroxylamins. Man löst 3,475 g Hydroxylaminchlorhydrat zu 1 Liter auf. Man bringe alsdann 20 ccm dieser Lösung in ein geräumiges Becherglas und löse darin ohne Erwärmen 1,5 g zerriebenes Kaliumbikarbonat auf, hierauf lässt man 25 ccm $^1/_{10}$-Jodlösung auf einmal zulaufen, nimmt den Ueberschuss von Jod durch Natriumthiosulfat weg, fügt Stärkelösung hinzu und titrirt mit $^1/_{10}$-Jodlösung auf Blau. Es müssen verbraucht werden 20 ccm $^1/_{10}$-Jodlösung. Die Reaktion verläuft nach der Gleichung

$$\frac{2[NH_2.OH.HCl]}{139} + \frac{4J}{508} = N_2O + H_2O + 2HCl + 4JH.$$

***Aufbewahrung.*** Vorsichtig. Lichtschutz ist nicht erforderlich, dagegen Schutz gegen Feuchtigkeit, da das Salz sehr hygkroskopisch ist und im feuchten Zustande sich zersetzt. Es nimmt alsdann gelbe Färbung an, enthält reichlich Salmiak, und beim Oeffnen der Gefässe entweicht Salzsäure. Man bewahrt die Gefässe zweckmässig über Aetzkalk auf. In Zersetzung begriffene, feuchte Präparate trocknet man zunächst über Aetzkalk und krystallisirt sie alsdann aus absolutem Alkohol um.

***Anwendung.*** Auf Grund seiner reducirenden Eigenschaften als Ersatz des Anthrarobins, des Chrysarobins und der Pyrogallussäure. Bei Lupus, Psoriasis, Herpes tonsurans. Zu beachten ist die Giftigkeit des Hydroxylamins. Es macht sowohl im todten wie im lebenden Blute Methämoglobin und Hämatin. Pflanzenkeime sterben noch bei einer Verdünnung 1 : 15000 ab.

**Lotio Hydroxylamini** FABRY.

Rp. Hydroxylamini hydrochlorici 1,0
Aquae destillatae 1000,0
Calcii carbonici q. s. ad neutralisationem
Zu Umschlägen.

**Linimentum Hydroxylamini** EICHHOFF.

Rp. Hydroxylamini hydrochlorici 0,1
Glycerini
Spiritus (90 Proc.) ää 50,0.
Aeusserlich gegen bacilläre Erkrankungen der Haut.

**Solutio Hydroxylamini spirituosa** FABRY.

Rp. Hydroxylamini hydrochlorici 0,2—0,5
Spiritus (90 Proc.) 100,0
Calcii carbonici q. s. ad neutralisationem
Zum Pinseln.

**Reducirsalz** der Badischen Anilin- und Sodafabrik, ein photographischer Entwickler, ist Hydroxylaminchlorhydrat.

**† Hydroxylaminum sulfuricum. Hydroxylaminsulfat. Schwefelsaures Hydroxylamin. $(NH_2 . OH)_2 . H_2SO_4$. Mol. Gew. = 164.**

Farblose, monokline Prismen, in Wasser und in Alkohol löslich, bei 140° C. schmelzend.

---

# Hyoscyaminum.

**I. †† Hyoscyaminum** (Ergänzb.). **Hyoscyamine** (Gall.). **Hyoscyamin.** $C_{17}H_{23}NO_3$. **Mol. Gew. = 289.** Kommt neben Scopolamin (Hyoscin) besonders in den Samen und Blättern von *Hyoscyamus niger L.* vor.

***Darstellung.*** Diese erfolgt aus den Samen von *Hyoscyamus niger L.* in der nämlichen Weise wie diejenige des Atropins aus der Belladonnawurzel (s. Bd. I, S. 425), wobei indessen folgendes zu beachten ist: Die Abscheidung des Alkaloids aus seiner schwefelsauren Lösung geschieht durch Kaliumkarbonat (nicht Kalihydrat). Da es in Wasser verhältnissmässig leicht löslich ist, so muss die alkalische Lösung gründlich mit Chloroform oder Aether ausgeschüttelt werden. Man muss bei der Darstellung vermeiden, auf das freie Alkaloid bei erhöhter Temperatur Alkalien einwirken zu lassen, weil sonst das Hyoscyamin in Atropin übergeführt werden kann.

***Eigenschaften.*** Feine weisse, lockere Nadeln, welche im reinen Zustande bei 108,5° C. (Ergänzb. 106—108° C., Gall. 108° C.) schmelzen. Sie lösen sich in Wasser und verdünntem Alkohol leichter als Atropin; die Lösungen reagiren gegen Phenolphthaleïn alkalisch und besitzen bitteren, kratzenden Geschmack. Leicht löslich in Alkohol, Aether und in Chloroform. Die Lösungen lenken die Ebene des polarisirten Lichtes nach links ab (Atropin ist optisch inaktiv) $[\alpha]_D = 20,97°$.

Das Hyoscyamin steht zum Atropin in den engsten Beziehungen. Entweder sind beide Alkaloide desmotrop, oder das Hyoscyamin ist das optisch aktive (linksdrehende) Isomere des Atropins. Im übrigen ist das Hyoscyamin die labile und das Atropin die stabile Verbindung. Ueber die Ueberführung des Hyoscyamins in das Atropin s. Bd. I, S. 425. Hyoscyamin giebt die gleichen Spaltungsprodukte wie das Atropin und ebenso die gleichen chemischen Reaktionen (s. Bd. I, S. 426). Dagegen unterscheidet es sich vom Atropin in folgenden Punkten: **1)** Es schmilzt bei 108,5° C. (Atropin bei 115,5° C.). **2)** Es ist linksdrehend (Atropin optisch inaktiv). **3)** Das Golddoppelsalz $C_{17}H_{23}NO_3 . HCl + AuCl_3$ krystallisirt gut und bildet stark glänzende goldgelbe Krystalle vom Schmelz-P. 160—162° C., welche in siedendem Wasser nicht schmelzen.

***Prüfung.*** **1)** Das Hyoscyamin sei farblos und löse sich in konc. Schwefelsäure ohne Färbung auf. Diese Lösung werde auch durch Zugabe von etwas Salpetersäure nicht gefärbt (fremde Alkaloide und organische Verunreinigungen). — **2)** Es schmelze bei 106 bis 108° C. — **3)** Es verbrenne auf dem Platinbleche ohne einen Rückstand zu hinterlassen (unorganische Verunreinigungen). — **4)** Auf einen Gehalt an Atropin wäre durch Bestimmung der specifischen Drehung zu prüfen.

***Aufbewahrung.*** Sehr vorsichtig. ***Anwendung.*** Das Hyoscyamin ist ebenso wie das Atropin ein Narcoticum, soll aber angeblich etwas schwächer wirken als dieses. Man giebt es, meist in Form seiner Salze, innerlich oder subkutan in Mengen von 0,001—0,003 g als Hypnoticum und Sedativum bei Geisteskranken. Aeusserlich in der Augenheilkunde in den gleichen Dosen und unter den nämlichen Indikationen wie Atropin (s. dieses). Höchstgaben: 0,005 *pro dosi*, 0,015 *pro die* (Ergänzb.).

**II. †† Hyoscyaminum sulfuricum** (Ergänzb.). **Hyoscyaminae Sulfas** (Brit. U-St.). **Hyoscyaminsulfat. Schwefelsaures Hyoscyamin. $(C_{17}H_{23}NO_3)_2 . H_2SO_4 + 2H_2O$. Mol. Gew. = 712.** Die U-St. führt das wasserfreie Salz $(C_{17}H_{23}NO_3)_2 . H_2SO_4$ auf. Wird durch Neutralisation von Hyoscyamin mit verdünnter Schwefelsäure wie Atropinsulfat (s. Bd. I, S. 428) dargestellt.

Feine weisse Krystallnadeln, hygroskopisch, bei 206° C. schmelzend (Ergänzb. gegen 200° C.). Löslich in 0,5 Th. Wasser oder 2,5 Alkohol von 90 Proc. Wenig löslich in Aether oder Chloroform. Die wässerige Lösung wird durch Platinchlorid nicht gefällt.

***Aufbewahrung*** und ***Anwendung*** wie Hyoscyamin.

**III. †† Hyoscyaminum hydrobromicum. Hyoscyaminae Hydrobromas** (U-St.). **Hyoscyaminhydrobromid. Bromwasserstoffsaures Hyoscyamin. $C_{17}H_{23}NO_3 . HBr$. Mol. Gew. = 370.** Wird durch Neutralisation von 10 Th. Hyoscyamin mit 11,2 Th. Bromwasserstoffsäure von 25 Proc. HBr. dargestellt.

Gelblichweisse, firnissartige Masse oder derbe prismatische Krystalle, an der Luft zerfliesslich. Löslich in 0,3 Th. Wasser oder 2 Th. Alkohol (90 Proc.), 3000 Th. Aether oder 250 Th. Chloroform. Die wässerige Lösung ist neutral und wird durch Platinchlorid nicht gefällt.

***Aufbewahrung, Anwendung*** und ***Dosis.*** Wie Hyoscyamin.

**IV. †† Hyoscyaminum salicylicum. Hyoscyaminsalicylat. Salicylsaures Hyoscyamin. $C_{17}H_{23}NO_3 . C_7H_6O_3$. Mol. Gew. = 427.** Wird durch Neutralisation von 10 Th. Hyoscyamin mit 4,8 Th. Salicylsäure dargestellt.

Farblose Krystalle, in Wasser und in Alkohol löslich. Gebrauch wie das schwefelsaure Salz in der Augenheilkunde.

**†† Hyoscyaminum purum amorphum coloratum.** Braune, sirupartige Masse, neben Hyoscyamin wechselnde Mengen von Verunreinigungen enthaltend.

**†† Pseudohyoscyaminum. ψ-Hyoscyamin. $C_{17}H_{23}NO_3$.** Nach E. Merck in den Blättern von *Duboïsia myoporoïdes* enthalten. Kleine, gelblich gefärbte Nadeln, Schmelzpunkt 133—134° C. Schwerlöslich in Wasser und in Aether, leicht löslich in Alkohol und in Chloroform. Linksdrehend. Wird durch Kochen mit Barythydrat in Atropasäure und eine dem Tropin isomere Base $C_8H_{15}NO$ gespalten. Schmelzpunkt des Golddoppelsalzes 176 ° C.

Wirkt als Sedativum wie Atropin, aber etwas schwächer wie dieses. Dosis 0,0005 bis 0,001. Zu Injektionen bei Aufregungszuständen der Irren 0,002—0,006 g.

---

# Hyoscyamus.

Gattung der **Solanaceae—Solaneae—Hyoscyaminae.**

**† Hyoscyamus niger L.** Heimisch in ganz Europa mit Ausnahme des Nordens, bis nach Ostindien und Nordafrika.

***Beschreibung.*** **Ein- oder zweijähriges Kraut mit fleischiger Wurzel und drüsig-weichhaarig-klebrigem Stengel, der 60 cm hoch wird. Die unteren Blätter länglich-eiförmig, am Rande kerbig gesägt bis fast fiedertheilig, in den Blattstiel auslaufend. Die stengelständigen Blätter halb stengelumfassend und schwach herablaufend. Der Blüthenstand besteht aus einseitswendigen, vielblüthigen, monopodialen Wickeln und krümmt sich nach abwärts. Die zygomorphen, sitzenden Blüthen sind von einem 5zähnigen, krugförmig-glockigen Kelch mit aufrechten, stachelspitzigen Zipfeln umschlossen. Nach dem Verblühen wächst der Kelch über die Kapsel, diese umschliessend, hinaus. Die zweifächrige Kapsel öffnet sich bei der Reife, indem das obere Drittel derselben sich als Deckel ablöst. (Samen vergleiche unten.) Die Pflanze wird zuweilen zum Arzneigebrauch kultivirt. In der Kultur wird sie kahler und die Blätter grösser. Auf beiden Seiten lange, mehrzellige Gliederhaare, ferner Drüsenhaare mit einzelligem Kopf und solche mit mehrzelligem Kopf. Spaltöffnungen auf beiden Seiten der Blätter. Im Schwammparenchym des Blattes unmittelbar unter den Palissaden in den Zellen Einzelkrystalle von oxalsaurem Kalk. Sie sind für die Droge charakteristisch, Fig. 4 (vergl. auch Belladonna Band I, S. 467 und Datura Band I, S. 1013).**

Der in Südeuropa heimische und häufig nach Norden (durch italienische Arbeiter?) verschleppte Hyoscyamus albus M. hat Oxalatdrusen.

Man verwendet 1) die Blätter resp. das blühende Kraut:

† **Folia Hyoscyami** (Austr.). **Hyoscyami Folia** (Brit.). **Folium Hyoscyami** (Helv.). **Herba Hyoscyami** (Germ.). **Hyoscyamus** (U-St.). — **Bilsenkraut. Bilsenkrautblätter. Säukraut. Tollkraut. Todtenblumenkraut.** — **Feuille de jusquiame noire** (Gall.). — **Hyoscyamus Leaves. Henbane Leaves.**

***Bestandtheile.*** Alkaloide: Hyoscyamin $C_{17}H_{23}NO_3$ und damit isomer Hyoscin (Scopolamin). Der Alkaloidgehalt beträgt bei einjährigen Blättern 0,0641—0,0701 Proc., bei zweijährigen 0,0592—0,069 Proc. Die Wurzel ist am reichsten, sie enthält 0,155 bis 0,179 Proc. Nach diesen Zahlen (1890) sind also einjährige Blätter reicher als zweijährige, während nach anderen Untersuchungen ein wesentlicher Unterschied zwischen beiden nicht besteht. Offenbar ist der Alkaloidgehalt in hohem Maasse von der Zeit der Einsammlung, dem Standort, der Unterlage, vielleicht auch der Dauer der Aufbewahrung abhängig. —

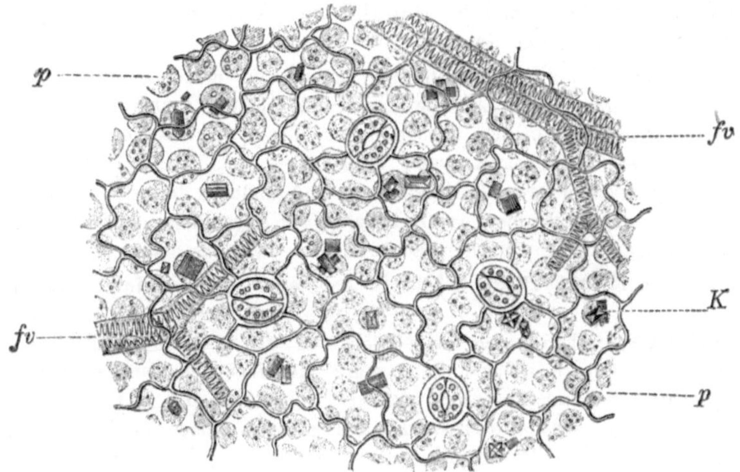


Fig. 4. (Nach Vogl.)
Epidermis der Oberseite des Blattes von Hyoscyamus niger. *p* Palissaden. *fv* Gefässe. *K* Oxalatkrystalle.

Der Riechstoff soll ein Buttersäureäther sein. Endlich enthält die Droge 19—23 Proc. Asche, darin 2 Proc. Salpeter.

Bestimmung des Alkaloidgehaltes wie bei Belladonna Band I S. 467.

***Verfälschungen,*** die kaum vorkommen, würden leicht nachzuweisen sein durch mikroskopische Untersuchung. In England hat man eine Substitution durch Stechapfelblätter (Band I, S. 1013) beobachtet.

***Einsammlung und Aufbewahrung.*** Die Arzneibücher lassen übereinstimmend die Droge nur von der blühenden Pflanze sammeln, gehen aber in einzelnen Angaben auseinander. Während nach Helv. nur die Blätter, nach Austr. die Blätter der wildwachsenden Pflanze gesammelt werden sollen, lassen Germ., Brit. und U-St. Blätter und blühende Stengel verwenden. Man sammelt also die betreffenden Theile von der zweijährigen Pflanze zur Zeit der ersten Blüthe im Juni und Juli, trocknet möglichst schnell an der Luft, dann noch über Aetzkalk nach und bewahrt, vor Licht und Feuchtigkeit geschützt, am besten in Blechkästen unter den starkwirkenden Arzneimitteln auf. Die Vorräthe sind möglichst alle Jahre zu erneuern, alte Bestände vernichtet man durch Verbrennen. Je nachdem das ganze Kraut oder nur die Blätter gesammelt werden, erhält man aus 5—7 Th. frischer Waare 1 Th. trockene.

***Wirkung und Anwendung*** wie Belladonna.

| | Austr. | Germ. | Helv. |
|---|---|---|---|
| Grösste Einzelgabe: | 0,3 g | 0,5 g | 0,2 g |
| „ Tagesgabe: | „ 1,0 g | „ 1,5 g | „ 1,0 g |

Vet.: Für Pferde 15,0—30,0 g, für Rinder 15,0—90,0 g, für Schafe und Ziegen 8,0 bis 30,0 g, für Hunde 0,5—4,0 g.

Aeusserlich dient die Droge zu narkotischen Umschlägen, als Rauchmittel bei Athemnoth und Zahnweh, häufig zu Asthmakräutermischungen; für diesen Zweck verwendet man nur die von Stengeln und Rippen befreiten Blätter, um ein gleichmässiges Glimmen zu erzielen. — Bilsenkraut und seine Zubereitungen sind dem freien Verkehr entzogen und dürfen nur gegen ärztliche Verordnung abgegeben werden, ausgenommen als Bestandtheil von Pflastern, Salben und erweichenden Kräutern (in Deutschland). Obwohl in den betreffenden Verordnungen die Verwendung „zum Rauchen und Räuchern" nicht ausdrücklich ausgenommen ist, wird man das Kraut hierzu wohl mit demselben Recht verabfolgen dürfen, wie Stechapfelkraut.

**2)** † Die Samen: **Semen Hyoscyami** (Ergänzb.). — **Bilsenkrautsame. Bilsensamen. Dollsamen** (volksthümlich: **Dolldill** zum Räuchern). — **Semence de jusquiame noir** (Gall.). — **Henbane Seed.**

***Beschreibung.*** Rundlich-nierenförmig, graubraun, netzig punktirt, bis 1,5 mm lang mit ansehnlichem, hellgrauem Endosperm und gekrümmtem Embryo. — Die Epidermis der Samenschale besteht aus ziemlich flachen Zellen, deren Innenwand und Seitenwände ziemlich stark verdickt, deren Aussenwand dünnwandig ist. Das übrige Gewebe der Samenschale ist zusammengepresst. Im Endosperm und Embryo fettes Oel und Aleuron. Die Körner des letzteren messen bis 8 $\mu$; sie enthalten ein Krystalloid und 1 oder 2 Globoide. — Die Alkaloide haben ihren Sitz in der Samenschale. Gall. lässt auch die Samen des in Südeuropa heimischen **Hyoscyamus albus L.** (**Semence de jusquiame blanche**) verwenden.

***Bestandtheile.*** Alkaloidgehalt 0,058 Proc., fettes Oel 18,8 Proc., spec. Gew. 0,939. Es enthält die Glyceride der Palmitinsäure und einer unbekannten ungesättigten Säure. Bestimmung des Alkaloidgehaltes wie bei Datura, Band I, S. 1015.

***Einsammlung. Anwendung.*** Die völlig reifen Samen werden im Herbst gesammelt, im übrigen wie die Blätter behandelt. Sie wirken wie das Kraut, doch stärker. Höchstgabe 0,3 g, auf den Tag 0,6 g (nach Lewin). Sie werden meist in Form der Emulsion verordnet und sind in manchen Gegenden als Räuchermittel gegen Zahnweh gebräuchlich. Man streut die Samen, für sich oder mit Bernsteingrus gemischt auf glühende Kohlen und leitet den Dampf durch einen Trichter gegen den schmerzenden Zahn, aus dem dann angeblich kleine Würmer (die zarten Embryonen der Samen) herausfallen. Zu diesem Zweck verabfolgt man höchstens 2,5 g mit der nöthigen Vorsicht.

**† Alcoolatura Hyoscyami** (Gall.). Alcoolature de jusquiame (feuille). Aus gleichen Theilen frischer, gequetschter Bilsenkrautblätter und 90proc. Weingeist durch 10tägiges Ausziehen.

**Cigarettes de jusquiame** (Gall.) sollen jede 1 g Bilsenkrautblätter enthalten.

**† Extractum Hyoscyami.** Bilsenkrautextrakt. Germ.: Man bereitet es aus frischem, zur Blüthezeit gesammelten Bilsenkraut ohne die Wurzel wie Extr. Belladonnae Germ. (Band I, S. 469). Ausbeute 2,5—3 Proc. Grünlichbraun, in Wasser trübe löslich. Grösste Einzelgabe 0,2 g, grösste Tagesgabe 1,0 g. Bei Kindern rechnet man als höchste Einzelgabe: 0,01 bis 1 Jahr, 0,03 bis 4 Jahre, 0,05 bis 8 Jahre (Biedert.). — Extractum Hyoscyami siccum (Germ.) und Extractum Hyoscyami solutum (Germ.) s. Bd. I, S. 1074.

Helv.: Extractum Hyoscyami duplex s. siccum. Trockenes Bilsenkrautextrakt. Extrait de jusquiame sec. 200 Th. Bilsenkraut (V) werden mittels einer Mischung von 2 Th. Wasser und 1 Th. Weingeist (94proc.) im Verdrängungswege l. a. erschöpft[1]). Man befeuchtet mit 90 Th., fängt die ersten 170 Th. Perkolat für sich auf, dampft die übrigen Auszüge auf 30 Th. ein und stellt aus den so erhaltenen 200 Th.

---

[1]) Vergl. Band I, S. 1074 und Fussnote S. 925.

Flüssigkeit genau so, wie bei Extr. Digitalis duplex Helv. (Bd. I, S. 1041) angegeben, 100 Th. trockenes Extrakt dar. Grösste Einzelgabe 0,05 g, grösste Tagesgabe 0,15 g.

Austr.: Extractum Hyoscyami foliorum. Bilsenkrautblätter-Extrakt. Wird aus gepulverten Blättern wie Extr. Aconiti radicis (Austr. Bd. I, S. 155) bereitet. Ausbeute etwa 22 Proc. Grösste Einzelgabe 0,1 g, grösste Tagesgabe 0,5 g.

Brit.: Extractum Hyoscyami viride. Green Extract of Hyoscyamus. Frische Blätter, blühende Spitzen und junge Triebe vom Bilsenkraut zerstösst man, presst aus, erhitzt den Saft nach und nach auf 54,4° C. und sammelt das abgeschiedene „Chlorophyll" auf einem Kattunfilter. Die Flüssigkeit erhitzt man auf 93,3° C., filtrirt, dampft zum Sirup ein, fügt das durch ein Haarsieb getriebene Chlorophyll wieder zu und dampft bei höchstens 60° C. zum weichen Extrakt ein. Gabe 0,1—0,5 g.

U-St.: Extract of Hyoscyamus. Aus 1000 g gepulvertem Bilsenkraut (No. 60) und einer Mischung von 2000 ccm Weingeist (91 proc.) und 1000 ccm Wasser im Verdrängungswege. Man befeuchtet mit 400 ccm, erschöpft[1]) zuerst mit dem Rest des Lösungsmittels, dann mit verdünntem Weingeist (41 proc.), und sammelt etwa 3000 ccm Perkolat. Die ersten 900 ccm fängt man für sich auf, dampft das übrige auf 100 ccm, dann das Ganze zur Pillenkonsistenz ein.

Gall.: **1)** Extractum Hyoscyami. Extrait de jusquiame avec le suc. Aus frischen zur Zeit der Blüthe gesammelten Blättern wie Extr. Conii macul. Gall. (Bd. I, S. 947) zu bereiten. — **2)** Extractum de semine Hyoscyami. Extrait de jusquiame (Semence). Aus gepulverten Bilsenkrautsamen wie Extr. de radice Belladonn. Gall. 2, (Band I, S. 469).

E. Dieterich: Extractum Hyoscyami solidum. Bilsenkraut-Dauerextrakt. Aus fein zerschnittenem Bilsenkraut wie Extr. Uvae Ursi solidum (Bd. I, S. 363).

Zur Alkaloidbestimmung des Extraktes werden nach Partheil 2 g desselben mit 3 g Wasser im Mörser zerrieben und mit 10 g grob gepulvertem Aetzkalk unter Vermeidung von Erwärmung vermischt. Das trockne pulverige Gemisch wird im Soxhlet mit Aether extrahirt, wozu meist eine Stunde ausreicht. Man fängt zum Schluss, nachdem man den Extraktionskolben abgenommen hat, einige Tropfen im Uhrgläschen auf, lässt verdunsten, nimmt mit 1 proc. Salzsäure auf und prüft mit Meyer'schem Reagens, ob keine Trübung mehr entsteht. Ist dies der Fall, so muss von neuem extrahirt werden. Dann destillirt man im Extraktionskölbchen den Aether ab, nimmt den Rückstand unter Erwärmen mit 75 ccm $^1/_{100}$-N.-Schwefelsäure auf, filtrirt durch ein kleines Filter in einen 100 ccm-Kolben, wäscht Filter und Kölbchen gut nach, füllt zu 100 ccm auf, giebt von der Lösung 50 ccm in eine 250 ccm haltende Stöpselflasche, giesst auf die Flüssigkeit eine fingerhohe Aetherschicht und einige Tropfen Jodeosinlösung und titrirt mit $^1/_{100}$-N.-Kalilauge zur Rothfärbung der wässerigen Schicht. 1 ccm der verbrauchten $^1/_{100}$-N.-Säure = 0,00289 g Alkaloid. — Nach derselben Methode kann auch Extr. Belladonnae, Conii, Aconiti geprüft werden. Bei Extr. Conii beträgt die Extraktionsdauer aber bis 3 Stunden. Es entspricht dann 1 ccm $^1/_{100}$-N.-Säure 0,00533 g Aconitin und 0,00127 g Coniin. Für Extr. Belladonnae ist die Berechnung dieselbe wie für Extr. Hyoscyami.

**† Extractum Hyoscyami fluidum.** Bilsenkraut-Fluidextrakt. Extrait fluide de jusquiame. Fluid Extract of Hyoscyamus. Helv.: 100 Th. Bilsenkraut (V) bringt man, mit einer Mischung aus 10 Th. Glycerin, 15 Th. Weingeist, 20 Th. Wasser befeuchtet, in einen Perkolator und erschöpft[1]) mit q. s. einer Mischung von 2 Th. Wasser und 1 Th. Weingeist (94 proc.). Die ersten 85 Th. fängt man für sich auf und bereitet l. a. 100 Th. Fluidextrakt. Dunkel grünlichbraun. 20 Tropfen geben mit 9 ccm Wasser eine leicht schillernde oder klare Lösung, die durch 5 Tropfen verdünnte Salzsäure und 1 ccm Meyer's Reagens undurchsichtig getrübt, dann flockig gefällt wird. — Grösste Einzelgabe 0,1 g, grösste Tagesgabe 0,3 g.

U-St.: Aus 1000 g gepulvertem Bilsenkraut (No. 60) und einer Mischung von 2000 ccm Weingeist (91 proc.) und 1000 ccm Wasser im Verdrängungswege. Man befeuchtet mit 400 ccm, fängt die ersten 900 ccm für sich auf und stellt l. a. 1000 ccm Fluidextrakt dar. Man gebraucht etwa 4000 ccm Lösungsmittel.

Die Bilsenkraut-Extrakte sind vorsichtig aufzubewahren. Man gebraucht sie innerlich als Zusatz zu Hustenmitteln, äusserlich zu Augenwässern, Linimenten, Salben, auch zu Klystieren.

**Oleum Hyoscyami** (Germ. Helv.). Oleum Hyoscyami foliorum coctum (Austr.). Ol. Hyoscyami infusum. — Bilsenkrautöl. Bilsenöl. Gekochtes Bilsenkrautöl. — Huile de jusquiame (Gall.). — Infused oil of Hyoscyamus (Nat. form.). Germ.: 4 Th. mittelfein zerschnittenes Bilsenkraut befeuchtet man mit 3 Th. Weingeist, mischt nach einigen Stunden 40 Th. Olivenöl hinzu, verjagt den Weingeist im Dampfbade, presst und filtrirt. — Helv. Austr.: Aus 1 Th. grob gepulvertem Bilsenkraut,

[1]) Vergl. Band I, S. 1074 und Fussnote S. 925.

1 Th. Weingeist, 10 Th. Olivenöl ebenso. — Gall.: Wie Huile de Belladone (Bd. I, S. 472). — E. DIETERICH: Wie Oleum Belladonnae I (Bd. I, S. 472). Nach Germ. bräunlich-grün, nach Helv. grün. Ausbeute aus 100 Th. Bilsenkraut etwa 92 Th. — Nat. form.: 200 g Bilsenkrautpulver (No. 40) befeuchtet man mit 150 g Weingeist, dem 4 g Ammoniakflüssigkeit zugesetzt sind, lässt 24 Stunden stehen, fügt 120 g einer Mischung aus je 500 g Schmalzöl und Baumwollsamenöl hinzu, digerirt 12 Stunden bei 60° C., presst aus und wiederholt das Verfahren mit dem Rest des Oeles.[1]) — Man pflegt das Oel in einem kupfernen Kessel zu erhitzen, weil es dabei eine schöne grüne Farbe annimmt, durch Bildung von phyllocyaninsaurem Kupfer, dessen Anwesenheit keinen Bedenken unterliegt. Arbeitet man nach einer Formel, die einen Ammoniakzusatz vorschreibt, so wählt man natürlich Porcellan- oder emaillirte eiserne Gefässe. Für Handverkaufszwecke kann man die Farbe durch käufliches Chlorophyll verbessern, oder man ersetzt das Olivenöl durch Rüböl und kocht über freiem Feuer, muss dann aber den Zeitpunkt genau abpassen, wenn sämmtliche Feuchtigkeit verdampft ist; das Kraut muss beim Druck „rascheln". Man beachte, dass das Pressen des heissen Oeles zu beschleunigen ist, denn ein Stehenlassen des ölgetränkten Krautes kann durch Selbsterhitzung die ganze Ausbeute verderben! Bei Verwendung eines staubfreien Krautes filtrirt man das Oel heiss; bei dem Verfahren von Diet. ist längeres Absetzenlassen nöthig. — Aufbewahrung: vor Licht geschützt.

Ein **Oleum Hyoscyami duplex,** welches nahezu die gesammten Alkaloide des Krautes enthält, wird nach den Helfenb. Annalen (1891) folgendermassen dargestellt. 1000 g feingepulvertes Bilsenkraut packt man, mit einer Mischung aus 100 g Spiritus, 40 g Salmiakgeist, 360 g Aether durchfeuchtet, in einen Perkolator, erschöpft mittels q. s. Aether, bringt den Auszug mit 5000 g Olivenöl in eine Blase und destillirt den Aether über.

† **Succus Hyoscyami** (Brit.). Juice of Hyoscyamus. Aus frischen Blättern, blühenden Spitzen und jungen Trieben des Bilsenkrauts presst man den Saft, mischt 3 Vol. desselben mit 1 Vol. 90proc. Weingeist, lässt 7 Tage absetzen und filtrirt. Gabe 2,0—3,5 ccm.

† **Tinctura Hyoscyami.** Bilsenkraut-Tinktur. Teinture de jusquiame. Tincture of Hyoscyamus. Ergänzb.: Aus 1 Th. mittelfein zerschnittenem Bilsenkraut und 10 Th. verdünntem Weingeist (60proc.) durch Maceration. Höchstgabe 1,0 g, auf den Tag 3,0 g nach LEWIN. Brit.: Aus 100 g gepulvertem Bilsenkraut (No. 20) und 45proc. Weingeist im Verdrängungswege. Man befeuchtet mit 100 ccm und sammelt 1000 ccm Tinktur. Gabe 2—3,5 ccm. — U-St.: Aus 150 g gepulvertem Bilsenkraut (No. 60) und q. s. verdünntem Weingeist (41proc.) im Verdrängungswege. Man befeuchtet mit 150 ccm und sammelt 1000 ccm Tinktur. — Gall.: Aus grob gepulvertem Bilsenkraut wie Tinct. Cocae Gall. (Bd. I, S. 869). Vorsichtig aufzubewahren.

† **Tinctura Hyoscyami ex Herba recente** (Ergänzb.). Bilsenkrauttinktur aus frischer Pflanze. Aus 5 Th. zerquetschtem, blühendem, frischem Bilsenkraut und 6 Th. Weingeist (87proc.). Vorsichtig und vor Licht geschützt aufzubewahren. Grösste Einzelgabe 0,5 g, grösste Tagesgabe 1,5 g (n. LEWIN).

† **Tinctura Hyoscyami aetherea.** Teinture éthérée de jusquiame (Gall.). Éthérolé de jusquiame. Aus 100 g mittelfein gepulverten Bilsenkrautblättern und 500 g Aether (Spec. Gew. 0,758) im Verdrängungswege. — Aus 1 Th. fein zerschnittenem Bilsenkraut und 10 Th. Aetherweingeist durch Maceration.

**Balsamum tranquillans** (Gall.).
I Baume tranquille.

Rp. Foliorum recentium contusorum

| | | | |
|---|---|---|---|
| 1. | Belladonnae<br>Hyoscyami<br>Solani nigri<br>Nicotianae<br>Papaveris<br>Stramonii | ãã | 200,0 |
| | Olei aetherei | | |
| 2. | Absinthii<br>Hyssopi<br>Majoranae<br>Menthae<br>Rutae<br>Rosmarini<br>Salviae<br>Thymi | ãã | 0,5 |
| 3. | Olei Olivarum | | 5000,0. |

Man kocht 1 mit 3 in einem kupfernen Kessel, bis alle Feuchtigkeit verdunstet ist, presst aus, lässt absetzen, fügt 2 hinzu und filtrirt.

II. Nach E. DIETERICH.

| | | | |
|---|---|---|---|
| Rp. | Olei Belladonnae infusi | | |
| | Olei Hyoscyami infusi | ãã | 500,0 |
| | Olei Absinthii aetherei | | 1,0 |
| | Olei Lavandulae | | |
| | Olei Rosmarini | | |
| | Olei Thymi | ãã | 2,0. |

**Balsamum universale** (E. DIETERICH).
Universalbalsam.

| | | |
|---|---|---|
| Rp | 1. Olei camphorati | 25,0 |
| | 2. Olei Hyoscyami | 50,0 |
| | 3. Cerae flavae | 15,0 |
| | 4. Liquor. Plumbi subacetici | 10,0. |

Man schmilzt 1—3 und rührt mit 4 bis zum Erkalten.

---

[1]) Dieses ist auch die allgemeine Vorschrift der Nat. form. für Olea infusa, Infused Oils.

**Emplastrum Hyoscyami** (Ergänzb.).
Bilsenkrautpflaster.

Rp. 1. Cerae flavae 4,0
2. Terebinthinae
3. Olei Olivarum āā 1,0
4. Herb. Hyoscyami subt. pulv. 2,0.

Man schmilzt 1—3 im Dampfbade, fügt 4 hinzu und rollt nach dem Erkalten in Stangen aus. Darf wegen seiner Neigung zum Schimmeln nicht in dicht verschlossenen Gefässen aufbewahrt werden!

**Glyceritum cum Extracto Hyoscyami** (Gall.).
Glycéré d'extrait de jusquiame.

Rp. Extracti Hyoscyami 1,0
Glycerini gtts. V
Unguenti Glycerini 9,0.

**Lanolimentum Hyoscyami** (Dieterich).

Wie Lanoliment. Belladonn. Dieterich Band I, S. 471.

**Linimentum antiarthriticum.**

Rp. Tinctur. Hyoscyami
Tinctur. Belladonnae
Tinctur. Opii simpl. āā 2,5
Olei Olivarum 92,5.

**Linimentum narcoticum.**
Liniment calmant.

Rp. Unguenti cerei
Tinctur. Opii crocat. āā 10,0
Balsami tranquillantis 80,0.

**Liquor pectoralis** Horn.

Rp. Extracti Hyoscyami 1,0
Liquor. Ammon. anisat. 15,0.

Viermal täglich 15—20 Tropfen in Brustthee.

**Mixtura antipneumonitica** Sendner.
Mixtura antipleuritica Sendner.

Rp. Kalii nitrici 10,0
Natrii salicylici 5,0
Extract. Hyoscyami 1,25
Aquae Foeniculi 50,0
Infusi radic. Liquiritiae 200,0.

**Mixtura contra tussim** Frerichs.

Rp. Extracti Hyoscyami 0,3
Elixir. e succo Liquirit. 25,0
Aquae Foeniculi 50,0
Aquae florum Aurant. 100,0.

3—4 mal täglich 1 Esslöffel.

**Oleum Hyoscyami compositum** (Helv.).
Balsamum Tranquilli. Baume Tranquille.
Compound Oil of Hyoscyamus.

Rp. Olei Hyoscyami 1000,0
Olei Lavandulae
Olei Menthae pip.
Olei Rosmarini
Olei Thymi āā 1,0.

Bei Rheuma, Drüsenschwellungen, Ohrenleiden.
Nat. form. schreiben auf 100 ccm Ol. Hyoscyami je 2 Tropfen Ol. Absinthii, Lavandulae, Rosmarini, Salviae und Thymi vor.

**Oleum Hyoscyami cum Chloroformio.**
Grünes Chloroformöl.

Rp. Olei Hyoscyami 75,0
Chloroformii 25,0.

**Pastilli expectorantes** Dieterich.
Husten-Pastillen.

Rp. Extract. Hyoscyami sicci (Germ.) 50,0
Stibii sulfurati aurant. 25,0
Sacchari albi pulv. 925,0.

Man formt l. a. 1000 Pastillen.

**Pilulae antineuralgicae** Brown Séquard.
Brown Séquard's Antineuralgic (or Neuralgia) Pills. (Nat. form.)

Rp. Extracti Hyoscyami (U-St.) 4,5
Extracti Conii (U-St.) 4,5
Extracti fabarum Ignatii 3,2
Extracti Opii (U-St.) 3,2
Extracti Aconiti (U-St.) 2,2
Extracti Cannabis ind. (U-St.) 1,6
Extracti Stramonii sem. (U-St.) 1,3
Extracti Belladonn. alcoh. (U-St.) 1,1.

Man formt 100 Pillen.

**Pilulae bechicae** Oesterlen.

Rp. Extract. Hyoscyami
Folior. Hyoscyami āā 3,0
Folior. Digitalis 1,25
Extracti Chamomill. q. s.

Zu 100 Pillen.

**Pilulae Colocynthidis et Hyoscyami** (Nat. form.).
Pills of Colocynth and Hyoscyamus.

Rp. Extracti Colocynthidis (U-St.) 0,65 g
Aloës purificatae (U-St.) 9,7
Resinae Scammonii (U-St.) 9,7
Olei Caryophyllorum 1 ccm
Extracti Hyoscyami (U-St.) 9,7 g.

Man formt 100 Pillen.

**Pilulae Hyoscyami.**
Pilulae sedativae
Pharm. pauper.

Rp. Extracti Hyoscyami
Folior. Hyoscyami pulv. āā 2,0.

Zu 30 Pillen. 2—4 mal täglich 1 Pille.

**Pilulae Hyoscyami compositae.**
Pilulae Meglini. Meglin'sche Pillen.
Pilules de jusquiame et de valériane composées. Pilules de Méglin.

Ph. Helvet.

Rp. Extracti Valerianae
Extract. Hyoscyami fluidi
Zinci oxydati āā 5,0
Radic. Liquiritiae
Succi Liquiritiae āā 2,5.

Man formt 100 Pillen; jede enthält 0,05 g der wirksamen Bestandtheile.

Ph. Gall.

Rp. Extract. Hyoscyam. seminis
Extract. Valerianae
Zinci oxydati āā 0,5.

Man formt 10 Pillen.

**Pilulae contra tussim spasticam** Heim.

Rp. Opii pulver. 0,2
Folior. Digitalis
Radic. Ipecacuanh. āā 0,5
Extract. Hyoscyami 3,0
Radicis Althaeae q. s.

Zu 30 Pillen. 3stündlich eine Pille.

**Pilulae laxativae post partum.**
Laxative Pills after Confinement
Nat. form. Barker's Post Partum Pills.

Rp. Extract. Colocynth. comp. (U-St.) 11,0
Aloës purificat. (U-St.) 5,5
Extracti Nucis vomic. (U-St.) 2,5
Resinae Podophylli (U-St.) 0,5
Radic. Ipecacuanhae pulv. 0,5
Extracti Hyoscyami (U-St.) 8,0.

Man formt 100 Pillen.

**Sirupus Hyoscyami.**
Syrupus de Hyoscyamo. Sirop de Jusquiame.

I. Ph. Gall.

Rp. Tincturae Hyoscyami 75,0
Sirupi Sacchari 925,0.

II.

Rp. Extract. Hyoscyam. fluidi 1,0
Sirupi Sacchari 99,0.

**Suppositoria contra bradysuriam** v. SIGMUND.

Rp. Extract. Hyoscyami 0,2
Olei Cacao 18,0.
Zu 6 Suppositorien. Täglich 1—2 Stück.

**Tabulettae expectorantes.**
Husten-Tabletten.

Rp. Extract. Hyoscyam. sicci (Germ.) 0,6
Stibii sulfurat. aurant. 0,3
Sacchari albi pulv. 5,0
Gummi arabici 1,5
Aquae destillatae gtts II.
Man formt l. a. 10 Tabletten.

**Tinctura Hyoscyami acida.**

Rp. Folior. Hyoscyami conc. 10,0
Spiritus diluti (70 proc.) 100,0
Acidi sulfurici (p. sp. 1,840) 0,5.
Durch 5tägiges Ausziehen zu bereiten.

**Unguentum antiretiniticum** GRAEFE.

Rp. Extracti Hyoscyami 0,5
Extracti Opii 0,25
Aquae destillat. gtts IV
Unguent. Hydrarg. ciner. 3,5.

**Unguentum antophiaticum** BOUCHUT.

Rp. Extracti Hyoscyami
Tinctur. Jodi ää 5,0
Medullae ossium bovin. 30,0
Olei Bergamottae 1,5.
Pomade gegen das Ausfallen der Haare (ziemlich zwecklos).

**Unguentum Hyoscyami.**
Unguentum contra photophobiam scrophulosam WUTZER.
Bilsenkrautsalbe.
Ph. Helvet.

Rp. Extracti Hyoscyami fluidi 2,0
Adipis benzoïnati 8,0.

E. DIETERICH.

Rp. Extracti Hyoscyami 10,0
Glycerini 5,0
Unguenti cerei 85,0.

Vet. **Electuarium antiphlogisticum.**

Rp. Folior. Hyoscyami pulv.
Kalii nitrici pulv. ää 50,0
Natrii sulfurici pulv. 300,0
Aloës pulv. 25,0
Radicis Althaeae pulv. 150,0
Aquae q. s.
Pferden und Rindern 2stündlich hühnereigross zu geben.

Vet. **Electuarium contra dysuriam.**

Rp. Folior. Hyoscyami pulv. 20,0
Folior. Digitalis pulv. 5,0
Opii pulverati 2,5
Aloës pulv. 15,0
Kalii nitrici 50,0
Natrii sulfurici 100,0
Fructus Foeniculi
Radicis Althaeae ää 50,0
Aquae q. s.
Bei Harnverhalten der Pferde 3—4stündlich hühnereigross.

Vet. **Pulvis antihippomanicus.**
Pulver gegen das Rossen der Stuten.

Rp. Herbae Hyoscyami
Herbae Stramonii ää 5,0
Kalii nitrici
Natrii nitrici ää 10,0
Sacchari pulv.
Farinae secalis ää 4,0.
Mit Honig und Wasser formt man 4 Boli, die im Laufe eines Tages eingegeben werden.

**Einreibung gegen Rothlauf der Schweine** von GERLACH in Rhinow besteht aus 12 Th. Bilsenkrautöl und 88 Th. Terpentinöl.

**Zematone,** Asthmapulver von ESCOUFLAIRE in Frankfurt. Bestandtheile: Bilsenkraut 8, Stechapfel 3, Tollkirsche 6, Nachtschatten 4, Grindeliakraut 15, Lärchenschwamm 8, Mohnköpfe 5, Salpeter 22.

---

# Hypericum.

Gattung der **Guttiferae — Hypericoideae — Hypericeae.**

**Hypericum perforatum L.** Mit aufrechtem, zweikantigem Stengel, kahl, Blätter länglich-oval, stumpflich, Kelchblätter durchscheinend punktirt, lanzettlich, spitz, oberwärts zuweilen mit einzelnen Drüsen. Die gelben Blüthen 5zählig, Antheren in 5 Bündeln, mit 3 Griffeln.

Verwendung finden die blühenden Zweige und Stengelspitzen als **Herba Hyperici** (Ergänzb.). **Summitates Hyperici. — Johanniskraut. Johannisblut. Hexenkraut. Hasenkraut. Hartheu. Teufelsflucht. Christiwundkraut. — Sommité fleurie de millepertuis** (Gall.).

***Bestandtheile.*** Die Blüthen enthalten zwei Farbstoffe, einen rothen und einen gelben, beide in Alkohol löslich, der gelbe ausserdem in Petroläther.

***Einsammlung. Anwendung.*** Man sammelt das Kraut im Juni und Juli und trocknet im Schatten. 5 Th. frisches Kraut geben 1 Th. trockenes. Es wird nur noch selten im Handverkauf gefordert und innerlich gegen Blutungen, äusserlich bei Verwundungen gebraucht.

**Oleum Hyperici.** Ol. Hyperici coctum. Johannisöl. Huile de millepertuis (Gall.). Aus dem getrockneten Kraut wie Huile de camomille Gall. (Bd. I, S. 718) zu bereiten. Im Handverkauf pflegt man als Johannisöl (Regenwurmöl, rothes Ziegelöl) ein mit Alkannin roth gefärbtes Olivenöl, Rüböl oder Erdnussöl abzugeben.

**Tinctura Hyperici ex herba recente.** Johanniskrauttinktur (Pfarrer KNEIPP's) bereitet man aus 5 Th. frischem, zerquetschtem Kraut und 6 Th. Weingeist. Vor Licht geschützt aufzubewahren.

# Hyssopus.

Gattung der **Labiatae — Stachyoideae — Hyssopinae.**

**Hyssopus officinalis L.** Heimisch im Mittelmeergebiete und im mittleren Asien. Stark verzweigter Strauch mit ganzrandigen, linealen oder lanzettlichen Blättern. Blüthen in Scheinwirteln, die beblätterte, endständige Aehren bilden. Blüthe blau, seltener röthlich oder weiss. Oberlippe aufrecht ausgebreitet, ausgerandet, Unterlippe ausgebreitet, 3spaltig mit flachen, breiten Lappen, der mittlere erweitert, ausgerandet oder zweilippig. Von kampherartigem Geruch.

Verwendung finden die blühenden Zweigspitzen: **Herba Hyssopi** (Ergänzb.). **Summitates Hyssopi. — Ysop. Ysopkraut. Eiserig. Josefskraut. — Sommité fleurie d'hysope** (Gall.).

***Bestandtheile.*** 1 Proc. ätherisches Oel.

***Einsammlung. Anwendung.*** Man sammelt das Kraut im Juni und Juli, trocknet und bewahrt es in Blechbüchsen auf. 4 Th. frisches geben 1 Th. trockenes. — Volksmittel gegen allerlei Brustleiden, das sowohl innerlich als äusserlich gebraucht wird.

**Aqua Hyssopi.** Ysopwasser. Wie Aqua Anethi (Bd. I, S. 306).

**Hydrolatum Hyssopi** (Gall.). Eau distillée d'hysope. Aus 1000 g frischem Kraut stellt man mittels Dampfstrom 1000 g Destillat dar; man legt eine Florentiner Flasche vor, um das ätherische Oel zu gewinnen.

**Sirupus Hyssopi.** Sirupus de Hyssopo (Gall.). Sirop d'hysop. Man bereitet ihn wie Sir. Chamomillae Gall. (Bd. I, S. 716).

**Ptisana de Hyssopo** (Gall.). Tisane d'hysop. 5 g Ysop, 1000 g siedendes Wasser; nach $^1/_2$ Stunde durchseihen.

**Oleum Hyssopi. Ysopöl.** Trocknes Ysopkraut giebt bei der Destillation 0,3 bis 0,9 Proc. Oel von angenehmem, mildem, rainfarnähnlichem Geruch. Das spec. Gewicht des Ysopöles ist 0,925—0,940, sein Drehungsvermögen (100 mm-Rohr) — 17 bis — 23°. Es ist löslich in 2—4 Th. 80 volumprocentigen Alkohols.

# Jaborandi.

Unter dem Namen „Jaborandi“ verwendet man in Südamerika eine Anzahl Drogen aus der Familie der Rutaceen (Gattungen Monniera, Zanthoxylum, Pilocarpus), Piperaceen (Gattung Piper) und Scrophulariaceen (Gattung Herpestis). — In grösserem Umfange gelangen nach Europa nur Blätter von 5 Arten Pilocarpus.

Die Blätter sind mit einer Ausnahme unpaarig gefiedert, doch nicht selten auf das Endblättchen reducirt. Grösse sehr verschieden (vergl. unten). Sämmtlich durchscheinend punktirt infolge des Vorhandenseins schizolysigener Sekretbehälter, die ätherisches Oel enthalten. Cuticula auf beiden Seiten stark entwickelt. Bau bifacial, mit einer Ausnahme nur eine Reihe von Palissaden, die häufig Oxalatdrusen enthalten und dann gefächert sind. Spaltöffnungen nur auf der Unterseite des Blattes, meist im Niveau der Epidermis, selten etwas emporgewölbt. Alle Arten mehr oder weniger behaart und zwar mit einfachen Haaren und Drüsenhaaren. Gefässbündel der Nerven kollateral.

Die in Betracht kommenden Arten sind nach GEIGER (Ber. d. d. pharm. Ges. 1897, S. 356) die folgenden:

**I. Pilocarpus Jaborandi Holmes** liefert **Pernambuco-Jaborandi.**[1]) Blätter unpaarig-ein- bis vierjochig gefiedert, nicht selten auf das Endblättchen reducirt. Blättchen schmäler oder breiter lanzettlich, bis 16 cm lang, an der Spitze ausgerandet. Basis der Seitenblättchen abgerundet, die des Endblättchen in den Blattstiel verschmälert. Der Hauptnerv ragt nur unterseits vor, die Seitennerven auch oberseits. Geruch eigenthümlich brenzlich. Der Hauptnerv der Blätter hat einen stark entwickelten, fast kontinuirlichen Faserring. Die Grösse der Epidermiszellen der Oberseite beträgt 30 : 45 $\mu$, die der Unterseite 31 : 43 $\mu$. Die Höhe der einfachen Palissadenschicht beträgt 23—52 $\mu$, die Dicke des ganzen Blattes 169—360 $\mu$. Die Drüsenhaare sind kaum in die Epidermis eingesenkt.

**II. Pilocarpus pennatifolius Lemaire** liefert **Paraguay-Jaborandi.** Blätter unpaarig-ein- bis dreijochig gefiedert, nicht selten auf das Endblättchen reducirt. Blättchen elliptisch, eiförmig bis verkehrt-eiförmig, bis 14 cm lang, bis 4,5 cm breit, an der Spitze abgerundet oder schwach ausgerandet. Die Basis aller Blättchen ist in den Blattstiel verjüngt. Rand der Blätter selten schwach umgebogen, gegen die Spitze hin schwach gekerbt. Farbe auffallend graugrün mit gelbem Hauptnerven. Derselbe tritt nur unterseits hervor, die Seitennerven schwach an der Oberseite. Bastfasern um den Hauptnerv nur in einzelnen Gruppen. Grösse der Epidermiszellen der Oberseite 33 : 25 $\mu$, der Unterseite 35 : 25 $\mu$. Höhe der einfachen Palissadenschicht 36—72 $\mu$, Dicke des ganzen Blattes 205—424 $\mu$. Drüsenhaare tief eingesenkt. Epidermiszellen der Unterseite papillös vorragend.

**III. Pilocarpus trachylophus Holmes** liefert **Cearà-Jaborandi.** Die Pflanze gehört nach GEIGER wahrscheinlich überhaupt nicht zur Gattung Pilocarpus. Blätter unpaarig-ein- bis dreijochig gefiedert, zuweilen auf das Endblättchen reducirt. Blättchen länglich-lanzettlich, auch elliptisch, Spitze schwach ausgerandet, Basis der Seitenblättchen abgerundet, beim Endblättchen in den Blattstiel verjüngt. Rand stark umgebogen, auch eingerollt, selten gegen die Spitze etwas gekerbt. Länge des Blättchens bis 9 cm, Breite bis 3,5 cm. Farbe oberseits dunkel olivgrün bis braunroth, unterseits hell gelblich-grün. Hauptnerv zuweilen röthlich überlaufen, er ragt unterseits stark hervor, die Seitennerven beiderseits. Unterseite dicht, fast sammetartig behaart. Blättchen fast sitzend. Grösse der Epidermiszellen der Oberseite 41 : 31 $\mu$, der Unterseite 48 : 30 $\mu$. Höhe der einfachen Palissadenschicht 75—104 $\mu$, Dicke der ganzen Blätter 315—441 $\mu$. Drüsenhaare nicht eingesenkt, ausserdem mehrzellige Keulenhaare. Epidermiszellen der Unterseite papillös vorragend, in denselben häufig Sphaerokrystalle.

**IV. Pilocarpus microphyllus Stapf** liefert **Maranham-Jaborandi.** Blätter unpaarig-ein- bis fünfjochig gefiedert, selten auf das Endblättchen reducirt. Blättchen von sehr wechselnder Gestalt: schmal-lanzettlich, eilanzettlich, eiförmig bis rundlich. Spitze tief ausgerandet. Basis stumpf abgerundet oder flügelartig in den Blattstiel auslaufend. Rachis schmal geflügelt. Blättchen bis 5,5 cm lang, bis 2,8 cm breit, meist aber viel kleiner, von allen 5 Arten die kleinsten. Nerven beiderseits vorragend. Grösse der Epidermiszellen der Oberseite 39 : 30 $\mu$, der Unterseite bis 40 : 27 $\mu$. Höhe der einfachen Palissadenschicht 30 $\mu$, Dicke des ganzen Blattes 185 $\mu$.

**V. Pilocarpus spicatus St. Hilaire** liefert **Aracati-Jaborandi.** Blätter stets einfach, nie gefiedert, lanzettlich bis oval. Spitze schwach ausgerandet. Das Blatt bis 11 cm lang, bis 4 cm breit, stets in den Blattstiel verschmälert. Rand flach, zuweilen gegen die Spitze schwach gekerbt. Nerven oberseits deutlich hervorragend. Grösse der Epidermiszellen der Oberseite bis 31 : 42 $\mu$, der Unterseite bis 29 : 44 $\mu$. Oft zwei

[1]) Ich führe diese HOLMES'schen Bezeichnungen nach dem Ausfuhrhafen und nach dem Vaterland auf, da sie sich eingebürgert haben, bemerke aber ausdrücklich, dass nach GEIGER aus den betr. Häfen nicht etwa gerade die danach benannten Sorten kommen, sondern dass die Handelswaare vielmehr meist gemengt ist.

Palissadenschichten, erste bis 71 μ hoch, zweite bis 42 μ. Dicke des ganzen Blattes bis 262 μ.

Die ganzen Blätter oder die einzelnen Fiederblättchen, oft mit Stücken dünner Zweige oder mit Früchten vermengt, liefern:

**Folia Jaborandi** (Germ.). **Folium Jaborandi** (Helv.). **Jaborandi Folia** (Brit.). **Pilocarpus** (U-St.). **Jaborandi** (Gall.). **Folia Pilocarpi.** — **Jaborandiblätter. Yaborandi** oder **Jaguarandiblätter.** — **Feuille de jaborandi.** — **Jaborandi Leaves.**

Von den Arzneibüchern schreiben vor Germ.: Pilocarpus pennatifolius, Helv. u. Brit.: P. Jaborandi, Gall.: P. pinnatifolius (sic!) und P. Selloanus Engler (beide sind nach Geiger identisch), U-St.: P. Selloanus und P. Jaborandi.

***Bestandtheile.*** Alkaloide: Pilocarpin $C_{11}H_{16}N_2O_2$, Pilocarpidin $C_{10}H_{14}N_2O_2$, Jaborin $C_{22}H_{32}N_4O_4$. Alle drei Alkaloide gelten als Träger der Wirksamkeit, doch soll die Hauptwirkung dem Pilocarpin zukommen. Ob alle 5 Arten dieselben Alkaloide enthalten, oder ob, wie das z. B. für trachylophus und spicatus scheint, noch andere Alkaloide vorkommen, ist noch wenig festgestellt.

Ebenso sind die bisher vorgenommenen Bestimmungen des Gehaltes an Gesammtalkaloiden wenig befriedigend, da sicher eine Anzahl derselben nicht mit reinem Material, sondern mit Gemengen mehrerer Arten angestellt sind. Es werden für die einzelnen Species angegeben für: P. Jaborandi 0,5—0,8 Proc. Alkaloidnitrate. P. pennatifolius 0,18—0,38 Proc. Alkaloidnitrate, P. microphyllus 0,16—0,8 Proc. Nitrate, P. spicatus 0,16 Proc. Nitrate, P. trachylophus 0,4 Proc. Nitrate. Der Alkaloidgehalt der Stiele ist nur etwa $^1/_2$ so hoch wie der der Blätter. — Ferner enthält die Droge 0,2—1,1 Proc. ätherisches Oel vom Geruch nach Raute. Dasselbe hat das spec. Gew. 0,865 — 0,895 und dreht $+ 3^0\ 25'$. Es enthält einen Kohlenwasserstoff Pilocarpen, der vielleicht unreines Dipenten ist und wahrscheinlich einen Kohlenwasserstoff der olefinischen Reihe.

***Verfälschung.*** In den letzten Jahren sind in den Jaborandiblättern häufig die Blätter der Swartzia decipiens Holmes vorgekommen. Die Blätter sind unpaarig gefiedert bis sechsjochig. Die Blättchen sind schmal elliptisch bis breit oval, bis 4,0 : 2,0 cm gross. Sie haben eine doppelte Palissadenschicht und grosse Sekreträume im Mesophyll mit in den Hohlraum hineinragenden Aussackungen der Epithelzellen. Auf der Epidermis mehrzellige Haare mit langer Endzelle.

***Aufbewahrung.*** In gut schliessenden Blech- oder Glasgefässen.

***Wirkung und Anwendung.*** Innerlich im Aufguss, seltener als Abkochung zu 2,0 bis 6,0 : 150,0—200,0 auf einmal als schweisstreibendes Mittel; Helv. giebt 6,0 g als höchste Tagesgabe im Aufguss an. (Meist giebt man dem Pilocarpin den Vorzug.) Aeusserlich in Form von Kopfwaschwässern zur Beförderung des Haarwuchses, doch ist hier die Wirkung zweifelhaft; vergl. auch unter Pilocarpin.

Nach Untersuchungen von Brissemoret ist jede längere Einwirkung von Wärme den Jaborandiblättern schädlich, da sich hierbei das Pilocarpin spaltet. Hiernach wären Aufgüsse zu vermeiden und nur die auf kaltem Wege genommenen Zubereitungen zweckdienlich. — Jaborandiblätter sind dem freien Verkehr entzogen.

**Extractum Jaborandi alcoole paratum** (Gall.). Extrait de Jaborandi (alcoolique). Aus mittelfein gepulverten Jaborandiblättern wie Extrait de digitale alcoolique Gall. (Bd. I, S. 1041, 2).

**Extractum Jaborandi liquidum** (Brit.). **Extr. Pilocarpi fluidum** (U-St.). Jaborandi-Fluidextrakt. Liquid Extract of Jaborandi. Fluid Extract of Pilocarpus. Brit.: Aus 1000 g gepulverten Jaborandiblättern (No. 20) und q. s. 45 vol.-proc. Weingeist im Verdrängungswege. Man befeuchtet mit 500 ccm, fängt die ersten 850 ccm für sich auf, sammelt noch 2500 ccm Perkolat und stellt l. a. 1000 ccm Fluidextrakt dar. — U-St.: Aus Pulver No. 40 und 41 proc. Weingeist unter Befeuchten mit 350 ccm ebenso. Innerlich zu 0,3—0,9 ccm.

**Sirupus Jaborandi.** Jaborandisirup. Sirop de jaborandi. Gall.: Wie Sirop de camomille Gall. (Bd. I, S. 716). — E. Dieterich: 100,0 geschnittene Jaborandiblätter zieht man 4 Stunden mit 450,0 Wasser und 20,0 Weingeist bei höchstens 35° C.

aus, kocht die Pressflüssigkeit mit 2,0 Filtrirpapierschnitzeln auf und stellt aus 350,0 Filtrat und 650,0 Zucker 1000 g Sirup dar. — Münch. Vorschr.: 10 Th. Jaborandiblätter zieht man einen Tag mit 5 Th. Weingeist und 60 Th. Wasser aus und bereitet aus 40 Th. Seihflüssigkeit und 60 Th. Zucker 100 Th. Sirup.

**Tinctura Jaborandi** (Brit. Gall.). Jaborandi-Tinktur. Teinture ou Alcoolé de jaborandi. Tincture of Jaborandi. Brit.: Aus 200 g gepulverten Jaborandiblättern (No. 40) und q. s. 45vol.-proc. Weingeist bereitet man unter Befeuchten mit 125 ccm im Verdrängungswege 1000 ccm. Tinktur. Gabe 2—4 ccm. — Gall.: Wie Tinct. Coca Gall. (Bd. I, S. 869). — E. Dieterich: 20 Th. fein zerschnittene Jaborandiblätter, 100 Th. verdünnter Weingeist (68proc.).

**Aqua aromatica pilophila.**
Eau de Cologne pilocôme. Haarwuchswasser.

Rp. Tincturae Jaborandi
Aquae Coloniensis ää 100,0.
Morgens und Abends das Haar zu bestreichen.

**Elixir Pilocarpi** (Nat. form.)
Elixir of Pilocarpus or of Jaborandi.

Rp. Extracti Pilocarpi fluid. (U-St.) 65 ccm
Sirupi Coffeae (Nat. form.)[1] 200 „
Tinctur. Vanillae (U-St.) 35 „
Elixir Taraxaci comp. (Nat. form.) 700 „

**Ptisana de folio Jaborandi** (Gall.).
Tisane de Jaborandi.

Rp. Fol. Jaborandi 10,0, Aq. ebullient. 1000,0.
Nach $^1/_2$ Stunde auspressen.

**Oleum Jaborandi. Jaborandiblätteröl.** Das durch Destillation der trocknen Jaborandiblätter mit Wasserdampf in einer Ausbeute von 0,2—1,0 Proc. erhaltene ätherische Oel hat einen starken, rautenähnlichen Geruch, ist optisch schwach rechtsdrehend und hat ein zwischen 0,865 und 0,895 liegendes spec. Gewicht. Der aus dem Oele isolirte und Pilocarpen genannte Kohlenwasserstoff $C_{10}H_{16}$ scheint identisch mit Dipenten zu sein.

# Jalapa.

**† Tubera Jalapae** (Germ.). **Tuber Jalapae** (Helv.). **Radix Jalapae** (Austr.). **Jalapa** (Brit. U-St.). **Rad. Jalapae** s. **Jalappae tuberosae. Rad. Mechoacannae nigrae. — Jalapenknollen. Jalapenwurzel. Purgirwurzel. Schwarzer Rhabarber. — Jalap tubéreux ou officinal** (Gall.). **Racine de jalap. — Jalap.**

Die angeschwollenen Wurzeln von **Exogonium Purga (Wender.) Benth.** (syn.: Ipomoea Purga Hayne). Familie der **Convolvulaceae — Convolvuloideae — Convolvulinae.** Heimisch in den ostmexikanischen Kordilleren, dort auch kultivirt, ferner in Jamaika, Südamerika und Indien.

***Beschreibung.*** Die Droge besteht aus den an der Basis kuglig oder knollig verdickten Wurzeln, die im trocknen Zustande bis 200 g schwer werden. Sie sind stark runzelig, graubraun mit quergestreckten Wärzchen bedeckt. Im Innern ist die Droge sehr dicht und von gleichmässig hornartiger oder zuweilen im Innern mehlartiger Beschaffenheit. Bruch kantig, muschlig, aber nicht holzig oder faserig. Der Querschnitt zeigt eine graue oder bräunliche Farbe und lässt nicht sehr regelmässige koncentrische Kreise erkennen. Die hornige Beschaffenheit hat ihren Grund in dem Brühen der Knollen oder Trocknen in heisser Asche, wobei die Stärke verkleistert. Grössere Knollen sind, um das Trocknen zu erleichtern, oft eingeschnitten. Gestalt kuglig, birnförmig bis spindelförmig. Geruch oft etwas rauchig (infolge des Trocknens über offnem Feuer), Geschmack zuerst fade, dann kratzend. — Die Droge ist mit einem dünnen Kork bedeckt, im Parenchym der Rinde fallen in der Nähe des Korkes zahlreiche Oxalatdrusen auf, weiter nach innen finden sich, oft in radiale Reihen angeordnet, reichlich Milchsaftzellen, die auch im Holz sehr reichlich sind. Siebbündel sind nur undeutlich zu erkennen. Im Holzkörper erkennt man, sich unmittelbar an das Cambium anschliessend, kleine, radiale Holzstränge mit wenigen

[1]) 250 g gerösteten und grob gepulverten Kaffee übergiesst man mit 500 ccm siedendem Wasser, erhält 5 Minuten im Sieden, presst nach dem Erkalten ab, sammelt durch Nachwaschen mit Wasser 500 ccm Flüssigkeit und löst darin 750 g Zucker.

Gefässen. Weiter nach innen zerstreut einzelne Gefässe oder kleine Gruppen solcher, um die sich häufig neue ringförmige Cambien bilden, die, wenn sie nahe zusammen liegen, mit einander verschmelzen können, so dass dann innerhalb eines geschlossenen oder an einer Seite offnen Cambiums mehrere Gefässgruppen liegen können (Fig. 5). — Im Innern der Knollen findet man meist reichlich unverkleisterte Stärkekörnchen, sie sind rundlich, deutlich geschichtet, mit excentrischem Kern, häufig zu mehreren zusammengesetzt (Fig. 6). Sie sind

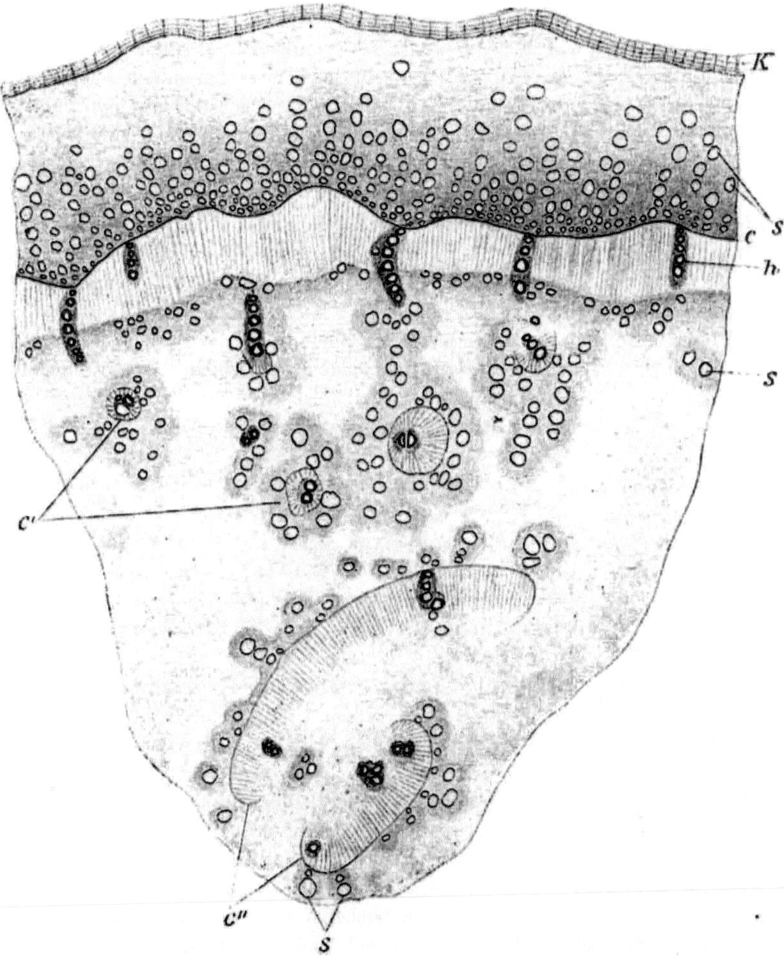


Fig. 5. Querschnitt durch Tuber Jalapae, schwach vergrössert. *K* Kork. *c* Cambium. *s* Harz- oder Milchsaftzellen. *h* Normale Holzbündel. *c'* Nach innen liegende Gefässgruppen, von einem sekundären Cambium umgeben. *c''* Aus mehreren verschmolzene sekundäre Cambien.

das einzig wirklich charakteristische Element, an dem man die Knollen in einem Pulver erkennen kann, daneben kommen noch die Oxalatdrusen und die Harzzellen in Betracht.

***Bestandtheile.*** Der wirksame Bestandtheil ist das in Alkohol und Eisessig lösliche, in Aether, Petroleumäther und Wasser unlösliche Convolvulin. Es schmilzt bei 140—148° C., ist eine weisse, amorphe Masse, von der Zusammensetzung $C_{61}H_{106}O_{27}$. Man hält es für ein gemischtes Säureanhydrid, es liefert mit Alkalien Convolvulinsäure $C_{28}H_{52}O_{14}$ und Methyläthylessigsäure. Die Convolvulinsäure liefert mit Säuren Convolvulinolsäure $C_{16}H_{30}O_3$ und Glukose, ist also ein Glukosid. Die Convolvulinolsäure ist mit der Jalapinolsäure identisch. — Man stellt das Convolvulin aus der Resina

Jalapae dar, indem man diese mit Wasser und dann mit Aether behandelt, der ungelöste Rest ist unreines Convolvulin.

Der Harzgehalt (vergl. unten) wird von den Arzneibüchern wie folgt normirt: Germ. Helv. 7 Proc., Austr. 10 Proc., Brit. 9—11 Proc., U-St. 12 Proc., Gall. 15—18 Proc. Damit sind die Forderungen gegen früher zum Theil bedeutend herabgegangen. Offenbar ist das veranlasst durch eine Reihe von Veröffentlichungen, denen zufolge der Harzgehalt jetzt viel niedriger sei als früher, weil vermuthlich der Droge, und besonders der gepulverten, ein Theil des Harzes entzogen werde. Darauf mehrfach vorgenommene, umfangreiche Untersuchungen haben das Falsche dieser Ansicht dargethan und gezeigt, dass Knollen mit 10 Proc. Harz auch gegenwärtig unschwer zu beschaffen seien. Kulturversuche in Indien haben gezeigt, dass die Knollen am harzreichsten auf mit Superphosphat gedüngtem Boden sind. Die Bestimmung des Harzgehaltes wird vorgenommen, indem man 5 g der gepulverten Droge in einem Soxhlet mit 95 proc. Alkohol extrahirt, den Auszug verdunstet und wägt.

***Sorten, Verfälschungen, Prüfung.*** Kleinere, rundliche, feste und harte Knollen gelten als gehaltreicher als sehr grosse, langgestreckte, leichte und oft im Innern hohle; ganz zu verwerfen sind die der Droge zuweilen beigemengten, gespaltenen Stengel, deren Stärkekörnchen unter dem Mikroskop keine Schichtung erkennen lassen, woran man sie auch im Pulver erkennen kann. — Knollen, denen das Harz theilweise entzogen ist, sind mit einer glänzenden Harzschicht bedeckt und die Harzzellen im Innern theilweise leer.

Fig. 6. Stärkemehl aus Tubera Jalapae. 280 mal vergrössert.

Ferner werden der Droge zuweilen Knollen und Wurzeln anderer purgirend wirkender Convolvulaceen beigemengt, so die Tampicowurzel von Ipomaea simulans Hanbury, die Orizabawurzel, Stipites Jalapae, Radix Mechoacannae von Ipomaea orizabensis Ledanois, die Turpithwurzel von Ipomaea Turpethum R. Br. (vergl. unten), die brasilianische Jalape von Ipomoea operculata Martius und die Scammoniumwurzel von Convolvulus Scammonia L. Sie sind sämmtlich heller, mehr in die Länge gestreckt und von abweichendem Bau.

Getrocknete Birnen, Kartoffeln, Paranüsse (von Bertholletia excelsa H. B. K.), die als Verfälschungen vorkommen sollen, sind mit einiger Aufmerksamkeit leicht zu erkennen.

***Aufbewahrung.*** Die Jalapa findet unzerkleinert keine Verwendung, man hält sie deshalb gewöhnlich nur als Pulver vorräthig, schon deshalb, weil die vorgeschriebene Untersuchung auf den Harzgehalt ohnehin nicht mit einzelnen Knollen, sondern mit einer Durchschnittsprobe angestellt werden muss. Man zerstösst sie zunächst gröblich, trocknet bei etwa 40° C. und verwandelt sie dann, je nachdem sie zur Extraktgewinnung oder zu Recepturzwecken Verwendung finden sollen, in ein grobes oder ein sehr feines Pulver und bewahrt dieses vorsichtig, trocken und vor Licht geschützt auf. Beim Pulvern sind die üblichen Vorsichtsmassregeln zum Schutze der Augen und Athmungswerkzeuge zu treffen, denn letztere werden durch den Staub heftig angegriffen. Der beim Pulvern bleibende Rückstand wird gesammelt und gelegentlich auf Harz verarbeitet.

Das käufliche Pulver ist mancherlei Verfälschungen ausgesetzt; man hat es daher sowohl auf den richtigen Harzgehalt, als auch mikroskopisch zu untersuchen (siehe oben).

***Anwendung.*** Jalapa dient in kleineren Gaben, von 0,1—0,3 g, zur Anregung der Darmthätigkeit, zu 1,0—2,0 g als starkes Abführmittel; in noch grösseren Gaben bewirkt sie Kolik und schmerzhaften Stuhldrang. Kindern giebt man halb so grosse Dosen wie Erwachsenen und hier wird Jalapa besonders bei Santoningebrauch zur Entfernung der Darmparasiten angeordnet. Nach 1 g Resina Jalapa ist in einem Falle der Tod eingetreten. — Helv. schreibt als Höchstgabe 1 g, auf den Tag 5 g vor. Jalapa und Jalapenharz sind dem freien Verkehr entzogen und dürfen nur gegen ärztliche Verordnung abgegeben

**werden** (ausgenommen in Form der Jalapenpillen der Pharm. Germ. innerhalb des Geltungsbereichs der letzteren).

† **Extractum Jalapae** (Brit. U-St.). Jalapenextrakt. Extract of Jalap. Brit.: 1000 g grob gepulverte Jalape zieht man 7 Tage lang mit 5 l 90 vol.-proc. Weingeist aus, presst, filtrirt, destillirt den Weingeist ab, so dass ein weiches Extrakt übrig bleibt. Den Pressrückstand zieht man 4 Tage mit 10 l destill. Wasser aus, presst, seiht durch Flanell, verdampft zu einem weichen Extrakt, vermischt dasselbe mit dem andern und dampft nun bei höchstens 60° C. zu einem dicken Extrakt ein. Gabe 0,1—0,5 g. — U-St.: Aus 1000 g Jalapenpulver (No. 60) und 91 proc. Weingeist im Verdrängungswege. Man befeuchtet mit 350 ccm, fängt die ersten 900 ccm für sich auf, erschöpft l. a., destillirt von dem zweiten Auszuge den Weingeist ab, so dass 100 ccm übrig bleiben, und verdampft die vereinigten Auszüge zur Pillenkonsistenz.

† **Extractum Jalapae fluidum** (Nat. form.). Fluid Extract of Jalap. Man bereitet genau so, wie bei vorigem angegeben, 1000 ccm Flüssigkeit, die natürlich nicht weiter eingedampft werden.

† **Resina Jalapae** (Austr. Gall. Germ. Helv. U-St.). Jalapae Resina (Brit.). Extractum s. Magisterium Jalapae. — Jalapenharz. — Résine de jalap. — Jalap Resin. Resin of Jalap Root. Die Arzneibücher stimmen darin überein, dass sie die Jalapenknollen mit Weingeist ausziehen, letzteren abdestilliren, das zurückbleibende Harz mit warmem Wasser waschen und zuletzt trocknen lassen; doch zeigen die einzelnen Vorschriften kleine Abweichungen untereinander. Germ. lässt 1 Th. grob gepulverte Jalape je 24 Stunden bei 35—40° C. zuerst mit 4, dann mit 2 Th. Weingeist (87 proc.) ausziehen, vom Filtrat den Weingeist abdestilliren, den Harzrückstand, nachdem der Weingeist vollständig verjagt ist, mit warmem Wasser waschen, bis es sich nicht mehr färbt, dann im Dampfbade trocknen, bis eine erkaltete Probe sich zerreiben lässt. — Helv. lässt das erste Mal nur 3 Th. Weingeist (94 proc.) nehmen und den Auszügen vor dem Abdestilliren die doppelte Menge Wasser zusetzen, sonst ebenso. — Nach Austr. wird 1 Th. grob gepulverte Jalape mit q. s. heissem Wasser übergossen, nach 3 Tagen ausgepresst, getrocknet und nun dreimal mit je 2 Th. Weingeist (87 proc.) je 24 Stunden lang digerirt. Nach Abdestilliren des Weingeistes wird das Harz in siedendes, destillirtes Wasser eingetragen, der Weingeist weggekocht (die wässerige Flüssigkeit muss völlig klar sein) und das Harz wie nach Germ. behandelt. — Brit.: 1 Th. Jalapenpulver (No. 40) wird mit 2 Th. Weingeist (90 vol.-proc.) 24 Stunden digerirt, dann im Verdrängungswege mit q. s. Weingeist erschöpft;[1]) dem Auszuge setzt man ½ Th. destill. Wasser zu, destillirt den Weingeist ab und verfährt weiter wie nach Germ. — U-St.: Aus 1000 g Jalapenpulver (No. 60) und q. s. Weingeist (91 proc.) sammelt man im Verdrängungswege (zum Befeuchten 300 ccm) etwa 2500 ccm Perkolat[1]), destillirt den Weingeist ab, so dass 400 g Rückstand bleiben, und rührt diesen unter 9000 ccm Wasser, wäscht durch Dekanthiren, presst aus und trocknet in der Wärme. — Gall.: 1 Th. grob gepulverte Jalape wird auf einem Haarsiebe durch 2 tägiges Einstellen in kaltes, destillirtes Wasser ausgewaschen, stark gepresst, dann nach einander mit 4 darauf mit 2 Th. Weingeist (90 proc.) je 4 Tage macerirt. Die vom Weingeist befreiten Auszüge giebt man zu 2 Th. siedendem Wasser und verfährt weiter, wie nach Germ. — E. Dieterich empfiehlt das Verdrängungsverfahren, weil es die grösste Ausbeute giebt (1000 Th. feines Jalapenpulver, mit 250 Th. Weingeist befeuchtet, werden durch 4000 Th. Weingeist erschöpft), für Darstellung im grossen dagegen die Maceration (dreimaliges Ausziehen unter jedesmaligem Auspressen). — Das noch warme Harz rollt man in Stangen aus und lässt diese in möglichst kaltem Wasser erhärten. Für die Handelswaare ist die Form der Zöpfe beliebt. Ueber die Ausbeute vergl. oben.

Jalapenharz ist gelbbraun bis braun, oder wenn es beim Ausrollen schon erkaltet war, aussen grau und glanzlos; auf dem Bruch ist es glänzend, gepulvert grau bis blassbraun.

Unter dem Namen **Jalapin** stellt man ein gereinigtes Harz dar, indem man dem alkoholischen Auszuge der Knollen Wasser bis zur leichten Trübung hinzufügt, mit Thierkohle versetzt, digerirt und endlich aufkocht. Nach dem Erkalten wird filtrirt, zur Trockne gebracht, der Rückstand mit heissem Wasser ausgewaschen und getrocknet.

Das Jalapenharz wird mit minderwerthigem Harz, dann mit Kolophonium, Guajakharz, Aloë etc. verfälscht. Die zum Nachweis dieser Verfälschungen angegebenen Methoden sind sämmtlich nicht in allen Fällen zufriedenstellend. 1) So soll man Kolophonium daran erkennen, dass 1 Th. Res. Jalapae mit 5 Th. Salmiakgeist im verschlossenen Glase erwärmt, eine Lösung geben, die beim Erkalten nicht gelatinirt. Es sind mit dieser Methode nur grössere Mengen Kolophonium nachweisbar. 2) Gepulvert, mit Spiritus befeuchtet und danach mit Eisenchlorid soll das Harz mit Eisenchlorid nicht blaugrün werden (Guajakharz). 3) Die verschiedentlich vorgenommene Bestimmung der Säure- und Ver-

---

[1]) Die Jalape ist erschöpft, wenn das Abtropfende mit Wasser keine deutliche Trübung mehr giebt.

seifungszahl hat, da man nicht nach denselben Methoden arbeitete, bis jetzt übereinstimmende Zahlen nicht gegeben.

Zur Bestimmung der Säurezahl löst man nach K. DIETERICH 0,5 g Harz in 50 ccm Weingeist und titrirt mit alkoholischer $^1/_2$-N.-Kalilauge und Phenolphthaleïn. Gefundene Zahlen: 26,58—27,30. Zur Bestimmung der Verseifungszahl löst man nach DIETERICH 0,5 g Harz in 50 ccm Weingeist, setzt 25 ccm alkoholische $^1/_2$-N.-Kalilauge zu, erhitzt eine Stunde auf dem Wasserbade und titrirt nach dem Erkalten mit $^1/_2$-N.-Schwefelsäure und Phenolphthaleïn zurück. In beiden Fällen liefert die auf 1 g Harz bezogene Anzahl Kubikcentimeter Kalilauge $\times$ 28,08 die betr. Zahl. Gefundene Verseifungszahlen: 234,04 bis 244,72.

Das Harz wirkt hauptsächlich abführend, und zwar doppelt so stark, wie die Knollen; grössere Gaben verursachen heftiges Leibschneiden. Man giebt es zur Anregung der Darmabsonderung zu 0,1—0,2 g, als Abführmittel zu 0,3—0,5 g in Pulver, Pillen, dann meistens als Jalapenseife, oder als Resina Jalapae praeparata (s. S. 108). — Jalapenharz ist vorsichtig aufzubewahren. Höchstgabe 0,5 g, auf den Tag 1,5 g (Helv.). — Beim Einkaufe ist zu beachten, dass die Drogisten das officinelle Harz als Resina Jalapae e tubere ponderoso bezeichnen, zum Unterschiede von dem aus Jalapenstengeln gewonnenen Resina Jalapae e tubere levi. Beide sind ausserdem durch Knochenkohle gebleicht im Handel, das erstere als Res. Jal. e tub. pond. alba oder Convolvulin, das letztere als Res. Jal. e tub. levi alba s. Jalapin (s. S. 105).

**Sapo jalapinus** (Germ. Helv.). Resina Jalapae saponata. — Jalapenseife. Jalapenharzseife. — Savon de jalap. — Soap of Jalap. Germ.: Je 4 Th. Jalapenharz und medicinische Seife löst man in 8 Th. verdünntem (60 proc.) Weingeist und dampft im Wasserbade unter beständigem Umrühren auf 9 Th. ein. — Helv.: aus je 9 Th. Jalapenharz und medicinischer Seife, 1 Th. Glycerin, 12 Th. Weingeist durch Eindampfen auf 20 Th. Braungelbe, in Weingeist klar, in 20 Th. Wasser fast klar lösliche Masse von Extraktdicke. Säuren, ebenso die meisten Extrakte und Tinkturen sind mit Jalapenseife unverträglich, da sie dieselbe unter Harzabscheidung zersetzen. Man giebt die Jalapenseife als Reizmittel zu 0,1—0,3 g, als Abführmittel zu 0,3—1,0 g mehrmals täglich in Pillen. Wegen ihrer Neigung zum Austrocknen wird sie in gut verschlossenen Gefässen aufbewahrt; eine trotzdem zu hart gewordene Seife löst man in verdünntem Weingeist und bringt sie durch Eindampfen zur richtigen Konsistenz. Vorsichtige Aufbewahrung wird von den Arzneibüchern nicht vorgeschrieben.

Die Jalapenseife darf nicht durch ein trockenes Gemisch aus Harz und Seife ersetzt werden. Auch ex tempore lässt sich dieselbe in kurzer Zeit genau nach Vorschrift anfertigen, doch dürfte in diesem Falle, wenn es sich um eine Pillenmasse handelt, das völlige Verdunsten des Weingeistes unnöthig sein.

† **Tinctura Jalapae Resinae** (Ergänzb.). Jalapenharztinktur. 1 Th. Jalapenharz löst man in 10 Th. Weingeist (87 proc.). Als Abführmittel, für Erwachsene zu 10—30 Tropfen, für Kinder zu 2—5 Tropfen auf Biscuits getröpfelt und darauf eingetrocknet (Abführmaccaronen). Vorsichtig aufzubewahren wie die folgenden.

† **Tinctura Jalapae Tuberum** (Ergänzb.). Tinct. Jalapae (Gall. Nat. form.). Jalapentinktur. Teinture ou Alcoolé de jalap. Tincture of Jalap. Ergänzb.: Aus 1 Th. fein gepulverten Jalapenknollen und 5 Th. Weingeist (87 proc.) durch Maceration. — Gall.: Mittels 60 proc. Weingeist ebenso. — Nat. form.: Aus 200 g fein gepulverter Jalape und q. s. einer Mischung von 2 Raumth. Weingeist (91 proc.) und 1 Raumth. Wasser stellt man im Verdrängungswege l. a. 1000 ccm Tinktur dar.

**Elixir jalapinum citronatum.**

Citronensäftchen zum Abführen.

| Rp. | | |
|---|---|---|
| | Resinae Jalapae | 0,5 |
| | Spiritus | 7,5 |
| | Aquae destillatae | 3,0 |
| | Sirupi communis indici | 4,0 |
| | Olei Citri | gtt. I. |

Volksmittel.

**Elixir Le Roi.**

Remède Leroy. Purgatif Leroy. Médecine de Signoret. Leroy-Elixir.

Es giebt davon 4 Abstufungen oder Grade mit steigendem Gehalt an abführenden Bestandtheilen.

Nach DORVAULT.

| Rp. | I | II | III | IV |
|---|---|---|---|---|
| 1. Resin. Scammonii | 48,0 | 64,0 | 95,0 | 125,0 |
| 2. Radic. Turpethi | 24,0 | 32,0 | 48,0 | 64,0 |
| Tuber. Jalapae | 190,0 | 250,0 | 375,0 | 500,0 |
| 4. Spiritus Frumenti | 6000,0 | 6000,0 | 6000,0 | 6000,0 |
| 5. Folior. Sennae | 190,0 | 250,0 | 375,0 | 500,0 |
| 6. Aquae | 750,0 | 1000,0 | 1500,0 | 1500,0 |
| 7. Sacchari | 1000,0 | 1250,0 | 1500,0 | 1750,0. |

1—3 mit 4 zwölf Stunden digeriren, filtriren und mit einem aus 5—7 bereiteten Sirup mischen.

Nach HAGER.

| Rp. | I | II | III | IV |
|---|---|---|---|---|
| Resinae Scammonii | 5,0 | 6,5 | 9,5 | 12,5 |
| Tuber. Jalapae | 20,0 | 25,0 | 37,5 | 50,0 |
| Spiritus Frumenti | 600,0 | 600,0 | 600,0 | 600,0 |
| Folior. Sennae | 20,0 | 25,0 | 37,5 | 50,0 |
| Aquae | 75,0 | 100,0 | 150,0 | 150,0 |
| Sacchari | 100,0 | 125,0 | 150,0 | 175,0. |

Bereitung wie beim vorigen.

Nach E. Dieterich.

| Rp. | I | II | III | IV |
|---|---|---|---|---|
| 1. Resinae Jalapae | 2,5 | 4,0 | 6,0 | 8,0 |
| 2. Tuber. Jalapae | 14,0 | 19,0 | 29,0 | 38,0 |
| 3. Spiritus diluti (68 %) | 300,0 | 300,0 | 300,0 | 300,0 |
| 4. Sirupi Sacchari | 200,0 | 140,0 | 120,0 | 100,0 |
| 5. Infusi folior. Sennae | — | 60,0 | 80,0 | 100,0 |
| | | (e 15,0) | (e 20,0) | (e 25,0). |

1—3 drei Tage digeriren, Filtrat mit 4—5 mischen.

**Emulsio cum Resina Jalapae.**

Emulsion purgatif avec la résine de jalap.

Rp. 1. Resinae Jalapae 1,0
2. Sacchari albi 10,0
3. Sacchari albi 50,0
4. Aquae Aurantii flor. 20,0
5. Vitellum ovi unius
6. Aquae destillat. 240,0.

1 mit 2, dann mit 3—5 verreiben, zuletzt nach und nach 6 zusetzen.

**Panis biscoctus purgativus.**

Panis medicatus laxans.
Abführ-Biscuit (E. Dieterich).

Rp. 1. Resinae Jalapae 25,0
2. Spiritus 80,0
3. Albuminis
4. Sacchar. Vanillae
5. Amyli āā 15,0
6. Sacchari 100,0.

Für 100 Biscuits.

Man tröpfelt je 1,0 g der Lösung von 1 in 2 gleichmässig auf die Unterseite eines Biscuits und überstreicht nach dem Trocknen mit der eingedampften, noch dickflüssigen Mischung 3—6. Jedes Brödchen enthält 0,25 Jalapenharz.

**Pastilli purgantes.**

Trochisci purgantes. Abführpastillen. Blutreinigende Pastillen.

I.

Rp. Resin. Jalapae pulv. 5,0
Folior. Sennae pulv.
Rhiz. Rhei pulv. āā 10,0
Tragacanthae pulv. 2,0
Sacchari albi pulv. 70,0
Pulpae Tamarind. dep. q. s.

Man formt l. a. 100 Pastillen.

II.

(Morsuli Rosarum purgantes. Purgirzucker)

Rp. Tuber. Jalapae pulv. 25,0
Flor. Rosae pulv. 15,0
Ligni Santali pulv. 2,0
Tragacanthae pulv. 1,0
Sacchari albi pulv. 57,0
Aquae Rosae
Glycerini āā q. s.

Zu 100 Pastillen.

III.

Ph. Sax. Augenküchelchen.

Rp. Calomelanos 5,0
Tuber. Jalap. plv. 10,0
Cornu Cervi plv. 3,0
Resin. Scammon. 2,0
Cort. Cinnamom. 2,0
Sacch. pulv. 78,0
Olei Cinnamomi gtt. V
Mucilag. Tragacanth. q. s.

Man formt 100 Pastillen.

**Pilulae ad Prandium** Cole.

Cole's Dinner Pills (Nat. form.).

Rp. Aloës purificatae (U-St.)
Massae Hydrargyri (U-St.)
Tuber. Jalapae pulv. āā 7,8
Tartari stibiati 0,13.

Man formt 100 Pillen.

**Pilulae Jalapae** (Germ.).

Jalapenpillen. Abführpillen. Pilules de résine de jalap. Pilules purgatives. Pills of Jalap. Purging pills.

Rp. Saponis jalapini part. 3
Tuber. Jalapae subt. pulv. part. 1.

Man stösst zur Masse und formt Pillen von etwa 0,11 g Gewicht, die man zunächst bei gewöhnlicher Temperatur, dann bei gelinder Wärme trocknet, bis sie ihre runde Form nicht mehr verändern und genau 0,1 g wiegen. Mit Lycopodium bestreut in dicht schliessenden Gefässen aufzubewahren.

**Pilulae Jalapae compositae.**

Abführpillen. Laxirpillen. Blutreinigungspillen

Rp. Aloës pulver.
Resinae Jalapae
Tuber. Jalapae
Saponis medicati āā 10,0
Sirupi simplicis q. s.

Zu 300 Pillen, die man mit Lycopodium bestreut.

**Pilulae purgantes fortiores.**

Pilulae purgantes mercuriales.

Aeltere Form. berolin.

Rp. Saponis jalapini 1,35
Calomelanos 0,45
Radicis Althaeae q. s.

Man formt 30 Pillen.

**Pilulae purgantes** Rion.

Pilules purgatives Rion.

Rp. Resinae Jalapae
Saponis medicati āā 7,5
Aloës 5,0
Resinae Scammon. 3,75
Gutti
Extract. Colocynth. comp. āā 2,5
Tartari stibiati 0,3.

Man formt 240 Pillen.

**Pulvis haemorrhoidalis** Posner.

Posner's Hämorrhoidalpulver.

Rp. Tuber. Jalapae pulv. 10,0
Rhizomatis Rhei
Elaeosacchari Citri āā 5,0
Tartari depurati
Sulfuris depurati āā 20,0.

M. D. S. 3 mal täglich 1 Theelöffel.

**Pulvis Jalapae compositus** (Brit. U-St.).

Pulvis purgans. Zusammengesetztes Jalapenpulver. Kaffeepulver. Compound Powder of Jalap.

I. Brit.

Rp. Tuber. Jalap. pulv. 100,0
Tartari depurati pulv. 180,0
Rhizom. Zingiberis pulv. 20,0

mischt man. Gabe 1,25—3,5 g.

II. U-St. (Pulvis Jalapae tartaratus. Pulvis catharticus.)

Rp. Tuber. Jalap. pulv. (No. 60) 35,0
Tartari depurati 65,0.

III. Ph. Dan. (Pulv. Jalapae salinus.)

Rp. Tuber. Jalap. pulv. 2,0
Kalii sulfurici pulv. 1,0.

In Oblate auf einmal.

IV. Pulvis laxans Form. Berol. et Colon.

Rp. Tuber. Jalapae pulv. 1,0
Calomelanos 0,2.

D. tal. dos. 3.

**Pulvis purgans.**

Abführpulver. (Ad usum pauperum.)

Rp. Tuber. jalapae pulv.
Tartari depurati pulv.
Elaeosacchar. Foeniculi āā 8,0.

Man mischt und theilt in 6 Einzelgaben.

**Pulvis purgatorius** TISSOT.

Rp. Tuber. Jalap. pulv.
Rhiz. Rhei
Folior. Sennae āā 1,0
Tartari depurati 2,0.

Auf einmal zu nehmen.

**Resina Jalapae praeparata.**

Rp. Resinae Jalapae
Amygdalar. dulcium āā 5,0
Glycerini gutts. V

stösst man zur gleichmässigen Masse an. Zum Gebrauch frisch zu bereiten.

**Tinctura Jalapae aromatica.**

Rp. Tinct. Jalapae comp. 20,0
Tinct. aromaticae 5,0.

† **Tinctura Jalapae composita** (Helv. Nat. form.).

Tinctura purgans. Zusammengesetzte Jalapentinktur. Teinture ou Alcoolé de Jalap composée (Gall.). Eau-de-vie allemande. Compound Tincture of Jalap. Helv. Gall.

Rp. Tuber. Jalapae (IV) 8,0
Scammonii Halepens. (III) 2,0
Radicis Turpethi (IV) 1,0
Spiritus (Helv. 94 $^0/_0$ Gall. 60 $^0/_0$) 96,0.

Durch 8—10 tägige Maceration zu bereiten.

Nation. Formul.

Rp. Tuber. Jalap. subt. pulv. 125 g
Scammonii 32 g
Spiritus (91 $^0/_0$) vol. 2 } q. s.
Aquae vol. 1 }

Man mischt die Pulver mit ihrem halben Gewicht Sand und bereitet im Verdrängungswege 1000 ccm Tinktur.

**Tinctura purgativa dulcificata.**

Versüsste Laxirtropfen.

Rp. Tinctur. Jalapae Resin. 5,0
Glycerini 7,0
Sirupi Rhoeados 3,0.

**Tuber Jalapae pulveratum tostum.**

Radix Jalapae tosta.

Jalapenpulver erhitzt man über mässiger Flamme unter beständigem Umrühren, bis es hellbraun geworden und 10—15 Proc. an Gewicht verloren hat.

**Vet. Boli purgantes ad canes et sues.**

Abführpillen für Hunde und Schweine.

Rp. Tuber. Jalapae pulv. 3,0
Sapon. Hispanic. pulv. 2,0
Spir. saponat. q. s.

Man formt 6 Boli.

Grossen Schweinen auf einmal. Hunden auf 2—3 mal.

**Anditropfen** von KIRCHNER und MENGE. Ein versüsster, weingeistiger Auszug aus Jalape, Rhabarber, Senna u. dergl.

**Camomile Pills** von NORTON sind Abführpillen aus Jalape, Rhabarber und Kamillenextrakt.

**Cathartic Elixir,** DAFFY's, ist eine Tinktur aus Jalape, Senna, Faulbaumrinde und aromatischen Samen.

**Elixir purgatif officinal de Lavolley** = Tinct. Jalapae comp.

**Elixir salutis, Harlemer,** Harlemer Gesundheitselixir entspricht dem Cath. Elixir DAFFY.

**Elixir tonique antiglaireux de Guillié.** 50 Tinct. Jalap. comp., je 10 Tinct. Chinae und Elixir ad long. vit., 100 Sirup. simpl.

**Gallen-Magentropfen, Königseeer.** 400 unreife Pomeranzen, je 250 Jalape und Rhabarber, 450 Aloë, 200 Enzian, 150 Sennesblätter, 125 Lärchenschwamm, 100 Koloquinthen, 50 Pottasche werden mit 5 l Weingeist (80proc.) digerirt, das Filtrat mit Zuckertinktur versetzt (RICHTER).

**Laxativum Livingstone,** Tabloids von BURROUGHS, WELLCOME & Co., enthalten jede 0,1 Jalape, 0,1 Rhabarber, 0,065 Kalomel, 0,065 Chininbisulfat.

**Laxirtropfen, Königseeer.** 750 Jalape, 250 Aloë, 50 Lakritz, 15 venet. Seife werden mit 10—11 l 60proc. Weingeist digerirt, dann filtrirt (RICHTER).

**Paglianopulver** von J. BRAUN in Berlin ist Jalapenpulver.

**Paglianosirup** von demselben besteht aus Süsswein, Jalapenpulver und Tamarindenmus (?). — Von MAZZOLINI in Rom aus weinigem, mit Zucker eingekochtem **Jalapenauszug,** während der Sirop de Pagliano (Florenz) nach HILDWEIN dargestellt wird, indem man 500 Th. Kreuzdornbeeren, 100 Th. Metallsafran, 60 Th. Scammonium, 15 Th. Jalapenharz vergähren lässt, durch ein Haarsieb drückt und mit einer auf 200 Th. eingeengten Abkochung aus 200 Th. Holzkassie, je 50 Th. Tamarinden und Rhabarber mit 300 Th. Wasser vermischt.

**Pillen, Dr. Airy's,** von F. A. Richter enthalten Jalape, Eisen- und Eibischpulver.

**Poudre d'Ailhaud** und Poudre du Baron de Castelet sind Gemische aus Jalape, Guajakharz, Scammonium, Aloë, Gutti und Senna.

**Poudre d'Iroé** besteht aus Jalape, Weinstein, Rhabarber, armen. Bolus, Zimmt und Zucker.

**Remède du curé de Chancé** ist eine Tinktur aus Jalape, Rhabarber und Irisrhizom.

**Vomi-purgatif Leroy** ist ein weiniger Senna-Auszug mit 0,8 Proc. Brechweinstein.

**† Ipomoea Turpethum R. Br. (Convolvulaceae—Convolvuloideae—Convolvulinae)**, heimisch in Indien, Australien und Polynesien liefert **Radix Turpethi. — Racine de Turbith végétal** (Gall.). Die Wurzel ist mehrere Centimeter dick, aussen graugelb, innen röthlich-braun. Der Querschnitt lässt einen centralen Holzkörper erkennen, neben dem, besonders in der Rinde, kleinere, sekundäre Holzkörper auftreten.

Sie liefert ungefähr 4 Proc. Harz, das z. Th. aus Turpethin besteht, welches mit dem Jalapin $C_{34}H_{56}O_{16}$ aus der Scammoniawurzel nahe verwandt ist. Es ist in Aether unlöslich.

**Radix Turpethi spurius** vergl. Thapsia.

---

# Jatropha.

Gattung der **Euphorbiaceae — Platylobeae — Crotonoideae — Jatropheae.**

**I. Jatropha Curcas L.** Heimisch im tropischen Amerika, überall in den Tropen der Samen wegen kultivirt. Die letzteren werden medicinisch verwendet als: **Semina Ricini majoris, Ficus infernalis, Nuces catharticae americanae. — Physic Nuts, Bastard Croton beans.**

***Beschreibung.*** Sie sind etwa 17 mm lang, eiförmig, die Rückenseite gewölbt, die Bauchseite durch die Raphe dachartig. Farbe schwarz, mit feinen, gelben Streifchen, am einen Ende ein weisslicher Flecken, an dem die auch oft noch vorhandene Caruncula gesessen hat. Der Querschnitt lässt das dicke Endosperm und den grossen Embryo mit den beiden blattartigen Kotyledonen erkennen.

***Bestandtheile.*** 7,2 Proc. Wasser, 4,8 Proc. Asche, 37,5 Proc. Fett, von welch letzterem man durch Extraktion mit Aether 29 Proc., durch Pressen 20 Proc. erhält.

Dieses Oel, **Oleum infernale. — Huile de pignon d'Inde. — Purgirnut-oil,** hat das spec. Gew. 0,911—0,920. Es erstarrt bei 0°. Schmelzpunkt der Fettsäuren 24—26° C. Hehner'sche Zahl 87,90. Verseifungszahl 210,2—230,5. Reichert'sche Zahl 0,65. Jodzahl 100,9—127,0. Es enthält das Glycerid der Isocetinsäure $C_{15}H_{30}O_2$, vielleicht auch Ricinusölsäure $C_{18}H_{34}O_3$. Nach andern Angaben enthält das Oel Palmitin, Myristin und das Glycerid einer Säure $C_{15}H_{28}O_3$. Es ist anfangs farblos, später gelblich. Die Wirkung ist beim frischen Oel am stärksten. Vom Ricinusöl unterscheidet es sich durch seine geringere Dichte, seine geringe Löslichkeit in Alkohol und die höhere Jodzahl.

Als wirksamen Bestandtheil der Samen kennt man ein sehr giftiges Toxalbumin: Curcin. Es bewirkt intravasculäre Coagulationen, schliesslich Obstruktionen und Zerreissen der Gefässe.

***Anwendung.*** Die Samen und das Oel sind, wenn frisch, sehr energische Abführmittel, die die Mitte zwischen Ricinusöl und Crotonöl halten. Es sollen 8—12 Tropfen für eine starke Ausleerung genügen.

**II.** Andere Arten der Gattung enthalten ebenfalls stark purgirend wirkende Samen, so **Jatropha multifida L.,** die die früher auch in Europa benutzten **Purgirnüsse, Nuces purgantes, Been magnum** liefert, aus denen man das **Oleum Pinhoën** gewann.

---

# Ichthyocolla.

**Ichthyocolla** (Austr. Ergänzb. U-St.). **Colla piscium. — Hausenblase. Fischleim. (Weinkläre.) — Colle de poisson. Ichthyocolle** (Gall.). — **Isinglass. Fishglue.** Ist die in geeigneter Weise zubereitete Schwimmblase mehrerer Fische der Abtheilung der **Ganoiden,** nämlich **Acipenser Sturio L., der Stör, A. glaber Fitz., der Glattstör, A. ruthenus L., der Sterlet, A. Güldenstädtii Brandt u. Ratzeburg, der Esther oder Osseter, A. Huso L., der Hausen oder die Beluga, A. stellatus Pallas, der Rüsselstör oder Scherg.** Sie kommen in den meisten europäischen Meeren vor und steigen zur Laichzeit ziemlich hoch in die Flüsse. Man schneidet die frischen oder wieder aufgeweichten Schwimmblasen auf, reinigt sie durch Waschen, Ausreiben etc. und zieht, wenn sie halbtrocken geworden sind, die äussere „Schleimhaut" ab. Sie wird dann in verschiedene Formen gebracht und getrocknet. Einfach auf Bretter genagelt und getrocknet, liefert sie die **Blätterhausenblase, Ichthyocolla in foliis.** Durch Ueber- und Ineinanderschlagen grösserer Stücke, die dann in der Mitte durchlocht werden, entsteht die **Bücherhausenblase.** Oder die Blätterhausenblase wird mit Maschinen in feine Fäden zerschnitten und liefert dann die **Fadenhausenblase, Ichthyocolla in filis.** Für den pharmaceutischen Gebrauch nicht in Betracht kommt die **Klammern-** oder **Ringelhausenblase, Ichthyocolla in annulis seu in lyris,** die man erhält, indem man die vorbereiteten Schwimmblasen zusammenrollt und in die geeigneten Formen bringt. Die Droge kommt fast ausschliesslich aus Russland in den Handel, wo man sie bei Astrachan, in den Mündungen der Wolga, des Dnjestr, Dnjepr etc., neuerdings auch in Petersburg, wohin man die rohen Blasen, bringt, zubereitet. Ein Fisch liefert 100—150 g Hausenblase.

***Beschreibung und Bestandtheile.*** Gute Blätterhausenblase ist farblos oder fast farblos, durchsichtig, irisirend, sehr zähe und biegsam, der Länge nach leicht zu zerreissen, ohne Geruch und Geschmack. In kaltem Wasser quillt sie auf, wird dabei weiss und undurchsichtig, in heissem Wasser löst sie sich bis auf höchstens 3 Proc. Rückstand, der aus Membranen besteht. Die Lösung ist neutral oder schwach alkalisch. Mit 25—50 Theilen heissem Wasser liefert sie nach dem Erkalten eine farblose, durchsichtige Gallert. Asche 0,2—1,2 Proc., Wasser 16—19 Proc. Die Hauptmasse ist thierischer Leim: Collagen.

***Andere Sorten.*** Ausser den genannten existiren im Handel eine ganze Menge anderer Sorten, die für viele Zwecke der Technik (als Klebe- und Verdickungsmittel, in der Bierbrauerei etc.), nicht aber in der Pharmacie verwendet werden: So bilden die einfach getrockneten Schwimmblasen der oben genannten Fische die Zungen; Klumpenhausenblase wird aus verschiedenen Blättern zusammengerollt, Kuchenhausenblase wird aus Abfällen zusammengeknetet, Krümelhausenblase sind diese Abfälle selbst.

Aehnliche Drogen liefern verschiedene Arten der Welse: Silurus glanis L., in Russland den Samowi- und Samowa-Fischleim; in Nordamerika Gadus Merluccius L. und G. Morrhua L. die Bandhausenblase von New York (36 Proc. in Wasser unlöslich); Acipenser brevirostris C. und A. rubicundus C. die Hudsonsbay-Hausenblase. Die Hamburger Hausenblase stammt von A. Sturio L. (bis 5 Proc. in Wasser unlöslich). Gadus Morrhua L. liefert auch die isländische Hausenblase (8 bis 21 Proc. in Wasser unlöslich). Falsche Parahausenblase sind die getrockneten Eierstöcke von Silurus Parkerii C. V., Mainzer Hausenblase wird aus Blase, Haut, Magen und Gedärmen grosser Fische gemacht. Ferner kommen als Hausenblase z. B. für Brauereien die getrockneten Häute einiger Rochen vor. Die Hausenblase wird verfälscht, indem man andere Schwimmblasen etc. mit Leim überzieht. Sie reisst dann in der Längsrichtung schwer ein und nach dem Aufquellen kann man den Leim als besondere Schicht entfernen. Mit Schwefeldämpfen gebleichte russische Waare soll nach Schwefel (schwefliger Säure?) riechen. Ungarischer Fischleim riecht nach Thran.

***Anwendung. Aufbewahrung.*** In der Pharmacie dient die Hausenblase hauptsächlich zur Darstellung des Englischen Pflasters, seltener zur Bereitung von Abkochungen oder wohlschmeckenden Gallerten für den innerlichen Gebrauch, in welchem Falle gerbsäurehaltige Zusätze als unverträglich zu vermeiden sind. Vielfach verwendet man sie als vorzüglichstes, durch Gelatine nicht völlig zu ersetzendes Klärmittel für Wein und Bier; man löst sie in heissem Wasser, mischt zunächst mit einem kleinen Theile der zu klärenden Flüssigkeit, dann nach und nach mit dem Ganzen. In der Technik ein Hauptbestandtheil vieler Kitte. Die als „Fischleim" bezeichneten Klebmittel des Handels enthalten gewöhnlich keine Hausenblase, sondern Kölner Leim. Trocken aufbewahrt hält sich Hausenblase lange Zeit unverändert.

**Emplastrum Anglicanum** (Austr.). Emplastrum adhaesivum anglicum (Ergänzb.). Emplastrum Ichthyocollae (U-St.). Empl. adhaesivum Woodstockii s. glutinosum. Taffetas adhaesivum s. ichthyocollatum. Sericum anglicum. — Englisches oder Englisch-Pflaster. Englisches Heftpflaster. Damenpflaster. Hausenblasenpflaster. Klebtaffet. Schönheitspflaster. — Sparadrap de colle de poisson (Gall.). Taffetas d'Angleterre. — Isinglass Plaster. Court Plaster. Ergänzb.: 50 Th. aufs feinste zerschnittene Hausenblase werden zweimal mit je 200 Th. Wasser im Dampfbade erhitzt, die durchgeseihte Lösung auf 300 Th. eingedampft und mit 1 Th. Zucker versetzt. Man streicht die Masse mit einem breiten, weichen Pinsel auf ausgespannten Seidentaffet, lässt jeden Anstrich vollständig trocknen, und zwar trägt man die ersten drei Anstriche in kühlem, die übrigen in mässig geheiztem Raume auf. Obige Menge giebt 5000 □cm Pflaster, dessen Rückseite schliesslich mit Benzoëtinktur, mit Spiritus āā verdünnt, bestrichen wird. — Austr. lässt 100 g Hausenblase in 2000 g Wasser lösen, 100 g Weingeist und 10 g gereinigten Honig zusetzen und damit 4500 □cm Taffet bestreichen. Anstrich der Rückseite: 4 Th. Benzoëtinktur, 1 Th. Perubalsam. — U-St.: 10 g Hausenblase löst man in warmem Wasser q. s. ad 120 g, streicht die Hälfte auf ein Stück Taffet von 38 × 38 cm, mischt zur andern Hälfte 40 g Weingeist und 1 g Glycerin, verfährt wie vorhin und bestreicht schliesslich die Rückseite mit Benzoëtinktur. — Gall.: 50 g Hausenblase, 400 g Wasser, 400 g Weingeist (60 proc.). Die Grösse der zu bestreichenden Fläche ist nicht vorgeschrieben. — Englisches Pflaster muss, auf der glänzenden Seite befeuchtet, fest an der Haut kleben. Zu seiner Herstellung nimmt man gewöhnlich eine fleischfarbige, schwarze, seltener weisse Marceline, umfasst diese mit einem Leinwandstreifen und spannt sie in Holzrahmen, die eigens für diesen Zweck in bestimmter Grösse vorräthig sind. Zweckmässiger sind allerdings Gestelle aus zwei kräftigen Längsstäben, die durch zwei eiserne, mit Schrauben versehene Querstäbe verstellbar verbunden sind (s. Pharm. Zeitg. 1899, S. 127). Zur Ausführung selbst sei bemerkt, dass die ersten Aufstriche, um nicht durchzuschlagen, ziemlich kalt (vergl. Ergänzb.) stattfinden müssen und dass bei jedem neuen, um eine gleichmässige Vertheilung zu erreichen, nach einer andern Richtung gestrichen werden muss. Man bewahrt das fertige Pflaster, das vollkommen trocken sein muss, in Blechkästen oder auf Holzrollen auf; am besten jedoch zwischen den sauberen Blättern eines grossen, starken Buches. Hier behält es seine Glätte und nimmt nicht die Unart an, sich beim Zerschneiden zu kräuseln. Um ein schön rosa gefärbtes Pflaster zu erzielen, kann man der Hausenblasenlösung etwas Eosin zusetzen.

**Emplastrum Anglicum impermeabile,** ein wasserdichtes, also auch unter Wasser auf der Haut kleben bleibendes Pflaster stellt man dar, indem man die Rückseite des Hausenblasenpflasters nicht mit Benzoëtinktur, sondern mit Sparadraplack (s. unter Lacca) überzieht.

Verwendet man statt des Taffet Seidenpapier und behandelt dieses, auf ein Reissbrett gespannt, in gleicher Weise, so erhält man die Charta adhaesiva pellucida; ebenso aus Goldschlägerhäutchen das Emplastrum animale, Baudruche gommée (Gall.), aus feinem Kattun die Percaline adhésive.

**Emplastrum Anglicum arnicatum,** Arnikaheftpflaster,

**Emplastrum Anglicum benzoatum,** Benzoësäureheftpflaster,

**Emplastrum Anglicum salicylatum,** Salicylsäureheftpflaster bereitet man genau so, wie Englisch-Pflaster, nach Ergänzb., setzt aber der zuletzt aufzutragenden Hälfte der Hausenblasenlösung 25 g Arnikatinktur, oder 1 g Benzoë- oder Salicylsäure zu.

**Hausenkitt.** Edelkitt für Glas und Porcellan. 5 g fein zerschnittene Hausenblase lässt man 12 Stunden in etwa 20 Th. kaltem Wasser quellen, giesst letzteres ab, fügt 1 g Ammoniakgummi, 40 g Weingeist und 45 g Wasser hinzu, löst unter Erwärmen, seiht durch ein Drahtsieb und vermischt mit einer Lösung von 1,5 g Mastix in 15 g Weingeist. Der Kitt ist erwärmt auf die Bruchflächen aufzupinseln. Er eignet sich vorzüglich zum Kitten von Glas- und Porcellangeräthen.

**Solutio Ichthyocollae.** Solution of Isinglass (Brit.). Gelatin Test Solution (U-St.). 1 g Hausenblase löst man unter Erwärmen in destillirtem Wasser q. s. zu 50 ccm. Reagens auf Gerbsäure, das jederzeit frisch zu bereiten ist.

**Taffetas vesicans.** Taffetas ichthyocollatum vesicans. Blasentaffet. E. DIETERICH: Aus 40 g Hausenblase, q. s. destillirtem Wasser und 1 g Traubenzucker bereitet man, wie bei Empl. Anglicum angegeben, 300 g Lösung und streicht $^2/_3$ davon auf ein Stück grüne Seide 50×100 cm; dem letzten Drittel mischt man eine Verreibung von 0,5 g Kantharidin mit 3 Tropfen Glycerin, 20 g Essigäther und 10 g Weingeist zu und verstreicht die mässig warme Masse unter beständigem Umrühren. Zum Gebrauch nicht mit der Zunge anfeuchten!

**Diulisis,** ein in Frankreich patentirtes Bierklärmittel, soll aus Hausenblase und Natriumbikarbonat bestehen.

**Flüssiges Albumin,** ein Weinklärmittel aus London, ist Hausenblasenlösung.

**Perlmutterkitt.** 2 Th. feinzerschnittene Hausenblase löst man in 16 Th. Wasser, setzt 8 Th. Alkohol zu, seiht durch und vermischt mit einer Lösung von 1 Th. Mastix und $^1/_2$ Th. feinst gepulvertem Salmiak in 6 Th. Alkohol. Der Kitt wird auf die erwärmten Bruchflächen gestrichen, die man fest aneinander presst.

**Universalcement,** KRAKOWS, für Glas, Meerschaum u. dergl., ist Hausenblasenlösung.

**Vegetabilischer Fischleim** und Japanische Hausenblase s. unter Agar-Agar Bd. I, S. 192, 2.

**Zwillingsleim, Zwillingskleister,** Fox's Patent, besteht aus zwei Lösungen. I. 2,5 Chromsäure, in je 15 g Wasser und Ammoniakflüssigkeit gelöst, dazu 10 Tropfen Schwefelsäure, 30,0 schwefelsaures Kupferoxydammoniak, 4,0 weisses Papier. II. Hausenblase in verdünnter Essigsäure. Von den aneinander zu leimenden Papierflächen bestreicht man eine mit I und lässt trocknen, die andre mit II und presst noch feucht zusammen.

---

# Ichthyolum.

## I. Ichthyol.

Bei Seefeld in Tyrol findet sich in mächtigen Lagern ein bituminöses Gestein, in welchem Ueberreste von vorweltlichen Fischen und Seethieren enthalten sind. Durch trockne Destillation dieses Gesteines erhält man ein flüchtiges, schwefelhaltiges Oel, das Ichthyol-Rohöl. Wird dieses mit konc. Schwefelsäure behandelt, so entsteht ein als Ichthyolsulfosäure bezeichnetes säureartiges Produkt. Die Salze dieser Ichthyolsulfosäure finden therapeutische Verwendung; das Ammonsalz dieser Säure wird als Ichthyol schlechthin bezeichnet.

**Ichthyol-Rohöl.** Ein braungelbes, vollständig durchsichtiges Oel vom spec. Gew. 0,865 bei 15° C. Es ist von durchdringendem, dem Bernsteinöl ähnlichem Geruche, in Wasser unlöslich. Die fraktionirte Destillation ergab: von 100—120° C. = 6 Proc., von 120—160° C. = 53 Proc., von 160—225° C. = 33 Proc., von 225—255° C. = 5—6 Proc. Die Elementar-Zusammensetzung war: Kohlenstoff 77,25, Wasserstoff 10,52, Schwefel 10,72, Stickstoff 1,10.

**Acidum sulfoichthyolicum. Ichthyolsulfosäure. Ichthyoldisulfosäure.** $C_{28}H_{36}S \cdot (SO_3H)_2$. **Mol. Gew. = 566 (?).**

Zur Darstellung wird das Ichthyol-Rohöl mit einem Ueberschuss von konc. Schwefelsäure vermischt. Unter freiwilliger Erwärmung bis auf 100° C. und unter Entweichen von Schwefeldioxyd entsteht Ichthyoldisulfosäure. Nach Beendigung der Reaktion erwärmt man das Reaktionsprodukt, um freie schweflige Säure und freie Schwefelsäure zu entfernen, wiederholt mit gesättigter Kochsalzlösung. Die in Wasser leicht lösliche freie Ichthyolsulfosäure ist in gesättigter Kochsalzlösung unlöslich und scheidet sich auf dieser als theerartige Masse aus.

Diese Ichthyoldisulfosäure ist die Ausgangssubstanz zur Darstellung der Ichthyolpräparate.

Sie besteht im wesentlichen aus Ichthyoldisulfosäure $C_{28}H_{36}S \cdot (SO_3H)_2$ (BAUMANN und SCHOTTEN), enthält ausserdem ein flüchtiges Oel vom Charakter der Sulfone und einen dritten, nicht näher gekannten Bestandtheil.

**Ammonium sulfoichthyolicum** (Ergänzb. Helv.). **Ichthyol. Ichthyolsulfosaures Ammon.** $C_{28}H_{36}S \cdot (SO_3NH_4)_2$ (?). **Mol. Gew. = 600.** (?)

Die Darstellung erfolgt, indem man Ichthyolsulfosäure mit stärkstem Ammoniak neutralisirt und das so erhaltene Produkt zur Konsistenz eines dünnen Extraktes eindunstet.

Eine rothbraune, klare, sirupdicke Flüssigkeit von brenzlichem Geruch und Geschmack, beim Erhitzen unter starkem Aufblähen eine Kohle gebend, welche bei fortgesetztem Glühen ohne Rückstand verbrennt. Die klare Mischung von Ichthyol mit Wasser röthet blaues Lackmuspapier schwach. In Weingeist, sowie in Aether löst sich Ichthyol nur theilweise, vollständig jedoch in einer Mischung beider zu gleichen Raumtheilen, nur zu einem kleinen Theile in Petroleumäther.

Die wässerige Lösung (1 = 10) lässt, mit Salzsäure vermischt, eine dunkle, harzartige Masse fallen, welche in Aether, sowie in Wasser löslich ist, aus letzterer Lösung aber durch Zusatz von Salzsäure oder Kochsalz wieder ausgeschieden wird. — Mit Kalilauge erwärmt, entwickelt Ichthyol Ammoniak; diese Mischung hinterlässt nach dem Eintrocknen und Glühen eine Kohle, welche beim Uebergiessen mit Salzsäure den Geruch nach Schwefelwasserstoff verbreitet.

Beim Eintrocknen im Wasserbade soll das Ichthyol höchstens 50 Procent seines Gewichtes verlieren. Im allgemeinen beträgt der Wassergehalt bez. Trockenverlust etwa 45 Proc.

Dieses Präparat ist zu dispensiren, wenn **Ichthyol** schlechthin verordnet wird.

**Natrium sulfoichthyolicum** (Ergänzb.). **Natrium-Ichthyol. Natrium sulfoichthyolat. Ichthyolsulfosaures Natrium. $C_{28}H_{36}S.(SO_3Na)_2$. Mol. Gew. = 610 (?).**

Dieses Präparat wurde früher als Ichthyol schlechthin verstanden. Es kommt ebenfalls nicht im wasserfreien Zustande, sondern als extraktähnliche Masse in den Handel. — Seine Darstellung erfolgt durch Neutralisation der freien Ichthyolsulfosäure mit Natronlauge.

Braunschwarze, theerartige Masse von brenzlichem Geruche, beim Erhitzen unter Aufblähen eine alkalisch reagirende Kohle gebend, welche die Flamme stark gelb färbt und bei fortgesetztem Glühen zu einer Asche verbrennt, deren wässeriger, mit Salpetersäure übersättigter Auszug durch Baryumnitratlösung sofort stark getrübt wird. — Wasser löst das Natrium-Ichthyol zu einer etwas trüben, dunkelbraunen, grünschillernden, nahezu neutralen Flüssigkeit auf. In Weingeist, sowie in Aether löst es sich nur theilweise, dagegen vollständig und klar mit tiefbrauner Farbe in einer Mischung beider, ebenso in Benzol, kaum in Petroleumbenzin. Die wässerige Lösung scheidet beim Uebersättigen mit Salzsäure eine dunkle Harzmasse aus, die, nach dem Absetzen von der überstehenden Flüssigkeit getrennt, sowohl in Wasser als auch in Aether löslich ist, aus ersterer Lösung aber durch Zusatz von Salzsäure oder von Natriumchlorid wieder abgeschieden wird. — Beim Erwärmen mit Natronlauge soll Natrium-Ichthyol einen Geruch nach Ammoniak nicht erkennen lassen (Unterschied von dem Ammonium-Ichthyol). Der Wassergehalt des Präparates beträgt 25—30 Proc., die Bestimmung desselben erfolgt durch Eintrocknen über Schwefelsäure, am besten im Vacuum-Exsikkator.

**Lithium sulfoichthyolicum. Ichthyolsulfosaures Lithium. Lithium-Ichthyol. $C_{28}H_{36}S.(SO_3Li)_2$. Mol. Gew. = 578 (?).**

Die Darstellung erfolgt durch Neutralisation der freien Ichthyolsulfosäure mit Lithiumkarbonat.

Braune, theerartige Massen, welche in ihren physikalischen Eigenschaften dem Natrium-Ammoniumsalz völlig gleichen. Der beim Veraschen auf dem Platinbleche hinterbleibende Rückstand erzeugt, mit Salzsäure befeuchtet in die nichtleuchtende Flamme gebracht, eine karminrothe Färbung derselben. Sollte die Färbung durch Natriumverbindungen verdeckt sein, so würde man das Lithium durch das Spektroskop nachzuweisen haben.

Der Wassergehalt des Präparates beträgt 30—35 Proc.

**Zincum sulfoichthyolicum. Ichthyolsulfosaures Zink. Zink-Ichthyol. $(C_{28}H_{36}S.S_2O_6H)_2Zn$.** Wird durch Neutralisation der freien Ichthyolsulfosäure mit Zinkoxyd dargestellt. Es gleicht in seinen physikalischen Eigenschaften völlig dem vorigen.

Beim Verbrennen des Salzes auf Platinblech hinterbleibt Zinkoxyd als gelblich-weisse Asche. Der Wassergehalt beträgt 35—40 Proc. Er ist durch Eintrocknen des Salzes über Schwefelsäure, am zweckmässigsten im Vacuum-Exsikkator zu bestimmen.

Die Salze der Ichthyolsulfosäure mit Erdalkalien und Schwermetallen werden durch Fällung der Lösungen des ichthyolsulfosauren Ammoniums oder Natriums mit löslichen Salzen der Erdalkalien oder Schwermetalle erhalten. Therapeutische Anwendung haben bisher gefunden:

**Calcium sulfoichthyolicum. Ichthyol-Calcium. Calciumthiohydrocarbürosulfonicum (insolubile).** Es enthält 2,5 Proc. Calcium (Ca) neben 97,5 Proc. Ichthyolsulfosäure. Ein braunes, geruch- und geschmackloses Pulver, das in Wasser und in den gewöhnlichen Lösungsmitteln fast unlöslich ist.

Man wendet es in solchen Fällen an, wo der Gebrauch des Ichthyols in Pulverform erwünscht ist, also bei Magen- und Darmleiden, bei tuberkulösen Knochenerkrankungen.

**Ferrum sulfoichthyolicum. Ferrichthol. Ferrum thiohydrocarbüro-sulfonicum (insolubile).** Es enthält 3,5 Proc. metallisches Eisen neben 96,5 Proc. Ichthyolsulfosäure. Ein fast schwarzes, geruch- und geschmackloses Pulver, in Wasser und in den gebräuchlichen Lösungsmitteln fast unlöslich. — Seine Anwendung erfolgt bei Chlorose und bei Anämie.

**† Argentum sulfoichthyolicum. Ichthargol. Argentum thiohydrocarbürosulfonicum (insolubile).** Es enthält 12 Proc. metallisches Silber und bildet ein braunes, geruchloses, in Wasser unlösliches Pulver. Man wendet es an als Wundantisepticum, als Antigonorrhoicum und bei Ulcus molle.

**†† Hydrargyrum sulfoichthyolicum. Ichthermol. Hydrargyrum thiohydrocarbüro-sulfonicum (insolubile).** Es enthält 24 Proc. metallisches Quecksilber und ist ein dunkel gefärbtes, geruchloses, in Wasser unlösliches Pulver. Man wendet es an als Wundantisepticum und als Antisyphiliticum.

***Aufbewahrung.*** Die Ichthyolsulfosäure als solche gehört zu den nicht stark wirkenden Substanzen. Für die Aufbewahrung der Ichthyolpräparate kommt demnach lediglich deren Metall-Basis in Betracht. Daher sind, wie im Text durch † bez. †† kenntlich gemacht ist, das Silbersalz vorsichtig und das Quecksilbersalz sehr vorsichtig aufzubewahren. Beide sind zweckmässig auch vor Licht zu schützen.

***Anwendung.*** Das Ichthyol wirkt reducirend, gefässverengernd, verhornend, austrocknend, antiseptisch und bei innerer Darreichung umstimmend und den Eiweisszerfall beschränkend. Die Ichthyolpräparate finden äusserlich Verwendung und zwar in fast allen Formen (als Salben, Linimente, in Form von Watte, Seife) gegen Rheumatismus, Ischias, Migräne, Brandwunden, Frostbeulen, namentlich aber gegen diverse specifische Hauterkrankungen. Innerlich wird besonders das Ammoniumsalz und das Lithiumsalz, mit Wasser vermischt, mehrmals täglich zu 15—20 Tropfen zur Unterstützung der äusseren Behandlung, dann aber auch als Specificum gegen Erkrankungen der Verdauungs- und der Athmungsorgane, also bei chronischen Magen- und Darmkatarrhen, sowie bei Lungenkatarrhen gereicht. Auch ist eine ausgezeichnete Wirkung auf den Uro-genitalapparat beobachtet, und das Mittel namentlich mit Erfolg bei Nephritis und Hydrops und bei verschiedenen Formen der Tuberkulose angewendet worden.

**Balsamum contra perniones** Boeck.

| | | |
|---|---|---|
| Rp. | Ammonii sulfoichthyolici | |
| | Resorcini | |
| | Acidi tannici ãã | 2,0 |
| | Aquae destillatae | 10,0. |

**Balsamum Ichthyoli.**

Ichthyol-Balsam (Hamb. V.).

| | | |
|---|---|---|
| Rp. | Spiritus (90 Proc.) | 12,0 |
| | Glycerini | 15,0 |
| | Olei Ricini | 30,0 |
| | Ammonii sulfoichthyolici | 43,0. |

**Collemplastrum Ichthyoli.**

| | | |
|---|---|---|
| Rp. | 1. Massae Collemplastri (Bd. I S. 682) | 800,0 |
| | 2. Rhizomatis Iridis pulv. | 80,0 |
| | 3. Sandaracis | 20,0 |
| | 4. Natrii sulfoichthyolici | 17,0 |
| | 5. Olei Resinae | 25,0 |
| | 6. Acidi salicylici | 6,0 |
| | 7. Aetheris | 150,0. |

Man mischt 2 und 3, verreibt gesondert 4 mit 5 und einem Theil von 7, fügt die Mischung von 2 und 3 zu und setzt sie zu 1 zu und giebt den Rest von 7 schliesslich 6 dazu. (Dieterich.)

**Collemplastrum Zinci ichthyolatum** (Dieterich).

| | | |
|---|---|---|
| Rp. | Massae Collemplastri | 800,0 |
| | Rhizomatis Iridis pulv. | 50,0 |
| | Sandaracis | 20,0 |
| | Zinci oxydati | 30,0 |
| | Acidi salicylici | 6,0 |
| | Olei Resinae | 45,0 |
| | Natrii sulfoichthyolici | 15,0 |
| | Aetheris | 150,0 |

**Collodium Ichthyoli.**
Ichthyol-Collodium.

Rp. Ammonii sulfoichthyolici 1,0—2,0
Collodii 10,0.
Zum Decken von Wunden.

**Gelatina glycerinata cum Zinco et Ammonio sulfoichthyolico** (Bad. T. Münch. Ap. V.).

Rp. Gelatinae glycerinatae cum
Zinco (Ergänzb.) 100,0
Ammonii sulfoichthyolici 2,0.

**Gelatina Ichthyoli** Unna.

Rp. Gelatinae albae 10,0
Aquae destillatae 25,0
Glycerini 60,0
Ammonii sulfoichthyolici 10,0.

**Gelatina Zinco-Ichthyoli** Unna.

Rp. 1. Gelatinae albae 12,5
2. Aquae destillatae 40,0
3. Glycerini 25,0
4. Zinci oxydati 10,0
5. Glycerini 13,0
6. Ammonii sulfoichthyolici 2,0.
Man löst 1—3, reibt 4 und 6 mit 5 an und mischt alles zusammen.

**Glycerinum ichthyolatum.**
Ichthyol-Glycerin (Münch. Ap. V.).

Rp. Ammonii sulfoichthyolici 1,0
Glycerini 9,0.

**Gossypium ichthyolatum.**
Ichthyol-Watte (E. Dieterich).

| Rp. | 20% | 50% |
|---|---|---|
| Ammonii sulfoichthyolici | 300,0 | 750,0 |
| Spiritus (90%) | 700,0 | 750,0 |
| Aquae | 2000,0 | 1500,0 |
| Gossypii depurati | 1000,0 | 1000,0. |

Man presst bis auf 3000,0 ab und trocknet bei 25° C.

**Pasta Ichthyoli** (Sehlen).

Rp. Ichthyoli 0,2—0,5
Amyli
Zinci oxydati āā 10,0
Vaselini 25,0.

**Pasta Ichthyoli** Unna.
Ichthyol-Paste.

Rp. Ammonii sulfoichthyolici 3,0—10,0
Aquae destillatae
Glycerini
Dextrini āā 30,0.

**Pilulae Ammonii sulfoichthyolici.**
Ichthyol-Pillen.

Rp. Ammonii sulfoichthyolici 4,0
Tragacanthae pulv. 2,0
Radicis Althaeae q. s.
Fiant pilulae No. 100, obducendae Collodio.

**Pulvis inspersorius cum Ichthyolo** Leistikow.

Rp. Zinci oxydati 20,0
Ammonii sulfoichthyolici 1,0—2,0
Magnesii carbonici q. s. ad 30,0.
Zum Aufstreuen bei Verbrennungen ersten Grades.

**Sapo unguinosus cum Ichthyolo et Acido salicylico.**
Ichthyol-Salicyl-Salbenseife. Unna.

Rp. Ammonii sulfoichthyolici 10,0
Acidi salicylici 5,0
Saponis unguinosi 85,0.

**Saponimentum Ichthyoli** 10%.
E. Dieterich. Ichthyol-Opodeldoc.

Rp. 1. Saponis stearinici dialysati 80,0
2. Saponis oleïnici dialysati 20,0
3. Spiritus (90%) 700,0
4. Olei Lavandulae 5,0
5. Ammonii sulfoichthyolici 100,0
6. Aquae destillatae 150,0
7. Aetheris 50,0.
Man löst 5 in 6 und giesst diese Lösung in die noch warme Auflösung von 1—4. Dann filtrirt man, giebt 7 zu, füllt mit Spiritus auf 1000,0 auf und giesst in Gläser aus.

**Stilus Ichthyoli dilubilis** 20%.
Ichthyol-Pastenstift. E. Dieterich.

Rp. Natrii sulfoichthyolici 20,0
Tragacanthae pulv. 5,0
Amyli 30,0
Dextrini 35,0
Sacchari 10,0.
Fiant cum Aqua q. s. stili 39—40.

**Suppositoria Ichthyoli.**
Nach Ehrmann.

I.

Rp. Ammonii sulfoichthyolici 5,0
Cerae albae 2,0
Olei Cacao 10,0.
Fiant suppositoria X.

II.

Rp. Ammonii sulfoichthyolici 5,0
Massa Gelatinae 10,0.
Fiant suppositoria X.

**Unguentum contra Perniones.**
Frost-Salbe IV. (Hamb. V.)

Rp. Ammonii sulfoichthyolici 2,0
Unguenti Elemi
Vaselini flavi
Adipis suilli āā 6,0.

**Unguentum Ichthyoli**
(Münch. Ap. V. u. Form. Berol.).

Rp. Ammonii sulfoichthyolici 10,0
Vaselini flavi 90,0.

**Unguentum Ichthyoli compositum** Unna.

Rp. Ammonii sulfoichthyolici 10,0
Acidi salicylici 2,0
Lanolini
Adipis suilli āā 44,0.

**Unguentum Ichthyoli refrigerans.**
Ichthyol Kühlsalbe. Unna.

Rp. Adipis suilli 30,0
Lanolini 50,0
Ammonii sulfoichthyolici
Aquae destillatae āā 10,0.

**Vernisium ichthyolatum.**
Ichthyolfirniss (Hamb. V.).

Rp. 1. Albuminis Ovi sicci 1,0
2. Aquae calidae 40,0
3. Amyli 80,0
4. Ammonii sulfoichthyolici 80,0.
Man löst 1 in 2, verreibt diese Lösung zunächst mit 3 und mischt dann 4 hinzu.

**Vernisium Ichthyoli carbolisatum.**
Ichthyol-Carbol-Firniss (Unna).

Rp. Ammonii sulfoichthyolici 25,0
Acidi carbolici 2,5
Amyli Tritici 50,0
Aquae 22,5.
Ist zur Paste zu verreiben.

**Ichthyolum austriacum. Petrosulfol.** Die Firma G. HELL & Co. bringt ein österreichisches Ichthyol in den Handel, welches in gleicher Weise wie das Hamburger Präparat, nur aus anderem bituminösen Rohmaterial dargestellt wird. Die Riechstoffe und die Sulfate sollen diesem Präparat durch Dialyse entzogen werden. KOTTMEYER giebt folgende Unterschiede an:

| Ichthyolum germanicum. | Petrosulfol. |
|---|---|
| 1) Rothbraune, klare, sirupdicke Flüssigkeit von brenzlichem Geschmacke und intensivem Geruche. | 1) Rothbraun durchscheinende, klare Masse von der Konsistenz eines dicklichen Extraktes, von eigenthümlichem Geschmacke und schwachem Geruche. |
| 2) Die wässerige Lösung ist im auffallenden Lichte schwach lehmig braun. | 2) Die wässerige Lösung fluorescirt grünlich. |
| 3) Auf dem Platinbleche verbleibt beim Glühen kein Rückstand. | 3) Es verbleibt ein sehr geringer Rückstand von alkalischer Reaktion. |
| 4) Fällt man die 10 proc. wässerige Lösung mit Salzsäure, so giebt das Filtrat mit Baryumchlorid intensive Trübung, bedingt durch Ammonsulfat. | 4) Sulfate sind nur in Spuren vorhanden, daher zeigt das Filtrat nur geringe Opalescenz. |
| 5) Verdunstungsrückstand bei 100° C. = 45 Proc., firnissartig, glänzend von rothbrauner Farbe, im durchfallenden Lichte klar. | 5) Verdunstungsrückstand bei 100° C. = 42—43 Proc., firnissartig, glänzend, klar, rothbraun. |
| 6) Gesammtschwefel auf die Trockensubstanz berechnet ist = 21,1 Proc. | 6) Gesammtschwefelgehalt auf die Trockensubstanz berechnet ist = 16,3 Proc. |

**Ichthyolum austriacum veterinarium** ist eine rohere Sorte des österreichischen Ichthyols, zum Gebrauch in der Thierheilkunde bestimmt.

Das Petrosulfol kann vorläufig nicht an Stelle des eigentlichen Ichthyols gesetzt werden.

**II. Desichthol.** Beim inneren Gebrauche ist der Geruch und Geschmack des Ichthyols für manche Personen unangenehm. Da Geruch und Geschmack im wesentlichen durch das vorhandene flüchtige Oel (das Sulfon) bedingt werden, so befreit die Ichthyol-Gesellschaft das Ichthyol durch Destillation mittels Wasserdampf vom ätherischen Oel und bringt das so gereinigte Produkt als „Desichthol“ in den Verkehr.

Dieses gleicht in allen Eigenschaften dem Ichthyol, nur besitzt es einen weniger starken Geruch. Angeblich soll das Desichthol auch nach folgendem Verfahren hergestellt werden:

10 Th. Ichthyolsulfosaures Ammonium werden in 7,5 Th. Wasser gelöst und mit 2,5 Th. käuflicher Wasserstoffsuperoxydlösung von 3 Proc. versetzt. Man lässt etwa 24 bis 48 Stunden unter bisweiligem Umrühren in der Kälte stehen, neutralisirt, wenn erforderlich diese Lösung mit Ammoniak und dampft sie bis zum Gewicht von 10 Th. ein.

Das Desichthol dient aus den eben angeführten Gründen namentlich zur inneren Anwendung, indessen sind nicht unbegründete Zweifel ausgesprochen werden, ob dies schwach riechende Präparat auch wohl ebenso wirksam sei, als die stark riechenden.

**III. Anytin.** Behandelt man das Ichthyol-Rohöl mit konc. Schwefelsäure, so erhält man ein Produkt, welches bestehen soll aus: Ichthyoldisulfosäure, ferner aus dem ätherischen Oele vom Charakter der Sulfone, endlich aus einem dritten, noch nicht näher bekannten Bestandtheile. Behandelt man das trockene Ichthyol mit absolutem Alkohol, so geht die Ichthyoldisulfosäure in Lösung. Aus dem verbliebenen unlöslichen Rückstande kann man das Sulfon durch Petroläther ausziehen. Das Sulfon ist übrigens auch löslich in Aether, Chloroform, Benzol und Schwefelkohlenstoff, wenig löslich ist es in absolutem Alkohol, unlöslich in verdünntem Alkohol und in Wasser. Der in Petroläther unlösliche Rest ist nur löslich in Chloroform, Benzol oder Schwefelkohlenstoff.

Die sogenannte Ichthyolsulfosäure des Handels, welche, wie schon bemerkt, ein Gemisch der drei genannten Substanzen ist, ist nun in Wasser vollständig löslich. Das ist auffällig und dadurch zu erklären, dass die anwesende Ichthyolsulfosäure die Löslichkeit der beiden anderen unlöslicheren Substanzen in Wasser vermittelt. Mithin kommt der Ichthyolsulfosäure ein erhebliches Auflösungsvermögen zu. Als Anytin wird nun ein vom Sulfon und dem dritten Körper thunlichst befreites Ichthyolammonium in den Handel gebracht.

Zur Darstellung lässt man auf Ichthyol-Rohöl konc. Schwefelsäure einwirken, reinigt das Reaktionsprodukt, neutralisirt es mit Ammoniak, trocknet es und zieht es mit absolutem Alkohol aus. Der nach Entfernung des Alkohols hinterbleibende Rückstand wird auf einen Trockenrückstand von 50 Proc. gebracht.

Nach dem Gesagten stellt also das Anytin eine reinere Sorte ichthyolsulfosaures Ammoniak dar. In trocknem Zustande ist es ein braunes, hygrokospisches, in Wasser in jedem Verhältnisse lösliches Pulver, mit einem Gehalte von etwa 16,5 Proc. Schwefel und 4,5 Proc. Ammoniak. — In den Handel gelangt es als dickflüssige, theerartige Masse, welche dem Ichthyol-Ammonium sehr ähnlich ist und etwa 50 Proc. Trockenrückstand hinterlässt.

Die Verwendung des Anytins erfolgt auf Grund seines Auflösungsvermögens. Es hat nämlich die Fähigkeit, in Wasser sonst schwer lösliche Substanzen aufzunehmen. Diese Auflösungen sind mit Wasser in jedem Verhältnisse klar mischbar und heissen „Anytole".

**IV. Anytole** sind demnach Lösungen von Arzneimitteln, in welchen sonst schwerlösliche Arzneisubstanzen (Phenole, Kampherarten, ätherische Oele und dgl.) durch Anytin in eine in Wasser leicht lösliche Form gebracht werden. Sie haben Analoga in dem Lysol und im Solveol und Solutol. Die aufzulösenden Arzneimittel werden gewöhnlich von dem Anytin leicht aufgenommen, bei einzelnen Substanzen ist auch mässiges Erwärmen — bei flüchtigen Substanzen am Rückflusskühler oder im geschlossenen Gefässe — erforderlich.

**Benzol-Anytol.** Enthält 80 Proc. Anytin und 20 Proc. Benzol.

**Eucalyptol-Anytol. Eucasol.** Enthält 75 Proc. Anytin und 25 Proc. Eucalyptol.

**Gaultheria-Anytol. Wintergrünöl-Anytol.** Enthält 80 Proc. Anytin und 20 Proc. Gaultheriaöl.

**Guajakol-Anytol.** Enthält 60 Proc. Anytin und 40 Proc. Guajakol.

**Jod-Anytol.** Enthält 90 Proc. Anytin und 10 Proc. Jod.

**Kampher-Anytol.** Enthält 85 Proc. Anytin und 15 Proc. Kampher.

**Kreosot-Anytol.** Enthält 60 Proc. Anytin und 40 Proc. Kreosot.

**Kresol-Anytol.** Enthält 50 Proc. Anytin und 50 Proc. Kresol.

**m-Kresol-Anytol. Metasol.** Enthält 60 Proc. Anytin und 40 Proc. m-Kresol.

**Pfefferminzöl-Anytol. Mentha-Anytol.** Enthält 75 Proc. Anytin und 25 Proc. Pfefferminzöl.

**Terpentinöl-Anytol.** Enthält 85 Proc. Anytin und 15 Proc. Terpentinöl.

In den Anytolen ist natürlich die Wirkung der Ichthyolsulfosäure mit derjenigen des in dieser gelösten Arzneimittels kombinirt. — Den Anytolen kann der Arzneizusatz (Phenol, ätherische Oele u. s. w.) durch Ausschütteln der wässrigen Lösung mit Aether wieder entzogen werden.

**V. Ichthoform. (Thiocarbürdisulfonformaldehyd).** Ist eine Verbindung von Formaldehyd mit Ichthyoldisulfosäure.

Ein schwarzbraunes, in den üblichen Lösungsmitteln nahezu unlösliches Pulver, welches fast geruch- und geschmacklos ist. Es enthält ca. 14,5 Proc. Schwefel, ist unlöslich in Wasser und in Säure, wird durch Alkalien bei längerer Einwirkung gelöst; Aether und Alkohol lösen es nur zum Theil. Beim Erhitzen verkohlt es; die Kohle verbrennt beim Glühen an der Luft bis auf eine Spur Asche. Es wird innerlich in Gaben von 8 g pro die als Darmantisepticum gegeben und hat sich zur Stillung der tuberkulösen Diarrhöen bereits bewährt. Aeusserlich ist es mit gutem Erfolge als Antisepticum (Jodoform-Ersatz) bei der Wundbehandlung angewendet worden. Das Mittel ist noch im Versuchsstadium.

**VI. Ichthalbin. Ichthyol-Eiweiss.** Dieses wegen seiner fast völligen Geschmacklosigkeit zum innerlichen Gebrauche bestimmte Präparat wird in ähnlicher Weise wie das Tannalbin (s. Band I. S. 140) dargestellt, d. h. man fällt eine Eiweisslösung mit einer Lösung von Ichthyolsulfosäure. Der entstandene Niederschlag wird vorerst mit Wasser gewaschen, alsdann zunächst bei 25—30° C., später, um ihn unlöslich zu machen, längere Zeit bei 100° C. getrocknet.

Ein sehr feines, graubraunes Pulver, in Wasser unlöslich. Es passirt den Magen ungelöst und wird erst vom alkalischen Darmsaft in Ichthyol und Eiweiss gespalten.

Erwachsenen giebt man es an Stelle des Ichthyols in Gaben von 1—2 g dreimal täglich, am besten vor den Mahlzeiten, Kindern bis zu 1 g dreimal täglich mit etwas geschabter Chokolade.

**VII. Thiolum.** Als Thiol bezeichnete E. Jacobsen ein dem Ichthyol nachgebildetes Produkt, welches er erhielt, indem er ungesättigte Kohlenwasserstoffe (Gasöl) durch Erhitzen mit Schwefel sulfurirte und das so erzeugte schwefelhaltige Oel (Thiol-Rohöl) durch Erhitzen mit konc. Schwefelsäure in wasserlösliche Substanzen überführte.

***Darstellung.*** (D. R. P. No. 39416.) Zur Darstellung des Thiols wird nicht erst das Thiol-Rohöl [durch Erhitzen von Braunkohlentheeröl (Gasöl) mit Schwefel gewonnen] isolirt, sondern die nach dem Aufhören der Schwefelwasserstoffentwicklung erhaltene Masse direkt mit einem gleichen Gewichtstheil starker Schwefelsäure behandelt und das Reaktionsprodukt in Wasser gegossen.

Die sich hierbei ausscheidende harzartige Masse wird durch Auskneten mit Wasser von der anhängenden Säure und dem unveränderten Mineralfett möglichst befreit. Dann löst man die Masse in Wasser, neutralisirt die noch vorhandene Mineralsäure mit Ammoniak oder einer anderen ähnlichen Base, entfernt das Mineralfett durch geeignete Extraktionsmittel (z. B. Schütteln mit Ligroïn), fällt das gelöste Thiol durch ein indifferentes Salz (Kochsalz, Glaubersalz) aus und reinigt die ausgeschiedene Masse von anhängenden Salzen durch Dialyse.

Ein gehörig gereinigtes, von Mineralfett und Salzen freies, neutrales Thiol giebt, unter den nöthigen Vorsichtsmaassregeln getrocknet, ein nicht hygroskopisches, in Wasser lösliches, festes Produkt.

In den Handel gebracht wird Thiol in fester Form (Thiolum siccum in lamellis und pulveratum) und in koncentrirter wässeriger Lösung (Thiolum liquidum) gebracht.

**Thiolum** (Ergänzb.) **Thiolum siccum. Thiol.** Ein dunkelbraunes Pulver von schwach asphaltartigem Geruche und etwas bitterlichem, zusammenziehendem Geschmacke, welches sich in Wasser zu einer braunrothen, neutralen Flüssigkeit löst. In Chloroform ist es löslich, in Weingeist und Benzol nur wenig löslich, in Petroleumbenzin, Aether und Aceton fast unlöslich. Erhitzt verbrennt es unter Aufblähen und hinterlässt nicht mehr als 3 Proc. Asche. Dampft man 1 g Thiol mit 10 ccm Natronlauge ein und schmilzt den Rückstand in einer Silberschale, so erhält man eine Masse, welche auf Zusatz von Salzsäure Schwefelwasserstoff entwickelt.

***Prüfung.*** **1)** Digerirt man 1 Th. festes Thiol mit 20 Th. eines Gemisches aus gleichen Theilen Salpetersäure und Wasser und filtrirt, so darf das Filtrat durch Baryumnitrat nicht verändert werden (Schwefelsäure bez. Sulfate), mit Silbernitrat nur eine opalisirende Trübung geben (Chloride). **2)** Mit Petroleumbenzin geschüttelt, giebt es an dieses nur wenig einer färbenden Substanz ab, auch darf, wenn dasselbe verdunstet wird, kein erheblicher Rückstand bleiben (nicht sulfonirtes Mineralfett). **3)** Mit Natronlauge erwärmt, lasse es den Geruch nach Ammoniak nicht erkennen (Verwechselung mit Ichthyol-Ammonium). **4)** 1 g Thiol werde mit 3 g reinem Natriumnitrat gemischt. Diese Mischung werde in kleinen Portionen in einen erhitzten Porcellantiegel eingetragen und zur Verpuffung gebracht. Nach dem Erkalten befeuchte man den Tiegelinhalt mit Schwefelsäure, erhitze und wiederhole diese Behandlung, so lange noch rothe Dämpfe entwickelt werden. Wenn diese ausbleiben, so verjage man die überschüssige Säure durch Erhitzen, pulvere den Inhalt des Tiegels nach dem Erkalten und schüttele das Pulver mit 5 ccm Stannochloridlösung. Letztere darf innerhalb einer Stunde keine Schwärzung oder Bräunung zeigen (Arsen).

**Thiolum liquidum. Flüssiges Thiol.** Das Thiolum liquidum bildet eine dunkelrothbraune sirupdicke Flüssigkeit, welche mit Wasser in jedem Verhältnisse mischbar ist, aus welcher Lösung aber durch Kochsalz oder Salzsäure eine dunkle, klebrige Masse abgeschieden wird, die, ausgewaschen, in Wasser vollkommen löslich ist. In der wässerigen Thiollösung erzeugen Zinksulfat, Baryumchlorid, Bleiacetat amorphe Niederschläge, die auch nach dem Auswaschen mit Wasser von diesem nicht gelöst werden. Spec. Gew. etwa 1,080—1,082. Ein bestimmtes specifisches Gewicht der gesättigten wässerigen Thiollösung lässt sich nicht fixiren, weil bei der Darstellung des Thiols nicht immer gleich lösliche Produkte entstehen und Schwankungen bis zu 5 Proc. vorkommen (Lösungen von 35—40 Proc. Thiol). Aus jedem festen Thiol kann aber eine 40procentige Lösung erhalten werden, wenn man die Lösung durch Zusatz von Glycerin unterstützt.

Nach Ergänzb. kann als „flüssiges Thiol" eine Lösung vorräthig gehalten werden, welche bereitet ist aus 2 Th. Thiol, 1 Th. Glycerin und 5 Th. Wasser. Diese Lösung enthält 25 Proc. festes Thiol und darf nicht verwechselt werden mit dem etwa 40 Proc. festes Thiol enthaltendem Präparat des Handels.

***Anwendung.*** Dem Thiol kommen ähnliche therapeutische Eigenschaften zu wie dem Ichthyol. Es wirkt reducirend, austrocknend, verhornend, gefässverengernd und leicht antiseptisch. — Das pulverförmige Thiol eignet sich besonders zur inneren Darreichung, ferner als Streupulver bei Hautaffektionen. Das flüssige Thiol findet in verschiedenen Formen Anwendung, namentlich bei Hautkrankheiten: Ekzemen, Erysipel, Verbrennungen u. s. w.

**Collemplastrum Thioli.**

| | | |
|---|---|---|
| Rp. | Massae Collemplastri | 800,0 |
| | Rhizomatis Iridis | 60,0 |
| | Sandaracis | 20,0 |
| | Thioli sicci pulv. | 16,0 |
| | Olei Resinae | 20,0 |
| | Aetheris | 150,0. |

**Collodium Thioli.**

Thiol-Collodium.

| | | |
|---|---|---|
| Rp. | Thioli sicci pulv. | 1,0 |
| | Collodii | 19,0. |

**Gelatina Zinco-Thioli** (DIETERICH).

| | | | |
|---|---|---|---|
| Rp. | Thioli liquidi | | 10,0 |
| | Zinci oxydati | | |
| | Gelatinae | ää | 15,0 |
| | Aquae destillatae | | 35,0 |
| | Glycerini | | 25,0. |

**Pilulae Thioli.**

Thiol-Pillen.

| | | | |
|---|---|---|---|
| Rp. | Thioli liquidi | | 5,0 |
| | Succi Liquiritiae pulv. | | |
| | Radicis Liquiritiae | ää | q. s. |

Fiant pilulae No. 50.

**Pulvis inspersorius Thioli.**

Thiol-Streupulver.

| | | |
|---|---|---|
| Rp. | Thioli sicci pulv. | 5,0—20,0 |
| | Amyli Tritici | 20,0 |
| | Talci veneti | 5,0. |

**Unguentum Thioli.**

Thiol-Salbe.

| | | |
|---|---|---|
| Rp. | Thioli liquidi | 8,0 |
| | Lanolini | 40,0. |

Bei Verbrennungen.

**VIII. Tumenol-Präparate** sind gleichfalls Nachbildungen des Ichthyols bez. Thiols. Sowohl die dem Erdboden natürlich entströmenden, als auch die durch Destillation bituminöser Mineralien gewonnenen Mineralöle enthalten neben gesättigten, auch ungesättigte Kohlenwasserstoffe. Nur die letzteren verbinden sich mit Schwefelsäure zu Sulfosäuren. Zur Darstellung von Tumenol werden bestimmte an ungesättigten Kohlenwasserstoffen besonders reiche Fraktionen gewisser durch Destillation bituminöser Gesteine erhaltener Mineralöle als Ausgangsmaterial verwendet.

*Darstellung.* 100 kg Mineralöl-Destillat von 0,860—0,890 spec. Gewicht, welche zuvor durch Natronlauge von Säuren und Phenolen und alsdann durch verdünnte Schwefelsäure von Basen und pyrrolartigen Körpern befreit worden sind, werden auf 80° C. erwärmt und bei dieser Temperatur unter Umrühren mit 20 kg rauchender Schwefelsäure von 10 Proc. Anhydridgehalt versetzt. Es tritt Temperaturerhöhung und Entwickelung von Schwefeldioxyd ein. Nach dem Erkalten wird das unveränderte Mineralöl von dem abgesetzten dunklen Sirup durch Dekanthiren getrennt. Der letztere wird unter Umrühren in heisses Wasser eingetragen und die Lösung zur Abscheidung des Reaktionsproduktes mit Kochsalz gesättigt. Durch wiederholtes Auflösen in Wasser und Aussalzen mit Kochsalz wird das Produkt von freier Schwefelsäure befreit (D.R.P. 56401).

Das Reaktionsprodukt besteht aus einer Mischung von Tumenolsulfosäure mit Tumenolsulfon. Will man beide trennen, so neutralisirt man mit Natronlauge und zieht mit Aether aus. In diesen geht alsdann die „Tumenolsulfon" genannte neutrale Substanz über, während tumenolsulfosaures Natrium ungelöst zurückbleibt.

**Tumenolum venale. Rohes Tumenol.** Ist das nach obiger Darstellungsvorschrift erhaltene Produkt, welches aber nicht in das Natriumsalz übergeführt und mit Aether extrahirt wurde.

Dieses Produkt ist unter der Bezeichnung **„Tumenol"** schlechthin zu verstehen. Dasselbe bildet eine braune zähe Masse, welche dem Ichthyol ähnlich ist, und besteht aus einem Gemenge von Tumenolsulfon mit Tumenolsulfosäure.

**Acidum sulfotumenolicum. Tumenolsulfosäure. Tumenolpulver.** Wird durch Zersetzen der Lösung des Natriumsalzes mittels Salzsäure und Aussalzen durch Kochsalz dargestellt.

Es ist ein dunkelgefärbtes, schwach bitter schmeckendes Pulver, leicht löslich in Wasser. Aus der wässerigen Lösung wird es durch Salze abgeschieden. Gelatinelösungen geben mit schwach sauren Lösungen der Tumenolsulfosäure fadenziehende Niederschläge. Die Alkalisalze sind löslich in Wasser, werden aber aus der wässerigen Lösung durch Kochsalz gefällt. Löslich ist das Quecksilber- und das Antimonsalz, während die Salze der alkalischen Erden und diejenigen der übrigen Schwermetalle unlöslich sind. Tumenolsulfosäure reducirt Mercurichlorid zu Kalomel, Eisenoxydsalze zu Oxydulsalzen, ferner Kaliumpermanganat und Chromsäure.

**Tumenolsulfon. Tumenol-Oel.** Wahrscheinlich nach dem Typus $R_2SO_2$ zusammengesetzt. Eine dunkelgelbe, dicke, ölige Flüssigkeit, unlöslich in Wasser, aber löslich in einer wässerigen Lösung von Tumenolsulfosäure, ferner löslich in Aether, Ligroïn oder Benzol.

***Anwendung.*** Neisser empfiehlt die Tumenolpräparate bei Hautkrankheiten als austrocknendes, die Entzündung mässigendes, Ueberhornung bewirkendes Mittel, welches besonders bei nässenden Ekzemen, Erosionen, Excoriationen, Pruritus anwendbar ist. Antiparasitäre Wirkung kommt den Präparaten nicht zu. — Roh-Tumenol wird in 2—5procentiger wässeriger Lösung oder als 5—10procentige Paste (Zink-Amylum) angewendet. — Tumenolpulver gelangt theils rein, theils mit Zinkstreupulver gemischt zur Verwendung. — Tumenolöl kann unverdünnt oder als Paste benutzt werden. Es reizt weniger als Tumenol.

**Pasta Tumenoli** Neisser.

| | | |
|---|---|---|
| Rp. | Tumenoli | 5,0—10,0 g |
| | Vaselini | 50,0 |
| | Zinci oxydati | |
| | Amyli | ää 100,0. |

Bei subakutem Ekzem.

**Tinctura Tumenoli** Neisser.

| | | |
|---|---|---|
| Rp. | Tumenoli | 5,0 |
| | Aetheris | |
| | Spiritus (90 %) | |
| | Aquae destillatae (oder Glycerini) | ää 15,0. |

Bei Pruritus.

# Ilex.

Gattung der **Aquifoliaceae.**

**I. Ilex Aquifolium L.** **Stechpalme, Hülsen, Christdorn. — Houx. — Holly.** Heimisch von der Ostsee bis zu den Alpen, vom Rhein bis nach Ungarn und Kroatien, häufig kultivirt. Man verwendet:

1. Die Blätter **Folia Aquifolii seu Agrifolii seu Ilicis. — Stechpalmenblätter, Stecheichenblätter, Christdornblätter.** Sie sind immergrün, elliptisch, lederig-starr, am Rande wellig gezähnt mit Stacheln, seltener an älteren Exemplaren ganzrandig, kurzgestielt, 4—5 cm lang, 2—3 cm breit. Geruchlos, von etwas widerlich-herbem Geschmack.

***Bestandtheile.*** Ein nicht rein dargestellter Bitterstoff: Ilicin, ein gelber Farbstoff: Ilixanthin, ferner Ilexsäure, Gerbstoff, Zucker.

***Anwendung.*** Hier und da als Volksmittel bei Kolik und Wechselfieber etc.

2. Die Früchte: **Baccae Aquifolii,** sind erbsengrosse, rothe, 4—5samige Steinfrüchte. Man verwendet sie hier und da gegen Epilepsie, indessen ist zu bemerken, dass sie brechenerregend und abführend wirken.

3. Aus der Rinde bereitete man allein oder mit einem Zusatz von Viscumbeeren Vogelleim. Sie enthält einen Kohlenwasserstoff Ilicen $C_{35}H_{60}$.

**II.** Von grösserem Interesse sind eine Anzahl in Amerika heimischer Arten, die Coffeïn enthalten und deshalb dort seit alters als Genussmittel verwendet werden. Von gegenwärtig geringer Bedeutung sind einige Arten in Nordamerika, in den nördlich am mexikanischen Golf gelegenen Staaten der Union, so **Ilex Cassine Walt.** und **Ilex vomitoria Soland.**, deren Gehalt an Coffeïn in den Blättern nur ungefähr 0,3 Proc. beträgt. Ihr Gebrauch ist im Verschwinden begriffen, obwohl man sich Mühe giebt, ihn wieder einzuführen. Die Blätter verwendete man früher als **Folia Apalachinis, Folia Paraguae, — Carolinathee, Indischer Thee.**

Von sehr grosser Bedeutung sind dagegen einige Arten in Südamerika, so **Ilex paraguariensis St. Hil.**, unter welcher Bezeichnung man jetzt eine ganze Reihe von früher getrennten Arten zusammenzieht, ferner: **I. amara (Vell.) Loes., I. affinis Gardn., I. theezans Mart., I. cuyabensis Reiss., I. dumosa Reiss., I. diuretica Mart., I. conocarpa Reiss., I. Pseudothea Reiss., I. Glazioviana Loes., I. Congonhinha Loes., I. brevicuspis Reiss.** Diese Sträucher oder kleinen Bäume wachsen in Südamerika von 28 bis 10° südlicher Breite und vom atlantischen Ocean bis zu den Ostabhängen der Kordilleren. Man sammelt gegenwärtig so gut wie ausschliesslich von wilden Pflanzen, die früher blühenden Kulturen sind wohl alle eingegangen. Neuerdings macht man Versuche, die Kultur in den deutschen Kolonien in Afrika einzuführen.

Die Blätter: **Folia Ilicis Paraguayensis. Herba Paraguay. — Maté. Jesuitenthee. St. Barthelemy-Kraut. Paraguaythee. Südseethee. — Maté. Thé du Paraguay** (Gall.).

***Beschreibung.*** Die Blätter sind bis 16 cm lang, eiförmig oder oval, oder spatelförmig, meist in dem Blattstiel verschmälert. Rand kerbig gesägt, zuweilen fast ganzrandig, Spitze bald stumpf, bald ausgerandet. Der Mittelnerv tritt kräftig nach unten vor. Die Blätter sind ledrig, kahl, wenig glänzend.

Die Epidermis der Oberseite besteht aus gradlinig-polygonalen Zellen, die über den Nerven nahezu quadratisch werden. Die Cuticula grob gerunzelt. Einzelne Epidermiszellen mit Schleim. Spaltöffnungen nur in der Epidermis der Unterseite, deren Zellen ebenfalls gradlinig-polygonal sind. Nur eine Reihe Palissaden unter der Oberseite, im Schwammparenchym Oxalatdrusen. Die Nerven mit reichlichem Faserbelag. — Die Blätter der einzelnen Arten, die Maté liefern, weichen in Einzelheiten von einander ab (vergl. Ber. d. d. pharm. Ges. 1896, S. 203).

***Bestandtheile*** nach Koenig: Eiweissstoffe 3,87 Proc., Harz und Fett 2,0 bis 4,5 Proc., Zucker 2,38 Proc., Gerbstoff (Kaffeegerbsäure) 4,1—20,0 Proc., Asche 3,9—6,0 Proc., Spuren von ätherischem Oel, das einen theeartigen Geruch besitzt, und von Vanillin. Der Coffeïngehalt beträgt 0,5—0,88 Proc., erheblich höhere, ältere Angaben, wie 1,85 Proc. erscheinen nicht sicher. In den Stengeln, die oft der Droge beigemengt sind, hat man 0,52 Proc. gefunden.

Zur Bestimmung des Coffeïn werden nach Polenske und Busse 10 g der grob gepulverten Droge mit 250 g destillirtem Wasser eine Stunde am Rückflusskühler bei gelindem Sieden erhitzt und heiss durch Baumwolle filtrirt. Der Rückstand wird auf dem Trichter mit kleinen Mengen kochenden Wassers bis zur Farblosigkeit des Filtrates erschöpft, der Auszug mit basischem Bleiacetat in geringem Ueberschuss versetzt und zum Liter aufgefüllt. Ein aliquoter Theil des Filtrates (800 oder 900 ccm) wird mit Schwefelwasserstoff entbleit, filtrirt und auf etwa 100 ccm eingeengt. Dieser Flüssigkeit wird dann durch sechsmaliges Ausschütteln mit je 10 ccm Chloroform das Coffeïn entzogen. Der Coffeïnlösung wird durch zweimaliges Schütteln mit je 5 ccm einer 2proc. Ammoniakflüssigkeit der Farbstoff entzogen, dann die Lösung filtrirt, langsam verdunstet und der Rückstand getrocknet. Vergl. auch Thea.

***Zubereitung und Anwendung.*** Maté ist für einen grossen Theil Südamerikas (etwa bis zum 10° südl. Br.) das fast ausschliesslich gebrauchte Genussmittel. Meist wird die Droge in der Weise zubereitet, dass man die Blätter oder die dünnen Zweige mit den Blättern rasch durch eine Flamme zieht, um sie schneller welken zu machen und dann trocknet, oder man trocknet sie direkt. Dieses Trocknen geschieht meist über freiem Feuer, und die Blätter nehmen dadurch einen unangenehm rauchigen Geschmack an. Trocken werden sie dann zerkleinert, indem man sie mit schweren Hölzern auf einer Tenne zerschlägt oder auf einer Mühle zerkleinert. Das nach der ersten Methode gewonnene Produkt ist sehr unansehnlich und enthält viel Pulver. Neuerdings trocknet man die Blätter ähnlich wie den Thee, indem man sie in flachen Pfannen erhitzt. In Südamerika geniesst man die Blätter, indem man ein Quantum derselben in ein geeignetes Gefäss (ausgehöhlter Kürbis) giebt, event. Zucker dazu thut, siedendes Wasser darauf giesst und das Getränk dann durch eine am Ende mit einem Sieb verschlossene Röhre (bombilla) aufsaugt. Die Blätter heissen in Südamerika Yerba und das Gefäss Maté. Die Europäer geniessen ihn vielfach wie chinesischen Thee zubereitet. — Man versucht häufig, Maté als Ersatz des chinesischen Thees auch bei uns einzuführen, und es unterliegt keinem Zweifel, dass er seines Coffeïngehaltes wegen, der allerdings niedriger wie beim Thee ist, aber den des Kaffees fast erreicht, und vor allen Dingen seines viel billigeren Preises wegen sich sehr wohl dazu eignet. Hinderlich ist seiner Einführung der von dem des chinesischen Thees abweichende und anfangs weniger angenehme Geschmack, an den man sich aber schnell gewöhnt.

**III. Ilex opaca Ait.** in Nordamerika. Rinde und Blätter verwendet man als Bittermittel. Die Blätter enthalten ein Glukosid und einen Körper von senfartigem Geruch.

**Ilex verticillata Asa Gray,** Black alder. Ebenfalls in Nordamerika. Die Rinde wird als tonisches Adstringens verwendet. Sie enthält etwas ätherisches Oel, Gerbstoff und einen Bitterstoff.

---

# Imperatoria.

Früher Gattung der **Umbelliferae — Apioideae — Peucedaneae — Ferulinae,** jetzt zu **Peucedanum** gezogen.

**Peucedanum Ostruthium (L.) Koch** syn. Imperatoria Ostruthium L. Heimisch in den Gebirgsländern Mitteleuropas, in Russland und der Krim. Bis 1 m hohe, ausdauernde Pflanze mit feingestreiftem Stengel, doppelt-dreizähligen Grundblättern, die Blättchen ungleich grob gesägt, Stengelblätter kleiner, Blattscheiden aufgeblasen. Hülle fehlend oder einblättrig, Hüllchen sehr klein, 1—3 blättrig, Blüthen weiss.

Verwendung findet das Rhizom: **Rhizoma Imperatoriae** (Ergänzb. Helv.). **Radix Imperatoriae** s. **Astrantiae** s. **Ostruthii** s. **magistralis.** — **Meisterwurzel. Kaiserwurzel. Astranz-** oder **Oestritzwurzel.** — **Racine ou Rhizome d'impératoire** (Gall.).

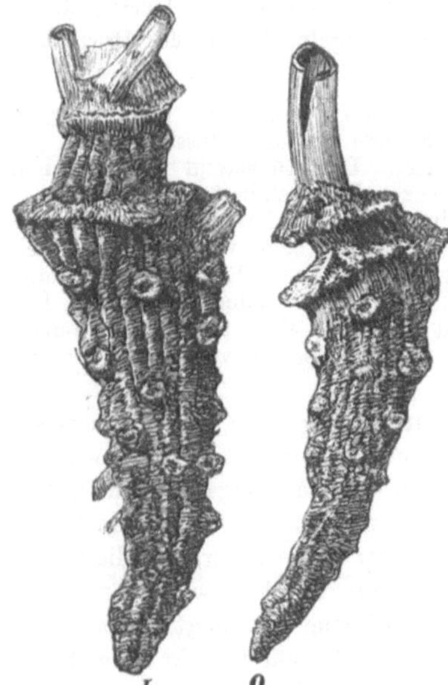


Fig. 7. Rhizome von Peucedanum Ostruthium (L.) Koch.

***Beschreibung.*** Die Pflanze trägt am unteren Ende ein nach oben verdicktes Rhizom, das nach unten schlank ausläuft (Fig. 7). Die einzelnen Internodien markiren sich aussen als Querrunzeln, aus denen Wurzeln entspringen. Durch das Zusammentrocknen wird das Rhizom auch längsfurchig. Es bildet zahlreiche Nebenrhizome und lange Ausläufer, die an der Spitze sich verdicken und wieder zu angeschwollenen Rhizomen werden. Die Droge wird gewöhnlich von den einzelnen von einander getrennten und von den Wurzeln wie Ausläufern befreiten Rhizomen gebildet. Die Stücke haben einen ovalen Querschnitt. Der Querschnitt lässt im hellen Grundgewebe die dunkleren, schmalen Gefässbündel erkennen und ausserhalb derselben, sowie innerhalb im Mark reichlich grosse Sekretbehälter. Dieselben sind schizogen, die grössten unter den Umbelliferendrogen, und messen diejenigen der primären Rinde und des Markes bis zu 500 $\mu$, die der sekundären Rinde bis zu 80 $\mu$. Ausserdem fallen in der Rinde schmale Collenchymstreifen auf, und im Holz Bänder von Libriformfasern, die auch zuweilen das Holz nach innen gegen das Mark abschliessen. Die Markstrahlen sind sehr breit, ihre Zellen etwas radial gestreckt. Aussen ist das Rhizom von einem dünnen Kork umgeben. Geruch und Geschmack scharf brennend, gewürzhaft.

***Bestandtheile.*** 0,2—0,8 Proc. ätherisches Oel, das nach Angelica riecht und schmeckt, spec. Gew. 0,877. 6,0 Proc. Imperatorin $C_{16}H_{16}O_4$, Ostruthin $C_{18}H_{20}O_3$, es schmilzt bei 119° C. Osthin $C_{15}H_{18}O_5$, es bildet lange, feine Nadeln, die bei 199—200° C. schmelzen, es löst sich in konc. Schwefelsäure mit gelber Farbe, die beim Erwärmen in Roth übergeht. Oxypeucedanin zweifelhaft.

***Einsammlung und Anwendung.*** Der Wurzelstock wird im Frühling oder Herbst gesammelt, von den Wurzeln befreit, stärkere Stücke gespalten, dann an der Luft getrocknet. $4^1/_2$ Th. frisches Rhizom geben 1 Th. trocknes. Man bewahrt es in Blechbüchsen auf. Meisterwurzel wird fast nur noch im Handverkauf und als Thierheilmittel gebraucht. Es gilt als Stomachicum und Stimulans (0,5—2,0 mehrmals täglich).

**Extractum Imperatoriae.** Dickes Extrakt, das man aus dem fein geschnittenen Rhizom durch Digestion mit 60proc. Weingeist und Eindampfen bereitet.

**Tinctura Imperatoriae.** 1 Th. Meisterwurzel wird mit 5 Th. verdünntem Weingeist ausgezogen.

---

# Indicum.

**I. Indicum. Indigo. Pigmentum Indicum. Indig. Indigoblau.** Der Indigo kommt in Form eines Glukosides, des Indikans $C_{26}H_{31}NO_{17}$, in zahlreichen Pflanzen, in grösster Menge in *Indigofera tinctoria* L. und anderen zur Gattung *Indigofera* gehörigen Arten vor, welche namentlich in Ostindien, Afrika, Westindien und Brasilien angebaut werden. — Die Gewinnung erfolgt in der Weise, dass die Pflanzen mit kaltem (neuerdings zur Vermehrung der Ausbeute mit heissem) Wasser ausgelaugt werden. Aus dem wässrigen Auszug scheidet sich durch die Einwirkung der Luft und durch den Eintritt einer Art Gährung das Indigoblau ab, welches zur Entfernung brauner Verunreinigungen noch mit Wasser ausgekocht wird.

$$\underset{\text{Indikan}}{2\,C_{26}H_{31}NO_{17}} + 4\,H_2O = \underset{\text{Indigoblau}}{C_{16}H_{10}N_2O_2} + \underset{\text{Indigoglucin}}{6\,C_6H_{10}O_6}$$

Das Indikan zerfällt dabei im Sinne vorstehender Gleichung in Indigoblau und einen Indigoglucin genannten Zucker.

*Handelssorten.* Man unterscheidet ostindische und amerikanische Sorten. Von den ersteren sind am geschätztesten Bengal- und Java-Indigo, weniger geschätzt sind Madras-, Manila-, Bombay-, Agra-, Coromandel- und Aegyptischer Indigo. Von den amerikanischen Sorten ist der Guatemala-Indigo am geschätztesten, ihm folgt der Carracas-Indigo. Carolina-Indigo ist eine schlechte Sorte, Plattinding ist ein in Holland aus Indigostaub und anderen Zuthaten hergestelltes Produkt.

***Eigenschaften.*** Indigo bildet specifisch leichte, undurchsichtige, zerreibliche Stücke von dunkelviolettblauer oder dunkelbauer Farbe, welche beim Reiben mit dem Fingernagel oder einem anderen harten Gegenstande kupferfarbigen Metallglanz annehmen. Die Bruchfläche ist matt, feinkörnig, gleichmässig dunkelblau. Guter Indigo hat ein niedrigeres spec. Gewicht als Wasser, schwimmt also auf diesem. — Beim raschen Erhitzen im Probirglase entwickelt er bei etwa 300° C. einen purpurfarbigen Dampf. Beim vollständigen Verbrennen hinterlässt er höchstens 10 Proc. einer lockeren Asche. In rauchender Schwefelsäure löst sich der Indigo nach und nach vollständig mit blauer Farbe auf. Lufttrocken enthält er bis zu 8 Proc. Feuchtigkeit, doch nimmt er an feuchter Luft ausserdem noch weitere 8—10 Proc. Feuchtigkeit auf. Die gute Sorte, welche beim Reiben Kupferglanz annimmt, heisst „gefeuerter Indigo" (Indigo cuivré).

Der unlösliche Indigo enthält 20—80 Proc. Indigotin (Indigoblau), 2—10 Proc. Indigoroth, dem ersteren isomer, 1—6 Proc. Indigobraun von unbekannter Zusammensetzung, 2—5 Proc. Indigoleim und 3—20 Proc. Asche. Ueber die Eigenschaften des Indigoblaues s. weiter unten.

***Werthbestimmung.*** Eine völlig einwandfreie Werthbestimmung des Indigo existirt zur Zeit noch nicht. In den Fabriken wird entweder eine maassanalytische oder eine kolorimetrische Werthbestimmung ausgeführt.

**A. Maassanalytisch.** Man bringt 1,0 g einer fein gepulverten Durchschnittsprobe in ein Becherglas von etwa 50 ccm Fassungsraum, übergiesst mit 8 ccm rauchender Schwefelsäure von 10 Proc. Anhydridgehalt und erwärmt auf dem Sandbade unter öfterem Umrühren auf 50—60° C. Nach 2—3 Stunden ist der Indigo gelöst, d. h. in das lösliche Sulfosäuregemisch verwandelt. — Man spült die Lösung in einen Literkolben, füllt bis zur Marke auf und schüttelt gut um. 100 ccm der Lösung bringt man in eine Porcellanschale, fügt 400 ccm Wasser und 25 ccm verdünnte Schwefelsäure (1:5) hinzu und titrirt mit Kaliumpermanganat. Sobald die Flüssigkeit olivengrün wird, lässt man nur noch tropfenweise zufliessen, bis die Lösung eine orangegelbe Nuance angenommen hat. Dann liest man ab. 1 ccm $^1/_{10}$-Kaliumpermanganatlösung (3,16 g $KMnO_4$ in 1 Liter) entspricht = 7,415 mg Indigotin. Die Ergebnisse sind zufriedenstellend, wenn es sich um feine Marken handelt, welche seltener fremde organische Verbindungen enthalten. Sie sind natürlich unzutreffend, wenn der Indigo Substanzen enthält, welche leicht durch Kaliumpermanganat oxydirt werden. Auch ist zu beachten, dass Indigoroth mitbestimmt wird.

B. Kolorimetrische Methode von Koppeschaar zur Bestimmung von Indigoblau und Indigoroth. 0,5 g fein gepulverter Indigo wird in einem Erlenmeyer-Kolben von 8—9 cm Durchmesser mit 100 ccm Eisessig eine Stunde lang auf dem Wasserbade erhitzt. Während des Abkühlens legt man den Kolben schief, so dass die Flüssigkeit bis zum Rande reicht, filtrirt nach dem Absetzen durch einen Trichter von 8 cm Durchmesser, dessen Hals mit Glaswolle, sandkorngrossen Bimssteinstücken und einer Schicht ausgeglühtem Asbest gefüllt ist. Es darf zunächst kein ungelöster Indigo auf das Filter kommen. Man spült zum Schluss mit etwas Eisessig nach. Das Asbestfilter wird dann in den Kolben zurückgebracht und mit 50 ccm reiner konc. Schwefelsäure bis zur vollständigen Auflösung des Indigoblau (2 Stunden) auf 70° C. unter Umschwenken erwärmt. Dann füllt man die Lösung mit Wasser auf 250 auf. Von dieser Lösung werden 25 ccm auf 500 ccm verdünnt und kolorimetrisch mit einer Lösung verglichen, die 0,1 g Indigotin in 1 Liter enthält. Man findet so die Menge des vorhandenen Indigoblau. — 5 ccm der erhaltenen Eisessiglösung (welche das Indirubin enthält) werden mit 12 ccm einer 20proc. Natronlauge neutralisirt. Der Niederschlag wird abfiltrirt, zur Entfernung des Indigobrauns mit 5proc. Natronlauge gewaschen, dann in einem 50 ccm-Kolben mit Eisessig in Lösung gebracht, mit Wasser aufgefüllt und kolorimetrisch mit einer Lösung verglichen, welche 0,05 g Indigoroth in 1 Liter enthält.

Zur Bereitung der Vergleichslösungen benutzt man nicht reines Indigotin, sondern zieht den reinen Indigo der Badischen Anilin- und Sodafabrik bei 100° C. mit Eisessig aus, sammelt ihn auf einem gehärteten Filter, wäscht mit Eisessig nach, trocknet und verwendet dieses Präparat zur Bereitung der Lösung.

Das reine Indigoroth wird aus dem synthetischen Indigoroth der Badischen Anilin- und Sodafabrik dargestellt, indem man dieses in Eisessig löst, die filtrirte Lösung mit Natronlauge neutralisirt und das ausfallende Produkt wäscht und trocknet.

**Künstlicher Indigo.** Die synthetische Darstellung des Indigo ist zur Zeit soweit vorgeschritten, dass der künstliche Indigo mit dem unlöslichen nunmehr ernstlich konkurirren kann. Das Naturprodukt kann die Konkurrenz eigentlich nur aushalten, seitdem durch Verbesserung des Produktionsverfahrens (das warme Ausziehen) die Ausbeute gesteigert worden ist.

Die Badische Anilin- und Sodafabrik stellt den künstlichen Indigo nach D.R.P. 105569 dar von der Anthranilsäure ausgehend, indem sie diese mit Aetzalkalien und mehrwerthigen Alkoholen, der Fettreihe oder ähnlichen Polyhydroxyl-Verbindungen, verschmilzt. Z. B. werden 1 Th. Anthranilsäure mit 2 Th. Glycerin und 4 Th. Aetzkali gemischt und die Mischung auf 250—300° C. erhitzt.

Die Vorzüge, welche der künstliche Indigo dem natürlichen gegenüber hat, bestehen darin, dass er technisch reines Indigotin, also eine bestimmte chemische Verbindung darstellt, welche frei ist von anders gefärbten Beimengungen, welche die Nuance beeinflussen können. Infolgedessen ist der Werth dieses künstlichen Indigo leicht und sicher festzustellen und die Ausfärbungen fallen sehr gleichmässig aus. Der künstliche Indigo kommt ferner entweder als feines Pulver oder als Paste in den Handel, während der natürliche erst gemahlen werden muss.

Die Einwände, dass der künstliche Indigo nicht so schön ausfärbe (weil ihm das Indigoroth und der Indigoleim fehle) sind inzwischen als unbegründet erkannt worden. Zudem stellt die oben genannte Fabrik jetzt auch Indigoroth dar.

**Indigo-Küpe.** Das Ausfärben mit Indigo erfolgt in der Weise, dass man das Indigoblau auf der Faser erzeugen lässt. Zu diesem Zwecke stellt man eine „Küpe“ her, d. h. man erwärmt den gepulverten Indigo mit Natronlauge oder Kalkmilch unter Zusatz eines Reduktionsmittels (Ferrosulfat, Schwefelarsen, Traubenzucker, Natriumthiosulfat). Das Indigoblau wird zu Indigoweiss reducirt und in Lösung gebracht. Eine solche alkalische, ungefärbte, Indigoweiss enthaltende Lösung nennt man eine Küpe. In die Küpe taucht man die zu färbenden Stoffe etc. ein, windet sie aus und hängt sie an die Luft. Durch die Einwirkung des Luftsauerstoffes scheidet sich alsdann auf den Geweben Indigoblau aus. Durch wiederholtes Eintauchen und Oxydation an der Luft kann man sehr dunkle Färbungen erzielen. Gegenwärtig wird vorzugsweise mit Natriumthiosulfat-Küpe gearbeitet.

**Indigotin. Reines Indigoblau.** Dieses wurde bisher aus gutem, künstlichem Indigo dargestellt.

Man brachte 1 Th. sehr fein gepulverten Indigo in eine 500 Th. fassende Flasche, gab 1 Th. Traubenzucker dazu, übergoss mit heissem Weingeist von 75 Proc., gab 1,5 Th. stärkste Natronlauge zu, füllte die Flasche mit heissem Weingeist völlig an und verstopfte gut. Man liess unter gelegentlichem Umschwenken die Flasche so lange an einem warmen Orte stehen, bis vollständige Auflösung des Indigo erfolgt war. Dann liess man absetzen und zog die klare Flüssigkeit mit einem Heber ab. Durch Einwirkung der Luft scheidet sich das Indigotin in feinen Krystallen aus, welche gesammelt und nach einander mit heissem Alkohol, verdünnter Salzsäure und Wasser ausgewaschen, schliesslich getrocknet werden.

Zur Zeit ist reines Indigotin leicht und billig im Handel zu haben, auch kann man es sich darstellen aus dem künstlichen Indigo der Badischen Anilin- und Sodafabrik, indem man diesen nach einander mit Eisessig, Alkohol und Wasser auskocht und trocknet.

***Eigenschaften.*** Entweder purpurfarbige, kupferglänzende rhombische Krystalle, oder ein dunkelblaues Pulver mit einem Stich ins Röthliche, welches durch Druck oder Reiben Kupferglanz annimmt. Geruch- und geschmacklos, neutral, unlöslich in Wasser, Alkohol, Aether und in verdünnter Säure und in verdünnten Alkalien. Kleine Mengen werden gelöst beim Erhitzen mit Alkohol, Amylalkohol, Aceton, Terpentinöl, Paraffin, Wachs. Leichter wird es gelöst von Chloroform, am reichlichsten von Anilin, Nitrobenzol und Phenol in der Siedehitze. Es wird von 15 Th. englischer Schwefelsäure oder 5 Th. rauchender Schwefelsäure unter Bildung von Indigosulfosäuren gelöst. Durch Salpetersäure wird es zu (gelbem) Isatin oxydirt; hierauf ist das Entstehen gelber Flecken auf mit Indigo gefärbten Zeugstoffen durch Salpetersäure zurückzuführen. — Chlor wirkt bei Gegenwart von Feuchtigkeit rasch zerstörend auf Indigo unter Bildung von Chlorisatin und anderen Abbauprodukten; Brom wirkt ähnlich. Von verdünnter Kalilauge wird Indigo nur wenig angegriffen, von konc. Kalilauge wird er zu einer braunen Flüssigkeit gelöst, aus welcher sich nach dem Verdünnen mit Wasser wieder Indigotin abscheidet. Durch Reduktionsmittel wird Indigotin zu Indigoweiss reducirt, welches schon durch Einwirkung des Luftsauerstoffes wieder zu Indigoblau oxydirt wird.

**Coeruleum lavatorium. Krystallblau. Waschblau. Blauwasser.** Ist eine Auflösung von 10 g bestem Indigokarmin in 1 Liter Wasser. Die Lösung ist nach dem Absetzen zu filtriren.

**Liquor Indici. Solutio Indigo. Indigolösung.** Reagens auf Salpetersäure und freies Chlor ist eine Auflösung von 1 g bestem Indigokarmin in 100,0 g destillirtem Wasser. Ueber die Indigolösung zur quantitativen Bestimmung der Salpetersäure s. Band I, S. 333.

**Tinctura Indici. Tinctura Indigo. Solutio Indici spirituosa.** Ist eine filtrirte Lösung von 1 Th. bestem Indigokarmin in 50 Th. Weingeist von 30 Proc. Dient zum Färben von Esswaren und Getränken. Indigotinktur für Zuckerfabriken ist eine wässerige Auflösung von 1—2 Proc. Indigokarmin.

**Pulvis viridis saccharatus. Konditorgrün.** Ist eine Mischung von 15—20 Th. feinstem Kurkumapulver, 15 Th. Milchzucker und 1 Th. bestem Indigokarmin.

**Tinctura viridis. Grüne Tinktur.** Ist eine Mischung von 10 Th. Kurkumatinktur mit 10 Th. Glycerin und 5—10 Th. Indigotinktur. Dient zum Färben von Esswaren und Getränken.

**Waschblau-Papier.** Man tränkt Filtrirpapier mit einer Auflösung von 1 Th. Indigokarmin in 100 Th. Wasser.

**Atramentum Leonhardi. Alizarin-Tinte.** $7^1/_2$ kg zerstossene (chinesische) Galläpfel werden mit 30 Liter heissem Wasser übergossen. Man lässt 2 Tage unter häufigem Umrühren stehen und presst scharf aus. Dann setzt man hinzu 480,0 g Liquor Ferri sulfurici oxydati (Ergänzb. spec. Gew. = 1,428), ferner eine koncentrirte Lösung von 180,0 g krystall. Oxalsäure, weiterhin eine Anreibung von 360,0 g Indigokarmin (in Teigform) mit Wasser, zum Schluss der Haltbarkeit wegen 150,0 g rohen Holzessig. Diese Tinte fliesst schön grün aus der Feder, wird tiefglänzend und tiefschwarz und bildet keine Bodensätze. (Von B. FISCHER etwa 15 Jahre benutzt.)

**Indigocarmin. Indigotine. Indigoschwefelsaures Natrium. $C_{16}H_8N_2O_2(NaSO_3)_2$. Mol. Gew. = 466.** Zur Darstellung wird Indigo in rauchender Schwefelsäure gelöst. Diese Lösung wird mit Natriumkarbonat neutralisirt und der Farbstoff durch Kochsalz ausgesalzen. — Das indigoschwefelsaure Natrium in Teigform heisst „Indigokarmin", dasjenige in Pulverform „Indigotine". Entweder eine dunkelblauviolette Paste mit metallischem Reflex oder ein dunkelblaues Pulver, mit Wasser eine schön blaue Lösung gebend. Es wird besonders in der Analyse zur Darstellung der Indigolösung benutzt. In der Färberei findet es nur beschränkte Anwendung, da es keine Verwandtschaft zur vegetabilischen Faser hat.

***Nachweis von Indigo auf der Faser.*** Nach dem blossen äusseren Aussehen ist die Frage, ob ein Gewebe mit Indigo gefärbt ist, heute nicht mehr zu beantworten. Es muss ferner Rücksicht darauf genommen werden, dass neben Indigo auch noch andere Farbstoffe zugegen sein können. Man verfährt wie folgt:

Erwärmt man eine mit Indigo gefärbte Zeugprobe allmählich im Probirrohr, so kann man in einem bestimmten Augenblicke das Aufsteigen purpurrother Dämpfe und den charakteristischen Geruch des Indigo wahrnehmen. — Salpetersäure macht einen gelben Fleck, andere Säuren verändern die Farbe nicht. Natronlauge ist ohne Einwirkung. Mit Zinnchlorür und Salzsäure wird die Faser grün. — Reines Küpenblau erkennt man an folgendem Verhalten:

Aus den zu prüfenden Fäden nimmt siedendes Wasser keinen Farbstoff auf. Weingeist von 50 und von 95 Vol.-Proc. soll selbst beim gelinden Erwärmen (nicht Kochen) in der Regel keinen Farbstoff auflösen. Kalt gesättigte Oxalsäurelösung, Boraxlösung, 10proc. Alaunlösung, 33,3proc. Lösung von Ammoniummolybdänat sollen bei Siedehitze dem Garne keinen Farbstoff entziehen. Der Boraxauszug darf beim Versetzen mit Salzsäure nicht roth, hiernach mit Eisenchlorid nicht blau werden. Entsprechende Lösungen von Zinnchlorür und Eisenchlorid sollen in der Wärme den blauen Farbstoff vollständig zerstören. Eisessig soll beim wiederholten Auskochen des Stoffes den Farbstoff vollständig auflösen (desgleichen Phenol). Werden die eisessigsauren Auszüge mit etwa dem doppelten Volumen Aether vermischt und Wasser zugesetzt, so soll der Aether sich als eine wenig intensiv gefärbte blaue Lösung abscheiden, in welcher die Hauptmenge des Indigo an der Trennungsfläche der ätherischen und der wässerigen Schicht suspendirt bleibt. Die wässerig saure Schicht sei farblos und färbe sich auch nicht, wenn man durch den Aether hindurch in dieselbe Salzsäure fällen lässt. Beim Kochen des Garnes mit Salzsäure soll sich Schwefelwasserstoff nicht entwickeln; nach anhaltendem Kochen mit Salzsäure, Uebersättigen der Flüssigkeit mit einem starken Ueberschuss von koncentrirter Aetzkalilauge und Zusatz einiger Tropfen Chloroform soll kein Isonitrilgeruch auftreten. (W. LENZ.)

---

# Infusum.

**Infusa.** (Austr. Brit. Germ. Helv. U-St.). **Infusions. Apozèmes. Aufgüsse (Apozemata). Tisanes.**

Unter infusum schlechthin versteht man einen mit siedendem Wasser bereiteten Auszug einer Arzneisubstanz, welche übrigens in der Regel ein Vegetabil ist. — Die rationellste Weise, ein Infusum zu bereiten besteht darin, dass man die gehörig zerkleinerte Substanz in ein passendes Gefäss bringt, sie in diesem mit der erforderlichen Menge siedenden Wassers übergiesst, alsdann das Gemisch gut durchrührt, bis alle Theile der Arzneisubstanz gehörig benetzt sind. Dann legt man einen Deckel auf, setzt das Gefäss unter gelegentlichem Umrühren während 5—10 Minuten den Dämpfen des siedenden Wassers (Dampfapparat!) aus, lässt alsdann erkalten und kolirt den erkalteten Auszug.

Als „geeignete Gefässe" benutzt man für gewöhnlich Infundirbüchsen aus reinem Zinn; für solche Aufgüsse, welche Säuren oder andere, das Zinn angreifende Substanzen enthalten, benutzt man Infundirbüchsen aus Porcellan.

Die Arzneisubstanz, von welcher der Auszug zu bereiten ist, wird im gehörig zerkleinerten Zustande angewendet. Hat der Arzt das Verhältniss von Arzneisubstanz zu

Kolatur nicht vorgeschrieben, so bereitet man (in Deutschland) aus 1 Th. Arzneisubstanz = 10 Th. Kolatur; andere Pharmakopöen schreiben abweichende Verhältnisse vor. — Diese allgemeine Anweisung bezieht sich indessen lediglich auf indifferente Arzneistoffe. Sie hat keine Giltigkeit für starkwirkende Arzneistoffe. Bei diesen hat der Arzt in jedem Falle das Verhältniss von Arzneisubstanz zu Kolatur vorzuschreiben. — Wenn man auf ein sauberes Aussehen der Infusa Werth legt, so wird man diese nicht nur koliren, sondern auch filtriren. Diese Operation bietet bei nicht schleimigen Aufgüssen keine Schwierigkeiten. Von diesen allgemeinen Anweisungen weichen die von den verschiedenen Pharmakopöen zur Bereitung der Infusa gegebenen Vorschriften in einzelnen Punkten ab. Es schreiben vor:

**Austr.** Das Verhältniss von Arzneisubstanz zur Kolatur sei 1 : 10. Ausgenommen sind Arzneisubstanzen, für welche Höchstgaben angegeben sind. Die geschnittenen oder gepulverten Arzneisubstanzen werden mit heissem Wasser übergossen und unter öfterem Schütteln 5 Minuten lang den Dämpfen des siedenden Wassers ausgesetzt. Dann lässt man $^1/_4$ Stunde bei gewöhnlicher Temperatur stehen und kolirt oder filtrirt schliesslich.

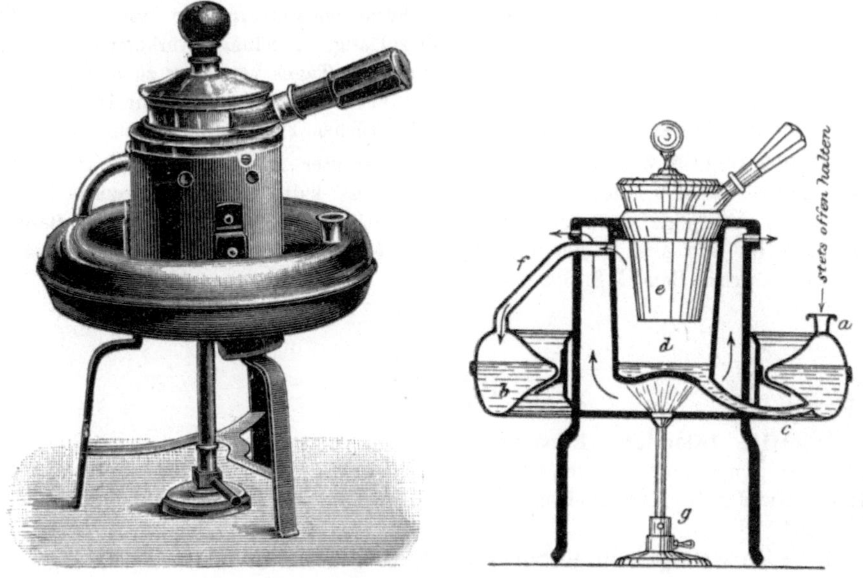


Fig. 8.
Schnellinfundirapparat von MÜRRLE-Pforzheim, derselbe: Durchschnittszeichnung.

**Brit.** Giebt keine allgemeinen Anweisungen. Sie lässt ihre zahlreichen Infusa bereiten, indem die Arzneisubstanzen mit heissem Wasser übergossen werden. Nach 15 bis 60 Minuten langem Stehen bei gewöhnlicher Temperatur wird der Auszug abkolirt. Die Zeitdauer des Stehens ist im einzelnen Falle vorgeschrieben und richtet sich nach der Natur der Arzneisubstanz.

**Germ.** Verhältniss der Arzneisubstanz zur Kolatur **1** : 10. Man übergiesst mit heissem Wasser, setzt unter bisweiligem Umrühren während 5 Minuten den Dämpfen des siedenden Wassers aus und kolirt nach dem Erkalten. Dieses Verhältniss gilt nur für indifferente, nicht aber auch für stark wirkende Substanzen.

**Helv.** Die Arzneisubstanz wird in geeigneter Zerkleinerung mit siedendem Wasser übergossen und nach 15 Minuten langem Stehen kolirt. — Die Verwendung der sog. infusa sicca zur Bereitung der Aufgüsse ist nicht gestattet. Im übrigen gelten die unter Decocta (Band I S. 1020) angegebenen Anweisungen.

**U-St.** Das Verhältniss der Arzneisubstanz ist 1 : 20. Man übergiesst die gehörig zerkleinerte Substanz mit heissem Wasser, rührt um, lässt $^1/_2$ Stunde stehen, kolirt und bringt die Kolatur durch Zusatz von Wasser auf das vorgeschriebene Gewicht.

Wo es irgend thunlich ist, bereite man die Infusa im Dampfapparate. An Stelle des Dampfapparates kann man geeignete Hilfsapparate benutzen. Ein solcher ist der von Mürrle-Pforzheim konstruirte Schnell-Infundirapparat.

Die Vortheile dieses Apparates sind, dass man sehr schnell und mit wenig Feuerungskosten ausgiebigen Dampf erhält, und dass der Apparat wegen des angebrachten Wasserreservoirs mit konstantem Niveau keine besondere Wartung erfordert.

Man giesst durch Tubulus *a* in das ringförmige Reservoir *b* circa 1 Liter kaltes destillirtes Wasser ein, von welchem durch die Kommunikationsröhre *c* ein geringes Quantum in das Dampfkesselchen *d* läuft. Wird letzteres durch Lampe *g* erhitzt, so entwickelt sich fast sofort Dampf, welcher die eingehängte Büchse erwärmt und durch Röhre *f* nach dem Kaltwasserreservoir *b* abzieht, wo er sich kondensirt. Durch Röhre *c* fliesst stets so viel Wasser nach *d* als verdampft.

Wenn man, sobald sich Dampf entwickelt, die Heizflamme regulirt, so kann man einen ganzen Tag mit dem Apparat arbeiten, ohne dass sich das Kühlwasser merklich erwärmt.

Die Benutzung sog. konc. Infusa in der Form von Pulvern oder Extrakten erachten wir als unzulässig. Dagegen halten wir es für zulässig, die häufiger vorkommenden Infusa in einer geeigneten Koncentration für die Dauer eines Tages vorräthig zu halten, vorausgesetzt, dass dieselben zweckmässig (Eisschrank) aufbewahrt werden. Für Infusum Digitalis und Infusum Ipecacuanhae empfiehlt sich in solchen Fällen die Koncentration 1 : 50.

**Infusa frigide parata.** Man versteht darunter Auszüge, welche mit kaltem Wasser bereitet werden, also Macerationen. Diese kalt bereiteten Auszüge kommen besonders für schleimige Arzneisubstanzen, namentlich für Radix Althaeae in Betracht, ferner auch für den Auszug des Fleisches s. Infusum Carnis frigide paratum und Maceratio Carnis Band I S. 655 und 656.

---

# Injectio.

**Injectio. Injection. Einspritzung.**

Unter „Injectionen" versteht man Lösungen, bez. Flüssigkeiten, welche zum Einspritzen entweder in Körperhöhlen oder in die unter die Haut liegenden Gewebe bestimmt sind.

**I. Einspritzungen in Körperhöhlen,** d. h. in die Urethra, Vagina, in die Nase oder das Ohr. Man benutzt hierzu meist klare Lösungen von Arzneisubstanzen, bisweilen aber auch Flüssigkeiten mit Niederschlägen. Bei der ersteren Art ist darauf zu halten, dass die Lösungen im klaren und blanken Zustande, also sorgfältig filtrirt abgegeben werden, so dass weder Staub- noch Filtrirpapierpartikel in ihnen zu bemerken sind.

Ist die Bildung eines Niederschlages in diesen Lösungen nicht zu vermeiden, so sorge man dafür, dass die Niederschläge möglichst fein vertheilt sind. Man erreicht dies dadurch, dass man die durch gegenseitige Fällung aufeinander einwirkenden Substanzen in verdünnten Lösungen zusammenbringt. Ist also z. B. Plumbi acetici, Zinci sulfurici āā 1,0 Aquae destillatae 200,0 verordnet, so löst man 1,0 Bleiacetat in 100,0 Wasser, ebenso 1,0 Zinksulfat in 100,0 Wasser und mischt beide Lösungen in der Kälte zusammen.

Man beachte, dass Injektionen in den Mastdarm (Klystiere), in die Blase und in die Vagina bezüglich der Höchstgaben den inneren Arzneiformen gleich zu achten sind.

**II. Subkutane Einspritzungen. Hypodermatische Einspritzungen.** Dieselben sind entweder zum Einspritzen in die direkt unter der Haut liegenden Gewebe (Unterhautbindegewebe) oder zum Einspritzen in tiefere muskuläre Schichten bestimmt und werden alsdann auch intramuskuläre Einspritzungen genannt. — Es sind entweder klare Lösungen oder Suspensionen. — Für den Apotheker kommen für die Bereitung und Abgabe der subkutanen Injektionen folgende allgemeine Gesichtspunkte in Betracht:

1) Alle für den subkutanen Gebrauch bestimmten Lösungen müssen **frisch** bereitet werden, weil in vorräthigen Lösungen Zersetzung der chemischen Präparate erfolgt sein kann. Besonders häufig ist dies der Fall bei Apomorphin und Morphin. —

2) Sofern die Injektionen Lösungen darstellen, müssen diese absolut klar und blank, auch frei von Staubtheilchen und Papierfasern sein, weil sonst möglicherweise die Kanülen der Spritzen verstopft werden.

3) Stellen die Injektionen dagegen Suspensionen dar, so hat der Apotheker dafür zu sorgen, dass der vorhandene unlösliche Körper in thunlichst feiner Vertheilung zugegen ist, damit er möglichst rasch zur Resorption gelangt, auch die Kanülen der Spritzen nicht verstopft. Handelt es sich um Niederschläge, welche in der verordneten Lösung erst entstehen, so beachte man das sub I Gesagte. Sollen an sich unlösliche Substanzen durch die subkutanen Einspritzungen in den Körper eingeführt werden, so müssen diese Substanzen auf das feinste mit dem Vertheilungsmittel feingerieben werden. Dies trifft z. B. zu für die Injektionen, welche unlösliche Quecksilberverbindungen enthalten.

4) Es ist zu berücksichtigen, dass die Resorption der subkutan eingeführten Substanzen sehr rasch vor sich geht. Mit den Arzneistoffen gelangen daher auch etwa diese begleitende schädliche Beimengungen zur Wirkung und erzeugen sehr unerwünschte Nebenwirkungen. Diese können bestehen in heftigem Schmerz an der Injektionsstelle, ferner in der Bildung von Abscessen an derselben oder an anderer Stelle. Der Apotheker wird also seinerseits alles zu vermeiden suchen, was das Auftreten unerwünschter Nebenwirkungen begünstigen kann. Er wird also:

a) Nur die reinsten Chemikalien zur Injektion verwenden. Es ist z. B. notorisch, dass manche Morphiumsorten sehr unerwünschte Nebenwirkungen zeigen, ohne dass ein einleuchtender Grund hierfür bekannt ist.

b) Er wird alle unnöthigen, reizenden Zusätze vermeiden. Dies gilt z. B. für den Zusatz von Essigsäure zu den Lösungen des Morphinacetates. Aus diesem Grunde wird dieses Salz für subkutane Injektionen durch Morphinchlorhydrat oder Morphinsulfat ersetzt.

c) Er wird diese Injektionen nicht nur jedesmal frisch bereiten, sondern auch zu ihrer Bereitung sterilisirtes Wasser benutzen. Man verfährt am zweckmässigsten so, dass man ein für alle Male in einem Kochkolben unter Watteverschluss etwa 300 ccm sterilisirtes Wasser vorräthig hält. Dieses Wasser wird nach jedesmaligem Oeffnen des Watteverschlusses aufs neue durch Aufkochen sterilisirt und ist dann stets gebrauchsfertig.

d) Am rationellsten würde es sein, wenn die subkutanen Injektionen nur im sterilisirten Zustande abgegeben würden, indessen scheitert dies daran, dass jedes Glas nach dem ersten Lüften des Stopfens nicht mehr steril ist. Man würde also genöthigt sein, jede Injektionsdosis in einem besonderen Glase abzugeben, wodurch die Herstellung der subkutanen Injektionen noch mehr als schon heute in die Hände des Grossbetriebes gelangen würde.

Bezüglich der Normirung von Höchstgaben sind die subkutanen Injektionen den inneren Arzneiformen gleichzustellen.

## III. Pastillen etc. zur raschen Bereitung der Injektionen durch den Arzt.

Um den Arzt in den Stand zu setzen, nach Bedürfniss rasch auch ohne Inanspruchnahme einer Apotheke subkutane Injektionen appliciren zu können, sind eine Anzahl von Hilfsmitteln geschaffen worden.

**Gelatine-disks.** Es sind das die schon Band I, S. 1202 besprochenen Gelatine-Lamellen. Sie wurden für subkutane Injektionen früher namentlich in England verwendet, sind gegenwärtig aber durch andere Formen ziemlich verdrängt.

**Injektionslösungen in Röhrchen. Ampoules.** Es sind dies kleine Glasgefässe: Kugeln oder Röhrchen, welche die gebrauchsfertigen Injektionslösungen im sterilisirten Zustande enthalten und vor der Lampe zugeschmolzen sind. Für ihre Bereitung ist folgendes zu beachten: Man lasse die Glasgefässe nach Zeichnung von dem Glasbläser herstellen, und liefere diesem die erforderlichen Glasröhren, nachdem man diese aufs beste gereinigt hat (!). Die zu verwendenden Glasröhren müssen aus bestem Kaliglase hergestellt sein. Die aus weichem Natronglase hergestellten Röhren geben in kurzer Zeit so viel Alkali an die Lösungen ab, dass die in diesen enthaltenen Alkaloide in freiem Zustande ausgefällt werden. — Um diese Lösungen zu sterilisiren, unterwerfe man sie an mehreren aufeinander folgenden Tagen der diskontinuirlichen Sterilisation bei 70—80° C. s. Band I, S. 951. Hierdurch beugt man thunlichst der Zersetzung der Arzneisubstanzen vor. Wo auch diese diskontinuirliche Sterilisation nicht angängig ist, bereitet man die

Lösungen unter Einhaltung aller Sorgfalt mit sterilisirtem Wasser und macht ihnen Zusätze von antiseptischen Chemikalien, wie Borsäure, Kampher, Karbolsäure, Thymol.

**Pastillen für subkutane Injektionen.** Enthalten die für eine Injektion gewöhnlich angewendete Dosis eines Arzneimittels. Da bei starkwirkenden Substanzen das Volumen der Pastillen zu klein ausfallen würde, so giebt man den letzteren, wo dies angängig ist, die geeignete Grösse durch Zufügung von chemisch reinem, am besten vorher ausgeglühtem Kochsalz. Das Gewicht des Kochsalzzusatzes ist zweckmässig so zu wählen, dass die fertige Injektion im Kochsalzgehalte einer physiologischen Kochsalzlösung entspricht.

---

# Jodoformium.

**I. † Jodoformium** (Austr. Germ.). **Jodoformum** (Brit. Helv. U-St.). **Jodoforme** (Gall.). **Trijodmethan. Formyltrijodid. Carboneum jodatum. Mol. Gew. = 394.**

Das Jodoform wird in grossen Mengen technisch dargestellt, besonders rein durch Elektrolyse einer alkoholisch-wässerigen Lösung von Kaliumjodid unter beständigem Einleiten von Kohlensäure (D.R.P. 29771). Die Darstellung im pharmaceutischen Laboratorium bietet Vortheile nicht, weil man nicht in der Lage ist, die Mutterlaugen nutzbringend aufzuarbeiten. Sie ist aber zu Uebungszwecken zu empfehlen.

***Darstellung.*** Man bringt in einen Kolben eine Lösung von 2 Th. krystall. Natriumkarbonat in 10 Th. Wasser, fügt 1 Th. Weingeist hinzu und erwärmt im Dampfbade oder Wasserbade auf 60--70° C. Alsdann fügt man unter häufigem Umschwenken in kleinen Antheilen 1 Th. zerriebenes Jod zu. Dieses löst sich mit gelbrother Färbung auf: die Färbung verschwindet aber bald und ist nur auf dem Boden zu sehen, wo noch freies Jod liegt. Wenn alles Jod eingetragen und die Flüssigkeit farblos geworden ist, lässt man erkalten. Nach etwa 12stündigem Stehen sammelt man die ausgeschiedenen Krystalle. wäscht sie mit Wasser, bis das ablaufende beim Verdampfen und Glühen keinen metallischen Rückstand hinterlässt, und trocknet sie unter Lichtabschluss bei gewöhnlicher Temperatur und krystallisirt sie, wenn nothwendig, aus siedendem Alkohol um. — Leitet man in die Mutterlauge Chlor ein, so kann man weitere Mengen Jodoform (bis zu 50 Proc. des angewendeten Jods) erhalten.

***Eigenschaften.*** Citronengelbe, hexagonale, übrigens sehr formenreiche, durchdringend riechende, glänzende, zerreibliche, fettig anzufühlende, sehr kleine Krystallplättchen, im grossen dargestellt und durch langsames Verdunsten der ätherischen Lösung krystallisirt, grössere, säulenförmige oder tafelförmige Prismen von ca. 2,000 spec. Gew., löslich in 14000 Th. Wasser von 15° C., in 50 Th. 90proc. Weingeist, in 10 Th. kochendem Weingeist, auch löslich in 5,2 Th. Aether, ferner in Chloroform, Petroläther, ätherischen und fetten Oelen, leicht löslich in Schwefelkohlenstoff. Bei 115° C. schmelzen die Krystalle zu einer braunen Flüssigkeit, und stärker erhitzt entwickeln sich Joddämpfe, Jodwasserstoff und andere Zersetzungsprodukte, während ein kohliger Rückstand hinterbleibt, welcher erst durch stärkeres Erhitzen auf Platinblech, ohne einen Rückstand zu hinterlassen, verbrennt. Jodoform ist schon bei gewöhnlicher Temperatur merklich flüchtig und destillirt mit den Dämpfen des siedenden Wassers unverändert über. (Eventuell eine Reinigungsmethode.) Wässerige Aetzlauge wirkt kaum zersetzend, aber weingeistige Aetzkalilösung zersetzt das Jodoform unter Bildung von ameisensaurem Kalium und Kaliumjodid.

Obgleich das Jodoform in festem Zustande eine haltbare Substanz ist, so ist es doch gegen die Einwirkung des Lichtes nicht ganz unempfindlich. — Besonders empfindlich aber sind Lösungen des Jodoforms in Aether, Weingeist oder Chloroform. Eine Lösung von Jodoform in reinem Aether ist von citronengelber Farbe. Durch die Einwirkung des Lichtes allein wird eine solche Lösung nicht verändert. Wirken aber gleichzeitig Luft und Licht ein, so zersetzt sie sich sehr schnell unter Abscheidung von Jod und Braunfärbung, und zwar um so schneller, je reiner das Jodoform ist. Unreiner Aether bewirkt die nämliche Zersetzung des Jodoforms durch eine in ihm enthaltene Verunreinigung, welche ihm durch Behandeln mit festem Kalihydrat und darauf folgende Rektifikation entzogen werden kann, welche sich jedoch unter dem Einfluss von Luft und Licht wieder bildet. — Die Zersetzung der Lösung des Jodoforms in Chloroform geht unter dem Einfluss von Luft und Licht ebenfalls sehr schnell vor sich, wobei die Lösung violette Färbung annimmt, während die Zersetzung der weingeistigen Lösung etwas weniger rasch erfolgt.

In alkoholischer Lösung erfolgt mit Silbernitrat glatte Umsetzung zu Jodsilber, worauf die Bestimmung des Jodoforms in Präparaten beruht.

***Prüfung.*** 1) Jodoform sei trocken, citronengelb, nicht bräunlich gelb, und besitze keinen fremdartigen Geruch (nach Mäuseharn, Pyridin oder Fuselöl). — 2) 1 g Jodoform verbrenne auf dem Platinblech ohne einen mehr als 0,001 g betragenden Rückstand zu hinterlassen. Ein solcher würde voraussichtlich aus Natriumkarbonat und Natriumjodid bestehen. — 3) Wird 1 Th. Jodoform mit 10 Th. Wasser eine Minute lang geschüttelt, so erhalte man ein neutrales, farbloses Filtrat (Gelbfärbung = Pikrinsäure), welches durch Silbernitrat nur opalisirend getrübt (starke Trübung = Jodide oder Chloride) und durch Baryumnitrat nicht verändert werden soll (Natriumkarbonat, Sulfate).

***Aufbewahrung.*** Man bewahre es in gut geschlossenen Gefässen vorsichtig, grössere Vorräthe auch vor direktem Sonnenlicht geschützt auf. Lösungen von Jodoform sollte man überhaupt nicht vorräthig halten. Ferner trenne man das Jodoform räumlich thunlichst von anderen Arzneimitteln und halte für die Dispensation desselben besondere Geräthe. Aus Porcellanmörsern entfernt man den Jodoformgeruch durch Erwärmen und Ausscheuern mit alkoholischer Kalilauge. Auch Ausscheuern mit Leinsamenmehl ist empfohlen worden.

***Anwendung.*** Auf Schleimhäuten und Wundflächen wirkt Jodoform nicht reizend, verhindert aber die Eiterung. Die antibakterielle Wirkung des Jodoforms als solchen ist zweifelhaft; doch nimmt man an, dass die in Wunden entstehenden Spaltungsprodukte des Jodoforms antibakteriell wirken. Es wird von Wundflächen aus resorbirt, daher Vorsicht auch bei äusserer Anwendung. Innerlich gegeben, zeigt es milde Jodwirkung, wirkt auch schwach narkotisch. Grosse Gaben wirken toxisch. Die Ausscheidung erfolgt durch den Urin, zum Theil als Jodalkali. Die äussere Anwendung ist eine sehr vielseitige und umfangreiche. Einige Personen geben an, einen widerlichen Geruch und Geschmack zu empfinden, wenn sie — bei Behandlung durch Jodoform — mit silbernen Geräthen hantiren. Höchstgaben: *pro dosi* 0,2 g, *pro die* 1,0 g (Austr. Germ. Helv.).

Das aus Krystallen hergestellte Jodoformpulver ballt etwas zusammen und eignet sich daher nicht zu Einstreuungen auf Schleimhäute etc. Geeigneter hierfür ist das Jodoformium farinosum, welches durch gestörte Krystallisation direkt als Krystallpulver erhalten wird.

**Jodoformium crystallisatum.** Ist das aus Alkohol krystallisirte Jodoform, welches, wie schon erwähnt, durch Zerreiben ein etwas zusammenballendes Pulver giebt.

**Jodoformium praecipitatum.** Ist das durch Fällen heisser alkoholischer Lösungen durch Wasser erhaltene Jodoform.

**Jodoformium absolutum.** Ist die durch Elektrolyse erhaltene Sorte. Ein besonders klein krystallisirtes Präparat dieser Sorte ist das **Jodoformium aesolutum farinosum,** welches nicht zusammenballt, daher besonders zu Einblasungen und zur Applikation auf Schleimhäute geeignet ist.

**Jodoformium praeparatum.** Ist ein feines, durch Schlämmen mit Wasser erhaltenes Jodoformpulver.

***Werthbestimmung in Verbandstoffen.*** Verbandstoffe, welche durch kurzes Digeriren in Alkohol oder Aether nicht binnen kurzer Zeit völlig entfärbt werden, sind einer künstlichen Färbung verdächtig. Zur Bestimmung des Jodoforms verfährt man wie folgt:

20 g des zu prüfenden Verbandstoffes werden über Glanzpapier fein zerschnitten und zusammen mit den Abfällen in einen SOXHLET'schen Extraktionsapparat gebracht. Man erschöpft mit Aether und füllt den ätherischen Auszug mit Aether auf 100 ccm auf. 10 ccm des Auszuges bringt man in ein Becherglas; durch Einleiten eines Luftstromes bringt man den Aether zur Verdunstung. Auf den Rückstand giesst man 10 ccm (oder

mehr) einer 25proc. Silbernitratlösung und erwärmt auf dem Wasserbade, bis alles Jodoform zu Silberjodid umgesetzt ist. Dann filtrirt man durch ein bei 110° C. getrocknetes und gewogenes Filter, wäscht zunächst mit Wasser, zum Schluss je dreimal mit Alkohol und Aether (um Fett und Harz zu entfernen) aus, trocknet bei 110° C. und wägt. Das Grammgewicht des erhaltenen Jodsilbers, mit 27,95 multiplicirt, giebt direkt den Jodoformgehalt des Verbandstoffes in Procenten an. Die Umsetzung erfolgt nach der Gleichung $CHJ_3 + 3AgNO_3 + H_2O = 3AgJ + 3HNO_3 + CO$.

Man wird hierbei nicht übertriebene Anforderungen an die absolute Richtigkeit des Procentgehaltes stellen dürfen, weil eine gleichmässige Vertheilung gerade des Jodoforms in den Verbandstoffen schwierig ist, weil ferner das Jodoform verhältnissmässig leicht flüchtig ist und weil bisher die Fabrikanten unter einer 10procentigen Jodoformgaze eine solche verstanden, bei welcher auf 100 Th. unpräparirten Verbandstoff = 10 Th. Jodoform angewendet wurden. Findet man also in einer nominell 10procentigen Jodoformgaze 8—8,5 Proc. Jodoform, so ist eine beabsichtigte Minderwerthigkeit nicht gut zu beweisen.

***Desodorirung.*** Um den unangenehmen Geruch des Jodoforms zu verdecken bez. zu beseitigen sind eine ganze Reihe von Zusätzen empfohlen worden: Anisöl, Bergamottöl, Fenchelöl, Menthol (Pfefferminzöl), Sassafrasöl, Terpentinöl, Wintergreenöl, Kampher, Kumarin (Tonkobohnen), Perubalsam, Kanadabalsam, Theer, Holzkohle, gerösteter Kaffee. Alle diese Substanzen leisten durchaus nicht, was sie leisten sollen, d. h. sie sind nicht im Stande den Geruch vollständig zu beseitigen oder zu verdecken.

Um von den Händen den Jodoformgeruch zu entfernen, ist empfohlen worden: Abwaschen mit alkoholischer Hexamethylentetraminlösung, ferner Abwaschen mit Orangenblüthenwasser, auch mit Essig. Um aus Geräthen, z. B. Mörsern, den Jodoformgeruch zu beseitigen: Ausreiben mit Essig oder mit Senfmehl oder mit Lorbeeröl. Am zweckmässigsten ist für den letzteren Fall scharfes Erhitzen.

† **Jodoformium bituminatum.** Ein mit Theer versetztes oder aus einer Theerlösung krystallisirtes Jodoform, in welchem der Jodoformgeruch durch den Theer einigermassen verdeckt ist.

† **Eka-Jodoform.** Ist ein mit 0,05 Proc. Paraformaldehyd versetztes (sterilisirtes) Jodoform. Anwendung in der Wundbehandlung.

† **Anozol** ist eine Mischung von Jodoform mit 10—20 Proc. Thymol. Amerikanische Specialität.

† **Jodoform-Salol.** Wird durch Zusammenschmelzen gleicher Theile Jodoform und Salol erhalten. Bei 40° C. schmelzende Masse, zur Wundbehandlung.

† **Guajakol-Jodoform.** Wird erhalten durch Digeriren von 4 Th. Guajakol mit 1 Th. Jodoform und 1 Th. Mandelöl. Zu Injektionen bei Gelenktuberkulose.

† **Resorcinol.** Wird durch Zusammenschmelzen gleicher Theile Resorcin und Jodoform bei 104—110° C. erhalten. Amorphes braunes Pulver von nicht unangenehmem Geruch, vollständig löslich in Aether, nur wenig löslich in Alkohol und in Chloroform. In Mischung mit 3 Th. Talcum venetum zum Trockenverbande, ferner zu 5—10 Proc. in Salben zur Wundbehandlung.

---

**Bacilli Jodoformii.** 15,0 Gelatine werden in 50,0 Wasser gequellt. Man setzt 7,5 Glycerin zu, dampft auf 54,0 ein, mischt 27,0 Jodoformpulver innig darunter, giesst in Höllensteinformen aus und kühlt diese in Eiswasser ab.

**Carbasus jodoformata** (Nat. form.). **Jodoform-Gaze.** Man bereitet eine Lösung aus 10 g Jodoform, 40,0 g Aether, 40,0 g Spiritus (95 proc.), 5,0 g Benzoëtinktur, 5,0 g Glycerin. In diese Lösung bringt man gewogene Mengen von entfetteter Gaze, lässt diese vollständig vollsaugen, trocknet sie horizontal ausgebreitet an einem dunklen Orte und schlägt sie bald in Paraffinpapier ein.

Ist der geforderte Gehalt der Gaze an Jodoform = x, so nimmt man von der vorstehenden Lösung 10x. Dann multiplicirt man den geforderten Procentgehalt mit 3, dividirt das Produkt mit 2 und subtrahirt den Quotienten von 100. Der verbleibende Rest giebt die anzuwendende Menge Gaze an.

**Tela jodoformiata. Jodoform-Mull.** Mit einer Lösung aus 110 Th. Jodoform, 5 Th. flüssigem Paraffin in 800 Th. Aether und 200 Th. Weingeist tränkt man 1000 Th. entfetteten Mull. — Nachdem durch Druck die gleichmässige Vertheilung der Lösung in dem Mull bewirkt worden ist, wird dieser unter Lichtabschluss bei Zimmertemperatur getrocknet und alsbald verpackt 100 Th. enthalten etwa 10 Th. Jodoform (Ergänzb.).

**Jodoform-Schwämme.** Durch Salzsäure entkalkte und dann wieder getrocknete Schwämme werden in eine 7,5procentige Lösung von Jodoform in Aether gelegt, leicht ausgedrückt und nach freiwilliger Verdunstung des Aethers in Gläsern oder Büchsen aufbewahrt.

**Collodium Jodoformii fortius** (Münch. Ap.-V.).
Collodium Jodoformii (Form. Berol.).

Rp. Jodoformii 1,0
Collodii 9,0.

Collodium jodoformatum (Ergänzb. u. Nat. form.).

Rp. Jodoformii 5,0
Collodii elastici 95,0.

**Collemplastrum Jodoformii**
5 Proc. (E. Dieterich.)
Jodoformkautschukpflaster.

Rp. Massae Collemplastri 800,0
Rhizomatis Iridis pulv. 65,0
Sandaracis 20,0
Jodoformii 16,0
Olei Resinae 30,0
Aetheris 150,0

**Crayons d'jodoforme** (Gall.).

Rp. Jodoformii pulv. 10,0
Gummi arabici 0,5
Aquae destillatae
Glycerini ää q. s.

Fiat massa.

**Emplastrum Jodoformii fortius**
Fischer & Pape.

Rp. Jodoformii 10,0
Emplastri adhaesivi
Emplastri Plumbi simplicis ää 20,0.

Ueber Leder gestrichen bei Drüsentumoren, chronischer Epididymitis, exsudativer Pleuritis.

**Emplastrum Jodoformii mitius.**

Rp. Jodoformii 5,0
Emplastri adhaesivi
Emplastri Plumbi simplicis ää 30,0.

Ueber Leinwand etc. gestrichen auf Geschwüre, Frostbeulen, Wunden. Fischer & Pape.

**Emulsio Jodoformii** Billroth.

| | I | II |
|---|---|---|
| Rp. Jodoformii | 10,0 | 10,0 |
| Glycerini | 100,0 | 50,0 |
| Aquae | — | 50,0. |

**Gelatina Jodoformii** Unna.

I. 5 Proc.

Rp. Gelatinae albae 5,0
Aquae destillatae 70,0
Glycerini 20,0
Jodoformii 5,0.

II. 10 Proc.

Rp. Gelatinae albae 5,0
Aquae destillatae 65,0
Glycerini 20,0
Jodoformii 10,0.

**Glycerinum jodoformiatum.**
Jodoformglycerin (Münch. V.)

Rp. Jodoformii 1,0
Glycerini 9,0.

**Injectio Jodoformii** Garré.

Rp. Jodoformii 1,0
Olei Olivae
Aetheris ää 7,0.

Zu Einspritzungen in den Kropf.

**Jodoformium aromatisatum** (Nat. form.).
Desodorized Jodoform.

Rp. Jodoformii 96,0
Cumarini 4,0.

**Jodoformium desodoratum.**

I. (Form. Berol.)

Rp. Olei Ligni Sassafras gtt. 2
Jodoformii q. s. ad 10,0.

II. (Münch. V.)

Rp. Jodoformii 20,0
Camphorae 1,0
Olei Menthae piper. gtt. 2.

**Oleum Jodoformii** 5 Proc.

Rp. Jodoformii 1,0
Olei Amygdalarum 19,0.

Man löse in gelinder Wärme. Zu Injektionen bei Gelenk-Tuberkulose.

**Pasta Jodoformii** Altschul.

Rp. Boli albae
Olei Olivae ää 30,0
Liquoris Plumbi subacetici 20,0
Jodoformii 8,0—16,0.

Bei Verbrennungen.

**Pulvis antisepticus** Championnière.

Rp. Jodoformii
Benzoës pulv.
Corticis Chinae pulv.
Magnesii carbonici ää 100,0
Olei Eucalypti 2,5.

**Pulvis Jodoformi compositus** (Nat. form.).
Compound powder of Jodoform. Jodoform and Naphthalin.

Rp. Jodoformii 20,0 g
Acidi borici 30,0 „
Naphthalini 50,0 „
Olei Bergamottae 2,5 ccm

**Saponimentum Jodoformii** (1 Proc.).
Jodoform-Opodeldok (Dieterich).

Rp. 1. Saponis stearinici dialysati 50,0
2. Saponis oleïnici dialysati 10,0
3. Spiritus (90 proc.) 900,0
4. Jodoformii 10,0
5. Aetheris acetici 30,0
6. Spiritus q. s. ad 1000,0.

Man löst 1 u. 2 in 3, löst dann 4 unter Schütteln, setzt 5 und zum Schluss 6 zu.

**Suppositoria Jodoformii.**

Rp. Jodoformii 4,0
Balsami peruviani 8,0
Olei Cacao
Cerae albae ää 6,0
Magnesiae ustae 4,0.

Fiant suppositoria XII.

Bei Hämorrhoiden nach jedem Stuhlgang ein Zäpfchen.

Brit.

Rp. Jodoformii 2,4
Olei Cacao q. s.

Fiant suppositoria XII.

**Unguentum Jodoformii**
(Münch. V., Form. Berol. u. Brit.).

Rp. Jodoformii 1,0
Unguenti Paraffini 9,0.

U-St.

Rp. Jodoformii 1,0
Adipis benzoati 9,0.

**II. † Jodoforminum.** **Hexamethylentetramin - Jodoform. Jodoformin - Marquardt.** **$CHJ_3 . (CH_2)_6N_4$. Mol. Gew. = 534.** D.R.P. 87812.

Zur Darstellung werden 26 g Hexamethylentetramin in einer Reibschale mit 74 g Jodoform unter Zugabe von absolutem Alkohol trocken gerieben (Konteschweller).

Ein feines, weissliches, nur mässig nach Jodoform riechendes Pulver, unlöslich in Alkohol, Aether oder Chloroform. Am Lichte färbt es sich gelb. Schm.-P. 178° C. Von Natronlauge oder Salzsäure wird es unter Abspaltung von Jodoform zersetzt. Eine gleiche Spaltung findet durch Einwirkung von Wasser, namentlich in der Wärme statt. Das Präparat enthält ca. 75 Proc. Jodoform und 25 Proc. Hexamethylentetramin. Der Jodoformgehalt wäre nach der S. 131 angegebenen Methode zu bestimmen, die Bestimmung des Hexamethylentetramins erfolgt zweckmässig nach Kjeldahl.

***Aufbewahrung.*** Vorsichtig und vor Licht geschützt. ***Anwendung.*** Als geruchschwaches Ersatzmittel des Jodoforms. Ebenso wie durch Wasser wird auch durch Wundsekrete das Jodoformin unter Abscheidung von Jodoform zerlegt, so dass alsdann die Jodoformwirkung eintritt. — Fast geruchlos ist das Jodoformin nur in völlig trocknem Zustande. Durch Hinzutreten von Feuchtigkeit nimmt es auch den Geruch nach Jodoform an.

**† Jodoformin-Bardet** $C_3H_6N_2J_2$. Ist von dem Marquardt'schen Jodoformin völlig verschieden. Es entsteht durch Einwirkung einer wässerigen Jodjodkaliumlösung auf eine wässerige Hexamethylentetraminlösung und stellt ein bräunliches, spec. leichtes Krystallpulver dar, welches etwa 80 Proc. Jod in sehr lockerer Bindung enthält. Wird zur Zeit therapeutisch nicht verwendet.

**III. † Jodoformal.** **Jodoformin - Aethyljodid.** D.R.P. 87812. Entsteht durch Einwirkung von Aethyljodid auf Jodoformin. Citronengelbe, flache Nadeln, oder ein schweres Pulver von der Farbe des Jodoforms, aber nur schwach nach Jodoform riechend. Unlöslich in Wasser.

**IV. Jodoformogen.** **Jodoform-Eiweiss.** D.R.P. 95580.

***Darstellung.*** Versetzt man eine Eiweisslösung mit einer alkoholischen Jodoformlösung, so erhält man einen Niederschlag, aus welchem nach dem Trocknen fast die gesammte Menge des in ihm enthaltenen Jodoforms durch Lösungsmittel wieder entfernt werden kann. Erhitzt man dagegen den getrockneten Niederschlag einige Stunden auf etwa 120° C., so wird die Hauptmenge des Jodoforms — ca. 15 Proc. — so fest gebunden, dass es durch Lösungsmittel nur noch in kleinen Mengen extrahirbar ist. Das so erhaltene Produkt ist das Jodoformogen.

***Eigenschaften.*** Ein hellgelbes, spec. nicht schweres Pulver, unlöslich in Wasser. Es riecht nur schwach nach Jodoform, ballt nicht zusammen und kann, ohne seine Zusammensetzung zu ändern, sterilisirt werden. Es enthält etwa 10 Proc. Jodoform, der Rest ist Eiweiss. Die Bestimmung des Jodoformgehaltes wird nach Carius (durch Erhitzen im geschlossenen Rohre mit Salpetersäure und Silbernitrat) als Silberjodid, diejenige des Eiweisses nach Kjeldahl zu erfolgen haben. ***Anwendung.*** Als wenig riechendes Ersatzmittel des Jodoforms in der Wundpraxis, besonders zum Ausfüllen von Körperhöhlen.

**Jodoformogen-Verbandstoffe.** Um auf Verbandstoffen Jodoform-Eiweiss niederzuschlagen, kann man z. B. die Gaze in bekannter Weise mit Jodoform imprägniren. Sie wird alsdann durch eine Eiweisslösung gezogen, getrocknet und auf 120° C. erhitzt.

**V. † Dijodoform.** **Tetrajodäthylen. Jodäthylen. $C_2J_4$. Mol. Gew. = 532.**

Zur Darstellung wird zunächst durch Einwirkung von Jod auf Acetylensilber das Acetylendijodid ($C_2Ag_2 + 4J = 2AgJ + C_2J_2$) dargestellt. Man löst dieses in Schwefelkohlenstoff, löst in der Flüssigkeit die berechnete Menge Jod auf, destillirt den Schwefelkohlenstoff ab und krystallisirt den Rückstand aus siedendem Benzol oder Toluol um.

$$\begin{array}{c} C = J_2 \\ \| \\ C = J_2 \end{array}$$

Dijodoform.

Gelbe, fast geruchlose, bez. schwach aromatisch riechende Nadeln, von hohem spec. Gewicht, in Wasser unlöslich, schwerlöslich in Alkohol oder in Aether, leichter in Chloroform. Diese Lösung ist ungefärbt. Der Schmelzpunkt liegt bei 192° C. — Konc. Schwefelsäure wirkt in der Kälte nicht ein, beim Erhitzen erfolgt Zersetzung unter Abscheidung von Jod. Beim Erhitzen mit Natronlauge erfolgt keine merkliche Veränderung, doch ist das Auftreten eines schwachen, jodoformähnlichen Geruches zu bemerken. Beim Erhitzen mit $\beta$-Naphthol und Natronlauge tritt keine Farben-Reaktion auf.

Vorsichtig und vor Licht geschützt aufzubewahren. Die Anwendung erfolgt in gleicher Weise und unter den nämlichen Indikationen wie beim Jodoform.

**Jodocrol.** Wird als Ersatz des Jodoforms empfohlen und ist die Band I S. 383 als Carvacroljodid beschriebene Verbindung.

**Acidum dithiochlorosalicylicum.** $C_7H_3S_2O_3Cl$ = **234,5.** Sie entsteht, wenn man ein Gemisch von 28 Th. Salicylsäure und 55 Th. Chlorschwefel unter beständigem Rühren auf 120° C. erhitzt. Zum Schluss der Reaktion wird die Erhitzung auf 140° C. gesteigert, wobei Chlorwasserstoff entbunden wird. Die Reaktionsmasse wird in Natriumkarbonatlösung gelöst. Das Filtrat säuert man mit Salzsäure an, wobei die Säure als gelbröthliches Pulver ausgefällt wird. Als Jodoformersatz empfohlen, aber nicht eingebürgert.

---

# Jodolum.

† **Jodolum** (Helv. Ergänzb.). **Jodol. Tetrajodpyrrol.** $C_4J_4NH$. **Mol. Gew. = 571.** Diese Verbindung wird fabrikmässig (D.R.P. 35130) durch Jodiren von Pyrrol mittels Jodsäure und Jodwasserstoffsäure dargestellt. Das Pyrrol $C_4H_4NH$ ist eine im Knochentheer, bez. im Dippel'schen Thieröl enthaltene Base.

***Eigenschaften.*** Ein hellgelbes, geruch- und geschmackloses, sehr feines Pulver, welches beim Verreiben zwischen den Fingern fettig anzufühlen ist. In Wasser schwer (etwa 1 : 5000), in wässerigen Alkalien gleichfalls nur wenig löslich. Löslich in etwa 3 Th. Weingeist oder in 1 Th. Aether. Glycerin bewirkt in der alkoholischen Lösung keine Ausscheidung. Wird die alkoholische Lösung einige Zeit bis zum Sieden erhitzt, so bräunt sie sich unter theilweiser Zersetzung des Jodols. Man bereitet daher die alkoholischen Jodollösungen unter Ausschluss jeder Erwärmung oder unter nur ganz mässiger Erwärmung. Jodol löst sich ferner in 15 Th. Oel oder in 50 Th. Chloroform. In konc. Schwefelsäure löst es sich mit grüner, allmählich ins Braune übergehender Färbung, beim Erhitzen dieser Lösung werden violette Joddämpfe ausgestossen. — Jodol kann auf 100° C. erhitzt werden ohne sich merklich zu verändern. Gegen 150° C. wird es unter Ausstossen von Joddämpfen zerstört; im Porcellantiegel an der Luft erhitzt, muss es, ohne einen wägbaren Rückstand zu hinterlassen, verbrennen. Erwärmt man eine Mischung von Jodol und Natronlauge mit Zinkfeile, so entwickeln sich Dämpfe von Pyrrol, durch welche ein mit Salzsäure befeuchteter Fichtenspan (ordinäres Streichholz) hellroth bis tief karminroth gefärbt wird.

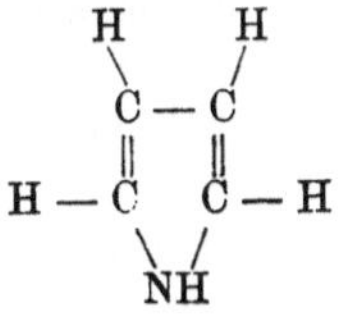

```
 H       H
  \     /
   C — C
   ‖   ‖
H — C   C — H
     \ /
     NH
```

Tetrajodpyrrol.
(Jodol.)

***Prüfung.*** **1)** Jodol sei nur schwach gelblich gefärbt, geruch- und geschmacklos; Präparate, welche abweichende Eigenschaften haben, sind einer Verunreinigung bez. der Zersetzung verdächtig. — **2)** 0,5 g verbrennen, im Porcellantiegel an der Luft erhitzt, ohne einen wägbaren Rückstand zu hinterlassen (anorganische Verunreinigungen). — **3)** Werden 0,5 g mit 10 ccm Wasser geschüttelt, so werde das Filtrat durch Silbernitratlösung nicht merklich getrübt (Jodide) und durch Schwefelwasserstoffwasser nicht verändert (Metalle, z. B. Blei, Kupfer). — **4)** Schwefelkohlenstoff färbe sich beim Anschütteln mit Jodol nur weingelb, nicht rosa oder violett (freies Jod).

***Aufbewahrung.*** Vorsichtig und vor Licht geschützt.

***Anwendung.*** Das Jodol wurde zunächst als wenig giftiges und geruchloses Ersatzmittel des Jodoforms empfohlen. Es bildet mit dem Sekret zwar keinen Schorf, befördert aber die Granulationsbildung, wenn auch nicht so lebhaft wie Jodoform. Bei innerer Darreichung wird es im Organismus zerlegt und als Jodalkali durch den Urin ausgeschieden. Daher wird es auch innerlich als Ersatz der Jodalkalien gegeben. Man verwendet es äusserlich in Substanz auf tuberkulöse und syphilitische Geschwüre, zu Einblasungen in das Ohr und in den Kehlkopf, innerlich als Ersatz der Jodalkalien. Höchstgaben: 0,2 *pro dosi*, 0,6 *pro die* (Ergänzb.), doch sind diese Gaben entschieden zu niedrig normirt, es sind ohne Schaden 2,0 g *pro die* und darüber gegeben worden.

**Jodol kleinkrystallisirt.** Zu Einblasungen auf Schleimhäute, z. B. auf die Schleimhäute der Nase und des Rachens, wendet man ein sehr fein krystallisirtes Jodol an, welches bräunliche sehr feine Krystalle darstellt. Es ballt im Zerstäuber nicht zusammen und haftet gut auf den Schleimhäuten.

**Collodium Jodoli.**

| Rp. | | |
|---|---|---|
| Rp. | Jodoli | 10,0 |
| | Spiritus (95 proc.) | 16,0 |
| | Aetheris | 64.0 |
| | Colloxylini | 4,0 |
| | Olei Ricini | 6,0. |

**Solutio Jodoli** MAZZONI.

| Rp. | | |
|---|---|---|
| Rp. | Jodoli | 4,0 |
| | Spiritus | 16,0 |
| | Glycerini | 34,0. |

**Tela Jodoli.** Jodol-Gaze.

| Rp. | | |
|---|---|---|
| Rp. | Jodoli | 1,0 |
| | Colophonii | 1,0 |
| | Glycerini | 1,0 |
| | Spiritus | 10,0. |

Sterilisirte Gaze ist mit dieser Lösung zu tränken.

**Jodolum coffeïnatum. Coffeïn-Jodol.** Lässt man nach KONTESCHWELLER gleiche Molekule Jodol und Coffeïn in konc. alkoholischer Lösung aufeinander einwirken, so erhält man die obige Verbindung $C_8H_{10}N_4O_2 . C_4J_4NH$. Hellgraues, geruch- und geschmackloses, krystallinisches Pulver, in den meisten Lösungsmitteln wenig oder gar nicht löslich. Enthält 74,6 Proc. Jodol und 25,4 Proc. Coffeïn. Es ist nicht anzunehmen, dass diese Verbindung im Arzneischatz sich einbürgern wird.

---

# Jodum.

**Jodum. Jode. Jodine. J. Atomgew. = 127.**

Das Jod gelangt in den Handel entweder als *Jodum anglicum* oder als *Jodum resublimatum*. Erstere Sorte stellt das Roh-Produkt dar, wie dasselbe aus den Jod-Fabriken in den Handel kommt, letztere Sorte ist das zum therapeutischen Gebrauche bestimmte Jod der Pharmakopöen.

**I. † Jodum anglicum. Rohjod.** Es gelangt in den Grosshandel in Tönnchen verpackt als ein dunkles, feucht aussehendes, grob krystallinisches Pulver. Es ist stets stark verunreinigt, wird daher nach seinem Jodgehalt gehandelt und von den Jod-Raffinerien und chemischen Fabriken verbraucht. Zum therapeutischen Gebrauche darf es nicht verwendet werden.

**II. † Jodum** (Austr. Brit. Germ. Helv. U-St.). **Jode sublimé** (Gall). **Jodum resublimatum. Resublimirtes Jod.** Dieses officinelle Jod wird in den Jod-Raffinerien aus dem Roh-Jod durch sorgfältige Rektifikation aus steinzeugnen Gefässen dargestellt.

***Eigenschaften.*** Das resublimirte Jod bildet chlorähnlich riechende, herb und scharfschmeckende, bei gewöhnlicher Temperatur feste, an der Luft langsam verdunstende, völlig trockene, leicht zerreibliche, dem Graphit ähnlich metallisch glänzende, krystallinische Schuppen, Blättchen oder Tafeln, welche in Wasser wenig, dagegen in 10 Th. Weingeist, auch in Aether, Chloroform, Schwefelkohlenstoff leicht, selbst in 100 Th. Glycerin und in fetten Oelen löslich sind. Jod ist leicht löslich in den wässerigen Lösungen der Jodwasserstoffsäure, des Kaliumjodids bez. der Alkalijodide überhaupt. Spec. Gew. etwa 4,948. Das Jod schmilzt bei 115° C., bei 180° C. siedet es und verwandelt sich in einen schweren Dampf von dunkel-violetter Farbe. Bei langsamer Verdichtung des Dampfes krystallisirt das Jod in spitzen Rhombenoktaëdern. Verdampfung des Jods findet auch bei gewöhnlicher Temperatur statt und zwar nicht unbedeutend. Auf den Organismus wirkt es, eingenommen oder eingeathmet, energisch und giftig. Es färbt Haut und Papier braun. 4500 Th. Wasser lösen ungefähr 1 Th. Jod, enthält jedoch das Wasser Ammonsalze, Chloride, Jodide, Bromide, Gerbsäure, so wird Jod in grösserer Menge gelöst. 0,3 g Gerbsäure reichen hin, um 1,0 g Jod in 200 g Wasser zu lösen. Die wässerige Jodlösung ist braungelb, entwickelt im Sonnenlicht nicht Sauerstoff und bleicht auch nicht. In Schwefelkohlenstoff, Chloroform, Petroleum und Petroleumäther löst es sich je nach seiner Menge mit mehr oder weniger gesättigter röthlich-violetter Farbe, in Weingeist und Aether mit rothbrauner Farbe. Die Lösungen von Jod in Benzol, Toluol und Eisessig sind himbeerroth gefärbt; von ätherischen Oelen lösen es einige unvollkommen auf, mit anderen verpufft es unter Entwickelung violetter Joddämpfe. Stärke wird durch Jodlösung tief blau gefärbt, unter Bildung von Jodstärke. Beim Erhitzen in wässeriger Flüssigkeit entfärbt sich die Jodstärke, beim Erkalten tritt die Färbung wieder ein.

Bringt man freies Jod in Lösung oder Substanz mit Ammoniak zusammen, so kann Bildung des explosiven Jodstickstoffs erfolgen. Man vermeide daher solche Mischungen, vermeide es auch, Jod mit Ammoniaksalzen zusammenzumischen.

***Prüfung.*** Für die Reinheit des Jods ist schon sein äusseres Aussehen von Wichtigkeit. Je grösser und glänzender die Jodblätter sind, desto reiner ist das Jod. Haftet es beim Schütteln im Gefässe den Gefässwandungen stark an, so ist es feucht; trocknes Jod haftet den Gefässwandungen beim Schütteln kaum an. (Man verwechsle damit nicht die in den Standgefässen in der Regel vorhandenen Sublimate von Jod.) Man prüft wie folgt:

**1)** 0,2—0,3 g Jod werden in einem Probirrohre über freier Flamme erhitzt; es muss sich vollständig verflüchtigen, ohne einen Rückstand zu hinterlassen. Diese Prüfung wird das resublimirte Jod stets aushalten, dagegen enthält das Roh-Jod gewöhnlich erhebliche Mengen nicht flüchtiger Verunreinigungen, bisweilen ist es auch durch Graphit, Braunstein, Kohle u. dgl. verfälscht. — **2)** Man schüttele 0,5 g zerriebenes Jod mit 20 ccm Wasser an und filtrire. Das Filtrat, welches gelb gefärbt ist, wird in 2 Theile getheilt. — a) Zu dem einen fügt man $^1/_{10}$-Natriumthiosulfatlösung bis zur Entfärbung, löst darin ein linsengrosses Körnchen Ferrosulfat, fügt einen Tropfen Eisenchloridlösung, hierauf Natronlauge in mässigem Ueberschuss hinzu, schüttelt gut durch und erwärmt auf etwa 40—50° C. Nach dem Erkalten wird mit Salzsäure deutlich angesäuert. Die Flüssigkeit darf sich weder blau färben, noch viel weniger darf ein blauer Niederschlag entstehen (von Berliner Blau), andernfalls ist Jodcyan gegenwärtig. — b) Der andere Theil des Filtrats, welcher durch Natriumthiosulfat nicht entfärbt worden ist, wird mit (1 ccm) Ammoniakflüssigkeit, hierauf mit (5 Tropfen) Silbernitratlösung im Ueberschuss versetzt. Es entsteht nun ein gelber Niederschlag von Jodsilber, welches bekanntlich in Ammoniakflüssigkeit sehr schwer löslich ist, während etwa gebildetes Silberchlorid durch das im Ueberschuss zugesetzte Ammoniak in Lösung gehalten wird. Filtrirt man nun, nachdem der Niederschlag durch Schütteln zusammengeballt ist, ab, so bleibt die Hauptmenge des Silberjodids auf dem Filter. Im klaren Filtrate sind nur sehr geringe Mengen von Silberjodid gelöst, welche beim Ansäuern des Filtrates durch Salpetersäure nur eine sehr schwache opalisirende Trübung verursachen. Würde das Jod chlorhaltig sein (also Jodchlorid enthalten), so würde Silberchlorid gebildet werden, in das ammoniakalische Filtrat in Lösung gehen und aus diesem durch Ansäuern mit Salpetersäure als mehr oder weniger starker weisser Niederschlag ausfallen. — **3)** 0,2 g Jod, unter Zusatz von 1 g reinem Kaliumjodid in etwa 50 ccm Wasser gelöst, sollen zur Entfärbung nicht weniger als 15,6 ccm des $^1/_{10}$-Normal-Natriumthiosulfatlösung erfordern, was einem Mindestgehalt von rund 99 Proc. Jod entspricht.

***Aufbewahrung.*** Das Jod werde in Glasgefässen mit eingeriebenem Glasstopfen an einem kühlen Orte vorsichtig aufbewahrt. Korkstopfen sind nicht anzuwenden, da sie durch die Joddämpfe zerstört werden. Man beachte übrigens, dass auch durch einen guten Glasschliff Joddämpfe entweichen können, und dass diese zu den schlimmsten Feinden der rothen Emaille-Schrift gehören.

Man thut daher gut, das Jod nicht unter den übrigen Gefässen der Separanda, sondern in einem besonderen Schränkchen, z. B. dem Säure-Schränkchen unterzubringen. — Zum Abwägen kleiner Jodmengen benutze man, da die Horngeräthe durch Jod braunfleckig werden, wenn sie auch nur eine Spur Feuchtigkeit auf sich kondensirt haben, Wageschalen und Löffel aus Porcellan, oder man reibe die Horngeräthe vor der Benutzung mit einem leinenen Tuche völlig trocken. Grössere Mengen von Jod wägt man zweckmässig in einer

Porcellanschale oder in einem Becherglase ab. — Durch Jod erzeugte Flecken auf der Haut oder in Geweben beseitigt man durch Einwirkung von Natriumthiosulfat.

***Anwendung.*** Jod in Substanz (auch in Dampfform) oder koncentrirter Lösung wirkt auf Schleimhäute und die Haut reizend. Die Haut wird braun gefärbt und stösst sich nach einigen Tagen ab. Innerlich erzeugt es in grösseren Dosen heftige Magenentzündung, Erbrechen (Gegenmittel = Stärke.). Kleine Mengen wirken innerlich erregend und zeigen sonst die allgemeine Jodwirkung. Der innerliche Gebrauch ist selten; vorkommendenfalls giebt man es stets in stark verdünnter wässeriger Lösung mit Kaliumjodid zusammen. Sind solche Lösungen verordnet, so bringe man zunächst Jod und Kaliumjodid mit wenig (1—2 ccm) Wasser zusammen und setze erst nach völliger Auflösung des Jods die übrige Menge Wasser zu.

Der Receptar substituire in solchen Lösungen niemals das Jod durch eine entsprechende Menge *Tinctura Jodi.* Die letztere enthält das Jod zum Theil als Jodwasserstoff, die Lösungen fallen daher heller aus als mit genuinem Jod. Aeusserlich wird das Jod, namentlich in Form der Tinktur und von Salben, als reizendes und resorbirendes Mittel angewendet. — Ausscheidung erfolgt durch den Urin als Jodalkali.

Höchstgaben: *pro dosi* 0,02 (Germ.), 0,03 (Austr.), 0,05 (Helv.) *pro die* 0,1 (Austr. Germ.), 0,2 (Helv.).

**Reines Jod,** chlorfreies Jod, wie es für chemische Zwecke, insbesondere zum Einstellen der $^1/_{10}$-Natriumthiosulfatlösung gebraucht wird, erhält man, indem man das resublimirte Jod mit etwa 5 Proc. Jodkalium verreibt, dieses Gemisch in eine Porcellanschale bringt, in die letztere einen Trichter umgekehrt einstellt und nun im Sandbade bei schwacher Hitze langsam sublimirt

$$3KJ + JCl_3 = 3KCl + 4J.$$

Das erhaltene Jod wird über Schwefelsäure oder Aetzkalk getrocknet.

Neuerdings ist empfohlen worden, reines Jod durch Umkrystallisiren aus konc. Kaliumjodidlösung, ferner auch durch Elektrolyse von Alkalijodiden darzustellen.

***Erkennung*** und ***Bestimmung.*** A) Man erkennt das freie Jod: **1)** An der violetten Farbe seines Dampfes, **2)** daran, dass es in Lösung oder Dampfform den Stärkekleister blau färbt, endlich **3)** an der Färbung der Lösungen in Chloroform, Schwefelkohlenstoff oder Benzol, s. S. 136.

Liegen Verbindungen des Jods vor, so lässt sich allgemeingültig sagen, dass dieselben durchweg beim Erhitzen mit konc. Schwefelsäure freies Jod abspalten. — Aus den löslichen Jodiden kann man das Jod am einfachsten durch Zusatz von Ferrichlorid oder von rauchender Salpetersäure im freien Zustande abspalten. In den löslichen Jodaten weist man das Jod nach, indem man kleine Mengen von Reduktionsmitteln in saurer Flüssigkeit zufügt. Soll z. B. das Jod in einer Lösung von Kaliumjodat nachgewiesen werden, so säuert man diese mit Schwefelsäure an und fügt in kleinen (!) Mengen schweflige Säure oder Stannochlorid oder Zinkstaub zu. Das in Freiheit gesetzte Jod ist an seiner braungelben Farbe und an seinem Verhalten gegen Stärkekleister erkennbar.

**B)** Man bestimmt das freie Jod am einfachsten durch Titriren mit Natriumthiosulfatlösung. Da der Vorgang der Entfärbung des Jods durch Natriumthiosulfat im Sinne nachfolgender Gleichung verläuft

$$\underset{2 \times 248 = 496}{2[Na_2S_2O_3 + 5H_2O]} + \underset{2 \times 127 = 254}{J_2} = 10H_2O + Na_2S_4O_6 + 2NaJ,$$

so ergiebt sich daraus, dass 1 ccm $^1/_{10}$-Normal-Natriumthiosulfatlösung, welcher 0,0248 g $Na_2S_2O_3 + 5H_2O$ enthält = 0,0127 g Jod zu binden vermag.

**† Tinctura Jodi. Jodtinktur.** Ist in den verschiedenen Pharmakopöen von verschiedener Stärke. Man bereitet sie durch Auflösen von Jod in der vorgeschriebenen Menge Weingeist unter Ausschluss von Erwärmung. Wem das zu einfach ist, der kann sich eines Auflösungsgefässes bedienen, wie solche von Warmbrunn Quilitz & Co. in Berlin hergestellt werden.

**Austr. Tinctura Jodi.** Jodi 10,0, Spiritus (90 proc.) 150,0. Höchstgaben: *pro dosi* 0,3, *pro die* 1,0.

**Brit. Tinctura Jodi.** Jodi, Kalii jodati, Aquae āā 25,0 g, Spiritus (90proc.) q. s. ad 1 Liter. Dient vorzugsweise zum inneren Gebrauche. **Liquor Jodi fortis (Strong**

**solution of Jodine).** Jodi 50,0 g, Kalii jodati 30,0 g, Aquae 50,0 g, Spiritus (90proc.) 360 ccm. Ist die zum äusseren Gebrauch bestimmte Lösung.

**Gall. Teinture d'jode.** Jodi 10,0 g, Spiritus (90proc.) 120,0 g.

**Germ.** Jodi 10,0, Spiritus 100,0. Höchstgaben: *pro dosi* 0,2, *pro die* 1,0.

**Helv. Tinctura Jodi.** Jodi 10,0. Spiritus (96proc.) 90,0 Höchstgaben: *pro dosi* 0,25, *pro die* 1,0.

**U-St.** Jodi 70,0, Spiritus (95proc.) q. s. ad 1 Liter.

Die Jodtinktur ist vorsichtig aufzubewahren in Flaschen mit Glasstopfen, da Korkstopfen zerstört werden. Im Verlaufe der Aufbewahrung entstehen durch Einwirkung des Jods auf den Alkohol nicht unbeträchtliche Mengen von Jodwasserstoff. Eine ältere Jodtinktur wirkt daher stärker reizend auf die Haut als eine frisch bereitete. Man beachte auch, dass Brit. zwei Lösungen von verschiedener Stärke aufführt, und dass die Tinctura Jodi Brit. etwa nur $^1/_4$ soviel Jod enthält, als die Tinctura Jodi Germ.

**† Tinctura Jodi fortior, Stärkere Jodtinktur** (Ergänzb. Hamb. V.). Jodi 1,0, Alkohol absoluti 8,0. Ist ohne Erwärmen durch Maceration in einer mit Glasstopfen verschlossenen Flasche zu lösen. Spec. Gew. 0,871—0,875.

**† Tinctura Jodi decolor** (Ergänzb. Hamb. V.). **Tinctura Jodi decolorata** (Nat. form.). **A.** Ergänzb.: Rp. Jodi, Natrii thiosulfurici, Aquae ää 10,0. Nach erfolgter Auflösung fügt man hinzu Liquoris Ammonii caustici (10proc.) 15,0 und nach einigem Umschütteln Spiritus (90proc.) 75,0. Nach dreitägigem Stehen an einem kühlen Orte zu filtriren und kühl und vorsichtig aufzubewahren. Spec. Gew. 0,940—0,945. **B.** Nat. form.: Jodi, Natrii thiosulfurici ää 83,0 g, Aquae 100 ccm, Liquoris Ammonii caustici fortis (von 28 Proc.) 65 ccm, Spiritus (95proc.) q. s. ad 1 Liter.

**III. † Jodum trichloratum.** (Ergänzb.) **Jodtrichlorid $JCl_3$. Mol. Gew. = 233,5.** Zur Darstellung leitet man mittels weiter Röhren einen kräftigen Strom von trocknem Chlorgase durch eine dreihalsige Flasche, in welche aus einer in den mittleren Tubus eingesetzten Retorte trockenes Jod hineinsublimirt wird. $J_2 + 3\,Cl_2 = 2\,JCl_3$.

***Eigenschaften.*** Pomeranzengelbe Nadeln oder Tafeln von durchdringend stechendem, bromähnlichem Geruche. Spec. Gew. = 3,11. Sie schmelzen bei etwa 25° C. unter Zerfall in Chlor und Jodmonochlorid. $JCl_3 = Cl_2 + JCl$. Löslich in 5 Th. Wasser. Chloroform entzieht dieser Lösung kein Jod; wohl aber ist dies der Fall, wenn man etwas Zinnchlorür zufügt. In wenig Wasser löst es sich unzersetzt auf, durch viel Wasser wird es in Jodmonochlorid, Jodsäure und Chlorwasserstoff zerlegt: $4\,JCl_3 + 6\,H_2O = 2\,JCl + 2\,JO_3H + 10\,HCl$. Schüttelt man die wässerige Lösung mit Schwefelkohlenstoff, so bleibt letzterer zunächst ungefärbt, nimmt aber allmählich rosarothe Färbung an, indem nach der Gleichung $6\,JCl_3 + 4\,CS_2 = 2\,CCl_4 + 2\,CSCl_2 + 3\,S_2Cl_2 + 6\,J$ freies Jod abgeschieden wird. In Alkohol und Aether ist das Jodtrichlorid zwar löslich, doch tritt zugleich eine Einwirkung auf diese Lösungsmittel ein. — Versetzt man die wässerige Lösung (1 : 10) mit reichlichen Mengen konc. Schwefelsäure, so fällt ein weisser, später gelb werdender Niederschlag aus. Erhitzt man das Präparat im Probirrohre mit etwas Zucker oder Oxalsäure, so treten violette Joddämpfe auf.

Es enthält 54,4 Proc. Jod und 45,6 Proc. Chlor.

***Prüfung.*** 1) 10 ccm einer wässerigen Lösung (1 : 10) sollen durch einige Tropfen Stärkelösung nicht sofort (!) blau gefärbt werden. 2) Werden 0,05 g Jodtrichlorid und 2 g Kaliumjodid in 30 ccm Wasser gelöst, so sollen zur Bindung des ausgeschiedenen Jods mindestens 8 ccm $^1/_{10}$-Normal-Natriumthiosulfatlösung erforderlich sein. — 3) 0,1 g Jodtrichlorid verflüchtige sich beim Erhitzen im Probirrohre, ohne einen Rückstand zu hinterlassen.

***Aufbewahrung.*** Vorsichtig und vor Licht geschützt aufzubewahren. Man halte das Präparat in gut geschlossenen kleinen Gefässen an einem kühlen Orte.

***Anwendung.*** Das Jodtrichlorid wird als Antisepticum angewendet. Die wässerige Lösung 1 : 1000 entspricht einer 4proc. Karbolsäurelösung bez. einer 0,1 proc. Sublimatlösung. Man verwendet diese Lösung zur Desinfektion der Hände und der Instrumente; die Lösung 1 : 1200 zu Einspritzungen bei Gonorrhoe, Lösungen von 0,02 : 100,0 als Desinficiens in der Augenpraxis. Innerlich mehrmals täglich 1 Esslöffel einer wässerigen

Lösung 0,1 : 120,0 an Stelle des Chlorwassers bei Dyspepsien des Magens, welche durch Mikroorganismen verursacht werden. Die Lösungen sind stets frisch zu bereiten und nicht zu lange aufzubewahren.

**† Solutio Jodi trichlorati 20 Proc. ex tempore.** Man reibt 5,5 g Jod mit 40 g Wasser an und leitet in die Mischung Chlorgas, bis das Jod vollständig gelöst und die Lösung mit Chlor gesättigt ist.

**IV. † Jodum tribromatum. Jodtribromid. $JBr_3$. Mol. Gew. = 367.** Wird durch Auflösen von 10 Th. Jod in 19 Th. Brom erhalten. Dunkelbraune, durchdringend riechende Flüssigkeit. — Die wässerige Lösung 1 : 300 wird in Form von Verstäubungen und Gurgelwässern bei Angina diphtherica der Kinder angewendet.

**V. † Sulfur jodatum.** (Ergänzb.) **Sulfur semijodatum. Jodum sulfuratum. Sulfur jodatum Escularii. Jodschwefel.** Keine chemische Verbindung.

***Darstellung.*** 1 Th. gereinigter Schwefel und 4 Th. Jod werden in einem Porcellanmörser sorgfältig zusammengerieben. Man bringt die Mischung in ein Glaskölbchen, verschliesst dieses locker (!) mit einem Kreidestopfen und erhitzt es im Sandbade, bis die Mischung grade schmilzt (80° C.). Man lässt das Kölbchen erkalten, zerschlägt es und bringt die zerkleinerten Stücke der Masse in ein gut geschlossenes Gefäss.

***Eigenschaften.*** Schwarzgrüne, blätterig-krystallinische, unregelmässige Stücke, beim Erhitzen im Probirrohre ein ungleichartiges, vollständig flüchtiges Sublimat gebend, nicht in Wasser, leicht in Schwefelkohlenstoff und in Glycerin löslich. Weingeist oder Aether lösen das Jod heraus.

***Aufbewahrung.*** Vorsichtig, in kleinem Gefässe mit gut eingeschliffenem Glasstopfen. Wegen des Entweichens von Joddämpfen setzt man dieses nur selten vorkommende Präparat noch in ein zweites Glasgefäss ein.

***Anwendung.*** Es findet nur noch selten Anwendung. Aeusserlich in Salben mit Schmalz (1 : 10,0 — 20,0) bei verschiedenen Hautexanthemen. Innerlich mit andern Pulvern gemischt als Unterstützung der äusseren Anwendung. Höchstgaben: 0,05 *pro dosi*, 0,2 *pro die.*

**Sulfur jodatum Biett.** Wird das vorstehende Präparat aus gleichen Theilen Jod und Schwefel bereitet.

**Acidum carbolicum jodatum** (Nat. form.).
**Phenolum jodatum.**

| Rp. | | |
|---|---|---|
| | Jodi pulverati | 20,0 |
| | Acidi carbolici | 60,0 |
| | Glycerini | 20,0. |

**Aether Jodi Magendie.**
Tinctura Jodi aetherea.

| Rp. | | |
|---|---|---|
| | Jodi | 1,0 |
| | Aetheris | 15,0. |

**Albumen jodatum.**
Albumine jodée. Jodalbumin.

| Rp. | | |
|---|---|---|
| | 1. Albuminis ovi recentis | 80,0 |
| | 2. Tincturae Jodi | 10,0 |
| | 3. Aquae calidae | 20,0. |

Man erwärmt im Porcellanmörser 1 auf 50° C., und mischt tropfenweise 2 darunter, setzt schliesslich 3 hinzu. Die Lösung enthält 10 Proc. trockenes Jodalbumin. — Um das trockene Präparat zu erhalten, streicht man die Lösung auf Glasplatten, trocknet bei 50° C. (!) und pulvert.

**Balsamum contra Perniones Dr. Mutzenbecheri.**
Dr. Mutzenbecher's Frostbalsam (Hamb. V.).

| Rp. | | | |
|---|---|---|---|
| | Jodi | | |
| | Camphorae | ää | 3,0 |
| | Aetheris | | 20,0 |
| | Collodii elastici | | 74,0. |

**Balsamum contra Perniones I.**
Frostbalsam (Hamb. V.).

| Rp. | | | |
|---|---|---|---|
| | 1. Camphorae | | 2,0 |
| | 2. Tincturae Benzoës | | 20,0 |
| | 3. Kalii jodati | | 5,0 |
| | 4. Aquae Rosae | | |
| | 5. Spiritus diluti | ää | 30,0 |
| | 6. Liquoris Plumbi subacetici | | 27,0 |
| | 7. Saponis medicati | | 26,0 |
| | 8. Aquae Rosae | | |
| | 9. Spiritus diluti | ää | 30,0. |

Man löst bez. mischt 1—6, andererseits bereitet man unter Erwärmen eine Lösung von 7—9 und mischt beide Flüssigkeiten.

**Candelae Jodi Roumier.**

| Rp. | | |
|---|---|---|
| | Jodi | 3,0 |
| | Carbonis Ligni pulv. | 15,0 |
| | Benzoës pulv. | 7,5 |
| | Balsami Tolutani | 1,5 |
| | Kalii nitrici | 3,0 |
| | Mucilaginis Tragacanthae | q. s. |

Fiant candelae No. 30. Zum Räuchern und zur Inhalation.

**Collodium jodatum** (Nat. form.).

| Rp. | | |
|---|---|---|
| | Jodi | 5,0 |
| | Collodii elastici | 95,0. |

**Emplastrum jodatum** EBERS.

Rp. 1. Kalii jodati 1,0
2. Jodi 0,5
3. Emplastri saponati 60,0.

Man reibt 1 und 2 zusammen und mischt sie zu 3, welches vorher erweicht worden ist.

**Glycerinum jodatum.**

Jodglycerin (Münch. V.).

Rp. Jodi pulverati
Kalii jodati āā 1,0
Glycerini 98,0.

**Glycerinum jodatum** HEBRA, MAX RICHTER.

MAX RICHTER's kaustische Jodlösuug.

Rp. Jodi
Kalii jodati āā 5,0
Glycerini 10,0.

Zu Aetzungen bei Lupus, sekundär-syphilitischen Geschwüren.

**Guttae contra taeniam** NEWINGTON.

NEWINGTON's Bandwurmmittel.

Rp. Jodi 0,75
Kalii jodati 2,25
Aquae destillatae 30,0.

Dreimal täglich 10 Tropfen.

**Guttae jodatae Lugol.**

Liquor jodatus Lugol ad usum internum

Rp. Kalii jodati 3,0
Jodi 1,5
Aquae destillatae 30,0.

**Jodotanninum.**

Acidum jodotannicum. Liquor jodotannicus.

Rp. Jodi triti 5,0
Spiritus (90 Proc.) 20,0
Aquae destillatae 50,0
Acidi tannici 25,0.

Agitando fiat solutio.

**Lac jodatum.**

Rp. Lactis vaccini recentis 90,0
Tincturae Jodi 11,0.

Man schüttele oder rühre, bis die Farbe des Jods verschwunden ist. Enthält etwa 1 Proc. Jod chemisch gebunden.

**Linimentum Jodi** (Nat. form.).

Rp. Jodi 125,0 g
Kalii jodati 50,0 g
Glycerini 35,0 ccm
Aquae 65,0 ccm
Spiritus (95 Proc.) q. s. ad 1 l.

**Linimentum joduratum vesicans** NÉLIGAN.

Rp. Jodi 10,0
Kalii jodati 4,0
Camphorae 2,0
Spiritus (90 Proc.) 60,0.

**Liquor Jodi causticus** (Nat. form.).

CHURCHILL's Jodine caustic.

Rp. Jodi puri 25,0
Kalii jodati 50,0
Aquae destillatae 100,0.

**Liquor Jodi carbolatus** (Nat. form.).

BOULTON's solution. French mixture.

Rp. Liquoris Jodi compositi (U-St.) 15,0 ccm
Acidi carbolici puri 5,5 „
Glycerini 165,0 „
Aquae destillatae q. s. ad 1 l.

**Liquor Jodi compositus** (U-St.)

LUGOL's Solution.

Rp. Jodi 5,0 g
Kalii jodati 10,0 g
Aquae q. s. ad 100,0 g.

**Oleum jodatum** BERTHÉ, PERSONNE.

Rp. 1. Jodi 1,0
2. Olei Amygdalarum (vel Olivarum) 200,0.

Man reibt 1 mit 2 an und erwärmt die Mischung, bis das Jod entfärbt ist. Frisch zu bereiten.

**Oleum jodophosphoratum** BERTHÉ.

Huile jodo-phosphorée.

Rp. Jodi 5,0
Phosphori 0,1
Olei Amygdalarum 1000,0.

Ersatz des Leberthrans.

**Saponimentum Jodi.**

Jod-Opodeldok (E. DIETERICH).

Rp. 1. Saponis stearinici 40,0
2. Spiritus (90 Proc.) 840,0
3. Tincturae Jodi 100,0
4. Olei Thymi 4,0
5. Olei Rosmarini 6,0
6. Olei Ricini 20,0
7. Spiritus (90 Proc.) q. s. ad 1000,0.

Man löst 1 in 2, fügt 3—6 hinzu und füllt mit 7 bis auf 1000,0 auf.

**Sirupus Amyli jodati.**

Rp. Amyli jodati solubilis 2,5
Sirupi Sacchari 100,0.

**Sirupus Cochleariae jodatus.**

Rp. Tincturae Jodi 3,0
Sirupi Cochleariae 200,0.

Mehrmals täglich 1 Esslöffel bei Skorbut und Katarrhen der Luftwege.

**Sirupus Jodi.**

Rp. Tincturae Jodi 5,0
Sirupi Sacchari 95,0.

**Sirupus Jodi** BONDEYRON.

Rp. Jodi 1,0
Kalii jodati 1,0
Glycerini 5—10,0
Acidi citrici 15,0
Sirupi Sacchari 1000,0.

Täglich 2, später 6 Esslöffel. Bei Syphilis.

**Sirupus jodo-tannicus** GUILLIERMOND.

Rp. Extracti Ratanhae optimi 1,0
Sirupi Sacchari 100,0
Tincturae Jodi 2,0.

**Sirupus Picis jodatus** LEFORT.

Rp. 1. Aquae Picis 350,0
2. Sacchari albi 600,0
3. Tincturae Jodi 10,0
4. Glycerini 50,0.

Man kocht 1 und 2 zum Sirup, fügt 3 und 4 hinzu und filtrirt nach dem Absetzen.

**Solutio antisyphilitica** RICORD.

Rp. Tincturae Jodi 4,0
Kalii jodati 1,0
Aquae destillatae 200,0.

Zum Verbande syphilitischer Ulcerationen.

**Soluté d'jode joduré** (Gall.).

Rp. Jodi
Kalii jodati āā 5,0
Spiritus (90 Proc.) 50,0
Aquae destillatae 90,0.

**Solutio Jodi ad potum mitis** LUGOL.

Rp. Jodi 0,2
Kalii jodati 0,4
Aquae destillatae 1000,0.

**Solutio Jodi ad potum fortior** LUGOL.

Rp. Jodi 0,3
Kalii jodati 0,6
Aquae destillatae 1000,0.

Zum inneren Gebrauche werden von beiden Lösungen täglich 0,2—0,3 Liter mit Zuckerwasser gegeben.

**Solutio Jodi caustica** LUGOL.

Rp. Jodi 10,0
Kalii jodati 20,0
Aquae destillatae 20,0.

Aeusserlich als Aetzmittel bei Lupus.

**Solutio Jodi mitis** LUGOL **ad usum externum.**

Rp. Jodi 0,05—0,1
Kalii jodati 0,1—0,2
Aquae destillatae 200,0.

Zu Einspritzungen in Fistelgeschwüre, zum Aufziehen in die Nase.

**Solutio Jodi rubefaciens** LUGOL.

Rp. Jodi 10,0
Kalii jodati 20,0
Aquae destillatae 130,0.

Aeusserlich.

**Solutio Jodi** LUGOL.

I. Form. Berol.

Rp. Kalii jodati 5,0
Tincturae Jodi 20,0
Aquae q. s. ad 200,0.

II. Ergänzb.

Rp. Jodi 1,0
Kalii jodati 2,0
Aquae 17,0.

**Spiritus contra Perniones III** (Hamb. V.).

Rp. Tincturae Jodi 1,0
Spiritus (90 Proc.)
Glycerini ää 2,0
Tincturae Gallarum 5,0.

**Spiritus contra Perniones IV** (Hamb. V.).

Rp. Camphorae
Kalii jodati
Glycerini
Tincturae Benzoës ää 5,0
Spiritus saponati 80,0.

**Spiritus contra Perniones V** (Hamb. V.).

Rp. Kalii jodati
Camphorae
Glycerini ää 5,0
Tincturae Jodi 30,0
Tincturae Gallarum 55,0.

**Spiritus contra Perniones russicus** (Hamb. V.)

Rp. Kalii jodati 5,0
Tincturae Jodi 10,0
Camphorae
Tincturae Benzoës ää 15,0
Glycerini 20,0
Spiritus (90 Proc.) 120,0.

**Tinctura Jodi chloroformiata** TITON.

Rp. Jodi 1,0
Chloroformii 5,0.

3—5 Tropfen werden in ein Schälchen gegossen und inhalirt.

**Tinctura Jodi** CHURCHILL (Nat. form.).

Rp. Jodi puri 165,0 g
Kalii jodati 33,0 g
Aquae destillatae 250,0 ccm
Spiritus (90 Proc.) q. s. ad 1 L.

**Tinctura Jodo-tannica** BOINET.

Rp. Acidi tannici 5,0
Tincturae Jodi 2,5
Aquae destillatae 50,0.

**Trochisci Albuminis jodati.**

Rp. Albuminis jodati pulverati
Sacchari albi ää 40,0
Massae cacaotinae 20,0.

Fiant trochisci No. 100.

**Trochisci Amyli jodati.**

Rp. Amyli jodati 5,0
Gummi arabici 1,25
Sacchari albi 50,0.

Fiant trochisci No. 100.

**Unguentum Jodi** (Form. Berol.).

Rp. Jodi 0,5
Kalii jodati 2,5
Aquae 2,0
Adipis q. s. ad 25,0

(Brit.)

Rp. Jodi
Kalii jodati ää 1,0
Glycerini 3,0
Adipis 20,0.

(U-St.)

Rp. Jodi puri 4,0
Kalii jodati 1,0
Aquae destillatae 2,0
Adipis benzoati 93,0.

**Unguentum Jodi compositum** (Hamb. V.).

Rp. Jodi 3,0
Kalii jodati 6,0
Aquae 4,0
Adipis suilli 87,0.

**Unguentum Jodi** RADEMACHER.

Rp. Jodi 1,6
Spiritus gtt. nonnullas
Adipis 30,3.

**Unguentum joduratum** LUGOL.

| Rp. | I | II | III |
|---|---|---|---|
| Kalii jodati | 1,2 | 8,0 | 10,0 |
| Jodi | 0,6 | 1,0 | 1,2 |
| Adipis | 60,0 | 60,0 | 60,0. |

**Unguentum Kalii jodati cum Jodo** (Ergänzb.).

Rp. Kalii jodati 10,0
Jodi 1,0
Aquae 9,0
Adipis suilli 80,0.

**Unguentum Sulfuris jodati.**

Rp. Sulfuris jodati 5,0
Glycerini gtt. XV
Adipis suilli 45,0.

**Aetzflüssigkeit für Eisen und Stahl.** Tincturae Jodi 10,0, Kalii jodati 1,0, Aquae destillatae 5,0. Zum Aetzen von Figuren und Schriftzügen in Eisen und Stahl.

**Amylum jodatum. Jodamylin. Jodstärke 5 Proc.** Man löst 5,0 Jod in 60 Th. Alkohol und mischt diese Lösung zu 100 Th. feingepulverter Weizenstärke. Die Mischung wird in dünner Schicht an der Luft getrocknet und zu Pulver zerrieben bald in dunkle Standgefässe gebracht. E. DIETERICH. Innerlich zu 0,5—2,5 g zwei bis viermal in Pulvern. Aeusserlich mit Lanolin 1 : 10 an Stelle von Jodtinktur-Pinselungen.

**Amylum jodatum solubile. Dextrinum jodatum 5 Proc.** Eine Lösung von 5,0 Jod in 25,0 Aether wird mit 100,0 weissem Roh-Dextrin gemischt. E. DIETERICH.

**Encre pour les dames von Quesneville** ist eine Auflösung von Jodstärke in Wasser.

**Amylojodoform.** Hat nichts mit Jodoform zu thun, sondern ist eine Verbindung von Jodstärke mit Formaldehyd.

**Eudont** von R. HUMMEL-Dresden, Mittel gegen Zahnschmerzen. Olei Caryophyllorum, Spiritus, Camphorae ää 2,0 g, Chloroformii gtt. V, Tincturae Jodi, Glycerini ää 3,0.

**Huile jodé** von BERTHÉ. Ist eine in der Wärme bereitete Lösung von 1 Th. Jod in 220 Th. Mandelöl.

**Gossypium jodatum. Coton jodé** (Gall.). **Xylum jodatum. Jod-Watte.** Gossypii depurati siccati (!) 25,0, Jodi subtiliter pulverati 2,0. Man vertheilt das Jod so gut als möglich in der Baumwolle, bringt das Ganze in eine 1-Literflasche mit eingeriebenem Stöpsel. Dann stellt man die geöffnete Flasche (wegen des Druckausgleichs) in fast siedendes Wasser, setzt nach wenigen Minuten den Stopfen auf und hält die Flasche noch mindestens 2 Stunden bei 100° C., bis alles Jod in die Baumwolle sublimirt ist. In gut verschlossenen Gefässen aufzubewahren.

**† Imidjod.** Eine noch nicht genügend genau beschriebene Verbindung. Durch Erhitzen einer verdünnten Lösung von Paraäthoxyphenylsuccinimid in verdünnter Essigsäure mit Jod-Jodkalium zu erhalten. Rhombische, bei 175° C. schmelzende Krystalle, welche im auffallenden Lichte dunkel, fast schwarz sind, im durchfallenden Lichte dagegen roth erscheinen. Als Wundantisepticum vorgeschlagen.

**Jodamyl-Formol.** Jod 2,5, Thymol 1,25, Stärke 96,25, Formaldehyd Spur. AUFRECHT.

**Jodia** von BATTLE & Co., eine amerikanische Specialität, ist ein Auszug von Stillingia, Helonias, Menispermum etc., mit Jodkalium und Ferriphosphat.

**Jodcigarren,** französische Specialität, sind aus Tabak hergestellt, welcher mit Jodalkalien getränkt worden ist. Sie haben die erwartete Wirkung nicht, weil Jod in den Tabaksrauch nicht übergeht.

**Jodterpin** von A. LIEVEN. Ersatz für Jodtinktur. Durch Auflösen von Jod in Terpin erhalten. Dunkelbraune Flüssigkeit vom spec. Gew. 1,190. Leicht löslich in Benzol, Chloroform, Aether und Petroläther, weniger leicht in Alkohol. Der Jodgehalt soll 50 Proc. betragen. Soll von der Haut leicht resorbirt werden, ohne diese zu zerstören. Jodterpin-Wundstreupulver wird durch Vermischen von 1—20 Th. Jodterpin mit 99—80 Th. sterilem Kaolin dargestellt.

**Jodwasser.** Als Reagens in der chemischen Analyse, z. B. zum Nachweis des Glykogens, ferner in der mikroskopischen Analyse zum Nachweis der Stärke. Man reibt eine kleine Menge Jod mit Wasser an, lässt unter Umschütteln einige Zeit stehen und giesst klar ab oder filtrirt. Bräunlich-gelbe Lösung.

**Papier EYMONNET.** Besteht aus drei aufeinander gelegten Lagen von starkem Filtrirpapier. Lage 1 wird mit einer Lösung von Kaliumjodid (KJ) getränkt. Lage 2 bleibt unpräparirt. Lage 3 wird mit einer Lösung von Kaliumjodat ($KJO_3$) + Weinsäure getränkt. Das Ganze ist in Guttaperchapapier eingeschlagen. Werden die drei Papiere befeuchtet, so wird freies Jod gebildet.

**Papier GAUTIER.** Drei aufeinander gelegte Blätter Filtrirpapier von 11 × 17 cm Fläche, welche in regelmässigen Abständen durch Tröpfchen von Asphaltlack mit einander verbunden sind. Lage 1 ist reines Filtrirpapier. Lage 2 ist mit Kaliumjodid, Kaliumjodat und einer Spur Natriumthiosulfat getränkt. Lage 3 mit Kaliumbisulfat getränkt. Das Ganze ist in Guttaperchapapier eingeschlagen. Entwickelt beim Befeuchten freies Jod.

**VI. $\alpha$-Eigon. Alpha-Eigon.** Eine von K. DIETERICH dargestellte Jodeiweissverbindung. — Die Vorschrift, nach welcher dieses Präparat dargestellt wird, ist noch nicht bekannt geworden. Man wird wohl aber nicht fehlgehen in der Annahme, dass die Darstellung durch Einwirkung von Jodsäure + Jodwasserstoffsäure auf Eiweiss erfolgt.

Ein hellockerfarbiges Pulver von schwachem Peptongeruch, fast unlöslich in Wasser. Zieht man das Pulver mit Wasser aus, so giebt das farblose Filtrat mit Silbernitrat eine sehr schwache gelbliche Trübung. Uebergiesst man das Pulver mit Natronlauge, so quillt es auf; fügt man einige Tropfen Kupfersulfatlösung hinzu, so erhält man eine violettgefärbte Flüssigkeit. In heisser Natronlauge löst sich das Pulver zu einer gelblichen Flüssigkeit.

Im trocknen Probirrohre erhitzt, tritt wohl Zersetzung ein, aber Joddämpfe sind nicht ohne weiteres wahrzunehmen. Uebergiesst man das Pulver mit konc. Schwefelsäure, so färbt es sich etwa wie amorpher Phosphor, indessen wird jetzt durch Chloroform kein

Jod aufgenommen. Beim Erhitzen mit konc. Schwefelsäure dagegen treten massenhaft Joddämpfe auf.

Das Präparat enthält etwa 20 Proc. Jod an Eiweiss gebunden. Es wird äusserlich als Ersatz des Jodoforms angewendet; es ist geruchlos und frei von Nebenwirkungen.

**α-Eigon-Natrium. Alpha-Eigon-Natrium.** Gleichfalls von K. Dieterich dargestellt. Hellgelbliches Pulver, löslich in Wasser zu einer hellgelb, etwa wie Rheinwein gefärbten Lösung von schwach saurer Reaktion. Die Lösung wird durch verdünnte Salzsäure hellgelblich gefällt. Durch Silbernitratlösung entsteht in der Lösung eine gelblichweisse Fällung. Gegen Kupfersulfatlösung + Natronlauge sowie gegen konc. Schwefelsäure in der Kälte wie in der Wärme verhält sich dieses Präparat wie das vorige.

Es enthält circa 15 Proc. Jod und hinterlässt beim Veraschen etwa 25 Proc. einer weissen Asche.

Das α-Eigon-Natrium wird an Stelle der Jodalkalien zur inneren Therapie angewendet. Es ist im Gegensatz zu den vorigen frei von Nebenwirkungen, verursacht z. B. nicht Jodismus.

**β-Eigon. Beta-Eigon. Jod-Pepton.** Gleichfalls von K. Dieterich dargestellt. Ein bräunliches Pulver, in Wasser zu einer bräunlichen Flüssigkeit löslich, die beim Erhitzen nicht getrübt wird. Es reagirt stark sauer. Die wässerige Lösung giebt mit Silbernitrat einen lebhaft gelben Niederschlag, welcher aber nicht Silberjodid ist, denn er löst sich leicht in Ammoniakflüssigkeit auf. Gegen Kupfersulfat + Natronlauge, ferner gegen konc. Schwefelsäure verhält sich das Präparat wie die vorigen.

Das Salz enthält 15 Proc. Jod in organischer Bindung und wird als Ersatz der Jodalkalien zur inneren Jod-Therapie angewendet.

**VII. Jodalbacid.** Das Präparat ist das Natronsalz eines mit 8—9 Proc. Jod substituirten Eiweisses; das Jod befindet sich darin in organischer Bindung. Dargestellt wird es durch Einwirkung von Jod auf Eiweiss in neutraler Lösung. Gelbliches Pulver, geruch- und geschmacklos, quillt mit wenig Wasser auf und löst sich beim Kochen mit mehr Wasser leicht auf.

Die Lösung sei neutral oder sehr schwach alkalisch. Säuert man sie an, so fällt der freie Jodeiweisskörper unlöslich aus. Das Filtrat von der Fällung darf, mit Salzsäure, Natriumnitrit und etwas Chloroform versetzt und geschüttelt, das Chloroform nicht oder nur ganz schwach violett färben. — Erhitzt man das trockene Pulver mit konc. Schwefelsäure, so treten violette Joddämpfe in Menge auf. Aufbewahrung. Vor Feuchtigkeit geschützt.

Das Jodalbacid wird an Stelle der Jodalkalien zur inneren Jod-Therapie angewendet. Es sollen ihm unangenehme Nebenwirkungen, wie Jodismus, fehlen.

---

# Ipecacuanha.

† **Radix Ipecacuanhae** (Austr. Germ. Helv.). **Ipecacuanhae radix** (Brit.). **Ipecacuanha** (U-St.). **Radix Ipecacuanhae annulata** s. **grisea.** — **Brechwurzel. Ruhrwurzel. Ipecacuanha.** — **Ipécacuanha annelé ou officinal** (Gall.). **Ipéca.** — **Ipecac. Ipecacuanha Root.** Die Wurzel der **Uragoga Ipecacuanha Baill.** (syn.: Cephaëlis Ipecacuanha Willd., Psychotria Ipecacuanha Müll. Arg.), Familie der **Rubiaceae** — **Coffeoideae** — **Psychotriinae** — **Psychotrieae.** Die Pflanze wächst in Wäldern in Westbrasilien von 8—22° südl. Br., besonders in den Staaten Para, Maranhao, Pernambuco, Bahia, Espiritu Santo, Minas geraës, Matto grosso, Rio de Janeiro und Sao Paolo. Seit 1866 macht man in Ostindien Anbauversuche mit der Pflanze.

***Beschreibung.*** Die Droge besteht aus den Wurzeln der Pflanze, die entweder am Grunde des Stengels, oder, wenn die Pflanze niederliegt, auch aus dessen Knoten entspringen. Eine Anzahl dieser Wurzeln fängt an, in einiger Entfernung von der Ursprungsstelle sich zu verdicken, reichlich Stärke zu speichern und dann sich wieder zu verdünnen. Die ursprünglich zahlreich vorhandenen Wurzelzweige sterben, wenn die Wurzel anfängt sich zu verdicken, ab, und an diesen Stellen wächst das Parenchym der Rinde dann zu förmlichen Wülsten heran, die in ihrer grossen Anzahl der Droge das geringelte Aussehen verleihen. In den Furchen zwischen diesen Wülsten reisst die Rinde leicht ein und löst sich auf grössere oder weitere Strecken vom Holz. Die Farbe der Droge ist grau oder graubraun. Auf dem Querschnitte sieht man die starke weissliche oder graue Rinde und den meist nur $^1/_4$ oder $^1/_5$ des Durchmessers ausmachenden hellen Holzkörper. Der Bruch ist glatt oder körnig. Geschmack widerlich bitter, Geruch eigentümlich dumpfig. —

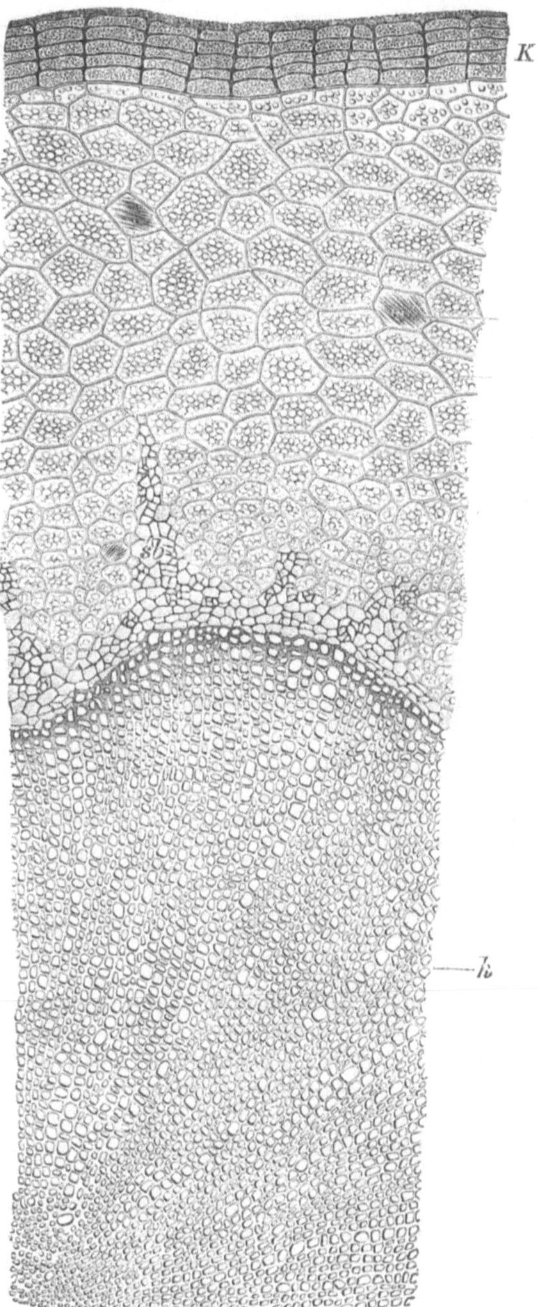


Fig. 9. Nach TSCHIRCH. Querschnitt durch Rio Ipecacuanha. *K* Kork. *sb* Siebröhren. *h* Holz. *r* Raphiden.

Zu äusserst ist die Rinde von einem dünnen, aus flachen Zellen bestehenden, braunen Kork bedeckt. Die Rinde besteht aus rundlichen oder polyedrischen Parenchymzellen, die reichlich Stärke und zuweilen Bündel von Oxalatraphiden enthalten. Die Stärkekörnchen sind einzeln, rundlich oder zu mehreren (bis 12) zusammengesetzt und dann die Theilkörner natürlich mehr oder weniger kantig. Die Theilkörner werden bis 9 $\mu$ gross, lassen Schichtung nicht erkennen, aber häufig einen kleinen centralen Spalt (Fig. 10). Ausserdem erkennt man in der Rinde, besonders in der Nähe des Cambiums, die wenig umfangreichen Siebbündel. Markstrahlen sind nicht zu erkennen. Das Holz erscheint auf dem Querschnitt radial gestreift, lässt aber doch nur eine Form von Elementen erkennen (Fig. 9). Längsschnitte und Macerationspräparate zeigen, dass es hauptsächlich, auch die Markstrahlen, aus stark in der Richtung der Achse gestreckten, verholzten Zellen besteht. Man muss die der Holzstrahlen als Ersatzfasern bezeichnen. Diesen Fasern ganz ähnlich sind die mit kleinen Hoftüpfeln versehenen, etwas längeren Gefässe, die durch runde Löcher, die sich gewöhnlich in der Nähe der Enden befinden, mit einander in Verbindung stehen.

***Bestandtheile.*** Alkaloide: Emetin $C_{15}H_{22}NO_2(C_{30}H_{40}N_2O_5)$. Schmelzpunkt 68° C.; es ist fast farblos, bei längerem Stehen am Lichte gelblich, löst sich leicht in Alkohol, Chloroform, Aether und Benzin, wenig in heissem Petroläther und in Wasser. Nach Verdunstung der Lösungen erhält man es als Firniss. Es gilt als Hauptträger der brechenerregenden Wirkung der Droge. Cephaëlin $C_{14}H_{20}NO_2$. Schmelzpunkt 102° C., es ist farblos, wird aber am Lichte ebenfalls gelb, löst sich weniger leicht wie das vorige in Aether und leicht in Chloroform, Alkohol und siedendem Petroläther. Man erhält es in Büscheln seidenglänzender Nadeln. Ist in Aetzalkalien löslich, Emetin nicht. Cephaëlin soll auch brechenerregend wirken, aber weit weniger wie Emetin. Ausser diesen beiden ist noch ein drittes Alkaloid in der Droge vorhanden, das schwach gelbe, durchsichtige Prismen bildet, die bei 138° C. schmelzen. Ferner erhält die Droge Ipecacuanhasäure $C_{14}H_{18}O_7$ (?), die man für eine glukosidische Gerbsäure hielt, deren einheitliche Natur aber neuerdings geleugnet wird. Sie soll 20 Proc. eines Körpers enthalten, der Aehnlichkeit mit den Saponinen erkennen lässt. Auf dem Gehalt an Ipecacuanhasäure beruht die Wirkung der Droge gegen Dysenterie. Endlich enthält die Droge noch 5 Proc. Rohrzucker, der aber, wahrscheinlich abhängig von der Zeit der Einsammlung, nicht immer vorhanden ist. 2,0—3,22 Proc. Asche, die reich an Kieselsäure ist.

Fig. 10. Stärke aus Rad. Ipecacuanhae. 400 mal vergrössert.

***Bestimmung des Alkaloidgehaltes*** nach Keller.

12 g Ipecacuanhapulver werden in einem 200 ccm-Glase mit 90 g Aether und 30 g Chloroform wiederholt geschüttelt. Nach 5 Minuten giebt man 10 ccm Ammoniak zu, schüttelt während einer halben Stunde häufig um, giebt dann 10 ccm Wasser zu und schüttelt noch eine kurze Zeit, bis das Pulver sich zusammenballt. Dann giesst man 100 g der klaren Lösung ab, die man ev. durch ein mit Aether benetztes Filter filtrirt, giebt in einen Scheidetrichter und schüttelt dreimal mit 25, 15 und 10 ccm 1 proc. Salzsäure, oder so oft aus, bis einige Tropfen der Säure mit Meyer'schem Reagens keine Trübung mehr geben. Die saure, wässerige Lösung giebt man dann in den Scheidetrichter zurück, macht mit Ammoniak alkalisch und schüttelt so oft mit 50, 30, 20 etc. ccm Aether-Chloroform (2 : 3) aus, bis einige Tropfen der Ausschüttelung, verdunstet, mit 1 proc. Salzsäure aufgenommen, mit Meyer'schem Reagens keine Trübung mehr geben. Die Aether-Chloroformlösung wird dann durch ein kleines, mit Aether benetztes Filter in einen Kolben gegossen, die Flüssigkeit abdestillirt, der Rückstand im Wasserbade bis zum konstanten Gewicht getrocknet und gewogen. Das Gewicht = Alkaloidgehalt in 10 g Droge. In der Regel wird hierbei das Alkaloid so rein erhalten, dass die Wägung für praktische Zwecke genügen dürfte. Will man die Alkaloide noch titriren, so löst man den Rückstand in 5 ccm Alkohol, fügt soviel Wasser hinzu, dass eine leichte Trübung entsteht, und titrirt mit $^1/_{10}$-N.-Salzsäure und Hämatoxylin. Er entspricht dann 1 ccm der verbrauchten $^1/_{10}$-N.-Säure 0,0254 g Alkaloid. Die durch das Titriren erhaltenen Werthe sind nur unwesentlich kleiner, als die beim Wägen erhaltenen.

***Sorten, Substitutionen, Verfälschungen, Prüfung.*** Die Ipecacuanhawurzel kommt neuerdings reichlich mit Stengeln vermischt in den Handel, die ausgelesen werden. Diese sind dünner wie die Wurzel, glatt, mit schmaler Rinde, im Centrum mit einem Mark. Da sie leicht in grösserer Menge unter das Pulver gemahlen werden können, so ist daran zu denken, dass sie meist in der Rinde einen mehr oder weniger zusammenhängenden Ring von Steinzellen enthalten, die im Pulver leicht aufgefunden werden können. Vergl. unten.

Der Alkaloidgehalt in der Axe ist zu 0,648 und 1,13 Proc. gefunden, das Alkaloid soll im wesentlichen nicht Emetin sein.

Neben der officinellen, aus Brasilien stammenden, Rio-Ipecacuanha ist seit etwa 10 Jahren eine zweite, aus Columbien stammende Carthagena-Ipecacuanha (vorher als Savanilla-Ipecacuanha bezeichnet) im Handel. Die Stücke sind etwas dicker und weniger wulstig wie bei der officinellen, mit der sie im übrigen im Bau übereinstimmt. Die Stärkekörnchen sind aber etwas grösser, ihre Theilkörnchen messen bis 18 $\mu$. Man leitet diese Sorte von Cephaëlis acuminata Krst. ab. Neben dieser Carthagenawurzel ist einige Mal noch eine zweite Sorte von mehr rothbrauner Farbe im Handel vorgekommen, deren Wülste ebenfalls wenig hervortreten. Sie ist anatomisch dadurch charakterisirt, dass sie im Holz hier und da normale, aus Parenchymzellen bestehende Markstrahlen besitzt. Im Alkaloidgehalt stehen diese beiden Carthagenasorten gegen die Riowurzel wenig zurück, so enthält z. B. die zweite, rothbraune Wurzel 2,05 Proc., die erste, graue, bis 2,9 Proc., bei guter Riowurzel beträgt er 2,7—2,9 Proc., ausnahmsweise allerdings bis 4 Proc. Demnach wäre die Carthagenawurzel neben der officinellen sehr wohl zuzulassen, wenn nicht die letztere viel mehr wirksameres Emetin, als die erstere, in der das Cephaëlin überwiegt, enthielte. Nach Paul und Cownley enthält die Rio-Ipecacuanha in 100 Theilen Alkaloide 72,14 Proc. Emetin und 25,87 Proc. Cephaëlin, die Carthagena-Ipecacuanha enthält 40,5 Proc. Emetin und 56,8 Proc. Cephaëlin, der Rest ist in beiden Fällen die oben erwähnte dritte Base. — Der Sitz der Alkaloide ist in der Droge im wesentlichen in der Rinde, der Holzkörper enthält 0,3 bis höchstens 0,5 Proc.; wo der Gehalt erheblich mehr beträgt, ist anzunehmen, dass man die Wurzel vor dem Schneiden in Wasser eingeweicht hat, oder dass sie auf der Reise durch Seewasser gelitten hat. — Von jeher sind als Ipecacuanha andere Wurzeln darin vorgekommen oder haben zu ihrer Verfälschung gedient. Die folgende Zusammenstellung giebt einen kurzen Ueberblick über die echte Droge und solche seit dem Jahre 1890 vorgekommenen Verfälschungen und Substitutionen.

## A. Wurzeln von Dicotyledonen.

### I. Stärke führend.

a) Bau des Holzes nicht normal.

1. Rio-Ipecacuanha } vergl. oben.
2. Carthagena-Ipecacuanha }

b) Bau des Holzes normal, d. h. Gefässe, Markstrahlen etc. deutlich ausgebildet.

1. Ipecacuanha striata nigra, vielleicht von Cephaëlis spec. abstammend. Stücke dunkelgraubraun, bis 8 mm dick. Einschnürungen der Rinde deutlich, aber weniger reichlich wie bei I. a) 1. In der Rinde Raphidenbündel und Stärke, die aber verkleistert ist. Holz mit deutlichen, 1—2reihigen Markstrahlen. In den Holzstrahlen neben echten Gefässen solche vom Typus der Ipecacuanha.

2. Wurzel von Richardsonia scabra (L.) St. Hil. (Rubiaceae). Ipecacuanha undulata seu farinosa seu amylacea. Meist aus der graubraunen, längsstreifigen, wenig querrissigen Hauptwurzel mit wenig Wurzelfasern bestehend, dann das Holz etwa die Hälfte des Durchmessers einnehmend. Zuweilen die Rinde angeschwollen, dann mit wulstigen Auftreibungen und das Holz nur etwa $^1/_4$ des Querschnittes einnehmend. In der Rinde Oxalat in Nadeln, Stärke in einfachen oder bis zu 4 zusammengesetzten Körnern, deutlich geschichtet, mit excentrischem Spalt. Einzelkörner bis 22,5 $\mu$, zusammengesetzte bis 42,5 $\mu$. Im Holz einreihige Markstrahlen, getüpfelte Gefässe und Fasern. In der Rinde der Axe, die in der Droge reichlich vorhanden zu sein pflegt, Drusen von Oxalat. Enthält 0,03 Proc. Alkaloid, das kein Emetin ist.

3. Wurzeln von Polygala-Arten.

$\alpha$) Polygala violacea St. Hil. Riecht nach Methylsalicylat. Holzig, dunkelbraun, bis 8 mm dick, gestreift, Nebenwurzeln heller. Enthält Stärke. Krystalle fehlen, ebenso fehlen Fasern und Steinzellen in der Rinde. Holz und Rinde gleich dick.

$\beta$) Polygala Caracasana H. B. K. Grau, gestreift, häufig gedreht, bis 3 mm dick. Verhältniss von Holz zu Rinde wie 1 : 2. Enthält Stärke. Krystalle fehlen, ebenso fehlen Fasern und Steinzellen in der Rinde.

$\gamma$) Ebenfalls von einer Polygalacee stammt eine wiederholt vorgekommene Wurzel von gelbweisser Farbe. Sie enthält Stärke, aber kein Oxalat, keine Steinzellen und Fasern in der Rinde. Dicke 5 mm. Verhältniss von Holz zu Rinde 1 : 2—3.

### II. Zucker führend.

Psychotria emetica Mutis (Rubiaceae), Ipecacuanha glycyphloea, Ipecacuanha strié majeur. Häufig als „Carthagena-Ipecacuanha“ vorgekommen. Aeusseres Aussehen der genannten ähnlich, aber Einschnürungen selten, dafür gestreift. Holzkörper vom Bau der echten Droge. In der Rinde Oxalat in Raphiden und keine Stärke, aber reichlich Zucker. Farbe der Rinde häufig bläulich oder violett. Ein mit Salzsäure bereiteter Auszug, mit Chlorkalk eingedampft, wird blauschwarz. Ein Querschnitt mit Salzsäure und Chlorkalk behandelt, wird grünblau.

III. Inulin führend.

1. Jonidium Ipecacuanha St. Hil. (Violaceae). **Ipecacuanha alba lignosa.** Gelbbraun, verästelt, Holzkörper gelb. In der Rinde Steinzellen und Oxalat in Oktaëdern und Prismen. Gefässe bis 30 $\mu$ im Durchmesser, Markstrahlen eine Zellreihe breit.

2. Kirkby's Ipecacuanha (1893). Steinzellen in der Rinde. Markstrahlen bis vier Zellreihen breit.

3. Jonidium spec. (1899) wie 1, aber keine Steinzellen und an Stelle der Einzelkrystalle Drusen in der Rinde. Gefässe bis 130 $\mu$ weit. Aussen graubraun, innen röthlich gelb. Das Holz macht $^1/_2$—$^1/_3$ des Durchmessers aus, zuweilen auch weniger.

**B. Rhizome von Monocotyledonen.**

Rhizom einer Aroidee, vielleicht Cryptocoryne spiralis Fisch. oder Lagenandra lancifolia Thw., aus Ostindien. Die Stücke sind einige Centimeter lang, bis 1 cm dick, gerade oder einfach gebogen, zuweilen fast knollig, graubraun geringelt. Bruch mehlartig oder hornartig, gelblich. Im Querschnitt ein Ring kleiner koncentrischer Bündel, reichlich Stärke, Oxalatraphiden und zahlreiche braune Sekretzellen, die mit Vanillin-Salzsäure roth werden.

Als **Goa-Ipecacuanha** kommt zuweilen die Wurzel der in Ostindien heimischen Naregamia alata W. et A. (Meliaceae) nach Europa. Die ziemlich kurzen Stücke der Droge sind dünner wie die der Ipecacuanha, ebenso die Rinde, die Oelzellen hat. Holzkörper normal. Enthält ein Alkaloid Naregamin. Wirkt ähnlich und in ähnlichen Dosen wie Ipecacuanha.

Für die mikroskopische Untersuchung des Pulvers, das meist gekauft wird, ist also festzuhalten, dass echte Rio-Ipecacuanha sehr reichlich Stärke der oben genannten Form und Grösse, dann Oxalatraphiden und keine echten Gefässe erkennen lässt. Man thut gut, nachdem man die Stärke untersucht hat, 2 g des Pulvers mit 100 g 5 proc. Salzsäure zu kochen, bis alle Stärke entfernt ist, dann absetzen zu lassen und den Bodensatz unter dem Mikroskop zu untersuchen. Das Auffinden von verholzten Elementen: Steinzellen aus dem Stengel, Gefässe aus anderen Wurzeln kann man sich dann dadurch erleichtern, dass man eine kleine Menge des möglichst wenig Wasser enthaltenden Absatzes mit etwas Phloroglucin und Salzsäure behandelt; die gesuchten Elemente (natürlich aber auch die des Holzkörpers der echten Droge) werden dann schön roth und sind leicht aufzufinden. Vereinzelte Steinzellen des Stengels wird man wohl immer finden und nicht beanstanden, man soll aber darin nicht zu nachsichtig sein, da die Versuchung, die, wie erwähnt, sehr reichlich in der rohen Droge vorhandenen Stengel mit zu vermahlen, sehr gross ist. Genau genommen müssen sie völlig fehlen.

Zum Nachweis des Emetins, wenn es zweifelhaft ist, ob eine Wurzel solches überhaupt enthält, kann man 0,2—1,0 g der gepulverten Droge mit 10 g Salzsäure schütteln und nach einiger Zeit filtriren. Einige Tropfen des Filtrats werden, wenn man Chlorkalk darauf streut, feurig orangeroth bis roth.

***Einkauf.*** Im Laufe der letzten Jahre stieg der Kilopreis von 18 auf 42 Mark für echte, ausgesuchte Riowurzel; eine solche fehlte aber zeitweise auf dem Markte gänzlich oder es kam (1893) als „electa" eine Waare in den Handel, die bis zu 75 Proc. aus fast werthlosen Stengeln bestand. Aus diesen Gründen thut man gut, bei günstigen Einkaufsbedingungen einen grösseren Vorrath dieser Wurzel anzuschaffen, um gegen derartige Möglichkeiten gesichert zu sein, zumal Ipecacuanha sich bei sachgemässer Aufbewahrung jahrelang unverändert hält. Man achte darauf, dass „ausgesuchte" Ipecacuanha auch wirklich von den holzigen Stengeln und unverdickten Wurzeln frei ist.

***Zerkleinerungsformen.*** Eine beliebte, für Aufgüsse sehr geeignete, staub- und grusfreie Schnittform sind die „Ipecacuanha-Scheibchen". Sie wird in der Weise gewonnen, dass man die ganze Wurzel für einige Zeit in feuchte (nicht nasse!) Tücher einschlägt, sobald sie genügend erweicht ist, mittels scharfer Messer in möglichst dünne Querscheibchen schneidet und diese wiederum trocknet. Hierbei kommt es vor, dass die Scheibchen sich infolge des Einschrumpfens beim Trocknen mit austretender Stärke bedecken und daher einen weisslichen Belag zeigen, den man leicht für Schimmelpilze halten kann. Die mikroskopische Prüfung giebt hierüber schnell Aufschluss; durch die Emetinbestimmung, die ja ohnehin unerlässlich ist, lässt sich ferner feststellen, ob eine theilweise ausgezogene Wurzel vorliegt; eine derartige Werthverminderung könnte durch förmliches Einweichen der zu schneidenden Wurzel stattgefunden haben. — Die meisten Apotheker werden es übrigens vorziehen, die verschiedenen Zerkleinerungsformen der Brechwurzel selbst herstellen zu lassen. Für Aufgüsse hält man eine Rad. Ipecacuanh. minutim concisa s. contusa, die sogen. „Griesform", vorräthig, welche man in möglichst gleichmässigen Stücken von Senfkorngrösse mittels eines Siebes von etwa 1,5 mm Maschenweite (III Helv.) gewinnt, indem man die Wurzel in einem Metallmörser unter mehr reibender als stampfender Bewegung immer nur in kleineren Mengen und unter häufigem Absieben zerstösst, den zurückbleibenden Holzkörper aber für sich fein zerschneidet und mit dem übrigen mischt. Nach dem Wortlaute der hier in Betracht kommenden Arzneibücher ist der Holzkern aus der geschnittenen Wurzel nicht (!) zu entfernen und deshalb die als „Radix Ipecacuanhae sine ligno concisa" bezeichnete Drogistenwaare von der Verwendung auszuschliessen. Anders bei der

***Pulverung.*** Hier ist zu beachten, dass nach Vorschrift der Helv. und Gall. der Holzkörper nicht ins Pulver übergehen soll, was nach der ersteren einen Verlust von 15, nach der letzteren von 25 Proc. ausmacht; dementsprechend ist natürlich das Ipecacuanhapulver dieser Pharmakopöen wirksamer als das der Austr., Germ., Brit. und U-St., welche den Holzkern mitpulvern lassen. Wird das Pulvern, was sehr selten geschieht, vom Apotheker vorgenommen, so sind Vorkehrungen zu treffen, die jede Staubentwicklung verhüten. Man stösst die bei höchstens 40° C. getrocknete Wurzel in einem Mörser mit Leder- oder Gummikappe und benutzt statt des Siebes den bekannten Mohr'schen Kastenapparat. In der Regel bezieht man die Wurzel als staubfeines Pulver aus den Drogenhandlungen und hat sie dann selbstverständlich in der oben angegebenen Weise zu prüfen.

***Aufbewahrung.*** Brechwurzel und ihre Zubereitungen müssen vorsichtig und in gut verschlossenen Gefässen aufbewahrt werden.

***Wirkung. Anwendung.*** Ipecacuanha wirkt in kleinen Dosen appetiterregend, expektorirend und vermehrt die Speichel- und Schweissekretion, grössere Dosen erregen Uebelkeit und Erbrechen. Sehr grosse Dosen rufen Gastroenteritis hervor. Man giebt sie daher innerlich als krampfstillendes Mittel zu 0,005—0,05 g, als schweisstreibendes Mittel, Hustenmittel und gegen Durchfall zu 0,01—0,1 g in Pulver, Tabletten oder als Aufguss (0,5—1,0 : 150,0—200,0). Zur Erregung von Brechneigung genügen 0,06—0,3 g mehrmals täglich, während als Brechmittel 0,5 — 1,0 — 2,0 g alle 10—15 Minuten im Pulver, mit Amylum āā oder als Schüttelmixtur gegeben werden. Gegen Durchfall und Ruhr wendet man, falls die Brechwirkung vermieden werden soll, die emetinfreie Wurzel (s. unten) an, oder man giebt einen Aufguss (0,5 — 1,0 : 100,0) als Klystier. Neuerdings in dieser Anwendungsform auch gegen hartnäckige Verstopfung bei Frauen und zwar 0,5—1,0 g Fluidextrakt mit 150 g Wasser auf ein Klystier (R. Blondel).

Aeusserlich nur selten in Salben zur Erzeugung von Pusteln oder Geschwüren. — Die Homöopathen geben Ipecacuanha nach dem Grundsatze „Similia similibus" auch bei heftigem Erbrechen.

Es giebt Personen, die eine eigenthümliche Empfindlichkeit gegen Ipecacuanha besitzen, sodass sie diese nicht einnehmen können, da schon ein Stäubchen oder der Geruch, selbst aus einiger Entfernung, Unwohlsein oder Athemnoth verursacht. Durch Perkolation mit Aether soll die gepulverte Brechwurzel diese unliebsame Eigenschaft einbüssen (Pulv. Ipecacuanhae desodoratus). Als Gegenmittel wird Tinctura Quebracho empfohlen.

Ipecacuanhawurzel und ihre Zubereitungen sind dem freien Verkehr entzogen; sie dürfen nur gegen ärztliche Verordnung abgegeben werden.

Höchstgaben hat nur Helv. festgesetzt, und zwar: Höchste Einzelgabe 0,1 g, auf den Tag 0,5 g; höchste Gabe als Brechmittel 5,0 g; höchste Tagesgabe im Aufguss 2,0 g.

**Radix Ipecacuanhae deemetinisata. Rad. Ipecacuanhae ab Emetino liberata.** Auf Anregung von Dr. Kanthack hat E. Merck in Darmstadt zuerst eine emetinfreie Ipecacuanha dargestellt, welche nach den bisherigen Erfahrungen sich bei Ruhr vortrefflich bewährt hat; sie besitzt die antidysenterischen Eigenschaften der Wurzel, ohne durch Uebelkeit oder depressive Nebenwirkungen zu belästigen. Dieselbe wird zu 1,25 g 12-, in schweren Fällen 6—8stündlich gegeben. Zur bequemeren Anwendung, besonders im Klystier, stellt die genannte Fabrik auch ein Fluidextrakt daraus her (1 ccm = 1 g Wurzel) und bringt dasselbe als Extractum Ipecacuanhae deemetinisatae fluidum in den Handel. Nach deren Jahresbericht (1896) wurde übrigens in einer, als emetinfrei bezeichneten Wurzel englischer Herkunft noch 0,42 Proc., von anderer Seite sogar 1,2 Proc. Emetin gefunden. — Zur Herstellung der emetinfreien Wurzel wird das Pulver der Droge mit Ammoniak und Chloroform extrahirt, der Auszug mit verdünnter Schwefelsäure angesäuert, das Emetin mit Wasser ausgeschüttelt, der Chloroformauszug dann dem Drogenpulver wieder zugegeben und eingedampft.

† **Extractum Ipecacuanhae alcoole paratum** (Gall.). Extrait d'Ipécacuanha (alcoolique) wird wie Extr. Digitalis alc. par. Gall. (Bd. I, S. 1041, 2) bereitet.

† **Extractum Ipecacuanhae spirituosum.** Emetinum impurum. Brechwurzelextrakt. E. Dieterich. 1 Th. grob gepulverte Brechwurzel zieht man 12 Stunden kalt, dann 48 Stunden bei gelinder Wärme mit 5 Th. 90proc. Weingeist aus, mischt den Auszug mit 5 Th. destillirtem Wasser, destillirt 4 Th. Weingeist ab, filtrirt den Rückstand, dampft ihn zum Sirup ein, setzt ein gleiches Gewicht Weingeist zu und verdampft zur Sirupdicke. Dann streicht man auf Glastafeln und trocknet bei 30° C. vor Licht geschützt. Ausbeute etwa 3,5 Proc.

† **Extractum Ipecacuanhae fluidum** (Helv. U-St.). Brechwurzel-Fluidextrakt. Extrait fluide d'ipécacuanha. Fluid Extract of Ipecac. Helv.: Aus 100 Th. Brechwurzel (VI) und q. s. einer Mischung von 4 Th. Weingeist (94proc.) und 1 Th. Wasser im Verdrängungswege. Man befeuchtet mit 35 Th., erschöpft, destillirt den Weingeist ab, verdampft den Rückstand auf 30 Th., verdünnt mit 100 Th. Wasser, dampft auf 40 Th. ein, filtrirt, bringt das Filtrat durch Nachwaschen mit Wasser auf 60 Th. und stellt durch Mischen mit 40 Th. Weingeist 100 Th. Fluidextrakt dar. — U-St.: Aus 1000 g Ipecacuanhapulver (No. 80) und q. s. einer Mischung von 750 ccm Weingeist (91proc.) und 250 ccm Wasser im Verdrängungswege. Man befeuchtet mit 350 ccm, fängt die ersten 900 ccm für sich auf, und stellt l. a. 1000 ccm Flüssigkeit her. — Klares, rothbraunes, widerlich bitteres Extrakt. 1 ccm, mit 9 ccm Wasser gemischt, trübt sich, wird mit 5 Tropfen verdünnter Salzsäure wieder klar; giebt, auf 20 ccm verdünnt, mit 1,5 ccm Meyer'scher Lösung reichlichen, weissen Niederschlag; im Filtrat muss das Reagens sofort eine Trübung erzeugen, entspricht einem Minimalgehalt von 2,3 Proc. (Helv.). Vorsichtig aufzubewahren. Grösste Einzelgabe 0,05 g, grösste Tagesgabe 0,25 g. — E. Dieterich verfährt wie Helv., erschöpft jedoch mit 90proc. Weingeist und wäscht den Filterrückstand so lange, bis das Ablaufende geschmacklos ist, dampft das Filtrat auf 50 Th. ein und bringt mit q. s. Weingeist auf 100 Th. Zur Erschöpfung braucht man etwa 350 Th. Weingeist. Zur Alkaloidbestimmung werden 8 g Extrakt mit 8 g Wasser verdünnt, 32 g Chloroform und 48 g Aether zugegeben, tüchtig geschüttelt, dann 4 g Ammoniak zugegeben und während einer halben Stunde fleissig geschüttelt. Dann lässt man absetzen und filtrirt 50 g der Aether-Chloroformlösung durch ein trockenes Filter in ein gewogenes Kölbchen und destillirt ab. Den Rückstand trocknet man bis zum konstanten Gewicht, indem man ihn noch zweimal mit 5 und 10 ccm Aether behandelt, und wägt dann oder titrirt (vergl. oben).

† **Extractum Ipecacuanhae liquidum** (Brit.). Liquid Extract of Ipecacuanha. Aus 800 g Ipecacuanhapulver (No. 20), 80 g Calciumhydroxyd und q. s. 90vol.-proc. Weingeist im Verdrängungswege. Man befeuchtet mit 300 ccm, fängt die ersten 675 ccm für sich auf, erschöpft vollständig, lässt gut abtropfen, mischt nun den Inhalt des Perkolators mit dem Kalk und perkolirt nach 24 Stunden von neuem. Von den beiden letzten Auszügen destillirt man den Weingeist ab und löst den Rückstand in dem ersten Auszuge. Nun wird gewichtsanalytisch der Gehalt bestimmt und das Extrakt mittels Weingeist soweit verdünnt, dass es 2—2,25 g Alkaloide in 100 ccm enthält. Gabe 0,03—0,12, als Brechmittel 0,9—1,2.

**Extractum Ipecacuanhae solidum** (E. Dieterich). Infusum Ipecacuanhae siccum. Brechwurzel-Dauerextrakt. 1000 g grob gepulverte Brechwurzel zieht man je 24 Stunden mit 6000 g destillirtem Wasser und 300 g Weingeist, dann mit 3000 g Wasser und 300 g Weingeist aus, löst in dem durch Absetzen und Filtriren geklärten Auszuge je 450 g Zucker und Milchzucker, und bereitet durch Eindampfen, Austrocknen und Zusatz von q. s. Milchzucker 1000 g Extrakt.

**Sirupus Ipecacuanhae** (Austr. Germ. Helv. U-St.). Sirupus cum extracto Ipecacuanhae (Gall.). Brechwurzelsirup. Ipecacuanhasirup. Sirop d'ipécacuanha. Syrup of Ipecac. Germ.: 1 Th. fein zerschnittene Brechwurzel zieht man mit 5 Th. Weingeist und 40 Th. Wasser 2 Tage lang aus und bereitet aus 40 Th. Filtrat und 60 Th. Zucker 100 Th. Sirup. — Austr.: Aus 1 Th. gepulverter Wurzel, 5 Th. verdünntem Weingeist und 40 Th. Wasser ebenso; hier aber 42 Th. Kolatur auf 60 Th. Zucker. — Helv.: 1 Th. Brechwurzel-Fluidextrakt, 99 Th. Zuckersirup. — U-St.: 70 ccm Ipecacuanha-Fluidextrakt mischt man mit 300 ccm Wasser und 10 ccm Essigsäure (36proc.), filtrirt, wäscht mit q. s. Wasser nach, sodass man 500 ccm Filtrat erhält, setzt 100 ccm Glycerin zu, löst 700 g Zucker, was im Verdrängungswege geschehen kann, und bringt mit Wasser auf 1000 ccm. — Gall.: 10 g Ipecacuanha-Extrakt löst man in 30 g Weingeist (60proc.), mischt mit 340 g Wasser und löst 630 g Zucker. Enthält 1 Proc. Extr. Ipecacuanh. — E. Dieterich: 10 Th. Brechwurzel-Dauerextrakt löst man in 990 Th. weissem Sirup. — Die Abgabe dieses Sirups ist in Oesterreich nur gegen ärztliche Verordnung gestattet; man wird ihn aber auch dort, wo es nicht ausdrücklich verboten ist, ihn im Handverkauf abzugeben, nur mit Vorsicht und in kleinen Mengen verabfolgen, oder die Abgabe ganz vermeiden, da schon 50 g als Brechmittel dienen können.

† **Tinctura Ipecacuanhae.** Brechwurzel-Tinktur. Teinture d'ipécacuanha. Ergänzb.: 1 Th. grob gepulverte Brechwurzel, 10 Th. verd. Weingeist (60proc.). — Helv.: Aus 10 Th. Brechwurzel (VI) und q. s. verd. Weingeist (62proc.) stellt man unter Befeuchten mit 4 Th. im Verdrängungswege 100 Th. Tinktur dar. — Austr.: Mittels 60proc. Weingeist ebenso. — Gall.: Aus 1 Th. grob gepulverter Wurzel und 5 Th. Weingeist (60proc.). — Röthlich-braungelbe bis braune Tinktur. 1 ccm, mit 2 Tropfen verd. Salzsäure und 9 ccm Wasser gemischt, wird durch 1 ccm MEYER'sche Lösung sofort flockig gefällt. — Vorsichtig aufzubewahren. Grösste Einzelgabe 0,5 g, grösste Tagesgabe 2,5 g (Helv.).

† **Vinum Ipecacuanhae.** Ipecacuanhawein. Brechwurzelwein. Vin d'ipécacuanha. Ipecacuanha Wine. Wine of Ipecac. Germ.: Aus 1 Th. fein zerschnittener Brechwurzel und 10 Th. Xereswein durch 8tägiges Ausziehen. Bildet bei der Aufbewahrung beständig Bodensätze, welche abzufiltriren sind, da eine klare Flüssigkeit verlangt wird. (Obwohl ein geringer Zusatz von Essigsäure das Nachtrüben verhindert, ist derselbe doch nicht als erlaubt zu bezeichnen.) Zu 10—20—30 Tropfen bei Husten und Durchfall, theelöffelweise bei Kindern als Brechmittel, mit Opium und Pfefferminzöl als Choleratinktur. — Brit.: 50 ccm Ipecacuanha Liquid Extrakt, 950 ccm Xereswein. Als Hustenmittel 0,5—1,8 g, als Brechmittel 15—22,5 g. — U-St.: 100 ccm Ipecacuanha-Fluidextrakt, 100 ccm Weingeist (91proc.), 800 ccm Weisswein. — Nach E. DIETERICH bleibt dieser Wein klar, wenn man einen mittels Gelatine von der Gerbsäure befreiten Sherry verwendet (s. Vinum detannatum).

**† Acetum Ipecacuanhae** (Brit.).

Brechwurzel-Essig. Vinegar of Ipecacuanha.

Rp. 1. Extracti Ipecacuanh. liquid. (Brit.) 50 ccm
2. Spiritus (90 vol. proc.) 100 ccm
3. Acid. acetic. dilut. (4,27 proc.) 850 ccm.

Man mischt, filtrirt und bringt mit q. s. von 3 auf 1000 ccm. Gabe 0,6—1,8.

**Infusum Ipecacuanhae** (Form. Berolin. et Colon.).

Rp. Infus. radic. Ipecacuanh. 0,5 : 175,0
Liquor. Ammonii anisati 5,0
Sirupi simplicis 25,0.

**Infusum Ipecacuanhae compositum.**

Rp. Radic. Ipecacuanh. grosse pulv. 5,0
Tartari depurati 3,0
Aquae ebullient. q. s. ad colatur. 100,0
adde Oxymel. scillitici 15,0.

**Infusum Ipecacuanhae concentratum.**

I.

Rp. Radicis Ipecacuanh. minutim. contus. 10,0
Aquae destill. ebullient. 500,0.

Man zieht die Wurzel zunächst 15 Minuten l. a. mit 250 g, dann nochmals 15 Minuten mit dem Rest des Wassers aus, presst ab und bringt die Seihflüssigkeit mit Wasser auf 500 g. 50 Th. = 1 Th. Brechwurzel. Nicht über 12 Stunden vorräthig zu halten.

II. Nach E. DIETERICH.

Rp. 1. Radic. Ipecacuanh. grosso modo pulv. 25,0
2. Aquae destillatae 250,0
3. Spiritus (90 proc.) 50,0
4. Aquae destillat. 200,0
5. Spiritus 25,0.

Man erhitzt 1 mit 2 $^1/_2$ Stunde im Dampfbade, fügt 3 hinzu, stellt $^1/_2$ Stunde bei Seite, seiht durch und behandelt den Rückstand mit 4 und 5 ebenso. Die Seihflüssigkeit wird filtrirt und mit Wasser auf 500,0 gebracht. 20 Th. = 1 Th. Brechwurzel.

Recepturerleichterungen, von denen I alle Bestandtheile eines frischen, nur durchgeseihten Aufgusses enthält, trübe, vor dem Gebrauch also umzuschütteln ist, während II durch 3 und 5 einen fremden Zusatz erhält, der zwar die Haltbarkeit erhöht und eine klare Flüssigkeit giebt, aber auch (unwirksame?) Bestandtheile abscheidet. Das Filtriren geht sehr langsam von statten.

**Linctus emeticus.**

I. Form. Coloniens.

Rp. Tartari stibiati 0,05
Radic. Ipecac. pulv. 1,0
Aquae destillat.
Sirupi simplicis ää 25,0

Alle 10 Minuten 1 Theelöffel bis zur Wirkung.

II. Nach HUFELAND.

Rp. Radic. Ipecacuanh. plv. 1,2
Tartari stibiati 0,06
Oxymellis scillitici
Sirupi Sacchari ää 15,0
Aquae destillat. 30,0.

Alle 10 Minuten einen halben bis ganzen Esslöffel, bis Erbrechen erfolgt.

**Mixtura contra tussim.**

Rp. Bromoformii gtts. X
Spiritus 10,0
Sirupi Ipecacuanhae
Sirupi opiati
Sirupi Laurocerasi ää 100,0.

3—4mal täglich 1 Esslöffel zwischen den Mahlzeiten. Gegen den Husten der Schwindsüchtigen.

**Mixtura Ipecacuanhae anisata**

(Münch. Nosokom. Vorschr.).

Rp. Infusi Rad. Ipecacuanh. 0,5 : 180,0
Liquor. Ammonii anisat. 2,0
Sirupi simplicis 20,0.

**Mixtura Ipecacuanhae cum Morphino**

(Münch. Nosokom. Vorschr.).

Rp. Infusi Radic. Ipecacuanhae 0,5 : 150,0
Morphini hydrochlorici 0,02
Ammonii hydrochlorici 2,0
Sirupi simplicis 20,0.

**Pastilli seu Trochisci Ipecacuanhae.**

Brechwurzel-Pastillen oder -Zeltchen. Pastilles d'ipécacuanha. Ipecacuanha Lozenges. Troches of Ipecac.

I. Ergänzb.

Rp. 1. Radicis Ipecacuanh. min. conc. 1,0
2. Aquae fervidae 10,0
3. Sacchari pulver. 200,0.

Man lässt 1 mit 2 übergossen 2 Stunden im Dampfbade stehen, seiht durch, mischt die Seihflüssigkeit mit 3 und formt 200 Pastillen.

II. Helvetica.

Rp. Radic. Ipecacuanhae
Tragacanthae āā 10,0
Sacchari 980,0
Aquae 65,0.

Zu 1000 **Pastillen** von 1 g. Jede enthält 0,01 g Brechwurzel.

III. Austriaca.

Rp Radicis Ipecacuanhae pulv. 1,0
Sacchari pulv. 50,0
Spiritus diluti q. s.

zur Bildung einer Masse, aus der 100 Zeltchen zu formen sind.

IV. Britannica.

Rp. Mittels q. s. Fruit Basis (Brit. s. unter Ribes) formt man Pastillen mit je 0,0162 g Rad. Ipecacuanh.

V. United States.

Rp. Radic. Ipecacuanh. pulv. (No. 60) 2,0
Tragacanthae pulv. 2,0
Sacchari subt. pulv. 65,0
Sirupi Aurantii (U-St. Bd. I. S. 858) q. s.

zur Masse, aus der man 100 Pastillen formt.

VI. E. Dieterich.

Rp. Extracti Ipecac. solidi Dieterich 5,0
Sacchari albi pulv. 495,0
Mucilag. Tragacanth dilut. q. s.

Man formt 1000 Pastillen; jede enthält 0,005 Extrakt.

**Pastilli Ipecacuanhae cum Opio** (Helv.).
Vignier-Pastillen. Pastilles de Vignier.

Rp. Radicis Ipecacuanhae
Opii
Croci āā 4,0
Succi Liquiritiae 300,0
Sacchari 688,0
Aquae 65,0.

Man formt Pastillen von 0,5 g; jede enthält 0,002 Brechwurzel und 0,002 Opium.

**Pastilli pectorales** (Ergänzb.).
Hustenpastillen.

Rp. 1. Radic. Ipecacuanh. min. conc. 0,15
2. Aquae fervidae 10,0
3. Morphin. hydrochlorici 0,1
4. Sacchari albi pulver. 100,0.

Man lässt 1 und 2 zwei Stunden im Dampfbade stehen, verdampft die Seihflüssigkeit zur Trockne, mischt mit 3 und 4 und stellt 100 Pastillen her.

**Pilula Ipecacuanhae cum Scilla** (Brit.).
Pill of Ipecacuanha with Squill.

Rp Pulv. Ipecacuanh. compos. 30,0
Bulbi Scillae pulv. 10,0
Ammoniaci pulv. 10,0.

Sirupi Glucosi q. s. ad mass. pilul. Gabe 0,25—0,5. Enthält etwa 5 Proc. Opium.

**Pilulae antidyspepticae** (Nat. form.).
Antidyspeptic Pills.

Rp. Strychnini puri 0,16
Radic. Ipecacuanh. pulv. 0,65
Extract. Belladonn. fol. alcoh. (U-St.) 0,65
Massae Hydrargyri (U-St.) 13,0
Extract. Colocynth. comp. (U-St.) 13,0.

Man formt 100 Pillen.

**Pulvis antidiarrhoïcus** Brera.

Rp. Radic. Ipecacuanhae pulv.
Opii pulv. āā 0,05
Cortic. Cascarill. pulv. 0,5.

Dent. tal. dos. X. 3—4mal täglich 1 Pulver.

**Pulvis contra tussim** Pogatschnik
(Wiener Vorschr.).
Pogatschnick's Hustenpulver.

Rp. Radicis Ipecacuanh. pulv. 2,5
Natrii bicarbonici pulv. 10,0
Sacchari albi pulv. 20,0.

Divide in part. aeq. 40.

**Pulvis emeticus.**
Pulv. Ipecacuanhae stibiatus.
Brechpulver.
(Form. mag. Berolin. et Coloniens.)

Rp. Tartari stibiati 0,1
Radic. Ipecacuanh. pulv. 1,5.

Dent. tal. dos. 2.

**Pulvis emeticus cum Zinco oxydato** Sundelin

Rp. Radic. Ipecacuanh. pulv. 2,0
Zinci oxydati puri 0,75
Elaeosacchari Citri 4,0.

Divide in part. 6. Alle 10 Minuten ein Pulver.

† **Pulvis Ipecacuanhae opiatus**
(Germ. Helv. Austr.).
Pulvis Ipecacuanhae compositus (Brit.). Pulvis Ipecacuanhae et Opii (U-St.). Pulvis Doveri s. Doweri. Dover'sches Pulver. Opiumhaltiges Ipecacuanhapulver. Poudre d'ipécacuanha opiacée. Poudre de Dover (Gall.). Compound Powder of Ipecacuanha. Powder of Ipecac and Opium. Dover's Powder.

Germ. Helv. U-St.

Rp. Radic. Ipecacuanh. pulv. 1,0
Opii pulver. 1,0
Sacchari Lactis pulv. 8,0.

Austriaca.

Rp. Radic. Ipecacuanh. pulv. 1,0
Opii pulv. 1,0
Sacchari pulv. 8,0.

Britannica.

Rp. Radic. Ipecacuanh. pulv. 1,0
Opii pulv. 1,0
Kalii sulfurici pulv. 8,0.

Gallica.

Rp. Radic. Ipecacuanh. pulv. 1,0
Opii pulv. 1,0
Kalii nitrici pulv. 4,0
Kalii sulfurici pulv. 4,0.

Man mischt das Pulver aus den zuvor getrockneten Bestandtheilen und bewahrt es in gut schliessenden Gefässen vorsichtig auf. Beruhigendes, krampfstillendes, schweisstreibendes Mittel, das zu 0,3—0,5—1,0 gewöhnlich Abends genommen wird. Helv. setzt die grösste Einzelgabe auf 1 g, die grösste Tagesgabe auf 4 g fest.

**Pulvis Rhei cum Ipecacuanha.**

Rp. Radic. Ipecacuanhae pulv. 0,1
Rhizomatis Rhei pulv. 0,3.

Dent. tal. dos. 10. Morgens und Abends $^1/_2$ Pulver (bei Keuchhusten).

**Sirupus Asari compositus** (Nat. form.).
Compound Syrup of Asarum. Compound Syrup of Canada Snake-Root.

Rp.
1. Radic. Asari canadens. pulv. (No. 40) 60,0 g
2. Coccionellae pulveratae 1,5 g
3. Kalii carbonici pulverati 2,5 g
4. {Spiritus (91 proc.) 185,0 ccm
Aquae destillatae 350,0 ccm}
5. Vini Ipecacuanhae (U-St.) 30,0 ccm
6. Sacchari albi 700,0 g
7. Aquae destillatae q. s. ad 1000,0 ccm.

Man mischt 1, 2, 3, bringt, mit q. s. von 4 befeuchtet, in einen Perkolator, verdrängt nach 24 Stunden mit dem Rest von 4, dann mit 7, sammelt 500 ccm Perkolat, fügt 5 hinzu, löst 6 unter Schütteln und bringt mit 7, welches zuvor den Perkolator passirt hat, auf 1000 ccm.

**Sirupus de Ipecacuanha compositus** (Gall.). Sirop d'ipécacuanha composé. Sirop de DESESSARTZ. Sirop pectoral incisif de DEHARAMBURE.

I.

| Rp. | | |
|---|---|---|
| | Sirupi Ipecacuanhae | 15,0 |
| | Sirupi Rhoeados | 25,0 |
| | Sirupi Sennae | 50,0 |
| | Sirupi Aurantii florum | 9,0 |
| | Magnesii sulfurici | 1,0. |

II. Gallica.

| Rp. | | |
|---|---|---|
| 1. | Radic. Ipecacuanh. conc. | 30,0 |
| 2. | Folior. Sennae conc. | 100,0 |
| 3. | Vini albi | 750,0 |
| 4. | Herbae Serpylli | 30,0 |
| 5. | Florum Rhoeados | 125,0 |
| 6. | Aquae destillatae ebullientis | 3000,0 |
| 7. | Magnesii sulfurici | 100,0 |
| 8. | Aquae Aurantii florum | 750,0 |
| 9. | Sacchari albi | q. s. |

Man zieht 1 und 2 mit 3 12 Stunden lang aus, presst, filtrirt (I). Den Pressrückstand, 4 und 5 übergiesst man mit 6, presst nach 6 Stunden, löst 7, fügt 8 hinzu, filtrirt, vermischt mit I und löst in 100 g Flüssigkeit 180 g von 9 im Wasserbade.

**Sirupus Ipecacuanhae et Opii** (Nat. form.). Syrup of Ipecac and Opium. Syrup of DOVER's Powder.

| Rp. | | |
|---|---|---|
| 1. | Extracti Ipecacuanhae fluidi (U-St.) | 8,5 ccm |
| 2. | Tincturae Opii deodorati (U-St.) | 85,0 ccm |
| 3. | Sacchari | 775,0 g |
| 4. | Aquae Cinnamomi (U-St.) q. s. ad | 1000,0 ccm. |

Man mischt 1 und 2 mit 350 ccm von 4, filtrirt, löst 3 unter Schütteln und bringt mit q. s. von 4 auf 1000 ccm.

**Tabulettae Ipecacuanhae.** Tabellae cum Ipecacuanha. Brechwurzel-Tabletten. Tablettes d'ipécacuanha.

I. Gallica.

| Rp. | | |
|---|---|---|
| 1. | Radicis Ipecacuanh. pulv. | 10,0 |
| 2. | Sacchari pulv. | 990,0 |
| 3. | Tragacanthae pulv. | 8,0 |
| 4. | Aquae Aurantii florum | 60,0. |

Mittels eines aus 3 und 4 bereiteten Schleimes wird die Mischung von 1 und 2 zur Masse gebracht, woraus man Tabletten von 1 g formt. Jede enthält 0,01 g Ipecacuanha.

II. Nach WEINEDEL (pro receptura).

| Rp. | | |
|---|---|---|
| | Radicis Ipecacuanhae pulv. | 5,0 |
| | Sacchari albi pulv. | 2,0 |
| | Gummi arabici pulv. | 1,0 |
| | Aquae destillatae | gtts. X. |

Man presst 10 Tabletten und bestreut mit Lycopodium.

**Tabulettae Ipecacuanhae opiatae.** DOVER'sche Tabletten.

I. Nach E. DIETERICH.

Man presst 0,25—0,5 DOVER'sches Pulver ohne jeden Zusatz in Tabletten.

II. Nach WEINEDEL (pro receptura).

| Rp. | | |
|---|---|---|
| | Pulv. Ipecacuanh. opiati | 2,0 |
| | Sacchari albi | |
| | Gummi arabici | ää 1,0 |
| | Aquae destill. | gtts. II. |

Man presst 10 Tabletten und bestreut mit Lycopodium.

**Tinctura Ipecacuanhae acida.**

| Rp. | | |
|---|---|---|
| | Radic. Ipecacuanhae conc. | 100,0 |
| | Spiritus diluti | 1000,0 |
| | Acidi sulfurici | 3,0. |

**Tinctura Ipecacuanhae et Opii** (U-St.). Tincture of Ipecac and Opium.

| Rp. | | |
|---|---|---|
| 1. | Tinctura Opii deodorati | 1000 ccm |
| 2. | Extracti Ipecacuanh. fluidi | 100 ccm |
| 3. | Spiritus diluti (41 proc.) | q. s. |

Man dampft 1 im Wasserbade auf 800 g ein, fügt 2 hinzu, filtrirt und bringt durch Nachwaschen des Filters mittels 3 auf 1000 ccm.

**Trochisci Ipecacuanhae** DAUBENTON.

| Rp. | | |
|---|---|---|
| | Radic. Ipecacuanh. | 10,0 |
| | Pastae Cacao vanillatae | 190,0. |

Man formt l. a. 200 Pastillen. Als Hustenmittel täglich 2—3 Stück.

**Trochisci Morphinae et Ipecacuanhae.** Morphine and Ipecacuanha Lozenges. Troches of Morphine and Ipecac.

I. Britannica.

Mittels Tolu-Basis (Band I, S. 457) formt man Pastillen mit je 0,0018 g Morphinhydrochlorid und 0,0054 g Ipecacuanhawurzel.

II. United States.

| Rp. | | |
|---|---|---|
| | Morphini sulfurici | 0,16 g |
| | Radic. Ipecacuanhae pulv. | 0,5 g |
| | Sacchari pulv. | 65,0 g |
| | Olei Gaultheriae | 0,2 ccm |
| | Mucilaginis Tragacanthae | q. s. |

Zu 100 Pastillen.

**Unguentum Ipecacuanhae.** Unguentum rubefaciens HANNAY, TURNBULL.

| Rp. | | |
|---|---|---|
| | Radic. Ipecacuanh. pulv. | |
| | Olei Olivarum | ää 5,0 |
| | Adipis suilli | 10,0. |

Aeusserlich bei Lungenentzündung.

**Brustpillen** von Apoth. REICHELT in Breslau enthalten Brechwurzel, Tolubalsam, Zucker und Lakritzen.

---

# Iris.

Gattung der **Iridaceae — Iridoideae.**

**I. Iris germanica L.** Heimisch im Mittelmeergebiet und in Indien. Blüthen dunkelviolett, Perigonabschnitte am Grunde gelblich-weiss mit braunvioletten Adern. Blüthenscheide von der Mitte an trockenhäutig. **Iris pallida Lam.** Heimisch von Italien bis zum Orient. Blüthen hellviolett, die Perigonabschnitte am Grunde braun geadert. Blüthenscheide ganz trockenhäutig. **Iris florentina L.** Heimisch von Italien durch die Balkanhalbinsel bis zum schwarzen Meer. Blüthen weiss, Perigonabschnitte am Grunde mit braunen Adern. Blüthenscheiden nur am Rande trockenhäutig. Alle drei Arten mit wohlriechenden Blüthen. Vielfach kultivirt. Sie liefern, und zwar hauptsächlich die beiden ersten, im Rhizom

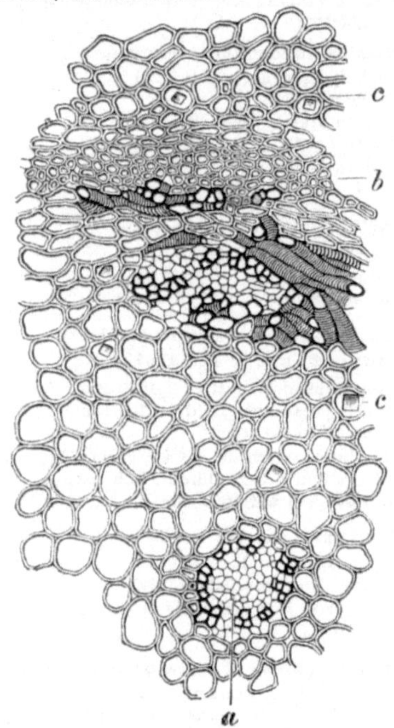

Fig. 11. Querschnitt durch Rhizoma Iridis. c Oxalatkrystalle. b Endodermis. a Gefässbündel.

**Rhizoma Iridis** (Germ. Helv.). **Radix Iridis** (Austr.). **Rad. Iridis s. Ireos florentinae s. germanicae. — Veilchenwurzel. Schwertelwurz. Iriswurzel. Kinderwurzel. Violenwurzel. Zahnwurzel. — Rhizome d'iris de Florence** (Gall.). **Racine d'iris ou de violette. — Iris Root. White Flag Root.**

Man kultivirt die Pflanzen zur Gewinnung des Rhizoms bei Florenz und bei Verona, auch liefern Marokko, Indien und China etwas für den Handel, neuerdings kultivirt man sie auch in Kalabrien.

***Beschreibung.*** Das Rhizom bildet dicke, fleischige, trocken harte, etwas abgeflachte Stücke, die von Zeit zu Zeit Abschnürungen zeigen, die dem jedesmaligen Jahreszuwachs entsprechen. Nach einigen Jahren treibt das Rhizom einen Blüthenschaft, an dessen Grunde sich dann später zwei Seitenknospen zu Rhizomzweigen entwickeln. — Die Droge besteht aus weissen, harten Stücken von etwa 10 cm Länge, die aus 2—3 Jahrestrieben bestehen und die man von der dünnen Korkschicht befreit hat. Trotzdem erkennt man auf der Oberseite die Narben der zweizeilig angeordneten Blätter mit den zahlreichen, punktförmigen Austrittsstellen der Gefässbündel und auf der Unterseite die Reste der Wurzeln. Bruch glatt, innen mehlig oder hornartig. Querschnitt elliptisch oder fast nierenförmig. Rinde etwa 2 mm dick. Gefässbündel koncentrisch (Fig. 11). Im Parenchym reichlich Stärkemehl, dessen grössere Körnchen bis 50 $\mu$ messen. Sie sind ungefähr kegelförmig, an der Basis, wo sich der Leukoplast befunden hat, abgestutzt, das Centrum, oft mit Spalten, an der Spitze des Kegels, von wo häufig zwei Streifen gegen die Basis hinablaufen (Fig. 12). Ferner finden sich im Parenchym reichlich grosse, bis 500 $\mu$ lange und bis 30 $\mu$ breite Oxalatkrystalle, die in eine Schleimhülle eingebettet sind. Im Querschnitt sind sie quadratisch oder rechteckig. Sie, resp. ihre Bruchstücke und die Stärkekörner fallen im Pulver am meisten auf. Das Parenchym ist ziemlich dickwandig und getüpfelt.

Fig. 12. Stärkemehl aus Rhizoma Iridis. 350 mal vergr.

***Bestandtheile.*** 0,1—0,2 Proc. ätherisches Oel. Dasselbe stellt eine gelblichweisse Masse von ziemlich fester Konsistenz dar, die bei 44—50° C. schmilzt. Es dreht rechts. Säurezahl 213—222. Verseifungszahl 2—6; es enthält 85 Proc. Myristinsäure, ferner Myristinsäure-Methylester, Oelsäure und deren Ester, Oelsäurealdehyd; der Träger des Geruches ist das zu 10—15 Proc. im Oel enthaltene Iron $C_{13}H_{20}O$. Ferner enthält die Droge ein Glukosid Iridin $C_{24}H_{26}O_{13}$, das feine, weisse, an der Luft sich rasch gelblich färbende Nadeln bildet, die bei 208° C. schmelzen. Es liefert mit verdünnter Schwefelsäure Traubenzucker und Irigenin $C_8H_{16}O_8$. — Bei Untersuchung des Rhizoms fand Tucker 1,34 Proc. in Petroläther lösliches Wachs und Harz, danach löste Aethyläther 1,83 Proc., absoluter Alkohol löste 4,13 Proc., $^3/_4$ dieses Extraktes sind in Wasser löslich. Wasser löste 14,02 Proc., darin 8,31 Glykose, 1,27 Saccharose. Wässerige Natronlauge löste 30,3 Proc., meist Schleim und Eiweisssubstanzen. Salzsaures Wasser löste 10,3 Proc. — Gehalt an Stärke 16,85 Proc., Wasser 8,74 Proc., Asche 2,12 Proc.

***Verfälschung.*** An Stelle der werthvolleren italienischen Waare kommt zuweilen minderwerthige, unansehnliche, schwächer riechende aus Marokko etc. in den Handel. — Bisweilen wird die Droge in der Absicht, ihr ein zarteres Aussehen zu geben, mit einem Überzug von Kalk, Kreide oder Stärke behandelt, es soll zu diesem Zweck auch Zinkweiss oder Bleiweiss benutzt werden. — Das Oleum Iridis verfälscht man, indem man das Rhizom mit Cedernöl oder anderen ätherischen Oelen zusammen destillirt oder indem man das Oel einfacher mit solchen Oelen mischt. — Das Pulver ist nicht selten mit Stärke verfälscht.

***Aufbewahrung.*** Man hält die Veilchenwurzel in grober Speciesform für Theemischungen und als feines Pulver in Blech- oder Glasgefässen vorräthig. Das Pulver bereitet man aus der in Scheiben geschnittenen, über Aetzkalk oder bei etwa 30° C. getrockneten Wurzel; bei höherer Wärme wird sie leicht gelb und liefert dann kein weisses Pulver.

***Anwendung.*** Innerlich zu Theemischungen, äusserlich als wohlriechender Zusatz zu Zahnpulvern, Wasch- und Streupulvern. In ausgedehntem Maasse zur Bereitung von Essenzen für Parfümeriezwecke. Zur Füllung von Riechkissen verwendet man am besten ein frisch aus Florenz bezogenes Pulver.

**Rhizoma Iridis tornatum s. mundatum.** Rhizoma Iridis pro infantibus besteht aus längeren, ausgelesenen, durch Drechseln oder Feilen geglätteten und abgerundeten Stücken, die man, in Milch erweicht, den Kindern giebt, darauf zu beissen, wodurch das Hervorbrechen der ersten Zähne erleichtert werden soll. Man achte darauf, dass sie nicht etwa mit Bleiweiss berieben sind! Da diese durch den Speichel beständig feucht gehaltenen Veilchenwurzeln bald unsauber werden und eine Brutstätte für allerlei Pilze bilden, so ersetzt man sie besser durch die bekannten Beissringe aus Bein.

**Globuli s. Pisa Iridis.** Iris-Erbsen. Pois d'iris de Paris sind erbsengrosse, aus Veilchenwurzel gedrechselte Kügelchen; sie dienen, mit einer Tinktur aus Kanthariden und Mezereumrinde getränkt, als Fontanellerbsen.

**Tinctura Iridis** (Gall.). Teinture ou Alcoolé d'iris. Aus 1 Th. grob gepulvertem Irisrhizom und 5 Th. 80proc. Weingeist durch 10tägige Maceration.

**Aqua Florida.**

Florida-Wasser.

Rp. Aquae Coloniensis
Mixtur. oleoso-balsamic.
Essentiae Iridis ãã.

Beliebtes Parfüm.

**Corpus ad pastam dentifriciam.**

Grundlage zur Zahnpasta.

| Rp. | Calcii carbonici praecipit. | 800,0 |
|---|---|---|
| | Rhizom. Iridis pulv. | 100,0 |
| | Lapidis Pumicis pulv. | 50,0 |
| | Saponis medicati pulv. | 50,0 |
| | Glycerini | q. s. |

Mit ätherischen Oelen, Farbstoffen und den betreffenden Arzneikörpern giebt diese Mischung die verschiedenen (Kräuter-, Rosen-, Salol-, Thymol- etc.) Zahnpasten (vergl. Bd. I, S. 554).

**Corpus ad pulvinos odoriferos.**

Füllung für Sachets, Riechkissen.

Rp. Rhizom. Iridis minut. conc.
Ligni Santali rubri conc.
Florum Rosae conc.
Albedinis fruct. Aurantii conc. ãã

Die Mischung wird beliebig parfümirt.

**Essentia Fragorum artificialis.**

Erdbeeressenz.

| Rp. | Amylaether. acetici | 25,0 |
|---|---|---|
| | Aetheris acetici | 2,5 |
| | Spiritus diluti | 225,0 |
| | Tinctur. Iridis | 750,0. |

**Essentia Iridis.**

Veilchenduft. Extrait de violette.

I.

| Rp. | Olei Iridis | gtts. V |
|---|---|---|
| | Spiritus diluti | 250,0. |

II.

| Rp. | Jononlösung (SCHIMMEL & Co.) | gtts. IV |
|---|---|---|
| | Orangeextrait (SCHIMMEL & Co.) | 10,0 |
| | Spirit. Jasmini triplic. | 10,0 |
| | Spiritus (95 proc.) | 80,0. |

III. Nach BUCHHEISTER.

| Rp. | Rhizomatis Iridis conc. | 200,0 |
|---|---|---|
| | Spiritus (80 proc.) | 850,0 |

Man macerirt 3 Tage, filtrirt und fügt hinzu:

| | |
|---|---|
| Olei Iridis | 0,5 |
| Olei Bergamottae | 2,5 |
| Olei Pelargon. rosei | 2,5 |
| Olei Amygdalar. am. aeth. | gtts. V |
| Tinctur. Moschi | 2,5 |
| Tinctur. Vanillae | 5,0 |
| Essent. Jasmini | 250,0 |
| Spiritus q. s. ad | 1000,0. |

IV. Nach TÖLLNER.

| Rp. | Tinctur. Iridis flor. | 3000,0 |
|---|---|---|
| | Destilla in balneo vaporis | 2000,0 |
| adde | Extracti Jasmini | 100,0 |
| | Extracti Resedae | 100,0 |
| | Extracti Cassiae | 200,0 |
| | Aquae Rosae | 200,0 |
| | Spiritus (95 proc.) | 300,0 |
| | Jonon | 16,0 |
| | Linalool | 10,0 |
| | Olei Iridis flor. | 2,0 |
| | Infus. Moschi | 15,0 |
| | Infus. Zibethi | 2,0. |

Nach 3 Wochen wird filtrirt.

**Essentia Iridis ad Limonadam.**

Veilchenwurzel-Essenz zu Limonade nach WEINEDEL.

| Rp. | Rhizom. Iridis flor. | 500,0 |
|---|---|---|
| | Spiritus | 500,0 |
| | Aquae destill. | 800,0 |

macerirt man 3 Tage, destillirt über 1000,0 und löst im Destillat

| | |
|---|---|
| Vanillini | 0,05 |
| Cumarini | 0,02. |

**Essentia odoratissima.**

Ess-Bouquet.

| Rp. | Rhizom. Iridis conc. | 300,0 |
|---|---|---|
| | Spiritus (87 proc.) | 1000,0 |

man macerirt 3 Tage, filtrirt und fügt hinzu

| | |
|---|---|
| Olei Rosae | 1,5 |
| Olei Aurantii florum | 2,0 |
| Tinctur. Moschi | 10,0 |
| Essent. Jasmini | 75,0 |
| Aquae destillat. q. s. ad | 1000,0. |

**Pasta dentifricia** (nach VOMÁČKA).

a) Weiche Zahnpasta. Korallen-Zahnpasta.

| Rp. | Talci veneti | 320,0 |
|---|---|---|
| | Caryophyllor. pulv. | 40,0 |
| | Florum Cassiae pulv. | 60,0 |
| | Myrrhae pulv. | 40,0 |
| | Rhizom. Iridis pulv. | 250,0 |
| | Saponis | 80,0 |
| | Boracis | 80,0 |
| | Olei Menthae pip. | 10,0 |
| | Olei Iridis | gutts. II |
| | Solut. Carmini | q. s. |
| | Glycerini | q. s. |

b) Harte Zahnpasta. Zahnseife.

| Rp | Talci veneti | 250,0 |
|---|---|---|
| | Caryophyllor. pulv. | 20 0 |
| | Florum Cassiae pulv. | 60,0 |
| | Fruct. Anisi stellat. | 20,0 |
| | Rhizom. Iridis pulv. | 100,0 |
| | Lapidis Pumicis pulv. | 50,0 |
| | Saponis pulv. | 400,0 |
| | Olei Menthae pip. | 25,0 |
| | Olei Salviae | 2,0 |
| | Extract. ligni Santali | q. s. |
| | Mellis | q. s. |

Man stösst zur steifen Masse, presst in Formen, die mit Seifengeist ausgestrichen sind, schneidet nach 6 Stunden in □Stücke, bestreicht mit Benzoëtinktur und schlägt in Stanniol.

**Pilulae antictericae Rutherford.**

| Rp. | Iridini | |
|---|---|---|
| | Fellis tauri depur. sicci | ää 5,0 |
| | Mucilag. Gummi arab. | q. s. |

Fiant pilul. 100. 4 Pillen abends vor dem Schlafengehen. Bei Gelbsucht, Gallensteinen.

**Poudre à la Maréchal.**

Poudre cosmétique. Weisser Haarpuder.

| Rp. | Rhizomat. Iridis subt. pulv. | 20,0 |
|---|---|---|
| | Talci veneti subt. pulv. | 30,0 |
| | Amyli Tritici subt. pulv. | 50,0 |
| | Tinct. Moschi | 0,5 |
| | Olei Citri | |
| | Olei Bergamottae | ää gtts. V |
| | Olei Aurantii flor. | gtts. II. |

**Pulvis dentifricius Carabelli.**

Carabellis-Zahnpulver.

| Rp. | Calcii carbonici praec. | 465,0 |
|---|---|---|
| | Corticis Cinnamomi pulv. | |
| | Carbonis Tiliae pulv. | |
| | Rhizom. Iridis flor. pulv. | |
| | Sacchari Lactis pulv. | ää 125,0 |
| | Lapidis Pumicis | 30,0 |
| | Sacchari Vanillae | 5,0 |

**Pulvis dentifricius Hahnemanni.**

HAHNEMANN'sches Zahnpulver.

| Rp. | Rhizom. Iridis pulv. | 200,0 |
|---|---|---|
| | Rhizom. Calami pulv. | 300,0 |
| | Carbonis Tiliae | 500,0 |
| | Olei Bergamottae | 5,0. |

**Pulvis dentifricius vegetabilis** POPP.

POPP's vegetabilisches Zahnpulver.

| Rp. | 1. Laccae florentinae | 5,0 |
|---|---|---|
| | 2. Spiritus | 30,0 |
| | 3. Lapidis Pumicis | 45,0 |
| | 4. Calcii carbonici praecip. | 350,0 |
| | 5. Rhizom. Iridis pulv. | 600,0. |

Man verreibt 1 mit 2, setzt nach und nach 4, dann 3 und 5 hinzu, trocknet und schlägt durch ein Sieb.

**Pulvis Infantium** (Wiener Vorschr.).

Kinderberuhigungspulver.

| Rp. | Rhizom. Iridis pulv. | |
|---|---|---|
| | Stipit. Visci albi pulv. | |
| | Conchar. praeparat. pulv. | |
| | Magnesii carbonici pulv. | ää 10,0 |
| | Ligni Santali rubri pulv. | 20,0. |

**Pulvis odoriferus scriniolaris.**

Kommodenpulver nach E. DIETERICH.

| Rp. | Corporis ad pulvinos odoriferos | 1000,0 |
|---|---|---|
| | Moschi | |
| | Zibethi | ää 0,01 |
| | Cumarini | 0,05 |
| | Olei Rosae | gtts. X |
| | Olei Ligni Santali | |
| | Olei Geranii rosei | ää gtts. II |
| | Olei Amygdalar. amar. aeth. | gtts. I |
| | Spiritus Jasmini tripl. | 50,0. |

Giebt, in kleine Kissen gefüllt, die Sachets de frangipane.

**Species dia-ireos.**

Pulvis gummosus cum Iride.

| Rp. | Rhizomat. Iridis pulv. | |
|---|---|---|
| | Pulveris gummosi pulv. | |
| | Sacchari albi pulv. | ää. |

Bei Katarrh theelöffelweise.

**Tinctura Iridis composita.**

(Nat. DRUGG.)

| Rp. | 1. Rhizom. Iridis conc. | 50,0 |
|---|---|---|
| | 2. Fruct. Vanillae conc. | 50,0 |
| | 3. Fabar. de Tonco | 50,0 |
| | 4. Spiritus | 700,0 |
| | 5. Aquae | 350,0. |

Statt 2 kann man auch Rad. Valerianae, oder statt 2 und 3 Cort. Cascarillae und Rhizoma Galangae nehmen. Zum Gebrauch mischt man zu 2 Th. der fertigen Tinktur 1 Th. Wasser und 2 Th. Weingeist. Dient zum Parfümiren von Tabak für Cigaretten.

**Trochisci bechici albi.**

Rotulae dia-ireos. Weisse Brustkügelchen.

| Rp. | Sacchari albi | 90,0 |
|---|---|---|
| | Rhizom. Iridis | 9,0 |
| | Elaeosacch. Rosae | 1,0 |
| | Tragacanthae | 0,25 |
| | Glycerini | 5,0 |
| | Aquae | q. s. |

Man formt 0,5 schwere Kügelchen, und trocknet in der Wärme.

**Veilchen-Crême** (E. DIETERICH).

Wie Mandel-Crême (Band I, S. 285), doch statt des Bittermandelöls mit 2 Tropfen Veilchenwurzelöl. Man färbt mittels 0,2 Alkannin und q. s. Indigokarminlösung schwach violett.

**Veilchen-Pomade** (E. Dieterich).

Rp. Adipis suilli 950,0
Cerae albae 50,0
Olei Jasmini pinguis 30,0
Cumarini 0,03
Heliotropini 0,05
Olei Rosae gtts. V
Olei Iridis
Olei Bergamottae ää gtts. II.

Färbung wie beim vorigen.

**Veilchen-Puder.**
Violet-Powder.

Rp. Rhizom. Iridis pulv. subtiliss. 600.0
Amyli Tritici pulv. subtiliss. 300,0
Zinci oxydati pulv. subtiliss. 100,0
Spiritus Jasmini 15,0
Olei Bergamottae
Olei Citri ää gtts. XX
Olei Rosae
Olei Aurantii flor. ää gtts. X.

**Veilchen-Seife** (Buchh.)

Rp. 1. Saponis hispanici optimi 1000,0
2. Olei Iridis 1,0
3. Olei Geranii ros. gtts. V
4. Olei Amygdal. amar. aeth. gtts. II
5. Olei Bergamott. 6,0
6. Tinctur. Moschi
7. Tinctur. Zibethi ää 2,0
8. Tinctur. Sacchari tosti q. s.

Man schmilzt 1 im Wasserbade, fügt 2—7 hinzu und färbt mit 8 braun.

**II. Iris versicolor L.** Heimisch im Osten der Vereinigten Staaten Nordamerikas. Blüthen blau, am Grunde weiss oder gelblich mit violetten Adern. Blüthenscheide trocken. In Amerika verwendet man das Rhizom mit den Wurzeln. **Iris** (U.-St.). — **Blue Flag.**

***Beschreibung.*** Das Rhizom ist bis 24 cm lang, verzweigt, besteht aus 3—10 cm langen, walzigen und nur wenig abgeplatteten Gliedern. Trocken ist es runzlig, mit braunen Querbändern, innen bräunlich oder graubraun. Bau nach den vorliegenden Notizen wie bei I.

***Anwendung.*** Bei Nierenleiden, auch als Purgans.

**Extractum Iridis** (U-St.). Extract of Iris. Aus 1000 g gepulvertem Irisrhizom (No. 60) und q. s. 91proc. Weingeist im Verdrängungswege. Man befeuchtet mit 400 ccm, sammelt 3000 ccm Perkolat, destillirt den Weingeist ab und dampft den Rückstand zur Pillenkonsistenz ein.

**Extractum Iridis fluidum** (U-St.). Fluid Extract of Iris. Wie voriges, doch fängt man die ersten 900 ccm Perkolat für sich auf, erschöpft, destillirt vom zweiten Auszug den Weingeist ab und verfährt l. a. weiter, so dass man 1000 ccm Fluidextrakt erhält.

---

**Bieraroma, Amerikanisches,** aus Philadelphia, ist ein körniges Gemenge aus Veilchenwurzel, Zucker und Pichurimbohnen (Samen mehrerer Nectandra-Arten).

**Formosaholzöl,** ein Ersatz für Irisöl, ist über Veilchenwurzel destillirtes Kopaivabalsamöl mit Spuren von Bittermandelöl und 1½—2 Proc. fettem Oel.

**Irisol** ist ein Gemenge von 97,5 Proc. Antifebrin und 2,5 Proc. Ol. Iridis.

**Kalodont** von Sarg & Co. in Wien ist eine weiche Zahnseife, welche sich durch folgende Mischung ersetzen lässt: 100 Veilchenrhizom, 400 Calciumkarbonat, 50 Bimsstein, 50 Seife, 200 Glycerin, 200 Gummischleim, 5 Kumarinzucker, 12,5 Pfefferminzöl, 3 Citronenöl, 1,0 Salbeiöl, 0,5 Wintergrünöl. Man färbt mit ammoniakalischer Karminlösung und füllt in Tuben (Dieterich).

**Restitutor** von Reinhard, gegen Cholera etc., besteht aus Zucker, Stärke, Veilchenrhizom und Pflaumenmus.

**Shaker-Extrakt** von Elnain & Co. ist angeblich ein Auszug aus Iris versicolor und anderen, vorwiegend amerikanischen Drogen.

**Oleum Iridis. Irisöl. Beurre de Violettes. Essence d'Iris concrète. Oil of Orris.**

Aus den zerkleinerten Irisrhizomen werden bei der Destillation mit Wasserdampf 0,1 bis 0,2 Proc. eines bei gewöhnlicher Temperatur festen, weissen bis gelblichen Oeles erhalten. Der veilchenähnliche Geruch des Irisöles wird durch kleine Mengen eines Iron genannten Ketons, $C_{13}H_{20}O$, bedingt. Die Hauptmasse des Oeles, ca. 80—90 Proc., besteht, wie Flückiger zuerst nachgewiesen hat, aus geruchloser Myristinsäure. Daneben finden sich der Methylester dieser Säure sowie Oelsäure und Oelsäurealdehyd.

Irisöl wird in grossen Quantitäten in der feineren Parfümerie verwendet.

**III. Jonon.** $C_{13}H_{20}O$. Ein dem Irisketon (Iron) ähnlich zusammengesetztes Keton, welches durch Kondensation von Citral mit Aceton dargestellt wird. Eine farblose Flüssigkeit vom spec. Gew. 0,935 bei 15° C., welche unter einem Drucke von 12 mm bei 126 bis

128° C. siedet. — Es ist in Alkohol löslich und besitzt in starker Verdünnung den Geruch des blühenden Veilchens.

Man verwendet es in der feinen Parfümerie. In den Handel kommt wegen seines hohen Preises in der Regel die 10 procentige alkoholische Lösung.

---

# Juglans.

Gattung der **Juglandaceae.**

**I. Juglans regia L.** Heimisch von Griechenland östlich bis Birmah, nördlich am Kaukasus und am schwarzen Meer, vielfach kultivirt. Verwendung findet:

1. Die Schale der Frucht. **Cortex Juglandis fructus. Cortex Nucum Juglandis viridis. Putamina Nucum Juglandis. — Wallnussschale. Grüne Wallnussschale. — Péricarpe de noyer** (Gall.). — **Walnut-shells.**

***Beschreibung.*** Die Frucht ist eine Steinfrucht. Der äussere und mittlere Theil des Pericarps ist fleischig, im Durchschnitt 0,5 cm dick, und reisst bei der Reife auf, wodurch er den mit dem harten Endocarp umhüllten Samen entlässt. Die Schalen sind unreif von grüner Farbe, sie lassen auf der Aussenseite unregelmässige weisse Flecken erkennen: Wachsausscheidungen, die um und unter den Spaltöffnungen intercellular entstehen. Auf der Aussenseite findet sich ebenfalls Wachs in Form kleiner Stäbchen. Das übrige Gewebe besteht aus Parenchym, durchzogen von zarten Gefässbündeln. In einiger Entfernung unter der Epidermis liegt eine Schicht aus Gruppen von Steinzellen, die aber nicht völlig zusammenhängend ist. Einzelne Steinzellen finden sich auch tiefer im Parenchym. In einigen Parenchymzellen Oxalatdrusen, die mit einer Membran umgeben und an Cellulosebalken aufgehängt sind. Auf der Epidermis langgestreckte Drüsenhaare.

***Bestandtheile.*** Wie bei den Blättern; bemerkenswerth ist, dass in den reifen Schalen kein Gerbstoff vorkommt, der sich in den unreifen reichlich findet.

***Einsammlung.*** Die grünen Fruchtschalen werden im August und September beim Einernten der Wallnüsse gesammelt und entweder in frischem Zustande zu den verschiedenen Zubereitungen verarbeitet oder an einem schattigen, luftigen Orte getrocknet, wobei sie dunkel werden. Der Saft der frischen Schalen erzeugt hässliche Flecken an den Händen; man entfernt diese, indem man sie zunächst mit Eisenchloridlösung, hierauf mit Oxalsäure behandelt.

***Anwendung.*** Die getrockneten Schalen benutzt man nur noch selten in den gleichen Fällen, wie die Blätter; in frischem Zustande finden sie ausgedehnte Verwendung zur Darstellung von Haarfärbemitteln.

**Conserva Juglandis corticis.** Nussschalenkonserve. 100 Th. frische, grüne Nussschalen zerstösst man in einem steinernen (!) Mörser, treibt durch ein Haarsieb, mischt mit 40 Th. Glycerin und 70 Th. Zucker und dampft im Wasserbade auf 200 Th. ein.

**Extractum Juglandis Nucum** (Ergänzb.). Extr. Juglandis (Helv.). Extr. Juglandis Corticis viridis. Extr. putaminum Juglandis. Nussschalenextrakt. Extrait de brou de noix. Ergänzb.: 1 Th. mittelfein zerschnittene, unreife Nussschalen wird zweimal mit je 5 Th. siedendem Wasser übergossen, zuerst 6, dann 3 Stunden stehen gelassen. Die Pressflüssigkeiten dampft man zu einem dicken Extrakt ein, indem man harzige Ausscheidungen durch kleine Weingeistmengen löst. Braun, in Wasser trübe löslich. — Helv.: 2 Th. grüne Wallnussschale stösst man im steinernen Mörser zum Brei, fügt 2 Th. Weingeist hinzu, lässt 8 Tage stehen, presst aus, zieht den Rückstand mit 2 Th. verd. Weingeist (Spirit., Aqua āā) nochmals 3 Tage aus, filtrirt die Pressflüssigkeiten und dampft zum dicken Extrakt ein. Dunkelbraun, in Wasser klar löslich. Ausbeute 6—8 Proc.

**Extractum Juglandis Nucum fluidum.** 100 Th. grüne Wallnussschalen zerstösst man (s. oben), setzt je 20 Th. Glycerin und Weingeist zu, presst aus, filtrirt und dampft auf 30 Th. ein. 5 Th. = 1 Th. Extract. spissum.

**Oleum Juglandis Nucum infusum** (E. Dieterich). Wallnussschalenöl. Aus je 100 Th. grob gepulverten Wallnussschalen und Aetherweingeist, 3 Th. Ammoniakflüssigkeit und 1000 Th. Olivenöl wie Ol. Hyoscyami (Bd. II, S. 95) zu bereiten.

**Succus Juglandis Nucum inspissatus** (E. DIETERICH). Nussschalensaft oder -salse. 100 Th. frische Wallnussschalen werden zerquetscht, zweimal mit je 100 Th. heissem, destill. Wasser ausgezogen, die Pressflüssigkeiten durch Flanell geseiht und zur Honigdicke eingedampft. Dann setzt man ihr doppeltes Gewicht Honig hinzu und dampft zu einem dicken Extrakt ein.

2. Die Blätter. **Folia Juglandis** (Germ.). **Folium Juglandis** (Helv.). — **Wallnussblätter. Nussblätter. — Feuille de noyer commun. — Walnut-tree-leaves.**

***Beschreibung.*** Die Blätter sind unpaarig gefiederte Fiederblätter mit langgestieltem Endblättchen und 2—4 paarweis sitzenden Seitenblättchen. Das Endblättchen ist am grössten, die Seitenblättchen nehmen von oben nach unten an Grösse ab. Der ganze Blattstiel kann eine Länge von 30 cm erreichen, das Endblättchen kann 20 cm lang und 10 cm breit sein. Die Blättchen sind eiförmig und ganzrandig, selten schwach ausgeschweift. Die Epidermis trägt grossköpfige Drüsenhaare auf kurzem, einzelligem Stiel und kleinköpfige auf mehrzelligem Stiel, ausserdem dicke, einzellige Haare, die besonders in den Nervenwinkeln der Unterseite Büschel bilden. Unter der Epidermis der Oberseite drei Reihen von Palissaden, im Schwammparenchym häufig grosse Oxalatdrusen. — Die Seitennerven der Blättchen bilden mit deren Hauptnerven einen Winkel von ungefähr 45°.

***Bestandtheile.*** 0,03 Proc. ätherisches Oel, dasselbe ist hellgrün, bei gewöhnlicher Temperatur fest, von angenehm theeartigem Geruch. Juglon (Nucin) $C_{10}H_6O_3$, ein Oxynaphtochinon, es ist in den Blättern und in den Fruchtschalen als Hydrojuglon enthalten. In Alkalien löst es sich mit purpurrother Farbe. Gerbstoff (Nucitannin), 0,3 Proc. Inosit.

***Einsammlung.*** Die Blätter werden im Juni gesammelt, von den Blattstielen befreit, an einem sonnigen Orte schnell getrocknet und zerschnitten in Blechbüchsen aufbewahrt. 3 Th. frische geben 1 Th. trockne. Schwärzlich aussehende Blätter sind zu verwerfen; sie verdanken diese Farbe Zersetzungsprodukten des Juglons.

***Verwechslungen.*** Die Blätter von II sind leicht an dem gesägten Rande zu erkennen.

***Anwendung.*** Innerlich als Aufguss oder Abkochung (10—15 : 200) bei Scrophulose und Syphilis. Aeusserlich zu Augenbähungen, Umschlägen, Bädern (0,5—1 kg auf 1 Bad), als Extrakt auch zu Einspritzungen. Waschungen mit Wallnussblätteraufguss wendet man bei Haustieren an, um sie vom Ungeziefer zu befreien.

**Extractum Juglandis Foliorum** (Ergänzb.). Nussblätterextrakt. 2 Th. feinzerschnittene Nussblätter zieht man zweimal je 4 Tage zuerst mit einem Gemisch aus 4 Th. Weingeist (87proc.) und 6 Th. Wasser, dann mit einem solchen aus 2 Th. Weingeist und 3 Th. Wasser aus, destillirt den Weingeist ab und dampft die Pressflüssigkeit zu einem dicken Extrakt ein. Harzige Ausscheidungen löst man durch Zusatz von wenig Weingeist (Destillat). In Wasser trübe löslich. Ausbeute 28—30 Proc.

**Sirupus Juglandis foliorum.** Wallnussblättersirup. 1) 1000 Th. frische Wallnussblätter zerstösst man im steinernen Mörser, fügt 250 Th. Wasser zu, presst aus, dampft die Flüssigkeit auf 250 Th. ein, fügt 50 Th. verdünnten Weingeist zu, filtrirt nach dem Absetzen und bringt 280 Th. des Filtrats mit 520 Th. Zucker zum Sirup. 2) 2 Th. Wallnussblätterextrakt löst man in 98 Th. Zuckersirup.

3. Das fette Oel der Samen. **Nussoel. Walnussöl. — Oleum Juglandis. Oleum nucum Juglandis. — Huile de noix. Huile de noyer** (Gall.). **Walnutoil. Nutoil.**

Konstanten des Oeles. Spec. Gew. 0,925—0,926. Erstarrungspunkt: bei — 15° C. dick, bei — 27,5° C. zu einer weissen Masse gefroren. Schmelzpunkt der Fettsäuren 16—20° C. Erstarrungspunkt 16,0° C. Verseifungszahl 188—196° C. Jodzahl 143—151,7.

Kalt gepresst ist es dünnflüssig, farblos, hell- bis grünlichgelb, von angenehmem Geruch und Geschmack. Warm gepresst ist es grünlich, von scharfem Geruch und Geschmack. Es löst sich in 100 Th. kaltem und 60 Th. heissem Alkohol.

***Bestandtheile.*** Glyceride der Leinölsäure, Oelsäure, Myristinsäure und Laurinsäure.

**Aqua Vitae Juglandis saccharata.**
Nussschalenlikör. Nusslikör.

I.

| | | |
|---|---|---|
| Rp. | Extracti Jugland. Nuc. fluid. | 50,0 |
| | Sirupi Sacchari | 550,0 |
| | Spiritus | 400,0. |

II.

| | | |
|---|---|---|
| Rp. | Nuc. Jugland. immatur. contus. | 750,0 |
| | Corticis Cinnamomi | 20,0 |
| | Caryophyllorum | 10,0 |
| | Semin. Myristicae | 5,0 |
| | Spiritus | 6,0 l. |
| | Aquae destill. | 8,0 l. |
| | Sacchari | 1750,0. |

Man pflückt die Nüsse Ende Juni oder Anfang Juli. Die Mischung lässt man 3 Wochen an der Sonne stehen und filtrirt alsdann.

III. Nach E. Dieterich.

| | | |
|---|---|---|
| Rp. | 1. Cort. Nuc. Jugland. recent. concis. | 1000,0 |
| | 2. Cort. Citri recent. | 20,0 |
| | 3. Spiritus (90 proc.) | 4,5 l |
| | 4. Aquae | 4000,0 |
| | 5. Mellis depurati | 500,0 |
| | 6. Cort. Nuc. Jugland. recent. conc. | 200,0 |
| | 7. Radic. Liquiritiae gr. pulv. | 10,0 |
| | 8. Spirit. Aether. nitrosi | 20,0 |
| | 9. Spirit. Vini Cognac | 100,0 |
| | 10. Sacchari Cumarini | 3,0 |
| | 11. Olei Absinthii gall. | gtts. V |
| | 12. Olei Caryophyllor. | gtts. XV |
| | 13. Olei Cinnamomi | gtts. V |
| | 14. Olei Amygdal. amar. aeth. | gtts. V |
| | 15. Sacchari albi | 3000,0 |
| | 16. Aquae | 2500,0. |

Man macerirt 1—4 24 Stunden, destillirt 6000,0 über, fügt 5—14, dann eine kochend heisse Lösung von 15 in 16 hinzu, filtrirt nach 24 Stunden und färbt mit Zuckertinktur braun.

**Essentia Juglandis Nucum.**
Wallnuss-Essenz (Weinedel).

| | | |
|---|---|---|
| Rp. | Nuc. Jugland. immatur. contus. | 500,0 |
| | Caryophyllorum | 2,0 |
| | Cort. Cinnamomi zeyl. | 5,0 |
| | Macidis | 1,0 |
| | Spiritus | 750,0 |
| | Aquae | 500,0 |

macerirt man 4 Tage, giebt noch 500,0 Wasser hinzu, destillirt 1000,0 ab und fügt
Aquae Amygdalar. amarar. 100,0
hinzu. Man färbt schwach mit Saftgrün.

**Infusum Juglandis compositum** Swediaur.

| | | |
|---|---|---|
| Rp. | Folior. Juglandis conc. | |
| | Cortic. Juglandis Nuc. conc. āā | 100,0 |
| | Aquae fervidae | 5000,0. |

Nach 1 Stunde seiht man durch und löst
Calcii chlorati 80,0.
Zu einem Vollbade.

**Mixtura antiscrofulosa** Sendner.

| | | |
|---|---|---|
| Rp. | Infusi Juglandis Folior. (15,0) | 150,0 |
| | Kalii jodati | 1,5 |
| | Extracti Juglandis | 2,0 |
| | Sirupi simplicis | 30,0 |
| | Tinctur. Aurantii cort. | 20,0. |

Dreimal täglich ½ bis 1 Esslöffel.

**Sirupus antiscrofulosus** Sendner.
Blutreinigungssaft.

| | | |
|---|---|---|
| Rp. | Kalii jodati | 1,5 |
| | Extracti Jugland. folior. | 3,0 |
| | Sirupi Sacchari | 95,5. |

Dreimal täglich 1 Theelöffel.

**Sirupus Juglandis compositus.**
Sirupus antirhachiticus Vanier.

| | | |
|---|---|---|
| Rp. | Extracti Juglandis folior. | 20,0 |
| | Extracti Chinae | 10,0 |
| | Spiritus | 20,0 |
| | Vini Hispanici | 30,0 |
| | Kalii jodati | 5,0 |
| | Elaeosacchari Anisi | 15,0 |
| | Sirupi Sacchari | 900,0. |

**Species antiscrofulosae** Sendner.

| | | |
|---|---|---|
| Rp. | Folior. Juglandis conc. | 60,0 |
| | Semin. Quercus tost. | 30,0 |
| | Semin. Coffeae tost. | 10,0. |

Blutreinigungsthee für längeren Gebrauch.

**Vet. Bremsenwasser.**

| | | |
|---|---|---|
| Rp. | Folior. Juglandis | 200,0 |
| | Kalii carbonici | 20,0 |
| | Asae foetidae | 50,0 |
| | Caryophyllorum | 50,0 |
| | Aquae fluviatilis ebullient. | 5000,0. |

Nach dem Erkalten seiht man durch.

**Haarfärbemittel.** Nusshaarfarbe. Wallnussschalen-Extrakt. 1) 30,0 grüne Nussschalen kocht man mit 350,0 Wasser, löst in der Seihflüssigkeit 3,0 Resorcin, fügt 50,0 Glycerin und q. s. Wasser zu 300,0 hinzu. 2) 1 Th. grüne Wallnussschalen zieht man mit einer Mischung von 1 Th. Salmiakgeist und 2 Th. Wasser aus, dampft zum Sirup ein und vermischt diesen mit seinem halben Gewicht Kölnischem Wasser. 3) Man lässt die grünen Schalen einige Zeit in Haufen liegen, kocht sie dann mit Wasser aus und benutzt die abgegossene Brühe. 4) Grüne Nussschalen werden zerkleinert einige Stunden mit Wasser ausgezogen, die Flüssigkeit zum dicken Extrakt eingedampft, dieses mit der doppelten Menge Oel oder Fett erhitzt, bis alle Feuchtigkeit verdunstet ist.

**Wallnussfruchtsirup** nach Weinedel. Je 100 Th. Wallnussessenz und Jamaika-Rum mischt man mit 1300 Th. Zuckersirup.

## II. Juglans cinerea L.

Heimisch in Nordamerika von Kanada bis Georgien. Vielfach kultivirt. Verwendung findet:

1. Die Rinde. **Cortex Juglandis cinereae. Juglans** (U.-St.). — **Butternussrinde. — Butternut Bark.** Man verwendet die Rinde der Wurzel und des Stammes, sowie der Aeste, officinell (U.-St.) ist nur die erstere, die man im Herbst sammeln soll.

***Beschreibung.*** 5 mm dicke glatte, gebogene Stücke, aussen dunkelgrau mit glattem Korke, wo dieser fehlt, tiefbraun, innen gestreift; Bruch kurz. Geruch schwach, Geschmack bitter und etwas scharf.

*Bestandtheile.* Fettes Oel und zwar aus der Stammrinde 5,89 Proc., aus der Wurzelrinde 4,94 Proc.; es ist leicht verseifbar und nimmt dabei eine rothe Farbe an. Juglandinsäure (wohl mit Juglon identisch). Asche 5,82 Proc.

*Anwendung.* Als Abführmittel bei Magen- und Darmkrankheiten.

† **Extractum Juglandis** (U-St.). Extract of Juglans. Aus 1000 g gepulverter Rinde (No. 30) und q. s. verdünntem Weingeist (41 proc.) im Verdrängungswege. Man befeuchtet mit 400 ccm, sammelt 3000 ccm Perkolat, destillirt den Weingeist ab und dampft zur Pillenkonsistenz ein.

**Extractum Juglandis fluidum** (Nat. form.). Fluid Extract of Juglans. Aus 1000 g gepulverter Wurzelrinde (No. 40) und q. s. verdünntem Weingeist (41 proc.) im Verdrängungswege. Man fängt die ersten 875 ccm Perkolat für sich auf und stellt l. a. 1000 ccm Fluidextrakt her.

**III.** Blätter und Fruchtschalen von **Juglans nigra L.** und **Juglans fraxinifolia Lam.** werden wie die von I benutzt.

Aus den Samen von **Juglans baccata L.** soll in Jamaika Stärkemehl bereitet werden.

**Juglandin,** ein in U-St. gebräuchliches Präparat, das man erhält, wenn man den alkoholischen Auszug der Wurzelrinde mit Wasser fällt und den Niederschlag sammelt.

**Hausessenz, Rohr'sche,** Weinlikör, ist ein weingeistiger Auszug aus Nussschalen und Gewürzen.

**Nussextrakt-Haarfarben** des Handels enthalten bisweilen keine Spur Nussextrakt. Das Mittel von A. Maczuski (Wien) besteht aus Pyrogallol, in Rosenwasser gelöst, mit wenig Eisen- und Kupferchlorid; die Nusshaarfarbe von Schwarzlose (Berlin) aus verschieden starken Lösungen von p-Phenylendiamin (I) und verdünnter Eisenchloridlösung (II). — Auch Mangansalze finden Verwendung. Dagegen ist das

**Nussschalen-Extrakt** von A. Hube in Stettin ein wässeriger Auszug aus Wallnussschalen und unreifen Pomeranzen, nebst Glycerin; das

**Nussöl-Extrakt** von H. Müller in Leipzig ist durch Digeriren der Schalen mit Mandelöl bereitet und mit Bergamott- und Lavendelöl parfümirt.

**Nussschalensirup, eisenhaltiger grüner,** Sirop de brou de noix ferrugineux von Golliez in Murten, ist eine klare, grüne, süssbittere Flüssigkeit mit $^1/_4$ Proc. Eisenoxyd.

**Thee gegen Krampfleiden,** von Buchholz besteht vorwiegend aus Nussblättern und Quendel.

**Voorhof-Geest,** ein Haarwuchsmittel, von Rennenpfennig, ist ein weingeistiger Auszug aus Nussblättern und Kanthariden mit wenig ätherischen Oelen und Aether.

---

# Juniperus.

Gattung der **Coniferae — Pinoideae — Cupressineae.**

**I. Juniperus communis L.** Heimisch durch ganz Europa, Mittel- und Nordasien.

1. Die Früchte: **Fructus Juniperi** (Austr. Germ. Helv.). **Baccae Juniperi.** — **Wacholderbeeren. Wacholderfrüchte. Jachandel- oder Johandelbeeren. Kaddigbeeren. Kranewittbeeren.** — **Baies de genièvre** (Gall.). — **Juniper-berries.**

*Beschreibung.* Die Frucht ist ein Beerenzapfen (Galbulus), der durch Verwachsung von drei fleischig gewordenen Fruchtschuppen entsteht, in deren Achsel sich drei Ovula zu Samen entwickeln. Der ganze Zapfen ist kuglig, 6—8 mm dick, er lässt am Grunde den ganz kurzen Axenrest und 6, 2 dreiblättrige, alternirende Kreise bildende Deckblättchen erkennen, von denen der oberste zuweilen fleischig geworden und mit der Frucht verwachsen ist. Auf der Spitze erkennt man drei an den Seiten herablaufende Linien, die Nähte der Fruchtschuppen und zwischen diesen Linien drei Höckerchen, die Spitzen der Fruchtschuppen. Die Frucht ist im ersten Jahre grün, im zweiten, wenn sie reif ist, wird sie dunkelbraunroth, ist aber durch einen feinen Wachsüberzug bläulich. Das Innere ist weich, von etwas gelblicher Farbe, es umschliesst drei Samen, die eine rundlich-dreikantige Pyramide darstellen, und an zwei Seiten blasenförmige Verwölbungen tragen. Sie umschliessen ein reichliches Endosperm und den kleinen Embryo mit zwei kurzen.

plankonvexen Kotyledonen (Fig. 13). — Die Epidermis besteht aus an der Aussenwand stark verdickten, an den Seitenwänden porösen Zellen. Stomatien sind selten und meist nur an der Spitze der Frucht vorhanden. Unter der Epidermis folgt zunächst ein dünnes Collenchym und darauf, die Hauptmasse der Frucht ausmachend, ein reichlich mit Intercellularräumen versehenes Parenchym. In diesem Gewebe finden sich reichlich grosse schizogene Oelbehälter und Gefässbündel, ausserdem eigenthümliche, ziemlich grosse, meist wenig verdickte Idioblasten.

Der Same zeigt eine Epidermis, darunter eine einzige Parenchymlage und dann eine mächtig entwickelte Sklerenchymschicht, an die sich die zusammengepresste Nährschicht anschliesst. Im Endosperm und im Embryo reichlich fettes Oel und bis 8 μ grosse Aleuronkörner, die ein oder mehrere Globoide und ein Krystalloid enthalten. Die blasenförmigen Vorragungen des Samens sind grosse (bis 1 mm) schizogene Oelbehälter, die der Fruchtschale angehören.

Im Pulver fallen besonders das Parenchym der Fruchtschale und die Steinzellen der Samenschale, daneben auch die stark verdickten Zellen der äusseren Epidermis auf. Die reifen Früchte enthalten keine Stärke, da aber in der Handelswaare stets geringe Mengen unreifer Früchte vorhanden sein werden, so ist auf die Auffindung geringer Stärkemengen bei Beurtheilung des Pulvers kein grosses Gewicht zu legen.

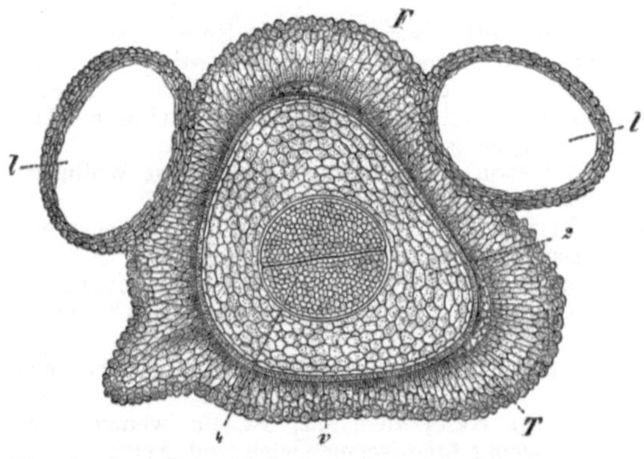

Fig. 13. Querschnitt durch einen Samen von Juniperus communis. Nach Berg. *l* Oelbehälter. *F* Endocarp. *T* Samenschale. *2* Endosperm. *4* Embryo. 40mal vergrössert.

***Bestandtheile.*** 0,5—1,2 Proc. ätherisches Oel (vergl. unten). Ferner nach König 78,5 Proc. Wasser, 0,9 Proc. Stickstoffsubstanz, 2,79 Proc. freie Säure (Ameisensäure, Essigsäure, Aepfelsäure), 7,07 Proc. Zucker (Traubenzucker), 6,67 Proc. sonstige stickstofffreie Stoffe, 3,43 Proc. Holzfaser, 6,4 Proc. Asche. In der Trockensubstanz: 4,18 Proc. Stickstoffsubstanz, 32,88 Proc. Zucker.

***Handelswaare. Aufbewahrung.*** Man unterscheidet im Handel deutsche und italienische Wacholderbeeren. Da die letzteren besonders schön, gross, voll und sorgfältig ausgelesen sind, so werden sie mit Recht bevorzugt. Man bewahrt die im Herbst gesammelten, gut, doch ohne künstliche Wärme getrockneten Beeren in Blechgefässen.

Grüne, braune, rothe, oder verschrumpfte Beeren sind zu verwerfen, ebenso zu alte, deren Oel verharzt ist.

Bisweilen werden sonst gute Wacholderbeeren während der Aufbewahrung durch Ausblühen von Traubenzucker rissig, unansehnlich und, da man die Ausscheidungen leicht für Schimmelpilze halten kann, unverkäuflich. Man verwendet sie dann als grobes Pulver. Die Pulverung wird nur selten in den Apotheken vorgenommen, da die Beeren sich infolge ihrer schwammigen Beschaffenheit beim Stossen im Mörser selbst bei Frostwetter zusammenballen. Nach längerem Trocknen im Kalk-Trockenschrank lassen sie sich, wenn auch mühsam, in ein grobes Pulver verwandeln; das Pulver des Handels wird aus den längere Zeit gelagerten, in der Wärme getrockneten Beeren hergestellt, wobei ein Verlust von etwa 12 Proc. entsteht. Es empfiehlt sich, über Aetzkalk getrocknete Wacholderbeeren für Theemischungen in dicht verschlossenen Gefässen vorräthig zu halten und bei Bedarf durch ein Speciessieb zu treiben, denn derartige Mischungen unterscheiden sich durch ihre gleichmässige Zerkleinerung sehr vortheilhaft von solchen, die mit „leicht gequetschten“ Früchten hergestellt sind, wie Germ. es vorschreibt.

***Anwendung.*** Innerlich als schweiss- und harntreibendes Mittel in Theegemischen oder im Aufguss (10—15:200) bei Wassersucht und Erkrankungen der Harn- und Geschlechtswerkzeuge, bei Gicht und Rheuma. Aeusserlich zu Räucherungen — auf Kohlen gestreut —, zu Bädern (100—200 g im Aufguss zu einem Bade) und Kräuterkissen. In der Thierheilkunde ein häufiger Bestandtheil der sogen. Kropfpulver. Hier und da ein beliebtes Küchengewürz. Ihre Verwendung zur Bereitung gegohrener Getränke (Gin, Genever, Machandel) ist bekannt.

**Baccae Juniperi tostae.** Zerstossene Wacholderbeeren werden über mässigem Feuer erhitzt, bis sie dunkelbraun geworden sind. Das Verfahren bedingt eine tiefgreifende Veränderung der Bestandtheile.

**Extractum Juniperi** (Gall.). Succus Juniperi inspissatus (Germ. Helv.). Roob Juniperi (Austr.). Wacholdermus. Wacholdersalse. Kaddigmus. Johandelbeersaft. Eingedickter Wacholdersaft. — Extrait ou Rob de genièvre (Gall.). Rob of Juniper berries. Germ.: 1 Th. frische, gequetschte Wacholderbeeren übergiesst man mit 4 Th. heissem Wasser, presst nach 12 Stunden, seiht durch und dampft zu einem dünnen Extrakt ein. Ausbeute 33—38 Proc. — Helv.: Aus 8 Th. Beeren und 32 Th. Wasser ebenso, doch fügt man gegen Ende des Eindampfens 1 Th. Zucker hinzu. — Austr. lässt die Beeren mit q. s. Wasser auskochen, dem eingedickten Safte $^1/_3$ seines Gewichts Zucker zusetzen und zur Konsistenz eindampfen. — Gall.: 1 Th. frische, getrocknete Beeren zieht man zweimal mit je 3 Th. warmem Wasser zuerst 24, dann 12 Stunden aus und dampft zum weichen Extrakt ein. — Das Abdampfen des Auszuges darf weder in kupfernen Gefässen, noch über freiem Feuer stattfinden, muss vielmehr bei mässiger Wärme im Wasserbade[1]), noch besser im Vakuum vorgenommen werden, andernfalls nimmt das Extrakt einen brenzlichen Geschmack an. Dasselbe soll bitterlich-gewürzig schmecken und in Wasser trübe löslich sein. Klare Lösung deutet auf Darstellung aus Beeren, die bereits vom ätherischen Oel befreit waren. Auf Kupfer zu prüfen durch Einstellen eines blanken Eisenstabes in die wässerige mit HCl angesäuerte Lösung oder nach Bd. I, S. 1074 1.

**Spiritus Juniperi.** Wacholderspiritus. Wacholdergeist. Alcoolat ou Esprit de genièvre. Spirit of Juniper. Germ. Helv.: 1 Th. gequetschte Wacholderbeeren macerirt man 24 Stunden mit 3 Th. Weingeist, fügt 3 Th. Wasser hinzu und destillirt 4 Th. ab. Spec. Gew. 0,895—0,905. — Austr.: Aus 150 Th. Beeren, 500 Th. Weingeist, 1000 Th. Wasser nach 12 stündiger Maceration 600 Th. Destillat. — Brit.: 50 ccm Wacholderöl, 950 ccm Weingeist (90 vol. proc.). — U-St. mit 91 (Gew.-proc.) Weingeist ebenso.

2. Das Holz: **Lignum Juniperi** (Austr. Helv.). — **Wacholderholz.** — **Bois de genièvre.**

***Beschreibung.*** Das Holz des Stammes und der Wurzel, und zwar ist der Splint weiss, das Kernholz röthlich. Der Querschnitt lässt Jahresringe und die sehr feinen Markstrahlen, die eine Zellreihe breit und bis 14 Zellen hoch sind, erkennen. Das Holz besteht ausschliesslich aus Tracheïden, welche in der Wand die charakteristischen Hoftüpfel erkennen lassen, das Holz enthält keine Sekretbehälter, kann daher auch kein ätherisches Oel liefern. Vergl. unten.

***Anwendung.*** Zu Theegemischen, seltener zu Räucherungen.

**Aqua Juniperi.**

Rp. 1. Olei Juniperi gtts. II
Aquae tepidae 1000,0.

2. Durch Destillation wie Aqua Anethi (Band I, S. 306).

**Elixir Potassii Acetatis et Juniperi** (Nat. form.).
Elixir of Potassium Acetate and Juniper.

| Rp. | | |
|---|---|---|
| 1. | Kalii acetici | 85 g |
| 2. | Magnesii carbonici | 15 g |
| 3. | Extract. Juniperi fluidi | 125 ccm |
| 4. | Elixir aromatici (U-St.) q. s. ad | 1000 ccm |

Man verreibt 3 mit 2, fügt 1 in 750 ccm von 4 gelöst hinzu, filtrirt und bringt durch Nachwaschen des Filters mittels 4 auf 1000 ccm.

**Extractum Juniperi fluidum** (Nat. form.).
Fluid Extract of Juniper.

Aus grob gepulverten Früchten (No. 10) wie Extr. Juglandis fluidum (Nat. form. S. 161).

**Extractum Juniperi spirituosum.**
Weingeistiges Wacholderbeeren-Extrakt.

Aus gequetschten Früchten wie Extract. Absinthii Germ. (Bd. I, S. 408). Ausbeute etwa 32 Proc.

**Juniperus-Katgut** Kocher.

Roh-Katgut wird 24 Stunden in Wacholderbeeröl gelegt, auf Rollen gewickelt und entweder in letzterem, oder in einer Lösung von 0,05 Sublimat in 10,0 Glycerin und 90,0 Weingeist aufbewahrt.

---

[1]) Harzige Ausscheidungen zu verhüten, fügt man zweckmässig gegen Ende des Eindampfens etwas Weingeist hinzu.

**Sirupus Juniperi.**

| Rp. | Succi Juniperi inspiss. | 40,0 |
|---|---|---|
| | Glycerini | 10,0 |
| | Sirupi Sacchari | 50,0. |

**Species Juniperi compositae.**

| Rp. | Fruct. Juniperi | 80,0 |
|---|---|---|
| | Radic. Liquiritiae | 10,0 |
| | Fruct. Anisi | 10,0. |

**Spiritus Juniperi compositus** (U-St.).
Zusammengesetzter Wacholderspiritus.
Compound Spirit of Juniper.

| Rp. | Olei Juniperi | 4,0 ccm |
|---|---|---|
| | Olei Carvi | 0,5 „ |
| | Olei Foeniculi | 0,5 „ |
| | Spiritus (91 proc.) | 700,0 „ |
| | Aquae destill. q. s. ad | 1000,0 „ |

oder:

| | |
|---|---|
| Olei Juniperi | gtts. XV |
| Olei Carvi | |
| Olei Foeniculi | ãã gtts. V |
| Spiritus diluti | 100,0. |

**Tinctura cum oleo volatili Juniperi** (Gall.).
Teinture ou Alcoolé d'essence de genièvre.

| Rp. | Olei Juniperi | 2,0 |
|---|---|---|
| | Spiritus (90 proc.) | 98,0. |

**Unguentum Juniperi** (Austr.).
Wacholdersalbe.

| Rp. | 1. Herbae Absinthii conc. | 60,0 |
|---|---|---|
| | 2. Spiritus diluti | 120,0 |
| | 3. Adipis suilli | 500,0 |
| | 4. Cerae flavae | 100,0 |
| | 5. Olei Juniperi | 50,0. |

Man digerirt 1 mit 2 sechs Stunden, erwärmt mit 3, bis die Feuchtigkeit verdunstet ist, seiht durch, schmilzt 4 dazu und mischt nach dem Erkalten mit 5. — Es empfiehlt sich, das Kraut nicht geschnitten, sondern als grobes Pulver zu verwenden.

**Wacholder** (Genêver) E. DIETERICH.

| Rp. | Olei Juniperi | 2,0 |
|---|---|---|
| | Olei Anisi | 0,5 |
| | Natrii chlorati | 10,0 |
| | Spirit. Aetheris nitrosi | 20,0 |
| | Sacchari pulver. | 200,0 |
| | Spiritus (90 proc.) | 4,5 l |

mischt man mit

| | |
|---|---|
| Aquae ebullientis | 5500,0. |

Nach dem Erkalten wird filtrirt.

**Vet. Electuarium ad Coryzam.**
Drusenlatwerge.

| Rp. | Fruct. Juniperi gr. pulv. | |
|---|---|---|
| | Farinae Secalis | |
| | Natrii sulfuric. pulv. | ãã 200,0 |
| | Stibii sulfurati nigri | |
| | Ammonii hydrochlor. | |
| | Sulfuris sublimati | ãã 50,0 |
| | Aquae communis | q. s. |

Bei Husten, Kolik, Verstopfung und Harnverhalten.

**Vet. Pulvis ad Coryzam.**
Drusenpulver.

I. Die vorige Mischung ohne das Wasser.

II.

| Rp. | Fruct. Juniperi gr. pulv. | 100,0 |
|---|---|---|
| | Ammon. hydrochlor. pulv. | 100,0 |
| | Semin. Foenugraeci pulv. | 150,0 |
| | Natrii sulfurici pulv. | 500,0. |

Mit Wasser zur Latwerge gemacht.

III. Nach VOMÁČKA.

| Rp. | Fruct. Juniperi | 200,0 |
|---|---|---|
| | Semin. Urticae | 50,0 |
| | Herb. Tanaceti | 50,0 |
| | Natrii sulfurici | 100,0 |
| | Stibii sulfurat. nigr. | 5,0 |
| | Ammon. hydrochlor. | 4,0 |
| | Sulfuris sublimati | 5,0 |
| | Semin. Foenugraeci | 456,0 |
| | Fruct. Foeniculi | 20,0 |
| | Semin. Sinapis | 20,0 |
| | Fruct. Anisi | 10,0 |
| | Radic. Gentianae | 75,0 |
| | Asae foetidae | 5,0. |

**Vet. Potus antirheumaticus.**
Rheumatismus-Trank.

| Rp. | Infusi fruct. Juniperi 100,0 | |
|---|---|---|
| | Flor. Arnicae 100,0 | } 3000,0 |
| | Ammonii hydrochlor. | |
| | Extracti Aloës | ãã 30,0. |

5stündlich 1 l erwärmt einzugiessen (für Rinder).

**Vet. Potus diureticus.**

| Rp. | Fruct. Juniperi | 170,0 |
|---|---|---|
| | Flor. Chamomill. | 30,0 |
| | Aquae commun. fervidae | 3000,0. |

$^1/_3$ innerlich, $^2/_3$ als Klystier bei Harnverhalten der Pferde.

## **Oleum Juniperi** (Germ. Austr. Brit. Helv. U-St.). **Wacholderbeeröl, Wacholderöl. Essence de Genièvre. Oil of Juniper.**

***Gewinnung.*** Zur Herstellung des Oeles werden die reifen (nicht wie Brit. irrthümlicher Weise angiebt unreifen) Wacholderbeeren, meist baierischer, italienischer oder ungarischer Herkunft, zerquetscht und mit Wasserdampf destillirt. Die zurückbleibende Masse wird mit Wasser ausgelaugt, worauf das Extrakt im Vacuum eingedampft wird und als Wacholdersaft in den Handel kommt. Zu Arzneizwecken darf dieser Saft jedoch nicht verwandt werden, da seine Bereitungsweise nicht den Anforderungen des Arzneibuches entspricht. Die Ausbeute an Wacholderbeeröl beträgt bei guten Früchten bis $1^1/_2$ Proc. Das in grossen Mengen aus Ungarn in den Handel kommende Oel ist kein normales Destillat, sondern wird, wie man annimmt, bei der Bereitung von Wacholderbeerbranntwein als Nebenprodukt gewonnen.

***Eigenschaften.*** Farblose oder gelblich grüne Flüssigkeit von starkem, eigenartigem, an Terpentinöl erinnerndem Geruch, und balsamischem brennendem, etwas bitterem Geschmack. Spec. Gew. 0,865—0,885 (0,870 Austr.; 0,865—0,890 Brit.; 0,850—0,890 U-St.;

0,85—0,86 Helv.). Das oben erwähnte ungarische Oel hat in der Regel ein ziemlich niedriges spec. Gew. mit zwar von 0,862—0,868.

Wacholderbeeröl ist meist linksdrehend, bis —11° C. im 100 mm-Rohre, selten inaktiv und nur in vereinzelten Fällen schwach rechtsdrehend. Frisch destillirtes Oel löst sich gewöhnlich in 8—10 Theilen Spiritus auf; die Löslichkeit vermindert sich aber schon nach mehrwöchentlichem Stehen, so dass sich selbst mit grossen Mengen Spiritus keine klare Lösung erzielen lässt. Mit Chloroform, Schwefelkohlenstoff, Benzol oder Amylalkohol mischt es sich klar in jedem Verhältniss.

***Bestandtheile.*** Die Hauptmenge des Oeles besteht aus Kohlenwasserstoffen, und zwar sind sicher nachgewiesen in den von 155—160° C. siedenden Antheilen Pinen, $C_{10}H_{16}$, und in der oberhalb 260° C. siedenden Fraction Cadinen, $C_{15}H_{24}$. Ausserdem ist noch ein anderes Sesquiterpen zugegen, dessen niedriges spec. Gew. auf seine Zugehörigkeit zu den aliphatischen Verbindungen hindeutet. Der Träger des charakteristischen Wacholdergeruchs ist noch unbekannt. In alten Oelen ist mehrfach die Abscheidung eines nadelförmig krystallisirenden, geruch- und geschmacklosen Stearoptens beobachtet worden.

***Aufbewahrung.*** Wacholderbeeröl verharzt bei sorgloser Aufbewahrung sehr leicht, wobei es dickflüssig wird, saure Reaktion annimmt und sein spec. Gewicht erhöht, so bewahrt man es in ganz gefüllten Flaschen im Dunkeln auf.

***Anwendung.*** Wacholderbeeröl wird hauptsächlich als Volksheilmittel innerlich und äusserlich gebraucht. Gabe 0,1—0,2 g = 3—6 Tropfen einige Male täglich als Elaeosaccharum oder in Tinkturen. Die grösste Verwendung findet es zur Darstellung von Schnäpsen und Likören wie Steinhäger, Gin und Genièvre.

**Ol. Juniperi e Ligno.** (Ergänzb.) Das Handelspräparat ist eine Mischung von *Oleum Juniperi* und *Ol. Terebinthinae* (1 + 9). Das Holz des Wachholders enthält keine Sekretbehälter und kann daher kein Oel liefern.

## II. Juniperus oxycedrus L. Im Mittelmeergebiet bis Kaukasien.

1. Durch trockene Destillation gewinnt man aus dem Holz dieser, aber auch anderer Arten einen Theer: **Oleum Juniperi empyreumaticum** (Ergänzb. Helv.). **Oleum cadinum** (Austr. Brit. U-St.). **Oleum Cadi. Ol. Juniperi nigrum. Ol. Juniperi Oxycedri.** — **Wacholdertheer. Kadeöl. Kadöl. Kaddigöl. Kadinöl. Takinöl. Spanisch-Cederöl.** — **Huile de cade** (Gall.). — **Oil of Cade. Juniper Tar-Oil.**

***Beschreibung.*** Es bildet eine braune, dickliche, theerartige Flüssigkeit von brenzlichem, zugleich an Wacholder erinnerndem Geruch und brennend gewürzhaftem Geschmack. Es ist in Anilin und Aether vollständig, in Petroläther, Chloroform, Schwefelkohlenstoff, Alkohol theilweise, in Wasser kaum löslich, demselben aber Geruch und saure Reaktion ertheilend, in Eisessig unlöslich. Spec. Gew. 1,005, zuweilen aber auch leichter als Wasser.

Mit 4 Theilen Wasser erwärmt, giebt es nach dem Erkalten ein nahezu farbloses Filtrat von saurer Reaktion, das ammoniakalische Silberlösung in der Kälte, alkalische Kupferlösung in der Wärme reducirt. Die wässerige Lösung wird ferner mit Eisenchlorid (1 : 1000) roth.

***Bestandtheile.*** Homologe der Essigsäurereihe, Kohlenwasserstoffe vom Siedepunkte 210—400° C., Harz, Phenole (Derivate des Brenzkatechins, wie Guajakol, Kreosol, Aethyl- und Propylguajakol).

***Anwendung.*** Aeusserlich entweder unvermischt oder in Salben und Linimenten bei Krätze, nasser Flechte, Ausschlag, Schuppenflechte u. dergl.

Da der Gehalt des Theeres am Phenolen ein geringer ist, wirkt er wenig desinficirend.

**Emulsio de Oleo cadino** (Gall.).
Emulsion d'huile de cade.

Wie Emuls. Balsami tolutani Gall. (Bd. I, S. 457) zu bereiten.

**Linimentum cadinum saponatum** HEBRA.
HEBRA's flüssige Theerseife.

| Rp. | | | |
|---|---|---|---|
| | Olei Juniperi empyreum. | | |
| | Saponis viridis | ää | 25,0 |
| | Spiritus | | 50,0. |

Gegen Krätze.

**Sapo unguinosus piceo-ichthyolatus** UNNA.
Ichthyol-Theer-Salbenseife.

Rp. Olei cadini 20,0
Ammon. sulfo-ichthyolici 10,0
Saponis unguinosi 70,0.

**Unguentum anteczematicum.**

I. Nach GUYOT.

Rp. Olei Junip. empyreum.
Natrii carbonici
Picis liquidae ää 10,0
Adipis suilli 70,0.

II. Nach UNNA.

Rp. Olei Junip. empyreum. 10,0
Adipis Lanae puri 20,0
Unguent. Zinci 30,0
Solut. Calcii chlorati ($33^1/_3$ proc.) 40,0.

**Unguentum cadinum.**
Kadinsalbe.

Rp. Olei Juniperi empyreum. 5,0
Adipis suilli 95,0.

Bei Schuppenflechte.

**Vet. Charge contre la gale** (Gall.).

Rp. Olei cadini
Picis Lithanthracis
Saponis nigri
Olei Terebinthinae ää 100,0
Olei Petrae 300,0.

**Vet. Linimentum contra scabiem.**
Räudeschmiere.

Rp. Olei cadini
Olei Terebinth.
Carbonei sulfurati ää.

Gegen Räude der Hausthiere.

2. Aus den frischen Zweigspitzen gewinnt man ein ätherisches Oel, das als Abortivum und Anthelminticum wirkt.

**III. Juniperus virginiana L.** In den östlichen Staaten von Nordamerika. Die jungen Zweige werden als Abortivum benutzt, ebenso das ätherische Oel, das zu 0,2 Proc. in den Blättern enthalten ist. Auf der Pflanze vorkommende Gallen (Cedernäpfel, Fungus columbinus) wirken anthelmintisch. Das Holz wird zur Herstellung der Bleistifte verwendet, ebenso das von **J. bermudiana L.**

**Dr. ABELE's Wassersuchtsthee.** Je 180,0 Wacholderbeeren und Petersilienfrüchte, je 90,0 Fenchel, Kümmel und Meerzwiebel, 360,0 Hollunderblüthen. In 36 Th. zu theilen. 1 Packet auf $^1/_2$ l siedendes Wasser. Vom Auszuge wird je die Hälfte Morgens und Abends getrunken.

**Benedictusöl** von H. ZAPP in Köln, besteht aus Olivenöl, Birkentheeröl und Wacholdertheer.

**Capsules Vial à l'huile de Genèvrier** sind Leimkapseln, die mit einer Mischung aus Wacholderbeeröl und Wacholdertheer gefüllt sind.

**Choleramittel** von KAINZ in Wien ist ein kampherhaltiger, weingeistiger Auszug aus Wacholderbeeren und Fichtensprossen.

**Hausmittel gegen Blasenkatarrh** von A. EXNER. Wasser mit fein vertheiltem Krebsaugenpulver, Wacholderbeeren, Bärentraubenblättern, Wacholder- und Hollundersaft.

**Juniperin,** eine Mischung aus gepulverten Wacholderbeeren und Fett.

**Kräuterthee,** FRITZ WESTPHALS: Je 20 Th. Isländ. Moos, Carrageen, Lungenkraut, Leberkraut, Lakritz, Sternanis, Wermuth, Wacholderbeeren, Eichenrinde, Schwarzwurzel, Ingwer, 30 Th. Malz.

**PARAI'sche Klostermittel.** Pulver aus Schwefel, Magnesia, Hasel- und Schwalbenwurzel, Liniment aus Kadeöl und Terpentinöl.

**Rheumatol,** Linimentum Juniperi compositum von BIEDER in Luzern ist ein Rheumatismusmittel von unbekannter Zusammensetzung.

**Steinhäger** ist ein Wacholderbranntwein, der aus frischen Wacholderbeeren und Korn durch gleichzeitiges Einmaischen, Brennen etc. bereitet wird.

**Wacholderbeertinktur,** Pfarrer KNEIPP's, ist Tinct. Juniperi e fruct. recent. Zu dessen Heilmitteln gehören auch

**Wacholderspitzen,** Summitates Juniperi.

**Wodnijka,** ein serbisches Nationalgetränk, wird durch Vergähren von Wacholderbeeren mit Obst und gewissen Zusätzen wie Senf, Meerrettig, Citronen u. dergl. hergestellt. Enthält bis 1,7 Proc. Alkohol.

---

# Kairinum.

Mit den Namen Kairin M und Kairin A wurden 1882 zwei von O. FISCHER dargestellte Chinolin-Derivate bezeichnet, welche heute zwar nicht mehr therapeutisch verwendet werden, aber insofern von historischer Bedeutung sind, weil sie die ersten synthetischen Febrifuga, also gewissermassen die ersten synthetischen Ersatzmittel des Chinins darstellten.

**Kairin A.** **Aethyl-Kairin. Kairin. Salzsaures α-Oxychinolintetrahydrür. Salzsaures α-Oxychinolin-äthyl-tetrahydrür. $C_9H_{10}(C_2H_5)NO.HCl$. Mol. Gew. = 213,5.**

***Darstellung.*** Chinolin wird durch Erwärmen mit Schwefelsäure in α-Chinolinsulfosäure übergeführt und diese in der Natronschmelze (s. Bd. I, S. 24) in α-Oxychinolin verwandelt. Durch Reduktion des letzteren mittels Zinn und Salzsäure entsteht α-Oxychinolintetrahydrür, welches alsdann durch Erhitzen mit Jodäthyl in α-Oxychinolin-äthyltetrahydrür übergeführt wird. Das salzsaure Salz der letzgenannten Base ist das Kairin A.

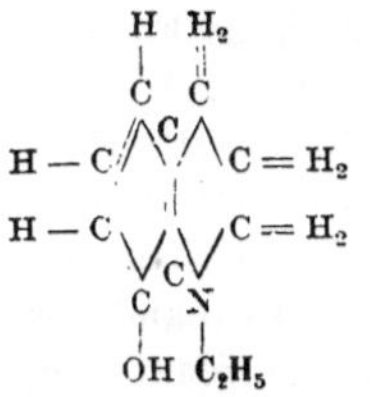

α-Oxychinolin-äthyl-tetrahydrür.

***Eigenschaften.*** Geruchloses, farbloses Krystallpulver, aus prismatischen Krystallen bestehend. Löslich in 6 Th. Wasser oder in 20 Th. Weingeist. Die wässerige Lösung schmeckt stechend-salzig, zugleich kampferartig kühlend und nimmt aus der Luft allmählich Sauerstoff auf unter Bräunung. Sie wird durch Eisenchlorid dunkelbraunroth, durch rauchende Salpetersäure blutroth gefärbt.

***Aufbewahrung.*** Vorsichtig. Lösungen dürfen nicht lange vorräthig gehalten werden.

***Anwendung.*** Kairin hat heute nur noch historisches Interesse. Es war das erste synthetisch dargestellte Antipyreticum, und zwar erfolgte die pharmakologische Prüfung s. Z. durch Filehne. Es wurde damals Erwachsenen in Gaben von 0,5—1,0 g, Kindern in solchen von 0,1—0,5 g *pro die* gegeben. Heut ist es völlig verlassen, weil die Nebenerscheinungen (Cyanose, Collaps) doch zu bedrohlich waren und weil es die Bildung von Methämoglobin veranlasste.

**Kairin M.**, **salzsaures α-Oxychinolinmethyltetrahydrür $C_9H_{10}(CH_3)NO.HCl$** entsteht auf ganz analoge Weise wie das vorige, nur wird an Stelle von Jodäthyl zur Darstellung Jodmethyl benutzt. — Es ist dem vorhergehend beschriebenen physikalisch und chemisch sehr ähnlich, findet aber seiner unangenehmen Nebenwirkungen wegen medicinische Verwendung nicht mehr.

Falls „Kairinum" schlechthin verordnet ist, darf unter allen Umständen nur „Kairin A", niemals Kairin M dispensirt werden.

**Kairolin A** ist saures schwefelsaures Aethylchinolintetrahydrür $C_9H_{10}(C_2H_5)N.H_2SO_4$.

**Kairolin M** ist saures schwefelsaures Methylchinolintetrahydrür $C_9H_{10}(CH_3)N.H_2SO_4$.

---

# Kalium — Kali.

**I. Kalium.** **Metallisches Kalium. Potassium** (engl. u. franz.). **K. Atomg = 39.** Wird technisch in der Regel durch Destillation eines durch Verkohlung von Weinstein erhaltenen innigen Gemenges von Kaliumkarbonat und Kohle dargestellt und durch den Grosshandel bezogen.

***Eigenschaften.*** Silberweisses, stark glänzendes Metall, bei gewöhnlicher Temperatur von der Konsistenz des Wachses (lässt sich schneiden), in der Kälte hart und spröde. Das spec. Gew. ist bei 13° C. = 0,875 (Wasser = 1). Kalium schmilzt bei 62,5° C., bei 667° C. verwandelt es sich in einen grünen Dampf. An der Luft oxydirt sich das Kalium sofort, das blanke Metall wird blind und überzieht sich mit einer schwächeren oder stärkeren Kruste von Kaliumoxyd, welche allmählich in Kaliumkarbonat übergeht. — Auf Wasser gebracht, zerlegt es dieses sofort in Sauerstoff und Wasserstoff. Der letztere entzündet sich (Unterschied von Natrium) und brennt infolge beigemengten Kaliumdampfes mit violetter Flamme. Diese Reaktion verläuft weitaus heftiger wie die analoge beim Natrium, daher darf Natrium zur Demonstration der Wasserzersetzung mittels Leichtmetallen nicht beliebig durch Kalium ersetzt werden. Wegen seines Verhaltens gegen Luft, Sauerstoff und Wasser muss das Kalium unter rektificirtem Petroleum aufbewahrt werden. — Aehnlich energisch wie mit dem Sauerstoff verbindet sich das Kalium mit den Halogenen, mit Schwefel, Phosphor.

In den Handel gelangt es meist in Form von Kugeln, während das Natrium in Prismen im Handel vorkommt.

***Prüfung. Aufbewahrung.*** Eine Prüfung erübrigt sich; will man feststellen, ob ein gegebenes Alkalimetall Kalium ist, so bringt man eine kleine Menge desselben in etwas Wasser und prüft die nach Beendigung der Reaktion vorhandene alkalische Flüssigkeit mittels Weinsäure oder, nach dem Ansäuern mit Salzsäure, mittels Platinchlorid. Der Aufbewahrung ist gehörige Sorgfalt zuzuwenden. Man bewahre es unter rektificirtem Petroleum so auf, dass alle Kaliumstücke von diesem reichlich bedeckt sind. Das Gefäss schliesse man mit einem Korkstopfen und setze es in einen grossen irdenen Topf ein, welcher mit trockenem (!) Sande theilweise gefüllt ist. Dieser Topf wird zweckmässig in einer Nische im Keller untergebracht zusammen mit Natrium, aber getrennt von Phosphor.

***Anwendung.*** Nicht therapeutisch, sondern lediglich zu chemischen Zwecken, meist zur Demonstration der Wasserzersetzung durch Kalium, auch zum Nachweis des Stickstoffs. In den meisten Fällen kann das Kalium durch das billigere und weniger gefährliche Natrium ersetzt werden.

**Kalium-Natrium.** Mit dem Natrium vereinigt sich das Kalium zu einer Legirung, welche unter Umständen flüssig und alsdann dem Quecksilber ähnlich ist. Diese Legirung bildet sich schon, wenn Kalium und Natrium bei gewöhnlicher Temperatur unter Steinöl zusammentreffen. Sie ist daher wiederholt beobachtet worden, wenn aus Sorglosigkeit Kaliumabfälle zu Natrium oder umgekehrt gebracht wurden.

**Kalium-Abfälle.** Kleine Mengen von Kalium-Abfällen lässt man nicht sorglos herumstehen, sondern macht sie unschädlich, indem man sie im Freien in eine Pfütze oder eine ähnliche grössere Wasseransammlung (immer nur kleine Mengen auf einmal) wirft und dafür Sorge trägt, dass Menschen entfernt bleiben, so lange die Reaktion andauert. In Gewässer, welche Fische enthalten, werfe man sie nicht, da die Fische die umherfahrenden Kaliumstückchen für brummende Insekten halten, sie verschlucken und elend zu Grunde gehen.

**II. Kaliumoxyd. Kalium oxydatum. Kali. $K_2O$. Mol. Gew. = 94.** Entsteht durch Ueberleiten berechneter Mengen trockner und kohlensäurefreier Luft über Kalium, welches zum Schmelzen erhitzt worden ist. Grauweisse, amorphe Masse, welche bei Rothgluth schmilzt, in sehr hoher Temperatur flüchtig ist und sich mit Wasser zu Kaliumhydroxyd KOH vereinigt. Wird weder therapeutisch, noch — seines hohen Preises wegen — technisch verwendet.

Erhitzt man das Kalium in einem Strome überschüssig vorhandenen reinen Sauerstoffs, so entsteht Kaliumperoxyd $K_2O_2$, welches indessen seines hohen Preises wegen zur Zeit auch noch nicht verwendet wird, obgleich es die nämlichen Eigenschaften hat wie Natriumsuperoxyd.

**III. Kaliumhydroxyd. Kalihydrat. Aetzkali. Kaustisches Kali. Aetzstein. Kali hydricum fusum. Kali causticum fusum. Lapis causticus chirurgorum. Potasse à la chaux. Potasse fondue. Potasse caustique à la chaux. Pierre à cautère. Potassa. Caustic potash. KOH. Mol. Gew. = 56.** Dieses Präparat kommt im Handel in drei verschiedenen Sorten vor: 1) Kalium hydricum purissimum (e Kalio sulfurico et Baryta hydrata paratum); 2) Kalium hydricum purum (alkohole depuratum); 3) Kalium hydricum depuratum. — Diese drei Sorten sind von recht verschiedener Reinheit und dementsprechend auch im Preise stark abweichend.

**1) † Kalium hydricum (causticum) purissimum (e Kalio sulfurico et Baryta hydrata paratum).** Man löst in einer blanken eisernen Schale 300 g kryst. Barythydrat in 1 l Wasser auf und giebt von einer konc. heissen Lösung von 120 g Kaliumsulfat so lange zu, bis die mit einer Kapillarröhre dem rasch sich klärenden Flüssigkeitsrande entnommene Probe weder mit Barytwasser noch mit Kaliumsulfat Niederschläge mehr giebt. Man filtrirt alsdann rasch durch ein Faltenfilter in einen Kolben und dampft das Filtrat portionsweise in einer silbernen Schale bei grosser Flamme möglichst rasch ein, bis es ruhig schmilzt. Dann giesst man die flüssige Masse in eine Schale von Silber, lässt unter Vertheilung des Schaleninhaltes im Innern der Schale erstarren und bringt die noch heissen Krusten in vorgewärmte, gut zu verschliessende Gläser. Bei allen Arbeiten mit schmelzenden Alkalien oder konc. Alkalilaugen schütze man die Augen durch einen Kneifer mit Fensterglas oder eine Schutzbrille!

Weisse, krystallische Stücke, im übrigen von den Eigenschaften des folgenden, nur noch reiner als dieses.

***Prüfung.*** An dieses Präparat sind mit Rücksicht darauf, dass es nur zu wichtigen und schwierigen analytischen Trennungen verwendet wird, die schärfsten Anforderungen zu stellen:

**1)** Man löst in einer Platinschale 5,0 g in 10 ccm Wasser, säuert mit Essigsäure deutlich an, macht mit Ammoniak schwach alkalisch, fügt Wasser bis zum Gesammtvolum von ca. 100 ccm hinzu, erwärmt im Wasserbade ca. $^1/_2$ Stunde, bis nur noch schwacher Geruch nach Ammoniak vorhanden ist (vergl. Band I, S. 242 und 332 sub 6) und lässt alsdann mehrere Stunden bei gewöhnlicher Temperatur absetzen. Es darf sich keine Abscheidung von Flocken (Thonerde) zeigen. — **2)** Die sub 1 erhaltene Lösung oder das Filtrat derselben werden weder durch Ammoniumoxalat (Calcium, Baryum) noch durch Natriumphosphat (Magnesium) getrübt, noch durch Schwefelammonium verändert (schwere Metalle, z. B. Eisen). — **3)** 5 g werden in einer Platinschale in Wasser gelöst, diese Lösung wird mit Salzsäure übersättigt und zur Trockne verdampft. Der Rückstand wird alsdann 1 Stunde auf 150° C. erhitzt. Er muss in salzsäurehaltigem Wasser klar löslich sein (Trübung = Kieselsäure). — **4)** 6,0 g werden in einem Becherglase in ca. 200 ccm Wasser gelöst und mit Salzsäure angesäuert. Die Lösung wird halbirt. Die eine Hälfte darf durch Schwefelsäure (Baryumverbindungen), die andern durch Baryumchlorid (Schwefelsäure) nicht verändert werden. Die Reaktionen sind in den siedenden Flüssigkeiten auszuführen, die Beobachtung ist nach 6stündigem Stehen bei gewöhnlicher Temperatur zu wiederholen. — **5)** Die mit Salpetersäure angesäuerte Lösung (1 : 20) soll auf Zusatz von Silbernitrat nur sehr schwach opalisiren. Ein sehr geringer Chlorgehalt ist zuzulassen, weil die Darstellung absolut chlorfreier Präparate fast unmöglich ist. — **6)** 50 g Kalihydrat werden in 200 ccm Wasser gelöst. Zu dieser Lösung giebt man je 5 g arsenfreies Zinkpulver sowie Ferrum Hydrogenio reductum und destillirt, indem man das Ablaufrohr in 10 ccm einer ca. 1 proc. Schwefelsäure eintauchen lässt (Apparat s. Bd. I, S. 258), bei kleiner Flamme etwa 20 ccm ab. Die in der Vorlage befindliche Flüssigkeit wird mit dem zu prüfenden Kalihydrat alkalisch gemacht, dann mit 2 ccm Nessler'schem Reagens versetzt. Es darf nur eine geringe gelbliche Opalescenz, nicht deutliche gelbrothe Fällung auftreten (Salpetersäure und Salpetrige Säure s. S. 170). — **7)** 5 g Kalihydrat geben mit 30 g Alkohol von 0,83 spec. Gew. eine klare und farblose Lösung (Kaliumkarbonat und andere Kalisalze).

Dieses Präparat ist in der Regel nicht wasserfreies Kalihydrat, sondern enthält von diesem nur etwa rund 75 Proc. neben 25 Proc. Wasser, weil beim anhaltenden Schmelzen dieser Verbindung im Silberkessel (zum Zwecke völliger Entwässerung) der Silberkessel stark angegriffen und das Präparat durch Silber verunreinigt werden würde.

***Anwendung.*** Zur therapeutischen Anwendung ist diese Sorte zu theuer; man giebt sie nur zu chemischen Zwecken ab und auch dann nur, wenn der Besteller ausdrücklich die Lieferung des thunlichst reinen Präparates verlangt und sich bereit erklärt hat, den hohen Preis dafür zu zahlen.

**† Kalium hydricum e Kalio metallico. Kalihydrat aus metallischem Kalium.** Wird durch Zersetzen von metallischem Kalium mittels destillirtem Wasser und Koncentration der Lösung bis zum ruhigen Schmelzen des Rückstandes dargestellt. Es ist die allerreinste Sorte (100 g = 20 M.) und wird nur nach ausdrücklicher Vereinbarung wie das vorige abgegeben.

**2) † Kalium hydricum alcohole depuratum.** Diese Sorte ist das Präparat der Pharmakopöen und unter folgenden Namen officinell: **Kalium hydroxydatum** (Austr.). **Kali causticum fusum** (Germ.). **Kalium hydricum** (Helv.). **Potasse caustique à l'alcool** (Gall.). **Potassa caustica** (Brit.). **Potassa** (U.-St.).

***Darstellung.*** Um ein von Kaliumkarbonat, Kaliumchlorid und Kaliumsulfat möglichst freies Kaliumhydroxyd zu erhalten, löst man 1 Th. des folgenden Präparats (Kali causticum depuratum) in 4 Th. Alkohol von 96 Proc. und überlässt die alkoholische Lösung im gut geschlossenen Gefässe solange der Ruhe, bis sie sich vollständig geklärt hat. Die am Boden und zum Theil auch an den Gefässwandungen sich ausscheidende wässerige Schicht enthält die Verunreinigungen, die klare alkoholische Lösung das Kalihydrat. Man zieht die klare alkoholische Lösung ab, destillirt den Alkohol ab, bringt den Rückstand in einer Silberschale zur Trockne, schmilzt ihn und verfährt wie sub I angegeben. (In der Technik verbindet man hiermit die Darstellung von absolutem Alkohol.)

***Eigenschaften.*** Weisse, sehr harte und spröde, durchscheinende, stark alkalische bez. ätzende Stücke oder Stäbchen, welche an der Luft Feuchtigkeit und Kohlensäure anziehen und in Wasser und in Alkohol leicht unter Erhitzung löslich sind. Die alkoholische Lösung färbt sich beim Erhitzen oder bei längerer Aufbewahrung dunkel, wahrscheinlich infolge Bildung von Aldehyd bez. Aldehydharz. Beim Erhitzen schmilzt es, ohne in $K_2O + H_2O$ zu zerfallen, zu einer ölig fliessenden Flüssigkeit, welche bei heller Rothgluth ohne Zersetzung etwas verdampft, bei Weissgluth in Kalium, Sauerstoff und Wasserstoff zerfällt. Kalihydrat in Substanz, sowie wässerige Lösungen desselben wirken stark ätzend, zerstören bez. lösen die thierische Haut ebenso die Eiweissstoffe auf.

Mit Weinsäure im Ueberschuss versetzt, giebt die wässerige, nicht allzustark verdünnte Lösung einen weissen krystallinischen Niederschlag von Kaliumbitartrat.

***Prüfung.*** **1)** Wird 1 g Kaliumhydrat in 2 ccm Wasser gelöst und mit 10 ccm Weingeist vermischt, so darf sich nach 1—2 stündigem Stehen nur ein sehr geringer Bodensatz bilden (Kaliumkarbonat, -chlorid, -sulfat). **2)** Man löse 1 g Kaliumhydroxyd zu 10 ccm in Wasser auf und füge zu dieser Lösung 10 ccm verdünnte Schwefelsäure. 2 ccm der so erhaltenen Lösung mische man mit 2 ccm konc. Schwefelsäure und überschichte die Mischung mit 1 ccm Ferrosulfatlösung. Es darf sich eine gefärbte Zone nicht zeigen. Dieselbe würde von Salpetersäure herrühren. **3)** Die mit Salpetersäure übersättigte Lösung (1 = 50) darf weder durch Baryumnitratlösung sofort verändert (Schwefelsäure) noch durch Silbernitratlösung mehr als opalisirend getrübt werden (Chlor). — 10 ccm einer Lösung von 5,6 g des Präparates zu 100 ccm sollen zur Sättigung mindestens 9 ccm Normal-Salzsäure bedürfen, entsprechend einem Gehalt von mindestens **90** Proc. Kalihydrat KOH. Als Indikator ist Methylorange zu benutzen.

**3) † Kali hydricum crudum. Rohes oder technisches Kalihydrat. Potasse caustique à la chaux** (Gall.).

***Darstellung.*** Kaliumhydroxyd in Stücken oder in Stangen wird von den chemischen Fabriken gegenwärtig so wohlfeil und rein in den Handel gebracht, dass seine Darstellung im pharmaceutischen Laboratorium nicht lohnend ist.

Zur Darstellung erzeugt man zunächst, wie unter *Liquor Kali caustici* angegeben ist, eine möglichst reine, kohlensäurefreie Kalilauge und dampft diese rasch in Silberkesseln bezw. Silberpfannen, zuletzt unter Umrühren mit einem Silberspatel, zur Trockne. Der trockene Rückstand wird über einem mässigen Kohlenfeuer unter Bedeckung des Schmelzgefässes weiter erhitzt, bis er ölartig ruhig fliesst. Die feurigflüssige Masse wird nun entweder auf ein blankes Eisenblech oder in auf 30—50° C. vorgewärmte Formen, welche aus Eisen gefertigt und versilbert sind, ausgegossen. Die Formen dürfen nicht mit Oel oder Talg, sondern nur mit einem trockenen Tuche ausgerieben werden. Siehe Band I, Seite 376. — Nach dem Erstarren werden die Stäbe aus der Form mit Hilfe eines eisernen Spatels herausgestossen und sofort in trockne Gefässe gebracht, welche mit Kork verschlossen und mit Paraffin gedichtet werden.

Um dem Kaliumhydroxyd ein schönes weisses Aussehen zu belassen, muss man das Hineinfallen von Staub, Russ etc. in die zu schmelzende Masse verhindern. Manche Fabrikanten setzen zu dem gleichen Zwecke etwas Kalisalpeter hinzu, durch welchen die organischen Verunreinigungen verbrannt werden. Indessen ist ein solcher Zusatz im höchsten Grade verwerflich, da ein solches Kalihydrat, dessen Gehalt an Nitrat und Nitrit nicht bekannt war, schon wiederholt zu den unangenehmsten Irrthümern bei Analysen Veranlassung gegeben hat. Zum Schmelzen müssen silberne Gefässe benutzt werden, weil schmelzendes Kali sowohl Eisen als auch Platin angreift und Porcellan einfach durchschmilzt.

***Prüfung.*** 1) Das technische Kalihydrat sei farblos und nicht feucht. An seiner Oberfläche sollen sich Efflorescenzen (von Kaliumkarbonat) nicht erkennen lassen. 2) Die wässerige Lösung brause beim Uebersättigen mit Säuren nur mässig auf. 3) Es enthält als gewöhnliche Verunreinigungen: Thonerde, Spuren von Eisen, Kieselsäure, Chlor, Schwefelsäure, Kohlensäure, häufig auch Salpetersäure, salpetrige Säure, Ammoniak. Mit dieser Thatsache ist zu rechnen, doch soll man einer reineren Sorte vor der weniger reinen den Vorzug geben. 4) Wird 1 g Kaliumhydrat in 50 ccm Wasser gelöst, so sollen zur Neutralisation (Methylorange als Indikator) mindestens 14,3 ccm Normal-Salzsäure verbraucht werden, entsprechend einem Minimalgehalt von 80 Proc. Kalihydrat KOH.

***Aufbewahrung.*** Kaliumhydroxyd werde vorsichtig aufbewahrt; ausserdem aber hat man es sorgfältig vor Feuchtigkeit und Kohlensäure zu schützen, weil es andernfalls zerfliesst bez. in Kaliumkarbonat übergeht. Am zweckmässigsten ist es, Gefässe von etwa 250—500 g Inhalt vorräthig zu halten, welche mit Korken verschlossen und ausserdem noch mit Paraffin gedichtet werden. Kleinere Mengen kann man in Glasgefässen mit Glasstopfen vorräthig halten; man achte dann aber darauf, dass an Hals und Stopfen nichts hängen bleibt, weil sonst Einkittung des Stopfens erfolgt.

***Anwendung.*** Kaliumhydroxyd wirkt in Substanz oder konc. Lösung stark ätzend, in verdünnter Lösung erweichend auf die Epidermis. Man verwendet es lediglich äusserlich, und zwar immerhin nur selten, um tiefgehende Aetzungen zu erzeugen, z. B. bei vergifteten Wunden, Biss toller Hunde etc. Als Reagens und zur Bereitung von Präparaten wird es für gewöhnlich in der Form des *Liquor Kali caustici* benutzt.

**† Kali causticum siccum.** Das durch blosses Eindampfen der wässerigen Kalihydratlösung in die Form eines trocknen Pulvers gebrachte Präparat obiger Bezeichnung ist KOH mit einem Gehalt von rund 10 Proc. Wasser. Dieses Präparat ist nicht dasjenige der Pharmakopöen.

**† Liquor Kali caustici** (Germ.). **Kalium hydricum solutum** (Helv.). **Liquor Potassae** (Brit. U.-St.). **Kalilauge. Aetzkalilauge. Kaliumhydroxydlösung. Lixivium causticum. Soluté de potasse. Lessive caustique. Caustic lie. Etching-lie of potash.** Eine wässerige Auflösung des Kalihydrats, je nach den Pharmakopöen von verschiedener Stärke. — Kleine Mengen Kalilauge, wie sie in der Apotheke bez. in dem Laboratorium verwendet werden, stellt man zweckmässig durch Auflösen von festem Aetzkali in destillirtem Wasser dar. Man lässt alsdann die Lösung einige Zeit absetzen und filtrirt sie durch Glaswolle oder Asbest, bis zu einem Gehalte von 15 Proc. KOH auch durch Papierfilter. — Grössere Mengen von Kalilauge gewinnt man zweckmässig durch Umsetzen von Kaliumkarbonat mit Aetzkalk.

Man bringt in einen hinreichend geräumigen, blanken eisernen Kessel 10 Th. rohe Pottasche und übergiesst sie mit 100—120 Th. Wasser. Andererseits löscht man 5—6 Th. frisch gebrannten Kalk mit 15—20 Th. Wasser. Man bringt nun den Kessel mit der Pottaschelösung auf's Feuer und fügt, sobald der Inhalt lebhaft siedet, in kleineren Antheilen den Brei von Kalkmilch unter Umrühren so hinzu, dass der Kesselinhalt in beständigem Sieden verbleibt. Durch die Zugabe des Kalkbreies wird das verdampfende Wasser zum Theil ersetzt, event. muss noch mehr Wasser zugegossen werden. Nachdem man die Hauptmenge der Kalkmilch in kleinen Portionen unter fortwährendem Kochen zugesetzt hat, lässt man die Flüssigkeit einige Minuten aufkochen und prüft sie in kleinen filtrirten Proben auf Kohlensäuregehalt. Man hält sich 3—4 Probirgläschen, beschickt mit etwas Salzsäure nebst Trichter und Filter, zur Hand, nimmt mit einem silbernen Löffel ca. 10 ccm der Flüssigkeit aus dem Kessel und filtrirt in die Salzsäure. Entsteht dadurch ein Aufsteigen von Kohlensäurebläschen, so muss man noch Kalkmilch zusetzen. Auf diese Weise fährt man fort, bis sich eine Probe frei von Kohlensäure zeigt. Es ist dann am besten, den Kessel vom Feuer zu nehmen, ihn eine Stunde bedeckt stehen zu lassen, die noch etwas trübe Lauge vom Bodensatz in erwärmte Flaschen einzugiessen, den Bodensatz mit heissem Wasser anzurühren, aufzukochen, eine Stunde absetzen zu lassen und die Flüssigkeit in andere Flaschen abzugiessen. Diese Flaschen stellt man dicht geschlossen 2—3 Tage bei Seite. Hierauf zieht man die klare Flüssigkeit mit dem Heber ab. Die Bodensätze vermischt man mit einem gleichen Volumen destill. Wasser und filtrirt durch Fliesspapier.

Die geklärten Flüssigkeiten dampft man alsdann auf einem gut ziehenden Herde in einem blanken eisernen Kessel bis auf ein passendes spec. Gew. (z. B. 1,33) ab. Man füllt alsdann die halberkaltete Lauge in gut zu verschliessende Flaschen, lässt absetzen und giesst entweder klar ab oder filtrirt durch Glaswolle oder Asbestfilter.

***Eigenschaften.*** Eine klare, fast farblose oder nur schwach gelblich gefärbte Flüssigkeit, mit Wasser und Weingeist klar mischbar, von stark alkalischer Reaktion und bei stärkeren Koncentrationen von sogenanntem Laugengeruch. Der Gehalt der Kalilauge der verschiedenen Pharmakopöen an festem Kalihydrat ist ein ausserordentlich wechselnder. Es verlangen:

| | Brit. | Germ. | Helv. | U-St. |
|---|---|---|---|---|
| Spec. Gew. bei 15° C. . . . . . . . . . . . . | 1,058 | 1,126—1,130 | 1,33 | 1,036 |
| Gehalt an KOH . . . . . . . . . . . . . . | 5,85 % | ca. 15,0 % | 33,0 % | 5,0 % |
| 10,0 g Kalilauge verbrauchen ccm Normal-Salzsäure | 10,4 | 26,8 | 58,9 | 8,9. |

Die nachstehende Tabelle giebt den Procentgehalt von Kalihydratlösungen an; doch ist zu beachten, dass diese Angaben sich auf das völlig reine Präparat beziehen, also gegenüber den Lösungen des rohen Aetzkalis sich geringe Abweichungen ergeben müssen.

**Specifisches Gewicht der Kalilauge bei verschiedenem Gehalt an KOH.**
Temperatur 15° C. (nach Gerlach).

| Proc. KOH | Spec. Gew. | Proc. KOH | Spec. Gew. | Proc. KOH | Spec. Gew. | Proc. KOH | Spec. Gew. | Proc. KOH | Spec. Gew. |
|---|---|---|---|---|---|---|---|---|---|
| 1 | 1,009 | 13 | 1,111 | 25 | 1,230 | 37 | 1,374 | 49 | 1,527 |
| 2 | 1,017 | 14 | 1,119 | 26 | 1,241 | 38 | 1,387 | 50 | 1,539 |
| 3 | 1,025 | 15 | 1,128 | 27 | 1,252 | 39 | 1,400 | 51 | 1,552 |
| 4 | 1,033 | 16 | 1,137 | 28 | 1,264 | 40 | 1,411 | 52 | 1,565 |
| 5 | 1,041 | 17 | 1,146 | 29 | 1,278 | 41 | 1,425 | 53 | 1,578 |
| 6 | 1,049 | 18 | 1,155 | 30 | 1,288 | 42 | 1,438 | 54 | 1,590 |
| 7 | 1,058 | 19 | 1,166 | 31 | 1,300 | 43 | 1,450 | 55 | 1,604 |
| 8 | 1,065 | 20 | 1,177 | 32 | 1,311 | 44 | 1,462 | 56 | 1,618 |
| 9 | 1,074 | 21 | 1,188 | 33 | 1,324 | 45 | 1,475 | 57 | 1,630 |
| 10 | 1,083 | 22 | 1,198 | 34 | 1,336 | 46 | 1,488 | 58 | 1,641 |
| 11 | 1,092 | 23 | 1,209 | 35 | 1,349 | 47 | 1,499 | 59 | 1,655 |
| 12 | 1,101 | 24 | 1,220 | 36 | 1,361 | 48 | 1,511 | 60 | 1,667 |

***Prüfung.*** Diese ist in gleicher Weise wie die des Kali causticum auszuführen. Man achte ausserdem noch auf einen etwaigen Gehalt an Ammoniak: Fällt man eine Kupfersulfatlösung 1 : 10 mit einem Ueberschuss von Kalilauge, so darf das Filtrat nicht bläulich gefärbt erscheinen und auf Zusatz von Schwefelwasserstoffwasser nicht dunkel gefärbt worden. Von einem Ammoniakgehalte kann die Kalilauge übrigens durch Auskochen befreit werden.

Die Gehaltsbestimmung führt man zweckmässig durch Titriren einer gewogenen oder gemessenen Menge Kalilauge mit Normal-Salzsäure unter Benutzung von Methylorange als Indikator aus. Die für die Kalilauge der einzelnen Pharmakopöen zu verbrauchenden Mengen Normal-Salzsäure sind oben angegeben.

***Aufbewahrung.*** Da Korkstopfen durch Kalilauge zerstört werden, diese auch in Berührung mit Kork braun gefärbt wird, so bewahre man die Kalilauge in Flaschen mit Glasstopfen auf. Um das Einkitten der letzteren zu verhindern, bestreiche man die Glasstopfen schwach mit Paraffinsalbe. Gute Kautschukstopfen eignen sich zwar auch als Verschluss, sie werden aber leicht schlüpfrig und springen dann ohne äussere Veranlassung bezw. schon in Folge geringer Ausdehnung der im Gefässe eingeschlossenen Luft aus dem Halse heraus. — Durch wiederholtes Oeffnen der Gefässe wird die Kalilauge immer reicher an Kaliumkarbonat. Vorsichtig aufzubewahren.

***Anwendung.*** Kalilauge als solche findet bisweilen äusserlich Anwendung zu erweichenden Waschungen (1 : 10) oder Bädern (150—300,0 auf ein Vollbad), zu Injektionen (0,5—1,0 : 100,0). Der innere Gebrauch ist wohl völlig verlassen worden.

In der analytischen Chemie wird die Kalilauge in den meisten Fällen durch Natronlauge ersetzt. In der Pharmacie dient sie zur Bereitung von *Sapo kalinus* und *Spiritus saponatus*. In der Technik dienen weniger reine Sorten Kalilauge u. A. zur Darstellung der Kali- oder Schmierseifen.

***Erkennung und Bestimmung.*** **A)** Man erkennt die Kaliumverbindungen an folgenden Reaktionen:

**1)** In die farblose, bez. nicht leuchtende Flamme eingeführt, ertheilen sie dieser eine violette Färbung. Bei Anwesenheit von Natrium kann diese Färbung durch Beobachtung mittels eines Kobaltglases oder eines Indigoprismas erkannt werden. — **2)** Fügt man zu der neutralen oder alkalischen Lösung eines Kalisalzes in Wasser Weinsäure in starkem Ueberschusse zu, so entsteht in der konc. Lösung sogleich, in der nicht allzu verdünnten Lösung nach einiger Zeit ein krystallinischer Niederschlag von Kaliumbitartrat. Aus sauren Lösungen muss die vorhandene Säure vorerst durch Glühen verjagt oder durch Zusatz von Natriumkarbonat abgestumpft werden, bevor man die Weinsäure zusetzt. — **3)** Platinchlorid erzeugt in den neutralen und sauren Lösungen der Kalisalze einen gelben krystallinischen Niederschlag von Kaliumplatinchlorid $K_2PtCl_6$, falls die Lösungen nicht zu verdünnt sind. Dieser Niederschlag ist in Alkohol und in Aether unlöslich. Am zweckmässigsten ist es, wenn bei dieser Reaktion das Kali in Form von Kaliumchlorid zugegen ist. Man fügt alsdann zu der nicht allzu verdünnten Lösung ein wenig (1—3—5 Tropfen) Salzsäure, ferner einen Ueberschuss (!) von Platinchlorid und ein gleiches Volum Alkohol. Es scheidet sich alsdann der erwähnte gelbe Niederschlag aus. Man wäscht ihn mit Alkohol und löst ihn in siedendem Wasser, worauf er in Oktaëdern krystallisirt. Verwechseln kann man hierbei die Kalisalze mit Ammoniumsalzen, welche eine Fällung von Ammoniumplatinchlorid geben. Beide Fällungen unterscheiden sich wie folgt: Erhitzt man Kaliumplatinchlorid, so hinterbleibt ein Gemenge von Platin und Kaliumchlorid, zieht man dasselbe mit Wasser aus, und verdampft einen Tropfen des Auszugs auf einem Objektträger, so kann man mit dem Mikroskop die gut ausgebildeten Würfel des Kaliumchlorids beobachten. Ferner lässt sich in dem Auszuge leicht das Chlor durch Silbernitrat und das Kali durch die Flammenreaktion nachweisen.

**B.** Bestimmung. **1)** Als Kaliumsulfat. Braucht das Kalium nicht von Natrium getrennt zu werden, und sind nichtflüchtige Säuren (z. B. Phosphorsäure) nicht zugegen, so scheidet man alle durch Schwefelwasserstoff, ferner durch Ammoniak, Schwefelammonium und Ammoniumoxalat fällbare Elemente ab, beseitigt die Magnesiumsalze durch Fällen mit Barythydrat, fällt den Ueberschuss des letzteren mit Ammoniumkarbonat, dampft das Filtrat ein, glüht den Rückstand bis zur Verjagung aller Ammonsalze, löst in Wasser, fügt einen mässigen Ueberschuss von verdünnter Schwefelsäure zu, dampft diese Lösung in einer Platinschale zunächst im Wasserbade möglichst weit ein. Dann erhitzt man die Schale mit kleiner Flamme (Pilzbrenner) bis zum Verdampfen der freien Schwefelsäure. Der Rückstand besteht aus Kaliumbisulfat. Um dies in Kaliumsulfat zu verwandeln, erhitzt man die Schale weiter und hält ein Stück Ammoniumkarbonat in dieselbe, wirft auch ab und zu linsengrosse Stückchen dieses Salzes an eine nicht vom Salze bedeckte Stelle der Schale. Die Operation ist beendigt, wenn zwei aufeinander folgende Wägungen gleiches Gewicht ergeben. — Um sich zu überzeugen, dass das gewogene Kaliumsulfat rein war, kann man es in Wasser lösen und eine Schwefelsäurebestimmung ausführen. — **2)** Als Kaliumplatinchlorid. Diese Methode wendet man besonders zur Bestimmung von Kalium neben Natrium an. Sie beruht darauf, dass sowohl Platinchlorid als Natriumplatinchlorid in Alkohol löslich sind, während Kaliumplatinchlorid darin unlöslich ist. Es wird vorausgesetzt, dass in der zu bestimmenden Lösung nur Kalium und Natrium in der Form der Chloride zugegen und Ammoniumsalze abwesend sind. — Man säuert die Lösung in einer Porcellanschale mit etwas Salzsäure an, fügt einen reichlichen Ueberschuss[1]) Platinchloridlösung hinzu und dunstet in einem nicht zu viel Dampf gebenden Wasserbade, zuletzt unter Umrühren, bis zur Sirupkonsistenz (nicht bis zur völligen Trockne!) ein. Man lässt alsdann erkalten. Den Rückstand rührt man mit Weingeist von 80 Proc. an, lässt absetzen und giesst die Lösung auf ein mit dem gleichen Weingeist genässtes Filter. Man wiederholt das Anrühren und Ausziehen mit Weingeist so lange, bis letzterer nicht mehr wahrnehmbar gefärbt wird (das Filter ist zweckmässig nach dem Ablaufen sogleich 2—3mal mit dem Weingeist auszuwaschen), dann bringt man den Niederschlag auf das Filter und wäscht ihn aus, bis der Weingeist völlig ungefärbt abläuft. Hierauf löst man den Niederschlag durch Aufspritzen von siedendem Wasser, lässt die Lösung in eine gewogene Platinschale laufen, wäscht das Filter gut nach, dampft zunächst auf dem Wasserbade zur Trockne, trocknet bei 130° C. und wägt.

---

[1]) Es muss soviel Platinchlorid zugesetzt werden, dass alles Kali und Natron in die Platindoppelsalze verwandelt wird, weil nur das Natriumplatinchlorid in Alkohol löslich ist, während z. B. Natriumchlorid darin unlöslich ist.

*Toxikologisches.* Wird Aetzkali in grösseren Mengen bez. in erheblicher Koncentration *per os* eingeführt, so wirkt es ätzend auf die Schleimhäute und kann nach wenigen Stunden den Tod herbeiführen. Gegenmittel sind Essig, Citronensaft, verdünnte Citronensäurelösung, überhaupt alle verdünnten Säuren. Zur Schonung der entzündeten Schleimhaut giebt man nach erfolgter Abstumpfung Milch, Oelemulsionen, schleimige Getränke. Der chemische Nachweis einer Vergiftung durch Aetzkali wird nur in seltenen Fällen objektiv mit Sicherheit zu führen sein. Man wird den Mageninhalt auf seine Alkalinität zu prüfen haben und diese zutreffenden Falles durch Titriren mit Normal- bez. $^1/_{10}$-Normal-Säure und Methylorange als Indikator bestimmen. Ferner kann man den Mageninhalt eintrocknen, veraschen und die Menge des Kalis und des Natrons sowie das relative Verhältniss beider zu einander bestimmen. — Ist jedoch ein solcher Fall, wie dies in der Regel geschieht, durch Hausmittel oder ärztlich behandelt worden, und ist der Tod nicht sofort eingetreten, so ist wegen der durch den Magensaft eintretenden Neutralisation und infolge der raschen Resorbirbarkeit der entstandenen Kalisalze die Einführung von Kalihydrat dem chemischen Nachweise in der Regel entzogen.

**Causticum Viennense.**

I.

Bacilla escharotica Viennensia. Lapis causticus SIGMUND. Causticum Viennense FILHOS.

| | | | Gall. |
|---|---|---|---|
| Rp. | Calcariae ustae | 10,0 | 20,0 |
| | Kalii caustici fusi | 20,0 | 100,0. |

Man schmilzt die Mischung und giesst in Lapisformen aus. — Die bis zu 10 cm langen und etwa 0,4 cm dicken Stangen werden mit Bleifolie umwickelt und jedes derselben in ein besonderes Glasröhrchen eingefüllt.

II.

Pulvis causticus Viennensis. Cauterium potentiale mitius. Caustique de Vienne (Gall.).

Rp. Calcariae ustae 12,0
Kalii caustici fusi 10,0.

Im erwärmten Mörser zusammenreiben und in kleine Glasröhrchen abfüllen.

**Guttae antarthriticae** GRAEFE.

Rp. Tincturae kalinae 20,0
Tincturae Guajaci ammoniatae 10,0
Tincturae Opii simplicis 2,5.

Zwei- bis dreimal täglich 10—20 Tropfen.

**Linimentum causticum** HEBRA.

Rp. Liquoris Kali caustici (Germ. = 15 Proc.)
Olei Lini āā.

Fiat linimentum. Zu Einreibungen bei Hautkrankheiten.

**Liquor alkalinus** BRANDISH.

BRANDISH's alkaline solution. Solutio alkalina Anglica.

Rp. Kalii caustici fusi 5,0
Aquae destillatae 95,0.

Für Erwachsene 3 Theelöffel, für Personen von 14—18 Jahren 2 Theelöffel, für Kinder $^1/_2$—$^1/_1$ Theelöffel in Bier oder Zuckerwasser täglich dreimal zu nehmen. Gegen Skropheln.

**Pasta caustica** ROSS.

Rp. Kalii caustici fusi 3,0
Calcariae ustae 1,0.

Man pulvert im erwärmten Mörser und füllt sogleich in kleine Glasröhren.

**Pasta caustica** UNNA.

Rp. Kalii caustici fusi
Calcariae ustae
Saponis kalini
Aquae āā.

**Potassa cum Calce** (U-St.).

Pasta escharotica Londinensis. Pulvis causticus (Helv.).

Rp. Kalii caustici fusi
Calcariae ustae āā.

Im erwärmten Mörser zu mischen und in kleine Glasröhren abzufüllen.

**Pulvis causticus** ELSE.

Rp. Liquoris Kalii caustici (30 Proc. KOH) 10,0
Extracti Opii pulverati 3,0
Calcariae ustae 10,0

vel q. s. ut conterendo fiat pulvis.

**Tinctura antarthritica** HUFELAND.

Guttae antarthriticae HUFELAND.

Rp. Tincturae kalinae 10,0
Tincturae Opii simplicis 1,0
Tincturae Guajaci ammoniatae 15,0.

Viermal täglich 40 Tropfen in Haferschleim.

**† Tinctura Kalina.**

Kali-Tinktur (Ergänzb. Hamb. V.). Tinctura Salis Tartari. Tinctura Antimonii acris. Tinctura Antimonii tartarisata.

Rp. Kalii caustici fusi 1,0
Alkohol absoluti 6,0.

Vorsichtig aufzubewahren.

# Kalium aceticum.

**I. Kalium aceticum** (Germ. Helv.). **Acétate de potasse sec** (Gall.). **Potassii Acetas** (Brit., U-St.). **Kali aceticum. Kaliumacetat. Essigsaures Kalium. Terra foliata Tartari. Arcanum Tartari. Magisterium Tartari. Sal diureticum. Blätterige Weinsteinerde.** $C_2H_3O_2K$. **Mol. Gew.** = **98.**

***Darstellung.*** Man bringt in eine hinreichend geräumige Porcellanschale 400 g verdünnte Essigsäure von 30 Proc. (Spec. Gew. = 1,041) und trägt allmählich 138 g reines Kaliumkarbonat oder 200 g reines Kaliumbikarbonat oder soviel von diesen Salzen ein, dass die Lösung neutral oder schwach alkalisch ist. Dann erwärmt man zur Vertreibung der Kohlensäure, macht die Lösung durch Zusatz von etwas Essigsäure ganz schwach sauer, filtrirt und dampft zunächst im Wasserbade, schliesslich im Sandbade zur Trockne. Da eine konc. Lösung von Kaliumacetat beim Abdampfen lebhaft spritzt, so muss gegen das Ende des Abdampfens mit einem Porcellanspatel andauernd gerührt werden. — Das schliesslich erhaltene, staubtrockene, krümelige Pulver füllt man sofort in die vorgewärmten Gefässe, schliesst diese mit gut passenden Korken und überzieht letztere mit Paraffin. Ein Ueberhitzen des Salzrückstandes ist zu vermeiden, da das Kaliumacetat andernfalls in Kaliumkarbonat übergeht.

***Eigenschaften.*** Schneeweisse, etwas glänzende, nicht nach Essigsäure riechende Salzmasse, welche aus der Luft leicht Feuchtigkeit aufnimmt und zerfliesst. Kaliumacetat löst sich in etwa 0,4 Th. Wasser oder in 1,5 Th. Weingeist von 90 Proc. Die wässerige Lösung bläut rothes Lackmuspapier langsam, röthet aber Phenolphthaleïn nicht. Sie giebt auf Zusatz von Ferrichloridlösung eine dunkelrothe Flüssigkeit, aus welcher beim Kochen ein brauner Niederschlag abgeschieden wird. Auf Zusatz von Weinsäure entsteht ein weisser, krystallinischer Niederschlag. Bei 292° C. schmilzt es unzersetzt, beim höheren Erhitzen wird es zu Kaliumkarbonat verbrannt. Das Präparat des Pharmakopöen enthält noch etwa 5 Proc. Wasser. Beim Zusammenreiben mit Jod färbt sich das Kaliumacetat tiefblau, auf Zusatz von Wasser geht die Farbe in Braun über.

***Prüfung.*** **1)** Das trockne Kaliumacetat muss mit der doppelten Menge Wasser eine klare Lösung geben, welche zwar rothes Lackmuspapier schwach bläut, auf Zusatz von Phenolphthaleïn aber nicht geröthet wird, andernfalls ist Kaliumkarbonat zugegen. — **2)** Diese Lösung werde auf Zusatz eines doppelten Volumens Schwefelwasserstoffwasser nicht verändert (Metalle, wie Blei, Eisen). — **3)** Nach dem Ansäuern durch Salzsäure entstehe in der Lösung auf Zusatz von Kaliumferrocyanid nicht sogleich eine blaue Färbung (Eisen). — **4)** Die mit Salpetersäure angesäuerte Lösung werde durch Silbernitrat nur opalisirend getrübt (Spuren von Chlor sind zuzulassen). —

***Aufbewahrung.*** Wegen seiner stark hygroskopischen Eigenschaften bewahre man das Kaliumacetat in kleinen Gefässen auf, und verschliesse die letzteren mit Korkstopfen, welche mit Paraffin gedichtet werden. Besonders empfiehlt sich die Aufbewahrung dieser Gefässe in Exsikkatoren. Zerflossenes Kaliumacetat säuert man mit Essigsäure schwach an und bringt es durch Eindampfen wieder zur Trockne.

***Anwendung.*** Kaliumacetat wird im thierischen Organismus zu Kaliumkarbonat verbrannt, wirkt also wie dieses, ohne die Magenschleimhaut im gleichen Maasse anzugreifen. Da die Kaliumsalze meist durch die Nieren ausgeschieden werden, so findet sich das Kali im Harne und macht diesen, ebenso wie das Blut alkalisch. Man giebt es zu 1,0—2,0—3,0 zwei- bis dreistündlich theils als harntreibendes, gelind eröffnendes, auflösendes Mittel bei Wassersucht, Nierenleiden, Gicht- und Steinbeschwerden, Milzanschwellungen, Entzündungen der Brustorgane, auch bei gewissen Intoxikationen (z. B. bei Vergiftungen mit Miesmuscheln), um Zersetzung oder Ausscheidung des Giftes zu befördern.

**II. Liquor Kalii acetici** (Germ.). **Kalium aceticum solutum** (Austr. Helv.). **Kaliumacetatlösung. Liquor Terrae foliatae Tartari.** Eine wässerige Lösung des

Kaliumacetats, nach den genannten Pharmakopöen 33—36 Proc. Kaliumacetat enthaltend.

***Darstellung.*** Man neutralisirt, wie oben angegeben, 400 Th. verdünnte Essigsäure von 30 Proc. (spec. Gew. 1,041) mit 138 Th. reinem Kaliumkarbonat oder 200 Th. reinem Kaliumbikarbonat, erwärmt die Lösung zur Austreibung der Kohlensäure, stellt sie auf neutrale oder fast unmerklich saure Reaktion ein, filtrirt und bringt sie auf das vorgeschriebene spec. Gewicht. Es schreiben vor:

| | Austr. | Germ. | Helv. |
|---|---|---|---|
| Spec. Gewicht bei 15°C. . . . . | 1,20 | 1,176—1,18 | 1,16—1,17 |
| Gehalt an Kaliumacetat ($C_2H_3O_2K$) | 36% | 33% | 33% |

***Eigenschaften. Prüfung. Aufbewahrung.*** Eine klare, farblose neutrale oder höchstens schwach sauer reagirende Flüssigkeit, welche beim Vermischen mit dem vierfachen Volumen absoluten Alkohols klar bleibt. Die Prüfung erfolgt in der gleichen Weise wie die des trockenen Salzes. Ueber die Aufbewahrung ist nichts zu bemerken.

**Specifisches Gewicht der wässerigen Kaliumacetatlösungen bei 17,5° C.**
nach HAGER.

| Proc. Kalium-acetat | Spec. Gew. | Proc. Kalium-acetat | Spec. Gew. | Proc. Kalium-acetat | Spec. Gew. | Proc. Kalium-acetat | Spec. Gew. | Proc. Kalium-acetat | Spec. Gew. |
|---|---|---|---|---|---|---|---|---|---|
| 44 | 1,2365 | 37 | 1,1959 | 30 | 1,1563 | 23 | 1,1178 | 16 | 1,0805 |
| 43 | 1,2307 | 36 | 1,1901 | 29 | 1,1507 | 22 | 1,1124 | 15 | 1,0753 |
| 42 | 1,2248 | 35 | 1,1845 | 28 | 1,1452 | 21 | 1,1071 | 14 | 1,0701 |
| 41 | 1,2190 | 34 | 1,1788 | 27 | 1,1397 | 20 | 1,1017 | 13 | 1,0649 |
| 40 | 1,2132 | 33 | 1,1731 | 26 | 1,1342 | 19 | 1,0963 | 12 | 1,0598 |
| 39 | 1,2074 | 32 | 1,1674 | 25 | 1,1288 | 18 | 1,0911 | 11 | 1,0546 |
| 38 | 1,2016 | 31 | 1,1618 | 24 | 1,1233 | 17 | 1,0857 | 10 | 1,0496 |

**Elixir Potassii Acetatis** (Nat. form.).
Rp. Kalii acetici 85,0 g
Elixir aromatici q. s. ad 1,0 l.

**Liquor Kalii acetici crudus** (Hamb. V.),
Liquor digestivus Boerhavii (Hamb. V.).
Rp. Kalii carbonici 1,0
Aceti (6 Proc.) 14,5.

**Mixtura diuretica** (Form. Berol.).
Rp. Liquoris Kalii acetici 30,0
Olei Petroselini gtt. II
Aquae destillatae ad 200,0.

**Mixtura diuretica** OESTERLEN.
Rp. Kalii acetici 5,0
Aquae Petroselini 125,0
Oxymellis scillitici
Sacchari albi āā 15,0.

**Mixtura Kalii acetici.**
Julapium salinum.
Rp. Liquoris Kalii carbonici 15,0
Aceti (6 Proc.) 75,0
Aquae Menthae piperitae 100,0
Sirupi Sacchari 25,0.
Als Saturation zu bereiten.

**Pilulae digestivae** HORN.
Rp. Kalii acetici
Rhizomatis Rhei āā 4,0.
Fiant pilulae No. 60, conspergendae cortice Cinnamomi.

**Tinctura dulcis.**
Goldtropfen. Essentia dulcis.
Rp. Liquoris Kalii acetici 30,0
Spiritus Aetheris acetici 20,0
Spiritus Aetheris chlorati 60,0
Tincturae Sacchari tosti 25,0
Sirupi Sacchari 75,0
Spiritus (90 Proc.) 400,0.
Wenn diese Mischung nicht vorräthig ist, pflegt man im Handverkauf dafür Tinctura aromatica zu dispensiren.

---

# Kalium bromatum.

**I. Kalium bromatum** (Austr. Germ. Helv.). **Potassii Bromidum** (Brit. U-St.). **Bromure de potassium** (Gall.). **Kaliumbromid. Bromkalium. KBr. Mol. Gew. = 119.**

Die Darstellung des Kaliumbromids kann mit Vortheil nur in chemischen Fabriken ausgeführt werden. Diese benutzen dazu das Bromeisen ($Fe_3Br_8$) der Stassfurter Fabriken, welches 65—70 Proc. Brom und nur Spuren von Chlor und Jod enthält. Um daraus das

Kaliumbromid zu gewinnen, löst man das Bromeisen in Wasser und versetzt die heisse Lösung mit einem kleinen Ueberschusse von reinem Kaliumkarbonat. Man trennt die heisse Lauge von dem gefällten Eisenoxyduloxyd und dampft erstere zur Krystallisation ein. Beim langsamen Abkühlen erhält man farblose, gut ausgebildete Krystalle. Um diesen das bekannte porcellanartige Aussehen zu geben, erhitzt man sie längere Zeit auf 80 bis 100° C. — Für die Darstellung im pharmaceutischen Laboratorium kann man alle die für das Kaliumjodid vorgeschriebenen Methoden benutzen unter Ersatz des Jods durch äquivalente Mengen Brom.

***Eigenschaften.*** Farblose, geruchlose, luftbeständige, glänzende, häufig zu Säulen verlängerte oder zu Tafeln verkürzte, tesserale Würfel von stark salzigem Geschmack. Das spec. Gew. ist bei 0° C. = 2,415. Sie lösen sich bei 0° C. in etwa der $1^1/_2$fachen und bei 100° C. in der gleichen Gewichtsmenge Wasser. In Weingeist sind sie nur wenig löslich. Beim Erhitzen dekrepitiren die Krystalle mit Heftigkeit, dann schmelzen sie bei heller Rothgluth, und bei noch höherer Temperatur verdampfen sie. Eine gesättigte Kaliumbromidlösung siedet bei 112° C. Chlor macht aus der wässerigen Lösung unter Bildung von Kaliumchlorid Brom frei, welches beim Durchschütteln mit Aether oder Chloroform von diesen mit braungelber Farbe gelöst wird. Rauchende Salpetersäure, salpetrige Säure, verdünnte Schwefelsäure und Ferrichlorid verändern die wässerige Lösung nicht. Ferrichloridlösung scheidet aus Kaliumbromidlösungen nur dann Brom ab, wenn dieselben durch Kaliumjodid verunreinigt sind. Durch Weinsäure entsteht in der wässerigen Lösung ein Niederschlag von Kaliumbitartrat, durch Silbernitrat ein gelblich-weisser Niederschlag, der in Ammoniak etwas weniger leicht löslich ist wie der Niederschlag des Chlorsilbers.

Volumgewicht der Lösungen von Kaliumbromid bei 19,5° C.

| Proc. | 5 | 10 | 15 | 20 | 25 | 30 | 35 | 40 | 45 | 50 |
|---|---|---|---|---|---|---|---|---|---|---|
| Spec. Gew. | 1,037 | 1,070 | 1,116 | 1,159 | 1,207 | 1,256 | 1,309 | 1,366 | 1,430 | 1,500 |

***Prüfung.*** **1)** Die wässerige Lösung (1 = 20) sei neutral. Sie bläue empfindliches rothes Lackmuspapier nicht. Sie werde auch durch Zugabe eines Tropfens Phenolphthaleïnlösung nicht geröthet (Kaliumkarbonat). **2)** Die wässerige Lösung (1 = 20) werde weder durch Schwefelwasserstoffwasser (Metalle, z. B. Blei, Kupfer), noch durch Baryumchlorid (Schwefelsäure) oder durch verdünnte Schwefelsäure (Baryumbromid) verändert. **3)** 5 ccm der obigen wässerigen Lösung, mit einem Tropfen Ferrichloridlösung und dann mit etwas Stärkelösung versetzt, dürfen blaue Färbung nicht annehmen (Kaliumjodid). **4)** Werden 20 ccm der obigen Lösung mit 3—4 Tropfen Salzsäure und 0,5 ccm Kaliumferrocyanidlösung versetzt, so darf nicht sogleich (!) Blaufärbung auftreten (Eisen). **5)** Bringt man eine kleine Menge des scharf getrockneten oder schwach geglühten Salzes (wegen des Dekrepitirens!) an einem dünnen Platindrahte in die nicht leuchtende Flamme, so soll diese von Anfang an violette Flammenfärbung zeigen (gelbe Flammenfärbung = Natriumbromid). **6)** Man löst 3,0 g des zerriebenen, bei 110° C. scharf getrockneten Salzes zu 100 ccm auf. Verdünnt man 10 ccm dieser Lösung mit etwa 70—80 ccm Wasser und fügt 2—3 Tropfen Kaliumchromatlösung hinzu, so soll zur eben auftretenden, bleibenden Röthung nicht mehr als 25,4 ccm $^1/_{10}$-Normal-Silbernitratlösung erforderlich sein. Bei reinem Kaliumbromid würden 25,2 ccm $^1/_{10}$-Normal-Silbernitratlösung verbraucht werden. Durch die Zulassung von 25,4 ccm wird ein Gehalt von rund 1,4 Proc. Kaliumchlorid zugelassen. Würden weniger als 25,2 ccm $^1/_{10}$-Normal-Silbernitratlösung verbraucht werden, so könnte möglicherweise ein Gehalt von Kaliumjodid die Ursache hierfür sein. **7)** Die wässerige Lösung darf nach Vermischen mit Ammoniakflüssigkeit und Natriumphosphatlösung einen weissen Niederschlag nicht geben (Magnesiumbromid).

***Aufbewahrung.*** In Glasgefässen mit Glasstopfen, grössere Vorräthe in Glasgefässen oder Thonkruken mit Korkstopfen ohne besondere Vorsichtsmassregeln.

***Anwendung.*** Dem Kaliumbromid kommt eine beruhigende Wirkung auf das Nervensystem zu; man giebt es daher bei den verschiedensten nervösen Erkrankungen. Bei Epilepsie aus peripheren Ursachen, bei nervöser Neurasthenie gilt es als Specificum.

Man beginnt mit Gaben von 1—2 g und steigt, wo diese nicht wirken, zu Tagesgaben von 10—12 g. Man giebt es ferner bei Asthma, Veitstanz, bei Keuchhusten und bei Krämpfen der Kinder in Gaben von 0,1—0,2—0,5 g. Aeusserlich zu Inhalationen, auch zu Augenwässern.

Der längere und übermässige Gebrauch des Kaliumbromids führt zu einer „Bromismus“ genannten Intoxikationsform, deren Symptome u. a. akneartiges Ekzem, Gedächtnissschwäche, Blässe und Abmagerung, Zittern sind. Kombinationen der Bromide des Kaliums, Natriums und des Ammoniums sollen besser vertragen werden als das reine Kaliumbromid allein.

**Antiepilepticum** von J. UTEN. Eine grün gefärbte, mit Bittermandelöl parfümirte Lösung von Kaliumbromid. In der Gebrauchsanweisung wird vor dem Bromkalium gewarnt.

**Bromidia** von BATTLE & Co. Die Vorschrift zu dieser weit verbreiteten Specialität ist nicht genau bekannt. **1)** Angeblich von BATTLE & Co. veröffentlicht: Rp. Kalii bromati, Chlorali hydrati ää 30,0, Extracti Hyoscyami, Extracti Cannabis ää 0,25, Extracti Liquiritiae fluidi 90,0, Olei Aurantii corticis gtt. V. **2)** Nach LANGKOPF. Rp. Kalii bromati, Chlorali hydrati ää 30,0, Extracti Hyoscyami 0,25, Tincturae Cannabis indicae 5,0, Olei Aurantii corticis gtt. V, Extracti fluidi Liquiritae q. s. ad 200,0. Vergl. auch Bd. I, S. 799.

**CASSARINI's Pulver gegen Epilepsie.** Von CLODOVEO CASSARINI. Rothe Pulver von 2—5 g Gewicht, welche bestehen aus 95 Proc. Kaliumbromid, 4 Proc. Eisenoxyd und ca. 1 Proc. Enzianpulver. In der Gebrauchsanweisung wird vor dem Bromkalium gewarnt.

**Kalium bromatum trublatum.** Ist ein durch gestörte Krystallisation hergestelltes, fein krystallinisches Kaliumbromid. Die heissgesättigte Lösung wird bis zum Erkalten gerührt, worauf man die erhaltenen kleinen Krystalle mit Centrifugen ausschleudert. Eignet sich besonders zur Dispensation in Pulverform.

**Krampf- und Tobsuchtsmittel** von KRANNICH. Sind 4 Flaschen, von welchen 3 je eine Lösung von 5,0 g Kaliumbromid in 150,0 g Wasser enthalten. Der Inhalt der vierten Flasche ist die nämliche Lösung, mit Indigokarmin blau gefärbt.

**Aqua carbonica bromata** (Münch. V.).

ERLENMEYER's Brom(salz)wasser.

| | | |
|---|---|---|
| Rp. | Ammonii bromati | 1,0 |
| | Kalii bromati | |
| | Natrii bromati | ää 2,0 |
| | Aquae acido carbonico saturatae | 600,0. |

Nach der Originalvorschrift von ERLENMEYER wird zu obigen Mengen noch 1 Tropfen Ammoniakflüssigkeit zugesetzt.

**Aqua ophthalmica** ROSSIGNOL.

| | | |
|---|---|---|
| Rp. | Kalii bromati | 3,0 |
| | Aquae destillatae | 100,0. |

Augenwasser, bei Photophobie.

**Balsamum strumale** COLIGNON.

| | | |
|---|---|---|
| Rp. | Kalii bromati | 5,0 |
| | Spiritus diluti (70 Proc.) | |
| | Aquae destillatae | ää 10,0 |
| | Saponis medicati | 10,0 |
| | Spiritus diluti | 20,0 |
| | Tincturae Conii | 10,0. |

Wird wie ein Opodeldok bereitet.

**Elixir Potassii Bromidi** (Nat. form.).

| | | |
|---|---|---|
| Rp. | Kalii bromati | 175,0 |
| | Acidi citrici | 4,0 |
| | Elixir aromatici q. s. ad | 1,0 l. |

**Mixtura antiepileptica** BROWN SÉQUARD.

| | | |
|---|---|---|
| Rp. | Kalii bromati | 30,0 |
| | Kalii jodati | 4,0 |
| | Ammonii bromati | 7,5 |
| | Kalii bicarbonici | 2,5 |
| | Infusi Colombo | 180,0. |

**Mixtura nervina** (Form. Berol.).

| | | |
|---|---|---|
| Rp. | Kalii bromati | 8,0 |
| | Ammonii bromati | |
| | Natrii bromati | ää 4,0 |
| | Aquae destillatae q. s. ad | 200,0. |

**Muria jodobromata artificialis.**

Künstliches Mutterlaugensalz. Künstliches Kreuznacher Mutterlaugensalz.

| | | |
|---|---|---|
| Rp. | Salis marini | 150,0 |
| | Kalii chlorati (KCl) | 20,0 |
| | Calcii chlorati crystall. | 300,0 |
| | Magnesii chlorati | 25,0 |
| | Lithii chlorati | 1,0 |
| | Kalii jodati | 0,5 |
| | Kalii bromati | 10,0. |

**Pilulae bromojodatae** LUNIER.

| | | |
|---|---|---|
| Rp. | Kalii bromati | 1,5 |
| | Kalii jodati | 1,0 |
| | Extracti Gentianae | 3,0 |
| | Pulveris Artemisiae | q. s. |

Fiant pilulae 50.

**Pulvis Potassii Bromidi effervescens** (Nat. form.).

| | | |
|---|---|---|
| Rp. | Kalii bromati | 110,0 |
| | Sacchari albi | 257,0 |
| | Natrii bicarbonici | 333,0 |
| | Acidi tartarici | 300,0. |

**Pulvis Potassii Bromidi effervescens cum Coffeïno** (Nat. form.).

| | | |
|---|---|---|
| Rp. | Kalii bromati | 110,0 |
| | Coffeïni | 11,0 |
| | Sacchari albi | 253,0 |
| | Natrii bicarbonici | 330,0 |
| | Acidi tartarici | 297,0. |

**Sal bromatum effervescens** (Ergänzb., Hamb. V.).
Brausendes Bromsalz.

Rp. 1. Ammonii bromati 200,0
2. Kalii bromati
3. Natrii bromati āā 400,0
4. Natrii bicarbonici 1000,0
5. Acidi citrici 380,0
6. Acidi tartarici 445,0
7. Sacchari 175,0
8. Alkohol absoluti 300,0.

Die jedes für sich getrockneten 1—7 werden gemischt, mit 8 zur krümeligen Masse angerieben, welche rasch durch ein verzinntes Sieb No. 1 gerieben und sogleich bei ca $40^{0}$ C. getrocknet wird.

**Sirupus Kalii bromati.**
Sirop de bromure de potassium (Gall.).

Rp. Aquae destillatae
Kalii bromati āā 50,0
Sirupi Aurantii corticis 900,0.

**Sirupus Kalii bromati** de Henry Mure.

Rp. Kalii bromati 10,0
Sirupi Sacchari 100,0.

**Sirupus pro infantibus.**
Beruhigungssaft für Kinder.

Rp. Kalii bromati 0,25
Natrii bicarbonici 3,75
Glycerini 7,5
Aquae Anethi q. s. ad 45,0.

Theelöffelweise.

**II. † Kalium bromicum. Bromsaures Kalium. Bromate de potasse. Potassii Bromatum $KBrO_3$. Mol. Gew. = 167.**

Trägt man Brom in heisse Kalilauge bis zur Sättigung ein, so entstehen Kaliumbromid und Kaliumbromat. Letzteres krystallisirt, weil schwerer löslich, zuerst aus der Lösung heraus und wird durch Umkrystallisiren von etwa anhaftendem Kaliumbromid befreit. Das Salz stellt das Analogon des chlorsauren Kalis dar.

Farblose, tafelförmige oder würfelartige Krystalle, in 15 Th. kaltem oder 2 Th. siedendem Wasser löslich. Sie zerfallen beim Erhitzen über $350^{0}$ C. in Kaliumbromid und Sauerstoff. In Berührung mit leicht brennbaren organischen oder leicht oxydirbaren unorganischen Stoffen (Zucker, Schwefel, Phosphor) kann es ebenso wie beim chlorsauren Kali zu heftigen Explosionen kommen.

In der wässerigen Lösung entsteht auf Zusatz von Silbernitrat ein schwer löslicher Niederschlag von Silberbromat $AgBrO_3$ (während z. B. Silberchlorat leicht löslich ist). Durch Schwefelwasserstoff wird es in wässeriger Lösung zu Kaliumbromid reducirt.

Das Kaliumbromat dient besonders in der Maassanalyse zur Herstellung von Bromlösungen bekannten Gehaltes. Nach der Gleichung

$$\underset{5 \times 119 = 595}{5\,KBr} + \underset{167}{KBrO_3} + 3\,H_2SO_4 = 3\,H_2O + 3\,K_2SO_4 + \underset{480}{3\,Br_2}$$

erhält man aus 595 Th. Kaliumbromid + 167 Th. Kaliumbromat = 480 Th. freies Brom. Vergl. Bd. I S. 26.

Bei innerlicher Anwendung würde das Kaliumbromat sich in gleicher Weise (durch Bildung von Methämoglobin) als Blutgift erweisen wie das chlorsaure Kali.

---

# Kalium carbonicum.

**I. Kalium carbonicum crudum** (Austr. Germ.). **Kalium carbonicum depuratum** (Helv.). **Cineres clavellati. Pottasche. Potasche. Rohes Kaliumkarbonat.** Als Pottasche bezeichnet man das „technische Kaliumkarbonat“. Früher wurde sie fast ausschliesslich aus Holzasche gewonnen, doch waren diese Produkte sehr unrein, da sie gewöhnlich nicht mehr als 60 Proc. Kaliumkarbonat enthielten. Diese Pottaschen aus Holzasche werden immer mehr durch die in chemischen Fabriken a) aus Schlempekohle, b) aus Wollschweiss, c) aus Kaliumchlorid nach dem Leblanc-Verfahren (sog. Mineralpottasche) dargestellten Pottaschen verdrängt. — Während man früher die einzelnen Sorten nach ihren Ursprungsländern als polnische, illyrische, amerikanische u. s. w. benannte, handelt man die Pottasche jetzt nach ihrem effektiven Gehalte an Kaliumkarbonat und bezeichnet sie als 80grädige, 90grädige, 95grädige, d. h. als Pottasche mit einem effektiven Gehalte von 80, bez. 90, bez. 95 Proc. Kaliumkarbonat.

***Eigenschaften.*** Ein weisses, trockenes, an der Luft allmählich etwas feucht werdendes Salz, welches in Wasser bis auf einen minimalen Rückstand klar löslich ist. Die wässerige Lösung bläut Lackmuspapier stark; versetzt man sie mit einem Ueberschuss von Weinsäurelösung, so braust sie stark auf, während ein weisser, krystallinischer Niederschlag von Kaliumbitartrat abgeschieden wird. Austr. fordert eine mindestens 80grädige (1 g verbrauche zur Neutralisation mindestens 11,6 ccm Normal-Salzsäure), Germ. und Helv. eine mindestens 90grädige (1 g verbrauche zur Neutralisation mindestens 13,0 ccm Normal-Salzsäure) Pottasche. In den Apotheken wird man nur die aus Schlempekohle oder Schafwollschweiss dargestellte Pottasche oder die Mineralpottasche nicht aber Pottasche aus Holzasche vorräthig halten.

***Aufbewahrung.*** In gut geschlossenen Gefässen aus Glas oder Steingut an einem trockenen Orte, z. B. der Materialkammer (nicht im Keller). Grössere Vorräthe in gut verböttcherten Fässchen an einem trockenen Orte. Man beachte, dass eine ursprünglich trockene Pottasche durch Wasseranziehung niedrig-grädiger werden kann.

***Anwendung.*** In der Therapie zu erweichenden Bädern. In der Technik zur Darstellung des kaustischen Kalis, ferner zur Herstellung von Glassätzen und zu vielen anderen Zwecken.

**II. Kalium carbonicum depuratum. Kalium carbonicum e cineribus clavellatis. Gereinigte Pottasche.** Dieses Präparat vergangener Pharmakopöen wurde zu einer Zeit bereitet, als die Pottasche des Handels noch lediglich aus Holzasche gewonnen und demgemäss sehr unrein war.

Man behandelte die Pottasche (aus Holzasche) mit zur vollständigen Auflösung nicht ausreichenden Mengen Wasser. Es blieben alsdann ungelöst Karbonate der Erden und des Mangans, Kieselsäure, Kohle, Eisenoxyd, ferner die Hauptmenge des Kaliumsulfats. Man klärte die Lösung durch Sedimentiren, kolirte sie und dampfte sie zur Trockne.

Man erhielt so eine weisse Salzmasse, welche aus ca. 75 Proc. Kaliumkarbonat, 5 Proc. fremden Salzen und 20 Proc. Feuchtigkeit bestand.

Dieses Präparat ist heute vollständig überflüssig, da die guten Sorten der oben sub a—c bezeichneten technischen Pottaschen wesentlich reiner und gehaltreicher sind als ein nach diesem Verfahren aus der Holz-Pottasche erzeugtes Produkt. Das Kalium carbonicum depuratum der Helv. ist eine 90grädige Pottasche des Handels.

Wird „Kalium carbonicum depuratum“ verordnet, so giebt man für äusserliche Zwecke eine gute technische Pottasche, zum innerlichen Gebrauche aber Kalium carbonicum purum ab.

***Aufbewahrung. Anwendung.*** Wie das vorige.

**III. Kalium carbonicum purum** (Austr. Helv.). **Kalium carbonicum** (Germ.). **Carbonate de potasse pur** (Gall.). **Potassii Carbonas** (Brit. U-St.). **Kalium subcarbonicum e Tartaro. Sal Tartari. Alkali vegetabile aëratum. Reines Kaliumkarbonat. Reines kohlensaures Kali. Weinsteinsalz. $K_2CO_3$. Mol. Gew. = 138.**

Man stellte das Salz früher dar durch Glühen von Weinstein oder durch Verpuffen der Mischungen von Weinstein und Kalisalpeter. Indessen enthielten die nach letzterem Verfahren gewonnenen Präparate stets etwas Kaliumcyanid. Gegenwärtig erhält man es durch Glühen von Kaliumbikarbonat.

***Darstellung.*** In einen flachen, völlig blanken (!) eisernen (besser silbernen) Kessel, der auf einen mit Holzkohle geheizten Windofen gesetzt ist, trägt man vorher gut getrocknete Krystalle des Kaliumbikarbonats in solcher Menge ein, dass der Boden des Kessels in einer etwa 1 cm hohen Schicht bedeckt ist. Man erhitzt nun unter beständigem Umrühren mit einem blanken (!) eisernen Spatel oder einem silbernen Löffel, bis Wasser nicht mehr entweicht, bis also eine der Kesselöffnung genäherte, blanke Glasscheibe nicht mehr beschlägt. Sobald dieser Punkt erreicht ist, wird das Salz noch warm in völlig trockene. vorgewärmte Flaschen gefüllt, welche man gut verschliesst. 10 Th. Kaliumbikarbonat geben fast 7 Th. Kaliumkarbonat.

***Eigenschaften.*** Ein trockenes, weisses, grobkörniges oder ein weisses, krystallinisches, grobes, hygroskopisches Pulver, geruchlos, alkalisch reagirend, von laugenhaftem Geschmacke. Es enthält gewöhnlich bis zu 6 Proc. Kaliumbikarbonat und bis 4 Proc.

Wasser (hygroskopische Feuchtigkeit). An der Luft zieht es so viel Feuchtigkeit an, dass es zerfliesst. Es ist ohne Färbung in gleichviel Wasser, nicht in Weingeist oder in Aether löslich. In der Rothglühhitze schmilzt es, in der Weissglühhitze verdampft es, jedoch giebt es seine Kohlensäure bei den gewöhnlichen Glüh-Temperaturen nicht ab; es ist also in diesem Sinne glühbeständig. Mit Säuren übergossen, braust es stark auf. Beim Uebersättigen der wässerigen Lösung mit Weinsäure entsteht ein weisser, krystallinischer Niederschlag von Kaliumbitartrat.

Fügt man zur wässerigen Lösung von Kaliumkarbonat allmählich die zur Neutralisation gerade nothwendige Menge von Säure, so lässt es sich beobachten, dass das Entweichen von Kohlensäure erst dann beginnt, wenn die Hälfte der Säure zugesetzt ist. Dies beruht darauf, dass bei geschickt geleitetem Säurezusatz zunächst Kaliumbikarbonat gebildet wird und erst dieses bei seiner weiteren Zersetzung Kohlensäure abgiebt.

Von den hier berücksichtigten Pharmakopöen fordern:

| | Austr. | Brit. | Gall. | Germ. | Helv. | U-St. |
|---|---|---|---|---|---|---|
| Procente $K_2CO_3$ | 99,4[1]) | 82,1[2]) | — | 95,0 | 96,0 | 95,0 |
| 1 g erfordert zur Neutralisation ccm Normal-Salzsäure | 14,4 | 11,9 | — | 13,7 | 14,0 | 13,7. |

***Prüfung.*** Man bereite sich eine Auflösung von 5 g Kaliumkarbonat zu 100 ccm Wasser. **1)** 20 ccm dieser Lösung werden weder für sich noch nach dem Ansäuern mit Salzsäure durch Einleiten von Schwefelwasserstoff verändert (Metalle, besonders Eisen, Blei, Kupfer). — **2)** 20 ccm der nämlichen Lösung werden mit Salpetersäure angesäuert. Die saure Lösung wird in 3 Theile getheilt. **a)** Sie werde durch Silbernitratlösung gar nicht verändert oder höchstens andeutungsweise opalisirend getrübt (Chlor). **b)** Auf Zusatz von Baryumchlorid auch beim Aufkochen nicht verändert (Schwefelsäure). **c)** Nach dem Uebersättigen mit Ammoniak durch Ammoniumoxalat auch nach 12stündigem Stehen nicht getrübt. — **3)** Die mit Salzsäure angesäuerte wässerige Lösung werde durch Kaliumferrocyanid nicht roth oder sogleich (!) blau gefärbt (Kupfer, Eisen). — **4)** Man löst etwa 0,5 g des Salzes in 2 ccm verdünnter Schwefelsäure, mischt diese Flüssigkeit mit 2 ccm konc. Schwefelsäure. Schichtet man hierauf nach dem Abkühlen 1 ccm Ferrosulfatlösung, so soll an der Berührungszone kein rothbrauner Ring (Salpetersäure, salpetrige Säure) auftreten. — **5)** Giesst man 0,5 ccm der 5proc. Lösung in 5 ccm Silbernitratlösung ein, so muss ein gelblichweisser Niederschlag von Silberkarbonat entstehen. (Bei Gegenwart von Kaliumbikarbonat würde der Niederschlag rein weiss ausfallen.) Dieser gelblichweisse Niederschlag darf beim Erhitzen nicht dunkler (grau, bräunlich bis schwarz) gefärbt werden, andernfalls enthält das Salz Spuren von Sulfiten, Thiosufaten oder Sulfiden. — **6)** Giebt man in ein Probirrohr einige Körnchen kryst. Ferrosulfat, löst dieselben in einigen Tropfen Wasser, giebt nun 4—5 ccm der 5proc. Kaliumkarbonatlösung, hierauf 5—6 Tropfen Ferrichloridlösung und alsdann bis zum Ueberschuss nach und nach Salzsäure hinzu, so tritt entweder bald oder nach einiger Zeit eine blaue Färbung ein, je nachdem eine Verunreinigung mit viel oder wenig Kaliumcyanid vorliegt. — **7)** Eine Verunreinigung durch Natriumkarbonat erkennt man an der gelben Flammenfärbung. Will man den Betrag derselben feststellen, so macht man eine kleine Menge des Salzes durch schwaches, 15 Minuten währendes Erhitzen im Platintiegel wasserfrei und stellt alsdann die für 1 g des wasserfreien Salzes zur Neutralisation erforderliche Menge Normal-Salzsäure fest (s. w. unten). 1 g reines Kaliumkarbonat erfordert 14,49 ccm Normalsalzsäure. 1 g wasserfreies Natriumkarbonat dagegen erfordert 18,90 ccm Normal-Salzsäure.

***Aufbewahrung.*** Obgleich das Kaliumkarbonat ziemlich hygroskopisch ist, kann man doch kleinere Mengen in Glasgefässen mit gut eingeschliffenem Glasstopfen aufbewahren. Doch muss man Sorge tragen, dass nicht Reste von Kaliumkarbonat zwischen

---

[1]) Zur Erzielung dieses Gehaltes ist das Salz vor der Titration durch schwaches Glühen wasserfrei zu machen.

[2]) Die Brit. hat nicht das wasserfreie Salz, sondern ein Salz von etwa der Formel $K_2CO_3 + 2H_2O$ recipirt.

Hals und Stopfen verbleiben, wodurch Einkitten der Gefässe erfolgen würde. Grössere Vorräthe bewahrt man in Glasflaschen oder Steinkruken mit Korkverschluss unter Paraffindichtung auf.

***Anwendung.*** In koncentrirter Lösung wirkt Kaliumkarbonat auf die Schleimhäute und auf die Haut ätzend, noch in verdünnter Lösung auf die Haut erweichend. Es findet Resorption durch die Haut statt! Nach Pottaschebädern reagirt der Urin alkalisch! Innerlich neutralisirt es den Magensaft und erzeugt in grösseren Gaben Magenentzündung. Es wirkt diuretisch und befördert die Oxydationsvorgänge im Organismus, soll auch die Sekrete der Schleimhaut der Athmungswege verflüssigen. Man giebt das reine Kaliumkarbonat in Gaben von 0,2 bis 0,5 g als diuretisches und harnsäurelösendes Mittel bei Gicht, harnsaurer Diathese. Früher war die Verwendung des Kaliumkarbonates namentlich für Saturationen ganz allgemein. Bei längerem Gebrauche würde natürlich die Kaliwirkung auf das Herz sich bemerkbar machen.

**Liquor Kalii carbonici** (Germ.). **Kalium carbonicum solutum** (Austr. Helv.). **Oleum Tartari per deliquium. Liquor Salis Tartari. Liquamen cinerum clavellatorum. Kaliumkarbonatflüssigkeit. Kaliumkarbonatlösung. Zerflossenes Weinsteinsalz. Weinsteinöl.** Eine filtrirte Lösung von 11 Th. trockenem Kaliumkarbonat in 20 Th. Wasser, welche auf das spec. Gewicht von 1,334 (Germ.) bez. 1,33 (Austr. Helv.) gebracht worden ist. Eine klare, farblose Flüssigkeit, welche 33,3 Proc. Kaliumkarbonat enthält.

Die Lösung dient als Receptur-Erleichterung. Man nimmt an Stelle von 1 Th. trockenem Kaliumkarbonat = 3 Th. dieser Lösung. Wenn sich in der Lösung während der Aufbewahrung Flittern (von Kieselsäure?) abgeschieden haben, so sind diese durch Filtration zu beseitigen.

**Volumgewicht und Gehalt der Lösungen von Kaliumkarbonat**
bei 15° C. (nach GERLACH).

| Vol.-Gewicht | Proc. $K_2CO_3$ | Vol.-Gewicht | Proc. $K_2CO_3$ | Vol.-Gewicht | Proc. $K_2CO_3$ | Vol.-Gewicht | Proc. $K_2CO_3$ | Vol.-Gewicht | Proc. $K_2CO_3$ | Vol.-Gewicht | Proc. $K_2CO_3$ |
|---|---|---|---|---|---|---|---|---|---|---|---|
| 1,00914 | 1 | 1,09278 | 10 | 1,18265 | 19 | 1,27893 | 28 | 1,38279 | 37 | 1,49314 | 46 |
| 1,01829 | 2 | 1,10258 | 11 | 1,19286 | 20 | 1,28999 | 29 | 1,39476 | 38 | 1,50588 | 47 |
| 1,02743 | 3 | 1,11238 | 12 | 1,20344 | 21 | 1,30105 | 30 | 1,40673 | 39 | 1,51861 | 48 |
| 1,03658 | 4 | 1,12219 | 13 | 1,21402 | 22 | 1,31261 | 31 | 1,41870 | 40 | 1,53135 | 49 |
| 1,04572 | 5 | 1,13199 | 14 | 1,22459 | 23 | 1,32417 | 32 | 1,43104 | 41 | 1,54408 | 50 |
| 1,05513 | 6 | 1,14179 | 15 | 1,23517 | 24 | 1,33573 | 33 | 1,44338 | 42 | 1,55728 | 51 |
| 1,06454 | 7 | 1,15200 | 16 | 1,24575 | 25 | 1,34729 | 34 | 1,45573 | 43 | 1,57048 | 52 |
| 1,07396 | 8 | 1,16222 | 17 | 1,25681 | 26 | 1,35885 | 35 | 1,46807 | 44 | 1,57079 | 52,024 |
| 1,08337 | 9 | 1,17243 | 18 | 1,25787 | 27 | 1,37082 | 36 | 1,48041 | 45 | | |

## IV. Kalium bicarbonicum

**IV. Kalium bicarbonicum** (Germ. Helv.). **Bicarbonate de potasse** (Gall.). **Potassii Bicarbonas** (Brit. U-St.). **Kalium carbonicum acidulum. Kaliumbikarbonat. Doppelt- oder zweifachkohlensaures Kali. $KHCO_3$. Mol. Gew. = 100.**

Das Salz kann nur dort mit Vortheil gewonnen werden, wo grössere Mengen Kohlensäure regelmässig zur Verfügung stehen.

***Darstellung.*** **1)** Man leitet durch eine filtrirte koncentrirte wässerige Lösung von möglichst reiner Mineral-Pottasche (mittels weiter Röhren!) Kohlensäure ein, bis diese nicht mehr absorbirt wird und bis eine Probe der Lösung mit Quecksilberchlorid keinen rothen und mit Magnesiumsulfatlösung überhaupt keinen Niederschlag mehr giebt. Die nach 24stündigem Stehen ausgeschiedenen Krystalle von Kaliumbikarbonat werden nach dem Abtropfen mit eiskaltem Wasser gewaschen und in einer Kohlensäure-Atmosphäre bei 20—25° C. getrocknet. — **2)** Hat man verwittertes Ammoniumkarbonat, welches sonst nicht mehr gut verwendbar ist, zur Verfügung, so löst man 2 Th. Pottasche in 3 Th. Wasser, fügt zu der filtrirten Auflösung 1 Th. zerfallenes Ammoniumkarbonat und erwärmt schwach bis zur Auflösung des Ammoniumkarbonates. Die nach dem Erkalten und längerem Stehen der Flüssigkeit (24 Stunden) abgeschiedenen Krystalle von Kaliumbikarbonat werden wie vorher behandelt. — 3) Man mischt 10 Th. gute Pottasche mit 1 Th. Kohlepulver und feuchtet diese Mischung durch soviel Wasser an, dass eine feuchte Masse entsteht. Die letztere setzt man, zu dünnen Schichten ausgebreitet, in geschlossenen Räumen der Einwirkung von Kohlensäuregas aus und zwar so lange, bis die filtrirte Lösung einer gezogenen Probe mit Quecksilberchloridlösung keinen rothen Niederschlag, bezw. mit Magnesiumsulfatlösung überhaupt keine Fällung mehr giebt. Man behandelt die Masse hierauf mit etwa dem $1\frac{1}{2}$fachen Volumen Wasser von 70—75° C., filtrirt und lässt an einem kühlen Orte krystallisiren. Die erhaltenen Krystalle werden mit eiskaltem Wasser gewaschen und erforderlichenfalls aus 2 Th. Wasser von 70—75° C. umkrystallisirt, schliesslich in einer Kohlensäure-Atmosphäre getrocknet.

***Eigenschaften.*** Kaliumbikarbonat bildet luftbeständige Krystalle ohne Geruch, schmeckt mild salzig bez. schwach alkalisch und reagirt schwach alkalisch. Es krystallisirt in farblosen, durchsichtigen rhombischen Säulen oder Tafeln und ist in 4 Th. kaltem, in einem doppelten Gewicht heissem Wasser von 70—75° C. löslich, in Weingeist äusserst wenig (1 : 1200) löslich. Beim Erwärmen seiner Lösung über 80° C. beginnt ein Theil seiner Kohlensäure zu entweichen, beim Kochen entweicht die Hälfte des Kohlensäuregehaltes, und schliesslich bleibt einfaches Kaliumkarbonat zurück. In einem Zwischenstadium aber entsteht das zwischen dem sauren und dem neutralen Kaliumkarbonat stehende Kaliumsesquikarbonat, welches sich bisweilen aus erhitzten Kaliumbikarbonatlösungen in Form farbloser, luftbeständiger monokliner Krystalle der Zusammensetzung $K_4H_2(CO_3)_3 + 2H_2O$ ausscheidet. Für sich im trockenen Zustande erhitzt, beginnt es schon bei 100° C. langsam Kohlensäure abzugeben, die Ueberführung in Kaliumkarbonat ist jedoch erst bei 350° C. vollständig. Die wässerige Lösung des Kaliumkarbonats mit Mercurichloridlösung gemischt ist klar (Thümmels Reagens) oder kaum opalescirend, wird aber beim Schütteln allmählich trübe unter Ausscheidung von rothbraunem Mercurioxychlorid. In der Lösung von Magnesiumsulfat erzeugt Kaliumbikarbonat in der Kälte keine Fällung (Unterschied von Kaliumkarbonat).

***Prüfung.*** 1) Sind die Krystalle des Kaliumbikarbonats nicht luftbeständig und trocken, so deutet dies auf eine Verunreinigung durch Kaliumkarbonat hin. Eine solche Verunreinigung weist man nach durch Zusatz von Quecksilberchlorid zur wässerigen Lösung. Kaliumbikarbonat erzeugt damit einen weissen, Kaliumkarbonat einen gelbrothen Niederschlag. — 2) Die mit Essigsäure übersättigte Lösung gebe mit Weinsäure versetzt einen weissen krystallinischen Niederschlag von Kaliumbitartrat, dagegen werde die essigsaure Lösung weder durch Baryumnitrat (Schwefelsäure), noch durch Schwefelwasserstoffwasser verändert (Metalle, wie Blei, Kupfer, Zink) und nach Zusatz von Salpetersäure höchstens sehr schwach opalisirend getrübt. — 3) Werden 10 ccm der 5procentigen Lösung mit Salzsäure übersättigt, so darf auf Zusatz von 0,5 ccm Kaliumferrocyanidlösung nicht sofort Blaufärbung auftreten (Eisen).

***Aufbewahrung.*** Ueber diese ist nichts besonderes zu erwähnen, da das Präparat weder lichtempfindlich noch hygroskopisch ist.

***Anwendung.*** Therapeutisch findet das Kaliumbikarbonat als solches nur selten und als Antacidum wie das Natriumbikarbonat Verwendung. Dagegen dient es zur Darstellung des *Liquor Kalii acetici*, des *Kalium carbonicum purum*, zur Darstellung einiger künstlicher Mineralwasser, endlich zur jodometrischen Bestimmung der arsenigen Säure.

**Thümmel's Reagens.** Man löst 50 Th. Kaliumbikarbonat mit 200 Th. Wasser und mischt zu dieser Lösung eine zweite Lösung aus 3 Th. Quecksilberchlorid in 50 Th. Wasser. Man schüttelt gut durch, lässt 2—3 Tage in der Kälte stehen und filtrirt. — Schüttelt man Aether mit dem gleichen Volumen des klaren Reagens, so entsteht nach 20—30 Minuten ein voluminöser, weisser Niederschlag, wenn Vinylalkohol zugegen ist.

**Aqua kalina carbonica. Aqua kalina lithontriptica. Eau alcaline gazeuse. Effervescing potash water. Kalisches Brausewasser.** Eine Lösung von 5 Th. Kaliumbikarbonat in 1000 Th. Wasser wird unter einem Druck von 4—5 Atmosphären mit Kohlensäure imprägnirt.

**Lenticulosa,** ein Kosmeticum von HUTTER & Co. Berlin, ist eine filtrirte Lösung von 4 Th. Zucker oder Honig und 3 Th. Kaliumkarbonat in 50 Th. Orangenblüthenwasser und 4 Th. Weingeist (HAGER).

**Mittel gegen Insektenstiche.** Stengelchen aus Kaliumsesquikarbonat bestehend. Ein Stengelchen von 2,5 g Schwere mit Hülse = 1,50 M., ein Stengelchen von 0,75 g Schwere ohne Hülse = 0,50 M.

**Salaratus,** zum Gerben, ist eine gute Sorte Pottasche, also eine 90—95 grädige Mineral-Pottasche.

### V. Kalium percarbonicum. Kaliumperkarbonat. Ueberkohlensaures Kalium. $K_2C_2O_6$. Mol. Gew. = 198.

Das Salz entsteht durch Elektrolyse einer gesättigten wässerigen Auflösung von Kaliumkarbonat bei — 10° C. im Anodenraume. Im trockenen Zustande ist es farblos und haltbar, im feuchten Zustande blau gefärbt und zersetzlich. Die wässerige Lösung entfärbt Indigo. Vergl. Acidum persulfuricum Bd. I, S. 128.

Durch Wasser wird es nur langsam zersetzt, die Zersetzung erfolgt rascher, wenn die Lösung erhitzt wird $K_2C_2O_6 + H_2O = 2HKCO_3 + O$. Der in Freiheit gesetzte Sauerstoff wirkt oxydirend. Durch verdünnte Säuren wird die wässerige Lösung unter Bildung von Wasserstoffsuperoxyd zersetzt.

Das Salz ist in Aussicht genommen als Bleichmittel für Baumwolle, Wolle, Seide, Haare, Federn.

**Aqua antarthritica** BENCE-JONES.

| Rp. | | |
|---|---|---|
| | Acidi benzoïci | 1,5 |
| | Boracis | 2,5 |
| | Kalii bicarbonici | 15,0 |
| | Aquae destillatae | 1000,0. |

Man imprägnirt mit Kohlensäure unter 4—5 Atmosphären Druck. Bei Gicht, Podagra etc. täglich 2—4 Weingläser.

**Aqua cosmetica kalina.**
Aqua antispilomatica.

| Rp. | | |
|---|---|---|
| | Kalii carbonici puri | 10,0 |
| | Aquae Rosae | 80,0 |
| | Mixturae oleoso-balsamicae | 20,0 |
| | Acidi carbolici | 2,0. |

Filtra! Zum Bestreichen der Sommersprossen, Muttermäler und anderer Hautunreinigkeiten.

**Aqua cosmetica principalis.**
Prinzessinnenwasser. Eau des princesses.

| Rp. | | |
|---|---|---|
| | Liquoris Kalii carbonici | |
| | Tincturae Benzoës ää | 15,0 |
| | Spiritus camphorati | 3,0 |
| | Aquae Coloniensis | 820,0 |
| | Aquae destillatae | 150,0. |

Filtra! Einen Theelöffel voll dem Waschwasser zuzusetzen.

**Guttae alkalinae** HAMILTON.
Solutio Kalii carbonici ROSENSTEIN.

| Rp. | | |
|---|---|---|
| | Kalii carbonici | 1,0 |
| | Aquae destillatae | 20,0. |

Täglich 10—40 Tropfen. Gegen Krämpfe der kleinen Kinder

**Liquor Kalii citrati** (Hamb. V.).
Mit Kaliumcarbonat bereiteter RIVER'scher Trank.

| Rp. | | |
|---|---|---|
| | Kalii carbonici | 4,0 |
| | Aquae destillatae | 100,0 |
| | Acidi citrici crystall. | 4,3. |

Wie Potio Riveri und nur auf Verordnung frisch zu bereiten.

**Liquor nervinus** PEERBOOM.

| Rp. | | |
|---|---|---|
| | Kalii carbonici | 15,0 |
| | Saponis oleaceï | 20,0 |
| | Aquae destillatae | 200,0 |
| | Olei Terebinthinae | 30,0 |
| | Olei Cajeputi | 5,0 |
| | Spiritus Juniperi | 20,0. |

Umgeschüttelt zu Waschungen und Einreibungen bei Lähmungen, Wassersucht, Geschwülsten.

**Unguentum alkalinum** DEVERGIE.

| Rp. | | |
|---|---|---|
| | Kalii carbonici | 10,0 |
| | Calcariae hydratae | 5,0 |
| | Adipis suilli | 100,0 |
| | Extracti Opii | 0,5. |

Zu Einreibungen bei Fischschuppenausschlag.

**Unguentum Kalii carbonici.**

| Rp. | | |
|---|---|---|
| | Kalii carbonici | 3,0 |
| | Aquae destillatae | 2,0 |
| | Adipis suilli | 25,0. |

Zum Einreiben bei Tinea capitis nach dem Abweichen der Borke.

---

# Kalium chloratum.

**Kalium chloratum** (Ergänzb.). **Chlorure de potassium** (Gall.). **Potassii Chloridum. Kaliumchlorid. Chlorkalium. Sal digestivum Sylvii. Sal febrifugum Sylvii. Digestivsalz. KCl. Mol. Gew. = 74,5.** Nicht zu verwechseln mit dem chlorsauren Kalium $KClO_3$!

***Darstellung.*** Man säuert eine Lösung von 10 Th. reinem (!) Kaliumkarbonat durch allmähliche Zufügung von 22 Th. Salzsäure (von 25 Proc.) an, filtrirt, dampft die

Lösung zur Trockne, trocknet das Salz noch kurze Zeit bei 105° C. nach und bringt es sogleich in trockne, wohl zu verschliessende Gefässe. Ausbeute 10 Th.

***Eigenschaften.*** Farblose, würfelförmige Krystalle oder ein weisses Krystallpulver, neutral, luftbeständig, von bitter-salzigem Geschmacke, in 3 Th. kaltem Wasser, etwas leichter in siedendem Wasser löslich, unlöslich in absolutem Alkohol oder in Aether. Das Salz schmilzt bei Rothgluth und verdampft schon bei heller Rothgluth nicht unbeträchtlich. Die wässerige Lösung giebt mit Silbernitratlösung einen weissen, käsigen, in Ammoniakflüssigkeit löslichen Niederschlag von Chlorsilber, mit überschüssiger Weinsäurelösung dagegen allmählich einen weissen, krystallinischen Niederschlag von Kaliumbitartrat.

***Prüfung.*** **1)** Am Platindraht in eine nicht leuchtende Flamme gebracht, färbe es diese nicht gelb (Natrium), sondern von Anfang an violett. — **2)** Die wässerige Lösung (1 = 20) sei gegen Lackmuspapier neutral und werde durch Schwefelwasserstoffwasser nicht verändert (Metalle, z. B. Blei, Kupfer). — **3)** Sie werde weder durch Baryumnitratlösung (Schwefelsäure), noch durch Natriumkarbonatlösung (Calcium oder Magnesiumchlorid) getrübt. Falls diese Verunreinigungen zugegen sind, wird das Kaliumchlorid leicht feucht. — **4)** 20 ccm der obigen Lösung sollen auf Zusatz von 0,5 ccm Kaliumferrocyanidlösung nicht sofort bläulich gefärbt werden (Eisen).

***Aufbewahrung.*** In gut verschlossenen Gefässen an einem trockenen Orte.

***Anwendung.*** Dem Kaliumchlorid kommt die Wirkung der Kalisalze zu und es kann als Antifebrile wie Kalisalpeter benutzt werden. Man giebt es in Mengen von 1—2,0—3,0 mehrmals täglich in Pulverform oder in Lösung.

***Cave.*** Der Arzt soll es vermeiden, bei der Verwendung dieses Salzes Abkürzungen zu schreiben, welche zur Verwechslung mit dem giftigen *Kalium chloricum* führen können. Der Apotheker soll sich hüten, auf ein derartig mangelhaft verschriebenes Recept hin das Kaliumchlorat an Stelle des Kaliumchlorids abzugeben.

---

# Kalium chloricum.

**I. Kalium chloricum** (Austr. Germ. Helv.). **Chlorate de potasse** (Gall.). **Potassii Chloras** (U-St.). **Kaliumchlorat. Chlorsaures Kali. Kali oxymuriaticum. Kali muriaticum oxygenatum. Sel de Berthollet.** $KClO_3$. **Mol. Gew. = 122,5.**

Die Darstellung dieses Salzes erfolgt fabrikmässig durch Einleiten von Chlor in heisse Kalkmilch und Umsetzen des gebildeten Calciumchlorats mit Kaliumchlorid. Das Salz kommt sowohl in Krystallform als auch in Pulverform absolut rein im Handel vor. Es empfiehlt sich, sowohl zum therapeutischen Gebrauche als auch zu pyrotechnischen Zwecken nur das völlig reine, chloridfreie Salz anzuschaffen.

***Eigenschaften.*** Farblose, luftbeständige, neutrale, perlmutterglänzende, durchsichtige oder 4- und 6seitige rhomboidale Tafeln, welche salzigkühlend schmecken. Spec. Gew. = 2,3. Sie schmelzen bei 334° C. ohne Zersetzung; bei 352° C. beginnt es unter Abgabe von Sauerstoff sich zu zersetzen. 2 Mol. Kaliumchlorat geben zunächst 2 Atome Sauerstoff ab unter Bildung von Kaliumperchlorat. Dieses letztere giebt bei höherer Temperatur seinen gesammten Sauerstoff ab, so dass schliesslich lediglich Kaliumchlorid hinterbleibt.

Kaliumchlorat löst sich in 16 Th. kaltem oder 3 Th. siedendem Wasser zu neutralen Lösungen. Es löst sich ferner in etwa 130 Th. Weingeist von 90 Vol. Proc.; in absolutem Weingeist und in Aether ist es so gut wie unlöslich.

Durch Salzsäure wird das Kaliumchlorat zerlegt unter Bildung von Kaliumchlorid und freiem Chlor: $KClO_3 + 6HCl = KCl + 3H_2O + 3Cl_2$. Verdünnte Schwefelsäure setzt aus Kaliumchlorat die Chlorsäure in Freiheit, konc. Schwefelsäure wirkt ein unter Bildung von Chloridoxyd $ClO_2$.

Mit leicht oxydirbaren, bez. brennbaren Stoffen in Berührung, zersetzt es sich durch Stoss, Schlag, Reiben oder durch Einwirkung von konc. Schwefelsäure unter heftiger Explosion.

Man weist das Kalium als Bestandtheil des Kaliumchlorats nach sowohl durch die Flammenfärbung, als auch indem man das Salz mit Salzsäure zersetzt und die hinterbliebene Lösung von Kaliumchlorid mittels Platinchlorid fällt. S. S. 173. — Den zweiten Bestandtheil, die Chlorsäure, erkennt man an folgenden Reaktionen: **1)** Färbt man die Lösung des Kaliumchlorats mit Indigocarminlösung hellblau, fügt verdünnte Schwefelsäure und hierauf tropfenweise von einer 10procentigen schwefligen Säure hinzu, so wird die Lösung sogleich entfärbt. — **2)** Erwärmt man eine Lösung von Kaliumchlorat mit Salzsäure und etwas Brucin, so erfolgt carminrothe Färbung der Flüssigkeit.

***Prüfung.*** Man bereite sich eine Auflösung von 3,0 g Kaliumchlorat in 60 ccm Wasser. **1)** 10 ccm der Lösung dürfen auf Zusatz von 10 ccm Schwefelwasserstoffwasser nicht gefärbt oder getrübt werden (Metalle, namentlich Blei). — **2)** Andere 10 ccm dürfen durch Ammoniumoxalat (Calciumsalze), noch andere 10 ccm durch Silbernitrat (Kaliumchlorid, Calciumchlorid) nicht verändert werden. — **3)** 20 ccm der nämlichen 5procentigen Lösung dürfen nach dem Ansäuern durch 5 Tropfen Salzsäure mit Kaliumferrocyanidlösung weder eine Rothfärbung (Kupfer) noch sofort einen blauen Niederschlag oder eine Blaufärbung geben (Eisen). — **4)** Man bringe 1 g des zerriebenen Salzes in ein Probirrohr, übergiesse es mit 5 ccm Natronlauge, füge je 0,5 g Zinkfeile und Eisenpulver hinzu und erwärme; es darf kein Geruch nach Ammoniak wahrnehmbar sein, andernfalls enthält das Salz Nitrate, z. B. Kalisalpeter, mit welchem es bisweilen verfälscht werden soll. Der Nachweis des Ammoniaks ist nur durch den Geruch zu führen.

***Aufbewahrung.*** Man bewahre dieses Salz in geschlossenem Glas- oder Porcellangefäss, und obgleich in der Reihe der unschuldigen Substanzen, so rechne man es dennoch zu den stark wirkenden Mitteln, deren Handhabung grosse Vorsicht erfordert, wie aus den folgenden Notizen hervorgeht.

***Anwendung.*** Kaliumchlorat wirkt schwach antiseptisch. Innerlich gegeben zeigt es die allgemeine Kaliwirkung. Ausserdem glaubt man, dass es Sauerstoff abspaltet, woraus man sich manche Heilwirkung erklärt. — Grosse Gaben führen zu schweren, selbst tödtlich verlaufenden Vergiftungen. In solchen Fällen zeigen sich die Blutkörperchen stark gequellt, das Blut enthält Methämoglobin. Ausgeschieden wird das Kaliumchlorat als solches durch den Speichel, ferner durch den Urin zum Theil als Kaliumchlorat, zum Theil als Kaliumchlorid. Man giebt es äusserlich als Mund- und Gurgelwasser, innerlich bei Diphtherie, Blasenkatarrh. — Der Arzt vermeide die gleichzeitige Darreichung von Kaliumjodid und Kaliumchlorat, da sich andernfalls im Organismus die starkwirkende Jodsäure bildet.

***Vorsicht.*** In der Technik dient das Kaliumchlorat besonders zur Darstellung von Zündhölzern und von Feuerwerkskörpern. Beim Mischen mit brennbaren Körpern kann es gefährliche Explosionen bewirken. Dies ist wohl zu beherzigen. Mit brennbaren Körpern, wie Salicylsäure, Kohle, Harzpulver, Schwefel, Schwefelmetallen, Phosphor, Stärke, vermischt, verpufft es beim Zerreiben im Mörser oder durch Stoss äusserst heftig. Schon bei nicht grossen Mengen können sich auf diese Weise gefährliche Explosionen ereignen. Deshalb gelte es als unabänderliche Regel, niemals das chlorsaure Kalium mit brennbaren Körpern in einem Mörser zusammen zu reiben oder zu stossen. Man zerreibe es für sich in einem reinen Mörser, besprenge es auch wohl dabei mit einigen Tropfen Wasser und vermische dann das Pulver behutsam und vom Lichte entfernt mit den brennbaren Stoffen, wie sie oben angegeben sind, auf einem Bogen Papier mit einer Federfahne oder den Fingern. Der Rath, Kaliumchlorat unter Befeuchten mit Weingeist zu zerreiben, ist verwerflich, da auch hierbei schon Explosionen vorgekommen sind.

Die Mischung sehr gefährlicher explosiver Substanzen sollte man zurückweisen. Die Abgabe im Handverkaufe ist zulässig, doch geschehe sie unter den nöthigen Vorsichtsmassregeln.

**Antidiphtherin** der Antidiphtherin-Gesellschaft in Berlin. Pulverförmiges, gelbes Gemisch aus 91 Proc. Kaliumchlorat und 4 Proc. Ferrichlorid (DONNER anal.).

**Antidiphtheriticum** von Apotheker RICHARD-Bockenheim. Rp. Kalii chlorici 7,5, Acidi salicylici 1,5, Glycerini 17,0, Aquae destillatae 130,0. Mit Saftgrün gefärbt. Zum Auspinseln der Schnabel- und Rachenhöhle bei Hühnern. (SCHWENDLER anal.)

**BERTHOLLET's Schiesspulver.** Ist eine Mischung von Kaliumchlorat, Schwefel und Kohle.

**Zündröhren** von ABEL. Enthalten Kaliumchlorat und Phosphorkupfer.

***Toxikologisches.*** Der unvorsichtige medicinale Gebrauch des Kaliumchlorates führt nicht selten zum Tode. In solchen Fällen wird man das Kaliumchlorat aufzusuchen haben im Mageninhalt, im Blut und im Urin. Man verfährt zweckmässig wie folgt.

Das Objekt wird, nöthigenfalls nach erfolgter Zerkleinerung, in einen Dialysator gebracht und, während dieser an einem kühlen Orte, z. B. auf dem Eisschranke steht, 2—3 mal hintereinander je während 12—24 Stunden der Dialyse unterworfen. — Die Auszüge werden, ohne dass man sie vermischt, bei 50—60° C. eingedunstet, filtrirt und auf ein bestimmtes Volumen, z. B. 250 ccm gebracht.

Man bestimmt nun in 100 ccm der Lösung zunächst das als Chlorid vorhandene Chlor direkt und zwar entweder gewichtsanalytisch oder maassanalytisch nach VOLHARD. (S. Bd. I, S. 58.)

Eine zweite (aliquote) Menge, von beispielsweise 100 ccm der Lösung, bringt man in eine Flasche mit Glasstöpsel, fügt 50 ccm $^1/_{10}$-Silbernitratlösung, ferner 5 ccm Formaldehyd und 5 ccm Salpetersäure von 25 Proc. hinzu, überbindet die Flasche mit Pergamentpapier und erhitzt unter gelegentlichem Umschütteln $^1/_2$ bis $^1/_1$ Stunde im lauwarmen Wasserbade. Nach dem Erkalten wird das entstandene Chlorsilber entweder gewichtsanalytisch bestimmt, oder man misst den Ueberschuss des Silbernitrats nach VOLHARD mittels $^1/_{10}$-Rhodanammoniumlösung und Ferriammoniumsulfat als Indikator zurück. Das Chlor der zweiten Bestimmung minus dem Chlor der ersten Bestimmung, mit 3,45 multiplicirt, giebt die Menge des vorhandenen Kaliumchlorats an.

Mit dem noch vorhandenen Reste des Auszuges stellt man die oben angegebenen qualitativen Reaktionen auf Chlorsäure an.

**Collutorium Kalii chlorici.**

Collutoire au chlorate de potasse (Gall.).

| Rp. | | |
|---|---|---|
| | Kalii chlorici | 5,0 |
| | Mellis rosati | 20,0. |

**Gargarisme au chlorate de potasse** (Gall.).

| Rp. | | |
|---|---|---|
| | Kalii chlorici | 5,0 |
| | Aquae destillatae | 250,0 |
| | Sirupi Mororum | 50,0. |

**Pasta dentifricia** UNNA

Kali chloricum-Pasta von UNNA.

| Rp. | | |
|---|---|---|
| | 1. Kalii chlorici | 5,0 |
| | 2. Calcii carbonici | |
| | 3. Rhizomatis Iridis | |
| | 4. Saponis medicati | |
| | 5. Glycerini ää | 25,0. |

Man mischt 1 und 2, giebt 5 und darauf 3 und 4 zu. Parfüm ad libitum.

**Pulvis dentifricius saponatus** LASSAR (Ergänzb.)

LASSAR's Zahnpulver.

| Rp. | | |
|---|---|---|
| | Calcii carbonici praecipitati | 100,0 |
| | Lapidis Pumicis subt. pulv. | |
| | Kalii chlorici ää | 2,5 |
| | Saponis medicati | 25,0 |
| | Olei Menthae piperitae | 1,0. |

Mit Vorsicht zu mischen.

**Trochisci Kalii chlorici.**

I. Pastilli Kalii chlorici (Ergänzb).

| Rp. | | |
|---|---|---|
| | Kalii chlorici | 20,0 |
| | Sacchari albi | 80,0. |

Fiant cum Mucilagine Tragacanthae pastilli No. 100.

II. Pastilli Kalii chlorici (Helv.).

| Rp. | | |
|---|---|---|
| | Kalii chlorici | 10,0 |
| | Tincturae Tolu (1 : 5) | |
| | Tragacanthae ää | 1,0 |
| | Carmini | 0,05 |
| | Sacchari | 89,0 |
| | Aquae | 7,0. |

Fiant pastilli à 1,0 g.

III. Tablettes de chlorate de potasse (Gall.).

| Rp. | | |
|---|---|---|
| | Kalii chlorici | 100,0 |
| | Sacchari | 900,0 |
| | Tragacanthae | 10,0 |
| | Aquae Balsami Tolutani | 90,0. |

Fiant pastilli à 1,0 g.

IV. Trochisci Potassii Chloratis (U-St.).

| Rp. | | |
|---|---|---|
| | Kalii chlorici | 30,0 g |
| | Sacchari | 120,0 „ |
| | Tragacanthae | 6,0 „ |
| | Spiritus Citri | 1,0 ccm |
| | Aquae | q. s. |

Fiant trochisci No. 100.

**Feuerwerksätze.** Das Kaliumchlorat ist ein häufiger Bestandtheil der Sätze zu farbigen Flammen. Bezüglich dieser Verwendung seien folgende allgemeine Bemerkungen vorausgeschickt.

Man beziehe hierzu gepulvertes Kaliumchlorat, welches aber von der gleichen Reinheit wie das Pharmakopöepräparat, also chloridfrei ist, denn chloridhaltiges Kaliumchlorat nimmt stets etwas Feuchtigkeit aus der Luft an und die Flammen brennen schlecht.

Dieses gepulverte reine Kaliumchlorat lässt sich in einem Mörser aus Porcellan für sich leicht und ohne Gefahr in ein feines Pulver zerreiben oder zerstossen, falls es während der Aufbewahrung etwas zusammengeklumpt sein sollte. Man siebt das Pulver durch ein sauberes, besonderes Sieb.

Die für die Flammensätze vorgeschriebenen anderen Bestandtheile werden gleichfalls für sich in einem besonderen (!) Mörser gemischt und durch ein Sieb geschlagen. Diese Mischung schüttet man nun auf einen Bogen glattes Papier, bei grösseren Mengen auf die Diele oder auf ein Stück Linoleum, giebt das gepulverte Kaliumchlorat hinzu und mischt es locker mittels einer Federfahne oder mit einem abgerundeten Holzstäbchen, bei grösseren Mengen mit einem kleinen Holzrechen locker darunter. — Es ist durchaus unzulässig, eine solche Mischung im Mörser oder in einer Schale mit dem Pistill auszuführen.

In den Feuerwerkslaboratorien hat man zum Mischen der bengalischen Flammen besondere Mischvorrichtungen und doch kommen hier die meisten Selbstentzündungen — abgesehen vom Raketenschlagen — beim Mischen der bengalischen Flammen vor.

Man verwende zu den Flammensätzen niemals die rohen Schwefelblumen, sondern Sulfur sublimatum lotum et siccum. Ferner nehme man zu den Flammensätzen mit Kaliumchlorat nur lufttrockene Substanzen, niemals solche, welche vorher durch künstliche Wärme scharf ausgetrocknet sind. Wie sich aus der Erfahrung ergeben hat, neigen letztere in ihren Mischungen zur Selbstentzündung. Dann mache man es sich zu einem unumstösslichen Grundsatz, nie Flammensätze, sie mögen eine Zusammensetzung haben, wie sie wollen, in den Räumen der pharmaceutischen Officin vorräthig zu halten. Endlich ist es gefährlich, feucht gewordene Flammensätze in künstlicher Wärme trocken zu machen.

Um ein langsames Abbrennen der Flammensätze (Feuerwerksätze) zu bewirken, vermischt man diese häufig mit einem pulvrigen Gemisch aus Schellack und Kaliumchlorat. 20—25 Th. eines Flammensatzes, welcher kein Kaliumchlorat enthält, mischt man mit 2 Th. Kaliumchlorat und 4 Th. Schellack. Enthält der Flammensatz bereits Kaliumchlorat, so mischt man 15—20 Th. desselben mit $1\frac{1}{2}$ Th. Kaliumchlorat und $3\frac{1}{2}$ Th. Schellack.

**Blauflammensatz.**

I.

| | | |
|---|---|---|
| Rp. | Kalii chlorici | 12,0 |
| | Cupri sulfurici sicci | |
| | Sulfuris depurati ää | 5,0 |
| | Calomelanos | 1,0 |

II.

| | | |
|---|---|---|
| Rp. | Cupri oxydati | 10,0 |
| | Kalii nitrici | 10,0 |
| | Sulfuris depurati | 15,0 |
| | Kalii chlorici | 30,0. |

**Gelbflammensatz.**

| | | |
|---|---|---|
| Rp. | Natrii carbonici calcinati | 40,0 |
| | Kalii nitrici | 125,0 |
| | Sulfuris depurati | 30,0 |
| | Acidi stearinici | 25,0 |
| | Carbonis ligni | 2,0 |
| | Kalii chlorici | 45,0. |

**Grünflammensatz.**

S. Band I S. 464.

| | | |
|---|---|---|
| Rp. | Baryi nitrici | 16,0 |
| | Kalii chlorici | 8,0 |
| | Sulfuris depurati | 6,0 |
| | Stibii sulfurati nigri | 3,0. |

**Grünes Signalfeuer.**

| | | |
|---|---|---|
| Rp. | Baryi nitrici | |
| | Kalii chlorici ää | 50,0 |
| | Carbonis ligni | 5,0 |
| | Olei Lini cocti | q. s. |

ut fiat pasta.

**Rothflammensatz.**

I.

| | | |
|---|---|---|
| Rp. | Strontiani nitrici | 200,0 |
| | Laccae in tabulis | 40,0 |
| | Kalii chlorici | 16,0 |
| | Sulfuris depurati | 1,0 |
| | Carbonis ligni | 1,0. |

II.

| | | |
|---|---|---|
| Rp. | Strontiani nitrici | 100,0 |
| | Sulfuris depurati | 25,0 |
| | Stibii sulfurati nigri | |
| | Carbonis ligni ää | 5,0 |
| | Kalii chlorici | 10,0. |

III. Rothes Signalfeuer.

| | | |
|---|---|---|
| Rp. | Kalii chlorici | |
| | Strontiani nitrici ää | 50,0 |
| | Carbonis ligni | 5,0 |
| | Olei Lini cocti | q. s. |

Fiat pasta.

**Violettflammensatz.**

| | | |
|---|---|---|
| Rp. | Strontiani nitrici | 40,0 |
| | Sulfuris loti | 50,0 |
| | Caerulei montani (Bergblau) | |
| | Calomelanos ää | 10,0 |
| | Kalii chlorici | 90,0. |

**Weissflammensatz.**

I.

Rp. Kalii nitrici
Sacchari Lactis āā 20,0
Acidi stearinici
Baryi carbonici āā 5,0
Kalii chlorici 60,0.

II. Weisses Signalfeuer.

Rp. Kalii chlorici 100,0
Stibii sulfurati nigri 10,0
Olei Lini cocti q. s.
Fiat pasta.

**Sicherheitszündhölzer.** **Schwedische Zündhölzer.** Dieselben werden in der Weise dargestellt, dass man Hölzer aus Aspendraht (von *Populus tremula L.*) durch Eintauchen in heisses Paraffin mit der sog. „Uebertragungsmasse" versieht und auf dem paraffinirten Ende der Hölzer alsdann den „Zündkopf" durch Eintauchen in eine „Zündmasse" anbringt. Diese Masse besteht zum grossen Theile aus Kaliumchlorat und Schwefel und entzündet sich mit Leichtigkeit und Sicherheit nur auf besonderen Reibflächen. Die nachstehenden Vorschriften sind von B. Fischer in einem Betriebe von 12 Millionen Hölzern pro Tag praktisch erprobt worden. Unter „Klebstoff" ist stets das Trockengewicht Leim oder Dextrin oder dasjenige einer Mischung aus 1 Th. Traganth und 6 Th. arabischem Gummi zu verstehen. Diese Mischung von Traganth und Gummi liefert die vorzüglichsten Hölzer, die billigeren Sorten werden mit Leim hergestellt.

Die Bereitung der Massen geschieht in der Weise, dass man den Klebstoff mit Wasser quellen lässt, alsdann das Kaliumchlorat zugiebt und rührt, bis dieses vollkommen vertheilt ist. Man fügt alsdann die übrigen Ingredienzien hinzu, rührt unter Zufügung von soviel Wasser, dass die Masse eine breiförmige Konsistenz hat, alles gut durcheinander und mahlt die Masse schliesslich auf einer Farbmühle gut fein.

**Gelbe Masse.**

Rp. Kalii chlorici 50,0
Sulfuris depurati 10,0
Baryi chromici
Plumbi chromici āā 5,0
Glaspulver 15,0
Klebstoff 8—10,0.

Die Farbe der Zündköpfe hängt von der Nüance des Chromsauren Bleis ab. Die Masse brennt tadellos.

**Rothe Masse.**

Rp. Kalii chlorici 50,0
Sulfuris depurati
Baryi chromici āā 10,0
Glaspulver 15,0
Klebstoff 8—10,0.

Diese Masse ist an sich hellgelb und kann durch Zusatz von Theerfarbstoffen roth gefärbt werden. Man rechnet für 10 kg Trockensubstanz
Erythrosin gelblich 25,0 g oder
Ponceau 3 R. 25,0 g.

**Braune Masse.**

Rp. Kalii chlorici 50,0
Sulfuris depurati 10,0
Plumbi chromici
Mangani hyperoxydati
Capitis mortuum āā 5,0
Glaspulver 10,0
Klebstoff 8—10,0.

Diese Masse kommt der echten Jönköping's sehr nahe.

**Schwarze Masse.**

Rp. Kalii chlorici 55,0
Sulfuris depurati 10,0
Baryi chromici 5,0
Mangani hyperoxydati 7,0
Elfenbeinschwarz 7,0
Glaspulver 12,0
Klebstoff 8—10,0.

**Masse für Reibflächen.** Man weicht das arabische Gummi in Wasser ein, mischt nach erfolgter Auflösung die übrigen Bestandtheile darunter und schickt den Brei durch eine locker gestellte Farbmühle.

I.

Rp. Gummi arabici 200,0
Aquae 400,0
Phosphori amorphi 600,0
Umbraun 200,0
Mangani hyperoxydati 300,0
Stibii sulfurati nigri 100,0.

Der Masse von Jönköping ähnlich.

II.

Rp. Gummi arabici 200,0
Aquae 400,0
Phosphori amorphi 500,0
Stibii sulfurati nigri 700,0.

Der Masse von Gebrüder Butz in Augsburg ähnlich.

**Bengalische Zündhölzer.** Die Masse zu denselben wird wie folgt bereitet: 500 Th. Dextrin werden mit 1000 Th. Wasser 12 Stunden lang macerirt, dann im Dampfbade erhitzt. Hierauf giebt man hinzu 850 Th. Kaliumchlorat, 3500 Th. Strontiumnitrat, 500 Th. Kolophoniumpulver. Nach dem Mahlen der Masse tunkt man die Hölzer 2—2,5 cm tief und versieht die keulenförmigen Enden noch mit einem Köpfchen von brauner, schwarzer oder farbiger Sicherheitsmasse.

**Matrosenhölzer. Sturmhölzer.** Die Masse dieser Hölzer besteht aus: Arabischem Gummi 1 Th., Kalisalpeter 2 Th., Kohlepulver 2 Th. Man tunkt 1,5—2,0 cm tief und versieht die keulenförmigen Enden noch mit einem Köpfchen aus Sicherheitsmasse.

**II. † Acidum chloricum. Chlorsäure. Chloric acid. Acide chlorique. $ClO_3H$. Mol. Gew. = 84,5.** Wird fabrikmässig durch Zersetzung von Baryumchlorat mittels verdünnter Schwefelsäure und Eindampfen der klaren Lösung im Vacuum dargestellt.

Farblose oder schwach gelbliche Flüssigkeit vom spec. Gew. 1,20. Sie entbindet auf Zusatz von Salzsäure namentlich beim Erwärmen grosse Mengen freies Chlor. Auf Zusatz von konc. Schwefelsäure wird gelbgrünes Chlordioxyd in Freiheit gesetzt, welches über 60° C. explodirt. Chlorsäure bringt im konc. Zustande leicht entzündliche Substanzen zur Entzündung, welche sich unter Umständen zur Explosion steigern kann. Man benutzt die Chlorsäure (an Stelle von Kaliumchlorat) in Verbindung mit Salzsäure zur bequemen Zerstörung organischer Substanzen zum Zwecke der toxikologischen Analyse. $ClO_3H + 5HCl = 3H_2O + 3Cl_2$. Diese Anwendung wird ausserordentlich erschwert dadurch, dass die Chlorsäure des Handels sehr häufig arsenhaltig ist. Man darf daher zu toxikologischen Arbeiten Chlorsäure niemals verwenden, ohne dass man sich von der Abwesenheit des Arsens überzeugt hat.

***Prüfung.*** 1) 20,0 ccm werden mit 100,0 ccm Wasser verdünnt und mit überschüssiger Salzsäure auf dem Wasserbade bis zur vollständigen Zersetzung erwärmt. Die Hälfte dieses Rückstandes prüft man im MARSH'schen Apparate auf Arsen. — 2) 5,0 ccm werden mit 50 ccm Wasser verdünnt. Diese Mischung werde auf Zusatz von 1 ccm verdünnter Schwefelsäure innerhalb 30 Minuten nur schwach getrübt (Barytsalz). — 3) Die andere Hälfte des Verdampfungsrückstandes sub 1) darf weder mit Schwefelwasserstoff, noch, nach dem Uebersättigen durch Ammoniak, mit Ammoniumsulfid eine Fällung geben (Metalle). Eine leichte Grünfärbung durch Ammoniumsulfid ist zuzulassen, weil Spuren von Eisen in jeder Chlorsäure enthalten sind.

***Aufbewahrung.*** Vorsichtig und von leicht brennbaren Substanzen getrennt, in Flaschen mit Glasstopfen.

**BERTHOLLET's Bleichflüssigkeit.** Ist eine verdünnte, wässerige Auflösung von Chlorsäure.

---

# Kalium chromicum.

**I. † Kalium chromicum flavum.** (Ergänzb.) **Kalium chromicum. Kalium chromicum neutrale. Kaliumchromat. Gelbes oder neutrales chromsaures Kali. Chromate de potasse. Potassii Chromas. $K_2CrO_4$. Mol. Gew. = 194.** Man erhält dieses Salz, indem man 10 Th. reines Kaliumdichromat und 4,7 Th. reines Kaliumkarbonat in 50 Th. Wasser auflöst und diese Lösung bis zum Krystallisationspunkt koncentrirt.

***Eigenschaften.*** Gelbe, rhombische, luftbeständige Krystalle von schwach alkalischer Reaktion und bitterem, metallisch-herbem Geschmack, welche beim Erhitzen schmelzen. Sie lösen sich in 2 Th. kaltem Wasser, sehr leicht in siedendem Wasser; in Weingeist sind sie unlöslich. Die wässerige Lösung ist auch bei starker Verdünnung gelb gefärbt und giebt mit Bleiacetat einen gelben, mit Silbernitrat einen rothen und mit überschüssiger Weinsäurelösung allmählich einen weissen, krystallinischen Niederschlag. — Die Prüfung dieses vorwiegend als Reagens verwendeten Präparates hat sich auf einen Gehalt an Schwefelsäure und Chlor zu erstrecken.

***Prüfung.*** 1) Die mit Salpetersäure stark (!) angesäuerte wässerige Lösung (1 = 20) darf weder durch Baryumnitrat- (Schwefelsäure), noch durch Silbernitratlösung (Chlor) verändert werden. 2) Die mit Ammoniakflüssigkeit versetzte 5 procentige Lösung darf sich auf Zusatz von Ammoniumoxalatlösung nicht trüben (Kalk).

***Aufbewahrung.*** Vorsichtig. ***Anwendung.*** Es wird unter den nämlichen Indikationen angewendet wie das Kaliumdichromat, nur ist es von etwas milderer Wirkung. Man giebt es innerlich zu 0,01—0,03—0,05 g (als Emeticum zu 0,15—0,2—0,3) in Lösung oder in Pillen mit Argilla. Aeusserlich in 5—10 proc. Lösung als Verbandwasser, Augenwasser. Mit Kaliumchromat getränktes Papier dient zu Moxen. In der Analyse besonders als Indikator bei der maassanalytischen Bestimmung des Chlors nach MOHR.

**II. † Kalium dichromicum** (Germ.). **Kalium bichromicum** (Helv.). **Bichromate de potasse** (Gall.). **Potassii Bichromas** (Brit., U-St.). **Kali chromicum rubrum. Kali chromicum acidum. Kaliumbichromat. Zweifach-chromsaures Kali. Pyrochromsaures Kali. $K_2Cr_2O_7$. Mol. Gew. = 294.**

Die Darstellung erfolgt fabrikmässig durch Erhitzen von Chromeisenstein mit Pottasche in Flammöfen. Die Lösung der Schmelze wird mit Schwefelsäure angesäuert, worauf zuerst das hier in Frage stehende Salz und erst später Kaliumsulfat auskrystallisirt.

***Eigenschaften.*** Rothe, trikline Säulen oder Tafeln vom spec. Gew. 2,69. Es löst sich in 10 Th. Wasser von 15° C. oder in ca. 1,5 Th. siedendem Wasser; in Weingeist ist es unlöslich. Die wässerige Lösung röthet blaues Lackmuspapier und schmeckt bitter-herb. Werden die Krystalle vorsichtig erhitzt, so schmelzen sie zu einem dunkelbraunen Fluss, welcher beim Erkalten krystallinisch erstarrt. Dieser erstarrte Fluss ist unverändertes, wasserfreies Kaliumdichromat. In hoher Hitze tritt Zerfall ein in Kaliumchromat, Chromoxyd und Sauerstoff. Durch Neutralisation mit Kaliumkarbonat oder Kalilauge wird das Kaliumdichromat in gelbes Kaliumchromat übergeführt. Beim Erhitzen mit Salzsäure wird Chlor, beim Erhitzen mit konc. Schwefelsäure Sauerstoff entwickelt.

***Aufbewahrung.*** Wegen seiner giftigen Eigenschaften vorsichtig. Es ist aber weder hygroskopisch noch lichtempfindlich.

***Prüfung*** auf Chlor, Schwefelsäure und Kalk erfolgt wie bei dem vorigen Präparat.

***Anwendung.*** In Substanz oder konc. Lösung wirkt Kaliumdichromat ätzend, in verdünnter Lösung adstringirend und erhärtend auf die Gewebe. Innerlich ist es ein heftiges Gift, welches leicht Erbrechen verursacht und Magenentzündung erzeugt. Man benutzt es zum Erhärten anatomischer Präparate, zu Aetzungen bei Kondylomen, von syphilitischen und krebsigen Geschwüren. Innerlich namentlich in der Form des GÜNZ·schen Chromwassers gegen Syphilis empfohlen, neuerdings auch bei Magenleiden, Magengeschwüren zu 0,006 g täglich sehr gerühmt.

Im chemischen Laboratorium wird Kaliumdichromat im Gemisch mit Schwefelsäure oder Eisessig als Oxydationsmittel verwendet. Die grössten Mengen werden bei der Alizarinfabrikation zur Ueberführung des Anthracens in Anthrachinon verbraucht. In der Elektrotherapie dient es zum Füllen der nicht gesundheitsschädlichen Zink-Kohle-Elemente (nach BUFF-BUNSEN) und der GRENET'schen Tauchbatterien.

**Beize für Hirschgeweihe etc.** Die Geweihe werden abwechselnd mit Lösungen von Catechu und Kaliumdichromat bepinselt, bis der gewünschte Farbenton erzielt ist. Die Geweih-Enden werden mit Glaspapier weiss geschabt.

**Chinesisches Graspapier.** Mit einer Lösung von 10 Th. Kaliumdichromat in 100 Th. Wasser und 12—13 Th. Aetzammonflüssigkeit werden vierfingerbreite Streifen Kanzleipapier getränkt und ohne Wärmeanwendung getrocknet. Zum Experiment wird ein Stück des Papiers in Falten gelegt, aufrecht gestellt, wie in beistehender Figur angegeben ist, und an der oberen Kante an jeder Falte schnell angezündet. Das verglimmende Papier hinterlässt eine grüne Asche in Form geschlitzter und gefiederter Blätter. (Fig. 14.)

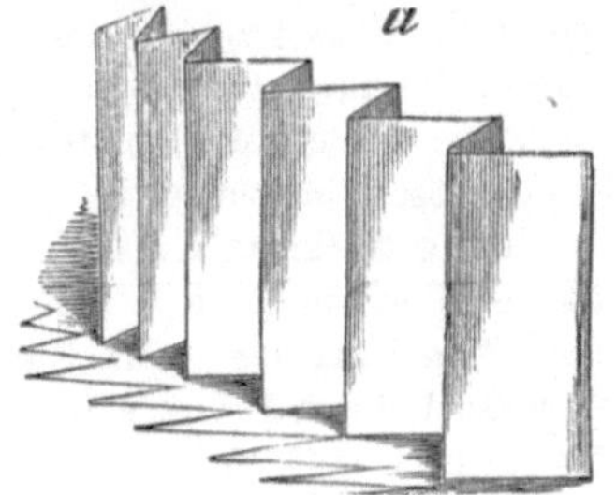

Fig. 14.

**Chromwasser** nach DR. GÜNTZ. Rp. Kalii dichromici 0,03, Kalii nitrici, Natrii nitrici āā 0,1, Natrii chlorati 0,2, Aquae acido carbonico saturatae 600,0. Gegen Diphtherie und Syphilis.

**Gummischleim, chromirter,** als wasserdichter Glanzlack, besteht aus 10,0 arabischem Gummi, 25,0 destillirtem Wasser und 1,0 Kaliumdichromat. Die damit überzogene Fläche wird den Sonnenstrahlen ausgesetzt.

**Kitt, wasserfester,** für Glas. Chromirter Leim. Ist eine frisch bereitete Lösung von 1,0 Gelatine oder Leim in 10,0 Wasser, im Dunkelzimmer versetzt mit 0,2 Kaliumdichromat. Die Kittung wird den Sonnenstrahlen ausgesetzt.

**Müller'sche Flüssigkeit zum Härten mikroskopischer Präparate.** Rp. Kalii dichromici 20,0, Natrii sulfurici 10,0, Aquae destillatae 1000,0. S. auch Bd. I, S. 955.

**Leim für Pergamentpapier.** Ein Liter einer klebfähigen Leim- oder Gelatinelösung wird im Dunkelzimmer mit 25,0—30,0 feingepulvertem Kaliumdichromat gemischt Die Mischung kommt schwach erwärmt zur Anwendung. Das geklebte Pergamentpapier wird dem Sonnenlicht ausgesetzt, bis die gelbe Leimung bräunlich geworden ist. Hierauf wird es in 2—3 procentiger Alaunlösung in der Wärme des Wasserbades digerirt, bis die Färbung verschwunden ist, nun mit Wasser abgewaschen und getrocknet.

**Schauwasser, gelbes,** eine Lösung des gelben Kaliumchromats.

**Schauwasser, rothes,** eine Lösung des Kaliumdichromats in Wasser.

**Tinte, gelbe,** eine decanthirte Lösung von 20,0 gelbem Kaliumchromat in 10,0 Wasser und 5,0 koncentrirter Schwefelsäure.

**Wasserdichtmachen** leinenen und baumwollenen Gewebes. Eine Lösung von 200,0 arabischem Gummi in 700,0—800,0 Wasser wird mit einer Lösung von 20,0 Kaliumdichromat in 100,0 Wasser gemischt und damit das Gewebe getränkt, getrocknet und dann zwei Tage hindurch der Einwirkung der Sonnenstrahlen ausgesetzt. Das arabische Gummi kann auch durch Knochenleim ersetzt werden.

**Liquor conservatorius** Jacobson.

| | | |
|---|---|---|
| Rp. | Kalii chromici flavi | 5,0 |
| | Aquae destillatae | 1000,0. |

Zur Aufbewahrung anatomischer Präparate.

**Mixtura pectoralis** Jensen.

| | | |
|---|---|---|
| Rp. | Kalii chromici flavi | 0,1 |
| | Aquae destillatae | 150,0 |
| | Succi Liquiritiae | 5,0. |

Zweistündlich einen Esslöffel bei catarrhalischen Affektionen der Athmungswerkzeuge.

**Pilulae antisyphiliticae** Vincenti et Heyfelder.

| | | |
|---|---|---|
| Rp. | Kalii dichromici | 1,0 |
| | Extracti Gentianae | 8,0 |
| | Radicis Gentianae | q. s. |

Fiant pilulae No. 80. Bei veralteter Syphilis.

# Kalium cyanatum.

Man hat zwei Hauptsorten dieses Salzes zu unterscheiden: **1)** das sog. reine Kaliumcyanid und **2)** das Liebig'sche Kaliumcyanid, welches stets durch cyansaures Kalium mehr oder weniger verunreinigt ist.

## I. †† Kalium cyanatum (Ergänzb.). Cyanure de potassium (Gall.). Potassii Cyanidum (U-St.). Kalium hydrocyanicum. Cyankalium. Kaliumcyanid. Blausaures Kali. KCN. Mol. Gew. = 65.

***Darstellung.*** In eine durch Glaswolle oder Asbest filtrirte Lösung von 100 Th. geschmolzenem Aetzkali in 600 Th. Weingeist von 93—96 Proc., welche durch Abkühlung kalt gehalten wird, leitet man durch ein weites (!) Rohr Cyanwasserstoff ein, entwickelt aus 250 Th. Kaliumferrocyanid, 200 Th. konc. Schwefelsäure und 300 Th. Wasser. Der Kolben mit der den Cyanwasserstoff entwickelnden Mischung werde mit einem Sicherheitsrohr versehen, falls das Einleitungsrohr etwa verstopft werden sollte.

In dem Maasse, wie in der Vorlage Cyankalium gebildet wird, scheidet dieses sich, weil es in Alkohol schwer löslich ist, aus. Schliesslich entsteht ein Krystallbrei. Man sammelt die ausgeschiedenen Krystalle auf einem mit Glaswolle locker verstopften Trichter, wäscht sie mit etwas absolutem Alkohol nach und trocknet sie auf Filtrirpapier oder anderen porösen Unterlagen bei gewöhnlicher Temperatur, zum Schluss bei 25—30° C. — Man kann die getrocknete Krystallmasse auch in einem bedeckten Porcellantiegel schmelzen und den Fluss in einen weiten Porcellanmörser ausgiessen.

Man kann das reine Kaliumcyanid auch bereiten, indem man entwässertes Kaliumferrocyanid durch Erhitzen in einem bedeckten Porcellantiegel so lange im Schmelzen erhält, als noch Stickstoff entweicht: $Fe(CN)_6K_4 = 4KCN + 2N + FeC_2$. Das gebildete Kohleeisen setzt sich zu Boden, so dass man den grössten Theil des flüssigen Kaliumcyanids einfach abgiessen kann. Aus dem Rückstand lässt sich das in diesem noch enthaltene Kaliumcyanid durch Auskochen mit Alkohol von 60 Proc. gewinnen. (Gall.) **Vorsicht bei der Darstellung!**

***Eigenschaften.*** Eine weisse, grobkörnige Salzmasse oder weisse Stückchen, im völlig trocknen Zustande fast geruchlos, indessen infolge der Einwirkung auch mässig feuchter Luft und der Luftkohlensäure schwach nach Blausäure riechend (weil diese durch Einwirkung der Kohlensäure der Luft in kleinen Mengen in Freiheit gesetzt wird).

Kaliumcyanid zerfliesst an feuchter Luft. Es löst sich mit alkalischer Reaktion leicht in 2 Th. kaltem Wasser, schon in 1 Th. siedendem Wasser, jedoch wird es von letzterem unter Bildung von ameisensaurem Kalium + Ammoniak zersetzt. Aus verdünntem Weingeist kann es krystallisirt werden, in starkem Weingeiste ist es nur wenig löslich. — Versetzt man die kalt bereitete wässerige Auflösung mit einem Körnchen Ferrosulfat, ferner 2—3 Tropfen Ferrichloridlösung, so entsteht beim Ansäuern mit Salzsäure blaue Färbung, bez. ein blauer Niederschlag. — Beim Versetzen der wässerigen Lösung mit überschüssiger Weinsäure entsteht ein krystallinischer Niederschlag von Kaliumbitartrat. Kaliumcyanid entzieht Metalloxyden beim Schmelzen mit denselben Sauerstoff und wird deshalb als vorzügliches Reduktionsmittel angewendet. Es hat ferner die Eigenschaft, Chlor-, Brom- und Jodsilber aufzulösen unter Bildung löslicher Doppelcyanide. Ein ähnliches Doppelcyanid geht es auch mit dem Golde ein. Man benutzt es daher zum Auflösen der genannten Halogensalze namentlich in der Galvanostegie.

***Prüfung.*** Die wässerige Lösung (1 = 20) darf beim Ansäuern mit Salzsäure nur wenig aufbrausen (Kohlensäure, in zersetzten Präparaten, aber auch in sog. Liebig'schem Cyankalium enthalten). Diese salzsaure Flüssigkeit werde durch Bleiacetatlösung nicht braun oder schwarz gefärbt (Kaliumsulfid), durch Ferrichloridlösung weder geröthet (Kaliumrhodanid) noch gebläut (Kaliumferrocyanid) und durch Baryumchloridlösung nicht getrübt (Kaliumsulfat).

Gehaltsbestimmung. Man bereitet eine wässerige Lösung von 1 g Kaliumcyanid zu 100 ccm. 10 ccm dieser Lösung vermische man mit 90 ccm Wasser, gebe eine Spur Natriumchlorid hinzu und lasse unter Umrühren solange $^1/_{10}$-Normal-Silbernitratlösung hinzulaufen, bis eine bleibende, weissliche Trübung eingetreten ist. Es müssen hierzu mindestens 7,5 ccm $^1/_{10}$-Normal-Silbernitratlösung erforderlich sein. Da unter den hier vorgeschriebenen Bedingungen (vergl. Bd. I, S. 281) 1 ccm $^1/_{10}$-Normal-Silbernitratlösung = 0,0130 g Kaliumcyanid KCN anzeigt, so entspricht dies einem geforderten Gehalt von 97,5 Proc. Kaliumcyanid.

***Aufbewahrung.*** Kaliumcyanid ist in gut verschlossenen Gefässen, vor feuchter Luft geschützt, sehr vorsichtig aufzubewahren. Bei dem Hantiren mit Kaliumcyanid beobachte man die dringendste Vorsicht. Kaliumcyanid ist nicht nur giftig, wenn es in den Magen gebracht wird, es wirkt auch giftig, wenn es in die Blutbahn gelangt. Auch beachte man, dass in allen Fällen, wo durch Einwirkung von Säuren auf Kaliumcyanid freie Blausäure auftritt, diese eingeathmet werden kann und dann gleichfalls giftig wirkt. Diese Möglichkeit ist um so mehr zu beachten, als gasförmige Blausäure in konc. Form wohl Kratzen im Schlunde hervorruft, aber nicht eigentlich bittermandelölartig riecht, bezw. schmeckt. Dieser Geruch tritt erst in Verdünnung zu Tage.

***Anwendung.*** Kaliumcyanid wird nur selten und zwar als Ersatz der Blausäure in ähnlicher Weise wie Bittermandelwasser als Sedativum und Antispasmodicum, äusserlich bei Neuralgien und Migräne angewendet. — Seine Abgabe erfordert die dringendste Vorsicht, da 0,3 *per os* eingeführt genügen, einen erwachsenen Menschen zu tödten. Eine noch geringere Menge genügt, wenn das Salz (durch Wunden, oder durch subkutane Injektion) in die Blutbahn eingeführt, bezw. zur Resorption gebracht wird.

Innerlich giebt man es zwei bis dreimal täglich zu 0,01—0,02—0,03 g in Lösung. Höchstgaben: 0,03 g *pro dosi*, 0,1 *pro die* (Ergänzb.). Aeusserlich benutzt man die wässerige Auflösung 0,2—0,3 : 100,0 zu Umschlägen und Waschungen oder eine Salbe 0,1—0,2 : 20,0 Fett bei Neuralgieen und juckenden Hautausschlägen.

Das Ministerial-Reskript vom 10. März 1844 bestimmte, dass jede Verordnung des Kalium cyanatum mit einem (!) zu begleiten sei, zum Zeichen, dass dieses Präparat und nicht das Kalium ferrocyanatum gemeint sei. Diese Verordnung ist gegenwärtig nicht mehr in Kraft.

## II. ††Kalium cyanatum crudum. Kalium cyanatum Liebig. Liebig'sches Cyankalium.

***Darstellung.*** 100 Th. gelbes Blutlaugensalz werden grob gepulvert und in einem eisernen Kessel so lange mässig erhitzt, bis das Krystallwasser völlig verjagt ist. Man mischt hierauf 38 Th. reines, völlig ausgetrocknetes Kaliumkarbonat hinzu und setzt die Mischung in einem bedeckten Tiegel solange der Glühhitze aus, bis das Gemisch geschmolzen ist und ein mit einem Glasstabe herausgenommener Tropfen beim Erkalten zu einer rein weissen Masse erstarrt. Man mässigt alsdann die Erhitzung etwas, lässt aber die Masse im Fluss, so dass das Kohlenstoff-Eisen sich völlig absetzen kann. und giesst nun die klare, flüssige Masse auf eine blanke Eisenplatte oder in Lapisformen.

***Eigenschaften.*** Meist 5—20 cm lange, circa 0,5 cm dicke, weisse, undurchsichtige Stangen oder unregelmässig geformte Stücke, etwa von den gleichen physikalischen Eigenschaften wie das vorige Präparat. Das Liebig'sche Cyankalium ist nicht reines Cyankalium, sondern es enthält etwa 70—75% Kaliumcyanid und 30—25% Kaliumcyanat. In den Preislisten wird es entweder als Liebig'sches Cyankalium oder als Cyankalium 60 Proc. aufgeführt. Es verhält sich im ganzen wie das reinere Präparat, nur entwickelt es wegen seines Gehaltes an Kaliumcyanat Kohlensäure, wenn die weingeistige Lösung mit Salzsäure versetzt wird. Es ist weniger hygroskopisch und deshalb haltbarer wie das reinere Präparat.

***Prüfung.*** Da das Kaliumcyanid die Form des Kali causticum fusum oder des Kali causticum siccum hat, so ist eine Verwechselung mit diesem nicht ausser Acht zu lassen. Das Kaliumcyanid in der 10—15 fachen Menge Wasser gelöst, mit etwas Ferrosulfat- und Ferrichloridlösung versetzt, damit durchschüttelt und nun mit Salzsäure sauer gemacht, giebt Berlinerblau aus, oder man macht die Kaliumcyanidlösung mit einigen Tropfen Aetzkalilauge alkalisch, vermischt mit einem gleichen Volum Pikrinsäurelösung und erwärmt bis auf circa 60° C. Eine blutrothe Färbung (Isopurpursäure) ergiebt die Gegenwart des Kaliumcyanids. Ueber die Bestimmung des Kaliumcyanidgehaltes siehe oben.

***Aufbewahrung*** und ***Dispensation.*** Auch dieses rohe Kaliumcyanid gehört zu den direkten Giften und darf nur gegen Giftschein an erwachsene Personen abgegeben werden. Ist der Empfänger dem Apotheker nicht persönlich bekannt, so ist die Beglaubigung der Polizei auf dem Giftschein erforderlich. Man giebt es in kleinen passenden starkwandigen Glasflaschen, welche gut zu verkorken und zu versiegeln sind, ab.

***Anwendung.*** Das rohe Cyankalium oder Cyansalz findet Anwendung bei der galvanischen Vergoldung und Versilberung, beim Löthen, in der Photographie, zum Putzen der Geräthschaften aus edlen Metallen, zur Vertilgung der Silberflecke aus Geweben u. dergl. mehr, auch bedienen sich die Thierärzte desselben zum Vergiften der Hausthiere (der Hunde), die Naturforscher zur Tödtung der Insekten und anderer kleinen Thiere. Für die hier aufgeführten Zwecke wird ausnahmslos das Liebig'sche Cyankalium abgegeben.

**Geoghegan'sches Salz** lässt sich durch einfache Mischung aus 1 Th. reinem Kaliumcyanid und 2 Th. Mercurichlorid darstellen.

**†† Natrio-Kalium cyanatum. Kalium cyanatum Wagner, Cyansalz, Cyankalium** (für technische Zwecke), wird in ähnlicher Weise wie das Liebig'sche Kaliumcyanid aus 80 Th. entwässertem Blutlaugensalz und 20 Th. entwässertem Natriumkarbonat bereitet. Die Schmelzung findet hier bei geringerer Hitze statt und das Kohlenstoffeisen setzt sich in der geschmolzenen Masse schneller ab.

***Gegengift.*** Das Cyankalium wird häufig zu Selbstmorden verwendet, in zahlreichen Fällen hat auch schon der unbeabsichtigte Genuss von Cyankalium zum Tode geführt. In der Regel erfolgt der Tod nach Genuss von Cyankalium in genügender Menge so rasch, dass eine antidotische Behandlung kaum noch möglich ist. Nur in Ausnahmefällen, wenn z. B. der Magen stark gefüllt oder bald Erbrechen eingetreten ist, kann durch geeignete Mittel Wiederherstellung erzielt werden. In solchen Fällen wendet man an: Magenpumpe oder subkutane Injektionen von Apomorphin um Erbrechen herbeizuführen, Begiessen des Kopfes, Halses, Rückens mit kaltem Wasser, künstliche Respiration, daneben Excitantien, wie starker Kaffee, Alkohol, subkutan Aether und Kampfer in Aether gelöst. Als Gegengift Wasserstoffsuperoxyd, Kaliumpermanganat (2,5 : 500), Kobaltnitrat (0,5 : 100).

---

# Kalium ferrocyanatum.

**I. Kalium ferrocyanatum** (Ergänzb.). **Ferrocyanure de potassium** (Gall.). **Potassii Ferrocyanidum** (U-St.). **Kalium ferrocyanatum flavum. Ferrokalium cyanatum flavum. Kalium ferroso-cyanatum. Kali zooticum. Kali Borussicum. Ferrocyankalium. Kaliumeisencyanür. Cyaneisenkalium. Kaliumferrocyanid. Gelbes Blutlaugensalz.** $Fe(CN)_6K_4 + 3H_2O$ oder $FeCy_6K_4 + 3H_2O$. **Mol. Gew. = 422.** Ein fabrikmässig dargestelltes Salz.

***Darstellung.*** Das reinere Präparat wird aus dem Kaliumferrocyanid des Handels dargestellt, indem man dieses in der 10fachen Menge Wasser löst und solange mit Baryumchlorid versetzt, als durch dieses noch ein Niederschlag erzeugt wird. Die durch Absetzen geklärte und filtrirte Lösung bringt man durch Eindampfen zur Krystallisation. Die erhaltenen Krystalle werden wiederholt umkrystallisirt.

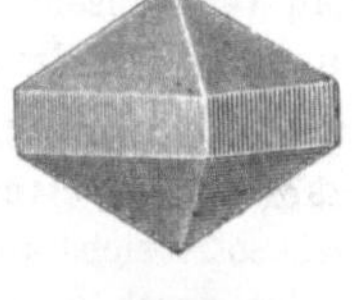

Fig. 15. Blutlaugensalzkrystalle.

***Eigenschaften.*** Citronengelbe, glänzende, etwas zähe, ziemlich luftbeständige tafelförmige Krystalle (dem quadratischen System angehörend) oder aus solchen bestehende Aggregate von süsslich-salzigem Geschmack. Spec. Gew. = 1,83. Sie lösen sich mit blassgelber Farbe in 2 Th. siedendem oder 4 Th. kaltem Wasser, nicht in Alkohol. — Die wässerige Lösung ist neutral und giebt mit überschüssiger Weinsäurelösung allmählich einen weissen, krystallinischen Niederschlag, mit Ferrichloridlösung eine tiefblaue Fällung, die in Salzsäure unlöslich ist.

Es verwittert bei 100° C. unter Abgabe des Wassers zu einem weissen Pulver. Bei Rothglühhitze schmilzt es, entwickelt hierbei ruhig Stickstoff und hinterlässt ein Gemenge von Kaliumcyanid und Kohlenstoff-Eisen $FeC_2$ (s. Kalium cyanatum). Beim Schmelzen mit Kaliumkarbonat entsteht ein Gemenge von Kaliumcyanid und Kaliumcyanat unter Abscheidung von metallischem Eisen (Liebig's Cyankalium). Alkalien scheiden aus der wässerigen Lösung kein Eisen ab. Beim Destilliren der wässerigen Lösung mit verdünnten Säuren, z. B. verdünnter (!) Schwefelsäure, wird Blausäure abgespalten. Mit den Salzlösungen der Schwermetalle erzeugt die wässerige Lösung des Kaliumferrocyanids Salze der Ferrocyanwasserstoffsäure $Fe(CN)_6H_4$, welche grösstentheils unlöslich sind.

***Reaktionen.*** 1) Mit Ferrisalzen entsteht in saurer Lösung unlösliches Berliner Blau. 2) Mit Kupfersulfat entsteht braunes Ferrocyankupfer, welches in Essigsäure oder verdünnter Salzsäure unlöslich ist. 3) Mit Uransalzen entsteht ein brauner Niederschlag von Ferrocyan-Uranyl.

***Prüfung.*** Das Kaliumferrocyanid des Handels ist gewöhnlich schön krystallisirt. Etwa vorhandene kleine Krystalle können möglicherweise Kaliumbikarbonat enthalten. Ausserdem ist auf eine Verunreinigung durch Kaliumsulfat zu achten. 1) Man liest einige kleine Krystalle aus, löst diese in Wasser und versetzt die Lösung mit verdünnter Schwefelsäure; es darf ein Aufbrausen nicht stattfinden (Kaliumbikarbonat). 2) 10 ccm der 5procentigen wässerigen Lösung werden nach dem Zusatz von 2 Tropfen Salzsäure durch Baryumnitratlösung nicht sofort getrübt (Kaliumsulfat, von welchem eine geringe Verunreinigung zuzulassen ist). — 3) Wird eine Mischung von 0,5 g Ferrocyankalium und 1 g chlorfreiem Salpeter im Porcellantiegel verpufft, die Schmelze mit Wasser ausgezogen, das Filtrat mit Salpetersäure angesäuert und mit Silbernitratlösung versetzt, so darf eine Fällung nicht entstehen (Kaliumchlorid).

Zur maassanalytischen Bestimmung versetzt man die etwa im Verhältniss 1 : 1000 hergestellte wässerige Kaliumferrocyanidlösung mit verdünnter Schwefelsäure und titrirt nun mit Kaliumpermanganatlösung bis zur eintretenden gelbrothen Färbung. Der Titer der Kaliumpermanganatlösung ist vorher gegen chemisch reines Kaliumferrocyanid einzustellen.

**Volumgewicht und Gehalt der Lösungen von Ferrocyankalium**
bei 15° C. Nach SCHIFF.

| Vol.-Gew. | Proc. an $FeCy_6K_4 + 3H_2O$ | Proc. an $FeCy_6K_4$ | Vol.-Gew. | Proc. an $FeCy_6K_4 + 3H_2O$ | Proc. an $FeCy_6K_4$ | Vol.-Gew. | Proc. an $FeCy_6K_4 + 3H_2O$ | Proc. an $FeCy_6K_4$ | Vol.-Gew. | Proc. an $FeCy_6K_4 + 3H_2O$ | Proc. an $FeCy_6K_4$ |
|---|---|---|---|---|---|---|---|---|---|---|---|
| 1,0058 | 1 | 0,872 | 1,0356 | 6 | 5,232 | 1,0669 | 11 | 9,592 | 1,0999 | 16 | 13,952 |
| 1,0116 | 2 | 1,744 | 1,0417 | 7 | 6,104 | 1,0734 | 12 | 10,464 | 1,1067 | 17 | 14,824 |
| 1,0175 | 3 | 2,616 | 1,0479 | 8 | 6,976 | 1,0800 | 13 | 11,336 | 1,1136 | 18 | 15,696 |
| 1,0234 | 4 | 3,488 | 1,0542 | 9 | 7,848 | 1,0866 | 14 | 12,208 | 1,1205 | 19 | 16,568 |
| 1,0295 | 5 | 4,360 | 1,0605 | 10 | 8,720 | 1,0932 | 15 | 13,080 | 1,1275 | 20 | 17,440 |

***Aufbewahrung.*** Unter den indifferenten Mitteln.

***Anwendung.*** Obgleich dem gelben Blutlaugensalze jede Heilwirkung abgesprochen wird, so erwarten einige Aerzte von demselben doch eine milde Eisenwirkung und eine milde diuretische Wirkung. Man giebt es in Dosen von 0,5—1,0 g mehrmals täglich. Man verwechsele es nicht mit dem giftigen *Kalium cyanatum!* Als Reagens benutze man thunlichst die frisch bereitete Lösung.

**Kalium ferrocyanatum crudum. Technisches Ferrocyankalium. Technisches gelbes Blutlaugensalz.** Das Salz ist äusserlich dem reinen Präparate sehr ähnlich, setzt sich aber zumeist aus erheblich grösseren Krystallen zusammen. Es ist bisweilen durch Kaliumbikarbonat, sehr häufig durch Kaliumsulfat in beträchtlichen Mengen verunreinigt. Eine mässige Verunreinigung durch Kaliumsulfat würde der technischen Verwendbarkeit des Salzes keinen Eintrag thun.

Das gelbe Blutlaugensalz wird im Handverkauf häufig gefordert zum Blaufärben, zum Verstählen des Eisens, zur Herstellung der blauen Tinte. Man kann es unbedenklich abgeben, da es nicht giftig ist.

**Acidum hydroferrocyanatum. Ferrocyanwasserstoffsäure. $Fe(CN)_6H_4$. Mol. Gew. = 216.**

Man erhält diese Verbindung am einfachsten, wenn man zu einer kalt gesättigten Kaliumferrocyanidlösung ein gleiches Volumen eisenfreie Salzsäure zufügt. Der entstandene weisse Niederschlag wird bei Luftabschluss auf poröser Platte getrocknet, alsdann in Weingeist gelöst und mit Aether wieder ausgefällt. — Ein weisses, krystallinisches, aus Nädelchen bestehendes Pulver; grössere Krystalle erhält man durch Ueberschichten der weingeistigen Lösung mit Aether.

Ferrocyanwasserstoffsäure ist leicht löslich in Wasser und in Weingeist. Sie schmeckt und reagirt stark sauer und ist eine so kräftige Säure, dass sie nicht nur essigsaure, sondern auch oxalsaure Salze zersetzt. Sie oxydirt sich rasch an der Luft, besonders schnell beim Erhitzen unter Bildung von Blausäure und WILLIAMSON's Blau.

Die Ferrocyanwasserstoffsäure dient in der Pharmacie zur Bereitung einiger Salze, z. B. des *Chininum ferrocyanatum* s. Bd. I, S. 774.

**II. Kalium ferricyanatum** (Ergänzb.). **Kalium ferrocyanatum rubrum. Ferri-Kalium cyanatum rubrum. Kaliumferricyanid. Ferridcyankalium. Blausaures Eisenoxyd-Kali. Rothes Blutlaugensalz. $Fe(CN)_6K_3$ oder $FeCy_6K_3$. Mol. Gew. = 229.**

***Darstellung.*** Zu einer Lösung von 100 Th. gelbem Blutlaugensalze in 1000 Th. Wasser setzt man in kleinen Antheilen unter Umrühren solange Brom hinzu, bis eine Probe der Flüssigkeit durch Ferrichloridlösung nicht mehr blau gefärbt wird. Man gebraucht hierzu 19—20 Th. Brom; ein Ueberschuss von Brom ist zu vermeiden. — Sobald dieser Punkt erreicht ist, dampft man die Lösung an einem vor Licht geschützten Orte zur Krystallisation ein und reinigt die Krystalle durch nochmaliges Umkrystallisiren.

***Eigenschaften.*** Glänzende, rubinrothe Prismen oder Tafeln, welche in 2,5 Th. kaltem oder 1,5 Th. siedendem Wasser mit braungelber Farbe, in Weingeist nur wenig löslich sind. Die verdünnte wässerige Lösung ist von bräunlicher bis citronengelber Farbe; sie giebt mit Ferrichlorid nur eine dunklere Färbung, keine Blaufärbung; mit Eisenoxydulsalzen, z. B. Ferrosulfatlösung, entsteht ein blauer Niederschlag von Turnbull's Blau. Das Salz ist nicht giftig. Mit Wasserstoffsuperoxyd zusammengebracht, entwickelt es reichliche Mengen von Sauerstoff.

***Prüfung.*** **1)** Werden die oberflächlichen Schichten eines Krystalles zunächst mit Wasser weggewaschen und bereitet man alsdann von dem abgewaschenen Krystall eine etwa 3procentige wässerige Auflösung, so darf diese sich mit Ferrichloridlösung nicht blau färben (Ferrocyankalium). — **2)** 10 ccm der 3procentigen Lösung werden mit 2 Tropfen Salzsäure angesäuert und mit Baryumchloridlösung versetzt. Es darf nicht alsbald eine Trübung auftreten (Kaliumsulfat). — **3)** Die Prüfung auf Chlor erfolge in gleicher Weise wie beim gelben Blutlaugensalze angegeben.

***Aufbewahrung.*** Das Salz werde unter den indifferenten Substanzen, aber vor Licht geschützt aufbewahrt. Unter dem Einflusse des Lichtes wird es zu Ferrocyankalium reducirt. Da diese Reduktion vorwiegend in den äusseren Schichten auftritt, so beseitigt man diese vor Benutzung des Salzes durch Abwaschen. Lösungen des Kaliumferricyanids halte man nicht vorräthig, da sie sich bald zersetzen.

***Anwendung.*** Das Kaliumferricyanid wird nicht therapeutisch, sondern als Reagens auf Ferrosalze, ferner auf Morphin, in der organischen Synthese als Oxydationsmittel, ferner zur Herstellung von blauen Lichtpausen angewendet.

**Volumgewicht und Gehalt der Lösungen von Ferricyankalium**

bei 15° C. Nach Schiff.

| Vol.-Gew. | Proc. an $FeCy_6K_3$ | Vol.-Gew. | Proc an $FeCy_6K_3$ | Vol.-Gew. | Proc. an $FeCy_6K_3$ | Vol.-Gew. | Proc. an $FeCy_6K_3$ | Vol.-Gew. | Proc. an $FeCy_6K_3$ |
|---|---|---|---|---|---|---|---|---|---|
| 1,0051 | 1 | 1,0261 | 5 | 1,0482 | 9 | 1,0891 | 16 | 1,1396 | 24 |
| 1,0103 | 2 | 1,0315 | 6 | 1,0538 | 10 | 1,1014 | 18 | 1,1529 | 26 |
| 1,0155 | 3 | 1,0370 | 7 | 1,0653 | 12 | 1,1139 | 20 | 1,1664 | 28 |
| 1,0208 | 4 | 1,0426 | 8 | 1,0771 | 14 | 1,1266 | 22 | 1,1802 | 30 |

**Kohler's Schweisspulver für Guss-Stahl. I)** Boracis 8,0, Ammonii hydrochlorici, Kalii ferrocyanati sicci āā 1,0. **II)** Boracis 64,0, Ammonii hydrochlorici 20,0 Kalii ferrocyanati sicci 10,0, Colophonii 5,0.

**Härtepulver für Stahl.** Ist entweder lediglich gepulvertes technisches Ferrocyankalium oder dasselbe mit Sand verrieben.

**Legrip's Masse, Eisen in Stahl zu verwandeln. I)** Kalii carbonici crudi, Kalii ferrocyanati āā 100,0 werden mit Saponis kalini 200,0 zusammengerieben und dann mit einer geschmolzenen und wieder halberkalteten Mischung von Sebi 100,0, Adipis 80,0, Paraffini 20,0 zusammengerührt. Das Eisen wird hell-rothglühend in diese Masse eingeführt, dann dunkel-rothglühend gemacht und in Wasser oder in einer dünnen Blutlaugensalzlösung abgelöscht. — **II)** Kalii carbonici crudi, Kalii ferrocyanati āā 250,0, Boracis 375,0, Olei Lini 125,0.

**Schiesspulver, weisses.** Kalii ferrocyanati sicci 28,0, Sacchari 23,0, Kalii chlorici 49,0.

**Haloxylin, ein Sprengpulver.** Kalii ferricyanati 1,0, Kalii nitrici 45,0, Carbonis 3—5,0, Serraginis ligneae 9,0.

**Rothbraune Holzbeize, rothbrauner Holzanstrich.** 10 Th. Kupfervitriol werden in 100 Th. oder mehr Wasser gelöst mit 2 Th. Englischer Schwefelsäure versetzt. Mit dieser Flüssigkeit wird Holz getränkt oder bestrichen und nach dem Uebertrocknen mit einer Lösung von 5 Th. gelbem Blutlaugensalz in 100 Th. oder mehr Wasser überpinselt.

**Grimaud's Mischung** ist ein Gemisch aus gleichen Theilen Ferrosulfat und Blutlaugensalz, welches dem Arsenik zugesetzt wird, um ihm eine Färbung zu geben.

### Härte- und Schweissmittel für verschiedene Zwecke.

**Härtepulver.** Je 60 Th. Kaliumbikarbonat, Kaliumnitrat, gepulvertes gebranntes Horn (Rinderklauen), je 2 Th. arabisches Gummi und Aloë und 1 Th. Kochsalz. Das Gemisch wird auf rothglühenden Stahl, auf weissglühendes Schmiedeeisen gestreut und gut eingebrannt, dann das Eisen abgekühlt.

**Schweisspulver für Schmiedeeisen** im rothglühenden Zustande besteht aus 6 Th. Borax, 3 Th. Salmiak und 3 Th. Wasser bis zum Erstarren eingekocht, dann ausgetrocknet, gepulvert und mit 2 Th. rostfreien Feilspänen aus Schmiedeeisen gemischt.

**Schweisspulver für Stahl auf Schmiedeeisen.** 12 Th. Borax, 2 Th. Salmiak, 2 Th. Blutlaugensalz (blausaures Kali) und 1 Th. Harz werden mit etwas Wasser übergossen eingekocht, getrocknet und gepulvert und mit 2 Th. schmiedeeisernen Feilspänen gemischt. Es wird auf das rothglühende Eisen gestreut.

**Schweisspulver für Schmiedeeisen.** 1 Th. Salmiak, 2 Th. Borax, 2 Th. Blutlaugensalz (blausaures Kali) und 4 Th. schmiedeeiserne Feilspäne zu einem Pulver gemischt. Das rothweissglühende Eisen wird damit bestreut.

**Schweisspulver für Stahl.** 300 Th. Borax, 200 Th. Blutlaugensalz (blausaures Kali) und 1 Th. Berlinerblau werden gepulvert, mit Wasser eingekocht, in der Hitze ausgetrocknet, dann gepulvert und mit 100 Th. schmiedeeisernen Feilspänen gemischt. Es kommt auf dem weissglühenden Stahle zur Anwendung.

**Schmelzender Einsatz für Härtezwecke.** 15 Th. Kochsalz, 5 Th. entwässertes gelbes Blutlaugensalz, 1 Th. wasserfreier Borax.

**Schweisspulver für Eisen und Gussstahl.** 24 Th. entwässerter Borax, 24 Th. geschmolzene Borsäure, 24 Th. Kochsalz, 52 Th. entwässertes Blutlaugensalz, 5 Th. Kolophonium.

**Härtungs-Rost-Schutz, für Eisen, eisenrostwidriges Pulver.** Die Oxydation des Eisens beim Härten zurückzuhalten dient eine Lösung von Tischlerleim, welche gleiche Theile feingepulverte Holzkohle und Blutlaugensalz enthält. Damit wird das Eisen mehrmals überzogen und jedesmal getrocknet, so dass es mit einem dicken Ueberzuge versehen ist.

---

# Kalium jodatum.

**I. † Kalium jodatum** (Austr. Germ. Helv.). **Jodure de potassium** (Gall.). **Potassii Jodidum** (Brit. U-St.). **Kali hydrojodicum. Kaliumjodid. Jodkalium. Hydrojodsaures Kali. KJ. Mol. Gew. = 166.**

***Darstellung.*** **1)** Man bereitet eine Lösung von 15 Th. Kalihydrat (*alkohole depuratum* s. S. 169) in 85 Th. Wasser und trägt allmählich (!) unter gelinder Erwärmung und unter Umrühren soviel Jod (ca. 35 Th.) ein, dass eine dauernd gelbliche bis braungelbliche Lösung erhalten wird. Man entfärbt diese Lösung wieder durch tropfenweisen (!) Zusatz von Kalilauge und dampft sie zur Trockne. Zu dem trocknen Salzrückstande mischt man $^1/_7$ seines Gewichtes Holzkohlenpulver und erhitzt die Mischung in einem Porcellan-Kasserol zum ruhigen Schmelzen, bis eine gezogene Probe, in Wasser gelöst und filtrirt durch Ansäuern mit verdünnter Schwefelsäure nicht mehr gelb gefärbt wird. Man zieht die erkaltete Schmelze mit Wasser aus, filtrirt, engt das Filtrat durch Eindampfen ein und lässt es in hohen Cylindern krystallisiren, die man in warmes Wasser einstellt. — **2)** Man bringt in einen Kolben 25 Th. Eisen als feinen Draht, Drehspähne oder Eisenpulver, übergiesst mit 200 Th. Wasser und fügt allmählich in kleinen (!) Antheilen unter den bei Ferrum jodatum angegebenen Vorsichtsmassregeln (s. Bd. I S. 1111) 76,5 Th. Jod hinzu. Nachdem die Bildung von Ferrojodid beendigt ist, filtrirt man durch ein genässtes Filter ab und wäscht den Rückstand gut aus. In dem grünlichen Filtrate löst man 25,4 Th. Jod unter schwachem Erwärmen auf. Diese Lösung trägt man unter Umrühren in eine heisse Lösung von 56—58 Th. reinem wasserfreien Kaliumkarbonat ein, so dass die Reaktionsflüssigkeit zum Schluss schwach alkalisch ist. Man erhitzt einige Zeit zum Sieden, um das ausgeschiedene Ferro-Ferrioxyd dichter zu machen, filtrirt ab, wäscht aus, neutralisirt das Filtrat, wenn erforderlich genau mit Jodwasserstoffsäure und bringt es durch Eindampfen zur Krystallisation. — **3)** Nach Helv. Man reibt 1 Th. rothen Phosphor mit 35 Th. Wasser an, erwärmt die Mischung in einer Porcellanschale auf dem

Wasserbade und giebt allmählich (!) unter Umrühren 12 Th. Jod hinzu. Die Erwärmung wird bis zur völligen Entfärbung fortgesetzt. Alsdann filtrirt man die farblose Flüssigkeit und wäscht den Rückstand vollständig mit Wasser aus. Zum Filtrat giebt man unter Erwärmen auf 70—80° C. eine Lösung von 6 Th. wasserfreiem, reinem Kaliumkarbonat in 10 Th. Wasser oder soviel von dieser Lösung, dass eine kleine Menge Kaliumkarbonat im Ueberschusse vorhanden ist. Man lässt absetzen, filtrirt, wäscht den aus Calciumkarbonat bestehenden Niederschlag mit Wasser und bringt das Filtrat durch Eindampfen zur Krystallisation. — Erwärmt man die Krystalle einige Zeit bei 100° C., so werden die ursprünglich durchscheinenden Krystalle porcellanartig undurchsichtig.

***Eigenschaften.*** Das Kaliumjodid bildet farblose, glänzende, durchscheinende oder porcellanartig weisse, würfelförmige Krystalle von scharfem, salzigem, etwas bitterem Geschmacke und 2,9 bis 3,0 spec. Gew. Aus freies Jod enthaltenden Lösungen krystallisirt dasselbe in Oktaëdern. Bei 639° C. schmilzt es und verdampft schon bei mässiger Rothgluth, besonders bei Luftzutritt reichlich. Vollkommen reines Kaliumjodid hält sich an trockener Luft unverändert, aus feuchter Luft zieht es Wasser an, besonders wenn es etwas Natriumjodid enthält, und färbt sich im feuchten Zustande allmählich gelb, indem durch den Einfluss von Licht, Luft und Kohlensäure eine Zersetzung unter Abspaltung von Jod stattfindet. Ein völlig neutrales Kaliumjodid ist dem Gelbwerden rascher unterworfen, als ein schwach alkalisches. In Wasser löst sich Kaliumjodid sehr leicht unter starker Temperaturerniedrigung zu einer neutralen Flüssigkeit; 1 Theil erfordert bei gewöhnlicher Temperatur etwa 0,75 Th., bei 120° C., bei welcher Temperatur eine gesättigte Lösung des Salzes siedet, etwa 0,45 Th. Wasser zur Lösung.

Kaliumjodid ist bei gewöhnlicher Temperatur in etwa 10—12 Th. Weingeist von 90 Proc. und in 40 Th. absolutem Alkohol löslich. Seine gesättigte wässerige Lösung vermag reichlich Jod aufzunehmen, ein Mol. Kaliumjodid vermag bis 2 Atome Jod zu lösen und bildet damit eine schwarzbraune Flüssigkeit, die die Verbindung $KJ_3$ enthält. Aus der wässerigen Lösung scheiden Eisenchlorid, Platinchlorid, Chlor, Brom, rauchende Salpetersäure, koncentrirte Schwefelsäure Jod ab, welches mit Stärkelösung blaue Jodstärke bildet oder sich in zugesetztem Chloroform oder Aether mit violetter Farbe auflöst. Durch überschüssige Weinsäure entsteht in der nicht zu verdünnten, wässerigen Lösung ein Niederschlag von Kaliumbitartrat.

**Specifische Gewichte der Kaliumjodidlösung bei 19,5° C.** Nach Kremers.

| Proc. KJ. | 5 | 10 | 15 | 20 | 25 | 30 | 35 | 40 | 45 | 50 |
|---|---|---|---|---|---|---|---|---|---|---|
| Spec. Gew. | 1,038 | 1,078 | 1,120 | 1,166 | 1,218 | 1,271 | 1,331 | 1,396 | 1,449 | 1,546 |

***Prüfung.*** Ein brauchbares Kaliumjodid ist farblos, nicht feucht oder hygroskopisch, ohne Geruch. Bevor man zur Prüfung schreitet, bereite man sich aus einer Anzahl grösserer und kleinerer Krystalle eine Durchschnittsprobe und stelle fest, ob sich ein Theil derselben in der 12 fachen Gewichtsmenge 90 proc. Weingeist nach längerem Stehen und Schütteln vollständig löst. Ist dies der Fall, so können eine ganze Anzahl der in Betracht kommenden Verunreinigungen gar nicht oder nur in geringen Mengen vorhanden sein.

**1)** Bringt man eine kleine Menge des zuvor zerriebenen und bei 120° C. getrockneten (wegen des Dekrepitirens!) Salzes an einem Platindrahte in die nicht leuchtende Flamme, so ertheile sie dieser von Anfang an eine violette Färbung. Tritt eine gelbe Flammenfärbung auf, so ist Natriumjodid zugegen. — **2)** Man löst 0,5 g des Salzes in 10 ccm destillirtem Wasser und fügt 1 Tropfen Phenolphthaleïnlösung hinzu. Entsteht rothe Färbung, so ist Kaliumkarbonat zugegen. Durch Titriren mit $^1/_{100}$-Normal-Salzsäure kann dessen Menge bestimmt werden. Mehr als 0,1 Proc. $K_2CO_3$ würde nicht zulässig sein. 1 g Kaliumjodid würde zur Neutralisation = 1,4—1,5 ccm $^1/_{100}$-Normalsalzsäure verbrauchen dürfen. — **3)** Werden 10 ccm der 5 procentigen Lösung mit 10 ccm frisch gesättigtem Schwefelwasserstoffwasser gemischt, so darf eine dunkle Färbung nicht entstehen (Metalle, namentlich Kupfer und Blei). — **4)** Wird die 5 proc. Lösung mit 2 Tropfen Salzsäure und 10 Tropfen Baryumchloridlösung versetzt, so darf innerhalb 5 Minuten keine Trübung entstehen, andernfalls ist Kaliumsulfat zugegen. — **5)** Versetzt man 10 ccm der wässerigen Lösung (1 : 20) mit 1 Körnchen Ferrosulfat, 1 Tropfen Ferrichloridlösung und 3 ccm Natronlauge, erwärmt gelinde und übersättigt mit Salzsäure, so darf eine Blaufärbung nicht auftreten, anderenfalls ist Kaliumcyanid zugegen. — **6)** Zur Prüfung auf Kaliumjodat stellt man sich eine 5 proc. Lösung her mit frisch bereitetem und zwar aus einer Glasretorte destillirtem Wasser. Zu 10 ccm dieser Lösung fügt man etwas verdünnte Schwefelsäure zu: Es darf innerhalb 5—10 Minuten keine Gelbfärbung auftreten. Zu anderen 10 ccm dieser Lösung bringt man 10 Tropfen frisch (!) bereitete Stärkelösung ferner 20 Tropfen verdünnter Schwefelsäure. Es darf gleichfalls innerhalb 5—10 Minuten eine Blaufärbung nicht auftreten. Wesentlich ist bei Ausführung dieser wichtigen Prüfung, dass aus Glasgefässen frisch destillirtes und unter Luftabschluss erkaltetes Wasser angewendet wird, und dass die benutzte Schwefelsäure frei ist von Ferrisalz und von salpetriger Säure und ähnlichen oxydirenden Verunreinigungen. — **7)** Werden 20 ccm der wässerigen Lösung (1 = 20) mit 0,5 ccm Kaliumferrocyanidlösung versetzt, so zeigt eine eintretende Blaufärbung einen Eisengehalt an. — **8)** Ein Gehalt an Nitrat kann durch Ueberführung der Salpetersäure in Ammoniak nachgewiesen werden: Man erwärmt 1 g des Salzes mit 5 ccm Natronlauge und je 0,5 g Eisenpulver und Zinkfeile. Das sich entwickelnde Wasserstoffgas reducirt die Salpetersäure zu Ammoniak, kenntlich durch den Geruch und die Blaufärbung, welche es einem angefeuchteten Streifen rothen Lackmuspapier ertheilt. — **9)** Das Kaliumjodid darf nur Spuren von Kaliumbromid und Kaliumchlorid enthalten. Genau 0,2 g desselben werden in 2 ccm Aetzammoniakflüssigkeit gelöst und mit 13 ccm $^{1}/_{10}$-Normalsilbernitratlösung versetzt. Silberjodid, welches in Ammoniak so gut wie unlöslich ist, wird ausgefällt, Silberchlorid und Silberbromid dagegen bleiben in Lösung und scheiden sich nach dem Uebersättigen des Filtrates durch Salpetersäure aus. Die Flüssigkeit darf jedoch innerhalb 10 Minuten nicht so stark getrübt werden, dass sie undurchsichtig wird, andernfalls sind mehr als Spuren Kaliumchlorid oder Kaliumbromid vorhanden, und das Präparat wäre zu beanstanden. — **10)** Ist Kaliumthiosulfat zugegen, so setzt sich dieses bei Ausführung vorstehender Reaktion (sub 9) mit Silbernitrat in Silberthiosulfat um, welches zunächst von dem Ammoniak in Lösung gehalten wird, sich aber bei dem Ansäuern mit Salpetersäure sofort in Schwefelsäure und sich ausscheidendes schwarzes Schwefelsilber zersetzt: $Ag_2S_2O_3 + H_2O = Ag_2S + H_2SO_4$. Kaliumthiosulfat könnte einem Kaliumjodat ($KJO_3$) haltigen Präparate zugesetzt sein, um dessen Gelbwerden zu verhindern.

***Aufbewahrung.*** Das reine Kaliumjodid hält sich in trockenem Zustande lange Zeit unverändert. Man bewahrt es an einem trockenen Orte in mit Glasstopfen verschlossenen Gefässen, vor Sonnenlicht geschützt, auf; grössere Vorräthe am besten in einem dunklen Schranke. Es wirkt in grösseren Dosen giftig auf den thierischen Organismus und ist deshalb vorsichtig aufzubewahren.

***Anwendung.*** Das Kaliumjodid entspricht in seiner Wirkung dem Jod, doch ist dieselbe eine weit mildere. Hauptsächlich wird das Präparat angewendet bei sekundärer und tertiärer Syphilis, namentlich nach vorhergegangenen Quecksilberkuren, bei Drüsenhypertrophien, Struma, Skrophulose, Rheumatismus, Asthma, chronischen Blei- und Quecksilbervergiftungen, Neuralgien. Innerlich giebt man das Salz, in Wasser gelöst, gewöhnlich zu 0,3 g bis 0,5 g, steigt aber manchmal bis auf 2 g bis 3 g *pro dosi*. Aeusserlich wird es in Form von Salben, Gurgelwässern, Klystieren, Bädern verordnet. Auch in subkutaner Injektion wird dasselbe angewendet. Die grösste Tagesgabe, welche ohne beigesetztes Ausrufungszeichen vom Arzte verordnet werden darf, würde auf 10 g zu normiren sein. Länger fortgesetzter Gebrauch grösserer Dosen Jodkalium bewirkt eine chronische Jodvergiftung mit ihren charakteristischen Symptomen (Jodismus). Ueber die Bekämpfung des Jodismus durch Sulfanilsäure vergl. Bd. I, S. 117. Man gebe das Kaliumjodid nicht zugleich mit solchen Körpern, welche Jod aus demselben abspalten können, wie Kaliumchlorat, Kaliumbromat, Kaliumjodat, ferner mit Säuren und Metallsalzen, sowie Alkaloidsalzen, welche sich mit demselben umsetzen können. Endlich hüte man sich vor einer Verwechslung mit dem weitaus giftigeren Kaliumjodat (*Kalium jodicum*, $KJO_3$). Vergl. Bd. I, S. 68.

**†Kalium jodatum solutum.** Eine filtrirte Lösung von 1 Th. Kaliumjodid und 1 Th. destillirtem Wasser. Receptur-Erleichterung, welche zur Zeit überflüssig erscheint, weil das Kaliumjodid so rein im Handel vorkommt, dass man durch einfache Auflösung des Salzes in Wasser (ohne Filtration) klare Lösungen erhält. Wo sie vorräthig gehalten wird, muss sie vor Licht geschützt werden.

**Unguentum Kalii jodati. Jodkalium-Salbe.** In allen berücksichtigten Pharmakopöen, ausgenommen Austr. Mischt man neutrales Kaliumjodid in wässeriger Lösung mit Fett oder fetthaltigen Salben, so tritt, weil die Fette immer etwas ranzig sind, in kürzerer oder längerer Zeit Abspaltung von freiem Jod ein. Um diese Abspaltung von freiem Jod zu verhindern, schreiben die meisten Pharmakopöen Zusätze von Kaliumkarbonat oder Natriumthiosulfat vor. Für die Bereitung der Kaliumjodidsalbe ist allgemein zu beachten, dass das Kaliumjodid in der vorgeschriebenen Wassermenge nicht durch Erwärmen, sondern durch Anreiben gelöst werden soll.

**Brit. Unguentum Potassii Jodidi.** Kalii jodati 5,0, Kalii carbonici 0,3, Aquae destillatae 4,7, Adipis benzoati (Brit.) 40,0.

**Gall. Pommade de jodure de potassium.** Kalii jodati, Aquae destillatae ää 10,0, Adipis benzoati (Gall.) 80,0.

**Germ. Unguentum Kalii jodati.** Kalii jodati 20,0, Natrii thiosulfurici 0,25, Aquae destillatae 15,0, Adipis 165,0. Wird Kaliumjodidsalbe mit Jod zusammen verordnet, so ist sie unter Weglassung des Natriumthiosulfats jedesmal frisch zu bereiten.

**Helv. Unguentum Kalii jodati.** Wie Germ. An Stelle von Schweineschmalz kann auch „Wachssalbe“ verwendet werden.

**U-St. Unguentum Potassii Jodidi.** Kalii jodati 12,0, Natrii thiosulfurici 1,0, Aquae calidae 10,0, Adipis benzoati (U-St.) 77,0.

Man halte keine grösseren Vorräthe von der Jodkaliumsalbe, als innerhalb 4 Wochen voraussichtlich verbraucht werden.

**Antifat,** Mittel gegen Fettsucht, enthält Kaliumjodid als wirksamen Bestandtheil.

**Antiobesitas** von Lehoussel in Genf, Mittel gegen Fettleibigkeit, ist eine Stärkezucker enthaltende Kaliumjodidlösung.

**Bejean's Gichtmittel.** Rp. Olei Gaultheriae 5,0, Spiritus (90 proc.) 20,0, Aquae destillatae 80,0, Extracti Gentianae 5,0, Kalii jodati, Natrii salicylici ää 4,0.

**Cordial-Drink** des Dr. Cherwy, oder Lebenstrank, eine Kräuterlimonade, heilt alle chronischen und skrophulösen Krankheiten. Er besteht aus 115,0 Wasser, 15,0 Spiritus, 2,0 Kaliumjodid, 5,0 Bittermandelwasser, 10,0 Zucker und 3,0 gebranntem Zucker. 1,75 Mark. (Hager, Analyt.)

**Elixir antiasthmatique** d'Aubrée, Apotheker in Ferte Vidame (Eure et Loire), Frankreich. Eine 250 Theile betragende Abkochung von 10 Th. Senega mit 50 Th. Kaliumjodid, 4 Th. Opiumextrakt, 500 Th. Zuckersirup, 200 Th. schwachem Spiritus, gefärbt mit etwas Cochenilletinktur. (Hager, Analyt.). — Nach einer später veröffentlichten Analyse von Schröppel bestand das Mittel aus Kaliumjodid 9 Th., franz. Lactucarium 1 Th., Wasser 288 Th., Zuckersirup 48 Th., Salzäther $1^1/_2$ Th. (6 Flaschen à 200 g = 47 M.).

**Jodia** von Battle & Co. in St. Louis. Jede Fluid-Drachme enthält 0,3 g Kaliumjodid, 0,2 g Ferriphosphat und geringe Mengen der Auszüge von Stillingia, Helonias und Menispermum. (Fr. Hoffmann.)

**Jodkalium-Liniment.** (Wiener Specialität.) Rp. Saponis stearinici dialysati 50,0, Saponis oleïnici dialysati 55,0, Spiritus Lavandulae 850,0, Glycerini 50,0 Kalii jodati 50,0.

**Jodlavendelgeist, Kropfgeist.** (Wiener Specialität). Rp. Kalii jodati 5,0, Spiritus Lavandulae 95,0.

**Jodo-Bromide-Calcium Compound,** a new alterativ compound by J. R. Blach, M. D. New York gegen Cholera, ansteckende Krankheiten, Hautkrankheiten, Jucken etc. besteht aus Chlorcalcium, Chloraluminium, Chlormagnesium, Chlor-, Brom- und Jodnatrium, Natriumsulfat, Natriumphosphat, Natriumsilicat, Kaliumnitrat etc. (Goddefroy, Analyt.)

**Sirop dépuratoire** de Laroze ist eine Lösung von circa 1 Th. Kaliumjodid in 100 g Pomeranzenschalensirup.

**Spirone,** Englisches Geheimmittel gegen Lungenschwindsucht, enthält Chloroform, Glycerin und Kaliumjodid (P. Lohmann).

**Aqua aërophora jodata.**
Jodhaltiges Brausewasser.

| | | |
|---|---|---|
| Rp. | Kalii jodati | 1,0 |
| | Kalii bicarbonici | 6,0 |
| | Aquae destillatae | 650,0 |
| | Acidi citrici in crystallis | 5,0. |

**Aqua jodata carbonica.**
Aqua Selterana jodata.

| | | |
|---|---|---|
| Rp. | Kalii jodati | 1,5 |
| | Aquae Sodae carbonicae | 1000,0. |

**Balsamum contra perniones** Suecicum vel Russicum (Hamb. V.).
Schwedischer oder Russischer Frostbalsam.

Rp. Camphorae
Tragacanthae pulv. ää 2,0
Tincturae Opii crocatae
Balsami Peruviani ää 5,0
Kalii jodati 8,0
Glycerini 475,0.

**Butyrum jodatum** TROUSSEAU.
TROUSSEAU's Jodbutter bez. Leberthranersatz.

Rp. Butyri recentis insulsi 500,0
Kalii jodati 2,0
Kalii bromati 0,8
Salis culinaris 8,0.

In 10 Tagen als Butterbrot zu verbrauchen.

**Cereoli Kalii jodati** 5 Proc.

Rp. Gelatinae Glycerinae durae 95,0
Kalii jodati 5,0.

Fiant bacilli.

**Collutorium phenico-jodatum** MANDL.

Rp. Acidi carbolici
Jodi ää 1,0
Kalii jodati 2,0
Glycerini 100,0.

Aeusserlich (zum Bepinseln bei Laryngitis in Verbindung mit Angina granulosa).

**Elixir antasthmaticum** AUBRÉE nach DORVAULT.

Rp. Decocti Polygalae radicis 2,0 : 60,0
Kalii jodati 15,0
Sirupi opiati 120,0
Aquae vitae spirituosae 60,0
Tincturae Coccionellae q. s.

**Emplastrum jodato-narcoticum** GUÉNEAU de MUSSY.

Rp. Kalii jodati 2,0
Emplastri Conii
Emplastri adhaesivi ää 10,0.

(Bei chronischer Gelenkentzündung, Ueberbein, Drüsenanschwellungen).

**Emplastrum jodatum.**

Rp. Kalii jodati subtiliter pulv. 5,0
Emplastri Plumbi simplicis 45,0.

**Emplastrum Kalii jodati.**

Rp. Olibani pulverati 65,0
Cerae flavae 15,0
Terebinthinae laricinae 5,0
Kalii jodati subtiliter pulv. 10,0
Olei Olivae 5,0.

**Glycéré d'Jodure de pottassium** (Gall.).

Rp. Kalii jodati
Aquae ää 4,0
Unguenti Glycerini 22,0.

**Glycerolatum contra strumam** MICHALOWSKI.

Rp. Saponis medicati pulverati 5,0
Kalii jodati 10,0
Aquae Rosae 10,0
Glycerini 70,0
Olei Bergamottae gtts. V
Spiritus Vini diluti 5,0.

**Linimentum Potassii Jodidi cum Sapone** (Brit.).

Rp. 1. Saponis stearinici dialysati 40,0
2. Kalii jodati 30,0 g
3. Glycerini 20,0 ccm
4. Olei Citri 2,5 ccm
5. Aquae 200,0 ccm.

Man löst 1 in der Mischung von 3 und 5, rührt das feingepulverte 2 darunter, rührt bis zum Erkalten und fügt 4 zu.

**Mixtura antasthmatica** GREEN.

Rp. Kalii jodati 10,0
Infusi Polygalae amarae 120,0
Tincturae Lobeliae 25,0
Tincturae Opii benzoïcae 30,0
Sirupi Papaveris 50,0.

Drei- bis viermal täglich 1 Theelöffel.

**Mixtura antasthmatica** TROUSSEAU.

Rp. Kalii jodati 10,0
Spiritus Vini 20,0
Aquae destillatae 40,0
Decocti Polygalae radicis 60,0
Sirupi opiati 100,0.

Dreimal täglich einen Esslöffel.

**Mixtura antirheumatica** LEBERT.

Rp. Kalii jodati 6,0 (ad 8,0)
Aquae destillatae 200,0
Tincturae Colchici 15,0.

Dreimal täglich einen Esslöffel (bei chronischem Rheumatismus).

**Mixtura jodata** BOGROS.

Rp. Kalii jodati 5,0
Tincturae Digitalis 2,5
Aquae Tiliae florum 180,0
Sirupi Morphini 40,0.

Alle drei Stunden einen Esslöffel (bei acutem Gelenkrheumatismus. Nebenher Einreibungen mit narkotischem Liniment).

**Mixtura contra tussim convulsivam** DICKSON.

Rp. Kalii jodati 5,0
Aquae destillatae 200,0
Aquae Amygdalarum amararum 10,0
Tincturae Moschi
Tincturae Opii benzoicae ää 5,0.

Dreistündlich einen Theelöffel (bei Keuchhusten, überhaupt bei Husten nervösen oder krampfhaften Charakters).

**Mixtura Kalii jodati** (Münch. V.).

Rp. Kalii jodati 4,0
Aquae destillatae 120,0
Aquae Menthae pip. 30,0.

**Panis jodatus.**

Panis strumalis. Jodbiscuit.

Eine Lösung von 10,0 Kaliumjodid und 20,0 Ammonkarbonat in 50,0 Wasser wird mit 1000,0 Zuckerbrodteig gemischt. Die Masse wird in 100 Theile zertheilt, und diese werden, zu 0,4 cm dicken Brödchen geformt, gebacken. Jedes Brödchen enthalte 0,1 Kaliumjodid.

**Pilulae Kalii jodati.**

Rp. Kalii jodati 20,0
Amyli Tritici 5,0
Dextrini 2,0
Sirupi Sacchari q. s.

Fiant pilulae No. 100. Conspergendae Amylo.

**Pilulae** VELPEAU.

Rp. Kalii jodati 5,0
Extracti Calami
Rhizomatis Calami ää q. s.

Fiant pilulae No. 40. Conspergantur pulvere rhizomatis Iridis Florentiae. (Wiener Formel.)

**Pommade d'Jodure de potassium joduré** (Gall.).

Rp. Jodi 2,0
Kalii jodati 10,0
Adipis benzoati 80,0
Aquae 10,0.

**Pulvis contra strumam.**

Pulvis strumalis. Pulvis Spongiae tostae compositus.

Rp. Kalii jodati 5,0
Spongiae tostae 50,0
Magnesiae subcarbonicae 10,0
Pulveris aromatici 2,0.

Täglich viermal eine Messerspitze voll mit Wasser zu nehmen (gegen Kropf und andere Drüsenanschwellungen).

**Sapo jodato-bromatus.**

Aachner brom- und jodhaltige Schwefelseife (zur Darstellung künstlicher Aachner Bäder).

I.

Rp. Olei Papaveris 300,0
Aquae communis
Liquoris Kali caustici
Liquoris Natri caustici āā 100,0.

Man verseift in einer Porcellanschale im Wasserbade und rührt die nachstehenden gepulverten Substanzen darunter.

Kalii jodati 10,0
Kalii bromati 5,0
Natrii thiosulfurici 30,0
Kalii sulfurati ad balneum 10,0
Sulfuris praecipitati 2,5.

Man giebt die Seife in zwei Krausen ab.
D. S. Zu zwei Vollbädern.

II.

Zu der wie bei I. aus Mohnöl dargestellten Seife mischt man hinzu

Calcariae sulfuratae 36,0
Kalii jodati 15,0
Kalii bromati 7,5

Die Masse wird in drei Krausen abgegeben.
D. S. Zu drei Vollbädern.

**Sapo Kalii jodati** (Els. Taxe).

Rp. Saponis domestici 30,0
Spiritus (90 Proc.) 200,0
Olei Citri 2,5
Kalii jodati 30,0
Aquae destillatae 40,0.

Enthält 10 Proc. Kaliumjodid.

**Sirop d'jodure de potassium** (Gall.).

Rp. Kalii jodati
Aquae destillatae āā 25,0
Sirupi Sacchari (1,32) 950,0.

**Sirupus Acidi hydrojodici** (U-St.).

Rp. 1. Kalii jodati 13,0
2. Kalii hypophosphorosi 1,0
3. Acidi tartarici 12,0
4. Aquae 15,0
5. Spiritus diluti (50 Proc.)
6. Sirupi Sacchari

Man löst 1 und 2 in 4, ferner 3 in 25 ccm von 5, mischt die Lösungen und lässt das Kaliumbitartrat sich möglichst abscheiden (Eisschrank). Man filtrirt, wäscht mit q. s. von 5 nach, bringt das Filtrat durch Eindampfen auf 50 ccm und mischt es mit 6 zu 1 kg. Enthält 1 Gewichts-Proc. Jodwasserstoff.

**Sirupus ferrojodatus** Lebert.

Rp. Kalii jodati 2,5
Ferri sulfurici crystallisati 2,0
Morphini acetici 0,05
Aquae Cinnamomi 30,0
Sirupi Aurantii florum 200,0.

Täglich 2—3mal einen Esslöffel.

**Sirupus (Bochet) jodatus.**

Rp. Decoctum paratum e
Bulbi Scillae
Foliorum Sennae
Ligni Guajaci
Ligni Sassafras
Radicis Sarsaparillae āā 20,0.

Colaturam evapora ad remanentia 60,0, in quibus solve

Kalii jodati 2,7
Mellis despumati
Sacchari āā 100,0
Spiritus Vini 10,0.

Enthält 1 Proc. Kaliumjodid.

**Sirupus Kalii jodati** Ricord.

Rp. Kalii jodati 2,0
Sirupi Aurantii corticis q. s. ad 200,0.

**Sirupus Lactis jodati.**

Sirop de lait jodique.

Rp. 1. Kalii jodati 5,0
2. Kalii bicarbonici
3. Jodi āā 2,5
4. Boracis 5,0
5. Lactis vaccini recentis 1000,0
6. Sacchari albi 400,0
7. Glycerini 200,0.

Man löst 1—4 in 5, fügt dann 6 und 7 hinzu und dampft im Wasserbade auf 1000,0 ab. An einem kalten Orte aufzubewahren.

Bei skrophulösen Leiden drei bis viermal täglich 1—2 Theelöffel für sich oder im Kaffee-Aufguss zu nehmen.

**Solutio atrophica** Magendie.

Solution atrophique de Magendie.

Rp. Kalii jodati 15,0
Aquae destillatae 250,0
Aquae Aurantii florum 5,0
Tincturae Digitalis 10,0
Sirupi Rhoeados 50,0.

Morgens und Abends einen Esslöffel (bei Hypertrophia cordis).

**Spiritus strumalis.**

Kropfspiritus.

Rp. Kalii jodati 2,0
Spiritus saponati 30,0
Aquae Coloniensis 3,0.

Täglich zweimal zu bepinseln (den Kropf oder andere Drüsenanschwellungen).

**Suppositoria resolventia** Stafford.

Rp. Kalii jodati 5,0
Extracti Hyoscyami
Extracti Conii āā 0,3
Olei Cacao 10,0.

Fiant suppositoria duo.

Zum bewussten Gebrauch (bei Leiden, besonders Hypertrophie der Prostata).

**Trochisci Kalii jodati.**

Rp. Kalii jodati 10,0
Massae cacaotinae 90,0.

Misce. Fiant trochisci centum (100). Singuli contineant 0,1 Kalii jodati.

**Trochisci Kalii jodati menthati.**

Pastilli adonisantes.

Rp. Kalii jodati 10.0
Massae cacaotinae
Sacchari albi āā 50,0
Tragacanthae 0,5
Olei Menthae piperitae 1,0
Glycerini 5,0
Aquae q. s.

Fiant trochisci No. 100.

**Unguentum antichalazicum** FISCHER.

Rp. Kalii jodati 0,5 ad 0,6
Aquae destillatae gtt. X
Unguenti cerei 10,0.
Fiat unguentum.
Täglich eine Erbse gross einzureiben (bei Gerstenkorn am Auge).

**Unguentum Kalii jodati flavidum.**
Gelbe Kropfsalbe.

Rp. Kalii jodati 10,0
Aquae destillatae 7,5
Adipis suilli 75,0
Cerae flavae 10,0.

**Unguentum Kalii jodati fortius.**

Rp. Kalii jodati 10,0
Vaselini (vel Lanolini) 50,0

**II. Jodäthylforminum-Trillat.** $C_6H_{12}N_4(C_2H_5J)_2$ **Mol. Gew. = 452.**
Zur Darstellung löst man 10 Th. Hexamethylentetramin in einer genügenden Menge Alkohol, fügt 23 Th. Aethyljodid hinzu und überlässt die Mischung in flachen Schalen der freiwilligen Verdunstung. Lange farblose Nadeln, in Wasser in jedem Verhältniss löslich, wenig löslich in Alkohol, unlöslich in Aether und in Chloroform. Bei der Einwirkung von Natriumkarbonat auf Jodäthylformin bildet sich Natriumjodid, etwas Ammoniumkarbonat und es entweicht Formaldehyd. Bei Einwirkung starker Säuren wird Formaldehyd entwickelt.

Die Verbindung wird innerlich als Ersatz der Jodalkalien gegeben.

---

## Kalium nitricum.

**I. Kalium nitricum** (Austr. Germ. Helv.). **Azotate de potasse** (Gall.). **Potassii Nitras** (Brit. U.-St.). **Kali nitricum. Kaliumnitrat. Salpetersaures Kali. Sal Nitri. Nitrum. Kalisalpeter. Salpeter.** $KNO_3$. **Mol. Gew. = 101.** Der Kalisalpeter kommt gegenwärtig sozusagen im Zustande chemischer Reinheit aus den Fabriken in den Grosshandel, und zwar wird derselbe zur Zeit ausschliesslich nach dem Konversions-Verfahren, d. h. durch Umwandlung von Natriumnitrat in Kaliumnitrat (Konversions-Salpeter) hergestellt. Kocht man nämlich konc. Lösungen von Natriumnitrat und Kaliumchlorid, so setzen sie sich zu Kaliumnitrat und Natriumchlorid um. Natriumchlorid krystallisirt, weil es in heissem Wasser nicht erheblich löslicher ist als in kaltem, heraus und wird mechanisch entfernt. Durch gestörte Krystallisation der hinterbleibenden Lauge erhält man den Kalisalpeter als feines Krystallmehl, welches durch Aussüssen mit Kaliumnitratlösung direkt chlorfrei erhalten wird. — Für den Apotheker empfiehlt es sich, das Kaliumnitrat nicht als grosse Krystalle, sondern als feines Krystallmehl zu beziehen.

***Eigenschaften.*** Der Kalisalpeter bildet entweder farblose, luftbeständige, mehr oder weniger grosse, gestreifte sechsseitige, rhombische Prismen oder ein trockenes, schneeweisses, krystallinisches Pulver. Die grösseren Krystalle enthalten in der Regel etwas Mutterlauge eingeschlossen, geben daher beim Zerreiben ein feuchtes Pulver. Nimmt man einen grösseren Krystall in die geschlossene Hand, so bekommt er unter hörbarem Knistern Sprünge. Kalisalpeter giebt mit $^1/_2$ Th. siedendem oder 4 Th. Wasser mittlerer Temperatur neutrale Lösungen. In Weingeist ist er unlöslich. Der Geschmack der wässerigen Lösung ist bittersalzig, kühlend. Die Auflösung in Wasser erfolgt unter Bindung von Wärme (Kälteerzeugung).

100 Th. Wasser lösen nach GAY-LUSSAC

| bei | 0° | 15° | 25° | 45° | 65° | 100° | 114,5° |
|---|---|---|---|---|---|---|---|
| Theile $KNO_3$ | 13,3 | 26 | 38,4 | 74,6 | 125,4 | 247 | 327,4. |

Erhitzt, schmilzt Kalisalpeter bei etwa 340° C. ohne Zersetzung zu einer farblosen Flüssigkeit; bei höherer Temperatur geht er unter Abgabe von Sauerstoff in Kaliumnitrit über: $KNO_3 = KNO_2 + O$. Bei sehr hoher Temperatur zerfällt auch dieses unter Hinterlassung von Kaliumoxyd $K_2O$.

An leicht oxydirbare bezw. brennbare Substanzen giebt Kalisalpeter in der Hitze seinen Sauerstoff leicht ab, häufig sogar unter Verpuffen. Hierauf beruht seine Anwendung zur Darstellung von Schiesspulver, Zündrequisiten, bei analytischen Operationen. Auf glühende Kohlen geworfen, verpufft er unter Funkensprühen mit violetter Lichterscheinung.

**Specifische Gewichte wässeriger Lösungen von Kaliumnitrat**
bei 15° C. (nach GERLACH).

| Spec. Gewicht | Proc. $KNO_3$ | Spec. Gewicht | Proc. $KNO_3$ | Spec. Gewicht | Proc. $KNO_3$ | Spec. Gewicht | Proc. $KNO_3$ | Spec. Gewicht | Proc. $KNO_3$ |
|---|---|---|---|---|---|---|---|---|---|
| 1,00641 | 1 | 1,03207 | 5 | 1,05861 | 9 | 1,09286 | 14 | 1,12150 | 18 |
| 1,01283 | 2 | 1,03870 | 6 | 1,06524 | 10 | 1,09977 | 15 | 1,12875 | 19 |
| 1,01924 | 3 | 1,04534 | 7 | 1,07215 | 11 | 1,10701 | 16 | 1,13599 | 20 |
| 1,02566 | 4 | 1,05197 | 8 | 1,07905 | 12 | 1,11426 | 17 | 1,14361 | 21 |
| | | | | 1,08596 | 13 | | | | |

Die wässerige Lösung giebt mit überschüssiger Weinsäurelösung allmählich einen weissen, krystallinischen Niederschlag von Kaliumbitartrat. Mischt man 2 ccm konc. Schwefelsäure mit 2 ccm Kaliumnitratlösung und 2 ccm Ferrosulfatlösung, so entsteht eine braunschwarze Färbung, welche als Reaktion der Salpetersäure anzusehen ist.

***Prüfung.*** Für die Güte des Kalisalpeters sind schon seine physikalischen Eigenschaften von Wichtigkeit. Das Pulver sei trocken, frisch gefallenem Schnee ähnlich und klumpe in den Gefässen nicht zusammen, anderenfalls enthält es Natriumnitrat oder Kaliumchlorid. — **1)** Die wässerige Lösung (1 = 20) sei neutral und werde weder durch Schwefelwasserstoffwasser (Blei, Kupfer), noch durch Baryumnitratlösung (Schwefelsäure), noch durch Silbernitratlösung (Chlor) verändert. — **2)** 20 ccm der nämlichen 5proc. Lösung dürfen nach Zugabe von 3 Tropfen Salzsäure durch 10 Tropfen Kaliumferrocyanidlösung nicht sogleich gebläut werden. — **3)** Giebt man in ein mit Schwefelsäure ausgespültes sauberes Probirglas 1 ccm konc. Schwefelsäure und streut etwa 0,1 g Kaliumnitrat darauf, so darf die Säure hierdurch nicht gefärbt werden. Dunkelfärbung würde organische Verunreinigungen, das Auftreten grüngelber Färbung oder eines grüngelben Gases (Chlordioxyd $ClO_2$) eine Verunreinigung durch Kaliumperchlorat anzeigen. Man prüft auf Kaliumchlorat und Kaliumperchlorat sicherer, indem man 1 g des Salzes einige Zeit schwach glüht und die Lösung des Glührückstandes in Wasser mit Salpetersäure ansäuert und mit Silbernitratlösung versetzt. Es darf alsdann keine Trübung von Chlorsilber auftreten.

Fig. 16. Kolben mit birnenförmigem Verschluss, welcher durch Zuschmelzen eines Trichterrohres hergerichtet worden ist.

***Gehaltsbestimmung.*** Man kann die Salpetersäure im Kaliumnitrat sowie in anderen salpetersauren Salzen bestimmen a) durch Bestimmung des Stickstoffes nach dem KJELDAHL'schen Verfahren in der Modifikation von JODLBAUER, b) nach dem Verfahren von ULSCH. Das letztere ist bei aller Genauigkeit leicht und rasch auszuführen, daher besonders zu empfehlen.

Salpetersäure-Bestimmung nach ULSCH. Man bringt in einen Kolben von etwa 800 ccm Fassungsraum eine Auflösung von 1 g Kaliumnitrat in 50 ccm Wasser. Dazu giebt man 10 g Ferrum Hydrogenio reductum und 20 ccm einer Schwefelsäure (aus 1 Vol. konc. Schwefelsäure und 2 Vol. Wasser). Man verschliesst den Kolben sofort mit einem birnenförmigen Glasstopfen, z. B. einem unten zugeschmolzenen Trichterrohr (Fig. 16), und erhitzt die Flüssigkeit, nachdem dieselbe etwa 5 Minuten lang gestanden hat, mit einer kleinen Flamme zum Sieden und erhält sie hierin 6—8 Minuten (nicht erheblich länger, weil sonst Verluste entstehen können). Hierauf spritzt man den birnenförmigen Stopfen ab, verdünnt mit 100—150 ccm Wasser, übersättigt mit 60 ccm Natronlauge vom spec. Gew. 1,25 und destillirt, wie Band I S. 258 angegeben, das Ammoniak ab. Man schlägt 50 ccm $^1/_2$-Normal-Schwefelsäure vor, destillirt ohne Kühlung und titrirt mit $^1/_2$-Normal-Natronlauge und Kongo als Indikator zurück.

***Aufbewahrung.*** Diese geschieht in geschlossenen Glas- oder Porcellangefässen, um Staub abzuhalten. Obgleich der Kalisalpeter in der Reihe der mildwirkenden Arzneikörper seinen Standort hat, so halte man ihn keineswegs für unbedingt mildwirkend, denn 10—20 g innerlich genommen können tödtlich wirken, weil der Kalisalpeter ähnlich wie das Kaliumchlorat das Blut unter Bildung von Methaemoglobin zersetzt.

***Anwendung.*** Kaliumnitrat wirkt auf Schleimhäute reizend, löst Fibrin und verhindert die Gerinnung des Blutes. Wirkt in grösseren Gaben diuretisch. Man benutzt ihn **äusserlich** und in der Form der Charta nitrata (s. Band I. 724), ferner gelöst in Gurgelwässern etc., innerlich bei fieberhaften und entzündlichen Krankheiten, auch als Diureticum.

In der Technik ist sein Verbrauch in der Feuerwerkerei und zu schwarzem Schiesspulver ein ganz enormer; hier kann er durch den billigeren Natronsalpeter wegen dessen Hygroskopicität nicht ersetzt werden. Die Anwendung zum Pökeln des Fleisches beruht darauf, dass er den Blutfarbstoff aufhellt.

**Kalium nitricum tabulatum. Kali nitricum rotulatum. Nitrum tabulatum. Crystall mineral** (Gall.). **Crystallum minerale. Sal Prunellae. Lapis Prunellae. Salpeterkügelchen. Brunellenstein.** Ist Kalisalpeter in Form circa 4 mm breiter Kugelsegmente. Zur Darstellung dieser Form mischt man 4 Th. reinen Salpeter und 1 Th. Kaliumsulfat zu einem Pulver, schmilzt in einem Porcellantiegel und giesst die flüssige Salzmasse nach und nach in einen kleinen, heissen, eisernen Löffel, welcher ein kleines Loch hat. Die aus dem Loche hervortretenden Tropfen lässt man aus geringer Höhe auf die Fläche eines kalten Tellers fallen. Der Kaliumsulfatzusatz giebt den Tropfen eine abgerundete Form.

Die Salpeterkügelchen enthalten stets kleine Mengen von Kaliumnitrit, was nach ihrer Bereitung verständlich ist.

**II. Kalium nitrosum** (Ergänzb.). **Kali nitrosum. Kaliumnitrit. Salpetrigsaures Kalium. $KNO_2$. Mol. Gew. = 85.** Zur Darstellung werden 100 Th. gefälltes metallisches Kupfer (s. Band I. S. 981) mit 160 Th. reinem Kalisalpeter gemischt und mit wenig heissem Wasser zu einem Brei angerührt. Dieser wird im Sandbade eingetrocknet und so lange erhitzt, bis die Masse in feuriges Glimmen geräth. Man laugt den Glührückstand aus, dampft das Filtrat ein, lässt den Salpeter auskrystallisiren, bringt die zurückbleibende konc. Salzlösung zur Trockne, schmilzt sie und giesst sie in Formen aus.

Nach Goldschmidt (D. R.-P. 83546) kann man Kaliumnitrit glatt erhalten durch Erhitzen von Kaliumnitrat mit Kaliumformiat $KNO_3 + HCO_2K + KOH = KNO_2 + K_2CO_3 + H_2O$.

Weisse krystallinische Salzmasse oder weisse, dem Kalihydrat ähnlich aussehende Stäbchen, nicht wie diese leicht zerbrechlich und spröde, sondern biegsam, zähe. Sie zerfliessen in der Luft und lösen sich in Wasser leicht auf unter Bindung von Wärme. — Die wässerige Lösung (1 : 20) entbindet auf Zusatz von überschüssiger Weinsäurelösung schon in der Kälte reichliche Mengen braunen Stickstoffdioxydes, gleichzeitig entsteht allmählich ein krystallinischer Niederschlag von Kaliumbitartrat.

***Prüfung.*** Die wässerige Lösung (1 : 10) werde weder durch Baryumnitratlösung (Schwefelsäure), noch durch Schwefelwasserstoffwasser (Metalle, wie Kupfer, Blei) verändert und nach vorherigem Zusatz von Salpetersäure durch Silbernitratlösung nicht mehr als opalisirend getrübt. Spuren von Chlor sind zuzulassen. Ein völlig reines, 100proc. Kaliumnitrit ist gegenwärtig noch nicht im Handel. Man muss sich begnügen, wenn ein als Kalium nitrosum purum bezeichnetes Salz 80—90 Proc. $KNO_2$ enthält.

Gehaltsbestimmung. Nach Lunge lässt man in eine bestimmte Menge mit Schwefelsäure angesäuerter Kaliumpermanganatlösung (nicht umgekehrt!) soviel von einer Kaliumnitritlösung zufliessen, bis die rothe Färbung der Lösung gerade verschwunden ist.

Man benutzt eine Kaliumpermanganatlösung, welche 15,82 g reinstes Kaliumpermanganat in 1 Liter enthält und von welcher 1 ccm = 0,0289 Eisen oder = 0,0315 g krystallisirter Oxalsäure entsprechen muss. Die Oxydation des Kaliumnitrites durch Kaliumpermanganat erfolgt nach der Gleichung: $2\,KMnO_4 + 5\,KNO_2 + H_2O = 5\,KNO_3 + 2MnO + 2\,KOH$.

1,00 ccm der obigen Kaliumpermanganatlösung entspricht 0,021276 g Kaliumnitrit $KNO_2$.

Zur Ausführung löst man 10,0 g des zu untersuchenden Kaliumnitrits in 1 Liter Wasser und lässt von dieser Lösung hierauf in dünnem Strahle in eine mit Schwefelsäure angesäuerte und auf 40° C. erwärmte Mischung von 20 ccm obiger Kaliumpermanganatlösung mit 130 ccm Wasser einfliessen, bis schliesslich ein Tropfen nach einigem Stehen Entfärbung herbeiführt.

***Anwendung.*** Therapeutisch wird das Kaliumnitrit — abgesehen von der Form der Salpeterkügelchen — kaum angewendet, man benutzt vielmehr dafür das Natriumnitrit. — In der Analyse benutzt man das Kaliumnitrit zur Trennung von Kobalt und Nickel, ferner zum Freimachen des Jod aus den Jodiden. In stark verdünnten Lösungen verschwindet (durch die Thätigkeit von Organismen) der Nitritgehalt im direkten Lichte allmählich.

**Electuarium antihaemoptoïcum.**
Latwerge gegen Blutspeien.

Rp. Kalii nitrici 10,0
Boli Armenae 2,5
Conservae Rosae 15,0
Glycerini q. s.
Fiat electuarium. Mehrmals täglich 1/2 Theelöffel.

**Menstruum Metallorum.**

I. Weisser Fluss.

Rp. Kalii nitrici
Kalii bitartarici āā.
Man schüttet die Mischung in einem irdenen Gefässe zu einem kegelförmigen Haufen auf, entzündet diesen an der Spitze mit Hilfe einer glühenden Kohle und bringt nach der Verpuffung die Masse sofort in gut verschlossene Gefässe.

II. Schwarzer Fluss.

Rp. Kalii nitrici 1,0
Kalii bitartarici 2,0.
Bereitung wie sub I.

III. Grauer Fluss.

Rp. Kalii nitrici 2,0
Kalii bitartarici 3,0.

IV. Baume's Schnellfluss.

Rp. Kalii nitrici 15,0
Serraginis (Sägespähne)
Sulfuris sublimati āā 5,0.
Fiat pulvis grossus.

**Mixtura nitrica** (Form. Berol.).
(Frühere Mixtura nitrosa.)

Rp. Kalii nitrici 6,0
Sirupi Sacchari 30,0
Aquae destillatae ad 200,0.

**Mixtura nitrica stibiata.**
Mixtura nitrosa stibiata.

Rp. Kalii nitrici 5,0
Tartari stibiati 0,03
Aquae 150,0
Sirupi Sacchari 25,0.

**Moxae causticae carbonatae.**

Rp. Carbonis vegetabilis 20,0
Tragacanthae 5,0
Kalii nitrici 3,0
Aquae q. s.
Man formt Stäbchen von 3—5 mm Dicke und 5—7 cm Länge und trocknet sie gut aus.

**Pilulae Nitri camphoratae.**

Rp. Kalii nitrici 10,0
Camphorae
Conservae Rosae āā 5,0.
Fiant pilulae No. 100.

**Pilulae salinae camphoratae**
Bouchut et Desprès.

Rp. Kalii nitrici 5,0
Natrii acetici 10,0
Camphorae 4,0
Succi Sambuci q. s.
Fiant pilulae No. 150. Morgens und Abends je 4 Pillen zur Unterdrückung der Milch-Sekretion.

**Potus antiphlogisticus** (Clinici Berolinensis).

Rp. Kalii nitrici
Aquae Laurocerasi āā 7,5
Sirupi Cerasorum 30,0
Aquae destillatae 180,0.
Zweistündlich einen Esslöffel.

**Potus antiphlogisticus** Stoll.
Potus temperans Stoll.

Rp. Kalii nitrici 10,0
Acidi citrici 2,5
Sacchari albi 50,0
Decocti Hordei seminis perlati 1000,0.
Innerhalb 24 Stunden zu verbrauchen.

**Poudre diurétique** (Gall.).

Rp. Kalii nitrici 10,0
Gummi arabici 60,0
Radicis Althaeae 10,0
Radicis Liquiritiae 20,0
Sacchari Lactis 60,0.
Man nimmt 10,0 g dieses Pulvers mit 1 l Wasser angerührt.

**Pulvis aërophorus nitratus.**
Niederschlagendes Brausepulver.

Rp. Kalii nitrici 0,5
Pulveris aërophori 2,5.
Auf einmal in Wasser zu nehmen.

**Pulvis antiphlogisticus** Hufeland.

Rp. Kalii sulfurici
Kalii nitrici āā 5,0
Kalii bitartarici 20,0.
2—3stündlich 1 Theelöffel mit Wasser.

**Pulvis fumigatorius nitrosus** Boutigny.

Rp. Kalii bisulfurici 30,0
Kalii nitrici 25,0
Mangani hyperoxydati 5,0.
Zum Räuchern. Das Pulver wird messerspitzenweise auf einen heissen Dachziegel gestreut. Man hüte sich die Dämpfe einzuatmen.

**Pulvis Nitri thebaicus.**
Pulvis sedativ. s.

Rp. Kalii nitrici 2,5
Sacchari albi 12,5
Opii puri 0,25.
Divide in partes X.

**Pulvis ad potum** Chaussier.
Poudre pour tisane de Chaussier.

Rp. Kalii nitrici 10,0
Sacchari pulverati 80,0
Succi Liquiritiae 40,0
Gummi arabici 20,0.
3—4mal täglich 1 Theelöffel in Wasser bei Gonorrhoe.

**Pulvis temperans** (Ergänzb.).
Niederschlagendes Pulver.
Pulvis refrigerans (Hamb. V.).

Rp. Kalii nitrici 1,0
Kalii bitartarici 3,0
Sacchari albi 6,0.

**Pulvis temperans** BOUILLON-LAGRANGE.
Pulvis diureticus BOUILLON-LAGRANGE.

Rp. Kalii nitrici 15,0
Tartari depurati 30,0
Boracis 10,0.

Innerhalb eines Tages drei Theelöffel in 1,5 l Wasser gelöst zu nehmen.

**Pulvis temperans et antacidus** UNZER.

Rp. Kalii sulfurici
Concharum praeparatarum
Kalii nitrici ää 10,0.

Zweistündlich eine starke Messerspitze.

**Pulvis temperans ruber.**

Pulvis antispasmodicus STAHL. Pulvis aureus ZELL. Pulvis salinus compositus Pulvis antispasmodicus Halensis. Rothes niederschlagendes Pulver. Rothes Schreckpulver.

Rp. Kalii sulfurici
Kalii nitrici ää 5,0
Cinnabaris 1,0.

**Species refrigerantes.**
Kälte-Mischungen.

I.

Rp. Ammonii hydrochlorici 300,0
Kalii nitrici 100,0
Kalii chlorati (KCl) 600,0.

Mit 1 l kaltem Wasser zu übergiessen. Die Temperatur sinkt um ca. 30° C.

II.

Rp. Ammonii hydrochlorici
Kalii nitrici ää 500,0
Natrii sulfurici crystallisati 800,0.

Mit 1,5—2,0 l kaltem Wasser zu übergiessen. Die Temperatur sinkt um ca. 25° C.

Vet. **Boli diuretici equorum.**
Piss-Bols.

Rp. Kalii nitrici 50,0
Kalii carbonici 15,0
Resinae Pini pulveratae
Saponis domestici ää 100,0
Olei Juniperi ligni 5,0
Radicis Liquiritiae 30,0
Aquae q. s.

Fiant boli No. 6.
Täglich dreimal einen Bolus.

Vet. **Electuarium antiphlogisticum.**

Rp. Ammonii hydrochlorici 25,0
Kalii nitrici 100,0
Radicis Althaeae
Radicis Liquiritiae
Fructus Anisi
Fructus Foeniculi
Foliorum Hyoscyami ää 50,0
Natrii sulfurici 250,0
Aquae q. s.

Fiat electuarium.
Nach geschehenem Aderlass stündlich soviel wie ein Hühnerei zu geben (bei Lungenentzündung. Brustentzündung der Pferde).

Vet. **Electuarium diureticum resinosum.**

Rp. Kalii nitrici
Colophonii ää 10,0
Radicis Althaeae 5,0
Olei Terebinthinae 1,0
Saponis viridis 15,0.

Fiat pilula. Dentur tales pilulae No. 10.
Täglich dreimal eine Pille (bei Oedemen, chronischen Ausschlägen. Dummkoller zur Anregung der Diurese bei Pferden).

Vet. **Pulvis antiphlogisticus compositus.**

Rp. Pulveris antiphlogistici salini 150,0
Tartari stibiati 5,0.

Alle 5 Stunden den fünften Theil mit Kleienwasser zu geben (bei katarrhalischen oder rheumatischen Entzündungen, der Influenza der Pferde und Rinder).

Vet. **Pulvis antiphlogisticus minor.**

Rp. Pulveris temperantis albi 10,0
Foliorum Hyoscyami 1,0
Foliorum Digitalis 0,5.

Fiat pulvis subtilis. Divide in partes No. 5.
Kleinen 1/3, mittelgrossen 1/2, grossen Hunden 1 ganzes Pulver, Ziegen und Schweinen je nach der Grösse 1/2—1 Pulver in Milch oder Zuckerwasser eingerührt alle 3 Stunden zu geben (bei Entzündungen jeder Art).

Vet. **Pulvis antiphlogisticus salinus.**
Entzündungswidriges Pulver für Pferde und Rinder.

Rp. Kalii nitrici
Natrii nitrici ää 50,0
Natrii sulfurici
Kalii sulfurici ää 100,0.

Täglich 3—4mal einen gehäuften Esslöffel im Kleientrank gelöst zu geben (bei entzündlichen Krankheiten der Pferde und Rinder).

Vet. **Pulvis contra anginam suum.**

Rp. Kalii nitrici
Kalii sulfurici ää 50,0
Herbae Conii 10,0
Sulfuris sublimati
Antimonii crudi ää 25,0.

Fiat pulvis grossus.
Täglich 3—4mal einen gehäuften Theelöffel mit etwas Kleienwasser zu geben (nach geschehener Blutentziehung am Schwanz oder Ohren und Anwendung eines Brechmittels aus Tartari stibiati 0,2 und Rhizomatis Veratri albi 1,5. Bei Bräune eines mittelgrossen Schweines).

**Blumendünger** von F. HOYER. Kalisalpeter 3,0, Bittersalz 1,0, Calciumnitrat 8,0, Bakerguano 2,0 werden in 24,0 Flusswasser gelöst und zum Gebrauch mit der 250fachen Menge Wasser verdünnt.

**Blumendünger** von O. FÖRSTER. Ammoniumsulfat 25,0, Superphosphat (mit ca. 16 Proc. löslicher Phosphorsäure) 30,0, Stassfurter Kalidünger (dreifach koncentrirt) 45,0.

**Knallpulver.** Schwefel 1,0, Kaliumnitrat 1,0, Potasche 2,0. Explodirt beim Erwärmen mit heftigem Knall.

# Kalium permanganicum.

**I. Kalium permanganicum** (Germ.). **Kalium hypermanganicum** (Austr. Helv.). **Permanganate de potasse** (Gall.). **Potassii Permanganas** (Brit. U-St.). **Kalium supermanganicum. Kalium oxymanganicum. Kaliumpermanganat. Uebermangansaures Kalium. Chamaeleon. Caméléon violet. $KMnO_4$. Mol. Gew. = 158.** Dieses Salz wird häufig auch „Chamaeleon" genannt, obgleich diese Bezeichnung eigentlich dem Kaliummanganat $MnO_4K_2$ zukommt.

***Darstellung.*** Dieselbe beruht darauf, dass Mangansuperoxyd bei Gegenwart von Alkali mit einer Sauerstoff abgebenden Substanz wie Kaliumnitrat oder Kaliumchlorat zusammengeschmolzen wird. Es bildet sich alsdann zuerst das grüne Kaliummanganat $K_2MnO_4$, welches durch geeignete Maassnahmen in das violette Kaliumpermanganat übergeführt wird. Es gelingt im pharmaceutischen Laboratorium kaum, dieses Salz in gehöriger Reinheit zu gewinnen. Die Darstellung ist ferner völlig unrentabel, aber lehrreich.

20 Th. Kalilauge von 1,34 spec. Gewicht werden in einem blanken eisernen Kessel bis auf ungefähr den dritten Theil eingekocht; darauf fügt man eine mittels Kartenblattes bewirkte Mischung von 4 Th. feingepulvertem Mangansuperoxyd und $3^1/_2$ Th. Kaliumchlorat (chlorsaurem Kalium $KClO_3$) allmählich hinzu und dampft diese Mischung unter Umrühren zur staubigen Trockne. — Die trockne Masse wird hierauf in einem hessischen Tiegel bis nahe zur Rothgluth erhitzt und solange bei dieser Hitze gehalten, bis eine gezogene Probe in Wasser fast gänzlich löslich ist. Eine wirkliche Schmelzung der Masse vermeidet man sorgfältig. Die etwas weiche Masse wird noch heiss aus dem Tiegel genommen, worauf der letztere sofort für eine neue Menge benutzt werden kann.

Die erkaltete, im wesentlichen aus Kaliumchlorid und Kaliummanganat bestehende Masse wird gepulvert, mit 20 Th. siedendem Wasser übergossen und gut durchgerührt. Nach dem Absetzen giesst man die grüne Lösung ab, rührt den Rückstand nochmals mit heissem Wasser an und giesst wieder klar ab. Die vereinigten Auszüge, welche durch Absetzen, event. durch Filtration über Glaswolle oder Glaspulver geklärt wurden, werden im Wasserbade erwärmt; darauf leitet man so lange Kohlensäure ein, bis die Flüssigkeit rein rothviolett erscheint, und stellt zum Absetzen bei Seite. Die über dem ausgeschiedenen Mangansuperoxydhydrat stehende klare Lauge wird, vor Staub geschützt, möglichst rasch bis zur Salzhaut eingedampft. Man sammelt die nach dem Erkalten ausgeschiedenen Krystalle und trocknet sie nach dem Abtropfen auf porösen Tellern.

***Eigenschaften.*** Kaliumpermanganat bildet in reinem Zustande rhombische Krystalle, welche denen des Kaliumperchlorats isomorph sind. Auf den Spaltflächen erscheinen diese Krystalle nahezu schwarz mit bräunlichem Metallreflex (dies ist die wahre Farbe des Kaliumpermanganates), die Oberfläche erscheint infolge des Antrocknens von Mutterlauge dunkelviolett bez. schwarz mit mehr oder weniger stahlblauem Glanze (S. Pharm. Ztg. 1887. 364). Das spec. Gewicht ist 2,7. Zerrieben geben die Krystalle ein carmoisinrothes Pulver. Sie lösen sich in etwa 16 Th. kaltem, oder in 3 Th. siedendem Wasser zu einer blaurothen bis rothvioletten Flüssigkeit, welche herkömmlich „Chamäleonlösung" genannt wird und mit zunehmender Verdünnung immer rötheren Farbenton annimmt. Mit Weingeist von 90% geschüttelt, ertheilt das Kaliumpermanganat diesem rothe Färbung, welche bald in braun umschlägt. Beim Erhitzen zerfällt es gegen 240° C in Kaliummanganat, Mangansuperoxyd und Sauerstoff: $2\,KMnO_4 = K_2MnO_4 + MnO_2 + O_2$. In Berührung mit leicht oxydirbaren anorganischen und organischen Substanzen giebt es an diese beim Erhitzen, auch durch Druck oder Schlag leicht Sauerstoff ab; ist das Reaktionsgemisch trocken, so verläuft die Reaktion zuweilen unter Feuererscheinung oder unter Verpuffung.

Aetzkali verwandelt das Kaliumpermanganat in wässeriger Lösung in Kaliummanganat unter Sauerstoffentwickelung und Uebergang der rothen Farbe der Lösung in Grün. Die Karbonate des Kalium und Natrium, auch Ammoniumsalze, verhalten sich indifferent, dagegen wirkt Aetzammon zersetzend und entfärbend. Schwefelsäure und Salpetersäure zersetzen das trockne Kaliumpermanganat in Mangansuperoxydhydrat und Sauerstoffgas, in der Wärme in Manganoxyd oder Manganoxydul und Sauerstoff. Verdünnte Salzsäure wirkt kaum zersetzend, konc. dagegen unter Chlorentwicklung. Die

Kaliumpermanganatkrystalle, mit Phosphor bis auf 70°, mit Schwefel bis 177° C. erhitzt, explodiren heftig. Beim Erhitzen trockner Mischungen mit Arsen, Antimon, Kohle verbrennen diese unter Feuererscheinung. Gegen Zink und Kupfer verhält sich das Permanganat indifferent, Quecksilber wird davon leicht, Aluminium und Magnesium erst in der Siedehitze oxydirt. Viele organische Substanzen, wie Gerbsäure, Gallussäure, verbrennen beim Zusammenreiben mit dem Permanganat. Mit konc. Schwefelsäure übergossen, entwickelt es langsam Sauerstoff (Ozon). Wird diese Mischung mit ätherischen Oelen zusammengebracht, so entflammen letztere unter Explosion, während Schwefelkohlenstoff, Weingeist, Benzin damit ohne Explosion sich entzünden. Viele organische Substanzen werden durch die Permanganatlösung braun gefärbt, die braune Farbe wird aber durch Salzsäure oder verdünnte Schwefelsäure zerstört, indem diese das braune Manganhyperoxydkali zersetzen und Kaliumsalze und Manganosalze bilden.

Da die organischen Körper auf das Kaliumpermanganat reducirend einwirken, so kann auch die Lösung desselben (die Chamäleonlösung) nicht durch Papier filtrirt werden, wohl aber durch Glaswolle oder durch Asbest.

Die wichtigste Eigenschaft des Kaliumpermanganates ist seine Fähigkeit, an oxydirbare Substanzen leicht Sauerstoff abzugeben. Dieser Process verläuft verschieden, je nachdem die Sauerstoffabgabe in saurer bez. neutraler oder alkalischer Lösung stattfindet.

A. In saurer Lösung. Es ist zweckmässig, wenn die vorhandene freie Säure = Schwefelsäure ist. In saurer Lösung geben 2 Mol. Kaliumpermanganat = 5 Atome Sauerstoff ab. Das entstehende Kaliumoxyd ist in der schwefelsauren Lösung natürlich als Kaliumsulfat und das entstehende Manganoxydul MnO als Manganosulfat $MnSO_4$ vorhanden. Die Reaktionsflüssigkeit ist demnach annähernd farblos.

Mn O O O O | K
Mn O | O O O K

B. In neutraler oder alkalischer Lösung. In neutraler Lösung wird aus Kaliumpermanganat sogleich Kaliumoxyd abgespalten, die Flüssigkeit wird alkalisch. Es besteht demnach bezüglich des Reaktionsverlaufes kein Unterschied zwischen neutraler oder alkalischer Lösung. In neutraler oder alkalischer Lösung geben 2 Mol. Kaliumpermanganat nur 3 Atome Sauerstoff ab. Es entsteht neben Kaliumoxyd noch Mangansuperoxyd, und dieses fällt in dunklen Flocken aus. Man erhält demnach eine undurchsichtige, durch dunkle Flocken getrübte Flüssigkeit.

Mn O O | O O | K
Mn O O | O O K

Auf diesen wenigen Thatsachen beruht das Verständniss der massanalytischen Methoden der Oxydimetrie, bei denen Kaliumpermanganat zur Anwendung gelangt.

***Prüfung.*** Das zum therapeutischen Gebrauche bestimmte Kaliumpermanganat soll nur Spuren von Chloriden und Sulfaten enthalten und praktisch frei sein von Kaliumnitrat. Man achte ferner darauf, ob sich das Salz in Wasser ohne Abscheidung von Mangansuperoxydhydrat auflöst.

**1)** 0,5 g Kaliumpermanganat übergiesse man in einem Kölbchen mit 25 ccm Wasser, füge 3 ccm Weingeist hinzu und erhitze so lange zum Sieden, bis die über dem entstandenen braunen Niederschlage stehende Flüssigkeit farblos geworden ist. Falls es an Weingeist fehlen sollte, setzt man noch einige Tropfen hinzu. Das farblose Filtrat darf nach dem Ansäuern mit Salpetersäure weder durch Baryumnitrat- (Sulfate) noch durch Silbernitratlösung (Chloride) mehr als opalisirend getrübt werden. — **2)** Man übergiesse 0,5 g Kaliumpermanganat in einem weiten Probirrohre mit 5 ccm heissem Wasser und füge allmählich Oxalsäure hinzu. Die letztere wird zu Kohlensäure, welche stürmisch entweicht, verbrannt, und Mangansuperoxydhydrat scheidet sich als schwarzbrauner Niederschlag ab. Man filtrirt, sobald die violette Färbung völlig verschwunden ist, ab, mischt 2 ccm des Filtrats mit 2 ccm konc. Schwefelsäure und schichtet auf das Gemisch 1 ccm Ferrosulfatlösung. Es darf sich eine braune Zone nicht zeigen, anderenfalls enthält das Kaliumpermanganat Nitrate, welche dem bei der Darstellung verwendeten Kalisalpeter entstammen.

Gehaltsbestimmung. Man löst 2,0 g des Salzes in völlig reinem destillirtem Wasser zu 1000 ccm. Ferner löst man 39,2 g reines Ferro-Ammoniumsulfat (s. Band I, S. 1146) unter Zusatz von 20 ccm verdünnter Schwefelsäure in Wasser zu 1000 ccm. Von dieser Lösung werden 10 ccm abgemessen, mit 10 ccm verdünnter Schwefelsäure versetzt und nun kalt mit der in eine Bürette gefüllten Kaliumpermanganatlösung bis zur Rothfärbung titrirt.

Die 10 ccm Ferro-Ammoniumsulfatlösung entsprechen = 0,056 g Fe und verbrauchen zur Oxydation = 0.0316 Kaliumpermanganat. Dividirt man also die Zahl 0,0316 mit der Menge des verbrauchten Kaliumpermanganates, so erhält man direkt den Procentgehalt des Kaliumpermanganates an $KMnO_4$.

***Aufbewahrung.*** Kaliumpermanganat werde in Flaschen mit Glasstopfen vor direktem Sonnenlichte geschützt aufbewahrt, weil unter dem Einflusse des direkten Sonnenlichtes ein ursprünglich klar lösliches Salz schliesslich etwas zersetzt wird, so dass es Lösungen giebt, welche durch Mangansuperoxydhydratflöckchen etwas getrübt sind.

Lösungen des Kaliumpermanganates in zweifach destillirtem Wasser sind einige Wochen bis Monate ohne wesentliche Veränderung haltbar, wenn man sie vor Licht und Staub geschützt in Flaschen mit Glasstopfen aufbewahrt.

***Anwendung.*** Wegen seiner Eigenschaft, organische Substanzen zu oxydiren, wirkt es zerstörend auf Fäulnisserreger und desodorirend auf Fäulnissprodukte, dagegen scheint es Krankheitserreger nur wenig zu beeinflussen. Das bei der Reaktion in Freiheit gesetzte Alkali wirkt natürlich ätzend. Innerlich bewirkt es heftige Magenentzündung.

Kaliumpermanganat ist besonders ein vorzügliches Desodorans. Hauptanwendung findet es bei übelriechenden Geschwüren und Ausflüssen aller Art, Foetor ex ore u. s. w. Man hüte sich, zu starke Lösungen zu benutzen! Innerlich ist es bei Diphtherie und Diabetes erfolglos versucht worden.

Lösungen von Kaliumpermanganat sind in (anaktinischen) Gefässen mit Glasstopfen abzugeben. Zu Pillen wird Bolus alba als Constituens benutzt. Zum Anstossen der Masse ist Lanolin oder Vaselin empfohlen worden. Lösungen des Kaliumpermanganates zersetzen sich besonders unter dem Einflusse des Sonnen- oder Tageslichtes.

**Kalium permanganicum purissimum schwefelsäurefrei,** das circa 100 procentige Salz. Dunkelviolette, grosse Krystalle.

3,0 g müssen, mit 150 ccm Wasser u. 20 ccm Alkohol bis zur vollständigen Entfärbung erhitzt, ein Filtrat geben, welches, mit einigen Tropfen Essigsäure und Baryumchloridlösung versetzt, nach 12 Stunden keine Schwefelsäurereaktion zeigt. — Das Präparat wird in der quantitativen Analyse, besonders zur Bestimmung des Schwefels benutzt.

**Kalium permanganicum crudum.** Das rohe Kaliumpermanganat des Handels ist eine dunkelgrünrothschwarze, krümelige oder pulverige Substanz, deren Gehalt an Kaliumpermanganat wechselt. Es wird nach seinem Gehalte an Kaliumpermanganat bezahlt und dient lediglich zu Desinfektionszwecken.

**Rohes Natriumpermanganat,** dargestellt durch Eintragen von 70 Th. heissem gepulvertem Braunstein in ein geschmolzenes Gemisch aus 100 Th. Aetznatron und 15 Natronsalpeter, ist zuweilen in koncentrirter wässeriger Lösung als Desinfektionsmittel in den Handel gebracht worden.

**Kuehne's Desinfektionsmittel** ist ein Gemisch aus Lösungen des Natriumpermanganats und Ferrisulfats (schwefelsauren Eisenoxyds).

**II. Kalium manganicum. Chamaeleon minerale. Kaliummanganat. Mangansaures Kalium. Mineralisches Chamaeleon. $K_2MnO_4$. Mol. Gew. = 197.** Ist die durch Glühung aus Aetzkali, Braunstein und Kaliumchlorat bei der Darstellung des Kaliumpermanganats gewonnene Masse. Sie stellt eine dunkelgrüne Substanz dar, welche wegen Gehalts an freiem Alkali mit Wasser eine tiefgrüne Lösung giebt, überhaupt in alkalischem Wasser ohne Veränderung löslich ist, aber nach Sättigung des freien Alkalis mit einer Säure in Berührung mit Wasser, besonders mit heissem Wasser, in Mangansuperoxydhydrat und Kaliumpermanganat umgesetzt wird.

Wird eine Kaliummanganatlösung in Berührung mit Luft gelassen, so wirkt die Kohlensäure der Luft auf das freie Alkali sättigend und die vorbemerkte Umsetzung geht allmählich vor sich und zwar unter einem Farbenwechsel, welcher aus dem Grün des Kaliummanganats und dem Roth des Permanganats resultirt. Daher hatte es den Namen mineralisches Chamäleon erhalten. Heute versteht der Chemiker unter diesem Namen nur das Kaliumpermanganat.

**Beize für Geweihe.** Eine Lösung von 1 Th. krystall. Zinksulfat und 1 Th. Kaliumpermanganat in 98 Th. Wasser wird wiederholt aufgetragen. Die Enden werden mit Glaspapier weiss geschabt.

**Black'sche Mischung** zur Extraktion des Goldes aus Golderzen besteht aus einer mit Schwefelsäure versetzten Lösung von Kaliumpermanganat und Natriumchlorid.

**Condy's Desinfectant Fluid.** Man löst 53 Th. Kaliumpermanganat und 333 Th. krystall. Aluminiumsulfat in 777 Th. heissem Wasser. Nach dem Erkalten krystallisirt Kali-Alaun aus. Die von diesem getrennte Lösung ist das Desinfektionsmittel, welches beliebig verdünnt werden kann. Das Präparat ist demnach eine Auflösung von Aluminiumsulfat und Aluminiumpermanganat.

**Haarfärbe-Mittel.** Kaliumpermanganatlösungen werden bisweilen auch zum Braunfärben der Haare verwendet. Man muss hiervon durchaus abrathen, weil die Haare nach dieser Anwendung in kurzer Zeit völlig weiss werden.

---

# Kalium phosphoricum.

**I. Kalium phosphoricum acidum. Saures Kaliumphosphat. Kalium phosphoricum monobasicum. Primäres Kaliumphosphat. $KH_2PO_4$. Mol. Gew. = 136.**

Zur Darstellung neutralisirt man 100 Th. Phosphorsäure von 25 Proc. mit 35 Th. reinem trocknen Kaliumkarbonat und fügt der Lösung nochmals 100 Th. der gleichen (25 proc.) Phosphorsäure zu. Das Salz krystallisirt alsdann in grossen farblosen, quadratischen Krystallen. Dieselben gehen beim Glühen unter Abspaltung von Wasser in Kaliummetaphosphat über. Es reagirt sauer.

Dieses Salz ist Bestandtheil einiger Nährsalzlösungen, im rohen Zustande auch Bestandtheil einiger Pflanzendünger und ähnlicher Zubereitungen.

**II. Kalium phosphoricum. Kalium phosphoricum bibasicum. Kaliumphosphat. Phosphorsaures Kalium. $K_2HPO_4$. Mol. Gew. = 174.**

Von den verschiedenen Salzen des Kaliums mit der Phosphorsäure ist unter dem Namen „Kaliumphosphat“ schlechthin das hier mit seiner Formel aufgeführte zu verstehen.

Man erhält es, indem man 100 Th. Phosphorsäure von 25 Proc. mit rund 35 Th. reinem und trocknem Kaliumkarbonat neutralisirt. Das Salz krystallisirt nicht gut, bez. gar nicht, man stellt es daher in trocknem Zustande durch Eindampfen der neutralisirten Lösung dar und erhält es so als ein amorphes, weisses Salzpulver, welches in Wasser leicht löslich ist und abgesehen davon, dass es Kali als Salzbasis enthält, alle Eigenschaften des Dinatriumorthophosphats (*Natrium phosphoricum*) hat. Es reagirt wie dieses neutral oder schwach alkalisch.

Es wird verhältnissmässig selten als Alterativum in Gaben von 0,6—1,2 g bei Skropheln, Rheumatismus und Phthisis angewendet.

**III. Kalium phosphoricum neutrale. Basisches Kaliumphosphat. Kalium phosphoricum tribasicum. Dreibasisches Kaliumphosphat. $K_3PO_4$. Mol. Gew. = 212.**

Zur Darstellung neutralisirt man 100 Th. Phosphorsäure von 25 Proc. mit 60 Th. reinem, trocknem Kaliumkarbonat, dampft die Lösung zur Trockne und glüht den Salzrückstand bis zum Aufhören der Kohlensäure-Entwickelung, d. h. bis er ruhig fliesst. Löst man den erkalteten Fluss in siedendem Wasser, so krystallisirt das gesuchte Salz in kleinen Nadeln aus, welche alkalisch reagiren.

**IV. Kalium hypophosphorosum. Potassii Hypophosphis** (U-St.). **Kaliumhypophosphit. Unterphosphorigsaures Kalium. $KH_2PO_2$. Mol. Gew. = 104.**

Die Darstellung dieses Salzes erfolgt, indem man eine Auflösung von 10 Th. Calciumhypophosphit (s. Bd. I, S. 561) in 15 Th. Wasser mit einer Auflösung von 8,1 Th. reinem trocknen Kaliumkarbonat umsetzt, d. h. man setzt gerade soviel Kaliumkarbonat hinzu, dass aller Kalk gerade ausgefällt wird. Die vom Calciumkarbonat abfiltrirte Flüssigkeit wird entweder direkt zur Trockne eingedampft oder durch Einengen zur Krystallisation gebracht.

***Eigenschaften.*** Weisse, undurchsichtige, hexagonale Blättchen oder krystallinische Massen oder ein körniges Pulver, ohne Geruch, von stechendsalzigem Geschmack, an der

Luft rasch zerfliessend. — Sie lösen sich in 0,6 Th. kaltem oder 0,3 Th. siedendem Wasser, ferner in 7,5 Th. kaltem oder 3,6 siedendem Alkohol, nicht dagegen in Aether. Wird das Salz in einem Probirrohre erhitzt, so entweicht zunächst Wasser, alsdann aber Phosphorwasserstoffgas, welches mit leuchtender Flamme verbrennt. Beim Zusammenreiben oder beim Erhitzen mit salpetersauren, übermangansauren und chlorsauren Salzen oder ähnlichen, leicht Sauerstoff abgebenden Verbindungen (z. B. $MnO_2$,$Na_2O_2$) entstehen leicht Explosionen. Die wässerige Lösung (1 : 20) ist neutral und giebt, mit Weinsäure im Ueberschuss versetzt, allmählich einen weissen, krystallinischen Niederschlag von Kaliumbitartrat. — Mit Silbernitrat entsteht ein zunächst weisser Niederschlag, welcher aber rasch braun und infolge Reduktion zu metallischem Silber schwarz wird. — Fügt man zu der mit Salzsäure etwas angesäuerten Lösung etwas Mercurichlorid, so erfolgt nacheinander Reduktion zu Mercurichlorid und zu metallischem Quecksilber.

***Prüfung.*** 1) Versetzt man die wässerige Lösung (1 = 20) des Salzes mit Salzsäure, so soll Aufbrausen nicht erfolgen (Kaliumkarbonat); durch Zusatz von Ammoniumoxalat soll eine Trübung nicht erfolgen (Calciumsalz). — 2) Werden 5 ccm der 5 proc. Lösung mit 1 ccm rauchender Salpetersäure erwärmt, so soll die erkaltete Flüssigkeit weder durch Silbernitrat (Chlor), noch durch Baryumchlorid getrübt werden. — 3) Durch Zufügung von etwas Magnesia-Mixtur soll in der wässerigen 5 proc. Lösung nur eine sehr geringe Trübung bez. Ausscheidung entstehen (Phosphorsäure). — 4) Zur Gehaltsbestimmung löst man 0,1 g des getrockneten Salzes in 10 ccm Wasser, fügt 7,5 ccm konc. Schwefelsäure, sowie 40 ccm $^1/_{10}$-Normal-Kaliumpermanganatlösung (3,16 g $KMnO_4$ in 1 l) hinzu und hält 15 Minuten im Sieden. Es sollen alsdann zur Entfärbung nicht mehr als 2 ccm der $^1/_{10}$-Normal-Oxalsäurelösung (6,3 g krystall. Oxalsäure in 1 l) erforderlich sein, entsprechend einem Gehalte von 98,8 Proc. reinem Kaliumhypophosphit.

***Aufbewahrung.*** Vor Feuchtigkeit gut geschützt, vorsichtig.

***Anwendung.*** Man giebt es täglich zu 0,5—1,0—2,0 g in Lösung bei Knochenerweichung, Phthisis pulmonum, ähnlich wie das Kalksalz und Natriumsalz der unterphosphorigen Säure. Bestandtheil des Sirupus Hypophosphitum.

**Nageli's Nährlösung.** 0,1 saures Kaliumphosphat, 0,01 Magnesiumsulfat, 0,01 Kaliumchlorid, 1,0 Ammoniumtartrat. 100,0 Wasser.

**Pflanzen-Dünger** von Müller-Thurgau. 30,0 Kaliumnitrat, 25,0 saures Kaliumphosphat, 10,0 Ammoniumsulfat, 35,0 Ammoniumnitrat. Zum Befördern des Wachsthums der Pflanzen. Wird das Ammoniumnitrat weggelassen, so wird nur die Blüthenbildung befördert.

**Blumendünger** von Prof. Knop. Besteht aus zwei Lösungen: A. enthält 205,0 g krystall. Magnesiumsulfat auf 3,5 l Wasser. B. Enthält 400,0 g Calciumnitrat, 100,0 g Kaliumnitrat, 100,0 Kaliumsuperphosphat und 26,0 freie Phosphorsäure auf 3,5 l Wasser. Je 1 Theil beider Lösungen wird mit je 100 Theilen Wasser verdünnt.

**Pflanzennahrung** von Prof. Nobbe in Tharandt. Enthält in 1 l = 25,0 g Kaliumchlorid, 75,0 g Calciumnitrat, 25,0 g Magnesiumsulfat, 25,0 g einbasisches Kaliumphosphat, 10,0 g Ferrophosphat, frisch gefällt. 10 ccm dieser Flüssigkeit werden in 1 l Brunnenwasser vertheilt.

**Nährlösung für Champignons** von O. Herfurth (D. R.-P. 60883). Man löst in 1 l Wasser: 0,8 g Natriumnitrat, 0,4 g Ammoniumsulfat, 1,0 g Dikaliumphosphat Man legt eine Mischung von 6 Th. zerriebenem Torfmull und 1 Th. zerkleinertem Roggenstroh auf Gestelle und bringt die Pilzbrut hinein. Man bedeckt das Ganze mit Moos, Matten aus Bast und Stroh, bis die Pilze hervorkommen. Dann wird die Bedeckung entfernt, feine sandige Erde 2—3 cm hoch aufgestreut und die Nährlösung 20—22° C. warm alle 2—3 Tage zugeleitet. Die Beete tragen je etwa 6 Monate, dann muss der Torfmull erneut werden.

---

# Kalium picrinicum.

**† Kalium picrinicum. Kalium picronitricum. Kalium picricum. Kalium carbazoticum. Kalium nitroxanthicum. Kaliumpikrat. Pikrinsaures Kalium. $C_6H_2(NO_2)_3OK$. Mol. Gew. = 267.**

***Darstellung.*** 20,0 Th. krystallisirte Pikrinsäure werden in 300 Th. heissem Wasser gelöst, alsdann fügt man hinzu eine Auflösung von 7 Th. reinem Kaliumkarbonat in 30 Th. Wasser, mischt gut durch und lässt an einem kühlen Orte krystallisiren. Die ausgeschiedenen Krystalle werden gesammelt, mit etwas Alkohol gewaschen und bei gewöhnlicher Temperatur auf porösen Unterlagen getrocknet.

***Eigenschaften.*** Kleine, zarte, gelbe, glänzende Prismen oder ein aus solchen bestehendes krystallinisches Pulver, löslich in 230 Th. Wasser von 15° C. oder in 15 Th. siedendem Wasser, fast unlöslich in Alkohol. Die wässerige Lösung ist gelb gefärbt und schmeckt stark bitter. Das Salz explodirt durch Druck, Schlag oder direkte Zündung und zwar noch leichter als die freie Pikrinsäure. Ueber die Reaktionen vergl. Bd. I, S. 98.

***Aufbewahrung.*** Vorsichtig, in Glasgefässen mit gutschliessenden Korkstopfen (nicht Glasstopfen, wegen der möglicherweise eintretenden Reibung zwischen Stopfen und Hals).

***Anwendung.*** Innerlich zu 0,2—0,5 g zwei- bis dreimal täglich in Pillen gegen Febris intermittens, Krämpfe, Neuralgien und gegen Eingeweidewürmer empfohlen. Der Erfolg ist zweifelhaft. Das Mittel bewirkt ikterische Färbung der Haut, der Conjunctiva und des Harns und wird deshalb (von Militärpflichtigen) zur Herbeiführung eines simulirten Icterus verwendet. Höchstgaben: 0,5 g *pro dosi*, 1,0 g *pro die*.

---

# Kalium sulfocyanatum.

**† Kalium sulfocyanatum** (Ergänzb.). **Kalium rhodanatum. Kalium anthrazothionicum. Schwefelcyankalium. Kaliumsulfocyanid. Rhodankalium. Kaliumrhodanid. KCSN** oder **KCyS. Mol. Gew. = 97.**

***Darstellung.*** 100 Th. gelbes Blutlaugensalz werden gepulvert, in mässiger Hitze vollständig vom Krystallwasser befreit und mit 35 Th. reinem Kaliumkarbonat und 70 Th. gewaschenem sublimirtem Schwefel gemischt. Diese Mischung wird in einen rothglühenden Hessischen Tiegel nach und nach eingetragen, der Tiegel bedeckt und noch eine Viertelstunde oder so lange erhitzt, bis die Masse fliesst und ein mit einem Glasstabe herausgenommener Tropfen in Wasser gelöst in stark verdünnter Ferrichloridlösung eine blutrothe (nicht grüne) Färbung erzeugt. Die nun auf ein blankes Eisenblech ausgegossene Masse wird nach dem Erkalten gepulvert, mit Weingeist (welcher heiss das Kaliumrhodanid löst) ausgekocht, der heisse weingeistige Auszug filtrirt und bei Seite gestellt. Nach einem Tage wird die weingeistige Flüssigkeit von den abgeschiedenen Krystallen abgegossen, durch Destillation zum Theil vom Weingeist befreit, im Dampfbade eingeengt und zur Krystallisation bei Seite gestellt. Die gesammelten Krystalle werden getrocknet.

***Eigenschaften.*** Kaliumrhodanid bildet farblose, lange, prismatische, an feuchter Luft zerfliessliche Krystalle, von salpeterähnlichem Geschmack, leicht löslich in gleichviel Wasser (unter Temperaturerniedrigung von 33—34° C.). Die Lösung färbt Ferrisalzlösungen blutroth, welche Färbung durch freie Salzsäure nicht, wohl aber durch Mercurichlorid aufgehoben wird. Das Ferrirhodanid kann durch Aether ausgeschüttelt werden. Gegen Ferrosalz verhält sich Kaliumsulfocyanid indifferent.

Die wässerige Lösung (1=20) soll weder durch Baryumnitratlösung, noch durch Schwefelammonium verändert werden.

***Aufbewahrung.*** Vorsichtig. ***Anwendung.*** Therapeutische Anwendung findet das Kaliumsulfocyanid nicht; es wirkt giftig, indem es das Protoplasma zur Quellung bringt. Dagegen ist es ein wichtiges Reagens zum Nachweis der Eisenoxydsalze.

---

# Kalium sulfuratum.

**I. Kalium sulfuratum purum.** **Kalium sulfuratum** (Austr. Helv.). **Hepar Sulfuris ad usum internum. Kalischwefelleber. Schwefelkalium. Reine Schwefelleber.**

***Darstellung.*** 10,0 trockne gewaschene Schwefelblumen und 20,0 reines Kaliumkarbonat werden zu einem Pulver gemischt in einem bedeckten porcellanenen Tiegel über mässiger Flamme erhitzt, bis sie zu einer ruhig fliessenden Masse geschmolzen sind. Diese wird in einen mit Oel ausgeriebenen eisernen Pillenmörser ausgegossen, nach dem Erkalten zu einem groben Pulver oder zu Stückchen von der Grösse der kleinen Speciesform zerrieben und alsbald in Flaschen eingefüllt, welche dicht mit Kork zu verschliessen und mit Paraffin zu dichten sind. Die reine Schwefelleber für den innerlichen Gebrauch kommt höchst selten in Anwendung. Man bereite davon nur kleine Mengen (30—40 g), vertheile diese Menge in mehrere kleine Flaschen, welche nicht nur gut verkorkt, sondern auch mit Siegellack bestens geschlossen werden. In dieser Weise verwahrt, hält sie sich Jahre hindurch in gutem Zustande.

**II. Kalium sulfuratum crudum** (Helv.). **Kalium sulfuratum** (Germ.). **Kalium sulfuratum pro balneo** (Austr.). **Trisulfure de potassium solide** (Gall.). **Potassa sulfurata** (Brit. U-St.). **Kaliumsulfid. Schwefelleber. Foie de soufre. Liver of Sulphur.**

***Darstellung.*** Man mischt 2 Th. gröblich gepulverte, trockene Pottasche und 1 Th. Schwefel *(Sulfur sublimatum)* am besten in der Weise, dass man beide Substanzen nach oberflächlicher Mischung durch ein grobes Sieb schlägt. Mit der Mischung füllt man ein nicht emaillirtes, mit Deckel versehenes eisernes Gefäss etwa zur Hälfte an und erhitzt dasselbe wohlbedeckt auf einem ruhigen Feuer (Windofen im Freien). Die Masse sintert zusammen und schmilzt allmählich zu einer zähen braunen Masse, aus welcher sich andauernd Kohlensäurebläschen entwickeln. Von Zeit zu Zeit rührt man mit einem eisernen Spatel um, deckt aber den Deckel rasch wieder auf, um den entzündeten Schwefel zu verlöschen. Wenn Kohlensäureentwicklung nicht mehr oder nur in sehr geringem Maasse wahrnehmbar ist, prüft man eine kleine Probe auf ihre Löslichkeit in Wasser. Sobald es sich zeigt, dass die Masse klar in Wasser löslich ist, so entfernt man das Gefäss vom Feuer und giesst dessen Inhalt auf eine Eisenplatte oder auf Steinfliessen aus. Man beachte hierbei, dass die Masse beim Ausgiessen nicht mehr so heiss sein darf, dass der Schwefel sich an der Luft entzündet. Die erstarrte, noch heisse Masse schlägt man mit einem Hammer in grobe Trümmer und bringt diese sofort in die wohlgetrockneten Vorrathsgefässe.

Man vermeide es, die Masse zu überhitzen, auch sehe man zu, dass nicht zu viel Schwefel während der Darstellung verbrennt, weil hierdurch der Gehalt an Kaliumsulfid verringert, derjenige an Kaliumsulfat aber erhöht wird. Ein Erhitzen bis zum Dünnflüssigwerden der Masse liegt nicht in der Absicht der Vorschrift.

Obgleich die Schwefelleber im Handel billiger ist, als man sie im Laboratorium herstellen kann, so ist die Selbstdarstellung dennoch anzurathen, wenn man auf ein Präparat von gutem Aussehen und vorzüglicher Löslichkeit einen Werth legt. Das käufliche Präparat wird natürlich nicht nur aus der schlechtesten und billigsten, oft auch aus einer stark sodahaltigen Pottasche bereitet, sondern es enthält nicht selten auch Beimischungen von Glaubersalz, Kaliumchlorid, Soda, oft mehr Schwefel oder kohlensaures Kalium etc.

***Eigenschaften.*** Die Schwefelleber ist frisch bereitet eine lederbraune, später eine gelblichgrüne oder grünlichgelbe, bei stärkerer Schmelzhitze bereitet eine mehr bräunliche, harte, beim Erhitzen wieder lederbraune Farbe annehmende Masse, von bitterem, alkalischem und schwefligem Geschmacke. Aus reinen Substanzen bereitet, löst sie sich leicht und vollständig in 2 Th. Wasser. Wird die wässerige Lösung mit verdünnten Säuren versetzt, so entwickelt sie viel Schwefelwasserstoffgas, und es scheidet sich ein weisslicher Schwefelniederschlag ab. Mit der Luft in Berührung zieht die Schwefelleber begierig Feuchtigkeit an und entwickelt Schwefelwasserstoff. Die Ursache für letzteres ist die Kohlensäure der Luft. Die Schwefelleber ist als ein Gemisch aus Kaliumtrisulfid, Kaliumthiosulfat und wenig Kaliumsulfat zu betrachten.

***Aufbewahrung.*** In schlecht verstopften Gefässen, besonders in Gefässen aus Steingut, nimmt die Schwefelleber allmählich Sauerstoff auf, wird graufarbig und verwandelt sich langsam theils in unterschwefligsaures Kalium und schwefelsaures Kalium, theils erzeugt die Kohlensäure der Luft kohlensaures Salz unter Abscheidung von Schwefel. Die Schwefelleber muss daher in nicht zu grossen Gasflaschen, welche dicht verkorkt und tektirt sind, aufbewahrt werden. Dispensirt wird sie in Flaschen, kleinere Mengen zum baldigen Verbrauch können auch in Thonkruken abgegeben werden.

***Prüfung.*** 1) Für die Beurtheilung einer Schwefelleber ist zunächst wichtig ihr äusseres Aussehen: Sie muss gelbbraun bis grün, darf nicht feucht, aber auch nicht gegen Feuchtigkeit so resistent wie Eisenschlacke sein. Sie muss ferner kräftig nach Schwefelwasserstoff riechen und in 2 Th. Wasser bei gewöhnlicher Temperatur vollständig löslich sein; löst sie sich erst in 3 Th. Wasser, so ist sie bei der Darstellung überhitzt worden. 2) Die richtige Darstellung der Schwefelleber nach der gegebenen Vorschrift ergiebt sich daraus, dass mindestens 4,5 Kupfervitriol (in wässeriger Lösung) durch 5,0 der reinen und 4,0 Kupfervitriol durch 5,0 der rohen Schwefelleber, gelöst in der 6fachen Menge destillirtem Wasser, so zersetzt werden, dass das Filtrat auf Zusatz von Schwefelwasserstoffwasser kein Schwefelkupfer mehr fallen lässt. 3) Um eine theilweise oder gänzliche Unterschiebung der billigeren Natron-Schwefelleber festzustellen, löst man 5,0 g in 150,0 g Wasser, zersetzt die Lösung mit Essigsäure, erwärmt etwas um den Schwefel zusammenballen zu lassen, filtrirt, wäscht aus und bringt auf 250 ccm. Von dem Filtrat werden 25—50 ccm in einer Platinschale eingedampft und geglüht. Man löst den Rückstand in Wasser, säuert mit Salzsäure an und bestimmt nun das Kalium als Kaliumplatinchlorid nach S. 173.

***Anwendung.*** Die reine Kalischwefelleber, ein ätzendes und auch giftiges Mittel, ist nur für den innerlichen Gebrauch bestimmt. Sie kommt, wie schon bemerkt wurde, höchst selten noch in Gebrauch. Man giebt sie zu 0,05—0,1—0,2—0,3 (höchst starke Dosis 0,5) täglich zwei- bis viermal in verschiedenen Arzneiformen, am besten in Pillen mit Thon als Constituens (Extrakte enthalten immer freie Säure, welche eine vorzeitige Zersetzung des Schwefelkalium veranlasst), bei verschiedenen Hautleiden, Mercurialsalivation etc. Als Heilmittel bei chronischen Metallvergiftungen giebt man sie theils in Pillen, theils in verdünnter Lösung (mit einigen Tropfen Chloroform versetzt). Die rohe Kalischwefelleber wird zu Bädern und Waschungen bei chronischen Metallvergiftungen Gicht, Rheuma, verschiedenen Hautleiden etc. gebraucht. Auf ein Vollbad werden 30,0—50,0—100,0 g verwendet. Als Gegengift nach dem Verschlucken grösserer Dosen Kalischwefelleber gebe man Eisensaccharat mit gebrannter Magnesia in stärkeren Dosen.

**Hepar Sulfuris martiale, eisenhaltige Schwefelleber** wird wie die Schwefelleber aus 10,0 gereinigter Pattasche, 10,0 Schwefel und 2,0 Aethiops martialis dargestellt. Wird in Pillen oder in schleimiger Mixtur zu 0,5—1,0 mehrmals des Tages gegeben.

**Balneum gelatinosum sulfuratum.**

Balneum sulfurato-glutinatum.

A.

Rp. Kalii sulfurati per balneo 100,0.

B.

Rp. Glutinis fabrilis contusi 250,0.

Man lässt den Leim quellen, löst ihn im Dampfbade und setzt die Lösung zu dem Badewasser zu, in welchem bereits die Schwefelleber gelöst worden ist.

**Granula Enghien.**

Grains sulfureux d'Enghien.

| | | | |
|---|---|---|---|
| Rp. | Kalii carbonici | | |
| | Calcii carbonici | | |
| | Natrii sulfurici exsiccati | ää | 10,0 |
| | Magnesii carbonici | | |
| | Magnesii sulfurici crystallisati | | |
| | Aluminii sulfurici crystallisati | | |
| | Natrii hyposulfurosi crystallisati | ää | 5,0 |
| | Kalii sulfurati | | |
| | Tragacanthae | ää | 2,5 |
| | Aquae | | q. s. |

Fiant pilulae No. 400, Auro foliato obducendae.

**Linimentum saponato-sulfuratum** JADELOT.

Pommade hydrosulfuré de JADELOT.

Rp. 1. Saponis domestici pulverati 50,0
2. Olei Papaveris 100,0
3. Kalii sulfurati subtiliter pulverati 10,0
4. Olei Thymi 0,5
5. Aquae communis 2,0.

Man reibt 1—3 miteinander fein, tropft alsdann 5 zu, reibt, bis eine gleichmässige salbenartige Masse entstanden ist, und mischt 4 dazu. Stets frisch zu bereiten! Zum Einreiben gegen Scabies.

**Lotio sulfurata.**

Lotion sulfurée (Gall.).

Rp. Kalii sulfurati 20,0
Aquae destillatae 1000,0.

**Pilulae carboneo-kalicae.**

Rp. Kalii sulfurati 5,0
Carbonis Ligni pulv. 0,5
Extracti Cardui benedicti 1,0.

Fiant pilulae No. 50. Ad vitrum clausum.

**Sapo sulfurato-ceratus** SINGER.

Rp. 1. Kalii sulfurati puri 5,0
2. Aquae destillatae 4,0
3. Cerae flavae 5,0.

Man löst 1 in 2 und reibt es mit 3 zusammen, welches vorher geschmolzen worden ist. — Diese Seife wurde früher bei Speichelfluss gekaut.

**Sirupus bechicus** WILLIS.

Arcanum bechicum WILLIS. Sirop de foie de soufre de CHAUSSIER.

Rp. Kalii sulfurati 3,0
Aquae Foeniculi 30,0
Sirupi Sacchari 100,0.

**Sirupus Kalii sulfurati.**

Sirupus Hepatis Sulfuris.

Rp. Kalii sulfurati puri 1,0
Sirupi Sacchari 100,0.

**Cerespulver** von J. L. JENSEN in Halle, ein Beizmittel für Getreide, welches den Steinbrand des Weizens und den Staub- und Flugbrand des Sommergetreides fernhalten soll, ist Schwefelkalium.

**Honora, Haarfärbetinktur** (braun). Besteht aus zwei Flaschen: **A.** Ammoniakalische Silbernitratlösung, in 20 ccm = 0,55 g Silbernitrat enthaltend. **B.** Schwefelkaliumlösung, in 15 ccm etwa 0,5 g Schwefelleber enthaltend. B. FISCHER.

**Sulfurin,** sog. **geruchlose Schwefelleber.** Ist nach PÖHL ein Gemenge von Kaliumkarbonat und Schwefel, welches mit Kaliumchromat gelb gefärbt ist.

**Noircir.** Ein ähnliches Haarfärbemittel wie Honora. Besteht aus drei Flaschen. **A.** Ammoniakalische Silberchloridlösung. **B.** Lösung von Schwefelleber. **C.** Lösung von Pyrogallussäure.

---

# Kalium sulfuricum.

**I. Kalium sulfuricum** (Germ. Helv.). **Sulfate de potasse** (Gall.). **Potassii Sulphas** (Brit. U-St.). **Kaliumsulfat. Schwefelsaures Kali. Doppelsalz. Specificum Paracelsi. Tartarus vitriolatus depuratus. Arcanum duplicatum. Sal de duobus. Nitrum fixum Schroederi. Sal polychrestum Glaseri.** $K_2SO_4$. **Mol. Gew. = 174.**

Die kleinen Mengen Kaliumsulfat, welche zum therapeutischen Gebrauche für Menschen nöthig sind, kann man sehr wohl selbst darstellen.

***Darstellung.*** Man verdünnt 100 Th. reine Schwefelsäure mit 1000 Th. Wasser und neutralisirt die Säure durch allmähliches Zugeben einer filtrirten Lösung von ca. 138 Th. reinem trocknen Kaliumkarbonat. Die wenn nöthig filtrirte Lösung wird entweder bis auf 600 Th. eingedampft und in der Kälte zur Krystallisation gebracht oder durch gestörte Krystallisation in ein Krystallpulver verwandelt.

Die Reindarstellung des Kaliumsulfats aus dem rohen Salze des Handels ist für das pharmaceutische Laboratorium nicht lohnend.

***Eigenschaften.*** Kaliumsulfat krystallisirt in wasserfreien, kurzen, luftbeständigen, farblosen, 4- und 6-seitigen Säulen, bei langsamer Krystallisation aus grösseren Massen seiner Lösung in doppelt 6-seitigen Pyramiden. Gemeiniglich hängen die Krystalle in Rinden zusammen, welche beim Gegeneinanderschütteln fast wie Glasscherben klingen. Die Krystalle geben ein schneeweisses, geruchloses Pulver. Der Geschmack ist etwas scharf, salzig und bitter. Die Krystalle haben ein spec. Gewicht von 2,645. Nach BRANDES lösen 100 Th. Wasser bei + 12,5° C. 10 Th., bei 100° C. 26 Th. des Salzes auf. Die Lösungen sind neutral; sie geben mit Baryumnitratlösung einen weissen Niederschlag von Baryumsulfat, mit überschüssiger Weinsäurelösung allmählich einen krystallinischen Niederschlag von Kaliumbitartrat. In Weingeist ist das Salz unlöslich. Die Krystalle verknistern beim Erhitzen heftig, schmelzen in der Rothglühhitze, ohne zu verdampfen, und erstarren erkaltend krystallinisch. An die meisten stärkeren Säuren tritt dieses Salz die Hälfte seines Kaliumgehaltes ab und wird zu Kaliumbisulfat $KHSO_4$.

***Aufbewahrung.*** Dieselbe fordert nur Schutz gegen Staub. Es kommt nur als feines Pulver in Gebrauch.

***Prüfung.*** Eine kleine Probe, an einem gut ausgeglühten Platindrahte in der nicht leuchtenden Flamme erhitzt, darf die letztere nur vorübergehend gelb färben. Die gelbe Färbung muss nach einigen Sekunden verschwinden und der violetten Kaliflamme Platz machen. (Dauernde Gelbfärbung zeigt zu hohen Gehalt an Natriumverbindungen an.)

Die wässerige Lösung sei neutral (alkalische Reaktion kann von Kaliumkarbonat, saure von Kaliumbisulfat herrühren) und werde weder durch Schwefelwasserstoffwasser (Metalle), noch durch Ammoniumoxalatlösung (Calciumsulfat), noch durch Silbernitratlösung (Chloride) verändert. 20 ccm der Lösung (1 = 20) dürfen durch Zusatz von 0,5 ccm Kaliumferrocyanidlösung nicht verändert werden. (Rothfärbung zeigt Kupfer, Blaufärbung Eisen an.)

***Anwendung.*** Kaliumsulfat wirkt in Gaben von 1—2 g gelind eröffnend, grössere Gaben wirken stark abführend, sind jedoch nicht ungefährlich. Gaben von 10—20 g können den Tod herbeiführen. — Es ist Bestandtheil des *Sal Carolinum factitium* und war Bestandtheil des ***Pulvis temperans*** sowie des *Pulvis Doweri* früherer Pharmakopöen.

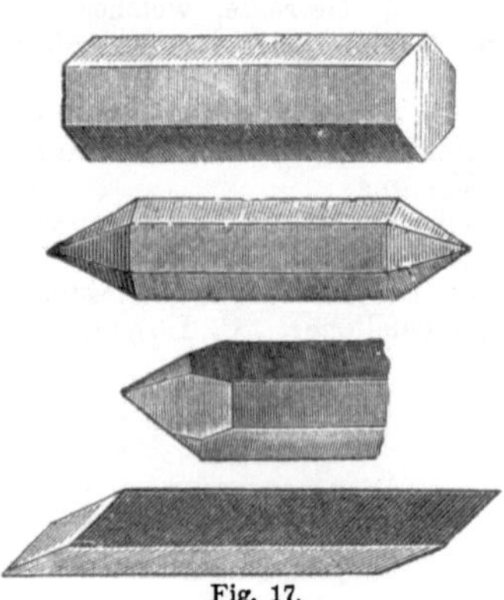

Fig. 17.
Vier- bis sechsseitige Säulen des Kaliumsulfats.

## II. Kalium bisulfuricum. **Kalium sulfuricum acidum. Kaliumbisulfat. Saures schwefelsaures Kalium. $KHSO_4$. Mol. Gew. = 136.**

***Darstellung.*** 100 Th. neutrales Kaliumsulfat werden mit 60 Th. reiner koncentrirter Schwefelsäure, welche mit 180 Th. destillirtem Wasser verdünnt ist, unter Erwärmen gelöst, durch Glaswolle filtrirt und in einem porcellanenen Gefässe in der Wärme des Sandbades unter Umrühren zur Trockne eingedampft. Die zu Pulver zerriebene Salzmasse wird in einem gut verstopften Glasgefässe aufbewahrt.

***Eigenschaften.*** Weisse krystallinische Massen oder ein weisses, sauer schmeckendes und sauer reagirendes, in 2 Th. Wasser lösliches Salzpulver. Es schmilzt bei etwa 200° C., giebt bei ca 700° C. Wasser ab (unter feinem Spritzen) und verwandelt sich dabei in Kaliumpyrosulphat, welches in noch höherer Hitze Schwefelsäureanhydrid abspaltet, während neutrales Kaliumsulfat zurückbleibt. Auf diesem Verhalten beruht die Verwendung des Kaliumbisulfats zum Ausschmelzen von Platintiegeln, um diese zu reinigen.

***Anwendung.*** Das Kaliumbisulfat findet nur Anwendung in der chemischen Analyse zum Aufschliessen von Mineralien, ferner zum Reinigen von Platintiegeln. Früher versuchte man es in verdünnter Lösung als mildes Laxativum, auch zur Darstellung von Brausegetränken an Stelle der Weinsäure.

**Tinctura acris homoeopathica. Tinctura acris sine Kali.** 1 Th. trocknes Aetzkali wird mit 6 Th. Weingeist vier Tage digerirt, dann einige Tage an einen kalten Ort gestellt, nun die dekanthirte Flüssigkeit mit koncentrirter Schwefelsäure, welche mit einem gleichen Volum Wasser verdünnt ist, genau neutralisirt, wiederum einige Tage bei Seite gestellt und endlich filtrirt.

**Fel Vitri, Sal Vitri, Anatron, Glasgalle,** der Schaum des geschmolzenen Glases, ist eine weisse oder schmutzigweisse Salzmasse, hauptsächlich aus Kaliumsulfat mit Kaliumkarbonat und Kaliumchlorid bestehend. Sie wird zuweilen zum innerlichen Gebrauch (als Laxativum) und auch als Mittel beim Löthen in den Apotheken gefordert. Man bezieht sie entweder vom Drogisten oder substituirt eine pulverige Mischung aus 1 Th. Pottasche, 1 Th. Kochsalz und 8 Th. Kaliumsulfat.

**Pulvis digestivus.**

Rp. Kalii sulfurici 20,0
Concharum praeparatarum 10,0.

Oefters eine Messerspitze mit Zuckerwasser zu nehmen (zur Beförderung der Digestion).

**Pulvis digestivus compositus.**

Pulvis Rhei compositus. Digestivpulver (Praeceptum Pharmacopoeae Slesvico-Holsaticae.)

Rp. Kalii sulfurici 10,0
Rhizomatis Rhei 5,0
Ammonii muriatici 2,5.

Detur ad vitrum. S. Täglich zweimal einen halben Theelöffel mit Wasser zu nehmen.

**Pulvis Rhei compositus.**

Pharmacopoeae militaris Borussicae.

Pulvis Rhei salinus.

Rp. Kalii sulfurici 15,0
Rhizomatis Rhei 5,0.

Täglich zwei- bis dreimal eine starke Messerspitze.

**Mixtura antiphlegmasitica** Martin.

Rp. Kalii sulfurici 25,0
Infusi Digitalis (e 2,0) 200,0
Mellis depurati 25,0.

Zweistündlich einen Esslöffel (bei Phlegmasia alba dolens der Wöchnerinnen.)

**Luftsalz** oder **philosophisches Goldsalz** des Baron Hirsch ist Kaliumbisulfat.

**Sel désopilant d'Audin-Rouvière** ist ein pulveriges Gemisch aus gleichen Theilen nicht gereinigtem Kaliumsulfat und Natriumsulfat, versetzt mit $^1/_5$ Proc. Brechweinstein.

---

# Kalium tartaricum.

**I. Kalium tartaricum neutrale. Kalium tartaricum** (Germ. Helv.). **Tartrate de potasse neutre** (Gall.). **Potassii Tartras** (Brit.). **Kaliumtartrat. Neutrales weinsaures Kalium. Kalium tartarisatum. Tartarisirter Weinstein. Tartarus tartarisatus. Sal vegetabile. Sal panchrestum. (Tartarus solubilis der Franzosen.)** $C_4H_4K_2O_6$. **Mol. Gew. = 226.**

Fig. 18. Kaliumtartratkrystalle.

***Darstellung.*** In einen Topf von Steinzeug oder in eine Schale aus Porcellan, die in einem Sand- oder Wasserbade stehen, giebt man 2000 Th. heisses, destillirtes Wasser und 1000 Th. Kaliumbikarbonat. Während das Gefäss erwärmt wird, trägt man unter Umrühren nach und nach in kleinen Portionen (!), so dass ein Uebersteigen des Inhaltes infolge der Kohlensäure-Entwickelung nicht erfolgt, 1875 Th. gereinigten, kalkfreien Weinstein ein. Wenn alles aufgelöst ist, stellt man die Reaktion der Flüssigkeit durch Zugabe von Weinstein oder von Kaliumbikarbonat so ein, dass sie ganz schwach alkalisch wird. — Man filtrirt alsdann die Lösung und dampft sie in einer Porcellanschale ein, bis sich am Rande Krystallmassen abzusetzen beginnen. Die nach drei- bis viertägigem Stehen an einem kalten Orte abgeschiedenen Krystalle werden gesammelt, auf einen Trichter zum Abtropfen gebracht, schliesslich im Trockenschranke getrocknet. — Die Mutterlaugen, welche gewöhnlich etwas gefärbt sind, behandelt man mit kalkfreier Thierkohle und dampft sie nochmals zur Krystallisation ein. Die letzte Mutterlauge versetzt man vorsichtig so lange mit verdünnter Salzsäure, als durch diese Weinstein (Kaliumbitartrat) gefällt wird. Man sammelt diesen, wäscht ihn mit kaltem Wasser bis zur Chlorfreiheit und trocknet ihn.

Ist man genöthigt, kalkhaltigen Weinstein zu verwenden, so macht man die Lösung zunächst deutlich alkalisch, lässt sie zum Absetzen des Calciumkarbonats einige Tage stehen, filtrirt, stellt das Filtrat auf schwach alkalische Reaktion durch Zugabe von kalkfreiem Weinstein ein, dampft ein u. s. w. wie vorher.

***Eigenschaften.*** Kaliumtartrat bildet neutrale, kleinere oder grössere, durchsichtige, farblose, prismatische Krystalle, dem rhombischen System angehörend, oder ein weisses Pulver, von salzigem, bitterem Geschmack. Spec. Gewicht 1,955. Weder die Krystalle noch das Pulver enthalten Krystallwasser, werden aber an der Luft etwas feucht, ohne jedoch zu zerfliessen. In Weingeist sind sie unlöslich. 1 Th. Wasser von 0° C. löst 0,55 Th., Wasser von 17,5° C. gegen 1,3 Th., Wasser von 100° C. 2,8 Th. des Salzes. Säuren zersetzen es und scheiden Kaliumbitartrat daraus ab. In der Hitze schmilzt es, wird schwarz unter Verbreitung eines an verkohlenden Zucker (Karamel) erinnernden Geruches und verkohlt. Der Rückstand enthält neben Kohle noch Kaliumkarbonat.

Gleich anderen Salzen der Weinsäure hat auch das Kaliumtartrat die Fähigkeit Kupferoxyd (Eisenoxyd oder andere Oxyde) in Lösung zu halten, dient daher zur Darstellung der FEHLING'schen Lösung.

***Aufbewahrung.*** Kaliumtartrat wird in gläsernen Flaschen, gegen Luftfeuchtigkeit geschützt, aufbewahrt. Die Lösung des Salzes hält sich nicht lange und zersetzt sich unter Schleimbildung. Das Salz ist luftbeständig, aber nimmt in Pulverform bis zu 5 Proc., in kleinen Krystallen bis zu 3 Proc. Feuchtigkeit auf, ohne diesen Gehalt in der äusseren Form erkennen zu lassen.

***Prüfung.*** Die Lösung des Kaliumtartrats muss neutral oder kaum alkalisch, klar und farblos sein. — 1 Th. des Salzes löst sich bei gewöhnlicher Temperatur und unter wiederholtem Schütteln in 1 Th. destill. Wasser. Erfolgt nicht vollständige Lösung, so liegt eine Verfälschung mit einem anderen, weniger löslichen Salze vor. Giebt die mit Wasser verdünnte Lösung mit Ammonoxalat eine Trübung oder Fällung, so ist das Salz kalkhaltig. Wird die Lösung durch Schwefelwasserstoff verändert oder gefärbt, so liegen metallische Verunreinigungen vor. Man versetzt ferner die verdünnte wässrige Lösung mit soviel Salpetersäure, bis der anfangs sich abscheidende Weinstein wieder gelöst ist, und prüft mit Silbernitrat und Baryumchlorid auf die Gegenwart von Chlorid und Sulfat. Eine Spur Kaliumchlorid wird das Kaliumtartrat immer enthalten, weil das Kaliumbikarbonat des Handels von Kaliumchlorid nie frei ist.

***Anwendung.*** Das neutrale Kaliumtartrat ist in seiner Wirkung dem Kaliumacetat ähnlich. Man giebt es als gelind eröffnendes Mittel zu 2,5—5,0—10,0 g mehrmals am Tage in Mixturen, welche nicht saure Substanzen (saure Sirupe etc.) enthalten dürfen. Da die Extrakte meist eine saure Reaktion haben, so werden die damit gemischten Kaliumtartratlösungen auch Bodensätze von Kaliumbitartrat bilden. Das neutrale Kaliumtartrat wird in der Technik zum Entsäuern der Weine benutzt.

**Kalium tartaricum solutum.**

(Zum Recepturgebrauch.)

Rp. Kalii tartarici 50,0
Aquae destillatae 50,0.
S. Sumatur duplum.

Eine Aufbewahrung über 14 Tage ist nicht zulässig.

**Pulvis digestivus** KLEIN.

Pulvis Rhei tartarisatus. Pulvis leniens KLEIN.

Rp. Corticis Aurantii fructus
Kalii tartarici
Rhizomatis Rhei āā 10,0.
Mehrmals täglich eine Messerspitze.

**Solamen hypochondriacorum** KLEIN.

Rp. Sulfuris praecipitati 4,5
Rhizomatis Rhei 7,0
Corticis Aurantii fructus
Magnesii subcarbonici āā 10,0
Kalii tartarici
Elaeosacchari Foeniculi āā 20,0.
Dreimal täglich einen Theelöffel.

**II. Kalium bitartaricum. Saures weinsaures Kalium. Weinstein $C_4H_5KO_6$. Mol. Gew. = 188.**

Man unterscheidet im Grosshandel 1) Rohen Weinstein. Dieser wird, je nachdem er von weissen oder rothen Weinen gewonnen worden ist, als rother oder weisser Weinstein bezeichnet. 2) Gereinigten Weinstein. Derselbe wird aus dem vorigen durch einen Reinigungsprocess gewonnen, ist schon schön weiss, aber noch durch Kalk verunreinigt. Man bezeichnet diese Sorte gewöhnlich als Cremor Tartari, gereinigten Weinstein oder *Tartarus depuratus.* 3) Gereinigten Weinstein, kalkfrei. Aus dem vorigen durch ein Reinigungsverfahren gewonnen, ist die medicinische bez. pharmaceutische Sorte. Sie wird gewöhnlich als *Kalium bitartaricum purissimum* Ph. Germ. III bez. IV kalkfrei bezeichnet.

**Kalium hydrotartaricum** (Aust.). **Tartarus depuratus** (Germ. Helv.). **Tartrate de potasse acide** (Gall.). **Potassii Tartras acidus** (Brit.). **Potassii Bitartras** (U-St.). **Kalium bitartaricum. Kaliumbitartrat. Saures weinsaures Kalium. Crystalli Tartari. Cremor Tartari. Crême de Tartre. Wine-stone. $C_4H_5KO_6$. Mol. Gew. = 188.**

Wird aus dem gereinigten Weinstein des Handels durch ein Reinigungsverfahren dargestellt, ist bis auf Spuren frei von Kalkverbindungen und kommt entweder in Form derber Krystalle *(Crystalli Tartari)* oder als ein fein krystallinisches Pulver (*Cremor Tartari*) in den Handel. Man muss für pharmaceutische Zwecke ausdrücklich die kalkfreie Sorte bestellen.

***Eigenschaften.*** Der fast kalkfreie Weinstein ist ein weisses, nicht hygroskopisches Pulver, geruchlos, von säuerlichem Geschmacke, löslich in 20 Th. siedendem und in etwa 200 Th. kaltem Wasser, unlöslich in Weingeist. Aus siedendem Wasser krystallisirt er in glänzenden, spec. schweren Krystallen.

Erhitzt, stösst er Karamelgeruch aus und verkohlt ebenso wie das neutrale Kaliumtartrat schliesslich unter Hinterlassung eines aus Kohle und Kaliumkarbonat bestehenden Rückstandes. Aetzende und kohlensaure Alkalien begünstigen die Auflösung des Weinsteins in Wasser, indem sich dabei, je nach der Natur des angewendeten ätzenden oder kohlensauren Alkalis, neutrale Salze oder Doppelsalze der Weinsäure bilden.

***Prüfung.*** **1)** Man reibe 5,0 g des Salzes mit 100 ccm Wasser an und filtrire. Das Filtrat darf nach dem Ansäuern mit Salpetersäure durch Baryumchloridlösung nicht verändert und durch Silbernitratlösung nur schwach opalisirend getrübt werden, d. h. der Weinstein muss frei sein von Schwefelsäure, dagegen darf er Spuren von Chlor enthalten. **2)** Löst man 3—5 g des Weinsteins in eisenfreier (!) Ammoniakflüssigkeit, so darf diese Lösung durch Zugabe von Schwefelwasserstoffwasser nicht verändert werden, andernfalls sind Metalle, z. B. Blei, Kupfer, Eisen zugegen. **3)** Man übergiesst 1 g Weinstein mit 5 ccm verdünnter Essigsäure, lässt unter wiederholtem Umschütteln $^1/_2$ Stunde stehen, mischt 25 ccm Wasser hinzu und filtrirt durch ein kalkfreies Filter. Das Filtrat darf durch 8 Tropfen Ammoniumoxalatlösung innerhalb einer Minute nicht getrübt werden, anderenfalls ist der Kalkgehalt zu gross. Ein geringer Gehalt des Weinsteins an Calciumtartrat muss zugelassen werden, weil es nahezu unmöglich ist, absolut kalkfreien Weinstein im Handel zu erhalten. **4)** Mit Natronlauge im Ueberschuss erwärmt, darf Weinstein den Geruch nach Ammoniak nicht entwickeln.

***Aufbewahrung.*** Dieselbe erfordert lediglich den Schutz vor ammoniakalischer Luft und vor Staub.

***Anwendung.*** Der Weinstein gilt als mildes Diureticum, Purgativum und Catharticum mit der Wirkung der Kalisalze. Seine Wirkung ist derjenigen des Kaliumacetates ähnlich; auch der Weinstein wird im Organismus zu Kaliumkarbonat verbrannt. Der Weinstein wird in kleinerer Dosis als antiphlogistisches und diuretisches, in grösserer Dosis als gelinde kühlendes Abführmittel in entzündlichen und hydropischen Leiden und bei Brust- und Leberkongestionen, Hämorrhoidalleiden etc. angewendet. In der Technik findet der gereinigte Weinstein Verwendung zur Wollenfärberei, zur Darstellung von Beizen in der Färberei, zum Blanksieden und Verzinnen, zur Darstellung des weissen und schwarzen Flusses (für metallurgische Arbeiten) etc., in der Pharmacie zur Darstellung verschiedener Salze bez. Doppelsalze.

**Aqua angelica.**

Eau angélique.

| | | |
|---|---|---|
| Rp. | Tartari depurati | 10,0 |
| | Acidi citrici | 2,0 |
| | Mannae | 60,0 |
| | Aquae fervidae | 300,0 |
| | Sirupi Aurantii corticis | 60,0. |

Man löst durch Erwärmen im Dampfbade, klärt durch ein zu Schaum geschlagenes Eiweiss und filtrirt. 2—3 Weingläser täglich als gelindes Abführmittel.

**Aqua crystallina.**

| | | |
|---|---|---|
| Rp. | Tartari depurati | 10,0 |
| | Sacchari albi | 40,0 |
| | Aquae destillatae | 600,0. |

Man erhitzt bis zur Auflösung und filtrirt heiss, so dass sich im Filtrat der Weinstein in glänzenden Krystallen abscheidet.

**Liquor argentariorum.**

Silberglanzwasser.

| | | |
|---|---|---|
| Rp. | Tartari depurati | |
| | Salis culinaris | |
| | Aluminis | āā 20,0 |
| | Aquae | 1000,0. |

Um Silbersachen und Versilberungen glänzend zu machen, werden diese mit der Flüssigkeit aufgekocht oder auch mit der heissen Flüssigkeit gebürstet.

**Potus imperialis.**

Tisane impériale.

| | | |
|---|---|---|
| Rp. | Tartari depurati | 5,0 |
| | Aquae fervidae | 200,0 |
| | Aquae frigidae | 750,0 |
| | Elaeosacchari Citri | 10,0 |
| | Sirupi Sacchari | 35,0. |

Den Tag über zu verbrauchen.

**Potus tartaratus.**

Rp. Tartari depurati 5,0
Aquae destillatae calidae 450,0
Sirupi Rubi Idaei 45,0.

Stündlich eine kleine Tasse zu trinken.

**Manna tartarisata.**

Rp. Tartari depurati 10,0
Mannae depuratae 90,0
Aquae q. s.

Man formt Pastillen von 2,0 g Schwere.

**† Pulvis antirobigineus.**
Rostfleckenpulver.

Rp. Tartari depurati
Oxalii ää 100,0
(Säuregrün) q. s.)

Dient zum Putzen der Metalle, unter Weglassung des Farbstoffes auch zur Entfernung von Rostflecken aus Wäsche.

**Pulvis dentifricius acidus.**
Poudre dentifrice acide (Gall.).

Rp. Tartari depurati
Sacchari Lactis pulv. ää 200,0
Carmini 0,4
Olei Menthae piperitae 1,0.

**Pulvis digestivus** KANNENWURF.

Rp. Corticis Aurantii fructus 2,5
Rhizomatis Rhei 5,0
Tartari depurati 20,0
Sacchari albi 40,0.

Theelöffelweise als gelindes Abführmittel.

**Pulvis antihaemorrhoidalis** ANGELSTEIN.
ANGELSTEIN's Hämorrhoidpulver.

Rp. Seminis Foenugraeci
Foliorum Sennae ää 15,0
Tartari depurati
Sacchari albi ää 30,0.

**Pulvis ophthalmicus** BALDINGER.
BALDINGER's Augenpulver.

Rp. Tartari depurati
Boli Armenae
Sacchari albi ää 5,0.

Zum Einblasen in die Augen bei Hornhautflecken.

**Pulvis Tartari compositus.**
Pulvis salinus.

Rp. Tartari depurati 20,0
Kalii sulfurici 10,0.

Mehrmals täglich eine Messerspitze in Zuckerwasser.

**Tartalin,** englisches Surrogat für Weinstein zum technischen Gebrauche ist = Kaliumbisulfat.

**Tartarette,** Weinsteinersatz für Bäcker (d. h. in Backpulvern). 150 Th. krystall. Alaun wird getrocknet, bis nur noch 100 Th. übrig geblieben sind. Dann pulvert man und mischt 6 Th. Mehl dazu. (Englische Specialität.)

**Tartarine,** Weinsteinersatz für Bäcker. Eine Mischung von 14 Th. gebranntem Alaun und 2 Th. Mehl. (Englische Specialität.)

**Pulver** von MORISON in London zur gründlichen Reinigung des Blutes: 50,0 Zucker 30,0 Cremor Tartari, 7,5 Zimmt, 4,0 Ingwer. (BUCHNER, Analyt.)

**Tartarus depuratus venalis.** Der Apotheker ist gezwungen, für den Handverkauf eine zweite, billigere Sorte Weinstein zu halten, welche durch etwas Calciumtartrat verunreinigt ist. Diese Sorte sieht zudem viel schöner weiss aus als die völlig reine. Man schafft für diese Zwecke eine schöne weisse Sorte Venedischen Weinstein an, welcher frei ist von Kupfer, Blei und Eisen. Es ist aber zu beachten, dass diese Sorte in deutlicher Weise als für technische Zwecke bestimmt signirt sein muss.

**Tartarus depuratus absolutus zur Titerstellung.** Man krystallisirt den kalkfreien Weinstein des Handels zwei bis dreimal aus 2procentiger Salzsäure und hierauf noch 4—5mal aus frisch destillirtem Wasser um.

**III. Tartarus ammoniatus. Tartarus ammoniacalis. Tartarus solubilis (Germanorum). Sal ammoniacum tartareum. Alkali volatile tartarisatum. Ammono-Kali tartaricum. Ammoniakalischer Weinstein. Ammoniakweinstein. Weinsteinsalmiak. $2[C_4K(NH_4)H_4O_6] + H_2O$. Mol. Gew. = 428.**

***Darstellung.*** 100 Th. kalkfreier Weinstein und 33 Th. reines Ammoniumkarbonat werden zu einem Pulver gemischt, in einem porcellanenen Schälchen unter Erwärmen im Wasserbade nach und nach mit 20 Th. 10procentigem Aetzammon befeuchtet, dann unter Umrühren bei einer Wärme von ungefähr 50° C. trocken gemacht und zu Pulver zerrieben.

Zur Bereitung ex tempore von 10,0 Ammonweinstein werden in einem kleinen Glaskölbchen 8,8 kalkfreier Weinstein mit 8,0 10procentigem Aetzammon und 35,0 destillirtem Wasser übergossen und circa zwei Minuten aufgekocht. Die Flüssigkeit im Gewicht von circa 50,0 enthält 10,0 Ammonweinstein.

***Eigenschaften.*** Der Ammonweinstein bildet entweder neutrale oder schwach saure, oder schwach alkalische, etwas durchscheinende, farblose, mit der Zeit undurchsichtig werdende, gerade rhombische Säulen oder ein weisses krystallinisches Pulver von schwachem ammoniakalischem Geruche und salzigkühlendem, hintennach stechend ammoniakalischem Geschmacke. An der Luft verwittert er unter Verlust eines Theiles seines Ammongehaltes.

Erhitzt schmilzt er unter Ammonentwicklung. Er ist in 2 Th. kaltem und $^{3}/_{4}$ Th. heissem Wasser löslich, unlöslich in Weingeist. Beim Uebergiessen mit Aetzkalilauge entwickelt er Ammon; Säuren scheiden Weinstein ab.

***Aufbewahrt*** wird der Ammonweinstein in kleinen gut verkorkten gläsernen Flaschen.

***Anwendung.*** Der Ammonweinstein wird heute kaum noch gebraucht. Man vermuthete in ihm die kombinirte Wirkung des Salmiaks und Weinsteins. Man giebt ihn zu 2,0—3,0—4,0 drei- bis viermal täglich in Lösung.

**IV. Tartarus boraxatus** (Germ. Helv.). **Tartrate borico-potassique** (Gall.). **Cremor Tartari solubilis. Kalium tartaricum boraxatum. Boraxweinstein.** Die Darstellungsvorschriften der Germ. und Helv. stimmen miteinander überein, diejenige der Gall. weicht von den genannten etwas ab.

***Darstellung.*** Man vermeide hierbei die Benutzung metallischer Geräthe und verwende lediglich reinste Chemikalien und destillirtes Wasser. Das Austrocknen erfordert besondere Sorgfalt. Germ. und Helv.: 2 Th. Borax werden in einer Porcellanschale in 15 Th. Wasser im Dampfbade gelöst. Zu dieser Lösung setzt man unter Umrühren 5 Th. mittelfein gepulverten Weinstein. Wenn derselbe vollständig in Lösung gegangen ist, so filtrirt man die Lösung und dampft das Filtrat sogleich in einer Porcellanschale unter Umrühren ein. — Die schliesslich erhaltene glasige, zähe Masse wird in Lamellen zerzupft, welche man auf Porcellantellern weiter trocknet. In dem Maasse, wie die Trocknung vorschreitet, werden die ursprünglich durchsichtigen Stücke undurchsichtig. Man überzeugt sich von dem Stande des Trocknens dadurch, dass man jede einzelne Lamelle durchbricht. Man unterbreche die Trocknung nicht vorzeitig, denn ein mangelhaft getrocknetes Präparat backt im Standgefässe unfehlbar zusammen. Wenn also die Stücke durch ihre ganze Masse undurchsichtig geworden sind, so zerreibt man sie noch warm in einem warmen Mörser zu Pulver und bringt dieses sogleich in warme, trockene Flaschen, welche sorgfältig zu verschliessen sind. Wesentlich abgekürzt kann die Trocknung werden, wenn man den sirupdicken Abdampfrückstand nach dem Vorgange von Gehe & Co. auf Glasplatten streicht und alsdann austrocknet. Ein solches Präparat heisst *Tartarus boraxatus in lamellis.*

Gall. schreibt vor: Kaliumbitartrat 100,0, krystall. Borsäure 25,0, Wasser 250,0 und giebt ihrem Präparat die Formel $C_4H_4O_6(BoO)K$, Mol. Gew. = 214. Das nach dieser Vorschrift hergestellte Präparat ist nicht hygroskopisch.

***Eigenschaften.*** Der Boraxweinstein bildet, völlig ausgetrocknet und zerrieben, ein amorphes weisses (nicht ganz ausgetrocknet ein gelblich weisses) Pulver. Er ist völlig geruchlos und von stark saurer Reaktion. An der Luft zieht er begierig Feuchtigkeit an. Mit gleichviel Wasser giebt er eine anfangs etwas trübe, später klar werdende Lösung. Die Lösungen setzen mit der Zeit etwas Weinstein ab und schimmeln. Die wässerige Lösung (1 : 5) wird durch Essigsäure, sowie durch kleine Mengen Schwefelsäure nicht verändert, grössere Mengen Schwefelsäure scheiden Borsäure aus, durch Weinsäurelösung entsteht ein Niederschlag von Kaliumbitartrat. Weingeist löst den Boraxweinstein nur zu einem sehr geringen Theile. Beim Erhitzen schmilzt er, hierauf tritt starkes Aufblähen und dann Verkohlung ein, wobei die Weinsäure den nach gebranntem Zucker riechenden Dampf ausstösst. Der kohlige Rückstand enthält Natriumborat und Kaliumkarbonat, reagirt daher alkalisch. — Mit etwas Schwefelsäure befeuchtet, ertheilt das Salz der nicht leuchtenden Flamme die grüne Färbung der Borsäure.

Der Boraxweinstein wird nicht als chemische Verbindung aufgefasst, daher lässt sich auch eine Formel für denselben nicht aufstellen.

***Prüfung.*** Die 10procentige Lösung des Boraxweinsteins darf weder durch Schwefelwasserstoffwasser, noch auch, mit Ammoniak neutralisirt, durch Ammoniumoxalatlösung, ferner nach Zusatz von etwas Salpetersäure auch nicht durch Baryumnitrat getrübt werden. Fällung oder Trübung oder Färbung würden im ersteren Falle metallische Verunreinigungen, weissliche Trübungen in den letzteren Fällen Kalkerde und Sulfate anzeigen. Silbernitrat soll die mit Salpetersäure angesäuerte 10procentige Lösung nicht mehr als opalisirend trüben; Choride dürfen also nur in Spuren vorhanden sein.

***Aufbewahrung.*** Man schütze den Boraxweinstein besonders vor Feuchtigkeit (Kalktrockenschrank). Bewahrt man ihn in Gläsern mit Glasstopfen auf, so achte man darauf, dass nicht Reste des Präparates zwischen Hals und Stopfen hängen bleiben, weil diese zum Verkitten der Gefässe führen würden. Man öffnet ein solches Gefäss, nachdem man es einige Zeit umgekehrt in heisses Wasser eingetaucht hat.

***Anwendung.*** Die Wirkung des Boraxweinsteins ist eine kombinirte, derjenigen des Weinsteins und des Borax entsprechende. Man giebt ihn zu 0,5—1,0—2,0 g alle 2—3 Stunden als gelind eröffnendes und diuretisches Mittel, als Abführmittel zu 5,0 bis 7,5—10,0 g täglich. Aeusserlich hat man ihn in wässeriger Lösung bei juckenden Hautausschlägen und als Verbandmittel carcinomatöser Geschwüre angewendet.

**Aqua laxativa** CORVISART.
Médecine de NAPOLÉON.

| Rp. | Tartari boraxati | 30,0 |
|---|---|---|
| | Tartari stibiati | 0,025 |
| | Sacchari albi | 60,0 |
| | Aquae destillatae | 1000,0. |

Bei Verdauungsstörungen (Verstopfung) öfters ein Weinglas voll.

**Mixtura boro-tartarica** BUSCH.

| Rp. | Tartari boraxati | 30,0 |
|---|---|---|
| | Aquae destillatae | 150,0 |
| | Aquae Lauro-Cerasi | 8,0 |
| | Sirupi Sacchari | 30,0. |

Zweistündlich einen Esslöffel bei Menstruationsbeschwerden.

**Potus diureticus** SELLE.

| Rp. | Tartari boraxati | 30,0 |
|---|---|---|
| | Aquae Menthae crispae | 250,0 |
| | Spiritus Aetheris nitrosi | 5,0 |
| | Oxymellis scillitici | 30,0. |

Zweistündlich einen Esslöffel.

**V. Tartarus natronatus** (Germ. Helv.). **Kalium-Natrio-tartaricum** (Austr.). **Tartrate de potasse et de soude** (Gall.). **Soda tartarata** (Brit.). **Potassii et Sodii Tartras** (U-St.). **Kalium-Natriumtartrat. Weinsaures Kali-Natron. Sal polychrestum Seignetti. Sal Rupellense. Seignette-Salz, Rochelle-Salz.** $C_4H_4KNaO_6 + 4\ H_2O$. **Mol. Gew.** = 282.

***Darstellung.*** In einen geräumigen steinzeugenen Topf, nöthigenfalls in einen zinnernen Kessel, bringt man 4 kg krystall. Natriumkarbonat in ganzen Krystallen, dazu 5 kg gepulverten gereinigten Weinstein und übergiesst die Salze mit 25 Liter destill. Wasser. Man lässt einige Stunden stehen, rührt mit einem reinen Holzstabe öfter um und stellt das Gefäss an einen warmen Ort, indem man den Inhalt bisweilen umrührt. Unter allmählichem Entweichen von Kohlensäure geht die Verbindung vor sich, langsamer, wenn man nicht stärker erwärmt, schneller beim Erhitzen. Wenn die Kohlensäureentwicklung nachlässt, erhitzt man stärker, entweder im Sandbade bis zum Aufkochen oder im Dampfbade einige Stunden hindurch bis auf 80—90° C., um die Kohlensäure möglichst zu beseitigen. Es ist in dieser Vorschrift nämlich hier ein Ueberschuss an Natriumkarbonat vorgeschrieben, um die Ausscheidung der Kalkerde, welche als Tartrat im Weinstein vertreten ist, als Karbonat zu erreichen. Da jedoch Calciumkarbonat in Wasser mit freier Kohlensäure etwas löslich ist, so ist die Erhitzung behufs Austreibung der Kohlensäure nicht zu umgehen.

Nach dem Erhitzen stellt man zwei Tage an einen kalten Ort zum Absetzenlassen des Calciumkarbonats bei Seite, filtrirt dann, dampft die klare Lösung in porcellanenen oder zinnernen Gefässen so weit ein, bis ein Tropfen, auf eine kalte Glasplatte gebracht und agitirt, kleine Kryställchen absondert, und stellt zur Krystallisation bei Seite. Die Lösungen des Kaliumnatriumtartrats setzen, nebenbei bemerkt, beim Eindampfen keine Krystallhäutchen ab. Um schöne, grosse, ausgebildete Krystalle zu erlangen, treibt man die Koncentration nicht zu weit, sondern wiederholt dieselbe mit den Mutterlaugen öfter. Enthält der Weinstein Eisen, so leitet man in die letzte Mutterlauge Schwefelwasserstoff oder digerirt sie mit gereinigter thierischer Kohle. Die zuletzt anschiessenden Krystalle sind stets etwas gefärbt. Aus der letzten Mutterlauge kann man auch durch Salzsäure Weinstein ausfällen (s. S. 219).

***Eigenschaften.*** Das officinelle Kaliumnatriumtartrat bildet grosse, klare, farblose rhombische (dem regulären Krystallsysteme angehörende), vielfach abgeflachte Krystalle von mildsalzigem, bitterlichem, kühlendem Geschmacke, welche an der Luft beständig sind und nur in warmer Luft Neigung zum Verwittern zeigen, und von 1,78 spec. Gew. Beim Erwärmen (bei 70—80° C.) schmelzen sie zuerst in ihrem Krystallwasser und hinterlassen nach dem Austrocknen beim Erhitzen bis zum Glühen, einen nach gebranntem Zucker riechenden Dampf ausstossend, ein Gemenge aus Natrium- und Kaliumkarbonat und Kohle. Das krystallisirte Salz ist in $1^1/_2$ Th. kaltem und halb so viel heissem Wasser, kaum in Weingeist löslich. Die wässerige Lösung ist völlig neutral. Säuren fällen aus seiner Lösung Weinstein aus. Beim längeren Liegen an der Luft verwittert es nur unvollständig, im gepulverten Zustande schneller und vollständiger. Bei 100° C. werden nur 3 Mol. Wasser abgegeben. Völlig wasserfrei wird das Salz bei 130° C.

***Prüfung.*** Dieselbe erfolgt in der nämlichen Weise, wie dies für das neutrale Kaliumtartrat, s. S. 220 angegeben worden ist.

***Aufbewahrung.*** Das krystallisirte Kaliumnatriumtartrat wird in gläsernen oder porcellanenen Gefässen aufbewahrt, in welchen ein Verwittern des Salzes so leicht nicht eintritt. Man hält es auch als Pulver vorräthig, denn es wird zuweilen in Pulvermischungen verordnet und ist ein Bestandtheil des *Pulvis aërophorus laxans.* Das Pulver stellt man in der Weise dar, dass man die Krystalle in einem porcellanenen Mörser in ein grobes Pulver verwandelt, dieses auf Porcellantellern ausbreitet, in einer Wärme, welche aber 25° C. nicht erreicht, einen Tag (14—15 Stunden) austrocknen lässt und dann zu einem feinen Pulver zerreibt. Es soll nur das den Krystallen mechanisch adhärirende Wasser verdunstet werden. Ein Schmelzen des Salzes beim Trocknen soll vermieden werden.

***Anwendung.*** Dieses Salz befördert, in Gaben zu 0,5—1,0—2,0 g einige Male des Tages gegeben, die Verdauung. Als Abführmittel giebt man es zu 5,0—10,0—15,0 g 2—3 mal den Tag über. In Mixturen vermeide man saure Beimischungen.

**Pulvis aërophorus laxans** (Germ.). **Pulvis aërophorus Seidlitzensis** (Austr.). **Pulvis effervescens laxans** (Helv.). **Poudre gazogène laxative** (Gall.). **Pulvis Sodae tartaratae effervescens** (Brit.). **Pulvis effervescens compositus** (U-St.). Sämmtliche Pharmakopöen lassen eine Mischung von Kalium-Natriumtartrat und Natriumbikarbonat in eine farbige Papierkapsel, die vorgeschriebene Menge Weinsäure in eine weisse Papierkapsel einfüllen. Die für 1 Dosis vorgeschriebenen Mengen sind:

| | Austr. | Brit. | Gall. | Germ. | Helv. | U-St. |
|---|---|---|---|---|---|---|
| Natrii bicarbonici | 3,0 | 2,59 | 2,0 | 2,5 | 2,5 | 2,6 |
| Tartari natronati | 10,0 | 7,77 | 6,0 | 7,5 | 8,0 | 7,7 |
| Acidi tartarici | 3,0 | 2,46 | 2,0 | 2,0 | 2,0 | 2,25. |

**Aqua Kalii tartarici** RICHTER.
RICHTER's weinsaures Kaliwasser.

| Rp. | | |
|---|---|---|
| | Natrii chlorati | 2,5 |
| | Tartari natronati | 30,0 |
| | Aquae Acido carbonico saturatae | 1000,0. |

**Pulvis aperitivus** FORDYCE.

Rp. Tartari natronati 1,0
Rhizomatis Rhei 0,5.
Dentur doses tales X. Bei Magenbeschwerden des Morgens ein Pulver.

**Poudre pectoral** de BELIOL (Paris) gegen chronische Brustleiden. Eine Mischung von 75,0 Milchzucker, 20,0 Arabischem Gummi und 5 Seignettesalz. Nebst ärztlichem Rath 60 g = 8 M.

---

# Kamala.

**Kamala** (Austr. Germ. Helv. U-St.). **Glandulae Rottlerae. — Kamala. — Rottlera.**

Die Droge wird gebildet von kleinen Drüsen, die sich auf den Früchten und auf der Unterseite der Blätter von **Mallotus philippinensis Müll. Arg.** (syn: Rottlera tinctoria Roxb.), Familie der **Euphorbiaceae—Mercurialinae,** finden. Dieser immergrüne Baum oder Strauch ist heimisch von Vorderindien bis zum südöstlichen China, den

Liu-kiu Inseln, Neu-Guinea und bis zum Norden und Osten von Australien. Für den Handel sammelt man die Droge in einigen Gegenden Vorderindiens, indem man die Früchte in Körben schüttelt und reibt, wobei die Drüsen auf darunter gelegte Tücher durchfallen.

***Beschreibung.*** Die Drüsen sind unregelmässig kuglig, auf einer Seite abgeflacht oder etwas vertieft, bis 100 $\mu$ gross. Sie bestehen aus einer zarten Membran (Cuticula), welche, in eine rothbraune Masse eingelagert, bis 60 keulenförmige Zellchen enthält, die vom Anheftungspunkte der Drüse divergiren (Fig. 20). Um den Bau der Drüse erkennen zu können, behandelt man sie auf dem Objektträger mit einem Tropfen verdünnter Natronlauge, den man nach einiger Zeit durch Wasser ersetzt. Ein ständiger Begleiter der Drüsen sind aus dickwandigen, einzelligen Haaren bestehende Büschelhaare (Fig. 19). Die ganze Droge bildet ein lebhaft rothbraunes bis rothes Pulver, in dem bei genauer Betrachtung graue und gelbe Partikel auffallen. Geruchlos und geschmacklos.

***Bestandtheile.*** Rottlerin (Mallotoxin), eine einbasiche Säure $C_{32}H_{29}O_7COOH$, krystallisirt in gelben oder lachsfarbenen Nadeln, die bei 191—191,5° C. schmelzen. Ferner, mit dem Rottlerin anscheinend mehr oder weniger nahe verwandt: Isorottlerin, das bei 198—199° C. schmilzt und im Gegensatz zum Rottlerin in Schwefelkohlenstoff, Chloroform und Benzin so gut wie unlöslich ist. Ferner einen gelben, in Nadeln krystallisirenden Farbstoff, bei 192—193° C. schmelzend, ein Harz der Formel $C_{12}H_{12}O_3$, ein zweites Harz

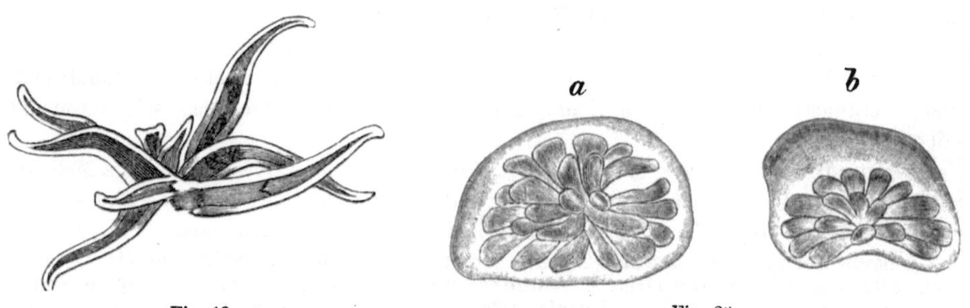


Fig. 19. Büschelhaare der Kamala.

Fig. 20. Kamaladrüsen, *a* von unten, *b* von der Seite.

der Zusammensetzung $C_{18}H_{12}O_4$. Endlich Wachs $C_{28}H_{54}O_2$, Schmelzpunkt 82° C. Siedler und Waage fanden ferner in zwei Proben: Wasser 2,42 und 3,92 Proc., Asche 5,40 und 8,76 Proc., ätherisches Extrakt 73,44 und 62,91 Proc., Asche des Extraktes 0,48 und 0,45 Proc., Asche des Rückstandes 4,92 und 8,34 Proc. — Die Asche enthält Mangan. Den Gehalt an Asche normiren die Arzneibücher folgendermassen: Germ.: 6 Proc., Helv.: 6 Proc., Austr.: 6 Proc., U-St.: 8 Proc., Flückiger und Hanbery fanden für reine Kamala einen Aschegehalt von 1,08—2,9 Proc.; die in den Handel gelangende Waare enthält theils infolge unsorgfältiger Einsammlung, theils infolge absichtlicher Verfälschung bis zu 83 Proc. Asche, woraus die Drogisten durch Absieben und Schlämmen ascheärmere Waare herstellen. Neuerdings wird aber in Indien dem Artikel mehr Aufmerksamkeit zugewendet, und es gelangt schon eine Rohkamala mit 5,5 Proc. Asche in den Handel, aus welcher man durch weitere Reinigung eine solche mit 2—3 Proc. gewinnen kann. Während in früherer Zeit den Klagen der Drogisten, eine hinreichende Kamala von vorgeschriebenem Aschengehalt zu annehmbarem Preise liefern zu können sei unmöglich, hier und da eine gewisse Berechtigung nicht abzusprechen war, scheinen sich, wie gesagt, die Verhältnisse neuerdings zu bessern, und dem Apotheker ist zu rathen, die gekaufte Kamala auf den Aschengehalt zu untersuchen und event. zurückzuweisen. Jedenfalls wird eine aschenarme Kamale stets verhältnissmässig theuer sein müssen, und es ist daher vorgeschlagen worden, für Veterinärzwecke, wo bei den starken zur Verwendung gelangenden Dosen der Preis besonders ins Gewicht fällt, eine billige, aschenreichere (z. B. mit 10 Proc. Asche) Waare in natürlich entsprechend erhöhter Dosis zu verwenden. Eine durch Schlämmen gereinigte Kamala ist verhältnissmässig dunkel gefärbt, etwa wie Caput mortuum. — Für die Aschenbestimmung selbst, für die man 1,0 g verwendet, ist darauf aufmerksam zu machen, dass es nothwendig ist, die Operation zuerst bei kleiner Flamme vorzunehmen, da die Kamala sich stark aufbläht und leicht über den Tiegel steigt.

***Verunreinigungen und Verfälschungen:*** **1)** An erster Stelle stehen Mineralsubstanzen: z. B. rothbrauner Quarzsand, die, wie soeben gezeigt, den Aschengehalt erhöhen.

**2)** Zerriebene Blüthen von Carthamus tinctorius (vergl. Bd. I S. 658), Zimmtpulver (vergl. Bd. I, S. 840), gepulverte Blätter von Mallotus. Diese und ähnliche Verfälschungen sind durch das Mikroskop leicht zu ermitteln und durch Absieben und Abschlämmen relativ leicht zu entfernen.

**3)** Mit Fuchsin gefärbtes Stärkemehl einer Scitaminee, ebenfalls durch das Mikroskop leicht zu ermitteln.

**4)** Warras, Wars, Wurrus; das sind die auf den Hülsen der Crotalaria erythrocarpa in Südarabien und Nordostafrika vorkommenden ähnlichen Drüsen, die über Aden in den Handel kommen. Die Drüsen sind länglich, bis 200 $\mu$ lang, sie enthalten ebenfalls zahlreiche Zellen, die aber durch Querwände mehrfach getheilt sind, so dass 3—4 Etagen übereinander stehende Zellen vorhanden sind. In der Droge finden sich stets einfache, dickwandige Haare. Warras wird beim Erhitzen auf 100° C. schwarz, Kamala nicht. An Stelle des Warras erscheint zuweilen eine Droge, die aus mehr oder weniger isolirten, rundlichen Zellen besteht, die mit ei- oder nierenförmigen Stärkekörnchen vollgestopft sind, daneben finden sich besonders Palissadenzellen einer Samenschale. Anscheinend handelt es sich um die zerkleinerten Samen der Crotalaria. Bezüglich der Bestandtheile scheint der Warras der Kamala verwandt zu sein.

***Aufbewahrung.*** An einem trockenen Orte vor Licht geschützt.

***Anwendung.*** Als gutes, von unangenehmen Nebenwirkungen ziemlich freies Mittel gegen Bandwürmer (sicher nur bei Taenia Solium), gegen Spul- und Madenwürmer, besonders bei Kindern und schwächlichen Personen. Man giebt Erwachsenen 8—10 g in zwei Dosen, kleinen Kindern 1,5, grösseren 2 g in Gallertkapseln, Tabletten, in Pulver- oder Latwergeform, oder als Tinktur. Die Würmer werden getödtet; Abführmittel sind in der Regel unnöthig, da Kamala an und für sich abführend wirkt. Aeusserlich gegen Flechten. Im Orient dient Kamala zum Färben der Seide.

In Deutschland ist Kamala dem freien Verkehr entzogen.

**Tabulettae Kamalae.**
Kamala-Tabletten.

| | | |
|---|---|---|
| Rp. | Kamalae | 25,0 |
| | Sacchari albi pulv. | 30,0 |
| | Gummi arabici pulv. | |
| | Cacao deoleati | āā 10,0 |
| | Aquae destillatae | 1,5 vel q. s. |

Man mischt und presst 100 Tabletten. Morgens nüchtern zu nehmen. Kindern bis zu 10, Erwachsenen 30—40 Tabletten.

**Tinctura Kamalae** (HUSEMANN).

| | | |
|---|---|---|
| Rp. | Kamalae | 10,0 |
| | Spiritus diluti | 20,0. |

Durch 2tägige Maceration zu bereiten. Zu 4—16 g in aromatischen Wässern oder Likör.

**Vet. Boli vermifugi pro equis.**
Wurmpillen für Pferde.

| | | |
|---|---|---|
| Rp. | Kamalae | 16,0 |
| | Aloës pulv. | 30,0 |
| | Tartari stibiati | 8,0 |
| | Saponis viridis | q. s. |

Man formt 2 Pillen.

**Vet. Pulvis vermifugus pro canibus.**
Wurmpulver für Hunde.

| | | |
|---|---|---|
| Rp. | Kamalae | |
| | Florum Cinae pulv. | āā. |

---

# Keratinum.

**Keratinum** (Germ). **Hornstoff. Keratin. Kératine. Keratina.**

Als „Keratin“ im pharmaceutischen Sinne ist ein aus geeignetem Ausgangsmaterial hergestellter Hornstoff zu verstehen, welcher frei ist von Fett und von Bestandtheilen, welche durch den sauren Magensaft verdaut werden. Man benutzt Lösungen dieses Keratins zum Ueberziehen von Pillen, welche vom Magen nicht angegriffen, sondern erst im Bereiche der alkalischen Pankreas-Verdauung zur Wirkung gelangen sollen.

***Darstellung.*** 10 Th. kleingeschnittener Federspulen werden in einem geschlossenen Kolben mit einer Mischung von 10 Th. Aether und 50 Th. Weingeist 8 Tage lang unter öfterem Umschütteln ausgezogen. Dann giesst man die Aether-Alkohol-Mischung ab und spült die Federspulen noch 2—3 mal mit kleineren Mengen 96 procentigen Alkohols nach. Man lässt den Alkohol abtropfen, spült die Federspulen einige Male mit lauwarmem destillirten Wasser ab, übergiesst sie mit einer Lösung von 1 Th. Pepsin und 6 Th. Salzsäure (von 25 Proc.) in 1000 Th. Wasser und lässt sie damit während 1 Tages unter häufigem Umschütteln bei ca. 40° C. in Berührung. Nach Verlauf dieser Zeit giesst man die saure Flüssigkeit ab, wäscht die Federspulen gut aus und trocknet sie. Alsdann bringt man die getrockneten Federspulen in einen Kolben, übergiesst sie in diesem mit 100 Th. Eisessig und erhitzt das Ganze am Rückflusskühler — an dessen Stelle auch ein ca. 2 m langes Glasrohr treten kann — etwa 30 Stunden lang zum mässigen Sieden. — Man lässt darauf absetzen, filtrirt durch Glaswolle, dunstet die Lösung in einer Porcellanschale zur Sirupdicke ein, streicht den sirupösen Rückstand auf Glasplatten und trocknet ihn auf diesen bei 60—70° C., worauf man die Lamellen abstösst.

***Eigenschaften.*** Ein bräunlichgelbes Pulver oder ebenso gefärbte durchscheinende Lamellen ohne Geruch und Geschmack, beim Erhitzen unter Verbreitung des Geruches nach angesengten Federn eine schwierig verbrennende Kohle gebend, in den gewöhnlichen Lösungsmitteln unlöslich, desgleichen unlöslich in verdünnten Säuren, dagegen löslich in Eisessig, ferner in ätzenden Alkalien und in Ammoniakflüssigkeit. — Es muss indessen bemerkt werden, dass das Keratin während des Eindampfens und Eintrocknens der essigsauren Lösung einer theilweisen Veränderung unterliegt, denn es löst sich, einmal getrocknet, nicht mehr klar in Essigsäure wieder auf.

***Prüfung.*** **1)** Es gebe weder an Wasser, Weingeist, Aether oder verdünnte Säuren, noch an eine mit Salzsäure angesäuerte wässerige Pepsinlösung (von der unter Darstellung vorgeschriebenen Stärke) etwas ab. Zur Prüfung auf in Wasser, Weingeist, Aether oder verdünnten Säuren lösliche Antheile werden kleinere Mengen der betreffenden Auszüge einfach in Glasschälchen eingedampft; zur Beantwortung der Frage, ob durch salzsaure Pepsinlösung etwas gelöst wurde, bedarf es einer gewichtsanalytischen Feststellung des Verdampfungsrückstandes des Filtrates. Von dem bei 100° C. getrockneten Rückstande ist die Menge des angewendeten Pepsins in Abzug zu bringen. — **2)** 100 Th. Keratin dürfen beim Verbrennen nicht mehr als 1 Th. (= 1 Proc.) Asche hinterlassen. — **3)** 1 Th. Keratin hinterlasse nach 24stündigem Digeriren (bei 25—40° C.) mit 15 Th. Essigsäure oder mit 15 Th. Ammoniakflüssigkeit nicht mehr als 3 Proc. unlöslichen Rückstand.

***Aufbewahrung.*** Ueber diese ist etwas Besonderes nicht zu erwähnen.

***Keratinlösungen.*** Zur Herstellung der Keratinlösungen löst man das oben erhaltene Keratin entweder in Eisessig oder Ammoniak event. unter mässigem Erwärmen auf, lässt die Lösung einige Zeit absetzen und giesst sie dann klar ab oder filtrirt sie durch Glaswolle. Am zweckmässigsten wird je eine ammoniakalische und eine essigsaure Lösung vorräthig zu halten sein.

Ammoniakalische Keratinlösung: 7 Th. *Keratin* werden durch Digeriren, event. unter mässigem Erwärmen, in einer Mischung von je 50 Th. *Liquor Ammonii caustici* (10 Proc. $NH_3$) und 50 Th. *Spiritus dilutus* gelöst.

Essigsaure Keratinlösung: 7 Th. *Keratin* werden in 100 Th. *Acidum aceticum glaciale* durch Digeriren event. unter schwachem Erwärmen gelöst.

Mit diesen Lösungen sind die zu keratinirenden Pillen zu überziehen. Ob das verwendete Keratin brauchbar war, lässt sich durch den unten angegebenen Versuch mit Schwefelcalciumpillen feststellen.

***Keratiniren der Pillen.*** Zur Bildung der Pillenmassen vermeidet man die Verwendung von Wasser oder wässerigen Substanzen, bedient sich hierzu vielmehr eines geschmolzenen Gemisches von 1 Th. *Cera flava* und 10 Th. *Sebum* oder *Oleum Cacao*. Zusätze von pflanzlichen oder quellungsfähigen Substanzen sind nach Möglichkeit auszuschliessen, dagegen lassen sich als Constituens Kaolin, Bolus, Kohlepulver verwenden.

Hat man mit Hilfe der Fettmischung und einer der angegebenen Substanzen das Medikament in Form von Pillen gebracht, so werden diese mit einer Hülle von Fett überzogen, indem man sie in geschmolzene Cacaobutter taucht, hierauf werden sie, um ihnen ein gefälligeres Aeussere zu verleihen, in Graphitpulver gerollt und schliesslich mit einem Keratinüberzuge versehen. Die letztere Operation geschieht in der Weise, dass man die Pillen mit der für sie geeigneten (s. unten) Keratinlösung befeuchtet und sodann in fortwährender Bewegung erhält, bis das Lösungsmittel verdunstet ist. Das Befeuchten muss so oft (bis zu 10 Malen) geschehen, bis der Ueberzug erfahrungsmässig stark genug ist. Die Pillen hierbei auf Nadeln aufzuspiessen, ist unzulässig, da der Ueberzug auch nicht die geringste Lücke haben darf.

Flüssigkeiten nicht wässeriger Natur können durch Zusammenschmelzen mit Wachs mit oder ohne Fettzusatz zur Pillenmasse geformt werden, wässerige Flüssigkeiten oder dünnflüssige Extrakte werden mit Gummipulver oder Traganth verdickt und dann mit möglichst wenig quellbaren Pflanzenpulvern zur Masse verarbeitet. Unter Umständen lässt sich auch eine beträchtliche Menge der eben angegebenen Fettmischung unter die Masse verarbeiten. Indessen lassen sich ganz allgemein gültige Vorschriften nicht aufstellen. Jeder Praktiker wird nach den erörterten allgemeinen Gesichtspunkten das Richtige zu treffen im Stande sein. Bezüglich der Frage, in welchen Fällen zum Keratiniren die essigsaure, in welchen die ammoniakalische Lösung zu benutzen ist, wird die Entscheidung natürlich so ausfallen, dass man stets diejenige Lösung wählt, welche den medikamentösen Bestandtheil der Pillen möglichst nicht verändert.

Es wird sich daher empfehlen, die essigsaure Lösung zu benutzen bei Pillen, welche enthalten: Silbersalze, Goldsalze, Quecksilbersalze, Eisenchlorid, Arsen, Alaun, Kreosot, Salicylsäure, Salzsäure, Gerbsäure etc.,

die ammoniakalische Lösung dagegen bei solchen, welche Pankreatin, Trypsin, Galle, Ferrum sulfuratum, Alkalien einschliessen.

Ausserdem giebt es auch eine Anzahl chemisch neutraler Körper, bei denen es gleichgültig ist, welche Keratinlösung zur Anwendung kommt. Hierher gehört z. B. das Naphtalin.

Bevor eine Keratinlösung praktisch in Gebrauch genommen wird, ist es nothwendig festzustellen, ob dieselbe im Stande ist, Pillen mit einem genügend schützenden Ueberzuge zu versehen. Zu diesem Zwecke fertigt man nach den oben gegebenen allgemeinen Anweisungen Probepillen an, deren jede 0,05 g Calciumsulfid (*Calcium sulfuratum*) enthält. Erzeugt eine solche Pille im Verlaufe einiger Stunden nach dem Einnehmen keinen „ructus“ (Aufstossen) von Schwefelwasserstoff, so ist der Keratinüberzug als ein probemässiger anzusehen.

***Anwendung*** finden die Keratinpillen in allen jenen Fällen, in denen man eine medikamentöse Wirkung nicht im Magen, sondern erst im Darm zur Entfaltung bringen will, also bei allen Medikamenten, welche die Magenschleimhaut reizen, wie Salicylsäure, Quecksilberpräparate, solche, welche die Verdauungsthätigkeit des Magens beeinträchtigen, wie Tannin, Alaun, Bismutnitrat, welche vom Magensaft zu unwirksamen Verbindungen zersetzt werden, wie Silbernitrat, Eisensulfid, Quecksilberjodide, ferner solche, welche man möglichst koncentrirt in den Dünndarm gelangen lassen will, z. B. Alkalien, Seife, Galle und alle Wurmmittel.

Als Ersatz der keratinirten Pillen sind neuerdings Pillen mit einem Ueberzuge von Salol vorgeschlagen worden. Diese scheinen sich nicht bewährt zu haben.

---

# Kino.

Mit diesem Namen bezeichnet man eine Anzahl adstringirender, rother oder rothbrauner Pflanzensekrete. — Pharmaceutische Verwendung findet im wesentlichen nur das folgende:

**Kino** (Brit. Ergänzb. Helv. U-St.). **Kino indicum. Malabar-Kino. Cochin-Kino. Gummi adstringens Fothergilli. Gummi gambiense s. rubrum. Gummi s. Resina Kino. — Kino. — Kino de l'Inde** (Gall.). **Gomme Kino. — Kino. Kino-gum.**

***Beschreibung.*** Es stammt von **Pterocarpus Marsupium Roxb.** (Familie der **Papilionaceae—Dalbergieae—Pterocarpinae**), einem in Vorderindien verbreiteten, bis 25 m hohen Baum. Das Kino ist im Weichbast der Rinde in zahlreichen Sekretschläuchen, die zu axialen Reihen über einander gestellt sind, enthalten. Man gewinnt es durch Einschnitte in den Baum und fängt den ausfliessenden Saft, der bald erstarrt, auf. — Es bildet dann dunkelbraunrothe bis schwärzliche, glänzende, eckige Stückchen, deren kleinste, scharfkantige Fragmente rubinroth durchscheinend sind. Es ist amorph, hart, spröde, mit kleinmuschligem Bruch, geruchlos, von stark zusammenziehendem Geschmack, den Speichel rothfärbend und beim Kauen etwas erweichend.

In kaltem Wasser wenig, in heissem Wasser grösstentheils, ebenso in Alkohol löslich. Die Lösungen reagiren sauer, geben mit Eisenchlorid auch bei starker Verdünnung einen grünen Niederschlag, mit Alkalien werden sie violett. Kaliumdichromat und Mineralsäuren geben eine Fällung.

***Bestandtheile.*** Kinoroth $C_{28}H_{22}O_{11}$, in Salzsäure unlöslich, mit Eisenchlorid schmutzig-grün, fällt Leimlösung. Ferner enthält es Brenzkatechin, beim Schmelzen mit Kali liefert es Phloroglucin und Protocatechusäure; es ist daher seinem Hauptbestandtheil nach als Phloroglucinäther der Protocatechusäure zu betrachten; beim Kochen mit Salzsäure liefert es Kinoin $C_{14}H_{12}O_6$, das farblose Prismen bildet, die sich mit Eisenchlorid roth färben.

***Anwendung.*** Innerlich zu 0,3—1,2 (Brit.) bei Durchfällen und Blutungen, als zusammenziehendes Mittel in Mund- und Zahnwässern — überhaupt wie Catechu, doch seltener als dieses verwendet. In ziemlichem Umfange benutzt man es zum Färben von Portwein und Burgunder.

**Tinctura Kino.** Kinotinktur. (Ergänzb. Helv. Gall.). Aus 1 Th. grob gepulvertem Kino und 5 Th. Weingeist (Ergänzb. 87proc., Helv. 94proc., Gall. 60proc.) durch Maceration zu bereiten. — U-St.: Aus 100 g Kino und einer Mischung von 150 ccm Glycerin, 200 ccm Wasser und 650 ccm Weingeist (91proc.). Man reibt das Kino mit der Mischung an, bringt nach 24stündiger Maceration auf ein Filter und wäscht dieses mit q. s. Weingeist nach, so dass man 1000 ccm Tinktur erhält. Brit. schreibt 250 ccm Wasser und 12stündige Maceration vor, sonst ebenso. — Es empfiehlt sich, um das Zusammenbacken des Kino zu verhindern und die Lösung zu beschleunigen, es mit grobem Glaspulver oder gewaschenem Quarzsand zu mischen. Die Tinktur gelatinirt leicht; man hält sie deshalb nur in kleiner Menge in gelben, ganz gefüllten Fläschchen vorräthig. Die mit einem Zusatz von Glycerin bereitete Tinktur soll diesen Uebelstand nicht zeigen. Wird bisweilen, mit Arnikatinktur vermischt, gegen Frostbeulen angewendet.

**Liquor Kino aluminatus.**

Injectio adstringens e Kino.

| Rp. | Kino pulverati | 10.0 |
|---|---|---|
| | Aluminis | 2,0 |
| | Aquae fervidae | 1000,0. |

Nach 1/2 Stunde zu filtriren. Bei Harnröhrenentzündung.

**Pilulae antidiarrhoicae.**

| Rp. | Kino | 2,5 |
|---|---|---|
| | Opii | 0,2 |
| | Tragacanthae | 1,0 |
| | Glycerini | 2,0 |
| | Aquae | q. s. |

Zu 50 Pillen.

**Pulvis Kino compositus** (Brit.).

Pulvis Kino cum Opio.

Compound Powder of Kino.

| Rp. | Kino pulver. | 75,0 |
|---|---|---|
| | Opii pulver. | 5,0 |
| | Cort. Cinnamom. zeyl. pulver. | 20,0. |

Enthält 5 Proc. Opium. Gabe 0,3—1,2 g.

**Sirupus Kino.**

| Rp. | Tincturae Kino | 10,0 |
|---|---|---|
| | Sirupi Sacchari | 90,0. |

**Tinctura Kino composita** (Nat. form.).

Compound Tincture of Kino.

Rp.

| | | |
|---|---|---|
| 1. | Tincturae Kino (U-St) | 100,0 ccm |
| 2. | Tincturae Opii (U-St.) | 100,0 „ |
| 3. | Spiritus Camphorae (U-St.) | 65,0 „ |
| 4. | Olei Caryophyllorum | 1,5 „ |
| 5. | Coccionellae | 9,0 g |
| 6. | Spirit. Ammonii aromatic. (U-St.) | 8,0 ccm |
| 7. | Spiritus diluti (41 proc.) q. s. ad | 1000,0 ccm. |

Man verreibt 5 mit 6 und fügt nach und nach 700 ccm von 7 hinzu, vermischt mit 1—4, bringt auf ein Filter und wäscht dieses mit q. s. von 7 nach, so dass man 1000 ccm Tinktur erhält.

**Mailänder Zahntinktur** von Dr. Rau ist ein weingeistiger, mit Pfefferminzöl versetzter Auszug aus Kino und Zimmt.

**Andere Kinosorten:**

1. Von **Pterocarpus erinaceus Poir.**, von Senegambien und Angola bis zu den ostafrikanischen Seen, liefert **Gambia-Kino.** Es soll hinter dem Malabar-Kino nicht zurückstehen, ja nach einigen Angaben dasselbe übertreffen. Die mit demselben bereitete Tinktur soll nicht gelatiniren.

2. Von **Butea monosperma (Lam.) Taub.** (syn. B. frondosa) (**Papilionaceae — Phaseoleae — Erythrininae**) in Ostindien, liefert **bengalisches** oder **Palasa-Kino,** in flachen Stücken oder Körnern, oder stalaktitenartigen Massen von fast schwarzer Farbe. Enthält stets anhaftende Rindenstücke. Diese beiden Sorten werden gegenwärtig, wo grosser Mangel an Malabar-Kino herrscht, vielfach angewendet.

3. **Angophora intermedia DC.** (**Myrtaceae—Leptospermoideae—Eucalyptinae**) in Australien. Diese und anscheinend auch andere Arten liefern ein mehr braunes oder gelbbraunes Kino.

4. Dagegen scheint ein ebenfalls aus Australien stammendes Kino von **Milletia megasperma F. v. M.** (**Papilionaceae — Galegeae — Tephrosiinae**) von guter Beschaffenheit zu sein.

5. Ueber **Eucalyptus-Kino** vergl. Band I, S. 1065.

6. Von guter Beschaffenheit scheint ferner das afrikanische Kino von **Brachystegia spicaeformis Benth.** (**Caesalpiniaceae**) zu sein.

7. Achnliche Produkte liefern noch **Coccoloba uvifera Jacq.** (**Polygonaceae**) in Westindien (**Jamaika-Kino**) und verschiedene Arten von **Myristica.**

---

# Koso.

**Flores Koso** (Austr. Germ.). **Flos Kosso** (Helv.). **Cusso** (Brit. U-St.). **Flores Brayerae** s. **Hageniae.** — **Koso-, Kosso- oder Kussoblüthe. Bandwurmblüthe. Brayerablüthe.** — **Fleur de cousso** (Gall.). — **Kousso. Brayera.**

***Abstammung und Beschreibung.*** **Hagenia abyssinica Willdenow** (syn. Brayera anthelmintica Kunth), Familie der **Rosaceae — Rosoideae — Sanguisorbeae,** heimisch in der Gebirgsregion Abyssiniens, auch in Deutsch-Südostafrika, vielleicht auch in Madagaskar. Ein bis 20 m hoher Baum mit unterbrochen gefiederten Blättern. Blüthen in achselständigen, bis 30 cm langen, rispigen, herabhängenden Blüthenständen, polygamdiöcisch. Den 7—8 mm im Durchmesser haltenden Blüthen gehen 2 grosse, rundliche, netzadrige Vorblätter voraus. Dem 4—5 blättrigen Kelch der weiblichen Blüthen, der sich tellerförmig ausbreitet, gehen 4—5 anfangs gleichgestaltete, d. h. ovale Blätter eines Nebenkelches vorher. Die Kronblätter sind hinfällig, weiss, ihnen folgen rudimentäre Staubblätter und 2 Fruchtblätter mit je einer dicken Narbe. Nach der Befruchtung (Fig. 21) fallen die Kronblätter bald ab, die Blätter des Nebenkelches vergrössern sich erheblich (bis 1 cm) und werden roth, die etwa 3 mm langen Blätter des inneren Kelches sind nach aussen umgeschlagen. In diesem Zustande werden die weiblichen Blüthenstände gesammelt, getrocknet und in Bündeln, mit Stengeln von Cyperus-Arten oder mit Lianen umwickelt, oder auch abgestreift und lose nach Aden in den Handel gebracht. Es sollen nur diese weiblichen Blüthen verwendet werden. — Das Gewebe der Kelchblätter wird zwischen den Epidermen, die kurze, einzellige, dickwandige Haare und mehrzellige, von einem kurzen Stielchen getragene Drüsen und kleine Spaltöffnungen haben, von einem lockeren Mesophyll gebildet. Im feinen Pulver der Droge fallen die genannten einzelligen Haare, stark verdickte, dünne Bastfasern und Bruchstücke von engen Spiralgefässen auf; weitere Gefässe würden auf eine Verunreinigung mit Stielen des Blüthenstandes schliessen lassen. Von den Pharmakopöen

Fig. 21. Abgeblühte weibliche Kosoblüthe.

wird mehrfach betont, dass in dem Pulver Pollenkörner fehlen sollen, weil andernfalls auf eine Mitverarbeitung männlicher Blüthen geschlossen werden dürfte. Man wird aber ein Pulver, in dem sich ganz vereinzelt Pollenkörner auffinden lassen, nicht zurückweisen, da die Anwesenheit solcher in befruchteten Blüthen nicht Wunder nehmen darf. Die Pollenkörner sind 33—35 $\mu$ gross, kugelförmig, mit 3 Spalten für den Austritt des Pollenschlauches, auf der Mitte jeder Spalte eine erhabene Leiste. Die Exine ist körnig (Fig. 22). Dagegen lässt das Vorhandensein der charakteristischen Faserzellenschicht der Antheren und von Bruchstücken der sehr stark behaarten Kelchblätter der männlichen Blüthen sicher auf das Vorhandensein solcher schliessen. Die im Handel jetzt meist vorkommende, von den Stielen abgestreifte Waare soll übrigens nach ARTHUR MEYER fast durchweg mit männlichen Blüthen vermengt sein, welche letzteren in der nicht gepulverten Droge leicht dadurch erkannt werden können, dass sie rundlich und nicht ausgebreitet sind.

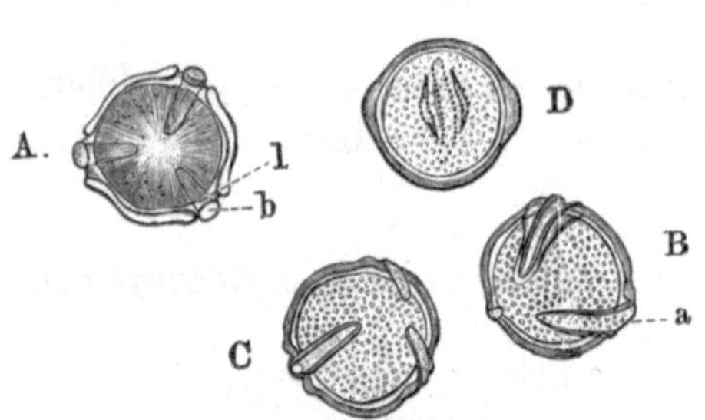

Fig. 22 (nach ARTHUR MEYER). Pollenkörner der männlichen Kosoblüthe. *A* im Durchschnitt.

***Bestandtheile.*** Bezüglich der wirksamen Bestandtheile gehen die Ansichten auseinander: nach DACCOMO und MALAGNINI (1897) enthält das käufliche Kosinum crystallisatum (MERCK) mehrere Körper, die Hauptmasse bildet gelbe Nadeln, die bei 160 bis 161° C. schmelzen, Formel $C_{22}H_{26}O_7$. Dieser Körper ähnelt in vielen Beziehungen der Filixsäure (Band I, S. 1159), ist aber nicht mit ihr völlig identisch. Er enthält 3 OH und einen Ketonkern, an den ein Isopropylradikal gebunden ist. — LEICHSENRING (1894) bezeichnet den wirksamen Bestandtheil als Kosotoxin $C_{26}H_{34}O_{10}$. Es schmilzt bei 80° C., ist amorph und löst sich in Alkohol, Aether, Chloroform, Benzol, Schwefelkohlenstoff, Aceton und den wässerigen Lösungen der Alkalikarbonate, worin Kosin unlöslich ist. Durch Kochen des Kosotoxins mit Barythydratlösung entsteht Kosinum MERCK.

***Aufbewahrung. Pulverung.*** Die ganze Droge wird in Blechbüchsen, das Pulver in braunen, gut verschlossenen Hafengläsern aufbewahrt. Man bereitet letzteres aus den von den Stielen und Aesten befreiten Blüthen, die man auch als Flores Koso in foliis von den Drogisten beziehen kann, nach sorgfältigem Trocknen über Aetzkalk oder bei höchstens 40° C. (Gall.). Es ist rathsam, Kosoblüthen nicht über ein Jahr aufzubewahren.

***Anwendung.*** Koso ist ein vorzügliches Mittel gegen Bandwurm und Spulwürmer, das um so sicherer wirkt, je frischer es ist und je sorgfältiger die unwirksamen Stiele entfernt werden. Die Anwendung ist frei von Nebenwirkungen, höchstens tritt Uebelkeit oder Brechneigung ein. Man giebt es als feines Pulver in Form einer Schüttelmixtur, in Latwergen, gepressten Tabletten oder als Species compressae (Aufgüsse oder Abkochungen sind unwirksam!) bei Erwachsenen zu 15—20 g auf einmal oder in zwei Theilen mit einstündiger Pause, in welcher, falls sich Uebelkeit einstellt, Citronensaft, Rum, Pfefferminzgeist oder -Kügelchen genommen werden. Eine geeignete Vorkur ist zweckmässig. Als Abführmittel eignet sich Ricinusöl oder Natriumsulfat, falls nach 3—4 Stunden keine freiwillige Entleerung erfolgt.

Kosoblüthen sind in Deutschland dem freien Verkehr entzogen (vgl. Bd. I, S. 1157). Das Kosotoxin ist ein heftiges Muskelgift, während es auf das Centralnervensystem wenig einwirkt, wogegen Filixsäure vorwiegend centrale Lähmungen hervorruft. — Der Honig von Bienen, die aus Kosoblüthen gesammelt haben, soll ebenfalls anthelmintisch wirken.

**Extractum Cusso fluidum** (U-St.). Extr. Brayerae fluidum (U-St. 1880). Koso-Fluidextrakt. Fluid Extract of Kousso. Aus 1000 g Kosoblüthen (Pulver No. 40) und q. s. 91 proc. Weingeist im Verdrängungswege. Man befeuchtet mit 400 ccm, fängt die ersten 900 ccm Perkolat für sich auf, destillirt vom zweiten Auszuge den Weingeist ab und stellt l. a. 1000 ccm Fluidextrakt her. Zur Erschöpfung sind etwa 5000 g Weingeist nöthig.

**Extractum Koso aethereum.** Resina s. Oleoresina Koso wird aus grob gepulverten Kosoblüthen wie Extr. Cinae aethereum (Band I, S. 833) bereitet. Ausbeute etwa 5 Procent.

**Apozema de Cousso** (Gall.).
Wurmtrank. Apozème de cousso.

Rp. Flor. Koso pulver. 20,0
Aquae destillatae ebullient. 150,0.

Wird nicht durchgeseiht, sondern als Schüttelmixtur abgegeben.

**Boli taenifugi** MOSLER.

Rp. Florum Koso pulv. 20,0
Kamalae 10,0
Extracti Filicis aether. 2,5
Mellis depurati q. s.

Man formt 50 Boli und bestreut mit Zimmt.

**Electuarium Koso.**

Rp. Florum Koso pulv. subt. 20,0
Mellis depurati q. s.

Morgens innerhalb 3 Stunden zu nehmen. Gegen Bandwurm.

**Infusum Brayerae** (Nat. form.).
Infusion of Brayera.

Rp. Flor. Koso gross. pulv. 60,0
Aquae ebullientis 1000,0.

Man lässt erkalten und giebt als Schütteltrank ab (ohne durchzuseihen!).

**Mixtura taenifuga** CORBE.
CORBE's Bandwurmtrank.

Rp. Olei Ricini kosinati 50,0
Aquae Menthae piperitae 100,0
Sirupi Cinnamomi 50,0
Vitellum ovi unius
Aetheris 1,0.

**Oleum Ricini kosinatum.**
Kosso-Oel.

Rp. 1. Flor. Koso gross. pulv. 100,0
2. Olei Ricini 200,0
3. Aquae fervidae q. s.
4. Alcohol absoluti q. s.

Man digerirt 1 mit 2 24 Stunden lang, behandelt im Verdrängungstrichter mit 3, mischt 1 Th. des gesammelten Oeles mit 2 Th. von 4 und filtrirt durch Baumwolle. Gut verschlossen und vor Licht geschützt aufzubewahren.

**Panis taenifugus** SENDNER.
Bandwurmkonfekt.

Rp. Flor. Koso pulv. 25,0
Tragacanthae pulv. 5,0
Panis albi gr. pulv. (Stossbrod) 50,0
Sacchari albi 30,0
Semin. Cacao pulv. 10,0
Cort. Aurantii pulv. 5,0
Glycerini 30,0
Ammonii carbonici 3,0
Aquae tepidae q. s.

Man formt 2 Brödchen und bäckt sie bei höchstens 100° C. Morgens 1 Stück zum Kaffee.

**Tabulettae Koso.**

Rp. Flor. Koso pulv. 5,0
Sacchari albi pulv. 2,0
Gummi arabici pulv.
Cacao deol. pulv. āā 1,0
Aquae destillat. gtts. IV.

Man presst 10 Tabletten.

**Tabulettae Koso et Kamalae.**

Rp. Flor. Koso pulv.
Kamalae āā 4,0
Sacchari albi
Gummi arabici
Cacao deol. pulv. āā 1,5
Aquae destill. gtts. V.

Man presst 10 Tabletten.

**Bandwurmmittel** 1. des Apothekers BRÄUTIGAM besteht aus Koso, Ricinusöl und Zucker.

2. der Brüder des heil. Franciscus ist Kosopulver.

3. von JACOBY in Berlin ebenfalls (20 g = 6 M.).

4. des Direktor MIX. a) eine Chininlösung 0,3 : 200. b) 12,0 Kosopulver (4 M.)

5. des Dr. STOJ in Wien. Für 15 M. erhält man eine briefliche Empfehlung von Koso bez. Granatrinde.

6. von PESCHIER. 23 Stück gelatinirte Pillen, die angeblich Kosoextrakt enthalten. Eine Genfer Vorschrift für Pilules de PESCHIER lautet: Gummi arabici, Sapon. medicat., Calomel. vap. parat. āā 2,0 Olei Filicis aether. 7,5, Rhizom. Filicis 15,0, Stanni pulver. 3,75, F. pilul. 60. Abends und morgens 10 Stück, hinterher 60 g Ricinusöl.

## Kosin. Koussin. Kusseïn. Koseïn.

**Kosin. Koussin. Kusseïn. Koseïn.** Ein aus den Kosoblüthen isolirter Bitterstoff. In der Praxis bezeichnet man in der Regel das krystallisirte Produkt als Kosinum crystallisatum, das amorphe als Kusseïnum amorphum.

† **Kussinum amorphum. Koussin - BEDALL. Kousseïn - MERCK.** Angeblich $C_{26}H_{44}O_5$ (?). Zur Darstellung werden die zerkleinerten Kosoblüthen mit Kalkmilch eingetrocknet und alsdann mit stärkstem Weingeist wiederholt heiss extrahirt. Man filtrirt die Auszüge und destillirt den Alkohol zum grössten Theile ab. Alsdann filtrirt man die rückständige Flüssigkeit nochmals und säuert sie mit Essigsäure an. Der ausfallende Niederschlag bildet zunächst weisse Flocken. Er wird gesammelt, gewaschen und getrocknet, wobei er ein bräunliches Aussehen annimmt, schliesslich zerrieben.

Ein amorphes oder undeutlich krystallinisches bräunliches oder gelbliches Pulver, von kratzend bitterem Geschmacke und saurer Reaktion. Wenig löslich in Wasser, leicht löslich in Alkohol, Aether und ätzenden Alkalien. Der Schmelzpunkt wird zu 198° C. (?)

angegeben, doch ist die Substanz keinesfalls eine einheitliche Verbindung. Mit konc. Schwefelsäure, sowie mit einer alkoholischen Lösung von Ferrichlorid giebt das amorphe Präparat eine rothe Lösung.

Man giebt dieses amorphe Kussin in Dosen von 1—2 g als Bandwurmmittel.

† **Kosinum** (Ergänzb.). **Kosinum crystallisatum** (MERCK). **Krystallisirtes Kosin (Kussin, Koussin).**

Dieses Präparat scheidet sich aus der heiss gesättigten Lösung des amorphen Kussins (s. vorher) in Alkohol oder Eisessig ab. Citronengelbe, geruch- und geschmacklose, bei 148° C. (Ergänzb. = 142° C.) schmelzende, nadelförmige, feuchtes Lackmuspapier nicht verändernde Krystalle, welche in Wasser, selbst in heissem, nahezu unlöslich sind. In Weingeist sind sie schwer löslich, leichter löslich in Aether, Benzol und in Chloroform.

Mit konc. Schwefelsäure giebt das Kosin eine gelbe Lösung, die nach längerem Stehen zunächst tiefgelb, dann bräunlich und nach mehreren Tagen scharlachroth wird. Die scharlachrothe Färbung tritt bald auf, wenn die Lösung in konc. Schwefelsäure schwach erwärmt wird. — Die weingeistige, kalt gesättigte Lösung des Kosins giebt mit alkoholischer Ferrichloridlösung nach einiger Zeit eine rothe Färbung. Die Lösung des Kosins in Natronlauge nimmt gleichfalls rothe Färbung an, wenn sie längere Zeit der Einwirkung der Luft überlassen wird. Die alkalische Lösung reducirt wohl Silbernitrat, nicht aber FEHLING'sche Lösung. — Bei Luftzutritt verbrannt, hinterlässt das kryst. Kosin keine oder nur Spuren von Asche.

Das krystallisirte Kosin gilt zur Zeit als der wirksame Bestandtheil der Kosoblüthen, obgleich diese Ansicht nicht unwidersprochen dasteht. Es scheint in den Kosoblüthen nicht präformirt zu sein, sondern erst aus dem in diesen enthaltenen Kosotoxin $C_{26}H_{34}O_{10}$ zu entstehen. Die Formel ist bestritten. Nach FLÜCKIGER und BURI $C_{31}H_{38}O_{10}$, nach LEICHSENRING (1894) $C_{23}H_{30}O_7$, nach DACCOMO und MALAGNINI (1897) wird die Hauptmenge gebildet durch einen bei 160—161° C. schmelzenden Körper $C_{22}H_{26}O_7$.

Man giebt das krystall. Kosin zu 1,5—2,0 g und zwar diese Menge in 2—3 Dosen vertheilt in Zwischenräumen von ½—1/1 Stunde in Oblaten oder Gelatinekapseln, auch in Pillen, als Bandwurmmittel.

---

# Kreosotum.

† **Kreosotum** (Austr. Germ. Helv.). **Creosotum** (Brit. U-St.). **Créosote du goudron de bois.** (Gall.) **Kreosotum faginum. Buchenholztheerkreosot.**

Unter dem Namen Steinkohlenkreosot verstand man früher und versteht man gelegentlich auch noch heute ein Gemisch von Kresolen mit Karbolsäure, welches bei der Aufarbeitung des Steinkohlentheers gewonnen wird. Dieses ist nicht das Kreosot der Pharmakopöen. Ebensowenig ist das sog. „englische Kreosot“ darunter zu verstehen, welches gewöhnlich aus Fichtentheer gewonnen wird und nur Spuren von Guajakol, dagegen Karbolsäure enthält. Das Kreosot der Pharmakopöen ist vielmehr lediglich das Buchenholztheerkreosot.

***Darstellung.*** Die Gewinnung des Kreosotes erfolgt aus dem Buchenholztheer in ähnlicher Weise wie diejenige der Karbolsäure (s. Band I, S. 24) aus dem Steinkohlentheer:

Buchenholztheer, welcher etwa 5 Proc. Kreosot enthält, wird destillirt. Die übergehenden Oele werden fraktionirt aufgefangen, und die spec. schwereren als Wasser (Schweröl) mit Natronlauge behandelt. Letztere nimmt die sauren Bestandtheile (Phenole und Säuren) des Theeröls auf. Aus der geklärten Lösung werden die Säuren und Phenole durch Schwefelsäure wieder abgeschieden. Dieses Auflösen in Natronlauge und Wiederausfällen durch Schwefelsäure wird so oft wiederholt, bis die abgeschiedenen Antheile in Natronlauge völlig klar löslich sind. Alsdann werden sie, um Säuren und gewöhnliches Phenol (Karbolsäure) möglichst zu entfernen, mit sehr dünner Natronlauge gewaschen und einer sorgfältigen fraktionirten Destillation unterworfen. Die zwischen 200—220° C übergehenden Antheile werden als Kreosot aufgefangen.

***Zusammensetzung.*** Das Kreosot ist keine einheitliche Substanz, sondern ein Gemenge verschiedener Phenole, und zwar: Guajakol $C_6H_4(OCH_3)(OH)$ 1 : 2, Kreosol und Methylkreosol $C_6H_3(CH_3)(OCH_3)(OH)$ 1 : 3 : 4, bez. $C_6H_2 . CH_3(CH_3)(OCH_3)(OH)$ 1 : 3 : 4, Kresolen $C_6H_4(CH_3)(OH)$ und Xylenolen $C_6H_3(CH_3)_2 . OH$. Die zu 50—60 Proc. im Kreosot enthaltenen Hauptbestandtheile sind Guajakol und Kreosol, die Kresole, Xylenole und etwa vorhandene Karbolsäure stellen unerwünschte Beimengungen dar.

***Eigenschaften.*** Das Kreosot bildet eine schwach gelbliche, im Sonnenlicht sich bräunende, das Licht stark brechende, ölartig fliessende, neutrale, beim Erhitzen völlig flüchtige Flüssigkeit, schwerer als Wasser, von durchdringend rauchartigem Geruche und stark brennend ätzendem Geschmacke, in allen Verhältnissen mit Weingeist, Aether, Benzol, Petrolbenzin, Petroläther, Schwefelkohlenstoff, Eisessig klar mischbar. Gegen Wasser verhalten sich die verschiedenen Kreosotsorten bezüglich der Löslichkeit verschieden. Meist löst sich das Kreosot in 120—150 Th. Wasser von 15° C. zu einer trüben Flüssigkeit; mit etwa 120 Th. siedendem Wasser giebt es eine klare Lösung, welche beim Erkalten sich unter Abscheidung von Oeltröpfchen trübt. In der von den letzteren getrennten Flüssigkeit erzeugt Bromwasser eine rothbraune Fällung (mit Karbolsäure erzeugt Bromwasser einen weissen krystallinischen Niederschlag von Tribromphenol, s. Band I, S. 25). Tropft man ferner in die vorerwähnte klare Lösung 1 Tropfen stark (1 + 4) verdünnte Eisenchloridlösung, so zeigt sich an der Einfallsstelle zunächst eine Trübung und schnell vorübergehende Blaufärbung, die Flüssigkeit nimmt sehr bald ein graugrünes und schliesslich schmutzig-bräunliches Aussehen an unter Abscheidung ebensolcher Flocken (Karbolsäure giebt mit Eisenchlorid beständige blauviolette Färbung). — Löst man 10 Tropfen Kreosot in 10 ccm Weingeist, so nimmt diese Lösung auf Zusatz von sehr wenig Eisenchlorid eine durch Violett hindurchgehende Blaufärbung an, welche durch mehr Eisenchlorid in ein schmutziges Grün übergeht. (Diese Reaktion kommt dem Guajakol zu.) An der Luft bräunt es sich allmählich und brennt, entzündet, mit leuchtender, stark russender Flamme. Von verdünnter Aetzkalilauge wird es aufgelöst, weil es aus Phenolen besteht. Es fällt Gummi und Eiweiss, nicht aber Leim. Mit konc. Gummilösung bildet es unter Schütteln eine bleibend milchige Mischung. In der Wärme reducirt es Lösungen der edlen Metalle. Sein spec. Gewicht schwankt je nach der Zusammensetzung zwischen 1,030—1,090, es siedet zwischen 204 und 220° C. In der Kälte bis zu —20° C. wird es zwar dickflüssiger, erstarrt aber nicht. Seine Lösungen in Aetzkalilauge werden an der Luft bald braun, endlich dunkel und theerartig dick.

| | Austr. | Brit. | Gall. | Germ. | Helv. | U-St. |
|---|---|---|---|---|---|---|
| Spec. Gew. bei 15° C. | 1,03—1,08 | > 1,079 | > 1,067 | > 1,07 | > 1,07 | > 1,07 |
| Siedetemperatur ° C. | — | 200—220 | 200—210 | 205—220 | 200—220 | 205—215 |

***Prüfung.*** Diese hat sich vorwiegend darauf zu erstrecken, ob das Kreosot unzulässige Mengen der weniger erwünschten Phenole (s. oben) enthält. In dieser Beziehung hat man auf folgende Punkte Werth zu legen: **1)** Gutes Kreosot ist gelblich gefärbt, von kräftig rauchartigem Geruch und Geschmack, welche auch noch in starker Verdünnung sich gleich bleiben. Steinkohlentheerkreosot ist farblos oder röthlich, unreines Buchenholztheerkreosot nimmt rasch dunkle Färbung an. — **2)** Es löst sich in 120 Th. Wasser von 15° C. noch nicht klar auf. Die mit 120 Th. heissem Wasser bereitete Lösung ist ganz klar, sie trübt sich aber beim Erkalten wieder milchig. Ein erheblicher Gehalt von Phenolen des Steinkohlentheers würde die Löslichkeit des Kreosots in Wasser erhöhen. — **3)** Die Hauptmenge des Kreosots destillire zwischen 205° C. und 220° C. über. Karbolsäure siedet schon bei 183° C. — **4)** Das spec. Gewicht liege bei 15° C. nicht unter 1,070. Ein Kreosot, dessen spec. Gewicht zwischen 1,07 und 1,08 liegt, ist reich an Guajakol und Kreosol, während ein Kreosot vom spec. Gewicht 1,03 viel werthlose Phenole, z. B. Xylenole und Phlorol enthält. — **5)** Ein Tröpfchen Kreosot, auf nicht allzu empfindliches Lackmuspapier gebracht, darf dieses nicht röthen, auch wenn das Papier mit ausgekochtem, destillirtem Wasser befeuchtet wird (unorganische Säuren von der Darstellung her, organische Säuren, aus dem Theer stammend). — 6) 1 ccm Kreosot muss mit 2,5 ccm Natronlauge eine klare Lösung geben, die auch durch Verdünnung mit 50 ccm Wasser nicht getrübt wird. Eine Trübung würde durch Kohlenwasserstoffe oder durch Basen verursacht werden. — 7) Man mische 1 ccm Kreosot mit 10 ccm einer mit absolutem Alkohol dargestellten Kaliumhydroxydlösung (1 = 5). Beide Flüssigkeiten mischen sich unter Selbsterwärmung. Nach dem Erkalten gesteht die Flüssigkeit zu einer festen krystallinischen Masse (Krystallmagma). Die Krystalle bestehen aus Guajakol- und Kreosolkalium, welche in absolutem Alkohol so gut wie unlöslich sind, während die Kalisalze der verunreinigenden Phenole darin löslich sind, bez. nicht erstarren. Das Eintreten dieser Erscheinung ist also ein Beweis für die Gegenwart erheblicher Mengen des therapeutisch werthvollen Guajakols und Kreosols. — 8) Man schüttelt 3 ccm Kreosot in einem trockenen Glase mit 3 ccm Kollodium. Gutes Kreosot giebt unter diesen Umständen eine klare dickliche Flüssigkeit; Karbolsäure bewirkt unter den nämlichen Verhältnissen Ausscheidung von Cellulosenitrat aus der Mischung und damit Gelatiniren des letzteren. Das Mischgefäss muss trocken, das Kollodium darf nicht sauer sein. — 9) In 3 Raumtheilen einer Mischung aus 1 Th. Wasser und 3 Th. Glycerin sei Kreosot fast unlöslich, während Karbolsäure in Lösung gehen würde. Die Probe ist am besten in einem graduirten Cylinder unter Einhaltung einer mittleren Temperatur anzustellen. — 10) Man löst 1 ccm Kreosot in 2 ccm Petrolbenzin, fügt 2 ccm Barytwasser hinzu und schüttelt durch; man erhält eine Emulsion, welche sich bald in 2 Schichten trennt. Bei gutem Kreosot ist die untere, das Kreosot und Barytwasser enthaltende, olivenfarbig, die Benzinschicht ungefärbt. Würde die Benzinschicht schmutzige Färbung annehmen, so würde dies hochsiedende Theerbestandtheile anzeigen. Würde die Benzinschicht blau, das Barytwasser aber roth gefärbt erscheinen, so würde dies auf das Vorhandensein des relativ giftigen Coerulignon $C_{16}H_{16}O_6$ schliessen lassen. Man wird finden, dass sich die Mischung entweder in drei Schichten: Aetzbarytlösung, Kreosot und Benzin, oder nur in zwei Schichten: Aetzbarytlösung und in eine Lösung von Kreosot in Benzin scheidet. Dieses verschiedene Verhalten erklärt sich aus folgendem: In Benzin ist reines Guajakol unlöslich, reines Kreosol löslich. Bei dem im Kreosot vorhandenen Gemenge beider kann die Lösung durch das Kreosol bis zu einem gewissen Grade vermittelt werden. Die Lösung tritt nicht mehr ein, wenn entweder ein an Guajakol besonders reiches, oder ein phenol- bezw. kresolhaltendes Kreosot vorliegt, da Phenol, bezw. Kresol, sowohl für sich als beigemengt im Benzin unlöslich sind. Hat man sich durch die Glycerin-Probe von der Abwesenheit des Phenols und des Kresols überzeugt, so ist durch die Unlöslichkeit ein Guajakol-Reichthum bewiesen.

***Aufbewahrung.*** Vorsichtig, grössere Vorräthe zweckmässig auch vor Licht geschützt.

***Anwendung.*** Kreosot hat stark gährungs- und fäulnisswidrige Eigenschaften und übertrifft hierin die Karbolsäure bei weitem. Es coagulirt Eiweiss und Schleim und wirkt auf Haut und Schleimhaut reizend, aber nicht so stark ätzend wie Karbolsäure.

Man giebt es innerlich bei abnormen Gährungserscheinungen im Magen und Darm, insbesondere bei Typhus und Tuberkulose, doch ist bei letzterer Krankheit langdauernde Anwendung erforderlich. Zu Inhalationen bei Kehlkopfleiden. Aeusserlich zur Desinfektion cariöser Zähne. Unna schreibt dem Kreosot eine schmerzstillende Wirkung auf die Haut zu und nennt es das „Morphium der Haut“.

Höchstgaben: *pro dosi* Austr. und Germ.: 0,2, Helv.: 0,5. *pro die* Austr. und Germ.: 1,0, Helv.: 3,0. Doch werden bei langsamer Steigerung sehr viel grössere Gaben gut vertragen.

**Anti-Bacillare.** Eine Mischung aus Kreosot, Tolubalsam, Glycerin, Codeïn und Natriumarsenit.

**Bräunetinktur** von Netsch in Rauschau, zum Einreiben des Kehlkopfes ist ein Gemisch von 3 Th. Nelkenöl und 1 Th. Kreosot.

**Kreosot-Magnesol.** 20,0 g Kaliumhydroxyd werden in 10 ccm Wasser gelöst. Mit dieser Lösung werden 800,0 g Kreosot emulgirt, worauf man der Emulsion 170,0 g Magnesiumoxyd zumischt. Nach einigem Stehen ist die Masse so hart, dass sie sich pulvern lässt. — Ein 80 Proc. Kreosot enthaltendes Pulver, welches meist in Pillenform angewendet wird. Man giebt es an Stelle des Kreosots. Es schmeckt nicht brennend und wirkt nicht reizend auf den Magen.

**Kreosotpillen** nach BOTTURA. 3 Th. Kreosot werden mit 2 Th. Natriumkarbonat so lange verrieben, bis eine zähe Masse entstanden ist, welche man mit Süssholzpulver zur Pillenmasse anstösst.

**Mildiol.** Eine Mischung aus Kreosot und Mineralölen.

**Aqua Kreosoti** (Germ. I. Hamb. V. U-St.).
Liquor Kreosoti. Kreosotum solutum.

Rp. Kreosoti 1,0
Aquae destillatae 100,0.

**Capsulae Kreosoti** nach SOMMERBRODT.

Rp. Kreosoti 5,0
Balsami tolutani 20,0.

Die Mischung werde in 100 Gelatinekapseln abgefüllt.

**Collemplastrum Kreosoti salicylatum.**
Kreosot-Salicyl-Kautschukpflaster
5 Proc. E. DIETERICH.

Rp. Massae Collemplastri 800,0
Rhizomatis Iridis pulv. 75,0
Sandaracis pulv. 20,0
Acidi salicylici pulv. 15,0
Olei Resinae 30,0
Kreosoti 15,0
Aetheris 150,0.

Bereitung siehe unter Collemplastrum.

**Creosote** BILLARD.

Rp. Kreosoti 10,0
Olei Caryophyllorum 2,0
Olei Cajeputi 1,0
Spiritus (90 Proc.) 37,0.

Zahnschmerzmittel. Einige Tropfen auf Watte in den hohlen Zahn zu bringen.

**Elixir créosoté** (Gall.).
Kreosot-Elixir.

Rp. Kreosoti 15,0
Spiritus Vini Rum 985,0.

Ein Esslöffel enthält etwa 0,2 g Kreosot.

**Emplastrum ad clavos pedum** BAUDOT.
BAUDOT's Hühneraugenpflaster.

Rp. Cerati resinae Pini
Emplastri Galbani ää 40,0
Aeruginis 15,0
Terebinthinae 5,0
Kreosoti 3,0.

**Gelatina Kreosoti.**
Kreosot-Gelatine (Münch. V.).

Rp. 1. Gelatinae albae 11,0
2. Sacchari 5,0
3. Aquae destillatae 24,0
4. Kreosoti 80,0.

Man löst 1 und 2 in 3 unter Erwärmen und schüttelt die noch warme Flüssigkeit mit 4.

**Guttae odontalgicae** RIGHINI.

Rp. Kreosoti 5,0
Spiritus (90 Proc.) 4,0
Tincturae Coccionellae 1,0
Olei Menthae pip. gtt. III.

Auf Watte in den hohlen Zahn zu bringen.

**Kreosotum chloroformiatum.**

Rp. Kreosoti
Chloroformii
Spiritus (90 Proc.) ää 5,0.

Auf Watte in den hohlen Zahn zu bringen.

**† Kreosotum dilutum.**
Kreosotum venale.

Rp. Kreosoti
Spiritus ää.

In kleinen Mengen mit der gehörigen Vorsicht abzugeben.

**† Liquor Kalii kreosotati.**
Kreosot-Kali.

Rp. Kalii caustici fusi 20,0
Kreosoti 60,0
Aquae destillatae 20,0.

**Mixtura Kreosoti.**
Creosote Mixture (Brit.).

Rp. Spiritus Juniperi
Kreosoti ää 1,0 ccm
Sirupi Sacchari 30,0 ccm
Aquae q. s. ad 480,0 ccm.

**Oleum Jecoris kreosotatum** BOUCHARD.

Rp. Kreosoti 1,0—2,0
Olei Jecoris 150,0.

**Oleum Jecoris kreosotatum et dulcificatum**
SEITZ.

Rp. Kreosoti 2,5
Saccharini 0,1
Olei Jecoris q. s. ad 200,0.

**Pilulae antiphthisicae** WOLFF.

Rp. Kreosoti 4,0
Succi Liquiritiae
Radicis Althaeae ää 6,0
Aquae q. s.

Fiant pilulae No. 120, conspergendae radice Liquiritiae. Dreimal täglich 2 Pillen bei Phthisis.

**Pilulae Buddii.**
BUDD'sche Pillen.

Rp. Kreosoti 1,0
Micae panis 5,0
Mucilaginis Gummi arabici q. s.

Fiant pilulae No. 40 obducendae Gelatina.

**Pilulae Kreosoti.**
I. Germ.

Rp. Kreosoti 10,0
Radicis Liquiritiae 19,0
Glycerini 1,0.

Fiant pilulae No. 200 conspergendae cortice Cinnamomi. Jede Pille enthält 0,05 g Kreosot.

II. Nach GÖTTING.

Rp. 1. Benzoës Siam in lacrymis pulverati 5,0
2. Kreosoti 10,0
3. Boracis pulverati 2,5
4. Glycerini puri gtt XX
5. Radicis Liquiritiae 13,0—15,0.

Man verreibt 1 mit 2 bis zur Auflösung, fügt 3 und 4 dazu, stösst mit 5 zur Masse und formt 100 Pillen von je 0,1 g Kreosot.

III. Nach JANZEN.

Rp. 1. Gummi arabici
2. Aquae ää 2,5
3. Kreosoti 10,0
4. Radicis Liquiritiae q. s. (18,0).

Man löst 1 in 2, emulgirt damit 3, fügt 4 hinzu, stösst zur weichen Masse an und rollt diese sofort aus.

**Pilulae Kreosoti fortiores** (Münch. V.).

Rp. Gelatinae Kreosoti 15,0
Radicis Liquiritiae q. s.
Fiant pilulae No. 100.

**Pasta Kreosoti cum Acido salicylico.**

Salicyl-Kreosot-Pasta nach UNNA.

Rp. Acidi salicylici 40,0
Kreosoti 80,0
Cerati simplicis 60,0
Cerae albae 20,0.
Gegen Lupus.

**Pilulae odontalgicae.**

Rp Kreosoti
Cerae albae rasae āā 1,0
Opii 0,2
Caryophyllorum 2,0
Mucilaginis Gummi arabici q. s.
Fiant pilulae No. 30 conspergendae Pulvere Caryophyllorum.

**Sapo kreosotatus.**

Rp. Saponis cocoïni 100,0
Kreosoti 5,0.
In Stücke zu formen.

**Sapo kreosotatus** AUSPITZ.

Rp. Sebi bovini
Olei Cocoïs āā 15,0
Liquoris Kalii caustici 22,5
Lapidis Pumicis pulv. 15,0
Kreosoti 4,0
Olei Cinnamomi 1,2
Olei Citri 2,5.
Bei Hautkrankheiten.

**Sirupus Kreosoti cum Magnesia.**

Kreosotsirup (Münch. V.).

Rp. 1. Magnesiae ustae 3,5
2. Kreosoti 10,0
3. Sirupi Sacchari 70,0
4. Aquae Menthae pip. 16,0.
Man reibt 1 und 2 zusammen und arbeitet die Mischung mehrere Tage stündlich durch, bis die Masse sich verreiben lässt. Dann reibt man sie mit 3 und 4 an. (VULPIUS)

**Spiritus Kreosoti.**

(Form. Berol. Münch. V.).

Rp. Kreosoti 2,0
Spiritus Vini Gallici 98,0.

**Tinctura Kreosoti** (Form. Berol.).

Rp. Kreosoti 6,0
Tincturae Gentianae 24,0.
Dreimal täglich 5 Tropfen in Milch. Bei Skrophulose der Kinder. 5 Tropfen enthalten 0,05 g Kreosot.

**Unguentum Creosoti** (Brit.).

Rp. Kreosoti 30,0
Paraffini solidi 120,0
Paraffini mollis 150,0.

**Vinum Kreosoti** GIMBERT & BOUCHARD.

Rp. Kreosoti 13,5
Tincturae Gentianae 30,0
Spiritus (90 Proc.) 250,0
Vini Malacensis q. s. ad 1000,0.
Zwei- bis dreimal täglich 1 Esslöffel mit Wasser bei Phthisis.

**Vinum Kreosoti** BRAVET.

Rp. Kreosoti 7,5
Spiritus (90 Proc.) 100,0
Sirupi Aurantii corticis 200,0
Vini Malacensis q. s. ad 1000,0.
Dreimal täglich 1 Esslöffel.

**Vinum Kreosoti** FRAENTZEL.

Rp. Kreosoti 10,0
Tincturae Gentianae 25,0
Spiritus (90 Proc.) 250,0
Vini Xerensis q. s. ad 1000,0.

$\alpha$-**Kreosot** ist ein künstliches Gemisch der wesentlichen Bestandtheile des Kreosots, welches auf einen Gehalt von 25 Proc. Guajakol eingestellt ist.

## † Kreosotum carbonicum. (Ergänzb.). Kreosotal. Kreosotkarbonat. D.R.P. 58129.

Zur Darstellung bringt man Kreosot durch eine entsprechende Menge von Natronlauge in Lösung und leitet in diese Chlorkohlenoxyd (Phosgen) ein. Das sich ausscheidende Oel wird znnächst mit stark verdünnter Sodalösung, schliesslich mit Wasser gewaschen; es stellt das Kreosotkarbonat dar.

Das Präparat ist keine einheitliche Verbindung, sondern je nach dem verwendeten Kreosot ein Gemenge der Karbonate der Kresole, des Guajakols und des Kreosols.

Ein bernsteingelbes Oel von der Konsistenz des Honigs, von sehr geringem Geruch und Geschmack nach Kreosot. In Wasser ist es unlöslich, in Alkohol löslich, mit fetten Oelen mischbar, durch Alkalien wird es leicht verseift. Erhitzt man 2 Th. Kreosotkarbonat mit 1 Th. Kalilauge, so tritt der Kreosotgeruch auf, weil der Ester gespalten wird. — Kocht man Kreosotkarbonat mehrere Minuten lang mit frisch bereiteter, vollkommen klarer (karbonatfreier) alkoholischer Kalilauge, so scheidet sich ein krystallinischer Niederschlag aus, der nach dem Waschen mit absolutem Alkohol und nachherigem Trocknen beim Uebergiessen mit Salzsäure reichlich Kohlensäure entwickelt, also aus Kaliumkarbonat besteht. An der Luft erhitzt, verbrenne es, ohne einen Rückstand zu hinterlassen. Bei längerem Stehen (namentlich in der Kälte) scheiden sich Krystalle von Guajakolkarbonat ab, welche in der Wärme wieder verschwinden. Es enthält 91 Proc. bestes Buchenholztheerkreosot und ist vorsichtig aufzubewahren.

***Anwendung.*** In denselben Fällen wie reines Kreosot, da es im Organismus in Kreosot gespalten wird. Es hat vor letzterem folgende Vorzüge: Es riecht und schmeckt nur schwach, wirkt nicht ätzend und wird schnell resorbirt. Es dürfte die Form werden, in welcher Kreosot künftig am meisten genommen wird. Man giebt es Kindern 0,2 bis 1,0 g *pro die*, Erwachsenen 2 bis 5 g *pro die*. (Chaumier-Tours.)

Rp. Kreosot. carbonic. 5,0
Vitellum ovi unius
Aquae Cinnamomi 70,0 g.

Jeder Esslöffel hiervon enthält 1 g, jeder Kinderlöffel 0,25 g Kreosotcarbonat

Rp. Kreosoti carbonici 14 g
Olei Jecoris Aselli 160 g.

Jeder Esslöffel enthält 1 g, jeder Kinderlöffel 0,25 g Kreosotcarbonat.

**† Kreosotum phosphoricum. Phosphorsäure - Kreosotester. Kreosotphosphat. Phosot.**

Zur Darstellung lässt man Kreosot und Phosphorsäureanhydrid bei Gegenwart von Natrium aufeinander einwirken. Es resultirt eine sirupöse, dicke Masse, die mit Wasser gewaschen und dann der fraktionirten Destillation unterworfen wird. Die zwischen 190 bis 203° C. übergehenden Antheile werden besonders gesammelt und durch Auflösen in Alkohol und Fällen mit Wasser gereinigt.

Ein dickes Oel, welches auf Papier ölartige Flecke macht, kaum nach Kresol riechend, von adstringirendem, etwas bitterem Geschmack, ohne Schärfe. Es ist unlöslich in Wasser, Glycerin und Oelen, löslich in Alkohol und in jeder Mischung von Alkohol und Aether. Die alkoholische Lösung giebt beim Vermischen mit Wasser eine milchige Flüssigkeit ohne Geruch und Geschmack. Von ätzenden Alkalien wird der Ester sehr leicht verseift unter Rückbildung von Phosphorsäure und von Kreosot. Der Ester enthält ca. 25 Proc. Phosphorsäure und 75 Proc. Kreosot, ist als Trikreosot-Phosphorsäureester aufzufassen, als $PO_4Kr_3$, wenn es gestattet ist, das Kreosot mit Kr zu bezeichnen und als einwerthiges Radikal einzusetzen.

Das Kreosotphosphat wird unter den gleichen Indikationen wie das Kreosot selbst gegeben. Es zeichnet sich durch das Fehlen von Nebenwirkungen aus.

**Phosphatol. Phosphotal.** Mit diesen Namen werden Ester des Kreosots mit der phosphorigen Säure bezeichnet, welche eine kurze Zeit hindurch einmal zum therapeutischen Gebrauche empfohlen worden sind.

**† Kreosotum valerianicum. Eosot. Baldriansaures Kreosot.**

Zur Darstellung wird ein Gemisch von 15 Th. Kreosot, 20 Th. Baldriansäure und 7 Th. Phosphoroxychlorid so lange erhitzt, bis Chlorwasserstoff nicht mehr entweicht. Man wäscht das Reaktionsprodukt alsdann mit 3procentiger Natronlauge, schüttelt mit Benzol aus, verjagt dieses und trocknet.

Eine hellgelbe, ölige, bei etwa 240° C. siedende Flüssigkeit, welche deutlich nach Baldriansäure und etwas nach Kreosot riecht. Unlöslich in Wasser, leicht löslich in Alkohol und in Aether, mischbar mit fetten Oelen. Sie wirkt nicht ätzend.

Man giebt das Eosot in Kapseln von 0,2 g Inhalt und zwar 3—6—9 Kapseln täglich unter den gleichen Indikationen wie das Kreosot.

**† Kreosotum oleïnicum. Oelsaures Kreosot. Oleokreosot.** D.R.P. 70483.

Zur Darstellung mischt man gleiche Gewichtsmengen reiner Oelsäure und Kreosot mit einander und lässt auf die Mischung Phosphortrichlorid bei etwa 135° C. einwirken. Das sich ausscheidende Estergemisch wird zunächst mit Wasser gewaschen, dann mit Natriumsulfat entwässert. Schwach gelblich gefärbtes Oel, unlöslich in Wasser, nahezu geruchlos und von nur geringem Kreosotgeschmack. Wenig löslich in 90procentigem Alkohol, leicht löslich in absolutem Alkohol, in allen Verhältnissen mischbar mit fetten Oelen, Aether, Benzol, Chloroform, Terpentinöl. Mit Hilfe von Gummi oder Eigelb leicht emulgirbar. Es enthält 25 Proc. bestes Buchenholztheerkreosot.

***Anwendung.*** In Gaben von 3—10 g *pro die* für Erwachsene und 0.5 bis 3,0 g *pro die* für Kinder wie Kreosot. Man verwendet es unvermischt, oder in Eigelbemulsion oder in Leberthran gelöst genau wie das Kreosotkarbonat (s. dieses).

**Tanosal. Kreosottannat. Creosal. Gerbsäureester des Kreosots.** Wird durch Einwirkung von Kohlenoxychlorid (Phosgen) auf ein Gemisch von Gerbsäure und Kreosot dargestellt.

Braunes, amorphes, schwach nach Kreosot riechendes, sehr hygroskopisches und in Wasser, Alkohol und Glycerin leicht lösliches Pulver. Dasselbe enthält 60 Proc. Kreosot und 40 Proc. Gerbsäure, wirkt auf die Schleimhäute nicht reizend, passirt den Magen unzersetzt und wird erst im Dünndarm in seine Komponenten gespalten.

Im Handel ist das Tanosal in Form einer 6,6procentigen Lösung, von welcher 15,0 g = 1 g Tanosal = 0,6 Kreosot sind, ferner in Form von Pillen, von welchen jede = 0,33 Tanosal = 0,2 g Kreosot enthält.

Es wird unter den gleichen Indikationen wie das Kreosot selbst gegen Phthisis angewendet und ist, weil es den Magen nicht belästigt, namentlich für lange Zeit andauernden Gebrauch bestimmt.

---

# Kresolum.

Als „Kresol" im Sinne der Therapie bezeichnet man ein Gemisch der im Steinkohlentheer vorkommenden drei isomeren Methylphenole $C_6H_4(CH_3)OH$, d. h. der nächst höheren Homologen der Karbolsäure.

***Gewinnung.*** Wie unter Acidum carbolicum Bd. I S. 24 angegeben, werden durch Behandlung der zwischen 140 und 220° C. siedenden Fraktionen des Steinkohlentheers mit Natronlauge die „Phenole" als Phenol-Natriumsalze (Phenolate) in Lösung gebracht. In den alkalischen Lösungen dieser Phenolate werden aber auch noch sonst unlösliche Kohlenwasserstoffe (Benzol, Toluol, besonders aber Naphthalin), ferner Theerharze gelöst. Man verdünnt zunächst mit Wasser und fügt so viel Salzsäure oder Schwefelsäure hinzu, dass nur die Kohlenwasserstoffe, sowie die Theerharze ausfallen.

Die von diesen abgehobene und geklärte Lösung wird mit etwas grösseren, aber zur völligen Zersetzung der Phenolate durchaus nicht hinreichenden Säuremengen versetzt. Hierdurch fallen zunächst die Kresole aus, während die Karbolsäure der Hauptsache nach gelöst bleibt und erst durch weiteren Zusatz von Säure abgeschieden wird.

Die Kresolfraktion enthält natürlich immer noch grössere oder kleinere Mengen von Kohlenwasserstoffen sowie von Karbolsäure. Man brachte sie bisher unter dem Namen „rohe Karbolsäure" in den Handel, obwohl sie der Hauptsache nach aus Kresolen bestand. Will man die Abscheidung der Kohlenwasserstoffe und der Karbolsäure vollständiger ausführen, so wird die Kresolfraktion nochmals in Natronlauge gelöst und abermals der schon beschriebenen fraktionirten Fällung unterworfen. Schliesslich unterwirft man sie der fraktionirten Destillation, wobei es durch Anwendung der sehr vervollkommneten Kolonnenapparate (Coupier'sche Apparate) gelingt, die werthvolle Karbolsäure bis auf Spuren zurückzuhalten. Die bei 180—200° C. übergehenden Antheile bilden das rohe Kresol.

***Eigenschaften.*** Frisch destillirt ist das „Rohkresol" eine farblose, ölartige, lichtbrechende Flüssigkeit von durchdringendem Geruch, welcher zugleich an Karbolsäure und an Kresol erinnert. Im Verlauf der Aufbewahrung nimmt das Kresol infolge der Einwirkung von Luft und Licht allmählich dunklere Färbung an. Dies ist der Grund dafür, weshalb das Rohkresol, welches man aus dem Grosshandel bezieht, alle Nuancen von Farblos bis zu gesättigtem Dunkelbraun aufweisen kann. Es wäre vortheilhaft, wenn man immer Rohkresol mit einem bestimmten, mittleren Farbenton verwenden könnte, indessen ist das bei diesem in grossen Mengen gehandelten Rohmaterial, das überdies der Konjunktur stark unterworfen ist, schwierig und auch nicht lohnend. Man muss also die Abnehmer an die Thatsache der wechselnden Färbung gewöhnen.

In Wasser ist das Kresol sehr viel schwerer löslich als die ihm ähnliche Karbolsäure. Es löst sich erst in etwa 200 Th. Wasser von 15° C. Die Lösung ist in der Regel schwach getrübt, weil das Kresol immer noch kleine Mengen von Kohlenwasserstoffen enthält. Das Kreosol selbst ist gegen Lackmus neutral; seine wässerige Lösung ist gegen Lackmus nur selten neutral, in der Regel reagirt sie schwach sauer. In Alkohol sowie in Aether ist das Kresol leicht und klar löslich, weil diese Lösungsmittel auch die vorhandenen Kohlenwasserstoffe in Lösung überführen. Das specifische Gewicht wechselt, da es sich ja keineswegs um ein Produkt von stets gleicher Zusammensetzung handelt; in der Regel ist es bei 15° C. etwa = 1,055. Ebensowenig zeigt das Rohkresol einen bestimmten Siedepunkt, vielmehr gehen die Handelspräparate zwischen 180 und 200° C. über.

In seinen chemischen Eigenschaften zeigt das Kresol grosse Aehnlichkeit mit der Karbolsäure. Zunächst wird die wässerige Lösung durch Eisenchlorid ebenfalls blauviolett gefärbt, ferner entsteht auch durch Bromwasser eine Fällung von Tribromkresol. Es löst sich weiter in Natronlauge auf zu dem in Wasser löslichen Kresolnatrium, $C_7H_7ONa$. Dieses Salz hat die Eigenschaft, einen Ueberschuss von Kresol in wässeriger Lösung zu erhalten (Solutol).

Das Kresol ist zwar nicht leicht entzündlich; wird es jedoch an der Luft erhitzt, so entzündet es sich und verbrennt alsdann mit leuchtender, stark russender Flamme. Bringt man unverdünntes Kresol auf die Haut, so ätzt es diese, aber nicht ganz so stark, wie unverdünnte Karbolsäure. Es empfiehlt sich, in solchem Falle das Kresol mit Fliesspapier abzuwischen und die betroffenen Stellen alsdann noch mit Weingeist abzuwaschen.

Bei der Oxydation giebt das Rohkresol ein Gemenge o-Oxybenzoësäure (Salicylsäure), m-Oxybenzoësäure und p-Oxybenzoësäure.

***Prüfung.*** Das Rohkresol habe bei 15° C. etwa das spec. Gewicht von 1,055. Es sei annähernd neutral, beim Erhitzen verbrenne es und hinterlasse nur Spuren unverbrennlicher Bestandtheile.

***Werthbestimmung.*** 1) Man unterwerfe 100 ccm des Rohkresols der fraktionirten Destillation. Man soll nur 1—2 Proc. Wasser erhalten. Ein Gehalt von 8—10 Proc. Wasser, wie er bisweilen vorkommt, ist schon nicht mehr als zufällig anzusehen. Bis 180° C. steigt das Thermometer sehr rasch, wobei nur etwa 3—5 ccm überzugehen pflegen. Die Hauptmenge, etwa 90 Proc. des Rohkresols, destillirt von 180—230° C., ohne dass das Thermometer an irgend einer Stelle längere Zeit konstant bliebe. Diese Destillation ist niemals zu unterlassen, wenn man sich über den Werth eines Kresols unterrichten will. Sie giebt dem Untersucher sofort ein Bild von dem, was er unter den Händen hat. Man achte auch darauf, ob im Kühlrohr erhebliche Mengen des Destillates erstarren

2) Man bringt in einen graduirten Messcylinder mit Glasstopfen 10 ccm Rohkresol, 50 ccm Natronlauge, sowie 50 ccm Wasser und schüttelt gut durch. Die Flüssigkeit wird infolge der stattfindenden chemischen Reaktion eine wahrnehmbare Selbsterwärmung zeigen und in den meisten Fällen klar sein. Man lässt die Mischung nun ca. 12 Stunden stehen, um etwa abgeschiedenen Kohlenwasserstoffen Zeit zu geben, sich ordentlich abzuscheiden. Wenn es erforderlich ist, so trennt man die alkalische Kresollösung mit Hilfe eines Scheidetrichters von den Kohlenwasserstoffen. Zu der alkalischen Flüssigkeit fügt man vorsichtig und unter Bewegen des betr. Gefässes 30 ccm Salzsäure von 1,123 spec. Gew. und 10 g Natriumchlorid, schüttelt zum Schluss kräftig um (Vorsicht, damit der Stopfen nicht herausgeschleudert wird) und stellt nun den Messcylinder unter Lüftung des Stopfens in ein Gefäss mit Wasser von Zimmertemperatur. Nachdem sich in der Ruhe die Kresolschicht von der wässerigen Flüssigkeit völlig getrennt hat, stellt man die Menge der abgeschiedenen Kresole fest. Dieselbe soll 8,5 bis 9 ccm betragen. Damit ist die Forderung gestellt, dass das Rohkresol etwa 90 Proc. Kresole enthalten soll.[1])

Schüttelt man von den abgeschiedenen Kresolen 0,5 ccm mit 300 ccm Wasser und fügt dann 0,5 ccm Eisenchloridlösung hinzu, so nimmt die Flüssigkeit, wie unter Eigenschaften beschrieben ist, blauviolette Färbung an.

Handelt es sich um die einwandfreie Beurtheilung grösserer Posten, z. B. um Lieferungen für Eisenbahnbehörden, so wird man etwas gründlicher vorzugehen haben.

Man wägt (!) 100 g Rohkresol ab, schüttelt sie mit 500 ccm Natronlauge (von 15 Proc.), nach dem Absetzen nochmals mit 250 ccm Natronlauge durch. Die natron-

---

[1]) Die U-St. schreibt vor: Werden 50 ccm der rohen Karbolsäure mit 950 ccm Wasser geschüttelt, so sollen nur 5 ccm (= 10 Vol. Proc.) ungelöst bleiben. Diese Forderung ist heute, wo eben Kresole an die Stelle der rohen Karbolsäure getreten sind, unerfüllbar.

haltigen Flüssigkeiten schüttelt man mit Aether aus. Nach dem Abheben der ätherischen Schicht lässt man den Aether freiwillig abdunsten und vereinigt den Rückstand mit den vorher abgetrennten Kohlenwasserstoffen, wägt und unterwirft, wenn die Menge gross genug ist, die Kohlenwasserstoffe der Destillation und zieht das übergehende Wasser von dem notirten Gewicht ab. — Die alkalische Flüssigkeit zerlegt man mit Salzsäure im Ueberschuss, löst in der wässerigen Schicht noch 50 g Kochsalz auf und trennt die Kresole nach 12stündigem Stehen mittels Scheidetrichters ab. Die saure, wässerige Flüssigkeit schüttelt man zwei- bis dreimal mit Aether aus und vereinigt den nach dem Abdunsten des Aethers hinterbleibenden Rückstand mit den vorher abgetrennten Kresolen. Nach Feststellung des Gesammtgewichtes unterwirft man die Kresole der Destillation und zieht das Gewicht des übergehenden Wassers vom vorher ermittelten Gesammtgewicht ab.

Man erhält nach diesem Verfahren Werthe, welche den wirklichen Roh-Kresolgehalt bis auf 1—2 Proc. genau angeben.

***Aufbewahrung.*** Eine Verwechselung des Rohkresols mit anderen Substanzen ist zwar nicht gut möglich, immerhin wird man gut thun, dem Kresol seinen Standort mit einer gewissen Vorsicht anzuweisen, auch Rücksicht darauf zu nehmen, dass Arzneimittel, welche Gerüche leicht anziehen, nicht gerade in dessen Nähe aufbewahrt werden. Grössere Vorräthe werden in Fässern oder Glasballons vorräthig gehalten.

***Anwendung.*** Das rohe Kresol ist diejenige Substanz, welche bis vor etwa 10 Jahren als „rohe Karbolsäure 100procentig" in den Preislisten der Drogisten geführt wurde.

Wie durch Koch, Laplace und C. Fränkel festgestellt wurde, sind die Kresole ausserordentlich wirksame Desinfektionsmittel, welche nicht blos weniger giftig sind als die Karbolsäure, sondern diese an Wirksamkeit noch übertreffen. Die Technik war dieser Erkenntniss instinktiv vorausgeeilt, indem sie das Kresol, welches zu sehr niedrigen Preisen abgegeben werden kann, zu einer Reihe von Desinfektionsmitteln verarbeitete, über welche sich weiter unten nähere Angaben finden.

Ueber den Wirkungswerth der rohen Kresole lässt sich nur so viel sagen, dass sie denjenigen der reinen Karbolsäure mindestens erreichen. Die 1—3procentige Lösung tödtet binnen kurzer Zeit die vegetativen Formen aller Mikroorganismen. Genauere Angaben lassen sich schwer machen, da die von den Bakteriologen publicirten Ergebnisse nicht hinreichend erkennen lassen, mit welchen Präparaten sie arbeiteten, und welchen Kresolgehalt ihre Lösungen hatten.

**Rohe Karbolsäure. Acidum carbolicum crudum. Crude carbolic acid** (U-St.). Zu Mitte der sechziger Jahre verstand man unter roher Karbolsäure ein Destillationsprodukt des Steinkohlentheers, welches neben Kohlenwasserstoffen die Gesammtmenge der im Theeröle vorkommenden Phenole enthielt, im übrigen von stark wechselnder Zusammensetzung war. Später lernte man die Kohlenwasserstoffe abscheiden. Der Name rohe Karbolsäure blieb einem Rohprodukt, welches ziemlich frei war von Kohlenwasserstoffen und als ein Gemisch lediglich der Phenole aufzufassen war: Karbolsäure, Kresole, Xylenole u. a. Durch Verbesserung der Fabrikationsmethoden (Kolonnen-Destillirapparate) wurde es möglich, aus diesem Gemisch den werthvollsten Antheil, d. h. die Karbolsäure $C_6H_6O$ so gut wie quantitativ abzuscheiden. Es hinterblieb ein im wesentlichen aus Kresolen und Xylenolen bestehendes Phenolgemisch, welches lange Zeit als „Rohe Karbolsäure 100procentig" im Handel bezeichnet wurde, obgleich es bekannt war, dass in diesem Produkte Karbolsäure nicht mehr enthalten ist. Diese sogenannte 100procentige rohe Karbolsäure ist von Germ. III. Nachtrag unter dem richtigen Namen Rohkresol aufgenommen worden. Im Handel werden heute die Namen „Rohe Karbolsäure 100proc." und „Rohkresol" für die nämliche Substanz angewendet.

Ausserdem unterscheidet man im Handel noch 30-, 45-, 50-, 60-, 80procentige rohe Karbolsäure, d. h. Rohprodukte, welche neben einem entsprechenden Betrage von neutralen Theerölen (Kohlenwasserstoffen) noch die angegebenen Procentgehalte an Kresolen und Xylenolen enthalten. Die Feststellung dieser Procentgehalte erfolgt nach den oben angegebenen Methoden.

**Liquor Kresoli saponatus** (Germ.). **Kresolseifenlösung. Sapokresol. Crelium. Liquor desinfectans. Phenolin. Lysol. Phenolin-Pralle & Reese. Kresapol. Kresol-Raschig.**

Die Einführung dieser Zubereitung beruhte auf der Erkenntniss, dass das in Wasser an sich ziemlich schwerlösliche Kresol von Kaliseife gelöst wird, und dass eine solche Lösung mit Wasser in jedem Verhältniss klar gemischt werden kann, ohne dass die Phenole sich wieder abscheiden. — Wichtig ist, dass man zur Bereitung eine unverfälschte Leinöl-Kaliseife (*Sapo kalinus* der Germ.) verwendet, nicht etwa eine mit Wasserglas gefüllte Seife.

***Darstellung.*** Man erhitzt im Wasserbade 1 Th. Kaliseife und rührt mittels eines Rührscheites oder einer Keule aus Holz in kleinen Antheilen allmählich 1 Th. Kresol darunter, bis man eine gleichmässige von ungelösten Seifenbrocken freie Mischung hat. Man soll eine neue Menge Rohkresol erst dann dazu geben, wenn die vorher zugegossene Menge gleichmässig unterrührt worden ist.

***Eigenschaften.*** Eine gelbbräunliche bis braune, später nachdunkelnde, ölige Flüssigkeit, schlüpfrig anzufühlen, vom Geruch des Rohkresols. Das spec. Gewicht ist bei 15° C. etwa = 1,055. Mit destillirtem Wasser giebt sie eine klare gelbliche Lösung; mit Brunnenwasser bereitet, wird diese Lösung etwas trüblich. Die wässerigen Lösungen schäumen stark und reagiren alkalisch.

**Aqua Kresolica** (Germ.). **Kresolwasser.** Eine Mischung aus 1 Th. Kresolseifenlösung und 9 Th. Wasser. Mit gewöhnlichem Wasser bereitet, ist die Lösung etwas trübe, mit destillirtem Wasser bereitet ist sie klar. Für Heilzwecke ist sie mit destillirtem Wasser herzustellen, für Desinfektionszwecke kann gewöhnliches Wasser benutzt werden. Sie enthält 5 Proc. Rohkresol. — Man benutzt das mit destillirtem Wasser bereitete Präparat zum Desinficiren der Hände nnd Instrumente, mit 2—5 Th. Wasser verdünnt zum Auswaschen der Wunden. Das mit gemeinem Wasser bereitete dient zur groben Desinfektion von Wäsche, Wohnräumen, Stallungen, auch in der Veterinärpraxis. Vom Kaiserlichen Gesundheitsamt ist es unter die zur Abwehr gegen die Cholera empfohlenen Desinfektionsmittel aufgenommen worden (s. Bd. I S. 1022).

**Creolin.** Man versteht hierunter Präparate, in welchen Theeröle mit verhältnissmässig geringem Gehalt an Kresolen (nicht Karbolsäure) durch geeignete Hilfsmittel derart in Lösung gebracht worden sind, dass die Lösung beim Verdünnen mit Wasser eine Emulsion giebt. Diese Hilfsmittel sind entweder Harzseife oder die Behandlung der Theeröle bez. Kresole mit konc. Schwefelsäure.

**Antiseptic powder** von Skinner. Besteht aus 100 Th. Aetzkalk und 1 Th. Theeröl.

**Bavarol.** Ist ein der Kreolseifenlösung (also dem Lysol) ähnliches Desinfektionsmittel.

**Calcium cresolicum.** Fälschlich von Fodor **Calcium cresotinicum** genannt. Vergl. Band I, S. 46. Zur Darstellung löscht man 1 Th. Aetzkalk mit 4 Th. Wasser und setzt der so gewonnenen Kalkmilch allmählich 5 Th. Rohkresol zu. Man erhält eine sirupdicke, 50 Proc. Rohkresol enthaltende Flüssigkeit, welche in jedem Verhältniss mit Wasser mischbar ist. Präparat zur Desinfektion. 50 g, entsprechend 25,0 g Rohkresol, genügten, um 1 l Kanaljauche nach 4 Stunden vollständig zu sterilisiren. Auch Typhus- und Cholera-Reinkulturen werden ebenso rasch und wirksam sterilisirt.

**Crealbin. Creolalbin. Creolin-Eiweiss.** Man löse 100 Th. trockenes Hühnereiweiss in 900 Th. Wasser und schüttelt die Lösung mit einer Mischung von 100 Th. Creolin und 1000 Th. Wasser kräftig durch. Dann säuert man mit einer 2,5procentigen Salzsäure an, filtrirt den Niederschlag ab, wäscht ihn etwas aus und trocknet ihn zuerst auf dem Wasserbade, dann bei 115—120° C.

Zur inneren Anwendung des Creolins.

**Creolin-Pearson. Desinfectol. Izal.** Sind Gemenge von Harzseifen mit kresolhaltigen Theerölen oder mit Rohkresol. Ein von B. Fischer analysirtes Creolin von Wasmuth hatte folgende Zusammensetzung: Das spec. Gewicht bei 15° C. = 1,050. Das Creolin bestand aus Theeröl 56 Proc., trockner Kolophonium-Natronseife 17 Proc., Wasser 27 Proc. Das verwendete Theeröl war sog. 30proc. Karbolsäure. Ein anderes von B. Fischer analysirtes Creolin von Pralle & Reese hatte das spec. Gewicht 1,041 und bestand aus 57 Proc. Theeröl (sog. 30proc. Karbolsäure), 21 Proc. Kolophonium-Kaliseife und 22 Proc. Wasser.

**Desinfectol** von Löwenstein-Rostock. Ist ein Gemisch von Harzseifen, Theerölen und Natriumkresolen, also dem Creolin etwa gleichstehend. Spec. Gew. 1,088.

**Desinfektionspulver** von Walter, vertrieben durch Voegler & Kessler in Homburg v. d. Höhe. Besteht aus Gips, Kieserit, Eisenoxyd und Theerölen.

**Enterokresol** von A. Hiller. Ein Präparat, bestehend aus zwischen 185—205° C. siedenden Theerölen, durch Kali-Oelseife und Harzseife löslich bez. emulgirbar gemacht. Also dem Creolin ähnlich.

**Germol.** Ein aus Roh-Kresolen bestehendes Desinfektionsmittel. Dunkle Flüssigkeit, spec. Gewicht bei 15° C. = 1,045, Siedetemperatur etwa 180—200° C.

**Karbolkalk.** 85 Th. pulverförmiger Aetzkalk werden mit 15 Th. roher und zwar 30—40procentiger Karbolsäure (Kresol) gemischt. Durch Einwirkung der Luft nimmt diese Mischung rothe Färbung an.

**Kresolin.** Ist ein Gemisch von Kresol mit Harzseife, also ein Mittelding zwischen Creolin und Lysol.

**Lysitol** von J. L. Rössel in Prag. Ein dem Lysol ähnliches Präparat, welches in Bezug auf seine Bakterien und Sporen tödtenden Eigenschaften vom österreichischen Ministerium des Innern als gleichwerthig mit dem Lysol begutachtet worden ist. Also wahrscheinlich gleich dem *Liquor Kresoli saponatus.*

**Lysosolveol Roessler.** Braune Flüssigkeit vom spec. Gewicht 1,022. Enthält 22,5 Vol. Wasser, 44,5 Vol. Kresol und 33 Vol. Leinölkaliseife.

**Little's Desinfektionsflüssigkeit,** ein Waschmittel, um Schafe, Rinder etc. von Ungeziefer zu befreien, ist verdünnte rohe Karbolsäure mit einem Zusatz von Seife und Terpentinöl.

**Mariol.** Dunkelbraunschwarze, dem Creolin analoge Flüssigkeit, unter Benutzung von Holztheer bereitet.

**Sapokarbol 00, 0 und I** sind Gemenge von Seifenlösungen mit mehr oder minder reinem bez. theerölhaltigem Rohkresol.

**Sapokarbol II.** Ist ein Gemenge von Harzseife mit kresolhaltigem Theeröl.

**Vapo-Cresolene** von Georg Shepord Page in New-York, zum Verdampfen und Inhaliren gegen Diphtherie, Bronchitis, Asthma u. dergl. Eine rothbraune, stark nach Karbolsäure riechende Flüssigkeit, ist wasserhaltige, roth gefärbte Karbolsäure.

**Collemplastrum Creolini.**

| Rp. | Massae Collemplastri | 800,0 |
|---|---|---|
| | Rhizomatis Iridis pulv. | 88,0 |
| | Sandaracis | 20,0 |
| | Olei Resinae | 25,0 |
| | Creolini | 18,0 |
| | Aetheris | 150,0. |

Man verreibt das Creolin mit den gemischten Pulvern und verfährt wie bei Collemplastrum Arnicae.

**Linimentum Creolini.**

| Rp. | Creolini | | |
|---|---|---|---|
| | Saponis viridis | ää | 100,0 |
| | Spiritus | | 50,0. |

Gegen chronische Ekzeme.

**Pilulae Solveoli** (Münch. Ap.-V.).

Solveolpillen.

| Rp. | 1. Solveoli | 25,0 |
|---|---|---|
| | 2. Tragacanthae | 0,1 |
| | 3. Radicis Liquiritiae | (19,0). |

Man dampft 1 bis auf 20,0 im Wasserbade ein, fügt 2 und q. s. von 3 hinzu und formirt eine Pillenmasse. Diese giebt 100 Pillen von je 0,25 Solveol oder 125 Pillen von je 0,2 Solveol oder 250 Pillen von je 0,1 Solveol.

**Solutio Solveoli** (Münch. Ap.-V.) 1 proc.

| Rp. | Solveoli | 42,0 |
|---|---|---|
| | Aquae destillatae | 958,0. |

**Unguentum Creolini antieczematicum**

Neudörfer.

| Rp. | Acidi salicylici | | |
|---|---|---|---|
| | Creolini | ää | 1,0 |
| | Zinci oxydati | | 3,0 |
| | Vaselini | | 20,0 |
| | Adipis Lanae cum aqua | | 10,0. |

**Kresol-Schwefelsäure. Karbolschwefelsäure.** Die Kresole können, worauf Laplace hingewiesen hat, durch Behandeln mit Schwefelsäure löslich gemacht werden. Die so entstandenen Sulfosäuren des Kresols sind imstande, nicht sulfonirtes Kresol in Lösung oder Suspension zu halten.

**Rohe Schwefel-Karbolsäure** nach Laplace. Man mischt gleiche Gewichtstheile rohe konc. Schwefelsäure und 25proc. rohe Karbolsäure gut durch, erhitzt kurze Zeit und lässt dann erkalten. Das Reaktionsprodukt löst sich leicht und klar in Wasser. Milzbrandsporen werden nach 48stündiger Einwirkung der 4procentigen und nach 72stündiger Einwirkung der 2procentigen Lösung getödtet. — Diese Karbol-Schwefelsäuremischung ist durch Erlass des Preussischen Ministeriums der Medicinal-Angelegenheiten zur Desinfektion überschwemmt gewesener Wohnungen vorgeschrieben worden. Nach dem angezogenen Erlass sollen 10 l rohe Karbolsäure mit 5,5 l roher Schwefelsäure gemischt, 2—3 Tage stehen gelassen und alsdann erst zur Verwendung genommen werden.

**Roth's Karbolschwefelsäure-Desinfektionspulver** wird durch Vermischen von Karbolschwefelsäure mit Kieselguhr dargestellt und enthält etwa 15 Proc. Kresolsulfosäuren.

**Sanatol** ist eine viel freie Schwefelsäure enthaltende rohe Kresolsulfosäure, also ziemlich identisch mit dem Laplace'schen Präparat.

**Creolin-Artmann. Sanatol.** Sind Präparate, in denen Rohkresol durch Kresolschwefelsäure in Lösung gehalten wird. Die Mischungen mit Wasser sind emulsionsartige Flüssigkeiten.

**† Kresolum purum** (Ergänzb.) **Trikresol, Enterol.** Trikresol nennt die Chem. Fabrik auf Aktien, vorm. E. Schering, das von Beimengungen bez. Verunreinigungen befreite natürliche Kresolgemisch (der drei isomeren Kresole) aus dem Steinkohlentheeröl. Nach Beseitigung der Verunreinigungen ist die Löslichkeit der Kresole in Wasser erhöht. Sie lösen sich zu 2,2—2,55 Proc. in Wasser von gewöhnlicher Temperatur. Das spec. Gew. ist bei 20° C. = 1,042—1,049. Es siedet bei 185—205° C. Das Trikresol soll die dreifache antiseptische Wirkung der Karbolsäure besitzen. Die 1 procentige Lösung dient zur Wundbehandlung. 1 ccm Trikresol löse sich in einem Gemische von 2,5 ccm Natronlauge und 50 ccm Wasser ohne Trübung auf (Trübung = Kohlenwasserstoffe und Basen). — Beim Erhitzen verflüchtige es sich, ohne einen Rückstand zu hinterlassen (Unterschied vom Solveol und Solutol). Vorsichtig aufzubewahren!

**† Ortho-Kresolum. o-Kresol. Kresolum** (Austr. add). **$C_6H_4(CH_3)OH$(1 : 2). Mol. Gew. = 108.** Dieses Präparat ist von dem Nachtrag der Pharm. Austr. unter dem Namen „Kresol" schlechthin aufgenommen worden. Es wird fabrikmässig durch Einwirkung von salpetriger Säure auf o-Toluidin oder durch Schmelzen von o-Toluolsulfosäure mit Kalihydrat dargestellt.

***Eigenschaften.*** Eine farblose Krystallmasse, aus nadelförmigen Krystallen bestehend, mit der Zeit gelblich und bräunlich werdend, von durchdringendem, eigenthümlichem Geruch, welcher zugleich an Karbolsäure und an Kreosot erinnert. Es nimmt aus der Luft Feuchtigkeit auf und zerfliesst alsdann zu einer Flüssigkeit, welche neutral gegen Lackmus ist. Es schmilzt im trockenen Zustande, (!) d. h. nachdem es im Exsiccator getrocknet worden ist, bei 28—30° C., siedet bei 187—189° C. und verbrennt entzündet mit leuchtender, russender Flamme, ohne einen Rückstand zu hinterlassen.

Es ist löslich in 38 Th. kaltem Wasser, leicht löslich in Weingeist, Aether oder Glycerin. Von Kali- oder Natronlauge wird es unter Bildung der entsprechenden Ortho-Kresolate gelöst. Die wässerige Lösung des o-Kresols nimmt auf Zusatz von Ferrichlorid zunächst blaue Färbung an, welche alsdann in Grün übergeht. Bromwasser erzeugt in der wässerigen Lösung einen weissen, flockigen Niederschlag. — Von der ihm ähnlichen Karbolsäure unterscheidet sich das o-Kresol dadurch, dass es 1) erheblich niedriger schmilzt und 2) in Wasser wesentlich schwieriger löslich ist.

***Aufbewahrung.*** Vorsichtig und vor Licht geschützt aufzubewahren.

***Anwendung.*** Nach Bröhme wirkt o-Kresol stärker baktericid als die Karbolsäure und ist dabei nicht in gleichem Maasse ätzend als diese, greift auch die Instrumente nicht an. Man benutzt die 1—2procentige wässerige Lösung genau in der nämlichen Weise wie das 3procentige Karbolwasser.

**† Ortho-Kresolum liquefactum. Kresolum liquefactum** (Austr. add.). **Verflüssigtes Ortho-Kresol.** Zu 100 Th. geschmolzenem Ortho-Kresol mischt man 10 Th. destillirtes Wasser. — Eine farblose, ölige Flüssigkeit, nach o-Kresol riechend und sich gegen Reagentien wie dieses verhaltend. Vorsichtig und vor Licht geschützt aufzubewahren.

Dieses Präparat ist ungefähr identisch mit dem Kresolum purum liquefactum Nördlinger.

**Aqua kresolica** (Austr. add.) **Orthokresol-Wasser.** Man mischt 22 Th. verflüssigtes Ortho-Kresol der Austr. add. (s. vorher) mit 978 Th. destillirtem Wasser. Das Präparat ist eine 2 proc. wässerige Lösung von o-Kresol und wird genau in der nämlichen Weise benutzt wie das 3 procentige Karbolwasser.

**Kresolum purum liquefactum — Nördlinger $C_6H_4(CH_3)OH$ (1 : 2) + $H_2O$.** Ist durch Wasser verflüssigtes Ortho-Kresol. Farblose, stark riechende Flüssigkeit. Als Antisepticum in der Wundbehandlung wie Karbolsäure. 100 Th. Wasser lösen etwa 2,5 Th.

† **Meta-Kresolum.** **Kresolum purum. Kresylol. Kresylsäure. Acidum cresylicum. Meta-Kresol $C_6H_4(CH_3)OH$. (1:3).** Wird durch fraktionirte Destillation aus den Kresolen des Steinkohlentheers abgeschieden.

Farblose, bei 203° C. siedende, leicht ätzende, kresolartig riechende Flüssigkeit, schwerlöslich in Wasser (etwa 0,6 g in 100 g Wasser), leicht löslich in Alkohol.

Wird als Antisepticum angewendet, wirkt kräftiger antiseptisch wie Karbolsäure und ist dabei weniger giftig als diese.

**Lysol aus Trikresol.** Wird bereitet aus 50,0 Th. Trikresol, 35,0 Th. Kaliseife (Sapo Kalinus Germ.) und 15,0 Th. Wasser. Hiervon werden zur Bereitung des entsprechenden Wundwassers 20 ccm mit Wasser zu 1 l verdünnt.

**Trikresolamin. Kresamin. Aethylendiamin-Trikresol.** Eine Mischung von 10 Th. Trikresol, 10 Th. Aethylendiamin und 500 Th. Wasser. Klare, farblose Flüssigkeit, mit 2 Th. Wasser klar mischbar. Die 0,1 bis 1 procentige Lösung dient in der Wundbehandlung, namentlich bei Extremitäten-Lupus.

**Benzoparakresol. Benzoyl-para-Kresol. p-Kresolum benzoylicum. $C_6H_5CO_2 . C_6H_4CH_3$. Mol. Gew. = 212.** Wird erhalten durch Einwirkung von Benzoylchlorid auf p-Kresolnatrium.

Farblose, bei 70—71° C. schmelzende Krystalle, unlöslich in Wasser, leicht löslich in Aether, Chloroform und in heissem Alkohol. 95 procentiger Alkohol löst bei 20° C. etwa 4 Proc., 60 procentiger Alkohol löst etwa 0,15 Proc.

Von Petit in Gaben von 0,25 g dreimal täglich als Darmantisepticum empfohlen.

† **Solveol.** Solveole nennt Hueppe klare, koncentrirte, neutrale Lösungen von Kresolen $C_6H_4(CH_3)OH$. Die Kresole sind in Wasser sehr schwer löslich, geben aber bei Gegenwart von salicylsaurem Natrium, kresotinsaurem Natrium oder benzoësaurem Natrium mit Wasser klare, koncentrirte, neutrale, auch bei weiterem Vermischen mit Wasser klar bleibende Lösungen.

Als „Solveolum purum“ bringt die Chem. Fabrik Dr. von Heyden Nachf. eine Lösung von Kresolen in kresotinsaurem Natrium in den Handel.

Braune, durchsichtige, klare ölige Flüssigkeit von neutraler Reaktion und mildem theerartigem Geruch, der beim Verdünnen fast verschwindet. Mit Wasser mischbar ohne Kresolabscheidung, löslich in Alkohol. Spec. Gew. 1,153—1,158.

In 37 ccm (= 42,4 g) Solveol sind 10 g freie Kresole enthalten.

***Aufbewahrung.*** Vor Licht geschützt, vorsichtig.

***Anwendung.*** Zur medicinischen und chirurgischen Desinfection wie Karbolsäure, ausserdem in der Thierheilkunde. Die chirurgische Solveol-Lösung wird dargestellt, indem man zu 2—3 Liter Wasser 37 ccm (= 40 g Kresol) giesst und kräftig umschüttelt. Diese Lösung entspricht der 2—5 procentigen Karbolsäure, ist aber für Menschen weniger giftig als diese. Vor Sapokarbol, Creolin und Lysol hat das Solveol den Vorzug, dass es neutral ist, keine stinkenden Bestandtheile enthält und zu jeder Zeit von konstantem Gehalt an Kresolen erhalten werden kann.

† **Solutol.** Solutol ist durch Kresolnatrium löslich gemachtes Kresol, eingeführt durch Dr. von Heyden's Nachf.

Braune, durchsichtige, klare, stark ätzende, ölige Flüssigkeit von stark alkalischer Reaktion und theerartigem Geruch; mit Wasser mischbar. Spec. Gew. = 1,17.

Solutol enthält in 100 ccm konstant 60,4 g Kresole, davon $^3/_4$ als Kresol-Natrium, $^1/_4$ als Kresol.

***Aufbewahrung.*** Vorsichtig, vor Licht geschützt.

***Anwendung.*** An Stelle von Roh-Karbolsäure, Karbolkalk, Karbolschwefelsäure, Creolin, Chlorkalk als Desinfektionsmittel. Die Wirkung ist die kombinirte der Kresole und der Natronlauge (Hammer, Hueppe); für die grobe Desinfektionspraxis genügt ein aus Rohkresolen hergestelltes Solutol.

**Kresin.** Ist eine Auflösung von Kresolen in einer Lösung von kresoxylessigsaurem Natrium mit einem Gehalte von 25 Proc. Kresolen. Braune, klare Flüssigkeit, mit Wasser und mit Alkohol klar mischbar.

Es soll viermal stärker antiseptisch wirken als Karbolsäure und wird in ein- bis mehrprocentiger Lösung zur Desinfektion von Nachtgeschirren und Instrumenten, in 0,5 bis 1 procentiger Lösung zur Wundbehandlung verwendet.

**Theeröl-Präparate.** Bei der Verarbeitung des Theers und der Theeröle auf Benzin, Toluol, Karbolsäure, Kresole, Naphthalin, Anthracen hinterbleiben flüssige Oele, welche man als Theeröle bezeichnet und die im wesentlichen aus Kohlenwasserstoffen bestehen, aber ausserdem noch wechselnde Mengen von Phenolen und Basen enthalten. Diese Abfall- oder Nebenprodukte der Theerdestillationen werden nun zu bestimmten Zwecken unter bestimmten Namen in den Handel gebracht. Es liegt in der Natur dieser Abfallprodukte, dass ihre Zusammensetzung nicht immer die gleiche ist.

**Carbolineum-Avenarius.** Dieses in grossen Mengen zum Imprägniren von Holz und Mauerwerk, z. B. zur Beseitigung oder Verhütung des Hausschwammes verwendete Produkt stellt gewisse Fraktionen von der Destillation des Steinkohlentheers dar. Ein von B. Fischer untersuchtes Carbolineum-Avenarius gab folgende Daten: Spec. Gewicht bei 15° C. = 1,123. Es giebt mit Wasser keine Emulsion und ist mit Alkohol nicht mischbar. Gehalt an Phenolen 33 Proc., an Asche 0,12 Proc. Bei der fraktionirten Destillation wurden erhalten: bis 200° C. = 0 Proc., von 200—250° C. = 5 Proc., von 250 bis 300° C. = 35 Proc., über 300 = 50 Proc. Destillationsrückstand = 10 Proc.

**Saprol.** Gemisch von Rohkresolen mit Kohlenwasserstoffen, welche letzteren vermuthlich der Petroleumdestillation entstammen. Durch letztere ist das spec. Gewicht so weit erniedrigt, dass die Mischung auf Wasser schwimmt. Dunkelbraune, auf Wasser schwimmende Flüssigkeit mit einem Gehalte von etwa 40 Proc. Kresolen. Zur Desinfektion von Aborten, Latrinen u. dergl. Giesst man es auf den flüssigen Inhalt der Grube, so bildet es eine gleichmässige dünne Haut, welche den betr. Inhalt von der Luft abschliesst.

**† Orthodinitrokresolkalium. Antinonnin. $C_6H_2(OK)(1)(NO_2)_2(4,6)CH_3(2)$. Mol. Gew. = 236.** Dieser auch unter dem Namen „Saffransurrogat" bekannte Farbstoff wird zur Zeit in grossen Mengen zum Vertilgen von Ungeziefer verwendet.

Die Darstellung erfolgt nach dem Verfahren von Nölting und de Salis, indem man Nitro-o-Toluidin in salpetersaurer Lösung mit Natriumnitrit behandelt (diazotirt) und das hierbei entstandene Diazotoluolnitrat tropfenweise in siedende Salpetersäure fliessen lässt. Es scheidet sich Dinitrokresol aus, welches man durch Neutralisiren mit Kaliumkarbonat in das Kaliumsalz umwandelt.

Das Präparat kommt in Form einer rothbraunen, 50 Proc. Orthodinitrokresolkalium, ausserdem Seife und Glycerin enthaltenden Paste in den Handel. Die letztgenannten Zusätze erfolgen, um das Austrocknen der Verbindung zu verhindern, welche in trockenem Zustande explosiv ist.

Man verwendet das Antinonnin, indem man seine Lösung in 750—1000 Th. Wasser zum Bespritzen der von den Nonnenraupen (*Liparis monacha*) befallenen Bäume benutzt. Die Nonnenraupen sterben entweder infolge der direkten Benetzung mit der Lösung, oder indem sie die mit der Substanz überzogenen Nadeln der Bäume fressen.

Die gleiche Lösung wird auch angewendet zur Vertilgung der Schildläuse, Blattläuse, Pflanzenmilben. Zur Imprägnirung des Holzes, um dieses vor dem Hausschwamm und vor Bohrkäfern zu schützen, dient die wässerige Lösung 1 : 300.

**Antiparasitin.** Unter diesem Namen wird eine 1 procentige Lösung des o-Dinitrokresolkaliums in den Handel gebracht.

**Pilzwehr** von Carl Prandtl-München ist eine 5 procentige Lösung von o-Dinitrokresolkolium mit Zusatz von Seife und Glycerin. Besonders für Brauereien in Aussicht genommen.

**Losophan. Trijodmetakresol $C_6H(J_3)OHCH_3$. Mol. Gew. = 486.** Die Verbindung wird durch Einwirkung von Jod-Jodkalium auf o-Oxy-p-toluylsaures Natrium dargestellt.

***Eigenschaften.*** Farblose, geruchlose Krystallnadeln von schwach saurer Reaktion, welche in Wasser so gut wie unlöslich sind. Sie lösen sich, aber immerhin etwas schwierig, in Alkohol, leicht in Aether, Benzol, Chloroform. Bei 60° C. werden sie auch von fetten Oelen aufgenommen. In verdünnter Natronlauge lösen sie sich ohne Veränderung auf, durch konc. Natronlauge werden sie in einen grünlich schwarzen amorphen Körper verwandelt, der in Alkohol unlöslich ist. Der Jodgehalt beträgt 78,39 Proc.; der Schmelzpunkt liegt bei 121,5° C.

***Prüfung.*** 1) Das Losophan sei geruchlos und ungefärbt. — Der Schmelzpunkt liege bei 121,5° C. — 2) Beim Verbrennen im Porcellantiegel hinterlasse es keinen feuerbeständigen Rückstand. — 3) Werden 0,2 g mit 20 ccm Wasser ausgezogen, so werde das Filtrat durch Eisenchlorid nicht blau oder violett gefärbt (freie Phenole).

***Aufbewahrung.*** Unter den indifferenten Arzneimitteln.

***Anwendung.*** Aeusserlich bei den durch Pilze bedingten Hautkrankheiten, wie Herpes tonsurans, ferner bei Pityriasis versicolor, Prurigo, Acne vulgaris und rosacea in 1—2 proc. alkoholischer Lösung zum Pinseln oder in 1—10 procentiger Salbe. Gegen Scabies die 10 proc. Salbe. Bei syphilitischen Schankern in Pulverform. Kontraindicirt bei allen akut entzündlichen Erkrankungen der Haut, da es hier reizend wirkt.

**Traumatol.** Wird in England ein Ersatz des Jodoforms genannt, welches erhalten werden soll durch Einwirkung von Jodjodkalium auf Kresol in wässeriger Flüssigkeit. Röthlichviolettes Pulver, zweifelhaftes Präparat.

---

# Lac.

**Lac. Lait. Milk. Milch.** Unter „Milch" im physiologischen Sinne ist die von der Brustdrüse der weiblichen Säuger abgesonderte, emulsionsartige Flüssigkeit (Sekret) zu verstehen. Unter „Milch schlechthin" ist in den folgenden Ausführungen in Uebereinstimmung mit dem praktischen Leben stets die Kuhmilch zu verstehen.

***Bestandtheile.*** Die Milch stellt eine wässerige Auflösung von Mineralsalzen und Milchzucker dar, in welcher Eiweiss-Substanzen im Zustande starker Quellung (Auflösung?) und Fett im Zustande feiner, emulsionsartiger Vertheilung: in Form sehr feiner Kügelchen vorhanden sind. Die frühere Vorstellung, dass die einzelnen Fettkügelchen mit einer Eiweiss-Hülle (Haptogen-Membran) umgeben seien und durch diese an ihrer Vereinigung zu grösseren Fettmassen verhindert würden, wird zur Zeit nicht mehr aufrecht erhalten. Man nimmt vielmehr gegenwärtig an, dass die einzelnen Milchkügelchen im Zustande der Ueberschmelzung sich befinden.

Die Eiweissstoffe der Milch sind nicht einheitlich, übrigens auch noch wenig genau erforscht. Die Hauptmenge derselben besteht aus dem Kaseïn, welches durch einfaches Erhitzen nicht, wohl aber durch Einwirkung von Lab oder Säuren koagulirt wird. In geringerer Menge ist zugegen ein Eiweisskörper (Milcheiweiss oder Lactalbumin), welcher nicht durch Lab oder Säuren, dagegen durch Erhitzen seiner wässerigen Auflösung koagulirt wird.

Ausser den hier aufgeführten wesentlichen Bestandtheilen sind in der Milch noch andere, z. Th. weniger gut gekannte, oder weniger leicht zu isolirende Substanzen nachgewiesen worden: Kleine Mengen Harnstoff, Citronensäure, Kreatin, Kreatinin, Cholesterin, Lecithin, gelber Farbstoff (Lipochrom). Von Gasen sind Sauerstoff, Stickstoff und Kohlensäure in der Milch enthalten.

Qualitativ ist die Zusammensetzung aller Milcharten die gleiche, quantitativ dagegen sind bei den verschiedenen Milcharten wesentliche Unterschiede vorhanden, welche abhängig sind von der Art der Thiere. Indessen kommen auch bei gleicher Art Verschiedenheiten der Milch vor, welche alsdann bedingt werden durch die Rasse, durch die Ernährung, durch das Alter und durch den Gesundheitszustand. Nach König ist die mittlere Zusammensetzung verschiedener Milchsorten die folgende:

| | Wasser | Kaseïn | Albumin | Gesammt-Stickstoff-substanz | Fett | Milchzucker | Salze | In der Trockensubstanz | | |
|---|---|---|---|---|---|---|---|---|---|---|
| | | | | | | | | Stick-stoff-sub-stanz | Fett | Stick-stoff |
| Frauenmilch . . . | 87,41 | 1,03 | 1,26 | 2,29 | 3,78 | 6,21 | 0,31 | 18,15 | 30,02 | 2,9 |
| Kuhmilch . . . . | 87,17 | 3,02 | 0,53 | 3,55 | 3,69 | 4,88 | 0,71 | 27,66 | 28,75 | 4,42 |
| Ziegenmilch . . . . | 85,71 | 3,20 | 1,09 | 4,29 | 4,78 | 4,46 | 0,76 | 30,0 | 38,46 | 4,80 |
| Schafmilch . . . . | 80,82 | 4,97 | 1,55 | 6,52 | 6,86 | 4,91 | 0,89 | 33,98 | 35,78 | 5,43 |
| Stutenmilch . . . . | 90,78 | 1,24 | 0,75 | 1,99 | 1,21 | 5,67 | 0,35 | 21,62 | 13,16 | 3,46 |
| Eselsmilch . . . . | 89,64 | 0,67 | 1,55 | 2,22 | 1,64 | 5,99 | 0,51 | 21,22 | 15,49 | 3,99 |

**Lac vaccinum.** **Kuhmilch. Milch.** Unter dem Namen „Milch" schlechthin ist stets die Kuhmilch zu verstehen. Sie dient als Nahrungsmittel, zur Herstellung von Molken und zahlreicher diätetischer Specialitäten.

Das unmittelbar nach dem Kalben von den Brustdrüsen abgesonderte Sekret ist gelblich bis bräunlichgelb, von dickflüssiger schleimiger Beschaffenheit, enthält die charakteristischen Colostrumkörperchen und gerinnt beim Kochen. Dieses Sekret heisst Colostrum oder Biestmilch. Nach etwa 8—14 Tagen (nach dem Kalben) verändert das Sekret sich soweit, dass es nunmehr Milch genannt wird. Colostrum darf nicht als Milch verkauft werden.

Die Milch wird durch regelmässiges und zwar jedesmal vollständiges Ausmelken der Kühe gewonnen. Die beim jedesmaligen Melken zuerst gewonnene Milch ist relativ fettarm. Mit der Dauer des Melkens nimmt der Fettgehalt zu. Man melkt die Kühe entweder nur zweimal (Morgens und Abends), oder dreimal (Morgens, Mittags und Abends) am Tage und unterscheidet danach Morgen-, Mittag- und Abendmilch. Je grösser der zwischen zwei Melkzeiten liegende Zeitraum ist, desto grösser ist zwar die Milchmenge, dagegen desto geringer der Fettgehalt. Deshalb ist bei dreimaligem Melken die Morgenmilch gewöhnlich weniger fettreich als die Mittag- und Abendmilch.

Die von mehreren oder zahlreichen Kühen ermolkene Milch wird unmittelbar nach dem Melken durch Tücher oder Siebe kolirt und in Sammelgefässen gemischt. Dann wird sie in besonderen Kühlapparaten mittels kalten Wassers gekühlt und in die Verkaufsgefässe gefüllt, welche thunlichst bald an die Verkaufsstellen geschafft werden. Das Abkühlen gewährleistet eine längere Haltbarkeit der Milch. Ausserdem wird die Milch in besonders rationellen Betrieben auch dem Pasteurisiren genannten Verfahren unterworfen (s. w. unten). In den Molkereien grösserer Städte wird die eingeführte Milch, bevor sie in den Verkehr gebracht wird, auch noch durch Kiesfilter filtrirt.

Man unterscheidet im Verkehr: **1)** Vollmilch oder unabgerahmte Milch, d. h. die Milch, wie sie nach vollständigem Ausmelken der Kühe ohne jede Veränderung erhalten wird. — **2)** Magermilch, d. h. Vollmilch, welcher der Rahm mehr oder weniger vollständig durch Abrahmen oder Centifugiren entzogen ist. — **3)** Halbmilch, d. h. theilweise entrahmte Milch oder ein Gemisch von abgerahmter Abendmilch und nicht abgerahmter Morgenmilch. (Diese Milch sollte im Verkehr nicht geduldet werden.) — **4)** Saure Milch, d. i. gesäuerte Vollmilch. — **5)** Buttermilch, das beim Buttern abfallende Produkt. — **6)** Sahne, die durch Abrahmen oder Centrifugiren erhaltenen fettreichen Antheile der Milch.

**Milch-Konserven.** **Kondensirte Milch. Milchextrakt. Kondensirte Vollmilch.** Dieses Präparat wird durch Eindampfen von Milch im Vacuum mit oder ohne Zusatz von Rohrzucker dargestellt. Die mit Rohrzucker eingedampfte Milch hat die Konsistenz eines dicken Extraktes und ist ohne übertrieben ängstliche Aufbewahrung verhältnissmässig gut haltbar. Die ohne Zusatz von Rohrzucker eingedampfte Milch hat die Beschaffenheit eines Honigs und ist nur dann haltbar, wenn sie sehr sorgfältig sterilisirt worden ist.

Die Zusammensetzung solcher Milchextrakte zeigen folgende Beispiele:

| | Ohne Zusatz von Zucker | | Mit Zusatz von Zucker. |
|---|---|---|---|
| Wasser | 48,6 | 63,8 | 25,7 |
| Fett | 15,7 | 9,8 | 11,0 |
| Stickstoffsubstanz | 17,8 | 10,4 | 12,3 |
| Milchzucker | 15,4 | 13,7 | 16,3 |
| Rohrzucker | — | — | 32,4 |
| Rohasche | 2,5 | 2,3 | 2,3 |
| Spec. Gew. bei 15° C. | 1,136 | 1,100 | 1,282. |

Die Untersuchung der eingedickten Milchsorten erfolgt nach den unter Milch angegebenen Methoden, nachdem man Lösungen derselben etwa vom spec. Gewicht 1.032 bereitet hat. Der Gehalt einer Milch an Rohrzucker und Milchzucker ist nur mit annähernder Genauigkeit zu bestimmen. Ist nur Milchzucker zugegen, so verfährt man, wie weiter unten angegeben ist. Ist dagegen neben Milchzucker noch Rohrzucker zugegen, so berechnet man die Menge des Milchzuckers aus der des Fettes (für 3,5 Th. Fett nimmt man die Anwesenheit von 4,5 Th. Milchzucker an) und ermittelt dann die Summe des Rohrzuckers aus der Differenz von 100 und der Summe der übrigen Bestandtheile) in Procenten ausgedrückt.

**Kondensirte Magermilch.** Wird durch Eindicken von Centrifugen-Magermilch mit Rohrzucker dargestellt und enthält z. B. Wasser 26,67, Trockenrückstand 73,33, Mineralstoffe 2,23, Eiweissstoffe 11,63, Fett Spuren, Milchzucker 13,77, Rohrzucker 45,28, Milchsäure 0,47 (Hefelmann).

**Milchpulver und Milchtafeln.** Werden durch Eintrocknen von Vollmilch mit Zusatz von Rohrzucker dargestellt und enthalten etwa noch 6 Proc. Wasser. Ihre Untersuchung erfolgt, nachdem man sich durch das Mikroskop von der Abwesenheit fremder Stoffe überzeugt hat, wie diejenige der kondensirten Milch.

**Sterilisirte Milch.** Unter dieser Bezeichnung ist nur eine solche Milch zu verstehen, welche in Gefässen, die vor dem Erhitzen oder während des Erhitzens keimdicht verschlossen sind, in einem anerkannt wirksamen Sterilisir-Apparat mindestens $^3/_4$ Stunden auf 100° oder entsprechend kürzere Zeit auf höhere Temperatur durchhitzt ist. Der Verschluss der Gefässe muss bis zum Verkauf der Milch unversehrt bleiben. — Als der beste Apparat gilt zur Zeit der Gronewald'sche, bei welchem der Verschluss der Flaschen während des Erhitzens durch automatische Vorrichtungen erfolgt. Sterilisirte Milch muss wirklich keimfrei sein.

**Pasteurisirte Milch.** Als pasteurisirt darf nur solche Milch bezeichnet werden, welche in einem von der zuständigen Behörde als wirksam anerkannten Pasteurisir-Apparat auf die für diesen Apparat vorgeschriebene Temperatur während der für den betreffenden Apparat vorgeschriebenen Zeitdauer erhitzt und dann sofort auf 15—20° C. abgekühlt worden ist. — Durch das Pasteurisiren werden nicht alle, sondern nur die meisten pathogenen Keime und die die Säuerung der Milch befördernden Keime getödtet. Die Milch wird also keimärmer, aber nicht keimfrei.

**Abgekochte Milch.** Als „abgekocht" gilt diejenige Milch, welche auf freiem Feuer bis zum lebhaften Aufwallen erhitzt worden ist oder welche, falls die Milch im Wasserbade erwärmt wird, in diesem mindestens 5 Minuten, vom Sieden des Wassers ab gerechnet, verblieben war.

**Serum Lactis. Molken. Petit-lait** (Gall.). Behandelt man die Milch mit gewissen Fermenten, z. B. mit Lab oder auch mit Säuren, so wird das Kaseïn als Käse (Caseum) unlöslich abgeschieden. Ist in der Milch Fett enthalten, so wird dieses von dem Käse eingeschlossen und ebenfalls abgeschieden. Durch Koliren lässt sich von dem Käse eine Flüssigkeit abtrennen, welche Molke genannt wird und angesehen werden kann als eine Auflösung des Milchzuckers und der Salze, ferner des Lactalbumins der Milch, in welcher noch Spuren von Fett und kleine Mengen von Kaseïn vertheilt sind. Die so gewonnene Molke ist in der Regel trübe; will man sie klar und blank haben, so versetzt man sie mit zu Schnee geschlagenem Eiweiss, kocht auf und filtrirt. Durch diese Operation erhält man zwar eine klare Molke, indessen ist aus dieser nunmehr auch das Lactalbumin entfernt. Die mit Hilfe von Lab gewonnenen Molken sind süsse Molken. Verwendet man als Koagulationsmittel des Kaseïns eine Säure, so ist zur Ausfällung des Kaseïns nur eine bestimmte Menge derselben erforderlich. Da man diese Menge nicht genau kennt, so verwendet man in der Regel einen Ueberschuss an Säure. Lässt man diesen Ueberschuss in den Molken, so erhält man saure Molken. Stumpft man ihn aber mit einem Alkali ab, so kann man auch bei Anwendung von Säuren die sog. süssen Molken erhalten.

**Serum Lactis dulce.** Serum Lactis (Austr. Ergänzb.). 1. Ergänzb. Man mischt 1 Th. Labessenz (*Liquor seriparus* Ergänzb.) mit 200 Th. frischer Kuhmilch bei gewöhnlicher Temperatur. Diese Mischung füllt man in ein zu bedeckendes Gefäss und hängt dieses in ein zweites Gefäss mit kaltem Wasser ein. Das letztere wird nun bis auf 40° C. erwärmt und einige Zeit bei dieser Temperatur gehalten. — Die Milch in dem inneren Gefässe ist alsdann in eine zusammenhängende Käsemasse verwandelt. Man bringt diese auf ein Kolatorium oder in einen Spitzbeutel und lässt die Molken ablaufen. Will man sie klären (s. vorher), so nimmt man auf 1 Liter Molken das zu Schnee geschlagene Eiweiss von 2 Eiern.

Austr. Man kocht 800,0 g frische Kuhmilch auf. Bei Beginn des Siedens fügt man hinzu 8,0 g Essig (von 6 Proc.). Nach erfolgter Gerinnung wird die halb erkaltete Flüssigkeit abgeseiht und mit dem zu Schaum geschlagenen Eiweiss eines Eies wieder aufgekocht. Nach abermaligem Abseihen ist Magnesiumkarbonat q. s. bis zur Neutralisation zuzusetzen und sind die erkalteten Molken zu filtriren.

**Serum Lactis acidum** (Ergänzb.). 100 Th. frische Kuhmilch werden nach Zusatz von 1 Th. Weinstein (*Tartarus depuratus*) zum Kochen erhitzt. Nach erfolgter Gerinnung werden die erkalteten und mittels Durchseihens vom Käsestoff getrennten Molken filtrirt.

Austr. Sind wie die gewöhnlichen Molken, aber unter Weglassung der Neutralisation mittels Magnesiumkarbonat zu bereiten.

**Serum Lactis aluminatum** (Ergänzb.) **Alaunmolken.** 100 Th. frische Kuhmilch werden nach Zusatz von 1 Th. Kalialaun zum Kochen erhitzt. Nach erfolgter Gerinnung werden die erkalteten und mittels Durchseihens vom Käsestoff getrennten Molken filtrirt. Sie sind etwas trübe und schmecken säuerlich und zusammenziehend.

**Serum Lactis carbonico-acidulum. Kohlensaure Molken. Brausemolken.** 1000,0 Th. kalte süsse Molken werden in eine Champagner-Flasche gegossen, welche 7,0 Th. Natriumbikarbonat in Stücken enthält. Man giebt hierzu 5,3 krystall. Weinsäure, verschliesst die Flasche alsbald, stellt sie an einen kühlen Ort und schwenkt sie bisweilen um.

**Serum Lactis ferratum seu martiatum. Stahlmolken. Eisenmolken.** Zur Bereitung von $^1/_2$ Liter derselben werden **1)** 700 ccm frischer Kuhmilch zum Kochen erhitzt, mit 5,0 g Liquor Ferri subacetici (Germ.) versetzt und nach dem Erkalten kolirt, oder **2)** man löst in $^1/_2$ Liter süsser Molken 1,5 g Ferricitrat.

**Serum Lactis sinapisatum. Senfmolken.** 1500,0 g Kuhmilch werden mit 75,0 g grobgepulvertem schwarzen Senf gemischt und hierauf im Dampfbade erwärmt, bis Gerinnung eingetreten ist. Nach dem Erkalten werde kolirt. Die Kolatur betrage = 1000 g.

**Serum Lactis tamarindinatum** (Ergänzb.). **Tamarindenmolken.** 100 Th. frische Kuhmilch werden nach Zusatz von 4 Th. Tamarindenmus (*Pulpa Tamarindorum cruda*) zum Kochen erhitzt. Nach erfolgter Gerinnung werden die erkalteten und mittels Durchseihens vom Käsestoff getrennten Molken filtrirt. Tamarindenmolken sind etwas trübe, bräunlich und schmecken säuerlich.

**Serum Lactis vinosum.** 1000 Th. desselben werden bereitet aus 1000 Th. Kuhmilch, welche bis auf 90° C. erhitzt ist, und 250 Th. eines sauren Weissweines (Moselweines). Die Kolatur wird filtrirt.

**Serum Lactis vitriolatum.** 1000 Th. desselben werden bereitet aus 1400 Th. kochend heisser Kuhmilch und 3,5 Th. verdünnter Schwefelsäure. Nach dem Erkalten wird kolirt und filtrirt.

**Liquor seriparus. Labessenz.** Die Schleimhaut des vierten Magens der Kälber (des sog. Labmagens) enthält ein Enzym oder Ferment, welches nicht identisch ist mit dem Pepsin und welches die Eigenschaft hat, das Kaseïn der Milch bei etwa 40° C. zu fällen. Man nennt dieses Enzym „Lab“ und mit dem wissenschaftlichen Namen „Chymosin“. In reinem Zustande ist die Substanz noch nicht dagestellt worden, doch weiss man, dass sie durch Glycerin konservirt wird, durch verdünnte Salzsäure extrahirt werden kann, dass ihre Wirkung durch Alkalien beeinträchtigt wird, und dass die Labwirkung vernichtet wird, wenn die Lösungen zum Sieden erhitzt werden. Da man die reine Substanz nicht kennt, so benutzt man Auszüge des Labmagens in flüssiger Form, auch Präparate in trockener Form.

**Liquor seriparus. Labessenz. Liquid Rennet.** Der Zweck der Vorschriften ist, das Enzym des Labmagens der Kälber in Lösung zu bringen und diese Lösung haltbar zu machen. **1)** Ergänzb.: 10 Th. Labmagen vom Kalbe werden gewaschen, zerkleinert und mit einer Lösung von 3 Th. Natriumchlorid und 2 Th. Borsäure in 50 Th. Wasser übergossen. Man schüttelt um, giebt noch 10 Th. Spiritus von 90 Proc. hinzu und macerirt unter bisweiligem Umschütteln 8 Tage bei 15° C. Dann wird kolirt und die Kolatur nach dem Absetzen filtrirt. — 2) Nat. form.: Man löst 40,0 g Kochsalz in 800,0 ccm Wasser, fügt 200 ccm Alkohol von 96 Vol. Proc. hinzu und bringt zu der Mischung 100,0 g frischen gereinigten Labmagen in gehöriger Zerkleinerung (oder die von diesem abgetrennte und gewaschene Schleimhaut). Man macerirt 3 Tage unter öfterem Umschütteln, kolirt und filtrirt.

Andere bewährte Vorschriften, welche namentlich die konservirenden Eigenschaften des Glycerins gegenüber dem Chymosin berücksichtigen, sind folgende:

**3)** Labpulver (Gehe & Co.) 4,0 g Wasser 800,0, Kochsalz 80,0, Glycerin 40,0, Spiritus 100,0. Man macerirt 8 Tage und filtrirt. 1 Theelöffel genügt zur Koagulation von 1 Liter Milch. **4)** Frische Kälbermagen werden sehr sauber gewaschen, aufgeblasen und getrocknet. Alsdann schneidet man Blut- und Fettstreifen aus und beseitigt diese, den Rückstand schneidet man in kleine Stücke. 100,0 g zerkleinerten Labmagen übergiesst man mit einer Mischung von 850,0 g Wasser, 50,0 g Glycerin und 100 g Alkohol von 95 Proc., lässt 1 Nacht im Eisschrank stehen, kolirt ohne zu pressen, wäscht mit einer Mischung von 1 Th. Alkohol + 2 Th. Wasser nach und bringt die Kolatur auf 1000,0 g. Man lässt im Eisschranke absetzen und filtrirt. 5,0 g dieses Auszuges verkäsen bei 44° C. = 1 Liter Milch.

**Labkonserve** von Erikson & Rupert. Labmagen von Kälbern wird mit Wasser, welches 0,3—0,4 Proc. Salzsäure enthält, 6—48 Stunden bei 40° C. extrahirt. Man filtrirt, neutralisirt mit Natronlauge und bestimmt den Wirkungswerth des Auszuges gegenüber Milch. Man löst alsdann in 1 Liter des Auszuges = 25 g Gelatine, fügt einige Tropfen Glycerin hinzu, streicht auf Glasplatten und trocknet bei 40° C.

**Labpulver** von Gehe & Co. (und auch von anderen Firmen) ist ein auf ähnliche Weise gewonnenes Präparat. Es ist längere Zeit haltbar. 1 Th. koagulirt in 30—40 Minuten bei 35—40° C. = 250000 Th. Milch.

**Trochisci seripari. Molkenpastillen. Pastilli seripari.** Zur Bereitung der Molkenpastillen werden die betreffenden Koagulationsmittel mit Milchzucker gemischt, worauf man die Mischung mittels Gummischleim, der mit der gleichen Menge Wasser verdünnt ist, zu Pastillen formt.

**Pastilli seripari acidi.** Tartari depurati 50,0, Sacchari Lactis 100,0. Zu 100 Pastillen. Oder: Acidi tartarici 25,0, Sacchari Lactis 75,0. (Hamb. Vorschr.).

**Pastilli seripari aluminati.** Aluminis 200,0, Sacchari Lactis 100,0. Zu 100 Pastillen.

**Pastilli seripari ferruginosi seu martiati.** Ferri subacetici sicci, Acidi tartarici āā 20,0, Sacchari Lactis 75,0, Sacchari albi 50,0. Zu 100 Pastillen.

**Pastilli seripari tamarindinati.** Acidi tartarici 20,0, Sacchari Lactis 80,0, Pulpae Tamarindorum depuratae 5,0. Zu 100 Pastillen. Man verreibt das Tamarindenmus mit dem Milchzucker, trocknet an der Luft, fügt die Weinsäure hinzu und stösst mit Gummischleim zur Masse an.

**Pastilli seripari ad serum dulce.** 0,5 g Labpulver von Gehe & Co. werden mit 120 g Milchzucker zu 100 Pastillen geformt.

Von den vorstehend aufgeführten Pastillen rechnet man zur Verkäsung von 1 Liter Milch etwa 4—5 Stück.

## Getränke aus gegohrener Milch.

**Kefir** (Ergänzb.). **Kephir. Kapir.** Dieses Getränk wurde ursprünglich von den nomadisirenden Bewohnern der Steppen Russlands aus Stutenmilch mit Hilfe eines besonderen als „Kefirferment" oder „Kefirkörner" bezeichneten Fermentes gewonnen. Da sich wohl das Ferment bei uns einführen, nicht aber die Stutenmilch bei uns beschaffen lässt, so wird der bei uns konsumirte Kefir aus dem genannten Ferment und Kuhmilch bereitet.

***Darstellung.*** Unter Milch ist im Nachstehenden Kuhmilch zu verstehen, welche abgekocht und wieder auf etwa 20° C. erkaltet ist.

Die lufttrockenen Kefirkörner werden mit Wasser von 30° C. übergossen und 4—5 Stunden stehen gelassen. Man giesst das Wasser ab, wäscht die Körner mehrmals mit frischem Wasser, übergiesst sie mit der zehnfachen Menge ihres ursprünglichen Gewichtes an Milch und schüttelt diese Mischung stündlich um. — Täglich zweimal giesst man die Milch ab, wäscht die aufgequollenen Kefirkörner mehrmals mit Wasser, übergiesst sie mit einer neuen Menge Milch und fährt in dieser Weise fort, bis nach etwa 5—7 Tagen die Milch einen rein sauermilchartigen Geruch angenommen hat, die Kefirkörner vollkommen aufgequollen sind und sich an der Oberfläche der Flüssigkeit ansammeln.

Die in dieser Weise vorbereiteten Kefirkörner übergiesst man wiederum mit der zehnfachen Menge ihres ursprünglichen Gewichtes an Milch, lässt unter öfterem Umschütteln 6—12 Stunden stehen und seiht durch Gaze.

75 ccm der durchgeseihten Flüssigkeit giesst man in eine wohlgereinigte, starkwandige Flasche von ca. 700 ccm Fassungsraum, mit Patentverschluss, füllt diese mit Milch nahezu vollständig an und verschliesst sie fest.

Unter öfterem Umschütteln lässt man die Mischung bei 15° C. stehen, wobei das Getränk innerhalb 1—3 Tagen zum Genuss fertig wird.

***Eigenschaften.*** Kefir ist eine stark schäumende, rahmartige Flüssigkeit von angenehm säuerlichem Geschmacke und buttermilchartigem Geruche. Das gefällte Kaseïn muss sich in demselben in äusserst feiner Vertheilung befinden. Man bewahre ihn liegend an einem kühlen Orte (im Keller) auf. Haben sich in der Ruhe zwei Schichten gebildet, so muss durch sanftes Neigen der Flasche die ursprüngliche Vertheilung vor dem Genuss wieder hergestellt werden.

**Das Kefirferment.** Will man im Gebrauche gewesene Kefirkörner aufbewahren, so nimmt man sie aus der Milch heraus, wäscht sie mit Wasser, bis dieses völlig klar abläuft und breitet sie alsdann auf Filtrirpapier an einem zugigen warmen Orte (in der Sonne) zum Trocknen aus. Sorgfältig getrocknet behält das Kefirferment seine Wirksamkeit etwa 2 Jahre lang.

Das Kefirferment besteht nach von Freudenreich aus einer besonderen Hefe (*Saccharomyces Kefir*), ferner grossen, in Kettenform angeordneten Kokken (*Streptococcus a*), kleineren Kokken (*Streptococcus b*), endlich einem geraden Bacillus mit abgerundeten Enden (*Bacillus caucasicus*). Von diesen spaltet der Streptococcus b den Milchzucker, worauf dann die Spaltprodukte von der Hefe vergohren werden.

**Arzneikefir.** Man versteht hierunter Kefir, welchem Arzneisubstanzen, z. B. Kreosotal, Liquor Kalii arsenicosi, Guajakolkarbonat, Natriumjodid u. a. m. zugesetzt worden sind, um neben der ernährenden noch eine specifische Wirkung zu erzielen.

**Kephir-Pastillen** von Heuberger in Merlingen. Bestehen aus Kefirferment, Zucker und Milchzucker. 1 Pastille soll etwa $^3/_4$ Liter gekochter Milch in Kefir verwandeln.

**Kumyss. Kumiss. Galazyma. Lac fermentatum** (Nat. Form). Man versteht unter Kumyss in unseren Gegenden ein Präparat aus Kuhmilch und Rohrzucker, welches durch Bierhefe in Gährung versetzt worden ist.

Zur Bereitung löst man nach Nat. Form. 35 g Zucker in 1 Liter frischer Kuhmilch, setzt 5 ccm gewaschene Bierhefe zu und füllt diese Mischung auf Champagnerflaschen, welche gut verschlossen werden. Diese Flaschen hält man zunächst etwa 6 Stunden bei 25° C. und lässt sie dann an einem kühlen Orte reifen.

Nach einer anderen Vorschrift nimmt man nur 10 g Zucker auf 1 Liter Milch, und nach noch anderen Vorschriften wird die Milch vorher mit dem gleichen Volumen Wasser verdünnt.

**Mazun.** Man versteht hierunter eine der sauren Milch ähnliche, in Armenien aus Milch (Büffelmilch) mit Hilfe eines besonderen Fermentes (Mazun, Mazoni, Katych) bereitete Milch von sehr lieblich aromatischem Geschmack, die aber in unseren Breiten noch nicht eingeführt ist.

**Milchpräparate, Kinderernährung.** Die natürliche Nahrung des Kindes ist die Muttermilch. Wo diese nicht zu beschaffen ist, muss man sich mit Surrogaten behelfen. Das am leichtesten zugängliche Surrogat ist die Kuhmilch. Der gesunde Magen und Darm verdauen auch die Kuhmilch soweit, dass das Kind sich wohl befindet, sobald aber Störungen der Magen- oder Darmthätigkeit bei dem Säugling auftreten, bekommt ihm die Kuhmilch nicht mehr, alsdann ist eine Genesung, bezw. eine genügende Entwickelung nur bei Darreichung von Muttermilch zu erwarten. Es besteht also eine Verschiedenheit zwischen Kuh- und Menschenmilch.

Ueber die Ursachen der Verschiedenheit zwischen Kuhmilch und Menschenmilch sind die Meinungen noch getheilt. Eine Minderzahl nimmt an, dass in Kuhmilch und Menschenmilch von einander verschiedene Eiweissstoffe enthalten sind, d. h. also dass es ein Kuh-Kaseïn und Kuh-Lactalbumin und ein davon verschiedenes Menschen-Kaseïn und Menschen-Albumin giebt. Die Vertreter dieser Ansicht müssen folgerichtig leugnen, dass es möglich ist, durch die Kuhmilch einen vollen Ersatz der Menschenmilch zu geben, so lange es nicht gelungen ist, diese verschiedenen Eiweisssubstanzen ineinander überzuführen. Die Mehrzahl dagegen nimmt gegenwärtig an, dass zwar die Bestandtheile von Kuhmilch und Menschenmilch die nämlichen sind, dass dagegen ihre quantitative Vertheilung eine verschiedene ist. Diese werden es für möglich halten müssen, aus der Kuhmilch einen vollen Ersatz der Muttermilch herzustellen. Eine Mittelstellung nehmen die ein, welche der Meinung sind, dass die Eiweissstoffe beider Milcharten doch in einem verschiedenen Zustande vorhanden sind, dass namentlich das Eiweiss der Frauenmilch mehr im Zustande der Albumosen vorhanden ist, und dass auch das Kaseïn der Frauenmilch — weil es in feineren Flocken gerinnt — wohl in einem anderen Hydratationszustande zugegen sein mag.

Lässt man die Frage der Verschiedenartigkeit der Eiweissstoffe der Frauen- und Kuhmilch auf sich beruhen, so unterscheiden sich beide wesentlich in folgenden Punkten (vgl. die Tabelle):

Frauenmilch enthält weniger Gesammt-Eiweisssubstanzen, weniger Salze, etwa die gleiche Menge Fett, dagegen mehr Milchzucker. Unter den Eiweissstoffen überwiegt das Albumin über das Kaseïn.

Kuhmilch enthält im Gegensatz mehr Gesammt-Eiweisssubstanzen, mehr Salze, etwa die gleiche Menge Fett, weniger Milchzucker. Unter den Eiweissstoffen überwiegt das Kaseïn.

Will man also die Kuhmilch der Frauenmilch ähnlicher machen, so muss man sie mit Wasser verdünnen, das entstehende Manco an Fett und Milchzucker durch Zugabe dieser Substanzen decken und das Verhältniss zwischen Kaseïn und Albumin aufbessern. Ausserdem ist zu beachten, dass die Frauenmilch bei der Ernährung des Kindes direkt durch die Brust in den kindlichen Magen keimfrei oder doch keimarm gelangt, während bei der Kuhmilch das Hineingelangen von Kuhkoth kaum zu vermeiden ist, wodurch in den Magen und Darm des Säuglings eine Masse Mikroorganismen eingeführt werden, die zu unerwünschten Processen (d. h. Störungen) führen. Diese Momente spiegeln sich in den nachfolgend besprochenen Ernährungspräparaten wieder.

**Soxhlet's sterilisirte Kindermilch.** Soxhlet ist der Ansicht, dass die bisweilen schlechte Bekömmlichkeit der Kuhmilch nicht sowohl durch Verschiedenheiten der Eiweisssubstanzen, sondern durch die Mikroorganismen verursacht wird, welche durch den Kuhkoth in die Milch gelangen. Er hält es daher für wesentlich, diese Mikroorganismen durch Sterilisation zu tödten. Zu diesem Zwecke hat er einen handlichen Sterilisationsapparat zusammengestellt, in welchem die passend mit Wasser verdünnte und mit Milchzucker versetzte Milch mit Leichtigkeit in jedem Haushalt sterilisirt werden kann. Der Apparat ist so allgemein bekannt, dass eine Beschreibung unterbleiben kann.

**Verdünnung der Kuhmilch zur Säuglingsernährung.** Im 1. Monat: $^1/_3$ gute Kuhmilch, $^2/_3$ Wasser. Im 2. und 3. Monat: $^1/_2$ Kuhmilch, $^1/_2$ Wasser. Im 4. Monat: $^3/_4$ Milch, $^1/_4$ Wasser. Vom 5. Monat ab: Unverdünnte Kuhmilch. Das zuzusetzende Wasser soll in 1 Liter = 70 g Milchzucker enthalten.

**Albumose Milch** von Dr. Rieth. Charakteristisch ist die Anwesenheit eines löslichen, beim Kochen nicht mehr fällbaren Alkalialbuminats der Albumose. Durch diese wird der Milch das im Verhältniss zur Frauen-Milch fehlende Eiweiss zugeführt.

No. I. 120,0 Kuhmilch, 195,0 Sahne, 8,0 Hühnereiweiss, 45,0 Milchzucker, 0,16 Natriumkarbonat ($Na_2CO_3$), 0,07 Natriumchlorid. Wasser q. s. ad 1 Liter.

No. IA. 120,0 Kuhmilch, 195,0 Sahne, 14,0 Hühnereiweiss (etwa = 2 Eiern), 48,5 Milchzucker, 0,42 Alkalisalz, wovon 0,14 NaCl und 0.28 $Na_2CO_3$, Wasser q. s. ad 1 Liter. Zum vorübergehenden Gebrauch für kranke Kinder.

**Albumose Milch** von Dr. Schreiber und Dr. Waldvogel. Ist ein dem Rieth'schen ähnliches Präparat, doch ist die Albumose durch Caseose ersetzt. No. 1: Abgerahmte Milch 350,0, Rahm 300,0, Wasser 350,0, Milchzucker 20,0, Caseose 3,2. Für Kinder im 1—3 Monat.

**Ammenpulver, Milchpulver,** bei mangelhafter Milchsekretion. Fructus Anisi pulverati, Fructus Foeniculi pulverati āā 50,0, Calcii phosphorici 20,0, Sacchari albi 100,0.

**Backhaus' Kindermilch.** Vollmilch wird durch Centrifugiren in Rahm und Magermilch geschieden. Die Magermilch wird bei 40° C. mit Trypsin und Alkali behandelt.

Hierdurch wird das Kaseïn zum Theil peptonisirt, zum Theil zum Gerinnen gebracht. Nach 30 Minuten werden die Enzyme durch Erhitzen auf 80° C. getödtet, alsdann wird die Mischung centrifugirt und durch Zusatz von Rahm auf den erforderlichen Gehalt von Fett und Kaseïn gebracht, schliesslich mit 1 Proc. Milchzucker versetzt, auf Flaschen gefüllt und sterilisirt. Eine Ideal-Milch soll die Zusammensetzung haben: Wasser 88,25, Trockenrückstand 11,75, Eiweiss 1,75, Fett 3,5, Milchzucker 6,25, Asche 0,25.

**Biedert's Rahmgemenge.** Zur Bereitung desselben wird durch Centrifugiren ein Rahm mit 12,5 Proc. Fett und eine Magermilch von 0,3 Proc. Fett dargestellt. Diese dienen in folgender Weise zur Herstellung der Biedert'schen Präparate.

| Nummer des Gemisches | Es werden verwendet: | | | | Darin sind enthalten: | | | | | | Das Gemisch ist bestimmt für: |
|---|---|---|---|---|---|---|---|---|---|---|---|
| | Rahm | Abgerahmte Milch | Abgekocht. Wasser | Milchzucker | Kaseïn | | Fett | | Milchzucker | | |
| | ccm | ccm | ccm | g | g | Proc. | g | Proc. | g | Proc. | |
| I | 200 | 100 | 700 | 35 | 10,5 | 1,05 | 25,3 | 2,5 | 50 | 5,0 | Neugeborene oder sehr kranke |
| II | 210 | 200 | 590 | 30 | 14,3 | 1,4 | 26,8 | 2,6 | 50 | 5,0 | Kinder bis n. Ablauf des 3. Mon. |
| III | 220 | 300 | 480 | 24 | 18,0 | 1,8 | 28,0 | 2,8 | 50 | 5,0 | Für das weitere Lebensalter |
| IV | 230 | 350 | 420 | 21 | 20,0 | 2,0 | 30,0 | 3,0 | 50 | 5,0 | Für ältere und kräftige Kinder |
| V | 250 | 500 | 250 | 13 | 26,0 | 2,6 | 33,0 | 3,3 | 50 | 5,0 | |

**Diabetes-Milch** von Prof. von Noorden. Enthält 6,65 Proc. Fett und nur 0,9 Proc. Zucker. Darstellung unbekannt. (Vielleicht durch Centrifugiren verdünnter Vollmilch?)

**Extractum Lactis** — Marpmann. Nach Angabe des Fabrikanten die von Eiweiss, Fett und Zucker befreite und eingedampfte Milch. Darstellung unbekannt. Das Präparat enthält die anorganischen Salze der Milch und nucleïnartigen Verbindungen und soll besonders zur Darreichung von Kalk geeignet sein. 1 g entspricht = 2 Liter Milch.

**Gärtner'sche Fettmilch.** Kuhmilch wird mit Wasser verdünnt, alsdann centrifugirt. Hierdurch wird die Milch in einen fettreichen und einen fettarmen Antheil geschieden. Der fettreiche Antheil ist die Gärtner'sche Fettmilch. Die Verdünnung mit Wasser und die Geschwindigkeit der Centrifuge werden so gewählt, dass nach Zusatz von 30—35,0 g Milchzucker pro Liter die Milch folgende Zusammensetzung hat: Spec. Gew. 1,016—1,024, Trockenrückstand 9,6—11,4, Fett 2,73—3,90, Kaseïn 1,2—1,68, Milchzucker 4,5—6,0, Asche 0,3—0,4.

**Glacialin.** Englisches Konservirungsmittel für Milch etc. s. Band I, S. 21.

**Hygiama.** Ein Produkt aus kondensirter Milch, Cerealien und Kakao, welches in Milch wie Kakao genommen wird.

**Konservirungssalz für Milch** nach Toellner. 50,0 g Ammoniumborat, 200,0 g Zucker, 300,0 Wasser werden zu Sirup gekocht, dann fügt man 200 g Borsäure, 25,0 Borax, 75,0 Milchzucker zu, trocknet und pulvert. 0,6 g konserviren 1 Liter Milch 24—36 Stunden. Es ist nicht einzusehen, warum die Bestandtheile nicht einfacher gemischt werden sollen.

**Kraftmilch von Jaworski. Zur Uebererernährung.** Durch Verdünnen von Vollmilch mit Wasser und Versetzen mit Rahm und Milchzucker darzustellen. Lac triplex enthält in Procenten: Fett 10,0, Eiweiss 1,8, Milchzucker 6,0, Asche 0,3. Lac duplex Fett 7,0, Eiweiss 1,8, Milchzucker 6,0, Asche 0,3.

**Künstliche Milch** von Dr. Rose. Hergestellt von den rheinischen Nährmittelwerken in Köln a/Rh. Aus Kuhmilchkaseïn, Butterfett, Milchzucker, Salzen und Wasser. Das Kaseïn gerinnt auf Säurezusatz in sehr feinflockiger Form und wird durch Pankreas innerhalb 2—3 Stunden verdaut. Die Zusammensetzung ist der der Frauenmilch ähnlich. Für Diabetiker wird das Präparat mit Saccharin dargestellt.

**Pfund's Säuglingsnahrung.** Besteht aus zwei Substanzen. I. Verdünnter und sterilisirter Rahm. II. Mit Ferrum lactosaccharatum versetzte Mischung von Eieralbumin und Milchzucker.

**Plasmon**- Siebold. Ist eine Verbindung von Kaseïn aus Magermilch mit Natriumbikarbonat. Ein schwach gelbliches, griesartiges, geruch- und geschmackloses Pulver. In genügender Menge warmen oder siedenden Wassers löslich, in weniger Wasser zu einer Gallerte quellbar. — Es wird in Form von Brot genommen, welches aus 1 Th. Plasmon und 4 Th. Weizenmehl gebacken ist.

**Röhmann's Milchpulver zur künstlichen Darstellung von Frauenmilch.** Saures Kaseïncalcium 2,0 g, Milchzucker 5,4 g, Kryst. Dinatriumphosphat 0,125 g, Monokaliumphosphat 0,045 g, Calciumchlorid 0,013 g, Kaliumchlorid 0,075 g, Magnesiumcitrat 0,082 g,

Ferricitrat 0,0018 g. In 100 ccm Wasser gelöst erhält man eine fettfreie Frauenmilch. Das Fett muss als Rahm oder als Butter zugesetzt werden. Zugesetzte Butter vertheilt sich leicht emulsionsartig.

**RÖHMANN's Milchpulver zur künstlichen Darstellung von Kuhmilch.** Saures Caseïncalcium 3,0, Milchzucker 4,5, Kryst. Dinatriumphosphat 0,375, Monokaliumphosphat 0,135, Calciumchlorid 0,04, Kaliumchlorid 0,3, Magnesiumcitrat 0,01. In 100 ccm Wasser gelöst erhält man eine fettfreie Kuhmilch. Das Fett muss als Rahm oder Butter zugesetzt werden. Zugesetzte Butter vertheilt sich leicht emulsionsartig.

**VOLTMER's Muttermilch.** Kuhmilch wird mit Wasser verdünnt, alsdann mit Pankreas vorverdaut und mit Rahm und Milchzucker versetzt. Es giebt 3 Stufen mit steigendem Gehalt an Eiweiss und an Fett.

**Zymine, Präparat zur Peptonisirung der Milch.** Englische Specialität. Besteht aus 3 Th. Pankreasextrakt und 9 Th. Natriumbikarbonat. 1,2 g der Mischung peptonisiren = 0,75 L. Milch.

### Gelatina Lactis.

Milch-Gelée nach SIGMUND-LIEBREICH.

| | | | |
|---|---|---|---|
| Rp. | 1. Lactis vaccini | 1000,0 | Man kocht 1 mit 2 auf 1200,0 ein, löst 3 in 4 und mischt dieses zur eingekochten Flüssigkeit von 1 u. 2 zu, giebt kurz vor dem Erkalten (nicht eher!) 5 zu und lässt in Gläser von 100,0 ccm gelatiniren. |
| | 2. Sacchari | 500,0 | |
| | 3. Gelatinae albae | 30,0 | |
| | 4. Vini albi | 200,0 | |
| | 5. Succi fructuum Citri | No. 3—4. | |

***Untersuchung der Milch.*** Diese erfolgt in den weitaus meisten Fällen im Dienste der Markt-Kontrole und kann eine eingehendere oder eine vorläufige sein. Eine eingehendere Untersuchung erstreckt sich etwa auf folgende Bestimmungen:

1) Aeusseres Aussehen. Eine gute Milch von normalem Fettgehalt sieht gelblich, abgerahmte Milch sieht bläulich aus. In normaler Milch schwimmen keine festen Substanzen, sie lässt auch beim Sedimentiren nur wenige Partikelchen von Milch-Schmutz erkennen. Der Geruch ist eigenthümlich, angenehm, der Geschmack süss und angenehm. Die Milch gerinnt beim Aufkochen nicht. Milch, welche auffallende Färbung, auffallenden Geruch und Geschmak besitzt, ist unter allen Umständen verdächtig.

2) Reaktion. Man prüft zweckmässig in der Weise, dass man zu gleicher Zeit je einen Streifen rothes und blaues Lackmuspapier (am besten Lackmuspostpapier von E. DIETERICH) in die fragliche Milch eintaucht und einige Sekunden darin belässt. Hierauf hebt man die Streifen heraus, spritzt sie mit destillirtem Wasser ab und betrachtet sie im hellen Tageslichte.

Unmittelbar nach dem Melken reagirt die Milch neutral oder schwach alkalisch. Zweckmässig behandelte Marktmilch reagirt in der Regel amphoter, d. h. es wird gleichzeitig das rothe Lackmuspapier gebläut, das blaue geröthet. — Bei unzweckmässiger Aufbewahrung nimmt die Milch rasch deutlich saure Reaktion an.

3) Specifisches Gewicht. Man bestimmt dasselbe am einfachsten durch Spindeln, sog. Lactodensimeter. Am meisten zu empfehlen sind die von JOHANNES GREINER in München fabricirten Lactodensimeter mit Thermometer im Bauch, in $^1/_2$ Grade getheilt, von Prof. SOXHLET kontrolirt. — Man sollte keine Spindel in Gebrauch nehmen, welche man nicht vorher selbst und zwar durch Salzlösungen von bekanntem spec. Gewicht an mehreren Punkten der Skala kontrolirt hat. — Die Lactodensimeter geben sogenannte „Grade" an, d. h. sie geben die 2. und 3. Decimale des spec. Gewichtes als ganze und die 4. Decimale des spec. Gewichtes als Zehntel-Grade an. Es bedeuten daher die Anzeigen eines Lactodensimeters:

32,8 Grade = ein spec. Gewicht von 1,0328,
29,6 Grade = ein spec. Gewicht von 1,0296.

Am zweckmässigsten ist es natürlich, wenn die zu prüfende Milch gerade die Beobachtungstemperatur von 15° C. hat. Weicht ihre Temperatur nur mässig hiervon ab, so kann man sich der Umrechnungstabellen bedienen.

Der Gebrauch der nachstehenden Tabellen ergiebt sich leicht aus folgendem Beispiel:

Angenommen, man hatte 31 Lactodensimetergrade und eine Temperatur der Milch von 11° C. beobachtet. Alsdann sucht man in der mit „Lactodensimetergrade" bezeichneten ganz links stehenden Spalte die Zahl **31** auf und verfolgt die von dieser Zahl ausgehenden Horizontal-Zahlenreihe, bis sie sich mit der von **11** ausgehenden Vertikalreihe schneidet. Man findet die Zahl 30,2. D. h.: Eine Milch, welche bei 11° C. = 31 Lactodensimetergrade anzeigt, würde bei 15° C. nur 30,2 Grade anzeigen.

**Korrektionstabelle zur Umrechnung des spec. Gewichtes der Milch auf 15° C.**[1]

a) Vollmilch

| Lactodensimetergrade | Wärmegrade der Milch. | | | | | | | | | | | | |
|---|---|---|---|---|---|---|---|---|---|---|---|---|---|
| | 10 | 11 | 12 | 13 | 14 | 15 | 16 | 17 | 18 | 19 | 20 | 21 | 22 |
| **20** | 19,3 | 19,4 | 19,5 | 19,6 | 19,8 | 20 | 20,1 | 20,3 | 20,5 | 20,7 | 20,9 | 21,1 | 21,3 |
| **21** | 20,3 | 20,4 | 20,5 | 20,6 | 20,8 | 21 | 21,2 | 21,4 | 21,6 | 21,8 | 22,0 | 22,2 | 22,4 |
| **22** | 21,3 | 21,4 | 21,5 | 21,6 | 21,8 | 22 | 22,2 | 22,4 | 22,6 | 22,8 | 23,0 | 23,2 | 23,4 |
| **23** | 22,3 | 22,4 | 22,5 | 22,6 | 22,8 | 23 | 23,2 | 23,4 | 23,6 | 23,8 | 24,0 | 24,2 | 24,4 |
| **24** | 23,3 | 23,4 | 23,5 | 23,6 | 23,8 | 24 | 24,2 | 24,4 | 24,6 | 24,8 | 25,0 | 25,2 | 25,4 |
| **25** | 24,2 | 24,3 | 24,5 | 24,6 | 24,8 | 25 | 25,2 | 25,4 | 25,6 | 25,8 | 26,0 | 26,2 | 26,4 |
| **26** | 25,2 | 25,3 | 25,5 | 25,6 | 25,8 | 26 | 26,2 | 26,4 | 26,6 | 26,9 | 27,1 | 27,3 | 27,5 |
| **27** | 26,2 | 26,3 | 26,5 | 26,6 | 26,8 | 27 | 27,2 | 27,4 | 27,6 | 27,9 | 28,2 | 28,4 | 28,6 |
| **28** | 27,1 | 27,2 | 27,4 | 27,6 | 27,8 | 28 | 28,2 | 28,4 | 28,6 | 28,9 | 29,2 | 29,4 | 29,6 |
| **29** | 28,1 | 28,2 | 28,4 | 28,6 | 28,8 | 29 | 29,2 | 29,4 | 29,6 | 29,9 | 30,2 | 30,4 | 30,6 |
| **30** | 29,0 | 29,2 | 29,4 | 29,6 | 29,8 | 30 | 30,2 | 30,4 | 30,6 | 30,9 | 31,2 | 31,4 | 31,6 |
| **31** | 30,0 | 30,2 | 30,4 | 30,6 | 30,8 | 31 | 31,2 | 31,4 | 31,7 | 32,0 | 32,3 | 32,5 | 32,7 |
| **32** | 31,0 | 31,2 | 31,4 | 31,6 | 31,8 | 32 | 32,2 | 32,4 | 32,7 | 33,0 | 33,3 | 33,6 | 33,8 |
| **33** | 32,0 | 32,2 | 32,4 | 32,6 | 32,8 | 33 | 33,2 | 33,4 | 33,7 | 34,0 | 34,3 | 34,6 | 34,9 |
| **34** | 32,9 | 33,1 | 33,3 | 33,5 | 33,8 | 34 | 34,2 | 34,4 | 34,7 | 35,0 | 35,3 | 35,6 | 35,9 |
| **35** | 33,8 | 34,0 | 34,2 | 34,4 | 34,7 | 35 | 35,2 | 35,4 | 35,7 | 36,0 | 36,3 | 36,6 | 36,9 |
| | b) abgerahmte Milch | | | | | | | | | | | | |
| **20** | 19,5 | 19,6 | 19,7 | 19,8 | 19,9 | 20 | 20,1 | 20,2 | 20,4 | 20,6 | 20,8 | 20,9 | 21,1 |
| **21** | 20,5 | 20,6 | 20,7 | 20,8 | 20,9 | 21 | 21,1 | 21,2 | 21,4 | 21,6 | 21,8 | 21,9 | 22,1 |
| **22** | 21,5 | 21,6 | 21,7 | 21,8 | 21,9 | 22 | 22,1 | 22,2 | 22,4 | 22,6 | 22,8 | 22,9 | 23,1 |
| **23** | 22,5 | 22,6 | 22,7 | 22,8 | 22,9 | 23 | 23,1 | 23,2 | 23,4 | 23,6 | 23,8 | 23,9 | 24,1 |
| **24** | 23,4 | 23,5 | 23,6 | 23,7 | 23,9 | 24 | 24,1 | 24,2 | 24,4 | 24,6 | 24,8 | 24,9 | 25,1 |
| **25** | 24,3 | 24,4 | 24,5 | 24,6 | 24,8 | 25 | 25,1 | 25,2 | 25,4 | 25,6 | 25,8 | 25,9 | 26,1 |
| **26** | 25,3 | 25,4 | 25,5 | 25,6 | 25,8 | 26 | 26,1 | 26,3 | 26,5 | 26,7 | 26,9 | 27,0 | 27,2 |
| **27** | 26,3 | 26,4 | 26,5 | 26,6 | 26,8 | 27 | 27,1 | 27,3 | 27,5 | 27,7 | 27,9 | 28,1 | 28,3 |
| **28** | 27,3 | 27,4 | 27,5 | 27,6 | 27,8 | 28 | 28,1 | 28,3 | 28,5 | 28,7 | 28,9 | 29,1 | 29,3 |
| **29** | 28,3 | 28,4 | 28,5 | 28,6 | 28,8 | 29 | 29,1 | 29,3 | 29,5 | 29,7 | 29,9 | 30,1 | 30,3 |
| **30** | 29,3 | 29,4 | 29,5 | 29,6 | 29,8 | 30 | 30,1 | 30,3 | 30,5 | 30,7 | 30,9 | 31,1 | 31,3 |
| **31** | 30,3 | 30,4 | 30,5 | 30,6 | 30,8 | 31 | 31,1 | 31,3 | 31,5 | 31,7 | 31,9 | 32,1 | 32,3 |
| **32** | 31,3 | 31,4 | 31,5 | 31,6 | 31,8 | 32 | 32,2 | 32,4 | 32,6 | 32,8 | 33,0 | 33,2 | 33,4 |
| **33** | 32,3 | 32,4 | 32,5 | 32,6 | 32,8 | 33 | 33,2 | 33,4 | 33,6 | 33,8 | 34,0 | 34,2 | 34,4 |
| **34** | 33,3 | 33,4 | 33,5 | 33,6 | 33,8 | 34 | 34,2 | 34,4 | 34,6 | 34,8 | 35,0 | 35,2 | 35,4 |
| **35** | 34,2 | 34,3 | 34,5 | 34,6 | 34,8 | 35 | 35,2 | 35,4 | 35,6 | 35,8 | 36,0 | 36,2 | 36,4 |
| **36** | 35,2 | 35,3 | 35,4 | 35,6 | 35,8 | 36 | 36,2 | 36,4 | 36,6 | 36,9 | 37,1 | 37,3 | 37,5 |
| **37** | 36,2 | 36,3 | 36,4 | 36,6 | 36,8 | 37 | 37,2 | 37,4 | 37,6 | 37,9 | 38,2 | 38,4 | 38,6 |
| **38** | 37,2 | 37,3 | 37,4 | 37,6 | 37,8 | 38 | 38,2 | 38,4 | 38,6 | 38,9 | 39,2 | 39,4 | 39,7 |
| **39** | 38,2 | 38,3 | 38,4 | 38,6 | 38,8 | 39 | 39,2 | 39,4 | 39,6 | 39,9 | 40,2 | 40,4 | 40,7 |
| **40** | 39,1 | 39,2 | 39,4 | 39,6 | 39,8 | 40 | 40,2 | 40,4 | 40,6 | 40,9 | 41,2 | 41,4 | 41,7 |

Es mag noch darauf aufmerksam gemacht werden, dass die Milch nach dem Melken einer Kontraktion unterliegt, d. h.: Bestimmt man das spec. Gewicht unmittelbar nach dem Melken und einige Stunden später, so ergiebt die zweite Ablesung einen etwas höheren Werth. Es können so Differenzen von 0,8—1,5 Lactodensimetergraden erhalten werden. Nach 12 Stunden kann dieser Kontraktionsvorgang als beendet angesehen werden.

Ist die eingelieferte Menge der Milch für die Bestimmung mittels der Spindel zu gering, so wendet man die Westphal'sche Wage oder das Pyknometer an.

Trockenrückstand. Man tarirt ein völlig trockenes Wägegläschen mit Glasstopfen genau, füllt in dasselbe mittels einer Pipette 10 ccm Milch, setzt den Deckel auf und wägt genau (!). Den Inhalt des Gläschens giesst man ohne Verlust (!) in eine ausgeglühte und gewogene Platinschale und spritzt die in dem Gläschen und an dem Stopfen sitzenden Milchreste mit lauwarmem Wasser gleichfalls in die Platinschale. Dann fügt man zum Inhalt der Platinschale 1—2 Tropfen Essigsäure und dampft auf dem Wasserbade ein. Die den Abdampfrückstand enthaltende Schale trocknet man hierauf im Dampftrockenschranke bis zum gleichbleibenden Gewichte. Erste Wägung nach 5 Stunden, dann

[1] In grösserer Ausführlichkeit geben diese Umrechnung die Tabellen von Eichloff, Bremen, Verlag von M. Heinsius Nachfolger, da sie die Temperatur in Abständen von $^1/_2$ Graden und die Lactodensimeter-Grade in Abständen von $^1/_{10}$ Graden berücksichtigen.

in 1—2 stündigen Zwischenräumen. Gleichbleibendes Gewicht ist anzunehmen, wenn zwei aufeinander folgende Wägungen nicht um mehr als 0,001 g von einander abweichen.

Hat man einen auf 102° C. eingestellten SOXHLET'schen Glycerintrockenschrank zur Verfügung, so ist die Austrocknung innerhalb zwei Stunden sicher beendet.

Die Trockensubstanz kann auch berechnet werden aus dem spec. Gewicht und dem Fettgehalt nach der FLEISCHMANN'schen Formel $t = 1,2 . F + \left[2,665 . \frac{100 S - 100}{S}\right]$, in welcher t den Trockenrückstand, F den Gehalt an Fett und S das spec. Gewicht bei 15° C. bedeutet.

Beispiel. S = 1,0320. F = 3,16 (das Beispiel ist Milch I auf einer der folgenden Seiten), so berechnet sich t zu 12,05. Gefunden wurde 11,57 s. weiter unten.

Mineralstoffe. Der bei der Bestimmung des Trockenrückstandes erhaltene trockene Rückstand wird — nachdem er definitiv gewogen ist — über sehr kleiner Flamme (Pilzbrenner!) erhitzt. Wenn die Verbrennung der schliesslich gebildeten Kohle nicht mehr vorschreitet, lässt man erkalten, zieht die Kohle auf dem Wasserbade mit etwas Wasser aus, filtrirt durch ein aschefreies Filter und wäscht dieses 2—3mal mit heissem Wasser aus. Man bringt nun Filter und Kohle in die vorher benutzte Platinschale, trocknet und verascht. Nach dem Erkalten bringt man das Filtrat quantitativ dazu, dampft ein und führt die Aschenbestimmung durch Erhitzen bei sehr kleiner Flamme zu Ende. Zu starke Erhitzung ist wegen der Flüchtigkeit der in der Asche enthaltenen Alkalichoride zu vermeiden. Milchasche ist rein weiss und besitzt schwach alkalische Reaktion.

Fett. a) Gewichtsanalytisch. Man giebt in ein HOFFMEISTER'sches Glasschälchen etwa 10—15 g grobes Bimssteinpulver.[1]) Auf dieses bringt man ca. 10 g Milch (in der unter Trockenrückstand angegebenen Weise genau gewogen (!), das Gläschen ist gleichfalls nachzuspülen) und dampft zunächst auf dem Wasserbade ein, schliesslich trocknet man noch 2 Stunden im Dampftrockenschranke oder $^1/_2$ Stunde im SOXHLET'schen Trockenschranke nach. Dann zerreibt man Schälchen und Inhalt ohne Verlust (!) in einem Mörser, bringt das Pulver in einen Extraktionsapparat, spült mit etwas Bimssteinpulver, zum Schluss mit absolutem Aether nach und extrahirt nun etwa 6 Stunden oder bis zur völligen Erschöpfung mit absolutem Aether. Der ätherische Fettauszug wird, wenn erforderlich, filtrirt. Alsdann destillirt man den Aether im Wasserbade ab und trocknet den Fettrückstand im Dampftrockenschranke bis zum gleichbleibenden Gewicht. Erste Wägung nach drei Stunden, dann weitere Wägungen in Zwischenräumen von je 1 Stunde. Gleichbleibendes Gewicht wird angenommen, wenn zwei auf einander folgende Wägungen höchstens um 1 Milligramm von einander abweichen.

b) Schnell-Methoden. Zur raschen Bestimmung des Fettes besitzen wir heute ausgezeichnete Methoden. Die früher als die beste geltende aräometrische Methode von SOXHLET ist heute durch die Centrifugenmethoden verdrängt, von denen wiederum die von GERBER ausgearbeitete Acidbutyrometrie am meisten empfohlen werden kann.

Da jedem Apparat eine genaue Beschreibung beigegeben wird, so können wir uns darauf beschränken, an dieser Stelle lediglich die Grundzüge dieser Methode wiederzugeben. Der Apparat ist in Deutschland durch FRANZ HUGERSHOFF in Leipzig zu beziehen.

Der Apparat besteht im wesentlichen aus einer Anzahl einseitig geschlossener Röhrchen, welche mit einer Kalibrirung versehen sind, und einer Centrifuge, in welche diese Röhrchen eingesetzt werden können.

Man bringt in ein solches kalibrirtes Rohr (sog. Butyrometer) 10 ccm konc. Schwefelsäure von 1,820—1,825 spec. Gew. Zu dieser lasse man ohne umzuschütteln 1 ccm Amylalkohol (vom spec. Gew. 0,815 bei 15° C. und dem Siedepunkt 128—130° C.), sowie 11 ccm Milch zufliessen. Man setzt nun einen gut passenden Gummistopfen auf, nimmt das Röhrchen in ein Handtuch (wegen der starken Erwärmung), schüttelt tüchtig durch und setzt das Röhrchen für 2—3 Minuten in ein auf 50—60° C. angeheiztes Wasserbad. Alsdann nimmt man es heraus, bringt es in die Centrifuge und schleudert es etwa 3 Minuten aus. Man hält nun das Röhrchen so gegen das Licht, dass der Gummistopfen nach unten steht, stellt die abgeschiedene Fettschicht durch Drehen des Stopfens so ein, dass sie innerhalb der Skala ist, und liest nun ab. Die auf der Skala befindlichen Zahlen geben direkt den Procentgehalt der Milch an Butterfett an.

Der Apparat ist nicht allzutheuer, sehr zuverlässig und giebt gegenüber der gewichtsanalytischen Bestimmung Differenzen von etwa nur 0,05 Proc. Mehrere Bestimmungen können innerhalb einer Stunde erledigt sein.

Gesammtstickstoff. a) Nach KJELDAHL. 15—20,0 g Milch (genau gewogen!) werden direkt im Verbrennungskolben nach KJELDAHL mit 20 ccm Schwefelsäuregemisch (s. bei Nitrogenium) versetzt, und zunächst über kleiner Flamme eingekocht, dann wie üblich verbrannt, worauf man das abgespaltene Ammoniak wie gewöhnlich durch Destilla-

[1]) Der Bimsstein hat zweckmässig die Korngrösse von Hirse und muss vorher durch Extraktion mit Aether entfettet sein.

tion bestimmt (s. bei Nitrogenium). Der gefundene Stickstoff $\times$ 6,37 ergiebt die Menge der Eiweisssubstanzen, bez. der Stickstoffsubstanz. b) Nach RITTHAUSEN. 25 g Milch (genau gewogen!) werden mit 400 ccm Wasser verdünnt, darauf mit 10 ccm Kupfersulfatlösung (welche im Liter 63,5 g krystall. Kupfersulfat enthält), versetzt. Man mischt nun weiter 6,5—7,5 ccm einer Lauge hinzu, welche 14,2 g KOH oder 10,2 g NaOH im Liter enthält. Die Flüssigkeit muss nach dem Absetzen des Niederschlags noch ganz schwach sauer oder neutral, sie darf aber keinesfalls alkalisch reagiren. Die klargewordene Flüssigkeit wird durch ein Filter von bekanntem Stickstoffgehalt filtrirt, der Niederschlag einige Male mit Wasser dekanthirt, dann aufs Filter gebracht, mit Wasser ausgewaschen und sammt dem Filter nach KJELDAHL verbrannt. Von dem gefundenen Stickstoff wird der auf das Filter entfallende Betrag abgezogen. Der verbleibende Rest giebt, mit 6,37 multiplicirt, die Menge der vorhandenen Eiweisssubstanzen, bez. der Stickstoffsubstanz an.

Milchzucker. Man verdünnt in einem $^1/_2$-Literkolben mit Marke 25 g Milch mit 400 ccm Wasser, fügt 10 ccm der oben erwähnten Kupfersulfatlösung und 6,5—7,5 ccm der gleichfalls schon genannten Lauge zu (s. Gesammtstickstoff nach RITTHAUSEN), stellt die Flüssigkeit auf neutrale oder schwach saure Reaktion ein und füllt auf 500 ccm auf. Man filtrirt durch ein trockenes Faltenfilter, setzt 100 ccm des Filtrats zu 50 ccm siedender FEHLING'scher Lösung, erhält die Flüssigkeit 6 Minuten im Sieden und behandelt das ausgeschiedene Kupferoxydul wie unter Saccharum angegeben ist.

Specifisches Gewicht des Milchserums. (Spec. Gewicht der Molken). Man lässt die Milch am zweckmässigsten in verschlossener Flasche freiwillig gerinnen. Alsdann schüttelt man tüchtig durch und filtrirt durch ein Faltenfilter unter Bedeckung des Trichters mit einer Glasscheibe. Man bestimmt das spec. Gewicht des Milchserums bei 15° C. mit einer Spindel (Galaktoserummeter nach B. FISCHER, von J. GREINER in München zu beziehen) oder mittels der WESTPHAL'schen Wage oder mittels des Pyknometers. — Will man rasch ein Ergebniss haben, so versetzt man die Milch in einer Arzneiflasche mit einigen Tropfen Essigsäure von 20 Proc., verschliesst die Flasche und erhitzt sie im Wasserbade einige Zeit auf 40° C. Nach dem Erkalten filtrirt man und verfährt wie vorher. Das spec. Gewicht des Serums normaler Milch liegt bei 15° C. nicht unter 1,0270.

Bestimmung des Säuregrades nach SOXHLET und HENKEL. 50 ccm Milch werden unter Zusatz von 2 ccm 2procentiger Phenolphthaleïnlösung mit $^1/_4$-Normal-Natronlauge titrirt, wobei als Endreaktion das Auftreten einer eben bemerkbaren Röthlichfärbung der Flüssigkeit zu betrachten ist. Unter einem Aciditäts- oder Säuregrade der Milch versteht man die Anzahl ccm $^1/_4$-Normal-Natronlauge, welche zur Neutralisation von 100 ccm Milch erforderlich ist. Milch mit mehr als 10 Säuregraden gerinnt beim Aufkochen.

Schmutzgehalt. Man findet denselben durch Absetzenlassen von 0,5—1,0 Liter der umgeschüttelten Milch in hohen Cylindern. Soll der Schmutzgehalt quantitativ bestimmt werden, so verfährt man nach der Methode von RENK, indem man sich des von A. STUTZER beschriebenen Apparates bedient und den aus 1 Liter Milch in dem Proberöhrchen sich ansammelnden Schmutz in der Weise bestimmt, dass man den Inhalt des Röhrchens in ein Becherglas oder besser in ein hohes cylindrisches Gefäss giesst, mit Wasser übergiesst und nach dem Absetzen bis auf einen kleinen Rest dekanthirt, ohne den Niederschlag aufzurühren. Die Dekanthation wiederholt man so oft, bis das überstehende Wasser hell und klar ist. Dann giebt man den Rückstand auf ein getrocknetes und gewogenes Filter, wäscht mit Alkohol, schliesslich mit Aether nach, trocknet bis zum gleichbleibenden Gewichte und wägt.

***Nachweis von Konservirungsmitteln.***

a) Soda bez. Natriumbikarbonat. Die Milch reagirt, falls sie Natriumb ikarbonat enthält, gegen rothes Lackmuspapier stark alkalisch und entwickelt beim Eindampfen Kohlensäure in feinen Bläschen. Versetzt man 10 ccm Milch mit einigen Tropfen Galleïnlösung, so tritt Rothfärbung auf. — Der exakte Nachweis von Natriumkarbonat oder Natriumbikarbonat (bez. der entsprechenden Kali-Salze) erfolgt durch die Bestimmung des Kohlensäuregehaltes der Milchasche. Die Asche normaler Milch enthält nämlich nicht mehr als 2 Proc. Kohlensäure. Eine Vermehrung des Kohlensäuregehaltes zeigt den Zusatz von Karbonaten an.

b) Salicylsäure. 100 ccm der zu prüfenden Milch werden mit 100 ccm Wasser von 60° C. vermischt, dann mit 8 Tropfen Essigsäure und 8 Tropfen Mercurinitrat versetzt, geschüttelt und filtrirt. Das Filtrat wird mit 50 ccm Aether ausgeschüttelt. Der nach dem Verdunsten des Aethers hinterbleibende Rückstand wird auf Salicylsäure geprüft.

c) Benzoësäure. 250—500 ccm werden mit einigen Tropfen Kalk- oder Barytwassers alkalisch gemacht, auf $^1/_4$ Volumen eingedampft und unter Zusatz von etwas Gipspulver eingedampft. Die trockne, feingepulverte Masse wird mit etwas verdünnter Schwefelsäure befeuchtet und 3—4 mal mit 50procentigem Alkohol ausgeschüttelt. Die vereinigten sauren alkoholischen Auszüge werden mit Barytwasser neutralisirt und auf ein kleines Volumen eingeengt. Dieser Rückstand wird abermals mit verdünnter Schwefelsäure angesäuert und mit kleinen Mengen Aether ausgeschüttelt. Der Aether hinterlässt beim freiwilligen Verdunsten fast reine Benzoësäure.

d) Formaldehyd. Man destillirt von 100 ccm Milch = 20 ccm ab und weist den Formaldehyd im Destillat nach Band I, S. 1173 nach.

e) Borsäure. Man macht 100 ccm Milch mit Kalkmilch alkalisch, dampft ein und verascht. Man löst die Asche in wenig Salzsäure und befeuchtet mit der salzsauren Lösung einen Streifen Curcumapapier, welchen man auf einem Uhrglase bei 100° C. trocknet. Entsteht auf dem Curcumapapier an der benetzten Stelle eine rothe Färbung, die durch Betupfen mit Sodalösung in Schwarzblau übergeht, so ist Borsäure nachgewiesen.

***Beurtheilung.*** Man unterscheidet im Handel 1) Vollmilch, d. h. die Milch, wie sie durch vollständiges Ausmelken der Kühe gewonnen wird. 2) Magermilch, d. h. die durch mehr oder weniger vollständige Entrahmung der Vollmilch sich ergebende Milch. 3) Halbmilch, d. h. Milch, welche nur theilweise entrahmt ist, oder welche durch Mischen von entrahmter Abendmilch mit nicht entrahmter Morgenmilch sich ergiebt. Neuerdings tritt das sehr empfehlenswerthe Bestreben zu Tage, diese Halbmilch vom Verkehr gänzlich auszuschliessen.

Vollmilch hat ein spec. Gewicht von 1,029—1,032. Trockenrückstand 11,5—12,0 Proc., Fett 3—4,0 Proc., Asche 0,68—0,72, das spec. Gewicht des Serums ist bei 15° C. nicht unter 1,0270. Der Gehalt der Milch an fettfreier Trockensubstanz betrage nicht wesentlich weniger als 8 Proc. Der Gehalt des Trockenrückstandes an Fett betrage etwa 20 Proc. — Eine Fälschung der Vollmilch kann erfolgen a) durch theilweise Entrahmung, womit gleichbedeutend ist der Zusatz von entrahmter Milch zur Vollmilch. Hierdurch wird das spec. Gewicht erhöht, der Trockenrückstand und der Gehalt an Fett werden erniedrigt, der Gehalt an Mineralstoffen wird unbedeutend erhöht. b) Durch Wässerung. Durch diese wird das spec. Gewicht der Vollmilch erniedrigt, alle übrigen Zahlen werden gleichfalls erniedrigt, weil ja eine Verdünnung der Milch stattgefunden hat. Der Gehalt der fettfreien Trockensubstanz sinkt unter 8 Proc. Am sichersten erkennt man die erfolgte Wässerung an der Erniedrigung des spec. Gewichtes des Milchserums. Man berechnet die Menge des zugesetzten Wassers nach folgender Formel:

$$V = 1000 \frac{(s_1 - s_2)}{s_1 (s_2 - 1)}$$

In dieser Formel bedeutet V = die zu 1 Liter Vollmilch zugesetzte Menge Wasser, $s_1$ = das spec. Gewicht des normalen Milchserums, nämlich 1,0270, $s_2$ ist = das spec. Gew. des Milchserums der zu untersuchenden Milch.

Beispiel. Das spec. Gewicht des Milchserums ist zu 1,0206 gefunden worden.

$$V = 1000 \frac{1{,}0270 - 1{,}0206}{1{,}0270 \,.\, (1{,}0206 - 1)} \text{ oder } V = 1000 \frac{0{,}0064}{1{,}0270 \times 0{,}0206}$$

V = 302,0 d. h. zu 1 Liter Vollmilch sind 302 ccm Wasser zugesetzt worden, oder die Milch besteht aus 76,8 Vol. Proc. Vollmilch und 23,2 Vol. Proc. Wasser.

Berechnet man, welche Zusammensetzung die Milch vor der Wässerung hatte, so muss das rekonstruirte Bild dasjenige einer normalen Vollmilch sein.

c) Kombinirte Entrahmung und Wässerung. Das spec. Gewicht kann normal oder auch erniedrigt sein. Alle übrigen Daten sind erniedrigt. Berechnet man aus dem Serum den stattgehabten Wasserzusatz und rekonstruirt man alsdann rechnerisch die Zusammensetzung der nicht mit Wasser verdünnten Milch, so erhält man die Zusammensetzung nicht der Vollmilch, sondern einer mehr oder weniger stark entrahmten Milch.

Abgerahmte Milch. Das spec. Gewicht ist im Vergleich zu demjenigen der Vollmilch erhöht. Es bewegt sich von 1,033 bis 1,036. Der Trockenrückstand sinkt bis auf 9,0 Proc., der Gehalt an Asche beträgt 0,68—0,74 Proc., das spec. Gewicht des Serums liegt nicht unter 1,0270. Der Gehalt an fettfreier Trockensubstanz sinkt nicht unter 8 Proc.

Zusammensetzung verschiedener verfälschter und nicht verfälschter Milchsorten.

| | I | II | III | IV | V |
|---|---|---|---|---|---|
| Spec. Gew. bei 15° C. | 1,0320 | 1,0327 | 1,0346 | 1,0273 | 1,0292 |
| Trockenrückstand | 11,57% | 10,02 | 8,65 | 10,38 | 9,90 |
| Wasser | 88,43 „ | 89,98 | 91,35 | 89,62 | 90,10 |
| Fett | 3,16 „ | 2,51 | 0,26 | 2,85 | 1,88 |
| Mineralstoffe | 0,73 „ | 0,72 | 0,74 | 0,62 | 0,61 |
| Spec. Gew. des Serums bei 15° C. | 1,0274 | 1,0270 | 1,0272 | 1,0241 | 1,0241 |
| Beurtheilung. | Vollmilch unverfälscht. | Theilweise entrahmt. | Centrifugen Magermilch. | Vollmilch mit ca. 12 Proc. Wasser. | Entrahmt u. mit ca. 12 Proc. Wasser versetzt. |

***Marktkontrole.*** Bei der Marktkontrole handelt es sich darum, eine thunlichst grosse Anzahl von Milchsorten zu untersuchen, die zweifellos unverdächtigen von vornherein auszuscheiden, während die verdächtigen einer eingehenderen Untersuchung unterzogen werden, welche den Zweck hat, den vorhandenen Verdacht zu beseitigen oder die erfolgte Fälschung objektiv und unzweifelhaft nachzuweisen. In zweifelhaften Fällen ist eine Stallprobe auszuführen. Man verfährt zweckmässig wie folgt:

Vollmilch. Man bestimmt das spec. Gewicht mittels des Lactodensimeters, ferner den Fettgehalt mittels der Gerber'schen Methode. Liegt das spec. Gewicht bei 15° C. innerhalb 1,029 und 1,032, während zugleich der Fettgehalt mindestens 2,8 Proc. beträgt, so kann eine weitere Untersuchung unterbleiben, denn diese würde in der Mehrzahl der Fälle lediglich das Ergebniss liefern, dass eine weitere Verfolgung des Falles aussichtslos ist. Ist das spec. Gewicht erheblich unter 1,0290 erniedrigt, zugleich der Fettgehalt ein mittlerer, z. B. 2,7, so liegt wahrscheinlich Wässerung vor. Ist umgekehrt das spec. Gewicht erniedrigt, während der Fettgehalt stark erhöht ist (z. B. 5,0—6,0—8,0 und mehr Procent beträgt), so kann die Erniedrigung des spec. Gewichtes natürlich lediglich durch den hohen Fettgehalt bedingt sein. — Ist das spec. Gewicht erhöht, während der Fettgehalt erniedrigt ist, so liegt wahrscheinlich eine entrahmte (bezw. theilweise entrahmte) Milch vor.

Magermilch. Liegt das spec. Gewicht derselben zwischen 1,033 und 1,036, so kann die weitere Untersuchung unterbleiben, weil alsdann eine Wässerung ausgeschlossen ist.

Es mag bemerkt werden, dass der Fettgehalt bei Centrifugen-Magermilch bis auf 0,1, ja 0,05 Proc. heruntergehen kann, während bei Entrahmung durch die Hand ein Fettgehalt von 0,7 bis 1,0 Proc. zurückzubleiben pflegt.

Rahm. Man bestimmt den Fettgehalt entweder gewichtsanalytisch oder nach Gerber Im letzteren Falle ist der Rahm vorher auf das 4—5fache Volumen mit Wasser zu verdünnen. Man kann für Rahm die Forderung aufstellen, dass er mindestens 15 Proc. Butterfett enthalten soll.

Buttermilch. Die einzig vorkommende Verfälschung ist Zusatz von Wasser. Man weist dieselbe durch Bestimmung des spec. Gewichtes des Milchserums nach.

Gekochte Milch. Die Frage, ob Milch aufgekocht worden ist (Wichtig bei Milch von Maul- und Klauenseuche) wird dadurch entschieden, dass man die Milch freiwillig säuern lässt. Das völlig klar (!) filtrirte Milchserum erhitzt man darauf im Probirglase zum Kochen. Gekochte oder bei Temperaturen von 80° C. sterilisirte Milch bleibt hierbei annähernd klar, nicht gekochte oder ungenügend erhitzte Milch giebt eine reichliche Ausscheidung von Eiweissgerinnseln.

***Verdorbene*** bezw. ***unverkäufliche Milch bezw. Milchfehler.*** Als ekelerregend bezw. unverkäuflich, verdorben und gesundheitsschädlich vom Verkauf auszuschliessen sind:

a) Colostrum- oder Biestmilch, d. h. die einige Tage vor und nach dem Kalben ausgeschiedene, milchähnliche Flüssigkeit, erkennbar an der gelblichen bis braungelben

Farbe, an der dickflüssigen Beschaffenheit, an den Colostrum-Körperchen und an der Gerinnbarkeit durch Kochen. Die Dauer der Abscheidung der Colostrummilch beträgt 8—14 Tage.

b) Blutige Milch, bei Erkrankung des Euters und der Nieren. Das Blut setzt sich bei ruhigem Stehen der Milch binnen kurzer Zeit am Boden ab.

c) Salzige Milch, verursacht durch eine Euter-Erkrankung. Sie zeigt veränderte Zusammensetzung für alle Bestandtheile, besonders Zurücktreten des Milchzuckers und der Phosphate und Vermehrung des Natriumchlorids, wodurch der salzige Geschmack bedingt wird.

d) Blaue Milch, verursacht durch *Bacillus cyanogenus* Hüppe.

e) Rothe Milch, verursacht durch *Bacillus prodigiosus, Sarcina rosea* Menge, *Saccharomyces ruber* Demme u. a.

f) Gelbe Milch, verursacht durch *Bacillus synxanthus* Schröter.

g) Schleimige Milch, verursacht durch verschiedene Kartoffel- und Erdbacillen.

h) Bittere Milch, verursacht durch *Bacillus Lactis amari* Weigmann und eine grosse Anzahl Kartoffel- und Heubacillen.

i) Seifige, nicht gerinnende Milch (vgl. Rahm). Die Milch hat unangenehm stechenden Geruch, laugig-seifigen Geschmack und gerinnt bei längerem Stehen nicht, sondern setzt nur einen schleimigen Bodensatz ab. Ursachen: Bakterien, Schimmelpilze, Oïdien und Hefen, welche ein „Lab und Pepsin" ähnliches Ferment abscheiden.

k) Faulige Milch, wahrscheinlich durch peptonisirende Bakterien, Schimmelpilze und Oïdien bedingt, welche stark riechende Gase erzeugen.

**Lac asininum, Eselsmilch.** Steht der Frauenmilch näher als die Kuhmilch und wird sowohl zur Ernährung der Kinder, als auch in vielen Badeorten zur Bereitung von Molken verbraucht.

**Lac caprinum, Ziegenmilch.** Ist besonders fettreich und reich an Trockensubstanz. Ihrer allgemeineren Verwerthung als Nahrungsmittel steht der eigenthümliche Geruch und Geschmack entgegen.

**Lac equinum, Stutenmilch.** Diese steht der Frauenmilch näher als die Kuhmilch. Ihre Verwerthung zur Ernährung der Kinder scheitert in unseren Gegenden an der Schwierigkeit der Beschaffung. In den Steppen Russlands dient die Stutenmilch zur Bereitung des Kefirs.

**Lac ovinum, Schafmilch.** Sehr reich an Trockensubstanz und an Fett; sie dient besonders zur Bereitung von Schafkäse (Liptauer Käse der Karpathen).

**Frauenmilch.** Normale Frauen-Milch reagirt alkalisch, hat das spec. Gewicht 1,025—1,035 und enthält 3—4 Procent Fett. Unter dem Mikroskop zeigen sich die Fettkügelchen gut ausgebildet, ihre Grösse beträgt etwa 0,001—0,02 mm; die Kügelchen mittlerer Grösse sollen in guter Frauen-Milch überwiegen.

Probenahme. Die zur Untersuchung erforderliche Menge entnimmt man 2—3 Stunden nach dem letzten Stillen aus einer Brust, entweder mit der Milchpumpe oder durch Streichen mit Daumen und Zeigefinger. Erforderlich etwa 30 ccm.

1. Reaktion. Mit empfindlichem Lackmuspostpapier (von E. Dieterich) unmittelbar nach der Entnahme festzustellen, da Säuerung häufig rasch eintritt.

2. Spec. Gewicht, entweder mit kleinen Aräometern oder mit der Westphal'schen Wage oder mittels Pyknometers festzustellen.

3. Fett. Entweder mit der Gerber'schen Centrifuge oder gewichtsanalytisch im Hoffmeister'schen Glasschälchen, s. S. 258.

4. Mikroskopische Prüfung. Ein Tropfen Milch wird bei 300fach-linearer Vergrösserung betrachtet. Die Fettkügelchen sollen dicht aneinander gedrängt, rund und zahlreich sein. Diejenigen mittlerer Grösse sollen überwiegen. Milch mit vorherrschend grossen Fettkügelchen gilt für schwerverdaulich. Punkt- und staubförmige Körnchen in grosser Menge kommen in der Milch schlecht genährter Frauen vor. Blut- und Eiterkörperchen kommen in der Milch vor bei Entzündungen der Brustdrüsen, Abscessen u. s. w.

In der Regel genügen die vorstehenden Bestimmungen. Wird mehr verlangt, so verfährt man wie folgt:

a) 10 g Milch werden in einer Platinschale unter Zusatz von 2 Tropfen Essigsäure eingedampft und bei 100° C. bis zum konstanten Gewicht getrocknet: Rückstand.

Der gewogene Rückstand wird bei sehr dunkler Rothgluth verascht und gewogen: Asche.

b) 10 g Milch werden im HOFFMEISTER'schen Schälchen mit ca. 20 g Seesand zur Trockne verdampft. Dann wird Schale und Inhalt im SOXHLET'schen Apparat mit wasserfreiem Aether extrahirt und das nach dem Verdunsten des letzteren hinterbleibende Fett gewogen: Fett.

10 g Milch werden mit 20 ccm Wasser verdünnt, erhitzt und durch Zusatz von wenig Essigsäure gefällt. Der entstehende Niederschlag (Kaseïn und Fett) wird abfiltrirt, mit siedendem Wasser gewaschen und nach dem Trocknen gewogen. Im Filtrat bestimmt man durch Filtriren mit FEHLING'scher Lösung den Milchzucker.

---

# Lacca.

**I. Resina Laccae. — Gummilack. Lackharz. — Résine laque. — Gum lac.** Entsteht in Indien durch den Stich vom befruchteten Weibchen der **Carteria Lacca Signoret** (Coccus Lacca Kerr) auf den jungen Zweigen verschiedener Bäume, so besonders **Croton L. lacciferus (Euphorbiaceae)** und **Schleichera trijuga Willd. (Sapindaceae)**, ferner werden genannt **Anona squamosa L. (Anonaceae)**, **Zizyphus jujuba Lam. (Rhamnaceae)**, **Butea frondosa Roxb. (Leguminosae)**, sowie **Ficus-** und **Urostigma-**Arten. Der Lack, welcher als ein Ueberzug, der die Dicke von mehreren cm erreichen kann, die Thiere und die Zweige, die dann absterben, einschliesst, scheint ein Sekret sowohl der Pflanzen wie der Thiere zu sein. Die jungen Schildläuse durchbohren später den Ueberzug. Der Lack überzieht die Zweige in der angegebenen Dicke, er ist von lichtbrauner bis braunrother Farbe, von aussen höckerig, entweder von den auskriechenden Insekten durchbohrt oder vorher gesammelt. Man sammelt ihn mit den Zweigen **(Lacca in ramulis. — Stocklack. Stangenlack. — Laque en bâton. — Sticlac)** oder klopft ihn davon ab **(Lacca in granis. — Körnerlack).** Nicht durchbohrter wird höher geschätzt.

***Bestandtheile.*** Wachs (Myricyl- und Cerylalkohol, frei und an Melissin-, Cerotin-, Oel- und Palmitinsäure gebunden) 6,0 Proc., Farbstoff (Laccaïnsäure $C_{16}H_{12}O_8$) 6,5 Proc., Harz 74,5 Proc. (davon in Aether unlöslich 65 Proc.: Resinotannolester der Aleuritinsäure $C_{12}H_{25}O_2COOH$, in Aether löslich 35 Proc.: freie Fettsäuren, ein Resen und Erythrolaccin $C_{14}H_8O_5 . H_2O$), ein krystallisirbarer Bitterstoff, Verunreinigungen 9,5 Proc., Wasser etc. 3,5 Proc.

Man verwendet aus dem Gummilack:

a) Den Farbstoff, doch hat dessen Bedeutung seit Bekanntwerden der Theerfarben ganz abgenommen. In Indien gewinnt man den Farbstoff, indem man den mit Wasser gewaschenen Körnerlack in aus Asche bereiteter Lauge auskocht und aus der Flüssigkeit den Farbstoff mit Säuren ausfällt. — In Europa extrahirte man mit Alkalikarbonaten und fällte mit Alaun, wodurch man einen Thonerdelack (Lac-dye) erhielt.

b) Das Harz **(Lacca in tabulis. — Schellack. — Lacque plate. — Shellac).** Man gewinnt es entweder aus dem unveränderten Gummilack oder nachdem man demselben den Farbstoff entzogen hat. Die Farbe fällt entsprechend verschieden aus. In Indien füllt man den zerkleinerten Gummilack in schmale Säcke, schmilzt und windet die Säcke aus. Den ausfliessenden flüssigen Balsam lässt man auf Bananenblätter oder Metallplatten fliessen, wo er erstarrt.

Er bildet dann kleine, einige Millimeter dicke, unregelmässig begrenzte, scharfeckige, durchscheinende Plättchen von heller oder dunkler brauner Farbe. Doch kommt er auch in Klumpenform in den Handel.

In der Wärme wird er erst weich, dann flüssig, unter Verbreitung eines charakteristischen Geruches. Heisser Weingeist löst ihn vollständig, kalter zu etwa 90 Proc., wobei Wachs ungelöst bleibt.

Aether und ätherische Oele lösen etwa 6—10 Proc. In Aetzalkalien, sowie Karbonaten und in Borax ist er unter Anwendung von Wärme löslich, in Ammoniak quillt er zunächst und löst sich dann auf. Aus diesen Lösungen wird er durch Säuren wieder gefällt.

***Verfälschung.*** Man verfälscht den Schellack vielfach mit Colophonium: Petroläther löst Schellack zu 1—3 Proc., Colophonium zu 90 Proc., Aether löst Colophonium vollständig, Schellack zu 6—10 Proc.; indessen sind diese Angaben noch wenig zufriedenstellend, ebenso hat die Bestimmung der Säure-, Ester- und Verseifungszahl noch wenig sichere Resultate ergeben.

**Lacca in tabulis alba. Weisser oder gebleichter Schellack.** Es giebt verschiedene Verfahren, Schellack zu bleichen. **1)** Man löst denselben in 5 Th. Weingeist, macerirt mit gereinigter Thierkohle, fällt aus dem Filtrat das Harz durch Wasser und knetet es mit warmem Wasser; hierbei wird dasselbe am wenigsten verändert. **2)** Man behandelt 1 Kilo grob gepulverten Schellack mit einer Verreibung von 200 g Chlorkalk mit 7—8 l Wasser, setzt nach 24 Stunden 1 g Schwefelsäure, mit 1 l Wasser verdünnt, dann 6 l siedendes Wasser zu und knetet den ausgeschiedenen Lack mit heissem Wasser. **3)** 100 Th. Schellack löst man mittels 40 Th. krystallisirter Soda in 1500 Th. kochendem Wasser, seiht durch, mischt mit einer filtrirten Lösung von 100 Th. Chlorkalk und 100 bis 120 Th. kryst. Soda in 2000 Th. Wasser, scheidet nach 2tägigem Stehen das Harz mittels verdünnter Salzsäure ab und wäscht mit heissem Wasser unter Kneten. **4)** Man löst den Schellack in Natronlauge, leitet Chlorgas ein oder mischt mit Natriumhypochloritlösung und zersetzt die Lösung durch verdünnte Salzsäure. Bei diesem Verfahren erleidet der Schellack eine tiefgreifende Veränderung, sodass er in Weingeist fast unlöslich wird. — Der gebleichte Schellack wird malaxirt und kommt dann in seidenglänzenden Zöpfen in den Handel. Er wird vielfach verfälscht, gewöhnlich mit Wachs oder Colophonium, was übrigens leicht nachzuweisen ist, da ein reiner, gebleichter Schellack nicht mehr als 5 Proc. an Aether abgiebt und sich in 96proc. Weingeist löst. Die Löslichkeit geht bei längerer Aufbewahrung zurück; man hat dieses auf die Einwirkung der Luft zurückgeführt und vorgeschlagen, ihn unter Wasser aufzubewahren. Zur schnelleren Klärung der Lösungen empfiehlt es sich, Zusätze wie Zinkoxyd, Kreide, Gips zu machen, welche die trübenden Bestandtheile mit sich zu Boden reissen. Doch löst sich auch ein älterer Schellack leicht in Weingeist, wenn man ihn zuvor gepulvert mit Weingeist oder Aether quellen lässt und dann gelinde erwärmt.

***Anwendung.*** Man gebraucht den Schellack zur Darstellung von feineren Siegellacken, von Kitten, als Zusatz von Feuerwerkskörpern, um ein langsames und gleichmässiges Abbrennen zu erzielen, in Lösung zu Lacken, Firnissen und Polituren.

Zum Entfernen von Lackanstrichen dient Schmierseife, womit man die betreffenden Gegenstände überzieht; ferner koncentrirte Natronlauge oder Salmiakgeist.

**Solutio Laccae in tabulis ammoniacalis.** Ammoniakalische Schellacklösung. 2 Th. grob gepulverten Schellack macerirt man einige Tage mit 15 Th. 10proc. Ammoniakflüssigkeit, fügt 85 Th. destillirtes Wasser zu und lässt bei gelinder Wärme bis zur völligen Lösung stehen. (DIETERICH.)

**Solutio Laccae in tabulis boraxata.** Borax-Schellacklösung. Wässeriger Schellackfirniss. 150 Th. Schellack, 25 Th. Borax löst man in 1000 Th. destillirtem oder Regenwasser unter Erwärmen auf etwa 60° C. Dient dazu, Papier u. dergl. wasserdicht zu machen.

**Solutio Laccae in tabulis spirituosa.** Weingeistige Schellacklösung. Schellack-Politur. 1 Th. grob gepulverten Schellack macerirt man mit 5—6 Th. 90proc. Weingeist und giesst nach längerem Absetzenlassen klar ab. Ueber Klärung der Lösung s. oben. Klare Lösungen erhält man auch bei Anwendung von 96—98proc. Weingeist und Zusatz kleiner Mengen Petroläther. Fügt man der Lösung 1—2 Proc. Ricinusöl hinzu, so wird dadurch die Sprödigkeit der Schellacküberzüge vermindert. Nach Zusatz von 0,5 Proc. Borsäure soll dieselbe auch auf Metallgegenständen haften.

**Appretur für Lederzeug.**
Lederlack.

| | | |
|---|---|---|
| Rp. | 1. Boracis | 50,0 |
| | 2. Laccae in tabulis | 150,0 |
| | 3. Aquae fervidae | 800,0 |
| | 4. Nigrosini | 10,0 vel q. s. |

Man löst 1—3 im Wasserbade, seiht durch und färbt mit 4.

**Bronzetinktur.**
Flüssige Bronze.

| | | |
|---|---|---|
| Rp. | Solutionis Laccae in tabul. boraxat. | 30,0 |
| | Aeris pulv. (Bronzepulver) | 60,0 |
| | Spiritus (90 proc.) | 10,0. |

Umgeschüttelt mit einem Pinsel aufzutragen.

**Buchbinderlack.**
Portefeuillelack.
I.

Rp. Laccae in tabulis 150,0
Benzoës
Sandaracae
Mastiches ãã 40,0
Alcohol absoluti 725,0
Olei Lavandulae 5,0.

II. (Nach DIETERICH).

Rp. Laccae in tabulis 150,0
Sandaracae 40,0
Terebinthinae laricinae 20,0
Liq. Ammonii caust. spirit. 5,0
Olei Lavandulae 1,0
Spiritus (90 proc.) 830,0.

Man trocknet die gestrichenen Gegenstände über Kohlenfeuer.

III. Farbloser Lack.

Rp. 1. Laccae in tabulis albae gr. pulv. 200,0
2. Aetheris 60,0
3. Mastiches pulv. 100,0
4. Alcohol absoluti 600,0
5. Olei Lavandulae 40,0.

Man lässt 1 mit 2 quellen, digerirt mit 3—5, lässt absetzen und filtrirt.

**Celluloid-Kitt** (Deutsche Drechslerzeitung).

Rp. Laccae in tabulis pulv. 20,0
Alcohol absoluti 50,0
Spiritus camphorati 30,0.

Zum Kitten von Celluloid auf Holz, Blech und dergl.

**Dosenlack** (DIETERICH).

Rp. Laccae in tabulis 160,0
Sandaracae 80,0
Spiritus (95 proc.) 800,0
Terebinth. laricinae 25,0.

Man löst und filtrirt. Zum Färben eignet sich Drachenblut.

**Eau dentifrice** (E. DIETERICH).
Mundwasser.

Rp. 1. Laccae in granis pulv. 200,0
2. Myrrhae pulv. 20,0
3. Aluminis kalini 50,0
4. Aquae destillatae 1200,0
5. Spiritus Cochleariae 100,0
6. Olei Salviae
7. Olei Menthae piperit.
8. Olei Rosae ãã gtts. V
9. Sacchari Cumarini 2,0
10. Spiritus diluti q. s. ad 1000,0.

Man erhitzt 1—4 mehrere Stunden im Wasserbade, seiht durch, mischt 5—9 hinzu, lässt absetzen, filtrirt und bringt mit 10 auf 1000,0. — Dem Mundspülwasser zuzusetzen.

**Flaschenkapsel-Lack.**

Rp. Laccae in tabulis pulv. 200,0
Terebinthin. laricin. 50,0
Spiritus 750,0.

Man löst, färbt mit einer Anilinfarbe und verdickt nöthigenfalls durch Zusatz von Talk. Graphit oder Russ mit Zinkweiss gemischt geben einen grauen Lack.

**Fussbodenlack.**

Rp. Laccae in tabulis 300,0
Colophonii 75,0
Terebinth. laricin. 25,0
Spiritus 600,0.

Man löst und färbt durch Zusatz von 20—25 Proc. Ocker, Terra de Siena u. dergl. Einen billigeren Lack erhält man mit Schellack und Colophonium ãã 150.

**Goldlack.**
Zum Ueberziehen von Messinggegenständen, Goldleisten etc.
I.

Rp. Laccae in granis 20,0
Ligni Santali rubri
Mastiches
Sandaracae ãã 5,0
Resin. Draconis
Gutti
Orleanae
Terebinthin. laricin.
Balsami Copaivae ãã 2,5
Spiritus (96 proc.) 110,0.

Maceriren, absetzen lassen, filtriren.

II. (Nach DIETERICH.)

Rp. Laccae in tabulis optim. 200,0
Gutti 30,0
Extract. Lign. Santali rubr. spirit. 3,0
Sandaracae 50,0
Terebinthinae laricin. 25,0
Spiritus (95 proc.) 800,0.

Man löst, schüttelt mit 20,0 Talk und filtrirt. — Das Gutti lässt sich auch durch Anilingelb oder Pikrinsäure ersetzen.

**Holzlack.**

Rp. Laccae in tabulis
Sandaracae
Terebinthinae laricin. ãã 30,0
Benzoës 15,0
Spiritus denaturati 0,5 l.

Man färbt gelb mit Safran, roth mit Drachenblut, schwarz mit Rebenschwarz.

**Kitt.**
Zum Einkitten von eisernen Geräthen in hölzerne Griffe.

Rp. Laccae in tabulis 10,0
Cretae albae 5,0.

Man mischt zu einem feinen Pulver, füllt damit die Höhlung und drückt den heiss gemachten Metalltheil hinein.

**Lacca in tabulis nigra** (DIETERICH).
Schwarzer Schellack.

Rp. 1. Laccae in tabulis fuscae 900,0
2. Coerulei Ultramarini 100,0
3. Spiritus 50,0.

Man schmilzt 1, fügt 2, mit 3 angerieben, hinzu, erhitzt weiter, bis die Masse gleichmässig ist, und giesst sie in Formen. Kitt für Uhrmacher und Metallarbeiter.

**Lack für Aquarien.**

Rp. 1. Laccae in tabulis
2. Lapidis Pumicis subt. pulv. ãã.

Man schmilzt 1 und mischt mit 2. Die Masse wird warm aufgetragen.

**Lack für Blechbüchsen.**

Rp. Laccae in tabulis 10,0
Vernicis Lini
Colophonii Succini ãã 40,0
Terebinthinae laricin. 80,0

schmilzt man zusammen und färbt mit einer beliebigen, weingeistlöslichen Anilinfarbe.

**Lack für Korbwaren, Korblack** (DIETERICH).

Rp. Laccae in tabulis 200 0
Colophonii 100,0
Terebinthinae laricinae 30,0
Olei Resinae 20,0
Spiritus (95 proc.) 700,0.

Man löst unter Erwärmen und filtrirt.

**Lack für Ledersachen. Lederlack.**

I. Gelber, für Pferdegeschirre (DIETERICH).

| | | |
|---|---|---|
| Rp. | Laccae in tabulis | |
| | Sandaracae | |
| | Mastiches | ää 50,0 |
| | Terebinthinae laricinae | 20,0 |
| | Olei Ricini | |
| | Acidi oxalici | ää 5,0 |
| | Spiritus (90 proc.) | 825,0. |

Man löst, filtrirt und bringt mit Spiritus auf 1000,0.

II. Rother Juftenlack (DIETERICH).

| | | |
|---|---|---|
| Rp. | Laccae in tabulis | 120,0 |
| | Resinae Dammar | 15,0 |
| | Terebinthinae laricinae | 60,0 |
| | Ligni Santali rubri pulv. | 180,0 |
| | Spiritus (95 proc.) | 1100,0. |

III. Schwarzer Geschirrlack.

| | | |
|---|---|---|
| Rp. | 1. Laccae in tabulis | 150,0 |
| | 2. Sandaracae | 30,0 |
| | 3. Terebinthinae laricinae | |
| | 4. Balsami Gurjunici | ää 50,0 |
| | 5. Olei Terebinthinae | 20,0 |
| | 6. Spiritus (95 proc.) | 600,0 |
| | 7. Fuliginis ustae | 15,0 |
| | 8. Spiritus | 85,0. |

Man digerirt 1—6 einige Tage, fügt dann 7, mit 8 angerieben, hinzu.

Oder:

| | | |
|---|---|---|
| Rp. | Laccae in tabulis | 120,0 |
| | Terebinthinae laricinae | 20,0 |
| | Anilini nigri | 10,0 |
| | Methylenblau | 2,0 |
| | Spiritus | 1000,0. |

Den Schellack lässt man zuvor in Ammoniak quellen.

**Lack für Papierschilder.**

Etiquettenlack.

| | | |
|---|---|---|
| Rp. | Laccae in tabulis albae | 250,0 |
| | Balsami Copaivae | 20,0 |
| | Terebinthinae laricinae | 10,0 |
| | Spiritus (95—96 proc.) | 750,0. |

Man löst in der Wärme und filtrirt.

Oder (nach POSPIŠIL):

| | | |
|---|---|---|
| Rp. | Laccae in tabulis albae | 50,0 |
| | Balsami Copaivae | 5,0 |
| | Spiritus (95 proc.) | 80,0. |

Die zu lackirenden Schilder, die völlig trocken sein müssen, werden zunächst zweimal mit verdünntem Collodium überzogen, ehe man den Lack aufträgt.

**Lack für Strohhüte.**

I.

| | | |
|---|---|---|
| Rp. | Colophonii | 250,0 |
| | Laccae in tabulis | 150,0 |
| | Terebinthinae laricinae | 15,0 |
| | Spiritus (90 proc.) | 600,0. |

II.

| | | |
|---|---|---|
| Rp. | Laccae in tabulis | 900,0 |
| | Copal de Manila | 225,0 |
| | Sandaracae | 225,0 |
| | Olei Ricini | 55,0 |
| | Alcohol methylici | 9,0 l. |

Man löst unter öfterem Umschütteln, filtrirt und färbt mit weingeistlöslichen Anilinfarben. Auf obige Menge 55 g Anilinschwarz, oder 30 g Brillantgrün, oder 30 g Bismarckbraun; für olivbraun: 15 g Brillantgrün und 55 g Bismarckbraun; für Olivgrün je 28 g Brillantgrün und Bismarckbraun; für Nussbraun: 55 g Bismarckbraun und 15 g Nigrosin; für Mahagonibraun: 28 g Bismarckbraun und q. s. Nigrosin. (Lpz. Drog.-Ztg.).

**Lack für Wandtafeln.**

Schul- und Wandtafellack.

| | | |
|---|---|---|
| Rp. | Laccae in tabulis | |
| | Nigri Parisiensis | ää 16,0 |
| | Lapidis Pumicis laevigati | |
| | Umbrae ustae | ää 8,0 |
| | Coerulei Parisiensis | 1,0 |
| | Siccatif | 16,0 |
| | Spiritus | 135,0. |

Der erste Anstrich wird noch feucht angezündet; dann giebt man einen zweiten Ueberzug, lässt trocknen und schleift mit feinem Sandpapier ab.

**Metall-Universallack.**

| | | |
|---|---|---|
| Rp. | Laccae in tabulis | 180,0 |
| | Balsami Gurjunici | 45,0 |
| | Terebinthinae laricinae | 15,0 |
| | Sanguinis Draconis | 10,0 |
| | Spiritus (96 proc.) | 750,0. |

**Militärlack**

für Lederzeug und Patronentaschen.

| | | |
|---|---|---|
| Rp. | Laccae in tabulis | 160,0 |
| | Mastiches | 10,0 |
| | Sandaracae | 5,0 |
| | Terebinthinae laricinae | 15,0 |
| | Olei Ricini | 10,0 |
| | Spiritus (96 proc.) | 800,0 |
| | Nigri anilinici | |
| | Nigri Parisiensis | ää q. s |

**Möbel-Politur.**

I.

| | | |
|---|---|---|
| Rp. | Laccae in tabulis | 200,0 |
| | Mastiches | 50,0 |
| | Spiritus denaturati | 750,0. |

Man löst, schüttelt zur Entfernung trübender Bestandtheile zuerst mit Bleiweiss, dann mit $^1/_{10}$ Petroläther und giesst nach vierwöchentlichem Stehen klar ab.

II.

| | | |
|---|---|---|
| Rp. | Laccae in tabulis | |
| | Aetheris | |
| | Liquoris Ammonii caustici | ää 50,0 |
| | Spiritus | 400,0 |
| | Olei Lini | 450,0. |

Vor dem Gebrauch umzuschüttteln.

**Packsiegellack. Packlack.**

I.

| | | |
|---|---|---|
| Rp. | 1. Laccae in tabulis | 200,0 |
| | 2. Colophonii | 300,0 |
| | 3. Terebinthinae communis | 200,0 |
| | 4. Minii | 100,0 |
| | 5. Cretae praeparatae | 200,0. |

Man schmilzt 1—3 und mischt 4—5 darunter.

II. (DIETERICH.)

| | | |
|---|---|---|
| Rp. | 1. Terebinthinae communis | 40,0 |
| | 2. Colophonii americani | 320,0 |
| | 3. Laccae in tabulis | 200,0 |
| | 4. Cinnabaris | 50,0 |
| | 5. Baryi sulfuric. nativ. | 400,0 |
| | 6. Glaciei Mariae pulv. | 200,0 |
| | 7. Olei Terebinthinae | 40,0. |

Man schmilzt 1—3 in einem thönernen Gefässe, mischt 4—6 als feine Pulver hinzu, erhitzt nochmals, entfernt vom Feuer, giebt 7 zu und giesst halberkaltet in Formen.

**Pariser Lack.**

| Rp. | | |
|---|---|---|
| | 1. Laccae in tabulis | 200,0 |
| | 2. Cretae praeparatae | 50,0 |
| | 3. Alcohol absoluti | 1000,0 |
| | 4. Mastiches | 10,0 |
| | 5. Sandaracae | 10,0 |
| | 6. Sanguinis Draconis | 5,0 |
| | 7. Terebinthinae laricinae | 15,0 |
| | 8. Balsami Copaivae | 5,0 |
| | 9. Olei Lavandulae | 20,0. |

Man schmilzt 1 mit 2, pulvert, macerirt 2 Tage mit 3, filtrirt, löst 4—9, filtrirt wieder, destillirt etwa 400,0 ab und verwendet den Rückstand.

**Politurlack.**

Französischer Politurlack. Patentlack

| Rp. | | |
|---|---|---|
| | Laccae in tabulis | 100,0 |
| | Laccae in granis | |
| | Mastiches | |
| | Resinae Copal occident. | |
| | Ligni Santali rubri | āā 7,5 |
| | Alcohol absoluti | 750,0 |
| | Balsami Copaivae | 5,0. |

Dient zum Bepinseln schadhafter Stellen der Möbelpolitur.

**Schildpatt-Kitt.**

| Rp. | | |
|---|---|---|
| | Mastiches | 50,0 |
| | Laccae in tabulis | 200,0 |
| | Terebinthinae venet. | 10,0 |
| | Spiritus | 740,0. |

**Schreibtinte für Glas.**

| Rp. | | |
|---|---|---|
| | 1. Laccae in tabulis | 20,0 |
| | 2. Spiritus | 120,0 |
| | 3. Boracis | 25,0 |
| | 4. Aquae | 250,0. |

Man löst 1 in 2, 3 in 4, mischt und fügt eine lösliche Anilinfarbe (Nigrosin, Methylviolett hinzu (Ph. Era).

**Schreibtinte zur Bezeichnung von Waarenballen, Kisten u. dergl.**

| Rp. | | |
|---|---|---|
| | Boracis | 60,0 |
| | Laccae in tabulis | 180,0 |
| | Aquae fervidae | 1000,0 |
| | Fuliginis | q. s. |

**Siegellack.**

Siegelwachs. Brieflack.

I. Nach E. Dieterich.

| Roth. | | feinster | mittelfeiner |
|---|---|---|---|
| Rp. | 1. Terebinthinae | 60,0 | 60,0 |
| | 2. Colophonii americ. | 120,0 | 400,0 |
| | 3. Laccae in tabulis | 200,0 | 160,0 |
| | 4. Cinnabaris germanic. | 80,0 | 40,0 |
| | 5. Baryi sulfuric. nativ. pulv. | 100,0 | 600,0 |
| | 6. Glaciei Mariae subt. pulv. | 60,0 | 200,0 |
| | 7. Olei Terebinthinae | 40,0 | 40,0. |

Schwarz, Gelb, Blau, Gold.

Man ersetzt in obiger Vorschrift 4 durch 4,0—5,0 Fuligo, 50,0—75,0 Bleichromat, 50,0—75,0 Ultramarin- oder Berliner Blau, 5 g Musivgold. Man schmilzt 1, 2 und 3 in einem thönernen (nicht metallenen) Gefässe, setzt 4, 5, 6 als feinste Pulver und innig gemischt zu, erhitzt noch eine Weile, entfernt vom Feuer, mischt 7 hinzu und giesst halberkaltet in angefeuchtete Formen.

II. Nach Hager.

| Rp. | | |
|---|---|---|
| | 1. Laccae in tabulis | 360,0 |
| | 2. Terebinthinae laricin. | 175,0 |
| | 3. Cinnabaris praep. | 100,0 |
| | 4. Baryi sulfurici praecipitati | 300,0 |
| | 5. Balsami tolutani | |
| | 6. Terebinthinae laricin. | āā 25,0 |
| | 7. Benzoës | 15,0. |

Man schmilzt 1—2, fügt die Mischung von 3—4, darauf die durch Schmelzen erhaltene Mischung aus 5—7 hinzu.

III. Nach B. Fischer.

| Rp. | | |
|---|---|---|
| | 1. Terebinthinae laricinae | 200,0 |
| | 2. Laccae in tabulis | 300,0 |
| | 3. Cinnabaris | 200,0 |
| | 4. Talci veneti | 300,0. |

Man schmiltzt 1 und 2 bei mässiger Hitze und mischt die Verreibung von 3 und 4 dazu.

**Sparadraplack.**

| Rp. | | |
|---|---|---|
| | Laccae in tabulis | 125,0 |
| | Benzoës | 25,0 |
| | Terebinthinae laricin. | |
| | Mastiches | āā 12,5 |
| | Olei Ricini | 5,0 |
| | Alcohol absoluti | 820,0. |

Man löst und filtrirt. Klebtaffet, mit diesem Lack auf der Rückseite bestrichen, wird für Wasser undurchdringlich.

**Stiefelwichse, mattglänzende.**

| Rp. | | |
|---|---|---|
| | Camphorae | 5,0 |
| | Terebinthinae laricinae | 10,0 |
| | Laccae in tabulis | 20,0 |
| | Spiritus | 65,0. |

Man löst und färbt mit einer weingeistigen Lösung von Anilinblau oder Bismarckbraun.

**Tinctura Laccae aluminata.**

Alaunhaltige Körnerlacktinktur.

(Dresdener Vorschrift.)

| Rp. | | |
|---|---|---|
| | 1. Laccae in granis pulv. | 20,0 |
| | 2. Aluminis kalini | 10,0 |
| | 3. Aquae | 140,0 |
| | 4. Aquae Rosae | |
| | 5. Aquae Salviae | āā 40,0 |
| | 6. Acidi salicylici | 0,2. |

Man erhitzt 1—3 eine Stunde im Dampfbade, sammelt 120,0 Seihflüssigkeit, mischt 4—6 hinzu, stellt einen Tag kühl und filtrirt.

**Abwaschbare Tapeten** erhält man, indem man eine Lösung von je 2 Th. Borax und Schellack in 25 Th. heissem Wasser mehrmals auf die Tapeten, die bereits aufgezogen sein können, aufträgt, jeden Anstrich aber trocknen lässt und dann mit einer weichen Bürste bearbeitet.

**Bindfaden wasserdicht zu machen,** tränkt man denselben ein- bis zweimal mit einer Lösung von 1 Th. Schellack in 10 Th. weingeistiger Ammoniakflüssigkeit.

**Delphineum,** zum Dichtmachen von Lederschuhen, besteht aus 100 Schellack, 5 Kienruss, 20 Leberthran, 500 Alkohol (Töllner).

**Firniss für Druck** oder Lichtdruck auf mattem Papier. Man bedient sich obiger Solut. Laccae in tabul. boraxat.

**Firniss, matt, für unechte Goldleisten** ist eine mit $^1/_5$ China Clay oder Kreide gemischte weingeistige Schellacklösung.

**Kitt für Radreifen.** Je 30,0 Schellack und Guttapercha, je 3,0 Schwefel und Mennige.

**Nubian Blacking,** eine in England patentirte Stiefelwichse, besteht aus 126 Th. Spiritus, 11 Th. Kampfer, 16 Th. venet. Terpentin, 36 Th. Schellack, 32 Th. Schwärze (diese eine weingeistige Lösung von je 0,6 Th. Anilinblau und Bismarckbraun).

**Politur,** LOUIS KÖHLER's, ist eine Lösung von je 12 g Körnerlack und Schellack und 5 g Benzoë in 1 l Weingeist.

**Steresol,** ein antiseptischer Firniss, besteht aus 270,0 Gummilack, je 10,0 Benzoë und Tolubalsam, 100,0 Phenol, je 6,0 Zimmtöl und Saccharin und Alkohol q. s. zu 1 l.

**II. Japanischer Lack.** Man gewinnt ihn durch horizontale Einschnitte in die Rinde von **Rhus vernicifera D. C.,** aus denen man den ausgetretenen Lack herauskratzt. Dieser Rohlack bildet eine grauweisse, mehr oder minder dicke Emulsion, die man durch Pressen durch Tücher oder Filtriren reinigt. Ein durch Auskochen der Zweige des Lackbaumes gewonnenes Produkt ist minderwerthig. — Der japanische Lack ist ausgezeichnet durch seine ausserordentliche Widerstandsfähigkeit gegen Hitze, Säuren und Alkohol; doch sollen sich nach REIN 60—80 Proc. des Lackes in Alkohol, Aether und Schwefelkohlenstoff lösen. Wasser extrahirt einige Proc.

***Bestandtheile.*** 60—80 Proc. Lacksäure (Urushinsäure) $C_{14}H_{18}O_2$, 3—6 Proc. Gummi, 1—3 Proc. eiweissartige Körper, in geringer Menge eine giftige, flüchtige Säure, 10—34 Proc. Wasser. Der Oelgehalt des Lackes rührt von den bei seiner Gewinnung benutzten, mit Oel bestrichenen Instrumenten her. — Beim Erhärten des Lackes geht die Lacksäure in Oxylacksäure $C_{14}H_{18}O_3$ über.

***Sorten.*** Seit einigen Jahren gelangt japanischer Lack nach Europa, importirt durch die „Rhus-Compagnie“ in Frankfurt a/M., indessen ist dieser Lack mit dem echten japanischen anscheinend nicht identisch, da beim Trocknen der mit letzterem überzogenen Gegenstände nur eine Temperatur von 10—25° C. angewendet wird, bei ersterem aber nach WIESNER dazu Anwendung künstlicher Wärme nöthig ist.

***Anwendung.*** Zur Herstellung der bekannten Lackarbeiten und zum Ueberziehen wissenschaftlicher und technischer Instrumente.

**III. Lacca Musci. Lacca musica. — Lackmus** — gewinnt man aus verschiedenen Flechten: **Roccella tinctoria DC. (Ascolichenes — Roccellaceae),** auf den Azoren, Canaren und Capverdischen Inseln. **Roccella fuciformis Ach.** in Ostindien, Ceylon, Mozambique etc., **Lecanora tartarea Fries (Ascolichenes—Lecanoraceae)** in Schweden, Norwegen und Schottland, und **Pertusaria communis Fries (Ascolichenes-Pertusariaceae)** auf der Rhön, Pyrenäen etc. — Die Flechten werden gemahlen, mit Potasche und Urin oder Ammonkarbonatlösung versetzt, auf Haufen geschichtet und einige Wochen sich selbst überlassen, während welcher Zeit die Masse sich braun, roth, violett und endlich blau färbt. Dann setzt man Kreide oder Gips zu und bringt die durch ein Sieb gelassene Masse in kleine Würfel, die man trocknet. — Der Lackmus bildet dann kleine, matte, dunkelblaue Würfel, die leicht zerreiblich, im Bruch erdig sind und beim Erwärmen Ammonkarbonat entwickeln.

***Bestandtheile und Anwendung.*** Farbstoffe, die wahrscheinlich stickstoffhaltige Oxydationsprodukte des Orcins sind. Der wichtigste ist das Azolitmin $C_7H_7NO_4$ ausserdem enthält Lackmus Erythrolitmin, roth, gelbgrün fluorescirend. Die Farbstoffe sind roth, ihre Salze blau, auf welchem Verhalten die Verwendung als Indikator in der Titriranalyse beruht. Ausserdem wird Lackmus auch zum Färben von Nahrungs- und Genussmitteln verwendet.

**Tinctura Lacmus. Tinctura Laccae musicae. Lackmustinktur. Lackmuslösung. Solution of Litmus. Litmus Test-Solution. Germ. IV.** 1 Th. Lackmus wird mit 10 Th. Wasser 24 Stunden lang ausgezogen, der Auszug nach dem Absetzen filtrirt. — Ergänzb. 20 Th. fein gemahlenen Lackmus zieht man mit kaltem Wasser aus, dampft den Auszug mit Sand ein und setzt währenddem so viel Salzsäure hinzu, dass die Flüssigkeit nach dem Entweichen der Kohlensäure stark roth erscheint. Das erhaltene braune Pulver wäscht man auf dem Filter zuerst mit heissem, dann mit kaltem Wasser aus trocknet und übergiesst von neuom auf dem Filter mit Wasser und einigen

Tropfen Natronlauge, bringt durch Nachwaschen auf 80 Th., neutralisirt mit sehr verdünnter Schwefelsäure und setzt 20 Th. Weingeist hinzu. — Austr. und U-St. lassen zuvor den gepulverten Lackmus mit siedendem Weingeist, zur Entfernung des Erythrolitmins, behandeln; dann durch Waschen mit kaltem Wasser das überschüssige Alkali entfernen, den Rückstand mit dem 3fachen Gewicht siedenden Wassers ausziehen und das Filtrat verwenden. — Brit. schreibt vor, 20 g gepulverten Lackmus 3mal je 1 Stunde lang mit 80, 60 und 60 ccm 90procentigem Weingeist auszukochen, den Rückstand mit 200 ccm Wasser zu digeriren, dann zu filtriren. Lackmustinktur wird an einem kühlen, schattigen Ort in einer Flasche mit durchbohrtem Kork, in dem sich ein mit Watte gefülltes Glasröhrchen befindet, aufbewahrt. Eine haltbare Lackmustinktur stellt man nach BERTHOLET aus der gewöhnlichen dar, indem man sie mit Schwefelsäure ansäuert, aufkocht, mit Barytwasser versetzt, den Baryt durch Einleiten von Kohlensäure ausfällt, nochmals aufkocht, filtrirt und mit $^1/_{10}$ Vol. Weingeist mischt.

Aufbewahrung in einer Flasche mit durchbohrtem Kork, in dem sich ein mit Watte gefülltes Glasröhrchen befindet. Man ersetzt sie durch eine Auflösung des Azolitmin, die man herstellt, indem man fein gemahlenen Lackmus mit kaltem Wasser auszieht und den Auszug mit Sand eindampft. Während des Eindampfens setzt man so viel Salzsäure hinzu, dass die Flüssigkeit nach dem Entweichen der Kohlensäure stark roth gefärbt erscheint. Das so erhaltene braune Pulver wäscht man auf dem Filter zuerst mit heissem, dann mit kaltem Wasser aus und trocknet wieder. Dieses Pulver übergiesst man von neuem auf dem Filter mit Wasser und einigen Tropfen Ammoniak, wobei sich der Farbstoff löst. Das Filtrat wird mit einigen Tropfen Schwefelsäure angesäuert und dann wieder neutralisirt. — Die Empfindlichkeit wird noch erhöht, wenn man das störende Erythrolitmin vorher mit kochendem 85proc. Alkohol entfernt.

**Charta exploratoria coerulea et rubra. Blaues und rothes Lackmuspapier. Papier à tournesol bleu et rouge. Blue and red Litmus Paper.**

Zur Darstellung verwendet man Streifen von Filtrirpapier, die einfach in die Lösung eingetaucht, oder Postpapier, das einseitig damit bestrichen wird. In jedem Falle ist es nothwendig, dem Papier etwa in demselben vorhandene Spuren von Säuren zu entziehen, indem man es in 1 : 10 verdünntem Salmiakgeist einweicht, auspresst und an der Luft trocknet. (Nach RONDE (Pharm. Zeitung 1896 S. 736) ist dieses Verfahren ebenso überflüssig, wie die Entfernung der fremden Farbstoffe und des überschüssigen Alkali aus dem Lackmus, da die Papiere des Handels in der Regel nicht freie Säure, sondern freies Alkali enthalten.)

Das Trocknen der Papierstreifen, die man aufhängt, muss in einer von Säuren und Ammoniak freien Atmosphäre geschehen. Das Gleiche gilt für die Aufbewahrung (vergl. auch unten).

Um mit einem Reagenspapier auszukommen, macht man dasselbe violett, indem man die Lösung genau auf den zwischen roth und blau liegenden Farbenton einstellt. Es ist nothwendig, mit dem zu verwendenden Papier eine Probefärbung zu machen, um seine Tauglichkeit festzustellen. Bei Verwendung dieses sehr empfindlichen Papieres ist es nothwendig, stets auch die auf einfaches Befeuchten eintretende Farbenänderung zu berücksichtigen. — Die Empfindlichkeit sorgfältig hergestellten und aufbewahrten Papieres ist sehr erheblich, so nach E. DIETERICH beim blauen Papier für Schwefelsäure 1 : 40 000, für Salzsäure 1 : 50 000, bei rothem für Kaliumhydrat 1 : 20 000, für Ammoniak 1 : 60 000. Aufbewahrung in Blechgefässen oder gelben resp. schwarzen Gläsern. Nach E. DIETERICH steigt die Empfindlichkeit des blauen Papieres, wenn es vor Licht geschützt aufbewahrt wird, andernfalls (beim Zutritt von Licht) nimmt dieselbe ab.

Germ. IV. Die wässerige Lackmuslösung (s. oben) wird bei Siedehitze tropfenweise mit verdünnter Schwefelsäure versetzt, bis eine Probe, mit 100 Raumth. Wasser verdünnt, nur noch violettblau erscheint. Mit dieser 10procentigen Lösung wird bestes Schreibpapier mittels sauberen Pinsels bestrichen und in einem dunkeln, ungeheizten Raume auf Schnüren oder Holzstäben getrocknet. Blaues Lackmuspapier soll durch Zehntel-Normalsäure, die mit 100 Raumth. Wasser verdünnt ist, sofort geröthet werden. — Durch weiteren Zusatz von Schwefelsäure, bis eine mit 100 Raumth. Wasser verdünnte Probe blassroth erscheint, erhält man die zur Darstellung des rothen Lackmuspapiers erforderliche Lösung. Rothes Lackmuspapier soll durch eine Mischung aus 1 Raumth. Zehntel-Normalkalilauge und 100 Raumth. Wasser sofort gebläut werden. — Helv. Zur Darstellung des blauen Papiers wird Lackmus mit 10 Th. Wasser angerührt und filtrirt, das Filtrat wird in zwei gleiche Theile getheilt, zu einem verdünnte Schwefelsäure gesetzt, bis eben Röthung eintritt, und dann der andere Theil zugefügt. Mit dieser Lösung wird dann das Papier bestrichen resp. getränkt. Zur Darstellung des rothen Papieres wird die Lösung mit verdünnter Schwefelsäure versetzt, bis eben Röthung eintritt, und dann ebenso verfahren. — Nach Brit. und U-St. wird die Test-Solution zur Darstellung des blauen, nach Zusatz von Salz- oder-Schwefelsäure bis zur Rothfärbung zur Darstellung des rothen Lackmuspapiers verwendet.

Man schneidet das Lackmuspapier zum Gebrauch in schmale Streifen. Im Handel erhält man es in Bogen oder Heften mit Streifen zum Abreissen, und in der sehr zweckmässigen Form schmaler, aufgerollter Bänder, welche gelocht und in Dosen mit Schlitz untergebracht sind.

---

# Lactuca.

Gattung der **Compositae — Cichorieae — Crepidinae.**

**I. † Lactuca virosa L.** Heimath in Mittel- und Südeuropa, zuweilen angebaut. Der Stengel ist steif aufrecht, bis mehrere m hoch, stielrund. Die Blätter sind wagerecht abstehend, wechselständig, verkehrt-eiförmig-länglich, ungetheilt oder buchtig, stachelig-gezähnt, stumpf, unterseits auf der Mittelrippe stachelig, bläulich-grün, die grundständigen in den Stiel verschmälert, die übrigen stengelumfassend. Die weiter oben an den Aesten befindlichen pfeil-herzförmig, zugespitzt. Früchte schwarz, breit gerändert, mit gleichlangem Stiel. Enthält reichlich in allen Theilen Milchsaft in gegliederten Milchsaftröhren. Riecht widrig-narkotisch und hat einen stark und anhaltend bitteren Geschmack. Das Kraut der wilden Pflanze soll wirksamer sein, wie das der kultivirten.

Pharmaceutische Verwendung findet das zur Blüthezeit, im Juli—August, gesammelte Kraut:

**† Herba Lactucae virosae** (Ergänzb.). **Herba Lactucae. Herba Intybi angusti. — Giftlattich. Stinksalat. Leberdistel. — Laitue vireuse** (Gall.). — **Lettuce-herb,** das in frischem Zustande zur Darstellung der verschiedenen Zubereitungen dient.

**† Extractum Lactucae virosae.** Giftlattichextrakt. Extrait de laitue vireuse (avec le suc). Ergänzb. Aus frischem, blühendem Giftlattichkraut wie Extractum Conii Ergänzb. (Bd. I, S. 947.) Ausbeute etwa 2,5 Proc. Dunkelbraun, in Wasser fast klar löslich. Grösste Einzelgabe 0,5, grösste Tagesgabe 2,0 (nach Lewin). — Gall. Aus frischem Kraut wie Extract. Conii maculati Gall. (Band I, S. 947. 1.). Vorsichtig aufzubewahren.

**† Extractum Lactucae virosae siccum.** (Austr. Germ. Helv.) s. Band I, S. 947 Fussnote und S. 1073—74.

Giftlattich-Extrakt wirkt ähnlich wie das Bilsenkraut-Extrakt, doch milder.

**† Tinctura Lactucae virosae.** Aus 10 Th. frischem, zerquetschtem Giftlattichkraut und 12 Th. Weingeist (87 proc.) durch 8tägige Maceration, Pressen und Filtriren. Ex tempore: 2,5 Th. Giftlattichextrakt, 97,5 Th. Weingeist. Vor Licht geschützt aufzubewahren.

**† Lactucarium** (Austr. Ergänzb. Gall. U-St.). **Lactucarium germanicum, s. genuinum, s. optimum. — Deutsches Laktucarium. Giftlattichsaft. Lattichmilchsaft. — Lettuce-Opium** ist der eingedickte Milchsaft dieser Art, den man in Zell an der Mosel von kultivirten Pflanzen gewinnt, indem man die Stengel stückweise abträgt und den ausgetretenen Milchsaft abkratzt und eintrocknet.

Es bildet harte, aussen braungelbe bis rothbraune Stücke, die auf der Schnittfläche wachsglänzend sind, ein braungelbes Pulver geben, einen eigenartigen narkotischen Geruch und bittern Geschmack besitzen und beim Kauen den Zähnen etwas anhaften.

***Bestandtheile.*** Lactucin, ein krystallisirbarer Bitterstoff, amorphes, bitteres Lactupikrin (Lactucen), einen indifferenten, krystallisirbaren Körper, Mannit, Kautschuk, bis 10 Proc. Asche. In der Pflanze, aber nicht im Lactucarium soll ein mydriatisch wirkendes Alkaloid vorkommen, das für Hyoscyamin gehalten wurde, ebenso in Lactuca sativa.

***Verfälschung.*** In Oesterreich ist mit Lactucasaft imprägnirter Semmelteig vorgekommen.

***Wirkung und Anwendung.*** Lactucarium ist ein Hypnoticum wie Opium, ohne stopfend auf den Stuhlgang zu wirken. Nur grosse Dosen sollen Schwindel, Kopfschmerz und Mydriasis erzeugen. Man verwendet es als Beruhigungsmittel bei nervösen Aufregungen, zur Bekämpfung des Hustenreizes etc., bei katarrhalischen und entzündlichen Leiden der Athmungswerkzeuge, äusserlich zu Augenwässern (1,0—2,0 : 100,0). Grösste Einzelgabe 0,3, grösste Tagesgabe 1,0. Doch wirkt es weniger sicher als Opium.

***Pulverung und Auflösung*** des Lactucariums bieten Schwierigkeiten. Man verreibt es zuerst für sich, dann mit gleichviel Stückenzucker, zuletzt unter Befeuchten mit wenig Alkohol, trocknet hierauf und schlägt durch ein Sieb. Von dieser Mischung wird das Doppelte der verordneten Menge in Pulverform verwendet oder mit dem Lösungsmittel angerieben.

***Aufbewahrung.*** Man bewahrt das Lactucarium in Stücken in gut verschlossenen, gelben Gläsern vorsichtig auf; bei öfterem Gebrauch hält man eine Verreibung mit Milchzucker āā vorräthig mit Aufschrift „sumatur duplum".

Lactucarium ist dem freien Verkehr entzogen und darf nur gegen ärztliche Verordnung abgegeben werden.

**†Extractum Lactucarii** (Gall.). Extrait de lactucarium alcoolique. Weiches Extrakt, wie Extract. Colocynthidis Gall. (Band I, S. 934) zu bereiten.

**†Extractum Lactucarii fluidum** (Nat. form.). Fluid Extract of Lactucarium. 100 g grob zerstossenes Lactucarium werden in einer tarirten $^{6}/_{10}$ l-Flasche 24 Stunden mit 125 ccm Aether macerirt, dann 300 ccm Wasser hinzugefügt; nach kräftigem Durchschütteln wird der Aether durch Einstellen der Flasche in heisses Wasser abdestillirt und durch weiteres halbstündiges Erhitzen der geöffneten Flasche völlig verjagt. Nach dem Erkalten fügt man 100 g 91 proc. Weingeist und so viel Wasser hinzu, dass das Ganze 500 g beträgt, stellt 24 Stunden unter bisweiligem Schütteln bei Seite, presst aus und filtrirt. Den Rückstand auf dem Filter zieht man mittels 200 g einer Mischung aus 1 Th. 91 proc. Weingeist und 3 Th. Wasser 3—4mal (d. h. bis er nahezu geschmacklos ist) aus und filtrirt diese Auszüge, dampft sie, ebenso den ersten Auszug für sich, bis auf 60 g Gesammtgewicht ein, mischt, fügt 40 g Weingeist hinzu und lässt in dem bedeckten Abdampfgefäss unter öfterem Umrühren erkalten. Man bringt mit Weingeist auf 100 g, füllt in eine Flasche und spült das Abdampfgefäss mit q. s. Wasser aus, so dass man 100 ccm Flüssigkeit erhält. Diese wird von Zeit zu Zeit geschüttelt, bis eine gleichmässige Mischung entstanden ist, nach 24 stündiger Ruhe von dem Bodensatz klar abgegossen, letzterer auf einem Filter gesammelt, nach dem Abtropfen mit einer Mischung aus 3 Th. Weingeist und 4 Th. Wasser gewaschen, bis sie geschmacklos abläuft, das Filtrat zum Sirup eingedampft, mit der klaren Flüssigkeit gemischt und so viel der Weingeistmischung zugefügt, dass man 100 ccm Fluidextrakt erhält. Nach 24 stündigem Absetzen filtrirt man durch ein Papierfilter.

**Sirupus Lactucarii** (U-St.). Syrup of Lactucarium. **1)** 50 g präcipitirtes Calciumphosphat mischt man mit 150 g Zucker, fügt nach und nach 100 ccm Lactucariumtinktur, darauf 300 ccm Wasser hinzu, filtrirt, löst im Filtrat 600 g Zucker und bringt durch Nachwaschen des Filters mit Wasser auf 1000 ccm Gesammtflüssigkeit. **2)** Im Verdrängungsweg auf die unter Sirupus Sacchari (U. St.) beschriebene Weise.

**†Tinctura Lactucarii** (U-St.) Tincture of Lactucarium. 500 g Lactucarium stösst man mit gereinigtem Sand zu einem groben Pulver, zieht dasselbe 48 Stunden mit 2000 ccm Petroleumäther aus, bringt auf ein Filter, wäscht mit 1500 ccm Petroleumäther nach und trocknet hierauf den Filterinhalt an der Luft. Sobald die Masse nicht mehr nach Petroleumäther riecht, wird sie gepulvert, nöthigenfalls noch Sand zugesetzt und nun im Verdrängungsapparat mit einer Mischung aus 250 ccm Glycerin, 200 ccm Wasser und 500 ccm 91 proc. Weingeist ausgezogen. Man befeuchtet mit 500 ccm, erschöpft mit dem Rest des Lösungsmittels, dann mit q. s. verdünntem Weingeist (41 proc.), fängt die ersten 750 ccm Perkolat für sich auf, dampft die übrigen Auszüge auf 250 ccm ein, mischt beides, filtrirt und bringt durch Nachwaschen des Filters mit verd. Weingeist auf 1000 ccm Gesammtflüssigkeit.

Ex tempore: 20 Th. Lactucarium löst man bei Wasserbadwärme in 100 Th. verdünntem Weingeist, filtrirt nach dem Erkalten und bringt mit verdünntem Weingeist auf 100 Th.

**II. Lactuca sativa L.** Der **„Salat"**, wahrscheinlich nur eine Kulturform von **Lactuca Scariola L.**, heimisch von Europa bis Nordafrika und Mittelasien, in Amerika eingeschleppt. Blätter senkrecht gestellt, mit pfeilförmigem Grunde, auf der Unterseite längs der Mittelrippe borstig. Blüthenstand eine pyramidenförmige Rispe. Früchte grau, schmal gerändert, mit gleich langem Schnabel. Die Kulturform unterscheidet sich durch fleischigere, horizontale, unterseits glatte Blätter und flachere Rispe.

**Herba Lactucae sativae. Gartenlattich. Laitue officinale** (Gall.). Das frische, blühende Kraut, das in diesem Zustande verarbeitet wird.

**Aqua** s. **Hydrolatum Lactucae** (Gall.). Eau distillée de laitue. Aus 1000,0 frischem, zerstossenem Gartenlattich und 2000,0 Wasser bereitet man 1000,0 Destillat.

**Extractum Lactucae** (Gall.). Extrait de laitue cultivée. Thridace. Die frischen, im Steinmörser zerstossenen Stengel presst man, erhitzt den Saft, bis zum Gerinnen des Eiweisses, seiht durch und dampft zum festen Extrakt ein. Ausbeute 1,5 bis 2,0 Proc.

**Lactucarium** (Gall.). **Lactucarium gallicum seu parisiense. Thridax. Thridacium** ist der eingedickte Saft dieser Art, den man durch Auspressen der ganzen Pflanzen und Eindicken zum trocknen Extrakt gewinnt. Das in Frankreich am meisten gebrauchte Präparat. (Vergl. auch III.) Von viel schwächerer Wirkung als Lactucarium germanicum.

**Pasta Lactucarii** AUBERGIER.

Rp. Extracti Lactucarii gallic. 1.0
Massae Pastae Iujubarum 1000,0
Tincturae Balsami Tolutani 2,0.
M. f. pasta. Dosis 50,0—60,0.

**Pilulae antasthmaticae** SUNDELIN.

Rp. Extracti Lactucae viros. 2,0
Asae foetidae depuratae 6,0.
M. f. pilul. 30. Täglich 3mal 3—4 Stück.

**Pilulae Lactucarii** BOUCHARDAT.

Rp. Lactucarii 5,0
Radicis Althaeae 0,5.
Zu 50 Pillen. Abends 1 Pille.

**Sirupus Lactucae.**

Rp. Extracti Lactucae virosae 1,0
Sirupi Sacchari 99,0.

**Sirupus Lactucarii.**

Rp. Lactucarii germanici pulv. 1,0
Spiritus 20,0
Aquae destillatae 65,0.
Man löst durch Erwärmen, seiht durch und bringt 75,0 Seihflüssigkeit mit
Sacchari 125,0
zum Sirup.

**Sirupus Lactucarii** AUBERGIER.

Rp. 1. Extracti Lactucarii gall. 1,5
2. Sacchari 50,0
3. Aquae fervidae 500,0
4. Sacchari 950,0
5. Aquae Aurantii flor. 50,0
6. Acidi citrici 1,5.
Man löst die Mischung von 1 und 2 in 3, filtrirt, bringt das Filtrat unter Klären mit Eiweiss mit 4 zum Sirup und fügt diesem 5 und 6 hinzu.

**Sirupus cum extracto Lactucae** (Gall.).
Sirop de thridace.

Rp. 1. Extracti Lactucae (Gall.) 25,0
2. Sirupi Sacchari 975,0.
Man löst 1 in 50,0 heissem Wasser, mischt mit 2 und bringt durch Eindampfen auf 1000,0.

**Sirupus Lactucarii opiatus.**
Syrupus cum extractis Lactucarii et Opii (Gall.). Sirop de Lactuarium opiacé.

Rp. 1. Extracti Opii 0,75
2. Aquae Aurantii florum 40,0
3. Extracti Lactucarii gallic. 1,5
4. Aquae destillatae ebullient. q. s.
5. Sacchari albi 2000,0
6. Acidi citrici 0,75.
Man löst 1 in 2 und filtrirt; ferner 3 in 4 (c. 1000,0) und filtrirt ebenfalls, fügt hierzu 5 und 6, löst, klärt durch Erhitzen mit Eiweiss und Abschäumen, verdampft bis auf 3000,0 (Spec. Gew. von 1,26), dann weiter, bis 40,0 verdunstet sind und mischt die Lösung von 1 in 2 hinzu. Soll in 20 g 0,005 Opiumextrakt und das Lösliche aus 0,01 Lactucariumextrakt enthalten.

**Unguentum Lactucae virosae.**

Rp. Extracti Lactucae viros. 1,0
Spiritus diluti gutts. X
Unguenti cerei 9,0
oder:
Extracti Lactucae fluidi 2,0
Adipis benzoinati 8,0.

**Cough-Lozenges** von KEATING, sind 1,25 schwere Pastillen aus 15,0 Lactucarium, 7,5 Ipecacuanha, 6,0 Scilla, 15,0 Süssholzextrakt, 360,0 Zucker und q. s. Tragacanth.

**Dormitiv,** ein Schlafmittel, ist ein weingeistiger, mit Anisöl und Zucker versetzter Auszug aus Giftlattich (THOMS).

**Elixir antiasthmatique d'Aubrée.** Nach SCHRÖPPEL: Kalii jodati 4,5, Lactucar. gallic. 0,5, Aq. dest. 120,0, Spirit. Aeth. chlorat. 1,0, Sirup. Sacch. 25,5.

**Pâte pectorale de Baudry** ist eine Pasta gummosa mit etwa 0,15 Proc. Thridace.

**Savon de Laitue,** Savon de Thridace ist eine mit Chromgrün gefärbte Seife (REVEIL).

**III. Lactuca altissima Schreb.,** wahrscheinlich eine hochstenglige Varietät von **Lactuca Scariola L.,** liefert in der Auvergne ebenfalls ein **Lactucarium,** das sich in der Wirkung ähnlich wie das deutsche verhält, also stärker ist als das in Frankreich officinelle von II.

**IV.** Ebenfalls vom deutschen nicht wesentlich verschieden sind das **englische Lactucarium, Lactucarium anglicum,** in der Gegend von Edinburgh gewonnen, das **österreichische, Lactucarium austriacum** (von Waidhofen an der Thaya), das **russische, Lactucarium rossicum** im Gouvernement Poltawa gewonnen.

V. **Canadisches Lactucarium, Lactucarium canadense** soll von **Lactuca canadensis L.** und **L. elongata Mühlenberg** stammen.

---

# Lagenaria.

Gattung der **Cucurbitaceae — Cucurbiteae — Cucumerinae.**

**Lagenaria vulgaris Ser.** (der **Flaschenkürbis, Kalebasse, Calebasse d'Europe, Gourde, Cougourde.**) Heimisch in den Tropen der alten Welt, vielfach in wärmeren Gegenden kultivirt.

Medicinisch verwendet werden die Samen (**Semence de Cougourde.** Gall.). Sie sind verlängert-elliptisch, an einer Seite abgestutzt, 2 cm lang, 8 mm breit. Aussen hellgrau. Am Rande mit einem breiten Wulst, gegen die Spitze ausgerandet.

Sie enthalten fettes Oel und werden in Form der Emulsion gegen Krankheiten der Blase angewendet. — Die harten, holzigen Fruchtschalen verwendet man zu Gefässen.

---

# Laminaria.

Gattung der **Phaeophyceae — Phaeosporeae — Laminariaceae.**

**I. Laminaria digitata (L.) Lamx.** Heimisch im nördlichen atlantischen Ocean, unterhalb der Fluthmarke bis zu 15 Faden Tiefe wachsend. Der Spross gliedert sich in wurzel-, stiel- und blätterartige Organe. Der Stiel wird an der Basis 4 cm dick, er erreicht eine Länge von 2 m, nach oben nimmt er allmählich an Dicke ab. Der blattförmige Theil ist bis 1,5 m lang und bis 0,9 m breit, er ist in verschiedener Weise handförmig in lineare und riemenförmige Lappen gespalten. Nach der Art der Theilung und nach der Breite der Lappen unterscheidet man 2 Formen, die auch für gute Arten gehalten werden: **L. Cloustoni Edm.** mit breitem Blatt und dickem Stiel, der Luftlücken enthält, und **L. stenophylla Harvey** mit schmalem Blatt und dünnem Stiel, der keine Luftlücken enthält.

Pharmaceutische Verwendung finden die **Stiele** der Pflanzen (**Laminaria** Ergänzb., **Stipites Laminariae**), die getrocknet und zusammengebogen in den Handel kommen. Sie sind hornartig, braun, gerunzelt, von alten Pflanzen im Innern hohl, 6—12 mm dick, in den Runzeln mit einem weisslichen Anflug von Kochsalz, indessen sollen auch aus Mannit bestehende Efflorescenzen vorkommen. Der Querschnitt lässt eine dunklere Rinde, ein ebensolches Mark und eine hellere Mittelschicht erkennen. Das Mark besteht aus locker verflochtenen Fäden, während die äusseren Theile den Charakter des Pseudoparenchyms haben. In der Rinde ein Kreis von Schleimhöhlen.

***Bestandtheile.*** 0,477 Proc. Jod. Der Schleim der Alge ist das Magnesium- und Natriumsalz der Alginicinsäure (Algin), 5—6 Proc. Mannit.

***Verwendung.*** Aus den getrockneten Stielen macht man durch Abdrechseln und Feilen cylindrische und kegelförmige Stöcke (Laminariastifte, Laminariakegel, Quellmeissel), die man in der Chirurgie und Gynäkologie zur Erweiterung von Wundkanälen verwendet, wie den Pressschwamm, das Tupeloholz und früher die Enzianwurzel. Die Quellung ist innerhalb 24 Stunden beendigt. Es ist nothwendig, die Stifte möglichst genau in der Längsaxe der Stiele zu schneiden, da die einzelnen Gewebeparthien ungleichmässig aufquellen. Die Quellung ist im Marke am stärksten.

**Antiseptische Laminariastäbchen** erhält man mittels folgender Lösungen: **1)** Jodoform 10 Th., Aether 100 Th. **2)** Quecksilberchlorid 1 Th., Aether oder Weingeist 100 Th. Um die Stifte zu sterilisiren, setzt man sie Alkoholdämpfen bei 120° aus und bewahrt sie dann in Glasröhrchen mit einem Wattebausch verschlossen auf.

**II.** Einige Arten dienen als **Nahrungsmittel**; so **Laminaria japonica Aresch.** in Ostasien, sie enthält nach Koenig: 23,95 Proc. Wasser, 6,64 Proc. Stickstoffsubstanz, 0,87 Proc. Fett, 43,68 Proc. Kohlehydrate, 4,97 Proc. Holzfaser, 19,89 Proc. Asche. Ebenso isst man in China **L. bracteata (Hai-tao)** und auf den Orkney-Inseln die Stiele der **L. saccharina Lamx.**, die bis 12 Proc. Mannit enthalten.

**Algin** ist eine durch Maceration von Laminarien mit Sodalösung erhaltene schleimige Lösung, die als Schlichte und Kesselsteinmittel und mit Laminariakohle gemengt unter dem Namen **Carbon-Cement** als Wärmeschutzmasse benutzt wird.

---

# Lamium.

Gattung der **Labiatae — Stachyoideae — Lamiinae.**

**I. Lamium album L.** Von Portugal durch Europa und Asien bis zum Himalaya und Japan. Perennirendes Kraut mit Ausläufern, mit gestielten, grobgesägten, behaarten Blättern und gebüschelten, Scheinquirle bildenden Blüthen. Die letzteren sind weiss oder grünlich, 10—25 mm lang, mit gekrümmter, über dem Grunde zu einem Höcker aufgetriebener, unter demselben eingeschnürter, schief aufsteigender und innen mit einem Haarkranz versehener Röhre. Oberlippe stark gewölbt, stumpf, Unterlippe dreispaltig mit verkehrt-herzförmigem, gezähneltem, an den Seiten herabgeschlagenem Mittellappen und in einen Zahn ausgezogenen Seitenlappen. Staubblätter didynamisch, bis zum Schlunde mit der Blumenkronröhre verwachsen.

Auf der Blumenkrone kurze, glatte, an der Spitze etwas verdickte Haare, ferner lange, mehrzellige, warzige Haare und kurz gestielte Drüsenhaare mit vierzelligem Kopf.

Verwendung finden die Blüthen:

**Flores Lamii** (Ergänzb.). **Flores Lamii albi. Flores Panaritiae, s. Urticae mortuae. — Taubnesselblüthen. Weisse Nesselblüthen. Weisse Bienensaugblüthen. Weisse Todtnesselblüthen.** (Volksthümlich: Dangel. Löffelblumen. Weisser Kuckuck.)

***Bestandtheile.*** Angeblich ein Alkaloid: Lamiin, dessen Existenz aber anderseits bestritten wird.

***Einsammlung.*** Man sammelt die Blumenkronen ohne die Kelche bei sonnigem Wetter und trocknet sie an einem schattigen, luftigen Ort. 5 Th. frische geben 1 Th. trockne. Sie werden, sorgfältig nachgetrocknet, in dichtschliessenden Blechbüchsen aufbewahrt.

***Verfälschung.*** Als solche sind die von Lonicera-Arten vorgekommen, die durch ihren abweichenden Bau und ihre röthliche Farbe auffallen.

***Anwendung.*** Im Handverkauf als blutreinigendes Mittel. Neuerdings als blutstillendes Mittel, wie Secale cornutum empfohlen.

| | |
|---|---|
| Tinctur. flor. Lamii alb. (c. Spir. dil. 1:5) | 100,0 |
| Sirupi Sacchari | 50,0 |
| Aquae destillatae | 250,0. |

**II. Lamium Galeobdolon Crantz** liefert **Herba Lamii lutei.**

---

# Lanolinum.

**Adeps Lanae. Lanolinum. Lanolin. Lanoleïn. Lanaïn. Lanalin. Lanesin. Lanichol. Laniol. Vellolin. Wollfett. Agnin. Agnolin. Alapurin. Anaspalin.**

Mit dem Namen „Wollfett“ bezeichnet man eine aus dem Wollschweiss der Schafe abgeschiedene fettige Substanz, welche ihren physikalischen Eigenschaften nach ein Mittelding ist zwischen Fett und Wachs.

***Darstellung.*** Die Wollhaare der Schafe enthalten eine eigenthümliche Fettsubstanz, welche Wollfett oder Wollschweiss genannt wird. Beim Waschen der Wolle in den „Wollwäschereien" erhält man nun ein rohes Wollfett, Suinter, welches eine Mischung des reinen Wollfetts mit freien Fettsäuren und Seife darstellt.

Zur Reindarstellung wird das rohe Wollfett mit Hilfe der wässerigen Lösungen von Aetzalkalien oder kohlensauren Alkalien emulgirt. Wird alsdann diese Emulsion dem Centrifugiren unterworfen, so trennt sie sich in eine Schicht, welche aus Seifenlösung besteht, und in eine zweite Schicht, welche das ziemlich reine Wollfett in rahmartiger Vertheilung enthält. Dieser Rahm wird nun mit Calciumchlorid behandelt, wodurch die noch vorhandenen Fettsäureseifen in unlösliche Kalkseifen verwandelt werden, so dass die Wollfett-Emulsion zersetzt wird, und das Wollfett zur Abscheidung gelangt. — Das Wollfett wird schliesslich mit etwas Marmorkalk zusammengeschmolzen, und die von Wasser befreite Masse mit Aceton extrahirt, welches nur das Wollfett, nicht aber auch die noch beigemengte Kalkseife auflöst. Nach dem Abdestilliren des Acetons hinterbleibt wasserfreies Wollfett.

Zur Zeit wird von verschiedenen Fabriken nach abweichenden Verfahren gearbeitet. Eine Fabrik z. B. unterwirft die Emulsion von Wollfett und Seife einem Schlämmverfahren und erzielt damit den Effekt, dass sie Wollfett von verschiedenem Schmelzpunkte gewinnt weil das leichter schmelzbare Wollfett auch das specifisch-leichtere ist, daher beim Schlämmen weiter hinweggetragen wird.

Durch Einkneten von Wasser in das wasserfreie Wollfett mittels besonderer Knet- und Mischmaschinen erhält man alsdann das sogenannte „Lanolin".

***Nomenklatur.*** Der Name „Lanolin" wurde ursprünglich lediglich für das wasserhaltige Wollfett gebraucht, welches zunächst überhaupt allein im Handel war. Erst später gelangte auch das wasserfreie Wollfett an den Markt, und seitdem wird der Name Lanolin gelegentlich auch für das wasserfreie Wollfett angewendet. Dadurch ist eine ziemliche Verwirrung entstanden, welcher nunmehr durch die Germ. IV ein Ende gemacht werden dürfte.

**Adeps lanae anhydricus** (Germ. IV). **Adeps Lanae** (Brit. Helv.). **Wasserfreies Wollfett. Wollfett. Suint de laine. Wool-fat.**

***Eigenschaften.*** Das gereinigte, wasserfreie Fett der Schafwolle. Hellgelbe, salbenartige Masse von sehr schwachem (bockigem) Geruche, welche nach Germ. IV bei etwa 40° C., nach Brit. bei 40—44,4° C., nach Helv. bei 35—36° C. zu einer fast klaren Flüssigkeit schmilzt. Der Schmelzpunkt des Wollfetts ist übrigens nicht ganz gleichgiltig. Nach den heutigen Anschauungen ist ein niedriger schmelzendes Wollfett als Salbengrundlage besser geeignet als ein höher schmelzendes. Am zweckmässigsten dürfte ein solches vom Schmelzpunkt 38—40° C. sein. Es ist in Chloroform, Aether, Aceton, Benzol, Petroläther, Schwefelkohlenstoff leicht löslich, in Wasser so gut wie unlöslich, in Alkohol schwerlöslich. 1 Th. löst sich in etwa 75 Th. siedendem Alkohol von 90 Proc.

Die charakteristischen Eigenschaften des Wollfetts, die auch dessen arzneiliche Verwendung bedingen, sind folgende: 1. Es wird von wässeriger Kalilauge kaum verseift, die Verseifung gelingt erst — und auch dann noch schwierig — durch alkoholische Kalilauge, am besten unter Druck. Damit steht im Zusammenhange, dass das Wollfett auch wenig Neigung zum Ranzigwerden hat, wodurch es sich von den Glycerinfetten vortheilhaft unterscheidet. 2. Es ist im stande, die 2—3fache Menge seines Gewichtes an Wasser aufzunehmen und damit eine Masse zu geben, welche immer noch Salbenkonsistenz hat. 3. Es wird von der thierischen Haut resorbirt und vermittelt seinerseits die Resorption der ihm einverleibten Arzneistoffe. 4. Es haftet auf Schleimhäuten und kann deshalb zur Applikation von Arzneimitteln auf Schleimhäuten verwendet werden.

Seiner chemischen Zusammensetzung nach besteht das Wollfett aus den Estern verschiedener Säuren mit mehreren Alkoholen. Von Säuren sind bisher nachgewiesen worden Lanocerinsäure $C_{30}H_{60}O_4$, Lanopalminsäure $C_{16}H_{32}O_3$, Myristinsäure $C_{14}H_{28}O_2$, Carnaubasäure $C_{24}H_{48}O_2$, von Alkoholen Cholesterin $C_{27}H_{45}OH$, Isocholesterin $C_{26}H_{43}.OH$, Cerylalkohol

$C_{27}H_{55}$ . OH, Carnaubylalkohol $C_{24}H_{50}O$, Lanolinalkohol $C_{12}H_{24}O$, ohne dass damit die Zusammensetzung des Wollfettes als erschöpft angesehen werden könnte.

Der Nachweis des Wollfettes wird durch zwei Reaktionen geführt, welche dem Cholesterin zukommen, also anzeigen, dass ein Cholesterinfett vorliegt: **1)** Schichtet man eine Lösung von Wollfett in Chloroform (1 : 50) über konc. Schwefelsäure, so entsteht an der Berührungsstelle eine Zone von feurig-braunrother Färbung, welche nach 24 Stunden die höchste Stärke erreicht. **2)** Löst man etwa 0,1 g Wollfett in 3—4 ccm Essigsäureanhydrid [$(CH_3CO)_2O$], s. Bd. I S. 13, und lässt in diese Lösung tropfenweise konc. Schwefelsäure einfliessen, so entsteht eine rosarothe Färbung, welche bald in Grün oder Blau übergeht (LIEBERMANN's Cholestolreaktion).

***Konstanten.*** Spec. Gewicht bei 100° C. = 0,890. Jodzahl 25,6—28,0, KÖTTSTORFER's Zahl 80—95,0 doch sind diese Zahlen nicht hinreichend sicher.

***Prüfung.*** **1)** Wollfett sei von hellgelber Farbe und fast geruchlos. Beim Verreiben auf dem Handteller darf sich nur ein äusserst minimaler bockiger Geruch zeigen. Der Schmelzpunkt liege nach Germ. IV bei etwa 40° C., doch wird man im allgemeinen einem bei etwa 38° C. schmelzenden Wollfett den Vorzug geben. — **2)** Löst man 2 g Wollfett in 10 ccm neutralem Aether, so soll diese Lösung nach Zusatz von 2 Tropfen Phenolphthaleïnlösung farblos bleiben (Rothfärbung würde die Gegenwart von freiem Alkali anzeigen), dagegen auf Zusatz von 0,1 ccm $^1/_{10}$-Normal-Kalilauge stark roth gefärbt werden. Hierdurch wird ein Maximal-Säuregehalt zugelassen, welcher für 100 g Wollfett = 0,028 g festem Kalihydrat entspricht. **3)** Man erhitzt 10 g Wollfett mit 50 g Wasser im Dampfbade unter beständigem Umrühren, lässt kurze Zeit auf dem Dampfbade stehen und alsdann ohne Umrühren (!) erkalten. Während des Erhitzens muss eine klare, blassgelbe, geschmolzene Fettschicht auf dem Wasser schwimmen, welche nicht schaumig ist und keine Unreinigkeiten absetzt (Präparate, welche noch Seife enthalten, sind schaumig und zeigen keine klare Fettschicht). Nach dem Erkalten trennt man die wässerige Flüssigkeit ab! Diese soll neutral reagiren (also frei von Säuren und Basen sein), beim Erhitzen mit Kalkwasser keine Dämpfe ausgeben, welche rothes Lackmuspapier bläuen, d. h. es sollen Ammoniaksalze nicht zugegen sein. — Dampft man die wässerige Flüssigkeit in einer Platinschale ab, so darf Glycerin nicht hinterbleiben. Man würde dasselbe erkennen an dem süssen Geschmack und daran, dass es beim Erhitzen mit Kaliumbisulfat den stechenden Geruch nach Akroleïn entwickelt. — 10 ccm der zuvor durch gewaschenen Asbest filtrirten, wässerigen Flüssigkeit sollen durch 2 Tropfen Kaliumpermanganatlösung (1 : 1000) für etwa 10 Minuten roth gefärbt werden. Umschlagen der Rothfärbung in Braun würde durch die Gegenwart von Glycerin und anderer leicht oxydirbarer organischer Verunreinigungen verursacht werden. — **4)** Kocht man 1 g Wollfett mit 20 ccm absolutem Alkohol, lässt vollständig erkalten und filtrirt, so soll das Filtrat auf Zusatz einiger Tropfen alkoholischer Silbernitratlösung (1:20) entweder gar nicht getrübt werden oder eine etwa entstehende leichte Trübung (von ausgeschiedenem Wollfett) soll durch schwaches Erwärmen wieder verschwinden. Eine in warmem Alkohol unlösliche Trübung rührt vom Chlorsilber her; das Chlor entstammt alsdann voraussichtlich Chlorsubstitutionsprodukten des Wollfetts, und es ist zu vermuthen, dass dieses Chlor von einem Bleichprocess des Wollfetts herrührt. — **5)** Wollfett darf höchstens 0,05 Proc. Asche hinterlassen. Diese Asche besteht aus Eisenoxyd und darf feuchtes rothes Lackmuspapier nicht bläuen. Damit ist die Abwesenheit von Natron-, Kali- und Kalkseife bewiesen.

***Aufbewahrung.*** Wollfett nimmt bei längerer Aufbewahrung an der Luft an seiner Oberfläche allmählich eine firnissartige Beschaffenheit an. Es ist daher in gut geschlossenen Gefässen an einem kühlen Orte aufzubewahren.

## Adeps Lanae cum Aqua (Germ. IV). **Lanolinum** (Austr.). **Adeps Lanae hydrosus** (Brit. U-St.). **Lanolin** (Helv.). **Wasserhaltiges Wollfett.**

Wärmt man Wollfett leicht an und mischt man ihm alsdann allmählich etwa $^1/_3$ seines Gewichts Wasser zu, so wird dieses mit Leichtigkeit aufgenommen und so festgehalten, dass es bei gewöhnlicher Temperatur nicht abgegeben wird. Das vorher gelbe

Wollfett geht dabei in eine fast weisse Masse über, welche „Lanolin" genannt worden ist. — In der Technik erfolgt das Einkneten des Wassers mittels besonderer Apparate (PFLEIDERER's Knet- und Mischmaschinen).

***Eigenschaften.*** Eine weisse, fast geruchlose, salbenartige, etwas zähe Masse, welche beim Erwärmen im Wasserbade schmilzt und sich in eine wässerige und auf dieser schwimmende ölige Schicht scheidet. — Das wasserhaltige Wollfett ist im stande, noch mehr als sein gleiches Gewicht Wasser aufzunehmen, ohne seifig-glatt zu werden und ohne seine salbenartige Beschaffenheit einzubüssen. Ebenso wie Wasser können ihm mit Leichtigkeit Fette, fette Oele und wässerige Lösungen von Arzneisubstanzen beigemischt werden.

***Prüfung.*** **1)** 10 Th. wasserhaltiges Wollfett sollen beim Erwärmen bis zum konstanten Gewicht nicht mehr als 3 Th. an Gewicht verlieren, entsprechend einem zulässigen Wassergehalt von 30 Proc. (Germ. IV. Brit. Austr. U-St.). — **2)** Erhitzt man 10 g wasserhaltiges Wollfett in einem Porcellanschälchen mit 50 ccm Wasser auf dem Wasserbade, so muss das Wollfett sich auf dem Wasser geschmolzen und klar, ferner als hellgelbes, nicht bräunliches Oel absetzen. Unreine Präparate geben hierbei eine schaumige, sich nicht klärende, bräunliche Schmelze. — **3)** Das nach dem Erkalten abgetrennte wasserfreie Wollfett, ferner die von diesem geschiedene wässerige Schicht sind in gleicher Weise zu prüfen, wie beim wasserfreien Wollfett angegeben ist.

***Aufbewahrung.*** Das wasserhaltige Wollfett werde an einem kühlen Orte in gut verschlossenen Gefässen aufbewahrt, da es anderenfalls nach einiger Zeit an den der Luft ausgesetzten Schichten etwas Wasser abdunstet, wodurch die Oberfläche etwas dunklere Färbung und firnissartige Beschaffenheit annimmt.

***Anwendung.*** Das Wollfett wird im wasserfreien wie im wasserhaltigen Zustande in ziemlich ausgedehntem Umfange namentlich als Salbengrundlage angewendet. Es eignet sich hierzu aus folgenden Gründen: 1) Es wird nicht ranzig und wirkt nicht reizend auf die Haut. 2) Es wird vom Keratingewebe, also auch von der Haut resorbirt und vermittelt den Uebergang von Arzneisubstanzen in diese. 3) Es nimmt grosse Mengen Wasser auf. 4) Es haftet auf Schleimhäuten. 5) Es ist frei von Mikroorganismen und verhindert das Durchwachsen derselben.

Wo das Wollfett als solches zu zähe ist, macht man ihm einen Zusatz von etwa 20 Proc. Olivenöl oder Schweineschmalz.

Wenn „Lanolin" ohne besonderen Zusatz verordnet ist, so muss das wasserhaltige Wollfett abgegeben werden.

**Adeps Lanae ad usum veterinarium** ist eine etwas weniger reine Sorte Wollfett, zum Gebrauch in der Thierheilkunde und zu technischen Zwecken, z. B. zur Verhinderung der Schaumbildung beim Eindampfen der Zuckersäfte im Vacuum der Zuckerfabriken bestimmt. Diese Sorte hat immer noch eine ausgesprochene gelbe Färbung und ist mit Oesypus nicht zu verwechseln.

**Adeps Lanae crudus. Rohes Wollfett. Oesypus. Oesypum. Suinter.** Ist das rohe Wollfett, durch Auskochen mit Wasser und Koliren gereinigt. Eine braune oder grünlichbraune fettige Masse von widerlichem Bock-Geruch. Es ist in früheren Jahrhunderten und sogar noch um 1890 herum (von einer süddeutschen Fabrik) als Wundsalbe verwendet, bez. in den Verkehr gebracht worden.

**Lanolinum pro receptura** (Münch. Ap.-V.) **Wollfett zum Recepturgebrauch.** Eine Mischung von 100 Th. wasserhaltigem Wollfett mit 20 Th. frischem Schweineschmalz. Das Zumischen des Schweineschmalzes erfolgt, um der Salbengrundlage die Zähigkeit zu nehmen. An Stelle von Schweineschmalz werden auch Vaseline und Olivenöl angewendet.

**Thilanin.** Wird wasserfreies Lanolin mit Schwefel erhitzt, so entsteht unter Entweichen von Schwefelwasserstoff ein geschwefeltes Produkt, welches etwa dem *Oleum Lini sulfuratum* zu vergleichen ist. Es bildet eine braune, dem Schwefelbalsam ähnlich riechende, salbenartige Masse.

Der Gehalt an Schwefel beträgt rund 3 Proc. Sein Vorzug vor anderen Schwefelmitteln soll darin bestehen, dass es keinerlei Reizerscheinungen verursacht. Nur auf die behaarte Kopfhaut ist es im unverdünnten Zustande nicht anwendbar. Man braucht es bei einer Reihe von Hautkrankheiten an Stelle der bisher üblich gewesenen Schwefelmittel.

**Bianco di Parigi. Pariser Weiss.** Man verreibt 10 Th. geschmolzenes Wollfett mit 50 Th. Speckstein, 10 Th. Magnesiumkarbonat, 15 Th. Zinkoxyd, 1 Th. Cinnober und etwas Rosenöl (auf 100 g = 2 Tropfen.) Ein zartes, feines Pulver, als Cosmeticum.

**Byrolin,** ein kosmetisches Präparat von GRAF & Co., besteht aus Borsäure, Wollfett, Glycerin und Wasser, hat also etwa die gleiche Zusammensetzung wie Lanolinum boroglycerinatum. (S. dieses.)

**Itchol.** Man schmilzt im Wasserbade je 420 g wasserfreies Wollfett und Vaseline und fügt eine Anreibung von 45 g Jodoform mit 32 g Glycerin, ferner 24 g reine Karbolsäure, sowie 12 g Eucalyptusöl, 12 g Lavendelöl hinzu und rührt bis zum Erkalten.

**Kautschuk-Lanolin.** Kautschuk 150,0 werden in Chloroform gelöst und nach und nach innig gemischt mit wasserfreiem Wollfett 1800,0. (Französische Hospital-Vorschrift.)

**Lanoform** von Apotheker W. WEISS. Angeblich eine Verbindung (?) von Wollfett mit Formaldehyd. Wird als Lanoform-Crême und als Lanoform-Streupulver mit je 1 Proc. Formaldehyd in den Handel gebracht.

**Lanoïd.** Eine von WALLAS empfohlene Binde aus elastischem, wollenen Gewebe. Hat mit dem Wollfett nichts zu thun.

**Lanolin-Hufschmiere** nach E. DIETERICH. Adipis Lanae crudi 85,0, Olei Rapae 15,0, Nitrobenzoli gtt. X, Olei Citronellae gtt. V.

**Lanolin-Rosen-Crême.** Adipis Lanae cum aqua 25,0, Olei Amygdalarum 60,0, Saponis medicati pulverati 8,0, Aquae destillatae 150,0, Aquae Rosae 30,0, Parfüm ad libitum. Präparat zur Pflege der Haare.

**Mannocitin.** Ein Rostschutzmittel, zum Einreiben von blanken Eisenflächen, z. B. blanken Maschinentheilen, ist eine Lösung von wasserfreiem Wollfett in gleichen Theilen Kampheröl. (B. FISCHER.)

**Oesypus.** Das rohe Wollfett. Es wurde gegen 1888 von einer süddeutschen Fabrik in den Handel gebracht und sollte starke Heilkraft haben. Es war eine braune, stark bockig riechende salbenartige Masse. — Heute gilt der Name „Oesypus" als Synonym für Wollfett, und es würde als Oesypus im Zweifelfalle jedenfalls ein reines Wollfett abzugeben sein.

**QUAGLIO's Lanolinpuder.** Man löst Wollfett in Aether und macht mit dieser Lösung und Magnesiumkarbonat einen Teig, welchen man austrocknen lässt und alsdann pulvert. Die so erhaltene Lanolin-Magnesia lässt sich mit allen zu Puder üblichen Stoffen vermischen. Statt Magnesia kann man auch Zinkweiss, Talcum und Wismutweiss verwenden, doch sind die mit diesen erhaltenen Präparate nicht so specifisch leicht.

**Vaselinum lanolinatum** HELL. Eine Mischung von 25 Th. Adeps Lanae und 75 Th. Vaselin.

**Cremor refrigerans** UNNA.
Rosensalbe nach UNNA.

| Rp. | Adipis Lanae | 10,0 |
|---|---|---|
| | Adipis benzoati | 20,0 |
| | Aquae Rosae | 60,0. |

**Cremor refrigerans cum Aqua Calcis** UNNA.

| Rp. | Adipis Lanae | 10,0 |
|---|---|---|
| | Adipis benzoati | 20,0 |
| | Aquae Calcis | 60,0. |

**Cremor refrigerans Plumbi subacetici** UNNA.

| Rp. | Adipis Lanae | 10,0 |
|---|---|---|
| | Adipis benzoati | 20,0 |
| | Liquoris Plumbi subacetici | 60,0. |

**Emulsio Lanolini.**
Lanolin-Milch.

| Rp. | Adipis Lanae cum aqua | 5,0 |
|---|---|---|
| | Aquae (von 60° C) | 100,0 |
| | Saponis medicati | 0.25. |

Die Emulsion ist zu koliren und kann auch noch mit Borax versetzt werden. Das jetzige reine Wollfett giebt ohne Zusatz von Seife keine Emulsion.

**Ferrum sesquichloratum cum Lanolino** KATZ.
Eisen-Lanolin von KATZ.

| Rp. | Ferri sesquichlorati crystall. | 30,0 |
|---|---|---|
| | Aquae destillatae | 3,0 |
| | Adipis Lanae cum aqua | 50,0. |

Zur örtlichen Behandlung der Diphtherie.

**Lanolinum boricum in bacillis** DIETERICH.

| Rp. | Sebi benzoïnati | 30,0 |
|---|---|---|
| | Adipis Lanae | 60,0 |
| | Acidi borici | 10,0. |

**Lanolimentum Boroglycerini.**
Wollfett-Boroglycerin (Ergänzb.).

| Rp. | 1. Acidi borici | 20,0 |
|---|---|---|
| | 2. Glycerini | 100,0 |
| | 3. Aquae destillatae | 50,0 |
| | 4. Adipis Lanae | 350,0 |
| | 5. Olei Olivae | 130,0. |

Man erwärmt 1—3 bis zur Lösung und mischt diese zu 4 und 5.

**Lanolinum carbolisatum in bacillis** DIETERICH.

| Rp. | Sebi benzoïnati | |
|---|---|---|
| | Cerae flavae | āā 20,0 |
| | Adipis Lanae | 55,0 |
| | Acidi carbolici | 5,0. |

**Lanolimentum leniens.**
Wollfett-Cream (Ergänzb.).

| Rp. | Cetacei | 20,0 |
|---|---|---|
| | Vaselini flavi | 60,0 |
| | Adipis Lanae | 80,0 |
| | Aquae | 100,0. |

Zu 50 g dieser schaumig gerührten Salbe mischt man 1 Tropfen Rosenöl.

**Lanolimentum leniens** (Bad. T.).
Lanolin-Crême.

| Rp. | Adipis Lanae cum aqua | 75,0 |
|---|---|---|
| | Aquae destillatae | 45,0 |
| | Paraffini liquidi | 30,0 |
| | Olei Rosae | gtt. V |
| | Extrait Millefleurs | 10,0. |

Eine fast weisse Salbe.

**Lanolimentum leniens.**

Lanolin-Creme JAFFÉ & DARMSTÄDTER.

Rp. Adipis Lanae cum aqua 64,0
Paraffini liquidi 15,7
Ceresini 4,5
Aquae 13,5
Boracis 0,5.
Parfum ad libitum.

**Lanolimentum leniens** SAALFELD.

Lanolin-Creme SAALFELD.

Rp. Adipis Lanae 24,0
Vaselini flavi 8,0
Olei Rosae gtt. I
Tincturae Vanillae gtt. X
Spiritus Resedae gtt. XX.

**Lanolinum salicylatum in bacillis** DIETERICH.

Rp. Sebi benzoïnati 25,0
Cerae flavae 8,0
Acidi salicylici 2,0
Adipis Lanae 65,0.

**Lanolimentum Thioli.**

Rp. Thioli liquidi 10,0
Adipis benzoati 20,0
Adipis Lanae cum aqua 70,0.

**Pasta adiposa** UNNA.

Fettpasta nach UNNA.

Rp. Adipis Lanae 6,0
Acidi acetici diluti (30 Proc.) 7,0
Adipis benzoati 2,0
Kaolini 6,0.

**Pasta Oesypi.**

Rp. Oesypi
Zinci oxydati
Olei Olivae ää.

**Pulvis lanolinatus.**

Lanolin-Streupulver.

Rp. 1. Adipis Lanae 5,0
2. Aetheris 20,0
3. Amyli 40,0
4. Acidi borici 2,0
5. Talci veneti 40,0.

Man löst 1 in 2, verreibt mit 3 und lässt an der Luft abdunsten. Dann mischt man 4 mit 5, giebt die vorige Mischung dazu und Parfum ad libitum.

**Sapo lanolinus** STERN.

Rp. Saponis kalini 2,0
Adipis Lanae cum aqua 2—2,5.

Mit Ausnahmen von Salicylsäure lassen sich alle gebräuchlichen Arzneistoffe einverleiben.

**Sapo unguinosus lanolinatus.**

I. E. DIETERICH.

Rp. Mollini 80,0
Adipis Lanae cum aqua 20,0.

II. STERN.

Rp. Saponis kalini 20,0
Adipis Lanae 25,0.

**Unguentum Acidi salicylici** HUSSON.

Rp. Acidi salicylici
Olei Terebinthinae ää 1,0
Adipis Lanae cum aqua 8,0.

Gegen akuten und chronischen Gelenkrheumatismus.

**Unguentum adhaesivum.**

Lanolin-Wachspaste nach STERN.

Rp. Cerae flavae
Adipis Lanae ää 40,0
Olei Olivae 20,0.

**Unguentum Adipis Lanae** (Germ. IV).

Wollfettsalbe.

Rp. Adipis Lanae anhydr. 20,0
Aquae
Olei Olivae ää 5,0.

**Unguentum leniens cum adipe Lanae paratum** (Münch. Ap.-V.).

Rp. Paraffini liquidi 68,0
Paraffini solidi 22,0
Adipis Lanae 10,0
Aquae Rosae 100,0
Olei Rosae gtt. IV.

**Unguentum refrigerans** UNNA.

Lanolin-Kühlsalbe nach UNNA.

Rp. Adipis Lanae 10,0
Adipis benzoati 20,0
Aquae Rosae 30,0.

**Unguentum refrigerans aquae Calcis** UNNA.

Rp. Adipis Lanae 10,0
Adipis benzoati 20,0
Aquae Calcis 30,0.

Bei Verbrennungen.

**Unguentum refrigerans Ichthyoli.**

Rp. Adipis Lanae 10,0
Adipis benzoati 20,0
Aquae destillatae 24,0
Ichthyoli 6,0.

**Unguentum refrigerans Plumbi (sub)-acetici** UNNA.

Rp. Adipis Lanae 10,0
Adipis benzoati 20,0
Liquoris Plumbi subacetici 30,0.

**Unguentum refrigerans pomadinum** UNNA.

Rp. Adipis Lanae 10,0
Unguenti pomadini 20,0
Aquae destillatae 30,0.

**Unguentum refrigerans Zinci** UNNA.

Rp. Adipis Lanae 10,0
Unguenti Zinci benzoati 20,0
Aquae Rosae 30,0.

---

# Lappa.

Gattung der **Compositae—Cynareae—Carduinae** (jetzt **Arctium L.**).

**I. Arctium Lappa L. ex parte (Lappa officinalis Allioni), A. tomentosum Schrk. (Lappa tomentosa Lam.), A. minus Schrk. (Lappa glabra Lmk.), A. nemorosum Lejeune.** Die drei ersten Arten in Europa und Asien weit verbreitet, die letzte in Mitteleuropa. In Amerika eingeschleppt.

Alle Arten liefern in der Wurzel:

**Radix Bardanae** (Austr. Ergänzb.). **Lappa** (U-St.). **Radix Arctii. Radix Lappae. — Klettenwurzel. Bezoarwurzel. Ohmblätterwurzel. — Racine de bardane** (Gall.). **Racine de glouteron. — Burdock Root. Clot-bur-root.**

*Beschreibung.* Die wenig verzweigte, spindelförmige Wurzel ist frisch oben bis 3 cm dick, meist bis 30 cm lang, runzlig, hellgraubraun oder mit dunklerem, leicht in Schuppen sich ablösendem Kork bedeckt. Im Querschnitt ist das Holz gelblich, die Rinde weiss, die $^1/_7$—$^1/_5$ des Durchmessers ausmacht. Rinde und Holz sind strahlig, die erstere lückig. In älteren Wurzeln wird auch das Holz durch Zerreissung lückig. Die Wurzel schmeckt frisch etwas scharf, trocken fade, schwach schleimig und süsslich.

*Bestandtheile.* Inulin, Spuren ätherischen Oeles, Gerbstoff, Zucker, Schleim.

*Verwechslungen.* Atropa Belladonna L., die Wurzel hat Stärke und Oxalatand (Bd. I, S. 468).

Symphytum officinale L., die Wurzel ist aussen schwarz und enthält kein Inulin.

Rumex obtusifolius L., die Wurzel wird im Querschnitt durch Alkalien violettroth.

*Einsammlung. Aufbewahrung.* Man sammelt die Wurzel von der wild wachsenden Pflanze (Austr.) im Herbst des ersten oder im Frühling des zweiten Jahres, spaltet stärkere Stücke der Länge nach und trocknet. 5 Th. frische Wurzeln geben 1 Th. trockne. Man hält sie geschnitten in Holzkästen, doch nur in kleinen Mengen vorräthig, da sie sehr dem Wurmfrasse unterworfen ist und leicht schimmelt.

*Anwendung.* Die Wurzel steht von Alters her in dem Rufe, den Haarwuchs zu befördern und wird daher äusserlich als Aufguss oder als öliger Auszug zum Einreiben der Kopfhaut benutzt. Da ihr diese Wirkung nicht innewohnt, so giebt man als „Klettenwurzelöl" in der Regel ein mit ätherischen Oelen versetztes Olivenöl ab. — Sonst dient die Wurzel als schweisstreibendes Mittel.

**Herba Bardanae, Klettenkraut** und **Oleum Bardanae coctum, Klettenöl** gehören mit zu den Heilmitteln des Pfarrers Kneipp.

**Extractum Bardanae** (Gall.). Klettenwurzelextrakt. Extrait de bardane. Wird aus der in dünne Scheiben geschnittenen Wurzel wie Extract. Gentianae Gall. (Band I, S. 1213) dargestellt.

**Extractum Lappae fluidum** (U-St.). Klettenwurzel-Fluidextrakt. Fluid Extract of Lappa. Aus 1000 g gepulverter Klettenwurzel (No. 60) und q. s. verdünntem Weingeist (41 proc.) im Verdrängungswege. Man befeuchtet mit 400 ccm, fängt die ersten 800 ccm Perkolat für sich auf und stellt l. a. 1000 ccm Fluidextrakt her.

**Oleum Bardanae artificiale.** Klettenwurzel-Haaröl (E. Dieterich). 900,0 Olivenöl, 100,0 Benzoëöl, 0,5 Alkannin, 3,0 Chlorophyll (Schütz) versetzt man nach erfolgter Lösung mit 2,0 Bergamottöl, je 0,5 Lavendel- und Rosenöl, 0,01 Cumarin.

**Ptisana Bardanae** (Gall.). Tisane de bardane. 20 g Klettenwurzel, 1000 g siedendes Wasser. Nach 2 Stunden auspressen.

**Haarbalsam** von J. A. Hauschild, ist eine mit Indigo grün gefärbte, mit wenig Weingeist versetzte Klettenwurzelabkochung, 25 g = 1 Mark.

**Velno's Kräutersaft,** gegen Syphilis, ist ein mit Sublimat versetzter Sirup aus Klettenwurzel, Löwenzahn, Senna, Pfefferminze, Coriander und Süssholz.

**II.** Die jungen Triebe von I werden vielfach als „Salat" gegessen, ganz besonders gilt dies von der japanischen **Lappa edulis Sieb.**, die als „japanische Scorzonera" kultivirt wird.

---

# Lauro-Cerasus.

**Prunus Laurocerasus L.** (Familie der **Rosaceae-Prunoideae**). Heimath in Kleinasien und am Balkan, im westlichen und südlichen Europa vielfach kultivirt.

Verwendung finden die frischen, im Juli und August gesammelten Blätter:

**† Folia Lauro-Cerasi** (Ergänzb.). **Laurocerasi Folia** (Brit.). — **Kirschlorbeerblätter. Contentblätter. (Mandelblätter). — Feuilles de laurier-cerise** (Gall.) —

**Cherry-Laurel-Leaves,** ausschliesslich zur Darstellung des Kirschlorbeerwassers und des ätherischen Oeles.

***Beschreibung.*** Sie sind 7—12 cm lang, 2—5 cm breit, aber auch in der Kultur viel grösser werdend, frisch 0,5 mm dick, elliptisch oder länglich-lanzettlich mit bis 1 cm langem Stiel, kahl, lederig, glänzend. Rand umgebogen, gegen die Spitze entfernt gesägt oder ganzrandig. Vom Mittelnerven gehen linksseits 8—12 Seitennerven ab. Auf der Unterseite nahe dem Stiele zu jeder Seite des Primärnerven 1—4 Drüsengrübchen. — Epidermis beiderseits aus wellig-polygonalen Zellen, Stomatien nur unterseits. Zwei bis drei Lagen von Palissaden an der Oberseite. Im Schwammparenchym Drusen und grosse (70 $\mu$) Einzelkrystalle von Oxalat. Geschmack schwach adstringirend, kaum bitter. Beim Zerreiben nach Blausäure riechend.

***Bestandtheile.*** 1,38 Proc. Laurocerasin, ein dem Amygdalin nahe verwandtes, aber nicht damit identisches Glukosid, das bei der Einwirkung von Wasser und Emulsin ebenfalls Benzaldehyd und Blausäure giebt. Die Ausbeute an Blausäure bei der Destillation der Blätter ist im Juli und August am grössten, sie beträgt nach Flückiger bis 0,12 Proc. des Destillats. Es ist wichtig, die Blätter zerkleinert zu verwenden (vergl. unten). — Ausserdem enthalten die Blätter krystallinische Phyllinsäure, $C_{72}H_{64}O_{16}$, Zucker, Gerbstoff, Wachs etc. und 5—7 Proc. Asche.

***Verwechslungen*** der Blätter mit denen anderer Prunus-Arten, die ebenfalls beim Zerreiben Blausäure entwickeln, sind leicht zu erkennen, da solche sämmtlich kleiner und nicht lederig sind.

**† Aqua Laurocerasi.** Hydrolatum Laurocerasi. Kirschlorbeerwasser. Eau distillée de laurier-cerise. Cherry-Laurel Water. Ergänzb: 15 Th. frische, grob geschnittene Kirschlorbeerblätter übergiesst man mit 45 Th. Wasser und destillirt 9 Th. in eine Vorlage ab, welche 3 Th. Weingeist (87proc.) enthält. Das Destillat wird mit einer Mischung aus 9 Th. Wasser und 3 Th. Weingeist soweit verdünnt, dass es 0,1 Proc. Cyanwasserstoff enthält. Klare oder fast klare Flüssigkeit vom Spec. Gew. 0,965—0,969.

Helv.: 100 Th. frisches, kurz vor der Blüthezeit gepflücktes, geschnittenes und zerstossenes Kirschlorbeerblatt destillirt man im Dampfstrom, fängt das Destillat in 5 Th. Weingeist (94proc.) auf und bringt auf 100 Th. mit 0,1 Proc. HCN.

Brit.: Von 320 g frischen Kirschlorbeerblättern und 1000 ccm Wasser destillirt man 400 ccm ab und stellt auf 0,1 Proc. HCN ein.

Gall.: Von 1000 g frischen, zerstossenen Kirschlorbeerblättern und 4000 g Wasser destillirt man 1500 g ab, schüttelt das Destillat kräftig, filtrirt durch ein genässtes Filter und bringt auf 0,05 Proc. HCN.

Austr. giebt keine Vorschrift, fordert aber in Uebereinstimmung mit Ergänzb., Brit. und Helv. einen Gehalt von 0,1 Proc. Blausäure. (Man beachte, dass Gall. nur 0,05 Proc. vorschreibt!)

***Prüfung***[1]***, Aufbewahrung, Anwendung,*** Abgabe und Höchstgaben genau wie bei Aqua Amygdalarum amararum (Band I, S. 280 u. flgd.), welches auch nach Angabe der Pharm. Germ. IV., die Aqua Laurocerasi nicht aufgenommen hat, an Stelle des letzteren abgegeben werden darf (d. h. also, sobald dieses nicht vorräthig ist.)

**Aqua Laurocerasi duplex** und **triplex.** Nach Erklärung österreichischer Destillateure sind Destillate mit 0,2—0,3 Proc. HCN als künstliche Gemische anzusehen, da ein Wasser mit mehr als 0,15 Proc. HCN nur kurze Zeit haltbar ist.

**Sirupus cum Aqua Laurocerasi** (Gall.). Sirop de laurier-cerise. In 1000 g Kirschlorbeerwasser löst man ohne Wärmeanwendung 1800 g Zucker und filtrirt.

**Guttae antemeticae** Kroyher.

| | | |
|---|---|---|
| Rp. | Aquae Laurocerasi | 5,0 |
| | Tincturae Strychni seminis | 1,0. |

Morgens und Abends 10 Tropfen.

**Lotio anticnesmica** Delioux.

| | | |
|---|---|---|
| Rp. | Aquae Laurocerasi | 15,0 |
| | Liquoris Kalii carbonici | 80,0 |
| | Aquae destillatae | 450,0. |

Zu Waschungen.

**Oleum Laurocerasi. Kirschlorbeeröl. Essence de laurier-cerise. Oil of Cherry Laurel.**

---

[1]) Gall. lässt den HCN-gehalt mittels titrirter Kupfersulfatlösung feststellen (23,09 g Cupr. sulf. crist. in 1 l); 100 ccm des zu prüfenden Wassers werden mit 10 ccm Ammoniakflüssigkeit, dann mit der Kupferlösung bis zur blauvioletten Färbung versetzt; die verbrauchten ccm geben den Gehalt von HCN in Milligrammen an.

Kirschlorbeeröl ist dem Bittermandelöl sehr ähnlich und unterscheidet sich von ihm nur durch seinen etwas abweichenden Geruch. Es hat das spec. Gew. 1,054—1,066, ist optisch inaktiv und löst sich in 1—2 Th. Spiritus dilutus klar auf. Neben Benzaldehyd enthält es Blausäure, Phenyloxyacetonitril (Mandelsäurenitril) und eine sich nicht mit Natriumbisulfit vereinigende Substanz, die bei der Oxydation Benzoësäure liefert und vermuthlich aus Benzylalkohol besteht. Bei der Prüfung sowie der Bestimmung des Gehalts an Blausäure verfährt man genau so, wie bei Bittermandelöl (s. Bd. 1, S. 283).

# Laurus.

Gattung der **Lauraceae—Lauroideae—Laureae.**

**Laurus nobilis L.**, wahrscheinlich in Kleinasien heimisch. Strauch oder bis 8 m hoher Baum mit immergrünen, lederigen, wechselständigen Blättern und achselständigen, kurz gestielten Inflorescenzen. Blüthen zweihäusig oder zwitterig. Perigon mit kurzer Röhre und viertheiligem Saum. In den männlichen und zwittrigen Blüthen meist 12 in 3 Wirteln stehende Staubblätter, daran Filamente, die gewöhnlich eine Drüse tragen. In der weiblichen Blüthe vier Staminodien. Griffel kurz, Narbe dreikantig. Frucht eine Steinfrucht.

Verwendung finden: a. Die Blätter:

**Folia Lauri. Lorbeerblätter. — Feuilles de laurier commun** (Gall.).

***Beschreibung.*** Sie sind über 10 cm lang, bis 5 cm breit, lanzettförmig, mehr oder weniger stumpf zugespitzt, kurz gestielt und mit verdicktem, etwas umgebogenem, wellig krausem Rand, kahl. Die Oberseite ist glänzend, die Unterseite matt. Die Epidermen mit starker Cuticula, an der Oberseite zwei Schichten von Palissaden. Im Mesophyll reichlich Oelzellen. Spaltöffnungen nur auf der Unterseite. Geruch und Geschmack gewürzhaft.

***Bestandtheile.*** 1—3 Proc. ätherisches Oel (Oleum Lauri foliorum. Essence de Laurier. Oil of Laurel Leaves). Dasselbe ist hellgelb, von cajeputähnlichem Geruch. Spec. Gew. 0,92—0,93. Dreht — 15 bis — 18°. 2—3 Th. 80proc. Alkohol lösen 1 Th. des Oeles. Es enthält Pinen, Cineol, Methylchavicol (?), Eugenol.

Sie finden hauptsächlich als Küchengewürz Verwendung. Die italienischen Händler benutzen sie als billiges Packmaterial bei Versendung des rohen Stangenlakritz.

**Oleum Lauri foliorum, Lorbeerblätteröl.** Es riecht angenehm cajeputölartig, etwas süsslich, hat das spec. Gew. 0,920—0,930. Drehungswinkel im 100 mm Rohr — 15 bis — 18°. Es besteht aus Pinen, $C_{10}H_{16}$, Cineol, $C_{10}H_{18}O$, und kleinen Mengen Eugenol, $C_{10}H_{12}O_2$ und enthält vielleicht auch das dem Anethol isomere Methylchavicol, $C_{10}H_{12}O$.

b. Die Früchte:

**Fructus Lauri** (Germ. Austr.). **Baccae s. Grana Lauri. — Lorbeeren** (volksthümlich: Norbeln, als Pulver: Barklers). **— Fruits de laurier commun** (Gall.). **Baies de laurier. — Laurel-berries. Bay-berries.**

***Beschreibung.*** Die Frucht ist länglich-rund, bis 15 mm lang, mit 4 mm langem Stiel. Getrocknet ist sie braunschwarz, runzlig, oben etwas zugespitzt. Die Fruchtschale zerfällt in eine äussere, frisch fleischige, aus Parenchym gebildete Schicht, in der Oelzellen mit gelbgrünem Inhalt zerstreut sind, und eine innere, aus radialgestellten Steinzellen bestehende „Hartschicht“, die mit der zarten Samenschale ausgekleidet ist. Der Embryo, der zwei dicke Kotyledonen und ein kleines Würzelchen hat, liegt locker in der Schale. Das Gewebe der Kotyledonen besteht aus dünnwandigem Parenchym, dessen Zellen zum Theil Stärkekörner, fettes Oel und einen mit Jod sich gelb färbenden Klumpen enthalten. Andere Zellen enthalten nur Oel und etwas Gerbstoff.

***Bestandtheile.*** 1 Proc. ätherisches Oel (Oleum baccarum Lauri), das dickflüssiger ist wie das der Blätter. Spec. Gew. 0,915—0,935. Dreht — 14° 10′, löst sich in 1/2 Th. 90proc. Alkohols. Es enthält Pinen, Cineol, ein Sesquiterpen und Laurinsäure. Ferner enthalten die Samen 30 Proc. fettes Oel (vergl. unten).

***Aufbewahrung. Anwendung.*** Man bewahrt die ganzen Lorbeeren in Blechbüchsen, das Pulver in Porcellan- oder braunen Glasgefässen auf, letzteres wegen des hohen Oelgehaltes in nicht zu grosser Menge. Früher als Gewürz und Bittermittel viel gebraucht, werden die Lorbeeren heute nur wenig beachtet und finden fast nur noch in der Thierheilkunde, bisweilen auch äusserlich gegen Krätze, Verwendung.

**Oleum baccarum Lauri aethereum, Aetherisches Lorbeerbeerenöl,** kann durch Destillation der zerkleinerten Lorbeerfrüchte, oder des fetten Lorbeeröles gewonnen werden. Ausbeute aus den Früchten circa 1 Proc. Es ist der Träger des Geruches der Früchte, hat das spec. Gew. 0,915—0,935 und ist optisch linksdrehend. Es enthält wenig Pinen, $C_{10}H_{16}$, viel Cineol, $C_{10}H_{18}O$, und ein nicht näher untersuchtes Sesquiterpen, $C_{15}H_{24}$.

c. Das fette Oel der Früchte:

**Oleum Lauri** (Germ. Helv. Austr.). **Oleum e fructu Lauri. Oleum Lauri expressum s. unguinosum. Oleum laurinum. — Lorbeeröl. Loröl. Lorbeerbutter. Lorettosalbe. — Huile de laurier** (Gall.). **Beurre de laurier. Onguent de laurier. — Bayberry-oil. Laurel oil.**

Es wird entweder aus den getrockneten und gepulverten, oder aus frischen, gestossenen Früchten gewonnen, indem man sie einige Zeit mittels Dampf erhitzt, oder auch mit Wasser kocht und dann zwischen erwärmten Platten presst. Man lässt das Oel in geschmolzenem Zustande absetzen, giesst klar ab und filtrirt im Dampftrichter. Das Absetzen und Filtriren wird durch Zusatz von 5 Proc. entwässertem Natriumsulfat und längeres Umrühren wesentlich erleichtert.

Man pflegt das Oel in Porcellankruken im Keller aufzubewahren, weil es sich diesen leicht mittels eines Spatels entnehmen lässt; mit Rücksicht auf den Gehalt an ätherischem Oel ist es jedoch zweckmässiger, das geschmolzene Oel in gelbe Literflaschen zu filtriren und diese mit Korkstopfen zu verschliessen. Vor dem Umfüllen stellt man sie kurze Zeit in die Wärme.

Es ist von grüner Farbe, salbenartig-krystallinisch.

Konstanten des Oeles: Spec. Gew. 0,93317. Schmelzpunkt 32—36° C. Erstarrungspunkt 24—25° C. Verseifungszahl 197,5—198,9. REICHERT'sche Zahl 1,6. Jodzahl 49—67,8.

***Bestandtheile.*** Trilaurin, Myristin, ferner Harz, Chlorophyll und ätherisches Oel (vergl. oben).

Es wird zuweilen mit Talg oder Schweinefett verfälscht; solche Verfälschungen mit animalischen Fetten erhöhen den Schmelzpunkt und erniedrigen die Jodzahl.

***Anwendung.*** Das Lorbeeröl dient für sich oder als Bestandtheil anderer Salben zu Einreibungen bei Geschwulst, Rheuma, Krampf, Kolik und Hautkrankheiten (Krätze), auch in der Thierheilkunde (Altelorie ist die volksthümliche Bezeichnung für ein häufig angewendetes Gemisch aus Oleum Lauri und Unguentum flavum (Althaeae) āā). Einreibungen der unbedeckten Körpertheile mit Lorbeeröl sollen lästige Insekten fernhalten.

**Kräuteressig-Essenz.**

|  | | | |
|---|---|---|---|
| Rp. | 1. Folior. Lauri | | |
| | 2. Herb. Achilleae moschat. | āā | 25,0 |
| | 3. Fructus Anethi recent. | | |
| | 4. Herbae Dracunculi rec. | āā | 200,0 |
| | 5. Spiritus diluti | | q. s. |
| | 6. Acidi acetici (80 proc.) | | 5000,0. |

Man befeuchtet 1—4 mit 5, übergiesst nach 24 Stunden mit 6, presst nach 5 Tagen und filtrirt. Man färbt nach Belieben mit Zuckerfarbe oder in Essigsäure gelöstem Cochenilleroth.

**Oleum Lauri foliorum coctum.**

Lorbeerblätteröl.

Aus grob gepulverten Lorbeerblättern, wie Oleum Absinthii coct. Band I, S. 408.

**Pomatum laurinum** (Gall.).

Pommade ou Onguent de laurier.

| Rp. | | |
|---|---|---|
| Rp. | Folior. Lauri recent. contus. | 500,0 |
| | Fruct. Lauri contus. | 500,0 |
| | Adipis | 1000,0. |

Man erhitzt, bis alle Feuchtigkeit verdampft ist, presst aus, lässt in der Wärme absetzen und giesst klar ab.

**Remedia contra Insecta molesta.**

1. Bremsenöl.

|  | | | |
|---|---|---|---|
| Rp. | Olei Lauri | | 700,0 |
| | Naphthalini | | |
| | Aetheris acetici | āā | 125,0 |
| | Olei Caryophyllor. | | |
| | Olei Philosophor. | āā | 25,0. |

Oder (nach VOM.).

Rp. Olei Lauri
Creolini
Nitrobenzoli ää 100,0
Olei Petrae 200,0
Olei Rapae 500,0.

2. Bremsenliniment (TÖLLNER).

Rp. Olei Lauri
Saponis viridis ää 150,0
Naphthalini 50,0
Aquae 650,0.

3. Fliegen- und Mückenessenz.

Rp. Olei Lauri
Olei Eucalypti
Aetheris acetici ää 10,0
Spiritus 70,0.

4. Fliegen- und Mückenöl.

Rp. Olei Lauri 100,0
Olei Eucalypti
Nitrobenzoli ää 50,0
Olei Petrae 300,0
Olei Rapae 500,0.

5. Fliegen- und Mückensalbe.

Vet. Rp. Olei Lauri
Olei Eucalypti ää 10,0
Olei Petrae 30,0
Ceresini flavi 50,0.

**Unguentum laurinum.**

Unguentum Lauri compositum. Lorbeersalbe. Grüne Heil- oder Renksalbe. Lorsalbe. Loröl des Handverkaufs.

Rp. 1. Adipis suilli 700,0
2. Sebi ovilis 150,0
3. Olei Lauri 140,0
4. Olei Cajeputi
5. Olei Juniperi
6. Olei Sabinae
7. Olei Terebinthinae ää 2,5
8. Chlorophylli 2,0 vel q. s.

Man schmilzt 1 und 2, fügt 3—7 hinzu und färbt mittels 8.

Vet. **Unguentum ad Coryzam.**

Drusensalbe.

Rp. Olei Lauri 50,0
Sebi ovilis
Olei Terebinthinae ää 25,0

schmilzt man bei gelinder Wärme.

**Bruchsalbe** von G. STURZENEGGER in Herisau ist ein Gemisch aus 1 Th. Lorbeeröl und 50 Th. Fett.

**Hienfong-Essenz** des Dr. SCHÖPFER. Nach HAGER: Eine dünne Tinktur aus Lorbeerblättern und -früchten (je 5,0:200,0 Spirit. und 15,0 Aether) mit 1,5 Proc. Kampher, 1 Proc. Krauseminzöl, je 0,25 Proc. Anis-, Fenchel-, Lavendel- und Rosmarinöl. — Nach AUFRECHT: Fol. et Fruct. Lauri ää 25,0, Spiritus (96proc.) 950,0, Olei Menth. crisp. 30,0, Olei Menth. pip. 20,0, Olei Lavandulae, Rosmarini, Salviae, Foeniculi ää 2,5, Olei Caryophyll. 1,5. — Es scheint, dass die Essenz noch mittels Chlorophyll gefärbt wird.

**Icas,** von SCHWEINGRUBER, gegen Rheuma ist ein weingeistiger, mit Kampher und Salmiakgeist versetzter Auszug von Lorbeeren, Lorbeerblättern, Nelken und Englisch Gewürz.

**Rheumatismusheil** von Dr. SCHUHMACHER in Berlin ist ein Gemisch aus Lorbeeröl, Kaliseife, Harz, Kampher, Ammoniak, fettem Oel, Alaun und Talg (BISCHOFF).

---

# Lavandula.

Gattung der **Labiatae—Lavanduloideae.**

**I. Lavandula spica L.** (syn.: **L. vera DC. L. officinalis Chaix),** Heimath im westlichen Mittelmeergebiet, vielfach angebaut. Strauch oder Bäumchen mit 1 m hohem Stamm und zahlreichen, ruthenförmigen Aesten, die in der Jugend mit Sternhaaren besetzt, im Alter kahl sind. Die Blätter sind lanzettlich bis linealisch, bis 5 cm lang, 4 mm breit, am Rande umgerollt, unterseits mit Oeldrüsen. Blüthenstand eine unterbrochene Aehre, aus meist 6 nicht reichblüthigen Scheinquirlen bestehend, deren Blüthen am Grunde von breiten, eckigen, scharf zugespitzten, trockenhäutigen Deckblättern umfasst werden. Der glockenförmige, weissliche und nach oben bläuliche Kelch hat 13 deutliche Rippen und ist 5zähnig, der nach oben stehende Zahn mit einem Ansatz deutlich hervorragend. Korolle doppelt so lang wie der Kelch, blau, zweilippig, mit nicht aus der Krone hervorragenden Staubgefässen.

Verwendung finden die Blüthen:

**Flores Lavandulae** (Austr. Germ. Helv.). **Flores Spicae. — Lavendelblüthen. Spike. Spikenard. — Fleurs de lavande officinale** (Gall.). — **Lavender flowers.**

Die Droge trägt eine Anzahl von Haargebilden, die unter Umständen geeignet sind, den Nachweis der Blüthen zu erleichtern. (Fig. 23.) Der Kelch trägt: 1) Drüsen mit mehrzelligem Kopf vom bekannten Typus der Labiatendrüsen und kleine Drüsen mit einzelligem Kopf; 2) einfach oder wiederholt verzweigte Sternhaare, deren Wand gehöckert und deren Zellsaft violett gefärbt ist (Fig. 23b.).

Die Blumenkrone trägt: 1) lange, einzellige, spitze, mit zahlreichen Höckern versehene Haare (Fig. 23c.); 2) dieselben Drüsenhaare wie der Kelch und 3) Drüsenhaare mit langer, höckeriger Stielzelle, an die sich eine schlankere und kürzere Halszelle und an diese das einzellige Köpfchen schliesst (Fig. 23a.). — Die Pollenkörner sind kugelig mit 6 glatten, schlitzförmigen Austrittsstellen für den Pollenschlauch, die übrigen Theile der Exine sind mit feinen, unregelmässigen Netzleisten bedeckt (Fig. 23e).

***Bestandtheile.*** Aetherisches Oel (vergl. unten).

***Einsammlung. Aufbewahrung.*** Man sammelt die Blüthen vor der völligen Entfaltung, trocknet sorgfältig und bewahrt sie in Blechgefässen auf, nachdem man Stiele, Blätter u. dergl. beseitigt hat.

***Anwendung.*** Aeusserlich zu Kräuterkissen, im Aufguss oder als Destillat zu Bädern und Waschungen. Ausserdem zu Räucherspecies und in der Parfümerie. Im Haushalt legt man Lavendelblüthen zum Schutz gegen Insekten zwischen Kleidungsstücke.

## Oleum Lavandulae

(Germ. Austr. Brit. Gall. Helv. U-St.). **Lavendelöl. Essence de Lavande. Oil of Lavender.**

***Herkunft*** und ***Gewinnung.*** Lavendelöl wird in Süd-Frankreich aus den frischen Blüthen und Zweigenden der Lavendelpflanze, Lavandula spica L., durch Destillation mit Wasser gewonnen. Die Lavendeldistrikte in den Departements Alpes Maritimes, Basses Alpes, Hérault, Drôme, Gard und Vaucluse werden zur Zeit der Blüthe von den Gemeinden zur Oelgewinnung verpachtet. Die Destillateure stellen ihre transportablen Blasen in der Nähe von fliessendem Wasser auf und verarbeiten die frisch gepflückten Blüthen. Je nach der Höhenlage des Bezirks wird Oel von verschiedener Qualität erhalten. Während man das französische Lavendelöl aus wildwachsenden Pflanzen gewinnt, wird das englische Oel aus kultivirten Pflanzen in den Grafschaften Surrey (Mitcham, Carshalton, Beddington), Kent, Herfordshire und Lincolnshire destillirt. Das englische Lavendelöl kommt wegen seines hohen Preises für pharmaceutische Zwecke nicht in Betracht. Die Oelausbeute soll aus frischen Blüthen 0,8—1,5 Proc. betragen.

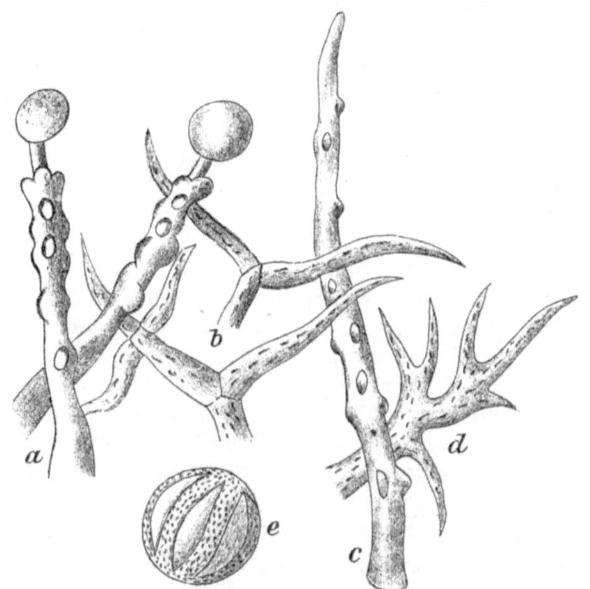


Fig. 23. Haare von Flores Lavandulae. *a.* von der inneren Epidermis der Blumenkrone. *b.* von der äusseren Epidermis der Blumenkrone und vom Kelch. *c.* vom Haarring der Blumenkrone. *d.* vom Deckblatt. *e.* Pollenkorn.

***Eigenschaften.*** Gelbliche oder grünlichgelbe Flüssigkeit, von sehr angenehmem Geruch und starkem, aromatischem, etwas bitterem Geschmack. Spec. Gew. 0,885—0,895 (Germ. Austr.). [0,885—0,897 U-St., nicht unter 0,885 Brit., 0,88—0,89 Helv.] Drehungswinkel im 100 mm-Rohr — 3 bis — 9° Refraktometerzahl 1,4652. Es ist neutral oder reagirt schwach sauer und löst sich in 3 Th. Spiritus dilut. klar auf (Brit.). Die Güte des Oeles wird durch seinen Gehalt an Linalylacetat (Estergehalt) bedingt, der bei Durchschnittsölen 30 Proc., bei den feinsten Qualitäten aber bis zu 40 Proc. und darüber beträgt. Die quantitative Bestimmung des Estergehalts geschieht durch Verseifen mit alkoholischem Kali, genau in derselben Weise, wie es bei Bergamottöl (Bd. I, S. 856) beschrieben ist.

***Bestandtheile.*** Der wichtigste Bestandtheil des Lavendelöls ist das Linalylacetat, $C_{10}H_{17}OCH_3CO$, durch dessen Menge die Qualität des Oeles bedingt wird (vergl.

unter Eigenschaften). Ausserdem enthält das Oel ziemlich viel Linalool, $C_{10}H_{17}OH$, wenig Geraniol, $C_{10}H_{17}OH$, und Sesquiterpen, sowie Spuren von Pinen, $C_{10}H_{16}$, und Cineol, $C_{10}H_{18}O$. Das englische Lavendelöl enthält mehr Cineol, durch das der kampherartige Geruch dieser Sorte bedingt wird; ein weiterer Bestandtheil desselben ist Limonen $C_{10}H_{16}$.

***Aufbewahrung.*** Lavendelöl wird bei Zutritt von Licht und Luft rasch sauer und dickflüssig. In ganz gefüllten, gut verschlossenen Flaschen im Dunkeln aufbewahrt, hält es sich mehrere Jahre lang unverändert.

***Anwendung.*** Lavendelöl wird hauptsächlich zu Parfümerien und kosmetischen Mitteln gebraucht. Technische Verwendung findet es in der Porcellanmalerei; auch bildet es einen Bestandtheil des Denaturirungsmittels für Brennspiritus.

***Prüfung.*** Zur Ermittelung von Verfälschungen mit billigeren Oelen, wie Spiköl, Terpentinöl, Cedernholzöl, prüft man das Oel auf seine Löslichkeit in Spiritus dilutus, und bestimmt den Estergehalt durch Verseifen (vergl. unten Eigenschaften).

**II. Lavandula latifolia Vill.** (syn. **L. spica D. C.**), von der vorigen hauptsächlich verschieden durch die schmalen, krautigen Brakteen. Liefert **Oleum Spicae.**

**Oleum Spicae** (Ergänzb.). **Spiköl. Essence d'Aspic. Oil of Spike.**

***Herkunft*** und ***Darstellung.*** Spiköl wird aus den Blüthen von Lavandula latifolia Vill. in den unteren Bergregionen derselben Distrikte Südfrankreichs gewonnen, in denen Lavendelöl destillirt wird. Die Art der Darstellung ist genau die gleiche wie bei diesem Oele.

***Eigenschaften.*** Gelbliche, lavendelähnliche, aber mehr kampherartig riechende, im Geruch etwas an Rosmarinöl erinnernde Flüssigkeit vom spec. Gew. 0,905—0,915 (0,905—0,920 Ergänzb.). Drehungswinkel im 100 mm-Rohr + 3 bis + 9° C. Klar löslich in 2—3 Th. Spiritus dilutus.

***Bestandtheile.*** Spiköl enthält: Rechts-Camphen, $C_{10}H_{16}$ (vielleicht auch Pinen, $C_{10}H_{16}$, Cineol, $C_{10}H_{18}O$, Links-Linalool, $C_{10}H_{17}OH$, Rechts-Camphen, $C_{10}H_{16}$, Rechts-Borneol, $C_{10}H_{17}OH$. Nicht ganz sicher nachgewiesen sind Terpineol, $C_{10}H_{17}OH$, und Geraniol, $C_{10}H_{17}OH$, sowie ein Sesquiterpen, $C_{15}H_{24}$.

***Prüfung.*** Die Reinheit des Spiköles wird an seinem spec. Gewicht, seinem Drehungsvermögen und der Löslichkeit in Spiritus dilutus erkannt.

***Anwendung.*** Spiköl wird als billigeres Ersatzmittel für Lavendelöl in der Parfümerie, der Seifenfabrikation, sowie in der Porcellanmalerei verwendet.

**III. Lavandula Stoechas L.**, heimisch im Mittelmeergebiet, mit linealen, ganzrandigen, am Rande zurückgebogenen Blättern. Blüthen in ganz dichten Aehren mit dachförmig sich deckenden Brakteen, die obersten steril, breit, gefärbt und als Schauapparat dienend. Geruch schärfer wie von II, an Kampher erinnernd. Die Blüthen sind die **Flores Stoechadis arabicae seu purpurae. Flores Lavandulae romanae. — Stoechasblumen. Welscher Lavendel. Schopflavendel. — Inflorescence de Stoechas** (Gall.), im Gebrauch wie die von I.

**Acetum antisepticum** (Gall.).

Vinaigre antiseptique. Acétolé antiseptique. Vinaigre des quatre voleurs.

| | | | |
|---|---|---|---|
| Rp. 1. | Herbae Absinthii | | |
| | Herbae Artemisiae ponticae | | |
| | Folior. Menthae piperit. | | |
| | Folior. Rosmarini | | |
| | Herbae Rutae | | |
| | Herbae Salviae | | |
| | Florum Lavandulae | āā | 15,0 |
| | Rhizomat. Calami | | |
| | Cort. Cinnamom. zeyl. | | |
| | Caryophyllorum | | |
| | Semin. Myristicae | | |
| | Bulbi Allii | āā | 2,0 |
| 2. | Camphorae | | 4,0 |
| 3. | Acidi acetici concentr. | | 15,0 |
| 4. | Aceti (7—8 proc.). | | 1000,0. |

Man macerirt 1 mit 4 zehn Tage, presst, fügt 2 in 3 gelöst hinzu, lässt absetzen und filtrirt.

**Acetum aromaticum.**

Gewürzessig. Vinaigre ou Acétolé aromatique. Vinaigre aromatique des hôpitaux. Aromatic Vinegar.

I. Ph. Helvetica.

| | | |
|---|---|---|
| Rp. | Florum Lavandulae | III. āā 10,0 |
| | Folior. Menthae pip. | |
| | Folior. Rutae | |
| | Folior. Salviae | |
| | Herbae Absinthii | |
| | Radic. Angelicae | |
| | Rhizom. Calami | |
| | Rhizom. Zedoariae | |
| | Caryophyllorum (IV) | 5,0 |
| | Spiritus diluti (62 proc.) | 100,0 |

lässt man 12 Stunden stehen, fügt

Aceti puri (5 proc.) 900,0

hinzu, macerirt 8 Tage und presst aus.

II. Ph. Gallica.

Rp. Tincturae vulnerariae (Gall.) 125,0
Aceti (7—8 proc.) 875,0.

III. Nation. Formul.

Rp. Olei Lavandulae
Olei Rosmarini
Olei Juniperi
Olei Menthae piperit.
Olei Cinnamom. Cass. ää 0,5 ccm
Olei Citri
Olei Caryophyllorum ää 1,0 ccm
Spiritus (91 proc.) 175,0 ccm
Acidi acetici (36 proc.) 175,0 ccm
Aquae destillatae q. s. ad 1000,0 ccm.

Man lässt die Mischung einige Stunden in verschlossenem Gefäss bei 60—70° C. stehen, dann einige Tage absetzen und filtrirt.

**Acetum Lavandulae.**

Lavendelessig.

Rp. Florum Lavandulae
Spiritus ää 100,0
Aceti (6 proc.) 900,0.

Nach 8 tägiger Maceration auspressen (Metallgeräthe vermeiden!) und filtriren.

Ex tempore:

Rp. Spiritus Lavandulae 75,0
Acidi acetici diluti 25,0.

**Alcoolatum vulnerarium** (Gall.).

Alcoolat vulnéraire. Eau vulnéraire spiritueuse.

Rp. Florum Lavandulae recent.
Folior. Absinthii recent.
" Angelicae "
" Basilici "
" Calaminthae "
" Foeniculi "
" Hyssopi "
" Majoranae "
" Melissae "
" Menthae pip. " ää 100,0
" Origani "
" Rosmarini "
" Rutae "
" Saturejae "
" Salviae "
" Serpylli "
" Thymi "
Summitat. Hyperici "
Spiritus (60 proc.) 4500,0.

Man macerirt 6 Tage und destillirt dann 3000,0 ab.

**Aqua aromatica.**

Aqua cephalica s. apoplectica. Balsamum Embryonum. Aromatisches Wasser. Schlagwasser. Haupt- und Schlagwasser. Mutterbalsam. Kinderbalsam.

I. Ergänzb.

Rp. Flor. Lavandulae cont.
Folior. Menthae pip. conc.
Folior. Rosmarini conc. ää 5,0
Folior. Salviae conc. 10,0
Fruct. Foeniculi cont.
Cort. Cinnamom. Cass. gr. pulv. ää 3,0
Spiritus (87 proc.) 70,0
Aquae communis 300,0

lässt man 24 Stunden stehen, dann destillirt man ab 200,0.

II. Ex tempore.

Rp. Olei Cinnamomi
,, Foeniculi
,, Lavandulae
,, Menthae pip.
Olei Rosmarini
,, Salviae ää 1,0
Spiritus 350,0
Aquae destillatae 644,0.

**Aqua aromatica spirituosa** (Austr.).

Geistig-aromatisches Wasser. Anhaltswasser. Kaiser Karls Hauptwasser. Schlagwasser. Schreckwasser.

Rp. Florum Lavandulae
Folior. Melissae
Folior. Menthae crisp.
Folior. Salviae ää 50,0
Semin. Myristicae
Caryophyllorum
Macidis
Corticis Cinnamomi Cass.
Rhizom. Zingiberis
Fruct. Foeniculi ää 25,0
Spiritus (87 proc.) 500,0
Aquae 4000,0.

Nach 12stündiger Maceration destillirt man 2500,0 ab. Dient wie das vorige zu Waschungen und Umschlägen, innerlich zur Belebung bei Krampf, Kolik, Ohnmacht.

**Aqua gingivalis antiseptica.**

PASCHKIS' antiseptisches Mund- und Zahnwasser.

Rp. Tincturae Myrrhae 5,0
Saccharini 1,0
Spiritus Lavandulae 94,0.

1/2 Theelöffel auf 1 Glas Wasser.

**Aqua Lavandulae.**

Lavendelwasser.

Rp. Olei Lavandulae gtt. I
Aquae destill. fervid. 100,0.

**Aqua vulneraria vinosa.**

Aqua vulneraria spirituosa. Spiritus traumaticus. Aqua traumatica Gallorum. Aqua sclopetaria. Weisse Arquebusade. Schusswasser. Wundwasser.

Rp. Olei Absinthii
" Lavandulae
" Menthae piperit.
" Rosmarini
" Rutae
" Salviae ää 0,5
Spiritus 375,0
Aquae destillatae tepidae 625,0.

**Balsamum Rigense** (KUNZEN).

Rigaër Balsam.

Rp. Aquae aromaticae 75,0
Spiritus Salviae 22,5
Tincturae Croci 2,5.

**Eau de Cologne zu Waschungen.**

Rp. Olei Cinnamomi 0,5
" Citri
" Lavandulae ää 10,0
" Rosmarini 5,0
Spiritus 975,0.

**Eau de Lavande** (Buchh.).

Rp. Olei Bergamottae
" Portugal ää 5,0
" Lavandulae 25,0
Aquae Aurantii flor. 100,0
Spiritus 865,0.

**Eau de Lavande anglaise.**
Extrait de senteur.

Rp. Olei Bergamottae 10,0
Olei Lavandulae optim. 20,0
Olei Aurantii florum
Liquor. Ammonii caust. ää 2,0
Ambrae griseae
Moschi ää 0,2
Florum Lavandulae 30,0
Spiritus 900,0
Aquae Rosae 600,0.

Nach 24 Stunden destillirt man 1000,0 ab.

**Florida-Wasser** (Formul. americ.).

Rp. Olei Bergamottte 10,0
„ Geranii ros. 5,0
„ Santali 0,5
„ Lavandulae 25,0
Spiritus 1,0 l
Tinctur. Curcumae q. s.

**Lavendelsalz** (DIETERICH).
Lavender-Salts.

Rp. Olei Lavandulae 10,0
Liquor. Ammonii caust. spirit. 5,0
Alcohol absoluti 85,0.

Man füllt hiermit Stöpselgläser, die mit haselnussgrossen Stücken glasigen Ammoniumkarbonats beschickt sind. Als Riechsalz und zur Räucherung in Zimmern.

**Lavender Ammonia for Smelling Bottles.**
Lavendel-Riechfläschchen.

Rp. Olei Lavandulae
Olei Bergamottae ää 2,0
Olei Caryophyllorum
Olei Cinnamomi zeyl. ää 1,0
Olei Rosae 0,2
Tincturae Moschi 2,0
Liquoris Ammonii caust. spirit.
Alcohol absoluti ää 50,0.

Anwendung wie bei vorigem.

**Mistura Camphorae aromatica** (Nat. form.).
Aromatic Camphor Mixture. PARRISH's Camphor Mixture.

Rp. Tincturae Lavandulae comp. (U-St.) 250 ccm
Sacchari 35 g
Aquae Camphorae q. s. ad 1000 ccm.

**Mistura Copaibae composita** (Nat. form.).
Compound Copaiba Mixture.
I. Lafayette Mixture.

Rp.
Balsami Copaivae
Spiritus Aetheris nitrosi (U-St.)
Tincturae Lavandulae comp. (U-St.) ää 125 ccm
Liquoris Potassae (U-St.) 35 ccm
Sirupi Sacchari (U-St.) 325 ccm
Mucilag. Dextrini (Bd. I, S. 1026) q. s. ad 1000 ccm.

Vor dem Gebrauch umzuschütteln.

II. CHAPMAN's Mixture.

Rp. Balsami Copaivae
Spiritus Aetheris nitrosi (U-St.) ää 250 ccm
Tinct. Lavandulae comp. (U-St.) 65 ccm
Tincturae Opii (U-St.) 30 ccm
Mucilag. Acaciae (U-St.) 125 ccm
Aquae destillatae q. s. ad 1000 ccm.

**Spiritus Lavandulae**
(Austr. Brit. Germ. Helv. U-St.).
Tinctura cum oleo volatile Lavandulae (Gall.). Lavendelgeist. Lavendelspiritus. Alcoolat ou Esprit de lavande. Alcoolé d'essence de lavande. Spirit of Lavender

I. Germ. Helvet.

Rp. Florum Lavandulae 25,0
Spiritus
Aquae ää 75,0.

Nach 24stündiger Maceration destillirt man ab 100,0.

II. Austr.

Aus Lavendelblüthen wie Spirit. Juniperi Austr. (S. 163.)

III. Brit.

Rp. Olei Lavandulae 100 ccm
Spiritus (90 Vol. proc.) 900 ccm.

IV. U-St.

Rp. Olei Lavandulae 50 ccm
Alcohol deodorati 950 ccm.

V. Gall.

Rp. Olei Lavandulae 2,0
Spiritus (90 proc.) 98,0.

**Spiritus Lavandulae compositus** (Bad. Erg. Taxe)
Zusammengesetzter Lavendelspiritus. Rothe Schlagtropfen. Lavender drops.

Rp. Spiritus Lavandulae 80,0
Spiritus Rosmarini 20,0
Corticis Cinnamomi Cass. gr. pulv.
Seminis Myristicae gr. pulv.
Ligni Santali min. conc. ää 1,0

lässt man 8 Tage stehen und filtrirt. Als reizendes Mittel zu Einreibungen, innerlich zu 30—50 Tropfen, auch als Riechmittel.

**Spiritus odoratus** (Nat. form.).
Cologne Water. Perfumed Spirit.

Rp. Olei Bergamottae 15 ccm
„ Citri 8 „
„ Rosmarini 7 „
„ Lavandulae 4 „
„ Aurantii florum 4 „
Aetheris acetici 2 „
Aquae 120 „
Spiritus (91 proc.) 840 ccm.

**Tinctura Lavandulae composita.**
Rothe Schlagtropfen. Compound Tincture or Spirit of Lavender.

I. Brit.

Rp. 1. Olei Lavandulae 4,7 ccm
2. Olei Rosmarini 0,5 ccm
3. Cort. Cinnamomi zeyl. 8,5 g
4. Seminis Myristicae 8,5 g
5. Ligni Santali rubri 17,0 g
6. Spiritus (90 Vol. proc.) 1000,0 ccm.

Man macerirt 3—6 und löst im Filtrat 1—2.

II. U-St.

Rp.
1. Cortic. Cinnamomi Cass. pulv. (No. 20) 20 g
2. Caryophyllorum (No. 20) 5 g
3. Seminis Myristicae (No. 20) 10 g
4. Ligni Santali rubri (No. 20) 10 g
5. Olei Lavandulae 8 ccm
6. Olei Rosmarini 2 ccm
7. Spiritus (91 proc.) 700 ccm
8. Aquae destillatae 250 ccm
9. Spiritus diluti (41 proc.) q. s.

Man mischt 1—4, befeuchtet mit q. s. der Lösung von 5—6 in 7—8, bringt in einen Verdrängungsapparat, erschöpft, zuletzt mittels 9, sodass man 1000 ccm Tinktur erhält.

**Tinctura vulneraria.**
Rothes Wund- und Heilwasser. Alcoolature ou Teinture vulnéraire. Eau vulnéraire rouge.

I. Gall.

Die unter Alcoolatum vulnerarium (Gall.) angegebenen Kräuter zieht man mit 3000,0 80proc. Weingeist 10 Tage aus, presst und filtrirt.

II. Ex tempore.

Rp.

| | |
|---|---|
| Aquae vulnerariae vinosae | 900,0 |
| Tincturae Absinthii | |
| Tincturae Menthae piperit. | āā 50,0 |
| Tincturae Santali rubri q. s. ad color. rubr. | |

**Tinctura vulneraria benzoica.**
Balsamische Mundessenz.

| | |
|---|---|
| Rp. Tincturae vulnerariae | 900,0 |
| Tincturae Benzoës | 100,0 |
| Balsami peruviani | 10,0. |

Nach eintägigem Stehen zu filtriren.

**Augenwasser von CHANTOMELANUS** ist ein mit schwachem Weingeist bereiteter, mit wenig Lavendelöl versetzter Auszug von Lavendelblumen.

**Augenwasser** von J. P. H. HETTE. Eine opiumhaltige, weingeistige Lösung von Lavendelöl und anderen ätherischen Oelen.

**Bamberger Fürstenbalsam,** zur Stärkung für Frauen, enthält Salmiakgeist, Lavendel-, Seifen- und Kampferspiritus.

**Bartzwiebel,** zur Beförderung des Bartwuchses, ist ein wohlriechender mit Bittermitteln versetzter Weingeist.

**Mad. DORNIERS flüssiges Kosmetikum,** zum Einreiben der Hände während der Massage. Je 4 Th. Alaun und Eichenrinde, je 8 Th. Anis, Thymian, Salbei- und Rosmarinblätter, Ysop, Lavendelblumen, Wermuth, Pfefferminz und Kampfer zieht man 15 Tage mit 1000 Th. 45proc. Weingeist aus, presst und filtrirt. (Nat. Drugg.)

**Eau divine de Lavande** (Königseer) 1,0 Ol. Thymi, 2,5 Ol. Cinnamomi, 4,0 Ol. Rosmarini, 5,0 Ol. Caryophyll., 20,0 Ol. Citri, 10,0 Ol. Lavandulae, 50,0 Ol. Bergamott., 2,5 Aether acetic., 10,0 Tinct. Moschi, 2500,0 Spiritus.

**Eau hémostetique de Montérosi.** Eau stagnotique de Naples. Eine durch Maceration von Aq. vulneraria vinosa mit Pech, Holztheer und Essig bereitete Flüssigkeit.

**Email de Paris de JARED** = Aqua Lavandulae Anglica.

**Nervenextrakt** von Dr. BEHR, gegen alle möglichen Krankheiten, ist eine Mischung aus 9 Th. Baumöl, je 1 Th. Lavendel- und Terpentinöl, 5 Th. Weingeist.

---

# Ledum.

Gattung der **Ericaceae—Rhododendroideae—Ledeae.**

**I. Ledum palustre L.** Circumpolar auf der nördlichen Halbkugel. Verwendung findet das Kraut:

**† Herba Ledi palustris. Herba Rorismarini silvestris. — Porst** oder **Porsch. Wilder Rosmarin. Sumpfporst. Mottenkraut. — Marsh-tea. Marsh-Rosemary.**

Die Blätter sind kurzgestielt, ganzrandig, am Rande zurückgerollt, unterseits braunfilzig; der Filz besteht aus einfachen Haaren. Die Blüthen in endständigen Dolden aus weissen, fünfzähligen Blüthen. Schmeckt bitter zusammenziehend und riecht beim Zerreiben aromatisch und etwas narkotisch.

Die Blätter enthalten 0,3—0,4 Proc. ätherisches Oel, reichlich Gerbstoff (Leditannsäure), $C_{15}H_{20}O_8$, Ericolin, $C_{68}H_{56}O_{42}$, Ledumkampher, $C_{15}H_{26}O$.

Das ätherische Oel ist eine grünliche oder röthliche Flüssigkeit von narkotischem Geruch und scharfem Geschmack. Spec. Gew. 0,93—0,96. Der wichtigste Bestandtheil des Oeles ist der Ledumkampher, $C_{15}H_{26}O$, der auf das Centralnervensystem stark giftig einwirkt. Er bildet Krystalle, die bei 104—105° C. schmelzen.

***Einsammlung. Aufbewahrung.*** Das Kraut wird zur Zeit der Blüthe, im Mai und Juni, gesammelt, im Schatten getrocknet und geschnitten in Blechgefässen unter den starkwirkenden Arzneimitteln aufbewahrt.

***Anwendung.*** Als Narcoticum bei Keuchhusten, als harn- und schweisstreibendes Mittel bei Rheuma im Aufguss (2—3,0 : 100,0). Einzelgabe 0,5—1,5. Höchstgabe auf den Tag 15,0. Aeusserlich zu Umschlägen und Bädern gegen Hautkrankheiten. Im Haushalt gegen Motten (daher der Name „Mottenkraut"), doch hier durch wirksamere Mittel so ziemlich verdrängt.

Die Blätter werden in Kanada wie Thee verwendet (Labrador tea), ferner sollen sie zuweilen als Verfälschung der Folia Rosmarini vorkommen, von denen sie sich durch die einfachen Haare der Unterseite leicht unterscheiden (vergl. Rosmarinus), ebenso angeblich als schädlicher Zusatz zum Bier.

**Potio contra tussim convulsivam** BUETTNER.

Rp. Infusi {Rad. Ipecacuanh. 0,25; Folior. Sennae 5,0; Herb. Ledi palustr. 3,0} : 150,0
Liquor. Ammon. anisat. 5,0
Sirupi Sacchari 45,0.

2stündlich 1 Theelöffel bis $^1/_2$ Esslöffel.

**Species pelliculares Russicae.**

Russische Mottenspecies.

Rp. Herbae Ledi palustris 150,0
Ligni Quassiae
Fruct. Anisi stellati
Caryophyllorum ää 50,0
Olei Thymi 15,0
Olei Sabinae 5,0.

Dient in feiner Speciesform zum Einstreuen in Pelzwaaren u. dergl.

**Sirupus contra tussim convulsivam.**

Keuchhustensaft.

Rp. 1. Radic. Ipecacuanhae 0,5
2. Croci 1,0
3. Folior. Sennae 5,0
4. Rhizom. Zingiberis 10,0
5. Herb. Ledi palustris 25,0
6. Aquae fervidae 200,0
7. Spiritus diluti 50,0
8. Sacchari 350,0.

Man lässt 1—5 mit 6 und 7 12 Stunden stehen, presst aus und bringt 200,0 des Filtrats mit 8 zum Sirup.

**Sirupus Ledi palustris.**

Rp. Tincturae Ledi palustris 15,0
Sirupi Sacchari 85,0.

Bei Keuchhusten theelöffelweise.

**† Tinctura Ledi palustris.**

Rp. Herbae Ledi palustris 20,0
Spiritus diluti 100,0.

Durch Digestion bereitet man 100,0 Tinktur.

**Tinctura Ledi palustris ex herba recente.**

Wie Tinct. Digitalis Germ. (Band I, S. 1041) zu bereiten.

**II. Ledum latifolium Ait.** Heimisch von Labrador bis Britisch Kolumbien. Mit breiteren, länglich-elliptischen Blättern. Wird in Amerika wie I bei Keuchhusten und Bronchialkatarrh verwerthet. Die Blätter heissen auch Labrador-tea und James-tea.

---

# Levisticum.

Gattung der **Umbelliferae—Apioideae—Peucedaneae—Angelicinae.**

**I. Levisticum officinale Koch** (syn. Ligusticum. Levisticum L.). Wildwachsend nicht sicher bekannt, angeblich in den Alpen Südfrankreichs und den Pyrenäen wachsend, zum Arzneigebrauch häufig kultivirt. Kräftige Pflanze mit 2 m hohem, kahlen, gestreiften und hohlen Stengel, oberwärts ästig. Die unteren Blätter doppelt-, die oberen einfach-fiederspaltig mit breit verkehrt-eiförmigen, keilig-verschmälerten, eingeschnittengesägten Blättern. Dolden vielstrahlig, Hülle und Hüllchen aus vielen zurückgeschlagenen Blättchen bestehend. Blüthen blassgelb. Rippen der Frucht geflügelt, besonders die Seitenrippen. In jedem Thälchen ein Oelstriemen.

Liefert 1) in der Wurzel mit dem kurzen Rhizom:

**Radix Levistici** (Germ. Helv.). **Radix Ligustici** seu **Laserpitii germanici. — Liebstöckelwurzel. Badekrautwurz. Bärmutterwurzel. Lippstock. — Racine de livèche** (Gall.). — **Lovage-root.**

***Beschreibung.*** Die Droge besteht aus dem kurzen Axentheil, der quergestreift ist und an der Spitze häufig noch übereinander stehende Blattbasen und Knospenblätter trägt, und der mässig verzweigten Hauptwurzel, die durch das Trocknen längsrunzlig geworden ist. Aussen bräunlichgelb bis graubraun, ist die Rinde auf dem Querschnitt aussen hell, fast weiss, weiter nach innen gelbbraun, der Holzkörper ist gelb und erreicht höchstens die Breite der Rinde. In der Rinde erkennt man mit blossem Auge die rothgelben Sekretgänge. — Bau der Radix Angelicae (Bd. I, S. 307) mit folgenden Unterschieden: Sekretgänge nur bis 80 $\mu$ weit, wenig weiter als die stärkeren Gefässe des Holzes. Markstrahlen 2—3 Zellreihen breit, 10—50 Zellen hoch. — Geruch stark aromatisch, Geschmack anfangs süsslich, scharf gewürzhaft, schliesslich etwas bitter.

***Bestandtheile.*** 0,6—1,0 Proc. ätherisches Oel, Harz, Zucker, Apfelsäure, wahrscheinlich auch Angelicasäure. Das ätherische Oel ist, je nachdem frische oder trockene Wurzel verwendet wurde, gelb oder braun. Spec. Gew. 1,00—1,04. Es löst sich in 2—3 Th. 80proc. Alkohols und ist optisch inaktiv oder schwach rechtsdrehend. Die Hauptmenge ist d-Terpineol. — Der Gehalt der Früchte an ätherischem Oel beträgt 1,1 Proc., es hat das spec. Gew. 0,935, der Gehalt des Krautes daran beträgt 0,05—0,15 Proc., es hat das spec. Gew. 0,904—0,940, dreht +16 bis +46° C. und löst sich im gleichen Gewicht 90proc. Alkohol.

***Einsammlung. Aufbewahrung.*** Man sammelt das Rhizom mit den Wurzeln im Frühjahr von der 2—3jährigen Pflanze, spaltet es der Länge nach und trocknet es. 3 Th. frische Wurzel geben 1 Th. trockne. Man bewahrt die über Aetzkalk oder bei gelinder Wärme nachgetrocknete Droge in dicht schliessenden Blechgefässen, da sie Feuchtigkeit anzieht und dem Wurmfrass unterworfen ist.

***Anwendung.*** Als harntreibendes Mittel bei Wassersucht, eitrigen Entzündungen der Lungen und Harnwege, Herzleiden u. dergl. zu 0,5—2,0 g mehrmals täglich in Form des Aufgusses (1 : 10—20) nur noch selten gebraucht.

**Extractum Levistici** (Ergänzb.) Liebstöckelextrakt. Wird aus fein zerschnittener Wurzel wie Extract. Coffeae Ergänzb. (Band I. S. 906) bereitet. Harzige Ausscheidungen beim Eindampfen löst man durch Zusatz kleiner Weingeistmengen (Destillat!). Ausbeute etwa 18 Proc. Braun, in Wasser trübe löslich. — Nach E. Dieterich genügen $^2/_3$ der vorgeschriebenen Flüssigkeitsmenge.

**Species diureticae.**

Harntreibender Thee. Espèces diurétiques. Diuretic tea. Urinative tea.

I. Germanica.

Rp. Radicis Levistici conc.
Radicis Ononidis conc.
Radicis Liquiritiae conc.
Fruct. Juniperi contus. āā.

II. Helvetica.

Rp. Radicis Levistici
Radicis Ononidis
Radicis Liquiritiae
Fruct. Juniperi (II) āā 20,0
Herb. Violae tricoloris 10,0
Fruct. Anisi vulgaris (IV)
Fruct. Petroselini (IV) āā 5,0.

III. Form. Berolinensis.

Rp. Radicis Levistici
Radicis Ononidis
Radicis Liquiritiae
Florum Stoechados citrinae
Fructus Juniperi āā 20,0.

IV. Nach Diefenbach.

Rp. Fructus Juniperi 10,0
Herbae Violae tricoloris 60,0
Radicis Levistici 30,0.

**Species urologicae** Schaper.

Blasenthee.

Rp. Folior. Malvae
Herbae Anagallidis
Radicis Levistici
Radicis Ononidis āā 5,0
Florum Stoechados
Herbae Arenariae
Herbae Parietariae
Radic. Apii graveolentis
Stigmat. Maïdis āā 7,5
Folior. Althaeae
Folior. Betulae
Folior. Uvae Ursi
Fruct. Phaseoli sine seminibus
Herbae Cerefolii hispan.
Radic. Asparagi
Radic. Foeniculi
Rhizom. Graminis āā 10,0
Radic. Senegae 12,5.

**Tinctura Levistici.**

Liebstöckeltinktur.

Rp. Radicis Levistici min. conc. 20,0
Spiritus diluti (60 proc.) 100,0.

2. Die Frucht:

**Fructus Levistici. — Liebstöckelfrucht. — Fruit de livèche** (Gall).

Sie enthält 1,1 Proc. ätherisches Oel vom spec. Gew. 0,935.

**Antihydropsin,** von Dr. Bödiker, gegen Wassersucht, ist eine weingeistige Tinktur aus Liebstöckel-, Rhabarber-, Hauhechel-, Enzian-, Kalmus- und Galgantwurzel, Guajakharz, Bärentraubenblättern und Sassafrasholz. 200 g = 6 Mark.

# Liatris.

Gattung der **Compositae—Eupatorieae—Adenostylinae.**

**Liatris odoratissima Willd.** Heimisch in Nordamerika. **Vanilla plant. Deers Tongue. Dog Tongue. Hound's Tongue.** Die perennirende Pflanze enthält reichlich Cumarin, in den Blättern 1,5 Proc., das sich zuweilen auf ihnen krystallinisch abscheiden soll. Die Blätter sind schmal spatelförmig, bis 25 cm lang, die oberen stengelumfassend. Sie sind monofacial gebaut, tragen also auf beiden Seiten Spaltöffnungen und Palissadenparenchym, im Mesophyll Oelzellen (nach Paschkis). Auf den Epidermen Drüsenhaare.

Die Blätter dienen zum Aromatisiren des Schnupftabaks; die Wurzeln dieser und anderer Arten (z. B. **Liatris spicata Willd.**, **Button quake-root, Devil's bit, Colic root, L. squarrosa Willd.**, **Rattles nake's master, L. scariosa (L.) W.**) verwendet man als Diureticum und gegen Gonorrhoe, die der letztgenannten Arten auch gegen Schlangenbisse.

---

# Lichen islandicus.

**Lichen islandicus** (Austr. Germ. Helv.). **Cetraria** (U-St.). **Muscus catharticus s. islandicus. — Isländisches Moos. Isländische Flechte. Kramperlthee. Raspal. Rispel. Tartschenflechte. — Lichen d'Islande** (Gall.). — **Iceland Moss.**

**Cetraria islandica Ach. (Lichenes — Ascolichenes,** Familie der **Parmeliaceae).** Circumpolar in Europa, Sibirien, Nordamerika, auch auf der südlichen Halbkugel; im Norden in der Ebene, in südlicheren Gegenden mehr im Gebirge.

***Beschreibung.*** Die Flechte besitzt einen bis 10 cm hohen aufrechten oder aufsteigenden Thallus, der frisch häutig-lederig ist, beim Trocknen knorpelig und etwas brüchig wird. Die Zweige des Thallus sind gabelig-gelappt und an den Rändern umgebogen. Auf der Oberseite olivengrün, zuweilen mit purpurnen Flecken, auf der Unterseite hell, grünlich-weiss, trocken lederbraun. Am Rande mit kurzen, dicken Fransen besetzt, den Spermogonien, zuweilen am Ende der Thalluszweige mit braunen, rundlichen, etwas vertieften Apothecien, die im Durchschnitt neben den Paraphysen zahlreiche Asci mit je 8 Sporen erkennen lassen.

Auf dem Querschnitte durch den Thallus erkennt man eine dichte Rindenschicht und eine aus lockeren Hyphen bestehende Markschicht, in welcher die rundlichen, grünen Gonidien liegen. (Bekanntlich sind die Flechten keine einheitlichen Organismen, sondern entstehen durch das Zusammenleben [Symbiose] eines Pilzes, in diesem Fall eines Ascomyceten, der den Flechtenkörper bildet, mit einer Alge, den Gonidien, in diesem Fall Cystococcus humicola Naegeli). Die lockeren Hyphen der Markschicht durchbrechen zuweilen die Rinde und bilden die weisslichen Soredien, die dann einer ungeschlechtlichen Fortpflanzung dienen können.

***Bestandtheile.*** Bis 70 Proc. Lichenin oder Flechtenstärke $(C_6H_{10}O_5)x$, wird mit Jod nicht blau, etwa 11 Proc. Dextrolichenin, dem Lichenin isomer, wird mit Jod blau, worauf die Blaufärbung beruht, die ein Theil des Thallus mit Jod giebt. Beide geben gährungsfähigen Zucker, man verwendet daher die Flechte zur Spiritusgewinnung, 2 Proc. Cetrarsäure oder Cetrarin, $C_{30}H_{30}O_{12}$, den bitteren Geschmack der Droge bedingend, sie ist zweibasisch. 1 Proc. Lichesterinsäure, $C_{43}H_{76}O_{13}$, ebenfalls zweibasisch.

Zusammensetzung der Droge nach König: 15,96 Proc. Wasser, 2,19 Proc. Stickstoffsubstanz, 1,41 Proc. Fett, 76,12 Proc. stickstofffreie Extraktstoffe, 2,91 Proc. Holzfaser, 1,41 Proc. Asche.

***Verfälschungen*** werden absichtlich wohl kaum vorgenommen, es finden sich aber unter der Droge nicht selten Cladonien, die an ihrem stielrunden Thallus leicht erkannt werden.

***Einsammlung. Zubereitung.*** Die in den Gebirgsgegenden gesammelte Flechte gelangt, von Erde und Steinen befreit, in den Handel, muss aber für pharmaceutische Zwecke noch einer sorgfältigen Reinigung von fremden Flechten, Moosen, Kiefernadeln u. dergl. unterworfen werden. Die hellfarbige Waare wird bevorzugt. Das Schneiden der getrockneten Droge ergiebt viel Abfall; man feuchtet sie deshalb schwach an, verwandelt sie durch Schneiden in eine grobe Theeform (Sieb I Germ.) und trocknet wieder. Man bewahrt sie in Holzkästen auf.

***Anwendung.*** Das isländische Moos dient in Form des Aufgusses oder des kalten Auszuges als Bittermittel, in Form der Abkochung oder Gallerte als schleimiges, reizmilderndes und stärkendes Mittel bei schwindsüchtigen oder schwächlichen Personen, ferner bei hartnäckigem Durchfall; neuerdings angeblich auch mit Erfolg bei Morbus Brightii angewendet. Man giebt es zu 15—30 g täglich als Abkochung (1:10—15), als versüsste Gallerte thee- bis esslöffelweise, oder in den weiter unten angegebenen Formen.

Der entbitterten Flechte gehen die tonischen Eigenschaften, die auf dem Gehalt an Cetrarsäure beruhen, ab; sie wirkt nur durch ihren Schleimgehalt und wird aus diesem Grunde auch zu Brod für Zuckerkranke verarbeitet.

**Lichen islandicus ab amaritie liberatus** (Ergänzb.). Lichen islandicus examaratus s. ablutus s. edulcoratus s. praeparatus. Entbittertes isländisches Moos. Ergänzb.: 5 Th. grob zerschnittenes isländisches Moos lässt man, mit einer Mischung aus 30 Th. lauwarmem Wasser und 1 Th. Kaliumkarbonatlösung ($33^1/_3$ proc.) übergossen, 3 Stunden stehen, giesst ab, wäscht mit kaltem Wasser, bis dieses nicht mehr alkalisch abfliesst, und trocknet. Diet. lässt 100 Th. fein zerschnittenes Moos mit einer Lösung von 5 Th. Kaliumkarbonat in 500 Th. Wasser und 50 Th. Weingeist 12 Stunden bei gewöhnlicher Temperatur, dann 6 Stunden bei 30° C. ausziehen, auspressen u. s. w. Ausbeute 80—82 Proc.

**Gelatina Lichenis islandici** (Ergänzb.). Gelatina de Lichene islandico. Isländisch-Moos-Gallerte. Gelée de lichen d'Islande (Gall.). Ergänzb.: 3 Th. grob zerschnittenes isländisches Moos lässt man mit 100 Th. Wasser $^1/_2$ Stunde im Wasserbade stehen, presst gelinde und dampft die Flüssigkeit mit 3 Th. Zucker so weit ab, dass nach dem Abschäumen 10 Th. bleiben. Bei Verordnung frisch zu bereiten. — Gall.: Je 75 g Isländisch-Moos-Zucker und Zuckerpulver erhitzt man mit 150 g Wasser zum Sieden, schäumt ab und lässt nach Zusatz von 10 g Orangenblüthenwasser erkalten. Die Ausbeute soll 250 g betragen. Ersetzt man die 150 g Wasser durch ein Decoctum Lichenis islandici 5,0:150,0, so erhält man die Gelée de lichen amère (Gall.).

**Gelatina Lichenis islandici saccharata sicca** (Ergänzb.). Saccharuretum de Lichene islandico. Pulvis pectoralis Trosii. Gezuckerte, trockene Isländisch-Moos-Gallerte. Isländisch-Moos-Zucker. Saccharure de lichen (Gall.). Ergänzb.: 15 Th. grob zerschnittenes isländisches Moos lässt man mit 1 Th. Kaliumkarbonat und soviel Wasser, dass die Flechte davon bedeckt wird, 24 Stunden unter öfterem Umrühren stehen, seiht durch, wäscht die Flechte zunächst mit Wasser, bis dieses nicht mehr bitter oder laugenhaft schmeckt, erhitzt es dann zweimal mit je 200 Th. Wasser 4 Stunden im Dampfbade, dampft die Seihflüssigkeit mit 5 Th. Zucker ein, bis die Masse nicht mehr klebt, zertheilt sie in kleine Stücke, trocknet, verwandelt in ein mittelfeines Pulver und bringt durch Zusatz von q. s. Zuckerpulver auf 10 Th. Gesammtgewicht. Graubraunes, süss, dann bitterlich schleimig schmeckendes Pulver. — Gall. Aus gleichen Theilen isländischem Moos und Zucker. Man wäscht ersteres wiederholt mit kaltem Wasser bis zur Entbitterung, kocht mit q. s. Wasser eine Stunde, lässt die Pressflüssigkeit in der Wärme absetzen, fügt den Zucker hinzu, dampft ein und bringt, wie vorhin angegeben, zur Trockne. In dicht verschlosesnen Gefässen aufzubewahren. Das Pulver giebt mit etwa 6 Th. Wasser eine Gallerte, mit 20—30 Th. Wasser ersetzt es die Abkochung.

**Decoctum Cetrariae** (U-St.).
Decoction of Cetraria.

| Rp. | | |
|---|---|---|
| | 1. Lichenis islandici conc. | 50,0 |
| | 2. Aquae frigidae | 400,0 |
| | 3. Aquae fervidae | 1000,0 |

Man lässt 1 mit 2 eine halbe Stunde stehen, presst aus, giesst den Auszug fort, erhält die Flechte mit 3 eine halbe Stunde im Sieden und bringt die Seihflüssigkeit auf 1000 ccm.

**Pasta Cacao cum Lichene islandico.**
Isländischmoos-Chokolade.

I.

| Rp. | |
|---|---|
| Pastae Cacao saccharatae | 900,0 |
| Gelatinae Lichenis islandic. saccharat. siccae | 100,0. |

II.

| Rp. | |
|---|---|
| Gelatinae Lichen. island. saccharat. sicc. | 100,0 |
| Pastae Cacao | |
| Sacchari pulverati | āā 450,0. |

Bereitung wie bei Pasta Cacao aromatica (Band I, S. 526).

**Pasta Lichenis islandici.**
Massa de Lichene islandico. Pâte de lichen (Gall.).

| Rp. | | |
|---|---|---|
| | 1. Lichenis islandici ab amaritie liber. | 500,0 |
| | 2. Gummi Senegal. loti | 2500,0 |
| | 3. Sacchari | 2000,0 |
| | 4. Extracti Opii | 1,0 |
| | 5. Aquae destillatae | q. s. |

Man bereitet aus 1 und 5 3000,0 Dekokt, löst darin 2, seiht durch, fügt 3, dann 4, in wenig Wasser gelöst, hinzu, dampft zu einem festen Teig ein, und bringt diesen in geölte Formen. Die erkaltete Masse reibt man mit Fliesspapier ab und bewahrt sie in Blechbüchsen auf. Enthält etwa 0,02 Proc. Opiumextrakt. Siehe auch Pasta Jujubae.

**Ptisana de Lichene islandico** (Gall.).
Tisane de lichen d'Islande.

| Rp. | | |
|---|---|---|
| | 1. Lichenis islandici | 10,0 |
| | 2. Aquae destillatae | q. s. |

Man erhitzt 1 mit 2 zum Sieden, giesst die Flüssigkeit fort, wäscht 1 mit 2 und kocht dann mit 2 q. s. $^1/_2$ Stunde, sodass man 1 l Seihflüssigkeit erhält.

**Tabellae cum Lichene islandico** (Gall.).
Tablettes de Lichen.

| Rp. | | |
|---|---|---|
| | Saccharureti Lichenis island. | 500,0 |
| | Sacchari pulverati | 1000,0 |
| | Gummi arabici pulv. | 50,0 |
| | Aquae destillatae | 150,0. |

Man bereitet l. a. Tabletten von 1 g.

**Tinctura Lichenis islandici.**
Isländisch-Moos-Tinktur.

I. Pharm. Centralh.

| Rp. | | |
|---|---|---|
| | Lichen. islandici | 20,0 |
| | Ammonii carbonici | 1,0 |
| | Spiritus | 100,0. |

Man macerirt 24 Stunden, erhitzt bis zum Sieden, seiht heiss durch und filtrirt.

II. Nach Deguy & Bricemoset.

| Rp. | | |
|---|---|---|
| | Lichenis islandici | 20,0 |
| | Spiritus (80 proc.) | 100,0. |

Soll in Gaben von 30—50 Tropfen brechenverhindernd wirken, sogar bei hysterischem Erbrechen.

**Alpenthee** von Rohmann in Berlin, enthält: Isländisches Moos, Senna, Wallnussblätter, Schafgarbe, Sassafras, Sandelholz, Faulbaumrinde, Johannisbrot, Fenchel, Coriander, Süssholz, Lavendel- und Hollunderblüthen. (Bischoff.)

**Alpenthee, Schweizer,** von Feldmann in Berlin, stimmt mit dem vorigen überein.

**Alpenthee, Schweizer,** von Manthe in Berlin, ist eine Mischung von Isländischem Moos, Senna, Huflattich, Anis und Süssholz. (Bischoff.)

**Alpenthee, Schweizer,** von Otto in Berlin, besteht aus Isländischem Moos, Eibisch, Huflattich, Senna, Anis und Süssholz.

**Brustgelée** von Daubitz in Berlin ist eine Isländisch-Moosgallerte mit Zucker, Anis etc.

**Schwindsuchtmittel** von Melchior Stephan in Canstatt. 15 Päckchen einer Theemischung aus Isländ. Moos, Bittersüss, Tausendgüldenkraut und Ochsenzunge.

---

# Lilium.

Gattung der **Liliaceae—Lilioideae—Tulipeae.**

**I. Lilium candidum L.** Heimisch in Südeuropa und Vorderasien, vielfach kultivirt. Man verwerthet: 1) Die Blüthen:

**Flores Liliorum alborum. — Lilienblumen. — Fleurs de lis blanc** (Gall.).

Man bereitet daraus durch Digestion mit fettem Oel das **Weisse Lilienöl,** ein veraltetes Mittel zum äusserlichen Gebrauch, das durch weisses Olivenöl vollkommen ersetzt wird. Sollte ein wohlriechendes Lilienöl verlangt werden, so verabfolgt man eine Mischung aus 10 Th. fettem Jasminöl und 90 Th. Olivenöl.

2) Die Zwiebel: **Bulbus Liliorum alborum. — Bulbe de lis blanc.** (Gall.). Man verwendete sie früher als Mittel gegen Wassersucht, in China kocht man sie und die anderen Arten in Bouillon als kräftigendes Mittel.

Dient zur Darstellung der **Pulpa e bulbo Liliorum. Pulpe de lis** (Gall.). Man zerreibt die Zwiebel zum Brei und treibt durch ein Haarsieb.

**II. Lilium bulbiferum L.** Heimisch in Mitteleuropa, vielfach kultivirt. Die Blüthen gelten als Heilmittel bei Lungenkrankheiten.

---

# Linaria.

Gattung der **Scrophulariaceae—Antirrhinoideae—Antirrhineae.**

**Linaria Linaria (L.) Wettst. (L. vulgaris Mill.).** Heimisch in Europa, Nordasien, in Amerika eingeschleppt. Kraut mit aufrechtem, kahlem, nur an der Spitze drüsigbehaartem Stengel, ungestielten, ganzrandigen, am Rande zurückgerollten, dreinervigen Blättern und dichten Trauben grosser gelber Blüthen.

Verwendung findet das blühende Kraut:

**Herba Linariae** (Ergänzb.). **Herba Antirrhini. Herba cum floribus Antirrhini. Herba Osyridis. — Leinkraut. Frauenflachs. Wilder Flachs. Gelbes Löwenmaul. — Linaire. — Wild-flax. Common Toad-flax.**

Als ***Bestandtheile*** werden wenig bekannte Körper genannt: Linarin, Linaracrin, Linaresin und Linarosmin.

***Einsammlungszeit:*** Juni bis August.

Es findet nur noch Verwendung zur Bereitung einer Salbe:

**Unguentum Linariae** (Ergänzb.). Leinkrautsalbe. Leinsalbe. Flachssalbe. Hämorrhoidalsalbe. Ergänzb.: 2 Th. grob gepulvertes Leinkraut stellt man, mit 1 Th. Weingeist befeuchtet, einige Stunden in die Wärme, erhitzt mit 10 Th. Schweineschmalz im Wasserbade, bis der Weingeist verjagt ist, presst und filtrirt durch Papier. — E. Dieterich verwendet 1,5 Th. Weingeist und setzt demselben auf 150 g 5 g Ammoniakflüssigkeit zu. Die grüne Farbe der Salbe wird dadurch schöner. Man stellt die Salbe auch aus dem frischen Kraut dar, indem man 1 Th. desselben zerstösst und mit 2 Th. Schweineschmalz bei mässiger Hitze kocht, bis alle Feuchtigkeit verdunstet ist, presst und filtrirt. — Wird nur noch selten für sich oder mit narkotischen Extrakten gemischt, bei schmerzhaften Hämorrhoidalleiden gebraucht.

---

## Linum.

Gattung der **Linaceae—Eulineae.**

**Linum usitatissimum L.** Vielleicht in den Kaukasusländern heimisch, seit sehr langer Zeit durch die Kultur weit verbreitet. Einjährige (nur in wenigen Formen zweijährige) Pflanze mit aufrechtem, kahlem Stengel und spitzen, kahlen, graugrün bereiften Blättern. Blüthe fünfzählig, Korolle himmelblau, Kronblätter spatelförmig, Staubbeutel blau. Frucht eine 6—7 mm im Durchmesser haltende kahle Kapsel mit 5 Fächern und 5 falschen Scheidewänden, so dass die Frucht dadurch zehnfächerig erscheint, in jedem Fach ein Same. Man unterscheidet zwei Formen: a) vulgare, den Dreschlein, dessen Kapseln sich nicht von selbst öffnen, der daher ausgedroschen werden muss, und b) crepitans, den Springlein, dessen Kapseln von selbst loculicid und septicid aufspringen.

Verwendung finden: a) die Samen:

**Semen Lini** (Austr. Germ. Helv.). **Linum** (Brit. U-St.). — **Leinsamen. Flachssamen. Haarlinsen.** — **Semence de lin** (Gall.). **Graine de lin. — Linseed. Flaxseed.**

***Beschreibung.*** Der Same ist eiförmig, flach, scharfrandig, an einem Pole gerundet, am anderen (dem Mikropylarende) etwas eingedrückt und benabelt, gegen 5 mg schwer. Die Schale ist braun oder gelblich, glatt, spröde und umschliesst in einem dünnen Endosperm den Embryo mit zwei dicken, flachen Kotyledonen und dem dicken Würzelchen.

Die Samenschale zeigt folgende Schichten: 1) die Epidermis mit Cuticula, deren Aussenwand innen als Membranverdickung dicke Schleimlamellen aufgelagert sind. 2) Eine einfache oder doppelte Lage dünnwandiger, polyedrischer Zellen. 3) Eine Lage stark verdickter, poröser, kurzer Fasern. 4) Eine Nährschicht, deren Zellen mit 3 gekreuzt sind. 5) Die Pigmentschicht, aus im Längsschnitt fast isodiametrischen oder quadratischen Zellen bestehend, deren Wände sehr fein getüpfelt sind und die einen braunen Inhalt haben. Diese Schicht fehlt der Schale des „hellen indischen Leinsamens“. 6) Eine dünne Zone obliterirten Gewebes. Das Endosperm und der Embryo bestehen aus dünnwandigem Gewebe, dessen Zellen Plasma, fettes Oel und Aleuron enthalten. Die Aleuronkörner können 19 $\mu$ gross werden, sie führen wenige grosse Krystalloide und Globoide, welche letzteren auch fehlen können.

Zur Erkennung von Leinsamen in pulverigen Gemengen kommen in erster Linie die Faserschicht (Fig. 24) und die Pigmentschicht (Fig. 25), wenn sie vorhanden ist, in zweiter die Querzellen und die Aleuronkörner in Betracht.

***Bestandtheile.*** 6 Proc. Schleim, aus der Epidermis der Samenschale stammend, er wird mit Jod und Schwefelsäure nicht blau, von Kupferoxydammoniak nicht gelöst und gehört zu den echten Schleimen. 29—40 Proc. fettes Oel (vergl. unten). Linamarin, ein dem Amygdalin verwandter Körper, der bei der Spaltung Blausäure und Glukose liefert; er wird in Krystallen erhalten, die bei 134° C. schmelzen.

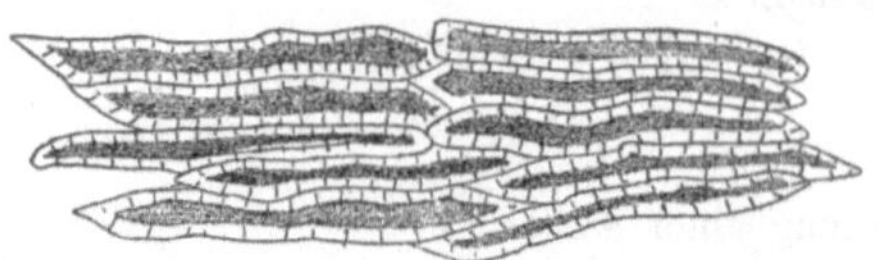

Fig. 24. Fasern aus der Samenschale von Semen Lini.

Zusammensetzung der Samen nach König: Wasser 9,23 Proc., Stickstoffsubstanz 22,57 Proc., Fett 33,64 Proc., stickstofffreie Extraktstoffe 23,23 Proc., Holzfaser 7,05 Proc., Asche 4,28 Proc.

***Verunreinigungen und Verfälschungen etc.*** Die Leinsamen sind häufig mit Sand, Erde, Grasfrüchten und anderen Samen (bes. von Cruciferen) vermengt, worüber die genaue Betrachtung einer Probe mit der Lupe Aufschluss giebt. Im Pulver der Leinsamen muss man solche Verunreinigungen mit dem Mikroskop unter Vergleichung mit reinem Pulver feststellen. Es ist dabei darauf aufmerksam zu machen, dass reife Leinsamen keine Stärke enthalten, wohl aber unreife, die der Droge beigemengt sein können.

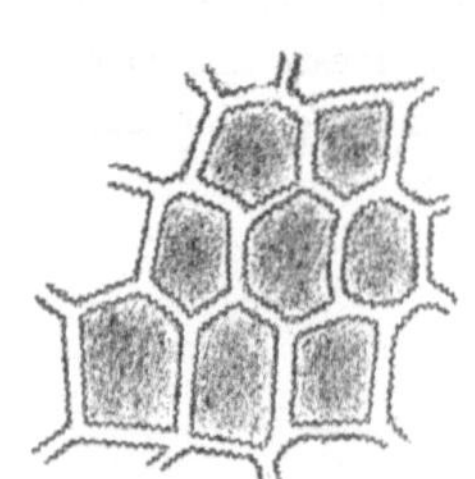

Fig. 25. Zellen der Pigmentschicht von Semen Lini.

***Aufbewahrung.*** In Holzkästen an einem trockenen Ort, nach Austr. nicht über ein Jahr.

***Anwendung.*** Innerlich bei katarrhalischen Leiden, neuerdings auch bei Zuckerkrankheit in Form des Schleimes, weniger zweckmässig als Abkochung. Aeusserlich in Pulverform zu erweichenden, schmerzlindernden Umschlägen. In Theemischungen, bei denen es auf den Schleim ankommt, verwendet man den unzerkleinerten Samen.

**Semen Lini pulveratum.** Leinsamenmehl. Poudre de graine de lin (Gall.). Farine de lin. Linum contusum (Brit.). Crushed Linseed. Der gereinigte, bei etwa 40° C. getrocknete und hierauf durch Stossen oder Mahlen in ein grobes Pulver verwandelte Same. Man hält das Leinmehl in Blechbüchsen vorräthig, jedoch in mässiger Menge, da es infolge seines hohen Oelgehalts leicht ranzig wird und dann auf zarte Körpertheile reizend wirkt; dann aber auch, weil beim Lagern des Pulvers in grösseren Mengen Selbstentzündungen oder auch Explosionen vorkommen können. Brit. und Gall. fordern ein frisch bereitetes Pulver. 100 Th. Leinsamen geben 95—97 Th. grobes Pulver. Verfälschung mit stärkehaltigen Samen erkennt man mittels des Mikroskops, sowie durch Jodlösung in der erkalteten Abkochung.

**Decoctum Seminum Lini.** Leinsamenabkochung bereitet man nach Vorschrift der Germ., indem man 1 Th. unzerkleinerten Leinsamen mit 10 Th. kaltem Wasser übergiesst und ohne Umrühren $^1/_2$ Stunde stehen lässt, dann leicht abpresst. Eine schleimreichere Abkochung gewinnt man durch halbstündige Digestion von 1 Th. der ganzen Samen mit 20—25 Th. Wasser im Dampfbade unter bisweiligem Umrühren. Austr. überlässt die Bestimmung der Mengenverhältnisse dem Apotheker.

**Mucilago Seminis Lini.** Mucago de semine Lini. Leinsamenschleim. Mucilage de semence de lin stellt man aus 1 Th. ganzen Leinsamen und 50 Th. lauwarmem Wasser durch halbstündige Maceration dar, nach Gall. aus 1 Th. Samen und 10 Th. lauwarmem Wasser durch sechsstündiges Ausziehen, oder auch durch Auflösen von 1 Th. Mucilago Lini sicca (wie Mucilago Cydoniae sicca Band I, S. 1009 zu bereiten) in 100 Th. Wasser.

**Ptisana de semine Lini** (Gall.). Tisane de lin. 10 g Leinsamen, 1000 g siedendes Wasser, nach $^1/_2$ Stunde abseihen.

b) **Placenta Seminis Lini. — Leinkuchen. — Pain ou gâteau de lin. — Linseedcake** sind die bei der Gewinnung des Leinöls durch Pressen verbliebenen Rückstände. Sie enthalten sämmtlichen Schleim, doch nur noch wenig Oel, und dienen, grob gepulvert, zu schleimigen Breiumschlägen (1 Th. Leinkuchenmehl auf 2 Th. heisses Wasser). Für

Aufbewahrung und Prüfung dieses Pulvers gilt das Gleiche, wie für das Leinsamenmehl, welches durch jenes natürlich nicht ohne weiteres ersetzt werden darf. Die ganzen Leinkuchen halten sich lange Zeit, dagegen wird das Pulver leicht von Milben zerstört; man halte nicht zuviel davon vorräthig.

Die Rückstände von der Gewinnung des Leinöles sind ein beliebtes Futtermittel und eignen sich wegen ihres Schleimgehaltes besonders für Jung- und Zuchtvieh. Ausgepresste Waare (Kuchen) wird höher geschätzt als mit Schwefelkohlenstoff extrahirte. Sie enthalten: 28,70 Proc. Rohproteïn, 10,74 Proc. Rohfett, 32,13 Proc. stickstofffreie Extraktstoffe, davon sind verdaulich 86 Proc. Rohproteïn, 90 Proc. Rohfett, 80 Proc. stickstofffreie Extraktstoffe.

c) **Oleum Lini** (Austr. Brit. Germ. Helv. U-St.). **Oleum e semine Lini. Oleum Lini expressum. — Leinöl. Leinsamenöl. — Huile de lin** (Gall.). — **Linseed Oil. Oil of Flaxseed.**

***Beschreibung.*** Das Oel wird kalt oder heiss gepresst oder mit Schwefelkohlenstoff extrahirt. Das erstere ist besonders dünnflüssig, gelblich und von mildem Geschmack, die anderen sind dunkler und schmecken weniger angenehm. Es gehört zu den trocknenden Oelen, giebt daher die Elaidinprobe nicht.

Konstanten des Oeles: Spec. Gew. 0,93—0,94, bei längerer Aufbewahrung steigt das spec. Gew. Spec. Gew. der Fettsäuren 0,923. Verseifungszahl 187—195. Verseifungszahl der Fettsäuren 198,8. Jodzahl 170—181. Jodzahl der Fettsäuren 178,5. Erstarrungspunkt des Fettes — 16° C. Erstarrungspunkt der Fettsäuren 13—17° C. Schmelzpunkt der Fettsäuren 13—24° C.

***Bestandtheile.*** 80 Proc. Linolen- und Isolinolensäureglycerid $(C_{18}H_{29}O_2)_3$ $C_3H_5$, 20 Proc. Linolsäureglycerid $(C_{18}H_{31}O_2)_3$ $C_3H_5$.

***Verfälschungen und Prüfung.*** Das beste Charakteristicum ist die Bestimmung der aussergewöhnlich hohen Jodzahl, die meisten Verfälschungen erniedrigen dieselbe.

Cruciferenöle (Rüböl etc.) weist man nach, indem man 20 ccm des Oeles in 5 ccm Aether löst und 5—10 Tropfen einer alkoholischen Lösung von Silbernitrat (1 : 50) zufügt. Eine nach mehrstündigem Stehen an einem dunklen Orte entstehende Braunfärbung oder ein dunkler Niederschlag von Schwefelsilber zeigt die Anwesenheit eines Cruciferenöles an.

Zum Nachweis von Harzöl löst man 1 Tropfen Leinöl in 1 ccm Essigsäureanhydrid und setzt 1 Tropfen konc. Schwefelsäure zu, Rothfärbung zeigt Harzöl an. Oder man prüft das Oel, nachdem man es, wenn zu gefärbt, in 2 Th. Chloroform gelöst hat, im Polarisationsapparat. Leinöl ist optisch inaktiv, Harzöl dreht rechts.

Für pharmaceutische Zwecke eignet sich nur das durch kalte Pressung gewonnene, klare, gelbe Leinöl; Austr. lässt in der Wärme auspressen; Germ. und Helv. geben über die Bereitung nichts Näheres an. Man kauft das Oel am sichersten vom Oelschläger, füllt es auf trockene Flaschen und bewahrt es im Kühlen, vor Licht geschützt, und nicht über ein Jahr auf. Schleimige Bodensätze werden abfiltrirt.

***Anwendung.*** Als Zusatz zu eröffnenden Klystieren (2—4 Esslöffel), äusserlich bei Verbrennungen entweder rein oder mit Kalkwasser āā als Brandliniment. Zur Darstellung der Kaliseife. Vielfach in der Thierheilkunde als Abführmittel. Technisch zur Bereitung der Buchdruckschwärze, von Firnissen u. dergl. In manchen Gegenden dient Leinöl als Genussmittel.

**Olei Lini lotum** ist ein durch Schütteln mit Wasser, Absetzenlassen und Filtriren gereinigtes Leinöl.

**Oleum Lini album.** Weisses oder gebleichtes Leinöl. 1000 g Leinöl schüttelt man mit 500 g 4proc. Kaliumpermanganatlösung, setzt nach 24 Stunden 30 g gepulvertes Natriumsulfit, nach dessen Lösung 40 g rohe Salzsäure zu, stellt unter bisweiligem Schütteln bei Seite, wäscht, sobald das Oel hell geworden, mit Wasser unter Zusatz von gepulverter Kreide, lässt absetzen und entwässert durch getrocknetes Natriumsulfat.

**Oleum Lini sulfuratum** (Ergänzb.). Balsamum Sulfuris. Balsamum Sulfuris externum. Geschwefeltes Leinöl. Schwefelbalsam. 100 Th. gut ausgetrockneten Schwefel erhitzt man in einem geräumigen, eisernen oder irdenen Gefässe mit 600 Th. Leinöl unter beständigem Rühren auf höchtens 130° C. (Thermometer am Spatel befestigen!), bis die Masse gleichmässig geworden ist und eine herausgenommene Probe beim Erkalten glänzend schwarzbraun bleibt und keinen Schwefel mehr auskrystallisiren lässt. Ueberhitzung ist zu vermeiden; es entsteht dann unter Aufschäumen eine zähe Masse, die sich nur unvollkommen und trübe in Terpentinöl löst; durch vorsichtiges Schmelzen ist sie bisweilen wieder brauchbar zu machen. Während des Kochens halte man einen passenden Deckel bereit, um bei etwaiger Entzündung der Masse die Flamme sofort ersticken zu können. Ausbeute etwa 670 Th. Dient lediglich zur Darstellung des Oleum Terebinthinae sulfuratum (s. dort).

**Aquarium-Cement.** Je 30 Th. Bleiglätte, feiner Sand und Gipspulver, 10 Th. Colophoniumpulver und q. s. Leinölfirniss.

**Fensterkitt.** 100 Th. Schlämmkreide, 30 Th. Bleiweiss, 15 Th. Gurjunbalsam, q. s. Leinölfirniss. Man färbt mit Mennige, Ocker, Caput mortuum etc.

**Gusseisen-Schutz.** 1 Th. Graphit, 4 Th. Bleisulfat, 1 Th. Zinksulfat, 16 Th. Leinölfirniss.

**Künstlicher Kautschuk.** Man erhitzt Leinöl bis zur Butterkonsistenz und vermischt mit Schellack. Die Masse soll sich mit Schwefel vulkanisiren lassen.

**Linoleum,** Korkteppich. Leinöl wird durch Einblasen von überhitzter Luft in oxydirtes Leinöl, d. h. eine zähe, gallertartige Masse verwandelt. Diese wird mittels besonderer Maschinen unter Erwärmen mit Korkpulver gemischt. Diese Mischung wird auf ein Gewebe aus Jute aufgewalzt. Nach längerem Trocknen kann das Linoleum noch gefärbt oder bedruckt werden.

**Siccativ.** a) bleihaltiges. 1000,0 Leinölfirniss I, II oder III erhitzt man mit 20,0 gepulvertem Bleizucker 4 Tage im Wasserbade, setzt 200,0 Terpentinöl zu und lässt absetzen. — b) bleifreies. 1000,0 Leinölfirniss V versetzt man mit 2,0 rauchender Salpetersäure, schüttelt öfter, fügt nach 1 Stunde 100,0 Terpentinöl hinzu und lässt absetzen.

**Vernisium Lini.** Vernix Lini. Oleum Lini oxydulatum. Leinölfirniss. a) bleihaltiger. I. 30 Th. geschlämmte Bleiglätte, 15 Th. Zinkvitriol, 1000 Th. altes Leinöl werden gekocht, bis alle Feuchtigkeit verdampft ist. — II. 20 Th. geschlämmte Bleiglätte, je 10 Th. Mennige und Bleizucker und 1000 Th. Leinöl erhitzt man 2 Stunden auf etwa 120° C. und lässt absetzen. b) bleifreier: III. 1000 Th. Leinöl von 50° C., 1,5 rauchende Salpetersäure (Vorsicht!). c) manganhaltiger. IV. 1000 Th. Leinöl, 2 Th. Mangansuperoxydhydrat (Rückstand von der Chlorbereitung mittels Chlorkalklösung gefällt) erhitzt man, bis das Oel Dämpfe ausstösst. V. 1000 Th. Leinöl, 3 Th. Kaliumpermanganat in 70 Th. Wasser gelöst, mischt man, setzt nach 24 Stunden 2 Th. rohe Salpetersäure zu, schüttelt und lässt absetzen. — Das zur Bereitung von Firnissen zu verwendende Leinöl muss in dünner Schicht an einem lauwarmen Orte in wenigen Tagen zu einer nicht klebrigen Haut eintrocknen.

**Stempelfarbe für Metallstempel,** zum Stempeln des Fleisches in Schlachthäusern. Hierzu eignet sich Carmin oder Zinnober mit Leinölfirniss angerieben.

**Wachstuch, Wachsleinwand,** nennt man Gewebe, die durch Ueberzüge von Firniss und Oelfarbe undurchlässig für Wasser gemacht sind.

**Wasserdichter Kitt.** a) bleihaltig. Je 50 Th. Mennige und Bleiglätte, je 25 Th. Gips und Caput mortuum mischt man mit Leinölfirniss zur knetbaren Masse und erwärmt einige Stunden im Dampfbade in verschlossenem Gefäss. Unter Wasser aufzubewahren. — b) bleifrei. Je 50 Th. präcip. Schwerspath, gebrannten Gips und Zinkweiss mischt man und macht mit bleifreiem Siccativ zur Masse. Jedesmal frisch zu bereiten.

**Cataplasma emolliens** (Gall.).

Leinmehlumschlag. Cataplasme de farine de lin.

Rp. Seminis Lini pulverati
Aquae ää q. s.

mischt man und dampft bis zur geeigneten Konsistenz ein.

**Charta vernicea.**

Gefirnisstes Papier.

Geleimtes, holzfreies Papier bestreicht man mit Leinölfirniss und trocknet an der Luft.

**Emplastrum sulfuratum.**

Emplastr. nigrum BECHHOLZ. Emplastr. Diasulfuris RULAND.

Rp. 1. Colophonii 30,0
2. Asphalti
3. Myrrhae
4. Ammoniaci
5. Galbani ää 7,5
6. Terebinthinae 12,5
7. Olei Lini sulfurati
8. Olei Terebinth. sulfurati ää 12,5
9. Camphorae tritae 2,5.

Man schmilzt 1, mischt mit der geschmolzenen Mischung von 2—6 und fügt 7—9 hinzu.

**Fliegenleim.**

Rp. Olei Lini q. s.

Man kocht das Oel in einem eisernen Gefässe, bis es sich entzündet und lässt es brennen, bis eine Probe Fäden zieht. Man fügt etwas gelbes Wachs hinzu und verdünnt, wenn nöthig, mit Terpentinöl.

**Lack für Bilderrahmen.**

Rp. Olei Lini
Spiritus ää 120,0
Aetheris
Terebinth. venet. ää 15,0.

**Lederschmiere.**

Leder-Konservirungspasta (VOMÁČKA).

Rp. Olei Lini
Saponis zincici (Zinkseife) ää.

löst man unter Erwärmen.

**Linimentum ad combustiones** SCHWARZ.

Rp. Olei Lini 60,0
Albuminis ovi 30,0
Tinctur. Opii simplic. 4,0
Liquor. Plumbi subacetic. 7,5.

Auf Leinwand gestrichen auf die Brandwunde zu legen.

**Linimentum ad combustiones opiatum.**
Linimentum Calcariae opiatum.
Schmerzlinderndes Liniment gegen Brandschäden.

Rp. Olei Lini
Aquae Calcariae ää 50,0
Tincturae Opii simpl. 5,0.

**Linimentum contra Combustiones.**
Formul. Berolin. et Coloniens.

Rp. Aquae Calcariae
Olei Lini ää 100,0.

**Lutum für Destillationsgefässe.**

Rp. Placent. Lini semin. pulv. 5,0
Farinae Secalis 2,0
Aquae tepidae q. s.

**Mittel für aufgesprungene Hände** (Ph. Era).

Rp. Mucilag. Semin. Lini
Glycerini ää 227 ccm
Alkohol 57 ccm
Spiritus Rosae 14 ccm
Boracis 8 g
Aquae destillatae q. s. ad 900 ccm.

**Species Lini** (Dresdener Vorschr.).
Präparirter Leinthee.

Rp. Semin. Lini toti 8,0
Fructus Anisi contus.
Fructus Foeniculi contus. ää 1,0
Radic. Liquiritiae min. concis. 2,0.

**Species pectorales laxantes** WEGSCHEIDER.

I. Nach MAERKER.

Rp. Folior. Juglandis conc. 2,0
Folior. Sennae conc. 2,0
Fruct. Foeniculi cont. 8,0
Radicis Althaeae conc. 30,0
Radicis Liquiritiae conc. 15,0
Seminis Lini contusi 43,0.

II. Nach SCHACHT.

Rp. Folior. Sennae conc. 10,0
Fruct. Foeniculi cont. 20,0
Radic. Althaeae conc. 30,0
Radic. Liquiritiae conc. 20,0
Seminis Lini 20,0.

**Wasserdichter Anstrich für Segeltuch, Wagendecken u. dergl.**

Rp. Olei Lini crudi 750,0
Olei Lini cocti 250,0
Cerae flavae 50,0
Liquatis adde
Zinkgrün 200,0.

Vet. **Cataplasma emolliens.**
Breiumschlag.

Rp. Florum. Chamomill. gr. pulv. 200,0
Furfuris Tritici 600,0
Seminis Lini gr. pulv. 200,0.

Bei Druse der Pferde.

Vet. **Potus antidysentericus boum.**
Ruhrtrank für Rinder.

Rp. Decocti Sem. Lini 100 : 1800,0
Aluminis 25,0
Acidi salicylici 5,0
Olei Lini 170,0.

Vet. **Potus antispasmodicus equorum.**
Koliktrank für Pferde.

Rp. Infusi Flor. Chamomillae 7,50 : 1500,0
Magnesii sulfurici 100,0
Olei Lini 500,0.

Vet. **Pulvis anticatarrhalis equorum.**

Rp. Placent. Lini pulv.
Salis. Carolin. factitii ää 500,0.

Rp. Amygdalar. amar.
Kalii nitrici ää 25,0
Natrii sulfurici pulv. 200,0
Seminis Lini pulv. 200,0.

Vet. **Pulvis contra tussim equorum.**
Hustenpulver für Pferde.

Rp. Ammonii hydrochloric. 120,0
Placent. Lini pulv. 300,0
Stibii sulfurat. nigri 30,0
Tartari crudi 50,0.

Divide in part. aeq. X.

**Bergöl,** eine thüringer Specialität, ist Oleum Lini sulfuratum. (Nach HAHN & HOLFERT Oleum Rusci.)

**Calf Meal,** Patent SIMPSON, ein Futtermittel für Kälber, besteht aus 1 Th. Leinmehl und 9 Th. Bohnenmehl (MEISSL).

**Futtermehl** für Forellen und Karpfen von GROOS in Heidelberg besteht aus (abgerundet): 30 Proc. Fleischmehl, je 20 Proc. Leinsamen- und Leguminosenmehl, 10 Proc. Mais-, 20 Proc. Getreidemehl und 1—2 Proc. Kochsalz.

**Graine de Lin de Tarin,** eine französische Specialität, besteht aus einer Blechbüchse mit sorgfältig gereinigtem Leinsamen.

**Harlemer Oel,** Harlemer oder Holländischer Balsam. Nach RICHTER: 1000 Schwefelbalsam, 125 Mohnöl, 60 Olivenöl, 8 Wacholderöl, je 2 Rosmarin-, Zimmt- und Nelkenöl. — Echtes Harlemer Oel von Dr. ARNAL: Wacholderbeer- und Wacholder holzöl ää 8 g = 50 Pfg.

**Lactina,** ein Nährpulver für Jungvieh, ist ein Gemenge von 43 Proc. Leinkuchenmehl, 50 Proc. Maisschrot, 4 Proc. Kochsalz, 3 Proc. Knochenmehl. (NESSLER.)

**Lanoleum** von BUM, ein Schmiermittel, ist Kalkwasserliniment.

**Leinölsurrogat,** TAVENET's, für Anstriche ist eine durch Kochen hergestellte Mischung von 10 Colofonium, 20 Kalium-, 30 Natriumkarbonat, 50 Oelsäure, 500 Wasser.

**MÜLLER'sche Heilwundsalbe,** besteht nach Angabe des Herstellers aus 68 Leinöl, 16,5 gelbem Wachs, 7,2 venet. Terpentin, 6,3 Elemi, 2 Perubalsam.

**Secolin,** von FORRER in Mannheim, ist gewöhnliches Siccatif.

**Thorley's Lactifer,** ein Vieh-Nährpulver, besteht aus Weizen- und Leinsamenmehl, Fenchel, Bockshornsamen, Natriumbikarbonat, Süssholz und Kreide.

**Universalmittel** gegen Rheumatismus und Diphtherie von Pochler aus Gräfenberg ist gereinigtes Leinöl.

d) Ueber die Faser des Lein vergl. Bd. I, S. 1243.

---

# Lippia.

Gattung der **Verbenaceae—Verbenoideae—Lantaneae.**

**I. Lippia citriodora (Lam.) Kunth.** Heimisch in Südamerika, vielfach seines Wohlgeruches wegen kultivirter Strauch. In Südamerika trinkt man den Aufguss der Blätter wie Thee, verordnet sie auch arzneilich. In Frankreich sind die Blätter officinell. **Folia Aloysiae. — Feuille de Verveine odorante** (Gall.). Die Pflanze liefert das **echte Verbenaöl.** Die Blätter enthalten davon 0,09 Proc. Spec. Gew. 0,9. Es dreht — 12° 38′ und enthält 35 Proc. eines Aldehyds. An seiner Stelle ist häufig das Oel von Andropogon citratus D. C. im Handel (vergl. Bd. I, S. 304).

**II. Lippia dulcis Trevir. (Lippia mexicana).** Heimisch in Columbia, Centralamerika und auf Cuba. Die Blätter oder die ganze blühende Pflanze verwendet man gegen Asthma, Husten, Bronchitis u. s. w., sie soll in grossen Dosen brechenerregend und einschläfernd wirken.

***Bestandtheile.*** Verbenagerbstoff, ein dem Quercetin verwandter Körper, Lippiol, ein kampherartiger Körper von aromatisch bitterem Geschmack. Träger der Wirkung, ätherisches Oel.

**III. Lippia nodiflora Rich.** Das Dekokt verwendet man gegen Verdauungsbeschwerden, das von **L. adoënsis Hochst.** gegen Fieber und als Diaphoreticum.

---

# Lithium benzoicum.

**Lithium benzoïcum** (Ergänzb.). **Lithii Benzoas** (U-St.). **Benzoate de Lithine** (Gall.). **Lithonum benzoïcum. Lithiumbenzoat. Benzoësaures Lithium.** $C_6H_5CO_2Li$. **Mol. Gew. = 128.**

***Darstellung.*** Man bringt in eine Porcellanschale 30,3 Th. trocknes Lithiumcarbonat, verrührt dasselbe mit 300 Th. destillirtem Wasser und giebt nun in kleinen Antheilen, unter schwachem Erwärmen auf dem Dampfbade und unter Umrühren allmählich 100 Th. Benzoësäure (*Acidum benzoicum e Toluolo*, s. Bd. I, S. 15) hinzu. Nach erfolgter Auflösung filtrirt man rasch durch einen Warmwassertrichter und dampft entweder ein, bis man eine Salzmasse erhält, welche bei 30—35° C. vollständig ausgetrocknet und dann zerrieben wird, oder man dampft bis zum Gesammtgewicht von 250 Th. ein, lässt krystallisiren und trocknet die Krystalle bei gewöhnlicher Temperatur auf porösen Unterlagen. Ausbeute 104—105 Th.

***Eigenschaften.*** Ein weisses Salzpulver oder dünne glänzende Schüppchen, specifisch leicht, etwas fettig anzufühlen, luftbeständig, geruchlos oder von schwach benzoëartigem Geruche, von kühlendem, süsslichem Geschmacke und von neutraler oder schwach saurer Reaktion. Es löst sich in 3 Th. kaltem oder 2 Th. siedendem Wasser oder 10 Th. Alkohol von 90 Proc. — Die wässerige Lösung (1 = 10) giebt auf Zusatz von Salzsäure einen Brei weisser, glänzender Krystalle. Letztere lösen sich in heissem Wasser, ferner auch in der Kälte leicht in Aether. Die wässerige Lösung giebt beim Versetzen mit Ferrichloridlösung einen rehbraunen Niederschlag von Ferribenzoat. Beim Erhitzen schmilzt das Salz zunächst, in höherer Temperatur verkohlt es unter Ausstossung leicht entzündlicher und aromatisch riechender Dämpfe (von Benzol) und hinterlässt alsdann einen weissen, alkalisch reagirenden Salzrückstand. Die salzsaure Lösung desselben ertheilt der nicht leuchtenden Flamme intensiv karminrothe Färbung.

***Prüfung.*** **1)** Die wässerige Lösung (1 = 20) werde weder durch Baryumchlorid (Sulfate), noch nach Zusatz von Ammoniakflüssigkeit durch Schwefelwasserstoffwasser (Metalle) oder Ammoniumoxalatlösung (Kalk) verändert. **2)** Säuert man 5 ccm der wässerigen Lösung mit Salpetersäure an, löst die ausfallende Benzoësäure durch hinreichenden Zusatz von Alkohol und fügt einige Tropfen Silbernitratlösung hinzu, so darf nur eine geringe, opalisirende Trübung entstehen (Chlor). — **3)** Mit konc. Schwefelsäure übergossen, darf sich das Salz nicht färben, andernfalls enthält es organische Verunreinigungen, welche durch konc. Schwefelsäure verkohlt werden. — **4)** Wird der Glührückstand von 0,3 g Lithiumbenzoat in 1 ccm Salzsäure gelöst und die filtrirte Lösung zur Trockne verdampft, so muss der trockne Salzrückstand in 3 ccm Weingeist klar löslich sein. Ungelöst bleibende Antheile können aus Natriumchlorid oder Kaliumchlorid bestehen.

***Aufbewahrung.*** In gut verschlossenen Gefässen. ***Anwendung.*** In Gaben von 0,3—0,5—1,0 drei- bis viermal täglich bei Krankheiten, welche mit harnsaurer Diathese zusammenhängen, z. B. bei Gicht und Uratsteinen. Die Anwendung der Lithiumsalze geht von der Ueberlegung aus, dass das harnsaure Lithium ein verhältnissmässig leicht lösliches Salz der Harnsäure ist. Man beabsichtigt also, die Harnsäure durch Darreichung von Lithiumverbindungen in ein leicht lösliches Salz zu verwandeln und hierdurch aus dem Organismus herauszuschaffen.

---

## Lithium bromatum.

**Lithium bromatum** (Ergänzb.). **Lithii Bromidum** (U-St.). **Bromure de Lithium** (Gall.). **Lithiumbromid. Bromlithium. Bromwasserstoffsaures Lithium. LiBr. Mol. Gew. = 87.**

***Darstellung.*** **1)** Man rührt in einer Porcellanschale 11,5 Th. trocknes Lithiumkarbonat mit ca. 30 Th. destillirtem Wasser an und fügt allmählich unter Umrühren, zum Schluss unter Erwärmen, 100 Th. Bromwasserstoffsäure von 25 Proc. HBr hinzu. Die Lösung muss nach dem Austreiben der Kohlensäure durch Erwärmen gegen Lackmuspapier schwach sauer reagiren. Man filtrirt, dampft zur Trockne ein und trocknet bei 120° C. einige Zeit nach. Ausbeute ca. 27 Th. — **2)** Man stellt aus 300 g Wasser, 80 g Brom und 30 g Eisenpulver eine Ferrobromidlösung dar. Man übergiesst das Eisenpulver mit dem Wasser und setzt das Brom nur in kleinen Antheilen zu. In die filtrirte und erhitzte Lösung trägt man ebenfalls in kleinen Antheilen 37,5 g Lithiumkarbonat ein. Die in einer Flasche befindliche Mischung wird häufig mit Luft durchschüttelt, schliesslich nach dem Erkalten und Absetzen filtrirt, worauf das Filtrat zur Trockne verdampft wird. Ausbeute ca. 87 g.

***Eigenschaften.*** Ein weisses, an der Luft leicht zerfliessliches Krystallpulver ohne Geruch, von salzigem, schwach bitterlichem Geschmacke, löslich in 0,6 Th. kaltem oder in 0,3 Th. siedendem Wasser, leicht löslich in Alkohol, auch in Alkohol-Aether. Die wässerige Lösung ist neutral. — Das Salz ertheilt der nichtleuchtenden Flamme eine karminrothe Färbung. Die wässerige Lösung wird durch Silbernitrat gelblichweiss gefärbt; der Niederschlag ist unlöslich in Salpetersäure, schwerlöslich in Ammoniak. Versetzt man die wässerige Lösung mit einigen Tropfen Chlorwasser und schüttelt mit Chloroform aus, so färbt sich letzteres infolge Aufnahme von freiem Brom braungelb.

***Prüfung.*** **1)** Das Lithiumbromid sei farblos, die wässerige Lösung sei neutral. Gelbfärbung könnte von freiem Brom, saure Reaktion von freier Bromwasserstoffsäure, alkalische Reaktion von Alkalien herrühren. — **2)** Die wässerige Lösung (1 = 50) werde weder durch Baryumnitratlösung (Sulfate), noch nach Zusatz von Ammoniakflüssigkeit durch Schwefelwasserstoffwasser (Metalle, wie Eisen, Blei, Kupfer) oder Ammoniumoxalatlösung (Kalk) verändert. — **3)** Werden 5 ccm der wässerigen Lösung mit 1 Tropfen Ferrichloridlösung vermischt, so darf zugesetzte Stärkelösung nicht blau gefärbt werden

(Jodide). — 4) Löst man 3 g des bei 105° C. scharf getrockneten Lithiumbromids in Wasser zu 100 ccm auf, so sollen 10 ccm dieser Lösung nach Verdünnung mit etwa 30 ccm Wasser und nach Zusatz von 3—4 Tropfen Kaliumchromatlösung nicht mehr als 35,4 ccm $^1/_{10}$-Normal-Silbernitratlösung bis zur bleibenden Röthung verbrauchen. Ein Mehrverbrauch zeigt einen Gehalt an Chloriden an (vergl. *Kalium bromatum* S. 177). Die Menge von 35,4 ccm $^1/_{10}$-Normal-Silbernitratlösung wird von einem chlorfreien Präparat verbraucht.

***Aufbewahrung.*** Das Salz ist sehr hygroskopisch; es werde daher in kleinen Gefässen aufbewahrt, deren Stopfen mit Paraffin überzogen werden. Die Aufbewahrung erfolgt zweckmässig im Kalk-Trockenschranke.

***Anwendung.*** Das Salz wird wegen des hohen Bromgehaltes angewendet. Es soll in manchen Fällen besser vertragen werden und besser wirken als Kaliumbromid. Man giebt es an Stelle von Kaliumbromid als Hypnoticum, bei Neurosen, Hysterie, in Gaben von 0,25—1,0 g mehrmals täglich und zwar in Lösung.

**Elixir Lithii Bromidi** (Nat. form.).

| Rp. | Lithii bromati | 85,0 |
|---|---|---|
| | Acidi citrici | 4,0 |
| | Elixir aromatici q. s. ad | 1,0 l. |

---

# Lithium carbonicum.

**Lithium carbonicum** (Austr. Germ. Helv.). **Lithii Carbonas** (Brit. U-St.). **Carbonate de lithine** (Gall.). **Lithiumcarbonat. Lithonum carbonicum. Kohlensaures Lithium.** $Li_2CO_3$. **Mol. Gew. = 74.**

***Darstellung.*** Das Lithiumkarbonat wird aus einigen Mineralien, z. B. Lepidolith und Triphyllin, in chemischen Fabriken durch ziemlich komplicirte Verfahren abgeschieden. Es ist diejenige Verbindung, welche im grössten Maassstabe dargestellt wird, und welche als Ausgangsmaterial zur Bereitung der übrigen Lithiumverbindungen dient. Die Darstellung im pharmaceutischen Laboratorium ist fast unausführbar.

***Eigenschaften.*** Ein weisses, krystallinisches, lockeres Pulver ohne Geruch, von schwach alkalischem Geschmacke und alkalischer Reaktion. Es löst sich in etwa 80 Th. kaltem oder 140 Th. siedendem Wasser, ist also in kaltem Wasser löslicher als in heissem; in Alkohol ist es unlöslich. Von Säuren wird es unter Entbindung von Kohlensäure und unter Bildung der entsprechenden Salze leicht gelöst. Vertheilt man es im Wasser und sättigt diese Mischung mit Kohlensäure, so geht Lithiumbikarbonat in Lösung (eine solche Lösung enthält etwa 5 Proc. Lithiumkarbonat als -Bicarbonat gelöst). Erhitzt man die filtrirte Lösung des Bikarbonats, so fällt unter Abspaltung von Kohlensäure wieder Lithiumkarbonat aus. Wird Lithiumkarbonat geglüht, so schmilzt es; gleichzeitig entweicht ein Theil der Kohlensäure. Die Schmelze erstarrt zu einer krystallinischen Masse, welche aus Lithiumkarbonat und Lithiumoxyd besteht. Eine vollständige Ueberführung des Lithiumkarbonats in Lithiumoxyd ist auf diesem Wege aber nicht möglich. Uebrigens werden Platingefässe durch eine solche Schmelze stark angegriffen. — Kocht man Lithiumkarbonat längere Zeit mit Wasser, so wird gleichfalls etwas Kohlensäure abgegeben und die Lösung enthält kleine Mengen von Lithiumhydroxyd LiOH.

***Prüfung.*** **1)** Wesentlich ist, dass das Lithiumkarbonat sich erst in 80 Th. Wasser von gewöhnlicher Temperatur löst; erheblich leichtere Löslichkeit würde eine Verunreinigung durch Natrium- oder Kaliumkarbonat wahrscheinlich machen. — **2)** Man löse 1 Th. Lithiumkarbonat in Salpetersäure und verdünne die Lösung mit Wasser bis auf 50 Th. Diese Lösung darf weder a) durch Baryumnitrat (Sulfate), noch b) durch Silbernitratlösung (Chloride) und, nachdem sie mit Ammoniakflüssigkeit übersättigt worden ist, weder c) durch Schwefelwasserstoffwasser (schwarzer N. = Eisen, fleischfarbiger = Mangan), noch d) durch Ammoniumoxalatlösung (Calciumsalze) verändert werden. — **3)** Man löse

0,2 Lithiumkarbonat in 1 ccm Salzsäure und dampfe die Lösung zur Trockne. Der nunmehr aus Lithiumchlorid (LiCl) bestehende Rückstand muss sich in 3 ccm Weingeist klar lösen. Natriumchlorid oder Kaliumchlorid sind in Weingeist nicht in gleichem Maasse löslich wie Lithiumchlorid und würden daher als schmierige bez. krystallinische Rückstände ungelöst bleiben. — **4)** 0,5 g des bei 100° C. getrockneten Lithiumkarbonats dürfen, bei Benutzung von Methylorange als Indikator, nicht weniger als 13,4 ccm Normal-Salzsäure zur Sättigung fordern. Da 1 ccm Normal-Salzsäure = 0,037 g Lithiumkarbonat sättigt, so werden durch 13,4 ccm der Normal-Salzsäure = 0,4958 g Lithiumkarbonat angezeigt. Das Lithiumkarbonat soll hiernach 99 Proc. $Li_2CO_3$ enthalten. Würde weniger Normal-Salzsäure zur Sättigung verbraucht werden, so würde eine Verunreinigung durch Kalium- oder Natriumkarbonat wahrscheinlich sein.

***Aufbewahrung.*** Ueber dieselbe ist nichts Besonderes zu erwähnen, da Lithiumkarbonat weder stark wirkend, noch hygroskopisch, noch lichtempfindlich ist.

***Anwendung.*** Lithiumsalze wirken wie Kalisalze, übertreffen diese aber bezüglich der diuretischen Wirkung. Auf Grund seiner Eigenschaft, mit Harnsäure verhältnissmässig leicht lösliches harnsaures Lithium zu bilden, wird Lithiumkarbonat innerlich zu 0,05—0,3 g mehrmals täglich in Pulvern, Pillen, Pastillen und Lösung bei Gelenkrheumatismus, chron. Rheumatismus, in der Form von Injektionen in die Blase gegen Uratsteine gegeben. Man stellt sich vor, dass in dem einen wie dem anderen Falle lösliches harnsaures Lithium entsteht, welches auf den natürlichen Wegen aus dem Organismus herausgeschafft wird. In gleicher Weise denkt man sich die Wirkung des natürlichen und künstlichen Lithiumwassers.

**Lithium carbonicum effervescens**
(Ergänzb. Hamb. V.).
Brausendes Lithiumkarbonat.

| Rp. | | |
|---|---|---|
| | 1. Lithii carbonici | 10,0 |
| | 2. Natrii bicarbonici | 30,0 |
| | 3. Sacchari albi | 40,0 |
| | 4. Acidi tartarici | 20,0 |
| | 5. Spiritus (90 proc.) | 40,0. |

1—4 werden gemischt, mit 5 zur Masse angestossen; diese wird durch einen emaillirten Durchschlag oder durch ein verzinntes Metallsieb von 2 mm Maschenweite gerieben und zuerst bei 20° C., dann bei 40° C. getrocknet.

**Pastilli Lithii carbonici.**

| Rp. | | |
|---|---|---|
| | Lithii carbonici | 5,0 |
| | Sacchari albi | 95,0. |

Man bereite mit stark verdünntem Traganthschleim 100 Pastillen à 0,05 g Lithiumkarbonat.

***Erkennung*** und ***Bestimmung.*** Die Lithiumsalze sind fast sämmtlich leicht löslich. Unlöslich bez. schwerlöslich sind das Lithiumkarbonat, das Lithiumphosphat und das Lithium-Kieselfluorid.

**A)** Man erkennt die Lithiumverbindungen an folgenden Eigenschaften: **1)** Sie färben die nichtleuchtende Flamme prachtvoll karminroth. Diese Färbung wird am besten beobachtet, wenn man das Lithiumchlorid anwendet oder wenn man das zu prüfende Salz mit Salzsäure befeuchtet. Da aber diese Flammenfärbung durch andere Färbungen leicht verdeckt wird, so empfiehlt es sich grundsätzlich, den qualitativen Nachweis des Lithiums durch das Spektroskop zu führen. Man erhält zwei charakteristische Streifen und zwar einen karminrothen im rothen Theile des Spektrums zwischen B und C und einen gelbrothen im gelbrothen Theile zwischen C und D. Die rothe Flammenfärbung des Lithiums wird durch eine dünne Schicht von Indigolösung nicht verdeckt, beim Betrachten durch eine dickere Schicht verschwindet sie. — **2)** Aus einer konc. Lösung eines Lithiumsalzes wird durch Ammoniumkarbonat ein weisser Niederschlag von Lithiumkarbonat gefällt. — **3)** Aus einer nicht zu stark verdünnten bez. aus einer koncentrirten Lösung eines Lithiumsalzes wird durch Natriumphosphat und Ammoniak ein weisser Niederschlag von Lithiumphosphat $Li_3PO_4$ gefällt, welcher in verdünntem Ammoniak wenig löslich ist.

**B)** Man bestimmt das Lithium in der Regel als Phosphat. Zu diesem Zwecke werden vorher alle Basen bis auf die Alkalien entfernt, worauf alsdann die Fällung als Phosphat ausgeführt wird. Das Verfahren ist ziemlich umständlich, lässt sich in Kürze nicht angeben und würde in Fresenius, Quantitative Analyse Bd I und II nachzulesen sein.

**Aqua Lithii carbonici. Lithion-Wasser. Kohlensaures Lithionwasser. Lithine-Wasser.** Ist ein mit Kohlensäure übersättigtes Wasser, welches in 1 Liter = 1 g Lithiumkarbonat enthält.

**Catanis alkalisches Pulver gegen Harngries** besteht aus 1 Th. Lithiumcarbonat, 1 Th. Natriumbikarbonat und 4 Th. Kaliumcitrat. (Nach Anderen ist das Kaliumcitrat durch Calciumcitrat ersetzt.)

**Gichtwasser** des Dr. Ewich in Köln. In 10 Litern kohlensaurem Wasser sind folgende Salze im wasserfreien Zustande enthalten: Calciumchlorid 5,0, Magnesiumchlorid 10,0, Natriumchlorid 20,0, Lithiumchlorid 5,0, Natriumsulfat 2,5, Natriumkarbonat 40,0.

**Lithal** von Karl Fr. Töllner in Bremen, eine säuerlich-herb schmeckende Flüssigkeit zur Behandlung der Gicht und rheumatischer Erkrankungen, ist eine Kombination der Bestandtheile der Alkekengi-Beere mit einer Lithiumverbindung. 250 g = 2,50 Mk.

**Sirupus Lithii. Sirupus Lithoni. Lithiumsirup.** 1 g Lithiumkarbonat wird mit wenig Wasser und 200 g Sirupus Sacchari angerieben und 1 Stunde lang geschüttelt, dann filtrirt.

---

# Lithium chloratum.

**Lithium chloratum** (Ergänzb.). **Lithonum chloratum. Lithiumchlorid. Chlorlithium. Chlorure de lithium. Lithii Chloridum. Li Cl. Mol. Gew. = 42,5.**

***Darstellung.*** Man rührt in einer Porcellanschale oder in einem Becherglase 10 Th. Lithiumkarbonat mit etwa 30 Th. Wasser an und giebt allmählich in kleinen Portionen so viel (40 Th.) Salzsäure von 25 Proc. hinzu, dass die durch Erwärmen von der Kohlensäure befreite Flüssigkeit schwach sauer reagirt. Man filtrirt alsdann, dampft das Filtrat direkt zur Trockne und trocknet den Rückstand bei 105° C. völlig aus. Ausbeute 11,5 Th.

***Eigenschaften.*** Weisse, würfelförmige, oktaëdrische Krystalle, häufiger aus einem krystallinischen Pulver zusammengebackene Massen, welche an der Luft zerfliessen und in Wasser, Weingeist und Aether-Weingeist leicht löslich sind. — Die weingeistige Lösung brennt, entzündet, mit karminrother Flamme; die wässerige Lösung (1 = 10) giebt mit Silbernitrat einen weissen Niederschlag, der in Salpetersäure unlöslich, in Ammoniak aber löslich ist. — Das Salz schmilzt bei dunkler Rothgluth und verflüchtigt sich bei höherer Temperatur merklich. Nach dem Schmelzen reagirt es wegen Abspaltung von Chlor etwas alkaliseh.

***Prüfung.*** **1)** Lithiumchlorid löst sich im 10fachen Gewicht absoluten Alkohols ohne Rückstand auf (Kaliumchlorid, Natriumchlorid). — **2)** Die wässerige Lösung (1 = 20) werde weder durch Schwefelwasserstoffwasser (Metalle), noch durch Baryumnitratlösung (Sulfate), noch — nach Verdünnung mit der dreifachen Menge Wasser — durch Ammoniumkarbonatlösung (Calciumchlorid) verändert.

***Aufbewahrung.*** In kleinen Gefässen, vor Feuchtigkeit thunlichst geschützt, also im Kalktrockenschranke.

***Anwendung.*** Das Lithiumchlorid findet vorzugsweise Verwendung zur Darstellung von Mineralwässern oder ähnlicher Lösungen, in welchen Lithiumsalz enthalten ist.

---

# Lithium citricum.

**Lithium citricum. Lithii Citras** (Brit. U-St.). **Citrate de lithine** (Gall.). **Lithonum citricum. Lithiumcitrat. Citronensaures Lithium.** $C_6H_5O_7Li_3$. **Mol. Gew. = 210.**

Die U-St. hat das wasserfreie Salz $C_6H_5O_7Li_3$, die Brit. das Salz $C_6H_5O_7Li_3 + 4H_2O$ und die Gall. das Salz $C_6H_5O_7Li_3 + 2H_2O$ aufgenommen.

***Darstellung.*** Man löst 100 Th. krystallisirte Citronensäure in 500 Th. Wasser und fügt so lange Lithiumkarbonat (ca. 53—55 Th.) hinzu, bis die Lösung neutral oder äusserst schwach sauer ist. Dampft man die filtrirte Lösung zum Sirup ein, streicht diesen auf Glasplatten und trocknet die so erhaltenen Lamellen bei 105° C. nach, so erhält man das annähernd wasserfreie Salz, welches in der Regel noch zu Pulver zerrieben wird. Es ist das Präparat der U-St.

Das Präparat der Brit. wird erhalten, wenn man die obige filtrirte Lösung etwas eindämpft und dann bei mässiger Wärme der Verdunstung überlässt. Die sich abscheidenden Krystalle haben die Zusammensetzung $C_6H_5O_7Li_3 + 4H_2O$.

Das Präparat der Gall. wird erhalten, indem man die obige Lösung auf $^1/_3$ ihres Volumens oder zur Sirupdicke eindampft und die Lösung alsdann unter Umrühren in 850 Th. Weingeist von 90 Proc. einträgt. Nach eintägigem Stehen in der Kälte sammelt man die Krystalle und trocknet sie in lauer Wärme an der Luft. Sie haben die Zusammensetzung $C_6H_5O_7Li_3 + 2H_2O$.

***Eigenschaften.*** Im wasserfreien Zustande (U-St.) ein weisses Salzpulver, welches sehr hygroskopisch ist. Es wird von 2 Th. kaltem oder von 0,5 Th. siedendem Wasser gelöst, in Alkohol oder Aether ist es fast unlöslich. Das Salz $C_6H_5O_7Li_3 + 2H_2O$ der Gall. stellt ein spec. leichtes krystallinisches Pulver dar, welches nach HAGER in 5,5 Th., nach Gall. erst in 25 Th. kaltem Wasser löslich ist. Das Salz $C_6H_5O_7Li_3 + 4H_2O$ der Brit. bildet farblose prismatische Krystalle, welche im doppelten Gewicht Wasser sich lösen und an feuchter Luft zerfliessen.

***Prüfung.*** 1) Das Lithium weist man am einfachsten durch die Flammenfärbung des Glührückstandes nach. Zum Nachweis der Citronensäure fügt man zur wässerigen Lösung des Salzes etwas Calciumchlorid und erhitzt zum Sieden. Es entsteht alsdann in der Siedehitze ein weisser Niederschlag, welcher beim Erkalten wieder allmählich in Lösung geht. — 2) Um die Reinheit des Lithiumcitrats festzustellen, verascht man 2—3 g desselben bei nicht zu hoher Temperatur, zieht den Rückstand mit Wasser aus, filtrirt, dampft das Filtrat zur Trockne und prüft den Rückstand in der unter Lithium carbonicum angegebenen Weise. — 3) Um festzustellen, welches Salz vorliegt, verascht man 1 g in einer Platinschale möglichst vollständig. Man zieht den Rückstand mit 20 ccm Normal-Schwefelsäure aus, filtrirt, wäscht aus und titrirt den Ueberschuss der Schwefelsäure unter Benutzung von Methylorange mittels Normal-Natronlauge zurück. Es sollen von letzterer erforderlich sein a) bei dem wasserfreien Salze = 5,8 ccm, b) bei dem Salze mit $2H_2O$ = 7,9 ccm, c) bei dem Salze mit $4H_2O$ = 9,4 ccm.

***Aufbewahrung.*** In gut verschlossenen Gefässen. ***Dispensation.*** Wenn in deutschsprachigen Ländern Lithiumcitrat verordnet wird, so empfiehlt es sich, das Präparat der Gall. $C_6H_5O_7Li_3 + 2H_2O$ zu dispensiren, da dieses das luftbeständigste ist.

***Anwendung.*** Man giebt das Lithiumcitrat in den gleichen Gaben und unter den gleichen Indikationen wie das Lithiumkarbonat, meist in Lösung, bez. in Brausemischungen, und zwar wird es dem Lithiumkarbonat in solchen Fällen vorgezogen, in denen eine Neutralisation des Magensaftes durch das kohlensaure Salz nicht erwünscht ist.

**Elixir Lithii Citratis** (Nat. form.).

Rp. Lithii citrici (U-St.) 85,0 g
Elixir aromatici q. s. ad 1,0 l.

**Lithii Citras effervescens** (Brit.).

Rp. 1. Natrii bicarbonici 58,0
2. Acidi tartarici 31,0
3. Acidi citrici pulv. 21,0
4. Lithii citrici (Brit.) 5,0.

Man mischt 3 und 4, giebt dann 2, zum Schluss 1 zu. Man granulirt die Mischung durch Erhitzen auf 93—104° C.

**Lithium citricum effervescens.**
Brausendes Lithiumcitrat (E. DIETERICH).

Rp. Lithii citrici 10,0
Natrii bicarbonici 30,0
Sacchari albi
Sacchari Lactis
Acidi tartarici ää 20,0
Spiritus (90 Proc.) 40,0.

Wird wie Lithium carbonicum effervescens bereitet.

**Lithii Citras effervescens** (U-St.).

Rp. 1. Acidi citrici 37,0
2. Natrii bicarbonici 28,0
3. Lithii carbonici 7,0
4. Sacchari albi q. s. ad 100,0.

Man verreibt 1 mit 20,0 von 4, trocknet die Mischung aus, mischt dann 2 und 3 hinzu und giebt 4 hinzu bis zum Gewicht von 100,0. Als Pulver zu dispensiren.

**Pastilli Lithii citrici** à 0,05 g.

Rp. Lithii citrici 5,0
Sacchari albi 95,0.

Man bereite mit dünnem Traganthschleim = 100 Pastillen.

**Litholydium** des Dr. ZACHARIAS in Berlin besteht nach Dr. BRESLAUER aus: Natriumchlorid 1,532, Magnesiumborat 7,095, Lithiumoxyd 1,923, Lithiumcitrat 2,369, Zucker 87,138. Nach einer anderen Angabe sind die Bestandtheile Natriumchlorid 1,5, Magnesiumborat 7,0, Lithiumoxyd 1,9, Lithiumcitrat 2,4 und Zucker 27,0.

**Uricedin**-Stroschein. In frisch gepresstem und geklärtem Citronensaft wird der Gehalt an Citronensäure bestimmt. Auf 50 Th. wasserfreie Citronensäure setzt man unter

Kühlung zu 20 Th. konc. Schwefelsäure von 95 Proc. $H_2SO_4$, ferner 4 Th. Salzsäure von 25 Proc. HCl. Man neutralisirt diese Flüssigkeit mit Natriumkarbonat bis sie nur noch ganz schwach sauer ist. Dann neutralisirt man 1 Th. Lithiumkarbonat mit Citronensaft, fügt die Lösung zur ersten, dampft ein und granulirt. Das fertige Präparat hat folgende Zusammensetzung: Natriumsulfat $Na_2SO_4$ 27,5 Proc., Natriumchlorid NaCl 1,6 Proc., Natriumcitrat $C_6H_5O_7Na_3$ 67,0 Proc., Lithiumcitrat $C_6H_5O_7Li_3$ 1,9 Proc.

---

# Lithium jodatum.

**† Lithium jodatum** (Ergänzb.). **Lithonum jodatum. Jodure de lithium. Lithii Jodidum. Lithiumjodid. Jodlithium. Li J. Mol. Gew. = 134.**

***Darstellung.*** 1) Man neutralisirt 10 Th. Lithiumkarbonat mit Jodwasserstoffsäure, so dass die Lösung neutral oder ganz schwach alkalisch ist, wozu man ca. 138 Th. von 25 Proc. HJ oder 346 Th. von 10 Proc. HJ gebraucht. Die filtrirte Lösung wird zur Trockne verdampft und der Rückstand bei 100—105° C. nachgetrocknet, schliesslich sogleich in trockene, gut zu verschliessende Gefässe gebracht. — 2) Das Lithiumjodid kann auch in gleicher Weise wie das Lithiumbromid aus Eisen und Jod mit Lithiumkarbonat dargestellt werden (s. S. 301). Man wendet in diesem Falle an 127 Th. Jod, 33 Th. Eisenpulver, 300 Th. destillirtes Wasser und 38 Th. Lithiumkarbonat. Ausbeute 134 Th.

***Eigenschaften.*** Ein weisses, an der Luft zerfliessliches, geruchloses Krystallpulver von bitterlich-salzigem Geschmacke und neutraler oder sehr schwach alkalischer Reaktion, in Wasser und in Weingeist sehr leicht löslich. — Das Salz ertheilt der nicht leuchtenden Flamme eine karminrothe Färbung; auch die weingeistige Lösung verbrennt mit der nämlichen rothen Flamme. Wird die wässerige Lösung (1 = 20) tropfenweise mit Chlorwasser versetzt und mit Chloroform geschüttelt, so färbt sich dieses violett.

***Prüfung.*** 1) Das Salz sei farblos, nicht gelb gefärbt. Damit es sich farblos erhält, giebt man ihm zweckmässig eine schwach alkalische Reaktion. — 2) Die wässerige Lösung (1 = 50) werde weder durch Baryumnitratlösung (Sulfate), noch, nach Zusatz von Ammoniakflüssigkeit, durch Schwefelwasserstoffwasser (Metalle) oder Ammoniumoxalatlösung (Kalksalze) verändert, noch färbe sie nach Zugabe verdünnter Schwefelsäure Chloroform, welches mit der Mischung geschüttelt wird, violett (freies Jod, von zersetzten oder jodsäurehaltigen Präparaten herrührend). — 3) Werden 0,3 g Lithiumjodid in 1 ccm Wasser und 1 ccm verdünnter Schwefelsäure gelöst, so muss die Flüssigkeit auf Zusatz von 5 ccm Weingeist klar bleiben (Ausscheidung würde von Kalium- oder Natriumsulfat herrühren). — 4) Löst man 0,2 g des bei 100° C. getrockneten Lithiumjodides in 2 ccm Ammoniakflüssigkeit und versetzt unter Umschütteln mit 16 ccm $^1/_{10}$-Normal-Silbernitratlösuug, so darf das Filtrat nach Uebersättigung mit Salpetersäure innerhalb 10 Minuten weder bis zur Undurchsichtigkeit getrübt (Chloride), noch dunkel gefärbt erscheinen. Die dunkle Färbung würde von Schwefelsilber herrühren und dadurch erklärt werden, dass dem Lithiumjodid, um eine Gelbfärbung desselben zu beseitigen oder zu verhindern, Natriumthiosulfat zugesetzt worden ist.

***Aufbewahrung.*** In kleinen, dicht geschlossenen Gefässen, vor Feuchtigkeit thunlichst geschützt, vorsichtig.

***Anwendung.*** Das Lithiumjodid wird in Gaben von 0,2—0,4 g mehrmals täglich bei Gicht und harnsaurer Diathose angewendet.

**Jod-Lithiumwasser** des Dr. Ewich in Köln a/Rh. besteht aus rund 0,5 Lithiumchlorid, 1,0 Kaliumjodid, 0,5 Calciumchlorid, 0,75 Natriumkarbonat, 1250,0 kohlensaurem Wasser. Alle Salze wasserfrei.

---

# Lithium salicylicum.

**Lithium salicylicum** (Germ. Helv.). **Lithii Salicylas** (U-St.). **Salicylate de lithine** (Gall.). **Lithonum salicylicum. Salicylsaures Lithium. Lithiumsalicylat.** $C_7H_5O_3Li$. **Mol. Gew. = 144.**

***Darstellung.*** In eine geräumige, völlig saubere Porcellanschale giebt man 10 Th. feingepulvertes Lithiumkarbonat, sowie 38 Th. Salicylsäure und rührt diese mit so viel 60—70 Th.) warmem destillirten Wasser an, dass die Mischung einen Brei bildet. Es erfolgt sogleich unter Entwickelung von Kohlensäure die Salzbildung, welche man durch Erwärmen im Wasserbade auf ca. 60° C. unterstützt. Wenn alles Lithiumkarbonat gelöst ist, entnimmt man eine Probe, verdünnt diese mit Wasser und prüft mit Lackmuspapier. Die Reaktion muss schwach, aber deutlich sauer sein. Ist dies nicht der Fall, so giebt man noch so viel Salicylsäure hinzu, dass die Reaktion schwach sauer ist. Alsdann filtrirt man die Lösung durch einen Bausch Asbest, der mit Salzsäure ausgezogen ist, oder durch eisenfreies Filtrirpapier, und dunstet sie auf dem Wasserbade bei etwa 60° C. ein. Den Salzrückstand trocknet man im Trockenschranke vollständig aus.

Um ein farbloses Lithiumsalicylat zu erzielen, muss die Neutralisation des Lithiumkarbonats so geleitet werden, dass man eine schwach saure (!), nicht alkalische Lösung erhält, ausserdem muss Eisen bei der Darstellung sorgfältig fern gehalten werden, endlich muss das Eindunsten der Lösung bei nicht über 60° C. erfolgen.

***Eigenschaften.*** Ein farbloses oder einen schwachen Stich ins Röthliche zeigendes, krystallinisches Pulver ohne Geruch, welches sich unter dem Mikroskop als aus nadelförmigen Krystallen bestehend erweist, in etwa 1 Th. Wasser oder 1 Th. Weingeist löslich. Die wässerige Lösung reagirt schwach sauer (nur saure Lösungen der Alkalisalicylate halten sich farblos, alkalische Lösungen färben sich durch Aufnahme von Sauerstoff aus der Luft) und schmeckt wie diejenige des Natriumsalicylates ekelhaft süsslich.

Die wässerige Lösung (1 = 20) scheidet auf Zusatz von Salzsäure ein weisses Krystallmagma von freier Salicylsäure aus, welches sowohl in Aether als auch in genügenden Mengen heissen Wassers löslich ist. Noch in starker Verdünnung wird die wässerige Lösung durch wenig Eisenchloridlösung blauviolett gefärbt (Reaktion der Salicylsäure).

Beim Erhitzen verkohlt das Salz; es hinterbleibt schliesslich ein im wesentlichen aus Lithiumkarbonat bestehender Rückstand, dessen Lösung in Salzsäure die nicht leuchtende Flamme prachtvoll karminroth färbt. — Das genügend ausgetrocknete Lithiumsalicylat enthält kein Krystallwasser.

***Prüfung.*** 1) Das Lithiumsalicylat selbst sei farblos; die 20procentige Lösung desselben sei farblos oder schwach gelblich und färbe sich nach einigem Stehen höchstens schwach röthlich, nicht deutlich roth. Rothfärbung kann von Eisen herrühren, indessen nehmen alkalische Präparate Rothfärbung auch ohne Gegenwart von Eisen an. Man halte Lösungen des Salzes nicht vorräthig. — 2) Von konc. Schwefelsäure werde es ohne Aufbrausen (Lithiumkarbonat) und ohne Färbung (Kohlehydrate und fremde organische Beimengungen) aufgenommen. — 3) Die 5procentige Lösung darf durch Schwefelwasserstoffwasser (Metalle) und durch Baryumnitratlösung (Sulfate) nicht verändert werden. — Versetzt man 2 Volumen der 5procentigen Lösung mit 3 Volumen Weingeist und säuert mit Salpetersäure an, so darf die klare Lösung durch Zusatz von Silbernitratlösung nicht getrübt werden (Chloride). — 4) Wird der Verbrennungsrückstand von 0,3 g Lithiumsalicylat in 1 ccm Salzsäure aufgenommen und die filtrirte Lösung zur Trockne verdampft, so muss der verbleibende Rückstand in 3 ccm Weingeist klar löslich sein. Abscheidung schmieriger Massen würde auf Kaliumchlorid, solche krystallinischer Massen auf Natriumchlorid hinweisen.

***Aufbewahrung.*** In gut verschlossenen Gefässen. Reine Präparate von schwach saurer Reaktion sind gegen Lichteinwirkung nicht empfindlich.

***Anwendung.*** Nach VULPIAN vervollständigt das Lithiumsalicylat in gewissen Fällen die Wirkung des Natriumsalicylates, indem es z. B. bei akutem Gelenkrheumatismus die letzten Spuren des Fiebers beseitigt, welche dem Natriumsalicylat oft hartnäckig Widerstand leisten. Man giebt Erwachsenen 4 bis 5 mal täglich je 1 g in aromatischen Wässern gelöst bei akutem und chronischem Gelenkrheumatismus und rheumatischen Affektionen der Sehnen.

**Lithium chinicum. Chinasaures Lithium. Lithiumchinat. Urosin.** $C_6H_7(OH)_4$ $CO_2Li$. **Mol. Gew. = 198.**

Das Präparat wird dargestellt durch Zusammenbringen von Chinasäure und Lithiumkarbonat. Des besseren Geschmackes wegen wird die Chinasäure nicht vollständig neutralisirt, sondern es wird eine kleine Menge Chinasäure in freiem Zustande belassen. Während das völlig neutralisirte Lithiumchinat aus 96,47 Proc. Chinasäure und 3,53 Proc. Lithium besteht, hat das Urosin die Zusammensetzung 96,77 Proc. Chinasäure und 3,23 Proc. Lithium.

Da das wasserfreie Salz $C_6H_7(OH_4)CO_2Li$ zerfliesslich ist, so kommt nicht dieses, sondern seine konc. Lösung in den Handel. Der Gehalt dieser Lösung sowohl wie derjenige der übrigen Präparate wird nach dem Gehalte an Chinasäure bezeichnet. (!)

**Urosin.** 50procentige Lösung, d. h. eine wässerige Lösung, 50 Proc. Chinasäure, zum grössten Theile an Lithium gebunden, enthaltend. Eine sirupdicke, farblose Flüssigkeit von saurer Reaktion und säuerlichem Geschmack. Mit Wasser in jedem Verhältniss mischbar. Die wässerige Lösung giebt mit Silbernitrat eine weisse Trübung, die durch Ammoniak aufgehoben wird.

# Lobelia.

Gattung der **Campanulaceae—Lobelioideae.**

**I. † Lobelia inflata L.** Heimisch im östlichen Nordamerika.

***Beschreibung.*** Einjähriges Kraut mit bis 60 cm hohem, besonders an den Kanten rauhhaarigem Stengel. Blätter eiförmig oder lanzettlich, am Rande kerbig gesägt, die unteren bis 7 cm lang und kurz gestielt. Auf den Nerven der Unterseite sind sie zerstreut behaart. Der end- oder achselständige Blüthenstand ist traubenförmig. Korolle blassblau, getrocknet weisslich, vom charakteristischen Baue der Lobeliaceenblüthe. Der unterständige Fruchtknoten entwickelt sich zu einer aufgeblasenen, fast kugeligen, zehnrippigen, am Scheitel fachspaltig-zweiklappig aufspringenden Kapsel. Die zahlreichen Samen sind braun, länglich, netzgrubig-punktirt, 0,5—0,7 mm lang.

Das normal gebaute Blatt hat im Phloëmtheile der Gefässbündel wenig auffallende Milchröhren, auf beiden Seiten einzellige, dickwandige Haare, die mit Cuticularwarzen versehen sind.

Man verwendet das blühende Kraut:

† **Herba Lobeliae** (Austr. Germ. Helv.). **Lobelia** (Brit. U-St.). **Herba Lobeliae inflatae. — Lobelienkraut. Indianischer Tabak. — Lobélie. Lobélie enflée** (Gall.). **— Indian Tabacco.**

***Bestandtheile.*** Zwei, besonders in den Samen enthaltene, Alkaloide: Lobelin, amorph, farb- und geruchlos, wenig in Wasser, leicht in Alkohol, Aether, Chloroform und Schwefelkohlenstoff löslich; wirkt brechenerregend. Inflatin, in grossen Krystallen, unlöslich in Wasser, löslich in Alkohol, Aether etc. Im Milchsaft soll eine eigenthümliche Säure und ein Glukosid (Lobelacrin) enthalten sein. — Die Samen enthalten 30 Proc. fettes Oel.

***Aufbewahrung.*** Vor Licht geschützt in Blechbüchsen oder braunen Hafengläsern, nach Austr. und Germ. IV vorsichtig.

***Anwendung.*** Wirkung und Anwendung ist ähnlich der von Nicotiana. Man benutzt das Kraut, in der Regel als Tinktur, für sich oder mit Bittermandelwasser, besonders bei Asthma, auch in Form von Cigaretten; ferner bei Diphtherie und Keuchhusten; zum Klystier als Aufguss (bei eingeklemmten Brüchen) 2,0—4,0(!): 150,0. Von den in Frage kommenden Arzneibüchern schreibt Austr. und Germ. IV Aufbewahrung unter den stark wirkenden Mitteln vor, auch darf im Geltungsbereich der Austr. Lobelienkraut und -tinktur nur gegen ärztliche Verordnung abgegeben werden. Eine Höchstgabe für Herba Lobeliae hat Germ. IV mit 0,1 *pro dosi* und 0,3 *pro die* aufgestellt. (Hungar. II 0,5 *pro dosi*, 4,0 *pro die*).

Auf jeden Fall ist Lobelia ein Narcoticum und als solches mit Vorsicht zu gebrauchen. — In Deutschland ist die Droge dem freien Verkehr entzogen.

† **Acetum Lobeliae.** Lobelienessig. Vinegar of Lobelia (Nat. form.). Aus 100 g gepulvertem Lobelienkraut (No. 30) und q. s. verdünnter Essigsäure (U-St. = 6proc. Essigsäure) im Verdrängungswege. Man befeuchtet mit 50 ccm und stellt l. a. 1000 ccm Flüssigkeit her.

† **Extractum Lobeliae (spirituosum).** Dickes Extrakt, aus dem grob gepulverten Kraut durch Ausziehen mit verdünntem Weingeist zu bereiten. Gabe $^1/_3$ von der des Krautes.

† **Extractum Lobeliae fluidum** (U-St.). Fluid Extract of Lobelia. Aus 1000 g gepulvertem Lobelienkraut (No. 60) und q. s. verdünntem Weingeist (41proc.) im Verdrängungswege. Man befeuchtet mit 350 ccm, fängt die ersten 850 ccm Perkolat für sich auf und bereitet l. a. 1000 ccm Fluidextrakt. Es sind etwa 6000 g Lösungsmittel erforderlich.

† **Tinctura Lobeliae** (Austr. Gall. Germ. Helv. U-St.). Lobelientinktur. Teinture ou Alcoolé de lobélie enflée. Tincture of Lobelia. Germ.: Aus 1 Th. mittelfein zerschnittenem Lobelienkraut und 10 Th. verdünntem Weingeist (60proc.). — Helv.: Aus 10 Th. Lobelia (V) und q. s. verdünntem Weingeist (zum Befeuchten 4 Th.) im Verdrängungswege 100 Th. Tinktur. — Austr.: Ebenso wie Helv. — U-St.: Aus 200 g gepulvertem Kraut (No. 40) und q. s. verdünntem Weingeist (41proc.; zum Befeuchten 200 ccm) bereitet man durch Verdrängung 1000 ccm Tinktur. — Gall.: Aus 1 Th. grob gepulvertem Kraut und 5 Th. 60proc. Weingeist durch 10tägige Maceration. Braungrüne Tinktur, die zu 0,5—1,0 mehrmals täglich gegen Athemnoth angewendet wird. Aufbewahrung: Vorsichtig und vor Licht geschützt. Grösste Einzelgabe 1,0 g, grösste Tagesgabe 5,0 g (Austr. Helv.), 3,0 g (Germ. IV). — Man beachte, dass Austr., Germ., Helv. das Verhältniss 1:10, Gall. U-St. sowie Hungar. aber 1:5 vorschreiben (!)

† **Tinctura Lobeliae aetherea.** Aetherische Lobelientinktur. Ethereal Tincture of Lobelia. Brit.: Aus 200 g gepulverter Lobelia (No. 40) und q. s. Aetherweingeist (zum Befeuchten 100 ccm) bereitet man durch Verdrängung 1000 ccm Tinktur. Gabe 0,3—0,9 g. — Aus 1 Th. fein geschnittenem Kraut und 10 Th. Aetherweingeist durch Maceration.

**Essentia antasthmatica.**
Asthmatropfen.

Rp. Tincturae Lobeliae 10,0
Tincturae Opii simpl. 1,0
Aquae Cinnamomi 20,0
Spiritus 19,0.

Beim Asthmaanfalle $^1/_4$stündlich 1 Theelöffel.

**Guttae antasthmaticae v. Bamberger.**

Rp. Tincturae Lobeliae
Tincturae Digitalis
Aquae Laurocerasi ää 10,0.

Stündlich 40 Tropfen.

**Guttae antasthmaticae Oppolzer.**

Rp. Tincturae Lobeliae 10,0
Aquae Laurocerasi 15,0.

Bei Asthma. Stündlich 15—20 Tropfen.

**Mixtura antasthmatica Green**

Rp. Decocti Herb. Polygal. amar. 10,0 : 140,0
Kalii jodati 8,0
Tincturae Lobeliae
Tincturae Opii benzoicae ää 5,0.

2—3mal täglich einen halben bis ganzen Esslöffel.

**Mixtura antasthmatica Hooper.**

Rp. Tincturae Lobeliae 5,0
Olei Anethi gutts. V
Aquae destillatae 195,0.

3stündlich 2 Esslöffel voll.

**Sirupus Lobeliae.**

Rp. Tincturae Lobeliae 10,0
Sirupi Sacchari 90,0.

**Asthmamixtur von Fothergill:** Tinct. Lobeliae 80,0, Ammon. jodat. 2,0, Ammon. bromat. 3.0, Sirup. Bals. tolutan. 48,0.

**Asthmapulver von Cléry** in Marseille besteht aus Salpeter und Lobelienkraut. (Karlsruh. Ortsges.-Rath).

**Asthmapulver,** Neumeiers enthält Stechapfel- und Lobelienkraut, Salpeter, Natriumnitrit, Kaliumjodid und Zucker.

**Keuchhustenmittel** von Runde ist eine schwache Lobelientinktur (1:20).

**II.** Aehnlich werden verwendet: **Lobelia nicotianaefolia Hayne** in Ostasien, die Lobelin enthält, **Lobelia delessa** (?) in Mexiko. **Lobelia Molleri Henry** auf S. Thomé wirkt schweisstreibend und wird als Antisyphiliticum benutzt.

# Lonicera.

**Gattung der Caprifoliaceae — Lonicereae.**

**I. Lonicera Caprifolium L.** Heimisch im wärmeren Europa **bis zum Kaukasus, oft kultivirt** und verwildert. Windender Strauch mit am Grunde verwachsenen Blättern der blühenden Aeste, die der nicht blühenden gestielt. Blüthen in einem sitzenden kopfigen Blüthenstand, hellpurpurn, gelblich oder weiss. Die Röhre der Blumenkrone länger als ihr zweilippiger Saum, Oberlippe viertheilig.

Verwendung finden die Blüthen: **Fleurs de Chèvrefeuille** (Gall.), als urin- und schweisstreibendes Mittel. Früher benutzte man auch Blätter, Rinde und Früchte ebenso.

**II. Lonicera Periclymenum L.** Heimisch in Europa, weiter nach Norden wie I, ebenfalls häufig kultivirt. Windender Strauch mit nicht verwachsenen Blättern, die unteren kurz gestielt, die oberen länger gestielt. Blüthenstand kopfig. Blüthen mit langer Röhre, Oberlippe vierzipfelig, gelblich. Verwendung wie bei I.

---

# Loretinum.

**Loretin. Meta-Jod-Ortho-Oxychinolin-ana-Sulfosäure $C_9H_4NJ(OH)SO_3H$. Mol. Gew. = 351.**

Wird o-Oxychinolin-ana-Sulfosäure unter den nachstehend aufgeführten Bedingungen jodirt, so tritt das Jod ausschliesslich die in im Nachstehenden bezeichnete Meta-Stellung ein, und es entsteht das Loretin in quantitativer Ausbeute.

***Darstellung.*** D. R. P. 72924. Ortho-Oxychinolin (s. Kairin) wird zunächt durch Einwirkung von rauchender Schwefelsäure dei gewöhnlicher Temperatur oder durch Erhitzen mit englischer Schwefelsäure in o-Oxychinolin-ana-Sulfosäure verwandelt. Diese wird dadurch jodirt, dass man äquivalente Mengen der o-Oxychinolin-ana-Sulfosäure mit Kaliumkarbonat in wässeriger Lösung neutralisirt und die Lösung hierauf mit Kaliumjodid und Chlorkalk kocht, worauf das erkaltete Gemisch durch Zusatz von Salzsäure neutralisirt wird. Es scheidet sich zunächst das Calciumsalz der m-Jod-o-Oxychinolin-ana-Sulfosäure (des Loretins) als orangerothes unlösliches Krystallpulver aus. Man wäscht es aus und zersetzt es durch Salzsäure, wobei die freie Säure, d. i. das Loretin, erhalten wird.

Chinolin.

o-Oxychinolin.

o-Oxychinolin-ana-Sulfosäure.

m-Jod-o-Oxychinolin-ana-Sulfosäure.

***Eigenschaften.*** Ein schwefelgelbes, krystallinisches Pulver, fast geruchlos, auch fast geschmacklos. [Andeutungsweise ist aromatischer Geruch und schwach styptischer Geschmack vorhanden.] 100 Th. Wasser von gewöhnlicher Temperatur lösen 0,1—0,2 Th., 100 Th. kochendes Wasser lösen etwa 0,5—0,6 Th. Loretin. In Alkohol ist es nur wenig löslich, in Aether und in Oelen so gut wie unlöslich. Das Präparat zeigt keinen scharfen Schmelzpunkt; gegen 260—270° C. zersetzt es sich unter Verkohlung und Aufblähen, während zugleich violette Jod-Dämpfe ausgestossen werden. Es enthält 36,2 Proc. Jod.

Mit Aether, Oelen und Collodium bildet das Loretin Emulsionen. Die wässerige Lösung ist [wie eine Pikrinsäurelösung] gelb gefärbt und reagirt sauer. Auf Zusatz von Natronlauge wird sie blassgelb, fast farblos; Säuren stellen alsdann die gesättigte Färbung nicht wieder her. Durch Eisenchlorid wird die wässerige Lösung intensiv grün gefärbt. Durch Zusatz von Silbernitrat entsteht ein schwerlösliches gelbes Silbersalz, durch Zusatz von Bleiacetat ein citronengelbes, schwerlösliches Bleisalz. In konc. warmer Schwefelsäure löst sich das Loretin zu einer gelben Flüssigkeit auf; giesst man diese Lösung in Wasser, so scheidet sich die Substanz in Krystallen wieder aus.

***Prüfung.*** 1) Die Erkennung des Loretins ergiebt sich aus dessen äusseren Eigenschaften: Gelbes Pulver von saurer Reaktion, ohne scharfen Schmelzpunkt, welches beim Erhitzen auf dem Platinblech unter Ausscheidung von Jod zersetzt wird. — 2) Auf dem Platinblech erhitzt, verbrenne es, ohne einen Rückstand zu hinterlassen. — 3) Die fast gesättigte wässerige Lösung werde durch Baryumchlorid auch beim Aufkochen nicht getrübt (freie Schwefelsäure).

***Aufbewahrung.*** Vor Licht geschützt, da es nach längerer Einwirkung des Lichtes Jod abspaltet.

***Anwendung.*** Als geruchloser und ungiftiger Ersatz des Jodoforms in der Wundbehandlung. Man verwendet es auf frische, geschlossene Wunden in Form von 5—10proc. Loretin-Collodium als Deckverband. In Körperhöhlen als Loretinpulver oder -Gaze, ferner als 5—10proc. Salben oder Stäbchen. Als Streupulver (10—20 Proc.) mit Talcum, Amylum, Magnesia usta, bei Furunkeln, Phlegmonen und Brandwunden. Zur Herstellung feuchter Verbände dient die 1—6proc. Lösung des Natriumsalzes.

**Natrium loretinicum.** m-jod-o-oxychinolin-ana-sulfosaures Natrium. Loretin-Natrium. $C_9H_4N.J(OH)SO_3Na$. Zur Darstellung werden 10 Th. Loretin unter Zusatz von 50—60 Th. Wasser mit 4 Th. krystallisirtem Natriumkarbonat neutralisirt. Aus der gelb gefärbten Lösung scheidet sich das Salz in fast farblosen Krystallen (Säulen oder Nadeln) ab. Die wässerigen Lösungen derselben sind wiederum intensiv orange gefärbt. Die 1—6proc. wässerige Lösung dient zu feuchten Verbänden.

**Bismuthum loretinicum.** m-jod-o-oxychinolin-ana-sulfosaures Wismuth. Loretin-Wismuth. Wird erhalten durch Umsetzung einer wässerigen Lösung von 10 Th. Loretin-Natrium mit einer Lösung von 4,4 Th. kryst. Wismuthnitrat, welche mit Hilfe von Eisessig bereitet ist. Ein gelbes, in Wasser unlösliches Pulver.

Innerlich in Gaben von 0,5 g mehrmals täglich gegen die Diarrhöen der Phthisiker. — Aeusserlich in Substanz als austrocknendes Antisepticum auf Wunden, z. B. bei Ulcus molle.

**Loretin-Gaze** ist eine mit dem Calcium-Salz des Loretins imprägnirte Gaze. Zur Darstellung tränkt man Gaze zunächst mit einer Lösung des Loretin-Natriums und taucht die Gaze alsdann in eine Lösung von Calciumchlorid, wobei das unlösliche Calcium-Salz auf dem Gewebe niedergeschlagen wird.

---

# Lupulus.

**Humulus Lupulus L.** **(Familie der Moraceae-Cannaboideae).** Heimisch in den gemässigten Gegenden der alten und neuen Welt, häufig kultivirt und aus den Kulturen verwildert. Ausdauernde, diöcische Pflanze mit rechtswindendem Stengel und gegenständigen, ungetheilten oder handförmig gelappten Blättern mit Nebenblättern. Männliche Blüthen mit fünftheiligem Perigon und 5 Staubgefässen in achselständigen Rispen, weibliche Blüthe in Kätzchen, die bei der Reife einen krautigen Zapfen darstellen.

Verwendung finden: a) die weiblichen Blüthenstände **Strobili Lupuli** (Ergänzb. Helv.). **Lupulus** (Brit.). **Humulus** (U-St.). **Coni, Amenta, Flores s. Fructus Lupuli. — Hopfen. Hopfenzapfen. Hopfenkätzchen. — Cône de houblon** (Gall.). **Houblon. — Hops.**

***Beschreibung.*** Der weibliche Blüthenstand ist ein aus trugdoldigen Blüthenständen zusammengesetztes Kätzchen; an diesem stehen unten opponirt, oben alternirend spreitenlose, auf die Nebenblätter reducirte Hochblätter und in den Achseln dieser 2—6 blüthige Doppelwickel. Perigon becherartig, häutig, den unteren Theil des Fruchtknotens eng einschliessend. Narben zwei. Embryo spiralig eingerollt.

Die Zapfenschuppen und die weiblichen Blüthen dicht mit Drüsenhaaren (Hopfenmehl) besetzt (vergl. unten), die den werthvollsten Bestandtheil ausmachen.

***Bestandtheile*** nach Koenig. Wasser 12,54 Proc., stickstoffhaltige Substanz 13,26 Proc., Aether-Extrakt 7,48 Proc. (davon aetherisches Hopfenöl 0,29 Proc.),

**Alkoholextrakt** 26,77 Proc. (davon **Harz** 14,54 Proc.), **Wasserextrakt** 25,91 Proc. (davon **Gerbstoff** 3,12 Proc.), **Holzfaser** 15,54 Proc., **Asche** 6,95 Proc.

***Einsammlung.*** Man sammelt die Hopfenzapfen im September, bevor die Samen reifen, von den angebauten Pflanzen, trocknet sie an einem schattigen Orte, schichtet möglichst unversehrt in dicht zu verschliessende Büchsen und bewahrt sie nicht über ein Jahr auf. Sie müssen beim Zerreiben kräftig gewürzhaft (nicht nach Baldriansäure!) riechen.

***Anwendung.*** Nur noch selten als gewürziges Bittermittel bei Verdauungsstörungen zu 8—15 g auf den Tag im Aufguss; zur Füllung von Kopfkissen gegen Schlaflosigkeit. Ihre Verwendung in der Bierbrauerei ist bekannt.

b) Die Drüsen der weiblichen Blüthenstände:

**Glandulae Lupuli** (Austr. Ergänzb. Helv.). **Lupulinum** (Brit. Gall. U-St.). — **Hopfenmehl. Hopfendrüsen. Hopfenstaub. Lupulin. — Lupuline. — Lupulin.**

***Beschreibung.*** Die einzelne Drüse ist 150—260 $\mu$ gross, sie besteht aus einer einfachen Lage geradlinig-polygonaler Zellen, die schüsselförmig oder kreiselförmig gekrümmt

a b c

**Fig. 26. Hopfendrüsen.** *a.* Von der Seite. *b.* Mit eingesunkener Cuticula. *c.* Von oben.

ist. Dieser unteren Hälfte ist eine obere, scharf von ihr getrennte, oft etwas kleinere oder sogar zusammengesunkene aufgesetzt, die aus der abgesprengten Cuticula der Zellen der unteren Schicht besteht und daher deren Umrisse fast immer deutlich erkennen lässt. (Fig. 26.) Der so von den beiden Hälften gebildete Hohlraum ist von einem braunen, in der Droge theilweise eingetrockneten Sekret erfüllt. Die Ausbeute durch Ausklopfen aus a gewonnen, beträgt 4—5 Proc.

***Bestandtheile*** nach Payer und Chevalier: 3,0 Proc. **ätherisches Oel**, 55,0 Proc. **Hopfenharz**, 10,3 Proc. **Hopfenbitter**, 5,0 Proc. **Gerbstoff**, 10,0 Proc. **Asche**, 7,0 Proc. **Wasser** (nach Joes). Das **ätherische Oel** ist hellgelb bis rothbraun, von aromatischem Geruch und nicht bitterem Geschmack. Spec. Gew. 0,85—0,88. Es dreht $+ 0^0 28'$ bis $+ 0^0 40'$, enthält ein **Sesquiterpen** $C_{15}H_{24}$ (**Humulen**), einen olefinischen Kohlenwasserstoff $C_{10}H_{16}$ und einen der Formel $C_{10}H_{18}$ (Tetralhydrocymol). Das ätherische Oel ist Träger des Geruchs der Droge. Das **Hopfenharz** besteht aus 3 Bestandtheilen, die sich durch ihre Fällbarkeit durch Bleiacetat unterscheiden und die den Charakter von Säuren haben. Das **Hopfenbitter** steht in nahen Beziehungen zum Harz. Die **Gerbsäure** ist ein Glukosid, sie liefert Traubenzucker und ein Phlobaphen: **Hopfenroth.** — Ausserdem enthält die Droge **Cholin** und **Asparagin.**

***Einsammlung*** und ***Aufbewahrung.*** Das Hopfenmehl wird im Herbst von den frischen, getrockneten Fruchtzapfen durch Abschlagen in einem Haarsiebe gesammelt. Ausbeute etwa 10 Proc. Enthält die Handelswaare zu viel Sand, giebt sie z. B. mehr wie 10 Proc. Asche, so wird sie ohne Anwendung von Druck mit Wasser angerührt und durch Schlämmen gereinigt, bei gewöhnlicher Temperatur zunächst im Schatten, dann über Aetzkalk getrocknet. Als Vorrathsgefässe wählt man kleinere, braune Hafengläser, die man dicht verschliesst und, da das Hopfenmehl nicht über ein Jahr aufbewahrt werden darf, mit einem entsprechenden Zeitvermerk versieht. Für alte Vorräthe findet man in den Brauereien Abnahme.

*Anwendung.* Zu 0,5—1,0 mehrmals täglich in Pulver oder Pillen bei Blasenleiden, Harnträufeln etc.; zur Beruhigung der Schlaflosigkeit infolge geschlechtlicher Aufregung; bei schmerzhaften Erektionen (bei Tripper) Abends vor dem Schlafengehen.

**Extractum Humuli fluidum** (Nat. form.). Hopfen-Fluidextrakt. Fluid Extract of Hops. Aus 1000 g gepulvertem Hopfen (No. 20) und q. s. einer Mischung aus 5 Raumth. 91proc. Weingeist und 3 Raumth. Wasser im Verdrängungswege. Man fängt die ersten 875 ccm Perkolat für sich auf und stellt l. a. 1000 ccm Fluidextrakt her.

**Extractum Lupuli.** Hopfenextrakt. Extrait de cône de houblon (Gall.). Weiches Extrakt, aus Hopfenzapfen wie Extr. Colocynthidis Gall. (Band I, S. 934.) zu bereiten.

**Extractum Lupulini.** Extr. glandularum Lupuli. Lupulinum depuratum. Lupulinextrakt. 100 Th. frisches Hopfenmehl zieht man je 8 Tage zuerst mit 300, dann mit 200 Th. 87proc. Weingeist aus und verdampft die filtrirten Auszüge zu einem dicken Extrakt. Ausbeute etwa 28 Proc., bei Verwendung von 60proc. Weingeist 45—48 Proc. Vortheilhafter ist das Verdrängungsverfahren. (E. Dieterich.)

**Extractum Lupulini fluidum** (U-St.). Fluid Extract of Lupulin. Aus 1000 g Hopfenmehl und q. s. 91proc. Weingeist im Verdrängungswege. Man befeuchtet mit 200 ccm, fängt die ersten 700 ccm Perkolat für sich auf und bereitet l. a. 1000 ccm Fluidextrakt. Zur Erschöpfung braucht man etwa 4000,0 Weingeist.

**Oleoresina Lupulini.** Oleoresin of Lupulin (U-St.). Hopfenmehl wird mittels Aether im Perkolator erschöpft, der Aether im Wasserbade grösstentheils abdestillirt, der Rückstand zu dessen freiwilliger Verdunstung bei Seite gestellt.

**Ptisana de strobilo Lupuli.** Tisane de cône de houblon (Gall.). 10 g Hopfen, 1000 g siedendes Wasser; nach 1/2 Stunde durchseihen.

**Sirupus de Humulo Lupulo.** Sirop de cône de houblon (Gall.) wird wie Sir. Chamomillae Gall. (Band I, S. 716) bereitet.

**Tinctura Humuli** (U-St.). Hopfentinktur. Tincture of hops. Aus 200 g gepulvertem Hopfen (No. 20) und q. s. verdünntem Weingeist (41proc.) stellt man im Verdrängungswege (zum Befeuchten 400 ccm) 1000 ccm Tinktur dar.

**Elixir Humuli** (Nat. form.).

Elixir of Humulus. Elixir of Hops.

Rp.
1. Extracti Humuli fluidi (Nat. form.). 125 ccm
2. Magnesii carbonici 15 g
3. Tincturae Vanillae (U-St.) 30 ccm
4. Elixir Taraxaci comp. (Nat. form.) 125 ccm
5. Elixir aromatici (U-St.). q. s. ad 1000 ccm

Man reibt 2 mit 1 an, fügt nach und nach 3, 4, 5 hinzu und filtrirt nach mehrtägigem Absetzen.

**Elixir Lupuli.**

Elixir lupulinum. Hopfenelixir.

Rp.
1. Strobil. Lupuli 100,0
2. Cortic. Aurantii fruct. 30,0
3. Cortic. Cinnamomi 10,0
4. Caryophyllor. 5,0
5. Fruct. Anisi 20,0
6. Olei Aurantii flor. 0,2
7. Spiritus
8. Aquae destillat. ää 100,0
9. Spiritus (45%) q. s.
10. Sacchari pulver. 200,0.

1—5 werden grob gepulvert, mit 6—8 befeuchtet, in einen Verdrängungsapparat gebracht und mit 9 ausgezogen, bis 800,0 Perkolat gesammelt sind; durch Lösen von 10 stellt man 1000,0 Elixir dar.

**Pilulae Lupulini camphoratae** Lebert.

Rp. Glandular. Lupuli 5,0
Camphorae 1,5
Terebinth. laricin. 10,0.

M. f. pilul. 150. Consp. Magnes. carbon.

**Pulvis sedativus** Rollet.

Rp. Cubebarum pulv. 2,0
Lupulini 1,0
Kalii nitrici 0,2.

Dent. tal. dos. V.

**Saccharolatum Lupulini.**

Saccharure de Lupuline Personne.

Rp. Sacchari albi pulv. 100,0
Tinctur. Lupulini 25,0.

Man mischt und trocknet bei gelinder Wärme. —

**Sirupus Lupulini.**

Rp. Tincturae Lupulini 10,0
Sirupi Sacchari 90,0.

**Species ad Fomentum.**

Bähungskräuter.

Rp. Strobilor. Lupuli 50,0
Herbae Serpylli
Folior. Rosmarini
Florum Lavandul.
Florum Chamomillae ää 12,5.

**Tinctura Lupulini.**

Essentia Lupulini. Hopfenessenz.

Rp. Glandular. Lupuli 200,0
Spiritus (87 proc.) 1000,0.

Innerlich zu 20—30 Tropfen. Sonst zum Hopfen des Bieres.

**Tinctura Lupulini ammoniata.**

Rp. Glandular. Lupuli 10,0
Spiritus 85,0
Liquor. Ammonii caust. 10,0.

3 Stunden maceriren, 1 Stunde digeriren, nach dem Erkalten filtriren und mit Spiritus auf 100,0 bringen.

**Tinctura paregorica** Joves.

Joves' schmerzstillende Tropfen.

Rp. Tincturae Lupulini 20,0

verdampft man auf 12,0.

**Unguentum Lupulini** Personne.

Rp. Extracti Lupulini 3,0
Spiritus 1,0
Adipis suilli 30,0.

Zum Verbande.

**Vinum Lupuli.**

Hopfenwein.

Rp. Tincturae Lupulini 10,0
Vini Hispanici 90,0.

**Hop Bitters,** in Amerika gebräuchlich, bereitet man aus 4 Th. Pomeranzenschale, je 2 Th. Kalmus- und Pimpinellawurzel, 1 Th. Hopfen, 8 Th. Zucker, 32 Th. Weingeist, 48 Th. Wasser.

c) Die Wurzeln: **Radix Lupuli. — Hopfenwurzel. — Racine de houblon** (Gall.)

d) Die jungen Sprosse werden im Frühjahr wie diejenigen vom Spargel als Gemüse gegessen.

---

# Lycopodium.

Gattung der **Lycopodiaceae.**

**I. Lycopodium clavatum L.** Auf der nördlichen Halbkugel cirkumpolar. Stengel kriechend, Aeste aufsteigend, dicht beblättert, Blätter spiralig und in Wirteln, klein, linealisch oder lineal-lanzettlich, mit langer, weisser, stumpf gezähnter Haarspitze, einnervig. Fruchtbare Aeste in einen bis 10 cm langen Aehrenstiel verlängert und meist gabelig getheilt. Sporangiumähren bis 5 cm lang, cylindrisch; die dachziegelig stehenden, mit Haarspitze versehenen Tragblätter haben die nierenförmigen Sporangien eine kurze Strecke oberhalb der Basis an der Innenseite. (Fig. 27.) Die Sporangien springen mit breiter Längsspalte auf.

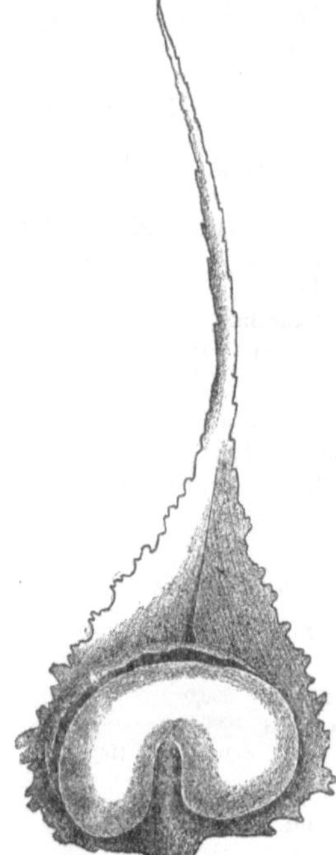

Fig. 27. Tragblatt mit geöffnetem Sporangium von Lycopodium clavatum nach Luerssen.

Verwendung finden: a) Die ganze getrocknete Pflanze: **Herba Lycopodii. Herba Musci clavati s. terrestris. — Bärlappkraut. Schlangenmoos,** das im Mai und Juni gesammelte Kraut.

Es enthält ein Alkaloid: Lycopodin $C_{32}H_{52}N_2O_3$. Die Droge wurde früher als harntreibendes Mittel gebraucht, findet heute aber kaum noch pharmaceutische Verwendung.

b) die Sporen:

**Lycopodium** (Austr. Germ. Helv. U-St.). **Semen s. Sporae Lycopodii. — Bärlapp. Bärlappsamen. Bärlappsporen. Blitzpulver. Blumenstaub. Gelber Puder. Erdschwefel. Hexenmehl. Pillenmehl. Schlangenmehl. Streupulver. Vegetabilischer Schwefel. Wurmmehl. Zäpfchenmehl. — Lycopode** (Gall.). **Soufre végétal. — Earthmoss-seeds. Vegetable sulphur. Lycopodium.**

***Beschreibung.*** Die Droge bildet ein blassgelbes, sehr feines Pulver, ohne Geruch und Geschmack. Unter dem Mikroskop erkennt man bei stärkerer Vergrösserung (600×), dass die einzelnen Sporen die Gestalt eines Tetraëders haben, dessen eine Fläche gewölbt ist, während die drei anderen gerade sind. Die Haut ist besetzt mit einem Netzwerk anastomosirender Leisten, die nicht ganz regelmässige Maschen bilden. (Fig. 28.) Es schwimmt auf dem Wasser, auch wenn man die Sporen anhaltend damit schüttelt, wegen des Luftgehaltes derselben, nach dem Kochen sinken sie darin unter. Ebenso schwimmt das Pulver auf Chloroform. In die Flamme geblasen verbrennt es unter Explosion, infolge Zerplatzens der Membranen.

***Bestandtheile.*** 50,0 Proc. grüngelbes Oel, das 80,0 Proc. flüssige Fettsäure und Myristinsäure enthält. Das Oel kann den Sporen erst nach sorgfältigem Zermahlen mit Sand entzogen werden. Aether, Chloroform und Schwefelkohlenstoff lösen aus dem unzerriebenen Samen nur 0,05—0,6 Proc. Oel. Asche 1,0—2,5 Proc. Es lassen zu: Germ., Helv., Austr., U-St. 5 Proc. Asche.

***Verfälschungen*** und ***Prüfung.*** Als Verfälschungen sind beobachtet: Talk, Gips Harz, Dextrin, Stärke (bis 50 Proc. beobachtet), Schwefel, Sand, Curcumapulver,

Pollen von Pinus silvestris und anderen Pflanzen. — Alle diese Verfälschungen sind durch das Mikroskop ohne weiteres aufzufinden, Stärke durch Jodreaktion, anorganische Verfäschungen erhöhen den Aschengehalt und sind schwerer wie Chloroform. Das Vorkommen fremder Pollenkörner ist wohl unter allen Umständen als unbeabsichtigte Verunreinigung aufzufassen.

*Einsammlung.* Man sammelt vom Juli bis September die die Sporenbehälter tragenden Aehren und aus diesen, nachdem man sie in Schüsseln an der Sonne getrocknet hat, durch Klopfen und Schütteln die Sporen. Durch Abschlagen auf einem feinen Florsiebe werden sie von fremden Pflanzentheilen gereinigt. Von dem Lycopodium des Handels entspricht nur eine als „bis depuratum" bezeichnete Waare den Anforderungen der Arzneibücher, sobald sie die mikroskopische Prüfung besteht; diese auszuführen sollte man niemals unterlassen.

*Aufbewahrung.* Man bewahrt kleine Vorräthe in Hafengläsern, grössere in Blechbüchsen oder innen mit Papier ausgeklebten Holzkästen auf. Bisweilen beobachtet

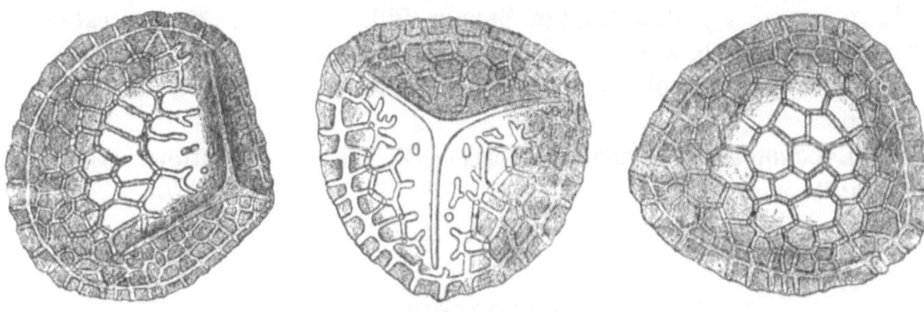

Fig. 28. Sporen von Lycopodium clavatum. 900mal vergr. *a.* von der Seite. *b.* von oben. *c.* von unten. nach Luerssen.

man, dass das Lycopodium während der Aufbewahrung an Beweglichkeit verliert und in den oberen Schichten eine mehr oder weniger klümperige Beschaffenheit annimmt; ist dieses auf die Anwesenheit von Pflanzenresten, die sich an der Oberfläche der specifisch schwereren Sporenmasse ansammeln, also auf ungenügende Reinigung zurückzuführen, so genügt einfaches Absieben durch ein Florsieb, den Uebelstand zu beseitigen.

*Anwendung.* Innerlich zu 1,0—4,0 g als krampfwidriges Mittel, besonders bei Blasenkatarrh in Form einer Schüttelmixtur. Behufs Anfertigung solcher „Lycopodium-Emulsion" reibt man die Sporen in einem Ausgussmörser unter starkem Druck solange, bis sie ein scheinbar feuchtes Pulver darstellen, setzt dann nach und nach das Wasser hinzu, seiht die Mischung aber nicht durch. Aeusserlich rein oder mit Zinkoxyd und dergl. gemischt zu Streupulvern gegen Wundsein bei Kindern und starken Personen; bei nässenden Flechten; solche Streupulver mischt man, ohne das Lycopodium vorher unter Druck zu verreiben. In der Receptur zum Bestreuen von Pillen und Pastillen, wofür man zweckmässig ein Hammer'sches Streugläschen (Fig. 29) zur Hand hält.

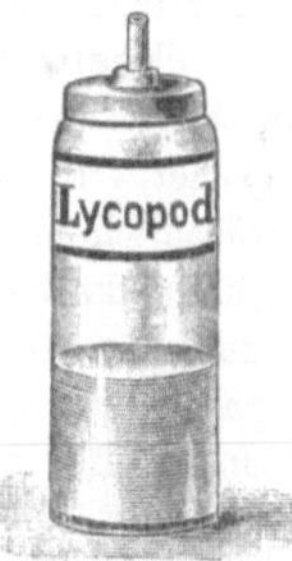


Fig. 29. Hammer-sches Streufläschchen für Lycopodium.

Beim Arbeiten mit Lycopodium ist zu beachten, dass dasselbe, in eine Flamme geblasen, sich leicht entzündet und blitzartig verbrennt (daher seine Verwendung als „Blitzpulver" für Bühnenzwecke); man hüte sich also, dasselbe in der Nähe offener Flammen zu verstäuben.

**Linctus diureticus Hufeland.**
Emulsio Lycopodii.
Hufeland's harntreibender Trank.

| Rp. | Lycopodii | 20,0 |
|---|---|---|
| | Sirupi Althaeae | 40,0 |
| | Aquae destillatae | 140.0. |

F. l. a. emulsio. (Vergl. oben.) Bei Harnzwang stündlich esslöffelweise.

**Lycopodium salicylatum** (E. Dieterich).
Salicyl-Lycopodium.

| Rp. | 1. Acidi salicylici | 1,0 |
|---|---|---|
| | 2. Spiritus | 50,0 |
| | 3. Lycopodii | 100,0. |

Man mischt die Lösung von 1 in 2 mit 3 und trocknet bei gelinder Wärme. (Eiserne Gefässe zu vermeiden!)

**Moxa Chinensis.**

Rp. Lycopodii 70,0
Kalii nitrici pulv. 30,0
Aquae 2,5
Spiritus diluti q. s.

Man formt kleine Kegel und trocknet sie in der Wärme.

**Pastilli Lycopodii** (DIETERICH).
Trochisci Lycopodii. Lycopodium-Pastillen.

Rp. a. Lycopodii 250,0
Sacchari pulv. 350,0
Pastae Cacao 400,0.

b. Lycopodii 500,0
Sacchari pulv. 150,0
Pastae Cacao 350,0.

Man formt Pastillen von 1 g, wie Pastilli Guaranae Band I, S. 1267.

**Pulvis antectrimmaticus.**
Pulver gegen Wundsein.

Rp. Lycopodii 80,0
Zinci oxydati 20,0.

Zum Einstreuen.

**Tinctura Lycopodii.**

Rp. Lycopodii 20,0
Spiritus 100,0.

Durch Maceration zu bereiten. Das Lycopodium wird zuvor unter starkem Drucke verrieben, oder in folgender Mischung:

Rp. Tinctur. Lycopodii 25,0
Mixtur. gummosae 120,0
Sirup. balsamici 30,0.

**Unguentum contra perniones.**
Frostsalbe.

Rp. Acidi tannici
Lycopodii āā 7,5
Adipis suilli 15,0.

**II.** Das Kraut von **Lycopodium Selago Dill.** wurde als **Muscus catharticus** und **Herba Selaginis** als Emeticum und Anthelminticum benutzt.

**III. Lycopodium polytrichoides** auf den Sandwichsinseln, wirkt in grösseren Dosen drastisch.

**IV. Lycopodium Saururus** in Südamerika, auch auf Mauritius und Bourbon. Wirkt ebenfalls drastisch und enthält ein Alkaloid Piligenin $C_{15}H_{24}N_2O$.

---

# Magnesium.

**Magnesium. Magnium. Mg. Atomgew. = 24.** Dieses Metall wird fabrikmässig entweder durch Reduktion von wasserfreiem Magnesiumchlorid mittels metallischem Natrium, neuerdings auch durch Elektrolyse von geschmolzenem Magnesiumchlorid (geschmolzenem Chlormagnesium-Chlorkalium, kieseritfreiem, entwässertem Carnallit) dargestellt. Das so erhaltene Magnesium wird zu seiner Reinigung im Wasserstoffstrome destillirt.

***Eigenschaften.*** Ein silberweisses, stark glänzendes Metall, bei Rothgluth schmelzbar, bei Weissgluth destillirbar. Das spec. Gewicht ist 1,75. Das Magnesium behält an trockener Luft seinen Glanz unverändert; an feuchter Luft überzieht es sich allmählich oberflächlich mit einer schwachen Schicht von Magnesiumhydroxyd, welche allmählich in Magnesiumkarbonat übergeht. Auf Wasser ist es bei gewöhnlicher Temperatur ohne Einwirkung; wird es aber mit Wasser erwärmt, so zersetzt es dieses unter Bildung von Magnesiumhydroxyd und Freiwerden von Wasserstoff. Von verdünnten Säuren sowie von Lösungen des Ammoniumchlorids wird es leicht gelöst. — Erhitzt man das Magnesium an der Luft, so verbrennt es mit weissem, sehr glänzendem Lichte, welches reich ist an chemisch wirksamen Strahlen, daher zu photographischen Zwecken Verwendung findet. — Aus vielen Salzlösungen (namentlich Chloriden), z. B. aus denen des Blei, Quecksilber, Zinn, Kupfer, Wismuth, Kadmium, scheidet das Magnesium die betreffenden Metalle ab, auf Arsen- und Antimonverbindungen wirkt es ein unter Bildung von Arsenwasserstoff bez. Antimonwasserstoff. Auf zahlreiche Oxyde wirkt es in der Glühhitze stark reducirend.

Im Handel kommt es vor 1. in Bandform, 2. in Pulverform, 3. in Drahtform und 4. als Barren.

***Anwendung.*** Ganz besonders als Lichtquelle für Signalzwecke und für die Photographie. Bisweilen als Reagens in der qualitativen und quantitativen Analyse. — Die vorgeschlagene Verwendung als Ersatz des Zink zum Arsennachweis hat sich nicht eingebürgert, weil das Magnesium gewöhnlich Spuren von Arsen enthält. Neuerdings zur Darstellung werthvoller Legirungen (Magnalium).

**Magnalium.** Dieses Wort ist der Sammelname für Legirungen von Aluminium mit Magnesium. Das Aluminium gewinnt durch das Legiren mit Magnesium sehr werthvolle Eigenschaften, indem es besser verarbeitbar und widerstandsfähiger wird. Legirungen mit 2—5 Proc. Magnesium für Drahtzug, 5—8 Proc. für Walzmaterial, 12—15 Proc. für Gussmaterial, 20—30 Proc. für Theilkreise an optischen Instrumenten, über 30 Proc. als Spiegelmaterial.

**Magnesium-Blitzlichtpulver.** 1) Magnesiumpulver 10,0, Kaliumchlorat 12,0. — 2) Magnesiumpulver 3,0, Kaliumchlorat 6,0, Antimontrisulfid 1,0 (Vorsicht beim Mischen!). — 3) Magnesiumpulver 4,0, Kaliumchlorat 3,0, Kaliumperchlorat 3,0.

**Magnesiumflammen.** Man erhitzt das Baryum- oder Strontiumnitrat in einem eisernen Kessel, rührt alsdann den Schellack darunter, pulvert die erkaltete Masse, mischt das Magnesium zu und stopft die Mischung in Hülsen von Zinkblech. Grün: Schellack 14,0, Baryumnitrat 84,0, Magnesium 2,5. Roth: Strontiumnitrat 82,0, Schellack 16,0, Magnesium 2,5.

***Erkennung und Bestimmung.*** Das metallische Magnesium erkennt man leicht an der glänzenden Lichterscheinung, welche es beim Verbrennen bietet. Ausserdem löst es sich leicht in verdünnten Säuren; die so erhaltenen neutralen Salzlösungen zeigen folgendes Verhalten:

A. Man erkennt das Magnesium in seinen Salzen an folgenden Reaktionen: 1) Ammoniak fällt einen Theil des Magnesium als Magnesiumhydroxyd $Mg(OH)_2$, welches durch Ammoniumsalze ($NH_4Cl$) leicht in Lösung gebracht wird. Dieser Niederschlag entsteht also überhaupt nicht, wenn Ammoniumsalze in genügender Menge zugegen sind. — 2) Kalilauge, Natronlauge, Barythydrat, Kalkhydrat fällen aus Magnesiumsalzlösungen weisses Magnesiumhydroxyd, besonders beim Erwärmen. Der Niederschlag wird von Ammoniumsalzen ($NH_4Cl$) leicht gelöst, entsteht also bei Gegenwart genügender Mengen dieser Salze überhaupt nicht. — 3) Natriumkarbonat, Kaliumkarbonat fällen einen weissen Niederschlag von basischem Magnesiumkarbonat, doch ist die Fällung nur in der Hitze vollständig. Genügende Mengen von Ammoniumsalzen verhindern auch diese Fällung. — 4) Fügt man zu einer Magnesiumsalzlösung zuerst Ammoniak in genügender Menge, alsdann Ammoniumchlorid in solcher Menge zu, dass der entstandene weisse Niederschlag wieder klar gelöst wird, so entsteht auf Zusatz von Natriumphosphat ein krystallinischer Niederschlag von Ammonium-Magnesiumphosphat $MgNH_4 . PO_4 + 6 H_2O$. Dieser Niederschlag ist sowohl in Ammoniumsalzen als auch in Ammoniak unlöslich, wird aber durch Säuren gelöst. Sein Entstehen wird durch Bewegen (Rühren) der Flüssigkeit befördert. Gut ausgebildete Krystalle dieses Niederschlages haben die sogen. „Sargdeckelform". — 5) Ammoniumoxalat bewirkt in verdünnter Lösung keine Fällung. Schwefelsäure, Chromsäure und Kieselfluorwasserstoffsäure fällen nicht.

Die Bestimmung der Magnesia erfolgt am zweckmässigsten als Magnesiumpyrophosphat. Zu diesem Zwecke fällt man zunächst alle aus saurer Lösung durch Schwefelwasserstoff und alle in alkalischer Lösung durch Schwefelammonium fällbaren Elemente bez. Metalle. Das Filtrat von der Schwefelammoniumfällung wird angesäuert, zur Trockne eingedampft und der Rückstand unter Zusatz von wenig Salzsäure mit Wasser ausgezogen. Man fällt nun unter genügendem Zusatz von Ammoniumchlorid den Kalk durch Ammoniumoxalat als Calciumoxalat. Das Filtrat versetzt man mit Ammoniak und fällt dasselbe unter Umrühren durch tropfenweisen Zusatz einer Lösung von Dinatriumphosphat. Zuletzt setzt man $^1/_3$ Volumen der Gesammtflüssigkeit an 10proc. Ammoniak hinzu und lässt mindestens 6 Stunden absetzen. Man filtrirt alsdann ab, wäscht den Niederschlag mit 2,5proc. Ammoniak bis zur völligen Chlorfreiheit und führt das Ammonium-Magnesiumphosphat in der Band I, S. 91 angegebenen Weise in Magnesiumpyrophosphat über. $Mg_2P_2O_7 \times 0{,}36036 = MgO$.

Im Vorhergehenden war vorausgesetzt worden, dass Phosphorsäure in der zu bestimmenden Substanz nicht zugegen ist. Sollte dieselbe zugegen sein, so müsste nach Ausfällung der Metalle bezw. Elemente in saurer Lösung durch Schwefelwasserstoff die Phosphorsäure zunächst durch Fällung als Ferriphosphat in essigsaurer Lösung abgeschieden werden.

---

# Magnesium aceticum.

**I. Magnesium aceticum (neutrale). Magnesiumacetat. Essigsaures Magnesium. Acétate de magnésie. Magnesii Acetas.** $Mg(C_2H_3O_2)_2 + 4H_2O$. **Mol. Gew. = 214.**

Zur Darstellung trägt man in 15procentige Essigsäure solange Magnesiumkarbonat ein, bis etwas von diesem ungelöst bleibt. Dann erhitzt man die Lösung zur Austreibung der Kohlensäure, lässt absetzen, filtrirt, neutralisirt mit Essigsäure und dampft ein, bis sich ein Häutchen zeigt. Man lässt erkalten und rührt stark um, worauf die Flüssigkeit krystallinisch erstarrt. Die Krystallmasse wird durch Pressen zwischen Filtrirpapier von der Mutterlauge befreit. Sollte die eingedampfte Lösung nicht krystallisiren, so kann dies durch Einsäen einer kleinen Menge festen Magnesiumacetats und Stehenlassen an einem warmen Orte herbeigeführt werden.

Entweder ein in monoklinen Säulen mit abgestumpften Ecken krystallisirendes Salz oder eine Krystallmasse. Es ist in Wasser und Weingeist leicht löslich, zerfliesst an feuchter Luft, schmilzt gegen 80° C., giebt beim stärkeren Erhitzen unter Aufblähen Wasser und Essigsäure ab, und bildet beim Glühen Aceton unter Hinterlassung von Magnesiumoxyd.

**Spec. Gewicht und Procentgehalt der Lösungen von krystallisirtem Magnesiumacetat $Mg(C_2H_3O)_2 + 4H_2O$ bei 15° C.** Nach KUBEL.

| Procentgehalt | Spec. Gewicht bei 15° C. | Procentgehalt | Spec. Gewicht bei 15° C. | Procentgehalt | Spec. Gewicht bei 15° C. | Procentgehalt | Spec. Gewicht bei 15° C. | Procentgehalt | Spec. Gewicht bei 15° C. | Procentgehalt | Spec. Gewicht bei 15° C. | Procentgehalt | Spec. Gewicht bei 15° C. |
|---|---|---|---|---|---|---|---|---|---|---|---|---|---|
| 1 | 1,0038 | 9 | 1,0339 | 17 | 1,0644 | 25 | 1,0953 | 33 | 1,1263 | 41 | 1,1603 | 47 | 1,1874 |
| 3 | 1,0113 | 11 | 1,0415 | 19 | 1,0723 | 27 | 1,1030 | 35 | 1,1346 | 43 | 1,1692 | 49 | 1,1958 |
| 5 | 1,0188 | 13 | 1,0490 | 21 | 1,0800 | 29 | 1,1107 | 37 | 1,1429 | 45 | 1,1782 | 50 | 1,2015 |
| 7 | 1,0264 | 15 | 1,0566 | 23 | 1,0877 | 31 | 1,1184 | 39 | 1,1515 | | | | |

Magnesiumacetat wird technisch zur Darstellung von Bleiweiss angewendet. Es hat die Eigenschaft, Bleioxyd in reichlicher Menge zu lösen, welches aus dieser Lösung durch Einwirkung von Kohlensäure als Bleiweiss gefällt wird. In seiner therapeutischen Wirkung entspricht das Magnesiumacetat dem Magnesiumcitrat.

**Liquor Magnesii acetici. Magnesiumacetatlösung 33,3 Proc.** trockenes Magnesiumacetat $Mg(C_2H_3O_2)_2$ enthaltend. 96 Th. verdünnter Essigsäure von 30 Proc. (spec. Gew. = 1,041) werden mit 20 Th. destillirtem Wasser verdünnt und mit Magnesiumkarbonat (ca. 24 Th.) neutralisirt. Die neutrale Lösung wird filtrirt und auf 100 Th eingedampft.

**Liquor Magnesii acetici REGNAULT,** von dem gleichen Magnesiumgehalt wie das krystallisirte Bittersalz. 163 Th. verdünnte Essigsäure von 30 Proc. (spec. Gew. = 1,041) werden mit 30 Th. destillirtem Wasser verdünnt im Dampfbade erwärmt und mit Magnesiumkarbonat (ca. 40 Th.) neutralisirt. Die filtrirte Lösung wird auf 100 Th. eingedampft.

**Elixir Magnesii acetici GAROT.** Man dampft 100 Th. der 33proc. Magnesiumacetatlösung bis auf 50 Th. ein und mischt 40 Th. Spiritus (90proc.), 40 Th. Sirupus Aurantii corticis und 35 Th. Sirupus Citri corticis zu.

**Sirupus Magnesii acetici.** Eine Mischung von 15 Th. der 33proc. Magnesiumacetatlösung mit 85 Th. Sirupus Sacchari.

**II. Magnesium aceticum basicum.** Wird die wässerige Lösung des neutralen Magnesiumacetats mit Magnesiumoxyd erwärmt, so wird dieses in Magnesiumhydroxyd verwandelt, welches sich in der Magnesiumacetatlösung löst und dieser alkalische Reaktion verleiht. Es ist anzunehmen, dass solche Lösungen basisches Magnesiumacetat enthalten. Sie sind von KUBEL vorgeschlagen worden als Reagens bei der Titration des Bittermandelwassers und als antiseptisches, desinficirendes und desodorirendes Mittel.

**Sinodor.** Eine durch ungelöstes Magnesiumhydroxyd getrübte Lösung von Magnesiumacetat. Man erwärmt 100 Th. Magnesiumacetatlösung von 1,080 spec. Gew. mit 4—6 Th. Magnesiumoxyd.

Zum Vertilgen des Geruches des Achselhöhlenschweisses und des Fussschweisses.

**Sinodor-Zahnpasta.** 100 Th. Magnesiumacetatlösung vom spec. Gew. 1,0800 werden mit 6 Th. Magnesiumoxyd erwärmt, nach dem Erkalten mit Magnesiumkarbonat stark verdickt und mit Pfefferminzöl parfümirt.

**KUBEL's Reagens** als Ersatz des breiförmigen Magnesiumhydroxyds bei der maassanalytischen Bestimmung des Bittermandelwassers ist basisches Magnesiumacetat.

# Magnesium benzoïcum.

**Magnesium benzoïcum. Magnesiumbenzoat. Benzoësaure Magnesia. Benzoate de magnésie. Magnesii Benzoas. $(C_7H_5O_2)_2Mg + 3H_2O$ Mol. Gew. = 320.**

***Darstellung.*** 60 Th. krystallisirte Benzoësäure (*Acidum benzoïcum e Toluolo* Band I, S. 15) werden in 300 Th. siedendem Wasser gelöst und nach und nach mit (10 Th.) gebrannter Magnesia oder (25 Th.) Magnesiumkarbonat neutralisirt. Man filtrirt die noch heisse Lösung, koncentrirt das Filtrat durch Eindampfen und lässt es schliesslich an einem warmen Orte freiwillig eintrocknen.

***Eigenschaften.*** Ein weisses, krystallinisches Pulver, nicht hygroskopisch. Es löst sich leicht in siedendem Wasser, ferner in 20 Th. Wasser von 15° C., auch in 20 Th. Weingeist von 90 Proc. Die wässerige Lösung ist neutral oder sehr schwach sauer und schmeckt anfangs süsslich, dann entfernt bitterlich. Das Salz schmilzt gegen 200° C. unter Verlust von Wasser zu einer sirupdicken Flüssigkeit. Beim Glühen an der Luft stösst es aromatisch riechende und entzündliche Dämpfe (von Benzol) aus und hinterlässt schliesslich 12,5 Proc. Magnesiumoxyd.

***Anwendung.*** Das Magnesiumbenzoat soll antipyretisch wirken, ferner Harnsäure lösen und bei Tuberkulose sich bewähren. Man giebt es mehrmals täglich zu 0,2—0,5—1,0. Zu Inhalationen zieht man das leichter lösliche Natriumsalz vor.

---

# Magnesium chloratum.

**I. Magnesium chloratum. Chlorure de magnésium cristallisé.** (Gall). **Magnesiumchlorid. Chlormagnesium. Magnesia muriatica. Chlorure de magnésium. Magnesii Chloridum.** Wasserfrei **$MgCl_2$. Mol. Gew. = 95.** Wasserhaltig **$MgCl_2 + 6H_2O$. Mol. Gew. = 203.**

***Darstellung.*** 100 Th. reine Salzsäure (von 25 Proc. HCl) werden mit 50 Th. destillirtem Wasser verdünnt und nach und nach mit soviel (30 Th.) Magnesiumkarbonat versetzt, dass eine neutrale Flüssigkeit entsteht und etwas Magnesiumkarbonat ungelöst bleibt. Die filtrirte Flüssigkeit wird im Dampfbade bis auf etwa 68 Th. Rückstand eingedampft oder soweit, bis eine herausgenommene und auf einen kalten Gegenstand gesetzte Probe zu einer trockenen Masse erstarrt. Diese Masse wird in einem trockenen, schwach angewärmten Mörser zu einem groben Pulver zerrieben und alsbald in trockne Flaschen eingefüllt, welche sofort mit gutem Korkstopfen zu verschliessen und mit Paraffin zu dichten sind. Man erhält so das wasserhaltige Salz $MgCl_2 + 6H_2O$.

Das wasserfreie Magnesiumchlorid. Man löst gleiche Theile des vorigen wasserhaltigen Magnesiumchlorids und Ammoniumchlorid in möglichst wenig Wasser, filtrirt, dampft die Lösung in einer Silberschale zur Trockne, und trocknet sie nach, bis jede Spur Wasser entfernt ist. Das völlig trockene Salz wird alsdann geglüht, wobei Ammoniumchlorid entweicht und wasserfreies Magnesiumchlorid geschmolzen zurückbleibt. Die Darstellung ist komplicirt und nur in Fabriken ausführbar.

Das übliche Präparat ist das wasserhaltige, das wasserfreie ist als Sammlungspräparat aufzufassen.

***Eigenschaften.*** Das wasserhaltige krystallisirte Magnesiumchlorid ist ein weisses, krystallinisches, sehr hygroskopisches Pulver. Es löst sich in etwa 0,6 Th. kaltem oder 0,3 Th. heissem Wasser, auch in 5 Th. Weingeist von 90 Proc. ist es löslich. Die wässerige Lösung schmeckt bitter-salzig und reagirt neutral oder äusserst schwach alkalisch, jedenfalls nicht sauer (Unterschied von dem Zinkchlorid).

Bei 120° C. entweicht das Krystallwasser. Gleichzeitig aber entweicht nach der Gleichung $MgCl_2 + H_2O = 2HCl + MgO$ etwas Salzsäure und entsteht Magnesiumoxyd. Dies ist der Grund, weshalb man wasserfreies Magnesiumchlorid nicht auf dem gewöhnlichen

Wege des Eindampfens und Eintrocknens erhalten kann, sondern auf dem angegebenen Umwege darstellen muss. Das wasserhaltige Magnesiumchlorid $MgCl_2 + 6H_2O$ enthält 46,8 Proc. wasserfreies Magnesiumchlorid $MgCl_2$. Ist also eine bestimmte Menge wasserfreies Magnesiumchlorid vorgeschrieben, so findet man die entsprechende Menge wasserhaltigen Magnesiumchlorids durch Multiplikation mit 2,136.

***Aufbewahrung.*** Vor Feuchtigkeit geschützt, in besonders gut verschlossenen Gefässen. ***Anwendung.*** Nur selten in der Therapie als selbständiges Arzneimittel. Dagegen kommt es in verschiedenen natürlichen Bitterwässern vor, ferner dient es zur Fabrikation künstlicher Mineralwässer. Es kommt dem Magnesiumchlorid, wenn es in Gaben von 1—3 g in entsprechender Verdünnung gegeben wird, eine abführende Wirkung zu. Technisch zum Füllen der Gasuhren, als Kälteflüssigkeit bei der Herstellung künstlichen Eises, als Reagens bei der Bestimmung der Phosphorsäure.

**Magnesium chloratum technicum seu crudum.** **Rohes Magnesiumchlorid.** Dasselbe kommt in grossen Mengen als Nebenprodukt der Stassfurter und anderer Fabriken in den Handel, und zwar entweder als wasserhaltiges Salz oder als wässerige Lösung desselben. Die Anforderungen, welche man an das Salz stellt, sind, dass es freie Salzsäure nicht enthalten soll. Die wässerige Lösung darf daher auch empfindliches blaues Lackmuspapier nicht röthen. Versetzt man 20 ccm der klaren koncentrirten wässerigen Lösung mit 1 Tropfen Normal-Ammoniakflüssigkeit, so muss eine Trübung entstehen. Ein saures Präparat würde durch Digeriren mit Magnesit zu entsäuern sein. Ein geringer Eisengehalt, welcher dem Magnesiumchlorid eine gelbe Färbung ertheilt, würde weniger schädlich sein. Die Säurefreiheit wird verlangt wegen der zerstörenden Einwirkung freier Säure auf eiserne Leitungen.

**Misokryon.** Füllflüssigkeit für Gasuhren an Stelle des Glycerins, ist eine Lösung von rohem Magnesiumchlorid vom spec. Gew. 1,235. Sie gefriert noch nicht bei — 20° C., greift aber, auch wenn sie neutral ist, die Eisentheile der Uhrgehäuse an. Ausserdem werden durch den Ammoniakgehalt und Kohlensäuregehalt des Gases Ausscheidungen von Magnesiumhydroxyd und Magnesiumkarbonat erzeugt.

**Kälteflüssigkeit** zum Transportiren der Kälte von einem Orte zum anderen in den Eisfabriken und Bierbrauereien ist ebenfalls Magnesiumchloridlösung.

**Tectrion.** Früher als Füllflüssigkeit der Centralheizungen benutzt, war eine Magnesiumchloridlösung vom spec. Gew. 1,12—1,13.

**Volumgewicht und Gehalt von Chlormagnesiumlösungen bei 24° C.**

Nach Schiff.

| Vol.-Gew. | Proc. $MgCl_2 + 6H_2O$ | Proc. $MgCl_2$ | Vol.-Gew. | Proc. $MgCl_2 + 6H_2O$ | Proc. $MgCl_2$ | Vol.-Gew. | Proc. $MgCl_2 + 6H_2O$ | Proc. $MgCl_2$ | Vol.-Gew. | Proc. $MgCl_2 + 6H_2O$ | Proc. $MgCl_2$ |
|---|---|---|---|---|---|---|---|---|---|---|---|
| 1,0069 | 2 | 0,936 | 1,0770 | 22 | 10,206 | 1,1519 | 42 | 19,656 | 1,2338 | 62 | 29,016 |
| 1,0138 | 4 | 1,872 | 1,0842 | 24 | 11,232 | 1,1598 | 44 | 20,592 | 1,2425 | 64 | 29,952 |
| 1,0207 | 6 | 2,808 | 1,0915 | 26 | 12,168 | 1,1677 | 46 | 21,528 | 1,2513 | 66 | 30,888 |
| 1,0276 | 8 | 3,744 | 1,0988 | 28 | 13,104 | 1,1756 | 48 | 22,464 | 1,2602 | 68 | 31,824 |
| 1,0345 | 10 | 4,680 | 1,1062 | 30 | 14,040 | 1,1836 | 50 | 23,400 | 1,2692 | 70 | 32,760 |
| 1,0415 | 12 | 5,616 | 1,1137 | 32 | 14,976 | 1,1918 | 52 | 24,336 | 1,2783 | 72 | 33,696 |
| 1,04[illegible]5 | 14 | 6,552 | 1,1212 | 34 | 15,912 | 1,2000 | 54 | 25,272 | 1,2875 | 74 | 34,632 |
| 1,0556 | 16 | 7,488 | 1,1288 | 36 | 16,848 | 1,2083 | 56 | 26,208 | 1,2968 | 76 | 35,568 |
| 1,0627 | 18 | 8,424 | 1,1364 | 38 | 17,784 | 1,2167 | 58 | 27,144 | 1,3063 | 78 | 36,504 |
| 1,0698 | 20 | 9,360 | 1,1441 | 40 | 18,720 | 1,2252 | 60 | 28,080 | 1,3159 | 80 | 37,440 |

**Abolith (Albolith).** Eine Masse zum Anstrich von Mauerwerk, Holzwerk, zum Härten von Gips- und Kalküberzügen, wird aus 100 Th. Magnesitpulver und 200--250 Th. Salzsäure durch Anrühren bereitet, so dass ein dickliches weisses Liniment (von Magnesiumoxychlorid) entsteht.

**Magnesiakitt. Steinkitt.** Eine Magnesiumchloridlösung vom spec. Gew. 1,22 wird mit soviel gebrannter Magnesia (bei grösseren Mengen mit gebranntem Magnesit) vermischt dass eine Masse von der im einzelnen Falle gewünschten Konsistenz entsteht. Die Masse, erhärtet allmählich und wird auch zu künstlichen Steinen und zu künstlichem Elfenbein verarbeitet.

**Magnesia-Mixtur.** Reagens zur analytischen Bestimmung der Phosphorsäure. Man löst 100 Th. kryst. Magnesiumchlorid und 140 Th. Ammoniumchlorid in 1300 Th. Wasser und fügt 700 Th. Ammoniakflüssigkeit von 10 Proc. hinzu. Nach mehrtägigem Absetzen wird filtrirt.

---

**II. Magnesium hypochlorosum (Magnesia chlorata). Chlormagnesia. Magnesiumhypochlorit.** Wird auf folgende Weise dargestellt: 10 Th. Chlorkalk werden mit 200 Th. kaltem (!) Wasser angerieben, häufig durchgeschüttelt, dann filtrirt. Das Filtrat wird mit einer erkalteten (!) Lösung von 10 Th. krystall. Magnesiumsulfat in 20 Th. Wasser vermischt und nach einstündigem Absetzen filtrirt. Das Filtrat betrage 200 Th. und enthalte 1 Proc. wirksames Chlor. Ueber die Bestimmung desselben siehe Bd. I, S. 819. Die Bereitung erfolgt stets *ex tempore*.

Das Magnesiumhypochlorit wird wie eine Chlorkalklösung zum Verbande von Wunden, zu Mundspülwässern angewendet und der Chlorkalklösung vorgezogen, weil sie nicht kaustisch wirkt. In der Technik dient sie als Bleichmittel. Die Bleichflüssigkeiten von Ramsay und Grouvelle sind Magnesiumhypochloritlösungen.

---

**III. Magnesium bromatum. Magnesiumbromid. Brommagnesium. Magnesii Bromidum. Bromure de magnésie. $MgBr_2 + 6H_2O$. Mol. Gew. = 292.**

Zur Darstellung neutralisirt man 160 Th. Bromwasserstoffsäure von 25 Proc. mit 10 Th. Magnesiumoxyd, dampft die filtrirte Lösung zur Sirupkonsistenz und lässt im Exsikkator krystallisiren.

Aus der koncentrirten Lösung scheidet sich das Salz $MgBr_2 + 6H_2O$ in farblosen, leicht zerfliesslichen Krystallen aus. Ist zu irgend einem Zwecke das wasserfreie Salz $MgBr_2$ vorgeschrieben, so hat man von dem wasserhaltigen Magnesiumbromid ($MgBr_2 + 6H_2O$) die 1,586fache Menge anzuwenden.

Das wasserfreie Salz wird durch Einwirkung von Bromdampf auf weissglühendes Magnesium dargestellt. Es ist lediglich ein Sammlungs-Präparat.

Das krystallisirte Magnesiumbromid findet in der Therapie Anwendung als Nervinum in derselben Weise und in den nämlichen Gaben wie Kaliumbromid; ferner wird es in der Mineralwasserfabrikation angewendet.

---

# Magnesium carbonicum.

**I. Magnesium carbonicum leve. Magnesium carbonicum** (Austr. Germ. Helv.). **Carbonate de magnésie officinal** (Gall.). **Magnesii Carbonas** (U-St.). **Magnesii Carbonas levis** (Brit.). **Light Magnesium Carbonate. Magnesium hydrico-carbonicum. Magnesium subcarbonicum. Magnesia alba. Magnesiumsubkarbonat. Magnesiumkarbonat. Basisch-kohlensaure Magnesia. Kohlensaure Magnesia. Magnesia.** Annähernd. **$3(MgCO_3)$. $Mg(OH)_2 + 3H_2O$.**

***Darstellung.*** Man löst 125,0 g krystall. Magnesiumsulfat in 1 Liter kaltem Wasser, ferner 150,0 g krystall. Natriumkarbonat in 1 Liter Wasser, mischt beide Lösungen, erhitzt die Reaktionsflüssigkeit und erhält sie 15 Minuten lang im Sieden. Dann sammelt man den Niederschlag auf einem leinenen Kolatorium, wäscht ihn mit siedendem Wasser bis zur Beseitigung der Sulfate aus und trocknet ihn bei einer 100° C. nicht überschreitenden Temperatur (Brit.). — Die Darstellung dieses Salzes wird übrigens nicht im pharmaceutischen Laboratorium vorgenommen, sondern geschieht in chemischen Fabriken.

***Eigenschaften.*** In den Handel gelangt das Magnesiumkarbonat in Form sehr weisser, backsteinförmiger, specifisch leichter Stücke, welche beim Reiben durch ein Haarsieb sich ohne Mühe in ein weisses, lockeres Pulver verwandeln lassen. In Form dieses lockeren Pulvers ist das Magnesiumkarbonat officinell.

Die officinelle Magnesia bildet, durch ein feines Haarsieb gerieben, eine sehr leichte, blendend weisse, zarte, geruchlose und schwach erdig schmeckende Pulvermasse, welche schwach alkalisch reagirt und ungefähr in 2500 Th. kaltem oder 9000 Th. kochendem Wasser löslich ist. Bei schwacher Glühhitze verliert sie ihre Kohlensäure und ihren Wassergehalt. Sie wird schon von schwachen Säuren zersetzt unter Abspaltung von Kohlensäure und Bildung der den betr. Säuren entsprechenden Magnesiumsalze. Von kohlensäurehaltigem Wasser wird sie zu Magnesiumbikarbonat gelöst.

Die Zusammensetzung des Magnesiumkarbonats wechselt nach den bei seiner Darstellung eingehaltenen Bedingungen. Je niedriger die Fällungstemperatur war, desto mehr Kohlensäure enthält das Salz und umgekehrt. — Um festzustellen, welche thatsächliche Zusammensetzung ein Magnesiumkarbonat hat, würde die Ermittelung des Gehaltes an Magnesium, ferner an Wasser und an Kohlensäure erforderlich sein. Da das umständlich ist, so begnügt man sich in der Regel mit der Feststellung des Glührückstandes, welcher einen annähernden Schluss auf die Zusammensetzung zulässt.

Es machen in dieser Beziehung die einzelnen Pharmakopöen folgende Angaben: Austr. Keine. Brit. Formel: $3(MgCO_3) . Mg(OH)_2 + 4H_2O$ mit 42 Proc. Glührückstand. Germ. Keine Formel, nicht weniger als 40 Proc. Glührückstand. Helv. Keine Formel, 45 Proc. Glührückstand. U-St. Formel: $4(MgCO_3) . (Mg(OH)_2 + 5H_2O$ mit mindestens 40 Proc. Glührückstand. Es ergiebt sich hieraus, dass das leichte Magnesiumkarbonat aller Pharmakopöen trotz der verschiedenen Formelausdrücke im Grossen und Ganzen das nämliche Präparat ist.

***Prüfung.*** Dieselbe lehnt sich eng an diejenige der gebrannten Magnesia an, Gelbfärbung der Lösung in verdünnter Salzsäure zeigt Eisen, röthliche Färbung Mangan an. — **1)** Zieht man das Magnesiumkarbonat mit Wasser aus, so soll das Filtrat beim Verdunsten einen nur geringen Rückstand hinterlassen, widrigenfalls liegt Verunreinigung durch Alkalikarbonate, besonders Natriumkarbonat vor. — **2)** Die mit Essigsäure bereitete wässerige Lösung (1 = 20) werde durch Schwefelwasserstoff nicht verändert (weisser Niederschlag = Zink, dunklei Niederschlag oder ebensolche Färbung = Blei, Kupfer). Die nämliche essigsaure Lösung werde auf Zusatz von Baryumnitrat, oder nach Zusatz von Silbernitrat + Salpetersäure innerhalb 2 Minuten nicht mehr als opalisirend getrübt, womit also Spuren von Sulfaten und Chloriden zugelassen sind, welche den Ausgangsmaterialien entstammen. — **3)** Sofortige Blaufärbung der mit Hilfe von Salzsäure bereiteten wässerigen Lösung (1 = 20) auf Zusatz von Kaliumferrocyanidlösung würde Eisen anzeigen. — **4)** 1 g Magnesiumkarbonat hinterlasse nicht weniger als 0,4 g Glührückstand, wodurch Magnesiumkarbonate der obigen Zusammensetzung mit mehr als 6 Mol. Wasser ausgeschlossen werden sollen. Wird der Glührückstand mit 20 ccm Wasser geschüttelt und die Flüssigkeit filtrirt, so soll das Filtrat auf Zusatz von Ammoniumoxalatlösung innerhalb 5 Minuten nicht mehr als opalisirend getrübt werden, andernfalls ist der Gehalt an Calciumverbindungen zu gross.

***Aufbewahrung.*** Die Magnesia wird als ein feines Pulver vorräthig gehalten. Das Pulvern im Stossmörser oder Reibmörser ist nicht ausführbar, indem sie hierbei zu dichteren Massen zusammengedrückt wird. Leichter geht die Pulverung, wenn man die Blöcke durch ein mittelfeines Haarsieb, gegen die Gewebefläche drückend, hindurchreibt.

***Anwendung.*** Magnesiumkarbonat wird innerlich als mildes, die Säure des Magens abstumpfendes und schwach abführendes Mittel, namentlich bei Kindern und schwächlichen Erwachsenen angewendet. Aeusserlich als absorbirendes, austrocknendes Mittel, in Zahnpulvern etc. Es ist Bestandtheil mehrerer Kinderpulver. Es empfiehlt sich, die mit Magnesiumkarbonat hergestellten Pulver — auch diejenigen der Receptur, einschliesslich der Streupulver — stets noch einmal zu sieben.

**II. Magnesium carbonicum ponderosum.** (Ergänzb.). **Magnesii Carbonas ponderosus.** (Brit.). **Heavy Magnesium Carbonate. Schwere kohlensaure Magnesia.**

Dieses Präparat hat die gleiche Zusammensetzung wie das vorige, nach Brit. $3(MgCO_3) \cdot Mg(OH)_2 + 4H_2O$ und wird nach Brit. wie folgt dargestellt:

***Darstellung.*** Man löst 125,0 g krystall. Magnesiumsulfat in 250 ccm Wasser, anderseits 150,0 g krystall. Natriumkarbonat in 250 ccm. Man mischt beide Lösungen und dampft die Mischung zur völligen Trockne. Dann übergiesst man den trockenen Rückstand mit 1500 ccm Wasser und erhitzt ihn mit diesem unter Umrühren etwa 1/2 Stunde auf dem Wasserbade. Man lässt absetzen, giesst die überstehende Flüssigkeit durch ein Leinentuch, wiederholt das Ausziehen des Rückstandes mit 1/2 Liter Wasser, bringt den Niederschlag schliesslich auf das Leinentuch und wäscht ihn auf diesem so lange mit warmem destillirten Wasser, bis er frei ist von Sulfaten.

***Eigenschaften.*** Ein weisses, körniges, specifisch schwereres Pulver wie das vorige, aber sonst von den gleichen Eigenschaften wie dieses. Dieses Magnesiumkarbonat ist besonders in England gebräuchlich.

Im deutschen Sprachgebiete wird als Magnesia schlechthin das gewöhnliche leichte Magnesiumsubkarbonat, im englischen Sprachgebiete dagegen die gebrannte Magnesia verstanden.

**III. Magnesium carbonicum neutrale. Magnesium carbonicum crystallisatum. Neutrales Magnesiumkarbonat. $MgCO_3 + 3H_2O$. Mol. Gew. = 138.**

Man erhält dasselbe, indem man Magnesiumsubkarbonat mit Hilfe von Kohlensäure in Wasser auflöst. Beim Stehen dieser Lösung an der Luft scheidet sich das neutrale Salz $MgCO_3 + 3H_2O$ in Form von Nadeln aus.

Es bildet kleine harte, sehr weisse, in gewöhnlichem Wasser kaum lösliche Krystalle, welche dagegen in kohlensäurehaltigem Wasser löslich sind. Sie verlieren einen Theil ihrer Kohlensäure schon beim Liegen an der Luft, sind deshalb in sehr gut (mit Kork) verschlossenen und mit trockner Kohlensäure gefüllten Flaschen an einem kühlen Orte aufzubewahren.

Dieses neutrale Magnesiumkarbonat wird hauptsächlich in der Mineralwasserfabrikation angewendet. Ausserdem benutzt man es als Ersatz des gewöhnlichen Magnesiumsubkarbonates, weil dieses nicht immer frei ist von fremden Partikeln (Schmutztheilchen), zu magnesiahaltigen Brausepulvern, kohlensäurehaltigen Magnesiumcitratmixturen und Magnesia-Limonaden. 1,5 Th. dieses Salzes entsprechen = 1 Th. des gewöhnlichen Magnesiumsubkarbonates.

**Liquor Magnesii Carbonatis.** (Brit.) **Fluid Magnesia. Magnesiumkarbonatlösung.** Man löst 40,0 g krystall. Magnesiumsulfat in 200 ccm destill. Wasser, ebenso 50,0 g krystall. Natriumkarbonat in 200 ccm destill. Wasser, mischt beide Lösungen und erhitzt die Flüssigkeit bis zum Aufhören der Kohlensäure-Entwickelung auf ca. 100° C. Der Niederschlag wird in einem Tuche gesammelt, bis zum Verschwinden der Schwefelsäure-Reaktion gewaschen. Dann bringt man ihn mit 400 ccm Wasser zusammen in einen geeigneten Apparat, sättigt die Flüssigkeit mit Kohlensäure und überlässt sie alsdann nach etwa 24 Stunden der Einwirkung der Kohlensäure unter einem Druck von 3 Atmosphären. Schliesslich füllt man die klare Lösung auf Mineralwasser-Flaschen. Die Lösung enthält natürlich Magnesiumbikarbonat. 20 ccm der Lösung sollen nach dem Eindampfen und Glühen 0,16—0,19 g Magnesiumoxyd hinterlassen, entsprechend 0,8—0,95 Proc. MgO.

**Magnesites. Magnesit. Talkspath. $MgCO_3$. Mol. Gew. = 84.** Ein bei Frankenstein in Schlesien, Hrubschütz in Mähren, Kraubat in Steyermark gefördertes Mineral, welches gewöhnlich gemahlen (Magnesitmehl) in den Handel kommt und von den Mineralwasserfabrikanten als Material zur Gewinnung von Kohlensäure verwendet wird. Er ist hart, weiss oder gelblich, oder grauweiss. Man verwendet ihn auch zum KÜSTER'schen Magnesit-Verbande, ferner zur Darstellung von Magnesia-Kitt und Magnesia-Steinen. Zum KÜSTER'schen Magnesium-Verbande werden 3 Th. Wasserglas mit 1 Th. Magnesitpulver so gemischt, dass ein gleichmässiger Brei entsteht, in welchen man die sogleich (!) zu verwendenden Binden eintaucht. Der Verband ist nach etwa 24—30 Stunden steinhart. — Die Werthbestimmung des Magnesits erfolgt durch die Bestimmung der Kohlensäure.

**Pulvis Magnesiae cum Rheo. Kinderpulver. Pulvis infantum. Pulvis puerorum RIBKE. Pulvis Magnesii compositus. RIBKE'sches Kinderpulver. Beruhigungspulver.** Die Vorschriften der einzelnen Pharmakopöen weichen von einander ab:

**Germ. Pulvis Magnesiae cum Rheo.** Rp. Rhizomatis Rhei 3,0, Elaeosacchari Foeniculi 8,0, Magnesii carbonici 12,0.

**Helv. Pulvis Magnesiae compositus.** Rp. Rhizomatis Rhei 2,0, Elaeosacchari Foeniculi 3,0, Magnesii carbonici 5,0.

**Brit. Pulvis Rhei compositus.** Rp. Rhizomatis Rhei 5,0, Rhizomatis Zingiberis 2,5, Magnesiae ustae 15,0.

**U-St. Pulvis Rhei compositus.** Rp. Rhizomatis Rhei 2,5, Magnesiae ustae 6,5, Rhizomatis Zingiberis 1,0.

Diese Mischungen haben das mit einander gemeinsam, dass sie frisch bereitet gelblich sind, infolge der Aufnahme von Feuchtigkeit und Luftsauerstoff aber allmählich rosafarbig werden. Diese Rosafärbung ist beliebt und kann rascher erhalten werden, wenn man das Rhabarberpulver vor dem Mischen schwach anfeuchtet oder etwa 1 Tag in einer feuchten Atmosphäre stehen lässt.

**Aqua Magnesii carbonici.**

Aqua Magnesiae. Magnesia liquida DINNEFORT, BARNEL. Eau magnésienne.

Rp. Magnesii carbonici neutralis 15,0
Aquae acido carbonico saturatae 1000,0.

**Aqua perlata.**

Perlwasser.

Rp. Magnesii carbonici
Sacchari albi āā 2,0
Aquae Amygdalarum amararum **dilutae**
Aquae Cinnamomi āā 30,0.

Bei Sodbrennen umgeschüttelt 1—2 Theelöffel.

**Effervescent Magnesia** MOXON.

Rp. Magnesii carbonici
Magnesii sulfurici sicci
Natrii bicarbonici
Tartari natronati
Acidi tartarici āā 10,0.

1 Theelöffel voll in Wasser zu nehmen.

**Mixtura carminativa** DEWEES.

Mixtura Magnesiae et Asae foetidae (U St.).

Rp. Magnesii carbonici 5,0
Tincturae Asae foetidae 7,5
Tincturae Opii simplicis 1,0
Sacchari 10,0
Aquae q. s. ad 100,0 ccm.

Umgeschüttelt täglich 3—4mal 20 Tropfen bei Diarrhoe der Kinder.

**Pulvis aerophorus cum Magnesia.**

Magnesia-Brausepulver (Ergänzb.).

Rp. Acidi tartarici 1,0
Elaeosacchari Citri 2,0
Sacchari pulv. 3,0
Magnesii carbonici 4,0.

**Pulvis antacidus** VOGLER.

Rp. Magnesii carbonici 5,0
Radicis Ipecacuanhae 0,25
Sacchari 40,0
Olei Citri gtt. VIII.

Täglich 3—4mal ein kleiner Theelöffel bei übermässiger Magensäure.

**Pulvis ecphracticus** SELLE.

Rp. Florum Chamomillae
Elaeosacchari Foeniculi
Magnesii carbonici
Rhizomatis Rhei
Sulfuris depurati
Tartari depurati āā 5,0.

Täglich 1—2 Theelöffel voll.

**Pulvis Infantum citrinus.**

Pulvis anodynus citrinus. Gelbes Beruhigungspulver. Gelbes Kinderpulver.

Rp. Pulveris Magnesiae cum Rheo 20,0
Croci pulverati 1,0.

**Pulvis Infantum Hufelandi,**

HUFELAND's Kinderpulver (Ergänzb.). Pulvis carminativus HUFELAND.

Rp. Magnesii carbonici
Radicis Valerianae pulv. āā 10,0
Rhizomatis Iridis pulv. 15,0
Fructus Anisi pulv. 4,0
Croci pulv. 1,0.

**Pulvis Infantum** ROSENSTEIN.

Rp. Magnesii carbonici 20,0
Rhizomatis Iridis Florentinae 10,0
Fructus Carvi 15,0
Croci 2,5.

**Pulvis Infantum** VATER.

Rp. Magnesii carbonici
Fructus Foeniculi
Rhizomatis Iridis Florentinae
Tuberis Jalapae āā 5,0
Kalii sulfurici 2,5
Sacchari albi 15,0
Olei Anisi gtt. V.

Täglich 1—2mal zwei Messerspitzen mit Zuckerwasser zu geben.

**Pulvis puerorum** ROSENSTEIN.

Rp. Magnesii carbonici 8,0
Rhizomatis Iridis florentinae 4,0
Fructus Carvi 6,0
Croci 1,0.

**Pulvis puerorum** HEUSLER.

Rp. Magnesii carbonici
Saponis medicati
Rhizomatis Rhei
Sacchari albi āā 15,0
Olei Foeniculi gtt. V.

**Tablettes de carbonate de magnésie** (Gall.).

Rp. Magnesii carbonici 20,0
Sacchari albi 80,0
Mucilaginis Tragacanthae q. s.

Fiant pastilli No. 100.

# Magnesium citricum.

**I. Magnesium citricum.** (Austr. Ergänzb.). **Magnesiumcitrat. Citronensaure Magnesia. Citrate de magnésie** (Gall.). **Magnesii Citras. $(C_6H_5O_7)_2 . Mg_3 + 14 H_2O$. Mol. Gew. = 702.**

Neutralisirt man Citronensäure mit Magnesiumkarbonat oder Magnesiumoxyd oder Magnesiumhydroxyd, so scheidet sich aus der wässerigen Lösung ein wasserhaltiges Magnesiumcitrat obiger Zusammensetzung aus. Dasselbe ist in Wasser ziemlich langsam, aber immerhin löslich. Seine Löslichkeit wird befördert durch Anwesenheit freier Citronensäure oder von Citraten. Verliert dieses Magnesiumcitrat aber sein Krystallwasser, so ist es in Wasser erheblich schwieriger löslich. Man muss daher, um ein lösliches Präparat zu erzielen, dafür sorgen, dass demselben sein Wassergehalt erhalten bleibt. Das im Nachstehenden beschriebene ist das amorphe, leichtlösliche Salz.

***Darstellung.*** **1)** (Austr. und Gall.). 50,0 g Citronensäure werden in einer Porcellanschale mit 150,0 g Wasser zum Sieden erhitzt, worauf man nach und nach unter Umrühren 35,0 g Magnesiumsubkarbonat einträgt. Die Lösung bleibt $^1/_4$ Stunde im Wasserbade stehen, dann werde sie noch heiss filtrirt und 24—36 Stunden lang an einen kalten Ort gebracht. Die nach dieser Zeit ausgeschiedene, käseartig aussehende Masse ist in einem Tuche durch Auspressen von der Flüssigkeit zu befreien, bei einer 25° C. nicht übersteigenden Temperatur zu trocknen, schliesslich zu Pulver zu zerreiben. — **2)** (Ergänzb.) 6 Th. gebrannte Magnesia, 20 Th. mittelfein gepulverte Citronensäure und 7 Th. Wasser werden in einem Porcellanmörser gemischt und zu einem Teig verrieben, welchen man ohne Anwendung von Wärme (!) erhärten lässt und sodann zu Pulver zerreibt.

***Eigenschaften.*** Ein weisses Salzpulver von schwach bitterlichem, nicht saurem Geschmack, in 2 Th. Wasser klar und vollständig löslich zu einer neutralen oder blaues Lackmuspapier nur schwach röthenden Flüssigkeit. Es verkohlt beim Glühen und hinterlässt einen Rückstand, der mit salzsäurehaltigem Wasser ausgezogen ein Filtrat liefert welches beim Uebersättigen mit Ammoniumkarbonatlösung klar bleibt, bei darauf folgendem Zusatz von Natriumphosphatlösung aber einen weissen Niederschlag abscheidet.

***Prüfung.*** **1)** Wird die wässerige Lösung (1 = 5) mit verdünnter Essigsäure angesäuert, so darf auf Zusatz von Kaliumacetatlösung ein krystallinischer Niederschlag nicht entstehen (Weinsäure). — **2)** Die mit Ammoniumchlorid und etwas Ammoniakflüssigkeit versetzte wässerige Lösung (1 = 5) darf durch Schwefelwasserstoff weder gefärbt noch gefällt (Metalle, namentlich Blei und Eisen) und durch Ammoniumoxalatlösung nicht getrübt werden (Calcium). —

***Aufbewahrung.*** An einem kühlen Orte in dicht verschlossenen Gefässen (Korkstopfen!) um dem Präparat seine Löslichkeit zu erhalten.

***Anwendung.*** Magnesiumcitrat wirkt in Gaben von 5—10—15—20 g als ein angenehm zu nehmendes, mildes Abführmittel. Das vorstehende trockne Salz wird meist in Pulvermischungen gegeben, ist übrigens gegenwärtig meist in der Form des folgenden Brausesalzes im Gebrauche. Wo Lösungen häufiger verordnet werden, kann man eine solche mit 20 Procent Magnesiumcitrat nach folgender Vorschrift vorräthig halten.

**Liquor Magnesii citrici, 20 Proc. Flüssiges Magnesiumcitrat.** In eine kalte Lösung von 17,5 krystallisirter Citronensäure in 80,0 destillirtem Wasser werden unter Umrühren 5,0 gebrannte Magnesia nach und nach eingetragen, nach Verlauf einer Viertelstunde filtrirt. Das Filtrat betrage 100,0. Es enthält 20,0 amorphes Magnesiumcitrat.

**II. Magnesium citricum effervescens** (Austr. Germ. Helv.). **Poudre pour limonade sèche au citrate de magnésie** (Gall.). **Magnesii Citras effervescens** (U-St.). **Brause-Magnesia. Brausendes Magnesiumcitrat.** Es ist diejenige Form, in welcher das Magnesiumcitrat am häufigsten verordnet wird, weil es in dieser Zubereitung seine Löslichkeit bewahrt und zwar infolge der Gegenwart von freier Citronensäure, von Citraten bez. Tartraten und von Zucker.

***Darstellung.*** Austr. Germ. U-St.: 5 Th. Magnesiumkarbonat, 15 Th. zerriebene Citronensäure und 2 Th. Wasser werden gemischt, bei nicht über 30° C. ausgetrocknet und gepulvert. Man mischt nun hinzu 4 Th. Zucker, 17 Th. Natriumbikarbonat und 8 Th. Citronensäure (Austr. an Stelle der letzteren = 8 Th. Weinsäure). Diese Mischung wird durch tropfenweisen Zusatz von Weingeist in eine krümlige Masse verwandelt, welche durch einen verzinnten Durchschlag gerieben und so granulirt wird. Gall.: Man mischt 6,5 Th. Magnesiumoxyd, 6 Th. Magnesiumsubkarbonat, 30 Th. Citronensäure, 60 Th. Zucker und 1,0 Th. Citronenessenz (Spiritus Citri s. Bd I S. 861) zu einem Pulver. Helv.: Citronensäure gepulvert 100,0, Wasser 30,0, Magnesiumsubkarbonat 64,0. Die Säure wird in einer weiten Porcellanschale auf dem Dampfbade in dem Wasser gelöst; dann wird das Magnesiumsubkarbonat beigemengt. Nach scharfem Trocknen wird die Masse granulirt.

Das brausende Magnesiumcitrat wird, nachdem es in gelinder Wärme gut ausgetrocknet ist, in gut verschlossenen Gefässen aufbewahrt. Man überzeuge sich von Zeit zu Zeit, ob es noch braust. — Man giebt es als mildes, leicht zu nehmendes Abführmittel in Dosen von 10—15—20 g.

**Magnesium citricum effervescens cum Ferro. Granella aërophora cum Magnesia citrica et Ferro. Eisenhaltiges Magnesiumcitrat in Granellen.** Folgende Substanzen werden als Pulver gemischt: 30,0 Natriumbikarbonat, 20,0 krystallisirtes Magnesiumkarbonat, 20,0 Citronensäure, 20,0 Weinsäure und 3,0 Ferriammoniumcitrat. Dieses Pulvergemisch wird in einem porcellanenen Kasserol im Wasserbade unter Umrühren erwärmt, bis eine krümlige oder körnige Masse entstanden ist, welche man durch wiederholtes Abschlagen in einem Durchschlage aus Weissblech (mit 1,0—1,5 mm weiten Löchern) und vorsichtiges Zerreiben der grösseren Klümpchen in die Granellenform (Körnerform) überführt.

Man giebt sie zu 3,0—5,0—7,0 zwei- bis dreimal täglich, indem man die Dosis auf die Zunge giebt und Wasser nachtrinkt.

**III. Magnesiumcitrat-Limonaden. Potio Magnesii citrici effervescens** (Austr.). **Limonada purgans cum Magnesio citrico** (Ergänzb.). **Limonata aërata laxans** (Helv.). **Abführlimonade. Limonade purgative au citrat de magnésie** (Gall.).

Die Bereitung dieser Limonaden erfolgt in der Weise, dass man die vorgeschriebene Menge Citronensäure und Magnesiumcitrat in Wasser unter Erwärmen löst und die Lösung nach dem Erkalten (!) möglich blank filtrirt. Dann bringt man in eine $^1/_2$-Champagnerflasche das vorgeschriebene Natriumbikarbonat thunlichst in Stücken, nicht als Pulver bringt auf dieses die aromatischen Zuthaten und den Sirup. (Man wendet Zuckersirup und nicht Zuckerpulver an, um blanke, appetitliche Limonaden zu erhalten.) Schliesslich schichtet man die vorher erhaltene saure Magnesiumcitratlösung auf den Sirup, füllt die Flasche, wenn nöthig mit Wasser voll, verkorkt sofort und verbindet den Kork mit Bindfaden oder Draht.

Die Vorschriften der Pharmakopöen sind:

| | Austr. | Gall. | Ergänzb. | Helv. | |
|---|---|---|---|---|---|
| Acidi citrici | 12,0 | 30,0 | 32,0 | 35,0 | Zu $^1/_2$ Liter aufzufüllen. |
| Magnesii carbonici | 7,0 | 16,0 | 20,0 | 20,0 | |
| Aquae calidae | 300,0 | 300,0 | 300,0 | q. s. | |
| Sind zu lösen und kalt zu filtriren. Die folgenden zwei sind zu Oelzucker zu verreiben. | | | | | |
| Sacchari albi | 40,0 | — | 1,0 | | |
| Olei Citri | gtt. 1. | — | $^1/_2$ gtt. | | |
| Sirupi Sacchari | — | 100,0 | 50,0 | | |
| Sirupi Citri | — | — | — | 50,0 | |
| Natrii bicarbonici | 1,5 | 4,0 | 2,5 | 2,0 | |
| Spiritus Citri (s. Bd. I, S. 861.) | — | 1,0 | — | | |

Diese Limonaden dürfen nicht lange aufbewahrt werden, weil erstlich das gelöste Magnesiumcitrat doch allmählich unlöslich wird und weil gerade diese Limonaden unerwünschten Gährungen ausgesetzt sind. Z. B. unterliegen sie häufig der schleimigen Gährung. Der Inhalt der Flaschen ist alsdann in einen zähen Schleim verwandelt, der sich in meterlange Fäden ziehen lässt. — Man bereite sie also entweder jedesmal frisch oder bewahre sie nur wenige Tage an einem kühlen Ort auf und probire täglich den Inhalt einer Flasche auf seine Brauchbarkeit.

**IV. Magnesium boro-citricum** (Ergänzb. Hamb. V.). **Magnesiumborocitrat.**

***Darstellung.*** 3 Th. gebrannte Magnesia, 3 Th. mittelfein gepulverte Borsäure und 10 Th. mittelfein gepulverte Citronensäure werden gemischt und mit 4 Th. Wasser zu einem Teige angerührt, welcher in kurzer Zeit erhärtet. Nachdem dies geschehen, werde die Masse zu Pulver zerrieben.

***Eigenschaften.*** Ein mittelfeines, weisses Salzpulver von schwach bitterlichem Geschmacke und schwach saurer Reaktion. Beim Erhitzen bläht es sich auf, dann verkohlt es. Uebergiesst man den kohligen Rückstand mit salzsäurehaltigem Wasser, filtrirt und übersättigt die Flüssigkeit mit Ammoniumkarbonat, so bleibt sie klar, und erst auf nunmehrigen Zusatz von Natriumphosphatlösung entsteht ein weisser, krystallinischer Niederschlag. — Mit wenig Wasser bildet das Salzpulver eine dickliche Lösung, in der mehrfachen Menge Wasser löst es sich klar auf. — Uebergiesst man eine kleine Probe des Salzes mit etwas verdünnter Schwefelsäure und einigen ccm Weingeist, so brennt die entzündete Mischung mit grüngesäumter Flamme.

***Prüfung.*** 1) Die Lösung von 1 g des Präparates in 2 ccm Wasser soll nach dem Ansäuern mit Essigsäure auf Zusatz von 1 ccm Kaliumacetatlösung auch beim Schütteln klar bleiben (Weinsäure). — 2) Wird der Glührückstand von 1 g des Präparates mit verdünnter Salzsäure ausgezogen, so darf das Filtrat beim Uebersättigen mit Ammoniumkarbonatlösung sich nicht trüben (Calciumsalz).

***Anwendung.*** Das Präparat galt einige Zeit als ein gutes Mittel, um die Ausscheidung der Harnsäure aus dem Organismus zu befördern. Man gab es also bei den auf Harnsäureablagerung beruhenden gichtischen Leiden, auch zur Auflösung von Harnsteinen in Gaben von 1—2—3 g mehrmals täglich.

---

# Magnesium lacticum.

**Magnesium lacticum** (Ergänzb.). **Magnesiumlactat. Milchsaure Magnesia. Lactate de magnésie. Magnesii Lactas.** $(C_3H_8O_3)_2Mg + 3H_2O$. **Mol. Gew. = 256.**

***Darstellung.*** Man verdünnt in einer Porcellanschale 50 Th. Milchsäure (von 75 Proc., spec. Gew. = 1,21—1,22) mit 500 Th. destillirtem Wasser, erhitzt die Mischung im Wasserbade und versetzt sie allmählich unter Umrühren mit 25 Th. oder einem kleinen Ueberschuss von Magnesiumsubkarbonat. Man erhitzt alsdann zur Vertreibung der Kohlensäure noch etwa $^1/_2$ Stunde bei ca. 80° C. und filtrirt die Lösung mit Hilfe eines Warmwassertrichters durch Papier, wäscht auch mit etwas siedendem Wasser nach. Dann stellt man das Filtrat, wenn erforderlich, auf äusserst schwach saure Reaktion ein, dampft es auf ca. 300 Th. oder bis zum Erscheinen der Salzhaut ein und stellt es zur Krystallisation an einen kühlen Ort, oder man überdreht die Schale mit Papier und lässt den Inhalt an einem warmen Orte vollständig eintrocknen.

***Eigenschaften.*** Farblose, säulenförmige Krystalle oder weissliche, krystallinische Krusten, welche kaum merklich bitter schmecken und sich in ungefähr 30 Th. Wasser von gewöhnlicher Temperatur oder in 3,5 Th. siedendem Wasser auflösen. In Weingeist sind sie unlöslich. Das Salz ist luftbeständig, beim Glühen verkohlt es. Die wässerige Lösung (1 = 50) ist neutral und bleibt auf Zusatz von Ammoniumkarbonatlösung klar, auf weiteren Zusatz von Natriumphosphatlösung aber entsteht ein weisser, krystallinischer Niederschlag.

***Prüfung.*** 1) Die wässerige Lösung (1 = 50) werde weder durch die Lösungen von Ammoniumkarbonat (Calciumsalze) oder Bleiacetat (Sulfate und Verunreinigungen durch Salze anderer organischer Säuren), noch durch Schwefelwasserstoff (Metalle, wie Blei, Kupfer) verändert, durch letzteres auch nicht nach vorherigem Zusatz von Ammoniakflüssigkeit (Eisen). — **2)** 100 Th. Magnesiumlactat sollen bei vollständiger Veraschung 15—16 Th. Rückstand, aus Magnesiumoxyd bestehend, hinterlassen. Theoretisch hinterbleiben bei vollständiger Veraschung 15,6 Proc. Magnesiumoxyd. Das wasserfreie Salz würde 19,8 Proc. Magnesiumoxyd hinterlassen.

***Aufbewahrung.*** In wohl verschlossenen Glasgefässen, um die Verdunstung des Krystallwassers zu verhüten.

***Anwendung.*** Das Magnesiumlactat gilt als ein mildes Abführmittel und wird gelegentlich zu 1,0—2,0—3,0 g drei- bis viermal des Tages in Lösung oder Pulver gegeben.

**Trochisci Lactatis Natro-Magnesii cum Pepsino**
(BURIN-DUBUISSON).

Rp. Magnesii lactici
Natrii lactici ää 3,3
Sacchari albi 90,0
Pepsini puri 3,0
Tragacanthae 0,4
Aquae q. s.

Fiant trochisci No. 100.

Täglich vor jeder Mahlzeit 2—5 Pastillen (als Digestivum).

**Trochisci Lactatum Magnesii et Natrii**
PÉTREQUIN et BURIN-DUBUISSON.
Pastilles de BUISSON.

Rp. Magnesii lactici
Natrii lactici ää 5,0
Sacchari albi 90,0
Tragacanthae 0,25
Aquae q. s.

Fiant trochisci No. 100. Jedes derselben enthält 0,1 g Magnesiumlactat.

Täglich mehrere Male 2—3 Pastillen (bei Dyspepsie und Gastralgie).

---

# Magnesium oxydatum.

Dieses Präparat kommt ebenso wie das Magnesiumsubkarbonat in einer specifisch leichteren und einer specifisch schwereren Form im Handel vor.

## I. Magnesium oxydatum leve.

**Magnesium oxydatum** (Aust. Helv.). **Magnesia usta** (Germ.). **Magnésie calcinée** (Gall.). **Magnesia levis** (Brit.). **Magnesia** (U.St.). **Gebrannte Magnesia. Calcinirte Magnesia. Light Magnesia. MgO. Mol. Gew. = 40.**

***Darstellung.*** Man zerbröckelt die im Handel vorkommenden, backsteinförmigen Stücke des Magnesiumkarbonats, und stampft sie mittels eines Pistills in einen hessischen Tiegel oder ein unglasirtes (!) irdenes Gefäss ein. Dieses Gefäss bez. der Tiegel wird mit einem Deckel bedeckt und nun in einem Windofen so lange erhitzt, bis eine aus der Mitte (!) des Tiegels entnommene Probe nach dem Anschütteln mit Wasser auf Zusatz von verdünnter Schwefelsäure nicht mehr aufbraust. Man lässt dann erkalten und füllt die gebrannte Magnesia thunlichst bald in trockene, nicht zu weithalsige Gefässe, welche mit guten Korken verschlossen werden.

***Eigenschaften.*** Die gebrannte Magnesia bildet ein schneeweisses, sehr zartes, lockeres, schwach alkalisches, in Wasser fast unlösliches (die Löslichkeit wird 1 : 55000 angegeben), geruchloses, etwas erdig schmeckendes Pulver, welches in der Rothglühhitze sich nicht verändert und sich in verdünnten Säuren ohne Aufbrausen löst. Aus der Luft zieht sie allmählich Feuchtigkeit und Kohlensäure an und wird zum Theil zu Magnesiumkarbonat. Mit 10—12 Th. Wasser angerührt, gesteht sie nach einigen Tagen zu einer breiigen Masse, welche Magnesiumhydroxyd $Mg(OH)_2$ enthält. Ihr spec. Gewicht bewegt sich zwischen 2,75 und 3,25.

***Prüfung.*** **1)** 0,5 g Magnesiumoxyd werden mit 20 ccm Wasser zum Sieden erhitzt. Nach dem Erkalten wird filtrirt; das klare Filtrat darf nur schwach alkalisch reagiren, und 5 ccm desselben dürfen nur einen äusserst geringen Rückstand hinterlassen. Ein erheblicher Rückstand wäre näher zu untersuchen und wird in der Regel aus Natriumkarbonat bestehen. — **2)** 5 ccm des vorigen Filtrates dürfen nach Zusatz von Ammoniumoxalatlösung innerhalb 5 Minuten nicht mehr als opalisirend getrübt werden. (Spuren von Calciumoxyd sind zuzulassen.) — **3)** Wird die auf dem Filter (zu 1) zurückgebliebene Magnesia mit Wasser vermischt und in 5 ccm verdünnte Essigsäure gegossen, so dürfen sich nur vereinzelte Gasbläschen zeigen, die Magnesia darf also Magnesiumsubkarbonat nur in geringen Mengen enthalten. — **4)** 0,5 g Magnesiumoxyd sollen sich in

10 ccm verdünnter Essigsäure ohne Färbung auflösen. Diese Lösung werde durch Schwefelwasserstoffwasser nicht verändert (weisser Niederschlag = Zinksulfid) und darf weder durch Baryumnitratlösung (Sulfate), noch, nach Zusatz von Salpetersäure, durch Silbernitratlösung nach 5 Minuten mehr als opalisirend getrübt werden (Chloride). Spuren von Magnesiumsulfat und Magnesiumchlorid sind in den meisten Präparaten enthalten und müssen mit in den Kauf genommen werden. — **5)** Löst man 1 g Magnesiumoxyd in einer Mischung von 5 ccm Salzsäure und 15 ccm Wasser auf, so soll diese Lösung durch Zusatz von 0,5 ccm Kaliumferrocyanidlösung nicht sofort (!) gebläut werden (Eisenverbindungen).

Auf einen Gehalt an Schwefelverbindungen (Sulfiden) prüft man, indem man die mit Wasser angerührte Magnesia in eine durch Essigsäure stark angesäuerte Bleiacetatlösung einträgt. Dunkle Färbung oder dunkler Niederschlag ist auf Gegenwart von Sulfiden zu deuten.

***Aufbewahrung.*** Da die gebrannte Magnesia aus der Luft Kohlensäure und Wasser aufnimmt und hierdurch in basisches Magnesiumkarbonat übergeht, so ist sie in gut geschlossenen, nicht zu grossen Gefässen aufzubewahren. Glasstopfen schliessen nicht hinreichend dicht. Am besten haben sich Flaschen mit engem Halse und Korkverschluss mit Paraffindichtung bewährt. Die Dispensation erfolgt in Pulverflaschen mit Korken. wohl auch in Papierschachteln.

Austr. schreibt vor: Von der gebrannten Magnesia sollen (zur Bereitung des Arsenik-Antidots) stets mindestens 150 g vorräthig sein. Sie ist in geeigneten Zwischenräumen auf einen Kohlensäuregehalt zu prüfen. Im Falle sie kohlensäurehaltig befunden wird, ist sie einer mässigen Glühhitze zu unterwerfen.

***Anwendung.*** Aeusserlich in Zahnpulvern und als Streupulver bei Wundsein. Innerlich als säureabstumpfendes Mittel bei Magenbeschwerden und als gelindes Abführmittel namentlich für Kinder und schwächliche Personen. Als Antidot wird es gegeben bei Vergiftungen mit Säuren, arseniger Säure. Im letzteren Falle beruht die Wirkung auf der Bildung von unlöslichem Magnesiumarsenit. In der Analyse benutzt man das Magnesiumoxyd im frisch ausgeglühten Zustande zur Bestimmung des Ammoniaks: s. Bd. 1, S. 258. Hierzu genügt die vorstehend beschriebene, officinelle Sorte. Zur Schwefelbestimmung nach Eschka bedarf man der ablolut reinen Sorte, s. w. unten.

**II. Magnesium oxydatum ponderosum. Magnesia usta ponderosa. Magnesia ponderosa** (Brit. U-St.). **Schwere gebrannte Magnesia. Heavy Magnesia. Henry-Magnesia.**

Sie wird dargestellt, indem man das schwere Magnesiumsubkarbonat der beschriebenen Glüh-Operation aussetzt. Ein specifisch dichtes, feines weisses Pulver von den Eigenschaften des vorigen. Es unterscheidet sich von demselben dadurch, dass es nicht mit gleicher Leichtigkeit sich mit Wasser zu Magnesiumhydroxyd verbindet. Die dichte Sorte darf deshalb auch nicht zur Bereitung der Magnesia-Milch als Arsenik-Antidot verwendet werden.

**III. Magnesium hydroxydatum.** Die reine Verbindung wird durch Fällen einer Magnesiumsulfatlösung durch Natronlauge und gründliches Auswaschen des Niederschlages und zwar zunächst durch Dekanthiren und später auf dem Filter oder Colatorium dargestellt. Will man es in Pulverform darstellen, so presst man es ab und trocknet es zunächst bei gelinder Wärme, schliesslich bei 100° C. — In der Regel aber benutzt man eine Anschwemmung mit Wasser, wie eine solche z. B. von der Pharm. Germ. II als *Magnesium hydricum pultiforme* zur massanalytischen Bestimmung des Bittermandelwassers aufgenommen war. Zu antidotischen Zwecken bereitet man das Magnesiumhydroxyd in der Regel durch Anrühren von Magnesiumoxyd mit Wasser. Hierbei muss betont werden, dass nur die leichte Magnesia (nicht auch die schwere) sich mit Wasser rasch zu Magnesiumhydroxyd verbindet und dass diese Verbindung durch Erwärmen befördert wird. Aber auch bei der leichten Magnesia wird der Uebergang in Magnesiumhydroxyd verzögert, wenn sie zu lange oder zu stark geglüht und infolgedessen dichter geworden ist.

**Magnesium hydroxydatum in Aqua. Antidotum Arsenici albi** (Austr.) 75 g leichte gebrannte Magnesia und 500 g warmes Wasser sind unter Schütteln in einer festverschlossenen Flasche im Bedarfsfalle zu mischen und zu verabfolgen.

**Magnésie hydraté** (Gall.). Man vertheilt leichte gebrannte Magnesia in der 20 bis 30fachen Menge Wasser und erhitzt diese Mischung während 20 Minuten zum Sieden. Dann bringt man sie auf ein leinenes Colatorium, lässt die Flüssigkeit vollständig ablaufen und trocknet den Rückstand bei 50° C., bis er nicht mehr an Gewicht verliert. Er enthält alsdann etwa 31 Proc. Wasser.

---

**Magnesiumoxyd absolut schwefelsäurefrei.** Für einige analytische Arbeiten, z. B. zur Bestimmung des Schwefels nach ESCHKA, bedarf man einer absolut schwefelsäure und schwefelfreien Magnesia, die man durch Fällen von Magnesiumnitrat mit Natriumkarbonat u. s. w. darstellt. Zur Prüfung werden 3 g mit wenig verdünnter Salzsäure gelöst, die Lösung wird mit Wasser auf 100 ccm aufgefüllt und in der Siedehitze mit Baryumchlorid versetzt: nach 12stündigem Stehen darf sich keine Ausscheidung von Baryumsulfat zeigen.

**Lac Magnesiae** MIALHE.

Médecine blanche MIALHE.

Rp. Magnesiae ustae 10,0
Aquae destillatae fervidae 70,0
Sirupi Aurantii florum 70,0.

Bei Arsen-, Metall-, und Säurevergiftungen, ferner als Abführmittel. Die Mischung wird nach einiger Zeit gelatinös.

**Magnesium hydricum pultiforme.**

Rp. 1. Magnesii sulfurici cryst. 30,0
2. Aquae destillatae 200,0
3. Liquoris Natrii caustici q. s.

Man löst 1 in 2, filtrirt und fällt mit einem Ueberschuss von 3. Der völlig ausgewaschene Niederschlag wird mit Wasser auf ein Gesammtgewicht von 100 gebracht.

**Mixtura antacida** LUEDECKE.

Rp. Magnesiae ustae 12,0
Olei Amygdalarum
Gummi arabici āā 15,0
Aquae destillatae 60,0.

Bei Vergiftungen durch Mineralsäuren.

**Pasta Cacao cum Magnesia.**

Chocolat à la magnésie de DESBRIERRES.

Rp. 1. Massae cacaotinae 30,0
2. Magnesiae ustae 10,0.

Man schmilzt 1 in mässiger Wärme, mischt 2 zu und formt eine Tafel.

**Pulvis antiepilepticus** BALDINGER.

Rp. Magnesiae ustae 5,0
Foliorum Aurantii
Rhizomatis Rhei
Visci albi āā 2,0

Täglich dreimal eine Messerspitze voll.

**Pulvis aperiens** GREGOR.

Rp. Magnesiae ustae 5,0
Rhizomatis Rhei 1,5
Rhizomatis Zingiberis 0,5.

Doses tales III. Alle drei Tage morgens 1 Pulver.

**Pulvis dentifricius** HEISE.

Rp. Magnesiae ustae 10,0
Ossis Sepiae 50,0
Rhizomatis Calami 25,0
Ligni Santali rubri 15,0
[Olei Menthae piperitae
Olei Geranii āā 2,0].

**Trochisci Magnesiae ustae.**

I. Pastilli Magnesiae ustae (Ergänzb.).
Trochisci parvi.

Rp. Magnesiae ustae 1,0 g
Massae Cacao saccharatae 9,0 g.

Man mische unter Erwärmen und forme 10 Pastillen.

II. Trochisci magni.

Rp. Magnesiae ustae 100,0
Massae cacaotinae saccharatae 200,0.

Man forme 100 Pastillen. Mit Zucker bereitete Magnesia-Pastillen werden nach längerer Aufbewahrung feucht und weich.

---

# Magnesium phosphoricum.

**Magnesium phosphoricum. Magnesiumphosphat. Phosphorsaure Magnesia. Phosphate de magnésie. Magnesii Phosphas. $MgHPO_4 + 3H_2O$. Mol. Gew. = 174.**

***Darstellung.*** Filtrirte Lösungen von 100,0 des krystallisirten Dinatriumorthophosphats ($Na_2HPO_4 + 12H_2O$, *Natrium phosphoricum* der Germ. IV) in 400,0 destillirtem Wasser und von 60,0 krystallisirtem Magnesiumsulfat in 180,0 destillirtem Wasser werden gemischt und an einen kalten Ort (8—12° C.) gestellt. Nach Verlauf einiger Tage werden die zarte Prismen darstellenden Krystalle in einem Colatorium gesammelt, mit etwas Wasser abgewaschen und anfangs an einem schwach lauwarmen Ort ausgebreitet, bis sie verwittert sind, dann an einem wärmeren Orte völlig getrocknet und zu Pulver zerrieben aufbewahrt.

***Eigenschaften.*** Das Magnesiumphosphat ist ein sehr weisses Pulver von schwach erdig-bitterlichem Geschmack, welches im Wasserbade erwärmt höchstens 5 Proc. am Gewicht verliert, löslich in 350 Th. kaltem Wasser, damit eine neutrale Lösung gebend. Diesem verwitterten Salze kommt die oben angeführte Formel zu.

***Anwendung.*** Das Magnesiumphosphat wird zu 1,0—2,0—4,0 zwei- bis dreimal täglich als mildes Laxans in Pulvermischungen gegeben. Man hat es auch bei Rhachitis versucht.

---

# Magnesium salicylicum.

**Magnesium salicylicum. Magnesiumsalicylat. Salicylsaure Magnesia. Salicylate de magnésie. Magnesii Salicylas.** $(C_6H_4(OH)CO_2)_2 \cdot Mg + 4H_2O$. **Mol. Gew. = 370.**

***Darstellung.*** In eine geräumige Porcellanschale bringt man 200 Th. destillirtes Wasser und 14 Th. Salicylsäure und erwärmt auf dem Wasserbade. In die heisse Flüssigkeit trägt man unter Umrühren allmählich 5 Th. möglichst eisenfreies Magnesiumsubkarbonat ein und erhitzt, bis die Kohlensäureentwickelung beendet ist. Alsdann prüft man eine abfiltrirte Probe mittels Lackmuspapier auf ihre Reaktion. Ist dieselbe sauer, so fügt man weiterhin soviel Magnesiumsubkarbonat zu, dass die Reaktion annähernd neutral wird. Ist dies der Fall, so wird die erkaltete Flüssigkeit filtrirt; alsdann säuert man dieselbe mit Salicylsäure deutlich an, filtrirt event. nochmals klar ab, dampft ein und bringt zur Krystallisation. Durch Umrühren während des Erkaltens erhält man ein feines Krystallpulver, welches zu sammeln und durch Absaugen mit der Strahlpumpe von der anhaftenden Mutterlauge zu befreien ist. Da das Magnesiumsalicylat leicht übersättigte Lösungen bildet, so hat man beim Abdampfen den richtigen Zeitpunkt durch Versuche abzupassen. Die Darstellung im kleinen Massstabe ist wegen der Koncentration der Mutterlauge nicht lohnend, auch fallen die selbst dargestellten Präparate meist etwas röthlich aus.

***Eigenschaften.*** Magnesiumsalicylat bildet farblose oder schwach röthliche, luftbeständige Krystalle, welche in Wasser (1 : 10) und auch in Alkohol löslich sind. Die wässerige Lösung schmeckt süss-bitterlich und reagirt deutlich sauer. Salzsäure bringt in derselben eine reichliche Ausscheidung von Salicylsäurekrystallen hervor, durch Eisenchlorid entsteht auch schon in der verdünnten Lösung intensiv violette Färbung. Wird zur wässerigen Lösung Ammoniak, darauf Ammoniumchlorid bis zum Verschwinden der anfänglich entstandenen Trübung zugesetzt, so erfolgt auf Zusatz von Natriumphosphat krystallinische Ausscheidung von Ammoniummagnesiumphosphat.

Beim Erhitzen auf etwas über 100° C. entweicht das Krystallwasser unter Hinterlassung des wasserfreien Salzes. Das letztere verbrennt auf dem Platinblech unter Hinterlassung eines weissen Rückstandes von Magnesiumoxyd, MgO. Das krystallisirte Salz der Formel $Mg(C_7H_5O_3)_2 + 4H_2O$ hinterlässt beim Glühen 10,81 % MgO.

***Prüfung.*** 1) 1 Th. Magnesiumsalicylat gebe mit 10 Wasser eine klare Lösung (Trübung durch basisches Salz), welche deutlich sauer reagirt und die vorher angegebenen Reaktionen zeigt. — 2) Diese wässerige Lösung werde nach dem Ansäuern mit Salpetersäure und Filtriren weder durch Silbernitrat (Chloride) noch durch Baryumchlorid (Sulfate) verändert. — 3) Werden 10 ccm der Lösung mit 10 ccm Aether ausgeschüttelt, so darf nach dem Verdunsten der ätherischen Schicht nur ein sehr geringer Rückstand hinterbleiben. (Freie Salicylsäure.)

***Anwendung.*** Nach Huchard soll das Magnesiumsalicylat ein ausgezeichnetes Mittel bei Abdominaltyphus sein. Mit dem hierbei gleichfalls angewendeten Wismutsalicylat theilt es die durch den Salicylsäuregehalt bedingte antiseptische Wirkung, während es im Gegensatz zu dem genannten Wismutsalz nicht styptisch, sondern eher etwas entleerend wirkt. Durch diese diarrhoische Wirkung wird der Darm von infektiösen

Stoffen befreit. Er empfiehlt es in Dosen von 3—6 g täglich. Selbst in Fällen von reichlicher Diarrhoe soll seine Anwendung nicht kontraindicirt sein, da erst bei erhöhten Dosen (von 6—8 g) leichte laxative Erscheinungen auftreten.

---

# Magnesium silicicum.

**I. Magnesium silicicum. Magnesia hydrico-silicica. Magnesiasilicat. Kieselsaure Magnesia.** Wird durch Fällung einer Magnesiumsulfatlösung mittels verdünnten Kaliwasserglases, Auswaschen und Trocknen des Niederschlages dargestellt. Dieses Silicat ist ein weisses leichtes, in Wasser kaum lösliches geschmackloses Pulver, welches als antidiarrhoisches Mittel bei endemischer Cholera in Gaben zu 1,0—1,5—2,0 alle drei Stunden Anwendung fand.

**II. Talcum.** (Austr. Germ. Helv.). **Talcum Venetum. Talkstein. Speckstein. Talc** (Gall.). **Talc de Vénise. Craie de Briançon.** Ist ein Mineral, aus Magnesiumsilicat (ca. 64 Proc. Magnesiumoxyd und 36 Proc. Kieselsäure) bestehend, von annähernd 2,7 spec. Gew. Für den pharmaceutischen und kosmetischen Gebrauch wird nur der weisse Talkstein benutzt und als ein feines Pulver vorräthig gehalten. Dieses Pulver ist fettig anzufühlen, sehr zart und weich. Unter dem Mikroskop erscheinen die Partikel des Pulvers als farblose, durchsichtige Plättchen.

Der feingepulverte Talkstein ist ein unschädliches Schminkmittel und deshalb ein gewöhnlicher Bestandtheil der weissen und rothen Schminken. Er hält die Haut geschmeidig. Man gebraucht ihn als Einstreupulver in Stiefel und Handschuhe, als Zusatz zu Seifen, Maschinenschmiermitteln.

Da der ganze Stein sich auf der Drehbank leicht behandeln lässt, so macht man daraus Stopfen für Säuregefässe und Chlorentwickelungsapparate, auch Gasbrenner (Speckstein Brenner).

Eine sehr weisse und weichere Art Talkstein kommt als Briançoner oder Französische Kreide (Schneiderkreide) in den Handel zum Zeichnen auf Tuch, Seide, Leder, Glas etc. Das spec. Gew. derselben ist ca. 2,5.

In der Pharmacie wird der gepulverte Talkstein bisweilen zum Bestreuen der Pillen, auch als Klärmittel gebraucht. Als Volksmittel findet er als Streupulver auf wunde Hautstellen und bei Verbrennungen Anwendung.

**Aphanizon.** Ein Brei, bestehend aus Speckstein und Kaolin mit Alkohol angerührt und mit Nitrobenzol parfümirt. In Zinntuben eingeschlossen. Fleckenreinigungsmittel.

**Emol.** Eine bei Dunning in England gewonnene Specksteinart. Soll erweichend wirken, daher zum Beseitigen von Schwielen auf Händen und Füssen empfohlen. Z. B. in folgender Zusammensetzung: Emoli 7,0, Zinci oxydati 3,5, Glycerini, Liquoris Plumbi subacetici āā gtt. X, Adipis Lanae cum aqua, Vaselini āā 15,0. Auf tiefe Hautrisse.

**Glättepulver.** Man schmilzt 2 Th. Paraffin, mischt 10 Th. Talcum Venetum dazu, färbt mit etwas Ocker und bürstet die noch heisse Mischung durch ein Drahtsieb. Ballt sich nicht mehr zusammen.

**Nematolythe** wird ein als Füllstoff für die Papierfabrikation dienendes Magnesiumsilicat genannt.

**Blanc de perle.**

| | | |
|---|---|---|
| Rp. | Talci Veneti | 20,0 |
| | Bismuti subcarbonici | 5,0 |
| | Baryi sulfurici praecip. | 10,0. |

Perlschminke.

**Eau de Lys de Lohse.**

Lilien-Wasser.

| | | |
|---|---|---|
| Rp. | Talci Veneti | 4.0 |
| | Zinci oxydati | 8,0 |
| | Glycerini | 6,0 |
| | Aquae Rosae | 82,0. |

Stimmt mit dem Original völlig überein. B. Fischer.

**Pasta cosmetica.**

Pâte cosmétique. Amandine.

| | | |
|---|---|---|
| Rp. | Cetacei albi | 10,0 |
| | Gummi arabici | |
| | Aquae fervidae | āā 20,0. |

Misce, ut fiat massa emulsiva, cui adde

| | |
|---|---|
| Aquae Rosae | 20,0 |
| Glycerini | 50,0 |
| Olei Aurantii florum | gtt. V |
| Olei Bergamottae | gtt. X |
| Boracis | 10,0 |
| Talci Veneti | q. s. |

ut fiat pasta mollis.

**Pâte d'amandes en poudre parfumée.**
Pariser Mandelkleie.

Rp. Amygdalarum dulcium
excorticatarum siccatarum 50,0
Rhizomatis Iridis Florentinae 150,0
Talci Veneti 250,0
Natrii carbonici siccati 15,0
Boracis 10,0.
Parfum ad libitum.

**Pulvis inspersorius cum Acido borico.**
Borsäure-Streupulver (Hamb. Vorschr.).

Rp. Acidi borici 10,0
Talci Veneti 20,0
Amyli Oryzae 70,0.

**Pulvis inspersorius infantum.**
Weisses Einstreupulver für Kinder.
Weisse Einklappe.

Rp. Zinci oxydati venalis
Rhizomatis Iridis āā 20,0
Talci Veneti 100,0.

Dieses Pulver ist ein Ersatz für das in manchen Gegenden zum gleichen Zwecke geforderte Bleiweiss.

**Rothe Schminke.**
I. Rouge végétal.

Rp. 1. Carmini rubri 2,5
2. Liquoris Ammonii caustici 20,0
3. Talci veneti 100,0.

Man löst 1 in 2, mischt damit 3, trocknet und pulvert.

II.

Rp. 1. Phloxini 0,5
2. Spiritus q. s.
3. Talci veneti 100,0.

Man löst 1 in 2, mischt damit 3 und trocknet die Mischung an der Luft aus.

**Weisse Schminke.**
Poudre cosmétique.

Rp. Talci Veneti 300,0
Bismuti subchlorati 50,0
Carmini rubri 0,05.
Parfüm ad libitum.

**Schminkwasser.**
Eau cosmétique.

Rp. Bismuti subcarbonici 5,0
Talci Veneti pulverati 30,0
Aquae Rosae 75,0.

# Magnesium sulfuricum.

**I. Magnesium sulfuricum** (Germ. Helv.). **Magnesium sulfuricum crystallisatum** (Austr.). **Sulfate de magnésie** (Gall.). **Magnesii Sulfas** (Brit. U-St.). **Magnesiumsulfat. Schwefelsaures Magnesium. Bittersalz. Seidschützer Salz. Englisch Salz. Sal amarum. Sal catharticum. Sal anglicum. Sel de Sedlitz. Epsom-salt. Bitter purging salt. $MgSO_4 + 7H_2O$. Mol. Gew. = 246.**

Dieses Salz wird in grossen Mengen technisch dargestellt und zwar 1) von denjenigen Mineralwasser-Fabriken, welche ihren Bedarf an Kohlensäure durch Einwirkung von Schwefelsäure auf Magnesit darstellen, 2) durch Zugutemachen des in Stassfurt natürlich vorkommenden Magnesiumsulfats, des Kieserit $MgSO_4 + H_2O$.

Im Handel unterscheidet man ein einmal gereinigtes (*Magnesium sulfuricum depuratum*) und ein zweimal gereinigtes (*Magnesium sulfuricum bis depuratum*) Bittersalz. Das erstere ist nur ausnahmsweise, das letztere durchgängig von der durch die Pharmakopöen vorgeschriebenen Reinheit. — Die zum pharmaceutischen Gebrauche bestimmten Sorten sind in der Regel kleinkrystallisirt, d. h. durch gestörte Krystallisation gewonnen und durch das Deckverfahren gereinigt.

***Eigenschaften.*** Magnesiumsulfat bildet, in der Ruhe und aus langsam abdunstenden Lösungen krystallisirt, farblose, grössere, rechtwinklige, vierseitige Säulen, gemeiniglich aber, wie es im Handel vorkommt, infolge gestörter Krystallisation, kleine nadelförmige (rhombische) Prismen. Spec. Gewicht 1,6 bis 1,7. Es ist ein neutrales Salz ohne Geruch, aber von salzig bitterem Geschmacke. In warmer Luft verwittert es, indem es in die Verbindung $MgSO_4 + 6H_2O$ übergeht. Bei mittlerer Temperatur lösen sich 10 Th. des Salzes in 10 Th. Wasser, in der Siedhitze, in welcher die Krystalle zugleich schmelzen, in 1,5—3 Th. Wasser. Die wässerigen Lösungen sind neutral. In Weingeist ist es unlöslich. Beim Erhitzen schmilzt das Bittersalz in seinem Krystallwasser und verliert bei 120° C. nach und nach 6 Mol. Wasser unter Bildung des Salzes $MgSO_4 + H_2O$. Das letzte Molekül Wasser, das sogenannte Konstitutionswasser, verdampft erst zwischen 200 und 230° C. Das entwässerte Salz ist ein weisses Pulver, welches beim Glühen ohne Zersetzung zu einer emailähnlichen Masse wird. — Aus der bei 70° C. gesättigten Lösung scheidet sich das Salz $MgSO_4 + 6H_2O$ ab, bei 0° C. erhält man Krystalle von der Zusammensetzung $MgSO_4 + 12H_2O$.

Nach seinen äusseren Eigenschaften ist Magnesiumsulfat dem Zinksulfat sehr ähnlich. Beide unterscheiden sich, von anderen Reaktionen abgesehen, schon dadurch, dass die wässerige Lösung von Magnesiumsulfat gegen Lackmusfarbstoff neutral ist, während diejenige des Zinksulfates sauer reagirt.

***Prüfung.*** **1)** Die wässerige Lösung (1 = 20) soll Lackmuspapier nicht verändern; saure Reaktion könnte von freier Schwefelsäure, aber auch von beigemengtem Zinksulfat herrühren). — Sie darf weder durch Schwefelwasserstoff verändert (Metalle, wie Blei, Kupfer, Zink), noch durch Silbernitratlösung nach 5 Minuten mehr als opalisirend getrübt werden (Spuren von Chlor sind zuzulassen). — **2)** Eine Mischung aus 1 g zerriebenem Magnesiumsulfat und 3 ccm Zinnchlorürlösung soll im Laufe einer Stunde eine dunklere Färbung nicht annehmen (Arsen). — **3)** 20 ccm der wässerigen Lösung (1 = 20) sollen nach Zusatz von 2 Tropfen Salzsäure durch 0,5 ccm Kaliumferrocyanidlösung nicht sogleich gebläut werden (Eisen). — **4)** Auf Natriumsulfat und Kaliumsulfat prüft man zweckmässig in folgender Weise: 1 g Magnesiumsulfat wird mit 2,5 g Baryumkarbonat in einem porcellanenen Mörser zusammengerieben, das Gemisch in einem geräumigen Kölbchen mit ca. 20,0 g destillirtem Wasser 8—10 Minuten unter bisweiligem Umschütteln gekocht, wobei man das Uebersteigen der schäumenden Flüssigkeit zu vermeiden hat. Nach dem Erkalten wird filtrirt und das Filtrat mit Baryumchloridlösung versetzt. Entsteht eine Fällung oder Trübung (welche durch Zusatz von Salpetersäure wieder verschwindet), so war Kalium- oder Natriumsalz in mehr als Spuren vorhanden. Eine nur äusserst schwache Trübung wäre zu vernachlässigen, denn das officinelle Bittersalz ist nicht die Magnesia sulfurica purissima. Wird das Filtrat aus der Kochung eingedampft, mit Salpetersäure aufgenommen, wieder eingetrocknet und dann mit Weingeist gewaschen, so wird das Natriumsalz gelöst, nicht aber das Kaliumsalz.

***Aufbewahrung.*** Um das Verwittern des Bittersalzes zu verhüten, bewahrt man es an einem kühlen Orte von möglichst gleichbleibender Temperatur und zwar in Kästen, Tonnen oder Gefässen aus Steinzeug oder Glas auf.

***Anwendung.*** Das krystallisirte Magnesiumsulfat wird in Gaben von 5—10—15 bis 20 g in wässeriger Auflösung als Abführmittel angewendet. Es bewirkt wässerige Darmentleerungen. Falls *Magnesium sulfuricum* in Pulvermischungen verordnet wird, so ist im Geltungsbereiche des Deutschen Arzneibuchs das entwässerte Präparat, *Magnesium sulfuricum siccum,* abzugeben.

**Magnesium sulfuricum effervescens. Magnesii Sulphas effervescens** (Brit.). **Effervescent Epsom Salt.** Man trocknet 500 Th. krystall. Magnesiumsulfat bei 55° C., bis es nur noch 385 Th. wiegt, mischt es alsdann mit 105 Th. Zuckerpulver, 360 Th. Natriumbikarbonat, 190 Th. Weinsäure und 125 Th. Citronensäure. Man erhitzt die Mischung auf 95—105° C. und granulirt sie.

**II. Magnesium sulfuricum siccum** (Austr. Germ. Helv.). **Magnesium sulfuricum dilapsum. Magnesium sulfuricum pulveratum. Entwässertes Bittersalz. Getrocknetes Bittersalz. Gepulvertes Bittersalz.**

Zur Darstellung giebt man 100 Th. klein krystallisirtes oder gröblich zerstossenes Bittersalz in eine Porcellanschale und erwärmt das Salz in einem zunächst mässig, später kräftiger Dampf entwickelnden Wasserbade unter häufigem Umrühren, bis der vorgeschriebene Gewichtsverlust eingetreten ist. Alsdann schlägt man das Pulver durch ein Sieb.

Der Gewichtsverlust wird verschieden angegeben: Nach Austr. sollen 100 Th. einen Gewichtsverlust von 43 Proc. erleiden, das Gewicht des zurückbleibenden entwässerten Salzes soll also 57 Proc. betragen. Dieses Salz hat ungefähr die Zusammensetzung $MgSO_4 + H_2O$. Um es darzustellen, muss das im Wasserbade ausgetrocknete Salz zum Schluss noch über 100° C., also im Sandbade erhitzt werden.

Germ. lässt lediglich im Wasserbade entwässern, bis das Salz 35—37 Th. verloren hat, bis also der Rückstand 65—63 Th. beträgt. Dieses Salz hat die ungefähre Zusammensetzung $MgSO_4 + 2H_2O$.

Helv. lässt das entwässerte Magnesiumsulfat im Wasserbade austrocknen; dasselbe entspricht demnach dem Präparate der Germ.

***Aufbewahrung.*** Da das entwässerte Magnesiumsulfat die Neigung hat, Wasser aus der Luft anzuziehen und wieder in das krystallisirte Salz überzugehen, so bewahre man es in gut verschlossenen Gefässen, nicht in Papierbeuteln oder lose bedeckten Kruken, auch nicht an einem feuchten Orte, z. B. nicht im Keller, auf.

**Flammenschutzmittel für Gewebe.** Von PATERA als ein Gemenge von 4 Th. Borax und 3 Th. Bittersalz angegeben. Diese Salze werden dicht vor dem Gebrauch gemischt in 20—30 Th. Wasser gelöst. Das Gewebe wird mit der Lösung getränkt, ausgedrückt und getrocknet, nöthigenfalls gebügelt.

**Solutio Magnesii sulfurici** (Recepturerleichterung). Eine filtrirte Lösung von 1 Th. Bittersalz in 2 Th. destillirtem Wasser. Spec. Gew. 1,179—1,180. Signatur: Sumatur triplum.

**Volumgewicht und Gehalt wässeriger Lösungen von Magnesiumsulfat bei 15° C.**
Nach GERLACH.

| Spec. Gew. | Proc. $MgSO_4 + 7H_2O$ | Spec. Gew. | Proc. $MgSO_4 + 7H_2O$ | Spec. Gew. | Proc. $MgSO_4 + 7H_2O$ | Spec. Gew. | Proc. $MgSO_4 + 7H_2O$ | Spec. Gew. | Proc. $MgSO_4 + 7H_2O$ |
|---|---|---|---|---|---|---|---|---|---|
| 1,005 | 1 | 1,061 | 12 | 1,120 | 23 | 1,181 | 34 | 1,240 | 44 |
| 1,010 | 2 | 1,066 | 13 | 1,125 | 24 | 1,187 | 35 | 1,246 | 45 |
| 1,016 | 3 | 1,071 | 14 | 1,130 | 25 | 1,193 | 36 | 1,253 | 46 |
| 1,021 | 4 | 1,076 | 15 | 1,135 | 26 | 1,199 | 37 | 1,260 | 47 |
| 1,026 | 5 | 1,082 | 16 | 1,140 | 27 | 1,204 | 38 | 1,266 | 48 |
| 1,031 | 6 | 1,087 | 17 | 1,146 | 28 | 1,210 | 39 | 1,272 | 49 |
| 1,036 | 7 | 1,092 | 18 | 1,151 | 29 | 1,216 | 40 | 1,279 | 50 |
| 1,040 | 8 | 1,097 | 19 | 1,156 | 30 | 1,222 | 41 | 1,285 | 51 |
| 1,045 | 9 | 1,102 | 20 | 1,163 | 31 | 1,229 | 42 | 1,291 | 52 |
| 1,051 | 10 | 1,108 | 21 | 1,170 | 32 | 1,235 | 43 | 1,299 | 53 |
| 1,056 | 11 | 1,114 | 22 | 1,175 | 33 | | | | |

**Aqua aërata. Luftwasser.** (Oesterr. Specialität.) Magnesii sulfurici 50,0, Kalii nitrici 1,0, Aquae 350,0.

**Ingestol.** Soll eine Mischung sein eines natürlichen Bitterwassers mit kleinen Mengen ATHENSTÄDT'scher Eisentinktur. Ueber die specielle Zusammensetzung liegen folgende Angaben vor: I. Magnesii sulfurici 2,5, Natrii sulfurici 1,5, Kalii sulfurici 1,0, Magnesii chlorati 0,5, Natrii chlorati 0,7, Ferri citrici effervescentis 0,01, Spiritus aetherei 0,1, Glycerini 1,5, Aquae aromaticae 100,0. II. Vorschrift des Fabrikanten. Magnesii sulfurici 1,5, Natrii sulfurici 0,9, Kalii sulfurici 0,1, Calcii sulfurici 0,1, Magnesii chlorati 0,5, Natrii chlorati 0,75, Natrii carbonici 0,05, Magnesii bromati 0,001, Calcii carbonici 0,025, Acidi silicici, Ferri oxydati, Ferri citrici effervescentis āā 0,001, Spiritus aetherei 0,5, Aquae aromaticae 100,0.

**Kräuterpulver** von LE ROI. 30 Th. Bittersalz, 12 Th. Farinzucker, 12 Th. präparirtes Gerstenmehl, 6 Th. Bittersüss, 40 Th. Sennesblätter gröblich gepulvert. (60 g = 1,5 Mark.) (HAGER, Analyt.)

**MURRAY's Specific.** Gegen Rheumatismus und Gicht. Magnesii sulfurici 25,0, Tincturae Capsici 10,0, Aquae 130,0. Mit Cochenille-Tinktur roth gefärbt.

**SCHÜTZE's Blutreinigungspulver.** Natrii sulfurici sicci 10,0, Magnesii sulfurici sicci 70,0, Natrii chlorati 15,0, Natrii bicarbonici 20,0, Acidi tartarici 15,0.

**Aqua amara** MEYER.
MEYER'sches Bitterwasser.

Rp. Magnesii sulfurici cryst. 60,0
Natrii bicarbonici 7,5
Natrii sulfurici cryst. 15,0
Aquae 920,0.

Mit 3—4 Volum Kohlensäure zu sättigen.

**Enema Magnesii sulfurici.**

Rp. Magnesii sulfurici 20,0
Mucilaginis Amyli e 3,0 g Amyli 300,0
Olei Olivae 30,0.

Vor der Anwendung anzuwärmen und gut umzuschütteln.

**Liquor Magnesii Sulfatis effervescens** (Nat. form.).

Rp. Magnesii sulfurici cryst. 25,0 g
Acidi citrici 4,0 g
Sirupi Citri 60,0 ccm
Aqua q. s. ad 350,0 ccm.

Man bringt diese Substanzen in eine Flasche, fügt
Kalii bicarbonici in cryst. 2,5 g
hinzu und verschliesst sofort.

**Sal Cheltenhamense.**
Sal thermarum chelten-hamensium.

Rp. Natrii sulfurici sicci
Magnesii sulfurici sicci
Kalii sulfurici
Natrii chlorati āā 20,0.

$^1/_2$ bis $^1/_1$ Theelöffel in Wasser als Laxans.

**Serum Lactis** D. WEISS.
Petit lait de WEISS (Gall.).

Rp. Folliculorum Sennae
Magnesii sulfurici āā 2,0
Florum Hyperici
Florum Galii lutei
Florum Sambuci āā 1,0
Seri Lactis fervidi 500,0.

Man digerirt 1 Stunde, kolirt und filtrirt.

**Solutio salis amari** Henri.
Liquor salis amari acidus Jutmann. Mixtura Jutmann.

| | | |
|---|---|---|
| Rp. | Magnesii sulfurici | 40,0 |
| | Aquae destillatae | 60,0 |
| | Acidi sulfurici diluti | 10,0. |

1—2 Esslöffel nach dem Frühstücke in starker Verdünnung zu nehmen.

---

# Magnesium sulfurosum.

**I. Magnesium sulfurosum. Magnesiumsulfit. Magnesia sulfurosa. Schwefligsaure Magnesia. Sulfite de magnésie. Magnesii Sulfis. $MgSO_3 + 6H_2O$. Mol. Gew. = 212.**

***Darstellung.*** In ein Gemisch aus 1 Th. reinem Magnesiumsubkarbonat und 8 Th. destillirtem Wasser wird so lange Schwefligsäuregas geleitet, als Kohlensäure entweicht und bis die Flüssigkeit bleichend auf Lackmusblau einwirkt. Das Gasleitungsrohr darf nur 2—3 cm unter dem Niveau der Flüssigkeit ausmünden, und diese wird während des Einleitens mit einem Glasstabe bisweilen umgerührt. Man stellt die mit Schwefligsäure gesättigte Flüssigkeit einen halben Tag bei Seite, dekanthirt, übergiesst den krystallinischen Bodensatz mit 4—5 Th. Wasser, lässt ihn absetzen und sammelt ihn in einem Trichter über einem Bäuschchen lockerer Glaswolle, wäscht ihn mit etwas kaltem Wasser nach und trocknet ihn auf Porcellantellern ausgebreitet an einem schattigen, kaum lauwarmen Orte. Liegt es in der Absicht, ein recht reines Präparat zu gewinnen, so verwende man krystallisirtes Magnesiumkarbonat ($1\frac{1}{2}$ Th.). Ausbeute 2 Th.

***Eigenschaften.*** Das Magnesiumsulfit bildet ein weisses krystallinisches Pulver, welches in 80 Th. kaltem oder 120 Th. siedendem Wasser löslich ist, bei 200° C. sein Krystallwasser verliert und stärker erhitzt in Magnesiumsulfat und Magnesiumoxyd umgesetzt wird.

***Prüfung.*** Das Magnesiumsulfit muss mit der vierfachen Menge verdünnter Salzsäure übergossen eine klare, nach einiger Zeit nicht trübe werdende Lösung geben (Verunreinigung mit Hyposulfit). Es ist genügend rein, wenn 1,0 desselben in 100,0 Wasser zertheilt, zuerst mit einer Lösung von 1,0 Jod in Kaliumjodidlösung, dann nach der Mischung unter Bewegen nach und nach mit 5,0 verdünnter Schwefelsäure versetzt, eine klare farblose Flüssigkeit ausgiebt. Ein längere Zeit aufbewahrtes Präparat wird immer kleine Mengen Sulfat enthalten. 1,0 völlig reines Präparat würde 1,19 Jod entfärben.

***Aufbewahrung.*** In gut verstopften kleinen, ganz gefüllten Flaschen vor Tageslicht geschützt. Bei sorgloser Aufbewahrung geht das Sulfit in Sulfat über.

***Anwendung.*** Magnesiumsulfit wurde von Polli und de Ricci gegen zymotische Krankheiten (Typhus, Puerperalfieber, Pyämie, Scharlach etc.) empfohlen und in Gaben zu 1,0—1,5—2,0 täglich 5—8 mal in Pulverform angewendet.

**Mixtura antidiphtheritica** Schottin.

| | | |
|---|---|---|
| Rp. | Magnesii sulfurosi | 5,0 |
| | Acidi sulfurosi (10 Proc.) | 8,0 |
| | Aquae destillatae | 120,0. |

Zweistündlich einen Kinder- bis Esslöffel voll (gegen Diphtherie, neben Anwendung kalter Kompressen um den Hals, und eines Abführmittels alle 2—3 Tage).

**II. Magnesium thiosulfuricum. Magnesium hyposulfurosum. Magnesium subsulfurosum. Magnesiumthiosulfat. Magnesiumhyposulfit. Unterschwefligsaure Magnesia. $MgS_2O_3 + 6H_2O$. Mol. Gew. = 244.**

***Darstellung.*** Zwei filtrirte kalte Lösungen, die eine aus 120 Th. Natriumthiosulfat und 500 Th. destillirtem Wasser, die andere aus 120 Th. Baryumchlorid und 600 Th. destillirtem Wasser, werden gemischt. Der entstehende Niederschlag wird nach einigen Stunden gesammelt, mit kaltem Wasser ausgewaschen, noch feucht mit 120 Th. krystallisirtem Magnesiumsulfat, gelöst in 400 Th. destillirtem Wasser, gemischt, unter öfterem Umrühren einen halben Tag hindurch an einem lauwarmen Orte digerirt, filtrirt und das Filtrat an einem lauwarmen Orte in flachen Porcellangefässen der Verdunstung überlassen, bis sich das Magnesiumthiosulfat in Krystallen abgesondert hat und nur noch 20—30 Th. Mutterlauge abgegossen werden können. Ausbeute ca. 70 Th. Die Krystalle werden gesammelt und durch Drücken zwischen Lagen Fliesspapier abgetrocknet.

***Eigenschaften.*** Kleine, luftbeständige Krystalle von unangenehmem Geschmack, löslich in zwei Theilen Wasser, unlöslich in Weingeist.

***Prüfung.*** Das Magnesiumthiosulfat, mit verdünnter Chlorwasserstoffsäure übergossen, giebt unter Freiwerden von schwefliger Säure eine von ausscheidendem Schwefel trübe werdende Lösung. Es ist genügend thiosulfalthaltig, wenn eine Lösung von 1,0 des Salzes eine Lösung von 0,5 Jod in Jodkaliumlösung entfärbt.

***Aufbewahrung*** wie vom Magnesiumsulfit angegeben ist.

***Anwendung.*** Diese ist dieselbe, wie die des Magnesiumsulfits, es soll aber diesem in der Wirkung nachstehen. Es ist bisher wenig in den Gebrauch gekommen.

---

## Magnesium tartaricum.

**Magnesium tartaricum. Magnesiumtartrat. Magnesia tartarica. Weinsaure Magnesia. $C_4H_4O_6Mg + 4H_2O$. Mol. Gew. = 244.**

***Darstellung.*** 100 Th. Weinsäure werden in 1000 Th. destillirtem Wasser gelöst. Zu der auf dem Wasserbade erhitzten Lösung bringt man nach und nach soviel Magnesiumkarbonat (ca. 60,0 Th.), als zur Neutralisation erforderlich ist. Die neutrale Flüssigkeit wird noch heiss filtrirt, durch Abdampfen koncentrirt und entweder durch Abkühlen zum Krystallisiren gebracht, oder auf dem Wasserbade zur Trockne verdampft.

***Eigenschaften.*** Weisses luftbeständiges Pulver ohne Geruch, von erdigem, später mildsalzigem Geschmack, bei 15° C. in 130 Th. Wasser löslich, während das saure Salz nur 55 Th., das basische Salz dagegen 4100 Th. Wasser zur Lösung bedürfen. — Verdünnte Essigsäure oder Salzsäure lösen das Salz leicht. Die essigsaure Lösung giebt mit Kaliumacetat einen weissen, krystallinischen Niederschlag von Kaliumbitartrat, darf aber weder durch Oxalsäure, noch durch Schwefelwasserstoff oder Schwefelammonium verändert werden. — Beim Erhitzen schwärzt sich das Salz, beim fortgesetzten Glühen hinterlässt es schliesslich einen weissen, lockeren Rückstand, der an Wasser kein Alkali abgeben darf und sich in Schwefelsäure klar auflösen muss.

Das hier beschriebene, in Wasser mässig schwer lösliche Salz ist die *Magnesia tartarica* Rademacher. — Rademacher empfahl das Magnesiumtartrat in Gaben von 0,5 bis 1,0—2,0 g in Pulverform bei Milzleiden. In stärkeren Gaben bewirkt es vermehrten Stuhlgang.

**Magnesium boro-tartaricum.** 100,0 Weinsäure in 300,0 destillirtem Wasser gelöst werden mit gebrannter Magnesia (26,0) neutral gemacht, dann mit 44,0 Borsäure versetzt und im Dampfbade unter Umrühren eingetrocknet.

**Magnesium-Kalium boro-tartaricum.** 100,0 Tartarus boraxatus, gelöst in 500,0 destillirtem Wasser, werden allmählich mit 20,0 gebrannter Magnesia versetzt, nach einstündiger Maceration filtrirt und durch Abdampfen im Wasserbade zur Trockne gebracht.

**Magnesium-Kalium tartaricum.** 100,0 gepulvertes Kaliumbitartrat und 10,5 gebrannte Magnesia werden mit 35,0 kaltem destillirtem Wasser gemischt und mehrere Tage an einen kalten Ort gestellt, bis die Mischung in eine krystallinische Masse übergegangen ist. Zu Pulver zerrieben wird sie in Glasflaschen aufbewahrt.

**Liquor Magnesii-Kalii tartarici.** 17,5 Kaliumbitartrat und 2,0 gebrannte Magnesia werden mit 80,0 kaltem destillirten Wasser gemischt und nach geschehener Lösung filtrirt. Das Filtrat wird durch Zusatz von Wasser bis auf 100,0 gebracht. Es enthält 25 Proc. wasserhaltiges Magnesium-Kaliumtartrat. Ex tempore zu bereiten!

**Potus laxativus Garot.**

Limonade purgative de Garot.

| | | |
|---|---|---|
| Rp. | Magnesii-Kalii borotartarici | 30,0 |
| | Acidi citrici | 2,0 |
| | Sirupi Citri | 60,0 |
| | Aquae destillatae | 300,0. |

Täglich 1—2mal einen halben Tassenkopf voll.

**Pulvis aërophorus cum Magnesia.**

Pulvis Magnesiae tartaricus.

| | | |
|---|---|---|
| Rp. | Acidi tartarici | |
| | Sacchari albi | ää 15,0 |
| | Natrii bicarbonici | |
| | Magnesii subcarbonici | ää 10,0 |
| | Olei Citri | gtt. III. |

Detur ad vitrum.

# Majorana.

Gattung der **Labiatae—Stachyoideae—Thyminae.**

**Majorana hortensis Mönch** (syn.: Origanum Majorana L.).

Heimisch auf den afrikanischen Küsten des Mittelmeeres und im mittleren Asien, vielfach kultivirt. 30—50 cm hoch, mit ziemlich kahlem, bräunlichem, oben locker traubig-rispigästigem Stengel, seltener vom Grunde an verzweigt. Blätter gestielt, bis $2^1/_2$ cm lang, elliptisch bis verkehrt-eiförmig, stumpf spatelförmig in den Stiel verschmälert, ganzrandig, kurz filzig, drüsig-punktirt. Blüthen in kugligen oder länglichen, zu 3—5 gebüschelten Aehrchen mit dicht dachziegeligen Hochblättern. Die kleine Korolle weiss oder purpurn. Die bei uns im Freien kultivirte Pflanze ist einjährig und bringt ziemlich selten reifen Samen (Sommermajoran), in ihrer Heimath und in Gewächshäusern gezogen ist sie ausdauernd (Wintermajoran).

Die Blätter haben einen Mittelnerven und bogenläufige, undeutlich Schlingen bildende Sekundärnerven. Sie haben auf beiden Seiten Spaltöffnungen und tragen 2—4 zellige, schlanke, warzige Gliederhaare, ferner Köpfchenhaare mit 2—4 zelligem Stiel und wenigzelligem Köpfchen, sowie Drüsenhaare mit 8—12 zelligem Kopf auf sehr kurzem Stiel. Man verwendet die Blätter und Spitzen der blühenden Pflanze.

***Bestandtheile.*** 1,8 Proc. ätherisches Oel, Gerbstoff. Den zulässigen Aschegehalt setzte die freie Vereinigung bayerischer Vertreter der angewandten Chemie fest auf 10 Proc. und davon 2 Proc. Sand (d. h. in Salzsäure unlöslich). Von anderer Seite wird vorgeschlagen, diese Zahlen auf 14 resp. 3,5 Proc. zu erhöhen. Im allgemeinen ist die Droge, die aus der ganzen zerschnittenen oder gestossenen Waare hergestellt ist, ärmer an Asche wie die nur aus Blättern bestehende „abgerebelte“ Waare.

**Herba Majoranae** (Ergänzb. Helv.). **Herba Amaraci s. Sampsuchi. — Mairan. Majoran. Meyran. Sommermajoran. Wurstkraut. — Marjolaine. Sommité fleurie de marjolaine** (Gall.). — **Marjoram.**

***Einsammlung. Aufbewahrung.*** Man sammelt die Blätter und Blüthenstände im Juli, indem man sie von den Stengeln abstreift, trocknet im Schatten und bewahrt sie theils geschnitten, besser durch ein Drahtsieb gerieben, wobei beigemengte Stengeltheile zurückbleiben, theils in ein feines Pulver verwandelt in dichtschliessenden Blechbüchsen oder in gelben Stöpselgläsern auf. Die Bündelwaare der Drogisten, Herba Majoranae in fasciculis, ist nur für Küchenzwecke geeignet. 7 Th. frisches Kraut geben 1 Th. trocknes. Das Pulvern desselben bedingt einen Verlust von etwa 10 Proc.

***Anwendung.*** Mairan ist ein selten gebrauchtes magenstärkendes, katarrhwidriges Mittel, das zu 0,5—2,0 im Aufguss gegeben wird. Aeusserlich dient es zu Bädern, Kräuterkissen und als Zusatz zu Niesepulvern. Hauptsächlich findet das Kraut aber im Haushalt und in der Schlächterei als beliebtes Gewürz zur Wurst Anwendung, daher der Name „Wurstkraut“.

**Unguentum Majoranae** (Ergänzb.). Mairansalbe. Mairanbutter. 2 Th. grob gepulvertes Mairankraut stellt man, mit 1 Th. Weingeist befeuchtet, einige Stunden in die Wärme, erhitzt mit 10 Th. Schweineschmalz im Dampfbade, bis der Weingeist verflüchtigt ist, presst und filtrirt im Dampftrichter. — E. Diet. lässt 200 Th. Kraut mit 150 Th. Weingeist und 5 Th. Ammoniakflüssigkeit befeuchten, sonst ebenso. — Dunkelgrüne Salbe, die häufig im Handverkauf zum Einreiben der Stirn und Nase bei Stockschnupfen der Kinder gefordert wird.

**Pulvis sternutatorius viridis** (Hamb. Vorschr.).

| | | |
|---|---|---|
| Rp. | Herbae Majoranae pulv. | 3,0 |
| | Herbae Mari veri pulv. | |
| | Flor. Convallariae pulv. | |
| | Rhizom. Iridis flor. pulv. | ää 1,0. |

**Unguentum Majoranae compositum.**
Butyrum Majoranae compositum.

| | | |
|---|---|---|
| Rp. | Cerae flavae | |
| | Olei Lauri express. | ää 20,0 |
| | Adipis suilli | 60,0 |
| | Olei Majoranae | gutts. XX. |

**Oleum Majoranae. Majoranöl.** Wird aus dem frischen blühenden Majorankraute in einer Ausbeute von 0,3—0,4 Proc. erhalten. Es ist eine gelbe oder grünlichgelbe Flüssigkeit von angenehmem Majorangeruche. Spec. Gewicht 0,89—0,91; $\alpha_D = +5$ bis $+18^0$. Von den Bestandtheilen des Oeles sind Terpinen, $C_{10}H_{16}$, und Terpineol, $C_{10}H_{18}O$, nachgewiesen worden. Den Träger des charakteristischen Geruchs kennt man noch nicht.

# Malarinum.

**† Malarin. Acetophenonphenetidid.** $C_6H_5C(CH_3):N - C_6H_4OC_2H_5$. **Mol. Gew. = 239.**

Unter dem Namen „Malarin" ist gegenwärtig ein Kondensationsprodukt von Acetophenon und p-Amidophenetol zu verstehen, nachdem vorher kurze Zeit das citronensaure Salz dieser Base mit dem gleichen Namen bezeichnet worden war.

***Darstellung.*** Man erhitzt ein Molekulargewicht Acetophenon (s. dieses) mit einem Molekulargewicht p-Amidophenetol am Rückflusskühler mit oder ohne Kondensationsmittel. Das Reaktionsprodukt wird nach dem Erstarren durch Umkrystallisiren aus Alkohol gereinigt. Valentiner & Schwarz D.R.P. 87897.

$$C_6H_4\begin{cases}OC_2H_5\\ NH_2\end{cases} + OC\begin{cases}CH_3\\ C_6H_5\end{cases} = H_2O + C_6H_4\begin{cases}OC_2H_5\\ N = C < \begin{matrix}CH_3\\ C_6H_5\end{matrix}\end{cases}$$

p-Amidophenetol. Acetophenon. Acetophenonphenetidid.

***Eigenschaften.*** Hellgelbe, in heissem Alkohol, in Aether und in Essigsäure leicht lösliche, in kaltem Wasser so gut wie unlösliche Krystalle von schwachem Geruch nach Acetophenon (jasminartig) und schwach aromatischem Geschmack. Der Schmelzpunkt liegt bei 88° C. Sie lösen sich schon in der Kälte ziemlich leicht in Salzsäure auf. Dabei erfolgt — in der Wärme rascher — allmählich eine Spaltung der Verbindung in salzsaures p-Amidophenol und in Acetophenon. Diese Spaltung giebt sich schon dadurch zu erkennen, dass die ursprünglich gelbe Flüssigkeit farblos und trübe wird. Die salzsaure Lösung zeigt alsdann alle Eigenschaften des p-Amidophenols. Versetzt man sie z. B. mit etwas Ferrichlorid, so entsteht sogleich oder allmählich rothviolette Färbung.

Uebergiesst man 0,2 g Malarin mit 6 Tropfen konc. Salzsäure und fügt nach erfolgter Auflösung 5 ccm Wasser hinzu, so erhält man eine gelbe Lösung, welche beim schwachen Erwärmen farblos und trübe wird. Fügt man zu der abgekühlten (!) Flüssigkeit eine Lösung von 0,06 g Natriumnitrit in 2 ccm Wasser, so erfolgt keine sichtbare Veränderung. Trägt man diese (farblose) Lösung aber in eine Auflösung von 0,3 g $\beta$-Naphthol in 1 ccm Natronlauge und 10 ccm Wasser ein, so erfolgt momentan Ausscheidung eines erheblichen, prachtvoll roth gefärbten Niederschlages, welcher einen Oxyazofarbstoff darstellt. Selbstverständlich giebt die salzsaure Lösung auch die Indophenol-Reaktion (s. Band I, S. 4).

In der salzsauren und entfärbten Lösung erfolgt durch Natronlauge eine Trübung infolge Ausscheidung von p-Amidophenetol. — Konc. Schwefelsäure löst das Präparat mit gelblicher Färbung; auf Zusatz einer Spur Salpetersäure tritt keine merkliche Veränderung ein.

***Prüfung.*** **1)** Die Substanz röthe feuchtes blaues Lackmuspapier nicht; sie sei also nicht das früher verwendete citronensaure Salz des Acetophenonphenetidids. — **2)** Sie schmelze bei 88° C. — **3)** Sie verbrenne beim Erhitzen auf dem Platinbleche, ohne einen Rückstand zu hinterlassen. — **4)** Löst man 0,1 g in 10 Tropfen verdünnter Schwefelsäure und verdünnt mit 5 ccm Wasser, so darf auf Zusatz von 5 Tropfen Silbernitratlösung auch in der Wärme eine Ausscheidung von metallischem Silber nicht erfolgen.

***Aufbewahrung.*** Vorsichtig; Lichtschutz ist nicht erforderlich.

***Anwendung.*** Da die oben erwähnte Spaltung des Malarins schon durch sehr verdünnte ($^1/_{20}$ normale) Salzsäure erfolgt, so wird der Körper die kombinirte Wirkung des p-Amidophenetols und des Acetophenons (Hypnons) zeigen. Demgemäss kommt ihm zugleich eine antipyretische und antineuralgische Wirkung zu. Man giebt es in Dosen von 0,4 g zwei- bis dreimal täglich, um die fieberhafte Temperatur herabzusetzen, ferner bei neuralgischem Kopf- und Zahnschmerz.

# Maltum.

**I. Maltum. Maltum Hordei. Maltum fructus Hordei. Malz. Gerstenmalz. Malt** (franz. u. engl.).

Die auf künstlichem Wege zum Keimen gebrachte und während des Keimens getrocknete Gerstenfrucht. — Wenn in der Apotheke Malz gebraucht werden sollte, so ist dasselbe am zweckmässigsten aus einer Brauerei oder Malzfabrik zu beziehen. Sollte man es selbst darstellen wollen, so hat man die geltenden steuergesetzlichen Vorschriften zu beachten.

Die Bereitung des Malzes besteht darin, dass man Gerste 2—6 Tage lang in Wasser quellen lässt, alsdann in Haufen von 9—12 cm Höhe aufschichtet. Diese müssen alle 6—8 Stunden umgeschaufelt werden, bis die Früchte an ihrer Oberfläche trocken erscheinen. Während dieser Zeit erwärmen sich die Haufen freiwillig, die Gerstenkörner beginnen zu keimen und entsenden weisse, fadenförmige Würzelchen (Aeugeln oder Guzen). — Die Haufen werden nunmehr, um sie der Abkühlung nicht zu stark auszusetzen, höher gemacht. Haben die Würzelchen etwa die $1^1/_2$fache Länge der Gerstenfrucht erreicht, oder ist der Blattkeim unter der Hülse bis zur Hälfte der Frucht vorgedrungen, schmeckt die Frucht beim Kauen nicht mehr mehlig, sondern süsslich, so ist es Zeit, die Keimung zu unterbrechen. Dies geschieht, indem man die Haufen zu dünneren Schichten ausschaufelt (Ausziehen der Haufen), diese wiederholt umschaufelt und das Malz schliesslich auf den Welkboden, oder die Schwelche, oder auf die Darre überführt.

Das ohne künstliche Wärme getrocknete Malz nennt man Luftmalz: dieses ist von heller Färbung. Das Darrmalz ist bei 40—90° C. getrocknet und wird als gelbes, bernsteingelbes und braunes Malz unterschieden. Das braune Darrmalz wird auch Farbemalz genannt. Das zur Verwendung für den Apotheker allein in Betracht kommende Malz ist das Luftmalz.

Während des Keimens des Malzes entstehen in dem Embryo mehrere ungeformte Fermente (Enzyme), nämlich: Diastase, welche die Eigenschaft hat, Stärke in Maltose und Dextrine zu verwandeln, Glukase, welche zwar Stärke unverändert lässt, aber die durch Einwirkung von Diastase auf Stärke gebildeten Produkte, nämlich lösliche Stärke und Dextrine, in Dextrose umwandelt. Ausserdem ist Pektase vorhanden, welche Eiweissstoffe in Peptone und Amidokörper verwandelt.

Das trockne Gersten-Luftmalz enthält annähernd in Procenten: 30 Pflanzenfaser (Zellstoff) und unlösliche Stoffe, 1 Diastase, 10 Dextrin, 3 Glukose, 40 Stärkemehl (zum Theil in löslicher Form), 11 Eiweiss- und Proteïnstoff, 2 Fett, 3 Aschenbestandtheile.

Man kann zwar jede Getreidefrucht in Malz verwandelt, indessen wird hierzu die Gerstenfrucht bevorzugt, weil das Gerstenmalz die grösste Menge Diastase enthält, daher also die Fähigkeit, Stärke in Zucker umzuwandeln, in reichstem Maasse besitzt.

***Anwendung.*** Das Malz wurde in früherer Zeit im Aufguss innerlich (gegen Skorbut) und zu Bädern schlecht genährter oder schwächlicher Kinder benutzt. Heute kommt diese Anwendung seltner vor und wird durch den innerlichen Gebrauch von Malzextract ersetzt. Der Aufguss dient auch als Vehiculum demulcens zu Klystieren und Gurgelwässern.

**LIEBIG's Kindernahrung.** Weizenmehl und fein geschrotenes Luftmalz je 15 Th. werden, mit 50 Th. kaltem Wasser gemischt, eine Stunde hindurch an einen lauwarmen Ort gestellt, hierauf fügt man hinzu 0,5 Th. Kaliumbikarbonat und 150,0 Th. Kuhmilch. Nachdem die Mischung $^1/_2$ Stunde an einem warmen Orte gestanden hat, wird sie über freiem Feuer unter Umrühren erhitzt, bis sie anfängt dick zu werden. Man nimmt sie dann vom Feuer weg, rührt 10 Minuten um, erhitzt wiederum und nimmt vom Feuer, wenn das Dickwerden eintritt. Dieses Erhitzen und Umrühren geschieht so oft, bis ein Dickwerden der Mischung nicht mehr eintritt. Dann wird unter Umrühren bis zum Aufkochen erhitzt und durch ein Haarsieb gegossen. Dieses umständliche Verfahren kann durch längeres Erhitzen im Wasserbade und öfteres Umrühren ersetzt werden.

Diese sog. LIEBIG'sche Suppe ist neuerdings wieder von CZERNY zur Ernährung magen- und darmkranker Säuglinge empfohlen worden.

**Pulvis nutriens infantum Liebig. Liebig's Ernährungspulver. Pulver zur Liebig'schen Kindernahrung.** Ist ein zur Herstellung vorstehender Kindernahrung in den Handel gebrachtes feines Pulver, bestehend aus 100 Th. Weizenmehl, 100 Th. Mehl aus Luftmalz und 3,5 Th. Kaliumbikarbonat.

**Maltol** ist ein Bestandtheil dunkler Bierwürzen und daher des Farb-Malzes, welcher mit Ferrichlorid eine ähnliche Reaktion giebt wie Salicylsäure, daher mit dieser verwechselt werden kann. Wird von Kiliani für Methylpyromekonsäure gehalten.

***Untersuchung des Malzes.*** Diese zerfällt in eine mechanische und eine chemische Untersuchung.

Die mechanische Analyse umfasst a) das Hektolitergewicht, mit der Reichswaage zu bestimmen, b) das Gewicht von 1000 Körnern. Dasselbe ist auf Malztrockensubstanz zu berechnen, c) Grösse der Körner. In 100 g lufttrocknem Malz mit Hilfe einer Sortir-Sieb-Schüttelvorrichtung zu bestimmen. d) Beschaffenheit des Mehlkörpers mittels des Farinatoms. e) Blattkeim-Entwickelung. f) Reinheit das Malzes bez. des Gehaltes an verletzten Körnern, an Schimmel, Unkraut und sonstigen Verunreinigungen.

Ueber diesen Theil der Untersuchung unterrichtet man sich zweckmässig in einer gut geleiteten Brauerei oder Malzfabrik.

Die chemische Untersuchung hat sich auf folgende Daten zu erstrecken.

a) Wassergehalt. 5 g lufttrocknes Malz werden in einer Mühle rein durchgemahlen, in ein Wägegläschen von 5—6 cm Höhe und 3,5 cm lichter Bodenweite genau eingewogen und bei einer Maximaltemperatur von 105° C. getrocknet. Während der ersten Stunde soll die Temperatur nicht über 80° C. hinausgehen; bei sichtlich feuchtem Malze ist dies sogar unerlässlich. Die Trocknung soll in 4 Stunden beendet sein. Für den Wassergehalt ist eine Differenz von 0,25 Proc. zulässig.

Für die weiteren Bestimmungen mahlt man 150 g Malz auf einer Mühle so fein, dass weder Kleientheile noch Gries deutlich sichtbar sind und bewahrt dieses Durchschnittsmuster in einer Flasche mit Glasstopfen nicht über 8 Tage auf.

b) Extraktbereitung. 50 g Malzmehl (s. vorher) werden in einem tarirten Becher aus Porcellan (oder Kupfer, Nickel, Aluminium, Glas) mit 200 ccm Wasser von 45° C. übergossen. Dann bringt man in das Gefäss ein Stabthermometer, mit welchem gerührt werden kann, stellt den Becher in ein angeheiztes Wasserbad von 45° C. und erwärmt langsam, bis der Inhalt des Bechers 45° C. anzeigt. Bei dieser Temperatur hält man den Inhalt des Bechers genau $^1/_2$ Stunde. Aldann wird die Temperatur in weiteren 25 Minuten auf 70° C. gebracht und zwar derart, dass die Temperatursteigerung gleichmässig in 1 Minute um 1° C. erfolgt. Bei 70° C. wird bis zur beendeten Verzuckerung, mindestens aber eine Stunde gehalten.

Während der ganzen Maischoperation muss langsam aber stetig gerührt werden. Heftiges Rühren ist unzweckmässig.

Die Zeit, wenn die Maische 70° C. erreicht hat, wird notirt. Die Dauer der Verzuckerung wird von diesem Zeitpunkte an bis zum völligen Verschwinden der Stärke gerechnet. — 10 Minuten nach Erreichung der Maischtemperatur von 70° C. wird die erste Prüfung mit Jod vorgenommen und dann weiter von 5 zu 5 Minuten, oder bei notorisch schlecht verzuckernden Malzen von 10 zu 10 Minuten, je eine Probe. Man bringt zu diesem Zwecke mittels eines Glasstabes (des Thermometers) einen Tropfen Maische auf eine Gipslamelle oder eine weisse Porcellanplatte und setzt einen Tropfen Jodlösung[1]) zu. — Die Verzuckerung ist als beendet anzusehen, wenn die Jodreaktion nur sehr schwach röthlich oder reingelb bis bräunlich erscheint. (Dunkle Malze geben auch nach beendeter Verzuckerung noch eine schwach röthliche Reaktion.)

Der Geruch der Maische ist zu beachten!

Nach Beendigung des Maischens wird der Becher aus dem Wasserbade genommen, die Maische mit 200 ccm kaltem Wasser vermischt und durch Einstellen in Eiswasser rasch auf etwa 15° C. abgekühlt. Die gekühlte Maische wird alsdann durch Zusatz von Wasser auf das Gewicht von 450 g gebracht.

Die gewogene und gründlich durchgerührte Maische wird alsdann auf ein zur Aufnahme der ganzen Maische genügend grosses, nicht befeuchtetes Faltenfilter gebracht und bei bedecktem Trichter in eine trockene Flasche filtrirt. Sobald 100 ccm Würze durchgelaufen sind, giesst man diese zurück und lässt alsdann die ganze Würze durchlaufen.

Die Art des Ablaufens wird in allgemeinen Ausdrücken und ob rasch oder langsam, angegeben. Die Würze kann glänzend klar, opalisirend, schwach oder stark getrübt ablaufen, was gleichfalls anzugeben ist. Die gewonnene Würze dient zur Ermittelung des Extrakts und der näheren Extraktbestandtheile.

---

[1]) Die Jodlösung wird bereitet durch Auflösen von 2,59 g Jod und 5 g Kaliumjodid in 1 l Wasser.

c) Extraktbestimmung. Das spec. Gew. der Würze wird bei 15° C. mit dem langhalsigen Pyknometer nach REISCHAUER oder REISCHAUER-AUBRY bestimmt und der Extraktgehalt nach der „Tafel zur Ermittelung des Zuckergehalts bei 15° C. nach WINDISCH“ (s. Saccharum) entnommen. Das Spindeln der Würze zu diesem Zwecke ist unzulässig.

Die Extrakt-Ausbeute aus dem lufttrocknen Malze (p) berechnet man nach der Formel I, diejenige aus dem wasserfreien Malz ($p_1$) nach der Formel II.

$$\text{I)}\quad p = \frac{e}{100-e} \times (w + 2H)$$

$$\text{II)}\quad p_1 = \frac{100p}{f}$$

e = Extraktgehalt der Würze in Procenten, w = Wassergehalt des Malzes in Procenten, H das zur Herstellung der Würze zugesetzte Wasser in Grammen (400 g), f die Malztrockensubstanz, (also 100 g lufttrocknes Malz, verringert um seinen Wassergehalt).

Für den Extraktgehalt ist eine Differenz von 0,5 Proc. zulässig.

d) Farbe der Würze. Diese ist durch Vergleich mit einer Jodlösung in einem Flüssigkeitskolorimeter festzustellen. — Als Ausgangslösung dient eine N/100-Jodlösung (aus 1,27 g Jod und 4 g Kaliumjodid, in Wasser zu 1 Liter gelöst). Man giebt an, mit wie viel ccm dieser Lösung 100 ccm Wasser zu versetzen sind, um die gleiche Färbung zu erzeugen, wie sie die 10procentige Würze besitzt. — Die Jodlösung ist vor Licht geschützt aufzubewahren und öfter zu erneuern.

e) Bestimmung des Zuckergehaltes. Diese ist in der Würze gewichts-analytisch auszuführen. Man verdünnt 30ccm Würze mit Wasser auf 200 ccm.

Alsdann bringt man in eine Porcellan-Kasserole mit Deckel von 13 cm lichter Weite und etwa 350 ccm Fassungsraum 50 ccm FEHLING'scher Lösung und erhitzt. Sobald diese Lösung zu sieden beginnt, lässt man 25 ccm der wie eben angegeben verdünnten Würze zufliessen, und erhält vom Beginn des neu eintretenden Siedens an gerechnet die Flüssigkeit genau 4 Minuten im Sieden. Der entstandene Niederschlag wird im ALLIHN'schen Röhrchen gesammelt und, wie unter *Saccharum* angegeben, als metallisches Kupfer gewogen.

Das erhaltene Kupfer wird unter Zugrundelegung der WEIN'schen Tabelle auf Maltose berechnet und als Rohmaltose angegeben.

Das Verhältniss von Zucker und Nichtzucker ergiebt sich durch Rechnung aus dem Gesammtextrakt, wenn die gefundene Rohmaltose = 1,0 gesetzt wird.

## II. Extractum Malti. (Ergänzb.). **Malzextrakt. Extrait de malt. Extract of Malt.**

***Darstellung.*** 1 Th. grob zerstossenes (geschrotenes) Gerstenmalz (Luftmalz) wird mit 1 Th. Wasser gemischt und 3 Stunden bei 15—20° C. stehen gelassen. Dem Gemisch werden sodann 4 Th. Wasser von 65—70° C. zugesetzt. Man lässt diese Mischung unter häufigem Umrühren solange bei 55—60° C. stehen, bis eine abfiltrirte Probe mit Jodlösung nicht mehr blau gefärbt wird, bis also alle Stärke umgewandelt worden ist. (Vergl. auch Prüfung des Malzes S. 341.) Darauf wird das Ganze zum Sieden erhitzt und ausgepresst. Die abgepresste Flüssigkeit wird auf die Hälfte eingedampft, nach dem Erkalten durch Flanell geseiht und so schnell als möglich zur dicken Extraktkonsistenz eingedampft. Das Eindampfen kann auf dem Wasserbade, zweckmässiger aber im Vakuum erfolgen.

Durch das Aufkochen werden die koagulirbaren Eiweissstoffe ausgefällt, wodurch eine Klärung der Extraktlösung bewirkt, gleichzeitig aber die Diastase unwirksam wird. Will man also die Eiweissstoffe in dem Extrakt und die Wirksamkeit der Diastase erhalten, so muss das Aufkochen unterbleiben und das Eindampfen unbedingt im Vakuum erfolgen.

***Eigenschaften.*** Ein hellbraunes, in Wasser fast klar lösliches Extrakt von brotartigem Geruch und angenehm süssschleimigem Geschmacke. Damit es weder gährt noch schimmelt, darf es nicht mehr als 25 Proc. Wasser enthalten. Es besteht aus Maltose, Dextrin, geringen Mengen Eiweissstoffen; die Asche enthält die Phosphate des Calciums und Magnesiums. Die wässerige Lösung des Malzextraktes reagirt nur sehr schwach sauer. Der arzneiliche bez. diätetische Werth des Malzextrakts beruht auf seinem Gehalte an leicht resorbirbaren Kohlehydraten, der des ohne Aufkochen geklärten und im Vakuum eingedampften auch auf dem Gehalt an Diastase.

***Prüfung.*** 1) Trocknet man 1 g bei 100° C. bis zum gleichbleibenden Gewichte, so müssen mindestens 0,75 g Rückstand erhalten werden. Oder: Löst man 1 Th. Malzextrakt in 2 Th. Wasser, so soll das spec. Gewicht dieser Lösung bei 15° C. nicht weniger als 1,112 haben. Vergl. bei Mel. — 2) Verascht man 5 g Malzextrakt, so soll man etwa 0,06 g — 0,1 Asche erhalten. Diese reagirt alkalisch. Die salpetersaure Lösung der Asche giebt mit Ammoniummolybdänat einen reichlichen gelben Niederschlag. (Phosphorsäure.)

Bestimmung des Dextrins und der Maltose. Man löst 5 g Malzextrakt in 25 ccm Wasser und versetzt diese Lösung unter Umrühren mit 400 g absolutem Alkohol. Nach 24stündigem Absetzen filtrirt man und wäscht den Niederschlag auf dem Filter zweimal mit absolutem Alkohol aus. Hierauf löst man den Niederschlag in circa 60 ccm Wasser, kocht die Lösung auf, filtrirt sie und bringt sie nach dem Abkühlen auf 100 ccm. Mit dieser Dextrin-Maltoselösung verfährt man wie folgt: **A.** Man erhitzt 50 ccm mit 4 ccm Salzsäure (von 25 Proc.) in einem Becherglase mit aufgelegtem Uhrglase 3 Stunden lang unter Einhängen in ein vollkochendes Wasserbad, dann setzt man das Kochen nach Entfernung des Uhrglases noch $^1/_2$ Stunde fort, kühlt ab, neutralisirt mit Natronlauge und füllt wieder auf 50 ccm auf. 25 ccm dieser Flüssigkeit (findet man mehr als 10 Proc. Dextrin, so ist der Versuch mit nur 20 ccm zu wiederholen) verwendet man zur gewichtsanalytischen Bestimmung der Dextrose nach Allihn. Aus dem erhaltenen Kupferwerthe findet man die Menge der Dextrose aus der Tabelle von Allihn (s. Saccharum). **B.** Weiterhin verwendet man 25 ccm der obigen Dextrin-Maltoselösung zur gewichtsanalytischen Bestimmung der mitgefällten Maltose nach Soxhlet, findet nach der Wein'schen Tabelle die der erhaltenen Kupfermenge entsprechende Maltose und berechnet letztere durch Division mit 0,95 auf Dextrose. Aus der Differenz beider Dextrose-Mengen findet man durch Multiplikation mit 0,9 das Dextrin.

Die im Malzextrakt enthaltene Gesammt-Maltose bestimmt man, indem man 1 g Malzextrakt in Wasser zu 100 ccm löst und 25 ccm dieser Lösung zur gewichtsanalytischen Bestimmung der Maltose nach Soxhlet benutzt.

Durchschnittliche Zusammensetzung: 20—25 Proc. Wasser, 80—75 Proc. Trockenrückstand, 1,1—2,1 Proc. Asche, 48—70 Proc. Maltose, 2—16,0 Proc. Dextrin, 0,3—0,4 Proc. Phosphorsäure ($P_2O_5$), 0,75—1,5 Proc. Milchsäure.

**Extractum Malti siccum. Malzin. Trockenes Malzextrakt.** Zur Darstellung wird das musförmige Malzextrakt auf Glasplatten gestrichen und bei ca. 80° C. ausgetrocknet. Unregelmässig gestaltete Massen, bräunlichgelb von angenehmem Geruch und Geschmack. 10 Th. desselben geben mit 3 Th. Wasser ein dickes Extrakt.

Durchschnittliche Zusammensetzung: 1,7—3,2 Proc. Wasser, 98,3—96,8 Proc. Trockenrückstand, 1,6 Proc. Asche, 71 Proc. Maltose, 5,0—9,4 Proc. Dextrin.

Das Präparat ist sehr hygroskopisch und muss vor Feuchtigkeit sehr gut geschützt aufbewahrt werden.

---

**Mellin's Food,** zur Säuglingsernährung, ist trocknes Malzextrakt.

**Haby's Es ist erreicht.** Extracti Malti 5,0, Spiritus 7,5, Acidi salicylici 0,2, Aquae 100,0.

**Bock's Pectoral.** Pastillen aus Malzextrakt, Süssholzwurzel, Eibischwurzel und Isländischem Moos. Hustenmittel.

**Marrol.** Ein in England gebräuchliches diätetisches Präparat aus Malzextrakt, Rinderknochen-Mark und Calciumphosphat.

---

**Extractum Malti calcaratum** (Ergänzb.). **Extractum Malti cum Calce** (Hamb. V.). **Malzextrakt mit Kalk.** Rp. Calcii hypophosphorosi 1,0, Sirupi Sacchari 4,0, Extracti Malti 95,0,

**Extractum Malti cum Chinino** (Hamb. V.). Rp. Chinini-Ferro citrici 3,0, Aquae destillatae 3,0, Extracti Malti q. s. ad 1000,0.

**Extractum Malti ferratum** (Ergänzb. Hamb. V.). Rp. Ferri pyrophosphorici cum Ammonio citrico 2,0, Aquae destillatae 3,0, Extracti Malti 95,0.

**Extractum Malti cum Ferro jodato.** Ferri jodati saccharati 5,0, Extracti Malti 95,0.

**Extractum Malti lupulinatum. Gehopftes Malzextrakt.** Ist ein aus einer gehopften Malzwürze hergestelltes Extrakt. Es lässt sich auch durch Vermischen von 1 Th. Hopfenfluidextrakt mit 100 Th. Malzextrakt darstellen.

**Extractum Malti cum Ferro peptonato et Mangano** (Hamb. V.). Rp. Sirupi Mangani 12,0, Sirupi Ferri peptonati 32,0, Extracti Malti q. s. ad 1000,0.

**Extractum Malti cum Oleo Jecoris Aselli** (Ergänzb. Hamb. V.). **Malzextrakt mit Leberthran.** Gleiche Theile Leberthran und Malzextrakt werden schwach erwärmt und gemischt.

**Extractum Malti cum Pepsino. Malzextrakt mit Pepsin.** Rp. Pepsin 2,0, Glycerini 5,0, Extracti Malti 95,0.

**Extractum Malti chinatum.** Extracti Chinae aquosi 5,0, Extracti Malti 95,0.

**Malzbier.** Ein stark eingemaischter Malzauszug, durch Bierhefe schwach in Gährung versetzt, auf Flaschen gefüllt und pasteurisirt. Diese sog. Malzbiere haben einen nur geringen Alkoholgehalt (ca. 1 Proc.) aber genügend Kohlensäure, um angenehm trinkbar zu sein, und sind unbegrenzt haltbar. Diätetisches Ernährungsmittel. Der Ton ist auf den geringen Alkoholgehalt zu legen.

**Malzwein. Maltonwein.** Es ist Dr. SAUER gelungen, Malzauszüge in weinähnliche Getränke umzuwandeln. Zu diesem Zwecke werden Maischen aus Malz bereitet und diese zunächst der Milchsäuregährung unterworfen. Nachdem der gewünschte Säuregrad erreicht ist, wird die Milchsäuregährung durch Erhitzen aufgehoben. Zu der wieder erkalteten Würze giebt man Rein-Kulturen von Weinhefen und vergährt die Würzen unter Zusatz von Rohrzucker und Zuleiten sterilisirter Luft. Der Charakter der Weine wird durch die benutzen Reinhefen bedingt. Xeres-Hefen geben ein Xeres-ähnliches, solche von Oporto ein Portwein-ähnliches, ungarische Hefen ein Ungarwein-ähnliches Getränk. — Diese Getränke enthalten Milchsäure an Stelle der Weinsäure. Der Zucker ist zum Theil als Maltose zugegen. Am besten gelungen ist der sog. Portwein, am wenigsten gelungen der sog. Tokajer. Immerhin sind diese Getränke höchst beachtenswerthe Leistungen der Gährungstechnik.

**Malzzucker. Malzextraktbonbons. Malzbonbons.** Unter diesem Namen werden von Kaufleuten mehr oder weniger geformte bez. unförmliche Stücke feilgehalten, welche nur selten etwas Malzextrakt enthalten, häufig aber nur aus geschmolzenem, nicht raffinirtem Zucker bestehen.

**Cataplasma Fermenti.**
Hefe-Umschlag.

Rp. Fermenti Cerevisiae 30,0
Farinae secalinae 55,0
Aquae q. s.
ut fiat cataplasma.

**Decoctum antiscorbuticum** BERENDS.

Rp. Decocti Malti Hordei 100,0 : 800,0
Succi Citri recentis 15,0
Vini Rhenani 120,0.
Mit Zucker versüsst weinglasweise.

**Elixir Malti** DUQUESNEL.

Rp. Sirupi Malti 10,0
Vini Hispanici 90,0.

**Elixir Malti et Ferri** (Nat. form.).

Rp. Extracti Malti 250,0 ccm
Ferri phosphorici 17,5 g
Aquae 30,0 ccm
Elixir aromatici q. s. ad 1000,0 ccm.

**Extractum nutrimenti Liebigiani.**
LIEBIG's Kindersuppenextrakt.

Rp. Extracti Malti 100,0
Kalii bicarbonici 2,5
Salis culinaris 1,5
Sacchari Lactis
Sacchari albi āā 10,0
Dextrini 20,0
Extracti Lactis 100,0.
Das Gemisch lässt sich in geschlossenem Glase nur einige Wochen konserviren.

**Sirupus Malti** (Hamb. V.).
Malzbrustsirup.

Rp. Extracti Malti 2,0
Sirupi Sacchari 8,0.

**Sirupus Malti foeniculatus.**
Fenchelbrustsirup (Hamb. V.).

Rp. Olei Foeniculi 1,0
Mellis depurati
Sirupi Malti āā 500,0.

**Trochisci Maltinae** (COUTARET).

Rp. Maltinae (cum Saccharo Lactis) 10,0
Natrii bicarbonici 5,0
Magnesiae ustae 10,0
Massae cacaotinae 75,0.
M. f. trochisci centum (100).
D. S. Nach jeder Mahlzeit eine Pastille.

## III. Diastase. (Gall.) (Maltine.)

***Darstellung.*** 1 Th. geschrotenes Luftmalz wird mit 2 Th. Wasser von Lufttemperatur übergossen und von Zeit zu Zeit umgerührt. Nach etwa 6stündiger Einwirkung kolirt man, presst die Flüssigkeit ab und filtrirt die Kolatur, am bestem im Eisschrank. Das erhaltene Filtrat giesst man in ein doppeltes Volumen von 95 procentigem Alkohol unter Umrühren ein. Man lässt absetzen, filtrirt den Niederschlag ab und trocknet in dünner Schicht ausgebreitet auf Glasplatten thunlichst rasch in einem Luftstrom, dessen Temperatur 45° C. nicht überschreitet (!).

***Eigenschaften.*** Ein weisslichgelbes Pulver oder durchsichtige, gelbliche Blättchen. Sie löst sich zum grösseren Theil in Wasser, nur zu einem geringen Theil in verdünntem Alkohol, in starkem Alkohol ist sie unlöslich. Die Diastase ist ein Enzym, d. h. ein ungeformtes Ferment; sie hat die Fähigkeit, Stärke in Dextrine und Maltose (Isomaltose) zu zerlegen. Die verliert diese Fähigkeit durch Erhitzen ihrer Lösung über 85° C. hinaus. — Man hat von ihr zu verlangen, dass sie ihr 50faches Gewicht Kartoffelstärke in reducirenden Zucker verwandeln soll.

***Prüfung.*** 0,1 g Diastase werden in 100 g Stärkekleister gelöst (welcher aus 6 g Kartoffelstärke bereitet worden ist) gelöst. Man erwärmt diese Mischung im Wasserbade unter gelegentlichem Umrühren während 6 Stunden auf 50° C. Nach dieser Zeit muss eine farblose, leicht filtrirende (!) Lösung erhalten werden, welche ihr fünffaches Volumen FEHLING'sche Lösung (von welcher 10 ccm durch 0,05 g Glucose reducirt werden) reducirt.

**Maltina (Maltine, Diastas).** Unter diesem Namen kommt ein Präparat in den Handel, welches eine Mischung von etwa 1 Th. Diastase mit 9 Th. Milchzucker darstellt. Es liegen hier die Verhältnisse etwa wie beim Pepsin, bei welchem man mit dem gleichen Namen sowohl das koncentrirte Enzym als auch dessen Verreibungen mit indifferenten Stoffen versteht. Man giebt es zu 1—2 g mehrmals täglich als verdauungsbeförderndes Mittel.

**IV. Fermentum pressum. Presshefe. Pfundhefe.** 1) Bierhefe (Oberhefe) wird zweimal mit etwa der zehnfachen Menge Wasser, welches 1 Proc. Ammoniumkarbonat enthält, eine Stunde macerirt und abgewaschen, dann mit einem Gemisch aus 2 Th. feinem Malzpulver und 10 Th. Stärke gemischt, so dass eine konsistente Masse entsteht, welche in 1,5—2 cm dicke Tafeln geformt wird. Diese Hefe ist alle 2—3 Tage frisch zu bereiten und an einem kalten Orte aufzubewahren. — 2) 100,0 g zerstossenes Luftmalz, gemischt mit 1 kg Roggenmehl und 8 l warmem Wasser werden vier Stunden bei Seite gestellt, dann mit einer beliebigen Menge frischer Bierhefe (Oberhefe), welche man mit Wasser, welches 1 Proc. Ammoniumkarbonat enthält, abgewaschen hat, durchrührt und an einen 25—30° C. warmen Ort gestellt. Die schaumige Masse, welche sich hier an der Oberfläche der Flüssigkeit sammelt, wird wiederholt, so oft sie entsteht, mit einem Haarsiebe abgenommen, mit kaltem Wasser gemischt durch ein Sieb gegossen, dann in einem Kolatorium gesammelt, ausgedrückt mit ca. $^1/_{10}$ ihres Gewichtes feinem Pulver weissgebrannter Knochen gemischt entweder mit Stärkemehl zur Konsistenz der Presshefe gebracht, oder mit noch mehr Stärkemehl in eine bröcklige Masse verwandelt, diese an einem lauwarmen Orte ausgetrocknet, zu Pulver zerrieben und als trockne Presshefe aufbewahrt. (Das Vermischen der Hefe mit Stärke wird indessen neuerdings als Fälschung aufgefasst.)

**Fermentum Cerevisiae. Hefe.** Wird von Bierbrauern entnommen. Man giebt sie löffelweise bei Skorbut, Angina gangraenosa, Furunkeln, Diabetes. Aeusserlich benutzt man sie mit Mehlteig gemischt zu Umschlägen.

**Hefenahrung.** Besteht in der Hauptsache aus einem Gemenge von gesiebtem Malzmehl von Dörr- und Grünmalz mit Mehl aus nicht gemalzter Gerste und aus Salzen, unter denen Calciumkarbonat und Magnesiumkarbonat überwiegen.

# Malva.

Gattung der **Malvaceae — Malveae — Malvinae.**

**I. Malva silvestris L.** in Europa weit verbreitet, östlich bis Indien, auch in Algerien und am Kap. Mit niederliegendem bis aufrechtem, rauhhaarigem Stengel. Blätter mit meist fünf spitzen Lappen, der Rand kerbig-gesägt, am Grunde herzförmg oder gestutzt. Blüthen rosa mit dunkleren Längsstreifen, Blumenblätter verkehrt eiförmig, tief ausgerandet. Fruchtstiel abstehend bis aufrecht.

Liefert **Flores Malvae** (Austr. Germ.). **Flos Malvae** (Helv.). **Flores Malvae silvestris s. vulgaris s. coeruleae. — Malvenblüthen. Blaue Pappelblumen. Käsepappelblumen. Wilde Malvenblüthen. — Fleur de mauve** (Gall.). — **Mallow flowers.**

***Einsammlung.*** Die Blüthen werden zur Zeit der völligen Entfaltung (Austr.) mit den Kelchen gesammelt und sorgfältig getrocknet, um die hierbei in ein zartes Blau übergehende Farbe möglichst zu erhalten. 5 Th. frische geben 1 Th. trockne. Man pflegt sie ungeschnitten vorräthig zu halten und abzugeben.

***Anwendung.*** Als schleimreiches, erweichendes und reizmilderndes Mittel innerlich und äusserlich, als Aufguss (1 : 5—10) und in Theemischungen.

**II. Malva neglecta Wallr.** Heimisch von Europa bis Indien, in Australien und Amerika eingeschleppt. Niederliegendes Kraut mit rundlich-herzförmigen, gekerbten Blättern, die seicht 5—7 lappig sind. Blumenblätter 2—3 mal so lang wie der Kelch, ausgerandet. Fruchtstiel abwärts gebogen.

**III. Malva rotundifolia L.** Heimisch im nördlicheren Europa. Blumenblätter so lang wie der Kelch, sonst der vorigen sehr ähnlich und früher mit ihr zusammengefasst.

Alle 3 Arten liefern:

**Folia Malvae** (Austr. Germ.). **Folium Malvae** (Helv.). **Herba Malvae. — Malvenblätter. Pappelkraut. Käsepappel- oder Rosspappelkraut. Hasenpappelkraut. — Feuille de mauve** (Gall.). — **Mallow-leaves.**

Die Epidermen der Blätter tragen Büschel- und kleine Drüsenhaare, im Mesophyll Schleimzellen und Oxalatdrusen.

***Einsammlung.*** In den Sommermonaten von den blühenden Pflanzen. 5—6 Th. frische geben 1 Th. trockne. Man sammelt von wildwachsenden oder kultivirten Pflanzen (II wird in Belgien und Ungarn kultivirt).

***Verwechselungen*** mit anderen Arten der Gattung Malva, z. B. M. moschata L. werden leicht durch die tiefer getheilten Blätter erkannt, die genannte Art fällt auch durch ihren an Moschus erinnernden Geruch auf.

***Anwendung.*** Zu erweichenden Umschlägen in Form der Species emollientes.

**IV. Malva Alcea L.** In Europa weit verbreitet. Mit aufrechtem, etwa 1 m hohem Stengel, Blätter handförmig-5theilig, die oberen 3theilig. Blüthen gross, rosenroth, Blumenblätter vorne ausgeschweift. Lieferte früher Herba et Radix Alceae, die letztere soll zur Verfälschung von Radix Althaeae dienen.

**V. Althaea rosea (L.) Cav.** Heimisch in der Türkei und in Griechenland, zahlreich in den Gärten kultivirt. Hochstämmig, rauhhaarig mit grossen, schön gefärbten Blumen, die einzeln in den Blattachseln sitzend zu einer langen Traube zusammengedrängt sind. Man verwendet die Blüthen der dunkelbraun bis schwärzlich-violett blühenden Varietäten als:

**Flores Malvae arboreae** (Ergänzb.). **Flores Alceae. Flores Malvae hortensis s. majoris s. rubrae. — Stockrosenblüthen. Baummalve. Pappelrose. Stockmalven. — Fleur de passerose. — Rose-mallow.**

Die Blüthen sind gegen 5 cm lang, die 5 Kronblätter fast verkehrt-herzförmig, quer breiter, ausgeschweift, der Nagel weiss bebartet. Der innere Kelch ist 5spaltig, der äussere 5—9spaltig, beide graugrün-filzig. ***Bestandtheil*** in allen Arten Schleim.

***Einsammlung.*** Man sammelt die Blüthen mit den Kelchen, trocknet und bewahrt sie geschnitten in Holzkästen auf. Die Flores Malvae arboreae sine calycibus des Handels dienen ihres besseren Aussehens wegen für den Handverkauf und in den Fällen, wo es lediglich auf die Ausnutzung des Farbstoffs ankommt.

***Anwendung.*** Die Stockrosen werden wegen ihres Gerbstoff- und Schleimgehaltes in Form des Aufgusses oder der Abkochung (10—20 : 200) innerlich, bei leichten Halsentzündungen als Gurgelwasser benutzt. Die farbstoffreichen Blumenblätter dienen in Weingegenden vielfach dazu, dem Rothwein eine dunklere Farbe zu geben.

**Charta exploratoria Malvae** (DIETERICH).

Malvenpapier.

Rp.

| | |
|---|---|
| Flor. Malvae arboreae sine calycibus conc. | 20,0 |
| Liquor. Ammonii caust. | 1,0 |
| Spiritus (90 proc.) | 900,0 |
| Aquae destillatae | 100,0. |

Man macerirt 8 Tage, presst, filtrirt und tränkt mit dem Filtrat säurefreies Filtrirpapier. Das Papier wird durch Säuren roth, durch Alkalien grün. Empfindlichkeit gegen HCl. 1 : 13000, gegen $NH_3$ 1 : 20000.

**Ptisana de flore Malvae** (Gall.).
Tisane de fleur de mauve.
Rp. Flor. Malvae 10,0
Aquae destillat. ebullient. 1000,0.
Nach $^1/_2$ Stunde auspressen.

**Species mollientes** (Gall.).
Espèces émollientes.
Rp. Foliorum Verbasci concis.
" Althaeae "
" Malvae "
" Parietariae " } ää.

**Brust- und Blutreinigungsthee von** Zölfel, besteht aus Malvenblättern, Kümmel, Süssholz, Sassafras und Guajakholz.

**Brust- und Lungenthee** von Zeehi, wie voriger ohne Guajakholz.

# Manaca.

Unter diesem Namen und auch als **Mercurio vegetal** kommen Wurzeln und untere Achsentheile der im äquatorialen Amerika heimischen **Franciscea uniflora Pohl** syn.: Brunfelsia Hopeana Benth. (Familie der **Solanaceae** — **Salpiglossideae**) nach Europa.

***Beschreibung.*** Die Droge bildet federspulen- bis zweifingerdicke Stücke mit dünner, schwarzbrauner oder rostbrauner Rinde und röthlichgelbem Holz. In der Rinde stark verdickte Steinzellen und Oxalatdrusen und in manchen Stücken (von der Achse) Fasern. Im Holz enge Gefässe, verdickte Fasern und spärliches Parenchym. Markstrahlen eine Reihe breit, auffallend hoch. Die Achsenstücke lassen an der Aussengrenze des Markes das intraxyläre Phloëm erkennen und Steinzellen.

***Bestandtheile.*** Zwei Alkaloide: Manacin $C_{22}H_{33}N_2O_{10}$, das durch Respirationsstillstand tödtet und die Sekretion der Drüsen reizt, und Manaceïn $C_{15}H_{33}N_2O_{10}$ (oder $C_{15}H_{25}N_2O_9$) von ähnlicher Wirkung.

***Anwendung.*** Als Antisyphiliticum, Antiarthriticum und Diureticum.

Man verwendet die Droge als Fluidextrakt mit Natriumsalicylat zusammen.

# Manganum carbonicum.

**Manganum carbonicum. Mangankarbonat. Manganokarbonat. Kohlensaures Mangan(oxydul). Carbonate de manganèse** (Gall.). **Mangani Carbonas.** $MnCO_3$. **Mol. Gew. = 115.**

***Darstellung.*** Man löst einerseits 100 Th. krystallisirtes Manganosulfat in 1000 Th. abgekochtem, warmem Wasser, andererseits 130 Th. krystallisirtes Natriumkarbonat in 1000 Th. gleichfalls abgekochtem, warmem Wasser. Beide Lösungen werden — jede für sich — filtrirt, hierauf wird die Mangansulfatlösung in die Natriumkarbonatlösung unter Umrühren eingegossen. Man lässt den entstehenden Niederschlag absetzen, dekanthirt die Flüssigkeit, wäscht den Niederschlag zunächst einigemal durch Dekanthiren, später auf dem Filter, bis zum Verschwinden der Schwefelsäure-Reaktion und trocknet ihn schliesslich bei 50—60° C.

***Eigenschaften.*** Ein weissliches oder röthlich-weisses, zartes Pulver ohne Geruch und Geschmack, fast unlöslich im Wasser, leicht löslich unter Aufbrausen in Essigsäure, Salzsäure, Schwefelsäure etc. und mit diesen Säuren blassröthliche Salzlösungen gebend. Schmilzt man eine Spur des Salzes mit einer Mischung von Natriumkarbonat und Kaliumnitrat, so erhält man eine intensiv grün gefärbte Schmelze. — Beim Glühen des Salzes an der Luft entweicht Kohlensäure, und es hinterbleibt ein schwarzer, aus Manganoxyduloxyd bestehender Rückstand (und zwar 66,3 Proc. desselben) von der Zusammensetzung $Mn_3O_4$.

***Prüfung.*** Das Manganokarbonat darf an kaltes Wasser nichts Lösliches abgeben und muss in verdünnter Salzsäure leicht und klar löslich sein. Diese saure salzsaure Lösung wird in mehrere Theile getheilt und geprüft: **1)** mit Schwefelwasserstoffwasser. Es erfolgt keine oder (wegen Gegenwart von Spuren Manganioxyd) eine höchst unbedeutende weissliche Trübung. Eine farbige Trübung oder Fällung deutet auf fremde

Metalle. — 2) Die mit Schwefelwasserstoff gesättigte Lösung giebt nach reichlichem Zusatz von Natriumacetatlösung keine weisse Trübung (Abwesenheit von Zink). — 3) Die salzsaure Lösung färbt sich auf Zusatz von Galläpfeltinktur nicht violett oder dunkelfarbig (Abwesenheit des Eisens). — 4) Sie bleibt ferner mit reichlicher Menge Ammoniumchlorid und darauf mit Ammoniakflüssigkeit im Ueberschuss versetzt klar (Abwesenheit der Thonerde), ebenso auf darauf folgenden Zusatz von Ammoniumoxalat (Abwesenheit von Kalkerde).

***Aufbewahrung.*** Ueber diese ist nichts zu bemerken.

***Anwendung.*** Die Anwendung des Mangankarbonats beruht auf der Annahme einiger Physiologen, dass Mangan ein normaler Bestandtheil des Blutes sei und zu den blutbildenden Stoffen gehöre. Diese während der letzten Jahre wieder in Aufnahme gekommene Ansicht lässt also kleine Mengen von Manganpräparaten zur Unterstützung der Eisenmittel nehmen. In den Magen gebracht, wird das Mangankarbonat gut vertragen, wegen der Dosirung ist daher wenig zu bemerken. Man giebt es zu 0,2—0,4—0,6 g mehrmals täglich, gewöhnlich mit Eisenpräparaten zusammen.

**Manganum tannicum.**

Rp. Mangani carbonici 4,0
Acidi tannici 7,0
Aquae destillatae 5,0.

Man mischt und bringt die Mischung im Wasserbade zur Trockne.

**Pilulae Ferri et Mangani carbonici**
HANNON, BURIN.

Rp. Ferri sulfurici cryst. 10,0
Mangani sulfurici cryst. 3,5
Kalii carbonici 10,0
Sacchari albi 3,0
Radicis Althaeae q. s.

Man bereitet eine Masse nach Art der BLAUD'schen und formt 150 Pillen, die mit Zimmtpulver zu bestreuen sind. Bei Chlorose, Anämie.

**Pulvis aerophorus ferro-manganatus.**
Poudre gazogène ferro-manganeuse
BURIN.

Rp. Ferri sulfurici sicci 5,0
Mangani sulfurici sicci 3,0
Natrii bicarbonici
Sacchari albi
Acidi tartarici āā 10,0.

Dreimal täglich 1/2 Theelöffel in Wasser oder Wein zu nehmen.

***Erkennung und Bestimmung.*** Die Oxydulsalze des Mangans leiten sich vom Manganoxydul MnO ab. Sie sind blassroth gefärbt und zeigen folgendes Verhalten:

1) Kalihydrat oder Natronhydrat fällen weissliches Manganohydroxyd $Mn(OH)_2$ welches an der Luft rasch Sauerstoff aufnimmt und in braunes Manganosuperoxydhydrat übergeht. — 2) Eine Lösung eines Mangansalzes, welche Ammoniumchlorid enthält, wird durch Ammoniak zunächst nicht gefällt. Infolge Aufnahme von Luftsauerstoff scheidet sich aber braunes Mangansuperoxydhydrat aus. — 3) Natriumkarbonat fällt weisses oder blassröthliches Manganokarbonat $MnCO_3$ — 4) Ammoniumsulfid fällt fleischfarbiges Manganosulfid MnS. — 5) Die Phosphorsalzperle wird in der Oxydationsflamme violett gefärbt, in der Reduktionsflamme farblos. — 6) Alle Manganverbindungen geben beim Schmelzen mit Soda und Salpeter eine intensiv grüne Schmelze. (Beweisende Reaktion.)

Man bestimmt das Mangan in der Regel als Manganoxyduloxyd. Und zwar fällt man Lösungen, welche weder Ammonsalze noch Salze organischer Säuren enthalten, mit Natriumkarbonat, wäscht das gefällte Manganocarbonat aus und glüht es im Platintiegel an der Luft. Bei Gegenwart von Ammonsalzen fällt man das Mangan zunächst durch Ammoniumsulfid als Manganosulfid, wäscht dieses mit einer dünnen Natriumsulfidlösung aus, löst es alsdann in Salzsäure, fällt das Mangan aus der durch Erhitzen von Schwefelwasserstoff befreiten Lösung mit Natriumkarbonat und führt das ausgewaschene Manganokarbonat durch Glühen an der Luft in Manganoxyduloxyd $Mn_3O_4$ über. Es ist beachtenswerth, dass alle Oxyde des Mangans und alle Mangansalze mit in der Hitze flüchtigen Säuren beim Glühen an der Luft in Manganoxyduloxyd $Mn_3O_4$ übergehen.

---

# Manganum chloratum.

**Manganum chloratum. Manganochlorid. Manganchlorür. Chlorure de manganèse. Mangani Chloridum. $MnCl_2 + 4H_2O$. Mol. Gew. = 198.**

***Darstellung.*** 1) Man übergiesst 10 Th. reines Mangankarbonat mit 50 Th. destillirtem Wasser und fügt allmählich, unter Umrühren, zuletzt unter Erwärmen, 25,5 Th. Salzsäure von 25 Proc. hinzu. Die Lösung wird filtrirt, das Filtrat durch Eindampfen eingeengt und an einem kühlen Orte zur Krystallisation gebracht. Die Krystalle werden durch Wälzen auf Fliesspapier abgetrocknet. — 2) Aus den salzsauren Manganlaugen von der Chlorentwickelung kann man das Manganchlorür leicht gewinnen, indem man durch Eindampfen der Laugen zunächst die freie Salzsäure entfernt, alsdann den Salzrückstand in Wasser löst, und die filtrirte Lösung mit einem Ueberschuss von Mangankarbonat einige Zeit erhitzt, bis eine abfiltrirte Probe durch Kaliumferrocyanid nur weiss, nicht mehr bläulich gefällt wird. Man filtrirt, säuert das Filtrat schwach mit Salzsäure an und bringt es durch Eindampfen zur Krystallisation.

***Eigenschaften.*** Manganochlorid krystallisirt aus der wässerigen Lösung mit 4 Mol. $H_2O$ in röthlichen, feucht aussehenden Tafeln. Es ist stark hygroskopisch und in Wasser leicht löslich, bei 15° C. etwa im Verhältniss von 1 : 1. Auch in wasserhaltigem Alkohol ist es löslich. — Die verdünnte wässerige Lösung ist fast farblos, die koncentrirtere blassröthlich, die alkoholische grünlich. — Der Geschmack ist bitterlich-styptisch, scharf, hintennach salzig.

***Prüfung.*** Die wässerige, mit einigen Tropfen Salzsäure sauer gemachte Lösung verhält sich gegen Reagentien wie die salzsaure Lösung des reinen Manganokarbonats (siehe S. 347).

***Aufbewahrung.*** In dicht geschlossenen Glasgefässen. Das durch Eindampfen bis zur Trockne gewonnene Salz hält sich gut.

***Anwendung.*** Man giebt es verhältnissmässig selten für sich oder in Verbindung mit Eisen zu 0,1—0,2—0,4 zwei- bis viermal täglich in Lösung, Pillen etc., äusserlich in Lösung zu Mund- und Gurgelwässern (1,0—5,0 auf 100,0 Wasser, schleimige Flüssigkeiten) bei syphilitischen, skorbutischen Rachengeschwüren.

**Guttae haemostaticae** OSBORN.
Rp. Mangani chlorati 5,0
Spiritus diluti 20,0.
Bei heftigem Nasenbluten ¼ stündlich 10—15 Tropfen.

---

# Manganum hyperoxydatum.

**Manganum hyperoxydatum** (Ergänzb. Helv.). **Bioxyde de manganèse** (Gall.). **Mangani Dioxidum** (U-St.). **Manganum peroxydatum. Manganum oxydatum nativum. Mangansuperoxyd. Mangandioxyd. Braunstein.** $MnO_2$. **Mol. Gew. = 87.**

Der Braunstein oder Pyrolusit ist das wichtigste, und in den grössten Mengen vorkommende Mangan-Mineral. Er wird gefunden im Erzgebirge, Harz und Thüringen, an der Lahn, in Mähren, Spanien und Kapland, seltener krystallisirt in stahlgrauen rhombischen Säulen, gewöhnlich in derben oder faserig-strahligen Massen vom spec. Gew. 4,7—5,0.

In den Handel gelangt der Braunstein entweder als derbe Massen von der Grösse einer Wallnuss bis Faustgrösse oder als ein grobes Pulver.

***Eigenschaften.*** Guter Braunstein stellt grauschwarze bis stahlgraue, derbe oder faserig-strahlige Massen dar, welche auf Papier schwarzgrau abfärben, und zerrieben ein grauschwarzes, stumpfes Pulver liefern, während andere Manganerze (welche nicht aus Mangandioxyd bestehen) einen braunen Strich und ein mehr oder weniger bräunliches Pulver geben.

In Wasser und in Alkohol ist Braunstein unlöslich. Von Schwefelsäure (auch von koncentrirter) wird er in der Kälte nicht angegriffen, ebenso nicht von Salpetersäure. Beim Erhitzen mit konc. Schwefelsäure entsteht unter Entwickelung von Sauerstoff = Manganosulfat. Von starker Salzsäure wird er in der Kälte zu Mangantetrachlorid $MnCl_4$ gelöst, welches beim Erwärmen in Manganchlorür $MnCl_2$ und freies Chlor $Cl_2$ gespalten wird. — Bei Gegenwart leicht oxydirbarer Substanzen wie Oxalsäure, Zucker, Formaldehyd u. a. m. wird der Braunstein auch von verdünnten Mineralsäuren schon in der Kälte verhältnissmässig leicht zu den entsprechenden Manganoxydulsalzen gelöst. — Beim Erhitzen giebt das Mangansuperoxyd ⅓ seines Sauerstoffs ab unter Uebergang in Manganoxyduloxyd $3MnO_2 = Mn_3O_4 + O_2$.

Der natürliche Braunstein ist in der Regel nicht reines Mangansuperoxyd, sondern durch zufällige Beimengungen (Gangart) mehr oder weniger verunreinigt. Diese Gangarten bestehen in Calciumkarbonat, Kieselsäure, Eisenoxyd, Thon, Baryumsalzen und anderen Mineralien. Da aber das Mangansuperoxyd $MnO_2$ der werthvollste Bestandtheil ist, wegen dessen der Braunstein hauptsächlich in der Technik verwendet wird, so ist es erforderlich, dessen Gehalt im Braunstein feststellen zu können.

***Werthbestimmung.*** **A.** Der Pharmakopöen. Diese ist z. Th. eine empyrische: Man erhitzt in einem Kölbchen eine gewogene Menge feingepulverten Braunstein mit einer gewogenen Menge krystallisirtem Ferrosulfat und einer hinreichenden Menge verdünnter Salzsäure bis zum Sieden und filtrirt. Das Filtrat darf alsdann mit Ferricyankaliumlösung nicht sogleich eine Blaufärbung geben. In dieser Weise schreiben vor:

Ergänzb.: 1 g feingepulverter Braunstein werde mit 4,0 g krystall. reinem Ferrosulfat und 20,0 g Salzsäure (von 12,5 Proc. HCl) allmählich zum Sieden erhitzt. Das Filtrat darf mit Kaliumferricyanid nicht sogleich eine blaue Färbung geben. Hierdurch wird ein Mindestgehalt von 62,6 Proc. $MnO_2$ verlangt.

U-St. 1 g feingepulverter Braunstein werde mit 5 ccm Wasser gemischt, dazu gebe man 4,22 g kryst. reines Ferrosulfat und 10 ccm Salzsäure (von 25 Proc. HCl) und erhitze 15 Minuten im Wasserbade, zum Schluss kurze Zeit zum Sieden. Das abgekühlte Filtrat darf durch Kaliumferricyanidlösung nicht sogleich gebläut werden. Hierdurch wird ein Braunstein mit mindestens 66 Proc. $MnO_2$ verlangt.

Helv. schreibt ein jodometrisches Verfahren vor: 0,2 g Braunstein werden mit 15 ccm Salzsäure in einem geeigneten Apparate erhitzt und das entweichende Chlor in einer Lösung von 3,0 g Kaliumjodid in 20 ccm Wasser aufgefangen. Wird das ausgeschiedene Jod alsdann mit $^1/_{10}$-Natriumthiosulfatlösung titrirt, so sollen davon mindestens 35 ccm erforderlich sein, entsprechend einem Minimalgehalt von 75 Proc. $MnO_2$.

**B.** Des Handels. Im Handel bedient man sich zur Werthbestimmung des Braunsteins entweder der chlorometrischen Methode oder der vom Verein deutscher Sodafabrikanten jetzt allgemein angenommenen oxydimetrischen Methode mit Ferrosulfat und Kaliumpermanganat.

1) Chlorometrisch. Man benutzt dabei den hier angegebenen einfachen Apparat: Ein Kölbchen *a* von etwa 60 ccm Fassungsraum ist mittels eines reinen Korkes (besser noch durch Glasschliff) mit der Leitungsröhre *b* verbunden. Diese ist nahe der Biegung aufgeblasen und ist an ihrem unteren Ende in eine Spitze ausgezogen, beides um ein etwaiges Zurücksteigen der vorgelegter Flüssigkeit unschädlich zu machen. Die Leitungsröhre *b* geht durch einen lose aufsitzenden oder schwach gekerbten Kork *c* in ein grosses Probirglas *d* von ca. 330 mm Länge und ca. 25—30 mm Weite und dieses Probirglas steht seinerseits in einem als Kühler dienenden Glascylinder *e* von etwa 350 mm Höhe und 60—70 mm lichter Weite. Man füllt den äusseren Cylinder *e* mit eiskaltem Wasser zur Kühlung und bringt in das Probirglas *d* eine entsprechende Menge Kaliumjodidlösung. Dann wägt man in das Kölbchen *a* recht genau etwa 0,2 g feingepulverten Braunstein (Durchschnittsmuster) ein, übergiesst mit 20 ccm Salzsäure (von 25 Proc. HCl), verbindet es sofort mit dem Apparat und erhitzt nun mit einer in der Hand zu haltenden Flamme. Man leitet die Destillation so, dass das Chlor nicht zu stürmisch entweicht, und dass auch ein Zurücksteigen der vorgelegten Kaliumjodidlösung nicht stattfindet. Wenn die Zersetzung beendet ist, destillirt man den grössten Theil der Salzsäure über, um das Chlor vollständig in die Kaliumjodidlösung überzuführen, und zieht dann, ohne die Flamme unter dem Kölbchen wegzunehmen, das Rohr *b* aus der vorgelegten Kaliumjodidlösung heraus. Man spült nun das Rohr *b* auswendig und inwendig mit destillirtem Wasser mit Hilfe eines Trichters in einen Kolben, bringt die vorgelegte Kaliumjodidlösung quantitativ dazu, spült das Probirglas gleichfalls mehrmals nach und lässt diese Spülwässer in den erwähnten Kolben einlaufen, spült auch den benutzten Trichter nach. Dann lässt man von einer $^1/_{10}$-Normal-Natriumthiosulfatlösung unter Umschwenken soviel zulaufen, dass die Flüssigkeit noch weingelb erscheint. Sobald dies der Fall ist, giebt man etwas filtrirte Stärkelösung zu und titrirt mit der Natriumthiosulfatlösung bis zur grade eintretenden Entfärbung der nunmehr durch

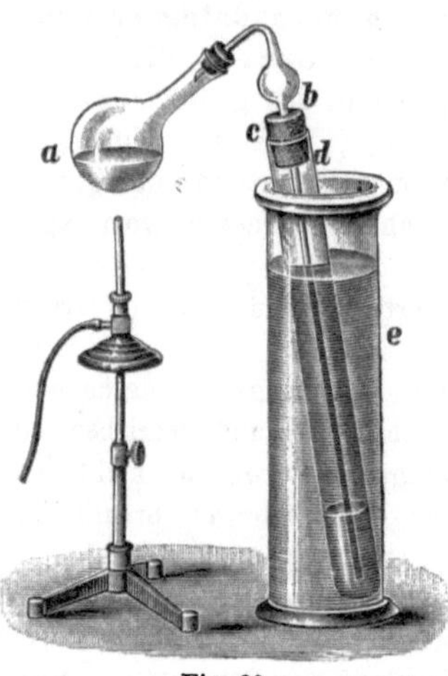

Fig. 30.

Bildung von Jodstärke blaugefärbten Flüssigkeit. — Nach der Gleichung $MnO_2 + 4HCl = 2H_2O + MnCl_2 + Cl_2$ zeigen 71 Th. Chlor = 87 Th. Mangansuperoxyd an. Daraus ergiebt sich ohne weiteres, dass 1 ccm $^1/_{10}$-Natriumthiosulfatlösung = 0,00435 g Mangansuperoxydlösung anzeigt.

Man erhält also den Procentgehalt x an freiem Chlor nach folgender Formel:

$$x = \frac{[a \cdot 0{,}00435] \cdot 100}{s}$$

worin a die Anzahl der verbrauchten ccm $^1/_{10}$-Natriumthiosulfatlösung, s die Menge des angewendeten Braunsteins in Grammen bedeutet.

2) Oxydimetrisch nach den Vereinbarungen der deutschen Sodafabrikanten:

Man wägt 1,0875 des feinst gepulverten und längere Zeit bei 100° C. getrockneten Braunsteins ab, bringt ihn in einen mit Bunsen'schem Kautschuk-Ventil versehenen Auflösungskolben s. Fig. 31, setzt hierzu (in 3 Pipettenfüllungen à 25 ccm) 75 ccm von einer Lösung von 100 g reinem krystall. Ferrosulfat und 100 ccm konc. Schwefelsäure mit Wasser zu 1 Liter gelöst, deren Titer mit der nämlichen Pipette gegenüber einer Halbnormal-Kaliumpermanganatlösung (15,820 g chemisch-reines Kaliumpermanganat in Wasser zu 1 Liter gelöst) an dem gleichen Tage genau ermittelt worden ist. (Man verdünnt hierbei die zu prüfende saure Eisenlösung mit dem 4—8fachen Volumen destillirten Wassers.) Alsdann verschliesst man den Kolben mit seinem Ventilkork und erhitzt solange, bis der Braunstein bis auf einen nicht mehr dunkel gefärbten Rückstand zersetzt ist. Während des Erkaltens muss das Ventil gut schliessen, was man am Zusammenklappen des Kautschukröhrchens sieht. Nach völligem Erkalten verdünnt man mit 200 ccm Wasser und titrirt mit der Kaliumpermanganatlösung, bis beim Umschwenken die schwache Rosafarbe nicht mehr augenblicklich verschwindet, sondern mindestens $^1/_2$ Minute stehen bleibt (spätere Entfärbung wird nicht beachtet). Die jetzt gebrauchte Menge wird von der den 75 ccm Eisenlösung entsprechenden abgezogen. Von dem Reste entspricht jeder ccm 0,02175 g oder 2 Proc. $MnO_2$.

Fig. 31.

***Prüfung.*** Ausser der Werthbestimmung hat man den Braunstein noch auf das Vorhandensein oder auf einen Gehalt von Sulfiden (z. B. Antimonsulfid, mit dem er infolge Verwechslung gemischt worden sein kann) zu prüfen. Der Braunstein wird nämlich häufig dem Kaliumchlorat zur Sauerstoffentwickelung zugesetzt. Und während eine Mischung von Kaliumchlorat und Braunstein völlig gefahrlos ist, könnte eine solche, welche viel organische Substanz oder Antimontrisulfid enthält, zu furchtbaren Explosionen führen. Man prüft wie folgt:

2 g des gepulverten Braunsteins sowie 5 g krystall. Oxalsäure werden in einem Kölbchen mit einer Mischung von 5 ccm konc. reiner Schwefelsäure und 15—20 ccm Wasser $^1/_2$ Tag lang auf dem Wasserbade erhitzt. Braunstein geht dabei in Lösung, während Kohle und Antimontrisulfid ungelöst bleiben.

***Anwendung.*** Der Braunstein findet therapeutisch nur höchst selten in Gaben von 0,2—1,0 g Anwendung bei entzündlichen Fiebern, atonischen Diarrhöen, Chlorose. Aeusserlich als austrocknendes und heilendes Mittel bei verschiedenen Hautleiden in Salben mit 5 bis 10 Th. Fett.

Seine hauptsächliche Verwendung findet er zur Darstellung des Chlors, ferner zur Entfärbung des Glases.

**Unguentum antexanthemicum** Grille.

Rp. Mangani hyperoxydati 10,0
Adipis suilli 25,0.

**Kitt für Dampfkessel, eiserne Röhren etc.**
Mastic-Serbat.

Rp. Mangani hyperoxydati
Lithargyri praep. āā 50,0
Graphites laevigati 5,0
Vernisii Lini q. s.

**Kitt für Dampfapparate und Dampfrohre.**

Rp. Mangani hyperoxydati 100,0
Graphites 12,0
Cerussae
Minii āā 5,0
Boli albae 3,0
Vernisii Lini q. s. (18,0).

Man verarbeitet unter Erwärmen und Schlagen zum Kitt.

**Chlorometrische Grade.** In Frankreich versteht man unter „Chlorometrischen Graden" des Braunsteins die Procente Mangansuperoxyd. Ein Braunstein von 75 chlorometrischen Graden enthält demnach 75 Proc. $MnO_2$.

# Manganum sulfuricum.

**Manganum sulfuricum** (Ergänzb.). **Manganosulfat. Mangansulfat. Schwefelsaures Mangan(oxydul). Sulfate de manganèse** (Gall.). **Mangani Sulfas** (U-St.). **Vitriolus manganosus. Manganvitriol.** $MnSO_4 + 4H_2O$. **Mol. Gew. = 223.**

***Darstellung.*** Man rührt einen guten, hochprocentigen Braunstein mit konc. Schwefelsäure zu einem Brei und erhitzt diesen mittels eines Windofens in einem hessischen Tiegel solange, bis weisse Dämpfe nicht mehr entweichen, d. h. bis die im Ueberschuss zugesetzte Schwefelsäure nahezu vollständig entfernt ist. Alsdann lässt man erkalten, zieht den Rückstand unter Erwärmen mit der 4fachen Menge Wasser aus, filtrirt und prüft das Filtrat durch Zusatz von Kaliumferrocyanidlösung auf Eisen.[1]) Ist dieses abwesend, so kann man das Filtrat direkt durch Eindampfen, Koncentriren und durch weiteres langsames Abdunsten bei 20—30° C. zur Krystallisation bringen. Ist dagegen Eisen noch in Lösung, so versetzt man den nicht filtrirten wässerigen Auszug mit einem mässigen Ueberschuss von frisch gefälltem (und gut ausgewaschenem) Manganokarbonat und erwärmt solange, bis eine Probe des Filtrats sich als eisenfrei erweist. Das eisenfreie Filtrat wird wie vorher weiter verarbeitet. — Die ausgeschiedenen Krystalle werden zwischen Filtrirpapier abgetrocknet und in gut zu verschliessende Gefässe gebracht.

***Eigenschaften.*** Die Krystallform und der Wassergehalt des Manganosulfats wechseln nach der Temperatur, bei welcher die Abscheidung des Salzes stattfand. Die zwischen 20 und 30° C. entstehenden Krystalle sind blassrothe, rhombische Prismen, welche in 0,8 Th. Wasser löslich, in Weingeist unlöslich sind. Die Krystalle verwittern an der Luft. — Die wässerige Lösung ist neutral. Sie giebt mit Baryumchlorid einen weissen, in Salzsäure unlöslichen, auf Zusatz von Ammoniak, Ammoniumchlorid und Schwefelwasserstoffwasser einen fleischrothen Niederschlag.

***Prüfung.*** **1)** Die wässerige Lösung soll weder durch Schwefelwasserstoffwasser verändert (fremde Metalle), noch durch Kaliumferricyanid blau gefärbt werden (Eisenoxydulsalz). — **2)** Wird aus der wässerigen Lösung das Mangan durch Ammoniumkarbonatlösung völlig ausgefällt, so soll das Filtrat nach dem Eindampfen einen feuerbeständigen Rückstand nicht hinterlassen (Magnesiumsalze und Salze der Alkalien). — **3)** Die Lösung von 1 g Manganosulfat und 1 g Natriumacetat in 20 ccm Wasser darf nach Zusatz einiger Tropfen Essigsäure durch Schwefelwasserstoffwasser nicht getrübt werden. (Weisse Trübung = Zinksulfid.) — **4)** 1 g des krystall. Manganosulfats soll beim schwachen Glühen 0,665 bis 0,678 g des wasserfreien Salzes hinterlassen. Die obige Formel verlangt einen Rückstand von 67,7 Proc.

***Aufbewahrung.*** In gut verschlossenen Glasgefässen, um das Verwittern der Krystalle zu verhindern.

***Anwendung.*** Das Manganosulfat wird in der nämlichen Weise therapeutisch angewendet wie das Mangankarbonat. Ausserdem dient es zur Herstellung galenischer und chemischer Mangan-Präparate. Man giebt es bei Leiden der Milz, Leber, ferner bei Gicht zu 0,2—0,4—0,6 mehrmals täglich; äusserlich in Salben gegen verschiedene Hautkrankheiten.

**Manganum sulfuricum siccum. Entwässertes Manganosulfat.** 100 Th. krystallisirtes Manganosulfat werden zerrieben und zunächst in trockener Luft zum Verwittern gebracht, alsdann im Wasserbade bis zum konstanten Gewichte ausgetrocknet. Man erhält so ein fast weisses Pulver mit einem Stich ins Röthliche, von der Zusammensetzung $MnSO_4 + H_2O$.

**Mixtura antícterica** GOOLDEN.

| | | |
|---|---|---|
| Rp. | Mangani sulfurici crystallisati | 5,0 |
| | Aquae destillatae | 100,0. |

Stündlich $^1/_2$ bis $^1/_1$ Esslöffel bei Icterus mit mangelhafter Gallenabsonderung.

**Pilulae antichloroticae** PÉTREQUIN.

| | | |
|---|---|---|
| Rp. | Ferri sulfurici crystallisati | 7,5 |
| | Mangani sulfurici cryst. | 2,5 |
| | Natrii carbonici cryst. | 12,0 |
| | Sacchari albi | 5,0 |
| | Radicis Althaeae | q. s. |

Man bereite nach Art der BLAUD'schen eine Pillenmasse und forme 150 Pillen, die mit Zimmt bestreut werden.

[1]) Man beabsichtigt, nach dieser Vorschrift das Eisen als unlösliches basisches Ferrosulfat abzuscheiden.

**Pilulae Mangani jodati.**

Rp. Mangani sulfurici 5,0
Kalii jodati 7,5
Sacchari albi
Radicis Althaeae āā 5,0.

Man forme 120 Pillen, die mit Pillenlack zu überziehen sind. Jede Pille enthält etwa 0,05 g Manganojodid.

**Sirupus Mangani jodati.**

Rp. Mangani sulfurici cryst. 3,5
Sirupi Sacchari 92,0
Kalii jodati 5,4.

Der Sirup enthält 5 Proc. Manganojodid

---

# Mangani Salia varia.

**Manganum boricum. Manganborat. Borsaures Manganoxydul.** $Mn(BO_2)_2 + 2H_2O$. **Mol. Gew.** = 177.

Man erhält dieses Salz, indem man eine Lösung von 10 Th. Manganosulfat ($MnSO_4 + 4H_2O$) in 100 Th. Wasser mit einer anderen Lösung von 9,5 Th. Borax in 100 Th. Wasser fällt, den entstehenden Niederschlag auswäscht und trocknet. — Ein röthlich weisses in Wasser fast unlösliches Pulver. Es dient zur Darstellung von Firniss und als Siccatif.

**Siccatif Gaulois.** Eine Mischung von 5—10 Th. Manganborat und 95—90 Th. Annalin bez. todtgebranntem Gips.

**Liquor Mangani glycosati** (Ergänzb.). **Flüssiges Manganglykosat.** 87 Th. Kaliumpermanganat werden in 5000 Th. heissem destillirtem Wasser gelöst. Zu der auf 60° C. erkalteten Lösung fügt man hinzu 50 Th. Stärkezucker. Nach einstündigem Stehen wird der erhaltene Niederschlag durch Dekanthiren wiederholt ausgewaschen, auf einem leinenen Tuche gesammelt, gelinde gepresst und nach Zusatz von 600 Th. Stärkezucker und 225 Natronlauge (von 15 Proc. NaOH) solange im Wasserbade erwärmt, bis sich die Masse klar in Wasser löst. Die Lösung wird mit soviel 5 Proc. Weingeist enthaltendem Wasser verdünnt, dass das Gesammtgewicht der Flüssigkeit = 1500 Th. ist. Das Präparat enthalte mindestens 2 Proc. Mangan.

**Liquor Ferri peptonati cum Mangano. Eisenpeptonatessenz mit Mangan** (Ergänzb.). Man bereitet zunächst die Eisenpeptonatessenz des Ergänzungsb. nach der Bd I, S. 1125 angegebenen Vorschrift. Nachdem man den ausgewaschenen Niederschlag mit Hilfe von Zuckersirup und 1,5procentiger Natronlauge in Lösung gebracht hat, werden nun nicht die auf Zeile 11 und 12 der genannten Seite gemachten Zusätze gemacht, sondern die folgenden: Flüssiges Manganglykosat 50,0, Spiritus (90 Proc.) 100,0, Pomeranzentinktur 3, Aromatische Tinktur 1,5, Vanilletinktur 1,5, Essigäther 5 Tropfen, Wasser q. s. ad 1000,0. Klare röthlich-braune Flüssigkeit, welche mindestens 0,6 Proc. Eisen und 0,1 Proc. Mangan enthält. Vor Licht geschützt aufzubewahren.

**Liquor Ferri saccharati cum Mangano** (Ergänzb.). **Eisen-Mangan-Essenz.** 200,0 g Eisenzucker (Ferrum oxydatum saccharatum solubile) werden in 644,0 g destillirtem Wasser gelöst. Der Lösung werden in der angegebenen Reihenfolge zugesetzt: Flüssiges Manganglykosat 50,0 g, Spiritus (90 Proc.) 100,0 g, Pomeranzentinktur 3,0 g, Aromatische Tinktur 1,5 g, Vanilletinktur 1,5 g, Essigäther 5 Tropfen. Klare, röthlichbraune Flüssigkeit. 100 Th. derselben enthalten mindestens 0,6 Th. Eisen und 0,1 Th. Mangan. Vor Licht geschützt aufzubewahren.

**Manganum dextrinatum mit 3 Proc. Mn.** (Nach E. Dieterich.) 87,5 g Kaliumpermanganat werden in 4500 g heissem destillirten Wasser gelöst. In die erkaltete Flüssigkeit trägt man unter Umrühren ein 45,0 g Zuckerpulver und lässt 24 Stunden stehen. Man wäscht den Niederschlag durch Dekanthiren, bis das Waschwasser ohne erheblichen Rückstand verdampft. Dann sammelt man ihn auf einem Tuche und presst ihn bis zu einem Gewichte von 300,0 g ab. Den Rückstand verreibt man mit 960 g reinem Dextrinpulver und fügt dann 50 g Natronlauge von 1,170 spec. Gew. hinzu. Man erhitzt die Mischung im Dampfbade, bis eine Probe sich klar in Wasser löst, und dampft dann zur Trockne. Man erhält ein Kilo eines 3proc. Präparats.

**Manganum mannitatum. Manganmannit mit 3 Proc. Mn.** Nach E. Dieterich. Wird in der nämlichen Weise bereitet wie das Mangandextrinat, und nimmt man an Stelle von 960 g Dextrin = 960 g Mannit.

**Manganum saccharatum. Mangansaccharat. Manganzucker.** Mit 3 Proc. Mn. Nach E. Dieterich. Wird in der nämlichen Waise bereitet wie das Mangandextrinat, und nimmt man an Stelle von 960 g Dextrin = 960 g Zuckerpulver.

**Sirupus Mangani oxydati. Mangansirup.** (Hamb. V.). 58 Th. Kaliumpermanganat werden in 3000 Th. heissem destillirten Wasser gelöst. Der auf 60° C. abgekühlten

Lösung fügt man zu 350 Th. Zuckerpulver. Der Niederschlag werde nach dem Absetzen zweimal mit heissem Wasser ausgewaschen, auf einem Tuche gesammelt, gelinde abgepresst, mit 670 Th. Zuckerpulver unter Zusatz von 23 Th. Natronlauge (von 15 Proc.) und 400 Th. Wasser in der Wärme gelöst und auf ein Gesammtgewicht von 1000 Th. eingedampft.

---

**Bister, Manganbister.** Versetzt man eine Manganchlorürlösung mit Ammoniumchlorid und Ammoniak, so erhält man eine klare Lösung. Taucht man in diese ein Gewebe, und setzt es alsdann der Luft aus, so schlägt sich auf demselben braunes Mangansuperoxydhydrat nieder. Man versteht unter Bister oder Mineralbister auch ein künstlich dargestelltes Mangansuperoxydhydrat.

**Hale's Desinfektionsmittel.** Ist eine Auflösung von Manganchlorür, Eisenchlorür und Eisenchlorid. Zur groben Desinfektion.

**P.-Alepton-Helfenberg.** Sind Pastillen, welche pro Stück 0,05 g Fe und 0,008 g Mn in Form der kolloïdalen Peptonate, mit Chokolade kombinirt, enthalten.

**S.-Alepton-Helfenberg.** Sind Pastillen, welche pro Stück 0,05 g Fe und 0,008 g Mn in Form der kolloïdalen Saccharate, mit Chokolade kombinirt, enthalten.

**Liquor Ferri peptonati cum Mangano** (Hamb. V.).

| | | |
|---|---|---|
| Rp. | Sirupi Mangani oxydati | 50,0 |
| | Sirupi Ferri peptonati | |
| | Spiritus (90 Proc.) | ää 125,0 |
| | Aquae | 700,0 |
| | Mixturae aromaticae | 5,5. |

**Liquor Ferri Mangani peptonati** (Bad. Taxe).

| | | |
|---|---|---|
| Rp. | Ferro-Mangani peptonati sicci | 40,0 |
| | Aquae | 684,0 |
| | Spiritus Cognac | 100,0 |
| | Spiritus (90 Proc.) | 75,0 |
| | Sirupi Sacchari | 100,0 |
| | Essentiae Benedictinorum | 1,0. |

Absetzen lassen und filtriren.

**Liquor Ferri saccharati cum Mangano** (Hamb. V.).

| | | |
|---|---|---|
| Rp. | Sirupi Mangani oxydati | 50,0 |
| | Sirupi Ferri oxydati solubilis (6,6 Proc.) | 90,0 |
| | Sirupi Sacchari | |
| | Spiritus (90 Proc.) | ää 125,0 |
| | Aquae | 610,0 |
| | Mixturae aromaticae | 5,5. |

---

# Manna.

**Manna** (Austr. Germ. Helv. U-St.). **Manna cannellata s. electa. Manna pura. Succus Mannae siccatus. — Manna. Stengelmanna. Röhrenmanna. Eschenmanna. Judenbrod. — Manne** (Gall.). — **Manna.**

***Abstammung und Beschreibung.*** Manna ist ein aus Einschnitten in die Rinde der **Fraxinus Ornus L.** (Familie der **Oleaceae**) ausfliessender und an der Luft erstarrender Saft. Der Baum ist heimisch von Turkestan und Kleinasien durch die Balkanhalbinsel bis in das südliche Tirol, Italien und Südspanien. Man gewinnt die Manna ausschliesslich von Bäumen, die an der Nordküste von Sicilien bei Palermo und Cefalu kultivirt werden. Man macht an 8—10 Jahre alten Bäumen des Morgens im August oder September wagerechte Einschnitte in die Rinde bis auf das Holz, aus denen die Manna als braune, bläulich fluorescirende Flüssigkeit von bitterlichem Geschmack sickert, die nach einigen Stunden die Bitterkeit verliert und weisskrystallinisch erstarrt. Ein Baum bleibt 10—20 Jahre ertragsfähig.

***Sorten.*** Man unterscheidet verschiedene Sorten: 1) am höchsten geschätzt, aber im Handel sehr selten ist die zu frei aus der Wunde herabhängenden, stalaktitenartigen Massen erstarrte Manna, deren Bildung früher durch in die Wunde gesteckte Halme (daher Manna a cannelo und Manna cannellata) begünstigt wurde.

2) Am häufigsten im Handel, und gegenwärtig meist als Manna cannellata bezeichnet, ist die in Krusten von der Rinde abgelöste Manna. Sie bildet gerundet dreikantige oder flach rinnenförmige Stücke von etwa 15 cm Länge und mehreren cm Breite. Im Innern ist die Farbe weiss, aussen gelblich und wenig durch Schmutz verunreinigt. Sie besteht aus locker verbundenen, feinen, prismatischen Krystallen. Von süssem Geschmack. Der in Wasser unlösliche, höchst unbedeutende Rückstand besteht aus spärlichen Pflanzentrümmern (von der Rinde herrührend), Oxalatdrusen, rundlichen Stärkekörnchen und sehr zahlreichen Pilzsporen, von denen einzelne zu kurzen Mycelien ausgewachsen sind. Diese Sorte ist die von den oben genannten Arzneibüchern (vgl. aber unten) vorgeschriebene.

Die zerbrochenen Stücke dieser Sorte gehen als Manna in fragmentis, Manna in sortis, Manna rottame. Dahin gehört auch Manna in lacrymis, aus kleinen rundlichen Stücken bestehend, die durch freiwilliges Ausfliessen entstehen sollen. Sie ist nicht im Handel.

3) Gemeine Manna, Manna in Klumpen (Manna communis (Ergänzb.), Manna Gerace des Handels) bildet eine weiche, klebrige, missfarbige, mit Rindenstückchen etc. verunreinigte Masse, die mehr oder weniger Bruchstücke der Sorte 2 enthält. Geschmack etwas schleimig und kratzend, weniger süss. — Diese Sorte ist von der Austr. neben 2 gestattet. — Bessere Qualitäten gehen als Manna calabrina, die ausgesuchten Stücke als Manna electa, die geringste, eine schmierige Masse bildende Sorte, als Manna pinguis, Manna sordida, Manna di Puglia.

4) Durch Auflösen in Wasser, Abschäumen, Entfärben mit Thierkohle, wird aus geringeren Sorten eine Manna depurata hergestellt von heller Farbe, die aber stets berechtigtem Misstrauen begegnet, da sie leicht zu verfälschen ist.

***Bestandtheile.*** Gute Manna enthält 80—90 Proc. Mannit $C_6H_{14}O_6$, 11—17 Proc. Glukose. 1,18 Proc. Asche. Geringere Sorten enthalten auch Schleim, Dextrin, Fraxin $C_{16}H_{18}O_{10}$ und bittere Stoffe.

Zur Bestimmung des Gehaltes an Mannit soll man 1 Th. Manna in einer gleichen Menge Wasser im Wasserbade lösen, mit der 10fachen Menge 95 proc. Weingeist versetzen, zum Sieden erhitzen, durch Baumwolle filtriren und das Filtrat verdunsten lassen. Sorten, die weniger als 70 Proc. haben, sollen unter allen Umständen zurückgewiesen werden.

***Aufbewahrung und Anwendung.*** Manna dunkelt an der Luft nach, auch zieht sie Feuchtigkeit an und bietet dann einen günstigen Boden für Schimmelpilze. Man trocknet sie deshalb bei mässiger Wärme oder über Aetzkalk, sucht die ansehnlicheren Stücke aus und bewahrt sie, zwischen Pergamentpapier geschichtet, in dichtschliessenden Blechbüchsen auf. Die Bruchstücke, im Handel auch als Manna cannellata in fragmentis erhältlich, gebraucht man zur Bereitung des Mannasirups oder Wiener Tranks, oder, scharf getrocknet und durch ein Speciessieb getrieben, für Theemischungen.

Man verwendet die Manna als mildes, von Nebenwirkungen freies Abführmittel, besonders bei Kindern, und giebt sie zu 10—30—50 g und darüber in Milch oder in Wasser, dem etwas Citronensaft beigemischt ist, oder in Form der „Manna tabulata", ferner in Pastillen oder in Theemischungen.

Manna ist in Deutschland dem freien Verkehr entzogen.

**Manna depurata.** Gereinigte Manna (E. Diet.). 1000 g gemeine Manna löst man in 3000 g heissem destill. Wasser, setzt 10 g weissen Bolus, mit 100 g Wasser angerieben, hinzu, kocht, bis kein Schaum mehr entsteht, entfernt denselben, filtrirt durch Flanell und verdampft zur Trockne. Ausbeute etwa 75 Proc. (vergl. oben).

**Manna tabulata.** Morsuli mannati. Manna in Tafeln. Mannamorsellen. 100 Th. Manna in fragmentis löst man in 50 Th. siedendem Wasser, seiht durch, fügt 20 Th. Zucker hinzu, kocht zur Tafelkonsistenz ein und giesst in Morsellenformen.

**Sirupus Mannae** (Germ. IV.). Mannasirup. Sirop de Manne. Syrop of Manna. 10 Th. Manna löst man in einem Gemisch von 2 Th. Weingeist und 33 Th. Wasser, filtrirt und bereitet mit 55 Th. Zucker, 100 Th. Sirup. Auch empfiehlt sich zur Entfernung von Schleimhäuten ein Zusatz von Bolus (s. unter Manna depurata). Ein gelblicher Sirup; Nat. form.: 125 g Manna löst man in 450 ccm heissem Wasser, fügt 65 ccm Weingeist hinzu, filtrirt nach 12 Stunden, löst 775 g Zucker und bringt mit q. s. Wasser (Filter nachwaschen!) auf 1000 ccm.

**Sirupus Mannae compositus** (Helv.). Sirupus Sennae cum Manna (Austr.). Sirupus Sennae compositus. Sirupus Sennae mannatus. Sirupus mannatus. Mannasirup (Helv.). Mannahaltiger Sennasirup (Austr.). Abführungssaft. Laxirsaft. Sirop de manne. Helv.: 10 Th. Sennesblätter (I) und 1 Th. Fenchel (III) macerirt man 24 Stunden mit 60 Th. Wasser, presst aus, dampft auf 40 Th. ein, setzt 5 Th. Weingeist hinzu, filtrirt nach 6 Stunden und löst 10 Th. Manna, 55 Th. Zucker. — Austr.: 35 Th. Sennesblätter, 2 Th. Sternanis, 350 Th. heisses, destillirtes Wasser; nach 2 Stunden presst man aus und bringt 250 Th. Flüssigkeit mit 400 Th. Zucker und 100 Th. Manna zum Sirup. — Germ. lässt gleiche Theile Senna- und Mannasirup mischen.

**Apozema purgans** (Gall.).
Apozème purgatif. Médecine noire.

Rp. 1. Folior. Sennae conc. 10,0
2. Rhizom. Rhei conc. 5,0
3. Natrii sulfurici 15,0
4. Mannae in sortis 60,0
5. Aquae destill. ebull. 100,0.

Man übergiesst 1 und 2 mit 5, presst nach $^1/_2$ Stunde aus, löst 4 und 5 unter Erwärmen und lässt absetzen. Die klar abgegossene Flüssigkeit muss 180,0 betragen.

**Electuarium anticatarrhale** TRONCHIN.
Marmelade de TRONCHIN.

Rp. Mannae electae 60,0
Pulpae Cassiae 20,0
Olei Amygdalar.
Sirupi gummosi āā 7,5
Aquae Aurantii florum 5,0.

**Electuarium laxans** FERRAND.
FERRAND's Abführlatwerge.

Rp. 1. Mannae 45,0
2. Mellis depurati 45.0
3. Magnesiae ustae 10,0.

1 wird unter gelindem Erwärmen in 2 gelöst, durchgeseiht und 3 zugemischt.

**Emulsio laxativa Viennensis.**

Rp. Emulsionis Amygdalarum 150,0
Mannae electae 45,0
Aquae Cinnamomi 5,0.

Stündlich 1 Esslöffel bis zur Wirkung.

**Limonada mannata.**
Manna-Limonade.

Rp. 1. Mannae cannellatae 40,0
2. Aquae destillatae 160,0
3. Boli albae 0,5
4. Elaeosacchar. Citri 0,5
5. Acidi citrici 1,0
6. Sirupi simplicis 15,0.

Man löst 1 unter Erwärmen in 2, fügt 3 hinzu, kocht auf, schäumt ab, löst 4, filtrirt und löst 5, fügt 6 zu und bringt mit Wasser auf 200,0.

**Manna tartarisata** (DIETERICH).
Weinstein-Manna.

Rp. Tartari depurati 10,0
Tragacanthae pulv. 2,0
Mannae cannellat. 88,0

stösst man im erwärmten Mörser zur Masse, rollt aus und sticht Pastillen von 2 g daraus. Mit Milchzucker zu bestreuen.

**Mixtura anticatarrhalis** STARK.

Rp. Mannae electae 50,0
Aquae Foeniculi 150,0
Liquor. Ammonii anisat. 2,0.

Bei Katarrh der Kinder, esslöffelweise.

**Mixtura eccritica** OESTERLEN.

Rp. Mannae electae 40,0
Tartari natronati 20,0
Elaeosacchari Citri 5,0
Aquae fervidae q. s. ad 200,0.

**Mixtura eccritica** VOGEL.
Laxirtrank für Kinder.

Rp. Mannae electae 30,0
Tartari natronati 25,0
Aquae Menthae piperitae
Aquae Rubi Idaei āā 100,0.

**Pastilli Mannae.**
Trochisci Mannae. Mannapastillen.

Rp. Mannae electae 20,0
Sacchari pulverati 70,0
Gummi arabici pulv. 10,0
Tragacanthae 2,0
Sirupi Mannae q. s.

Man stösst zur Masse und formt l. a. 100 Pastillen.

**Potio Mannae cum Rheo** (Strassburger Vorschr.).

Rp. Mannae 40,0
Rhizom. Rhei conc. 2,5
Fruct. Coriandri cont. 0,7
Aquae fervidae q. s. ad colat. 100,0.

**Potio purgans.**
Abführtrank für Kinder.

Rp. Mannae elect. 20,0
Aquae fervidae 60,0
Sirupi Aurantii florum 20,0.

**Serum lactis acidum mannatum** REIL.

Rp. Mannae electae 30,0
Tartari depurati 15,0
Seri lactis tepidi 200,0.

Man lässt eine Stunde stehen und seiht dann durch. 2stündlich $^1/_2$ Tasse.

**Sirupus Mannae cum Rheo.**

Rp. Sirupi Rhei 50,0
Sirupi Mannae
Sirupi Sennae āā 25,0.

**Tabellae cum Manna** (Gall.).
Tablettes de manne.

Rp. 1. Mannae in lacrymis 200,0
2. Sacchari pulverati 750,0
3. Gummi arabici pulv. 50,0
4. Aquae Aurantii florum 75,0.

Man löst bei gelinder Wärme 1 in 4, seiht durch, fügt 3, mit 100 g von 2 gemischt, dann den Rest von 2 hinzu und formt Tabletten von 1 g.

**Tabulae mannatae** MANFRED.
Trochisci anticatarrhales s. Calabrici.
Hustenpastillen.

Rp. Mannae electae 50,0
Aquae fervidae
Glycerini āā 25,0
Extracti Opii 0,35
Sacchari albi pulv. 600,0
Tragacanthae pulv. 10,0
Oleosacchar. Citri (Bd. I, S. 861) 5,0
Aquae Aurantii flor. q. s.

Man formt Pastillen von 3 g.

**Antidiabetin,** gegen Zuckerkrankheit, ist eine Mischung von Mannit und Saccharin (RIEDEL's Mentor), (nach THOMS) unter diesem Namen auch eine Mischung aus Mandelöl und Saccharin.

**Bochet purgatif** von PÈTREQUIN, ist ein Auszug aus Senna, Bittersalz, Manna und Holzthee.

**Erythrol,** gegen Asthma, = Nitroerythromannit (GEHE).

**Nitromannit,** Knallmannit, ist ein Salpetersäure-Aether des Mannits. Bildet Krystalle, die bei 120° C. explodiren.

**Mannitum** (Helv.). **Mannites. Mannit. Mannite. Mannazucker.** $C_6H_{14}O_6$. **Mol. Gew. = 182.**

*Darstellung.* Man kocht Manna am Rückflusskühler mit Weingeist von ca. 90 Proc. aus, bis sie etwas Lösliches nicht mehr abgiebt, und filtrirt die heissen Auszüge. Beim Erkalten derselben scheidet sich der Mannit in Krystallen ab. Man sammelt dieselben und krystallisirt sie aus siedendem Alkohol unter Zusatz von etwas Thierkohle nochmals um, worauf man sie ohne weiteres in hinreichend reinem Zustande erhält.

*Eigenschaften.* Aus Wasser krystallisirt grosse durchsichtige, rhombische Prismen; aus Alkohol weisse, seidenglänzende Nadeln oder Säulen, ohne Geruch, von süssem Geschmack. Sie lösen sich in 7—7,5 Th. kaltem, leicht in siedendem Wasser, ferner in etwa 100 Th. kaltem Alkohol leichter in siedendem oder in verdünntem Alkohol, in Aether sind sie unlöslich. Mannit schmilzt bei 165—166° C.; darüber hinaus erhitzt, sublimirt ein kleiner Antheil unzersetzt. — Die wässerige Lösung ist neutral und entweder optisch inaktiv oder sehr schwach linksdrehend. Auf Zusatz von Borax wird sie jedoch stark rechtsdrehend. Von Hefe wird Mannit nicht in Gährung versetzt.

Mannit ist ein sechsatomiger Alkohol $C_6H_8(OH)_6$ und ein völliges Analogon des Glycerins; z. B. hält er wie dieses Kupferhydroxyd in Lösung und kann also an Stelle der weinsauren Salze oder des Glycerins zur Bereitung der FEHLING'schen Lösung benutzt werden, obgleich ein Bedürfnis hierfür eigentlich nicht vorliegt.

*Prüfung.* **1)** Mannit sei farblos, geruchlos, von süssem Geschmacke. Er färbe Kalilauge beim Erwärmen nicht und reducire die FEHLING'sche Lösung beim Erwärmen nicht (Traubenzucker). — **2)** Er werde beim Uebergiessen mit konc. Schwefelsäure nicht geschwärzt (Zuckerarten, z. B. Rohrzucker). — **3)** Er hinterlasse beim Verbrennen keine Asche.

*Aufbewahrung.* Mannit ist luftbeständig, auch nicht stark wirkend, seine Aufbewahrung bedarf daher keiner besonderen Anweisungen.

*Anwendung.* Man hat den Mannit in Gaben von 30—50 g als Abführmittel empfohlen. Indessen steht er der Manna an Wirksamkeit bei weitem nach und bietet vor dieser auch sonst keine Vortheile. Dagegen dient er in erheblichen Mengen zur Bereitung von Saccharin-Tabletten für Diabetiker.

---

# Marrubium.

Gattung der **Labiatae — Stachyoideae — Marrubieae.**

**I. Marrubium vulgare L.** Heimisch von den kanarischen Inseln bis Centralasien. Aestig, weiss filzig, die unteren Blätter langgestielt, rundlich-eiförmig, die oberen eiförmig, in den kurzen Stiel verschmälert, beide runzelig, oberseits dunkelgrün, weichhaarig, unterseits weissfilzig, am Rande gekerbt. Blüthen in dichten, kugeligen Halbquirlen, weiss, Kelch röhrenförmig, 6—10 zähnig, die Kelchzähne mit langer, hakenförmig gekrümmter Stachelspitze.

Liefert **Herba Marrubii** (Ergänzb.). **Herba Marrubii albi. Marrubium** (U-St.). — **Andorn. Weisser Andorn. Weisser Orant.** — **Plante fleurie de marrube blanc** (Gall.). — **Horehound.**

*Bestandtheile.* 2,05 Proc. Fett, Wachs und Spuren ätherischen Oeles, 1,94 Proc. in Alkohol lösliche, harzige bitterschmeckende Stoffe, 4,94 Proc. Schleim, 0,67 Proc. Glukose, 6,72 Proc. Asche. — Der bitterschmeckende Bestandtheil, das Marrubiin $C_{30}H_{43}O_6$ bildet Krystalle von gelblicher Farbe, die bei 154—155° C. schmelzen.

*Verwechslungen.* Das Kraut von Ballota nigra L. (schwarzer Andorn) und Nepeta Cataria L., die aber beide herzförmige Blätter haben und das von Stachys germanica L. (grosser Andorn), ebenfalls mit an der Basis herzförmigen Blättern. Ferner ist Marrubium candidissimum mit 5zähnigem Kelch, das wenig bitter schmeckt, beobachtet worden. Heimisch von Dalmatien bis Phnien.

***Einsammlung. Anwendung.*** Man sammelt das Kraut in der Blüthezeit, Juni bis August. Der weinartige Geruch geht beim Trocknen verloren. 4 Th. frisches Kraut geben 1 Th. trockenes. — Ein heute veraltetes Bittermittel.

**Extractum Marrubii:** Wie Extract. Absinthii Helv. (Bd. I, S. 408) zu bereiten. Gabe 1—2—3 g mehrmals täglich.

**Karpathischer Kräuterthee** von A. Mervay in Pest besteht aus dem Kraut von Marrubium vulgare, Helianthemum vulgare und ungeschältem Süssholz.

**II. Marrubium paniculatum L., M. creticum Mill., M. peregrinum L.** in Südeuropa liefern **Herba Marrubii peregrini.**

---

# Mastix.

**Mastiche** (Austr. U-St.). **Mastix** (Ergänzb.). **Gummi Mastiche. Resina Mastix. Gummi Lentisci. — Mastix. — Mastic** (Gall.). — **Mastic.**

***Abstammung und Beschreibung.*** Mastix ist das Harz der **Pistacia Lentiscus L. var.: Chia DC.,** einer auf der Insel Chios gezogenen Kulturform des Baumes. Das Harz ist in schizogenen Sekretgängen der Rinde enthalten, aus denen es nach senkrechten Einschnitten ausfliesst. Ein Baum kann bis 5 Kilo Harz innerhalb zwei Monaten liefern.

Es bildet bis 2 cm im Durchmesser haltende Körner, die stets wie bestäubt aussehen. Frisch ist es grünlich, später farblos, gelblich oder etwas röthlich, meist etwas trübe. Geruch und Geschmack eigenthümlich aromatisch, kaum bitter. Die Körner sind spröde und brechen muschelig. Im Munde gekaut, erweicht das Harz (Unterschied von Sandarak). Spec. Gew. 1,07—1,074. Erweicht bei 99° C., schmilzt bei ungefähr 105 bis 120° C. Frisches Harz soll leichter schmelzen wie älteres. Völlig löslich in Aether, Amylalkohol, Benzol, theilweise löslich in Alkohol. Methylalkohol, Aceton, Eisessig, Chloroform, Terpentinöl, wenig löslich in Schwefelkohlenstoff, unlöslich in Petroläther (doch giebt es Sorten, die wenigstens theilweise darin löslich sind).

***Bestandtheile.*** 1—2 Proc. farbloses ätherisches Oel von kräftig-balsamischem Geruch, das als Hauptbestandtheil d-Pinen enthält. α-Harz = Mastixsäure $C_{40}H_{64}O_4$ zu 80—90 Proc., in kaltem Alkohol löslich. β-Harz = Masticin $C_{40}H_{64}O$ und Bitterstoff.

***Verfälschungen.*** Als solche kommen vor: Sandarak, Colophonium, Resina Pini und angeblich auch Seesalz. Besonders das Pulver ist Verfälschungen reichlich ausgesetzt.

***Andere Sorten.*** Indischer oder römischer oder Bombay-Mastix von Pistacia cabulica Stokes und Pistacia Khinjuk Stokes, selten im Handel. — Gommart Gummi von Bursera gummifera L.

Amerikanischer Mastix von Schinus molle L. (Anacardiaceae) bildet röthlich-gelbe Stücke, die beim Kauen erweichen und bitter schmecken. Enthält 60 Proc. Harz und ätherisches Oel und 40 Proc. Gummi.

***Prüfung.*** Zum Nachweis von Sandarak ist folgendes zu berücksichtigen: Es erweicht nicht beim Kauen, sondern zerbröckelt, es ist in 60 proc. Chloralhydratlösung so gut wie unlöslich, Mastix ist darin theilweise löslich, in 80 proc. Chloralhydratlösung sind beide löslich. Endlich ist Sandarak in Terpentinöl weniger löslich.

Zum Nachweis von Colophonium empfiehlt man die Storch-Morawski'sche Reaktion: Das Harz wird in Essigsäure gelöst, auf Zusatz von Schwefelsäure tritt bei Gegenwart von Colophonium eine rothe Farbe auf.

Wichtig ist die Bestimmung der Säurezahl: 1 g Mastix übergiesst man nach K. Dieterich mit 50 ccm Benzin (0,70 spec. Gew.) und 20 ccm alkohol. $^1/_2$-Normal-Kalilauge und stellt in wohlverschlossener Stöpselflasche 24 Stunden bei Seite. Dann titrirt man ohne Wasserzusatz die $^1/_2$-Normal-Schwefelsäure und Phenophtaleïn zurück. Die verbrauchten ccm Kalilauge >< 28 = Säurezahl. K. Dieterich fand für Pistacia-Mastix die Säurezahl 44,8—65,99, er schlägt 40—70 vor, für Bombay-Mastix 103,89—139,89, er schlägt 100—140 vor. Gekauftes Mastixpulver gab viel höhere Zahlen, es war anscheinend mit Colophonium verfälscht. Die Säurezahl für Sandarak ist, nach derselben Methode bestimmt, 130—160.

***Aufbewahrung.*** In dicht geschlossenen Glas- oder Porcellangefässen, da andernfalls der Mastix die Eigenschaft, beim Kauen zu erweichen, verliert.

***Anwendung.*** Als Kaumittel, zu Mundwässern, Zahntinkturen, in Lösungen als Zahnkitt und als blutstillendes Mittel, zu Räucherungen, Pillen und Pflastermischungen. Technisch zu Firnissen, zu Kitten für Glas und Porcellan.

**Bacilli seu Trochisci masticatorii.**
Kaustäbchen. Kaupastillen.

Rp. Mastiches pulveratae 50,0
Cerae flavae 150,0
Rhizom. Zingiberis 90,0
Ligni Santali rubri pulv. 10,0
Olei Neroli (vel Menthae pip.) gutts. V.

Man mischt bei gelinder Wärme und formt Stäbchen oder Pastillen von 1 g.

**Bacilli seu Trochisci mastichini.**

Rp. Mastiches pulv. 50,0
Radicis Althaeae 2,0
Ligni Santali rubr. 5,0
Farinae Tritici
Sacchari pulv. āā 10,0
Mellis depurati q. s.

Man formt l. a. 100 Stäbchen oder Pastillen. Bei Leiden des Darmes und der Harnwerkzeuge, Bettnässen.

**Balsamum odontalgicum** Heinzmann.

Rp. Mastiches
Sandaracae āā 50,0
Benzoës 2,5
Styracis Calamitae 2,0
Alcohol absoluti 400,0.

3 Tage maceriren, filtriren, auf 300,0 eindampfen. Zahnkitt, mitteis Watte in den hohlen Zahn zu bringen.

**Bilderlack** (Capaun-Carlowa).

Rp. Mastiches optim. 360,0
Terebinthin. laricin. 50,0
Camphorae 15,0
Olei Terebinth. 230,0
Spiritus (96 proc.) 1000,0.

**Caementum dentarium.**
Zahnkitt.

I. Nach Bernoth.

Rp. Mastiches pulverati 5,0
Alcohol absoluti 1,0
Aetheris 2,5
Camphorae 0,2
Olei Caryophyllor. 0,1
Aluminis plumosi pulv. q. s.

In Stöpselgläsern abzugeben.

II. Nach Dieterich.

Rp. 1. Mastiches 40,0
2. Aetheris 40,0
3. Succini subt. pulv. 20,0.

Man löst 1 in 2, fügt 3 hinzu und lässt 2 verdunsten, sodass eine weiche Masse zurückbleibt.

III. Ciment oblitérique de Taveau.

Rp. Mastiches pulv. 10,0
Aetheris 25,0
Boli albae pulv. q. s.

IV. Odontoïde de Billard.

Rp. Mastiches gr. pulv. 10,0
Aetheris 20,0.

Man lässt 8 Tage unter öfterem Umschütteln stehen und füllt dann die klare Flüssigkeit in Stöpselgläser.

V. Nach Vomáčka.

Rp. Mastiches
Sandaracae
Balsami peruvian. āā 2,5
Chloroformii 10,0.

**Caementum odontalgicum.**
Schmerzstillender Zahnkitt.

Rp. Mastiches 20,0
Olei Caryophyllor. 5,0
Carbonei sulfurati 50,0
Succini pulv. 10,0
Opii pulv. 10,0
Acidi tannici 5,0.

Man löst und mischt in obiger Reihenfolge.

**Collodium antineuralgicum.**

Rp. Mastiches 3,0
Balsami tolutani 1,0
Narcotini 1,0
Chloroformii 5,0.

Man bereitet nach Art des Englischen Pflasters einen Klebtaffet und legt diesen auf die schmerzhafte Stelle. (Bull. de Thér.).

**Etiquetten-Lack.**

Rp. Mastiches 4,0
Sandaracae 2,0
Camphorae 1,0
Spiritus (96 proc.) 8,0
Olei Terebinth. rectific. 4,0.

Man löst und filtrirt. Die zu lackirenden Schilder werden zuvor 2mal mit verdünntem Collodium oder dünnem Gummischleim überzogen. Ausgezeichneter Lack!

**Kitt für Horn und Schildpatt** (Buchh.).

Rp. Mastiches 40,0
Terebinth. laricin. 16,0
Olei Lini 44,0

schmilzt man zusammen. Vor dem Gebrauch zu erhitzen.

**Kitt für Glasgegenstände.**

Rp. Mastiches 10,0
Terebinth. laricin. 1,0.

Man schmilzt und formt in Stäbchen. Der Kitt ist durchsichtig; man bestreicht damit die erwärmten Bruchstücke und drückt sie fest aneinander.

**Kitt für Porcellan und Glas.**

I.

Rp. Mastiches 4,0 }
Ammoniaci 4,0 } I
Spiritus 45,0 }
Ichthyocollae 12,0 } II
Aquae destill. 120,0. }

Man dampft Lösung II auf 50 Th. ein, vermischt mit der durchgeseihten Lösung I und bringt auf

100,0 Gesammtgewicht. Zum Gebrauch zu erwärmen.

II.

Rp. Laccae in tabulis alb. pulv.
Mastiches pulv. āā
Aquae destillatae q. s.

Durch Verreiben stellt man einen zarten Brei her, bestreicht damit die Bruchstellen, lässt trocknen, erhitzt bis zum Schmelzen der Masse und drückt dann fest aneinander.

**Lutum cum Lentisco** (Gall.).
Mastic dentaire.

Rp. Mastiches in lacrymis 20,0
Aetheris (Sp. Gew. 0,724) 10,0.

Man löst und filtrirt durch Baumwolle. Statt Aether kann man auch Chloroform verwenden.

**Mastix dentaria simplex.**
Tinctura Mastiches aetherea. Zahnkitt.

Rp. Mastiches pulver. 10,0
Sandaracae pulver. 2,5
Aetheris 25,0.

**Mastix odontalgica balsamea.**
Caementum dentarium GAUGER.

Rp. Mastiches pulverat. 15,0
Balsami tolutani 60,0
Alcohol absoluti 25,0.

Unter gelindem Erwärmen erhält man eine breiförmige Masse.

**Mastix antodontalgica.**
Zahnschmerzstillender Mastix.

Rp. Mastiches
Sandaracae āā 40,0
Sanguinis Draconis 5,0
Opii pulv. 1,0
Olei Cinnamomi Cass.
Olei Caryophyllor. āā 2,0
Spiritus q. s. ut fiat massa mollis.

**Mastixlack** (BUCHH.).

| Rp. | I | II |
|---|---|---|
| Mastiches | 200,0 | 100,0 |
| Sandaracae | 125,0 | 200,0 |
| Terebinth. venet. | 30,0 | 20,0 |
| Spiritus | 645,0 | 680,0. |

**Mastixlack für Oelmalerei.**

Rp. Mastiches 200,0
Elemi 25,0
Terebinthin. laricin. 50,0
Olei Terebinthinae 725,0.

**Mastix-Likör.**
Raki mastichi.

Rp. 1. Mastiches gr. pulv. 50,0
2. Spiritus 1500,0
3. Sacchari 1800,0
4. Aquae destillatae 1300,0
5. Aquae Aurantii flor. 200,0.

Die filtrirte Lösung von 1 in 2 mischt man mit dem heissen Sirup aus 3 und 4, fügt 5 hinzu und filtrirt.

**Pillenlack.**

Rp. Mastiches
Benzoës āā 5,0
Alcohol absoluti 10,0
Aetheris 80,0.

**Pilulae ad Prandium** (Nat. form.).
CHAPMAN's Dinner Pills.

Rp. Aloës purificatae (U-St.)
Mastiches āā 9,7 g
Radic. Ipecacuanhae 6,5 g
Olei Foeniculi 1,5 ccm.

Man formt 100 Pillen.

**Pilulae Algerienses.**
Pilules algériennes.

Rp. Extracti folior. Lentisci 2,0
Extracti Opii 0,12
Radic. Ipecacuanhae 0,5
Myrrhae 1,0.

Zu 20 Pillen. Bei Durchfall 1—4 Stück täglich.

**Pilulae Cooperi** (Formul. Regiomontan.).

Rp. Mastiches 2,0
Aloës 10,0
Spirit. Dzondii q. s.

Man formt 60 Pillen und macht sie glänzend schwarz, wie die Pilul. aloëticae ferratae.

**Spiritus Mastichis compositus** (Ergänzb.).
Spiritus matricalis. Zusammengesetzter Mastixspiritus. Mutterspiritus.

Rp. Mastiches contus.
Myrrhae contus.
Olibani āā 1,0
Spiritus (87 proc.) 20,0
Aquae 10,0

lässt man 24 Stunden stehen und destillirt dann ab 20,0. Klar, farblos. Spec. Gew. 0,858—862.

**Vernix anatomica.**
Lack für trockne anatomische Präparate

Rp. Mastiches 100,0
Sandaracae 200,0
Balsami Copaivae
Camphorae āā 10,0
Terebinth. laricin. 20,0
Aetheris 20,0
Alcohol absoluti 650,0.

**Vernix Chinensis.**
Chinesischer Lack.

Rp. Mastiches
Sandaracae āā 125,0
Balsami gurjunici 10,0
Alcohol absoluti 740,0.

**Vernix isochromatica.**
Lack für farbige Lithographien und Kupferstiche.

Rp. 1. Mastiches 200,0
2. Olei Terebinthinae 500,0
3. Terebinth. laricin. 300,0.

Man löst 1 in 2 unter öfterem Umschütteln ohne Erwärmen, fügt 3 hinzu, lässt absetzen und filtrirt.

**Violinenlack.**

Rp. Mastiches 125,0
Sandaracae 100,0
Sanguinis Draconis 15,0
Elemi
Olei Terebinthinae
Olei Ricini āā 30,0
Spiritus (96 proc.) 670,0.

Ohne Wärmeanwendung zu lösen.

# Matico.

**Folia Matico** (Ergänzb.). **Matico** (U-St.). **Herba Maticae. Herba Soldado.** — **Matikoblätter. Thoho. Soldatenkraut.** — **Feuille de matico** (Gall.). — **Matico Leaves.**

***Abstammung und Beschreibung.*** Die Droge wird geliefert von **Piper angustifolium Ruiz et Pavon** (**Piperaceae**) und zwar von den Varietäten **α-cordulatum** und **β-Ossanum**, von denen die letztere früher ausschliesslich die Droge geliefert zu haben scheint, während die andere erst neuerdings im Handel erscheint. Heimisch vom nördlichen Brasilien bis zu den Antillen. Die Blätter kommen, mit Aststücken und Blüthenständen vermengt und zu Ballen gepresst, über Panama in den Handel.

Die Blätter sind kurz gestielt, bis 20 cm lang und 4 cm breit, länglich eiförmig bis lanzettförmig, kurz, zugespitzt, am Grunde unsymmetrisch herzförmig, am Rande stumpf gekerbt. Die oberseits vertieften, unterseits stark hervortretenden Nerven theilen das Blatt in etwa 1 mm grosse Maschen (Fig. 32). Oberseite schwach, Unterseite filzig behaart,

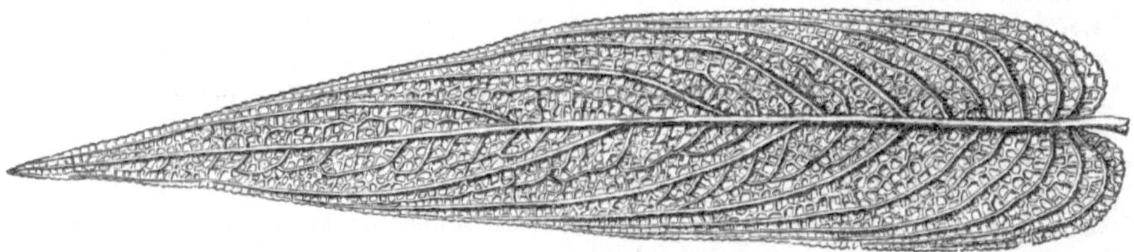

Fig. 32. Maticoblatt.

Haare einfach, knotig gegliedert. Diese Beschreibung stimmt im wesentlichen auf var.: Ossanum. Die Blätter von var.: cordulatum sind grösser, weniger gestreckt, sie zeigen im Querschnitt eigenartige Höhlungen, die durch eine Hypertrophie des Blattrandes zu Stande kommen. Epidermis der Oberseite zweischichtig, im Mesophyll grosse Oelzellen, Spaltöffnungen nur an der Unterseite.

Ausser den genannten liefert auch **Piper aduncum L.** die Droge. Seine Blätter sind ganzrandig, fast lederartig, die Tertiärnerven springen an der Unterseite wenig vor. Auch **Piper lanceaefolium H. B. K.** in Neu-Granada liefert Matico.

***Bestandtheile.*** 2,7 Proc. ätherisches Oel (vgl. unten), eine als Artanthesäure bezeichnete krystallinische Substanz, Matikobitter (Maticin), Gerbstoff. Da verschiedene Arten die Droge liefern, kann es nicht auffallen, dass die Angaben über ihre Bestandtheile wenig übereinstimmen.

***Aufbewahrung.*** In dichtverschlossenen, gelben Hafengläsern oder Blechbüchsen.

***Anwendung.*** Innerlich als blutstillendes Mittel bei Lungenblutungen und dergl. zu 0,5—2,0 im Aufguss, auch in Pillen oder als Tinktur. Aeusserlich gepulvert zum Aufstreuen auf blutende Wunden. Bei Blasenkatarrh, Tripper, im Aufguss, sowohl innerlich, wie als Einspritzung. Auch bei Husten und Verdauungsschwäche.

**Aqua Matico.** Hydrolatum Matico. Matikowasser. Eau distillée de matico. Ergänzb.: 1 Th. grob zerschnittene Matikoblätter übergiesst man mit q. s. Wasser und destillirt 10 Th. ab. — Gall.: Aus 1 Th. Blättern und q. s. Wasser mittels Dampfstrom 4 Th. Destillat. — Diet.: Aus 1 Th. Blättern ohne Wasserzusatz mittels Dampfstrom 10 Th. Destillat. — Dresdener Vorschr.: 1 Th. ätherisches Matikoöl, 2000 Th. warmes destill. Wasser; man schüttelt und filtrirt nach dem Erkalten.

**Extractum Matico.** 1 Th. Matikoblätter digerirt man mit 6 Th. 45proc. Weingeist, presst ab und verdampft zu einem dicken Extrakt.

**Extractum Matico aethereum.** Oleoresina Matico. Wird wie Extr. Cubebarum aeth. (Band I, S. 975) bereitet.

**Extractum Matico fluidum** (U.-St.). Matiko-Fluidextrakt. Fluid Extract of Matico. Aus 1000 g gepulverten Matikoblättern (No. 40) und einer Mischung aus 750 ccm 91proc. Weingeist und 250 ccm Wasser im Verdrängungswege. Man befeuchtet mit 800 ccm, fängt die ersten 850 ccm Perkolat für sich auf und stellt l. a. 1000 ccm Fluidextrakt her. Die Matiko-Extrakte werden besonders bei Erkrankungen der Harnwege angewendet und theils für sich, theils mit Copaivabalsam oder Cubebenextrakt, am zweckmässigsten in Gallertkapseln, genommen.

**Injectio Matico** (Münch. Vorschrift).

Matiko-Injektion.

| Rp. | Cupri sulfurici | 0,25 |
|---|---|---|
| | Aquae Matico | 200,0 |
| | Glycerini | 10,0. |

**Sirupus Matico.**

Matiko-Sirup.

| Rp. | Tincturae Matico | 15,0 |
|---|---|---|
| | Sirupi Sacchari | 85,0. |

Esslöffelweise.

**Injection végétale au Matico,** von GRIMAULT & Co. in Paris (gegen Blasenkatarrh, Tripper, Weissfluss) ist eine Lösung von 0,2 Cupriacetat in 140,0 Matikowasser. (2,50 M.)

**Matiko-Sirup,** ebendaher: Ein Matikoblätter-Aufguss 1 : 7, worin man 9 Zucker auflöst.

**Tinctura Matico.** Matikotinktur. Teinture ou Alcoolé de matico. U.-St.: Aus 100 g gepulverten Blättern (No. 40) und q. s. verdünntem Weingeist (41proc.) bereitet man, unter Befeuchten mit 100 ccm, im Verdrängungswege 1000 ccm Tinktur. — Gall.: Aus 1 Th. grob gepulverten Blättern und 5 Th. 80proc. Weingeist durch 10tägige Maceration.

**Oleum foliorum Matico.** Das gegenwärtig aus den Matikoblättern des Handels gewonnene ätherische Oel hat ganz andere Eigenschaften als die früher dargestellten Oele, was aller Wahrscheinlichkeit nach auf verschiedene botanische Abstammung des Destillationsmaterials zurückzuführen ist (vergl. oben). Welches der beiden nachstehend beschriebenen Oele für das echte Matiköl angesehen werden muss, ist unentschieden.

1) Das frühere Matiköl stellte eine dickliche, im Geruch an Cubeben und Minze erinnernde, schwach rechtsdrehende Flüssigkeit vom spec. Gew. 1,06—1,13 dar. Es enthielt Matikokampher, einen im hexagonalen System krystallisirenden, bei 94° C. schmelzenden Körper, der die Ebene des polarisirten Lichts sowohl im krystallisirten, als auch im gelösten Zustande stark nach links dreht.

2) Das in neuerer Zeit gewonnene Matiköl ist schwerer als Wasser, hat das spec. Gew. 1,06—1,13, riecht nach Haselwurzöl und enthält als charakteristischen Bestandtheil das bei 62° C. schmelzende Asaron, $C_{12}H_{16}O_3$.

---

# Mays.

**Zea Mays L.** Familie der **Gramineae — Maydeae.** Heimisch in Amerika, durch die Kultur weit verbreitet. Verwendung finden:

1) Die **Früchte:** Zusammensetzung derselben nach KOENIG: Wasser 13,35 Proc., Stickstoffsubstanz 8,84—11,43 Proc., Fett 3,84—7,79 Proc., stickstofffreie Extraktstoffe 62,76—69,37 Proc., Holzfaser 1,67—4,16 Proc., Asche 1,39—2,09 Proc.

Man benutzt aus den Früchten: a) **Die Stärke.**

**Amylum Maydis. Amylum Zeae. Amylum** (Brit. U-St.). **Maisstärke. — Maize Starch** s. Band I. S. 294. 4.

b. das besonders im Embryo enthaltene **fette Oel.**

**Oleum Maydis. — Maisöl. — Huile de maïs. Huile de papetons. — Maize oil.**

Zur ***Gewinnung*** wird der Mais gemalzt, zerbrochen und durch Sieb- und andere Vorrichtungen der Embryo vom Endosperm getrennt. Aus dem Embryo gewinnt man durch Pressen 15 Proc. Oel.

***Beschreibung.*** Dasselbe ist hellgelb bis goldgelb und ziemlich dickflüssig. Beim Vermischen mit Schwefelsäure soll es dunkelgrün werden, mit gleichen Theilen Schwefelsäure und Salpetersäure orange. Spec. Gew. 0,9243. Erstarrungspunkt —12° C. Verseifungszahl 198,8—203,0. Jodzahl 124,4—138,8.

***Verwendung.*** Zur Herstellung von Seifen, aber auch zur Verfälschung anderer Oele.

Die Rückstände von der Fabrikation des Oeles, die Maisölkuchen, dienen als Futtermittel.

Aus den zerkleinerten und gerösteten Samen macht man Kaffeesurrogate (vgl. Band I, S. 905).

2) Die **Maislieschen,** das den Fruchtstand umhüllende Blatt, werden zu Papier verarbeitet. Besonders charakteristisch sind die auffallend breiten Epidermiszellen, sie messen 30—90 $\mu$. Im übrigen gleichen die Elemente denen des Strohs etc. (Vgl. Band I, S. 1246.)

3) **Die Narben der weiblichen Blüthen.**

**Stigmata Maydis** (Ergänzb.). **Zea** (U-St.). — **Maisnarben. Maisgriffel. — Stigmate de maïs** (Gall.). — **Corn silk.**

***Bestandtheile.*** 5,25 fettes Oel und eine farblose, krystallinische Säure Mayzensäure.

***Einsammlung.*** Die Maisnarben werden zur Blüthezeit vor der Bestäubung gesammelt, schnell im Schatten getrocknet und theils geschnitten für Aufgüsse, theils in ein mittelfeines Pulver verwandelt, in gelben Hafengläsern oder dicht verschlossenen Blechbüchsen aufbewahrt.

***Anwendung.*** Ein besonders in den wärmeren Ländern geschätztes Mittel gegen Blasenleiden (Blasenkrampf, Gries, Harnbeschwerden), das im Aufguss (1 l täglich, s. Ptisana de st. Maïd.) oder als Fluidextrakt gebraucht wird.

**Extractum Maydis stigmatum.** Wird durch Ausziehen frisch gesammelter Griffel mittels 50proc. oder der getrockneten mittels 45proc. Weingeist und Eindampfen des Auszuges zum dicken Extrakt dargestellt. Gabe 0,2—0,6 mehrmals täglich.

**Extractum Maydis Stigmatum fluidum** (Ergänzb.). Extr. Zeae fluidum (Nat. form.). Maisnarben-Fluidextrakt. Fluid Extract of Zea. Ergänzb.: Aus 100 Th. mittelfein gepulverter Maisnarben und q. s. einer Mischung aus 3 Th. Weingeist und 7 Th. Wasser im Verdrängungswege. Man befeuchtet mit 35 Th., fängt die ersten 85 Th. für sich auf und stellt l. a. 100 Th. Fluidextrakt her. Man braucht etwa 400 Th. Lösungsmittel. — Nat. form.: Mittels 41proc. Weingeist ebenso. — Gabe 1—2 g mehrmals täglich. Nach Mittheilungen von PARKE, DAVIS & Co. ist das aus den frischen Narben bereitete Extrakt erheblich wirksamer, als das aus den getrockneten dargestellte.

**Ptisana de stigmate maïdis** (Gall.). Tisane de stigmate de maïs. 10 g Maisnarben, 1000 g siedendes destill. Wasser. Nach $^1/_2$ Stunde durchseihen.

**Sirupus Maydis stigmatum.** 10,0 Maisnarben-Fluidextrakt, 90,0 Zuckersirup. In einem Tage zu verbrauchen.

**Ustilago Maydis (D. C.) Tul.** **(Basidiomycetes — Hemibasidii — Ustilagineae).** Ein auf allen Theilen der Maispflanze, besonders an den Fruchtständen auftretender Pilz, der an den Stengeln Beulen von Kindeskopfgrösse erzeugen kann und die Körner zur Grösse von Kartoffeln aufschwellen lässt. Sporen kugelig oder elliptisch, gelbbraun, feinstachlig, 8—13 $\mu$ gross.

**Ustilago Maydis. — Maisbrand. — Ergot du mais. — Corn Ergot. Corn Smut.**

***Bestandtheile.*** Angeblich Sklerotinsäure und ein Alkaloid Ustilagin, das in Aether, Alkohol und Wasser sich löst und krystallinische Salze bildet.

***Anwendung.*** Das daraus bereitete Fluidextrakt wird zu 0,6—1,5 g als blutstillendes und wehenbeförderndes Mittel angewendet, es soll aber nach KOBERT unwirksam sein.

**Viehmastpulver** von GREGORY und BATAGLIA in Zug ist gepulverter Maissamen.

---

# Mel.

**Mel. Honig. Miel. Honey.** Der von den Arbeitsbienen aus den verschiedensten Blüthen aufgesaugte und in dem Honigmagen der ersteren verarbeitete Saft, welcher wieder in die Waben (Wachszellen) zum Zwecke der Ernährung der jungen Brut abgeschieden wird.

Im Handel bezeichnet man den im Inlande gewonnenen Honig in der Regel als deutschen Gartenhonig. Dieser steht höher im Preise als die ausländischen Sorten und wird als Tafelhonig und zum pharmaceutischen Gebrauche verwendet. Je nach seinen

Eigenschaften unterscheidet man: Scheibenhonig, d. i. der noch in den Waben befindliche Honig, Jungfernhonig, d. i. der aus den Waben freiwillig (event unter sehr schwacher Erwärmung) ausgeflossene, Schleuderhonig, den durch Centrifugen aus den Waben ausgeschleuderten, ausgelassenen oder gemeinen Honig, d. i. der durch Pressen oder stärkeres Erhitzen aus den Waben ausgesonderte. Je nach den Pflanzen, von denen der Honig vorzugsweise eingesammelt worden ist, unterscheidet man Lindenhonig, Haidehonig u. s. w.

Dem inländischen Honig gegenüber sind die aus dem Auslande, namentlich aus Amerika (Californien, Chile) eingeführte Honigsorten von geringerem Werthe. Sie werden namentlich von Zuckerbäckern verbraucht, indessen können gute Sorten unbedenklich auch zur Darstellung der pharmaceutischen Honigpräparate dienen.

**I. Mel** (Germ. Helv. U-St.). **Mel crudum** (Austr.). **Miel** (Gall.). **Honey. Gewöhnlicher oder natureller Honig.**

Im frischen Zustande ein hellgelber bis brauner, durchscheinender dicker und zäher Sirup von wachsartigem Geruche und angenehm süssem Geschmacke. Honig reagirt schwach sauer. Im Verlaufe der Aufbewahrung trübt er sich gewöhnlich, wird körnig und erstarrt schliesslich zu einer krystallinischen Masse, indem die vorhandene Dextrose als $C_6H_{12}O_6 + H_2O$ krystallisirt, deren Krystalle die gleichfalls anwesende Lävulose einschliessen. Bisweilen scheidet er sich auch (bei Aufbewahrung an einem feuchten Orte) in einen unteren, aus Dextrose bestehenden festen, und in einen oberen, aus Lävulose bestehenden flüssigen Antheil. Im unverdünnten Zustande ist der Honig gut haltbar, wird er jedoch mit Wasser verdünnt, so geräth er leicht in Gährung. Das spec. Gew. des Honigs ist 1,410—1,440, im Mittel = 1,425.

Seiner chemischen Zusammensetzung nach ist der Honig eine konc. Lösung von Dextrose und Lävulose, ausser diesen enthält jeder Honig noch kleine Mengen Rohrzucker, ferner Dextrin-artige Substanzen, Eiweissstoffe, Wachs, Riechstoff, Farbstoff, freie Ameisensäure, Mineralstoffe (in diesen Phosphorsäure) und als zufällige Beimengung Pollenkörner. Die Zusammensetzung wird, wie folgt, angegeben:

| | | | |
|---|---|---|---|
| Invert-Zucker | 70—80 Proc. | Mineralstoffe | 0,1—0,8 Proc. |
| (Dextrose 34,7 Proc.) | | Nichtzucker | 5,0 Proc. und mehr |
| (Lävulose 39,2 Proc.) | | Darunter Ameisensäure | 0,2 Proc. |
| Rohrzucker bis zu | 10 Proc. | Stickstoffhalt. Bestandtheile | 0,8 Proc. |
| Dextrine bis zu | 10 Proc. | Wasser im Durchschnitt | 20 Proc. |

***Verfälschungen, Untersuchung.*** Als Verfälschungen kommen in Betracht: Zusatz von Wasser, ferner von Stärkezucker, Rohrzucker, Mehl, neuerdings auch das Vermischen mit Invertzucker bez. dem aus diesem bestehenden Kunsthonig.

1) Trockenrückstand. a) Gewichtsanalytisch. Man wägt in eine Platinschale etwa 5 g Honig ein und trocknet im Wasserdampf-Trockenschranke bis zum gleichbleibenden Gewicht. Erste Wägung nach 8 Stunden, dann in zweistündigen Zwischenräumen. Gleiches Gewicht ist anzunehmen, wenn zwei aufeinanderfolgende Wägungen um nicht mehr als 0,002 g von einander abweichen. Dieses Verfahren giebt das gleiche Resultat wie das Eintrocknen über Sand. b) Densimetrisch. Man löst 30 g Honig in 60 g Wasser auf (beide genau gewogen!). Das spec. Gewicht dieser Lösung, welche nicht filtrirt zu werden braucht, soll bei 15° C. nicht weniger als 1,11 betragen, d. h. der Honig soll mindestens 75 Proc. Trockensubstanz enthalten.

2) Mineralstoffe. Der vorher erhaltene Trockenrückstand wird nach dem Wägen verbrannt und die Asche bei mässiger Rothgluth weissgebrannt. Die Menge der Mineralstoffe soll 0,1—0,8 Proc., im Mittel 0,4 Proc. betragen. Bewegt sich der Procentgehalt innerhalb der angegebenen Grenzen, so wird die Asche in Salpetersäure gelöst und die salpetersaure Lösung mit Ammoniummolybdänat auf Phosphorsäure geprüft. Es muss ein deutlicher gelber Niederschlag entstehen. Die Anwesenheit von Phosphorsäure in der Asche des Honigs ist charakteristisch. Fehlen der Phosphorsäure macht den Honig verdächtig. Ist der Gehalt an Mineralstoffen erheblich höher als angegeben, so muss die salpetersaure Lösung der Asche auf Chlor, Schwefelsäure und Kalk geprüft werden.

3) Zuckerbestimmung. Man hat zu bestimmen den direkt reducirenden Zucker (d. h. vor der Inversion) und den nach der Inversion vorhandenen Zucker. — Zu diesem Zwecke löst man 10,0 g Honig (genau gewogen!) in etwa 250 ccm Wasser, schüttelt zur Klärung mit etwas Thonerdehydrat, filtrirt, wäscht aus und füllt die Lösung zu 500 ccm auf.

Zuckerbestimmung direkt. Man füllt 100 ccm der im Verhältniss 10:500 bereiteten Honiglösung mit Wasser zu 200 ccm auf. Dann bringt man in eine Porcellanschale 25 ccm Kupferlösung, 25 ccm Seignettesalzlösung und 50 ccm Wasser, erhitzt zum Sieden und lässt 25 ccm der ebenerwähnten 1procentigen Honiglösung zulaufen. Man erhält 2 Minuten im Sieden, filtrirt das ausgeschiedene Kupferoxydul etc. und reducirt es im Wasserstoffstrome zu metallischem Kupfer. Ueber die Einzelheiten des Verfahrens siehe bei Saccharum. Man sucht in der Tabelle die der gefundenen Kupfermenge entsprechende Zahl für Invertzucker auf und findet den Procentgehalt durch Multiplikation mit 400.

Zuckerbestimmung nach der Inversion. Man bringt von der vorher erwähnten 2procentigen Honiglösung 100 ccm in einen Kolben von 200 ccm, fügt 5 ccm Salzsäure von 1,188 spec. Gew. zu, stellt in das Kölbchen ein Thermometer und hängt das Ganze in ein Wasserbad, welches 70° C. zeigt. Man wartet, bis der Kolbeninhalt 67—70° C. zeigt und hält ihn auf dieser Temperatur genau 5 Minuten. Alsdann kühlt man schnell ab, neutralisirt die Flüssigkeit mit Natronlauge (man kann vorher die zu benutzende Natronlauge gegen die Salzsäure einstellen), spült das Thermometer ab und füllt auf 200 ccm auf. Von dieser Lösung wendet man wie vorher 25 ccm zur Zuckerbestimmung an. Die dem gefundenen Kupfer entsprechende Menge Invertzucker mal 400 giebt den Procentgehalt des nach dem Invertiren gefundenen Invertzuckers. Subtrahirt man die zuerst gefundene Menge Invertzucker von der zuletzt gefundenen Menge Invertzucker, so erhält man diejenige Menge Invertzucker, welche erst durch Inversion enstanden ist und durch Multiplikation dieses Restes mit 0,95 (Verhältniss des Rohrzuckers zum Invertzucker) den Procentgehalt an Rohrzucker.

4) Polarisation. a) Direkt. Man löst 10 g Honig in Wasser, giebt 2—3 Tropfen Ammoniakflüssigkeit hinzu, füllt zu 100 ccm auf, schüttelt diese Lösung mit guter Thierkohle, filtrirt und polarisirt im 200 mm-Rohr. Man muss im Wild'schen Polaristrobometer eine Linksdrehung von mindestens 2° erhalten. Ist die Linksdrehung geringer oder ist Rechtsdrehung vorhanden, so ist der Honig verdächtig, wenn nicht etwa Ausnahmefälle (rechtsdrehender Honig) vorliegen.

b) Nach der Vergährung. Man löst 20 g Honig in Wasser oder in Raulin'scher Nährlösung[1]) zu 200 ccm, sterilisirt die Lösung durch $^1/_4$stündiges Kochen unter Watteverschluss, kühlt sie ab, versetzt sie in einem Gährkölbchen mit etwas reiner Weinhefe (nicht Presshefe und auch nicht Bierhefe) und lässt sie bis zur völligen Vergährung bei 20° C. stehen. Alsdann klärt man mit etwas Thonerdehydrat, entfärbt mit Thierkohle, filtrirt, dampft das Filtrat auf etwa 50 ccm ein, entfärbt, wenn nöthig nochmals und polarisirt. Die Drehung muss nunmehr $\pm 0°$ sein, darf jedenfalls nicht mehr als 1—2° links nach Wild betragen, andernfalls sind dextrinartige Substanzen, wahrscheinlich in Form von Stärkezucker, vorhanden.

c) Nach der Inversion. Man löst 10 g Honig in 75 ccm Wasser auf, invertirt mit 5 ccm Salzsäure wie oben angegeben, neutralisirt bis zur ganz schwach sauren Reaktion, füllt die Lösung auf 100 ccm auf, entfärbt mit Thierkohle und polarisirt bei 20° C.

5) Mikroskopische Prüfung. Man löst 20 g Honig in ca. 200 ccm Wasser, lässt absetzen oder centrifugirt oder filtrirt die Lösung bis auf einen kleinen Rest ab. Die Absätze bez. den Flüssigkeitsrest prüft man mit 150facher Vergrösserung. Es müssen verschiedenartige Pollenkörner in reichlicher Menge zu beobachten sein. Etwa vorhandene Stärke kann durch Jodwasser deutlicher gemacht werden.

6) Gehalt an freier Säure. 10 g Honig werden in 50—100 ccm Wasser gelöst. Die Menge der freien Säure wird mit $^1/_{10}$-Normal-Kalilauge unter Benutzung von Phenolphthaleïn als Indikator bestimmt und als Ameisensäure berechnet. 1 ccm $^1/_{10}$-Normal-Kalilauge entspricht = 0,0046 g Ameisensäure $CH_2O_2$.

---

[1]) Die Raulin'sche Nährlösung besteht aus: Wasser 1500,0, Weinsäure und Ammoniumnitrat ää 4,0, Ammoniumphosphat 0,6, Ammoniumsulfat 0,25, Kaliumkarbonat 0,6, Kaliumsilikat 0,07, Magnesiumkarbonat 0,4, Eisensulfat und Zinksulfat ää 0,07.

*Beurtheilung.* 1) Unverfälschter Honig enthält höchstens 25 Proc., in der Regel sogar noch weniger Wasser. 2) Die Menge der Mineralstoffe beträgt 0,1—0,8 Proc. Werden erheblicher weniger Mineralstoffe gefunden und ist Phosphorsäure nicht in deutlicher Menge vorhanden, so liegt wahrscheinlich ein Zusatz von reinen Industriezuckern vor. Ist die Menge der Mineralstoffe erheblich grösser und Chlor, Schwefelsäure oder Kalk deutlich vorhanden, so muss auf die Anwesenheit von Stärkezucker gefahndet werden. 3) Die wässerige Lösung normalen Honigs dreht deutlich links. Nimmt die Linksdrehung nach der Inversion zu, so wird dies durch die Inversion vorhandenen Rohrzuckers bedingt. Dreht die wässerige Lösung schwach rechts, so kann dies durch einen Gehalt von Rohrzucker bedingt sein, in diesem Falle geht die Rechtsdrehung nach der Inversion in Linksdrehung über. Es ist ferner zu beachten, dass die sog. Tannenhonige rechtsdrehend sind. — Ist die Rechtsdrehung erheblich, so muss man auf die Gegenwart von Stärkezucker Rücksicht nehmen. In diesem Falle wird die Rechtsdrehung nach der Inversion erhöht.

4) Bleibt nach dem Vergähren ein stark rechtsdrehender Rückstand, beträgt die Rechtsdrehung der vergohrenen 10procentigen Honiglösung mehr als + 3 Bogengrade im 200 mm-Rohr, so ist wahrscheinlich Dextrin zugegen.

5) Die Gegenwart von 10 Proc. Rohrzucker und 10 Proc. Dextrin muss auch in unverfälschten Honigen als noch normal angesehen werden.

6) Naturhonig enthält stets Pollenkörner, doch ist das Vorhandensein derselben kein Beweis für die Echtheit. Umgekehrt würde allerdings das Fehlen derselben Verdacht erregen können. Der Nachweis von Stärkezucker und Rohrzucker im Honig begegnet Schwierigkeiten nicht. Einer Täuschung kann man anheimfallen dadurch, dass Tannenhonige zur Beurtheilung gelangen, ein Fall, der aber äusserst selten ist. — Dagegen erscheint es heute durchaus unmöglich, den sog. Kunsthonig vom Naturhonig zu unterscheiden, und noch schwieriger, Kunsthonig im Naturhonig nachzuweisen. — Wer auf den Besitz von unverfälschtem Honig Werth legt, muss ihn aus zuverlässiger Quelle, z. B. von Bienenzüchter-Vereinen beziehen.

**Tannenhonig. Coniferenhonig. Waldhonig. Honig von Honigthau.** Es steht fest, dass auch unverfälschte Naturhonige vorkommen, welche rechtsdrehend sind. Einige glauben, dass diese Honige von Coniferen gesammelt werden, Andere, dass sie von Honigthau (d. h. den süssen Ausschwitzungen vieler Blätter) gesammelt werden, und dass ein aus dem Honigthau stammender erheblicher Dextringehalt die Ursache der Rechtsdrehung sei.

**Kunsthonig. Zuckerhonig.** Während der letzten Jahre ist ein dem natürlichen Honig täuschend ähnliches Kunstprodukt in den Handel gebracht worden. Dieses wird dargestellt, indem man Rohrzucker auf verschiedene Weise invertirt, färbt, aromatisirt und mit etwas echtem Honig versetzt. Dieser Kunsthonig ist in Aussehen, Geruch und Geschmack kaum vom echten Honig zu unterscheiden, umsomehr als er auch während der Aufbewahrung krystallinisch erstarrt. Analytisch giebt er die nämlichen Zahlen wie Naturhonig. B. Fischer fand:

| | Kunst-Honig. | Natur-Honig. |
|---|---|---|
| Wasser . . . . . . . | 22,30 Proc. | 19,4 Proc. |
| Trocken-Rückstand . . . | 77,70 „ | 80,6 „ |
| Zucker direkt . . . . . | 73,10 „ | 76,0 „ |
| Zucker nach der Inversion | 77,60 „ | 78,0 „ |
| Phosphorsäure . . . . . | Vorhanden | Vorhanden. |
| Pollenkörner . . . . . | Vorhanden | Vorhanden. |

## II. Mel depuratum (Austr. Brit. Germ. Helv.). Mel despumatum (U-St.). Mellitum simplex. Gereinigter Honig. Miel depuré. Clarified Honey.

*Darstellung.* Die Reinigung des Honigs ist verschieden. Brit. lässt den im Wasserbade erhitzten Naturhonig durch ein mit heissem Wasser befeuchtetes Flanelltuch koliren. Austr. lässt 2 Ko. Honig in 2 Liter Wasser auflösen, die Lösung unter Zusatz von 4 g Carrageen aufkochen, abschäumen, durch Flanell koliren und zur Sirupkonsistenz eindampfen. U-St. lässt den Naturhonig mit etwa 2 Proc. gewaschenem Fliesspapierabfällen, unter Ersatz des verdampfenden Wassers einige Zeit im Wasserbade erhitzen, dann koliren und mit 5 Proc. Glycerin versetzen. Germ. und Helv. lösen 1 Th. Honig in 2 bez. 1 Th. Wasser auf, klären die Lösung durch Erwärmen mit Filtrirpapier, filtriren und dampfen das Filtrat zum Sirup von 1,33 spec. Gew. ein. Einen schönen gereinigten Honig erhält man nach folgender Vorschrift:

1000 Th. Honig werden mit 2000 Th. Wasser bis fast zum Sieden erhitzt, hierzu 20 Th. mit Wasser angerührte kolloïdale Thonerde (sog. Patent-Thonerde aus der chemischen Fabrik Goldschmieden bei Deutsch-Lissa) zugesetzt, zur Abstumpfung der Säure eine Kleinigkeit mit Wasser angeriebenes Magnesiumkarbonat zugegeben, und das Ganze in einem Topfe zum Absetzen bei Seite gesetzt. Die klar filtrirte Flüssigkeit wird mit einigen Tropfen Essigsäure angesäuert und schliesslich bis zum spec. Gewicht 1,33 eingedampft. Der so gereinigte Honig ist hellgelb und blank.

Setzt man kein Magnesiumkarbonat hinzu, so reisst die Thonerde nicht alle trübenden Bestandtheile nieder, säuert man das Filtrat vor dem Eindampfen nicht mit Essigsäure an, so fällt der Honig dunkel aus, weil schon schwache Basen beim Erwärmen den Honig, bez. die Lävulose, verändern.

***Eigenschaften.*** Eine klare gelbbräunliche, dicke sirupartige Flüssigkeit von angenehmem honigartigem Geruch und Geschmack und vom spec. Gew. 1,33. Die Prüfung erfolge nach den unter Honig angegebenen Methoden.

Mit gleichviel 90procentigem Weingeist gemischt, soll der gereinigte Honig eine fast klare Mischung geben, durch Ferrichloridlösung und mit Gerbsäurelösung kaum violett gefärbt, auch durch Kaliumferrocyanidlösung nicht verändert werden. Er darf weder alkalisch noch stark sauer reagiren. Eine schwach säuerliche Reaktion findet man gewöhnlich.

***Anwendung.*** Obgleich der Honig kein Medikament ist, wenigstens nicht mehr wie der Zucker, so hat er sich dennoch im Arzneischatz erhalten. Man hält ihn innerlich genommen für ein mildes Laxativum und Antiphlogisticum, äusserlich als ein die Geschwüre reif, die Haut weich und zart machendes, die Wunden heilendes Mittel. Meist dient er als ein angenehmes Vehikel der Arzneikörper.

**Aqua Mellis.**
Honey-Water.

Rp. Mellis depurati 50,0
Boracis 10,0
Spiritus Rum 100,0
Aquae Rosae 600,0
Aquae Aurantii florum 200,0
Tincturae Quillajae 50,0.

**Ceratum Mellis.**
Honigpflaster.

Rp. 1. Emplastri Plumbi compositi
2. Cerae flavae āā 20,0
3. Mellis 20,0.

Man schmilzt 1 und 2 im Wasserbade und rührt 3 darunter.

**Gargarisma emolliens.**
Gargarisme émollient (Gall.).

Rp. Mellis 50,0
Decocti Hordei excorticati 5,0 : 250,0.

**Hydromel simplex.**

Rp. Mellis depurati 20,0
Aquae 180,0.

**Oxymel simplex** (Austr. und Germ. I).

Rp. Aceti (6 Proc.) 100,0
Mellis depurati 200,0.

Zum Sirup einzudampfen.

**Sapo mellitus.**
Honig-Seife.

Rp. Saponis kalini 100,0
Mellis depurati 10,0
Parfum ad libitum.

Soll die Haut zart und weich erhalten.

**Schweizer Alpenhonig** von Dr. Eschmann. Enthält 22 Proc. Feuchtigkeit, 15 Proc. Honig, 10 Malzextrakt und 62 Proc. Kohlehydrate. Diese bestehen aus Zucker, Dextrin und Stärke und sind jedenfalls entstanden durch Einwirkung von Malzauszug auf Stärkekleister.

**Honig-Meth.** Man löst 15 kg Honig in 50 Liter Wasser, kocht kurze Zeit auf, lässt erkalten und setzt Weinhefe zur Gährung zu. In einen Beutel eingeschlossen hängt man in die Flüssigkeit ein: eine zerstossene Muskatnuss, 15,0 g grob zerstossenen Zimmt. Nach beendigter Gährung lässt man 3 Monate auf dem Fasse liegen.

**Lück's Gesundheits-Kräuterhonig.** Mellis 1500,0 werden mit Succi Sorborum recentis und Aquae 400,0 erhitzt und abgeschäumt. Die Kolatur wird mit Vini 400,0 vermischt. Mit diesem Gemisch werden Radicis Gentianae, Rhizomatis Iridis florentinae je 25,0, Radicis Carlinae 75,0, Herbae Mercurialis 36,0 und Herbae Anchusae sowie Herbae Pulmonariae arboriae je 18,0 digerirt.

**Türkischer Honig.** Guter Rohrzucker wird mit Wasser zu einem dicken Brei angerührt und unter Zusatz von etwas Weinsäure durch Erhitzen auf 80—90° C. invertirt. Nach dem Wiederabstumpfen der Säure wird der Brei mit einem Dekokt der Seifenwurzel gründlich durchgearbeitet, dann setzt man etwas Honig zu und lässt erkalten.

# Melaleuca.

Gattung der **Myrtaceae** — **Leptospermoideae** — **Leptospermeae.**

## I. Melaleuca Leucadendron L. var.: Cajeputi Roxb. und var.: minor Sm.

Heimisch von Australien durch das ganze malayische Gebiet bis nach Hinterindien und den Philippinen. Aus den Blättern gewinnt man durch Destillation besonders auf den Inseln Buru und Ceram:

**Oleum Cajeputi** (Ergänzb. Helv.). **Cajeputöl, Cajuput-** oder **Cajaputöl. Oleum Cajuputi** (U-St. Brit.). **Oil of Cajuput. Essence de Cajeput.**

***Eigenschaften.*** Eine durch Kupfer grün bis blaugrün gefärbte Flüsigkeit, von dem angenehmen, kampherähnlichen Geruch des Cineols und aromatischem, anfangs brennendem, hintennach kühlendem Geschmack. Spec. Gew. 0,920—0,930 [0,922—0,930 Brit. 0,922 bis 0,929 U-St.]. Drehungswinkel (100 mm-Rohr) —0° 10′ bis —2°. Cajeputöl löst sich in 1 Vol. 80proc. Alkohol klar auf. Wenn 5 Tropfen Oel mit 5 ccm Wasser und 1 Tropfen Salzsäure geschüttelt werden, so wird das Oel farblos; fügt man dann zu dem sauren Wasser 1 Tropfen Kaliumferrocyanidlösung, so wird gewöhnlich eine rothbraune Färbung (Gegenwart von Kupfer) erzeugt. U-St. Werden 5 Th. Oel auf 50° C. erwärmt und allmählich 1 Th. gepulvertes Jod hinzugefügt, so scheiden sich beim Abkühlen aus der Mischung Krystalle (von Cineoljodid $C_{10}H_{18}OJ_2$) ab. U-St. Wird Cajeputöl mit $^1/_3$—$^1/_2$ Vol. Phosphorsäure vom spec. Gew. 1,750 unter Umrühren in der Kälte gemischt, so entsteht eine halbfeste Masse. Brit. Diese besteht aus einem unbeständigen, durch Wasser in seine Komponenten zerlegbaren Additionsprodukt von Cineol und Phosphorsäure. — Beim Rektificiren wird das Oel farblos. Ein solches fordert Helv.

***Bestandtheile.*** Die Hauptmasse des Cajeputöles besteht aus Cineol (Eucalyptol) $C_{10}H_{18}O$, das dem Oele seinen Charakter verleiht, und dem die hauptsächlichsten Eigenschaften und Reaktionen des Oeles zuzuschreiben sind. Ein weiterer Bestandtheil ist das Terpineol, ein Alkohol $C_{10}H_{18}O$, der theils in freiem Zustande, theils als Essigester in dem Oele enthalten ist. Von Terpenen ist Links-Pinen, $C_{10}H_{16}$, zugegen. Die niedrigst siedenden Antheile enthalten Aldehyde, wahrscheinlich Valeraldehyd und Benzaldehyd.

***Prüfung.*** Cajeputöl wird selten verfälscht. Entspricht es den unter Eigenschaften an das spec. Gew., das Drehungsvermögen und die Löslichkeit gestellten Anforderungen, so kann es unbedenklich für rein angesehen werden.

***Anwendung.*** Die Wirkung des Cajeputöles dürfte wohl allein auf seinem Cineolgehalt beruhen. Es wird hauptsächlich im Handverkauf gefordert und tropfenweise, auf Watte gebracht, gegen Zahn- oder Ohrschmerzen verwendet. Früher wurde es auch innerlich (1—10 Tropfen) gegen Magenkrampf, Kolik, Asthma, Schlund- und Blasenlähmung etc. gebraucht.

Fast die gleiche Zusammensetzung und dieselben Eigenschaften wie Cajeputöl hat das in Neu-Caledonien aus den Blättern von **Melaleuca viridiflora Brongniart et Gries** destillirte **Niaouliöl,** das bisweilen auch als „Gomenol“ bezeichnet wird.

**Guttae odontalgicae.**
Zahntropfen.

| | | | |
|---|---|---|---|
| Rp. | Olei Cajeputi | | |
| | Olei Caryophyllor. | | |
| | Olei Juniperi baccar. | āā | 10,0 |
| | Aetheris | | 70,0. |

**Guttae odontalgicae camphoratae.**

| | | | |
|---|---|---|---|
| Rp. | Camphorae | | |
| | Tinct. Opii simplic. | āā | 5,0 |
| | Olei Cajeputi | | |
| | Olei Caryophyllorum | āā | 10,0 |
| | Chloroformii | | 25,0 |
| | Spiritus | | 45,0. |

Man lässt einige Tage absetzen und filtrirt.

**Oleum oticum** Vogt.
Vogt's Gehöröl.

| | | |
|---|---|---|
| Rp. | Olei Cajeputi rect. | 2,5 |
| | Olei camphorati | 5,0. |

3 Tropfen auf Watte ins Ohr zu bringen.

**Spiritus antamauroticus** Weller.

| | | | |
|---|---|---|---|
| Rp. | Olei Cajeputi rectif. | | |
| | Tinctur. Cantharid. | āā | 2,0 |
| | Spiritus Angelicae comp. | | 20,0. |

**Spiritus Cajuputi** (Brit.).
Spirit of Cajuput.

| | | |
|---|---|---|
| Rp. | Olei Cajeputi | 50 ccm |
| | Spiritus (90 vol.-proc.) | 450 ccm |

**Feytonia,** gegen Zahnschmerz, enthält Kampher, Cajeputöl, Nelkenöl, Chloroform.

**Gehöröl** von Brackelmann in Soest ist eine Mischung aus Kampher, Cajeput-, Sassafras-, Rosmarinöl und einem fetten Oel.

**Gehöröl** von C. Chop in Hamburg: 2 g Cajeputöl, 16 g Provenceröl (2,80 M.).

**Gehöröl** von S. Fischer in Grub: Mischung aus Cajeput- und Mandelöl.

**Gichtbalsam,** indischer, von Reichelt, besteht aus Cajeputöl, Alkohol und Ricinusöl.

**Zahnschmerztropfen,** Dobberaner: Aether, Cajeputöl, Opiumtinktur āā.

**Zahntinktur** von L. Wundram (Tooth Ache-Drops): Cajeputöl, Rosmarinöl, Pfefferminzöl je 1 Th., absol. Alkohol $^1/_2$ Th.

**Zahntropfen** von Davidson: 1 Th. Nelkenöl, 3 Th. Cajeputöl.

---

# Melilotus.

Gattung der **Papilionaceae — Trifolieae.**

**I. Melilotus officinalis Desrousseaux.** Heimisch in ganz Europa und Asien bis Sibirien, zuweilen kultivirt. Stengel bis 1 m hoch. Blätter dreizählig, langgestielt, mit verkehrt-eiförmigen oder verkehrt-lanzettlichen, stumpfen oder gestutzten, kurz stachelspitzigen, scharf gezähnten Blättchen. Nebenblätter lanzettlich, pfriemlich, ganzrandig und 1—2zähnig. Die gelben Blüthen in blattwinkelständigen, lockeren Trauben. Flügel der Blumenkrone so lang wie die Fahne und länger als das Schiffchen. Hülse stumpfeiförmig, querrunzlig, gelb oder hellbraun.

Die Epidermis der Blättchen beiderseits mit Spaltöffnungen und dreizelligen Haaren, deren Endzelle lang, dickwandig und knotig ist, und mit kleinen Köpfchenhaaren. Auf der Epidermis der Antheren Cuticularstacheln. In den Blättern reichlich Oxalatkrystalle. Riecht angenehm nach Cumarin, schmeckt schleimig-bitterlich und etwas scharf.

**II. Melilotus altissimus Thullier.** Heimisch in Europa mit Ausnahme der nördlichen Theile, ebenfalls in Asien bis Sibirien und China. Blüthen ebenfalls gelb, Flügel und Schiffchen so lang als die Fahne. Hülse schwärzlich. Sonst wie die vorige.

Beide liefern:

**Herba Meliloti** (Austr. Germ.). **Herba Meliloti citrini. Summitates Meliloti. — Steinklee. Steinkleekraut. Bärenklee. Honigklee. Minutenklee. Schotenklee. Mallotenkraut. — Sommité fleurie de mélilot** (Gall.). **— Melilot.**

Die Pharmakopöen führen als Stammpflanze nur I auf.

***Bestandtheile.*** Cumarin $C_9H_6O_2$, an Melilotsäure $C_9H_{10}O_3$ gebunden, Melilotol $C_9H_8O_2$, flüchtiges Oel, Harz etc, Asche 6,15 Proc.

***Verwechslungen*** kommen vor mit dem Kraut von Melilotus vulgaris Willd., mit weissen Blüthen und Melilotus dentatus Willd., mit gelben, geruchlosen Blüthen, die Flügel der Blüthe kürzer als die Fahne.

***Einsammlung und Aufbewahrung.*** Man sammelt die Blätter und blühenden Zweige im Juli, auch im August, von den 2jährigen Pflanzen, indem man sie von den Stengeln abstreift, Stengel- und Zweigstücke entfernt, dann trocknet und in dichtverschlossenen Blechbüchsen oder in Glassgefässen vor Licht geschützt aufbewahrt. 4 Th. frisches Kraut geben 1 Th. trocknes.

***Anwendung.*** Ein nur noch wenig beachtetes Mittel, das fast ausschliesslich zur Darstellung eines Pflasters und als Bestandtheil von Kräuterkissen und erweichenden Kräutern Anwendung findet.

**Aqua s. Hydrolatum Meliloti** (Gall.). Eau distillée de mélilot. Steinkleewasser. Aus 1000 g Kraut und q. s. Wasser destillirt man mittels Dampf 4000 g über.

**Emplastrum Meliloti.** Steinkleepflaster. Melilotenpflaster. Ergänzb.: 4 Th. gelbes Wachs, je 1 Th. Terpentin und Olivenöl schmilzt man im Dampfbade und mischt 2 Th. feingepulverten Steinklee unter die halberkaltete Masse. — Austr.: Je 200,0 Colophonium und Olivenöl, 400,0 gelbes Wachs schmilzt man, vermischt mit einer Lösung von 50,0 auf nassem Wege gereinigtem Ammoniakgummi in 125,0 venetianischem Terpentin und rührt nach dem Erkalten eine Mischung aus 300,0 gepulvertem Steinklee und je 20,0 Wermuth, Kamillen und Lorbeeren darunter. — E. Dieterich: genau wie Empl. Belladonnae Diet. (Bd. I, S. 471. I.)

**Emplastrum Meliloti compositum.**

I.

Rp. Emplastri Meliloti
Emplastri Ammoniaci ää.

II. Nach E. Dieterich.

| Rp. | Emplastri Meliloti | 68,0 |
|---|---|---|
| | Sebi benzoïnati | 10,0 |
| | Terebinthinae | 5,0 |

Liquatis adde:
Florum Chamomill. pulv.
Radicis Althaeae pulv.
Rhizom. Iridis pulv. ää 5,0
Croci pulverati 2,0.

Man rollt in Stangen aus und umhüllt mit Stanniol.

**Oleum Meliloti** E. Dieterich.

Oleum Meliloti coctum s. infusum.
Melilotenöl.

| Rp. | Herbae Meliloti pulv. | 100,0 |
|---|---|---|
| | Spiritus (90 proc.) | 75,0 |
| | Liquor. Ammonii caust. | 2,0 |
| | Olei Olivarum | 1000,0. |

Bereitung wie bei Oleum Belladonnae Dieterich Band I, S. 472, I.

**Beruhigungsmittel für zahnende Kinder** von M. v. Schack in Berlin sind Säckchen, die 2,0 Pflanzenpulver, hauptsächlich Steinklee, enthalten. 2 Säckchen = 1 M. (Karlsruh. Ortsg.-Rath.)

---

# Melissa.

Gattung der **Labiatae — Stachyoideae — Melissinae.**

**I. Melissa officinalis L.** In Europa, Nordafrika und im Orient, vielfach zum Arzneigebrauch und als Bienenfutter kultivirt. Aufrechtes, ästiges Kraut vom Habitus der Labiaten, Blüthen in blattwinkelständigen armblüthigen Scheinwirteln mit eiförmigen Deckblättern. Blumenkrone zweimal länger als der Kelch, zuerst gelblich, dann weiss. Liefert:

**Folia Melissae** (Austr. Germ.). **Folium Melissae** (Helv.). **Melissa** (U-St.). **Herba Melissae citratae. Herba Citronellae. — Melissenblätter. Citronen-Melisse. Honigblume. — Feuille de mélisse. Plante fleurie de mélisse officinale ou de citronelle** (Gall.).[1]) **Balm. Balm Leaves.**

Fig. 33. Melissenblatt.

***Beschreibung.*** Die Blätter sind langstielig, breit eiförmig, gekerbt, an der Basis abgestutzt oder herzförmig, in der Blüthenregion in den Blattstiel verschmälert (Fig. 33). Epidermiszellen der Blattoberseite buchtig, ohne Spaltöffnungen, die der Unterseite tief wellig mit Spaltöffnungen. Unter der Oberseite eine Schicht von Palissaden. Das Blatt trägt folgende Trichome: 1) Auf der Unterseite 4—6 zellige Gliederhaare mit schlanker Spitze, die untersten Zellen oft warzig. 2) Ebenfalls auf der Unterseite kleine Drüsenhaare mit einer Stielzelle und zweizelligem Köpfchen, dessen Zellen über einander stehen. 3) Ebenfalls kleine Drüsenhaare mit einer scheibenförmigen Stielzelle und 1- oder 2 zelligem Kopf, dessen Zellen im letzteren Fall neben einander stehen. 4) Ebensolche Drüsenhaare mit 4—8 zelligem Kopf. 5) Auf beiden Blattseiten kurze, gebogene 1—2 zellige Haare mit stark warziger Oberfläche. Sie sind für die Melisse charakteristisch.

***Bestandtheile.*** 0,1—0,25 Proc. ätherisches Oel (vergl. unten), Gerbstoff, Harz etc.

***Verwechslungen.*** Nepeta Cataria L. var. citriodora hat beiderseits weichhaarige, theilweise sogar filzige Blätter. Dracocephalum moldavica L. Blätter länglich-lanzettlich, tief und stumpf gesägt. Melissa officinalis L. var. hirsuta Benth. hat grössere, herzförmige, zottig behaarte Blätter von schwächerem Geruch.

***Einsammlung*** und ***Aufbewahrung.*** Die Melissenblätter werden zur Zeit der Blüthe, nach Germ. von der angebauten Pflanze, gesammelt, im Schatten getrocknet, und geschnitten in gut verschlossenen Blech- oder Glasgefässen aufbewahrt. Austr. lässt den Vorrath jährlich erneuern. 4 Theile frische geben fast einen Theil trockne.

---

[1]) Citronelle ist auch die französische Bezeichnung für Herba Abrotani.

*Anwendung.* Melisse wird nur noch selten im Aufguss als magenstärkendes Bittermittel, äusserlich zu Bädern angewendet. Sie dient hauptsächlich ihres ätherischen Oeles wegen zur Darstellung wässeriger und weingeistiger Destillate, unter denen der bekannte Karmelitergeist innerlich als Anregungsmittel, äusserlich zu wohlriechenden Einreibungen, als Riechmittel, besonders aber als angenehmes Parfum beliebt ist.

**Aqua Melissae.** Hydrolatum Melissae. Melissenwasser. Eau distillée de mélisse. Ergänzb.: 1 Th. grob zerschnittene Melissenblätter übergiesst man mit q. s. Wasser und destillirt 10 Th. ab. — Austr.: Aus 1 Th. Blättern und 15 Th. Wasser 5 Th. Destillat. — Gall.: Aus 1 Th. frischen (!) Blättern und q. s. Wasser mittels Dampf 1 Th. Destillat. Siehe auch Hydrolat. Hyssopi Gall. (Band II, S. 99.)

**Aqua Melissae concentrata** (Ergänzb.). Starkes Melissenwasser (10fach). Aus 10 Th. Blättern und q. s. Wasser bereitet man 100 Th. Destillat, mischt diesem 2 Th. Weingeist zu und destillirt davon 10 Th. ab. — E. Dieterich lässt 10 Th. Blätter mit 2 Th. Weingeist befeuchten, nach 1 Stunde mittels Dampfstrom 10 Th. abtreiben. — Zum Gebrauch wird 1 Th. mit 9 Th. Wasser gemischt.

**Spiritus Melissae** (Ergänzb.). Melissenspiritus. 1 Th. mittelfein zerschnittene Blätter lässt man mit je 3 Th. 87 proc. Weingeist und Wasser 24 Stunden stehen und destillirt dann 4 Th. ab. Klare Flüssigkeit vom spec. Gew. 0,895—0,905.

**Chartreuse** nach Graeger.

| Rp. | Olei Melissae | | |
|---|---|---|---|
| | „ Caryophyllor. | | |
| | „ Hyssopi | | |
| | „ Cinnam. Cass. | | |
| | „ Macidis | ää gutts. | VI |
| | „ Angelicae | gutts. | XXX |
| | „ Menthae pip. angl. | gutts. | XL |
| | Sacchari | | 5 kg |
| | Spiritus | | 4 l |
| | Aquae destill. q. s. | ad | 10 l. |

Nach Belieben färbt man mit Safrantinktur oder Chlorophyll.

**Elixir dentifricium** Heider.

Tinctura dentifricia Heider. Heider's Zahntropfen.

| Rp. | Spiritus Melissae | | 96,0 |
|---|---|---|---|
| | Tincturae Chinae | | |
| | Tincturae Myrrhae | ää | 2,0 |
| | Olei Menthae piperit. gutts. VIII. | | |

**Ptisana de foliis Melissae** (Gall.).

Tisane de mélisse.

| Rp. | Folior. Melissae | 5,0 |
|---|---|---|
| | Aquae destill. ebullient. | 1000,0. |

Nach $^1/_2$ Stunde seiht man durch.

**Spiritus Melissae compositus** (Germ. Helv.).

Spiritus aromaticus (Austr). Aqua Carmelitarum. Alcoolatum Melissae compositum. — Karmelitergeist. Melissengeist. Aromatischer Spiritus. — Esprit de mélisse. Alcoolat de mélisse composé. Eau de mélisse des Carmes. Eau des Carmes. — Compound Spirit of Balm.

| | | I. Germanica. | II. Helvetica. |
|---|---|---|---|
| Rp. | Folior. Melissae | 7,0 | 12,0 |
| | Cortic. Citri | 6,0 | 4,0 |
| | Semin. Myristic. | 3,0 | 2,0 |
| | Cort. Cinnamom. | 1,5 | 1,0 |
| | Caryophyllor. | 1,5 | 1,0 |
| | Spiritus (87 %) | 75,0 | (94%) 80,0 |
| | Aquae | 125,0 | 60,0 |
| Nach 24 Stunden werden abdestilliert | | 100,0. | 100,0. |

III. Austriaca.

| Rp. | Folior. Melissae | 500,0 |
|---|---|---|
| | Cortic. Citri fruct. | 200,0 |
| | Fruct. Coriandri | 300,0 |
| | Fruct. Cardamomi | |
| | Semin. Myristicae | |
| | Cort. Cinnamomi ää | 80,0 |
| | Spiritus (87 %) | 2500,0 |
| | Aquae | 5000,0 |
| Nach 12 Stunden abdestilliren | | 3000,0. |

IV. Gallica.

| Rp. | Herbae florescentis recent. Melissae | | 900,0 |
|---|---|---|---|
| | Flavedinis Citri recentis | | 150,0 |
| | Cort. Cinnamom. ceyl. | | |
| | Caryophyllor. | | |
| | Semin. Myristicae | ää | 80,0 |
| | Fruct. Coriandri | | |
| | Radic. Angelicae | ää | 40,0 |
| | Spiritus (80 %) | | 5000,0 |
| Nach 4tägiger Maceration destillirt man ab | | | 4250,0. |

**Spiritus Melissae compositus crocatus.**

Aqua Carmelitana crocata. Gelber Karmelitergeist. Eau de mélisse jaune (Gall.).

| Rp. | Spiritus Melissae comp. (Gall.) | 100,0 |
|---|---|---|
| | Tinctur. Croci | 0,5. |

**Spiritus Melissae** Dardel.

Eau de Dardel.

| Rp. | Spirit. Melissae comp. | | 30,0 |
|---|---|---|---|
| | „ Menthae pip. | | |
| | „ Rosmarini | ää | 20,0 |
| | „ Salviae | | |
| | „ Thymi | ää | 15,0. |

**Spiritus ophthalmicus Visbadensis.**

Spiritus ophthalmicus Pagenstecher. Wiesbadener Augengeist.

| Rp. | Spiritus Melissae | 76,0 |
|---|---|---|
| | „ Lavandulae | 20,0 |
| | „ camphorati | 2,5 |
| | „ Aether. nitrosi | 1,5. |

Zum Einreiben der Stirn über den Augen.

**Oleum Melissae. Melissenöl.** Frisches Melissenkraut giebt bei der Destillation 0,01—0,1 Proc. Oel vom spec. Gew. 0,894—0,924, das entweder schwach rechtsdrehend oder optisch inaktiv ist und Citral $C_{10}H_{16}O$, und wahrscheinlich auch Citronellal $C_{10}H_{18}O$, enthält. Bei der geringen Ausbeute würde das echte Oel unerschwinglich theuer werden, weshalb man früher das „Oleum Melissae citratum“, ein über Melissenkraut destillirtes Citronenöl darstellte. Häufiger besteht das Melissenöl des Handels entweder aus normalem Citronellöl (Siehe Bd. 1, S. 304) oder aus einer Fraktion desselben.

**II. Satureja Calamintha (L.) Scheele** (syn.: Calamintha officinalis Moench, Melissa Calamintha L.), Bergmelisse oder Bergminze liefert:

**Herba Calaminthae. Herba Calaminthae montanae. Acker-** oder **Bergmelisse. Kalaminthkraut. — Plante fleurie de calament** (Gall.).

***Anwendung.*** Als Gewürz und hier und da als Magenmittel.

---

# Mentha.

Gattung der **Labiatae — Stachyoideae — Menthinae.**

**I. Mentha piperita L.** (ist keine Art, sondern gilt als **Bastard viridis×aquatica).** Selten, aber seit langer Zeit kultivirt, besonders in Europa, Nordamerika und Ostasien, aus den Kulturen zuweilen verwildert, so in Südamerika und Australien, variirt in den Kulturen durch Vermischung mit anderen wildwachsenden Arten. Bis 1 m hoch, mit meist ästigem Stengel, mit oberirdischen Ausläufern. Blätter bis 7 cm lang, bis 3 cm breit, länglich oder eilanzettlich, spitz, besonders gegen die Spitze scharf gesägt, gestielt. Stiel bis 1 cm lang. Hochblätter lanzettlich. Blüthen in dicken Scheinähren, die am Grunde meist unterbrochen sind. Kelch gleichmässig 5zähnig, im Schlunde nicht durch einen Haarring geschlossen, gefurcht, Zähne zur Fruchtzeit gerade vorgestreckt. Kronröhre, lila, innen kahl, mit fast gleichmässig vierspaltigem Saume, oder der der Oberlippe entsprechende Lappen breiter und bisweilen ausgerandet. 4 fast gleichlange Staubblätter. — Liefert:

**Folia Menthae piperitae** (Austr. Germ.). **Folium Menthae** (Helv.). **Mentha piperita** (U-St.). **Herba Menthae piperitae. — Pfefferminzblätter. Minzenblatt. Englische Minze. Pfefferminzthee. — Sommité fleurie de menthe poivrée** (Gall.). **Feuille de menthe. — Peppermint. Peppermint Leaves. —**

***Beschreibung.*** Die Blätter sind trocken auf der Oberseite dunkelgrün, unterseits etwas heller, besonders auf der Unterseite längs der Nerven, mit wenigen kurzen Haaren, so dass das Blatt fast kahl erscheint, beiderseits mit wenig in die Blattfläche eingesenkten Oeldrüsen. Von dem besonders auf der Unterseite stark hervortretenden Primärnerven gehen beiderseits unter einem Winkel von 50—70° Sekundärnerven ab, die sich bogenförmig nach dem Blattrande hinziehen, sich dann nach oben umkrümmen, Schlingen bilden und so mit einander anastomosiren.

Die Epidermen beiderseits bestehen aus Zellen mit wellig gebogenen Wänden. Spaltöffnungen meist nur auf der Unterseite, sehr selten auf der Oberseite. Sie haben 2 Nebenzellen. Hauptsächlich auf der Unterseite finden sich Gliederhaare, die bis 8 Zellen lang sind, mit fein warziger oder streifiger Cuticula, am Blattrande kleine, kegelförmige, einzellige Haare, ferner kleine Köpfchenhaare mit wenigzelligem Stiel und einzelligem Köpfchen, und grosse Oeldrüsen mit einzelligem Stiel und breitem Köpfchen, die meist aus 8 Zellen bestehen. Sie sind die Träger des ätherischen Oeles, zuweilen erkennt man in ihnen Krystalle. — Unter der Epidermis der Oberseite eine Schicht von Palissaden. (Fig. 34.)

***Bestandtheil.*** Aetherisches Oel (vergl. unten).

***Verwechslungen.*** Als solche können die anderer zuweilen kultivirter oder wilder Mentha-Arten vorkommen, wenn die Blätter aus kleinen Bauergärten bezogen werden. Z. B.

Mentha viridis L. Blätter ungestielt oder sehr kurz gestielt.

Mentha silvestris L. Blätter ungestielt oder sehr kurz gestielt, unterseits weissfilzig.

Mentha aquatica L. Blätter eirund oder elliptisch, rauhhaarig.

***Einsammlung*** und ***Aufbewahrung.*** Die Blätter werden von der kultivirten Pflanze gesammelt. Als die besten gelten die von der blühenden Pflanze, doch macht man in den Kulturen oft mehrere Schnitte. Man trocknet sie schnell im Schatten, befreit sie von den Stengeln und bewahrt sie in dicht verschlossenen Gefässen auf. $4^1/_2$ bis 5 Theile frische geben 1 Theil trockne.

Die Pfefferminzhändler unterscheiden einen ersten und einen zweiten Schnitt; es findet also mehrmals im Jahre eine Ernte statt. Der Hinweis, dass die zur Blüthezeit gesammelten Blätter, der erste Schnitt, am ölreichsten sind, ist deshalb beachtenswerth. Der Apotheker sollte nur die von den Drogisten als „electa No. 0" bezeichnete Sorte führen, von welcher die grobe Schnittform (Sieb I Germ.) schon aus dem Grunde besonders zu empfehlen ist, weil sie Verfälschungen und beigemengte Stengel leichter erkennen lässt. Den Vorrath von Pfefferminze bemesse man nicht zu knapp, um bei plötzlich auftretenden Epidemien nicht in Verlegenheit zu gerathen.

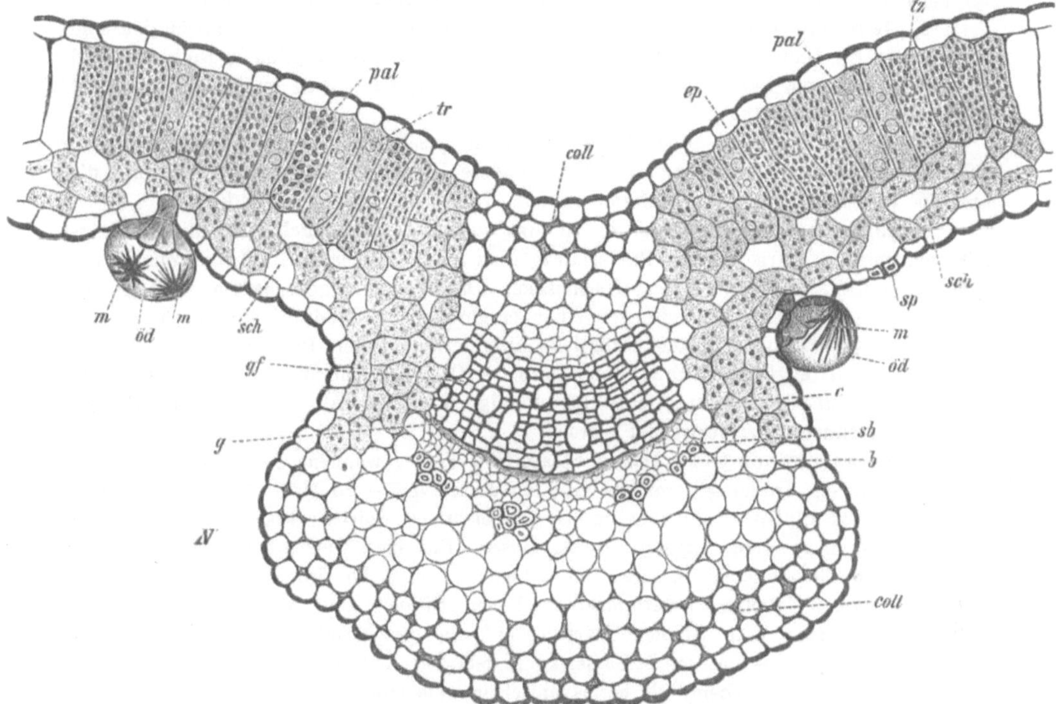


Fig. 34. Querschnitt durch ein Pfefferminzblatt.
N Unterseits vorragender Mittelnerv. *gf* Holztheil des Gefässbündels. *g* Gefässe. *c* Cambium. *sb* Siebtheil *b* Fasern. *coll* Collenchym. *öd* Oeldrüsen. *m* Krystalle. *sp* Spaltöffnung. *sch* Schwammparenchym. *pal* Palissaden. *ep* Epidermis.

***Anwendung.*** Pfefferminze ist ein vielgebrauchtes krampfstillendes, blähungtreibendes Mittel, das in der Regel im Aufguss, 1 Esslöffel auf 1 Tasse, bei Leibschneiden, Darmkrampf, Brechdurchfall genommen wird. In feiner Speciesform dient es zu Kräuterkissen. Es ist von vorzüglicher Wirkung bei Neuralgie; besonders wird hier das ätherische Oel, theils innerlich in Tropfen oder Oelzucker, theils äusserlich zu Einreibungen oder in der bekannten Form der Mentholstifte angewendet.

**Oleum menthae piperitae. — Pfefferminzöl. — Oil of Peppermint. — Essence de Menthe poivrée.** (Pharmakopöen vergl. folgende Seite.)

***Herkunft*** und ***Handelssorten.*** Pfefferminzöl wird in verschiedenen Welttheilen in enormen Quantitäten meist aus mehreren Varietäten der Mentha piperita durch Destillation mit Wasserdampf gewonnen. Meist gelangt frisches Kraut zur Verarbeitung (Ausbeute 0,1—0,25 Proc.), häufig wird aber auch die abgewelkte oder getrocknete Pflanze (Ausbeute ca. 0,7 Proc.) verwendet. Die Handelssorten des Pfefferminzöles sind der Grösse ihrer Produktion nach geordnet folgende:

1) **Amerikanisches Pfefferminzöl.** In Wayne County im Staate New-York sowie in den Staaten Michigan und Indiana wird jährlich das kolossale Quantum von 90 000 kg Pfefferminzöl erzeugt.

2) **Japanisches Pfefferminzöl** von **Mentha arvensis D. C. var. piperascens Holmes.** Die Produktion in Japan beträgt etwa 70 000 kg jährlich. Das Oel dient hauptsächlich zur Darstellung von Menthol.

3) **Englisches** oder **Mitcham-Pfefferminzöl.** Der Anbau und die Destillation von Pfefferminze werden grösstentheils in den Grafschaften Surrey, Hertfordshire und Lincolnshire betrieben; die jährlich dort gewonnene Menge Oel wird auf 9000 kg geschätzt.

4) **Französisches Pfefferminzöl** wird im Departement des Alpes maritimes destillirt. Der jährliche Ertrag von etwa 3000 kg wird meist im Lande selbst konsumirt.

5) **Deutsches Pfefferminzöl.** Miltitz bei Leipzig und Gnadenfrei in Schlesien sind gegenwärtig die Hauptproduktionsorte in Deutschland. Die Destillation in Ringleben und Cölleda in Thüringen hat fast ganz aufgehört. Alles in allem wird in Deutschland nicht mehr als vielleicht 800 kg Pfefferminzöl gewonnen.

Zu den Pfefferminzöl producirenden Ländern gesellt sich noch Russland mit etwa 1200 kg, Italien mit 600 kg und sämmtliche andere Länder mit 400 kg, so dass man die jährliche Weltproduktion von Pfefferminzöl auf 175 000 kg veranschlagen kann.

***Eigenschaften.*** Pfefferminzöl ist eine wasserhelle oder gelbliche, ölige Flüssigkeit von reinem, erfrischendem Pfefferminzgeruch und brennendem, auf der Zunge das Gefühl von Kälte hinterlassendem Geschmacke. Die übrigen Eigenschaften sind bei den einzelnen Handelssorten theilweise von einander abweichend, wodurch sich auch die verschiedenen, auf bestimmte Sorten bezügliche Anforderungen der Pharmakopöen erklären. So verlangt Brit. englisches, U-St. amerikanisches Oel, während nach Germ. Austr. und Helv. sowohl deutsches wie englisches Oel zulässig ist. Nach Gall. kann jedes aus Pfefferminzkraut destillirtes Oel verwendet werden.

Amerikanisches Oel. Das im Staate New-York gewonnene Oel hat das spec. Gew. 0,91—0,92 und ein Drehungsvermögen (100 mm-Rohr) von — 25 bis — 33°. Es löst sich nicht in Spiritus dilutus, wohl aber in $^1/_2$ und mehr Th. Spiritus klar auf, und erstarrt im Kältegemisch zu einer krystallinischen Masse. Das spec. Gewicht des Michigan-Oels liegt zwischen 0,905 und 0,915. Das Oel löst sich in 4—5 Th. Spir. dilutus klar auf.

Löst man 5 Tropfen Pfefferminzöl in 1 ccm Eisessig auf, so tritt nach Verlauf von einigen Stunden eine tiefblaue Färbung auf, die prachtvoll kupferfarbig fluorescirt (U-St.). Diese Farbreaktion ist bei amerikanischem Oel am intensivsten, weniger stark bei englischem und deutschem Oel; bei japanischem Oele tritt sie entweder gar nicht oder nur sehr schwach auf.

Englisches Oel. Diese Sorte ist bedeutend theurer als das amerikanische. Spec. Gewicht 0,900—0,910. Drehungswinkel — 22 bis — 33°. Löslich in 3—4 Th. Spiritus dilutus (Brit.). Beim längern Verweilen im Kältegemisch findet eine beträchtliche Mentholabscheidung statt.

Deutsches Oel. Spec. Gewicht 0,900—0,915, selten von 0,899—0,930. Die Löslichkeit ist die gleiche wie beim englischen. Drehungswinkel — 25 bis — 33°.

Japanisches Oel ist im normalen Zustande infolge seines hohen Mentholgehalts eine halbfeste Krystallmasse. Es ist wegen seines bitteren Geschmacks für pharmaceutische Zwecke nicht verwendbar.

***Zusammensetzung.*** Der wichtigste Bestandtheil aller Pfefferminzöle ist das sowohl frei, als auch in Form seiner Essigsäure- und Valeriansäureester vorkommende Menthol, $C_{10}H_{20}O$, das stets von dem dazugehörigen Keton, dem Menthon $C_{10}H_{18}O$, begleitet wird. Am besten untersucht ist das amerikanische Oel, in dem nicht weniger als 17 verschiedene Körper nachgewiesen worden sind. Es sind dies ausser den zwei bereits genannten folgende: Acetaldehyd, Isovaleraldehyd, Essigsäure, Isovaleriansäure, Amylalkohol, Dimethylsulfid, Pinen, Phellandren, Cineol, Limonen, Menthylacetat, Menthylisovalerianat, Menthylester einer Säure $C_8H_{12}O_2$, ein Lacton $C_{10}H_{16}O_2$ und Cadinen.

***Prüfung.*** Durch die Bestimmung der physikalischen Konstanten wird man auf grobe Verfälschungen mit Spiritus, Terpentinöl und anderen Oelen aufmerksam. Manchmal kommen Oele in den Handel, denen Menthol durch Ausfrieren entzogen ist. Da auch der Zusatz fremder Oele den Mentholgehalt verringert, ist eine quantitative Mentholbestimmung häufig werthvoll.

Man verfährt dabei folgendermassen:

20 g Pfefferminzöl werden mit 20 g alkoholischer Normalnatronlauge (oder Normal- oder $^1/_2$ Normalkalilauge) in einem mit Rückflusskühler versehenen Kölbchen etwa eine Stunde lang zum Sieden erhitzt, um die Mentholester zu zersetzen. Nach dem Erkalten titrirt man das nicht verbrauchte Alkali mit Normal-Schwefelsäure zurück, wobei als Indikator Phenolphtaleïn dient. Das verseifte Oel wird mit viel Wasser wiederholt ausgewaschen und dann eine Stunde lang mit dem gleichen Volumen Essigsäureanhydrid und 2 g wasserfreiem Natriumacetat in einem Kölbchen gekocht, das mit einem eingeschliffenen, als Rückflusskühler dienenden Rohr versehen ist (Fig. 35). Nach dem Abkühlen wäscht man das Oel mehrere Male mit Wasser und verdünnter Sodalösung, trocknet mit Chlorcalcium und filtrirt. 8—10 g dieses Oeles werden dann wie oben beschrieben mit 50 ccm alkoholischer Normal-Natronlauge verseift und das nicht verbrauchte Alkali durch Titration bestimmt.

Fig. 35. Acetylirungskölbchen.

Da jeder für die Verseifung verbrauchte Kubikcentimeter Normal-Natronlauge 0,156 g Menthol oder 0,198 g Menthylacetat entspricht, so muss man, um den Procentgehalt an Menthol in dem ursprünglichen (nicht acetylirten, aber vom Ester befreiten) Oele zu ermitteln, für jeden verbrauchten Kubikcentimeter Normal-Alkali 0,042 (die Differenz von 0,156 und 0,198) g von dem Betrag des zur Verseifung gelangten Oeles abziehen.

Wenn beispielsweise s g acetylirten Oels a Kubikcentimeter Normal-Natron erfordern, so berechnet sich der Gesammtgehalt P an Menthol (frei und als Ester) nach der Formel:

$$P = \frac{a \times 15{,}9}{s - (a \times 0{,}042)}.$$

***Anwendung.*** Pfefferminzöl wird innerlich zu 0,05—0,15 g in weingeistiger Lösung oder mit Zucker verrieben gegeben. Ausgedehnte Verwendung findet es in der Likörfabrikation, zur Darstellung der Rotulae Menthae, zu Zahnpulvern und Mundwässern. Aeusserlich wird es als Mittel gegen Migräne (Stirne oder Schläfe damit bestrichen), Zahnschmerzen u. s. w. gebraucht.

**Aqua Menthae piperitae** (Austr. Brit. Germ. U-St.). **Aqua Menthae** (Helv.). **Hydrolatum Menthae piperitae. Pfefferminzwasser. Minzenwasser. — Eau distillée de menthe poivrée** (Gall.). — **Peppermint Water.** Germ.: 1 Th. Pfefferminzblätter übergiesst man mit q. s. Wasser und destillirt 10 Th. ab. — Helv.: Aus 1 Th. Blätter mittels Dampfstrom ohne vorherige Befeuchtung 10 Th. Destillat. — Austr.: Wie Aq. Melissae Austr. (Bd. II, S. 371.) — Brit.: 10 ccm Pfefferminzöl und 15 l Wasser giebt man in eine Blase und destillirt 10 l ab. — U-St.: 2 ccm Pfefferminzöl verreibt man mit 4 g präcipitirtem Calciumphosphat und fügt nach und nach soviel destill. Wasser hinzu, dass man 1000 ccm Filtrat erhält. — Gall.: Wie Aq. Hyssopi Gall. (Bd. II, S. 99). — *Ex tempore*: 10 Tropfen Pfefferminzöl schüttelt man mit 1 l warmem Wasser und filtrirt nach dem Erkalten. — Destillirtes Minzenwasser ist trübe und klärt sich mit der Zeit. Als Vorlage ist hier eine Florentiner Flasche zu empfehlen, um das ätherische Oel zu gewinnen. Aufbewahrung wie bei Aq. Foeniculi (Band I, S. 1165).

**Aqua Menthae piperitae spirituosa** (Ergänzb.). **Aqua Menthae vinosa. Weingeistiges Pfefferminzwasser.** 1 Th. Blätter, 1 Th. verdünnter Weingeist (60 proc.) 10 Th. Wasser; davon 5 Th. Destillat. Anfangs trübe, später klar.

**Aqua Menthae piperitae concentrata s. decemplex** E. Dieterich. 1000,0 Blätter feuchtet man mit 200,0 Weingeist an und treibt mittels Dampfstrom 1000,0 über. Zum Gebrauch wird 1 Th. mit 9 Th. Wasser verdünnt.

**Pastilli Menthae anglici** (Helv.). **Tabellae cum oleo volatile Menthae piperitae. Englische Minzenpastillen. Tablettes de menthe** (Gall.). **Pastilles de menthe anglaises.** Helv.: 1 Th. Minzenöl, 1 Th. Tragacanth, 98 Th. Zucker werden mit q. s. Wasser zu 100 Pastillen verarbeitet. — Gall.: 10,0 Minzenöl mischt man mit 1000,0 Zucker, stösst mit 100,0 Gummischleim zur Masse und formt Pastillen von je 1 g. — E. Dieterich: Pastilli s. Trochisci digestivi: 100,0 Natriumbikarbonat, 50,0 Natriumchlorid, 7,0 englisches Pfefferminzöl, 1,0 Ingweröl, 800,0 Zucker bringt man mit q. s. Gummischleim zur Masse und sticht 1000 Pastillen aus. — Nach „Industriebl.“: 4000,0 Zucker, 300,0 Stärke, 1,0 Ingwer, 29,0 Pfefferminzöl und q. s. Gelatinelösung (1 : 10).

**Pastilli cum oleo volatile Menthae piperitae, Pastilles de menthe à la goutte** (Gall.). 1000 g Zuckerpulver (Haarsieb No. 2), vom feinsten Pulver durch Seidensieb No. 100 befreit, mischt man mit 5 g Pfefferminzöl und 125 g Wasser. Die erhaltene Paste erhitzt man in Mengen von etwa 120 g in einer Pfanne mit Ausguss unter beständigem Umrühren und lässt die geschmolzene Masse mittels eines Metallstabes tropfenweise auf eine Blechplatte fallen. Nach dem Erkalten trocknet man bei gelinder Wärme.

**Rotulae Menthae piperitae** (Austr. Germ.). **Pastilli Menthae** (Helv.). **Pfefferminzplätzchen. Pfefferminzkuchen oder -küchelchen. Minzenpastillen** (Helv.). **Luftkörner. Windküchelchen. Pastilles de menthe. Peppermint-Cakes or-lozenges.** Germ.: 5,0 Pfefferminzöl, 10,0 Weingeist, 1000,0 Zuckerplätzchen. — Helv.: Je 5,0 Minzenöl und Aetherweingeist, 1000,0 Zuckerplätzchen. — Austr.: Je 15,0 Pfefferminzöl und Aether, 1050,0 Zuckerplätzchen. Man vertheilt die Lösung des Minzenöls auf die Wandungen eines Hafenglases, welches von den hierauf eingeschütteten Zuckerplätzchen höchstens zur Hälfte gefüllt wird, schüttelt kräftig um, wiederholt das Schütteln, bis alles Flüssige aufgenommen ist, lässt das Lösungsmittel abdunsten und bewahrt sie in dichtschliessenden Gläsern vor Licht geschützt auf. Man verwende bestes Oel, fuselfreien Weingeist und bereite nur Mengen, die in kürzerer Zeit verbraucht werden, denn das auf der Oberfläche der Plätzchen fein vertheilte Oel gewinnt bei längerer Aufbewahrung keineswegs an Geschmack.

**Trochisci Menthae piperitae** (U-St.). **Pastilli Menthae piperitae. Pfefferminzpastillen. Troches of Peppermint.** Aus 1 ccm Pfefferminzöl, 80 g Zuckerpulver und q. s. Tragacanthscheim formt man eine Masse und aus dieser 100 Pastillen. — E. Dieterich. Aus 1000,0 Zucker, 8,0 Minzenöl, 2,0 Krauseminzöl, 5 Tropfen Ingweröl und 35—40,0 verdünntem Gummischleim 1000 Pastillen.

**Sirupus Menthae** (Austr. Germ.). **Pfefferminzsirup. Syrup of Peppermint.** Germ. IV. Austr.: 2 Th. mittelfein zerschnittene Pfefferminzblätter lässt man, mit 1 Th. Weingeist befeuchtet, mit 10 Th. Wasser 12 (Austr. 24) Stunden stehen. 7 Th. (Austr. 8 Th.) Seihflüssigkeit geben mit 13 Th. (Austr. 12 Th.) Zucker 20 Th. Sirup. — Der Sirup ist haltbarer, wenn man den Auszug mit Filtrirpapiermasse schüttelt, aufkocht und dann filtrirt.

**Sirupus cum Aqua Menthae piperitae. Sirop de menthe poivrée** (Gall.). 18 Th. Zucker löst man ohne Wärme in 10 Th. Pfefferminzwasser und filtrirt dann durch Papier.

**Spiritus Menthae piperitae** (Austr. Brit. Germ. U-St.). **Spiritus Menthae** (Helv.). **Tinctura cum oleo volatile Menthae piperitae. Spiritus Menthae piperitae Anglicus. Pfefferminzgeist. Pfefferminzspiritus. Minzengeist. Englische Pfefferminzessenz oder -tropfen. Teinture d'essence de menthe** (Gall.). **Alcoolé d'essence de menthe. Esprit ou Alcool de menthe. Essence or Spirit of Peppermint.** — Germ.: 1 Th. Pfefferminzöl, 9 Th. 87proc. Weingeist. — Helv.: 3 Th. Minzenöl, 97 Th. 94proc. Weingeist. — Austr.: Durch Destillation wie Spir. Juniperi Austr. (Band II, S. 163). — Brit.: 10 ccm Pfefferminzöl, 90 ccm Weingeist (90 Vol.-Proc.). — U-St.: 100 ccm Pfefferminzöl, 900 ccm 91proc. Weingeist, 10 g geschnittene Pfefferminzblätter lässt man 24 Stunden maceriren, filtrirt und bringt durch Nachwaschen mit Weingeist auf 1000 ccm. — Gall.: 2 g Pfefferminzöl, 98 g 90proc. Weingeist. — Klare Flüssigkeit. Dient zu 10—30 Tropfen als Belebungsmittel. — Bei Verwendung eines in Weingeist trübe löslichen Oeles kann man eine klare Lösung durch Maceriren über gebranntem Alaun erhalten.

**Tinctura Menthae piperitae** (Ergänzb.). **Pfefferminztinktur.** Aus 1 Th. fein zerschnittenen Pfefferminzblättern und 5 Th. verdünntem Weingeist (60proc.).

**II. Mentha crispa L.** Mehrere Menthen können in der Kultur, seltener wild, eigenthümlich krause Blätter bekommen, womit zugleich in manchen Fällen eine Aenderung der Beschaffenheit des ätherischen Oeles verbunden ist. So wird zuweilen in Norddeutschland und Skandinavien eine krause Form der Mentha aquatica L. $\gamma$-crispa Benth. mit fast kopfigem Blüthenstande gebaut, am häufigsten kultivirt man als Krauseminze Mentha silvestris L. $\eta$-crispa Benth., viel seltener Mentha viridis L. $\gamma$-crispa Benth. oder Mentha arvensis L. $\delta$-crispa Benth.

***Beschreibung*** der Blätter der Mentha silvestris L. $\eta$-crispa Benth. Sie sind breit-eirund, bisweilen fast kreisrund, kurzgestielt, zugespitzt, blasig-wellig-runzelig, am Rande kräftig umgebogen, tief eingeschnitten-gezähnt, die Zähne ungleich gross. Die Behaarung ist stärker wie bei I, die kurzen, kegelförmigen Haare fehlen. Die Köpfe der Oeldrüsen können bis zu 16 Zellen zählen. Bau im übrigen wie bei I.

**Folia Menthae crispae** (Austr. Ergänzb.). **Herba Menthae crispae. — Krauseminzblätter. Krauseminze.** Volksthümlich: **Balsamkraut. Braunheilig. Daumenthee. Wolgemuth. — Feuille de menthe crépue. Herbe de menthe frisée. — Curled-mint Leaves. Balm-mint Leaves.**

*Einsammlung* und *Aufbewahrung.* Die Blätter werden von der angebauten Pflanze zur Zeit der Blüthe gesammelt, schnell im Schatten getrocknet, von den dickeren Stengeln befreit und in dichtverschlossenen Blechbüchsen an einem schattigen Orte aufbewahrt. Austr. lässt auch die Blätter anderer, krausblätteriger Varietäten zu und schreibt jährliche Erneuerung vor. $5^1/_2$ Th. frische Blätter geben 1 Th. trockene.

*Anwendung.* Wie Folia Menthae piperitae. Ausserdem als Bestandtheil aromatischer Wässer.

**Oleum Menthae crispae, Oleum menthae viridis. — Krauseminz-** oder **Speerminzöl. — Essence de Menthe Crépue. — Oil of Spearmint.**

*Herkunft.* Das meiste im Handel befindliche Krauseminzöl wird nicht aus dem Kraute einer der krausen Minzenformen, sondern der Mentha viridis L. in Amerika, oder auch in England destillirt. In Deutschland wird Krauseminzöl nur in ganz unbedeutender Quantität aus den beim Trocknen erhaltenen Abfällen gewonnen. Die Oelausbeute beträgt aus frischem Kraute 0,15—0,3 Proc. Beide Oele sind übrigens vollkommen gleichwerthig und kaum von einander zu unterscheiden.

*Eigenschaften.* Farblose oder gelbe bis grünliche Flüssigkeit von dem charakteristischen, intensiven und ausserordentlich anhaftenden, wenig angenehmen Geruch der Pflanze. Spec. Gewicht 0,920—0,940 (U.-St.), 0,930—0,940 (Brit.). Drehungswinkel (100 mm-Rohr) — 36 bis — 48°. Löslich im gleichen Theile eines Gemisches von absolutem Alkohol und Spiritus (U-St. Brit.).

*Bestandtheile.* Von Terpenen $C_{10}H_{16}$ enthält Krauseminzöl Links-Limonen und wahrscheinlich auch Links-Pinen. Von sauerstoffhaltigen Antheilen ist Links-Carvon zu nennen, das im Oele in ziemlich grosser Menge vorkommt. Den Träger des specifischen Krauseminzaromas kennt man noch nicht.

**Aqua Menthae crispae** (Ergänzb.). **Krauseminzwasser.** 1 Th. Krauseminzblätter übergiesst man mit q. s. Wasser und destillirt 10 Th. ab. Anfangs trübe, später klar.

**Sirupus Menthae crispae** (Ergänzb.). **Krauseminzsirup.** 2 Th. mittelfein zerschnittene Krauseminzblätter befeuchtet man mit 1 Th. Weingeist, lässt mit 12 Th. Wasser 24 Stunden stehen, presst, filtrirt und stellt aus 8 Th. Filtrat und 12 Th. Zucker 20 Th. Sirup her. Die Klärung des Auszuges wird durch Zusatz von Filtrirpapiermasse beschleunigt.

**Tinctura Menthae crispae. Krauseminztinktur.** 1 Th. fein zerschnittene Krauseminzblätter, 5 Th. verdünnter Weingeist.

**III. Mentha Pulegium L.** Heimisch im Mediterrangebiet und im Orient, nördlich bis England und Schweden. Mit stark verzweigtem, oft niederliegendem Stengel, kleinen eiförmigen, ganzrandigen oder schwach gezähnten Blättern, Blüthen in kugeligen Scheinwirteln. Kelch glockig oder röhrig, schwach zweilippig mit innen behaartem Schlunde. Blumenkronröhre vorne unterhalb des Saumes mit behaartem Schlunde. Liefert:

**Folia Menthae Pulegii. Poleiblätter. Sommité fleurie de menthe Pouliot ou de pouliot commun** (Gall.).

**IV. Mentha viridis L.** In Europa und auf den canarischen Inseln heimisch, vielfach kultivirt (z. B. England und Amerika) und aus den Kulturen verwildert. Fast kahl, mit lanzettlichen oder eilanzettlichen, seltener elliptischen, gesägten Blättern. Blüthen in Scheinwirteln, die terminale Ähren bilden. Kelch glockig mit meist pfriemlich-fädigen Zipfeln, seine Basis kahl. Blumenkrone mit cylindrischer, nach oben erweiterter Röhre mit innen kahlem Schlunde. Liefert:

**Folia Menthae viridis s. Romanae. Mentha viridis** (U-St.). — **Sommité fleurie de menthe verte** (Gall.). — **Spearmint Leaves.**

***Beschreibung.*** Zähne der Blattränder ungleich gross, aber schlanker wie bei II. Am Rande und auf den Nerven spärlich 1—3zellige Gliederhaare. Im Geruch und Geschmack weniger fein wie I.

**Aqua Menthae viridis** (Brit. U-St.). **Spearmint Water.** Wie Aq. Menthae piperitae Brit. und U-St. zu bereiten. Siehe Band II, S. 375.

**Spiritus Menthae viridis** (U-St.). **Essence or Spirit of Spearmint.** Aus Oel und Blättern der Mentha viridis wie Spir. Menth. pip. U-St. (Band II, S. 376.)

**V. Mentha gracilis R. Br.** und **Mentha saturegioides R. Br.** Beide in Neu-Südwales, werden wie unsere Menthen gebraucht.

**Aqua carminativa** (Dresd. Vorschr.).

Rp. Olei Chamomill. Roman. gutts. X
Olei Citri
Olei Menthae crispae
Olei Carvi
Olei Coriandri
Olei Foeniculi ää gutts. V
Spiritus 100,0
Solutis adde
Aquae destillatae 900,0.
Klare, farblose Flüssigkeit.

**Aqua carminativa regia** (Dresd. Vorschr.).

Rp. Coccionellae contusae 10,0
Aluminis 5,0
Sacchari 1000,0
Aquae carminativae 3000,0
Spiritus Melissae 1000,0.
Man digerirt 8 Tage und filtrirt alsdann.

**Aqua Menthae crispae poliens** (Dieterich).
Moirée- oder Appreturwasser. Glanzwasser.

Rp. 1. Tragacanthae pulver. 1,0
2. Spiritus 20,0
3. Aquae Menthae crispae 980,0.
Man schüttelt 1 mit 2 und fügt 3 hinzu. Zum Bestreichen von Seidenstoffen vor dem Plätten, um ihnen Glanz zu geben.

**Balneum aromaticum.**
Aromatisches Bad.

Rp. Olei Menthae piperitae 1,0
Mixtur. oleoso-balsam. 100,0
Mellis depurati 200,0.

**Eau orientale de Delabarre.**

Rp. Olei Menthae piperitae 2,0
Olei Rosae gutts. VIII
Spiritus diluti 250,0
Coccionellae pulver.
Kalii carbonici ää 1,0.
Nach eintägiger Maceration zu filtriren. Zusatz zum Mundwasser.

**Elaeosaccharum Menthae** (Austr. Germ. Helv.).
Oleosaccharuretum Menthae (Gall.).
Wie Elaeos. und Oleosacch.
Cinnamomi (Bd. I, S. 847, I u. II.).

**Electuarium aromaticum** (Austr.).
Aromatische Latwerge.

Rp. Folior. Menthae pip. pulv.
Folior. Salviae pulv. ää 100,0
Radicis Angelicae pulv.
Rhizom. Zingiberis pulv. ää 20,0
Cortic. Cinnamomi pulv.
Semin. Myristicae pulv.
Caryophyllorum pulv. ää 10,0
Mellis depurati q. s.
verarbeitet man l. a. im Wasserbade zur Latwerge.

**Elixir dentifricium** (Gall.).
Elixir dentifrice.

Rp. Olei Cinnamom. ceyl. 1,0
Olei Anisi stellati
Olei Caryophyllor. ää 2,0
Olei Menthae pip. 8,0
Tincturae Benzoës 8,0
Tincturae Coccionellae 20,0
Tinct. Guajaci ligni
Tinct. Pyrethri radic. ää 8,0
Spiritus (80proc.) 1000,0
mischt man, lässt absetzen und filtrirt.

**Elixir dentifricium Benedictinorum.**
Benediktiner Zahnelixir.

Rp. Olei Menth. pip. Mitcham 30,0
Olei Anisi 5,0
Olei Calami 0,5
Spiritus (96proc.) 1000,0.
Man färbt mit Karminlösung (Bd. I, S. 385, I).

**Fotus aromaticus** (Gall.).
Aromatische Bähung.
Fomentation aromatique.

Rp. Specierum aromaticar. 30,0
Aquae ebullientis q. s.
Man lässt 1 Stunde stehen, presst und stellt 1 l Flüssigkeit her.

**Linimentum antigalactopoëticum.**
Milchverzehrendes Liniment.

Rp. Olei Menthae piperit. 4,0
Olei Bergamottae
Camphorae ää 1,5
Olei Olivarum prov. 93,0.
Zum Einreiben der Brüste.

**Linimentum menthatum.**
Glycerolatum Menthae.

Rp. Olei Menthae piperit. 1,0
Spiritus 5,0
Glycerini 10,0.
Aeusserlich gegen Frost- und Brandwunden.

**Mistura Sodae et Menthae** (Nat. form.).
Mixture of Soda and Spearmint.
Soda Mint.

Rp. Natrii bicarbonici 50 g
Spiritus Ammoniae aromat. (U-St.) 10 ccm
Aquae Menthae viridis q. s. ad 1000 ccm.

**Mundwasser für Raucher.**

Rp. Saloli 2,0
Tincturae Catechu 5,0
Spirit. Menthae piperit. 93,0.
1 Theelöffel auf 1 Glas Wasser zum Mundausspülen. Gegen Entzündung der Rachenschleimhaut.

**Oleum Menthae coctum s. infusum.**

Rp. Olei Olivarum 75,0
Olei viridis 24,0
Olei Menthae crisp.
Olei Menthae pip. ää 0,5.

**Oleum Menthae terebinthinatum.**

Rp. Olei Menthae crispae 10,0
Olei Terebinthinae 90,0.
Aeusserlich.

**Pfefferminz-Likör.**

Rp. Olei Menthae pip. Anglic. 5,0
Spiritus 4 l.
Sacchari 2500,0
Aquae destill. q. s. ad 10 l.

**Ptisana de foliis Menthae piperitae** (Gall.).

Tisane de menthe poivrée.

Rp. Folior. Menthae pip. 5,0
Aquae destill. ebullient. 1000,0.
Nach 1/2 Stunde durchseihen.

**Pulvis dentifricius menthatus.**

Pfefferminz-Zahnpulver.

Rp. Saponis medicati 25,0
Rhizom. Iridis 50,0
Sacchari Lactis 100,0
Calcii carbon. praecipit. 825,0
Olei Menthae piperitae 2,5.

Ein vorzügliches Zahnpulver, das die Zähne nicht angreift.

**Rotulae Menthae rosatae.**

Rosen-Pfefferminzküchelchen.

Rp. Olei Menthae pip. Mitcham gutts. X
Olei Rosae gutts. II
Aetheris 5,0
Rotul. Sacchari 100,0.

Bereitung wie bei Rotul. Menth. pip.

**Species anodynae** TRILLER.

Species antispasmodicae TRILLER.

Rp. Florum Rhoeados
Florum Sambuci
Florum Tiliae
Florum Verbasci
Fructus Anisi
Fructus Carvi
Fructus Cumini
Fructus Foeniculi āā 3,0
Florum Chamomill.
Folior. Melissae
Folior. Menthae pip.
Herbae Millefolii
Herba Salviae āā 15,0

**Species aromaticae.**

Species cephalicae s. resolventes. Species pro cucupha. Aromatische od. Gewürzhafte Kräuter. Aromatischer Thee. Krampfthee. Espèces aromatiques. Aromatic herbs.

I. Germanica.

Rp. Folior. Menth. pip. minut. conc.
Herbae Serpylli " "
Herbae Thymi " "
Flor. Lavandulae " " āā 2,0
Caryophyllorum " " 1,0
Cubebarum grosso m. pulv. 1,0.

II. Helvetica.

Rp. Caryophyllor. (II)
Flor. Lavandulae āā 1,0
Herbae Majoran.
Folior. Menthae pip.
Herbae Serpylli
Folior. Salviae āā 2,0.

III. Austriaca.

Rp. Herbae Origani conc.
Folior. Salviae "
Folior. Menth. crisp. "
Flor. Lavandulae " āā.

IV. Gallica.

Rp. Herbae Absinthii concis.
Herbae Hyssopi "
Herbae Origani "
Herbae Serpylli "
Herbae Thymi "
Folior. Menthae pip. "
Folior. Rosmarini "
Folior. Salviae " āā.

Aromatische Kräuter sind in dicht geschlossenen Glas- oder Blechgefässen aufzubewahren. Sie dienen zu Kräuterkissen, Bähungen, Bädern (500 g auf 1 Bad), seltener innerlich (im Aufguss).

**Species aromaticae pro cataplasmate** (Austr.).

Aromatische Species zu Umschlägen.

Species aromaticae (Austr.) verwandelt man in ein grobes Pulver.

**Species antihydropicae** FRERICHS.

Rp. Folior. Menthae piperit. 40,0
Rhizom. Calami 30,0
Fruct. Juniperi 20,0
Folior. Sennae 10,0.

**Species nervinae.**

**Species nervinae** HEIM. Nerventhee.

HEIM's nervenstärkender Thee.

| | Ergänzb. Form. | Form. Colon. | Form. Berolin. | Heimii |
|---|---|---|---|---|
| Rp. Folior. Menth. pip. | 1 | 3 | 6 | |
| Folior. Trifolii | 1 | 4 | 3 | |
| Radic. Valerian. | 1 | 2 | 1 | |

**Species resolventes** (Dresd. Vorschr.).

Species discutientes.

Zertheilende Kräuter.

Rp. Folior. Menthae pip.
Folior. Melissae
Herbae Majoranae
Herbae Origani āā 2,0
Flor. Chamomill.
Flor. Lavandulae
Flor. Sambuci āā 1,0.

**Spiritus ammoniato-aethereus**

Clinici Berolinensis.

Rp. Spirit. Menthae pip.
Spirit. Serpylli
Spirit. Rosmarini
Spirit. Lavandulae āā 20,0
Mixtur. oleoso-balsam. 5,0
Liquor. Ammon. anisat. 15,0.

**Spiritus Menthae crispae.**

Rp. Olei Menthae crispae 1,0
Spiritus diluti 99,0.

**Spiritus Menthae crispae Anglicus** Ph. Germ. I.

Englische Krauseminzessenz.

Rp. Olei Menthae crispae 1,0
Spiritus (87 proc.) 9,0.

**Spiritus nervinus menthatus.**

Migränegeist.

Rp. Aquae Coloniensis 85,0
Aetheris acetici 12,5
Liquor. Ammon. caust. 1,5
Olei Menthae piperit. 1,0.

Zum Benetzen der Stirn und Schläfe.

**Tinctura amara carminativa.**

Rp. Folior. Menth. piperit. 50,0
Herbae Absinthii 20,0
Fruct. Anisi
Fruct. Carvi āā 25,0
Spiritus diluti 1000,0.

Durch 7tägige Maceration.

**Tinctura anticholerica** WORONEJE.

Rp. Kalii nitrici pulv.
Ammonii hydrochlor.
Piperis nigri pulv. ää 1,0
Aceti 150,0
Olei Petrae 0,4
Olei Menthae piperit. 4,0
Aquae regiae 0,4
Olei Olivarum 2,0
Spiritus 700,0.

Man digerirt 5 Stunden und filtrirt nach dem Erkalten. $^1/_4$stündlich 2 Theelöffel.

**Vinum aromaticum.**

Tinctura aromatica vinosa.
Gewürzwein. Kräuterwein. Sturmfederwein.
Vin ou Oenolé aromatique.

I. Ergänzungsbuch.

Rp. Specierum aromaticar. (Germ.) 1,0
Aquae vulnerar. spirit. (Ergb.) 2,0
Vini rubri 8,0.

lässt man 8 Tage stehen, presst aus und filtrirt.

II. Helvetica.

Rp. 1. Specier. aromaticar. (Helv.)
2. Spiritus (94 proc.) ää 1,0
3. Vini rubri 9,0.

Man lässt 1 mit 2 befeuchtet 24 Stunden stehen, setzt 3 zu; nach 8 Tagen wird ausgepresst und filtrirt.

III. Gallica.

Rp. Tinctur. vulnerar. (Gall. Bd. II, S. 288) 125,0
Vini rubri 875,0.

**Vinum aromaticum opiatum.**

Rp. Vini aromatici 90,0
Tinctur. Opii simplicis 10,0

Aeusserlich zu Bähungen, Einspritzungen.

**Vet. Kolikpulver für Schafe.**

Rp. Fol. Menthae pip. 20,0
Rhizom. Zingiberis
Semin. Lini ää 10,0
Natrii sulfurici 60,0.

Divide in p. aeq. IV. Stündlich 1 Pulver in Warmbier.

**Alcool de menthe de Ricqlès** ist nach HAGER eine Lösung von 3,6 Pfefferminzöl in 80,0 Weingeist; nach einer Genfer Vorschrift ein weingeistiges Destillat aus Pfefferminze, das nach Zusatz von Pfefferminzöl nochmals einer Destillation unterworfen wird.

**ASCHE's Bronchial-Pastillen** für Heiserkeit, Husten etc. bestehen nach Angabe des Fabrikanten aus Cubeben, Anis, Fenchel, Zucker und schleimigem Bindestoff. Nach HAGER enthalten sie Pfefferminzöl und wahrscheinlich auch Opium.

**Brassicon,** ein russisches Mittel gegen Kopfschmerz, enthält Pfefferminzöl, äther. Senföl, Aether, Kampher, Melissengeist, Pfefferminztinktur.

**Dialysatum Herbae Menthae pip. Golaz.**[1])

**Furfuron** (äther. Heusamenextrakt) von Dr. LEMPKE, ein Gichtmittel, besteht aus einem weingeistigen, mit Seife, Kampher, Salicylsäure, Essigäther und Ammoniak versetzten Pfefferminzauszuge.

**Gouttes Japonaises = Poho** (vergl. unten).

**Great Remedy,** Dr. RADCLIFFE's gegen alle möglichen Krankheiten, ist eine Pfefferminzöl, Aether, Kampher und Chloroform enthaltende Tinct. Capsici.

**Kamekameha** von HARNISCH in Berlin ist Pfefferminzgeist.

**Klostergeist der Elisabethinerinnen** ist nach Apoth.-Ztg. 1889 eine grün gefärbte, mit Cognac- und Vanilleessenz versetzte, weingeistige Lösung ätherischer Oele, vorwiegend Pfefferminz- und Melissenöl.

**Kosmin,** ein Mundwasser, enthält Formaldehyd, Myrrhen- und Ratanhiaextrakt, Saccharin, Pfefferminz- und Geraniumöl in verdünnt. Weingeist (AUFRECHT).

**Kräuter-Magen-Elixir,** WUNDRAM's ist eine mit Minzenöl versetzte Lösung von Aloë in Weingeist.

**Kron-Aethyl** von MEYER in Karlsruhe, gegen Migräne etc. besteht aus etwa 4 g Pfefferminzöl, 8 g Aether und Spuren Cantharidin (AUFRECHT).

**Lebensessenz, weisse,** von SCHRADER in Wunderkingen, ist ein weingeistiges Destillat aus Pfefferminz, Melisse und Gewürzen, mit Zucker und Quassia versetzt.

**Mundwasser** von BIER in Wien ist ein Auszug aus Melisse mit einem Zusatz von Minzengeist.

**Mund- und Zahnessenz** von OTT in Augsburg ist Spirit. Menth. crisp.

**Odol,** ein Mundwasser, soll eine Lösung von 2,5 Salol, 0,004 Saccharin, 0,5 Pfefferminzöl, Spuren Nelken- und Kümmelöl in 97,0 80proc. Weingeist sein (THOMS). Nach anderen Angaben enthält es noch 1,95 Proc. Menthol.

**Peppermint pearls** sind überzuckerte Pfefferminzkügelchen.

**Pfefferminzwasser** von Dr. KOCH in Bodenbach, ist eine Mischung aus Pfefferminz-, Thymian- und Pomeranzenöl, Salpeterätherweingeist und Weingeist.

**Pillen der Franziskaner Brüder in St. Mount.** Mit Süssholzpulver bestreute Pillen aus Pfefferminze und Enzianextrakt.

---

[1]) Das Pharmaceutische Laboratorium von GOLAZ & CIE. in Saxon bringt seit einiger Zeit unter dem Namen „Dialysata Golaz“ eine neue Form von Fluidextrakten in den Handel, die aus frischen Pflanzen nach einem besondern Dialysirverfahren hergestellt werden. 1 Th. Dialysat = 1 Th. der frischen Pflanze. Dosis der aus nicht giftigen Pflanzen bereiteten Dialysate 30—40 Tropfen mehrmals täglich.

**Poho, Poho-Oel, Poho-Essenz,** gegen Kopfschmerz und Migräne, besteht aus den flüssigen Antheilen des Japanischen Pfefferminzöls.

**Poho-Aether** von LEDERER in Wien ist das äther. Oel einer einheimischen, wild wachsenden Minze.

**Species nervinae dialysatae Golaz** enthalten die löslichen Bestandtheile von Fol. Menthae, Fol. Trifol. fibr., Rad. Angelicae und Rad. Valerianae.[1])

**Wind- und Magentropfen,** Dr. HOFFMANN's, enthalten Pfefferminzöl, Salpeteräther, Ipecacuanha, Jalapen- und Myrrhenharz und Spuren Opium.

**Zahntropfen** von L. GUTHMANN in Dresden, bestehen hauptsächlich aus Minzenöl und Weingeist.

**Zahnwasser,** KATHE's ist eine $^1/_2$ proc. Lösung von Pfefferminzöl in (94 proc.) Weingeist. Soll früher noch Salicylsäure enthalten haben.

---

# Mentholum.

**Mentholum** (Austr. Germ. Helv.). **Menthol** (Gall. Brit. U-St.). **Pfefferminzkampher. Mentha-Kampher. Pip-Menthol.** $C_{10}H_{20}O$. **Mol. Gew. = 156.**

***Gewinnung.*** Menthol ist ein Bestandtheil des Pfefferminzöles und namentlich in den japanischen Sorten reichlich vorhanden. Dieses besteht nahezu vollständig aus Menthol, und letzteres kann durch Umkrystallisiren des erstarrten japanischen Oeles direkt rein erhalten werden.

***Eigenschaften.*** Das Menthol bildet farblose, dem hexagonalen System angehörige Nadeln oder Spiesse und besitzt einen erfrischenden, pfefferminzartigen Geruch und einen zuerst brennenden, später angenehm kühlenden Geschmack. Auf die Haut gebracht, erzeugt es Kältegefühl und Brennen. Menthol schmilzt bei 42—43° C., siedet bei 212° C., ist leicht flüchtig und sublimirt schon bei gewöhnlicher Temperatur. Während es sich in Alkohol, selbst in verdünntem, sowie in Aether, Chloroform, Schwefelkohlenstoff, Petroläther und Eisessig leicht löst, wird es von Wasser nur sehr wenig aufgenommen. Die alkoholische Lösung des Menthols lenkt den polarisirten Lichtstrahl nach links ab.

```
      CH3
      |
      CH
     /  \
 H2C      CH2
  |        |
 H2C      CHOH
     \  /
      CH
      |
      C3H7
```

Menthol.

Beim Zusammenreiben von Menthol mit Kampher, Borneol oder Thymol tritt schnell eine Verflüssigung der Gemische ein.

Menthol ist ein sekundärer Alkohol $C_{10}H_{20}O$. Es liefert beim Erhitzen mit Säuren und Säureanhydriden die entsprechenden Ester. Durch gemässigte Oxydation mittels Kaliumdichromat + Schwefelsäure geht es in das entsprechende Keton, nämlich in Menthon $C_{10}H_{18}O$ über. Dieses Menthon ist gleichfalls in den Pfefferminzölen enthalten und kann durch Reduktion mit metallischem Natrium in ätherischer Lösung wieder in Menthol zurückverwandelt werden, bildet also gleichfalls eine Quelle zur Mentholgewinnung.

***Prüfung.*** 1) Reines Menthol ist vollkommen trocken anzufühlen und giebt, zwischen Fliesspapier gepresst, an dieses keine Feuchtigkeit ab, während ein schlecht gereinigtes Präparat beim Reiben zwischen den Fingern diese beschmiert und auf Filtrirpapier feuchte Stellen zurücklässt. 2) Bestimmung des Schmelzpunktes, der bei 42—43° C. liegen soll. Hierzu ist indessen zu bemerken, dass das Menthol vorher im Exsiccator getrocknet sein muss. Verunreinigungen drücken den Schmelzpunkt herab. 3) 0,1—0,2 g Menthol muss sich, in einer Schale auf dem Wasserbade erhitzt, vollständig verflüchtigen, anorganische Bestandtheile (Bittersalz soll als Verfälschung vorgekommen sein) bleiben hierbei im Rückstande. 4) Beim Hineinbringen von etwas Menthol in eine Mischung von 1 ccm Essigsäure mit 3 Tropfen Schwefelsäure soll keine Färbung entstehen. Diese Prüfung bezweckt den Nachweis eines etwaigen Thymolgehaltes, der sich durch Auftreten einer schmutzig blaugrünen Färbung zu erkennen giebt. Abgesehen davon, dass schwerlich Jemand auf den Gedanken kommen wird, das billigere Menthol

---

[1]) Siehe Fussnote auf voriger Seite.

mit dem theureren Thymol zu verfälschen, ist ein derartiger Zusatz schon aus dem Grunde unmöglich, weil ein nur geringer Procentsatz von Thymol genügt, um dem Menthol eine schmierige Beschaffenheit zu ertheilen, und es bei Sommertemperatur sogar vollkommen zu verflüssigen.

***Aufbewahrung.*** Dieselbe erfolge in gut verschlossenen Gefässen, an einem kühlen Orte und getrennt von Arzneimitteln, welche leicht den Pfefferminzgeruch und Geschmack annehmen.

***Dispensation.*** Pulver, welche Menthol enthalten, müssen in Wachskapseln dispensirt werden. Mentholstifte können leicht auf folgende Weise dargestellt werden: Ueber ein in Form eines Mentholstiftes gedrechseltes Stückchen Holz wird Stanniol ganz glatt gestrichen, hierauf das Holz entfernt, die Stanniolformen in ein Suppositoriengestell vertheilt und das geschmolzene Menthol hineingegossen.

***Anwendung.*** Seit seiner ersten Verwendung zu Mentholstiften hat sich das Menthol zum äusserlichen wie zum innerlichen Gebrauch ein immer grösseres Feld erobert und, wie es scheint, sich eine dauernde Stellung als Arzneimittel erworben. Aeusserlich dient es mit Kaffeepulver und Milchzucker gemischt als beliebtes Schnupfenmittel (Mentholin), als Menthol-Vaseline zum Einreiben bei Rheumatismus und Neuralgie, mit Lanolin gemischt gegen Frostbeulen, als Menthol-Crême zum Reinigen der Zähne. Bei asthmatischen Beschwerden wird es zum Inhaliren benutzt. Innerlich giebt man es bei Rheumatismus, Neuralgien und Hüftweh, ferner bei Diarrhoeen und bei Kollaps. Mit gutem Erfolge ist es auch gegen Diphtherie verwendet worden. Besonders werthvolle Dienste endlich leistet es gegen das Erbrechen Schwangerer.

**Antiseptische Mundperlen** von Radlauer-Berlin. Sind Zuckerkügelchen, welche je 0,001 g Thymol, Menthol, Eucalyptol, Saccharin und Vanillin enthalten. Sollten Ersatz für Zahn-, Mund- und Gurgelwasser darstellen.

**Betulinar,** Mittel zur Hautpflege. Mentholi 1,0, Acidi salicylici Cumarin āā 0,5, Boracis 4,0, Glycerini 10,0, Alkohol 25, Aquae q. s. ad 100,0.

**Fenthozon,** amerikanisches Desinficiens und Desodorans. Acidi acetici 26,0, Acidi carbolici 2,0, Mentholi, Camphorae, Olei Eucalypti āā 1,0, Olei Lavandulae, Olei Verbenae āā 0,5.

**Hiengfong-Essenz.** Olei Menthae piperitae, Camphorae āā 2,5, Olei Carvi 1,5, Olei Anisi vulgaris, Olei Anisi stellati āā 0,25, Balsami peruviani 1,0, Spiritus aetherei 20, Spiritus (90 Proc.) 200,0, Chlorophylli q. s. ad colorem viridem. Man digerire und filtrire.

**Inhalirflüssigkeit** von Kafemann. Mentholi 2,0, Eucalyptoli 1,5, Terpineoli 1,0, Olei Pini Pumilionis 0,5.

**Menthalcal** von Apotheker Dr. Döpper in Köln. Sind Pastillen, welche die wesentlichen Bestandtheile des Emser Wassers und etwas Menthol enthalten.

**Menthol-Dragées** von Bengué in Paris, gegen Entzündung der Athmungsorgane, Mundgeruch etc., enthalten je 0,02 Menthol und 0,1 g Borax.

**Menthol-Jodol.** Besteht aus 99 Th. Jodol und 1 Th. Menthol.

**Menthophenol.** Eine durch Zusammenschmelzen von 1 Th. Karbolsäure mit 3 Th. Menthol erhaltene farblose Flüssigkeit, welche als Antisepticum Verwendung findet.

**Menthoxol.** Eine alkoholische Wasserstoffsuperoxydlösung mit 1 Proc. Menthol. Zur Wundbehandlung.

**Migrosine** des Heilmagnetiseurs Otto Mentzler in Breslau, ist eine Auflösung von 4,0 g Menthol in 16,0 g Essigäther. Einreibung gegen nervösen Kopfschmerz. Preis 1 Mark. B. Fischer.

**Rubitin,** Einreibung für Sportsleute, soll bestehen aus Menthol, Kampfer, Lorbeeröl, Rosmarinöl und Aether.

**Scultol.** Mittel gegen Magenbeschwerden. Eine Auflösung von Menthol und Carvol in 90proc. Spiritus, mit Chlorophyll grün gefärbt. Anal. B. Fischer.

**Stylus Mentholi. Menthol-Stift** (Ergänzb.). Reines Menthol werde geschmolzen und in Zinnformen ausgegossen, welche ungefähr die Form eines Fingerhutes haben. Man lässt in einem möglichst kühlen Raume mindestens 12 Stunden lang erkalten.

**Ceratum Mentholi.**

| Rp. | Mentholi | | |
|---|---|---|---|
| | Chlorali hydrati | āā | 7,5 |
| | Cetacei | | 30,0 |
| | Olei Cacao. | | 15,0. |

Als Stift oder Cerat gegen nervöses Kopfweh.

**Collemplastrum Mentholi 10 Proc.** E. DIETERICH.

| Rp. | Massae Collemplastri | | 800,0 |
|---|---|---|---|
| | Rhizomatis Iridis | | 88,0 |
| | Sandaracis | | 20,0 |
| | Acidi salicylici | | |
| | Olei Resinae | āā | 6,0 |
| | Mentholi | | 30,0 |
| | Aetheris | | 150,0. |

**Emplastrum Mentholi.**
Menthol-Pflaster.

| Rp. | Emplastri Lithargyri | 75,0 |
|---|---|---|
| | Cerae flavae | 10,0 |
| | Resinae Pini | 5,0 |
| | Mentholi | 10,0. |

Wie KLEPPERBEIN'sches Pflaster zu gebrauchen.

**Oleum Mentholi.** (Münch. V.).

| Rp. | Mentholi | 5,0 |
|---|---|---|
| | Olei Olivae | 95,0. |

**Pilulae Mentholi.**

| Rp. | Mentholi | | 2,0 |
|---|---|---|---|
| | Sacchari Lactis | | |
| | Gummi arabici | āā | 1,0. |

Fiant pilulae N. 30.

**Pulvis Mentholi compositus albus.**
Weisses Mentholin (Münch. V.).

| Rp. | Mentholi | 3,0 |
|---|---|---|
| | Acidi borici | 75,0 |
| | Sacchari Lactis | 22,0. |

**Pulvis Mentholi compositus fuscus.**
Braunes Mentholin. (Münch. V.).

| Rp. | Mentholi | 3,0 |
|---|---|---|
| | Acidi borici | 75,0 |
| | Coffeae tostae | 22,0. |

Fiat pulvis subtilissimus.

**Pulvis Mentholi cum Talco.**
LASSAR's Menthol-Puder.

| Rp. | Acidi carbolici | 1,0 |
|---|---|---|
| | Mentholi | 1,5 |
| | Talci veneti | 47,5. |

**Pulvis sternutatorius cum Mentholo.**
Mentholschnupfpulver. Mentholin. (Hamb. V.).

| Rp. | Coffeae tostae pulv. | | |
|---|---|---|---|
| | Mentholi | āā | 1,0 |
| | Acidi borici | | 6,0 |
| | Amyli Oryzae | | 12,0. |

**Spiritus Mentholi.**
Mentholgeist. (Münch. V.).

| Rp. | Mentholi | 5,0 |
|---|---|---|
| | Spiritus Vini Gallici | 95,0. |

**Unguentum Mentholi** LASSAR.

| Rp. | Mentholi | | 2,5 |
|---|---|---|---|
| | Balsami peruviani | | 5,0 |
| | Unguenti Wilsonii | | |
| | Adipis Lanae cum aqua | āā | 20,0. |

## Mentholum valerianicum. **Valeriansäure - Mentholester. Validol ($C_{10}H_{19}O$ . $C_5H_9O$. Mol. Gew. = 240).**

***Darstellung.*** Man mischt 16 Th. Menthol mit 12 Th. Valerylchlorid und erwärmt das Gemisch bis zum Aufhören der Salzsäureentwicklung auf dem Wasserbade. Alsdann mischt man das Reaktionsprodukt mit sehr verdünnter Natronlauge, nimmt es mit Aether auf und trocknet diese Lösung mit Kaliumkarbonat. Das nach dem Abtreiben des Aethers hinterbleibende Oel wird im Vacuum rektificirt. In 2 Th. des reinen Esters löst man 1 Th. Menthol auf.

***Eigenschaften.*** Eine farblose eigenthümlich erfrischend (aber weder deutlich nach Menthol noch deutlich nach Baldriansäure) riechende Flüssigkeit von der Konsistenz des Glycerins, schwer löslich in Wasser, leicht löslich in Alkohol, Aether, Chloroform. Es lenkt die Ebene des polarisirten Lichtes nach links ab (1°). Beim Erwärmen mit Natronlauge wird der Ester gespalten. Infolgedessen tritt der Geruch des reinen Menthols auf. Versetzt man die natronlaugehaltige Schicht mit verdünnter Schwefelsäure, so tritt der Geruch nach Baldriansäure auf. Der Geschmack des Validols ist erfrischend, schwach bitter. — Für den reinen Valeriansäure-Menthylester obiger Formel berechnet sich die KÖTTSTORFER'sche Verseifungszahl 233,3. Das Validol ist nun eine Mischung von Valeriansäure-Menthylester mit Menthol. Die Bestimmung der Verseifungszahl ergab uns die Zahl 162. Hieraus ergiebt sich, dass das Validol aus ca. 70 Proc. Valeriansäure-Menthylester und 30 Proc. Menthol besteht. Zur Bestimmung der Verseifungszahl ist 4—6stündiges Erhitzen erforderlich.

***Anwendung.*** Man wendet es als Magenmittel mehrmals täglich zu 5—10 Tropfen auf Zucker, als Carminativum zu 10—15 Tropfen mehrmals täglich, ebenso als Analepticum (belebendes Mittel) an. Sein Anwendungsgebiet dürfte noch erweitert werden.

**Validolum effervescens** enthält in 10 g Brausemischung = 5 Tropfen Validol. Dieselbe Menge Validol ist auch in je vier Validol-Praline's enthalten.

# Menyanthes.

Gattung der **Gentianaceae** — **Menyanthoideae.**

Einzige Art: **Menyanthes trifoliata L.** Heimisch in ganz Europa, durch Asien bis Japan, im nördlichen Nordamerika und längs der Anden bis Kalifornien. — Ausdauernde Pflanze mit kriechendem Rhizom, das von Strecke zu Strecke die Scheidenreste älterer Blätter umhüllen und aus dem unverzweigte Wurzeln hervorbrechen. Blätter abwechselnd, basal, gedreit mit handlangen, 5 mm breiten, am Grunde scheidigen Stielen. Blättchen dicklich, eirund, festsitzend, bis 3—10 cm lang, lanzettlich oder elliptisch, am Grunde keilförmig, ganzrandig oder ausgeschweift, kahl. Der Mittelnerv an der trocknen Droge eingesunken, längsfaltig. Die Sprossspitze endet in einen handhohen Schaft, der an der Spitze eine Traube, weisser röthlich angehauchter Blüthen trägt. Die Blüthen heterostyl, die Zipfel der Blumenkrone innen bärtig-zottig. Die Blätter liefern

**Folia Trifolii fibrini** (Austr. Germ.). **Folium Menyanthis** (Helv.). **Herba Trifolii aquatici.** — **Bitterklee. Sumpfklee. Wasserklee. Dreiblatt. Biberklee. Fieberklee. Bitterkleeblätter.** — **Feuille de ményanthe ou de trèfle d'eau** (Gall.). **Ményanthe. Trèfle de marais.** — **Buckbean.**

Das Blatt ist auch unter dem Mikroskop kahl. Spaltöffnungen rundlich, von 4—6 Nebenzellen umgeben, auf beiden Seiten. Epidermiszellen der Oberseite geradlinig polygonal, der Unterseite mit wellig gebogenen Wänden, beiderseits mit feingestrichelter Cuticula. Unter der Oberseite 1—4 Lagen kurzer Palissaden.

***Bestandtheile.*** Ein glukosidischer Bitterstoff Menyanthin $C_{33}H_{50}O_{14}$, bildet eine amorphe, gelbliche Masse von terpentinartiger Konsistenz, die beim Trocknen über Schwefelsäure allmählich fest wird. Reaktion neutral. Koncentrirte Schwefelsäure färbt anfangs gelbbraun, dann violett. In kaltem Wasser schwer löslich, löslich in Alkohol, unlöslich in Aether. Mit verdünnten Säuren erhitzt, zerfällt er in Menyanthol $C_7H_{11}O_2$ und einen Zucker. Menyanthol ist eine gelbliche, aromatisch riechende Flüssigkeit, die den Charakter eines Aldehyds und Phenols besitzt.

***Einsammlung*** und ***Aufbewahrung.*** Man sammelt die Blätter zur Blüthezeit, im Mai und Juni, trocknet und bewahrt sie geschnitten auf. Die langen Stiele sind nach dem Wortlaut der Arzneibücher nicht zu entfernen. 4—5 Th. frische Blätter geben 1 Th. trockne.

***Anwendung.*** Ein magenstärkendes Bittermittel, das vom Volke auch gegen Wechselfieber — daher „Fieberklee“ — gebraucht wird. Man verwendet es zu Theemischungen, meistens aber in Form des Extraktes zu Pillen und Elixiren.

**Extractum Trifolii fibrini** (Austr. Germ.). **Extr. Menyanthis** (Helv.). **Bitterklee- oder Biberkleeextrakt.** — **Extrait de trèfle d'eau** (Gall.). Germ. IV.: 1 Th. mittelfein zerschnittenen Bitterklee lässt man mit 5 Th. siedendem Wasser übergossen zuerst 6, dann mit 3 Th. siedendem Wasser noch 3 Stunden stehen, lässt die Pressflüssigkeit absetzen[1]), dampft auf 2 Th. ein, versetzt mit 1 Th. Weingeist, stellt 2 Tage kühl, filtrirt und dampft zum dicken Extrakt ein. Schwarzbraun, in Wasser klar löslich. Ausbeute etwa 30 Proc., aus länger gelagerten Blättern bedeutend weniger. — E. Dieterich zieht zuerst mit kaltem Wasser 24 Stunden aus, verwendet zum zweiten Auszuge nur 3 Th. siedendes Wasser, kocht die vereinigten Auszüge mit Filtrirpapiermasse auf und filtrirt zunächst durch Flanell, nach dem Eindampfen auf 2,5 Th. durch Papier und dampft dann erst zum dicken Extrakt ein. Man erhält so 25 Proc. in Wasser klar lösliches Extrakt. — Helv.: Wie Extractum Cardui benedicti Helv. (Band I, S. 864). — Austr.: Wie Extractum Centaurii min. Austr. (Band I, S. 684). — Gall.: Wie Extract. Digitalis Gall. 1 (Band I S. 1041).

**Extractum Menyanthis fluidum** (Nat. form.). **Fluid Extract of Menyanthes.** Aus 1000 g gepulvertem Bitterklee (No. 20) und q. s. verdünntem Weingeist (41 proc.) im Verdrängungswege. Man fängt die ersten 875 ccm Perkolat für sich auf und stellt l. a. 1000 ccm Fluidextrakt her.

[1]) Nach Hager 36 Stunden. Das ist entschieden zu lange, denn bisweilen gelatinirt der Auszug schon nach 12 Stunden.

**Tinctura Trifolii. Tinctura Trifolii fibrini.** 1 Th. Bitterklee, 5 Th. verdünnter Weingeist (60 proc.).

**Mixtura amara s. stomachica.**

| Rp. | Extracti Trifolii | |
|---|---|---|
| | Elaeosacchar. Menthae piperit. ää | 5,0 |
| | Tincturae amarae | 20,0 |
| | Aquae destillatae | 170,0. |

**Species amarae** (Ph. paup.).

Rp. Folior. Trifolii fibrini
Folior. Menthae pip.
Herb. Centaurii min.
Herb. Millefolii
Fruct. Foeniculi ää.

**Species febrifugae** Weigersheim.

| Rp. | Folior. Trifolii fibrini | 40,0 |
|---|---|---|
| | Herb. Absinthii | 20,0 |
| | Corticis Salicis | |
| | Radic. Liquiritiae ää | 15,0 |
| | Fruct. Anisi stellati | 10,0. |

3 Esslöffel auf $^1/_2$ l. kochendes Wasser. Je Vor- und Nachmittags die Hälfte.

**Species nervinae** Tissot.

| Rp. | Folior. Trifolii fibr. | 30,0 |
|---|---|---|
| | Folior. Menthae pip. | 15,0. |

Gegen Migräne.

**Bitterkleetinktur** oder **Bitterer Geist** des Pfarrers Kneipp ist Tinct. Trifolii fibrin. ex herba recente.

**Dialysatum Fol. Menyanthis Golaz** (vergl. S. 380 Fussnote).

**Petersburger Elixir** von Dr. Rottmann ist eine Tinktur aus Bitterklee, Cardobenedikte, Tausendgüldenkraut, unreifen Pomeranzen, Anis und Zimmt.

---

# Mercurialis.

Gattung der **Euphorbiaceae — Platylobeae — Crotonoideae — Analypheae.**

**I. Mercurialis annua L.** Als Gartenunkraut über Europa und das Mittelmeergebiet verbreitet, vielfach verwildert. Einjährig, ohne Ausläufer, mit aufrechtem, ästigem Stengel und länglich-eiförmigen, kerbig-gesägten Blättern. Blüthen zweihäusig, in armblüthigen Wickeln. Weibliche Blüthen kurzgestielt. Frucht mit spitzen, ein Haar tragenden Höckern. Liefert:

**Herba Mercurialis annuae. — Bingelkraut. — Plante de mercuriale annuelle** (Gall.). — **French Mercury.**

***Bestandtheile.*** Methylamin (Mercurialin), Trimethylamin, ein bitterer purgirender Stoff. Bildet beim Trocknen Indigo, wird daher bläulich. Das getrocknete Kraut liefert bei der Destillation ein ätherisches Oel.

***Anwendung.*** Früher zu Kräutersäften gebraucht, neuerdings ist ein Infusum von 20—30 g als Catharticum empfohlen.

**II. Mercurialis perennis L.** Heimisch in Europa. Ausdauernd, mit kriechendem, Ausläufer treibendem Rhizom. Blätter lanzettlich-elliptisch, gesägt-gekerbt. Rauhhaarig. Weibliche Blüthen langgestielt. Frucht rauhhaarig. Enthält ebenfalls Methylamin und Indigo. Lieferte früher **Herba Cynocrambes** s. **Mercurialis montanae.**

---

# Methylum chloratum.

**I. Methylum chloratum. Monochlormethan. Methylchlorid. Chlormethyl.** $CH_3Cl$. **Mol. Gew. = 50,5.**

Dieses bei gewöhnlicher Temperatur und dem gewöhnlichen Drucke gasförmige Arzneimittel wird durch Erhitzen von Methylalkohol mit Salzsäure im Autoklaven dargestellt und gelangt in den Handel in drucksicheren Stahlflaschen wie die flüssige Kohlensäure, kleinere Mengen auch wie das Aethylchlorid in Glasröhren (s. Bd. I, S. 189).

***Eigenschaften.*** Chlormethyl ist ein farbloses, ätherisch riechendes Gas, welches mit grüngesäumter Flamme brennt. Leicht entzündlich, etwa wie Aetherdampf, ist es nicht. Es löst sich zu etwa 4 Vol. in Wasser, zu 35 Vol. in Alkohol oder Methylalkohol und ist auch in Aether oder Chloroform leicht löslich. (Eine Lösung in Chloroform ist das

Compound liquid von RICHARDSON.) Es kann durch Abkühlung auf —25° C. unter gewöhnlichem Druck, oder bei gewöhnlicher Temperatur durch einen Druck von 5 Atmosphären zu einer Flüssigkeit verdichtet werden, welche bei —23,7° C. ein spec. Gewicht von 0,9915 hat und bei —21° C. siedet. Bei dem Verdampfen des flüssigen Chlormethyls wird der Umgebung eine enorme Menge Wärme entzogen, mit anderen Worten Verdampfungskälte erzeugt.

***Prüfung.*** Dieselbe kann sich darauf beschränken, dass man etwas Chlormethyl in durch Eis gekühltes destillirtes Wasser einleitet und die resultirende Lösung auf ihr Verhalten gegen Lackmuspapier, Silbernitrat und Jodkalistärkelösung prüft. Sie muss gegen diese Reagentien sich indifferent verhalten.

***Aufbewahrung.*** Möge das Chlormethyl sich in Metallgefässen oder in Glasgefässen befinden, in jedem Falle ist es an einem kühlen Orte aufzubewahren. Eine besondere Gefahr ist bei kühler Aufbewahrung nicht vorhanden, da die Dampfspannung des Chlormethyls bei 20° C. nur 4,81 Atmosphären beträgt.

Verschreibt der Arzt Chlormethyl, so ist eine Bombe zu tariren und abzugeben. Nach der Benutzung wird durch nochmalige Wägung festgestellt, wie viel Chlormethyl verbraucht wurde. Nach dem noch vorhandenen Inhalt wird es sich richten, ob der Patient den ganzen ihm übergebenen Inhalt oder nur den verbrauchten Theil zu bezahlen hat.

***Anwendung.*** Das flüssige Chlormethyl wird auf Grund seiner Eigenschaft, Kälte zu erzeugen, als lokales Kälte-Anästheticum angewendet. Der zu anästhesirende Körpertheil wird in der erforderlichen Ausdehnung mit Watte und Seide bedeckt und gegen diese wird der Strahl des Chlormethyls gerichtet. (BAILLY nennt dieses Verfahren Stypage.) Das Gewebe tränkt sich mit Chlormethyl, durch dessen Verdunstung starke Kälte erzeugt wird. Die so behandelten Körperstellen werden blutleer und völlig empfindungslos. Mit Erfolg angewendet bei Intercostalneuralgien und anderen Neuralgien, Ischias, auch bei kleineren chirurgischen Eingriffen, z. B. beim Eröffnen von Panaritien u. dergl. Technisch zum „Methyliren“ von organischen Präparaten und in der Eisfabrikation.

**Chloryl.** Ein als Kälte-Anästheticum dienendes Gemisch von Methylchlorid und Aethylchlorid. Der Name ist in Frankreich und Belgien gebräuchlich und wird bisweilen auch in Coryl korrumpirt, s. Bd. I, S. 189.

**Compound liquid** von RICHARDSON (**Compound fluid** RICHARDSON). Ist eine gesättigte Auflösung von Methylchlorid in Chloroform und an Stelle des letzteren als Anästheticum verwendet.

**Kelen-Methyl.** Ist eine Mischung von Methylchlorid und Aethylchlorid, als Kälte-Anästheticum angewendet. S. Bd. I, S. 189.

## II. † Methylenum chloratum. Methylenbichlorid. Methylenchlorür. Dichlormethan. Bichlorure de méthylène. Methylene Chloride. $CH_2Cl_2$. Mol.-Gew. = 85.

Die technische Darstellung des Präparates erfolgt durch Reduktion von Chloroform in alkoholischer Lösung mittels Zink und Salzsäure, worauf das Reaktionsprodukt durch Waschen mit Chemikalien gereinigt sowie der fraktionirten Destillation unterworfen wird.

***Eigenschaften.*** Das reine Methylenchlorid ist eine farblose, chloroformartig riechende Flüssigkeit, welche bezüglich ihrer Lösungsverhältnisse das gleiche Verhalten wie das Chloroform zeigt. Das spec. Gewicht ist bei + 15° C. = 1,354, der Siedepunkt liegt zwischen 41—42° C. Es ist gerade so wie das Chloroform nicht leicht entzündlich, seine Dämpfe jedoch brennen mit grüngesäumter Flamme.

***Prüfung.*** Diese hat sich zu richten auf einen Gehalt an Chloroform, Methyl- oder Aethylalkohol, ferner Verunreinigungen und Zersetzungsprodukte. 1) Das Methylenchlorid habe das oben angegebene spec. Gewicht und den angegebenen Siedepunkt. Durch einen Gehalt an Chloroform wird das spec. Gewicht erhöht, durch einen Gehalt an Alkohol dagegen vermindert. Schüttelt man 50 ccm des Methylenchlorids zweimal mit je 50 ccm Wasser aus, hebt es wieder ab, entwässert und rektificirt es, so sollen spec. Gew. und Siedepunkt nicht wesentlich verändert sein. Durch diese Prüfung würde etwa beigemischter Alkohol entfernt werden. — 2) Methylenchlorid mit dem gleichen Volumen reiner Schwefelsäure geschüttelt, färbe die letztere nicht (wie bei Chloroform). — 3) Wird Methylenchlorid mit dem gleichen Volumen Wasser geschüttelt, so gebe das letztere mit Silbernitrat keine Trübung (chlorhaltige Zersetzungsprodukte), mit Jodzinkstärkelösung keine Bläuung (Chlor), auch reagire es gegen Lackmus nicht sauer (Salzsäure).

***Aufbewahrung.*** Vorsichtig und vor Licht geschützt. Da das Methylenchlorid in ähnlicher Weise wie das Chloroform während der Aufbewahrung eine Zersetzung erfährt, so empfiehlt sich ein Zusatz von 0,5—1,0 Proc. absoluten Alkohols, durch welchen das spec. Gewicht bis auf 1,351 sinkt.

***Anwendung.*** Das Methylenchlorid ist in den Jahren 1887—1888 als Ersatzmittel des Chloroforms zur allgemeinen Anästhesie empfohlen worden, hat sich aber nicht eingebürgert, weil es keineswegs weniger gefährlich ist als dieses.

**Methylenchlorid - Richardson**, sog. **englisches Methylenchlorid, Methylène.** Die unter diesen Namen als Anästhetica empfohlenen Präparate waren Mischungen von 1 Vol. Methylalkohol und 4 Vol. Chloroform.

**Aether - Methyleni** - Richardson. Ist ein Gemisch gleicher Theile von Methylenchlorid und Aether. Dient als Ersatz des Chloroforms zur allgemeinen Anästhesie.

**Robbin's anaesthetic ether** ist gleichbedeutend mit Methylenchlorid.

---

# Mezereum.

**I. † Daphne Mezereum L.** (Familie der **Thymelaeaceae** — **Thymelaeoideae** — **Daphneae** — **Daphninae**). In Europa und Westasien vom Kaukasus bis zum Altai. Strauch, dessen Blüthen im ersten Frühjahr vor den Blättern erscheinen. Blätter sommergrün, verkehrt länglich-lanzettlich, in einen kurzen Stiel verschmälert. Blüthenstand trugdoldig, in den Achseln der vorjährigen Laubblätter sitzend. Kelch blumenkronartig, hellpurpurn, mit 8 Staubblättern und kopfförmiger Narbe. Frucht eiförmig, scharlachroth. Liefert:

**1) † Cortex Mezerei** (Ergänzb. Helv). **Mezerei Cortex** (Brit.). **Mezereum** (U-St.). **Cortex Thymelaeae.** — **Seidelbastrinde. Kellerhalsrinde. (Alantrinde).** — **Écorce de mézéréon ou de bois gentil** (Gall.). — **Mezereon Bark.**

***Beschreibung.*** Die Rinde bildet lange, bis 3 cm breite, 1 mm dicke Streifen, die sehr zähe und biegsam sind. Der glänzend rothbraune Kork löst sich mit der Mittelrinde leicht vom Bast ab, der auf der Innenseite gelblich und atlasglänzend ist.

Der Kork besteht aus ziemlich grossen, leeren Zellen, an den sich die in den äusseren Theilen kollenchymatische Mittelrinde anschliesst, sie enthält Bündel stark verdickter primärer Fasern. Die Innenrinde (Bast) besteht aus einreihigen, sich nach aussen verbreiternden Markstrahlen und den Baststrahlen, mit Gruppen schwach verdickter Fasern und Siebröhren mit horizontalen Siebplatten. Die Fasern der sekundären Rinde werden 3,4 mm lang und 12 $\mu$ breit, sie sind an den Enden zuweilen gegabelt.

***Bestandtheile.*** Ein Glukosid Daphnin $C_{15}H_{16}O_9 . 2H_2O$. Beim Behandeln mit verdünnten Säuren oder Emulsin liefert es Daphnetin $C_9H_6O_4$ und Zucker. Als reizender Bestandtheil gilt das Anhydrid der Mezerinsäure. Asche 4 Proc.

***Einsammlung.*** Die Rinde wird von dem Stamm und den stärkeren Aesten, nach Ergänzb. und Gall. nur von D. Mezereum (vergl. unten), bei Beginn des Frühjahrs vor der Blüthe abgezogen und kommt in Streifen, die zu runden oder länglichen Bündelchen übereinander gerollt sind, in den Handel. Die breiteren Stücke werden bevorzugt.

***Aufbewahrung.*** Vorsichtig und nicht länger als zwei Jahre, denn die Schärfe verliert sich mit der Zeit. Um die Rinde zu zerkleinern, muss man sie zuvor ein wenig anfeuchten oder für kürzere Zeit in feuchte Tücher einschlagen, weil sie sehr stäubt. Sie wird dann entweder geschnitten oder im Metallmörser zerstossen, getrocknet und nun erst fein gepulvert. Die faserige Remanenz wirft man fort.

*Anwendung.* Hauptsächlich zur Bereitung des DROUOT'schen Pflasters (Bd. I, S. 597).

† **Extractum Mezerei** (Ph. Germ. I). **Seidelbastextrakt.** 1 Th. fein zerschnittene Rinde digerirt man einige Tage mit 4, dann nochmals mit 3 Th. Weingeist (87 proc.), filtrirt die Auszüge und dampft sie zu einem dünnen Extrakt ein. Ausbeute 9—10 Proc.

† **Extractum Mezerei aethereum** (Ergänzb.). **Aetherisches Seidelbastextrakt.** 2 Th. grob gepulverte Rinde zieht man zunächst mit 6, dann mit 4 Th. einer Mischung aus gleichen Th. Aether und 87 proc. Weingeist je drei Tage aus und dampft die Auszüge zu einem dünnen Extrakt ein. Ausbeute 7—8 Proc. Nach E. DIETERICH kann man auch 1 Th. des weingeistigen Extrakts mit 3 Th. Lindenkohle mischen, mit 10 Th. Aether perkoliren und diesen abdestilliren. Ausbeute 60 Proc. Vorsichtig aufzubewahren, wie voriges und folgende.

† **Extractum Mezerei fluidum** (Helv. U-St.). **Seidelbast-Fluidextrakt. Fluid Extract of Mezereum.** Helv.: Aus 100 Th. Rinde (IV) und q. s. Weingeist (94 proc.) im Verdrängungswege. Man befeuchtet mit 80 Th., fängt die ersten 90 Th. Perkolat für sich auf und stellt l. a. 100 Th. Fluidextrakt her. — U-St.: Aus 100 g Rinde (No. 30) mittels 91 proc. Weingeist unter Befeuchten mit 40 Th. 100 ccm Fluidextrakt ebenso. — Dunkel-grünbraun; schmeckt brennend scharf; mit Wasser milchig trübe.

**Unguentum Mezerei. Unguentum epispasticum** s. **rubefaciens. Ungt. ad Fonticulos. Seidelbastsalbe. Pommade de garou. Mezereum Ointment.** Helv. 4 Th. Seidelbast-Fluidextrakt löst man in 10 Th. Weingeist und erwärmt mit 86 Th. Schweinefett und 10 Th. weissem Wachs unter Umrühren, bis der Weingeist verdunstet ist. — DIETERICH: 10 Th. Seidelbastextrakt, 5 Th. Weingeist, 85 Th. Wachssalbe. — Nat. form.: Aus 25 ccm Seidelbast-Fluidextrakt, 80 g Schweinefett und 12 g gelbem Wachs wie Helv.

2) Die reifen Früchte:

† **Fructus Mezerei. Baccae s. Semen Mezerei. Grana Gnidii. Semen Coccognidii s. Chamaeleae. Piper germanicum.**

*Beschreibung.* Eine dick-eiförmige Beere, die fleischig, scharlachroth, selten gelblich ist. Enthält in einer krustigen Schale einen Samen mit dicken Kotyledonen.

*Anwendung.* Früher verwendete man die scharfschmeckenden Früchte an Stelle des Pfeffers, als dessen Verfälschung sie noch zuweilen aufgeführt werden.

**II. † Daphne Laureola L.** Heimisch in Mittel- und Südeuropa. Immergrün, bis 130 cm hoch, Blätter lanzettlich, am Grunde verschmälert. Blüthen in kurzen, blattwinkelständigen, traubigen Blüthenständen. Blüthen gelblich-grün.

Die Rinde wird wie die von I gebraucht (Helv.).

**III. † Daphne Gnidium L.** Heimisch im Mittelmeergebiet. Sommergrün, Blätter fast lederig, lineal-lanzettlich, stachelspitzig. Blüthen weiss oder röthlich. Liefert:

† **Cortex Gnidii** (Gall.). **Écorce de garou ou de sainbois.** — Helv.: gestattet die Verwendung der Rinde wie der von I und II.

**Extractum Gnidii** (Gall.). **Extrait (éthéré) de garou.** 1000 g sehr fein zerschnittene Rinde erschöpft man mittels 7000 g Weingeist (80 proc.) im Verdrängungswege, destillirt den Weingeist ab, stellt den Rückstand in einer Stöpselflasche mit 1000 g Aether (spec. Gew. 0,735) unter öfterem Schütteln 24 Stunden bei Seite und bringt die ätherische Lösung durch Abdestilliren des Aethers und Eindampfen zum weichen Extrakt. Ausbeute etwa 7 Proc.

**Decoctum Mezerei ammoniatum** SCHÖNLEIN.

Rp. Decoct. Cort. Mezerei (e 6,0) 50,0
Liquor. Ammon. caust. 1,0.

Aeusserlich.

**Lanolimentum Mezerei** DIETERICH.

Seidelbast-Lanolin.

Rp. Extracti Mezerei 10,0
Unguenti cerei 20,0
Lanolini 70,0.

**Linteum antarthriticum.**

Sparadrapum antarthriticum.
Englische Gichtleinwand.

Rp. 1. Extracti Mezerei 10,0—15,0
2. Spiritus aetherei 20,0
3. Olei Olivarum 60,0
4. Cerae flavae 120,0
5. Resinae Pini 150,0.

Man löst 1 in 2, erwärmt mit 3 und 4 bis zur Verflüchtigung von 2 und schmilzt 5 hinzu.

**Oleum Mezerei.**

Seidelbastöl.

Rp. 1. Extracti Mezerei
2. Spiritus aetherei āā 10,0
3. Olei Olivarum 100,0.

Man löst 1 in 2, erwärmt nach kräftigem Durchschütteln mit 3 im Wasserbade, bis 2 verjagt ist, lässt absetzen und giesst klar ab.

**Pisa irritantia** WISLIN.

Pois suppuratifs de GRAY.
WISLIN's Fontanellerbsen.

Rp. Fruct. Aurantii immatur.
magnitudinis pisi minor. 10,0
Tincturae Mezerei 10,0.

Man macerirt 3 Tage, giesst die Flüssigkeit ab und trocknet die Früchte.

**Pois à Cautères** von LE PERDRIEL.
Gepulverter Seidelbast, mit in Benzin erweichtem Kautschuk zu Pillen verarbeitet.

**Pomatum epispasticum cum extracto Gnidii** (Gall.).
Pommade épispastique au garou.

| | | |
|---|---|---|
| Rp. | Extracti Gnidii | 40,0 |
| | Spiritus (90 proc.) | 90,0 |
| | Adipis | 900,0 |
| | Cerae albae | 100,0. |

Wie Unguent. Mezerei zu bereiten.

**Sirupus Mezerei** CAZENAVE.

| | | |
|---|---|---|
| Rp. | Extracti Mezerei | 0,2 |
| | Spiritus | 5,0 |
| | Sirupi Sacchari | 995,0. |

Esslöffelweise. (Bei Hautkrankheiten).

**† Tinctura Mezerei.**

| | | |
|---|---|---|
| Rp. | Extracti Mezerei | 10,0 |
| | Spiritus (87 proc.) | 90,0. |

Man löst, filtrirt und bringt durch Nachwaschen mit Spiritus auf 100,0.

---

# Microscopii adjumenta.

Im Nachfolgenden sollen die wichtigsten und speciell für pharmaceutische und pharmakognostische Zwecke geeigneten Reagentien etc., die bei mikroskopischen Untersuchungen Verwendung finden, in ihrer Herstellung und Anwendung kurz besprochen werden.

## *Vorbereitende Operationen.*

**Aufweichungsmittel:** Da die zu prüfenden Drogen gewöhnlich stark zusammengetrocknet und in ihrer Form verändert sind, so müssen sie vorher aufgeweicht werden. Für die meisten Zwecke ist eine Mischung aus gleichen Theilen Glycerin, Alkohol und Wasser, in die man die Stücke, je nach Grösse und Härte, ein oder mehrere Tage einlegt, sehr geeignet. Für manche Zwecke verdient Wasser den Vorzug.

Bei jeder Behandlung der Präparate mit Flüssigkeiten hat man zu berücksichtigen, dass dadurch Inhaltsbestandtheile gelöst werden können, die dann nicht mehr oder nicht mehr am ursprünglichen Ort gefunden werden.

**Einbettungsmittel:** Um sehr bröcklige Objekte (manche Rinden) zum Schneiden geeignet zu machen, legt man sie trocken in die Band I. S. 1242 angeführte Gelatine-Gummilösung, worin man sie, um die Luft auszutreiben, erwärmt, oder man bringt auf die Querschnittfläche eines passend zugeschnittenen Stückes (Wurzel, Stengel, Rinde) einige Tropfen derselben Lösung, was man, nachdem sie eingezogen ist, öfter wiederholt. — Die Objekte werden dann getrocknet und geschnitten. Objekte von lückigem Gefüge (manche Früchte, Gallen) bettet man zum Schneiden in Paraffin ein.

**Beobachtungsflüssigkeiten:** Bei der Wahl derselben hat man stets zu berücksichtigen, dass sie nicht lösend wirken dürfen auf Substanzen, an deren Nachweis besonders gelegen ist (Wasser auf Schleim oder Zucker). Am meisten eignet sich Wasser, dann verdünntes Glycerin (1 Glyc. : 3 Wasser), für Schleimnachweis z. B. koncentr. Glycerin und starker Alkohol, dem man dann unter dem Mikroskop allmählich Wasser zusetzt, um die Schleime nach und nach zum Quellen zu bringen.

Um die oft sehr störenden **Luftblasen** aus den Objekten zu entfernen, legt man letztere einige Minuten in frisch ausgekochtes Wasser oder in Alkohol und bewegt sie mit der Nadel hin und her. Gelingt es so nicht, die Luftblasen zu entfernen, so muss man das Präparat in einem Schälchen Wasser unter die Luftpumpe bringen.

**Aufhellungsmittel:** Trotz des Aufweichens und der lösenden Wirkung der Beobachtungsflüssigkeit bleiben manche Objekte so dunkel oder so sehr mit störenden Bestandtheilen erfüllt, dass man sie aufhellen muss: für die meisten Zwecke ist starke Chloralhydratlösung (Chloralh. 3 : Wasser 2) geeignet, in die man die Objekte, je nach ihrer Beschaffenheit, einige Stunden bis Wochen einlegt, indem man sie von Zeit zu Zeit auf ihre Entfärbung und Durchsichtigkeit kontrollirt. Die Lösung entfernt fast alle Farbstoffe, Stärke, Aleuron etc.; es ist aber daran zu erinnern, dass sie, wenn sie älter und stark sauer ist, auch Calciumoxalat lösen kann, man macht sie in diesem Fall fast neutral. Für dieselben Zwecke wird eine gleich koncentrirte Lösung von Natriumsalicylat empfohlen. Diese

Lösungen wirken stark lösend, stellen aber die ursprüngliche Form der zusammengefallenen Zellen nicht wieder her; dazu verwendet man Natronlauge, da diese aber auf Zellwände stark quellend wirkt, ist für die meisten Zwecke alkoholische Natronlauge vorzuziehen. Zur Entfernung von Fett (z. B. in Samen) unter möglichster Schonung aller übrigen Bestandtheile, zieht man die Schnitte mit Aether, Benzol etc. aus. Das gilt auch für die Untersuchung von Pulvern. Zur raschen Entfernung störender Stärke in einem Schnitt legt man denselben in einen Tropfen koncentrirte Salzsäure, die aber natürlich auch anderweitig stark lösend wirkt (z. B. Kalksalze). (Vergl. auch unten.)

### *Untersuchung der Zellwände.*

1. Bestehen dieselben nur aus *Cellulose*, so werden sie mit Jod und Schwefelsäure schön blau. Man legt den Schnitt einige Minuten in Jodlösung (Band I, S. 1237), saugt dann die Flüssigkeit mit Filtrirpapier möglichst vollständig ab und lässt, nachdem das Deckgläschen aufgelegt und das Präparat unter das Mikroskop gelegt ist, vom Rande einen Tropfen koncentrirte Schwefelsäure zufliessen. Cellulose wird schön blau, löst sich aber meist schnell. Nicht stark lösend wirkt die nach v. Höhnel verdünnte Schwefelsäure (Band I, S. 1237 Fussnote). Um mit einer Flüssigkeit auszukommen, legt man auch die Schnitte in Chlorzinkjod (25 Chlorzink und 8 Jodkalium werden in 8,5 Wasser gelöst und Jod bis zur Sättigung zugegeben), die Färbung ist nicht rein blau, sondern violett und tritt oft langsam ein.

Cellulosemembranen werden von Kupferoxydammoniak (Band I, S. 1238) gelöst,

2. Verholzte Zellwände werden von den genannten Jodreagentien gelb bis braun gefärbt. Phloroglucin und koncentrirte Salzsäure färbt sie schön roth. (Man verwendet eine Lösung von Phloroglucin in der Säure, die aber bald verdirbt, oder giebt einige Kryställchen Phl. auf das Präparat und einen Tropfen der Säure.) — Kupferoxydammoniak löst nicht.

3. Verkorkte Membranen und die Cuticula. Mit Jodreagentien und Kupferoxydammoniak wie 2. Chlorophyll in möglichst koncentrirter alkoholischer Lösung färbt grün, man lässt $^{1}/_{4}$ Stunde oder länger im Dunkeln einwirken.

Am besten ist koncentrirte Chromsäurelösung, die Cellulose zuerst, dann verholzte Membranen und verkorkte gar nicht oder erst nach längerer Zeit löst.

### *Untersuchung der Inhaltsbestandtheile.*

1. Protoplasma. Die zahlreichen Methoden zum Studium desselben sind meist für den Pharmakognosten wenig werthvoll, da er es immer mit dem todten und durch Eintrocknen stark veränderten Protoplasten zu thun hat. Er wird durch Jodreagentien gelb bis braun gefärbt und nimmt auch sonst reichlich Farbstoffe auf. Dasselbe gilt auch für den Zellkern, der Farbstoffe noch reichlicher speichert wie das Plasma, so Jod, Borax-Carmin (4 Borax und 2—3 Carmin werden in 93 Wasser gelöst, dann 100 70 proc. Alkohol zugegeben und filtrirt), Delafield's Hämatoxylin (4 Hämatoxylin werden in 26 Alkohol gelöst, 400 einer koncentrirten Lösung von Ammonalaun zugegeben, 3—4 Tage am Lichte stehen gelassen, dann filtrirt, 100 Glycerin und 100 Methylalkohol zugegeben und wieder einige Tage stehen gelassen und filtrirt).

2. Pflanzenschleim, in Wasser löslich oder doch stark darin aufquellend (vergl. Beobachtungsflüssigkeiten), der so behandelte Schleim zeigt häufig Schichtung. Mit Jodreagentien farblos oder gelblich oder violett, im ersteren Fall echter Schleim, im letzteren Celluloseschleim.

3. Stärke wird mit Jodreagentien blau oder violett, in seltenen Fällen mehr röthlich (Amylodextrin); man verwendet am besten Jodwasser, da viel Jod enthaltende Lösungen leicht so stark färben, dass die dann schwarzen Körnchen mit anderen dunkelgefärbten Inhaltsbestandtheilen verwechselt werden können. (Vergl. Band I, S. 293.)

4. Inulin, z. B. in Compositen und Violaceen, bildet in trocknen Drogen strukturlose Klumpen. Legt man frische Pflanzentheile (Dahliaknollen) in Alkohol, so erhält man es in

Form schöner Sphärokrystalle. Es ist in Wasser löslich. Wenn man einen Schnitt, der Inulin enthält, mit 10proc. alkoholischer $\alpha$-Naphthol-Lösung betupft, dann einen Tropfen koncentrirter Schwefelsäure zugiebt und nach Bedecken mit dem Deckglase gelinde erwärmt, so entsteht Violettfärbung (Zuckerreaktion).

5. Zucker: Man verwendet die soeben genannte Reaktion, die Rohrzucker, Milchzucker, Glukose, Lävulose und Maltose anzeigt, aber auch aus Glukosiden abgespaltenen Zucker, sowie manche Proteinstoffe, Kreatin und Vanillin.

Zum Nachweis von Glukose (aber auch Lävulose und Laktose) bringt man nicht zu dünne Schnitte zuerst in koncentrirte Lösung von Kupfersulfat, spült dann mit Wasser ab und bringt in eine siedende Lösung von 10 Seignettesalz und 10 Aetzkali in 10 Wasser. In den zuckerhaltigen Zellen scheidet sich Kupferoxydul aus.

Rohrzucker reducirt die Kupferlösung selbst bei gelindem Kochen nicht, erst bei längerem Kochen tritt infolge der Bildung von Invertzucker Reduktion ein. — Zum direkten Nachweis von Rohrzucker bringt man die Schnitte kurze Zeit in koncentrirte Lösung von Kupfersulfat, schwenkt in Wasser ab und überträgt in eine zum Sieden erhitzte Lösung von gleichen Theilen Aetzkali und Wasser. Innerhalb der zuckerhaltigen Zellen tritt eine himmelblaue Färbung ein. (Junge Zellmembranen werden häufig ebenfalls blau.)

6. Aleuronkörner: Es ist in den meisten Fällen nothwendig, das Fett aus den Samen durch Extraktion der Schnitte mit Aether oder Benzol zu entfernen. — Da die Körner vielfach theilweise in Wasser löslich sind, beobachtet man sie zunächst in Glycerin, Alkohol oder fettem Oel (in welchem die Globoide dann wie Vakuolen im Korn erscheinen). — Um sie gegen Lösungsmittel (Wasser) zu fixiren, legt man die Schnitte einige Zeit in alkoholische Sublimat- oder Pikrinsäurelösung.

Für die Sichtbarmachung der einzelnen Theile der Körner (Membran, Grundmasse, Globoide aus dem Calcium- und Magnesiumsalz einer gepaarten Phosphorsäure mit organischem Paarling, Krystalloide, Krystalle von Calciumoxalat) ist Folgendes zu beachten: Die Grundmasse löst sich in Wasser oder 10proc. Kochsalzlösung oder 10proc. Natriumkarbonatlösung, stets in verdünnter Kalilauge, verdünnter Ammoniakflüssigkeit und phosphorsaurem Natron (besonders zu empfehlen). Die Hüllmembran bleibt für längere Zeit ungelöst, sie sichtbar zu machen, ist Behandeln mit Kalkwasser empfohlen. Die Krystalloide sind in Wasser unlöslich, ebenso in phosphorsaurem Natron, löslich in verdünnter Kalilauge. Sie färben sich, wie das ganze Korn, mit Jod gelb bis braun, mit Eosin roth (nach Fixirung mit Sublimat [vergl. oben], mit Osmiumsäure (1 : 100) gewöhnlich schön braun. Die Globoide treten bei der Beobachtung in Oel als Vakuolen hervor, sie sind unlöslich in verdünnter Kalilauge, löslich in 1proc. Essigsäure, koncentrirter Lösung von Natriumphosphat, in Pikrinsäure (damit gehärtete Schnitte [vergl. oben] lassen also an Stelle der Globoide Löcher erkennen). Wenn man Schnitte, die entfettet, dann mit 1proc. Kalilauge und Wasser behandelt sind, glüht, hinterlassen die Globoide schöne weisse Aschenskelette. Die Oxalatkrystalle sind in den bisher angewendeten Flüssigkeiten unlöslich, ferner in koncentrirter Essigsäure, löslich in Salzsäure ohne Gasentwicklung.

7. Gerbstoffe: Eisensalze (Ferrichlorid in wässriger, besser in ätherischer Lösung, Eisenacetat), geben eine blau- oder grünschwarze Färbung. Osmiumsäure (1 : 100) färbt braun bis schwarz. Lebende gerbstoffhaltige Zellen speichern Methylenblau (1 : 500000). Kaliumbichromat erzeugt in den Zellen, die Gerbstoff führen, eine hellbraune bis schwarzbraune Fällung die in Wasser unlöslich ist. Man legt die zu untersuchenden Schnitte 1 bis mehrere Tage in die koncentrirte Lösung von Kaliumbichromat, wäscht dann aus und schneidet.

8. Fette Oele: Unlöslich in kaltem und heissem Wasser, fast immer unlöslich in Alkohol, löslich in Aether, Chloroform, Petroläther, Schwefelkohlenstoff. Osmiumsäure (1 : 100) färbt braun bis schwarz. Alkannin färbt roth. (Man versetzt eine Lösung von Alkannin in absolutem Alkohol mit dem gleichen Volum Wasser und filtrirt. Aetherische Oele und Harze werden auch roth, sind aber in Alkohol löslich.)

9. Aetherische Oele: Unlöslich in Wasser, löslich in Alkohol, Aether, Chloroform u. s. w., Osmiumsäure und Alkannin färben wie bei den fetten Oelen.

10. Harze: Unlöslich in Wasser, löslich in Alkohol. Mit Alkannin roth. Mit Kupferacetat grün. (Man legt Stücke des Untersuchungsmaterials mindestens 6 Tage in eine koncentrirte wässrige Lösung von Kupferacetat, wäscht dann aus und schneidet.)

11. Wachs: In kaltem Wasser unlöslich, in heissem Wasser zu Tropfen zusammenfliessend, unlöslich oder schwer löslich in kaltem Alkohol, in heissem Alkohol löslich, in Aether theilweise löslich. Beim Erhitzen in Alkanninlösung (vergl. fette Oele) zu rothen Tropfen zusammenfliessend.

12. Kalksalze: a) Calciumoxalat. Unlöslich in Wasser, Alkohol etc., ferner in Essigsäure, löslich ohne Gasentwicklung in Salzsäure. Giebt mit koncentrirter Schwefelsäure Krystallnadeln von Gips.

b) Calciumkarbonat. Unlöslich in Wasser, Alkohol etc., löslich in Essigsäure und Salzsäure unter Gasentwicklung. Mit koncentrirter Schwefelsäure Gips wie a).

c) Calciumsulfat. In koncentrirter Schwefelsäure in der Kälte unverändert, Baryumchlorid verwandelt in Baryumsulfat, in Salz- und Salpetersäure unlöslich. — Ferner unlöslich in Essigsäure, löslich in kalter Kalilauge.

d) Calciumtartrat. In Wasser sehr wenig löslich, leicht löslich in 10proc. Kalilauge und 2proc. Essigsäure, in starker Essigsäure (50 proc. und darüber) unlöslich.

e) Calciumphosphat. In kaltem Wasser, Ammoniak, Essigsäure sehr langsam löslich, leicht löslich in Salpeter- und Salzsäure ohne Gasentwicklung. Mit Schwefelsäure Gipsnadeln (vergl. a). Mit Magnesiumsulfat und Salmiak Krystalle von Ammonium-Magnesiumphosphat (25 Vol. koncentrirter wässriger Magnesiumsulfatlösung, 2 Vol. koncentrirter wässriger Salmiaklösung, 15 Vol. Wasser. In dieser Lösung entstehen nach einiger Zeit die Krystalle).

13. Nitrate: Man bringt den Schnitt in einige Tropfen einer Lösung von 1 Diphenylamin in 100 koncentrirter Schwefelsäure. Es tritt eine tiefblaue Farbe auf, die nach einiger Zeit in braungelb überzugehen pflegt.

14. Alkaloide kann man nachweisen durch Anwendung von Fällungsreagentien, wie Jod-Jodkalium, Kaliumquecksilberjodid, Rhodankalium, Goldchlorid, die aber meist unsichere Resultate geben, da auch andere Stoffe in der Zelle Fällungen geben können oder die Niederschläge, besonders die ungefährbten, schwer zu sehen sind. In solchen Fällen kann man zuweilen das überschüssige Reagens auswaschen und den an das Alkaloid gebundenen Theil sichtbar machen: mit Kaliumquecksilberjodid behandelte und ausgewaschene Schnitte werden in frisch bereitetes Schwefelwasserstoffwasser gelegt, es entsteht in den betr. Zellen ein dunkler Niederschlag von Schwefelquecksilber. Mit Rhodankalium behandelte Schnitte werden ausgewaschen, und dann lässt man während der Beobachtung sehr verdünnte Eisenchloridlösung zufliessen; die Alkaloid führenden Zellen werden blutroth. Mit Goldchlorid behandelte Schnitte werden ausgewaschen und in Schwefelwasserstoffwasser oder eine frisch bereitete Eisensulfatlösung gelegt; im ersteren Fall entsteht Schwefelgold, im letzteren metallisches Gold, beide leicht zu sehen.

Ferner kann man Alkaloide sichtbar machen, von denen ein schwer lösliches oder unlösliches Salz bekannt ist, in dem man den Schnitt in die betreffenden Säuren einlegt, worauf das Alkaloidsalz herauskrystallisirt.

Da trotzdem die Resultate unsicher sein können, empfiehlt es sich, immer zur Kontrolle nebenher Schnitte zu untersuchen, denen das Alkaloid durch Wasser oder Alkohol entzogen ist.

Viele der bekannten Farbreaktionen sind ebenfalls mikrochemisch verwendbar, so z. B. Cersulfat-Schwefelsäure für Strychnin, Salpetersäure für Brucin, koncentrirte Schwefelsäure oder Salzsäure für Colchicin.

### *Prüfung von Pulvern.*

Für dieselbe ist es oft von Werth, aus der Unzahl der Objekte einzelne werthvolle herauszuheben durch Färbung, um sie leicht erkennen zu können, so Stärke durch Jodwasser, verholzte Elemente mit Phloroglucin und Salzsäure. Ferner ist es oft von Werth, die in sehr grosser Menge vorhandene Stärke zu entfernen, das geschieht nach dem Band I, S. 299 mitgetheilten Verfahren. Für die Untersuchung ist es nothwendig, nur soviel Pulver auf den Objektträger in einen Tropfen Beobachtungsflüssigkeit zu bringen, dass sich bei der Beobachtung die einzelnen Partikelchen nicht decken. Ferner sollen gröbere Stücke, die aus der auf dem Objektträger befindlichen Flüssigkeit herausragen, entfernt werden, da sie ein gleichmässiges Aufliegen des Deckgläschens verhindern. Pulver von ungleichmässigem Korn muss man durch Siebe mit verschiedener Maschenweite trennen und von gröberen Stücken Querschnitte anfertigen oder sie im Mörser zerreiben.

### *Isolirung der einzelnen Gewebselemente.*

Das geschieht mit dem SCHULZE'schen Gemisch, indem man Stücke des Untersuchungsmaterials in ein Reagensglas steckt, mit koncentrirter Salpetersäure bedeckt, eine Messerspitze Kaliumchlorat zugiebt und bis zum Aufkochen erwärmt. Dann stellt man bei Seite, bis die Gasentwicklung aufgehört hat, wäscht wiederholt mit Wasser ab und kann dann die einzelnen Zellen mit Nadeln oder durch sehr vorsichtiges Reiben mit dem Deckgläschen isoliren.

### *Einschliessen der Präparate.*

Um die fertigen Präparate für die Sammlung einzuschliessen, kann man sich in den allermeisten Fällen der Glycerin-Gelatine bedienen. (1 farblose Gelatine werden in 6 Wasser aufgeweicht, 7 Glycerin zugegeben und auf 100 der Mischung 1 Phenol. Dann erwärmt man unter beständigem Umrühren, bis die Flüssigkeit klar geworden ist, und filtrirt durch Glaswolle am besten im Heisswassertrichter. Die fertige Flüssigkeit lässt man in kleinen (5 gr) Fläschchen mit weiter Oeffnung erstarren.) Zur Verwendung macht man die Masse durch Einstellen in warmes Wasser flüssig, bringt mit dem Glasstäbchen einen Tropfen auf den sauberen, erwärmten Objektträger, bringt das Präparat mit Nadel oder Schnittfänger hinein, fasst das saubere und auf der Unterseite angehauchte Deckgläschen mit der Pincette, setzt es neben den Tropfen auf den Objektträger und legt es dann langsam über den Tropfen. Die Grösse des Tropfens der Gelatine muss genau bemessen werden, für dünne kleine Objekte ein kleiner Tropfen, da bei einem zu grossen Tropfen das Objekt leicht mit der überschüssigen Gelatine unter dem Deckgläschen hervortritt, für dickere Objekte ein grosser Tropfen; ist dabei der Raum zwischen Deckgläschen und Objektträger nicht ganz ausgefüllt, so erwärmt man das Präparat vorsichtig (ohne dass Blasen entstehen) und lässt vom Rande des Deckgläschens einen Tropfen flüssiger Gelatine zutreten.

---

# Millefolium.

**I. Achillea Millefolium L.** (Familie der **Compositae — Anthemideae — Anthemidinae**). Heimisch von Nord- und Mitteleuropa bis zum Himalaya und Sibirien, ferner in Nordamerika, nach Australien und Neuseeland verschleppt. Mit kriechendem Rhizom und unterirdischen Ausläufern. Die steifen Blätter sind im Umfange schmal lanzettförmig, bis dreifach fiederspaltig mit zahlreichen krausen, in 3—7 stachelspitzige Läppchen zerschlitzten Fiedern. Der mittlere Lappen der endständigen, dreispaltigen Abschnitte ist oval und zugespitzt, die übrigen schmaler. Die Grundblätter sind am grössten, in dem Blattstiel verschmälert, die stengelständigen kleiner und sitzend (Fig. 36). Behaart. Blüthenstände doldig-rispig. Blüthenköpfchen 5 mm gross, becherförmig, mit meist 5 weissen oder rosenrothen Randblüthen mit stumpfer Zunge und zahlreichen gelbweissen Scheibenblüthen (Fig. 37). Blüthen in der Achsel von Deckschuppen. Liefert:

Fig. 36. Blatt von Achillea Millefolium L.

1) **Flores Millefolii** (Ergänzb.). **Flores Achilleae — Schafgarbenblüthen. Garbenblüthe. — Sommité fleurie de millefeuille** (Gall.). — **Milfoil or Yarrow Flowers.**

***Einsammlung.*** Man sammelt die Blüthenstände im Juni und Juli, befreit sie von dickeren Stengeltheilen, trocknet im Schatten und bewahrt sie geschnitten in Blechgefässen auf. 3 bis 4 Th. frische geben 1 Th. trockene.

2) **Folia Millefolii** (Ergänzb.). **Herba Millefolii** (Austr.). **Summitates Millefolii. Herba Achilleae. — Schafgarbenblätter. Schafgarbenkraut. — Milfoil. Yarrow.**

***Einsammlung.*** Es werden entweder nur die Blätter (Ergänzb.) oder das ganze blühende Kraut (Austr.) von sonnigen Standorten gesammelt und wie die Blüthen behandelt. 7—8 Th. frische geben 1 Th. trockene.

***Anwendung.*** Kraut und Blätter werden bei Hämorrhoidalleiden, Blutungen, Störungen des Monatsflusses, Leberleiden etc. im Aufguss (15—20 : 200) gebraucht, der Saft des frischen Krautes zu Frühlingskuren. Neuerdings als Herzmittel, gegen Nierenkoliken und bei chronischem Magenkatarrh empfohlen.

***Bestandtheile.*** Aetherisches Oel (vergl. unten), Gerbstoff, Aconitsäure, ein stickstoffhaltiger Bitterstoff: Achilleïn $C_{20}H_{38}N_2O_{15}$, leicht löslich in Wasser, schwierig löslich in Alkohol, unlöslich in Aether. Aschengehalt des trocknen Krautes 13,4 Proc.

**Sirupus Millefolii.**

Rp. Extracti Millefolii 5,0
Sirupi Sacchari 95,0.

**Extractum Millefolii** (Ergänzb.). **Schafgarbenextrakt.** 2 Th. mittelfein zerschnittene Schafgarbe werden mit 10 Th. einer Mischung aus 2 Th. Weingeist und 3 Th. Wasser 4 Tage, dann mit 5 Th. der Mischung 24 Stunden ausgezogen, die Pressflüssigkeiten zu einem dicken Extrakt eingedampft. Harzige Ausscheidungen beim Eindampfen löst man durch kleine Mengen Weingeist.

Dieterich lässt zum ersten Auszug 8, zum zweiten 6 Th. der Mischung verwenden und empfiehlt als vortheilhaft das Verdrängungsverfahren. Ausbeute etwa 23 Proc.

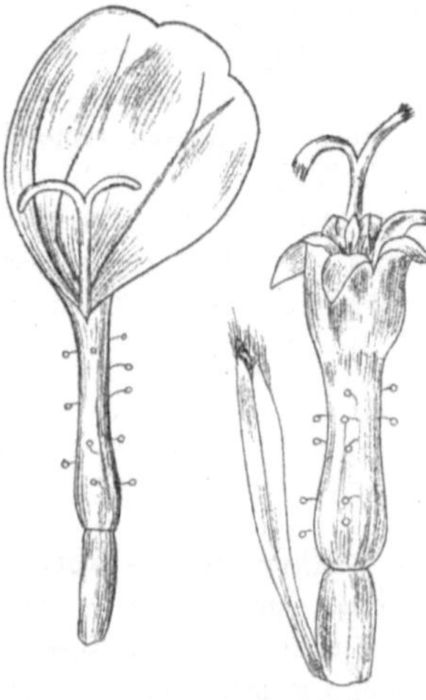

Fig. 37. Rand- und Scheibenblüthe von Achillea Millefolium L.

**Oleum Achilleae Millefolii. Schafgarbenöl.** Bei der Destillation der frischen Schafgarbenblüthen erhält man 0,07—0,13 Proc. ätherisches Oel von dunkelblauer Farbe und kräftigem, aromatischem Geruche. Spec. Gew. 0,905—0,925. Der einzige bekannte Bestandtheil des Oeles ist das bei 176° C. siedende Cineol, $C_{10}H_{18}O$.

**II. Achillea moschata Wulfen.** Auf den Alpen. Blätter kammförmig-fiederschnittig, Abschnitte mehrmals länger als die Breite der Spindel, lineal-lanzettlich. Liefert:

**Herba Ivae. Herba Genippi veri. Iva. Genippkräuter.** Im Ober-Engadin bereitet man aus dem Kraute den Iva-Likör. Betr. Genipp vergl. auch Band I, S. 411.

**Oleum Ivae moschatae. Ivaöl.** Das getrocknete Kraut von *Achillea moschata* Wulfen giebt bei der Destillation etwa $^1/_2$ Proc. eines grünblauen oder dunkelblauen Oeles, von dem aromatischen Geruch und Geschmack des Krautes. Spec. Gew. 0,932—0,934.

Es enthält etwas Cineol, $C_{10}H_{18}O$; im übrigen ist seine Zusammensetzung unbekannt. Das Oel wird zur Bereitung des Iva-Likörs verwendet.

**Iva-Likör** (BUCHHEISTER).

| Rp. | | | | |
|---|---|---|---|---|
| Rp. | Olei Ivae moschatae | 4,0 | Sacchari | 2500,0 |
| | Essentiae Absinthii [1]) | 30,0 | Spiritus | 4 l |
| | Tinctur. Angelicae rad. | 20,0 | Aquae destillat. q. s. ad | 10 l. |

**III. Achillea nobilis L.** liefert **Herba Millefolii nobilis** von besonders starkem und angenehmem Geruch.

**IV. Achillea Ptarmica L.** liefert im Rhizom **Radix Ptarmicae.** Die Blüthenköpfchen werden als Verwechslung der römischen Chamillen genannt.

**Aqua pontificalis, Aq. vulneraria Romana, DIPPEL's vegetabilischer Wunderbalsam** ist ein Kräuterauszug, den man nach HAGER durch folgende Mischung ersetzt: Acid. tannic. 2,0, Acid. salicyl. 1,0, Acet. pyrolignos. rect. 20,0, Aq. aromat. vinos. 77,0.

**Choleramedicin** von SCHNEIDER in Chrostowo ist der mit Weingeist versetzte frische Saft von Schafgarbe und Löwenzahn.

**Dekokt der Franziskaner zu St. Mount** ist eine mit Weingeist vermischte Abkochung von Schafgarbe, Kalmus, Enzian, Angelica etc.

**Pflanzenheilpulver,** der Frau FRANKE, gegen Schwindsucht, besteht aus Schafgarbe und Leguminosenmehl.

---

# Moringa.

Einzige Gattung der **Moringaceae.**

**I. Moringa arabica Pers.** (syn. M. aptera Gärtn.) Heimisch im arabisch-afrikanischen Wüstengebiet, aber der Samen wegen vielfach kultivirt. Grosser Baum mit unpaarig 2—3fach gefiederten Blättern; die ansehnlichen, weissen oder rothen Blüthen in Rispen. Frucht eine lange, einfächerige Kapsel, die die Samen in einer Reihe trägt, durch schwammartige Wucherungen von einander getrennt, ungeflügelt, ohne Endosperm, mit dicken Kotyledonen. Liefert in den Samen Behenöl (s. unten) wie die folgende.

**II. Moringa oleïfera Lam.** (syn.: M. pterygosperma Gärtn.) Heimisch in Ostindien, ebenfalls durch die Kultur weit verbreitet. Samen geflügelt. Die unreifen Früchte und Samen, sowie die Blätter, Blüthen und die scharf rettigartig schmeckende Wurzel werden als Gemüse gegessen. Die letztere verwendet man wie Meerrettig, medicinisch als Stimulans und Diureticum. Frisch röthet sie die Haut; man verwendet sie zerrieben ähnlich wie Senfteig. Die Samen enthalten ebenfalls einen scharfen Stoff, der seinen Sitz in den Samenschalen haben soll; man verwendet sie als Stimulans, Emeticum und Purgans. Der scharfe Stoff der Pflanze ist nicht bekannt; er ist kein schwefelhaltiges ätherisches Oel wie bei den Cruciferen. Aus dem Stamm gewinnt man ein Gummi, in dem wie beim Traganth die Reste der verschleimten Zellen deutlich sind, es löst sich wie dieses nicht in Wasser, sondern quillt nur damit auf. Die Rinde enthält Harz und zwei Alkaloide.

Die Samen beider Arten enthalten 36 Proc. eines fetten Oeles **(Behenöl),** das klar, fast farblos und von süssem Geschmack ist. Spec. Gew. 0,912. Bei 0° wird es völlig fest, aber schon von +7° ab scheidet es sich in einen festen und einen flüssigen Antheil, von denen der letztere sehr haltbar ist und schwer ranzig wird; man verwendet ihn daher besonders zum Schmieren von Uhren. Das Oel enthält Olein, Palmitin und Stearin, sowie den Glycerinester einer charakteristischen, bei 76° schmelzenden Säure, der Behensäure $C_{22}H_{44}O_2$.

***Anwendung.*** Seiner Haltbarkeit wegen als Oel zum Einschmieren der Uhren.

---

[1]) 500,0 g Wermutkraut wird mit q. s. 50proc. Weingeist ausgezogen, so dass man 1 Liter Essenz erhält.

**Spiritus Moringae compositus.**
(Mat. med. of Madras.)

| | | | | |
|---|---|---|---|---|
| Rp. | Rad. Moringae | 600,0 | Spiritus | 1440,0 |
| | Cort. Aurant. fruct. | 300,0 | Aquae | 540,0 |
| | Sem. Myristicae | 9,0 | destilla 1440. Dosis: 3—12 g. | |

---

# Morphinum.

**† Morphinum. Morphinum purum. Morphine** (Gall.). **Morphium. Freies Morphin. Morphina** (U-St.). **$C_{17}H_{19}NO_3 + H_2O$. Mol. Gew. = 303.**

Morphin ist der wichtigste Bestandtheil des Opiums und wird aus letzterem gewonnen. Die Darstellung geschieht zur Zeit ausschliesslich in chemischen Fabriken. Nur als Uebungspräparat wird es gelegentlich noch im pharmaceutischen Laboratorium dargestellt, auch pflegt man des wissenschaftlichen Interesses wegen die bei der Herstellung der Opiumtinkturen sich ergebenden Rückstände auf Morphin zu verarbeiten. Man wendet alsdann zweckmässig das von Merck angegebene Verfahren an:

***Darstellung.*** Nach dem von Merck angegebenen Verfahren wird das Opium mit Wasser erschöpft, der wässerige Auszug zur dünnen Sirupkonsistenz eingedampft und mit kohlensaurem Natrium versetzt, wodurch sämmtliche Alkaloïde gefällt werden. Den nach 24 Stunden abgeschiedenen Niederschlag wäscht man mit Wasser aus und behandelt ihn dann mit kaltem Weingeist, welcher, neben harzigen Bestandtheilen und geringen Mengen Morphin, sämmtliche, letzteres begleitenden Alkaloïde aufnimmt. Das abgepresste und getrocknete Rohmorphin wird mit verdünnter Essigsäure bis zur schwachsauren Reaktion gelöst, wobei etwa noch vorhandenes Narkotin, welches kein Acetat bildet, ungelöst zurückbleibt, die essigsaure Lösung über Thierkohle filtrirt und mit Ammoniak gefällt. Das ausgeschiedene Alkaloïd sammelt man auf Beuteln, wäscht es mit kaltem Wasser aus und trocknet es. Für die Darstellung der Salze ist dieses präcipitirte, fein krystallinische Morphin meist genügend rein.

Will man es völlig rein haben, so muss es mehrmals aus siedendem Alkohol unter Zusatz von etwas Thierkohle umkrystallisirt werden.

***Eigenschaften.*** Die freie Morphinbase krystallisirt in farblosen, glänzenden, rhombischen Prismen, welche ein Molekül Krystallwasser enthalten, also der Formel $C_{17}H_{19}NO_3 + H_2O$ entsprechen. Dieses 1 Mol. Krystallwasser geht unter 100° C. nur langsam, dagegen rascher bei 110° C. weg. Wird das wasserfreie Morphin über diese Temperatur hinaus langsam (!) erhitzt, so schmilzt es bei 230° C. Darüber hinaus erhitzt oder beim raschen Erhitzen wird es zersetzt. In kaltem Wasser ist es schwer (1 : 5000), in siedendem Wasser etwa 1 : 500 löslich. Es löst sich ferner in etwa 100 Th. kaltem oder 13 Th. siedendem absolutem Alkohol, erheblich schwieriger in Alkohol von 90 Proc. Es löst sich ferner in etwa 1300 Th. Aether, ca. 1700 Th. Essigäther, auch in Chloroform und in heissem Amylalkohol. Dazu ist zu bemerken, dass das Morphin in allen diesen Lösungsmitteln leichter löslich ist, wenn es noch im amorphen, als wenn es im krystallisirten Zustande zugegen ist, s. w. unten. — Weiterhin wird das Morphin ziemlich leicht gelöst von Kali- und Natronlauge, Kalk- und Barytwasser unter Bildung der betreffenden Salze, doch nimmt es in diesen Lösungen Sauerstoff aus der Luft auf unter Bräunung und vorübergehender Bildung von Pseudomorphin (=Oxydimorphin) $C_{34}H_{36}N_2O_6 + 3H_2O$, weshalb Morphinlösungen, welche in Alkali abgebenden Gläsern aufbewahrt werden, gelegentlich gelb werden und Pseudomorphin enthalten. Morphin ist eine starke Base; seine wässerige Lösung reagirt alkalisch. Mit Säuren bildet es Salze. Setzt man aus den wässerigen Lösungen derselben das Morphin durch Ammoniak in Freiheit, so fällt es zunächst amorph aus und geht allmählich in den krystallinischen bez. krystallisirten Zustand über (s. oben). Durch Oxydationsmittel, z. B. Kaliumpermanganat oder Kaliumferricyanid, wird es in Pseudomorphin, durch wasserentziehende Mittel, z. B. Zinkchlorid, in Apomorphin übergeführt. Die wässerigen Lösungen des Morphins und seiner Salze lenken die Ebene des polarisirten Lichtes nach links ab.

***Prüfung.*** Verunreinigungen des Morphins sind: Narkotin, Kalkerde, Magnesia, Ammonsalze; Verfälschungen: fremde Alkaloïde, Salicin, Zucker verschiedener Art, Ammonsalze.

**1)** Man verbrennt circa 0,05 g auf Platinblech. Es darf keine Asche hinterbleiben (Kalkerde, Magnesia). — **2)** In einem Reagircylinder übergiesst man 0,1 g mit 1,5—2,0 g Aetzkalilauge. a) Es erfolgt eine klare farblose oder fast farblose Lösung, welche wenigstens nicht mehr gefärbt erscheint, als es die Aetzkalilauge von Hause aus ist. (Eine braune Färbung deutet auf Stärkezucker, nicht völlige Löslichkeit auf fremde Alkaloïde, besonders Narkotin.) b) Es findet keine Ammongasentwickelung statt (Abwesenheit von Ammonsalzen). — **3)** In einem Reagircylinder übergiesst man 0,1 g des Morphins mit circa 3 ccm koncentrirter Schwefelsäure. Unter gelindem Bewegen erfolgt eine farblose Lösung, erst nach längerem Stehen nimmt die Lösung einen röthlichen Farbenton an (Narceïn, Thebaïn, Salicin geben mit koncentrirter Schwefelsäure eine rothe Lösung, Pseudomorphin eine grüne, Rohrzucker und Milchzucker schwärzen sich damit).

***Aufbewahrung.*** Vorsichtig. Lichtschutz empfiehlt sich, weil das freie Morphin eine nur selten gebrauchte Substanz ist.

***Anwendung.*** Therapeutisch wird das freie Morphin nur sehr selten und alsdann zum innerlichen Gebrauche angewendet. Sein Hauptverbrauch besteht darin, dass es zur Darstellung der verschiedenen Morphinsalze bez. Morphinderivate verwendet wird.

Die Morphinsalze wirken dem Opium analog, aber weniger erregend, weniger stuhlverstopfend, nicht schweisstreibend, das Sensorium geringer afficirend, die Sekretionen der Schleimhäute nicht störend und stimmen erhöhte Sensibilität herab. Sie bewähren sich als schmerzstillende, beruhigende, krampfstillende, schlafmachende Mittel und finden daher in krampfhaften und konvulsivischen Leiden, Neuralgien, Herzkrankheiten, Husten, Asthma, Wahnsinn, Delirium tremens etc. innerlich in Gaben von 0,005—0,01—0,03 g, äusserlich zu subkutanen Injektionen (1,0 g Morphinhydrochlorid auf 20—25 g Wasser) in ähnlichen Mengen Anwendung.

Gegengift des Morphins sind starker Kaffee, Eisenoxydhydrat oder Eisenacetat, kalte Begiessungen und Waschungen. Antagonistische Wirkungen haben Atropin, Strychnin. Ersteres ist vielmals als Gegengift angewendet worden.

***Reaktionen.*** Die Lösungen des Morphins bez. seiner Salze kennzeichnen sich durch folgende Reaktionen:

Lösungen des Aetzkalis, Aetznatrons, Kalkhydrats fällen das Morphin aus seinen Salzlösungen aus, lösen es aber, im Ueberschuss zugesetzt, wieder auf. Aus diesen alkalischen Lösungen wird das Morphin aber durch Zusatz von Ammoniumchlorid wieder gefällt. — Ammoniakflüssigkeit fällt das Morphin, ein Ueberschuss wirkt aber nur wenig lösend auf dasselbe ein. — Jodjodkalium bewirkt einen braunen, Kaliumquecksilberjodid einen weissen gelatinösen, Kaliumkadmiumjodid einen weissen krystallinischen, in Ammoniakflüssigkeit löslichen, Natriumphosphomolybdänat einen hellgelben, sowohl in Ammoniakflüssigkeit als auch in koncentrirter Schwefelsäure mit dunkelblauer Farbe löslichen Niederschlag. Gerbsäure erzeugt nur in der nicht zu sehr verdünnten Lösung einen weisslichen Niederschlag.

Von sogenannten Farbreaktionen sind die folgenden für das Morphin mehr oder weniger charakteristisch:

Bringt man die Lösung eines Morphinsalzes zu einer Lösung von Jodsäure, so erfolgt Ausscheidung von Jod, welches beim Schütteln mit Chloroform von diesem aufgenommen wird. — Trägt man etwas Morphin oder ein Salz desselben in Fröhde's Reagens, s. Bd. I S. 207, ein, so tritt eine violette Färbung auf, die allmählich in Blau, Schmutzig-Grün, Gelb und Rosa übergeht. — Uebergiesst man Morphin mit etwas konc. Salpetersäure, so löst diese das erstere mit blutrother, allmählich in Gelb übergehender Farbe. — Stellt man sich eine Lösung von Ferricyankalium dar und mischt diese mit Ferrichloridlösung, so erhält man eine braune Flüssigkeit. Bringt man in diese etwas Morphin oder Morphinsalz in Substanz oder in Lösung, so entsteht Blaufärbung, weil das Kaliumferricyanid (indem es das Morphin zu Oxydimorphin oxydirt) zu Kaliumferrocyanid reducirt wird, welches mit dem Ferrichlorid nunmehr Berliner Blau giebt. — Vermischt man eine neutrale Morphinlösung mit einer neutralen Ferrichloridlösung, welche keine freie Säure, sondern eher etwas Ferrioxychlorid enthält, so tritt vorübergehend dunkelblaue Färbung auf.

Diese Farben-Reaktionen haben für den Nachweis von Morphin nur dann den Werth eines Beweises, wenn sie ohne Ausnahme deutlich eintreten und wenn das Test-Präparat vorher aus einer alkalischen Lösung abgeschieden worden ist, denn einzelne der genannten Reaktionen treten auch mit manchen Bitterstoffen, Ptomaïnen, die letztgenannte Reaktion bekanntlich auch schon mit Salicylsäure ein.

In der toxikologischen Analyse scheidet man das Morphin ab, indem man zunächst die saure Lösung mit Aether, Essigäther oder Chloroform (um sie zu reinigen) extrahirt, dann mit Ammoniak (nicht Kali oder Natronlauge) alkalisch macht und diese Flüssigkeit, bevor das Morphin in den krystallisirten Zustand übergeht, mit Chloroform oder heissem Amylalkohol extrahirt. Bei Benutzung eines Perforators kann man auch Essigäther zur Extraktion benutzen. Man löst den Verdampfungsrückstand in verdünnter Salzsäure, schüttelt die saure Lösung einmal mit Chloroform behufs Reinigung aus, macht sie dann mit Ammoniakflüssigkeit alkalisch und entzieht ihr nunmehr das Morphin durch wiederholtes Ausschütteln mit Chloroform. Um Krystalle zu erhalten, verdunstet man die Chloroformlösung bis auf 5—10 ccm und versetzt sie alsdann mit ca. 50 ccm frischdestillirtem Petroläther. Nach etwa 24stündigem Stehen hat sich das Morphin in Krystallen abgeschieden.

---

**Sel de Grégory** heisst das bei der Darstellung des Morphins sich ausscheidende Gemisch oder Doppelsalz von Morphinchlorhydrat und Codeïnchlorhydrat.

**Chloroformium cum Morphino** Bernatzik.

| Rp. | | |
|---|---|---|
| | Morphini puri | 0,25 |
| | Acidi acetici | gtt. IV |
| | Spiritus | 5,0 |
| | Chloroform | 20,0. |

Innerlich 20—30 Tropfen als beruhigendes Mittel, äusserlich bei Schmerz kariöser Zähne.

**Liquor Morphinae Citratis** (Nat. form.).

| Rp. | | |
|---|---|---|
| | Morphini puri | 3,5 g |
| | Acidi citrici | 3,0 g |
| | Coccionellae | 0,1 g |
| | Spiritus (95 proc.) | 12,5 ccm |
| | Aquae q. s. ad | 100,0 ccm. |

Die Lösung ist zu filtriren.

---

# Morphinum aceticum.

† **Morphinum aceticum** (Ergänzb.). **Morphinae Acetas** (Brit. U-St.). **Morphinacetat. Acétate de morphine. Essigsaures Morphium.** $C_{17}H_{19}NO_3 . C_2H_4O_2 + 3H_2O$. **Mol. Gew. = 399.**

***Darstellung.*** Die Darstellung eines richtig beschaffenen Morphinacetats ist mit Schwierigkeiten verknüpft, weil das Salz leicht übersättigte Lösungen bildet, auch Essigsäure abscheidet, so dass sich selbst aus sauer reagirenden Lösungen Gemenge von Morphin und Morphinacetat (basisches Morphinacetat) abscheiden.

Man übergiesse 10 Th. zerriebenes reines Morphin mit 30 Th. heissem Wasser, füge 7 Th. Essigsäure von 30 Proc. hinzu, filtrire die Lösung heiss und verdunste sie bei ca. 60° C. auf 20 Th. Sollte sie, was gewöhnlich eintritt, beim Erkalten noch nicht krystallisiren, so säe man einige Kryställchen Morphinacetat ein, rühre um und stelle an einem kühlen Orte zur Seite. Die Flüssigkeit erstarrt nun zu einer krystallinischen Masse, welche man durch Pressen (Centrifugiren) von der Mutterlauge befreit und trocknet.

***Eigenschaften.*** Ein weissliches oder gelblich-weisses bis gelbliches, specifisch leichtes, krystallinisches Pulver, schwach nach Essigsäure riechend, von bitterem Geschmacke. Wenn das Salz völlig neutral ist, d. h. basisches Salz nicht enthält, so löst es sich in etwa 12 Th. Wasser von 15° C. oder in 3 Th. siedendem Wasser, auch in etwa 30 Th. Alkohol von 90 Proc. — Im Verlaufe der Aufbewahrung giebt das Salz schon bei gewöhnlicher Temperatur Essigsäure ab; es bräunt sich dann allmählich und löst sich nicht mehr so leicht und klar in Wasser. In diesem Falle erweist es sich als nöthig, zur Auflösung eine sehr geringe Menge Essigsäure zuzufügen. Wässerige Auflösungen unterliegen rascher als diejenigen anderer Morphinsalze der Zersetzung, indem sie sich gelblich bis bräunlich färben. — Beim längeren bez. öfteren Erhitzen der wässerigen Lösung im Wasserbade wird Essigsäure abgespalten, so dass schliesslich die freie Morphinbase zurückbleibt. Wegen dieser leichten Veränderlichkeit ist der Gebrauch dieses Salzes sehr zurückgegangen und zu subkutanen Injektionen vollständig aufgegeben worden.

***Prüfung.*** **1)** Es löst sich in der 20fachen Menge Wasser ziemlich vollständig zu einer fast farblosen Flüssigkeit auf, welche neutral oder nur äusserst schwach sauer reagirt. Auf Zusatz einer geringen Menge von Essigsäure wird die Flüssigkeit vollständig klar. **2)** Die wässerige Lösung wird durch Zusatz von Kali- oder Natronlauge zwar gefällt, der Niederschlag löst sich aber in einem Ueberschuss der Lauge klar auf (Abwesenheit fremder Alkaloïde). **3)** Die mit Essigsäure angesäuerte wässerige Lösung werde durch Gerbsäurelösung nicht getrübt (Narkotin).

***Aufbewahrung.*** In gut verschlossenen Gefässen, vorsichtig und vor Licht geschützt.

***Anwendung.*** In der nämlichen Weise wie die übrigen Morphinsalze, jedoch nicht zu subkutanen Injektionen. Falls zu subkutanen Injektionen essigsaures Morphin verordnet worden ist, so soll nach Germ. III u. IV an Stelle desselben das salzsaure Salz dispensirt werden.

**Liquor Morphinae Acetatis** (Brit.). Rp. Morphini acetici 1,0 g Aceti (4,27 Proc.) 2,0 ccm, Spiritus (90 Proc.) 25,0 ccm. Aquae q. s. ad 100 ccm.

**Causticum odontalgicum** (Calvy, Guillot).

| Rp. | | |
|---|---|---|
| | Acidi nitrici diluti (12,5 proc.) | 10,0 |
| | Morphini acetici | 0,25. |

Einen Tropfen mittels Baumwolle in den hohlen Zahn zu bringen. Sehr unzweckmässig!

**Pilulae antemphysematicae** Romberg.

| Rp. | | |
|---|---|---|
| | Gummi-resinae Ammoniaci | 2,0 |
| | Radicis Ipecacuanhae | 0,4 |
| | Morphini acetici | 0,2 |
| | Ammoni carbonici | 2,0 |
| | Mucilaginis Gummi arabici | q. s. |

Fiant pilulae No. 40.

2—4—6 Pillen den Tag über (bei Emphysema pulmonum).

**Pilulae antidiabeticae** Berndt.

| Rp. | | |
|---|---|---|
| | Morphini acetici | 0,3 |
| | Cupri sulfurici ammoniati | 0,6 |
| | Extracti Quassiae | |
| | Fellis taurini depurati | ää 8,0. |

Fiant pilulae No. 90. Morgens und Abends 5 Pillen.

**Pulvis vulnerarius** Boinet.

| Rp. | | |
|---|---|---|
| | 1. Amyli | 100,0 |
| | 2 Iodi | 6,0 |
| | 3. Spiritus | 2,0 |
| | 4. Moiphini acetici | 0,1. |

Man verreibt 1—3 miteinander und fügt dann 4 zu. Als schmerzstillendes Streupulver auf Wunden.

**Sirupus pectoralis** Johnson.

| Rp. | | |
|---|---|---|
| | Mucilaginis Gummi arabici | |
| | Sirupi Althaeae | ää 50,0 |
| | Sirupi Kermesini | 40,0 |
| | Aquae Lauro-Cerasi | 2,5 |
| | Morphini acetici | 0,03. |

Täglich drei- bis viermal zwei Theelöffel zu nehmen.

**Tinctura sedativa Magendie.**
Solutio Morphini Magendie.

| Rp. | | |
|---|---|---|
| | Morphini acetici | 0,5 |
| | Aquae destillatae | 15,0 |
| | Acidi acetici diluti (30 Proc.) | gtt. V |
| | Spiritus (90 Proc.) | 2,5. |

**Unguentum antihaemorrhoidale**

| Rp. | | |
|---|---|---|
| | Morphini acetici | 0,1 |
| | Extracti Hyoscyami | 0,5 |
| | Acidi acetici diluti (30 Proc.) | |
| | Glycerini | ää gtt. 5,0 |
| | Unguenti Linariae | 20,0. |

Salbe (Linderungsmittel für schmerzhafte Hämorrhoidalknoten).

**Unguentum antineuralgicum** Bourdon.

| Rp. | | |
|---|---|---|
| | 1. Morphini acetici | 0,1 |
| | 2. Chloroformii | 12,0 |
| | 3. Cerae albae | 15,0 |
| | 4. Adipis suilli | 20,0 |
| | 5. Olei Amygdalarum | 5,0. |

Man schmilzt 3—5 und fügt der fast erkalteten Mischung die Anreibung von 1 und 2 zu.

---

# Morphinum hydrochloricum.

† **Morphinum hydrochloricum** (Austr. Germ. Helv.). **Morphinum muriaticum. Morphinae Hydrochloridum** (Brit.). **Chlorhydrate de morphine** (Gall.). **Morphinae Hydrochloras** (U-St.). **Morphinhydrochlorid. Morphinchlorhydrat. Salzsaures Morphium.** $C_{17}H_{19}NO_3 . HCl + 3 H_2O$. **Mol. Gew. = 375,5.**

***Darstellung.*** Man geht zur Darstellung dieses Salzes am besten von dem halbreinen präcipitirten Morphin aus, löst dieses in der Wärme in mässig verdünnter Salzsäure bis zur schwachsauren Reaktion, presst das nach dem Erkalten auskrystallisirte Morphinhydrochlorid ab und reinigt es durch Umkrystallisiren aus Wasser oder verdünntem Weingeist und Entfärben mit Thierkohle. Die Krystalle werden endlich durch Abschleudern von der Lauge befreit und bei gelinder Wärme getrocknet. Die im Handel meist vorkommenden Würfel werden erhalten, wenn man eine heisse Morphinhydrochloridlösung unter geeigneten Bedingungen so zum Krystallisiren bringt, dass sie einen gleichmässigen, feinkrystallinischen Kuchen bildet, welcher, nach dem Erkalten von der Lauge befreit, bei mässiger Wärme getrocknet und dann in Würfel zerschnitten wird. Je nach der Koncentration der Lösung fallen dieselben schwerer oder leichter aus.

***Eigenschaften.*** Weisse, seidenglänzende, oft büschelförmig vereinigte Nadeln, geruchlos, von stark bitterem Geschmack. Meistens kommt dasselbe im Handel in Form von Würfeln von kleinkrystallinischer Beschaffenheit vor, in England ist das Präparat in Pulverform gebräuchlich. Es löst sich bei gewöhnlicher Temperatur in 25 Theilen Wasser und 50 Theilen Weingeist von 90 Proc. zu einer farblosen, gegen Lackmus neutral sich verhaltenden Flüssigkeit auf; von siedendem Wasser erfordert es das gleiche, von siedendem Weingeist das zehnfache Gewicht zur Lösung. Es enthält 3 Mol. Krystallwasser, welche es beim Trocknen bei 100° C. verliert, wodurch es einen Gewichtsverlust von rund 14,5 Proc. erleidet. Löst man Morphinhydrochlorid in heissem absolutem Alkohol, so krystallisirt ein Theil des Salzes ohne Krystallwasser in schweren, körnigen Krystallen aus.

***Prüfung.*** 1) Reines Morphinchlorhydrat muss rein weiss sein (Färbung kann von Lichteinwirkung herrühren) und mit 25 Th. Wasser eine klare, farblose und gegen Lackmus neutrale Lösung geben. 0,1 g muss ferner auf dem Platinbleche ohne Rückstand verbrennen (Mineralische Beimengungen). — 2) Von Schwefelsäure muss es beim Verreiben ohne Färbung gelöst werden. Eine Färbung deutet auf fremde organische Beimengungen, z. B. auf fremde Opiumalkaloïde, Zucker, Salicin. Indessen entsteht auch bei ganz reinen Morphinsorten bisweilen eine schwach röthliche oder schwach bläuliche Färbung aus nicht völlig aufgeklärten Ursachen. — 3) Versetzt man die 3,3 procentige Lösung mit Kaliumkarbonatlösung, so sollen sich beim Rühren sofort Krystalle von Morphin ausscheiden. Diese müssen rein weiss sein, dürfen an der Luft Färbung nicht annehmen, auch damit geschütteltes Chloroform nicht färben, anderenfalls würde eine Verunreinigung durch Apomorphin vorliegen. — 4) 0,3 g Morphinchlorhydrat müssen sich in 5 ccm Natronlauge in der Kälte leicht zu einer klaren und ungefärbten Flüssigkeit auflösen (die Beobachtung ist sogleich anzustellen). Bliebe etwas ungelöst, so wäre ein solcher Rückstand auf fremde Alkaloïde zu untersuchen. Die erzielte Lösung darf beim Erwärmen einen Geruch nach Ammoniak nicht verbreiten (Ammoniumchlorid).

5) Prüfung auf Strychnin und Brucin. Diese Prüfung sollte in keinem Falle unterlassen werden! Man löst 1 g eines Durchschnittsmusters in 50 ccm Wasser, fällt mit Kaliumdichromat vollständig aus, wäscht den Niederschlag 2 mal mit Wasser, trocknet und pulvert ihn. Alsdann giesst man auf einen weissen Porcellanteller eine dünne Schicht konc. Schwefelsäure und streut das gepulverte Chromat auf die Oberfläche der Schwefelsäure. Das Auftreten blauer bez. blauvioletter Streifen würde die Anwesenheit von Strychnin anzeigen.

Auf Brucin prüft man durch Behandlung mit Salpetersäure und Stannochlorid in der Band I, S. 508 angegebenen Weise.

***Aufbewahrung.*** Vorsichtig, grössere Vorräthe auch zweckmässig vor Licht geschützt.

***Anwendung.*** In der nämlichen Weise wie die übrigen Morphinsalze, und zwar ist das Morphinchlorhydrat zur Zeit das am meisten benutzte Salz, insbesondere wird es neben dem Sulfat am häufigsten zu subkutanen Injektionen verwendet.

Höchstgaben: *pro dosi* 0,03 (Austr. Germ. Helv.), *pro die* 0,1 g (Germ. Helv.), 0,12 g (Austr.).

Morphinhydrochlorid und Bittermandelwasser. Lösungen von Morphinhydrochlorid in Bittermandelwasser zeigen, auch wenn sie ursprünglich klar sind, häufig die Erscheinung, dass sich nach einiger Zeit der Aufbewahrung in ihnen krystallinische Bodensätze bilden. Es scheint festzustehen, dass diese Bodensätze aus Oxydimorphin bestehen. Dagegen sind die Ansichten über die Ursache der Entstehung dieser Niederschläge noch getheilt. Die einen führen sie auf die Einwirkung von Luft und Licht, die anderen auf die Alkalinität des Glases und gleichzeitige Einwirkung des Luftsauerstoffes zurück. Noch andere glauben den Benzaldehyd des Bittermandelwassers verantwortlich machen zu sollen.

† **Liquor Morphinae Hydrochloridi** (Brit.). Rp. Morphini hydrochlorici 1,0, Acidi hydrochlorici diluti (von 10,58 Proc. HCl) 2,0 ccm, Spiritus (90 Proc.) 25,0 ccm, Aquae q. s. ad 100 ccm.

**Collodium cum Morphino.**

Rp. Morphini hydrochlorici 1,0
Collodii elastici 30,0.

**Mixtura Morphini** (Münch. V.).

Rp. Morphini hydrochlorici 0,02
Aquae destillatae 130,0
Sirupi Sacchari 20,0.

† **Pastilli Morphini** (Ergänzb.).
Trochisci Morphini (Germ. I u. Hamb. V.).

Rp. Morphini hydrochlorici 0,5
Sacchari albi 100,0.
Fiant pastilli No. 100.

**Pastilli pectorales** (Ergänzb.).

Rp. 1. Radicis Ipecacuanhae conc. 0,15
2. Aquae fervidae 10,0
3. Sacchari albi 100,0
4. Morphini hydrochlorici 0,1.

Man infundirt 1 mit 2, lässt 2 Stunden im Dampfbade stehen, kolirt, dampft zur Trockne, zerreibt fein und bereitet daraus, mit 3 und 4 gemischt = 100 Pastillen.

**Pilulae contra tussim** (Ergänzb., Form. Berol.).

Rp. Morphini hydrochlorici 0,06
Radicis Ipecacuanhae 0,2
Stibii sulfurati aurantiaci 0,3
Radicis Liquiritiae
Sacchari albi ää 1,5.
Fiant cum aqua pilulae No. 30.

**Pilulae sedantes** Ricord.

Rp. Morphini hydrochlorici 0,3
Extracti Hyoscyami 0,5
Radicis Belladonnae
Radicis Liquiritiae
Mellis ää 3.0
Balsami Tolutani
Massae Cacao ää 5,0.
Fiant pilulae No. 100. Alle 5—6 Stunden eine Pille bei chronischer Bronchitis.

**Pisa narcotica ad fonticulos.**
Pois à cautères narcotiques.

Rp. Extracti Stramonii 0,2
Morphini hydrochlorici 0,4—0,8
Tragacanthae 0,2.
Fiant pilulae No. 2. Narkotische Fontanell-Erbsen bei Rhachialgie und Pott'scher Lähmung.

**Pulvis anticatarrhalis** (Nat. form.).
Catarrh Snuff.

Rp. Morphini hydrochlorici 0,41
Gummi arabici pulv. 25,0
Bismuti subnitrici 75,0.

**Sirop de chlorhydrate de morphine.**
(Gall. u. Elsass-Loth. Taxe).

Rp. Morphini hydrochlorici 0,5
Aquae 10,0
Sirupi Sacchari 990,0.

**Sirupus lenitivus** Flon.

Rp. Morphini hydrochlorici 0,05
Aquae Lauro-Cerasi 5,0
Sirupi Sacchari 190,0
Tincturae Coccionellae 5,0.

**Sirupus Morphini** (Ergänzb. Helv.).

Rp. Morphini hydrochlorici 1,0
Sirupi Sacchari 1000,0.

**Suppositoria Morphinae** (Brit.).

Rp. Morphini hydrochlorici 0,20
Olei Cacao q. s.
Fiant suppositoria No. XII.

**Suppositoria Morphini** (Münch. V.).

Rp. Morphini hydrochlorici 0,02
Olei Cacao 2,0.
Zu einem Stuhlzäpfchen.

---

# Morphinum sulfuricum.

† **Morphinum sulfuricum** (Ergänzb. Helv.). **Sulfate de morphine neutre** (Gall.). **Morphinae Sulfas** (U-St.). **Morphinsulfat. Schwefelsaures Morphium** $(C_{17}H_{19}NO_3)_2 \cdot H_2SO_4 + 5H_2O$. **Mol. Gew. = 758.**

***Darstellung.*** Man vertheilt 10 Th. reines krystall. Morphin in ca. 150 Th. Wasser und neutralisirt unter schwachem Erwärmen mit verdünnter Schwefelsäure, wozu etwa 10 Th. der officinellen verdünnten Schwefelsäure von 1,110—1,114 spec. Gewicht erforderlich sind. Die wenn nöthig filtrirte Lösung wird bei mässiger Wärme auf ca. 75 Th. eingedunstet, dann an einem kühlen Orte zur Krystallisation gebracht. Die Krystalle werden abgepresst, bei 20—25° C. getrocknet, die Mutterlauge wird über Schwefelsäure oder Calciumchlorid eingedunstet oder nochmals durch mässige Wärme koncentrirt. Aus der letzten Mutterlauge fällt man das Morphin durch Ammoniak als freie Base.

***Eigenschaften.*** Farblose, nadelförmige Krystalle, die sich in etwa 20 Th. Wasser von 15° C. zu einer farblosen, neutralen Flüssigkeit auflösen. Schon beim Liegen an der Luft, rascher bei 30—40° C. geben sie ihr Krystallwasser theilweise ab; bei 100° C. wird das Salz völlig wasserfrei, indem es rund 12 Proc. Wasser (theoretisch 11,87 Proc.) verliert. Löslich in etwa 1 Th. siedendem Wasser, auch in 700 Th. Spiritus, fast unlöslich in Aether.

***Prüfung.*** Das Salz verliere, bei 100° C. getrocknet, rund 12 Proc. Wasser und sei im übrigen von der Reinheit des Morphinchlorhydrats.

***Aufbewahrung*** und ***Anwendung.*** Wie das Morphinchlorhydrat.

Höchstgaben: *pro dosi:* 0,03 (Ergänzb. Helv.), *pro die:* 0,1 (Ergänzb. Helv.). Es wird besonders in England und Amerika zu subkutanen Injektionen benutzt.

**Liquor Morphinae hypodermicus** (Nat. form.).
Rp. Morphini sulfurici 3,5
Aquae destillatae 100,0.

**Mixtura emulsiva expectorans** GALLOIS.
Rp. Gummi-resinae Ammoniaci 4,0
Emulsionis Amygdalarum 180,0
Sirupi Morphini sulfurici 40,0.
Stündlich einen Esslöffel (bei Entzündungen der Luftwege).

† **Pulvis Morphinae compositus** (U-St.).
TULLY's Powder.
Rp. Morphini sulfurici 1,0
Camphorae tritae 19,0
Radicis Liquiritiae 20,0
Calcii carbonici 20,0.

**Sirupus Morphinae compositus** (Nat. form.).
Rp. Extracti Ipecacuanhae fluidi 2,0 ccm
Extracti Senegae fluidi 100,0 ccm
Extracti Rhei fluidi 16,0 ccm
Morphini sulfurici 0,55 g
Olei Sassafras 1,0 ccm
Sirupi Sacchari q. s. ad 1000,0 ccm.

**Sirupus Morphinae Sulfatis** (Nat. form.).
Rp. Morphini sulfurici 2,2 g
Aquae fervidae 30,0 ccm
Sirupi Sacchari q. s. ad 1000,0 ccm.

**Unguentum antihaemorrhoidale** GUDING.
Rp. Morphini sulfurici 0,5
Cerussae 7,5
Extracti Stramonii 2,0
Unguenti cerei 15,0
Olei Olivae 4,0.
Zum Bestreichen (schmerzhafter Hämorrhoidalknoten).

**Unguentum Morphini cum Veratrino** RENUARD.
Rp. Morphini sulfurici
Veratrini ää 0,5
Adipis suilli 25,0.
Achtmal täglich wie eine Erbse gross einzureiben (in das Perinaeum, bei Incontinenta urinae).

---

# Morphinum tartaricum.

† **Morphinum tartaricum. Morphinae Tartras** (Brit.). **Tartrate de Morphine. Morphintartrat. Weinsaures Morphium.** $(C_{17}H_{19}NO_3)_2 \cdot C_4H_6O_6 + 3H_2O$. **Mol. Gew. = 774.**

***Darstellung.*** Man übergiesst 10 Th. reines, krystallisirtes Morphin mit etwa 150 Th. Wasser und neutralisirt unter mässigem Erwärmen mit Weinsäure, wozu rund 2,5 Th. erforderlich sind. Die nöthigenfalls filtrirte Lösung wird bei mässiger Wärme eingedunstet. Die erhaltenen Krystalle werden zwischen Filtrirpapier getrocknet, kurze Zeit an der Luft getrocknet und in gut schliessenden Gefässen aufbewahrt.

***Eigenschaften.*** Farblose, aus nadelförmigen Krystallen bestehende Warzen oder Büschel, löslich in 11 Th. kaltem Wasser zu einer neutralen, farblosen Flüssigkeit, fast unlöslich in 90procentigem Alkohol. Die Krystalle verwittern leicht, schon an der Luft bei ca. 20° C.

***Aufbewahrung. Anwendung.*** Wie Morphinum hydrochloricum.

† **Liquor Morphinae Tartratis** (Brit.). Rp. Morphini tartarici 1,0 g Spiritus (90 Proc.) 25 ccm, Aquae q. s. ad 100 ccm.

---

# Morphini salia varia.

**I. † Morphinum hydrobromicum. Bromhydrate de morphine** (Gall.). **Morphinbromhydrat. Bromwasserstoffsaures Morphium. Morphinae Hydrobromas.** $C_{17}H_{19}NO_3 \cdot HBr + 2H_2O$. **Mol. Gew. = 402.**

Zur Darstellung vertheilt man 10 Th. gepulvertes reines Morphin in etwa 120 Th. heissem Wasser und fügt allmählich Bromwasserstoffsäure bis zur Neutralisation zu, wozu man von der 25procentigen Säure rund = 10,7 Th. bedarf. Die wenn nöthig filtrirte Lösung wird bis auf etwa 75 Th. eingedampft, worauf man sie über Schwefelsäure oder Chlorcalcium der Krystallisation überlässt. Die Krystalle werden an der Luft getrocknet.

Farblose, neutrale, lange Nadeln, löslich in 25 Th. kaltem oder 1 Th. siedendem Wasser, ferner in 50 Th. kaltem oder 10 Th. siedendem Weingeist. Sie enthalten

70,9 Proc. Morphin und 8,96 Proc. Krystallwasser, welches bei 100° C. vollständig abgegeben wird.

**II. † Morphinum hydrocyanicum.** **Morphinhydrocyanat. Morphinhydrocyanid. Blausaures Morphin.** Ist in reinem Zustande nicht bekannt, bez. nicht existenzfähig. Um ein Gramm ex tempore darzustellen, werden 0,8 krystall. Morphin zerrieben und mit 19,2 Aqua Amygdalarum amararum durchschüttelt, wenn nöthig unter Erwärmen. 20 g dieser Lösung enthalten also 1 g Morphinhydrocyanid (quantitativ entsprechend 1 g des Hydrochlorids). Dieses Salz wird höchst selten verordnet.

**III. † Morphinum valerianicum.** **Morphinvalerianat. Baldriansaures Morphin.** $C_{17}H_{19}NO_3 . C_5H_{10}O_2$. **Mol. Gew. = 387.** 2,0 reines Morphin werden zerrieben, mit 5,0 verdünntem Weingeist und mit 1,0 Valeriansäure vermischt und an einem lauwarmen Orte eingetrocknet. Es bildet weissliche fettglänzende, nach Valeriansäure riechende Krystalle, welche in gut verschlossenem Gefässe aufzubewahren sind.

**IV. † Morphinum citricum.** **Morphincitrat** wurde von Fronmüller empfohlen. Seine Darstellung ex tempore besteht darin, dass man zur Erlangung eines Gramms 0,65 krystallisirtes Morphin mit 0,4 Citronensäure mischt und mit 5 Tropfen Wasser zerreibt. Es ist dieses Salz bisher nicht in den Gebrauch gekommen.

**V. † Morphinum meconicum.** **Morphinmeconat. Mekonsaures Morphin** $(C_{17}H_{19}NO_3)_2 . C_7H_4O_7 + 5H_2O$. **Mol. Gew. = 860.** Schliesst sich in therapeutischer Beziehung dem Morphinacetat an und ist ein ziemlich überflüssiges Präparat.

Zur Darstellung werden 10,0 krystallisirte Mekonsäure in 60,0 warmem destillirtem Wasser gelöst und nach und nach mit 24,0 oder soviel krystallisirtem Morphin versetzt, als zur Erlangung einer neutralen Lösung erforderlich ist. Diese Lösung wird an einem warmen Orte eingetrocknet und der amorphe Rückstand zu Pulver zerrieben. Bei allen diesen Operationen ist eine Wärme über 80° C. sorgsam zu vermeiden. Ausbeute circa 27,0. Es ist in Wasser leicht löslich.

**VI. † Morphinum phthalicum.** Durch Neutralisation von Orthophthalsäure mit Morphin darzustellen. Ist ein amorphes, gelbliches Pulver, in Wasser leicht löslich. Ein ebenfalls vollständig überflüssiges Präparat.

---

# Morphini Derivata.

**I. † Dionin.** **Salzsaures Aethylmorphin.** $C_{17}H_{17}NO(OH)OC_2H_5 . HCl + H_2O$. **Mol. Gew. = 367,5.**

***Darstellung.*** Der Darstellung des salzsauren Salzes geht zunächst diejenige des Aethyl-Morphins voraus. Diese erfolgt in analoger Weise wie diejenige des Codeïns durch Einwirkung von Aethyljodid auf eine alkalische Morphinlösung und kann ausserdem noch nach den anderen, Band I, S. 894, angegebenen Methoden erhalten werden. Die so dargestellte Base wird durch Neutralisation mit Salzsäure in das salzsaure Salz verwandelt.

***Eigenschaften.*** Ein weisses, geruchloses, aus feinen Nädelchen bestehendes Krystallpulver. Es schmilzt bei 123—125° C. und zersetzt sich darüber hinaus erhitzt unter Braunfärbung. Auf dem Platinblech erhitzt, verbrennt es rasch ohne eigentliche Verkohlung, unter Verbreitung eines aromatischen Geruches. Es löst sich in etwa 7 Th. Wasser von 15° C. und schon in etwa 1 Th. Alkohol, dagegen ist es in Aether und in Chloroform fast unlöslich. Aus der wässerigen Auflösung wird es durch die meisten Alkaloidreagentien, z. B. Kaliumwismutjodid, Jodjodkalium, Kaliumquecksilberjodid, Phosphorwolframsäure, gefällt.

Es ist das vollständige Analogon des Codeïns. Löst man 0,01 Dionin in 10 ccm reiner Schwefelsäure, so erhält man nach Entweichen des Chlorwasserstoffs eine klare, farblose Lösung, die auf Zusatz eines Tropfens Ferrichloridlösung nach dem Erwärmen violett bis tiefblau wird und nach weiterem Zusatz von 2 bis 3 Tropfen Salpetersäure tiefrothe Färbung annimmt. Mit FRÖHDE's Reagens giebt es die gleiche Violettfärbung wie das Morphin. — In Ammoniak ist die freie Base (das Aethylmorphin) schwieriger löslich als das Codeïn, auf Zusatz auch erheblicher Mengen von Ammoniak scheidet sich das freie Aethylmorphin in schönen prismatischen Krystallen vom Schmelzp. 93° C. ab. Vom Morphin unterscheidet sich das Dionin dadurch, dass es, in eine Lösung von Ferricyankalium-Ferrichlorid eingetragen, nicht sofort Blaufärbung, sondern nur allmählich blaugrüne Färbung erzeugt.

***Aufbewahrung.*** Vorsichtig. ***Anwendung.*** Das Dionin steht bezüglich seiner Wirkung in der Mitte zwischen Codeïn und Morphin, d. h. es wirkt stärker narkotisch wie Codeïn und schwächer als Morphin. Man giebt es als Ersatzmittel des Morphins innerlich und subkutan. Die hypnotische Dosis beträgt 0,04—0,05 g bei innerem Gebrauche. Als Höchstgaben sind 0,06 g *pro dosi* und 0,2 g *pro die* anzunehmen.

**II. † Heroïnum. Heroïn. Diacetyl-Morphin. $C_{17}H_{17}NO(C_2H_3O_2)_2$. Mol. Gew. = 369.** Die Darstellung der Verbindung erfolgt durch Erhitzen von freiem Morphin mit Acetylchlorid. Das Reaktionsprodukt wird erst mit Wasser, dann mit sehr dünner Sodalösung gewaschen und aus heissem Alkohol umkrystallisirt.

***Eigenschaften.*** Ein weisses, geruchloses, krystallinisches Pulver, von schwach bitterem Geschmack und alkalischer Reaktion. Schmelzpunkt 173° C. In Wasser ist es so gut wie unlöslich, von Säuren wird es leicht in Lösung übergeführt. Von kaltem Alkohol wird es nur wenig, von heissem Alkohol reichlich gelöst. In Chloroform und Benzol ist es leicht, in Aether nur schwer, in fetten Oelen nicht löslich. Aus der mit Hilfe von Säuren bereiteten Lösung wird es durch Aetzalkalien, Ammoniak und Ammoniumkarbonat gefällt, durch einen Ueberschuss der beiden erstgenannten Reagentien aber wieder gelöst. Es unterscheidet sich vom Morphin u. a. in folgenden Punkten. 1) Mit Schwefelsäure, welche etwas Salpetersäure enthält, wird es in der Kälte gelbroth, beim Erwärmen blutroth. 2) Einer Lösung von Ferricyankalium-Ferrichlorid zugesetzt, ruft es erst nach längerem Stehen Blaufärbung hervor. 3) Mit Salpetersäure wird es zunächst gelb, erst beim Erwärmen roth. 4) Zu FRÖHDE's Reagens zugesetzt, giebt es Veranlassung zum Auftreten folgender Farbenreihe: Roth — Gelblich — Grün — Roth. 5) Es reducirt Jodsäure nicht.

Zum Nachweis des Essigsäurerestes löst man etwa 0,5 g Heroïn in 3 ccm Alkohol, fügt etwa 3 ccm konc. Schwefelsäure hinzu und erwärmt: Es tritt nach kurzer Zeit Geruch nach Essigäther auf.

Uebrigens wird die Verbindung sowohl durch Erhitzen mit verdünnten Mineralsäuren als auch durch Einwirkung von Alkalien gespalten.

***Prüfung.*** **1)** Es sei farblos und schmelze bei 173° C. — **2)** Es löse sich in konc. Schwefelsäure ohne Färbung auf (fremde organische Verunreinigungen). — **3)** In eine Lösung von Ferricyankalium-Ferrichlorid eingetragen, färbe es diese nicht sogleich blau; ebenso scheide es aus einer Lösung von Jodsäure Jod nicht aus (Morphin). — **4)** Es verbrenne auf dem Platinbleche ohne Rückstand.

***Aufbewahrung.*** Vorsichtig. ***Anwendung.*** Als Narkoticum und zwar als Ersatzmittel des Codeïns bez. Morphins zur Bekämpfung des Hustens und des Hustenreizes bei katarrhalischen Leiden der Luftwege in Gaben von 0,005—0,02 g mehrmals täglich in Pulvern mit Zucker. Soll es in wässeriger Lösung gereicht werden, so muss es durch etwas Essigsäure in Lösung gebracht werden. Als Höchstgaben wären *pro dosi* 0,06 g und *pro die* 0,2 g anzunehmen.

**III. † Peroninum. Peronin. Benzylmorphin-Chlorhydrat. Salzsaures Benzylmorphin $C_{17}H_{18}NO_3(C_6H_5CH_2)HCl$. Mol. Gew. = 414,5.**

Die Darstellung der Verbindung erfolgt durch Einwirkung von Benzylchlorid auf freies Morphin. Das Reaktionsprodukt wird zuerst mit Wasser, dann mit dünner Sodalösung gewaschen, schliesslich aus Alkohol umkrystallisirt.

***Eigenschaften.*** Ein voluminöses weisses, unter dem Mikroskop betrachtet aus langen prismatischen Krystallen bestehendes Pulver. Ueber 200° C. erhitzt, wird es unter Entwickelung benzoëartig riechender Dämpfe zersetzt. Es löst sich in rund 130 Th. Wasser von 15° C. zu einer neutralen, bitter schmeckenden Flüssigkeit, schon in 10 Th. Wasser von 100° C. Ferner löst es sich in 218 Th. Alkohol von 95 Proc., in 100 Th. Methylalkohol und 390 Th. Chloroform. In Aceton, Aether und Amylalkohol ist es so gut wie unlöslich, desgleichen in verdünnten Mineralsäuren. Aus der wässerigen Lösung z. B. wird es schon durch relativ wenig Salzsäure unlöslich abgeschieden. Durch Alkalien fällt aus der wässerigen Lösung die freie Base (Benzyl-Morphin) als käsiger Niederschlag aus der sich bald zu einer klebrigen Masse zusammenballt. Durch Erhitzen mit Alkalien sowohl wie mit verdünnten Säuren wird die Verbindung in Morphin und Benzylalkohol gespalten. — Durch die allgemeinen Alkaloïdreagentien wird die Lösung gefällt. In konc. Schwefelsäure löst es sich in der Kälte ohne Färbung; die Lösung wird beim Erwärmen braunroth, roth, dunkelroth. — Versetzt man die kaltbereitete Lösung in Schwefelsäure mit einer Spur Salpetersäure, so tritt dunkelbraunrothe Färbung auf. — Eine Lösung von Kaliumferricyanid-Ferrichlorid wird durch Peronin nicht blau gefärbt. — Aus einer Lösung von Jodsäure wird Jod nicht abgespalten. — Froehde's Reagens löst das Peronin mit violetter Färbung, die allmählich in Braun übergeht.

***Aufbewahrung.*** Vorsichtig. ***Anwendung.*** Als Narkoticum und zwar als Ersatz des Morphins und Codeïns, um den Hustenreiz der Phthisiker zu mildern, und zwar zu 0,02—0,04 g mehrmals täglich in wässeriger Lösung oder in Pillenform. Als Höchstgaben sind anzunehmen 0,06 g *pro dosi* und 0,2 g *pro die.*

---

# Morus.

Gattung der **Moraceae** — **Moroideae** — **Moreae.**

**I. Morus alba L.** Heimisch in China, seit langer Zeit durch die Kultur bis nach Europa verbreitet. Baum sehr variabel, meist mit rundlich-eiförmigen, ungestielten, oder stumpf 3—5lappigen, ungleich gesägten, oben glatten, unterseits spärlich behaarten, dünnen Blättern. Weibliche Blüthenstände meist so lang wie ihr Stiel, die Narben höckerig, männliche Blüthen mit viertheiligem Perigon und 4 Staubblättern. Die mit fleischigem Epicarp versehenen Früchte sind steinfruchtartig und bleiben durch das fleischig werdende Perigon zu einer Sammelfrucht vereinigt.

***Anwendung.*** Die Blätter dieser und der anderen Arten liefern Futter für die Seidenraupen, in China benutzt man sie wie die Wurzel medicinisch, die Früchte gelegentlich auch bei uns gegen Halsleiden.

**II. Morus nigra L.** Wahrscheinlich in Persien heimisch, seit lange durch die Kultur verbreitet wie I. Blätter derb, oberseits rauh. Weibliche Blüthenstände meist sitzend oder viel länger als ihr Stiel. Narben schwarzviolett, Frucht rauhhaarig. Liefert in den reifen Fruchtständen:

**Fructus Mori. Baccae Mori. Mora nigra. — Schwarze Maulbeeren. — Mûres** (Gall.). **Baies de mûrier. — Mulberries.**

***Beschreibung.*** Eirund, etwa 2 cm lang, kurzgestielt, jedes Steinfrüchtchen verkehrt eiförmig und längs der Ränder der schwarzen, mit purpurrothem Saft erfüllten Perigonblätter behaart (Fig. 38).

Fig. 38. Frucht von Morus nigra L.

***Bestandtheile*** nach König: Wasser 84,71 Proc., Stickstoffsubstanz 0,36 Proc., freie Säure 1,86 Proc., Zucker 9,19 Proc., sonstige stickstofffreie Bestandtheile 2,31 Proc., Holzfaser (Kerne) 0,91 Proc., Asche 0,66 Proc. In der Trockensubstanz: Stickstoffsubstanz 2,61 Proc., Zucker 60,10 Proc.

*Einsammlung.* Die schwarzen Maulbeeren werden zur Zeit der Reife, im August gesammelt und sogleich zum Saft oder Sirup verarbeitet.

**Sirupus Mori** (Ergänzb. Helv.). **Syrupus Mororum** (Austr.). **Maulbeersirup. Maulbeersaft. — Sirop de mûre** (Gall.). Ergänzb.: Frische Maulbeeren werden zerdrückt, bei etwa 20° C. der Gährung überlassen, bis 1 Raumth. einer abfiltrirten Probe sich mit $^{1}/_{2}$ Raumth. Weingeist klar mischt, ausgepresst; 7 Th. des Filtrats geben mit 13 Th. Zucker 20 Th. Sirup. — Helv. lässt den vergohrenen Presssaft aufkochen, nach dem Erkalten filtriren und in 38 Th. Filtrat 62 Th. Zucker lösen. — Austr.: 3000,0 Maulbeeren lässt man mit 200,0 Zucker vergähren und kocht 100 Th. des filtrirten Saftes mit 160 Th. Zucker zum Sirup. — Gall.: Wie Sirupus Cerasi Gall. (Band I, S. 698). — Helv. und Gall schreiben für den Sirup das specif. Gew. 1,33 vor. — Man verwendet ihn in den gleichen Fällen wie Himbeersirup.

**Succus e fructu Mori nigrae. Suc de mûre** (Gall.) wird aus reifen Maulbeeren wie Succus Rubi Idaei bereitet. Vergl. auch Succus Cerasi (Band I, S. 698).

**Succus Mororum inspissatus. Maulbeersalse. Frische** Maulbeeren werden zweimal mit ihrem gleichen Gewicht heissem destillirtem Wasser übergossen und ausgepresst. Die Flüssigkeit seiht man durch, dampft zur Honigdicke, dann nach Zusatz von $^{1}/_{10}$ ihres Gewichts Zuckerpulver zum dicken Extrakt ein.

**Maulbeersalbe** ist eine volksthümliche Bezeichnung für Unguent. Pediculorum.

Auch von dieser Art verwendet man die Blätter zu Futter für die Seidenraupen, medicinisch werden sie neuerdings als Diureticum empfohlen; aus der Rinde gewinnt man Fasern, die unter dem Namen Gelsolin in den Handel kommen.

**III. Morus rubra L.** Heimisch in Nordamerika von Kanada bis Mexiko, mit sehr dünnen, unterseits weissfilzigen Blättern und cylindrischen, rothen oder schwärzlichen Fruchtständen. Wie die vorigen verwendet.

**IV. Morus indica L.** Heimisch in Ostasien. Die Rinde wird verwendet als Diureticum und bei Brustleiden, die jungen Blätter als Galaktagogum.

# Moschus.

**Moschus** (Helv. Brit. U-St.). — **Moschus. Bisam. Musc** (Gall.). — **Musk.**

**Moschus moschiferus L.** (Ordnung der **Paarzeher = Artiodactyla)** lebt in gebirgigen Gegenden Asiens vom Amur bis zum Hindukusch und vom 60.° nördlicher Breite bis nach Indien und China in einer Höhe von 1000 bis 2000 m in den Gebirgen. Den Hirschen verwandtes, ungehörntes, zierliches Thier, dessen Männchen hauerartig vorragende Eckzähne trägt. Das männliche Thier trägt auf dem Bauch zwischen Nabel und Ruthe, der letzteren näher liegend, einen drüsigen Beutel, dessen Inhalt der Moschus ist. Der Beutel ist bis 6 cm lang, 3 cm breit, 4—5 cm hoch, sein im frischen Zustande salbenartiger Inhalt wiegt in demselben Zustand 30—50 g. Das Sekret dient wahrscheinlich zur Anlockung der Weibchen. Zu seiner Gewinnung werden die Thiere erlegt oder gefangen, der Beutel mit der dazu gehörigen Bauchhaut ausgeschnitten und an der Luft oder auf heissen Platten getrocknet. Jeder Beutel wird in Papier gewickelt, diese in mit Seide überzogene Pappkästen, die mit Metallfolie ausgelegt sind, gepackt und die Pappkästen in mit Zink ausgeschlagenen Holzkisten versandt. Hauptexporthäfen sind Shanghai und Tien-tsin.

Fig. 39. Fig. 40.
Tonkin-Moschusbeutel.

***Beschreibung und Sorten:*** 1) Als beste Sorte gilt der tibetanische oder Tonkinmoschus, der aus Tonkin und aus der chinesischen Provinz Szechuan stammen soll (beide sind weit von einander entfernt) und über Canton in den Handel gelangt. 4—5 cm lang, bis 3 cm breit, bis 2 cm dick, das Gewicht schwankt von 15—45 g, wovon etwa 60 Proc. auf den Moschus selbst kommen. Die eine Seite ist flach, unbehaart, die andere konvex, behaart, die Haare sind glatt anliegend, gegen die Mitte gerichtet, am Rande abgeschoren. (Fig. 39 u. 40.) Auf derselben Seite 2 kleine Oeffnungen. Der durch Aufschneiden des Beutels gewonnene Moschus ist von schwarzbrauner oder dunkelröthlich-brauner Farbe, er bildet eine lockere krümlige Masse, die z. Th. aus Körnchen und Klümpchen besteht, die die Grösse eines Stecknadelkopfes bis einer Erbse haben. Geschmack bitter, Geruch stark und sehr charakteristisch. Unter dem Mikroskop lassen sich braune und weissliche Körnchen und Schollen von unregelmässiger Form, Oeltröpfchen, Epithelien und Haare erkennen, welche letzteren möglichst mit der Pincette herausgesucht werden sollen. Die allein pharmaceutisch zulässige Sorte.

2) Yünnan-Moschus. Die Beutel sind fast kugelrund, z. B. 4,2 cm lang, 4 cm breit, 3,5 cm dick, dickhäutiger wie 1. Aeltere Stücke sind abgeschoren, neuerdings (1897) in den Handel gekommene langhaarig. Inhalt gelbbräunlich mit einem Stich ins Röthliche.

3) Kabardinischer Moschus (Kabarga: Name des Thieres aus Jenissei), russischer, sibirischer Moschus. Die Beutel sind etwa so gross wie die von 1, aber sehr flach, im Umriss etwas birnförmig. Der Haarwirbel auf der Oberseite stark excentrisch. Geruch etwas urinös.

4) Assam-Moschus. Die Beutel sind ebenfalls denen von 1 sehr ähnlich, aber oft kugelig, oder abgestutzt kegelförmig, meist mit einem erheblichen Theil der Bauchhaut versehen.

5) Aus dem Handel verschwunden sind die kleinen, walnussgrossen Beutel des bucharischen Moschus.

***Bestandtheile.*** Wenig bekannt, speciell über den riechenden Bestandtheil wissen wir nichts. Als wenig wichtige Bestandtheile sind Fett, Cholesterin, Albuminate, verschiedene Salze nachgewiesen. Nach Rump soll Moschus bis 8 Proc. Ammoniumkarbonat enthalten, während Hager mehr wie 1,5 Proc. für verdächtig hält. Beim Trocknen über Schwefelsäure verliert der Moschus 10—14 Proc., Asche 6—8 Proc. Wasser löst 50—75 Proc., die wässerige Lösung des Tonkin-Moschus soll mit Säuren brausen und durch Quecksilberchlorid nur getrübt werden, während Kabardiner-Moschus damit eine Fällung giebt. 90proc. Weingeist löst 10—12 Proc., Benzin, Chloroform, Terpentinöl lösen wenig auf. Die alkoholische Lösung trübt sich auf Wasserzusatz nur wenig.

***Prüfung und Verfälschungen.*** Für die Erkennung eines reinen Moschus halte man sich an die soeben mitgetheilten Thatsachen über Löslichkeit, Asche u. s. w., wobei besonders die mikroskopische Prüfung, die man im Vergleich mit notorisch reinem Moschus vornimmt, nicht zu vernachlässigen ist.

Als Verfälschungen sind neuerdings beobachtet: Blei, Zinnober, Lehm, Glas, Sand, Asphalt, Pflanzengewebe, Stärkemehl, Blut, Muskelfasern, Guano etc. — Schrotkörner etc. hat man im Moschus durch Röntgenstrahlen nachgewiesen.

***Einkauf.*** Der Verbrauch des Moschus als Arzneimittel ist gegen früher erheblich zurückgegangen, so dass ein Vorrath von einigen Grammen für viele Apotheken Jahre lang ausreicht. Ganze Moschusbeutel werden deshalb im allgemeinen seltener gekauft, zumal diese bei der grossen Geschicklichkeit der Chinesen, Fälschungen oder Beschwerungen des Inhalts vorzunehmen und deren Spuren zu verwischen, keine vollkommene Gewähr für die vorschriftsmässige Beschaffenheit desselben bieten. Man kauft also gewöhnlich den den Beuteln entnommenen, „ausgemachten“ Moschus, Moschus ex vesicis, und bezieht ihn von einem besonders zuverlässigen Geschäftsmann. Helv. gestattet einen Wassergehalt bis zu 12 Proc., ohne das Austrocknen vorzuschreiben; dagegen lässt Germ. III. den Moschus über Schwefelsäure[1]) trocknen, bis er nicht mehr an Gewicht verliert. Um das wichtige und sehr theuere Arzneimittel stets in gleichmässiger Beschaffenheit zu erhalten und seine Preiswürdigkeit richtig beurtheilen zu können, sollte man es nur im völlig ausgetrockneten Zustande kaufen, wie es von grösseren Drogenhandlungen bereits geliefert wird; dann sind spätere Verluste durch Austrocknen oder durch Verschimmeln während der Auf-

[1]) Da es schwer halten dürfte, nachzuweisen, ob der Moschus seine Feuchtigkeit an Schwefelsäure oder an Calciumchlorid abgegeben hat, so ist letzteres im vorliegenden Falle entschieden vorzuziehen, denn beim Trocknen über Schwefelsäure kann eine ungeschickte Bewegung den ganzen Moschusvorrath der Vernichtung überliefern. Steht $CaCl_2$ nicht zur Verfügung, so stelle man wenigstens Moschus und Schwefelsäure neben einander unter die Glocke des Exsikkators.

bewahrung ausgeschlossen. Von welcher Bedeutung für die Preisstellung der schwankende Feuchtigkeitsgehalt ist, erhellt aus der Angabe von SCHIMMEL & Co., dass ein den Anforderungen der Germ. III. entsprechend ausgetrockneter Moschus zur Zeit über 4000 Mark für das Kilo kosten würde.

Kauft man indessen die ganzen Moschusbeutel, so hat man darauf zu achten, dass sie äusserlich keine Misstrauen erweckenden Merkmale an sich tragen, dass sie die richtige Form zeigen, gut behaart, voll, glatt und trocken sind; sie dürfen nicht zu prall gefüllt sein und sich nicht feucht anfühlen. Um sie zu entleeren, legt man sie auf einen Bogen glattes Papier, trennt durch einen kreisförmigen Schnitt mit einem scharfen Messer die kahle flache Seite ab, kratzt den Inhalt heraus, sucht Hauttheilchen und Haare mit einer Pincette heraus und trocknet den Moschus über Schwefelsäure oder Calciumchlorid bis zum bleibenden Gewicht. Gute Beutel geben etwa 50 Proc. Ausbeute.

Die leeren Moschusbeutel finden Verwendung in der Parfümerie und werden für diesen Zweck ziemlich theuer bezahlt.

***Aufbewahrung.*** Wegen seines starken, lange haftenden und Manchem unangenehmen Geruchs muss Moschus in dicht schliessenden Stöpselgläsern, von den übrigen Arzneistoffen gesondert in einem eigenen Schränkchen oder Kästchen aufbewahrt werden, welches zugleich die nöthigen, mit „Moschus“ bezeichneten Geräthe: Waage, Gewichte, Löffel, Porcellanreibschale mit Ausguss und Pulverschiffchen enthält. Wenn möglich, arbeitet man mit Moschus nicht auf dem Receptirtische, sondern abseits oder in einem Nebenzimmer. Moschuspulver verabfolgt man in Wachskapseln. Für flüssige Arzneimischungen verreibt man ihn zuvor mit Zucker, hält wohl auch eine derartige Verreibung mit Milchzucker vorräthig.

Der eigenartige Moschusgeruch wird verringert oder ganz aufgehoben durch Metallsulfate, Goldschwefel, Schwefelmilch, Chinin, Kampher, Senföl, Mutterkorn, Emulsionen, besonders durch Thierkohle.

***Wirkung und Anwendung.*** Moschus regt das Nervensystem an, beschleunigt den Puls und die Respiration und befördert Schweisssekretion. Grosse Dosen erzeugen Schwindel, Kopfweh, Zittern, Schläfrigkeit.

Man verwendet ihn als Stimulans bei plötzlich eintretendem Collaps zu 0,1—0,5 g zwei- bis dreistündlich.

Seine medicinische Verwendung ist sehr zurückgegangen, dagegen ist eine Abnahme seines Verbrauches in der Parfümerie, trotz der Konkurrenz des künstlichen Moschus, der ihn für feinere Parfüms nicht ersetzt, nicht nachzuweisen.

**Moschus mixtus.** Pulvis moschiferus. Moschus für den Handverkauf. 1. Th. Moschus vermischt man mit 9 Th. Sanguis Hirci zu einem gröblichen Pulver. Der gemeine Mann verlangt bisweilen Moschus als Schutz gegen Ungeziefer und trägt denselben in einem Beutelchen auf dem blossen Körper. Diesem Zwecke genügt obige Mischung, von der man etwa 0,2 g für 25 Pfennige in einer Wachskapsel verabfolgt.

**Tinctura Moschi.** Moschustinktur. Teinture de musc. Tincture of Musk. Germ. III: 2 Th. Moschus reibt man mit 50 Th. Wasser an, fügt 50 Th. verdünnten Weingeist (60 proc.) hinzu, lässt 8 Tage stehen und filtrirt. — Helv.: ebenso, doch mit 94 proc. Weingeist. — U-St.: 50 g Moschus reibt man nach und nach mit 450 ccm Wasser an, fügt 450 ccm Weingeist (91 proc.) hinzu, filtrirt nach 7tägiger Maceration und wäscht das Filter mit soviel verdünntem Weingeist nach, dass man 1000 ccm Tinktur erhält. — Gall.: Wie Tinct. Cantharidum Gall. (Bd. I, S. 597). — Röthlichbraun, mit Wasser ohne Trübung mischbar. Neben Moschus aufzubewahren. Die beim Filtriren bleibenden Rückstände kann man nochmals mit verdünntem Weingeist unter Zusatz von wenig Ammoniak ausziehen und den Auszug für Parfümeriezwecke verwenden.

**Clysma moschato-camphoratum** BOUCHARDAT

Rp. Moschi
Camphorae ää 1,0
Vitellum ovi unius
Decocti Lini seminis 250,0

**Räucherpapier.**

Charta fumalis. Papier d'Arménie.

Rp. Moschi
Olei Iridis
Olei Rosae ää 1,0
Benzoës 100,0
Myrrhae 10,0
Spiritus 300,0.

Ungeleimtes Papier tränkt man mit Salpeterlösung, trocknet, tränkt mit obiger Essenz und trocknet wiederum.

**Essentia Moschi.**
Moschusessenz für Parfümeure.

Rp. Moschi optimi
Sacchari lactis ää 10,0
optime contritis adde
Aquae destillatae 200,0
Spiritus 300,0
Liquor. Ammonii caust. 5,0.

**Julapium moschatum.**
Mixtura Moschi.

Rp. Moschi 0,25
Gummi arabici 1,0
Sacchari albi 2,0
Aquae Rosae 47,0.
Theelöffelweise.

**Moschusseife** (Buchh.).

1 kg Talgseife wird geschmolzen, mit 10 g Bergamottöl und 2,5 g Moschus, den man mit Zucker verrieben hat, oder mit Tonquinol parfümirt und in Formen gegossen.

**Tinctura Moschi aetherea.**
Aetherische Moschustinktur.

Rp. 1. Moschi 2,0
2. Sacchari Lactis 10,0
3. Aquae destillatae 10,0
4. Spiritus aetherei 90,0.

Man verreibt 1 mit 2, dann mit 3, lässt einige Tage mit 4 maceriren, filtrirt und bringt durch Nachwaschen des Filters mit 4 auf 100,0.

**Tinctura Moschi ammoniata.**

Rp. Moschi
Sacchari Lactis ää 2,0
bene contritis adde
Aquae destillatae 40,0
Spiritus 60,0
Liquor. Ammonii caust. 2,0.

**Tinctura Moschi ammoniata** Lebert.

Rp. Moschi 1,0
Ammonii carbonici 0,5
Contritis adde
Aquae destillatae 5,0
Spiritus 15,0
Olei Menthae piperit. gtts. II.
Theelöffelweise.

**Tinctura Moschi composita.**

Rp. Moschi 2,0
Ambrae 0,5
Vanillini 0,5
Sacchari Lactis 2,0
Aquae destillatae 30,0
Spiritus 70,0.
Bereitung wie bei den vorigen.

**Witterungen.**

1. Für Füchse.

Rp. Moschi 0,25
Camphorae 0,5
Ammonii carbonici 0,5
Aquae 5,0
Adipis anserinae 94,0.

2. Für Hausmarder.

Rp. Moschi 0,05
Aquae Foeniculi
Spiritus ää 5,0
Olei Anisi 1,0.

**Moschus Bauer. Künstlicher Moschus.** Unter diesem Namen wird ein nach Moschus riechendes Benzolderivat, Trinitrobutyltoluol, zuerst von Dr. Bauer dargestellt, in den Handel gebracht. Ein Gemisch von Toluol und Butylchlorid wird mit Aluminiumchlorid erhitzt und das Reaktionsprodukt mit rauchender Salpetersäure und Schwefelsäure nitrirt. Farblose Krystalle, in Weingeist löslich. Der Moschusgeruch tritt besonders nach Zusatz von wenig Ammoniak hervor. Durch Chininsulfat wird der Geruch aufgehoben, durch andere Substanzen sehr verändert. Für die Pharmacie ist das Präparat ohne Belang, es scheint sich auch für die Parfümerie nur unter bestimmten Bedingungen zu eignen, da der Geruch denjenigen des echten Moschus nicht erreicht. Neuerdings in den Handel gekommene Präparate bestanden zu etwa 90 Procent aus Acetanilid. Nachweis des letzteren durch Umkrystallisiren aus siedendem Wasser und durch die Indophenol-Reaktion. Siehe Bd. I S. 4.

**Tonquinol** ist ein Konkurrenzpräparat des vorstehend besprochenen Moschus Bauer. Es wird dargestellt durch Einwirkung von Salpetersäure (Nitriren) auf Sulfosäuren des Butyl-Xylols.

---

# Myrica.

Einzige Gattung der **Myricaceae.**

**I. Myrica asplenifolia (Banks.) Baill.** Sweetfern. Heimisch in Nordamerika. Die Blätter enthalten bis 9,4 Proc., die Wurzel bis 6,8 Proc. Gerbstoff. Die Blätter enthalten 0,08 Proc. eines zimmetartig riechenden ätherischen Oeles vom spec. Gew. 0,926.

Ein Dekokt der ganzen Pflanze wird innerlich als Adstringens und äusserlich als blutstillendes Mittel verwendet.

**II. Myrica cerifera L.** Heimisch in Nordamerika vom Eriesee bis Florida. Die Wurzel und die Rinde werden als Laxans und Brechmittel benutzt; nach anderen Angaben wirken sie bei Diarrhoe heilsam. Die Rinde bildet Stücke, die bis 6 mm dick, aussen hellgrün, innen braun sind. Bruch kurzfaserig. Markstrahlen 2—3 Zellen breit, sich nach aussen stark verbreiternd, in den Baststrahlen kleine Gruppen stark verdickter Fasern und grosse, zuweilen wenig verdickte Steinzellen. Enthält Gerbstoff. Die Früchte dieser und einiger anderen Arten, auch aus Südamerika und vom Cap, haben einen Wachsüberzug, der das **Myricawachs (Myrthenwachs. — Cire de Myrica. — Myrtle wax)** liefert. Spec. Gew. bei 15° C. = 1,00—1,05. Schmelzpunkt 40,5—49,0° C. Erstarrungspunkt 39,5° C. Säurezahl 3. Verseifungszahl 211,5. Es enthält 70 Proc. Palmitin, 8 Proc. Myristin und 5 Proc. Laurin, ist also kein echtes Wachs. In Aether und Chloroform ist es fast völlig löslich. Eine alkoholische Lösung von Eisenchlorid der alkoholischen Lösung des Wachses zugefügt, erzeugt bei dem Wachs von **M.** cerifera eine bräunliche Farbe ohne Niederschlag, wogegen das Wachs von M. quercifolia einen beim Erwärmen unlöslichen Niederschlag giebt.

Er dient hauptsächlich als Zusatz zum Bienenwachs bei der Kerzenfabrikation.

Die Blätter liefern 0,021 Proc. ätherisches Oel vom spec. Gew. 0,886, von grünlicher Farbe und angenehm aromatischem Geschmack.

**Pulvis Myricae compositus** (Nat. form.).
Compound Powder of Bay berry. Composition Powder.

| | | | | |
|---|---|---|---|---|
| Rp. | Cortic. Myricae cerif. radicis pulv. | 60,0 | Fruct. Capsici | 5,0 |
| | Rhiz. Zingiber. | 30,0 | Caryophyllor. | 5,0. |

**III. Myrica Nagi Thunb.** Heimisch in China, Japan und Indien. Die Rinde (Kaiphal) wird als Tonicum und Adstringens verwendet, sie enthält 13,7 Proc. Gerbstoff, ausserdem einen gelben, dem Quercetin ähnlichen Farbstoff. Es schwitzt aus derselben eine Art Kino von dunkelpurpurrother Farbe aus, das sich fast vollständig in Wasser löst. Es enthält 60,8 Proc. Gerbstoff und 10,3 Proc. Asche.

**IV. Myrica Gale L.** Gagel, Gerbermyrthe. Piment royal. Zerstreut durch Europa und Asien bis Kamschatka, auch in Nordamerika. Kleiner Strauch mit länglich-verkehrt eiförmigen bis lanzettlichen, oberwärts gesägten Blättern, die früher als **Folia Myrti brabantici** gegen Hautkrankheiten benutzt wurden. Man verwendet sie auch wie den chinesischen Thee und angeblich als Hopfensurrogat in der Brauerei. Sie enthalten 0,65 Proc. ätherisches Oel von bräunlich-gelber Farbe, spec. Gew. 0,876, das bei 17,5° C. theilweise, bei 12,5° C. vollständig erstarrt.

**V. Myrica sapida Wall.** Vom Himalaya bis Malakka und Borneo. Die Rinde, die wie die von M. Nagi „Kaiphal" heisst, wird gegen Blutungen angewendet, auch gegen Brustbeschwerden. Ihre Markstrahlen sind bis 5 Zellreihen breit, bis 20 Zellreihen hoch, zuweilen stark verbreitert und mit radial verlaufenden schizogenen Sekretbehältern. Solche, aber axial verlaufende Sekretbehälter auch in den Baststrahlen, ferner langgestreckte Steinzellen und Krystallschläuche, die meist Drusen, selten Einzelkrystalle und Sand enthalten.

---

# Myristica.

Einzige Gattung der **Myristicaceae.**

**I. Myristica fragrans Houtt.** (syn: M. moschata Thunb.). Heimisch auf der kleinen Gruppe der Banda-Inseln in den Molukken, kultivirt auf Celebes, Sumatra, Malakka, Java, Borneo, Westindien, Guyana, Bourbon.

Nach Deutschland kommen Bandanüsse, in geringerer Menge solche von Penang und Java. Baum mit immergrünen, lederigen, kurz gestielten, eiförmig-elliptischen, bis 8 cm langenBlättern. Blüthen zweihäusig, die männlichen in wenigblüthigen Blüthenständen, die weiblichen einzeln, wenig auffallend. Frucht eine fleischige, aufspringende Beere, die den einzigen, von einem zerschlitzten Samenmantel (vergl. unten) umhüllten Samen entlässt. (Fig. 41.) Innerhalb des Samenmantels ist der Samenkern von einer braunen, knochenharten, Eindrücke des Samenmantels, sowie die deutliche Raphe zeigenden Samenschale umhüllt. Die reifen, aufspringenden Früchte werden gepflückt, die Fruchtschale entfernt, der Samenmantel abgenommen, sorgfältig getrocknet und zusammengedrückt, die Samen ebenfalls sorgfältig getrocknet, die Schalen dann durch Schlagen mit Hölzern zertrümmert und entfernt, die guten Samenkerne von den schlechten getrennt und die ersteren durch Behandeln mit einem Brei von Kalk und Seewasser „gekalkt", um sie gegen Angriffe schädlicher Insekten widerstandsfähiger zu machen.

Fig. 41. Aufspringende Frucht der Myristica fragrans.

Man verwendet:

1) Den Samenmantel: **Macis** (Austr. Ergänzb. U-St.). **Arillus Myristicae. Flores Macidis. — Macis. Banda-Macis. Muskatblüthe. Muskatblumen. — Macis** (Gall.). **Fleur de muscade. — Mace.**

***Beschreibung.*** Frisch fleischig und karminroth, ist er trocken gelbbräunlich, von hornartiger, aber brüchiger Konsistenz. Frisch vom Samen genommen ist er becherförmig, besteht aus mannigfach zerschlitzten, riemenförmigen Lappen, die einen Durchmesser von 1 mm haben. Beiderseits ist er von einer Epidermis bedeckt, deren Zellen im Querschnitt durch die Droge flach erscheinen, im Tangentialschnitt sind sie sehr lang, parallelwandig, durch horizontale oder schiefe Querwände von einander geschieden. Die äusserste Schicht der Aussenwand ist cuticularisirt. Das Gewebe zwischen den Epidermen besteht aus dünnwandigem Parenchym, dessen Zellen 1,5—10,0 $\mu$ grosse Amylodextrinkörner enthalten, die mit Jodjodkalium rothbraun werden. Ausserdem enthalten sie Fett. Zahlreiche Zellen sind zu grösseren Oelzellen umgewandelt, die bis 105 $\mu$ messen können und eine verkorkte Membran haben. Ausserdem verlaufen im Parenchym zahlreiche zarte Gefässbündel. (Fig. 42.)

***Bestandtheile*** nach Koenig: Wasser 9,65 Proc., stickstoffhaltige Substanz 5,30 Proc., ätherisches Oel 6,66 Proc., Fett 24,63 Proc., stickstofffreie Extraktstoffe 44,81 Proc., Rohfaser 6,31 Proc., Asche 2,64 Proc. In der Trockensubstanz: stickstoffhaltige Substanz 5,88 Proc., ätherisches Oel 7,37 Proc., Fett 27,66 Proc. Nach Schimmel & Co. (1898) beträgt der Gehalt an fettem Oel nur 8,25 Proc., dessen Erstarrungspunkt bei etwa 11° C. liegt.

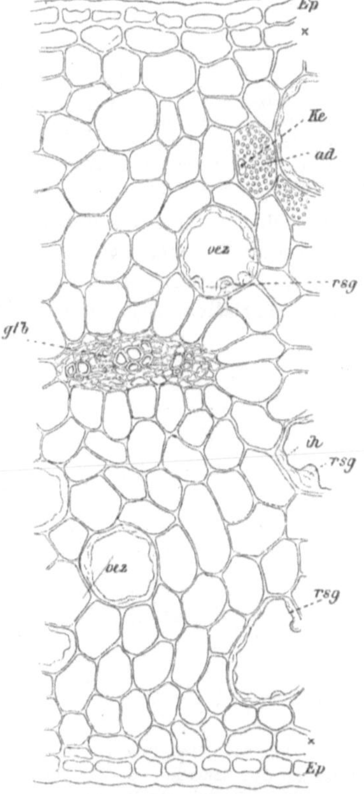


Fig. 42. Nach Tschirch-Oesterle. Querschnitt durch Banda-Macis. *Ep.* Epidermen. *oez.* Oelzelle. *rsg.* resinogene Schicht. *gfb.* Gefässbündel. *Ke.* Zellkern. *ad.* Amylodextrin-Körner. *ih.* Innenhäutchen.

***Verfälschungen.*** Die Banda-Macis wird vielfach mit denen anderer Arten verfälscht, vergl. über deren Nachweis S. 416. Die Menge des ätherlöslichen Extraktes soll nach dem Entfetten mit Petroläther nicht mehr als 5,5 Proc. betragen.

***Aufbewahrung. Anwendung.*** Man bewahrt Macis in dicht schliessenden Glas-, Porcellan- oder Blechgefässen auf. Die Verwandlung in ein feines Pulver bietet Schwierigkeiten infolge des hohen Oelgehalts, geht aber verhältnissmässig leicht von statten, wenn man sie mit gleichen Gewichtstheilen Milchzucker stösst. Einen kleinen Vorrath dieses Pulvers hält man in einem gelben Hafenglase für die Receptur, wo Macispulver bisweilen in Pillen oder Pulvern verordnet wird, vorräthig. Für Kräuterkissen u. dgl. genügt das gröbere Pulver. Macis ist ein angenehmes Gewürz, das indessen mehr für Küchenzwecke, denn als Heilmittel Verwendung findet. Man giebt sie innerlich zu 0,3—0,5 als aromatisches Magenmittel bei Dyspepsien, Koliken. In grösseren Dosen wirkt sie narkotisch.

**Oleum Macidis** (Germ. Austr. Helv.). **Macisöl, Muskatblüthenöl.** — **Essence de Macis.** — **Oil of Mace.**

***Darstellung.*** Macis giebt bei der Destillation mit Wasser 4—15 Proc. ätherisches Oel. Im Handel macht man zwischen ihm und dem Muskatnussöl keinen Unterschied, da die Oele kaum von einander zu unterscheiden sind.

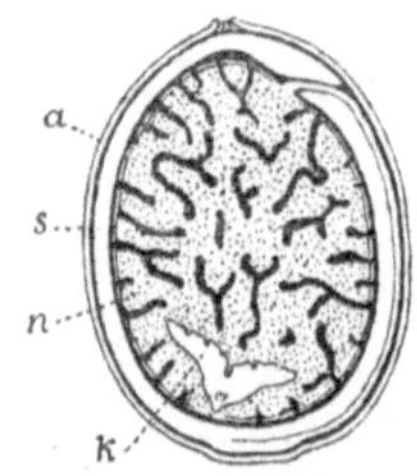

Fig. 43. Samen der Myristica fragrans im Längsschnitt. *a.* Arillus. *s.* Samenschale. *n.* Endosperm. *k.* Embryo.

***Eigenschaften.*** Anfangs farblose, später gelbliche bis röthlichgelbe Flüssigkeit von angenehmem Macisgeruch und aromatischem Geschmack. Spec. Gew. 0,890—0,930. (Das von Helv. geforderte spec. Gew. 0,85—0,86 ist ganz unzutreffend, da ein derartig leichtes Oel nur durch Vermischen mit grossen Mengen Terpentinöl herzustellen ist.) Drehungswinkel (100 mm-Rohr) +10 bis +20°.

***Bestandtheile.*** Von Terpenen, $C_{10}H_{16}$, enthält Macisöl ein fast inaktives Gemenge von Rechts- und Links-Pinen, sowie Dipenten. Am Geruche sind hauptsächlich die sauerstoffhaltigen Körper betheiligt, von denen zu nennen sind: das noch wenig untersuchte Myristicol ($C_{10}H_{14}O$ oder $C_{10}H_{16}O$) und Myristicin, $C_{12}H_{14}O_2$, dessen Konstitution ebenfalls noch nicht ganz festgestellt ist. In kleinen Mengen sind ausserdem vorhanden Myristinsäure und eine phenolartige Substanz unbekannter Zusammensetzung.

2) Der Samen nach Entfernung der Samenschale: **Semen Myristicae** (Austr. Germ. Helv.). **Myristica** (Brit. U-St.). **Nux moschata. Nux s. Semen Nucistae. Nucista.** — **Muskatnuss. Moschatennuss. Bisamnuss. Muskate. Myristicasamen.** — **Muscade** (Gall.). **Noix de muscade.** — **Nutmeg.**

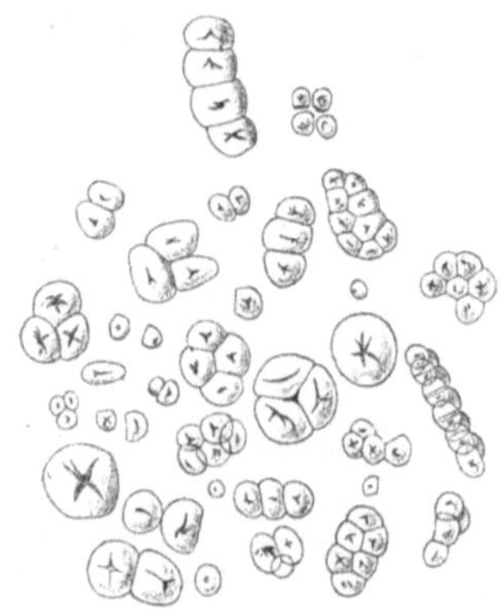
Fig. 44. Nach BUSSE. Stärke aus dem Endosperm des Muskatnuss. 300 mal vergrössert.

***Beschreibung.*** Die Droge besteht also aus dem „Samenkern“ ohne die Schale. Die Kerne sind rundlich oval, 2—3 cm lang, 1,5—2 cm dick, ausnahmsweise werden 3,3 cm lang. Der „Nabel“ tritt als schwach gewölbte Kuppe hervor, am fast entgegengesetzten Ende ist die „Chalaza“ als rundliche grubenförmige Vertiefung sichtbar, beide sind durch die rinnenförmige „Raphe“ verbunden. Ausserdem ist die Oberfläche grob gerunzelt. Die Farbe ist hellbraun, durch das Kalken weisslich. Im Querschnitt ist der Samen graubraun und lässt zahlreiche, unregelmässig verlaufende, dunklere Linien erkennen. Im Längsschnitt erkennt man am Nabelende eine kleine Höhlung, in der sich nur ausnahmsweise Reste des Embryo mit zwei am Rande zerschlitzten Kotyledonen befinden. (Fig. 43.) Die graubraune Hauptmasse des Samens ist das Endosperm, es enthält Fett, meist in krystallinischer Form, Stärke in einzelnen, sowie in zusammengesetzten Körnern, die bis zu 20 Theilkörner enthalten können. Jedes Körnchen lässt einen Spalt erkennen, die

Grösse variirt von 3—18 $\mu$. (Fig. 44.) Endlich lässt das Endosperm nach dem Entfetten Aleuronkörner erkennen, die ein grosses Krystalloid und sehr selten Globoide enthalten.

Die dunkleren, im Querschnitt unregelmässig verlaufenden Linien gehören dem Perisperm an, welches das Endosperm in dünner Schicht umgiebt und faltenförmige Vorsprünge in das Endosperm entsendet. Zahlreiche Zellen sind zu Sekretzellen umgewandelt, sie enthalten ätherisches Oel.

***Bestandtheile*** nach Koenig: Wasser 7,38 Proc., stickstoffhaltige Substanz 5,49 Proc., ätherisches Oel 3,05 Proc., Fett 34,27 Proc., stickstofffreie Extraktstoffe 37,19 Proc., Rohfaser 9,92 Proc., Asche 2,70 Proc. In der Trockensubstanz: stickstoffhaltige Substanz 5,94 Proc., ätherisches Oel 3,29 Proc., Fett 37,00 Proc. Der Gehalt an Asche kann bei den gekalkten Nüssen erheblich höher sein, doch sollen grössere Mengen wie 5,0 Proc. (0,5 Proc. in Salzsäure unlöslich) beanstandet werden. Nach Busse ist der Wassergehalt bei besseren Sorten nicht höher wie 5 Proc.

***Prüfung und Verfälschungen.*** Anfang der sechziger Jahre sind von Holz nachgemachte Muskatnüsse vorgekommen.

Dagegen kommen künstliche, aus Muskatnussstücken, Mehl (z. B. Leguminosenmehl) und Thon gepresste Nüsse öfter im Handel vor, ferner sollen bei insektenstichigen Nüssen die Löcher zugeklebt werden.

Ueber die Nüsse anderer Arten vergleiche unten.

Zur Fettbestimmung zerreibt man nach Busse die Nüsse auf einem gewöhnlichen Reibeisen, extrahirt im Soxhlet 8 Stunden mit Aether, mischt das getrocknete Pulver mit der doppelten Menge ausgeglühtem Quarzsand und extrahirt noch einmal etwa vier Stunden. Zum Verjagen des mitextrahirten ätherischen Oeles lässt man den Aether verdunsten, giebt in den Extraktionskolben etwa 8 g ausgeglühten Quarzsand und einen tarirten Glasstab und erwärmt das Gemisch im Wassertrockenschrank unter öfterem Umrühren 5 Stunden. Busse fand den Fettgehalt bei guten Nüssen zu 34,5—40,5 Proc. Das Pulver ist zu untersuchen auf eine Beimengung der gepulverten Samenschalen, die man an den plattenförmigen Stücken der Oberhaut mit anhaftenden Pigmentzellen und den meist in Bündeln vorhandenen Palissaden leicht erkennt.

***Aufbewahrung. Anwendung.*** Es gilt hier für die Muskatnüsse dasselbe, wie für Macis (s. oben). Innerlich zu 0,5—1,5, wobei daran zu erinnern ist, dass schon nach dem Genuss einer halben Nuss Vergiftungserscheinungen beobachtet wurden. Auch hier empfiehlt es sich, ein mit Milchzucker zu gleichen Theilen hergestelltes, feines Pulver vorräthig zu halten.

Man verwendet weiter aus den Nüssen:

a) das im Perisperm enthaltene ätherische Oel:

**Oleum Myristicae** (Brit. U-St.). **Oleum Nucis moschatae aethereum. — Muskatnussöl. Essence de Muscade. — Oil of Nutmeg.**

***Darstellung.*** Zur Gewinnung des Muskatnussöles werden meist madige, zu anderen Zwecken unbrauchbare Nüsse verwendet. Die Ausbeute schwankt je nach der Beschaffenheit des Materials zwischen 8 und 15 Proc.

***Eigenschaften.*** Dünne, farblose, bei längerem Aufbewahren durch Sauerstoffaufnahme dicker werdende Flüssigkeit von charakteristischem Muskatgeruch und gewürzhaftem Geschmack. Spec. Gew. 0,865—0,920 (0,870—0,900 U.-St., 0,870—0,910 Brit.). Drehungswinkel (100 mm-Rohr) +14 bis +28°. Löslich im Verhältniss von 1:1 in einer Mischung von gleichen Theilen Spiritus und absolutem Alkohol.

***Bestandtheile.*** Die Zusammensetzung des Muskatöles ist soweit bekannt, dieselbe wie die des Macisöles (siehe dieses auf S. 412).

b) Das im Endosperm enthaltene fette Oel, das zugleich zum grossen Theil auch das ätherische Oel enthält:

**Oleum Myristicae** (Helv.). **Oleum Myristicae expressum** (Austr.). **Oleum Nucistae** (Germ.). **Balsamum Nucistae. Oleum Nucis moschatae expressum. Buty-**

**rum Nucistae. Oleum concretum e semine Myristicae moschatae. — Muskatbutter. Muskatnussöl. Muskatbalsam. — Beurre de muscade** (Gall.). — **Butter of Nutmeg.**

***Darstellung.*** Nach Gall. werden Muskatnüsse im Mörser oder auf Mühlen in ein feines Pulver verwandelt, auf Haarsieben mittels Wasserdämpfen bis zum Schmelzen des Oeles erhitzt, zwischen erwärmten Platten ausgepresst, nach dem Erkalten vom Wasser befreit, dann wieder geschmolzen und im Heisswassertrichter durch Papier filtrirt. — Austr., Germ. und Helv. begnügen sich mit einem im geschmolzenen Zustande trüben, also nur durchgeseihten Oel; nach Austr. ist nur die in Indien gepresste Handelswaare officinell. Meist wird jetzt aber das Fett in Europa aus zerbrochenen und sonst minderwerthigen Nüssen durch Extraktion hergestellt; es kommt in viereckigen, in Papier eingehüllten Stücken in den Handel.

***Bestandtheile.*** 4,0 Proc. ätherisches Oel (vergl. oben), 44,0 Proc. festes Fett, der Rest ist flüssiges Fett. Das feste Fett besteht zum grossen Theil aus Myristin.

***Eigenschaften.*** Spec. Gew. bei 15° C. 0,990—0,995. Schmelzpunkt 38,5—51,0° C. Säurezahl 17,25—22,8. Esterzahl 153,5—161,0. Verseifungszahl 172,2—178,6. Jodzahl 40,1—52,04. Es hat Talgkonsistenz, ist von weisslicher Farbe und besitzt Geruch und Geschmack der Nüsse. Kalter Alkohol löst etwa 55 Proc., der Rest (Myristin) ist in Aether löslich. In kochendem Alkohol, Aether und Chloroform fast völlig löslich.

***Aufbewahrung.*** Man bewahrt die Muskatbutter, nachdem man sich von ihrer vorschriftsmässigen Beschaffenheit überzeugt hat, in den mit Stanniol umhüllten Riegeln, wie sie gewöhnlich der Handel bietet, an einem kühlen Orte in dicht schliessenden Gefässen auf. Sie dient als Grundlage für Salben, Pflaster, Cerate, seltener zu Einreibungen des Unterleibes bei Blähungen, Kolik etc.

**Balsamum cephalicum Saxonicum.**

Sächsischer Hauptbalsam.

| | | |
|---|---|---|
| Rp. | Olei Myristicae | 95,0 |
| | Olei Caryophyllorum | |
| | Olei Lavandulae | |
| | Olei Macidis | |
| | Olei Menthae piperitae | |
| | Olei Thymi ãã | 1,0. |

Bei gelinder Wärme mischen.

**Balsamum Hannoveranum.**

| | | |
|---|---|---|
| Rp. | Olei Myristicae | 75,0 |
| | Olei Olivarum | 25,0 |
| | Olei Caryophyllor. | 1,5 |
| | Tinctur. Moschi | 0,5 |
| | Olei Alkannae | q. s. |

**Balsamum Nucistae** (Germ. IV.).

Ceratum Myristicae. Muskatbalsam.
Baume de muscade. Baume stomachique.
Stomachical balsam. Mace-balm.

| | | |
|---|---|---|
| Rp. | Cerae flavae | 2,0 |
| | Olei Olivarum | 1,0 |
| | Olei Nucistae | 6,0 |

schmilzt man im Wasserbade, seiht durch und giesst halberkaltet in Papierkapseln oder Ceratformen aus, die man auf eine kalte Unterlage stellt. Bei Verwendung filtrirter Bestandtheile ist das Durchseihen unnöthig. — Zum Einreiben der Magengegend bei kleinen Kindern.

**Balsamum stomachicum.**

Magenbalsam.

| | | |
|---|---|---|
| Rp. | Olei Nucistae | 60,0 |
| | Olei Olivarum | |
| | Cerae flavae ãã | 15,0 |
| | Mixtur. oleoso-balsam. | 5,0 |
| | Olei Majoranae | |
| | Olei Menthae crispae | |
| | Olei Salviae ãã | 1,0 |
| | Olei Rosmarini | 2,0. |

Fiat l. a. ceratum.

**Bouquet à la Reine.**

Königinduft. (Zeitschr. f. Kosm.)

| | | |
|---|---|---|
| Rp. | Semin. Myristicae | |
| | Caryophyllor. | |
| | Rhizom. Calami ãã | 75,0 |
| | Spiritus | 3,75 l |

digerirt man 8 Tage, filtrirt und fügt hinzu:

| | |
|---|---|
| Tincturae Ambrae | |
| Tincturae Moschi ãã | 160,0 |
| Olei Citri | 80,0 |
| Liquor. Ammonii caust. | 20,0 |
| Olei Amygdalar. amar. | gtts. XXV |
| Olei Neroli | gtts. L |
| Olei Rosae | gtts. C. |

**Linimentum Myristicae saponatum.**

Muskat-Opodeldok.

| | | |
|---|---|---|
| Rp. | 1. Saponis Myristicae | 12,0 |
| | 2. Spiritus | 87,0 |
| | 3. Olei Macidis | 3,0. |

Man löst 1 in 2 unter Erwärmen, fügt 3 hinzu und stellt kalt.

**Pomatum nervinum** (Gall.).

Nervensalbe. Baume nerval.

| | | |
|---|---|---|
| Rp. | 1. Olei Myristicae | 450,0 |
| | 2. Medullae bovinae | 350,0 |
| | 3. Olei Amygdalar. dulc. | 100,0 |
| | 4. Olei Rosmarini | 30,0 |
| | 5. Olei Caryophyllorum | 15,0 |
| | 6. Camphorae | 15,0 |
| | 7. Balsami tolutani | 30,0 |
| | 8. Spiritus (80 proc.) | 60,0. |

Man schmilzt 1—3 im Wasserbade, seiht durch, lässt halb erkalten, fügt 4—6 und die Lösung von 7 in 8 hinzu und rührt kalt.

**Pulvis Myristicae compositus.**

Pulvis antiscrophulosus Goelis.
Goelis'sches Kinderpulver.

| | | |
|---|---|---|
| Rp. | Seminis Myristicae pulv. | |
| | Fructus Lauri tosti pulv. | |
| | Conchar. praeparat. ãã | 15,0 |
| | Radic. Liquirit. pulv. | 55,0. |

**Sapo Myristicae.**
Sapo Nucistae.

Rp. 1. Olei Myristicae 50,0
2. Liquor. Natri caustici (pond. spec. 1,33) 30,0
3. Aquae destillatae 10,0
4. Natrii chlorati 15,0
5. Aquae fervidae 30,0.

Man erhitzt 1—3 im Wasserbade bis zur Verseifung, fügt 4 in 5 gelöst hinzu, lässt erkalten, wäscht die ausgeschiedene Seife und trocknet sie.

**Spiritus Myristicae.**
Essence or Spirit of Nutmeg.

1. Brit.

Rp. Olei Myristicae aetherei 50 ccm
Spiritus (90 vol. proc.) 450 ccm.

2. U-St.

Rp. Olei Myristicae aetherei 50 ccm
Spiritus (91 proc.) 950 ccm.

Nöthigenfalls durch Schütteln mit Talk zu klären.

**Tinctura Macidis** (Ph. Germ. I).

Rp. Macidis gr. pulv. 1,0
Spiritus (87 proc.) 5,0.

Durch Digestion zu bereiten.

**Tinctura Myristicae.**
Tinctura Nucis moschatae.

Rp. Semin. Myristic. gr. pulv. 1,0
Spiritus diluti 5,0.

Durch Digestion zu bereiten.

**Unguentum Macidis.**
Unguentum divinum.

Rp. Olei Myristicae 12,5
Adipis suilli 25,0
Sebi taurini 10,0
Olei Macidis aetherei 2,5.

**Unguentum Myristicae opiatum.**

Rp. Opii pulverati 0,5
Aquae destill. 0,5
Olei Myristicae
Adipis suilli āā 25,0
Olei Macidis 1,0.

Zum Einreiben des Unterleibs (bei Durchfall der Kinder).

**Bruchbalsam** des Dr. Taenzer. 1. 2. 3. Salben aus Muskatbalsam, Johannisöl, Wachs etc., von denen 2 ausserdem freie Kalilauge enthält.

**II. Myristica argentea Warburg.** Heimisch in Neu-Guinea. Die Samen gelangen in den Handel als: **Lange Muskatnüsse. Wilde Muskatnüsse. Papuanüsse. Pferdemuskat.** — Holländ.: **Lange noot. Papuanooten. Mannetjes nooten von Nieuw-Guinea.** — Engl.: **Long-nutmeg.**

Der Arillus besteht aus 4—5 breiteren Streifen, die oben und unten zusammengewachsen sind, er ist schmutziggrau oder braunroth und gleicht im Bau völlig dem von I.

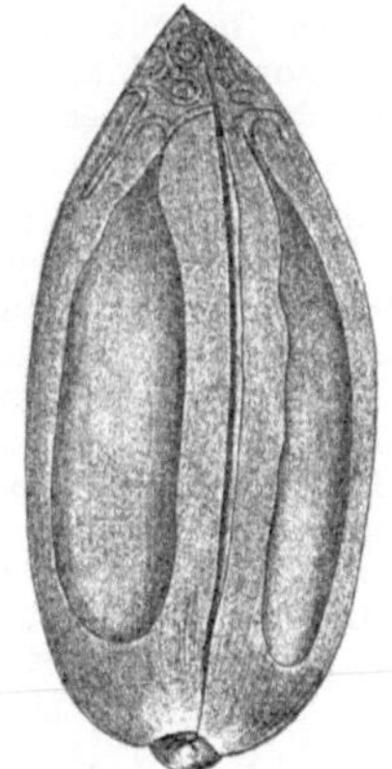

Fig. 45. Nach Busse. Samen von M. argentea mit Arillus.

Fig. 46. Nach Busse. Lange Muskatnuss von M. argentea. *h.* Hilum. *ch.* Chalaza.

Fig. 47. Nach Busse. Wie Fig. 46 im Längsschnitt. *eh.* Höhlung des Embryo.

Der Samenkern ist 35—45 mm lang, 20—25 mm breit, an der Basis am breitesten. Frisch glänzend rothbraun, ist die Handelswaare, weil ziemlich weich, stark abgerieben. Sie werden ebenfalls zuweilen gekalkt. Das Endosperm enthält viel Stärke, deren Körnchen 5—40 $\mu$ messen, indessen zuweilen verkleistert sind. Die Aleuronkörner sind im allgemeinen grösser und regelmässiger als bei I. Die braunen Perispermstreifen (Ruminationsstreifen) sind spärlicher und gröber wie bei I. Diese Art ist nächst I. die wichtigste, immerhin ist sie im Geschmack viel weniger fein. (Fig. 45—47.)

***Bestandtheile*** nach Busse: Trockenverlust 9,391—12,253 Proc., Gesammtasche 2,507—3,900. Fett: 31,679—39,328 Proc.

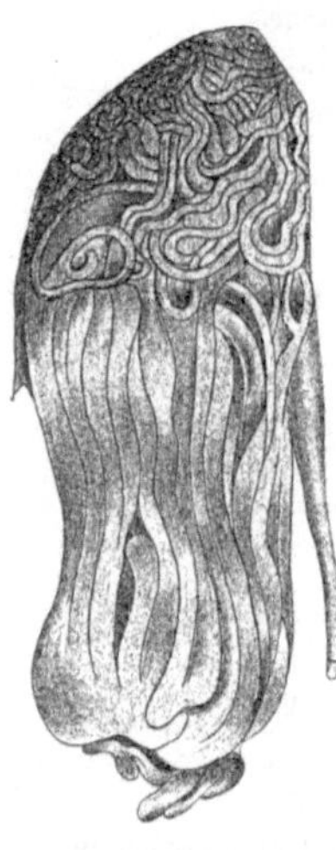
Fig. 48. Nach BUSSE. Bombay-Macis.

**III. Myristica malabarica Lam.** Heimisch in Vorderindien. Der Samenkern ist bis 33 mm lang, bis 18 mm breit. Die Ruminationsstreifen dringen sehr tief in das Endosperm ein. Die Kerne verwendet man in Indien als Heilmittel gegen Kopfschmerzen und als Aphrodisiacum. Das im Endosperm enthaltene Fett (Poondy Oil) wird zu Einreibungen verwendet.

***Bestandtheile.*** 29,6—34,2 Proc. Fett. Dasselbe hat einen Schmelzpunkt von 31—31,5° C. Verseifungszahl 189,4 bis 191,4 Proc. Jodzahl 50,4—53,5. Das Fett enthält keine Myristinsäure. Aetherisches Extrakt (Fett und Harz) 61,84—62,72 Proc. Asche 1,232—1,299 Proc.

Wichtig ist der nicht aromatische Arillus, der seit einer Reihe von Jahren als **Bombay-Macis** (in Indien Rámpatri) nach Europa gelangt und zur Verfälschung der Banda-Macis verwendet wird. Im unzerkleinerten Zustande sind beide leicht zu unterscheiden. Bombay-Macis ist länger, mehr cylindrisch, die Lappen rothbraun, viel schmäler und zerbrechlicher wie bei I. (Fig. 48.) Auch unter dem Mikroskop ergeben sich wesentliche Unterschiede: die Zellen der Epidermis sind fast immer stark radial gestreckt, die Sekretzellen zahlreicher wie bei I und hellgelb bis leuchtend gelbroth. Nach unseren Erfahrungen kommt die letztere Farbe am häufigsten vor und es sind diese Oelzellen resp. ihre Inhaltsklumpen im Pulver leicht aufzufinden. (Fig. 49.)

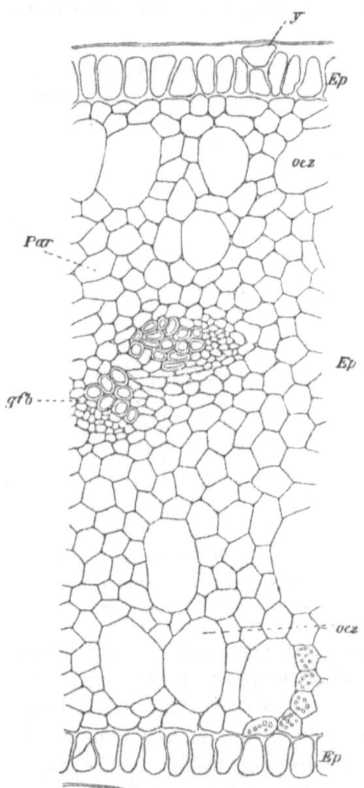

Fig. 49. Nach TSCHIRCH-OESTERLE. Querschnitt durch Bombay-Macis. *Ep.* Epidermen. *oez.* Oelzellen. *Par.* Parenchym. *gfb.* Gefässbündel.

Zum chemischen Nachweis von Bombay-Macis im reinen Macispulver kommen folgende Reaktionen in Betracht:

1) Proben der Pulver werden auf dem Objektträger mit einigen Tropfen 3—5 proc. Kaliumchromatlösung angerührt und allmählich bis zum Sieden erhitzt. Bei Anwesenheit von Bombay-Macis erkennt man schmutzig-grüne oder -braune oder tiefrothe Körper.

2) 3 g Macispulver werden mit 30 ccm absolutem Alkohol übergossen und nach wiederholtem Umschütteln nach 24 Stunden filtrirt: 1 ccm des Filtrats wird mit der dreifachen Menge Wasser gemischt und mit 1 ccm einer 1proc. Kaliumchromatlösung zum Sieden erhitzt. Banda-Macis bleibt gelb, das Auftreten eines braunen Tones in der Flüssigkeit zeigt Bombay-Macis an. Oder man versetzt dieselbe mit Wasser verdünnte Menge mit einigen Tropfen Ammoniak und schüttelt um. Banda-Macis liefert eine rosarothe Flüssigkeit, $2^1/_2$ Proc. Bombay-Macis färben tieforange, 5 Proc. gelbroth.

3) Gute Resultate giebt die Kapillaranalyse: Man taucht 15 mm breite Streifen Filtrirpapier 10 bis 12 mm tief in den alkoholischen Macisauszug 30 Minuten lang, hebt dann heraus, trocknet an der Luft, taucht schnell die ganzen Streifen in zum Sieden erhitztes Barytwasser und trocknet sofort auf reinem Filtrirpapier. Bei reiner Banda-Macis ist die gefärbte Zone auf dem Filtrirpapier blassröthlich, der obere Gürtel bräunlichgelb. Ist Bombay-Macis zugegen, so erscheint die ganze Zone und der obere Gürtel mehr oder weniger ziegelroth.

4) Eine Verfälschung mit Curcuma, die vorkommen soll, erkennt man, abgesehen von dem mikroskopischen Nachweis (Stärke!) durch die Borsäurereaktion, die man auf dem Streifen anstellen kann (orangeroth, durch verdünnte Alkalien blau).

**IV.** Als fettliefernd kommen weiter in Betracht und gelangen gelegentlich nach Europa: **Myristica angolensis Welw.** in Westafrika, enthält über 70 Proc. Fett.

**Myristica Bicubyba (Schott) Warb.** in Brasilien, liefert durch Extraktion mit Aether 59 Proc., beim Pressen 45 Proc. Fett. Dasselbe besteht im wesentlichen aus den Glyceriden der Myristinsäure und Oelsäure und wenig freien Fettsäuren. **Myristica microcephala Bl.** in Westafrika, enthält in dem Samen 73 Proc. Fett. **Myristica peruviana DC.** in Mittelamerika ist fettreich. **Myristica sebifera Sw.** in Mittel- und Südamerika enthält in dem Samen 26 Proc. Fett. **Myristica surinamensis Rol.** in Surinam. Die Samen kommen zuweilen als afrikanische Oelnüsse oder Cuago-Nüsse nach Europa. Sie liefern 60,0 Proc. Fett. **Coelocaryon (Myristica) Preussii Warb.** in Kamerun soll 72 Proc. Fett enthalten.

**V.** Durch Einschnitte in die Rinde liefern einen dem **Kino** (s. d.) ähnlichen Saft: **Myristica malabarica Lam., M. fragrans Houtt., M. glabra, M. succedanea Reinw.** Das Produkt ist dem Malabar-Kino sehr ähnlich, enthält aber krystallinisches Calciumtartrat.

**VI.** Unter dem Namen **Macisbohnen, Muscades de Calabash,** gelangen zuweilen nach Europa die Samen der **Anonacee Monodora Myristica Dun.** Heimisch in Westafrika, auf den Antillen kultivirt. Sie sind grau bis braun, 2,0—2,5 cm lang, 1,0—1,2 cm breit, 5—6 mm dick. Das Endosperm ist durch in dasselbe eingedrungene Falten der inneren Samenschale in tief hinabisolierte Platten gespalten. Geruch und Geschmack gewürzhaft, an Thymol erinnernd. Sie enthalten 25 Proc. ätherisches Oel und 6,22 Proc. fettes Oel.

---

# Myrobalani

sind die gerbstoffreichen Früchte verschiedener zu den Combretaceen und Euphorbiaceen gehörenden indischen Bäume.

1. **Combretaceae.**

**Terminalia Chebula Retz.** liefert die **Myrobalani Chebulae,** von denen die **M. citrinae, indicae, nigrae** anscheinend nicht verschieden sind. Sie sind von dattel- bis birnförmiger Gestalt, 5 cm lang, 2,5 cm dick, längsrunzelig bis undeutlich fünfkantig, gelb, braun bis schwarz. Innerhalb einer weichen Schale, in der reichlich Gerbstoff, Stärke und Oxalat vorkommt, haben sie eine Steinschale, die einen Samen mit eingerollten Kotyledonen einschliesst.

***Bestandtheile.*** Bis 45 Proc. Gerbstoff, Ellagsäure, Gallussäure, 3.5 Proc. Chebulinsäure $C_{28}H_{24}O_{19} . H_2O$.

***Verwendung.*** Medicinisch werden sie kaum noch als Adstringens verwendet, technisch spielen sie als Gerb- und Farbmaterial eine nicht unbedeutende Rolle.

**Terminalia Bellerica Roxb.** liefert die **Myrobalani Bellericae.** Sie sind rund, 3 cm im Durchmesser.

2. **Euphorbiaceae.**

**Phyllanthus Emblica Gärtner** liefert die **Myrobalani Emblicae.** Die Frucht ist fast walnussgross, dreikantig und dreifächerig, in jedem Fach 2—3 Samen.

---

# Myrrha.

**Myrrha** (Austr. Brit. Germ. Helv. U-St.). **Gummi-resina Myrrha. Gummi Myrrha. Myrrha vera.** — **Myrrhe. Echte Myrrhe. Herabol-Myrrha. Männliche Myrrhe. Myrrhengummi. Rothe Myrrhen.** — **Myrrhe** (Gall.). — **Myrrh.**

***Abstammung*** und ***Beschreibung.*** Die Myrrhe wird im südwestlichen Arabien und den gegenüberliegenden Gegenden Afrikas im Gebiete der Somalis gesammelt und nach Aden gebracht, von wo sie entweder direkt, oder über Indien (Bombay) nach Europa gelangt. Sie stammt von mehreren Arten der Gattung Commiphora (Familie der **Burseraceae).** Nach Schweinfurth nimmt man als Stammpflanze in erster Linie an **Commiphora abyssinica Engler,** heimisch im südlichen Arabien und in Abyssinien, in zweiter **Commiphora Schimperi Engler,** ebenfalls in Arabien und Abyssinien. Neuerdings ist, anscheinend ohne ausreichenden Grund diese Ableitung bestritten und als Stammpflanze Commiphora Myrrha Engler angenommen worden.

Die Droge bildet rundliche oder unregelmässige Körner oder löcherige Massen bis zu Faustgrösse. Die Farbe schwankt zwischen gelbroth und braun, innen sind die Stücke oft weit heller, fast weiss, zuweilen geschichtet oder mit in eine hellere Grundmasse eingesprengten dunkleren Partikeln. Die Oberfläche ist matt. Zuweilen vorkommende glänzende Myrrha scheint mit Alkohol abgespült zu sein. Der Geruch ist schwach, aber angenehm aromatisch, der Geschmack bitter und kratzend. Klebt beim Kauen an den Zähnen. Alkohol löst etwa 30 Theile. Schüttelt man 1 g gepulverte Myrrhe mit 2—3 g Aether, filtrirt und lässt zu dem hellen Filtrat Bromdampf treten, so färbt es sich rothviolett (Germ. IV.). Diese Reaktion kommt dem ätherischen Oel zu. (Bonastre's Reaktion.)

***Bestandtheile.*** Bis 59 Proc. Gummi $(C_6H_{10}O_5)x$. Ein Gemenge verschiedener Harze: nämlich ein indifferentes Harz, ein in Alkohol und Aether lösliches Weichharz $C_{26}H_{31}O_2(OH)_3$ und zwei zweibasische Harzsäuren $C_{13}H_{16}O_8$ und $C_{26}H_{32}O_9$. Endlich 7—8 Proc. Aetherisches Oel. Germ. und Helv. lassen einen Aschengehalt von höchstens 6 Proc. zu. Gute Myrrhe gab 3,3 Proc.

***Verfälschungen*** sollen vorkommen mit Myrrhe, die man mit Alkohol extrahirt hat, die also im Wesentlichen nur noch aus in Alkohol unlöslichem Gummi besteht, Bdellium (vergl. Band I. S. 1271), Gummi (vergl. Band I. S. 1267), Bisabol-Myrrha, wahrscheinlich von Commiphora erythrea Engl. stammend, die die oben erwähnte Reaktion mit Bromdampf nicht giebt. Dagegen geben 6 Tropfen eines Petrolätherauszuges (1 : 15) mit 3 ccm Eisessig gemischt und mit 3 ccm koncentrirter Schwefelsäure geschichtet, an der Berührungsstelle eine schöne rosenrothe Zone, nach kurzer Zeit wird die ganze Eisessigschicht rosa.

Zur Beurtheilung wichtig ist die Bestimmung der Säurezahl, Esterzahl und Verseifungszahl nach K. Dieterich.

a) Zur Bestimmung der Säurezahl übergiesst man 1 g einer möglichst fein zerriebenen Durchschnittsprobe mit 30 ccm Wasser und erwärmt $^1/_4$ Stunde am Rückflusskühler. Dann setzt man 50 ccm Alkohol zu und erwärmt weiter $^1/_2$ Stunde am Rückflusskühler. Nachdem die Flüssigkeit erkaltet ist, titrirt man mit Phenolphthaleïn und $^1/_2$ N.-Kalilauge zur Rothfärbung. Die verbrauchten ccm Lauge $\times$ 28,08 = Säurezahl. K. Dieterich fand 20,06.

b) Verseifungszahl. Man übergiesst ebenfalls 1 g mit 30 ccm Wasser, lässt $^1/_2$ Stunde stehen und fügt dann 25 ccm $^1/_2$ N.-Kalilauge zu. Dann erhitzt man $^1/_2$ Stunde im Dampfbad mit Rückflusskühler, lässt erkalten, verdünnt mit Alkohol und titrirt wie a. Die verbrauchten ccm Lauge $\times$ 28,08 = Verseifungszahl. K. Dieterich fand 145,60.

c) Esterzahl durch Subtraktion von a und b. K. Dieterich fand 125,54.

***Einkauf.*** Der Apotheker sollte nur die als „electa“ bezeichnete Handelswaare kaufen, keinesfalls aber die *Myrrha contusa pro tinctura.* Abgesehen davon, dass Verfälschungen mit fremden Gummiarten hierin kaum nachweisbar sind, geht schon aus dem Preise hervor, dass dazu nicht die beste Myrrhe verarbeitet wird. Beim Einkauf durchmustert man die ganze Sendung, scheidet auffallend dunkle oder sonstwie abweichende Stücke aus und prüft sie auf Identität. Bestehen sie die Bonastre'sche Reaktion nicht, so werden sie verworfen, ebenso etwa beigemengte Gummistücke, die in Wasser löslich sind oder darin aufquellen.

***Pulverung.*** Zur Darstellung des Pulvers verwendet man die harte Myrrhe, zerstösst sie gröblich, trocknet bei etwa 25° C. (Gall.), besser im Kalktrockenschrank und verwandelt sie in ein feines Pulver (Helv. VI., Gall. No. 80).

***Aufbewahrung.*** Die ganze Myrrhe in Blechkästen, das Pulver in dichtgeschlossenen Hafengläsern.

***Anwendung.*** Innerlich selten bei übermässiger Schleimabsonderung der Luft- und Harnwege zu 0,03—0,15 in Pillen, Pulvern oder Emulsion; Gaben von 2—4 g sollen nicht unbedenklich sein. Häufiger äusserlich bei Entzündungen des Halses und Zahnfleisches als Gurgelwasser; zu Räucherungen bei Luftröhrenkatarrh; zum Verband jauchiger Wunden.

**Extractum Myrrhae** (Ergänzb.). Myrrhenextrakt. 10 Th. mittelfein gepulverte Myrrhe zieht man 48 Stunden mit 40 Th. Wasser aus, filtrirt den Auszug, dampft auf 6 Th. ein, fügt 1 Th. Weingeist hinzu und verdampft zur Trockne. Ausbeute etwa 50 Proc. Man bewahrt das Extrakt nicht als Pulver auf, denn als solches verliert es mit der Zeit die Löslichkeit in Wasser.

**Tinctura Myrrhae.** Myrrhentinktur. Teinture de myrrhe. Tincture of Myrrh. Die Arzneibücher lassen die Tinktur übereinstimmend aus 1 Th. grobgepulverter Myrrhe und 5 Th. Weingeist (Austr. Germ. 87, Helv. 94, Gall. 80proc.) herstellen, Austr. durch Digestion, Germ., Gall., Helv. durch Maceration; Brit. und U-St. lassen durch Maceration von 200 g Myrrhe mit 800 ccm Weingeist (90 bez. 91proc.), Filtriren und Nachwaschen des Filters mit Weingeist 1000 ccm Tinktur bereiten. Röthlich-gelb, mit Wasser milchig trübe. — Bei Myrrhentinktur ist das von verschiedenen Seiten empfohlene Verdrängungsverfahren sicher vorzuziehen, da nachweislich hierdurch eine bessere Erschöpfung der Droge stattfindet. MERSON erhielt aus feinem Pulver: bei der Maceration 3,7 Proc., bei der Perkolation nur 1,5 Proc. ungelöstes Harz. Der in Weingeist unlösliche Bestandtheil der Myrrhe liefert, in 2 Th. Wasser gelöst, einen für manche Zwecke gut verwendbaren Klebschleim.

**Aqua dentifricia** Dr. HOFFMANN.
Dr. HOFFMANN's Mund- und Zahnwasser.

| Rp. | | |
|---|---|---|
| 1. | Myrrhae gr. m. pulv. | 100,0 |
| 2. | Radicis Alkannae | 15,0 |
| 3. | Aquae destillatae | 250,0 |
| 4. | Spiritus | 500,0 |
| 5. | Saponis hispanici | |
| 6. | Aquae destillatae ää | 125,0 |
| 7. | Spiritus | 500,0 |
| 8. | Olei Menthae piperit. | 3,0 |
| 9. | Olei Citri | 1,5 |
| 10. | Olei Rosae | gtts. V |
| 11. | Glycerini | 60,0. |

Man macerirt 1 und 2 mit 3 und 4, löst 5 in 6 und 7, mischt, fügt 8—11 hinzu, lässt absetzen und filtrirt.

**Aqua stomatica** Dr. RUTHERFORD.
Dr. RUTHERFORD's Mundwasser.

| Rp. | |
|---|---|
| Tinctur. Benzoës | 125,0 |
| Tinctur. Chinae | 25,0 |
| Tinctur. Myrrhae | 300,0 |
| Spiritus | 550,0 |
| Olei Rosae | gtts. XX. |

**Balsamum Myrrhae.**

| Rp. | |
|---|---|
| Myrrhae pulveratae | 7,0 |
| Kalii carbonici depurati | 1,0 |
| Aquae destillatae | 2,0 |

verreibt man zur gleichförmigen Masse.

**Elixir amarum balsamicum.**
Elixir tonicum GENDRIN.

| Rp. | |
|---|---|
| Extracti Myrrhae | 2,0 |
| Elixir Aurantior. comp. | 98,0. |

**Emplastrum diaphoreticum** MYNSICHT.

Rp. Emplastri Lithargyri comp. 80,0
Liquatis adde

| | |
|---|---|
| Myrrhae pulverat. | 15,0 |
| Succini „ | |
| Olibani „ | |
| Mastiches „ ää | 2,5. |

**Liquor Myrrhae.**
Liquamen Myrrhae. Oleum Myrrhae per deliquium.

| Rp. | |
|---|---|
| Extracti Myrrhae | 2,0 |
| Spiritus diluti | 1,5 |
| Aquae destillatae | 6,5. |

Trübe Flüssigkeit. Dient zu Augenwässern, Pinselsäften etc.

**Pilulae digestivae** MACHIAVELLI.

| Rp. | |
|---|---|
| Myrrhae | |
| Aloës ää | 5,0 |
| Croci | |
| Fructus Anisi ää | 1,0 |
| Pulveris aromatici | 2,0. |

Zu 100 Pillen. Vor jeder Mahlzeit 1—3 Stück.

**Pilulae Galbani compositae** (Nat. form.).
Compound Pills of Galbanum.

| Rp. | |
|---|---|
| Myrrhae | |
| Galbani ää | 9,75 |
| Asae foetidae | 3,25 |
| Sirupi | q. s. |

Man formt 100 Pillen.

**Pilulae Guajacoli cum Myrrha.**

| Rp. | |
|---|---|
| Guajacoli | 2,5 |
| Myrrhae pulv. | 5,0 |
| Balsami peruviani | 0,5 |
| Cerae flavae pulv. | |
| Glycerini ää | q. s. |

Zu 50 Pillen. Das Wachs pulvert man auf einem Reibeisen.

**Pulvis antiphthisicus** HOFFMANN.

| Rp. | |
|---|---|
| Myrrhae pulv. | 10,0 |
| Sacchari pulv. | 50,0. |

4mal täglich 1 Theelöffel.

**Pulvis dentifricius cum Myrrha.**

Myrrhen-Zahnpulver.

Wie Pulvis dentifricius cum China (Bd. I, S. 737), doch an Stelle von 4 mit einer Mischung aus

Myrrhae pulv. subt. 50,0
Rhizom. Iridis subt. 100,0.

**Pulvis dentifricius adstringens.**

Nach Miss CONKLIN.

Rp. Myrrhae
Natrii chlorati ää 2,0
Saponis medicati 1,0
Calcii carbonici praec. 95,0
Olei Rosae q. s.

(Das Kochsalz dient zur Geschmackverbesserung).

**Pulvis dentifricius** PUSINELLI.

PUSINELLI'sches Zahnpulver.

Rp. Calc. carbon. 25,0
Oss. Sepiae plv. 5,0
Rhizom. Irid. plv. 5,0
Myrrh. plv. 2,5
Kalii chloric. plv. 12,5
Ol. Menth. pip. gtt. VI.

Das Kaliumchlorat wird zuletzt vorsichtig zugemischt.

**Tinctura Capsici et Myrrhae** (Nat. form.).

Tincture of Capsicum and Myrrh.

Hot Drops. „Number six" (THOMPS.)

Rp. Fruct. Capsici pulv. (No. 20) 32 g
Myrrhae pulv. (No. 40) 125 g
Spiritus (91 proc.) vol. 9 } q. s.
Aquae destillatae vol. 1 }

Man mischt die Pulver mit gleichen Th. gereinigtem Sand und bereitet durch Perkolation l. a. 1000 ccm Tinktur.

**Tinctura dentifricia cum Myrrha** DIETERICH.

Myrrhen-Zahntinktur.

Rp. Tinctur. Myrrhae 50,0
Tinctur. Benzoës
Tinctur. Cinnamomi
Tinctur. Guajaci
Tinctur. Aurant. cort.
Tinctur. Ratanhiae ää 10,0
Spiritus Cochleariae 50,0
Mellis rosati 100,0
Spiritus diluti 850,0
Acidi tannici 10,0
Olei Menthae pip. 5,0
Olei Caryophyllor.
Olei Salviae ää 1,0
Olei Gaultheriae gtts. V.

**Tinctura Myrrhae alkalina.**

Rp. 1. Myrrhae gr. pulverat.
2. Kalii carbonici depur. ää 100,0
3. Aquae destillatae 500,0
4. Spiritus diluti 500,0.

Man digerirt 1—3 zwei Tage, dampft die abgeseihte Flüssigkeit zum Sirup ein, schüttelt mit 4, digerirt einen Tag, stellt einige Tage kalt und filtrirt den weingeistigen Theil.

**Tinctura Myrrhae composita.**

Tinctura gingivalis balsamica.

Balsamische Zahntinktur.

Rp. Tincturae Myrrhae 50,0
Tincturae Catechu 30,0
Balsami peruviani 1,0
Spiritus Cochleariae 19,0.

Theelöffelweise dem Mundspülwasser zuzusetzen.

**Tinctura odontalgica.**

Rp. Tincturae Myrrhae
Mentholi ää 10,0
Spiritus 80,0.

Zum Bepinseln des Zahnfleisches.

**Unguentum contra Decubitum.**

Form. mag. Berolin.

Rp. Tincturae Myrrhae 1,0
Zinci sulfurici 2,5
Plumbi acetici 5,0
Vaselini americani 41,5.

**Unguentum Myrrhae.**

Rp. Myrrhae subtil. pulv. 7,5
Tincturae Myrrhae 2,5
Unguenti basilici 40,0.

Zum Verbande schlecht eiternder Wunden.

**Unguentum Myrrhae** RUST.

Rp. Tincturae Myrrhae 10,0
Unguenti basilici 40,0.

**Vinum antigastralgicum** DELIOUX.

Vin antigastralgique à la myrrhe DELIOUX.

Rp. Myrrhae 20,0
Corticis Aurantii 15,0
Vini Malacensis 1000,0.

**Vet. Pulvis vulnerarius balsamicus.**

Balsamisch-Wundpulver.

Rp. Myrrhae pulveratae
Aloës „
Benzoës „
Catechu „ ää.

**Algontine,** ein Mundwasser, enthält Salpeter, Myrrhen- und Zimmttinktur und Pfefferminzwasser.

**Eau dentifrice** de Mad. BEAUMOND. Eine mit Alkanna gefärbte Mischung aus Myrrhen-, Opium- und Zimmttinktur, Kampferspiritus und weinigem Pfefferminzwasser.

**Hamburger (JENNY'sche) wundersame Essenz** ist ein Auszug aus Aloë, Koloquinthen und verschiedenen Gummiharzen.

**Jerusalemer Balsam, ächter,** ist Tinct. Benzoës comp.

**Jerusalemitanischer Balsam** von ANTONIO ist ein verdünnter Weingeist mit Spuren Myrrhe, Aloë, Safran etc.

**Kosmin,** ein Zahnwasser, besteht im wesentlichen aus Formaldehyd, Myrrhen- und Ratanhiaextrakt, Saccharin, verdünntem Weingeist, Pfefferminz- und Geraniumöl.

**Lazarus-Balsam** No. 1 und 2 von KOCH & Co. in Friedenau. 1. Gemisch aus Diachylon-, Zink-, Bleiweiss-, Kampher- und Glycerinsalbe mit Zusätzen von Myrrhen- und Arnikaextrakt, Perubalsam, Borsäure etc. 2. Ein Pflaster aus Myrrhe, Galbanum, Benzoë, Bismal, weinessigsaurer Thonerde, Talg, Wachs, Pech- und Hamburger Pflaster.

**Myrrhine,** eine Zahnpasta aus Myrrhe, Stärke, Schlämmkreide, Glycerin, Zimmtöl.

**Myrrholin,** ein Wundheilmittel, ist eine Lösung des Myrrhenharzes in Ricinusöl. Eine derartige Zubereitung ist als „FLÜGGE's Myrrhencrême" unter No. 63,592 patentirt.

**Nägelbadeflüssigkeit.** Eine Mischung aus 4,0 g Myrrhentinktur, 5 Tropfen Schwefelsäure, 125 g dest. Wasser, in welche man die mit Bürste und Seife gereinigten Nägel kurze Zeit eintaucht.

**Pflaster, poröses, stärkendes** von ALLCOCK, ist ein durchlöchertes Kautschukpflaster, dessen Ueberzug aus Burgunder Harz, Weihrauch, Myrrhe und Terpentinöl besteht (HAGER).

**Wund- und Magenbalsam, Ungarischer,** von SEEHOFER. Eine weingeistige, versüsste Tinktur aus Aloë, Catechu, Myrrhe, Safran, Zimmt, Zittwerwurzel.

**Oleum Myrrhae, Myrrhenöl.** Das bei der Destillation der officinellen Myrrhe in einer Ausbeute von 2,5—8,5 Proc. erhaltene ätherische Oel ist dickflüssig, von gelber bis grünlicher Farbe und besitzt den charakteristischen Geruch der Myrrhe. Spec. Gew. 0,988—1,007. Drehungswinkel (100 mm-Rohr) — 67 bis — 90°.

Das aus der Bisabol-Myrrhe erhaltene ätherische Oel ist dünnflüssig und hellgelb. Bei einem Destillate wurde das spec. Gew. 0,8836 bei 24° und der Drehungswinkel (100 mm-Rohr) — 14° 20′ beobachtet.

---

# Myrtillus.

**Vaccinium Myrtillus L.** (Familie der **Ericaceae—Vaccinioideae—Vaccinieae**). Circumpolar in den nördlichen und gemässigten Gegenden. Bis 50 cm hoher Strauch mit krautigen, sommergrünen, eiförmigen, kerbig gezähnten Blättern. Stengel scharfkantig. Die gestielten Blüthen einzeln in den Blattwinkeln, mit kugeliger, krugförmiger, grünlicher, röthlich überlaufener Krone. Früchte blauschwarz.

Verwendung finden:

1. Die Blätter: **Folia Myrtilli. — Heidelbeerblätter** selten ihres Gerbstoffgehaltes wegen.

**Extractum Myrtilli foliorum fluidum.** Aus fein gepulverten Heidelbeerblättern wie Extract. Frangulae fluidum (Band I. S. 1181).

2. Die Früchte:

**Fructus Myrtilli** (Ergänzb. Helv.). **Baccae Myrtillorum. Myrtilla. — Heidelbeeren. Blaubeeren. Bickbeeren. Besinge. Gandelbeeren. — Baies d'Airelle Myrtille** (Gall.). **Myrtille. Baies de myrtille. — Bilberries. Blue-berries.**

***Beschreibung.*** Die Beere ist erbsengross, kugelig, 4—5 fächerig, vielsamig, blauschwarz, bereift, an der Spitze mit einer kleinen, vom Kelchsaum umgebenen vertieften Scheibe.

***Bestandtheile*** nach KOENIG: Wasser 78,36 Proc., Stickstoffsubstanz 0,78 Proc., freie Säure 1,66 Proc., Zucker 5,02 Proc., sonstige stickstofffreie Stoffe 0,87 Proc., Holzfaser und Kerne 12,29 Proc., Asche 1,02 Proc. In der Trockensubstanz: Stickstoffsubstanz 3,60 Proc., Zucker 23,28 Proc. Der Farbstoff ist in Wasser löslich, die Lösung wird durch Säuren roth, durch ätzende Alkalien grün. Alaun giebt einen rothen Niederschlag.

***Einsammlung.*** Die Heidelbeeren werden zur Zeit der Reife, im Juli und August, gesammelt, an der Sonne getrocknet und in Holzkästen auf der Kräuterkammer aufbewahrt. 6½ Th. frische geben 1 Th. trockne. Bei geringem Verbrauch ist eine öftere Besichtigung der Vorräthe geboten, wenn man sie nicht eines Tages von Insektenlarven zerstört vorfinden will. Man beugt derartigen Verlusten vor, wenn man die Beeren vor dem Einfüllen in die Vorrathsgefässe einen Tag in einer Aetheratmosphäre verweilen lässt.

***Anwendung.*** Die Heidelbeeren sind ein wegen ihres Gerbstoffgehaltes seit langer Zeit allgemein gebrauchtes Volksmittel; man wendet sie bei Durchfall, Ruhr etc., gewöhnlich in der Form der Abkochung, an. Neuerdings verwendet man sie zu Mundausspülungen bei Leukoplakien im Munde (200 g Fruct. Myrtill. mit 1500 g Wasser auf 750 g eingedampft.) Sie sollen schmerzstillend wirken. Die Wirkung schreibt man dem lokal anästesierenden Farbstoff zu. Seit man aus ihnen einen haltbaren Wein darstellt, giebt man diesem vor der Abkochung vielfach den Vorzug; derselbe bietet in den Fällen, wo es auf die Tanninwirkung ankommt, einen vollgültigen Ersatz für die französischen Rothweine und verdient als einheimisches Erzeugniss um so mehr Beachtung, als er als reiner unverfälschter Naturwein gelten darf. Siehe auch: Elixir Myrtilli.

Die Verwendung frischer Heidelbeeren im Haushalt ist bekannt. Der frische Saft wird vielfach dem Rothwein zur Verbesserung der Farbe zugesetzt.

**Extractum Myrtillorum.** Man lässt den frisch gepressten Saft bis zur Zerstörung der Pektinstoffe gähren, filtrirt und dampft zu einem dicken Extrakt ein.

**Extractum Myrtilli Winternitz, Myrtillin.** Getrocknete Heidelbeeren werden, mit Wasser übergossen, über gelindem Feuer gekocht, bis der gesammte Farbstoff gelöst erscheint und die Masse noch dünnflüssig ist. Man seiht durch ein engmaschiges Haarsieb, wäscht mit heissem Wasser nach und kocht zur Sirupdicke ein. Zur Erhöhung der Haltbarkeit soll ein Zusatz von Salicylsäure (0,2 g auf 1 l) gemacht werden. Prof. Winternitz empfiehlt das Extrakt bei Erkrankungen der Schleimhäute, besonders aber bei Hautkrankheiten, mykotischen Ekzemen, Brandwunden, Schuppenflechte. Man trägt es mit einem Pinsel auf und legt Watte darüber oder bestreut mit Reismehl.

**Sirupus Myrtillorum** wird aus den frischen Beeren wie Sirup. Cerasi (Band I, S. 698) bereitet.

**Succus e fructu Myrtilli** (Gall.). Succus Myrtillorum. Suc d'airelle ebenso wie Succus Cerasi (Band I, S. 699).

**Succus Myrtilli inspissatus** (Diet.). Heidelbeersaft. Heidelbeersalse. 1000 g frische Beeren erhitzt man in einer Porcellanschale 1 Stunde im Wasserbade, presst aus, erhitzt nochmals 1 Stunde mit 500 g Wasser, presst wiederum, kocht die vereinigten Flüssigkeiten mit 100 g Zucker auf, seiht durch und dampft zu einem dicken Extrakt ein. Ausbeute etwa 240 g.

**Tinctura Myrtillorum.** Bad. Erg. Taxe. Aus 1 Th. trocknen Beeren und 5 Th. verdünntem Weingeist durch Digestion.

**Vinum Myrtilli.** Heidelbeerwein. Nach E. Dieterich: 100 kg Heidelbeeren werden mit Wasser abgewaschen, mit 2 g Nelken, 4 g Zimmt, je 10 g Fliederblüthen und Ingwer, 2 kg ungeblauter Raffinade zerquetscht und nach 2 Tagen ausgepresst (Saft I). Den Rückstand mischt man mit einer dem erhaltenen Saft gleichen Menge Wasser und presst nach 24 Stunden wiederum (Saft II). Je 30 l Saft I, 10 l Saft II, 10 l Wasser, 10 kg ungeblaute Raffinade, 50 g rohen, gepulverten, rothen Weinstein lässt man in einem Fasse regelrecht vergähren, füllt in ein frisches Fass, zieht im ersten Frühjahr klar ab und füllt zum Herbst auf Flaschen. — Nach Graftian: 20 l Saft lässt man mit 40 kg Honig vergähren — sonst ebenso.

**Elixir Myrtilli compositum.**

Heidelbeer-Elixir.

| Rp. | | | |
|---|---|---|---|
| 1. | Fruct. Myrtilli sicc. | | 100,0 |
| | Cortic. Cascarillae conc. | | |
| | Cortic. Cinnamomi conc. | | |
| | Radic. Colombo conc. | āā | 5,0 |
| | Aquae fervidae | | 300,0 |
| 2. | Folior. Menthae pip. | | 10,0 |
| | Acidi tannici | | 2,0 |
| | Spiritus | | 50,0 |
| 3. | Pepsini | | 3,0 |
| | Acidi hydrochloric. | | 1,0 |
| | Glycerini | | 10,0 |
| | Vini rubri optim. | | 100,0 |
| | Saccharini | | 0,2. |

Man digerirt 1 ½ Stunde im Wasserbade, fügt 2 hinzu, presst nach 24 Stunden aus, ergänzt auf 300,0 und mischt mit 3. Kindern theelöffelweise mit Salepschleim.

**Meyer's Choleralikör.**

| Rp. | | | |
|---|---|---|---|
| | Fruct. Myrtilli sicc. | | 10,0 |
| | Cortic. Aurantii fruct. | | 30,0 |
| | Cortic. Cinnamomi | | 20,0 |
| | Rhizom. Galangae | | |
| | Rhizom. Zedoariae | āā | 5,0 |
| | Fruct. Cardamomi min. | | 2,5 |
| | Spiritus | | 1200,0 |
| | Aquae | | 1400,0. |

Man digerirt 5 Tage, presst, filtrirt und fügt hinzu

Sirupi Sacchari 500,0.

**Sirupus Myrtillorum compositus.**

Sirupus adstringens Joubert.

| Rp. | | | |
|---|---|---|---|
| | Fruct. Myrtilli sicc. | | 100,0 |
| | Florum Rosae | | 20,0 |
| | Cort. Aurantii fruct. | | |
| | Radic. Caryophyllat. | | |
| | Rhiz. Arnicae | āā | 10,0 |
| | Aquae fervidae | | 400,0 |
| | Spiritus | | 50,0. |

Man digerirt 24 Stunden, presst, filtrirt und bringt 400,0 Filtrat mit

Sacchari 600,0

zum Sirup.

Bei Durchfall kleiner Kinder theelöffelweise.

**Suppositoria Myrtilli.**

| Rp. | | |
|---|---|---|
| | Extracti Myrtillor. | 30,0 |
| | Kalii carbonici | 3,0 |
| | Aquae destillat. | 7,0 |
| | Olei Cacao | 60,0. |

Zu 30 Stuhlzäpfchen. Täglich 2 Stück einzuführen

**Weinfarbe.**

| Rp. | | |
|---|---|---|
| | Extracti Myrtillor. | 100,0 |
| | Aluminis pulv. | 2,0 |
| | Vini rubri | 850,0 |
| | Spiritus | 50,0. |

Man lässt 8 Tage absetzen und filtrirt.

# Naphthalinum.

**Naphthalinum** (Austr. Germ. Helv. U-St.). **Naphthalin. Naphthalina. Naphthaline. Naphthalene.** $C_{10}H_8$. **Mol. Gew. = 128.**

Naphthalin scheidet sich aus den bei 180—220° C. übergehenden Antheilen des Steinkohlen-Schweröls beim Abkühlen krystallinisch aus. Das rohe Naphthalin wird mit Schwefelsäure und Braunstein erwärmt, wiederholt gewaschen, alsdann sublimirt und aus Alkohol umkrystallisirt.

***Eigenschaften.*** Farblose, glänzende Krystallblätter von durchdringendem, an Steinkohlentheer erinnerndem Geruche und brennendem, aromatischem Geschmacke; es ist schon bei gewöhnlicher Temperatur, besonders leicht aber mit Wasserdämpfen oder Alkoholdämpfen flüchtig, schmilzt bei 80° C., siedet bei 218° C. und verbrennt, entzündet, mit leuchtender, russender Flamme. In Wasser ist es selbst in der Siedehitze nur wenig löslich, leicht löslich ist es dagegen in Aether, Chloroform und in Schwefelkohlenstoff. Beim Erwärmen löst es sich auch in Weingeist, fetten Oelen und flüssigem Paraffin auf. Das spec. Gew. ist bei 15° = 1,1517.

In chemischer Hinsicht zeigt es alle Eigenschaften eines Kohlenwasserstoffes der aromatischen Reihe. Es giebt mit Schwefelsäure gut charakterisirte Sulfosäuren, mit rauchender Salpetersäure Nitroderivate. Durch Oxydation mit verdünnter Salpetersäure wird es zu Phthalsäure, durch Oxydation mit Chromsäure und Eisessig zu Naphthochinon und Phthalsäure oxydirt.

Mit Pikrinsäure vereinigt es sich — wie alle höher konstituirten Kohlenwasserstoffe — zu einer Molekular-Verbindung, welche in diesem Falle die Zusammensetzung $C_{10}H_8 . C_6H_2(OH)(NO_2)_3$ hat.

Früher ein lästiges Nebenprodukt bei der Theerverarbeitung, gewinnt das Naphthalin immer mehr an Bedeutung wegen der Möglichkeit seiner Verarbeitung zu Phthalsäure (und damit zu Benzoësäure, Fluoresceïn, Eosin u. s. w.), Naphtholen, Naphthylamin.

***Prüfung.*** Das Naphthalin sei farblos, röthe feuchtes blaues Lackmuspapier nicht (freie Säuren, z. B. Schwefelsäure) und verbrenne auf dem Platinblech, ohne einen Rückstand zu hinterlassen (anorganische Verunreinigungen). Zur Feststellung des Reinheitsgrades genügt die dauernde Farblosigkeit des Präparates, sowie die Bestimmung des Schmelz- und Siedepunktes. Ausserdem muss es sich in koncentrirter Schwefelsäure beim schwachen Erwärmen ohne Färbung auflösen. Eine Färbung der Schwefelsäure würde auf nicht näher bekannte, aus dem Steinkohlentheer stammende Verunreinigungen schliessen lassen. Die Identität ergiebt sich aus dem durchdringenden Geruch unschwer von selbst. Unreines Naphthalin färbt sich, wenn es der Luft und dem Lichte ausgesetzt ist, besonders an den Rändern der Blättchen röthlich bis braun.

***Aufbewahrung.*** Unter den indifferenten Mitteln, doch empfiehlt es sich unbedingt, dasselbe, ähnlich wie Moschus, Jodoform etc., von den übrigen Arzneimitteln getrennt, in wohlverschlossenem Blechkasten unterzubringen, auch besondere Dispensirgeräthe für das Naphthalin zu halten.

***Anwendung.*** Das Naphthalin wird namentlich auf Grund seiner antiseptischen, desinficirenden Eigenschaften angewendet. Nach Ernst Fischer hemmt es die Entwicklung der Schimmelpilze und tödtet die letzteren in kurzer Zeit. Ferner zeigt es sich wirksam gegen Schizomyceten und Wurzelschimmel. Niedere Thiere tödtet es oder es vertreibt dieselben. — Ausserdem benutzt man Naphthalin zum Konserviren von Herbarien und Insektensammlungen, zum Abhalten der Motten aus Kleidungsstücken, zum Karburiren des Leuchtgases in den sog. Albo-Karbon-Lampen. — Die Verwendung des Naphthalins zur Darstellung der Naphthalinderivate ist bereits erwähnt; durch Erhitzen von rohem Naphthalin in geschlossenen Gefässen wird Russ erzeugt.

Aeusserlich benutzt man es in 10—12 procentiger öliger Lösung (Oleum Lini oder Olivarum) gegen Krätze, ferner in Salbenform gegen eine Reihe von Hautkrankheiten. In einigen Kliniken wird es auch zur antiseptischen Wundbehandlung in Form von Sprays,

Gaze und Watte herangezogen. Innerlich wird es in Dosen von 0,1 bis 0,5 bis 1,0 g als expektorirendes Mittel bei Erkrankungen der Luftwege in Pillen, Pulvern und Pastillen, auch in Leimkapseln gegeben. Neuerdings ist es auch als sicheres Mittel gegen Spulwürmer für Kinder in Gaben von 0,1 g empfohlen worden.

**α-Nitro-Naphthalin. Entscheinungspulver.** $C_{10}H_7 . NO_2 = 173$. Wird dargestellt durch Anrühren von 1 Th. Naphthalin mit 5 Th. kalter roher Salpetersäure von 1,32 sp. G., die zuvor mit 1 Th. koncentrirter Schwefelsäure gemischt wurde. Nach mehrtägiger Einwirkung wird das gebildete Nitronaphthalin mit Wasser gewaschen und aus heissem Alkohol umkrystallisirt. Gelbe Prismen, Schm.-P. 61° C. Wird Petroleum, Mineralölen und Harzölen zugesetzt, um diesen die blaue Fluorescenz zu nehmen.

**Alabastrine,** Specialität gegen Motten, sind aus 4 Th. Naphthalin und 1 Th. Kampher gegossene Tafeln.

**Albocarbonlampen-Füllung.** In cylindrische Stücke gegossenes Naphthalin.

**Ammonit,** ein Sprengmittel, ist eine Mischung aus 81,5 Th. Ammoniumnitrat und 18,5 Th. Mononitronaphthalin.

**Antiputrin** von Arno Henny in Altenburg und O. Meissner in Leipzig, Mittel zur Vertilgung der Motten. Besteht hauptsächlich aus Naphthalin.

**Antitineïn** von Weuber, ein Mottenmittel, besteht hauptsächlich aus Naphthalin.

**Excelsior,** selbstthätiger Desinfektor. Ist eine mit 40 g rohem Naphthalin gefüllte Pappschachtel.

**Intestin-Radlauer.** Mischung aus 50 Th. Naphthalin, 50 Th. Wismutbenzoat und 0,5 Th. Vanillin.

**Naphthalin-Kampher-Kästchen** gegen Motten. Mischung aus 4 Th. Naphthalin und 1 Th. Kampher wird geschmolzen und in Kästchen aus Blech oder Pappe gegossen.

**Motten-Papier.** Man tränkt Papier mit einer geschmolzenen Mischung von 50 Th. Naphthalin und je 25 Th. Ceresin und krystallisirter Karbolsäure.

**Motten-Essenz.** 50,0 Naphthalin, 25,0 Kampher, 10,0 Mirbanöl, 1000,0 Terpentinöl, 815,0 Spiritus von 96 Proc.

**Pediculin, Mittel zum Vertreiben von Insekten,** ist eine Mischung von 65 Th. Kalkstein und 35 Th. Rohnaphthalin.

**Victoria-Desinfektionsmittel,** in die Sprechöffnungen der Telephone zu stecken, ist Naphthalin mit wenig Kampher.

---

# Naphtholum.

Von den beiden isomeren Naphtholen ist das als β-Naphthol bezeichnete das therapeutisch häufiger angewendete, daher stets gemeint, wenn es als Naphthol schlechthin bezeichnet wird.

**I. Beta-Naphtholum.** **β-Naphthol** (Austr.). **Iso-Naphthol. Naphtholum** (Brit., Germ. Helv. U-St.). **Naphthol-β** (Gall.). **Naphthylol-β.** $C_{10}H_7 . OH$. **Mol. Gew. = 144.**

Das β-Naphthol wird in chemischen Fabriken dargestellt, indem man rauchende Schwefelsäure bei 200° C. auf Naphthalin einwirken lässt. Die hierbei gebildete β-Naphthalinsulfosäure wird in das Natriumsalz verwandelt und dieses durch Verschmelzen mit Natronhydrat in Naphtholnatrium übergeführt. Aus der wässrigen Lösung des letzteren wird durch Säuren das freie Naphthol abgeschieden. — Das medicinale β-Naphthol in Schüppchen erhält man durch Umkrystallisiren des gereinigten β-Naphthols aus siedendem Petroleumäther.

***Eigenschaften.*** Farblose, seidenglänzende Krystallblättchen oder ein weisses, krystallinisches Pulver von schwach phenolartigem Geruche und brennend scharfem, aber nicht lange anhaltendem Geschmacke; es schmilzt in reinem Zustande bei 122° C. und siedet bei 286° C. Es löst sich in etwa 4000 Th. kaltem oder 75 Th. siedendem Wasser zu einer gegen Lackmus neutralen, aromatisch schmeckenden Flüssigkeit, welche auf Zusatz von Ammoniak oder Natronlauge eine bläulich violette Fluorescenz annimmt, mit Chlorwasser (infolge Bildung von β-Dinaphthol) eine stark weisse Trübung giebt, die durch Ammoniak wieder zum Verschwinden gebracht wird, wobei eine grüne, später braune Färbung auftritt. Eisenchlorid färbt die wässerige Lösung grünlich, nach einiger Zeit erfolgt eine Abscheidung weisser Flocken (von β-Dinaphthol). Dagegen wird sie weder

**durch Ferrosulfat, noch durch Bleiacetat verändert. In Weingeist, Aether, Benzol, Chloroform, Oelen und alkalischen Flüssigkeiten ist das β-Naphthol leicht löslich. Es sublimirt ziemlich leicht und ist mit Wasserdämpfen flüchtig.**

Seinen chemischen Eigenschaften nach ist es ein vollständiges Analogon des gewöhnlichen Phenols oder der Karbolsäure. Es zeigt sich dies dadurch, dass es sich mit ätzenden Alkalien zu gut charakterisirten Salzen löst, aus denen es schon durch sehr schwache Säuren, wie Kohlensäure und Essigsäure, wieder abgeschieden wird.

Als charakteristische Reaktion für Naphthol giebt RAUPENSTRAUCH an, dass dasselbe beim Erhitzen mit Kalilauge und Chloroform eine Blaufärbung erzeugt, welche durch Grün in Braun übergeht.

***Prüfung.*** Für die Reinheit des β-Naphthols ist von Wichtigkeit, dass es fast farblos ist und den Schmelzpunkt von 122° C. zeigt, da dieser durch Gegenwart des bei 96° schmelzenden α-Napthols herabgedrückt werden würde. Davon abgesehen prüft man wie folgt: **1)** 1 g β-Naphthol löse sich in 50 g Ammoniakflüssigkeit ohne Rückstand zu einer nur blassgelblichen Flüssigkeit; ein Rückstand könnte aus Naphthalin bestehen, starke Färbung der ammoniakalischen Lösung würde auf mangelhafte Reinigung hindeuten. — **2)** Die heissgesättigte wässerige Lösung werde durch Eisenchlorid nicht violett gefärbt, andernfalls ist α-Naphthol zugegen. — **3)** 1 g, auf dem Platinbleche erhitzt, verflüchtige sich vollkommen; ein Rückstand würde aus anorganischen Verunreinigungen bestehen.

***Aufbewahrung.*** Vor Licht geschützt, da es im Tageslichte allmählich Färbung annimmt. Zu den Separanden wird es von keiner der Pharmakopöen gerechnet.

***Anwendung.*** Das β-Naphthol ist von KAPOSI an Stelle des Theers bei verschiedenen Hautkrankheiten, auch Krätze, empfohlen worden. Man benutzt es in spirituöser oder öliger Lösung. Für die Therapie ist zu bemerken, dass es von der Haut aus resorbirt werden kann und alsdann unter Umständen Nephritis und Hämoglobinurie verursachen kann. Die Ausscheidung erfolgt durch den Urin als Dioxynaphthalin, mit Schwefelsäure und Glukuronsäure gepaart. — In der Technik dient es namentlich zur Herstellung von Azofarbstoffen, z. B. von Biebericher Scharlach.

**Frottirspiritus**
zur LASSAR'schen Haarkur.
Rp. β-Naphtholi 1,0
Alkohol absoluti 200,0.

Vet. **Pommade naphtholée** (Gall.).
Rp. β-Naphtholi 10,0
Adipis 100,0.

**Sapo naphtholicus.**
Naphthol-Seife.
Rp. β-Naphtholi 10,0
Saponis Cocoïs 100,0.

**Pasta Naphtholi** LASSAR.
LASSAR's Schälpaste (Hamb.-V., Ergänzb.).
Rp. β-Naphtholi 10,0
Sulfuris praecipitati 50,0
Vaselini flavi
Saponis kalini āā 20,0.

**Lassar's Krätzmittel.**
Rp. β-Naphtholi 0,25
Balsami peruviani 10,0
Spiritus Saponis kalini 25,0.

**Unguentum Naphtholi compositum** KAPOSI.
Rp. β-Naphtholi 15,0
Adipis 100,0
Saponis kalini 50,0
Cretae laevigatae 10,0.
Krätzsalbe. Zweimal in 24 Stunden die befallenen Stellen energisch einzureiben.

**Gelatina β-Naphtholi** UNNA.
Rp. Gelatinae albae 5,0
Aquae destillatae 65,0
Glycerini 25,0
β-Naphtholi 6,0.

**β-Naphthol-Kampher. β-Naphtholum camphoratum.** Man erwärmt eine Mischung von 2 Th. Kampher und 1 Th. Naphthol bis zur Verflüssigung. Flüssigkeit, in Wasser unlöslich, in fetten Oelen löslich. Als Antisepticum. Mit Cocaïn kombinirt zum Bestreichen lokal-tuberkulöser Affektionen, mit Oel gemischt bei Furunkel, Coryza, Scabies.

**Naphthoxol.** Ist eine alkoholische Lösung von Wasserstoffsuperoxyd mit 2 Proc. β-Naphthol. Zur Wundbehandlung. (Bericht von GEHE & Co.)

**Naphthosalicin.** Eine Auflösung von β-Naphthol und Salicylsäure in heisser Boraxlösung, an deren Stelle auch Ammoniakflüssigkeit genommen werden kann. Desinfektionsmittel zum Reinigen der Wäsche und Kleider in Hospitälern und bei Truppen.

**Scabinol.** Eine Krätzesalbe, enthaltend Styrax, Tabakextrakt, β-Naphthol und Kaliseife.

**Haarwasser gegen Kopfschuppen.** Naphtholi 10,0, Tincturae Quillajae 400,0, Heliotropini 0,5, Olei Iridis gtt. 1.

**Rhinalgin von THOMALLA.** Nasenzäpfchen, enthaltend Olei Cacao 1,0, Alumnoli 0,01, Mentholi 0,025, Olei Valerianae 0,025. Nasen-Antisepticum.

**Epicarin.** **β-Oxynaphthyl-o-Oxy-m-Toluylsäure.**

Kleinere Mengen des reinen Produktes lassen sich aus dem Epicarin-veterinarium durch Umkrystallisiren desselben aus Eisessig erhalten. Da die Krystalle aber Krystall-Eisessig enthalten, müssen sie entweder auf 120°C. erhitzt oder nochmals aus Alkohol, Benzol oder Wasser umkrystallisirt werden.

Die reine Verbindung stellt farblose Nadeln dar, schwerlöslich in heissem Wasser, Eisessig, Benzol, Chloroform, leicht löslich in Alkohol, Aether und Aceton. Sie ist eine starke Säure, welche Kohlensäure und Essigsäure aus ihren Salzen austreibt. In Oelen ist es — mit Ausnahme von Olivenöl — nicht löslich, doch lassen sich ölige Lösungen unter Zuhilfenahme von wenig Aether oder Aceton darstellen, desgl. Salben mit Vaselin oder Lanolin. Schm.-P. 199° C. Die alkoholische Lösung giebt mit Ferrichlorid intensiv blaue Färbung. Mit koncentrirter Schwefelsäure entsteht eine rothbraune Lösung mit lebhaft grüner Fluorescenz. Durch Schütteln mit Kalilauge und Chloroform entsteht gelbliche Trübung, welche später in Gelbgrün übergeht. — Die Alkalisalze des Epicarins sind in Alkohol löslich, das Natriumsalz ist in Wasser wenig löslich.

$$C_6H_3 \begin{cases} CO_2H \\ OH \\ CH_2 - C_{10}H_6.OH \end{cases}$$

Epicarin.

Epicarin ist ein starkes Gift für Hautparasiten, dagegen für Warmblüter, soweit die Erfahrungen bis jetzt reichen, ungefährlich. Innerlich bei Warmblütern ein starkes, nicht reizend wirkendes Antisepticum, welches zum grössten Theil unverändert durch den Harn wieder abgeschieden wird. Aeusserlich nach Kaposi ein sicher wirkendes Mittel bei Scabies, Herpes tonsurans maculosus und Prurigo, nach Frick auch bei der Sarkoptes-Räude der Hunde.

**Epicarin-Natrium.** $C_{10}H_6(OH).CH_2 - C_6H_3(OH)CO_2Na$. Das Natriumsalz der reinen Verbindung. Ist ein starkes Antisepticum, hebt in 1 proc. Lösung die Hefegährung auf und in alkalischer Lösung die Entwickelung des Bacterium coli.

**Epicarinum veterinarium.** Das der reinen Verbindung entsprechende, etwas unreinere Präparat; ein etwas röthliches Krystallpulver, zum Gebrauche in der Veterinär-Medicin bestimmt, namentlich bei der Sarkoptes-Räude der Hunde.

**Unguentum Epicarini contra scabiem** Kaposi.

Rp. Epicarini 10,0
Unguenti simplicis 100,0.

**Unguentum Epicarini contra pruriginem** Kaposi.

Rp. Epicarini 10,0
Olei Jecoris 5,0
Vaselini flavi 15,0.

**Unguentum contra herpetem** Kaposi.

Rp. Epicarini 15,0
Saponis kalini 200,0
Zinci oxydati 10,0.

Bei Herpes tonsurans maculosus.

**Vet.** **Solutio Epicarini.**

Rp. Epicarini 100,0
Olei Ricini 100,0
Spiritus 1000,0.

Gegen Sarkoptes-Räude der Hunde. Dreimal in Zwischenräumen von je 5 Tagen mittels einer Bürste einzureiben.

**Beta-Naphthol-Natrium. β-Naphthol-Natrium. Mikrocidin.** $C_{10}H_7.ONa = 166$. Zur Darstellung löst man in einer koncentrirten Lösung von 4 Th. reinem, kohlensäurefreiem Natronhydrat 15 Th. Naphthol und dampft diese Lösung thunlichst rasch und unter thunlichstem Abschluss von Luft zur Trockne. Weisses, unter Einwirkung von Licht und Luft sich leicht veränderndes Pulver, löslich in 3 Th. Wasser. Aus dieser Lösung wird durch Säuren β-Naphthol abgeschieden. Vor Licht geschützt aufzubewahren.

Die wässerige Lösung ist nicht ätzend, unschädlich für die Instrumente, wenig giftig, dagegen angeblich 20mal stärker antiseptisch als Karbolsäure. Aeusserlich zum Verbande inficirter Wunden 0,5 : 100,0 Wasser, zum Ausspülen von Körperhöhlen 0,3 : 100,0.

**β-Naphtholsulfosaures Calcium. Abastrol. Asaprol.** $[C_{10}H_6(\beta)OH(\alpha)SO_3]_2.Ca + 3H_2O = 540$. Zur Darstellung werden 10 Th. β-Naphthol mit 8 Th. konc. Schwefelsäure im Wasserbade erwärmt, bis sich die Masse klar im Wasser löst. Man verdünnt mit Wasser, neutralisirt mit einem Ueberschuss von Calciumkarbonat und dampft das Filtrat zur Trockne.

Ein weisses, bis schwach-röthliches, neutrales Pulver, löslich in 1,5 Th. Wasser oder in 3 Th. Alkohol. Die wässerige Lösung wird durch Zusatz von Ferrichlorid blau gefärbt.

Das Präparat wirkt antiseptisch und wird innerlich in Gaben von 1—4 g bei Rheumatismus, Gicht, Typhus empfohlen. In Frankreich soll es dem Weine als Konservirungsmittel zugesetzt werden.

Nachweis im Wein. Man schüttelt 50 ccm Wein mit 1 ccm koncentrirter Schwefelsäure und 25 g Bleisuperoxyd 5 Minuten lang, filtrirt alsdann und schüttelt das klare Filtrat mit 1 ccm Chloroform. Bei Gegenwart von Abastrol nimmt letzteres gelbe Färbung an. Wird der Chloroformauszug verdunstet und der gelbe Rückstand mit einigen Tropfen koncentrirter Schwefelsäure befeuchtet, so tritt Grünfärbung ein.

**β-Naphtholdisulfosaures Aluminium. Alumnol.** (Ergänzb.) $[C_{10}H_6(OH)SO_3]_6 . Al_2$ **= 1392.** Die Darstellung erfolgt, indem man β-Naphtholdisulfosaures Baryum mit Aluminiumsulfat umsetzt und das Filtrat zur Trockne verdampft.

Farbloses oder schwach-röthliches, nicht hygroskopisches Pulver, in Wasser leicht, in Alkohol schwerer löslich, auch löslich in Glycerin, unlöslich in Wasser. Die Lösungen in Wasser und in Alkohol zeigen blaue Fluorescenz, die durch Zusatz von Alkalien verstärkt wird. Die wässerige Lösung reagirt sauer und wird durch Ferrichlorid blau gefärbt.

Wirkt antiseptisch und adstringirend und wird in 0,5—2proc. Lösung zum Ausspülen von Körperhöhlen, auch bei Gonorrhoe und die 4proc. zu Spülungen des Auges angewendet.

**β-Naphtholkarbonat. β-Naphtholum carbonicum. Kohlensäure-β-Naphthylester.** $CO_3(C_{10}H_7)_2$ **= 314.** Wird durch Einwirkung von Kohlenoxychlorid (Phosgen $COCl_2$) auf β-Naphtholnatrium erhalten.

Atlasglänzende, farblose, in Wasser unlösliche, in Alkohol schwer lösliche Blättchen, Schmelzp. 176°. — Wird an Stelle des β-Naphthols als Darmantisepticum empfohlen, da es nicht kratzend schmeckt und nicht reizend wirkt.

**Benzonaphtholum. Benzoësäure-β-Naphtholester. β-Naphthylbenzoat. Benzoate de naphthol** β (Gall.) $C_6H_5CO_2 . C_{10}H_7$ **= 248.** Wird dargestellt durch Erhitzen von 25 Th. β-Naphthol mit 27 Th. Benzoylchlorid ($C_6H_5COCl$) während 1/2 Stunde auf 170° C. im Sandbade. Das Reaktionsprodukt wird zunächst dreimal mit 2proc. Natronlauge gewaschen, dann aus siedendem Alkohol umkrystallisirt.

Farblose, bei 107° C. schmelzende Nadeln, in Wasser schwer (1 : 10000) löslich, leicht löslich in Alkohol und in Chloroform, schwer löslich in Aether. Wird im Darme in Benzoësäure und β-Naphthol gespalten und deshalb als Darmantiseptikum empfohlen. Tagesgaben für Erwachsene bis zu 5,0 g, für Kinder bis zu 2 g.

**Hydronaphthol,** ein von Amerika aus inscenirtes Präparat, angeblich ein Reduktionsprodukt des Naphthols, hat sich als ein plumper Schwindel, nämlich als unreines β-Naphthol erwiesen.

**β-Naphtholmilchsäureester. Lactonaphthol. Lactol.** $CH_3CH . (OH)CO_2 . C_{10}H_7$ **= 216.** Zur Darstellung lässt man auf ein Gemisch molekularer Mengen von β-Naphtholnatrium und Natriumlactat Phosphoroxychlorid bei 120—130° C. einwirken, wäscht das Reaktionsprodukt mit Wasser und krystallisirt es aus heissem Alkohol um.

Farblose, in Wasser unlösliche, in Alkohol lösliche Krystalle. Wird in Gaben von täglich 1 g als Darmantisepticum, besonders bei Kindern angewendet.

**†Dijod-β-Naphthol.** $C_{10}H_6J_2O_2$ **= 412.** Eine dem Aristol (s. Bd. I, S. 382) analoge Verbindung. Zur Darstellung lässt man auf eine alkalische Lösung von β-Naphthol eine wässerige Lösung von Kaliumjodid bei Gegenwart von Natriumhypochlorit einwirken.

Grünlichgelbes, schwach nach Jod riechendes Pulver, unlöslich in Wasser, leicht löslich in Alkohol und in Aether. Erhitzt, zersetzt es sich unter Ausstossung von Joddämpfen. Wird an Stelle des Jodoforms als Antisepticum verwendet und zwar in Substanz als Pulver oder in 10—20proc. Salbe.

## II. Alpha-Naphtholum. α-Naphthol. Naphthol α (Gall.). Naphthylol. α. $C_{10}H_7 . OH$. Mol. Gew. = 144.

***Darstellung.*** Lässt man auf Naphthalin rauchende Schwefelsäure bei 80—90° C. einwirken, so wird vorzugsweise α-Naphthalinsulfosäure gebildet. Man stellt durch Sättigen mit Calciumkarbonat das Calciumsalz dieser Säure dar, führt es durch Umsetzung mit Natriumkarbonat in das Natriumsalz über und erhält aus diesem durch Schmelzen mit Natronhydrat das α-Naphthol-Natrium.

***Eigenschaften.*** Farblose, glänzende, phenolartig riechende Nadeln; Schmelzpunkt 96° C., Siedepunkt. 278—280° C. Das spec. Gew. ist bei 4° C. = 1,224. In kaltem Wasser ist α-Naphthol wenig löslich, reichlicher in siedendem Wasser, leicht löslich in Alkohol, Aether, Chloroform und Benzol. Es sublimirt schon in mässiger Wärme leicht und ist mit Wasserdämpfen reichlich flüchtig. — In der wässerigen Lösung erzeugt Ferrichloridlösung einen zunächst weissen, aber bald violett werdenden Niederschlag von α-Dinaphthol. — Chlorwasser erzeugt in der wässerigen Lösung einen weissen Niederschlag, der sich in Ammoniak mit bläulicher Farbe löst. — Mischt man 1 ccm einer 1procentigen Zuckerlösung mit 2 Tropfen einer 20procentigen alkoholischen Lösung von α-Naphthol, so erhält man eine trübe Flüssigkeit. Giebt man zu dieser Flüssigkeit 1—2 ccm koncentrirte

Schwefelsäure, so erhält man eine violette Flüssigkeit, aus welcher sich nach dem Verdünnen mit Wasser ein violetter Niederschlag ausscheidet. — Mit Chloroform und Kalilauge giebt $\alpha$-Naphthol eine ähnliche Farbreaktion wie $\beta$-Naphthol.

***Anwendung.*** Das $\alpha$-Naphthol wurde bis vor kurzem für wesentlich giftiger als das $\beta$-Naphthol gehalten. Nach Maximowicz ist dies nicht der Fall. Dieser giebt es zu 0,5—1,0 g bei Abdominaltyphus und steigt selbst auf 6—8 g pro die, auch bei Influenza. Aeusserlich in Olivenöl gelöst bei Erysipel und Variola.

**† $\alpha$-Oxy-Naphthoësäure. Acidum $\alpha$-oxynaphthoïcum. $\alpha$-Naphtholkarbonsäure. $C_{10}H_6(OH)CO_2H = 188$.** Diese der Salicylsäure analoge Verbindung wird dargestellt durch Erhitzen von $\alpha$-Naphtholnatrium im Kohlensäurestrom. Aus der wässerigen Lösung des so entstandenen Natriumsalzes wird die freie Säure durch Salzsäure ausgeschieden. Vergl. Bd. I, S. 99.

Weisses, krystallinisches Pulver von beissendem Geschmack, die Nasenschleimhaut stark zum Niesen reizend. Sublimirbar, schwer löslich in Wasser, leicht löslich in Alkohol, Aether, Chloroform, Benzol, fetten Oelen, Glycerin. Die Lösungen werden durch Ferrichlorid blau gefärbt. Die trockene Säure schmilzt bei 186° C. unter Zerfall in Kohlensäure und $\alpha$-Naphthol. — Mit Hilfe von Boraxlösung lassen sich mehrprocentige Lösungen darstellen. Vorsichtig aufzubewahren.

Ist Antisepticum und Antizymoticum. Wurde vorübergehend und mit Vorsicht bei Darmkrankheiten innerlich angewendet. Unter der Bezeichnung Sternutament bei Nasenkatarrh als Riechmittel. In 10proc. Salbe gegen Scabies.

**† Natrium $\alpha$-oxynaphthoïcum. $\alpha$-Oxynaphthoësaures Natrium. $C_{10}H_6(OH)CO_2Na = 210$.** Durch Neutralisiren der freien $\alpha$-Oxynaphthoësäure mit Natriumkarbonat zu erhalten. Weisses, geruchloses Pulver, in Wasser leicht löslich, neutral oder von schwachsaurer Reaktion. Geschmacklos, erzeugt aber auf der Zunge nach einiger Zeit schwaches Brennen. Die wässerige Lösung wird durch Ferrichlorid blau gefärbt. Vorsichtig aufzubewahren.

Es wurde als Antithermicum und Antisepticum (Ersatz des Natriumsalicylats) empfohlen, hat sich indessen wegen seiner relativen Toxicität nicht eingeführt.

**III. $\alpha$-Naphthylaminsulfosäure. Acidum $\alpha$-naphthylaminosulfonicum. Naphthionsäure. $C_{10}H_6(NH_2)SO_3H$. Mol. Gew. = 223.**

Die Darstellung erfolgt durch Erhitzen von $\alpha$-Naphthylamin mit konc. Schwefelsäure oder durch Erhitzen von schwefelsaurem $\alpha$-Naphthylamin auf 180—200° (das $\alpha$-Naphthylamin wird analog dem Anilin durch Reduktion von $\alpha$-Nitronaphthalin erhalten).

Aus Wasser krystallisirt, kleine glänzende, farblose Nadeln, mit $^1/_2$ Mol. Krystallwasser. Löslich in ca. 4000 Th. kaltem Wasser, kaum löslich in Alkohol, unlöslich in Aether, in heissem Wasser leichter löslich. In alkalischen Flüssigkeiten unter Bildung von Salzen leicht löslich mit bläulicher Fluorescenz.

Die Naphthionsäure vermag salpetrige Säure zu binden unter Bildung von Diazonaphthalinsulfosäure $C_{10}H_6(SO_3H)N = N - OH$. Man giebt sie daher in Gaben von 6mal 0,5 g bei akutem Jodismus, d. h. einer bei Gebrauch von Jodalkalien auftretenden Erkrankung der Nasenschleimhaut, die man auf Abscheidung von salpetriger Säure zurückführt. Ferner als Antidot bei Nitritvergiftung und bei gewissen, von alkalischer Zersetzung des Harns begleiteten Blasenleiden.

---

# Narceïnum.

**I. † Narceïnum. Narceïn. Pseudonarceïn. Narcéïne** (Gall.). **$C_{23}H_{27}NO_8 + 3H_2O$. Mol. Gew. = 499.** Da das Narceïn nur etwa zu 0,1 Proc. im Opium enthalten ist, so ist dessen Selbstdarstellung materiell nicht lohnend.

***Darstellung.*** **A)** (nach Pelletier). Der kaltbereitete wässerige Opiumauszug wird bei gelinder Wärme eingetrocknet, der Verdampfungsrückstand in kaltem Wasser gelöst und filtrirt (Narkotin bleibt als Rückstand im Filter). Das bis auf 100° C. erhitzte Filtrat wird mit Ammoniakflüssigkeit im Ueberschusse versetzt und, nach Verdampfung des überschüssigen Ammoniaks durch Kochung, an einen kalten Ort gestellt. (Hier scheidet Morphin und Meconin aus.) Dann wird wieder filtrirt und das Filtrat mit Barytwasser versetzt, welches Meconsäure nebst braunem Farbstoff ausscheidet. Nachdem wiederum filtrirt und dann aus dem Filtrat der Barytüberschuss durch Ammoniumkarbonat beseitigt ist, wird die Flüssigkeit zur Sirupdicke eingeengt und bei Seite gestellt. Nach einigen Tagen ist die sirupdicke Flüssigkeit zu einem Krystallbrei erstarrt. Die von anhängender Mutterlauge durch Pressen zwischen Fliesspapier befreiten Krystalle werden mittelst 40proc. Weingeistes gelöst, mit Thierkohle behandelt und durch Umkrystallisiren gereinigt. Ausbeute ca. 0,1 Proc. Das Narceïn des Handels ist meist als Nebenprodukt bei der Morphindarstellung gewonnen.

**B)** Man verwandelt Narkotin durch Addition von Methylchlorid in das Narkotinmethylchlorid und führt dieses durch Kochen mit Natronlauge in Narceïn über.

***Eigenschaften.*** Narceïn krystallisirt aus Wasser mit 3 Mol. Krystallwasser in weissen, glänzenden, zu Büscheln vereinigten oder verfilzten Nadeln. Durch Trocknen bei 100° C. wird es wasserfrei und schmilzt alsdann bei 163—165° C. Darüber hinaus erhitzt, entwickelt es nach Häringslake (Trimethylamin?) riechende Dämpfe. Ist es nicht zu lange und nicht zu hoch über seinen Schmelzpunkt hinaus erhitzt worden, so giebt der Rückstand an Wasser eine Substanz ab, die sich mit Ferrichlorid schwarzblau färbt. Narceïn löst sich in etwa 1300 Th. kaltem Wasser, leichter in siedendem Wasser zu neutralen Flüssigkeiten; die heissgesättigte wässerige Lösung erstarrt beim Erkalten zu einem Krystallbrei. Wässerige Ammoniakflüssigkeit, wässerige Kali- oder Natronlauge lösen es reichlicher als blosses Wasser. Von Alkohol, Chloroform und Amylalkohol wird es in der Kälte nur wenig, reichlicher in der Wärme gelöst, in Aether, Petroleumäther und Benzol ist es so gut wie unlöslich. Die Lösungen sind optisch inaktiv.

**1)** Konc. Schwefelsäure löst Narceïn mit graubrauner Färbung, die nach längerem Stehen (rascher beim Erwärmen) in Kirschroth übergeht. — **2)** Erwärmt man es mit verdünnter Schwefelsäure, so tritt, wenn die Säure hinreichend koncentrirt ist, schön violettrothe Färbung auf, die nach weiterer Erhitzung in Kirschroth übergeht. Bringt man in die kirschrothe Flüssigkeit eine Spur Salpetersäure, so treten blauviolette Streifen auf. — **3)** FRÖHDE's Reagens löst Narceïn in Substanz zunächst blaugrün; allmählich tritt dunkelolivengrüne, schliesslich in Blutroth übergehende Färbung ein. Letztere Färbung tritt beim Erwärmen sogleich ein. — **4)** ERDMANN's Reagens, ebenso konc. Salpetersäure, lösen Narceïn mit gelber Färbung. — **5)** Löst man Narceïn in Chlorwasser und fügt unter Umrühren Ammoniakflüssigkeit tropfenweise hinzu, so erfolgt tiefrothe Färbung, welche weder durch einen Ueberschuss von Ammoniak noch durch Erwärmen verschwindet (VOGEL). — **6)** Stark verdünnte wässerige Jodlösung färbt Narceïn in Substanz blau. — **7)** Fügt man zu einer wässerigen Narceïnsalzlösung eine Lösung von Kalium-Zinkjodid (Zinkjodid 10 Th., Kaliumjodid 20 Th., Wasser 70 Th.), welcher man etwas freies Jod zusetzt, so erfolgt noch in grosser Verdünnung (z. B. 1 : 1000) Ausscheidung sehr feiner, blauer, haarförmiger Krystalle. — **8)** Narceïn wird gefällt durch Jodjodkalium, durch Mercuri-Kaliumjodid, Kaliumwismutjodid, Gerbsäure.

$OCH_3$ — $OCH_3$ — $CO_2H$ — CO — $CH_2$ — $CH_3 - O -$ — $CH_2 - CH_2N(CH_3)_2$ — O — $CH_2$ — O

Narceïn nach FREUND.

Narceïn ist eine tertiäre Base; es enthält neben 5 Hydroxylgruppen, deren Wasserstoffatome indess durch Alkyle ersetzt sind, eine Carboxylgruppe.

***Prüfung.*** **1)** Narceïn sei farblos, die wässerige Lösung gegen Lackmus neutral. — **2)** 0,1 g verbrenne auf dem Platinbleche ohne einen Rückstand zu hinterlassen. — **3)** Es löse sich in verdünnter Schwefelsäure ohne Färbung. — **4)** In eine Mischung von Ferricyankalium und Ferrichloridlösung eingetragen, färbe es diese nicht sogleich (!) blau (Morphin).

***Aufbewahrung.*** Vorsichtig.

***Anwendung.*** Das Narceïn steht dem Morphin in seiner Wirkung sehr nahe, nur wirkt es milder und schwächer, erzeugt ruhigen Schlaf, während unangenehme Nebenwirkungen selten sind. Man giebt es in Fällen, wo Morphin oder Opium schlecht vertragen werden, als Sedativum und Antispasmodicum mehrmals täglich zu 0,01—0,02 g, als Hypnoticum zu 0,03—0,05—0,1 g.

**Mixtura Narceïni** LABORDE.
Rp. Narceïni puri 0,12
Acidi acetici diluti gtts. XII
Infusi Coffeae tostae
Sirupi Sacchari ää 125,0.
Mehrmals täglich einen Kinderlöffel voll. Bei Keuchhusten.

**Sirop de narcéine** (Gall.).
Rp. Narceïni puri 1,0
Acidi hydrochlorici (25 Proc.) 1,4
Spiritus (90 Proc.) 28,0
Sirupi Sacchari 970,0.
Der fertige Sirup ist zu filtriren. 20 g enthalten = 0,02 g Narceïn.

**Sirupus Narceïni** MAYET.
Rp. Narceïni 0,05—0,1
Acidi citrici 0,25
Aquae destillatae 5,0
Sirupi Sacchari 95,0.

**† Narceïnum hydrochloricum. Salzsaures Narceïn.** $C_{23}H_{27}NO_8 . HCl + 3H_2O$ **= 535,5.** Dieses Salz scheidet sich aus einer Lösung von Narceïn in überschüssiger konc. Salzsäure aus. Farblose, in Wasser und in Alkohol leicht lösliche Nadeln. Durch viel Wasser erleidet es eine Zersetzung. Innerlich als Hypnoticum zu 0,05—0,2 g; subkutan in Lösung zu 0,03 g.

**† Narceïnum meconicum. Mekonsaures Narceïn.** $[C_{23}H_{27}NO_8]_2 . C_7H_4O_7 + xH_2O$. Zur Darstellung löst man 10 Th. krystall. Narceïn (mit 3 Mol. $H_2O$) unter Erwärmen in einer gleichfalls erwärmten Lösung von 2,5 Th. krystallisirter Mekonsäure in Wasser auf und dampft die nöthigenfalls filtrirte Lösung im Wasserbade zur Trockne.

Weisses, bei 110° C. schmelzendes Pulver von saurer Reaktion, welches sich in siedendem Wasser und verdünntem Weingeist löst, in starkem Weingeist weniger löslich ist. Als Sedativum und Hypnoticum 0,006—0,025 g in wässeriger Lösung subkutan injicirt. Nicht zu verwechseln mit dem folgenden (!).

**† Meconarceïn** nennt LABORDE ein von ihm aus Opium dargestelltes, von Morphin freies, in Wasser lösliches Präparat, welches als Sedativum verwendet wird. Es ist keine einheitliche Verbindung, sondern besteht aus Narceïnsalzen und den Salzen anderer Opiumalkaloïde. In den Handel gelangt eine in Glasröhrchen eingeschmolzene Lösung, die der besseren Haltbarkeit wegen mit Kampher versetzt ist.

## II. † Antispasminum. Antispasmin. Narceïnnatrium — Natriumsalicylat. $C_{23}H_{26}NO_8Na + 3[C_6H_4(OH)CO_2Na] + H_2O$. Mol. Gew. = 965.

Eine von E. MERCK dargestellte Verbindung, welche dem Diuretin analog zusammengesetzt ist.

***Darstellung.*** Man löst 10 Th. Narceïn (mit 3 Mol. Wasser) in einer wässerigen Lösung von 0,8 Th. reinem Natriumhydrat (oder 5,3 Th. Natronlauge von 15 Proc.), fügt 9,6 Th. Natriumsalicylat hinzu und dampft die nöthigenfalls filtrirte Lösung im Wasserbade zur Trockne.

***Eigenschaften. Prüfung.*** Dasselbe bildet ein weisses, schwach hygroskopisches Pulver, welches schwach alkalisch reagirt und in Wasser leicht löslich ist und etwa 50 Proc. Narceïn enthält. Zur Feststellung des Narceïngehaltes ist wie folgt zu verfahren:

Man löst 1 g Antispasmin in 30 ccm Wasser, säuert mit Essigsäure an und lässt 1—2 Stunden stehen, worauf sich das Narceïn zugleich mit Salicylsäure abscheidet. Man bringt den Niederschlag auf ein Filter, saugt mittels der Luftpumpe gut ab und wäscht mit soviel kaltem Wasser nach, dass die Gesammtmenge des Filtrates etwa 50 ccm beträgt. Das Filter wird getrocknet, darauf die Salicylsäure durch Aether ausgezogen, so dass reines Narceïn zurückbleibt. Das Gewicht desselben muss 0,4 g betragen.

Es werden durch diese Bestimmung nur 40 Proc. Narceïn (an Stelle von 50 Proc.) in dem Antispasmin gefunden, weil das Narceïn sich aus seinen Salzlösungen nicht ohne Verlust abscheiden lässt. Bringt man das erhaltene Narceïn in konc. Schwefelsäure, so entsteht eine gelblich-röthliche Färbung, welche beim Erwärmen auf 150° C. dunkelblutroth wird.

***Aufbewahrung.*** Vorsichtig, vor Luft (Kohlensäure) und Feuchtigkeit geschützt.

***Anwendung.*** Als Hypnoticum und Sedativum bei schmerzhaften Leiden, besonders aber bei mit Schmerzen verbundenen Krampfzuständen in Tagesgaben von 0,01—0,1 g. DEMME empfiehlt es auch als Hypnoticum und Sedativum in der Kinderpraxis.

# Narcotinum.

**I. † Narcotinum.** **Narkotin. Anarkotin. Opian. Narcosin. DEROSNE's Salz.** $C_{22}H_{23}NO_7$. **Mol. Gew. = 413.** Ein Alkaloïd des Opiums.

***Darstellung.*** Die rückständige Opiumsubstanz, welche man bei der Darstellung des wässerigen Opiumextrakts sammelt, übergiesst man mit einem 4fachen Volum kaltem Wasser und soviel Salzsäure, dass die Flüssigkeit schwach sauer reagirt. Nach mehrstündiger Maceration wird filtrirt, und das Filtrat nach und nach so lange mit gelöstem Natriumkarbonat versetzt, als dadurch eine Fällung hervorgebracht wird. Der nach einiger Zeit gesammelte Niederschlag wird nach dem Trocknen zerrieben, mit Aether behandelt, von der filtrirten Aetherlösung der Aether abdestillirt, der Rückstand in wenig absolutem Weingeist unter Erwärmen gelöst und in flachem Gefäss der Verdunstung des Weingeistes und der Krystallisation überlassen. Sind die Krystalle nicht farblos, so werden sie wiederum in Weingeist gelöst, mit thierischer Kohle digerirt etc.

***Eigenschaften.*** Krystallisirt aus Alkohol in grossen, farblosen, glänzenden Nadeln, welche bei 176° C. schmelzen, geruchlos und geschmacklos sind und alkalisch reagiren. In kaltem Wasser ist Narkotin unlöslich, in siedendem Wasser nur sehr wenig löslich. Leicht löslich in 2,3 Th. siedendem Chloroform und 20 Th. siedendem Alkohol oder in 100 Th. kaltem Alkohol. Löslich in 170 Th. Aether oder 31 Th. Essigäther oder 22 Th. Benzol oder 300 Th. Amylalkohol. Die neutralen Lösungen des Narkotins bez. seiner Salze lenken den polarisirenden Lichtstrahl nach links ab, die sauren Lösungen dagegen nach rechts.

**1)** Koncentrirte Schwefelsäure löst das Narkotin anfangs grünlichgelb, die Lösung wird bald gelb, dann röthlichgelb und nach einigen Tagen himbeerfarbig. — **2)** Verdunstet man die frisch bereitete Lösung in verdünnter Schwefelsäure (1 + 5) sehr allmählich, so wird sie zuerst orangeroth, dann vom Rande aus blauviolett und schliesslich, wenn die Schwefelsäure zu verdampfen beginnt, schmutzig-rothviolett. Die gleichen Farberscheinungen beobachtet man, wenn man die Lösung des Alkaloïds in konc. Schwefelsäure vorsichtig erhitzt. — **3)** Rührt man in die Lösung des Narkotins in konc. Schwefelsäure nach 1—2stündigem Stehen eine sehr kleine Menge Salpetersäure (Bruchtheil eines Tropfens) ein, so entsteht schöne rothe Färbung. — **4)** Molybdänsäurehaltige Schwefelsäure löst das Narkotin in Substanz mit grüner Farbe, welche bei Anwendung einer grösseren Menge Molybdänsäure (0,01 g Natriummolybdat auf 1 ccm konc. Schwefelsäure) in schönes Kirschroth übergeht. — **5)** Chlorwasser färbt die wässerige Lösung gelbgrün. Auf Zusatz von Ammoniak nimmt das Gemisch eine rothbraune Färbung an. — **6)** Jodjodkalium, Kaliumquecksilberjodid, Phosphormolybdänsäure und Kaliumwismutjodid fällen Narkotinlösungen noch bei einer Verdünnung von 1 : 5000.

Den sauren Narkotinsalzlösungen wird das Narkotin schon durch Schütteln entzogen. — Narkotin ist eine schwache Base. Die Salze reagiren sauer. Die Salze flüchtiger Säuren zersetzen sich schon beim Erhitzen der wässerigen Lösung unter Abscheidung von freiem Narkotin. Ammoniak, ätzende und kohlensaure Alkalien fällen das Narkotin aus seinen Salzlösungen. Das salicylsaure Narkotin ist in Wasser schwer löslich. — Durch Erhitzen mit Salpetersäure wird das Narkotin gespalten und zugleich oxydirt unter Bildung von Cotarnin, s. w. u.

***Prüfung.*** **1)** Narkotin darf an 2procentige Essigsäure beim Schütteln nichts abgeben, d. h. wird die Essigsäure auf dem Wasserbade in einem Glasschälchen verdampft, so darf ein Rückstand nicht hinterbleiben. — **2)** Es schmelze bei 176° C. und hinterlasse beim Verbrennen keinen Rückstand. — **3)** Wird Narkotin mit 5proc. Natronlauge geschüttelt und die filtrirte Lösung alsdann mit Ammoniumchloridlösung im Ueberschuss versetzt, so darf auch nach 24 Stunden eine Ausscheidung nicht erfolgen (Morphin).

***Aufbewahrung.*** Vorsichtig.

***Anwendung.*** Narkotin wirkt nur in sehr geringem Maasse narkotisch. Daher auch das Synonym „Anarkotin“. Man giebt es zu 0,1—0,25 g mehrmals täglich gegen krampfartige Beschwerden, Neuralgien, Intermittens. Als Höchstgaben giebt die Ross. *pro dosi* 0,25 g, *pro die* 1,0 g an.

**II. † Stypticin. Cotarninum hydrochloricum.** $C_{12}H_{13}NO_3 + H_2O . HCl$. Mol. Gew. = 273,5. Ein bei der Spaltung und Oxydation des Narkotins auftretendes Produkt.

***Darstellung.*** Man löst von 1 Th. Narkotin in einer Mischung von 2,8 Th. Salpetersäure (spec. Gew. 1,40) und 8 Th. Wasser und hält diese Lösung so lange auf 49° C., bis sich beim Erkalten Flocken nicht mehr ausscheiden. Alsdann wird die Lösung filtrirt, und das in ihr enthaltene Cotarnin durch Kalilauge gefällt. Durch Umkrystallisiren aus Benzol erhält man das freie Cotarnin in farblosen, bei etwa 132° C. schmelzenden Nadeln. Man löst dasselbe in berechneten Mengen Salzsäure auf und lässt die Lösung im Exsikkator eintrocknen.

***Eigenschaften.*** Ein gelbes, krystallinisches Pulver, welches, bei 100—105° C. getrocknet, nur einen minimalen Gewichtsverlust erleidet. Auf dem Platinbleche verbrennt es ohne Rückstand. In Wasser ist es sehr leicht mit gelber Farbe löslich; auch in absolutem Alkohol löst es sich beim Erwärmen und fällt auf Zusatz von Aether krystallinisch aus. Im Kapillarrohre rasch erhitzt, beginnt es gegen 180° C. sich zu bräunen und zersetzt sich gegen 191—192° C. — Löst man 0,3 g des Salzes in 4—5 ccm Wasser und fügt Jodjodkalium hinzu, so entsteht ein brauner Niederschlag von jodjodwasserstoffsaurem Cotarnin. Wird dieses aus alkoholischer Lösung umkrystallisirt, so schmilzt es glatt bei 142° C.

***Prüfung.*** 0,1 g Stypticin wird in 3 ccm Wasser gelöst; dazu bringt man 3 Tropfen Natronlauge (von 15 Proc.). Jeder Tropfen verursacht eine milchweisse Fällung, die beim Umschütteln verschwindet. Aus der klaren Lösung krystallisirt sehr bald, besonders beim Rühren mit einem Glasstabe, die freie Base. Diese soll beinahe weiss aussehen, die überstehende Lauge muss klar und nur schwach gelblich gefärbt sein. Präparate, welche bei dieser Prüfung trübe oder stark gefärbte Mutterlaugen geben, enthalten fremde Beimengungen und sind zu verwerfen. — Der Schmelzpunkt der freien Base, welche auf einem Thonscherben getrocknet wird, ist von der Schnelligkeit des Erhitzens abhängig. Gewöhnlich beobachtet man denselben bei 130—132° C.

***Aufbewahrung.*** Vorsichtig.

***Anwendung.*** Stypticin wirkt ähnlich wie das Hydrastinin blutstillend, hat aber den Vortheil, daneben noch beruhigend und schmerzstillend zu wirken. Innerlich bei Dysmenorrhoe, starken menstruellen Blutungen, bei klimakterischen und profusen Hämorrhagien 4—5mal täglich 0,025—0,05 g. Subkutan bei starker Blutung 0,2 g in wässeriger Lösung in die Glutaealmuskeln injicirt.

**Tabulae Stypticini. Stypticin-Tabletten** à 0,05 g Stypticin enthaltend.

Gehaltsbestimmung. 5 Tabletten werden in einem Probirglase mit 15 ccm lauwarmem Wasser übergossen und unter öfterem Umschütteln solange stehen gelassen, bis sie vollkommen zerfallen sind. Man filtrirt, wäscht den Rückstand mit 10 ccm Wasser nach und schüttelt das Filtrat zunächst mit 20 ccm Aether aus, welchen man abtrennt und fortgiesst. Die wässerige Lösung wird nun mit 20—26 ccm Aether überschichtet, durch Zufügung von 2—3 ccm Natronlauge (von 15 Proc.), die Base in Freiheit gesetzt und sofort mit dem Aether ausgeschüttelt. Die alkalische Flüssigkeit wird noch 5—6mal mit je 15—20 ccm Aether ausgeschüttelt, bis nichts mehr in den Aether hineingeht. Die vereinigten ätherischen Ausschüttelungen werden in einer tarirten Glasschale auf einem warmem Wasserbade koncentrirt und — da die Base gegen Wärme sehr empfindlich ist — die letzten Antheile des Aethers durch freiwilliges Verdunsten an der Luft entfernt. Der krystallinische, gelblich gefärbte Rückstand verbleibt dann mehrere Stunden im Exsikkator und wird hierauf gewogen. — Es ist zu berücksichtigen, dass hei der Verwandlung der freien Base in das Stypticin theoretisch eine Gewichtszunahme von ca. 8 Proc. eintritt. Wiegt der Rückstand also z. B. 0,23 g, so entspricht dies 0,23 + 0,0184 g = 0,2484 g Stypticin.

# Nasturtium.

Gattung der **Cruciferae — Sinapeae — Cardamininae.**

**Nasturtium officinale R. Br.** Heimisch in Europa und dem nördlichen Asien, auch in Amerika. Kahl, Stengel am Grunde kriechend und bewurzelt, hohl, Blätter gefiedert, Blättchen ausgeschweift und gekerbt, die seitenständigen sitzend, das endständige gestielt. Blüthe weiss, Blumenblätter länger als der Kelch. Fruchtstiele etwa so lang als die lineal-länglichen, gedunsenen, meist sichelförmig gekrümmten Schoten. Verwendung findet das Kraut:

**Herba Nasturtii. Herba Nasturtii aquatici. Herba Cardamines — Brunnenkresse. Wasserkresse. — Cresson de fontaine** (Gall.). — **Water cress.**

Es riecht und schmeckt scharf und etwas bitterlich. Es verdankt den Geruch und Geschmack hauptsächlich dem Nitril der Phenylpropionsäure $C_9H_{10}N$.

***Verwendung.*** Zuweilen zu den sogen. Frühlingskuren, hauptsächlich als Salat.

**Aqua Nasturtii.** Aus frischem, blühendem Kraut wie Aqua Cochleariae (Band I, S. 888, I).

**Conserva Nasturtii.** Aus frischem Kraut wie Conserva Conii (Band I, S. 947) zu bereiten.

**Sirupus cum succo Nasturtii.** Sirop de cresson (Gall.). 1000,0 frischen, durch Erhitzen geklärten Brunnenkressensaft bringt man mit 1800,0 Zucker zum Sirup.

**Succus Nasturtii.** Suc de cresson (Gall.). Frische Blätter der Brunnenkresse zerstösst man, presst den Saft aus und filtrirt ihn. Gilt als anregendes, harntreibendes, katarrhwidriges Mittel.

---

# Natrium.

**† Natrium metallicum. Natrium. Sodium. Na. Atomgew. = 23.**

Ein silberweisses, auf der frischen Schnittfläche stark glänzendes, bei mittlerer Temperatur wachsweiches, bei niederer Temperatur spröde werdendes Leichtmetall. Das specifische Gewicht ist bei 15° C. = 0,972. Es schmilzt bei 95,6° C. An der Luft oxydirt sich das metallische Natrium sehr rasch, die frische Schnittfläche wird bald blind und die Natriumstücke umgeben sich mit Krusten von Natriumoxyd, bezw. Natriumhydroxyd, bezw. Natriumkarbonat. Beim Schmelzen an der Luft entzündet es sich und verbrennt mit gelber Flamme und unter Entwickelung ätzender Dämpfe zu Natriumoxyd $Na_2O$. Bei Abschluss der Luft siedet es bei 742° C. und verwandelt sich dabei in einen farblosen Dampf (Kaliumdampf ist grün). Der Dampf giebt im Spektrum einen der D-Linie entsprechenden Absorptionsstreifen. — Auf kaltes Wasser geworfen, zersetzt es das Wasser mit grosser Heftigkeit unter Entwickelung von Wasserstoff (Fische halten die auf dem Wasser umherfahrenden Natriumkugeln für brummende Insekten, verschlucken sie und gehen unfehlbar jämmerlich zu Grunde; deshalb werfe man Natriumabfälle niemals in Gewässer, welche Fische enthalten. B. Fischer). Wird Natrium auf heisses Wasser geworfen, so entzündet sich der Wasserstoff und verbrennt mit gelber Flamme.

In den Handel gelangt das metallische Natrium gewöhnlich in Barren, während das Kalium meist in die Form von Kugeln gebracht ist.

***Aufbewahrung.*** Wegen der grossen Empfindlichkeit des Natriums gegen Sauerstoff und Feuchtigkeit bewahrt man dasselbe in der Regel unter Petroleum, noch besser unter flüssigem Paraffin auf. Es überzieht sich in diesem allmählich zwar auch mit einer Kruste von Natriumhydroxyd bezw. Natriumkarbonat, aber der Kern bleibt doch metallisch blank. Zur Zeit wird das Natrium von den chemischen Fabriken auch nur mit festem Paraffin überzogen versendet. — Der Apotheker wird stets gut thun, seinen kleinen Natriumvorrath unter Petroleum oder flüssigem Paraffin aufzubewahren und jede Möglichkeit fernzuhalten, dass zu dem so aufbewahrten Natrium Wasser hinzutreten kann.

Das Natrium wurde früher gelegentlich zur Erzeugung von Brand- und Aetzschorfen z. B. bei vergifteten Bisswunden angewendet, wird aber zur Zeit therapeutisch nicht mehr benutzt.

**† Amalgama natrica. Natriumamalgam.** Ein Amalgam mit 2—4 Proc. Natriummetall. — In metallisches Quecksilber, welches sich in einem Porcellanmörser befindet, taucht man in ziemlich schneller Folge mit Hülfe eines kurz rechtwinkelig umgebogenen nicht zu dünnen Glasstabes, welcher an seinem Ende zu einer Spitze ausgezogen ist, Natriumscheiben von der ungefähren Grösse eines Markstückes, welche man auf den Glasstab aufspiesst, ein, wobei man das Natrium bis auf den Boden der Reibschale drückt. Die Operation ist unter einem Abzuge oder im Freien vorzunehmen, die Augen sind durch eine Brille, die Hand ist durch einen Handschuh zu schützen. — Auch kann man das Quecksilber in einer Porcellanschale auf dem Wasserbade erwärmen (auf 60—70° C.) und dann ohne weitere Erwärmung Natriumstückchen von der Grösse einer halben Bohne mit Hilfe des oben erwähnten Glasstabes bis auf den Boden des Gefässes in das Quecksilber eintauchen.

Bei einem Gehalte von 1 Proc. Natrium ist das Natriumamalgam dickflüssig, bei 1,25 Proc. breiartig, bei 1,5 Proc. und darüber fest. Man bewahrt es in trockenen, gut verschlossenen Flaschen auf. Es dient als Reduktionsmittel in der synthetischen Chemie.

**Kalium-Natrium.** 10 Th. Natrium bilden mit 16 Th. Kalium eine flüssige, dem Quecksilber ähnliche Legirung, welche bei + 8° C. breiartig, bei noch niedrigerer Temperatur fest wird. Das Entstehen dieser Legirung ist in den Apotheken wiederholt beobachtet worden, wenn absichtlich oder unabsichtlich Kalium- und Natriumstückchen (unter Petroleum) in das nämliche Gefäss gebracht wurden.

# Natrium aceticum.

**I. Natrium aceticum crystallisatum. Natrium aceticum** (Germ. Helv.). **Acétate de soude cristallisé** (Gall.). **Sodii Acetas** (U-St.). **Terra foliata Tartari crystallisata. Natriumacetat. Essigsaures Natron.** $C_2H_3O_2Na + 3H_2O$. **Mol. Gew. = 136.**

***Darstellung.*** Das Salz wird durch den Handel in genügender Reinheit bezogen. Die Darstellung erfolgt in chemischen Fabriken durch mehrfaches Umkrystallisiren des sogen. Rothsalzes, d. h. des von den Holzessigfabriken in den Handel gebrachten rohen Natriumacetats. Kleinere Mengen kann man zweckmässig aus verdünnter Essigsäure und Natriumkarbonat bereiten.

Man verdünnt 100 Th. verdünnte Essigsäure (von 30 Proc. $C_2H_4O_2$) mit etwa 200 Th. destillirtem Wasser und neutralisirt diese Flüssigkeit durch allmähliche Zugabe von reinem krystallisirten Natriumkarbonat (71 Th.) bis zur schwach-sauren Reaktion. Die filtrirte Lösung wird auf etwa 200 Th. eingedampft und zur Krystallisation gebracht. Ausbeute etwa 65 Th.

***Eigenschaften.*** Grosse oder kleine, farb- und geruchlose, wasserhelle, spiessige oder säulenförmige, dem monoklinischen Systeme angehörende Krystalle von bitterlich-salzigem Geschmacke. Es ist bei 15° C. in 1 Th. Wasser löslich, eine solche koncentrirte wässerige Lösung bläut rothes Lackmuspapier schwach, röthet aber Phenolphthaleïnlösung nicht. 2 Th. Natriumacetat lösen sich in etwa 1 Th. siedendem Wasser. Natriumacetat löst sich ferner in etwa 23 Th. Weingeist von gewöhnlicher Temperatur oder in 1 Th. siedendem Weingeist. — An warmer Luft verwittern die Krystalle. Beim Erhitzen schmilzt das krystallisirte Natriumacetat schon bei 75° C. in seinem Krystallwasser, das letztere entweicht bei weiterem Erhitzen bis auf etwa 120° C. vollständig, und es hinterbleibt nun festes, wasserfreies Natriumacetat als weisses, schuppenförmiges Pulver. Dieses schmilzt bei etwa 300° C. ohne Zersetzung, über 325° C. hinaus aber zerfällt es in Natriumkarbonat und Aceton.

Das aus der Lösung durch langsame Verdunstung oder aus übersättigter erkalteter Lösung durch Zusatz von Krystallen gewonnene Salz enthält 2—3 mal mehr Krystallwasser und verwittert daher schneller.

***Prüfung.*** Die 5procentige wässerige Lösung soll weder durch Schwefelwasserstoffwasser (weisse Trübung = Zink, dunkle Färbung = Kupfer, Blei), noch durch Baryumnitratlösung (weisse Trübung = Natriumsulfat oder Natriumkarbonat), noch durch Ammoniumoxalatlösung (Calciumverbindungen), noch nach Zusatz eines gleichen Volumens Wasser und nach dem Ansäuern mit Salpetersäure durch Silbernitrat getrübt werden (Natriumchlorid). Erfolgt beim Erwärmen der das Silbernitrat enthaltenden, salpetersauren Lösung eine dunkle Färbung von reducirtem Silber, so ist ameisensaures Salz zugegen. — 20 ccm der 5procentigen Lösung sollen nach Zusatz von 5 Tropfen Salzsäure durch 0,5 ccm Kaliumferrocyanidlösung weder roth (Kupfer), noch blau (Eisen) gefärbt werden.

***Aufbewahrung.*** In gut geschlossenen Gefässen aus Glas oder Porcellan an einem kühlen Orte, um ein Verwittern des Salzes hintenanzuhalten.

***Anwendung.*** Es wird gegen Magen- und Darmkatarrhe und an Stelle des Kaliumacetats als Diureticum gegeben, doch ist die diuretische Wirkung nur gering. Im Organismus wird es zu Natriumkarbonat verbrannt; es macht also das Blut alkalisch. Grosse Gaben wirken abführend.

**II. Natrium aceticum fusum. Geschmolzenes Natriumacetat. Entwässertes Natriumacetat. $C_2H_3O_2Na$. Mol. Gew. = 82.**

Ein Entwässern des krystallisirten Natriumacetates wird bei Darstellung der Essigsäure und des Essigäthers nöthig. Man füllt mit den Krystallen einen eisernen Kessel zu $^1/_3$ an und erhitzt über einem gelinden Kohlenfeuer. Das Salz schmilzt, Krystallwasser verdampft, und die Schmelze beginnt wieder dick zu werden. Wenn die Masse dicklich wird, rührt man fleissig mit einem eisernen Spatel um und sorgt dafür, dass sich keine Salzmasse an dem Kessel festsetzt. Sich bildende Klumpen werden mit einem porcellanenen Pistill zerdrückt und zerrieben. Man erhitzt so lange, bis das Salz zu einem schuppigen Pulver zerfallen ist, welches man bei gemässigter Hitze unter Umrühren völlig trocken macht, bis nämlich ein darüber gehaltener kalter, gläserner Deckel nicht mehr mit Wasserdunst beschlägt.

Man erhitzt das trockene Salz nun noch so lange, bis es eben wieder anfängt zu schmelzen (aber nicht länger!) und füllt es dann noch heiss in die vorgewärmten, trockenen Gefässe.

---

# Natrium benzoïcum.

**Natrium benzoïcum** (Austr. Helv. Ergänzb.). **Benzoate de soude** (Gall.). **Sodii Benzoas** (Brit. U-St.). **Natriumbenzoat. Benzoësaures Natrium. $C_7H_5O_2Na$. Mol. Gew. = 144.** Das Salz wird aus der reinen Benzoësäure des Handels (*Acidum benzoïcum e Toluolo* s. Bd I, S. 15) dargestellt.

***Darstellung.*** Man löst in einer Porcellanschale 10 Th. reines krystallisirtes Natriumkarbonat unter Erwärmen in etwa 50 Th. Wasser und neutralisirt die Lösung durch Zugabe von reiner Benzoësäure *e Toluolo* (s. oben), bis sie eine ganz schwach saure Reaktion zeigt. Hierzu sind etwa 8,5 Th. Benzoësäure erforderlich. Man filtrirt die Lösung und dampft sie entweder direkt zur Trockne und trocknet bei 100° C. nach oder engt sie nur bis zur Krystallisation ein.

***Eigenschaften.*** Weisses Pulver oder körnige Massen, seltener Krystallnadeln, beim Erhitzen schmelzend, beim stärkeren Erhitzen unter Verbreitung von Benzolgeruch verkohlend und einen aus Natriumkarbonat bestehenden Rückstand hinterlassend. Löslich in 1,8 Th. Wasser oder in 45 Th. Alkohol. Die wässerige Lösung ist farblos, neutral oder schwach sauer, von süsslich-adstringirendem Geschmacke; wird die 10procentige Lösung mit

Salzsäure angesäuert, so scheidet sich ein **Magma** von Benzoësäurekrystallen aus. Auf Zusatz von Ferrichloridlösung entsteht in der wässerigen Lösung ein rehbrauner Niederschlag von Ferribenzoat.

***Prüfung.*** 1) Zur Prüfung auf Schwefelsäure und Chlor verascht man 1 g des Salzes, löst den Rückstand in Salpetersäure, verdünnt mit Wasser und filtrirt. Das Filtrat darf durch Baryumnitrat gar nicht, durch Silbernitrat nur opalisirend getrübt werden. Spuren von Chlor sind zuzulassen, weil die Toluol-Benzoësäure stets etwas chlorirte Benzoësäure enthält. — 2) Die wässerige Lösung (1 = 10) werde durch Schwefelwasserstoffwasser nicht verändert (Metalle, z. B. Kupfer oder Blei). — 3) Scheidet man die Benzoësäure durch Ansäuern der 10procentigen Lösung mit Salzsäure ab, wäscht sie mit Wasser und trocknet sie im Exsiccator, so soll sie einen Schmelzpunkt von 118 bis 120° C. zeigen.

***Aufbewahrung.*** Unter den indifferenten Arzneimitteln; Lichtschutz ist nicht erforderlich.

***Anwendung.*** Natriumbenzoat soll bei harnsaurer Diathese und harnsauren Ablagerungen wirksam sein. Nach Ure und Keller wandeln die Benzoësäure und ihre Salze die Harnsäure in Hippursäure um, deren Salze leicht löslich sind. Ferner gilt es in Tagesgaben von 8—10,0 g bei akutem Gelenkrheumatismus für ebenso wirksam als Natriumsalicylat, ohne dessen unangenehme Nebenwirkung zu besitzen. Aeusserlich zu Inhalationen, Gurgelungen und Insufflationen bei Diphtherie.

**Pilulae antarthriticae** Corlieu.
Corlieu's Pillen.

| Rp. | |
|---|---|
| Natrii benzoïci | 5,0 |
| Natrii salicylici | 2,5 |
| Extracti Colchici | 1,5 |
| Extracti Aconiti | 5,0 |
| Saponis medicati | 5,0. |

Fiant pilulae 100. Täglich 1—5 Pillen.

**Pilulae dialyticae** Socquet et Bonjean.
Sind identisch mit Pilulae dialyticae Bonjean.
S. Bd. I, S. 156.

**Pulvis antarthriticus** Briau.

| Rp. | |
|---|---|
| Natrii benzoïci | 3,0 |
| Ammonii hydrochlorici | 2,0. |

Divide in partes 20. Bei harnsaurer Diathese bis zu 8 Pulvern täglich.

**Sirupus dialyticus** Bonjean.

| Rp. | |
|---|---|
| Natrii benzoïci | 2,5 |
| Natrii silicici puri | 5,0 |
| Aquae destillatae | 50,0 |
| Sacchari albi | 60,0 |
| Gummi arabici | 10,0. |

Die Lösung ist auf 110,0 einzudampfen.

**Natrium sulfuroso-benzoïcum. Natrium sulfibenzoat.** Ein Gemisch von 41,9 Th. Natriumbisulfit und 58,1 Th. Natriumbenzoat, welches ein kräftiges, ungiftiges Antisepticum sein und sich in seiner Wirkung dem Jodoform anreihen soll.

**Natrium boro-benzoïcum. Sodii Boro-Benzoas.** (Nat. Form.) 3 Th. Boraxpulver und 4 Th. Natriumbenzoat werden in Wasser gelöst und zur Trockne verdampft. Antiarthriticum.

---

**Diphthericidium-Bergmann.** Präservativ gegen Diphtherie sind Kau-Pastillen aus Guttapercha, Dammarharz, Natriumbenzoat, Saccharin und Thymol. Jede Pastille enthält 0,02 g Natriumbenzoat, 0,002 g Thymol und 0,015 g Saccharin.

---

# Natrium bromatum.

**Natrium bromatum** (Austr. Germ. Helv.). **Sodii Bromidum** (Brit. U-St.). **Bromure de Sodium** (Gall.). **Natriumbromid. Bromnatrium. NaBr. Mol. Gew = 103.**

***Darstellung.*** Die Darstellung des Natriumbromids kann mit Vortheil nur in chemischen Fabriken ausgeführt werden. Diese benutzen dazu das Bromeisen ($Fe_3Br_8$) der Stassfurter Fabriken, welches 65—70 Proc. Brom und nur Spuren von Chlor und Jod enthält. Um daraus das Natriumbromid zu gewinnen, löst man das Bromeisen in Wasser und versetzt die heisse Lösung mit einem kleinen Ueberschusse von reinem Natriumkarbonat. Man trennt die heisse Lauge von dem gefällten Eisenoxyduloxyd und dampft erstere zur Krystallisation ein. Bei langsamem Abkühlen erhält man farblose, gut ausgebildete Krystalle. Die Krystalle sind durch Austrocknen bei 100° C. vom grössten Theile des Krystallwassers zu befreien. Für die Darstellung im pharmaceutischen Labora-

**torium** kann man alle die für das Kaliumjodid angegebenen Methoden benutzen unter Ersatz des Jods durch äquivalente Mengen Brom und des Kaliums durch äquivalente Mengen Natrium.

***Eigenschaften.*** Ein farbloses, neutrales Salz von alkalisch-salzigem, kaum bitterem Geschmack. Es krystallisirt bei gewöhnlicher Temperatur mit 2 Mol. Wasser als $NaBr + 2\,H_2O$ in schiefen, rhombischen Säulen, über 30° C. schiesst es in wasserfreien Würfeln an. Das wasserfreie Natriumbromid bedarf zur Auflösung bei 0° C. = 1,29, bei 20° C. = 1,13, bei 40° C. = 0,96, bei 60° C. = 0,9, bei 100° C. = 0,87 Th. Wasser; die gesättigte Lösung siedet bei 120—121° C. In Weingeist ist das Salz ziemlich leicht löslich.

Die Pharmakopöen haben durchweg das wasserfreie Salz aufgenommen, in welchem sie jedoch einige Procente (Germ. = 5 Proc.) Wasser zulassen, das entweder als hygroskopische Feuchtigkeit oder als Krystallwasser zugegen sein kann. Das krystallisirte Salz $NaBr + 2\,H_2O$ enthält 25,9 Proc. Krystallwasser. Chlorwasser scheidet aus der wässerigen Lösung des Natriumbromids Brom aus, welches von Chloroform mit gelbbrauner Färbung gelöst wird. Die Anwesenheit des Natriums wird durch die gelbe Flammenfärbung erkannt, welche auftritt, wenn man ein Körnchen des Salzes auf dünnem Platindrahte in eine nicht leuchtende Flamme bringt.

***Prüfung.*** **1)** Bringt man ein Körnchen auf dünnem Platindrahte in die nicht leuchtende Flamme und betrachtet die gelb gefärbte Flamme durch ein Kobaltglas, so darf eine rothe Flammenfärbung entweder gar nicht oder nur ganz vorübergehend beobachtet werden (Kaliumbromid). **2)** Befeuchtet man eine kleine Menge zerriebenes Kaliumbromid auf einer weissen Porcellanplatte mit etwas verdünnter Schwefelsäure, so darf nicht sogleich Gelbfärbung zu beobachten sein (Natriumbromat $NaBrO_3$). **3)** Fügt man zu der wässerigen Lösung (1 = 20) 1—2 Tropfen Phenolphthaleïnlösung, so darf keine deutlich rothe Färbung auftreten (Natriumkarbonat). **4)** Die wässerige Lösung (1 = 20) darf durch Schwefelwasserstoffwasser nicht verändert werden. Dunkle Färbung würde wahrscheinlich von Kupfer oder Blei herrühren. Entsteht in der durch einige Tropfen Salzsäure angesäuerten wässerigen Lösung (1 = 20) durch Baryumchlorid eine Trübung, so ist Natriumsulfat zugegen. **5)** Versetzt man 10 ccm der 5procentigen Lösung mit 1 Tropfen Ferrichloridlösung und alsdann mit etwas Stärkelösung, so darf keine blaue Färbung von Jodstärke auftreten, anderenfalls ist Natriumjodid zugegen. **6)** Ein Eisengehalt wird nachgewiesen, indem man zu 20 ccm der wässerigen Lösung (1 = 20) 0,5 ccm Ferrocyankaliumlösung zufügt; es darf alsbald keine blaue Färbung auftreten. Da das Eisen auch als Bromür zugegen sein kann, so müssen andere 20 ccm durch Erhitzen mit einigen Tropfen konc. Salpetersäure zunächst oxydirt und nach dem Erkalten gleichfalls mit Kaliumferrocyanid geprüft werden. **7)** Da das Brom des Handels stets etwas chlorhaltig ist, so muss ein geringer Gehalt an Natriumchlorid zugelassen werden, doch soll derselbe 1 Proc. nicht übersteigen. Die Prüfung auf Natriumchlorid wird maassanalytisch ausgeführt: Man macht etwa 5 g zerriebenes Natriumbromid durch mehrstündiges Austrocknen bei 105° C. zunächst völlig wasserfrei und stellt eine wässerige Lösung dar, welche genau (!) 3,0 g Natriumbromid in 100 ccm enthält. Von dieser Lösung bringt man 10 ccm in ein Erlenmeyer-Kölbchen, verdünnt mit etwa 30 ccm Wasser, setzt 3—4 Tropfen Kaliumchromatlösung zu und lässt unter Bewegen so viel $^1/_{10}$-Normal-Silbernitratlösung zulaufen, bis eine bleibende Röthung vorhanden ist. Hierzu sollen nicht mehr als 29,3 ccm $^1/_{10}$-Normal-Silbernitratlösung verbraucht werden. Hierdurch wird ein Gehalt von rund 0,8 Proc. Natriumchlorid zugelassen. Würden mehr als 29,3 ccm $^1/_{10}$-Normal-Silbernitratlösung verbraucht werden, so würde dies durch einen höheren Gehalt an Natriumchlorid verursacht sein.

***Aufbewahrung.*** Das Bromnatrium zieht aus der Luft Feuchtigkeit an und muss deshalb in mit Glasstopfen gut verschlossenen Flaschen aufbewahrt werden.

***Anwendung.*** Das Natriumbromid hat die gleichen physiologischen Wirkungen wie das Kaliumbromid. Während jedoch letzteres bei längerem Gebrauch infolge der Kaliwirkung Herzschwäche erzeugt, ruft das Natriumbromid bei gleicher Wirksamkeit diese Erscheinung nicht hervor. Es wird daher vielfach dem Kaliumbromid vorgezogen und hat sich besonders in der Kinderpraxis bewährt.

**Elixir Sodii Bromidi. Elixir of Sodium Bromide.** (Nat. Form.) Rp. Natrii bromati 175,0 g, Acidi citrici 4,0 g, Elixir aromatici q. s. ad 1 Liter.

---

# Natrium carbonicum.

**I. Natrium carbonicum crudum** (Germ.). **Soda cruda. Sal Sodae crudus. Rohes Natriumkarbonat. Soda. Carbonate de soude du commerce.** $Na_2CO_3 + 10\,H_2O$. **Mol. Gew. = 286.** Die gewöhnliche, krystallisirte Soda des Handels.

***Eigenschaften.*** Farblose oder fast farblose, krystallinische, meist etwas verwitterte krystallinische Massen und Stücke, welche aus mehr oder weniger reinem Natriumkarbonat bestehen und nur etwa 3—10 Proc. Verunreinigungen enthalten, die in Natriumchlorid, -sulfat, -sulfit, -thiosulfat und -silikat, zuweilen auch in Natriumcyanid, Natriumrhodanid, Natriumferrocyanid, Natriumsulfid, Eisenoxyd und Schmutztheilchen bestehen. Der obigen Formel entspricht die Zusammensetzung: 37,06 Proc. wasserfreies Natriumkarbonat $Na_2CO_3$ und 62,94 Proc. Krystallwasser.

***Prüfung.*** Man verlangt von einer guten Soda, dass sie mindestens 33 Proc. wasserfreies Natriumkarbonat enthalten soll. Trifft dies zu, so können für gewöhnlich alle weiteren Prüfungen unterbleiben. Man löst 20 g eines guten Durchschnittsmusters in Wasser zu 500 ccm auf. 50 ccm dieser Lösung (= 2 g Natriumkarbonat) werden mit 3—4 Tropfen Methylorangelösung versetzt und in der Kälte mit Normal-Salzsäure oder Normal-Schwefelsäure titrirt. Zum Eintritt der Rothfärbung sollen mindestens 12,4 ccm Normalsäure erforderlich sein.

***Aufbewahrung.*** Kleinere Vorräthe von Soda bewahre man in Töpfen von Steingut oder Porcellan auf, welche überbunden oder mit Deckeln bedeckt werden. Grössere Vorräthe hält man meist in Holztonnen mit Deckeln. Da die Soda an trockener Luft verwittert, so wählt man als Vorrathsraum in der Regel einen trockenen Keller oder einen anderen kühlen und trockenen Raum.

***Anwendung.*** Die rohe Soda findet mitunter Anwendung in Bädern (800,0 bis 1000,0 auf ein Vollbad, 100,0—200,0 auf ein Fussbad), meist verbraucht sie der Apotheker bei mehreren chemischen Operationen, zur Darstellung einer reinen Soda oder zu ökonomischen Zwecken, wie bei Reinigung der Colatorien, Siebe, Gefässe etc.

**Soda mit 1 Mol. $H_2O$,** entsprechend der Formel $Na_2CO_3 + H_2O$ bildet ein nicht zusammenbackendes und nicht leicht verwitterndes Krystallpulver, welches für viele Zwecke, namentlich für Mischungen mit anderen Salzen geeignet ist. Es wird durch gestörte Krystallisation der siedend gesättigten Lösung gewonnen. 40 Th. dieses Salzes entsprechen = 100 Th. Soda mit 10 Mol. Wasser.

**Natrium carbonicum crudum siccum. Calcinirte Soda.** $Na_2CO_3$. **Mol. Gew. = 106.** Ist diejenige Form, in welcher die Soda im Grosshandel vorkommt, weil der Handel es vermeiden muss, die in der krystallisirten Soda enthaltenen rund 63 Proc. Krystallwasser spazieren zu fahren. Das geht so weit, dass die sogen. Krystall-Soda erst aus dieser calcinirten Soda in besonderen Anlagen durch einfaches Auflösen und Krystallisirenlassen hergestellt wird.

Entweder ein weisses Pulver oder weisse, pulverige Massen. Sie lösen sich in Wasser unter freiwilliger Erwärmung und sind von der Reinheit der Soda, welche als Ausgangsmaterial gedient hatte. Ihr Werth wird in Procenten $Na_2CO_3$ angegeben (diese Procente werden als Grade bezeichnet). Eine calcinirte Soda mit 90 Proc. $Na_2CO_3$ heisst also eine 90 grädige Soda.

Alkalimetrische Bestimmung. Titer der Soda. Die alkalimetrische Bestimmung ist nach den Vereinbarungen deutscher Sodafabrikanten stets in der geglühten, also völlig wasserfrei gemachten Soda auszuführen. Man wägt 2,65 g der geglühten Probe ab, löst sie in etwa 120 ccm Wasser, fügt 3—4 Tropfen Methylorangelösung hinzu und titrirt nun in der Kälte mit Normal-Salzsäure bis zur Rothfärbung. Jeder ccm Normalsäure zeigt = 2 Proc. $Na_2CO_3$ an.

Diese Bestimmung giebt den Alkali-Titer der wasserfreien Soda an. Um über den Werth einer Soda völlig ins Reine zu kommen, muss ausserdem noch der Glühverlust bestimmt werden.

## II. Natrium carbonicum (Austr. Germ. Helv.). Natrium carbonicum purum. Carbonate de soude pur crystallisé (Gall.). Sodii Carbonas (Brit. U-St.). Natrium carbonicum crystallisatum. Krystallisirtes Natriumkarbonat. Sal Sodae depuratum. Sel de soude crystallisé. $Na_2CO_3 + 10H_2O$. Mol. Gew. = 286.

***Darstellung.*** Man löst 100 Th. gute krystallisirte Soda in 30—35 Th. siedendheissem Wasser und rührt die Lösung um, bis sie zu einem Krystallbrei erstarrt. Diesen bringt man in einen Deplacir-Trichter, lässt die Mutterlauge ablaufen, giesst nun bisweilen kleine Mengen recht kalten Wassers auf die Krystalle und prüft gelegentlich die abtropfende Flüssigkeit auf Chlor und Schwefelsäure. Wenn diese nur noch in geringen Mengen vorhanden sind, löst man das Salz in etwa 50 Th. siedendem destillirtem Wasser, filtrirt die Lösung und lässt sie bei 15—20° C. krystallisiren. Die Krystalle bringt man in den Deplacir-Trichter, lässt sie abtropfen, wäscht sie noch 2—3 mal mit wenig kaltem Wasser nach und trocknet sie alsdann auf Filtrirpapier bei gewöhnlicher Temperatur. — Die Mutterlauge giebt beim Einengen nochmals brauchbare Krystalle, die alsdann verbleibende Lauge wird eingedampft und das hinterbleibende Salz zur rohen Soda gegeben.

Aus sehr kalten wässerigen Lösungen krystallisirt das Natriumkarbonat mit mehr Krystallwasser, aus sehr koncentrirten und sehr heissen Lösungen dagegen mit weniger Krystallwasser.

***Eigenschaften.*** Aus der nicht zu koncentrirten wässerigen Lösung krystallisirt bei gewöhnlicher Temperatur das Natriumkarbonat in grossen, durchsichtigen, spitzen, monoklinen Krystallen von der Zusammensetzung $Na_2CO_3 + 10\,H_2O$ und dem spec. Gew. 1,45.

Es löst sich unter Temperaturerniedrigung in etwa 1,6 Th. Wasser von 15° C. oder in 0,2 Th. siedendem Wasser, nicht in Weingeist. Die wässerige Lösung schmeckt laugenhaft, bläut rothes Lackmuspapier und entbindet auf Zusatz von Säure reichlich Kohlensäure. An trockner Luft verwittern die Krystalle zunächst oberflächlich, allmählich zerfallen sie vollständig zu einem weissen Pulver $Na_2CO_3 + 2\,H_2O$. Wird krystallisirtes Natriumkarbonat erhitzt, so schmilzt es bei 34° C. unter theilweiser Ausscheidung der Verbindung $Na_2CO_3 + H_2O$. Die nämliche Verbindung wird erhalten, wenn man eine gesättigte Lösung von Natriumkarbonat bei Temperaturen über 35° C. krystallisiren lässt. Ein Salz der Zusammensetzung $Na_2CO_3 + 7\,H_2O$ scheidet sich in Rhomboëdern aus, wenn man eine warm gesättigte Lösung bei Luftabschluss erkalten lässt. Beim Erhitzen auf 100° C. wird das Natriumkarbonat wasserfrei, es hinterbleibt $Na_2CO_3$, welches bei höherer Temperatur schmilzt. — Die Existenz verschiedener Hydrate des Natriumkarbonats, ihre abweichende Löslichkeit und ihre Bildung und Zersetzung bei verschiedenen Temperaturen bedingt, dass das Natriumkarbonat eigenthümliche Löslichkeitsverhältnisse zeigt. Die Löslichkeit des Natriumkarbonats in Wasser steigt nämlich mit zunehmender Temperatur und zwar bis 34° C. Bei 34° C. ist die Löslichkeit am grössten (Löslichkeits-Optimum), über 34° C. wird die Löslichkeit geringer. Eine bei 34° C. gesättigte Lösung trübt sich daher beim weiteren Erwärmen. Dies beruht darauf, dass die in höheren Temperaturen sich bildenden Salze mit geringerem Wassergehalte eine geringere Löslichkeit besitzen als das Salz mit $10\,H_2O$. Beim Abkühlen auf 34° C. bildet sich dies Salz wieder zurück und geht in Lösung.

**Specifische Gewichte wässeriger Lösungen von Natriumkarbonat bei 15° C.**
Nach Gerlach.

| Proc. an $Na_2CO_3$ $+10H_2O$ | Spec. Gew. bei 15° C. | Proc. an $Na_2CO_3$ $+10H_2O$ | Spec. Gew. bei 15° C. | Proc. an $Na_2CO_3$ $+10H_2O$ | Spec. Gew. bei 15° C. | Proc. an $Na_2CO_3$ $+10H_2O$ | Spec. Gew. bei 15° C. | Proc. an $Na_2CO_3$ $+10H_2O$ | Spec. Gew. bei 15° C. |
|---|---|---|---|---|---|---|---|---|---|
| 1 | 1,004 | 9 | 1,035 | 17 | 1,066 | 25 | 1,099 | 33 | 1,130 |
| 2 | 1,008 | 10 | 1,039 | 18 | 1,070 | 26 | 1,104 | 34 | 1,135 |
| 3 | 1,012 | 11 | 1,043 | 19 | 1,074 | 27 | 1,106 | 35 | 1,139 |
| 4 | 1,016 | 12 | 1,047 | 20 | 1,078 | 28 | 1,110 | 36 | 1,143 |
| 5 | 1,020 | 13 | 1,050 | 21 | 1,082 | 29 | 1,114 | 37 | 1,147 |
| 6 | 1,023 | 14 | 1,054 | 22 | 1,086 | 30 | 1,119 | 38 | 1,150 |
| 7 | 1,027 | 15 | 1,058 | 23 | 1,090 | 31 | 1,123 | | |
| 8 | 1,031 | 16 | 1,062 | 24 | 1,094 | 32 | 1,127 | | |

***Prüfung.*** **1)** Die wässerige Lösung (1 = 50) werde durch Schwefelwasserstoffwasser nicht verändert (dunkle Färbung = Kupfer, Blei, Eisen, weisse Trübung = Zink). **2)** Nach dem Uebersättigen mit Salpetersäure werde sie weder durch Baryumchlorid (Schwefelsäure), noch durch Silbernitrat (Chlor) verändert. **3)** Wird 1 g Natriumkarbonat mit Natronlauge erhitzt, so soll Ammoniakgeruch nicht wahrzunehmen sein. Das Ammoniak kann aus dem Ammoniak-Sodaprocess herrühren. **4)** Man löst 20 g Natriumkarbonat in Wasser zu 500 ccm. Verdünnt man 50 ccm dieser Lösung mit 50 ccm Wasser und fügt 3—4—5 Tropfen Methylorangelösung hinzu, so sollen zur Neutralisation, d. h. bis zum Eintritt der Rothfärbung, nicht weniger als 14 ccm Normalsalzsäurelösung erforderlich sein, wodurch 2,002 g $Na_2CO_3 + 10 H_2O$ angezeigt werden. Bei verwittertem Salz kann der Säureverbrauch merklich steigen. Die Titration ist in der Kälte auszuführen.

***Anwendung.*** Natriumkarbonat stumpft, innerlich gegeben, die Säure des Magens ab. Da es in das Blut übergeht, so macht es dieses alkalisch und wirkt infolge dessen schleimlösend, säuretilgend, harntreibend. Der Harn wird alkalisch. Man giebt es unter den gleichen Verhältnissen wie *Natrium bicarbonicum*, zieht aber das letztere vor. Sehr häufig ist dagegen der Gebrauch zu Saturationen seit der Aufnahme der *Potio Riveri* in die Pharmakopöen.

Aeusserlich benutzt man es zu Waschungen, Augenwässern, Mund- und Gurgelwässern, zu Inhalationen.

**Natrium carbonicum siccum** (Germ.). **Natrium carbonicum dilapsum** (Austr.). **Sodii Carbonas exsiccatus** (Brit. U-St.). **Gepulvertes Natriumkarbonat. Getrocknetes Natriumkarbonat.**

Das Präparat wird dargestellt dadurch, dass man das reine krystallisirte Natriumkarbonat bei 25—30° C. verwittern lässt, bis es sein Krystallwasser bis zu einem bestimmten Maasse abgegeben hat. 100 Th. krystallisirtes Natriumkarbonat sollen dabei verlieren nach Germ. und U-St. = 50 Proc. Krystallwasser, nach Austr. mindestens 60 Proc. und nach Brit. 63 Proc.

***Darstellung.*** In grossen reinen tarirten Papierbeuteln breite man das in einem porcellanenen Mörser grob zerstossene Salz in dünner Schicht aus, bemerke auf dem Beutel das Gewicht des krystallisirten Salzes und lege ihn in Siebböden oder auf trockne Bretter an einen Ort von mittlerer Temperatur (16—20° C.) fünf Tage hindurch, und wende während dieser Zeit den Beutel einige Male um. Dann bringe man den Beutel, wenn das Gewicht des Salzes noch nicht um die Hälfte geringer geworden wäre, in eine wärmere Atmosphäre (40—50° C.). Ist die Darstellung nicht eilig, so lässt man es am ersten Orte länger liegen, bis das Gewicht etwa die Hälfte des krystallisirten Salzes beträgt. In einem warmen porcellanenen Mörser zerreibt man die weisse pulvrige Masse und hebt sie in gut verstopften Flaschen vor Feuchtigkeit geschützt auf. Bei der Darstellung dieses zerfallenen Salzes ist zu beachten, dass das officinelle krystallisierte Salz schon bei 34—35° C. in seinem Krystallwasser schmilzt.

Zur völligen Entwässerung kann man das Salz, wenn es die Hälfte seines Gewichtes an Krystallwasser verloren hat, im Wasserbade austrocknen.

***Eigenschaften.*** Ein sehr weisses Pulver, welches sich in Wasser unter Selbsterwärmung auflöst. Die wässerige Lösung hat die Eigenschaften derjenigen des krystallisirten Salzes. Das Präparat der Germ. und U-St. entspricht etwa der Formel $Na_2CO_3 + 2H_2O$, die Präparate der Austr. und Brit. sind annähernd wasserfreies Natriumkarbonat.

***Prüfung.*** Die Prüfung erfolgt in gleicher Weise wie diejenige des krystallisirten Salzes, doch verwendet man nur halb so koncentrirte Lösungen. — Zur Neutralisation von 1 g des Präparates der Germ. und U-St. sind — Methylorange als Indikator — nicht weniger als 14 ccm Normal-Salzsäure erforderlich.

***Aufbewahrung.*** In gut verschlossenen Gefässen, da das Salz aus der Luft Feuchtigkeit annimmt.

***Anwendung.*** Das getrocknete Natriumkarbonat ist für Pulvermischungen bestimmt. Wenn derArzt zu Pulvermischungen auch nur Natrium carbonicum verordnet, so ist doch stets Natrium carbonicum siccum zu dispensiren. Uebrigens wird dieses Präparat nur selten verordnet, weil der Arzt in der Regel dem Natriumbikarbonat den Vorzug giebt.

**Natrium-Kalium carbonicum. Natrium-Kaliumkarbonat.** Eine Mischung aus 106 Th. wasserfreiem Natriumkarbonat und 138 Th. Kaliumkarbonat. Sie dient in der Analyse zu Aufschliessungsschmelzen (auch Hepar-Schmelzen) und hat vor dem Natriumkarbonat den Vortheil, leichter schmelzbar zu sein als dieses.

**Ammonin,** ein Waschmittel von M. v. KALKSTEIN-Heidelberg. Besteht aus Rückständen der Sodafabrikation und enthält neben Kalk- und Thonerdesilikat Soda und etwas Calciumsulfid. Nach B. FISCHER: Feuchtigkeit 3,92, Kieselsäure 25,95, Calciumoxyd 23,22, Natriumkarbonat 18,75, Thonerde + Eisenoxyd 8,70, Magnesiumoxyd 4,24, Schwefelsäure ($SO_3$) 1,17, Chlor 5,99, Calciumsulfid 2,20, Nicht bestimmt 5,86 Proc.

**BARELLA's Magenpulver.** Natriumbikarbonat 93,0, Natriumchlorid 4,0, Calciumkarbonat 3,0, Pepsin 5,0.

**Berliner Hefenmehl, I** Weinstein 4,0, Natriumkarbonat 2,0, Mehl 1,0. Oder **II** Weinsteinsäure 15,0, Natriumbikarbonat 18,0, Stärkemehl 16,0.

**Dr. GOEHLIS Seifenpulver.** Natriumbikarbonat 80,0, Kaliumbitartrat 12,0, Natriumchlorid 1,0, Ammoniumchlorid 0,1, Calciumkarbonat 6,1. B. FISCHER.

**Hot-Sodawater.** Auf 1/2 Flasche Sodawasser giebt man 20 Tropfen Spanischpfeffertinktur.

**Lessive Phoenix,** ein Waschpulver. Enthält 35 Proc. Wasser, 5 Proc. Seifenpulver (wasserfrei), 55 Proc. Natriumkarbonat $Na_2CO_3$ und 5 Proc. Natronwasserglas (B. FISCHER).

**Solution antidiabétique** von MOREAU in Lyon. Eine mit Cochenille roth gefärbte Lösung von 2,5 Th. Natriumbikarbonat in 10 Th. Glycerin und 87,5 Th. Wasser.

**STRUVE's Sodawasser** enthält in 1 Liter = 1,25 g Natriumkarbonat ($Na_2CO_3$) und 1,75 Th. Natriumchlorid.

**Tergolith,** ein Reinigungsmittel besteht aus Wasser 24 Proc., Seife 52 Proc. und 24 Proc. eines in Alkohol unlöslichen Rückstandes, der mit Ammonium identisch sein dürfte. B. FISCHER.

**Universal-Waschmittel von HENKEL & Co.** in Aachen. Besteht aus Natronwasserglas, dem 1 Proc. Stärke und 1 Proc. Seife zugesetzt sind.

**Waschkrystall** ist die krystallisirte Soda des Handels, häufig genug mit Natriumsulfat versetzt.

**Waschpulver Lessive.** Besteht aus 30 Proc. Wasser, 8 Proc. Seifenpulver (trocken), 45 Proc. Natriumkarbonat $Na_2CO_3$ und 17 Proc. Natronwasserglas.

**Waschsoda von HENKEL & Co.** Eine eingedampfte Mischung von Natriumsilicat und Natriumkarbonat.

**Wiener Speisepulver.** Eine Mischung aus 1 Th. natürlichem Karlsbader Salz und 3 Th. Natriumbikarbonat.

**Wiesbadener Gichtwasser.** Eine Auflösung von 7,5 g Natriumbikarbonat in 1 l Wiesbadener Kochbrunnen.

**III. Natrium bicarbonicum** (Germ. Helv.). **Natrium hydrocarbonicum** (Austr.). **Sodii Bicarbonas** (Brit. U-St.). **Bicarbonate de soude** (Gall.). **Natrium carbonicum acidulum. Natriumbikarbonat. Doppeltkohlensaures Natron. Zweifach-kohlensaures Natron. Sel de Vichy. Bullrichs Salz. $NaHCO_3$. Mol. Gew. = 84.** Dieses Salz kommt in zwei Sorten in den Handel, als reines Natriumbikarbonat, welches die Pharmakopöen aufgenommen haben und welches hier behandelt ist, und als sog. englisches Natriumbikarbonat, von welchem weiter unten die Rede sein wird.

Die Darstellung des officinellen Natriumbikarbonats erfolgt in chemischen Fabriken durch Einleiten von Kohlensäure in koncentrirte Lösungen von Natriumkarbonat. Das auskrystallisirende Natriumbikarbonat wird nach dem Abtropfen der Mutterlauge mit eiskaltem Wasser gewaschen, bei gewöhnlicher Temperatur bez. im Kohlensäurestrom getrocknet, dann gepulvert und schliesslich nochmals der Einwirkung von Kohlensäure unterworfen.

***Eigenschaften.*** Das Natriumbikarbonat bildet entweder weisse, krystallinische Krusten oder ein weisses, krystallinisches Pulver, welches aus kleinen, schiefen, vierseitigen Tafeln besteht. Spec. Gew. der Krystalle bei 16° C. = 2,22. Es ist geruchlos, von mildem, nur schwach alkalischem Geschmacke und löst sich in 12—13 Th. Wasser von 15° C., nicht in Weingeist. Die unzersetzte wässerige Lösung des reinen Natriumbikarbonats bläut rothes Lackmuspapier schwach, röthet aber Phenolphthaleïnlösung nicht.

In krystallisirtem Zustande (also in Scherben oder Krusten) ist das Natriumbikarbonat an der Luft beständig. Das Pulver giebt schon beim Liegen an der Luft oder in einer feuchten Atmosphäre, namentlich, wenn es in dünner Schicht ausgebreitet wird, Kohlensäure ab. Durch Erwärmen wird allmählich die Hälfte der vorhandenen Kohlensäure ausgetrieben, bei 350—400° C. hinterbleibt wasserfreies Natriumkarbonat $Na_2CO_3$.

Wird Natriumbikarbonat mit Wasser von niedriger Temperatur übergossen, so löst es sich ohne Veränderung auf. Aber aus dieser Lösung wird schon durch geringfügige Ursachen Kohlensäure abgespalten, wobei ein entsprechender Theil des Natriumbikarbonats in Natriumsesquikarbonat (siehe weiter unten) übergeht. Solche Ursachen sind: heftiges Schütteln der Lösung, Erwärmen derselben.

Durch Säuren wird das Natriumbikarbonat unter Freiwerden von Kohlensäure zerlegt. 1 g Natriumbikarbonat liefert etwa 270 ccm Kohlensäuregas.

***Prüfung.*** Diese erstreckt sich auf einen Gehalt an Verbindungen des Kaliums, Ammoniak, Natriumkarbonat, Metalle, Sulfate, Thiosulfate, Rhodanide und Chloride. Diese Verunreinigungen treten besonders dann auf, wenn ein nach dem Solvay'schen Ammoniakverfahren dargestelltes Natriumbikarbonat vorliegt. — **1)** Durch ein Kobaltglas betrachtet, darf die nicht leuchtende Flamme nur ganz vorübergehend roth gefärbt erscheinen (Kalisalze). — **2)** Wird 1 g Natriumbikarbonat im Probirrohre erhitzt, so darf der Geruch nach Ammoniak nicht auftreten. (Hierdurch wird noch etwa 0,5 Proc. Ammoniumkarbonat angezeigt). Sollte auf völlige Abwesenheit zu prüfen sein, so würde dies durch Nessler'sches Reagens zu geschehen haben. — **3)** 1 g des über Schwefelsäure getrockneten Natriumbikarbonats soll beim Glühen nicht mehr als 0,638 g Rückstand hinterlassen. Da reines Natriumbikarbonat 0,631 g Glührückstand hinterlässt, so wird hierdurch ein Gehalt von rund 2 Proc. Natriumkarbonat $Na_2CO_3$ zugelassen. — **4)** Löst man 1 g Natriumbikarbonat bei nicht über 15° C. in 20 ccm Wasser unter Vermeidung heftigen Schüttelns auf, so soll die Lösung durch Zusatz von 3 Tropfen Phenolphthaleïnlösung gar nicht oder ganz schwach geröthet werden. Eine etwa auftretende Röthung soll durch Zusatz von 0,2 ccm Normal-Salzsäure verschwinden. Auch durch diese Prüfung wird der Maximalgehalt an Natriumkarbonat auf 2 Proc. $Na_2CO_3$ begrenzt. — **5)** Die mit verdünnter Essigsäure übersättigte Lösung (1 = 20) werde durch Schwefelwasserstoffwasser nicht verändert (**Metalle**, wie Blei, Kupfer, Zink) und durch Baryumchloridlösung vor Ablauf von 2 Minuten höchstens schwach opalisirend getrübt (**Sulfate**, von denen Spuren zuzulassen sind). Die mit verdünnter Salpetersäure übersättigte wässerige Lösung (1 = 50) sei klar. Sie werde durch Silbernitrat nach Ablauf von 10 Minuten höchstens schwach opalisirend getrübt (**Chloride**, von denen Spuren zuzulassen sind) und durch einen Tropfen Ferrichloridlösung nicht röthlich gefärbt (**Rhodanide** aus dem Solvay-Process herrührend).

***Aufbewahrung.*** In gut geschlossenen Glasgefässen vor Feuchtigkeit und Staub wohl geschützt, an einem nicht zu warmen Orte. Will man Verlusten von Kohlensäure vorbeugen, so füllt man die mit Natriumbikarbonat gefüllten Gefässe mit reiner Kohlensäure, falls sie dicht verschliessbar sind.

*Anwendung.* Natriumbikarbonat findet besonders als säureabstumpfendes Mittel (Antacidum) Verwendung. Aeusserlich zu Mund- und Gurgelwässern bei Säurebildung im Munde und bei Croup, zu Inhalationen bei Katarrhen der Luftwege mit zähem Schleim. Innerlich namentlich, um die Magensäure abzustumpfen, bei verschiedenen Dyspepsien, bei harnsaurer Diathese (s. *Lithium carbonicum*), Gicht, chronischem Rheumatismus, Blasenkatarrh. — Von den zur Gewohnheit werdenden Gebrauche grösserer Dosen von Natriumbikarbonat ist abzurathen. — Lösungen von Natriumbikarbonat müssen aus den unter Eigenschaften angegebenen Gründen stets unter Ausschluss jeder Erwärmung hergestellt werden.

**Natrium bicarbonicum venale. Natrium bicarbonicum Anglicum. Englisches Natriumbikarbonat.** Unter diesen Namen wird das beim SOLVAY'schen Ammoniak-Sodaprocess als Zwischenprodukt auftretende Natriumbikarbonat in den Handel gebracht. Es stellt ein sehr weisses, schön aussehendes Pulver dar, enthält aber erhebliche Mengen von Natriumkarbonat und namentlich Ammoniumkarbonat (von letzterem kann es durch einfaches Auswaschen nicht befreit werden), ausserdem in grösseren oder geringeren Mengen die auf S. 442 angegebenen Verunreinigungen.

Es darf in der Receptur nicht verwendet werden. Seiner Abgabe im Handverkauf für die Zwecke der Thiermedicin und zum technischen Gebrauche steht nichts im Wege, doch signire man die Aufbewahrungsgefässe deutlich als „Natrium bicarbonicum technicum".

**Natriumsesquikarbonat,** anderthalbfach-kohlensaures Natrium $Na_2CO_3 + 2[NaHCO_3]$.

Stellt man mit Hilfe von Wasser, welches wärmer als 70° C. ist, eine gesättigte Lösung von Natriumbikarbonat dar, oder dampft man die kaltgesättigte Lösung des Natriumbikarbonates bei höherer Temperatur als 70° C. ein, so scheiden sich Krystalle von Natriumsesquikarbonat und zwar $Na_2CO_3 . 2[NaHCO_3] + 3H_2O$ ab. Diese Verbindung ist identisch mit der in den Natronseen sich absetzenden Trona oder Urao-Soda.

**Aqua Sodae carbonica.**

Sodawasser.

| Rp. | | | |
|---|---|---|---|
| Rp. | Natrii carbonici crystall. | | 100,0 |
| | Natrii chlorati | | 100,0 |
| | Aquae | Litras | 100,0 |
| | Acidi carbonici | | q. s. |

**Balneum alkalinum forte.**

| Rp. | | | |
|---|---|---|---|
| Rp. | Natrii carbonici crudi | | 1000,0 |
| | Aquae | Litras | 250,0. |

**Injectio lithontriptica.**

| Rp. | | |
|---|---|---|
| Rp. | Natrii carbonici crystallisati | 1,0 |
| | Saponis medicati | 2,0 |
| | Aquae destillatae | 100,0. |

Einspritzung zur Lösung der Harnkonkretionen.

**Liquor Sodii Boratis compositus.**

DOBELL's Solution (Nat. form.).

| Rp. | | | |
|---|---|---|---|
| Rp. | Boracis | | |
| | Natrii bicarbonici | ãã | 15,0 g |
| | Acidi carbolici | | 3,0 g |
| | Glycerini | | 35,0 ccm |
| | Aquae | q. s. ad | 1,0 l. |

**Mixtura antidiphtherica**

VOLQUARTZ et KÜCHENMEISTER.

| Rp. | | | |
|---|---|---|---|
| Rp. | Natrii carbonici puri | | |
| | Natrii nitrici | ãã | 3,0 |
| | Aquae destillatae | | 120,0 |
| | Sirupi Amygdalarum | | 30,0. |

**Mixtura Natrii bicarbonici.** (Form. Berol.).

| Rp. | | | |
|---|---|---|---|
| Rp. | Natrii bicarbonici | | 10,0 |
| | Tincturae Aurantii | | 5,0 |
| | Glycerini | | 10,0 |
| | Aquae | q. s. ad | 200,0. |

**Mixtura Sodae et Menthae.**

Soda-Mint (Nat. form.).

| Rp. | | | |
|---|---|---|---|
| Rp. | Natrii bicarbonici | | 5,0 |
| | Spiritus Ammonii aromatici | | 10,0 ccm |
| | Aquae Menthae | q. s. ad | 1000,0 ccm. |

**Natrokrene.**

| Rp. | | | |
|---|---|---|---|
| Rp. | Natrii carbonici crystallisati | | 250,0 |
| | Natrii chlorati | | 45,0 |
| | Kalii bromati | | |
| | Kalii jodati | | ãã 1,5 |
| | Natrii sulfurici crystallisati | | |
| | Magnesii sulfurici crystallisati | | ãã 5,0 |
| | Aluminis | | 0,3 |
| | Aquae destillatae | Litras | 30,0. |

Mixta impraegna
Acidi carbonici voluminibus tribus.

**Natrokrene VETTER.**

| Rp. | | | |
|---|---|---|---|
| Rp. | Kalii chlorati [KCl] | | 4,5 |
| | Kalii sulfurici | | 5,5 |
| | Kalii bromati | | 0,05 |
| | Kalii jodati | | 0,01 |
| | Natrii chlorati | | 200,0 |
| | Natrii carbonici crystallisati | | 150,0 |
| | Calcii chlorati crystallisati | | |
| | Magnesii chlorati crystallisati | ãã | 30,0 |
| | Natrii silicici | | 10,0 |
| | Aluminis | | 0,01 |
| | Aquae | Litras | 100,0 |
| | Acidi carbonici volumina tria ad quatuor. | | |

**Pilulae digestivae BEDDOES.**

| Rp. | | | |
|---|---|---|---|
| Rp. | Natrii bicarbonici | | |
| | Saponis medicati | ãã | 10,0 |
| | Fructus Capsici annui | | 1,0. |

Fiant cum aqua pilulae 150.

**Pilulae lithodialyticae.**

Rp. Natrii carbonici sicci 15,0
Lithii benzoïci
Boracis ää 10,0
Saponis medicati
Extracti Gentianae ää 5,0
Pulveris aromatici q. s.

Fiant pilulae 300, pulvere aromatico conspergendae. Täglich dreimal 5—10 Pillen bei harnsaurer Diathese.

**Pulvis dentifricius alkalinus.**
Alkalisches Zahnpulver.

Rp. Natrii bicarbonici
Talci Venetae
Boli Armenae ää 20,0
Olei Menthae piperitae gtt. X.

**Pulvis halodiaeteticus** KLETZINSKY.

Rp. Natrii bicarbonici 30,0
Kalii chlorati [KCl] 15,0
Calcii phosphorici 10,0
Ferri pyrophosphorici
Magnesiae ustae ää 7,5
Calcii fluorati
Acidi silicici puri ää 2,0.

Mehrmals täglich eine Messerspitze zur Hebung und Erhaltung der Körperkräfte.

**Pulvis Vichyanus.**
Poudre de Vichy.

Rp. Natrii bicarbonici 10,0
Natrii chlorati 0,2
Calcii chlorati crystall.
Natrii sulfurici sicci ää 0,5
Magnesii sulfurici sicci 0,15
Ferri sulfurici sicci 0,005.

Eine Portion für 600 ccm. Sodawasser.

**Saccharum alkalinum.**
Vichyzucker. Saccharokali de Blondeau.

Rp. Natrii bicarbonici 5,0
Sacchari albi 95,0.

**Sodii Bicarbonas saccharatus** (Nat. form.).

Rp. Natrii bicarbonici 30,0
Sacchari 10,0.

**Sirupus alkalinus.**

Rp. Natrii bicarbonici 4,0
Sirupi Sacchari 96,0.

**Sirupus alkalinus** BAZIN.

Rp. Natrii bicarbonici 15,0
Sirupi Sacchari 120,0.

Man löst unter schwachem Erwärmen und filtrirt. Esslöffelweise bei Hautleiden und Gicht.

**Trochisci Natrii bicarbonici.**
Pastilles de Vichy. Pastilles d'Hauterive. Vichy-Pastillen. Biliner Pastillen. Arcets Pastillen.

I. Sodapastillen (Hamb. V.).

Rp. Sacchari albi 240,0
Natrii bicarbonici 18,0
Magnesii carbonici 30,0
Olei Menthae 1,0.

Mit einer Mischung aus gleichen Theilen weissem Sirup und verdünntem Weingeist werden Pastillen von 1,0 g geformt.

II. Pastilli Natrii bicarbonici (Ergänzb.).

Rp. Natrii bicarbonici 10,0
Sacchari albi 90,0.

Zu 100 Pastillen.

III. Pastilli e Natrio hydrocarbonico (Austr.).

Rp. Natrii bicarbonici 3,0
Sacchari albi 45,0
Olei Menthae gtt. II.

Spiritus diluti q. s. für 30 Pastillen.

IV. Tablettes de Bicarbonate de soude (Gall.).

Rp. Natrii bicarbonici 25,0
Sacchari albi 975,0
Mucilaginis Tragacanthae 90,0.

Man forme Pastillen von 1 g Schwere. Sie können aromatisirt werden mit: Oleum Anisi, Citri, Menthae piperitae, Aqua florum Aurantii, Aqua Rosae, Tinctura Vanillae.

V. Künstliche Vichy-Pastillen (Helv.).

Rp. Natrii bicarbonici 100,0
Tragacanthae pulv. 10,0
Olei Menthae 1,0
Sacchari 890,0
Aquae 80,0.

Man forme Pastillen von 1 g Schwere.

VI. Trochisci Sodii Bicarbonatis (U-St.).

Rp. Natrii bicarbonici 20,0
Sacchari albi 60,0
Nucum moschatarum 1,0
Mucilaginis Tragacanthae q. s.

Für 100 Pastillen.

**Vet. Pulvis digestivus alkalinus equorum.**

Rp. Natrii bicarbonici
Natrii sulfurici dilapsi
Salis culinaris ää 10,0.

Dentur tales doses decem. Ein Pulver dem Hauptfutter beizumischen (bei mangelnder Fresslust und ungenügender Absonderung des Darmkanals bei Pferden).

---

# Natrium chloratum.

**I. Natrium chloratum. Natrium chloratum. Sal commune. Murias Sodae. Natriumchlorid. Chlornatrium. Chlorure de sodium. Sodii Chloridum. NaCl. Mol. Gew. = 58,5.**

**A. Sal Gemmae. Sal montanum. Sal fossile. Steinsalz. Bergsalz.** Das natürlich vorkommende, farblose Steinsalz in grossen würfligen Krystallen oder in dichten krystallinischen Massen, spaltbar nach den Flächen des Würfels, mit muschligem Bruch. Es wird zuweilen in den Apotheken gefordert, indem es noch in alten Vorschriften für Zusammensetzungen verschiedener Volksmedicinen aufgeführt ist.

**B. Sal marinum** (Ergänzb.). **Seesalz. Meersalz. Boysalz.** Ist das unreine, in den südlichen Küstenländern in den sogenannten Salzgärten aus dem Meerwasser durch freiwilliges Verdunsten desselben in der Sonnenhitze abgeschiedene Salz. Es hat einen bitterlichen Geschmack, bildet grössere Krystalle als das Kochsalz und enthält neben unbedeutenden Spuren Jod- und Brommetallen mehrere Procente Natriumsilicat, Natriumsulfat, Magnesiumsulfat, Calciumsulfat, Magnesiumchlorid, zuweilen auch Spuren Blei- und Kupferverbindungen. Endlich ist es nie rein weiss, meist grau oder gelblich und gewöhnlich hygroskopisch. Aus letzterem Grunde wird es in steinzeugenen oder hölzernen Gefässen an einem trocknen Orte aufbewahrt. Nach L. Schneider hat das Seesalz folgende mittlere Zusammensetzung: Calciumsulfat 1,71, Magnesiumsulfat 0,11, Magnesiumchlorid 0,19, Natriumchlorid 97,33, Wasser 0,55, Eisenoxyd und Thonerde 0,11. In Frankreich versteht man unter „*Sel marin*“ nicht das Seesalz, sondern das Kochsalz.

Das Seesalz wird zu Bädern verwendet. Zu einem Vollbade 3—6 kg, zu einem Fussbade 1—1,5 kg.

**Sal marium depuratum. Gereinigtes Seesalz.** Man löst 1 Th. Seesalz in 3 Th. Wasser und dampft die filtrirte Lösung zur Trockne. Wird als Zusatz zu Gurgelwässern verordnet.

**C. Natrium chloratum crudum. Sal commune. Sal culinare. Kochsalz. Salz.** Das in den Salinen dargestellte Salz, wie es als Kochsalz in Deutschland in den Handel kommt. Es bildet ein weisses, mehr oder weniger grobkörniges Pulver, aus kleinen würfligen Krystallen bestehend. Die fremden Salze, mit welchen es verunreinigt ist, betragen 1—3 Proc. Enthält es Magnesiumchlorid, so es ist gewöhnlich mehr oder weniger feucht. Es ist hin und wieder mit Spuren Zink verunreinigt angetroffen worden.

**Fabriksalz. Denaturirtes Salz.** Zu technischen Zwecken wird Kochsalz, z. B. an chemische Fabriken, steuerfrei in denaturirtem Zustande abgegeben. Als Denaturirungsmittel benutzt man je nach dem Zwecke, welchem das Salz dienen soll, verschiedene Substanzen. Für Viehsalz aus Siedesalz = $^1/_4$ Proc. Eisenoxyd und $^1/_4$ Proc. Wermutpulver, für Viehsalz aus Steinsalz = $^3/_8$ Proc. Eisenoxyd und $^1/_4$ Proc. Wermutpulver. An Stelle von Wermut kann auch Holzkohlenpulver verwendet werden. Für Düngesalz wird 1 Proc. Russ vorgeschrieben. Von sonstigen Denaturirungsmitteln werden für gewerbliche Zwecke häufiger verwendet: 1 Proc. Schwefelsäure, $^1/_4$ Proc. Petroleum, 4 Proc. Eisenvitriol, 1 Proc. Seifenpulver, 1 Proc. Kienruss und $^1/_4$ Proc. Kienöl.

**D. Natrium chloratum purum. Sal culinare depuratum. Natrium chloratum** (Germ. Helv.). **Chlorure de sodium purifié** (Gall.). **Sodii Chloridum** (Brit. U-St.). **Gereinigtes Natriumchlorid. Gereinigtes Kochsalz.** Zu seiner Darstellung fällt man aus einer Lösung von 1 Th. Kochsalz in 6 Th. Wasser die verunreinigenden Erden (Kalk und Magnesia) durch Zusatz von Natriumkarbonat in der Hitze. Man filtrirt die Lösung, säuert das Filtrat schwach mit Salzsäure an und dampft es ein, bis die Hauptmenge des Kochsalzes in Form von Krystallen sich abgeschieden hat. Man sammelt diese, lässt sie abtropfen, wäscht sie mit kleinen Mengen kalten Wassers nach und trocknet sie alsdann. Die Mutterlauge wird verworfen. — Enthält das Kochsalz Sulfate, so fällt man aus der Lösung durch Zusatz von Baryumchlorid in mässigem Ueberschusse die Schwefelsäure als Baryumsulfat. Alsdann fällt man die vorhandenen Erden, einschliesslich des Baryums, durch Zusatz von Natriumkarbonat im Ueberschusse, lässt die Flüssigkeit sich klären, säuert die klare, event. filtrirte Lösung mit Salzsäure schwach an und dampft sie, wie vorher angegeben, ein.

***Eigenschaften.*** Natriumchlorid krystallisirt in Würfeln, welche sich, falls sie an der Oberfläche der Lösung entstehen, in Form vierseitiger, treppenförmiger, innen hohler Pyramiden aneinander lagern. Durch gestörte Krystallisation erhält man es als grob krystallinisches, aus Würfeln bestehendes Pulver.

Natriumchlorid ist geruchlos, von rein salzigem Geschmack. In kaltem wie in warmem Wasser ist es nahezu gleich löslich. 100 Th. Wasser lösen bei 0° C. = 35,5 Th., bei 15° C. = 36 Th., bei 100° C. = 39,6 Th. NaCl. Die wässerige Lösung ist neutral. In absolutem Weingeist ist Natriumchlorid unlöslich. — Unter — 10° C. krystallisirt aus der wässerigen Lösung ein Salz $NaCl + 2H_2O$ in grossen, sechsseitigen Tafeln; dasselbe geht beim Liegen an der Luft in wasserfreies, würfelförmiges Salz über.

Werden Natriumchloridkrystalle erhitzt, so verknistern sie, indem die in den Krystallen eingeschlossene Mutterlauge die Krystalle auseinander sprengt. Man sehe sich vor, dass man von den umherspritzenden heissen Krystalltrümmern nicht verletzt wird. Bei Rothglühhitze schmelzen die Krystalle, zugleich aber verflüchtigt sich etwas Natriumchlorid. Natriumchlorid, welches Magnesiumchlorid enthält, reagirt nach dem Glühen alkalisch (infolge Bildung von Magnesiumoxychlorid), völlig reines Natriumchlorid ist auch nach dem Glühen neutral.

***Prüfung.*** Das Vorhandensein eines Natriumsalzes erkennt man an der gelben Flammenfärbung, das Vorhandensein einer Chlorverbindung durch die weisse Fällung, welche auf Zusatz von Silbernitrat eintritt.

**1)** Durch ein Kobaltglas betrachtet darf die durch das Natriumchlorid erzeugte gelbe Natriumflamme gar nicht oder nur ganz vorübergehend roth gefärbt erscheinen (Kalium), — **2)** Die wässerige Lösung (1 = 10) werde durch Schwefelwasserstoffwasser oder Schwefelammonium nicht verändert (Metalle wie Blei, Kupfer, Zink, Eisen). — **3)** Die wässerige Lösung werde weder durch Baryumnitrat (Schwefelsäure) noch durch Ammoniumoxalat, nach durch Zusatz von Natriumphosphatlösung vor Ablauf von 5 Minuten verändert (Abwesenheit von Kalk, während Spuren von Magnesia bei diesem Präparat als zulässig gelten müssen). — **4)** Versetzt man 20 ccm der wässerigen Lösung mit 1 Tropfen Ferrichloridlösung und etwas Stärkelösung (nicht etwa Jodzinkstärkelösung!), so darf Blaufärbung nicht erfolgen (Jodide). — **5)** 20 ccm der wässerigen Lösung dürfen durch Kaliumferrocyanidlösung weder blau (Eisen), noch roth (Kupfer) gefärbt werden.

***Anwendung.*** Koncentrirte Kochsalzlösungen wirken auf Haut und Schleimhäute reizend. Resorption durch die Haut findet nicht statt. — Innerlich regen kleine Gaben den Durst und Appetit an, steigern die Sekretion des Magensaftes und wirken dadurch verdauungsbefördernd. Der Stoffwechsel und die Harnsekretion werden vermehrt, das Körpergewicht nimmt zu. Natriumchlorid ist ein normaler Bestandtheil aller Gewebssäfte des thierischen Körpers. Natriumchlorid wird in der Medicin fast ausschliesslich äusserlich angewendet zu Augenwässern, Waschungen, Inhalationen, Fussbädern und Vollbädern. Innerlich wird es dem Körper als Gewürz in genügenden Mengen, ausserdem auch durch das Trinkwasser und auch in Form von Mineralwässern zugeführt. Grössere Mengen giebt man zum Tödten etwa verschluckter Blutegel.

Werden z. B. wie bei Inhalationen Natriumchlorid und Natriumkarbonat in wässeriger Lösung zusammen verordnet, so achte man darauf, ob die Lösung klar bleibt; andernfalls ist eine entstehende Trübung ($MgCO_3$) abzufiltriren.

***Aufbewahrung.*** In gut geschlossenen Gefässen in nicht allzufeuchter Luft. In feuchter Luft kann das Natriumchlorid zerfliessen.

**E. Natrium chloratum purissimum pro analysi.** Völlig rein erhält man das Natriumchlorid, wenn man in seine kalt gesättigte, wässerige Lösung einen Strom gewaschenen Salzsäuregases bis zur Sättigung einleitet. Es fällt alsdann in Form eines rein weissen Krystallmehles aus, welches man mit Salzsäure wäscht und schliesslich von der anhaftenden Salzsäure entweder durch schwaches Glühen oder durch Umkrystallisiren aus Wasser befreit. Zur Darstellung kleinerer Mengen kann man die kaltgesättigte Kochsalzlösung auch direkt mit dem 2fachen Volumen officineller oder besser rauchender Salzsäure fällen. — Ein so gereinigtes Natriumchlorid eignet sich besonders zur Titerstellung der massanalytischen Silbernitratlösung.

**Englisches Speisesalz** ist ein sehr reines, grobkörniges Kochsalz, welches nicht hygroskopisch und deshalb zum Füllen der Salzstreubüchsen geeignet ist.

**Kochsalzlösung, physiologische.** **A.** die gebräuchlichste Vorschrift: Natrii chlorati puri 6,0, Aquae destillatae 1000,0. **B.** die weniger gebräuchliche: Natrii chlorati puri 4,0, Natrii carbonici crystall. 3,0, Aquae 1000,0.

**Kryohydrate** nennt man bei bestimmter Temperatur erstarrende Salzlösungen.

**TAVEL'sche Lösung** zum Sterilisiren der Seide. Natrii chlorati 7,5, Natrii carbonici sicci 2,5, Aquae q. s. ad 1 Liter.

**Aqua marina.**

I.

Seewasser für Aquarien.

S. Bd. I, S. 340.

II.

Seewasser zu Bädern.

| | | |
|---|---|---|
| Rp. | Salis culinaris | 4000,0 |
| | Magnesii sulfurici cryst. | 1000,0 |
| | Calcii chlorati crystall. | 100,0 |
| | Kalii sulfurici | 25,0 |
| | Kalii bromati | |
| | Kalii jodati | āā 1,0 |
| | Aquae communis | 300,0—400,0 l. |

**Clysma commune.**

Enema salinum.

| | | |
|---|---|---|
| Rp. | Decocti Hordei excorticati | 10,0 : 250,0 |
| | Salis culinaris | 10,0 |
| | Olei Olivae | 15,0. |

Erwärmt und geschüttelt zu einem Klystier.

**Liquor inhalatorius cum Natrio chlorato**

WALDENBURG.

| | | |
|---|---|---|
| Rp. | Natrii chlorati | 1,0—10,0 |
| | Aquae destillatae | 500,0. |

Zum Inhaliren bei chronischen Katarrhen des Larynx, Pharynx, der Bronchien.

**Murias ad balneum Bourbonne-les-Bains.**

Bain de Bourbonne-les-Bains.

| | | |
|---|---|---|
| Rp. | Salis communis | 2000,0 |
| | Calcii chlorati crystall. | 800,0 |
| | Natrii sulfurici sicci | 1000,0 |
| | Natrii bicarbonici | 150,0 |
| | Kalii bromati | 15,0. |

Fiat pulvis grossus. Detur ad ollam. Zu einem Vollbade.

**Pulvis ophthalmicus** KRANZ.

| | | |
|---|---|---|
| Rp. | Salis culinaris | |
| | Concharum praeparatarum | āā 5,0. |

Fiat pulvis subtilissimus. Augenpulver bei Hornhautflecken.

**Sal culinare tostum.**

Geröstetes Kochsalz.

| | | |
|---|---|---|
| Rp. | Salis culinaris | 100,0 |
| | Farinae Secalis | 10,0. |

Man erhitzt die Mischung unter Umrühren in einer eisernen Schale, bis sie in ein braunes Pulver übergegangen ist. Volksmittel gegen Intermittens.

**Sal marinum factitium.**

Sal maris compositum.

Künstliches Seesalz zu Bädern.

| | | |
|---|---|---|
| Rp. | Kalii bromati | |
| | Kalii jodati | āā 10,0 |
| | Calcii chlorati sicci | 100,0 |
| | Magnesii sulfurici sicci | 1000,0 |
| | Salis culinaris | 5000,0. |

**Spiritus Vini Gallici salinus.**

Franzbranntwein mit Salz.

| | | |
|---|---|---|
| Rp. | Spiritus Vini Gallici | 100,0 |
| | Salis culinaris pulv. | 5,0. |

Volksmittel bei Verbrennungen, Quetschungen, wunden Hautstellen, Kopfweh.

**Sirupus Natrii chlorati**

PIÉTRA-SANTA.

| | | |
|---|---|---|
| Rp. | Natrii chlorati | 15,0 |
| | Sirupi Sacchari | 81,0 |
| | Aquae Laurocerasi | 4,0. |

Vet. **Fomentum salinum.**

Salzumschlag.

| | | |
|---|---|---|
| Rp. | Boli Armenae | 250,0 |
| | Salis culinaris | 100,0 |
| | Aceti | q. s. |

ut fiat puls.

In fingerdicker Schicht aufzustreichen und wiederholt mit Essig zu befeuchten. Auf Gallen, Anschwellungen etc.

**Arznei der Dr. LOBETHAL'schen Erben** gegen Lungenschwindsucht. Eine 13proc. Kochsalzlösung, in welcher kleine Harzpartikel sich befinden. B. FISCHER.

**Sodener Pastillen.** Angeblich aus Salzen der Sodener Mineralquellen bereitet, nach H. WELLER nur aus 1 Th. Kochsalz und 19 Th. Zucker bestehend.

## II. Natrium chloricum

(Ergänzb.). **Natriumchlorat. Chlorsaures Natrium. Chlorate de soude** (Gall.). **Sodii Chloras** (U-St.). **Natrium oxymuriaticum. Natrium muriaticum hyperoxygenatum.** $NaClO_3$. **Mol. Gew. = 106,5.** Dieses Salz entspricht dem chlorsauren Kalium und darf mit dem Kochsalze (Natriumchlorid) nicht verwechselt werden.

***Darstellung.*** Das Salz wird technisch durch Umsetzung von Calciumchlorat mit Natriumsulfat dargestellt. In kleineren Mengen kann es wie folgt gewonnen werden: Man mischt eine koncentrirte Auflösung von 19,5 Th. Weinsäure mit einer Lösung von 18,3 Th. krystallisirtem Natriumkarbonat in 20 Th. heissem Wasser. Diese Lösung von Natriumbitartrat wird noch heiss mit einer heissen Lösung von 16 Th. Kaliumchlorat ($KClO_3$) in 50—60 Th. Wasser versetzt und das Ganze 24 Stunden zur Seite gestellt. Man filtrirt alsdann das ausgeschiedene Kaliumbitartrat ab, dampft das Filtrat zur Trockne, löst den Salzrückstand in möglichst wenig heissem Wasser und lässt die Lösung zur Krystallisation stehen.

***Eigenschaften.*** Farblose, durchsichtige tetraëdrische Krystalle, geruchlos und luftbeständig, von kühlendem, salzigem Geschmacke. Es löst sich in 1 Th. kaltem oder 0,5 Th. siedendem Wasser, ferner in 100 Th. kaltem oder in 40 Th. siedendem Weingeist von 90 Vol. Proc. zu neutralen Flüssigkeiten. Die wässerige Lösung des Salzes färbt sich beim

Erwärmen mit Salzsäure grüngelb und entwickelt reichlich Chlor. Am Platindraht in die nichtleuchtende Flamme gebracht, färbt Natriumchlorat diese gelb. — Das Salz gleicht in allen seinen Eigenschaften dem Kaliumchlorat, nur dass es an Stelle von Kalium das Metall Natrium enthält. Es entwickelt also beim Erhitzen für sich oder beim Erhitzen mit konc. Schwefelsäure Sauerstoff. Beim Erhitzen oder Zusammenreiben mit leicht verbrennlichen bez. leicht oxydirbaren Substanzen, wie Schwefel, Schwefelantimon, Phosphor, Kork, Gerbsäure, Zucker, kann es ebenso wie bei dem Kaliumchlorat zu gefährlichen Explosionen kommen. Das Natriumchlorat ist daher mit der nämlichen Vorsicht zu behandeln wie das Kaliumchlorat (vergl. S. 186).

***Prüfung.*** 1) Die wässerige Lösung (1 = 20) werde weder durch Schwefelwasserstoffwasser (Metalle, wie Blei, Kupfer), noch durch Ammoniumoxalat (Kalk), noch durch Silbernitrat (Chlor in Form von Chlorid) verändert. — 2) Die 33procentige wässerige Lösung scheide auf Zusatz von 33procentiger Kaliumacetatlösung (*Liquor Kalii acetici*) einen krystallinischen Niederschlag nicht ab (Kaliumchlorat, s. Darstellung).

***Aufbewahrung.*** Unter den nämlichen Bedingungen, bez. mit den gleichen Vorsichtsmassregeln wie das Kaliumchlorat.

***Anwendung.*** Man giebt es innerlich dreimal täglich in Gaben von 0,2—0,5—1,0 g als Alterans und Antiphlogisticum mit der gleichen Vorsicht wie das Kaliumchlorat. Grosse Gaben erzeugen Methämoglobin und können zum Tode führen. Aeusserlich in der nämlichen Weise zu Mund-, Gurgel- und Verbandwasser wie das Kaliumchlorat. Der Arzt verschreibe dieses Salz klar und deutlich als „*Natrium chloricum*"; der Apotheker hüte sich, das Salz trocken mit leicht entzündlichen Substanzen zusammenzurühren. Technisch findet es Verwendung beim Zeugdruck und bei der Fabrikation des Anilin-Schwarz.

---

# Natrium hypophosphorosum.

**† Natrium hypophosphorosum. Natriumhypophosphit. Unterphosphorigsaures Natrium. Hypophosphite de soude** (Gall.). **Sodii Hypophosphis** (Brit. U-St.). **$NaH_2PO_2 + H_2O$. Mol. Gew. = 106.**

***Darstellung.*** Man vermischt eine kalte Lösung von 1 Th. Calciumhypophosphit (s. Bd I, S. 561) in 10 Th. Wasser mit einer erkalteten Lösung von 1,68 Th. krystallisirtem Natriumkarbonat in 6 Th. Wasser. Nach dem Absetzen filtrirt man das entstandene Calciumkarbonat ab und bringt das Filtrat zur Trockne, indem man es entweder bei nicht über 50° C. eindunstet oder im Vacuum-Exsiccator eintrocknet. Der Salzrückstand kann durch Auflösen in 90proc. Alkohol und freiwilliges Verdunsten dieser Lösung zur Krystallisation gebracht werden.

***Eigenschaften.*** Kleine, farblose, durchsichtige, tafelförmige Krystalle oder ein weisses Salzpulver ohne Geruch, von bitterlich-süssem, salzigem Geschmack, sehr hygroskopisch (!). Löslich in 1 Th. kaltem oder 0,12 Th. siedendem Wasser, auch in 30 Th. kaltem oder 1 Th. siedendem Alkohol, wenig löslich in absolutem Alkohol, unlöslich in Aether. Die wässerige Lösung ist neutral und wird beim Kochen unter Bildung von Natriumphosphat zersetzt. Erhitzt man das Salz in einem Probirrohre, so entweicht zuerst das Krystallwasser, schliesslich wird das Salz zersetzt unter Auftreten von selbstentzündlichem Phosphorwasserstoff. Der Rückstand besteht aus Natriumpyrophosphat und Natriummetaphosphat und enthält bisweilen auch kleine Mengen rothen Phosphors. Das Natriumhypophosphit ist ein energisches Reduktionsmittel, reducirt z. B. Silber und Quecksilbersalze, Kaliumpermanganat. Beim trockenen Zusammenreiben mit Nitraten und Chloraten und anderen leicht Sauerstoff abgebenden Körpern entstehen heftige Detonationen.

Die 5proc. wässerige Lösung giebt mit Silbernitrat einen weissen Niederschlag, welcher beim Erhitzen durch Ausscheidung von metallischem Silber rasch schwarz wird. Die mit Salzsäure angesäuerte wässerige Lösung giebt mit Mercurichloridlösung einen

weissen Niederschlag von Calomel; falls das Hypophosphit im Ueberschuss vorhanden ist, tritt Reduktion zu grauem, metallischem Quecksilber ein.

Kocht man 10 ccm der wässerigen Lösung mit 5 ccm rauchender Salpetersäure, so giebt diese Lösung auf Zusatz von Ammoniummolybdänatlösung einen gelben Niederschlag.

***Prüfung.*** Das Salz sei farblos und trocken. Die wässerige Lösung (1 = 20) sei neutral oder nur sehr schwach alkalisch. Sie werde auf Zusatz von Ammoniumoxalat (Kalk) und nach dem Kochen mit Salpetersäure durch Silbernitrat (Chlor) nicht getrübt. Die wässerige Lösung (1 = 5) werde weder durch Alkohol (Natriumkarbonat) noch durch verdünnte Calciumchloridlösung (Natriumphosphat) getrübt.

Löst man 0,1 g des über Schwefelsäure getrockneten Natriumhypophosphits in 10 ccm Wasser, welches mit 7,5 ccm konc. Schwefelsäure und 40 ccm $^1/_{10}$-Normal-Kaliumpermanganatlösung (3,16 g $KMnO_4$ in 1 Liter) gemischt ist, und kocht 15 Minuten, so sollen zur Entfärbung der Flüssigkeit nicht mehr als 3 ccm $^1/_{10}$-Normal-Oxalsäurelösung (6,3 g kryst. Oxalsäure in 1 Liter) erforderlich sein, entsprechend einem Gehalt von 98 Proc. des reinen Salzes. Jeder ccm der $^1/_{10}$-Kaliumpermanganatlösung zeigt 0,00265 g $NaH_2PO_2 + H_2O$ an. Vergl. Bd. I, S. 561.

***Aufbewahrung.*** In gut geschlossenen Gefässen, vor Feuchtigkeit geschützt, vorsichtig.

***Anwendung.*** Man wendet das Natriumhypophosphit (am besten in wässeriger, kalt zu bereitender Lösung) an und giebt es z. B. bei Phthisis pulmonum in der Absicht, dem Organismus reichliche Mengen Phosphor zuzuführen, in Gaben von 0,5—1,0—2,0 *pro die.*

**Elixir Hypophosphitum** (Nat. form.).

| | | |
|---|---|---|
| Rp. | Calcii hypophosphorosi | 52,5 g |
| | Natrii hypophosphorosi | |
| | Kalii hypophosphorosi ää | 17,5 „ |
| | Acidi citrici | 4,0 „ |
| | Aquae | 250,0 ccm |
| | Spiritus Cardamomi compositi | |
| | Glycerini ää | 30,0 ccm |
| | Elixir aromatici q. s. ad | 1000,0 ccm. |

**Elixir Hypophosphitum cum Ferro** (Nat. form.).

| | | |
|---|---|---|
| Rp. | Calcii hypophosphorosi | 25,0 g |
| | Natrii hypophosphorosi | 17,5 „ |
| | Kalii hypophosphorosi | 8,5 „ |
| | Ferri sulfurici crystall. | 13,0 „ |
| | Acidi citrici | 4,0 „ |
| | Aquae destillatae | |
| | Sirupi Sacchari ää | 250,0 ccm |
| | Elixir aromatici q. s. ad | 1000,0 ccm. |

**Elixir Sodii Hypophosphitis** (Nat. form.).

| | | |
|---|---|---|
| Rp. | Natrii hypophosphorosi | 35,0 g |
| | Acidi citrici | 4,0 g |
| | Elixir aromatici q. s. ad | 1000,0 ccm. |

**Liquor Hypophosphitum** (Nat. form.).

| | | |
|---|---|---|
| Rp. | Calcii hypophosphorosi | 35,0 g |
| | Natrii hypophosphorosi | 20,0 „ |
| | Kalii hypophosphorosi | 17,5 „ |
| | Acidi citrici | 16,0 „ |
| | Aquae q. s. ad | 1000,0 ccm. |

**Sirop d'hypophosphite de soude** (Gall.).

| | | |
|---|---|---|
| Rp. | Natrii hypophosphorosi | 5,0 |
| | Sirupi Aurantii florum | 50,0 |
| | Sirupi Sacchari | 445,0. |

**Sirupus Sodii Hypophosphitis** (Nat. form.).

| | | |
|---|---|---|
| Rp. | Natrii hypophosphorosi | 35,0 g |
| | Acidi citrici | 1,5 „ |
| | Sacchari | 775,0 „ |
| | Aquae q. s. ad | 1000,0 ccm. |

---

# Natrium jodatum.

† **Natrium jodatum** (Austr. Germ. Helv.). **Jodure de sodium** (Gall.). **Sodii Jodidum** (Brit. U-St.). **Natrium hydrojodicum. Natriumjodid. Jodnatrium. NaJ. Mol. Gew. = 150.**

***Darstellung.*** Das Natriumjodid kann nach allen Verfahren, wie das Kaliumjodid (s. S. 198) in analoger Weise, d. h. unter Ersatz des Kalis durch Natron, gewonnen werden. Hat man auf die eine oder andere Art eine wässerige Lösung desselben dargestellt, so wird diese, zuletzt unter ständigem Umrühren, so weit eingedampft, bis ein Krystallbrei entstanden ist, welcher durch Ausschleudern in Centrifugen von der Lauge befreit wird. Die Krystalle werden hierauf bei 50—60° C. getrocknet. Ist die wässerige Lösung des Natriumjodids frei von Verunreinigungen, so kann sie auch direkt unter beständigem Umrühren bis zur Trockne eingedampft werden, wobei das Salz als weisses Krystallpulver hinterbleibt.

***Eigenschaften.*** Natriumjodid krystallisirt bei gewöhnlicher Temperatur mit 2 Mol. Krystallwasser als $NaJ + 2H_2O$ in monoklinen Krystallen, welche in warmer Luft verwittern und beim Erhitzen in ihrem Krystallwasser schmelzen. Aus Lösungen, welche über 40° C. warm sind, krystallisirt es wasserfrei in Würfeln, welche beim Glühen an der Luft theilweise in Natriumoxyd und Jod zersetzt werden. Das Natriumjodid der Pharmakopöen ist das wasserfreie Salz, in welchem jedoch etwa 5 Proc. hygroskopisches Wasser zugelassen werden. (Das wasserhaltige Salz NaJ + 2 $H_2O$ enthält 19,3 Proc. Krystallwasser).

Dieses wasserfreie Salz löst sich bei 15° C. in 0,6 Th., bei 100° C. in 0,32 Th. Wasser auf; in Weingeist ist es gleichfalls leicht löslich. — Im übrigen stellt es ein farbloses, körniges, etwas hygroskopisches Salzpulver dar mit den nämlichen Eigenschaften wie das Kaliumjodid, nur färbt es die nicht leuchtende Flamme gelb anstatt violett. Vergl. S. 199.

***Prüfung.*** Diese erfolgt in der nämlichen Weise wie diejenige des Kaliumjodids mit folgenden Abweichungen:

**1)** Durch ein Kobaltglas betrachtet, darf die durch das Salz gelb gefärbte Flamme gar nicht oder doch nur vorübergehend roth gefärbt erscheinen (Kaliumjodid). — **2)** Durch das Trocknen bei 100° C. soll es nicht mehr als 5 Proc. Feuchtigkeit verlieren. — **3)** Zum Nachweis von Natriumchlorid und Natriumjodid werden 0,2 g getrocknetes Natriumjodid in 2 ccm Ammoniakflüssigkeit gelöst und mit 14 ccm $^1/_{10}$-Normal-Silbernitratlösung unter Umschütteln vermischt und dann filtrirt. Das Filtrat darf, nach Uebersättigung mit Salpetersäure, innerhalb 10 Minuten weder bis zur Undurchsichtigkeit getrübt, noch dunkel gefärbt erscheinen.

Eine bis zur Undurchsichtigkeit vorhandene weissliche Trübung zeigt an, dass mehr als rund 1 Proc. Natriumchlorid zugegen ist, eine dunkle Färbung würde von Natriumthiosulfat herrühren, welches dem Salz bisweilen zugesetzt wird, um seine (durch Jodausscheidung bedingte) Gelbfärbung zu verhindern.

***Aufbewahrung.*** In kleineren, gut verschlossenen Gefässen, vor Feuchtigkeit geschützt, vorsichtig. Grössere Vorräthe auch zweckmässig unter Lichtschutz.

***Anwendung.*** Die physiologische Wirkung des Natriumjodids ist im allgemeinen derjenigen des Kaliumjodids gleich. Ein Unterschied besteht insofern, als das erstere die Herzthätigkeit nicht beeinflusst, während Kaliumjodid bei längerem Gebrauch die specifische Kaliwirkung auf das Herz hervortreten lässt.

**Opodeldoc jodatum** (Helv.).

| | | | |
|---|---|---|---|
| Rp. | 1. Adipis vel Butyri | | 50,0 |
| | 2. Liquoris Natri caustici (30 Proc.) | | |
| | 3. Spiritus | ää | 25,0 |
| | 4. Spiritus | | 800,0 |
| | 5. Natrii jodati | | |
| | 6. Aquae | ää | 50,0 |
| | 7. Olei Citri | | 10,0. |

Man verseift 1 mit 2 und 3 und fügt 4—7 hinzu.

**Opodeldok jodatum liquidum.**

Kropfgeist (Helv.).

| | | | |
|---|---|---|---|
| Rp | Natrii jodati | | |
| | Aquae | ää | 5,0 |
| | Spiritus saponati | | 70,0 |
| | Spiritus Lavandulae | | 20,0. |

---

# Natrium lacticum.

**Natrium lacticum. Natriumlaktat. Milchsaures Natrium. Lactate de soude. Sodii Lactas. $C_3H_5O_3Na$. Mol. Gew. = 112.**

***Darstellung.*** **1)** Technisch durch Umsetzen von Calciumlactat mit Natriumbikarbonat: 100,0 trockenes Calciumlactat und 62,0 Natriumbikarbonat werden zu einem Pulver gemischt in einem geräumigen Gefäss mit 200,0 destillirtem Wasser nach und nach versetzt, bis zum Aufkochen erhitzt, nach dem Erkalten mit 250,0 Weingeist durchschüttelt und nach Verlauf eines Tages filtrirt, unter Auswaschen des Filterinhaltes mit Weingeist. Nachdem von dem Filtrat der Weingeist durch Destillation abgeschieden ist, wird die Flüssigkeit im Wasserbade abgedampft und so lange erhitzt, als Wasserdämpfe daraus abdunsten. — **2)** Im pharmaceutischen Laboratorium stellt man kleinere Mengen aus Milchsäure dar: Man verdünnt 100 Milchsäure (von 75 Proc.) mit 100 Th. destillirtem

Wasser und neutralisirt sie unter Erwärmen im Wasserbade mit einer filtrirten Lösung von (115—118 Th.) krystallisirtem Natriumkarbonat bis zur schwach alkalischen Reaktion. Die Lösung wird im Wasserbade eingedampft, bis Wasserdämpfe nicht mehr entweichen.

***Eigenschaften.*** Das in dieser Weise dargestellte Natriumlactat ist eine farblose oder gelbliche, neutrale oder schwach alkalische, sirupdicke Flüssigkeit von mild salzigem Geschmack, leicht löslich in Wasser und Weingeist, nicht löslich in Aether. Es kann das Natriumlactat zwar durch anhaltendes Erwärmen im Wasserbade in eine trockene Masse verwandelt werden, es ist dieselbe jedoch überaus hygroskopisch, so dass ihre Aufbewahrung in Pulverform besondere Schwierigkeiten bietet.

***Prüfung.*** Das mit Weinsäure versetzte Natriumlactat darf beim gelinden Erwärmen keine Essigsäure ausdunsten, und das in Wasser gelöste Salz darf nach dem Ansäuern mit wenig Salpetersäure auf Silbernitrat nicht reducirend wirken, auch nicht nach Zusatz von Aetzammon. 2,0 des Natriumlactats mit 3,0 krystallisirtem Zinksulfat zusammengerieben und im Wasserbade erwärmt, geben mit einem Gemisch aus 10,0 wasserfreiem Weingeist und 5,0 Aether geschüttelt und macerirt an dieses nichts ab (Glycerin).

***Anwendung.*** Natriumlactat ist von PREYER als Sedativum und mildes Schlafmittel empfohlen worden. P. nimmt an, dass das Müdigkeitsgefühl nach körperlicher Arbeit durch Anhäufung von Milchsäure in den Muskeln verursacht werde und giebt daher Milchsäure, um Müdigkeit zu erzeugen. Man giebt es zu 10—60 g in Zuckerwasser, in Klystieren zu 5—20,0 g.

**Salactol,** Diphtheriemittel von Dr. WALLÉ. Eine Lösung von Natriumsalicylat und Natriumlactat in 1proc. Wasserstoffsuperoxyd.

**Natrium lacticum siccum, Natrium sublacticum.** 100,0 Natriumlactat werden im Wasserbade soweit als möglich abgedampft und mit 5,0 völlig entwässertem Natriumkarbonat gemischt, dann in gelinder Wärme ausgetrocknet, zerrieben und in gut verstopfter Flasche aufbewahrt. Es ist ein feines, weisses Pulver.

**Natrium magnesico-lacticum, Natriummagnesiumlactat.** 100,0 Natriumlactat, 115,0 Magnesiumlactat und 2,0 Milchsäure werden in 500,0 heissem destillirtem Wasser gelöst, wenn nöthig heiss filtrirt, bis zum Erscheinen einer starken Salzhaut eingedampft und zur Krystallisation gebracht. Ein Salz in weissen Krystallen, sehr leicht löslich in Wasser.

---

# Natrium nitricum.

**I. Natrium nitricum** (Germ. Helv.). **Sodii Nitras** (U-St.). **Azotate de soude** (Gall.). **Natriumnitrat. Salpetersaures Natron. Nitrum cubicum. Natronsalpeter.** $\mathbf{NaNO_3}$. **Mol. Gew. = 85.**

***Darstellung.*** Um aus dem rohen Chilesalpeter reines Natriumnitrat zu gewinnen, verfährt man wie folgt: Man löst 1 kg rohen Chilesalpeter in 2 l heissem Wasser, versetzt die heisse Lösung mit soviel Natriumkarbonat, dass die Magnesiumverbindungen gefällt werden, und lässt die schwach alkalische Lösung absetzen. Das Filtrat engt man ein, bis sein Gewicht etwa 1,5 kg beträgt, und lässt es dann unter Umrühren krystallisiren.

Die Krystalle bringt man in einen Deplacirtrichter und verdrängt die Mutterlauge durch Aufgiessen kleiner Mengen von eiskaltem Wasser. Damit fährt man so lange fort, bis das Ablaufende nach dem Ansäuern mit Salpetersäure sowohl durch Silbernitrat- als auch durch Baryumnitratlösung kaum noch getrübt wird. Hierauf löst man den Salzbrei in 0,6—0,7 l siedendem Wasser, filtrirt und stellt die Lösung zum Krystallisiren an einen kühlen Ort. Die Mutterlaugen werden aufgearbeitet, die letzte Mutterlauge wird verworfen. Aus 1 kg Chilesalpeter erhält man 0,6—0,7 kg reines Natriumnitrat.

***Eigenschaften.*** Natriumnitrat krystallisirt ohne Krystallwasser in farblosen Rhomboëdern des hexagonalen Systems, deren spec. Gew. nach KOPP bei 15° C. = 2,236 ist. Die Krystalle sind an trockener Luft beständig, nehmen aber aus feuchter Luft Wasser auf und zerfliessen völlig in gesättigt feuchter Luft. In Weingeist ist Natriumnitrat nicht ganz unlöslich, in Wasser löst es sich unter Temperaturerniedrigung ziemlich leicht auf. 100 Th. Wasser lösen nach MULDER:

| bei 0° | 10° | 20° | 30° | 40° | 50° | 60° | 70° | 80° | 90° | 100° | 110° C. |
|---|---|---|---|---|---|---|---|---|---|---|---|
| 71,9 | 80,8 | 87,5 | 94,9 | 102 | 112 | 122 | 134 | 148 | 162 | 180 | 200 Th. $NaNO_3$. |

Die wässerige Lösung ist neutral, schmeckt bitterlich-salzig und kühlend. Die gesättigte wässerige Lösung siedet bei 117—118° C.

Wird Natriumnitrat erhitzt, so schmilzt es bei etwa 315° C., bei stärkerem Erhitzen giebt es zunächst Sauerstoff ab unter Bildung von Natriumnitrit, hierauf ein Gemenge von Sauerstoff, Stickstoff und etwas Untersalpetersäure. Mit brennbaren Körpern verpufft es schwächer als Kalisalpeter. Zur Darstellung von schwarzem (rauchendem) Schiesspulver kann es wegen seiner hygroskopischen Eigenschaften den Kalisalpeter nicht ersetzen.

Man erkennt das Natriumnitrat daran, dass es die farblose Flamme gelb färbt, und dass seine wässerige Lösung, mit konc. Schwefelsäure und überschüssiger Ferrosulfatlösung gemischt, sich braunschwarz färbt.

***Prüfung.*** 1) Die durch das Salz gelb gefärbte Flamme darf, durch ein Kobaltglas betrachtet, nur vorübergehend roth gefärbt erscheinen (Kalium). — 2) Die wässerige Lösung (1 = 20) darf weder durch Schwefelwasserstoffwasser (Metalle, z. B. Blei, Kupfer), noch nach Zusatz von Ammoniakflüssigkeit durch Ammoniumoxalat- oder Natriumphosphatlösung verändert werden (Calcium- und Magnesiumverbindungen). — 3) Die nämliche wässerige Lösung (1 = 20) darf durch Silbernitratlösung oder durch Baryumnitratlösung innerhalb 5 Minuten nicht verändert werden. Damit ist völlige Abwesenheit von Chloriden und nahezu völlige Abwesenheit von Sulfaten gefordert. — 4) 5 ccm der wässerigen Lösung (1 = 20), mit verdünnter Schwefelsäure und Jodzinkstärkelösung versetzt, dürfen nicht sofort blau gefärbt werden, andernfalls ist Natriumnitrit oder Natriumjodat ($NaJO_3$) zugegen. Die Beobachtung ist wegen der leichten Zersetzlichkeit der mit Schwefelsäure angesäuerten Jodzinkstärkelösung sofort anzustellen, auch hat man sich zu überzeugen, dass die Jodzinkstärkelösung sich nicht etwa schon durch die verdünnte Schwefelsäure allein blau färbt. — 5) 20 ccm der Lösung (1 = 20) dürfen durch 0,5 ccm Kaliumferrocyanidlösung nicht verändert werden. Blaufärbung würde Eisen, Rothfärbung Kupfer anzeigen.

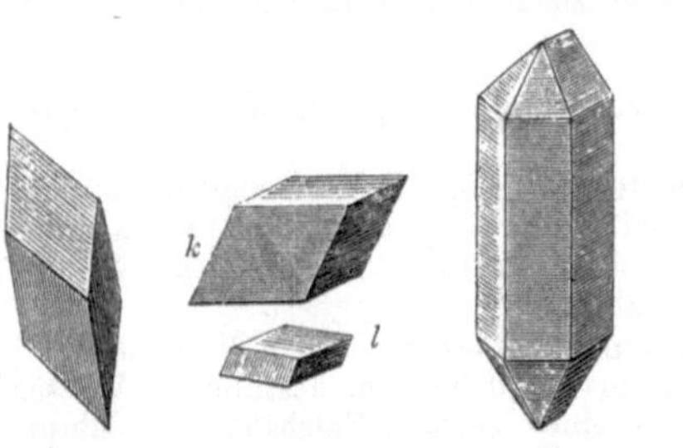

Fig. 50. Krystallformen des Natronsalpeters. des Kalisalpeters.

***Aufbewahrung.*** In gut verschlossenen Glasgefässen.

***Anwendung.*** Natriumnitrat ist lange Zeit an Stelle des Kaliumnitrates bei fieberhaften und entzündlichen Krankheiten gegeben worden, doch wirkt es nicht in gleichem Maasse die Temperatur und den Puls herabsetzend, auch minder diuretisch als Kaliumnitrat. Grössere Gaben wirken abführend. Grosse Gaben wirken toxisch, indem sie das Oxyhämoglobin des Blutes in Methämoglobin umwandeln. Vorsicht auch bei Thieren (Kälbern etc.) geboten.

**Natrium nitricum solutum.** Recepturerleichterung. 1 Th. Natriumnitrat gelöst in 3 Th. destillirtem Wasser und filtrirt. Spec. Gew. 1,187. Man halte von dieser Lösung keine zu grosse Menge vorräthig, denn es bilden sich darin, wie in vielen anderen Nitratlösungen, Schleimflocken. Die Signatur trage den Vermerk: Sumatur quadruplum.

**Natrium nitricum crudum. Roher Chilesalpeter.** Das in grossen Mengen aus Chile als Düngemittel in den Verkehr gebrachte rohe Natriumnitrat. Graue, stets etwas feuchte Krystalle, welche gewöhnlich 95 Proc. Natriumnitrat enthalten. Die Werthbestimmung erfolgt durch Bestimmung der vorhandenen Salpetersäure nach ULSCH. s. S. 205.

**Charta natronitrata.**
Natronsalpeterpapier.

| Rp. | Natrii nitrici | 10,0 |
|---|---|---|
| | Aquae | 40,0. |

Mit der Lösung wird Filtrirpapier getränkt.

**Solutio Natrii nitrici** (Form. Berol.).

| Rp. | Natrii nitrici | | 8,0 |
|---|---|---|---|
| | Aquae destillatae | q. s. ad | 200,0. |

**Caliche,** die 30—80 Proc. Natriumnitrat enthaltende, in Chile abgebaute Salpetererde, **Chuca, Loza, Costa, Congelo,** die über der Salpetererde liegenden Schichten, welche Salpeter nicht enthalten.

**II. Natrium nitrosum** (Ergänzb.). **Sodii Nitris** (Brit.). **Natriumnitrit. Salpetrigsaures Natrium.** $NaNO_2$. **Mol. Gew. = 69.**

***Darstellung.*** Man schmilzt 5 Th. Natriumnitrat mit 6 Th. metallischem Blei, entfernt aus dem wässerigen Auszuge das Blei durch Einleiten von Kohlensäure, dampft bis zur Ausscheidung von Natriumkarbonat und Natriumnitrat ein, verdampft die Mutterlauge zur Trockne und kocht den Salzrückstand mit absolutem Alkohol aus, welcher das Natriumnitrit löst. — Nach GOLDSCHMIDT (D.R.P. 83546) wird es durch Erhitzen von Natriumnitrat mit Natriumformiat dargestellt. Vergl. S. 206.

***Eigenschaften.*** Farbloses, bis schwach gelbliches Krystallpulver, aus schiefen, vierseitigen Prismen bestehend, oder ebensolche Stäbchen, welche geruchlos, von mild salzigem Geschmack sind und sich in 1,5 Th. Wasser unter starker Temperatur-Erniedrigung zu einer farblosen, klaren, alkalisch reagirenden Flüssigkeit lösen. An der Luft zerfliesst es allmählich und geht unter Aufnahme von Sauerstoff in Natriumnitrat über. Auch löslich in Alkohol. Das Salz färbt die nicht leuchtende Flamme intensiv gelb, seine wässerige Lösung entwickelt auf Zusatz von Salzsäure oder Schwefelsäure rothbraune Dämpfe von Stickstofftrioxyd.

***Prüfung.*** Die wässerige Lösung 1 = 10 werde weder durch Baryumnitrat (Sulfate), noch durch Schwefelwasserstoffwasser (Metalle, z. B. Blei) verändert, noch nach vorherigem Zusatz von Salpetersäure durch Silbernitratlösung mehr als opalisirend getrübt (Chlor).

Gehaltsbestimmung. Diese erfolgt nach der auf S. 206 angegebenen Methode von LUNGE. 1 ccm der dort angegebenen Kaliumpermanganatlösung (15,82 g $KMnO_4$ zu 1 Liter gelöst) entspricht = 0,01725 g Natriumnitrit $NaNO_2$.

Man muss von einem therapeutisch brauchbaren Natriumnitrit verlangen, dass es mindestens 95 Proc. $NaNO_2$ enthält.

***Aufbewahrung.*** In gut verschlossenen Gefässen, vor Feuchtigkeit geschützt.

***Anwendung.*** Innerlich mit zweifelhaftem Erfolge in Gaben von 0,5—1,5 g gegen Angina, Asthma, Epilepsie, Hemikranie. Aeusserlich als Räuchermittel gegen Asthma.

**Mixtura antiasthmatica** HAY.

| Rp. | Natrii nitrosi | 7,5 |
|---|---|---|
| | Aquae destillatae | 180,0. |

Beim Nahen des Asthma-Anfalles 1—2 Theelöffel.

**Fumigatio antiasthmatica** VORLÄNDER.
VORLÄNDER's Asthma-Räucherpulver.

| Rp. | Foliorum Stramonii nitratorum | | 15,0 |
|---|---|---|---|
| | Herbae Lobeliae inflatae | | |
| | Florum Arnicae | āā | 8,0 |
| | Natrii nitrosi | | 3,0 |
| | Kalii jodati | | 0,3 |
| | Naphtholi | | 1,0. |

**Nitro-Ozona.** Gegen Cholera empfohlen von LOIRE und WEISSFLOG. **I.** Eine Lösung von Natriumnitrat und Natriumnitrit. **II.** Lösung von Citronensäure. Da beide Lösungen nach einander eingenommen werden, ist Vorsicht geboten.

---

# Natrium nitro-ferricyanatum.

**Natrium nitroferricyanatum. Natrium nitro-borussicum. Nitroprussidnatrium. Natriumnitroferricyanid.** $Na_2Fe(NO)(CN)_5 + 2 H_2O$. **Mol. Gew. = 298.**

***Darstellung.*** 100,0 gelbes Blutlaugensalz werden in einem gläsernen Kolben mit 265,0 reiner Salpetersäure (von 1,185 spec. Gew.) und 50,0 destillirtem Wasser übergossen und (1—1 1/2 Stunde) in einer Wärme von ca. 40° C. digerirt, bis ein Tropfen der Flüssigkeit mit einem Tropfen verdünnter Eisenvitriollösung gemischt sich nicht blau, sondern schmutzig grünlich färbt. Nach einem Tage neutralisirt man die Flüssigkeit mit Natriumkarbonat in wässeriger Lösung, erhitzt bis zum Aufkochen, filtrirt, dampft bis auf ca. 170,0 ein, vermischt die halb erkaltete Flüssigkeit mit 900,0 Weingeist und stellt einen Tag hindurch bei Seite. Die von dem ausgeschiedenen Kaliumnitrat klar abgegossene Flüssigkeit wird durch Abdampfen und Beiseitestellen in Krystalle gebracht.

***Eigenschaften.*** Grosse, rubinrothe, durchsichtige Krystalle, welche in 2,5 Th. Wasser löslich sind. Die wässerige Lösung erleidet bei der Aufbewahrung eine Zersetzung. Leicht löslich auch in Alkohol. — Die wässerige Lösung fällt Kupfersalze grün, Silbersalze röthlich gelb, Kobaltsalze fleischfarbig. Kaliumpermanganat und Chlor wirken nicht verändernd, ebenso nicht verändernd freier Schwefelwasserstoff. Aber die Lösungen der Schwefelalkalien geben mit Nitroprussidnatrium eine purpurrothe Färbung, welche rasch in Violett übergeht und schliesslich missfarbig wird. Daher dient das Salz als Reagens auf lösliche Schwefelalkalien; soll es als Reagens auf Schwefelwasserstoff dienen, so muss dieser durch Zugabe von Natronlauge zunächst in Schwefelalkali umgewandelt werden. — Beim Erwärmen mit Natronlauge wird es zersetzt unter Abscheidung von Ferrihydroxyd, Bildung von Ferrocyannatrium und Natriumnitrit. Man gebraucht es auch zum Nachweis des Acetons nach LEGAL. (Siehe Bd. I, S. 7.)

---

# Natrium oxydatum.

**I. Natrium oxydatum. Natriumoxyd $Na_2O$. Mol. Gew. = 62.** Entsteht durch Erhitzen von Natriumhydroxyd mit metallischem Natrium, wobei Wasserstoff entweicht. Lediglich Sammlungspräparat.

**† II. Natrium hydroxydatum. Natrium hydricum. Natrium causticum. Natriumhydroxyd. Natriumoxydhydrat. Natronhydrat. Aetznatron. Seifenstein. Kaustisches Natron. Soude caustique. Sodium Hydroxide.**

Das Aetznatron kommt in verschiedenen Reinheitsgraden im Handel vor. Zum pharmaceutischen Gebrauche müssen die besseren, zum analytischen Gebrauche die reinsten, zum technischen Gebrauche können die weniger reinen Sorten verwendet werden.

**† Natrium hydricum e Natrio. Aetznatron aus metallischem Natrium.** Metallisches Natrium wird in Wasser eingetragen, welches sich in silbernen Gefässen befindet, und die erhaltene Lösung von Natronhydrat zunächst im Vacuum eingedampft, dann im Silberkessel geschmolzen und entweder in Stücken oder in Stäbchen in den Verkehr gebracht. Es ist die allerreinste Sorte und ist, wie für das reinste Aetzkali auf S. 169 angegeben, zu prüfen. Es muss absolut frei sein von Thonerde, Kalk, Schwermetallen, Kieselsäure, Chlor, Salpetersäure und darf nur kleine Mengen von Natriumkarbonat enthalten. Dieses Präparat wird nur auf ausdrückliche Bestellung abgegeben. 1 kg kostet etwa 9 Mark.

**† Natrium hydricum purum seu Alkohole depuratum.** Diese Sorte ist die officinelle. **Natrium causticum fusum** (Ergänzb.). **Natrium hydroxydatum** (Austr. Suppl.). **Sodium hydroxide** (Brit.). **Soda** (U-St.).

***Darstellung.*** Man löst eine gute technische Sorte Aetznatron in starkem Weingeist (von mindestens 95 Proc. auf) und lässt die Lösung in verschlossener Flasche einige Zeit absetzen. Alsdann zieht man die klare Flüssigkeit ab, destillirt die Hauptmenge des Alkohols ab und erhitzt die rückständige Lauge im Silberkessel bis zum Schmelzen. Das Aetznatron färbt sich dabei zunächst braun, wird aber schliesslich rein weiss.

***Eigenschaften.*** Trockene, weisse, schwer zu zerreibende krystallinische Massen oder Stäbchen mit krystallinischem Bruche. Sie werden an der Luft feucht und bedecken sich durch Aufnahme von Kohlensäure aus der Luft mit einer Schicht von Natriumkarbonat. Sie lösen sich leicht und unter freiwilliger Erwärmung in Wasser und in Weingeist; diese Lösungen reagiren stark alkalisch und wirken sehr ätzend.

Beim Erhitzen schmilzt das Natronhydrat. Hierbei werden Porcellantiegel (durch Bildung leichtflüssiger Silikate) einfach durchgeschmolzen, Platintiegel werden stark angegriffen, daher schmilzt man Natronhydrat in Silbertiegeln oder Silberschalen, sorgt aber dafür, dass die Temperatur nicht bis zum Schmelzen des Silbers gesteigert wird.

Natronhydrat gleicht in allen Punkten dem Kalihydrat, es unterscheidet sich von demselben dadurch, dass 1) die nicht leuchtende Flamme durch Natronhydrat gelb gefärbt wird, 2) dass in seiner Lösung 1:5 beim Uebersättigen mit einer koncentrirten Weinsäurelösung kein Niederschlag entsteht, weil das gebildete Natriumbitartrat in Wasser leicht löslich ist. 3) Die mit Salzsäure übersättigte Lösung wird durch überschüssiges Platinchlorid nicht gefällt, auch nicht nach Zugabe von Alkohol.

***Prüfung.*** Die Prüfung erfolgt in genau der nämlichen Weise, wie es für das Aetzkali auf S. 170 angegeben ist. Zur Gehaltsbestimmung bereitet man eine Lösung von 4,0 g des Präparates zu 100 ccm. 10 ccm dieser Lösung, mit 50 ccm Wasser verdünnt und mit 4—5 Tropfen Methylorangelösung versetzt, sollen in der Kälte mindestens 9 ccm Normal-Salzsäure zum Eintritt der Rothfärbung verbrauchen. Da 1 ccm Normal-Salzsäure = 0,04 g Natronhydrat neutralisirt, so ist damit ein Gehalt von mindestens 90 Proc. Natronhydrat NaOH gefordert. Etwa vorhandenes Natriumkarbonat wird hierbei mitbestimmt.

***Aufbewahrung.*** Vorsichtig und wegen der starken Hygroskopicität in gut verschlossenen Gefässen. Man hält am besten Gefässe mit 500 g Inhalt vorräthig, verschliesst diese mit guten Korkstopfen und dichtet letztere durch Ueberziehen mit Paraffin.

### † Liquor Natri caustici (Germ.). Natrium hydricum solutum (Helv.). Soude caustique liquide (Gall.). Liquor Sodae (U-St.). Natronlauge. Aetznatronlauge.

***Darstellung.*** 1) Die kleinen Mengen, welche in der Receptur oder als Reagens und zur Bereitung feinerer Präparate gebraucht werden, stellt man am besten dar durch Auflösen einer guten Sorte festen Aetznatrons in Wasser. 2) Will man eine möglichst reine, namentlich kohlensäurefreie Natronlauge haben, so bereitet man eine 50procentige Lösung, lässt diese an einem warmen Orte im verschlossenen Gefässe klar absetzen, giesst die klare Lösung von dem die verunreinigenden Salze enthaltenden Bodensatze ab, filtrirt sie durch Asbest oder Glaswolle und verdünnt sie mit Wasser. 3) Zur Selbstdarstellung kocht man in einem blanken Eisenkessel eine Lösung von 600 Th. reinem Natriumkarbonat in 2500 Th. Wasser mit einer aus 150 Th. gebranntem Kalk bereiteten Kalkmilch und verfährt als denn genau, wie bei der Kalilauge, S. 171, angegeben ist.

***Eigenschaften.*** Eine farblose Flüssigkeit von stark alkalischer Reaktion und stark ätzenden Eigenschaften, von der Reinheit des Natronhydrates. Der Gehalt an Natronhydrat ist nach den einzelnen Pharmakopöen verschieden.

| | Germ. | Helv. | Gall. | U-St. |
|---|---|---|---|---|
| Gehalt an Natronhydrat NaOH | ca. 15 Proc. | ca. 30 Proc. | ca. 29 Proc. | 5 Proc. |
| Spec. Gewicht | 1,168—1,172 | 1,330 | 1,332 | 1,059 |
| 10 g Natronlauge verbrauchen ccm Normal-Salzsäure | 37,5 | 75,0 | 72,5 | 12,5 ccm. |

***Prüfung.*** 1) Dieselbe erfolgt genau wie bei Natrium hydroxydatum, bez. bei Liquor Kali caustici S. 172 angegeben. 2) Auf einen übermässigen Gehalt an Kohlensäure: Kocht man 10 g der 15procentigen Natronlauge mit 40 g (bei der 30procentigen Lauge mit 80 g Kalkwasser), so soll das Filtrat durch Zusatz von überschüssiger Säure nicht merklich aufbrausen. Hierdurch wird ein Gehalt von etwa 1 Proc. Natriumkarbonat zugelassen, ein höherer Gehalt durch Aufbrausen von Kohlensäure angezeigt. — 3) Die Gehaltsbestimmung erfolgt durch Titriren mit Normal-Salzsäure und Methylorange als Indikator in der Kälte. Die zu verbrauchenden Mengen Normal-Salzsäure sind unter „Eigenschaften“ angegeben.

***Aufbewahrung.*** Vorsichtig. In kleineren, thunlichst gefüllten Flaschen unter Verschluss mit Gummistopfen, welche zu überbinden sind (!), damit sie nicht aus der Flasche herausspringen. Glasstopfen werden leicht eingekittet, und die Gefässe der Natronlauge mit Glasstopfen gehen in der Regel vorzeitig zu Grunde, wenn man nicht Hals und Stopfen mit Paraffinsalbe einreibt, was aber auch seine Nachtheile hat.

Man beachte, dass eine 30procentige Natronlauge die gewöhnlichen Glassorten stark angreift; eine 15procentige zeigt diese Eigenschaften in schwächerem Grade, eine 10procentige nur wenig. Natronlauge, welche während der Aufbewahrung trübe geworden ist, filtrirt man durch Glaswolle oder durch gewaschenen Asbest, am besten vor der Strahlpumpe.

***Anwendung.*** Natronlauge wird in der Therapie nur höchst selten, z. B. mit Kalkwasser vermischt zu Pinselungen bei Diphtherie angewendet. Die Hauptanwendung erfolgt zur Bereitung chemischer und pharmaceutischer Präparate und als Reagens in der Analyse.

**Specifisches Gewicht und Gehalt der Natronlauge bei 15° C.**

nach GERLACH und SCHIFF.

| Proc. Gehalt an NaOH | Spec. Gew. | Proc. Gehalt an NaOH | Spec. Gew. | Proc. Gehalt an NaOH | Spec. Gew. | Proc. Gehalt an NaOH | Spec. Gew. | Proc. Gehalt an NaOH | Spec. Gew. |
|---|---|---|---|---|---|---|---|---|---|
| 1 | 1,012 | 13 | 1,148 | 25 | 1,279 | 37 | 1,405 | 49 | 1,529 |
| 2 | 1,023 | 14 | 1,159 | 26 | 1,290 | 38 | 1,415 | 50 | 1,540 |
| 3 | 1,035 | 15 | 1,170 | 27 | 1,300 | 39 | 1,426 | 51 | 1,550 |
| 4 | 1,046 | 16 | 1,181 | 28 | 1,310 | 40 | 1,437 | 52 | 1,560 |
| 5 | 1,059 | 17 | 1,192 | 29 | 1,321 | 41 | 1,447 | 53 | 1,570 |
| 6 | 1,070 | 18 | 1,202 | 30 | 1,332 | 42 | 1,456 | 54 | 1,580 |
| 7 | 1,081 | 19 | 1,213 | 31 | 1,343 | 43 | 1,468 | 55 | 1,591 |
| 8 | 1,092 | 20 | 1,225 | 32 | 1,351 | 44 | 1,478 | 56 | 1,601 |
| 9 | 1,103 | 21 | 1,236 | 33 | 1,363 | 45 | 1,488 | 57 | 1,611 |
| 10 | 1,115 | 22 | 1,247 | 34 | 1,374 | 46 | 1,499 | 58 | 1,622 |
| 11 | 1,126 | 23 | 1,258 | 35 | 1,384 | 47 | 1,508 | 59 | 1,633 |
| 12 | 1,137 | 24 | 1,269 | 36 | 1,395 | 48 | 1,519 | 60 | 1,643 |

**† Natrium causticum crudum seu technicum. Rohes Aetznatron. Seifenstein.** Das rohe Aetznatron wurde früher direkt bei der Sodafabrikation erhalten, indem man bei der Darstellung der Sodaschmelze die zuzusetzende Kohle vermehrte, dadurch die Bildung von Aetzkalk begünstigte und die Sodaschmelze heiss auslaugte. — Gegenwärtig wird es zwar auch in den Sodafabriken, aber durch Kaustificiren der Soda mit Kalkmilch, also in der nämlichen Weise wie im pharmaceutischen Laboratorium dargestellt. Die Lauge wird im Vacuum eingedampft, der Rückstand geschmolzen und in Blöcke gegossen. Dieses Produkt ist heute von sehr bemerkenswerther Reinheit, wird in grossen eisernen Trommeln in den Handel gebracht und namentlich von Seifensiedereien bezogen.

Die Prüfung erfolgt wie bei den früheren Präparaten.

***Aufbewahrung.*** Vorsichtig, vor Feuchtigkeit geschützt.

**†Liquor Natri caustici seu crudi technici. Rohe Natronlauge. Lessive du savonnier.** Sie wird entweder durch Auflösen des rohen Aetznatrons in Wasser oder durch Kaustificiren einer Sodalösung mit Kalkmilch dargestellt und kommt mit einem spec. Gewicht von 1,33, und dementsprechend mit einem Gehalt von fast 30 Proc. Natronhydrat (NaOH) in den Verkehr. Sie enthält grössere oder kleinere Mengen Chloride, Sulfate, Kalk, namentlich aber Natriumkarbonat und wird ausschliesslich zu technischen Zwecken, namentlich aber zum Verseifen der Fette benutzt. Im Handverkaufe gebe man sie mit grosser Vorsicht, sorgfältig signirt und niemals in Gefässen ab, welche bestimmungsgemäss als Ess-, Koch- und Trinkgefässe dienen sollen, denn die Zahl der Unglücksfälle, die durch unbeabsichtigtes Trinken von Natronlauge sich ereignen, ist immer noch relativ gross. Aufbewahrung: Vorsichtig, vor Kohlensäure geschützt.

**Liquor causticus** KÜCHENMEISTER.

Rp.
Liquoris Natri caustici (15 Proc.) 0,5 (ad 1,0)
Aquae Calcariae 60,0 (ad 100,0).
Zum Bepinseln (des Pharynx bei Diphtheritis).

**Liquor causticus inhalatorius** KÜCHENMEISTER.

Rp. Liquoris Natri caustici (15 Proc.) 2,0
Aquae Calcariae 25,0
Aquae destillatae 200,0.
In zerstäubter Form zu inhaliren (gegen Croup und Diphtheritis).

***Vergiftungen*** mit Aetznatronlauge, welche in der Oekonomie eine häufige Anwendung findet, sind keine seltenen. Gegengift: mit Wasser verdünnter Essig. Die Wirkung der Natronlauge ist eine corrodirende, und aus der Art der Corrosionen der Schleimhäute kann die Art des Giftes erkannt werden, da sich dieses höchst selten (oder vielmehr niemals) in den Contentis nachweisen lässt.

**III. † Natrium superoxydatum. Natrium peroxydatum. Natriumsuperoxyd.** $Na_2O_2$. **Mol. Gew. = 78.**

Diese Verbindung wird erhalten, wenn man metallisches Natrium in Aluminiumgefässen, welche in eiserne Rohre eingeschlossen sind, in einem Strome von wasser- und kohlensäurefreier Luft nicht über 300° C. erhitzt. Die technische Darstellung ist erst möglich, seitdem Aluminium zu mässigen Preisen im Handel ist.

Ein weisses Salzpulver, welches schwerer schmilzt als Natriumhydroxyd. In kaltem Wasser löst es sich mit zischendem Geräusche und unter Selbsterhitzung. Die wässerige Lösung giebt langsamer in der Kälte, rascher beim Erhitzen Sauerstoff ab, nachdem sich intermediär Wasserstoffsuperoxyd gebildet hatte. Beim Schmelzen mit zahlreichen unorganischen Stoffen wirkt es als Oxydationsmittel. Man kann also mit einem Gemisch von Kalium-Natriumkarbonat und Natriumsuperoxyd z. B. Sulfide und Chromeisenstein aufschliessen. Eine Mischung mit rothem Phosphor explodirt durch Druck oder Schlag. Aber auch mit zahlreichen organischen Verbindungen reagirt es mit grosser Heftigkeit, z. B. steigert sich die Einwirkung von Natriumsuperoxyd auf Eisessig, Glycerin, Bittermandelöl und ähnliche Substanzen bis zur lebhaften Entzündung. Mit eiskaltem Wasser übergossen, giebt es eine Lösung von Natriumhydroxyd und Wasserstoffsuperoxyd. Letzteres kann durch die Reaktion mit Chromsäure und Aether in schwefelsaurer Lösung nachgewiesen werden.

Zur Zeit wird das Natriumsuperoxyd namentlich als Bleichmittel in der Technik, ferner zum Aufschliessen und Oxydiren unorganischer Verbindungen in der Analyse angewendet. Man beachte, dass das Natriumsuperoxyd häufig noch kleine Partikel metallisches Natrium enthält.

**IV. † Natrium aethylicum. Natrium aethylatum. Natrium-Aethylat. Natrium-Alkoholat. Sodium Ethylate.** $C_2H_5ONa$. **Mol. Gew. = 68.**

***Darstellung.*** In einen Glaskolben giebt man 100 g absoluten Weingeist und dazu nach und nach 12 Th. blankes Natriummetall in erbsen- bis bohnengrossen Stücken. Das Natrium löst sich unter Wasserstoffentwicklung und starker Erhitzung auf. Wenn man 2—3 Natriumstückchen eingetragen hat, verschliesst man den Kolben mit einem Kork, in welchen ein ca. 1,5 m langes offenes Glasrohr eingesetzt ist, um die sich entwickelnden Weingeistdämpfe zu verdichten und zurückfliessen zu lassen. Gegen das Ende des Eintragens der Natriumstücke ist ein wiederholtes Bewegen des Kolbens nothwendig. Wenn die Reaktion nicht mehr lebhaft ist, giesst man die heisse, dickflüssige Masse in eine porcellanene Schale, das im Kolben Anhängende mit wenig absolutem Weingeist nachspülend, und erhitzt, nachdem man das etwa letzte, nicht gelöste Natriumstück beseitigt hat, bis eine herausgenommene und dann erkaltete Probe eine starre Masse darstellt. Nach dem Erkalten wird die Masse zerrieben und in dicht geschlossenen Gläsern aufbewahrt. Da die kochende Masse spritzt, so hat man sich zu hüten, mit den Augen zu nahe zu kommen.

***Eigenschaften.*** Das auf diese Weise dargestellte Aethylat ist ein Gemisch des weingeistigen Natriumäthylats mit weingeistfreiem Natriumäthylat. Bei einer Hitze über 200° C. verdampft der ganze Weingeistgehalt und Natriumäthylat bleibt in amorpher Form im Rückstande.

Das officinelle Präparat bildet anfangs ein blass röthlichgelbes, später gelblichgraubraunes grobes Pulver von weingeistigem Geruch und ätzendem Geschmack.

***Anwendung.*** Diese ist nur eine äusserliche als Aetzmittel. Natriumäthylat ist übrigens in der Wirkung milder als Natronhydrat. Mit Wasser oder Feuchtigkeit in Berührung kommend, wird es in Weingeist und Natronhydrat umgesetzt.

**† Liquor Sodii Ethylatis** (Brit.). **Liquor Natrii aethylici** Richardson. 1 g metallisches Natrium wird unter Abkühlung in 20 ccm absolutem Alkohol gelöst.

# Natrium phosphoricum.

**I. Natrium phosphoricum** (Austr. Germ. Helv.). **Phosphate de soude** (Gall.). **Sodii Phosphas** (Brit. U-St.). **Natriumphosphat. Dinatriumorthophosphat. Phosphorsaures Natrium. Perlsalz. Sel cathartique perlé. $Na_2HPO_4 + 12H_2O$. Mol. Gew. = 358.**

***Darstellung.*** Die Selbstdarstellung ist zwar nicht gerade lohnend, aber zu Uebungszwecken zu empfehlen:

Zur Darstellung des officinellen Salzes ist die Ausnutzung der Knochen am vortheilhaftesten. Die Knochen bestehen durchschnittlich aus 50 Proc. Zellgewebe, Eiweiss, Fett etc., gegen 40 Proc. tertiärem Calciumphosphat, 6—8 Proc. Calciumkarbonat, kleinen Mengen Natriumchlorid, Magnesia, Kieselerde etc. Die grösseren Knochen, welche in der Hauswirthschaft abfallen, sammelt man und legt sie zu 3—4 Stück nach und nach in die Feuerung unter dem Dampfapparat, den Destillirblasen etc. Die organische Substanz verbrennt mit lebhafter Flamme, und in Form der Knochen bleibt eine weisse Masse zurück, welche aus sogenannter Knochenasche besteht. Die sehr mürben, gebrannten Knochen werden zu grobem Pulver zerstampft. 10 Th. desselben übergiesst man mit 50 Th. Wasser und dann in mässigen Portionen, unter Umrühren, mit $8^1/_2$ Th. arsenfreier Englischer Schwefelsäure. Hierbei entweicht unter mässigem Aufschäumen etwas Kohlensäure und zuweilen auch etwas Schwefelwasserstoff. Man bringt das Gemisch an einen warmen Ort und rührt öfter um. Nach 2—3 Tagen wird die dünn-breiige Masse in einen leinenen Spitzbeutel gegeben, nach dem Ablaufen der Flüssigkeit der aus Calciumsulfat bestehende Rückstand nochmals mit ca. 20 Th. heissem Wasser angerührt und, in den Spitzbeutel zurückgebracht, endlich ausgepresst. Die Kolaturen, primäres Calciumphosphat, freie Phosphorsäure nebst kleinen Mengen schwefelsauren Calciums enthaltend, werden gemischt und in einem porcellanenen Gefässe bis auf ca 20 Th. eingedampft, behufs Abscheidung des schwerlöslichen Calciumsulfates einige Tage bei Seite gestellt, dann filtrirt, mit dem $1^1/_2$fachen Volumen Wasser verdünnt und erhitzt. Die heisse Flüssigkeit wird nach und nach in einem geräumigen Gefässe unter Umrühren mit Natriumkarbonat versetzt, bis eine filtrirte und erwärmte Probe durch Natriumkarbonat nicht mehr getrübt wird. Man lässt einen Tag an einem warmen Orte stehen, filtrirt und bringt die klare Flüssigkeit durch Abdampfen und Beiseitestellen zur Krystallisation. Die letzte Mutterlauge wird verworfen. Durch nochmaliges Umkrystallisiren werden die Krystalle gereinigt, bis sie frei von Natriumsulfat erhalten werden. Hierbei ist zu bemerken, dass das Natriumphosphat leicht und schön aus Lösungen anschiesst, welche Natriumkarbonat enthalten, und dass man die letzte Krystallisation aus nicht zu koncentrirten Lösungen oder vielmehr nicht in der Wärme vor sich gehen lässt, weil dann ein Salz mit weniger Krystallwassergehalt (7 Mol. $H_2O$) anschiesst. Man löst die Krystalle aus der ersten Krystallisation in der $2^1/_4$fachen Menge heissem destillirtem Wasser, filtrirt und stellt an einen kühlen Ort. Nach zwei Tagen engt man die Mutterlauge bis zur Hälfte ein und stellt sie wieder bei Seite. Die Krystalle aus der dritten Krystallisation müssen nochmals umkrystallisirt werden. Die Krystalle lässt man in Trichtern gut abtropfen, trocknet sie rasch auf Fliesspapier ab und bewahrt sie dann auf. 10 Th. Knochenasche geben ca. 18 Th. reines krystallisirtes Natriumphosphat aus.

Kleinere Mengen stellt man dar, indem man 100 Th. Phosphorsäure von 25 Proc. (spec. Gew. = 1,154) mit einer Lösung von krystallisirtem Natriumkarbonat versetzt, bis die Flüssigkeit, nach Austreibung der Kohlensäure durch Erwärmen, gegen Lackmus schwach alkalisch reagirt. Man bedarf hierzu etwa 74 Th. krystallisirtes Natriumkarbonat. Die filtrirte Lösung wird durch Eindampfen zur Krystallisation gebracht.

***Eigenschaften.*** Das officinelle Natriumphosphat krystallisirt in ziemlich grossen, wasserhellen, schiefrhombischen Säulen und Tafeln von mildem, kühlend-salzigem Geschmacke. (Fig. 51.) Dieselben verwittern leicht an der Luft, ohne jedoch zu zerfallen, indem sie in die luftbeständige Verbindung $Na_2HPO_4 + 7H_2O$ übergehen. Sie lösen sich nicht in Weingeist, dagegen in etwa 6 Th. Wasser von 15° C.; die wässerige Lösung reagirt schwach alkalisch. Beim Erwärmen auf 40° C. schmelzen die Krystalle in ihrem Krystallwasser, bei 100° C. werden sie wasserfrei. Das völlig wasserfreie Salz geht an der Luft unter Aufnahme von Wasser allmählich wieder in das Salz $Na_2HPO_4 + 7H_2O$ über. Beim Erhitzen auf 240° C. und darüber geht es in Natriumpyrophosphat über.

Aus Lösungen, welche über 30° C. warm sind, krystallisirt das wasserärmere Salz $Na_2HPO_4 + 7H_2O$. In der Kälte dagegen krystallisirt immer das officinelle Salz mit $12H_2O$.

Da in dem Natriumphosphat des Handels häufig beide Salzarten in wechselndem Verhältniss zugegen sind, so erklären sich hierdurch die abweichenden älteren Angaben über die Löslichkeit des Natriumphosphates in Wasser. — Aus der Luft ziehen die Krystalle Kohlensäure an unter Bildung von Natriumbikarbonat und Mononatriumphosphat.

Die wässerige Lösung des Dinatriumphosphates giebt mit Sibernitrat einen gelben Niederschlag von Silberphosphat $Ag_3PO_4$, wobei die Flüssigkeit infolge des Freiwerdens von Salpetersäure zugleich saure Reaktion annimmt.

Wenn das Salz aber durch Glühen in Natriumpyrophosphat umgewandelt worden ist, so giebt seine wässerige Auflösung mit Silbernitrat einen rein weissen Niederschlag von Silberpyrophosphat $P_2O_7Ag_4$, ohne dass die Flüssigkeit sauer wird. Das krystallisirte Salz enthält 60,3 Proc. Krystallwasser.

***Prüfung.*** **1)** Die durch das Salz gelb gefärbte Flamme darf, durch ein Kobaltglas betrachtet, gar nicht, oder doch nur vorübergehend roth gefärbt erscheinen. Dauernde Rothfärbung zeigt zu hohen Gehalt an Kaliumverbindungen an (s. S. 452). — **2)** Wird 1 g entwässertes und zerriebenes Natriumphosphat mit 3 ccm Zinnchlorürlösung geschüttelt, so darf im Laufe einer Stunde eine Färbung nicht eintreten (Arsen). Falls Arsen gefunden werden sollte, so ist der Nachweis nach der Methode von Marsh zu vervollständigen. — **3)** Die wässerige Lösung (1 = 20) darf durch Schwefelwasserstoffwasser nicht verändert werden (Metalle, z. B. Blei, Kupfer, Eisen); — beim Ansäuern mit Salzsäure darf sie nicht aufbrausen (Natriumkarbonat). Die mit Salpetersäure angesäuerte Lösung darf durch Baryumnitrat- oder Silbernitratlösung nach 3 Minuten nicht mehr als opalisirend getrübt werden. Damit ist also ein sehr geringer Gehalt an Sulfaten gestattet, während ein von Chloriden fast völlig freies Salz verlangt wird.

Fig. 51 Natriumphosphatkrystalle, schie rhombische Säulen und Tafeln.

***Aufbewahrung.*** Wegen der leichten Verwitterung des Salzes an einem kühlen, trockenen Orte, in wohl verschlossenen Gefässen.

***Anwendung.*** Natriumphosphat wirkt in Gaben von 20—30 g abführend und eignet sich wegen seines mild salzigen Geschmackes namentlich als Abführmittel für die Kinderpraxis. Neuerdings wird es in Form von subkutanen Injektionen, und zwar 3—5 procentigen Lösungen, bei der Entwöhnungskur der Morphinisten angewendet. — In der Analyse als Reagens zur Fällung der Magnesiumsalze.

**Aqua laxativa carbonica.**

| | | |
|---|---|---|
| Rp. | Natrii phosphorici | 50,0 |
| | Natrii bicarbonici | 5,0 |
| | Aquae destillatae | 600,0 |
| | Acidi citrici in crystallis | 5,0. |

Wie eine Limonade zu bereiten, s. S. 326.

**Mixtura lithontriptica** L'Héritier.

| | | |
|---|---|---|
| Rp. | Natrii phosphorici | 10,0 |
| | Acidi benzoïci | 1,5 |
| | Aquae destillatae | 140,0 |
| | Sirupi Sacchari | 40,0. |

Den Tag über in 5 Theilen zu nehmen; gegen harnsaure Konkretionen.

**Natrium phosphoricum effervescens. Sodii Phosphas effervescens** (Brit.). Man trocknet 100 Th. krystallisirtes Natriumphosphat, bis nur noch 40 Th. zurückgeblieben sind, und mischt diese mit 100 Th. Natriumbikarbonat, 54 Th. Weinsäure und 36 Th. Citronensäure. Das Salz wird granulirt.

## II. Natrium pyrophosphoricum (Ergänzb. Helv.) Pyrophosphate de soude (Gall.). Sodii Pyrophosphas (U-St.). Natriumpyrophosphat. Pyrophosphorsaures Natrium. $Na_4P_2O_7 + 10H_2O$. Mol. Gew. = 446.

***Darstellung.*** 100 Th. krystallisirtes Natriumphosphat werden zerstossen und an einem lauwarmen Orte durch langsames Verwittern so viel als möglich vom Krystallwasser befreit, dann im Wasserbade ausgetrocknet. Das trockne Salz giebt man in einen mit Deckel versehenen eisernen oder Hessischen Tiegel und erhitzt es darin bei nach und nach verstärktem Kohlenfeuer bis zur Schmelzung und schwachen Rothgluth so lange, bis eine mit dem erwärmten Spatel ungefähr aus der Mitte entnommene Probe, in Wasser gelöst, durch Silbernitratlösung nicht mehr gelb, sondern rein weiss gefällt wird. Dann lässt man den Tiegel erkalten und löst die Salzmasse in 800 Th. kochend heissem destillirtem Wasser. Die heisse Lösung wird filtrirt und auf ca. $^2/_3$ ihres Volumens oder bis zum Erscheinen eines Krystallhäutchens an der Oberfläche der Lösung eingedampft, zur Krystallisation bei Seite gestellt. Die Mutterlauge behandelt man in gleicher Weise, so lange sie farblose Krystalle ausgiebt. 100 Th. des krystallisirten Natriumorthophosphats geben gegen 60 Th. Pyrophosphat.

***Eigenschaften.*** Farblose, durchscheinende bis durchsichtige, schiefrhombische Säulen oder auch schiefrhombische tafelförmige, an der Luft beständige Krystalle, welche in 10—12 Th. Wasser von mittlerer Temperatur, in etwas mehr als 1 Th. kochend heissem Wasser löslich, in Weingeist unlöslich sind, mit Wasser eine sehr schwach alkalische Lösung geben, in welcher auf Zusatz von Silbernitrat ein rein weisser Niederschlag (Silberpyrophosphat) entsteht. Erfolgt die Ausfällung mit einem Ueberschuss Silbernitrat, so ist das Filtrat neutral. Im gleichen Falle giebt das neutrale Natriumorthophosphat einen gelben Niederschlag und ein saures Filtrat. Wird die wässerige Lösung mit freien Säuren versetzt, so geht das Pyrophosphat in der Kälte allmählich, rascher beim Erhitzen, in Orthophosphat über.

Die Prüfung des Natriumpyrophosphats erfolgt, nachdem man sich durch die Fällung mit Silbernitrat überzeugt hat, dass eben das Pyrophosphat und nicht das Orthophosphat vorliegt, wie die des neutralen Orthophosphats (S. 459). Die mit Salpetersäure sauer gemachte wässerige Lösung darf durch Baryumchlorid und Silbernitrat nur äusserst schwach getrübt werden, und Schwefelwasserstoffwasser soll sowohl in der alkalischen wie in der sauer gemachten Lösung keine Veränderung hervorbringen.

***Anwendung.*** Eine therapeutische Anwendung hat das Natriumpyrophosphat nicht gefunden, jedoch wird es im pharmaceutischen Laboratorium zur Darstellung anderer Pyrophosphate, besonders des Ferripyrophosphats, verwendet. Hierbei ist es wesentlich, es immer mit destillirtem Wasser, nie mit gewöhnlichem, Kalkerde und Magnesia haltendem Wasser zu behandeln.

Das Natriumpyrophosphat ist ein sehr geeignetes Material, sogenannte Eisenflecke aus der Weisswäsche und alte Tintenflecke aus gefärbten Zeugen zu entfernen. Es geschieht durch Maceration mit der wässerigen Pyrophosphatlösung.

**Natrium pyrophosphoricum ferratum** (Ergänzb.). **Natrium-Ferripyrophosphat.** 20 Th. krystall. Natriumpyrophosphat werden zu Pulver zerrieben und ohne Anwendung von Wärme (!) mit 40 Th. kaltem Wasser übergossen. Darauf giebt man unter beständigem Umrühren eine Mischung aus 12 Th. Ferrichloridlösung (spec. Gew. 1,280) und 18 Th. Wasser nach und nach (!) hinzu, so dass nicht früher ein neuer Theil dieser Mischung hinzugesetzt wird, als bis der zuvor gebildete Niederschlag sich wieder aufgelöst hat. Die so entstandene grüne Flüssigkeit wird filtrirt und portionsweise in grösseren Pausen mit 100 Th. Weingeist vermischt. — Den dadurch entstandenen Niederschlag sammelt man auf einem leinenen Kolatorium, wäscht ihn mit Weingeist aus, presst ihn zwischen Filtrirpapier ab und trocknet ihn an einem lauwarmen Orte.

Weisses, geruchloses, schwach salzig und nur wenig metallisch schmeckendes Pulver, von schwach alkalischer Reaktion. — Die wässerige Lösung scheidet auf Zusatz von Weingeist das unveränderte Salz, beim Kochen aber Ferriphosphat aus. Silbernitrat giebt mit der wässerigen Lösung einen weissen, in Salpetersäure löslichen Niederschlag. Kaliumferrocyanid färbt die mit Salzsäure angesäuerte wässerige Lösung blau.

Die wässerige, mit Salpetersäure angesäuerte Lösung (1 = 20) darf durch Baryumnitrat- und Silbernitratlösung nicht mehr als opalisirend getrübt werden (Sulfate, Chloride).

***Anwendung.*** Als mildes Eisenmittel dreimal täglich 0,2—1,0 g. Man vermeide bei der Anwendung saure Zusätze.

# Natrium salicylicum.

**I. Natrium salicylicum** (Austr. Germ. Helv.). **Salicylate de soude** (Gall.). **Sodii Salicylas** (Brit. U-St.). **Natriumsalicylat. Salicylsaures Natrium.** $C_6H_4(OH)CO_2Na$. **Mol. Gew. = 160.**

***Darstellung.*** Um ein schönes Natriumsalicylat zu erhalten, muss man 1) eine reine, kresotinsäurefreie Salicylsäure anwenden, 2) Eisen von der Darstellung sorgfältig fernhalten, 3) die Sättigung der Salicylsäure mit Natriumbikarbonat so leiten, dass die Mischung schwach sauer bleibt, weil in alkalischer Lösung gefärbte Oxydationsprodukte der Salicylsäure entstehen.

Man mischt in einer Reibschale oder Porcellanschale 10 Th. Natriumbikarbonat mit 16,5 Th. Salicylsäure und fügt unter Umrühren in kleinen Antheilen etwa 10 Th. Wasser hinzu. Unter lebhaftem Aufschäumen erfolgt nun die Salzbildung. Wenn die Kohlensäureentwickelung nachgelassen hat, erwärmt man die Mischung zur Verjagung der gelösten Kohlensäure auf dem Wasserbade. Falls die erwärmte Lösung nicht deutlich sauer reagirt, muss sie mit Salicylsäure angesäuert werden. Hierauf trocknet man die saure Lösung bei einer 60° nicht übersteigenden Temperatur möglichst rasch ein und krystallisirt den Salzrückstand aus 100—120 Th. Weingeist von 96 Proc. in der Wärme um. Die Mutterlaugen werden durch Thierkohle entfärbt und liefern dann beim Koncentriren neue Mengen von farblosem Natriumsalicylat, oder man benutzt sie zum Umkrystallisiren einer neu angesetzten Portion.

Die Darstellung ist nicht gerade lohnend, aber als lehrreich zu empfehlen.

***Eigenschaften.*** Das aus Weingeist krystallisirte Natriumsalicylat bildet farblose, seidenglänzende Schüppchen, welche sich aus übereinandergeschobenen Tafeln oder breiten Nadeln zusammensetzen. Der Geschmack ist widerlich süss. Durch Einwirkung von Licht und Luft (namentlich wenn die letztere ammoniakalisch ist) kann es röthliche bis bräunliche Färbung annehmen; ein geringer Gehalt an freier Salicylsäure verhindert die Färbung. Natriumsalicylat löst sich in etwa 0,9 Th. Wasser oder in 6 Th. Weingeist zu schwach sauer reagirenden Flüssigkeiten. Beim Erhitzen über 200° C. hinaus entweichen Phenol und Kohlendioxyd, und es bleibt das sekundäre Salz zurück $2[C_6H_4(OH).CO_2Na] = CO_2 + C_6H_5OH + C_6H_4(ONa)(CO_2Na)$, ohne dass sich Paroxybenzoësäure bildet. Beim Verbrennen des Salzes hinterbleibt Natriumkarbonat.

Löst man gleiche Moleküle Salicylsäure und Natriumsalicylat in Weingeist und koncentrirt, so erhält man harte Krystalle der Verbindung $C_7H_6O_3 + C_7H_5O_3Na$, welche von viel Wasser wieder in Salicylsäure und Natriumsalicylat zerlegt werden. Aus einer 50proc. Lösung ist einmal das Auskrystallisiren eines Salzes $C_7H_5O_3Na + 6\,H_2O$ beobachtet worden.

Aus der nicht zu stark verdünnten Lösung des Natriumsalicylates (also z. B. 1:100) wird durch Salzsäurezusatz Salicylsäure in Form von nadelförmigen Krystallen abgeschieden, welche in Aether leicht löslich sind. — Die koncentrirte wässerige Lösung wird durch Ferrichloridlösung braunroth gefärbt, bezw. gefällt; in der stark verdünnten (1:1000) Lösung dagegen entsteht durch Ferrichlorid blauviolette Färbung. Auch die weingeistige verdünnte Lösung wird durch Ferrichloridlösung blauviolett gefärbt. (Unterschied von Karbolsäure, s. Bd I, S. 25.)

***Prüfung.*** **1)** Das Salz sei farblos oder besitze höchstens einen schwachen, röthlichen Schein. — **2)** Die koncentrirte (1 + 2) wässerige Lösung sei farblos oder doch nahezu farblos und färbe sich nach einigem Stehen höchstens schwach röthlich, auch reagire sie schwach sauer. Die saure Reaktion ist zuzulassen, weil nur saure Präparate farblose Lösungen geben. Die Färbungen rühren von nicht näher bekannten Verunreinigungen her. — **3)** Beim Uebergiessen mit koncentrirter Schwefelsäure löse sich das Salz ohne Aufbrausen (Natriumkarbonat) und ohne Färbung (unbekannte Verunreinigungen, Staub) auf. — **4)** Die wässerige Lösung (1 = 20) darf weder durch Schwefelwasserstoffwasser (Metalle) noch durch Baryumnitratlösung (Sulfate, Karbonate) verändert werden. — **5)** Werden 4 ccm der Lösung (1 = 20) mit 6 ccm Weingeist versetzt, hierauf mit Salpetersäure angesäuert, so darf auf Zusatz von Silbernitratlösung die Lösung nicht verändert werden. Weisse Trübung würde Chloride anzeigen. Der Weingeistzusatz erfolgt, um die Salicylsäure in Lösung zu halten.

*Aufbewahrung.* Da Luft und Licht die Färbung des Natriumsalicylats begünstigen, so empfiehlt es sich unbedingt, grössere Vorräthe unter Lichtschutz aufzubewahren. Lösungen von Natriumsalicylat sollte man nicht vorräthig halten, da dieselben häufig — wahrscheinlich durch Abgabe von Alkali aus dem Glase — Färbung annehmen.

*Anwendung.* Natriumsalicylat wirkt, abweichend von der freien Salicylsäure, nicht gährungs- und fäulnisswidrig. Dagegen kann es als Specificum gegen Gelenkrheumatismus und Gicht angesehen werden. Ausserdem wirkt es bei verschiedenen Krankheiten antipyretisch, ohne jedoch den Verlauf der Krankheit zu beeinflussen. Wirksam ist es ferner bei Migräne. Man giebt es zu 0,5—2,0 g mehrmals täglich mit viel Wasser. Geschmackscorrigens ist Kognak mit Salz. Grosse Gaben können Uebelkeit und Ohrensausen hervorrufen. In der Mikroskopie dient die koncentrirte Lösung als wichtiges Aufhellungsmittel der Präparate.

**Aqua alkalina effervescens fortior** JAWORSKI.

| Rp. | | |
|---|---|---|
| Rp. | Natrii bicarbonici | 8,0 |
| | Natrii salicylici | 2,5 |
| | Boracis | 2,0 |
| | Aquae acido carbonico saturatae | 1000.0. |

Bei fermentativer Uebersäuerung des Magens, uratischer Diathese, Icterus catarrhalis. Früh nüchtern $^1/_3$—$^1/_2$ Trinkglas.

**Aqua alkalina effervescens mitior** JAWORSKI.

| Rp. | | |
|---|---|---|
| Rp. | Natrii bicarbonici | 5,0 |
| | Natrii salicylici | 2,0 |
| | Boracis | 1,0 |
| | Aquae acido carbonico saturatae | 1000.0. |

**Elixir Sodii Salicylatis** (Nat. form.).

| Rp. | | |
|---|---|---|
| Rp. | Natrii salicylici | 85,0 g |
| | Elixir aromatici | q. s. ad 1,0 l. |

**Mixtura antirheumatica** (Form. Berol.).

| Rp. | | |
|---|---|---|
| Rp. | Natrii salicylici | 10,0 |
| | Tincturae Aurantii | 5,0 |
| | Aquae destillatae | q. s. ad 200,0. |

**Potio salicylata** BERNHEIM.

Ein moussirendes, zuckerfreies Getränk, leicht laxirend. Es enthält im Liter:

| | |
|---|---|
| Natrii salicylici | 3,0—10,0 g |
| Lithii salicylici | 2,5—3,0 g. |

Vet. **Mixtura antirheumatica.**

| Rp. | | |
|---|---|---|
| Rp. | Natrii salicylici | 20,0 |
| | Aquae | 250,0. |

Täglich 3—5 Esslöffel für einen Hund mit akutem Gelenkrheumatismus.

Vet. Natrii salicylici 50,0.
Tagesgabe für ein Pferd mit stark fieberhafter Lungenentzündung.

**Natrium boro-salicylicum** (BERNEGAU). Acidi borici 35,0 und Natrii salicylici 17,0 werden fein zerrieben und gemischt. Das Gemisch wird angefeuchtet und $^1/_2$ Stunde sich selbst überlassen. Nach dieser Zeit ist es völlig erhärtet und wird fein gepulvert.

**Borsalicyl-Crême** (BERNEGAU). Natrii boro-salicylici (BERNEGAU) 50,0, Glycerini Arnicae 200,0, Vaselini flavi 110,0, Lanolini anhydrici 90,0.

**Neuralgin.** Ist eine Mischung aus Acetanilid, Coffeïn und Natriumsalicylat.

## II. Aspirin. Acetylsalicylsäure. $C_6H_4 . CO_2H . CO_2CH_3$. Mol. Gew. = 180.

Diese Verbindung ist von den Farbenfabriken vorm. FRIEDR. BAYER & Co. als Ersatzmittel des Natriumsalicylats in den Verkehr gebracht worden. Der Name ist gebildet aus „Acetylspiraeasäure“.

*Darstellung.* Salicylsäure wird im Autoklaven oder am Rückflusskühler mit Essigsäureanhydrid oder Acetylchlorid auf 150° C. erhitzt. Das erhaltene Reaktionsprodukt wird aus Chloroform umkrystallisirt.

*Eigenschaften.* Farblose Krystallnadeln, welche bei 135° C. schmelzen und säuerlich schmecken. Sie lösen sich in Wasser von 37° C. etwa im Verhältniss 1 : 100 auf, in kaltem Wasser sind sie erheblich schwieriger löslich, leicht löslich sind sie in Alkohol, Aether, auch in Chloroform. Die wässerige oder alkoholische Lösung wird durch Ferrichlorid nicht violett gefärbt. Gegen Säuren ist die Verbindung ziemlich beständig, durch Alkalien wird sie leicht in Salicylsäure und Essigsäure gespalten. Wässerige oder alkoholische Lösungen sollen nicht vorräthig gehalten werden, da sie wenig haltbar sein sollen. Kocht man 0,5 g Aspirin mit 10 ccm 10proc. Natronlauge 2—3 Minuten lang, so wird der Ester verseift. Die erkaltete Lösung ist klar und enthält Natriumsalicylat und Natriumacetat. Wird sie mit verdünnter Schwefelsäure angesäuert, so tritt unter vorübergehender Violettfärbung Ausscheidung von Salicylsäure ein. Man kann diese auf ihren Schmelzpunkt prüfen. Das Filtrat riecht nach Essigsäure und giebt beim Erhitzen mit Alkohol und koncentrirter Schwefelsäure Geruch nach Essigäther.

***Prüfung.*** 1) Aspirin schmelze nach dem Trocknen über Schwefelsäure bei 135° C., 0,5 des Präparates müssen auf dem Platinbleche ohne Rückstand verbrennen. — 2) Man löst 0,1 g Aspirin in 5 ccm Alkohol und verdünnt mit 20 ccm Wasser. Diese Lösung darf durch Zusatz von 1 Tropfen verdünntem Ferrichlorid nicht violett gefärbt werden (unacetylirte Salicylsäure).

***Aufbewahrung.*** Unter den indifferenten Arzneimitteln.

***Anwendung.*** Aspirin wird als Ersatz des Natriumsalicylats und zwar als Antipyreticum und Specificum gegen Gelenkrheumatismus empfohlen. Es hat vor diesem die Vorzüge, weniger schlecht zu schmecken, schon in kleinen Gaben zu wirken und nicht so leicht unangenehme Nebenwirkungen zu verursachen. Man giebt es täglich 4—5 mal zu 1 g mit der 3—4fachen Menge Zucker in etwas Wasser angerührt in Form eines limonadenartigen Getränkes.

---

# Natrium sulfocarbolicum.

**Natrium sulfocarbolicum. Natrium sulfophenylicum. Sodii Sulfocarbolas** (Brit. U-St.). **Natrium phenolosulfuricum. Phenolsulfosaures Natrium. Carbolsulfosaures Natrium.** $C_6H_4(OH)SO_3Na + 2\,H_2O$. **Mol. Gew.** = 232. Dieses Salz darf nicht verwechselt werden mit dem phenylschwefelsauren Natrium $SO_4NaC_6H_5$ von BAUMANN, welches mit dem vorigen isomer ist.

***Darstellung.*** 100 Th. reine krystallisirte Karbolsäure werden in einem Kolben mit 105 Th. koncentrirter Schwefelsäure übergossen, und zuerst an einem Orte von 70—80° C. zwei Tage, dann in der Wasserbadwärme (ca. 90° C.) einen Tag hindurch erhalten. Nach dem Erkalten wird die Flüssigkeit mit einem doppelten Volumen destillirten Wassers verdünnt und nach und nach unter gelindem Erwärmen und Umrühren mit Natriumkarbonatkrystallen versetzt, bis eine neutrale Lösung erhalten ist. Diese Lösung giesst man in ein Glasgefäss, welches ein doppeltes Volumen Weingeist enthält, rührt um und stellt einen Tag bei Seite. Dann wird die klare Flüssigkeit dekanthirt und nach der Sammlung des Weingeistes durch Destillation der rückständige Theil im Wasserbade zur Krystallisation eingedampft. Ausbeute das Doppelte von dem Gewicht der verwendeten Karbolsäure.

***Eigenschaften.*** Das phenolsulfosaure Natrium bildet farblose und geruchlose, rhombische Prismen von kühlend-salzigem und schwach bitterem Geschmacke. Sie verwittern an trockener Luft und lösen sich in 5 Th. kaltem oder 1 Th. siedendem Wasser, in 130 Th. kaltem oder 10 Th. siedendem Alkohol. In verdünntem Alkohol sind sie leichter löslich. — Die wässerige Lösung wird durch Ferrichlorid violett gefärbt. Der Krystallwassergehalt beträgt 15,5 Proc. Wird das Salz geglüht, so entweicht Karbolsäure und es hinterbleibt ein Gemisch von Natriumsulfat und Natriumkarbonat.

***Prüfung.*** Die Lösung des Salzes in 20 Th. destillirtem Wasser darf durch Baryumchlorid nicht oder doch nur unbedeutend getrübt (unorganische Schwefelsäure) und durch verdünnte Schwefelsäure (Baryumchlorid) oder Schwefelwasserstoff nicht verändert werden (Metalle, namentlich Blei).

***Anwendung.*** Das Natriumsulfophenylat ist nur von einigen wenigen Aerzten bei Stomatitis aphthosa, Bräune, Typhus, Phthisis, Pocken, in Gaben zu 0,5—1,0—2,0 g mehrere Male des Tages, auch äusserlich bei putriden Wunden als Antisepticum empfohlen worden.

---

# Natrium sulfuratum.

Die Verbindungen des Schwefels mit Natrium gleichen völlig denen des Schwefels mit Kalium. Sie haben für die Therapie wenig Bedeutung und kommen hauptsächlich als Reagentien in Betracht. Mit Rücksicht auf die Inkonsequenz der Nomenklatur wird man sich stets die Frage vorzulegen haben, welche Verbindung im einzelnen Falle gemeint ist. Vergl. Bd I, S. 375 u. Bd II, S. 215.

**I. Natrium sulfhydricum.** **Natriumsulfhydrat.** **NaHS.** Da es noch ungewiss ist, ob die Verbindung im krystallisirten Zustande erhalten werden kann, so bereitet man sie gewöhnlich in Lösung. Zu diesem Zwecke sättigt man eine 10—15proc. Natronlauge mit gewaschenem (!) Schwefelwasserstoff, bis nichts mehr absorbirt wird, lässt die Flüssigkeit in völlig gefüllten Flaschen unter Luftabschluss absetzen und filtrirt von etwa ausgeschiedenem Ferrosulfid durch Asbest ab. Klare, farblose Flüssigkeit, nach Schwefelwasserstoff riechend. Giebt beim Uebersättigen mit Säuren nur Schwefelwasserstoff, keine Abscheidung von Schwefel. Dient als Reagens in der chemischen Analyse.

**II. Natrium monosulfuratum.** **Natriummonosulfid.** **Monosulfure de sodium cristallisé** (Gall.). **$Na_2S + 9\,H_2O$. Mol. Gew. = 240.**

Verdünnt man 45 Th. Natronlauge von 1,44 spec. Gew. mit dem doppelten Volumen Wasser, sättigt diese Mischung vollständig mit Schwefelwasserstoff und mischt sie alsdann mit 55 Th. Natronlauge von 1,44 spec. Gew., so scheidet sich in der Kälte das obige Salz aus.

Farblose, oder durch Ferrosulfid grünlich oder durch Natriumdisulfid gelblich gefärbte Krystalle, welche sich in Wasser leicht lösen. Die Lösung des Salzes soll, wenn sie durch Absetzen und Filtriren von beigemengtem Ferrosulfid befreit ist, farblos sein. Ist sie gelblich, was ihrer Verwendung zu den meisten Zwecken nicht schadet, so enthält sie eben Natriumpolysulfide.

Wird das Natriumsulfid der Luft und dem Lichte ausgesetzt, so färbt es sich unter Bildung von Natriumkarbonat und Natriumpolysulfid gelblich bis gelb.

Durch Ansäuern mit Säuren scheidet ein Polysulfid-freies Präparat nur Schwefelwasserstoff, nicht aber auch Schwefel ab. Auf Zusatz von Manganosulfat fällt fleischfarbenes Manganosulfid ohne Entwickelung von Schwefelwasserstoff, falls das Präparat frei ist von Natriumsulfhydrat.

***Aufbewahrung.*** An einem kühlen, trockenen und dunklen Orte in Gläsern, welche mit Kork gut verschlossen sind. Die Korke sind auch noch mit Paraffin auszugiessen.

***Anwendung.*** Vorzugsweise als Reagens in der analytischen Chemie, namentlich bei der Stickstoffbestimmung nach KJELDAHL und bei der massanalytischen Zinkbestimmung.

**Aqua sulfurata** (Gall.).
Eau sulfurée (Gall.).

Rp. Natrii sulfurati crystall.
Natrii chlorati āā 0,13
Aquae destillatae ebulliendo
ab aëre liberatae 650,0.

Ersatz der Schwefelwässer: Eau des Bonnes, Barèges, Cauterets, Bagnères de Louchon, de Saint-Sauveur.

**Epilatorium** R. BOETTGER.
BOETTGER's Enthaarungsmittel.

Rp. Natrii sulfurati crystallisati 10,0
Concharum praeparatum 30,0.

Mit Wasser zu einem Brei angerührt auf die behaarten Stellen aufzustreichen.

**Pulvis sulfurato-saponatus.**
Savon de Barèges de HÉREAU.

Rp. Natrii sulfurati crystallisati
Natrii carbonici sicci
Natrii chlorati āā 10,0
Saponis medicati pulverati 125,0.

Fiat pulvis, detur ad vitrum.

**Sapo sulfuratus Baretginensis.**
Savon sulfureux de Barèges.

Rp. Natrii sulfurati crystallisati
Natrii carbonici sicci
Natrii chlorati āā 10,0
Saponis medicati 125,0
Aquae q. s.

Fiant globuli. Zu Waschungen.

**Sirop de monosulfure de sodium** (Gall.).

Rp. Natrii sulfurati crystallisati 0,1
Aquae destillatae 1,0
Sirupi Sacchari 99,0.

**Sirupus antiasthmaticus cum Natrio sulfurato.**

Rp. Natrii sulfurati crystallisati 0.5
Sirupi Balsami Tolutani 250,0.

Täglich 1—3 Esslöffel.

**Pommade de Bareges.**

Rp. Natrii sulfurati crystall.
Natrii carbonici crystall. āā 10,0
Benzoës
Balsami Tolutani āā 2,0
Adipis suilli 100,0.

Bei verschiedenen Hautkrankheiten.

**III. Natrium trisulfuratum.** **Soda-Schwefelleber.** **Trisulfure de sodium solide** (Gall.).

Man erhitzt ein Gemisch von 14 Th. calcinirter Soda (des Handels) und 10 Th. Schwefelblumen in einem geschlossenen Gefässe in der bei *Kalium sulfuratum* (S. 215) angegebenen Weise. Das Schmelzen erfolgt bei wesentlich höherer Temperatur als bei der Kali-Schwefelleber, daher enthält das Präparat auch weniger Thiosulfat als diese.

Es ist in Frankreich, nicht in Deutschland in Gebrauch und wird zweckmässig durch Kali-Schwefelleber ersetzt.

# Natrium sulfuricum.

**I. Natrium sulfuricum** (Germ. Helv.). **Natrium sulfuricum crystallisatum** (Austr.). **Sulfate de soude purifié** (Gall.). **Sodii Sulphas** (Brit. U-St.). **Natriumsulfat. Schwefelsaures Natrium. Sal mirabile Glauberi. Sal Glauberi. Soda vitriolata. Glaubers Salz.** $Na_2SO_4 + 10 H_2O$. **Mol. Gew. = 322.**

Das reine Salz wird durch Umkrystallisiren des rohen Glaubersalzes dargestellt und kommt in solcher Reinheit im Handel vor, dass seine Darstellung im pharmaceutischen Laboratorium nicht ausgeführt wird.

***Eigenschaften.*** Aus Lösungen, welche weniger warm als 33° C. sind, oder beim Verdunsten wässeriger Lösungen an der Luft bei gewöhnlicher Temperatur krystallisirt das Natriumsulfat mit 10 Mol. Wasser als $Na_2SO_4 + 10 H_2O$ in grossen, durchsichtigen Krystallen des monoklinen Systems, welche bei 33° C. in ihrem Krystallwasser zu einer farblosen Flüssigkeit schmelzen Der Geschmack der Krystalle ist bitterlich-salzig, kühlend. An trockener (warmer) Luft verwittern die Krystalle, indem sie sich oberflächlich mit einem weissen Pulver von wasserarmem Natriumsulfat bedecken und allmählich gänzlich zu einem aus wasserfreiem Natriumsulfat bestehenden weissen Pulver zerfallen. In Weingeist ist das Salz so gut wie unlöslich, ziemlich leicht löslich ist es in Wasser. Die wässerige Lösung ist neutral.

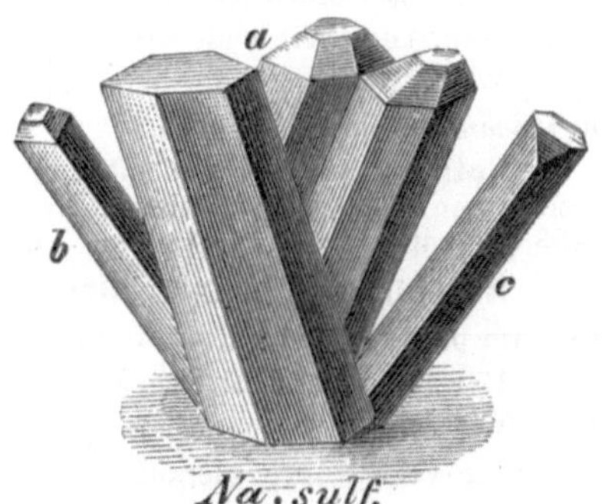

Fig. 52. *a* Glaubersalzkrystalle. *b c* Natriumsulfatkrystalle mit 7 Mol. Krystallwasser.

Interessant ist das Verhalten des krystallisirten Natriumsulfates beim Auflösen in Wasser von verschiedenen Temperaturen. Die Löslichkeit des Salzes in Wasser nimmt mit der Steigerung der Temperatur des letzteren bis zu einem gewissen Punkte zu. Das Maximum (Optimum) der Löslichkeit in Wasser liegt bei 33° C., über diese Temperatur hinaus nimmt die Löslichkeit in Wasser wieder ab:

100 Th. Wasser lösen bei 0° C. = 12 Th., bei 15° C. = 33,3 Th., bei 18° C. = 48 Th., bei 33° C. = 322,6 Th., bei 50° C. = 263 Th., bei 100° C. = 238 Th. krystallisirtes Natriumsulfat. — Wird die bei 33° C. gesättigte wässerige Lösung über diese Temperatur hinaus erhitzt, so erfolgt Abscheidung eines wasserärmeren Salzes der Zusammensetzung $Na_2SO_4 + 7 H_2O$.

Lässt man die bei 33° C. gesättigte Lösung, vor dem Hineinfallen von Staub und festen Körpern, sowie vor Erschütterungen geschützt, langsam erkalten, so scheiden sich in der Regel Krystalle nicht aus: die Lösung ist übersättigt. — Wird eine solche Lösung erschüttert oder mit einem festen Gegenstande berührt, z. B. mit einem Glasstabe umgerührt, so erstarrt sie unter freiwilliger Temperaturerhöhung zu einem Salzbrei, aber die Krystalle haben die Zusammensetzung $Na_2SO_4 + 7 H_2O$.

Das officinelle Natriumsulfat ist das mit 10 Mol. Wasser krystallisirende von der Formel $Na_2SO_4 + 10 H_2O$. Es enthält 55,76 Proc. $H_2O$ und 44,24 Proc. $Na_2SO_4$.

***Aufbewahrung.*** Mit Rücksicht darauf, dass das Glaubersalz in trockener Luft sehr leicht verwittert, bewahrt man das reine Salz in gut verschlossenen steinernen oder gläsernen Töpfen in schattigen kühlen Räumen, grössere Vorräthe in dichten Fässern im Keller auf.

***Prüfung.*** Als Identitätsreaktion gilt die gelbe Flammenfärbung und der Nachweis der Schwefelsäure durch Baryumnitrat. Von Verunreinigungen ist zu prüfen auf: Arsen, Metalle, Magnesium- und Calciumsalze, Chloride, Eisen, Kupfer. Es empfiehlt sich, zu den Prüfungen eine gute Durchschnittsprobe zu verwenden. — **1)** Wird 1 g zerriebenes Natriumsulfat mit 3 ccm Zinnchlorürlösung geschüttelt, so darf im Laufe einer Stunde eine Färbung nicht eintreten (Arsen). — **2)** Die wässerige Lösung 1 = 20 sei neutral; alkalische Reaktion würde auf Natriumkarbonat, saure Reaktion auf freie Schwefelsäure hinweisen. Sie werde durch Schwefelwasserstoffwasser nicht verändert (Metalle, wie Kupfer, Blei, Zink), und erfahre nach dem Zusatz von Ammoniakflüssigkeit auch durch Natriumphosphat keine Aenderung (weisse Trübung oder ein solcher Niederschlag kann von Salzen des Magnesium oder Calcium herrühren). — Auf Zusatz von Salpetersäure werde die Lösung durch Silbernitratlösung innerhalb 5 Minuten nicht verändert, das Natriumsulfat soll also frei von Natriumchlorid sein. — **3)** 20 ccm der wässerigen Lösung (1 = 20) dürfen durch Zusatz von 0,5 ccm Kaliumferrocyanidlösung nicht verändert werden; Blaufärbung würde von Eisen, Rothfärbung von Kupfer herrühren.

***Anwendung.*** In Gaben von 15—30 g erzeugt Natriumsulfat Kollern im Leibe und wässerige Stuhlentleerungen. Man benutzt es äusserlich in Pulverform bei Hornhautflecken, innerlich als salinisches Abführmittel.

Wenn Natrium sulfuricum zu Pulvermischungen verwendet wird, so ist *Natrium sulfuricum siccum* abzugeben.

**Natrium sulfuricum solutum,** dient als Recepturerleichterung. Es ist eine filtrirte Lösung von 1 Th. krystallisirtem Natriumsulfat in 3 Th. destillirtem Wasser. Spec. Gew. 1,103. Signatur: Sumatur 4 plum. An einem Orte von mittlerer Temperatur aufzubewahren.

**Natrium sulfuricum siccum (dilapsum)** (Austr. Germ. Helv.). **Natrium sulfuricum pulveratum. Getrocknetes Natriumsulfat. $Na_2SO_4 + H_2O$. Mol. Gew. = 160.**

100 Th. krystallisirtes Salz werden zwischen Papier ausgebreitet einige Tage an einen Ort von mittlerer Temperatur (15—20° C.) gestellt, damit die Krystalle an ihrer Oberfläche verwittern, hierauf an einem warmen Ort soweit getrocknet, bis das Gewicht ca. 50 Th. beträgt. Es ist ein sehr weisses, feines Pulver. Dieses Pulver wird dispensirt, wenn der Arzt „*Natrium sulfuricum*" zu Pulvermischungen zum Gebrauch für Menschen verschreibt.

Es enthält 11,3 Proc. Wasser und 88,7 Proc. wasserfreies Natriumsulfat. Wegen seiner Neigung, Feuchtigkeit aufzunehmen, werde es in gut verschlossenen Gefässen aufbewahrt.

**Volumgewicht und Gehalt der Lösungen von kryst. Natriumsulfat bei 15° C.**

Nach GERLACH.

| Spec. Gew. | Proc. $Na_2SO_4 + 10H_2O$ | Spec. Gew. | Proc. $Na_2SO_4 + 10H_2O$ | Spec. Gew. | Proc. $Na_2SO_4 + 10H_2O$ | Spec. Gew. | Proc. $Na_2SO_4 + 10H_2O$ | Spec. Gew. | Proc. $Na_2SO_4 + 10H_2O$ |
|---|---|---|---|---|---|---|---|---|---|
| 1,004 | 1 | 1,028 | 7 | 1,052 | 13 | 1,077 | 19 | 1,103 | 25 |
| 1,008 | 2 | 1,032 | 8 | 1,056 | 14 | 1,082 | 20 | 1,107 | 26 |
| 1,013 | 3 | 1,036 | 9 | 1,060 | 15 | 1,086 | 21 | 1,111 | 27 |
| 1,016 | 4 | 1,040 | 10 | 1,064 | 16 | 1,090 | 22 | 1,116 | 28 |
| 1,020 | 5 | 1,044 | 11 | 1,069 | 17 | 1,094 | 23 | 1,120 | 29 |
| 1,024 | 6 | 1,048 | 12 | 1,073 | 18 | 1,098 | 24 | 1,125 | 30 |

**II. Natrium sulfuricum crudum.** (Ergänzb.) **Rohes Natriumsulfat. Rohes Glaubers Salz. Sulfate de soude du commerce** (Gall.). **Sel d'Epsome de Lorraine. $Na_2SO_4 + 10\,H_2O$. Mol. Gew. = 322.**

Das rohe Glaubersalz des Handels. Kommt in grossen, etwas feucht aussehenden Krystallen vor, welche an trockner Luft leicht etwas verwittern. Das Salz ist von der geforderten Reinheit, wenn es neutral, frei von erheblichen Mengen Chloriden und klar löslich in Wasser ist, da es kaum mit einem anderen Salze verfälscht werden kann. Es wird im Handverkauf zum Gebrauch für Thiere abgegeben. Man giebt es Rindern als Laxans 500—1000,0 g, Pferden 250—500,0 g, Schafen und Ziegen 50—100,0 g, Schweinen 25—50,0 g, Hunden 10—25,0 g. Auf Arsen prüft man, wie bei *Natrium sulfuricum* angegeben.

**Natrium sulfuricum crudum calcinatum (siccum). Calcinirtes (rohes) Glaubersalz.** $Na_2SO_4$. Kommt in den Handel namentlich für die Zwecke der Glasfabrikation. Es wird im allgemeinen nur der Wassergehalt durch schwaches Glühen von 1—2 g bis zum konstanten Gewicht festzustellen sein. Derselbe soll nicht mehr als 5—10 Proc. betragen.

**Aqua thermarum Carolinensium factitia**
WALDENBURG.

Rp. Natrii sulfurici cryst. 10,0
Natrii carbonici crystall. 6,0
Natrii chlorati 4,0
Kalii sulfurici 0,75
Aquae q. s. ad 1000,0.

Mit dem dreifachen Volumen kohlensaurem Wasser gemischt, weinglasweise warm zu gebrauchen.

**Pastilli Salis Carolini** (E. DIETERICH).

Rp. Salis Carolini factitii 100,0
Sacchari 50,0.

Man bereite mit dünnem Gummischleim 100 Pastillen.

**Pilulae reducentes Marienbadenses.**
Marienbader Reducirpillen.

I. Nach E. DIETERICH.

Rp. Kalii bromati 10,0
Natrii bicarbonici
Extracti Scillae āā 20,0
Ligni Guajaci pulv.
Radicis Senegae pulv. āā 40,0
Extracti Taraxaci q. s.

Fiant pilulae ponderis 0,15 g.

II. Marke Sanitas.

Rp. Natrii sulfurici sicci 0,5
Natrii bicarbonici
Natrii chlorati āā 0,2
Kalii sulfurici
Calcii carbonici āā 0,5
Magnesii carbonici 0,2
Lithii carbonici 0,075
Extracti Cascarae Sagradae
Radicis Althaeae
Radicis Liquiritiae āā 3,0.

Fiant pilulae 100, obducendae argento foliato.

**Sal Carolinum factitium** (Germ.).
Künstliches Karlsbader Salz.

Rp. Natrii sulfurici sicci 44,0
Kalii sulfurici 2,0
Natrii chlorati 18,0
Natrii bicarbonici 36,0.

6 g dieser Mischung geben, in 1 Liter Wasser gelöst, ein dem Karlsbader Wasser ähnliches Getränk.

**Sal aperiens** GUINDRE.
Sal désopilant de GUINDRE.
GUINDRE'sches Salz.

Rp. Natrii sulfurici sicci 25,0
Kalii nitrici 0,5
Tartari stibiati 0,025.

Zweistündlich einen Theelöffel mit Holzthee oder Zuckerwasser, gegen Verstopfung.

**Sal Marienbadense factitium.**
Künstliches Marienbader Salz.

Rp. Natrii sulfurici sicci 55,0
Natrii carbonici sicci 25,0
Natrii chlorati 20,0
Kalii sulfurici 0,5.

**Sodii Sulphas effervescens** (Brit.).
Natrium sulfuricum effervescens.

Rp. Natrii sulfurici **anhydrici** 250,0
Natrii bicarbonici 500,0
Acidi tartarici 270,0
Acidi citrici pulv. 180,0.

Die trockene Mischung ist zu granuliren.

**Sal Carolinum factitium in crystallis.**

Rp. Natrii sulfurici crystallisati 125,0
Natrii chlorati 25,0
Natrii carbonici crystallisati 50,0
Aquae fervidae 300,0.

Die Lösung wird bis auf 300 g eingedampft und bis zum Erkalten gerührt. Die Mutterlauge wird beseitigt. — Man erhält durch Krystallisation nicht ein Salz von stets gleicher Zusammensetzung.

**Serum lactis evacuans.**

Rp. Natrii aethylosulfurici 20,0
Seri lactis dulcis 180,0
Elaeosacchari Citri 2,0.

Des Morgens, innerhalb 3 Stunden zu nehmen.

**Pulvis Equorum** (Hamb. V.).
Pferdepulver. Viehpulver.

I.

Rp. Stibii sulfurati nigri 20,0
Sulfuris sublimati 40,0
Seminis Foenu Graeci
Rhizomatis Calami pulv.
Radicis Gentianae pulv.
Placentae Lini pulv.
Fructuum Lauri pulv. āā 100,0
Natrii sulfurici grosse pulv. 440,0.

II.

Rp. Foliorum Farfarae pulv.
Herbae Absinthii pulv.
Natrii bicarbonici āā 1,0
Natrii chlorati 3,0
Natrii sulfurici grosse pulv. 4,0

**Salicyl-Präparat** von L. H. PIETSCH & Co. in Breslau gegen Rothlauf der Schweine. Acidi salicylici 0,5, Natrii sulfurici sicci 35,0, Kalii nitrici 5,0, Capitis mortuum 1,5, Stibii sulfurati nigri 2,0, Acidi silicici 5,0, Pulveris herbarum 51,0. B. FISCHER.

**Karlsbader Sprudelsalz, echtes.** Hat nach LUDWIG folgende Zusammensetzung: Lithiumkarbonat 0,2, Natriumbikarbonat 36,11, Kaliumsulfat 3,31, Natriumsulfat 41,62, Natriumchlorid 18,19, Natriumfluorid Spur, Natriumborat 0,03, Wasser 0,44, Kieselsäure,

Eisen, Kalk, Magnesia Spuren. Das eingedampfte Salz wird in einer Kohlensäure-Atmosphäre getrocknet.

**Marienbader Brunnensalz, echtes.** Hat nach LUDWIG folgende Zusammensetzung. **A.** Das krystallisirte: Natriumsulfat krystall. 84,6, Natriumkarbonat krystall. 14,73, Natriumchlorid 0,67, Kaliumsulfat, Lithiumkarbonat Spuren. **B.** Das pulverförmige: Natriumsulfat 54,38, Natriumkarbonat 23,81 (beide Salze völlig wasserfrei), Natriumchlorid 20,40, Kaliumsulfat 0,66, Lithiumkarbonat 0,08, Wasser 0,67, Natriumborat, Natriumbromid, Natriumnitrat, Kieselsäure, Eisenoxyd, Spuren.

**Neu-Karlsbader Krystalle** von Dr. HANS BRACKEBUSCH in Berlin. Bestehen aus wasserarmem krystall. Natriumsulfat ($Na_2SO_4 + 7H_2O$) 68,52 Proc., Kaliumsulfat 30,42 Proc. und Natriumbikarbonat 1,06 Proc. B. FISCHER.

## III. Natrium sulfaethylicum. Aethylschwefelsaures Natrium. Natrium sulfovinylicum. Sulfovinate de soude (Gall.). $C_2H_5SO_4Na + H_2O$. Mol. Gew. = 166.

***Darstellung.*** Zu 110 Th. absolutem Weingeist, der sich in einem Kolben befindet, giesst man mit der nöthigen Vorsicht 100 Th. koncentrirte reine Schwefelsäure, mischt vorsichtig und erhitzt die Mischung alsdann einige Stunden auf dem Wasserbade. Alsdann giesst man sie in 1,5 l Wasser, sättigt die Flüssigkeit mit Baryumkarbonat unter Erwärmen auf dem Wasserbade, filtrirt vom Baryumsulfat und überschüssigen Baryumkarbonat ab und bringt das Filtrat durch Eindampfen zur Krystallisation. Die Krystalle sind äthylschwefelsaures Baryum $[C_2H_5SO_4]_2 . Ba + 2 H_2O$.

100 Th. dieses Baryumsalzes löst man in Wasser und fügt nun unter Erwärmen soviel einer Lösung von Natriumkarbonat zu, bis alles Baryum ausgefällt und ein geringer Ueberschuss von Natriumkarbonat vorhanden ist. Hierzu bedarf man 67—68 Th. des Salzes $Na_2CO_3 + 10 H_2O$. Man filtrirt alsdann ab und dunstet das Filtrat bis zur Krystallisation ein oder dampft es direkt zur Trockne.

***Eigenschaften.*** Das äthylschwefelsaure Natrium krystallisirt in hexagonalen Tafeln, welche 10,8 Proc. Krystallwasser enthalten, ist von erfrischendem, bitterlichem, hintennach süsslichem Geschmacke und ohne Geruch. Es ist ein hygroskopisches Salz, löslich in 0,6 Th. Wasser und auch leicht löslich in wasserhaltigem Weingeist und in Glycerin, schwer löslich in absolutem Weingeist, unlöslich in Aether. Beim Erhitzen bis auf 120° C., auch bei der Aufbewahrung oder schwacher Erwärmung seiner wässerigen Lösung zerfällt es nach und nach in Weingeist und saures Natriumsulfat, d. h. die vorher neutrale Lösung wird nun sauer. Beim Eindampfen seiner Lösung ist es daher angezeigt, diese durch Natriumkarbonat schwach alkalisch zu erhalten. Diese Zersetzung ist selbst bei den Krystallen nicht ausgeschlossen, sobald diese mit Feuchtigkeit (z. B. des Krystallwassers aus den daneben liegenden verwitternden Krystallen) oder feuchter Luft in Berührung sind. In einem Reagircylinder über einer Flamme erhitzt, giebt das Salz Dämpfe, welche entzündet mit Flamme brennen.

***Prüfung.*** Das äthylschwefelsaure Natrium muss sich in 3 Th. eines 45 proc. Weingeistes vollständig lösen und diese Lösung soll möglichst neutral sein, d. h. sowohl eine alkalische wie eine saure Reaktion darf nur sehr unbedeutend sein. Diese Lösung darf ferner durch verdünnte Schwefelsäure nicht im geringsten (Blei, Baryum), durch stark verdünnte Baryumchloridlösung nur opalisirend getrübt werden (unorganische Schwefelsäure).

***Aufbewahrung.*** Das durch Pressen zwischen Filtrirpapier eingetrocknete Salz wird zweckmässig im Exsiccator nachgetrocknet und dann in gut zu verschliessende Gefässe gebracht. Trotzdem unterliegt es allmählich doch einer geringen Zersetzung.

***Anwendung.*** In Gaben von 10,0—15,0 g bei Kindern und von 20,0—30,0 g bei Erwachsenen als mildes Abführmittel, welches indessen keine wesentlichen Vorzüge vor anderen salinischen Abführmitteln besitzt.

## Natrium sylvino-abietinicum.

**Natrium sylvino-abietinicum. Natrium silvino-abietinicum. Sapo resinosus. Reine Harzseife. Harzsaures Natron.**

Eine Lösung von 100,0 krystallisirtem Natriumkarbonat in 200,0 destillirtem Wasser wird kochend gemacht und mit 100,0 gepulvertem und durch ein Sieb geschlagenem Kolophon versetzt. Die Masse wird in bedecktem Gefäss noch eine Stunde im Dampfbade heiss gehalten, dann mit einem Liter kaltem Wasser durchmischt und in einem leinenen Kolatorium gesammelt, ausgedrückt und in gelinder Wärme trocken gemacht. Es ist ein bräunliches, in Wasser unlösliches, in Weingeist leicht lösliches Pulver.

Man hat diese sogenannte Harzseife zu 0,5—1,0—2,0 mehrmals täglich in Pillen oder Bissen gegen Blennorrhoe angewendet.

---

## Natrium tartaricum.

**I. Natrium tartaricum** (Ergänzb.). **Natriumtartrat. Neutrales weinsaures Natrium. Tartrate de soude neutre. Sodii Tartras. $C_4H_4O_6Na_2 + 2H_2O$. Mol. Gew. = 230.**

***Darstellung.*** 100 Th. Weinsäure, gelöst in 600 Th. destillirtem Wasser, werden im Wasserbade erhitzt und nach und nach mit soviel krystallisirtem Natriumkarbonat (190 Th.) versetzt, bis eine neutrale Flüssigkeit gewonnen ist. Nach völliger Austreibung der frei gewordenen Kohlensäure wird filtrirt, und das Filtrat durch Abdampfen und Beiseitestellen in Krystalle verwandelt, die letzte Mutterlauge aber verworfen. Ausbeute gegen 150 Th.

***Eigenschaften.*** Farblose, durchsichtige, rhombische Prismen, bisweilen büschelförmig vereinigt, neutral, von salzigem Geschmacke, beim Erhitzen unter Verbreitung von Karamelgeruch verbrennend und dann einen weisslichen Salzrückstand hinterlassend, dessen Lösung stark alkalisch reagirt. Das Salz löst sich in 2 Th. kaltem Wasser, nicht in Weingeist. Es ertheilt der Flamme eine gelbe Färbung. Die koncentrirte wässerige Lösung (1 = 5) bleibt auf Zusatz von Essigsäure klar, scheidet aber auf weiteren Zusatz von Kaliumacetatlösung einen weissen, krystallinischen Niederschlag ab (von Kaliumbitartrat), der durch Zugabe von Natronlauge wieder gelöst wird.

***Prüfung.*** **1)** Durch ein Kobaltglas betrachtet, darf die durch Natriumtartrat gelb gefärbte Flamme höchstens vorübergehend roth gefärbt erscheinen (Kali). — **2)** Die wässerige Lösung (1 = 20) sei neutral und werde weder durch Schwefelwasserstoff (Metalle, z. B. Blei), noch durch Ammoniumoxalat (Kalk) verändert. Nach dem Ansäuern mit wenigen Tropfen Salzsäure werde sie durch Kaliumferrocyanidlösung nicht sofort blau gefärbt (Eisen). — **3)** Nach dem Ansäuern mit Salpetersäure werde die wässerige Lösung durch Baryumchlorid oder Silbernitrat nicht mehr als opalisirend getrübt; Spuren von Schwefelsäure und Chlor sind zuzulassen. — **4)** Beim Erwärmen mit Natronlauge darf das Salz Ammoniakgeruch nicht entwickeln.

***Anwendung.*** Ein dem Kaliumnatriumtartrat in der Wirkung auf den Darmkanal ähnliches, aber noch milderes Salz, welches wohl nur wegen seines milden Geschmackes Beachtung gefunden hat. Als mildes Abführmittel giebt man es zu 10,0—20,0—30,0 g in Wasser, Kaffee, Milch gelöst, des Morgens auf einmal.

**Sodii Citro-Tartras effervescens** (Brit.). **Natrium citrico-tartaricum effervescens.** Natrii bicarbonici 500,0, Acidi tartarici 270,0, Acidi citrici pulverati 180,0, Sacchari pulverati 150,0. Die trockene Mischung ist zu granuliren.

**II. Natrium bitartaricum. Natriumbitartrat. Saures weinsaures Natrium. Bitartrate de soude. Sodii Bitartras. $C_4H_5O_6Na + H_2O$. Mol. Gew. = 190.**

***Darstellung.*** 100 Th. Weinsäure werden in 500 Th. destillirtem Wasser gelöst, im Wasserbade erhitzt mit der genügenden Menge krystallisirtem Natriumkarbonat (190 Th.) neutralisirt, heiss filtrirt, mit einer filtrirten Lösung von 100 Th. Weinsäure in 500 Th. verdünntem Weingeist vermischt und an einen kalten Ort gestellt. Nach einem Tage sammelt man den weissen krystallinischen Niederschlag und trocknet ihn.

***Anwendung.*** Das Natriumbitartrat dient in seiner Lösung in 8 Th. kaltem Wasser als Reagens auf neutrale Kalisalze. — Ausserdem wird es als Ersatz der Weinsäure zu einigen verräthig zu haltenden Brausepulvermischungen benutzt.

---

# Natrium thiosulfuricum.

**Natrium thiosulfuricum** (Germ.). **Natrium hyposulfurosum** (Helv.) **Hyposulfite de soude** (Gall.). **Sodii Hyposulfis** (U-St.). **Natrium subsulfurosum. Natriumthiosulfat. Unterschwefligsaures Natrium.** $Na_2S_2O_3 + 5H_2O$. **Mol. Gew.** = 248.

Dieses Salz wird als Nebenprodukt bei der Sodafabrikation nach LEBLANC gewonnen und kommt in sehr reinem Zustande in den Handel.

***Eigenschaften.*** Natriumthiosulfat krystallisirt aus Wasser in Form grosser, farbloser, etwas feucht anzufühlender, monokliner Prismen der Zusammensetzung $Na_2S_2O_3 + 5H_2O$, welche schon in gleichen Theilen Wasser von gewöhnlicher Temperatur löslich sind. Die wässerige Lösung schmeckt salzig-bitterlich, reagirt gegen Lackmus schwach alkalisch und erleidet nach längerer Zeit der Aufbewahrung eine Zersetzung, indem sich unter Bildung von Natriumsulfit Schwefel ausscheidet: $Na_2S_2O_3 = S + Na_2SO_3$.

Bei gewöhnlicher Temperatur ist das krystallisirte Natriumthiosulfat beständig; erst von 33° C. an beginnt ein Theil seines Krystallwassers zu entweichen; bei 100° C. kann das Salz ohne Zersetzung völlig wasserfrei erhalten werden. Die Krystalle schmelzen bei 50° C. in ihrem Krystallwasser, bei 100° C. werden sie, wie schon bemerkt wurde, wasserfrei; bei höherer Temperatur zerfallen sie in Natriumsulfat und Natriumpentasulfid: $4[Na_2S_2O_3] = 3Na_2SO_4 + Na_2S_5$. Fügt man zur wässerigen Lösung des Natriumthiosulfats eine Säure, z. B. Salzsäure, so bleibt die Flüssigkeit einen Augenblick klar. Alsdann aber entsteht eine sich allmählich verstärkende Trübung von fein vertheiltem Schwefel, während schweflige Säure entweicht. Es unterscheidet sich hierdurch von dem Natriumsulfit, aus welchem durch Säuren wohl schweflige Säure, nicht aber auch Schwefel abgeschieden wird. Wegen dieser leichten Abspaltung von schwefliger Säure ist das Natriumthiosulfat ein Reduktionsmittel. Seine wichtigsten Reaktionen sind:

**1)** Es entwickelt auf Zusatz von Säuren schweflige Säure unter Abscheidung von Schwefel. — **2)** Es entfärbt freies Jod unter Bildung von Natriumtetrathionat $Na_2S_4O_6$. — **3)** Es löst Chlorsilber, Bromsilber, Jodsilber, Cyansilber zu leicht löslichen Doppelsalzen auf, z. B. $AgCl + Na_2S_2O_3 = NaCl + AgNaS_2O_3$. — **4)** Mit Baryumchlorid entsteht ein weisser Niederschlag, der von viel Wasser gelöst und durch Salzsäure zersetzt wird. — **5)** Fügt man zu einer Silbernitratlösung allmählich Natriumthiosulfat zu, bis dieses im Ueberschuss vorhanden ist, so entsteht zunächst ein weisser Niederschlag, welcher alsdann in Lösung geht. Die Lösung ist farblos, scheidet aber in der Kälte allmählich, beim Erhitzen sehr rasch dunkles Silbersulfid ab.

***Prüfung.*** **1)** Die 10procentige wässerige Lösung, mit Essigsäure bis zum Aufhören des Geruches nach schwefliger Säure erhitzt und klar filtrirt, werde weder durch Silbernitrat (Natriumchlorid) noch durch Baryumnitrat (Natriumsulfat) mehr als schwach opalisirend getrübt. — **2)** Fügt man zur gleichen wässerigen Lösung Zinksulfat hinzu, so entstehe kein Niederschlag (Natriumsulfid); giebt man jetzt Nitroprussidnatriumlösung hinzu, so entstehe keine rothe Färbung (Natriumpolysulfid). — **3)** 1 g Natriumthiosulfat erfordert 40,3 ccm $^1/_{10}$-Normal-Jodlösung zur Blaufärbung der Stärke, entsprechend einer Reinheit von 99,944 Proc. $Na_2S_2O_3 + 5H_2O$.

***Aufbewahrung.*** In gut verschlossenen Glasgefässen an einem nicht feuchten Orte mittlerer Temperatur.

***Anwendung.*** Als Arzneimittel wird Natriumthiosulfat höchst selten angewendet, und dann will man eine allgemeine Schwefelwirkung haben, weil das Salz von der Säure des Magens unter Abscheidung von fein vertheiltem Schwefel zerlegt wird.

Aeusserlich benutzt man es bei parasitären Hauterkrankungen (Krätze), zum Entfernen von Jodflecken von Haut und aus Wäschestücken.

Sehr vielfach wird es in der Analyse gebraucht, z. B. in der Maassanalyse. In der Technik benutzt man es zum „Fixiren" der photographischen Platten, als Mordant in der Kattundruckerei, zur Bereitung der Indigoküpe, zum Einquellen des Getreides und als Antichlor.

**Antichlor.** Man versteht hierunter in der Technik das Natriumthiosulfat sowie auch das Natriumsulfit und benutzt diese Salze beim Bleichprocess, um das in den Geweben etwa noch vorhandene freie Chlor zu Chlorwasserstoff zu reduciren und hierdurch leicht auswaschbar und unschädlich zu machen.

**Fixir-Natron** heisst in der photographischen Praxis das Natriumthiosulfat (siehe Photographie).

**Lotio antacnetica** Stratin.

| | | |
|---|---|---|
| Rp. | Natrii thiosulfurici | 5,0 (ad 8,0) |
| | Aluminis pulverati | 5,0 |
| | Aquae Rosae | 180,0 |
| | Aquae Coloniensis | 10,0. |

Damit befeuchtete Kompressen werden auf die Hautfinnen, Venusblüthchen, den Kupferausschlag etc. gelegt.

**Sirupus Natrii thiosulfurici.**

| | | |
|---|---|---|
| Rp. | Natrii carbonici crystallisati | 1,0 |
| | Sirupi Sacchari | 95,0 |
| | Natrii thiosulfurici | 5,0. |

Oefters einen Theelöffel voll (bei verschiedenen Hautleiden, Skrofulosis).

**Sirupus Natrii thiosulfurici** Mouchon.

| | | |
|---|---|---|
| Rp. | Natrii thiosulfurici | 10,0 |
| | Aquae destillatae | 50,0 |
| | Sirupi Sacchari | 100,0. |

3—4mal täglich einen Theelöffel.

**Aromatische Schwefelseife** von Ed. Heger, zum Reinigen der Zähne und des Mundes. Eine harte, aussen schwefelgelblich beschlagene, innen etwas durchscheinende, graubraune Masse aus Seife mit 10 Proc. Natronhyposulfit, parfümirt mit einer geringen Menge melissenähnlich riechendem Oele. (Hager, Analyt.)

---

# Natrium valerianicum.

**Natrium valerianicum. Natriumvalerianat. Baldriansaures Natrium. Natrium valerianicum. $C_5H_9O_2Na$. Mol. Gew. = 124.**

***Darstellung.*** Man neutralisirt Natronlauge mit Valeriansäure. Für 100 Th. wasserfreie Valeriansäure sind etwa 260 Th. der 15procentigen Natronlauge erforderlich. Man verdampft die Salzlösung bis zur Trockne und erhitzt den Salzrückstand im Sandbade vorsichtig bis zum Schmelzen. Man giesst das geschmolzene Salz in einen kalten Porcellanmörser, zerstösst es nach dem Erkalten in grobe Trümmer und füllt diese sofort in trockene, gut zu verschliessende Gläser ein.

***Eigenschaften.*** Das auf diese Weise bereitete Natriumvalerianat bildet weisse, fettig anzufühlende, neutrale oder schwach alkalische, hygroskopische Salzstücke, welche in Wasser oder wasserhaltigem Weingeist leicht löslich sind und beim Uebergiessen mit verdünnter Schwefelsäure einen starken Valeriansäuregeruch entwickeln.

***Prüfung.*** Das trockne Salz muss nach dem Glühen mindestens 42 Proc. Natriumkarbonat ausgeben. — ***Aufbewahrung.*** In dicht geschlossenen Glasgefässen.

***Anwendung.*** Das Natriumvalerianat wird meist zur Darstellung anderer Valerianate, selten als Medikament in Gaben zu 0,5—1,0—1,5 einige Male des Tages an Stelle der Valeriansäure angewendet.

---

# Natrium wolframicum.

**† Natrium wolframicum. Natriumwolframiat. Wolframsaures Natrium. $Na_2WO_4$. Mol. Gew. = 330.** Wird im grossen durch Schmelzung von Wolframerz (Wolframit) mit Natriumkarbonat und etwas Natriumnitrat, Behandeln der Schmelze mit Wasser, Eindampfen der filtrirten Lösung zur Trockne, Wiederlösen des Trockenrückstandes mit Wasser und Krystallisation dargestellt. Im kleinen wird einfach wasserhaltige Wolframsäure mit Natriumkarbonat oder Natriumhydrat in Lösung und dann zur Krystallisation gebracht.

***Eigenschaften.*** Natriumwolframiat bildet farblose Prismen oder rhombische Tafeln, von alkalischer Reaktion, salzig herb-bitterem Geschmack. Es ist hygroskopisch. sehr leicht in Wasser, nicht in Weingeist löslich. Beim Erhitzen wird es undurchsichtig, schmilzt noch vor dem Glühen und erstarrt dann krystallinisch. Durch Salzsäure wird es in das weniger lösliche Natriumdiwolframiat ($Na_2W_2O_7 + 2H_2O$) umgesetzt. Auch Kohlensäure wirkt zersetzend.

***Aufbewahrung.*** In der Reihe der starkwirkenden Arzneikörper in dicht geschlossenen Glasgefässen.

***Anwendung.*** Eine Anwendung als Arzneisubstanz hat dieses Salz noch nicht gefunden, wohl aber in der chemischen Analyse und dann in seiner 20proc. wässerigen Lösung; in der Oekonomie und Technik als Flammenschutzmittel für Kleider und Holz, sowie als Substitut der Stannipräparate in der Färberei. Mit Campecheholzabkochung liefert es eine schwarze Flüssigkeit, welche auch als Tinte verwendet werden kann.

Wenn das Natriumwolframiat auch das Brennen mit Flamme nicht völlig verhindert, so ist doch die Entzündung eine schwerere und das Verglimmen ein langsameres. Wird der Stärke noch Magnesia zugesetzt, so wird der Zweck noch besser erreicht. Ein billiger Ersatz dieses Salzes als Flammenschutzmittel ist Ammoniumsulfat.

Wolframnatriumwolframiat oder wolframsaures Wolframoxydnatron ($Na_2W_3O_{10}$), welches in goldgelben metallglänzenden Würfeln die sehr beständige Safranbronce, in der Kaliumverbindung violette, im Sonnenlicht kupferglänzende Nadeln, die Magentabronce, letztere mit blauem Wolframoxyd gemischt das Wolframviolett liefert. Die Phosphorwolframiate des Natriums dienen als Alkaloidreagentien.

# Natrii salia varia.

**†† Natrium arsenio-tartaricum.** G. Henderson versuchte ein dem Brechweinstein analoges Arsenpräparat herzustellen. Es gelang ihm dies durch Kochen von 100 Th. Arsenigsäureanhydrid mit 190 Th. Natriumbitartrat. Er hält dieses Salz, welchem die Formel $C_4H_4(AsO)KO_6$ zukommen würde, für geeignet zum therapeutischen Gebrauche, da es in Wasser leicht löslich und haltbar ist. Es hat sich bisher in die Praxis nicht eingeführt.

**Natrium citricum (neutrale). Neutrales oder dreibasisches Natriumcitrat. $C_6H_5Na_3O_7$. Mol. Gew. = 258.**

Man löst 100 Th. krystall. Citronensäure in 500 Th. Wasser und neutralisirt diese Lösung mit einer Lösung von rund 200 Th. krystall. Natriumkarbonat in 600 Th. Wasser. Die neutrale oder schwach alkalische Lösung giebt Krystalle der Zusammensetzung $C_6H_5Na_3O_7 + 5^1/_2 H_2O$. Man lässt diese zunächst an trockner, warmer Luft verwittern, trocknet sie alsdann bei 100° C. aus und bringt sie in Pulverform.

Das Natriumcitrat wird neuerdings — weil es im Blute zu Natriumkarbonat verbrannt wird — an Stelle des Natriumbikarbonats gegen gichtische Leiden, Harnsäureablagerung, Diabetes empfohlen.

**Natrium citrico-phosphoricum. Malachol. Melachol.** Eine Mischung von 100 Th. krystallisirtem Natriumphosphat, 2 Th. Natriumcitrat und 13 Th. Citronensäure wird durch anhaltendes Reiben verflüssigt und mit Wasser auf 100 ccm aufgefüllt. Farblose, wässerige Flüssigkeit, gegen Leberleiden empfohlen.

---

# Nerium.

Gattung der **Apocynaceae — Echitoideae — Echitideae.**

**I. † Nerium Oleander L.** Heimisch im Mittelmeergebiet bis Mesopotamien. Alle Theile der Pflanze sind stark giftig, und zwar soll die wilde Pflanze giftiger sein wie die kultivirte. Früher verwendete man die Blätter **(Folia Oleandri seu Nerii seu Rosaginis)** gegen Hautausschläge. Neuerdings empfiehlt man eine Tinktur aus den Blättern als zeitweiligen Ersatz für Digitalis. Die Pflanze ist wiederholt chemisch untersucht worden, sie soll in den Blättern ein Alkaloid Oleandrin enthalten und ein zweites Pseudocurarin, das aber unreines Oleandrin zu sein scheint. Ferner hat man darin ein Glukosid Neriin gefunden von den Eigenschaften des Digitaleïns und ein zweites Nerianthin. Ob das 1890 aufgefundene Glukosid Rosaginin mit einem dieser identisch ist, ist nicht ersichtlich. Neuerdings (1898) will man Strophanthin gefunden haben. Mit Bezug darauf sei darauf aufmerksam gemacht, dass Nerium botanisch der Gattung Strophanthus sehr nahe steht.

**II. † Nerium odorum Sol.** Heimisch von Persien bis Indien und vielleicht bis Japan. Die Wurzel wird medicinisch verwendet. Sie enthält zwei auf das Herz wirkende Stoffe: Neriodorin und Neriodoreïn.

---

# Neurinum.

**†† Neurin. Trimethyl-Vinyl-Ammoniumhydroxyd $N(CH_3)_3(C_2H_3) . OH$. Mol. Gew. = 103.** Entsteht neben Neuridin nach 5—6 tägiger Fäulniss von Fleisch, auch aus Cholin unter Wasserabspaltung. Synthetisch wird es dargestellt, indem man Aethylenbromid mit alkoholischer Trimethylaminlösung im geschlossenen Gefässe bei 50—60° C. erhitzt und das hierbei gebildete Trimethylaminäthylenbromid $BrN(CH_3)_3 . C_2H_4Br$ mit feuchtem Silberoxyd zerlegt.

***Eigenschaften.*** Sirupdicke, in Wasser sehr leicht lösliche Flüssigkeit, welche der wässerigen Lösung — allerdings nur in kleinen Mengen — durch Petroläther, leichter durch Aether, Chloroform oder Amylalkohol entzogen werden kann. Neurin besitzt stark alkalische Eigenschaften und bildet mit Salzsäure Nebel. Die verdünnte Lösung kann ohne Zersetzung zum Sieden erhitzt werden, während die koncentrirte bei gleicher Behandlung unter Entwicklung von Trimethylamin zersetzt wird. Das salzsaure Neurin zeigt folgendes Verhalten: 1) Phosphorwolframsäure fällt nicht. — 2) Phosphormolybdänsäure giebt einen weissen, krystallinischen, im Ueberschusse des Fällungsmittels unlöslichen Niederschlag. — 3) Durch Kalium-Quecksilberjodid fällt ein grünlich-weisser, voluminöser Niederschlag, 4) durch Kalium-Wismutjodid ein rother, amorpher, 5) durch Kalium-Cadmiumjodid ein weisser, 6) durch Jodjodkalium ein brauner, amorpher, 7) durch Mercurichlorid ein weisser, 8) durch Gerbsäure ein schmutzig-weisser, voluminöser Niederschlag.

***Prüfung.*** **1)** Neurin muss, auf dem Platinbleche erhitzt, verbrennen, ohne einen Rückstand zu hinterlassen. — **2)** Löst man es in Salzsäure, giebt Platinchlorid im Ueberschuss zu, dunstet zur Trockne und krystallisirt aus siedendem Wasser um, so muss das erhaltene Platin-Doppelsalz bei 213—214° C. schmelzen.

***Aufbewahrung.*** In Gläsern mit gutem Korkverschluss, die in ein zweites Glas eingesetzt werden, sehr vorsichtig.

*Anwendung.* Die 3procentige wässerige Lösung ist zum Bepinseln diphtherischer Beläge empfohlen worden. Neurin ist stark giftig, es wirkt als ausgesprochenes Herzgift.

**Cancroïn** wurde von Adamkiewicz zunächst ein Stoffwechselprodukt der Krebszellen (Sarkolyten) genannt, welches er als Schutzmittel und Heilmittel gegen Krebs anwendet. Später verwendete er unter dem gleichen Namen eine Lösung von Neurin in Karbolwasser, mit Citronensäure neutralisirt zu subkutanen Injektionen gegen Krebs.

---

# Nicolum.

**I. Nicolum.** **Nickel. Nickelmetall. Nickel** (franz. und engl.). **Niculum** (engl.). **Ni. Atomgew. = 59.** Ein aus natürlich vorkommenden Nickelerzen technisch abgeschiedenes Metall.

*Eigenschaften.* Stark glänzendes, weisses Metall mit einem Stich ins Gelbliche, sehr hart, zugleich dehnbar und sehr politurfähig. Durch Zusatz von 0,12 Proc. Magnesium zum geschmolzenen Nickel wird dieses sehr gut verarbeitbar, so dass es sich walzen, hämmern und zu Draht ausziehen lässt. Das Metall ist magnetisch, aber in geringerem Grade als Eisen. Spec. Gew. 9,00, der Schmelzpunkt liegt etwa bei 1500° C. An der Luft verändert es sich nur wenig, dagegen ist es gegen Salzsäure-Dämpfe sehr empfindlich. In Salzsäure und in verdünnter Schwefelsäure löst es sich unter Entwicklung von Wasserstoff langsam, rascher wird es von Salpetersäure gelöst. Die Nickelsalze sind im wasserhaltigen Zustande meist grün gefärbt, wasserfrei in der Regel gelb.

*Erkennung.* Man erkennt das Nickel in seinen Salzlösungen an folgenden Reaktionen:

**1)** Ammoniak erzeugt in neutralen (!) Salzlösungen einen apfelgrünen Niederschlag von Nickelhydroxydul $Ni(OH)_2$. Auf Zusatz von mehr Ammoniak geht der Niederschlag mit blauer Farbe in Lösung. Diese Lösung ähnelt einer ammoniakalischen Kupfer- oder Kobaltlösung. Wird die ammoniakalische Lösung gekocht, so nimmt sie in dem Maasse, wie das überschüssige Ammoniak entweicht, wieder grüne Färbung an. **2)** Natronlauge fällt aus den Nickelsalzlösungen Nickelhydroxydul. **3)** Schwefelwasserstoff fällt die deutlich salzsaure Lösung nicht. Aus essigsaurer Lösung fällt schwarzes Schwefelnickel, welches in etwa 5proc. Salzsäure in der Kälte fast unlöslich ist. **4)** Schwefelammonium fällt schwarzes Schwefelnickel, welches sich in einem Ueberschusse von gelbem Ammoniumsulfid mit brauner Farbe löst („durchläuft"). Diese braune Lösung wird beim Kochen zersetzt, besonders nach Zusatz von etwas Essigsäure, so dass sich alsdann das Schwefelnickel als schwarzer Niederschlag absetzt.

**Nickel-Kochgeschirre.** Aus Rein-Nickel hergestellte Kochgeschirre haben sich in der Praxis gut eingeführt. Unter Rein-Nickel ist hier das technischreine Nickel zu verstehen mit einem Gehalte von etwa 98 Proc. reinem Nickel im Gegensatz zu den nur nickelplattirten Geschirren und Gegenständen. Ihr längerer Gebrauch hat gezeigt, dass sie vom hygienischen Standpunkte aus unbedenklich sind. (In Oesterreich sind sie durch eine ministerielle Verordnung vom 13. Oktober 1897 direkt zugelassen.) Es empfiehlt sich, die Speisen (ebenso wie bei Kupfergeräthen) in ihnen nur zuzubereiten und nicht unnöthig lange mit ihnen in Berührung zu lassen.

**Nickel-Plattirungen.** Man versteht darunter in erster Linie Ueberzüge von Nickel auf anderen Metallen, z. B. Eisen oder Stahl, welche durch Aufschweissen von Nickel und Auswalzen erzeugt werden. In zweiter Linie auch die durch galvanische Fällung auf anderen Metallen erzeugten stärkeren Nickelüberzüge.

**Nickel-Legirungen.** Die wichtigste, das Neusilber, ist schon Bd I, S. 987 angeführt. Ferner sind zu erwähnen: Nickel-Münzmetall, entweder wie in der Schweiz technisch reines Nickel oder Legirungen von Nickel und Kupfer. Das deutsche Münzmetall für Nickelmünzen besteht aus 75 Proc. Cu und 25 Proc. Ni. Nickelstahl heissen Legirungen von Nickel und Eisen, die durch Härte, Zähigkeit und Festigkeit ausgezeichnet sind und u. a. zu Panzerplatten verwendet werden. — Nickel-Aluminium. Aus 20 Nickel und 8 Aluminium, zu Fäden für die Passementerie. Nickel-Zink aus 90 Zink und 10 Nickel. Als Pulver in der Malerei und zum sogen. Silberdruck. Nickel-Blei-Antimon. Aus 100 Schriftmetall und 5 Nickel. Sehr widerstandsfähige Legirung für Schriftguss und Clichés.

**Nicoline.** Eine Legirung aus 60 Th. Nickel und 40 Th. Kupfer, welche wegen ihres hohen elektrischen Widerstandes zur Herstellung von Widerständen für elektrische Zwecke verwendet wird.

**Roseïn.** Aus 40 Nickel, 10 Silber, 30 Aluminium und 20 Zinn. Silberähnliche Legirung für Bijouterien.

## II. Nicolum sulfuricum. Nickelsulfat. Schwefelsaures Nickel. Nicolosulfat. Nickel-Vitriol. Sulfate de nickel. Niculi Sulfas. $NiSO_4 + 7H_2O$. Mol. Gew. = 281.

***Darstellung.*** Man löst 10 Th. Nickelkarbonat in etwa 55 Th. verdünnter Schwefelsäure von 16 Proc., dampft die Lösung ein und lässt bei einer 15° C. nicht übersteigenden Temperatur krystallisiren, oder man giesst die auf 15° C. erkaltete Lösung in ein halbes Volumen Weingeist ein verfährt, wie bei *Ferrum sulfuricum crystall.* Band I, S. 1142.

***Eigenschaften.*** Nicolosulfat bildet dunkel smaragdgrüne, rhombische Krystalle, welche isomorph mit denen des Zink- und Magnesiumsulfats sind, oder ein solches krystallinisches Pulver von süsslich styptischem Geschmack, löslich in 3—4 Th. Wasser, nicht löslich in Weingeist und Aether. Bei einer Wärme über 30° C. und bei Anwesenheit von viel freier Schwefelsäure krystallisirt es mit 6 Mol. $H_2O$.

***Prüfung.*** Die Lösung in der 10fachen Menge destillirtem Wasser darf durch Salzsäure (Silber) und auch durch Gallusgerbsäurelösung, hier selbst nach wiederholtem Schütteln, nicht verändert werden (Eisen), nach dem Versetzen mit Natriumacetat und einem gleichen Volumen verdünnter Essigsäure durch Schwefelwasserstoff weder eine schwarze noch eine weissliche Trübung erfahren (Kupfer, Zink), endlich mit Kaliumnitritlösung und verdünnter Essigsäure versetzt weder sofort, noch nach 1stündigem Stehen an einem mässig warmen Orte einen gelben krystallinischen Niederschlag liefern (Cobalt).

***Aufbewahrung.*** In verschlossenem Glase, um das Verwittern der Krystalle zu verhüten.

***Anwendung.*** Das Nicolosulfat wurde von Simpson als ein tonisirendes Mittel gegen intermittirende Migräne angeblich mit Erfolg versucht. Man giebt es zu 0,03—0,05—0,07 dreimal täglich. Gaben von 0,2—0,4 bewirken Erbrechen. Es wird kaum noch als Medikament angewendet.

## Nicolo-Ammonium sulfuricum. Nickel-Ammoniumsulfat. $NiSO_4 + (NH_4)_2SO_4 + 6H_2O$. Mol. Gew. = 395.

***Darstellung.*** Man löst 10 Th. Nicolokarbonat in etwa 60 Th. verdünnter Schwefelsäure und giesst die filtrirte Lösung in eine nicht zu sehr verdünnte Lösung von 20 Th. Ammoniumsulfat. Das sich ausscheidende Doppelsalz wird mit wenig kaltem Wasser gewaschen, dann löst man in siedendem Wasser auf, neutralisirt die Lösung genau mit Ammoniak und lässt das Doppelsalz auskrystallisiren.

***Eigenschaften.*** Hellgrüne, monokline, kurze Prismen, luftbeständiger als das gewöhnliche Sulfat, auch leichter rein darzustellen. Es löst sich bei 15° C. in etwa 15 bis 16 Th. Wasser auf. In einer mit Schwefelsäure angesäuerten Lösung von Ammoniumsulfat ist es schwer löslich.

***Prüfung und Aufbewahrung.*** Wie das Nicolosulfat. ***Anwendung.*** Ausschliesslich technisch zur galvanischen Vernickelung.

## III. Nicolum carbonicum. Nicolokarbonat. Nicolosubkarbonat. Basischkohlensaures Nickel. $y\ NiCO_3 + x\ Ni(OH)_2$.

100 g reines Nickelmetall werden in 960 g reiner Salpetersäure (von 25 Proc.) gelöst, und zwar so, dass ein kleiner Theil des Metalls noch ungelöst bleibt. Die filtrirte Lösung wird zur Trockne verdampft, der Rückstand 2—3 Stunden (um die Kieselsäure unlöslich zu machen) auf 150° C. erhitzt, dann in 1200 Th. destillirtem Wasser gelöst. Die filtrirte heisse Lösung fällt man mit einer Lösung von 500 krystallisirtem Natriumkarbonat. Der ausgewaschene Niederschlag wird in 500 Th. reiner Salzsäure (von 1,124 spec. Gew.) gelöst. Diese Lösung wird mit Schwefelwasserstoff gesättigt 1—2 Tage in verschlossener Flasche stehen gelassen. Dann filtrirt man etwa ausgeschiedene Schwefelmetalle ab, vertreibt aus dem Filtrat den Schwefelwasserstoff durch Erhitzen, sättigt das Filtrat mit Chlorgas und lässt es 24 Stunden in verschlossener Flasche stehen. Dann fügt man eine Anreibung von Baryumkarbonat hinzu, so dass dieses in einigem Ueberschusse vorhanden ist

(ca. 20 g $BaCO_3$), lässt unter öfterem Umschütteln 2 Tage stehen, dann absetzen und filtrirt. Aus dem Filtrat fällt man alles Baryum durch Zusatz von verdünnter Schwefelsäure, filtrirt nochmals und fällt das Filtrat in der Wärme mit einer Lösung von 500 g reinem krystallisirtem Natriumkarbonat. Der Niederschlag wird auf einem Kolatorium gesammelt, bis zur Chlorfreiheit gewaschen, dann bei ca. 30° C. getrocknet.

Ein apfelgrünes Pulver, unter Aufbrausen in verdünnten Säuren löslich. Die mit verdünnter Schwefelsäure bereitete Lösung ist wie Nickelsulfat zu prüfen. Das Karbonat dient als Ausgangsmaterial zur Bereitung der Nickelsalze.

**III. Nicolum bromatum. Nickelbromür. $NiBr_2 + 3H_2O$. Mol. Gew. = 273.** Die Darstellung erfolgt am einfachsten durch Auflösen von Nickeloxydul oder Nickeloxydulhydrat oder Nickelkarbonat in verdünnter Bromwasserstoffsäure, und Eindampfen der filtrirten Lösung zur Krystallisation.

Grüne, feucht aussehende Krystalle, welche in warmer Luft oder über Schwefelsäure oder beim Austrocknen bei 100° C. ihr Krystallwasser verlieren und in das gelbe, wasserfreie Salz übergehen. Man verwendet es in Dosen von 0,3—0,6 g *pro die* gegen Epilepsie, ferner als Hypnoticum und Sedativum.

**Nickel-Kohlenoxyd. Ni-CO. Nico. Nickeltetrakarbonyl.** $Ni(CO)_4$. = 171. Entsteht durch Ueberleiten von Kohlenoxyd über fein vertheiltes Nickel bei 100° C. als klare farblose Flüssigkeit, die bei ca. 45° C. siedet, bei raschem Erhitzen unter Detonation zerfallend, beim langsamen Erhitzen unter Hinterlassung von metallischem Nickel sich zersetzend. Sehr giftig! Es wird voraussichtlich eine Rolle spielen bei der Reindarstellung des Nickels und zur Vernickelung anderer Metalle.

**American Nickel.** Flüssigkeit, zum direkten Vernickeln angepriesen, ist eine Auflösung von Quecksilber in verdünnter Salpetersäure.

**Nickelbad, galvanisches. A)** Nicolo-Ammonii sulfurici (Nicolo-Ammoniumsulfat, siehe S. 475) 1 kg, Borsäure 500 g, Wasser 20 l. Giebt bei einer Klemmenspannung von 6—10 Volt einen gut haftenden, weissen Nickelüberzug (Nickelplattirung). **B)** Für kleinere, nur mit einem dünnen Ueberzuge zu überziehende, blanke Messingsachen: Nicolo-Ammonii sulfurici 1 kg, Wasser 20 l.

---

# Nicotiana.

Gattung der **Solanaceae — Cestreae — Nicotianinae.**

**I. † Nicotiana Tabacum L. Der virginische Tabak.** Wahrscheinlich in Südamerika heimisch, durch die Kultur in zahlreichen Formen über die ganze Erde verbreitet und zuweilen aus den Kulturen verwildert. Einjährig, drüsig-behaart mit aufrechtem, stielrundem, bis 1,5 m hohem, oberwärts ästigem Stengel. Blätter bis 60 cm lang, bis 15 cm breit (vgl. unten). Blüthen in endständigen Rispen mit kleinen, schmalen Deckblättern. Kelch länglich-cylindrisch mit zugespitzten Lappen. Corolle rosenroth, trichterig, mit spitzen Saumlappen. Kapseln eiförmig, zweifächerig, mit zahlreichen, kleinen, braunen Samen, die im Nährgewebe einen geraden Embryo haben.

Die wichtigsten Kulturformen sind: Der Baumknaster (N. T. fructicosa L.), der Gundi- oder Friedrichsthaler Tabak (N. T. pandurata), der holländische Amersforter Tabak, der Pfälzer oder Vinzer Tabak, deutscher Landtabak u. s. w.

Zu derselben Art gehört vermuthlich auch der **Maryland-Tabak** (Nicotiana macrophylla Sprengel), der in einigen Theilen von Nordamerika, auf den Antillen, in Ungarn und der Türkei kultivirt wird. Dazu gehört auch der chinesische oder Hun-Tabak (N. chinensis Fisch.), der Riesentabak (N. gigantea Ledeb.), und der langblätterige Tabak (N. lancifolia Ag.).

Pharmaceutische Verwendung finden die getrockneten Blätter:

**(†) Folia Nicotianae** (Germ.). **Folium Nicotianae** (Helv.). **Tabacum** (U-St.). **Herba Tabaci. Hb. Nicotianae Virginianae. Hb. Peti. — Tabakblätter. Virginischer Tabak. — Feuille de nicotiane. Feuille de tabac** (Gall.).

***Beschreibung.*** Die Blätter der typischen Form sind länglich-lanzettlich, beiderseits verschmälert, lang zugespitzt, bis 60 cm lang, bis 15 cm breit, sitzend, die unteren halbstengelumfassend, ganzrandig. Die Nebenrippen gehen von der Hauptrippe unter spitzem Winkel ab und bilden nahe dem Blattrand Schlingen. Frisch grün, sind sie trocken braun. Die Epidermiszellen beider Seiten sind im wesentlichen gleichgestaltet, rundlich polygonal, wenig buchtig, mit ovalen Spaltöffnungen (42 : 29 $\mu$) versehen, die aber auf der Unterseite reichlicher vorhanden sind. Beide Epidermen tragen Haare und zwar die Oberseite am reichlichsten: 1) Mehrzellige Gliederhaare, die zuweilen verzweigt und dann besonders charakteristisch sind. 2) Drüsenhaare mit wenigzelligem Köpfchen auf längerem oder kürzerem Stiel. Das Mesophyll ist bifacial, an der Oberseite mit einer einzigen Schicht gewöhnlich kurzer Palissadenzellen. Im Schwammparenchym zahlreiche Zellen mit Oxalatsand. Gefässbündel bicollateral, wenigstens in den dickeren Rippen, mit stark entwickeltem Xylem und in den dickeren Rippen mit Fasern.

***Bestandtheile.*** Nach Koenig im Mittel von 96 Analysen: Gesammt-Stickstoff 4,01 Proc., Nicotin 1,92 Proc., Ammoniak 0,57 Proc., Salpetersäure 0,49 Proc., Salpeter 1,08 Proc., Fett 4,32 Proc., Holzfaser 9,35 Proc., Asche 22,84 Proc., Gesammtkali 0,29 Proc., Natron 0,49 Proc. In der Asche Kaliumkarbonat 1,96 Proc., Calciumkarbonat 15,05 Proc.

Der Wassergehalt schwankt in den frischen Blättern zwischen 85—89 Proc. Ausserdem enthält der Tabak im Durchschnitt 0,03 Proc. flüchtiges Oel, das Schwindel und Erbrechen erregt, von organischen Säuren: Aepfel-, Citronen-, Oxal- und Essigsäure.

Die Asche enthält nach Koenig im Durchschnitt von 63 Analysen: Kali 29,09 Proc., Natron 3,21 Proc., Kalk 36,02 Proc., Magnesia 7,36 Proc., Eisenoxyd 1,95 Proc., Phosphorsäure 4,66 Proc., Schwefelsäure 6,07 Proc., Kieselsäure 5,77 Proc., Chlor 6,71 Proc.

Der für die medicinische Verwendung des Tabaks allein wichtige Bestandtheil ist das Nikotin (s. besonderen Artikel): Junge Blätter und diejenigen solcher Pflanzen, die nicht geköpft sind, d. h. die Samen produciren, enthalten wenig Nikotin; starke Wärme und Licht beeinflussen die Bildung des Nikotins günstig, reichliche Bewässerung der Pflanze ungünstig. Durch die Zubereitung des Tabaks für Rauchzwecke, die „Fermentation", geht der Nikotingehalt erheblich zurück, z. B. von 0,85 Proc. auf 0,1 Proc., ja es scheint, als ob das Nikotin durch die Fermentation völlig entfernt werden kann. Daraus folgt, dass für den pharmaceutischen Gebrauch einfach getrockneter Tabak nicotinreicher, also giftiger ist, als für das Rauchen vorbereiteter, fermentirter.

Der Gehalt an Nikotin ist bei den einzelnen Sorten ein sehr verschiedener und giebt keinen Anhalt für die Stärke des Tabaks, es enthielten nach Nessler und Muth (1867): Badischer Unterländer 3,36 Proc., Seckenheimer 2,32 Proc., Friedrichsthaler 1,882 Proc., Habanna 0,62—1,89 Proc., Rheinbayerischer 1,31 Proc., Kentucky 1,354 Proc., Portorico 1,20 Proc., Cuba 0,954 Proc.

Zur quantitativen Bestimmung des Nikotins nach Hefelmann (1898) werden 20 g Tabakpulver, das bei 50° C. oder im Exsiccator getrocknet ist, in ein 300 ccm-Glas gegeben, 20 ccm 6proc. alkoholische Natronlauge zugegeben und so lange umgeschüttelt, bis das Pulver gleichmässig durchfeuchtet ist. Dann giebt man 200 ccm Aether zu, schüttelt wiederholt um und lässt bis zur Klärung der Aetherlösung stehen. Für eine annähernde Nikotinbestimmung pipettirt man 50 ccm der ätherischen Lösung (= 4 g Pulver) in eine Porcellanschale ab und lässt den Aether bei starkem Luftstrom unter dem Abzuge verdampfen, wobei nur das Nikotin und neben demselben ein schmieriges, grüngelb gefärbtes Harzgemisch zurückbleibt. Man nimmt den Rückstand mit 10 ccm neutralem Alkohol auf, verdünnt unter Umrühren mit 50 ccm Wasser und titrirt unter Verwendung von frischer Cochenilletinktur oder 1proc. alkoholischer Hämatoxylinlösung mit $^1/_{10}$-Normal-Schwefelsäure. 1 ccm der $^1/_{10}$-Normal-Schwefelsäure = 0,0324 g Nikotin. — Zur genauen Nikotinbestimmung werden nach Kissling ebenfalls 50 ccm des Aetherauszuges abpipettirt, der Aether auf dem Wasserbade abdestillirt, der Rückstand nach dem Erkalten mit 10 ccm Wasser und einigen Tropfen Natronlauge versetzt und dann 400 ccm mit Wasserdämpfen abdestillirt. Das Destillat wird wie oben titrirt.

***Aufbewahrung.*** Nach Germ. und Helv. sind allein die „unfermentirten“, d. h. die ohne weiteres an der Luft getrockneten, mittelgrossen Blätter zulässig, keineswegs aber der Rauchtabak des Handels. Man bewahrt sie, nach Beseitigung missfarbiger Blätter, geschnitten in Blechgefässen auf. Obwohl schon bei äusserlicher Anwendung Vergiftungserscheinungen nachzuweisen sind, wird von den Arzneibüchern vorsichtige Aufbewahrung nicht vorgeschrieben, ebensowenig sind die Blätter dem freien Verkehr entzogen. Trotzdem hüte man sich, sie als ein harmloses Mittel anzusehen. Wenige Cigarrenspitzen, welche aus Versehen unter Kakaoschalen gerathen waren, riefen nach Genuss des „Kakaothees“ intensive Vergiftungserscheinungen hervor.

***Anwendung.*** Innerlich kaum noch angewendet (zu 0,05; grösste Einzelgabe 0,25 g), dienen die Tabakblätter bisweilen im Aufguss zu 0,5 bis höchstens 1,0 (!) auf 100,0 zum Klystier bei hartnäckiger Verstopfung, eingeklemmten Brüchen, Darmverschlingung, doch ist Vorsicht geboten, da schon nach Klystieren mit 2,0 Vergiftung mit tödtlichem Ausgange beobachtet wurde. Der durch besondere Behandlung hergestellte Kautabak des Handels wird gegen Zahnweh, der Rauch- und Schnupftabak gegen Asthma bez. Katarrhe benutzt. Tabakaufgüsse verwendet man mit Erfolg zur Vertilgung von Ungeziefer bei Hausthieren, bei Zimmer- und Gartengewächsen und hierzu ist natürlich auch der käufliche Tabak geeignet.

Höchstgaben für Thiere: bei Pferden 10,0—25,0; bei Rindern 25,0—50,0; bei Hunden 0,25—0,5.

**Rauchtabak.** Der für Rauchzwecke bestimmte Tabak unterliegt einer besonderen Zubereitung. Die sorgfältig gepflückten und sortirten Blätter werden getrocknet und dann in grosse „Stöcke“ zusammengesetzt. Dabei erwärmt sich der Haufen stark und es tritt bei richtigem Feuchtigkeitsgehalt ein „Fermentationsprocess“ ein, durch den der Tabak wichtige Veränderungen erleidet. Die Haufen werden während des Processes mehrfach umgeschichtet. In Amerika trocknet man die ganzen Pflanzen bei einer Temperatur, die von 27 auf 77° C. steigt, eine Fermentation findet nur ausnahmsweise statt. Dass bei der Fermentation neben rein chemischen Processen auch Bakterien eine Rolle spielen, erscheint wohl zweifellos. Beim Trocknen findet neben langsamen Oxydationsvorgängen unter Bildung von Kohlensäure und Wasser eine Umwandlung stickstoffhaltiger Substanz in Amide und Ammoniak statt, welche ersteren auch während der Fermentation entstehen, wobei auch Stärke und andere Kohlehydrate zersetzt werden. Die Menge des Nikotins geht, wie schon erwähnt, zurück, z. B. von 1,67 Proc. auf 0,47 Proc. und von 0,85 Proc. auf 0,10 Proc.

Beim Lagern des fertigen Tabaks findet eine weitere Verminderung des Nikotins statt. Zur Bereitung des Rauchtabaks werden die Blätter „gedarrt“, d. h. einer kurzen Erhitzung ausgesetzt, wobei wieder Nikotin zerstört resp. verflüchtigt wird.

Als Verbrennungsprodukte des Tabaks beim Rauchen und als in den Rauch gelangende Bestandtheile sind bekannt geworden: Nikotin, Pyridin und dessen Homologe, wohl aus dem Nikotin entstanden, Blausäure, Kohlenoxyd und ein ätherisches Brenzoel, dem Thoms in erster Linie die Giftwirkung zuschreibt. Kohlenoxyd und Blausäure sind in so geringer Menge vorhanden, dass sie nicht in Betracht kommen. Auch die Menge des Nikotins giebt keinen Anhalt für die „Schwere“ des Tabaks.

***Verfälschungen und Prüfung.*** In Ländern, in denen kein Tabaksmonopol besteht, wird der Tabak und zwar besonders der „Kau- und Schnupftabak“, aber auch der Rauchtabak und die Cigarren, mit anderen Blättern verfälscht, und zwar werden so viele derselben in der Litteratur aufgeführt, dass es überflüssig erscheint, sie alle aufzuführen. In Deutschland ist ein Zusatz von Kirschen-, Rosen- und Weichselblättern für geringere Sorten Rauchtabak und Cigarren zugelassen. Man wird sich vorkommenden Falles darauf beschränken, zu konstatiren, ob Tabakblätter vorliegen oder andere Blätter.

**Aqua Nicotianae Rademacheri** (Ergänzb.). 16 Th. frische, grob zerschnittene Tabakblätter übergiesst man mit 3 Th. Weingeist und q. s. Wasser und destillirt 16 Th. ab.

**Cigarettes de nicotiane** (Gall.) sollen jede 1 g Tabakblätter enthalten.

† **Extractum Nicotianae** (spirituosum). 1 Th. trockne, zerschnittene Tabakblätter digerirt man zuerst mit 4, dann mit 3 Th. 50proc. Weingeist, presst, filtrirt und dampft zum dicken Extrakt ein. Ausbeute 10—12 Proc. Eine mit Rücksicht auf den schwankenden Nikotingehalt sehr unsichere Zubereitung (Höchstgabe 0,1, auf den Tag 0,5), weshalb Hager ein

**† Extractum Nicotianae definitum. Nicotianaextrakt** mit 10 Proc. Nikotin empfiehlt. Die am meisten geeignete Form dafür wäre wohl die eines Trockenextraktes nach Art der Extr. duplicia Helv. (Bd I, S. 1074).

**† Extractum Nicotianae Rademacheri (aquosum).** Aus frischen Tabakblättern wie Extractum Conii Ergänzb. (Bd I, S. 947).

**Tinctura Nicotianae. Tabakblättertinktur.** Aus 5 Th. frischen, zerquetschten Blättern und 6 Th. Weingeist. Vor Licht geschützt aufzubewahren. Grösste Einzelgabe 2,5, auf den Tag 10,0 (HAGER).

**Enema nicotianatum** WALDENBURG.
Tabak-Klystier.

Rp. Infusi {Folior. Nicotianae 2,0; Radic. Valerianae; Folior. Sennae āā 5,0} 100,0
Olei Chamomillae infusi
Aceti Vini āā 25,0
Vitellum ovi unius
Bei Brucheinklemmung.

**Fomentum narcoticum** WENZEL.
Liquor antachoreus WENZEL.

Rp. Infusi {Folior. Nicotianae 5,0; Herb. Conii 10,0} 300,0.
Zum Waschen bei Kopfgrind.

**Guttae antischureticae** WALDENBURG.

Rp. Tinctur. Nicotianae 6,0
Spiritus Aetheris nitrosi 4,0.
Bei Harnzwang 10—20 Tropfen.

**Pilulae antidysureticae** AUGUSTIN.

Rp. Folior. Nicotianae pulv.
Conservae Rosae āā 3,0.
Zu 50 Pillen. 3—4stündlich 1 Pille.

**Pulvis antibechicus** PITSCHAFT.

Rp. Folior. Nicotianae
Tartari stibiati āā 0,05
Sacchari albi 5,0.
Divid. in p. X. 2stündlich 1 Pulver bei Keuchhusten.

**Pulvis contra tussim convulsivam** WOLFSHEIM.

Rp. Extracti Nicotianae 0,02
Elaeosacchar. Foeniculi 0,6.
Tal. dos. X. 3—4 Pulver täglich bei Keuchhusten.

**Unguentum Nicotianae.**

Rp. Extracti Nicotianae 1,0
Spiritus diluti gtts. X
Unguenti cerei 9,0.

**Mittel gegen Ungeziefer.**

1. Gegen Blutläuse. (TÖLLNER).

Rp. Extracti Nicotianae 25,0
Alcohol methylici 50,0
Saponis viridis 50,0
Spiritus denaturati 200,0
Aquae 675,0.
Mittels Zerstäubers aufzuspritzen.

2. Gegen Erdflöhe.

Rp. Decocti costar. Fol. Nicotian. (Rippentabak) 500,0 : 5000,0.
Auf einen Eimer Wasser; mittels Giesskanne auf die Beete zu giessen.

3. Gegen Läuse der Hausthiere.

Rp. Infus. Fol. Nicotianae 500,0 : 5000,0
Spiritus denaturati 1000,0.
Jeden dritten Tag die mit Läusen besetzten Stellen zu befeuchten, abwechselnd damit Waschungen mit warmem Seifenwasser. Zur Erhöhung der Wirksamkeit setzt man eine Lösung von 25,0 Naphthalin in je 50,0 Terpentinöl und Nitrobenzol hinzu.

4. Gegen Motten.

a. Mottenexterminator.

Rp. Herbae Patchouli gr. pulv. 20,0
Radic. Valerian. gr. pulv. 10,0
Camphorae gr. pulv. 15,0
Naphthalini 10,0
Fol. Nicotian. (Schnupftabak) 5,0
Rhizom. Iridis gr. pulv. 15,0
Radicis Sumbuli 15,0
Olei Cinnamomi 5,0
Olei Eucalypti 5,0.

b. Mottensäckchen.

Rp. Herb. Patchouli min. conc. 10,0
Fol. Nicotianae min. conc. 80,0
Summitat. Meliloti conc. 10,0
Olei Spicae 5,0.
Divide in p. X. In Musselinsäckchen verpackt zwischen Pelzsachen zu legen.

5. Gegen Wanzen. (VOM.).

Rp. 1. Fol. Nicotian. venalis 40,0
2. Spiritus 200,0
3. Acidi borici 6,0
4. Acidi salicylici 12,0
5. Acidi carbolici 6,0
6. Olei Melissae 1,0.
Man bereitet aus 1 und 2 eine Tinktur, löst darin zuerst 3, dann 4, zuletzt 5 und 6.

**Vet. † Lotion au sulfate de Nicotine contre la gale des moutons** (Gall. Suppl.).

Rp. Nicotin. sulfuric. 100,0
Infus. Nicotian. fol. (e 100,0) 1000,0.
Bei Schafräude. 1:80 verdünnt zum Baden, 1:50 zum Einreiben.

**Catarrh Schnuff,** Dr. MARSCHALL's, ist ein Pulver aus Tabak-, Gundermann-, Haselwurzblättern, Eucalyptusöl etc.

**Coniferen-Cigaretten** von L. WOLFF in Dresden enthalten im Mundstück ein Pfröpfchen, das aus den Fasern einer alpinen Conifere bestehen und angeblich das Nikotin unschädlich machen soll.

**Corizzino** ist ein Schnupftabak mit je 10 Proc. Natriumsalicylat und gepulverten Rosenblättern.

**Fichtennadeltabak** von L. MORGENTHAU. Gewöhnlicher Tabak, der mit einer Lösung von Waldwollöl und Waldwollextrakt getränkt und dann zu Rauchtabak und Cigarren verarbeitet ist.

**Hygienische Cigarren,** denen ohne Nachtheil für den Geschmack und das Aeussere die Giftwirkung des Nikotins genommnn ist, erhält man nach Prof. GEROLD in Halle durch Behandeln des Tabaks mit dem Saft von Origanum vulgare, gleichzeitig mit Tannin. Wird von Rauchern bestätigt.

**Machorka** ist ein billiges, zum Tödten von Insekten dienendes Tabakextrakt.

**Nervus Tabak en poudre** von RICH. SCHULZ, gegen Nervenschwäche, ist mit Bergamottöl parfümirter Schnupftabak (Karlsr. Orts-Ges. Rath).

**Nicotianaseife** von Apotheker MENZEL in Bremen, gegen Krätze und ähnliche Hautkrankheiten, ist eine schwach nach Bergamottöl riechende Seife im Gewicht von 60 g, welche 4,2 g Tabakextrakt = 0,42 g Nikotin enthält (nach neueren Angaben: 5 Proc. Tabakextrakt, 5 Proc. Schwefelmilch, 90 Proc. überfettete Seife).

**Nicotina,** ein Ungeziefermittel, ist Tabakabkochung 1 : 10.

**Sanitäts-Cigarren** von SCHENKERS sind gewöhnliche, mit Salmiaklösung besprengte Cigarren.

**Wassersuchtmittel** von H. WEBER in Stettin. Nach WELLER 44 Pulver aus je 2 g Tabakasche. (40 M.)

**II. Nicotiana rustica L.** Der **Bauerntabak,** auch **ungarischer, Veilchen-, türkischer, Latakia-** etc. **Tabak,** wahrscheinlich ebenfalls in Süd- oder Mittelamerika heimisch, hauptsächlich in Südosteuropa, Westasien und Afrika kultivirt. Bis 1 m hoch, mit ziemlich langgestielten, eiförmigen, am Grunde oft etwas herzförmigen Blättern, Blumenkronen grünlichgelb mit abgerundeten Saumlappen. Kapsel fast kugelig.

**III.** Ausserdem werden zur Tabakbereitung in einzelnen Ländern kultivirt: **Nicotiana persica L.** in Persien, **N. repanda Willd.** in Central- und im südlichen Nordamerika, **N. quadrivalvis Pursh.** und **N. Bigelovii Wats.** in Nordamerika.

---

# Nicotinum.

**†† Nicotinum. Nikotin. Nicotine.** $C_{10}H_{14}N_2$. **Mol. Gew. = 162.**

***Darstellung.*** Man geht am besten vom käuflichen Tabakextrakt aus, verdünnt dasselbe mit einem gleichen Volumen Wasser, macht mit 30proc. Natronlauge stark alkalisch und schüttelt mit Aether aus. Nachdem sich der Aether abgesetzt hat, wird er von der wässerigen Flüssigkeit abgetrennt. Man schüttelt nun die ätherische Schicht mit verdünnter Schwefelsäure aus, welche das Nikotin als Nikotinsulfat löst, und kann den Aether wiederum zum Ausschütteln des alkalisch gemachten Tabakextraktes benutzen. Die wässerigen, schwefelsauren Lösungen des Nikotins werden mit Natronlauge stark alkalisch gemacht und mit Aether ausgeschüttelt. Die so erhaltenen ätherischen Lösungen des Nikotins werden mit festem Aetzkali entwässert; hierauf destillirt man den Aether aus dem Wasserbade ab und rektificirt das hinterbleibende Nikotin im Wasserstoffstrome.

***Eigenschaften.*** Farblose, leicht bewegliche, an der Luft sich allmählich bräunende und verdickende Flüssigkeit von starkem Tabakgeruche und scharfem, brennendem, lange anhaltendem Geschmacke, sehr giftig. Das spec. Gew. ist bei 15° C. = 1,0147. Mit Wasserdämpfen ist Nikotin leicht und ohne Zersetzung flüchtig. Für sich allein destillirt, unterliegt es einer partiellen Zersetzung. Im Wasserstoffstrome siedet es unzersetzt bei 240—242° C. Es lenkt die Ebene des polarisirenden Lichtes nach links ab ($\alpha_D = -161,5$). Auf Papier erzeugt es Fettflecke, welche nach einiger Zeit wieder verschwinden. Mit Wasser mischt es sich in jedem Verhältnisse, doch wird es durch Kalioder Natronhydrat aus dieser Mischung wieder abgeschieden. Die wässerigen bezw. verdünnt-alkoholischen Lösungen bläuen rothen Lackmusfarbstoff, röthen aber nicht Phenolphthaleïn. Von Alkohol, Aether, Amylalkohol, Chloroform, Petroläther und fetten Oelen wird Nikotin leicht gelöst.

***Reaktionen.*** Abgesehen von seiner öligen Beschaffenheit und seinem durchdringenden Geruche erkennt man das Nikotin an folgenden Reaktionen:

In der Lösung eines Nikotinsalzes erzeugen Niederschläge: Jodjodkalium (braunroth), Kaliumwismuthjodid (roth), Kaliumquecksilberjodid (weiss bis gelblich), Phosphormolybdänsäure (gelblich), Gerbsäure (bräunlich, in salzsäurehaltigem Wasser leicht löslich). — Keine Färbung entsteht in der Kälte mit konc. Schwefelsäure, Salpetersäure, ferner FRÖHDE's Reagens, ERDMANN's Reagens, Vanadin-Schwefelsäure; in der Wärme erfolgt Zersetzung unter Braunfärbung.

Fügt man zu einer Lösung von Nikotin in Aether eine ätherische Jodlösung, so erfolgt zunächst eine braunrothe, harzige Ausscheidung. Diese wird allmählich krystallinisch, und aus der überstehenden Flüssigkeit scheiden sich rubinrothe, durchscheinende, im auffallenden Lichte blauschillernde Nadeln eines Perjodids $C_{10}H_{14}N_2J_2$ . HJ (ROUSSIN'sche Krystalle) ab. — Erhitzt man einen Tropfen Nikotin mit 2—3 Tropfen Epichlorhydrin bis zum Sieden, so tritt schön rothe Färbung ein. In verdünnten Nikotinlösungen tritt die Färbung erst nach längerem Kochen ein. Die Empfindlichkeitsgrenze liegt bei 0,00025 g Nikotin.

CH — $CH_2$ — $CH_2$ — $CH_2$ — N — $CH_3$ — N

Nikotin.

Das Nikotin ist eine Base und bildet mit Säuren Salze. Diese sind in Wasser und (mit Ausnahme des Acetats) auch in Alkohol löslich, in Aether dagegen unlöslich.

***Prüfung.*** 10 Tropfen Nikotin werden mit 30 Tropfen Wasser gemischt und erwärmt. Es darf keine Trübung erfolgen (Verwechselung mit Coniin). Ferner muss es sich in einem doppelten Volum Aether klar lösen.

***Aufbewahrung.*** Sehr vorsichtig, unter den direkten Giften. Da nur wenige Gramm vorräthig gehalten zu werden pflegen, so bringt man diese in einem Glase unter, welches mit Korkstopfen verschlossen und mit Blase überbunden ist, und stellt dieses auf Watte-Unterlage in das Standgefäss ein.

***Anwendung.*** Innerlich zu 0,001—0,003 gegen nervöses Herzklopfen und chronische Dermatosen. Aeusserlich in alkoholisch-wässeriger Lösung zu Einreibungen, Umschlägen, Klystieren, Injektionen in doppelt so starker Lösung wie innerlich. Zur sicheren Dispensation bereitet man eine alkoholische Lösung 1 : 100 und giebt von dieser die 100fache Menge ab.

**†† Nicotinum hydrochloricum. Salzsaures Nikotin. $C_{10}H_{14}N_2$ . 2 HCl = 235,0.** Zur Darstellung neutralisirt man 10 Th. Nikotin unter Benutzung von Methylorangepapier mit 18 Th. Salzsäure von 25 Proc. und trocknet das Salz über Calciumchlorid ein. Farblose, zerfliessliche, lange Krystallfasern.

**†† Nicotinum tartaricum. Weinsaures Nikotin. $C_{10}H_{14}N_2 . 2\,C_4H_6O_6 + 2\,H_2O = 498$.** Zur Darstellung löst man 10 Th. Nikotin in einer alkoholischen Lösung von 18,5 Th. Weinsäure und versetzt diese Lösung mit Aether. Das Nikotintartrat scheidet sich hierbei als Oel aus. Durch Umkrystallisiren desselben aus wenig absolutem Alkohol unter Zusatz von Aether erhält man es in farblosen, in Wasser leicht löslichen Krystallen.

**†† Nicotinum salicylicum. Salicylsaures Nikotin. Eudermol. $C_{10}H_{14}N_2 . C_7H_6O_3 = 300$.** Zur Darstellung vermischt man zwei getrennte Lösungen in absolutem Aether von 10 Th. wasserfreiem Nikotin und 8,6 Th. Salicylsäure. Das sich abscheidende Nikotinsalicylat wird nach 24stündigem Stehen gesammelt, mit Aether gewaschen und über Calciumchlorid getrocknet. Farblose, schwach brenzlich riechende, sechsseitige Tafeln, bei 117,5° C. schmelzend, in Wasser leicht, auch in den meisten organischen Lösungsmitteln löslich. Das trockene Salz hält sich, trocken und unter Lichtschutz aufbewahrt, gut. — Es wird in 0,1proc. Salben, also z. B. 0,1 g : 100,0 g Vehikel mit gutem Erfolge gegen Scabies angewendet. Heilung erfolgt häufig schon nach einer, in vereinzelten Fällen erst nach 2—3 Einreibungen.

**†† Lotion au sulfate de nicotine contre la gale** (Gall.). Veterinärmittel gegen Räude der Schafe. Nicotini sulfurici 100,0, Infusi foliorum Nicotianae 100,0 : 1000,0. Diese Lösung ist zu Bädern mit der 80fachen Menge Wasser zu vermischen. Soll sie lediglich zu Einreibungen dienen, so ist sie nur mit der 50fachen Menge Wasser zu verdünnen.

---

# Nigella.

Gattung der **Ranunculaceae — Helleboreae.**

**I. Nigella sativa L.** Im Mittelmeergebiet heimisch. Zuweilen der Samen wegen angebaut und verwildert. Kraut mit fiedertheiligen Blättern, Stengel rauhhaarig, Blüthe ohne Hülle, Kelch blau, fünfblättrig, abfallend. Kronblätter klein, benagelt, zweilippig, Nagel der Kronblätter kürzer als die Platte. Früchtchen bis zur Spitze verwachsen. Liefert:

**Semen Nigellae** (Ergänzb.). **Semen Melanthii s. Cumini nigri. — Schwarzer Kümmel. Schwarzkümmel. Kreuzkümmel. Römischer Koriander. Nardensamen. — Semence de nigelle.**

***Beschreibung.*** Der Same ist 2,5 mm lang, eiförmig, drei- bis vierkantig, netzaderig, querrunzelig, schwarz und glanzlos. Mit dünner Schale, Endosperm und Embryo. Riecht zwischen den Fingern zerrieben scharf aromatisch.

***Bestandtheile.*** 35 Proc. fettes Oel, 0,46 Proc. ätherisches Oel von gelblicher Farbe, das nicht fluorescirt. Geruch unangenehm. Spec. Gew. 0,875. Drehung im 100 mm-Rohr + 1° 26'. Siedepunkt 170—260° C. Ferner sollen die Samen einen Bitterstoff, ein Alkaloid und ein Glukosid Melanthin $C_{20}H_{33}O_7$ enthalten.

***Verwechslung.*** Zuweilen mit dem giftigen Samen von Agrostemma Githago, der Kornrade, verwechselt. Beide Pflanzen hiessen im Mittelalter Gith.

***Einsammlung.*** Nach Ergänzb. nur die Samen von N. sativa, doch verwendet man ohne Unterschied auch die von N. damascena. Aufbewahrt werden sie in Holzkästen.

***Anwendung.*** Wie Fructus Carvi, im Orient als Gewürz, in Frankreich als Poivrette und Toutes espices statt des Pfeffers. In der Thierheilkunde bisweilen noch zu Pulvermischungen.

Vet. **Pulvis quinque specierum.**

Rp. Boli rubrae gross. pulv.
Herbae Saturejae pulv.
Seminis Nigellae pulv.
Stibii sulfurati crudi pulv. āā 500,0
Asae foetidae pulv. 375,0.

Kropfpulver. Täglich 3mal 1 gehäufter Löffel voll.

**II. Nigella Damascena L.** Im Mittelmeergebiet, häufig als Zierpflanze gezogen. Stengel ästig, kahl. Blüthe von einer Hülle, deren Blätter länger als die Kelchblätter sind, gestützt. Frucht blasig aufgetrieben. Die Samen sind etwas kleiner, wie die von I. Beim Zerreiben riechen sie nach Erdbeeren. Sie enthalten 0,5 Proc. ätherisches Oel von angenehmem Geruch, das blau fluorescirt. Spec. Gew. 0,895—0,916. Dreht im 100 mm-Rohr + 1° 4'. Der die Fluorescenz bedingende Stoff ist das Alkaloid Damascenin $C_{10}H_{15}NO_3$.

---

# Nirvaninum.

**† Nirvanin. Salzsaurer Diäthylglycocoll-p-Amido-o-Oxybenzoësäuremethylester. $(C_2H_5)_2 = N - CH_2 - CO - NH - C_6H_3(OH)CO_2CH_3$. Mol. Gew. = 280.**

***Darstellung.*** Auf den in Benzol gelösten Methylester der p-Amido-o-Oxybenzoësäure lässt man zunächst Monochloracetylchlorid einwirken und destillirt das Benzol ab, worauf sich der Chloracetyl-p-Amido-o-Oxybenzoësäuremethylester abscheidet. Dieser wird in Alkohol gelöst und mit einer Lösung von Diaethylamin unter Druck erhitzt, wobei direkt das salzsaure Salz des Diäthylglycocoll-p-Amido-o-Oxybenzoësäuremethylesters, d. h. das Nirvanin, gebildet wird.

***Eigenschaften.*** Aus Alkohol krystallisirt, weisse Prismen vom Schmelzpunkt 185° C. In Wasser leicht löslich, die Lösung ist neutral und giebt mit Ferrichlorid eine violette Farbreaktion. Die wässerige Lösung giebt mit Ammoniak oder Natronlauge (auch KOH) einen weissen Niederschlag, welcher sich im Ueberschuss der Fällungsmittel wieder löst. Wird die ammoniakalische Lösung erwärmt, so tritt der Niederschlag wieder auf. Die wässerige Lösung wird durch die meisten der sog. allgemeinen Alkaloid-Reagentien gefällt.

$$(C_2H_5)_2N = CH_2 - CONH - C_6H_3\begin{cases}OH\\CO_2CH_3\end{cases} . HCl$$

Nirvanin.

Wird die 1 procentige Lösung tropfenweise mit Natriumhypobromitlösung versetzt, so entsteht vorübergehend eine dunkelgelbe Färbung, welche auf weiteren Zusatz des Reagens verschwindet und der hellgelben des Hypobromits Platz macht. — Fügt man zur 1 procentigen Lösung = $^1/_{10}$—$^1/_{20}$ Volumen Natronlauge und erhitzt die Mischung mit

Bleisuperoxyd zum Sieden, so erhält man ein orangegelbes Filtrat. Mit Pikrin-Essigsäure oder -Citronensäure entsteht ein gelber Niederschlag, der zunächst amorph ist, später nadelförmig krystallisirt.

***Prüfung.*** 1) 0,1 g Nirvanin muss auf dem Platinblech, ohne einen Rückstand zu hinterlassen, verbrennen. — 2) Der Schmelzpunkt des über Schwefelsäure getrockneten Präparates liege bei 185° C.

***Aufbewahrung.*** Vorsichtig, vor Feuchtigkeit geschützt.

***Anwendung.*** Nirvanin ist ein lokales Anästheticum, welches ebenso wie das Cocaïn in Wasser leicht löslich ist. Es ist weniger giftig wie das Orthoform und wirkt auch etwas antiseptisch. Es wirkt auf Schleimhäute weniger anästhesirend wie Cocaïn und vermag durch intakte Schleimhäute auf die darunter liegenden Parthien nicht zu wirken. Man benutzt die 2 procentige Lösung für regionäre Anästhesie, die 0,1- bis 0,5 procentige Lösung zur Infiltrations-Anästhesie nach Art der SCHLEICH'schen Lösungen, s. Bd. I, S. 876.

---

# Nitrogenium.

**I. Nitrogenium. Gas-Nitrogenium. Stickstoff. Stickgas. Azot. Atomzeichen = N (in Frankreich Az). Atomgewicht = 14.**

***Darstellung.*** In der einfachsten Weise kann man den Stickstoff wie folgt darstellen: Ein pulveriges Gemisch von 3 Th. Kaliumdichromat und 1 Th. Ammoniumchlorid wird in einem Glaskolben erhitzt und das entwickelte Gas zunächst durch Wasser gewaschen, und — wenn ein trocknes Gas verlangt wird — durch Hindurchleiten durch konc. Schwefelsäure getrocknet. — Sollte Stickstoff zu therapeutischen Zwecken verlangt werden, so empfiehlt es sich, denselben als „komprimirten Stickstoff in Stahlflaschen" ähnlich wie die Kohlensäure durch den Handel zu beziehen.

***Eigenschaften.*** Farbloses, geruch- und geschmackloses, nicht brennbares und auch die Verbrennung und Athmung nicht unterhaltendes Gas, das bei einer Temperatur von — 145° C. durch einen Druck von 32 Atmosphären verflüssigt werden kann. Der flüssige Stickstoff siedet bei — 193° C. und erstarrt unter einem Druck von 60 — 70 mm bei — 203° C. zu einer krystallinischen Masse. Das spec. Gewicht des Gases ist = 0,97137 (Luft = 1) oder 14,00 (Wasserstoff = 1). 1 Liter Stickstoff wiegt bei 0° C. und 760 mm B = 1,256167 g. 1 Vol. Stickstoff löst sich bei mittlerer Temperatur in rund 70 Vol. Wasser oder in 8,5 Vol. Alkohol.

In chemischer Beziehung ist der Stickstoff ein sehr indifferentes Element. Es vereinigt sich bei gewöhnlicher Temperatur mit keinem anderen Elemente. Bei Rothgluth oder unter dem Einfluss der elektrischen Entladung vereinigt es sich mit Bor, Silicium, Calcium, Strontium, Baryum, Magnesium. In einem Gemische von Stickstoff und Sauerstoff entstehen, wenn genügend lange Zeit elektrische Funken hindurchschlagen, Oxyde des Stickstoffs.

***Anwendung.*** Der Stickstoff ist eine kurze Zeit hindurch zu Inhalationen bei Phthisis angewendet worden und zwar will man eine einschläfernde Wirkung dieser Inhalationen beobachtet haben. Man hat in der Regel nicht reinen Stickstoff, sondern eine an Sauerstoff arme Luft einathmen lassen, die man dadurch erhielt, dass man einen Strom atmosphärischer Luft über frisch gefälltes Ferrohydroxyd oder durch eine alkalische Pyrogallollösung passiren liess. — Diese Anwendungsweise kann als verlassen angesehen werden.

**Bestimmung des Stickstoffs.** Diese wichtige analytische Operation wird nach verschiedenen Verfahren ausgeführt.

**1) DUMAS'sche Methode.** Ist auf alle stickstoffhaltigen Substanzen ohne Ausnahme anwendbar. Die Substanz wird in einem Rohr mit Kupferoxyd oder Bleichromat oder einem Gemisch beider verbrannt. Die Dämpfe leitet man über eine glühende Kupferspirale.

Die Stickoxyde werden durch diese zu Stickstoff reducirt, welcher über Kalilauge aufgefangen und alsdann seinem Volumen nach bestimmt wird.

2) **Will-Varrentrapp's Methode.** Sie ist nur für die Ammoniaksalze und diejenigen Stickstoffverbindungen verwendbar, welche als Derivate des Ammoniaks aufzufassen sind. Auf die Derivate der Salpetersäure ist sie nicht übertragbar. Sie beruht darauf, dass man die Substanz mit Natronkalk glüht (verbrennt) und die Verbrennungsprodukte in Salzsäure auffängt. Man verdampft alsdann die salzsaure Lösung, fällt das entstandene Ammoniumchlorid mit Platinchlorid als Ammoniumplatinchlorid und führt dieses durch Glühen in metallisches Platin über. Noch einfacher ist es, die Verbrennungsprodukte in einen Ueberschuss titrirter Schwefelsäure einzuleiten und den Ueberschuss der Schwefelsäure durch Natronlauge zurückzutitriren. Die Methode wurde früher namentlich zur Bestimmung der Proteïnsubstanzen in Futtermitteln angewendet, ist aber zur Zeit durch das Kjeldahl'sche Verfahren verdrängt werden.

3) **Kjeldahl's Methode.** Sie beruht darauf, dass diejenigen stickstoffhaltigen Substanzen, welche, wie z. B. das Eiweiss, als Derivate des Ammoniaks aufzufassen sind, ihren Stickstoff als Ammoniak abspalten, wenn sie mit konc. Schwefelsäure bis zur völligen Zerstörung gekocht werden. Um die völlige Zerstörung der Substanz zu erleichtern, hat man Zusätze von Kupfersulfat oder Kaliumpermanganat oder metallischem Quecksilber, Platinchlorid, auch (zur Erhöhung des Siedepunktes der Schwefelsäure) Zusätze von Phosphorsäureanhydrid oder Kaliumbisulfat empfohlen. — Verdünnt man alsdann die schwefelsaure

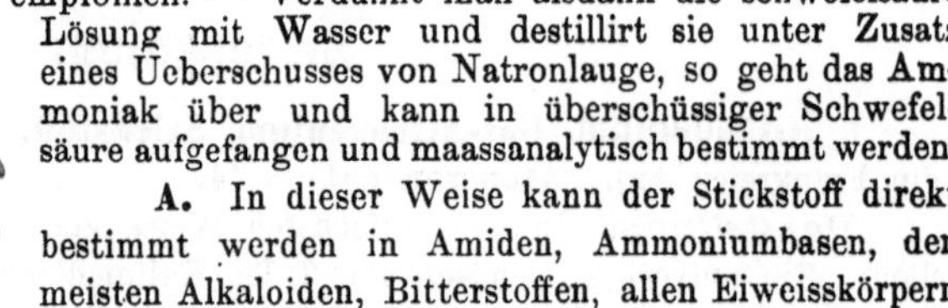

Lösung mit Wasser und destillirt sie unter Zusatz eines Ueberschusses von Natronlauge, so geht das Ammoniak über und kann in überschüssiger Schwefelsäure aufgefangen und maassanalytisch bestimmt werden.

**A.** In dieser Weise kann der Stickstoff direkt bestimmt werden in Amiden, Ammoniumbasen, den meisten Alkaloiden, Bitterstoffen, allen Eiweisskörpern und diesen verwandten Stoffen.

**B.** Bei Nitraten muss eine besondere Behandlung vorhergehen. Diese besteht darin, dass man die vorhandene Salpetersäure durch Zusatz aromatischer Substanzen (Phenol, Benzoësäure, Salicylsäure) bei Gegenwart von konc. Schwefelsäure in Nitro-Verbindungen überführt, diese durch reducirende Agentien in Amidoverbindungen verwandelt und aus diesen den Stickstoff nach Kjeldahl als Ammoniak abscheidet.

**C.** Nicht anwendbar ist das Kjeldahl'sche Verfahren zur Zeit auf anorganische Nitrite, Azo-, Diazo-, Hydrazo-Verbindungen, viele Cyanverbindungen und Nitroprussidsalze.

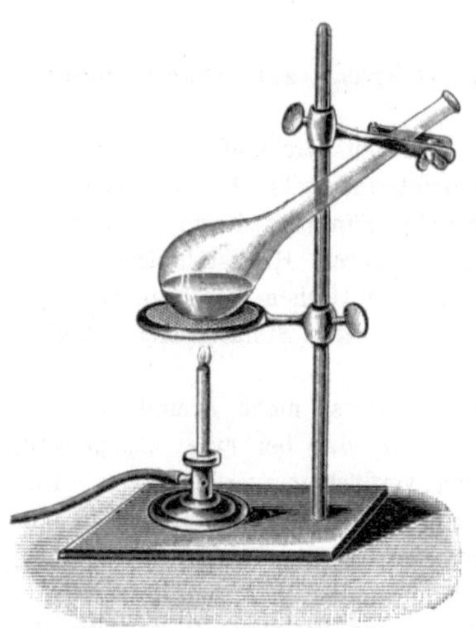

Fig. 53. Zersetzungskolben nach Kjeldahl.

**A.** Ausführung der Bestimmung in Eiweissstoffen etc. vergl. oben.

Man verwendet von Substanzen mit 6—12 Proc. Stickstoff höchstens 1 g, bei solchen bis 6 Proc. Stickstoff 1—1,5 g. Diese schüttet man mittelst Fülltrichters in den Kjeldahl'schen Zersetzungskolben, fügt ein linsengrosses Stück *Paraffinum solidum*, drei kleine Tröpfchen reines metallisches Quecksilber (etwa 0,5 g) und 20 ccm konc. reine, stickstofffreie Schwefelsäure zu. Man mischt durch Umschwenken, legt das Kölbchen schräg in einem Winkel von ca. 45° auf ein durch Pressen über einer Holzform konkav gemachtes Drahtnetz und spannt den Hals des Kölbchens in eine Klemme ein; nicht zu locker, damit das Kölbchen nicht, wenn die Flüssigkeit stösst, zu Boden fällt, aber auch nicht zu fest, damit der Hals des Kolbens nicht bei der eintretenden Ausdehnung des Glases zertrümmert wird (Fig. 53). Man erhitzt nun mit kleiner Flamme. In der Regel tritt zunächst Verkohlung und starkes Schäumen ein. Es ist darauf zu achten, dass die Schaumbildung nicht über die untere Hälfte des Kolbenbauches hinausgeht, was man durch sorgfältige Regulirung der Flamme erzielen kann. (Nicht vom Arbeitsplatze weggehen!) Nach kurzer Zeit wird der Schaum zäher, er fällt zusammen und steigt nun nicht mehr so hoch. Der Kolbeninhalt stellt eine dunkle, ölige Flüssigkeit dar, aus welcher Wasserdampf, schweflige Säure, später auch Schwefelsäuredämpfe entweichen. Das kondensirte Wasser verursacht beim Zurückfliessen heftiges Knattern. Von Zeit zu Zeit löst man den Kolben aus seiner Verbindung und bringt die im oberen Theile des Bauches sitzenden Antheile durch vorsichtiges Umschwenken möglichst nach dem Grunde des Kolbens. Es bedarf jetzt keiner ständigen Beaufsichtigung mehr, dagegen muss bis ans Ende gelegentlich umgeschwenkt werden. Nach einiger Zeit kann man die Flamme verstärken, so dass dauernd lebhaftes Sieden des Kolbeninhaltes stattfindet. Ein Verspritzen der Flüssigkeit ist nun nicht mehr zu besorgen, selbst wenn lebhaftes Stossen eintritt. Man erhitzt nun so lange weiter, bis der stetig heller werdende Kolbeninhalt völlig farblos erscheint. (Bei Gegenwart von Eisen ist die Flüssigkeit im heissen Zustande schwach gelblich, beim Erkalten aber farblos. Bei Gegenwart gewisser Metallsalze, z. B. von Cu, Mn, Ni, ist absolute Farblosigkeit natürlich nicht zu erzielen.) Man lässt nun erkalten und schichtet vorsichtig kaltes Wasser über die Flüssigkeit, bis das Kölbchen reichlich zur Hälfte gefüllt ist und schwenkt nun erst um. Es tritt starke Erwärmung ein, doch ist Spritzen nicht zu besorgen. Man lässt nun wiederum erkalten und führt die Flüssigkeit in einen Destillationskolben von 800—1000 ccm Fassungsraum über unter Nachspülen mit einer Spritzflasche, die eine im Winkel nach oben gebogene Ausflussspitze hat. Zeigt sich im Kolben eine Ausscheidung von gelbem basischem Merkurisulfat, so bringt man diese durch Erwärmen mit verdünnter Schwefelsäure in Lösung und giebt diese gleichfalls in den Destillationskolben. Zu dem Inhalt des letzteren giebt man soviel Wasser, dass das Gesammtvolumen etwa 250 ccm beträgt. Dann setzt man hinzu: 1 Messerspitze *Zincum raspatum*, ein linsengrosses Stück *Paraffinum solidum*, 10 ccm Natriumsulfidlösung (200 g $Na_2S + 9 H_2O$ in 1 l) und soviel 30proc. Natronlauge[1]) (ca. 80 ccm), dass die Flüssigkeit deutlich alkalisch ist. Lässt man die Natronlauge langsam an der Kolbenwandung hinabfliessen, so sinkt sie zu Boden und mischt sich vorläufig nicht mit der sauren Flüssigkeit. Ein Verlust an Ammoniak ist also nicht zu besorgen. Den so vorbereiteten Kolben schliesst man sogleich an den Bd I, S. 258 angegebenen Ammoniak-Destillationsapparat an. Vorher hatte man schon eine solche Menge $\frac{N}{4}$-Schwefelsäure (z. B. 40 ccm) vorgelegt, dass zu Ende des Versuches ein Ueberschuss von mindestens 10 ccm vorhanden ist. Dann mischt man den Kolbeninhalt durch sanftes Schwenken, wärmt ihn mit kleiner Flamme an, führt die Destillation wie Bd I, S. 258 angegeben ist, zu Ende und titrirt den Ueberschuss der Schwefelsäure mit $\frac{N}{4}$-Natronlauge und Congoroth als Indikator zurück.

Blinder Versuch. Da man mit grossen Mengen von Reagentien arbeitet, welche gewöhnlich kleine Mengen von Stickstoff enthalten, so ermittelt man diese durch einen blinden Versuch, d. h. man verdünnt 20 ccm konc. Schwefelsäure mit Wasser auf 200—250 ccm, fügt 80 ccm 33proc. Natronlauge, ferner 10 ccm Natriumsulfidlösung hinzu und destillirt nun genau wie vorher unter Vorlegung von 20 ccm $\frac{N}{4}$-Schwefelsäure. Durch Zurücktitriren mit $\frac{N}{4}$-Natronlauge findet man die durch etwa übergegangenes Ammoniak gebundene Schwefelsäure. In der Regel entspricht diese Menge = $^1/_{10}$ ccm $\frac{N}{4}$-Schwefelsäure.

**B.** Ausführung der Bestimmung in Nitraten. Nach Förster, Chem. Ztg. 1889, 229. Je nach dem Stickstoffgehalt der Substanz bringt man 0,5—1,5 g feingepulvert in den Zersetzungskolben. Hierzu giebt man 15 ccm Phenolschwefelsäure[2]) und schwenkt ohne Unterbrechung so lange um, bis man wahrnehmen kann, dass das vorhandene Nitrat vollständig gelöst ist. Dies kann trotz feiner Vertheilung z. B. bei Kalisalpeter 20 Minuten dauern; bei Natronsalpeter genügt kürzeres Umschwenken. Hierauf setzt man unter Umschwenken 1—2 g feingepulvertes Natriumthiosulfat zu. Dieses löst sich unter Abscheidung von Schwefel und Entwickelung von schwefliger Säure. Man fügt nunmehr 10 ccm reine konc. Schwefelsäure zu, indem man mit diesen den Hals des Kolbens etwas nachspült, bringt 0,5 g metallisches Quecksilber hinzu und erhitzt die Flüssigkeit in der nämlichen Weise, wie unter A. angegeben ist. Die Zerstörung nimmt hier etwas längere Zeit in Anspruch wegen des vorhandenen Phenols, das gleichfalls zerstört werden muss. Nach erfolgter Zerstörung verfährt man genau wie bei A. angegeben, hat aber zu beachten, dass man bei diesem Verfahren vor der Destillation eine entsprechend grössere Menge Natronlauge zuzusetzen hat, da ja auch eine grössere Menge Schwefelsäure angewendet wurde.

**4)** Nach **Ulsch.** Zur Bestimmung des Stickstoffes in Nitraten ist die Kjeldahl'sche Methode fast vollständig durch die einfachere von Ulsch verdrängt worden. Man findet sie auf S. 205 des II. Bandes.

[1]) Man bestimmt die zur Neutralisation erforderliche Menge Natronlauge ein für alle Male, indem man 20 ccm der benutzten Schwefelsäure mit Wasser verdünnt und nach Zusatz von etwas Congoroth aus einem Maasscylinder von der zu benutzenden Natronlauge bis zur sehr deutlichen Rothfärbung zufügt. Man setzt alsdann bei jedem Versuche stets die gleiche Menge Natronlauge zu.

[2]) Phenolschwefelsäure. Man löst 6 Th. reines Phenol in 100 Th. konc. reiner Schwefelsäure.

**Umrechnung des Stickstoffs auf Proteïn.** Um aus dem gefundenen Stickstoff das Eiweiss (Proteïn) zu berechnen, multiplicirt man die gefundene Stickstoffzahl mit dem Faktor 6,25, wenn nicht ein anderer Faktor ausdrücklich angegeben wird. Vergl. *Lac*, S. 259 des II. Bandes.

---

**Alinit** ist ein für alle Getreidearten bestimmtes Düngemittel, welches ein aërobes Bacterium, den *Bacillus Ellenbachensis alpha* Caron und zwar als ovoïde Dauerform enthält. Dieser Bacillus soll befähigt sein, den atmosphärischen Stickstoff in eine für die Halmfrüchte verwerthbare Stickstoffverbindung umzuwandeln. Entdecker ist der Rittergutsbesitzer Caron auf Ellenbach. Nach Stoklasa ist dieser Bacillus identisch mit *Bacillus megatherium* De Bary.

**Nitragin.** Unter diesem Namen werden Kulturen der zu den Wurzeln der Leguminosen in symbiotischem Verhältniss lebenden stickstoffsammelnden Bacterien *(Rhizobium Leguminosarum = Bacterium radicicola)* als Düngemittel in den Handel gebracht. Auch diese besitzen die Fähigkeit, den atmosphärischen Stickstoff in eine für Pflanzen verwerthbare Form zu bringen.

## II. Nitrogenium oxydulatum. Stickstoffoxydul. Stickoxydul. Azotprotoxyd. Lustgas. Lachgas. Gas hilarant. Gas nitrogenosum. $N_2O$. Mol. Gew. = 44.

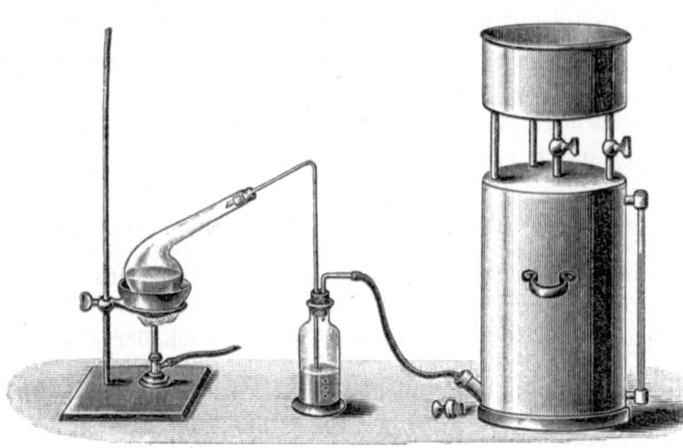

Fig. 54.

***Darstellung.*** In eine Retorte von etwa 800 ccm Fassungsraum bringt man 100,0 g reines Ammoniumnitrat. Diese Retorte stellt man schräg aufgerichtet in ein Sandbad und verbindet sie mit einer Waschflasche, welche dünne Kalilauge enthält. Man heizt nun das Sandbad an. Bei ca. 160° C. schmilzt das Ammoniumnitrat, bei ca. 170° C. beginnt es sich zu zersetzen im Sinne der Gleichung $NO_3NH_4 = 2H_2O + N_2O$. Bei 240° C. ist diese Zersetzung eine sehr lebhafte, weiter hinaus ist sie sehr stürmisch, es treten Stickoxyd, Stickstoff und Ammoniak auf und die Lebhaftigkeit kann sich bis zur Explosion (!) steigern. Es kommt also darauf an, die Erhitzung langsam einzuleiten und nicht über 240° C. hinausgehen zu lassen. Zu diesem Zwecke setzt man in das Sandbad ein Thermometer ein und heizt das Sandbad so, dass dessen Temperatur nicht über 245° C. hinausgeht. Um etwa entwickelte Stickoxyde zu beseitigen, kann man hinter die hier gezeichnete Waschflasche mit Kalilauge noch eine zweite einschalten, welche eine 10 procentige Ferrosulfatlösung enthält. Sobald die Gasentwicklung in gutem Gange ist, bringt man das Gasableitungsrohr in den unteren Tubus des mit Wasser vollständig angefüllten Gasometers. 100 g Ammoniumnitrat geben etwa 25 Liter Stickoxydul (Fig. 54). Wegen der relativ leichten Löslichkeit des Stickoxyduls in Wasser pflegte man früher das gewaschene Stickoxydul auch in Kautschuksäcken aufzufangen und aufzubewahren.

Zur Zeit ist komprimirtes Stickoxydul in druckfesten Stahlflaschen im Handel; man wird also, wenn irgend thunlich, das Stickoxydul nicht selbst darstellen, sondern kaufen.

***Eigenschaften.*** Ein farbloses Gas von schwachem, angenehmem Geruche und süsslichem Geschmacke. Spec. Gew. = 1,524 (Luft = 1,0). 1 Liter wiegt bei 0° C. und 760 mm B. = 1,9686 g. Bei 0° C. wird es durch einen Druck von 30 Atmosphären zu einer Flüssigkeit verdichtet, die bei — 89,8° C. siedet und bei — 102° C. erstarrt. In kaltem Wasser ist es ziemlich leicht löslich. Stickstoffoxydul unterhält die Verbrennung in ähnlicher Weise wie Sauerstoff. Mit Sauerstoff oder Luft gemischt eingeathmet, erzeugt es einen rauschartigen Zustand, in grösseren Mengen eingeathmet, Bewusstlosigkeit.

***Anwendung.*** Man inhalirt Stickstoffoxydul mit Luft oder Sauerstoff gemischt (1 Vol. Stickstoffoxydul, 4 Vol. Sauerstoff) bei Angina pectoris, Asthma bronchiale, Hustenparoxysmen, bei Aneurysma aortae, wo es wesentliche Milderung der Beschwerden bewirkt. Als Anästheticum für Zahnoperationen. Im Durchschnitt werden bis zum Eintritt der Bewusstlosigkeit 10—16 Liter Gas verbraucht. Die Dauer der Bewusstlosigkeit beträgt 1—3 Minuten.

**Aqua azotica oxygenata. Stickoxydulwasser.** Ist destillirtes Wasser, welches mit Stickoxydul gesättigt ist. Es wird als Diureticum und gegen Hypochondrie angewendet.

---

# Nutrimenta.

**Nutrimenta. Nährmittel. Nährpräparate.**

***Allgemeines.*** Unter „Nährmitteln" versteht man im Gegensatz zu „Nahrungsmitteln", unter welchem Namen man bekanntlich alle irgendwie zur menschlichen Nahrung verwendbaren Stoffe zusammenfasst, nur solche Präparate, die einzelne oder mehrere Nährstoffgruppen in höherer Koncentration oder leichter resorbirbarer Form enthalten, als die Nahrungsmittel und die aus diesen bereiteten Speisen.

So alt auch die Versuche sein mögen, unsere gewöhnlichen Nahrungsmittel in eine koncentrirtere Form zu bringen, so mangelte ihnen doch die rationelle Basis, bevor nicht die Physiologie die Rolle der einzelnen Nährstoffgruppen mit einiger Sicherheit erkannt hatte. Erst mit den Entdeckungen Liebig's brach sich die Erkenntniss davon allmählich Bahn, und Pettenkofer gab die Vorschrift zur Bereitung des ersten und lange Zeit einzigen Nährmittels, des Fleischextrakts, dessen Fabrikation auf Liebig's Anregung von der Liebig's extract of meat company in Frey Bentos bald im Grossen betrieben wurde. Allein infolge der damals noch bestehenden Unkenntniss der nicht coagulirenden Eiweissstoffe übersah man den Nährstoffgehalt dieses Fabrikats und ging darauf aus, das Präparat zu verbessern. Der damaligen Ansicht folgend, dass das Eiweiss nur als Pepton die Wände des Verdauungstraktus durchdringen könne, suchte man Peptone darzustellen. Dieselben erwarben sich aber infolge ihres bitterlichen, leicht Ekel erregenden Geschmacks wenig Freunde. Die Fortschritte der Industrie waren deshalb nur geringe und bestanden hauptsächlich in besserer Präparation der Pflanzen-, namentlich der Leguminosenmehle. Erst die Arbeiten Kühne's und seiner Schüler in den achtziger Jahren des 19. Jahrhunderts, die die Bedeutung der Albumosen für die Eiweissresorption klarlegten, brachten wieder einen neuen Anstoss, der, noch verstärkt durch die Entdeckung der löslichen Kaseinverbindungen, die gesammte Nährmittelindustrie zu hoher Entwickelung brachte.

***Allgemeine Darstellungsweisen.*** Da die eiweisshaltigen Nährmittel der Natur der Sache nach weitaus die wichtigsten sind, so handelt es sich meistens darum, das Eiweiss der Rohprodukte von den begleitenden, minderwerthigen Substanzen zu trennen. Selten enthält das Ausgangsmaterial ursprünglich wasserlösliches Albumin oder lösliche, physiologisch gleichwerthige Umwandlungsprodukte des Eiweisses in solcher Menge, dass einfache Digestion mit Wasser und nachherige Koncentration der Lösung oder Fällung daraus zum Ziele führte, sondern das Eiweiss muss gewöhnlich erst in lösliche Form übergeführt werden. Hierzu führen verschiedene Wege, und zwar im allgemeinen folgende:

1) Behandlung mit Verdauungsenzymen und zwar je nach Anwendung von Pepsin in schwach saurer oder von Darmenzymen in schwach alkalischer Lösung. Produkt: Albumosen.

2) Erhitzen mit gespannten Wasserdämpfen. Produkt: Albumosen, aber meistens mit unangenehmen Reizwirkungen (Durchfall) behaftet, wie z. B. die Atmidalbumosen.

3) Erhitzen mit Säuren unter normalem oder erhöhtem Druck. Die Produkte sind verschieden, je nach Stärke der Säure und Höhe der Temperatur. Schwächste Einwirkung erzeugt Acidalbumin, stärkere Albumosen, noch kräftigere Peptone.

4) Behandlung mit Alkalien oder Karbonaten derselben. Produkt: Alkalialbuminate und lösliche Salze des Kaseins etc.

Umgekehrt ist zu verfahren, wenn es gilt, mit anderen Stoffen zusammen in Lösung vorhandenes Eiweiss von diesen zu trennen. Man coagulirt dann, wenn möglich, durch Hitze oder fällt durch indifferente Mittel, wie Alkohol etc. Das in der Milch in stark gequollenem Zustand suspendirte Caseïn fällt man mit schwachen Säuren, um es dann auf eine der oben angegebenen Weisen wieder löslich zu machen.

***Klassifikation.*** Man kann die verschiedenen Nährmittel zweckmässig in folgende Gruppen bringen.

1) Fleischextrakte, die neben dem nährenden Eiweiss noch den grössten Theil der dem Rohstoff eigenthümlichen Basen (Kreatin, Kreatinin etc.) und Salze (namentlich Kalisalze) enthalten und deshalb eine stark nervenerregende Wirkung besitzen.
2) Vorwiegend Peptone enthaltende, jetzt wenig mehr in Gebrauch.
3) Vorwiegend Albumosen enthaltende, peptonfreie.
4) Alkaliverbindungen der Eiweisskörper.
5) Unlösliches Eiweiss enthaltende.
6) Die Ernährung mit mehreren Nährstoffgruppen anstrebende.
7) Nichteiweissnährmittel.

Eine erschöpfende Aufzählung der einzelnen Nährmittel zu geben, ist bei dem manchmal nur vorübergehenden Auftreten derselben auf dem Markt unmöglich; in der folgenden Uebersicht sind die bekannter gewordenen nach der oben gegebenen Eintheilung zusammengestellt:

***Gruppe 1.*** a) **Fleischextrakte.** Dieselben haben im Laufe der Zeit eine mannigfache Wandlung durchgemacht. Die alte PETTENKOFER'sche Vorschrift dampft die heiss gewonnene Fleischbrühe bis zur Extraktkonsistenz ein, das Produkt kann deshalb nur die im natürlichen Fleisch enthaltenen nicht coagulirbaren Eiweisskörper enthalten, also etwa 12 Proc. der in Lösung gegangenen Substanz. Man suchte deshalb den Nährstoffgehalt zu erhöhen, indem man bei der Extraktion zugleich chemische Mittel anwandte, um das unlösliche Eiweiss in Pepton überzuführen. Diese Mittel führten aber, wie sich später herausstellte, grösstentheils nur zu Albumosen.

LIEBIG's, KEMMERICH's und KOCH's Fleischpepton sind Extrakte, die den Haupttheil des Eiweisses in Form von Albumosen, daneben aber auch Peptone enthalten, die ihnen den wenig angenehmen Geschmack verleihen.

Bovril ist ein in England fabricirtes Extrakt, dem zur Erhöhung des Nährwerthes etwas Fleischmehl (den Rückständen von der Extraktion) zugesetzt ist.

Toril, von der Torilgesellschaft in Altona dargestellt, ist mit ca. 15 Proc. Albumosen versetzt.

b) **Fleischsäfte und verflüssigtes Fleisch.** Sie sind hauptsächlich in England und Amerika in Gebrauch und von sehr verschiedenem Werth. Die wirklich guten sind ihres hohen Preises wegen nur für Krankenbehandlung geeignet.

LEUBE-ROSENTHAL'sche Fleischsolution wird durch vorsichtige Behandlung von rohem Fleisch mit Salzsäure gewonnen und enthält das Eiweiss zum grössten Theil in Form von Acid-Albumin.

VALENTINE's meat juice, ein amerikanisches Präparat, ist durch milde Säurebehandlung von Fleisch dargestellt, enthält neben Albumosen noch Peptone. Neuerdings vermeidet man die Peptonbildung nach Möglichkeit.

Puro, ein deutscher Fleischsaft, enthält neben den nervenerregenden Extraktivstoffen des Fleisches ca. 30 Proc. Albumosen.

Carno etwa 12 Proc. lösliches Eiweiss als Albumosen, daneben natürlich die Extraktivstoffe des Fleisches.

***Gruppe 2.*** Die **Peptone** sind eigentlich als Nährmittel nur mehr von geschichtlicher Bedeutung. Denn abgesehen von dem widerlichen Geschmack, der vielleicht durch Zusätze zu übertönen wäre, hat man in der Neuzeit die physiologische Gleichwerthigkeit dieser Stoffgruppe mit dem genuinen Eiweiss und den Albumosen, oder, wie man sie früher nannte, Propeptonen stark in Zweifel gezogen. Man erhält sie schon durch Einwirkung von geringen Säure- oder Alkalimengen auf Albumosen, so dass sie auch bei zu weit gehender Behandlung mit Enzymen entstehen, namentlich wenn zum Schluss behufs Abscheidung coagulirbaren Eiweisses zu hoch erhitzt wird.

DENAYER's, WITTE's und ADAMKIEWICZ's Pepton sind auf solche Weise durch Pepsinverdauug,

MERCK's Pepton durch Pankreasverdauung,
Pepton Antweiler durch Papaïn (dem Enzym von Carica Papaya L.) hergestellt.

***Gruppe 3.*** Die Nachtheile der Peptonpräparate liessen es wünschenswerth erscheinen, die Umwandlung des Eiweisses bis zu dieser Stufe zu vermeiden und Nährmittel darzustellen, die davon vollständig frei sind, dabei aber die Nährstoffe in wasserlöslicher, durch Hitze nicht coagulirbarer Form enthalten, d. s. die albumosereichen, peptonfreien Präparate. Da man den Albumosen neben der nährenden auch eine appetiterregende, tonische Wirkung zuschreibt, erscheinen sie geeignet, die in vielen Fällen zu stark erregenden Fleischextrakte zweckmässig zu ersetzen, umsomehr, da sie vollständig geschmacklos sind und sich deshalb für längeren Gebrauch eignen.

Somatose ist ein aus Fleisch nach einem nicht bekannten Verfahren hergestelltes pulverförmiges Albumosenpräparat.

Milchsomatose, aus Milch durch Erhitzen mit schwachen organischen Säuren bis nahe an 100° dargestellt, besteht fast aus reinen Albumosen.

Nährstoff HEYDEN wird wahrscheinlich als Nebenprodukt bei der Albuminpapierfabrikation aus dem abfallenden Eigelb gewonnen und ist ein Gemisch von Acidalbumin mit Albumosen.

Auch Rohstoffe vegetabilen Ursprungs dienen zur Fabrikation solcher Nährmittel. Namentlich die billige Hefe, die in den Bierbrauereien täglich in grösseren Mengen gewonnen wird, ist dazu verwandt worden, indem man sie mit Enzymen behandelte.

Bios ist ein solches, durch künstliche Verdauung von Hefe in Belgien, Carnos ein ebensolches in England dargestelltes Präparat. Die Details der Darstellung sind unbekannt.

***Gruppe 4.*** Die Darstellung von Alkaliverbindungen der Eiweisskörper hat eine grosse Bedeutung erlangt, seit man die löslichen Alkalisalze des Kaseins entdeckt hat, weil es dadurch gelungen ist, den Eiweissgehalt der Milch in fester, dabei aber leicht löslicher Form zu gewinnen und so der Magermilch, die in grossen Mengen auf den Markt kommt, zu zweckmässigerer Verwerthung zu verhelfen. Solche Salze sind:

Eukasin ist Kaseinammonium.

Nutrose ist Kaseinnatrium,

Plasmon oder SIEBOLD's Milcheiweiss ist ebenfalls Caseïnnatrium, nur auf andere Weise dargestellt, nämlich durch Vermischen von feuchtem Caseïn mit Natriumbikarbonat.

Sanatogen ist glycerinphosphorsaures Kalkcaseïn.

Natürlich muss der Gehalt solcher Fabrikate an Alkali, vor allem an flüchtigem, wie im Eukasin, in Verbindung mit so schwachen Säuren, als Nachteil angesehen werden, da er durch Neutralisation der Magensalzsäure eventuell schädlich wirken kann. Die Chem. Fabrik auf Aktien vorm. E. SCHERING hat deshalb ein Milchnährmittel hergestellt, das von diesem Fehler frei sein soll; die

Sanose ist ein Gemisch von Kasein mit Albumosen; letztere verhüten die flockige Gerinnung des Kaseins im Magen.

***Gruppe 5.*** Während die grosse Mehrzahl der Eiweissnährmittel für Krankenernährung bestimmt ist, also auf die schnelle Resorptionsfähigkeit der integrirenden Bestandtheile bei der Fabrikation besonderes Gewicht gelegt werden muss, sind auch Nährmittel in den Handel gebracht worden, die den Zweck haben sollen, den Eiweissgehalt der täglichen Kost zu erhöhen und so die Ernährung des Mannes aus dem Volke zu einer kräftigeren zu gestalten. Hier kam es weniger auf die Löslichkeit, als auf den billigen Preis des Eiweisses an. Die erste Erscheinung auf diesem Gebiete war:

Carne pura, gereinigtes Fleischmehl aus den Fleischextraktfabriken. Dasselbe hat sich jedoch keiner grossen Beliebtheit zu erfreuen gehabt.

In dem letzten Jahrzehnt hat COSINERU ein Verfahren gefunden, mittelst dessen es gelingt, allerlei billige Eiweissstoffe, die des Geschmacks der Rohprodukte wegen sonst nicht zu verwerthen waren, in nahezu geschmacklosem Zustande zu gewinnen. Dasselbe besteht darin, dass man das Material (Sehnen, Knorpel, Rückstände der Fischkonservenfabrikation, aber auch vegetabile Rohstoffe mit oxydirenden Substanzen wie Kaliumchlorat, Calciumhyposulfit, Wasserstoffsuperoxyd oder dergl.) kocht, bis alle üblen Geschmacks- und Riechstoffe, ja selbst die giftigen Ptomaïne zerstört sind. Das Produkt bildet ein gelbliches, in Wasser kaum lösliches Pulver von etwas leimartigem Geruch und Geschmack.

Tropon ist nach einem solchen Verfahren aus Fleisch- und Pflanzenmehl hergestellt.

Nährsalz Tropon stellt eine Mischung desselben mit im Organismus vorkommenden Salzen, namentlich Phosphaten dar.

Soson wird ebenfalls aus Fleischmehl durch oxydirende Behandlung und nachherige Extraktion mit Alkohol unter Druck gewonnen.

Globon ist ein Kaseinpräparat, das nach seinem Erfinder durch Behandeln von Caseïn mit Natron entsteht, also der Nutrose verwandt sein würde, dennoch aber unlöslich.

Tropon, Soson, Globon haben den Stickstoffgehalt von Eiweisskörpern, scheinen also wenig andere Substanzen zu enthalten. Der bereits erwähnte Leimgeruch und -Geschmack scheint nicht allein von kleinen Leimmengen, sondern auch von Oxydationsprodukten des Eiweisses (Oxyproteïn, Peroxyprotsäure) herzurühren.

***Gruppe 6.*** Hierher gehören vor allem die eine Universalernährung anstrebenden

Kindernährmittel, also Präparate, die sämmtliche Nährstoffgruppen enthalten müssen, zugleich aber leicht verdaulich sein sollen. Die Kuhmilch besitzt die erstere Eigenschaft in genügendem Maasse, der Verdauung jedoch ist sie schwer zugänglich, weil das Kuhkasein im Magen in grossen Flocken gerinnt und dem Säugling Beschwerden verursacht. Man suchte diesem Uebelstande zunächst auf mechanischem Wege zu begegnen, indem man der Milch Wasser und leicht verdauliche Mehle zusetzte. Eine solche Mischung ist die

LIEBIG'sche Suppe. Sie besteht aus Malzmehl, Milch und Wasser (s. S. 340).

Zur grösseren Bequemlichkeit der Aufbewahrung etc. hat man dann Milch mit dextrinirten Pflanzenmehlen zur Trockne gedampft und das Produkt wieder in Pulverform gebracht. Solche Kindermehle sind:

NESTLE's, KUFECKE's, RADEMANN's Kindermehl, Milchpulver Ideal, MELLIN's food etc.

Alle Kindermehle enthalten zu wenig Eiweiss und sind deshalb als Ersatzmittel der Muttermilch auf längere Zeit nicht verwendbar, auf kürzere aber in manchen Fällen von gewissem Werth, z. B. in Fällen vorübergehender Indisposition der Mutter.

Um die Muttermilch vollständig zu ersetzen, griff man daher wieder zur reinen Kuhmilch zurück, der man durch besondere Präparation ihre unangenehmen Gerinnungseigenschaften zu nehmen suchte.

GÄRTNER'sche Fettmilch ist eine nach dem Patent von Professor GÄRTNER ihres Kaseingehaltes theilweise beraubte Kuhmilch, aber mit dem Kasein ist natürlich auch ein Theil der Phosphorsäure verschwunden, was aber unbedenklich ist, da die Kuhmilch ungefähr 5mal soviel Phosphorsäure in der Trockensubstanz enthält als die Frauenmilch; ebenso verhält es sich mit den übrigen Aschebestandtheilen.

BACKHAUS' Kindermilch ist Kuhmilch, deren Kasein durch Behandlung mit Trypsin gelöst ist. Sie enthält also alle Bestandtheile des Rohmaterials. Nach den bisherigen Erfahrungen ist der Unterschied in der Zusammensetzung nicht von nachtheiligem Einfluss auf die Säuglinge.

Den Kindernährmitteln reihen sich die Präparate an, die neben Eiweiss noch andere Nährstoffgruppen als intergrirende Bestandtheile enthalten. Namentlich hat man die Ernährung mit gewissen anorganischen Nährstoffen, die bei manchen Krankheiten dem Menschen fehlen, dabei im Auge gehabt. Ein solcher Nährstoff ist unter anderem das Eisen, dessen Mangel Blutarmuth, Anämie etc. veranlasst.

***Eisenhaltige Eiweissnährmittel.*** Ueber die Resorption des Eisens im Organismus sind die Ansichten der Physiologen sehr verschieden. Die einen halten noch an der alten Ansicht fest, dass auch anorganische Eisensalze aufgenommen werden — von ihrem Standpunkt aus sind eisenhaltige Nährmittel überflüssig —, die anderen behaupten, dass nur die komplicirten in der Natur vorkommenden Eisennukleïne dazu geeignet seien, dem Körper Eisen zuzuführen, ein dritter Theil endlich verlangt so feste organische Bindung des Eisens, dass es durch die Magensalzsäure nicht abgespalten werden kann. So giebt es den beiden letzgenannten Theorien entsprechend noch zweierlei Eisennährmittel, nämlich:

Aus Blut hergestellte Präparate, deren Grundlage meistens defibrinirtes Blut ist. So besteht

Haematogen HOMMEL aus defibrinirtem, eingedicktem Blut mit Zusatz von Glycerin und Wein.

THEUER's blutbildendes Präparat ist ebensolches Blut, hauptsächlich mit Vanillin als Geschmackskorrigens versetzt.

MERCK's Hämoglobin in lamellis,

Haemoglobin RADLAUER und NARDI,

Haematin besitzen feste Form, das Blut ist also zur Trockne gedampft. Der Eisengehalt aller dieser Präparate ist, dem Rohmaterial entsprechend, ein sehr geringer. Als

Künstliche Eisenpräparate zur Bindung des Eisens werden meist irgendwelche Eiweissnährmittel benutzt, die in Eisenlösungen leicht einen Theil des Metalls binden.

Eisensomatose ist Somatose.

Ferratin und

Ferratose sind andere mit Eisensalzen behandelte Nährmittel mit solch fester Bindung in der Molekel, dass Bildung von Eisenchlorid im Magen nicht stattfindet, die damit verbundenen Schädigungen: Magendrücken, Verstopfung etc. also vermieden werden.

***Malzpräparate*** enthalten ebenfalls mehrere Nährstoffgruppen, wenn auch das Eiweiss meistens gegen die leicht lösliche Maltose sehr zurücktritt.

HOFF'scher Malzextrakt ist eines der ersten, in weiteren Kreisen bekannter gewordenen Fabrikate, nach der Versicherung des Fabrikanten durch Eindampfen von Bierwürze gewonnen.

SCHERING's Malzextrakt erfreut sich auch heute noch einer gewissen Beliebtheit. Er wird auch mit Zutatz von Kalk und Eisen in anorganischer Form dargestellt.

Wie oben bemerkt, ist der Eiweissgehalt ein geringer; die Malzpräparate bilden gewissermassen den Uebergang zu

***Gruppe 7.*** **Nichteiweissnährmittel.** Die ungeheure Zahl der Eiweissnährmittel im Verhältniss zu den hier aufzuführenden Präparaten erklärt sich von selbst, wenn man den eigentlichen Zweck der Nährmittel ins Auge fasst, den der Krankenernährung. Hier gilt es entweder mit möglichst wenig Masse die verbrauchten Stoffe zu ersetzen, oder bei stark abgemagerten Personen möglichst viel neue Substanz zu schaffen. Um die Erzeugung von Muskelkraft durch Kohlenhydrate oder Wärme durch Fett handelt es sich nur selten, und diese Nährstoffe finden sich anderseits in der Natur in so reiner und leicht zu gewinnender Form, dass dazu die Mittel der chemischen Technik unnöthig sind.

Kohlehydrathaltige Nährmittel sind vor allem die Zuckerarten. Der Rohrzucker bildet ein allgemeines Genussmittel, so dass wir nicht daran denken, ihn hier einzureihen; allenfalls wäre die

Laevulose als Nährmittel für Diabetiker zu nennen, da dieselbe nicht wie die Dextrose im Harn des Patienten wieder erscheint.

Fettnährmittel: Als Prototyp eines solchen muss die Butter angesehen werden, da sie bei guter Verdaulichkeit vor allem die Ansprüche an den Geschmack vollständig befriedigt. Die Fettresorption erfolgt nach der Ansicht der Physiologen in der Weise, dass das Fett, wenn es keine freien Fettsäuren enthalten sollte (was bis jetzt noch von keinem natürlichen Fett nachgewiesen ist), durch Enzyme theilweise gespalten wird und so die Eigenschaft erlangt, mit dem Natriumkarbonat der Darmflüssigkeit äusserst feine Emulsionen zu bilden, die direkt durch die Darmwand hindurchgehen und so in das Blut gelangen. Um also die Verdaulichkeit eines Fettes zu erhöhen, wären freie Säuren zuzusetzen. Dies ist der Fall in dem

Lipanin von MERING. Es besteht aus Speiseöl mit ca. 6 Proc. freier Oelsäure.

Auch die Leberthrane enthalten viel freie Fettsäuren; ihr Zweck ist aber schon mehr der, dem Organismus ein Heilmittel, das Jod, zuzuführen. Ebenso die

Jodfette. Diese synthetisch dargestellten Fettpräparate enthalten weit mehr Jod als der Leberthran und dienen demselben Zweck.

***Anorganische Nährmittel*** giebt es nur wenige, seit sich die Ueberzeugung immer mehr Bahn gebrochen hat, dass die Aschenbestandtheile nur in ihrer organisirten Form aufgenommen werden, eine Form, die wir aber noch sehr wenig kennen. Im Pflanzen- und Thierkörper sind die eiweissreichsten Organe stets auch verhältnissmässig reich an Asche, so dass wir bei der natürlichen Ernährung, wo wir vorzugsweise diese Theile benutzen, jederzeit genügend mineralische Nahrung aufnehmen. Deshalb hält man auch die natürlichen Eiweissverbindungen der anorganischen Bestandtheile des Körpers für die wichtigsten Aschelieferanten. Wie man sie in Bezug auf das Eisen nachzuahmen versucht, ist bereits oben unter Gruppe 6 erwähnt. Als Phosphornährmittel sind eventuell die Kaseinsalze zu betrachten.

Zu dieser Gruppe würden zu rechnen sein die LAHMANN'schen Pflanzennährsalze, d. h. Extrakte aus Gemüsen, welche dem Körper anorganische Salze zuführen sollen. Vielleicht könnte man zu ihnen auch rechnen die HENSEL'schen physiologischen Salze, wenn H. sich entschliessen könnte, diese Präparate nach ihrer Zusammensetzung bekannt zu geben.

---

# Nymphaea.

Gattung der **Nymphaeaceae.**

**I. Nymphaea alba Presl.** Heimisch im mittleren Europa. Rhizom auf dem Grunde des Wassers kriechend. Laubblätter langgestielt, elliptisch oder kreisrund, am Grunde herzförmig mit lanzettlichen Nebenblättern. Blüthen weiss. 4 Kelchblätter, Kronblätter zahlreich. Die zahlreichen Staubblätter dem mehr oder weniger kugligen Fruchtknoten aufsitzend, letzterer mit 8—24 meist gelben Narbenstrahlen.

Man verwendete früher **Radix, Flores** und **Semen Nymphaeae (Fleurs de Nénuphar blanc** Gall.). Das Rhizom wird zuweilen seines Gerbstoffgehaltes wegen technisch verwendet. Es enthält an Stärke das Rhizom 20,18 Proc., die Wurzel 4,9 Proc., die Samen 47,09 Proc., an Glukose das Rhizom 6,25 Proc., die Wurzel 5,72 Proc., die Samen 0,94 Proc., an Gerbstoff im Rhizom 10,04 Proc., in der Wurzel 8,73 Proc., im Samen 1,10 Proc. Der Gerbstoff führt den Namen Tannonymphaein $C_{50}H_{52}O_{36}$, in Aether löslich, ausserdem Nymphaeaphlobaphen $C_{56}H_{45}C_{36}$, in Aether unlöslich und ein dem Nupharin (vergl. unten) ähnliches Glukosid.

**II. Nymphaea rubra Roxb.** Im südöstlichen Asien, findet gegen Blutungen Verwendung. Man benutzt die Wurzeln und die Blüthen.

**III. Nymphaea stellata Willd.** Heimisch in Südostasien und in Australien. Die Rhizome werden gegessen, ebenso die Samen von **Victoria regia Lindl.** und **Nymphaea Cruziana d'Orb.**, beide in Brasilien. Die Blätter von **N. ampla DC. var. speciosa Casp.** verwendet man bei Lepra, von **N. Rudgeana Meyer** bei Erysipel und ebenfalls bei Lepra. Ein Dekokt der Wurzel von **N. Gardneriana Planchon** gegen Dysenterie. Alle diese ebenfalls in Brasilien.

**IV. Nuphar luteum Smith.** Heimisch in Europa. Rhizom auf dem Grunde des Wassers wurzelnd. Laubblätter langgestielt, Blattstiel am Grunde scheidig erweitert. Blätter herzförmig oval. Blüthen gelb, wohlriechend. Kelchblätter 5, dick, korollinisch, grösser wie die Kronblätter. Staubblätter zahlreich, durch Zwischenformen mit den Kronblättern verbunden. Narbenscheibe zehn- bis zwanzigstrahlig.

Lieferte **Radix et Flores Nymphaeae luteae (Rhizome de Nénuphar jaune** Gall.). Aus den Blüthen bereitet man im Orient ein Getränk. Die Rhizome dienen zuweilen zum Gerben. Sie enthalten 2,27 Proc. Gerbstoff, 18,70 Proc. Stärke, 5,93 Proc. Glukose und zu 0,44 Proc. ein Alkaloid Nupharin.

**V. Nelumbo nucifera Gaertner.** Von Japan bis Australien, westlich bis zum kaspischen Meer. In Aegypten eingeführt (Lotosblume der Aegypter). Die Früchte, die von angenehmem Geschmack sind, werden gegessen, ebenso das Rhizom, aus dem man Stärkemehl gewinnt. In Indien verwendet man auch die Blüthen medicinisch.

# Nyssa.

Gattung der **Cornaceae.**

**Nyssa aquatica L.** Heimisch in Nordamerika von Carolina bis Florida. **„Tupelo“.** Aus dem ausserordentlich weichen Wurzelholz dieser Art, vielleicht auch der **Nyssa grandidentata** werden „Quellmeissel“ nach Art der Laminariastifte gemacht, indem man Cylinder daraus schneidet und diese auf $^1/_4$ bis $^1/_5$ zusammenpresst. In die Wunde gebracht, quellen sie dann auf. Sie sollen sich vor den Laminariastiften durch ihre Festigkeit und Glätte auszeichnen, weshalb sie leichter in die Wundkanäle eingeführt werden können. —

Das Holz besteht vorwiegend aus weitlichtigem und dünnwandigem Libriform, in dem Gefässe mit leiterartig durchbrochenen Querwänden nur spärlich vorkommen. Die Markstrahlen sind eine Zellreihe breit, sie führen Stärkemehl.

---

# Ocimum.

Gattung der **Labiatae — Ocimoideae — Moschosminae.**

**I. Ocimum Basilicum L.** Heimisch in den wärmeren Theilen Asiens und Afrikas und in zahlreichen Varietäten kultivirt. Einjährig, mit entfernt gesägten, fast ganzrandigen, eiförmigen oder eilänglichen, kahlen oder fast kahlen, gestielten Blättern. Blüthen in getrennten Scheinwirteln mit grossen bewimperten Kelchen und doppelt so langer, zweilippiger Korolle. Verwendung findet das Kraut: **Herba Basilici. Herba Ocimi citrati. — Basilien-, Herrn-, Königskraut. — Plante fleurie de Basilic.** Es ist von angenehm aromatischem Geruch und kühlendem Geschmack. Man verwendet es arzneilich als Aromaticum, aber mehr als Küchengewürz. In Südfrankreich und Spanien, gelegentlich auch in Deutschland, gewinnt man aus dem frischen Kraut 0,02—0,04 Proc. ätherisches Oel, das gelblich und von aromatischem Geruche ist. Es hat das spec. Gew. 0,905—0,930 und dreht die Polarisationsebene im 100 mm-Rohr —6 bis —22°. Von seinen Bestandtheilen kennt man Terpinhydrat, Methylchavicol, Linalool.

**II.** Aehnlich wie I verwendet man: **Ocimum miranthum Willd.** im tropischen Amerika, **O. viride Willd.**, im tropischen Westafrika, **O. album L.** in Ostasien.

**III. Ocimum canum Sims.** Heimisch in Ostasien. Ein mit Kakaobutter aus der Pflanze bereitetes Fett wird gegen Hautkrankheiten verwendet.

---

# Olea.

Gattung der **Oleaceae.**

**Olea europaea L.** Heimisch im Orient, durch die Kultur frühzeitig am ganzen Mittelmeer verbreitet und verwildert; auch in Amerika, am Kap und in Australien kultivirt. Ein immergrüner Baum. Die wilde Form: O. europaea $\alpha$ Oleaster D. C. hat dornige, vierkantige Zweige, längliche oder eiförmige Blätter und kleinere Früchte, während die kultivirte Form: O. europaea $\beta$ sativa D. C. unbewehrte, fast stielrunde Zweige und lanzettliche Blätter hat. Man unterscheidet gegen 40 Formen, hauptsächlich nach Form und Oelgehalt der Früchte. Die Bäume blühen im April und Mai in Südeuropa, sie beginnen ihre Früchte im November zu reifen, die bis Ende Januar geerntet werden. Sie dienen frisch und eingesalzen zur Nahrung und hauptsächlich zur Gewinnung des in ihnen enthaltenen Oeles. Das Holz wird für Möbel und feinere Holzwaaren verwendet, infolge seiner gegenwärtigen Beliebtheit werden hier und da die Oelbäume ausgerottet.

Die Frucht ist reif blauschwarz, sie kann die Grösse eines Taubeneies erreichen und ist länglich-oval. Sie enthält das fette Oel im weichen Fruchtfleisch, das aus dünnwandigem Parenchym und einzelnen oder zu kleinen Gruppen vereinigten Steinzellen besteht, und im Samen, der von einer Steinschale umschlossen ist. Der Samen enthält reichliches Endosperm und einen Keimling mit flachen Keimblättern und kurzem Würzelchen. Das Fruchtfleisch enthält bis 55 Proc. Oel, der Samen bis 13 Proc., die Steinschale bis 6 Proc.

***Bestandtheile*** nach Koenig: Das **Fruchtfleisch:** Wasser 30,07 Proc., Stickstoffsubstanz 5,24 Proc., Fett 51,90 Proc., Asche 2,34 Proc. Die **Steinschale:** Wasser 9,22 Proc., Stickstoffsubstanz 3,50 Proc., Fett 2,84 Proc., stickstofffreie Extraktstoffe und Holzfaser 83,32 Proc., Asche 1,12 Proc. **Samen:** Wasser 10,58 Proc., Stickstoffsubstanz 18,63 Proc., Fett 31,88 Proc., stickstofffreie Extraktstoffe und Holzfaser 36,75 Proc., Asche 2,16 Proc.

**Oleum Olivae** (Austr. Brit. Helv. U-St.). **Oleum Olivarum** (Germ.). **Oleum Olivarum provinciale. — Olivenöl. Provenceröl. — Huile d'olive** (Gall.). **— Olive Oil. Oil of Olive. Sweet-Oil.**

**Oleum Olivae optimum** s. **virgineum. — Provenceröl. Nizzaöl. Salatöl. Speiseöl. Tafelöl. — Huile vierge. — Virgin-Oil.**

***Gewinnung und Sorten des Oeles.*** Zur Gewinnung der feinsten Sorten werden die reifen Oliven mit der Hand gepflückt, geschält, von den Kernen befreit, das Fruchtfleisch auf Mühlen gemahlen und kalt gepresst. Bei mässiger, erster Pressung erhält man ein hellgelbliches oder grünliches Oel vom Geruch und Geschmack des Fruchtfleisches: Jungfernöl, Huile de vierge. — Die zweite, stärkere kalte Pressung liefert ein etwas weniger werthvolles, aber immer noch vorzügliches Oel. — Weiter werden die ganzen, ungeschälten Oliven mit Schalen und Kernen gemahlen, in Binsensäcke gefüllt und kalt gepresst. Diese erste Pressung liefert eine I. Sorte Speiseöl. Der Pressrückstand wird mit kaltem Wasser angerührt, nochmals gepresst und giebt eine II. Sorte Speiseöl. Die jetzt noch bleibenden Rückstände werden mit oder ohne Anwendung von heissem Wasser heiss gepresst und liefern geringere Oele, die theilweise noch als Speiseöle, meist aber als Fabriköle (Brennöle, Nachmühlenöle) in den Handel kommen.

Eine besonders grosse Ausbeute erzielt man, wenn man die Oliven in Haufen einer kurzen Gährung überlässt und dann stark presst. Auch die so gewonnenen Produkte liefern Speiseöle.

Die weniger feinen Sorten dieser verschiedenen Processe werden auch zur Seifenfabrikation verwandt.

Die von Obigen erhaltenen verschiedenen Rückstände lässt man, mit Wasser angerührt, stehen, es scheidet sich dann nach Monaten an der Oberfläche der Flüssigkeit Oel von widerlichem Geruch ab (Höllenöl, Huile d'enfer). Dahin gehört auch das aus faulen und verdorbenen Oliven gewonnene Tournanteöl. Alle diese Oele enthalten viele freie Fettsäuren. — Anstatt dieses letzteren Processes werden auch die Rückstände getrocknet und mit Schwefelkohlenstoff extrahirt, man gewinnt so die Sulfuröle und Pulpaöle.

***Bestandtheile.*** Etwa 28 Proc. feste Bestandtheile: Stearinsäureglycerid $(C_{18}H_{35}O_2)_3 . C_3H_5$, Palmitinsäureglycerid $(C_{16}H_{31}O_2)_3 . C_3H_5$ und Arachinsäureglycerid $(C_{20}H_{39}O_2)_3 . C_3H_5$ und etwa 72 Proc. flüssige Bestandtheile: Linolsäureglycerid $(C_{18}H_{31}O_2)_3 . C_3H_5$ und Oelsäureglycerid $(C_{18}H_{33}O_2)_3 C_3H_5$. Ferner enthält es wechselnde Mengen freier Fettsäuren (die Angaben schwanken von 0,9—25,2 Proc., betreffen aber wohl theilweise verdorbene oder verfälschte Oele), kleine Mengen eines cholesterinartigen Körpers und Chlorophyll.

***Eigenschaften*** und ***Prüfung.*** Als Olivenöl im Sinne der Arzneibücher können nur die besseren Speiseöle verwendet werden.

Ein fettes, nicht trocknendes Oel, von schwachem, charakteristischem Geruch und Geschmack und hellgelber, hellgrünlichgelber bis goldgelber Farbe. Bei gewöhnlicher Temperatur flüssig, beginnt es bei $+2^0$ C. sich zu trüben und setzt bei $-6^0$ C. 28 Proc. feste Bestandtheile (vergl. oben) ab. Refraktometerzahl 1,4689—1,4700. Spec. Gew. 0,916—0,918 bei $15^0$ C. Schmelzpunkt der freien Fettsäuren 24—$27^0$ C., Erstarrungspunkt 17—$22^0$ C., bei mit Schwefelkohlenstoff oder Aether extrahirtem Oele liegen beide Punkte höher, nämlich bei 25—29° C. und bei 22° C. Verseifungszahl 185—196. Jodzahl: die Angaben darüber gehen etwas auseinander, bei wirklich feinen Oelen liegt sie bei 82,8—83,0, bei gewöhnlichen Speiseölen bei 79,5—83,39, bei technischen Oelen 79—85, mexikanisches Olivenöl zeigte bis 88. Oel aus reifen Oliven hat eine etwas höhere Jodzahl als solches aus unreifen Oliven. Altes Oel zeigt eine niedrigere Jodzahl als frisches. Bei der Elaidinprobe giebt Olivenöl die härteste Elaidinmasse von allen bekannten Oelen. In Weingeist ist Olivenöl wenig löslich, leicht in Aether, Benzin, Benzol und Chloroform. Für die Beurtheilung der Güte eines Olivenöles kommen hauptsächlich in Betracht: das spec. Gewicht, die Elaidinprobe und die Jodzahl. Hält ein Oel diese Proben aus, so kann man es als rein betrachten, fast alle zur Verfälschung benutzten Oele geben höhere Jodzahlen.

***Verfälschungen.*** Als solche kommen vor: Sesamöl, Arachisöl, Baumwollsamenöl, Rüböl, zuweilen auch Ricinusöl und Mineralöle. Bezüglich des Nachweises der einzelnen ist folgendes zu beachten: a) Sesamöl erhöht das spec. Gewicht, ebenso die Jodzahl. Probe nach Baudouin: Man übergiesst 0,1 g Zucker mit 20 ccm Salzsäure (spec. Gew. 1,18) und schüttelt mit dem halben Volum Oel. Bei Gegenwart von Sesamöl entsteht eine rothe Färbung, nach dem Absetzen ist die wässerige Schicht roth gefärbt. Zuweilen soll es Olivenöle geben, die auch eine röthliche Färbung zeigen (Bariöl, tunesische Oele). Zuverlässiger soll die Probe sein, wenn man sie mit den aus dem Oel abgeschiedenen Oelsäuren anstellt. Oder man mischt das Oel mit der Hälfte seines Volums Zinnchlorürlösung (Bettendorf's Reagens) und erwärmt kurz im Wasserbade. Bei Gegenwart von Sesamöl färbt sich die Zinnchlorürlösung rosa bis tief violett, reines Olivenöl orangegelb. (Vergl. auch Sesamum.) b) Arachisöl: Die Jodzahl wird erhöht. Wenn man etwas des fraglichen Oeles mit alkoholischer Kalilauge (200 KOH und 500 g 90 proc. Alkohol) verseift und zuerst $^1/_2$—$^3/_4$ Stunden im Wasserbade und dann bei 0° bis 6° C. stehen lässt, so scheiden sich an den Wänden des Gefässes Krystallisationen von arachinsaurem Kali aus. (Vergl. Band I, S. 360.) c) Baumwollsamenöl: Erhöht das spec. Gew. und die Jodzahl. (Vergl. Band I, S. 1241.) d) Rüböl: Erhöht die Jodzahl, erniedrigt die Verseifungszahl. e) Ricinusöl: 5 Vol. des verdächtigen Oeles werden mit 25 Vol. eines Reagens aus 25 Alkohol und 1,2 einer 0,5 ‰ alkoholischen Fuchsinlösung in einem gradirten Cylinder geschüttelt. Nach Absetzen der beiden Schichten erscheint die untere Oelschicht um die Menge des Ricinusöles vermindert. f) Zum Nachweis von Mineralölen in technischen Olivenölen schüttelt man das Oel mit dem gleichen Volum koncentrirter Schwefelsäure und lässt 24 Stunden stehen. Dann hat sich das Mineralöl als klare Schicht oben abgeschieden.

Olivenkernöl: Das durch kalte Pressung gewonnene Oel ist goldgelb, das durch warme Pressung gewonnene hat einen Stich ins Grünliche, es hat einen angenehm süsslichen Geschmack. Spec. Gew. 0,9184—0,9191. Jodzahl 86,99—87,78. Verseifungszahl 182,3—183,8. Freie Säuren 1,00—1,78 Proc. Brechungsexponent 1,4682—1,4688. Das mit Schwefelkohlenstoff aus den Kernen extrahirte Oel (Panello) ist von dunkel-grünlichbrauner Farbe.

**Oleum Olivarum commune** (Germ.) s. **viride. — Gemeines** oder **grünes Olivenöl. Baumöl. Gallipoliöl. — Huile verte d'olives — Green Olive Oil.**

Das gewöhnliche Baumöl oder gemeine Olivenöl ist von gelbbräunlicher bis grünlicher Farbe, schon bei gewöhnlicher Temperatur durch Abscheidungen getrübt, in der Kälte fest. Spec. Gew. 0,920—0,925. Jodzahl 79—85. Zur Feststellung der Reinheit ist die Elaidinprobe von besonderer Wichtigkeit. Man beachte aber, dass die Beschaffenheit des Oeles durch Denaturirungsmittel modificirt sein kann.

**Oleum Olivarum album. Weisses Baumöl. Weisses Olivenöl (Lilienöl).** Das entweder auf chemischem Wege (mittels Kaliumpermanganat und Salzsäure), durch Sonnenlicht, oder durch Behandeln mit Spodium gebleichte, stets mehr oder weniger ranzige Oel.

***Aufbewahrung.*** Das Provenceröl kommt theils in grossen Fässern von 75 bis 300 Kilo Inhalt, theils in zugelötheten Blechkanistern (Estagnons) von 25 Kilo Inhalt in den Handel. Bezieht man diese in der kälteren Jahreszeit, so lässt man sie zunächst unter bisweiligem Umschütteln in einem geheizten Raume solange stehen, bis ihr Inhalt durchweg flüssig geworden ist. Alsdann filtrirt man das Oel, falls es nicht vollkommen blank ist, durch getrocknete Papierfilter, füllt damit grössere, gereinigte und sorgfältig getrocknete Flaschen bis zum Halse, verschliesst sie mit neuen Korken und bewahrt sie in einem kühlen Raume, vor Licht geschützt, auf. Beim Abfüllen auf kleinere Standgefässe achte man während der Wintermonate ebenfalls auf eine gleichförmige Beschaffenheit des Oeles, vermeide indessen jedes heftige Schütteln, denn dadurch wird das Oel unnöthigerweise mit der Luft in Berührung gebracht und seine Neigung zum Ranzigwerden begünstigt. Hat man einen Raum zur Verfügung, dessen Temperatur auch im Winter nicht unter + 10° C. sinkt, so richte man diesen zur „Oelkammer" ein; dann fällt das lästige Aufthauen der Oele im Winter fort.

In Flaschen abgefasstes Speiseöl stelle man nicht in Schaufenster, in denen es dem Sonnenlicht ausgesetzt ist, ebenso fülle man frisches Oel nie in Flaschen mit alten Resten.

***Anwendung.*** Das reine Olivenöl wird in der Pharmacie von allen flüssigen Oelen am meisten gebraucht. Innerlich dient es, gewöhnlich in Form der Emulsion, als mildes Abführmittel; rein und in Gaben von 100 bis 200 g zum Abtreiben von Gallensteinen. Olivenöl, mit Eigelb und Zucker verrührt, ist ein altes, bewährtes Hausmittel bei Rachenentzündungen, Heiserkeit u. dergl. Aeusserlich wendet man es bei Verletzungen und Schwellungen an, ferner zu Linimenten, Salben, Haarölen. Chirurgische Geräthe fettet man damit ein zum Schutz gegen Rost, doch ist hierzu ein säurefreies, flüssiges Paraffin mehr zu empfehlen. — Das gemeine Baumöl benutzt man zum Kochen von Pflastern, zu Salben für Thiere.

Das weisse Baumöl ist nur Gegenstand des Handverkaufs: es wird vom Volke noch häufig innerlich, mit Sirup gemischt, gegen Brustleiden angewendet.

Ein mit Nelkenöl oder Pomeranzenöl denaturirtes, d. h. für den Genuss untauglich gemachtes Olivenöl kommt zollfrei in den Handel und eignet sich wegen seines billigeren Preises für Haarölmischungen u. dergl., ebenso ist das mit Terpentinöl oder Rosmarinöl versetzte Baumöl nur für technische Zwecke verwendbar.

Ein ranzig gewordenes Oel soll nach Hager wieder brauchbar gemacht werden können, wenn man dasselbe mit 3 g gebrannter Magnesia, 10 g Kochsalz und 10 g Weingeist auf 1 l kräftig schüttelt und nach längerer Ruhe filtrirt, oder auch durch Schütteln mit Alkohol und Verjagen des letzteren unter Erhitzen. Ein so behandeltes Oel wird sich wohl nur noch für Pflaster oder Linimente verwenden lassen.

**Balsamum Samaritanum.**

Samariterbalsam.

Rp. Olei Olivae optimi
Vini rubri āā.

Man mischt und erhitzt, bis alle Feuchtigkeit verdunstet ist. Auf Wunden, Verbrennungen etc.

**Mixtura oleosa anticatarrhalis** Waldenburg.

Rp. Olei Olivae optimi
Sirupi Amygdalarum āā 50,0.

2stündlich 1 Esslöffel bei Katarrh, Stuhlverhaltung. Kindern tropfen- bis theelöffelweise.

**Oleum antiquum verum.**

Huile antique veritable.

| Rp. | | |
|---|---|---|
| 1. | Olei Olivae optimi | 1000,0 |
| 2. | Alcohol absoluti | 7,5 |
| 3. | Balsami peruviani | |
| 4. | Benzoës subtil. pulv. | āā 2,5 |
| 5. | Olei Alkannae q. s. ad col. rubr. | |
| 6. | Olei Bergamottae | 2,5 |
| 7. | Olei Aurantii flor. | gtts. V. |

1—4 im Wasserbade 3 Stunden erhitzen, nach dem Erkalten 5—7 zusetzen, absetzen lassen und filtriren. Ein vorzügliches, haltbares Haaröl.

**Oleum Chloroformi** (Helv.).

Linimentum Chloroformi. Chloroformöl.
Huile chloroformée.

Rp. Olei Olivae optimi 3,0
Chloroformi 1,0.

Siehe auch Band I. S. 808.

**Oleum crinale.**

Oleum capillorum. Huile antique.
Haaröl. Klettenwurzelöl. Macassaröl.

I.

Rp. Olei Olivarum optimi 1000,0
Mixtur. odorifer. (Haaröl-Parfüm Bd. I. S. 857) 10,0—20,0.

Nach Belieben färbt man mit Oleum Alkannae roth, mit Oleum viride grün.

II.

| Rp. | | |
|---|---|---|
| | Olei Arachidis | 1000,0 |
| | Olei Bergamottae | 5,0 |
| | Olei Citri | 1,0 |
| | Cumarini | 0,05 |
| | Olei Alkannae | q. s. |

III. Kräuter-Haaröl (DIET.).

Rp. Olei Olivae
Olei Ricini ää 500,0
Balsami peruvian. 5,0
Olei Bergamottae 3,0
Olei Rosmarini, Absinthii, Chamomill., Serpylli ää gtts. V
Cumarini 0,05
Chlorophylli 2,0.

IV. WILLER'sches Schweizer- oder Kräuteröl.

Rp. Olei Olivae 90,0
Olei Bergamottae 10,0
Olei Alkannae q. s. ad color. saturate rubr.

Soll den Haarwuchs befördern.

**Oleum viride.**

Grünes Oel.

Rp. Olei Olivae 99,0
Chlorophylli „SCHÜTZ"[1]) 1,0.

Man löst durch Anreiben und gelindes Erwärmen, lässt absetzen, giesst klar ab oder filtrirt durch Baumwolle. Zum Färben von Haarölen, Kräuterölen, Salben.

**Sirupus Oleae foliorum.**

Rp. Tinctur. Oleae folior. 15,0
Sirupi Sacchari 85,0.

**Tinctura Oleae foliorum.**

Rp. Folior. Oleae conc. 20,0
Spiritus diluti 100,0.

**Uhrenöl** (E. DIETERICH).

Rp. 1. Olei Olivae optimi 1000,0
2. Acidi tannici 20,0
3. Aquae destill. 200,0
4. Talci pulv. 50,0
5. Aquae destill. 800,0
6. Natrii chlorati pulv. bene siccati 100,0.

Man schüttelt in einer Dekanthirflasche 1 kräftig mit der Lösung von 2 in 3, stellt 8 Tage unter häufigem Schütteln bei Seite, fügt 4, nach dem Umschütteln 5 hinzu, lässt nach 24 Stunden die wässerige Schicht ablaufen und wäscht nun solange mit Wasser, als dieses durch Eisenchlorid noch gefärbt wird. Dann mischt man das Oel in einer Schale mit 6, lässt 24 Stunden absetzen und filtrirt durch Papier.

In braunen, dicht verschlossenen Gläsern aufzubewahren.

**Unguentum pomadinum.**

Haar-Pomade.

Rp. Olei Olivae opt. 600,0
Cerae flavae
Adipis benzoïnati ää 200,0.

Man parfümirt mit q. s. Mixtur. odorifer. und färbt mit Ol. Alkannae, Ol. viride, Ol. Curcumae etc.

**Crême du Liban,** für die Haut, ist eine Mischung von Olivenöl, Wachs, süssen Mandeln, Wismutsubnitrat, Talk, Benzoësäure, ätherischen Oelen.

**Indianerpflaster** nach Chem. and Drugg.: 500 weisses Wachs schmilzt man mit 2340 Olivenöl, mischt 7 Perubalsam, mit 60 Olivenöl verrieben, hinzu, dann eine Paste aus 450 lävigirtem Bleiweiss und q. s. Wasser und rührt kalt.

**Künstliches Baumöl,** in Russland in grossen Mengen hergestellt zur Speisung der sog. ewigen Lampen, besteht aus 5 Th. Baumöl, je 15 Th. Cocosöl, Ricinusöl, Rüböl, 50 Th. Mineralöl nebst Chlorophyll und Butteräther.

**Liniment von Roche,** gegen Husten, besteht aus 100 Olivenöl, 8 Nelkenöl, 2 Kümmelöl, 1 Bergamottöl.

**Vegetabilienpomade** von KREPLIN ist eine mit Bergamottöl parfümirte Mischung aus Stearin und Olivenöl.

**Walpurgisöl** des Eichstätter Frauenklosters ist Olivenöl mit Ol. cadinum.

**Wundermittel** des Dr. SEQUAH. 1. Sequahöl, eine Mischung aus Olivenöl, Terpentinöl, Cajeputöl, Nelkenöl; nach anderen Angaben: Olivenöl, Terpentinöl, Menthol, Anisöl, Sassafrasöl. — 2. Prairie-Flower, eine alkalische Tinktur aus Rhabarber und Cayennepfeffer.

# Olea aetherea.

Als ätherische Oele, Olea aetherea, bezeichnet man eine Gruppe dem Pflanzenreich entstammender Flüssigkeiten, die sich durch einige hervortretende physikalische Eigenschaften: ölige Beschaffenheit, Flüchtigkeit mit Wasserdämpfen, starken Wohlgeruch, grosses Lichtbrechungs- und optisches Drehungsvermögen auszeichnen. Sie sind meist in der Pflanze fertig gebildet vorhanden und finden sich in besonderen Oelzellen oder -drüsen, sowie in Sekretbehältern und Kanälen vor. Seltener entstehen sie erst beim Trocknen des betreffenden Pflanzentheils (Irisöl, Baldrianöl), oder sie bilden sich durch Einwirkung eines Ferments auf ein Glukosid bei Gegenwart von Wasser (Bittermandelöl, Senföl, Wintergrünöl). Manchmal wird das ätherische Oel dadurch erzeugt, dass man die Pflanzen vor dem Trocknen einer Art Gährung unterwirft, wie es beim Thee und Patchouli gebräuchlich ist.

[1]) Man unterscheidet im Handel ein Chlorophyllum spissum, das in Oelen löslich ist, und ein Chlorophyllum liquidum für wässerige und weingeistige Flüssigkeiten. Die Marke „Schütz" eignet sich besonders zum Färben von Fetten und Oelen.

***Gewinnung.*** Die Darstellung der ätherischen Oele, die früher in den Apothekenlaboratorien nutzbringend ausgeführt werden konnte, geschieht jetzt in grösseren und kleineren Fabriken mit den Hilfsmitteln der modernen Technik, und nur, wenn das Pflanzenmaterial kein Aufstapeln oder Trocknen verträgt in der Nähe der Produktionsorte der Pflanzen. In diesem Falle ist die Produktion häufig noch recht primitiv und wenig rationell.

Zur Gewinnung der Oele verfährt man im allgemeinen so, dass man durch die gehörig zerkleinerten Pflanzentheile Wasserdampf leitet (Dampfdestillation), oder man bedeckt das Material mit Wasser und bringt letzteres entweder durch eingeleiteten Dampf oder seltener durch freies Feuer zum Sieden.

Die Destillation der ätherischen Oele mit Wasserdampf beruht auf der physikalischen Thatsache, dass die Siedetemperatur eines Gemenges zweier Flüssigkeiten, die nicht mischbar sind, stets niedriger als die der flüchtigeren liegt. Trotzdem also die Siedetemperatur des ätherischen Oeles an sich viel höher als die des Wassers liegt, so geht schon unterhalb des Siedepunktes des Wassers ein Gemisch von Wasserdampf und Oeldampf über.

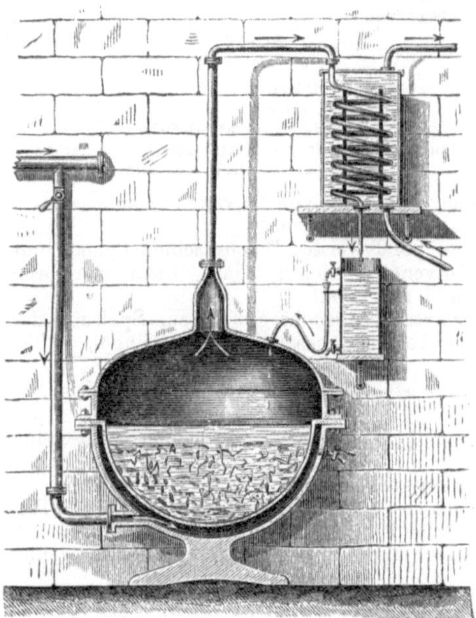

Fig. 55. Destillation mit Rücklauf.

Das überdestillirende Gemenge von Wasser- und Oeldampf wird in einem geeigneten Kühler kondensirt, worauf das Oel von dem Wasser in der bekannten Florentiner Flasche getrennt wird. Das Destillationswasser enthält, wenn es die Vorlage verlässt, theils gelöste, teils mechanisch mitgerissene Oeltheilchen, die man durch Kohobation gewinnt. Hierzu wird das Wasser in einer Blase mit indirektem Dampf zum Sieden erhitzt. Das Oel geht mit den ersten Dämpfen über, während in der Blase reines Wasser zurückbleibt. Um das Kohobiren der oft beträchtlichen Mengen Destillationswassers zu umgehen, wendet man die Destillation mit Rücklauf (Fig. 55) (und zwar mit Vorliebe auch bei der Rektifikation von Oelen) an, wobei das Wasser aus der Florentiner Flasche immer wieder in den Destillirapparat zurückgeleitet wird.

Seltener werden ätherische Oele durch Pressung gewonnen. Diese Methode wird nur bei den Oelen der Aurantiaceenfrüchte wie Citronen (siehe Bd. I, S. 859), Bergamotten (siehe Bd. I, S. 855), Pomeranzen, Mandarinen und Limetten angewandt, weil die so gewonnenen Oele nicht nur feiner im Geruch, sondern auch haltbarer sind, als die destillirten.

Einige Blüthengerüche vertragen die Destillation mit Wasserdampf nicht. Um sie zu isoliren, digerirt man die Blüthen, z. B. Veilchen, Rosen, Reseda, Akacie, wiederholt mit erwärmtem Fett, das man nachher durch Abpressen oder Centrifugiren von den Pflanzentheilen trennt (Pomadenverfahren). Leidet die zarte Natur des Duftstoffes schon durch das Erwärmen des Fettes, so breitet man die Blüthen (Jasmin, Tuberose) auf Glasplatten aus, die mit einer Fettschicht bestrichen sind, worauf sich der Geruch dem Fette mittheilt (Enfleurage- oder Absorptionsverfahren). Durch Auswaschen des Fettes mit Alkohol entzieht man ihm die ätherischen Oele; so erhaltene Lösungen bezeichnet man als **Extraits**. Um die zeitraubende und oft unrationelle Behandlung mit Fett zu umgehen, extrahirt man auch die Blüthen mit vollständig flüchtigen Lösungsmitteln wie Aethylchorid,

Aether, Petroläther und anderen, nach deren Verdampfen der reine Riechstoff zurückbleibt (Extraktionsverfahren).

***Bestandtheile der ätherischen Oele.*** Die ätherischen Oele sind niemals einheitliche Substanzen, sondern stets Gemenge verschiedener Körper, die nicht, wie man früher wohl annahm, in chemischer Hinsicht eine besondere Gruppe bilden, sondern zu den allerverschiedensten Körperklassen gehören. Besonders verbreitet sind die nur aus C und H zusammengesetzten Terpene und Sesquiterpene, die aber im allgemeinen nur schwach riechen, während die eigentlichen Geruchsträger meist sauerstoffhaltig sind, manchmal aber auch N und S enthalten.

Die wichtigeren Bestandtheile der ätherischen Oele sind folgende:

I. Kohlenwasserstoffe.

1. Aliphatische: a) Paraffine.
   b) Olefinische Terpene: Myrcen.
   c) Olefinische Sesquiterpene.
2. Hydroaromatische: a) Terpene: Pinen, Camphen, Fenchen, Dipenten, Limonen, Terpinen, Phellandren, Sabinen.
   b) Sesquiterpene: Cadinen, Caryophyllen, Humulen, Cedren, Kubeben.

II. Alkohole.

1. Aliphatische: Methylalkohol, Aethylalkohol, Hexylalkohol, Octylalkohol.
2. Terpenalkohole: Linalool, Geraniol, Citronellol, Borneol, Terpineol, Thujylalkohol, Menthol.
3. Sesquiterpenalkohole: Cedrol, Kubebenkampher, Guajol, Ledumkampher, Patchoulialkohol, Santalol.
4. Aromatische: Benzylalkohol, Zimmtalkohol, Phenylpropylalkohol.

III. Aldehyde.

1. Aliphatische: Acetaldehyd, Valeraldehyd, Octylaldehyd, Nonylaldehyd, Decylaldehyd.
2. Terpenaldehyde: Citral, Citronellal.
3. Aromatische: Benzaldehyd, Salicylaldehyd, Zimmtaldehyd, Kuminaldehyd, Anisaldehyd, Vanillin, Heliotropin.

IV. Ketone.

1. Aliphatische: Diacetyl, Methylamylketon, Methylnonylketon, Methylheptenon.
2. Terpenketone: Kampher, Fenchon, Carvon, Thujon, Pulegon, Menthon.

V. Oxyde: Cineol.

VI. Phenole.

Thymol, Carvacrol, Eugenol.

VII. Phenoläther.

Methylchavicol, Anethol, Methyleugenol, Safrol, Apiol, Dillapiol, Asaron, Kresolmethyläther.

VIII. Säuren.

1. Aliphatische: Essigsäure, Myristinsäure.
2. Aromatische: Benzoësäure, Zimmtsäure.

IX. Ester.

Ester der unter II genannten Alkohole mit Essigsäure, Capronsäure, Angelikasäure, Tiglinsäure, Benzoësäure, Salicylsäure, Zimmtsäure.

X. Lactone.

Sedanolid, Cumarin.

XI. Stickstoffhaltige Substanzen.

Blausäure, Allylcyanid, Anthranilsäuremethylester, Methylanthranilsäuremethylester.

XII. Schwefelhaltige Substanzen.

Vinylsulfid, Allylsenföl, Sekundäres Butylsenföl, Phenyläthylsenföl, Schwefelkohlenstoff.

***Prüfung der ätherischen Oele.*** Zur Ermittlung von Verfälschungen stellt man zunächst die physikalischen Konstanten des betreffenden Oeles fest und vergleicht diese mit den für reine Oele ermittelten Werthen. Zeigen sich hierbei Abweichungen, so ist auf specielle Verfälschungsmittel wie Spiritus, fettes Oel, Petroleum, Terpentinöl etc. zu fahnden. Häufig ist auch eine Qualitätsbestimmung wünschenswerth, die darin besteht, dass man einen oder mehrere Bestandtheile des Oeles quantitativ bestimmt. So erstreckt sich die Untersuchung bei Zimmtöl auf die Feststellung des Aldehydgehalts, bei Lavendelöl und Bergamottöl auf die Ester, bei Nelkenöl und Thymianöl auf die Phenole, bei Pfefferminzöl auf das Menthol.

Physikalische Prüfungsmethoden.

1) Specifisches Gewicht. Die Bestimmung der Dichte geschieht am bequemsten mit der Mohr'schen Senkwage, oder aber genauer mit einem Pyknometer bei einer Temperatur von $+15^{0}$ C.

2) Optisches Drehungsvermögen. Die Ermittlung des Rotationsvermögens kann in jedem für Natriumlicht eingerichteten Polarisationsapparat geschehen. Mit $\alpha_D$ bezeichnet man den im 100 mm-Rohr direkt abgelesenen Drehungswinkel, mit $[\alpha]_D$ das nach der Formel $[\alpha]_D = \frac{\alpha}{l \cdot d}$ berechnete specifische Drehungsvermögen. Hierbei bedeutet l die Rohrlänge in Millimetern, d das specifische Gewicht des Oeles.

Löslichkeit. Durch die Bestimmung der Löslichkeit in 70 procentigem (Spiritus dilutus), 80 proc. und 90 proc. (Spiritus) Alkohol werden Verfälschungen mit fettem Oel, Petroleum oder schwerer löslichen ätherischen Oelen wie Cedernholz-, Copaivabalsam-, Gurjunbalsam- oder Terpentinöl erkannt. Enthält das zu prüfende Oel Petroleum, so scheidet sich dieses nach längerem Stehen aus der alkoholischen Lösung des Oeles an der Oberfläche der Flüssigkeit in Tropfen ab, während fettes Oel sich am Boden des Gefässes ansammelt.

Erstarrungspunkt. Die Bestimmung des Erstarrungspunktes, die bei der Prüfung von Anisöl, Anethol, Fenchelöl und Rautenöl angewandt wird, ist bei Anisöl, Bd. I, S. 315 beschrieben worden.

Chemische Prüfungsmethoden.

1) Esterbestimmung. Siehe unter Bergamottöl, Bd. I, S. 856.

2) Bestimmung des Gehalts an freien Alkoholen durch Acetyliren. Zur quantitativen Bestimmung der in den ätherischen Oelen vorkommenden Alkohole Borneol, Geraniol ($C_{10}H_{18}O$), Menthol, Citronellol ($C_{10}H_{20}O$) und Santalol $C_{15}H_{26}O$ (?) benutzt man ihr Verhalten gegen Essigsäureanhydrid, mit dem sie sich beim Erhitzen quantitativ zu Essigsäureestern umsetzen:

$$C_{10}H_{18}O + (CH_3CO)_2O = C_{10}H_{17}OCH_3CO + CH_3COOH.$$

Zur Acetylirung werden 10—20 g des Oeles mit dem gleichen Volumen Essigsäureanhydrid unter Zusatz von 1—2 g trocknem Natriumacetat in einem mit eingeschliffenem Kühlrohr versehenen Kölbchen 1—2 Stunden im gleichmässigen Sieden erhalten. Nach dem Erkalten setzt man zu dem Kolbeninhalt etwas Wasser und erwärmt $^1/_4$—$^1/_2$ Stunde auf dem Wasserbade, um das überschüssige Essigsäureanhydrid zu zersetzen, scheidet darauf das Oel im Scheidetrichter ab und wäscht so lange mit Sodalösung und Wasser nach, bis die Reaktion neutral ist.

Von dem mit wasserfreiem Natriumsulfat getrockneten acetylirten Oele werden ca. 2 g nach dem unter Bergamottöl beschriebenen Verfahren verseift. Die Menge des im ursprünglichen Oele enthaltenen Alkohols berechnet man nach folgenden Gleichungen:

1. Procent Alkohol $C_{10}H_{18}O$ im ursprünglichen Oele $= \frac{a \times 15,4}{s - (a \times 0,042)}$

2. „ „ $C_{10}H_{20}O$ „ „ „ $= \frac{a \times 15,6}{s - (a \times 0,042)}$

3. „ „ $C_{15}H_{26}O$ „ „ „ $= \frac{a \times 22,2}{s - (a \times 0,042)}$

In diesen Formeln bezeichnet a die Anzahl der verbrauchten ccm Normal-Kalilauge, s die Menge des zur Verseifung verwandten acetylirten Oeles in Grammen.

3) Aldehydbestimmung. Siehe Oleum Cinnamomi, Bd. I, S. 845.

4) Phenolbestimmung. Zur annähernd quantitativen Bestimmung von Phenolen schüttelt man ein abgemessenes Quantum des zu untersuchenden Oeles mit dünner Natron-

lauge aus. Die Volumenverminderung des Oeles zeigt die Menge der vorhandenen Phenole an. Man benutzt hierzu zweckmässig eine 60 ccm haltende Bürette, die man bis zu dem den zehnten Kubikcentimeter bezeichnenden Theilstrich mit 5 procentiger Natronlauge anfüllt. Dann schichtet man 10 ccm Oel darüber, verschliesst die Bürette mit einem gut passenden Kork, schüttelt kräftig um und lässt 12—24 Stunden stehen. Etwa an den Glaswänden haftende Oeltheilchen löst man durch Klopfen und Drehen der Bürette. Ist die Laugenschicht klar geworden, so liest man die Menge der nicht aus Phenolen bestehenden Antheile an der Skala ab.

Dies Verfahren wird zur Thymolbestimmung im Thymian- und Ajowanöl, sowie zur Carvacrolbestimmung im Spanisch Hopfenöl angewandt. Zur Eugenolbestimmung im Nelkenöl eignet es sich nicht. Bei diesem Oele wendet man zweckmässiger die Methode von Thoms an, die Bd. I, S. 666 beschrieben ist.

Nachweis von Spiritus. Zusatz von Spiritus zu einem ätherischen Oele erniedrigt in allen Fällen dessen specifisches Gewicht. In Wasser fallende Tropfen eines spiritushaltigen Oeles werden undurchsichtig und milchig trübe, während reine Oele klar und durchsichtig bleiben.

Um den Alkohol abzuscheiden und zu identificiren, erhitzt man das verdächtige Oel bis zum beginnenden Sieden, fängt die zuerst übergegangenen Antheile in einem Reagensglase auf und filtrirt zur Trennung von mitgerissenen Oeltröpfchen durch ein angefeuchtetes Filter. Das so erhaltene Filtrat destillirt man nochmals und prüft das Destillat auf Brennbarkeit. Lässt es sich entzünden und brennt es mit bläulicher Flamme, so führt man zum weiteren Nachweis des Alkohols die Jodoformreaktion aus, indem man die Flüssigkeit nach dem Erwärmen auf 50—60° C. bis zur bleibenden Gelbfärbung mit einer Lösung von Jod in wässeriger Jodkaliumlösung versetzt. Bei Gegenwart von Spiritus scheiden sich dann nach einiger Zeit auf dem Boden der Flüssigkeit Kryställchen von Jodoform ab.

Zu berücksichtigen ist, dass auch Aceton, Essigäther, sowie niedere Aldehyde unter gleichen Bedingungen die Jodoformreaktion geben, die somit allein nicht als beweisend für eine Verfälschung durch Spiritus anzusehen ist. Der Alkohol ist daher auch durch seine anderen Eigenschaften, specifisches Gewicht, Siedepunkt, Brennbarkeit etc. als solcher zu kennzeichnen.

Zur annähernd quantitativen Bestimmung des Spiritus schüttelt man in einem graduirten Cylinder ein abgemessenes Quantum des Oeles mit Wasser oder Glycerin durch; es entspricht dann die Zunahme der Wasser- oder Glycerinschicht ungefähr der Menge des zugesetzten Spiritus. Aus dem Wasser kann man den Alkohol durch Destillation gewinnen und auf die oben beschriebene Weise identificiren.

Der Spiritusgehalt eines verfälschten Oeles lässt sich auch durch Vergleich der specifischen Gewichte des Oeles, vor und nach dem Ausschütteln mit Wasser, ermitteln.

Nachweis von fettem Oel. Löst sich ein ätherisches Oel selbst nicht in grösseren Mengen Spiritus und hinterlässt es beim Verdunsten auf Schreibpapier einen dauernden Fettfleck, so ist eine Verfälschung mit fettem Oel wahrscheinlich. Hierbei ist jedoch zu berücksichtigen, dass die durch Pressung gewonnenen Oele der Aurantiaceenfrüchte, wie Bergamott-, Citronen- und Pomeranzenöl, ähnliche dauernde Flecke hervorrufen; diese Oele sind aber in 90 procentigem Alkohol löslich. Zum Nachweis des fetten Oeles destillirt man das flüchtige Oel mit Wasserdampf oder verdunstet es in einem Schälchen auf dem Wasserbade. Besteht der Rückstand aus Fett, so ist er unlöslich in Spiritus und Spiritus dilutus (nur Ricinusöl ist löslich in Spiritus, unlöslich jedoch in Spiritus dilutus), er entwickelt beim Erhitzen für sich oder besser mit Kaliumbisulfat im Reagensrohre stechend riechende Dämpfe von Akroleïn, lässt sich mit alkoholischer Kalilauge verseifen und giebt eine zwischen 180 und 200 liegende Verseifungszahl.

Nachweis von Mineralöl. Petroleum, Mineralöl, Mineralölfraktionen und Paraffinöl sind selbst im stärksten Alkohol so gut wie unlöslich und deshalb in ätherischen Oelen leicht zu entdecken. Schüttelt man ein mit Mineralöl verfälschtes Oel mit Spiritus durch, so klärt sich das anfangs trübe Gemisch bald beim Stehen, indem sich das Mineralöl als oben schwimmende Schicht abscheidet. Das mit Alkohol wiederholt ausgewaschene Mineralöl wird als solches durch seine Beständigkeit gegen alkoholische Kalilauge und gegen koncentrirte Schwefel- und Salpetersäure erkannt.

***Aufbewahrung.*** Die ätherischen Oele nehmen in Berührung mit Luft, besonders bei gleichzeitiger Einwirkung von Licht, begierig Sauerstoff auf, wobei sie den Geruch theilweise einbüssen, dickflüssig werden und verharzen. Man füllt sie deshalb in kleinere Flaschen von gelbem oder braunem Glas und bewahrt diese im Keller oder einem anderen kühlen Orte auf, wo direktes Sonnenlicht keinen Zutritt hat. Die Flaschen sind vor jeder Füllung sorgfältig zu reinigen und zu trocknen. Man vermeide es, neues Oel mit einem alten Reste zu vermischen.

---

# Olea empyreumatica.

Als Olea empyreumatica, Pyrolea, Brandöle, empyreumatische oder pyrogene Oele bezeichnet man in der Pharmacie ölige oder öläbnliche Flüssigkeiten, welche durch Schmelzung oder trockene Destillation organischer Substanzen gewonnen werden. Sie sind Gemische verschiedener Substanzen, gewöhnlich dunkel gefärbt, von scharfem, unangenehmem Geruch und Geschmack.

**I. Oleum empyreumaticum Batavicum,** durch trockene Destillation aus 50 Th. Aloë, 50 Th. Myrrhe, 20 Th. Weihrauch und 500 Th. Olivenöl gewonnen, diente früher besonders auf die Nabelgegend eingerieben als Vermifugum und war ursprünglich das pyrogene Oel, welches als Harlemer Balsam in den Handel kam.

**II. Oleum animale foetidum. Oleum animale crudum** (Ergänzb.). **Oleum Cornu Cervi. Rohes Thieröl. Stinkendes Thieröl. Hirschhornöl.**

Wird durch trockene Destillation von Knochen, Knorpel, Haut, Leder, Leim, Wolle, Haaren u. dergl. gewonnen. Eine braunschwarze, dickliche, trübe Flüssigkeit, von unangenehmem Geruche und Geschmacke. Leichter als Wasser und in diesem nur theilweise löslich. In 3 Th. Weingeist löslich, diese Lösung bläut rothes Lackmuspapier. Man achte darauf, dass das Oel nicht allzu dick ist, ferner beseitige man die beim Stehen des Oeles sich zuweilen absondernde wässerige Schicht.

***Bestandtheile.*** Es enthält ausser Ammoniumsalzen Aminbasen der Methanreihe, Nitrile der Fettsäurereihe, Pyrrol und Homologe desselben, Pyridin und Chinolinbasen, aromatische und terpenartige Kohlenwasserstoffe, Phenol.

***Anwendung.*** Das rohe Thieröl wird zur Darstellung des ätherischen Thieröls, hauptsächlich aber in der Veterinärpraxis als Wurm- und auch als Wundmittel, welches die Insekten abhält, gebraucht. Eine innerliche Anwendung bei Menschen kommt wohl nicht mehr vor, vielleicht nimmt es noch hier und da der Landmann zu 10—25 Tropfen zwei- bis dreimal des Tages bei Koliken. Zum Klystier (1,0—2,0) gegen Askariden ist es mit Eigelb zu emulgiren. In die Erdgänge der Ratten gegossen vertreibt es diese Thiere.

**Bremsen-Mittel.** Olei animalis foetidi 100,0, Spiritus 200,0, Aceti 5 Liter.

**III. Oleum animale aethereum.** (Ergänzb.). **Oleum animale Dippelii. Oleum Cornu Cervi rectificatum.**

Zur Darstellung destillirt man rohes Thieröl aus einer bis zu etwa $^{2}/_{3}$ gefüllten Retorte bei mässiger Wärme so lange, als ein dünnflüssiges Oel übergeht. Dieses wird mit der 4 fachen Menge Wasser gemischt und rektificirt. Man destillirt so lange, als das Destillat farblos oder nur schwach gelb gefärbt übergeht. Die ölige Schicht wird, wenn sie sich abgeschieden hat, abgehoben und sogleich in kleine Gläschen gefüllt, welche mit Korken zu verschliessen und mit Blase zu tektiren sind.

***Eigenschaften.*** Eine farblose oder gelbliche, brennbare, dünnflüssige Flüssigkeit von eigenthümlichem, sehr durchdringendem Geruche, spec. Gew. 0,750—0,850. Es bläut rothes Lackmuspapier schwach. Mit 80 Th. Wasser giebt es eine klare Lösung, mit Aether oder 96 procentigem Weingeist oder fetten Oelen mischt es sich in jedem Verhältnisse.

Durch Einwirkung der Luft und des Lichtes wird es allmählich dunkler und zugleich dickflüssiger. — Es besteht aus einem Gemisch der Nitrile niedriger Fettsäuren mit Pyrrol, Methylpyrrol, Chinolinbasen, Pyridinbasen.

***Aufbewahrung.*** In kleinen, völlig gefüllten Fläschchen, welche mit Kork zu verschliessen und mit Blasen zu überbinden sind, vor Licht geschützt.

***Anwendung.*** Man giebt das ätherische Thieröl zu 5—20 Tropfen oder 0,25—1,0 zwei- bis dreimal des Tages als antihysterisches, krampf- und wurmwidriges Mittel. Man wendet es auch äusserlich, verdünnt mit verdünntem Weingeist oder Fettsubstanz, gegen Parasiten und parasitäre Vegetationen bei gangränösen Wunden etc. an. In der Pharmacie gebraucht man es zur Darstellung des Ammonium carbonicum pyro-oleosum.

**Aqua empyreumatica** DIPPEL.

Aqua Dippelii.

Rp. Olei animalis aetherei 2,0
Aquae calidae 100,0.

Die Mischung ist tüchtig zu schütteln und durch ein genässtes Filter zu filtriren. 4—6 Tropfen mit Kamillenthee bei Krämpfen der kleinen Kinder.

**Oleum anthelminticum** CHABERT.

Oleum contra taeniam Chaberti.

Oleum Chaberti.

Rp. Olei Terebinthinae 16,0
Olei animalis aetherei 4,0.

Täglich dreimal 15—30 Tropfen gegen Bandwurm.

**Oleum Philosophorum.**

Philosophenöl. Ziegelöl.

Rp. Olei animalis crudi 2,5
Olei Petrae Italici 5,0
Olei Rapae 200,0.

Vet. **Electuarium vermifugum.**

Wurmlatwerge für Pferde.

Rp. Fructus Anisi
Fructus Foeniculi
Radicis Liquiritiae
Radicis Valerianae
Farinae secalinae āā 100,0
Ferri sulfurici 20,0
Cupri oxydati 10,0
Olei Terebinthinae 15,0
Olei animalis crudi 50,0
Aquae q. s.

fiat electuarium.

Täglich dreimal je 30—50 g zu geben; gegen Eingeweidewürmer der Pferde.

Vet. **Linimentum antipsoricum.**

Räudewasser.

Rp. Olei animalis crudi 100,0
Petrolei 20,0
Kresoli crudi 40,0
Saponis kalini 100,0
Aquae calidae 2000,0.

Zum Bepinseln der räudigen Hautstellen bei Pferden, Rindern und Schafen.

Vet. **Lixivium antipsoricum** WALZ.

WALZ'sche Lauge.

Rp. 1. Calcariae ustae 500,0
2. Aquae calidae 300,0
3. Aquae calidae
4. Kalii carbonici crudi āā 1000,0
5. Olei animalis crudi 2000,0
6. Picis liquidae 500,0
7. Urinae bovinae Litras 30,0
8. Aquae fluviatilis Litras 150,0.

Man löscht 1 mit 2, giebt die Lösung von 3 und 4 zu, mischt 5 und 6 darunter und verdünnt mit 7 und 8.

Gut umgerührt zum Baden der Schafe bei Räude.

---

# Olea pinguia.

***Allgemeines.*** Unter fetten Oelen versteht man im Gegensatze zu den ätherischen Oelen im allgemeinen die flüssigen Fette, welche sich dadurch charakterisiren, dass sie auf Papier einen sog. Fettfleck verursachen, der beim Liegen an der Luft oder beim schwachen Erwärmen nicht verschwindet. Man gewinnt sie aus pflanzlichen oder thierischen Organen durch kalte oder warme Pressung, ferner durch Auskochen mit Wasser oder durch Extraktion mit Schwefelkohlenstoff bez. anderen Lösungsmitteln. Chemisch charakterisiren sich die fetten Oele dadurch, dass sie ätherartige Verbindungen (Ester) der Fettsäuren oder der diesen nahestehenden Säuren mit Glycerin oder verwandten Alkoholen sind. Durch Erhitzen mit den wässerigen Lösungen ätzender Alkalien werden diese Ester gespalten (verseift), d. h. es werden die Fettsäuren von den Fettalkoholen getrennt.

Nach ihrem Verhalten an der Luft theilt man die Oele ein in

1) Fette oder nicht trocknende Oele. Vorwiegend aus Glycerinestern der Oelsäure bestehend. Sie werden, in dünner Schicht der Luft ausgesetzt, wohl schliesslich etwas dickflüssiger, trocknen aber nicht vollständig ein. Sie absorbiren nur wenig Sauerstoff und geben bei der Elaïdinprobe festes Elaïdin. Hierhin gehören: Behenöl, Erdmandelöl, Erdnussöl, Klauenfett, Mandelöl, Olivenöl, Rüböl, Baumwollsamenöl, Sesamöl.

2) Trocknende Oele. Diese verdicken sich an der Luft und trocknen, in dünner Schicht der Luft ausgesetzt, zu einem festen Häutchen ein. Sie bestehen ihrer Hauptmasse

nach aus Glyceriden der Leinölsäure oder ähnlicher Säuren. Sie absorbiren viel Sauerstoff und geben kein Elaïdin. Hierher gehören: Dotteröl, Hanföl, Kürbisöl, Leinöl, Mohnöl. Nussöl, Traubenkernöl, Sonnenblumenöl.

3) Flüssige Wachse. Aus Seethieren stammende Oele, welche nur geringe Mengen von Glyceriden enthalten und der Hauptmasse nach aus Estern der einatomigen Fettalkohole bestehen. Sie sind nur zum Theil verseifbar, nehmen aus der Luft wenig Sauerstoff auf, trocknen nicht ein und geben kein Elaïdin. Hierher gehören: Spermacetiöl,

4) Thrane. Flüssige, aus Seethieren stammende Fette, deren Säuren noch wenig gekannt sind. Sie absorbiren viel Sauerstoff, trocknen jedoch nicht zu firnissartigen Massen ein und geben kein oder wenig Elaïdin.

***Ranzigwerden.*** Die fetten Oele unterliegen während der Aufbewahrung einer Veränderung, die man mit „Ranzigwerden" bezeichnet, d. h. sie nehmen saure Reaktion, ferner unangenehmen, „ranzigen" Geruch und Geschmack an, schmecken kratzend, auch die Farbe wird in der Regel blasser. Man nimmt an, dass bei dem Ranzigwerden das Oel eine theilweise Spaltung in Fettsäure und die dazu gehörigen Alkohole erfährt, und dass diese Spaltprodukte Oxydationen unterliegen. Genaueres ist aber hierüber nicht bekannt. Es scheint ferner festzustehen, dass das Ranzigwerden befördert wird durch die Gegenwart kleiner Mengen Wasser, ferner durch die Einwirkung des Lichtes und der Luft. Es ergeben sich hieraus die unter Aufbewahrung angegebenen Massnahmen, das Ranzigwerden der Oele thunlichst zu verhüten.

***Untersuchung.*** Die Untersuchung der fetten Oele wurde bis vor etwa 15 Jahren in ziemlich empirischer Weise gehandhabt, indem man namentlich eine Anzahl von Farbreaktionen anstellte. Seit der genannten Zeit ist diese Untersuchung auf wissenschaftliche Grundlagen gestellt, und es sind eine Anzahl quantitativer Methoden ausgearbeitet worden, welche gestatten, ein Oel zu identificiren und die Anwesenheit fremder Beimischungen in demselben festzustellen. Von den älteren Methoden hat sich namentlich die Elaïdinprobe erhalten.

**I. Elaïdinprobe.** Giebt man in einen Probircylinder gleiche Volume des Oeles und reiner Salpetersäure (von 1,185 spec. Gew.), von jedem circa 6—10 ccm., dazu nach dem Umschütteln einige Kupferblechschnitzel oder etwas Quecksilber, und stellt bei 15 bis 20° C. bei Seite, so gehen die nichttrocknenden Oele innerhalb einer Zeit von einer halben Stunde bis zu einem Tage in eine mehr oder weniger starre Masse, „Elaïdin" über. Die trocknenden Oele bleiben dagegen, selbst nach Tage langem Stehen völlig flüssig, während eine Reihe anderer, in dieser Beziehung einen unbestimmten Charakter zeigender Oele in 1—2 Tagen nur unvollständig erstarrt und in der Oelschicht neben dem starren Elaïdin eine grössere oder geringere Menge flüssiges Oel verbleibt. Hierbei ergeben sich folgende Erscheinungen:

*1) Innerhalb der ersten 2 Stunden der Reaktion machen sich besondere Färbungen im Oele bemerkbar:*

*a) weisslich-trübe:*
Arachisöl, Mandelöl (aus süssen Mandeln), Olivenöl (Provencer Oel), Ricinusöl.

*b) gelblich weiss oder blassgelb:*
Baumöl, Bucheckeröl (oft auch röthlich gelb), Knochenöl, Mandelöl (aus bitteren Mandeln), Leberthran (Dampfleberthran), Pfirsichkernöl (oft röthlich gelb), raffinirtes Rüböl (einige wenige Handelssorten), Specköl.

*c) gelbbraun oder röthlichbraun:*
raff. Baumwollensamenöl, Leberthran (mittlere Handelssorte), rohes Rüböl, Sonnenblumenöl.

*d) grün:*
Hanföl.

*e) roth bis dunkel hochroth:*
Sesamöl.

*f) Unverändert oder kaum verändert:*
Leinöl, Mohnöl, Nussöl.

2) *Nach 8 Stunden bis 2 Tagen bilden:*

a) *eine weisse oder weissliche oder gelblich weisse durch und durch gleichmässig starre Masse:*

Arachisöl, Mandelöl (Oel der süssen Mandeln), Olivenöl (Provencer Oel), Ricinusöl.

b) *eine gelbliche bis gelbe oder bräunlichgelbe, ziemlich gleichmässige starre Masse:*

Baumöl, raff. Rüböl (nur mit einer Spur flüssigem Oele durchmischt), Knochenöl, Specköl.

c) *eine gelbliche bis gelbe oder bräunlichgelbe, starre Elaïdinmasse neben flüssigem Oele:*

Baumwollensamenöl, Bucheckeröl, Madiaöl, Mandelöl (aus bitteren Mandeln), Pfirsichkernöl, Sonnenblumenöl, Mischungen aus nicht trocknenden und trocknenden Oelen.

d) *eine gelbbraune oder röthlichbraune, zum Theil erstarrte, zum Theil flüssige Masse:*

Rüböl, rohes und halb raffinirtes (Masse aus ca. $^9/_{10}$ Elaïdin und $^1/_{10}$ flüssigem Oel bestehend; bei dem Oel aus Sommerraps ist dies Verhältniss $^7/_{10}$ und $^3/_{10}$), Sesamöl (aus ca. $^3/_5$ Elaïdin und $^2/_5$ flüssigem Oel bestehend), Mischungen aus nicht trocknenden und trocknenden Oelen.

e) *eine völlig flüssige Oelschicht, gewöhnlich von der Farbe des natürlichen Oeles oder doch nur von etwas hellerer Farbe:*

Crotonöl, Dotteröl, Hanföl (gelb), Leberthran, Leinöl, Mohnöl, Nussöl (Wallnussöl).

**II. Probe mit Silbernitrat.** 1,0 Silbernitrat wird in 2,0 destillirtem Wasser gelöst und die Lösung mit 50 ccm reinem wasserfreiem Weingeist verdünnt. In einem geräumigen Reagircylinder giebt man circa 6 ccm des Oeles und 3 ccm der Silberlösung, schüttelt kräftig durcheinander, dass eine emulsionartige Flüssigkeit entsteht, und erhitzt in der Weise, dass man das Glas etwa 20 Minuten in Wasser von 80—90° C. stellt. Nach dieser Zeit hat entweder eine Reduktion des Silbers oder eine Färbung des Oeles stattgefunden oder auch nicht. Das Oel ist

| dunkler, braun, braunroth bis schwarz gefärbt: | unverändert, auch nicht dunkler an Farbe geworden: |
|---|---|
| Baumwollensamenöl, gereinigtes (dunkelbraun bis schwarz) | Arachisöl |
| Rüböl (meist braunroth) | Baumöl (welches frei von Terpentinöl oder Rosmarinöl ist) |
| Rüböl, entharztes (dunkelbraunroth) | Bucheckeröl |
| Knochenöl wie das vorhergehende | Hanföl |
| Leinöl (dunkler und rothbraun) | Leberthran |
| Mandelöl (aus bitteren Mandeln) und Pfirsichkernöl (dunkele Färbung nach mehrstündigem Stehen) | Mandelöl (aus süssen Mandeln) |
| Specköl. | Olivenöl (Provencer Oel) |
| | Ricinusöl |
| | Sesamöl. |

**III. Specifisches Gewicht bei 100° C.** Das spec. Gewicht der Oele kann bei gewöhnlicher Temperatur mit Pyknometern bestimmt werden. Bei festen Fetten macht die Bestimmung des spec. Gewichtes bei 15° C. Schwierigkeiten. Man hat daher bei allen Fetten die Bestimmung des spec. Gewichtes bei 100° C. eingeführt, weil sie bei dieser Temperatur leicht ausführbar ist.

Der einfachste Apparat ist der von Königs angegebene (Fig. 56).

In den Deckel eines Wasserbades mit konstantem Niveau ist ein Rohr eingesetzt, welches zum Abzuge des Dampfes dient. Ausserdem enthält dasselbe vier durch starke Messingringe eingefasste Öffnungen, in welche mittels Gummiringen ca. 15 cm lange und 3 cm weite Reagensröhren so weit eingesetzt werden, dass sie etwa 1 cm über den Umfassungsring herausragen. Das spec. Gewicht wird mit besonderen kleinen Aräometern (Königs' Spindeln) mit einer Skala von 0,845—0,870 ermittelt. Will man genau bei 100° C. messen, so muss man die Dampfausströmungsöffnung des Wasserbades theilweise verschliessen. Man kann die Bestimmung auch mit der Westphal'schen Wage unter

Benutzung des REIMANN'schen Thermometerkörpers ausführen, doch stimmen die Ergebnisse mit den durch die KÖNIGS'sche Spindel erhaltenen nicht überein.

FERD. EVERS hat die spec. Gewichte einiger pharmaceutisch wichtiger Substanzen bei 100° C. mit Aräometern bestimmt.

| | | | |
|---|---|---|---|
| Cera alba | 0,832—0,835 | Adeps | 0,891—0,893 |
| Cera flava | 0,845—0,847 | Styrax depuratus | 1,109—1,114 |
| Cetaceum | 0,839—0,842 | Balsamum Nucistae | 0,895—0,896 |
| Oleum Cacao | 0,890—0,891 | Unguentum Paraffini | 0,844—0,846 |
| Oleum Nucistae | 0,901—0,904 | Vaselinum album | 0,830—0,832 |
| Paraffinum solidum | 0,790—0,792 | Cera Carnauba | 0,797—0,798 |
| Paraffinum solidum | | Ceresin | 0,791—0,794 |
| (Schmelzpunkt 62° C.) | 0,781—0,786 | Cera japonica | 0,909—0,910 |
| Paraffinum solidum | | Sebum taurinum | 0,890—0,891 |
| (Schmelzpunkt 54—55° C.) | 0,774—0,776 | Acidum stearinicum | 0,860—0,862 |
| Sebum ovile | 0,889—0,891 | | |

**IV. Säurezahl.** Die Säurezahl giebt die Menge Kalihydrat in $^1/_{10}$-Procenten oder die Anzahl Milligramme Kalihydrat für 1 g Fett an, welche zur Neutralisation der in einem Fette befindlichen freien Fettsäuren erforderlich ist. Sie ist daher ein Ausdruck für den Gehalt des Fettes an freien Fettsäuren.

Man wägt 5—10 g des filtrirten, wasserfreien Fettes in ein Kölbchen von widerstandsfähigem (Jenaer) Glase genau (!) ein, übergiesst mit 50 ccm säurefreiem Alkohol von 96 Vol. Proc., erhitzt auf dem Wasserbade, fügt 5 Tropfen Phenolphthaleïnlösung hinzu und titrirt mit $^1/_2$—$^1/_4$—$^1/_{10}$ alkoholischer Normal-Kalilauge bis zur Rothfärbung. Der Titer der weingeistigen Kalilauge ist am Tage des Versuchs gegen eine entsprechende Salzsäure unter Zusatz der nämlichen Menge des gleichen Weingeistes wie im Hauptversuch festzustellen.

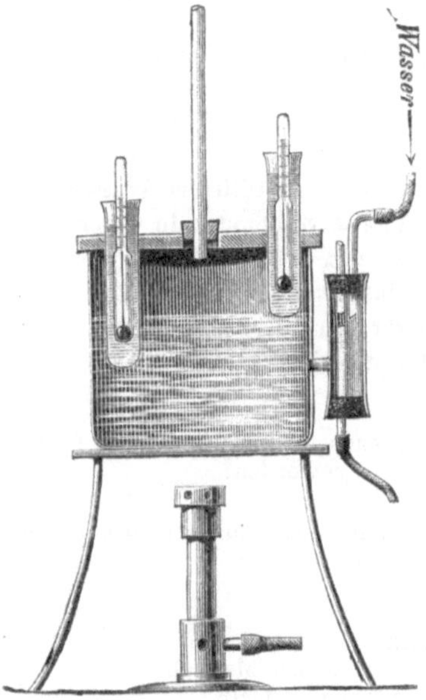

Fig. 56. (Nach KÖNIGS.) Apparat zur Bestimmung des specifischen Gewichtes der Fette bei 100° C.

**V. Verseifungszahl, KOETTSTORFER'sche Zahl oder KOETTSTORFER'sche Verseifungszahl.** Diese giebt an, wie viel Milligramme Kalihydrat bis zur vollständigen Verseifung von 1 g Fett erforderlich sind.

Man wägt 1—2 g des wasserfreien und filtrirten Fettes genau (!) in ein Verseifungskölbchen nach B. FISCHER aus Jenaer Glas von ca. 200 ccm Fassungsraum ein, giebt 30 ccm $^1/_2$normale, weingeistige Kalilauge hinzu, setzt mittels Glasschliffs (der alsdann schwach mit Paraffinsalbe zu fetten ist) oder mittels Gummistopfens ein Glasrohr von ca. 2 m Länge und 5 mm lichter Weite auf und erhitzt auf dem Wasserbade, Sandbade oder über einem Drahtnetz zum schwachen Sieden des Inhalts während etwa 30 Minuten. Nach dieser Zeit fügt man 5—6 Tropfen Phenolphthaleïnlösung zu und titrirt noch heiss unter Umschwenken mit $^1/_2$normaler Salzsäure bis zur Farblosigkeit. (Vorsicht wegen des Uebertitrirens.) Scheiden sich während des Titrirens feste Fettsäuren aus, so muss man diese durch Anwärmen wieder zum Schmelzen bringen.

Gleichzeitig hatte man einen blinden Versuch angesetzt, d. h. man hatte in ein gleiches Kölbchen 30 ccm der gleichen $^1/_2$-normalen weingeistigen Kalilauge gebracht, diese gleichfalls während 30 Minuten im schwachen Sieden erhalten und nach Zusatz von 5—6 Tropfen Phenolphthaleïnlösung mit $^1/_2$-Normal-Salzsäure bis zur Farblosigkeit titrirt.

**VI. Esterzahl, Aetherzahl.** Diese giebt an, wie viel Milligramme Kalihydrat zur Verseifung des in 1 g Fett enthaltenen Neutralfetts (d. h. neutralen Ester der Fettsäuren mit Fettalkoholen) erforderlich sind.

Die Esterzahl findet man durch Subtraktion der Säurezahl von der Verseifungszahl. Ist z. B. die Verseifungszahl = 96, die Säurezahl = 20, so ist die Esterzahl = 76 (vergl. *Cera*).

**VII. Die Reichert-Meissl'sche Zahl.** Diese Zahl giebt an, wie viel ccm $^1/_{10}$-Normal-Lauge zur Neutralisation der aus genau 5 g Fett nach einem bestimmt vorgeschriebenen Verfahren abgeschiedenen flüchtigen Fettsäuren erforderlich sind. 5 g geschmolzenes und filtrirtes Fett werden in einem Kölbchen von ca. 200 ccm Fassungsraum mit ca. 2 g festem Aetzkali und 50 ccm 70procentigem Alkohol unter Schütteln auf dem Wasserbade verseift und bis zur vollständigen Verflüchtigung des Alkohols eingedampft. Der dicke Seifenbrei wird in 100 ccm heissem Wasser gelöst, mit 40 ccm Schwefelsäure (1 : 10) versetzt und nach Zusatz einiger hanfkorngrosser Bimssteinstücke unter Benutzung des Bd. I, S. 516 angegebenen Apparates destillirt. Man destillirt 110 ccm ab, mischt, filtrirt und titrirt von dem Filtrate 100 ccm mit $^1/_{10}$-Normallauge (Barytwasser) und unter Benutzung von Phenolphthaleïn als Indikator. Die erhaltenen ccm $^1/_{10}$-Normallauge, um ihren $^1/_{10}$ Theil erhöht, stellen die Reichert-Meissl'sche Zahl dar. Hatte man z. B. zum Titriren 22,5 ccm $^1/_{10}$-Lauge untersucht, so ist die Reichert-Meissl'sche Zahl $= 22{,}5 + 2{,}25 = 24{,}75$.

Zur Untersuchung der Butter wird die Reichert-Meissl'sche Zahl gegenwärtig nach der Modifikation von Leffmann-Beam bestimmt. Diese ist Bd. I, S. 515 und 516 beschrieben. Identisch mit der Reichert-Meissl'schen ist die Wollny'sche Zahl.

Die **Reichert'sche Zahl.** Reichert verfuhr in gleicher Weise wie bei der Bestimmung der Reichert-Meissl'schen Zahl, wendete aber nur 2,5 g Fett an. Daher geben die Reichert'schen Zahlen, mit 2 multiplicirt, die Zahlen nach Reichert-Meissl.

**VIII. Die Hehner'sche Zahl** (Hehner-Angell'sche Zahl). Diese giebt an, wie viel Theile in heissem Wasser unlöslicher Fettsäure 100 Th. Fett liefern können.

Diese Methode ist Bd. I, S. 515 bei *Butyrum* bereits beschrieben.

**IX. Die Acetylzahl. Esterzahl der acetylirten Fettsäuren.** Die Acetylzahl gestattet die quantitative Bestimmung des Hydroxylgehaltes einer Substanz und liefert demnach ein Maass für den Gehalt eines Fettes, Fettgemisches oder Bestandtheiles eines Fettes an Oxyfettsäuren oder Fettalkoholen. Nur die OH-Gruppen, nicht aber die vorhandenen Carboxylgruppen werden acetylirt.

20—50 g der aus dem Fette abgeschiedenen Fettsäuren (s. S. 509) werden mit dem gleichen Volumen Essigsäureanhydrid (!), s. Bd I, S. 13, im Acetylirungskolben s. S. 375 mit Rückflusskühlrohr 2 Stunden lang bis zum Sieden erhitzt. Die Mischung wird in ein hohes Becherglas von 1 l Fassungsraum entleert, mit 500—600 ccm Wasser übergossen und mindestens (!) eine halbe Stunde lang gekocht. Um ein Stossen der Flüssigkeit zu vermeiden, leitet man durch ein fast bis zum Boden reichendes Kapillarrohr einen langsamen Kohlensäurestrom ein. Dann lässt man absetzen, hebert das Wasser ab und kocht noch dreimal oder so oft mit gleichen Mengen Wasser aus, bis das vom Wasser getrennte acetylirte Fettsäuregemisch mit wenig Wasser übergossen an dieses keine freie Essigsäure mehr abgiebt (Prüfung mit blauem Lackmuspapier).

Man bringt nun das acetylirte Fettsäuregemisch in einen Scheidetrichter, lässt das Wasser sorgfältig ab, filtrirt die acetylirten Fettsäuren durch ein getrocknetes Filter und bestimmt alsdann a) in etwa 5 g die Säurezahl; diese wird die Acetyl-Säurezahl genannt, d. h. sie giebt an, wie viel Milligramme KOH zum Neutralisiren der in 1 g des acetylirten Fettsäuregemisches enthaltenen freien Fettsäuren erforderlich ist. b) Man wägt 2—3 g des acetylirten Fettsäuregemisches und bestimmt die Verseifungszahl in derselben Weise, wie die Koettstorfer'sche Verseifungszahl. Die so erhaltene Zahl ist die Acetyl-Verseifungszahl. Subtrahirt man die Acetylsäurezahl von der Acetyl-Verseifungszahl, so erhält man die Acetylzahl, d. h. die zur Abspaltung des Acetylrestes in 1 g des acetylirten Fettsäuregemisches erforderliche Anzahl von Milligrammen Kalihydrat.

**X. Jodzahl.** Die „Jodzahl" oder „Hübl'sche Jodzahl" giebt an, wie viel Procente Jod ein Fett zu addiren vermag. Man bedarf hierzu folgender Lösungen.

Jodlösung nach Hübl. Man löst einerseits 25 g Jod in 500 ccm Alkohol von 95 Vol. Proc. Anderseits löst man 30 g Mercurichlorid in 500 ccm Alkohol von 95 Vol. Proc. Beide Lösungen werden mit einander vermischt. Diese Lösung soll 48 Stunden lang stehen, bevor sie in Gebrauch genommen wird.

$^1/_{10}$-Natriumthiosulfatlösung. Sie enthält in 1 l rund 24,0 g krystallisirtes Natriumthiosulfat. — Zur Einstellung dieser Lösung bereitet man sich eine Urlösung von 3,87 g geschmolzenem reinem Kaliumdichromat in 1 l Wasser. Jeder Kubikcentimeter dieser Lösung setzt unter den unten anzugebenden Bedingungen 0,01 g Jod aus Kaliumjodid in Freiheit:

Man bringt in einen Glaskolben mit Glasstopfen 20 ccm der Kaliumdichromatlösung, giebt 10 ccm 10proc. Kaliumjodidlösung sowie 5 ccm Salzsäure von 25 Proc. hinzu, setzt den Stopfen auf, lässt kurze Zeit stehen und titrirt nun das ausgeschiedene Jod mit der $^1/_{10}$-Natriumthiosulfatlösung. Da genau 0,2 g Jod in Freiheit gesetzt worden sind, so würde man hierzu von einer genau $^1/_{10}$ normalen Natriumthiosulfatlösung = 15,75 ccm verbrauchen (s. Fig. 57).

Einwage. Da die einzelnen Fette und Oele sehr verschiedene Mengen Jod absorbiren und ein Ueberschuss von Jod vorhanden sein muss, so wendet man zwar in der Regel gleiche Mengen Jodlösung, dagegen verschiedene Mengen des zu untersuchenden Fettes an.

**A.** Von festen Fetten wägt man, da diese stets eine sehr niedrige Jodzahl haben, 0,5—1,0 g ein. **B.** Von nicht trocknenden Oelen, welche meist eine mittlere Jodzahl haben, wägt man 0,3—0,5 g ein. **C.** Von trocknenden Oelen (Leberthran, Leinöl, Mohnöl) wägt man nur 0,1—0,15 g ein.

Dauer der Einwirkung. Bei Fetten mit niedriger Jodzahl ist die Absorption innerhalb 4 Stunden beendet; man thut indessen gut, die Absorption grundsätzlich länger auszudehnen, z. B. sie über Nacht dauern zu lassen. Während dieser Zeit sind die Reaktionsgefässe an einen dunklen Ort zu stellen.

Fig. 57. (Nach B. Fischer.) Jodabsorptionsgefäss von ca. 400 ccm Fassungsraum.

Ausführung der Versuche. Man wägt in ein von B. Fischer angegebenes Jodabsorptionsgefäss, d. i. ein Erlenmeyer'scher Kolben mit Glasstopfen (s. Figur), etwa 1 g geschmolzenes und filtrirtes Schweineschmalz auf der chemischen Wage genau ein, giebt 15 ccm Chloroform dazu, löst durch sanftes Umschwenken, fügt alsdann 50 ccm Hübl'sche Jodlösung hinzu, mischt durch sanftes Umschwenken, setzt den Glasstopfen auf und stellt das Gefäss ins Dunkle. Man setzt stets mindestens zwei solcher Versuche gleichzeitig an. Ausserdem setzt man noch einen sog. blinden Versuch an, d. h. man giebt in ein gleiches Kölbchen 15 ccm Chloroform, 50 ccm Hübl'sche Jodlösung und setzt auch diese Mischung ins Dunkle. — Nach Ablauf von 4 Stunden lüftet man den Stopfen, spült Stopfen und Hals mit einer Lösung von 3 g Kaliumjodid in 30 ccm Wasser nach, spritzt mit der Spritzflasche beide sorgfältig ab und giebt noch 70 ccm Wasser dazu. Wenn das zunächst ausgeschiedene Mercurijodid völlig in Lösung gegangen ist, so lässt man unter Umschwenken so lange $^1/_{10}$-Normal-Natriumthiosulfatlösung zulaufen, bis die Flüssigkeit nur noch weingelb gefärbt ist. Dann giebt man etwa 1 ccm filtrirter Stärkelösung hinzu und titrirt mit der $^1/_{10}$-Normal-Natriumthiosulfatlösung bis zur Entfärbung. Dabei wird man Folgendes beobachten: Hatte man zu der noch weingelb gefärbten Flüssigkeit 1 ccm Stärkelösung zugefügt, so erhält man eine schmutziggrüngelb-schwärzliche Mischung, denn die blaue Färbung der Jodstärke tritt erst auf, wenn Jod und Stärke in einem bestimmten Verhältnisse zu einander stehen, und dieses Verhältniss ist noch nicht hergestellt, weil jetzt noch Jod in Ueberschuss vorhanden ist. Lässt man nun unter Umschwenken $^1/_{10}$-Normalthiosulfatlösung Tropfen für Tropfen zulaufen, so wird allmählich die Färbung der Flüssigkeit weniger schmutzig, sie nähert sich immer mehr dem Blau und nimmt schliesslich die reinblaue Färbung der Jodstärke an. Das ist für den Arbeitenden ein Zeichen, dass er von dem Endpunkt der Reaktion nicht mehr weit entfernt ist. Nach wenigen weiteren Tropfen wird die Färbung schmutzig-violettroth und alsdann tritt nach 1—2 weiteren Tropfen völlige Entfärbung ein. — Man kann die blaue Färbung der weingelben Flüssigkeit, d. h. das zur Bildung von Jodstärke richtige Verhältniss zwischen Jod und Stärke natürlich auch durch Vermehrung des Stärkegehaltes herstellen, aber das empfiehlt sich nicht, weil die einmal gebildete Jodstärke durch Natriumthiosulfat viel schwieriger entfärbt wird als das freie Jod selbst.

Zur Feststellung der in den Versuch hineingeschickten Jodmenge dient, da die Jodlösung einer fortlaufenden Veränderung unterliegt, der blinde Versuch.

Beispiel. Abgewogen 1,2279 g geschmolzenes und filtrirtes Schweineschmalz. Dazu gegeben 50 ccm Hübl'sche Jodlösung.

Nach dem blinden Versuch werden zur Entfärbung von 50 ccm Hübl'scher Jodlösung gebraucht = 96,3 ccm $\frac{n}{10}$-Natriumthiosulfatlösung. Mithin enthalten diese 50 ccm Jodlösung = 1,22301 g freies Jod.

Nach 4stündiger Einwirkung wurden bei dem Versuch selbst zur Entfärbung verbraucht 33,55 ccm $\frac{n}{10}$-Natriumthiosulfatlösung, welche entsprechen = 0,426085 g Jod.

| | |
|---|---|
| In den Versuch gegeben 50 ccm Jodlösung entsprechend | 1,223010 g Jod |
| Zurücktitrirt 33,55 ccm $\frac{n}{10}$-Natriumthiosulfatlösung entsprechend | 0,426085 „ „ |
| Mithin absorbirt | 0,796925 g Jod |

Nach dem Ansatz 1,2279 : 0,796925 = 100 : x x = 64,9 berechnet sich die Jodzahl des untersuchten Schweineschmalzes zu 64,9.

Mittelwerth des Titers. Hat man die Jodzahl in Fetten oder Oelen mit niedriger Jodabsorption zu bestimmen, so kann man den Versuch nach 4 Stunden als beendigt betrachten. Während dieser 4 Stunden ändert sich die Jodlösung nicht wesentlich; man kann sich daher mit einem blinden Versuche begnügen, welcher zu Anfang oder nach Ablauf der 4 Stunden austitrirt wird. — Hat das zu bestimmende Oel aber eine sehr hohe Jodzahl (wie Leinöl, Leberthran und Mohnöl), so muss die Einwirkung der Jodlösung auf das Fett 12—18 Stunden dauern. Während dieser Zeit nimmt der Gehalt an freiem Jod in der Jodlösung selbst merklich ab. Man muss daher zwei blinde Versuche und zwar den einen zu Anfang und den anderen am Ende der Einwirkung der Jodlösung ansetzen und als den Gehalt der Lösung an freiem Jod den Mittelwerth aus beiden Versuchen annehmen.

**XI. Abscheidung der Fettsäuren.** 50—100 g des Fettes oder Oeles werden in einer Porcellanschale mit 20—40 g Kalihydrat, welche zunächst in wenig Wasser gelöst sind, und 100—200 ccm Weingeist bis zur vollkommenen (!) Verseifung auf dem Wasserbade unter Umrühren erhitzt. Die gebildete Seife wird in 1—2 Liter Wasser gelöst, die Lösung bis zur Verjagung des Alkohols gekocht, mit einem Ueberschuss verdünnter Schwefelsäure (Prüfung mit Methylorange!) versetzt und dann so lange auf freier Flamme oder auf dem Wasserbade erhitzt, bis die Fettsäuren klar an der Oberfläche schwimmen. Man lässt erkalten, zieht die saure Flüssigkeit ab, kocht die zurückbleibenden Fettsäuren noch 2—3—4 mal mit je 1—2 Liter siedendem Wasser aus, bis mit Methylorange sich freie Schwefelsäure in dem Waschwasser nicht mehr nachweisen lässt. Alsdann trocknet man die Fettsäuren und filtrirt sie durch ein getrocknetes Filter.

Die Fettsäuren geben wichtige Anhaltspunkte zur Charakterisirung der Fette durch: das spec. Gewicht bei 100° C., die Verseifungszahl, Jodzahl, Schmelzpunkt, Erstarrungspunkt, Acetylzahl.

**XII. Bestimmung von Mineralöl in fetten Oelen.** Man bringt in eine Porcellanschale 3—5 g des zu untersuchenden Oels und verseift mit einer Lösung von 1 g Natronhydrat in 30—40 ccm Alkohol. Die gebildete Seife wird mit Sand, welcher vorher mit Salzsäure extrahirt, gewaschen und geglüht worden war (!), zur Trockne verdampft, die Mischung noch mit dem nämlichen Sand gemischt und im Soxhlet'schen Extraktionsapparat mit Chloroform extrahirt.

Das Chloroform nimmt nur das Mineralöl, nicht das Fett auf. Nach dem Abdestilliren hinterbleibt das Mineralöl, welches gewogen wird. Man bestimmt zur Sicherheit in einem aliquoten Theile desselben die Verseifungszahl, welche nur einige Einheiten, z. B. 7—10, betragen darf. Das Natronhydrat darf bei der Verseifung nicht durch Kalihydrat ersetzt werden, der Sand muss vorher mit Salzsäure extrahirt sein.

---

Durch die Bestimmung dieser Konstanten ist man also in der Lage, sich ein Urtheil über die Natur und über die Reinheit eines Oeles zu bilden. Erleichtert wird die Orientirung durch die nachstehende Tabelle, in welcher die Konstanten der praktisch wichtigsten Oele niedergelegt sind.

## Tabelle, enthaltend die Konstanten der praktisch wichtigsten Fette und Oele.

Von W. THOERNER. Chemiker-Zeitung 1894, 1154.

| Fettsorte | Gehalt der Fette an Fettsäuren bei 100° C. 1[1]) | Spec. Gew., bei 100° C. mit der KÖNIG'schen Butterspindel gemessen, der Fette | Spec. Gewicht bei 100° C. mit dem REIMANN'schen Thermometerkörper gemessen der | | Brechungsindex bei 60° C. der | | Polarisation bei 50–60 C. der | | Schmelzpunkt der | | Erstarrungspunkt der | | Verseifungszahl (KÖTTSTORFER's Zahl) der | | Jodzahl der | | REICHERT-MEISSL'sche Zahlen der | |
|---|---|---|---|---|---|---|---|---|---|---|---|---|---|---|---|---|---|---|
| | | | Fette | Fettsäuren | Fette | Fettsäuren | Fette | Fettsäuren | Fette | Fettsäuren | Fette | Fettsäuren | Fette | Fettsäuren | Fette | Fettsäuren | Fette | Fettsäuren |
| | Proc. | | | | | | | | °C. | °C. | °C. | °C. | | | | | | |
| Butter . . . . | 89–91 | 0,865–0,867 | 0,899–0,900 | 0,876–0,888 | 1,445–1,448 | 1,437–1,439 | 0 | 0 | 28–33 | 38–40 | 20–23 | 33–35 | 225–230 | 210–220 | 28–32 | 28–31 | 22–32 | 8–13 |
| Baumwollsamenöl | 96,0 | 0,8735 | 0,9038 | 0,8805 | 1,457 | 1,446 | 0 | 0 | — | 35–40 | — | 32–35 | 194–195 | 201,6 | 106–107 | 112–115 | 0,95 | 0,3 |
| Cacaoöl . . . . | 97,0 | 0,8580 | 0,8910 | 0,8780 | 1,4496 | 1,4420 | 0 | 0 | 32–33 | 49–50 | 23,0 | 46–47 | 198–200 | 190,0 | 34 | 32,6 | 0,8 | 0,35 |
| Cocosöl . . . . | 97,0 | 0,8700 | 0,9060 | 0,8885 | 1,4110 | 1,4295 | 0 | 0 | 23–24 | 24–25 | 22–23 | 20,0 | 255–260 | 258 | 9–9,5 | 8,5–9,0 | 7,5 | 7,0 |
| Erdnussöl . . . | 98,0 | 0,8640 | 0,8976 | 0,8830 | 1,4545 | 1,4461 | 0 | 0 | — | 30–32 | — | 29–30 | 194–196 | 201,6 | 94–96 | 96–97 | 0,4 | 0,3 |
| Hammeltalg . . | 97,0 | 0,8590 | 0,8946 | 0,8673 | 1,4501 | 1,4374 | 0 | 0 | 44–55 | 46–47 | 40–41 | 39,0 | 192–195 | 210 | 43–44 | 34,8 | 1,2 | 0,4 |
| Leberthran med. . | 98,0 | 0,8715 | 0,9075 | 0,8858 | 1,4621 | 1,4521 | 0 | 0 | — | 50–52 | — | — | 175–185 | 207 | 128–130 | 130,5 | 0,4 | 0,6 |
| Leinöl . . . . . | 98,0 | — | 0,9170 | 0,8890 | 1,4660 | 1,4546 | 0 | 0 | — | 17,0 | — | 13,5 | 190–192 | 196 | 177–178 | 155 | 0,9 | 0,4 |
| Mandelöl . . . . | 98,0 | 0,8675 | 0,9015 | 0,8750 | 1,4555 | 1,4461 | 0 | 0 | — | 14,0 | — | 5,0 | 190–192 | 204 | 82–83 | 87–90 | 0,55 | 0,5 |
| Margarine . . . | 95–96 | 0,8590 | 0,897–0,899 | 0,876–0,879 | 1,443–1,453 | 1,413–1,414 | 0 | 0 | 32–35 | 42,0 | 20–22 | 39,0 | 192–200 | ca. 188 | 48–64 | — | 0,3-0,9 | 0,7 |
| Mohnöl . . . . | 96,0 | 0,8725 | 0,9075 | 0,8830 | 1,4586 | 1,4506 | 0 | 0 | — | 20,5 | — | 16,5 | 193–194 | 199 | 134–135 | 116,3 | 0,6 | 0,4 |
| Olivenöl . . . . | 96,0 | 0,8640 | 0,8997 | 0,8683 | 1,4548 | 1,4110 | 0 | 0 | — | 26–28 | — | 21–22 | 191–193 | 193 | 82–83 | 87–88 | 1,5 | 0,25 |
| Palmöl . . . . | 98,0 | 0,8600 | 0,8930 | 0,8790 | 1,4510 | 1,4441 | 0 | 0 | 36–37 | 47–48 | — | 42–43 | 201–202 | 204 | 51,5 | 53,3 | 0,6 | 1,1 |
| Palmkernöl . . . | 97,0 | 0,8670 | 0,9005 | 0,8760 | 1,4431 | 1,4310 | 0 | 0 | 25–26 | 20,7 | — | — | 246–250 | 264 | 13–14 | 12,0 | 3,4-5,0 | 4,8 |
| Ricinusöl . . . | 92,0 | — | 0,9465 | 0,9290 | 1,4636 | 1,4546 | 6,4° R. | 7,8° R. | — | 13,0 | — | 3,0 | 201–203 | 182 | 93–94 | 87–88 | 4,0 | 3,0 |
| Rindertalg . . . | 96–97 | 0,8600 | 0,8945 | 0,8660 | 1,4510 | 1,4375 | 0 | 0 | 43–49 | 45,0 | 37,0 | 43–45 | 193–195 | 201,6 | 38–40 | 26–30 | 1,0 | 0,5 |
| Rüböl, roh . . . | 96,0 | 0,8635 | 0,8990 | 0,8715 | 1,4667 | 1,4491 | 0 | 0 | — | 20,0 | — | 16,0 | 177–179 | 185 | 98–100 | 97–99 | 0,9 | 0,6 |
| Schweineschmalz. | 96–97 | 0,8610 | 0,8955 | 0,8700 | 1,4539 | 1,4395 | 0 | 0 | 26–32 | 37–38 | 26,0 | 35,0 | 195–196 | 204–207 | 59–60 | 47,6 | 1,1 | 0,4 |
| Sesamöl . . . . | 96,0 | 0,8705 | 0,9043 | 0,8786 | 1,4561 | 1,4161 | 1,0° R | 1,3° R. | — | 25–32 | — | 23,5 | 192–193 | 201,6 | 103–105 | 110–111 | 1,2 | 0,4 |
| Sonnenblumenöl . | 97,0 | — | 0,9070 | 0,8880 | 1,4611 | 1,4531 | 0 | 0 | — | 23,0 | — | 17,0 | 193–194 | 201,6 | 129 | 133–134 | 0,5 | 0,3 |

[1]) Spalte I cfr. Chem.-Ztg. 1891, 1201.

# Olibanum.

**Olibanum** (Austr. Ergänzb.). **Gummi — resina Olibanum. Thus. Incensum.** — **Weihrauch. Kirchenharz. Harzkörner** (Pfarrer Kneipp's). — **Oliban. Encens** (Gall.). — **Incense. True Frankincense.**

***Abstammung und Beschreibung.*** **Boswellia Carteri Birdw. (Burseraceae).** Heimisch in Afrika im Somaliland, sowie an der Süd- und Südostküste Arabiens, und **B. Frereana Birdw.** im Somaliland liefern die Droge (vielleicht auch noch andere Arten). Das Harz von **B. serrata Roxb.** wird in Indien zum Räuchern und medicinisch verwendet. Man schneidet die Weihrauchbäume an und sammelt das ausgetretene und erhärtete Harz. Die Droge geht meist erst nach Bombay und von dort nach Europa.

Der Weihrauch bildet sehr unregelmässig gestaltete Körner oder stalaktitenförmige Massen, die einige Centimeter gross sein können, oder keulenförmige Stücke. Die Farbe ist gelblich weiss bis röthlich weiss. Die Stücke sind von aussen weisslich bestäubt und wenig oder gar nicht durchsichtig. Beim Kauen wird er weich und schmeckt nicht unangenehm bitter-aromatisch, und schleimig. In Wasser zerfällt er zu einer trüben Flüssigkeit. In Alkohol, Chloroform, Aether etc. nur theilweise löslich, in Essigsäure und Benzol zum grössten Theil unlöslich. Nach dem Schmelzen oder Erhitzen im allgemeinen leichter löslich.

***Bestandtheile.*** Aetherisches Oel (Oleum Olibani, Essence d'Oliban, Oil of Frankincense) zu 3—8 Proc. Dasselbe ist farblos bis gelblich, von angenehmem, an Citronen erinnernden Geruch. Spec. Gew. 0,875 bis 0,885. Drehung im 100 mm-Rohr — $11^0$ bis — $17^0$. Es enthält Pinen, Dipenten, Phellandren, sämmtlich $C_{10}H_{16}$, und ausserdem sauerstoffhaltige Antheile. Harz zu etwa 62—69 Proc. Dasselbe enthält freie Boswelliasäure $C_{32}H_{52}O_4$, und dieselbe in Esterbindung, und Olibanoresen $(C_{14}H_{22}O)n$ und Gummi zu etwa 26—28 Proc., das Bassorin und Calcium- und Magnesium-Arabinat enthält. Pflanzenreste 2—4 Proc. Asche 2,5—3,0 Proc.

***Sorten und Verfälschungen.*** Man unterscheidet im Handel Olibanum electum und Olibanum in sortis, letzteres minderwerthig. „Wilder Weihrauch" oder Olibanum silvestre ist Fichtenharz. Andere als „Weihrauch" zuweilen bezeichnete Harze von anderen Burseraceen, Icica-Species, Protium-Species gelangen nicht in den Handel.

***Prüfung.*** Eine Verfälschung mit Fichtenharz oder Colophonium weist man nach durch die Rothfärbung, die eine Lösung in Essigsäure auf Zusatz von Schwefelsäure annimmt.

Bestimmung der Säurezahl nach K. Dieterich: 1 g Olibanum übergiesst man mit je 10 ccm wässriger und alkoholischer $^1/_2$ N.-Kalilauge und 50 ccm Benzin (spec. Gew. 0,7). Man lässt 24 Stunden in einer Glasstöpselflasche stehen und filtrirt unter Zusatz von 500 ccm Wasser und Phenolphtaleïn mit $^1/_2$ N.-Schwefelsäure. Die gebundenen ccm Lauge $\times$ 28,08 = Säurezahl. Gefunden 30,80—50,40.

Bestimmung der Verseifungszahl: 1 g des fein zerriebenen Olibanum übergiesst man mit 20 ccm $^1/_2$ N. alkoholischer Kalilauge, kocht eine Stunde mit Rückflusskühler und titrirt mit $^1/_2$ N.-Schwefelsäure wie oben zurück. Die gebundenen ccm Lauge $\times$ 28,08 = Verseifungszahl. Gefunden 140—230.

Esterzahl wird ermittelt durch Subtraktion der Säurezahl von der Verseifungszahl. Gefunden 110—170.

Verfälschung mit Sandarak und Fichtenharz erhöhen die Säurezahl. —

***Anwendung.*** Innerlich wird Olibanum kaum noch angewendet; äusserlich dient es, wenn auch selten, als Bestandtheil von Pflastern, Salben und Räucherpulvern gegen Rheuma. Uralt ist der Gebrauch des Weihrauchs zum Räuchern für Kultus-Zwecke, und dies ist auch seine hauptsächlichste Verwendung.

**Emplastrum aromaticum** (Ergänzb.).
Emplastrum stomachicum. Emplastrum de Labdano. Aromatisches Pflaster. Magenpflaster.

| | | |
|---|---|---|
| Rp. | Cerae flavae | 35,0 |
| | Sebi ovilis | 25,0 |
| | Resinae Pini | 5,0 |
| | Terebinthinae | 5,0 |
| Calore balnei vapor. liquat. adde | | |
| | Olei Myristicae | 5,0 |
| | Olibani subt. pulv. | 15,0 |
| | Benzoës subt. pulv. | 8,0 |
| | Olei Menthae piperit. | 1,0 |
| | Olei Caryophyllor. | 1,0. |

**Pilulae Olibani** Delioux.

Rp. Olibani
Saponis medicati āā 6,5.
Zu 100 Pillen. 3mal täglich 5 Stück.

**Pulvis fumalis** Engel.
Engel's Räucherpulver.

| | | |
|---|---|---|
| Rp. | Myrrhae grosso m. pulv. | 25,0 |
| | Olibani „ „ „ | 250,0 |
| | Mastiches „ „ „ | 50,0 |
| | Succini raspat. „ „ | 50,0 |
| | Sacchari albi „ „ | 50,0 |
| | Boli Armenae „ „ | 575,0. |

Zu Räucherungen bei Rheuma.

**Unguentum Olibani.**
Onguent de l'abbaye Du Bec.

| | | |
|---|---|---|
| Rp. | Unguenti basilici | 50,0 |
| | Picis nigrae | 10,0 |
| | Olibani pulver. | 2,5. |

Zum Verbande.

**Weihrauch für Kirchen.**

I.

| | | |
|---|---|---|
| Rp. | Benzoës | 175,0 |
| | Styracis | 175,0 |
| | Olibani | 250,0 |
| | Myrrhae | 250,0 |
| | Cortic. Cascarillae | 144,0 |
| | Olei Lavandulae | 2,0 |
| | Olei Bergamottae | 2,0 |
| | Olei Caryophyllor. | 1,0 |
| | Olei Cinnamomi | 1,0 |

II.

| | | |
|---|---|---|
| Rp. | Olibani | 200,0 |
| | Styracis calam. | 300,0 |
| | Benzoës | 300,0 |
| | Succini | 100,0 |
| | Florum Lavandulae | 100,0. |

**Gicht- und Rheumatismusmittel** von Besser in Berlin, besteht aus Weihrauch, Lavendel, Kamillen, Wacholderbeeren.

# Ononis.

Gattung der **Papilionaceae — Trifolieae.**

**Ononis spinosa L.** Heimisch in ganz Europa. Halbstrauch mit bis 50 cm langen Zweigen, die zweizeilig behaart sind. Mit kurzen, in einen Dorn auslaufenden Achselsprossen, die aus ihren Blattachseln wieder kurze Dornzweige treiben. Dreizählige oder auf das Endblättchen reducirte Blätter mit schief-eiförmigen, gezähnten Nebenblättern. Die rosenrothen Blüthen einzeln oder zu zweien in den Blattachseln. Frucht eine eiförmige, aufgedunsene Hülse.

Liefert in der kurzen unterirdischen Achse und der Hauptwurzel:

**Radix Ononidis** (Austr. Germ. Helv.). **Radix Arestae** s. **Restis bovis. Rad. Remorae aratri. — Hauhechelwurzel. Harthechelwurzel. Harnkrautwurzel. Ochsenbrechwurzel. — Racine de bugrane ou d'arrête-bœuf. — Petty whine-root. Rest-harrow-root.**

***Beschreibung.*** Die oft mehrköpfige Achse geht nach unten in die wenig verzweigte Wurzel über, die bis 2 cm dick und bis 30 cm lang ist. Aussen schwarzbraun oder grauschwarz ist sie im Querschnitt, der oft recht unregelmässig gestaltet, gelblich weiss, gewöhnlich excentrisch und durch die Markstrahlen, von denen die primären besonders auffallen, radial gestreift. Die Wurzel erscheint nicht selten tief zerklüftet. Aussen ist sie mit einer dünnen Borke bekleidet, auf die die schmale Rinde folgt. Im Parenchym Einzelkrystalle von Oxalat, die in eine dünne verholzte Membran eingeschlossen sind. In der primären und sekundären Rinde stark verdickte Bastfasern. Die Markstrahlen des Holzes sind verholzt und ihre Zellen grob getüpfelt.

Geschmack kratzend, etwas herb und süsslich.

***Bestandtheile.*** Mehrere Glukoside: 1) Ononin $C_{30}H_{34}O_{13}$, giebt bei der Hydrolyse Glukose und Formonetin $C_{24}H_{20}O_6$, letzteres giebt beim Kochen mit Barytwasser Ononetin $C_{23}H_{22}O_5$ und Ameisensäure. Beim Kochen von Ononin direkt mit Barytwasser entsteht Onospin $C_{29}H_{34}O_{12}$, gleichfalls unter Abscheidung von Ameisensäure, das beim Kochen mit Säuren wieder Glykose und Ononetin giebt. Ononin löst sich in

Schwefelsäure mit geringer Menge Ferrisalz roth. FRÖHDE's Reagens mit nachherigem Zusatz von Salzsäure färbt kirschroth. In Kalilauge gelöst, verdampft und der Rückstand mit konc. Schwefelsäure übergossen, wird blau, bald grün. 2) Ononid $C_{19}H_{21}O_8$ (soll Glycyrrhizin sein). Ferner enthält die Droge einen den Phytosterinen angehörenden Körper Onocerin (Onocol) $C_{26}H_{40}O_2$ und 2 Proc. Rohrzucker. Ononis repens enthält ebenfalls Ononin.

***Einsammlung. Aufbewahrung.*** Man sammelt die Wurzel im Spätherbst oder im Frühjahr — 3 Th. frische geben 1 Th. trockne — und bewahrt sie in geschnittener Form auf. Sie lässt sich ihrer Zähigkeit wegen schwer schneiden, man bezieht sie deshalb gewöhnlich in zerschnittenem Zustande; für Theemischungen ist die durch ihren sauberen Schnitt ausgezeichnete Rad. Ononid. electa □concisa der Drogisten besonders zu empfehlen.

***Anwendung.*** Hauhechelwurzel gilt als blutreinigend und harntreibend und hat vor ähnlich wirkenden Mitteln den Vorzug der Unschädlichkeit. Man giebt sie gewöhnlich in Theemischungen oder als Abkochung zu 15,0—30,0 : 150,0 auf den Tag.

**Species diureticae** WUNDERLICH.

Rp. Radicis Ononidis
Ligni Juniperi
Fructus Juniperi
Fructus Petroselini ää.

1 Esslöffel auf 1 Tasse Thee.

**Sirupus Ononidis.**

| | | |
|---|---|---|
| Rp. | Radic. Ononidis conc. | 50,0 |
| | Fruct. Foeniculi cont. | 25,0 |
| | Aquae fervidae | 400,0 |
| | Spiritus | 50,0. |

Man digerirt 2 Stunden, presst, filtrirt und löst im Filtrat 400,0
Sacchari albi 600,0.

**Species diureticae dialysatae** GOLAZ enthalten die löslichen Bestandtheile von Fruct. Juniperi, Rad. Asparagi und Ononidis, Herb. Equiseti und Stigmata Maïdis (vergl. die Fussnote S. 380).

---

# Opium.

† **Opium** (Austr. Brit. Gall. Germ. Helv. U-St.). **Laudanum. Meconium. Thebaicum.**[1]) — **Opium. Mohnsaft.**

***Abstammung.*** Opium ist der eingetrocknete Milchsaft der unreifen Kapseln des Schlafmohn: **Papaver somniferum L.** (**Papaveraceae — Papaveroideae — Papavereae**), der durch Kultur aus dem in den Mittelmeerländern heimischen **Papaver setigerum DC.** entstanden ist. Der Milchsaft ist in gegliederten, reichlich mit einander anastomosirenden Milchsaftschläuchen enthalten, die sich vor oder in den Phloëmtheilen der Gefässbündel befinden.

***Gewinnung.*** Man schneidet die unreifen Kapseln, bald nachdem die Blumenblätter abgefallen sind, mit wagerechten oder senkrechten Schnitten an, wobei man Sorge trägt, dass der Schnitt wohl die Milchsaftschläuche öffnet, aber nicht durch die Fruchtwand hindurchgeht, da nach der Verletzung noch die Samen zur Oelgewinnung reifen sollen. Der Milchsaft tritt in weisser Farbe aus dem Schnitt, dunkelt aber bald und wird braun und nach einigen Stunden fest, worauf er abgekratzt wird. Wird die Kapsel senkrecht angeschnitten, so sammelt sich ein einziger Tropfen Opium am Grunde des Schnittes, der leicht abgenommen wird und wobei man die Kapsel gar nicht oder selten verletzt. Aus einem wagerechten Schnitt tritt das Opium in mehreren Tropfen und muss abgekratzt werden, wobei Theile der Epidermis der Fruchtwand mitgehen. Die erstere Methode ist in Persien und Indien, die zweite in Kleinasien gebräuchlich, und man kann daher an den Resten der Epidermis die Provenienz des Opiums unter dem Mikroskop feststellen. Das abgekratzte Opium wird dann weiter verarbeitet (vergl. unten).

---

[1]) Die veralteten, lateinischen resp. griechischen Synonyme für Opium werden ähnlich wie die Bezeichnung Sal Meconii für Morphium auch heute noch von den Aerzten benutzt, um ängstlichen Kranken diesen Bestandtheil der verordneten Arznei zu verbergen.

***Herkunft.*** Man baut den Mohn in grossem Umfange: **1)** in Kleinasien überall in den höher gelegenen Gegenden im Innern des Landes in kleinen Betrieben und zwar die Varietät: **glabrum** mit fast kugliger, nicht aufspringender Kapsel, weissem Samen und weissen, rothen oder lilafarbenen Blumenblättern. Eine Kapsel liefert etwa 0,02 g Opium. Mit Hülfe hölzerner Keulen werden die einzelnen gesammelten Körnchen, nachdem sie an der Luft genügend getrocknet sind, zu Klumpen vereinigt, die 300—700 g wiegen, selten schwerer sind, in Blätter der Mohnpflanze eingewickelt und mit Früchten einer Rumex-Art bestreut. Jährliche Produktion seit 1870: 135000 bis 600000 Kilo. Dieses türkische oder kleinasiatische Opium ist allein officinell und das gehaltreichste. Das in der europäischen Türkei, oder in Bulgarien gewonnene ist nicht wesentlich davon verschieden, doch kommt das letztere zuweilen in Form flacher, in Stanniol gewickelter Tafeln in den Handel. — Der grösste Theil dieses Opiums findet für medicinische Zwecke Verwendung, etwas wird von den Türken als Genussmittel verwendet oder geht zu gleichem Zwecke nach China. — **2)** In den westlichen, südlichen und theilweise auch östlichen Theilen von Persien kultivirt man die Varietät: **album** mit länglichen, weisssamigen Kapseln, die senkrecht angeschnitten werden. Man formt das Opium in Stäbchen, die man in Papier wickelt, Würfel, Pyramiden u. s. w. Jährliche Produktion seit 1876: 136000—511000 Kilo.

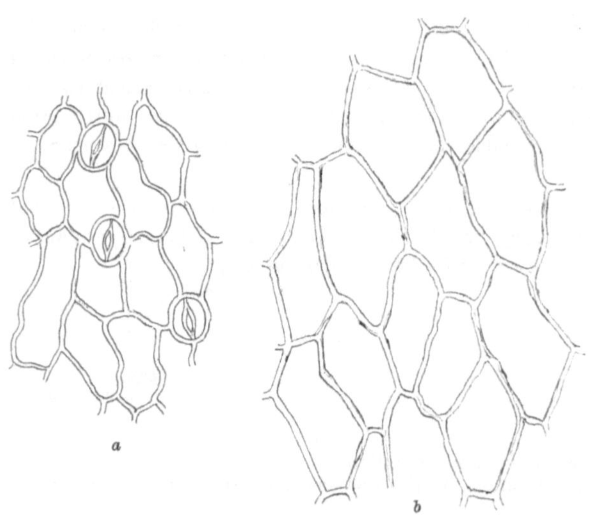

Fig. 58. Epidermen der Blumenblätter des Mohns. *a* untere. *b* obere.

Ein Theil der Produktion gelangt nach Europa in die Morphinfabriken, etwas wird im Lande zu Genusszwecken verbraucht, ein grosser Theil kommt zum gleichen Zweck nach China. **3)** In Ostindien wird in den Präsidentschaften Behar, Benares, den westlich und südlich gelegenen Gegenden unter Kontrolle der englischen Regierung und im geringeren Umfange in Nepal und Assam Opium in grosser Menge gewonnen. Man kultivirt dieselbe Form wie in Kleinasien und schneidet die Kapseln meist senkrecht an. Jährliche Produktion etwa 5 Millionen Kilo. Ein geringer Theil findet im Lande für Genusszwecke Verwendung, alles übrige geht nach China, Hinterindien, Java etc. zu Genusszwecken. **4)** Seit etwa 50 Jahren gewinnt man auch in China Opium zu Genusszwecken in immer steigenden Mengen. 1870 betrug die jährliche Produktion etwa 2 Millionen Kilo, 1895 13 Mill. Kilo. — Der jährliche Verbrauch an Opium beträgt in Frankreich pro Kopf 0,15 g, in Deutschland 0,22 g, in China 47 g. **5)** In anderen Gegenden unternommene Versuche haben nicht zu dauerndem Anbau geführt: wenn auch z. B. in Deutschland

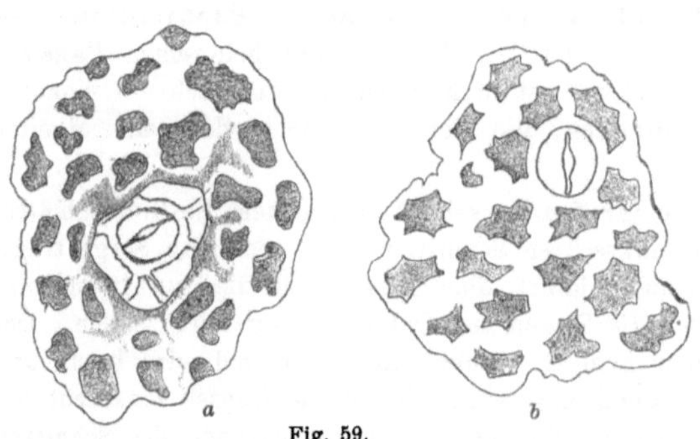

Fig. 59.
Epidermis der Mohnkapsel. *a* von unten. *b* von oben.

das gewonnene Opium von vortrefflicher Güte ist, so stellt sich die Gewinnung doch zu hoch (vergl. S. 516).

***Beschreibung.*** Das allein officinelle kleinasiatische Opium bildet die schon erwähnten, etwas flachgedrückten Brote, die in Mohnblätter gehüllt sind und denen meist noch Rumexfrüchte anhaften. Im Innern sind die Brote braun, nicht gleichmässig, streifig, lassen hier die Körner erkennen. Frisch sind sie oft noch weich, knetbar und dann im Innern heller. Der Geschmack ist bitter, der Geruch stark narkotisch und sehr charakteristisch. Von Wichtigkeit ist die mikroskopische Prüfung: Man extrahirt eine geringe Menge Opium mit Wasser und prüft den Rückstand in Chloralhydratlösung. In kleinasiatischem Opium fallen stets Reste der Epidermis der Fruchtwand auf (vergl. oben), sie besteht aus polyedrischen, zuweilen etwas rundlichen Zellen mit dicken Wänden (Fig. 59), die nach Mjoën von älteren Kapseln flache Tüpfel erkennen lassen. Zwischen den Zellen zahlreiche fast runde Spaltöffnungen. Ferner fallen zahllose kleine Tröpfchen auf, die deutlich Molekularbewegung zeigen und strukturlose Reste. Stärkemehl darf das kleinasiatische Opium nicht enthalten (vergl. unten). Im gepulverten Opium kommen dazu noch die freilich quantitativ sehr zurücktretenden Reste der Mohnblätter, in die das Opium eingehüllt war und die vor dem Pulvern nicht entfernt werden, wogegen freilich die stärkeren Rippen meist zurückbleiben. Die obere Epidermis des Mohnblattes besteht aus dünnwandigen, polygonalen Zellen, die der unteren Epidermis haben etwas gebogene Wände und längliche Spaltöffnungen (Fig. 58).

Wasser löst 51,2—73,5 Proc.

***Bestandtheile.*** Die wichtigsten Bestandtheile des Opiums sind eine Anzahl von Alkaloiden, nämlich nach Pictet:

1) Gruppe des Morphins. Stark giftige Basen, die einen Oxazinring enthalten:

Morphin $C_{17}H_{17}NO(OH)_2$
Codeïn $C_{17}H_{17}NO(OH)(OCH_3)$
Pseudomorphin $(C_{17}H_{16}NO(OH)_2)_2$
Thebaïn $C_{17}H_{15}NO(OCH_3)_2$

2) Gruppe des Papaverins, von geringerer physiologischer Wirkung, die, so weit sie erforscht sind, Isochinolinderivate sind:

Papaverin $C_{16}H_9N(OCH_3)_4$
Codamin $C_{18}H_{18}NO(OH)(OCH_3)_2$
Laudamin $C_{17}H_{15}N(OH)(OCH_3)_3$
Laudanidin $C_{17}H_{15}N(OH)(OCH_3)_3$
Laudanosin $C_{17}H_{15}N(OCH_3)_4$
Tritopin $(C_{21}H_{27}NO_3)_2O$
Mekonidin $C_{21}H_{23}NO_4$
Lanthopin $C_{23}H_{25}NO_4$
Protopin $C_{20}H_{19}NO_5$
Cryptopin $C_{19}H_{17}NO_3(OCH_3)_2$
Papaveramin $C_{21}H_{21}NO_5$
Narkotin $C_{19}H_{14}NO_4(OCH_3)_3$
Gnoskopin $C_{22}H_{23}NO_7$
Oxynarkotin $C_{19}H_{14}NO_5(OCH_3)_3$
Narceïn $C_{20}H_{18}NO_5(OCH_3)_3$
Hydrocotarnin $C_{11}H_{12}NO_2(OCH_3)$
Xanthalin $C_{37}H_{36}N_2O_9$.

Ausserdem enthält das Opium von charakteristischen Bestandtheilen: Mekonsäure $C_7H_4O_7$, an die die Alkaloide theilweise gebunden sind. Sie ist Oxydikarbonpyronsäure

```
                O
                C
            HC/   \COH
              ||   ||
  COOH — C\       /C — COOH
                \/
                O
```

und der im Schöllkraut vorkommenden Chelidonsäure (Dikarbonpyronsäure) nahe verwandt. Ferner Mekonin $C_{10}H_{10}O_4$, ein Reduktionsprodukt der Opiansäure, deren Alkohol die Mekoninsäure und deren Lakton das Mekonin ist:

```
   CHO                    CH2OH                  CH2 —— O
    |                       |                     |       |
    C                       C                     C       |
HC/   \C — COOH         HC/   \C — COOH       HC/   \C — CO
HC\   /C — OCH3         HC\   /C — OCH3       HC\   /C — OCH3
    C                       C                     C
    |                       |                     |
   OCH3                    OCH3                  OCH3
Opiansäure.             Mekoninsäure.           Mekonin.
```

Mekonin findet sich auch in Rhizoma Hydrastis. Endlich enthält das Opium: Schwefelsäure, Milchsäure, ebenfalls an Alkaloide gebunden, Ammoniumsalze, Schleim, Pectinstoffe, Eiweiss, Kautschuk, Wachs, Farbstoffe, Riechstoff, der noch völlig unbekannt ist. Asche bis 6 Proc., Wassergehalt 9—17 Proc.

Der durchschnittliche Gehalt an wichtigeren Bestandtheilen ist nach PICTET folgender: Morphin 9 Proc., Narkotin 5 Proc., Papaverin 0,8 Proc., Thebaïn 0,4 Proc., Codeïn 0,3 Proc., Narceïn 0,2 Proc., Cryptopin 0,08 Proc., Pseudomorphin 0,02 Proc., Laudanin 0,01 Proc., Lanthopin 0,006 Proc., Protopin 0,003 Proc., Codamin 0,002 Proc., Tritopin 0,0015 Proc., Laudanosin 0,0008 Proc., Mekonsäure 4 Proc., Milchsäure 1,2 Proc., Mekonin 0,3 Proc.

Der Gehalt an Morphin beträgt beim kleinasiatischen Opium nach zahlreichen Untersuchungen von E. DIETERICH in unverdächtigem Material 1,68—16,61 Proc., der an Narkotin 1,56—12,56 Proc. Die Ansicht, dass der Narkotingehalt ungefähr 1/4 von dem an Morphin beträgt, findet keine Bestätigung, es besteht kein bestimmtes Verhältniss zwischen beiden, der Gehalt an Narkotin kann sogar höher wie der an Morphin sein. Bulgarisches enthält 6,6—20,75 Proc. Morphin. Griechisches 13,17 Proc. Morphin, 1,81 Proc. Narkotin und andere Alkaloide. Persisches enthält nach E. DIETERICH 0,15—9,97 Proc. Morphin, 0,61—6,86 Proc. Narkotin, nach anderen Analysen bis 15 Proc. Morphin. Indisches nach E. DIETERICH 2,77—3,80 Proc. Morphin, 3,33—4,23 Proc. Narkotin, nach anderen Analysen 2,98—7,75 Proc. Morphin, 3,4—7,1 Proc. Narkotin. Chinesisches rohes Opium 4,32—11,27 Proc. Morphin, 1,97—6,61 Proc. Narkotin. Chinesisches Rauchopium (Chaudoe) nach DIETERICH 0,45 Proc. Morphin, 3,61 Proc. Narkotin, nach anderen Angaben 6,2—8,97 Proc. Morphin. Afrikanisches von Akmin 7,24 Proc., von Assiout 0,26 Proc. Morphin. Amerikanisches 15,25 Proc. Morphin. Australisches 9,8—11,5 Proc. Morphin, 6,48 Proc. Narkotin. Japanisches 0,713 bis 12,942 Proc. Morphin, 7,249—11,052 Proc. Narkotin.

Bei den in Deutschland (Württemberg, Schlesien) und in Oesterreich (Böhmen) angestellten Versuchen zur Gewinnung von Opium hat man überall ein sehr morphinreiches Produkt erzielt (Württemberg 8,73—22,33 Proc. Morphin, schlesisches 16,95 Proc. Morphin, 3,02 Proc. Narkotin, böhmisches 12,72 Proc. Morphin, 8,46 Proc. Narkotin), hat aber die Versuche überall wieder aufgegeben, da die hohen Arbeitslöhne (Anschneiden der Kapseln, Abkratzen des Opiums) die Arbeit nicht lohnend erscheinen liessen.

***Verfälschungen und Prüfung.*** Als Verfälschungen wurden beobachtet: Bleikugeln, Schrotkörner etc., die man zur Vermehrung des Gewichtes in die Brote hineinknetet; sie sind beim Aufschlagen und sonst Zerkleinern der Brote unschwer aufzufinden. Dasselbe gilt für kleine Steine. Sand, Thon, Gips, Kalk, Bleiglätte, Bolus werden durch die Aschenbestimmung und ev. weitere Untersuchung gefunden, kommen auch wohl selten vor, seit der Opiumhandel seitens der türkischen Behörde kontrollirt wird. Ferner werden Harz, Wachs, Lakritzensaft etc. angeführt. — Vielfach werden solche Verfälschungen beim Umformen der Opiumbrote hineingebracht, es sind solche Brote, die im Innern Stücke der Mohnblätter und Rumexfrüchte erkennen lassen, stets verdächtig. — Sehr häufig soll neuerdings eine Verfälschung mit Stärkemehl vorkommen, sodass zeitweise ein kleinasiatisches Opium, das keine Stärke enthält, gar nicht zu haben war. Diese Vermengung wird vorgenommen und zwar meist schon im Produktionslande, um ein besonders morphinreiches Opium auf den von den Arzneibüchern zugelassenen Minimalgehalt herabzudrücken (die dänische Pharmakopöe schreibt dieses Verdünnen des Opiums, das aber vorher kein Stärkemehl enthalten soll, mit Stärke ausdrücklich vor). Genau genommen würde gegen diese Verdünnung mit einem so indifferenten Stoff wie Stärke kaum etwas einzuwenden sein, wenn nicht dadurch der Verdacht hervorgerufen würde auf andere, vielleicht weniger unschuldige Manipulationen. Zum Nachweis der Stärke kann man ein kleines Quantum, das an verschiedenen Stellen eines Brotes entnommen ist, auf dem Objektträger in einem Tropfen Wasser zerfallen lassen und unter dem Mikroskop untersuchen. Will man die etwa aufgefundenen Körnchen durch die Jodreaktion als Stärke rekognosciren, so muss man eine kleine Menge Opium auf dem Filter mit Wasser erschöpfen und den Rückstand mikroskopisch prüfen, da andernfalls die durch die Alkaloide verursachte starke Fällung mit Jod die Beobachtung ausserordentlich erschwert. Germ. IV. gestattet zum Verdünnen eines morphinreichen Opiums auf den vorgeschriebenen Gehalt nur ein morphinärmeres Opium zu verwenden. Da das für den Apotheker, der vielleicht nur einen geringen Bedarf hat, mit Schwierigkeit verknüpft ist, wird er vermuthlich es vorziehen, gepulvertes Opium vom vorgeschriebenen Gehalt aus einer zuverlässigen Handlung zu kaufen, aber selbstredend auch bei diesem die eingehende Untersuchung nicht unterlassen.

Die weitere Prüfung kann man zweckmässig folgendermassen gestalten:

a) Aus den zu untersuchenden Opiumkuchen nimmt man aus der Mitte je einige, etwa 1,5 mm dicke Schnitte, knetet sie durcheinander und wägt sie. Dann zerzupft man die Hälfte zu dünnen Flocken und trocknet sie in einer flachen Schale im Trockenschrank und zuletzt im Wasserbade soweit, bis sich die erkaltete Masse zu einem Pulver zerreiben lässt und wägt. Die Differenz mit der ersten Wägung ist der Wassergehalt. Derselbe geht bei gutem Smyrna-Opium über 16 Proc. nicht hinaus. Frisch getrocknetes und gepulvertes Opium enthält 3,5 Proc., zieht aber bald aus der Luft weitere Feuchtigkeit an bis zum Gesammtgehalt von 8 Proc. (Germ. Helv. 8 Proc., Gall. 8—10 Proc.)

b) Zu 25 ccm kochendem destillirtem Wasser giebt man 2 g des kleingeschnittenen oder gepulverten Opium von a, lässt unter Umrühren noch einmal aufkochen und stellt zum Erkalten bei Seite. Die bräunlich gelbe, trübe Flüssigkeit (A), die über dem Ungelösten steht, ist zwar schleimig, aber nicht dickschleimig, noch weniger gelatinirend, was auf Stärke, Mehl, Salep, Traganth, Gummi würde schliessen lassen. Verdünnt man nun die kalte Flüssigkeit mit dem 4fachen Volumen Wasser und giesst durch ein tarirtes Filter, so erhält man ein Filtrat (B) von der Durchsichtigkeit und Farbe des Weissweines. Eine dunklere oder braune Färbung würde auf fremde Extrakte hindeuten. Das Filtrat reagirt sauer; ist es neutral oder alkalisch, so kann man eine Beimischung basischer Substanzen (Kalkerde, Kreide, kalkhaltigen Thon, Bleioxyd) voraussetzen. Dampft man 40 ccm des Filtrates B auf $^1/_{10}$ ein und vermischt mit 10 ccm 90proc. Weingeist, so darf weder sogleich noch eine Stunde später eine deutliche Fällung entstehen (Gummi, Dextrin und in weingeistigen Flüssigkeiten unlösliche Salze), vermischt man einen anderen Theil des Filtrates B mit Kaliumferrocyanidlösung, so darf keine Fällung noch Farbenveränderung eintreten (Metallsalze).

c) Der bei der vorstehenden Prüfung ungelöst gebliebene Theil des ausgetrockneten Opium wird im Filter gut ausgewaschen, getrocknet und gewogen. Er darf höchstens 0,9 g, also kaum die Hälfte, betragen. Von gutem, trockenem Opium beträgt er höchstens 40 Proc. (Gall. 50 Proc., Helv. 55 Proc.).

d) Trockenes Opiumpulver (1 g) wird in einem Porcellantiegel eingeäschert. Die Asche darf nicht mehr als 0,06 g betragen. Normales Opium giebt gewöhnlich nicht mehr wie 4,5 Proc. Nach Helv. soll die Asche mit HCl nicht aufbrausen, also keine Karbonate enthalten. Obschon organische Säuren beim Veraschen als Karbonate hinterbleiben, so werden beim Opium keine gefunden, weil die Basen zum Theil an starke Mineralsäuren gebunden sind, auch keine Alkalien vorhanden sind, um etwa entstehende Kohlensäure zu binden.

e) In zwei enge Probirröhren giebt man je eine Messerspitze von dem getrockneten Opium und übergiesst dieses in dem einen Probircylinder mit 4—5 ccm Chloroform, in dem andern mit ebensoviel Schwefelkohlenstoff. In der Ruhe sammelt sich das Opium grossentheils an der Oberfläche des Chloroforms, im Schwefelkohlenstoff sinkt es aber unter; die Flüssigkeiten sind nach dem Umschütteln nur unbedeutend gefärbt.

f) Giebt man zum Chloroform ca. 5 Tropfen Jodwasser, schüttelt um und stellt bei Seite, so steigt das Opium an die Oberfläche, und am Grunde des Chloroforms sammeln sich etwa beigemengte Mineralsubstanzen, Sand, auch Stärkemehl, violett gefärbt. Giebt man zum Schwefelkohlenstoff 3—4 Tropfen Ammoniakflüssigkeit und schüttelt um, so entsteht eine gelbbräunliche milchige Mischung, welche in der Ruhe braune Opiumsubstanz absetzt, aber noch längere Zeit milchig bleibt.

g) Mikroskopische Prüfung vergl. oben.

h) Feststellung des Morphingehaltes. Von den zahlreichen ausgearbeiteten Methoden entspricht die HELFENBERGER Methode mit wenigen Abänderungen, die besonders von LOOF vorgeschlagen sind, am besten allen Anforderungen, weshalb wir nur diese und zwar im wesentlichen in der Fassung der Germ. IV anführen: In einem Mörser mit Ausguss reibt man 6 g mittelfeines Opiumpulver mit 6 g Wasser aus, verdünnt allmählich durch weiteren Wasserzusatz und spült die Mischung in ein gewogenes, trockenes Kölbchen und bringt sie mit Wasser auf das Gewicht von 54 g. Man lässt das Kölbchen lose verstopft unter häufigem Umschütteln eine Stunde stehen, presst die Flüssigkeit durch ein trockenes Stück Leinwand und filtrirt von der Flüssigkeit 42 g durch ein trockenes Filter von 10 cm Durchmesser in ein trockenes Kölbchen, fügt zu diesem Filtrat 2 g einer Lösung von Natriumsalicylat (1 : 1) und schüttelt kräftig um.

Durch das Anreiben mit Wasser, Schütteln etc. ist erfahrungsgemäss das Morphin in Lösung gegangen, ausserdem aber auch weitere Alkaloide, darunter Narkotin und andere wasserlösliche Bestandtheile. Der Zusatz von Natriumsalicylat hat den Zweck, schmierige Bestandtheile unlöslich abzuscheiden, wobei ein Theil des Narkotin mitgenommen werden soll. Das nach dieser Methode schliesslich gewonnene Morphin ist reiner als das ohne diesen Zusatz erhaltene, ausserdem sollen die schmierigen Stoffe die Abscheidung desselben erschweren. Man kann das Natriumsalicylat auch dem mit Wasser zerriebenen Opium direkt zusetzen, wodurch die Löslichkeit des Morphins befördert werden soll.

Hierauf filtrirt man 36 g der geklärten Flüssigkeit durch ein trockenes Faltenfilter von 10 cm Durchmesser in ein trockenes, gewogenes Kölbchen (die 36 g entsprechen, wenn man annimmt, dass sich 60 Proc. vom Opium in Wasser gelöst haben, 4 g Opium), mischt das Filtrat unter Umschwenken (nicht Schütteln!) mit 10 g Aether und fügt noch 5 g einer Mischung von 17 g Ammoniakflüssigkeit und 83 g Wasser hinzu, worauf man wieder umschwenkt. Alsdann verschliesst man das Kölbchen, schüttelt den Inhalt 10 Minuten lang kräftig um und lässt ihn 24 Stunden stehen.

Der Zusatz von Ammoniak hat den Zweck, die Alkaloide, die (mit Ausnahme des Narkotins) in der Droge sich in der Form von Salzen finden, in Freiheit zu setzen, wobei das Narkotin, so weit dasselbe nicht schon vom Natriumsalicylat beseitigt ist, sich im Aether löst, wogegen das Morphin sich nun ausscheidet. Man beobachtet schon nach einigen Stunden, dass sich an der Grenze der ätherischen und wässrigen Schicht Krystalle von Morphin ausgeschieden haben.

Dann bringt man zunächst die Aetherschicht auf ein glattes, vorher mit Aether genässtes Filter von 8 cm Durchmesser, giebt auf die im Kolben zurückgebliebene wässerige Lösung noch einmal 10 g Aether (um letzte Reste des Narkotins in Lösung zu bringen), bewegt die Flüssigkeit einige Augenblicke hin und her und giesst den Aether wieder durch das Filter ab. Nachdem man den Aether aus dem Filter hat verdunsten lassen, giesst man auch die wässerige Flüssigkeit aus dem Kolben, ohne auf die im Kolben zurückbleibenden Krystalle Rücksicht zu nehmen, durch das Filter, spült den Kolben noch dreimal mit je 5 g mit Aether gesättigtem Wasser nach, die man ebenfalls durch das Filter giesst. Nachdem das Kölbchen gut ausgetropft und das Filter vollständig leergelaufen ist, trocknet man Kölbchen und Filter mit den Krystallen von Morphin eine Stunde bei 100° C. Nach dieser Zeit löst man die im Filter befindlichen Morphinkrystalle mit einer Federfahne resp. Messer los, bringt sie in das Kölbchen und wägt dieses. Das Mehrgewicht des Kölbchens ist das Morphin aus 4 g Opium.

Nach dieser Methode wird das gesammte Morphin zur Wägung gebracht mit Ausnahme von etwa 0,5 Proc., die in den Laugen bleiben und ev. mit Essigäther ausgeschüttelt werden können. — Die abgeschiedenen Krystalle sind, richtiges Arbeiten vorausgesetzt, schwach gelblich gefärbt und bestehen aus Morphinhydrat $C_{17}H_{19}NO_3 . H_2O$. Durch das Trocknen bei 100° C. gehen sie in wasserfreies Morphin $C_{17}H_{19}NO_3$ über.

Germ. lässt das Morphin nicht wägen, sondern titriren:

Zu diesem Zweck werden die getrockneten Krystalle in 25 ccm $^1/_{10}$-Normalsalzsäure gelöst, die Lösung in einen Kolben von 100 ccm gegeben, Filter und Kölbchen sorgfältig mit Wasser nachgewaschen und die Lösung schliesslich auf 100 ccm verdünnt. Von dieser Lösung giebt man 50 ccm (gleich dem Morphin aus 2 g Opium) in eine etwa 200 ccm fassende Flasche von weissem Glase, fügt 50 ccm Wasser hinzu und soviel Aether, dass die obenauf schwimmende Schicht desselben etwa 1 cm misst. Nach Zusatz von 5 Tropfen Jodeosinlösung (1 : 500 Alkohol) lässt man soviel $^1/_{10}$-Normal-Kalilauge zufliessen, nach jedem Zusatz die Mischung kräftig schüttelnd, bis die untere wässerige Schicht eine blassrothe Farbe angenommen hat. — Jeder Kubikcentimeter der verbrauchten $^1/_{10}$-Normal-Salzsäure = 0,0303 g Morphin. Das Resultat ist dann mit 50 zu multipliciren, um den Procentgehalt des Opiums zu ermitteln. Man ermittelt so den Gehalt an Morphinhydrat $C_{17}H_{19}NO_3 . H_2O$ (Mol. Gew. 303) und das Resultat wird deshalb mit dem der Wägung, bei der wasserfreies Morphin $C_{17}H_{19}NO_3$ (Mol. Gew. 285) vorliegt, nicht genau übereinstimmen. Will man letzteres ausrechnen, so ist 0,0285 in Rechnung zu setzen.

Ueber den Nachweis, dass das abgeschiedene Alkaloid Morphin ist, vergl. Morphin S. 397.

Um zu starkes Opium auf den vorgeschriebenen Gehalt zu bringen, lässt Germ. IV. mit einem alkaloidärmeren mischen, ebenso Brit., die aber zu diesem Zweck auch die Verwendung von Milchzucker gestattet.

Um in reinem Opium die Gesammtmenge der Alkaloide zu bestimmen, kann man nach N. Simon folgendermassen verfahren: Das gepulverte Opium wird mit 1 proc. Weinsäure erschöpft, der Auszug eingedampft, der Rückstand mit Alkohol aufgenommen, die Lösung filtrirt, wieder eingedampft, der Rückstand wieder mit Wasser aufgenommen und filtrirt. — Das Filtrat wird mit Natronlauge alkalisch gemacht und mit Isobutylalkohol heiss ausgeschüttelt, bis derselbe alles Alkaloid aufgenommen hat (Probe mit Meyer's Reagenz). Die vereinigten Ausschüttelungen, die alle Alkaloide enthalten, werden fast zur Trockne verdampft und ihnen die Alkaloide wieder mit 1 proc. Weinsäure entzogen. Diese Lösung ist gewöhnlich nur gelblich: sie wird filtrirt, mit Natronlauge alkalisch gemacht und mit Aether ausgeschüttelt. Der Aether nimmt eine Anzahl kleiner Alkaloide und Narkotin auf. Dann wird aus der wässerigen Flüssigkeit der Aether verdunstet, angesäuert, mit Ammoniak alkalisch gemacht und mit Essigäther ausgeschüttelt, der im wesentlichen Morphin aufnimmt. Dann verjagt man aus der wässerigen Lösung den Essigäther, säuert an, macht mit Natronlauge alkalisch und schüttelt mit Isobutylalkohol aus, der den Rest des Morphins und das Narceïn aufnimmt. Die drei Auszüge hinterlassen nach dem Verdunsten die Alkaloide krystallinisch und nur gelblich, aber mit dem betr. Alkali verunreinigt. Man trocknet vollkommen aus, extrahirt mit dem betr. Lösungsmittel (Aether, Essigäther, Isobutylalkohol), verdunstet, trocknet und wägt.

Zum gerichtlichen Nachweis des Opiums genügt der Nachweis des Morphins nicht, sondern man muss ausserdem noch 1 oder 2 Alkaloide (Narkotin, Codeïn, Narceïn) und unter allen Umständen die Mekonsäure nachweisen: Man kann zum Nachweise der Alkaloide verfahren, wie soeben angegeben, und weist dann in der ersten Gruppe das Narkotin in folgender Weise nach: Wenn man die Lösung des Alkaloids in verdünnter Schwefelsäure (1 : 5) vorsichtig über einem kleinen Flämmchen verdunstet, so tritt Rothfärbung ein. Fügt man nach dem Erkalten eine Spur Natriumnitrit zu, so färbt sich die Masse violett, fügt man an dessen Stelle alkoholische Kalilauge hinzu, so tritt Orangefärbung ein. FRÖHDE's Reagens löst Narkotin mit grüner Farbe. Codeïn vergl. Bd. I, S. 894. Morphin weist man in der zweiten Gruppe nach, vergl. Bd. II, S. 396. Narceïn weist man in der letzten Gruppe nach: Koncentrirte Schwefelsäure löst mit graubrauner Farbe, die beim Erwärmen sogleich, sonst nach mehreren Stunden in Blutroth übergeht. Beim Eindampfen mit verdünnter Schwefelsäure verhält es sich wie Narkotin. Jodwasser färbt festes Narceïn blau, Gegenwart von Morphin beeinträchtigt die Reaktion oder verhindert sie.

Zum Nachweis von Mekonsäure fertigt man aus dem Untersuchungsobjekt einen schwach salzsauren Auszug, dampft ein, nimmt den Rückstand mit Wasser auf und kocht die filtrirte Lösung mit Magnesiumoxyd im Ueberschuss, worauf man wieder filtrirt. Im Filtrat weist man dann das Magnesiummekonat nach durch Ansäuern mit Salzsäure und Zusatz von Eisenchlorid, worauf eine dunkel- bis blutrothe Färbung entsteht, die beim Erwärmen mit Salzsäure bleibt (Unterschied von Essigsäure), auch von Goldchlorid nicht verändert wird (Unterschied von Rhodanverbindungen); Zinnchlorür zerstört die rothe Färbung, ein wenig Kaliumnitrit ruft sie wieder hervor.

Wenn es wegen Mangel an Material nothwendig ist, Mekonsäure und Alkaloide in derselben Menge Untersuchungsmaterial nachzuweisen, kann man die oben bei der Abscheidung der Gesammtalkaloide beschriebene, mit Alkohol gereinigte, saure wässerige Lösung, bevor man sie mit Natronlauge alkalisch macht, zweimal mit Benzol ausschütteln, der das Mekonin aufnimmt, welches beim Verdunsten des Benzols gewöhnlich krystallinisch zurückbleibt; es liefert mit koncentrirter Schwefelsäure eine grüne Färbung, die im Laufe von 24—48 Stunden in Roth übergeht. Die mit Benzol ausgeschüttelte, saure Lösung wird dann weiter einmal mit Amylalkohol ausgeschüttelt, dessen Verdunstungsrückstand man dann mit salzsaurem Wasser aufnimmt und wie oben auf Mekonsäure prüft. Dann macht man mit Natronlauge alkalisch und schüttelt mit Isobutylalkohol aus. Vergl. oben.

***Einkauf und Aufbewahrung.*** Nach dem Wortlaut der betreffenden Arzneibücher ist allein das kleinasiatische Opium für pharmaceutische Zwecke zu verwenden. In ihren Anforderungen zeigen sie indessen kleine Abweichungen von einander.

Germ. fordert im Pulver, das nicht mehr als 8 Proc. Wasser enthalten darf, einen Morphingehalt von 10—12 Proc.

Austr. einen Gehalt von wenigstens 10 Proc. Morphin in dem bei höchstens 60° C. getrockneten Opium.

Helv. schliesst jedes Opium vom Gebrauche aus, das, bei 50—60° C. getrocknet, weniger als 10 und mehr als 12 Proc. Morphin ergiebt.

Brit. verlangt wenigstens $9^1/_2$ und höchstens 10 Proc. Morphin in dem bei 100° C. völlig ausgetrockneten Opium; ein stärkeres soll mittels Milchzucker oder einer schwächeren Opiumsorte entsprechend verdünnt werden. Zur Bereitung des Extraktes und der Tinktur darf ein wenigstens $7^1/_2$proc. Opium Verwendung finden.

U-St. schreibt für das frische, ungetrocknete Opium einen Gehalt von wenigstens 9 Proc. Morphin vor, für Opiumpulver 13—15 Proc.

Gall. 10—12 Proc. Morphin in dem bei 100° C. getrockneten Opium. — Der Morphingehalt kann also von 7,5 (Brit.) bis 15,0 Proc. (U-St.) schwanken.

Den **Feuchtigkeitsgehalt** begrenzt Helv. auf 8, Gall. auf 8—10 Proc.

Mit Rücksicht auf Missernten, Epidemien und Kriegsfälle, die nicht allein den Preis des Opiums plötzlich in die Höhe schnellen lassen, sondern auch einen völligen Opiummangel herbeiführen können, sollte der Apotheker seinen Opiumvorrath so bemessen, dass der durchschnittliche Bedarf für zwei Jahre gedeckt ist. Mancher kauft nach alter Gewohnheit die ganzen Kuchen, obwohl der ungenügende Schutz gegen Verfälschungen, ihr schwankender Feuchtigkeitsgehalt, der Verlust durch Eintrocknen während der Lagerung und späterhin beim Pulvern, wodurch eine genaue Preisberechnung dieser theuren Droge sehr erschwert wird, es Jedem nahelegen, dem fertigen Pulver den Vorzug zu geben, das jenen Veränderungen nicht mehr unterworfen ist und sich in kurzer Zeit auf seine vorschriftsmässige Beschaffenheit und auf seinen Gehalt, d. h. auf seinen wahren Werth untersuchen lässt. Das Vorräthighalten der ganzen Opiumkuchen ist überdies nicht mehr gesetzlich vorgeschrieben. Kauft man das Opium in dieser Form, so hat man die einzelnen Brote zu durchschneiden, dünne Querscheiben zu entnehmen, zu einer Durchschnittsprobe zu vereinigen und diese zu prüfen (vergl. oben). Datum und Ergebniss der Untersuchung vermerkt man auf Zetteln und klebt sie auf die Kuchen, oder man versieht das Standgefäss mit einem entsprechenden Vermerk. Als Vorrathsgefässe wählt man Holzkästen, Porcellankruken oder Hafengläser nur dann, wenn die Opiumkuchen durchaus trocken sind; im andern Falle schimmeln sie leicht und verlieren dann an Gehalt. Trocken aufbewahrt hält sich Opium mehrere Jahre unverändert.

Opium und seine Zubereitungen gehören zu den vorsichtig aufzubewahrenden Arzneimitteln.

**† Opium pulveratum.** Man zerschneidet die Opiumkuchen in möglichst dünne Scheiben, trocknet sie, auf Pergamentpapier auf Hürden ausgebreitet, bei 40° C. (Gall.) bis höchstens 60° C. (Austr., Germ., Helv.) oder 85° C. (U-St.), bis sie sich leicht zerreiben lassen, und verwandelt sie durch Stossen in feines (VI. Germ. Helv., 100 Gall., 80 U-St.) Pulver für Recepturzwecke, sowie in ein mittelfeines für Auszüge und bewahrt es in dichtverschlossenen, gelben Hafengläsern vorsichtig auf. Ein Pulver von besonders kräftigem Geruch gewinnt man aus einem bei gewöhnlicher Temperatur über Aetzkalk getrockneten Opium.

In Apotheken, in denen das Pulvern des Opiums öfter vorgenommen wird, hält man dafür eigene, vorschriftsmässig bezeichnete Siebe.

Wenn einige Arzneibücher einen Mindestgehalt des Opiumpulvers an Morphin festsetzen, ohne anzugeben, was mit einem morphinreicheren geschehen soll, so ist man bei diesem stark wirkenden Mittel nicht nur berechtigt, sondern sogar verpflichtet, durch Mischen mit einem morphinärmeren Opium von bekanntem Gehalt ein Pulver von dem vorgeschriebenen Gehalt herzustellen (Germ., Brit.). Dagegen sind fremde Zusätze, besonders Stärke, nach Austr. nicht gestattet, wohl aber ein Verdünnen mit Milchzucker nach Brit. zulässig. (Vergl. S. 516.)

***Wirkung und Anwendung.*** Opium ist Hypnoticum, Sedativum und Anodynum. Die Wirkung ist zunächst erregend, dann beruhigend, schmerzstillend, schlafmachend, die Absonderungen verringernd, endlich giftig-narkotisch. Grosse und kleine Gaben haben oft eine entgegengesetzte Wirkung; so erfolgt nach kleinen Gaben eine Vermehrung, nach grösseren eine Verminderung des Pulses. Seine Wirkung setzt sich zusammen aus der Wirkung der in ihm enthaltenen Alkaloide. Da von diesen das Morphin bei weitem überwiegt, so ist die Wirkung im wesentlichen mit der des Morphins identisch, doch wird es von manchen Personen besser vertragen, als Morphin; auch ist seine Wirkung auf den Darm stärker.

Man benutzt es in Form von Pulvern, Pillen, Tabletten oder Gallertkapseln, Suppositorien, am häufigsten aber in Form der verschiedenen Opiumtinkturen; in der Augenheilkunde als Extrakt in Lamellenform (Band I, S. 1202). Opiumhaltige, abgetheilte Pulver giebt man in Wachskapseln ab.

| | Grösste Einzelgabe | | grösste Tagesgabe |
|---|---|---|---|
| | 0,15 g, | | 0,5 g |
| Für Kinder unter 2 Jahren | „ „ 0,005 | „ „ | 0,01—0,02 |
| „ „ von n „ | „ „ $\frac{0{,}05\ n}{20}$ | „ „ | $\frac{0{,}5\ n}{20}$ (Biedert). |

Für Thiere: Pferden 5,0—20,0 g; Rindern 10,0—25,0 g; Schafen und Ziegen 1,0 bis 3,0 g; Hunden 0,1—0,5 g; Katzen 0,05—0,2 g (Feist).

Opium und opiumhaltige Mittel sind dem freien Verkehr entzogen und dürfen zum innerlichen Gebrauch nur gegen Verordnung eines Arztes oder Thierarztes verabfolgt werden. Man beachte das bei Abgabe sogen. Choleratropfen oder Choleraschnäpse im Handverkauf.

**† Opium deodoratum s. denarcotisatum. Deodorized Opium** (U-St.). 100 g Opiumpulver von 13—15 Proc. Morphingehalt behandelt man in einem verschlossenen Gefäss mit 1400 ccm Aether (spec. Gew. 0,725), und zwar zunächst 24 Stunden mit 700 ccm, dann 12 Stunden mit 350 ccm, zuletzt 2 Stunden mit 350 ccm; man giesst die ätherischen Lösungen möglichst klar ab, sammelt den Rückstand in einer gewogenen Schale, trocknet zunächst bei gelinder Wärme, dann bei höchstens 85° C. und bringt durch Zusatz von q. s. Milchzucker auf 100 g. (Das Extrahiren mit Aether bezweckt die Entfernung des Narkotins und des Riechstoffs.)

**† Opium tostum. Geröstetes Opium. Chandoe** ist das in China nach einem komplicirten Röstprocess, verbunden mit wiederholtem Lösen und Eindampfen, hergestellte Rauchopium. Es wird durch das Rösten und durch Pilze, die sich in den sirupösen Lösungen ansiedeln (Aspergillus niger), anscheinend eine Verminderung der Alkaloide (Narkotin) und wohl anderer beim Rauchen unangenehm wirkender Stoffe bewirkt.

**Aqua Opii** (Ergänzb.). **Opiumwasser.** 1 Th. mittelfein gepulvertes Opium, 10 Th. gewöhnliches Wasser; man destillirt 5 Th. ab. Klare, nach Opium riechende Flüssigkeit, die man in gelben, ganz gefüllten, kleineren Flaschen kühl aufbewahrt. Das nur selten zu Augenwässern benutzte Destillat verdirbt leicht.

**† Extractum Opii. Extractum Opii aquosum. Extractum Thebaicum. Opium depuratum. — Opiumextrakt. — Extrait d'opium. Extrait thébaïque. — Extract of Opium.**

Germ., Helv.: 2 Th. mittelfein gepulvertes Opium zieht man je 24 Stunden mit 10 Th., dann mit 5 Th. Wasser bei 15—20° C. aus und dampft die filtrirten Pressflüssigkeiten zur Trockne ein. Ausbeute 45—53 Proc. Soll nach Germ. wenigstens 17, nach Helv. 18—20 Proc. Morphin enthalten.

Austr.: 1 Th. Opiumpulver zieht man 48 Stunden mit 8 Th., dann 24 Stunden mit 4 Th. Wasser aus, sonst ebenso. Die Ausbeute soll wenigstens 50 Proc. Extrakt mit mindestens 17 Proc. Morphin betragen.

Brit.: 1000 g Opium in Scheiben werden dreimal je 24 Stunden mit je 2,5 Liter destillirtem Wasser ausgezogen und auf etwa 500 g eingedampft. Soll 20 Proc. Morphin enthalten und nöthigenfalls durch Mischen stärkerer und schwächerer Extrakte oder durch Zusatz von Wasser oder Milchzucker auf richtige Stärke und Konsistenz, welche letztere aber nicht vorgeschrieben ist, gebracht werden.

U-St.: 100 g Opiumpulver werden mit 1000 ccm Wasser angerieben; nach 12 Stunden filtrirt man durch ein Doppelfilter, wäscht dessen Inhalt bis zur Farblosigkeit des Filtrats, dampft die Auszüge auf 200 g ein, bestimmt deren Morphingehalt und Trockenrückstand und stellt durch Zusatz von q. s. Milchzucker und Eindampfen ein trockenes Extrakt von 18 Proc. Morphingehalt her.

Gall.: 1 Th. Opium in dünnen Scheiben zieht man 24 Stunden mit 8 Th., dann 12 Stunden mit 4 Th. kaltem Wasser aus; die Pressflüssigkeiten werden filtrirt und zu einem weichen Extrakt eingedampft. 1 Th. desselben löst man in 10 Th. kaltem Wasser, filtrirt und dampft zu einem dicken Extrakt ein.

E. Dieterich empfiehlt, frisches, in dünne Scheiben geschnittenes Opium nach Vorschrift der Germ. zu behandeln; dasselbe muss dann, sobald es genügend erweicht ist, durch kräftiges Rühren zu einer gleichmässigen Masse vertheilt werden. — Opiumextrakt ist rothbraun, in Wasser trübe löslich.

Bei Darstellung dieses Extrakts sind die vorgeschriebenen Mengenverhältnisse, Zeit- und Temperaturangaben aufs genaueste inne zu halten! Die Auszüge müssen ohne Verzug weiter verarbeitet und das Eindampfen nur soweit fortgesetzt werden, bis die Masse sich zu Bändern ausziehen lässt, die man alsdann im Kalttrockenschrank völlig austrocknet. Opiumextrakt zieht begierig Feuchtigkeit aus der Luft an, fliesst zusammen, und seine Entnahme ist dann eine stete Gefahr für die Vorrathsgefässe; man bewahrt es deshalb am zweckmässigsten in groben Stücken in kleineren, dicht verschlossenen Flaschen auf, die man in den Kalttrockenschrank oder in eine Pulverflasche, wie Fig. 132, Bd. I, stellt. — Opiumextrakt hat seinen Platz unter den starkwirkenden Arzneistoffen.

Zur Bestimmung des Morphingehaltes löst man nach Germ. 3 g Opiumextrakt in 40 g Wasser, versetzt die Lösung mit 2 g Natriumsalicylatlösung (1 = 2) und filtrirt nach kräftigem Umschütteln 30 g (= 2 g Opiumextrakt) durch ein trockenes Faltenfilter von 10 cm Durchmesser in ein trockenes Kölbchen. Das Filtrat mischt man durch Schwenken mit 10 g Aether und fügt noch 5 g einer Mischung aus 17 g Ammoniakflüssigkeit und 83 g Wasser hinzu. Dann verschliesst man das Kölbchen, schüttelt 10 Minuten kräftig um und lässt 24 Stunden ruhig stehen. Dann bringt man zuerst die Aetherschicht möglichst vollständig auf ein glattes Filter von 8 cm Durchmesser, giebt zu der im Kölbchen zurückbleibenden wässerigen Flüssigkeit nochmals 10 g Aether, bewegt die Mischung einige Zeit lang und bringt wieder die Aetherschicht auf das Filter. Nach dem Ablaufen des Aethers und nach dem Verdunsten des im Filter befindlichen Aethers giesst man die wässerige Lösung, ohne auf die an den Wänden des Kölbchens haftenden Krystalle Rücksicht zu nehmen, auf das Filter und spült dieses, sowie das Kölbchen dreimal mit je 5 g mit Aether gesättigtem Wasser nach. Man verfährt dann weiter, wie S. 517 angegeben. Das Mehrgewicht des Kölbchens giebt den Morphingehalt in 2 g Extrakt an, ist also mit 50 zu multipliciren, um den Procentgehalt an wasserfreiem Morphin $C_{17}H_{19}NO_3$ zu ermitteln.

Für die Titration löst man die Krystalle in 25 ccm $^1/_{10}$-N.-Salzsäure und verfährt wie S. 518 weiter angegeben. Jeder Kubikcentimeter der verbrauchten $^1/_{10}$-N.-Salzsäure entspricht 0,0303 g Morphinhydrat $C_{17}H_{19}NO_3 . H_2O$, oder 0,0285 g wasserfreiem Morphin $C_{17}H_{19}NO_3$. Da die Titration schliesslich mit dem Morphin aus 1 g Extrakt ausgeführt ist, ist das Resultat mit 100 zu multipliciren.

Innerlich zu 0,005—0,01—0,03—0,06 g. Im Klystier zu 0,05—0,1 g.

| | Austr. | Brit. | Germ. | Helv. |
|---|---|---|---|---|
| Grösste Einzelgabe: | 0,1 | 0,06 | 0,15 | 0,1 |
| Grösste Tagesgabe: | 0,4 | | 0,5 | 0,25 |

Diese Zahlen gelten auch für Klystiere und Suppositorien!

† **Extractum Opii denarcotisatum. Extractum Opii sine Narcotino** bereitet man aus gepulvertem Opiumextrakt genau so, wie Opium deodoratum (U-St.). Da der Gewichtsverlust durch Milchzucker ersetzt wird, ist die Gabe die gleiche, wie bei Extr. Opii.

† **Extractum Opii liquidum** (Brit.). **Liquid Extract of Opium.** 37,5 g Opiumextrakt (Brit.) löst man in 800 ccm destillirtem Wasser, fügt 200 ccm Weingeist (90 vol. Proc.) hinzu, filtrirt nach 24 Stunden und bringt auf 1000 ccm. 100 ccm enthalten 0,7—0,8 g Morphin. Für die Morphinbestimmung vergl. unten unter Tinctura Opii. Gabe 0,3—1,8 g.

† **Extractum Opii solidum** (Diet.). **Opium-Dauerextrakt.** 1000 g Opiumpulver zieht man 24 Stunden mit 8000 g kaltem, dann 1 Stunde mit 4000 g heissem Wasser aus, presst, klärt durch Aufkochen mit 25 g Filtrirpapierabfall, fügt 400 g Milchzucker hinzu, kocht nochmals auf, seiht durch, dampft zum dicken Extrakt ein, das man zerzupft, auf Pergamentpapier trocknet und durch Zusatz von q. s. Milchzucker auf 1000 g bringt.

**Sirupus opiatus** (Ergänzb.). **Sirupus Opii** (Helv.). **Sirupus cum Extracto Opii. Opiumsirup. Sirop d'opium** (Gall.). **Sirop thébaïque.**

Ergänzb.: 1 Th. Opiumextrakt löst man in 10 Th. Weingeist und mischt 990 Th. weissen Sirup hinzu. Nur bei Bedarf zu bereiten. — Helv.: 2 Th. Opiumextrakt löst man in 998 Th. Zuckersirup. — Gall.: 2 Th. Opiumextrakt löst man in 8 Th. Wasser und fügt 990 Th. Zuckersirup hinzu. Man beachte, dass der Sirup der Helv. und Gall. doppelt so stark ist, wie der des Ergänzb.!

† **Tinctura Opii crocata. Tinctura Meconii crocata. Essentia anodyna crocata. Laudanum liquidum Sydenhami. Laudanum secundum Sydenham. Vinum Opii compositum. Vinum paregoricum. Safranhaltige Opiumtinktur. Opiumtinktur mit Safran. Flüssiges Laudanum. Laudanum de Sydenham** (Gall.). **Vin d'opium composé. Teinture d'opium safranée. Gouttes de Sydenham.**

Germ. IV.: Aus 15 Th. mittelfein gepulvertem Opium, 5 Th. Safran, 1 Th. mittelfein zerschnittenen Gewürznelken, 1 Th. grob gepulvertem chinesischen Zimmt, 70 Th. verdünntem Weingeist (60 proc.) und 70 Th. Wasser durch 8 tägige Maceration. Spec. Gew. 0,980—0,984. — Helv.: Aus 10 Th. Opium (IV), 3 Th. Safran, 1 Th. chinesischem Zimmt (V), 1 Th. Gewürznelken (IV), 50 Th. Wasser und 45 Th. Weingeist (94 proc.) ebenso. — Austr.: 2 Th. Safran zieht man mit 15 Th. Weingeist (87 proc.) und 165 Th. weingeistigem Zimmtwasser aus, presst aus und perkolirt mit der Pressflüssigkeit 15 Th. gepulvertes Opium, so dass man 150 Th. Tinktur erhält. — Gall.: Aus 20 Th. Opium, 10 Th. Safran, 1,5 Th. Ceylonzimmt, 1,5 Th. Gewürznelken und 160 Th. Wein von Grenache durch 15 tägige Maceration. Spec. Gew. 1,05—1,07. — Dunkelgelbrothe, bittere, nach Safran riechende Flüssigkeit, von der 1 Tropfen 1 Liter Wasser noch deutlich gelb färbt (Helv.). Morphingehalt nach Austr. und Helv. = 1 Proc., nach Germ. IV. 1—1,2 Proc., nach Gall. etwa 1,25 Proc.

Aufbewahrung, Anwendung, Prüfung und Gabe wie bei der folgenden. Die Standgefässe wählt man zweckmässig aus gelbem Glase, da die Tinktur im Sonnenlicht heller wird.

† **Tinctura Opii simplex** (Austr. Germ. Helv.). **Tinctura Opii** (Brit. U-St.). **Laudanum. Tinctura Thebaica. Tinctura Meconii. Einfache Opiumtinktur. Opiumtinktur. Opiumtropfen. Teinture d'opium simple. Tincture of Opium.** Germ. IV.: Aus 15 Th. mittelfein gepulvertem Opium, 70 Th. verdünntem Weingeist (60 proc.) und 70 Th. Wasser durch 8 tägige Maceration. Spec. Gew. 0,974—0,978. — Helv.: 10 Th. Opium (IV), 50 Th. Wasser, 45 Th. 94 proc. Weingeist. — Austr.: 10 Th. grob gepulvertes Opium werden im Verdrängungswege mit einer Mischung aus 45 Th. Weingeist (87 proc.) und 75 Th. Wasser erschöpft, so dass man 100 Th. Tinktur erhält. — Brit. lässt 150 g Opium mit 500 ccm heissem Wasser (93,3° C.) anreiben, nach 6 Stunden 500 ccm Weingeist (90 vol. Proc.) zusetzen, 24 Stunden bei Seite stellen, auspressen und nach wiederum 24 Stunden filtriren. Im Filtrat wird der Alkaloidgehalt ermittelt und durch Zusatz von q. s. einer Mischung aus Weingeist und Wasser āā eine Tinktur von 0,75 g Morphin in 100 ccm hergestellt. — U-St.: 100 g Opiumpulver mischt man mit 50 g präcipitirtem

Calciumphosphat, verreibt mit 400 g heissem Wasser (90° C.), mischt nach 12 Stunden 400 ccm Weingeist (91 proc.) hinzu und bringt in einen Perkolator. Die abtropfende Flüssigkeit giesst man zurück, bis sie klar abfliesst, und sammelt unter Aufgiessen von q. s. verdünntem Weingeist (41 proc.) 1000 ccm Tinktur. — Röthlichbraune, bittere, nach Opium riechende Flüssigkeit, deren Gehalt an Morphin Austr. und Helv. auf annähernd 1 Proc., Germ. IV. auf 1—1,2 Proc., Brit. auf 0,7—0,8 g in 100 ccm, U-St. auf 1,3—1,5 g in 100 ccm festsetzt. — Bisweilen wird die Tinktur in der Kälte trübe und ist durch Filtriren nicht wieder klar zu erhalten; die Erscheinung ist wahrscheinlich auf gummi- oder harzartige Stoffe zurückzuführen. Jedenfalls ist es rathsam, bei Darstellung im grossen zunächst eine kleine Probe auf Eis zu stellen; eine eintretende Trübung muss in der Wärme wieder verschwinden.

Zur Bestimmung des Morphingehaltes dampft man nach Germ. 50 g der Tinktur auf 15 g ein, verdünnt mit Wasser auf 38 g, fügt 2 g Natriumsalicylatlösung (1 = 2) zu und filtrirt nach kräftigem Umschütteln 32 g der geklärten Flüssigkeit (= 40 g Tinct. Opii spl.) durch ein trockenes Faltenfilter von 10 cm Durchmesser in ein trockenes Kölbchen ab. Dieses Filtrat mischt man durch Umschwenken (nicht Schütteln) mit 10 g Aether und fügt noch 5 g einer Mischung aus 17 g Ammoniakflüssigkeit und 83 g Wasser zu. Im übrigen verfährt man weiter wie oben S. 518 angegeben.

***Aufbewahrung.*** Vorsichtig. Opiumtinktur wird häufig tropfenweis vom Arzte verordnet. Es ist deshalb als Standgefäss für die Officin eine kleinere Tropfflasche (Patent T. K.) zu empfehlen, auf welcher man noch das Tropfengewicht in eingebrannter Schrift anbringen lassen kann.

***Anwendung.*** In gleichen Fällen, wie Opium, in Tropfen, Mixturen, auch in Pulvermischungen, die man dann in Wachspapier abgiebt, zu 0,05—1,0 oder zu 1 bis 35 Tropfen.

Aeusserlich als Zusatz zu Gurgelwässern, Einspritzungen, Salben. Auch zu Asthmacigaretten. Grösste Einzelgabe 1,5 g; grösste Tagesgabe 5,0 g (Austr. Germ. Helv.).
Für Kinder „ „ $^1/_3$—1 Tropfen; „ „ 2 Tropfen aufs Lebensjahr.
Für Thiere: Pferden 50,0—150,0 g, Hunden 1,0—3,0 g.

**† Tinctura Extracti Opii** (Gall.). **Teinture ou Alcoolé d'extrait d'opium. Teinture thébaïque.** 10 Th. Opiumextrakt löst man in 120 Th. 60 proc. Weingeist.

**† Vinum Opii** (U-St.). **Opiumwein. Wine of Opium.**

100 g Opiumpulver, 10 g Zimmt (No. 60), 10 g Nelken (No. 30) werden mit 900 ccm einer Mischung aus 150 ccm Weingeist (91 proc.) und 850 ccm Weisswein 7 Tage macerirt. Man bringt aufs Filter, wäscht den Rückstand mit dem Rest der Mischung, dann mit q. s. Weisswein nach, so dass man 1000 ccm Flüssigkeit erhält. Ist von der Stärke der Opiumtinktur und wie diese zu prüfen, aufzubewahren und zu gebrauchen.

**Acetum Opii** (U-St.).

Vinegar of Opium.

| | | |
|---|---|---|
| Rp. | 1. Opii pulverati | 100,0 g |
| | 2. Semin. Myristicae pulv. (No. 30) | 30,0 g |
| | 3. Sacchari | 200,0 g |
| | 4. Acidi acetici diluti (U-St. = 6 proc.) q. s. ad | 1000,0 ccm. |

Man macerirt 1 und 2 sieben Tage mit 500 ccm von 4, presst aus, mischt den Rückstand mit 200 ccm von 4, presst wiederum, filtrirt die Flüssigkeiten, löst 3 und bringt durch Nachwaschen des Filters mit q. s. von 4 auf 1000 ccm.

**Antipernium** Henschel.

Henschel's Frostbalsam.

| | | |
|---|---|---|
| Rp. | Tincturae Opii simplicis | 10,0 |
| | Spiritus Aetheris chlorati | 10,0 |
| | Balsami peruviani | 2,5. |

Umgeschüttelt zum Einreiben der Frostbeulen.

**Aqua anodyna** Vicat.

| | | |
|---|---|---|
| Rp. | Tinctur. Opii simpl. | 2,5 |
| | Spiritus camphorati | 5,0 |
| | Spiritus | 12,5 |
| | Liquoris Ammonii caust. | 10,0. |

Bei Zahnweh auf Watte in den hohlen Zahn zu bringen, auch als Riechmittel.

**Aqua ophthalmica opiata** Berends.

| | | |
|---|---|---|
| Rp. | Tinctur. Opii crocatae | 0,5 |
| | Aquae Rosae | 100,0. |

Augenwasser, bei katarrhalischer Entzündung.

**Bacilli oculari cum Opio** Leglas.

Augenstifte mit Opium.

| | | |
|---|---|---|
| Rp. | Extracti Belladonnae | |
| | Extracti Opii | |
| | Glycerini | āā 1,0 |
| | Olei Cacao | 4,0 |

Man formt 2—4 Stäbchen.

**Balsamum antodontalgicum** Beasley.

Zahnbalsam.

| | | |
|---|---|---|
| Rp. | Extracti Opii | 0,5 |
| | Spiritus | 0,5 |
| | Olei Terebinth. rectif. | 2,0 |
| | Olei Cajeputi | |
| | Olei Caryophyllorum | āā 1,0 |
| | Balsami peruviani | 3,0. |

Auf Watte in den hohlen Zahn zu bringen.

**Boli antidiarrhoici** Parmentier.

| | | |
|---|---|---|
| Rp. | Extracti Opii | 0,1 |
| | Catechu | 2,5 |
| | Conservae Rosae | q. s. |

Fiant boli 5. Consperg. Cassia Cinnamomi. Bei chronischem Durchfall.

**Candelae opiatae.**

Candelae Opii nitratae DIETERICH.

| Rp. | Ligni Santali pulv. | 600,0 |
|---|---|---|
| | Kalii nitrici | 300,0 |
| | Benzoës pulv. | 20,0 |
| | Opii pulv. | 20,0 |
| | Tragacanthae pulv. | 20,0 |
| | Olei Rosae | gtts. V |
| | Olei Sassafras | gtts. X |
| | Cumarini | 0,2 |
| | Mucilaginis Tragacanth. | q. s. |

stösst man zur Masse, formt Kerzchen und bronzirt sie.

**Ceratum dentarium.**

Zahnwachs.

| Rp. | Cerae flavae | 60,0 |
|---|---|---|
| | Terebinth. laricin. | |
| | Sanguinis Draconis | |
| | Mastiches pulv. | ãã 10,0 |
| | Opii pulver. | 2,5 |
| | Acidi salicylici | |
| | Olei Caryophyllorum | ãã 5,0 |
| | Olei Cajeputi | 1,0. |

schmilzt man bei gelinder Wärme zusammen und formt zu Stäbchen von 2,0—3,0.

**Ceratum laudanisatum** (Gall.).

Cérat laudanisé.

| Rp. | Tincturae Opii crocatae | 10,0 |
|---|---|---|
| | Cerati Galeni | 90,0. |

**Cigaretae opiatae.**

Asthmacigaretten.

| Rp. | Extracti Opii | 1,0 |
|---|---|---|
| | Kalii nitrici | 2,5 |
| | Aquae destillatae | 30,0 |
| | Spiritus diluti | 10,0. |

Mit der Lösung tränkt man Fliesspapier, trocknet und formt 10 Cigaretten. — Oder man tränkt Cigarren mit einer Mischung von 1 Th. Opiumtinktur und 5 Th. verdünntem Weingeist und trocknet sie.

**Clysma opiatum.**

Opiumklystier. (Münch. Nosokom.-Vorschr.).

| Rp. | 1. Amyli Tritici | 2,5 |
|---|---|---|
| | 2. Aquae fervidae | 50,0 |
| | 3. Tincturae Opii simpl. | 1,0. |

Man bereitet aus 1 und 2 einen Schleim und setzt 3 hinzu.

**Collyrium antiblepharospasticum** OESTERLEN.

| Rp. | Extracti Opii | 0,4 |
|---|---|---|
| | Aquae Amygdalar. amar. **dilut.** | 25,0. |

Ins Auge zu träufeln.

**Collyrium opiatum neonatorum** v. NIEMEYER.

| Rp. | Tinctur. Opii crocat. | 0,25 |
|---|---|---|
| | Aquae Sambuci | 5,0. |

**Electuarium antidysentericum** DIETERICH.

| Rp. | Extracti Opii | 0,25 |
|---|---|---|
| | Extracti Cascarillae | 10,0 |
| | Extracti Liquiritiae | 10,0 |
| | Sirupi Aurantii Cort. | 40,0 |
| | Pulveris aromatici | 5,0 |
| | Chocoladenpulver | 35,0. |

Theelöffelweise.

**Electuarium Diascordium** (Gall.).

Diascordium. Elect. adstringens. Elect. Scordii compositum.

| Rp. | Herbae Scordii | 60,0 |
|---|---|---|
| | Florum Rosae rubr. | 20,0 |
| | Rhizom. Bistortae | 20,0 |
| | Radicis Gentianae | 20,0 |
| | Rhizom. Tormentillae | 20,0 |
| | Fruct. Berberidis | 20,0 |
| | Rhizom. Zingiberis | 10,0 |
| | Piperis longi | 10,0 |
| | Cinnamomi ceylanici | 40,0 |
| | Herbae Origani Cretici | 20,0 |
| | Benzoës | 20,0 |
| | Galbani | 20,0 |
| | Gummi Arabici | 20,0 |
| | Boli Armenae | 80,0 |
| | Extracti Opii | 10,0 |
| | Vini de Grenache | 200,0 |

mischt man und bringt mit

| | Mellis rosati | 1300,0 |
|---|---|---|

der durch Eindampfen auf 1000,0 gebracht und noch heiss ist, zur Latwerge.

**Elixir benzoïcum** Dr. BÖTTGER.

Benzoësäurehaltiges Brustelixir.

| Rp. | 1. Acidi benzoïci | 5,0 |
|---|---|---|
| | 2. Alcohol absoluti | 30,0 |
| | 3. Tinct. Opii benzoïci | 25,0 |
| | 4. Elixir e Succo Liquirit. | 20,0 |
| | 5. Liquor. Ammon. caust. | q. s. |
| | 6. Aquae destillatae | q. s. ad 120,0. |

Man löst 1 in 2, fügt 5 hinzu, bis der Anfangs entstandene Niederschlag wieder gelöst ist (etwa 12 Th.), setzt 3, 4 und zuletzt von 6 soviel zu, dass das Ganze 120,0 beträgt.

**Elixir paregoricum** PAUL.

| Rp. | Tinct. Extracti Opii (Gall.). | 60,0 |
|---|---|---|
| | Acidi benzoïci | 2,0 |
| | Tinct. Cinnamomi | 5,0 |
| | Olei Anisi | 1,0 |
| | Vini Madeirensis | 32,0. |

1 g enthält 0,05 Extract. Opii.

**Emplastrum anticarcinomaticum** PISSIER.

PISSIER's Krebspflaster.

| Rp. | Emplastri fusci sine Camphora | 40,0 |
|---|---|---|
| | Emplastr. Cerussae | 15,0 |
| | Cerae flavae | 10,0 |
| | Terebinthinae | 33,0 |
| | Opii pulver. | 2,0. |

**Emplastrum antispasmodicum.**

Krampfpflaster.

| Rp. | Cerati Resinae Pini | |
|---|---|---|
| | Emplastr. Galbani crocat. | ãã 42,5 |

schmilzt man und fügt hinzu

| | Opii pulverati | |
|---|---|---|
| | Camphorae tritae | ãã 5,0 |
| | Ammonii carbonic. pulv. | 4,0 |
| | Olei Cajeputi | 2,5. |

Dünn auf Shirting zu streichen. Bei Magenleiden.

**Emplastrum opiato-camphoratum.**

Keuchhustenpflaster.

| Rp. | Emplastri aromatici | 70,0 |
|---|---|---|
| | Cerae flavae | 15,0 |
| | Picis nigrae | 10,0 |
| | Opii pulverati | 5,0 |
| | Camphora tritae | 1,0. |

Man formt Stäbchen von 7,5 g. Auf Leinwand gestrichen auf die Magengegend zu legen.

**Emplastrum opiatum.**

Emplastrum Opii. Empl. cephalicum. Opiumpflaster. Hauptpflaster. Emplâtre d'opium. Opium Plaster.

| | | Ergänzungsbuch. | E. DIETERICH. |
|---|---|---|---|
| Rp. | 1. Elemi | 8,0 | 20,0 |
| | 2. Terebinthinae | 15,0 | 30,0 |
| | 3. Cerae flavae | 5,0 | 15,0 |
| | 4. Olibani subt. pulv. | 8,0 | 18,0 |
| | 5. Benzoës „ „ | 4,0 | 10,0 |
| | 6. Opii „ „ | 2,0 | 5,0 |
| | 7. Balsami peruviani | 1,0 | 2,0. |

Man schmilzt 1—3 bei gelinder Wärme, mischt 4—7 hinzu und rührt kalt.

Helvetica.

Rp. 1. Extracti Opii 5,0
2. Emplastri Lithargyri 70,0
3. Emplastri resinosi 20,0
4. Terebinthinae venet. 5,0.

Man schmilzt 2—4, setzt 1, in wenig Wasser gelöst, hinzu und giesst in Wachskapseln. 1 g Masse zu einem Opiumpflaster.

Britannica.

Rp. Opii subtil. pulv. 10,0
Emplastri resinae 90,0.

United States.

Rp. 1. Extracti Opii 6,0 g
2. Aquae 8,0 ccm
3. Resin. Pini Burgund. 18,0 g
4. Emplastri Plumbi (U-St.) 76,0 g.

Man löst 1 in 2, schmilzt 3 und 4 im Wasserbade, mischt beides und erhitzt, bis das Wasser verjagt ist.

Gallica.

Emplâtre d'extrait d'opium.

Rp. Extracti Opii 90,0
Elemi depur. 10,0
Empl. diachyl. gumm. (Gall.) 20,0.

**Emplastrum contra perniones** Rust.

Rust's Frostpflaster.

Rp. Emplastri Lithargyri 20,0
Balsami peruviani 5,0
Camphorae tritae
Opii pulverati āā 1,25.

**Gargarisma antiparasynanchicum** Oppolzer.

Rp. Extracti Opii 1,0
Boracis 5,0
Infusi Salviae folior. 170,0
Mellis depurati 25,0.

Gurgelwasser bei Halsentzündung etc. Nichts verschlucken!

**Glyceritum cum extracto Opii** (Gall.).

Glycéré d'extrait d'opium.

Rp. Extracti Opii 10,0
Glycerini q. s.
Glyceriti Amyli 90,0.

**Guttae antiasthmaticae.**

Tinctura antasthmatica. Asthmatropfen.

I.

Rp. Tincturae Opii simpl. 5,0
Spiritus aetherei 10,0.

Halbstündlich 50 Tropfen bis zur Beruhigung.

II. (Form. Coloniens. et Dresd.)

Rp. Liquor. Ammonii anisati
Tinct. Opii simplicis
Tinct. Stramonii āā 10,0.

Dreistündlich 15 Tropfen.

**Essentia viatorum.**

Guttae emphracticae.
Reisetropfen.

Rp. Tincturae Opii simplicis
Tincturae Strychni semin. āā.

Bei Leibschneiden, Durchfall, Brechneigung anfangs stündlich, dann 2—3stündlich 20 Tropfen.

† **Guttae nigrae britannicae** (Gall.).

Acetum Opii.
Schwarze englische Tropfen.
Gouttes noires anglaises. Black Drops.

Rp. 1. Opii 100,0
2. {Acidi acetici puri (p. sp. 1,063) 60,0
{Aquae destillatae 540,0
3. Croci 8,0
4. Seminis Myristicae pulv. 25,0
5 Sacchari 50,0.

Man macerirt 1, 3 und 4 zehn Tage mit 450,0 von 2, erhitzt 1/2 Stunde im Wasserbade, presst aus, zieht den Rückstand 24 Stunden mit dem Rest von 2 aus, presst aus, filtrirt die Auszüge, löst 5 und dampft das Ganze auf 200,0 ein. Sp. Gew. 1,25. 100 g enthalten das Lösliche aus 50 g Opium.

**Guttae odontalgicae** Copland.

Rp. Opii pulverati
Camphorae āā 0,5
Spiritus diluti 1,0
Olei Caryophyllorum
Olei Cajeputi āā 4,0.

**Guttae odontalgicae Doberanenses.**

Doberaner Zahntropfen.

Rp. Tincturae Opii crocatae
Spiritus aetherei
Olei Menthae piperitae āā.

**Guttae odontalgicae** Rust.

Rp. Tincturae Opii simpl. 3,0
Olei Caryophyllorum 2,0
Spiritus aetherei 5,0.

**Guttae odontalgicae rubrae.**

Dentine. Zahntropfen.

Rp. Tincturae Opii simplicis
Mixturae oleoso-balsam. āā 20,0
Chloroformii
Tincturae Capsici annui āā 25,0
Olei Caryophyllorum 10,0
Alkannini q. s.

Einige Tropfen auf Baumwolle in den Zahn bringen und das Zahnfleisch an der schmerzhaften Stelle damit einreiben.

**Lanolimentum opiatum** E. Dieterich.

Opium-Lanolinsalbe.

Rp. Extracti Opii
Glycerini āā 5,0
Unguenti cerei 20,0
Lanolini 70,0.

† **Laudanum secundum** Rousseau (Gall.).

Liquor Opii sedativus Battley. Liquor anodynus Houlton. Tinct. Opii nigra s. fermentata. Vinum Opii fermentatione paratum. — Laudanum de Rousseau.

Rp.
1. Opii pulverati 200,0
2. Mellis albi 600,0
3. Aquae destill. calidae (30—40° C.) 3000,0
4. Fermenti cerevisiae (frische Bierhefe) 40,0
5. Spiritus (60 proc.) 200,0.

Man lässt 1—4 bei 25—30° C. vollständig vergähren, filtrirt, dampft im Wasserbade auf 600,0 ein, fügt 5 hinzu, lässt 24 Stunden absetzen und filtrirt. 100 g enthalten das Lösliche von 25 g Opium.

Nicht zu verwechseln mit den Guttae nigrae britannicae (s. oben), wofür Hager in der älteren Ausgabe des Handbuchs obige Vorschrift gab.

**Linctus communis** Mackenzie.

Rp. Tincturae Opii simpl.
Acidi sulfurici diluti āā 2,5
Sirupi communis 20,0
Aquae destillatae 30,0.

Theelöffelweise, gegen Husten.

**Linctus Papaveris** Mackenzie.

Rp. Tinctur. Opii benzoïc.
Sirupi Papaveris capit.
Sirupi Balsam. Tolut. āā 20,0.

Theelöffelweise.

**Linimentum anodynum.**
Opodeldoc fluidum opiatum.

Rp. Spiritus saponato-camphor. (Germ.) 80,0
Tincturae Opii simplicis 20,0.

**Linimentum antispasmodicum** WENDT.
Krampfliniment.

Rp. Tinct. Opii simplicis 5,0
Liquor. Ammonii caust. 5,0
Mixtur. oleoso-balsam. 20,0
Spiritus Angelicae comp. 70,0.

**Linimentum Opii** (Brit.).
Liniment of Opium.

Rp. Tincturae Opii (Brit.).
Linimenti Saponis (Brit.) āā 50 ccm.
Man stellt einige Tage bei Seite und filtrirt dann.

**Linimentum Opii compositum** (Nat. form.).
Compound Liniment of Opium.
Canada Liniment.

Rp. Camphorae 17,5 g
Olei Menthae piperitae 25,0 ccm
Spiritus (91 proc.) 250,0 ccm
Tinctur. Opii (U-St.) 100,0 ccm
Liquor. Ammonii caust. (10proc.) 375,0 ccm
Olei Terebinthinae q. s. ad 1000.0 ccm.
Der Reihe nach zu lösen und zu mischen. Das Liniment ist vor dem Gebrauch umzuschütteln; durch Zusatz von 25 ccm Quillajatinktur (U-St.) bleibt es länger gebunden.

**† Liquor anodynus** PORTER.
PORTER'sche Tropfen.

Rp. Opii pulverati 10,0
Acidi citrici 4,0
Aquae fervidae 75,0
Refrigeratis adde
Spiritus 15,0.
Nach einigen Stunden filtrirt man. Das Filtrat betrage 100,0. Gabe wie bei Opiumtinktur.

**Liquor inhalatorius antasthmaticus**
WALDENBURG.

Rp. Natrii chlorati 5,0
Tincturae Opii simpl. 2,5
Aquae destillatae 492,5.
Zur Inhalation in zerstäubter Form.

**Liquor injectorius antigonorrhoicus** RUST.

Rp. Zinci sulfurici 0,3
Tinctur. Opii 2,5
Aquae Laurocerasi 15,0
Aquae destillatae 85,0.
Lauwarm einzuspritzen. (Bei veraltetem Tripper.)

**Mistura Camphorae acida** (Nat. form.).
Acid Camphor Mixture.
Mistura antidysenterica. HOPE's Mixture.

Rp. Acidi nitrici (U-St) 17.5 ccm
Tincturae Opii (U-St.) 12,0 ccm
Aquae Camphorae q. s. ad 1000,0 ccm.

**Mistura carminativa** (Nat. form.).
Carminative Mixture.
DALBY's Carminative.

Rp. Olei Carvi 0,5 ccm
Olei Foeniculi 0,5 „
Olei Menthae pip. 0,5 „
Magnesii carbonici 65,0 g
Kalii carbonici 3,0 „
Tincturae Opii (U-St.) 25,0 ccm
Sirupi Sacchari (U-St.) 160,0 „
Aquae destill. q. s. ad 1000,0 ccm.
Zuerst werden die Oele mit 10 g Magnesia und 750 ccm Wasser angerieben, dann das Uebrige hinzugefügt. Bei Bedarf frisch zu bereiten.

**Mistura contra diarrhoeam** (Nat. form.).
Diarrhoea Mixture. Cholera Mixture

I. Sun Mixture.

Rp. Tinct. Opii (U-St.)
Tinct. Capsici (U-St.)
Tinct. Rhei (U-St.)
Spiritus Camphorae (U-St.)
Spiritus Menth. pip. (U-St.) āā 20 ccm
Man mischt und filtrirt.

II. LOOMIS' Diarrhoea Mixture.

Rp. Tinct. Opii (U-St.) 12,5 ccm
Tinct. Rhei (U-St.) 12,5 „
Tinct. Catechu comp. (U-St.) 25,0 „
Olei Sassafras 1,0 „
Tinct. Lavandul. comp. (U-St.) 49,0 „

III. SQUIBB's Diarrhoea Mixture.

Rp. Tinct. Opii (U-St.) 20,0 ccm
Tinct. Capsici (U-St.) 20,0 „
Spiritus Camphorae (U-St.) 20,0 „
Chloroformii 7,5 „
Spiritus (91 proc.) 32,5 „

IV. THIELEMANN's Diarrhoea Mixture.
Mixtura Thielemanni Ph. Suec.

Rp. Vini Opii (U-St.) 25,0 ccm
Tinctur. Valerian. (U-St.) 37,5 „
Aetheris 12,5 „
Olei Menthae piperit. 3,0 „
Extract. Ipecac. fluid. (U-St.) 0,75 „
Spiritus (91 proc.) 21,25 „

V. VELPEAU's Diarrhoea Mixture.

Rp. Tinct. Opii (U-St.)
Tinct. Catechu comp. (U-St.)
Spiritus Camphorae (U-St.) āā.

**Mistura expectorans** STOCKES (Nat. form.).
STOCKES' Expectorant Mixture.
STOCKES' Expectorant.

Rp.
Ammonii carbonici 17,5 g
Extract. Senegae fluid. (U-St.) 35,0 ccm
Extract. Scillae fluid. (U-St.) 35,0 „
Tinct. Opii camphorat. (U-St.) 175,0 „
Aquae 100,0 „
Sirupi tolutani (U-St.) q. s. ad 1000,0 „

**Mixtura acida cum Opio**
(Münch. Nosokom. Vorschr.).

Rp. Acidi hydrochlor. dilut. 2,0
Tinct. Opii simplicis 2,0
Sirupi Rubi Idaei 20,0
Aquae destillatae 126,0.

**Mixtura acidi tannici cum Opio**
(Münch. Nosokom. Vorschr.).

Rp. Acidi tannici 1,5
Tinctur. Opii simpl. 1,5
Aquae destillatae 110,0
Mucilagin. Gummi arab. 20,0
Sirupi simplicis 20,0.

**Mixtura antarthritica Americana.**

Rp. Kalii jodati 2,0
Vini Colchici seminis 15,0
Tinctur. Cimicifugae 30,0
Tinctur. Stramonii 7,5
Tinctur. Opii camphorat. 22,5.
4stündlich $^1/_2$—1 Theelöffel.

**Mixtura anticholerica** PILAST.

Rp. Infusi Menthae piper. (e 5,0) 120,0
Carbonei sulfurati gtts. XX
Aetheris 5,0
Tinctur. Opii crocat. 2,5
Sirupi Sacchari 30,0.
Stündlich 1 Esslöffel.

**Mixtura opiata** (Form. Berolin.).

Rp. Opii pulv.
Gummi arabic. āā 0,5
Aquae Cinnamomi 2,5.

1 Tropfen enthält etwa 0,008 Opium.

**Mixtura rubra** STANDERT.

Rp. Magnesii carbonici 4,0
Rhizom. Rhei pulv. 2,0
Tinct. Rhei vinosae 12,5
Tinct. Opii simpl. 1,2
Olei Anisi gtts. V
Olei Menthae pip. gtts. V
Aquae destillatae 180,0.

Esslöffelweise, gegen Leibschneiden.

**Mixtura Scillae composita** MACKENZIE.

Rp. Tinct. Opii benzoïcae 7,5
Oxymellis Scillae 7,5
Vini Ipecacuanhae 2,0
Aquae destillatae 183,0.

**Mixtura sedans** FORMEY.

Rp. Tinct. Opii simpl. 0,5
Spirit. Aetheris nitrosi 2,0
Aquae Aurantii florum 97,5.

Esslöffelweise, gegen Nachwehen.

**Oleum opiatum.**

Rp. Olei Hyoscyami cocti 100,0
Opii pulverati 5,0
Spiritus 2,5

digerirt man 1 Stunde im Wasserbade in offenem Gefäss und filtrirt dann. Aeusserlich (bei schmerzhaften Haemorrhoidalknoten etc.).

**Pastilli Extracti Opii** WALTHER (Dresd. Vorschr.).

WALTHER'sche Pastillen.

Rp. Extracti Opii 0,6
Balsami tolutani 0,8
Spiritus 2,0
Sacchari pulverati 100,0
Mucilag. Tragacanth. q. s.

Man formt 100 Pastillen.

**Pastilli Kermetis cum Opio** (Helv.).

Tronchin-Pastillen. Pastilles de Tronchin.

Rp. Stibii sulfurati rubei 4,0
Opii pulv. 4,0
Tragacanthae pulv. 10,0
Fruct. Anisi pulv. 20,0
Succi Liquiritiae 40,0
Tinct. Balsam. tolutan. (1 : 5) 50,0
Aquae 70,0
Sacchari pulv. 922,0.

Man formt Pastillen von 0,5 g. Jede enthält je 0,002 Opium und Kermes.

**† Pastilli Opii.**

Trochisci Opii. Opium-Pastillen.

I.

Rp. Opii pulver. 1,0
Massae Cacao 99,0.

Zu 100 Pastillen.

II.

Rp. Opii pulver. 1,0
Sacchari albi pulv. 49,0
Mucilag. Tragacanth. q. s.

Zu 100 Pastillen. Jede Pastille enthält 0,01 g Opium.

**Pilulae anodynae opiatae.**

Pilulae ad noctem. Schlafpillen.

Rp. Extracti Opii
Radic. Liquiritiae āā 0,5
Mucilag. Gummi arab. q. s.

Zu 10 Pillen. Abends 1 Stück.

**Pilulae antirheumaticae** SOBERNHEIM.

Rp. Opii pulv. 0,6
Camphorae 0,4
Radic. Ipecacuanh. 0,2
Extract. Arnicae rhizom. 1,2.

Man formt 20 Pillen und bestreut mit Safranpulver. Morgens und Abends 1 Pille (bei Rheuma etc.).

**Pilulae Ipecacuanhae opiatae.**

Rp. Pulv. Ipecacuanh. opiat. 1,0
Conservae Rosae q. s.

Zu 10 Pillen. Abends 1—2 Stück.

**† Pilulae odontalgicae.**

Zahnpillen.

I. Ergänzungsbuch.

Rp. 1. Cerae flavae 1,5
2. Olei Amygdalarum 0,5
3. Opii subtile pulv. 1,0
4. Radic. Belladonn. pulv. 1,0
5. Radic. Pyrethri pulv. 1,0
6. Olei Cajeputi gtts. III
7. Olei Caryophyllor. gtts. III.

Man schmilzt 1 mit 2 zusammen, stösst mit 3—7 zur Masse und formt 100 Pillen daraus. Gewöhnlich werden sie mit Nelkenpulver bestreut, um Verwechselungen zu verhüten. Nimmt man statt 2 die gleiche Menge Wollfett, so erhält man eine bessere Masse, auch haften die Pillen mehr in der Zahnhöhlung.

II. E. DIETERICH.

Rp. Opii pulv. 5,0
Radic. Pyrethri 2,5
Kreosoti q. s.

Man formt Pillen von 0,03 g.

III.

Rp. Cocaini hydrochlor. 1,0
Opii pulverati 4,0
Mentholi 1,0
Radic. Althaeae 3,0
Mucilag. Gummi arab. q. s.

Man formt Pillen von 0,03 g. Zahnpillen sind vorsichtig und in dicht verschlossenen Gläsern aufzubewahren. Im Handverkauf giebt man sie zu 1 bis 2 Stück ab und warnt, sie zu verschlucken. Zum Gebrauch wird eine Pille in den schmerzenden, hohlen Zahn gedrückt.

**Pilulae opiatae.**

Pilulae Opii. Pilulae anodynae.

Rp. Opii pulverati 0,75
Succi Liquiritiae 3,75
Radic. Liquiritiae q. s.

Zu 50 Pillen mit je 0,015 Opium.

**Pilulae Opii** (U-St.).

Pilula Saponis composita (Brit.).

I. Pills of Opium (U-St.).

Rp. Opii pulverati 6,5 g
Saponis pulverati 2,0 g
Aquae q. s.

Man formt 100 Pillen.

II. Compound Pill of Soap (Brit.).

Rp. Opii pulverati 10,0
Saponis pulverati 30,0
Sirupi Glucosi 10,0

formt man zur Masse. Gabe 0,12—0,24.

**Pilulae Opii et Camphorae** (Nat. form.).

Pills of Opium and Camphor.

Rp. Opii pulverati 6,5
Camphorae 13,0.

Man formt l. a. 100 Pillen.

**Pilulae Opii et Plumbi** (Nat. form.).
Pills of Opium and Lead.

Rp. Opii pulverati 6,5
Plumbi acetici 6,5.

Man formt l. a. 100 Pillen.

**Pilula Plumbi cum Opio** (Brit.).
Pill of Lead with Opium.

Rp. Plumbi acetici pulv. 6,0
Opii pulverati 1,0
Sirupi Glucosi 0,7

formt man zur Masse. Gabe 0,12—0,24.

**Pilulae opiato-camphoratae** TULLY.

Rp. Opii pulverati 2,5
Camphorae 1,0
Saponis medicati 5,0.

Man formt 50 Pillen. 1—3 Stück (bei Krampfhusten etc.).

**Pilulae sopientes Clinici.**

Rp. Extracti Hyoscyami
Opii pulver. āā 0,75
Radic. Liquirit. q. s.

Zu 50 Pillen. Abends 1 Pille.

**Potio antispasmodica opiata** (Form. Parisiens.).

Rp. Sirupi opiati 20,0
Sirupi Sacchari 15,0
Aquae Aurantii flor. 20,0
Aquae destillatae 145,0
Aetheris 1,0.

**Potion calmante** (Gall.).
Julep diacodé.

Rp. Gummi arabici pulv. 10,0
Sirup. Diacodii (Gall.) 30,0
Aquae Aurantii flor. 10,0
Aquae destillatae 100,0.

**Pulveres antidiarrhoici** DAVESI.

Rp. Opii 0,03
Aluminis 0,4.

Dent. tal. dos. V. Täglich 2—3 Pulver.

**Pulveres antidiarrhoici** KRÜGER-HANSEN.

Rp. Opii 0,25
Aluminis 0,5
Pulveris aromatici 1,0
Cort. Cascarillae 5,0

Divide in part. V. $^1/_2$—1 stündlich 1 Pulver.

**Pulveres concitantes** FORMEY.

Rp. Opii pulv. 0,025
Ammon. carbon. pyro-oleosi 0,25
Elaeosacchar. Valerianae 0,5.

Dent. tal. dos. X. 3—4stündlich 1 Pulver. (Bei Hautleiden.)

**† Pulvis Cretae aromaticus cum Opio** (Brit.).
Aromatic Powder of Chalk with Opium.

Rp. Pulveris Cretae aromat. 97,5
Opii pulverati 2,5.

Gabe 0,6—0,24.

**† Pulvis Opii compositus** (Brit.).
Compound Powder of Opium.

Rp. Opii pulverati 30,0
Piperis nigri 40,0
Rhizom. Zingiberis 100,0
Fructus Carvi 120,0
Tragacanthae 10,0.

Gabe 0,12—0,6.

**Pulvis Opii tannatus** WUNDERLICH.

Rp. Opii pulverati 0,025
Acidi tannici 0,05
Sacchari Lactis 0,5.

Dentur tal. dos. X.

**Saccharum anodynum.**

Rp. Opii pulverati 0,2
Sacchari albi pulv. 10,0.

**Sirupus anterethicus** BOUCHARDAT.

Rp. Extracti Opii 0,15
Extracti Belladonn. 0,1
Sirupi Capillor. Veneris 100,0.

Theelöffelweise. Bei Reizhusten.

**Sirupus cum extracto Opii debilior.**
Sirop Diacode (Gall.). Sirop d'opium faible.

Rp. 1. Extracti Opii 0,5
2. Aquae destillatae 4,5
3. Sirupi Sacchari 995,0.

1 in 2 lösen, mit 3 mischen.

**Sirupus Opii succinatus.**
Sirupus Karabae. Sirop de Karabé (Gall.).

Rp. Sirupi Opii (Gall. S. 522) 100,0
Tincturae Succini 0,5.

**Sparadrapum opiatum.**
Johannispflaster. Schmerzlinderndes Heftpflaster.

Man bereitet es, wie Empl. Anglicum Ergänzb. Bd. II, S. 111), setzt aber dem letzten Anstrich eine Lösung von 5,0 Extract. Opii in q. s. Wasser zu. 10 □cm Pflaster = 0,01 Opiumextrakt.

**Spiritus anodynus opiatus.**

Rp. Extracti Opii 2,0
Extracti Belladonn. 1,0
Acidi acetici 1,0
Spiritus diluti 3,0
Mixtur. oleoso-balsam. 100,0.

Zum Einreiben.

**Steatinum opiatum.**

Rp. 1. Sebi ovilis 20,0
2. Olei Ricini 5,0
3. Styracis liquid. 3,0
4. Elemi 3,0
5. Balsami peruvian. 2,0
6. Emplastr. Lithargyri 15,0
7. Extracti Opii 1,0.

Man schmilzt 1—5, lässt absetzen, schmilzt mit 6 und mischt 7, mit wenig verd. Weingeist und Glycerin angerieben, darunter.

**Suppositoria Opii s. opiata.**
Opium-Stuhlzäpfchen.

I.

Rp. Opii pulverati 1,0
Tragacanthae pulv. 20,0
Aquae destillat. 8,0
Glycerini q. s.

Man formt l. a. 10 Zäpfchen.

II.

Rp. Extracti Opii 0,5
Aquae destillatae 0,5
Gelatinae glycerinatae 20,0.

Man formt l. a. 10 Zäpfchen.

**† Tabulettae Opii.**

I. Nach SALZMANN.

Rp. Opii subtile pulv. 60,0
Sacchari Lactis pulv. 400,0
Amyli Tritici pulv. 20,0
Talci pulv. 20,0.

Man formt durch Druck 1000 Tabletten mit je 0,06 Opium.

II. Nach WEINEDEL.

Rp. Opii pulv. 0,2
Cacao pulv. 2,0
Sacchari albi pulv. 3,0
Gummi arabici pulv. 1,0
Aquae gtts. I.

Man formt durch Druck 10 Tabletten mit je 0,02 Opium.

**† Tabulettae Opii friabiles.**[1])

Opium-Verreibungstabletten.

Rp. Opii pulverati 3,0
Sacchar. Lactis pulv. 3,0
Alcohol absoluti q. s.

Man stellt l. a. 100 Tabletten mit je 0,03 Opium her. — Ebenso 100 Tabulettae Doweri friabiles (zu je 0,4) aus

Pulv. Doweri 40,0
Sacchar. Lactis 4,0
Spirit. dilut. q. s.

**† Theriaca.**

Electuarium Theriaca (Ergänzb.) s. theriacale s. opiatum Electuarium aromaticum cum Opio. Theriak. Mithridat. Électuaire thériacal (Gall.). Thériaque.

Ergänzb.

| Rp. | | | |
|---|---|---|---|
| | Opii subtile pulverati | | 1,0 |
| | Vini Xerensis | | 6,0 |
| | Radic. Angelicae | subt. pulv. | 6,0 |
| | Radic. Serpentariae | „ „ | 4,0 |
| | Radic. Valerianae | „ „ | 2,0 |
| | Cort. Cinnamom. Cass. | „ „ | 2,0 |
| | Bulbi Scillae | „ „ | 2,0 |
| | Rhizom. Zedoariae | „ „ | 2,0 |
| | Fruct. Cardamomi | „ „ | 1,0 |
| | Myrrhae | „ „ | 1,0 |
| | Ferri sulfurici pulv. | | 1,0 |
| | Mellis depurati | | 72,0. |

Man mischt und erwärmt dann im Wasserbade. Enthält 1 Proc. Opium.

Gallica

giebt eine Vorschrift, die nicht weniger als 57 zum Theil völlig veraltete Bestandtheile enthält. Da viele derselben in den Apotheken anderer Länder nicht vorräthig gehalten werden, ist hier von einer Wiedergabe der Formel Abstand genommen worden. Der Theriak der Gall. enthält etwa 1,25 Proc. Opium. — Ein Gegenstand des Handverkaufs, wird der Theriak zur Bereitung von Magenschnäpsen, auch wohl von Magenpflastern benutzt, hauptsächlich jedoch von Thierbesitzern als Mittel zur Beförderung der Nachgeburt bei Hausthieren angewendet; und zwar giebt man Pferden und Kühen je 30—45 g, Schafen und Ziegen 12—15 g, Schweinen 10—12 g auf einmal mit Warmbier.

Ex tempore aus 1 Th. Opium und 99 Th. Electuarium aromaticum zu bereiten.

**† Tinctura anticholerica.**

Choleratropfen.

I. Ergänzb.; Hamb. Vorschr.

Rp. Tinctur. Opii simpl. 10,0
Tinctur. Cascarill. 8,0
Tinctur. Ratanhiae 20,0
Tinctur. aromatic. 30,0
Tinctur. Valerian. aether. 30,0
Olei Menthae piperit. 2,0.

Nach 3 Tagen zu filtriren.

II. Hauck.

Rp. Tinctur. Opii simpl.
Tinctur. aromatic.
Tinct. Valerian. aeth. āā 10,0
Olei Menthae piperit. 1,0.

$^1/_2$stündlich 15—30 Tropfen.

III. Inosentzoff.

Rp. Tinct. Castorei canad. 5,0
Tinct. Opii simpl. 5,0
Tinct. Strychni sem. 3,0
Tinct. Valerian. aeth. 5,0
Tinct. Rhei vinos. 30,0
Spiritus aetherei 5,0
Spiritus Menth. pip. angl. 10,0.

$^1/_4$stündlich 15—20 Tropfen.

IV. Lorenz.

Rp. Tinct. Opii crocat. 7,5
Vini Ipecacuanhae 5,0
Tinct. Valerian. aeth. 15,0
Olei Menthae pip. gtts. XXX.

V. Pelldram.

Rp. Tinct. Opii crocat. 3,0
Tinct. Valerian. 12,0
Aetheris 15,0.

VI. Petersburger od. Russische.

Rp. Olei Menth. pip. 1,0
Tinct. Opii croc. 10,0
Vini Ipecac. 30,0
Tinct. Valerian. aeth. 60,0.

VII. Reim.

Rp. Tinct. Opii crocat. 10,0
Tinct. aromatic. 90,0.

VIII. Squibb.

s. Squibb's Diarrhoea Mixture. Gabe 10—15 Tropfen.

IX. Strogonoff.

Rp. Tinct. Valerian aeth.
Spiritus aetherei āā 10,0
Tinct. Arnicae
Tinct. Strychni sem. āā 5,0
Tinct. Opii simpl. 7,5
Olei Menthae piperit. 2,5.

$^1/_2$stündlich 15—30 Tropfen in Spanischem Wein.

X. Thielmann.

Rp. Olei Menthae pip. 5,0
Tinct. Ipecacuanh. 5,0
Tinct. Opii crocat. 2,5
Tinct. Valerian. aeth. 10,0.

XI. Wunderlich.

Rp. Tinct. Opii simpl. 5,0
Vini Ipecacuanh. 15,0
Tinct. Valerian. aeth. 80,0
Olei Menthae piperit. 0,5.

**Tinctura odontalgica** Jovanowitz.

Rp. Acidi tannici 1,0
Tinct. Opii simpl. 2,0
Tinct. Spilanthis olerac. 20,0.

**† Tinctura Opii acetosa.**

Rp. Opii subt. pulv. 10,0
Aceti Vini (6 Proc.)
Spiritus (87 proc.) āā 50,0.

Durch mehrtägige Maceration bereitet man 100,0 Tinktur. Gabe und Aufbewahrung wie bei Tinct. Opii.

[1]) Tabulettae friabiles s. triturandae, Verreibungs-Tabletten, sind eine neue Form gepresster Tabletten. Sie werden auf einer besonderen Maschine durch Eindrücken der Masse in gelochte Platten hergestellt und eignen sich wegen ihrer Kleinheit besonders für Taschenapotheken. Für stark wirkende Mittel dürfte die Dosirung kaum genau genug ausfallen.

**† Tinctura Opii ammoniata.**

I. Ammoniated Tincture of Opium (Brit.)

| Rp. | | |
|---|---|---|
| 1. | Olei Anisi | 6,25 ccm |
| 2. | Acidi benzoïci | 20,6 g |
| 3. | Tincturae Opii (Brit.) | 150,0 ccm |
| 4. | Liq. Ammon. caust. (10 proc.) | 200,0 ccm |
| 5. | Spiritus (90 vol.-proc.) | q. s. |

Man löst 1 und 2 in 600 ccm von 5, fügt 3 und 4 hinzu, filtrirt und bringt mit q. s. von 5 auf 1000 ccm Gesammtflüssigkeit. Gabe 2—3,5 ccm.

II. Laudanum WARNER.

| Rp. | |
|---|---|
| Tinct. Opii crocat. | 6,0 |
| Tinct. Opii benzoïc. | 74,0 |
| Liq. Ammon. caust. | 24,0. |

Man mischt, lässt absetzen und filtrirt.

**(†) Tinctura Opii benzoïca** (Germ. Helv.).

Tinctura Opii camphorata (U-St.). Tinctura Camphorae composita (Brit.). Tinctura extracti Opii camphorata (Gall.). Tinct. Camphorae cum Opio. Elixir paregoricum. — Benzoësäurehaltige Opiumtinktur. Schmerzstillendes Elixir. — Elixir parégorique. Teinture d'opium camphrée. — Camphorated Tincture of Opium. Compound Tincture of Camphor. Paregoric Elixir. (Dr. SCHULZ's, Dr. SCHMIDT's Krampftropfen. Krampftropfen mit Kampher.)

| Rp. | Germanica | Helvetica |
|---|---|---|
| Olei Anisi | 5,0 | 5,0 |
| Acidi benzoïci | 20,0 | 5,0 |
| Camphorae | 10,0 | 5,0 |
| Opii pulv. | 5,0 | 5,0 |
| Spiritus diluti | 960,0 | 980,0 |

Durch Maceration zu bereiten. Aufbewahrung: Vorsichtig (Germ.). Gabe 30—40—50 Tropfen mehrmals täglich (bei Hysterie, Luftröhrenkatarrh, Krampfhusten). Höchstgabe 10 g, auf den Tag 40 g (Helv.). Enthält etwa 0,05 Proc. Morphin.

Britannica.

| Rp. | |
|---|---|
| Tincturae Opii (Brit.) | 60,9 ccm |
| Acidi benzoïci | 4,6 g |
| Camphorae | 3,4 g |
| Olei Anisi | 3,1 ccm |
| Spiritus (60 Vol. proc.) q. s. ad | 1000 ccm. |

Morphingehalt wie bei der vorigen.

United States.

| Rp. | |
|---|---|
| Opii pulver. | 4,0 g |
| Acidi benzoïci | 4,0 " |
| Camphorae | 4,0 " |
| Olei Anisi | 4,0 ccm |
| Glycerini | 40,0 ccm |
| Spiritus diluti (41 proc.) q. s. ad | 1000 ccm. |

Man macerirt 3 Tage mit 900 ccm Weingeist, filtrirt und sammelt durch Nachwaschen des Filters 1000 ccm Tinktur.

Gallica.

| Rp. | |
|---|---|
| Extracti Opii | 4,5 |
| Acidi benzoïci | 4,5 |
| Olei Anisi | 4,5 |
| Camphorae | 3,0 |
| Spiritus (60 proc.) | 975,0. |

Enthält etwa 0,1 Proc. Morphin.

**† Tinctura Opii deodorati** (U-St.).

Tincture of deodorized Opium.

| Rp. | | |
|---|---|---|
| 1. | Opii pulverati | 100 g |
| 2. | Calcii phosphorici praecip. | 50 g |
| 3. | Aetheris | 200 ccm |
| 4. | Spiritus (91 proc.) | 200 ccm |
| 5. | Aquae | q. s. |

Man reibt 1 und 2 mit 400 ccm Wasser von 90° C. an, macerirt 12 Stunden, bringt auf ein Filter oder in einen Perkolator und erschöpft mittels Wasser.[1] Den Auszug dampft man im Wasserbade auf 100 ccm ein, lässt erkalten und schüttelt wiederholt mit 3. Sobald die ätherische Lösung sich völlig abgeschieden hat, trennt man sie von der wässerigen, erhitzt diese, bis der Aethergeruch verschwunden ist, vermischt sie mit 500 ccm Wasser, filtrirt, sammelt durch Nachwaschen des Filters mit Wasser 800 ccm und bringt durch Mischen mit 4 auf 1000 ccm Gesammtflüssigkeit. 100 ccm der Tinktur sollen bei der Prüfung 1,3—1,5 g Morphin ergeben.

Es ist von anderer Seite vorgeschlagen worden, die „Deodorirung" des Opiums durch Maceriren mit geruchlosem Gasolin (spec. Gew. 0,870) zu bewirken. 100 g Opium erfordern 400 ccm Gasolin, dann noch 200 ccm zum Nachwaschen.

**† Tinctura Opii Neapolitana Clinici.**

| Rp. | |
|---|---|
| Opii pulverati | 2,5 |
| Croci concisi | 5,0 |
| Vini Hispanici | 100,0. |

Durch Maceration bereitet man 100,0 Tinktur.

**Tinctura Opii ophthalmica Clinici.**

| Rp. | |
|---|---|
| Opii pulverati | 20,0 |
| Vini Hispanici | 100,0. |

Durch Digestion zu bereiten.

**† Tinctura Opii vinosa.**

Vinum Opii HEIM.

| Rp. | |
|---|---|
| Opii pulverati | 10,0 |
| Spiritus | 6,0 |
| Vini Hispanici | 90,0. |

Durch Maceration bereitet man 100,0 Tinktur vom Gehalt der Tinct. Opii simpl.

**† Tinctura pectoralis** (Nat. form.).

Guttae pectorales. Pectoral Tincture. (BATEMAN's) Pectoral Drops.

| Rp. | |
|---|---|
| Tincturae Opii (U-St.) | 42 ccm |
| Tinct. Catechu comp. (U-St.) | 30 " |
| Spiritus Camphorae (U-St.) | 40 " |
| Olei Anisi | 1 " |
| Caramel. | 16 " |
| Spiritus diluti (41 proc.) q. s. ad | 1000 " |

**Unguentum abortivum** DEBREYNE.

| Rp. | |
|---|---|
| Opii pulverati | 5,0 |
| Extracti Belladonn. | 2,5 |
| Unguenti Hydrargyr. ciner. | 10,0. |

Bei Fingerentzündung stündlich einzureiben.

**Unguentum anticystospasticum** WALDENBURG.

| Rp. | | |
|---|---|---|
| Opii puri | | |
| Extracti Belladonn. | āā | 0,5 |
| Unguent. Hydrarg. ciner. | | 15,0. |

Zum Einreiben (bei Blasenkrampf).

**Unguentum antineuralgicum** MEINER.
(Bull. de Thérap.)

| Rp. | |
|---|---|
| Opii pulverati | 2,0 |
| Extract. Belladonn. | 12,0 |
| Vaselini | 12,0 |
| Olei Thymi | q. s. |

3 mal täglich 5 — 10 Minuten lang einreiben und damit sofort aufzuhören, falls das Gesicht bleich wird (!).

**Unguentum opiato-mercuriale** HILLER.

| Rp. | | |
|---|---|---|
| Opii pulverati | | 2,0 |
| Aquae dest. | | |
| Spiritus | āā | gtts. V. |
| Unguent. Hydrarg. ciner. | | 2,0. |

Bei Bruchеinklemmungen etc.

[1]) Vergl. Bd. I, S. 925 die Fussnote.

**Unguentum opiatum** (Ergänzb.).
Opiumsalbe.
Rp. Extracti Opii 1,0
Aquae destillat. 1,0
man löst und mischt mit
Unguenti cerei 18,0.
Zur Abgabe frisch zu bereiten. Ein Zusatz von wenig Glycerin erhöht die Haltbarkeit.

Vet. **Breuvage calmant opiacé** (Gall.).
Rp. Tinct. Opii crocat. 30,0
Aetheris (p. spec. 0,735) 15,0
Aquae 1000,0.

Vet. **Essentia antispasmodica equorum.**
Kolikessenz.
Rp. Tinctur. Opii
Tinctur. Arnicae
Tinctur. Aloës ää 5,0
Tinctur. Asae foetidae 10,0.
Mit $^1/_2$ l Wasser gemischt auf einmal einzugiessen. (Bei Kolik der Pferde.)

Vet. **Injectio uterina.**
Rp. Decocti Semin Lini 500,0
Decocti Cort. Quercus (e. 25,0) 500,0
Tincturae Opii
Tinctur. Arnicae ää 5,0.
Zu 2 Einspritzungen. Bei Scheidenkatarrh der Kühe.

Vet. **Mixtura antispasmodica equorum.**
Kolikessenz für Pferde.
I. Nach F. HARVEY.
Rp. Tinctur. Aconiti 1,2
Tinctur. Opii 28,0
Spirit. Aether. nitrosi 28,0.
In $^1/_2$ l Wasser auf einmal; nöthigenfalls nach 1 Stunde zu wiederholen.

II.
Rp. Tinct. Opii simpl. 5,0
Tinct. Strychni sem.
Tinct. Arnicae
Tinct. Valerian. aeth. ää 2,5
Aquae communis 200,0.
Auf einmal einzugiessen. Bei Kolik und Harnverhaltung der Pferde. Die Wirkung wird durch Einreiben der Flanken mit Terpentinöl wesentlich unterstützt.

Vet. **Potus antidiarrhoicus.**
Durchfalltrank für Kälber und Ferkel.
Rp. Tinct. Opii simpl. 2,0—3,0
Sol. Natr. bicarb. conc. 20,0—30,0.
20—30—40 Tropfen in Pfefferminzthee.

Vet. **Pulvis antidiarrhoicus.**
Pulver gegen Durchfall.
I. Für Pferde.
Rp. Opii pulver. 5,0
Calcii carbon. pulver.
Fruct. Juniperi „
Herb. Absinthii „
Rhizom. Calami „
Rhizom. Tormentill. pulv. ää 250,0.
2—3 Esslöffel aufs Futter.

II. Für Rinder.
Rp. Opii pulv. 10,0
Fol. Menth. pip. pulv.
Placent. Lini „ ää 25,0.
Morgens und abends die Hälfte mit $^1/_2$ l Wasser.

III. Für Kälber.
Rp. Cort. Quercus pulv. 15,0
Natrii bicarbon. „ 25,0
Magnesii carbonic. pulv. 5,0
Rhizom. Rhei pulv. 1,0
Tinct. Opii simpl. 4,0.
$^1/_2$—1stündlich $^1/_2$ Esslöffel in warmem Pfefferminzthee.

Vet. **Pulvis antispasmodicus.**
Kolikpulver für Pferde.
Rp. Camphorae pulv.
Opii pulv. ää 2,0
Fruct. Carvi pulv. 7,5
Radic. Serpentar. pulv. 15,0.
Auf einmal zu geben.

**ALBERT's Remedy,** ein amerikanisches Gichtmittel, ist im wesentlichen Opiumtinktur mit kleinen Mengen Colchicum und 9,8 Proc. Jodkalium. (Aufrecht.)

**Alterative Extract** oder **Golden Medical Discovery** von Dr. PIERCE. Ein Gemisch von Honig und verdünntem Weingeist mit 0,5 Proc. Giftlattichextrakt und 1 Proc. Opiumtinktur.

**Anodyne balm,** BATH's. 10 Opiumtinktur, je 5 Seifen- und Rosmarinspiritus, 30 Seifenspiritus.

**Brust- und Hustenpastillen** von SPITZLAY enthalten Anis, Opium, Lakriz, Gummi und Zucker.

**Carminative Elixir,** DALBY's. Eine Mischung aus 20 Tinct. Opii, 10 Tinct. Asae foetidae, 30 Tinct. Castorei canad., 10 Ol. Menth. pip., 5 Ol. Carvi, 100 Spiritus, 150 Sirup. simplex und 5 Magnesia usta, in Flaschen zu 30 g.

**Choleramittel,** DWIGHT's. Spirit. camphor., Tinct. Opii, Tinct. Rhei comp. ää.

**Cordial, GODFREY's,** besteht aus Tinct. kalina, Ol. Sassafras, Spir. Melissae und Tinct. Opii crocat.

**DOVER's Pulver mit Kampher:** 2 Camphor., 1 Rad. Ipecacuanhae, 1 Opium, 8 Tartarus depuratus.

**Epilepsiepillen** von HEIM enthalten Opium, Höllenstein, Lakriz und Enzianextrakt.

**Gicht- und Rheumatismustropfen** von C. ARNDT bestehen aus Kampher- und Salmiakgeist, Cajeput-, Thymian- und Pfefferminzöl und wenig Opiumtinktur.

**Herbal embrocation for the hooping-cough,** Keuchhustenliniment, von ROCHE, besteht aus Olivenöl, Nelken- und Kümmelöl und Opiumtinktur (HAGER).

**Indische Cigaretten** bestehen aus Papier, das mit einer Tinktur aus Cannabis Indica, Opium und Lobelia getränkt ist.

**Injektion gegen Gonorrhoe** von VETTERS ist eine 0,02 proc. Bleizuckerlösung mit Opiumtinktur und Gummischleim.

**Kinderpillen, Königseer,** sind 0,15 schwere Pillen mit je 0,05 Opium. Vor ihrem Gebrauch kann nicht dringend genug gewarnt werden.

**Krampftinktur, homöopathische,** von GOTTSCHLICH, für alle möglichen Krankheiten der Hausthiere, enthält 5,0 Opiumtinktur und 25,0 verd. Weingeist.

**Krampftropfen, Königseer,** bestehen aus 1,0 Tinct. Opii, 1,0 Tinct. Valerian., 2,0 Tinct. Castorei, 4,0 Spirit. Aetheris nitrosi, 12,0 Spirit. aethereus.

**Kräuterbitter,** von GOTTSCHLICH, enthält etwa 0,8 Proc. Opium.

**Lungenschwindsucht** wird naturgemäss geheilt. Heidelberg W. 25 (gegen Einsendung von 6 M.). 1) Ol. animale foetid. 60,0 zum Einreiben. 2) Ol. Amygdalar. 22,5, Tinct. Opii 3,75, Succ. Citri 9,5, Sirup Papaveris 22,5, theelöffelweise.

**Nepente aus England:** 1,0 Morph. hydrochlor., 2,0 Acid. citricum, 32,0 Aqua, 48,0 Vin. Xerense. Gabe 10—30 Tropfen.

**Neuraline,** ein amerikanisches Nervenmittel, besteht aus 10,0 Tinct. Aconiti, 3,0 Tinct. Opii, 5,0 Chloroform, 5,0 Spir. Menth. pip. (HAGER).

**Opium metallicum Rademacheri** ist Zinkacetat.

**Pastilles BONNET,** Paris, sind Pastillen aus arabischem Gummi, Süssholz und Opiumextrakt mit je 0,006 von letzterem.

M. SPENGLER in Hausen (Württemberg) giebt in brieflicher **Behandlung der Wassersucht** Tropfen und Pulver ab; erstere sind eine Mischung aus Terpentinöl und Aetherweingeist, letztere DOVER'sche Pulver.

**Svapnia,** eine amerikanische Specialität, soll gereinigtes Opium sein (HAHN & HOLFERT).

**WISSMANN'sche Tropfen, Tinctura anticardialgica,** bestehen aus 22,5 Spir. aethereus, 12 Tropfen Ol. Foeniculi, 8 Tropfen Ol. Menth. pip., 4,0 Tinct. Opii.

---

# Opopanax.[1]

Man versteht unter diesem Namen Gummiharze aus zwei ganz verschiedenen Familien:

1) von Umbelliferen: Als Stammpflanzen werden angegeben **Opopanax Chironium Kch.** (Gall.). **(Umbelliferae — Apioideae — Peucedaneae — Ferulinae),** heimisch im westlichen Mittelmeergebiete und **O. persicum Boiss.** am Elbrus. Beide Pflanzen sollen nicht den Geruch der Droge besitzen. Neuerdings wurde als Stammpflanze genannt **Diplotaenia cachrydifolia Boiss.,** in Persien, den beiden genannten Arten nahe verwandt. Diese Droge ist jetzt fast ganz aus dem Handel verschwunden.

***Bestandtheile.*** Ferulasäureester des Oporesinotannols 51,80 Proc, in Aether löslich, freies Oporesinotannol $C_{12}H_{13}O_2(OH)$, 1,9 Proc., in Aether unlöslich, Gummi 33,8 Proc., ätherisches Oel 8,3 Proc., dasselbe enthält Opanal $C_{20}H_{10}O_7$, freie Ferulasäure $C_{10}H_{10}O_4$ 0,216 Proc., Vanillin 0,00272 Proc., Feuchtigkeit 7 Proc., Bitterstoff.

Es bildet eine schmierige, etwas nach Levisticum und Galbanum riechende Masse oder braungelbe Stücke, die stark bitter und balsamisch schmecken.

2) von Burseraceen. Als Stammpflanze wird genannt **Commiphora Kataf (Forsk.) Engl., (Burseraceae),** in Arabien.

Das Gummiharz wird durch Einschnitte gewonnen, es bildet die jetzt im Handel befindliche Droge. Es bildet braungelbe Stücke, die mit helleren Körnern durchsetzt sind und die auf Papier reichlich Fettflecke, herrührend von ätherischem Oel, hinterlassen. Geruch charakteristisch angenehm, Geschmack scharf brennend, etwas kratzend und bitterlich.

***Bestandtheile*** nach BAUR (1895). Harz 19 Proc., ätherisches Oel 6,5 Proc., Gummi, Pflanzenreste etc. 70 Proc., Wasser 4,5 Proc.

Das Harz besteht aus α-Panax-Resen $C_{32}H_{54}O_4$, β-Panax-Resen $C_{32}H_{52}O_5$. Pana-Resinotannol $C_{34}H_{50}O_8$. Ausserdem enthält die Droge einen Bitterstoff.

Das ätherische Oel ist grüngelb, von angenehmem Geruch. Spec. Gew.: 0,87 bis 0,905. Es dreht im 100 mm-Rohr —10 bis —12° C. Es siedet zwischen 200 und 300° C. Der Träger des Geruches befindet sich in den niedrig-siedenden Antheilen.

---

[1]) Nicht Opoponax. Der Name setzt sich zusammen aus ὀπος, der Geruch, und παναξ, Heilmittel für alle Krankheiten (Panacea).

Säurezahl der Droge nach K. Dieterich 10,46—30,92. Esterzahl 81,94 bis 125,01. Verseifungszahl 96,20—152,82.

Man verwendet das ätherische Oel in der Parfümerie.

# Orellana.

**Orellana. Orleana. Orlean. Anatta. Anotto. Arnotta. Ruku. Rocou. Uruku** ist ein in den Epidermiszellen der Samen der **Bixa Orellana L.** **(Bixaceae)** enthaltener Farbstoff. Die Pflanze ist heimisch im tropischen Amerika, durch die Kultur weit verbreitet.

Der Same ist 4 mm lang, kreiselförmig, an der Rapheseite tief eingekerbt. Er lässt am spitzen Ende den Funiculus und einen kleinen Arillus erkennen. Die Samenschale umschliesst ein ansehnliches, stärkeführendes Endosperm und einen grossen Embryo mit 2 blattartigen Keimblättern. Der Farbstoff ist in der dünnwandigen Epidermis enthalten. Man gewinnt ihn, indem man entweder die Samen mit Wasser zerreibt, oder die Samen zerkleinert und dann mit Wasser behandelt. Den aus dem Wasser abgesetzten Farbstoff bringt man in Form weicher, in Bananenblätter eingehüllter Ballen, oder in dünnen, trocknen, dunkelrothen Kuchen oder in trocknen Rollen aus Südamerika, sowie aus Vorderindien und Ceylon in den Handel.

Orlean ist von rother Farbe, salzig-bitterem und herbem Geschmack, geruchlos oder schwach aromatisch riechend. Wasser löst wenig; in Alkohol, Aether, Alkalien und vielen Oelen ist er bis auf einen geringen Rückstand löslich. Schwefelsäure färbt zuerst dunkelblau, dann geht die Farbe in Grünlich und Violett über. Unter dem Mikroskop erkennt man die rundlichen, mit dem Farbstoff erfüllten Epidermiszellen, ferner unter der Epidermis belegene Palissaden, beide aus der Samenschale der Pflanze stammend. Ferner finden sich Steinzellen und Bastfasern fremden Ursprungs, sowie lebende Exemplare eines Fadenwurmes Pelodera.

***Bestandtheile.*** Der rothe Farbstoff ist das Bixin $C_{28}H_{34}O_5$, das in mikroskopischen, dunkelrothen, metallglänzenden Blättchen erhalten wird, die bei 175—176° C. schmelzen, in Wasser unlöslich, in kochendem Weingeist und Chloroform löslich sind. Ausserdem enthält die Droge einen gelben Farbstoff: Orellin, der aber nach anderer Angabe nichts anderes als mit Harz verunreinigtes Bixin sein soll.

Gute Sorten geben nicht mehr als 12 Proc. Asche.

***Verunreinigungen.*** Man verfälscht mit Krappmehl, Bolus u. s. w. Weiche Sorten sollen mit Urin feucht gehalten werden, man erkennt diesen Zusatz am Auftreten weisslicher Efflorescenzen und am Geruch. Selbstverständlich ist eine solche Sorte vom Gebrauch auszuschliessen.

***Aufbewahrung.*** Die leicht schimmelnde, am Sonnenlicht ausbleichende Masse wird in Porcellankruken an einem kühlen, doch trocknen Orte aufbewahrt. Die Drogisten führen ein feines Pulver, welches haltbarer und ausgiebiger ist; da sein Färbungsvermögen sich in Zahlen ausdrücken lässt, so giebt man ihm vielfach den Vorzug; man bewahrt es in gelben Hafengläsern auf.

***Anwendung.*** Orlean wird ausschliesslich seines Farbstoffs wegen zum Gelbfärben von Oelen, von Butter und Käse gebraucht. Will man hierbei das lästige Durchseihen oder Filtriren vermeiden, so bedient man sich des Extraktes. Im Handel findet sich ein weingeistiges (Orellin) und ein ätherisches (Bixin); das letztere eignet sich wegen seiner Fettlöslichkeit besonders zum Färben von Oelen.

**Extractum Orellanae. Orleana depurata. Orleanextrakt. Gereinigter Orlean.** Gepulverten Orlean zieht man zuerst mit 90proc., dann mit 60proc. Weingeist aus; die filtrirten Auszüge werden zur Trockne eingedampft.

**Liquor tinctorius ad butyrum.**

Butterfarbe.

Rp. Extracti Orellanae aetherei 2,5
Olei Olivarum 97,5.

II.

Rp. Orellanae optime pulv. 10,0
Olei Olivarum 100,0.

Man erwärmt 2 Stunden im Wasserbade, lässt einige Tage absetzen und filtrirt.

Man füllt die Farbe in trockene, braune Gläser und bewahrt im Kühlen auf. Es werden einige Tropfen davon dem Rahm zugesetzt.

**Liquor tinctorius ad butyrum concentratus**

(DIETERICH).

Rp. Extract. Orellan. aeth.
Extract. Curcumae spir. ää 10,0
Olei Olivarum 100,0.

Man löst unter Erwärmen, lässt absetzen und filtrirt. 2 Tropfen auf 1 kg frische Butter.

**Liquor tinctorius ad caseum.**

Käsefarbe. Anotta. Anotto. Anato.

I.

Rp. Orleanae depurat. 100,0
Kali caustici fusi 15,0
Boracis 10,0
Aquae 1000,0
Tinct. Curcumae 200,0.

Man digerirt und filtrirt.

II. (BUCHH.)

Rp. Orellanae 100,0
Kalii carbonici 50,0
Aquae 1000,0.

Man erhitzt, lässt absetzen, filtrirt und löst
Acidi borici 10,0.

III.

Rp. Orellanae
Kalii carbonici ää 100,0
Rhizom. Curcumae plv. 50,0
Spiritus
Aquae ää 400,0

Nach mehrtägigem Digeriren wird filtrirt.

IV. (DIETERICH.)

Rp. Orellanae optim. 100,0
Aquae 1000,0
Natrii caustici 25,0.

Man erhitzt 1 Stunde im Wasserbade, lässt absetzen und filtrirt.

V.

Rp. Extracti Orellanae 50,0
Rhizom. Curcumae plv. 30,0
Ligni Campechian. „ 15,0
Olei Olivarum 1000,0.

Bereitung wie bei IV.

**Annatoine** von DE CORDOVA in New-York enthält 4,5 Proc. Orleanfarbstoff, 82,6 Proc. Stärke, etwa 5 Proc. Natriumkarbonat und Wasser.

**Butyroflavin, Carottine** und andere Butterfarben des Handels sind gewöhnlich Lösungen des Orleanfarbstoffes in Oel. Als **Butterfarbe** aus Paris ist eine Mischung eines solchen Oeles mit 40 Proc. Chromgelb (!) im Handel vorgekommen.

**Orantia,** eine Butterfarbe, ist eine wässerige, urinartig riechende, alkalische Orleanlösung.

---

# Orexinum hydrochloricum.

**I. † Orexinum hydrochloricum. Cedrarinum hydrochloricum. Salzsaures Orexin. Phenyldihydrochinazolinchlorhydrat. $C_{14}H_{12}N_2 . HCl + 2H_2O$. Mol. Gew. = 280,5.**

Der Name ist aus ὄρεξις = Esslust gebildet. Zur Darstellung lässt man auf eine Lösung von Formanilid in Benzol metallisches Natrium einwirken und erhält Natriumformanilid. Durch Einwirkung von o-Nitrobenzylchlorid auf dieses entsteht o-Nitrobenzylformanilid. Wird dieses mit Zinn und Salzsäure reducirt, so entsteht intermediär o-Amidobenzylformanilid, welches unter Abspaltung von Wasser in Phenyldihydrochinazolin übergeht. D. R.-P. 51712.

*Eigenschaften.* Unter „Orexin" schlechthin ist das salzsaure Phenyldihydrochinazolin $C_{14}H_{12}N_2 . HCl + 2H_2O$ zu verstehen. Dasselbe bildet farblose Krystallnadeln, welche bei 80° C. schmelzen. Bei längerem Stehen im Exsiccator gehen sie in das bei 221° C. schmelzende wasserfreie Salz über. Diese Abgabe von Krystallwasser erfolgt schon beim Liegen des Salzes an der Luft; in dieser Weise zum Theil verwitterte Präparate schmelzen beträchtlich höher als bei 80° C. Die Krystalle reizen die Schleimhäute heftig, verursachen, auf die Zunge gebracht, einen bitteren Geschmack und hinterlassen das Gefühl des Brennens. Die wasserhaltige Verbindung löst sich in 13—15 Th. Wasser, auch in Alkohol, während sie in Aether fast unlöslich ist. Die wässerige Lösung reagirt sauer.

$CH_2$ — $N - C_6H_5$ — CH — N

Phenyldihydrochinazolin.

Erhitzt man ein Gemisch von Orexin mit Zinkstaub kurze Zeit über freier Flamme, so tritt ein starker, carbylaminartiger Geruch (= Isonitril) auf. Behandelt man hierauf das Gemisch mit stark verdünnter Salzsäure, so nimmt das Filtrat auf Zusatz von Chlorkalklösung eine blaue Färbung an. — Diese Reaktion beruht darauf, dass beim Erhitzen des Orexins mit Zinkstaub Benzonitril und Anilin entstehen.

***Prüfung.*** In der 5 proc. wässerigen Lösung erzeugt Quecksilberchlorid einen weissen, Kaliumdichromat einen gelben, beim Stehen an der Luft sich nicht verändernden Niederschlag. Kaliumpermanganat wird schon in der Kälte entfärbt, Bromlösung wird unter Bildung eines gelblichen, amorphen Niederschlages entfärbt.

Auf Platinblech erhitzt, verbrenne die Verbindung, ohne einen wägbaren Rückstand zu hinterlassen.

***Aufbewahrung.*** Vorsichtig.

***Anwendung.*** Das Orexin regt die Magenverdauung an und wurde daher als Stomachicum empfohlen. Seine Wirkung dürfte etwa als die kombinirte eines Bittermittels und eines scharfen Gewürzes, z. B. Pfeffer, zu denken sein. Man giebt es zu 0,25 bis 0,50 g bis zu 1 g *pro die* in Oblatenpulvern oder in Pillen. Kontraindicirt ist es bei Magengeschwür.

**II. † Orexinum basicum. Basisches Orexin.** Mit diesem Namen bezeichnet Pentzold neuerdings die freie Orexinbase $C_{14}H_{12}N_2$. Dieselbe wirkt ebenso appetiterregend wie das salzsaure Salz, doch verursacht sie nicht das unangenehme Brennen gegenüber den Schleimhäuten. Als Oblatenpulver in mittleren Tagesgaben von 0,3 g. Kontraindicirt bei Nierenentzündung.

**III. † Orexinum tannicum. Gerbsaures Orexin.** Ein gelblichweisses, geruchloses und fast geschmackloses Pulver (der Geschmack erinnert an den gestossener Kreide), in Wasser unlöslich, leicht löslich in verdünnten Säuren, namentlich Salzsäure (Magensaft). Mit Eisen oder Eisenpräparaten in Berührung schwärzt es sich und nimmt tintenartigen Geschmack an.

Man giebt namentlich Kindern von 3—12 Jahren einheitlich dreimal täglich je 0,5 des Orexintannats in Wasser oder mit etwas Zucker zusammen, auch in Chokoladenplätzchen zu je 0,25 g.

---

# Organotherapeutica.

**Organotherapeutica. Opotherapeutica. Gewebssaftmittel. Organotherapeutische Mittel.**

***Allgemeines.*** Die Organotherapie geht von dem Gedanken aus, dass in drüsigen Organen ausser den nach aussen abgeführten bekannten, specifischen Sekreten auch noch andere Sekrete (sog. innere Sekrete) gebildet werden, welche von den Drüsen aus direkt in die Blutbahn oder den Säftestrom übergehen und für die Erhaltung des normalen Stoffwechsels unerlässlich sind. Es scheint, dass diese Annahme für die eigentlichen drüsigen Organe im allgemeinen zutrifft, insofern als diese Organe augenscheinlich Fermente oder ähnliche, schon in kleinen Mengen wirksame Substanzen produciren, welche für den Stoffwechsel von Bedeutung sind. Ob das gleiche für die in der Organotherapie ebenfalls verwendeten nicht drüsigen Organe, z. B. Gehirn, Knochenmark u. s. w. gleichfalls zutrifft, erscheint mindestens fraglich. Zur Zeit beruht dieses Heilverfahren von wenigen Ausnahmen abgesehen auf rein empirischer Grundlage. Ist jemand z. B. an einer Gehirnkrankheit erkrankt, so nimmt man an, dass die innere Sekretion des Gehirns nicht ordentlich funktionire, infolgedessen würden von dem Gehirn die für den Stoffwechsel erforderlichen innerlichen Sekrete nicht oder nicht in hinreichendem Maasse producirt und in die Blutbahn oder in den Säftestrom geleitet, und man sucht diesem hypothetischen Mangel durch Darreichung von Gehirnsubstanz abzuhelfen.

***Darstellung.*** Feste Normen für die Darstellung dieser Präparate haben sich noch nicht herausgebildet. Die einzelnen Fabriken arbeiten nach besonderen, in den

Einzelheiten meist nicht bekannten Verfahren. Daher sind die einzelnen Präparate unter sich nicht gleichwerthig, vielmehr beziehen sich die angeblich beobachteten Heilerfolge stets nur auf diejenige Marke, welche bei den betr. Versuchen benutzt worden ist.

Ursprünglich wurden die in Frage kommenden Organe nach gehöriger Reinigung zerkleinert und mit Glycerin bei 38° C. extrahirt. Die durch CHAMBERLAND-Filter filtrirten Glycerinauszüge wurden unmittelbar vor dem Gebrauche mit sterilisirtem Wasser vermischt und dann subkutan applicirt. Diese Art der Anwendung ist ziemlich verlassen. Später versuchte man die frischen Organtheile selbst im zerkleinerten Zustande einzugeben, wobei sich indessen gleichfalls Schwierigkeiten ergaben. Man stellte dann die betreffenden Organtheile im getrockneten und gepulverten Zustande dar, bereitete endlich nach den verschiedensten Methoden Auszüge und Extrakte und ähnliche Präparationen.

**Hoden. Testis. Testiculus. Testikel.** Die männlichen Geschlechtsdrüsen, welche das Sperma abscheiden. Meist von jungen Stieren entnommen.

Hoden-Extrakt von EGASSE und BOUYÉ in Paris, durch E. MERCK zu beziehen. Zwei verschiedene Präparate. 1. Weisse Glasflaschen ohne Nummer. ein durch Filterkerzen filtrirter Auszug aus Stierhoden. Ist abzugeben, wenn das Folgende nicht ausdrücklich verlangt wird. 2. In gelben Glasflaschen. Ein im ARSONVAL'schen Autoclaven unter Kohlensäuredruck filtrirtes Extrakt.

BROWN-SÉQUARDS Testikel-Flüssigkeit. Ist ein mit Glycerin bereiteter Auszug der Testikelflüssigkeit des Stieres, s. Darstellung.

Didymin. Ein Extrakt aus Stierhoden. Didymin **B. W. & Co.**[1]) sind die vom Fette befreiten, getrockneten und gepulverten Hoden junger Stiere. In Tabletten von denen jede je 0,3 g frischer Substanz entspricht.

Opoorchidin-MERCK. Durch Kochsalz so eingestelltes Präparat aus Stierhoden, dass 1 Th. desselben = 1 Th. frischer Substanz ist.

Testes siccati pulverati MERCK. Aus Stierhoden durch Entfettung und Trocknung bereitet. 1 Th. = 6 Th. des frischen Organs.

Spermin-Präparate von POEHL. Sind salzsaure Salze der angeblich im Sperma, bez. in den Hoden enthaltenen Base Spermin. $C_5H_{14}N_2$.

Spermin-POEHL 2procentig. Die 2procentige Lösung des salzsauren Spermins, dient zu subkutanen Injektionen.

Essentia Spermini-POEHL. Eine 4procentige, alkoholische und aromatisirte Lösung des Spermin-Chlornatrium-Doppelsalzes, zu innerlichem Gebrauche. Morgens 10—30 Tropfen in alkalischem Mineralwasser.

Testin und Testidin von STROSCHEIN in Berlin. Aus frischen Stierhoden bereitet, und zwar Testin 0,2 g schwere Tabletten, Testidin ein braunes, zähes Extrakt darstellend.

Testaden von KNOLL & Co. in Ludwigshafen. Mit Milchzucker so eingestellter Hodenextrakt, dass 1 g = 2,0 g frischem Hodeninhalt ist.

Orchidin. Aus Stierhoden bereitetes, flüssiges Extrakt. Soll alle Leukomaïne, aber kein Eiweiss wie das Séquardin enthalten. Zur subkutanen Anwendung.

Séquardin. Liqueur orchitique. Liqueur réconstituante. Aus Stierhoden bereitetes, noch eiweisshaltiges Extrakt zur subkutanen Anwendung.

Vitalin. Ein organo-therapeutisches Präparat aus den Hoden der Bullen.

Die Testikelpräparate werden sämmtlich innerlich und subkutan als Tonika bei Hysterie, Neurasthenie, Neuralgie und als Aphrodisiaca gegeben. Ueber den Erfolg sind die Meinungen getheilt.

**Schilddrüse. Glandula thyreoïdea.** Besteht aus zwei, dem Schildknorpel aufliegenden Seitentheilen und einem Mittelstück. Ueber die physiologische Aufgabe der Schilddrüse ist man sich noch nicht vollständig klar. Möglicherweise hat sie die Funktion, toxische Stoffe aus dem Blute aufzunehmen und unschädlich zu machen. Von BAUMANN ist in der Schilddrüse eine jodhaltige Verbindung, das Thyreojodin oder Jodothyrin aufgefunden worden. In der menschlichen Schilddrüse fand BAUMANN 0,33—0,9 mg Jod auf 1 g Trockensubstanz. Die frische Hammel-Schilddrüse enthält nach AUFRECHT 0,0047 Proc. Jod, auf Trockensubstanz umgerechnet = 0,0235 Proc. Jod. Die Zahl der Schilddrüsen-Präparate ist so gross, dass sie nicht einzeln aufgeführt werden können.

---

[1]) B. W. & Co. = Borrough, Welcome & Co.
H. R. & Co. = Hoffmann, La Roche & Co.

Thyreoïdea, die frische Schilddrüse. Die vom Fett und anhaftenden Hauttheilen sorgfältig befreite Schilddrüse von Schafen wurde fein geschabt auf Brot gestrichen und roh verzehrt. Die Patienten bekamen bald Widerwillen gegen den Genuss, die rohe Schilddrüse verdarb bald.

Glandulae Thyreoideae siccatae. Thyreoïdinum siccatum. Die wie vorher gesäuberte Schilddrüse wird fein gehackt und im Vakuum bei etwa 40° C. getrocknet und gepulvert. 1 Schilddrüse ergiebt etwa 0,6 g dieses Pulvers.

Thyraden-Knoll. Extractum Thyreoïdeae Haaf. Das Extrakt aus der Schilddrüse wird mit Milchzucker so eingestellt, dass 1 g = 0,7 mg Jod enthält. 1 g entspricht = 2 g frischer Drüse. Einzelgabe 0,15—0,3 g, Tagesgabe 1,0—1,5 g.

Aiodin (von Hoffmann, Laroche & Co.). Ein nach unbekanntem Verfahren hergestelltes Präparat, und zwar ein geruch- und geschmackloses, graues Pulver, ausser Phosphor 0,4 Proc. Jod enthaltend. 1 g Aiodin = 10 g frischer Schilddrüse.

Thyreojodin. Jodothyrin. Thyreïn. Unter diesen Bezeichnungen wird durch die Farbenfabriken, vorm. Friedr. Bayer & Co. in Elberfeld eine von Baumann zuerst erhaltene, nach den D. R.-P. 86072, 89695, 89696 und 89697 aus der Schilddrüse dargestellte jodhaltige Substanz in den Handel gebracht, welche den wirksamen Bestandtheil dieser Drüse darstellen soll.

Das reine Thyreojodin soll ein chemisches Individuum sein und etwa 4,5 Proc. Jod, 0,46 Proc. Chlor, 1,4 Proc. Schwefel, 8,92 Proc. Stickstoff, 7,35 Proc. Wasserstoff, 56,89 Proc. Kohlenstoff, in der Asche ca. 0,4 Proc. Eisen, aber keinen Phosphor enthalten. In den Handel gelangt unter obigem Namen nicht die reine Substanz, sondern eine Verreibung mit Milchzucker, welche so eingestellt ist, dass 1 g derselben = 0,0003 g Jod enthält, also etwa 1 g frischer Schilddrüse entspricht.

Thyreoantitoxin-Fränkel. Stickstoffhaltige, jodfreie, krystallisirte Substanz, welche die Wirkung der Schilddrüse besitzen soll.

Thyreoproteïn. Von Notkin-Kiew aus Schilddrüsen erhaltene Eiweisssubstanz, welche auf Thiere giftig wirkt und bei diesen die Erscheinungen der Cachexia strumipriva hervorruft.

Thyreoïdinum siccum (Ergänzb.). Thyreoïdin. Die entfettete und durch ein geeignetes Verfahren in dauernd haltbaren Zustand gebrachte, getrocknete Schilddrüse des Hammels. Ein bräunlich-graues, grobes Pulver, von schwach animalischem, jedoch nicht unangenehm-fauligem Geruche und Geschmacke, welches an Wasser und Weingeist, sowie an Aether nur wenig lösliche Bestandtheile abgeben darf. — Trägt man 1 g Thyreoïdin in ein schmelzendes Gemisch von 2 g Natriumnitrat und 1 g Natriumhydroxyd ein, unterhält die Masse noch einige Zeit im Schmelzen, löst dieselbe nach dem Erkalten in einigen ccm Wasser und säuert mit rauchender Salpetersäure an, so färbe sich die Flüssigkeit bräunlich, und beim Ausschütteln derselben mit Chloroform werde letzteres violett gefärbt.

**Eierstock. Ovarium.** Die keimbereitenden weiblichen Geschlechtsdrüsen. In ihnen entstehen die sog. Graaf'schen Follikel, durch deren Bersten die reifen Eier frei werden. Die Ovarien enthalten Jod. Nach Barell enthalten die Ovarien des Schweines = 0,00065 Proc., diejenigen des Rindes = 0,00061 Proc. Jod. Den Ovarien kommt eine innere Sekretion zu, die für den Gesammtorganismus unentbehrlich ist. Wenn diese Sekretion infolge künstlichen oder natürlichen Klimakteriums ruht, entstehen nervöse Beschwerden, die man durch Zuführung von Ovarium-Präparaten zu heilen sucht.

Ovarium siccum. Ovaria sicca. Ovariinum siccum. Die gereinigten und unter aseptischen Kautelen bei 40° C. getrockneten, hierauf gepulverten Eierstöcke von Kühen. 1 Ovarium ergiebt = 1,5 g des Pulvers.

Ovadin H. R. & Co. Aus Schweine- oder Rinderovarien gewonnenes hellrosa gefärbtes Pulver, welches 0,0013—0,005 Proc. Jod enthält. Die Ausbeute beträgt nur 3—5 Proc. der frischen Organtheile. Wird meist in Form von Tabletten angewendet.

Ovaraden (Knoll & Co.). Aus Ovarien bereitetes Präparat. 1 Th. entspricht = 2 Th. frischer Ovarien. Einzelgabe 2 g, Tagesgabe 6 g.

Oophorin (Freund). Aus frischen Ovarien von Schweinen und Rindern bereitetes Präparat, welches in Pastillen von 0,3 g Trockensubstanz in den Verkehr gebracht wird.

Ovarian Substance (B. W. & Co.). Ovarial-Präparat in Tabletten. 1 Tablette entspricht = 0,3 g frischer Ovarialdrüse.

**Gehirn. Cerebrum.** Man unterscheidet das „Grosshirn" und „Kleinhirn", sowie die Gehirnbasis. Die Gehirnmasse besteht aus der „grauen Substanz", in welcher die Nervenzellen und Nervenfasern sowie viele Blutgefässe liegen, ferner der „weissen Substanz", die keine Nervenzellen enthält und arm ist an Blutgefässen. Erstere heisst Gehirnrinde, letztere Marksubstanz. Die Fortsetzung nach dem Rückenmark heisst „Medulla oblongata".

Cerebrin. Aus der grauen Hirnsubstanz von Kälbern dargestelltes Extrakt.

Cerebrum siccatum. Cerebralsubstanz. Cerebrinin. Die entfettete und getrocknete graue Hirnsubstanz von Kälbern. 1 Th. entspricht etwa = 5 Th. des frischen Organs. Tagesgabe 2—4 g.

Opocerebrin (Merck). Aus grauer Hirnsubstanz bereitetes Präparat. Einzelgabe 0,2—0,4 g, Tagesgabe 0,4—0,8 g.

Die Gehirnpräparate werden namentlich gegen nervöse Leiden: Kopfschmerz, allgemeine Neurasthenie, Psychosen, Gehirnstörungen, Hysterie, Melancholie angewendet.

**Gehirnanhang. Hypophysis cerebri. Glandula pituitaria.** Der an der Basis des Gehirns liegende Theil desselben. Diesem Organ wird z. Z. die Aufgabe zugeschrieben, regulirend auf den Blutdruck und damit auf den Herztonus zu wirken. Zu diesem Zwecke soll es angeblich eine chemische Substanz produciren, welche die erstere Funktion erleichtert.

Hypophysin. Das Organextrakt aus Hypophysis. Die aktive Substanz soll eine phosphorhaltige Verbindung sein, für welche Cyon die Namen Hypophysin oder Phosphorhypophysin vorschlägt.

Hypophysis cerebri sicc. Das getrocknete und gepulverte Organ von Rindern. 1 Th. entspricht = 6,5 Th. frischem Gehirnanhang. Man giebt täglich mehrmals 0,1—0,3 g.

Opohypophysinum Merck. Präparat aus dem Hirnanhang von Rindern. Wird zu 0,05 g pro dosi mehrmals täglich gegeben.

Die Hypophysis-Präparate werden besonders gegen Akromegalie in den oben angegebenen Dosen angewendet.

**Knochenmark. Medulla ossium.** Das im Innern der Knochen befindliche Fettgewebe. Soll die Bildungsstelle rother Blutkörperchen sein und einen dem Spermin ähnlichen Stoff enthalten. Benutzt wird das rothe Knochenmark der Schafe, Kälber und Rinder.

Rothes Knochenmarkextrakt von Hall. Das rothe Knochenmark aus 12 Schafrippen wird mit 500,0 g Glycerin angerieben, 4 Tage lang im Eisschranke macerirt und filtrirt. Gabe: drei bis viermal täglich 1 Theelöffel voll in Fällen schwerer Anämie.

Medulla ossium rubra sicca. (Medulla bone.). B. W. & Co. Das getrocknete, rothe Mark der Rumpfknochen von Rindern. Wird zu 0,2 g mehrmals täglich und in Form von Tabletten gegeben.

Myelen von Dr. R. Schulze in Herdecke; aus frischem weissen und rothen Knochenmarke gewonnen, sirupdicke Flüssigkeit, bei Skrophulose, Rhachitis, Knochenfrass, perniciöser und einfacher Anämie verwendet.

Ossagen von Knoll & Cie. Das fettsaure Kalksalz des rothen Knochenmarks. Gilt als normaler Bestandtheil des Markes, in dessen Fett es vertheilt ist. Weisses Pulver, bei Osteomalacie und Rhachitis angewendet. Für Kinder Einzelgabe 2—4,0 g, Tagesgabe 6,0 g in Mus oder Schleim.

Opoossiinum Merck. Aus gelbem Knochenmark; wird bei Rhachitis und Osteomalacie zu 0,2—1,0 g pro dosi und bis 6,0 g pro die angewendet.

Opomedullinum Merck. Aus rothem Knochenmark; gegen perniciöse Anämie, Pseudoleukämie, Chlorose und Neurasthenie. 0,2—1,0 g pro dosi, bis 6,0 g pro die.

Ossin. (Extractum ossium liquidum) Stroschein. Enthält nach Angaben des Fabrikanten 8,82 Proc. Wasser, 9,40 Proc. Salze, 0,06 Proc. Aetherextrakt, 12,1 Proc. Stickstoff, 61,25 Proc. in 80proc. Alkohol lösliche Stoffe. Ein dunkelbraunes, bitter schmeckendes Fluidextrakt zur Bekämpfung des Diabetes.

Man giebt die Knochenmark-Präparate Kindern und Erwachsenen bei einfacher und perniciöser Anämie, Chlorose, Neurasthenie und Knochenerkrankungen (Osteomalacie und Rhachitis).

**Leber. Hepar.** Die unter dem Zwerchfell zum grösseren Theile in der rechten Hälfte der Bauchhöhle gelegene Drüse, deren Sekret die Galle ist. Man giebt entweder per rectum 100—150 g zerriebene, 12 Stunden in warmem Wasser erweichte Schweinsleber oder per os 100 g geriebene Schweinsleber in warmer Bouillon.

Hepar siccatum. Frische, entblutete Leber wird rasch, aber vorsichtig getrocknet und gepulvert. 5 Th. frische Leber geben 1 Th. des Pulvers. Innerlich 10—20 g täglich, gegen Diabetes und atrophische Lebercirrhose.

Heparaden Knoll & Co. 1 Th. dieses Präparates entspricht = 2 Th. frischer Leber.

Opohepatoïdinum Merck. Wird bei Hämoptoë, Icterus, Epistaxis und Lebercirrhose zu 0,5 pro dosi zu 1,5—4,0 g pro die gegeben.

**Lunge. Pulmo.** Die in der Brusthöhle liegenden Athmungsorgane, in welche die Bronchien einmünden. Man benutzt Lungen von Kälbern und Schafen.

Lungensaft nach BRUNET. Das Lungengewebe wird mit sterilen Instrumenten fein zertheilt. 20 g werden mit 60 g Glycerin 1/2 Stunde lang macerirt, dann fügt man 120 g sterilisirtes Wasser zu, macerirt und filtrirt.

Pulmones siccati. Ein pulverförmiges Präparat, durch Trocknen und Pulvern des Lungenparenchyms junger, kräftiger Schafe dargestellt.

Pulmonin (SAUTER). Ein Extrakt aus frischen Kalbslungen. In den Handel gelangt es in Form von Tabletten zu 0,25 g, von denen täglich 5—10 Stück zu nehmen sind.

Glandulae bronchiales siccatae. Ein aus den Bronchialdrüsen der Schafe und Hammel bereitetes Präparat. 1 Th. entspricht etwa 10 Th. des frischen Organes. Auch in Form von Tabletten im Handel, von denen jede 0,25 g frischer Substanz entspricht.

Glandulen (HOFMANN Nachf. Meerane). Bronchialdrüsen von Schafen werden mit Wasser oder Alkohol extrahirt. Aus dem Extrakt wird das Glandulen mit Säuren ausgefällt, gewaschen und getrocknet. Das Produkt wird mit Milchzucker vermischt und zu Tabletten komprimirt.

**Lymphdrüsen.** Zellenreiche Gebilde, welche zwischen den Lymphgefässen eingeschaltet sind und als Bildungsstätten der weissen Blutkörperchen dienen.

Lymphdrüsensaft ist als Mittel gegen Leukämie empfohlen worden.

**Milchdrüsen. Mammae.** Ueber günstige Erfolge bei der Behandlung von Uterusfibromen mit Milchdrüsen-Präparaten berichtet BELL. Auch Menorrhagien und Metrorrhagien, die häufig mit Dysmenorrhoen einhergehen, werden günstig beeinflusst.

Mammae siccatae, aus den frischen Eutern von Kühen bereitet, werden in Tabletten angewendet, von denen jede 1 g frischer Drüsensubstanz entspricht. 1 Th. des trockenen Präparates entspricht = 8,75 Th. frischer Drüse. Man giebt täglich 8—15 solcher Tabletten.

Mammary Glands. Tabletten von BORROUGHS WELCOME & Co. Jede Tablette entspricht 0,3 g frischer Substanz.

Opomamminum-MERCK. Wird zu 1,5 g *pro dosi* und 5—8 g *pro die* gegeben.

**Milz. Lien.** Ein in der linken Hälfte der Bauchhöhle liegendes Organ, dessen Funktionen noch nicht ganz klar erkannt sind. Man nimmt an, dass die Milz mit der Bildung der Blutkörperchen im Zusammenhange steht und zählt sie zu den sog. „Blutgefässdrüsen“. Die Rindermilz enthält nach BARELL bei einem Gewichte von 1—1,5 kg = 0,00152—0,00203 Proc. Jod.

Eurythrol. Ein braunes, dem Fleischextrakt ähnliches Extrakt aus der Rindermilz, von LANDSHOF & MEYER in Grünau dargestellt. Bei Bleichsucht und Blutarmuth täglich 1—2 Theelöffel voll in Bouillon oder Suppe.

Lien siccatus. Spleen Substance. Frische Hammel- oder Schweinemilz wird rasch und vorsichtig getrocknet, dann gepulvert. 1 Th. des Pulvers entspricht = 5 Th. des frischen Organs. Zu 0,25—0,75 g dreimal täglich bei Anämie, Chlorose, Malaria, Myxödem, Syphilis und Rhachitis.

Lienaden von KNOLL & Co. Ein trocknes Präparat; 1 Th. desselben entspricht = 2 Th. des frischen Organs.

Linadin von HOFFMANN LA ROCHE & Co. Ein die wirksamen Bestandtheile der Milz enthaltendes Präparat, zu 10 Proc. aus der Milz gewonnen. Feines dunkles Pulver mit deutlichem Geschmack nach Leberthran. Enthält 0,0152—0,0203 g Jod und wird bei Anämie, Bleichsucht, Skrophulose, Blutarmuth, Rhachitis, Milzschwellung und Leukämie angewendet.

Opolieninum MERCK. Ein Präparat aus Milz, wie Linadin angewendet zu 2—6 g pro dosi und 4—12 g pro die.

Splenin. Ein Milzpräparat, über welches genauere Angaben fehlen.

Man nimmt an, dass die Milz eine Steigerung des Hämoglobingehaltes des Blutes und damit eine Vermehrung der rothen Blutkörperchen bewirkt und giebt die Milzpräparate bei verschiedenen Formen der Anämie, Chlorose und Leukämie.

**Nasenschleimhaut.** Die Auskleidung der Nasenhöhle und deren Nebenhöhlen.

Nasenschleimhautextrakt. Wird durch Maceration der Schleimhaut der unteren und mittleren Nasenmuschel des Hammels in 4promilligem Resorcinwasser während 24 Stunden bei 65° C. (im Brutschrank), Filtration und nochmaliges Stehen während 24 Stunden im Brutschrank bei 65° C. dargestellt. — Wird in der Nasentherapie angewendet.

**Nieren. Renes.** In der Bauchhöhle liegende Organe, deren wesentliche Funktionen in der Ausscheidung des Harns bestehen.

Renes siccati pulverati. Werden aus frischen Schaf- und Schweinsnieren durch Trocknen und Pulvern bereitet. 1 Th. entspricht = 5 Th. frischer Niere. Bei Nephritis dreimal 0,5—1,0 g.

Renaden von KNOLL & Co. Ein aus den Nieren dargestelltes Präparat, ist mit Milchzucker so eingestellt, dass 1 Th. = 2 Th. des frischen Organs entspricht. Bei Urämie und Nephritis chronica zu 2 g pro dosi, bez. 6—8 g pro die.

Oporeniinum MERCK. Gegen Urämie, chronische Nephritis, Eiweissausscheidung im Harn zu 0,5—0,8 g pro dosi bez. 1.5—3,0 g pro die.

Renes recentes. SCHIPEROWITSCH sowie DONOVAN verwenden frische Nieren des Schafes und Schweines sowie deren Extrakt gegen Nephritis und Schrumpfnieren, MAIRET und BOSE ein Glycerinextrakt.

**Nebennieren. Suprarenes. Glandulae suprarenales.** Von einer faserigen Membran umhüllte, in Mark- und Rindensubstanz differenzirte dreitheilige Organe im oberen Ende der Nieren, deren Funktion noch nicht mit Sicherheit bekannt ist.

Eine blutdrucksteigernde Verbindung ist von GÜNTHER aus der Marksubstanz abgeschieden worden. Die Rindensubstanz ist wirkungslos. Daneben ist eine zweite Substanz vorhanden, der eine blutdruckherabsetzende Wirkung zukommt. Die Nebennieren enthalten etwa 0,0003048 Proc. Jod, ferner Neurin, Brenzkatechin und Sphygmogenin.

Glandulae suprarenales siccae. Die getrockneten entfetteten und gepulverten Nebennieren von Rindern und Schafen. 1 Th. entspricht etwa 5 Th. des frischen Organs. Bei Morbus Addisonii, Diabetes insipidus und den auf Verlust des vasomotorischen Tonus beruhenden Krankheiten wie Menopause, Neurasthenie, ferner cyklischer Albuminurie und bei Herzkrankheiten. Dreimal täglich 0,2 g eine Stunde nach den Mahlzeiten.

Extractum suprarenale haemostaticum. Ein wässeriges Extrakt der Nebennieren von Schafen und Rindern. Schollige, braune Partikel, in gleichen Theilen Wasser löslich. Die Lösung 1 + 1 bewirkt auf Schleimhäute gebracht starke Kontraktionen der Blutgefässe. Anwendung allein oder mit Cocaïn kombinirt zur Anästhesie in der Augenheilkunde, sowie als Hämostaticum bei kapillären Hämorrhagien.

Oposuprarenalinum MERCK. Wird bei Diabetes insipidus, Morbus Addisoni, Menopause und Neurasthenie zu 0,2—0,4 g pro dosi, bez. 0,4—0,8 g pro die gegeben.

Supradin von HOFFMANN, LA ROCHE & Co. Haltbares Dauerpräparat aus den Nebennieren. Röthliches, geschmackloses und fast geruchloses Pulver, welches 0,01524 Proc. Jod enthält und in gleicher Weise verwendet wird wie Nebennieren.

Suprarenaden von KNOLL & Co. Ist mit Milchzucker so eingestellt, dass 1 Th. = 2 Th. des frischen Organs entspricht. Wirkt stark blutdrucksteigernd und wird bei Diabetes insipidus, Morbus Addisonii, Menopause, Neurasthenie etc. zu 0,5 g *pro dosi* 1,0—1,5 g *pro die*.

Sphygmogenin. Die Nebennieren werden mit Wasser oder Alkohol extrahirt, die Auszüge eingeengt und die unwirksamen Bestandtheile nach einander mit Wasser, Alkohol und Aceton gefällt. Soll erheblich wirksamer sein als die Nebennieren selbst.

**Ohrspeicheldrüse. Parotis.** Eine vom Ohr aus nach vorn gelegene Drüse, welche Speichel secernirt, der durch den Ohrspeicheldrüsengang in den Mund gelangt. Soll Wirkung auf das Ovarialsystem ausüben. Ovarialerkrankungen wurden thatsächlich durch Verabreichung von Parotis geheilt.

Glandulae Parotis siccae. Getrocknete Ohrspeicheldrüsen von Hammeln und Schafen. 1 Th. entspricht = 10 Th. des frischen Organs. Dosis 0,3 g drei- bis viermal täglich. Tabletten von BORROUGHS, WELCOME & Co. 1 Stück entspricht = 0,25 g frischer Substanz.

**Thymusdrüse.** Eine Drüse ohne sichtbaren Ausführungsgang; liegt beim Kinde im vorderen Mittelfell des Brustfelles, degenerirt allmählich und ist beim Erwachsenen nur noch selten zu finden. Die physiologische Bedeutung ist unbekannt. Man nimmt an, dass diese Drüse für das Leben des Foetus von Wichtigkeit ist.

Glandula Thymi sicca. Getrocknete Thymusdrüse von Kälbern und Schafen. 1 Th. entspricht = 6 Th. frischem Organ. Enthält Jod und wird zu 2,5—5,0 g pro die gegeben. Angewendet bei Atrophie der Kinder, bei Chlorose und an Stelle der Schilddrüsenpräparate bei Kropf, ferner bei Morbus Basedowii.

Tabletten von BORROUGH, WELCOME & Co. 1 Stück entspricht = 0,3 g frischer Substanz. Tabletten von ENGELHARD. 1 Stück entspricht = 0,5 g frischer Substanz.

Opothymiinum MERCK. Wird bei ungenügender Entwickelung der Neugeborenen, Paralysis infantium, Morbus Basedowii, Chlorose und Anämie zu 0,2—0,5 g, pro dosi, bez. 0,3—0,6 g pro die gegeben.

**Vorsteherdrüse. Prostata.** Eine aus zwei, seltener aus drei Lappen bestehende Drüse, die den Anfangstheil der Harnröhre, von der sie durchbohrt wird, umfasst. Die physiologische Bedeutung des Prostata-Sekrets ist noch nicht ganz klar. Soll bei Prostata-Hypertrophie günstig wirken.

Glandula Prostatae sicca. Prostata siccata pulverata. Die getrocknete und gepulverte Vorsteherdrüse des jungen Stieres, Farren. 1 Th. entspricht = 6 Th. des frischen Organs. Bei Prostatahypertrophie zu 0,5 g pro die.

Prostata-Extrakt. (Reinert). Die Drüsen werden mit Wasser oder Glycerin extrahirt. Der in dem Auszuge durch Alkohol erzeugte Niederschlag wird getrocknet und gepulvert. Kommt für sich allein oder mit Salz gemischt in den Verkehr.

Opoprostatin Merck. Gegen Prostatahypertrophie zu 0,2 g *pro dosi*, bez. 0,8 g *pro die*.

Prostaden Knoll & Co. Pulverförmiges Präparat aus der Prostatadrüse. 1 Th. entspricht = 1 Th. des frischen Organs. Zu 0,5 g *pro dosi* bez. 2,0 g *pro die* gegen Prostatahypertrophie. Tabletten enthalten 0,25 g pro Stück.

---

# Origanum.

Gattung der **Labiatae — Stachyoideae — Thyminae.**

**I. Origanum vulgare L.** Heimisch von England bis zum Himalaya. 30—50 cm hoch, mit aufrechtem Stengel und gestielten, länglich-eiförmigen Blättern. Aehren kurz, länglich-cylindrisch mit elliptischen oder ovalen Hochblättern. Kelch fast gleichmässig-fünfzähnig, zur Fruchtzeit im Schlunde mit einem Haarkranz verschlossen. Liefert:

**Herba Origani** (Austr. Ergänzb.). **Herba s. Summitates Origani vulgaris. — Dost. Dostenkraut. Brauner Dosten. Wilder Majoran. Gemeiner Wohlgemuth. — Sommité fleurie d'origan vulgaire** (Gall.). — **Common Marjoram.**

***Bestandtheile.*** Aus dem trocknen Kraut 0,15—0,4 Proc. ätherisches Oel. Spec. Gew. 0,91. Dreht im 100 mm-Rohr —34,4°. Enthält vielleicht Carvacrol.

***Einsammlung und Aufbewahrung.*** Man sammelt das Kraut zur Blüthezeit (Juni—August), befreit es von den dickeren Stengeln, trocknet im Schatten und bewahrt es in dichtgeschlossenen Blechgefässen auf. 3 Th. frisches geben 1 Th. trocknes.

***Anwendung.*** Zu Kräutermischungen, innerlich und äusserlich.

**II. Origanum vulgare L. var.: creticum Brix.** (syn.: O. creticum L.). Heimisch in Südeuropa, mit verlängerten, vierkantigen Blüthenständen. Liefert:

**Herba Origani Cretici. Spicae Origani Cretici. — Spanischer Hopfen. Kretischer Dost. Kandischer Mairan.**

***Aufbewahrung.*** In dichtschliessenden Blechbüchsen unzerkleinert.

**St. Jacobsöl** besteht nach Vomačka aus 100 Th. mit Chloroform und Terpentingeist (1 : 10) bereiteter Aconittinktur, 4 Th. Origanumöl, je 2 Th. Lavendel- und Bernsteinöl.

**Oleum Origani cretici. Spanisch Hopfenöl. Kretisch Dostenöl.** Es wird durch Destillation aus dem frischen oder trocknen Kraute mehrerer Origanum-Arten, besonders von Origanum hirtum Vog. gewonnen. Ausbeute aus trocknem Kraute 2—3 Proc. Goldgelbe bis braunschwarze, ölige Flüssigkeit, von scharfem, an Thymianöl erinnerndem Geruch und brennend beissendem Geschmack. Spec. Gewicht 0,940—0,980. Reines Oel ist in 3 Th. Spiritus dilutus klar löslich, mit Terpentinöl verfälschtes jedoch nicht. Es soll nicht unter 60 Proc. Carvacrol, $C_{10}H_{14}O$, enthalten. Bestimmt wird dieses Phenol in der unter Olea aetherea: Phenolbestimmung, auf Seite 500 beschriebenen Weise. Neben Carvacrol enthält das Spanisch Hopfenöl, das hauptsächlich in der Mikroskopie zum Aufhellen von Präparaten Verwendung findet, Cymol, $C_{10}H_{14}$, neben geringen Mengen anderer Körper (Terpene?).

Aehnliche Eigenschaften besitzt das von Origanum smyrnaeum L. destillirte Smyrnaer Origanumöl, Spec. Gewicht 0,915—0,945. Drehungswinkel im 100 mm-Rohr =

— 3 bis — 13°. Es ist ebenfalls löslich in 3 Th. Spiritus dilutus, enthält aber weniger Carvacrol als das vorige Oel (nämlich 25—60 Proc.), Cymol und beträchtliche Mengen Links-Linalool, $C_{10}H_{18}O$.

**III. Origanum hirtum Vog.**, heimisch im Mittelmeergebiet.

Liefert **Triestiner Origanumöl** und zwar aus der trocknen Droge zu 2—3 Proc. Frisch ist es goldgelb, später dunkelbraun bis grauschwarz. Spec. Gew. 0,94—0,98. Es dreht links weniger wie 1°. Enthält 60—85 Proc. Carvacrol, ferner Cymol und wahrscheinlich Terpene.

**IV. Origanum smyrnaeum L.** Heimisch in Kleinasien. Liefert Smyrnaer Origanumöl. Spec. Gew. 0,915—0,945. Er dreht — 3° bis — 13°. Es enthält l.-Linalool, Cymol und vielleicht olefinische Terpene.

# Orthoformium.

**I. Orthoform.** **p-Amido-m-oxybenzoësäuremethylester. $C_6H_3(CO_2CH_3)(1)(NH_2)(4)(OH)(3)$. Mol. Gew. = 167.**

Die Darstellung erfolgt, indem man die p-Nitro-m-oxybenzoësäure durch Zinn und Salzsäure zur p-Amido-m-oxybenzoësäure reducirt und aus dieser den Methyläther darstellt, indem man die Säure in Methylalkohol löst und in die Mischung trocknes Salzsäuregas einleitet. Vergl. *Aether coccinus* Bd. I, S. 177.

***Eigenschaften.*** Ein weisses, spec. leichtes Krystallpulver, geruchlos und geschmacklos, bez. nur schwach bitterlich schmeckend, neutral, in Wasser schwer löslich, leicht löslich in Alkohol und in Aether. Schmelzp. 118—120° C. Die wässerige Lösung wird durch Ferrichlorid vorübergehend blau-violett, dann tritt braunrothe Färbung auf. Chlorkalklösung bewirkt gelbrothe Färbung, in stärkerer Konzentration ebensolchen Niederschlag. Chromsäure erzeugt in der salzsauren Lösung einen dunklen Niederschlag. In konc. Schwefelsäure löst sich Orthoform ohne Färbung, auf Zusatz von 1 Tropfen Salpetersäure erfolgt Braunfärbung mit stürmischer Gasentwickelung. In 25procentiger Salpetersäure löst sich Orthoform mit bläulicher Färbung, die auf Zusatz von Wasser grünlich wird. Die salzsaure Lösung wird durch Zusatz von Natriumnitritlösung gelb gefärbt; die nunmehr in Lösung befindliche Diazoverbindung giebt mit alkalischer Naphthollösung weinrothe Färbung, aber keinen Niederschlag.

$NH_2$ OH $CO_2CH_3$

Orthoform.

Chemisch charakterisirt sich das Orthoform — und dies ergiebt sich aus den vorstehenden Reaktionen ohne weiteres — dadurch, dass es erstens ein Derivat der Salicylsäure ist (Blaufärbung mit Ferrichlorid) und dass es ferner ein Derivat eines Amidophenols ist, daher die Empfindlichkeit gegen Oxydationsmittel. Es ist eine schwache Base und verbindet sich mit Säuren zu Salzen (s. w. unten).

***Prüfung.*** **1)** Orthoform gebe die im Vorstehenden angeführten Identitätsreaktionen. — **2)** Es sei ein lockeres weisses Pulver, welches, über Schwefelsäure getrocknet, bei 118—120° C. schmilzt. **3)** Es löse sich in konc. Schwefelsäure ohne Färbung und verbrenne auf dem Platinbleche ohne Rückstand.

***Aufbewahrung.*** Ohne besondere Vorsichtsmassregeln. ***Anwendung.*** Orthoform wirkt schwach antiseptisch, ausserdem aber örtlich anästhesirend. Wegen seiner schwereren Löslichkeit tritt die Wirkung etwas langsam ein, sie hält aber auch 24—36 Stunden an. Indess wirkt es nicht durch die unverletzte Haut oder Schleimhaut hindurch, sondern seine Wirkung tritt nur ein, wenn es auf blossliegende Nervenendigungen gelangt. Daher ist es namentlich bei Substanzverlusten (also z. B. auf Schnittwunden, Verbrennungen) als lokales Anästheticum anzuwenden. Es macht Aetzungen schmerzlos, ebenso macht es die Injektionen von Quecksilberoxyd oder Quecksilbersalicylat unmittelbar vor der Anwendung zu 0,03—0,06 g zugesetzt, schmerzlos. — Bei innerlicher Anwendung wird es zum grössten Theile unverändert durch den Harn ausgeschieden und kann nach Entfärbung desselben mittels Thierkohle durch die Chromsäure-Reaktion nachgewiesen werden. Orthoform kann als ein wenig giftiges Antisepticum angesehen werden.

**Causticum-Badal.** Rp. Acidi arsenicosi, Orthoformii āā 1,0 Alkohol absoluti, Aquae āā 40,0. Zu schmerzlosen Aetzungen bei Krebs.

**Orthoformium hydrochloricum. Salzsaures Orthoform.** $C_6H_3(OH)NH_2(CO_2CH_3).HCl$. **Mol. Gew. = 203,5.** Wird durch Auflösen von Orthoform in äquivalenten Mengen Salzsäure erhalten. Ein gut krystallisirendes, sauer reagirendes Salz. Es eignet sich wegen dieser sauren Reaktion weder zum innerlichen Gebrauch, noch zu subkutanen Injektionen.

**II. Orthoform „Neu". m-Amido-p-oxybenzoësäuremethylester.** $C_6H_3(CO_2CH_3)(1)(NH_2).(3).(OH)(4)$. **Mol. Gew. = 167.** Diese der vorigen isomere Verbindung ist wegen ihrer grösseren Billigkeit an die Stelle der ersteren gesetzt worden. Ist von den nämlichen Eigenschaften wie das gewöhnliche Orthoform, bildet farblose, bei 142° C. schmelzende Nadeln. In den Handel gelangt es als weisses, sehr feines Pulver, welches sich weniger zusammenballt als das vorige.

---

# Oryza.

Gattung der **Gramineae—Oryzeae.**

**Oryza sativa L.** Heimisch in Indien und dem tropischen Australien, eine Varietät in Afrika. Durch die Kultur in alle wärmeren Gegenden der Erde verbreitet, in Brasilien verwildert. Verwendung findet die Frucht: Dieselbe wird aus den Produktionsländern (Indien) gewöhnlich in den Spelzen (Paddy), seltener ohne dieselben ausgeführt, dann von den Spelzen und durch geeignete Maschinen auch von dem unter den Spelzen befindlichen Häutchen (Frucht- und Samenschale und Theile der Aleuronschicht) befreit (polirt), wobei häufig auch der etwas hervorragende Embryo entfernt wird, sodass der zum Genuss gelangende Reis im wesentlichen nur aus dem Endosperm besteht.

Die „Spelzen" finden Verwendung als Packmaterial und wegen ihres reichen Gehaltes an Kieselsäure auch als Putz- und Polirmittel. Sie sollen im zerkleinerten Zustande dem Reisfuttermehl zugesetzt werden und auch zur Verfälschung von Gewürzen dienen, wo sie an den charakteristischen Epidermiszellen mit geschlängelten Wänden und den einzelligen, dickwandigen Haaren leicht erkannt werden. Sie enthalten nach König 10,20 Proc. Wasser, 4,46 Proc. Stickstoffsubstanz, 2,16 Proc. Fett, 35,29 Proc. stickstofffreie Extraktstoffe, 34,95 Proc. Rohfaser, 12,94 Proc. Asche. In der Asche 89,71 Proc. Kieselsäure.

Das beim „Poliren" des Reis gewonnene Häutchen (Frucht- und Samenschale etc.) liefert die „Reisfuttermehle oder Reiskleie" für das Vieh. Es enthält nach König: 10,70—11,20 Proc. Wasser, 9,44—13,60 Proc. Stickstoffsubstanz, 7,36—14,70 Proc. Fett, 44,00—54,10 Proc. stickstofffreie Extraktstoffe, 8,00—10,00 Proc. Rohfaser, 7,90—9,00 Proc. Asche.

Der „Kochreis" besteht, wie aus Vorstehendem hervorgeht, so gut wie ausschliesslich aus dem Endosperm des Samens. Die Körner sind 5—6 mm lang, 2,5—3,0 mm breit, länglich, an den Seiten zusammengedrückt, am oberen Ende abgerundet, am unteren Ende schief gestutzt und schief ausgeschnitten (infolge Fehlen des Embryo). Die Bauchseite ist der Länge nach von einem weissen Streifen oder einer flachen Furche durchzogen, ebenso die Seitenflächen. In den Furchen oft Reste der Haut (Silberhaut).

Die letztere besteht aus folgenden Schichten: 1) einer Epidermis aus flachen, quergelagerten Zellen, deren kürzere Wände buchtig sind, 2) einer Querzellenschicht aus kleineren, lückig miteinander verbundenen Zellen, 3) aus ganz locker gestellten Schlauchzellen, die sich mit den beiden vorhergehenden kreuzen.

Der Kern besteht zu äusserst aus einer einschichtigen Aleuronschicht, die nur selten verdoppelt erscheint, deren Zellen rundlich-polygonal sind, und dem Mehlendosperm. Der Kochreis enthält nach König: 12,55 Proc. Wasser, 7,88 Proc. Stickstoffsubstanz, 0,53 Proc. Fett, 77,79 Proc. stickstofffreie Extraktstoffe, 0,47 Proc. Rohfaser, 0,87 Proc. Asche.

**Fructus Oryzae decorticatus. Fructus s. Semen Oryzae. Oryza excorticata. — Reis. — Semence de riz. Fruit décortiqué de riz** (Gall.). — **Rice.**

Findet zuweilen Verwendung zu Abkochungen, schwach geröstet und geschrotet auch als Kaffeesurrogat. Die bei der Herstellung, dem „Poliren" des Kochreis abfallenden Bruchkörner verarbeitet man auf Gries oder verwendet sie in der Bierfabrikation als Ersatz des Malz oder zur Fabrikation der Reisstärke.

Ueber die „Reisstärke" vergl. Band I, S. 293, 295.

**Ptisana de Oryza. Tisane de riz** (Gall.). **Reisabkochung** wird wie die Ptisana de Hordeo (Bd. II, S. 19) bereitet.

**Pulvis Oryzae.** — **Reismehl.** — **Poudre de riz** (Gall.). Man wäscht die Reiskörner mit kaltem Wasser, lässt sie darin 24 Stunden maceriren, bringt sie auf ein leinenes Tuch und erhält sie hier so lange feucht, bis sie durchscheinend und zerbrechlich werden. Alsdann lässt man sie trocken werden, zerstösst sie in einem Steinmörser, trocknet bei 40° C. und verwandelt sie nun erst in ein sehr feines Pulver. Das Reismehl des Handels ist fast stets Reisstärke.

**Poudre de Riz** (Paschkis).

I.

| | | |
|---|---|---|
| Rp. | Amyli Oryzae | 750,0 |
| | Rhizom. Iridis pulv. | 250,0 |
| | Olei Geranii rosei | 2,0. |

II.

| | | |
|---|---|---|
| Rp. | Amyli Oryzae | 500,0 |
| | Talci | 300,0 |
| | Magnesii carbonic. | 100,0 |
| | Rhizom. Iridis | 50,0 |
| | Zinci oxydati | 50,0 |
| | Olei Rosae | gtts. X. |
| | Essentiae Iridis ad libit. | |
| M. f. pulv. subtilissimus. | | |

**Pulvis cosmeticus albus.**

Poudre de fèves.

| | | |
|---|---|---|
| Rp. | Pulveris Oryzae | 75,0 |
| | Saponis oleacei albi | 20,0 |
| | Boracis pulv. | 5,0 |
| | Olei Aurantii flor. | gtts. V. |

**Pulvis cosmeticus rosaceus.**

Poudre cosmétique de Paris.

| | | |
|---|---|---|
| Rp. | Carmini | 0,3 |
| | Natrii carbonic. sicci | 10,0 |
| | Liquor. Ammon. caust. spirit. | 10,0 |
| mischt | man, trocknet und fügt hinzu | |
| | Farinae Oryzae | 70,0 |
| | Rhizom. Iridis pulv. | 20,0 |
| | Olei Rosae | gtts. V. |

**Badetabletten** von Mack enthalten 27 Proc. Reisstärke und 73 Proc. Weinsäure und Natriumbikarbonat āā, daneben ein Parfüm.

**Eukonia** Rowland's von Aug. Obée besteht im wesentlichen aus Reismehl mit 6 Proc. Wismutpräcipitat.

**Sarah Bernhardt-Puder, La Diaphane** hat zur Grundlage 50 Reismehl, 50 Talk, 25 Zinkweiss und kommt in verschieden gefärbten und parfümirten Sorten in den Handel.

**Soothing Powder** von Steedmann ist Reismehl.

---

# Ovum.

*Gallus domesticus* Temminck, das Haushuhn, ein Vogel aus der Ordnung der Gallinae oder Rasores und der Familie der Phasianidae.

**Ovum. Ovum gallinaceum. Ei. Hühnerei. Oeuf** (franz.). **Egg** (engl.). Es besteht aus einer feinporigen Kalkschale, welche an ihrer Innenfläche mit der Schalenhaut bedeckt ist. Es folgt das von der Eihaut bedeckte Eiweiss. Die Eiweisssubstanz, d. h. das gelöste Eiweiss, ist in zartwandigen Zellen eingeschlossen. In der Mitte des Eiweisses und mit diesem durch zwei spiralig gedrehte Eiweissschnüre (*Chalazae*, Hagelschnüre) verbunden liegt der Eidotter. Der Dotter ist von der Dotterhaut umgeben, unterhalb derselben befindet sich die Keimscheibe, und in dem Centrum des Dotters liegt der sog. weisse Eidotter.

Das absolute Gewicht der Hühnereier beträgt 50 bis 70 g. Nimmt man das Durchschnittsgewicht zu 60 g an, so kommen davon auf die Schale etwa 6 g (= 10 Proc.), auf das Eiweiss 36 g (= 60 Proc.) und auf den Dotter 18 g (= 30 Proc.).

**Vitellum Ovi. Vitellus ovi. Eigelb. Eidotter. Jaune d'oeuf. Yolk.** Ist eine dickflüssige, undurchsichtige, blassgelbe bis orangefarbige Emulsion von mildem Geschmack und alkalischer Reaktion. Er enthält Eiweiss, eine als Vitellin bezeichnete Eiweisssubstanz, Nucleïn, Lecithin, Cholesterin, Fett, Farbstoff (Luteïn), kleine Mengen Glukose, Spuren von Neuridin, Mineralstoffe. Die Mineralstoffe bestehen aus Natron, Kali, Kalk, Magnesia, Eisenoxyd, (Phosphorsäure), Kieselsäure. — Bei 80° C. gerinnt der Eidotter; wegen seines Gehaltes an Fett ist er aber im geronnenen Zustande nicht so fest wie das geronnene Eiweiss. — Das Gewicht eines Eigelbes beträgt 16—18 g.

Das unveränderte Eigelb dient in der Pharmacie als Bindemittel für Oel-, Balsam-, Harz-, Kampferemulsionen, als flüssiges Nahrungsmittel bei vielen mit Sinken des Kräftezustandes einhergehenden Krankheiten, auch als Cholagogum bei torpiden Zuständen der Leber.

**Putamen ovi. Testa ovi. Eischale. Eierschale.** Besteht aus 94—95 Proc. Calciumkarbonat, 2—3 Proc. Calciumphosphat, 3—4 Proc. organischer Substanz. Wird das Präparat im gebrannten oder gepulverten Zustande gefordert, so kann es durch Conchae praeparatae ersetzt werden.

**Albumen ovi. Eiweiss. Weissei.** Ist dickflüssig, schlüpfrig, farblos und geruchlos, von fadem Geschmack, schwach alkalisch und besteht aus 12 bis 14 Proc. Eiweiss und 88—86 Proc. Wasser. Das Eiweiss ist im wesentlichen als Natriumalbuminat vorhanden. Ueber die chemischen Eigenschaften s. Bd. I, S. 197.

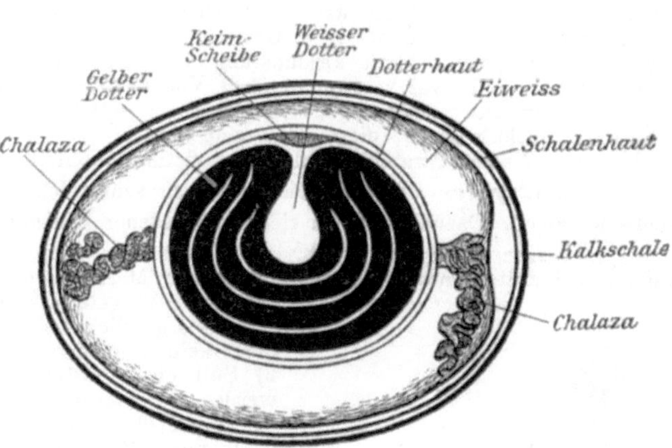

Fig. 60. Ein Hühnerei im Durchschnitt.

Durch heftiges Quirlen oder Schlagen wird das Eiweiss in einen dichten, stehenden Schaum (Schnee) verwandelt. Vermischt man diesen mit Zuckerpulver bis zur breiförmigen Konsistenz, so kann man diesen Brei durch Backen in einem heissen Ofenrohr in ein lockeres Gebäck verwandeln. Dieses geschlagene Eiweiss benutzt man auch als Klärmittel. Man mischt diesen Schnee der zu klärenden Flüssigkeit zu und erhitzt diese auf etwa 80° C. Das Eiweiss coagulirt und umhüllt während des Coagulirens die trübenden Bestandtheile. Entfernt man während des Erhitzens die Eiweissgerinnsel mit einem Schaumlöffel, so wird die Flüssigkeit klar. — Ist die Klärung nicht vollständig, so lässt man erkalten (!), setzt der erkalteten Flüssigkeit von neuem Eiweiss zu und wiederholt die Procedur. Alkalische Flüssigkeiten lassen sich auf diese Weise nicht klären. In der Praxis setzt man den zu klärenden Flüssigkeiten häufig noch etwas Säure (Essig) zu, um die Coagulation des Eiweisses vollständig zu gestalten.

Eiweiss wird vorzugsweise als Ernährungsmittel verwendet. In der Therapie dient es als Antidot bei Metallvergiftungen. Technisch werden die grössten Mengen zur Zeit bei der Fabrikation photographischer Papiere verbraucht.

**Oleum ovorum. Oleum ovi. Eieröl. Huile d'oeuf** (Gall.). Gelbeier werden im Wasserbade unter Umrühren solange erwärmt, bis sie die Konsistenz einer Salbe angenommen haben, und bis eine Probe, zwischen den Fingern gedrückt, fettes Oel hervortreten lässt. Die Masse wird alsdann in Leinwand geschlagen und zwischen erwärmten Pressplatten ausgepresst. Das so gewonnene Oel lässt man im geschlossenen Gefässe an einem warmen Orte absetzen und filtrirt es alsdann durch ein getrocknetes Filter im

Warmwassertrichter. Man füllt mit dem Oel kleine Flaschen völlig an, verschliesst sie mit guten Korken und bewahrt sie an einem kühlen Orte im Dunklen auf.

Ein gelbes oder röthlichgelbes, fettes Oel, welches bei mittlerer Temperatur dickflüssig, bei 25° C. dünnflüssig und klar ist, bei 5—10° C. aber erstarrt und fest wird. Es neigt zum Ranzigwerden. Es besteht der Hauptsache nach aus Oelsäure-Glycerinester, neben kleineren Mengen Palmitinsäure-Glycerinester und Stearinsäure-Glycerinester und enthält ausserdem Farbstoff, Glycerinphosphorsäure, Lecithin und Cholesterin.

Eieröl wird in der Volksheilkunde zum Bestreichen des Auges bei katarrhalischen Entzündungen, ferner zum Bestreichen wunder Brustwarzen verwendet.

**Oleum ovi artificiale. Künstliches Eieröl.** Eine filtrirte Mischung aus 88 Th. Olivenöl, 10 Th. Cacaoöl und 2 Th. gelbem Wachs.

***Konservirung der Eier.*** Um Eier zu konserviren, bedient man sich mehrerer Verfahren:

1) Man legt die Eier in Kalkwasser ein. Hierdurch wird allerdings die Fäulniss verzögert, aber die Eier nehmen einen unangenehmen Geschmack an. Nach KUBEL rührt dies daher, dass die frische Eiweissflüssigkeit das spec. Gewicht 1,042, das Kalkwasser aber nur das spec. Gewicht 1,0029 hat. Infolgedessen findet zwischen beiden Flüssigkeiten Diffusion statt. Diese wird vermieden, wenn man das Kalkwasser durch Zusatz von 6 Proc. Kochsalz auf das spec. Gewicht 1,043 bringt. Die Aufbewahrungsgefässe sind gut zu verschliessen, damit Verdunstung vermieden wird. 2) Einlegen in Natronwasserglas. Und zwar verdünnt man 1 Vol. käufliches Wasserglas mit 10 Vol. Wasser. Es dürfen nur ganz frische Eier eingelegt werden, welche zuvor in geschmolzenes Schweineschmalz getaucht wurden, diese sollen sich aber bis zu $^1/_2$ Jahr gut halten. 3) Ueberziehen mit Wachs, Paraffin, Collodium, Gelatine, Wollfett.

***Prüfung der Eier.*** Es ist natürlich sehr wichtig festzustellen, ob Eier frisch sind oder nicht. Dazu kann man sich verschiedener Hilfsmittel bedienen:

1) Liegen nur wenige Eier zur Beurtheilung vor, so schlägt man diese einfach auf. Der Eidotter muss als scharf abgegrenzte Masse in dem Eiweiss schwimmen. Der Dotter muss gelb bis orangegelb, das Eiweiss rein weiss bis gelblich weiss sein. Das aufgeschlagene Ei darf keinen unangenehmen Geruch verbreiten. — 2) Soll eine grössere Anzahl von Eiern beurtheilt werden, so bedient sich der Eierhändler eines Eierspiegels (Ovoskops). Der zuverlässigste Eierprüfer ist folgende Vorrichtung (Fig. 61): Man nimmt eine einfache Petroleumlampe (Küchenlampe) und lässt sich vom Klempner einen cylindrischen Mantel aus Schwarzblech verfertigen, welcher um den Glascylinder auf die Lampe aufgesetzt werden kann. In der Höhe der Flamme lässt man 1—4 ovale Ausschnitte in dem Mantel anbringen, welche durch Schieber verdeckt oder geöffnet werden können. Zum Gebrauche entzündet man die Lampe, setzt den Schwarzblechcylinder auf und hält in einem verdunkelten Raume ein Ei nach dem anderen vor die ovale Oeffnung. Frisch gelegte Eier sind hell durchscheinend und haben nur eine kleine Luftblase an der Spitze. Ganz undurchsichtige Eier sind faul. Je trüber die Eier und je grösser die Luftblase ist, desto älter sind die Eier und desto grösser ist die Wahrscheinlichkeit, dass sie verdorben sind. 3) Bestimmung des spec. Gewichtes. Frische Eier haben bei 15° C. das spec. Gewicht 1,0784—1,0942, im Mittel 1,087. Beim Lagern dunstet aus den Eiern etwas Wasser ab, da sich hierbei aber ihr Volumen nicht ändert, so werden sie specifisch leichter.

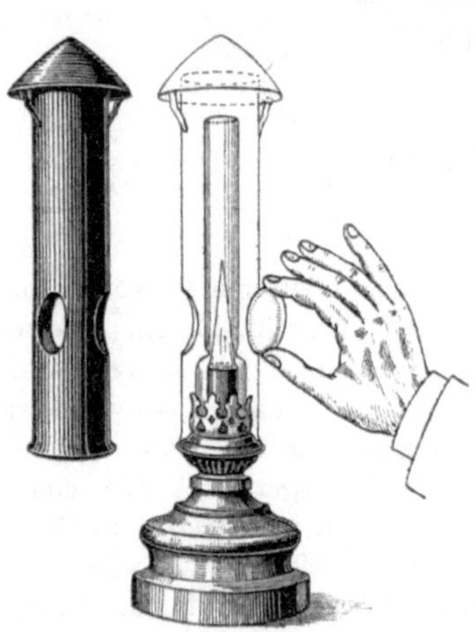

Fig. 61.
Einfacher Eierspiegel nach B. FISCHER.

Eier vom spec. Gewichte 1,06 sind etwa 8 Tage alt;
Eier unter dem spec. Gewichte 1,05 sind 2—3 Wochen alt;
Eier vom spec. Gewichte 1,015 stehen an der Grenze der Fäulniss.

Zur Bestimmung des spec. Gewichtes der Eier stellt man sich grössere Mengen zweier Kochsalzlösungen vom spec. Gewichte 1,05 (70 g NaCl in 1 Liter) bez. vom spec. Gewichte 1,02 (30 g Kochsalz in 1 Liter) dar. Alle Eier, welche in der Lösung von 1,05 spec. Gew. untersinken, sind als unverdorben, die auf der Lösung von 1,02 spec. Gew. schwimmenden dagegen als verdorben zu beurtheilen. Man thut gut, durch Aufschlagen von Stichproben festzustellen, ob diese Art der Beurtheilung richtige Ergebnisse liefert. Sind in einem grösseren Posten Eier mehrere Sorten vorhanden (man erkennt diese an der Grösse und Form), so sind die einzelnen Sorten erst auseinander zu sortiren, und dann ist jede einzelne Sorte zu prüfen. Man darf weder die spec. schweren Eier für gut, noch die spec. leichten Eier für verdorben erklären, bevor man sich nicht durch Aufschlagen von Stichproben von der Richtigkeit dieser Beurtheilung überzeugt hat.

**Aquolin.** Bindemittel für Farben auf jeder Unterlage. Ist ein Gemisch von flüssigem Eiweiss mit Fetten und Seifen.

**Aquolin-Siccativ.** Gemisch von wachsartigen Stoffen mit Kohlenwasserstoffen und ätherischen Oelen.

**Clysma nutriens. Nährklystier.** Bouillon 600,0 g, Gelbei 1 Stück, Bordeaux-Wein roth 150,0 g, Natriumbikarbonat 0,5 g, Natriumchlorid 0,2 g, Opiumtinktur, (einfache) 4 Tropfen, Pepton 60,0 g. — 2) Gelbeier 2 Stück, Pepton trocken 10,0 g Rheinwein, (gute Sorte) 120,0 g, Bouillon 250,0 g.

**Eier mit einem an Eisen und Phosphorsäure reichen Eigelb.** Um diese zur Kräftigung von Rekonvalescenten empfohlenen Eier zu gewinnen, muss man dem Trinkwasser, welches den Hühnern gereicht wird, Ferrosulfat, und dem Trockenfutter Calciumphosphat zusetzen.

**Eidotter-Seife,** zur Kopfwäsche. Olei Cocoïs, Sebi bovini, Liquoris Natri caustici (15 Proc.) āā 40,0, Vitellum ovorum sex, Olei Citri 5,0. Man bereite durch kalte Verseifung eine Seife.

**Eierkognak.** Man verreibt 3 Gelbeier mit 30,0 g Zuckerpulver und mischt 100,0 g Kognak und 1,0 g Vanilletinktur dazu.

**Peptonisirte Eier-Klystiere** nach Ewald. 4—6 Eier werden mit einer Mischung aus 1,2 g Salzsäure (von 25 Proc. HCl) und 200 ccm Wasser, ferner 3—5 g Pepsin während 10 Stunden bei 40° C. im Brutschrank und dann noch weitere 6 Stunden an einem nicht zu warmen Orte gehalten.

**Vitellin-Crême. Eigelb-Toilette-Crême** Bernegau. Eigelb, präservirtes, nach Bernegau (durch S. Berg Nachfolger in Dresden zu beziehen), Olivenöl benzoinirt, Wollfett wasserfrei je 1 Th. Man bereite einen Crême.

**Cremor amygdalinus.**

Crême aux amandes.

| Rp. | Vitellum ovorum quinque | |
|---|---|---|
| | Sacchari pulverati | 20,0 |
| | Emulsionis seminis Amygdalarum | 40,0. |

Man erhitze die Mischung im Wasserbade unter Umrühren, bis sie dick wird.

**Cremor ovorum.**

Eiercrême.

| Rp. | Vitellum ovorum quinque | |
|---|---|---|
| | Sacchari pulv. | 30,0—50,0 |
| | Lactis vaccini | 50,0. |

Man erhitze die Mischung im Wasserbade unter Umrühren, bis sie dick wird.

**Eau albumineuse** (Gall.).

Aqua albuminosa. Eiweisswasser.

| Rp. | 1. Albumen ovorum quattuor | |
|---|---|---|
| | 2. Aquae destillatae | 1000,0 g |
| | 3. Aquae Aurantii florum | 10,0. |

Man mischt 1 allmählich mit 2, seiht die Mischung durch ein Haarsieb oder verzinntes Sieb und fügt 3 hinzu. Als Gegenmittel bei Vergiftung durch Quecksilberchlorid.

**Gelatina aetherea.**

| Rp. | Albuminis ovi recentis | 20,0 |
|---|---|---|
| | Aetheris | 80,0. |

Durch heftiges Schütteln entsteht eine gelatinöse Masse.

**Glyceritum Vitelli** (U-St.).

Glyconin.

| Rp. | Vitelli ovi | 45,0 |
|---|---|---|
| | Glycerini | 55,0. |

**Linimentum vitellinatum.**

| Rp. | Olei Olivae | 20,0 |
|---|---|---|
| | Vitellum ovi unius | |

fiat linimentum; äusserlich bei Verbrennungen und Hautkrankheiten.

**Mixtura Stockesii** Münch. Ap.-V.

| Rp. | Spiritus e Vino | 50,0 |
|---|---|---|
| | Vitellum ovi unius | |
| | Sirupi Sacchari | 20,0 |
| | Aquae q. s. ad | 150,0. |

Hamb. V.

| Rp. | Vitella ovorum duorum | |
|---|---|---|
| | Sirupi Cinnamomi | 30,0 |
| | Spiritus e Vino | 60,0 |
| | Aquae q. s. ad | 200,0. |

***Bestimmung des Eigelbs in Teigwaaren.*** Nach Juckenack. Dieselbe beruht auf der Bestimmung der Lecithinphosphorsäure.

35,0 g der getrockneten und möglichst fein gepulverten Teigwaaren werden mit gewaschenem Quarzsande gemischt und in einem Extraktionsapparate 12—15 Stunden mit absolutem Alkohol (!) so extrahirt, dass die Temperatur in dem zu extrahirenden Gemisch 55—60° C. ist, was bei den üblichen Soxhlet'schen Extraktionsapparaten erfahrungsgemäss der Fall ist. Den nach dem Abdestilliren des absoluten Alkohols hinterbleibenden Rückstand verseift man mit etwa 5 ccm alkoholischer Kalilauge (1 Th. Kalihydrat in 9 Th. Alkohol). Die Seife wird in Wasser gelöst, in eine Platinschale gespült, zur Trockne gebracht und verascht. Die Asche wird mit Salpetersäure aufgenommen, in dieser Lösung die Phosphorsäure nach der Molybdän-Methode gefällt und als Magnesiumpyrophosphat bestimmt. — Nachdem die gefundenen Phosphorsäuremengen auf Procente der Trockensubstanz der angewendeten Teigwaaren berechnet wurden, liest man mit Hilfe dieser Zahl den bei der Fabrikation zur Verwendung gelangten Zusatz von Eiern zu je 1 Pfund Mehl in den nachstehenden Tabellen ab, und zwar in der Weise, dass etwa sich ergebende wesentliche Bruchtheile von Eiern nach oben auf die nächst höhere halbe oder ganze Zahl abgerundet werden.

Vervollständigt müssen diese Daten werden 1) durch die Bestimmung der Asche, 2) der Gesammt-Phosphorsäure. Diese muss in der Weise ausgeführt werden, dass man das Untersuchungsobjekt mit einer genügenden Menge Natriumkarbonatlösung eintrocknet, verascht und in der salpetersauren Lösung die Phosphorsäure nach der Molybdän-Methode abscheidet und als Magnesiumpyrophosphat zur Wägung bringt. 3) Bestimmung der Stickstoffsubstanz.

**Tabelle A.** Bei Verwendung des Gesammt-Ei-Inhaltes

| Stück-Zahl Eier auf 1 Pfund Mehl | Die Trockensubstanz der so dargestellten Teigwaaren enthält im Mittel | | | |
|---|---|---|---|---|
| | Asche Proc. | Gesammt-Phosphorsäure Proc. | Lecithin-Phosphorsäure Proc. | Stickstoffsubstanz Proc. |
| 1 | 0,565 | 0,2716 | **0,0513** | 12,99 |
| 2 | 0,664 | 0,3110 | **0,0786** | 13,92 |
| 3 | 0,758 | 0,3482 | **0,1044** | 14,81 |
| 4 | 0,848 | 0,3834 | **0,1289** | 15,64 |
| 5 | 0,933 | 0,4172 | **0,1522** | 16,44 |
| 6 | 1,013 | 0,4490 | **0,1744** | 17,20 |
| 7 | 1,090 | 0,4795 | **0,1954** | 17,93 |
| 8 | 1,163 | 0,5086 | **0,2155** | 18,62 |
| 9 | 1,234 | 0,5362 | **0,2348** | 19,28 |
| 10 | 1,300 | 0,5626 | **0,2531** | 19,91 |
| 11 | 1,364 | 0,5880 | **0,2707** | 20,50 |
| 12 | 1,426 | 0,6123 | **0,2875** | 21,09 |

**Tabelle B.** Bei Verwendung von Eidotter

| Stück-Zahl Eidotter auf 1 Pfd. Mehl | Die Trockensubstanz der so dargestellten Teigwaaren enthält im Mittel | | | |
|---|---|---|---|---|
| | Asche Proc. | Gesammt-Phosphorsäure Proc. | Lecithin-Phosphorsäure Proc. | Stickstoffsubstanz Proc. |
| 1 | 0,488 | 0,2720 | **0,0518** | 12,37 |
| 2 | 0,516 | 0,3127 | **0,0801** | 12,73 |
| 3 | 0,542 | 0,3520 | **0,1075** | 13,07 |
| 4 | 0,568 | 0,3901 | **0,1339** | 13,41 |
| 5 | 0,593 | 0,4268 | **0,1594** | 13,73 |
| 6 | 0,617 | 0,4625 | **0,1842** | 14,05 |
| 7 | 0,640 | 0,4968 | **0,2081** | 14,34 |
| 8 | 0,662 | 0,5301 | **0,2313** | 14,63 |
| 9 | 0,683 | 0,5622 | **0,2537** | 14,91 |
| 10 | 0,705 | 0,5937 | **0,2755** | 15,19 |
| 11 | 0,725 | 0,6239 | **0,2966** | 15,46 |
| 12 | 0,745 | 0,6533 | **0,3171** | 15,71 |

# Oxygenium.

**I. Oxygenium. Gas Oxygenium. Oxygenium gasiforme. Sauerstoff. Oxygène** (franz.). **Oxygen** (engl.). **Atomzeichen O. Atomgew. = 16.**

***Darstellung.*** **1)** Kleinere Mengen, wie sie zu Demonstrationsversuchen gebraucht werden, kann man gefahrlos darstellen, indem man auf Wasserstoffsuperoxyd, welches mit verdünnter Schwefelsäure angesäuert ist, Kaliumpermanganat einwirken lässt, oder indem man auf einen Brei von Baryumsuperoxyd mit Wasser (welcher vorher einige Stunden hindurch gestanden hat!) eine koncentrirte Lösung von Kaliumferricyanid einwirken lässt. — **2)** Grössere Mengen werden zweckmässig durch Erhitzen einer Mischung von gleichen Theilen Kaliumchlorat und Mangansuperoxyd dargestellt, nachdem man sich überzeugt hat, dass das Mangansuperoxyd auch wirklich Mangansuperoxyd und nicht etwa Antimontrisulfid ist oder mit diesem oder einem anderen Sulfid verunreinigt ist. Man benutzt am allerzweckmässigsten den Müncke'schen Ap-

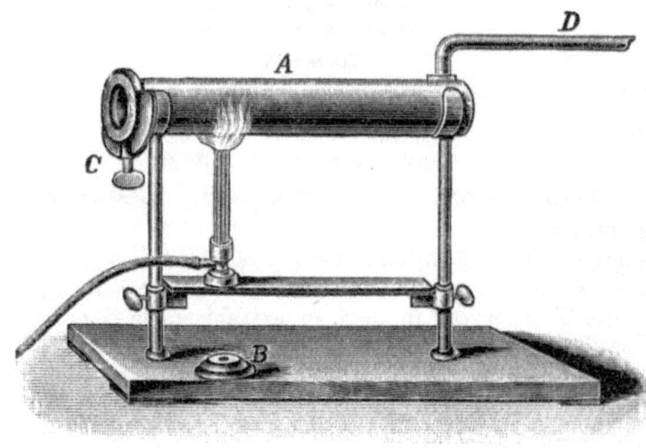

Fig. 62.

parat, der aus einem schmiedeeisernen Rohre leicht von jedem Schlosser hergestellt werden kann: Man füllt das horizontale weitere Rohr mit der Mischung aus Kaliumchlorat und Mangansuperoxyd so an, dass es etwas bis über die Hälfte gefüllt ist, setzt die mit Asbest gedichtete Stirnplatte B ein, welche in der Figur auf dem Brette liegt, fixirt diese durch Heraufklappen und Verschrauben des Bügels C und erhitzt das Rohr mittels der Gasflamme. Der Sauerstoff entweicht durch das Rohr D und wird zunächst durch Kalilauge, dann durch Wasser und, wenn er völlig trocken sein soll, durch konc. Schwefelsäure geleitet. Wenn die Entwickelung schwächer wird, schiebt man die Gasflamme etwas weiter nach rechts, um neue Partieen des Gemisches zu erhitzen.

**Sauerstoff, komprimirter.** Gegenwärtig wird komprimirter Sauerstoff in drucksicheren Stahlflaschen zu verhältnissmässig billigem Preise in den Handel gebracht. Wo also der Bedarf nur einigermassen erheblich ist, wird man gut thun diesen comprimirten Sauerstoff zu beziehen. Vergl. Aquae minerales, Bd. I, S. 347.

***Eigenschaften.*** Farbloses, geruchloses, selbst nicht brennbares, aber die Verbrennung und Athmung lebhaft unterhaltendes Gas. Spec. Gewicht = 1,10563 (Luft = 1). 1 Liter Sauerstoff wiegt bei 0° C. und 760 mm B. = 1,43028 g. Durch den Druck von 320 Atmosphären lässt er sich bei — 140° C. zu einer durchsichtigen hellblauen Flüssigkeit verdichten, welche bei — 184° C. siedet. 1 Liter Wasser löst unter gewöhnlichem Drucke bei + 10° C. = 32 ccm oder 0,0457 g und bei + 20° C. = 28 ccm oder 0,0400 g Sauerstoff. 1 Liter Weingeist löst bei 15° C. = 280 ccm Sauerstoff.

Sauerstoff unterhält die Verbrennung sehr energisch, ein nur glimmender Holzspahn brennt in dieser Gasart mit sehr glänzender intensiver Flamme. Bei Gegenwart einiger leicht oxydirbarer Stoffe (z. B. Phosphor), ferner durch die Einwirkung der elektrischen Entladung wird der Sauerstoff in Ozon umgewandelt.

***Aufbewahrung.*** Das Sauerstoffgas kann für längere Zeit nur in druckfesten Stahlgefässen oder in Gasometern über Wasser aufbewahrt werden. Aus Gummisäcken und gefirnissten Stoffsäcken diffundirt es allmählich.

***Anwendung.*** Sauerstoffgas wird in allen den Fällen mit Vortheil eingeathmet, in denen dem Blute bei dem Einathmen von Luft nicht genügend Sauerstoff zugeführt wird, oder in denen für eine energische Oxydation im Blute gesorgt werden soll, z. B. bei Asthma, Dyspnoe, Chloroformvergiftung, Herzkrankheiten, Chlorose, Leukämie, bei Vergiftung durch Leuchtgas oder Kohlenoxyd, zur Athmung der Luftschiffer in grossen Höhen.

**Aqua oxygenata. Sauerstoffwasser.** (Häufig auch mit Ozonwasser verwechselt). Ist unter 3—4 Atmosphären mit Sauerstoff gesättigtes Wasser. Der innerliche Gebrauch dieses Wassers ist ohne Nutzen, nur der eingeathmete Sauerstoff ist auf die Athmung von günstigem Einfluss.

## II. Ozonum. Ozon. Oxygenium ozonisatum. Aktiver Sauerstoff. $O_3$. Mol. Gew. = 48.

***Darstellung.*** Wird dargestellt, indem man Sauerstoff (oder Luft) in besonderen „Ozonapparaten" der Einwirkung der dunklen elektrischen Entladung unterwirft. Mit den vollkommensten Apparaten kann man Gemische von Ozon mit Sauerstoff oder Luft mit einem Gehalte bis zu 8 Proc. Ozon erhalten. Werden solche Gemische von Ozon und Sauerstoff bei dem Siedepunkt der flüssigen Luft abgekühlt, so werden Ozon und Sauerstoff verflüssigt. Beim Ansteigen der Temperatur entweicht vorzugsweise der Sauerstoff, während eine dunkelblaue Flüssigkeit mit einem Gehalt bis zu 80 Proc. Ozon zurückbleibt (Ladenburg).

***Eigenschaften.*** Das bisher erhaltene koncentrirteste Ozon enthielt ca. 86 Procent Ozon $O_3$ (Ladenburg) und stellte eine dunkelblaue Flüssigkeit dar vom spec. Gew. 1,456. Sie siedete bei etwa — 120° C. und ging bei dieser Temperatur unter heftiger Explosion in gewöhnlichen gasförmigen Sauerstoff über. In der Regel versteht man unter Ozon nicht das flüssige reine oder hochprocentige Ozon, sondern Gemische von Luft oder Sauerstoff und Ozon mit einem Ozon-Gehalt, der bis zu 8—9 Proc. $O_3$ steigen kann.

Man erkennt das Ozon an seinem eigenthümlichen (Phosphor-) Geruche, ferner an folgenden Reaktionen: **1)** Pflanzenfarben, wie Lackmus und Indigo, werden gebleicht. — **2)** Guajakharztinktur wird gebläut. — **3)** Kaliumjodidlösung wird in Kaliumhydroxyd und freies Jod zerlegt. Lässt man daher Ozon auf rothes Lackmuspapier einwirken, welches mit Kaliumjodidlösung befeuchtet ist, so wird nicht blos Jod ausgeschieden, sondern der rothe Lackmusfarbstoff blau gefärbt (Wichtig!). — **4)** Blankes Silberblech wird von feuchtem Ozon oder wässeriger Ozonlösung geschwärzt (!). — **5)** Eine salzsaure Lösung von p-Phenylendiamin (WURSTER) oder m-Phenylendiamin (WEYL) wird durch Ozon burgunderroth gefärbt, während Wasserstoffsuperoxyd und salpetrige Säure nicht in gleicher Weise wirken (!).

Bestimmung. Man leitet das Gasgemisch durch Kaliumjodidlösung, säuert alsdann mit Salzsäure an und bestimmt das ausgeschiedene Jod durch $^1/_{100}$-Natriumthiosulfatlösung. 254 Th. Jod entsprechen = 48 Th. Ozon.

Wasser löst bei 15° C. etwa $^1/_2$ Volumen Ozon auf. Die Lösung ist nur geringe Zeit haltbar, ihr Ozongehalt verringert sich bald und verschwindet nach 2—3 Wochen vollständig.

***Anwendung.*** Ozon übt schon bei gewöhnlicher Temperatur energisch oxydirende Wirkungen aus. Es tödtet Mikroorganismen, oxydirt deren (giftige) Stoffwechselprodukte und zerstört putride Substanzen. Man lässt daher ozonhaltige Luft einathmen gegen Tuberkulose, Ozonwasser gegen die verschiedensten Leiden trinken, ohne dass bisher greifbare Erfolge erzielt wären.

**Antibakterícon** von GRAF & Co. in Berlin ist das von diesen dargestellte gesättigte Ozonwasser, welches alle Bakterien tödten soll und gegen alle Infektionskrankheiten empfohlen wird.

**Aqua ozonisata. Ozonwasser.** Ein mit Ozon gesättigtes Wasser. In der Regel enthält dieses Wasser kein Ozon, sondern Wasserstoffsuperoxyd oder salpetrige Säure. oder unterchlorige Säure. GRAF & Co. geben an, dass sie ein wirkliches Ozonwasser darstellen. Bezüglich der Haltbarkeit würde auch für dieses das oben Gesagte gelten.

**Aquozon,** angeblich eine 2,5 procentige Ozonlösung mit Zusatz von Hypophosphiten.

**Electron** von SPRANGER ist ein mit Ozon behandeltes Olivenöl, nach AUFRECHT nur ranziges Olivenöl.

**Glycozon.** Mit Ozon gesättigtes Glycerin. Gegen Magengeschwüre, Magenkatarrh, Dyspepsie kaffeelöffelweise.

**Manol (Succus Anisi ozonisatus)** von Dr. med. RINGK. Eine sirupöse, dunkelbraune Flüssigkeit, aus konc. Rohrzuckerlösung, Karbolsäure, Anisöl und Alkohol bestehend. Ozon fehlt. AUFRECHT.

**Ozonometer.** Sind mit Kaliumjodid-Stärkelösung getränkte Filtrirpapiere, welche durch Einwirkung von Ozon mehr oder weniger röthlich oder bläulich gefärbt werden. Eine beigegebene Farbskala soll einen Maassstab geben zur Schätzung des Ozongehaltes.

**Ozon-Leberthran** von SPRANGER ist mit Ozon behandelter Leberthran.

**Ozontinktur** von SPRANGER. Sind mit Ozon behandelte ätherische Oele, z. B. Pfefferminzöl.

**Ozonwaschpulver, desinficirendes,** von Apotheker R. CUNRADI in Neu-Ulm besteht aus 30 Proc. Wasser, 10 Proc. Oelsäurenatronseife, 50 Proc. wasserfreier Soda und 10 Proc. Thon.

**Wundol.** **1)** Wässerige Lösung, angeblich ozonhaltiges Präparat, ist eine parfümierte Salzlösnng. **2)** Oelige Lösung. Ist parfümirtes Mandelöl (R. FISCHER).

**WURSTER's Tetra-Papier.** Ist mit Tetramethylparaphenylendiamin getränktes Filtrirpapier zum Nachweis von Ozon. Das Papier wird durch Einwirkung von Ozon roth gefärbt.

---

# Pancreatinum.

**Pankreatinum** (U-St.). **Pankréatine** (Gall.). **Pancreatinum concentratum. Trypsin.**

***Darstellung.*** Die Bauchspeicheldrüse eines frisch geschlachteten Thieres (Rind oder Schwein) wird von fremden Gewebstheilen befreit, durch eine Fleischhackmaschine geschickt und mit 2 Th. Wasser angerieben, welches schwach mit Chloroform (um Fäulniss zu verhindern) gesättigt worden ist. Nach 12stündigem Stehen kolirt man die Flüssigkeit und presst den Rückstand ab. Die Flüssigkeit wird filtrirt, das Filtrat wird bei einer 45° C. nicht übersteigenden Temperatur, am besten im Vacuum, zur Trockne gebracht.

***Eigenschaften.*** Ein gelbliches, in Wasser vollständig lösliches Pulver. Es löst in neutraler oder alkalischer Flüssigkeit Eiweissstoffe, indem es sie in Peptone überführt, verzuckert Stärke und spaltet Fette in Glycerin und Fettsäuren. Es ist ein Gemenge von Trypsin und Diastase.

***Prüfung.*** 1) Peptonisirende Kraft. Man reibt 0,2 g Pankreatin und 10 g trockenes Fibrin mit 50 ccm Wasser in der Kälte an. Diese Mischung hält man 6 Stunden bei 50° C. Die filtrirte Flüssigkeit muss die Biuret-Reaktion geben (s. Pepton) und darf nach Zusatz von Salpetersäure beim Erhitzen nur sehr schwach getrübt werden (Eiweiss). — 2) Verzuckerungskraft. 100 g Stärkekleister (6,0 g Stärke enthaltend) werden mit 0,1 g Pankreatin angerieben. Die Mischung wird 6 Stunden lang bei 50° C. gehalten. Die Flüssigkeit muss leicht filtriren und ihr 4faches Volumen FEHLING'sche Lösung (10 ccm derselben = 0,05 g Glukose entsprechend) beim Aufkochen vollständig entfärben. Hiermit wird verlangt, dass 1 Th. Pankreatin binnen 6 Stunden bei 50° C. = 50 Th. getrocknetes Fibrin peptonisiren und 40 Th. Stärke in Zucker umwandeln sollen.

***Anwendung.*** Pankreatin wird meist gebraucht um Milch zu peptonisiren (s. Lac S. 254). Man erwärmt ein Gemenge von 0,3—0,5 Pankreatin, 100,0 Wasser, 1,5 Natriumbikarbonat und 400,0 Milch während $^1/_2$ Stunde bei 38° C., worauf alles oder doch fast alles Kaseïn in Pepton übergeführt sein soll. — Innerlich giebt man es zur Unterstützung der alkalischen Darmverdauung, am zweckmässigsten in Form keratinirter Pillen oder Keratin-Kapseln.

**Pankreas praeparatum. Pankreas pulveratum (ENGESSER).** Zur Darstellung wird die Pankreasdrüse von häutigen Organresten befreit, abgewaschen, zerkleinert, getrocknet. Hierauf wird die gröblich gepulverte, trockne Masse durch Extraktion mit Aether entfettet, nochmals getrocknet und in ein feines Pulver verwandelt. ENGESSER giebt dieses Pulver bei Darmkatarrhen, atonischen Zuständen des Darmes etc. mit gutem Erfolge, möglicher Weise deshalb, weil alsdann der Magen wenig Salzsäure secernirt.

**Pankreatinum purum absolutum** (U-St.). Das koncentrirte Ferment der Bauchspeicheldrüse. Gelbes Pulver, theilweise löslich in Wasser. Hat amylolytische, proteolytische und emulgirende Eigenschaften, s. oben. Dosis 0,3—1,0 g. Zur Unterstützung der Darmverdauung und bei Diabetes.

**Pankreatinum purum activum.** 3 Th. entsprechen = 1 Th. absolutem Pankreatin. Gebrauch wie das vorige in dreifach stärkerer Gabe.

**Pankreatinum purum in lamellis.** Durchsichtige, in Wasser völlig lösliche Lamellen. 6 Th. entsprechen = 1 Th. des absoluten Präparates.

**Pankreatinum cum Amylo.** Verreibung von Pankreatin mit Stärke. 5 Th. entsprechen = 1 Th. absolutem Pankreatinum.

**Pankreatinum cum Natrio bicarbonico.** Gemenge von Pankreatin mit Natriumbicarbonat. 6 Th. entsprechen = 1 Th. absolutem Pankreatin.

**Pulvis pancreaticus compositus** (Nat. form.). **Compound pancreatic Powder. Peptonizing Powder.** Pancreatini concentrati 20,0, Natrii bicarbonici 80,0.

**Liquor pancreaticus.** 1) Brit. 250 g frische Pankreasdrüse wird gereinigt, mit gewaschenem Sand oder Bimssteinpulver fein zerrieben und mit 1 Liter Weingeist von 20 Vol. Proc. eine Woche digerirt, dann filtrirt. 2) Nat. form. Pankratini concentrati 17,5 g, Natrii bicarbonici 50,0, Glycerini 250 ccm, Spiritus Cardamomi compositi 35 ccm, Spiritus (95 Proc.) 35 ccm, Talci veneti depurati 15,0 g, Aquae q. s. ad 1000 ccm. Ist klar zu filtriren.

---

**Pankreaden** von KNOLL & Co. Ist ein mit Calciumkarbonat dargestelltes Pankreaspräparat. 1 Th. entspricht = 2 Th. der frischen Drüse. Bei Diabetes mellitus zu 1—4 g *pro dosi* und 10—15,0 g *pro die.*

**Fettpeptonat** nach MARPMANN. Wird erhalten durch Digeriren von Olivenöl mit frischer Pankreasdrüse. Ein mit Wasser sich leicht emulgirendes und daher leicht resorbirbares Oel.

**Massa ad clysma nutriens.** LEUBE. Circa 300,0 Rindfleisch und 100,0 Bauchspeicheldrüse (vom Rinde oder Schwein) werden höchst fein zerhackt oder mittels Fleischhackemaschine bearbeitet. (Das Gemisch wird alsbald mit warmem Wasser zu einem Breie angerührt und mittelst einer Klystierspritze, welche mit besonderem weitem Endstück versehen ist, in das Rectum injicirt.)

**Vinum Pancreatini. Pankreaswein.** 100,0 frische Bauchspeicheldrüse werden höchst fein zerschnitten mit 20,0 Glycerin, 100,0 Wasser und 350,0 weissem Wein, welcher vorher mit 5,0 gepulvertem Natriumbicarbonat geschüttelt, einige Stunden macerirt und dann kolirt wurde, übergossen, wiederholt durchschüttelt, einen Tag macerirt und nach dem Auspressen filtrirt. Behufs einer längeren Aufbewahrung versetzt man die filtrirte Flüssigkeit mit 20,0 eines 45proc. Weingeistes.

# Paeonia.

Gattung der **Ranunculaceae — Paeonieae.**

**I. Paeonia officinalis L.** Heimisch in Südeuropa, vielfach als Gartenpflanze kultivirt. Mit krautigem Stengel, fiederig zusammengesetzten Blättern, aufrechten Früchten. — Verwendung finden:

1) Die Wurzeln, die zu länglichen, gegliedert ästigen Knollen verdickt sind: **Radix Paeoniae. — Päonienwurzel. — Racine de pivoine officinale** (Gall.). Sie enthalten bis 25 Proc. Stärke, 5 Proc. Zucker, viel Gerbstoff. Das wässerige Destillat soll nach Blausäure riechen.

Früher als Epilepsiemittel verwerthet, auch neuerdings sollen mit dem Fluidextrakt Erfolge erzielt sein.

2) Die Blüthen: **Flores Paeoniae. Flores Rosae benedictae. — Päonienblüthen. Pfingstrosenblüthen. Gichtrosenblüthen. — Fleur de pivoine officinale.** Sie sind von süsslich-zusammenziehendem Geschmack, frisch von widerlichem Geruch.

Man verwendet sie als Bestandtheil von Räucherspecies.

3) Die Samen. Sie sind erbsengross, oval, glänzendschwarz, geruchlos, von öligem Geschmack. Sie sollen ein Alkaloid enthalten.

Sie finden Verwendung zu Halsbändern für zahnende Kinder.

**Epilepsiemittel** von Froendhoff. Ein Säckchen mit Bernsteingrus. Krebsaugen, Korallen und Päonienkernen, das auf der Herzgrube getragen werden soll.

**Epilepsiemittel** der Frau Grossherzogin von Mecklenburg-Schwerin; aus der Hofapotheke in Schwerin, sind Pulver aus 1 Th. kohlensaurem Kalk und 9 Th. Päonienwurzel.

**II. Paeonia Moutan Sims.** Heimisch in China und Japan. „Phonzo Zoufou." Verwendung findet die Wurzel (Botan-Wurzel) resp. deren Rinde gegen nervöse Leiden. Die letztere besteht aus Röhren, sie ist 3 mm dick, dunkelgraubraun, runzelig. Markstrahlen 1—2 reihig. Im Parenchym Oxalatdrusen und Stärke z. Th. in zusammengesetzten Körnern. Geruch und Geschmack an Sassafras erinnernd. Enthält zu 4 Proc. Paeonol (p-Methoxy-o-Oxyacetophenon), das wirkungslos zu sein scheint.

**III. Paeonia albiflora Pall.** in Sibirien, Japan und dem Himalaya. Die Wurzel wird als Gemüse gegessen und bei Frauenkrankheiten verwendet.

**IV. P. obovata Maxim.** In Yesso. „Horap und Orap." Die Wurzel wird innerlich gegen Magenbeschwerden, äusserlich auf Wunden, der Saft der gekauten Samen bei Augenentzündungen und die Samen mit Tabak geraucht gegen Ohrenschmerzen verwendet.

---

# Panis.

**Panis. Brot. Pain** (franz.). **Bread** (engl.).

Das bekannte, aus verschiedenen Getreidefrüchten, vorzüglich aber aus Roggen oder Weizen hergestellte Gebäck.

Roggenbrot. Zur Herstellung wird Roggenmehl zu einem dünnen Brei angerührt und mit dem von einem früheren Gebäck herrührenden „Sauerteig" versetzt. Nach etwa 12 stündiger Einwirkung des letzteren ist ein Theil der Stärke in Zucker verwandelt und dieser z. Th. zu Kohlensäure und Alkohol vergohren. Man bereitet nun durch Einkneten von weiteren Mengen Roggenmehls einen derben Teig, lässt diesen noch einige Zeit in der Wärme stehen. Infolgedessen wird der zähe Teig, weil sich die Kohlensäurebläschen in seinem Innern ausdehnen, lockerer, d. h. der Teig geht auf. — Bringt man diesen aufgegangenen Teig in eine Wärme von 160—300° C. (in den Backofen), so entweichen Wasser und Alkohol dampfförmig, die Kohlensäurebläschen im Teige dehnen sich aus und machen das Brot porös und locker. Durch die Gerinnung der Eiweissstoffe verliert der Teig seine schlaffe Beschaffenheit, die Stärkekörner bersten, werden verkleistert und vereinigen sich innig mit dem Kleber. An den äusseren Partien des Brotes entsteht durch die Einwirkung der Hitze eine braune Kruste, in der die Stärke zum grössten Theile in Dextrin verwandelt ist. Aus 100 Th. Mehl erhält man 120—130 Th. Brot.

Das aus feinem Roggenmehl erbackene Roggenbrot ist relativ hell und enthält weniger Kleienbestandtheile, wirkt also weniger mechanisch reizend auf den Darm. Das aus weniger feinem Roggenmehl erbackene Brot enthält mehr Kleienbestandtheile, wirkt daher stärker mechanisch reizend auf den Darm, enthält aber wesentlich mehr Eiweissstoffe, die aus dem feineren Mehl zugleich mit der Kleie abgeschieden werden.

Roggenbrot besteht aus etwa 20 Proc. Rinde und 80 Proc. Krume. Es enthält ferner etwa 30,0—42,0 Proc. Wasser und 70,0—58,0 Proc. Trockenrückstand. Beim Veraschen hinterlässt das lufttrockene Brot etwa 0,6—1,5 Proc. Mineralbestandtheile.

Weizenbrot (Semmel). Die Lockerung des zu Weizenbrot zu verarbeitenden Teiges aus Weizenmehl erfolgt in der Regel nicht durch Sauerteig, sondern durch Hefe (Bierhefe oder Presshefe).

Ausser der Hefe benutzt man als Auflockerungsmittel noch die gasförmige Kohlensäure in Form der sog. Backpulver, ferner Alkohol im Form von Rum, Arac und Cognac.

***Untersuchung des Brotes.*** 1) Feststellung des Verhältnisses von Rinde und Krume. Man stellt das Gewicht eines sektorförmigen Ausschnittes aus dem Brote fest, trennt die Rinde mit einem scharfen Messer sorgfältig von der Krume und wägt beide.

2) Wassergehalt. Man zerkleinert einen sektorförmigen Ausschnitt aus dem Brote durch Zerschneiden in kleine Würfel, mischt diese gut durch einander und bestimmt den Wassergehalt durch Austrocknen von 5 g der Durchschnittsprobe bei 100° C. bis zum konstanten Gewichte. Erste Wägung nach 6 Stunden, weitere Wägungen in zweistündigen Zwischenräumen. Im Soxhlet'schen Trockenschranke ist die Trocknung nach 5—6 Stunden sicher beendet. — Genauer ist es, wenn man den Wassergehalt von Rinde und Krume gesondert bestimmt und alsdann auf das Gesammtbrot umrechnet.

3) Mineralbestandtheile. 5 g einer Durchschnittsprobe des in kleine Würfel geschnittenen Brotes werden in einer Platinschale bei nicht zu hoher Temperater (dunkle Rothgluth) verascht. Die ziemlich langsam fortschreitende Veraschung wird befördert, wenn man die Platinschale (z. B. mit einer zweiten Platinschale oder einem Platindeckel oder einer Nickel-Schale) theilweise bedeckt. — Man kann zum Veraschen natürlich auch den Trockenrückstand von der Wasserbestimmung verwenden, desgleichen die Rückstände, welche man erhalten hat, falls die Wasserbestimmung in Rinde und Krume gesondert ausgeführt wurde.

Die Asche wird, wenn erforderlich, zurückgestellt zur Prüfung auf Kupfer und Thonerde, bez. zur Bestimmung derselben. Man beachte aber, dass kleine Mengen beider (desgl. von Nickel) auch in normalem Brote vorkommen können.

4) Säuregrad. Man übergiesst 100 g Brot mit 400 ccm kochendem Wasser, lässt eine Stunde stehen und titrirt eine abgemessene Menge der auf 400 ccm gebrachten Flüssigkeit mit Normal-Natronlauge unter Zusatz von Phenolphthaleïn. 1 ccm Normal-Natronlauge zeigt = 0,09 Milchsäure an.

5) Nachweis von Alaun. Man lasse eine Schnitte Brot 6—7 Minuten in einer Campecheholz-Tinktur (bereitet durch Digeriren von 5 Th. Campecheholz mit 100 Th. Alkohol von 96 Proc.) liegen. Nach 2—3stündigem Liegen an der Luft nimmt das Brot bei Gegenwart von Alaun violette Färbung an.

6) Mikroskopische Untersuchung. Man kocht 5 g des Brotes mit 150 ccm Wasser und 5 ccm Salzsäure, fügt einige Körnchen Kaliumchlorat hinzu, lässt absetzen und mikroskopirt den Bodensatz. Vergl. Bd. I, S. 299.

**Mica panis albi,** von den Aerzten mitunter als Constituens von Pillenmassen vorgeschrieben, ist entweder die Krume aus frischen Semmeln oder diese getrocknet und gepulvert (Mica panis albi pulverata).

**Carbo panis. Brotkohle.** Erhalten durch Trocknen, Brennen und Rösten von Brot. War früher beliebter Zusatz von Zahnpulvern.

---

**Aleuron. Aleuronat. Kleber. Klebermehl.** Ein von Dr. Hundhausen in Hamm aus pflanzlichen Rohstoffen (Nebenprodukte bei der Stärkefabrikation) hergestelltes pflanzliches Eiweiss. Ein feines, leichtgelbliches Mehl mit etwa 82 Proc. Eiweiss.

**Avedyk's Brot.** Bezweckt das ganze Getreidekorn zur Broterzeugung heranzuziehen. Das Getreide wird gewaschen, in Wasser gequellt und nun durch Mahlen direkt in einen

Teig verwandelt. Dieser enthält alle Kohlehydrate, ferner alle Eiweissstoffe des Getreides, aber auch alle Kleie. Solches Brot ist wegen des Vorhandenseins der Kleie zum allgemeinen Gebrauche nicht zu empfehlen.

**Brotöl. Patent-Brotöl.** Ist entweder unvermischtes flüssiges Paraffin oder eine Mischung von diesem mit fetten Oelen. Es dient zum Ausreiben der Kuchenformen aus Blech.

**Diabetikerbrot** nach Ebstein. **A)** Weizenbrot mit 27,5 Proc. Eiweiss. Weizenmehl 600,0, Aleuronat 150,0, Hefe 20,0, Milch 500,0, Kochsalz 5,5, Zucker 1,0. **B)** Weizenbrot mit 50 Proc. Eiweiss. Weizenmehl 250,0, Aleuronat 250,0, Milch 350,0, Hefe 40,0, Kochsalz 4,0, Hühnereiweiss No. 2, Zucker 1,0. **C)** Roggenbrot mit 27,5 Proc. Eiweissgehalt. Roggenmehl 1200,0, Aleuronat 300,0, Sauerteig 30,0, Kochsalz 12,0, Wasser laues 1500,0, Kümmel q. s. **D)** Weizenbrot mit 50 Proc. Eiweiss, mit Backpulver bereitet. Weizenmehl 200,0, Aleuronat 200,0, Butter beste 125,0, Kochsalz 4,0, Backpulver 20,0. (Das Backpulver besteht aus 1 Th. Natriumbikarbonat und 2 Th. Weinstein). Ueber die Einzelheiten s. Pharm. Ztg. 1893, 290.

**Diabetikerbrot nach P. Williamson.** 60 g gepulverte Cocosnuss wird unter Zusatz von etwas Hefe mit Wasser angerührt und an einen warmen Ort gestellt, so dass die geringe, in der Cocosnuss enthaltene Zuckermenge zerlegt wird. Aus dieser Paste bereitet man mit gleichen Mengen Aleuronat und etwas Saccharin einen Teig, der zu Brot verbacken wird.

**Gelink'sches Kornbrot** ist identisch mit Avedyk's Brot (s. dieses).

**Grahambrot.** Ein aus Weizenschrot oder aus einer Mischung von Weizen- und Roggenschrot ohne Gährung bereitetes Brot.

**Holzstreumehl zum Brotbacken.** Besteht aus feinem Sägemehl und dient zum Ausstreuen der Brotschüsseln an Stelle des bisher dazu benutzten geringwerthigen Mehles.

**Horsford-Liebig's Backpulver.** Ist eine Mischung von primärem Calciumphosphat, Natriumbikarbonat und Kaliumchlorid.

**Kleberbrot.** Klebermehl wird unter Zusatz von Hefe oder Backpulver mit Wasser zu einem Teige angerührt, und dieser zu Brot verbacken. Das Brot hält sich mehrere Wochen frisch und feucht.

**Kleienbrot** oder **Schwarzbrot** nach Justus von Liebig. 1700,0 grobes Roggenmehl und 800,0 grobes Weizenmehl werden mit 25,0 gepulvertem Natriumbikarbonat und 50,0 Kochsalz durchmischt und 2050,0 dieses Gemisches mit 1700,0—1750,0 Wasser, welchem 100 ccm verdünnte Salzsäure (1,060 spec. Gew.) zugesetzt sind, zu einem gehörig gleichförmigen Teige geknetet. Hierauf wird der Rest des Mehlgemisches (525,0) mit dem Teige vereinigt, der Teig in Brote geformt und dem Bäcker übergeben.

**Kneipp'sches Kraftbrot.** Ist ein aus Weizen- und Roggenschrot, angeblich den Kneipp'schen Vorschriften entsprechend, verbackenes Brot in Stangen.

**Luzin.** Durch beginnende Fäulniss löslich gewordener, dann bei 25—30° C. getrockneter Kleber, in der Zeugdruckerei verwendet.

**Magermilch-Brot.** Ist ein gewöhnliches Brot, bei dessen Bereitung das Mehl mit Magermilch (anstatt mit Wasser) angerührt wird. Der Eiweissgehalt des Brotes wird erhöht und die Magermilch verwerthet.

**Mondamin** ist = präparirtes Maismehl.

**Panier-Mehl.** Ist eine Art Zwieback, zu einem griesartigen Pulver zerkleinert und mit Orlean (oder einem ähnlichen Farbstoffe) röthlichgelb gefärbt.

**Panis glutinaceus, Kleberbrot, Brot für Diabetiker.** 1000 Th. frischer Kleber aus der Bereitung der Weizenstärke, 100 Th. Butter, 500 Th. trocknes gepulvertes Kleienbrot (Kommissbrot), 10 Th. gepulvertes Natriumbikarbonat, 15,0 Kochsalz und 150 Th. Ei (Eiweiss und Eigelb durch Quirlen vereinigt) werden durchmischt und mit der nöthigen Menge Wasser zum Teige gemacht und dieser mit einem Gemisch aus 5 Th. Schlämmkreide, 11 Th. gepulverter Weinsäure und 10 Th. jenes gepulverten Kleienbrotes durchknetet. Aus der Masse werden Brote geformt und diese dem Bäcker übergeben.

**Physiologisches Brot von Minor.** Nach Hensel. 1000 Th. Brotmehl werden mit 40 Th. Hensel's physiologischem Backpulver vermischt und zu Brot verbacken.

**Seidl'sches Kleberbrot für Diabetiker und Fettleibige.** Dem Mehl wird durch Auswaschen ein Theil der Stärke entzogen. Der auf diese Weise mit Eiweiss angereicherte Rückstand wird zur Broterzeugung verwendet. In ähnlicher Weise wird ein Kleberzwieback bereitet.

**Steinmetz'sches Kraftbrot** ist identisch mit Avedyk's Brot (s. dieses).

**Tartarette.** Ein englisches Backpulver, zur Erzielung eines weissen, lockeren Gebäckes. Man erhitzt 1500 Th. krystall. Alaun, bis es nur noch 1000 Th. wiegt, pulvert und mischt 60 Th. Mehl dazu.

**Tartarine.** Ein englisches Backpulver, zur Erzielung eines weissen, lockeren Gebäckes, ist eine Mischung aus 14 Th. gebranntem Alaun mit 2 Th. Mehl.

---

# Papaver.

Gattung der **Papaveraceae — Papaveroideae.**

**I. Papaver somniferum L.** Durch Kultur aus dem im Mittelmeergebiet heimischen Papaver setigerum D. C. entstanden. In zahlreichen Formen zur Opium- und Oelgewinnung sowie als Zierpflanze kultivirt. Einjährig, kahl, blaugrün bereift. Blätter ungleich eingeschnitten-gesägt, sitzend. Die oberen stengelumfassend. Blüthenstiele abstehend behaart. Blüthen weiss, violett oder roth, an der Basis dunkler, selten heller. Staubblätter zahlreich. Kapsel vergl. 2. Verwendung finden:

1) Das aus der unreifen Kapsel gewonnene Opium (vergl. dort).

2) Die unreifen Kapseln selbst:

**Fructus Papaveris** (Austr.). **Fructus Papaveris immaturi** (Germ. Helv.). **Papaveris Capsulae** (Brit.). **Capita Papaveris. Codia. — Mohnfrüchte. Unreife Mohnköpfe. Mohnkapseln. Mohnkolben. Mohnkannen (Schlafthee). — Capsule de pavot blanc ou officinal** (Gall.). **Têtes de pavot. — Poppy Capsules. Poppy Heads.**

***Beschreibung.*** Die kuglige oder ovale Kapsel setzt sich aus bis 15 Karpellen zusammen, deren zusammengewachsene Ränder mit den Placenten nach innen mehr oder weniger weit vorspringen; nach unten ist die Kapsel fast immer kurz gestielt, oben trägt sie die breite Narbenscheibe mit den Narbenstrahlen, deren Anzahl der der Karpelle entspricht. Ueber die Epidermis der Frucht vergl. Opium S. 514 Fig. 59. Im Gewebe ein Kranz von kräftigen Gefässbündeln, deren Zahl der der Placenten entspricht; ihnen vorgelagert in einem unregelmässigen Halbkreis eine Gruppe von gegliederten Milchröhren, deren Inhalt das Opium ist. Ausserhalb dieses Kranzes noch zahlreiche kleinere, unregelmässig verlaufende Gefässbündel. Bei der wilden Form (P. setigerum) und der mit violetten Blüthen und dunklen Samen öffnet sich die Kapsel mit einer der Anzahl der Karpelle entsprechenden Zahl kleiner Klappen. Die Formen mit weissen Blüthen und weissen Samen springen nicht auf, doch finden sich auch Zwischenformen. Form und Grösse der Kapseln sind abhängig von der Form, von der sie gesammelt werden. Frisch riechen sie narkotisch und schmecken bitter, beim Trocknen verliert sich der Geruch völlig, und der Geschmack wird viel schwächer.

***Bestandtheile.*** Höchstens 0,12 Proc. Opiumalkaloide, davon 0,03 Proc. Morphin, 0,04 Proc. Narkotin. Asche 14,28 Proc. Der Alkaloidgehalt ist am höchsten unmittelbar nach dem Abfallen der Blumenblätter und nimmt beim Reifen ab, so dass ganz reife Kapseln gar keine Alkaloide mehr enthalten sollen.

***Einsammlung und Aufbewahrung.*** Man sammelt die Mohnfrüchte im Juli nach dem Abfallen der Blumenblätter, trocknet sie, nachdem man sie gespalten und die jungen Samen entfernt hat, an einem luftigen, schattigen Orte, zuletzt bei gelinder Wärme, schneidet und bewahrt sie auf der Materialkammer auf. 100 Th. frische geben 14 Th. trockne.

Kauft man die Mohnköpfe vom Drogisten, so ist darauf zu achten, dass man auch wirklich solche erhält, die in unreifem Zustande gesammelt sind; als bestes Kennzeichen dafür gilt ein bräunlich glänzender Ueberzug auf der Schnittfläche der Kapsel und des Stieles, entstanden durch Eintrocknen des beim Schneiden ausgetretenen Saftes. Bei reifen Kapseln fehlt derselbe.

Unreife Mohnköpfe dürfen im Geltungsbereiche der Austr. und Germ. im Handverkauf nicht abgegeben werden. Nach Gall. sind sie jährlich zu erneuern.

***Anwendung.*** Aeusserlich zu schmerzlindernden Umschlägen, hauptsächlich aber zur Bereitung des Mohnsirups. Die innerliche Anwendung der Abkochung als Beruhigungsmittel für kleine Kinder ist ein ebenso verwerflicher wie gefährlicher Missbrauch, da er oft genug den Anlass zu einem frühzeitigen Tode gegeben hat. Das Verbot der Abgabe ohne ärztliche Verordnung ist deshalb vollkommen berechtigt, dagegen dürfte die Abgabe reifer Kapseln keinem Bedenken unterliegen (vergl. Bestandtheile).

In Deutschland dem freien Verkehr entzogen.

**† Extractum Papaveris fructus. Extractum capitum Papaveris. Extrait de (capsule de) pavot blanc** (Gall.). Aus geschnittenen Mohnköpfen wie Extr. Colocynthidis Gall. (Bd. I, S. 934).

**Sirupus Papaveris. Sirupus Capitum Papaveris. Sirupus Diacodion** (fälschlich: **Diacodii). Mohnsirup. Beruhigungssaft. Sirop de pavot blanc. Sirop diacode. Syrup of Poppy.** Germ.: 10 Th. mittelfein zerschnittene Mohnköpfe durchfeuchtet man mit 7 Th. Weingeist, lässt mit 70 Th. Wasser 24 Stunden stehen, dampft die zum Sieden erhitzte Pressflüssigkeit auf 35 Th. ein, filtrirt und bereitet mit 65 Th. Zucker 100 Th. Sirup. — Austr. lässt 10 Th. Mohnköpfe mit 5 Th. verdünntem Weingeist und 50 Th. Wasser eine Stunde im Wasserbade digeriren, sonst ebenso. — Diet. empfiehlt, 10 Th. gepulverte Mohnköpfe mit 10 Th. Weingeist und 40 Th. Wasser 4 Stunden bei 35° C. auszuziehen und die Pressflüssigkeit mit Filtrirpapierabfall aufzukochen, wodurch die Wassermenge vermindert und das Eindampfen vermieden wird. — Gall. (Sirupus cum extracto Papaveris albi): 1 Th. Extract. Papaveris albi löst man unter Erwärmen in 3 Th. Weingeist (60proc.), fügt 34 Th. Wasser hinzu und bringt mit 63 Th. Zucker zum Sirup. — Nat. form. 1. 875 ccm Tinct. Papaveris (Nat. form.) dampft man bei gelinder Wärme auf 450 ccm ein, löst 775 g Zucker und bringt nach dem Erkalten mit q. s. Wasser auf 1000 ccm. 2. 125 ccm Tinct. Papaveris mischt man mit 875 ccm Sirup. Sacchari. — Man wendet den Sirup thee- bis esslöffelweise gegen Katarrh an. Die Abgabe im Handverkauf vermeidet man aus den oben angeführten Gründen am besten ganz und verabfolgt als Beruhigungsmittel eine Mischung aus Fenchel- und Süssholzsirup.

3) Die Samen:

**Semen Papaveris** (Germ. Helv.). **Sem. Papaveris album. — Mohnsamen. Magsamen. — Semence ou graine de pavot. — Poppy-seeds.**

***Beschreibung.*** Die Samen des Schlafmohns sind schwarz, grau resp. graublau, braun oder weiss mit mannigfachen Uebergängen. Sie messen 0,88—1,41 mm in der Länge, und zwar sind die schwarzen die kleinsten, die weissen die grössten. Nur diese werden pharmaceutisch verwendet. Sie sind nierenförmig, an der eingebogenen Stelle (Fig. 63a) liegt das Hilum, die kurze Raphe und die Chalaza. Unter der Lupe erscheint der Same mit sechseckigen Maschen bedeckt, die durch eine Emporstülpung der Epidermiszellen zu Stande kommen. Dieselben enthalten reichlich feinkörniges Kalkoxalat. Aus dem übrigen Gewebe der Samenschale ist noch eine Schicht gekrümmter Zellen mit getüpfelten Wänden zu erwähnen. — Die Samenschale umschliesst ein reichliches Endosperm und den gekrümmten Embryo. Beide enthalten in ihren dünnwandigen Zellen neben Plasma fettes Oel und Aleuronkörner, die bis 7 $\mu$ gross werden. Sie enthalten zahlreiche kleine Globoide und Krystalloide.

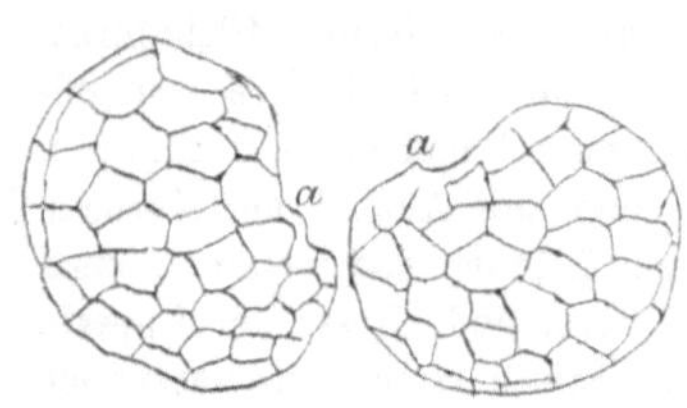

Fig. 63. Samen von Papaver somniferum, schwach vergrössert.

***Bestandtheile*** nach Koenig. 7,46 Proc. Wasser, 19,36 Proc. Stickstoffsubstanz, 38,44 Proc. Fett, 12,78 Proc. stickstofffreie Extraktstoffe, 17,69 Proc. Holzfaser, 4,27 Proc. Asche. In der Trockensubstanz: 20,92 Proc. Stickstoffsubstanz, 41,54 Proc. Fett, 3,39 Proc. Stickstoff. — Die Samenschale enthält 8,7 Proc. Kalkoxalat. Nach anderen Angaben beträgt der Fettgehalt bis 60 Proc. — Die Mohnsamen enthalten keine giftigen Alkaloide.

***Aufbewahrung.*** Am besten nicht über ein Jahr, da sie leicht ranzig schmecken.

***Anwendung.*** Nur noch selten zu Emulsionen. In manchen Gegenden streut man die Samen aufs Brot und verwendet sie auch sonst zur Speise.

4) Das fette Oel der Samen:

**Oleum Papaveris** (Germ.). — **Mohnöl. — Huile de pavot. Huile d'oeillette. Huile blanche. — Poppy-oil. Poppy-seed-oil.**

***Beschreibung.*** Ein blassgelbes, dünnflüssiges, schwach riechendes, angenehm schmeckendes, trocknendes Oel. Es erstarrt bei —18° C., löst sich in gleichen Theilen Aether, 8 Th. heissem, 30 Th. kaltem Alkohol. Bei der Elaïdinprobe bleibt es flüssig. Spec. Gew. 0,92—0,937. Verseifungszahl 192—195. Jodzahl 134—136. Mischt man 10 g Mohnöl mit 5 g Salpetersäure und 5 g Schwefelsäure, so färbt es sich ziegelroth.

***Bestandtheile.*** Glycerinester der Linolsäure, Oelsäure, Palmitin- und Stearinsäure und kleine Mengen Linolen- und Isolinolensäure.

***Prüfung.*** Auf eine Glasplatte in dünner Schicht aufgestrichen und an einem warmen Orte getrocknet, muss es einen klaren, harten, nicht schmierigen Rückstand hinterlassen. — Von Wichtigkeit ist die Bestimmung des spec. Gewichtes und der Jodzahl, die beide sehr hoch sind und Verfälschungen z. B. mit Sesamöl erkennen lassen.

**Oleum Papaveris album.** Um Mohnöl zu bleichen, verfährt man genau so wie bei Darstellung des Oleum Lini album (S. 297).

Als trocknendes Oel ist Mohnöl in dichtverschlossenen, möglichst gefüllten Gefässen im Kühlen aufzubewahren.

***Verwendung.*** Zur Bereitung von Emulsionen und Linimenten, frisch als Speiseöl. Ausserdem verwendet man es in der Oelmalerei und zur Seifenfabrikation.

Die Rückstände von der Oelfabrikation finden als Kraftfutter für Vieh Verwendung: sie enthalten 31,50—36,80 Proc. Rohproteïn, 5,70—13,72 Proc. Rohfett, 8,0—25,80 Proc. stickstofffreie Extraktstoffe. Ist den Samen das Fett durch Pressung entzogen, so kann der Fettgehalt bis 30 Proc. steigen.

**Emulsio communis seu Papaveris**
(F. mag. Berol. et Colon.).
Mohnemulsion. Mohnsamenmilch.

Rp. Emulsionis Sem. Papaveris 20,0 : 185,0
Sirupi simplicis 15,0.
2stündlich 1 Esslöffel.

**Emulsio olei Papaveris.**
Emulsio oleosa (Alte Vorschr.).

| Rp. | | |
|---|---|---|
| | Olei Papaveris | 20,0 |
| | Gummi arabici | 10,0 |
| | Aquae destill. | 15,0 |
| | Aquae destill. | 135,0 |
| | Sirupi simplicis | 20,0. |

f. l. a. emulsio.

**Sirupus Diacodion compositus.**
Keuchhustensaft.

| Rp. | | |
|---|---|---|
| | Sirupi Papaveris | 40,0 |
| | Sirupi Zingiberis | 40,0 |
| | Sirupi Ipecacuanhae | 20,0. |

Theelöffelweise.

**Species ad clysma anodynum** VOGLER.

Rp. Florum Verbasci
Capitum Papaveris āā 25,0.
Zu einem Klystier.

**Tinctura Papaveris** (Nat. form.).
Tincture of Poppy.

| Rp. | | |
|---|---|---|
| 1. | Fruct. Papaveris gr. pulv. | 500 g |
| 2. | Glycerini | 125 ccm |
| 3. | Spiritus (91proc.) | q. s. |
| 4. | Aquae | q. s. |

Man digerirt 1 mit 3000 ccm siedendem Wasser 2 Stunden lang, presst aus, dampft auf 500 ccm ein, setzt 250 ccm von 3 hinzu, filtrirt nach dem Erkalten, fügt 2 hinzu und wäscht den Filterinhalt mit q. s. einer Mischung aus 2 Raumth. Wasser und 1 Raumth. Weingeist, so dass man 1000 ccm Gesammtflüssigkeit erhält.

**Tinctura Papaveris composita.**
Tinctura Diacodion.

| Rp. | | |
|---|---|---|
| 1. | Fruct. Papaveris gr. m. pulv. | 750,0 |
| 2. | Aquae fervidae | 4000,0 |
| 3. | Sacchari pulver. | 100,0 |
| 4. | Extract. Liquirit. radic. | 100,0 |
| 5. | Spiritus (87proc.) | 300,0. |

Man erhitzt 1 und 2 zwei Stunden im Wasserbade, presst aus, dampft auf 500,0 ein, löst 3 und 4, fügt 5 hinzu und filtrirt nach mehrtägigem Absetzenlassen.

Vet. **Élixir calmant de Lebas** (Gall.).

| Rp. | | |
|---|---|---|
| 1. | Extract. Papaveris fruct. | 30,0 |
| 2. | Electuar. Theriaca | 30,0 |
| 3. | Croci | 5,0 |
| 4. | Aloës | 20,0 |
| 5. | Radicis Gentianae | 20,0 |
| 6. | Rhizom. Rhei | 20,0 |
| 7. | Cort. Aurantii fruct. | 20,0 |
| 8. | Aetheris (p. sp. 0,735) | 60,0 |
| 9. | Spiritus (60proc.) | 640,0. |

1—7 mit 9 mehrere Tage maceriren, auspressen, filtriren, dann 8 hinzufügen.

**Essenzöl** von E. und J. BAUER gegen Gicht, ist ein Gemisch aus Mohnöl und Zwiebelsaft.

**Pomade Mandarin** besteht aus Mohnöl, Paraffin, Gipsmehl und Parfüm.

**II. Papaver Rhoeas L.** Wohl im Mittelmeergebiet heimisch, als Ackerunkraut weit verbreitet. Einjährig, von abstehenden Haaren rauh, mit tief fiederspaltigen Blättern und grossen, scharlachrothen, am Grunde der Blumenblätter schwarzfleckigen Blüthen. Kapsel kahl, verkehrt-eiförmig. — Verwendung finden die Blumenblätter:

**Flores Papaveris Rhoeados** (Ergänzb.). **Flores Rhoeados** (Austr. Helv.). **Rhoeados Petala** (Brit.). **Flores Papaveris erratici.** — **Klatschrosenblumen. Klapprosen. Feldrosen.** — **Pétale de coquelicot** (Gall.). **Fleur de coquelicot.** — **Red-Poppy Petals. Red-Poppy Flowers.**

Sie sind queroval, gegen 5 cm gross, zart. Die rothe Farbe wird beim Trocknen schmutzig violett, der schwache Geruch geht verloren. Geschmack schleimig-bitterlich.

Sie enthalten kein Morphin oder andere giftige Opiumalkaloide, dagegen ein Alkaloid: Rhoeadin. Aus dem Farbstoff hat man als Zersetzungsprodukte zwei Säuren isolirt.

***Einsammlung und Aufbewahrung.*** Man sammelt sie im Juni und Juli, streut sie recht locker zum Trocknen aus, da sie andernfalls leicht zu schmierig-weichen Klumpen zusammenbacken, trocknet bei gelinder Wärme oder über Aetzkali nach und bewahrt sie in dichtverschlossenen Blechgefässen an einem trockenen Orte auf. Bei sorgloser Aufbewahrung ziehen sie aus der Luft Feuchtigkeit an. 100 Th. frische Blumenblätter geben 10—11 Th. trockne.

***Anwendung.*** Ihres Schleimgehaltes wegen dienen sie als Bestandtheil von Theemischungen; in frischem Zustande zur Bereitung des Sirupus Rhoeados (Ergänzb.), welcher wegen seiner schön rothen Farbe, die durch Säuren nicht verändert wird, als Zusatz zu sauren Mixturen beliebt ist.

**Ptisana de foliis Papaveris Rhoeados** (Gall.). **Tisane de coquelicot.** Aus 5,0 Klatschrosen und 1000,0 siedendem Wasser durch 1/2stündiges Ausziehen.

**Sirupus Rhoeados** (Ergänzb. Brit.). **Syrupus de Papavere rhoeade. Klatschrosensirup. Klatschrosensaft. Sirop de coquelicot** (Gall.). **Syrup of Red-Poppy.** Ergänzb.: 20 Th. frische Klatschrosen übergiesst man mit 35 Th. siedendem Wasser, seiht nach 12 Stunden ohne Pressung durch, und macht aus 35 Th. Filtrat mit 65 Th. Zucker 100 Th. Sirup. — Brit.: 260 g getrocknete Klatschrosen setzt man nach und nach zu 400 ccm heissem Wasser, erhitzt im Wasserbade, stellt dann 12 Stunden bei Seite und presst aus; dann löst man 720 g Zucker und fügt nach dem Erkalten 50 ccm Weingeist (90proc.) und so viel destillirtes Wasser hinzu, dass man 1160 g Sirup erhält. (In den heissen Ländern darf die Weingeistmenge bis auf das Doppelte erhöht, der Wasserzusatz dementsprechend vermindert werden.) — Gall.: 100,0 getrocknete Klatschrosen lässt man, mit 1500,0 siedendem Wasser übergossen, 6 Stunden stehen, presst aus, lässt absetzen und bringt 100 Th. Seihflüssigkeit mit 180 Th. Zucker durch einmaliges Aufkochen zum Sirup. — Dieterich: 50,0 getrocknete Klatschrosenblätter digerirt man 4 Stunden bei höchstens 35° C. mit 1,0 Citronensäure und 400,0 Wasser, presst aus, kocht in einem blanken Kupferkessel auf, filtrirt und bringt 350,0 Filtrat mit 650,0 Zucker zum Sirup. — Zinnerne und eiserne Geräthe sind bei Bereitung dieses Sirups zu vermeiden. — Dunkelrother Sirup, im Handverkauf ein beliebtes Hustenmittel für Kinder.

---

# Papaverinum.

**I. † Papaverinum. Papaverin. Opium-Papaverin.** $C_{20}H_{21}NO_4$. **Mol. Gew. = 339.** Eine zu 0,5—1,0 Proc. im Opium enthaltene Base.

***Darstellung.*** Fabrikmässig gewinnt man das Papaverin als Nebenprodukt bei der Abscheidung des Morphins nach verschiedenen Verfahren. Im pharmaceutischen Laboratorium kann man zu Uebungszwecken wie folgt verfahren:

Der wässerige Opiumauszug wird mit Aetznatronlauge versetzt, der dadurch bewirkte Niederschlag (welcher gleichzeitig viel Morphin enthält), mit Weingeist digerirt, der weingeistige Auszug eingetrocknet, der Rückstand mit verdünnter Salzsäure aufgenommen, diese Lösung filtrirt und mit Ammoniakflüssigkeit versetzt. Der harzähnliche Niederschlag wird gesammelt, getrocknet, mit gleichviel Weingeist zu einer sirupdicken Masse angerieben und mehrere Tage an einen kaum lauwarmen Ort gestellt. Die dann krystallinische Masse wird ausgepresst, durch Lösen in Weingeist, Behandlung mit thierischer Kohle und Umkrystallisiren gereinigt. Beim ferneren Umkrystallisiren in der salzsauren Lösung findet sich in der Mutterlauge der Rest Narkotin, welcher dem Papaverin etwa noch anhing (Merck). Oder man krystallisirt das unreine Papaverin aus der oxalsauren Lösung um.

***Eigenschaften.*** Aus Alkohol krystallisirt, farblose neutrale, geschmacklose, zarte Prismen, welche bei 147° C. schmelzen. Sie sind in kaltem Wasser fast unlöslich, schwerlöslich in kaltem Alkohol, desgl. in Aether und in Benzol, leichter löslich in heissem Alkohol, leicht löslich in Chloroform und in Aceton. Tertiäre Base; die Salze des Papaverins sind in Wasser meist schwer löslich, leichter löslich in Alkohol. Gegen Reagentien verhält sich das Papaverin wie folgt:

1) Konc. Schwefelsäure soll das Papaverin ohne Färbung auflösen; beim Erwärmen der farblosen Lösung tritt dunkelviolette Färbung ein. Die Präparate des Handels geben aber mit konc. Schwefelsäure schon in der Kälte blauviolette bis violette Lösungen.

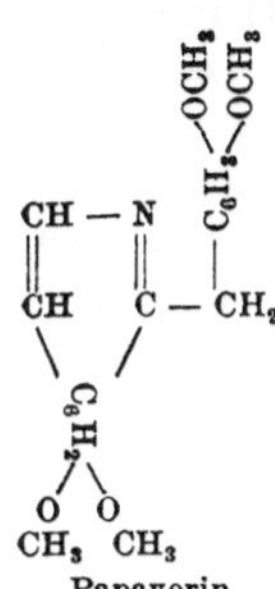
Papaverin.

2) FRÖHDE's Reagens löst in der Kälte mit grüner Färbung; diese geht beim Erwärmen nacheinander in Blau, Violett und Kirschroth über. 3) MANDELIN's Reagens (vanadinhaltige Schwefelsäure) färbt blaugrün und grün. 4) Konc. Salpetersäure löst mit dunkelrother Farbe. 5) ERDMANN's Reagens löst mit dunkelrother Farbe. 6) Chlorwasser löst mit grünlicher Färbung. Auf Zusatz von Ammoniak tritt rothbraune, nach längerer Zeit schwarzbraune Färbung ein. 7) Kaliumferricyanid scheidet das Papaverin aus seinen möglichst wenig freie Säure enthaltenden Lösungen als unlösliches Ferricyanid aus; die Fällung ist nach ca. 24 Stunden quantitativ.

***Aufbewahrung.*** In der Reihe der starkwirkenden Arzneimittel

***Anwendung.*** Papaverin wirkt beruhigend und soll in Gaben von 0,1—0,35 g auch schlaferregend wirken, was indessen von anderer Seite in Frage gestellt wird. Höchstgaben *pro dosi* 0,1 g, *pro die* 0,4 g.

**II. † Papaverinum hydrochloricum. Salzsaures Papaverin. $C_{20}H_{21}NO_4 . HCl$. Mol. Gew. = 375,5.** Wird durch Auflösen von reinem Papaverin in verdünnter Salzsäure und Eindunsten der Lösung über Schwefelsäure dargestellt. — Farblose, rhombische Nadeln, leicht löslich in heissem Wasser, weniger leicht löslich in kaltem Wasser. Wirkt beruhigend auf die Darmbewegungen und wird deshalb bei Diarrhöen, besonders der Kinder, gegeben. Dosis: drei- bis viermal täglich 0,005—0,05 g. Kindern von 2 Jahren z. B. 0,025 g.

---

# Paraffinum.

In der Gross-Technik versteht man unter „Paraffin" aus Kohlenwasserstoffen bestehende Substanzen, welche aus Rohprodukten durch Destillation (!) gewonnen werden und entweder amorph oder von grossblätteriger Struktur und mehr oder weniger durchscheinend sind. Im Handel wirft man unter der Bezeichnung Paraffin mehrere Substanzen durcheinander.

**I. Paraffinum liquidum** (Germ. Brit.). **Petrolatum liquidum** (U-St.). **Flüssiges Paraffin. Paraffin-Oel. Huile de paraffine. Blancolin.** Eine aus Petroleum durch fraktionirte Destillation und Reinigung der betreffenden Fraktionen erhaltene ölartige Flüssigkeit. Das aus Braunkohlentheer gewonnene flüssige Paraffin ist häufig schwefelhaltig.

***Eigenschaften.*** Farblose, klare, nicht fluorescirende, ölartige Flüssigkeit ohne Geruch und Geschmack, vom spec. Gew. mindestens 0,880 (Germ.), nach Brit. 0,885—0,890, nach U-St. etwa 0,875—0,945, bei 360° C. noch nicht zum Sieden gelangend (Germ. und Brit.). Sehr schwer löslich in absolutem oder in 90proc. Alkohol, klar mischbar mit Aether, Amylalkohol, Chloroform, Benzol, Petroleumbenzin, Schwefelkohlenstoff. Setzt bei 0° bis — 2° C. noch keine Krystalle ab. Besteht aus Kohlenwasserstoffen, die je nach dem benutzten Ausgangsmaterial verschieden konstituirt sind.

***Prüfung.*** 1) Man achte darauf, dass das flüssige Paraffin klar, blank und farblos ist: diese Prüfung nimmt man in grösseren Cylindern aus Krystallglas vor und zwar im Vergleich mit Standard-Mustern. 2) Werden 3 ccm flüssiges Paraffin in einem zuvor mit warmer Schwefelsäure ausgespülten Glase mit 3 ccm Schwefelsäure unter öfterem Durchschütteln 10 Minuten auf dem Wasserbade erhitzt, so darf das Paraffin nicht verändert und die Säure nur leicht gebräunt werden. (Fremde Bestandtheile, die nicht *parum affinis* sind.) 3) Kocht man 10 ccm flüssiges Paraffin mit 10 ccm Weingeist, so darf die weingeistige Schicht blaues Lackmuspapier nicht röthen. (Schwefelsäure, organische Säure). Tritt eine deutliche Röthung ein, so bestimmt man die Säurezahl nach S. 506.

***Anwendung.*** Zur Bereitung der Paraffinsalbe, zu subkutanen Injektionen, als Schmiermaterial für Nähmaschinen, Uhren, Fahrräder u. dgl., als Brotöl und Kaffeeglasur.

**II. Paraffinum molle** (Brit.). **Petrolatum molle. Weich-Paraffin. Soft Paraffin.** Aus Petroleum oder Braunkohlentheer durch Destillation und Abkühlung des Destillates erhaltene, aus einem Gemisch verschiedener Kohlenwasserstoffe bestehende Masse.

Farblose oder hellgelbliche, halbfeste, durchscheinende amorphe oder grossblätterig-krystallinische, geruch- und geschmacklose Masse, zwischen den Fingern erweichend und leicht knetbar. Die Löslichkeitsverhältnisse sind die gleichen wie bei dem flüssigen Paraffin. Spec. Gew. = 0,840—0,870, Schmelzpunkt 35,5—39° C. (Nach U-St. spec. Gew. bei 60° C. = 0,820—0,840.)

Wird zur Herstellung der Paraffinkerzen, des Paraffinpapieres verwendet. Die weniger reinen Sorten dienen in der Streichholzfabrikation zum Paraffiniren der Hölzer.

**III. Paraffinum durum** (Brit.). **Petrolatum spissum** (U-St.). **Hart-Paraffin. Hard-Paraffin.** Aus den höheren Fraktionen bei der Destillation des Petroleums durch Abkühlung abgeschiedenes Gemisch von Kohlenwasserstoffen. — Farblose, halbdurchsichtige, krystallinische Massen vom spec. Gew. 0,820—0,940, bei 54,4—57,2° C. schmelzbar. Nach U-St. Schmelzp. 45—51° C., spec. Gew. bei 60° C. = 0,820—0,850. Die Löslichkeitsverhältnisse wie bei den vorigen. Nicht identisch mit dem Paraffinum solidum der Germ., da es durch Destillation gewonnen wird.

**IV. Paraffinum solidum** (Germ.). **Festes Paraffin. Ceresin. Gereinigtes Erdwachs.** Aus dem natürlich vorkommenden Erdwachs (Ceresin) durch einen Reinigungsprocess (Behandeln mit konc. Schwefelsäure, Filtriren über Thierkohle) erhalten.

Undurchsichtige weisse, mikrokrystallinische Masse ohne Geruch und Geschmack, vom spec. Gew. 0,920—0,940, bei 74—80° C. schmelzend. Unlöslich in Wasser, löslich in etwa 35 Th. absolutem Alkohol.

**V. Ceresinum naturale. Natürliches Ceresin. Ceresinum flavum. Ozokerit. Erdwachs. Nefte-Gil. Naft-Gil.** Das natürliche Ceresin wird geschmolzen, filtrirt und wenn nöthig vorher kürzere Zeit mit Thierkohle behandelt. Man erhält alsdann eine dem gelben Wachs ähnliche Masse, die im spec. Gew. und Schmelzpunkt sich dem gereinigten Ceresin (Paraffinum solidum) nähert. Sie wird in den Gewerben, namentlich zum Verfälschen und als Ersatz des gelben Wachses verwendet.

**Unguentum Paraffini.**

I. Paraffinsalbe (Germ.).
Rp. Paraffini solidi (Ceresini) 1,0
Paraffini liquidi 4,0.

II. Paraffin Ointment (Brit.).
Rp. Paraffini duri (Brit.). 9,0
Paraffini mollis (Brit.). 21,0.

**Stilus Paraffini unguens.**

Paraffin-Salbenstift (E. DIETERICH).
Rp. Paraffini solidi (Ceresini)
Paraffini liquidi āā.

**Blumen-Konservirung.** Dieselbe erfolgt durch Eintauchen der Blumen in geschmolzenes Paraffin.

**Bohner-Wachs.** 2 Th. gelbes Ceresin, 0,5 Th. Schuppenparaffin werden zusammengeschmolzen. Man rührt zunächst 1,5 Th. französisches Terpentinöl und zuletzt **mit Vorsicht** 2,0 Th. Benzin darunter.

**Brillant-Paraffin.** Ist ein durch Zusammenschmelzen von 75 Th. Paraffin und 25 Th. Carnaubawachs erhaltenes Gemisch. Als Bohnerwachs und zum Plätten im Gebrauch.

**Brotöl. Brodöl. Patent-Brodöl.** Zum Bestreichen der Kuchenbleche ist flüssiges Paraffin.

**Desinfektin.** Aus den Destillations-Rückständen der Roh-Naphtha hergestellt. Braungelbe Flüssigkeit, in allen Verhältnissen mit Wasser mischbar.

**Emulsin.** Französische Specialität. Angeblich ein unter hohem Drucke oxydirtes Paraffin, zur Herstellung haltbarer, neutraler Emulsionen.

**English Wash-Paraffin.** Ist Weichparaffin und soll das Waschen der Wäsche befördern. Man nimmt auf 10 Liter Wasser = 125 g Seife und 4 g Paraffin.

**Lederschmiere, flüssige. Oleum coriarium.** Dickes Mineralöl, rohes Rüböl je 2000 Th., Fischthran 500 Th., Fichtenharz 250 Th.

**Lederschmiere, dicke. Ledersalbe. Unguentum coriarium.** Dickes Mineralöl und rohes Rüböl je 1000 Th., Weich-Paraffin, Rindertalg und Kolophonium je 500 Th.

**Maschinenöl.** 1) Für Nähmaschinen: Ein Gemenge von gleichen Theilen flüssigem Paraffin und Olivenöl. 2) Für Fahrräder: Flüssiges Paraffin. 3) Für gröbere Maschinen: Konsistentes Mineralöl mit oder ohne Zusatz von thierischem oder pflanzlichem Fett.

**Masut.** Die Rückstände der Destillation von kaukasischem Petroleum, dienen zum Heizen der Kessel in Schiffen und Lokomotiven. Man spritzt das Masut in die Feuerungen ein.

**Mineraltalg.** Ein aus Ceresin und Paraffinöl bereitetes Gemisch von der Konsistenz des Rindertalges. Schmiermittel für Dampfcylinder.

**Mollisin.** Durch Zusammenschmelzen von 4 Th. flüssigem Paraffin mit 1 Th. gelbem Wachs zu erhalten. Salbengrundlage.

**Pannus paraffinatus. Linteum paraffinatum. Paraffinirtes Verbandzeug.** Shirting wird in der Wärme getrocknet und in einer lauwarmen Lösung von 1000 Th. Ceresin, 100 Th. Bienenwachs und 25 Th. Lärchenterpenthin in 5000 Th. Benzin eine Stunde macerirt und dann ausgepresst. Dieses Verbandzeug wird häufig bei Frakturen angewendet. Hier Paraffin in Stelle des Ceresins zu setzen ist nicht zu empfehlen.

**Paraffinkrätze** ist eine beim Verarbeiten von unreinem Paraffin auftretende Hautkrankheit.

**Phonixöl. Vulkanöl. Belmontinöl. Lubricating-Oil** hier Namen für mehr oder weniger konsistente Mineralöle, welche als Schmiermittel verwendet werden.

**Wagenfett.** 1 Th. schweres Paraffinöl und 1 Th. schweres Harzöl werden gemischt. Dann setzt man 5—8 Proc. Kalkstaub zu und arbeitet das Gemenge bei 20—25° C. durcheinander.

---

# Paraldehydum.

**I. † Paraldehydum** (Brit. Germ. U-St.). **Paraldéhyde** (Gall.). **Paraldehyd. Elaldehyde.** $C_6H_{12}O_3$. **Mol. Gew. = 132.**

***Darstellung.*** Wird aus dem gewöhnlichen Acetaldehyd durch Polymerisation dargestellt.

Man destillirt unter guter Kühlung ein Gemisch von 4 Th. Weingeist (von 80 Vol.-Proc.), 6 Th. Braunstein, 6 Th. konc. Schwefelsäure und 4 Th. Wasser. Das Destillat wird unter Zusatz von geschmolzenem Calciumchlorid nochmals rektificirt. Man leitet die Dämpfe über Calciumchlorid, welches auf 22—25° C. erwärmt ist, und kondensirt sie alsdann in einer stark gekühlten Vorlage. — Aus dem so erhaltenen Acetaldehyd entsteht der Paraldehyd, wenn man ersteren bei gewöhnlicher Temperatur mit gasförmiger Salzsäure sättigt. Man mischt mit kleinen Mengen Wasser, destillirt ab, und kühlt die über 100° C. übergehenden Antheile stark ab. Der Paraldehyd krystallisirt alsdann und kann durch nochmalige Rektifikation mit darauf folgendem Abkühlen rein erhalten werden.

***Eigenschaften.*** Der reine Paraldehyd ist eine klare, farblose, eigenthümlich würzig und zugleich erstickend riechende Flüssigkeit von brennend kühlendem Geschmack. Das spec. Gew. ist bei 15° C. = 0,998, der Siedepunkt liegt bei 124° C., also über 100° höher als der des gewöhnlichen Aldehydes. Bei einer Temperatur von 0° C. erstarrt er zu einer farblosen Krystallmasse, welche bei + 10,5° C. wieder schmilzt. Mit Alkohol und Aether ist er in jedem Verhältniss mischbar. — 100 Th. Wasser von 15° C. vermögen fast 12 Th. Paraldehyd aufzulösen, ohne dass sich später ölige Tropfen abscheiden; dabei ist beachtenswerth, dass die Löslichkeit des Präparates in warmem Wasser geringer ist als in kaltem. Die kaltgesättigte, klare Lösung von Paraldehyd in Wasser trübt sich daher beim Erwärmen; bei 100° C. scheidet sich etwa die Hälfte des gelösten Paraldehydes ab.

```
          CH3
          |
          C — H
         / \
        O   O
       /     \
CH3 — C — O — C — CH3
      |       |
      H       H
```

Paraldehyd.

Im übrigen zeigt der Paraldehyd alle Eigenschaften eines echten Aldehydes; er ist ein Reduktionsmittel, giebt z. B. beim schwachen Erwärmen mit ammoniakhaltiger Silbernitratlösung einen Aldehyd- (Silber-) Spiegel, geht durch Oxydation in Essigsäure über (schon durch den Luftsauerstoff), beim Erwärmen mit Kalihydrat liefert er unter Gelbfärbung würzig riechendes Aldehydharz. Bei der Destillation für sich geht er theilweise in gewöhnlichen

Aldehyd über; beim Destilliren mit ein wenig Schwefelsäure ist diese Umwandlung eine totale.

***Aufbewahrung.*** Vorsichtig, vor Licht geschützt, in nicht zu grossen Flaschen (z. B. von 200 ccm Fassungsraum).

***Prüfung.*** 1) Er siede in seiner ganzen Menge bei 123—125° C. und erstarre unter 0° C. zu Krystallen, welche bei 10° C. schmelzen. (Gewöhnlicher Aldehyd siedet bei 21° C. und würde das Erstarren verhindern bez. den Schmelzpunkt herabdrücken.) — 2) Werden 5 ccm auf dem Wasserbade verdunstet, so darf kein übelriechender Rückstand hinterbleiben (Amylaldehyd, Valeraldehyd). — 3) 1 Th. muss sich in 10 Th. Wasser bei 15° C. lösen (Amylalkohol, Valeraldehyd sind schwer löslich), beim Erwärmen muss sich diese Lösung trüben (gewöhnlicher Aldehyd, Alkohol). — 4) Die kaltgesättigte wässerige Lösung darf nach dem Ansäuern mit Salpetersäure weder durch Silbernitrat- noch durch Baryumnitratlösung getrübt werden. (Salzsäure bez. Schwefelsäure.) — 5) Eine Mischung von 1 ccm Paraldehyd und 1 ccm neutralem Weingeist darf nach Zusatz eines Tropfens Normal-Kalilauge saure Reaktion nicht zeigen. Man stellt dies entweder mittels Lackmuspapier oder durch Zugabe von 1—2 Tropfen Lackmustinktur fest.

***Anwendung.*** Man giebt den Paraldehyd als beruhigendes Mittel (Sedativum) in Mengen von 1—2 g, als Schlafmittel zu 3,0—6,0—10,0 g (im letzteren Falle auf mehrere Einzeldosen vertheilt), in Mixturen, auch mit Gummischleim kombinirt, seltener in Suppositorien. Als Geschmackscorrigens ist Rum oder Citronenessenz empfohlen. Auch wird er als Antidot des Strychnins angewendet. Der Athem riecht nach dem Einnehmen von Paraldehyd intensiv nach Aldehyd. Höchstgaben: *pro dosi* 5,0 g, *pro die* 10,0 g (Germ.).

**Elixir Paraldehydi** (Nat. form.).

| | | |
|---|---|---|
| Rp. | Paraldehydi | 250,0 ccm |
| | Glycerini | 125,0 „ |
| | Spiritus (95 Proc.) | 315,0 „ |
| | Tincturae Cardamomi | 17,5 „ |
| | Olei Aurantii | |
| | Olei Cinnamomi ää | 2,0 „ |
| | Tincturae Persionis | 15,0 „ |
| | Elixir aromatici q. s. ad | 1000,0 „ |

**Emulsio Paraldehydi** BERGER.

| | | |
|---|---|---|
| Rp. | Gummi arabici | |
| | Paraldehydi ää | 18,0 |
| | Aquae q. s. ad emulsionis | 150,0 |
| | Sirupi Amygdalarum | 30,0. |

**Clysma Paraldehydi** LINDNER.

| | | |
|---|---|---|
| Rp | Paraldehydi | 5,0 |
| | Mucilaginis Gummi arabici | 100,0 |
| | Aquae q. s. ad | 200,0. |

**II. Aldehydum.** **Aethylaldehyd. Gewöhnlicher Aldehyd. $C_2H_4O$. Mol. Gew. = 44.** Entsteht, wie oben angegeben, durch Oxydation des Aethylalkohols. Farblose, leicht bewegliche Flüssigkeit von erstickendem Geruche. Siedepunkt 21° C., spec. Gew. bei 16° = 0,7876. Mit Wasser und Alkohol in jedem Verhältniss und unter Wärmeentwicklung mischbar, mit Aether mischbar ohne Wärmeentwicklung. Nimmt aus der Luft leicht Sauerstoff auf und oxydirt sich zu Essigsäure. — Der absolut reine Aldehyd ist sehr theuer und darf nur auf ausdrückliche Bestellung dispensirt werden. Ein technischer Aldehyd von geringerer Reinheit wird aus den Vorläufen der Spiritusrektifikation gewonnen.

**Liebesbarometer, Füllungsflüssigkeit.** Ist mit Fuchsin rothgefärbter, technischer Aldehyd.

**III. † Paraformaldehyd.** **Paraform. Triformol. Trioxymethylen. $(CH_2O)_3$. Mol. Gew. = 90.**

Hinterbleibt beim Eindampfen oder Abdestilliren einer koncentrirten wässerigen Formaldehydlösung als weisse, porcellanartige Masse.

Weisse, undeutlich krystallinische Masse, bei gewöhnlicher Temperatur fast geruchlos, in der Wärme stechend riechend, unlöslich in Wasser, bei 152° C. schmelzend, aber schon unter 100° C. sublimirend. Das sublimirte Trioxymethylen schmilzt bei 171 bis 172° C. Beim Erhitzen für sich oder mit Wasser geht es wieder in gewöhnlichen Formaldehyd über.

Es wird zur Zeit besonders zur Desinfektion angewendet und zu diesem Zweck durch starkes Pressen in die Form von Pastillen in den Handel gebracht.

# Parietaria.

Gattung der **Urticaceae — Parietarieae.**

**Parietaria officinalis L.** Heimisch im südlichen und mittleren Europa. „Glaskraut, Tag und Nacht, Rebhuhnkraut, Wendkraut." Mehrjährig. Stengel aufrecht und einfach, oder ausgebreitet und ästig. Blätter rundlich bis elliptisch, ganzrandig, dreinervig.

Lieferte früher Herba Parietariae, jetzt noch in der Gall. als Pariétaire. Gilt als harntreibend, wurde äusserlich auch als Wundmittel verwendet.

---

# Pelletierinum.

Die Granatwurzelrinde enthält, wie Bd. I, S. 1248 angegeben ist, vier als Pelletierin, Methylpelletierin, Pseudopelletierin und Isopelletierin bezeichnete Alkaloide, von denen das Pelletierin als der Hauptträger der wurmtreibenden Wirkung angesehen wird.

**† Pelletierinum. Punicin. $C_8H_{15}NO$. Mol. Gew. = 141.**

***Darstellung.*** Die gepulverte Granatwurzelrinde wird mit Kalkmilch versetzt und in einem Perkolator mit Wasser ausgezogen. Den erhaltenen Auszug schüttelt man mit Chloroform aus und entzieht diesem die Basen durch Schütteln mit stark verdünnter Schwefelsäure. Diese Lösung, welche sämmtliche Alkaloide enthält, wird mit überschüssigem Natriumbikarbonat versetzt, wodurch Pseudopelletierin und Methylpelletierin ausgeschieden werden, die man durch Ausschütteln mit Chloroform entfernt. Aus der rückständigen natriumbikarbonathaltigen Flüssigkeit scheidet man Pelletierin und Isopelletierin mit Kalilauge ab und schüttelt mit Chloroform aus. Dieser Lösung entzieht man die beiden Alkaloide mit verdünnter Schwefelsäure. Man dampft die Sulfatlösung zur Trockne und setzt den Salzrückstand auf Filtrirpapier der Luft aus. Isopelletierinsulfat zerfliesst an der Luft und zieht in das Filtrirpapier ein, während Pelletierinsulfat in Krystallen zurückbleibt. — Man zerlegt das Sulfat mit Kalihydrat, schüttelt die Base mit Chloroform oder Aether aus, destillirt das Lösungsmittel ab, trocknet die Base mit Aetzkali und destillirt sie im Wasserstoffstrome.

***Eigenschaften.*** Eine ölige, farblose, an der Luft sich bräunende Flüssigkeit von aromatischem, an Wein erinnerndem Geruch. Spec. Gew. bei 0° C. = 0,999, bei 21° C. = 0,985. Siedepunkt = 195° C. Die freie Base ist rechtsdrehend; die Salze dagegen sind linksdrehend. Durch Erhitzen auf 100° C. wird das Pelletierin optisch inaktiv. Es löst sich in 20 Th. Wasser, in jedem Verhältnisse in Alkohol, Aether und Chloroform, giebt alle Reaktionen der Alkaloide, ist eine starke, alkalisch reagirende Base, giebt z. B. mit Salzsäuredämpfen Nebel und bildet gut krystallisirende Salze. Platinchlorid erzeugt in der wässerigen Pelletierinlösung keinen Niederschlag. In den Lösungen der Blei-, Zink-, Quecksilber- und Silbersalze erzeugt Pelletierin weisse, mit Cobaltnitrat und Kupfersulfat blaue Niederschläge. Der durch Gerbsäure bewirkte Niederschlag ist im Ueberschusse des Fällungsmittels löslich.

***Aufbewahrung.*** Vorsichtig, vor Licht und Säuredämpfen geschützt.

***Anwendung.*** Die freie Base wird nur selten in Gaben von 0,1—0,5 g in Pulvern und Pillen als Bandwurmmittel verwendet. Häufiger giebt man die folgenden Salze.

**† Pelletierinum sulfuricum $(C_8H_{15}NO)_2 . H_2SO_4$. Mol. Gew. = 380. Punicinum sulfuricum. Pelletierinsulfat. Punicinsulfat.** Wird durch genaue Neutralisation von 10 Th. freier Pelletierinbase mit ca. 20 Th. verdünnter Schwefelsäure (von 16 Proc.) und Eintrocknen der Salzlösung über Calciumchlorid dargestellt.

Weisse, krystallinische, nicht hygroskopische Masse, leicht in Wasser löslich. Beim Stehen an der Luft, ebenso beim Verdampfen der wässerigen Lösung nimmt es leicht saure Reaktion und gelbbraune Farbe an. ***Aufbewahrung.*** Vor Licht geschützt, vorsichtig. Anwendung wie das folgende.

† **Pelletierinum tannicum** (Ergänzb.). **Punicinum tannicum. Gerbsaures Pelletierin. Gerbsaures Punicin.**

Zur Darstellung fällt man eine wässerige Lösung von 1 Th. Pelletierinsulfat mit einer wässerigen Lösung von 3,3 Th. Gerbsäure, die vorher mit Ammoniakflüssigkeit genau neutralisirt worden ist. Der Niederschlag wird mit Wasser gewaschen, bei gelinder Wärme getrocknet und zerrieben. — Das Pelletierintannat des Handels besteht gewöhnlich aus den Tannaten sämmtlicher in der Granatwurzelrinde enthaltenen Basen. Man erhält dieses Präparat, indem man 1 Th. des bei der Darstellung des Pelletierins erhaltenen Basengemisches (s. oben), ohne die einzelnen Glieder zu trennen, in Alkohol löst, eine alkoholische Lösung von 3 Th. Gerbsäure zugiebt und das Ganze bei gelinder Wärme eintrocknet.

Ein gelblich-weisses, geruchloses, amorphes, meist aus einem Gemische der Tannate der in der Granatrinde enthaltenen Alkaloïde bestehendes Pulver von zusammenziehendem Geschmacke und schwach saurer Reaktion. Es löst sich etwa in 700 Th. Wasser oder in etwa 80 Th. Weingeist. In verdünnten Säuren ist es beim Erwärmen leicht löslich.

Die wässerige Lösung wird durch Eisenchloridlösung blauschwarz gefärbt. Wird die salzsaure Lösung des Pelletierintannats mit überschüssiger Natronlauge versetzt und dann mit Aether ausgeschüttelt, so verbleiben nach dem freiwilligen Verdunsten des Aethers schwach gelbliche, ölige, eigenthümlich riechende, stark alkalisch reagirende Tropfen, welche bei Annäherung von Salzsäure Nebel bilden. — Bei Luftzutritt erhitzt, verbrenne 0,1 g ohne einen wägbaren Rückstand zu hinterlassen.

***Aufbewahrung.*** Vorsichtig. ***Anwendung.*** Als Bandwurmmittel in Gaben von 0,5—1,5 g nach 24stündigem Fasten, am besten in einem Senna-Aufguss.

---

# Pepsinum.

**Pepsinum** (Austr. Brit. Germ. Helv. U-St.). **Pepsine** (Gall.). **Pepsin. Pepsinyle. Chymosine. Gasterase.** Ein von den Labdrüsen des Magens secernirtes und im sauren Magensafte enthaltenes Ferment (Enzym), welches die Eigenschaft hat, in saurer Flüssigkeit Eiweiss zu verdauen.

***Darstellung.*** Diese erfolgt aus dem Magen des Schweines und dem Labmagen des Schafes und Kalbes fabrikmässig nach nicht näher bekannt gegebenen Verfahren. Man unterscheidet im Handel koncentrirtes Pepsin und verdünntes Pepsin und zwar versteht man unter letzterem Verreibungen des koncentrirten Pepsins mit indifferenten Verdünnungsmitteln. Das absolut reine Pepsin ist noch nicht bekannt.

**A)** Des koncentrirten Pepsins. **1)** Die Magenschleimhaut des Schweines wird von der Muskelschicht abpräparirt und mit salzsäurehaltigem Wasser ausgezogen. Aus der filtrirten wässerigen Lösung scheidet man das Pepsin durch Fällung mit Kochsalz ab. Der Niederschlag wird hierauf in Wasser gelöst, die filtrirte Lösung zur Entfernung des Kochsalzes dialysirt und der im Dialysator verbleibende Rückstand durch Aufstreichen auf Glasplatten bei 40° C. zur Trockne gebracht. — **2)** Man kratzt die gereinigte Schleimhautschicht ab, extrahirt sie mit 5procentigem Alkohol und bringt den filtrirten Auszug im Vacuum oder bei nicht über 40° C. zur Trockne. — **3)** Man zieht die Magenschleimhaut mit phosphorsäurehaltigem Wasser aus und versetzt das klare Filtrat mit Kalkwasser. Der entstehende Niederschlag von Tricalciumphosphat reisst das Pepsin mechanisch nieder. Man löst den Niederschlag in Salzsäure auf und erzeugt nun in der Flüssigkeit einen neuen Niederschlag durch Eintröpfeln einer Lösung von Cholesterin in Aetheralkohol. Der aus Cholesterin + Pepsin bestehende Niederschlag wird dann mit Aether extrahirt, wodurch das Cholesterin in Lösung geht, während das Pepsin ungelöst zurückbleibt.

**B)** Die verdünnten Pepsine stellt man dar durch Verreibung der koncentrirten Pepsine mit indifferenten Verdünnungsmitteln. Als solche werden benutzt: Milchzucker wasserfreies Natriumsulfat, Stärke, Mannit.

***Eigenschaften.*** Die koncentrirten Pepsine in ihrer reinsten Form stellen hellgelbliche bis bräunliche, mehr oder weniger hygroskopische, amorphe Massen dar. Die guten Sorten riechen schwach, der Geruch wird als „brotartig“ beschrieben, geringere Sorten haben thierischen, leimartigen Geruch. Unter keinen Umständen darf der Geruch faulig sein. — Von salzsäurehaltigem Wasser wird Pepsin zu einer etwas trüben Flüssigkeit gelöst; aus dieser wird es durch genügende Mengen von Kochsalz oder Alkohol ausgefällt.

Glycerin hat ebenfalls die Eigenschaft, das Pepsin aufzulösen; auch aus dieser Lösung wird letzteres durch Alkohol wieder gefällt. — Reaktionen und Formel lassen sich für das Pepsin nicht angeben, weil man das reine Pepsin, falls eine solche Substanz überhaupt existirt, noch nicht kennt.

Die wichtigste und charakteristische Eigenschaft des Pepsins ist die, dass es unter bestimmten Verhältnissen Eiweiss verdaut, d. h. Pepsin löst Fibrin und gekochtes Eiweiss, indem es diese in Albumosen und Pepton umwandelt. Diese Wirkung findet indess nur statt bei gleichzeitiger Gegenwart von Säure, am besten Salzsäure, und sie ist am intensivsten bei einer Temperatur von 35—40° C. In neutraler oder alkalischer Flüssigkeit wirkt das Pepsin auf Eiweiss nicht ein. — Wird eine Pepsinlösung über 40° C. hinaus erhitzt, so nimmt das Verdauungsvermögen allmählich ab, über 60° C. hinaus ist es vollständig vernichtet. Ebenso wird in stark alkoholischer Flüssigkeit das Verdauungsvermögen zerstört.

Man hat dieses Verdauungsvermögen des Pepsins als Maassstab für seine Wertbestimmung angenommen. Indessen ist dabei folgendes zu beachten: Die Menge Eiweiss, welche von Pepsin gelöst wird, ist unter sonst gleichen Verhältnissen um so grösser, je grösser der vorhandene Ueberschuss an Eiweiss ist, weil alsdann das Eiweiss dem Pepsin mehr Angriffspunkte bietet. Bei der Werthbestimmung des Pepsins muss man daher die vorgeschriebenen Verhältnisse streng einhalten und kann nur solche Ergebnisse mit einander vergleichen, welche genau nach der gleichen Untersuchungs-Methode erhalten worden sind, d. h. man darf nicht das eine Mal wenig Pepsin auf viel Eiweiss und das andere Mal viel Pepsin auf wenig Eiweiss einwirken lassen und dann etwa die Mengen Eiweiss berechnen wollen, die durch die Pepsine gelöst worden sind. Man würde hierbei zu völlig falschen Ergebnissen kommen.

**Koncentrirtes Pepsin.** **Pepsinum** (Brit. U-St.). **Pepsine extractive** (Gall.). Das Pepsin der Brit. wird als 2500fach, das der U-St. als 3000faches bezeichnet, d. h. das der Brit. soll unter den vorgeschriebenen Bedingungen die 2500fache, das der U-St. die 3000fache Menge seines Gewichtes an gekochtem Hühnereiweiss verdauen.

Brit. Uebergiesst man 12,5 gekochtes und fein zerkleinertes Eiweiss mit einer Lösung von 0,005 g Pepsin in 125 ccm Wasser und 1 g Salzsäure (von 25 Proc.) und hält diese Mischung unter häufigem Umschütteln 6 Stunden bei 40,5° C., so soll das Eiweiss bis auf geringe Reste von Häutchen aufgelöst werden. Es wird also die Auflösung der 2500fachen Menge Eiweiss verlangt.

U-St. Uebergiesst man 10 g gekochtes und fein zerkleinertes Eiweiss mit einer Lösung von 0,00335 g Pepsin in 100 ccm Wasser und 0,8 ccm Salzsäure (von 25 Proc.) und hält diese Mischung unter häufigem Umschütteln 6 Stunden bei 38—40 C., so soll das Eiweiss bis auf geringe Flöckchen und Häutchen gelöst werden. Es wird also die Auflösung der 3000fachen Menge Eiweiss verlangt.

Gall. Uebergiesst man 10 g trockenes Schweinsfibrin mit einer Auflösung von 0,2 g Pepsin in 60 g Wasser und 0,8 g Salzsäure (von 25 Proc.) und hält diese Mischung unter häufigem Umschütteln 6 Stunden lang bei 50° C., so soll das Fibrin gelöst werden.

**Verdünntes Pepsin.** **Pepsinum** (Austr. Germ. Helv.). Die drei genannten Pharmakopöen haben als „Pepsin" Mischungen des Pepsins mit indifferenten Verdünnungsmitteln aufgenommen, und zwar soll 1 Th. Pepsin unter den angegebenen Bedingungen (!) 100 Th. gekochtes Eiweiss in Lösung überführen. Ein solches Pepsin pflegt man als 100 procentiges zu bezeichnen. Als indifferentes Verdünnungsmittel ist von den genannten drei Pharmakopöen Milchzucker zwar nicht ausdrücklich vorgeschrieben, aber, wie aus dem Zusammenhange hervorgeht, gemeint. Weisses bis gelbliches Pulver von schwach brotartigem Geschmacke, zuweilen hintennach bitterlich schmeckend. Es reagire schwach sauer, niemals alkalisch. Ein verdünntes Pepsin ist von der Gall. als **Pepsine medicinale** aufgenommen worden.

Austr. 0,1 g Pepsin, in 150 ccm Wasser und 1,25 g Salzsäure (25 Proc.) gelöst, muss 10 g fein zerriebenes, gekochtes Hühnereiweiss innerhalb 4—6 Stunden, bei einer Temperatur von 40° C. öfter geschüttelt, in eine wenig opalisirende Flüssigkeit verwandeln.

Germ. Von einem Ei, welches 10 Minuten in kochendem Wasser gelegen hat, wird das erkaltete Eiweiss durch ein grobes Pulver-Sieb gerieben. 10 g dieses zertheilten Eiweisses werden mit 100 ccm warmem Wasser von 50° C. und 10 Tropfen Salzsäure (von

25 Proc.) gemischt und dann 0,1 g Pepsin hinzugefügt. Wird dann das Gemisch unter wiederholtem Durchschütteln eine Stunde bei 45° C. stehen gelassen, so muss das Eiweiss bis auf wenige weissgelbliche Häutchen gelöst sein.

Helv. Das Eiweiss eines Eies, welches 5 Minuten in Wasser gekocht worden ist, wird nach dem Erkalten durch ein grobes Pulver-Sieb gerieben. 10 g dieses Eiweisses werden mit 100 g Wasser von 50° C. und 0,8 g Salzsäure (von 25 Proc.) gemischt; dann giebt man eine Anreibung von 0,1 g Pepsin in wenig Wasser zu und digerirt unter öfterem Schütteln bei 40° C. Nach 1—2 Stunden soll das Eiweiss bis auf wenige Flöckchen gelöst sein. Nach 6stündiger Einwirkung sollen einige ccm der Lösung durch 20—30 Tropfen Salpetersäure höchstens schwach getrübt werden.

Gall. Die Prüfung des *Pepsine medicinale* erfolgt in der nämlichen Weise wie diejenige des *Pepsine extractive*, nur sind (an Stelle von 0,2 g) 0,5 g des zu prüfenden Pepsins anzuwenden. Als indifferentes Verdünnungsmittel ist von der Gall. Weizenstärke vorgeschrieben.

Die technische Ausführung der physiologischen Prüfung des Pepsins erfolgt in der Weise, dass man das Pepsin mit dem salzsäurehaltigen Wasser anreibt, die Lösung in einen Kolben von ca. 250 ccm Fassungsraum überführt und nun das zerkleinerte Eiweiss zugiebt. Man schüttelt um und hängt das Kölbchen mittels einer Klammer in ein grösseres (!) Wasserbad von ca. 10 Liter Inhalt ein, welches auf ca. 2—3° C. höher temperirt ist, als es die Vorschrift angiebt. Man kontrollirt die Temperatur, indem man ein Thermometer in das Wasserbad und ein zweites in einen der Beobachtungskolben einhängt. Die Temperatur des Wasserbades wird auf der gewünschten Höhe durch Zugiessen von wärmerem oder von kälterem Wasser geregelt. Man kann unter das Wasserbad auch ein kleines Flämmchen stellen, hat aber alsdann die Temperatur sehr sorgfältig zu beobachten. — Man setzt stets mehrere Versuche an und zieht das Durchschnittsergebniss aus denjenigen, welche am günstigsten verlaufen sind. — Das koagulirte Eiweiss wird durch das Pepsin gelöst und zunächst in Hemialbumose verwandelt, welche durch Salpetersäure noch gefällt wird. Nach längerer (mehrstündiger) Einwirkung tritt die Umwandlung in Pepton ein, welches durch Salpetersäure nicht mehr gefällt wird.

***Aufbewahrung.*** Man bewahre das in trockenem Zustande in die trockenen Gefässe eingefüllte Pepsin an einem kühlen, trockenen Orte auf. Lichtschutz ist für grössere Vorräthe zu empfehlen.

Bei mangelhafter Aufbewahrung verringert sich die verdauende Kraft des Pepsins. Präparate, welche faulig oder sonst unangenehm (modrig) riechen, müssen verworfen werden.

***Anwendung.*** Pepsin wird als ein die Verdauung beförderndes Mittel bei solchen Krankheiten angewendet, bei denen man auf mangelhafte Pepsinabsonderung der Magenschleimhaut schliesst, und man verordnet es in der Regel direkt mit Salzsäure kombinirt und zwar gelöst in Wasser oder Wein, oder auch in der Form der sog. Pepsin-Salzsäure-Dragées.

**Glycerinum Pepsini** (Brit.). Man reibt 80 g Pepsin (Brit.) mit einer Mischung von 525 ccm Glycerin und 15,0 g Salzsäure (von 25 Proc.) an und giebt soviel destillirtes Wasser hinzu, dass das Gesammtvolumen 875 ccm beträgt. Nach 8tägigem Stehen wird filtrirt. Das Glycerin hat die Eigenschaft, das Verdauungsenzym des Pepsins in Lösung überzuführen und zu konserviren.

**Pepsinum saccharatum** (U-St.). **Saccharated Pepsin.** 1 Th. Pepsin (U-St.) wird mit 9 Th. getrocknetem Milchzucker innig verrieben. Ein sogenanntes 300faches Pepsin. Die Prüfung erfolgt in der bei dem koncentrirten Pepsin der U-St. angegebenen Weise, nur nimmt man (an Stelle von 0,00335 g) 0,0335 g des verdünnten Pepsins.

**Elixir Cinchonae, Ferri et Pepsini** (Nat. form.).

| | | |
|---|---|---|
| Rp. | Pepsini (U-St.) | 17,5 g |
| | Acidi hydrochlorici (25 Proc.) | 6,0 „ |
| | Aquae | 175,0 „ |
| | Elixir Cinchonae et Ferri q. s. ad | 1000,0 ccm. |

**Elixir digestivum compositum** (Nat. form.).

| | | |
|---|---|---|
| Rp. | Pepsini concentrati (U-St.) | 10,0 |
| | Pancreatini | 1,0 |
| | Diastase | 1,0 |
| | Acidi lactici | 3,0 |
| | Acidi hydrochlorici (25 Proc.) | 8,0 |
| | Glycerini | 250,0 ccm |
| | Aquae | 125,0 ccm |
| | Tincturae Persionis | 15,0 „ |
| | Talci Veneti | 15,0 g |
| | Elixir aromatici (U-St.) q. s. ad | 1,0 l. |

**Elixir Pepsini.**

I. Gall.

| | | |
|---|---|---|
| Rp. | Pepsini medicinalis (Gall.) | 50,0 |
| | Aquae destillatae | 450,0 |
| | Sirupi Sacchari | 400,0 |
| | Spiritus (von 80 Vol. Proc.) | 150,0 |
| | Olei Menthae piperitae | q. s. |

II. Nat. form.

| Rp. | | |
|---|---|---|
| | Pepsini (U-St.) | 17,5 g |
| | Acidi hydrochlorici (25 Proc.) | 6,0 „ |
| | Glycerini | 125,0 ccm |
| | Elixir Taraxaci compositi | 65,0 „ |
| | Spiritus (95 Proc.) | 175,0 „ |
| | Talci Veneti | 15,0 g |
| | Sacchari | 250,0 „ |
| | Aquae q. s. ad | 1,0 l. |

Nach mehrtägigem Stehen zu filtriren.

**Elixir Pepsini et Bismuthi** (Nat. form.).

| Rp. | | |
|---|---|---|
| | 1. Pepsini concentrati | 17,5 g |
| | 2. Bismuthi-Ammonii citrici | 35,0 „ |
| | 3. Liquoris Ammonii caustici | q. s. |
| | 4. Glycerini | 125,0 ccm |
| | 5. Spiritus (96 Vol. Proc.) | 175,0 „ |
| | 6. Sirupi Sacchari | 250,0 „ |
| | 7. Elixir Taraxaci compositi | 65,0 „ |
| | 8. Talci Veneti | 15,0 g |
| | 9. Aquae q. s. ad | 1,0 l. |

Man löst 1 in 200 ccm Wasser, ferner 2 in 60 ccm warmem Wasser unter Zugabe eines q. s. von 3, so dass Auflösung erfolgt. Hierauf sind die übrigen Bestandtheile zuzufügen; die fertige Mischung ist zu filtriren.

**Elixir Pepsini et Ferri** (Nat. form.).

| Rp. | | |
|---|---|---|
| | Tincturae Ferri Citro-Chloridi | 75,0 ccm |
| | Elixir Pepsini (Nat. form.) | 925,0 „ |

**Glyceritum Pepsini** (Nat. form.).

Ist identisch mit Glycerinum Pepsini Brit.

**Liquor Pepsini** (Nat. form.).

| Rp. | | |
|---|---|---|
| | Pepsini saccharati (U-St.) | 40,0 g |
| | Acidi hydrochlorici (25 Proc.) | 20,0 „ |
| | Glycerini | 325,0 ccm |
| | Aquae | 650,0 „ |

**Liquor Pepsini aromaticus** (Nat. form.).

| Rp. | | |
|---|---|---|
| | Pepsini concentrati (U-St.) | 17,5 g |
| | Olei Cinnamomi | |
| | Olei Pimenti | ãã gtt. IV |
| | Olei Caryophyllorum | gtt. VIII |
| | Talci Veneti | 15,0 |
| | Spiritus (96 Vol. Proc.) | 35,0 ccm |
| | Acidi hydrochlorici (25 Proc.) | 12,5 „ |
| | Glycerini | 250,0 „ |
| | Aquae q. s. ad | 1,0 l. |

Nach mehrtägigem Absetzen zu filtriren.

**Mixtura Pepsini** (Form. Berol.)

| Rp. | | |
|---|---|---|
| | Pepsini | 5,0 |
| | Acidi hydrochlorici (25 Proc.) | 1,0 |
| | Tincturae Aurantii | 5,0 |
| | Sirupi Sacchari | 20,0 |
| | Aquae q. s. ad | 200,0. |

**Mixtura acida cum Pepsino** (Münch. Ap.-V.).

| Rp. | | |
|---|---|---|
| | Acidi hydrochlorici diluti (12,5 Proc.) | |
| | Pepsini | ãã 2,0 |
| | Aquae | 130,0 |
| | Sirupi Aurantii corticis | 20,0. |

**Pepsinum aromaticum** (Nat. form.).

| Rp. | | |
|---|---|---|
| | Pepsini saccharati (U-St.) | 97,0 |
| | Extracti aromatici fluidi | 6,0 |
| | Acidi tartarici | |
| | Natrii chlorati | ãã 1,5. |

**Pulvis Pepsini compositus** (Nat. form.).

Pulvis digestivus.

| Rp. | | |
|---|---|---|
| | Pepsini saccharati (U-St.) | |
| | Pancreatini | ãã 15,0 g |
| | Diastase | 1,0 „ |
| | Acidi lactici | 1,0 ccm |
| | Acidi hydrochlorici | 2,5 „ |
| | Sacchari Lactis | 66,0 g. |

**Succus Limonis cum Pepsino** (Nat. form.).

| Rp. | | |
|---|---|---|
| | Pepsini concentrati (U-St.) | 35,0 g |
| | Aquae | |
| | Glycerini | ãã 175,0 ccm |
| | Spiritus (96 Vol Proc.) | 90,0 „ |
| | Talci Veneti | 15,0 g |
| | Succi Citri q. s. ad | 1,0 l. |

**Tinctura Pepsini** (Form. Berol., Münch. Ap.-V.).

| Rp. | | |
|---|---|---|
| | Acidi hydrochlorici (25 Proc.) | |
| | Pepsini | ãã 2,0 |
| | Tincturae Chinae compositae | 26,0. |

**Sirupus Pepsini** (Münch. Ap.-V.).

Pepsinsaft.

| Rp. | | |
|---|---|---|
| | Pepsini | 1,5 |
| | Aquae | 6,5 |
| | Acidi hydrochlorici (25 Proc.) | 2,0 |
| | Sirupi Sacchari | 80,0 |
| | Sirupi Aurantii corticis | 10,0. |

**Vinum Pepsini.**

Pepsinwein.

I. Germ.

| Rp. | | |
|---|---|---|
| | 1. Pepsini | 24,0 |
| | 2. Glycerini | 20,0 |
| | 3. Aquae | 20,0 |
| | 4. Acidi hydrochlorici (25Proc.) | 3,0 |
| | 5. Sirupi Sacchari | 92,0 |
| | 6. Tincturae Aurantii | 2,0 |
| | 7. Vini Xerensis | 839,0. |

Man reibt 1 mit 2 und 3 an, giebt 4 zu, lässt 24 Stunden stehen, fügt 5—7 zu, lässt absetzen und filtrirt.

II. Helv.

| Rp. | | |
|---|---|---|
| | Pepsini (Helv.) | |
| | Aquae | ãã 50,0 |
| | Acidi hydrochlorici (25 Proc.) | 5,0 |
| | Vini Marsalenis | 900,0. |

III. Vin de Pepsine (Gall.).

| Rp. | | |
|---|---|---|
| | Pepsini medicinalis (Gall.) | 50,0 |
| | Vini muscatensis (Vin Lunel) | 1000,0. |

IV. Nat. form.

| Rp. | | |
|---|---|---|
| | Pepsini concentrati (U-St.) | 17,5 g |
| | Glycerini | 50,0 ccm |
| | Acidi hydrochlorici (25 Proc.) | 5,0 g |
| | Aquae | 60,0 „ |
| | Talci Veneti | 16,0 „ |
| | Spiritus | 100,0 „ |
| | Vini albi q. s. ad | 1,0 l. |

**Abomasum praeparatum** (Witte). Der getrocknete und gepulverte Labmagen des Kalbes oder Schafes. 1 Th. koagulirt 300000 Th. Milch. Vor dem Gebrauche mit Wasser anzureiben.

**Ingluvin.** Angeblich Hühnerkropf-Pepsin. Nach Gawalewski: Wasser 8,5, Natriumchlorid 3,0, Pepsin 27,0, Stärkemehl, Fleischfasern und Extraktivstoffe zusammen 60. Nach Jul. Müller: Kochsalz 3,3, Rohrzucker 10,2, Thierische Membran (Hühnermagen?) 86,5.

**Lactopeptine.** Amerikanische Specialität zur Förderung der Verdauung. Milchzucker 240,0, Pepsin 48,0, Pankreatin 36,0, Diastase 3,0, Salzsäure (25 Proc.) 4,0, Milchsäure 4,0.

**Lactated Pepsine** von PARKE DAVIS & Co. in Detroit. Pepsin 500,0, Pankreatin 50,0, Maltose 25,0, Milchsäure 50,0, Diastase 7,0, Salzsäure (25 Proc.) 10,0.

**Mannitpepsin.** Ist Pepsin mit Mannit verrieben. Zum Gebrauche für Diabetiker.

**Nutrol** von KLEWE & Co. in Dresden. Eine hellgelbe, zähe, sirupöse Flüssigkeit von säuerlich süssem Geschmacke. Soll aus künstlich verdauten Kohlehydraten, also Dextrin, Dextrose und Maltose bestehen, ferner Mineralstoffe, freie Salzsäure und zwei Fermente, nämlich Pepsin und Bromelin (aus Ananas) enthalten. Wird als ein die Verdauung beförderndes Mittel empfohlen. Die Hamburger Behörden warnen davor!

**Pepsin, aseptisches.** Aus Amerika stammende koncentrirte Pepsine, deren Untersuchung ergab, dass sie nicht steril sind.

**Pepsin „Dike".** Ein englisches Pepsin in Lamellenform (mit Arabischem Gummi bereitet?), welches ein sogenanntes 3000faches sein soll.

**Pepsin, flüssiges von BYK.** Eine mit Salzsäure versetzte Auflösung von Pepsin. Es ist sehr fraglich, ob das Pepsin in dieser Form längere Zeit seine aktiven Eigenschaften behält.

**Pepsinsaft nach DALLMANN.** Ein Sirup, welcher 6mal so viel Pepsin wie der Pepsinwein enthält. Man bildet ihn nach VULPIUS wie folgt nach: Pepsin-WITTE (3000fach) 1,5, Wasser 6,5, Zuckersirup 80,0, Pomeranzenschalensirup 10,0, Salzsäure (25 Proc.) 2,0.

---

# Peptonum.

**Peptonum. Pepton. Peptone** (engl. und franz.). Mit diesem Namen werden Umwandlungsprodukte des Eiweisses bezeichnet, welche in Wasser löslich sind und durch Erhitzen nicht mehr koagulirt werden; sie kommen im musförmigen und im trockenen Zustande in den Handel.

**Peptonum siccum** (Ergänzb.). **Peptone médicinale** (Gall.). **Trockenes Pepton.**

***Darstellung.*** 1000 g von Knochen, Sehnen und Fett befreites Rindfleisch werden mit der Fleischhackmaschine zerkleinert und mit 4000 Th. destillirtem Wasser gemischt. Man giebt alsdann hinzu eine Auflösung von 5 g Pepsin (100 procentig) in 1000 Th. Wasser, säuert diese Lösung mit 50 g Salzsäure (von 25 Proc.) an und giebt sie sogleich zu dem Fleischbrei. Die so hergestellte Mischung hält man solange bei 50° C. (nicht darüber hinaus!), bis 10 ccm des Filtrates durch 30 Tropfen Salpetersäure in der Kälte nicht mehr getrübt werden. Man filtrirt alsdann, neutralisirt das Filtrat genau mit Natriumbikarbonat und bringt es im Vakuum entweder zur Muskonsistenz oder zur Trockne.

Wenn es erforderlich ist, kann man diesem Pepton das beigemengte Kochsalz durch Dialyse entziehen. Man bringt alsdann nach beendeter Dialyse die koncentrirte Lösung im Vakuum wieder zur Trockne oder man fällt aus ihr das Pepton durch Alkohol, wäscht den Niederschlag mit Aether aus und trocknet ihn.

***Eigenschaften.*** Hellgelbe, leichte, schaumige, leicht zerreibliche Stücke oder ein weissliches, bez. gelblichweisses Pulver von bitterem, aber nicht widerlich thierischem Geschmacke. Pepton ist beinahe geruchlos, in Wasser in jedem Verhältnisse löslich zu einer neutralen, oder sehr schwach sauren Flüssigkeit. Die wässerige Lösung (1 = 20) ist hellgelb und klar oder sie wird klar durch Zufügung von wenig Salzsäure. Zur Zufügung des doppelten Volumens Weingeist wird aus ihr das Pepton in Flocken gefällt. — Durch Salpetersäure in der Kälte, ferner durch Erhitzen der wässerigen Lösung an sich wird ein Niederschlag nicht hervorgerufen. Das was man im Handel zur Zeit „Pepton" nennt, ist sicher kein einheitliches Produkt, sondern ein Gemisch mehrerer Umwandlungsprodukte des Eiweiss, aber es muss folgende wesentliche Eigenschaften besitzen: Löslich in Wasser und in verdünntem Weingeist, nicht löslich in starkem Alkohol und in Aether. Die wässerigen Lösungen lenken den polarisirten Lichtstrahl nach links ab. Die wässerigen Lösungen werden durch Kochen nicht koagulirt. Ammoniumsulfat und die Neutralsalze der Alkalien fällen das Pepton nicht aus seinen Lösungen. Ebenso bewirken Salpetersäure, Essigsäure, Salzsäure, Schwefelsäure keine Fällung und zwar ebensowenig in der Kälte wie beim Erhitzen; auch Ferrocyankalium und Essigsäure fällen nicht. Dagegen rufen in der wässerigen Lösung Fällungen hervor: Metaphosphorsäure, Phosphorwolframsäure,

Phosphormolybdänsäure (bei Gegenwart einer freien Säure), Gerbsäure, Pikrinsäure, Quecksilberchlorid, Mercurinitrat, Kalium-Quecksilberjodid. Ferner geben die Peptone die sog. Biuret-Reaktion, d. h. fügt man zu einer Lösung von 1 g Pepton in 10 ccm Wasser 20 Tropfen Natronlauge und alsdann unter Umschütteln tropfenweise Kupfersulfatlösung, so nimmt die Flüssigkeit zunächst eine rosa und dann violette Färbung an.

***Aufbewahrung.*** In gut verschlossenen Gefässen an einem trockenen Orte. Man vertheilt seinen Vorrath je nach dem Bedarf in eine Anzahl kleinerer, trockener Gefässe, verstopft diese mit guten Korken und dichtet diese durch Paraffin-Ueberzug. Es empfiehlt sich, die Peptongefässe ausserdem noch im Kalk-Trockenschranke aufzubewahren.

***Anwendung.*** Man verwendet das aus Fleisch selbst dargestellte Pepton vorzugsweise für die Zwecke der Receptur und zur Darstellung einiger galenischer und chemischer Pepton-Präparate. Zur Darreichung als Ernährungsmittel benutzt man kaum das selbst dargestellte Präparat, sondern vielmehr die im Handel befindlichen Peptone, die trotz des hohen Preises immer noch billiger sind als das selbst dargestellte Produkt. Man vergleiche über die Peptone als Nährmittel unter „*Nutrimenta*", S. 488 dieses Bandes und über die Bestimmung des Peptons Bd. I, S. 650 f.

**Adamkiewicz' Pepton.** Von E. Merck in den Handel gebracht. Durch Pepsin und Pankreasverdauung entstanden. Enthält 91 Proc. Pepton und zwar 76 Proc. durch Pepsinverdauung entstandenes Albumosepepton und 15 Proc. durch Pankreasferment entstandenes Pepton.

**Antweiler's Pepton.** Erhalten durch Verdauung von Fleisch mit dem Safte von *Carica Papaya L.* Enthält 9 Proc. Salze, 19 Proc. Eiweiss + stickstoffhaltige Extraktstoffe, 64 Proc. Albumosen + Pepton.

**Chapoteaut's Pepton** und **Dufresne's Pepton** enthalten etwa 20 Proc. Pepton und 8 Proc. Eiweiss.

**Corneli's Pepton. Peptone pepsino-tartrique pure.** Aus Fleisch mit Pepsin und Weinsäure dargestellt. Ein gelblich-weisses Pulver. Enthält 3 Proc. Wasser, 6,2 Proc. Asche, 0,19 Proc. Fett, 90,61 Proc. organische Substanz.

**Denayer's flüssiges, sterilisirtes Pepton.** Durch Pepsin-Salzsäure-Verdauung aus Fleisch hergestellt. Enthält 19 Proc. organische Stoffe, 2,55 Proc. Salze, 78,45 Proc. Wasser. Die organischen Stoffe bestehen aus 10,58 Proc. Albumosen, 1,33 Proc. Pepton, 1,98 Proc. Leimpepton, 0,75 Proc. Leim, 2,35 Proc. stickstoffhaltigen und 2,02 stickstofffreien Extraktstoffen.

**Finzelberg's Pepton.** Besteht zum grössten Theil aus Albumosen.

**Kemmerich's Fleisch-Pepton. Flüssig.** Enthält 30—40 Proc. Wasser, 8 Proc. Salze, 10—18 Proc. koagulirtes Eiweiss + stickstoffhaltige Extraktstoffe und 35—39 Proc. Albumosen + Pepton. Dargestellt aus Fleisch durch überhitzten Wasserdampf.

**Koch's Fleisch-Pepton. Gallertartig.** Enthält 40 Proc. Wasser, 7 Proc. Salze, 17 Proc. koagulirtes Eiweiss + stickstoffhaltige Extraktstoffe, 34 Proc. Albumosen + (Leim-) Pepton.

**Leube-Rosenthal'sche Fleischsolution** (Bd. I, S. 655). Enthält 9—11 Proc. lösliches Eiweiss, und 1,8—6,5 Pepton.

**Valentin meat-juice.** (Bd. I, S. 656). Enthält 5 Proc. Pepton, 1,8 Proc. Propepton und 22 Proc. sonstige Stickstoffsubstanzen.

**Weyl's Caseïn-Pepton.** Von E. Merck in den Handel gebracht. Aus Milch-Caseïn entweder durch Erhitzen unter Druck oder durch Pepsin-Salzsäure-Verdauung dargestellt. Ein fast weisses Pulver. Schmeckt scharf und ist deshalb mit Fleischextrakt kombinirt. Das reine Caseïn-Pepton von Merck enthält: Wasser 5,2 Proc., Asche 9,4 Proc., Organische Substanz 85,4 Proc. mit 11,8 Proc. Stickstoff.

**Witte's Pepton, trocken.** Enthält 60—70 Proc. Propepton. Das flüssige sirupförmige Pepton von Witte enthält noch Fleischextrakt und ist natürlich ärmer an Pepton.

---

**†† Liquor Hydrargyri peptonati. Pepton-Quecksilberlösung.** Siehe S. 36.

**Liquor Ferri peptonati cum Mangano. Manganeisenpeptonat.** Siehe S. 353.

**Tabulettae Peptoni.**

Pepton-Tabletten. (E. Dieterich.)

| Rp. | Peptoni sicci | |
|---|---|---|
| | Sacchari | ää |

Man forme Tabletten von 5,0 g Gewicht. Trocken aufzubewahren.

**Vinum Peptoni.**

Vin Bayard à la Peptone.
Vin de peptone Catillon.
Vin de peptone Chapoteaut.

| Rp. | Peptoni sicci | 50,0 |
|---|---|---|
| | Vini Malacensis | 1,0 l. |

**Chocolata cum Peptono.**

| Rp. | Massa Cacao | 400,0 |
|---|---|---|
| | Sacchari | 400,0 |
| | Peptoni | 200,0. |

**Fleischpepton-Cacao.** Papaya-Fleischpepton oder KEMMERICH's Fleischpepton 150,0, Milchzucker 400,0 werden im Dampfbade gemischt und eingetrocknet. Man mischt hierzu entölten Cacao 400,0, Zuckerpulver 200,0, Gewürz q. s. und siebt die Mischung. Trocken aufzubewahren.

**Malto-Pepton.** Ein von BRUNN nur aus pflanzlichen Rohmaterialien (Gerste) hergestelltes Präparat. Der Kleber soll hierbei durch das bei der Brotteiggährung thätige Ferment in Pepton umgewandelt werden. Von angenehmem Geschmack, an den des Fleischextrakts erinnernd. Verwendung als Nahrungsmittel sowie im Haushalt zur Bereitung von Suppen etc.

**Pasta peptonata SCHLEICH. SCHLEICH's Peptonpaste.** Besteht aus ADAMKIEWICZ'schem Pepton, Wachspaste (Bd. I, S. 697), Arabischem Gummi, Zinkoxyd uud Stärkemehl. Die Verhältnisse sind nicht bekannt gegeben. Die Paste ist löslich in Wasser und alkalischen Flüssigkeiten und dient als Klebpaste für Dauerverbände.

**Peptonsalz** nach BOUDAULT. Man mischt 400 g Natriumchlorid mit Wasser zu einer weichen Paste, fügt 200 g Schweinspepsin hinzu und trocknet bei höchstens 40° C. Ferner mengt man 400 g Natriumchlorid mit 5 g Citronensäure und fügt es der obigen Mischung zu. Das noch warme Gemenge wird mit 25 Tropfen Sellerie-Essenz vermischt und noch warm durchgesiebt.

**Ross's Kraftbier.** Ist ein Bier mit 5 Vol. Proc. Alkohol und einem Stammwürzegehalt von 14,44°, welches 3,22 Proc. aufgeschlossene Eiweissstoffe bez. Pepton enthält.

---

# Perezia.

Gattung der **Compositae — Mutisieae — Nassauvinae.**

**Perezia oxylepis Gray, P. Schaffneri Gray, P. Parryi Gray, P. rigida Gray, P. nana Gray, P. Wrightii Gray.** Heimisch in Mexiko. Von diesen und vielleicht noch anderen Arten stammt die **Radix Pereziae, Raiz de Pipitzahuac,** die als Purgirmittel verwendet wird.

Die Droge besteht aus einem aufrechten, von Haaren umhüllten Wurzelstock und den geraden Wurzeln. In der Rinde grosse schizogene Sekretbehälter mit gelbem Inhalt und Gruppen von Steinzellen sowie kleine intercellulare Sekretbehälter mit dunkelbraunem Sekret.

Enthält in den grossen Sekretbehältern zu 3,6 Proc. Pipitzahoinsäure oder Perezon $C_{30}H_{20}O_6$, ein Alkylderivat eines Oxybenzochinons. Stellt goldgelbe Blättchen dar, die bei 104° schmelzen, bei 110° sublimiren. Löst sich in Alkohol mit goldgelber Farbe, die mit Alkalien in Purpurroth übergeht. Daher als Indikator in der Titriranalyse vorgeschlagen. Man verwendet sie ebenso wie die Wurzel bei Hämorrhoidalleiden (4 g die Dosis). Rp. Acid. pipitzahoic. 1,0 f. l. a. pil. No. 10. S. 2—3 Stück zu nehmen.

---

# Petroleum.

Als „Erdöl“ bezeichnet man eine aus Kohlenwasserstoffen bestehende Flüssigkeit, welche dem Erdboden entweder freiwillig entquillt oder aus demselben durch Pumpvorrichtungen gehoben wird. In Deutschland ist das Vorkommen von Erdöl nur unbedeutend, grosse Lager sind dagegen vorhanden in Amerika, Russland (Kaukasus), Rumänien, Galizien. In der Pharmacie findet das rohe Erdöl eine beschränkte Verwendung. Die Destillate des Erdöls, bez. die aus diesem gewonnenen Produkte überhaupt, werden in enormen Mengen im Haushalt, in den Gewerben und in der Technik verwendet.

**I. Oleum Petrae. Oleum Petrae italicum** (Ergänzb.). **Petroleum crudum. Naphtha. Bergnaphtha. Erdöl. Steinöl.** Das für den Arzneigebrauch bestimmte rohe Erdöl, welches früher vorzugsweise aus Italien stammte, jetzt aber namentlich aus Galizien, Russland und Amerika bezogen wird. In der Pharmacie verwendet man namentlich eine gelbe und eine röthliche Sorte, im Handel kennt man ausserdem noch ein helles und ein schwärzliches Steinöl.

***Eigenschaften.*** Gelbliche oder röthliche, klare, bläulich oder grünlich schillernde Flüssigkeit von eigenthümlich brenzlichem Geruche; in fetten und ätherischen Oelen, in Aether und absolutem Alkohol leicht, in Weingeist schwer löslich. Beim Vermischen mit dem gleichen Volumen konc. Schwefelsäure erhitzt es sich nicht, auch wird dabei die Farbe nicht wesentlich verändert. Das spec. Gewicht ist 0,750—0,850.

***Aufbewahrung.*** Vor Licht geschützt, in gleicher Weise wie die ätherischen Oele.

***Anwendung.*** Innerlich als Hausmittel zu 5—10—20 Tropfen als nervenstärkendes, krampfstillendes und wurmtreibendes Mittel, ferner gegen chronischen Darmkatarrh, Wassersucht. Aeusserlich gegen Frostbeulen, Krätze, Rheumatismus. In der Thierheilkunde zu 5—10—15,0 g mit Kamillenaufguss für Pferde bei Kolik und Wurmbeissen, auch äusserlich als Wundmittel.

***Zusammensetzung der Erdöle.*** Wenn auch das Erdöl im grossen und ganzen aus Kohlenwasserstoffen besteht, so sind doch die aus verschiedenen Provenienzen herstammenden Erdöle nicht gleich zusammengesetzt, vielmehr zeigen sich Unterschiede in der Zusammensetzung. Das amerikanische Erdöl besteht im wesentlichen aus Kohlenwasserstoffen der Methanreihe. Ausser diesen enthält es nur kleine Mengen aromatischer Kohlenwasserstoffe, sowie hydrirter aromatischer Kohlenwasserstoffe.

Das russische Erdöl besteht der Hauptsache nach (bis zu 80 Proc.) aus Kohlenwasserstoffen der allgemeinen Formel $C_nH_{2n}$, die aber nicht zur Aethylenreihe gehören, sondern als hydrirte aromatische Kohlenwasserstoffe (Naphthene) aufzufassen sind. Der Kohlenwasserstoff $C_6H_{12}$ z. B. ist hexahydrirtes Benzol $= C_6H_6 . H_6$. Ausserdem sind noch aromatische Kohlenwasserstoffe und in geringer Menge Bestandtheile mit saurem Charakter zugegen.

Die galizischen Erdöle enthalten als Hauptbestandtheile Kohlenwasserstoffe der Methanreihe, ferner beträchtliche Mengen aromatischer Kohlenwasserstoffe, während hydrirte Kohlenwasserstoffe (Naphthene) nicht anwesend zu sein scheinen.

Die deutschen Erdöle bestehen im wesentlichen aus Kohlenwasserstoffen der Methanreihe; daneben enthalten sie aromatische Kohlenwasserstoffe und in geringer Menge hydrirte Kohlenwasserstoffe der aromatischen Reihe.

Das rumänische Petroleum steht dem russischen nahe, insofern in ihm hydrirte aromatische Kohlenwasserstoffe vertreten sind.

***Destillations-Produkte des Rohöls.*** Die Verarbeitung des Rohöls erfolgt im allgemeinen an Ort und Stelle in den Produktionsländern und besteht darin, dass das Rohöl einem fraktionirten Destillationsverfahren unterworfen wird, und dass die einzelnen Fraktionen ausserdem noch chemischen Reinigungsverfahren: Behandeln mit konc. Schwefelsäure, Entsäuern mit Kalk oder Soda und Waschen mit Wasser unterworfen werden.

Die bei der Destillation des rohen Erdöls erhaltenen Produkte werden von den verschiedenen Fabriken häufig unter abweichenden Namen in den Verkehr gebracht. Die nachfolgende Zusammenstellung giebt also nur ein ungefähr zutreffendes Bild. Man trennt also die bei der Destillation des rohen Erdöls sich ergebenden Produkte etwa in folgende Fraktionen:

**Cymogen.** Bei gewöhnlicher Temperatur gasförmig. Wird mit Hilfe von Kompressionspumpen in druckfesten Gefässen verdichtet und als Leucht- und Heizmaterial verwendet.

**Rhigolen.** Siedep. 17—35° C. Spec. Gewicht 0,600—0,625. Die Dämpfe werden mittels einer Kältemischung von Eis und Salz verdichtet. Das Rhigolen kommt in den Kleinhandel meist in Blechflaschen, welche mit Korken verschlossen und ausserdem noch verlöthet sind. Grösste Vorsicht beim Oeffnen der Flaschen, was nicht mit dem Löthkolben, sondern mit der Blechscheere geschehen soll.

**Canadol. Sherwoodoil.** Zwischen 37 und 50° C. siedend. Spec. Gew. = 0,630 bis 0,660.

**Petroleumäther.** Zwischen 50 und 60° C. siedend. Spec. Gew. = 0,650—0,660.

**Petroleumbenzin, Gasoline, Gasolen, Gasäther, Kerosolen.** Zwischen 60 und 80° C. siedend.

**Ligroine.** Zwischen 80 und 120° C. siedend.

**Putzöl, Terpentinöl-Surrogat.** Zwischen 120 und 150° C. siedend. In der Wachstuchfabrikation zum Verdünnen des Firniss, ferner zum Putzen von Maschinentheilen verwendet.

**Leuchtpetroleum.** Zwischen 150 und 270° C. siedend.

**Möhringsöl, Schmieröl.** Zwischen 270 und 310° C. siedend.

**Destillationsrückstand.** Enthält Paraffin und wird auf konsistente Schmierfette, ferner auf Vaselin verarbeitet.

**II. Aether Petrolei.** **Petroleumäther. Petroläther. Petrolnaphtha.** Ist von Helv. als *Aether Petroleï* und von Germ. abweichend von der technischen Nomenklatur als *Benzinum Petrolei* aufgenommen worden. Vergl. Bd. I, S. 473.

**III. Leuchtpetroleum.** **Brennpetroleum. Petroleum. Oleum Petrae** (Ergänzb.). Das durch Rektifikation des rohen Erdöls gewonnene Produkt, welches der bei 150 bis 270° C. übergehenden Fraktion entspricht. — Für Deutschland kommen zur Zeit als Leuchtmaterial in Betracht:

1) Amerikanisches Petroleum. Gelblich, mit bläulicher Fluorescenz. Spec. Gew. etwa 0,800 bei 15° C.

2) Russisches (Nobel-) Petroleum. Fast farblos, mit sehr geringer bläulicher Fluorescenz. Spec. Gew. etwa 0,825 bei 15° C.

3) Galizisches Petroleum. Gelblich bis farblos, mit bläulicher Fluorescenz. Spec. Gew. etwa 0,820 bei 15° C.

Das in den grössten Mengen nach Deutschland eingeführte Petroleum ist das amerikanische. Das am besten raffinirte das russische. Die Ansicht, dass man russisches Petroleum in gewöhnlichen Rundbrennern nicht brennen könne, ist ein ungerechtfertigtes Vorurtheil. Im Gegentheil besitzt das russische Petroleum vor dem amerikanischen den Vortheil der grösseren Leuchtkraft. Da aber das russische Petroleum ein etwas höheres spec. Gewicht hat wie das amerikanische, so stellt sich das russische Petroleum, welches nach Gewicht gekauft und nach Maass verkauft wird, hierdurch für den Detaillisten etwas ungünstiger wie das amerikanische.

***Prüfung.*** Im Deutschen Reiche ist durch die Kaiserliche Verordnung vom 24. Februar 1882 vorgeschrieben, dass Petroleum, welches unter einem Barometerstande von 760 mm schon bei Erwärmung auf weniger als 21° C. entflammbare Dämpfe entwickelt, nur unter besonderen Vorsichtsmassregeln und als „feuergefährlich" bezeichnet verkauft werden darf, d. h. Petroleum, welches zu Beleuchtungszwecken ohne jede Beschränkung und Bezeichnung gehandelt wird, muss einen Entflammungspunkt von mindestens 21° C. haben. Liegt der Entflammungspunkt unter 21° C., so darf das Petroleum zwar auch noch verkauft werden, aber es muss dann im Kleinhandel mit einer Signatur versehen werden, welche auf rothem Papier die Inschrift enthält: „Feuergefährlich! Nur mit besonderen Vorsichtsmassregeln zu Brennzwecken verwendbar."

Die Bestimmung des Entflammungspunktes muss in einem geaichten Abel'schen Petroleumprober ausgeführt werden. Da einem jeden dieser Apparate eine genaue Gebrauchsanweisung beigegeben wird, so kann auf die Beschreibung desselben verzichtet werden. Die Untersuchung erfolgt nach der unter dem 20. April 1882 veröffentlichten Bekanntmachung betr. Anweisung für die Untersuchung von Petroleum.

Man versteht unter Entflammungspunkt *(flashing point)* diejenige niedrigste Temperatur, bei welcher sich aus dem Petroleum entflammbare Dämpfe entwickeln. Der Entflammungspunkt wird je nach der Konstruktion des benutzten Apparates verschieden gefunden. Entzündungspunkt oder Brennpunkt *(burning point)* wird diejenige Temperatur genannt, bei welcher das Petroleum nach seiner Entzündung mit blauer, gelbgesäumter Flamme fortbrennt.

***Werthbestimmung.*** Die Ueberwachung des Verkehrs mit Petroleum durch die Aufsichtsbehörden bezieht sich im allgemeinen nur darauf, dass kein Petroleum in den Verkehr

**gebracht wird, dessen Entflammungspunkt unter 21° C. liegt. Hiergegen wird in Deutschland kaum noch verstossen, da alles eingeführte amerikanische Petroleum in den Einfuhrhäfen untersucht wird, und das russische Petroleum einen sehr hohen Entflammungspunkt (28—30° C.) hat. Nur das galizische wird in dieser Hinsicht einer schärferen Kontrolle bedürfen. Ueber den Werth eines Petroleums erhält man durch folgende Prüfungen Aufschluss.**

1) Spec. Gewicht bei 15° C. Dieses giebt unter Heranziehung der anderen Momente meist genügenden Aufschluss darüber, welcher Provenienz das Petroleum ist.

2) Fraktionirte Destillation. Man verbindet einen Fraktionskolben, mit eingesetztem Thermometer, von 250 ccm Fassungsraum mit einem Glasrohr, welches als Kühler dient, füllt 100 ccm Petroleum ein und erhitzt langsam, bis das Thermometer 150° C. zeigt. Man lässt die Temperatur bis auf etwa 50° C. fallen und erhitzt nun wieder auf 150° C. Man lässt noch einmal bis auf 50° C. heruntergehen und bis auf 150° C. steigen. Die überdestillirten Antheile fängt man als Vorlauf auf und bestimmt dessen Volumen. Man erhitzt alsdann bis 270° C., lässt bis auf etwa 120° C. heruntergehen, erhitzt wieder, bis auf 270° C., lässt wieder bis auf ca. 120° C. heruntergehen und destillirt wieder bis das Thermometer 270° C. zeigt. Diese Fraktion sammelt man als Mittelfraktion (Herzöle, Kernöle) und bestimmt deren Volumen. Der nach Abzug beider Fraktionen von 100 ccm verbleibende Rest wird als Destillationsrückstand in Rechnung gestellt.

Man beobachtet ferner Konsistenz und Farbe des Destillationsrückstandes. Bei gut raffinirtem Petroleum ist der Destillationsrückstand weingelb, nach dem Erkalten dünnflüssig, bei mangelhaft raffinirtem dunkel bis schwarz, nach dem Erkalten dickflüssig.

Gute Petroleumsorten ergeben hierbei etwa folgende Werthe. Es ergeben bei der Destillation

| | Amerikanisches | Russisches | Galizisches | Rumänisches |
|---|---|---|---|---|
| bis 150° C. . . . . . | 15 | 5,0 | 10 | 15 |
| von 150—270° C. . . . . | 55 | 85,0 | 75 | 75 |
| Destillations-Rückstand . . | 30 | 10,0 | 15 | 10 |
| Aussehen des Destillations-Rückstandes . . . . . | braun, dickflüssig | dünnflüssig, weingelb | braun, dickflüssig | theerartig, dickflüssig |
| Entflammungspunkt ca. . | 24° | 30° | 25—30° | |
| Spec. Gew. bei 15° C. . . | 0,800 | 0,825 | 0,820 | 0,806. |

Brennversuche. Man füllt das zu prüfende Petroleum in Versuchslampen (Rundbrenner von 18 mm Durchmesser) mit neuen, ausgetrockneten Dochten. Bei gutem Petroleum muss, nachdem das Flammen-Maximum eingestellt worden ist, der Docht im weiteren Verlaufe der Brenndauer heruntergeschraubt werden. Bei mangelhaftem Petroleum muss man wiederholt den Docht heraufschrauben, um das Flammen-Maximum zu erhalten. — Nach 5—6stündiger Brenndauer ist der Docht zu untersuchen. Der Docht darf nur wenig verkohlt sein; je stärker er verkohlt ist, desto geringwerthiger ist das Petroleum. — Diese Versuche sind natürlich nur empirische; einwandsfreie Resultate erhält man durch Bestimmung der Lichtstärke und des Petroleum-Verbrauchs pro Stundenkerze, doch setzt dies das Vorhandensein einer Photometer-Einrichtung voraus.

In besonderen Fällen kann noch nothwendig werden die Bestimmung des Schwefelgehaltes und die Bestimmung des Kältepunktes, d. h. desjenigen Temperaturgrades, bei welchem das Petroleum beginnt, feste Antheile abzuscheiden oder überhaupt fest zu werden. Der Kältepunkt ist namentlich für die Beleuchtung im Freien während des Winters wichtig, da es wiederholt vorgekommen ist, dass Eisenbahnsignale infolge Einfrierens der Petroleumlampen versagten.

**Anysin.** In Alkohol lösliche Bestandtheile, welche bei der Einwirkung von konc. Schwefelsäure auf Mineralöle und Harze gewonnen werden.

**Astralight,** Petroleumverbesserung. 4 Th. Kochsalz mit Methylviolett denaturirt und 4 Th. Kochsalz.

**Blownoil.** Durch Einblasen von überhitzter Luft oxydirte und hierdurch verdickte Mineralöle.

**Desinfektin.** Ein aus den Destillations-Rückständen des kaukasischen Rohöls hergestelltes Desinfektionsmittel.

**Dürr-Licht** von Ludwig Dürr & Co. in Bremen. Wird erzeugt durch selbstthätige Vergasung von Petroleum in besonderen Brenn-Apparaten. Für starke Beleuchtung im Freien. Für 1000 Kerzen wird pro Stunde = 1 Liter Petroleum verbraucht.

**Entscheinungspulver.** Ist $\alpha$-Nitronaphthalin (s. S. 424). Benimmt dem Petroleum und den Mineralölen überhaupt die Fluorescenz.

**Fahrradlaternen-Brennöl.** Gemisch aus 3 Th. Rüböl und 1 Th. Petroleum.

**Gicht- und Rheumatismus-Spiritus** von Dr. Hoffmann. Petroläther 9 Th. und französ. Terpentinöl 1 Th.

**Helios-Oel.** Ein Braunkohlentheeröl, in besonderen Lampen zu brennen. Giebt erst bei ca. 100° C. entflammbare Dämpfe.

**Dr. Krüger's Petroleum-Emulsion.** Petroleum, Kaliseife, Wasser zu gleichen Theilen gemischt. Mit Wasser verdünnt gegen Blutläuse.

**Kitt für Petroleumlampen. 1)** Gebrannter Gips mit Wasser angerührt. — **2)** Bleiglätte mit Glycerin angerührt. Erhärtet langsam. — **3)** 3 Th. Kolophonium werden mit 1 Th. Aetznatron und 5 Th. Wasser bis zur Lösung gekocht. Nach dem Erkalten fügt man 8 Th. Zinkoxyd hinzu.

**Masut.** Die Rückstände der Destillation des kaukasischen Rohöls. Werden als Feuerungsmaterial unter Dampfkesseln (der Lokomotiven und Schiffsmaschinen) verbraucht.

**Petrolith,** zur Erhöhung der Leuchtkraft des Petroleums. Besteht aus 1 Th. Kampher, 0,5 Th. Mirbanöl, 75 Th. Kochsalz und 23,5 Th. Ammoniumkarbonat.

**Petroleumflecken in Holz.** Man rührt ein Gemenge von 3 Th. trockenem Thonpulver und 1 Th. calcinirter Soda mit Wasser zum Brei an, und streicht diesen in dicker Lage auf die Flecken. Nach 6—8 Stunden sind letztere verschwunden.

**Petroleumflecken, Entfernung.** Auflegen eines Filtrirpapiers, das mit Benzin oder Aether befeuchtet ist. Benzin oder Aether können auch mit gebrannter Magnesia angerührt werden. Wenn es angängig ist, legt man auch unter den zu reinigenden Gegenstand Filtrirpapier.

**Petroleumseife von Constantin Paul.** Petroleum 50,0, Wachs 40,0, Spiritus 50,0, Marseiller Seife 100,0. Antiparasitäre Seife, besonders gegen Scabies.

**Petroleumexplosionen, Schutzmittel gegen.** Gemisch aus kryst. Thonerdesulfat 25 Proc., Natriumbikarbonat 15 Proc., Natriumsulfat krystall. 60 Proc.

**Petroleumverbesserung. A)** Zusatz von 1 Proc. Amylacetat soll die Leuchtkraft erhöhen. Zwecklos. **B)** Patronen aus Naphthalin mit 1 Proc. Kampher. Unzweckmässig.

**Petroleum-Butter.** Ein durch Zusammenbuttern von Petroleum mit saurer Milch herzustellendes Gemisch. Mit Wasser verdünnt zum Aufspritzen auf Bäume und Sträucher zum Vertilgen von Insekten.

**Petroleum-Talg.** Schmiermittel. **A)** Für kaltgehende Maschinen: Petroleum 70,0, Presstalg 30,0, Carnaubawachs 0,75. Schmelzpunkt 11—12° C. — **B)** Für heissgehende Maschinen: Petroleum, Presstalg āā 50,0, Carnaubawachs 0,75. Schmelzp. 28—30° C.

**Rixolin-Reisberger.** Angeblich künstliches Terpentinöl, ist ein Gemisch von Petroleum und Kampheröl. (Nicht etwa die von 120—150° C. siedende Petroleum-Fraktion? B. Fischer.)

**† Aqua antarthritica** Gondran.

| Rp. | Acidi hydrochlorici crudi | 100,0 |
|---|---|---|
| | Olei Petrae Italici | 5,0. |

Gut umgeschüttelt zu einem Fussbade bei Rheumatismus.

**Aqua Sibirica.**

Eau Sibérienne.

| Rp. | Olei Petrae Italici rubri | 10,0 |
|---|---|---|
| | Olei Foeniculi | 1,0 |
| | Spiritus (90 Proc.) | 90,0. |

Zum Einreiben der Frostbeulen.

**Oleum Britannicum.**

British oil.

| Rp. | Petrolei | |
|---|---|---|
| | Olei Terebinthinae | |
| | Olei Papaveris āā | 25,0 |
| | Olei Juniperi ligni | 20,0 |
| | Olei Succini rectificati | 5,0. |

Einreibung bei Lähmungen, Verrenkungen etc.

**Unguentum contra perniones** Sundelin.

| Rp. | Camphorae | 0,5 |
|---|---|---|
| | Olei Petrae Italici | 5,0 |
| | Unguenti cerei | 20,0. |

Frostsalbe.

## Naftalan.

**Naftalan.** Eine salbenartige Masse, hergestellt aus den Destillationsrückständen bez. den hochsiedenden Antheilen einer harz- und asphaltfreien Naphtha aus Naftalan am Kaukasus, welche durch Zusatz von 2,5—4,0 Proc. wasserfreier Seife gelatinös und konsistent gemacht worden sind.

Salbenartige Masse von dunkler, braungrüner Farbe, im durchfallenden Lichte dunkelgelb, im auffallenden Lichte braunschwarz, mit grünlicher Fluorescenz. Schmilzt bei 65—70° C. Unlöslich in Wasser, Alkohol und Glycerin, löslich in Aether und in Chloroform, mischbar mit Fetten aller Art.

Naftalan wird als deckende Salbe bei Verbrennungen ersten Grades, ferner bei verschiedenen Hautkrankheiten angewendet. Es werden ihm auch antiseptische Eigenschaften zugeschrieben.

# Petroselinum.

Gattung der **Umbelliferae — Apioideae — Ammineae — Carinae.**

**Petroselinum sativum Hoffm.** (Apium Petroselinum L.). Heimisch in Südeuropa, als Küchengewürz, besonders in einer krausblättrigen Form, vielfach kultivirt. Zweijährig, Stengel ästig. Hüllchen wenigblättrig, Hülle vielblättrig, die pfriemlichen Blättchen kürzer als die Blüthenstiele. — Verwendung finden:

1) Die Früchte: **Fructus Petroselini** (Ergänzb. Helv.). **Semen Petroselini. Fructus Apii hortensis. — Petersilienfrucht. Petersiliensamen. — Fruit de persil** (Gall.). **Semence de persil. — Parsley Seeds.**

***Beschreibung.*** Sie sind 2 mm lang, ebenso breit, von der Seite zusammengedrückt. Die Randrippen und die Fugenfläche sind gekrümmt, sodass die Frucht in der Mitte klafft und leicht in die beiden Theilfrüchte zerfällt. Jedes derselben hat fünf wenig hervortretende Rippen, zwischen denselben je einen Oelgang (selten mehr) und zwei auf der Fugenfläche. Geruch und Geschmack charakteristisch aromatisch.

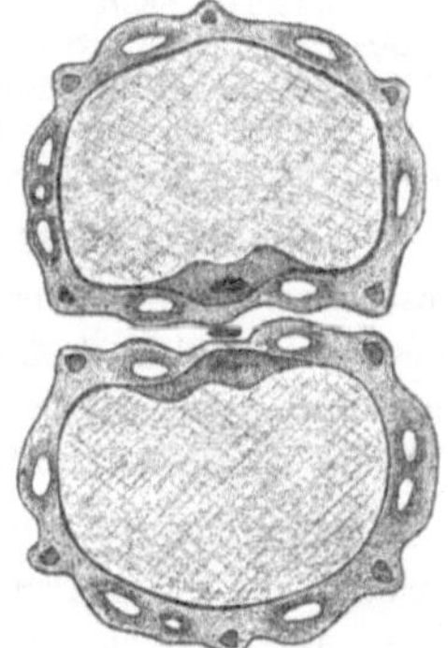

Fig. 64. Fruct. Petroselini im Querschnitt, schwach vergrössert.

***Bestandtheile.*** Aetherisches Oel (vergl. unten), 22,0 Proc. fettes Oel.

***Einsammlung und Aufbewahrung.*** Man sammelt im Herbst die reifen Früchte, trocknet sie im Schatten und bewahrt sie vor Licht geschützt in dicht verschlossenen Gefässen auf. Als Pulver hält man sie nicht vorräthig, denn dieses wird in kurzer Zeit unwirksam.

***Anwendung.*** Im Aufguss zu 1,0—3,0 selten, öfter als Bestandtheil harntreibender Theemischungen; gepulvert als Volksmittel gegen Kopfläuse.

**Aqua Petroselini** (Ergänzb.). **Petersilienwasser.** Aus 5 Th. grob gepulverten Früchten und q. s. Wasser 100 Th. Destillat. Anfangs trübe, später klar. — Ex tempore: 1 Tropfen Petersiliensamenöl, 100,0 heisses Wasser.

**Aqua Petroselini concentrata** (Ergänzb.). **Aqua Petroselini decemplex. Starkes** oder **zehnfaches Petersilienwasser.** Aus 50 Th. grob gepulverten Früchten und q. s. Wasser bereitet man 1000 Th. Destillat, mischt dieses mit 20 Th. Weingeist und destillirt dann 100 Th. ab. Zum Gebrauche wird 1 Th. mit 9 Th. Wasser gemischt. — E. DIETERICH empfiehlt, die Früchte mit dem vorgeschriebenen Weingeist zu befeuchten und mittels Dampf 100 Th. überzutreiben.

**Extractum Petroselini fructus** wird aus Petersilienfrüchten wie Extr. Absinthii Germ. (Bd. I, S. 408) dargestellt.

**Species Infantium** (Münch. Vorschr.).

| | | | | |
|---|---|---|---|---|
| Rp. | Flor. Chamomill. | 10,0 | Rad. Liquir. | 20,0 |
| | Fruct. Foeniculi | 10,0 | Rhiz. Gramin. | 20,0 |
| | Rad. Althaeae | 20,0 | Fruct. Petroselin. | 5,0. |

2) Die Blätter: **Folia Petroselini. Herba Apii hortensis. — Petersilienkraut. Petersilge.**

Die frischen Blätter: **Feuilles fraîches de persil** (Gall.) gebraucht man in den gleichen Fällen wie die Samen. Ihre Verwendung als Suppenkraut und sonst als Gewürz ist bekannt.

***Beschreibung.*** Die unteren Blätter sind dreifach gefiedert, mit keilförmigen, eingeschnitten-gesägten, oben glänzenden Blättchen, obere Blätter dreizählig.

***Bestandtheile*** nach KOENIG. Wasser 85,05 Proc., Stickstoffsubstanz 3,66 Proc., Fett 0,72 Proc., Zucker 0,75 Proc., sonstige stickstofffreie Bestandtheile 6,69 Proc., Holzfaser 1,45 Proc.. Asche 1,68 Proc., Phosphorsäure 0,193 Proc., organisch gebundener Schwefel 0,058 Proc. Ferner ätherisches Oel und ein Glykosid: Apiin.

**Extractum Petroselini herbae** wird aus dem frischen, blühenden Kraut wie Extr. Belladonnae Germ (Bd. I, S. 469) bereitet.

3) Die Wurzel: **Radix Petroselini. Radix Apii hortensis. — Petersilienwurzel. — Racine de persil** (Gall.).

***Beschreibung.*** Rübenartig, bis 25 cm lang, bis 2 cm dick, gelblichweiss, etwas runzelig. In der Rinde zahlreiche kleine Sekretbehälter, die Holzstrahlen ziemlich breit, mit spärlichen engen Gefässen. Geschmack süsslich, wenig aromatisch.

Die ***Anwendung*** ist die gleiche wie bei Samen und Blättern. Als Hausmittel bedient man sich ihrer, in Bier gekocht, gegen Wassersucht.

**Extractum Petroselini radicis fluidum** (Nat. form.). Fluid Extract of Parsley Root. Aus 1000 g gepulverter Wurzel (No. 40) und q. s. verdünntem Weingeist (41proc.) bereitet man im Verdrängungswege unter Zurückstellen von 875 ccm Vorlauf l. a. 1000 ccm Fluidextrakt.

**Kräuteressig-Aroma.** 5,0 Petersilienöl, je 4,0 Estragonöl und Pfefferkrautöl, 8,0 Sellerieöl, 30,0 Maitrankessenz und Alkohol q. s. zu 1 l. 1 g der Mischung genügt auf 1000 g 80proc. Essigsäure.

**Apiolin,** eine gelbe Flüssigkeit, die zur Regelung des Monatsflusses dient, soll aus rohem Petersilienöl durch Verseifung und Destillation gewonnen werden (RIEDEL's Mentor).

**Oleum Petroselini** wird durch Destillation aus den Petersilienfrüchten in einer Ausbeute von 2—6 Proc. erhalten. Es ist eine dickliche, gelbe bis gelbgrüne Flüssigkeit vom spec. Gewicht 1,05—1,10, die häufig schon bei gewöhnlicher Temperatur Krystalle abscheidet oder zu einer halbfesten Masse erstarrt. Das neben Apiol im Oele enthaltene Terpen ist wahrscheinlich Links-Pinen.

Apiol ist ein Phenoläther der Formel $C_3H_5 . C_6H{<}^{O}_{O}{>}CH_2 . (OCH_3)_2$, der bei 30° C. schmilzt und bei 294° C. siedet.

Als Apiol bezeichnen die Franzosen auch das alkoholische Extrakt der Petersilienfrüchte.

**Petersilienblätteröl** ist dünnflüssig und riecht wie frisches Petersilienkraut. Es ist optisch schwach rechtsdrehend, hat das spec. Gewicht 0,900—0,925 und wird zur Darstellung von Suppengewürzen verwendet.

---

# Phaseolus.

Gattung der **Papilionaceae — Phaseoleae — Phaseolinae.**

**I. Phaseolus vulgaris L.** Heimisch in Südamerika, in etwa 70 Spielarten kultivirt, davon die wichtigsten: Ph. vulg. communis, die gemeine Stangen-, Steig- oder Laufbohne mit sich windendem Stengel. Hülsen und Samen mittelgross, letztere etwas zusammengedrückt, länglich-nierenförmig. Ph. vulg. compressus, die Speckbohne, sich windend, Hülsen stark zusammengedrückt, fleischig. Ph. vulg. ellipticus, die Eierbohne, niedrig, buschig, Samen mittelgross, dick, ellipsoidisch, weiss, schwarz oder gelb. Ph. vulg. sphaericus, die Kugelbohne, Hülsen höckerig, Samen fast kuglig, ziemlich gross. Ph. vulg. nanus, Zwerg-, Krug-, Busch-, Zuckerbohne.

***Beschreibung.*** Zerstreut behaart, Blätter dreizählig, ohne Ranken, mit Nebenblättern. Kelch deutlich zweilippig nach 2/3, Griffel oberwärts bärtig und wie die Staubfäden und der Kiel schraubenförmig gewunden. Blüthen weiss, rosa oder lila, in Trauben, diese kürzer wie das Blatt. Hülse zweiklappig.

Verwendung finden:

1) Die reifen Samen: **Semen Phaseoli. Fabae albae. Semen Fabarum. — Weisse Bohnen. Schminkbohnen. — Fèves. Haricots. — Beans.**

Man verwendet Samen von weisser Farbe, die im übrigen von recht verschiedener Form und Grösse sein können. Die Samenschale besteht: 1. aus einer Schicht Palissaden von 48—52 $\mu$ Höhe und 7—10 $\mu$ Breite, 2. einer Schicht Trägerzellen, die 15 $\mu$ hoch werden und einen oder mehrere Oxalatkrystalle enthalten, und 3. weiteren Schichten, die mehr oder weniger zusammengepresst sind. Im Embryo Stärke (vergl. Bd. I, S. 295), Aleuron und Oel, seine Zellen sind getüpfelt.

***Bestandtheile*** nach Koenig. Wasser 11,24 Proc., Stickstoffsubstanz 23,66 Proc., Fett 1,96 Proc., stickstofffreie Extraktstoffe 55,60 Proc., Holzfaser 3,88 Proc., Asche 3,66 Proc. — In der Trockensubstanz: Stickstoffsubstanz 26,66 Proc., stickstofffreie Extraktstoffe 62,64 Proc., Stickstoff 4,29 Proc.

Die stickstofffreien Extraktstoffe bestehen aus: 3,65 Proc. Zucker, 9,40 Proc. Gummi und Dextrin, 48,15 Proc. Stärke.

***Anwendung.*** Sie werden nur in fein gepulvertem Zustande, als Bohnenmehl, gebraucht, das man zu trocknen Umschlägen bei Rose und auch als Bindemittel für Pillenmassen benutzt.

2) **Fructus seu Legumina Phaseoli,** die von den Samen befreiten, getrockneten und geschnittenen Hülsen. Sie sind seit einigen Jahren als Bohnenthee, Bohnenschalenthee ein viel gebrauchtes Volksmittel, das, von Dr. Ramm zuerst bei Blasen- und Nierenleiden angewendet (vergl. Schaper's Blasenthee, S. 291), neuerdings auch vielfach gegen Gicht und Rheuma empfohlen wird.

**Pulvis sternutatorius albus** (Diet.).
Schneeberger Schnupftabak.

| Rp. | Saponis medicati pulver. | 5,0 |
|---|---|---|
| | Rhizomat. Iridis „ | 20,0 |
| | Seminis Phaseoli „ | 75,0 |
| | Mixturae odoriferae | 1,0. |

**Ervalenta** von Warton. Gemisch aus Bohnen- und Linsenmehl, Zucker und Salz (Hager).

**II. Phaseolus diversifolius Pers.** Heimisch in Nordamerika. Die Wurzel wird gegen Dyspepsie gekaut.

**Ph. lunatus L.** Man unterscheidet Formen mit weissen und mit farbigen Samen, die letzteren enthalten einen dem Amygdalin ähnlichen Stoff, der 0,25 Proc. Blausäure liefert.

## Phellandrium.

**Oenanthe Phellandrium Lmck.** (syn. Phellandrium aquaticum L.). Familie der **Umbelliferae — Apioideae — Ammineae — Seselinae.** Heimisch in Europa und einem grossen Theile des nördlichen und mittleren Asiens. Zweijährig, bis 1,5 m hoch, mit spindeliger, gefächerter Wurzel und oft kriechenden Sprossen. Stengel gerillt, röhrig, kahl, mit doppelt oder dreifach gefiederten Blättern, deren Abschnitte fiederspaltig eingeschnitten sind, die im Wasser untergetauchten mit linealen Zipfeln. Blüthen weiss, Hülle und Hüllchen vorhanden. — Verwendung finden die Früchte:

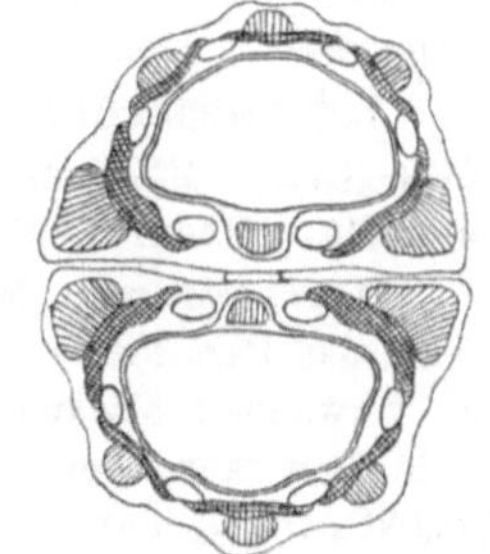

Fig. 65. Querschnitt durch Fructus Phellandrii, schwach vergrössert.

**Fructus Phellandrii** (Ergänzb.). **Semen Phellandrii aquatici. Semen Foeniculi aquatici s. caballini. — Wasserfenchel. Rossfenchel. Pferdefenchel (Peersaat). — Fruit de phellandrie aquatique** (Gall.).

***Beschreibung.*** Grünlichbraun, länglich-eiförmig, gegen die Griffel zugespitzt (in dem dadurch entstandenen Raume die Nabelstränge), bis 5 mm lang, von den Seiten wenig zusammengedrückt. Jede Theilfrucht mit 5 gerundeten, breiten Rippen, die Randrippen sind am stärksten. In jedem Thälchen ein Oelgang, zwei auf der Fugenfläche, ihr Inhalt dunkelgelb. In jeder Rippe ein starkes Gefässbündel, unter demselben ein Bündel stark verdickter Zellen, das Ausläufer nach den Seiten entsendet, wodurch die Oelgänge von aussen halb umfasst werden. Im Endosperm Drusen von Oxalat. Die beiden Theilfrüchte sind in der Droge meist vereinigt. — Geruch und Geschmack eigenthümlich unangenehm aromatisch.

***Bestandtheile.*** Aetherisches Oel (vergl. unten), Asche 8 Proc.

***Verwechslung.*** Früchte von Cicuta virosa L., von den Seiten stark zusammengedrückt, Randrippen wenig vortretend, ohne Faserbündel unter den Rippen, Sium latifolium L., in jedem Thälchen drei Oelgänge, Sium angustifolium L. mit noch zahlreicheren Oelgängen.

***Einsammlung und Aufbewahrung.*** Man sammelt die ausgereiften Früchte im August und bewahrt sie in dichtverschlossenen Gefässen auf.

***Anwendung.*** Im Aufguss (10,0—20,0 : 200,0) bei Husten, Lungenschwindsucht und Katarrhen; in der Thierheilkunde zu 20,0—40,0 bei Influenza und Kropf der Pferde.

**Extractum Phellandrii. Wasserfenchelextrakt,** bereitet man aus den grob gepulverten Früchten wie Extr. Absinthii Germ. (Bd. I, S. 408).

**Sirupus Phellandrii. Wasserfenchelsirup.** Aus gequetschten Früchten wie Sir. Chamomill. Ergänzb. (Bd. I, S. 716). *Ex tempore:* Tinct. Phellandrii 15,0, Sirup. simplicis 85,0.

**Tinctura Phellandrii.** Aus 1 Th. grob gepulverten Früchten und 5 Th. verdünntem Weingeist.

**Oleum Phellandrii.** Die Früchte des Wasserfenchels enthalten 1—2,5 Proc. ätherisches Oel, eine anfangs hellgelbe, später dunkler werdende Flüssigkeit von starkem, nicht angenehmem Geruch und brennendem Geschmack. Spec. Gew. 0,85—0,89; Drehungswinkel (100 mm-Rohr) + 12 bis + 16° C. Es enthält bis zu 80 Proc. Phellandren, $C_{10}H_{16}$, ein Terpen, das nach dem Oele seinen Namen erhalten hat.

---

# Phenacetinum.

Das Phenacetin ist als der Typus einer grossen Reihe von Verbindungen anzusehen, welche durchweg mehr oder weniger antipyretisch und antineuralgisch wirken. Als die Muttersubstanz des Phenacetins und seiner Analogen ist das Para-Amidophenol bez. das Para-Phenetidin anzusehen.

| $C_6H_4<{OH \atop H}$ | $C_6H_4<{OH\,(1) \atop NH_2(4)}$ | $C_6H_4<{OC_2H_5 \atop NH_2}$ | $C_6H_4<{OC_2H_5 \atop NH(CH_3CO)}$ |
|---|---|---|---|
| Phenol | Para-Amidophenol | Para-Phenetidin | Acet-Paraphenetidin (Phenacetin). |

Dadurch, dass man im Para-Amidophenol das H Atom der Hydroxyl-Gruppe, ferner eines oder beide Wasserstoffatome der $NH_2$-Gruppe durch Alkyl-Reste oder Säure-Reste (Acyle) ersetzt, kommt man zu einer grossen Reihe analoger Verbindungen.

**I. † Phenacetinum** (Brit. Germ. Helv.). **Acetphenetidinum** (Austr.). **Acetphenétidine** (Gall.). **Phenacetin. Acetphenetidin. Acet-p-phenetidin. Oxyäthylacetanilid. Phenedin. Phenin. $C_6H_4OC_2H_5NHCH_3CO$. Mol. Gew. = 179.**

***Darstellung.*** Man bereitet zunächst durch Einwirkung von Salpetersäure auf Phenol das Para-Nitrophenol und trennt dieses vom gleichzeitig gebildeten o-Nitrophenol. Man verwandelt alsdann das Para-Nitrophenol in das Natriumsalz und stellt aus diesem durch Einwirkung von Chloräthyl den Aethyläther des p-Nitrophenols, d. i. p-Nitrophenetol $C_6H_4(NO_2)OC_2H_5$ dar. Diesen reducirt man durch Einwirkung von nascirendem Wasserstoff zu p-Amido-Phenetol oder Phenetidin $C_6H_4(NH_2)OC_2H_5$ und verwandelt dieses durch Kochen mit Eisessig in die zugehörige Monoacetyl-Verbindung, d. i. Acetphenetidin oder Phenacetin.

***Eigenschaften.*** Weisse, glänzende Krystallblättchen oder ein weisses, krystallinisches Pulver ohne Geruch und fast ohne Geschmack. Es schmilzt bei 135° C. und verbrennt auf dem Platinbleche, ohne einen Rückstand zu hinterlassen.

Es löst sich etwa in 1500 Th. kaltem oder 80 Th. siedendem Wasser, auch in etwa 16 Th. kaltem oder 2 Th. siedendem Weingeist auf. Die Lösungen sind neutral. In konc. Schwefelsäure löst es sich ohne Färbung auf, mit konc. Salpetersäure färbt es sich beim Erwärmen citronengelb. — Beim andauernden Erhitzen mit wässeriger Kali- oder Natronlauge, ebenso mit konc. Salzsäure, erfolgt zunächst unter Abspaltung der Acetylgruppe Rückbildung von p-Amido-Phenetol (p-Phenetidin). — Durch sehr lange fortgesetztes Erhitzen mit den angegebenen Reagentien (KOH, NaOH, HCl), namentlich unter Druck, würde auch die Aethylgruppe — $C_2H_5$ — abgespalten werden unter Rückbildung von Amidophenol $C_6H_4(OH)NH_2$.

Auf der leichten Rückbildung von p-Amido-Phenetol, die bei kleinen Mengen Phenacetin schon durch Kochen mit konc. Salzsäure erfolgt, beruhen einige Farbreaktionen des Phenacetins, die durch Einwirkung von Oxydationsmitteln auf das zurückgebildete p-Amido-Phenetol auftreten.

**1)** Kocht man 0,1 g Phenacetin mit 1 ccm konc. Salzsäure eine Minute lang, verdünnt hierauf die Lösung mit 10 ccm Wasser und filtrirt nach dem Erkalten, so nimmt die erkaltete Flüssigkeit auf Zusatz von 3 Tropfen Chromsäurelösung (3 : 100) allmählich eine rubinrothe Färbung an. Die nämliche Färbung wird in der mit Salzsäure gekochten Phenacetinmischung auch durch andere Oxydationsmittel, z. B. Chlorwasser, hervorgebracht. — **2)** Auf der Abspaltung von p-Amido-Phenetol durch Einwirkung ätzender Alkalien auf das Phenacetin beruht auch die Thatsache, dass das letztere beim andauernden Erhitzen mit Kalilauge und Chloroform die Isonitrilreaktion giebt. — **3)** Ferner giebt auch das Phenacetin die beim Acetanilid (s. Bd. I, S. 4) näher beschriebene Indophenolreaktion, d. h. die durch Kochen mit Salzsäure erzielte Lösung des Phenacetins wird nach Zusatz von Karbolsäure- und Chlorkalklösung zwiebelroth getrübt; die rothe Färbung geht durch überschüssig zugesetzte Ammoniakflüssigkeit in Blau über.

***Prüfung.*** **1)** Phenacetin sei farblos, ohne Geruch und Geschmack, schmelze bei 135° C. und verbrenne auf dem Platinbleche, ohne einen Rückstand zu hinterlassen. — **2)** In konc. Schwefelsäure löse es sich ohne Färbung auf. — **3)** Das Filtrat einer heiss bereiteten und wieder erkalteten Lösung von Phenacetin in Wasser sei neutral und werde durch Zusatz von Bromwasser bis zur Gelbfärbung nicht getrübt (Acetanilid). — **4)** Eine Lösung von 0,3 g Phenacetin in 1 ccm Weingeist, mit 3 ccm einer sehr verdünnden Jodlösung (2 Tropfen Jodtinktur + 100 ccm Wasser) versetzt, darf sich beim Kochen nicht rosa färben (p-Phenetidin).

***Aufbewahrung.*** Nach Germ. und Helv. vorsichtig, obgleich ein Grund hierfür nicht vorliegt. Lichtschutz ist nicht erforderlich.

***Anwendung.*** Phenacetin ist ein Antipyreticum, welches in Gaben von 0,5—1,0 sichere Entfieberung bewirkt, ohne Nebenerscheinungen zu verursachen, wenn man von einer vermehrten Schweisssekretion absieht. Auf den Krankheitsverlauf ist es ohne Einfluss. Es ist Specificum bei Neuralgien verschiedener Art, z. B. Migräne, ferner bei Gelenkrheumatismus, gegen die lancinirenden Schmerzen der Tabiker, gegen Kopfdruck nach reichlichen Alkoholgenuss u. s. w.

In den Urin geht das Phenacetin anscheinend als Amidophenol oder Amidophenetol über; der Urin nimmt nach Genuss von Phenacetin auf Zusatz von Eisenchlorid burgunderrothe Färbung an; s. vorher. Es soll gleichzeitig eine reducirende Substanz auftreten, welche die Ebene des polarisirten Lichtes nicht beeinflusst, also nicht Zucker ist.

**† Methylphenacetin. $C_6H_4(OC_2H_5)N(CH_3)CH_3CO$. Mol. Gew. = 193.** Phenacetin wird in Xylol gelöst und in der Hitze mit metallischem Natrium behandelt. Auf das entstandene Phenacetin-Natrium $C_6H_4(OC_2H_5)N(Na)CH_3CO$ lässt man Jodmethyl einwirken, worauf das Methylphenacetin gebildet wird.

Farblose, bei 40° C. schmelzende Krystalle, in Wasser mässig, leicht in Alkohol und in Aether löslich. Soll hypnotisch wirken, hat sich aber in die Therapie nicht eingeführt.

**† Aethylphenacetin. $C_6H_4(OC_2H_5).N.CH_3CO.C_2H_5$.** Die Darstellung erfolgt analog derjenigen des Methylphenacetin, mit dem Unterschiede, dass man Aethyljodid auf Phenacetin-Natrium einwirken lässt.

Aethylphenacetin ist ein schwach gelbliches, bei 330—335° C. siedendes Oel, welches nach dem Erkalten fest wird. Es ist in Wasser schwer, in Alkohol und in Aether leicht löslich, und wirkt gleichfalls hypnotisch, aber schwächer als das Methylphenacetin.

**† Jodophenin, Jodphenacetin.**

Zur Darstellung löst man 6 Th. Phenacetin in 50 Th. Eisessig und fügt dieser Lösung 9 Th. Salzsäure und 30 Th. Wasser, sowie eine Lösung von 6,8 Th. Jod in 13,6 Th. Jodkalium und 13,6 Th. Wasser hinzu. Hat man die Eisessiglösung warm angewendet, so erhält man die neue Verbindung in stahlblauen, dem Kaliumpermanganat ähnlichen Krystallen. Aus wässeriger Lösung gefällt, erhält man ein chokoladenbraunes, feines krystallinisches Pulver. (D.R.P. No. 58404.)

Jodophenin ist fast unlöslich in Wasser, schwer löslich in Benzol und Chloroform, leichter in Eisessig, Alkohol und siedender Salzsäure. Durch Natronlauge wird es wieder in Phenacetin zurückverwandelt. Der Jodgehalt beträgt rund 50 Proc. Eine endgültige Formel lässt sich für die Verbindung zur Zeit noch nicht aufstellen.

Das Präparat ist als Antisepticum in Aussicht genommen, über das Versuchsstadium aber noch nicht hinausgekommen.

## II. † Methacetinum (Ergänzb.). Para-acetanisidin. p-Oxymethylacetanilid. $C_6H_4OCH_3NH . CH_3CO$. Mol. Gew. = 165.

***Darstellung.*** Diese erfolgt aus dem p-Nitrophenol genau in der nämlichen Weise wie diejenige des Phenacetins, nur lässt man auf das p-Nitrophenol-Natrium nicht Chloraethyl, sondern vielmehr Chlormethyl einwirken.

***Eigenschaften.*** Das Methacetin bildet farb- und geruchlose glänzende Krystallblättchen, die bei 127° C. schmelzen und bei höherer Temperatur unzersetzt destilliren. Es löst sich etwa in 350 Th. Wasser von 15° C. oder in 12 Th. siedendem Wasser; die Lösungen sind neutral.

In Alkohol und Aceton löst sich Methacetin sehr leicht, auch in Chloroform, namentlich beim Erwärmen. Weniger löslich ist es in Benzol und nur sehr schwer in Schwefelkohlenstoff, Petroleumbenzin und Aether. Beim Erkalten oder Verdunsten krystallisirt das Methacetin in schönen Krystallen und unverändert wieder aus. Auch in Glycerin und fetten Oelen löst es sich, besonders in der Wärme reichlich, schwieriger in Terpentinöl und anderen ätherischen Oelen.

In chemischer Beziehung ist das Methacetin das vollständige Analogon des Phenacetins. Es giebt die nämlichen Reaktionen wie dieses, nur treten namentlich die Farbreaktionen, wegen der etwas grösseren Löslichkeit des Methacetins, etwas schneller und intensiver ein wie beim Phenacetin. Mit koncentrirter Salpetersäure übergossen, färbt sich das Methacetin tiefgelbroth. — Kocht man 0,2 g Methacetin mit 2 ccm Salzsäure eine Minute lang, verdünnt mit 20 ccm Wasser, filtrirt nach dem Erkalten und theilt das Filtrat in zwei Hälften, so soll in der einen Hälfte auf Zusatz von 3 Tropfen Chromsäurelösung rubinrothe Färbung entstehen, die andere Hälfte wird nach Zusatz von Karbolsäurelösung (1 = 20) durch Chlorkalklösung roth gefärbt; die Färbung geht durch Ammoniakflüssigkeit in Blau über.

***Prüfung.*** **1)** Es sei ungefärbt, schmelze bei 127° C., löse sich in konc. Schwefelsäure ohne Färbung und hinterlasse beim Verbrennen auf Platinblech keinen Rückstand. — **2)** Löst man 0,1 g in 10 ccm heissem Wasser und filtrirt nach dem Erkalten, so soll das Filtrat nicht getrübt werden, wenn es mit Bromwasser bis zur Gelbfärbung versetzt wird.

***Aufbewahrung.*** Vorsichtig. In Gaben von 0,3—0,5 g mehrmals täglich als Antipyreticum und Antineuralgicum wie Phenacetin, aber wegen der leichteren Löslichkeit mit grösserer Vorsicht als bei diesem. Kinder nicht mehr als 0,1—0,25 g *pro dosi*. Höchstgaben: 0,5 g *pro dosi*, 2,0 g *pro die*. Uebergang in den Harn und Nachweis wie bei Phenacetin.

## III. † Sedatin.[1] Valeryl-p-Phenetidid. $C_6H_4(OC_2H_5)NH(COC_4H_9)$. Mol. Gew. = 221.

---

[1] Der Name „Sedatin" ist schon als Synonym für Antipyrin aufgeführt. S. Bd. I, S. 318.

Wird aus p-Phenetidin und Valeriansäure oder Valerylchlorid dargestellt, krystallisirt in Nadeln und siedet bei 350—360° C. Es ist in Aether, Benzin, Chloroform, Aceton wenig löslich, in heissem Methyl- und Aethylalkohol löslicher als in kaltem.

**IV. † Tripheninum.** **Propionyl-p-Phenetidin.** $C_6H_4(OC_2H_5)NH(CO—CH_2—CH_3)$. **Mol. Gew. = 193.**

Die Darstellung erfolgt in analoger Weise wie diejenige des Phenacetins: Durch Erhitzen von p-Phenetidin mit Propionsäure.

Farblose, bei 120° C. schmelzende Krystalle, in 2000 Th. Wasser löslich. In Dosen von 0,3—0,6—1,0 g als Antipyreticum und Antineuralgicum empfohlen.

**V. † Lactophenin.** **Lactyl-p-Phenetidid. Milchsäure-Phenetidid.** $C_6H_4(OC_2H_5)NH.(COCH[OH]CH_3)$. **Mol. Gew. = 209.**

Milchsaures p-Phenetidin oder eine Mischung von p-Phenetidin und Milchsäure wird so lange auf 180° C. erhitzt, bis Wasserabspaltung nicht mehr erfolgt. Der verbleibende Rückstand wird aus siedendem Wasser umkrystallisirt.

Farb- und geruchlose, schwach bitter schmeckende, kleine Krystalle vom Schmelzpunkt 117,5—118° C. Sie lösen sich in 500 Th. kaltem oder in 55 Th. siedendem Wasser, sowie in 8,5 Th. Weingeist von 15° C. Die Lösungen verändern Lackmuspapier nicht. In Aether und Petroläther ist Lactophenin schwer löslich. Kocht man 0,1 g Lactophenin mit 1 ccm Salzsäure eine Minute lang, verdünnt die Lösung mit 10 ccm Wasser und filtrirt nach dem Erkalten, so nimmt die Flüssigkeit auf Zusatz von 3 Tropfen Chromsäurelösung rubinrothe Färbung an. — Diese Lösung giebt auch die Indophenolreaktion.

Reibt man 0,3 fein gepulvertes Lactophenin mit 2 ccm Salpetersäure an, so färbt sich das Gemisch alsbald gelb. Man verdünnt nach einstündigem Stehen mit Wasser, wäscht auf dem Filter mit Wasser aus, trocknet und krystallisirt aus wenig Benzol um. Der so erhaltene Körper schmilzt nach sorgfältigem Trocknen bei 96,5° C. Beim Erwärmen desselben mit wenig alkoholischer Kalilauge entsteht eine dunkelgelbrothe Flüssigkeit, aus welcher beim Erkalten sich rothe Krystalle vom Schmelzpunkt 110,5° C. abscheiden.

0,1 g Lactophenin wird in 10 ccm heissen Wassers gelöst, die Flüssigkeit wird nach völligem Erkalten filtrirt. Im Filtrat ruft Bromwasser, bis zur Gelbfärbung hinzugefügt, starke Trübung hervor (Unterschied von Phenacetin). — Unter heissem Wasser schmilzt Lactophenin, ohne Färbung anzunehmen; von konc. Schwefelsäure wird es ohne Färbung gelöst. Es muss ohne einen Rückstand zu hinterlassen verbrennen.

Vorsichtig aufzubewahren.

**VI. † Apolysin.** **Monophenetidin-Citronensäure. Mono-Citryl-p-Phenetidid.** $C_6H_4(OC_2H_5)NH.[COC_3H_4(OH)(CO_2H)_2]$. **Mol. Gew. = 311.**

Zur Darstellung werden 42 Th. Citronensäure mit 27,5 Th. p-Phenetidin mehrere Stunden auf 100—200° C. erhitzt. Die Reaktionsmasse wird hierauf in Sodalösung gelöst, wobei die mitgebildete Diphenetidin-Citronensäure ungelöst bleibt. Aus der filtrirten Lösung wird die Monophenetidin-Citronensäure durch Salzsäure wieder ausgefällt und aus Wasser oder Chloroform umkrystallisirt. D. R.-P. 87428.

Ein weisses, krystallinisches, etwas hygroskopisches Pulver oder grosse, wasserhelle Krystalle vom Schmelzpunkt 72° C., löslich in 55 Th. kaltem oder schon in 1 Th. heissem Wasser. Sie schmeckt und reagirt sauer. Bei 100° C. verliert die Monophenetidin-Citronensäure ziemlich schnell 1 Mol. Wasser und geht in einen Körper vom Schmelzpunkt 129° C. über, der aus heissem Wasser umkrystallisirbar ist, der aber, wenn er aus seiner alkalischen (Soda!) Lösung durch Säuren abgeschieden wird, wieder bei 72° C. schmilzt. Löslich in Alkohol und in heissem Chloroform. Nach dem Kochen mit Salzsäure giebt die mit Wasser verdünnte Lösung die Indophenolreaktion.

***Anwendung.*** Als Antipyreticum und Analgeticum in Gaben von 0,5—1 g und zwar in Tagesgaben bis zu 6,0 g wie das Phenacetin.

**VII. † Citrophen.** **Neutrales Citrophenetidid. Citronensäuretriphenetidid.** $[C_6H_4(OC_2H_5)NHCO]_3.C_3H_4(OH)$. **Mol. Gew. = 549.**

Zur Darstellung werden 210 Th. Citronensäure mit 411 Th. p-Phenetidin unter Zusatz wasserentziehender Mittel erhitzt. Das Reaktionsprodukt wird mit stark verdünnter Natronlauge gewaschen und aus heissem Wasser umkrystallisirt.

Weisses, krystallinisches, schwach säuerlich und aromatisch schmeckendes und sauer reagirendes Pulver, in kaltem Wasser schwer, in ca. 15 Th. heissem Wasser löslich. Schmelzpunkt 181° C. Die wässerige Lösung wird durch Natronlauge zunächst getrübt, dann gelöst, durch Eisenchloridlösung burgunderroth, durch Chromsäurelösung violett gefärbt.

Lässt man zur wässerigen Lösung die Dämpfe rauchender Salpetersäure zutreten, so entsteht auf Zugabe von Ammoniakflüssigkeit ein ziegelrother Niederschlag.

Wird die Substanz mit Salzsäure gekocht, so giebt die mit Wasser verdünnte und nach dem Erkalten filtrirte Lösung die Indophenolreaktion.

In Gaben von 0,5—1,0 g als Antipyreticum und Antineuralgicum wie Phenacetin.

**† Formylphenetidin. Formphenetidid. p-Oxyäthyl-Formanilid. $C_6H_4(OC_2H_5)NH.HCO$. Mol. Gew. = 165.**

Wird dargestellt durch Erhitzen von salzsaurem p-Phenetidin mit wasserfreiem Natriumformiat und Ameisensäure, wobei das Natriumformiat als Kondensationsmittel wirkt, Phenetidin und Ameisensäure aber unter Wasserabspaltung Formylphenetidin liefern.

Farblose, geschmack- und geruchlose, bei 69° C. schmelzende Krystallblättchen. Wenig löslich in kaltem Wasser, leicht löslich in heissem Wasser, sowie in Alkohol und in Aether.

Die Verbindung wirkt krampfstillend, hat sich in die Therapie aber nicht eingeführt.

**† Kryofin. $C_6H_4OC_2H_5NH[(CH_3O)CH_2CONH]$. Mol. Gew. = 224.**

Ist ein Phenacetin, in welchem an Stelle des Essigsäurerestes ein Rest der Oxy-Essigsäure (Methylglykolsäure $CH_2(OCH_3)COOH$) steht. Dargestellt durch Erhitzen von p-Phenetidin mit Methylglykolsäure.

Farblose Nadeln vom Schmelzpunkt 98—99° C. Löslich in 600 Th. kaltem Wasser.

In Gaben von 0,5 g drei- bis viermal täglich als Antipyreticum und Antineuralgicum wie das Phenacetin.

**VIII. † Malakin. Orthoxybenzyliden-p-Phenetidin. Salicyliden-p-Phenetidin. $C_6H_4(OC_2H_5)N:CH.C_6H_4.OH + H_2O$. Mol. Gew. = 259.**

Wird durch Kondensation von Salicylaldehyd und p-Phenetidin dargestellt.

Hellgelbe, feine Nädelchen, vom Schmelzpunkt 92° C. Sie sind unlöslich in Wasser, schwer löslich in Alkohol und Ligroïn, leichter löslich in siedendem Alkohol, in Aether und in Benzol. Mit gelber Farbe in Natronlauge löslich. — Schwache Mineralsäuren zersetzen es in p-Phenetidin und in Salicylaldehyd. Nach dem Kochen mit Salzsäure giebt es daher sowohl die Chromsäurereaktion als auch die Indophenolreaktion.

In Einzelgaben von 0,5 g bis 4—6 g *pro die* gegen akuten Gelenkrheumatismus und bei Neuralgien.

**IX. † Salophen. Acetparaamidophenylsalicylsäureester. Acetparaamidosalol. Salicylsäure-Acetparaamidophenylester. $C_6H_4(NH.COCH_3)O.O.C.C_6H_4(OH)$. Mol. Gew. = 271.**

Zur Darstellung wird Salicylsäure-p-Nitrophenylester durch Reduktion (mittels Zinn + Salzsäure) in Salicylsäure-p-Amidophenylester (p-Amidosalol) verwandelt und dieses durch Kochen mit Essigsäureanhydrid in die Acetylverbindung, d. i. Salophen, übergeführt.

Geruch- und geschmacklose, sehr kleine, weisse, krystallinische Blättchen, in kaltem Wasser fast unlöslich, etwas löslich in heissem Wasser, löslich in Alkohol und in Aether. Die noch vorhandene Hydroxylgruppe bedingt die Löslichkeit in Natronlauge. Schmelzpunkt 187—188° C. Die alkoholische Lösung wird durch Eisenchloridlösung violett gefärbt. Bromwasser giebt einen weissen, dicken, voluminösen Niederschlag. In konc. Schwefelsäure löst es sich ohne Färbung auf. Durch ätzende Alkalien wird die Verbindung leicht in Salicylsäure und Acetyl-p-Amidophenol gespalten. Die nämliche Spaltung erfolgt durch die alkalische Darmverdauung im Organismus.

Man giebt das Salophen in Gaben bis zu 6,0 g *pro die* bei **akutem** Gelenkrheumatismus. Zu 0,5—1,0—1,5 g bei nervösen Affektionen mit Erfolg. Ueble Nebenwirkungen treten nicht auf. Kommt es zu Schweisssekretion, so bedeckt sich die Haut mit einem aus einer Unzahl kleiner Krystalle bestehenden Brillantstaub von unverändertem Salophen. Ueber die Spaltung im Organismus s. oben.

**X. † Saliphen. Salicyl-p-Phenetidin. $C_6H_4(OC_2H_5)NH . CO . C_6H_4 . OH$. Mol. Gew. = 257.**

Entsteht durch Kondensation eines Gemisches äquimolekularer Mengen von p-Phenetidin und Salicylsäure mittels Phosphortrichlorid oder Phosphoroxychlorid bei erhöhter Temperatur.

Nahezu farblose, bei 139,5° C. schmelzende Krystalle, unlöslich in Wasser, leicht löslich in Alkohol, Aceton, heissem Eisessig, siedendem Chloroform, weniger leicht in Aether.

Hat nur geringe antifebrile Wirkung und hat sich daher in dem Arzneischatz nicht eingebürgert.

**XI. † Amygdophenin. Amygdalyl-p-Phenetidid. Mandelsäure-Phenetidid. $C_6H_4(OC_2H_5)NH(CO . CH . (OH) . C_6H_5)$. Mol. Gew. = 271.**

Man erhitzt entweder mandelsaures p-Phenetidin oder eine Mischung von 152 Th. Mandelsäure und 137 Th. p-Phenetidin auf 130—170° C., bis Wasser nicht mehr abgegeben wird. Man behandelt das Reaktionsprodukt mit sehr verdünnter Natronlauge und krystallisirt es alsdann aus Aether-Alkohol um.

Weisse, glänzende Blättchen vom Schmelzpunkt 140,5° C., leicht löslich in Alkohol, schwer löslich in heissem Wasser, in Aether und Benzol, nicht löslich in Petroläther. — Wird es mit Salzsäure gekocht, so giebt die mit Wasser verdünnte und nach dem Erkalten filtrirte Flüssigkeit sowohl die Chromsäure-Reaktion als auch die Indophenol-Reaktion. — Wird 0,5 g Amygdophenin mit 10 ccm verdünnter Schwefelsäure erwärmt, so tritt auf allmähliche Zugabe von Kaliumpermanganat in Krystallen oder koncentrirter Lösung der Geruch nach Benzaldehyd auf. In Gaben von mehrmals täglich 1 g wie das Phenacetin als Antineuralgicum und bei Gelenkrheumatismus.

**XII. † Hypnoacetin. Acetophenonacetyl-p-amidophenoläther. $C_6H_4(OCH_2—CO—C_6H_5)(NH . COCH_3)$. Mol. Gew. = 269.**

Wird durch Kondensation von p-Acetamidophenol mit Phenol und Eisessig mittels Zinkchlorid dargestellt. Perlmutterglänzende Blättchen, welche bei 160° C. unter Zersetzung schmelzen, in Wasser unlöslich, in Alkohol und in Essigäther löslich sind. In Gaben von 0,2—0,25 wirkt es antipyretisch und zugleich auch hypnotisch.

**XIII. † Benzacetin. Phenacetincarbonsäure. Acetamidoäthylsalicylsäure. $C_6H_3(OC_2H_5)(NH . COCH_3)CO_2H$. Mol. Gew. = 223.**

Zur **Darstellung** bereitet man zunächst durch Einwirkung von Salpetersäure auf Salicylsäure die Nitrosalicylsäure; diese wird durch nascirenden Wasserstoff (Zinn + Salzsäure) zu Amidosalicylsäure reducirt und diese durch Kochen mit Eisessig acetylirt.

Farblose Nadeln vom Schmelzpunkt 189—190° C., schwer löslich in Wasser, leichter löslich in Alkohol. Die Salze dieser Säure mit Alkalien und Erdalkalien sind in Wasser leicht löslich. Das Benzacetin hat sich in Gaben von 0,5—1,0 in Tagesgaben von 3,0 g als Sedativum bei nervösen Erregungszuständen bewährt. Man gab zuerst das Lithiumsalz, später nachfolgende Formel:

**† Benzacetinum compositum Reiss.** Benzacetici 85,8, Coffeïni 8,5, Acidi citrici 5,7. Bei habituellem Kopfschmerz, Neuralgie und Migräne.

**XIV. Phesin. Phenacetinsulfosaures Natrium. $C_6H_3OC_2H_5(NHCH_3CO)SO_3Na$. Mol. Gew. = 281.** Die durch Sulfonirung des Phenacetins entstehende Phenacetinsulfosäure und ihr als „Phesin“ bezeichnetes Natriumsalz haben sich als unwirksam erwiesen.

**XV. † Thymacetin. $C_6H_2 . CH_3(1)OC_2H_5(3)C_3H_7(4)NH . COCH_3(6)$. Mol. Gew. = 235.**

Wird aus dem Thymol in der nämlichen Weise hergestellt wie das Phenacetin aus dem Phenol und ist deshalb ein Homologes des Phenacetins.

Ein weisses, krystallinisches, in Wasser nur wenig lösliches Pulver vom Schmelzpunkt 136° C. Es wirkt in Gaben von 0,25—1,0 g als Antineuralgicum, doch sind in einigen Fällen unangenehme Nebenwirkungen beobachtet worden.

**XVI. † Pyrantin. Phenosuccin-p-Aethoxyphenylsuccinimid.** $C_6H_4OC_2H_5N$: $(COCH_2-CH_2-CO)$. **Mol. Gew. = 219.**

Man erhitzt 1,2 kg Bernsteinsäure mit 1,1 kg p-Amidophenol auf 150—170° C. und krystallisirt das braun gefärbte Reaktionsprodukt unter Zuhilfenahme von Thierkohle aus Essigsäure um.

Farblose, prismatische Nadeln vom Schmelzpunkt 155° C., leicht in heissem Alkohol und heisser Essigsäure löslich, löslich in etwa 1400 Th. Wasser von 15° C. und 85 Th. siedendem Wasser, in Aether unlöslich. In Kali- oder Natronlauge löst es sich unter Bildung der Salze der p-Aethoxyphenylsucciniminsäure $C_6H_4(OC_2H_5)NH(COCH_2-CH_2CO_2H)$.

In Gaben von 1—3 g *pro die* (!) als Antipyreticum und Antineuralgicum.

**† Pyrantin leicht löslich.** Ist das p-Aethoxyphenylsuccinaminsaure Natrium. $C_6H_4(OC_2H_5)NH.(CO-CH_2-CH_2CO_2Na)$. Entsteht durch Auflösen der vorigen Verbindung in Natronlauge.

Farbloses, krystallinisches Salzpulver, geruchlos, zum Niesen reizend, von salzigsäuerlichem Geschmacke, in Wasser leicht löslich, von schwach alkalischer Reaktion. Aus der wässerigen Lösung fällt durch Ferrichlorid ein rehfarbener Niederschlag, durch Salzsäure dagegen die freie Säure aus. Beim Kochen mit konc. Salzsäure erfolgt Auflösung. Nach dem Verdünnen mit Wasser und Filtriren der erkalteten Flüssigkeit erzeugt in dem Filtrate Chlorkalklösung allein eine schwach violette Färbung, die durch Ammoniak in Braun abblasst. Ausserdem tritt im Filtrate die Indophenol-Reaktion ein.

**Migränepulver nach Hammerschlag.** Rp. Coffeïni citrici 1,0, Phenacetini 2,0, Sacchari albi 1,0 divide in partes X.

**Hemicranin.** Gemisch aus Phenacetin 5,0, Coffeïn 1,0, Citronensäure 1,0 (oder Weinsäure 1,0).

**Influenzin.** Gemisch aus Phenacetin, Natriumchlorid, Coffeïn und Chininsalicylat.

**Migräne-Pastillen von Dr. Schlutius.** Rp. Phenacetini 0,3, Coffeïno-Natrii salicylici 0,015, Chinini hydrochlorici 0,20, Morphini hydrochlorici 0,005, Saccharini 0,001. Mit Chokolade zu 1 Pastille.

---

# Phenocollum.

**† Phenocollum. Glycocollparaphenetidin. Amidoacetparaphenetidin.** $C_6H_4.OC_2H_5(NH.COCH_2NH_2)$. **Mol. Gew. = 194.**

Die freie Base wird technisch dargestellt, indem man Chloracetylchlorid auf p-Phenetidin einwirken lässt und das gebildete Oxyäthyl-Monochloracetanilid durch Einwirkung von Ammoniak in Phenocoll überführt. Die freie Phenocollbase stellt farblose, feine, verfilzte Nadeln dar, welche bei 95° C. schmelzen, in kaltem Wasser schwer, in heissem Wasser leicht löslich sind. Alkohol löst sie leicht, von Aether, Benzol und Chloroform wird sie schwer aufgenommen. Zur Verwendung gelangen die Salze:

## † Phenocollum hydrochloricum

(Ergänzb.). **Salzsaures Phenocoll. Phenamin.** $C_6H_4.OC_2H_5(NHCOCH_2NH_2).HCl$. **Mol. Gew. = 230,5.** Durch Neutralisiren des freien Phenocolls mit Chlorwasserstoffsäure dargestellt.

***Eigenschaften.*** Ein farbloses, krystallinisches, aus kleinen Würfeln bestehendes Pulver. Es löst sich in etwa 20 Th. Wasser von gewöhnlicher Temperatur zu einer neutralen Flüssigkeit, aus welcher durch Natronlauge die freie Phenocollbase in Form feiner verfilzter, bei 95° C. schmelzender Nadeln abgeschieden wird. In Alkohol und in heissem Wasser ist es sehr leicht löslich.

Das salzsaure Phenocoll ist gegen kohlensaure und ätzende Alkalien ziemlich beständig, indem erst bei längerem Kochen mit diesen Agentien Spaltung in Phenetidin und

Glycocoll stattfindet. Ebenso ist das Verhalten gegen verdünnte Säuren. Konc. Salzsäure spaltet das Phenocoll erst nach längerem Kochen theilweise in Phenetidin und Glycocoll. Die wässerige Lösung des salzsauren Salzes giebt mit Silbernitrat einen weissen Niederschlag von Chlorsilber, dagegen erhält sie durch Eisenchlorid nur die dem Eisenchlorid zukommende Gelbfärbung. — Kocht man die wässerige Lösung (1 = 20) mit einigen Tropfen Salpetersäure, so entsteht eine gelbrothe Färbung. — Erhitzt man die Lösung mit Kalilauge und einigen Tropfen Chloroform, so tritt der widerliche Isonitril-Geruch auf.

***Prüfung.*** 0,5 g Phenocoll. hydrochlor. sollen sich in etwa 15 ccm Wasser klar auflösen. Trübung könnte bedingt sein durch Nebenprodukte bei der Fabrikation (Di- und Triphenocoll). — Die Lösung sei neutral. — Sie werde durch Eisenchlorid weder in der Kälte noch beim Erwärmen roth gefärbt (p-Phenetidin). — Die auf 60° C. erwärmte wässerige Lösung soll, mit einigen Tropfen Natriumkarbonatlösung versetzt, keinen Ammoniakgeruch wahrnehmen lassen (Ammoniaksalze). — Die Lösung soll, mit einigen Tropfen Natronlauge versetzt, die Phenocollbase als rein weisse Krystallmasse fallen lassen (Färbung = Verunreinigung). — Beim Verbrennen auf dem Platinbleche hinterlasse das Präparat keinen feuerbeständigen Rückstand.

***Aufbewahrung.*** Vorsichtig, grössere Vorräthe auch vor Licht geschützt.

***Anwendung.*** Die Phenocollsalze sind ebenso wie das Phenacetin Antipyretica, Antineuralgica und Antirheumatica. Dosis 0,5—1,0 g in Lösung bis 5 g *pro die*. Der Urin nimmt nach Phenocollgebrauch braunrothe bis tiefschwarze Färbung an, welche beim Stehen an der Luft oder nach Zusatz von Eisenchlorid noch dunkler wird. Bisher erprobt bei akutem, fieberhaftem Gelenkrheumatismus und angeblich auch bei Malaria.

**† Phenocollum carbonicum. Kohlensaures Phenocoll.** $[C_6H_4(OC_2H_5)NH . CO—CH_2—NH_2]_2 . CO_3H_2$. Farbloses, nahezu geschmackloses, in Wasser schwer lösliches, aus Krystallblättchen bestehendes lockeres Pulver. Beim Erwärmen mit Wasser auf 65° C., rascher bei 80° C. findet Abspaltung von Kohlensäure statt. Eignet sich besonders zur Verwendung in Pulverform.

**† Phenocollum aceticum. Essigsaures Phenocoll.** $C_6H_4(OC_2H_5)NH . CO—CH_2—NH_2 . C_2H_4O_2$. Lockere, aus filzigen Nadeln bestehende Krystallaggregate, in 3—4 Th. Wasser löslich. Der Geschmack ist milde. Die wässerige Lösung reagirt schwach alkalisch und giebt wegen des Gehaltes an Essigsäure mit Eisenchlorid Rothfärbung (von Ferriacetat). Dieses Salz eignet sich besonders zu subkutanen Injektionen.

**† Phenocollum salicylicum. Salocollum.** $C_6H_4(OC_2H_5)NH . CO—CH_2—NH_2 . C_7H_6O_3$. Krystallisirt aus heissem Wasser, worin es leicht löslich ist, in langen Nadeln. Ist in kaltem Wasser schwerer löslich als das salzsaure Salz. Die wässerige Lösung reagirt neutral, giebt mit Eisenchlorid Violettfärbung und schmeckt süss. — Das Präparat vereinigt in sich die Eigenschaften des Phenocolls und der Salicylsäure.

**Schering's Gichtwasser** enthält je 1 g Phenocoll. hydrochlor. und Piperazin in ca. 600 ccm kohlensaurem Wasser gelöst.

**Lindhorst's Malariawasser.** Phenocolli hydrochlorici 2,4, Phenocolli salicylici 1,3, Phenocolli acetici 0,3, kohlensaures Wasser 600 ccm.

**Triphenamin.** Gemisch von 26 Th. Phenocollum hydrochloricum, 10 Th. Phenocollum salicylicum und 4 Th. Phenocollum aceticum. Dient zur Bereitung von kohlensaurem Rheumatismuswasser.

---

# Phenoli Derivata.

## I. † Orthomonochlorphenol. o-Chlorphenol. $C_6H_4Cl . OH$ (1:2). Mol.Gew.=128,5.

Entsteht bei der Einwirkung von Chlor auf Phenol (neben Parachlorphenol) und wird von diesem durch fraktionirte Destillation und darauffolgende Krystallisation getrennt.

Farblose, unangenehm riechende Flüssigkeit, bei 176° C. siedend. Sie erstarrt in einer Kältemischung und schmilzt alsdann bei + 7° C. Wenig löslich in Wasser, leicht löslich in Alkohol. Besitzt von den drei isomeren Chlorphenolen die schwächste desinficirende Wirkung. Wird von Passerini in Form von Inhalationen bei verschiedenen Affektionen der Luftwege: chronischer Bronchitis, ferner Laryngitis und Phthisis empfohlen.

**Chlorphenol-**PASSERINI ist nicht reines Chlorphenol, sondern eine Mischung aus je 7 Th. Orthochlorphenol und Alkohol; Eugenol und Menthol je 3 Th. Dosis für eine Inhalation 16—30 Tropfen.

**II. † Metamonochlorphenol. Metachlorphenol. $C_6H_4Cl.OH$ (1 : 3). Mol. Gew. = 128,5.** Feine farblose Krystalle, Schmelzpunkt 28,5° C., Siedepunkt 214° C. Steht bezüglich der Wirksamkeit in der Mitte zwischen der Ortho- und Para-Verbindung, ist aber zur medicinischen Anwendung zu theuer.

**III. † Paramonochlorphenol. Parachlorphenol. $C_6H_4Cl.OH$ (1 : 4). Mol. Gew. = 128,5.** Entsteht bei der Einwirkung von Chlor auf Phenol neben der Ortho-Verbindung.

Farblose Krystalle von schwach unangenehmem Geruch, Schmelzpunkt 37° C., Siedepunkt 217° C., nur wenig löslich in Wasser und in den Lösungen der Alkalikarbonate, leicht löslich in Alkohol und in Aether. Es löst sich erst in 60—70 Th. kaltem Wasser, doch kann die Auflösung durch Zugabe von Glycerin befördert werden.

In 1—2 proc. Verbandsalbe zur Behandlung des Erysipels. Ferner in 5—20 proc. Lösung zum Aetzen tuberkulöser Geschwüre bei Tuberkulose des Larynx und der Zunge. Wässerige Lösungen sind zu filtriren (!), damit nicht ungelöstes Parachlorphenol lokal ätzend wirkt.

**† Chlorolin. Chloralin.** Eine aus gechlorten Phenolen bestehende Flüssigkeit, wahrscheinlich ein Nebenprodukt bei der Darstellung der reinen Chlorphenole. Gelbliche Flüssigkeit. In 2—3procentiger Lösung zu desinficirenden Spülungen in der Gynäkologie, die 0,5—1,0procentige Lösung als Gurgelwasser.

**Parachlorphenol-Pasta-**ELSENBERG. Rp. Lanolini, Vaselini, Amyli Tritici, Parachlorphenoli āā. Bei Lupus.

**IV. † Trichlorphenolum. Omal. $C_6H_2Cl_3.OH$ (2 : 4 : 6).** Entsteht durch ausgiebige Einwirkung von Chlor auf Phenol.

Farblose, sehr feine, lange, nadelförmige Krystalle von scharfem Geruche, bei 68° C. schmelzend und bei 244° C. siedend, von saurer Reaktion, leicht löslich in Alkohol und in Aether, auch in Glycerin löslich. In Wasser kaum löslich, wird es aus seiner alkoholischen Lösung durch Wasser in öligen Tröpfchen gefällt. Der eigenthümlich scharfe Geruch der Verbindung wird durch Lavendelöl verdeckt. Mit ätzenden Basen bildet das Trichlorphenol gut krystallisirende Salze.

Aeusserlich als Antisepticum und Desinficiens. In Pulverform wie Jodoform aufgestreut. Ferner in 1—5 procentiger Lösung (mit Glycerinzusatz); es soll 25 mal stärker wie Karbolsäure wirken. In 5 proc. Glycerinlösung zum Einpinseln gegen Erysipel.

Zu antiseptischen Zwecken werden ferner auch die Verbindungen des Trichlorphenols mit Magnesiumoxyd, Calciumoxyd und Zinkoxyd empfohlen; z. B. die 2 proc. Lösung des Magnesiumsalzes zu Umschlägen bei purulenter Ophthalmie.

**V. † Tribromphenolum. Bromol. $C_6H_2Br_3.OH$. Mol. Gew. = 331.**

***Darstellung.*** Man löst 1 Th. Phenol in 50—60 Th. Wasser, andrerseits 5 Th. Brom in 150 Th. Wasser und trägt die letztere Lösung in die erstere ein. Der entstehende weisse Niederschlag wird gewaschen und aus Alkohol umkrystallisirt. Man kann auch dampfförmiges Brom auf geschmolzenes oder in Eisessig gelöstes Phenol einwirken lassen.

***Eigenschaften.*** Farbloses, krystallinisches Pulver oder seidenglänzende Krystalle von zusammenziehendem Geschmack und eigenthümlichem Geruch, in Wasser so gut wie unlöslich, leicht löslich in Alkohol, Chloroform, Aether, Glycerin, sowie in ätherischen und in fetten Oelen.

***Prüfung.*** Die Reinheit des Tribromphenols ergiebt sich aus der Farblosigkeit, dem zutreffenden Schmelzpunkt, der nahezu völligen Unlöslichkeit in Wasser und aus dem Bromgehalt.

Zur Feststellung des letzteren bringt man eine gewogene Menge Tribromphenol in einer Silberschale mit Natronlauge (e natrio) zur Trockne, glüht schwach, säuert die Lösung der Schmelze mit Salpetersäure an und fällt mit Silbernitrat.

***Aufbewahrung.*** Vor Licht geschützt, vorsichtig aufzubewahren.

***Anwendung.*** Aeusserlich wirkt es ätzend und desinficirend. Man benutzt es daher unvermischt oder mit Talcum gemischt bez. in Salbenform oder in Oel gelöst in der Wundbehandlung. Innerlich gegeben, passirt es den Magen unzersetzt und wird erst im Darme allmählich gelöst. Man giebt es daher zur Desinfektion des Darmes bei Typhus, Sommerdiarrhöen, Cholera infantum. Dosis für Erwachsene 0,1 g *pro dosi*, 0,5 g *pro die.* Für Kinder 0,005—0,015 g. — Die Ausscheidung erfolgt durch den Urin als „Tribromphenylschwefelsäure".

**Bismutum tribromphenolicum. Xeroform.** (S. Bd. I, S. 496.)
**Hydrargyrum tribromphenolo-aceticum** (s. S. 71).

**VI. † Orthomonobromphenol. Bromphenol. $C_6H_4Br.OH$. Mol. Gew. = 173.** Durch Einwirkung von Brom auf Phenol bei 150—180° C. erhalten. Dunkelviolette, stark riechende, zu 1—2 Proc. in Wasser, leicht in Alkohol, Aether und Alkalien lösliche Flüssigkeit. Siedepunkt 194—195° C. Anwendung in gleicher Weise wie die Chlorphenole. Vorsichtig aufzubewahren.

**Acidum phenyloacetium. Phenylessigsäure. α-Toluylsäure. $C_6H_5.CH_2.CO_2H$. Mol. Gew. = 136.** Durch Kochen von Benzylcyanid mit Kalilauge zu erhalten.

Farblose, glänzende Krystallblättchen vom Schmelzpunkt 76,5° C., bei 262° C. siedend. In kaltem Wasser wenig, in siedendem Wasser reichlich löslich, leicht löslich in Alkohol und in Aether.

Bei Phthisikern 10 Tropfen der alkoholischen Lösung (1 + 5) dreimal täglich in grosser Verdünnung mit Wasser. Bei Typhus 3—6,0 g *pro die.*

**† Acidum phenyloboricum. Phenylborsäure. $C_6H_5.B(OH)_2$. Mol. Gew. = 122.** Durch Einwirkung von Phosphoroxychlorid auf ein äquimolekulares Gemisch von Borsäure und Phenol zu erhalten. — Weisses, in kaltem Wasser schwer lösliches Pulver.

An Stelle der Karbolsäure als Antisepticum und Desinficiens. Soll weniger giftig sein als Karbolsäure. Die Fäulniss wird schon durch die 0,75 proc., die ammoniakalische Harngährung durch die 1,0 proc. Lösung verhindert.

**Acidum phenylopropionicum. β-Phenylpropionsäure. Hydro-Zimmtsäure. $C_6H_5—CH_2—CH_2—CO_2H$. Mol. Gew. = 150.** Entsteht durch Reduktion der Zimmtsäure mittels Natriumamalgam. Farblose Krystalle, schwer löslich in kaltem Wasser, leicht löslich in heissem Wasser, auch in Alkohol. Schmelzpunkt 47,5° C., Siedepunkt 280° C. Innerlich bei Phthisis dreimal täglich 10 Tropfen einer alkoholischen Lösung (1 + 5) mit Wasser verdünnt.

**Acidum phenylo-salicylicum. o-Oxydiphenylcarbonsäure. $C_6H_3(OH)(C_6H_5)CO_2H$. Mol. Gew. = 214.** Bei der trockenen Destillation eines Gemisches gleicher Moleküle Calciumbenzoat und Calciumsalicylat entsteht Oxydiphenylketon, welches beim Schmelzen mit Kalihydrat o-Oxydiphenylcarbonsäure giebt.

Weisses, in Wasser nur schwer lösliches Pulver, leichter löslich in Alkohol, in Aether und in Glycerin. Als Wundantisepticum, besonders als Streupulver.

**Karbolsäure-Pastillen** von Dr. Kade's Oranienapotheke. Bestehen je aus 1 g absolutem Phenol und 0,25 g Borsäureanhydrid. Sollen nicht zusammenfliessen.

**Kaufmann's Zahnwasser.** Ein 1procentiges Karbolwasser, mit Kochenille gefärbt und mit Spuren Pfefferminzöl parfümirt.

**Kothe's Zahnwasser.** Eine Lösung von 0,3 g Salicylsäure in 100 g Alkohol von 65 Vol. Proc., mit Pfefferminzöl parfümirt.

---

# Phenolphthaleïnum.

**I. Phenolphthaleïnum** (Ergänzb.). **Phenolphthaleïn. $C_{20}H_{14}O_4$. Mol. Gew. = 318.**

***Darstellung.*** Man erhitzt 10 Th. Phenol mit 5 Th. Phthalsäureanhydrid und 4 Th. konc. Schwefelsäure während 10—12 Stunden auf 115—120° C. Das Reaktionsprodukt wird mit Wasser ausgekocht. Der Rückstand wird in Natronlauge gelöst. Aus der filtrirten Lösung scheidet man das Phenolphthaleïn durch Essigsäure ab. Der ausgewaschene Rückstand wird in der sechsfachen Menge absoluten Alkohols gelöst. Man entfärbt die Lösung durch Thierkohle, destillirt einen Theil des Alkohols ab und fällt aus der rückständigen Lösung das Phenolphthaleïn durch Zusatz von Wasser. Beim Erwärmen wird das amorph ausgeschiedene Phenolphthaleïn krystallinisch, doch zieht man das amorphe Präparat wegen der leichteren Löslichkeit vor.

***Eigenschaften.*** Ein weissliches oder gelblich-weisses, krystallinisches Pulver, bei 250—253° C. schmelzend, in Wasser fast unlöslich, in Alkohol leicht und ohne Färbung löslich. Aether löst das amorphe Präparat leicht, das krystallisirte dagegen schwer auf. Von ätzenden Alkalien wird es mit leuchtend rother Farbe gelöst. Diese rothe Färbung der alkalischen Lösung verschwindet, wenn die alkalische Lösung mit Zinkstaub gekocht wird (unter Bildung von Phenolphthalin $C_{20}H_{16}O_4$) oder wenn sie mit Säuren angesäuert wird. — 0,5 g der Substanz sollen auf dem Platinbleche verbrennen, ohne einen Rückstand zu hinterlassen.

***Anwendung.*** Vorzugsweise als Indikator in der Maassanalyse. Das Phenolphthaleïn eignet sich zur maassanalytischen Bestimmung der ätzenden Basen (nicht aber des Ammoniaks), während es für die Bestimmung der kohlensauren Salze nicht geeignet ist. Vornehmlich aber dient es zur Bestimmung der Säuren und zwar der schwachen Säuren, z. B. der organischen Säuren, und zwar kann die Bestimmung je nach Bedürfniss in wässeriger oder in alkoholischer Lösung ausgeführt werden.

**Solutio Phenolphthaleïni. Phenolphthaleïnlösung** (Germ.). Indikator für die Maassanalyse. 1 Th. Phenolphthaleïn wird in 99 Th. verdünntem Weingeist von 70 Vol. Proc. gelöst.

**Rothe Phenolphthaleïnlösung nach Prior.** Eine Mischung aus 10—12 Tropfen alkoholischer Phenolphthaleïnlösung, 20 ccm. kohlensäurefreiem destillirtem Wasser und 0,2 ccm $^1/_{10}$-Normal-Natronlauge. Zur Bestimmung des Säuregehaltes des Bieres.

**II. Tetrajodphenolphthaleïnum.** Unter dem vorstehenden zusammenfassenden Titel sollen die von der Chemischen Fabrik Rhenania nach D. R.-P. 85930 und 86069 dargestellten Präparate: Tetrajodphenolphthaleïn und seine Salze, beschrieben werden.

**Nosophenum. Nosophen. Jodophen. Tetrajodphenolphthaleïn.** $C_{20}H_{10}O_4J_4 = 822$ ist ein Tetrajod-Derivat des Phenolphthaleïns und die Muttersubstanz der folgenden Präparate, übrigens von Classen und Löb beschrieben.

***Darstellung.*** 6 g Phenolphthaleïn werden in 100 ccm Wasser, welchem 8 g Natronhydrat zugesetzt sind, gelöst. Dieser Lösung setzt man bei Zimmertemperatur eine Lösung von 20 g Jod und 20 g Kaliumjodid in 100 ccm Wasser zu. Die Farbe der Lösung geht dabei von Roth in Blau, nach beendigtem Jod-Zusatz in Gelb über. Säuert man mit Salzsäure an, so gesteht die Flüssigkeit zu einem Brei von Tetrajodphenolphthaleïn. Man filtrirt ab, löst den Niederschlag zur Reinigung nochmals in Natronlauge und zersetzt die alkalische Lösung nochmals durch Salzsäure. Dann vertheilt man den Niederschlag in Wasser und leitet Dampf ein, um ihn körniger zu gestalten. Nach dem Auswaschen wird er schliesslich getrocknet.

***Eigenschaften.*** Bräunlichgelbes Pulver ohne Geschmack und Geruch. Unlöslich in Wasser und Säuren, schwer löslich in Alkohol, etwas leichter löslich in Eisessig, Chloroform und Aether. Starke Salpetersäure oder Schwefelsäure zersetzen es beim Erhitzen unter reichlicher Abgabe von Jod. Beim Erhitzen für sich wird es gegen 220° C. unter starker Jodentwicklung zersetzt. In Kali- oder Natronlauge löst sich das Nosophen leicht auf unter Bildung von Salzen. Beide Lösungen sind im durchfallenden Lichte blauroth mit indigoblauer Fluorescenz. Säuert man diese Lösungen mit Säure (HCl, $H_2SO_4$) an, so fällt das Nosophen in gelblichen, gallertartigen Flocken wieder aus. — Der Jodgehalt der Verbindung beträgt 61,8 Proc. Jod.

$$C_6H_4 \begin{cases} C \begin{cases} C_6H_2J_2 \,.\, OH \\ C_6H_2J_2OH \end{cases} \\ CO - O \end{cases}$$

Nosophen.

***Prüfung.*** Man erkennt das Nosophen sehr leicht an folgenden Eigenschaften: ein bräunlichgelbes Pulver, welches in Wasser unlöslich ist, auf dem Platinblech erhitzt unter Abscheidung von Jod vollständig verbrennt und mit Natronlauge eine blaurothe, indigoblau fluorescirende Lösung giebt. 1) Wird 0,3 g Nosophen mit 10 ccm Wasser geschüttelt, so darf das Filtrat nicht sauer reagiren und nach dem Ansäuern mit Salpetersäure durch Silbernitrat nicht verändert werden. 2) 0,5 g Nosophen müssen auf dem Platinblech ohne wägbaren Rückstand zu hinterlassen verbrennen.

***Aufbewahrung.*** Unter den indifferenten Arzneimitteln.

***Anwendung.*** Innerlich als Darmantisepticum für Erwachsene in Gaben von 0,3—0,5 g, für Kinder von 0,05—0,2 g. Doch ist die Wismuthverbindung (das Eudoxin) vorzuziehen. Aeusserlich als geruchloser, ungiftiger Ersatz des Jodoforms zum Wundverbande, bei Ulcus molle, Herpes, als Streupulver rein oder mit indifferenten Pulvern gemischt, besonders bei Rhinitis zum Einblasen in die Nase, auch bei Brandwunden.

**Antinosinum. Antinosin. Natrium nosophenicum. Nosophen-Natrium.** $C_{20}H_8Na_2J_4O_4 = 866$.

Zur Darstellung übergiesst man 10 Th. Nosophen mit 100 Th. Wasser, bringt 9,2 Th. festes Natronhydrat dazu und dampft nach erfolgter Auflösung die Flüssigkeit ein.

$$C_6H_4 \begin{cases} C < \begin{matrix} C_6H_2J_2ONa \\ C_6H_2JONa \end{matrix} \\ CO - O \end{cases}$$

Antinosin

Blaue, in Wasser und in Alkohol leicht lösliche, in Glycerin in jedem Verhältniss lösliche Prismen. Die Lösungen sind blau gefärbt. Die wässerige Lösung ist beim Kochen beständig; Säuren scheiden aus ihr unter Aufhebung der Blaufärbung das Tetrajodphenolphthaleïn (Nosophen) als braune Flocken wieder ab. Diese Zersetzung erfolgt schon — allerdings nur langsam — durch Aufnahme von Kohlensäure aus der Luft. Ebenso ist auch das trockne Präparat gegen die Kohlensäure der Luft nicht unempfindlich.

Beim Veraschen auf dem Platinbleche hinterbleibt ein aus Natriumkarbonat und Natriumjodid bestehender Rückstand. Löst man 0,5 g des Salzes in 10 ccm Wasser, so muss durch 1 Tropfen Normal-Salzsäure die Blaufärbung aufgehoben werden.

***Aufbewahrung.*** Vor Licht geschützt.

***Anwendung.*** Es wirkt gegen Eiterkokken, Milzbrand, Diphtherie stark antibakteriell. In 2 procentiger Lösung zur Wundbehandlung und zum feuchten Verbande. Zur Anwendung auf die Mund- und Rachenschleimhaut, zu Blasenausspülungen die 0,1 bis 0,25 proc. Lösung, bei Mittelohr-Eiterungen die 0,1—0,5 proc. Lösung.

**Eudoxinum. Eudoxin. Bismuthum nosophenicum. Nosophen-Wismuth.** Wird durch Umsetzung der Lösungen des Natriumsalzes (Antinosin) mit Lösungen des Wismuthnitrates dargestellt. Formel noch nicht sicher.

Röthlichbraunes, geruch- und geschmackloses Pulver, in Wasser unlöslich. Schüttelt man es mit Wasser und etwas Natronlauge, so tritt kornblumenblaue Färbung auf, zugleich scheidet sich Wismuthhydroxyd aus. Beim Erwärmen schlägt die blaue Färbung in Grau um. Hinterlässt beim Verbrennen auf dem Platinblech hauptsächlich Wismuthoxyd.

***Anwendung.*** Innerlich als Antisepticum bei Magen- und Darmkatarrhen in Gaben von 0,2—0,5 g für Erwachsene, von 0,05—0,2 g für Kinder mehrmals täglich.

| Rp. | Nosopheni | | |
|---|---|---|---|
| | Sacchari Lactis | āā | 2,5 g |
| | Magnesii carbonici | | |
| | Natrii bicarbonici | āā | 0,2 g |
| | Mentholi | | 0,05 g. |

Schnupfpulver bei Rhinitis acuta (Lieven).

| Rp. | Nosopheni | 0,5 |
|---|---|---|
| | Zinci oxydati | 1,0 |
| | Vaselini albi q. s. ad | 10,0. |

Bei Eczema narium (Lieven).

**Apallagin.** Das Quecksilbersalz des Tetrajodphenolphthaleïns; war nur vorübergehend im Gebrauche.

**Asklepin.** Das Lithiumsalz des Tetrajodphenolphthaleïns; war nur vorübergehend im Gebrauche.

# Phenylhydrazinum.

**I. † Phenylhydrazinum.** $C_6H_5NH-NH_2$. **Mol. Gew. = 108.** Entsteht durch Reduktion von Diazobenzol und wird fabrikmässig dargestellt. Kommt als freie Base und in Form ihrer Salze in den Handel.

Dicke, farblose, monokline Tafeln, Schmelzpunkt 23° C., Siedepunkt 233° C. Mit Wasser liefert es ein bei 24° C. schmelzendes Hydrat $C_6H_5N_2H_3 + {}^1/_2 H_2O$. In kaltem Wasser wenig löslich, leichter in heissem Wasser, leicht in Alkohol und in Aether. Einsäurige Base, welche mit Säuren gut krystallisirende Salze bildet. Verbindet sich ferner mit Aldehyden und Ketonen (auch Zuckerarten) und dient daher zu deren Kennzeichnung. Besitzt erhebliches Reduktionsvermögen, reducirt z. B. FEHLING'sche Lösung schon in der Kälte unter Entwicklung von Stickoxyd und Abscheidung von metallischem Kupfer. Aufbewahrung: Vorsichtig und vor Licht geschützt, da das Präparat an der Luft und im Licht rasch dunkel wird.

Anwendung nur als Reagens, nicht in der Therapie; es ist ein starkes Blutgift. Schon beim Abwägen und sonstigen Manipuliren ist Vorsicht geboten, da schon hierdurch ausgedehnte Hautschälungen und Geschwürbildung erfolgen kann.

**† Phenylhydrazinum hydrochloricum. Salzsaures Phenylhydrazin.** $C_6H_5N_2H_3 \cdot HCl$. **Mol. Gew. = 144,5.** Farblose Krystalle, in Wasser leicht löslich, an Stelle des vorigen als Reagens im Gebrauch. Vorsichtig und vor Licht geschützt aufzubewahren.

**II. † Hydracetin. Pyrodin. Acetyl-Phenylhydrazin.** $C_6H_5NH-NH(CH_3CO)$. **Mol. Gew. = 150.** Zur Darstellung wird Phenylhydrazin am Rückflusskühler mit Essigsäureanhydrid(!) erhitzt; das Reaktionsprodukt wird aus siedendem Wasser umkrystallisirt.

Farblose, glänzende Krystalle (sechsseitige Prismen), geruchlos und fast geschmacklos, bei 128—129° C. schmelzend. Löslich in etwa 50 Th. kaltem oder 8—10 Th. siedendem Wasser, leicht löslich in Alkohol. Wirkt ebenso wie das Hydrazin selbst stark reducirend.

Wurde in Gaben von 0,05—0,1 g bez. 0,2 g *pro die* innerlich als Antipyreticum und Antineuralgicum gegeben, äusserlich in 10—20 proc. Vaselin-Salbe gegen Psoriasis angewendet. Der Gebrauch kann als verlassen angesehen werden, weil die Verbindung stark giftig (Blutgift) ist und Methaemoglobin im Blute erzeugt. Das Präparat sollte überhaupt nicht mehr verordnet werden.

**III. † Orthin. o-Hydrazin-p-Oxybenzoësäure.** $C_6H_3(OH)(N_2H_3)(CO_2H)$ **1 : 2 : 4. Mol. Gew. = 168.** Entsteht analog dem Phenylhydrazin, indem man die zugehörige Amidooxybenzoësäure diazotirt und die Diazoverbindung reducirt.

Das freie Orthin ist ein in Substanz und in Lösung leicht zersetzlicher Körper. Das salzsaure Salz ist in Substanz haltbar, in Lösung aber gleichfalls leicht zersetzlich; es stellt in Wasser leicht lösliche, farblose Krystalle dar.

Das Orthin wirkt antiseptisch und antipyretisch, zeigt aber derartig unangenehme Nebenwirkungen, dass seine therapeutische Verwendung ausgeschlossen erscheint.

**IV. † Antithermin. Phenylhydrazin-Lävulinsäure.** $C_6H_5N_2H = C(CH_3)-CO_2-CH_2-CO_2H$. **Mol. Gew. = 236.**

***Darstellung.*** Man mischt eine essigsaure Lösung von 108 Th. Phenylhydrazin mit einer wässerigen Lösung von 116 Th. Lävulinsäure. Der entstandene Niederschlag wird nach einigen Stunden abgesaugt, gewaschen und unter Zusatz von Thierkohle aus siedendem Wasser umkrystallisirt.

***Eigenschaften.*** Farblose, glänzende, harte Krystalle, zwischen den Zähnen knirschend, geruchlos, von schwach brennendem Geschmacke. In kaltem Wasser und kaltem Alkohol schwer löslich, leichter löslich in beiden Lösungsmitteln beim Erhitzen. Die Lösungen sind neutral. Schmelzpunkt 108° C. Wird durch Mineralsäuren wieder in

Phenylhydrazin und in Lävulinsäure gespalten. Wirkt auf FEHLING'sche Lösung nicht reducirend.

***Aufbewahrung.*** Vorsichtig. ***Anwendung.*** Vorübergehend als Antipyreticum im Gebrauche gewesen, jetzt verlassen. Dosis: Dreimal täglich 0,2 g.

**V. † Agathin. Salicylaldehyd-Methylphenylhydrazin.** $C_6H_5(CH_3)N_2:CH-C_6H_4OH$. **Mol. Gew. = 226.**

Zur Darstellung mischt man gleiche Molekule von Salicylaldehyd und asymmetrischem Methylphenylhydrazin. Die Bildung der Verbindung erfolgt unter freiwilliger Erwärmung und Wasserabspaltung. Nach mehrstündigem Stehen krystallisirt man das Reaktionsprodukt aus Alkohol um.

***Eigenschaften.*** Weisse Krystallblättchen mit einem Stiche ins Grünliche, in Wasser unlöslich, löslich in Alkohol, Aether, Benzol, Ligroïn. Schmelzpunkt 74° C. Durch Erwärmen mit Salzsäure wird es zerlegt. Durch Eisenchlorid wird das in Wasser vertheilte Agathin nicht wahrnehmbar verändert. Durch Zusatz von verdünnter Schwefelsäure oder Salzsäure zu der Anschüttelung mit Wasser wird keine Färbung erzeugt. — Löst man etwa 0,05 g des Agathins in konc. Schwefelsäure, so erhält man eine bräunlichgelbe Lösung; fügt man derselben spurenweise konc. Salpetersäure hinzu, so geht die Färbung durch Blau in Grün über.

***Prüfung.*** Das Agathin schmelze bei 74° C. und verbrenne, auf dem Platinbleche erhitzt, ohne einen Rückstand zu hinterlassen. — Die kaltgesättigte wässerige Lösung werde durch Silbernitrat weder in der Kälte noch in der Wärme verändert.

***Aufbewahrung.*** Vor Licht geschützt vorsichtig.

***Anwendung.*** Das Agathin ist als Antineuralgicum empfohlen und in Gaben von 0,15—0,5 g zwei- bis dreimal täglich mit Erfolg bei rheumatischen Neuralgien und Ischias gegeben worden.

---

# Phloridzinum.

**Phloridzinum. Phlorrhizina. Phlorizina. Rhizophloium. Phloridzin. Phlorizin.** $C_{21}H_{24}O_{10} + 2H_2O$. **Mol. Gew. = 472.** Ein krystallisirendes Glukosid aus der Rinde, besonders der Wurzelrinde der Aepfel-, Birnen-, Pflaumen- und Kirschbäume. Die zerschnittene trockne oder frische Wurzelrinde wird mit 60 procentigem Weingeist durch Digestion bei ca. 50° C. extrahirt, der Auszug vom Weingeist durch Destillation und Abdampfen völlig befreit, das aus dem Rückstande in der Kälte ausgeschiedene Phloridzin durch Umkrystallisiren aus heissem Wasser und unter Beihilfe von Thierkohle gereinigt.

***Eigenschaften.*** Phloridzin bildet zarte, farblose, seidenglänzende Nadeln, kaum löslich in kaltem Wasser, schwer löslich in Aether, leicht löslich in heissem Wasser und in Weingeist, bei Abschluss der Luft ohne Veränderung in den Lösungen der Alkalien, von bitterem, hintennach süsslichem Geschmack und ohne Geruch. Bei 100° C. verliert es das Krystallwasser, bei 107° C. schmilzt es, bei 130° wird es wieder fest, bei 170° C. wieder flüssig und nimmt bei 200° C. eine rothe Färbung an unter Uebergang in Rufin $C_{21}H_{20}O_8$. Beim Kochen mit verdünnten Säuren wird es in Phloretin $C_{15}H_{14}O_5$ und Glukose zersetzt. $C_{21}H_{24}O_{10} + H_2O = C_6H_{12}O_6 + C_{15}H_{14}O_5$

***Prüfung.*** In überschüssiger Aetzammonflüssigkeit gelöst, färbt es sich an der Luft nach und nach violett oder blau. Kalte koncentrirte Schwefelsäure löst das Phloridzin nur mit gelber Farbe, welche erst bei 25—50° C. in Roth übergeht.

***Anwendung.*** Phloridzin wurde von KONIAK als Chininsurrogat empfohlen und scheint in seiner therapeutischen Wirkung mit dem Salicin auf derselben Stufe zu stehen, so dass es auch durch letzteres vollständig vertreten werden kann. Als Antipyreticum giebt man es zu 0,5—1,0—1,5 ein- bis zweimal des Tages. Ausserdem dient es zur Hervorbringung des experimentellen Diabetes.

---

# Phoenix.

Gattung der **Palmae — Coryphinae — Phoeniceae.**

**Phoenix dactylifera L.** Heimisch von den Canaren durch das nördliche Afrika bis Arabien, durch die Kultur weiter verbreitet. In Indien Ph. sylvestris Roxb., vielleicht (?) die wilde Form. Zur Fruchtreife ist eine mittlere Jahrestemperatur von 25—30° C. erforderlich. — Stamm bis 20 m hoch, von Blattstielresten höckerig. Blätter 40—80, meterlang, gefiedert, die Fiedern lineal-lanzettlich, starr, zusammengelegt. Kolben winkelständig, gross, ästig, reichblüthig. Staubblüthen zu 12000 in einem Kolben mit rudimentärem Pistill. Weibliche Blüthen weniger zahlreich mit kuglig-eiförmigem Fruchtknoten, am Grunde von 6 Staminodien umgeben.

Verwendung finden die reifen Früchte: **Dactyli. Palmula. Tragemata. — Datteln. — Fruit du Dattier** (Gall.).

***Beschreibung.*** Die Frucht ist eine süssschmeckende Beere; sie ist cylindrisch bis eiförmig oder stumpfkantig, 4—8 cm lang, 2—3 cm dick, fleischig, getrocknet braungelb. Die Fruchthaut ist dünn lederig, das Fruchtfleisch weich, vom Kern durch eine dünne, weissliche Haut getrennt. Der Same ist länglich schmal, auf einer Seite gefurcht, in der Mitte der entgegengesetzten Seite erkennt man die Lage des Embryo an einem hervorragenden Spitzchen. Das knochenharte Endosperm erscheint aussen durch Furchen etwas marmorirt.

Im Parenchym des Fruchtfleisches grosse schlauchartige Körper, farblos oder gelblich, die dieselben Reaktionen wie die entsprechenden Inhaltskörper der Ceratoniafrüchte (Band I, S. 700) geben. Das Endosperm besteht zum grössten Theil aus polyedrischen Zellen mit stark verdickten und getüpfelten Wänden, die Tüpfel erweitern sich gegen die primäre Membran. In der Samenschale zarthäutige Gerbstoffschläuche.

Man führt die Früchte in Europa über Marseille und Triest ein. Als beste Sorte gelten die alexandrinischen, dann folgen die berberischen und persischen.

***Bestandtheile.*** 50—60 Proc. Glukose.

***Verwendung.*** Als Nahrungsmittel in den Produktionsländern.

Die Samen werden geröstet und gemahlen als Kaffeesurrogat verwendet (Band I, S. 700), oder man stellt aus den Kernen und dem Fruchtfleisch solche Surrogate (Dattelkern-Kaffee) her. Zwei Muster enthielten 0,66 und 3,99 Proc. Wasser, in der Trockensubstanz 16,06 und 9,34 Proc. Extrakt und 1,06 und 1,50 Proc. Asche. Das Fruchtfleisch ist an den oben erwähnten Körpern leicht zu erkennen.

**Dattelhonig.** In Algerien häuft man die Früchte einer besonders saftreichen Sorte von Datteln — Gharz — auf Hürden und setzt sie der Sonnenwärme aus; ein Theil des Saftes fliesst dann aus und bildet den Dattelhonig. Ist ein in Wasser löslicher Sirup, der links dreht und schwach sauer reagirt.

***Bestandtheile.*** Wasser etc. 23,30 und 43,92 Proc., Glukose 39,42 und 29,72 Proc., Lävulose 32,46 und 22,13 Proc., Pektinstoffe 3,35 und 2,85 Proc., Asche 1,55 und 1,38 Proc. — Ein aus dem Dattelhonig auskrystallisirender Zucker enthielt: Glykose 83,40 Proc., Lävulose 11,05 Proc., Asche 0,76 Proc., keine Saccharose.

***Anwendung.*** Gegen Brustleiden.

**Pulpa e fructu Phoenicis dactyliferae. — Pulpe de datte** (Gall.). — Wie Pflaumenmus (vergl. Prunus) zu bereiten.

# Phosphorus.

**Phosphorus. Phosphor. P. Atomgewicht = 31.** Ein nichtmetallisches Element, welches fabrikmässig durch Reduktion von Calciumphosphat mittels Kohle dargestellt wird. In Deutschland bestanden bis vor kurzem Phosphorfabriken nicht. Seit 1898 wird von der Chemischen Fabrik Elektron in Griesheim Phosphor elektrolytisch dargestellt. In den Handel gelangt der Phosphor in zwei allotropen Formen und zwar 1) als weisser Phosphor, 2) als amorpher Phosphor.

**I. † † Phosphorus** (Austr. Brit. Germ. Helv. U-St.). **Phosphor blanc** (Gall.). **Weisser Phosphor. Giftiger Phosphor.**

***Handelswaare.*** Gegenwärtig kommt der Phosphor gewöhnlich in mit Wasser angefüllten, verlötheten Blechbüchsen in den Handel. In der Regel hat er die Gestalt spannenlanger, fingerdicker, glatter Stangen. Häufig sind diese mit einer schwarzen pulvrigen Schicht überzogen, welche von dem Metall der Transportgefässe herrührt. Bevor ein solcher Phosphor in Gebrauch genommen wird, ist er mit Wasser, welches $^1/_{20}$ rohe Salpetersäure enthält, einen Tag über zu maceriren und hierauf mit destillirtem Wasser abzuspülen. In den Grosshandel gelangt der Phosphor in der Form von Kegeln, von denen jeder mehrere Kilogramm wiegt.

***Eigenschaften.*** Der officinelle Phosphor ist die sog. gelbe Modifikation. Er ist in frischem Zustande weisslich oder gelblichweiss oder röthlichgelb, wachsähnlich durchscheinend, bei mittlerer Temperatur von der Konsistenz des Wachses, biegsam, in der Kälte spröde und dann von krystallinischem Bruche. Das spec. Gewicht ist 1,83 bei 10° C. Unter Wasser schmilzt Phosphor bei 44—45° C. zu einer farblosen Flüssigkeit. Der Luft ausgesetzt, raucht er unter Verbreitung eines knoblauchartigen Geruches und unter Selbsterwärmung. Die letztere kann sich bis zur Entzündung des Phosphors steigern. Die Ursache dieser Erscheinungen ist eine langsame Oxydation des Phosphors, der eigenthümliche Geruch wird durch die Bildung von Ozon bedingt.

Phosphor siedet bei 290° C. und verwandelt sich dabei in einen farblosen Dampf. Indessen ist der Phosphor schon bei gewöhnlicher Temperatur, sogar wenn er unter Wasser aufbewahrt wird, etwas flüchtig, leicht flüchtig ist er mit Wasserdämpfen. An der Luft leuchtet der Phosphor im Dunkeln. Das Leuchten ist auch sehr schön wahrzunehmen, wenn Phosphor mit Wasserdämpfen übergetrieben wird; Bedingung dabei ist immer, dass der Phosphor mit Sauerstoff in Berührung kommt. Das Leuchten der Phosphordämpfe wird verhindert durch Anwesenheit von Alkali, Alkohol, Terpentinöl, Karbolsäure und eine Reihe anderer organischer Substanzen.

In Wasser ist Phosphor unlöslich, er ertheilt demselben aber seinen Geruch und die Eigenschaft zu leuchten. Dagegen wird er gelöst von fetten und flüchtigen Oelen, Aether, Weingeist, Chloroform, Schwefelkohlenstoff. Es lösen 100 Th. flüchtiges Oel etwa 4 Th. Phosphor, fette Oele etwa 2 Th., Aether 1—1,3 Th., Weingeist 0,3 Th. Phosphor. Schwefelkohlenstoff löst Phosphor sehr reichlich auf.

An der Luft verbrennt der Phosphor, wenn Sauerstoff genügend vorhanden ist, zu Phosphorsäureanhydrid $P_2O_5$; bei Mangel an Sauerstoff entsteht Phosphorigsäureanhydrid $P_2O_3$. — In feuchtem Zustande der Luft ausgesetzt, zerfliesst er zu einem Sirup, welcher aus einer Lösung von Unterphosphorsäure $P_2O_6H_4$, phosphoriger Säure $PO_3H_3$ und Phosphorsäure $PO_4H_3$ besteht.

Phosphor vereinigt sich mit den Halogenen, ferner mit Schwefel, in verschiedenen Verhältnissen. Durch Erhitzen auf 250—260° C. wird er bei Luftabschluss in die rothe amorphe Modifikation umgewandelt, welche, über 260° C. hinaus erhitzt, wieder in gelben Phosphor zurückverwandelt wird.

Der officinelle (gelbe) Phosphor ist schon in kleinen Gaben ein tödtlich wirkendes Gift, ausserdem wegen seiner leichten Entzündlichkeit eine gefährliche Substanz.

***Aufbewahrung.*** Wegen seiner Giftigkeit und leichten Entzündlichkeit erfolge die Aufbewahrung und das Umgehen mit Phosphor stets unter grösster Vorsicht. Er ist immer so aufzubewahren, dass er stets mit einer Wasserschicht[1]) überdeckt ist. Das Aufbewahrungsgefäss sei eine starke Flasche mit weiter Oeffnung, die mit einem guten Korke verschlossen wird. Die Flasche stelle man in eine starke Blechbüchse mit gut schliessendem Deckel und fülle den Zwischenraum zwischen Flasche und Büchse zum Theil mit feuchtem Sande aus. Der Aufbewahrungsort ist nach der gesetzlichen Vorschrift im Keller ein verschliessbarer Schrank, am besten eine in die Mauer eingelassene Nische mit eiserner Thür. Will man Phosphor abwägen, so nehme man mittels einer Papierscheere oder einer Pincette eine Stange Phosphor aus der Flasche, lege sie auf einen Teller, in welchen man eine fingerdicke Schicht Wasser von mittlerer Temperatur (15—20° C.) gegossen hat, lasse sie einige Minuten in diesem Wasser liegen und schneide dann mit dem Messer oder der Scheere kleine Stücke ab. Diese Stückchen Phosphor lege man mittels einer Pincette auf Fliesspapier, trockne sie durch mehrmaliges Umwenden darauf ab und wäge sie dann, indem man die abgetrockneten Stückchen wieder mittels der Pincette auf die Wagschale legt. Grössere Mengen Phosphor wägt man in der Art, dass man ein gläsernes Gefäss mit weiter Oeffnung zu $^3/_4$ mit Wasser füllt, tarirt und dann die Phosphorstücke in dieses Gefäss hineinwägt. Die hierbei gebrauchte Pincette oder Scheere wird mit Papier abgewischt, das mit Phosphor in Berührung gekommene Papier in einen Feuerungsraum geworfen, Gefäss, Teller, Wage sorgsam abgewaschen und abgetrocknet. Wird kalter Phosphor zerschnitten, so bröckelt er etwas. Die dabei abfallenden kleinen Phosphorsplitter werden sorgsam mit feuchtem Fliesspapier aufgenommen und in einer Feuerung verbrannt. Die durch Phosphor verursachten Brandwunden sind sehr schmerzhaft, tief und wegen möglicher Resorption von Phosphor gefährlich. Eine gut umgeschüttelte Lösung von 0,3 g Silbernitrat in 4,0 g destillirtem Wasser mit einigen Tropfen Terpentinöl, auf die frische Brandwunde gepinselt, lindert einigermassen den ersten Schmerz und macht die Wunde gutartiger. Ferner sollen dünne Lösungen von Chlorkalk, Natriumkarbonat, verdünntem Salmiakgeist vorzüglich heilsam auf Phosphorbrandwunden sein. Das Abwägen des Phosphors darf nur an einem abgesonderten Orte, niemals auf dem Receptirtische vorgenommen werden. Phosphor ist in Substanz nur behufs Verwendung in der Technik gegen Giftschein verkäuflich.

***Verunreinigungen*** des Phosphors hat man mehrere kennen gelernt, z. B. Eisen, Arsen, Kohle, Schwefel. Bezüglich der Verwendung des Phosphors als Rattengift kommen solche Beimischungen natürlich nicht in Betracht. Andrerseits findet man jetzt häufig einen fast chemisch reinen Phosphor im Handel. Schwefel (0,01 Proc.) macht den Phosphor sehr brüchig, während reiner Phosphor bei mittlerer Temperatur sich zähe zeigt und sich mit der Scheere schneiden lässt. Eisen kann dem Phosphor beigemischt sein oder an der Oberfläche desselben als schwarzes Pulver adhäriren, wie dies schon oben erwähnt ist. Im letzteren Falle wäscht man den Phosphor mit verdünnter Salpetersäure ab. Die Verunreinigung mit Schwefel und Arsen findet man, wenn man 1,0 g des Phosphors in einem Kölbchen mit 20,0 g Salpetersäure übergiesst und durch Digeriren in Phosphorsäure verwandelt. Einen Theil der Lösung prüft man mit etwas Wasser verdünnt mit Baryumnitratlösung. Eine Trübung zeigt Schwefelsäure an, was mithin einen schwefelhaltigen Phosphor bekundet. Einen anderen Theil der Lösung dampft man ein, um die überschüssige Salpetersäure zu verjagen, vermischt mit Salzsäure sowie einer reichlichen Menge Schwefelwasserstoffwasser und lässt einige Stunden an einem warmen Orte stehen. Ein gelber Niederschlag zeigt Arsen an, doch prüfe man, ob die Ausscheidung nicht etwa nur Schwefel ist. Eine dritte Probe der Flüssigkeit wird mit Ammoniakflüssigkeit im Ueberschuss versetzt, wodurch etwaiges Eisen als Ferriphosphat gefällt wird. Die Prüfung des Phosphors hat im ganzen keinen Zweck, denn es ist nicht selten, dass eine Phosphor-

---

[1]) Wegen der Möglichkeit, dass das Wasser verdunstet oder einfriert, wird neuerlich auch die Aufbewahrung unter verdünntem Glycerin empfohlen.

stange rein, die daneben liegende höchst unrein angetroffen wird. Die Verunreinigung mit Arsen trifft man fast immer an, aber sie ist wegen ihres geringen Betrages in therapeutischer Beziehung ohne Belang.

***Gegenmittel.*** Solange sich der Phosphor noch im Magen befindet, ist es das Wichtigste, das Gift mittels der Magenpumpe thunlichst zu entfernen. Ausserdem reicht man Kupfersulfatlösungen, welche sowohl brechenerregend wirken als auch den Phosphor in Phosphorkupfer verwandeln. Als wirksam gilt ferner die Darreichung einer Emulsion aus altem verharztem (!) Terpentinöl (Olei Terebinthinae 30,0, Vitella ovorum duorum, Aquae Menthae piperitae q. s. ad emulsionem 250,0), durch welche die Oxydation des noch im Magen befindlichen Phosphors beschleunigt wird. Doch beachte man wohl, dass der Arzt bei Phosphorvergiftungen ein altes verharztes Terpentinöl anzuwenden wünscht. — Gegen diejenigen Mengen Phosphor, welche in die Blutbahn übergegangen sind, giebt es ein eigentliches Gegenmittel nicht mehr, gegen diese resorbirten Phosphormengen wird vielmehr lediglich eine roborirende und symptomatische Behandlung zu richten sein.

***Anwendung.*** Durch das Thierexperiment ist unzweifelhaft bewiesen, dass der Phosphor das Knochenwachsthum in mächtiger Weise anregt. Man giebt daher den Phosphor in medicinalen Gaben von 0,0005—0,001 g mehrmals täglich bei Skrophulose und Rhachitis, meist in Oel gelöst. Höchstgaben: 0,001 g *pro dosi* (Austr. Germ. Helv.), 0,003 g *pro die* (Germ.), 0,005 g (Austr. Helv.).

Technisch wird der weisse Phosphor zur Fabrikation der Phosphorzündhölzer, kleinere Mengen werden auch zur Herstellung der Phosphorbronce und zum Vergiften schädlicher Thiere verwendet.

**†† Oleum phosphoratum.** **Phosphoröl.** Die Vorschriften der Pharmakopöen weichen bezüglich des Phosphorgehaltes und der Darstellungsart stark von einander ab.

**Austr.** 0,1 g gut abgetrockneter Phosphor wird unter Schütteln in 100 Th. erwärmtem Mandelöl gelöst. Das erkaltete Oel wird durch Watte filtrirt. Gehalt **0,1 Proc.** Phosphor. Höchstgaben: 1,0 g *pro dosi*, 5,0 g *pro die.*

**Ergänzb.** Darstellung wie Austr. Gehalt **0,1 Proc.** Phosphor. Höchstgaben: 1,0 g *pro dosi*, 3,0 g *pro die.*

**Helv.** Man erhitzt 100 Th. Olivenöl 5 Minuten lang auf 150° C. und lässt erkalten. Dann fügt man hinzu eine Auflösung von 1 Th. Phosphor in 5 Th. Schwefelkohlenstoff, und erhitzt im Glaskolben auf dem Wasserbade bis zur völligen Verflüchtigung des Schwefelkohlenstoffs. Gehalt **1 Proc.** Phosphor. Höchstgaben: 0,1 g *pro dosi*, 0,5 g *pro die.*

**Gall.** 1) au centième. Man löst 1 Th. Phosphor unter Schütteln in 95 Th. erwärmtem Mandelöl und fügt nach dem Erkalten 4 Th. Aether hinzu. 2) au millième. Man mischt 10 Th. des 1procentigen Präparates mit 90 Th. Mandelöl. Die Gall. hat demnach ein **0,1proc.** und ein **1,0proc.** Phosphoröl.

**Brit.** Man löst 1 Th. Phosphor unter Schütteln und Erwärmen in 99 Th. Mandelöl, das vorher auf 150° C. erhitzt worden und wieder erkaltet war. Enthält **1 Proc.** Phosphor.

**U-St.** 1 Th. Phosphor wird unter Schütteln und Erwärmen in 90 Th. Mandelöl gelöst, welches vorher auf 250° C. erhitzt worden und wieder erkaltet war. Der erkalteten Lösung fügt man 10 Th. Aether hinzu.

Es mag noch einmal ausdrücklich darauf aufmerksam gemacht werden, dass das fertige Phosphoröl filtrirt werden soll, damit nicht ungelöste Phosphorpartikel genossen werden können.

**†† Phosphorlatwerge. Rattengift. Electuarium phosphoratum. Mort aux Rats.** 1) Zur Bereitung einer haltbaren Phosphorlatwerge lässt man sich vom Bäcker aus 1000 g Roggenmehl und 200 g Zuckerpulver ein Brot backen, schneidet es in Stücken, trocknet diese und stösst sie zu einem groben Pulver, welches man in einer Weissblechbüchse aufbewahrt.

Man bringt alsdann in einen erwärmten Mörser 2 g Phosphor, übergiesst ihn mit 50 ccm heissem Wasser und fügt, wenn der Phosphor geschmolzen ist, allmählich unter Umrühren 50 g oder soviel des gepulverten Zuckerbrotes hinzu, dass ein streichbarer Brei entsteht.

2) Genfer Vorschr.: 20 Phosphor, 400 heisses Wasser, 250 Adeps; nach dem Erkalten 500 Roggenmehl. Da hier der Phosphor in Fett gelöst ist, ist der Brei sehr haltbar und wirksam.

3) Mittels granulirtem Phosphor. 100 Phosphor, 400 Sirupus simplex erwärmt man im Wasserbade bis der Phosphor geschmolzen ist und schüttelt bis zum Erkalten. 20 g dieses Sirup mischt man mit Wasser in einer Kruke mit q. s. Wasser und Mehl. Hierbei fällt die Benutzung eines Mörsers fort

Phosphorlatwerge muss mit der deutlichen Signatur „Gift“ versehen sein. Ausserdem muss eine genaue Gebrauchsanweisung und Anweisung betr. Vernichtung eines verbleibenden Restes gegeben sein. Die Abgabe ist nur gegen Giftschein zulässig.

†† **Phosphorpillen. Mäusepillen.** Man schmilzt 50 g Phosphor unter 500 g heissem Wasser, rührt unter Umrühren von $2^1/_2$ kg Roggenmehl soviel darunter, dass ein dünner Brei entsteht, und rührt diesen solange, bis der Phosphor gleichmässig vertheilt ist. Alsdann fügt man noch 500 g heisses Wasser hinzu und arbeitet den Rest des Mehles darunter, bis ein derber Teig entstanden ist, den man zu Pillen von 0,5—1 g Schwere verarbeitet.

†† **Schabenmittel.** Ein dünner Mehlbrei, 0,05 Proc. weissen Phosphor enthaltend und mit etwas Zucker versüsst.

**Amorces.** Knallblättchen für Kinderpistolen. Man reibt 10 Th. Kaliumchlorat mit dünnem Gummischleim an, fügt 1 Th. amorphen Phosphor hinzu und tüpfelt von der Mischung auf Papier. Später wird mit dünnem Stärkekleister ein zweiter Bogen Papier auf die Tüpfel geklebt und die Bogen so zerschnitten, dass in jedem Abschnitt sich ein Tüpfelchen befindet.

***Toxikologisches.*** Man unterscheidet eine chronische und eine akute Phosphorvergiftung. — **1)** Die chronische Vergiftung entsteht, wenn längere Zeit hindurch regelmässig kleine Mengen Phosphor, z. B. in Dampfform, zur Resorption gelangen. Diese chronische Vergiftung kommt besonders in den Phosphorzündholz-Fabriken vor und tritt dort als Phosphor-Nekrose oder Kiefernekrose auf. Der Name rührt daher, weil die Krankheit mit ausgedehnten Zerstörungen der Kiefer einhergeht. — **2)** Die akute Vergiftung. Nimmt ein Mensch eine toxische Dosis Phosphor zu sich, so kommt es zu einer akuten Vergiftung, welche sich in folgenden Symptomen äussern kann: Erbrechen phosphorartig riechender, möglicherweise auch rauchender und im Dunkeln leuchtender Massen, Magenschmerzen. Später tritt Icterus auf, die Leber ist vergrössert und schmerzhaft. Der Tod erfolgt häufig unter Konvulsionen, meist erst nach mehreren Tagen. Die Sektion ergiebt: Icterus, fettige Degeneration der Leber, der Nieren, des Herzmuskels.

Zum chemischen Nachweis einer Phosphorvergiftung wird man wie folgt zu verfahren haben:

1) Prüfung durch die Sinne. Man prüft das Erbrochene, den Mageninhalt, etwa übersendete Speisen, sorgfältig durch den Geruch, sieht zu, ob die Massen beim Umrühren im Dunkeln (!) leuchten und durchmustert die Objekte aufmerksam, ob sich noch Stückchen von Phosphor oder Reste von Streichzündhölzern finden.

2) Vorprobe (nach Scheerer). Man bringt einen Theil der zerkleinerten Objekte in ein weithalsiges Pulverglas und setzt auf dieses einen Kork, in welchen zwei Streifen Filtrirpapier eingelassen sind, von denen der eine mit Silbernitratlösung, der andere mit Bleiacetatlösung getränkt ist. Man lässt das Ganze vor Licht geschützt 12—24 Stunden unter öfterem Umschütteln stehen und beobachtet alsdann, ob Färbungen bei den Streifen aufgetreten sind. Ist nur das Silbernitratpapier geschwärzt, so ist möglicherweise Phosphor zugegen, denn Phosphor wirkt nur auf Silbersalze, nicht auch auf Bleisalze reducirend. Werden beide Papierstreifen geschwärzt, so ist der Versuch nicht beweisend, denn es ist alsdann Schwefelwasserstoff zugegen, der natürlich das Silbernitrat in ähnlicher Weise schwärzen würde, wie es die Phosphordämpfe thun.

3) Destillationsprobe (nach Mitscherlich). Die Destillation ist in einem dunklen Raume auszuführen! Man säuert das Untersuchungsobjekt mit Weinsäure oder verdünnter Schwefelsäure an, bringt es in einen hinreichend geräumigen Kolben und giebt soviel Wasser hinzu, dass ein dünner Brei entsteht. Den Kolben verschliesst man mit einem dreifach durchbohrten Kork. Die eine Bohrung steht in Verbindung mit einem Dampfentwicklungsgefäss (hier nicht gezeichnet), die zweite Bohrung mit einem Kohlensäure-Entwicklungsapparat, die dritte Bohrung mit einem aufsteigenden Kühler (Fig. 66).

Man füllt den Kolben zunächst mit Kohlensäure und heizt den Kolben selbst und das Dampfentwicklungsgefäss an. Kurz bevor die Dampfentwicklung beginnt, stellt man den Kohlensäurestrom ab und destillirt nun lediglich im Wasserdampfstrome. Man blende alle von den Heizflammen herrührenden Lichtreflexe ab und suche namentlich zu Anfang der Destillation durch Tasten mit den Fingern die Stelle am Kühlrohr festzustellen, bis zu welcher die Wasserdämpfe hingelangen. Ist Phosphor zugegen, so tritt vor dieser Stelle ein mehr oder weniger deutliches, fahl gelbgrünliches Leuchten auf. Diese

Lichterscheinung huscht zu Anfang der Destillation in dem Maasse vor, als die Wasserdämpfe vorrücken ohne kondensirt zu werden, und stellt sich schliesslich, wenn der Kühler mit Wasser gefüllt wird, da ein, wo die Wasserdämpfe im Kühler verdichtet werden.

Dauert das Leuchten lange Zeit an und kann man hoffen, Phosphor in Substanz abzuscheiden, so setzt man den Kohlensäureapparat während der Destillation in Thätigkeit. Das Leuchten hört nun auf, dafür aber geht etwa vorhandener Phosphor unverändert in das Destillat über.

Hat man das Leuchten in den Kühlröhren des Apparates beobachtet, so ist die Anwesenheit von Phosphor sichergestellt. Finden sich in dem Destillate Phosphorkügelchen, so schmilzt man diese als „corpus delicti“ mit Wasser in ein Glasrohr ein.

Das von den Wasserkügelchen getrennte Destillat wird übrigens nicht beseitigt. Es enthält den Phosphor z. Th. zu phosphoriger Säure, z. Th. zu Phosphorsäure oxydirt, und man kann es benutzen, um die Anwesenheit von Phosphor in den Objekten auf andere Weise sicherzustellen. Man versetzt zu diesem Zwecke einen Theil des Destillates mit 250—500 ccm starkem Chlorwasser, lässt die Mischung einige Zeit in verschlossenem Ge-

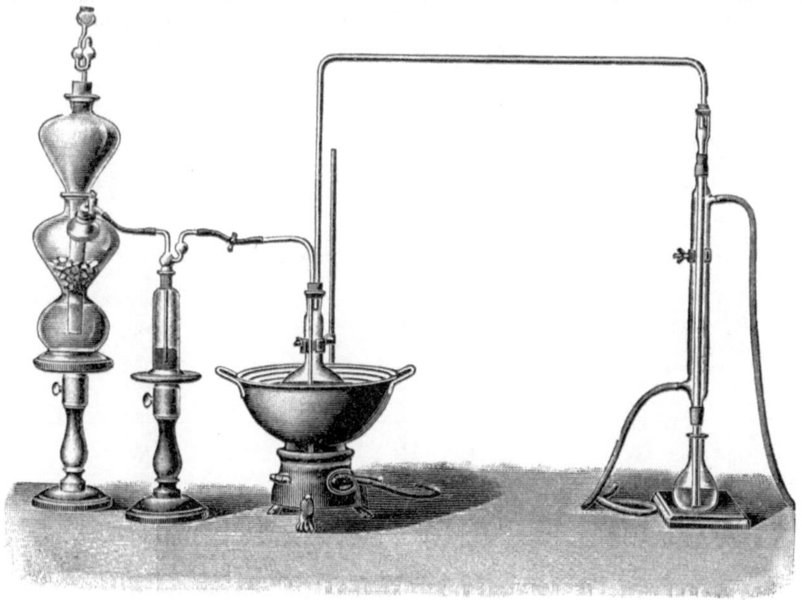

Fig. 66. Phosphor-Nachweis nach MITSCHERLICH.

fässe stehen und dampft sie in einer Porcellanschale bis auf einen kleinen Flüssigkeitsrest, z. B. 10 ccm, ein. Dieser enthält den Phosphor jetzt als Phosphorsäure. Man versetzt ihn mit einem grossen Ueberschuss, z. B. 50 ccm, Ammoniummolybdänatlösung und lässt 12 Stunden an einem warmen Orte stehen. Nach dieser Zeit filtrirt man den ausgeschiedenen gelben Niederschlag ab, löst ihn in Ammoniak, fällt die Lösung mit Magnesia-Mixtur und stellt durch das Mikroskop das Vorhandensein sargdeckelförmiger Krystalle fest. — Einen anderen Theil des Destillates kann man zur Prüfung nach DUSART-BLONDLOT benutzen.

Es ist nun möglich, dass in den zu untersuchenden Objekten Phosphor zugegen ist, ohne dass man beim Destillationsversuch Phosphorleuchten beobachtet. Das Phosphorleuchten wird nämlich zum grossen Theile oder gänzlich verhindert durch die Anwesenheit einiger Substanzen wie: Alkohol, Aether, Chloroform, Benzin, Petroleum, Terpentinöl, Wasserstoffsuperoxyd, Quecksilberchlorid, Karbolsäure. Es tritt auch nicht ein bei alkalischer Reaktion der Objekte: daher ist vorgeschrieben worden, diese vor der Reaktion deutlich anzusäuern.

Findet man in einem solchen Falle im Destillat nach DUSART-BLONDLOT (s. unten) niedere Oxydationsstufen des Phosphors (unterphosphorige Säure oder phosphorige Säure) oder nach erfolgter Oxydation Phosphorsäure, so ist damit bewiesen, dass in den Objekten giftiger Phosphor enthalten gewesen ist. Denn mit Wasserdämpfen ist wohl giftiger Phosphor flüchtig, welcher sich auf dem Wege bis zur Vorlage zu Säuren des Phosphors oxydiren kann, dagegen ist mit Wasserdämpfen weder unterphosphorige Säure noch phosphorige Säure oder Phosphorsäure flüchtig.

4) Nachweis nach DUSART-BLONDLOT. Das Verfahren beruht darauf, dass unterphosphorige Säure, phosphorige Säure und auch freier Phosphor durch Einwirkung von Zink und Schwefelsäure zu Phosphorwasserstoff reducirt werden. Leitet man diesen in Silbernitratlösung, so erfolgt in dieser Abscheidung von schwarzem pulverigen Phosphorsilber $PAg_3$. Bringt man dieses in einem Wasserstoffentwicklungsapparat mit Zink und verdünnter Schwefelsäure zusammen, so wird wiederum Phosphorwasserstoff bez. ein Gemisch desselben mit Wasserstoff gebildet. Phosphorwasserstoff verbrennt an der Luft mit smaragdgrüner Flamme.

Man verarbeitet zu diesem Nachweis entweder einen Theil des ursprünglichen Objektes oder den bei der Destillation im Kolben zurückgebliebenen Rückstand oder einen Theil des Destillates. — Der Chemiker greift auf die Methode von DUSART-BLONDLOT dann zurück, wenn er Phosphor durch den MITSCHERLICH'schen Versuch, also durch das Phosphorleuchten nicht findet, weil entweder Substanzen zugegen sind, welche das Leuchten verhindern, oder weil der Phosphor schon zu phosphoriger Säure oxydirt ist. Man verfährt wie folgt:

Vor allem hat man festzustellen, dass das zu verwendende Zink phosphorfrei ist, d. h. dass es, in einem blinden Versuche geprüft, mit verdünnter Schwefelsäure ein Wasser-

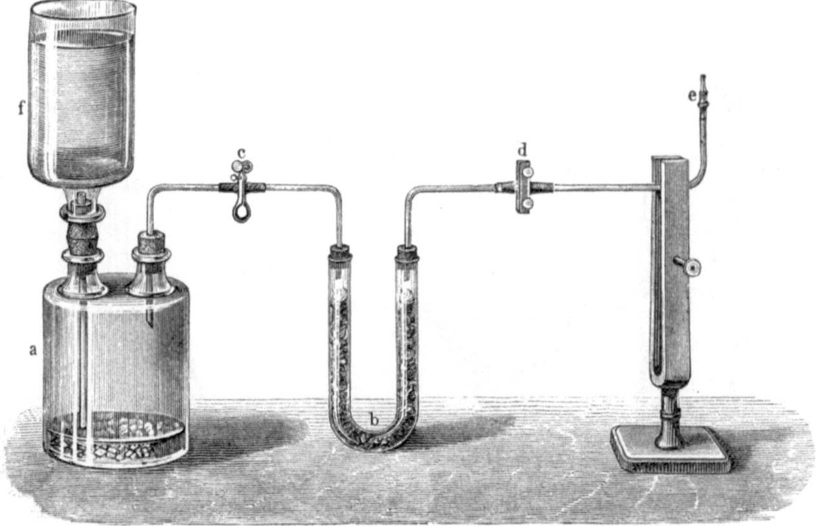


Fig. 67. Apparat zum DUSARD-BLONDLOT'schen Verfahren des Phosphornachweises in der Modifikation von FRESENIUS und NEUBAUER.

stoffgas entwickelt, welches nicht mit grüner Flamme bez. ohne grünen Flammenkegel verbrennt und auch beim Niederdrücken mit einer Porcellanschale nicht grün aufleuchtet.

Man bringt nun in einen Kolben von $^1/_2$—$^1/_1$ Liter Fassungsraum eine genügende Menge reines Zink (s. oben), übergiesst es mit einer reichlichen Menge 20 procentiger reiner Schwefelsäure und fügt einen filtrirten wässerigen Auszug des Objektes oder einen Theil des Destillates hinzu. Dann setzt man einen Stopfen mit Gasableitungsrohr auf und leitet den entwickelten Wasserstoff in eine Vorlage, welche eine 5 proc. neutrale Silbernitratlösung enthält. Man stellt den ganzen Apparat ins Dunkle und lässt die Entwicklung 12—24 Stunden lang gehen. Nach dieser Zeit hat sich aus der Silbernitratlösung unter allen Umständen ein schwarzer Niederschlag abgeschieden. Man sammelt diesen in einer Porcellanschale, zieht ihn zweimal mit Wasser aus und prüft nun diesen Niederschlag im DUSART-BLONDLOT'schen Apparat auf das Vorhandensein von Phosphorsilber.

Der Apparat besteht aus einer zweihalsigen Gasentwicklungsflasche (a) von 150 bis 250 ccm Fassungsraum, in welche eine genügende Portion chemisch reinen Zinks in Stücken gegeben ist. Sie ist mit einem Reservoir (f) (einer Flasche mit abgesprengtem Boden) dicht verbunden. Das Gasleitungsrohr kommunicirt mit einem U-förmigen Rohre (b), gefüllt mit Bimssteinstückchen, welche mit Aetzkalilauge getränkt sind, um Schwefelwasserstoff zurückzuhalten. Das Gasausströmungsrohr (d e) ist mit einer Platinspitze (e) armirt, welche durch feuchte Baumwolle während der Reaktion gekühlt wird. Hierzu kann auch die Platinspitze des Löthrohres dienen. Ein gewöhnlicher (c) und ein Schrauben-Quetschhahn (d) gestatten die Regulirung des Gasaustritts.

Vor Einsatz des Gasleitungsrohres giesst man verdünnte Schwefelsäure zu dem Zink. Nach einiger Zeit den Gasentwicklung bei geöffneten Quetschhähnen schliesst man den Hahn d, um die Flüssigkeit in das Reservoir (f) überzuführen. Durch Schliessen und Oeffnen des einen und des anderen Hahnes regulirt man den Gasinhalt des Apparates so, dass das ausströmende Gas eine genügend grosse Flamme liefert. Diese Flamme beobachtet man im Dunkeln (!). Erweist sie sich als reine farblose und nicht grünliche Wasserstoffflamme (Zink kann Phosphorzink enthalten), so giebt man einen Theil des ausgewaschenen Silberniederschlages (also das vermeintliche Phosphorsilber) in das Reservoir, lässt das Gas bei geöffneten Hähnen zum Theil ausströmen, damit die im Reservoir befindliche Flüssigkeit in das Entwicklungsgefäss abfliesst, füllt den Apparat wie oben angegeben wieder mit Wasserstoffgas, zündet das ausströmende Gas an und beobachtet die Farbe der Flamme.

Brennt die Wasserstoffflamme mit grünem Kern und leuchtet sie, wenn man sie mit einem kalten Porcellanschälchen niederdrückt, smaragdgrün auf, so ist damit bewiesen, dass in den Untersuchungsobjekten eine niedere Oxydationsstufe des Phosphors: unterphosphorige Säure oder phosphorige Säure zugegen ist, und man wird den weiteren Schluss ziehen dürfen, dass diese Säuren in den Objekten ursprünglich als weisser, giftiger Phosphor enthalten gewesen sind, wenn man nicht etwa mit der Möglichkeit rechnen muss, dass diese niederen Oxyde des Phosphors in Form von Arzneien eingeführt worden sind.

Bei der Ausführung der Dusart-Blondlot'schen Methode muss alles ausgeschlossen werden, was ausser Phosphorwasserstoff zu einer Grünfärbung der Flamme führen könnte, z. B. Salzsäure, Chloroform und ähnliche gechlorte organische Verbindungen.

**II. Phosphorus amorphus** (Helv.). **Phosphor rouge** (Gall.). **Amorpher Phosphor. Rother Phosphor.** Diese Modifikation des Phosphors wird dargestellt, indem man den gewöhnlichen weissen Phosphor unter Luftabschluss oder in einer Kohlensäure-Atmosphäre auf 250° C. erhitzt. Der so erhitzte Phosphor wird alsdann zerrieben, durch Behandeln mit Natronlauge oder Schwefelkohlenstoff von unverändertem weissem Phosphor befreit, darauf mit Wasser gewaschen und getrocknet.

Ein rothbraunes, scheinbar amorphes, thatsächlich aber mikrokrystallinisches Pulver, geruchlos und geschmacklos, unlöslich in Wasser. Das spec. Gewicht ist bei 17° C. = 2,10. Er löst sich nicht in Schwefelkohlenstoff und ist auch ungiftig. Er ist durch Reiben nicht entzündlich, geht aber durch Erhitzen auf ca. 300° C. wieder in den gewöhnlichen Phosphor über. — Man hüte sich, den rothen Phosphor mit chlorsaurem Kalium, Kaliumpermanganat, Natriumsuperoxyd und ähnlichen leicht Sauerstoff abgebenden Substanzen zusammenzureiben. Es würde noch leichter wie beim Zusammenreiben dieser Substanzen mit Schwefel Explosion eintreten.

Mit Wasser befeuchtet reagire er nicht sauer. Beim Aufbewahren an der Luft werde er nicht feucht und nehme auch saure Reaktion nicht an. An Schwefelkohlenstoff gebe er keinen weissen Phosphor ab; man prüft in der Weise, dass man 10 g des rothen Phosphors mit 30 ccm Schwefelkohlenstoff auszieht, filtrirt und einen Theil des Filtrates an einem warmen Orte auf Filtrirpapier abdunsten lässt. Das Filtrirpapier darf sich alsdann nicht entzünden. 0,5 g des Phosphors sollen beim Verbrennen keinen Rückstand hinterlassen.

Abgesehen von kleinen Mengen, welche zur Darstellung chemischer Präparate verbraucht werden, wird die Hauptmenge des amorphen Phosphors zur Fabrikation von Zündhölzern und der Reibflächen für die sog. schwedischen Sicherheitszündhölzer verbraucht. Siehe Seite 189.

**III. †† Zincum phosphoratum. Phosphure de Zinc** (Gall.). **Zinci Phosphidum** (U-St.). **Zinkphosphür. Phosphorzink $P_2Zn_3$. Mol. Gew. = 257.**

***Darstellung.*** Ein Glaskolben von ca. 50 ccm Rauminhalt, welcher mit 9,0 völlig reinen Zinkstücken beschickt ist und in einem Bade von feiner Eisenfeile steht, wird erhitzt. So wie das Zink geschmolzen ist, giebt man nach und nach in Stückchen von der Grösse einer Erbse 3,0 Phosphor, welcher von Schwefel und Arsen möglichst frei ist, an welchem auch kein Wasser haften darf, hinzu. Letztere Operation wäre im Verlaufe von 3 Minuten auszuführen. Nachdem das letzte Stückchen Phosphor eingetragen ist, hebt man den Glaskolben aus dem Feilspanbade und hält ihn frei in der Luft, bis er ziemlich erkaltet ist. Die Darstellung muss an einem Orte geschehen, wo die etwa aus dem Kolben austretenden Phosphordämpfe durch Luftzug alsbald fortgetrieben werden und den Arbeiter nicht belästigen. Die erkaltete Masse wird zerrieben und etwa vorhandene freie Zinkpartikeln werden herausgesucht und beseitigt. Dieses Verfahren der Darstellung ist nur bei kleinen Mengen anwendbar.

Zur Darstellung grösserer Mengen Phosphorzink empfiehlt sich das Verfahren nach VIGIER, welches darin besteht, Phosphordampf in trocknem Wasserstoffgase auf geschmolzenes Zink in dünner Schicht einwirken zu lassen.

***Eigenschaften.*** Ein graues, mit krystallinischen, zerreiblichen Fragmenten durchsetztes Pulver mit schwachem Metallglanz, schwach nach Phosphor riechend und schmeckend. Spec. Gew. = 4,7. Unlöslich in Wasser oder in Alkohol. Von verdünnter Salzsäure oder Schwefelsäure wird es unter Entwicklung von Phosphorwasserstoff gelöst. Bei Luftabschluss erhitzt, schmilzt und sublimirt es, bei Luftzutritt erhitzt, verbrennt es zu Zinkphosphat.

***Prüfung.*** Diese besteht 1) in der Durchmusterung des zu feinem Pulver zerriebenen Präparats. Es dürfen keine Zinkmetalltheilchen vorhanden sein. 2) Ein Gramm des fein zerriebenen Präparats wird mit wässeriger Ammoniumchloridlösung übergossen und einen Tag bei Seite gestellt, dann in einem Filter gesammelt, zuerst mit Wasser, dann mit Weingeist, zuletzt mit Aether abgewaschen, an der Luft getrocknet und gewogen. Es müssen mindestens 0,9 g wiedergewonnen werden.

***Aufbewahrung.*** In kleinen, gut verschlossenen Gefässen, sehr vorsichtig.

***Anwendung.*** Phosphorzink wurde von VIGIER und CUNIER an Stelle des Phosphors empfohlen. Man giebt es zu 0,005—0,01 g zwei- bis dreimal. Als Höchstgaben sind 0,1 g *pro dosi* und 0,4 g *pro die* anzunehmen.

**Pilulae Zinci phosphorati** VIGIER et CUNIER.

Rp. Zinci phosphorati 0,8
Radicis Liquiritiae 2,5
Sirupi gummosi q. s.

Fiant pilulae 100, argento obducendae.

**Pulvis e Zinco phosphorato** VIGIER et CUNIER.

Rp. Zinci phosphorati 0,4
Amyli 5,0.

Divide in partes aequales No. 50.

Der Arzt vermeide es, das *Zincum phosphoratum* abgekürzt zu verschreiben, damit es nicht mit *Zincum phosphoricum* verwechselt wird.

**†† Aether antifebrilis** ZOERNLAIB.

ZOERNLAIB's Fieberäther.

Rp. Aetheris phosphorati 20,0
Olei Terebinthinae 5,0
Olei Caryophyllorum 0,5.

Dreimal täglich 5—10 Tropfen mit Likör oder Wein.

**†† Aether phosphoratus** (Ergänzb., Hamb. V.).

Rp. Phosphori 1,0
Aetheris 200,0.

Man löst den gut abgetrockneten Phosphor unter häufigem Umschütteln im Aether. Vor Licht geschützt in kleinen, fest verschlossenen, völlig gefüllten Flaschen kühl aufzubewahren.

**Elixir Phosphori** (U-St.).

Rp. Spiritus Phosphori (U-St.) 210 ccm
Olei Anisi 2 „
Glycerini 550 „
Elixir aromatici q. s. ad 1000 „

1 ccm enthält = 0,00025 g Phosphor.

**Elixir Phosphori et Nucis vomicae** (Nat. form.).

Rp. Tincturae Strychni (U-St.) 35 ccm
Elixir Phosphori 965 „

**Linimentum ammoniato-phosphoratum.**

Rp. Phosphori 0,25
Olei Papaveris 25,0
Liquoris Ammonii caustici 8,0
Olei Terebinthinae 0,6.

**Liquor Ferri albuminati cum Phosphoro.**

Rp. Liquoris Ferri albuminati 200,0
Aetheris phosphorati (Ergänzb.) gtt. VI

**Liquor Phosphori** (Nat. form.).

THOMPSON's Solution of Phosphorus.

Rp. Phosphori 0,07 g
Alkohol absoluti 35,0 ccm
Spiritus Menthae 0,5 „
Glycerini 64,5 „

**Oleum Jecoris phosphoratum.**

Phosphorleberthran (Münch. Ap.-V.).

Rp. Phosphori 0,1
Olei Olivae 10,0
Olei Jecoris 990,0.

**Oleum phosphoratum** (Hamb. Vorschr.).

Rp. Phosphori 1,0
Olei Olivae 199,0.

Man beachte, dass das Phosphoröl des Ergänzb. nur 0,1proc. ist(!).

**Pilulae Phosphori** (U-St.)

Rp. 1. Phosphori 0,06
2. Radicis Althaeae
3. Gummi arabici āā 6,0
4. Chloroformii
5. Glycerini
6. Aquae

Man mischt 2 und 3 im Porcellanmörser, übergiesst die Mischung mit einer Lösung des Phosphors in 5 ccm Chloroform, mischt, stösst mit 5 und 6 zur Masse an, formt 100 Pillen und überzieht diese mit Tolubalsam.

**Pilulae Phosphori** Wegner.

Rp. Phosphori 0,03
Sirupi Sacchari 7,5
Radicis Liquiritiae 10,0
Gummi arabici 5,0
Tragacanthae pulv. 2,5.
Fiant pilulae 200.

**Pilulae Phosphori** Wunderlich.

Rp. 1. Phosphori 0,15
2. Sirupi Sacchari 1,0
3. Gummi arabici 0,8
4. Tragacanthae pulv. 0,4
5. Radicis Liquiritiae 1,5.
Man verrührt 1 mit 2 in einem erwärmten Mörser und stösst mit 3—5 zur Masse an. Fiant pil. 50.

**Spiritus Phosphori** (U-St.)

Rp. Phosphori 1,0
Alcohol absoluti 1000,0 ccm.
Man erwärmt am Rückflusskühler bis zur Auflösung und füllt nach dem Erkalten bis auf 1000 ccm auf.

# Photographiae adjumenta.

Bei der ausserordentlichen Verbreitung, welche die Photographie in den weitesten Kreisen gefunden hat, wird es zweckmässig sein, die wichtigsten Hilfsmittel zur Ausführung der hauptsächlichsten photographischen Verfahren hier kurz zu besprechen. Im Anschluss hieran geben wir auch einige Notizen über Lichtpaus-Verfahren.

## I. Photographie.

***Trockenplatten.*** Das nasse oder Kollodium-Verfahren wird kaum noch ausgeführt. An seine Stelle ist das trockene Verfahren getreten, welches sich der photographischen Trockenplatten bedient, d. h. Glasplatten, mit einer Gelatineschicht überzogen, welche die lichtempfindliche Silberverbindung (Bromsilber) in feiner, emulsionsartiger Vertheilung enthält; daher der Name Bromsilber-Emulsionsplatten. Die Herstellung dieser Platten erfolgt in besonderen Fabriken.

Bezüglich der Aufbewahrung ist zu beachten, dass sich diese Platten zwar ziemlich lange (Monate lang) brauchbar erhalten, dass aber schliesslich doch ein Zeitpunkt eintritt, in dem sie unbrauchbar werden. Der Wiederverkäufer notire also auf den einzelnen Kästchen die Zeit des Bezuges, verkaufe die älteren Platten zuerst und prüfe von Zeit zu Zeit, ob die Platten noch brauchbar sind, durch eine photographische Aufnahme.

Die Aufbewahrung erfolgt unter absolutem Lichtabschluss an einem kühlen, trockenen Orte, der vor Schwefelwasserstoff, Salzsäure- und Ammoniakdämpfen, überhaupt Gasen und Dämpfen (Brom) jeder Art thunlichst geschützt ist (schon Leuchtgas und Leuchtgasflammen wirken schädlich!). An einem feuchten Orte können die Gelatineüberzüge schimmeln bez. faulen, an einem zu trocknen Orte können sich die Gelatineüberzüge von der Glasunterlage ablösen.

***Lichtschutz.*** Alle photographischen Arbeiten sind, soweit lichtempfindliche Substanzen dabei in Betracht kommen, unter thunlichstem Ausschluss chemisch wirksamer Lichtstrahlen auszuführen. Von den drei Grundfarben des Spektrums haben die grösste chemische Wirksamkeit die violetten und ultravioletten Strahlen. Weitaus geringer ist die chemische Wirksamkeit der gelben Strahlen, sehr gering die der rothen Strahlen. Daraus ergiebt sich, dass man die optisch wirksamen Strahlen des gewöhnlichen Sonnen- und Lampenlichtes zum grössten Theile ausschalten kann, wenn man das Licht durch gelbe und noch besser durch rothe Scheiben gehen lässt. Der Lichtschutz ist alsdann zwar nicht absolut, aber für die Ausführung der üblichen Arbeiten genügend.

Nicht jedes rothe Glas bietet aber hinlänglichen Lichtschutz, vielmehr eignet sich hierzu nur das rothe Rubinglas, ganz ungeeignet sind rothe Gläser, bei denen die Rothfärbung z. B. durch Kupfer hervorgebracht ist. Solche unbrauchbare Gläser sind zur Zeit vielfach im Handel. — Man prüft die rothen Gläser auf ihre Brauchbarkeit durch die photographische Platte, indem man eine nicht belichtete Platte bei diesem Lichte mit einem Entwickler behandelt, oder durch das Spektroskop. In ersterem Falle darf der Entwickler während einer Zeit von 20—30 Minuten keine Einwirkung auf die Platte zeigen, im andern Falle müssen im Spektroskop alle Farben mit Ausnahme des Roth ausgelöscht erscheinen. Um im Hause die rothe Lampe entbehren zu können, kann man einen Holzrahmen, der in den Fensterrahmen genau passt (ev. durch Aufnageln von Tuchkanten dichtschliessend gemacht wird), mit einer dreifachen Lage von gewöhnlichem gelbbraunem Packpapier bekleben, dass man mit Leinöl tränkt.

***Entwickler.*** Durch die Belichtung wird auf der photographischen Platte ein Bild nicht erzeugt. Das Halogensilber ist durch die Belichtung nur in einen besonderen Zustand versetzt worden, in welchem es durch gewisse Reagentien (Reduktionsmittel) zu metallischem Silber reducirt wird. Die nicht vom Lichte getroffenen Parthien werden während einer beschränkten Zeit von etwa 30 Minuten von den Entwicklern nicht reducirt. Früher war der Hauptentwickler der Eisenoxalat-Entwickler. Zu diesem sind in den letzten Jahren eine Anzahl aromatischer Derivate getreten, welche zumeist Dioxy- und Diamidoderivate (der Ortho- und Parareihe, nicht der Metareihe) des Benzols sind. Die wichtigsten derselben sind:

**Amidol** = Diamidophenol = $C_6H_3(OH)(NH_2)_2$.
**Eikonogen** = Amido-$\beta$-Naphthol-$\beta$-sulfosaures Natrium = $C_{10}H_5.(OH)(NH_2)SO_3Na$.
**Glycin** = Para-Oxyphenylglycin = $C_6H_4(OH)NH—CH_2—CO_2H$.
**Hydrochinon** = Paradioxybenzol = $C_6H_4(OH)_2$.
**Metol** = Schwefelsaures Salz des Monomethyl-Paraamido-Meta-Kresols = $[C_6H_3(OH)CH_3(NHCH_3)]_2.H_2SO_4$.
**Pyrogallol** = Trioxybenzol = $C_6H_3(OH)_3$.
**Rodinal** = Salzsaures Para-Amidophenol = $C_6H_4(OH)NH_2.HCl$.

Es ist zu beachten, dass die Platten nach dem Entwickeln vor dem Fixiren sehr sorgfältig (mindestens 5 Minuten lang) auszuwaschen sind, wenn der Entwickler stark alkalisch ist. Tadellose Platten gehen sonst nach kurzer Zeit an Flecken zu Grunde.

**Eisenoxalat-Entwickler.**

Lösung **A.**

Rp. Kalii oxalici neutralis 300,0
Aquae destillatae 1000,0.

Lösung **B.**

Rp. Ferri sulfurici crystall. 100,0
Aquae destillatae 300,0.

Man mischt vor dem Gebrauche 3 Vol. von Lösung A und 1 Vol. von Lösung B. B ist in A einzugiessen. Die Mischung muss klar, darf nicht grützlich sein.

**Pyrogallol-Entwickler.**

Lösung **A.**

Rp. 1. Natrii sulfurosi cryst. 30,0
2. Aquae destillatae 100,0
3. Pyrogalloli 10,0
4. Acidi sulfurici diluti gtt. 5—10.

Man löst 1 in 2, fügt q. s. von 4 bis zur schwachsauren Reaktion zu und löst dann 3 auf.

Lösung **B.**

Rp. Natrii carbonici crystall. 40,0
Natrii sulfurosi 50,0
Aquae destillatae 1000,0.

Vor dem Gebrauche mischt man 12 Vol. von Lösung A mit 100 Vol. von Lösung B.

**Hydrochinon-Entwickler mit Soda.**

Lösung **A.**

Rp. Hydrochinoni 10,0
Natrii sulfurosi crystall. 50,0
Aquae destillatae 600,0—800,0.

Lösung **B.**

Rp. Natrii carbonici crystall. 10,0
Aquae destillatae 80,0.

Vor dem Gebrauche mischt man 3 Vol. von Lösung A mit 1 Vol. von Lösung B.

**Hydrochinon-Entwickler mit Pottasche.**

Lösung **A.**

Rp. Hydrochinoni 10,0
Natrii sulfurosi cryst. 25,0
Aquae destillatae 300,0.

Lösung **B.**

Rp. Kalii carbonici puri 25,0
Aquae destillatae 200,0.

Vor dem Gebrauch mischt man 2 Vol. von Lösung A mit 1 Vol. von Lösung B.

**Hydrochinon-Entwickler, haltbarer.**

Rp. Aquae destillatae 1000,0
Natrii sulfurosi 200,0
Hydrochinoni 50,0
Kalii carbonici 400,0.

Vor dem Gebrauche mit 4—6 Vol. Wasser zu verdünnen.

**Eikonogen-Entwickler.**

Für Portrait und Landschaft.

Lösung **A.**

Rp. Natrii sulfurosi crystall. 200,0
Eikonogeni 50,0
Aquae destillatae 500,0
Aquae destillatae 2500,0.

Lösung **B.**

Rp. Natrii carbonici crystall. 150,0
Aquae destillatae 1000,0.

Vor dem Gebrauch werden 3 Vol. von Lösung A mit 1 Vol. von Lösung B gemischt.

**Eikonogen-Entwickler.**

Für Momentaufnahmen.

Rp. Natrii sulfurosi crystall. 60,0
Kalii carbonici 40,0
Eikonogeni 20,0
Aquae fervidae 600,0.

**Metol-Pottasche-Entwickler.**

Lösung **A.**

Rp. Aquae destillatae 1000,0
Natrii sulfurosi crystall. 100,0
Metoli 10,0.

Lösung **B.**

Rp. Aquae destillatae 1000,0
Kalii carbonici 100,0.

Vor dem Gebrauche sind 3 Vol. von Lösung A mit 1 Vol. von Lösung B zu mischen.

**Metol-Soda-Entwickler.**

Lösung A.

Rp. Aquae destillatae 1000,0
Natrii sulfurosi crystall. 100,0
Metoli 10,0.

Lösung B.

Rp. Aquae destillatae 1000,0
Natrii carbonici crystall. 100,0.

Vor dem Gebrauche werden 3 Vol. von Lösung A mit 1 Vol. von Lösung B gemischt.

**Rodinal-Lösung.**

Rp. Natrii sulfurosi crystall. 50,0
Kalii carbonici 25,0
Aquae destillatae 1000,0
Paraamidophenoli hydrochlorici 5,0.

Diese Lösung ist auch käuflich zu beziehen. Zum Gebrauch mit der 15—30fachen Menge Wasser zu verdünnen.

**Rodinal-Entwickler.**

Rp. Rodinallösung 1,0
Aquae 15,0—30,0.

Kann mit der käuflichen oder selbst hergestellten bereitet werden.

**Metol-Hydrochinon-Entwickler.**

Rp. Metoli 5,0
Hydrochinoni 2,5
Natrii sulfurosi cryst. 50,0
Aquae destillatae 1000,0
Kalii carbonici 20,0.

**Glycin-Entwickler.**

Rp. Glycini 5,0
Natrii sulfurosi 15,0
Aquae destillatae 100,0
Kalii carbonici 25,0.

Vor dem Gebrauche mit 3—4 Vol. Wasser zu verdünnen.

**Pyro-Glycin-Entwickler.**

Lösung A.

Rp. Glycini 15,0
Aquae destillatae 1000,0
Kalii carbonici 60,0.

Lösung B.

Rp. Natrii sulfurosi 100,0
Aquae destillatae 1000,0
Pyrogalloli 32,0
Acidi sulfurici conc. gtt. 10—15.

Vor dem Gebrauch ist 1 Vol. von Lösung A mit 1 Vol. von Lösung B und 1 Vol. Wasser zu mischen.

**Amidol-Entwickler.**

Rp. Amidoli 20,0
Aquae destillatae 1000,0
Natrii sulfurosi crystall. 200,0.

Zum Gebrauche verdünnt man die Lösung mit 3 Vol. Wasser und setzt auf je 50 ccm Entwickler einige Tropfen Kaliumbromidlösung sowie 4 bis 10 Tropfen Natriumthiosulfatlösung (1 : 10) hinzu.

**Amidol-Entwickler, getrennter.**

Rp. Natrii sulfurosi crystall. 50,0
Aquae destillatae 1000,0.

Zum Gebrauche setzt man zu 100 ccm dieser Lösung = 0,5—0,75 g festes Amidol, 5—20 Tropfen Kaliumbromidlösung (1 : 10) und 10—15 Tropfen Natriumthiosulfatlösung (1 : 10).

**Universal-Entwickler.**

Lösung A.

Rp. Hydrochinoni 15,0
Natrii sulfurosi crystall. 100,0
Acidi citrici 5,0
Kalii bromati 4,0
Aquae destillatae calidae 900,0.

Lösung B.

Rp. Natri caustici 15,0
Aquae destillatae 900,0.

Man mischt je gleiche Theile von Lösung A, B und Wasser.

***Kopiren auf Papier.*** Das Kopiren der Negative auf Papier erfolgt durch Belichtung besonderer Kopir-Papiere; die Kopien werden später fixirt und getönt. Die zum Fixiren und Tönen benutzten Bäder richten sich im speciellen Falle nach der Art des benutzten Papieres. Im Princip enthalten diese Bäder Natriumthiosulfat, um das nicht reducirte Halogensilber aus dem Papier herauszulösen, und Goldsalze, um das Bild zu tönen, d. h. einen feinen Niederschlag von metallischem Gold auf dem reducirten Silber zu erzeugen. Jedem Kopirpapier wird eine Vorschrift zur Bereitung des für dieses passenden Fixir- bez. Tonfixirbades beigegeben. Immerhin haben wir einige gebräuchliche Vorschriften beigefügt. — Es empfiehlt sich, die Goldlösung erst unmittelbar vor dem Gebrauch hinzuzufügen, also das Bad zunächst goldfrei herzustellen, selbst wenn die Vorschrift das alsbaldige Hinzufügen der Goldlösung vorschreiben sollte.

**Tonfixirbäder.**

I. Saures.

Rp. Natrii thiosulfurici 250,0
Ammonii rhodanati 25,0
Plumbi acetici 10,0
Acidi citrici 5,0
Auri trichlorati 0,4
Aquae 1000,0.

II. Neutrales.

Rp. Natrii thiosulfurici 250,0
Plumbi acetici 20,0
Calcii chlorati 10,0
Auri trichlorati 0,4
Aquae 1000,0.

III. Für Celloidinpapier.

Rp. Plumbi nitrici 20,0
Natrii thiosulfurici 500,0
Ammonii rhodanati 55,0
Aluminis
Acidi citrici āā 15,0
Plumbi acetici 20,0
Aquae 2000,0.

Die geklärte Lösung wird filtrirt. Vor dem Gebrauch fügt man $^1/_{10}$ Vol. Goldchloridlösung (1 : 200) hinzu.

**Tonbad, giftfreies.**

Lösung A.

Rp. Boracis 3,0
Aquae destillatae 1000,0.

Lösung B.

Rp. Natrii acetici fusi 4,5
Aquae destillatae 1000,0.

Lösung C.

Rp. Auri trichlorati 2,0
Aquae destillatae 50,0.

Zum Tonen mischt man von Lösung A = 50 ccm, von B = 50 ccm, von C = 4 ccm mit 125 ccm Wasser. Eiweiss, welches etwa nach öfterem Gebrauche in das Bad gelangt, muss abfiltrirt werden.

**Gold-Tonbad für schwarze Töne.**

Lösung A.

Rp. Auri trichlorati 5,0
Aquae destillatae (36° C.) 150,0.

Lösung B.

Rp. Strontii chlorati 50,0
Aquae fervidae 100,0.

Lösung C.

Rp. Kalii rhodanati 25,0—50,0
Aquae fervidae 250,0.

Man giebt zur warmen Lösung A die heisse Lösung B und mischt darauf unter Umschütteln in mehreren Antheilen zu der Lösung C, welche 97,5° C heiss sein soll, das Gemisch von A + B hinzu.

**Kaliumbromidlösung.**

Verzögerungslösung.

Rp. Kalii bromati 1,0
Aquae destillatae 9,0.

Dem fertigen Entwickler tropfenweise zuzusetzen.

**Natriumthiosulfatlösung zur Beschleunigung.**

Rp. Natrii thiosulfurici 1,0
Aquae destillatae 1000,0.

Dem fertigen Entwickler tropfenweise zuzusetzen.

**Natriumthiosulfat-Vorbad für unterexponirte Platten, auch für Moment-Aufnahmen.**

Rp. Natrii thiosulfurici 1,0
Aquae destillatae 3000,0.

Die Platten sind 2—3 Minuten in diesem Bade zu baden, dann abzuspülen und zu entwickeln.

**Fixirlösung.**

Rp. Natrii thiosulfurici 250,0
Aquae destillatae 1000,0.

**Anthion.**

Rp. Kalii persulfurici (Bd. 1, S. 128) 5,0
Aquae destillatae 1000,0.

Zum Zerstören etwa in den Negativen zurückgebliebener Reste von Natriumthiosulfat.

**Fixirlösung, saure.**

Lösung A.

Rp. Natrii thiosulfurici 250,0
Aquae destillatae 1000,0.

Lösung B.

Rp. Natrii thiosulfurici 250,0
Aquae destillatae 1000,0
Acidi hydrochlorici (25 %) 75,0
oder Acidi sulfurici conc. 30,0 ccm.

Die Lösung B ist nur beschränkte Zeit haltbar. Sie muss deutlich sauer reagiren, wenn nicht, so ist sie verdorben.

Zum Gebrauche mische man 1 Liter von Lösung A mit 50—60 ccm von Lösung B.

**Verstärkung der Platten.**

Rp. Hydrargyri bichlorati 10,0
Aquae destillatae 300,0.

Die feuchten Platten werden so lange in dieser Lösung gelassen, bis sie ganz weiss sind, dann gründlich gewässert(!) in Ammoniakflüssigkeit gelegt, bis sie rein schwarz sind, gewässert und getrocknet.

**Abschwächungs-Lösung.**

Rp. Natrii thiosulfurici 25,0
Aquae destillatae 100,0
Kalii ferricyanati 0,5—1,0.

**Negativ-Lack.**

I.

Rp. Alkohol absoluti 1000,0
Sandaracis 167,0
Olei Ricini 33,0
Camphorae 17,0
Terebinthinae venetae 15,0.

Vor dem Gebrauche mit etwas Alkohol zu verdünnen. Die Platten nicht über 45° C. zu erwärmen.

II.

Rp. Laccae in tabulis 150,0
Sandaracis 18,0
Olei Ricini 1,0
Alkohol absoluti 1000,0.

**Magnesium-Blitzlicht.**

I.

Rp. Magnesii pulverati 10,0
Baryi superoxydati 50,0.

II.

Rp. Magnesii pulverati 1,0
Kalii chlorici
Kalii perchlorici āā 7,5.

III.

Rp. Kalii permanganici 40,0
Magnesii pulverati 60,0.

Vorsichtig mischen und mit Salpeterpapier Patronen von 0,5—2,0 g herstellen.

IV.

Rp. Aluminii pulverati 20,0
Stibii sulfurati nigri 15,0
Kalii chlorici 65,0.

V. Rauchschwach.

Rp. Magnesii pulverati
Ammonii nitrici āā.

**Aurantia Collodium.**

Rp. Aurantia-Farbstoff 0,3
Collodii (von 2 Proc.) 100,0.

Zur Herstellung von Gelb-Scheiben.

**Gelbfilter.**

Gesättigte Pikrinsäure-Lösung

Absorbirt die blauen Strahlen und lässt nur die gelben Strahlen durch.

**Grünfilter.** Zettnow'sches **Lichtfilter.**

Rp. Cupri sulfurici cryst. 44,0
Kalii dichromici 4,25
Acidi sulfurici conc. 0,5
Aquae destillatae 250,0—500,0.

Für Sonnenlicht oder elektrisches Bogenlicht. Lässt im koncentrirten Zustande nur gelbgrüne Strahlen hindurch.

**Blaufilter.**

Rp. Cupri sulfurici crystall. 1,0
Liquoris Ammonii caust. 5,0—6,0.

Lässt nur die blauen Strahlen hindurch.

**Aesculinlösung.**

Rp. Aesculini 1,0
Aquae 75,0.

Absorbirt die ultravioletten Lichtstrahlen.

**Blau-, Braun- und Grünfärbung von Kopien auf Bromsilber-Gelatinepapier.**

Blaufärbung.

A. { Ferri Ammonii citrici 1,0
Aquae destillatae 100,0.

B. { Kalii ferricyanati 1,0
Aquae destillatae 100,0.

Zum Gebrauche werden gemischt von

A. 50 ccm
Eisessig 10 „
B. 50 „

Die fixirten Bromsilberbilder werden vorher gut gewässert, dann in die klare, grünliche Mischung gebracht. Nach 1—2 Sekunden erhält man ein blaustichiges Schwarz, das bald in intensives Blau übergeht. Man wässert alsdann, bis das Wasser farblos abläuft.

Braunfärbung.

A. { Uranii nitrici 10,0
Aquae destillatae 1000,0.

B. { Kalii ferricyanati 10,0
Aquae destillatae 1000,0.

Dann werden gemischt (Reihenfolge ist innezuhalten!) von:

A. 50 ccm
Eisessig 10 „
B. 50 „

Die fixirten und gewaschenen Silberkopien werden wie bei der blauen Tönung behandelt.

Grünfärbung.

| | |
|---|---|
| Urannitratlösung (1 : 100) | 25 ccm |
| Ferriammoniumcitratlösung (1 : 100) | 25 „ |
| Eisessig | 10 „ |
| Ferricyankaliumlösung (1 : 100) | 50 „ |

Die grüngetönten Kopien dürfen nicht zu lange wässern.

**Quinol,** photographischer Entwickler, ist identisch mit Hydrochinon.

**Tannalinhäute** sind Gelatinehäute, durch Formalin gehärtet, für photographische Zwecke.

**Films** sind photographische Trockenplatten auf Unterlage von Gelatine, bez. mit Formaldehyd gehärteter Gelatine.

**Diphenal** ist Diamidooxydiphenyl in dem zur Entwicklung gebrauchsfähigen Zustande.

**Ortol,** ein Derivat des Orthoamidophenols (nach Vogel = Verbindung von 2 Mol. Methyl-o-amidophenol und 1 Mol. Hydrochinon). Moderner Entwickler.

**II. Lichtpausverfahren.** Die im Folgenden beschriebenen Lichtpausverfahren kann man selbstverständlich auch zum Kopiren photographischer Negativplatten benutzen, in der Regel aber wendet man die Verfahren nur an, um Zeichnungen und dergl. zu reproduciren. Dies geschieht in der Weise, dass man das präparirte Papier mit der Schichtseite nach oben auf ein Reissbrett legt, die zu reproducirende Zeichnung (Bildseite nach oben) darauflegt, beide mit Reisszwecken festspannt und nun das ganze dem direkten Sonnenlicht aussetzt. Durch Lüften einer Ecke im gedämpften Tageslichte sieht man zu, wie der Process vorschreitet. Wenn die Kopie weit genug gediehen ist, so entwickelt und fixirt man in der noch anzugebenden Weise.

Es muss betont werden, dass die anzuwendenden Chemikalien absolut rein sein müssen. Die Eisenoxydsalze müssen oxydulfrei, die Oxydulsalze oxydfrei sein. Das Ferricyankalium darf Ferrocyankalium nicht enthalten. Man muss es daher entweder frisch umkrystallisiren oder muss grössere Krystalle durch Abwaschen von ihrer äusseren Schicht befreien. Vergl. S. 197.

Das Verfahren eignet sich auch zur Herstellung von Lichtpausen nach natürlichen Gegenständen, z. B. hübsch arrangirten Zusammenstellungen von Blättern und Blüthen, die man auf das Papier legt und mit einer Glasscheibe bedeckt, bez. zwischen zwei Glasscheiben befestigt hat.

1) Cyanotypien. Weisse Linien auf blauem Grunde.

A { Kalii ferricyanati 8,0
Aquae destillatae 50,0

B { Ferri citrici ammoniati oxydati 10,0
Aquae destillatae 50,0

Beide Lösungen werden filtrirt und im Dunkeln gemischt. Mit der Mischung bestreicht man einseitig Schreibpapier und trocknet es im Dunkeln. Das trockne Papier sieht grünlich-gelb aus und hält sich — wenn es vor Licht und Feuchtigkeit geschützt aufbewahrt wird — ziemlich lange.

Man kopirt im direkten Sonnenlichte ziemlich kräftig, wässert alsdann im Dunkeln oder im Schatten, unter wiederholtem Ersatz des Wassers, badet kurze Zeit in salzsaurem Wasser (1 Th. Salzsäure von 25 Proc. + 19 Th. Wasser), wässert bis alle Säure entfernt ist und trocknet alsdann.

2) Positives Blauverfahren. Blaue Linien auf weissem Grunde. Die lichtempfindliche Lösung besteht aus

20 ccm Gummischleim 1 : 5,
8 „ Ferriammoniumcitratlösung 1 : 2,
5 „ Ferrichloridlösung 1 : 2.

Die Flüssigkeiten werden in der Dunkelkammer in der angegebenen Reihenfolge (!) gemischt. Die Mischung ist erst dünnflüssig, dann zäher, schliesslich weich wie Butter. In diesem Zustande (sie hält sich einige Tage brauchbar, wenn vor Licht geschützt) streicht man sie auf gut geleimtes Papier, welches auf einem Reissbrett befestigt ist und trocknet rasch im Dunkeln. Dann kopirt man 5—10 Minuten in der Sonne, bis die dunklen Striche der Zeichnung hell auf dunklem Grunde erscheinen. Dann streicht man mit einem Pinsel rasch eine Lösung von 1 Th. gelbem Blutlaugensalz in 5 Th. Wasser ohne aufzudrücken darüber und spült diese letztere Lösung, sobald alle Details da sind, rasch unter einem Wasserstrahl ab (auf die Rückseite des Papiers darf von der Ferrocyankaliumlösung nichts gelangen!). Man wässert darauf, badet in verdünnter Salzsäure (1 Salzsäure von 25 Proc. + 9 Wasser), wässert bis zur Entfernung der Säure und trocknet an der Luft.

3) Tinten-Kopirprocess. Das lichtempfindliche Papier wird durch Auftragen folgender Mischung bereitet:

| | | | | | |
|---|---|---|---|---|---|
| A | Ferrisulfatlösung | 10,0 | C | Gelatine | 10,0 g |
| | Wasser | 100,0 | | Wasser | 100,0 |
| B | Weinsäure | 10,0 | D | Ferrichlorid-lösung | 20,0 g |
| | Wasser | 100,0 | | | |

Man mischt A mit B, giesst beides in C und fügt D hinzu. Das Kopiren ist beendet, wenn die belichteten Stellen vollkommen weiss geworden sind. Dann bringt man die Kopien in das sog. Fixirbad aus: 4,0 g Gallussäure, 0,5—1,0 g Oxalsäure und 500 g Wasser. Man badet ca. 3 Minuten, wässert sorgfältig in reinem Wasser und trocknet. Bei zu kurzer Belichtung färbt sich der Grund mit, bei zu langem Kopiren werden die dunklen Linien nur grau.

---

# Physostigma.

Gattung der **Papilionaceae — Phaseoleae — Phaseolinae.**

**Physostigma venenosum Balfour.** Heimisch in Westafrika von Kap Palmas bis Kamerun. Am Grunde holziger, oberwärts krautiger Schlingstrauch mit 3zähligen Blättern, Nebenblätter pfriemlich. Blüthen in achselständigen Trauben, purpurn, von sehr eigenthümlichem Bau. Hülse breit-linealisch, nach beiden Enden verschmälert, zweiklappig, innen dünn gefächert.

Verwendung finden die Samen:

**† Semen Calabar** (Ergänzb.). **Physostigmatis Semina** (Brit.). **Physostigma** (U-St.). **Semen Physostigmatis venenosi. Faba Calabarica. — Kalabarbohne. Eserenuss. Spaltnuss. Gottesgerichtsbohne. — Fève du Calabar** (Gall.). **— Calabar Bean. Ordeal Bean.**

Fig. 68. Same von Physostigma venenosum.

***Beschreibung.*** Sie sind bis 35 mm lang, bis 20 mm breit, bis 11 mm dick, also etwas flachgedrückt, schwach nierenförmig, d. h. die eine Langseite ist wenig eingebogen oder gerade, die andere gewölbt. Diese ist von einer breiten Furche durchzogen, die jederseits von emporgewölbten Wülsten begrenzt ist. In der Mitte der Furche verläuft die etwas erhabene Raphe, an einem Ende des Samens erkennt man das Hilum als feine Vertiefung und die Mikropyle, am entgegengesetzten die schwach wulstige, von einer Längsfurche durchzogene Chalaza. Die Seitenflächen des Samens sind feingerunzelt, die Farbe ist eine mehr oder weniger dunkel-rothbraune. — An der dünnen Samenschale haften die Cotyledonen fest an, die mit einem breiten Spalt in der Mitte auseinanderklaffen. Die werthlose Samenschale macht 28 Proc. des Samens aus.

Die Samenschale besteht 1) aus Palissaden mit engem, nach unten etwas erweitertem Lumen, die 300 $\mu$ lang werden, 2) einer Schicht I-förmiger Trägerzellen, 3) an den dicken Stellen einer lückigen Schicht verdickter Zellen mit braunem Inhalt, 4) einer Schicht zusammengepresster Zellen und 5) einer Schicht kleiner rundlicher Zellen. In den Cotyledonen zahlreiche kleine Aleuronkörner und Stärkekörner von eiförmigem Umriss, die deutlich geschichtet sind und einen verzweigten Längsspalt erkennen lassen. Sie repräsentiren den Leguminosentypus sehr deutlich. Die Alkaloide sind nur im Embryo und zwar hauptsächlich in den ersten zwei Zellschichten desselben enthalten. Man kann sie nachweisen, indem man z. B. 0,02 g des Embryo mit 3 ccm Ammoniak einige Stunden stehen lässt und dann eindampft, man erhält eine grüne Färbung infolge der Bildung von Eserinblau. Bromwasser giebt in den Zellen des Embryo einen starken, gelbbraunen Niederschlag.

***Bestandtheile.*** Alkaloide: Physostygmin (Eserin) zu 0,1 ‰. $C_{15}H_{21}N_3O_2$ (vergl. dort), Eseridin $C_{15}H_{23}N_3O_2$ (?), Calabarin.

Letzteres ist nach Ehrenberg in dem Samen nicht präformirt, der dafür ein neues Alkaloid, Eseramin $C_{16}H_{25}N_4O_3$ (?), auffand.

***Verfälschungen und Verwechslungen.*** An Stelle der Calabarbohnen oder mit ihnen vermengt kommen andere Leguminosensamen vor, die aber mit einer Ausnahme ohne weiteres erkannt werden können. Diese Ausnahme betrifft die Samen der Mucuna (Physostigma) cylindrosperma Oliv., die von derselben Gestalt und Farbe wie die echten Samen, aber mehr walzenförmig sind, und bei denen die Furche nicht so weit um den Samen herumgeht. Sie gelten als besonders gehaltreich und werden aus der Droge sorgfältig herausgelesen. Sie sind als besondere Sorte derselben anzusehen.

Die anderen, sämmtlich werthlosen Samen stammen von: Entada Gigalobium D. C., Mucuna urens D. C. und noch eine andere Mucuna-Species, Dioclea spec., Canavalia obtusifolia. Auch die Samen der Oelpalme sind unter der Droge gefunden.

***Aufbewahrung.*** Nur unzerkleinert unter den vorsichtig aufzubewahrenden Mitteln. In Deutschland sind Calabarbohnen dem freien Verkehr entzogen; die daraus dargestellten Zubereitungen dürfen nur gegen ärztliche Verordnung abgegeben werden.

***Anwendung.*** Vergl. Physostigminum.

**† Extractum Calabar** (Ergänzb.). **Extr. Physostigmatis** (Brit. U-St.). **Extr. Fabae Calabaricae. Calabarbohnenextrakt. Extrait de fève de Calabar** (Gall.). **Extract of Calabar Bean. Extr. of Physostigma.** — Ergänzb. 2 Th. grob gepulverte Calabarbohnen werden 4 Tage mit einer Mischung aus 4 Th. Weingeist (87 proc.) und 6 Th. Wasser, dann noch 24 Stunden mit einer Mischung aus 2 Th. Weingeist und 3 Th. Wasser ausgezogen. Die Pressflüssigkeiten werden filtrirt und zu einem dicken Extrakt eingedampft, wobei harzige Ausscheidungen durch kleine Mengen Weingeist zu lösen sind. Ausbeute 12—14 Proc. — Brit.: 1000 g gepulverte Calabarbohnen (No. 40) werden mit 5 l 90 vol. proc. Weingeist, unter Befeuchten mit 1250 ccm, im Verdrängungswege ausgezogen; der Rückstand wird ausgepresst; die vereinigten Auszüge werden durch Destillation vom Weingeist so viel als möglich befreit, zu einem sehr weichen Extrakt eingedampft, mit ihrem dreifachen Gewicht Milchzucker gemischt und zu einem festen Extrakt eingedampft. — U-St.: Aus 1000 g gepulverter Calabarbohne (No. 30) und q. s. 91 proc. Weingeist bereitet man im Verdrängungswege unter Befeuchten mit 400 ccm l. a. 1000 ccm Fluidextrakt, indem man zuerst 900 ccm, dann noch etwa 2100 ccm[1]) sammelt, die letzteren auf 100 ccm eindampft, mit dem ersten Auszug vereinigt und bei höchstens 50° C. zur Pillenkonsistenz eindampft. — Gall.: 1000 g fein gepulverte Calabarbohnen werden in einem Kolben mit 1 l 80 proc. Weingeist 2 Stunden im Wasserbade erwärmt, dann in einem Verdrängungsapparat solange mit siedendem Weingeist behandelt, bis dieser nahezu farblos abläuft,[1]) wozu etwa 5000 g erforderlich sind. Man zieht den Weingeist ab und verdampft zur Pillenkonsistenz. Ausbeute 2,5—3,0 Proc. — Beim Abdestilliren des Weingeistes ist darauf zu achten, dass die harzigen Ausscheidungen nicht in der Blase zurückbleiben (s. die Vorschr. d. Ergänzb.). — Je nach Bereitungsart und Konsistenz sind die Gaben des Extrakts verschieden; Brit. giebt sie auf 0,015—0,06 an. Für das Präparat des Ergänzb. giebt Husemann 0,005—0,02 an (bei Tetanus weit höher!); nach Lewin ist die grösste Einzelgabe 0,03, die grösste Tagesgabe 0,06.

In der Augenheilkunde verwendet man entweder Lösungen des Extrakts in Glycerin (1,0 : 5,0—15,0), die mit einem Pinsel ins Auge gebracht werden, oder das mit dem Extrakte getränkte Papier, Charta calabarina s. physostigminata, Papier calabarisé (vergl. Bd. I, S. 721—22), oder die Calabar-Leimplättchen, Gelatina extracti Physostigmatis s. physostigminata (vergl. Bd. I, S. 1202).

[1]) Vergl. Band I, Fussnote S. 925 und „Reaktionen" S. 943.

**† Tinctura Physostigmatis. Tinctura Fabae Calabaricae. Calabartinktur. Teinture ou Alcoolé de fève de Calabar. Tincture of Physostigma.** U-St.: Aus 150 g gepulverter Calabarbohne (No. 40) und q. s. 91 proc. Weingeist im Verdrängungswege; man befeuchtet mit 100 ccm und sammelt l. a. 1000 ccm Tinktur. — Gall.: Aus 1 Th. grob gepulverten Calabarbohnen und 5 Th. 80 proc. Weingeist durch 10 tägiges Ausziehen. Wie die folgende vorsichtig und vor Licht geschützt aufzubewahren. Zu 10 Tropfen bei Magenkrampf, bis zu 30 Tropfen bei Tetanus.

**† Tinctura Physostigmatis aetherea.** 10 Th. Calabarbohnenextrakt bringt man mit 2 Th. Magnesiumkarbonat zur Trockne, pulvert, zieht 2 Tage mit 60 Th. Aether aus und bringt die Seihflüssigkeit mit Weingeist auf 100 Th.

**Guttae antepilepticae** RUCHE.

| Rp. | Extracti Calabarici | 0,5 |
|---|---|---|
| | Spiritus aetherei | 1,0 |
| | Aquae Menthae pip. | 20,0. |

Bei Fallsucht tropfenweise zu beginnen, zu steigen bei Kindern bis zu 5—10, bei Erwachsenen bis zu 8—15 Tropfen dreimal täglich, dann wiederherabgeben.

# Physostigminum.

**I. †† Physostigminum. Physostigmina. Ésérine** (Gall.). Die freie Physostigmin-Base. $C_{15}H_{21}N_3O_2$. **Mol. Gew. = 275.**

***Darstellung.*** Die Darstellung des Physostigmins muss mit peinlicher Sorgfalt geschehen, da dasselbe äusserst leicht zersetzlich ist. Im wesentlichen verfährt man dabei auf folgende Weise:

Die zerkleinerten Bohnen werden mit Weingeist von 85 Proc. extrahirt und die Auszüge bei möglichst niederer Temperatur, am besten im Vakuum, abdestillirt. Es hinterbleibt ein Extrakt, welches sich nach einigem Stehen in einen wässerigen Theil und eine obenauf schwimmende Fettschicht trennt. Aus ersterem, welcher das Physostigmin als Salz gelöst enthält, wird das Alkaloid durch Zusatz von Natriumbikarbonat abgeschieden und der wässerigen Flüssigkeit durch öfteres Ausschütteln mit Aether entzogen. Schüttelt man darauf die Aetherlösung mit verdünnter Schwefelsäure, so nimmt letztere das Alkaloid auf, während Harz, Fett etc. in dem Aether bleiben. Die schwefelsaure Lösung des Physostigmins wird wiederum mit Natriumbikarbonat gefällt und das Alkaloid mit Aether aufgenommen. Beim langsamen Verdunsten des letzteren scheidet sich das Physostigmin in Krystallen ab, welche durch Umkrystallisiren aus Aether rein erhalten werden können.

***Eigenschaften.*** Im reinsten Zustande weisse, glänzende, zu Aggregaten vereinigte Blättchen, die sich schwer in Wasser, leicht in Weingeist, Aether und Chloroform lösen, und bei 102—103° C. schmelzen. Aus wasserhaltigem Aether krystallisirt das Alkaloid mit 1 Molekül Wasser, welches es gegen 100° C. verliert und dabei einen Gewichtsverlust von 6,10 Proc. erleidet. Es besitzt stark alkalische Reaktion und bildet mit Säuren Salze, die gegen Lackmus schwach sauer reagiren; einige derselben krystallisiren gut. Das Physostigmin ist äusserst leicht zersetzlich, die wässerige Lösung färbt sich durch Luft- und Lichteinfluss bald roth, rascher noch, wenn man dieselbe erhitzt, und hinterlässt beim Verdampfen eine amorphe, kirschrothe, in Aether unlösliche Substanz: Rubreserin. Auch die anfangs farblose Lösung der Salze färbt sich bald roth, indem der nämliche Körper entsteht. Aus der wässerigen Lösung der Physostigminsalze wird das Alkaloid durch kaustische und kohlensaure Alkalien, sowie durch Ammoniak abgeschieden und dabei unter Rothfärbung rasch zersetzt; weniger energisch wirkt Natriumbikarbonat ein. Versetzt man die Lösung eines Physostigminsalzes mit Natriumbikarbonatlösung und schüttelt mit Aether das in Freiheit gesetzte Alkaloid aus, so hinterbleibt dasselbe bei langsamem Verdunsten des Lösungsmittels auf einem Uhrglase als farbloser oder schwach gelblich gefärbter Firniss, in welchem meist einige Krystalle zu bemerken sind; befeuchtet man dann den Verdunstungsrückstand mit einigen Tropfen Aether und rührt leicht mit einem Glasstab, so verwandelt er sich völlig in kleine, weisse Krystalle von reinem Physostigmin.

Die Physostigminsalze sind völlig geschmacklos, in ihrer wässerigen Lösung entsteht durch Kaliumquecksilberjodid eine weisse, durch Phosphorwolframsäure eine schmutzigweisse Fällung, Phosphormolybdänsäure giebt einen gelblichen, Jodlösung einen braunen Niederschlag.

Reaktionen: 1) Erwärmt man auf einem Uhrglase einige Tropfen Ammoniakflüssigkeit gelinde und trägt alsdann eine kleine Menge eines Physostigminsalzes (falls dasselbe leicht löslich ist, am besten in wenig Wasser gelöst) ein, so erhält man eine gelbrothe Lösung, welche beim Eindunsten auf dem Wasserbade einen blauen bis blaugrauen Rückstand hinterlässt. Letzterer giebt mit einigen Tropfen Weingeist eine blaue Lösung. Uebersättigt man diese mit Essigsäure, so erscheint die Flüssigkeit im durchfallenden Lichte violett, im auffallenden roth und stark blau fluorescirend. Die Fluorescenz ist besonders stark, wenn man einen ziemlichen Ueberschuss an Essigsäure verwendet. (Ebert.)

2) Der wie oben hergestellte blaue bis blaugraue Verdampfungsrückstand der ammoniakalischen Physostigminsalzlösung löst sich in einem Tropfen konc. reiner Schwefelsäure mit grüner Farbe auf, welche bei allmählichem Zusatz von Weingeist in eine rothe (bei auffallendem Lichte) übergeht. Lässt man den Weingeist bei gelinder Wärme verdunsten, so nimmt die Flüssigkeit eine blaue Farbe an, die allmählich wieder in eine grüne übergeht.

***Aufbewahrung.*** Sehr vorsichtig, vor Licht und Feuchtigkeit geschützt, am besten in dunklen Glasröhren eingeschlossen oder über Aetzkalk. Da das Physostigmin nicht als solches, sondern nur in Form seiner Salze verwendet wird, so wird die freie Physostigmin-Base höchstens zur Bereitung der Salze vorräthig gehalten werden.

## II. †† Physostigminum sulfuricum (Germ.). Sulfate d'esérine (Gall). Physostigminae Sulfas (Brit. U-St.). Physostigminsulfat. Eserinsulfat. $(C_{15}H_{21}N_3O_2)_2 . H_2SO_4$. Mol. Gew. = 648.

***Darstellung.*** Man löst 10,0 Th. wasserfreies Physostigmin (freie Base) in absolutem Alkohol und neutralisirt diese Lösung mit einer unter starker Abkühlung (!) bereiteten Mischung von (1,82 Th.) reiner Schwefelsäure mit der fünffachen Menge (10 Th.) absolutem Alkohol, bis die alkoholische Lösung, auf mit Wasser befeuchtetes blaues Lackmuspapier gebracht, dieses nur äusserst schwach röthet. Die alkoholische Lösung des Sulfates wird bei gelinder Wärme zur Sirupsdicke abgedunstet und im Vakuum über Schwefelsäure völlig ausgetrocknet, wobei gewöhnlich eine Krystallisation eintritt. Das getrocknete Physostigminsulfat wird zu einem mittelfeinen Pulver zerrieben. Häufig findet man das Präparat in Lamellenform im Handel. Um diese zu erhalten, wird die sirupsdicke Lösung des Physostigminsulfates auf Glasplatten aufgestrichen und im Vakuum über Schwefelsäure getrocknet.

***Eigenschaften.*** Das Physostigminsulfat bildet ein gelblich weisses Pulver, meist von krystallinischer Beschaffenheit. Ein Präparat von rein weisser Farbe ist im Handel nicht zu finden. Es löst sich äusserst leicht in Wasser und Weingeist zu einer gelblich gefärbten, Lackmuspapier schwach röthenden Flüssigkeit auf und ist sehr hygroskopisch, so dass es an der Luft rasch feucht wird und zerfliesst. Koncentrirte Schwefelsäure löst es mit gelblicher Farbe auf. Ausser dem pulverförmigen kommt, wie oben erwähnt ist, auch ein Präparat in Form von gelblich weissen Lamellen in den Handel, ersteres ist jedoch vorzuziehen, da das Lamellenpräparat völlig amorph und in Folge dessen viel hygroskopischer ist, wie das gepulverte, krystallinische.

***Prüfung.*** Das Physostigminsulfat muss beim Erhitzen an der Luft verbrennen, ohne einen Rückstand zu hinterlassen, welcher aus anorganischen Verunreinigungen bestehen würde. Die wässerige Lösung darf selbst in koncentrirtem Zustande Lackmuspapier nur schwach röthen, ein stark sauer reagirendes Präparat ist zu verwerfen. Die Anwesenheit der Schwefelsäure wird durch Baryumnitratlösung nachgewiesen, im übrigen werden die unter Physostigmin angegebenen Identitätsreaktionen ausgeführt.

***Aufbewahrung.*** Sehr vorsichtig, da das Präparat stark giftig ist. Da es ferner stark hygroskopisch ist und sich am Lichte leicht röthlich färbt, so hält man es am

***Anwendung der Physostigminsalze.*** Physostigmin ist ein heftiges Gift. Innerlich oder in subkutaner Injektion wirkt es lähmend auf die motorischen Nerven. Man giebt es daher innerlich oder subkutan zu 0,0005—0,001 g einmal bis dreimal täglich bei Epilepsie, Chorea, Tetanus. Aeusserlich: Auf die Pupille des Auges wirkt Physostigmin verengernd (myotisch). Man wendet daher die Lösungen des Sulfats oder Salicylats in Form von Augenwasser 0,02—0,05 g zu 10,0 g Wasser an zur Beseitigung der Mydriasis und Akkomodationslähmung. Ferner zur Zerreissung von Verwachsungen (Synechien) zwischen Iris und vorderer Linsenkapsel. Bei Irisvorfall oder nach Staaroperationen, um dem Vorfall vorzubeugen; zur Verminderung des intraokularen Druckes bei Glaucom und Staphylom. Als Antisepticum bei Cornea-Geschwüren, Eiterbildungen in der Vorkammer und bei Wundeiterungen nach Staaroperationen. Höchstgaben: 0,001 *pro dosi*, 0,003 g *pro die*. Augenwässer, welche Physostigmin enthalten, versieht man, um Verwechslungen vorzubeugen, mit der Bezeichnung „Gift †††“. Vergiftungen durch Physostigmin werden mit Brechmitteln, Magenpumpe und Roborantien behandelt. Als specifisches Antidot gilt Atropin.

In der Thierheilkunde findet das Physostigminsulfat bei Kolik der Pferde Anwendung; man giebt es zu 0,1 g in Wasser gelöst in der Form subkutaner Injektionen.

**†† Physostigminum hydrochloricum. Eserinum hydrochloricum. $C_{15}H_{21}N_3O_2 \cdot HCl$. Mol. Gew. = 311,5.** Durch Neutralisiren von Physostigmin mit Salzsäure zu erhalten. Farblose Krystalle, in Wasser und Weingeist leicht löslich, nicht hygroskopisch, färben sich aber trotz Lichtabschluss bald gelb.

**†† Physostigminum hydrobromicum. Eserinum hydrobromicum. $C_{15}H_{21}N_3O_2 \cdot HBr$. Mol. Gew. = 356.** Farblose Krystalle, in Wasser und in Alkohol leicht löslich, trotz Lichtabschluss leicht gelb werdend.

**III. †† Physostigminum salicylicum** (Austr. Germ. Helv.). **Physostigminae Salicylas** (U-St.). **Eserinum salicylicum. Physostigminsalicylat. Eserinsalicylat. $C_{15}H_{21}N_3O_2 \cdot C_7H_6O_3$. Mol. Gew. = 413.**

***Darstellung.*** Man neutralisirt eine warme Lösung (von 10 Th.) des wasserfreien Physostigmins in absolutem Aether mit einer Lösung von Salicylsäure (5 Th.) in absolutem Aether, bis ein Tropfen, auf mit Wasser befeuchtetes blaues Lackmuspapier gebracht, dieses nur noch äusserst schwach röthet. Nach einiger Zeit beginnt das Salz sich in weissen Nadeln abzuscheiden. Nach beendigter Krystallisation werden die Krystalle in einem Trichter gesammelt und bei sehr gelinder Wärme getrocknet.

***Eigenschaften.*** Farblose oder schwach gelblich gefärbte, glänzende Nadeln, bei gewöhnlicher Temperatur in 150 Th. Wasser oder in 12 Th. Weingeist löslich. Die verdünnte wässerige Lösung ist neutral, die koncentrirte alkoholische Lösung röthet blaues Lackmuspapier schwach. Es schmilzt bei etwa 179° C., beginnt aber schon einige Grade unter dieser Temperatur zu erweichen. Das Physostigminsalicylat ist das beständigste der Physostigmin-Salze. Im trockenen Zustande hält es sich, selbst dem Lichte ausgesetzt, längere Zeit unverändert. Der allgemeineren Anwendung steht die Schwerlöslichkeit in Wasser im Wege.

***Prüfung.*** **1)** Es muss auf dem Platinbleche verbrennlich sein, ohne einen Rückstand zu hinterlassen (anorganische Verunreinigungen). **2)** In konc. Schwefelsäure muss es anfangs farblos löslich sein; die Lösung färbt sich nach einiger Zeit gelb. **3)** Die Anwesenheit der Salicylsäure wird erkannt durch die Violettfärbung, welche die wässerige Lösung auf Zusatz von Ferrichlorid annimmt.

***Aufbewahrung.*** Sehr vorsichtig. In gut verschlossenen Gefässen, vor Feuchtigkeit geschützt, hält sich das Physostigminsalicylat längere Zeit recht gut. Als Lichtschutz genügt die Aufbewahrung in einem gelben Glase oder einem dunklen Schranke.

**Eseridin. $C_{15}H_{23}N_3O_3$. Mol. Gew. = 277.** Eine neben Physostigmin (Eserin) in den Calabarbohnen enthaltene Base. — Krystallisirt aus Aether in Tetraëdern, welche bei 132° C. schmelzen. In Wasser fast unlöslich, dagegen löslich in Alkohol, Aether, Benzol und Petroläther, besonders leicht aber in Chloroform. Licht und Luft sind ohne Einfluss auf die freie Base wie auf die wässerigen Lösungen der Salze. Letztere werden auch beim Kochen nicht verändert. Gegen Kalk- oder Barytwasser oder gegen Ammoniakflüssigkeit verhält sich Eseridin wie Eserin. Durch Erhitzen mit verdünnter Säure geht Eseridin in Eserin über. Therapeutisch nicht angewendet.

# Phytolacca.

Gattung der **Phytolaccaceae — Phytolacceae.**

**I. Phytolacca decandra L.** Wahrscheinlich in Nordamerika heimisch, in Europa kultivirt und im Mittelmeergebiet verwildert. Perennirend, Stengel über 3 m hoch, Blätter gross, eilanzettlich. Blüthenstand traubig. Blüthe 10zählig. Frucht eine zehnfächerige Beere. Verwendung finden:

1) Die Früchte: **Fructus Phytolaccae. Phytolaccae Fructus** (U-St.). **Baccae Phytolaccae. Baccae Solani racemosi. — Kermes-** oder **Alkermesbeeren.**[1]) **Scharlachbeeren. — Phytolacca Fruit. Poke Berry.**

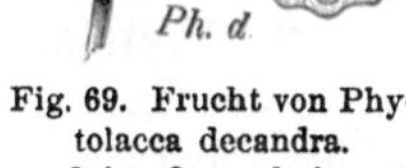


Fig. 69. Frucht von Phytolacca decandra. b im Querschnitt.

Sie enthalten einen rothen Farbstoff, Caryophyllenroth, der mit dem der rothen Rüben identisch ist. Man verwendet ihn zum Färben von Geweben und besonders von Wein. An und für sich ist derselbe unschädlich, da der verwendete Saft aber stets auch andere, weniger harmlose Bestandtheile der Frucht enthält, sollte er nicht benutzt werden. — Mit Bleiessig liefert der Farbstoff einen rothvioletten Niederschlag, reiner Rothwein einen graublauen, aschfarbigen oder grünlichen.

**Succus Phytolaccae inspissatus,** der durch Gährung und Filtriren gereinigte Saft der frischen Früchte, den man in Porcellangefässen zur Extraktdicke eingedampft hat. Dient zum Färben von Wein, eingemachten Früchten und Stoffen.

**Sirupus Phytolaccae, Kermessaft,**[2]) bereitet man aus dem Safte der frischen Beeren genau wie Sirupus Cerasorum (s. Bd. I, S. 698). Er wirkt, wie der Succus, milde abführend.

2) Die Wurzel: **Phytolaccae Radix** (U-St.). — **Kermeswurzel. — Phytolacca Root. Poke Root.**

Sie bildet im Handel 10—15 cm lange und bis 2 cm breite, schmutzig-weisse, zähe Streifen. Im Querschnitt zeigt sie mehrere koncentrische Gefässbündelkreise.

Enthält ein Alkaloid, Phytolaccin, und ein Glukosid, das mit Wasser stark schäumt, daher vielleicht zu den Saponinen gehört. Das Phytolaccin wirkt narkotisch; mit demselben Namen hat man einen aus dem Samen gewonnenen, unwirksamen Stoff belegt. Neuerdings ist die Existenz dieser Körper bestritten worden. Die Wurzel wird gegen Skorbut und Syphilis empfohlen, wirkt in kleineren Dosen purgirend, in grösseren drastisch und narkotisch, ebenso andere Theile der Pflanze.

Die Wurzel ist als Radix Belladonnae (Band I, S. 468) vorgekommen, aber an den koncentrischen Gefässbündelkreisen leicht zu erkennen.

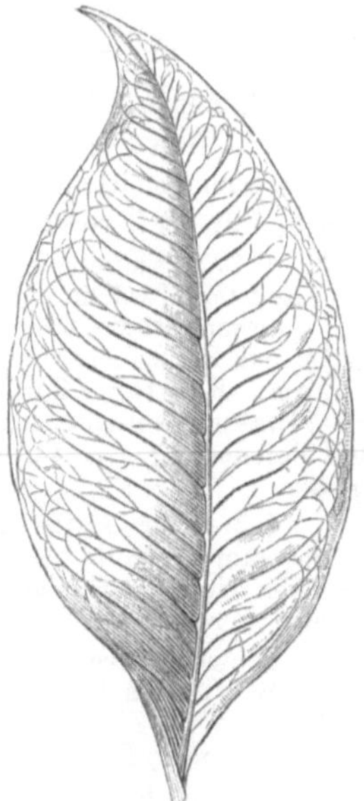


Fig. 70. Blatt von Phytolacca decandra.

**Extractum Phytolaccae Radicis fluidum** (U-St.). **Fluid Extract of Phytolacca Root.** Aus 1000 g gepulverter Kermeswurzel (No. 60) und q. s. einer Mischung von 600 ccm 91 proc. Weingeist und 300 ccm Wasser im Verdrängungswege.

[1]) Nicht zu verwechseln mit den auch als Farbstoff benutzten Kermeskörnern, *Grana Kermes* — der Kermesschildlaus.

[2]) Unter Kermessaft versteht man auch *Sirupus Coccionellae* (Bd. I, S. 883).

39*

Man befeuchtet mit 400 ccm, fängt die ersten 800 ccm Perkolat für sich auf und bereitet l. a. 1000 ccm Fluidextrakt.

3) Die Blätter: **Folia Phytolaccae — Kermesbeerblätter.**

Sie werden wie die Wurzel benutzt, die jungen Sprossen der Pflanze sollen auch als Salat gegessen werden.

Die Blätter sind als Folia Belladonnae (Band I, S. 468) vorgekommen, aber an grossen Raphidenbündeln im Mesophyll leicht zu erkennen. Sie enthalten ein oxydirend wirkendes Ferment.

**Extractum Phytolaccae foliorum** wird aus den vor der Reife der Früchte gesammelten Blättern wie Extr. Belladonnae Germ. (Bd. I, S. 469) bereitet. Gabe 0,2—0,4 ein- bis zweimal täglich.

**Extractum Phytolaccae foliorum fluidum.** Aus 1000 g gepulverten Blättern und q. s. verdünntem Weingeist (60 proc.) stellt man im Verdrängungswege 1000 g Fluidextrakt her.

**Unguentum Phytolaccae** WOOD.

Rp. Folior. Phytolaccae subt. pulv. 1,0
Adipis suilli 9,0.

**Phytoline** von WALTER's Pharmacal Co., gegen Fettsucht, wird aus Kermesbeeren dargestellt.

**II. Phytolacca acinosa Roxb.** In Indien, China und Japan. Wird als Diureticum verwendet. Der wirksame Stoff soll ein Harz: Phytolaccatoxin $C_{24}H_{38}O_8$ sein. Die Früchte verwendet man auch zum Färben.

**III. Phytolacca dioica L., P. thyrsiflora Fenzl** in Südamerika. Die Früchte benutzt man zum Färben, die jungen Schösslinge werden gegessen. Wirken drastisch wie I.

---

# Pigmenta.

**Pigmenta. Farben. Couleurs** (franz.). **Colours** (engl.).

Die Verwendung gesundheitsschädlicher Farben bei der Herstellung von Nahrungsmitteln, Genussmitteln und Gebrauchsgegenständen ist in Deutschland durch das Gesetz vom 5. Juli 1887 verboten. Dieses Gesetz lautet mit Ausschluss der Strafbestimmungen:

**§ 1.** Gesundheitsschädliche Farben dürfen zur Herstellung von Nahrungs- und Genussmitteln, welche zum Verkauf bestimmt sind, nicht verwendet werden.

Gesundheitsschädliche Farben im Sinne dieser Bestimmung sind diejenigen Farbstoffe und Farbzubereitungen, welche: Antimon, Arsen, Baryum, Blei, Kadmium, Chrom, Kupfer, Quecksilber, Uran, Zink, Zinn, Gummigutti, Korallin, Pikrinsäure enthalten. Der Reichskanzler ist ermächtigt, nähere Vorschriften über das bei der Feststellung des Vorhandenseins von Arsen und Zinn anzuwendende Verfahren zu erlassen.

**§ 2.** Zur Aufbewahrung oder Verpackung von Nahrungs- und Genussmitteln, welche zum Verkaufe bestimmt sind, dürfen Gefässe, Umhüllungen oder Schutzbedeckungen, zu deren Herstellung Farben der im § 1 Absatz 2 bezeichneten Art verwendet sind, nicht benutzt werden. — Auf die Verwendung von

Schwefelsaurem Baryum (Schwerspath, Blanc fixe),

Barytfarblacken, welche von kohlensaurem Baryum frei sind, Chromoxyd, Kupfer, Zinn, Zink und deren Legirungen als Metallfarben,

Zinnober, Zinnoxyd, Schwefelzinn als Musivgold,

sowie auf alle in Glasmassen, Glasuren oder Emails eingebrannte Farben und auf den äusseren Anstrich von Gefässen aus wasserdichten Stoffen findet diese Bestimmung nicht Anwendung.

**§ 3.** Zur Herstellung von kosmetischen Mitteln (Mittel zur Reinigung, Pflege oder Färbung der Haut, des Haares oder der Mundhöhle), welche zum Verkauf bestimmt sind, dürfen die im § 1 Absatz 2 bezeichneten Stoffe nicht verwendet werden.

Auf schwefelsaures Baryum (Schwerspath, Blanc fixe), Schwefelkadmium, Chromoxyd, Zinnober, Zinkoxyd, Zinnoxyd, Schwefelzink, sowie auf Kupfer, Zinn, Zink und deren Legirungen in Form von Puder findet diese Bestimmung nicht Anwendung.

**§ 4.** Zur Herstellung von zum Verkauf bestimmten Spielwaaren (einschliesslich der Bilderbogen, Bilderbücher und Tuschfarben für Kinder) Blumentopfgittern und künstlichen Christbäumen dürfen die im § 1 Absatz 2 bezeichneten Farben nicht verwendet werden.

Auf die in § 2 Absatz 2 bezeichneten Stoffe, sowie auf Schwefelantimon und Schwefelkadmium als Färbmittel der Gummimasse, Bleioxyd in Firniss, Bleiweiss als Bestandtheil des sog. Wachsgusses, jedoch nur, wenn dasselbe nicht 1 Gewichtstheil in 100 Gewichtstheilen der Masse übersteigt, chromsaures Blei (für sich oder in Verbindung mit schwefelsaurem Blei) als Oel- oder Lackfarben oder mit Lack- oder Firnissüberzug, die in Wasser unlöslichen Zinkverbindungen, bei Gummispielwaaren jedoch nur, soweit sie als Färbmittel der Gummimasse, als Oel- oder Lackfarben oder mit Lack- oder Firnissüberzug verwendet werden, alle in Glasuren oder Emails eingebrannten Farben findet diese Bestimmung nicht Anwendung.

Soweit zur Herstellung von Spielwaaren die in den §§ 7 und 8 bezeichneten Gegenstände verwendet werden, finden auf letztere lediglich die Vorschriften der §§ 7 und 8 Anwendung.

**§ 5.** Zur Herstellung von Buch- und Steindruck auf den in den §§ 2, 3 und 4 bezeichneten Gegenständen dürfen nur solche Farben nicht verwendet werden, welche Arsen enthalten.

**§ 6.** Tuschfarben jeder Art dürfen als frei von gesundheitsschädlichen Stoffen, bezw. giftfrei nicht verkauft oder feilgehalten werden, wenn sie den Vorschriften in § 4 Absatz 1 und 2 nicht entsprechen.

**§ 7.** Zur Herstellung von zum Verkauf bestimmten Tapeten, Möbelstoffen, Teppichen, Stoffen zu Vorhängen oder Bekleidungsgegenständen, Masken, Kerzen, sowie künstlichen Blättern, Blumen und Früchten dürfen Farben, welche Arsen enthalten, nicht verwendet werden.

Auf die Verwendung arsenhaltiger Beizen oder Fixirungsmittel zum Zweck des Färbens oder Bedruckens von Gespinnsten oder Geweben findet diese Bestimmung nicht Anwendung. Doch dürfen derartig bearbeitete Gespinnste oder Gewebe zur Herstellung der im Absatz 1 bezeichneten Gegenstände nicht verwendet werden, wenn sie das Arsen in wasserlöslicher Form oder in solcher Menge enthalten, dass sich in 100 qcm des fertigen Gegenstandes mehr als 2 Milligramm Arsen vorfinden. Der Reichskanzler ist ermächtigt, nähere Vorschriften über das bei der Feststellung des Arsengehaltes anzuwendende Verfahren zu erlassen.

**§ 8.** Die Vorschriften des § 7 finden auch auf die Herstellung von zum Verkauf bestimmten Schreibmaterialien, Lampen- und Lichtschirmen sowie Lichtmanschetten Anwendung. Die Herstellung der Oblaten unterliegt den Bestimmungen im § 1, jedoch sofern sie nicht zum Genusse bestimmt sind, mit der Maassgabe, dass die Verwendung von schwefelsaurem Baryum (Schwerspath, Blanc fixe). Chromoxyd und Zinnober gestattet ist.

**§ 9.** Arsenhaltige Wasser- oder Leimfarben dürfen zur Herstellung des Anstrichs von Fussböden, Decken, Wänden, Thüren, Fenstern der Wohn- oder Geschäftsräume, von Roll-, Zug- oder Klappläden oder Vorhängen, von Möbeln und sonstigen häuslichen Gebrauchsgegenständen nicht verwendet werden.

**§ 10.** Auf die Verwendung von Farben, welche die im § 1 Absatz 2 bezeichneten Stoffe nicht als konstituirende Bestandteile, sondern nur als Verunreinigungen, und zwar höchstens in einer Menge enthalten, welche sich bei den in der Technik gebräuchlichen Darstellungsverfahren nicht vermeiden lässt, finden die Bestimmungen der §§ 2—9 nicht Anwendung.

**§ 11.** Auf die Färbung von Pelzwaaren finden die Vorschriften dieses Gesetzes nicht Anwendung.

**§ 14.** Die Vorschriften des Gesetzes, betreffend den Verkehr mit Nahrungsmitteln, Genussmitteln und Gebrauchsgegenständen, vom 14. Mai 1879 (Reichs-Gesetzblatt S. 145), bleiben unberührt. Die Vorschriften in den §§ 16, 17 desselben finden auch bei Zuwiderhandlungen gegen die Vorschriften des gegenwärtigen Gesetzes Anwendung.

---

Soweit in diesem Gesetze klare Bestimmungen enthalten sind, müssen diese zur Anwendung gelangen. Aber dieses Gesetz umfasst bei weitem nicht alle in der Praxis vorkommenden möglichen Fälle. Beispielsweise zählt es unter die gesundheitschädlichen Farben nur drei solche organischer Natur, nämlich: Gummigutti, Korallin und Pikrinsäure. Wo daher das vorstehende Gesetz zur Entscheidung, ob eine zum Färben von Nahrungs- und Genussmitteln oder Gebrauchsgegenständen verwendete Farbe gesundheitsschädlich ist oder nicht, nicht ausreicht, hat das Nahrungsmittelgesetz in Anwendung zu kommen, d. h. der Sachverständige hat auf Grund seiner Kenntniss der Litteratur und seiner eigenen Erfahrung ein sachverständiges Gutachten über diese Frage abzugeben.

Da dies namentlich bei den zahlreichen Theerfarben eine erhebliche Litteraturkenntniss voraussetzt, so geben wir im Nachstehenden als Anhaltspunkte 1) eine Verordnung des K. K. Oesterreichischen Ministeriums, 2) eine Beschlussfassung des Vereins Schweizerischer analytischer Chemiker, 3) das einschlägige Kapitel aus „Lehmann, die Methoden der praktischen Hygiene, 2. Auflage, 1901".

1) Das K. K. österreichische Ministerium gestattet durch Verordnung vom 19. September 1895 die Färbung von Zuckerbäckereiwaaren und Likören mit:

Fuchsin = Rosanilinchlorhydrat.

Säure-Fuchsin oder Fuchsin S, auch Rubin genannt = saures Natrium- oder Calciumsalz der Rosanilin-Disulfosäure.

Roccelin oder Roscellen (Echtrot) = Sulfo-Oxyazonaphthalin.

Bordeaux- und Ponceaurot = Produkte der Verbindung von $\beta$-Naphthol-Disulfosäuren mit Diazoverbindungen des Xylols und höherer Homologen des Benzols.

Eosin = Tetrabrom-Fluorescein.

Erythrosin = Tetrajod-Fluorescein.

Phloxin = Tetrabrom-Dichlor-Fluorescein.

Alizarinblau = $C_{17}H_9NO_4$ = Dioxyanthrachinonchinolin.

Anilinblau = Triphenylrosanilin, salzsaures.

Wasserblau = Sulfosäuren des Triphenylrosanilins.

Induline = Sulfosäuren des Azodiphenylblau seiner Derivate.

Säuregelb R oder Echtgelb R = Amido-Azobenzol-sulfosaures Natrium.

Tropaeolin OOO oder Orange I = Sulfoazobenzol-$\alpha$-Naphthol.

Methylviolett = Hexa- und Penta-Methyl-Pararosanilin-Chlorhydrat.

Malachitgrün = Tetramethyl-diamido-triphenyl-carbinol-Chlorhydrat.

Naphtholgelb S = Natronsalz der Dinitro-$\alpha$-Naphthol-Sulfosäure.

2) Die Schweizer analytischen Chemiker haben die nämlichen Farbstoffe wie das österreichische Ministerium für zulässig erklärt, ausserdem aber noch:

Alkaliblau = Natriumsalze der Sulfosäuren des Triphenyl-rosanilins.

Säuregelb G = Natriumsalz der Amidoazobenzoldifusosäure.

3) Über die Gesundheitsschädlichkeit bezw. -Unschädlichkeit der Theerfarbstoffe macht Lehmann (l. c.) nachfolgende Angaben:

**Gelbe Farbstoffe.** A. Ungiftig oder fast ungiftig.

**Naphtholgelb S** (Säuregelb S, Echtgelb, Anilingelb, Succinin, Schwefelgelb, Citronin, Jaune nouveau, Jaune solide). Das Natriumsalz der Nitronaphtholsulfosäure. $C_{10}H_4N_2O_8S \, . \, Na$. 2—4 g bringen beim Menschen Kolik und Diarrhoe hervor. Hunde von grossen Dosen kaum afficirt. In Algier zur Nudelfärbung angeblich allgemein üblich. (In Oesterreich gestattet. S. oben. B. Fischer.)

**Echtgelb R** (Säuregelb R, Gelb W). Natronsalz der Amidoazotoluoldisulfosäure. $C_{14}H_{13}N_3S_2O_6Na_2$. (In Oesterreich gestattet. S. oben. B. Fischer.)

**Brillantgelb.** (Formel ? B. Fischer.) Sehr grosse Dosen für den Hund unschädlich.

**Orange I** ($\alpha$-Naphtholorange, Tropaeolin 000 Nr. I). Das Natriumsalz des p-Sulfanilsäure-azo-$\alpha$-Naphthols. $C_6H_4SO_3Na_2 \, . \, (N_2C_{10}H_6 \, . \, OH)$. (In Oesterreich gestattet. S. oben. B. Fischer.)

**Bismarckbraun.** Salzsaures Triamidoazobenzol. $C_6H_4NH_2 : N_2 — C_6H_3 (NH_2)_2 \, . \, HCl$. Schwach giftig. 0,35 g pro Kilo Hund macht Erbrechen und Albuminurie, sehr grosse Dosen schaden auch nicht stärker. Kleine Dosen von 0,045 g pro Kilo ganz unschädlich.

**Sudan I.** Anilin-azo-$\beta$-Naphthol. $C_6H_5N_2C_{10}H_6 \, . \, OH(\beta)$. In sehr grossen Dosen (5,0 g pro die) erzeugt es schwache Albuminurie bei einem grossen Hunde.

**Ponceau 4 G B** (Croceïnorange, Brillantorange). Natronsalz der Anilin-azo-$\beta$-Naphtholdisulfosäure. $C_6H_5N_2 \, . \, C_{10}H_4OH(SO_3Na)_2$. Grosse Dosen ungiftig für den Hund.

**Chrysoidin.** Salzsaures Diamidoazobenzol. $C_6H_5N_2 — C_6H_3(NH_2)_2HCl$. Hund von 9,5 kg erhält einen Monat lang 1,0 g täglich. Nur etwas Gewichtsabnahme und Eiweissgehalt im Harn. Grosse Dosen (10 g auf einmal) machen stärkere Albuminurie. Blaschko beobachtete an einigen Arbeitern angeblich durch Chrysoidin schwere Dermatitis, an anderen nichts.

**Diphenylaminorange.** Säuregelb D, Diphenylorange, Orange IV, Tropaeolin 00, Orange B, Jaune d'aniline. Helioxanthin (?), Orange G S, Neugelb. Natronsalz (oder $NH_3$- oder Ca-Salz) des p-Sulfanilsäure-azo-Diphenylamins. $C_6H_4SO_3H . N_2 - C_6H_4 - NH . C_6H_5$. 14 g in 12 Tagen macht nur etwas Albuminurie bei einem Hunde von 9700 g.

**Azarin.** $C_6H_2Cl_2OHNH - NC_{10}H_6(OH)SO_4NH_4$. Hund von 10 kg erhält in 20 Tagen 20 g. Nur etwas Albuminurie.

**Echtbraun.** Natriumsalz des Azonaphthalin-(α-)Sulfosäure-α-Naphthol. $C_{10}H_6(\alpha) SO_3Na(\alpha)N_2 . C_{10}H_6ONa$. Hund von 5,6 kg verzehrt einen Monat lang täglich 2 g Farbstoff, er erkrankt nur an leichter, anhaltender Diarrhoe.

**Chrysamin R.** Entsteht aus Tetrazoditolylchlorid und Salicylsäure. $C_{28}H_{20}N_4O_6Na_2$. Grosse Dosen bringen nur schwache Albuminurie am Hunde hervor.

**Buttergelb.** Dimethylamidoazobenzol. $C_6H_5 - N_2 - C_6H_4N(CH_3)_2$. Nach WEYL für Kaninchen unschädlich. (Wird seit mehreren Jahren zum Färben von Margarine benutzt, ohne dass Intoxikationen bekannt geworden sind. B. FISCHER.)

**B.** Giftig.

**Pikrinsäure.** Trinitrophenol. $C_6H_2(NO_2)_3OH$. Giftigkeit namentlich für schwächliche Personen bedeutend, wenn auch überschätzt. 0,6—0,9 g pikrinsaures Kali von Menschen oft auch für längere Zeit ertragen; wurde eine Zeit lang als Arzneimittel verwendet. Schon kleine Dosen machen Gelbfärbung von Haut und Conjunctiva.

**Safransurrogat.** Goldgelb, Viktoriagelb, Viktoriaorange, Anilinorange. Das Kalium- oder Ammoniumsalz eines Dinitrokresols. $C_6H_2(CH_3)(NO_2)_2OK$. Sehr giftig. 0,05 g pro Kilo tödtet vom Magen aus Hunde unter heftigem Erbrechen, Dyspnoe und wiederholten Krämpfen. Auch tödtliche Vergiftung an Menschen bekannt durch ca. 4,5 g, die statt Safran zur Erzielung von Abortus genommen waren.

**Martiusgelb. Dinitronaphthol** (Naphtholgelb, Naphthalingelb, Manchestergelb, Safrangelb, Jaune d'or). $C_{10}H_5(NO_2)_2OH$. Starkes Gift. 0,14 g pro Kilo zwei Tage lang tödtet einen Hund unter Erbrechen, starkem Durst, Temperatursteigerung, Albuminurie. Sehr oft in Teigwaren gefunden.

**Aurantia** oder **Kaisergelb.** Salz des Hexanitrodiphenylamins. $[C_6H_2(NO_2)_3]_2 N . NH_4$ Von GNEHM ist ein Baseler Präparat giftig, von Verschiedenen sind Berliner Präparate ungiftig gefunden worden.

**Orange II.** Sulfanilsäureazo-β-Napthol. (Goldorange, β-Naphtholorange, Tropaeolin 000 Nr. 2, Mandarin, Mandarin G. extra, Chrysaurin.) $C_6H_4SO_3 Na . N_2C_{10}H_6OH$. 14,0 g in drei Dosen tödten einen Hund von 10,5 kg in 19 Tagen. Diarrhoe, Appetitlosigkeit, Eiweissharn, Darmgeschwüre, Leber- und Nierenverfettung.

**Metanilgelb** (Orange M N). Das Natronsalz des Meta-Amidobenzolmonosulfosäure-Azodiphenylamin. $C_6H_4SO_3Na . N_2 - C_6H_4NH - C_6H_5$. In 12 Tagen tödteten 21,0 g Farbstoff einen Hund von 11,25 kg. Erbrechen, Albuminurie. Tod ohne charakteristische Symptome.

**Safranin.** $C_{21}H_{21}N_4Cl$. Vom Magen aus einige Male 2 g pro die ganz unschädlich; bei langem Gebrauche grosser Dosen erzeugt es Diarrhoen und Kachexie. WEYL (Ztschr. f. Hyg. 1889, VIII, 35) beobachtete Hautaffektion durch ein mit Safranin gefärbtes Taillenfutter.

## Roth. A) Ungiftig oder fast ungiftig.

**Rouge soluble** (Azorubin S, Echtroth C, Carmoisin). $C_{10}H_6SO_3NaN_2C_{10}H_5 (OH)SO_3 . Na$.

**Rouge pourpre** (Neucoccin, Brillant-Ponceau, Cochenilleroth D, Echtroth D, Bordeaux S, Amaranth, Azosäurerubin 2 B). $C_{10}H_6SO_3Na - N_2 - C_{10}H_4 (OH)(SO_3Na)_2$.

**Bordeaux B.** Echtroth B. $C_{10}H_7N_2 - C_{10}H_4(OH)(SO_3Na)_2$.

**Ponceau R** (Ponceau 2 R, Xylidinroth, Xylidinponceau). $C_6H_3(CH_3)_2 - N_2 - C_{10}H_4(OH)(SO_3 . Na)_2$.

**Metanitroazotin.** Täglich 1—2 g für grossen Hund ungiftig.

**Orseilleersatz** (Naphthionroth). Natronsalz der p-Nitranilin-azo-naphthionsäure. $C_6H_4(NO_2) - N_2 - C_{10}H_5(NH_2)SO_3Na$. 14 g in einem Monat einem Hunde von 4,5 kg beigebracht ohne Schaden.

**Kongoroth.** $[C_6H_4 - N_2 - C_{10}H_5(NH_2)SO_3Na]_2$. Sehr grosse Dosen bis auf etwas Albuminurie unschädlich.

**Fuchsin.** Gemisch verschiedener (salzsaurer) Salze des Rosanilins und dessen Verwandten. (Anilinroth, Rubin, Roseïn.) Unreine Fuchsine kommen auch als Marron, Grenat, Geranium, Cerise in den Handel. Ist vollkommen ungiftig. Menschen vertragen pro Tag 0,5 g längere Zeit. 0,05 g waren 5 Wochen lang ohne Wirkung; Hunden gab man 20 g auf einmal ohne Schaden.

**Säurefuchsin.** Fuchsin S, Rubin S, Säurerubin. Das Natriumsalz der Sulfosäure des Fuchsins. Ist ebenso wie Fuchsin zu beurtheilen.

**Korallin, Paeonin, Rosolsäure.** Bei Verfütterung wurde reines Korallin von WEIKERT unschädlich befunden.

**Eosin, Erythrosin.** Nach GRANDHOMME für Kaninchen und die Arbeiter der Farbwerke ganz unschädlich. WEYL beobachtete einen Fall, in dem eine Hautaffektion durch Tragen eines mit Eosin gefärbten Bandes auftrat — ob durch das Eosin?

**B)** Giftig. Keine bekannt.

## Grün.

**Dinitrosoresorcin.** $C_6H_2(NO)_2(OH)_2$. (Resorcingrün, Elsassgrün, Solidgrün.) Färbt mit Eisenbeizen Baumwolle grün. Grosse Dosen machen beim Hunde höchstens etwas Albuminurie.

**Naphtholgrün.** $[C_{10}H_5ONOFeSO_3Na]_2$. Wie Dinitrosoresorcin.

**Säuregrün** (Helvetiagrün). Nach CAZENEUVE ungiftig. Wird nicht mehr hergestellt.

**Malachitgrün.** Ungiftig (GRANDHOMME).

## Blau, Violett und Schwarz.

**Coeruleïn.** Unlöslich, ungiftig (EHRLICH).

**Coeruleïn S.** Subkutan giftig (EHRLICH).

**Indophenol.** Unlöslich in Wasser, macht Diarrhoen in grossen Mengen vom Darm aus (EHRLICH). Ein Hund von 3000 g erhielt in 30 Tagen 18,0 g per os, Wohlbefinden, etwas Fettleber bei der Sektion. (SANTRANI.)

**Methylenblau** ist etwas giftig, doch vertragen nach KOWALEWSKY (C. f. die med. Wissensch. 1878, pag. 209) Katzen Veneninjektionen von 0,04 g in Kochsalzlösung sehr gut. EHRLICH und LIPPMANN geben zu therapeutischen Zwecken innerlich 0,1—1,0 g Methylenblau ohne jeden Schaden. (Deutsche med. Wochenschr. 1890, Nr. 23.) Vergl. auch GALLIARD, Rev. int. des Fals. IV 181 und GUTTMANN und EHRLICH. Berl. Klin. Wochenschr. 1891, Nr. 39.

**Aethylenblau** verhält sich ähnlich.

**Wollschwarz.** Sehr grosse Dosen machen nur etwas Albuminurie.

**Naphtholschwarz.** Ebenso.

**Azoblau.** Ebenso.

**Wasserblau** (Chinablau, Marineblau). Nach CAZENEUVE ungiftig.

**Induline** (hierher auch COUPIER's Blau, Echtblau B und R, Acetinblau, Nigrosin). Nach CAZENEUVE ungiftig, nach SANTRANI stark giftig.

**Methylviolett** und Verwandte (Dahlia, Anilinblau, Gentianablau 6 B) scheinen auch ganz ungiftig (GRANDHOMME, STILLING, SANTRANI), ebenso

**Säureviolett** nach CAZENEUVE und SANTRANI.

**Wasserblau, Schwarzblau** und **Alkaliblau** sind nach SANTRANI ungiftig.

**Viktoriablau** (Hund von 5250 g in 22 Tagen durch 10,5 g getödtet) schädlich (SANTRANI).

**Neublau** (Hund von 4500 g in 30 Tagen durch 12,5 g schwer geschädigt, anhaltendes Erbrechen, Salivation, extreme Abmagerung) ist schädlich (SANTRANI).

**Gallocyanin.** (Hund von 5400 g befand sich wohl, indem er in 30 Tagen 7,5 g verzehrte. Sektion ergab beginnende Verfettung von Leber und Niere.) Von SANTRANI zu den giftigen Farben gerechnet.

**Indigokarmin.** Unschädlich (SANTRANI).

**Alizarinblau.** In Wasser ganz unlöslich, nach EHRLICH so gut wie unschädlich vom Magen aus.

**Alizarinblau S** (Natriumsalz der Sulfosäure des Alizarinblaus) ist giftig; 0,4 g pro Kilo ist für Katzen, etwa 1,0 g pro Kilo für Kaninchen Dosis letalis.

***Aufbewahrung, Abgabe.*** Diese sind geregelt durch den Bundesrathsbeschluss vom 29. December 1894. Nach diesem gehören Farben, welche Arsen als konstituirenden Bestandtheil enthalten (Arsenfarben), zur Abtheilung I. Sie müssen also in der Giftkammer aufbewahrt werden, die Aufbewahrungsgefässe müssen weisse Signatur auf schwarzem Grunde und die Aufschrift Gift enthalten.

Diejenigen Farben, welche Antimon, Baryum, Blei, Chrom, Gummigutti, Kadmium, Kupfer, Pikrinsäure, Zink oder Zinn enthalten (mit Ausnahme von Schwerspath [schwefelsaurem Baryum], Chromoxyd, Kupfer, Zink, Zinn und deren Legirungen als Metallfarben, Schwefelkadmium, Schwefelzink, Schwefelzinn [als Musivgold], Zinkoxyd, Zinnoxyd), gehören zur Abtheilung III. Die Schilder der Vorrathsgefässe sind mit rother Schrift auf weissem Grunde zu signiren.

Die betreffenden Bestimmungen sind in dem jedesmaligen Jahrbuche des Pharmaceutischen Kalenders unverkürzt zum Abdruck gebracht.

***Nachweis.*** Der sichere Nachweis bez. die Erkennung auch nur der wichtigsten Farbstoffe ist ohne die genaue theoretische und praktische Kenntniss der wichtigsten natürlich vorkommenden und künstlich erzeugten Farbstoffe nicht möglich und lässt sich auch im Rahmen dieses Werkes nicht auseinandersetzen. Die in manchen Anleitungen mitgetheilten Farbreaktionen mit konc. Schwefelsäure, Salpetersäure u. dergl. Reagentien lassen in der Regel im Stiche, weil die Farbstoffmengen, welche man von Geweben oder aus Nahrungsmitteln isoliren kann, gewöhnlich nur minimale und weil sie ausserdem noch begleitet sind von fremden Substanzen. Die besten Resultate erhält man noch durch die spektralanalytische Untersuchung der gefärbten Lösungen. Wir geben im Nachstehenden eine kurze Uebersicht nach dem Chemiker-Kalender von Dr. R. Biedermann.

## Spektral-Reaktionen der wichtigsten Farbstoffe.

1) Alizarin giebt in alkoholischer Lösung mit alkohol. Kali oder Natron zwei aus gezeichnete Streifen bei $D$ (Sonne), siehe Kurve I.

2) Purpurin giebt schon für sich in alkohol. schwach essigsaurer Lösung zwei Streifen, auf $F$ und $bE$ gelegen (Kurve II).

3) Karmin giebt in Alkohol schwach gesäuert eine nicht sehr intensive Reaktion, welche der der schwach sauren wässerigen Lösung ähnlich ist. (Kurve III.) Mit $NH_3$ schwach alkalisch gemacht, wird die Farbe sehr intensiv violett und tritt dann die charakteristische Streifenreaktion IV auf.[1])

4) Blauholzdekokt (wässerig) giebt die Reaktion Kurve V. Mit Säure verschwindet der Streif bei $D$ und nur die Absorption im Blau bleibt übrig, mit Ammoniak wird der Streif $b$ bei $D$ sehr intensiv, verschwindet aber rasch unter Oxydation und Gelbfärbung der Flüssigkeit.

5) Fernambukholzdekokt giebt einen Streif bei $E$ und Absorption in Blau. Mit $NH_3$ wird der Streif bei $E$ bedeutend breiter (Kurve VI).

Zeuge, die mit vorstehenden Farbstoffen gefärbt sind, kocht man behufs Untersuchung der Farbstoffe mit Wasser, dem ein wenig NaCl zugesetzt ist, die Farbstoffe gehen in Lösung. Lässt man diese erkalten und schüttelt sie mit Aether aus, so nimmt dieser den grössten Theil der Farbstoffe an sich, bis auf Karmin. Letzteres verräth sich alsdann in der zurückbleibenden wässerigen Lösung durch die Reaktion Kurve III. In der

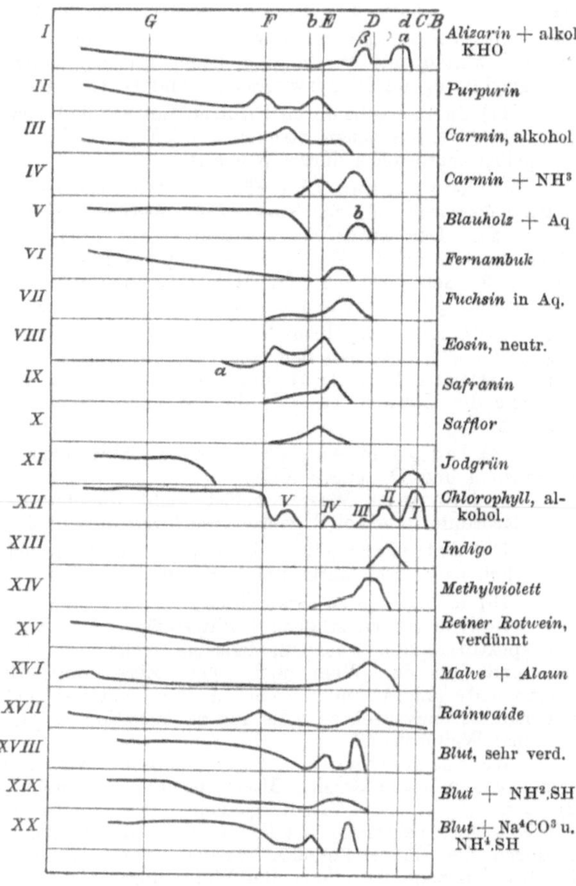

Fig. 71.

[1]) Verwechslung mit Blut, s. dieses.

ätherischen Lösung erkennt man bei passender Verdünnung Purpurin an der Reaktion Kurve II, Alizarin an der Reaktion Kurve I.

Fernambuk verräth sich nach Verdünnen der Lösung mit Alkohol und Zusatz von Ammon durch den Streif bei *E* (Kurve VI), Blauholzfarbstoff durch den Streif bei *D*.

Kleine Mengen Blauholzfarbstoff werden durch Aether nur schwierig, viel besser aber durch Amylalkohol extrahirt, ebenso Purpurin. Selbstverständlich muss, um alle diese Reaktionen zu sehen, die Verdünnung passend getroffen werden (s. Vogel prakt. Spektralanalyse).

Von Theerfarbstoffen sind zu erwähnen:

6) Fuchsin in alkoholischer Lösung giebt einen ausgezeichneten Streif zwischen *D* und *E*, in wässeriger Lösung (VII) erscheint der Streif ein wenig nach Blau hingerückt. In Weinen, Fruchtsäften u. dgl. weist man Fuchsin am besten nach durch Schütteln mit einer kleinen Menge Amylalkohol. Diese nimmt den Farbstoff sehr leicht auf und lagert sich dann auf der Flüssigkeit ab. Durch Abheben mittelst Pipette bringt man das farbige Extrakt in ein Reagensröhrchen und dieses vor das Spektroskop. Zeuge geben das Fuchsin meist schon beim Kochen mit Alkohol ab.

7) Korallin giebt in Alkohol einen dem Fuchsin sehr ähnlichen Streifen, der jedoch durch ein paar Tropfen Eisessig unter Gelbfärbung der Flüssigkeit verschwindet.

8) Eosin giebt neutral oder etwas alkalisch in Alkohol sehr intensive Streifenreaktionen neben Fluorescenz (Kurve VIII), sauer wird es gelb und giebt viel schwächere Reaktionen (2 Streifen bei *F* und *bE*) (VIIIa).

9) Safranin giebt in Alkohol gelöst Fluorescenz und einen Streifen rechts an *E*. Salpetersäure ändert die Reaktion nicht (Unterschied von Eosin) Kurve IX.

10) Safran giebt an Wasser einen intensiv gelben Farbstoff ab, der sich leicht durch Schütteln mit Amylalkohol (siehe Fuchsin) extrahiren lässt. In hellem Licht zeigt die Amyllösung im Blau zwischen *F* und *G* zwei Banden.

11) Saflor geht durch Erhitzen mit Alkohol von 85$^0$ Tr. in Lösung über und giebt dann einen verwaschenen Streifen auf *bE* Kurve X. (Im Safran kenntlich nach Entfernung des gelben Farbstoffes durch Wasser.)

12) Die grünen Theerfarbstoffe, wie Jodgrün, Aldehydgrün, Malachitgrün geben sehr ähnliche Spektra mit Auslöschung in Blau und einem Streif in Orange, Kurve XI. Der Streif des Jodgrüns liegt zwischen *d* und *C*, der des Aldehyd- und Malachitgrüns auf *d*. Zusatz eines Tropfens $HNO_3$ veranlasst Verschiebung des Aldehydgrünstreifs nach Roth hin, der Malachitgrünstreif wird dadurch nicht verändert. Jodgrün zeigt ausser dem gedachten Streif noch einen schwachen neben der *D*-Linie links.

13) Chlorophyll in Alkohol zeigt frisch bei Himmelslicht die Streifen I, II, III, IV Kurve XII, alt auch den Streif V, im Sonnenlicht ausserdem noch zwei Banden in Blau. Olivenöl, Leinöl und Bilsenkrautöl geben ein ähnliches Spektrum, in welchem die Streifen II, III, IV, V eine wechselnde Intensität zeigen, der stärkste Streif ist I.

14) Indigo in Amylalkohol oder Chloroform gelöst zeigt einen kräftigen Streif zwischen *d* und *D*, Kurve XIII.

Indigotin in Wasser gelöst giebt dieselbe Reaktion. Die verschiedenen blauen Theerfarbstoffe in Alkohol gelöst absorbiren in sehr ähnlicher Weise.

15) Methylviolett giebt einen sehr kräftigen Streif auf der *D*-Linie, der sich allmählich nach Grün ausbreitet. (Kurve XIV.)

16) Rothweinuntersuchung.

Gewisse zur künstlichen Rothweinfärbung verwendete natürliche Farbstoffe lassen sich spektroskopisch erkennen, falls sie nicht mit sehr viel Naturweinfarbstoff vermengt sind und falls der Wein noch keine Zersetzung erlitten hat. Dahin gehört Malve, Rainweide (Ligustrum vulgaris) und in gewissen Fällen auch Heidelbeerfarbstoff, indem dieser unvergohren eine andere Reaktion zeigt, als der mit ihm identische (vergohrene) Weinfarbstoff.

Reiner Rothwein zeigt verdünnt mit Wasser die Reaktion Kurve XV, mit Alaun erscheint kein neuer Streif. Malvenfarbstoff giebt aber mit Alaun einen sehr kräftigen Streif auf *D* (Kurve XVI), der jedoch nur erscheint, wenn die freie Säure des Weins fast mit $NH_3$ ganz neutralisirt ist (Ueberschuss an $NH_3$ kann man durch Essigsäure wegnehmen, wodurch die Entstehung des Streifs nicht verhindert wird). Rainweidefarbstoff verräth sich beim Verdünnen des Weins durch ein eigenthümliches Spektrum Kurve XVII. Mit Alaun erscheint ein Streif auf *D*, wie bei Malve.

Fuchsin erkennt man leicht durch Schütteln mit Amylalkohol, welcher es unter Rothfärbung aufnimmt und den eigenthümlichen Absorptionsstreif, Kurve VII, zeigt. Blauholz- und Fernambukfarbstoff können ebenfalls durch Schütteln mit Amylalkohol extrahirt werden. Die Lösung giebt mit Alkohol verdünnt und mit Ammon versetzt die Reaktion Kurve V und VI.

17) Blut zeigt stark verdünnt zwei ausgezeichnete Streifen, Kurve XVIII, die an Karmin erinnern (Kurve IV), aber sich durch die gleichzeitige Absorption des Blau davon unterscheiden.

Durch Schwefelammonium wird der Blutfarbstoff reducirt, und beide Streifen fliessen dann zu einem sehr verwaschenen zusammen (Kurve XIX). Karmin besitzt scheinbar nur ein ähnliches Verhalten; in der That wird die Reaktion nur schwächer, es bleibt aber der starke Streif bei *D* bestehen. Die verschwundenen Blutstreifen erscheinen durch Schütteln mit Luft wieder. Erhitzen von Blutlösung oder getrockneten Blutflecken mit Soda 1 : 10 und Versetzen mit Schwefelammonium erzeugt ein ausgezeichnetes Spektrum, Kurve XX (ähnlich Kurve XVIII, der Streifen ist aber etwas mehr links gerückt), mittelst welchen man Blut am besten erkennen kann.

Ein ausführliches Werk über diesen Gegenstand ist: Formanek, spektralanalytische Untersuchung organischer Farbstoffe. Berlin, bei Julius Springer. 1900.

---

**Grün für Speisen.** 1) Chlorophyll, welches in Wasser oder in verdünntem Spiritus löslich ist. 2) Eine Mischung von Indigokarmin mit Curcuma, auf den gewünschten Farbenton abgestimmt.

**Viridin** zum Grünfärben von Nahrungsmitteln ist eine Mischung von dinitronaphtholsulfosaurem Kalium mit Indigokarmin.

**Grüner Zucker, Saccharum viride.** 100,0 Rohrzucker, 100,0 Milchzucker, 100,0 Stärkemehl, 5,0 Safran, 10,0 Curcuma werden zu einem feinen Pulver gemischt, mit absolutem Weingeist schwach durchfeuchtet, getrocknet und mit 2,0 oder der genügenden Menge blauem Karmin innig durchmischt.

**Anilintinten.** 1) Roth. Ersatz für Karmintinte. Eosin 1 Th., Zucker 1 Th., Wasser 60,0 Th. Ist erwas gelbstichig. Oder Erythrosin 1 Th., Zucker 1 Th., Wasser 60 Th. Ist mehr blaustichig. 2) Blau. Wasserblau 1 Th., Zucker 3 Th., Wasser 150 Th. 3) Violett. Methylviolett 1 Th., Zucker 3 Th., Wasser 150 Th. 4) Grün. Malachitgrün wasserlöslich 1 Th., Zucker 2 Th., Wasser 100 Th. Die Tinte kann durch Zusatz eines gelben Farbstoffes (z. B. Säuregelb G) gelbstichig gemacht werden.

**Anilin-Kopirtinte.** Sollen die Tinten zum Kopiren dienen, so verdoppelt man die Mengen des Theerfarbstoffes und des Zuckers in den vorstehenden Vorschriften.

**Kopirtinte für Schreibmaschinen.** Man löst 30,0 g Seife in 125,0 g Glycerin und 360,0 g Wasser. Andererseits in 720 ccm Alkohol (90 Vol. Proc.) eine genügende Menge Anilinfarbstoff, z. B. Methylviolett oder Malachitgrün. Beide Lösungen werden gemischt. Schlägt die Tinte durch, so muss die Seifenmenge vermehrt werden.

**Goldtinte.** 10 Th. Musivgold (Zinnbisulfid) werden mit 5 Th. Arabischem Gummi und ca. 5 Th. Wasser in einem porcellanenen Mörser höchst fein zerrieben und dann mit 20—25 Th. Wasser gemischt.

**Silbertinte.** 1 Th. Blattsilber und 3 Th. Kaliumsulfat werden zu einem feinen Pulver zerrieben, das Kaliumsulfat mit Wasser in einem Filter weggewaschen und das rückständige Silberpulver mit einer Lösung von 3 Th. Arabischem Gummi in 15 Th. Wasser vermischt.

**Geheimtinten.** Dieselben erfordern stets zwei Flüssigkeiten, von welchen die eine von dem Schreiber, die andere von dem Empfänger des Geschriebenen zum Befeuchten desselben angewendet wird. Z. B. a) Gerbsäurelösung (das Papier darf aber nicht eisenhaltig sein), b) Eisenvitriollösung. — a) Lösung des gelben Blutlaugensalzes, b) Eisenvitriollösung. — a) Ammoniakalische Silberlösung oder Bleizuckerlösung, b) Schwefelwasserstoffwasser oder dünne Schwefelleberlösung. — a) Mit Salicylsäure versetzter dünner Gummischleim, b) stark verdünnte Ferrichloridlösung. — a) Amylinlösung, b) ein becherförmiges Glasgefäss mit Deckel, worin sich eine Kleinigkeit Jod befindet.

**Merktinten oder Tinten zum Zeichnen der Wäsche,** der baumwollenen und leinenen Gewebe:

Blaue Merktinte, Molybdäntinte. Mit einer Mischung aus 1,0 Molybdänoxyd, 1,5 Oxalsäure, 1,5 Arabischem Gummi, 0,5 Lakritzensaft und 40,0—50,0 destillirtem Wasser werden die Schriftzüge gemacht und diese nach dem Trocknen durch eine Stannochloridlösung gezogen.

Indigomerktinte, blaue Tinte zum Zeichnen der Wäsche. In eine Flasche giebt man 10,0 höchst feingepulverten Indigo, 25,0 reinen Eisenvitriol und 15,0 trocknes Aetznatron, gelöst in 120,0 destillirtem Wasser, und schliesst die Flasche sofort mit einem Korke luftdicht. Unter öfterem Umschütteln setzt man bei Seite, bis die blaue Farbe geschwunden ist, und lässt dann absetzen. Die über dem Boden lagernde Flüssigkeit enthält Indigoweiss gelöst, welches bekanntlich an der Luft in den in Wasser unlöslichen blauen Indigo übergeht. Dicht vor dem Gebrauch mischt man 10,0 der dekanthirten Flüssigkeit mit einem Schleime, welcher aus 1,0 Arabischem Gummi und 1,0 destillirtem Wasser bereitet und mit einigen Tropfen Fuchsinlösung tingirt ist. Man schreibt mit der Tinte alsbald auf das Zeug und setzt die Schriftzüge der Einwirkung der Luft und des Tageslichtes aus.

Schwarze Merktinte für die Chlorbleiche wird aus 1 Th. gebranntem Kienruss, fein zerrieben mit 3 Th. Leuchtpetroleum, 10 Th. Steinkohlentheer und 10—15 Th. Benzin zusammengesetzt. Eine Stempeltinte mischt man aus 1 Th. Kienruss, 10 Th. Steinkohlentheer und 8 Th. Benzin.

**Crême-Farbe für Vorhänge etc.** Eine Mischung aus 1 Th. Chrysoïdin und 2 Th. Dextrin. Man löst die Mischung im Verhältniss 1 : 250. Für einen Vorhang rechnet man 5,0 g der Mischung.

**Stempelfarbe für Fleischbeschauer.** Methylviolett 3,0, Spiritus 50,0, Glycerin 50,0.

**Stempelfarben für Kautschukstempel.** Man löst die vorgeschriebene Menge Anilinfarbstoff und 15,0 Dextrin in 15,0 Wasser und fügt 70,0 Glycerin hinzu. Als Anilinfarbstoff wendet man an: 3,0 Anilin-Wasserblau IB, oder 2,0 Methylviolett 3B, 2,0 Diamant-Fuchsin I, 4,0 Anilingrün D, 5,0 Vesuvin D, 3,0 Phenolschwarz B, 3,0 Eosin BBN oder Erythrosin. (E. Dieterich.)

**Stempelfarbe-Kissen.** Man sättigt 40 Th. Glycerin mit einer leicht löslichen Anilinfarbe, z. B. Methylviolett oder Eosin oder Erythrosin, dann löst man darin 10 Th. vorher mit Wasser gequellten Leim, giesst in ein Blechkistchen und überzieht mit weitmaschigem Mull. Versagt das Kissen, so bepinselt man dasselbe mit verdünntem Glycerin.

**Schwarze Anilin-Stempelfarbe** zum Stempeln von leinener und baumwollener Wäsche etc. s. Bd. I, S. 312.

**Schwarze Silbertinte** zum Zeichnen der Wäsche s. Bd. I, S. 378.

**Stempelfarbe für Säcke.** Man kocht 500,0 Blauholz und 300,0 Galläpfel bis zur Kolatur 2000,0, giebt dann Essig, Alaun und Eisenvitriol je 100,0 zu und bereitet mit Arabischem Gummi 300,0 und gemeinem Terpentin 150,0 nebst q. s. der vorigen Mischung eine Emulsion, die man mit der Hauptmenge der Flüssigkeit mischt.

**Pigmente für Pomaden und Haaröle.** Um Oele roth zu färben, digerirt man sie mit Alkannawurzel oder färbt sie mit Alkannin, s. Bd. I, S. 214. Gelb kann man Oele färben durch Erwärmen mit Curcumapulver, welches vorher mit etwas Alkohol einige Zeit erwärmt worden ist. Feste Fette färbt man roth und gelb in gleicher Weise wie die Oele; blau durch Indigokarmin oder Ultramarin, grün durch eine Mischung von Indigokarmin mit Curcuma oder durch Chlorophyll, schwarz durch feingebrannten Russ.

Es mag noch darauf aufmerksam gemacht werden, dass es auch fettlösliche Theerfarben giebt, doch müssen diese bei Bestellung als solche ausdrücklich gefordert werden.

**Pigmente für Seifen,** auch für Papier und Zeuge. Als solche werden häufig Metallstearate verwendet. Man löst das Metallsalz in Wasser und fällt mit einer wässerigen Talgseifenlösung. Es liefern Ferrichlorid ein gelbbraunes, Chromsalze ein violettgrünes, Kupfersalze ein blaugrünes, Kobaltsalze ein lilafarbenes, Nickelsalze ein smaragdgrünes, Manganosalze ein rosafarbenes, Uransalze ein gelbes Stearat. Als gelbe Farbe für Seifen dient gewöhnlich Schwefelkadmium.

**Aureol, Haarfärbemittel.** Lösung **A)** Metol 1,0, salzsaures Amidophenol 0,3, Monoamidophenylamin 0,6, Natriumsulfit 0,5, Spiritus 50,0. Lösung **B)** Wasserstoffsuperoxydlösung (3 proc.) 50,0. Vor dem Gebrauche werden gleiche Volumina beider Lösungen vermischt. Färbt blau bis braun.

**Haarfärbemittel, Schwarzlose's.** Neuerdings wird hierzu vielfach Paraphenylendiamin angewendet. 20,0 g Paraphenylen-diaminchlorhydrat und 14,0 g Natronhydrat werden in Wasser zu 1 Liter gelöst. Mit dieser Lösung werden die vorher entfetteten Haare getränkt und noch feucht mit 3 procentigem Wasserstoffsuperoxyd behandelt. Nach 24 Stunden sind die Haare tief dunkel, durch Wiederholung der Procedur werden sie sogar schwarz. — Wird das Wasserstoffsuperoxyd durch eine 5 procentige Eisenchloridlösung ersetzt, so resultirt braune Färbung.

**Schminken. A)** weiss. Pulvis cosmeticus albus. Rp. Zinci oxydati 21,5, Talci veneti 34,5, Magnesii carbonici 3,5, Parfüm (Tuberose oder dergl.) q. s. **B)** rosa. Pulvis cosmeticus roseus. Rp. Pulveris cosmetici albi 500,0, Carmini (in Liquore Ammonii caustici soluti) 0,05. **C)** bräunlich. Pulveris cosmetici rosei 500,0, Goldocker 1,0. **D)** gelblich. Pulveris cosmetici albi 20,0, Tincturae Croci gtt. X.

**Lithopone, Zinkolithweiss.** Ist ein Gemisch von Baryumsulfat und Zinksulfid. Weisse Deckfarbe von guter Deckkraft, Ersatz des Bleiweisses.

**Sulphophon.** Ist eine weisse Deckfarbe, aus Calciumsulfat und Zinksulfid bestehend.

# Pila galvanica.

**Galvanische Elemente. Galvanische Batterien. Piles électriques** (franz.). **Electric Batteries** (engl.).

Der Apotheker kommt bisweilen in die Lage, galvanische Elemente füllen und in Stand setzen zu sollen. Wir geben daher im Nachstehenden eine kurze Anweisung dazu.

Die hier in Frage kommenden Elemente sind sog. konstante Elemente, d. h. solche, in welchen eine Schwächung des Stromes durch Polarisation nicht eintritt. Es muss daher vermieden werden, dass an der positiven Polplatte, soweit diese in die Flüssigkeit eintaucht, sich Wasserstoff abscheidet. Man erreicht dies dadurch, dass man entweder an Stelle von Wasserstoff ein gut leitendes Metall zur Abscheidung bringt, oder dass man den Wasserstoff, sobald er auftritt, durch ein Oxydationsmittel zu Wasser verbrennt.

Die Zinkpole. Das Zink ist Bestandtheil nahezu aller galvanischer Elemente, weil es zu diesem Zwecke fast durch kein anderes Metall ersetzt werden kann. Das Zink steht gewöhnlich in verdünnter Schwefelsäure. Wäre das Zink absolut rein, so würde eine Auflösung des Zinks in der Schwefelsäure nur dann erfolgen, wenn das Element in Thätigkeit ist. Das für galvanische Elemente benutzte Zink ist aber verhältnissmässig unrein und löst sich daher in der verdünnten Schwefelsäure auch dann auf, wenn das Element nicht in Thätigkeit ist. Um diesen unnützen Verbrauch zu vermeiden, amalgamirt man das Zink.

Amalgamiren der Zinke. Man reinigt die Zinkpole mechanisch durch Abkratzen und Abscheuern mit scharfem Sande. Dann beizt man sie mit verdünnter Schwefelsäure, bis die oberflächliche Schicht von Subkarbonat beseitigt ist und das blanke Zinkmetall überall frei liegt. Man zieht nun diese metallischen Zinkpole, noch während sie mit verdünnter Schwefelsäure befeuchtet sind, durch metallisches Quecksilber, indem man massive Stäbe in einen mit Quecksilber gefüllten Cylinder taucht oder hohle Cylinder durch Quecksilber hindurchzieht, welches sich in einer hölzernen Wanne (Fleischer-Mulde) befindet. Den Ueberschuss von Quecksilber lässt man abtropfen. Ist nicht genügend Quecksilber zur Verfügung, so kann man auch auf die vorgebeizten, nassen Zinke Tropfen von Quecksilber aufgiessen und diese mit einem Baumwollläppchen vertheilen. Ebenso kann man die mit verdünnter Schwefelsäure abgebeizten und noch feuchten Zinke mit einem Brei von Mercurisulfat und verdünnter Schwefelsäure einreiben.

Diaphragmen. Diese sind entweder poröse Thonzellen oder Glas- bez. Porcellancylinder, die mit thierischer Blase oder Pergamentpapier überbunden sind. Die Thoncylinder aus einem längere Zeit im Gebrauch gewesenen Elemente reinigt man durch Einlegen in Wasser und darauf folgendes Trocknen. Thoncylinder aus Chromsäure-Elementen kocht man mit schwefelsäurehaltigem Wasser aus.

Verbindungen. Bei den Elementen, welche korrodirende Dämpfe nicht entwickeln, sind Kupferdrähte direkt an die (Metall-)Pole angelöthet. Bei den Elementen, welche korrodirende Dämpfe entwickeln, überhaupt bei solchen Elementen, welche Kohlepole haben, stellt man die leitende Verbindung durch Klemmen her, welche an die Pole angeschraubt werden. Alle Theile der Elemente, welche die Fortleitung der Elektricität vermitteln sollen, müssen gut leitend sein, daher sind die Polklemmen und Leitungsdrähte an den Berührungsflächen durch Abreiben mit Schmirgelpapier gut metallisch blank zu machen. — Die Verbindungsdrähte zwischen den einzelnen Elementen und die Ableitungsdrähte von der Batterie aus wähle man nicht zu dünn, um den Widerstand nicht unnöthig zu vergrössern.

## I. Elemente mit erregenden Flüssigkeiten (Nasse Elemente).

**Daniell-Element.** Amalgamirtes Zink in verdünnter Schwefelsäure (1 : 10). In einer porösen Zelle steht der Kupferpol in gesättigter Kupfersulfatlösung, in welche zweckmässig noch einige Kupfersulfat-Krystalle eingetragen werden. E[1]) = 1,12 Volt. Verwendung in der Telegraphie.

---

[1]) E giebt die elektromotorische Kraft der Elemente in annähernden Werthen an.

**Carré'sches Element.** Die Anordnung ist die gleiche wie bei dem Daniell'schen, nur besteht das Diaphragma (an Stelle einer Thonzelle) aus Pergamentpapier.

**Meidinger's Ballon-Element.** Im unteren engen Theile des Gefässes steht ein Kupfercylinder in gesättigter Kupfersulfatlösung, im oberen erweiterten Theile ein Zinkcylinder in gesättigter Bittersalzlösung. Der vom Kupferpol abgehende Leitungsdraht ist (durch Ueberziehen mit Kautschuk) gut zu isoliren. Ein Diaphragma ist nicht vorhanden. Die Magnesiumsulfatlösung schwimmt auf der Kupfersulfatlösung auf Grund der verschiedenen spec. Gewichte beider Lösungen.

**Marié-Davy-Element.** Zink in verdünnter Schwefelsäure (1 : 20), Kohle in einem Brei von schwefelsaurem Quecksilberoxydul mit Wasser. E = 1,52 Volt.

**Becquerel's Bleisulfatelement.** Zink in Zinksulfat oder verdünnter Schwefelsäure, Blei in Bleisulfat + verdünnter Schwefelsäure.

**Grove's Element.** Aussen Zink in verdünnter Schwefelsäure (1 : 10). In einer porösen Thonzelle Platin in konc. Salpetersäure von 1,3—1,33 spec. Gewicht. Sehr konstant; E = 1,8 Volt. Entwickelt giftige und korrodirende Dämpfe von Untersalpetersäure und ist wegen der Anwendung von Platin theuer. Zum Zweck der Amalgamirung kann man 1—2 Tropfen Quecksilber aussen zum Zink und zu der Schwefelsäure geben.

**Bunsen-Element.** Aussen Zink in verdünnter Schwefelsäure (zum Amalgamiren giebt man 1—2 Tropfen Quecksilber dazu). In einer Thonzelle ein Kohlecylinder von besonders präparirter Kohle in konc. Salpetersäure von 1,30—1,33 Gewicht. Sehr konstant. E = 1,9 Volt. Entwickelt giftige Stickoxyde. Die Zinke und die Kohlecylinder müssen abnehmbare Polklemmen haben.

**Buff-Bunsen-Element.** Aussen Zink in verdünnter Schwefelsäure (Amalgamirung wie bei den beiden vorigen). In einer Thonzelle ein Kohlecylinder in einer Lösung von 12 Th. Kaliumdichromat, 100 Th. Wasser und 25 Th. Englischer Schwefelsäure. E = 2 Volt. Keine gesundheitsschädlichen Dämpfe, aber in dem Thoncylinder krystallisirt Chromalaun aus; infolgedessen wächst der innere Widerstand, und die Intensität geht herab.

**Faure-Element.** Modifikation des Bunsen-Elementes. Aussen Zink in verdünnter Schwefelsäure, ein hohles Gefäss, aus Kohle und Thon gefertigt, enthält die Salpetersäure. Hier ist also die poröse Zelle gespart.

**Böttger's Element.** Aussen Zink in verdünnter Schwefelsäure. In einer porösen Zelle ein Kohlecylinder in Kaliumdichromat und Salpetersäure von 1,3—1,33 spec. Gewicht. Es findet kein Auskrystallisiren von Chromalaun statt, auch sollen gesundheitsschädliche Dämpfe nicht auftreten.

**Eisenelement.** Aussen Zink in verdünnter Schwefelsäure, in einem Thoncylinder Eisen in konc. Salpetersäure von 1,30—1,33 spec. Gewicht. E = 1.5 Volt. Entwickelt aber gesundheitsschädliche Dämpfe.

**Grenet's Tauchelement.** Zink und Kohle tauchen in eine Lösung von Kaliumdichromat 125,0, Englische Schwefelsäure 250,0, Wasser 1000,0, Mercurisulfat 10,0. Wenn das Element nicht in Thätigkeit ist, müssen die Kohle- und Zinkpole aus der Flüssigkeit herausgehoben werden. Zu galvanokaustischen Apparaten und zu tragbaren elektrischen Platinglühlampen.

Liquor electrophorus. Füllung für elektrische Apparate (Münch. Ap.-V.) Kaliumdichromat 75,0, Wasser 1000,0, rohe Schwefelsäure 100,0, Mercurisulfat 10,0. Vor dem Gebrauche umzuschütteln.

Liquor electropoeicus. Battery Fluid (Nat. form.). **A)** Für gewöhnlichen Gebrauch. Natriumdichromat 125,0 g, Englische Schwefelsäure 125 ccm, Wasser 1000,0 ccm. **B)** Für Galvanokauter. Natriumdichromat 140,0 g, Englische Schwefelsäure 300 ccm, Wasser 1000 ccm.

**Leclanché-Element.** Aussen Zink und Ammoniumchlorid, innen Kohle, Braunstein und Ammoniumchlorid. — In ein viereckiges Glasgefäss, dessen Hals an einer Ecke eine Ausbuchtung hat, wird eine ziemlich genau passende poröse Thonzelle eingesetzt. In diese Zelle ist ein Prisma von Retortenkohle eingesetzt, welches in einem Gemisch von gekörnter Retortenkohle und gekörntem Braunstein (event. auch etwas Kaliumbisulfat) eingebettet ist. Die obere Schicht der Braunsteinmischung erhält, um das Herausfallen von Stücken zu verhindern, einen Pechüberzug, doch muss dieser für das Entweichen der Gase eine kleine Oeffnung haben. In das äussere Gefäss füllt man eine gesättigte Lösung von Ammoniumchlorid, dann setzt man den beschriebenen Thoncylinder mit der Braunsteinmischung ein und stellt in die Ausbuchtung des Halses einen amalgamirten Zinkstab. — Einfachere Einrichtungen sind folgende: **A)** Die poröse Thonzelle fällt weg, die Braunsteinmischung ist um das Kohleprisma in Form eines Cylinders gepresst. In diesem Falle verhindert man die Berührung von Zink und Kohlecylinder dadurch, dass man zwischen beide einen Streifen Fensterglas stellt. **B)** Die Braunsteinmischung nebst dem Kohleprisma befindet sich in einem Beutel aus starkem Hanfgewebe. Auch in diesem Falle thut man gut, zwischen diesen Beutel und den Zinkstab einen Streifen Fensterglas zu setzen. E = 1,48 Volt. Das Element ist sehr konstant und wird namentlich für Klingelleitungen benutzt.

Der Zinkpol soll aus gezogenem Zinkdraht bestehen und amalgamirt sein. Der Braunstein soll 90 proc. Pyrolusit in haselnussgrossen Stücken sein. Versagt das Element (z. B. bei der Klingelleitung), so sieht man zu, ob etwa das Wasser verdunstet ist. Hilft weder das Nachfüllen von Wasser nach die Zugabe von Ammoniumchlorid, so nimmt man die Zinke heraus und reinigt sie von anhaftendem basischem Zinksalz durch Abschaben mit einem Messer. Funktionirt das Element auch nach der Reinigung der Zinke nicht, so liegt der Fehler im Kohlepol. Ist das Element ein solches mit einem Säckchen, so kann es in der Regel wieder dadurch für einige Zeit in Ordnung gebracht werden, dass man das Säckchen horizontal auf eine Steinunterlage legt und thunlichst an allen Stellen mit einem Hammer sanft klopft. Hierdurch werden andere (nicht verbrauchte) Flächen des Braunsteins freigelegt und das Element funktionirt wieder einige Zeit. Am sichersten ist es natürlich, den Thoncylinder oder das Säckchen zu entleeren und frisch zu füllen.

Braunsteinmischung, für LECLANCHÉ-Elemente. 1 Th. 90—92 procentiges Mangansuperoxyd (Pyrolusit) in haselnussgrossen Stücken und 2 Th. Retortengraphit in derselben Grösse. Auf ein Element von 25 cm Höhe mit einem Kohleprisma von 27 cm Höhe rechnet man 500 g Braunsteinmischung und 250 g Ammoniumchlorid.

Liquor electropoeicus für LECLANCHÉ-Elemente (Nat. form.). Ammoniumchlorid 325,0, Wasser q. s. ad 1000 ccm.

**Chlorsilber-Elemente nach WARREN DE LA RUE und nach PINCUS.** Den negativen Pol bildet ein amalgamirter Zinkstab, den positiven ein Silberstreifen, der mit einem Mantel von geschmolzenem Chlorsilber umgeben ist. Dieser positive Pol (Silber + Chlorsilber) steckt zum Zwecke der Isolirung in einer Hülse von Pergamentpapier. Die erregende Flüssigkeit ist nach W. DE LA R. = Ammoniumchloridlösung, nach P. = Kochsalzlösung. E = 1,12 Volt.

**SMEE's Element.** Zwischen zwei amalgamirten Zinkplatten eine platinirte Zinkplatte. Beide ohne trennende Membran in verdünnter Schwefelsäure (1 : 2).

**Reichs-Telegraphen-Element.** Zink in gesättigter Zinksulfatlösung als negativer Pol. Als positiver Pol eine verkupferte Bleiplatte in Kupfervitriollösung mit Kupfersulfat-Krystallen. Kein Diaphragma. Die Trennung der Flüssigkeiten erfolgt durch Schichtung auf Grund ihrer verschiedenen Dichte.

**Cupron-Elemente** von W. WEILER. Bei diesen Elementen hängen Kupferoxydplatten zwischen zwei amalgamirten Zinkplatten in Natronlauge. Die Elemente liefern Strom, bis das Kupferoxyd reducirt ist. Das Kupfer oxydirt sich aber wieder beim Abwaschen und Trocknen an einem warmen Orte. In der Ruhe findet kein Materialverbrauch statt.

**HARRISON-Element.** Die negative Elektrode besteht aus amalgamirtem Zink, die positive aus Hartblei, welches mit Bleisuperoxyd umgeben ist. Als erregende Flüssigkeit wird 16 proc. Schwefelsäure verwendet. E = 2,45 Volt.

**II. Trocken-Elemente.** Diese sind meist Variationen der LECLANCHÉ-Elemente.

**A)** Den negativen Pol bildet ein Kasten oder eine Büchse aus starkem Zinkblech. Den positiven Pol bildet ein Kohleprisma, welches mit einem Mantel umgeben ist, das aus 1 Th. Graphit und 2 Th. Braunsteinpulver besteht. Der Mantel ist mit einem leinenen Beutel überzogen. Der + Kohlepol wird in den Zinkkasten so eingebettet, dass er diesen nirgends berührt. Der Zwischenraum zwischen beiden Polen ist mit Sägespähnen ausgefüllt, welche mit einer 33 proc. Lösung von Chlorzink befeuchtet sind. (B. FISCHER.) **B)** Der negative Pol ist ein Kasten aus starkem Zinkblech, der positive Pol ein Kohleprisma, welches mit einer Mischung von Braunstein und Graphit oder Retortenkohle umgeben ist. Als erregende und isolirende Masse dient eine Mischung aus: krystall. Calciumchlorid ($CaCl_2 + 6\,H_2O$) 30 Proc., Calciumchlorid granulirt ($CaCl_2 + 2\,H_2O$) 30 Proc., Ammoniumsulfat 15 Proc., Zinksulfat krystall. 25 Proc. **C)** Die Elektroden sind die nämlichen wie beim LECLANCHÉ-Element. Zur Füllung verwendet man eine Masse aus 1,0 Leim, 15,0 Wasser, 3,0 Ammoniumchlorid, 0,2 Weinsäure, 3,0 Natriumchlorid, 0,1 Mercurichlorid, 1,0 Chlornatrium, 2,0 Gips. **D)** Eine siedend heisse Lösung von 250,0 g Kupfervitriol in 1 Liter Wasser wird mit 80,0 g Stärke, die mit Wasser zur Milch angerührt ist, unter starkem Rühren gemischt. Der vollständig abgekühlten Flüssigkeit fügt man soviel Natronlauge zu, als zur Fällung des Kupfers erforderlich, und vermischt sie mit dem gleichen Volumen Kohlepulver. Zink und Kohleelektroden sind die gleichen wie beim LECLANCHÉ-Element.

**III. Akkumulatoren.** Die zur Zeit gebräuchlichsten Akkumulatoren bestehen aus zwei Platten, von denen die eine mit Bleischwamm, die andere mit Bleisuperoxyd präparirt ist. Diese Platten tauchen isolirt in eine verdünnte Schwefelsäure vom spec. Gew. 1,21. Diese Säure ist herzustellen aus konc. Schwefelsäure von der Reinheit der reinen Pharmacopöe-Schwefelsäure durch Mischen mit destillirtem Wasser. Enthält die Säure Verunreinigungen (fremde Metalle, Arsen), so verderben die Akkumulatoren. Die Säure darf nicht erheblich schwächer und auch nicht erheblich stärker sein als dem spec. Gewicht 1,21 entspricht. Wird sie infolge der Zersetzung des Wassers stärker, so ist sie durch Zugabe von destillirtem Wasser wieder auf das angegebene spec. Gewicht zu bringen. — Das Laden der Akkumulatoren darf bei keinem höher gespannten Strome erfolgen, als es in der Gebrauchsanweisung angegeben ist. Ladet man mit einer Lichtleitung von circa 110 Volt, so schaltet man den Akkumulator hinter zwei oder mehrere parallel geschaltete Glühlampen. Der +Pol der Lichtleitung ist mit dem +Pol des Akkumulators zu verbinden. Man ladet solange, bis lebhafte Gasentwickelung an den Platten auftritt. Jedes Element kommt ziemlich rasch auf eine Spannung von 1,87 Volt, dann dauert es ziemlich lange, bis die maximale Spannung von 2,2 Volt pro Element erreicht wird. Eine stärkere Entladung als bis zu 1,87 Volt herunter muss vermieden werden. Vermieden werden müssen ferner Kurzschluss und Erschütterungen des Akkumulators. Alle Monate ist der Akkumulator frisch zu laden, selbst wenn er nicht gebraucht worden ist. — Soll die Schwefelsäure aus dem Akkumulator entleert werden, so ist der Akkumulator vorher zu laden. Dann erst darf man die Schwefelsäure ausfüllen. Nach dem Einfüllen der Schwefelsäure ist der Akkumulator wieder bis zur Maximalspannung zu laden.

Kleinere Akkumulatoren kann man wie gewöhnliche galvanische Elemente, z. B. auch für Klingelleitungen benutzen, man muss nur nicht verabsäumen, sie rechtzeitig wieder zu laden. Ihr Gebrauch ist vortheilhaft, wenn man sie aus einer Lichtleitung laden kann.

**Volta-Kreuz.** Zwei aufeinander gelegte Kreuze aus Kupfer bez. Zinkblech, die durch einen Flanelllappen von gleicher Form getrennt sind. Der Lappen ist mit Essig zu befeuchten, das Kreuz soll alsdann an einem seidenen Bande auf der blossen Haut getragen werden. Gegen zahllose Leiden angepriesen! Mundus vult — — —

**Isolirmasse für elektrische Leitungen.** Eine Masse von Pflaster-Konsistenz aus Kolophonium 40 Proc., Talg 10 Proc., konsistentem Mineralfett 50 Proc. (B. Fischer.)

**Pol-Papier. Pol-Reagenspapier.** Man bereitet eine Auflösung von 10 Th. kryst. Natriumsulfat in 100 Th. Wasser und mischt hierzu eine Lösung von 1 Th. Phenolphthaleïn in 10—15 Th. Alkohol. Mit dieser Mischung tränkt man Filtrirpapier und trocknet es. Das Papier dient zum Kennzeichnen der elektrischen Pole; jeder elektrotechnische Arbeiter führt es jederzeit bei sich. Befeuchtet man einen Streifen solchen Papieres, legt ihn auf eine schlecht leitende Unterlage (Glas, Porcellan, Stein, Holz, Pappdeckel) und drückt nun die beiden Pole einer hinreichend starken (4 Volt und darüber) Stromleitung darauf, so entsteht am negativen Pole ein rother Fleck auf dem Papier.

---

# Pilocarpinum.

**I. † Pilocarpinum. Pilocarpin. Pilocarpine** (Gall.). **Pilocarpina** (engl.). $C_{11}H_{16}N_2O_2$. **Mol.-Gew. = 208.** Die freie Pilocarpinbase. Nur von der Gall. aufgenommen.

***Darstellung.*** Diese erfolgt nach verschiedenen Methoden; in der Technik arbeitet man u. a. nach folgendem Verfahren:

Die fein gemahlenen Blätter werden mit Sodalösung befeuchtet und mit Benzol in der Wärme ausgezogen, welches die Alkaloide aufnimmt. Schüttelt man darauf das Benzol mit verdünnter Salzsäure, so gehen die Alkaloide als Hydrochloride in die wässerige Flüssigkeit über, werden aus dieser mit Sodalösung wieder abgeschieden und mit Chloroform ausgeschüttelt. Man erhält so das Gemenge der Basen schon ziemlich rein, die völlige Reinigung und Trennung des Pilocarpins von den begleitenden Alkaloiden erfolgt durch Ueberführung in die Nitrate. Man verwandelt die Basen durch Neutralisiren mit verdünnter Salpetersäure in die Nitrate, verdunstet diese Lösung zur Trockne und reinigt durch öfteres Umkrystallisiren aus Weingeist. Jaborin, dessen salpetersaures Salz nicht krystallisirt, sowie Pilocarpidin, dessen Nitrat in sehr geringer Menge vorhanden ist, bleiben hierbei in der Lauge. Aus der wässerigen Lösung des reinen Pilocarpinnitrates lässt sich die freie Base durch Ammoniak in Freiheit setzen und durch Ausschütteln mit Chloroform gewinnen. Beim Verdunsten der entwässerten Chloroformlösung hinterbleibt das Alkaloid als farbloser Sirup.

***Eigenschaften.*** Ein farbloser, dickflüssiger Sirup, welcher bisher nicht krystallisirt werden konnte. Leicht löslich in Wasser, Weingeist oder Chloroform, etwas schwerer in Benzol, fast gar nicht in Aether. Die Lösungen des Pilocarpins wie diejenigen seiner Salze lenken die Ebene des polarisirten Lichtes nach rechts ($r^0$) ab. Pilocarpin ist ein tertiäres Diamin, reagirt stark alkalisch und bildet mit Säuren Salze, welche meist gut krystallisiren und gegen Lackmus mehr oder weniger sauer reagiren. Von den allgemeinen Alkaloid-Reagentien zeichnen sich Phosphorwolframsäure und Phosphormolybdänsäure durch besondere Schärfe aus. Sie geben in einer Lösung des Pilocarpinhydrochlorids 1 : 15000 noch deutlich weisse, bez. gelbe Fällung. Gleichfalls noch in starker Verdünnung giebt Jodlösung einen braunen, Kaliumquecksilberjodid einen weissen, Kaliumwismutjodid einen rothen Niederschlag. Von geringerer Empfindlichkeit ist hier Pikrinsäure und Quecksilberchlorid. Von konc. Schwefelsäure werden die freie Base wie deren Salze ohne Färbung gelöst. Fügt man zu der farblosen Lösung etwas Kaliumdichromat, so entsteht zunächst eine braune Färbung, welche bald in eine dauernd grüne übergeht. Mit Kali-, Natron- und Barythydrat vereinigt sich das Pilocarpin, indem es in die Salze der Pilocarpinsäure $C_{11}H_{18}N_2O_3$ übergeht. Durch Ansäuern (schon durch Einwirkung von Kohlensäure) erfolgt wieder Rückbildung von Pilocarpin.

CH₂ | — C — N(CH₃)₃ | | CO—O N

Pilocarpin.

***Aufbewahrung.*** Vorsichtig. ***Anwendung.*** Therapeutisch werden nur die Salze des Pilocarpins angewendet. Die freie Base dient lediglich zur Darstellung dieser Salze.

## II. † Pilocarpinum hydrochloricum (Austr. Germ. Helv.). **Chlorhydrate de Pilocarpine** (Gall.). **Pilocarpinae Hydrochloras** (U-St.). **Salzsaures Pilocarpin.** $C_{11}H_{16}N_2O_2 . HCl$. **Mol.-Gew. = 244,5.**

Zur Darstellung neutralisirt man 10 Th. der freien Pilocarpinbase mit verdünnter Salzsäure (wozu circa 14 Th. der verdünnten Salzsäure von 12,5 Proc. HCl erforderlich sind) und verdunstet die wässerige Lösung zur Trockne, wobei das Salz als kleinkrystallinisches Pulver zurückbleibt. Durch mehrfaches Umkrystallisiren aus starkem Weingeist erhält man das Salz völlig rein.

***Eigenschaften.*** Farblose, durchsichtige, in Wasser und Weingeist leicht lösliche Krystalle, welche schwach bitter schmecken und gegen Lackmus sauer reagiren. Sie sind hygroskopisch, ziehen aus der Luft Feuchtigkeit an und zerfliessen mit der Zeit. Da das Pilocarpin in Wasser leicht löslich ist, so erfolgt in verdünnten wässerigen Lösungen des Salzes durch Ammoniak oder Natronlauge keine Fällung, dagegen fällt Natronlauge aus der konc. wässerigen Lösung die freie Base als ölige Tröpfchen, welche sich im Ueberschuss des Fällungsmittels wieder auflösen. Das Pilocarpinhydrochlorid schmilzt bei 194 bis 196° C., nachdem es einige Grade vorher etwas zusammengesintert war. Goldchlorid fällt aus der Lösung 1 : 100 ein in feinen Nadeln sich abscheidendes Golddoppelsalz $C_{11}H_{16}N_2O_2 . HCl . AuCl_3$, Quecksilberchlorid giebt einen weissen Niederschlag, Platinchlorid fällt das in glänzenden Blättchen krystallisirende Platindoppelsalz $(C_{11}H_{16}N_2O_2 . HCl)_2 . PtCl_4$. In rauchender Salpetersäure löst sich das Salz mit gelblichgrünlicher Färbung. — Eine Mischung aus gleichen Theilen Pilocarpinhydrochlorid und Calomel schwärzt sich, wenn sie mit verdünntem Weingeist befeuchtet wird, unter Reduktion des Quecksilbersalzes. Eine analoge Erscheinung bietet das Cocaïnchlorhydrat, s. Bd. I, S. 873.

***Prüfung.*** 1) Ein gutes Pilocarpinhydrochlorid bildet harte, glänzende, farblose Krystalle, welche nicht unter 193° C. schmelzen dürfen. Die zur Bestimmung des Schmelzpunktes dienenden Krystalle zerreibt man möglichst fein und trocknet sie erst einige Zeit bei etwa 50° C. Schon ein geringer Gehalt an Pilocarpidinhydrochlorid, welches bei 131 bis 132° C. schmilzt, oder an amorphem Jaborinhydrochlorid erniedrigt den Schmelzpunkt des salzsauren Pilocarpins. 2) Es löse sich in konc. Schwefelsäure ohne Färbung auf, und verbrenne auf dem Platinbleche, ohne einen Rückstand zu hinterlassen.

***Aufbewahrung.*** Vorsichtig. Wegen seiner hygroskopischer Eigenschaften hält man es zweckmässig in kleinen Gläschen vorräthig, welche in ein grösseres Gefäss über Aetzkalk gestellt werden.

***Anwendung.*** Pilocarpin wirkt energisch schweiss- und speicheltreibend und wird daher in solchen Fällen angewendet, in denen von starker Schweiss- und Speichelsekretion Heilung erwartet wird: Bei Rheumatismen und Fettleibigkeit, zur Resorption wässeriger Exsudate; bei Nephritis, Uraemie, bei Metallvergiftungen. Man giebt es per os und subkutan; bei letzterer Anwendung soll nicht so leicht Erbrechen eintreten. Ferner soll es, subkutan oder in Pomaden und Haarwässern angewendet, den Haarwuchs befördern. Aeusserlich in der Augenheilkunde (0,1—0,2 : 10,0) als Myoticum an Stelle des Physostigmins; es wirkt weniger reizend wie dieses, aber auch weniger energisch. Höchstgaben: *pro dosi* 0,02 (Germ. Helv.), 0,03 (Austr.), *pro die* 0,04 (Germ.), 0,05 (Helv.), 0,06 (Austr.).

Bei Vergiftungen durch Pilocarpin ist Atropin Gegenmittel, umgekehrt ist Pilocarpin ein Gegenmittel bei Atropinvergiftung.

**Eserin-Pilocarpin.** Unter diesem Namen kommt ein Präparat in den Handel, welches aus einem durch Zusammenkrystallisirenlassen hergestellten innigen Gemenge von einem Dritttheil salicylsaurem Physostigmin mit zwei Dritttheilen salzsaurem Pilocarpin besteht. Es bildet ein weisses, in Wasser leicht lösliches, krystallinisches Pulver und findet in der Thierarzneikunde an Stelle des Physostigmins allein bei Kolik der Pferde mit Vortheil Anwendung. Die Dosis beträgt für eine Injektion 0,2—0,4 g in 5 g Aqua destillata gelöst.

**Mixtura Pilocarpini antidiphtherica.**

| | | |
|---|---|---|
| Rp. | Pilocarpini hydrochlorici | 0,02—0,04 |
| | Pepsini | 0,6—0,8 |
| | Acidi hydrochlorici | 0,1 |
| | Aquae destillatae | 80,0. |

Bei Diphtherie der Kinder stündlich einen Theelöffel.

**Pomata contra tineam capitis.**

Schuppenpomade.

| | | |
|---|---|---|
| Rp. | Pilocarpini hydrochlorici | 2,0 |
| | Chinini hydrochlorici | 4,0 |
| | Sulfuris praecipitati | 10,0 |
| | Balsami Peruviani | 20,0 |
| | Medullae bovinae | 100,0. |

**† Pilocarpinum hydrobromicum. Bromwasserstoffsaures Pilocarpin. $C_{11}H_{16}N_2O_2 . HBr$. Mol. Gew. = 289.** Entsteht durch Neutralisiren von 10 Th. der freien Pilocarpinbase mit ca. 15,4 Th. Bromwasserstoffsäure (von 25 Proc. HBr). — Dem salzsauren Salze ähnliche, farblose, durchsichtige Krystalle, welche in Wasser und Weingeist zwar leicht, aber etwas schwieriger zu lösen sind wie das salzsaure Salz und etwas weniger hygroskopisch sind als dieses.

**II. † Pilocarpinum nitricum. Azotate de Pilocarpine** (Gall.). **Pilocarpinae Nitras** (Brit.). **$C_{11}H_{16}N_2O_2 . HNO_3$. Mol. Gew. = 271.**

Zur Darstellung neutralisirt man 10 Th. freie Pilocarpinbase mit ca. 12,1 Th. Salpetersäure (von 25 Proc. $HNO_3$), die mit der erforderlichen Menge Wasser verdünnt ist, bringt die Lösung zur Trockne und krystallisirt das Salz aus heissem 90procentigem Alkohol um.

Farblose, luftbeständige Krystalle, löslich in 8—9 Th. kaltem Wasser, schwer löslich in kaltem, leichter löslich in heissem Alkohol von 90 Procent, schwer löslich in absolutem Alkohol.

**III. † Pilocarpinum salicylicum. Salicylsaures Pilocarpin** (Ergänzb.). **$C_{11}H_{16}N_2O_2 . C_7H_6O_3$. Mol. Gew. = 346.** Man neutralisirt 10 Th. Pilocarpin in verdünnter alkoholischer Lösung mit ca. 6,7 Th. Salicylsäure, dunstet die Lösung zur Trockne und krystallisirt den Rückstand aus heissem Weingeist um.

***Eigenschaften.*** Farblose, blätterige Krystalle oder ein weisses, krystallinisches Pulver von schwach bitterem Geschmacke, welches sich leicht in Wasser, weniger leicht in Weingeist mit schwach saurer Reaktion löst. Das Salz wird von konc. Schwefelsäure ohne Färbung, von rauchender Salpetersäure mit gelbbrauner Färbung gelöst. — Die wässerige Lösung (1 : 100) wird durch Eisenchloridlösung blauviolett gefärbt, durch Jodlösung, Bromwasser und Quecksilberchloridlösung reichlich gefällt, dagegen durch Ammoniakflüssigkeit und Kaliumdichromatlösung nicht getrübt. Natronlauge verursacht nur in der koncentrirten wässerigen Lösung des Salzes eine Ausscheidung der Base in Form von Oeltropfen, die von einem Ueberschuss der Natronlauge gelöst werden.

***Prüfung.*** 1) Die wässerige Lösung des Pilocarpinsalicylats (1 : 20) darf durch Schwefelwasserstoffwasser und durch Baryumchlorid nicht verändert werden (Metalle, Schwefelsäure). — 2) Zwei Raumtheile der Lösung (1 : 20), mit drei Raumtheilen Weingeist versetzt und mit Salpetersäure angesäuert, dürfen auf Zusatz von Silbernitratlösung nicht verändert werden (Chlor). — 3) Das Salz verbrenne bei Luftzutritt, ohne einen Rückstand zu hinterlassen.

***Aufbewahrung.*** Vorsichtig. ***Anwendung.*** Wie das salzsaure Salz.

**† Pilocarpinum phenylicum. Pilocarpin-Phenol.** $C_{11}H_{16}N_2O_2 . C_6H_6O$. **Mol. Gew. = 302.** Entsteht durch Zusammenschmelzen von 10 Th. Pilocarpin mit 4,5 Th. Phenol. — Farblose, ölige Flüssigkeit, in Wasser und Weingeist löslich. Vor Licht geschützt, vorsichtig aufzubewahren. S. d. folgende.

**Aseptolin.** Eine Injektionslösung, welche 0,02 g Pilocarpinphenol in 100 ccm 2,75 procentigem Karbolwasser enthält. Gegen Phthisis und intermittirendes Fieber 3—5 ccm dieser Lösung subkutan.

---

# Pimenta.

Gattung der **Myrtaceae — Myrteae — Myrtinae.**

**I. Pimenta officinalis Berg.** Heimisch in Westindien (Jamaika) und Centralamerika, dort und auch anderwärts kultivirt (Ostindien). Baum mit lederigen, drüsig punktirten Blättern, die länglich-lanzettlich sind. Blüthen weiss, vierzählig. — Verwendung findet die Frucht: **Fructus Pimentae. Pimenta** (Brit. U-St.). **Fructus s. Semen Amomi. Pimienta. Piper Jamaicense. — Piment. Englisches Gewürz. Neugewürz. Nelkenpfeffer. Jamaikapfeffer. Wunderpfeffer. Allerlei Gewürz. — Piment. — Pimento. Allspice. Clove-pepper.**

***Beschreibung.*** Die Beerenfrucht ist eirund bis kugelig, rothbraun bis schwarzbraun, durchschnittlich von Grösse des Pfeffers, körnig-rauh, am Scheitel mit dem vierzähnigen Kelchrande und dem Griffelrest, am Grunde mit der Narbe des Fruchtstieles. Die Fruchtschale ist dünn und zerbrechlich, die Frucht meist zweifächerig, in jedem Fach ein schwarzbrauner, unregelmässig nierenförmiger Same ohne Endosperm, der Embryo mit langem, dickem Würzelchen und kurzen, eingerollten Keimblättern. (Selten sind ein- und dreisamige Früchte.) Geruch und Geschmack nach Gewürznelken.

Die Epidermis des Pericarps besteht aus polygonalen Zellen mit bis 48 $\mu$ grossen, eirunden Spaltöffnungen und bis 220 $\mu$ langen, einzelligen, derbwandigen Haaren (Fig. 72), die etwas gekrümmt sind. Im Parenchym bis 150 $\mu$ messende, lysigene Oelbehälter und zerstreute oder zu Gruppen zusammengestellte Steinzellen (Fig. 73), die nach innen eine zusammenhängende Schicht bilden. Sie sind von ziemlich wechselnder Gestalt und Grösse, fast farblos, mit braunem Inhalt, deutlich geschichtet, mit verzweigten Tüpfeln. Ausserdem finden sich im Pericarp zarte Gefässbündel und Oxalatdrusen.

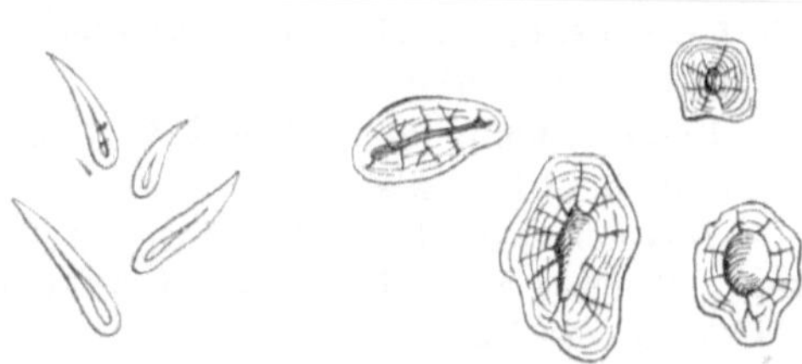

Fig. 72. Einzellige Haare von Fructus Pimentae.

Fig. 73. Steinzellen aus dem Pericarp von Fructus Pimentae.

Im Gewebe der Samenschale fallen dünnwandige Zellen mit röthlichem oder rothgelbem Inhalt auf, der zuweilen im ganzen aus den angeschnittenen Zellen herausfällt.

Der Embryo besteht aus dünnwandigem Gewebe, in dem ebenfalls grosse Oelbehälter auffallen. Seine Zellen enthalten, in ein spärliches, in Wasser leicht lösliches, gelbliches, rothbraunes oder bräunlich-violettes Pigment eingebettet, Stärkekörner, die einzeln sind oder aus bis 4 Theilkörnern bestehen, sie sind bis 12 $\mu$ gross (Fig. 74).

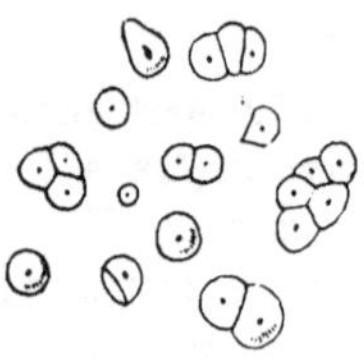

Fig. 74. Stärkekörnchen aus Fructus Pimentae.

Für den Nachweis von Piment in einem Pulver kommen in Betracht: die Steinzellen, die rothgelben Inhaltsmassen aus der Samenschale, die Haare der Epidermis, die Sekretbehälter oder Bruchstücke von solchen und die Stärkekörner.

***Bestandtheile*** nach Koenig: Wasser 8,18 Proc., stickstoffhaltige Substanz 4,75 Proc., ätherisches Oel 3,00 Proc., Fett 6,34 Proc., stickstofffreie Extraktstoffe 56,22 Proc., Holzfaser 17,44 Proc., Asche 4,07 Proc. — Alkoholextrakt 16—19 Proc. Das zulässige Maximum an Asche ist 6 Proc., davon in Salzsäure unlöslich 0,5 Proc.

***Verfälschungen und Substitutionen.*** An Stelle der ganzen Früchte kommen vor:

1) Kronpiment, Poivre de Thebet von Pimenta acris Sw., bis 10 mm lange, 5 mm breite, krugförmige, unten bauchige, oben eingezogene und in den breiten Kelch endigende, oft noch gestielte Früchte. Sie enthalten 2—4 Samen. (Vergl. S. 629.)

2) Tabasco-Piment, mexikanischer, spanischer Piment, Poivre de Chiappa, von Eugenia Tabasco G. Don. Grösser wie der echte Piment, oft von den Seiten zusammengedrückt, fast aschgrau, weniger aromatisch. Im Bau stimmen beide Arten in allen wesentlichen Punkten mit dem echten Piment überein.

3) Brasilianischer Piment von Calyptranthus aromatica St. Hil.

Zahlreichen Verfälschungen ist das Pulver ausgesetzt, es kommen hauptsächlich in Betracht:

1) Die Fruchtstiele der Pflanze: Man erkennt sie an massenhaften Krystallkammerfasern der Rinde, langen Bastfasern, Gewebe des Holzes mit Markstrahlen. 2) Nelkenstiele (Band I, S. 664). 3) Maismehl (Band I, S. 295). 4) Reismehl (Band I, S. 295). 5) Eichelmehl (Band I, S. 904). 6) Sandelholz (Band I, S. 967). 7) Pimentmatta aus gerösteten und gemahlenen Birnen; meist am Geruch zu erkennen, charakterisiert durch Sklerenchymzellen, durch die Epidermiszellen, die dickwandige Zellen erkennen lassen, die häufig durch zarte Radialwände in 4 Tochterzellen getheilt sind. Ferner kommt als Pimentmatta vor: Hirsekleie und brandige Gerste. 8) Cichorien (Band I, S. 828). Vergl. übrigens auch die Verfälschungen des Pfeffers.

***Aufbewahrung*** und ***Anwendung.*** Die in ganzer Form in dichtschliessenden Gefässen aufzubewahrenden Früchte dienen fast ausschliesslich als Küchengewürz.

**Aqua Pimentae** (Brit.). **Pimento Water.** 250 g Piment, 10 l Wasser; 5 l abdestilliren. Ex tempore wie Aqua Anethi (Bd. I, S. 306).

**Spiritus Pimentae. Spiritus Amomi.** 1,0 Pimentöl löst man in 99,0 verdünntem Weingeist.

Als **Cortex Pimentae** ist aus Ostindien eine Rinde in den Handel gekommen, die nach Macis riecht, sie stammt anscheinend von einer Lauracee und steht wohl den Culilawanrinden nahe.

## Oleum Amomi seu Pimentae. (Brit. U-St.) — Pimentöl. — Essence de Piment. Oil of Pimenta.

***Darstellung.*** Beim Destilliren der unreifen, getrockneten Früchte mit Wasserdampf erhält man 3—4,5 Proc. Oel. Bemerkenswerth ist hierbei die anfangs auftretende Entwicklung von Ammoniak.

***Eigenschaften.*** Gelbe bis bräunlich-gelbe, ölige Flüssigkeit von angenehm gewürzhaftem, dem Nelkenöl ähnlichem Geruch und brennend scharfem Geschmack. Specifisches Gewicht 1,025—1,050. (Nicht unter 1,040 Brit., 1,045—1,055 U-St.) Löslich in 2 Th. Spiritus dilutus. Infolge seines Gehalts an Eugenol giebt das Oel beim Schütteln mit Ammoniakflüssigkeit (Brit.) oder Natronlauge (U-St.) eine halbfeste Masse und mit Eisenchlorid eine blauviolette Färbung (U-St.).

***Bestandtheile.*** Die Hauptmasse des Oels wird aus Eugenol, $C_{10}H_{12}O_2$ (Band I, S. 1067) gebildet, die übrigen Bestandtheile sind noch nicht ermittelt.

**II. Pimenta acris (Swartz) Lindl.** Heimisch in Westindien und Südamerika, liefert Kronpiment (vergl. oben) und Bayöl.

**Oleum Pimentae acris. Oleum Myrciae** (U-St.). — **Bayöl.** — **Essence de Myrcia.** — **Oil of Bay.**

***Darstellung.*** Getrocknete Bayblätter geben bei der Destillation mit Wasserdampf 2—2,5 Proc. ätherisches Oel.

***Eigenschaften.*** Eine anfangs gelbe, bald braun werdende Flüssigkeit von angenehmem, an Nelken erinnerndem Geruch und beissendem, gewürzhaftem Geschmack. Spec. Gewicht 0,965—0,985 (0,975—0,900 U-St.). Schwach linksdrehend, Drehungswinkel im 100 mm-Rohr bis —2°. Frisch destillirtes Oel ist löslich in gleichen Theilen Spiritus, nach kurzem Aufbewahren giebt es jedoch mit diesem Lösungsmittel nur trübe Mischungen. Beim Schütteln des Oels mit dem gleichen Volumen Natronlauge entsteht eine halbfeste Masse (Eugenolnatrium) (U-St.).

***Bestandtheile.*** Die Hauptmenge des Oels (d. h. ca. 60 Proc.) besteht aus Eugenol, $C_{10}H_{12}O_2$ (Bd. I, S. 1067), neben geringen Mengen eines zweiten Phenols, Chavicol, $C_9H_{10}O$. Von anderen sauerstoffhaltigen Bestandtheilen sind nachgewiesen die Methyläther der beiden genannten Phenole, Methyleugenol, $C_{11}H_{14}O_2$, und Methylchavicol, $C_{10}H_{12}O$, ferner Citral, $C_{10}H_{16}O$, sowie Phellandren und Myrcen, beide der Formel $C_{10}H_{16}$.

***Anwendung.*** Bayöl wird hauptsächlich zur Herstellung des bekannten Kopfwaschmittels Bay-Rum verwendet.

**Spiritus Myrciae. Bay-Rum.**

| | | |
|---|---|---|
| Rp. | Bayöl | 5,0 |
| | Jamaika-Rum-Essenz | 20,0 |
| | Spiritus (95 proc.) | 700,0 |
| | Wasser | 270,0 |
| | | 1000,0. |

U-St.

| | | |
|---|---|---|
| Rp. | Bayöl | 16,0 ccm |
| | Süss. Pomeranzenöl | 1,0 „ |
| | Pimentöl | 1,0 „ |
| | Spiritus (95 proc.) | 1220,0 „ |
| | Wasser | 762,0 „ |
| | | 2000,0 „ |

**Bay-Rum-Haarwasser** von G. B. Dubelle.

| | | |
|---|---|---|
| Rp. | Bay-Rum | 655,0 |
| | Tinct. Chinae | 225,0 |
| | Olei Ricini | 75,0 |
| | Acidi tannici | 45,0. |

---

# Pimpinella.

Gattung der **Umbelliferae** — **Ammineae** — **Ammininae.**

**I. Pimpinella Saxifraga L.** Heimisch in einem grossen Theil Europas, bis in den Orient und Sibirien. Ausdauernd, bis 50 cm hoch. Stengel fein gerillt. Die grundständigen Blätter mit sitzenden, rundlichen, kerbig-gesägten, etwas am Blattstiel herablaufenden Fiedern. Die Abschnitte der oberen Blätter lanzettlich bis linealisch, die obersten auf die Scheiden reducirt. Hülle und Hüllchen fehlend. Früchte mit undeutlichen Rippen, in jedem Thälchen mehrere Sekretbehälter. Kommt in 2 Varietäten vor:

*α*. **hircina Leers.** Inhalt der Sekretbehälter gelbbraun,

*β*. **nigra Willd.** Inhalt der Sekretbehälter schnell blau werdend.

**II. Pimpinella magna L.** Heimath wie vorige. Bis 1 m hoch, mit kantiggefurchtem Stengel. Fiedern der grundständigen Blätter gestielt.

Pharmaceutische Verwendung finden das Rhizom und die Wurzel beider Arten:

**Radix Pimpinellae** (Germ., Helv.). **Radix Pimpinellae albae** s. **minoris. Radix Tragoselini.** — **Bibernellwurzel. Pimpinellwurzel. Pfefferwurzel. Theriakwurzel.** — **Racine de boucage. Racine de saxifrage.** — **Pimpernel-root.**

***Beschreibung.*** Die Droge besteht aus dem verzweigten Rhizom, das oben oft noch Reste der abgeschnittenen Stengel erkennen lässt und das nach unten in die wenig oder gar nicht verzweigte Wurzel übergeht. Aussen gelblich-grau, ist das Rhizom dicht geringelt, die Wurzel längsrunzelig. Bei I ist das Holz stärker wie die Rinde, bei II sind beide gleich breit. Der Bau der Droge wie bei Rad. Angelicae (Band I, S. 306) und Rad. Levistici (Band II, S. 290). Die Sekretbehälter messen bei I bis 36 $\mu$, bei II bis 54 $\mu$. Geruch charakteristisch aromatisch, Geschmack brennend.

***Bestandtheile.*** Pimpinellin, ein in Wasser unlöslicher, in Aether schwer, in Alkohol leicht löslicher Körper. Aetherisches Oel aus I hircina 0,025 Proc., aus I nigra 0,38 Proc. Das erstere ist goldgelb, von widerlich bitterem, kratzendem Geschmack. Spec. Gew. 0,959. Das zweite ist hellblau und wird nach einiger Zeit grün.

***Verwechslungen.*** Die Wurzeln von Heracleum Spondylium L. (Radix Pimpinellae spuriae), Pastinaca sativa L., Carum Carvi L., Peucedanum Oreoselinum Moench, Poterium Sanguisorba L. (früher auch „Bibernell“ genannt).

***Einsammlung. Aufbewahrung.*** Man sammelt die Wurzel im Frühjahr von älteren, wildwachsenden Pflanzen und bewahrt sie, gut getrocknet und von erdigen Theilen gereinigt, in dichtschliessenden Blech- oder Glasgefässen auf.

***Anwendung.*** Innerlich in Gaben zu 0,5—2,0 im Aufguss, auch in Pastillen- oder Pulverform, gewöhnlich aber als Tinktur bei Magenkatarrh; bei Heiserkeit, Rauhigkeit im Halse, Rachen- und Mandelentzündung auch als Gurgelwasser; als Kaumittel gegen Zungenlähmung. Ferner zu Zahnpulvern und Zahnpasten.

**Extractum Pimpinellae. Bibernellextrakt.** Ergänzb.: 4 Th. fein geschnittene Bibernellwurzel zieht man 4 Tage mit einer Mischung aus 8 Th. Weingeist (87 proc.) und 6 Th. Wasser, dann 12 Stunden mit 4 Th. Weingeist und 3 Th. Wasser aus und dampft die vereinigten Auszüge zu einem dicken Extrakt ein. Ausbeute etwa 18 Proc. — Helv.: Aus Bibernellwurzel (III) wie Extr. Cascarillae Helv. (Bd. I, S. 670). Gelbbraun, scharf gewürzig, in Wasser trübe löslich.

Gabe 0,3—1,0.

**Tinctura Pimpinellae. Bibernell- oder Pimpinelltinktur. Teinture de boucage ou de saxifrage. Tincture of Pimpinella.** Germ.: Aus 1 Th. mittelfein zerschnittener Bibernellwurzel und 5 Th. verdünntem Weingeist (60 proc.). — Helv.: Aus 20 Th. Bibernellwurzel (V) und q. s. verdünntem Weingeist (62 proc.) bereitet man unter Befeuchten mit 8 Th. im Verdrängungswege 100 Th. Tinktur. — Nat. form.: Aus 165 g Wurzel (Nr. 40), einer Mischung aus 2 Raumth. Weingeist (91 proc.) und 1 Raumth. Wasser 1000 ccm Tinktur ebenso. — Bei Heiserkeit und Katarrhen zu 20—40 Tropfen auf Zucker.

**Mixtura diuretica** BURDACH.

Rp. Tincturae Pimpinellae
Liquor. Kalii acetici ää 15,0.
Mucilag. Gummi arabici
Sirupi Amygdalar. ää 30,0
Aquae destillatae 110,0.
4mal täglich 1 Theelöffel.

**Mixtura Pimpinellae anisata.**
Leipziger Hustensaft.

Rp. Tinctur. Pimpinellae 15,0
Liquor. Ammonii anisati
Aquae Amygdal. amar. ää 7,5
Mucilag. Gummi arabici
Sirupi Amygdalar. ää 30,0
Aquae destillatae 110,0.
Theelöffelweise.

**Sirupus pectoralis Russicus.**
Russischer Brustsaft.

Rp. Tinctur. Pimpinell. 20,0
Sirupi Morphini 80,0.

---

# Piscidia.

Gattung der **Papilionaceae — Dalbergieae — Lonchocarpinae.**

**Piscidia Erythrina L.** Heimisch in Florida, Mexiko und auf den westindischen Inseln. Baum mit unpaarig gefiederten Blättern, Blüthen in Rispen, weiss oder blutroth. Hülse linealisch, flach, jede Naht seitlich in zwei breite, quer geaderte Flügel erweitert. Samen eiförmig zusammengedrückt. Verwendung findet die Wurzelrinde:

**† Cortex Piscidiae** (Ergänzb.). — **Piscidiarinde. — Bois ivrant. Bois de chiens. — Dogwood. Jamaica Dogwood.** (Solche Namen führen auch Cornus florida L. und Erythrina Corallodendron L.)

***Beschreibung.*** Sie bildet flache oder halbrunde Stücke, von rothbraunem Kork bedeckt; wo derselbe fehlt, ist die Rinde aussen grünlich-gelb. Innenseite dunkelbraun, längsstreifig. Sehr hart. Beim Durchbrechen ist sie im äusseren Theile blätterig, im inneren grob splitterig. Zerstreute Zellen des Parenchym enthalten eine dunkelbraune Substanz, die nicht auf Gerbstoff reagirt. Markstrahlen meist dreireihig. Der Bast ist durch Faserbündel, die von Krystallzellen umkammert sind, geschichtet, dazwischen die Siebröhren in tangentialen Gruppen. Geruchlos. Beim Kauen zuerst geschmacklos, erregt sie später Kratzen im Halse.

***Bestandtheile.*** Piscidin $C_{15}H_{12}O_4$ (oder $C_{29}H_{24}O_8$), in farblosen Prismen krystallisirend, in Wasser unlöslich, löslich in Alkohol, Aether, Chloroform, Benzol: wirkt zu 0,025 g auf Kaninchen giftig.

***Verwendung.*** In der Heimath als Fischgift. Empfohlen als Sedativum und Hypnoticum, besonders bei Schwindsüchtigen zur Stillung des quälenden Hustens. Vergl. auch unten.

† **Extractum Piscidiae. Extr. Piscidiae siccum.** Darstellung wie bei Extract. Strychni Germ. (siehe dort). Tagesgabe 0,25—0,5.

† **Extractum Piscidiae fluidum** (Ergänzb.). **Piscidia-Fluidextrakt.** 100 Th. mittelfein gepulverte Rinde befeuchtet man mit einer Mischung aus 10 Th. Glycerin und 25 Th. Weingeist, reibt nach 3 Stunden durch ein weitmaschiges Sieb, erschöpft unter Zurückstellen der ersten 85 Th. Perkolat mittels verdünntem Weingeist (60proc.) und stellt l. a. 100 Th. Fluidextrakt her. Es sind etwa 450 Th. verdünnter Weingeist erforderlich. Rothbraune, bittere Flüssigkeit, aus der Wasser ein weisses Harz abscheidet. Dient, wie Opium, doch ohne bedenkliche Nebenwirkungen, als schlafmachendes und schmerzstillendes Mittel, das zu 0,5—1,0 pro dosi, zu 3,0—5,0 pro die gegen Migräne, besonders aber gegen Krampfhusten der Schwindsüchtigen gebraucht wird. Grössere Gaben verursachen Sehstörungen, Speichelfluss und führen schliesslich durch Lähmung der Herzmuskeln den Tod herbei.

† **Tinctura Piscidiae.** Aus 1 Th. mittelfein gepulverter Piscidiarinde und 10 Th. verdünntem Weingeist (60proc.) durch achttägige Maceration. Tagesgabe 4—5 g.

---

# Pinus.

Gattung der **Coniferae — Pinoideae.**

**I. Pinus silvestris L.** Verbreitet in Europa und Asien bis zum östlichen Sibirien. Liefert

1) in den jungen Sprossen: **Turiones Pini** (Ergänzb. Helv.). **Gemmae** s. **Coni** s. **Strobili Pini. — Kiefersprossen, Fichten-** od. **Tannensprossen. Fichtenreiser** od. **Tannenspitzen** (Pfarrer Kneipp's). — **Bourgeon de sapin** (Gall.). **Bourgeon de pin. — Sprouts of Pine.**

***Beschreibung.*** Sie bestehen aus einer bis 5 cm langen Achse mit spiralig gestellten, trockenen Niederblattschuppen, in deren Achseln die mit Nadelblättern versehenen Kurztriebe entspringen. Häufig von ausgeschwitztem Harze klebrig, von starkem bitterbalsamischem Geschmack und aromatischem Geruch.

***Bestandtheile.*** Harz, ätherisches Oel, Fichtenbitterstoff (Pinipikrin).

***Einsammlung und Aufbewahrung.*** Man sammelt sie im Anfange des Frühlings, trocknet in gelinder Wärme und bewahrt sie in dicht verschlossenen Gefässen nicht über ein Jahr (Helv.) auf.

***Anwendung.*** Bei veraltetem Luftröhrenkatarrh, Gicht, Rheuma im Aufguss (10 : 100—200), häufiger in Form des Sirups oder der Tinct. Pini comp., auch zu Inhalationen.

**Aqua seu Hydrolatum Pini turionum** (Gall.). **Eau distillée de bourgeon de pin.** Aus 1000,0 Kiefernsprossen und q. s. Wasser bereitet man nach 12stündigem Stehen 4000,0 Destillat; nach 24 Stunden giesst man durch ein genässtes Filter.

**Extractum Pini silvestris. Extractum Pini turionum. Fichtennadelextrakt. Fichtensprossenextrakt.** Ergänzb.: 1 Th. frische, im Frühjahr gesammelte Kiefernsprossen lässt man mit 5 Th. siedendem Wasser übergossen 6 Stunden stehen; die Pressflüssigkeit wird zu einem dünnen Extrakt eingedampft. Schwarzbraunes, gewürzhaft riechendes Extrakt. Ein kräftiger riechendes und wirksameres Präparat erhält man, wenn man von dem wässerigen Auszuge das obenauf schwimmende Oel abdestillirt oder abhebert und es erst wieder mit dem genügend eingedampften, noch warmen Extrakt mischt. — Dient als Zusatz zu stärkenden Bädern (Fichtennadelbädern), auf ein Vollbad 250—500 g. Neuerdings auch gegen Flechten (Prurigo, Herpes); es trocknet auf der Haut zu einem firnissartigen Ueberzuge ein, der sich mit Wasser leicht wegwaschen lässt, und nimmt auch erhebliche Mengen Ichthyol, Theer, Chrysarobin u. a. auf.

**Extractum Pini foliorum. Extractum Lanae Pini silvestris.** Waldwollextrakt wird wie das vorige aus frischen Kiefernadeln dargestellt. Es wird auch wie jenes angewendet.

2) Die **Fasern der Nadeln** liefern die sogen. **Waldwolle.** Sie bestehen aus mehr oder weniger breiten Bändern, die aus Epidermis mit in Reihen gestellten Spaltöffnungen und mehreren Lagen von Fasern bestehen. Die eigentlichen Fasern sind von der Epidermis schwer zu trennen. Indessen sollen die als Waldwolle in den Handel kommenden Produkte fast stets aus: Wolle, Baumwolle, Flachs oder Hanf, braun gefärbt und mit Terpentinöl parfümirt, bestehen. — Aus den längeren Nadeln mancher amerikanischer Arten, wie P. australis Michx. und P. Taeda L. soll man leichter die Fasern isoliren können und so ein ganz brauchbares Material zum Polstern, zu billigen Teppichen und zu Säcken gewinnen.

3) Die Rinde wird zuweilen zum Gerben benutzt.

**II. Pinus montana Mill.** (syn. P. Pumilio Hänke). In der subalpinen Region der Gebirge Mitteleuropas.

**Oleum Pini Pumilionis** (Austr. Helv. Ergänzb.). **Oleum Pini** (Brit.). — **Latschenkiefernöl. Krummholzöl.**[1])

***Darstellung.*** Das Latschenkiefernöl wird in Tirol, Oberbayern und Ungarn durch Destillation der frischen Zweigenden der Latschenkiefer, Pinus Pumilio Hänke (Pinus montana Miller) gewonnen.

***Eigenschaften.*** Dünnflüssiges, farbloses Oel von sehr angenehmem, balsamischem Tannennadelduft. Spec. Gewicht 0,865—0,870 Brit. (0,865 Ergänzb. Das von Austr. geforderte spec. Gewicht von 0,850 ist ganz unrichtig, während die Anforderung von Helv., 0,85—0,87, theilweise falsch ist.) Drehungswinkel —4° 30′ bis —9° (—5° bis —10° Brit.). Bei der fraktionirten Destillation sollen unterhalb 165° nicht mehr als 10 Proc. übergehen (Brit.); eine grössere Menge Destillat würde eine Verfälschung mit Terpentinöl anzeigen.

***Bestandtheile.*** Latschenkiefernöl enthält 5-7 Proc. Bornylacetat, $C_{10}H_{17}OCH_3CO$, von Terpenen $C_{10}H_{16}$ : Pinen, Links-Phellandren und Sylvestren, sowie Cadinen, $C_{15}H_{24}$.

**III. Abies alba Mill.** (syn.: Pinus Picea L.), im mittleren und südlichen Europa. Liefert:

**Oleum Templinum** (wird fälschlich auch als Oleum Pini silvestris bezeichnet), **Templinöl, Edeltannenzapfenöl.**

***Darstellung.*** Templinöl wird aus den im August und September gesammelten einjährigen Fruchtzapfen der Edeltanne, Abies alba Miller (Abies pectinata D. C. Abies excelsa Lk. Pinus Picea L.), in der Schweiz und im Thüringer Walde destillirt.

***Eigenschaften.*** Farbloses, balsamisch riechendes, im Geruch an Citronen und Pomeranzen erinnerndes Oel vom spec. Gewicht 0,853—0,870. Drehungswinkel im 100 mm-Rohr — 60 bis — 76°. Löslich in 6 Th. Spiritus.

***Zusammensetzung.*** Den Hauptbestandtheil des Oels bildet Links-Limonen; daneben ist Links-Pinen nachgewiesen worden. Der in nur geringen Mengen anwesende Ester ist wahrscheinlich Bornylacetat.

---

[1]) Im Handverkauf giebt man als „Krummholzöl" zu Einreibungen: Oleum Ligni Juniperi.

## Oleum Pini Piceae. Edeltannennadelöl.

***Darstellung.*** Das Oel wird in der Schweiz und Tirol durch Destillation der Nadeln und Zweigenden der Edeltanne dargestellt.

***Eigenschaften.*** Das Edeltannennadelöl hat unter den sogenannten Fichtennadelölen den feinsten und angenehmsten Geruch. Spec. Gew. 0,869—0,875. Drehungswinkel im 100 mm-Rohr —20 bis —59°. Löslich in circa 5 Th. Spiritus.

***Bestandtheile.*** Das Oel enthält Links-Pinen, Links-Limonen und etwa 4,5—11,0 Proc. Bornylacetat. In den höchst siedenden Antheilen findet sich ein noch nicht näher charakterisirtes Sesquiterpen.

**Acetum Pumilionis** Dubelle.
Pumila-Toilette-Essig.

Rp. 1. Olei Bergamottae
2. Olei Citronellae āā 1,0
3. Olei Lavandulae 2,0
4. Olei Eucalypti 4,0
5. Olei Pini Pumilionis 22,0
6. Spiritus (80 proc.) 800,0
7. Aceti (10 proc.) 170,0.

Man löst 1—5 in 6, färbt mit Chlorophyll, mischt 7 hinzu, lässt 8 Tage stehen und filtrirt.

**Aqua haemostatica** Brocchieri.

Rp. Ramorum concisorum vel Ligni raspati Pini silvestris 1000,0
Aquae q. s.

Man destillirt 1000,0 über und hebert nach 12 Stunden das Oel ab.

**Candelae Pini turionum.**
Fichtensprossen-Kerzchen.

Rp. Turionum Pini pulv. 30,0
Lycopodii 20,0
Kalii nitrici 25,0
Mucilag. Tragacanth. q. s.

Man formt 10 Kerzchen und trocknet. Bei Asthma und Lungenleiden.

**Eau de Memphis.**
Memphiswasser.

Rp. Olei Pini silvestris 0,5
Spiritus 20,0
Aquae vulnerar. vinos. 80,0.

**Esca Luporum.**
Wolfswitterung.

Rp. Turion. Pini recent. concis. 50,0
Radic. Valerianae concis.
Fruct. Anisi concis. āā 25,0
Adipis anserinae 100,0.

Man digerirt 1 Stunde in geschlossenem Gefäss im Wasserbade.

**Koniferengeist. Tannenduft.**
Fichtennadelduft.

I.

Rp. Olei Citri 2,0
Olei Lavandulae 3,0
Olei Rosmarini 5,0
Olei Juniperi baccar. 10,0
Olei Pini silvestris 80,0
Spiritus (90 proc.) 900,0.

II.

Rp. Tinctur. Vanillae 0,5
Cumarini 0,005
Aetheris acetici 0,25
Olei Citri opt. 2,0
Olei Pini silvestr. 5,0
Olei Pini Pumilionis 0,5
Spiritus Coloniensis 5,0
Spiritus 100,0.

III.

Rp. Olei Pini Piceae 100,0
Olei Aurantior. dulc. 25,0
Tinctur. Vanillae 5,0
Olei Cardamomi 0,1
Spiritus 875,0.

I und II sind einfache Mischungen; III wird der Destillation unterworfen. Man färbt nach Belieben mit Chlorophyll und bewahrt vor Licht geschützt auf. Zum Gebrauch bedient man sich eines Zerstäubers.

**Tannenduft.**

Rp. Ol. Pini Piceae 40,0
Ol. Aurantii cortic. 10,0
Tinct. Moschi 1,0
Spiritus 949,0.

**Ptisana Pini Turionum** (Gall.).
Tisane de bourgeon de pin.

Rp. Turionum Pini concis. 20,0
Aquae destillat. ebull. 1000,0.

Nach 2 Stunden durchseihen.

**Sirop pectoral balsamique.**
(Formule de Nyon).

Rp. Infusi {Radic. Ipecacuanh. 2,0 / Radic. Senegae 5,0} 100,0
Extracti Opii 1,0
Extracti Belladonnae 0,5
Sirupi Pini Turion. q. s. ad 1000,0.

**Sirupus Pini Strobi compositus** (Nat. form.).
Compound Syrup of White Pine.

Rp.
1. Corticis Pini Strobi pulv. (No. 40) 75,0 g
2. Cortic. Pruni virginian. „ „ 75,0 „
3. Rad. Araliae racemosae (Americ. Spikenard) „ „ 10,0 „
4. Gemmar. Balsamodendr. Gilead. „ „ 10,0 „
5. Rhiz. Sanguinariae „ „ 8,0 „
6. Cortic. Sassafras „ „ 7,0 „
7. Morphini sulfurici 0,5 „
8. Chloroformii 6,0 ccm
9. Sacchari 750,0 g
10. Spiritus (91 proc.) q. s.
11. Aquae q. s.
12. Sirupi (U-St.) q. s. ad 1000,0 ccm.

Man sammelt durch Ausziehen von 1—6 mittels eines Gemisches aus 1 Raumth. Weingeist und 3 Raumth. Wasser im Verdrängungswege 500 ccm Perkolat, löst 7 und 9, fügt 8 hinzu und bringt mit q. s. von 12 auf 1000 ccm.

**Sirupus Turionis Pini.**
Fichtensprossensirup. Sirop de bourgeon de pin.

I. Helvetica.

Rp. 1. Turion. Pini conc. (II) 10,0
2. Spiritus diluti (62 proc.) 10,0
3. Aquae destill. fervidae q. s.
4. Sacchari 60,0.

Man macerirt 1 mit 2 zwölf Stunden, fügt 3 hinzu, sammelt 40 Th. Seihflüssigkeit und löst darin in geschlossenem Gefässe auf dem Wasserbade 4.

II. Gallica.

Rp. Turion. Pini conc. 10,0
Spiritus diluti (60 proc.) 10,0
Aquae fervidae (80°) 100,0
Sacchari albi q. s.

Wie voriges, doch auf 100 Th. Seihflüssigkeit 180 Th. Zucker.

**Species antiscorbuticae.**

Rp. Folior. Trifolii fibrin.
Fructus Juniperi
Herbae Absinthii
Herbae Millefolii
Rhizom. Calami ää 12,5
Turionum Pini 37,5.

**Tinctura Pini composita** (Ergänzb.).
Tinctura Lignorum. Holztinktur.
Blutreinigungstropfen.

Rp. Turionum Pini conc. 3,0
Ligni Guajaci „ 2,0
Ligni Sassafras „ 1,0
Fructus Juniperi contus. 1,0
Spiritus diluti (60proc.) 35,0.

Theelöffelweise mit Zuckerwasser.

**Inhalationspräparate** von Fr. Koltscharsch. 1) Mischung von Fichtennadelöl mit Olivenöl. 2) Kalialaun mit Kochsalz.

**Pinol** = Oleum Pini Pumilionis.

**Species pectorales dialysatae Golaz** (s. S. 380) enthalten das Lösliche aus: Turion. Pini, Lichen islandic., Flor. Farfarae, Herb. Veronicae.

**Tanninbalsamseife** von Hülsberg, gegen allerlei Hautkrankheiten, ist eine mit Fichtennadelextrakt und Talk versetzte Kokosseife ohne Tannin.

**Toddy.** 1) Von Kothe ist ein Schnaps aus einem Destillat von Fichtennadeln. 2) In Nordamerika ein mit Tinctura aromatica versetzter Rum.

**Trächtigkeitsmittel** des Thierarzt Meyer in Baden ist eine Theemischung aus etwa 20 Proc. Aloë, 75—80 Proc. Fichtensprossen und je 1 Proc. Sandelholz und Kanthariden.

**Waldwolle, Lairitz'.** Mit einem schwach weingeistigen Kiefernnadelauszuge getränkte Baumwolle.

# Piper.

Gattung der **Piperaceae.**

**I. Piper nigrum L.** Heimisch an der Malabarküste, angebaut im ganzen indisch-malayischen Gebiete und auch im tropischen Amerika. Mit Luftwurzeln kletternder Strauch mit lederartigen, rundlich-eiförmigen oder herzförmigen, unteren und eiförmig-elliptischen, oberen Blättern. Blüthen in hängenden, lockeren Aehren, zweihäusig oder vielehig.

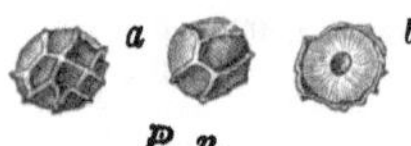


Fig. 75. Schwarzer Pfeffer. b. im Durchschnitt.

Verwendung findet die Frucht. Dieselbe ist eine ungestielte, einsamige Beere, am Scheitel zuweilen vom Rest der Narbe gekrönt, an der Basis schwach verjüngt. Durchmesser etwa 5 mm. Die frische reife Frucht ist roth. Im Längsschnitt lässt sie innerhalb der Frucht- und Samenschale ein mächtiges, gewöhnlich im Centrum hohles Perisperm erkennen, in dessen oberem Theil das kleine Endosperm mit dem wenig differenzirten Embryo liegt (Fig. 76.)

Die Epidermis mit vereinzelten Spaltöffnungen ist von einer starken Cuticula überdeckt, ihre Zellen haben einen braunen Inhalt. In den auf die Epidermis folgenden Schichten sind zahlreiche Zellen in dickwandige, getüpfelte, häufig radial gestreckte, schön gelb gefärbte Steinzellen umgewandelt mit rothbraunem Inhalt (Fig. 79). Diese Steinzellen, die eine Länge von 150 $\mu$ erreichen können, bilden eine nicht völlig zusammenhängende Schicht. Das breite Parenchym der Fruchtschale zerfällt in zwei Schichten, eine äussere kleinzellige, eine innere mit grösseren, derberen, zuweilen getüpfelten Zellen. Ungefähr an der Berührungsfläche beider verlaufen die zarten Gefässbündel, denen einige nicht stark verdickte Fasern, die 380 $\mu$ lang und 15 $\mu$ dick werden, vorgelagert sind. Zahlreiche Zellen, besonders der inneren Schicht, sind zu grösseren Sekretzellen umgewandelt, die Harz und ätherisches Oel enthalten. Die Zellen der daran sich anschliessenden Schicht des Endocarps sind an der Innenseite und den Seitenwänden stark verdickt und getüpfelt, an der Aussen-

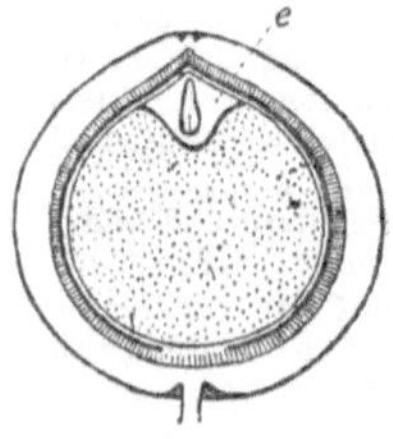


Fig. 76. Pfefferfrucht im Längsschnitt. e. Endosperm.

seite dünnwandig (Fig. 77 u. 78). Die nun folgende Samenschale besteht aus drei Schichten: 1. aus einer, selten mehreren Lagen tangential gestreckter, dickwandiger, stark zusammengepresster Zellen mit strichförmigem Lumen, 2. einer einfachen Lage, ebenfalls stark zusammengedrückter, dünnwandiger Zellen mit braunem, auf Gerbstoff reagirendem Inhalt, deren Zellen im Tangentialschnitt stark gedehnt erscheinen, und 3. einer starken, verkorkten Membran, die Abgrenzung einzelner Zellen nicht erkennen lässt.

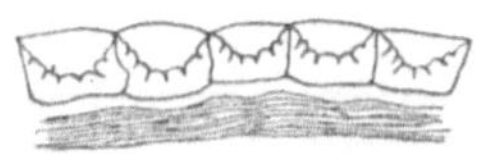

Fig. 77. Hufeisenförmig verdickte Zellen des Pericarps, von der Seite gesehen.

Das Perisperm besteht aus dünnwandigen Zellen, die in der Epidermis ausschliesslich Eiweisskörper, sonst reichlich Stärke führen und von denen zahlreiche Zellen ebenfalls Harz und ätherisches Oel enthalten. Die Stärke besteht vorwiegend nicht aus Einzelkörnern, sondern aus zusammengesetzten Körnern, sogen. „Stärkekugeln", die auf Druck oft leicht in die zahlreichen kantigen, bis 5 $\mu$ grossen Theilkörnchen zerfallen, die einen dunklen Kern erkennen lassen.

Das Endosperm enthält fettes Oel und Aleuron. — Pfeffer von **Mangalore** (1898) zeichnet sich aus durch die Grösse der Früchte (7 mm). Sie sind tiefschwarz, kurz-eiförmig. Im Pericarp befinden sich in der Schicht, die Gefässbündel führt, Steinzellen. Asche 3,43 Proc.

Die Früchte finden in zwei Formen Verwendung: 1. **Piper nigrum** (Ergänzb. Brit.). **Piper** (U-St.). **Fructus Piperis nigri. Melanopiper.** — **Schwarzer Pfeffer. Pfefferkörner.** — **Poivre noir** (Gall.). — **Pepper. Black Pepper.**

Das sind die jungen, unreif gepflückten und getrockneten Früchte. Man pflückt die Fruchtstände, wenn die untersten Früchte zu reifen beginnen, daher befinden sich in der Handelswaare Früchte ganz verschiedener Reifestadien. Sie sind schwarz oder schwarzbraun, stark runzelig (Fig. 75), das Perisperm ist oft noch nicht voll entwickelt.

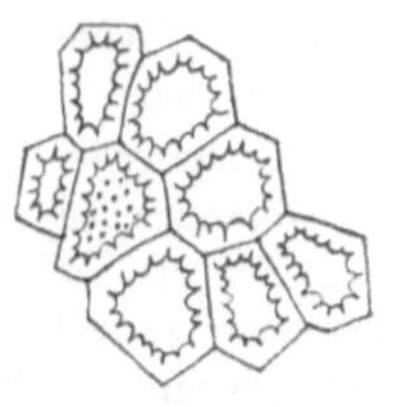

Fig. 78. Hufeisenförmig verdickte Zellen des Pericarps, von oben gesehen.

2. **Piper album** (Ergänzb.). **Piper rotundum. Semen Piperis album. Leucopiper.** — **Weisser Pfeffer.** — **Poivre blanc.** — **White Pepper.**

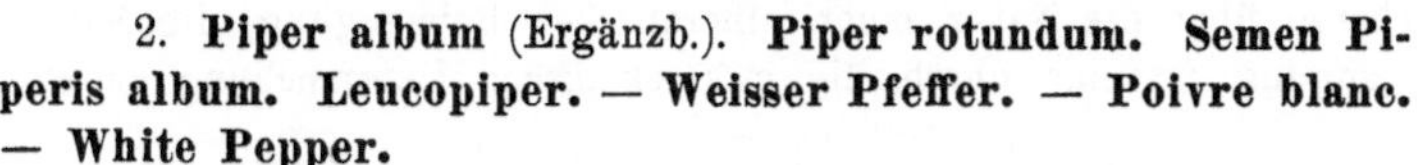

Das sind die reifen Früchte. Man lässt sie nach dem Pflücken mehrere Tage in Wasser liegen, trocknet sie an der Sonne und entfernt durch Reiben zwischen den Händen die äusseren Schichten der Pericarps bis auf die Zone, in der sich die Gefässbündel befinden, oder man entfernt die genannten Theile auf besonderen Schälmaschinen. Sie stellen kugelige, am Scheitel (wo das Endosperm liegt) etwas abgeflachte, grauweisse, glatte Körner von 5 mm Durchmesser dar, die von zarten, dunkleren Streifen (den Gefässbündeln) von oben nach unten durchzogen sind.

Die besten Sorten des Pfeffers liefert Vorderindien (z. B. Tellicherry), die Hauptmasse kommt aus Singapore und Sumatra (Penang).

***Bestandtheile*** nach Koenig. a) im ungereinigten Zustande:

| | Wasser | Stickstoffhaltige Substanz | Flüchtiges Oel | Fett (Piperin + Harz) | Stärke | In Zucker überführbare Stoffe | Sonstige stickstofffreie Extraktstoffe | Holzfaser | Reinasche | Sand |
|---|---|---|---|---|---|---|---|---|---|---|
| Schwarzer Pfeffer . . | 12,5 | 11,98 | 1,36 | 6,85 | 32,60 | 42,90 | 7,39 | 12,45 | 4,02 | 0,55 |
| Weisser Pfeffer. . . | 13,56 | 11,12 | 0,94 | 7,11 | 40,31 | 56,04 | 3,35 | 6,08 | 1,61 | 0,19 |

b) in wasser- und sandfreier Substanz:

| | Wasser | Stickstoffhaltige Substanz | Flüchtiges Oel | Fett (Piperin + Harz) | Stärke | In Zucker überführbare Stoffe | Sonstige stickstofffreie Extraktstoffe | Holzfaser | Reinasche | Sand |
|---|---|---|---|---|---|---|---|---|---|---|
| Schwarzer Pfeffer. . | — | 13,78 | 1,56 | 7,87 | 37,49 | 49,33 | 8,53 | 14,31 | 4,62 | — |
| Weisser Pfeffer. . . | — | 12,88 | 1,07 | 8,24 | 46,72 | 64,95 | 3,96 | 7,04 | 1,86 | — |

Wir lassen noch die Ergebnisse der Untersuchungen von Johnstone folgen, die von den genannten theilweise etwas abweichen und auch andere Bestandtheile berücksichtigen:

| | Wasser | Eiweiss | Piperin | Piperidin | Oel | In Alkohol löslich | Stärke | Holzfaser | Asche | Von der Asche löslich in HCl | Von der Asche löslich in $H_2O$ | Kieselsäure |
|---|---|---|---|---|---|---|---|---|---|---|---|---|
| Schwarzer Pfeffer | 14,39 | 5,87 | 8,41 | 0,54 | 1,37 | 4,49 | 35,72 | 12,11 | 4,33 | 1,95 | 1,96 | 0,41 |
| Weisser Pfeffer . | 14,56 | 5,21 | 8,44 | 0,32 | 1,03 | 0,78 | 52,17 | 4,33 | 1,92 | 0,59 | 1,18 | 0,14 |
| Pfefferschalen[1]) . | 12,54 | 6,50 | 6,32 | 0,74 | 1,74 | 4,23 | 11,80 | 22,80 | 16,31 | 1,10 | 6,71 | 8,53 |

Der Gehalt an Piperin beträgt nach Johnstone im schwarzen Pfeffer 5,21—13,30 Proc., nach Bauer und Hilger im weissen Pfeffer 6,014—6,53 Proc., im schwarzen Pfeffer 5,55—7,77 Proc., in Schalen mit Bruch und Staub 1,026 Proc., in Schalen mit Staub 0,798 Proc. (Vergl. besonderen Artikel.)

Ausserdem fand Johnstone ein flüchtiges Alkaloid, das er für Piperidin hält. Davon enthält schwarzer Pfeffer 0,39—0,77 Proc., weisser Pfeffer 0,21—0,42 Proc., Pfefferabfälle (Schalen) 0,74 Proc.

Endlich soll der Pfeffer noch ein drittes Alkaloid, Chavicin, enthalten. Seinen charakteristischen Geruch verdankt der Pfeffer dem ätherischen Oel, den scharfen Geschmack einem Harz und dem Piperin.

***Beurtheilung des Pfeffers, Verfälschungen und deren Nachweis.*** Verfälschungen der ganzen Pfefferfrüchte sind selten und beruhen meist auf zufälliger Vermengung, so mit Cubeben und Piment. Indessen sind künstliche Pfefferkörner vorgekommen aus Weizenteig mit Pfeffer- oder Paprikapulver. — Havarirten, d. h. durch Seewasser beschädigten Pfeffer erkennt man an dem reichlichen Gehalt an Chloriden im wässerigen, kalten Auszug.

Ausserordentlich zahlreich sind dagegen die Verfälschungen des gepulverten Pfeffers mit mineralischen und pflanzlichen Stoffen. Ob ein Pfefferpulver von vorschriftsmässiger Beschaffenheit ist, darüber vermag in den meisten Fällen die chemische Untersuchung Aufschluss zu geben, ebenso über die Natur einer mineralischen Beimengung, die Natur einer pflanzlichen Beimengung ist nur durch die mikroskopische Untersuchung zu ermitteln.

Für die Beurtheilung des reinen Pfefferpulvers ist zunächst festzustellen, ob es aus schwarzem oder weissem Pfeffer hergestellt ist. Dem letzteren fehlen die unter der Epidermis befindlichen gelben Steinzellen (Fig. 79), ferner die in braunen Schollen auftretende Epidermis mit daran befindlichem Hypoderm. In beiden Sorten wird das Gesichtsfeld des Mikroskops beherrscht durch die oft noch zusammenhängenden Inhaltsklumpen aus den

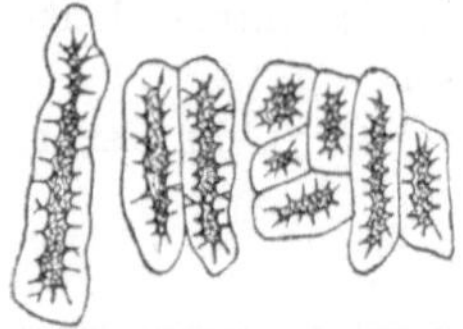

Fig. 79. Steinzellen der subepidermalen Schicht.

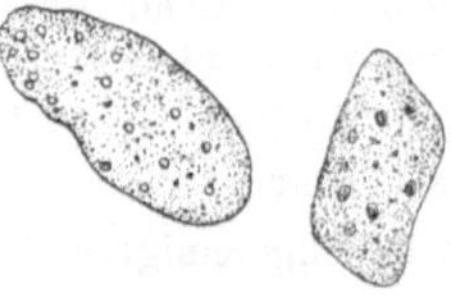

Fig. 80. Stärkeklumpen aus den Zellen des Perisperms.

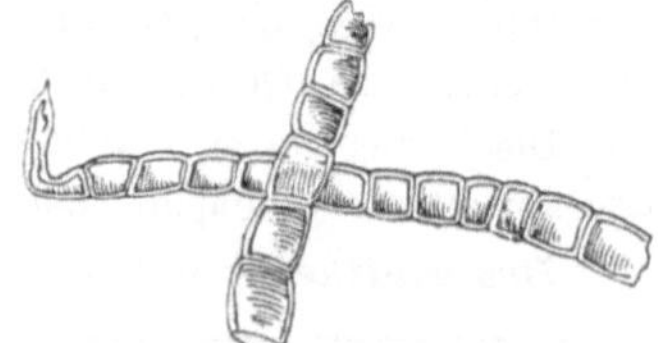

Fig. 81. Haare der Fruchtspindel.

stärkeführenden Zellen der Perisperms (Fig. 80), ferner die rothbraunen Fetzen der Gerbstoffschicht der Samenschale, die hufeisenförmig verdickten Zellen der Fruchtschale (Fig. 77 u. 78) die zarten Gefässe und Fasern derselben.

Bezüglich der chemischen Beurtheilung setzt das Schweizerische Lebensmittelbuch folgende Maximalgrenzen fest: Asche: schwarzer Pf. 6,5 Proc., weisser Pf. 3,5 Proc.; in warmer Salzsäure unlösliche Asche: schwarzer Pf. 2 Proc., weisser Pf. 1 Proc.; Rohfaser: schwarzer Pf. 30 Proc., weisser Pf. 7 Proc.; ferner folgende Maximalgrenzen: Reducirenden Zucker liefernde Substanzen, als Glukose berechnet: schwarzer Pf. 40 Proc., weisser Pf. 55 Proc.; Feuchtigkeit 12—15 Proc.

[1]) Bei Herstellung des weissen Pfeffers gewonnen.

Verfälschungen:

1) Solche, die von der Pfefferpflanze stammen.

a) Fruchtspindeln: Man weist sie nach durch die reichlich an ihnen befindlichen, mehrzelligen Gliederhaare (Fig. 81); auffallend ist auch grosszelliges, getüpfeltes Parenchym.

b) Pfefferschalen, die man bei Herstellung des weissen Pfeffers gewinnt und die dann dem schwarzen zugemengt werden; gegenwärtig die am häufigsten vorkommende Verfälschung (über ihre Zusammensetzung vergl. oben). Beim Vergleich mit unverdächtigem Pfefferpulver (selbst hergestellt) fallen sie auf durch die grosse Menge von braunen Epidermisfetzen und Steinzellen.

Zum chemischen Nachweis dieser Verfälschung sind mehrere Methoden vorgeschlagen worden: Nach Busse werden 5 g des gepulverten und getrockneten Pfeffers mit absolutem Alkohol extrahirt und getrocknet. Dann bringt man das Pulver mit 50—60 ccm kochendem Wasser in einen Kolben von 200 g, setzt 25 ccm einer 10 proc. Natronlauge zu, und erhitzt mit Rückflusskühler 5 Stunden im Wasserbade. Darauf wird Essigsäure bis zur schwach alkalischen Reaktion zugegeben, in einen 250 ccm Kolben gegossen und mit Wasser zur Marke aufgefüllt. Man schüttelt kräftig um, lässt über Nacht stehen und filtrirt. — 50 ccm des Filtrats (= 1 g Pfeffer) werden in einem 100 ccm Kolben mit koncentrirter Essigsäure bis zur sauren Reaktion und darauf mit 20 ccm einer 100 g im Liter enthaltenden, schwach essigsauren Bleiacetatlösung versetzt, durch vorsichtiges Umschwenken gemischt, einige Minuten stehen gelassen, mit Wasser bis zur Marke aufgefüllt, stark geschüttelt und filtrirt. 10 ccm des Filtrats (= 0,1 g Pfeffer) werden in ein Becherglas gegeben, welches 5 ccm verdünnte Schwefelsäure (1 + 3) enthält und die Mischung mit 30 ccm absolutem Alkohol versetzt. Man lässt absetzen, filtrirt durch ein aschefreies Filter und wäscht mit 80proc. Alkohol aus. Der getrocknete Niederschlag wird vom Filter gelöst, zunächst dieses verascht und dann mit dem Niederschlage geglüht. Man lässt erkalten, befeuchtet mit konc. Schwefelsäure, verjagt diese und glüht bis zur Gewichtskonstanz.

Den Bleigehalt ermittelt man durch Multiplikation mit 0,6822 und subtrahirt die erhaltene Zahl von dem für 2 ccm der eben angewendeten Bleilösung ermittelten Bleiwerthe (theoretisch 0,1091 Pb). Diese Zahl × 10 giebt diejenige Menge Blei an, welche durch die in 1 g Pfeffer enthaltenen bleifällenden Körper, die sich fast ausschliesslich in der Fruchtschale befinden, gebunden sind. Man nennt sie die „Bleizahl".

Nach Busse ist die Bleizahl für schwarzen Pfeffer 0,054—0,075, für ganz schlechte Sorten 0,116—0,122. Für Schalen: 0,129—0,157, für Weisspfeffer 0,006—0,027.

Ferner ist vorgeschlagen, eine Beimengung von Schalen zu ermitteln durch Bestimmung des Piperins, wovon die Schalen nur 0,2 Proc. enthalten (vergl. aber S. 636), und durch Bestimmung des bei der Destillation des Pfeffers mit Salzsäure erhaltenen Furfurols.

2) Andere Früchte und Samen oder Theile solcher.

c) Olivenkerne und Trester von der Fabrikation des Olivenöles: Sie sind kenntlich 1) an den auch an den Kernen in geringer Menge befindlichen Zellen des Fruchtfleisches, die Oel und einen violetten Farbstoff enthalten, der mit Schwefelsäure roth wird, 2) an den Steinzellen der Steinschale, die theils langgestreckt, fast faserartig, theils kurz sind; sie sind grösser wie die des Pfeffers und nicht gelb, sondern farblos.

d) Kaffeebohnenschalen (Bd. I, S. 903).

e) Nussschalen mit rundlichen, farblosen Steinzellen. Neben stark verdickten, werden aus dem inneren, lederartigen Theile der Schalen schwächer verdickte gefunden.

f) Mandelschalen und Oelkuchen der Mandel (Bd. I, S. 279).

g) Haselnussschalen mit farblosen Steinzellen. Besonders charakteristisch sind die Haare von der Spitze der Haselnuss, sie sind 74—260 $\mu$ lang, einzellig, dickwandig.

h) Kakaoschalen (Bd. I, S. 520).

i) Gewürznelken (Bd. I, S. 663).

k) Piment (Bd. II, S. 627).

l) Oelkuchen von Raps und Senf, kenntlich am Bau der Samenschale mit den Steinzellen und den charakteristischen Sklereïden (vergl. Sinapis).

m) Wacholderbeeren, die gemahlen und entölt sind; man soll stets Stücke der Nadeln im Pfeffer finden.

n) Koriander, kenntlich an Bündeln wellenförmig gebogener Fasern und dem Gewebe des Endosperms mit Aleuronkörnern und Oxalatdrusen.

o) Eicheln (Bd. I, S. 904).

p) Oelkuchen der Oelpalme (Bd. I, S. 1050).

q) Paradieskörner. Eine alkohol-ätherische Tinktur derselben wird mit Eisenchlorid braungrün, eine solche von Pfeffer wird nicht verändert. Charakteristisch ist die Oberhaut des Samens und die Zellen des Perisperms.

3) Stärkereiche Fälschungsmittel.

r) Cerealienmehl, Kartoffelstärke, Buchweizenmehl, Bohnenmehl, Reismehl, Sago (Bd. I, S. 294).

4) Andere Pflanzentheile.

s) Holzmehl, an den grossen Gefässen zu erkennen, wenn Coniferenholz, an den Tracheïden mit Hoftüpfeln.

t) Baumrinde, wird Korkzellen, Bastfasern, meist auch Oxalatkrystalle enthalten.

u) Galgantrhizom, kenntlich am Stärkemehl (Bd. I, S. 1188).

v) Zwieback und gepulvertes Brot, beide mit verquollenen Stärkekörnern.

w) Reisschalen (Bd. II, S. 543).

x) Matta, als solche ist Hirsekleie beobachtet.

5) Unorganische Verfälschungsmittel.

y) Sand, Graphit, Hochofenschlacke, sämmtlich zunächst bei der Aschebestimmung aufzufinden.

Alle soeben genannten Verfälschungen sind seit 1890 in der Litteratur aufgeführt worden.

***Aufbewahrung.*** Man bewahrt den ganzen Pfeffer in Holz- oder Blechgefässen, das Pulver in braunen Hafengläsern auf, letzteres in nicht zu grosser Menge.

Die ***Anwendung*** des Pfeffers als Gewürz ist allgemein bekannt. Als Heilmittel benutzt man den schwarzen Pfeffer in Pulverform gegen Wechselfieber, auch zu 0,5 bis 1,0 als Stomachicum; ferner als Kaumittel bei Zungenlähmung, im Aufguss zu Gurgelwässern, äusserlich in Salben gegen Kopfgrind. Er ist ein Bestandtheil der Pilulae asiaticae. — Der weisse Pfeffer wird bisweilen noch gegen Hämorrhoidalleiden angewendet; man verschluckt 5—15 ganze Körner auf einmal. Hausthieren ist Pfeffer nachtheilig.

**Oleoresina Piperis** (U-St.). **Extractum Piperis nigri aethereum. Oleoresin of Pepper.** Schwarzen Pfeffer (Pulver No. 60) bringt man in einen geeigneten Perkolator (s. Bd. I, Fig. 141) und erschöpft mittels Aether, destillirt letzteren zum grössten Theil im Wasserbade ab und lässt ihn dann, nachdem man den Rückstand in eine Schale gebracht hat, gänzlich verdunsten. Wenn keine Piperinkrystalle mehr sich ausscheiden, trennt man mittels eines Presstuches aus Muslin das Weichharz und bewahrt es in dicht verschlossenen Gläsern auf.

**Tinctura Piperis nigri. Pfeffertinktur.** Aus 1 Th. grob gepulvertem Pfeffer und 5 Th. Weingeist durch Digestion.

**Pfefferöl,** durch Destillation des schwarzen Pfeffers in einer Ausbeute von 1 bis 2,3 Proc. erhalten, stellt eine farblose bis grünlichgelbe Flüssigkeit von pfefferartigem Geruch und mildem, nicht scharfem Geschmack dar. Es hat das spec. Gewicht 0,87—0,90, ist schwach links- oder rechtsdrehend ($\alpha_D = -5^0$ bis $+3^0$) und ist in 15 Th. Spiritus löslich. Von den Bestandtheilen des Oeles ist bisher nur Phellandren, $C_{10}H_{16}$, sicher nachgewiesen worden.

**II. Piper longum L., P. officinarum (Miq.) D. C.,** im indisch-malayischen Gebiet und wohl noch andere Arten liefern den langen Pfeffer: **Piper longum. Fructus s. Spadices Piperis longi. Macropiper. — Langer Pfeffer. Fliegenpfeffer. Stangenpfeffer. — Poivre long** (Gall.). **Long Pepper.**

Die Droge besteht aus den ganzen Fruchtständen, deren ungestielte Früchte der Spindel tief eingesenkt und mit einander verwachsen sind. Walzenrunde, 4—5 cm lange, 6—8 mm dicke, oft gestielte Fruchtstände von schwarzgrauer oder rothbrauner Farbe. Der Fruchtstand enthält 100—200 1—2 mm lange, verkehrt-eiförmige Beeren. Geschmack scharf und brennend.

***Bestandtheile*** nach Koenig: 10,34 Proc. Wasser, 14,18 Proc. stickstoffhaltige Substanz, 6,57 Proc. Aetherextrakt, 44,28 Proc. in Zucker überführbare Stoffe,

5,88 Proc. sonstige stickstofffreie Extraktstoffe, 10,52 Proc. Holzfaser und 8,25 Proc. Asche.

Chavica Roxburghii Miq. liefert eine wenig geschätzte, aus kurzen Fruchtständen bestehende Sorte.

*Anwendung.* Dient fast ausschliesslich als Fliegengift. Die Droge wird dazu zerstossen und mit der zehnfachen Menge Milch aufgekocht, doch ist das Mittel insofern unzuverlässig, als die Fliegen dadurch meistens nur betäubt werden. Man muss deshalb die Gefallenen öfter sammeln und sogleich verbrennen.

**Fliegenpapier, giftfreies.** 1) 25 Th. Quassiaabkochung (1 : 10) mischt man mit 5 Th. braunem Zucker und 3 Th. gepulvertem langem Pfeffer; mit der Mischung tränkt man dickes Löschpapier, das auf flachen Tellern ausgebreitet ist. 2) 5 Th. Kaliumbichromat und 15 Th. Zucker löst man in 60 Th. Wasser, vermischt mit einer Lösung von 1 Th. ätherischem Pfefferöl in 10 Th. Weingeist, tränkt damit Fliesspapier und trocknet es auf Schnüren. 3) Arsenfreies. 100 Th. Quassiaholz kocht man mit 400 Th. Wasser bis auf die Hälfte ein, seiht durch, setzt 5 Th. Kobaltchlorid, 1 Th. Brechweinstein, 50 Th. Tinktur aus langem Pfeffer hinzu und verfährt weiter wie nach 1 oder 2.

**Fliegenpulver.** Je 25 Th. langer Pfeffer und Quassiaholz, 50 Th. Zucker werden in Pulverform gemischt, mit 20 Th. verdünntem Weingeist befeuchtet, wieder getrocknet und gepulvert. Gut verschlossen aufzubewahren. Zum Gebrauch streut man es auf Tellern aus.

**Tinctura Piperis longi,** wie Tinct. Piperis nigri.

**III. Piper methysticum Forst.** Heimisch und kultivirt auf zahlreichen Inseln von Neu-Guinea bis zu den Sandwichsinseln. Die Wurzel bildet Stücke, die bis 3 cm dick sind, graubraun, von unregelmässiger Form. In der Rinde und in den Markstrahlen Sekretzellen mit grünlichem Inhalt, der mit Schwefelsäure roth wird.

*Bestandtheile.* Methysticin, in weissen Nadeln krystallisirend, ein Derivat des Methylenäthers des Brenzkatechins, α- und β-Harz, von denen das erstere auf die Zunge und das Auge anästhesirend wirkt. Auch ein Glykosid wird angegeben.

*Verwendung.* Die Wurzel liefert gekaut den Kava-Kava- oder Ava-Ava-Trank der Südsee-Insulaner. — Arzneilich wird sie empfohlen als Diaphoreticum bei Bronchitis, katarrhalischen Affektionen etc.

**Extractum Kavae fluidum** (Nat. form.). **Kava-Kava-Fluidextrakt. Fluid Extract of Kava.** Aus 1000 g gepulverter Kavawurzel (No. 40) und q. s. einer Mischung aus 3 Raumth. Weingeist (91 proc.) und 2 Raumth. Wasser im Verdrängungswege. Man fängt die ersten 875 ccm Perkolat für sich auf und stellt l. a. 1000 ccm Fluidextrakt her. — E. Dieterich: 1000 g Kavawurzel, mit je 250 g verdünntem Weingeist und Glycerin befeuchtet, erschöpft man mit verdünntem Weingeist (68 proc.), fängt die ersten 700 ccm für sich auf und bereitet l. a. 1000 g Fluidextrakt. Es sind etwa 5000 g verdünnter Weingeist erforderlich. — Dient als Reiz- und Stärkungsmittel, auch gegen Tripper, zu 1—2,5 ccm.

**IV. Piper Betle L.** Heimisch im indisch-malayischen Gebiet, dort auch kultivirt, ebenso auf Madagaskar, Bourbon und Westindien. Die Blätter enthalten ein ätherisches Oel. Spec. Gew. 1,024. Bestandtheile: Betelphenol, dem Eugenol isomer, ein anderes Phenol (vielleicht Chavicol) und Terpene.

Die Blätter bilden in Indien einen wesentlichen Bestandtheil beim Betelkauen, in Europa empfiehlt man sie oder das ätherische Oel daraus bei Entzündungen der Hals- und Bronchialschleimhäute, auch bei Diphtherie und Entzündungen des Mittelohres.

**V. Piper Novae Hollandiae Miq.** „Australian Pepper". Die Wurzel bildet Scheiben von 5—9 cm Durchmesser, 5—8 mm Dicke, von weichem, hellbraunem Kork bedeckt, Rinde etwa 1 cm dick. Drei koncentrische Holzkreise. In der Rinde und in den Markstrahlen Sekretzellen, deren Inhalt mit koncentrirter Schwefelsäure roth wird. — Beim Kauen scharf brennend, die Zunge gefühllos machend.

Gegen Erkrankungen der Schleimhäute, besonders Gonorrhoe empfohlen.

**VI. Matico** vergl. Bd. II, S. 361.

**Confectio Piperis** (Brit.).
Electuarium Piperis. Confection of Pepper.

Rp. Piperis nigri subt. pulv. 40,0
Fructus Carvi " " 60,0
Mellis depurati 300,0.

Gabe: 4—7,5 g.

**Curry-Powder** (VOMÁČKA).

Rp. 1. Amygdalar. dulc. decorticat. 95,0
2. Sacchari albi 85,0
3. Acidi tartarici 5,0
4. Fructus Capsici pulv. 30,0
Fructus Piperis nigri " 12,0
Fructus Pimentae " 12,0
Fructus Coriandri " 10,0
Fructus Anisi " 3,0
Rhizomat. Zingiberis " 15,0
Rhizomat. Curcumae " 15,0
Seminis Sinapis " 8,0
Seminis Myristicae " 8,0
Caryophyllorum " 4,0
Asae foetidae " 1,0.

Man verreibt 1 mit 2 und 3 und mischt 4 hinzu.

**Electuarium anticachecticum** WARD.

Rp. Piperis nigri subt. pulv. 5,0
Radicis Helenii " " 5,0
Fructus Foeniculi " " 15,0
Mellis depurati 75,0.

Theelöffelweise.

**Mixtura expectorans** GALLOIS.

Rp. Piperis longi pulver. 8,0
Aquae fervidae 250,0
Sirupi Balsami tolutani 50,0.

Umgeschüttelt 1—2stündlich 1 Esslöffel. Bei Stickhusten.

**Pilulae anticatarrhales antiperiodicae** SENDNER.

Rp. Chinidini sulfurici
Balsami tolutani
Piperis nigri ää 5,0
Radicis Liquiritiae 1,0
Acidi hydrochlorici dilut. (Germ.) 6,0.

Man formt 200 Pillen und giebt sie in einem Glase ab. 3stündlich 5 Stück.

**Pilulae antileucaemicae** MOSLER.

Rp. Piperini 5,0
Olei Eucalypti 10,0
Chinini hydrochlor. 2,0
Cerae flavae 3,0.

Zu 150 Pillen, die man in einem Glase abgiebt. Fiebermittel.

**Pulvis tineifugus** BARTH.
Pulvis blatticidus.
BARTH's Mottenpulver.

Rp. 1. Caryophyllorum subt. pulv. 50,0
Piperis nigri " " 100,0
Ligni Quassiae " " 100,0
2. Olei Cinnamomi Cass. 2,0
Olei Bergamottae 2,0
Camphorae 5,0
Aetheris 20,0
3. Ammonii carbonici dilapsi 20,0
Rhizom. Iridis flor. pulv. 20,0.

Man mischt in der angegebenen Reihenfolge.

**Tinctura piperita.**
Pfefferessenz.

Rp. Piperis nigri 50,0
Fructus Capsici annui 75,0
Granorum Paradisi 25,0
Rhizom. Zingiberis 30,0
Spiritus (87proc.) 1000,0.

**Unguentum piperaceum** CAZENEUVE.

Rp. Piperis nigri subt. pulver. 1,0
Unguenti cerei 9,0.

**Vesicatorium** WAUTERS.

Rp. Piperis nigri pulv. subt.
Olibani " "
Natrii chlorati " " ää 10,0
Saponis Hispanici " " 80,0
Spiritus (87proc.) 100,0.

Nach einstündiger Digestion auf die Haut zu streichen.

**Antiputrid-Komposition,** ein Konservirungsmittel für Käse, ist ein Gemisch aus Pfefferessenz, Wein, Essig ää 100, Kochsalz 10.

**Gichtspiritus,** Dr. BLAU's, ist eine Tinktur aus Pfeffer, Kochsalz, Weingeist, Essig, Rosmarin- und Quendelspiritus.

**Peperette,** ein englisches Verfälschungsmittel für Pfefferpulver, besteht aus gemahlenen Olivenkernen, entweder gebleicht oder mit schwarzem Pfeffer gemischt (Rundschau).

**Pilules Alègres,** von COLLAS, gegen Hämorrhoiden: 90 versilberte Pillen aus Pfeffer-, Capsicum-, Queckenwurzelextrakt und Eibischpulver.

**Universalgewürz,** von ANDREAE, besteht aus fein gepulvertem schwarzem Pfeffer, Cayennepfeffer, Muskatnuss, Nelken, Kochsalz und reichlich 50 Proc. Pfefferkraut (HANAUSEK).

**Universal-Dauer-Wurst-Gewürz,** von BÖRNER, 70 weisser Pfeffer, 30 Cayennepfeffer, fein gepulvert (HANAUSEK).

**Zahnpillen,** von SCHREYER & Co. in München, 0,5 schwere Pillen aus Kochsalz, Pfeffer, Zimmt, Nelken und Gummi.

## † Piperinum (U-St.). Piperin. Piperine. $C_{17}H_{19}NO_3$. Mol.-Gew. = 285.

***Darstellung.*** Man extrahirt grob gepulverten weissen Pfeffer mit 90 proc. Alkohol. Von dem alkoholischen Auszuge destillirt man den Alkohol ab. Der zurückbleibende Rückstand (Extrakt) wird zur Beseitigung von harzigen Bestandtheilen mit dünner Kali- oder Natronlauge mehrmals durchgearbeitet. Den hierbei unlöslich hinterbleibenden Rückstand, welcher als Roh-Piperin aufzufassen ist, wäscht man mit Wasser und krystallisirt ihn aus heissem Alkohol um unter Zusatz von Thierkohle zur Entfärbung.

***Eigenschaften.*** Farblose oder schwach gelbliche, glänzende, prismatische Krystalle ohne Geruch. Bringt man reines Piperin in den Mund, so verursacht es zunächst fast keine Geschmacksempfindung; nach längerem Verweilen im Munde, namentlich wenn man es zerbeisst oder zerkaut, verursacht es einen scharfen und beissenden Geschmack. An der Luft sind die Krystalle beständig.

In Wasser ist Piperin fast unlöslich, dagegen löst es sich in 30 Th. kaltem oder in 1 Th. siedendem Alkohol auf. Die alkoholische Lösung schmeckt brennend scharf und ist gegen Lackmus neutral. Leicht löslich ist es auch in heissem Eisessig, löslich ferner auch in Aether, Chloroform und Benzol. Piperin schmilzt bei 128—129° C. und verbrennt bei höherer Temperatur unter Entwicklung alkalisch reagirender Dämpfe ohne einen Rückstand zu hinterlassen. — Konc. Schwefelsäure löst Piperin mit blutrother Farbe, die allmählich in Gelbroth übergeht, beim Verdünnen mit Wasser verschwindet. Konc. Salpetersäure verwandelt es in ein orangegelbes Harz, welches in Kalilauge mit blutrother Farbe löslich ist. Piperin ist optisch inaktiv. Es ist nur eine schwache Base. Verdünnte Mineralsäuren lösen es nur wenig und ohne sich mit ihm zu Salzen zu verbinden. Beim längeren Kochen mit alkoholischer Kalilauge wird es in Piperidin und Piperinsäure gespalten; es ist daher als Piperinsäure-Piperidid aufzufassen.

$$C_6H_3 \begin{cases} <^{O}_{O}> CH_2 \\ -CH = CH - CH = CH - CO - C_5H_{10}N. \end{cases}$$

Piperin.

***Prüfung.*** Das Piperin ist als genügend rein anzusehen, wenn es 1) farblos oder nur schwach gelblich gefärbt ist, 2) an kaltes Wasser nichts Lösliches abgiebt, 3) beim Erhitzen ohne einen Rückstand zu hinterlassen verbrennt und 4) bei 128—129° C. schmilzt.

***Aufbewahrung.*** Vorsichtig; Lichtschutz ist nicht erforderlich.

***Anwendung.*** Piperin wurde zeitweise gegen Febris intermittens als Surrogat des Chinins in Gaben von 0,4—0,5 g in Form von Pulvern oder Pillen, auch als Peristalticum bei habitueller Verstopfung gegeben, indessen ist sein Nutzen ein zweifelhafter.

**Piperidinum. Piperidin.** $C_5H_{11}N$. **Mol.-Gew.** = 85. Ist in geringen Mengen im Pfeffer enthalten und wird künstlich dargestellt durch Reduktion von Pyridin in alkoholischer Lösung mittels metallischem Natrium.

Farblose, stark alkalisch reagirende, pfefferartig riechende Flüssigkeit, mit Wasser und Alkohol in jedem Verhältnisse mischbar. Soll als Harnsäure lösendes Mittel an Stelle des Piperazins Verwendung finden, doch sind die Indikationen und die Dosirung noch nicht genau festgestellt.

(Strukturformel: Ring aus $H_2C$, $H_2C$, $CH_2$, $CH_2$, $CH_2$ und NH.)

Piperidin.

**Piperidinum guajacolicum. Guajaperol. Guajaperon.** S. Bd. I, S. 1254.

# Piperazinum.

**I. Piperazin.** (Ergänzb.). **Diäthylendiamin. Aethylenimin. Piperazidin. Arthriticin.** $(C_2H_4NH)_2$. **Mol. Gew.** = 86. Diese Base wurde eine Zeitlang für identisch gehalten mit dem Spermin von Poehl (s. S. 536), indessen ist die Verschiedenartigkeit beider Substanzen jetzt sichergestellt.

***Darstellung.*** Diese erfolgt durch Einwirkung von Ammoniak auf Aethylenchlorid oder Aethylenbromid; hierbei entstehen ausser Piperazin noch andere Basen. Um das Piperazin rein abzuscheiden, erwärmt man das Gemenge der erhaltenen salzsauren Salze mit Kalium- oder Natriumnitrit auf 60—70° C., worauf sich Dinitrosopiperazin als blätterige Krystallmasse abscheidet. (Schm.-P. 154° C.). Wird dieses mit konc. Säuren, Alkalien oder Reduktionsmitteln behandelt, so geht es wieder in Piperazin über.

***Eigenschaften.*** Das Piperazin bildet farblose, feucht aussehende Krystallmassen (Tafeln) von schwachem aber charakteristischem Geruche und laugig-salzigem Geschmacke.

Es zieht aus der Luft leicht Feuchtigkeit und Kohlensäure an und zerfliesst unter Uebergang in das kohlensaure Salz. Es ist schon bei gewöhnlicher Temperatur etwas flüchtig, wenigstens bildet es bei der Annäherung von Salzsäure Nebel. Piperazin schmilzt bei 104—107° C. und siedet bei 145° C. ohne Zersetzung. Die Dämpfe zeigen bemerkenswerthe Krystallisationsfähigkeit, indem sie sich beim Erkalten zu langen Krystallnadeln verdichten. Aus der wässerigen Lösung krystallisirt das Piperazin in durchsichtigen, glänzenden Tafeln. — Seiner chemischen Natur nach ist das Piperazin eine starke Base. Es ist in Wasser leicht löslich, die wässerige Lösung bläut rothes Lackmuspapier stark. In Alkohol ist es etwas schwieriger löslich, aber immerhin noch ziemlich leicht löslich.

$$H-N{<}\begin{matrix}CH_2-CH_2\\CH_2-CH_2\end{matrix}{>}N-H$$

Piperazin.

Die wässerige Lösung zeigt folgendes Verhalten: mit Nesslerschem Reagens entsteht ein weisser, mit Mercurichlorid ein rein weisser Niederschlag. Mit Kupfersulfat entsteht hellblaue Fällung ($Cu(OH)_2$ (?), welche durch einen Ueberschuss von Piperazin nicht in azurblaue Lösung übergeführt wird. Gerbsäure erzeugt einen missfarbigen hellen Niederschlag, der in heissem Wasser leicht löslich ist. — Auf Zusatz von Pikrinsäure fällt das Pikrat in citronengelben Nadeln aus, welche in heissem Wasser leicht löslich sind. Die salzsaure Lösung wird durch Platinchlorid pomeranzengelb gefällt, der Niederschlag ist in Wasser und in Alkohol schwer löslich. In nicht zu verdünnten salzsauren Lösungen erzeugt Goldchlorid das hellgelbe, gut krystallisirte Golddoppelsalz, welches in heissem Wasser leicht löslich ist. — Ganz besonders charakteristisch ist das Verhalten der schwach salzsauren Lösung gegen Kaliumwismutjodid, mit welchem dieselbe einen scharlachrothen krystallisirten Niederschlag giebt. S. w. unten.

Von wässeriger Chromsäure wird das Piperazin nicht angegriffen, Kaliumpermanganat dagegen oxydirt es schon in der Kälte. Mit der Harnsäure bildet das Piperazin ein verhältnissmässig leicht lösliches Salz, und zwar entsteht, in welchem Verhältnisse man auch Piperazin und Harnsäure zusammenbringen mag, stets das neutrale Piperazin-urat $C_4H_{10}N_2 . C_5H_4N_4O_3$, welches bei 17° C. in etwa 50 Th. Wasser löslich ist, während Lithiumurat sich bei 19° C. erst in 368 Th. Wasser löst.

***Prüfung.*** **1)** Piperazin schmelze (nach dem Trocknen über Aetzkalk) bei 104 bis 107° C. und siede bei 145° C. Durch Anziehen von Wasser und Kohlensäure wird der Schmelzpunkt ganz ausserordentlich beeinflusst. — **2)** Die wässerige Lösung werde durch Nessler'sches Reagens weiss, nicht roth gefällt (Ammoniaksalze). — **3)** Nach dem Ansäuern mit Salpetersäure werde sie weder durch Silbernitrat (Chlor) noch durch Baryumnitrat (Schwefelsäure) verändert. — **4)** Beim Erhitzen im Probirrohre sublimire Piperazin ohne einen Rückstand zu hinterlassen (unorgan. Verunreinigungen).

***Aufbewahrung.*** Unter den indifferenten Arzneimitteln in wohl verschlossenen, kleinen Gefässen, vor Feuchtigkeit und Säuren, auch Kohlensäure, geschützt. Sollte das Piperazin einmal zerflossen sein, so ist es über Aetzkalk, nicht über konc. Schwefelsäure zu trocknen. Letztere würde die Base allmählich an sich saugen. Der bequemeren Handhabung wegen werden Pastillen aus reinem Piperazin von je 1 g Gewicht angefertigt.

***Anwendung.*** Wegen seiner Fähigkeit Harnsäure zu lösen, wird es bei Krankheiten, welche auf harnsaurer Diathese beruhen, angewendet, um die Harnsäure in Lösung zu bringen und durch den Urin aus dem Körper herauszuschaffen: bei Gicht, Harngries, auch bei Blasenkatarrh und Diabetes mellitus. Subkutan 0,25—0,35 g in wässeriger Lösung; innerlich 0,5—1,0 g ein- bis zweimal täglich in Selterserwasser gelöst. Für Ausspülungen der Blase, um harnsaure Konkretionen in Lösung zu bringen, die 1—2proc. Lösung. Zu Umschlägen auf gichtische Anschwellungen die 2proc., schwach alkoholische Lösung.

Die Ausscheidung erfolgt durch den Harn. Ein Theil wird rasch, ein anderer Theil langsamer ausgeschieden. Zum Nachweis des Piperazins im Harn wird der letztere mit Natronlauge versetzt, schwach erwärmt und nach dem Erkalten filtrirt (zur Ausscheidung der Phosphate). Das mit Salzsäure schwach angesäuerte Filtrat wird mit Jodkalium-Wismuthjodid versetzt, kurze Zeit auf 40—50° C. erwärmt, filtrirt und rasch abgekühlt.

Das Wismuthdoppelsalz krystallisirt beim energischen Reiben mit dem Glasstabe und fällt als scharlachrothes Pulver zu Boden, welches unter dem Mikroskope charakteristische Krystallform zeigt.

**Schering's Gichtwasser.** Enthält je 1,0 g Phenocollum hydrochloricum und Piperazin in 600 g Sodawasser gelöst.

**Piperazin-Lithium-Wasser** nach Lindhorst. Piperazin 1,0, Lithiumkarbonat 0,1, Sodawasser 600,0. Gegen Gicht, Nierengries, Nieren- und Blasenstein.

**Piperazin-Brausesalz,** von Dr. E. Sandow in Hamburg, enthält neben Natriumbikarbonat und Citronensäure = 10 Proc. Piperazin.

**Piperazinum chinicum. Chinasaures Piperazin. Sidonal.** $C_4H_{10}N_2(C_7H_{12}O_6)_2$. **Mol. Gew. = 470.** Wird dargestellt durch Neutralisation von Piperazin mit Chinasäure.

Ein farbloses Salzpulver von säuerlichem Geschmack und saurer Reaktion. Schmelzpunkt 168—171° C. In Wasser sehr leicht löslich. Die wässerige Lösung wird durch Ferrichlorid nicht verändert, mit Kaliumwismutjodid giebt sie das prachtvoll krystallisirende Doppelsalz.

Man giebt es in Tagesgaben bis zu 8,0 g (in wässeriger Lösung, auch mit Mineralwasser) als specifisches Mittel gegen Krankheiten, welche auf harnsaurer Diathese beruhen. Beide Komponenten sind harnsäurelösende Mittel, insofern die Chinasäure vom thierischen Organismus als Hippursäure ausgeschieden wird.

**Piperazinum salicylicum. Piperazinsalicylat** $C_4H_{10}N_2 \cdot 2[C_7H_6O_3]$. **Mol. Gew. = 362.** Wird in Krystallen erhalten, wenn man koncentrirte alkoholische Lösungen von 10 Th. Piperazin und 32,5 Th. Salicylsäure mit einander mischt. Farblose, bei 215° bis 218° C. schmelzende Krystalle, leicht löslich in Wasser, Alkohol und in Aether.

**II. Dimethyl-Piperazin. Lupetazin.** $[C_2H_3(CH_3)NH]_2$. **Dipropylendiamin. Mol. Gew. = 114.**

```
            CH3
            |
       CH2 — CH
H — N <          > N — H
       CH — CH2
       |
       CH3
```

Dimethylpiperazin.

***Darstellung.*** Durch Destillation von Glycerin mit Ammoniumchlorid, -bromid oder -Karbonat entsteht (2 : 5) Dimethylpyrazin, welches bei der Reduktion mittels Natrium in alkoholischer Lösung in Dimethylpiperazin übergeht.

***Eigenschaften.*** Ein farbloses, bei 153—158° C. siedendes Oel von basischem Charakter. Wird als solches nicht verwendet, wohl aber das folgende, weinsaure Salz.

**III. Lycetol. Dimethylpiperazintartrat.** $C_6H_{14}N_2 \cdot C_4H_6O_6$. **Mol. Gew. = 264.** Wird durch Neutralisieren von Dimethylpiperazin mit Weinsäure dargestellt.

Farbloses Salzpulver, in Wasser leicht löslich; die wässerige Lösung reagirt sauer und schmeckt säuerlich. Schmelzpunkt 250° C. Die wässerige Lösung giebt noch in grosser Verdünnung mit Kaliumwismutjodid einen spec. schweren, pulverigen, braunrothen Niederschlag, welcher aus würfelförmigen Krystallen besteht.

Das Dimethylpiperazin wirkt in hohem Grade harnsäurelösend. Man giebt daher das Lycetol bei Krankheiten, welche auf Ansammlung von Harnsäure im Organismus beruhen, in Tagesgaben von 1—2 g. Zweckmässig ist es, das Lycetol in Mineralwasser zu lösen und gleichzeitig Alkalien, z. B. Natriumbikarbonat, Magnesia, zu verabreichen.

**IV. † Lysidinum. Lysidin. Methylglyoxalidin. Aethylenäthenyldiamin.** $C_4H_8N_2$. **Mol. Gew. = 84.**

***Darstellung.*** Man destillirt vorsichtig Aethylendiaminchlorhydrat mit etwa 2 Mol. Natriumacetat, wobei folgende Umsetzung eintritt: $C_2H_4(NH_2HCl)_2 + 2\ C_2H_3O_2Na = C_2H_4N_2HCCH_3 + 2NaCl + C_2H_4O_2 + 2H_2O$. Man dampft das Destillat mit verdünnter Salzsäure zur Trockne, krystallisirt den Rückstand unter Entfärbung mit Thierkohle aus Alkohol um, setzt die Base durch starke Kalilauge in Freiheit, schüttelt sie mit Chloroform aus, destillirt das Chloroform ab und reinigt die Base durch Destillation unter vermindertem Druck (Ladenburg).

```
CH2 — NH
|         >C — CH3
CH2 —  N
```

Lysidin.

***Eigenschaften.*** Farblose bis gelbliche, hygroskopische Krystalle von stark alkalischer Reaktion; in Wasser, Alkohol und Chloroform leicht löslich, in Aether fast unlöslich. Schmelz-P. 105° C., Siede-P. 195—198° C. Die Base selbst und deren konc. Lösung besitzen einen schwachen, an Mäuse erinnernden Geruch, der aber in der verdünnten Lösung nur wenig hervortritt. Die freie Base ist hygroskopisch, zieht aus der Luft Kohlensäure an unter theilweisem Uebergang in das kohlensaure Salz und zerfliesst alsdann durch Aufnahme von Wasser aus der Luft. Die wässerige Lösung bläut den Lackmusfarbstoff stark und röthet Phenolphthaleïn. Lysidin ist eine starke, einsäurige Base, welche mit Säuren gut krystallisirende Salze bildet. Das harnsaure Salz ist durch seine leichte Löslichkeit in Wasser ausgezeichnet! 1 Th. desselben löst sich bei 18° C. in 6 Th. Wasser, während 1 Th. harnsaures Piperazin erst von 50 Th. Wasser von 17° C. gelöst wird. Die wässerige Lösung zeigt folgendes Verhalten.

1) Kalium-Wismuthjodid giebt einen röthlich-gelben Niederschlag. — 2) Kupfersulfatlösung wird zunächst hellblau gefällt, auf Zusatz eines Ueberschusses von Lysidin erfolgt Auflösung mit azurblauer Färbung. — 3) Quecksilberchlorid erzeugt einen weissen Niederschlag, der aus siedenden Wasser in Prismen krystallisirt. — 4) Durch Phosphor-Molybdänsäure entsteht ein citronengelber Niederschlag. — 5) Jodjodkaliumlösung erzeugt einen braunen, flockigen Niederschlag. — 6) FRÖHDE's Reagens wird nicht gefärbt.

***Aufbewahrung.*** Vorsichtig, vor Feuchtigkeit thunlichst geschützt, am besten über Aetzkalk (nicht über Schwefelsäure!).

**† Lysidinum bitartaricum. Lysidinbitartrat. Saures weinsaures Lysidin.** **$C_4H_8N_2 \cdot C_4H_6O_6$. Mol. Gew. = 234.** Zur Darstellung mischt man wässerige Lösungen von 84 Th. Lysidin und 150 Th. Weinsäure und dunstet diese zur Trockne.

Farblose Krystalle oder krystallinisches Pulver von saurer Reaktion. Die wässerige Lösung giebt mit den allgemeinen Alkaloidreagentien die oben beschriebenen Reaktionen. In nicht zu starker Verdünnung giebt sie mit Kaliumacetatlösung einen weissen Niederschlag von Kaliumbitartrat.

***Anwendung.*** Das Lysidin wird als freie Base oder in der Form des weinsauren Salzes als Harnsäure lösendes Mittel bei gichtischen Krankheiten angewendet. Man giebt von der freien Base täglich 1—5 g in reichlichen Mengen kohlensauren Wassers oder 2—10,0 g des sauren weinsauren Salzes.

---

# Piperonalum.

**Piperonal. Heliotropin. $C_6H_3O_2CH_2(COH)$. Methylenprotocatechualdehyd. Mol. Gew. = 150.**

***Darstellung.*** 5 Th. Isosafrol werden mit einer Lösung von 25 Th. Kaliumdichromat, 38 Th. Englischer Schwefelsäure und 80 Th. Wasser unter häufigem Umschütteln, auch unter gelegentlichem Anwärmen stehen gelassen. Die Reaktion ist so zu leiten, dass die Temperatur der Mischung nicht wesentlich über 60° C. hinausgeht. Man destillirt alsdann im Wasserdampfstrome ab und schüttelt das Destillat mit Aether aus. Beim Abdestilliren des Aethers hinterbleibt Roh-Piperonal. Zur Reinigung löst man es in Aether und schüttelt die Lösung mit konc. Natriumbisulfitlösung. Man kühlt sofort ab und presst nach einigen Stunden die Krystalle ab, zerlegt sie durch Zugeben von verdünnter Natronlauge in geringem Ueberschusse und reinigt nochmals durch Destillation mittels Wasserdampf.

$$C_6H_3 \begin{cases} -CHO & (1) \\ -O \\ -O \end{cases} > CH_2 \begin{matrix} (2) \\ (3) \end{matrix}$$

Piperonal.

***Eigenschaften.*** Farblose, glänzende, heliotropartig riechende Krystalle. Schmelz-P. 37° C., Siede-P. 263° C. Löslich in 500—600 Th. kaltem Wasser, leichter in siedendem Wasser, leicht in Alkohol und in Aether. Schon im Wasserbade nicht unwesentlich flüchtig.

***Prüfung.*** Das Heliotropin ist namentlich früher, als es noch hoch im Preise stand (1 Kilo: 1875 = 3000 Mk., 1901 = 30 Mk.), häufig verfälscht worden und zwar mit Natriumsulfat und mit Acetanilid. — **1)** Der Schmelz-P. liege bei 37° C. — **2)** Es verbrenne auf dem Platinbleche, ohne einen Rückstand zu hinterlassen. — 3) Kocht man 0,2 g Heliotropin eine Minute lang mit 2 ccm Salzsäure und fügt 4 ccm Karbolsäurelösung (1 : 20) hinzu, so soll diese Flüssigkeit auf Zusatz von Chlorkalklösung nicht schmutzig-violett gefärbt werden. Eine solche Färbung würde die Anwesenheit von Acetanilid anzeigen, und in diesem Falle würde die Färbung durch Uebersättigen mit Ammoniak in Indigoblau übergehen. S. Indophenolreaktion, Bd. I, S. 4.

*Anwendung.* Dem Piperonal kommen antipyretische und antiseptische Eigenschaften zu. In Gaben von 1,0—3,0 g ist es als Antipyreticum empfohlen worden; wegen seines damaligen hohen Preises hat es sich indessen nicht einführen können. Die Hauptverwendung findet es in der Parfumerie zur Herstellung von Parfüms, Sachets und zum Parfümiren von Seifen.

**Sachet d'Héliotrope. Heliotrop-Riechkissen.** Man füllt kleine Säckchen aus weissem Stoff mit einer Mischung von Florentiner Veilchenpulver 250 Th. mit 1 Th. Heliotropin und überzieht diese Säckchen mit solchen aus bunter Seide.

---

# Pistacia.

Gattung der **Anacardiaceae. — Rhoideae.**

**I. Pistacia Lentiscus L.** Heimisch im ganzen Mittelmeergebiet. Liefert Mastix. Vergl. Bd. II, S. 358. — Die Blätter sind als „Sennesblätter aus Tunis" in den Handel gekommen. Sie enthalten schizogene Sekretbehälter in den Gefässbündeln und in den Palissaden kleine Oxalatkrystalle. Das Blatt ist bilateral gebaut. Die Blätter dienen auch als Verfälschung derjenigen von Rhus Coriaria L., des „Färbersumachs". Ebenfalls auf den Blättern erzeugt Aploneura Lentisci eine Galle, die ihres Gerbstoffgehaltes wegen technisch verwendet wird.

**II. Pistacia Terebinthus L.** Heimisch im Mittelmeergebiet. Liefert nach Einschnitten in die Rinde aus den schizogenen Sekretbehältern den altbekannten Chiosterpentin, der neuerdings gegen krebsartige Leiden empfohlen wurde. Er ist braun mit einem Stich in's Grünliche und von ziemlich fester Konsistenz. Er enthält 9—12 Proc. ätherisches Oel, Harz und angeblich Benzoësäure. Die Rinde enthält 25 Proc. Gerbstoff, man verwendet sie zum Gerben. Auf den Blättern erzeugt Pemphigus cornicularius eine grosse, meist hornförmige Galle, die man gegen Asthma und zur Verbesserung des Weines verwendet, sie heisst Judenschote, Carobbe di Giudea, Galle en corne etc.

**III. Pistacia vera L.** Heimisch in Vorderasien, im Mittelmeergebiet kultivirt. Liefert in den Samen: **Semen Pistaciae. Nuclei Pistaciae. Amygdalae virides. — Pistazien. — Pistache** (Gall.). Die Frucht ist etwa 2 cm lang, braunroth und runzlig mit dünnem, nach Terpentin schmeckendem Fleisch. Der Same ist in eine weissliche, knochenharte Steinschale eingeschlossen und hat eine dünne Samenschale. Die Kotyledonen des Embryo sind von grüner Farbe, sie enthalten Fett, Aleuron und wenig Stärke. Man verwendet sie wie die Mandeln.

**Emulsion de pistache** (Gall.) wird bereitet wie Emulsion de chènevis Gall. (Bd. I, S. 593).

Auch die Früchte anderer Arten werden wegen des säuerlichen oder angenehm an Terpentin erinnernden Geschmackes des Pericarps gegessen.

Aus dem Samen von P. vera und anderen Arten gewinnt man fettes Oel von mildem Geschmack, das als Speiseöl benutzt, aber leicht ranzig wird.

**IV.** Es finden noch Gallen anderer Pistacien, die von Pemphigus-Arten erzeugt werden, technische Verwendung. Vgl. Band I, S. 1198.

---

# Pix.

**I. Holztheer.** Die aus verschiedenen Holzarten erzeugten Theere sind unter sich zwar ähnlich, aber nicht völlig gleich. Die durch Destillation der Nadelhölzer erhaltenen Theersorten sind reicher an harzartigen Bestandtheilen, die aus Laubhölzern gewonnenen dagegen reicher an Kreosot.

**Nadelholztheer. Pix liquida** (Brit. Germ. Helv. U-St.). **Goudron végétal** (Gall.). **Resina empyreumatica liquida. Pyroleum Pini. Holztheer. Tar. Stockholm-Tar.** Durch Schwelung verschiedener Nadelhölzer gewonnen.

Eine braunschwarze, in dünner Schicht durchscheinende, klebrige Flüssigkeit von eigenthümlichem, kräftigem Geruche und Geschmacke. Er sinkt im Wasser nieder, ist also specifisch schwerer als dieses und unterscheidet sich dadurch von dem meist specifisch leichteren Theer aus Braunkohlen, Torf und bituminösem Schiefer. Er lässt sich ferner mit Fettsubstanzen, z. B. Schweineschmalz zusammenschmelzen, was z. B. bei dem Buchenholztheer nicht der Fall ist. Das mit Holztheer geschüttelte Wasser ist gelblich (bei Braunkohlentheer oft blauschwarz) und reagirt infolge Anwesenheit von Essigsäure sauer (bei Kohlentheer in der Regel alkalisch). — Der mit 10 Th. Wasser bereitete wässerige Auszug wird durch wenig Ferrichlorid vorübergehend grünlich gefärbt; durch Kalkwasser im Ueberschuss wird der wässerige Auszug dauernd braunroth gefärbt infolge der vorhandenen Phenole, die in alkalischer Lösung durch den Luftsauerstoff leicht oxydirt werden. — In absolutem Alkohol ist Holztheer völlig, in Terpentinöl zum Theil löslich.

Lässt man Holztheer einige Zeit stehen, so sondert er sich in eine untere, körnige und eine obere, sirupöse Schicht. Zum Arzneigebrauche ist nach Stern die obere sirupöse Schicht vorzuziehen. Die krystallinische Ausscheidung wird als „Brenzcatechin“ angesehen. Als Bestandtheile werden angeführt: Benzol, Toluol, Xylol, Styrol, Naphthalin, Reten $C_{18}H_{18}$, Paraffin, Phenol, Kresol, Phlorol, Brenzcatechin, Pyrogalloläther, Coerulignon, Cedriret, Pittakal, Eupitton u. a. m.

***Aufbewahrung.*** In weithalsigen Glasgefässen.

***Anwendung.*** Wegen seines Gehaltes an Phenolen wirkt der Theer antiseptisch. Man giebt ihn innerlich in Form von Pillen und Kapseln, dreimal täglich zu 0,2—1,0 g, namentlich aber in Form von Theerwasser gegen Krankheiten der Athmungsorgane. Aeusserlich gegen verschiedene Hautkrankheiten.

**Dr. Berkeley's Antiherpetic Capsules** sind Gelatinekapseln je mit 0,6 g Pix liquida gefüllt.

**Aqua Picis.** (Germ. Helv.). **Eau de goudron.** (Gall.). **Aqua picea. Theerwasser. Tar-Water.** Ein wässeriger Auszug von Holztheer. Um dem Wasser mehr Angriffspunkte zu bieten, wird der Theer vorher auf indifferenten Verdünnungsmitteln (Bimsstein, Sägespähnen) vertheilt.

**Gall.** Man vertheilt 5 Th. Holztheer auf 15 Th. Sägespähne, schüttelt die Mischung mit 1000 Th. destillirtem Wasser, lässt unter öfterem Umschütteln 24 Stunden einwirken und filtrirt.

**Helv.** 10 Th. Holztheer, 10 Th. Sägespähne (gewaschen und wieder getrocknet), 100 Th. heisses Wasser. Nach 24stündiger Maceration filtriren.

**Germ.** Man stellt eine Mischung dar aus 1 Th. Holztheer und 3 Th. grob gepulvertem Bimsstein (der gewaschen und wieder getrocknet worden ist). Diese Mischung kann vorräthig gehalten werden. Zur Bereitung von Theerwasser schüttelt man 2 Th. dieser Mischung mit 5 Th. destillirtem Wasser 5 Minuten lang und filtrirt.

Theerwasser ist entweder jedesmal frisch zu bereiten oder doch nur für kurze Zeit aufzubewahren.

***Anwendung.*** Innerlich esslöffel-, tassen- und becherweise nach Art der Mineralbrunnen gegen chronische Exantheme und Krankheiten der Respirationsorgane, auch in Inhalationen. Aeusserlich als Verbandwasser und zu Injektionen in die Blase bezw. Scheide.

**Copeaux de goudron.** Mit Holztheer getränkte Sägespähne zur Bereitung des Theerwassers.

**Oleum Picis. Oleum Picis liquidae** (U-St.). **Oleum Pini rubrum. Oleum Cedriae. Theeröl. Pechöl.** Durch Destillation des Holztheers gewonnen, ist leichter als Wasser, anfänglich fast farblos, später gelblich, röthlich bis rothbraun werdend. Es besteht aus Kohlenwasserstoffen (Benzol, Toluol) und Phenolen und lässt sich durch fraktionirte Destillation in ein „Leichtöl" und „Schweröl" trennen. Spec. Gewicht bei 15° C. etwa 0,970. Man hat es früher, mit Oel gemischt, gegen Hautkrankheiten, auch gegen die Räude der Hausthiere, angewendet, benutzt dafür gegenwärtig mit Vortheil die bekannten Roh-Kresol-Präparate.

**Resineonum Picis. Résinéone de goudron. Tar oil. Resineon.** 1000 Th. Holztheer nebst 60 Th. Pottasche oder gepulvertem Natriumkarbonat werden in eine Retorte gegeben und der Destillation aus dem Sandbade unterworfen, so lange ein farbloses oder gelbliches Oel übergeht. Es dürfte durch Oleum Picis aethereum vollständig ersetzt werden. Man gebraucht es nur äusserlich gegen chronische Exantheme. Das nach einiger Zeit der Aufbewahrung dunkelbraun gewordene Oel wird durch Rektifikation aus dem Sandbade farblos gemacht.

**Pixol.** 3 Th. Holztheer (Pix liquida Germ.) werden mit 1 Th. Kaliseife mässig erwärmt. Dieser Mischung werden allmählich noch 3 Th. Kalilauge von 10 Proc. in kleinen Antheilen zugesetzt. Klare, dunkelbraune, mit Wasser in jedem Verhältnisse mischbare Flüssigkeit. In 5procentiger Lösung wie Lysol als Desinficiens.

**Resol.** Picis liquidae 1000,0, Kalii caustici fusi 9,0, Alkohol methylici 200,0. Desinfektionsmittel für Fäkalmassen.

**Aether piceo-camphoratus** H. E. RICHTER.

Rp. Picis liquidae (Germ.) 4,0
Camphorae 1,0
Aetheris 7,0.

Riechmittel bei chronischer Coryza, Ozaena, Nasenpolypen.

**Aqua Picis concentrata.**

Starkes Theerwasser (Ergänzb.)

Rp. Picis liquidae (Germ). 250,0
Natrii bicarbonici 15,0
Aquae destillatae 1000,0.

Man erwärmt 3 Stunden lang im Wasserbade im bedeckten Gefässe und filtrirt nach dem Erkalten und Absetzen.

**Candelae Picis liquidae.**

Theer-Räucherkerzchen.

Rp. Picis liquidae 30,0
Kalii nitrici 35,0
Radicis Althaeae q. s.

Fiant candelae decem.

**Collemplastrum Picis** (DIETERICH).

Rp. Massae ad Collemplastrum 800,0
Rhizomatis Iridis subt. pulv. 85,0
Sandaracis pulv. 20,0
Acidi salicylici 6,0
Picis liquidae 35,0
Olei resinae 12,0
Aetheris 150,0.

**Elixir Picis compositum** (Nat. form.).

Rp. Sirupi Pruni Virginiani
Sirupi tolutani āā 200,0 ccm
Morphini sulfurici 0,35 g
Alkohol methylici 50,0 ccm
Aquae destillatae
Vini Picis (Nat. form.) āā q. s. ad 1 l.

**Emplastrum Picis liquidae compositum**

(Nat. form.).

Rp. Resinae Pini Burgundici 50,0
Picis liquidae 40,0
Podophyllini
Radicis Phytolaccae
Rhizomatis Sanguinariae āā 10,0.

**Emulsio Picis liquidae** ADRIAN.

Emulsion de goudron végétale.

Rp. Picis liquidae (Germ.) 10,0
Vitelli ovi 15,0
Aquae 75,0.

**Emulsio Picis liquidae** JEANNEL.

Emulsion de goudron.

Rp. 1. Natrii carbonici crystallisati pulverati
2. Picis liquidae (Germ.) āā 10,0
3. Aquae 1000,0.

Man reibt 1 mit 2 an, giebt kleine Mengen von 3 zu und schüttelt in einer Flasche bis zur Emulsionsbildung. Mit Wasser verdünnt zum äusseren und innerlichen Gebrauche.

**Emulsion de goudron** (Gall.).

Rp. 1. Picis liquidae 20,0
2. Spiritus (90 Proc.) 100,0
3. Tincturae Quillajae 100,0
4. Aquae fervidae 780,0.

Man löst 1 in 2, fügt 3 hinzu und emulgirt durch allmähliche Zugabe von 4.

**Glyceritum Picis liquidae** (Nat. form.).

Rp. 1. Picis liquidae (Germ.). 65,0 g
2. Magnesii carbonici 125,0 „
3. Glycerini 250,0 ccm
4. Spiritus 125,0 „
5. Aquae destillatae q. s. ad 1 l.

Man wäscht 1 dreimal mit je 200 ccm Wasser. Nach Beseitigung der Auszüge mischt man zu dem gewaschenen Theer 2, 3 und 4, ferner 625 ccm Wasser, filtrirt und wäscht mit Wasser bis zu 1 Liter nach.

**Goudron glycériné** (ADRIAN).

Rp. Picis liquidae (Germ.).
Vitelli ovorum āā 25,0
Glycerini 50,0.

Zum äusserlichen, aber auch zum innerlichen Gebrauche.

**Guttae lithonthripticae** PALMIERI.

Rp. Picis liquidae (Germ.) 100,0
Sulfuris sublimati 20,0
Aquae fervidae 1200,0.

Man kocht eine halbe Stunde unter Umrühren im offenen Gefässe, lässt absetzen und filtrirt. 15 bis 30 Tropfen gegen Nierensteinkolik.

**Liqueur de goudron** GUYOT.

GUYOT's Theerwasser.

Rp. Picis liquidae (Germ.) 25,0
Natrii bicarbonici 22,0
Aquae destillatae 1000,0.

Man macerirt unter Umrühren 1 Tag und filtrirt.

**Liquor Picis alkalinus.**

Rp. Picis liquidae 250,0
Kali caustici fusi 125,0
Aquae destillatae 625,0.

**Liquor tannico-piceus** WALDENBURG.

Rp. Acidi tannici 5,0
Aquae Picis (Germ.) 100,0
Aquae destillatae 500,0.

Zur Inhalation gegen Erkrankungen der Athmungswege.

**Mixtura Olei Picis** (Nat. form.).

Rp. Extracti Liquiritiae 65,0 g
Olei Picis liquidae 35,0 ccm
Sacchari 250,0 g
Chloroformii 10,0 ccm
Olei Menthae pip. 3,0 „
Spiritus (95 Proc.) 160,0 „
Aquae q. s. ad 1 l.

**Pastilli Picis** MAYET.

Rp. Picis liquidae (Germ.) 2,0
Natrii bicarbonici 18,0
Calcii phosphorici 30,0
Olei Anisi gtt. V.

Mit Traganthschleim 100 Pastillen zu formen.

**Pommade de Goudron** (Gall.).

Rp. Picis liquidae 1,0
Adipis suilli 9,0.

**Pulvis desinfectorius** SKINNER.

SKINNER's deodorisant and antiseptic powder.

Rp. Olei Picis liquidae 5,0
Calcii hydroxydati 500,0.

**Sapo Picis** (Hungarica).

Rp. 1. Saponis domestici pulv. 60,0
2. Spiritus (90 Proc.)
3. Glycerini ãã 25,0
4. Picis liquidae (Austr.) 15,0
5. Liquoris Natri caustici (sp. Gew. = 1,35) 8,0.

Man löst 1 in 2 und 3, fügt 4 und 5 hinzu und giesst in Papierkapseln aus.

**Sapo Picis liquidae** (Form. Berol.).

Rp. Picis liquidae (Germ.) 40,0
Saponis kalini venalis
Spiritus (90 Proc.) ãã 60,0
Aquae destillatae q. s. ad 200,0.

**Sirop de goudron** (Gall.).

Rp. Picis liquidae (Germ.) 10,0
Sägespähne 30,0
Aquae destillatae 1000,0.

Man digerirt 2 Stunden bei 60° C., filtrirt und kocht aus

180 Th. Zucker und
100 Th. Filtrat

einen Sirup.

**Sirupus Picis.**

Theersirup (Bad. Taxe).

Rp. Aquae Picis (Germ.) 4,0
Sacchari 6,0.

Man bereitet unter möglichst geringer Erwärmung 10 Th. Sirup, der zu filtriren ist.

**Sirupus Picis cum Codeïno** (Helv.).

Rp. 1. Aquae Picis (Helv.) 324,0
2. Sacchari 505,0
3. Glycerini 150,0
4. Codeïni 1,0
5. Spiritus diluti 10,0.

Man kocht 2 mit 1 zum Sirup, fügt 3 und nach dem Erkalten die Lösung von 4 in 5 hinzu. Der Sirup ist zu koliren oder zu filtriren.

**Solutio Picis liquidae alkalina concentrata** ADRIAN.

Rp. Picis liquidae 10,0
Liquoris Natri caustici (15 Proc.) 5,0
Aquae destillatae 90,0

Man lässt unter Umschütteln 1 Tag einwirken, giesst ab, bringt mit Wasser auf 100,0 und filtrirt.

**Tinctura desinfectoria** SKINNER.

SKINNER's deodorisant and antiseptic tincture.

Rp. Olei Picis liquidae 10,0
Spiritus camphorati
Tincturae Myrrhae ãã 30,0
Linimenti saponati-ammoniati 20,0.

Mit 70—100 Th. Wasser verdünnt zu Waschungen und Injektionen.

**Unguentum Glycerini piceatum** WUNDERLICH.

Rp. Unguenti Glycerini 20,0
Picis liquidae 3,0
Aquae destillatae 4,0.

**Unguentum Picis.**

Theersalbe (Hamb. V.).

Rp. Picis liquidae (Germ.) 1,0
Adipis suilli 4,0.

**Unguentum Picis compositum.**

Compound Tar Ointment (Nat. form.).

Rp. Olei Picis liquidae 4,0 g
Tincturae Benzoës 2,0 ccm
Zinci oxydati 3,0 g
Cerae flavae 26,0 „
Adipis suilli 32,0 „
Olei Gossypii 35,0 „

**Unguentum Picis liquidae** (Brit.).

Rp. Picis liquidae (Germ.) 100,0
Cerae flavae 40,0.

U-St.

Rp. Picis liquidae 500,0
Cerae flavae 125,0
Adipis suilli 375,0.

**Unguentum Resineoni** WUNDERLICH.

Rp. Resineoni Picis 2,5
Unguenti cerei 20,0.

**Vinum Picis** (Nat. form.).

Rp. 1. Picis liquidae (Germ.) 100,0
2. Aquae destillatae 250,0
3. Lapidis Fumicis pulv. 125,0
4. Vini albi 875,0 ccm
5. Spiritus 125,0 ccm.

Man zieht 1 mit 2 durch Anreiben aus und beseitigt den Auszug, dann mischt man den Theer mit 3, giebt die Mischung von 4 und 5 hinzu, macerirt unter Umschütteln 4 Stunden, filtrirt und füllt mit der Mischung von 4 und 5 bis zu 1 Liter auf.

**Vet. Linimentum antipsoricum.**

Rp. Picis liquidae (Germ.).
Saponis viridis
Aquae communis ãã 100,0.

Damit die räudigen Stellen in dünner Schicht zu bestreichen

**Vet. Unguentum ad ungulam** BRACY-CLARK. Hufsalbe. Klauensalbe. Hopplemuroma.

Rp. Sebi taurini 100,0
Cerae flavae
Picis navalis
Picis liquidae ää 20,0
Fuliginis e taeda 10,0.

Salbe auf Hufe der Pferde und Klauen der Rinder, wenn die Horndecke spröde, trocken, rissig ist; auch zum Schwärzen der Horndecke.

**Buchentheer.** **Oleum Fagi empyreumaticum.** (Ergänzb.). **Pix liquida** (Austr.). **Buchenholztheer.** Das käufliche, aus dem Buchenholze durch trockene Destillation gewonnene Produkt stellt eine dicke, ölige Flüssigkeit dar, die schwerer ist als Wasser, von schwarzbrauner Farbe, eigenthümlichem, empyreumatischem, kreosotartigem Geruche und unangenehm bitterem und brennendem Geschmacke. Mit Wasser geschüttelt ertheilt es diesem den Geruch und Geschmack des Theeres und saure Reaktion. — Im Gegensatze zum Nadelholztheer zeichnet sich der Buchenholztheer durch seinen Reichthum an mehrwerthigen Phenolen und deren Derivaten (Guajakol- und Pyrogallolderivaten) aus. Buchentheer ist löslich in Anilin, fast löslich in Chloroform und Aether, wenig löslich in Terpentinöl. Schüttelt man 1 Th. Buchentheer mit 20 Th. Wasser, so werden 10 ccm des Filtrats durch 15 Tropfen eines Gemisches aus 1 Th. Eisenchloridlösung und 1000 Th. Wasser vorübergehend roth gefärbt.

**Diphtherie-Mittel** des Naturheilkundigen C. DRESCHER in Breslau. Spiritus 30,0, Birkentheer 43,0 (B. FISCHER).

**Glycerolatum empyreumaticum concentratum** VIDAL. Olei cadini 50,0 s. S. 165. Extracti Quillajae 5,0, Unguenti Glycerini 45,0. (Franz. Hospitalvorschr.)

**Birkentheer.** **Oleum Rusci** (Ergänzb.). **Birkenöl. Oleum Betulae empyreumaticum. Oleum betulinum. Pix betulina. Oleum Moscoviticum. Lithauer Balsam. Goudron de Bouleau. Birch Tar. Dagget** (russ.). Wird in Russland (Polen u. Gouvernement Minsk) durch trockene Destillation des Holzes, der Rinde und der Wurzeln der Birke *(Betula alba L.)* dargestellt.

***Eigenschaften.*** Ziemlich dünne, olivengrün gefärbte, angenehm nach Juchten riechende Flüssigkeit vom spec. Gew. 0,926—0,945 b. 20° C. (HIRSCHSOHN). Löst sich vollständig in Aether, Amylalkohol, Benzol, Chloroform, Schwefelkohlenstoff, Provenceröl und Terpentinöl, nur theilweise in Benzin und Kalilauge (Spec. Gew. 1,33) und unvollkommen in Spiritus, 96proc. Eisessig und in Anilin. Schüttelt man Birkentheer mit Wasser, so erhält man ein fast farbloses, sauer reagirendes Filtrat, das mit verdünnter Eisenchloridlösung (1 : 1000) eine grüne Färbung giebt.

Enthält Guajakol $C_6H_4 < {OCH_3 \atop OH}$, Kreosol $C_6H_3(CH_3) < {OCH_3 \atop OH}$, Kresol $C_6H_3 < {CH_3 \atop OH}$, Xylenol $C_6H_3(CH_3)_2OH$ und wahrscheinlich auch Spuren von Phenol $C_6H_5OH$.

***Prüfung.*** Im Handel kommt eine zweite, dickflüssigere Sorte vom spec. Gew. 0,953—0,987 bei 20° C. vor. Diese ist nach HIRSCHSOHN mit Tannentheer verfälscht. Tannentheer löst sich zum Unterschiede von Birkentheer vollkommen in Spiritus, 96proc. Eisessig und Anilin auf. Wacholdertheer ist dadurch zu unterscheiden, dass seine wässerige Lösung mit Eisenchlorid eine röthliche Färbung giebt.

**Rektificirtes Birkentheeröl. Oleum betulinum rectificatum. Oil of Birch Tar. Essence de Goudron de Bouleau.** Besteht aus den mit Wasser flüchtigen Bestandtheilen des Birkentheers und ist heller an Farbe wie dieser.

***Anwendung.*** Birkentheer wird äusserlich gegen Hautausschläge, syphilitische Geschwüre, Rheumatismus und Gicht angewendet. In Russland ist er ein Heilmittel gegen alle möglichen Krankheiten. In Deutschland wird er in der Thierheilkunde als Wundmittel, Wurmmittel, sowie gegen Kolik und Räude gebraucht. Selten wird er innerlich gegeben, zu 0,2—0,5 g, dreimal täglich, am besten in Pillen. Die grösste Verwendung findet der Birkentheer bei der Bereitung des Juchtenleders. Die Liqueurfabrikanten benutzen ihn zur Aromatisirung des künstlichen Rums.

Er ist ein geeignetes Material zur Darstellung empyreumatischer fetter Oele. Das Ziegelöl, Oleum lateritium, wird gewöhnlich aus 100 Th. rohem Rüböl und 3 Th. Birkentheer gemischt.

| **Linimentum Picis** LASSAR. (Ergänzb.). | **Unguentum Picis** LASSAR. |
|---|---|
| Rp. Olei Fagi empyreumatici | Rp. Olei Rusci |
| Olei Rusci ää 40,0 | Sulfuris praecipitati ää 5,0 |
| Olei Olivae | Vaselini |
| Spiritus diluti (70 Proc.) ää 10,0. | Lanolini c. aqua ää 15,0. |

***Unterscheidung der Holztheerarten.*** Zu diesem Zwecke macht ED. HIRSCHSOHN (Pharm. Ztschr. f. Russl. 1877, 213) folgende Angaben:

**I.** Essigsäure von 95 Proc. löst vollkommen:

**A.** Terpentinöl (französisches) löst vollkommen. Der Petrolätherauszug des Theers färbt sich beim Schütteln mit einer verdünnten Kupferacetatlösung (1 : 1000) grünlich. Chloroform und absoluter Aether lösen vollkommen. — **Tannentheer.**

**B.** Terpentinöl löst wenig. Der Petrolätherauszug färbt sich mit Kupferacetatlösung nicht. Chloroform und absoluter Aether lösen unvollkommen. — **Buchentheer.**

**II.** Essigsäure von 95 Proc. löst unvollkommen.

**A.** Terpentinöl löst vollkommen.

**a)** Anilin löst vollkommen. Das Theerwasser (1 : 20) giebt mit verdünnter Eisenchloridlösung (1 : 1000) eine rothe Färbung. — **Wacholdertheer.**

**b)** Anilin löst unvollkommen. Der wässerige Auszug des Theers färbt sich mit verdünnter Eisenchloridlösung (1 : 1000) grünlich. — **Birkentheer.**

**B.** Terpentinöl löst unvollkommen. Benzol, Chloroform, Aether und Olivenöl lösen unvollkommen. — **Espentheer.**

## II. Steinkohlentheer. Pix Lithanthracis. Pix Carbonis. Goudron de houille (Gall.). Coaltar. Steinkohlentheer.

Wird als Nebenprodukt bei der trockenen Destillation der Steinkohlen gewonnen und kann aus Gasanstalten und Kokereien bezogen werden.

Theerige, das Licht mit bläulichem Glanze stark reflektirende Masse, entweder von der Konsistenz eines dicken Oeles oder von derjenigen einer weichen Butter, von starkem, theerartigem Geruche. Das spec. Gewicht ist 1,120 bis 1,200. Steinkohlentheer ist von alkalischer Reaktion und erhärtet allmählich an der Luft. An Wasser giebt er nur wenig Lösliches ab, in Weingeist, auch in Aether, Benzin und flüchtigen Oelen ist er zum grossen Theile löslich, am vollkommensten löslich ist er in Benzol und in Chloroform. Die bisher bekannten Bestandtheile des Steinkohlentheers können in jedem Lehrbuche der Chemie eingesehen werden; sie setzen sich zumeist zusammen aus Kohlenwasserstoffen, Phenolen und Basen. Wenn Oleum Lithanthracis verordnet ist, so ist Steinkohlentheer abzugeben.

Der für pharmaceutische Zwecke bestimmte Theer wird, um ihn von groben Unreinigkeiten zu befreien, erwärmt und durch ein engmaschiges Drahtnetz kolirt, darauf in einem weithalsigen Glasgefässe aufbewahrt.

**Pix Carbonis praeparata** (Brit.). **Prepared Coal-Tar.** Käuflicher Steinkohlentheer wird in einem flachen Gefässe 1 Stunde lang unter häufigem Umrühren auf 50° C. erwärmt.

**Steinkohlen-Asphalt.** Der bei der Destillation des Steinkohlentheers hinterbleibende Rückstand erstarrt zu einer Masse, welche die Mitte zwischen Asphalt und Steinkohle hält. Er wird in Fässer verpackt und kommt namentlich für die Zwecke des Strassenbelages, auch zur Herstellung von Dachpappe in den Handel.

**BETHEL's Flüssigkeit.** Ist schweres Steinkohlentheeröl.

**Calcaria sulfurica piceata. Theergips. 1)** Nach WUNDERLICH. Calcii sulfurici 96,0, Picis liquidae 8,0. **2)** Nach GHYLLANY. Calcii sulfurici 80,0, Olei Rusci 20,0.

**Casanthrol-UNNA.** Ist Unguentum Caseïni-UNNA mit 10 Proc. Extractum Lithanthracis.

**Extractum Lithanthracis.** Die in Aether und Benzol löslichen Antheile des Steinkohlentheers. Also ein gereinigter Steinkohlentheer analog dem gereinigten Styrax.

**Lianthral** von BEIERSDORF-Hamburg. Steinkohlentheer wird mit einem flüchtigen Lösungsmittel (Benzin?) extrahirt. Der nach dem Verdunsten dieses Lösungsmittels hinterbleibende Rückstand ist das Lianthral oder Extractum Picis Lithanthracis.

**Liquor Anthracis acetonatus.** Rp. Picis Lithanthracis, Benzoli, Acetoni ää.

**Liquor Carbonis detergens** (Hamb. Vorschr. Münch. Ap.-V.). **Coaltar saponiné.** Rp. Picis Lithanthracis 1 Th., Tincturae Quillajae 2 Th. Nach achttägigem Stehen zu filtriren.

**Liquor Lithanthracis acetonatus** SACK. Steinkohlentheer 10,0, Benzol 20,0, Aceton 70,0.

**Liquor Rusci detergens.** Ist ein wässeriges Destillat aus Steinkohlentheer.

**Sapo Carbonis detergens liquidus.** Saponis kalini 300,0, Glycerini 200,0, Liquoris Carbonis detergentis 50,0. Man erwärmt im Wasserbade bis zur Verflüchtigung des Alkohols, fügt hinzu Olei Melissae Germanicae 2,5, Olei Geranii 1,2 und filtrirt im Dampftrichter.

**Saprol.** Ein Nebenprodukt bei der Destillation des Steinkohlentheers, aus Kohlenwasserstoffen bestehend. Schwimmt auf Wasser. Zur Desinfektion von Pissoirs und Aborten.

**Süvern'sche Desinfektionsflüssigkeit.** 100 Th. Aetzkalk, wechselnde Mengen Magnesiumchlorid und Steinkohlentheer, gewöhnlich je 10 Th. und 240 Th. Wasser. Zur Desinfektion von Kloaken und Abwässern.

**Theerflecken-Beseitigung.** Man beseitigt diese aus Stoffen jeder Art durch Behandeln mit frisch rektificirtem Benzol oder noch besser mit Chloroform.

**Vernolith.** 1 Th. Steinkohlentheer, 4 Th. gelöschter Kalk. Desinfektionsmasse für Aborte etc.

**Atramentum ad linteum.**
Tinte für Gewebe der Chlorbleiche.

| | | |
|---|---|---|
| Rp. | Picis Lithanthracis | 20,0 |
| | Benzoli | 25,0 |
| | Fuliginis praeparati | 3,0. |

Vor dem Gebrauche umzuschütteln.

**Emplastrum Picis Canadensis** (Nat. form.).
Canada Pitch Pflaster.

| | | |
|---|---|---|
| Rp. | Picis Canadensis (Picis navalis) | 9,0 |
| | Cerae flavae | 1,0. |

**Emplastrum Picis irritans.**
Reizendes Pechpflaster (Ergänzb.).

| | | |
|---|---|---|
| Rp. | Resinae Pini Burgundici | 32,0 |
| | Cerae flavae | |
| | Terebinthinae ää | 12,0 |
| | Euphorbii pulverati | 3,0. |

**Emplastrum Picis.**
Emplastrum resinosum. Pechpflaster (Ergänzb., Hamb. V.).

| | | |
|---|---|---|
| Rp. | Resinae Pini Burgundicae | 55,0 |
| | Cerae flavae | 25,0 |
| | Terebinthinae | 19,0 |
| | Sebi ovilis | 1,0. |

**Emulsion de coaltar** (Gall.).

| | | |
|---|---|---|
| Rp. | Tincturae Quillajae cum Pice Lithanthracis | 1,0 |
| | Aquae destillatae | 4,0. |

**Emulsion mère** (Hamb. V.).

| | | |
|---|---|---|
| Rp. | Liquoris Carbonis detergentis | 1,0 |
| | Aquae destillatae | 4,0. |

**Teinture de bois de Panama coaltarée** (Gall.).
Tinctura Quillajae cum Pice Lithanthracis.

| | | |
|---|---|---|
| Rp. | Picis Lithanthracis | 1,0 |
| | Tincturae Quillajae (1:5) | 4,0. |

**Tinctura Lithanthracis** Dr. Mielck.

| | | |
|---|---|---|
| Rp. | Picis Lithanthracis | 3,0 |
| | Spiritus (95 Proc.) | 2,0 |
| | Aetheris | 1,0. |

Von der Haut durch Oel abzuwaschen.

**Vernix nigra ad ferrum.**
Schwarzer Eisenlack.

| | | |
|---|---|---|
| Rp. | Picis Lithanthracis solidae (Steinkohlen-Asphalt) | 100,0 |
| | Benzoli crudi | 100,0. |

**III. Pix navalis** (Ergänzb.). **Pix nigra. Pix solida. Resina empyreumatica solida. Schiffspech. Schwarzpech. Hartpech.** Wird erhalten durch Erhitzen des Holztheers; erfolgt das Erhitzen in Destillationsgefässen, so erhält man als Destillat das als *Oleum Picis* beschriebene flüchtige Theeröl.

Das Schiffspech bildet, aus den Fässern, in welchen es in den Handel gebracht wird, herausgeschlagen, feste, schwarze, glänzende, an den Kanten etwas durchscheinende, durch die Wärme der Hand weich, klebend und zähe werdende, noch unter dem Siedepunkte des Wassers schmelzende, in der Kälte leicht zerbrechliche Stücke von schwachem, aber theerähnlichem Geruche. Man bewahrt es in steinernen oder eisernen Töpfen, welche man erwärmt, wenn man das Pech herausnehmen will. Freiliegende Pechstücke fliessen allmählich auseinander und kleben dann fest an ihrer Unterlage. Aus diesem Grunde sollte eine Verpackung in Papier nicht stattfinden.

***Anwendung.*** Das Schiffspech wird, wenn auch höchst selten, in denselben Fällen wie der Holztheer angewendet. Man giebt es am besten in Pillenform (mit 25 Proc. gelbem Wachs gemischt) zu 0,3—0,6—1,0 dreistündlich. Aeusserlich benutzte man es früher als specifisches Klebmittel behufs Beseitigung der Krusten und Haare bei Tinea favosa. Es ist ferner ein häufiger Bestandteil der Salben und Pflaster.

**IV. Pix sutoria. Pix sutrina. Pix sutorum. Schusterpech. Schuhmacherpech.** Eine bei mittlerer Temperatur weiche, knetbare Pechmischung, dargestellt durch Kochung von Schwarzpech und Holztheer mit wenig Terpentin, Wachs und Wasser. Es soll zur Bereitung der Charta antarthritica geeigneter sein, als Pix navalis. Es ist als Heilpflaster und Heilsalbe ein beliebtes Volksmittel. Wenn es vom Arzte gefordert werden sollte, so entnehme man es vom Schuhmacher.

**V. Pix burgundica** (Ergänzb. Brit., U.-St.). **Resina Pini** (Helv.). **Resina Burgundica. Fichtenharz. Gallipot. Poix de Bourgogne** (Gall.). **Burgundy Pitch.**

Das durch freiwilliges Erhärten des Terpentins gebildete, durch Schmelzen und Coliren gereinigte und von Wasser grösstenteils befreite Harz verschiedener Abietineen, namentlich von Pinus Pinaster Solander und Picea vulgaris Link. — Gelbe, bis braun-gelbe, durchscheinende oder undurchsichtig-körnige Massen von schwach-terpentinartigem Geruche. Das in der Kälte brüchige, in der Handwärme erweichende Harz schmelze bei 100° C. ruhig und zu einer nahezu klaren Flüssigkeit. In Weingeist löse es sich fast vollständig auf. Wird zu Pflastermischungen benutzt.

**Poix de Bourgogne purifiée** (Gall). **Pix Burgundica expurgata.** Das durch Schmelzen und Koliren gereinigte Burgunder Harz.

**Emplastrum basilicum.**
Emplastrum basilicum fuscum.
Rp. Picis navalis
Colophonii
Cerae flavae āā 30,0
Olei Olivae 10,0.
Man giesst in geölte Papierkapseln oder direkt in Holzschachteln aus.

**Explementum ad arbores.**
Baumkitt.
Rp. Picis navalis 100,0
Picis liquidae 250,0
Resinae Pini 50,0
Scobis ligneae q. s.
Zum Ausfüllen der Löcher, Spalten und Wunden der Bäume.

**Onguent basilicum** (Gall.).
Rp. Picis navalis
Colophonii
Cerae flavae āā 100,0
Colophonii 400,0.

**Unguentum basilicum nigrum.**
Brunsilkensalbe (Hamb. V.).
Rp. Cerae flavae
Colophonii
Picis navalis
Sebi ovilis
Terebinthinae āā 1,0
Olei Olivae 3,0.

**Unguentum Picis navalis.**
Rp. Picis navalis 10,0
Adipis suilli 30,0.

Vet. **Emplastrum adhaesivum** Lund.
Lund's Widerrüstpflaster.
Rp. Picis navalis
Terebinthinae āā 100,0.

---

# Plantago.

Gattung der **Plantaginaceae.**

**I. Plantago major L., P. media L., P. lanceolata L.** Die beiden ersten mit breit-eiförmigen, die letztere mit lanzettlichen, alle 3 mit parallelnervigen Blättern. Liefern im Kraut mit den Wurzeln:

**Herba Plantaginis (cum radice). — Wegerich, Spitzwegerich, Wegetritt. — Plante fleurie de plantain** (Gall.). — **Plantain leaves. Way-bread leaves.**

Man verwendet das frische, zur Blüthezeit gesammelte Kraut mit der Wurzel, aus dem in früheren Zeiten ein Presssaft bereitet wurde, den man gegen Verdauungsstörungen, Wechselfieber, Ruhr etc. anwendete. Aeusserlich werden die frischen Blätter auch heute noch vom Volke bei Insektenstichen und Geschwüren benutzt. Ein aus den Blättern von P. lanceolata hergestelltes Extrakt wird neuerdings in England benutzt.

**Aqua seu Hydrolatum Plantaginis** (Gall.). **Eau distillée de plantain.** Wie Aqua Lactucae (Gall. Bd. II, S. 272).

**Extractum Plantaginis. Spitzwegerichextrakt.** Aus frischen Blättern wie Extractum Belladonnae Germ. (Bd. I, S. 469).

**Sirupus Plantaginis. Spitzwegerichsaft.** (Münch. Ap.-Ver.) 10 Th. Spitzwegerichextrakt, 500 Th. gereinigter Honig, 500 Th. weisser Sirup.

**II.** Die schleimreichen Samen einiger Arten, nämlich von **Plantago arenaria W. K.**, in Europa und im westlichen Asien, **P. Psyllium L.**, im Mittelmeergebiet, **P. Ispaghul Roxb.**, in Ostindien und Persien werden medicinisch verwendet.

**Semen Psyllii. Semen Pulicariae. — Flohsamen. — Semence de psyllium ou d'herbe aux puces** (Gall.).

Die Samen der letztgenannten Art, von der die der beiden anderen wenig abweichen, sind 3 mm lang, 1—1,5 mm breit, zugespitzt-oval, auf der Bauchseite von den beiden Langseiten her zusammengebogen, in der Mitte das Hilum. Die Farbe ist matt graubraun, auf dem Rücken eine lebhaft rothbraune Stelle. Die Epidermis der Samenschale besteht auf der gewölbten Rückenseite aus Schleimzellen mit geschichtetem Inhalt. Innerhalb der Samenschale das Endosperm mit kleinem Embryo.

***Anwendung.*** Der Same dient unzerkleinert zur Bereitung eines Schleimes, der innerlich und äusserlich bei entzündlichen Leiden, ferner als Schönheitsmittel, auch zum Steifen von Geweben benutzt wird wie der Quittenschleim.

**Mucilago Psyllii.** Mucago de semine Psyllii. Flohsamenschleim. Mucilage de semence de psyllium (Gall.) wird wie Mucilago Cydoniae (Bd. I, S. 1009) bereitet.

**Aqua ophthalmica** Brenner von Felsach.

| | | |
|---|---|---|
| Rp. | Extracti Plantaginis | 1,0 |
| | Aluminis crudi | 0,3 |
| | Aquae Plantaginis | 50,0. |

**Unguentum ophthalmicum** Brenner von Felsach.

| | | |
|---|---|---|
| Rp. | Hydrargyri oxydati rubri | 0,2 |
| | Zinci oxydati | 0,4 |
| | Extracti Plantaginis | 0,6 |
| | Butyri recentis | 4,0. |

**Bandoline,** zum Glätten und Befestigen der Haare, ist ein dicker Flohsamen- oder Quittenschleim, der mit āā verdünntem Glycerin versetzt, beliebig parfümirt und mit Karminlösung röthlich gefärbt wird.

---

# Platinum.

**I. Platinum. Platina. Platin. Platina** (engl. u. franz.). **Pt.** Atomgew. = **195.** Stellt in der Form von Draht, Blech und Geräthen nothwendige Hilfsmittel des chemischen Laboratoriums dar. Platin-Affinerien befinden sich in Deutschland namentlich in Hanau. (W. C. Heraeus, ferner G. Siebert.)

Weisses Metall, etwas ins Bläuliche spielend, geschmeidig, hämmerbar, in der Hitze schweissbar; lässt sich zu dünnem Draht ausziehen und zu Blech auswalzen. Es schmilzt noch nicht im Schmiedefeuer, wohl aber im Knallgasgebläse (Schmelzpunkt 1780° C.). An der Luft ist es unveränderlich. Es wird weder von Salzsäure, noch von Schwefelsäure oder Salpetersäure oder Fluorwasserstoffsäure angegriffen. Dagegen wird es von Königswasser gelöst. Von schmelzendem Kalihydrat, Natronhydrat, Lithiumhydrat sowie von Lithiumchlorid wird es ziemlich stark angegriffen. Ebenso von einer geschmolzenen Mischung von Salpeter und Kalihydrat. Auch eine Mischung von Kieselsäure und Kohle greift Platin stark an unter Bildung von brüchigem Kohlenstoffplatin. Mit den meisten Metallen legirt sich das Platin zu Legirungen, deren Schmelzpunkt tief unter dem des Platins liegt.

***Behandlung der Platingeräthe.*** Wer seine Platingeräthe thunlichst lange erhalten will, muss nachfolgende Punkte beachten:

**1)** In Platingefässen dürfen keine Substanzen behandelt werden, welche Chlor entwickeln, da sonst Platin in Lösung übergeführt wird. — **2)** Kali- und Natronhydrat dürfen nicht in Platingefässen geschmolzen werden, da diese stark davon angegriffen werden. (Hierzu benutzt man Silbertiegel). — **3)** Ferner dürfen nicht darin geschmolzen werden salpetersaure Alkalien und Alkalicyanide. Beide wirken auf Platin angreifend, wie die Alkalien, die Alkalicyanide ausserdem auch noch wegen Zufuhr von Kohlenstoff durch Bildung von Kohlenstoffplatin. — **4)** Nicht erhitzt werden dürfen in Platingeräthen Metalle, besonders leichtschmelzbare, wie Blei, Wismut, Zinn, Cadmium, da diese sich mit dem Platin zu leichtschmelzbaren Legierungen vereinigen; aus dem gleichen Grunde muss das Glühen solcher Metalloxyde vermieden werden, welche in hoher Hitze zu Metallen reducirt werden, wie Bleioxyd, Zinnoxyd, Wismutoxyd, Antimonoxyd. — **5)** Schwefelmetalle dürfen in Platingefässen nicht geglüht werden, wegen der möglichen Bildung von Schwefelplatin.

— 6) Zu vermeiden ist das Glühen von Phosphorsäure und saurer phosphorsaurer Salze bei Gegenwart von Kohle, weil unter diesen Umständen Reduktion der Phosphorsäure zu Phosphor und Bildung von Phosphorplatin erfolgt. — 7) Im glühenden Zustande nimmt Platin Kohlenstoff und Silicium auf, wodurch es brüchig und krystallinisch wird. Man muss es daher vermeiden, das glühende Platin mit Gemischen von Kohle und Kieselsäure zusammenzubringen, ferner mit leuchtender Gasflamme zu erhitzen. — 8) Weissglühendes Platin darf nicht plötzlich der kalten Gebläseluft ausgesetzt werden, da es sonst leicht feine Sprünge bekommt.

Man reinigt die Platingeräthe, indem man sie mit koncentrirter Schwefelsäure auskocht, oder indem man in ihnen Kaliumbisulfat schmilzt. Um sie blank zu machen, scheuert man sie mit Seesand (nicht gewöhnlichem Sande). Platintiegel bewahrt man auf, indem man sie über einen passenden Kork stülpt. — Je reiner das Platin ist, desto weicher ist es auch. Ein geringer Gehalt an Iridium macht das Platin härter, aber auch brüchiger. — Nach unseren Erfahrungen sind für den gewöhnlichen Gebrauch die aus reinem Platin hergestellten Geräthe (einschliesslich Blech und Draht) den aus iridiumhaltigem Platin hergestellten vorzuziehen. Namentlich bei Platindraht bestelle man ausdrücklich „iridiumfreien" Draht.

**Platinum purum. Platinum divisum. Platinschwamm.** Ist Platinmetall in sehr fein zertheilter Form. 10 Th. aus dem käuflichen Platinmetall bereitetes trockenes Platinchlorid werden in 20 Th. destillirtem Wasser gelöst und mit einer koncentrirten Lösung von 11 Th. Ammoniumchlorid vermischt.

Nach einer Stunde versetzt man die Mischung mit 50 Th. Weingeist, sammelt den Niederschlag in einem Filter und wäscht ihn mit 100 Th. kaltem destillirtem Wasser aus. Den getrockneten Niederschlag erhitzt man in einem Porcellantiegel bis zur hellen Rothgluth oder, wenn man die Darstellung eines Wasserstoff entzündenden Platinschwammes beabsichtigt, nur bis zur dunklen Rothgluth.

Der erkaltete Glührückstand ist eine weissgraue, schwammige, zerreibliche Masse, welche zur Darstellung von Platinsalzen oder als Platinschwamm (für die Döbereiner'sche Wasserstoffzündmaschine, zu chemischen Experimenten, Räuchermaschinen) Verwendung findet. Der Platinschwamm hat bekanntlich die Eigenschaft, das auf ihn ausströmende Wasserstoffgas an der Luft zu entflammen. Ein zu stark geglühter Platinschwamm hat diese Eigenschaft verloren. Diese Eigenschaft wird wieder erreicht durch Befeuchten mit Salpetersäure und wiederholtes mässiges Glühen, oder durch Befeuchten mit Salpetersäure und Trocknen bei 200° C. Dem Platinschwamm in den Wasserstoffzündmaschinen giebt man die Entzündungskraft wieder, wenn man ihn zuerst mit Platinchloridlösung, dann mit Ammoniumchlorid durchfeuchtet, trocknet und glüht.

**Platinschwammkugeln,** welche als eudiometrisches Mittel oder zur Befreiung des Wasserstoffs vom Sauerstoff dienen, stellt man dadurch her, dass man feinen Thon mit Wasser und Platinsalmiaklösung zu einem derben Breie mischt, kleine Kugeln (6 mm im Durchmesser) daraus formt, diese trocknet und schwach glüht. Die erkalteten Kugeln werden sofort in dicht verkorkten Flaschen aufbewahrt. Es bieten dieselben den Vortheil, die Wasserbildung aus Sauerstoff und Wasserstoff allmählich zu bewerkstelligen, ohne dass ein Erglühen oder eine Detonation eintritt. Ihre Wirkung geht sehr bald verloren, wenn sie mit Chlorwasserstoffgas, Kohlenwasserstoff, Schwefligsäuregas, Schwefelwasserstoff, Ammoniakgas in Berührung kommen.

**Platinum praecipitatum nigrum. Platinmohr. Platinschwarz.** Zur Darstellung eines besonders wirksamen Platinmohrs giebt O. Loew folgende Vorschrift: Man löst 50 g Platinchlorid-Chlorwasserstoff in Wasser zu etwa 60 ccm Flüssigkeit, vermischt diese Lösung mit 70 ccm officineller Formaldehydlösung und versetzt diese Mischung allmählich (!) und unter guter Abkühlung (!) mit einer Auflösung von 50 g Aetznatron in 50 g Wasser. Nach 12stündigem Stehen wird das ausgeschiedene schwarze Pulver auf einem Saugfilter gesammelt und mit Wasser ausgewaschen. Sobald der grösste Theil des beigemengten Salzes entfernt ist, beginnt sich von dem schwarzen Pulver etwas zu lösen. Man unterbricht alsdann das Auswaschen und lässt den feinen schwarzen Schlamm auf dem Filter stehen, bis er sich infolge Absorption von Sauerstoff in eine lockere, poröse Masse verwandelt hat. Diese wäscht man bis zur vollständigen Entfernung des Natriumchlorids aus, presst sie schliesslich ab und trocknet sie über Schwefelsäure. Nach dem Trocknen bewahrt man den Platinmohr in kleinen enghalsigen Arzneiflaschen auf, welche mit Korken gut zu verschliessen sind.

Das Platinmohr hat die Fähigkeit, auf seiner Oberfläche etwa das 200fache seines eigenen Volumens von Sauerstoff zu verdichten. Der so mit Sauerstoff beladene Platinmohr ist im Stande, schon bei gewöhnlicher Temperatur sehr energische Oxydationserscheinungen zu bewirken; z. B. entzündet er Wasserstoffgas, Leuchtgas und Knallgas, führt Schwefeldioxyd in Schwefeltrioxyd über, oxydirt Aethylalkohol zu Aldehyd und Essigsäure und Aether zu Kohlensäure und Wasser. — Mit der Zeit geht diese Eigenschaft des Platinmohrs mehr oder weniger verloren; man kann alsdann versuchen, ihn durch schwaches Ausglühen oder durch Befeuchten mit 25proc. Salpetersäure, Trocknen und schwaches Glühen wieder zu beleben.

**DOEBEREINER'sches Feuerzeug. Wasserstoffzündmaschine.** Diese ist heute wenig im Gebrauch, ihre Instandsetzung wird aber gewöhnlich dem Apotheker übertragen.

Sie besteht aus einem Glastopfe *cc* und einem Deckel *d*. Unterhalb des Deckels ist ein flaschenförmiger Glascylinder (Glocke) angekittet, in welchem an einer Oese ein kupferner Draht mit einem Zinkkloben *a* hängt. Neben der Oese geht ein enger Kanal durch den Deckel, welcher bei *i* mündet und durch ein Ventil oder einen Hahn (*e*) geöffnet und geschlossen werden kann. Der Glastopf *cc* wird zu $^2/_3$ seines Raumes mit verdünnter Schwefelsäure (1 konc. Säure und 8 Wasser) gefüllt. Beim Druck auf *e* öffnet sich der Hahn, die Luft strömt aus *i* heraus und die Glocke *b* füllt sich mit Säure, welche, mit dem Zinkkloben in Berührung, die Entwicklung des Wasserstoffgases veranlasst. Das Wasserstoffgas füllt, wenn das Ventil wieder geschlossen ist, die Glocke *b* und verdrängt aus dieser die Säure, so dass dadurch der Zinkkloben zugleich von der Einwirkung der Säure befreit wird. Oeffnet man nun wiederum das Ventil, so strömt Wasserstoffgas unter dem Drucke der Flüssigkeitssäule in dem Topfe *cc* aus *i* heraus auf den Platinschwamm, welcher in einer Hülse *g* befestigt ist, und entzündet sich dort. Die besprochene Eigenschaft des Platinschwammes wird unterdrückt oder zerstört, wenn ihn fremdartige Stoffe, Dämpfe aus Fettstoffen, Schwefel, Arsen etc. verunreinigen. Daher darf man an der Maschine keine Wachs- oder Talglichter, Schwefelhölzer etc. anzünden, und es muss zur Füllung eine nur reine Schwefelsäure, und wenn es möglich ist, ein von Arsen, Antimon und Schwefel möglichst freies Zink in Anwendung kommen.

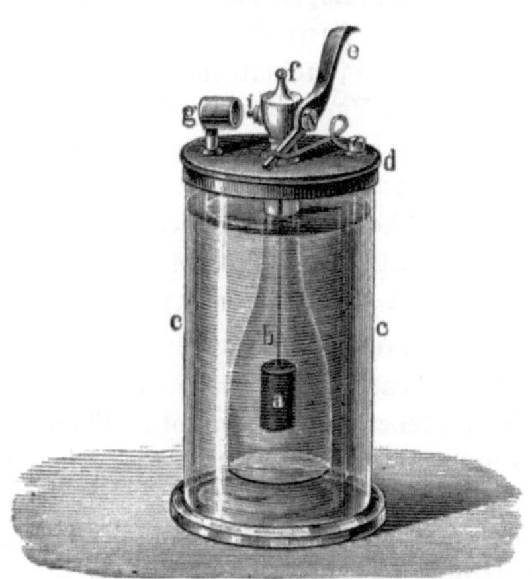

Fig. 82. DÖBEREINER'sches Feuerzeug.

## II. † Platinchlorid - Chlorwasserstoff. Platinbichlorid. Platinchlorid. Platinperchlorid. $PtCl_4 + 2HCl + 6H_2O$. Mol. Gew. = 518.

Dieses Salz wird gewöhnlich „Platinchlorid" genannt. Das wahre Platinchlorid $PtCl_4$ ist zur Zeit Sammlungspräparat und nicht im praktischen Verkehr.

***Darstellung.*** Platinschnitzel, Platinspäne werden zur Entfernung etwa vorhandener Spuren fremder Metalle in einem Glaskolben mit koncentrirter Salpetersäure übergossen und einige Stunden der Wärme des Wasserbades ausgesetzt, hierauf die Säure abgegossen und das Metall mit Wasser abgewaschen. Dann übergiesst man das Metall mit einer 10fachen Menge eines Gemisches aus 5 Th. reiner Salpetersäure von 1,185 spec. Gew. und 15 Th. reiner Salzsäure von 1,124 spec. Gewicht. Die Auflösung wird anfangs in der Wärme des Wasserbades oder eines Sandbades, dann unter Kochung bewerkstelligt. Die mit einem ungefähr gleichen Volumen destillirtem Wasser verdünnte Lösung wird durch Glaswolle filtrirt und das Filtrat bis zur Sirupkonsistenz eingedampft. Zur vollständigen Entfernung der Salpetersäure löst man den Rückstand in der gleichen Gewichtsmenge reiner

Salzsäure und dampft ihn wieder zur Sirupkonsistenz ein. Dies wiederholt man so oft, bis die Lösung sich als frei erweist von Salpetersäure (s. w. unten). Ist dies der Fall, so dampft man die Lösung so weit ein, bis ein Tropfen, auf eine kalte Porcellanplatte gebracht, krystallinisch erstarrt, lässt die so konc. Lösung im Exsiccator erstarren und bringt die erstarrte Masse, in grobe Stücke zerschlagen, in gut zu verschliessende Gefässe.

***Eigenschaften.*** Braunrothe, krystallinische Massen (selten braunrothe Prismen), an der Luft leicht zerfliesslich, in Wasser, Alkohol und Aether mit gelber Farbe löslich. Die wässerige Lösung ist gelb gefärbt, reagirt sauer und besitzt widerlich scharf metallischen Geschmack. Beim vorsichtigen Erhitzen verliert es zuerst sein Krystallwasser, alsdann entweicht beim stärkeren Erhitzen Chlor unter Zurückbleiben von Platinchlorür $PtCl_2$, schliesslich hinterbleibt metallisches Platin. Eine Lösung von Platinchlorid-Chlorwasserstoff in Wasser giebt folgende Reaktionen:

1) Schwefelwasserstoff erzeugt zunächst nur eine Braunfärbung; allmählich, namentlich beim Erwärmen, entsteht ein schwarzbrauner Niederschlag von Platinsulfid $PtS_2$, löslich in gelbem Ammoniumsulfid. 2) Schwefelammonium erzeugt den nämlichen braunschwarzen Niederschlag, löslich im Ueberschuss von (gelbem) Ammoniumsulfid. 3) Kaliumchlorid und Ammoniumchlorid erzeugen in nicht zu verdünnten Lösungen von Platinchlorid und Chlorwasserstoff gelbe, krystallinische Niederschläge von Kalium- bez. Ammoniumplatinchlorid. Durch Zusatz von Weingeist kann die Fällung begünstigt werden. 4) Zinnchlorür bewirkt in Lösungen, welche viel freie Salzsäure enthalten, eine intensiv dunkelrothe bis braunrothe Färbung der Flüssigkeit, aber keinen Niederschlag. 5) Versetzt man eine Lösung von Platinchlorid-Chlorwasserstoff mit Kaliumjodid im Ueberschusse, so erhält man eine sehr charakteristische, tief dunkelrothe, oder — bei sehr verdünnten Lösungen — eine rosarothe Färbung. 6) Ferrosulfat und Ferrochlorid bewirken keine Fällung, wenn man nicht sehr lange Zeit hindurch kocht. Versetzt man aber die Lösung nach dem Zusatz des Ferrosalzes mit Natronlauge, dann mit Salzsäure, so scheidet sich Platinmohr aus.

***Prüfung.*** 1) Platinchlorid-Chlorwasserstoff ist eine gelbbraune krystallinische, nicht feuchte Masse, welche in Wasser, auch in Alkohol und Aether klar mit rothgelber Farbe löslich ist. Braunrothe Färbung der Lösung deutet auf Platinchlorür $PtCl_2$ oder Iridiumchlorid $IrCl_4$. 2) Mischt man 2 ccm der Lösung (1 : 10) mit 2 ccm konc. Schwefelsäure und überschichtet diese Mischung mit 2 ccm Ferrosulfatlösung, so darf an der Berührungsstelle beider Flüssigkeiten auch nach längerem Stehen eine braunrothe Zone nicht auftreten (Salpetersäure).

Gehaltsbestimmung. Man erhitze 0,5 g des trockenen Salzes in einem Porcellantiegel bis zum gleichbleibenden Gewichte. Das Salz der Formel $PtCl_4 . 2HCl + 6H_2O$ liefert 37,64 Proc. metallisches Platin. Liegt eine Lösung zur Untersuchung vor, so dampft man 5 g derselben zunächst im Wasserbade zur Trockne und glüht alsdann den Rückstand bis zum gleichbleibenden Gewichte. Das geglühte Platin darf an warme Salpetersäure wägbare Mengen löslicher Bestandtheile nicht abgeben.

***Aufbewahrung.*** Vorsichtig, in Glasflaschen, welche mit gut passenden Korkstopfen verschlossen sind, oder in Glasröhrchen eingeschmolzen. Die Abgabe im Handverkaufe geschehe mit Vorsicht.

***Anwendung.*** Sehr selten innerlich als Alterans in Gaben von 0,005—0,02 g drei- bis viermal täglich in Pulvern und Pillen bei Syphilis und Epilepsie. Als Höchstgaben sind 0,05 g *pro dosi* und 0,2 g *pro die* anzunehmen. Gewöhnlich bevorzugt der Arzt das nicht ätzende und deshalb milder wirkende Natriumplatinchlorid. — In der Analyse als Reagens zur quantitativen Bestimmung des Kalis und Ammoniaks, in der organischen Chemie zur Darstellung der Platindoppelsalze zahlreicher Basen (Alkaloide).

Technisch verwendet man das Platinchlorid zum Platiniren und auch zum Schwärzen von Kupfer, Messing, Tomback und anderen Kupferlegirungen, und selbst zum Schwärzen des Silbers. Dies bewerkstelligt man einfach durch Bereiben der zu schwärzenden Metalle

**Platinum chloratum (solutum)** (Germ.). **Platinchloridlösung.** 1 Th. Platinchlorid-Chlorwasserstoff wird in 19 Th. Wasser gelöst. Reagens zur chemischen Analyse.

**III. † Platino-Natrium chloratum. Platinum bichloratum natronatum. Platinum muriaticum natronatum. Natriumplatinchlorid.** $PtCl_6Na_2 + 6H_2O$. **Mol. Gew. = 562.**

Zur Darstellung löst man 10 Th. Platinchlorid-Chlorwasserstoff und 2,26 Th. trockenes Natriumchlorid in 20 Th. destillirtem Wasser und dampft diese Lösung zur Trockne. Das Gewicht des Rückstandes betrage 10,8 g.

Das zu Pulver zerriebene Salz ist braungelb, nicht hygroskopisch, leicht löslich in Wasser, in Weingeist und in Aetherweingeist. Der Platingehalt beträgt 34,7 Proc. Es wird wie Platinchlorid-Chlorwasserstoff aufbewahrt. Die Anwendung ist die gleiche wie die des Platinchlorid-Chlorwasserstoffs und zwar in Gaben von 0,01—0,03 drei- bis viermal täglich. Als Höchstgaben sind anzunehmen 0,1 g *pro dosi* und 0,3 g *pro die.* Eine weingeistige Lösung von Natriumplatinchlorid wird als Reagens auf Kali- und Ammoniakverbindungen benutzt.

**IV. † Baryumplatincyanür.** $Pt(CN)_4Ba + 4H_2O$. **Mol. Gew. = 508.** Wird durch Einleiten von Blausäure in ein mit Wasser aufgeschwemmtes Gemenge von Platinchlorür ($PtCl_2$) und Baryumkarbonat erhalten. Man erhält es auch leicht durch Umsetzung des Kupfer-Platincyanürs mit Barytwasser. Grosse rhombische Krystalle, welche in der Richtung der Hauptaxe betrachtet zeisiggrün, senkrecht darauf schwefelgelb erscheinen und violettblauen Flächenschimmer zeigen. Dient zur Herstellung der Röntgen'schen Fluorescenz-Schirme.

***Verarbeitung von Platin-Rückständen.*** Die trockenen oder getrockneten Platin-Rückstände werden in einem Kolben mit Königswasser übergossen, durch Erwärmen auf dem Wasserbade gelöst; die erkaltete Lösung wird alsdann durch Glaswolle filtrirt. Die durch Eindampfen koncentrirte Lösung wird hierauf mit Ammoniakflüssigkeit versetzt, bis der Ueberschuss an Säure zum grossen Theil, aber nicht vollständig abgestumpft ist. Die Lösung muss also noch deutlich sauer sein. Man giebt hierauf einen Ueberschuss an Ammoniumchlorid und das $1^1/_2$fache Volumen der vorhandenen Flüssigkeit an 95procentigem Alkohol zu. Der Niederschlag (Ammoniumplatinchlorid) wird nach 24stündigem Stehen abfiltrirt, mit 80procentigem Weingeist gewaschen und getrocknet. Nach dem Trocknen erhitzt man ihn im Porcellantiegel zu starker Gluth, worauf man im Rückstande metallisches Platin (Platinschwamm) erhält. Dieses metallische Platin wird in der Wärme des Wasserbades mehrmals mit 60procentiger Salpetersäure ausgezogen, dann mit der zehnfachen Menge Königswasser (1 Th. Salpetersäure von 1,185 spec. Gew. und 3 Th. Salzsäure von 1,124 spec. Gewicht) übergossen und durch Erwärmen auf dem Wasserbade gelöst. Die Lösung wird mit der gleichen Menge Wasser verdünnt, durch Glaswolle filtrirt und in einer Porcellanschale zur Sirupkonsistenz eingedampft. Den Rückstand löst man in Salzsäure und dampft wieder ein. Dies wiederholt man so oft, bis alle Salpetersäure entfernt ist. Vergl. unter Darstellung und Prüfung des Platinchlorids.

**Platinid.** Legirung für Tiegel etc. Besteht aus 60 Platin, 35 Nickel, 2 Gold und 3 Eisen. Sehr widerstandsfähig.

**Platinoïd.** Von Martins angegebene, platinähnliche, sehr widerstandsfähige Legirung aus Kupfer, Zink, Nickel, Wolfram.

**Platin-Gold-Amalgam** von Fletscher. 1,3 Platin, 3,35 Gold, 43,35 Silber, 1,65 Kupfer, 50,35 Zinn.

**Platin-Asbest.** Asbest wird mit Platinchlorid getränkt, getrocknet und im Wasserstoffstrome reducirt.

---

**Verplatinirung. Platiniren: 1)** Auf heissem nassem Wege für Kupfer und Messing. In eine kochend heisse Lösung von 1 Th. Platinsalmiak (Ammoniumplatinchlorid) und 8—10 Th. Salmiak in 30—40 Th. Wasser werden die Metalle einige Sekunden untergetaucht, dann mit Schlämmkreide geputzt. Der Ueberzug ist stahlgrau.

2) Auf kaltem nassem Wege. Kupfer, Messing und Stahl im polirten Zustande werden mit einem mit Wasser durchfeuchteten Gemisch aus Platinsalmiak und Weinstein

berieben. — Nach FEHLING taucht man Kupfer oder Messing in eine mit Aetznatron alkalisch gemachte Lösung von 1 Th. Platinperchlorid und 20 Th. Kochsalz in 100 Th. Wasser und berührt das Metall mit einem oder zwei blanken Zinkstäben.

**3) Auf galvanischem Wege für Kupfer und Messing.** Diese Methode liefert einen stärkeren Platinüberzug. Die elektrolytische Flüssigkeit besteht aus 10 Th. Platinsalmiak, 1000 Th. destillirtem Wasser und soviel Salmiakgeist (6—8 Th.), dass sie gerade neutral ist, oder in einer Lösung des Platinsalmiaks in Natriumcitratlösung. Der Platinbeschlag erfolgt sehr langsam.

**4)** Die Verplatinirung von Glas und Porcellan wird in verschiedener, zum Theil geheimgehaltener Weise ausgeführt, zum Theil sind die Methoden der Verplatinirung schwierig und umständlich. Einfach ist das ANGENARD'sche Verfahren, nach welchem der Gegenstand mit einer nicht zu dünnen Lösung von entwässertem Platinchlorid in wasserfreiem Weingeist überzogen und nach dem Trocknen des Ueberzuges der dunklen Rothgluth ausgesetzt wird. — Um Porcellan einen Metalllustre zu geben, bestreicht man den Gegenstand nach LÜDERSDORF mit einer Lösung, bereitet durch Lösung von 20 Th. trocknem Platinchlorid in 20 Th. absolutem Weingeist und Vermischen dieser Lösung mit 25 Th. Lavendelöl, und verfährt nach ANGENARD.

Nach R. BOETTGER soll man in einem porcellanenen Mörser das trockne Platinchlorid mit Rosmarinöl durchreiben und kneten, bis eine weiche, pflasterartige schwarze Masse entstanden ist, dann das Rosmarinöl dekanthiren und nun die schwarze Masse mit der 5fachen Menge Lavendelöl zerreiben, so dass ein vollkommen homogenes dünnflüssiges Fluidum erreicht wird. Nachdem man dieses eine halbe Stunde sich selbst überlassen hat, trägt man es mit einem weichen Pinsel auf das Porcellan, Glas, Steingut in möglichst dünner Schicht auf. Dann werden die Gegenstände in einer Muffel oder mit Vorsicht über der Flamme eines BUNSEN'schen Leuchtgasgebläses einer nur sehr schwachen, kaum sichtbaren Rothglühhitze ausgesetzt.

Zum Ueberziehen der Porcellanschalen mit Platin soll man nach ELSNER das Porcellan im verglühten Zustande mit einem Ueberzuge von Platinmohr mit Terpentinöl versehen und dann im stärksten Glattbrandfeuer brennen.

**Purpurfarbene Tinte für Leinengewebe.** Das mit einer Lösung von 10,0 krystallisirtem Natriumkarbonat, 10,0 Arabischem Gummi in 50,0 Wasser getränkte, getrocknete und durch Plätten geglättete Gewebe wird zuerst mit einer Lösung von 1,0 Platinchlorid in 15,0 Wasser gezeichnet und dann die getrockneten Schriftzüge genau mittelst Gänsekielfeder mit einer Lösung von 1,5 krystallisirtem Stannochlorid in 15,0 Wasser überzogen.

**Rothe Tinte für Wäsche.** Das mit Leimwasser oder dünner Dextrinlösung getränkte, getrocknete und geglättete Gewebe wird mit einer Lösung von 1,0 Platinperchlorid in 5,0—6,0 Wasser gezeichnet und dann die völlig getrockneten Schriftzüge mit einer dünnen Kaliumjodidlösung überpinselt.

**Schwarze Tinte** für Zink, Messing, Kupfer etc. Eine Lösung von 1,0 Platinperchlorid, 1,0 Arabischem Gummi in 10,0 destillirtem Wasser.

---

# Plumbum.

**Plumbum. (Saturnus.) Blei. Plomb** (franz.). **Lead** (engl.). **Pb. Atomgew. = 207.** Ein unedles Metall.

***Eigenschaften.*** Weiches, dehnbares, bläulich-graues, auf der frischen Schnittfläche glänzendes Metall, welches an feuchter Luft allmählich seinen Glanz verliert. Spec. Gewicht = 11,37, Schm.-P. 327° C. Wird Blei an der Luft geschmolzen, so bedeckt es sich mit einem grauen Häutchen (Blei-Asche), welches aus Bleioxydul und Bleioxyd besteht; bei längerem Erhitzen geht es vollständig in Bleioxyd über. Bei Rothgluth beginnt das geschmolzene Blei zu verdampfen, bei Weissgluth siedet es lebhaft, ohne sich destilliren zu lassen. Beim Erstarren zieht sich das Blei beträchtlich zusammen.

In trockner Luft, in luftfreiem Wasser bewahrt das Blei lange Zeit seinen Glanz. In lufthaltigem Wasser oxydirt es sich, indem das entstehende Oxyd zu weissem Bleihydroxyd $Pb(OH)_2$ wird. Dieses ist nicht ganz unlöslich in Wasser und geht, wenn das Wasser auch Kohlensäure enthält, in Karbonat über. Weder das Bleihydroxyd, noch das Karbonat hängen der Metalloberfläche fest an. Die Oxydation des Bleies unter Wasser wird lange Zeit zurückgehalten oder ist nur eine sehr unbedeutende, wenn das Wasser Karbonate und Sulfate der Kalkerde und Magnesia enthält, sie wird aber eher gefördert

**als zurückgehalten, wenn grössere Mengen freier Kohlensäure (bei einem relativen Mangel an Kalkkarbonat), Chloride, Karbonate der Alkalien, Aetzkali, organische Säuren im Wasser vorhanden sind. Verdünnte Schwefelsäure greift das Blei weder in der Kälte noch in der Wärme an. Koncentrirte Schwefelsäure und höchst koncentrirte Salzsäure lösen Blei in der Kälte nicht, wohl aber, wenn auch langsam, in der Wärme. Mässig verdünnte Salpetersäure löst es leicht unter Entwickelung von Stickoxydgas.**

**Bleisorten.** Im Handel unterscheidet man: rohes Werkblei, bestehend in 100 Th. aus 95—98 Blei, 1—2 Arsen, 0,5—1 Antimon, 0,1—0,3 Kupfer, Spuren Eisen, bis zu 0,5 Silber. — Raffinirtes (pattinsonirtes) Blei, enthaltend in 100 Th. bis zu 0,2 Arsen, 0,1 Antimon, 0,25 Kupfer, 0,07 Eisen, 0,5 Silber. — Hartblei, enthaltend in 100 Th. bis zu 8 Arsen, 3 Antimon, 0,5 Kupfer. — Weichblei (aus Bleiglätte dargestellt) enthält mindestens 99 Proc. reines Blei. — Antimonblei enthält in 100 Th. bis zu 2 Arsen, 6—12 Antimon. — Im Blei des Handels finden sich als Verunreinigungen ausser Arsen, Antimon, Kupfer, Eisen, Silber, auch oft 1—2 Proc. Zink und Bleioxyd. Im Bleischrot beträgt der Arsengehalt 0,4—0,8 Proc.

## Blei-Legirungen.

**Schnell-Loth der Klempner.** Besteht aus gleichen Theilen Blei und Zinn. Zum Löthen von Ess-, Trink- und Kochgeschirren dürfen aber Legirungen, welche mehr als 10 Proc. Blei enthalten, nicht verwendet werden. Siehe Seite 662.

**Schrift-Metall. Lettern-Metall.** 1) Blei 80,0, Antimon 20,0. 2) Blei 60,0, Antimon 25,0, Zinn 15,0.

**Magnolia-Metall.** Harte Metall-Legirung für Lager u. dergl. Blei 80,0, Antimon 15,0, Zinn 5,0.

**Weiss-Metall für Dynamos.** Blei 69,94, Antimon 18,70, Zinn 10,83, Kupfer 0,52.

**Calin.** Die Blei-Legirung, mit welcher in China die Theekisten ausgeschlagen werden. Blei 126,0, Zinn 17,5, Kupfer 1,25, Zink Spur.

**Metallcement, leichtschmelzender,** zum Ausfüllen der Fugen in Metallen und Stein. Blei 9,0, Antimon 2,0, Wismut 1,0. Dehnt sich beim Erstarren aus.

***Analyse.*** Man erkennt das Blei in seinen Salzen an folgenden Reaktionen:

**1)** Kalilauge und Natronlauge fällen weisses Bleihydroxyd, $Pb(OH)_2$, welches im Ueberschusse dieser Laugen ziemlich leicht löslich ist. (Unterschied von Cadmium und Wismut) — **2)** Ammoniak fällt Bleihydroxyd oder ein basisches Salz, nicht löslich im Ueberschusse des Fällungsmittels. — **3)** Alkalikarbonate fällen weisse basische Bleikarbonate, unlöslich im Ueberschuss des Fällungsmittels, löslich in ätzenden Alkalien, ferner in Essigsäure oder in Salpetersäure. — **4)** Verdünnte Schwefeläure oder Alkalisulfate fällen weisses Bleisulfat $PbSO_4$. Dieses ist nicht ganz unlöslich in Wasser, ziemlich leicht löslich in Salzsäure, besonders bei Gegenwart von Ferrichlorid, fast unlöslich in verdünnter Schwefelsäure (1 : 5), unlöslich in Weingeist. Sehr leicht wird das Bleisulfat gelöst von basisch-weinsaurem Ammon, d. h. einer mit Ammoniak im Ueberschuss versetzten Weinsäurelösung. — **5)** Kaliumchromat fällt gelbes Bleichromat $PbCrO_4$. Dieses ist leicht löslich in Kali- oder Natronlauge, unlöslich in Essigsäure und in verdünnter Salpetersäure. Von Salzsäure und verdünnter Schwefelsäure wird es zersetzt. — **6)** Salzsäure oder Alkalichloride fällen aus der nicht zu verdünnten Lösung weisses Bleichlorid $PbCl_2$, welches aus siedendem Wasser in glänzenden Nadeln krystallisirt. — **7)** Kaliumjodid fällt gelbes Bleijodid $PbJ_2$, löslich in einem grossen Ueberschuss von Kaliumjodidlösung. — **8)** Gerbsäure fällt aus neutralen oder schwache organische Säuren im freien Zustande enthaltenden Lösungen ein bräunliches Tannat. — **9)** Schwefelwasserstoff fällt aus der nicht allzustark sauren Lösung braunschwarzes Bleisulfid. Dieses wird von verdünnter Salpetersäure zu Bleinitrat gelöst, zum Theil zu Bleisulfat oxydirt. — **10)** Schwefelammonium fällt braunschwarzes Bleisulfid. — **11)** Magnesium und Zink scheiden das Blei aus neutraler oder schwach saurer Lösung als Metall ab. — **12)** Mit Natriumkarbonat gemischt und auf Kohle vor dem Löthrohr geglüht, geben alle Bleiverbindungen ein weisses, metallisch glänzendes, dehnbares Metallkorn und einen in der Hitze dunkelgelben, erkaltet schwefelgelben, nicht flüchtigen Beschlag.

Man bestimmt das Blei A) als Bleisulfat. Die Lösung soll weder Salpetersäure in grösseren Mengen, noch Salzsäure enthalten. Sind diese nicht zugegen, so fällt man die Bleilösung mit einem Ueberschuss von verdünnter Schwefelsäure in der Kälte. Um die Fällung quantitativ zu gestalten, mischt man der Flüssigkeit — wo dies angängig ist — ein doppeltes Volumen Alkohol von 95 Proc. zu. Ist dies, wie z. B. bei gleichzeitiger Gegenwart von Kupfersulfat, nicht angängig, so fügt man eine grössere Menge verdünnter Schwefelsäure zu.

Nach mehrstündigem Absetzen filtrirt man ab. Hatte man aus weingeistiger Lösung gefällt, so wäscht man den Niederschlag mit Weingeist aus. War der Zusatz von Weingeist nicht möglich gewesen und hatte man deshalb in stark schwefelsaurer Lösung gefällt, so wäscht man zunächst mit verdünnter Schwefelsäure (1 : 5) aus, bis alle löslichen Antheile entfernt sind, und wäscht alsdann die Schwefelsäure durch Alkohol aus. Der Niederschlag wird getrocknet. Alsdann bringt man die Hauptmenge des getrockneten Niederschlages auf ein Uhrglas (die Reste mit Hilfe einer scharfen Messerklinge). Das Filter verascht man in einem gewogenen Porcellantiegel. Die Asche wird mit wenig Salpetersäure gelöst, dann fügt man einige Tropfen verdünnte Schwefelsäure zu, dunstet ab und erhitzt, bis das zurückbleibende Bleisulfat trocken ist. Dann giebt man die Hauptmenge des Bleisulfates zu und erhitzt einige Zeit zur dunklen Rothgluth. $PbSO_4 \times 0{,}68316 = Pb$. $PbSO_4 \times 0{,}73597 = PbO$.

Sind in der zu fällenden Lösung grössere Mengen Salpetersäure oder Salzsäure zugegen, so dampft man die Lösung mit einem Ueberschuss verdünnter Schwefelsäure ein, erhitzt auf dem Sandbade, bis Schwefelsäuredämpfe entweichen, verdünnt nach dem Erkalten (!) mit Wasser und führt die Bestimmung wie vorher zu Ende.

**B)** Als Bleisulfid. In diesem Falle fällt man die kalte Lösung, welche nicht zu viel freie Säure enthalten darf, mit Schwefelwasserstoff, filtrirt ab, wäscht mit Schwefelwasserstoffwasser aus, trocknet und führt den Niederschlag unter Zugabe von etwas reinem Schwefel, wie in Bd. I, S. 983 und Bd. II, S. 86 bei Kupfersulfid angegeben, in Bleisulfid über. — Enthält die zu fällende Lösung Salzsäure oder ein Chlormetall, so ist dem Bleisulfid Bleichlorid beigemischt. Man zersetzt einen solchen Niederschlag mit starker Salzsäure, dampft die Lösung zur Trockne, löst den Rückstand in einer konc. Lösung von Natriumacetat, giesst diese Lösung in überschüssiges starkes Schwefelwasserstoffwasser, leitet Schwefelwasserstoff bis zur Sättigung ein, filtrirt ab, wäscht mit Schwefelwasserstoffwasser aus, trocknet und führt die Bestimmung, wie Bd. I, S. 983 und Bd. II, S. 86 angegeben, zu Ende.

***Toxikologisches.*** Werden grössere Mengen von Bleiverbindungen in den Magen eingeführt oder infolge Injektion von Bleisalzlösungen in die Harnblase oder Scheide von Schleimhäuten aus resorbirt, so kann es zu einer akuten Vergiftung kommen, die möglicherweise zum Tode führt.

Die öftere Einführung kleiner Mengen der Bleipräparate, das Aufathmen bleihaltigen Staubes, die wiederholte Resorption von Bleisubstanzen durch die Haut, Haare verursachen eine chronische Bleivergiftung, die sogenannte Malerkolik, Bleikolik, Lithargyrismus, welche selten einen tödtlichen Verlauf nimmt, wohl aber den Körper siech macht und das Leben verkürzt. Symptome chronischer Bleivergiftung sind im allgemeinen: bleiche Gesichtsfarbe, trockne Haut, Trockenheit im Munde, Bleisaum des Zahnfleisches (!), Verdauungsstörungen, Ekel, Brechneigung, eingezogener Unterleib, erschwerter trockner brockiger Stuhlgang, Schwinden der Kräfte, Anämie, Krämpfe, Lähmungen, Abmagerung. Bei geringeren Graden der chronischen Bleivergiftung ist eines oder das andere dieser Symptome mehr oder weniger oder nicht vertreten. Nach dem längeren Gebrauch von bleihaltigen Haarfärbemitteln z. B. pflegen sich ein repetirendes Kopfweh, Augenschmerz oder Steifigkeit des Nackens einzustellen, nach längerem Gebrauch von bleihaltigen Umschlägen oder Einreibungen treten Zufälle ein, welche für Rheuma, Gicht und dergleichen gehalten werden.

Als Gegenmittel bei Bleivergiftungen werden schwefelsaure Alkalisalze, frisch gefälltes Schwefeleisen, Gerbsäure, Opium angesehen. Dass diese Mittel bei chronischen Bleivergiftungen so gut wie nutzlos sind, ist wohl zu beachten.

Zum Nachweise des Bleis in organischen Massen, z. B. in Leichentheilen, bringt man diese wie Bd. I, S. 402 in Lösung, filtrirt kochend heiss, dampft zur Entfernung der Hauptmenge der überschüssigen Salzsäure auf das halbe Volumen ein, stumpft die grösste Menge der alsdann noch vorhandenen Salzsäure mit Ammoniak ab und fällt das Blei durch Einleiten von Schwefelwasserstoff. Der Niederschlag wird mit Schwefelwasserstoffwasser gewaschen und in verdünnter (!) Salpetersäure gelöst. Man dampft die Lösung zur Trockne, fällt das Blei als Bleisulfat und stellt dessen Gewicht fest. Um das Vorhandensein von Blei im Niederschlage einwandfrei festzustellen, kann man a) das Bleisulfat durch Digeriren mit konc. Ammoniumkarbonatlösung in Bleikarbonat überführen und nach dem Auswaschen in verdünnter Salpetersäure auflösen. b) Das Bleisulfat durch Schmelzen mit Kaliumcyanid im Porcellantiegel in regulinisches Blei überführen.

Vegetabilische Substanzen, wie Mehl u. a., trocknet man, mischt sie mit Kalisalpeter, trägt sie nach und nach in einen glühenden Tiegel und extrahirt die Asche in der Wärme mit verdünnter Salpetersäure. Die bleihaltige Lösung wird entweder mit

Ammoniak alkalisch gemacht und mit Schwefelwasserstoff behandelt, oder durch Eindampfen von Salpetersäure befreit, mit verdünnter Salzsäure versetzt und mit Zink oder Magnesium behandelt. Das auf diese Weise gewonnene Bleisulfid oder metallische Blei wird in Sulfat verwandelt und gewogen.

Die Glasuren der gewöhnlichen Töpfergeschirre sind fast stets bleihaltig. Verlangt wird, dass sie an 4proc. Essig Blei nicht abgeben. Man scheuert die Gefässe zunächst mit 4proc. Essig aus, spült sie mit Wasser nach und erhält nun in ihnen 4proc. (bleifreien) Essig $^1/_2$ Stunde im Sieden. Wird der Essig alsdann in einer bleifreien Porcellanschale auf ein kleines Volumen verdampft, die rückständige Flüssigkeit mit wenigen Tropfen Salpetersäure versetzt und mit Schwefelwasserstoff gesättigt, so darf weder eine braunschwarze Färbung noch ebensolche Fällung auftreten. Sollte dies der Fall sein, so wäre ein entstehender Niederschlag in verdünnter Salpetersäure zu lösen und näher auf Blei zu untersuchen.

In der nämlichen Weise erfolgt die Prüfung von Emaillen bez. emaillirten Geschirren.

Zum Nachweis von Blei in Wachstuch, Gummiwaaren u. dergl. verkohlt man die Objekte in einem geräumigen und bedeckten Porcellantiegel, zieht die Kohle heiss mit 25proc. Salpetersäure aus, dampft das Filtrat zur Trockne, löst den Rückstand unter Zusatz von wenigen Tropfen Salpetersäure in Wasser und behandelt mit Schwefelwasserstoff.

Nachweis von Blei im Trinkwasser. Man dampft 1—5 l Wasser in einer bleifreien Porcellanschale mit wenig Salpetersäure (2 Tropfen für je 1 l) auf ein kleines Volumen ein, filtrirt und behandelt die Lösung mit Schwefelwasserstoff. Es darf alsdann das Wasser, selbst wenn es in hoher Schicht über einer weissen Fläche betrachtet wird, eine bräunliche Färbung nicht zeigen, viel weniger einen solchen Niederschlag absetzen. Zum Vergleich betrachtet man eine gleichhohe Schicht des nicht mit Schwefelwasserstoff behandelten Wassers unter den gleichen Bedingungen.

***Wasserleitungsröhren aus Blei.*** Trinkwasser kann in Leitungsröhren aus Blei geleitet werden, wenn es hinreichende Mengen von kohlensauren oder schwefelsauren Salzen der Erden und dabei nicht allzuviel freie Kohlensäure enthält. In diesem Falle bedeckt sich das Innere der Röhren ziemlich bald mit einer Sinterschicht von Karbonaten der Erden, welche den Angriff des Wassers auf das Blei verhindert. Ist dagegen das Wasser sehr arm an gelösten Bestandtheilen, und enthält es gleichzeitig relativ viel Kohlensäure (oder Sauerstoff) gelöst, so können merkliche Mengen Blei in Lösung gehen. So sind z. B. in Dessau während des Jahres 1887—1888 Massenvergiftungen durch den Genuss des bleihaltigen Leitungswassers beobachtet worden. Der Angriff der Bleiröhren wurde auf den reichlichen Kohlensäuregehalt des Wassers zurückgeführt. Man schaffte nach dem Vorschlage von Heyer dadurch Abhülfe, dass man dem Wasser Aetzkalk automatisch zusetzte und dadurch die freie Kohlensäure band und zugleich die Menge der Erdkarbonate vermehrte.

Die Frage, ob ein gegebenes Wasser Bleileitungen angreifen wird, ist nicht schematisch zu entscheiden. Man wird zwar unter allen Umständen den Gehalt des Wassers an gebundener, halbgebundener und freier Kohlensäure bestimmen (Bd. I, S. 337), ausschlaggebend aber ist namentlich der praktische Versuch, d. h. man füllt mit dem zu prüfenden Wasser eine Bleischlange von 5—6 m (spiralig gewunden), welche mit Zapfhahn versehen ist und prüft das Wasser, nachdem es 1—2—5—10 Tage in der Leitung gestanden, ob es Blei aufgelöst hat. Diese Versuche sind natürlich längere Zeit fortzusetzen. — Im Innern geschwefelte Bleirohre bieten keinen hinreichenden Schutz gegen den Angriff des Leitungswassers.

**Reichs-Gesetz, betr. den Verkehr mit blei- und zinkhaltigen Gegenständen. Vom 25. Juni 1887.**

**§ 1.** Ess-, Trink- und Kochgeschirre, sowie Flüssigkeitsmaasse dürfen nicht

1) ganz oder theilweise aus Blei oder einer in 100 Gewichtstheilen mehr als 10 Gewichtstheile Blei enthaltenden Metall-Legirung hergestellt,

2) an der Innenseite mit einer in 100 Gewichtstheilen mehr als 1 Gewichtstheil Blei enthaltenden Metall-Legirung verzinnt oder mit einer in 100 Gewichtstheilen mehr als 10 Gewichtstheile Blei enthaltenden Metall-Legirung gelöthet,

3) mit Email oder Glasur versehen sein, welche bei halbstündigem Kochen mit einem in 100 Gewichtstheilen 4 Gewichtstheile Essigsäure enthaltenden Essig an den letzteren Blei abgeben.

Auf Geschirre und Flüssigkeitsmaasse aus bleifreiem Britannia-Metall findet die Vorschrift in Ziffer 2 betreffs des Lothes nicht Anwendung.

Zur Herstellung von Druckvorrichtungen zum Ausschank von Bier, sowie von Siphons für kohlensäurehaltige Getränke und von Metalltheilen für Kindersaugflaschen dürfen nur Metall-Legirungen verwendet werden, welche in 100 Gewichtstheilen nicht mehr als 1 Gewichtstheil Blei enthalten.

**§ 2.** Zur Herstellung von Mundstücken für Saugflaschen, Saugringe und Warzenhütchen darf blei- oder zinkhaltiger Kautschuk nicht verwendet sein.

Zur Herstellung von Trinkbechern und von Spielwaaren, mit Ausnahme der massiven Bälle, darf bleihaltiger Kautschuk nicht verwendet sein.

Zu Leitungen für Bier, Wein oder Essig dürfen bleihaltige Kautschukschläuche nicht verwendet werden.

**§ 3.** Gefässe und Geschirre zur Verfertigung von Getränken und Fruchtsäften dürfen in denjenigen Theilen, welche bei dem bestimmungsgemässen oder vorauszusehenden Gebrauche mit dem Inhalte in unmittelbare Berührung kommen, nicht den Vorschriften des § 1 zuwider hergestellt sein.

Konservenbüchsen müssen auf der Innenseite den Bedingungen des § 1 entsprechend hergestellt sein.

Zur Aufbewahrung von Getränken dürfen Gefässe nicht verwendet sein, in welchen sich Rückstände von bleihaltigem Schrot befinden. Zur Packung von Schnupf- und Kautabak, sowie Käse dürfen Metallfolien nicht verwendet sein, welche in 100 Gewichtstheilen mehr als 1 Gewichtstheil Blei enthalten.

**§ 4.** Mit Geldstrafe bis 150 M. oder Haft wird bestraft:

1) wer Gegenstände der im § 1, § 2 Absatz 1 und 2, § 3 Absatz 1 und 2 bezeichneten Art den daselbst getroffenen Bestimmungen zuwider gewerbsmässig herstellt;

2) wer Gegenstände, welche den Bestimmungen im § 1, § 2 Absatz 1 und 2 und § 4 zuwider hergestellt, aufbewahrt oder verpackt sind, gewerbsmässig verkauft oder feilhält;

3) wer Druckvorrichtungen, welche den Vorschriften in § 1 Absatz 3 nicht entsprechen, zum Ausschank von Bier oder bleihaltige Schläuche zur Leitung von Bier, Wein oder Essig gewerbsmässig verwendet.

**§ 5.** Gleiche Strafe trifft denjenigen, welcher zur Verfertigung von Nahrungs- oder Genussmitteln bestimmte Mühlsteine unter Verwendung von Blei oder bleihaltigen Stoffen an der Mahlfläche herstellt, oder derartig hergestellte Mühlsteine zur Verfertigung von Nahrungs- oder Genussmitteln verwendet.

**§ 6.** Neben der in den §§ 4 und 5 vorgesehenen Strafe kann auf Einziehung der Gegenstände, welche den betreffenden Vorschriften zuwider hergestellt, verkauft, feilgehalten oder verwendet sind, sowie der vorschriftswidrig hergestellten Mühlsteine erkannt werden.

Ist die Verfolgung oder Verurtheilung einer bestimmten Person nicht ausführbar, so kann auf die Einziehung selbstständig erkannt werden.

**§ 7.** Die Vorschriften des Gesetzes, betr. den Verkehr mit Nahrungsmitteln, Genussmitteln und Gebrauchsgegenständen vom 14. Mai 1879 bleiben unberührt. Die Vorschriften in den §§ 16, 17 desselben finden auch bei Zuwiderhandlungen gegen die Vorschriften des gegenwärtigen Gesetzes Anwendung.

---

**† Plumbum chromicum. Bleichromat. Chromsaures Blei. $PbCrO_4$. Mol. Gew. = 323.**

Die reine Verbindung wird durch Fällen einer mit Essigsäure angesäuerten Lösung von Bleiacetat mit Kaliumchromat oder Kaliumdichromat dargestellt.

Ein specifisch schweres, schön gelbes Pulver, unlöslich in Wasser und verdünnter Essigsäure, leicht löslich in Natronlauge oder Kalilauge.

**Basisches Bleichromat $PbCrO_4 . PbO$** wird dargestellt durch Erhitzen von neutralem Bleichromat mit Kaliumchromatlösung oder durch Behandeln des neutralen Bleichromats mit kalter, stark verdünnter Natronlauge oder durch Kochen mit Kalkwasser. Ein specifisch schweres, lebhaft rothes Pulver.

Von den im Handel vorkommenden Farbmaterialien enthalten neutrales Bleichromat: Chromgelb, Kölner Gelb, Citronengelb, Neugelb, Leipziger Gelb, Königsgelb, Kaisergelb, Pariser Gelb. Das basische Bleichromat ist enthalten im: Chromroth, Chromzinnober, Oesterreicher Roth. Eine Mischung aus neutralem und basischem Bleichromat ist: Chromorange. Gemische aus Berliner Blau und Chromgelb sind: Grüner Zinnober, Oelgrün, Neapelgrün, Laubgrün.

Die Bleichromat enthaltenden Fakten zählen zu den giftigen Farben im Sinne des Gesetzes vom 5. Juli 1887 (s. S. 612) und der Polizeiverordnung, betreffend den Verkehr mit Giften.

**† Plumbum oxalicum. Bleioxalat. Oxalsaures Blei. $C_2O_4Pb$. Mol. Gew. = 295.**

Wird dargestellt durch Fällen einer Lösung von Bleiacetat oder Bleinitrat, mittels Ammoniumoxalat. — Ein weisses, krystallinisches Pulver, in Wasser und essigsaurem Wasser, auch in Weingeist unlöslich. Es hinterlässt beim Glühen Bleioxyd. Wurde von Hoskins in salpetersaurer und mit Wasser verdünnter Lösung zu Injektionen in die Harnblase, und zwar zum Zweck der Auflösung der aus Calciumphosphat bestehenden Blasensteine empfohlen, hat sich aber nicht eingeführt.

**† Plumbum sulfuricum. Bleisulfat. Schwefelsaures Blei. $PbSO_4$. Mol. Gew. = 303.**

Wird dargestellt durch Fällen von Lösungen des Bleiacetats oder Bleinitrats mittels verdünnter Schwefelsäure oder Natriumsulfat. Weisses, specifisch schweres, krystallinisches Pulver, merklich löslich in kaltem und in heissem Wasser, unlöslich in Alkohol, so gut wie unlöslich in verdünnter Schwefelsäure, leicht löslich in Kalilauge oder Natronlauge, auch in basisch weinsaurem Ammon. Von Salzsäure wird es namentlich bei Gegenwart von Ferrichlorid leicht gelöst.

Wird gelegentlich als Bestandtheil von Geheimmitteln gefunden. Kam gegen 1895 aus England als ungiftiges Bleiweiss in den Verkehr, wurde aber zurückgewiesen.

**† Plumbum sulfuratum. Bleisulfid. Schwefelblei. PbS. Mol. Gew. = 239.**

Hat keine therapeutische Verwendung gefunden, kommt aber gelegentlich in Haarfärbemitteln, z. B. im Eau de Figaro vor.

**† Plumbum thiosulfuricum. Bleithiosulfat. Unterschwefligsaures Blei. Plumbum subsulfuricum. $PbS_2O_3$. Mol. Gew. = 319.**

Wird durch Fällung einer wässerigen Lösung von 10 Th. Bleiacetat mit einer wässerigen Lösung von 8 Th. Natriumthiosulfat dargestellt. Das in der Kälte bereitete Präparat ist rein weiss und so fein vertheilt, dass es, mit Kaliumchlorat gemischt und getrocknet, eine Masse liefert, welche sich auf Druck oder Schlag entzündet. Daher ist das so bereitete Bleithiosulfat ein Bestandtheil gewisser phosphorfreier Zündhölzer. Die Präparate des Handels sind (meist grau gefärbt durch Bleisulfid) meist in der Wärme gefällt, daher von dichterer Beschaffenheit und geben nur schwer entzündliche Massen.

---

# Plumbum aceticum.

**I. † Plumbum aceticum purum. Plumbum aceticum** (Austr. Germ. Helv.). **Acétate neutre de plomb** (Gall.). **Plumbi Acetas** (Brit. U-St.). **Bleiacetat. Neutrales Bleiacetat. Essigsaures Bleioxyd. Bleizucker. Saccharum Saturni. Sel de Saturne. $Pb(CH_3CO_2)_2 + 3H_2O$. Mol. Gew. = 379.**

***Darstellung.*** Man löst 1 Th. fein zerriebene Bleiglätte unter Erwärmen in 2 Th. Essigsäure von 30 Proc., filtrirt noch heiss und lässt das Salz an einem kühlen Orte krystallisiren. Das Salz kommt so rein im Handel vor, dass die Selbstdarstellung nur zu Uebungszwecken oder zur Aushülfe erfolgen wird.

***Eigenschaften.*** Das Bleiacetat krystallisirt aus der schwach essigsauren Lösung bei langsamer Verdunstung in tafelförmigen monoklinen Krystallen, aus der heissgesättigten Lösung in nadelförmigen Krystallen. Dieselben haben die Zusammensetzung $(CH_3CO_2)_2Pb + 3H_2O$, das Mol. Gewicht ist = 379. — Die Krystalle sind ursprünglich klar, durchsichtig, glänzend, verwittern aber an der Luft und bedecken sich oberflächlich allmählich mit einer Schicht von Bleisubkarbonat. Sie lösen sich in 2 Th. Wasser von 15° C., in 0,5 Th. Wasser von 100° C., auch in 28 Th. Weingeist bei gewöhnlicher Temperatur, kaum in Aether.

Die wässerige Lösung ist wegen des Gehaltes des angewendeten Wassers an Kohlensäure in der Regel etwas opalisirend, sie reagirt schwach sauer und schmeckt anfänglich süss, hintennach adstringirend-metallisch. Die Krystalle verwittern an trockner Luft und geben ihr Krystallwasser schon bei 40° C., auch über Schwefelsäure oder im Vacuum vollständig oder aber durch Einwirkung von absolutem Alkohol zum Theil ab. Auf 75° C. erhitzt, schmelzen sie in ihrem Krystallwasser.

Die wässerigen Lösungen des krystallisirten Bleiacetats haben nach SALOMON bei 20° C.:

| Gehalt: | 5 Proc. | 10 Proc. | 20 Proc. | 30 Proc. | 40 Proc. | 50 Proc. |
|---|---|---|---|---|---|---|
| Spec. Gewicht: | 1,031 | 1,062 | 1,124 | 1,184 | 1,244 | 1,303. |

Die wässerige Lösung 1 = 10 giebt mit verdünnter Schwefelsäure einen weissen Niederschlag, auf Zusatz von Ferrichloridlösung nimmt sie blutrothe Färbung an unter Ausscheidung weisser, glänzender Krystalle.

***Prüfung.*** Diese erstreckt sich auf eine Verunreinigung mit Bleikarbonat und Cupriacetat. Die Lösung in 10 Th. destillirtem Wasser darf nur schwach opalisiren, muss also fast klar sein (Trübung = Bleikarbonat), und muss mit Kaliumferrocyanid einen rein weissen Niederschlag geben. Ein röthlichgrauer Farbenton des Niederschlages deutet auf Kupfer, welches auch nicht in dem rohen Salze zugegen sein soll. Um auf Abwesenheit von Bleikarbonat zu prüfen, muss zur Lösung ausgekochtes destillirtes Wasser verwendet werden.

***Aufbewahrung.*** Da das Bleiacetat an der Luft verwittert, sogar Spuren Essigsäure abdunstet und besonders durch den in der atmosphärischen Luft nie fehlenden Ammondampf, auch durch Schwefelwasserstoff und Kohlensäure leicht verändert wird, so muss es in dicht verschlossenen Gläsern und, weil es zu den Metallgiften gehört, vorsichtig aufbewahrt werden.

***Anwendung.*** Die äussere Wirkung der Bleisalze beruht hauptsächlich auf ihrer Eigenschaft, sich mit Eiweiss zu verbinden, wodurch kontrahirende Wirkung auf die mit Bleisalzen in Berührung gebrachten Schleimhäute etc. erfolgt. Andauernder innerer Gebrauch hat hartnäckige Verstopfung, Bleikolik zur Folge. — Bleiacetat gilt als Adstringens, Coagulans und Haemostaticum und wird innerlich in Gaben von 0,005—0,025—0,05 g mehrmals täglich bei Diarrhöen, Blutungen, Lungentuberkulose, Herzleiden, Epilepsie gegeben. — Höchstgaben: *pro dosi* 0,1 (Austr. Germ. Helv.), *pro die* 0,3 (Germ.), 0,5 (Austr. Helv.). — Aeusserlich dient es als entzündungswidriges, austrocknendes Mittel. **Man beachte, dass auch nach äusserlichem Gebrauche Vergiftungen durch Resorption eintreten können. Gegenmittel gegen Bleivergiftung sind: Natriumsulfat, Magnesiumsulfat, Ricinusöl und Opium.**

## † Plumbum aceticum crudum. Rohes Bleiacetat. Roher Bleizucker. $Pb(CH_3CO_2)_2 + 3H_2O$. Mol. Gew. = 379.

Wird fabrikmässig aus Bleiglätte und technischer Essigsäure dargestellt und kommt im Handel in genügender Reinheit vor. — Das rohe Salz enthält stets mehr oder weniger basisches Bleikarbonat, seine Lösung in 3 Th. darf opalisiren, dagegen soll sie durch Zugabe von Ferrocyankaliumlösung weder blaue noch rothe Färbung annehmen (Eisen. bezw. Kupfer). Verwendung findet dieses Salz zur Herstellung des Bleiessigs und zur Bereitung von Siccativ und Firniss.

**Anticolicum** von OSWALD WÖLDIKE in Mühlhausen gegen Kolik und Harnverhaltung bei Pferden, sowie Aufblähen bei Rindvieh. Eine 4proc. Lösung von krystallisirtem Bleiacetat in einem mit Zuckercouleur versetzten Baldrianauszuge.

**SIMON's Pepsin,** gegen Kolik der Pferde. In 250,0 g eines Aufgusses von Baldrian, Koriander, Mutterkümmel und Koloquinthen werden gelöst 15,0 g krystallisirtes Bleiacetat.

**Gelatina Plumbi acetici** UNNA.

Rp. Gelatinae albae 5,0
Aquae destillatae 65,0
Glycerini 20,0
Plumbi acetici 10,0.

**Injectio Brou.**

Rp. Opii pulverati
Catechu āā 0,5
Croci 1,0
Infunde ad colaturam 200,0
Plumbi acetici 1,5
Zinci sulfurici 3,0.

**Liquor injectorius plumbicus ad urethram** RICORD.

Rp. Plumbi acetici 2,0—3,0
Aquae Rosae 150,0.
Zur Einspritzung.

**Liquor injectorius plumbicus ad vaginam** RICORD.

Rp. Plumbi acetici 10,0—20,0
Aquae destillatae 1000,0.
Aeusserlich.

**Lotio Plumbi et Opii** (Nat. form.).
Lead and Opium Wash.

Rp. Plumbi acetici 17,5 g
Tincturae Opii simplicis 35,0 ccm
Aquae destillatae q. s. ad 1 l.

**Oleum siccativum album.**
Weisses Siccativöl.

Rp. 1. Plumbi acetici crudi crystallisati pulv. 100,0
2. Olei Papaveris 1200,0
3. Olei Terebinthinae 250,0.
Man reibt 1 mit 2 an, setzt die Mischung unter häufigem Umschütteln in die Sonne, bis das Oel farblos geworden, dann mischt man 3 dazu, lässt absetzen und giesst ab.

**Pilulae antepilepticae** RÉCAMIER.

Rp. Plumbi acetici 0,3
Extracti Opii 0,1
Foliorum Hyoscyami 0,6
Mucilaginis Gummi arabici q. s.
Fiant pilulae XV. Bei Epilepsie morgens und abends eine Pille.

**Pilulae antiphthisicae** OESTERLEN.

Pp. Plumbi acetici 0,5
Opii pulverati 0,3
Foliorum Digitalis 0,5
Radicis Liquiritiae 3,0
Extracti Chamomillae q. s.
Fiant pilulae No. 50. Bei Phthisis zweimal 6 Pillen.

**Suppositoria Plumbi composita** (Brit.).

Rp. Plumbi acetici 2,4
Opii pulverati 0,8
Olei Cacao q. s.
Fiant suppositoria No. 12.

**Unguentum consumens.**
Braune Salzflusssalbe.

Rp. Aloës 1,0
Lapidis calaminaris
Aluminis usti
Hydrargyri oxydati rubri
Minii āā 5,0
Plumbi acetici 2,5
Adipis suilli 10,0
Terebinthinae 5,0
Mellis crudi 10,0
Unguenti basilici 100,0.
Im Handverkauf als Verbandsalbe für sog. Salzfluss.

**Unguentum narcotico balsamicum** HELLMUND

Rp. Plumbi acetici 1,0
Extracti Conii 3,0
Tincturae Opii crocatae 0,5
Unguenti cerei 25,0
Balsami Peruviani 3,0.
Die Salbe dient meist nur zur Bereitung des Unguentum arsenicale HELLMUND. S. Bd. I, S. 393.

**Unguentum contra decubitum.** (Form. Berol.).

Rp. Zinci sulfurici 2,5
Plumbi acetici 5,0
Tincturae Myrrhae 1,0
Vaselini americani q. s. ad 50,0.

**Unguentum contra perniones Viennense.**
Wiener Frostsalbe.

Rp. Unguenti Plumbi acetici 100,0
Lanolini anhydrici 50,0
Olei camphorati 30,0
Balsami peruviani 15,0
Olei Bergamottae 5,0.

**II. † Liquor Plumbi subacetici** (Germ.). **Plumbum aceticum basicum solutum** (Austr.). **Plumbum subaceticum solutum** (Helv.). **Sousacétate de plomb liquide** (Gall.). **Liquor Plumbi Subacetatis fortis** (Brit.). **Liquor Plumbi Subacetatis** (U-St.). **Liquor Plumbi hydrico-acetici. Acetum plumbicum. Acetum saturninum. Extractum Saturni. Bleisubacetatflüssigkeit. Bleiessig. Bleiextrakt.**

***Darstellung.*** (Austr. Germ. Helv.) In einem Mörser mischt man 300 g zerriebenes, krystallisirtes, rohes Bleiacetat mit 100 g präparirter Bleiglätte, welche vorher gesiebt worden ist, schüttet die Mischung in einen tarirten Kolben und giebt 50 g destillirtes Wasser dazu. Man erhitzt nun unter öfterem Umschwenken im Wasserbade, bis die Mischung weiss geworden ist. Dieses Erhitzen dauert mindestens $1^1/_2$ Stunde. Man kann die Erhitzung auch über einem Drahtnetz und freier Flamme ausführen bis zum Aufkochen, in welchem Falle die Mischung sofort die nöthige Weisse erlangt. Nun giesst man 950 g heisses destillirtes Wasser hinzu und erhitzt noch etwa $^1/_4$ Stunde im Wasserbade. Hierauf lässt man den mit einem Kork verschlossenen Kolben erkalten, giesst alsdann den Inhalt in eine Flasche und stellt diese wohlverschlossen unter bisweiligem Umschütteln 1—2 Tage bei Seite. Die durch Absetzen geklärte Flüssigkeit wird hierauf unter Bedeckung des Trichters mit einer Glasscheibe filtrirt. Wesentlich ist die Verwendung einer nicht zu viel Minium, Bleikarbonat oder Bleimetall enthaltenden Bleiglätte, in welchem Falle das spec. Gewicht des Filtrats zu gering ausfallen würde. Es bringt übrigens keinen Nachtheil, wenn man die Menge der Bleiglätte von 100 auf 110 g vermehrt.

Gall.: 300 Th. krystall. Bleiacetat, 100 Th. Bleiglätte, 750 Th. Wasser. Brit.: 250 Th. krystall. Bleiacetat, 175 Th. Bleiglätte, Wasser, q. s. ad 1000 Th. Filtrat. U-St.: 170 Th. krystall. Bleiacetat, 100 Th. Bleiglätte, Wasser q. s. ad 1000 Th. Filtrat.

***Eigenschaften.*** Bleiessig ist eine klare, farblose, zusammenziehend-süsslich schmeckende Flüssigkeit von alkalischer Reaktion. Das spec. Gewicht wird wie folgt angegeben: Austr. = 1,23—1,24; Germ. = 1,235—1,240; Helv. = 1,236—1,240; Brit. = 1,275; U-St. = 1,195; Gall. = 1,320. Er mischt sich klar mit kohlensäurefreiem destillirten Wasser, auch mit Weingeist, trübt sich aber unter Abscheidung von basisch-kohlensaurem Blei auf Zusatz von Brunnenwasser oder durch den Zutritt von kohlensäurehaltiger atmosphärischer Luft. Durch Ammoniak (kohlensäurefreies) entsteht in der Kälte kein Niederschlag, beim Erwärmen wird Bleihydroxyd abgeschieden. Durch Zusatz von Essigsäure geht das basische Bleiacetat in neutrales über. Im übrigen giebt das basische Bleiacetat alle für die Bleisalze bekannten Reaktionen. Der Bleiessig der Austr. Germ. und Helv. enthält 18—19 Proc. Bleioxyd in der Form des basischen Blei-$^2/_3$-Acetates $2[Pb(CH_3CO_2)_2] \cdot PbO \cdot H_2O$.

***Aufbewahrung.*** Die Flüssigkeit wird in die Standflaschen, welche nicht zu gross sein sollen, hineinfiltrirt, bis unter den Pfropfen aufgefüllt und mit Spitzkorken und dichten Tekturen aus feuchter Blase oder Pergamentpapier vor dem Zutritt atmosphärischer Luft abgeschlossen. Der Bleiessig ist ferner vorsichtig aufzubewahren. Seine Abgabe im Handverkauf wird trotzdem nicht beanstandet, sie geschehe aber stets mit Vorsicht und mit einer entsprechenden Signatur. Bleiessig ist eine Lösung und als solche, d. h. als Heilmittel, dem freien Verkehr entzogen.

***Prüfung.*** Giebt der Bleiessig die Reaktionen des Bleis und der Essigsäure, ist er stark alkalisch und stimmt das spec. Gewicht, so bedarf es nur noch der Prüfung auf einen Kupfergehalt: Man mischt den Bleiessig mit einem gleichen Volumen verdünnter Schwefelsäure und filtrirt. Im Filtrat darf durch Kaliumferrocyanid eine braunrothe Färbung oder Fällung nicht entstehen.

Die Entfernung des Kupfers aus dem Bleiessig bietet keine Schwierigkeit, denn man darf diesen nur einen Tag mit feinen Bleischnitzeln in einem verstopften Gefäss im Wasserbade digeriren. Hat man keine Bleischnitzel zur Hand, so ersetzt man sie auch durch Bleimetall, welches man mittelst eines Zinkstabes aus einer mit Essigsäure angesäuerten Bleiacetatlösung gefällt hat.

***Anwendung.*** Der Bleiessig dient nur als äusserliches, austrocknendes, mild adstringirendes Mittel, meist in Verdünnung mit einem vielfachen Volum Wasser oder gemischt mit fettem Oele. Mit der 40—60fachen Menge Wasser verdünnt gebraucht man ihn zu Waschungen und Umschlägen, bei Verbrennungen, Quetschungen, auch als Augenwasser und zu Injektionen bei Blennorrhöen etc. Eine anhaltende Anwendung kann bei Menschen und Thieren Bleikolik verursachen. In der Pharmacie bereitet man aus ihm das Bleiwasser, GOULARD's Wasser, die Bleisalbe, die Salbe gegen Decubitus.

† **Bleisubacetat in Krystallen** $2[Pb(CH_3CO_2)_2] + Pb(OH)_2$ erhält man durch Erhitzen von 2 Th. neutralem krystall. Bleiacetat mit 1 Th. Bleihydroxyd und 3 Th. heissem Wasser bis zum Sieden. Aus dem Filtrate scheidet sich das obige Salz in Krystallen aus.

Auf Veranlassung von B. FISCHER werden zur Versorgung der deutschen Schutz-Truppen seit 1889 Bleiessig-Pastillen aus diesem Salze hergestellt. 1 Pastille von 6,0 g Schwere entspricht = 1 l Bleiwasser. 120,0 g des Salzes geben mit 300,0 g Wasser = 420 g Liquor Plumbi subacetici (Germ.).

**III. † Aqua Plumbi** (Germ. Helv.). **Aqua plumbica** (Austr.). **Lotion à l'acétate de plomb** (Gall.). **Liquor Plumbi Subacetatis dilutus** (U-St.). **Aqua saturnina. Bleiwasser. Kühlwasser. Eau blanche. Lead Water.** Nach Austr. Germ. Helv. und Gall.: Eine Mischung aus 2 Th. Bleiessig und 98 Th. destillirtem Wasser. Nach U-St. werden 30 ccm Bleiessig mit Wasser auf 1000 ccm aufgefüllt.

Diese einfache Mischung ist anfangs fast klar, wenn das Wasser frei von Kohlensäure und Ammon ist, oder doch nur schwach opalisirend, beim Stehen, auch in gut verkorkter Flasche, wird sie nach und nach trübe, und ist die Luft nicht völlig abgeschlossen, so bildet sich ein weisser Bodensatz, welcher aus basischem Bleikarbonat besteht. Ist dieser Bodensatz von einiger Bedeutung, so darf das Bleiwasser nicht dispensirt und muss aufs neue gemischt werden. Man halte übrigens davon keinen zu grossen Vorrath. In Flaschen mit dicht aufgesetzten Korkstopfen hält es sich am besten.

Obgleich das Bleiwasser in der Reihe der starkwirkenden Arzneikörper aufbewahrt wird, so ist seine Abgabe im Handverkauf dennoch zulässig, nur gebe man es nicht in Trinkgeschirren oder in Flaschen ab, welche bestimmungsgemäss zur Aufnahme von Getränken dienen.

Das Bleiwasser wird nur äusserlich angewendet und dient zu Umschlägen, Verbänden, Waschungen, Injektionen, Klystieren.

**Gossypium saturninum** Richter, **Bleiwatte.** Watte wird in heissem Wasser eingeweicht, dann ausgedrückt und mit Bleiwasser getränkt.

## IV. † Aqua Plumbi spirituosa. **Aqua Goulardi** (Austr.). **Lotion dite de Goulard** (Gall.). **Liquor Plumbi Subacetatis dilutus** (Brit.). **Goulard's Wasser. Aqua vegeto-mineralis.**

Ergänzb.: 2,0 Bleiessig, 90,0 gewöhnliches Wasser, 8,0 verdünnter Weingeist.

Austr.: 2,0 Bleiessig, 100,0 Wasser, 5,0 verdünnter Weingeist. Brit.: 5 ccm Bleiessig, 5 ccm Spiritus (90 Proc.), 390 ccm Wasser. Gall.: 2,0 Bleiessig, 8,0 Spiritus vulnerarius (Alcoolat vulnéraire), 90,0 Wasser.

Das Goulard'sche Wasser ist eine trübe oder weiss milchige Mischung, welche in der Ruhe einen weissen Bodensatz macht. Es muss daher vor der Dispensation umgeschüttelt werden. — Obgleich sein Aufbewahrungsort in der Reihe der starkwirkenden Arzneikörper ist, so kann es dennoch, jedoch mit derselben Vorsicht wie das Bleiwasser, im Handverkauf abgegeben werden. — Es wird wie das Bleiwasser nur äusserlich angewendet.

**Aqua ophthalmica saturnina.**

Rp. Liquoris Plumbi subacetici 0,5
Aquae Rosae 120,0
Mucilaginis Cydoniae 7,5.

**Ceratum Plumbi tabulatum.**

Bleicerat. Kühl- und Heilcerat.

Rp. Cerae flavae 30,0
Adipis suilli 50,0
Liquoris Plumbi subacetici
Aquae Rosae āā 10,0.
In Papierkapseln auszugiessen.

**Fomentum antiphlogisticum** Copland.

Rp. Liquoris Ammonii acetici 50,0
Liquoris Plumbi subacetici 15,0
Aquae destillatae 935,0.
Zu feuchten Kompressen auf Kompressionen mit Blutaustritt.

**Linimentum antihyperidroticum** Gaffard.

Rp. Minii 4,0
Liquoris Plumbi subacetici 96,0.
Bei übermässigem Fussschweiss zwischen die Zehen zu streichen. Nicht zu empfehlen.

**Linimentum plumbicum.**

Butyrum plumbicum. Butyrum saturninum. Sapo antiphlogisticus.

Rp. Liquoris Plumbi subacetici 10,0
Olei Olivae 20,0.
Stark umgeschüttelt auf wunde Hautstellen.

**Linimentum Plumbi Subacetatis** (Nat. form.).

Rp. Liquoris Plumbi subacetici 35,0 ccm
Olei Gossypii 65,0 ccm.

**Liquor anterethicus** Hufeland.

Rp. Aquae Amygdalarum amararum
Aquae Goulardi āā 60,0
Aquae Rosae 90,0.

**Unguentum defensivum coeruleum.**

Unguentum Oxydi cobaltici.

Rp. Unguenti Plumbi 17,0
Smalti coerulei praeparati 3,0.

**Unguentum ophthalmicum Lausannense.**

Rp. Hydrargyri oxydati rubri 0,5
Liquoris Plumbi subacetici 3,0
Tincturae Opii crocatae 2,0
Adipis suilli 30,0.

**Unguentum Plumbi** Froeter.

Froeter'sche Salbe.

Rp. Cerae albae 14,0
Olei Olivae 40,0
Mucilaginis Cydoniae 30,0
Liquoris Plumbi subacetici 4,0.

Vet. **Linimentum plumbico-camphoratum.**

Rp. Liquoris Plumbi subacetici 30,0
Olei Rapae recentis 95,0
Camphorae tritae 5,0.
Zum Bestreichen und Bereiben frisch entstandener Gallen bei Pferden.

Vet. **Linimentum plumbicum.**

Rp. Liquoris Plumbi subacetici 20,0
Olei Olivae vel Rapae recentis 100,0.
Mittels eines Federbartes aufzustreichen (bei Excoriationen, Verbrennungen der grösseren Hausthiere.

**Vet. Linimentum plumbicum opiatum.**

Rp. Linimenti plumbici antea notati 120,0
Tincturae Opii simplicis 10,0.

Wie vom Linimentum plumbicum, es wirkt jedoch stärker schmerzstillend.

**Vet. Unguentum antiparonychicum** WHITE.

WHITE's Maukesalbe.

Rp. Cerati Resinae Pini 70,0
Olei Olivae 30,0
Camphorae tritae
Olei Rosmarini āā 5,0
Liquoris Plumbi subacetici 50,0.

Salbe bei Mauke der Pferde.

**Vet. Unguentum populeum plumbicum.**

Rp. Unguenti populei 85,0
Benzoës pulveratae 10,0
Liquoris Plumbi subacetici 5,0.

Heilsalbe bei Wunden, Rissen, Schrunden im Fesselgelenk der Pferde.

## V. Unguentum Plumbi. Unguentum plumbicum. Unguentum saturninum. Unguentum nutritum. Unguentum Lithargyri. Unguentum tripharmacum. Ceratum saturninum. Bleisalbe. Bleicerat. Brandsalbe. Kühlsalbe. Silberglättsalbe.

Die Vorschriften der einzelnen Pharmakopoëen wechseln.

**Austr.** Unguentum Plumbi acetici. Adipis 300,0, Cerae albae 100,0, Plumbi acetici crystall. 6,0, Aquae 20,0.

**Brit.** Unguentum Plumbi Acetatis. Plumbi acetici crystall. 20,0, Unguenti Paraffini 480,0.

**Gall.** Cérat de plomb. Cérat de Goulard. Liquoris Plumbi subacetici 100,0, Cerati Galieni 900,0.

**Germ.** Unguentum Plumbi. Liquoris Plumbi subacetici, Adipis Lanae āā 100,0, Unguentum Paraffini 800,0.

**Helv.** Unguentum Plumbi. Liquoris Plumbi subacetici 100,0 werden auf 50,0 eingedampft und mit 950,0 Vaselinae albae gemischt.

**U-St.** Ceratum Plumbi Subacetatis. Liquoris Plumbi subacetici 200,0, Cerati Camphorae[1]) 800,0.

Je nach der Gegend ist das Publikum an eine weisse oder gelbe Bleisalbe gewöhnt. Man wird also unter Umständen diese Salbe mit weissem oder gelbem Wachse bereiten müssen. Man halte indessen von den mit Fett bereiteten Salben keine grossen Vorräthe, da diese Salben leicht ranzig werden.

---

**Ambrosia,** RING's **vegetabilische.** Von TUBBS & Co. in Petersburg h. H. Trübe Flüssigkeit mit 1 Proc. Bleigehalt. (CHANDLER, Analyt.)

**Aqua amarella,** zum Haarfärben, enthält Bleizucker, Kochsalz und Wasser. (SIERSCH, Analyt.)

**Celebrated Hair Restorative,** GRAY's von DAY, HONGLAND u. STIGER in New-York. Enthält in 100 g eine Spur Blei in Lösung, 0,693 g Blei im Bodensatze. (CHANDLER. Analyt.)

**Circassian Hair-Rejuvenator.** Von PEARSON & COMP. in Brooklyn bei New-York. Eine trübe, circa 4proc. Bleizuckerlösung. (CHANDLER, Analyt.)

**Claridat,** Naturhaarfarbe von BEHRENDT. Ist eine Bleiacetatlösung, welche Schwefelmilch suspendirt enthält.

**CLEOPATRA's Haarwiederhersteller.** Mischung von Bleisulfat 2 Th., Schwefel 6 Th. mit 100 Th. parfümirtem Wasser. B. FISCHER.

**Distilled Restorative for the Hair, Clark's,** von C. G. CLARK & COMP., Haar-Stärkungs-, Erzeugungs- und Färbemittel. Das Präparat enthält in 100 g 0,023 g Blei in essigsaurer Lösung. (CHANDLER, Analyt.)

**Eau capillaire,** progressive pour rétablir la couleur naturelle des cheveux et de la barbe. Formule rationelle. Succès garanti. Dr. R. BRIMMEYER, chim.-pharmacien à Echternach, Luxembourg. 4 g unterschwefligsaures Bleioxydnatron mit unbedeutenden Wismutoxydmengen und 100 g Rosenwasser. (4 Mark.) (SCHÄDLER, Analyt.)

**Eau de Bahama,** zum Schwarzfärben der Haare. Eine Lösung von Bleizucker, in welcher Schwefelblumen suspendirt sind, parfümirt mit Anisöl. (REVEIL, Analyt.)

**Eau de Capille** des J. F. UFFHAUSEN in Neumünster in Holstein, jedem ergrauten Haar die ursprüngliche natürliche Farbe wiederzugeben, ist zusammengesetzt aus 1,8 g präcipitirtem Schwefel, 18,5 g Glycerin, 1 g Bleiacetat und 109 g Wasser. (3 Mark.) (HAGER, Analyt.)

**Eau de la Floride.** Farblose Flüssigkeit mit einem zeisiggrünen Niederschlage, bestehend aus Bleizucker 50 Th., Schwefelblumen 20 Th., destillirtem Wasser 1000 Th. (150 g = 9 Mark.) — Oder bestehend aus 4,0 Bleiacetat, 4,0 Schwefel und 140,0 Rosenwasser.

---

[1]) Ceratum Camphorae (U-St.). Linimenti Camphorae (U-St.) 100,0, Cerae albae 300,0, Adipis suilli 600,0.

**Eau de Fées,** ein Haarfärbemittel. Eine Lösung von $1^1/_4$ Th. schwefligsaurem Bleioxyd in cirka 3 Th. unterschwefligsaurem Natron, $7^3/_4$ Th. Glycerin und 88 Th. Wasser. (120 g = 4,8 Mark.) Laut der Gebrauchsanweisung gehören zu dem Haarfärben 3 Flacons (à 120 g), man soll aber dieses Feenwasser nicht eher benutzen, ehe man das Haar nicht mit Eau de Poppée behandelt hat, und, um den höchsten Schönheitsgrad zu erzielen, auch noch Huile régénératrice d'Hygie gebrauchen. (HAGER, Analyt.)

**Eau Figaro,** teinture spéciale pour les cheveux et la barbe, ein Präparat der Société d'hygiène Française des Sieurs VIGUIER, enthält 125 g einer mit wenigem Glycerin versetzten Lösung von Bleisulfat oder Bleizucker in einer dünnen Lösung des unterschwefligsauren Natrons. (4 Mark.) (HAGER, Analyt.)

**Eau virginale** von CHABLE. Bleizucker 1 Th., Zinkvitriol 1 Th., Wasser 25 Th., Eau de Cologne 12 Th. werden gemischt und nach einem Monat filtrirt. Ein Löffel voll gemischt mit einem Glase Wasser zu Vaginaleinspritzungen und Waschungen.

**Galene-Einspritzung** von J. F. SCHWARZLOSE SÖHNE in Berlin. (Nach HAGER: Arab. Gummi 25 g, Wasser 65,5 g, Bleizucker 4,5 g, Opiumtinktur mit Safran 5 g. — Nach einer späteren Analyse von SCHÄDLER: Schwefelkarbolsaures Zink 3 g, Gummi Arabicum 20 g, Opiumtinktur 2 g, Wasser 100 g. (100 g = 6 Mark.)

**Haarbalsam, vegetabilischer,** des A. MARQUART in Leipzig, besteht aus Wasser 42 g, Eau de Cologne 6 g, Glycerin 24 g, Bleizucker 1,8 g. (2 Mark.) (HAGER, Analyt.)

**Haarbalsam, Ostindischer,** von Dr. AYER, besteht aus Bleizucker, Schwefel, Glycerin, Lavendelöl und Wasser.

**Haar-Regenerator,** ROSETTER's. Ein Haarfärbemittel, bestehend aus 345 g Rosenwasser, 50 g Glycerin, 2 g Schwefelmilch, 1,5 g Bleizucker. (6 Mk.) (HAGLR, Analyt.)

**Haar-Restorer** von FR. BRABENDER, zum Farben der Haare. 380 g Flüssigkeit, enthaltend 5,0 g Bleizucker, 20 g unterschwefligsaures Natron, 20 g Glycerin und Pomeranzenblüthenwasser. (2,5 Mk.) (WITTSTEIN und HAGER, Analyt.)

**Haarwasser, Ostindisches,** von EMIL LONDON in Berlin. 1,5 g Bleizucker, 200 g Wasser, 60 g Glycerin, 3 g präcipitirter Schwefel. (9 Mk.) (HAGER, Analyt.)

**Hair-Regulator, physiological,** Dr. TEBBETT's, von GEBR. TEBBETT in Manchester N. H. Trübe Flüssigkeit mit 1,5 Proc. Bleigehalt. (CHANDLER, Analyt.)

**Hair-Renewer, vegetable Sicilian.** Von R. P. HALL & COMP. in Nashua N. H. Trübe Flüssigkeit mit 1,4 Proc. Bleigehalt. (CHANDLER, Analyt.)

**Hair-Restorative American vegetable,** Dr. CHR. LEBERT's, ist ein Gemisch aus 2,0 Sulfur praecipitatum; 25,0 Glycerin; 4,5 Bleiacetat. (Preis 2,80 Mk.) (WITTSTEIN, Analyt.)

**Hair-Restorative, MARTHA WASHINGTON's.** Fabrikanten SIMONDS & COMP., Fitzwilliam N. H. Trübe Flüssigkeit mit fast 2 Proc. Bleigehalt. (CHANDLER, Analyt.)

**Hair-Restorative** Prof. WOOD's, von O. J. WOOD & COMP. in New-York. Eine trübe Flüssigkeit mit fast 0,65 Proc. Bleigehalt. (CHANDLER, Analyt.)

**Hair Restorer of America** von Dr. J. J. O. BRIEN in New-York. Eine cirka 0,7proc. Bleizuckerlösung. (CHANDLER, Analyt.)

**Hair-Tonique, Indian,** KNITTEL's, New-York. Trübe Flüssigkeit mit cirka 1,25 Proc. Bleigehalt. (CHANDLER, Analyt.)

**Hair Vigor.** Von J. C. AYER & COMP. Lowel, Massachusetts. Eine cirka 0,6proc. Bleizuckerlösung. (CHANDLER. Analyt.)

**Injektion. — Einspritzung** des Prof. Dr. WAGNER, besteht aus 1 Th. Plumb. acet., 1 Th. Zinc. sulf. und 180 Th. Wasser. (5 Mk.) (F. SCRIBA, Analyt.)

**Injection Young.** Rosenwasser 800 g, Weinessig 200 g, Bleizucker 8 g.

**Life for the hair** von CHEVALLIER, Haarfärbemittel. 200 g Wasser, 100 g Glycerin, 1,5 g Schwefelmilch, 0,8 g Schwefelblei, 0,1 g Schwefeleisen mit Rosmarin und Geraniumöl parfümirt. (PIPER, Analyt.)

**Mexican Hair-Renewer** for renewing and restoring the hair, zur Beförderung des Haarwuchses und Färbung der Haare, von H. C. CALLUP in London. 1,0 g Bleizucker, 3,0 g Schwefelmilch, 32,0 g Glycerin und 165,0 g Wasser. (4,5 Mk.) (HAGER, Analyt.)

**Pomade Galopeau pédicure.** Gegen Hühneraugen. Ein Gemisch aus 1 Th. Leim, 1 Th. Stärkemehl, 3 Th. Eisessig und soviel Glycerin, dass eine salbenartige Masse entsteht. (HAGER, Analyt.)

**Régénérateur universel,** ALEXANDER TAILLANDIER's. 270 g Flüssigkeit, bestehend aus Bleizucker, unterschwefligsaurem Natron, Glycerin und Wasser (setzt bald einen schwarzen Bodensatz von Schwefelblei ab). (6 Mk.) (KUHR, Analyt.)

**Selenite perfectionné** aus Paris, zum Färben der Haare, ist eine alkalische Lösung von essigsaurem und salpetersaurem Blei.

**Tolma,** Mittel zur Wiedererzeugung der Haare beim Ergrauen, Wiederherstellung der ursprünglichen Farbe, des Glanzes und der Weichheit derselben, ohne eine Haarfarbe zu sein, von GUST. ZIEGLER in Heilbronn. 200 g eines Gemisches aus Bleiessig (entsprechend 0,6 g Bleizucker), 32 g gewöhnlichem Glycerin, 2 g Schwefelmilch und der nöthigen Menge Rosenwasser. (2 Mk.) (HAGER, Analyt.)

Nach einer späteren Analyse soll nach ARNO AÉ die Tolma nur Schwefel und Glycerin (kein Blei) enthalten.

**Vitalia.** Fabrikanten PHALONS u. SONS in New-York. Zwei Flüssigkeiten. No. 1 ist eine Natronhyposulfitlösung, No. 2 ist eine röthlich klare Flüssigkeit mit ca. 3 Proc. Bleigehalt. Die Gebrauchsanweisung schreibt vor, 1 Th. der Flüssigkeit No. 2 mit 2 Th. der Flüssigkeit No. 1 zu verdünnen.

**Dr. WHITE's Amerikanisches Haarwasser** zum Färben der Haare. Eine parfümirte Auflösung von Bleiacetat, welche Schwefel suspendirt enthält. 0,5 Proc. Bleiacetat. B. FISCHER.

**World-Hair-Restorer** von L. A. ALLEN, zum Erneuern, Stärken, Verschönern und Putzen des Haares. 5,6 g Schwefel, 8 g Bleizucker, 100 g Glycerin und 200 g mit etwas aromatischem Wasser parfümirtes Wasser. (6 Mk.) (WITTSTEIN, Analyt.)

**WUTH's Haar-Regenerator.** 0,5proc. Bleiacetatlösung, welche parfümirt und mit präcipitirtem Schwefel versetzt ist. B. FISCHER.

---

# Plumbum carbonicum.

**I. Plumbum subcarbonicum. Plumbum carbonicum.** (Austr.). **Cerussa.** (Germ. Helv.). **Carbonate de plomb.** (Gall.). **Plumbi Carbonas.** (Brit. U.-St.). **Plumbum hydrico-carbonicum. Bleisubkarbonat. Basisches Bleikarbonat. Cerussa plumbica. Bleiweiss. Céruse. White Lead.** Formel je nach der wahren Zusammensetzung verschieden, meist $2(PbCO_3) + Pb(OH)_2$.

***Handelssorten.*** Von den Handelssorten des Bleiweisses ist nur das sogenannte Cerussa-Oxyd (Cerussa alba oxydata oder pura) oder die Sorte 00 für den pharmaceutischen Bedarf verwendbar. Kremser-Weiss ist reines Bleiweiss, mit Leimwasser in Tafeln geformt, Perlweiss besteht aus Bleiweiss und Leimwasser und wird nur noch mit Indigo schwach gebläut. Diese Sorten finden lediglich zu Farbanstrichen Verwendung, zu welchen man übrigens auch mit Baryumsulfat und Kreide versetztes Bleiweiss benutzt.

***Eigenschaften.*** Gutes Bleiweiss ist reinweiss, in Wasser unlöslich, aber unter Aufbrausen löslich in verdünnter Salpetersäure und Essigsäure, auch löslich in Aetzkali- und Aetznatronlösung. Schwefelwasserstoff und Schwefelammonium zersetzen es unter Bildung von Schwefelblei. Schwach geglüht verliert es Kohlensäure und Wasser und geht in Bleioxyd über, von welchem es mindestens 85 Proc. hinterlassen muss. An der Luft längere Zeit geglüht, nimmt es Sauerstoff auf und verwandelt sich in Mennige (Pariserroth). Specifisches Gewicht 5,5—6,4. Das specifisch schwerere Subkarbonat ist auch das basischere. Wie alle anderen Bleipräparate ist auch das Bleiweiss giftig; selbst das Einathmen des Bleiweissstaubes kann schädliche Folgen haben.

Das Bleiweiss ist, wie oben erwähnt wurde, eine Verbindung von Bleikarbonat mit Bleihydroxyd, welche jedoch etwas Bleiacetat zu enthalten pflegt. Der Bleiacetatgehalt beträgt kaum 3 Proc., der Gehalt an Hydratwasser 1—3 Proc., an Kohlensäure 10—12 Proc. Von den Materialien, aus denen das Bleiweiss hergestellt wird, enthält es Spuren Bleichlorid, Bleisulfat, Schwefelblei, bisweilen auch metallisches Blei.

***Prüfung.*** 1) Wird 1 g Bleiweiss in einer Mischung von 2 ccm Salpetersäure und 4 ccm Wasser gelöst, so darf höchstens 0,01 g Rückstand hinterbleiben. Die Gewichtsbestimmung erfolgt dadurch, dass man diesen Rückstand abfiltrirt, mit salpetersäurehaltigem und schliesslich mit reinem Wasser vollständig auswäscht und Filter und Rückstand im Porcellantiegel verbrennt bezw. glüht und wägt. Der Rückstand kann aus Sand, Baryumsulfat, Calciumsulfat, auch aus Bleisulfat bestehen und würde näher zu untersuchen sein. (Flammenfärbung, Glühen vor dem Löthrohr auf Kohle). — 2) Wird die bei 1) resultirende salpetersaure Lösung mit Natronlauge versetzt, so entsteht zunächst ein weisser Niederschlag von Bleihydroxyd $Pb(OH)_2$. Dieser Niederschlag muss sich in einem Ueberschuss von Natronlauge vollkommen klar wieder auflösen unter Bildung von Bleioxyd-